VIERTER INTERNATIONALER KONGRESS FÜR ELEKTRONENMIKROSKOPIE

FOURTH INTERNATIONAL CONFERENCE ON ELECTRON MICROSCOPY

QUATRIÈME CONGRÈS INTERNATIONAL DE MICROSCOPIE ÉLECTRONIQUE

BERLIN 10.—17. SEPTEMBER 1958

VERHANDLUNGEN

HERAUSGEGEBEN VON

W. BARGMANN · G. MÖLLENSTEDT · H. NIEHRS
D. PETERS · E. RUSKA · C. WOLPERS

Springer-Verlag Berlin Heidelberg GmbH
1960

VERHANDLUNGEN BAND I

PHYSIKALISCH-TECHNISCHER TEIL

HERAUSGEGEBEN VON

G. MÖLLENSTEDT · H. NIEHRS · E. RUSKA

MIT 1026 ABBILDUNGEN

Springer-Verlag Berlin Heidelberg GmbH
1960

ISBN 978-3-642-50196-8   ISBN 978-3-642-50195-1 (eBook)
DOI 10.1007/978-3-642-50195-1

Vorwort

Die vorliegenden Verhandlungen des IV. Internationalen Kongresses für Elektronenmikroskopie, der unter den Auspizien der *International Federation of Electron Microscope Societies* im Jahre 1958 in Berlin stattfand, veranschaulichen, in welchem Ausmaß die Elektronenmikroskopie in den letzten Jahren für viele Bereiche der Forschung an Bedeutung gewonnen hat. Etwa 400 Vorträge und einige Diskussionsbemerkungen, vor mehr als 1 000 Teilnehmern aus 26 Ländern gehalten, waren zu veröffentlichen, wenn wir der Tradition der früheren Internationalen Kongresse in Delft (1949), in Paris (1950) und in London (1954) treu bleiben wollten. Zum ersten Male war es nicht möglich, alle auf einem Internationalen Kongreß für Elektronenmikroskopie gehaltenen Vorträge in einem einzigen Band zusammenzufassen. Der I. Band dieser Verhandlungen enthält sowohl die Arbeiten zur Theorie der Elektronenmikroskopie und über die physikalische sowie technische Weiterentwicklung der Geräte, als auch Mitteilungen über die Anwendung des Elektronenmikroskops zur Erforschung kristallographischer und technologischer Probleme einschließlich der Präparationstechnik. Der II. Band bringt die Arbeiten über die Anwendung des Elektronenmikroskops zur Lösung biologischer und medizinischer Fragestellungen und über die entsprechenden Präparationsverfahren.

In Abweichung von der Reihenfolge, in der die Vorträge auf dem Kongreß gehalten wurden, waren wir bemüht, die Mitteilungen nach ihrem Sinnzusammenhang in kleinere Sachgruppen einzuordnen, um ein leichtes und schnelles Auffinden zusammengehöriger Themen zu ermöglichen. Die Inhaltsverzeichnisse, die beiden Bänden beigefügt sind, vermitteln eine ausreichende Übersicht. Jeder Band enthält ein alphabetisches Mitarbeiterverzeichnis.

Die Deutsche Gesellschaft für Elektronenmikroskopie, die veranstaltende Organisation, begrüßte mit dankbarer Anerkennung, daß der Springer-Verlag die nach Text und Illustration umfangreichen Verhandlungen in seine Obhut nahm und insbesondere auf die Reproduktion der elektronenmikroskopischen Abbildungen hervorragende Sorgfalt verwandte. Ein Wort besonderen Dankes für die großzügige Förderung, die der Elektronenmikroskopie mit dieser Veröffentlichung zuteil wurde, gilt Herrn Dr. med. h. c. Dr. phil. h. c. FERDINAND SPRINGER, Herrn Dr. phil. HEINZ GÖTZE und ihren Mitarbeitern.

Die Herausgeber

Inhaltsverzeichnis

9. Reflexions- und Emissionsmikroskopie

10. Interferenzmikroskopie und Interferometrie

11. Röntgen-Projektionsmikroskopie

12. Elektronen- und Röntgen-Rastermikroskopie

13. Materialbearbeitung mit Elektronenstrahlen

---

* Die speziell biologischen Präparaten zugehörige Technik, insbesondere Mikrotomie, siehe Band II, S. 1 ff.

Inhaltsverzeichnis XIII

---

* Feldemissionsmessungen siehe unter A/1. Kathoden.

Mitarbeiterverzeichnis

Inhaltsübersicht
Band II · Biologisch-medizinischer Teil

Festvortrag: Electron microscopy in morphology and molecular biology. By Francis O. Schmitt

A. Elektronenmikroskopische Präparationstechnik in der Biologie*:
1. Fixieren und Einbetten — 2. Schneiden und Mikrotome

B. Histochemie und Biochemie

C. Ordnungsprinzipien in der Biologie

D. Membranen und Membranmodelle

E. Ergebnisse der Elektronenmikroskopie in der Zellmorphologie:
1. Zellkern, Chromosom und Centriol — 2. Cytoplasma und Zellorganellen

F. Ergebnisse der Elektronenmikroskopie in der Anatomie:
1. Epithelgewebe — 2. Muskelgewebe — 3. Kollagen — 4. Hartgewebe — 5. Exokrine Drüsen 6. Endokrine Drüsen — 7. Exkretionsorgane — 8. Respirationsorgane — 9. Reproduktionsorgane — 10. Nervengewebe — 11. Sinnesorgane

G. Ergebnisse der Elektronenmikroskopie in der Pathologie:
1. Tumorgewebe — 2. Strahlenwirkungen

H. Ergebnisse der Elektronenmikroskopie in der Botanik

J. Ergebnisse der Elektronenmikroskopie in der Mikrobiologie:
1. Protozoologie — 2. Bakteriologie — 3. Virologie

---

* Übrige Präparationstechnik siehe Band I.

PHYSIKALISCH-TECHNISCHER TEIL

Eröffnungs-Ansprache

Von

Ernst Ruska, Berlin-Dahlem
Präsident der International Federation of Electron Microscope Societies

Meine Damen und Herren!

Es ist für mich eine besondere Ehre, in dieser festlichen Stunde Sie, die Besucher des IV. Internationalen Kongresses für Elektronenmikroskopie, hier in Berlin begrüßen zu dürfen. Als Präsident der International Federation of Electron Microscope Societies und zugleich als Leiter der Berliner Kongreßorganisation heiße ich Sie alle als unsere Gäste herzlich willkommen. Ich danke Ihnen, daß Sie unserer Einladung in diese Stadt gefolgt sind. Viele von Ihnen sind aus fernen Kontinenten gekommen, und manche haben sogar die Reise über die Arktis nicht gescheut.

Besonders herzlich begrüße ich die beiden Ehrengäste unseres Kongresses, Herrn Dr. Francis O. Schmitt aus Cambridge in den Vereinigten Staaten und Herrn Professor Dr. Max v. Laue aus Berlin. Ich danke ihnen dafür, daß sie bereit sind, unseren Kongreß mit ihren Vorträgen zu eröffnen und zu bereichern.

Ich begrüße ferner alle anwesenden Vertreter staatlicher und städtischer Verwaltungen und danke ihnen für ihr reges Interesse an unseren Aufgaben und für die verständnisvolle Förderung unserer Arbeit und dieses Kongresses.

Im Mittelpunkt unserer vielfältigen Gemeinschaft steht das Elektronenmikroskop in seinen verschiedenen Formen. Wir bemühen uns, es immer leistungsfähiger zu gestalten, und streben danach, seine Vorzüge auf all den Wissensgebieten zu nutzen und auszuschöpfen, zu deren Erforschung die Kraft unseres Auges selbst dann nicht mehr ausreicht, wenn wir das Lichtmikroskop zu Hilfe nehmen. Die von Jahr zu Jahr steigende Anzahl an Vorträgen und Teilnehmern auf unseren Tagungen zeigt deutlich, in welchem großen Ausmaß immer noch neue Gebiete durch elektronenmikroskopische Untersuchungen gefördert werden. Zu einem großen Teil verdanken wir diese erfreuliche Entwicklung dem geistreichen und unermüdlichen Ersinnen neuer Präparationsverfahren, und ich möchte hier einmal im Namen der Physiker und Konstrukteure allen denen danken, die durch das Überwinden präparativer Schwierigkeiten unserem Gerät zu immer steigendem Ansehen verholfen haben. Jede mit Hingabe durchgeführte wissenschaftliche Arbeit beglückt und befriedigt den nach Erkenntnis strebenden Menschen. Unsere Arbeit aber kann uns, wie mir scheint, durch den naturgegebenen engen Kontakt mit Kollegen aus vielen verschiedenen Disziplinen und durch den Blick in die unerschöpfliche Welt des Allerkleinsten ein besonderes Maß an Glück und Befriedigung bringen. Jeder auch dem wissenschaftlichen Gegenstand Fernerstehende, der sich einmal eine Ausstellung elektronenmikroskopischer Bilder angesehen hat, wird sich dem ehrfurchtsvollen Staunen über die unbegreifliche Schönheit und Harmonie dieser Formenwelt nicht entziehen können, und wir suchenden Wissenschaftler dürfen darüber hinaus manches Gesetz ahnen, dessen Auffinden noch im Schoß der Zukunft ruht.

Solche Gedanken kennen keine nationalen und ideologischen Grenzen. Wir sind froh darüber, daß die wissenschaftliche Zusammenarbeit noch den Brückenschlag von Mensch zu Mensch erlaubt, der in unserer Zeit durch manche politischen Entwicklungen so sehr erschwert ist. Deshalb begrüßen wir jede internationale Begegnung von Wissenschaftlern ganz besonders, und wir wollen auch auf diesem Kongreß versuchen, ein wenig mehr von dem geheimnisvollen Weltgesetz zu erkennen und mit unserer Erkenntnis dem Wohle der Menschheit zu dienen. In diesem Geiste wollen wir den IV. Internationalen Kongreß für Elektronenmikroskopie eröffnen und begehen.

Opening remarks

By

V. E. Cosslett, Cambridge (England)

Secretary of the International Federation of Electron Microscope Societies

Professor Ruska, Ladies and Gentlemen!

It is my privilege to speak on behalf of the International Federation of Electron Microscope Societies, to welcome you to this International Congress, which is the Fourth of its kind, but the first to be held under the auspices of the Federation. The first meeting of an international character, with published proceedings, took place in Delft in 1949 and the second in Paris in 1950. These gatherings were organised informally by the active electron microscopists in the respective countries. By 1954, steps had been taken to set up a Joint Commission for Electron Microscopy, as part of the International Council of Scientific Unions, and the London Conference of that year was held under its name. Unfortunately, it soon became clear that the formal structure of a Joint Commission, which must consist primarily of delegates appointed by individual unions of ICSU, was not suited to the needs of an actively developing branch of research, already firmly established in national organizations. After prolonged discussion and negotiation, the Joint Commission was dissolved and its place was taken by a body directly representative of the various national societies for electron microscopy, — the International Federation of Electron Microscope Societies. The governing body of the Federation is the Assembly, consisting of delegates elected by the affiliated societies in proportion to the size of their membership. The Assembly will be meeting on Saturday next, to consider the future programme of meetings, to re-consider its constitution in the light of the experience of the past four years, and elect the President, Secretary and Committee members. Our first President, as you will remember, was Professor von Borries. His untimely death in 1956 was a tragic loss to electron microscopy as a whole, and to the Federation in particular. The European Regional Conference at Stockholm, in September 1956, was dedicated to his memory, and a specially bound copy of the Proceedings of that meeting, signed by the officers and committee of the Federation, has been presented to Frau Professor von Borries by Professor Sjöstrand. Along with Professor Ruska, von Borries was the leading force in electron microscopy from its earliest days. The Deutsche Gesellschaft für Elektronenmikroskopie was largely his creation, and it is not too much to say that this Congress would not be meeting here in Berlin but for his pioneering work and personal initiative. His example of tireless devotion to science, and of service to his colleagues, will long remain as an inspiration to all who knew him.

In the four years since the London meeting, the International Federation has grown steadily and now numbers 13 national societies, fully or provisionally affiliated: Belgium, Czechoslovakia, France, Germany, Great Britain, Hungary, Italy, Japan, Netherlands, Scandinavia, Spain, Switzerland, United States. There are present at this meeting nationals of many other countries, and I know that organised groups of electron microscopists have been formed, or are being formed, in several of them. I am confident that the Federation will have grown still further in membership by the time of the next World Congress, in 1962. For that meeting, we have had a cordial invitation from the Electron Microscope Society of America to hold it in Philadelphia. The Committee, subject to approval by the Assembly, has gladly accepted this proposal. In the meantime, in 1960, Regional Conferences will be held in Europe (in Delft) and in India.

The organisation of the present meeting, in accordance with the policy of the Federation, has been almost entirely in the hands of our German affiliated society. They have had a very heavy task, as is obvious from the extent of the programme and the size of the attendance. In the preparations, they have received great help, financial and otherwise, from many organisations; from the City Council of Berlin, from the Free University, from the Max Planck Gesellschaft, and from most of the leading industrial concerns of Germany. We are most grateful to all these sponsors for making it possible to hold the Congress on the present scale, involving a much larger budget than any previous meeting. I would also like to thank the Organising Committee for all their efforts, and especially those who have guided the preparatory work: Professor BARGMANN, Dr. KEHLER, Professor MÖLLENSTEDT, and above all Professor RUSKA and his indefatigable secretary Frl. HILBIG. Their unremitting effort, and attention to a multitude of detail, has paved the way to what promises to be a most successful meeting.

In conclusion, a word about the character of the Conference. I am particularly glad to know that in planning it, no differentiation has been made between East and West, so that scientists from both sides of the artificial border drawn across Europe are present here today. I believe, with Professor RUSKA, in the value of such contacts between the different systems of thought, of which there have recently been two other examples, of quite a different nature, at Geneva. Let us stress our common scientific interest, rather than differences in political outlook. It may be that discussions among specialists can help to bridge the gap which diplomacy has so far failed to do, and may turn the efforts of science away from the tasks of war and towards those of peace. It is in this spirit, ladies and gentlemen, that I emphasise the words "International Congress", and not those "of Electron Microscopy", in welcoming you here today.

Festvortrag

Geschichte des Elektrons

M. von Laue

Fritz-Haber-Institut der Max-Planck-Gesellschaft, Berlin-Dahlem

Bei einem Kongreß für Elektronenmikroskopie ist es wohl ein passender Auftakt, sich klar zu machen, wie die Physik überhaupt zu dem Begriff „Elektron" gekommen ist. Aber auch in anderer Hinsicht ist dessen Geschichte lehrreich. Ist doch das Elektron nur das erste der vielen Elementarteilchen, auf welche die Physik gestoßen ist. Da die Forschung für jene anderen Teilchen noch keineswegs abgeschlossen ist, sondern uns, man möchte sagen, täglich neue Überraschungen bereitet, müssen wir uns auch beim Elektron stets auf solche gefaßt machen. Immerhin können wir bei dem Alter der Elektronenforschung wohl sagen, daß wir die Eigenschaften des Elektrons, soweit sie für die Mikroskopie in Betracht kommen, im wesentlichen kennen.

Als die Vakuumtechnik sich noch vor der Mitte des 19. Jahrhunderts so vervollkommnete, daß man Glasgefäße bis auf Gasdrucke von Bruchteilen eines Millimeters Quecksilber leer pumpen konnte, als zudem der Pariser Mechaniker Rühmkorff Induktionsapparate mit Funken von vielen Zentimetern Schlagweite in den Handel brachte, begann das Studium der Gasentladungen der Elektrizität, zunächst vielfach spielerisch. Gar zu hübsch waren doch auch die bunten Farben des dabei im Gas und in den Gefäßwandungen auftretenden Leuchtens. In meiner Jugend standen in allen Optikerläden solche „Rühmkorffs" und Geisslersche Röhren zum Verkauf, letztere genannt nach dem Bonner Glasbläser, der zuerst damit einen schwunghaften Handel aufgezogen hatte. Selbstverständlich setzte alsbald auch ernsthafte Erforschung dieser Entladungen ein. Blicken wir auf deren Entwicklung zurück, so gliedert sie sich in drei Phasen. In der ersten, etwa von 1858—1902 reichenden, handelte es sich darum, aus dem Wust der neuen Beobachtungen die Kathodenstrahlen sauber herauszuschälen und über ihre Natur Klarheit zu schaffen, daß sie nämlich aus negativ geladenen Korpuskeln bestehen mit einer Masse, rund 2000 mal kleiner als die Masse des Wasserstoffatoms. In der zweiten Phase, deren Ende man auf etwa 1922 ansetzen kann, handelte es sich um experimentelle Prüfung der neuen Dynamik, welche die Relativitätstheorie in Abweichung von der Newtonschen Dynamik für die Elektronen forderte. Dabei siegte sie über alle konkurrierenden Theorien; deswegen darf man diese Phase vielleicht die „relativistische" benennen. Dann folgte schließlich die dritte Phase, in welcher Quantenvorstellungen in die Theorie des Elektrons eindrangen und die Physiker vor eine Unzahl neuer Rätsel stellten. In dieser Phase stehen wir auch heute noch.

Die erste Phase eröffnete J. Plücker. Dieser 1801 geborene Mathematiker hatte sich 1836 bei seiner Berufung von Leipzig nach Bonn auch zu physikalischen Vorlesungen verpflichtet und offenbar dort ein Laboratorium bekommen. Schon die daraus resultierende Bekanntschaft mit dem erwähnten Glasbläser Geissler war ihm wohl Anregung, sich nebenbei mit Gasentladungen zu beschäftigen. Wir besitzen von ihm in Wiedemanns Annalen von 1858 und den folgenden Jahren eine lange Reihe ausführlicher Veröffentlichungen darüber. Sie enthalten detaillierte Beschreibungen der Formen und der Farben des Leuchtens, auch sehr eingehende Hinweise auf den dabei zu beobachtenden Einfluß magnetischer Felder. Aber sonst kann man seinen Ausführungen Klarheit nicht nachsagen. Von Strahlen, die von der Kathode ausgehen, spricht er, soviel ich gesehen habe, nirgends. Am nächsten kommt er diesem Begriff wohl bei Versuchen, in denen sich das „Leuchten" auf eine magnetische Kraftlinie zurückzieht, die beide Pole verbindet. Die Beobachtung, daß das Leuchten manchmal an der Anode vorüberführt und auf der Glaswand endet, deutet er mit der uns seltsam berührenden Idee, der elektrische Strom bewege sich in derselben Bahn hin und zurück. Der Gedanke, daß der Rückstrom nichtleuchtend im Gase oder längs der Wände fließen könne, kam ihm nicht. Und eine Antikathode, welche den Strom aufnimmt, hat erst 1897 Röntgen für ganz andere Zwecke eingeführt. Aber wie darf man sich über Plücker wundern, wenn man noch 20 Jahre später, nämlich 1881, bei einem so klaren und physikalisch geschulten Kopf wie HEINRICH HERTZ liest: ,,Durch die beschriebenen Versuche glaube ich bewiesen zu haben, daß . . . . den Kathodenstrahlen entweder gar keine oder doch nur sehr schwache elektrostatische oder elektrodynamische Wirkungen zukommen . . . . Die Kathodenstrahlen sind elektrisch indifferent, unter den bekannten Agentien ist das Licht die ihnen am nächsten verwandte Erscheinung.`` HERTZ beruft sich dabei auch auf Ansichten von E. WIEDEMANN und E. GOLDSTEIN. Und warum hat HERTZ das von den Strahlen erregte Magnetfeld nicht gefunden ? Nun, schon aus dem Grunde, daß er seine Magnetnadel außerhalb der Röhre anbrachte, so daß der Rückstrom dieses Feld mindestens zum großen Teil abschirmen mußte. 1901 erkannte J. v. GEITLER diesen Fehler, setzte die Magnetnadel in das Entladungsrohr und erhielt in der Tat eine Ablenkung. Aber ein Jahr darauf mußte er selbst auf die Möglichkeit hinweisen, daß nicht-kompensierte Thermoströme die Ursache dieser Ablenkung gebildet haben könnten. Er versprach Fortsetzung seiner Versuche, hat dieses Versprechen aber nie eingelöst. Und so ist das Magnetfeld der Kathodenstrahlen bis heute noch nicht direkt beobachtet worden; wir glauben dennoch an sein Dasein, vor allem deswegen, weil die Maxwellsche Theorie dies erfordert. Die Anschauung, daß diese Strahlen Wellen im Äther seien, sei es longitudinales, sei es kurzwelliges Licht, fand weitere Stützung, als 1892 HERTZ ihren Durchtritt durch dünne Metallschichten entdeckte. Erst mehrere Jahre nach seinem 1894 erfolgten Tode kam die Entscheidung gegen diese Theorie.

Angesichts der Unklarheiten bei PLÜCKER kann man es verstehen, daß PH. LENARD in seinem Nobelvortrag von 1906 die Geschichte des Elektrons erst im Jahre 1869 mit WILHELM HITTORF beginnen läßt, obwohl gerade dieser des Lobes für PLÜCKER voll ist. Bei ihm ist zum erstenmal ganz klar von den gradlinigen Strahlen des negativen Glimmlichtes die Rede, auch von ihrer magnetischen Ablenkbarkeit, aus deren Richtung sich der Schluß auf negative Ladung eindeutig ergibt. Auch die schraubenförmige Aufwicklung der Strahlen auf Kraftlinien findet man bei HITTORF beschrieben. Aber größeren Einfluß auf seine Zeitgenossen hatte wohl W. CROOKES, der 1879 mehrere Arbeiten über ,,strahlende Materie`` herausgab. Er sah u. a. in dem Schatten, den Kathodenstrahlen von den in den Weg gestellten Körpern entwerfen, einen besonders schlagenden Beweis für ihre Gradlinigkeit. Daß er unter viel Richtiges auch einiges Phantastisches mischte, z. B. von einem vierten Aggregatzustand der Materie sprach, tat der Wirkung seiner Arbeiten keinen Abbruch, regte vielmehr Nachfolger zu eigenen Untersuchungen an. Aber die zahllosen anschließenden Veröffentlichungen litten alle unter der Kompliziertheit der Vorgänge in stromführenden Gasen, die, wie wir heute wissen, wegen ihrer Ionisierung und ihrer Raumladungen das elektrische Feld in nicht leicht übersehbarer Weise ändern. Dies verhinderte lange z. B. den sicheren Nachweis der elektrischen Ablenkbarkeit der Kathodenstrahlen.

HERTZ deutete, wie erwähnt, seine Versuche an Metallfolien als Durchtritt der Kathodenstrahlen. Zwar tauchte der Einwand auf, sie blieben in der Folie stecken, machten diese jedoch dabei zu einer sekundären Kathode, die nun ihrerseits Kathodenstrahlen emittierte. Aber daß dickere Schichten die Erscheinung nicht zeigten, widerlegte dies bald, und der junge PHILIPP LENARD, damals Assistent von HERTZ, benutzte den Durchgang durch solche Folien zur Konstruktion des Lenardfensters, durch welches die Strahlen aus der Entladungsröhre austraten, sei es in die freie Luft, sei es in andere, von den Entladungsvorgängen unberührte Räume. Im ersten Fall beobachtete er die Streuung und Absorption in Luft, beides in Abhängigkeit von der Entladungsspannung. Indem er sodann jenes zweite Gefäß hochgradig evakuierte, und dann womöglich noch durch metallische Hüllen elektrostatisch schützte, bekam er die — in seiner Ausdrucksweise — reinen Bedingungen, deren man zu allen weiteren Untersuchungen bedurfte.

Jetzt trat als fundamental neu die Erkenntnis auf, daß die Strahlen sich auch durch das höchste Vakuum fortpflanzen, wo sie zwar nicht selbst leuchten, wohl aber durch phosphoreszierende Körper nachweisbar sind. LENARD sah 1893 darin den Beweis, daß sie nicht durch Materie, sondern durch den Äther bedingt seien, und er fügte 1895 hinzu, sie wären zwar keine Wellen, aber irgendwie andere Vorgänge im Äther. Ihre Ablenkung im Magnetfeld, der keine eigene magnetische Wirkung entspräche, käme nur indirekt dadurch zustande, daß das Magnetfeld den Äther verändere.

Ferner konnte nunmehr P. LENARD auch Streuung und Absorption in den verschiedensten Körpern messen und fand, daß für beides in erster Linie die durchstrahlte Masse in Betracht käme, keine andere Eigenschaft des Mediums. Er, ebenso Jean Perrin, Willy Wien und J. J. Thomson stellten in immer verbesserten Verfahren sicher, daß die Strahlen negative elektrische Ladung transportieren. Auch gelang Lenard, ebenso W. Kaufmann und E. Aschkinass, alle Zweifel an der schon 1876 von Goldstein behaupteten elektrischen Ablenkung zu beseitigen und deren Abhängigkeit von der Entladungsspannung zu beobachten. Als die erste zuverlässige Schätzung der spezifischen Ladung e/m gab J. J. Thomson 1897 die Größenordnung 10^7 gr$^{-\frac{1}{2}}$ cm$^{\frac{1}{2}}$ an und für die Geschwindigkeit v 10^9 cm/sec, d. h. 0,03 der Lichtgeschwindigkeit c. Dies beruhte auf kombinierter elektrischer und magnetischer Ablenkung. Direkter noch, nämlich durch Vergleich mit den Phasen einer Hertzschen Schwingung, maß E. Wiechert 1898 die Geschwindigkeit zu 0,132 bis 0,168 c, und überdies e/m gleich $1,25 \cdot 10^7$ gr$^{-\frac{1}{2}}$ cm$^{\frac{1}{2}}$. Das Resumee dieser ganzen Entwicklung gibt W. Wien in einer großen Abhandlung von 1898; er schreibt:

„Während die Kathodenstrahlen anfangs ebenso wie der ganze Entladungsvorgang aus materiellen Teilchen bestehend angenommen wurden, fand man bei genauem Studium Erscheinungen, die sich mit dieser Auffassung schwer vereinigen ließen. Daß die Kathodenstrahlen aus der eigentlichen Strombahn vollständig herausgingen und ihren Weg ganz unabhängig von dem Verlaufe des Stromes nahmen, daß sie sogar durch dünne, luftdicht schließende Metallplatten, ohne an Geschwindigkeit einzubüßen, gingen, sprach allerdings sehr gegen die Annahme materieller Teilchen . . . . Daß die Kathodenstrahlen nicht die gewöhnlichen chemischen Atome, sondern andere Teilchen sind, bei denen wenigstens das Verhältnis Masse zu Ladung ein anderes ist, hat zuerst E. Wiechert (1897) ausgesprochen. Aber die strengen Beweise für die Richtigkeit dieser Anschauung fehlten noch."

Wien beschreibt dann eine Fülle eigener Versuche, welche die negative Ladung bestätigen, ebenso die schon von anderen gemessenen Werte von e/m und v, aber auch die positive Ladung der Kanalstrahlen und die so ganz andere spezifische Ladung bei diesen. Abschließend sagt er:

„Die Ergebnisse unserer Beobachtungen sind hinreichend, um bestimmte Vorstellungen über die Vorgänge bei der elektrischen Entladung zu bilden. Daß wir überall entgegengesetzt geladene Teilchen haben, die mit verschiedenen Geschwindigkeiten in entgegengesetzter Richtung fliegen, zeigt, daß die Vorgänge mit der Elektrolyse am nächsten verwandt sind. Daß die Analogie mit der Elektrolyse so lange bestritten wurde, liegt an der eigentümlichen Anordnung des elektrischen Feldes, das die Entladung unterhält. Während die innerhalb der galvanischen Strombahn eines Elektrolyten laufenden elektrischen Kraftlinien, die die Ionen nach entgegengesetzten Richtungen treiben, immer auf die Elektroden zu führen und alle Ionen dorthin treiben, haben wir beim Durchgang des Stromes durch verdünnte Gase Ansammlungen freier Elektrizität in der Strombahn, da nach bekannten Versuchen von Hittorf und Warburg das Potentialgefälle in der Röhre sehr veränderlich ist und der größte Spannungsabfall an der Kathode liegt. Dort, wo Felder verschiedenen Potentialgefälles aneinanderstoßen, ist freie Elektrizität vorhanden . . . . Dadurch, daß elektrische Kraftlinien in dem Gasraum selbst an dieser freien Elektrizität enden, ist die Möglichkeit gegeben, daß die unter dem Einfluß des Feldes fortgetriebenen Teilchen mit der Geschwindigkeit aus dem Feld hinausfliegen, die sie durch die beschleunigten Kräfte des Feldes erlangt haben".

Dies klingt uns heute fast trivial. Wie Wenigen solche Ideen damals geläufig waren, erhellt u. a. die Tatsache, daß die „Fortschritte der Physik", das offizielle Referatenorgan der deutschen Physiker, alle hier erwähnten Arbeiten unter der Überschrift brachte: Elektrisches Leuchten. Sie standen dort zusammen z. B. mit Arbeiten über das Nernstlicht.

Man darf nun nicht übersehen, daß die neue Erkenntnis schon von anderer Seite her vorbereitet war. Das Faradaysche Äquivalentgesetz der Elektrolyse hatte in den 80er Jahren manchen Forscher, z. B. Helmholtz, zu der Überzeugung gebracht, daß jedes Ion ein ganzes Vielfaches einer elektrischen Elementarladung trage, und durch Johnston Stoney hatte sich seit 1890 für diese der Name Elektron eingebürgert. Zudem hatten schon in den 70er Jahren J. Larmor und H. A. Lorentz die Maxwellsche Elektrodynamik mit Erfolg durch die Vorstellung ergänzt, daß schwingungsfähige elektrische Ladungsträger in den Atomen die Ursache der Dispersion des Lichtes wären. Ihren Triumph erlebte diese Theorie 1896 im Zeemaneffekt und seiner Deutung durch Lorentz. Daß sich dabei die spezifische Ladung solcher Teilchen im Atom fast identisch mit der an den Kathodenstrahlen gemessenen ergab, festigte bei allen Physikern die Überzeugung, daß man in den Kathodenstrahlen die Atome der negativen Elektrizität vor sich habe und daß diese einen wesentlichen Bestandteil aller Materie bildeten. Daß die 1896 von JEAN BECQUEREL entdeckte Radioaktivität nach den Resultaten RUTHERFORDS z. T. auf Entsendung derselben Elektronen beruhte, fügte sich dieser Anschauung aufs beste ein.

Bald nach 1900 ging diese erste Phase der Elektronenforschung zu Ende. Zwar kamen noch nach Jahrzehnten immer präzisere Messungen von e/m, auch solche über die absolute Ladung e selbst. Wir erwähnen hier nur die berühmte Öltröpfchenmethode R. A. MILLIKANS (1913/38), die nebenbei die Idee kleinerer Ladungen, sog. Subelektronen, direkt widerlegte. Aber an den um 1900 geschaffenen Grundanschauungen änderte sich dabei nichts mehr.

Wir kommen nun zur zweiten Periode, die der Erforschung der Dynamik des Elektrons. Als einen früheren Vorläufer muß man einen Hinweis von J. J. THOMSON aus dem Jahre 1881 werten, daß elektrische Ladung eines Körpers dessen träge Masse vergrößere. Jetzt brachte die so anomal geringe Masse des Elektrons die Physiker auf die Idee, diese könne vielleicht rein elektromagnettischen Ursprungs sein. Für eine Kugel mit Oberflächenladung berechnet sich die elektromagnetische Masse aus der Energie E des elektrostatischen Feldes bei kleinen Geschwindigkeiten zu $4\,E/3\,c^3$, und es war von vornherein klar, daß sie mit Vergrößerung der Geschwindigkeit wachsen müsse. Mathematisch löste das Problem für die als starr betrachtete Kugel zuerst 1903 MAX ABRAHAM, gefolgt von K. SCHWARZSCHILD und A. SOMMERFELD. Diese Arbeiten sind überholt, aber es muß betont werden, daß sie in der Geschichte der Physik eine entscheidende Rolle gespielt haben. Denn daraufhin setzte W. KAUFMANN 1906 ältere Messungen über die Dynamik des Elektrons fort, und diese schienen zunächst ABRAHAMs Theorie quantitativ zu bestätigen. Aber schon 1904 hatte H. A. LORENTZ eine neue Dynamik aufgestellt, welche PLANCK 1906 in die Einsteinsche Relativitätstheorie übertrug. Hier nimmt die träge Masse schneller mit der Geschwindigkeit zu, als nach ABRAHAM, und zwar beruht dies gar nicht auf der elektrischen Ladung, gilt gar nicht allein für das Elektron, sondern für jeden Körper, der evtl. zusammen mit einem elektrischen Feld ein „vollständiges statistisches System" bildet, d. h. für sich allein im statischen Gleichgewicht ist. Über Form und Ladungsverteilung des Elektrons erfährt man also aus dieser Dynamik gar nichts, im Gegensatz zur Abrahamschen Theorie, die ausdrücklich das Elektron als starre, d. h. auch der Lorentzkontraktion nicht unterworfene Kugel annimmt. Und für die Ruhmasse gilt im Gegensatz zur elektromagnetischen Masse der letzteren Theorie die Gleichung $m = E/c^2$, wie es dem Einsteinschen Gesetz der Trägheit der Energie entspricht. Aber freilich ist die Energie hier nicht rein elektromagnetisch.

Es hat viele Jahre gedauert, bis die Entscheidung zwischen beiden Theorien kam. 1909 veröffentlichte A. H. BUCHERER die ersten Messungen, welche unzweifelhaft für die Relativitätstheorie sprachen. Mit seiner Methode arbeitete 1914 G. NEUMANN, nach dessen Beobachtungen CL. SCHÄFER das Geschwindigkeitsgebiet, für das diese Dynamik zutrifft, bis zu 0,8 der Lichtgeschwindigkeit ausdehnen konnte. Davon unabhängige Messungen von E. HUPKA (1910), S. RATNOWSKY (1910) sowie von CH. E. GUY und CH. LAVANCHY (1921) gaben diesem fundamentalen Resultat die dringend erforderliche Sicherung. Weitere Beweise liefern seit den letzten Jahrzehnten die großen Beschleuniger der Kernphysik; denn sie sind fast alle für Geschwindigkeiten wenig unter c berechnet und müßten versagen, träfe die relativistische Dynamik nicht zu.

Diese zweite Phase gab der Elektronenmikroskopie den theoretischen Unterbau. Daß man mit Massenpunkten in geeigneten Kraftfeldern quasioptische Abbildungen erzielen könne, stand eigentlich schon nach den optischen Arbeiten des Mathematikers W. R. HAMILTON aus den Jahren 1831/32 fest. Und ich erinnere mich aus meiner Göttinger Studienzeit, daß FELIX KLEIN gelegentlich darauf hinwies. Dennoch blieb dies physikalisch bedeutungslos, bis man im Elektron einen „Massenpunkt" erhielt, der von der Gravitation praktisch unabhängig rein elektrodynamischen Kräften folgt; denn elektro- und magnetostatische Felder beherrscht der Experimentator. HAMILTON dachte natürlich stets an die Newtonsche Dynamik. Jedoch lassen sich seine Betrachtungen unschwer auf die relativistische übertragen. Direkt gelten sie freilich nur für das elektrostatische Mikroskop. Das magnetische hat sich im Anschluß an die Braunsche Oszillographenröhre allmählich entwickelt, wobei besonders HANS BUSCH um 1926/27 die entscheidenden Schritte getan hat.

Am Ende der zweiten Phase, also etwa um 1923, mochte es scheinen, als wäre die Erforschung des Elektrons beendet. Dann aber setzte im Zuge der Quantentheorie eine dritte, auch heute noch nicht abgeschlossene Phase ein, die das früher Erforschte zwar nicht umstieß, aber doch die Grundlagen für die Auffassung von den Elementarteilchen überhaupt aufs tiefste erschütterte. Aus der von Louis de Broglie 1924 ins Leben gerufenen, 1926 von E. Schrödinger ausgebauten Theorie der Materiewellen ergab sich notwendig die Folgerung, daß Elektronenstrahlen in Kristallen Interferenzerscheinungen zeigen müßten, ähnlich denen der Röntgenstrahlen. So absurd dies anfangs scheinen mochte, es fand 1927 in den Versuchen von C. J. Davisson und L. H. Germer sowie von G. P. Thomson volle Bestätigung, und seitdem gilt es als feststehend, daß die Elektronen neben ihren korpuskularen Eigenschaften auch Welleneigenschaften haben; natürlich haben diese Eigenschaften mit elektromagnetischen Wellen nicht das mindeste zu tun. Kurz zuvor hatten G. E. Uhlenbeck und S. Goudsmith sich durch spektroskopische Erfahrungen genötigt gesehen, dem Elektron einen neuen Freiheitsgrad, den Spin, zuzuschreiben; W. Pauli und P. A. M. Dirac lieferten die zugehörige Quantentheorie. Mit dem Spin ist aber ein magnetisches Moment verknüpft, für welches die Versuche von O. Stern und W. Gerlach die Bestätigung lieferten. Dessen Stärke hat aber erst 1947/48 durch P. Kusch eine genaue Messung erfahren, ein Zeichen dafür, daß wir unsere Kenntnis vom Elektron keineswegs als abgeschlossen bezeichnen dürfen. Die Dynamik beeinflußt Spin und Magnetmoment zum Glück gar nicht, weil das Elektron auch in Berücksichtigung dieser Eigenschaften ein vollständiges statisches System bleibt.

Und die Überraschungen häuften sich. 1932 fand C. D. Anderson das positive Gegenstück zum Elektron, Positron genannt, von derselben Ladung und fast derselben Masse. Die Zahl der Elementarteilchen wuchs mehr und mehr, wir kennen heute weit über ein Dutzend. Nur sind sie nicht beständig, sondern zerfallen meist in kleinen Bruchteilen einer Sekunde. Auch das Elektron hat die Beständigkeit verloren, die man ihm anfangs zuschrieb; es kann sich mit einem Positron zusammen in γ-Strahlung umwandeln und sich umgekehrt mit einem solchen aus hinreichend kurzwelliger γ-Strahlung bilden. Die Individualität des Elektrons besteht nicht mehr.

Paarbildung und Zerstrahlung spielen für die Elektronenmikroskopie keine Rolle. Aber die Wellentheorie ist unentbehrlich zur Abschätzung der möglichen Abbildungsgrenzen. Auch haben im Fritz-Haber-Institut K. Molière und H. Niehrs gezeigt, daß man sie in der Form der dynamischen Theorie der Beugung zur Deutung mancher elektronenoptischer Beobachtungen an kleinsten Kristallen notwendig braucht. Umgekehrt hat die Elektronenoptik der Quantentheorie schon wertvollste Dienste geleistet, indem sie Interferenzversuche mit Materiewellen ermöglichte, die ohne ihre Hilfe kaum gelungen wären. Gestatten Sie mir, mit ein paar Worten noch darauf einzugehen.

Alle Beugungsversuche an Kristallen, so überzeugend sie uns erscheinen mögen, sind bei Skeptikern dem Zweifel ausgesetzt, ob es sich dabei nicht um noch unerforschte Einflüsse der Atome auf die korpuskularen Elektronen handele. Dieser Einwand gegen die Wellentheorie fällt fort bei dem Versuch von H. Boersch (1941), der die Beugung der Elektronenwellen am Rande undurchlässiger Körper in voller Analogie zur Beugung des Lichtes fand. Dieselben Interferenzstreifen treten in beiden Fällen auf. Hier kommt es auf Lage und Art der Atome des Schirmes gar nicht an, man kann dessen Material wählen, wie man will. Und noch schlagender konnte 1956 G. Möllenstedt jenen Einwand beseitigen, indem er Interferenzstreifen herstellte, bei denen die Elektronen mit Materie überhaupt nicht in Berührung kamen. Er teilte bekanntlich einen Elektronenstrahl in zwei Teile durch einen dünnen Metalldraht, durch dessen positive Ladung sie hinter dem Draht unter einem kleinen Schnittwinkel zur Überdeckung gelangten. Die wundervollen, äquidistanten Maxima und Minima, welche ganz dem Fresnelschen Biprisma-Versuch mit Licht entsprechen, sind Ihnen allen wohlbekannt.

So hat, meine Damen und Herren, die Elektronenmikroskopie, die als Zweig der Physik entstanden ist, dieser Wissenschaft schon fundamentale Dienste geleistet. Ich darf wohl die Hoffnung aussprechen, daß es nicht die letzten waren, daß vielmehr die Physik neben den vielen anderen Wissenschaftszweigen, denen diese Mikroskopie dient, durch Ihre Forschungen auch in Zukunft wertvolle Bereicherung erfährt[1].

---

[1] Anm. der Herausgeber: Auf diesen Festvortrag bezieht sich der während des Kongresses angemeldete Vortrag J. Picht, Bemerkungen zu dem mit einem bewegten Elektron verbundenen Wellenvorgang, am Schluß dieses Bandes (s. S. 848).

A. Elektronen- und ionenoptische Elemente, Geräte und Verfahren

1. Kathoden

Über die Arbeitsweise und die elektronenoptischen Eigenschaften der Spitzenkathode

Y. Sakaki und S. Maruse

Elektrotechnisches Institut der Universität Nagoya (Japan)

1. Einleitung. Mittels der Spitzenkathode, die zuerst von Hibi in einem gewöhnlichen Elektronenmikroskop benutzt und später von Sakaki und Möllenstedt verbessert wurde, kann man Elektronenstrahl kleiner Apertur und großer Intensität erzeugen. Inzwischen haben wir die Technik der Spitzenkathode etwas verbessert und ihre elektronenoptischen Eigenschaften quantitativ gemessen. Im vorliegenden Vortrag möchten wir zuerst über die verbesserte Technik, dann über die Ergebnisse der Messungen und schließlich etwas über die physikalischen Grundlagen ihres ungeheuer großen Richtstrahlwertes berichten.

2. Verbesserte Technik der Spitzenkathode. Abb. 1 zeigt Spitzenkathoden verschiedener Typen, von denen in unserem Laboratorium jetzt gewöhnlich die Formen b und d gebraucht werden. Beim Typ b wird eine geätzte Wolframspitze D_1 mit einer Drahtschlinge D_2 gehalten; um einen ständigen guten Kontakt der beiden Drähte durch ihre Federung zu bewirken, muß man etwas Übung in der Montierung der Drähte in den Heizdrahthalter haben. Beim Typ d schweißten wir einen Wolframdraht D_1 an einen haarnadelförmigen Faden D_2 und dann spitzten wir den Draht D_1 zu. Bei diesen beiden Formen muß die Entfernung der Spitze von der Kontaktstelle möglichst kurz sein. Wenn die Entfernung weniger als 1,5 mm beträgt, können wir in der Praxis keine Änderung der Lebensdauer feststellen. Die beiden Arten sind in bezug auf alle optischen Eigenschaften und die Lebensdauer gleichwertig.

Die Spitze wird nach einem elektrolytischen Ätzverfahren hergestellt, das etwa 3—4 min dauert. Wenn der Ätzstrom zu schwach oder zu stark ist, bekommt man ungünstige Formen, wie in Abb. 2 gezeigt wird; solche Spitzen haben zwar einen genügend kleinen Krümmungsdurchmesser, aber sie verbiegen sich oft nach Aufheizung. Die oberste Spitze der Abb. 2 wird

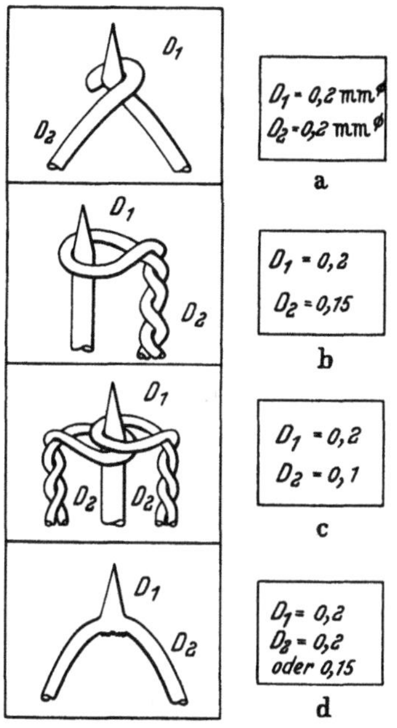

Abb. 1 a—d. Verschiedene Spitzenkathoden. a) Spitze nach E. W. Müller, jedoch Spitze angeschliffen nach T. Hibi, 1954. b) und c) Geätzte Spitze mittels Drahtschlinge D_1 und Haltestift D_2 von einer Seite oder von zwei Seiten gehalten, nach Y. Sakaki und G. Möllenstedt, 1956, d) Geätzte Spitze, an einen haarnadelförmigen Faden D_2 geschweißt, nach S. Maruse und Y. Sakaki, 1957

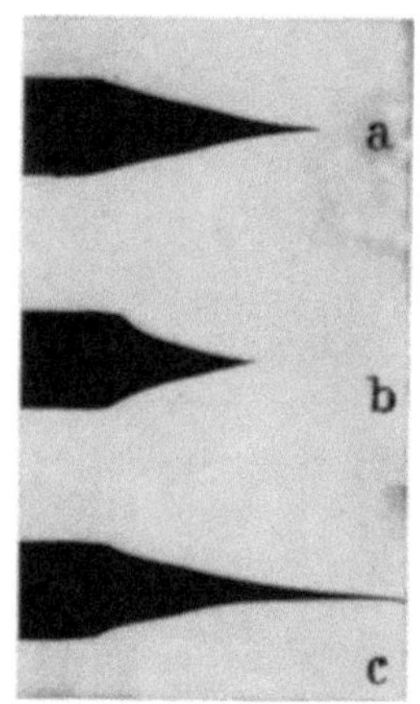

Abb. 2 a—c. a) Günstige Spitzenform, mit etwa 10 mA Strom geätzt. b) Spitze mit zu schwachem Strom geätzt. c) Spitze mit zu starkem Ätzstrom

niemals während des Betriebs unbrauchbar, sofern kein zu starker Überschlag im Elektronenmikroskop entsteht. Wenn man die auf diese Weise hergestellte Spitzenkathode durch Eintauchen in destilliertes Wasser reinigt und dann in einem Trockenapparat liegen läßt, kann man sie ohne Veränderung ihrer Spitze lange aufbewahren. Die so hergestellte Spitzenkathode wird nach einer lichtmikroskopischen Prüfung im Elektronenmikroskop montiert. Die Kathode ist für das normale Mikroskopieren geeignet, wenn die Spitze einen Krümmungsdurchmesser unter etwa 1 μ hat.

In unserem Laboratorium werden zwei Typen von Wehneltzylindern verwandt. Abb. 3 zeigt die günstigste Anordnung der Elektrodensysteme. Man bemerkt aber in der Praxis keine Veränderung der elektronenoptischen Eigenschaften, wenn die Abweichung der

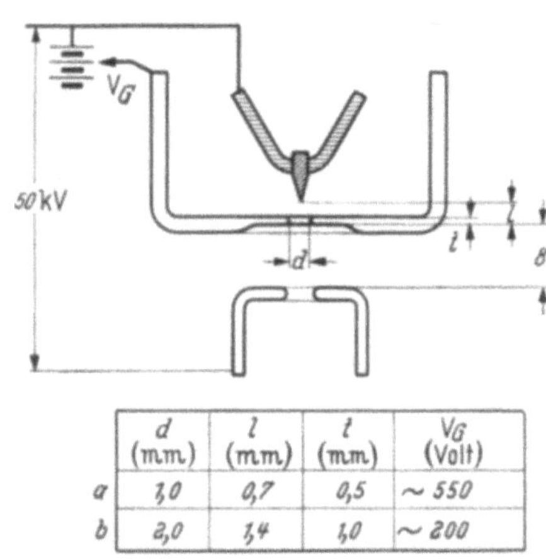

	d (m.m.)	l (m.m.)	t (m.m.)	V_G (Volt)
a	1,0	0,7	0,5	~ 550
b	2,0	1,4	1,0	~ 200

Abb. 3. Zwei Anordnungen der Elektrodensysteme für die Spitzenkathode

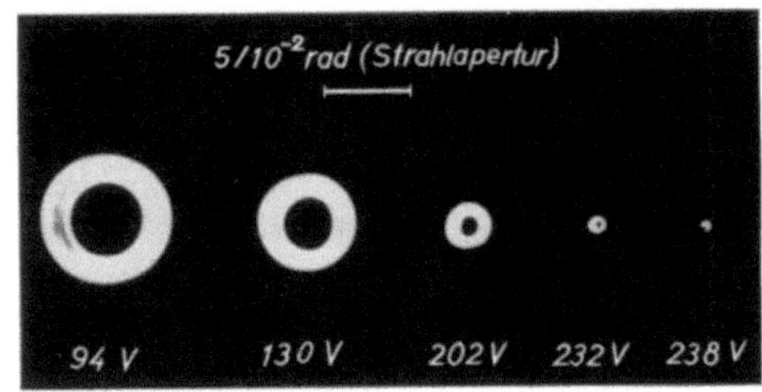

Abb. 4. Strahlquerschnitte bei verschiedenen Wehnelt-Spannungen

Spitzenlage von dem im Bild angegebenen Wert kleiner als 0,1 mm ist. Die Zentrierung der Spitze zur Bohrung des Wehneltzylinders ist sehr wichtig für eine konzentrische Verteilung der emittierten Elektronen im Strahlquerschnitt. Wir zentrieren daher die Spitze mit einer Genauigkeit von 0,1 mm bei der 1 mm-Wehneltblende und 0,3 mm bei der 2 mm-Blende.

Sehr wichtig beim Betrieb der Spitzenkathode ist die Einstellung der Wehneltspannung. Abb. 4 zeigt den Strahlquerschnitt bei verschiedenen Steuerspannungen. Bei zu niedriger Steuerspannung ist der Strahlquerschnitt immer ringförmig. Bei wachsender Wehneltspannung wird dieser Ring kleiner, um schließlich in die Kreisform überzugehen. Erhöht man die Steuerspannung weiter, so nimmt die Intensität sehr rasch ab. Wenn man bei einer so bestimmten optimalen Steuerspannung die Temperatur der Kathode erhöht, entsteht wieder ein ringförmiger Querschnitt. Wir können diese Erscheinung nicht ganz erklären, aber sie kommt sicher teilweise von der Wärmeausdehnung der Spitzenkathode her.

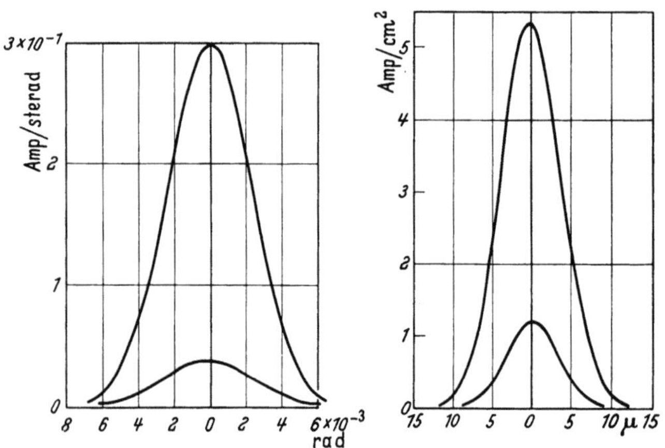

Abb. 5. Winkel- und Stromdichteverteilung im kleinsten Strahlquerschnitt zur Bestimmung des Richtstrahlwertes einer Spitzenkathode

Bei den hier beschriebenen Versuchen betrug der Heizstrom immer 6 A. Die Lebensdauer der Kathode bei diesem Strom ist 4—5 Wochen, nämlich 30 oder 40 Betriebsstunden und wird fast immer durch Durchbrennen des Heizdrahtes begrenzt, wie es auch bei den üblichen Glühkathoden der Fall ist. Wir konnten bei diesen Verhältnissen einen Richtstrahlwert von $3{,}0 \times 10^5\,\mathrm{A/cm^2 \cdot sterad}$ bekommen und daher 200000fach vergrößerte Bilder bei einer Bestrahlungsapertur von 3×10^{-3} rad auf dem Leuchtschirm gut beobachten.

3. Messung des Richtstrahlwertes. Für die mit einem Kondensor bei vorgegebener Apertur erreichbare Stromdichte in der Objektebene ist der sog. Richtstrahlwert maßgebend. Wir haben den Richtstrahlwert aus den Messungen der Winkel- und Stromdichteverteilung im kleinsten Strahlquerschnitt bestimmt. Bei allen Messungen haben wir den Heizstrom immer auf 6 A gehalten. Der Gesamtelektronenstrom betrug $10\,\mu$A bei der 1 mm-Wehneltblende (Fall a in Abb. 3) und $1,6\,\mu$A bei der 2 mm-Blende (Fall b).

Zur Messung der Winkelverteilung wurde eine Blende vom Durchmesser 0,67 mm in einer Entfernung von 75 cm von der Kathode angebracht, die quer zum Strahl bewegt werden konnte. Der die Blende passierende Elektronenstrom wurde mit einem Faraday-Käfig gemessen. Bei der Messung der Stromdichteverteilung wurde der kleinste Querschnitt zuerst mit zwei Elektronenlinsen etwa 1000 fach vergrößert und auf einer beweglichen Blende mit Faraday-Käfig abgebildet.

Abb. 5 zeigt sowohl die gemessene Winkel- als auch die Stromdichteverteilung im engsten Strahlquerschnitt. Nach diesen zwei Messungen kann man den maximalen Richtstrahlwert der Spitzenkathode berechnen: für den Fall a 3×10^5 und für den Fall b 6×10^4 A/cm$^2 \cdot$ sterad.

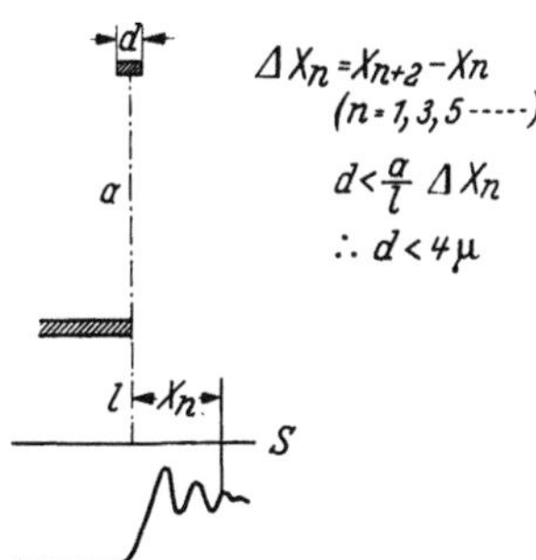

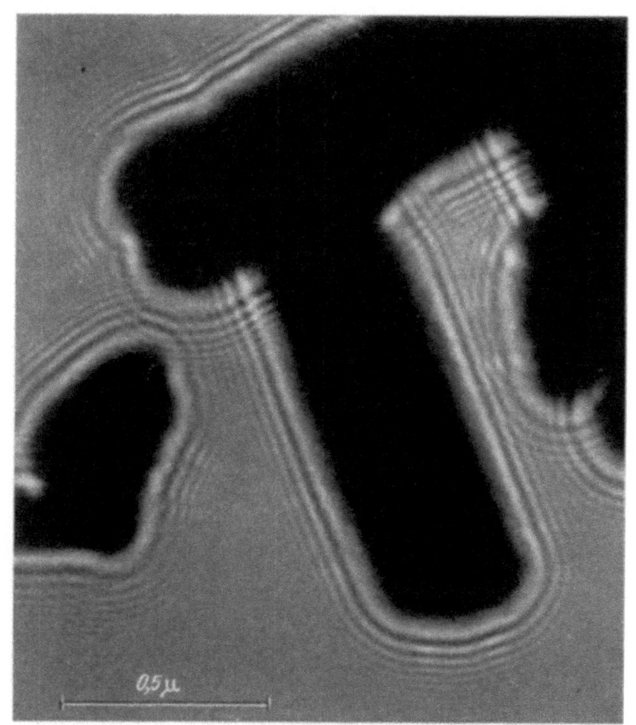

Abb. 6. Mit einer Spitzenkathode aufgenommene Fresnelsche Beugungssäume. $U = 50$ kV, $t = 4$ sec, $M_{el} = 6400$, $l = 500\,\mu$, $\alpha < 0,5 \times 10^{-5}$ rad

Wenn man die Ergebnisse der Messungen mit der theoretischen Grenze des Richtstrahlwertes der Glühkathode vergleicht, bemerkt man, daß der Richtstrahlwert der Spitzenkathode ungefähr 300—1500 mal so groß ist wie der theoretische Höchstwert der Glühkathode bei gleicher Temperatur. Dabei haben wir angenommen, daß die Temperatur etwa 2000° K ist. Auf die Abschätzung der Temperatur kommen wir nachher zurück.

Der Höchstwert des Richtstrahlwertes der Glühkathode ist nach LANGMUIR gegeben durch

$$R = j_k U / \pi \Delta U$$

wenn j_k die Emissionsstromdichte der Kathode, U die Strahlspannung und ΔU die Breite der Energieverteilung der die Kathode verlassenden Elektronen ist. Für Wolfram bei 2000° K ist $j_k = 2 \times 10^{-3}$ A/cm^2 und $\Delta U = 0,17$ eV, deshalb ergibt sich unter diesen Bedingungen der maximale Richtstrahlwert von $R = 1,9 \times 10^2$ A/cm$^2 \cdot$ sterad bei 50 kV Strahlspannung.

4. Diskussion der Ergebnisse. Außer der oben erwähnten Methode kann man den Querschnitt der Elektronenquelle aus Beobachtung der Fresnelschen Beugungssäume bestimmen; bei Unterfokussierung des Objektives kann man im Elektronenmikroskop eine stattliche Zahl von Beugungssäumen beobachten, wie Abb. 6 zeigt. Nun sei d der Durchmesser der Elektronenquelle, a der Abstand zwischen Kathode und Objekt, l die Entfernung des Objektes von der Scharfstellebene und ΔX_n der Abstand zweier aufeinanderfolgender Beugungsmaxima. Die zwei Maxima können getrennt beobachtet werden, wenn die Bedingung $d < \Delta X_n \cdot a/l$ erfüllt ist. Auf diese

Weise werteten wir mehrere Aufnahmen aus, und das Ergebnis war, daß d sowohl im Fall a als auch im Fall b kleiner als 4 μ sein mußte. Dieser Wert ist aber erheblich kleiner als die Größe des in Abb. 5 gezeigten kleinsten Strahlquerschnittes. Nach dieser Abbildung ist nämlich der Durchmesser des Teilquerschnittes, innerhalb dessen die Stromdichte größer als der e-te Teil der Maximalstromdichte ist, 10,8 μ im Fall a und 9,4 μ im Fall b.

Für die Diskrepanz zwischen der gemessenen Breite des engsten Querschnittes und dem aus den Fresnelsäumen bestimmten Querschnitt der Elektronenquelle kommen zwei Erklärungen in Frage: Man kann entweder annehmen, daß für die Trennbarkeit zweier benachbarter Fresnelsäume nicht die Breite der Stromdichteverteilung im engsten Querschnitt, sondern der Durchmesser des emittierenden Kathodenbereichs maßgebend ist. Oder man kann annehmen, daß für d in der Bedingung für Fresnelsäume nicht die-

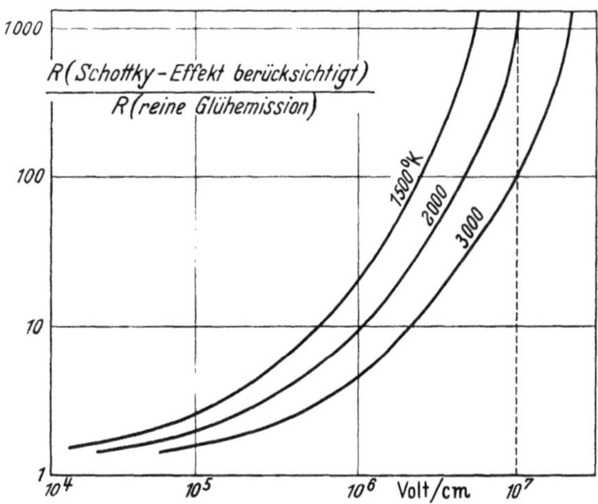

Abb. 7. Vermehrung des Richtstrahlwertes durch den Schottky-Effekt

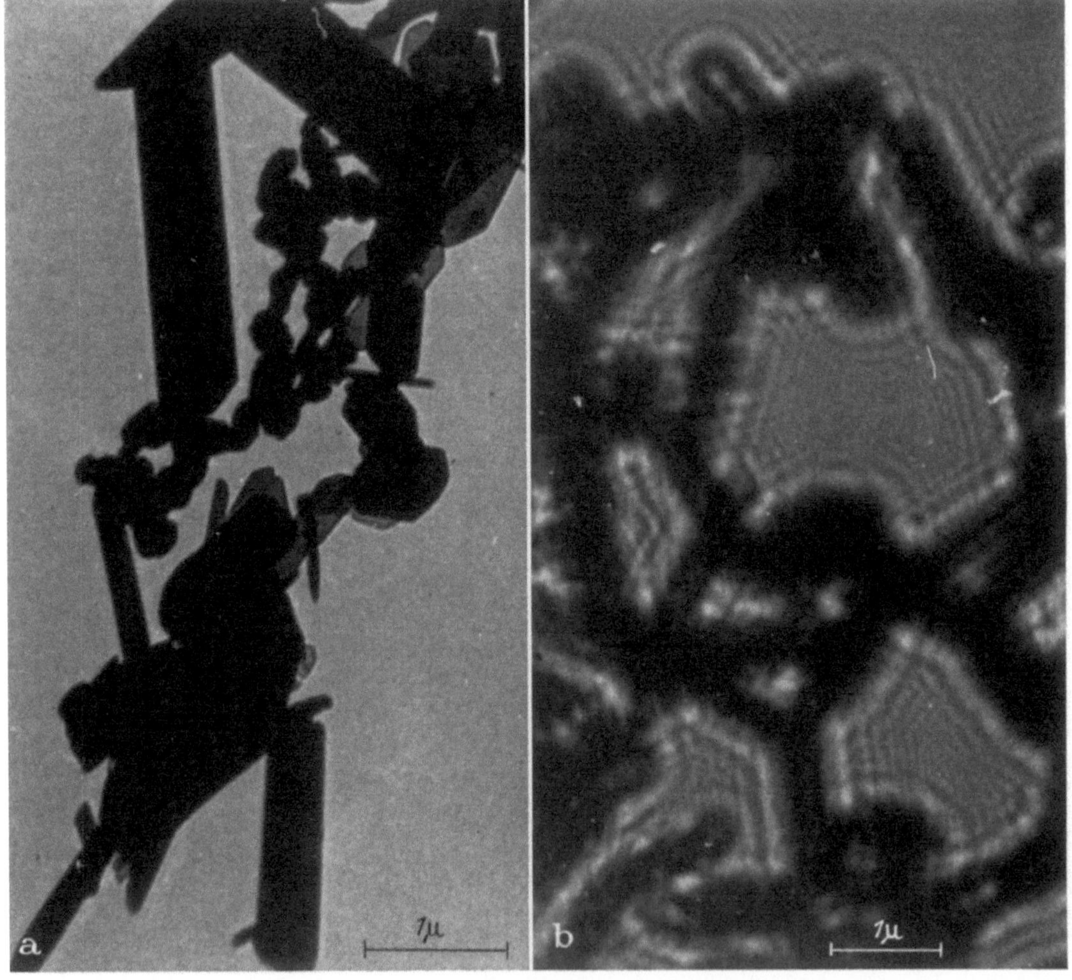

Abb. 8a und b. Mit einer Spitzenkathode aufgenommene schattenmikroskopische Bilder. a) $U = 50$ kV, $M_{el} = 1200$, $t = 3$ sec, b) $U = 50$ kV, $M_{el} = 870$, $t = 4$ sec

jenige Breite einzusetzen ist, innerhalb deren die Stromdichte auf den e-ten Teil ihres Maximalwertes absinkt, sondern eine geringere Breite, z. B. diejenige, die einer Abnahme auf etwa 75% entspricht. Wir können nicht mit Sicherheit feststellen, welche Erklärung tatsächlich die richtige ist, aber die erste Erklärung scheint uns plausibler zu sein: wegen der großen Aberrationen des Strahlerzeugersystems ist die Größe des kleinsten Strahlquerschnittes sehr wahrscheinlich viel größer als die Größe des geometrisch optischen Bildes der Kathode, die im Falle der Fresnelsäume von überwiegender Bedeutung ist.

In der obigen Darlegung spielt die Höhe der Temperatur der Kathode eine große Rolle. Die durchschnittliche Temperatur der Kathode ist, wenn man den Wehneltzylinder entfernt, leicht mit dem optischen Pyrometer zu messen. Sie betrug etwa 2000° K bei einem Strom von 6 A. Man kann annehmen, daß die Betriebstemperatur der Kathode von der auf diese Weise gemessenen Temperatur nicht wesentlich verschieden ist, weil diese Größe auch durch die sehr lange Lebensdauer der Kathode indirekt bestätigt wird.

Zusammenfassend scheint es uns, daß der sehr große Richtstrahlwert der Spitzenkathode seine wesentliche Ursache im Schottky-Effekt (T-F-Emission) hat. Abb. 7 zeigt die gerechnete Vergrößerung des Richtstrahlwertes durch Schottky-Effekt als Funktion der Feldstärke an der Kathodenoberfläche. Vergleicht man die Ergebnisse der Messung mit der Kurve in der Abbildung, so könnte man schließen, daß die Feldstärke an der Spitze ungefähr 10^7 V/cm ist, was mit den Ergebnissen unserer demnächst zu veröffentlichenden Näherungsrechnung in guter Übereinstimmung ist.

Die Vor- und Nachteile der Spitzenkathode als praktische Elektronenquelle wurden bereits oben aufgezählt. Abb. 8 zeigt schattenmikroskopische Bilder, die mit der Spitzenkathode aufgenommen wurden. Aus den dort angegebenen Daten der Aufnahmen ist besonders die bei Verwendung der Spitzenkathode erzielbare kurze Belichtungszeit hervorzuheben.

Literatur

1. Hibi, T.: J. Electronmicroscopy **4**, 10 (1956).
2. Sakaki, Y., u. G. Möllenstedt: Optik **13**, 193 (1956).
3. Maruse, S., u. Y. Sakaki: Über einige elektronenoptische Eigenschaften der Spitzenkathode: Optik (im Druck).
4. — u. K. Hara: Memoirs of facul. engineering, Nagoya Univ. **9**, 330 (1957).

The point cathode as an electron source

M. Drechsler*, V. E. Cosslett, and W. C. Nixon

Cavendish Laboratory, University of Cambridge (England)

Introduction

The electron source usually used in the electron microscope and other electron optical apparatus is the hair-pin cathode, producing a beam by thermionic emission. The use of a cold point cathode, as employed in the field emission microscope [Müller (*1*) (*22*)], promises certain advantages [Marton (*2*); Pattee (*3*)] owing to its very high specific emission. As compared with the value of about 1 Amp/cm² given by a hot cathode in normal operating conditions, the point cathode can give 10^4 Amp/cm² continuously and as much as 10^8 Amp/cm² in pulsed operation [Dyke and coworkers (*7*)], but only in very high vacuum. If it is heated to a temperature of 1 500°—2 000° C, the point can be used in poor vacuum; the emission is then of the Schottky type, intermediate between field and thermionic emission, and has come to be termed T-F emission [Dolan and Dyke (*4*)]. The original estimates by Marton and Pattee of the advantage to be gained from cold emission have been critically discussed by Cosslett and Haine (*5*), who showed that the full benefit of the high specific emission was not in practice available, owing primarily to the effects of spherical aberration in the electron lenses. At that time it was only possible to make a rough estimate of

<hr>

* Permanent address: Fritz-Haber-Institut der Max-Planck-Gesellschaft, Berlin-Dahlem.

these limitations and especially of the working conditions in which the cold or T-F cathode would be preferable to the hot cathode. As more detailed evidence is now available of the performance of these emitters, especially from the measurements of Drechsler and Henkel (6) and of Dyke and his school [Dyke and Dolan (7)], it is opportune to review the position, with special reference to point focus tubes. Meanwhile some evidence has also been provided by electron microscopists, in the course of photographing Fresnel fringes, of the practical value of the point cathode [Hibi (8); Sakaki and Möllenstedt (9); Sakaki et al. (10)]. Attempts to use it in electron probe work have so far proved disappointing [Marton, Schrack and Placious (11); Wittry (12)].

Cathode emission and useful life

The main difficulty in the practical application of the point cathode has been the lack of stability of the emission and the inadequate life time. The emitted current is subject to sudden variations and, unless it is carefully controlled, may increase with little warning to such a value that the tip is destroyed. Experience suggests that the main causes are the influence of the field binding energy and the development of crystal steps in a strong electric field (hill-formation, build-up). These influences and the conditions required to limit them will be critically discussed.

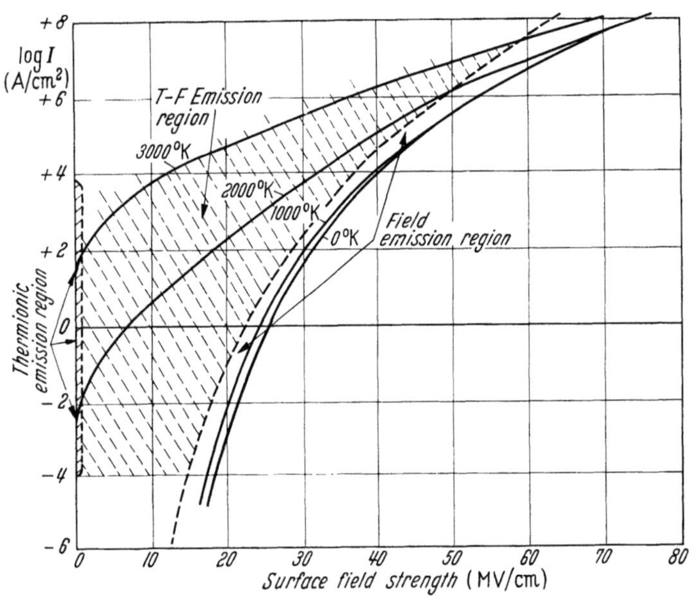

Fig. 1. Current density of electron emission as a function of temperature and field strength, calculated for clean tungsten

Particles on the surface of a solid possess an additional binding energy $\frac{1}{2} \alpha F^2$ [Drechsler (13)]. The total binding energy E_F is therefore

$$E_F = E_0 + \frac{1}{2} \alpha F^2$$

E_0 is the normal binding energy, calculated by using the next nearest neighbour theory of Kossel and Stranski, for example; α is the polarisability of the surface particles, which may be molecules, atoms or ions; and F is the field strength.

The surface of minimum potential energy for a crystal is a form with plane faces. If the field strength at the surface is in the range of 10 to 100 MV/cm, in the case of tungsten, the minimum potential is attained with a particular type of surface roughness [Drechsler (13)]. Consequently, in the presence of a strong field and if the temperature is high enough for surface migration, a smooth surface will change into a surface with microscopic hills. The hill height may be in the range of 2 Å to 10^4 Å. In the case of a cathode such hill growth produces a local increase of field strength and electron emission. In turn this causes a further increase in temperature and surface migration. The final result is a vacuum arc which melts the crystal locally and destroys the tip.

There appear to be three types of cathode conditions in which hill formation can be prevented:

1. Cold field emission. In this case the temperature is too low for surface migration and therefore hill formation cannot occur. Cold field emission, as normally employed in the field electron microscope, requires a vacuum of at least 10^{-7} mm Hg, very much better than is normal in an unbaked-out apparatus. If such a vacuum is not attained cathode sputtering occurs, which soon leads to local rise in temperature and so to surface migration and hill formation.

2. Pulsed T-F emission. Dyke and co-workers investigated the use of high voltage pulses of 10^{-6} sec duration, at a repetition rate of 100 per sec, in place of d.c. operation. They found a great improvement in emitter stability and life time. The most likely reason is that hill formation requires a time in the order of 1 sec, so that the small amount which occurs in a micro-second is smoothed out again by surface annealing in the much longer period of quiescence. The disadvantage of the pulsed cathode is the broad energy spectrum of the emitted electrons, due to the voltage not being constant during the pulse. The attainment in square pulses of the high constancy of voltage demanded by present types of electron lens, is a technical problem of some difficulty.

3. Continuous T-F emission. A T-F cathode can be operated continuously only at a much lower voltage than is used for pulsed emission, but the average current may still be as high. The field strength at the cathode surface may then be low enough to reduce the additional field binding energy to a point where hill formation is negligible, i.e. a field strength of order 10^7 V/cm, as compared with 3—$7 \cdot 10^7$ V/cm in pulsed emission. In order to obtain sufficient current, the cathode temperature must be almost as high as in a normal hot filament. The resulting current density, however, is in the range of 10^3—10^4 Amp/cm^2, as compared with 1—10 Amp/cm^2.

Table 1. *Methods of obtaining sufficient stability and life time of tungsten point cathodes for applications in electron optics*

1	2	3	4	5	6	7	8	9
Type of emission	Cathode temperature ° K	Field strength at the surface MV/cm	Tip radius in μ	Voltage for 10^{-4} A kV	Maximum current density in A/cm^2	Deviation in emission current in %/hr[1]	Required vacuum in mm Hg (or better)	Life time in hr [1]; [3]
Cold field (d.c.)	Room temperature (1 to 800°)	30—40	0.02—1	1—12	10^5 (10^{-10}mm Hg)	10% (10^{-7}mm Hg) 3% (10^{-9}mm Hg)	10^{-7} [2]	10—10^4
Pulsed T—F [4] (high field)	1200 to 2200°	40—70	0.1 —1	5—20	10^5 (average)[5]	5%	10^{-5}—10^{-4}	10—10^3
d.c. T—F (low field)	1800 to 2800°	1—20	0.5 —2	1—12	10^4	20%	10^{-5}—10^{-4}	1—10^2

[1] According to present experiments.

[2] Hard glass (Pyrex), which permits He-diffusion, should not be used.

[3] Much longer life times are available, if the emitter circuit includes a relay to switch the voltage off when the emitter current exceeds a given valvue. Regeneration is obtained by annealing.

[4] Order of repetition rate 100 per sec. Impulse duration, after DYKE and coworkers, 10^{-6} sec. Good experimental results are also obtained with longer impulses, up to 10^{-2} sec (M. D., unpublished).

[5] Maximum current density during micro-second pulse: 10^8 A/cm^2.

Current density depends primarily on the field streng that the surface and on the temperature(*4*). Fig. 1 shows the values calculated for a clean tungsten surface in dependence on field strength at four operating temperatures. True field emission is represented by the curve for $0°$ K, true thermionic emission by that for zero field. The region between relates to T-F emission[1], although it will be seen that there is no appreciable departure from cold emission until a temperature well above $1\,000°$ K is reached. Typical sets of operating conditions for each of the regimes are detailed in Table 1, including the desirable tip radius and estimates of the life-time and the variation in emission current. The simplest and probably the best mode of operation suited to a demountable apparatus, such as the X-ray microscope, is that of continuous (or d.c.) T-F emission. Pulsed T-F operation is ruled out by the need for constant voltage, to counter the chromatic aberration of electron lenses. Cold emission requires a vacuum that can only be attained in a sealed-off apparatus. It may be noted that even longer life-times than those stated can be obtained if a relay is included in the emitter circuit which will switch off the applied voltage when the current exceeds a given value, of order 10^{-4} Amp, in order to forestall a vacuum arc. Experiments with a thyratron relay have given promising results (M. D., unpublished).

---

[1] We use the term "T—F emission" in a general sense for any conditions in which a stronger field is applied than usual in thermionic emission, whereas DOLAN and DYKE (*4*) use it only when high fields ($> 3 \cdot 10^7$ V/cm) and high temperatures prevail.

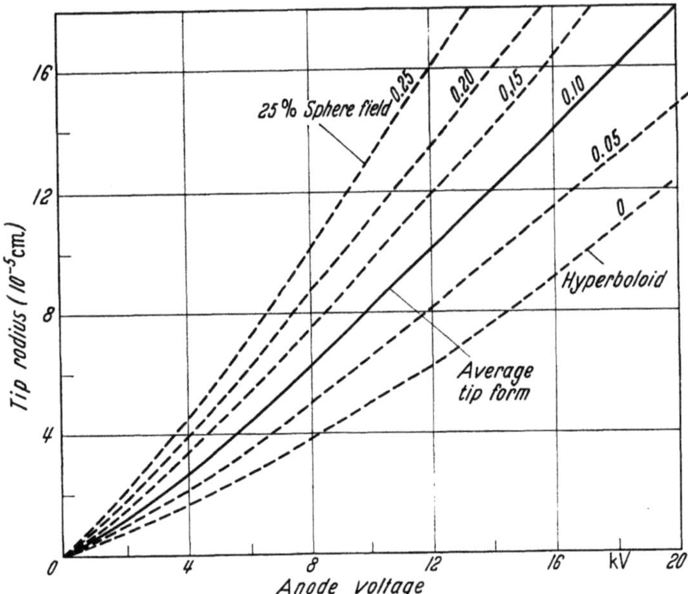

Fig. 2. Anode voltage for an emission of 10⁻⁶ Amp, in function of tip radius, for a number of different profiles of a clean tungsten point (cold emission). [cf. Drechsler and Henkel (6)]

Measurement of tip radius and tip temperature

A point of practical importance is the determination of the radius of the cathode tip, which is often beyond the resolution of the optical microscope. Although in the first place it can be measured in an electron microscope, it is of importance to be able to check it periodically during operation by means of current-voltage measurements. Incipient hill formation can be rectified by tempering, that is, by raising the tip to a temperature of about 3000° K for a few minutes in the absence of applied field. The radius cannot be deduced with sufficient accuracy from the amount of emission at given voltage, owing to the exponential variation of current with both temperature and field strength which

greatly exaggerates the effect of local irregularities in the surface. The only satisfactory method is to revert to cold emission and to measure the current drawn at given voltage (Drechsler and Henkel, 1954). To minimise the possibility of damage to the tip in the comparatively poor vacuum of a demountable apparatus, it is advisable to adopt 1 μAmp instead of 10 μAmp as the reference current and to limit to about 10 sec the time during which high voltage is applied. In any case it is recommended that the tip be annealed afterwards by holding at 2500° C for a few minutes without field applied. Fig. 2 provides the required curves of tip radius against anode voltage for a current of 1 μAmp and a number of different tip profiles (cf. Drechsler and Henkel, 1954).

A further problem is the determination of the temperature of the emitting tip. A calibration curve is given in Fig. 3 for typical experimental conditions: thickness of supporting tungsten loop, 0.1 mm, length of loop between massive heating current leads, 19.2 $\pm$ 1 mm. The measurements are made: from 290° to 1,100° K with the thermocouple and from 1,100° to 2,800° K with the pyrometer. Measurement errors in the range 0.5% to 1% abs. Allowance must be made for the temperature drop from the loop to the cathode tip. If the tip of the tungsten needle extends 1 mm beyond the point of connection with the loop, the drop is of order 10° C if the loop is at 1000° C, and 180° C if it is at 2000° C. Details of the method of producing fine tungsten points

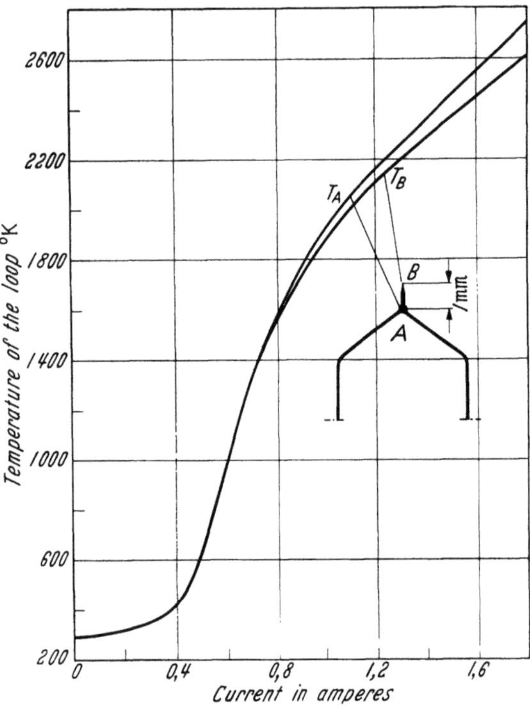

Fig. 3. Temperature of a loop of tungsten wire as a function of the heating current; for experimental conditions, see text. T_A Temperature of the loop. T_B Temperature of the top of the tip. (After Forst and Drechsler, unpublished). Diameter of the tungsten wire: 0.1 mm; Length of the tungsten loop: 19.2 $\pm$ 1 mm

and attaching them to a heating loop are given by MÜLLER (*1*) (*22*), DYKE and DOLAN (*7*) and NIEMECK and RUPPIN (*23*).

Electron optical limitations

Although the point cathode in T-F emission yields a current density some 10^3 times that of the conventional hot filament, advantage cannot be taken of the whole of this increase owing to the spherical aberration of the electron lens used for focusing the electron beam. The true geometrical ("Gaussian") image of the cathode is very much smaller than the disc of confusion produced by the aberration. To keep the disc to reasonable size the lens aperture must be stopped down. The emission from the point is almost radial, being contained in a cone of semi-angle about 1 radian, so that the cathode should be as close as possible to the aperture of the lens, in order to gather as much as possible of the emission. Unfortunately the aberration disc increases in size as the cathode approaches the lens. For a lens of given properties there is an optimum magnification for which the current delivered into a disc of given size is a maximum (COSSLETT and HAINE (*5*)]. In thin lens theory this optimum is $3 \times$, in thick lens theory it is nearer to $2 \times$, but the maximum is very flat (Table 2). The current I_f delivered into a spot of radius r_2 by a lens of spherical aberration coefficient C_s is then

$$I_f = 0.94\,\pi\,i_1 \cdot (r_2/C_s)^{2/3} \tag{1}$$

where i_1 is the current per unit solid angle in the electron beam reaching the aperture from the field emitter. Eq. 1 can alternatively be written

$$I_f = 0.94\,\pi^2\beta\,r_1{}^2 \cdot (r_2/C_s)^{2/3} \tag{2}$$

where β is the brightness of the beam in Amp/cm^{-2} steradian^{-1} and r_1 the radius of the virtual cathode, that is, of the minimum cross-section formed by producing backwards the electron paths at the aperture, — not to be confused with the actual cathode radius r_c, which is much larger (Fig. 4). Ambiguity is also possible in the interpretation of i_1, which is equal to the emitted current I_1 divided by the solid angle within which it is contained, $\pi\alpha_1{}^2$. Just as β refers to the current density at a point in any plane of the optical system, divided by the solid angle of the pencil of rays passing through the point, so i_1 must refer to the solid angle formed by the electron paths through the *virtual* image of the cathode. This angle is not necessarily the same as the angle enclosed by the beam approaching the aperture; this will only be so if the electric field between cathode and anode has no aberrations [HAINE (*14*)].

Table 2. *Effect of magnification M on focused current I_f when spot size is determined by spherical aberration only.* $A =$ numerical factor in Eq. (1) for I_f

M.	0.5	1	2	3	4	5	10
A.	0.41	0.76	0.94	0.89	0.81	0.71	0.51

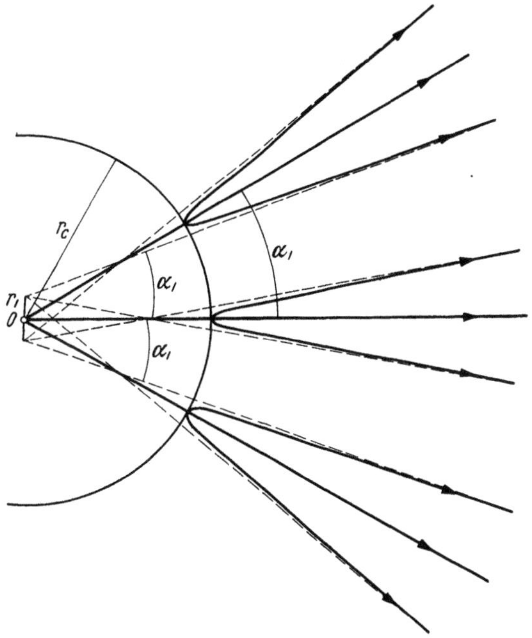

Fig. 4. Formation of virtual cathode (radius r_1) at centre of actual cathode (radius r_c) in ideal conditions

In fact the field will closely approximate to an ideal focussing field, since the cathode tip is usually near hemispherical in form and the voltage drop is very steep close to it. The electron paths would be radial, if it were not for the small lateral velocity of emission due to the thermal motion of electrons in the metal. The actual paths will be asymptotic to radii (Fig. 4). If the surface is truly hemispherical, the principal ray of each pencil will be radial and all will intersect at the centre of curvature of the emitting surface. The outer rays of each pencil will intersect at points above and below the centre, defining the virtual cathode as a disc with its centre at that of the cathode and of radius r_1. Each point in the virtual cathode then radiates into a cone of semiangle equal to the angle α_1 of the beam as a whole. Hence it is enough to measure α_1, on a fluorescent screen, for instance, and the total current I_1 for the value of i_1 to be known. The current in any size of electron spot for a lens of known C_s can then be calculated from Eq. 1. For all practical purposes C_s may be taken equal to the lens focal length, which is given for a particular beam voltage, lens excitation and lens dimensions by standard relations [Liebmann (15)].

It is also useful to know the beam brightness, β_1, which, by the electron optical equivalent of the Helmholtz-Lagrange equation, is related to conditions at the cathode surface by

$$\beta_1 = \beta_0 \cdot \frac{V_1}{V_0} = \varrho_0/\pi \, \mathrm{Sin}^2 \, \alpha_0 \cdot V_1/V_0 \tag{3}$$

where V_1 is the anode voltage, V_0 represents the velocity of electrons on emission, and α_0 is the maximum semi-angle of emission. If we assume them to be emitted over all angles to the surface, $\sin \alpha_0$ becomes unity. The value of V_0 has been given by Dyke and Dolan (7) for different conditions of operation. For T-F emission it is of order 1 V. Thus for a cathode giving a current density ϱ_0 of 10^4 Amp/cm² with an anode voltage of 10 kV, the value of β_1 is $3 \cdot 10^7$.

It is interesting to evaluate r_1, which is given by

$$r_1^2 = r_0^2/\mathrm{Sin}^2 \, \alpha_1 \cdot V_0/V_1 \tag{4}$$

The value of α_1 is of order 1 radian in the usual conditions of cathode operation, from the measurements of Dyke, Trolan, Dolan and Barnes (16) and of Drechsler and Henkel (6). Since the radius of the virtual cathode is independent of the area of cathode which is emitting, from Fig. 5, it follows that r_1 gives the resolution limit of the field emission microscope. Eq. (4) is in fact almost identical with the first part of that arrived at by Müller (17) by another line of reasoning; he includes also the effect of diffraction. If $r_0 = 1 \, \mu$ and $V_1/V_0 = 10^4$, then eq. 4 gives $r_1 = 120 \, \text{Å}$; with $r_0 = 0.1 \, \mu$, it is 12 Å, which is close to the best resolution so far attained. This agreement indicates that the conclusions reached, on the assumption that the tip is hemispherical, would not be significantly altered by taking into account the fact that it is usually more nearly a hyperboloid of revolution [cf. Drechsler and Müller (18)].

Conditions for optimum current

Maximum focused current will be obtained when the initial current I_1 is high and the initial beam angle α_1 and the aberration constant C_s are low [eq. (1)]. The current density from the cathode depends on field strength F and temperature, to both of which a maximum will be set according to the desired lifetime. I_1 can only be increased by increasing the size of the cathode r_0, but anode voltage must also be raised to maintain field strength since, in sufficiently good approximation, $F \alpha V/r$. As the maximum anode voltage is usually fixed by extraneous considerations, such as wavelength distribution and target heating in an X-ray tube, the cathode size and total current cannot be increased beyond a certain point. From the relation given by Drechsler and Henkel (6), a field of $2 \cdot 10^7$ V/cm at a tip of radius $3 \, \mu$ would require an anode voltage of 30 kV, which is already high for X-ray microscopy. Post-deceleration of the electron beam could be employed with advantage, since current density varies exponentially with voltage at the cathode, but only inversely with the voltage through the optical system.

Of the other variables, C_s can be kept small by using an electron lens of short focal length and in principle it should be possible to confine the beam in a smaller semi-angle, α_1. As eq. 4 shows, the size of the virtual cathode will increase as α_1 is decreased, but in this imaging system the value of r_1 is of secondary importance, because the electron spot size is determined by the disc of confusion, not by the Gaussian image. The technical means of changing α_1 need careful design, however, since the simple application of a strong biassing field may reduce unduly the field at the cathode surface and hence the emission. But it should be possible to shape the field just beyond its immediate vicinity so as to reduce the final beam angle below the usual high value of 1 radian, without upsetting surface conditions. Preliminary experiments have given promising results and controlled quantitative work is now in hand.

The ultimate electron optical solution thus would appear to be a compromise between the electron gun used in electron microscopy and the conditions of field emission microscopy. Although the anode voltage of the electron microscope is high (50—100 kV) the filament radius is also high (50—100 μ). The field at the cathode surface can rarely exceed $2 \cdot 10^6$V/cm, at which field emission is negligible, even in T-F conditions. Some qualitative trials by SAKAKI and MÖLLENSTEDT (9) and by HIBI (19) have indicated that much higher intensity is obtainable by using a cathode of radius about 1 μ. The exposure times given by HIBI for recording Fresnel fringes at a magnification of 80,000 $\times$ suggest that he was operating in T-F conditions. At the same time some recent work by BARBOUR et al. (20) has proved the stabilising influence of a bias voltage in pulsed operation, leading to very long cathode life. The prospects are therefore good for the development of a three electrode continuously emitting electron source in T-F conditions.

Comparison with normal electron gun

It remains to define the range of conditions in which such an electron gun would be superior to that in normal use. From the data given above, the maximum current density that can be expected in continuous operation is 10^4 Amp/cm², with the cathode at $2\,800°$ C and a surface field of $2 \cdot 10^7$ V/cm. Taking the maximum usable tip radius as 2 μ, this gives a current of about 10^{-3} Amp and an angular current density of $0.5 \cdot 10^{-3}$ Amp/sterad. This value is one-half that assumed to be available in the earlier comparative study (COSSLETT and HAINE (5)]. The current focused into a spot of given size r_2 is then given by eq. (1).

The corresponding equation for the focused current when thermionic emission from a hot filament is employed may be written

$$I_t = 4 \pi^2 \beta_t \cdot r_2^{8/3} \cdot (2C_s)^{-2/3} \tag{5}$$

It was previously assumed that the maximum brightness β_t could be taken as $4 \cdot 10^5$ Amp/cm²/ sterad, on the basis of measurements with high voltage guns [HAINE and EINSTEIN (21)]. In the conditions of X-ray microscopy a value of 10^5 only is likely to be attained, consistent with reasonably long cathode life.

In comparing the results of eq. (1) and eq. (5), different values of C_s must be taken. The thermionic filament has to be strongly demagnified, so that the lens focal length will be short and we may take $f = 1$ mm $= C_s$. The field emitter, on the other hand, has to be imaged at a magnification of about 2 for optimum current collection. As the anode-tip distance cannot well be less than 5 mm, the lens must be operated at $f = 10$ mm $= C_s$. With these values, eq. 1 and 5 show that the thermionic filament will provide more focused current than the field emitter at spots of radii greater than 0.12 μ; for smaller spots the latter is superior. At the critical spot size of 0.12 μ, the focused current is 0.8 μ Amp out of an assumed total current of 10^3 μ Amp. It must be noted that the virtual radius of a tip of radius 2 μ is about 250 Å in the operating conditions assumed, and its Gaussian image at $M = 2$ will be 0.05 μ. There is therefore little room for decreasing α_1 by experimenting with a bias voltage, since this will increase r_1 and its image in the same proportion.

We wish to thank Mr. D. SWIFT, for his help in preparing tungsten point cathodes, and the Department of Scientific and Industrial Research for the award of a Senior Visiting Fellowship to one of us (M. D.) which made our collaboration possible.

References

1. MÜLLER, E. W.: Z. Physik **106**, 541 (1937).
2. MARTON, L.: Proc. Electron Optics Symp. Washington 1951. Nat. Bur. of Standards Publ. No. 527, 265 (1954).
3. PATTEE, H. H.: J. opt. Soc. Amer. **43**, 61 (1953).
4. DOLAN, W. W., and W. P. DYKE: Physic. Rev. **95**, 327 (1954).
5. COSSLETT, V. E., and M. E. HAINE: Proc. Conf. Electron Microscopy, London 1954 (Royal Microscopical Soc., London; 1956) p. 639.
6. DRECHSLER, M., u. E. HENKEL: Z. angew. Physik **6**, 341 (1954).
7. DYKE, W. P., and W. W. DOLAN: Advanc. Electronics **8**, 89 (1956).
8. HIBI, T.: Proc. Conf. Electron Microscopy, London 1954 (Royal Microscopical Society, London; 1956) p.636.
9. SAKAKI, Y., u. G. MÖLLENSTEDT: Optik **13**, 193 (1956).

10. Sakaki, Y., S. Maruse, K. Hara, M. Morito and T. Komoda: Proc. Electron Microscopy Conf., Tokyo, 1956 (Japanese Society for Electron Microscopy, Tokyo; 1957) p. 143.
11. Marton, L., R. A. Schrack and R. B. Placious: Proc. Sympos. X-ray Microscopy and Microradiography, Cambridge 1956 (Academic Press, New York; 1957) p. 287.
12. Wittry, D. B.: Thesis, California Inst. of Technology. Pasadena 1957.
13. Drechsler, M.: Z. Elektrochem. **61,** 48 (1957).
14. Haine, M. E.: J. Brit. Radio Engrs. **17,** 211 (1957).
15. Liebmann, G.: Proc. Phys. Soc. B **68,** 737 (1955).
16. Dyke, W. P., J. K. Trolan, W. W. Dolan and G. Barnes: J. appl. Physics **24,** 570 (1953).
17. Müller, E. W.: Z. Physik **120,** 270 (1943).
18. Drechsler, M., and E. W. Müller: Z. Physik **132,** 195 (1952).
19. Hibi, T.: J. Electron Microscopy, Japan **4,** 11 (1956).
20. Barbour, J. P., R. W. Strayer, R. L. Floyd, E. E. Martin, J. K. Trolan and W. P. Dyke: Bull. Amer. Phys. Soc. **2,** 269 (1957).
21. Haine, M. E., and P. A. Einstein: Brit. J. appl. Physics **3,** 40 (1952).
22. Müller, E. W.: Ergebn. d. exakt. Naturwiss. XXVII, 290 (1953).
23. Niemeck, F. W., und D. Ruppin: Z. angew. Physik **6,** 1 (1954).

Recent progress in field emission at high current densities*, **

J. K. Trolan and W. P. Dyke

Linfield Research Institute, McMinnville, Oregon (USA)

Major program objectives. The primary objective of the program has been to investigate the properties of the field emitter under a wide range of operating temperatures and field, also to study the various phenomena associated with field emission at higher current densities than had been previously attained under controlled conditions. A secondary objective, of technological importance, involved investigation of methods by which field emission could be stabilized at useful levels of current and voltage for possible application as a cathode in electron devices.

Experimental test of theory at high current densities. Measurement of field emission at the higher current densities was made possible through the utilization of pulse techniques (1). This involved drawing current from the field emission needle over microsecond intervals of time and recording both the applied voltage and current by means of high speed oscilloscopes. The value of the technique lay in providing data reproducibility through minimizing deleterious effects, such as vacuum deterioration and/or ion bombardment of the emitter tip, usually associated with passage of high currents at relatively high voltages in vacuum tubes. Data were reproducible up to current densities of 10^8 A/cm². Reference (1) describes the experimental arrangement and also reports the compliance of the observed emission with the prediction from the Fowler-Nordheim theory (2) and the applied voltage up to current densities of the order of 10^7 A/cm² at which level a deviation occurs. The latter was attributed to the presence of electron space charge in the vicinity of the field emission tip (1). In addition, the onset of a vacuum arc resulting from excessive emission current density was noted and discussed (1). Experimental comparison with the predictions of the Fowler-Nordheim theory required a simultaneous determination of the variables J, the current density; F, the electric field at the tip; and $\varnothing$, the work function of the emitting surface. Precise knowledge of the tip shape was provided through direct observation of the tip profile with a modified RCA Type EMT electron microscope (3). When it was observed that a close fit could be obtained between the electron-micrograph of an emitter tip profile and a properly chosen equipotential in the system surrounding an isolated sphere-on-orthogonal-cone. an improved method was devised for determining the value of the electric field at the cathode

* This work has been supported by the US Navy Office of Naval Research, Bureau of Ships, Bureau of Ordnance. the US Air Force, and Research Corporation.

** At the request of the program chairman this paper summarizes some 12 years of work carried on by the research group formerly at Linfield College and presently at Linfield Research Institute. Since the major portion of this work appears in the available scientific literature, and in order to minimize the text and number of figures of this conference report. the early work is very briefly summarized with careful reference to the literature wheer required.

surface (*3*). This more accurate value of the field, along with values of the emitting area determined from emitter micrographs and the emission pattern, and a work function value taken from thermionic data, permitted comparison between experiment and theory. Good agreement was observed over a very wide range of current densities except at the very high levels noted below.

Field emission vacuum arc. An excessive current density at the emitter tip results in a destructive low impedance vacuum arc (*1*). Studies made at high current densities identified characteristic effects that are observable prior to arc initiation, on the emission pattern as well as on the oscilloscope current trace. These effects consistently preceded the onset of the vacuum arc and could be used to identify the current level, hence the current density, at which the vacuum arc would occur. A detailed study of the effect of emission parameter variations upon arc initiation thus became possible as reported in reference (*4*). In reference (*5*) the energy input due to resistive heating and the loss due to thermal conduction were considered. Sufficient heating was predicted to raise the tip temperature in one microsecond to a level at which evaporation was significant. In the proposed arc initiation mechanism, evaporated atoms from the tip are ionized in the intense electron beam. The resulting positive ions enhance the cathode electric field and hence the emitted current. Thus a regenerative process results through which the arc can be initiated in a period of the order of 10^{-8} sec. Good agreement has been found (*4, 5*) between the observed experimental pre-arc field current density and calculated values for which evaporation was predicted.

Space charge in field emission. Space charge in field emission had been considered earlier by STERN, GOSSLING and FOWLER (*6*). However, the limitation of maximum current density imposed by steady state emission operation had prevented experimental observation of such an effect. Pulse techniques permitted operation at higher current density levels at which space charge effects could be identified. The identification is reported in reference (*7*) and consists of a departure from linearity at very high current densities in a $\ln I/V^2$ vs $1/V$ plot, where I is emitted current and V is the applied voltage. Such a departure is not predicted by the Fowler-Nordheim relationship (*2*) when space charge effects are neglected. Space charge was considered from a theoretical viewpoint for a simplified model consisting of plane electrodes with boundary conditions appropriate to field emission (*7*). Values of the cathode electric field were obtained from a solution of POISSON's equation; this resulted in a generalization of CHILD's equation which is asymptotic to it when the applied potential is large compared with the value required for appreciable field emission. Theoretical predictions were made for several different values of work function over a wide range of field and current density. These predictions were compared to the results obtained experimentally for several different values of work function provided by various degrees of surface coating of barium on tungsten (*7*). The comparison showed that while space charge was not necessarily the only effect involved, the observed departure from linearity was in agreement with the predictions of the Fowler-Nordheim theory when space charge effects are considered. For typical cathode geometries space charge effects occur at current densities of about 3 to 5×10^7 A/cm². In addition to the current-voltage response of the field emission cathode, significant features of the electron emission pattern observed at high current densities were explained (*7*) as effects due to space charge.

Temperature and field emission of electrons. Numerical methods were used to calculate the current density and the distribution in energy of electrons emitted from metals over a wider range of temperature, applied surface electric field and work function than had theretofore been possible (*8*). Predictions for various combinations of those variables were presented in graphical form in the cited reference, and comparisons were made with existing experimental data. In addition, a qualitative comparison was made with the previous experiments on the transition between normal field emission and the vacuum arc. Reference (*9*) describes an experimental study of temperature-and-field emission, frequently abbreviated as T-F emission, in which the average electron current density from a clean tungsten monocrystal was measured within the field and temperature ranges of $2.5 \times 10^7 < F < 7 \times 10^7$ v/cm and $300° < T < 2000°$ K. The experimental results were in good agreement with the calculated values of reference (*8*). These results corroborated the work of reference (*5*); further confirmation was thus found that a high cathode temperature was an arc-initiating factor.

Surface migration phenomena. The pulsed T-F emission electron microscope (10), a modification of the conventional electron projection microscope (11) which generally utilizes continuous or dc voltages, proved to be a valuable tool for the investigation of various emission phenomena. The emission pattern can be used to identify and study a number of mechanisms at the emitting surface; however, when it is used with constant applied voltage many of the phenomena to be investigated are affected strongly by the presence of the electric field. In the pulsed microscope the ratio of on-time to off-time of the electric field can be made negligibly small by the application of microsecond or shorter pulses at very low repetition rates, e. g., 15—30 per second. Thus the emission pattern can be visually monitored but with negligible electric field effect on the mechanism under study. This instrument is particularly useful for the observation of processes occurring at the tip at high temperature; the latter provides a clean emitter surface even in the presence of relatively high gas pressures and permits studies of surface migration and cathode blunting of the clean surface in the absence of electric field.

The T-F emission microscope was used near the upper current density limit to observe detail in the emission pattern in the normally dark areas, such as the 110, 211 and 100 crystal planes. This detail was made visible at high current densities when space charge reduced the normal pattern contrast. The pattern detail consisted of a bright ring of emission in the 110 crystal plane which would shrink in diameter at elevated temperature and vanish, only to recur at the edges of the plane after a short period of time. This detail, referred to as a "collapsing ring", was studied (12) and was proven to be associated with the loss of a single atom layer from the crystal comprising the cathode tip, causing a change in the emitter length which was equal on the average to the interplanar spacing of the crystal face under investigation. These details were utilized in the investigation of emitter transport processes.

The collapsing ring technique can be used to determine the recession rate of the tip in an accurate and nearly instantaneous manner. The dependence of recession rate on emitter temperature can be observed and these data used to determine the activation energy for the transport process involved. In the case of tungsten this value has been measured as 74,000 cal/mol $=$ 3.2 ev/atom (13). In the same reference the effect of an externally applied electric field upon the transport rate was investigated and led to an evaluation of the surface tension of tungsten of 2,500 dynes/cm at a temperature of 2,000° K. A subsequent work on the blunting of tungsten needles (14) and application of the theory developed by Herring (15) to the blunting process clearly distinguished the atom transport process as surface diffusion rather than volume diffusion for the values of parameters maintained in the experiments, namely, for temperatures from 2,600° to 2,900° C and radii from 3×10^{-6} to 3×10^{-5} cm. The latter experiment was performed within a conventional electron microscope, RCA Type EMT, which was modified to permit heating the emitter within the microscope column and which afforded direct observation upon the phosphor screen of the blunting and its rate.

Stability and life of the cold tungsten cathode. *A. Steady state operation.* Stability is determined by a constant field current as a function of time while the voltage is held constant. A generalization can be made that stability will be maintained provided the work function of an emitting surface, the electric field and the emitting area remain constant. Residual gases may affect the surface work function upon adsorption, may alter the electric field as a result of ion sputtering following ionization in the electron discharge, or may change the effective emitting area through either of the indicated processes. Stability has been improved by providing more favorable environmental conditions for the field emission cathode as a result of the following three procedures:

1. use of high density envelope material, such as Corning Type 1720 glass, which is essentially impervious to the diffusion of either chemically active or inert atmospheric gases;

2. use of highly refractory material, such as tungsten, for the tube electrodes so that stringent outgassing and evacuation procedures can be employed;

3. use of an enclosing anode structure which surrounds the cathode and its support assembly in a manner which favors the trapping of secondary electrons arising at collection surfaces.

Use of these methods has yielded stable, steady state operation of unheated tungsten field emitters in excess of 1000 hr at useful current levels. Fig. 1 illustrates the best degree of stability that has thus far been achieved. Usually the current drift has been in the range of 2 to 5% per 100 hr of operation at a current level of 100 μA.

Cathode performance under these conditions generally takes on a definite character typified by the approximate linearity of the logarithm of the emitted current when plotted against the operating time. A mathematical expression predicting this dependence of the emitted current

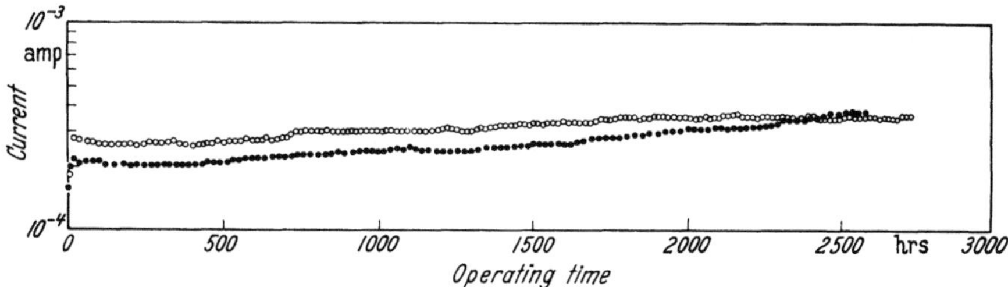

Fig. 1. Field emission current during two successive tests of a tungsten emitter, 8.7 kv fixed voltage operation, 1720 glass envelope, enclosing tungsten anode

on time can be derived on the basis of assumed mechanisms which appear to be reasonable. These assumptions are: 1) that a high work function contamination results from release of gas, by momentum transfer processes, at electron bombarded surfaces, hence that the effective pressure of contaminant is proportional to the emitted current; 2) that for low degrees of con-

taminant coverage the sticking probability is a constant and current is proportional to uncontaminated area. Under these assumptions an expression, $I = I_0$ exp. $(- I_0 K t)$ results, where I_0 is the initial current, t is time, and K is a constant. The applicability of this relation to observed experimental data is apparent in Fig. 2. which shows the performance of a cold field emission cathode when operated in the same tube at different current and voltage levels. It can be seen from these results that K is nearly constant throughout a wide range of current and

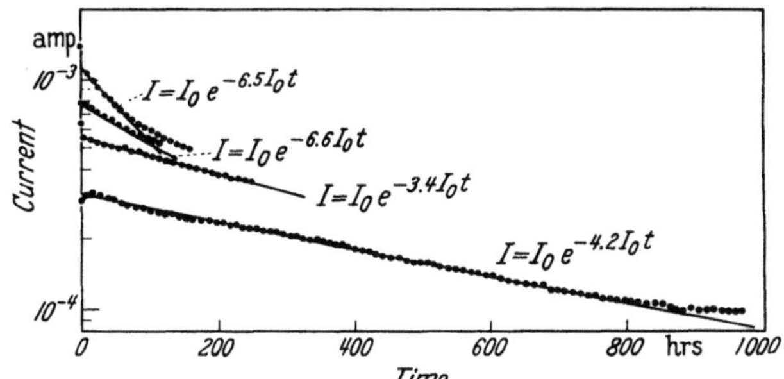

Fig. 2. Field emission current during periods of fixed voltage operation of a tungsten cathode at different initial current levels, 1720 glass envelope, enclosing tungsten anode

power levels within the tube. Similar results are found for other tubes. The value of K may differ from tube to tube; its value, as determined in a given tube, may be used as an indication of the quality of environment provided. No apparent fundamental lower limit in K has yet

been reached; thus further improvement in stability is anticipated.

B. Pulsed Operation. The cold tungsten cathode in good environment was operated with microsecond voltage pulses at repetition rates of 120 pulses /sec; current density was in the range 1/10 to 5/10 of that for which resistive heating would be significant. Results of such

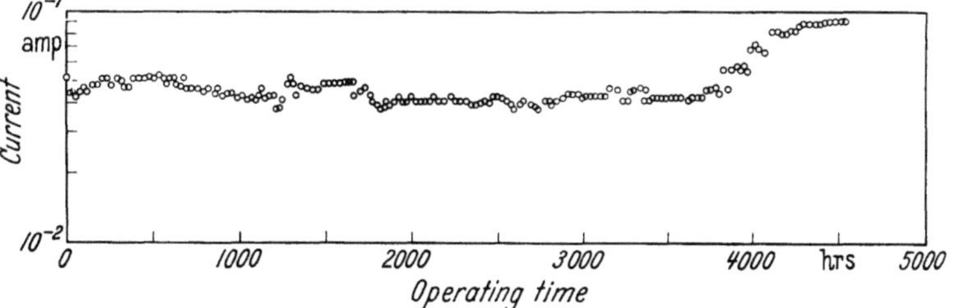

Fig. 3. Field emission current of a cold tungsten cathode versus operating time for constant pulse voltage of one microsecond duration, 120 pulses per second, 1720 glass envelope, enclosing tungsten anode

tests are shown in Fig. 3 which shows a high degree of electrical stability over long periods of time at high current levels. In this type of operation, two problems are of concern: first, the gradual change of current with time (instability) and, second, termination of emitter life through a vacuum arc. While possible explanations of surface changes leading to the initiation of the vacuum arc for cold cathode operation are available, actual mechanisms are still uncertain.

Life and stability of the pulsed heated cathode. It has long been recognized that heating a field emitter to a high temperature both cleans and smooths its surface. Application of a high continuous field to a heated cathode causes surface migration of the thermally agitated atoms such that the cathode deforms into a polyhedral shape referred to as a "build-up", which may result in excessive current densities at ridges or peaks of intersecting crystal planes. However, it is possible to heat the emitter continuously to clean and smooth its surface while simultaneously pulsing it periodically with a high electric field to provide emission for various applications. This method, which is useful in prolonging the life and stability of the cathode under vacuum conditions of inferior quality (pressures as high as 10^{-5} to 10^{-4} mm Hg) has been tested on some 80 emitters. Results shown in Fig. 4 (lower curve) reveal an average life of 111 hr for cathodes operated over a wide range of experimental conditions, such as heat treatment of the wire from which the field emitter is fabricated, current density of operation, pulse repetition rate and duty cycle, average anode power, emitter tip temperature, etc.

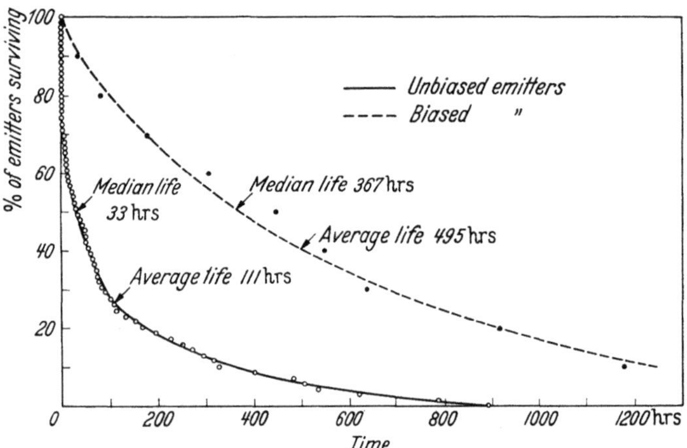

Fig. 4. Percentage of surviving emitters in heated emitter life test program versus operating time, pulsed operation of one microsecond duration, 120 pulses per second

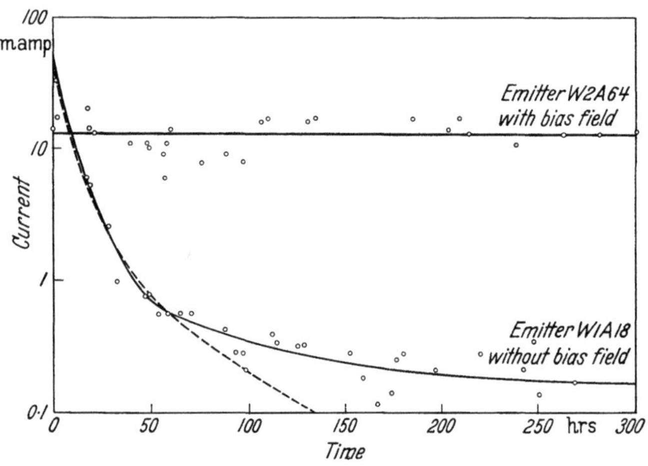

Fig. 5. Effect of bias field on the electrical stability of the heated field emitter; upper curve with bias field, lower curve without bias field

At the temperature appropriate for cleaning of the emitter's surface, surface migration slowly dulls the tip resulting in a gradual decrease in emitted current for a given applied voltage. Thus while providing a clean, smooth surface, the method results in geometrical instability of the tip with an accompanying electrical instability. Previously acquired knowledge of surface migration properties has provided means of preventing this type of instability. If a low level electric field is continuously applied at the tip, the effect of surface forces which tend to dull the tip can be counteracted by oppositely directed electrostatic forces, resulting in negligible net migration and thus preventing dulling while an elevated temperature is used simultaneously to provide electrical stability. The latter field is often referred to as a "bias field"[1]. Fig. 5, which compares the electrical performance of two heated emitters, the upper curve with bias field and the lower curve without bias field, shows that in addition to the marked improvement in stability, the life of the cathode is also prolonged. This result is shown in Fig. 4 (upper curve); under biased operation the average emitter life has been extended for the nine emitters tested to 495 hr or about a factor of 4-1/2 improvement over that of the unbiased emitters.

---

[1] Bias fields in this instance were approximately $^{1}/_{3}$ that required for operation.

A possible explanation is that application of the field prevents emitter dulling and hence the uncovering of large amounts of impurity in the metal. If an appreciable amount of impurity is exposed at the emitter surface, it can cause excessive current densities which may result in life termination through a vacuum arc.

Several tentative conclusions can be drawn from the life test data that have been accumulated up to the present time for pulsed heated emitters both with and without bias field:

1. maximum life is found for the temperature range from 1850° to 2200° K for tungsten; life is relatively insensitive to temperature change within this range;

2. emitter life is dependent upon the purity of fabrication stock, but heat treatment that results in longer single crystals does not appear to lengthen the emitter life;

3. emitter dulling is eliminated by low level bias fields, greatly increasing both emitter life and current-voltage stability;

4. emitter life is influenced by the material of the anode as well as gas pressure within the tube;

5. there is no evidence of statistical correlation of observable emission pattern irregularities (visible contamination spots, crystal boundaries, etc.) with emitter life.

The summary nature of this report has prevented direct recognition of many individuals whose work is reported. While literature reference has included many, the authors wish to extend thanks to all their colleagues at LRI who have participated in this work.

References

1. Dyke, W. P., and J. K. Trolan: Physic. Rev. **89,** 799 (1953).
2. Fowler, R. H., and L. W. Nordheim: Proc. roy. Soc. A **119,** 173 (1928).
3. Dyke, W. P., J. K. Trolan, W. W. Dolan and G. Barnes: J. appl. Physics **24,** 570 (1953).
4. Dyke, W. P., J. K. Trolan, E. E. Martin and J. P. Barbour: Physic. Rev. **91,** 1043 (1953).
5. Dolan, W. W., W. P. Dyke and J. K. Trolan: Physic. Rev. **91,** 1054 (1953).
6. Stern, F., B. Gossling and R. H. Fowler: Proc. roy. Soc. A **124,** 699 (1929).
7. Barbour, J. P., W. W. Dolan, J. K. Trolan, E. E. Martin and W. P. Dyke: Physic. Rev. **92,** 45 (1953).
8. Dolan, W. W., and W. P. Dyke: Physic. Rev. **95,** 327 (1954).
9. Dyke, W. P., J. P. Barbour, E. E. Martin and J. K. Trolan: Physic. Rev. **99,** 1192 (1955).
10. Dyke, W. P., and J. P. Barbour: J. appl. Physics **27,** 356 (1956).
11. Mueller, E. W.: Z. Physik **106,** 541 (1937).
12. Trolan, J. K., J. P. Barbour, E. E. Martin and W. P. Dyke: Physic. Rev. **100,** 1646 (1955).
13. Barbour, J. P., W. W. Dolan, W. P. Dyke and J. K. Trolan: To be published.
14. Boling, J. L., and W. W. Dolan: J. appl. Physics **29,** 556 (1958).
15. Herring, C.: J. appl. Physics **21,** 301 (1950).
16. Martin, E. E. et. al.: To be published.
17. Dyke, W. P., et al.: To be published.

Zur Frage der Stabilität der Feldelektronenemission

M. I. Elinson

Institut für Elektronik und Radiotechnik der Akademie der Wissenschaften USSR, Moskau

Trotz der erfolgreichen Forschungen von Dyke u. Mitarb. (*1*) auf dem Gebiet der Thermofeld-Elektronenemission und der Impulskathoden kann das Stabilitätsproblem der Feldemission noch nicht als gelöst betrachtet werden.

Zur Stabilitätserhöhung haben wir 1. die Verwendbarkeit schwer schmelzbarer Verbindungen vom Typ der Metallboride und -Carbide als Emitter untersucht, deren Eigenschaften denen des Wolframs überlegen sind; 2. haben wir im Umgebungsbereich der Kathode einen Feldverlauf erzeugt, der die Kathode gegen das Aufprallen des größten Teils der sonst auftreffenden positiven Teilchen schützt.

Bei den grundlegenden *Ursachen* der Instabilität der Feldelektronenemission ist zu unterscheiden zwischen solchen, die beseitigt, und solchen, die prinzipiell nicht beseitigt werden können. Zu den Ursachen, die beseitigt werden können, gehören:

1. Die ponderomotorische Wirkung des elektrischen Feldes, die die Zerstörung des Emitters zur Folge haben kann. Die mechanische Festigkeit von Wolfram, Rhenium und anderen schwer

schmelzbaren Metallen ist genügend hoch, sogar für große Felder und hohe Temperaturen. Aussichtsreicher jedoch sind hier solche Stoffe, deren Festigkeit die von Wolfram übertrifft, deren Austrittsarbeit aber merklich kleiner ist, so daß der ponderomotorische Kraftaufwand geringer wird.

2. Der Vakuumbogen, der die sofortige Zerstörung des Emitters herbeiführt. Dieser Vakuumbogen kann hervorgerufen werden durch:

a) Den Dyke-Trolan-Mechanismus (2): Einer künstlichen Stromüberlastung des Emitters durch Joulesche Erwärmung mit Emissionsanstieg, der zu weiterer Temperatursteigerung führt usw. Die Ionen des verdampfenden Kathodenmaterials verringern die Raumladung und begünstigen die Vakuumbogenbildung.

b) Den Simonow-Mechanismus (3): Mit der Entladung im verdampfenden Kathodenmaterial tritt ein unausgeglichenes Elektronen-Ionen-Plasma auf.

c) Den Germer-Mechanismus (4): Es findet eine Entladung in dem aus der Anode verdampfenden Stoff statt.

d) Einen Adsorptionsprozeß: Durch die unkompensierte positive Ladung auf der Oberfläche steigt die lokale Stromdichte rapide an.

e) Die Folgen eines Durchschlags von äußeren oder inneren dünnen dielektrischen Schichten.

f) Einen Mechanismus, ausgehend von einer Teilchenanhäufung, die eine positive Ladung trägt und von positiven Elektroden kommend auf einen Emitter stößt.

Je nach den Betriebsbedingungen kann der Anteil dieser Mechanismen verschieden sein. Eine richtig gewählte Arbeitsweise der Kathode, sowie eine richtige Konstruktion der Kathode und des Gerätes im ganzen können die Wahrscheinlichkeit einer Vakuumbogenbildung bedeutend vermindern.

Zu den Ursachen der Instabilität der Feldelektronenemission, die prinzipiell nicht beseitigt werden können, gehören:

1. Beschuß des Emitters durch Ionen. Er ruft infolge Kathodenzerstäubung eine fortwährende Formänderung des Emitters hervor und ist die Hauptursache der Instabilität.

2. Chemische Oberflächenreaktionen mit den Resten aktiver Gase, die sowohl im Glaskolben als auch im Innern des Emitters vorhanden sind. Diese Reaktionen sind nicht unbedeutend, da sich der Emitter zwecks Adsorptionsverhütung in glühendem Zustand befinden muß.

Abb. 1. LaB₆-Spitze nach Glühen bis 2000° C

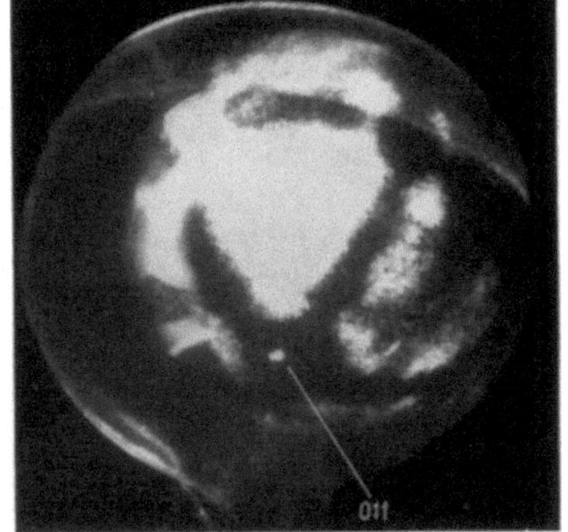

Abb. 2. Emissionsbild der LaB₆-Spitze (kub. Einkristall)

Die geeignetsten Materialien für Feldemissionskathoden werden demnach dauerhafte, schwer schmelzbare, chemisch wenig aktive Stoffe sein, die geringe Austrittsarbeit haben. Ferner ist es wünschenswert, die Zahl der auf den Emitter fallenden Ionen zu vermindern und den Emitter besonders gegen die positiven Teilchen zu schützen, die aus den Elektroden des Gerätes auf den Emitter prallen.

Kathodenmaterialien. Bei der Prüfung der besonders festen, schwer schmelzbaren Verbindungen der Metallboride, -karbide und -nitride, die metallische Leitfähigkeit besitzen, erwies es sich, daß viele dieser Stoffe niedrige Austrittsarbeit haben: GdB_6 2,05 eV, YB_6 2,3 eV, LaB_6 2,65 eV,

ZrC 2,3 eV. Ihre chemische Reaktionsfähigkeit ist ziemlich gering. Leider werden die erwähnten Substanzen gegenwärtig nur in Pulverform dargestellt, so daß die Herstellung von Feldkathoden aus ihnen gewöhnlich schwieriger ist als aus Reinmetallen. Die Emitter aus LaB_6 wurden durch elektrolytisches Ätzen von Stäben aus gepreßtem Boridpulver in konzentrierter Schwefelsäure mit Wechselspannung hergestellt. Wie aus Elektronenmikroskopbildern zu ersehen ist, erhält man

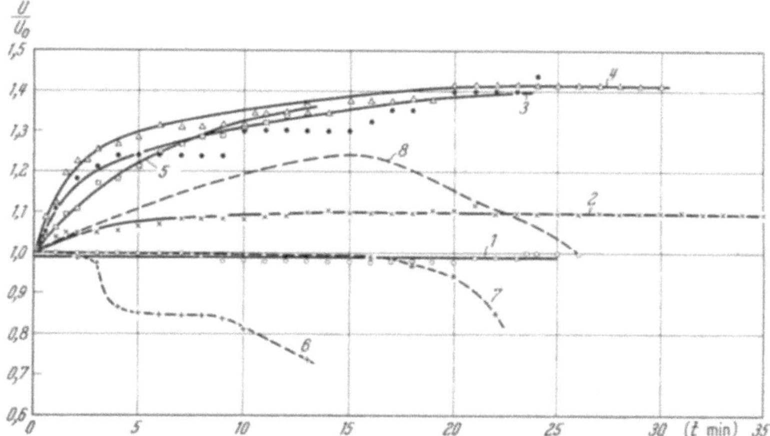

Abb. 3. Stabilität verschiedener Kathoden: Spannung U als Funktion der Zeit t bei konstantem Strom 30 μA
1. LaB_6 $p = 10^{-7}$ $T = 800°$ C; 2. LaB_6, $5{,}2 \cdot 10^{-6}$, $T = 800°$ C; 3. LaB_6, $3{,}0 \cdot 10^{-5}$, $T = 800°$ C; 4. LaB_6, $3{,}5 \cdot 10^{-5}$, $T = 900°$ C; 5. LaB_6, $3{,}5 \cdot 10^{-5}$, $T = 950°$ C; 6. W, $1{,}0 \cdot 10^{-5}$, $T = 800°$ C; 7. Re, $1{,}0 \cdot 10^{-5}$, $T = 800°$ C; 8. W, $1{,}2 \cdot 10^{-7}$, $T = 800°$ C

eine glatte Spitzenoberfläche. Diese wird jedoch bei starker Erhitzung ($\approx 2000°$ C), die für gute Reinigung der Oberfläche notwendig ist, rauh, (Abb. 1), im Gegensatz zu solchen von Metallen, deren Oberfläche beim Erhitzen durch Oberflächenwanderung geglättet wird. Schlecht durchgeglühtes Borid aber ist starker Sauerstoffvergiftung ausgesetzt, während stark geglühtes praktisch nicht vergiftet wird.

Das im Müllerschen Feldelektronenmikroskop erhaltene Emissionsbild einer einkristallinen Spitze aus LaB_6 ist auf Abb. 2 dargestellt, auf der man deutlich die kubische Gitterstruktur erkennen kann. Das Verhalten des Emissionsbildes sowie eine Reihe von Adsorptionsversuchen sprechen gegen die von LAFERTIE angeregte Vorstellung von LaB_6 als Filmkathode.

Während eines langen Zeitraumes können stationäre, zeitlich unveränderliche Ströme von 5—10 mA sowie große Impulsströme (≈ 1 A) beobachtet werden. Ein wesentliches Ergebnis dieser Versuche war, daß LaB_6 viel widerstandsfähiger gegen Ionenbeschuß als Wolfram und Rhenium ist. Den Beweis liefern die Kurven auf Abb. 3, die die Abhängigkeit der Spannung U von der Zeit t bei konstantem Strom (30 μA) zeigen. Der Anstieg von U für LaB_6 ist der Vergiftung zuzuschreiben. Ein Vergleich mit den Kurven 6, 7, 8 zeigt die Vorteile, die LaB_6 gegenüber schwer schmelzbaren Metallen besitzt, und läßt die Untersuchung anderer Stoffe dieser Art besonders interessant erscheinen.

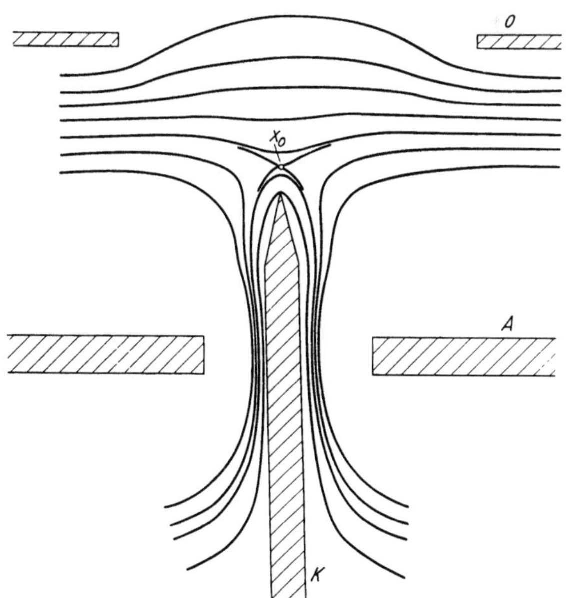

Abb. 4. Schema einer Elektrodenanordnung mit Ionenfänger für Feld-Elektronenemission, K Kathode, A Anode, O Ionenfänger auf Kathodenpotential

Verminderung des Ionenbeschusses. Bei der gewöhnlichen Feldemissions,,diode" prallt ein beträchtlicher Teil aller Ionen auf die Kathodenspitze auf. Durch überlegte Elektronenanordnung kann man aber erreichen, daß nur die in unmittelbarer Nähe befindlichen positiven Ionen auf die Emitterspitze auftreffen, während die Ionen, die im Raum des Elektronenstroms entstehen, sowie die von der Anode emittierten und andere positive Teilchen nicht auf den Emitter prallen, sondern auf eine speziell dafür vorgesehene, negative Elektrode geleitet werden. In einem von uns erprobten System nach Abb. 4 ist die Anode A als Scheibe mit einem kleinen Loch ausgeführt und etwas hinter dem Emitter angeordnet. Vor dem Emitter liegt eine Scheibe O mit einem größeren Loch und dem Potential des Emitters. Der Verlauf des elektrischen Feldes ist derart, daß auf die Spitze nur solche Ionen auftreffen können, die sich im Innern einer Kugel befinden, deren Durchmesser gleich dem Abstand (30—$40\ \mu$) zwischen dem Spitzenende und dem Punkt X_0 ist. Hinter der Scheibe O kann man die stromzuführenden Elektroden anordnen. Ihre Potentiale sollen das des Punktes X_0 möglichst nicht überschreiten.

Systeme dieser Art wiesen nach unseren Untersuchungen einen erheblich, etwa auf 1%, reduzierten Ionenbeschuß der Kathodenspitze auf. Damit konnten wir z. B. während 100 Std. stationär $250\ \mu$A Emissionsstrom erzielen.

Literatur

1. DYKE, W. P., and W. W. DOLAN: Advances in electronics **9**, 177, (1956).
2. — J. K. TROLAN, E. E. MARTIN and J. BARBOUR: Physic. Rev. **91**, 1043 (1953).
3. SIMONOW, W. A.: J. Radiotechn. i Elektroniki **2**, 667 (1957).
4. GERMER, L. K., and J. L. SMITH: J. appl. Physics **23**, 553 (1952).

Production of square temperature waves in filaments of field emission microscopes operating at low temperatures

R. KLEIN

National Bureau of Standards, Washington

An important consideration in the measurement of activation energies of surface processes observed with the field emission microscope is the production of a square temperature wave. That is, the initial temperature rise to the final operating temperature must be sufficiently rapid so that uncertainties in time measurements can be eliminated. The temperature-current characteristics of a typical field emission microscope tungsten filament operating in a low temperature bath such as liquid nitrogen or liquid helium are derived from the well known solution of the heat conduction equation. The steady state current-temperature curves are of the form $i = F + (B/T)$ where B is negative for filament end temperatures above $50°$ K, zero at this temperature, and negative below. The steady state temperature-current curve for the filament of a tube operating at liquid helium temperature represents an unstable equilibrium. These predictions were confirmed experimentally with a 0.1 mm diameter, 2.5 cm long filament. A circuit capable of producing a filament temperature above $4.2°$ K to any desired temperature below $600°$ K in less than 0.3 sec will be described.

An extended version of this article appeared in "The review of scientific instruments **29**, 110 (1958)".

Massenspektrometrische Untersuchung chemischer Reaktionen mit Hilfe einer Feldemissions-Ionenquelle

H. D. BECKEY

Institut für physikalische Chemie der Universität Bonn

Durch die Kombination eines modifizierten Feldionenmikroskopes mit einem Massenspektrometer ergeben sich interessante, neue Möglichkeiten für die Molekülforschung sowie die chemische Analyse. Einer der wichtigsten Vorzüge einer derartigen Kombination — im folgenden Feldemissions-Massenspektrometer genannt — liegt in einer wesentlichen Vereinfachung der Massenspektren. Bei den meisten konventionellen Massenspektrometern werden die Ionen durch Elektronenstoß erzeugt, wobei die Energie der stoßenden Elektronen üblicherweise 50—70 eV beträgt. Diese Energie reicht aus, um die zu untersuchenden Moleküle nicht nur zu ionisieren, sondern auch gleichzeitig zu dissoziieren. Daher findet man im Massenspektrum außer den Ionen des Muttermoleküls oft zahlreiche Molekülbruchstück-Ionen, so daß besonders bei organischen Molekülen das Massenspektrum sehr kompliziert wird. Demgegenüber besteht das Feldemissionsmassenspektrum im einfachsten Falle — abgesehen von meist sehr schwachen Sekundärspektren — nur aus einem einzigen Maximum, da bei der Feldionisierung in elektrischen Feldern von etwa $1 \div 5 \cdot 10^8$ V/cm im allgemeinen keine zur Moleküldissoziation ausreichende Kernschwingungsenergie angeregt wird. Die Vorzüge einer derartigen Vereinfachung der Massenspektren für analytische Zwecke liegen auf der Hand.

Die Apparatur. Die erste Feldemissionsionenquelle für ein Massenspektrometer wurde von INGHRAM (*1*) und GOMER angefertigt[1]. MÜLLER (*2*) hat innerhalb eines modifizierten Feldionenmikroskopes eine magnetische Strahlablenkung vorgenommen, so daß er die Massenverteilung der Ionen auf dem Leuchtschirm analysieren konnte.

Im folgenden soll der Aufbau der Feldemissions-Ionenquelle, die vom Verfasser entwickelt wurde, beschrieben werden (Abb. 1). Bei der Gestaltung des Strahlengangs wurde aus Intensitätsgründen besonders Wert auf die Fokussierung des an der Wolframspitze entstehenden, divergenten Ionenbündels gelegt. Die Wolframspitze mit einem Potential von $+ 2000$ V gegen Erde befindet sich in einem Abstand von etwa 2 mm gegenüber einer Beschleunigungselektrode (B_1) aus poliertem Vakonmetall, deren Spannung bis maximal -18 kV gegen Erde variabel einstellbar ist. Durch eine Öffnung von 1 mm ⌀ in der Vakonscheibe tritt ein Teil des Ionenstrahls hindurch und wird durch eine den Metallzylinder (Z) abschließende Lochblende (B_2), die auf Erdpotential liegt, abgebremst. Durch ein dreiteiliges, elektrostatisches Linsensystem, dessen mittlere Elektrode auf einem variablen Potential von maximal $+ 2000$ V gegen Erde liegt, wird der Ionenstrahl auf den Eintrittsspalt (0,3 × 15 mm) des Massenspektrometers[2] fokussiert.

Durch Ablenkplattenpaare kann der Strahl elektrisch justiert werden. Außerdem muß die Wolfram-

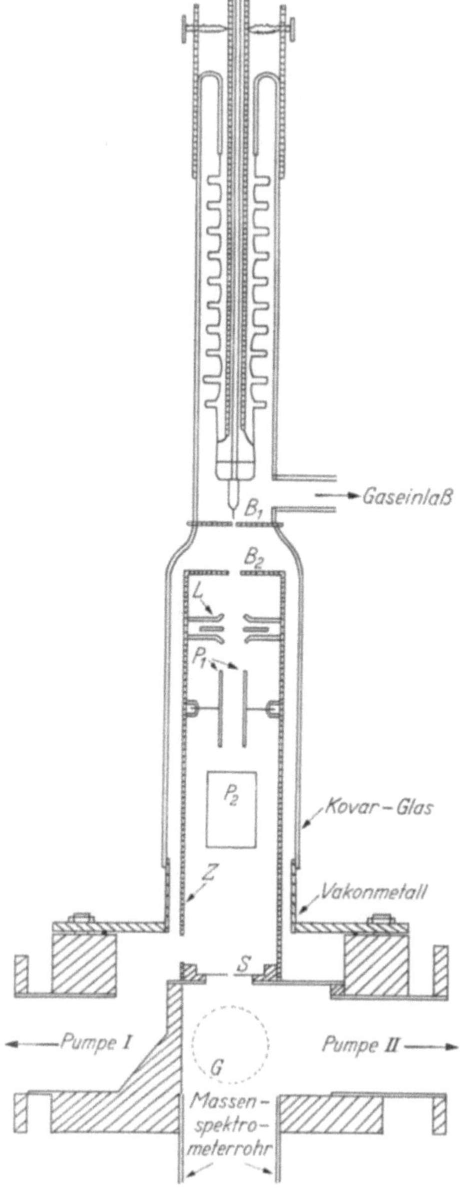

Abb. 1. Die Feldemissions-Ionenquelle

spitze geometrisch genau justiert werden. Daher ist der Spitzenträger an einen Glasfaltenbalg von etwa 10 cm Länge angeschmolzen, so daß man mit Hilfe eines Dreipunkt-Zentriersystems die Spitze während des Betriebes so justieren kann, daß sich auf dem Auffänger ein

---

[1] Anfang 1953 wurde das Prinzip der F. E.-Ionenquelle — unabhängig von GOMER u. INGHRAM — von E. W. MÜLLER angegeben (Private Mitteilung). — M. DRECHSLER reichte 1954 eine Patentschrift über eine F-E.-Ionenquelle ein.

[2] Es wurde ein Massenspektrometer mit einem magnetischen Sektorfeld von 60° unter Verwendung von Einzelteilen des ATLAS-Massenspektrometers C H 3 verwendet.

maximaler Ionenstrom ergibt. Die Transmission der gesamten Anordnung betrug bei optimaler Justierung 10^{-4}, d. h. bei einer maximalen Totalemission der Spitze 1×10^{-8} A wurden 10^{-12} A am Auffänger gemessen. Dieser Auffängerstrom wird durch einen siebzehnstufigen Sekundärelektronenvervielfacher verstärkt. So ist es möglich, Ionen verschiedener Masse noch im Verhältnis $1 : 3 \cdot 10^{-6}$ nachzuweisen. Die gesamte Apparatur ist auf 300° C ausheizbar, und ein Vakuum von etwa $5 \cdot 10^{-7}$ Torr konnte erreicht werden. In die Ionenquelle wurden Gase mit einem Druck bis zu 10^{-3} Torr eingelassen; in dem durch die Hg-Pumpe P_1 abpumpbaren Raum zwischen Blende B_1 und Schlitz S herrschte ein Druck von etwa 10^{-5} Torr und in dem durch die Hg-Pumpe P_2 abpumpbaren Spektrometerrohr ein Druck von etwa 10^{-6} Torr. Das Auflösungsvermögen des Massenspektrometers ist im gegenwärtigen Stadium $\dfrac{M}{\Delta M} = 100$, es kann jedoch gesteigert werden.

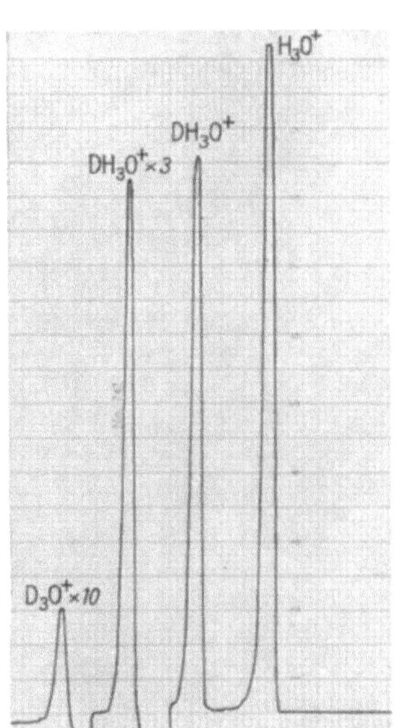

Abb. 2. Massenspektrum einer Mischung von H_2O und einigen Prozenten D_2O. Die Verbreiterung der linken Seite der Peaks ist nur durch die Trägheit der Registriervorrichtung bedingt

Weitere Einzelheiten der Ionenquelle gehen aus Abb. 1 hervor. Infolge der z. Z. noch beträchtlichen Schwankungen des Ionenstromes wurde für die Registriervorrichtung eine große Zeitkonstante gewählt und der Ionenstrom durch Messung über längere Zeiten gemittelt.

A. Assoziationsreaktionen. Das Feldemissionsmassenspektrometer eignet sich besonders gut zur Untersuchung von Assoziationsprodukten, da bei der Feldionisierung keine Energie auf die Moleküle übertragen wird, welche zur Dissoziation der locker gebundenen Molekülkomplexe führen würde. Die Assoziation des Wassers wurde eingehend untersucht. Schon Gomer und Inghram (1) hatten im Feldemissions-Massenspektrum die Ionen H_2O^+, $(H_2O)^+_2$, $(H_2O)^+_3$ und $(H_2O)^+_4$ mit der Häufigkeit 0,47, 0,51, 0,02 und 0,003 gefunden. Der Verfasser gelangte jedoch zu der Ansicht, daß bei diesen Ionen von Gomer und Inghram die Massenzuordnung nicht richtig getroffen wurde, wie im folgenden gezeigt werden soll. Die Massenskala wurde zunächst so geeicht, daß in den Ionen der Moleküle H_2O, N_2, Ar, CO_2, die nacheinander in die Ionenquelle eingelassen wurden, die Massen 18, 28, 40, 44 zugeordnet wurden. Bei der Untersuchung des NO-Spektrums fiel es jedoch auf, daß die Ionen auf der scheinbaren Masse 29 statt 30 erschienen. Es lag nahe, diesen Befund mit der besonderen Elektronenstruktur des NO-Moleküls in Zusammenhang zu bringen. Es wurden systematisch Moleküle, die wie das NO-Molekül ungepaarte Elektronen besitzen, untersucht. Es zeigte sich, daß bei den Molekülen O_2, NO_2, ClO, ClO_2 und S_2 die Hauptmaxima auf den scheinbaren Massen 31, 45, 50, 66 und 63 erschienen, während die erwarteten Massen 32, 46, 51 und 64 nur in geringer Intensität erschienen. Da die Hauptmaxima unabhängig von der Beschleunigungsspannung, dem Druck und dem Atomgewicht stets exakt um eine Masseneinheit zu niedrig erschienen, mußte gefolgert werden, daß die zugrunde gelegte Massenskala um eine Masseneinheit zu niedrig lag und, daß es sich bei den zur Eichung benutzten Ionen der Moleküle H_2O, N_2, Ar und CO_2 in Wirklichkeit um die Ionen H_3O^+, N_2H^+, ArH^+ und CO_2H^+ handelte. Dies konnte experimentell durch Isotopensubstitutionsversuche bewiesen werden. Wenn entsprechend der Annahme von Gomer und Inghram im Feldemissions-Massenspektrum des Wassers das H_2O^+-Ion erschiene, müßten bei einer Mischung von leichtem und schwerem Wasser die Ionen H_2O^+, HDO^+ und D_2O^+, also 3 Maxima, erscheinen; wenn jedoch durch Feldionisation des leichten Wassers das H_3O^+-Ion infolge eines Sekundärprozesses entstünde, müßten in einer Mischung von leichtem und schwerem Wasser die Ionen H_3O^+, H_2DO^+, HD_2O^+ und D_3O^+, also 4 Maxima, erscheinen. Experimentell wurden 4 Maxima im Massenspektrum gefunden, wie Abb. 2 zeigt. Das Feldemissions-Massenspektrum des leichten Wassers besteht also fast ausschließlich aus H_3O^+-Ionen, während H_2O^+-Ionen nur in einer Häufigkeit von etwa $^1/_{1\,000}$ auftreten. Bei der Bildung von H_3O^+-Ionen aus Wasser müssen OH-Radikale entstehen, die jedoch bisher im Massenspektrum noch nicht neben dem H_3O^+-Ionen nachgewiesen wurden, weil die Feld-Ionisierungswahrscheinlichkeit für das OH-Radikal zweifellos sehr viel kleiner als für das H_2O-Molekül ist und außerdem ein großer Teil der Moleküle rasch chemisch abreagiert.

Schon geringste Spuren von Wasser im Massenspektrometer genügen zur Bildung eines kondensierten Filmes auf der Wolframspitze, da infolge der hohen Polarisationsenergie in der Nähe der Wolframspitze die Dichte des Wasserdampfes stark erhöht wird. Die Ionen von Molekülen, die nur gepaarte Elektronen besitzen, wie H_2O, N_2, Ar und CO_2, können exotherm mit den Wassermolekülen des kondensierten Films reagieren; z. B. reagiert das Argon-Ion entsprechend der Gleichung:

$$Ar^+ + H_2O \longrightarrow ArH^+ + OH$$

Daher erscheinen im F. E.-Massenspektrum in Gegenwart von Wasserspuren praktisch nur die Ionen H_3O^+, N_2H^+, ArH^+ und CO_2H^+.

Die Ionen von Molekülen mit ungepaarten Elektronen haben eine viel geringere Tendenz zur Anlagerung von Wasserstoffatomen, so daß z. B. im F. E.-Massenspektrum des NO bzw. ClO praktisch nur die NO^+ bzw. ClO^+-Ionen erscheinen; im F. E.-Massenspektrum des 2 ungepaarte Elektronen enthaltenden Sauerstoffs erscheinen überwiegend O_2^+-Ionen und nur wenige Prozent HO_2^+-Ionen.

Im Feldemissionsmassenspektrum des Wassers erscheinen folgende Ionen-Assoziate: H_3O^+; $H_3O^+ \cdot H_2O$; $H_3O^+ \cdot (H_2O)_2$ und $H_3O^+ \cdot (H_2O)_3$. Um den Entstehungsmechanismus für die verschiedenen Wasserionen aufzuklären, wurden die Feldemissions-Massenspektren des Wassers bei verschiedenen Spannungen und Drucken gemessen (Abb. 3). Aus der Druckabhängigkeit der Spektren ergibt sich, daß die Wasserpolymeren nicht in der Gasphase gebildet werden können; denn die Intensitäten der Ionen H_3O^+, $H_3O^+ \cdot H_2O$ und $H_3O^+ \cdot (H_2O)_2$ steigen etwas schwächer als proportional

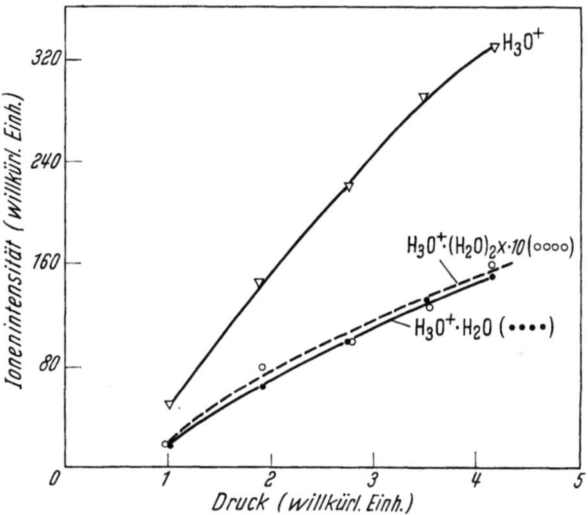

Abb. 3. Abhängigkeit der Ionenströme vom Druck

zum Druck, während bei den zwei letzten Ionenarten die Intensität proportional zur 2. bzw. 3. Potenz des Druckes ansteigen müßte, wenn die Assoziation in der Gasphase erfolgen würde. Das Verhältnis $H_3O^+ : H_3O^+ \cdot H_2O : H_3O^+ \cdot (H_2O)_2$ wurde nahezu unabhängig vom Druck gefunden. Außerdem kann man aus der bekannten Assoziationswärme und Entropie das Assoziationsgleichgewicht berechnen und kommt bei den in der Ionenquelle herrschenden Drucken auf einen Assoziationsgrad in der Gasphase von etwa 10^{-6}, während man experimentell findet, daß über die Hälfte aller Wasser-Ionen assoziiert ist. Aus diesen Gründen folgt, daß die Assoziation in einer flüssigkeitsähnlichen Schicht auf der Emissions-Spitze erfolgt.

Aus der Abhängigkeit der Feldemissions-Massenspektren von der Spannung zwischen der Spitze und der Lochblende B 1 ersieht man, daß bei hohen Spannungen der Anteil der Polymeren des Wassers wesentlich zurückgeht (Abb. 4 u. 5). Das Verhältnis der Ionenströme $H_3O^+ \cdot H_2$ bzw. $H_3O^+ \cdot (H_2O)_2$ bzw. $H_3O^+ \cdot (H_2O)_3$ zu H_3O^+ ändert sich in dem gemessenen Spannungsbereich um den Faktor 2,3 bzw. 18,5 bzw. 30. Eine Extrapolation der Verhältnisse der Ionenintensitäten zu sehr kleinen Feldstärken ist auf Grund des vorliegenden Materials noch nicht sicher möglich, jedoch erkennt man, daß besonders der Anteil des Assoziates von 4 H_2O-Molekülen und einem Proton bei Erniedrigung der Feldstärke noch stark ansteigt. Damit wird durch eine ganz neuartige Methode die Ansicht von WICKE, EIGEN und ACKERMANN (3) bestätigt, daß im Wasser die innere Hydrathülle des Protons aus einem Komplex besteht, der 4 Wassermoleküle enthält.

Infolge der Pyramidenstruktur des H_3O^+ ist der Komplex gleichfalls pyramidal, nahezu tetraedisch, anzunehmen. An der Spitze der Pyramide befindet sich das H_3O^+-Ion, an den 3 Basispunkten ist je ein H_2O-Molekül über eine Wasserstoffbrücke mit dem H_3O^+ verbunden. Da ohne Feld jeweils die O—H · · · · O Gruppe zweier durch eine Wasserstoffbrücke verbundenen Wassermolekeln eine Gerade bildet, stimmt die Richtung der Dipolmomente der verschiedenen Wassermoleküle des Komplexes nicht überein. Es erscheint daher verständlich, daß unter dem Einfluß eines starken elektrischen Feldes, das die Dipolmomente parallel zu richten sucht, der Aufbau des $H_3O^+ \cdot (H_2O)_3$-Komplexes gestört wird, so daß das Verhältnis $H_3O^+ \cdot (H_2O)_3/H_3O^+$ mit wachsendem Felde sinken muß. Das gleiche gilt für das Verhältnis $H_3O^+ \cdot H_2O/H_3O^+$ und $H_3O^+ \cdot (H_2O)_2/H_3O^+$; jedoch ist der Konzentrationsabfall mit steigendem Feld um so kleiner, je kleiner die Zahl

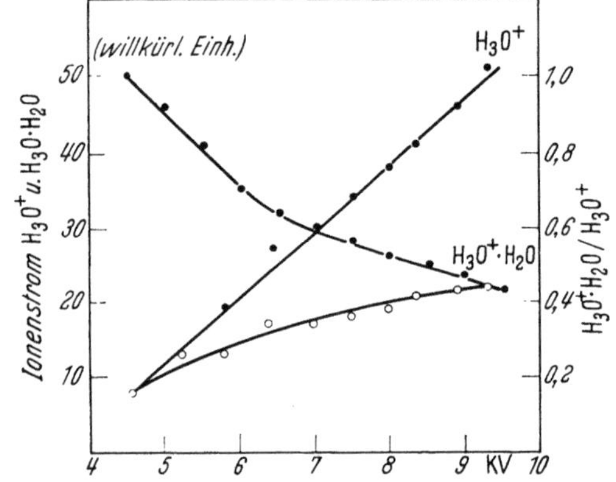

Abb. 4. Abhängigkeit der Ionenströme von der Spannung. Unterste Kurve: H_3O^+, H_2O. Von links oben nach rechts unten verlaufende Kurve: H_3O^+, H_2O/H_3O^+

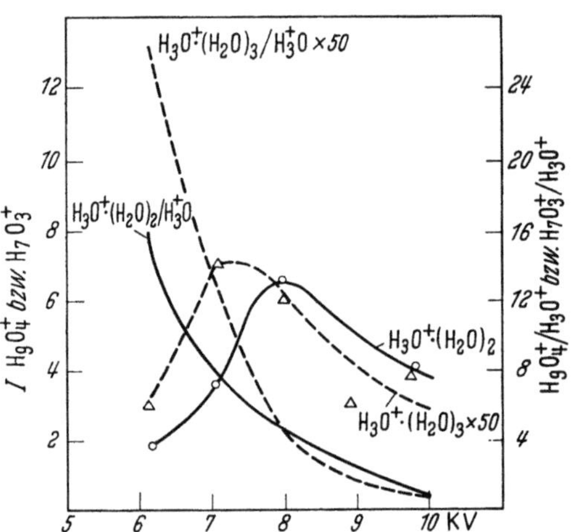

Abb. 5. Abhängigkeit der Ionenströme von der Spannung

der an das H_3O^+-Ion angelagerten H_2O-Moleküle ist. Der geschilderte Orientierungseffekt ist sicherlich nicht die einzige Ursache für den Abfall der relativen $H_9O_4^+$-Konzentration mit steigendem Felde. Untersuchungen hierüber sind im Gange.

Die Dichteerhöhung des Wasserdampfes in der Nähe der Spitze infolge der hohen Polarisationsenergie wird durch die Beziehung $n/n_0 = e^{Ep/kT}$ (Gl. 1) wiedergegeben, solange vorausgesetzt werden darf, daß das Gleichgewicht zwischen verdampfenden und kondensierenden Teilchen durch die Feldionisierung nicht wesentlich gestört wird. (n_0 bedeutet die Dichte in großer Entfernung, n diejenige in der Nähe der Spitze, E_p die Polarisationsenergie; $E_p = \mu \cdot F + \frac{\alpha}{2} F^2$, α ist die Polarisierbarkeit, μ das Dipolmoment, F die Feldstärke.) Beim Wasser, das ein Dipolmoment von $1{,}84 \cdot 10^{-18}$ dyn$^{1}/_{2} \cdot$ cm^2 und eine Polarisierbarkeit von $1{,}57 \cdot 10^{-24}$ cm^3 besitzt, ergibt sich bei einer Feldstärke von $1 \cdot 10^8$ V/cm an der Spitzenoberfläche eine Dichte $n = n_0 \cdot 10^{7,35}$. Bei einem n_0 entsprechenden Druck p_0 von 10^{-4} Torr würde sich ein Druck von 3 atm an der Spitzenoberfläche ergeben, d. h. der Wasserdampf würde dort kondensieren. Bei einem Spitzenradius von 1000 Å und einer Entfernung von 200 Å vor der Spitzenoberfläche ist das Feld so weit abgesunken, daß die Dichte etwa der Sättigungsdichte des Wasserdampfes gleich ist. Die Dicke der „Flüssigkeits"schicht könnte als maximal 200 Å bei einer Feldstärke von 1 V/cm betragen.

Die wahre Schichtdicke ist aber wahrscheinlich wesentlich kleiner. Ein Grund hierfür kann darin liegen, daß sich die Sättigungsdichten von Dämpfen in sehr hohen, elektrischen Feldern ändern. Hierüber können zwar noch keine quantitativen Angaben gemacht werden, doch dürfte beim Wasser der Sättigungsdruck unter der Einwirkung des elektrischen Feldes in der Nähe der Spitze erhöht werden. Der abnorm hohe Siedepunkt des Wassers ist auf dessen Assoziationsstruktur zurückzuführen. Bei hohen Feldern vermindert sich besonders die Konzentration der höheren Assoziate, und das Verhalten des H_2O wird sich dem des H_2S mit einem etwa 10^3 mal größeren Sättigungsdruck bei 25° C nähern. Aber auch die Sättigungsschichten von nicht assoziierten Substanzen ändern sich infolge der Polarisation, die durch das hohe elektrische Feld induziert wird. Durch den höheren Sättigungsdruck rückt die Kondensationszone näher an die Spitze heran.

Man muß es andererseits für fraglich halten, ob sich unter den physikalischen Bedingungen in der Nähe der Spitze überhaupt eine flüssige Phase mit scharfer Phasengrenzfläche im Sinne der Phasenlehre bilden kann. Möglicherweise ändert sich die Dichte entsprechend Gl. 1 kontinuierlich, bis auf der Spitzenoberfläche ein flüssigkeitsähnlicher Zustand dichter Packung erreicht ist.

Die Experimente sprechen für eine sehr geringe Dicke der flüssigkeitsähnlichen Schicht. Aus dem Anteil der Peakunschärfe, der durch die Energieinhomogenität der Ionen bedingt ist, kann man schließen, daß die mittlere Ausdehnung der Ionisierungszone wenige Å beträgt. Die folgenden Argumente sprechen ebenfalls gegen eine Stärke der ,,Flüssigkeits''-Schicht von mehreren 100 Å. Wenn die kondensierte Schicht etwa 200 Å stark wäre und die Ionisation im Innern dieser Schicht erfolgte, so würde durch Stöße der Ionen mit benachbarten Teilchen eine starke Energieinhomogenität verursacht werden, die aber nicht beobachtet wird. Wenn aber die Ionisation nicht im Innern, sondern nur an der Oberfläche einer etwa 200 Å dicken Flüssigkeitsschicht erfolgen würde, so würde bei der starken Zunahme der Schichtdicke durch eine Erhöhung der Feldstärke (entsprechend Gl. 1) das Potential am Entstehungsort der Ionen und damit ihre Lage im Massenspektrum sehr verändert werden. Auch dies wurde jedoch nicht beobachtet. Die Dicke der kondensierten Schicht wird also nicht durch Gl. 1 bestimmt.

Auf Grund der experimentellen Ergebnisse soll eine Erklärung für die Bildung der höheren H_2O-Ionenassoziate in der Feldemissions-Ionenquelle vorgeschlagen werden.

Innerhalb eines gewissen Abstandes d_{min} von der Spitzenoberfläche können bekanntlich keine Ionen durch Feldemission gebildet werden, da der Elektronengrundzustand der Moleküle unterhalb des Ferminiveaus des Metalls der Emissionsspitze liegt. Im Abstand d_{min} wird das Elektronenniveau des Moleküls durch das Feld bis zum Ferminiveau des Metalls angehoben. Es gilt:

$$d_{min} \cong \frac{I - \Phi}{F}, \text{ (Gl. 2)} \quad (I = \text{Ionisierungsenergie}, \ \Phi = \text{Austrittsarbeit})$$

Mit $I_{H_2O} = 12{,}5\ \text{eV}$, $\Phi = 4{,}5\ \text{eV}$ und $F = 1\ \text{V/Å}$ bzw. $2\ \text{V/Å}$ ergibt sich: $d_{min} = 8\ \text{Å}$ bzw. $4\ \text{Å}$ (entsprechend etwa 4 bzw. 2 Moleküldurchmessern). Durch die Dichteerhöhung des Dampfes nach Gl. (1) entsteht zwischen der Spitzenoberfläche und d_{min} eine flüssigkeitsähnliche Schicht von etwa 2—4 Moleküllagen. Oberhalb von d_{min} ist nach Gl. (2) die Ionisation der Moleküle möglich; durch die Ionisation wird die Ausbildung einer zusammenhängenden Flüssigkeitsschicht oberhalb von d_{min} gestört. Die aus der Gasphase auf die flüssigkeitsähnliche Schicht auftreffenden H_2O-Moleküle werden bei d_{min} ionisiert und bilden durch Reaktion mit den H_2O-Molekülen der Flüssigkeit H_3O^+-Ionen. Diese sind durch Wasserstoffbrücken mit weiteren H_2O-Molekülen der Flüssigkeit verbunden. Der gesamte Molekülionenkomplex verläßt die kondensierte Schicht und wird in Richtung der negativen Gegenelektrode beschleunigt.

Weitere Experimente zur Klärung des Bildungsmechanismus der Ionenassoziate sind in Vorbereitung.

Über die Methanolassoziation wurde vom Verfasser an anderer Stelle berichtet (4). In den Formeln der dort angegebenen Methanol- und Wasserassoziate ist jeweils ein Wasserstoffatom hinzuzufügen wegen der inzwischen nachgewiesenen Anlagerung von Wasserstoffatomen an die Molekülionen.

B. Chemisorptionsreaktionen. GOMER und INGHRAM wiesen im Feldemissionsmassenspektrum des Methanols außer der Masse 32 die Masse 31 in starker Intensität nach. Sie deuteten den Befund so, daß durch die Chemisorption des Methanols an der Wolframspitze das CH_3O-Radikal gebildet und dieses im Felde ionisiert wird. Da das Radikalion unmittelbar an der Spitzenoberfläche gebildet wird, ist der zugehörige Peak bei allen Feldstärken scharf, während der Peak des bei hohen Feldern schon weit vor der Spitze entstehenden Methanolions unscharf ist. Der Verfasser konnte das Auftreten von zwei um eine Masseneinheit verschiedenen Peaks im Methanolspektrum bestätigen, fand jedoch, daß bei Vorhandensein geringer Wasserspuren die beiden etwa gleich großen Hauptpeaks den CH_3OH^+ und $CH_3OH \cdot H^+$-Ionen zuzuordnen waren. Selbst bei sorgfältigster Trocknung des Methanols erschien der $CH_3OH \cdot H^+$-Peak noch mit einer Intensität von 30% des CH_3OH^+-Peaks, während der CH_3O^+-Peak nur etwa 1% der Intensität des CH_3OH^+-Peaks aufwies.

(Die Angaben über die durch Chemisorption entstehenden Radikale in der vorläufigen Mitteilung (*4*) über die ersten Ergebnisse dieser Arbeit sind infolge der inzwischen nachgewiesenen Verschiebung der Massenskala überholt).

Die $CH_3OH_2^+$-Ionen entstehen auf Grund der Reaktion:

$$CH_3OH^+ + CH_3OH \longrightarrow CH_3OH_2^+ + CH_3O$$

an der Oberfläche der an der Spitze befindlichen, kondensierten Methanolschicht. Infolge der scharfen Begrenzung der kondensierten Methanolschicht ist der $CH_3OH_2^+$-Peak im F. E.-Massenspektrum scharf.

Der Unterschied in dem von Gomer und Inghram und dem in dieser Arbeit berichteten Massenspektrum des Methanols hat wahrscheinlich folgende Ursache. Gomer und Inghram untersuchten das Methanolspektrum bei so niedrigem Druck und so geringer Feldstärke, daß sich vermutlich keine multimolekulare Methanolschicht auf der Spitze bilden konnte. Unter diesen Bedingungen ist die CH_3O-Radikalbildung stark begünstigt, die $CH_3OH_2^+$-Bildung jedoch zu vernachlässigen. Bei unseren Versuchen waren Druck und Feldstärke jedoch hoch genug, um eine kondensierte Methanolschicht auf der Spitze entstehen zu lassen, wodurch die $CH_3OH_2^+$-Bildung begünstigt, die CH_3O^+-Bildung jedoch herabgesetzt wird.

Es ergibt sich also, daß der Nachweis von Radikalen, die bei Chemisorptionsreaktionen entstehen, möglich ist, wenn der Druck in der Ionenquelle so niedrig ist, daß sich keine kondensierte Schicht auf der Spitze bilden kann.

C. Photochemische Reaktionen. Bei der Untersuchung photochemischer Reaktionen ist es oft schwierig, die Primärprodukte direkt nachzuweisen, da es sich meist um sehr kurzlebige Radikale handelt.

Grundsätzlich eignet sich ein Massenspektrometer konventioneller Bauart zum Nachweis derartiger kurzlebiger Reaktionsprodukte, jedoch ist deren Konzentration wegen des geringen Absorptionsquerschnittes für U.V.-Licht bei Drucken von 10^{-3} Torr in der Ionenquelle äußerst gering. Bei Verwendung von Elektronenstoß-Ionenquellen ist die Konzentration der durch Elektronenstoß entstehenden Radikale oft um den Faktor 10^5 größer als die der Photoradikale gleicher Masse, so daß letztere schwer nachweisbar sind. Die Feldemissions-Ionenquelle besitzt demgegenüber den Vorteil, daß die Ionen der Photoradikale nicht von Molekül-Bruchstückionen gleicher Masse überlagert werden, so daß die Photoradikale trotz ihrer kleinen Konzentration wegen der großen Empfindlichkeit des mit einem Multiplier-Auffänger versehenen Massenspektrometers nachgewiesen werden können.

Dieses Nachweisverfahren für Photoradikale wurde bei der photochemischen Zersetzung des Acetons durch Licht von der Wellenlänge 2537 Å erfolgreich angewandt. Einzelheiten hierüber sollen an anderer Stelle veröffentlicht werden (*5*).

Literatur

1. Inghram, M. G., u. R. Gomer: Z. Naturforsch. **10a**, 863 (1955).
    Gomer, R., and M. G. Inghram: J. Chem. Physics **22**, 1279 (1954).
2. Müller, E. W., u. K. Bahadur: Physic. Rev. **102**, 624 (1956).
3. Wicke, E., M. Eigen u. Th. Ackermann: Z. physik. Chem. N. F. **1**, 340 (1954).
4. Beckey, H. D.: Naturwissenschaften **45**, 259 (1958).
5. Beckey, H. D., u. W. Groth: Z. physik. Chemie, N. F., im Druck.

Diskussionsbemerkung

M. von Ardenne

zu H. D. Beckey: Massenspektrometrische Untersuchung
chemischer Reaktionen mit Hilfe einer Feldemissions-Ionenquelle (s. S. 28).

Herr Beckey erwähnte freundlicherweise meinen am 27. 4. 1958 auf der Hauptjahrestagung der Physikalischen Gesellschaft in Leipzig gehaltenen Vortrag[1] über die EA-Massenspektrographie (Elektronenanlagerungs-Massenspektrographie), bei der ja eine sehr ähnliche Zielsetzung vorliegt. Daher werden vielleicht die folgenden Vergleichszahlen interessieren: Bei dem Massenspektrometer mit Feldemissionsionenquelle beträgt, wie wir hörten, die Auflösung etwa 100—200, und der Bereich der untersuchten Massen liegt bei Massen unter 100. Demgegenüber beträgt bei unserem Molekül-Massenspektrographen mit Elektronenanlagerungs-Ionenquelle die Auflösung bereits 3000, mit der Gewißheit, sie auf 10000 in naher Zukunft steigern zu können, und der Bereich der untersuchten Massen erstreckt sich bis zu Massen von 10000. Ausgelegt ist die Anlage sogar für Massen bis zu 100000. Die Aufnahme von Elektronenanlagerungs-Molekülspektren von vielatomigen organischen Molekülen bei Massen um 300 bzw. 450 gelang allerdings erst mit Hilfe einer speziellen Ionenquelle mit sehr hohem Nutzeffekt, denn bei Molekülen solcher Art liegen die Wirkungsquerschnitte der Elektronenanlagerung etwa 5 Größenordnungen unter den Querschnitten für Ionisierung durch Elektronenstoß.

Erwiderung zu dieser Diskussionsbemerkung s. S. 851

Messungen an Elektronenstrahlerzeugern

H. Boersch und G. Born

I. Physikalisches Institut der Technischen Universität Berlin

Für die Brauchbarkeit eines Elektronenstrahlerzeugers ist unter anderem der Richtstrahlwert maßgebend. Nach B. v. Borries und E. Ruska (1) wird der Richtstrahlwert eines Elektronenstrahlers definiert als Verhältnis der Stromdichte an einem Ort des Elektronenstrahles zum Raumwinkel, in den von diesem Ort Elektronen ausgesandt werden.

$$R = \frac{j}{\pi \cdot \alpha^2} = \frac{j}{\omega}$$

$R =$ Richtstrahlwert
$j =$ Stromdichte
$\alpha =$ Strahlapertur
$\omega =$ Raumwinkel

Nach D. B. Langmuir (2) und J. Dosse (3) ergibt sich der Richtstrahlwert aus Kathodentemperatur und Beschleunigungsspannung:

$$R_{theor} = q \cdot j_{km} \cdot \frac{U}{U_T} = q^* \cdot \frac{j_{km}}{T} \cdot U$$

$j_{km} =$ mittlere Kathodenstromdichte
$T =$ Kathodentemperatur
$U =$ Beschleunigungsspannung
$q =$ Proportionalitätsfaktor, der von der Strahlausblendung abhängt. ($q \to 1/\pi$ für Strahlmitte)

Der Vergleich dieses theoretischen Richtstrahlwertes mit dem experimentell ermittelten gibt eine Aussage über die Güte des Strahlerzeugersystems.

Meßmethoden. Zunächst wurde ein der Definitionsgleichung folgendes Verfahren benutzt. Die Stromdichte j und der Raumwinkel ω werden an ein und demselben Ort des Elektronenstrahles gemessen. Abb. 1 zeigt schematisch die Versuchsanordnung zur Stromdichtemessung. Mit Hilfe eines Käfigs wird der Strom hinter einer Blende bekannter Größe gemessen. Der Strahl

---

[1] Ardenne, M. von: Kernenergie 1, 1958. Sonderheft zur 2. Genfer Atomkonferenz. — Siehe auch Ardenne, M. von: Z. angew. Physik 11, 121 (1959.)

3*

wird mittels eines Ablenkkondensators periodisch über die Blende abgelenkt und nach J. Dosse (3) die Stromdichteverteilung im Strahl auf den Leuchtschirm eines Oscillographen sichtbar gemacht. Abb. 2 zeigt die Anordnung zur Messung des Aperturwinkels.

Neben diesem Verfahren wurde noch ein anderes, von E. Ruska (4) angegebenes Verfahren angewendet (vgl. Abb. 3). Der Strahl wird durch zwei sehr enge Blenden ausgeblendet. Der Öffnungsquerschnitt der Blenden und ihr Abstand müssen bekannt sein. Der Käfigstrom ist dem Richtstrahlwert proportional. Wegen der experimentellen Schwierigkeit, die sehr engen Blenden hintereinander zu justieren, wurde die Ebene, in der die zweite Blende liegen sollte, elektronenoptisch nachvergrößert (vgl. Abb. 4) Mit der 1. Methode wird ein mittlerer Richtstrahlwert (gemittelt über die Strahlapertur), mit der 2. Methode der maximale Richtstrahlwert bestimmt. Die Ergebnisse beider Verfahren stimmen unter Berücksichtigung dieser Abweichung im Rahmen der Meßgenauigkeit miteinander überein.

Meßergebnisse. Abb. 5 zeigt das untersuchte Triodensystem. Untersuchungen über den Einfluß der verschiedenen geometrischen und elektrischen Parameter auf den Richtstrahlwert solcher Dreielektrodensysteme sind von mehreren Autoren veröffentlicht worden, insbesondere von H. W. Paehr (5), J. Dosse (3), B. v. Borries (6) und M. E. Haine (7) usw.

Die Meßergebnisse der verschiedenen Autoren sind jedoch nicht immer in Einklang zu bringen, wahrscheinlich weil die Strahlerzeuger Unterschiede aufweisen. Sie gestatten keinen eindeutigen Schluß darauf, unter welchen Bedingungen die optimalen theoretischen Werte erreichbar sind. Als Kathode wird in bekannter Weise eine Wolfram-Haarnadel verwendet.

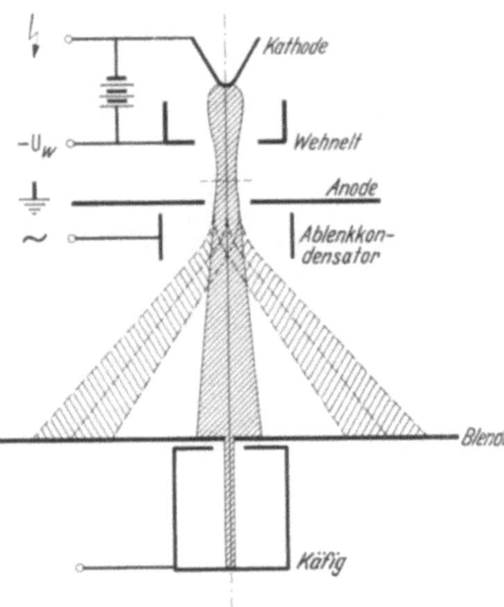

Abb. 1. Versuchsanordnung zur Messung der Stromdichte

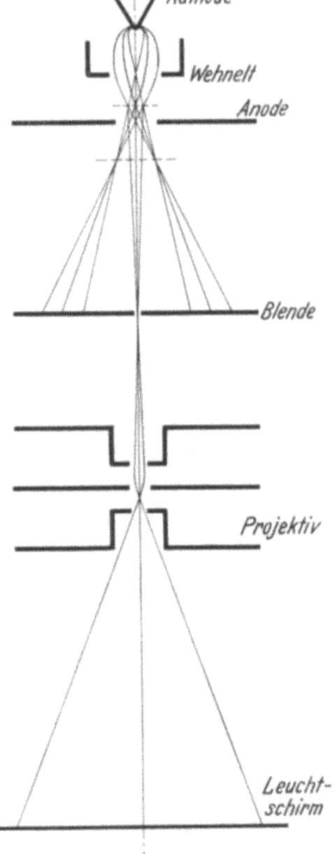

Abb. 2. Versuchsanordnung zur Messung des Aperturwinkels

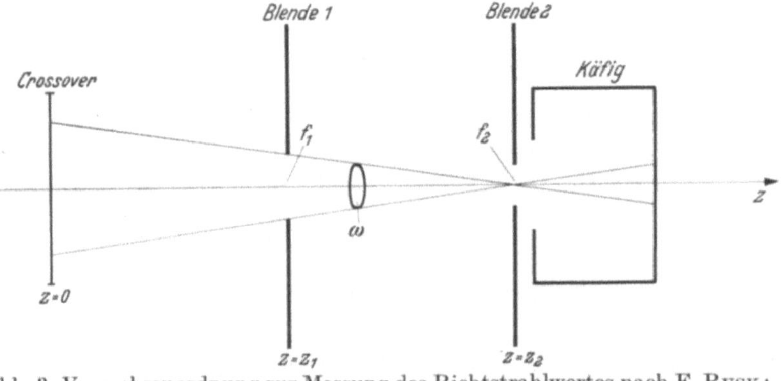

Abb. 3. Versuchsanordnung zur Messung des Richtstrahlwertes nach E. Ruska

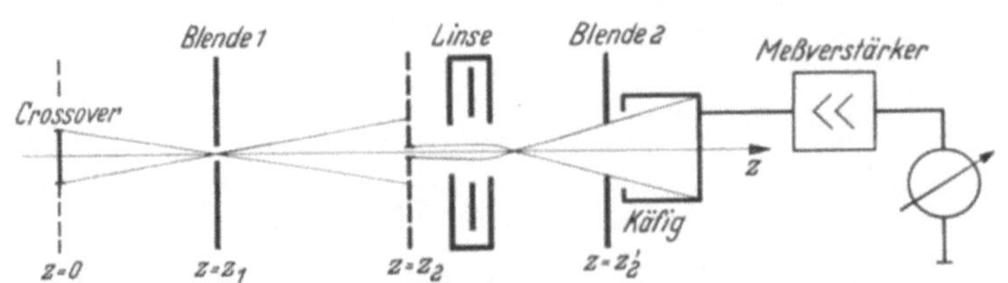

Abb. 4. Verbesserte Versuchsanordnung zur Messung des Richtstrahlwertes

Die Wehneltblende wird negativ gegen die Kathode vorgespannt. Durch Veränderung der Wehneltspannung läßt sich der Strahlstrom regeln. Wird die Wehneltspannung so stark negativ, daß der Emissionsstrom gerade auf Null geht, so ist die Wehnelt-Sperrspannung erreicht.

Als veränderliche Parameter des Triodensystems kommen bei konstanter Beschleunigungsspannung in Frage: 1. Die Wehneltspannung, 2. die Kathodentemperatur und 3. die geometrischen Abmessungen (hier wurden nur die Abstände und Durchmesser der Blenden variiert).

1. Zunächst sei die Abhängigkeit des Richtstrahlwertes von der *Wehneltspannung* angegeben. Alle anderen Größen bleiben konstant. Durch die Wehneltspannung wird der Strahlstrom verändert. Abb. 6 zeigt den Richtstrahlwert als Funktion des Strahlstromes. Der Richtstrahlwert steigt zunächst mit dem Strahlstrom an, bis er ein Maximum erreicht. Hier treten bereits „Strahlstrukturen'' auf. Die Kathodenmitte arbeitet wahrscheinlich in der Nähe der Sättigung. Bei noch höheren Strahlströmen werden die Strahlstrukturen so stark, daß der Richtstrahlwert von Ort zu Ort stark schwankt. Die Meßkurve ist daher gestrichelt. Dieses Gebiet ist für die Praxis im allgemeinen uninteressant. Es empfiehlt sich, kurz vor dem Maximum des Richtstrahlwertes zu arbeiten. Dort ist der Richtstrahlwert sehr hoch, andererseits treten noch keine Strahlstrukturen auf.

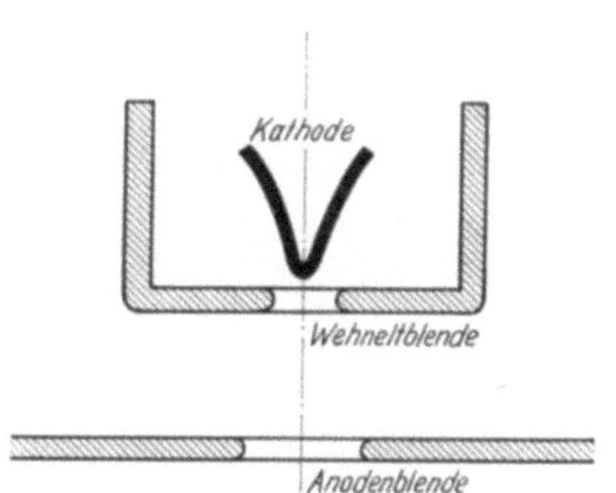

Abb. 5. Triodensystem

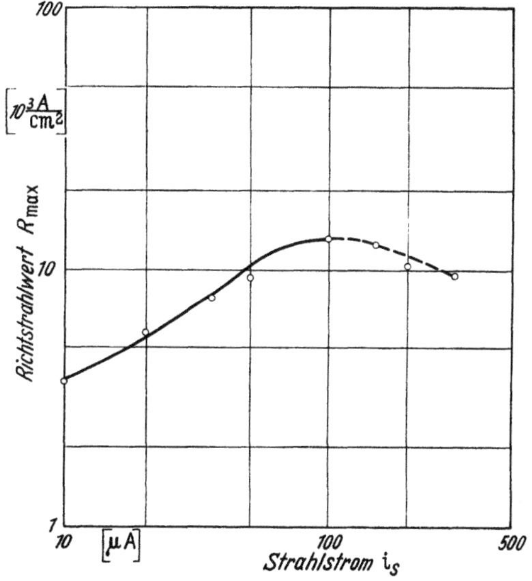

Abb. 6. Richtstrahlwert als Funktion des Strahlstromes. Wehneltspannung variiert; $U = 20\,kV$; $T = 2880°\,K$

2. Abb. 7 zeigt den Richtstrahlwert in Abhängigkeit vom Strahlstrom bei verschiedenen *Kathodentemperaturen.* Geometrie des Strahlers und Beschleunigungsspannung sind konstant. Diese Abbildung zeigt, daß sich das Maximum des Richtstrahlwertes mit steigender Kathodentemperatur zu höheren Strahlströmen verschiebt und gleichzeitig wächst und daß bei niedrigen Strömen die Kurven in erster Näherung zusammenfallen. Soll stets in dem günstigsten Arbeitspunkt dicht unterhalb des Maximums gearbeitet werden, so muß bei jeder Temperatur ein bestimmter Strahlstrom, d. h. eine bestimmte Wehneltspannung eingehalten werden. Der günstigste Strahlstrom, bzw. die günstigste Wehneltspannung ist also eine Temperaturfunktion (vgl. auch Abb. 8). Der günstigste Strahlstrom ist hier über der Temperatur aufgetragen. Die Meßkurve gibt an, wie groß der Strahlstrom bei einer bestimmten Temperatur sein muß, um einen möglichst hohen Richtstrahlwert zu erreichen, ohne daß Strahlstrukturen auftreten. Hohe Temperaturen sind also nur sinnvoll, wenn gleichzeitig hohe Strahlströme fließen!

3. Die günstigsten Richtstrahlwerte in den Kurvenmaxima der Abb. 7 sind um etwa den Faktor 5 kleiner als die theoretischen Werte. Um diese Werte zu erreichen, müssen, wie die Versuche zeigten, noch die geometrischen Dimensionen geändert werden. Die Änderung der geometrischen Größen hat dabei so zu erfolgen, daß die Sperrspannung genügend groß wird. Auf welche Weise dieses Ziel erreicht wird, ob durch Verringerung des Abstandes Kathode-Anode, oder Wehneltblende — Anode, oder durch Vergrößerung des Durchmessers der Wehneltblende, ist im großen und ganzen gleichgültig. Die Sperrspannung ist also hier ein Ausdruck für das Zusammenwirken der verschiedenen geometrischen Größen. Abb. 9 zeigt als Beispiel den Richt-

strahlwert als Funktion der Sperrspannung (ausgezogene Kurve). In diesem Falle wurde die Variation der Sperrspannung durch eine Veränderung des Abstandes Kathode—Wehneltblende vorgenommen. Bei jedem dieser Abstände wurde durch Variation des Strahlstromes der günstigste Richtstrahlwert aufgesucht. Kathodentemperatur und Beschleunigungsspannung sind konstant. Diese Kurve kann im Rahmen der Meßgenauigkeit auch durch Variation der anderen geometrischen Parameter erreicht werden. Wichtig ist, daß stets ab etwa 600—700 V der theoretische Wert nahezu erreicht wird. Die Abweichungen liegen in der Größenordnung der Meßfehler.

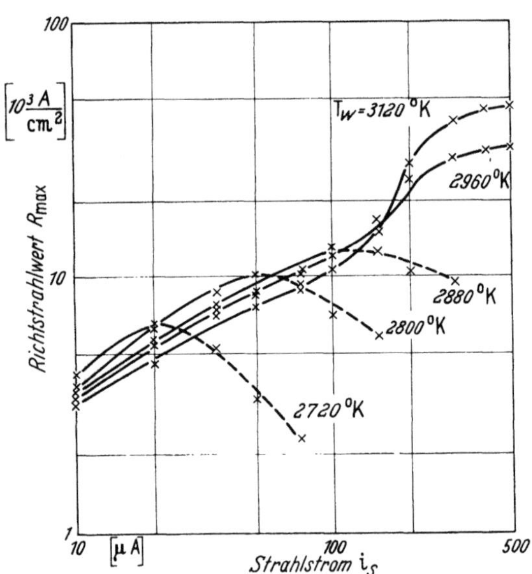

Abb. 7. Richtstrahlwert als Funktion des Strahlstromes bei verschiedenen Temperaturen. Wehneltspannung verändert; $U = 20$ kV

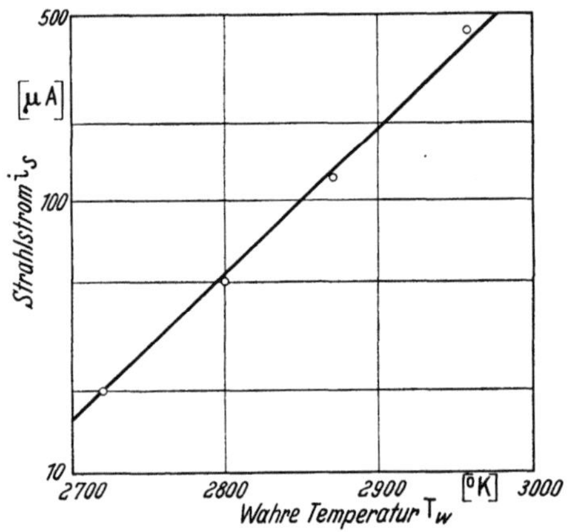

Abb. 8. Temperaturabhängigkeit des für einen hohen Richtstrahlwert günstigsten Strahlstromes

Das Ergebnis ist also, daß mit einem einfachen Triodensystem bereits der theoretische Richtstrahlwert erreicht werden kann, wenn die Wehnelt-Sperrspannung oberhalb von etwa 600—700 V liegt. Außerdem muß der günstigste Strahlstrom kurz vor der Ausbildung von Strahlstrukturen eingestellt werden.

4. Wird statt der einfachen Wehneltblende eine Blende verwendet, wie sie im Siemens-Elektronenmikroskop benutzt wird (Abb. 10), so läßt sich die erforderliche Wehnelt-Sperrspan-

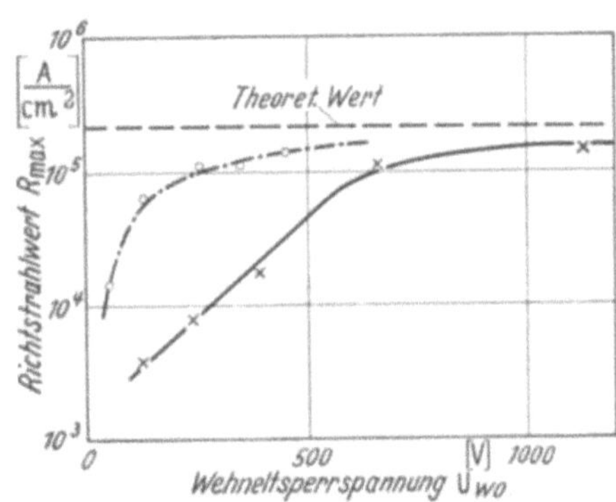

Abb. 9. Richtstrahlwert als Funktion der Wehneltsperrspannung

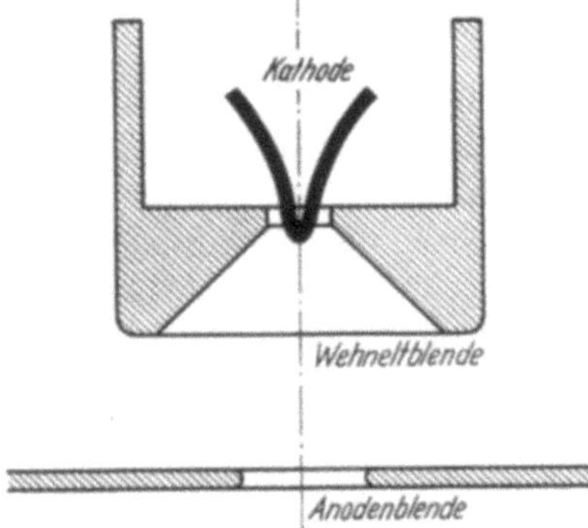

Abb. 10. Triodensystem mit veränderter Wehneltblende

nung herabsetzen. In Abb. 9 ist strichpunktiert für dieses System die Abhängigkeit des Richtstrahlwertes von der Sperrspannung aufgetragen. Es genügen schon etwa 300 V, um den theoretischen Richtstrahlwert — im Rahmen der Meßfehler — zu erreichen.

Dadurch, daß statt der verschiedenen geometrischen Größen nur noch die Wehnelt-Sperrspannung betrachtet zu werden braucht, läßt sich der Einfluß der Parameter auf den Richtstrahlwert besonders leicht übersehen.

Literatur

1. Borries, B. v., u. E. Ruska: Z. techn. Phys. **20,** 225 (1939).
2. Langmuir, D. B.: Proc. I. R. E. **25,** 977 (1937).
3. Dosse, J.: Z. Physik **115,** 530 (1940).
4. Ruska, E.: Diskussion im Elektronenmikroskopischen Kolloquium in Berlin-Dahlem am 11. 1. 1957.
5. Paehr, H. W.: Fernseh AG Hausmitt. **1,** 193 (1939).
6. Borries, B. v.: Optik **3,** 321 (1948).
7. Haine, M. E., and P. A. Einstein: Brit. J. appl. Physics **40,** 40 (1952).

Der Boersch-Effekt und ein Ansatz zu seiner theoretischen Deutung

Friedrich Lenz

Technische Hochschule Aachen

Boersch (1, 2) hat bei Experimenten über die Geschwindigkeitsverteilung von Glühelektronen aus Elektronenstrahlerzeugern gefunden, daß die Energieverteilung der Elektronen bei Betrieb des Strahlerzeugers im Raumladungsbereich deutlich von der der Kathodentemperatur entsprechenden Maxwell-Boltzmann-Verteilung abweicht. Die beobachteten Energieverteilungen waren wesentlich breiter (≈ 1 eV) als die einer Kathodentemperatur $T = 2700°$ K entsprechende Maxwell-Verteilung, die eine Energiebreite der Größenordnung $kT \approx 0,2$ eV besitzen müßte. Wird das Elektronenstrahlbündel durch eine Linse fokussiert, so daß es außer dem im Strahlerzeuger selbst entstehenden einen weiteren engen Querschnitt mit relativ hoher Stromdichte passieren muß, so nimmt die Breite der Energieverteilung weiter zu (bis 2 eV).

Boersch kommt nach einer ausführlichen Diskussion der möglichen Ursachen dieses stark von der Strahlstromdichte abhängigen Effektes zu dem Schluß, daß er vermutlich auf dynamische Wechselwirkungen der Elektronen zurückzuführen ist.

Im folgenden soll gezeigt werden, daß sich ein relativ einfacher Wechselwirkungsmechanismus angeben läßt, der auf die richtige Größenordnung für die beobachtete Energieverbreitung führt.

Wir betrachten zunächst die durch die Coulombsche Abstoßungskraft bewirkte Impulsübertragung beim elastischen Stoß zweier einander in geringem Abstand b passierender Elektronen. Dabei wird, wenn v die anfängliche Relativgeschwindigkeit ist, senkrecht zur Bewegungsrichtung ein Impuls

$$p_\perp = \frac{e^2}{2\pi\varepsilon_0 b v} \tag{1}$$

übertragen. Solche Stöße werden um so häufiger vorkommen, je höher die Strahlstromdichte ist, also insbesondere in den engsten Strahlquerschnitten. Wie aber direkt aus dem Energie- und Impulssatz folgt, tauschen zwei freie Elektronen ihre Impulse beim elastischen Stoß einfach aus, und an der Geschwindigkeitsverteilung eines Elektronenstrahlbündels ändert sich nichts, wenn die Impulsübertragung nur durch solche Zweierstöße von im übrigen freien Elektronen vermittelt wird. Tatsächlich bewegen sich aber im Elektronengas die Elektronen nicht wie die Atome oder Moleküle eines Gases zwischen relativ kurz während elastischen Stößen relativ lange Strecken geradlinig, sondern sie befinden sich wegen der relativ großen Reichweite der Coulombkräfte ständig im Feld *mehrerer* Nachbarelektronen, d. h. sie sind nicht frei, sondern durch ihre Umgebung schwach gebunden. Ein Maß für die Stärke dieser Bindung ist die von der Elektronendichte ϱ abhängige Plasmafrequenz

$$\omega = \sqrt{\frac{e^2 \varrho}{\varepsilon_0 m}} \tag{2}$$

Die Impulsübertragung beim Durchgang eines Elektrons durch ein Medium, das viele schwach gebundene Elektronen enthält, ist schon im Zusammenhang mit der Bremsung von Elektronen beim Durchgang durch Festkörper ausführlich untersucht worden (3). Beim Durchgang eines Elektrons mit der Geschwindigkeit v durch eine streuende Substanz der Dicke ds wird das Impulsquadrat

$$d(p_\perp^2) = \varrho\, ds \int\limits_{b_{min}}^{b_{max}} p_\perp^2\, 2\pi b\, db = 2\pi \varrho\, ds \left(\frac{e^2}{2\pi\varepsilon_0 v}\right)^2 \ln \frac{b_{max}}{b_{min}} \tag{3}$$

übertragen. $b_{max} = v/\omega$ kennzeichnet dabei denjenigen Wert des Stoßparameters b, oberhalb dessen praktisch keine Energie mehr an ein mit der Bindungsfrequenz ω gebundenes Elektron übertragen wird, und b_{min} eine untere Grenze des Stoßparameters, die dadurch gegeben ist, daß beim Stoß kein größerer Impuls als mv übertragen werden kann.

Beim Durchgang durch einen engsten Bündelquerschnitt ist die Elektronendichte ϱ und damit auch b_{max} eine Funktion des Ortes. Die mittlere quadratische Impulsänderung, die ein Elektron bei diesem Durchgang an denjenigen Elektronen erleidet, in bezug auf die es die Relativgeschwindigkeit v besitzt, erhält man, indem man (3) über ds integriert. Schließlich muß man noch über die vielen im Bündel vorkommenden Relativgeschwindigkeiten integrieren. Statt dieser komplizierten Rechnung soll hier aber nur eine einfachere Abschätzung der Größenordnung durchgeführt werden. Wir setzen näherungsweise für die Elektronendichte ihren Maximalwert im engsten Querschnitt

$$\varrho = \frac{R_{max}\,\pi\,\alpha_0^2}{e\,v_0} \tag{4}$$

und für die durchlaufene Schichtdicke ds in Richtung der anfänglichen Relativgeschwindigkeit den Durchmesser $2\,r_0$ des engsten Querschnitts. R_{max} ist der Richtstrahlwert des Bündels und v_0 die Elektronengeschwindigkeit relativ zum Laborsystem.

Der nach (1) übertragene Impuls $p_\perp$ steht senkrecht auf der anfänglichen Relativgeschwindigkeit. Die uns interessierende, für die Energieverbreiterung maßgebliche Größe ist aber das beim Durchgang durch den engsten Querschnitt übertragene mittlere Impulsquadrat in z-Richtung

$$d(p_z^2) = \tfrac{1}{2}\, d(p^2). \tag{5}$$

Setzt man (4) und (5) in (3) ein, so erhält man

$$\frac{d(p_z^2)}{p_0^2} = \frac{4\,\pi^2\,R_{max}\,r_0}{ev_0} \left(\frac{e^2}{4\,\pi\,\varepsilon_0\,m\,v_0^2}\right)^2 \ln \left[\left(\frac{4\,\pi\,\varepsilon_0\,m\,v_0^2}{e^2}\right)^3 \frac{e\,v_0\,\alpha_0^4}{16\,\pi^2\,R_{max}}\right] \tag{6}$$

Setzt man $R_{max} = 10^4\ \mathrm{A/cm^2}$; $mv_0^2/2e = 20\ \mathrm{kV}$; $r_0 = 20\ \mu$; $\alpha_0 = 2\cdot 10^{-2}$ ein, so wird

$$\frac{d(p_z^2)}{p_0^2} = 2{,}2\cdot 10^{-10} \tag{7}$$

Dem entspricht eine relative Energieverbreiterung

$$\frac{dE}{E} = 2\sqrt{\frac{d(p_z^2)}{p_0^2}} = 3\cdot 10^{-5} \tag{8}$$

was bei $E = 2\cdot 10^4$ eV einer absoluten Energieverbreiterung von 0,6 eV entspricht, also einem Wert der auch im Experiment beobachteten Größenordnung.

Potential well modulation of electron beams

L. JACOB

Department of Natural Philosophy, the Royal College of Science and Technology, Glasgow (Scotland)

1. Introduction. In conventional modulating systems of electron guns, the intensity variation in the beam is brought about by varying the emitting area of the cathode through the effect of the potential on the modulator; the latter acts like an Iris diaphragm, which, in addition, controls the focal properties of the cathode lens system and may affect the quality of the focussed image. All these parameters can be kept constant by using a gun with fixed potentials on its electrodes;

the modulation of the beam is then made to take place after it has passed the final electrode by allowing it to traverse the potential trough between two boundaries. Schematic designs of systems which achieve this are shown in Fig. 1, types A to H. The final type H evolved, consists of two apertured discs, A_1 and A_3 separated by the modulating electrode, A_2, in the form of an open cylinder; a "stopper" disc, A_4, with an aperture larger than that in A_3 is biassed negatively with respect to A_3 to prevent secondary electrons from entering the beam. Unlike the earlier types, this design gave a small image free from halo with a steep sided electron distribution in it; the modulation range was some 10 V and slopes up to 60 μA/V were recorded.

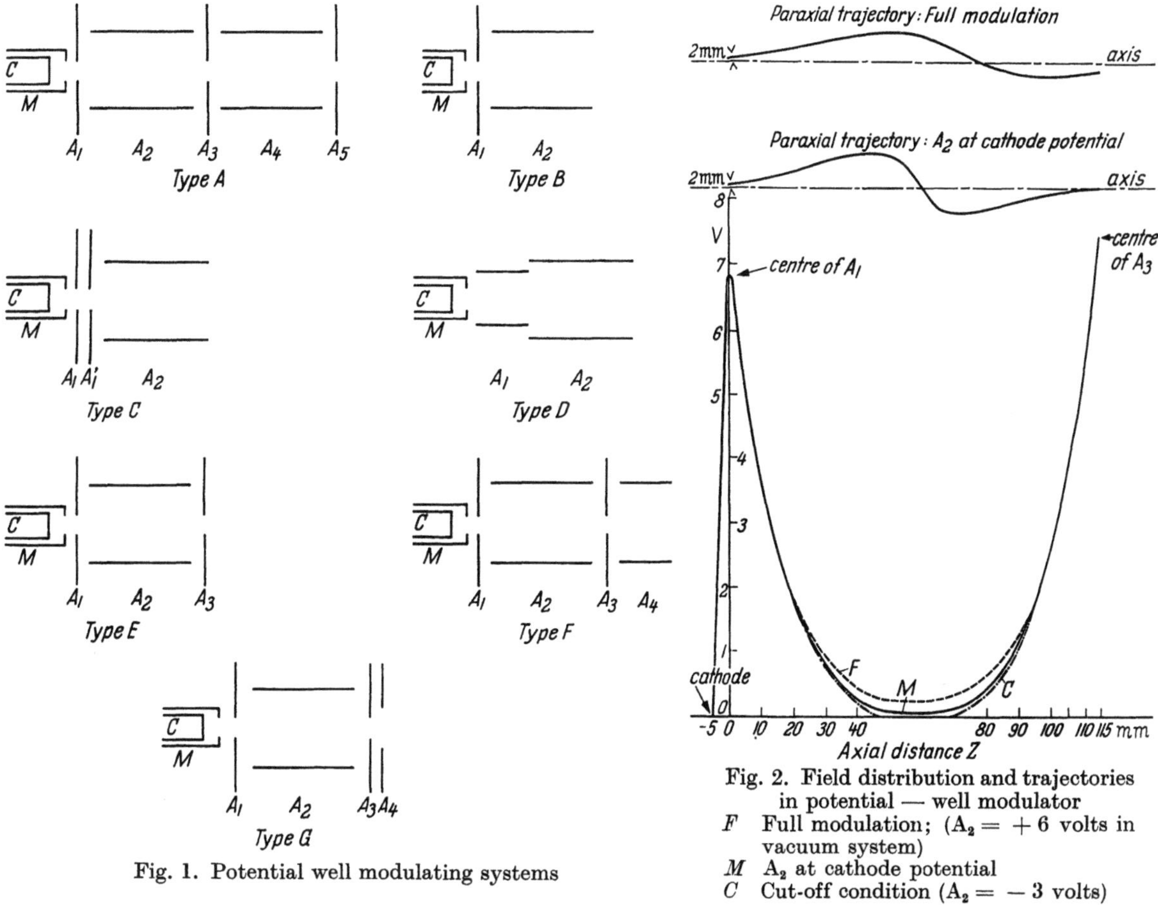

Fig. 1. Potential well modulating systems

Fig. 2. Field distribution and trajectories in potential — well modulator
F Full modulation; ($A_2 = +6$ volts in vacuum system)
M A_2 at cathode potential
C Cut-off condition ($A_2 = -3$ volts)

A study of the potential distribution over the modulation range was carried out in the electrolytic tank and trajectory tracings were made by the graphical method of the author (1); sealed-off vacuum units were used in experiments designed to determine the modulation, beam and focussing properties of the system. For the latter purpose an aberration-free magnetic lens was placed some 40 mm from the A_3 aperture and the focussed distribution was resolved by the slit scanning system of the author (2) placed some 250 mm from the centre of the lens.

2. Cut-off characteristics. The cut-off property of the ($A_1/A_2/A_3$) system, as signified by the reduction to zero of the current leaving the A_3 aperture as the potential of A_2 was decreased to a value V_c, was examined for large variations in parameters, e. g. diameters of apertures, length and diameter of A_2, voltage ratio A_3/A_1 etc. The results can be summarised as follows:

a) there is a linear relation between V_c and the ratio of voltages A_3/A_1 (from 1 to 7),

b) V_c increases continuously with increasing diameter, D, of A_2 (for constant length of A_2); it decreases with increase in length, L, (for constant diameter) down to a flat minimum,

c) there is no simple relation between V_c and the ratio L/D, since, if this ratio is kept constant, V_c increases as the dimensions are reduced,

d) the effect of increasing the diameter of the A_3 aperture is, as expected, an increase in V_c, but the relation is not linear.

3. The potential distribution and trajectories. The form of the potential well along the axis between the boundaries, A_1 and A_3, is shown in Fig. 2 for three values of the modulation a) full, corresponding to about 600 μA in the beam, b) A_2 at cathode potential, c) cut-off condition with A_2 negative with respect to the cathode. The beam is made to converge as it is decelerated in the left hand portion of the field, it then passes through a field-free space and made to converge again before meeting the A_3 electrode. The trajectories show the course of paraxial electrons and the large refractive effect when the electrons are slowed down should be noticed.

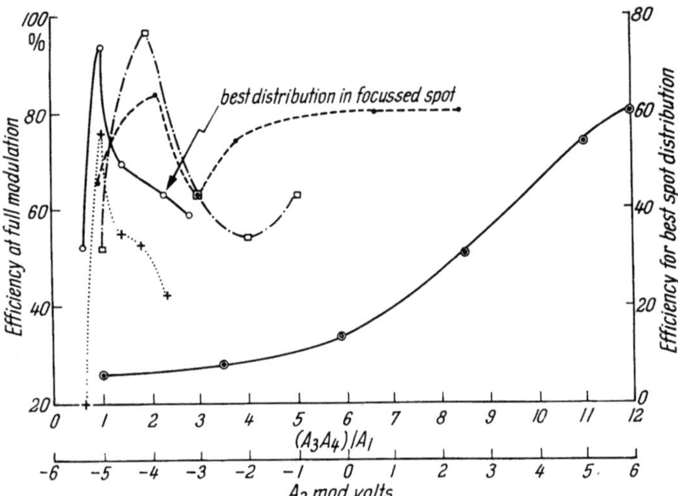

The depth of the well is of the order of the modulation range — some eight volts in this particular case. The beam trapping by the A_3 (and A_1) electrodes is exceedingly sensitive to the variations in potential of A_2. Beam tracing techniques using fluorescent discs show that the emergent beam angle through the A_3 aperture is proportional to the voltage ratio of $A_4/(A_1, A_3)$ and also approximately to the ratio $(A_3, A_4)/A_1$ up to a value of 0.2 radian after which it becomes constant.

4. The modulator efficiency. The efficiency of the $A_1/A_2/A_3$ combination as an electron source is shown in Fig. 3 at full modulation. Here, the fraction of the total cathode current leaving the A_3 aperture is plotted against the ratio of voltages $(A_3, A_4)/A_1$ for various sets of apertures. An additional curve shows the effect of the modulation for the best focussed spot distribution. While efficiencies of over 90% can be achieved, the requirement of narrow steep-sided electron distributions is only fulfilled for an efficiency of some 60% obtained at a voltage ratio $(A_3, A_4)/A_1$ of 2.3.

Fig. 3. Efficiency V $(A_3, A_4)/A_1$ voltage ratio efficiency V modulation voltage. A_1 Aperture 1.0 mm: A_3 aperture 1.0 mm $\cdots\cdots A_1$ Aperture 1.0 mm: A_3 aperture 0.6 mm ⊙⊙⊙ Best distribution in spot for $(A_3, A_H)/A_1 =$ 2.3 A_1 Aperture 1.0 mm; A_3 aperture 0.3 mm $+++$ A_1 Aperture 0.6 mm; A_3 aperture 0.6 mm □□□ Efficienci V modulation for best spot distribution

On the whole, the performance of the modulating system in the form described is better by a factor of about 3 over the conventional type in use; where the chief interest lies in the modulation slope, that is, current efficiency, without consideration for the quality of the focussed image, the factor rises to about 5.

In conclusion the author wishes to thank Professor RANKIN for his interest and the facilities afforded for this work in his department.

References

1. JACOB, L.: Philosophic. Mag. **26,** 570 (1938).   *2.* — Philosophic. Mag. **28,** 81 (1939).

Versuche an einer Gasentladungskathode

MAX HAHN

Institut für Elektronenmikroskopie an der Medizinischen Akademie Düsseldorf

Den meisten von Ihnen ist die Gasentladungskathode von G. INDUNI (*1*) bekannt, die an Elektronenstrahlgeräten einer bekannten Schweizer Firma verwendet wird. Eine solche Gasentladungskathode hat gegenüber den viel gebrauchten Glühkathoden einige Vor- und Nachteile: Einfacher Aufbau, lange Betriebsdauer, geringe Vakuumansprüche einerseits, kleinerer Richtstrahlwert, schlechtere chromatische Homogenität und schlechtere Steuerbarkeit andererseits.

Noch zu Lebzeiten von Prof. von Borries entstand der Wunsch, diese Nachteile nach Möglichkeit etwas zu mildern.

Eine Verbesserung der chromatischen Homogenität erschien unmöglich, da diese durch den Elementarprozeß der Elektronenauslösung durch Ionenbeschuß gegeben ist (2, 3, 4); auch eine wesentliche Steigerung der Ausbeute γ an Elektronen pro Ion durch geeignete Materialwahl oder andere Formgebung erschien wenig aussichtsreich. Dagegen konnte man von einer Steigerung des Arbeitsdruckes erwarten, daß die Emissionsstromdichte im Brennfleck sich erhöhen müßte und gleichzeitig die Entladung besser steuerbar würde. Es wurde nun eine Versuchskathode hergestellt, wie sie Abb. 1 zeigt. Induni (1) hat für die Dimensionierung und den Arbeitsdruck seiner Kathode die empirische Beziehung

$$f \leq \lambda \leq s$$

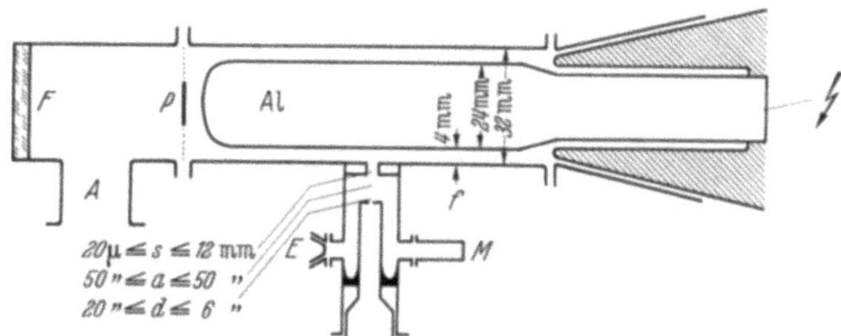

Abb. 1. Schematischer Schnitt durch die Versuchskathode

gefunden, wobei die mittlere freie Weglänge des Entladungsgases λ für den gesamten Entladungsraum örtlich ungefähr konstant war. Läßt man nun in die Kathode bei E Luft ein, die man bei A durch einen möglichst großen Querschnitt absaugt, herrscht im Raum zwischen der Strahlblende s und der Drosselblende d ein u. U. wesentlich höherer, bei M meßbarer Druck p als im felderfüllten Raum um den Kathodenknüppel (5, 6), λ ist also örtlich sehr stark verschieden. Dabei ist es möglich, $f > s$ zu wählen. Um das Feld am Ende des Knüppels etwas homogener abzuschließen, ist bei P ein Abschlußplättchen eingesetzt, was aber praktisch keine Drossel für den Luftstrom darstellt. Die Kathode wurde mit 60 kV betrieben, wobei die Feldstärke an der Knüppeloberfläche 164 kV cm^{-1} betrug. Durch den hohen Luftdurchsatz im Feldraum brannte die Kathode trotz der hohen Feldstärke bemerkenswert stabil. Bei unserer Kathode sind Strahlblenden von 12 mm bis 20 μ Durchmesser und Drosselblenden von 6 mm bis 20 μ Durchmesser bei Abständen a zwischen 50 mm bis 50 μ verwendbar. Strahl- und Drosselblende sind im Betrieb zueinander zentrierbar. Schließlich kann man durch das Fenster F in den Feldraum hineinsehen.

Abb. 2 zeigt die gemessenen Richtstrahlwerte R_{max} und Zünddrucke p_z als Funktion des Strahlblendendurchmessers s. Die Richtstrahlwertmessungen (7) sind bekanntermaßen ohne großen Aufwand nicht sehr genau ausführbar, daher kann aus den bisherigen Ergebnissen auch keine präzise Aussage über den Gang des Richtstrahlwertes mit den Blendendurchmessern s gemacht werden. Zudem

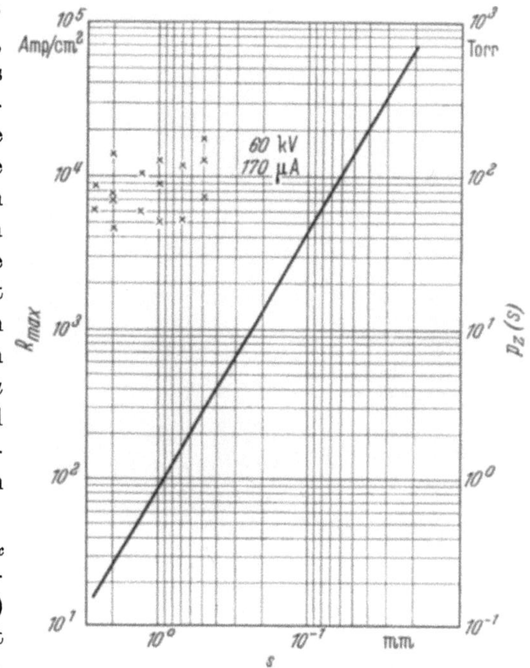

Abb. 2. Richtstrahlwerte R_{max} (x) und Zünddruck p_z (———) für verschiedene Strahlblendendurchmesser s

muß, insbesondere für kleinere s, der Knüppel gegenüber der Strahlblende zentrierbar sein und es muß Sorge getragen werden, daß keinerlei Erschütterungen von der verwendeten Quecksilber-Diffusionspumpe auf die Kathode übertragen werden. Sicher ist, daß bei Strahlblendendurchmessern unter 0,2 mm der Richtstrahlwert mit dem Durchmesser abnimmt. Außer evtl. mangelhafter Zentrierung hat das seinen Grund darin, daß es technisch schwerfällt, die Luftstrecke a so klein zu halten, daß die vom Elektronenstrahl durchlaufene Luftstrecke

$\int p(z)\,dz \approx p \cdot a$ nicht wesentlich größer als 0,15 Torr cm (entspricht $2{,}5 \cdot 10^{-7}$ g cm^{-2}) wird und daß Streueffekte schon den Richtstrahlwert schwächen. Die Versuche ergaben, daß mit steigenden Werten $p \cdot a$ die Abhängigkeit des Entladungsstromes vom Druck flacher wurde, so daß die Intensität sehr fein steuerbar war. Andererseits trat durch Streuung eine merkliche Verschlechterung des Richtstrahlwertes ein. Bei den Messungen wurde $p \cdot a = 0{,}15$ Torr cm gewählt, weil sich dieser Wert aus Versuchen als guter Kompromiß ergeben hat.

Abb. 3.   Die Versuchskathode schießt 60 kV-Elektronen in atmosphärische Luft, 280 μA Entladungsstrom. Streukugel 1,5 h bei f:2; Anordnung bei f:11 auf Agfa IFF Kleinbild belichtet, Neofin-blau-Entw.

Die mitgeteilte zahlenmäßige Abhängigkeit des Zünddruckes p_z von dem Strahlblendendurchmesser gilt natürlich nur für die hier verwendete Geometrie der Vakuumleitungen und die Saugleistung der Quecksilberdiffusionspumpe E (Leybold). Allgemein zündet die Kathode dann, wenn

$$\lambda_{min} \approx f$$

wird.

Mit der bestehenden Pumpeneinrichtung gelang es ebenfalls, mit $p = 0{,}1$ Torr über eine Vorkammer (8) mit $p_v = 5$ Torr die Elektronen über eine Bohrung von 0,4 mm Durchmesser in die atmosphärische Luft zu schießen. Dabei konnte die bis zur Austrittsebene von den Elektronen durchlaufene Luftstrecke $\int p(z)\,dz \leqq 2$ Torr cm gehalten werden. Abb. 3 zeigt die Kathode in dieser Anordnung bei Betrieb mit 60 kV. Sie stellt ein recht einfaches Gerät zu Untersuchungen an und mit Elektronenstrahlen an atmosphärischer Luft dar, das auch zu langen ununterbrochenen Arbeiten geeignet ist und außer einer Vakuumpumpe und einer Hochspannungsquelle keine Hilfsgeräte und auch keine Zentrierarbeit erfordert.

Literatur

1. INDUNI, G.: Helv. phys. Acta **20,** Fasc. 6, 463 (1947).
2. TELKOWSKI, W. G.: Dokl. Akad. Nauk UdSSR **108,** 444 (1956).
3. ROOS, O. v.: Z. Physik **147,** 210 (1957).
4. STERNGLASS, E. J.: Physic. Rev. 2nd Ser. **108,** 1 (1957).
5. SCHRÜFER, E.: Z. angew. Physik **9,** 88 (1957).
6. PRANDTL, L.: Strömungslehre. Friedr. Vieweg & Sohn, 4. Aufl. 1956, S. 266.
7. BORRIES, B. v.: Optik **3,** 321 (1948).
8. SCHUMACHER, B.: Optik **10,** 116 (1953).

2. Linsen und Ablenksysteme

Ein kombiniertes Integriergerät zur genaueren Berechnung der Felder elektronenoptischer Abbildungssysteme

G. W. Der-Schwarz

Institut für Elektronenoptik des Staatskomitees für Radioelektronik, Moskau

Die rechnerische Untersuchung eines elektronenoptischen Systems erfordert in der Regel so genaue Werte der Feldverteilung, wie sie nur mit modernen elektronischen Digitalmaschinen erhalten werden können. Die Erfahrung zeigt aber, daß die Lösung der Potentialgleichung nach dem Maschenverfahren mit programmgesteuerten universalen elektronischen Maschinen recht zeitraubend (Programmieren) und relativ kostspielig (lange Lösungszeit) ist. Müssen laufend viele Felder berechnet werden, so lohnt es sich, eine relativ billige Spezialanlage zur Lösung der Potentialgleichung zu bauen. Sie muß sich durch geringen Arbeitsaufwand bei der Einführung der Ausgangsdaten und durch große Genauigkeit auszeichnen und so die Vorteile eines Widerstandsnetzes und einer digitalen Rechenmaschine in sich vereinigen. Dies wird erzielt durch Serienschaltung eines Netzgerätes, das die Potentialgleichung in erster Näherung löst, mit einer einfachen, spezialisierten Digitalmaschine, die den Approximationsfehler jener Lösung reduziert.

Der Arbeit des digitalen Teils einer solchen kombinierten Rechenanlage müssen Differenzengleichungen höheren Approximationsgrades zugrunde liegen, wodurch Apparaturaufwand und Lösungszeit erheblich vermindert werden.

Differenzengleichungen höheren Approximationsgrades

Zieht man zur Bildung der Differenzengleichung eine größere Zahl von Potentialwerten heran, so kann man den Approximationsfehler bedeutend herabsetzen. Doch ist man gezwungen, bei der Lösung der Randwertaufgaben mit den digitalen Rechenmaschinen die Differenzengleichung aus Potentialwerten aufzubauen, die dem Aufpunkt unmittelbar benachbart sind.

Es gibt wie bekannt eine Differenzengleichung $K[\varphi] = 0$, die die Potentialgleichung

$$\Delta \varphi_1 = [D_r^2 + D_z^2]\, \varphi = 0 \tag{1}$$

recht gut approximiert (*1*).

$$\Delta_1 \varphi = \frac{1}{6 h^2} K[\varphi] - \frac{2 h^2}{4!} \Delta_1^2 \varphi - \frac{2 h^4}{6!} [\Delta_1^3 \varphi + 2 D_r^2 D_z^2 (\Delta_1 \varphi)] -$$
$$- \frac{2}{3} \frac{h^6}{8!} [3 \Delta_1^4 + 16 D_r^2 D_z^2 (\Delta_1^2 \varphi) + 20 D_r^4 D_z^4 \varphi] + \cdots \tag{2}$$

wo

$$K[\varphi] = 4(\varphi_1 + \varphi_2 + \varphi_4 + \varphi_7 - 4\varphi_0) + [\varphi_3 + \varphi_5 + \varphi_6 + \varphi_8 - 4\varphi_0] \tag{3}$$

und h die Maschenweite ist (Abb. 1). Hieraus läßt sich eine Differenzengleichung höheren Approximationsgrades für die Potentialgleichung

$$\cdot\Delta_2 \varphi = [D_r^2 + r^{-1} D_r^2 + D_z^2]\, \varphi = 0 \tag{4}$$

gewinnen. Setzt man nämlich

$$\varphi = \frac{\Phi}{\sqrt{r}} \tag{5}$$

so geht (4) in

$$\Delta_1 \Phi = - \frac{\Phi}{4 r^2} \tag{6}$$

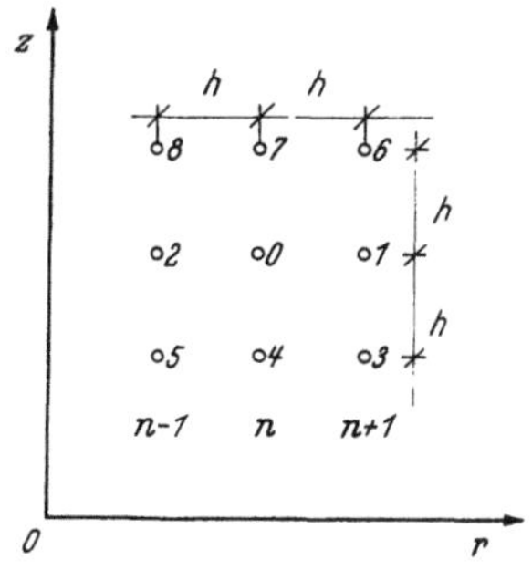

Abb. 1. Numerierung der Knotenpunkte in der Umgebung eines Aufpunkts O

über. Geht man mit (6) in (2) ein, und berücksichtigt, daß $\Phi = \sqrt{r}\, \varphi$, wo $\Delta_2 \varphi = 0$ ist, so kann man (nach Ausführung der Differentialoperationen in dem so erhaltenen Ausdruck) zu mehreren

Differenzenoperatoren gelangen, die sich wie folgt schreiben lassen (2):

$$\varphi = B_1 \varphi_1 + B_2 \varphi_2 + B_{36}(\varphi_3 + \varphi_6) + B_{47}(\varphi_4 + \varphi_7) + B_{58}(\varphi_5 + \varphi_8) + R(h^8) \tag{7}$$

$$B_k = \frac{b_k}{b_0} \qquad (k = 1, 2, 36, 47, 58). \tag{8}$$

Die Koeffizienten b_0, b_k der Differenzengleichung (7) sind zu berechnen nach:

$$b_0 = 20 - \frac{23}{15}\frac{1}{n^2} - \left[\frac{599}{1680} - \frac{19}{30}\frac{1}{6+n^{-2}}\right]\frac{1}{n^4} - \left[\frac{1189}{8960} + \frac{7}{20}\frac{1}{6+n^{-2}}\right]\frac{1}{n^6} - \frac{1287}{8192}\frac{1}{n^8}$$

$$b_1 = 4 + 2\frac{1}{n} - \frac{31}{60}\frac{1}{n^2} + \left[\frac{11}{40} - \frac{1}{6+n^{-2}}\right]\frac{1}{n^3} - \left[\frac{673}{6720} - \frac{19}{60}\frac{1}{6+n^{-2}}\right]\frac{1}{n^4} +$$

$$+ \left[\frac{521}{4480} - \frac{173}{240}\frac{1}{6+n^{-2}}\right]\frac{1}{n^5} - \left[\frac{227}{8960} + \frac{7}{40}\frac{1}{6+n^{-2}}\right]\frac{1}{n^6} + \left[\frac{33}{512} + \frac{7}{20}\left(\frac{1}{6+n^{-2}}\right)^2 - \right.$$

$$\left. - \frac{1873}{4480}\frac{1}{6+n^{-2}}\right]\frac{1}{n^7} - \frac{429}{8192}\frac{1}{n^8}$$

$$b_2 = 4 - 2\frac{1}{n} - \frac{31}{60}\frac{1}{n^2} - \left[\frac{11}{40} - \frac{1}{6+n^{-2}}\right]\frac{1}{n^3} - \left[\frac{673}{6720} - \frac{19}{60}\frac{1}{6+n^{-2}}\right]\frac{1}{n^4} -$$

$$- \left[\frac{521}{4480} - \frac{173}{240}\frac{1}{6+n^{-2}}\right]\frac{1}{n^5} - \left[\frac{227}{8960} + \frac{7}{40}\frac{1}{6+n^{-2}}\right]\frac{1}{n^6} + \left[\frac{1873}{4480}\frac{1}{6+n^{-2}} - \right.$$

$$\left. - \frac{7}{20}\left(\frac{1}{6+n^{-2}}\right)^2 - \frac{33}{512}\right]\frac{1}{n^7} - \frac{429}{8129}\frac{1}{n^8} \tag{9}$$

$$b_{36} = 1 + \frac{1}{2}\frac{1}{n} - \frac{7}{60}\frac{1}{n^2} + \left[\frac{1}{20} - \frac{1}{4}\frac{1}{6+n^{-2}}\right]\frac{1}{n^3} - \left[\frac{11}{336} + \frac{19}{120}\frac{1}{6+n^{-2}}\right]\frac{1}{n^4} +$$

$$+ \left[\frac{107}{4480} - \frac{113}{960}\frac{1}{6+n^{-2}}\right]\frac{1}{n^5} - \frac{21}{1024}\frac{1}{n^6} + \left[\frac{33}{2048} + \frac{7}{80}\left(\frac{1}{6+n^{-2}}\right)^2 - \frac{1873}{17920}\frac{1}{6+n^{-2}}\right]\frac{1}{n^7} -$$

$$- \frac{429}{32768}\frac{1}{n^8}$$

$$b_{47} = 4 - \frac{1}{60}\frac{1}{n^2} + \left[\frac{19}{60}\frac{1}{6+n^{-2}} - \frac{17}{1344}\right]\frac{1}{n^4}$$

$$b_{58} = 1 - \frac{1}{2}\frac{1}{n} - \frac{7}{60}\frac{1}{n^2} - \left[\frac{1}{20} - \frac{1}{4}\frac{1}{6+n^{-2}}\right]\frac{1}{n^3} - \left[\frac{11}{336} + \frac{19}{120}\frac{1}{6+n^{-2}}\right]\frac{1}{n^4} -$$

$$- \left[\frac{107}{4480} - \frac{113}{960}\frac{1}{6+n^{-2}}\right]\frac{1}{n^5} - \frac{21}{1024}\frac{1}{n^6} - \left[\frac{33}{2048} + \frac{7}{80}\left(\frac{1}{6+n^{-2}}\right)^2 - \frac{1873}{17920}\frac{1}{6+n^{-2}}\right]\frac{1}{n^7} -$$

$$- \frac{429}{32768}\frac{1}{n^8}$$

wo $n = \frac{r}{h} \geqq 1$ ein Maß für den Achsenabstand des Aufpunktes ist. Es muß betont werden, daß keine der Gleichungen (7) die Basis eines Netzgeräts, dessen Netz aus passiven Widerständen besteht, bilden kann.

Es lassen sich auch mehrere Diffenzengleichungen höheren Approximationsgrades für den Fall $n=0$ geben. Beispielsweise kann man zu einer folgenden gelangen:

$$\varphi_0 = 0{,}6\,\varphi_1 + 0{,}1\,(\varphi_3 + \varphi_4 + \varphi_6 + \varphi_7) - R(h^6). \tag{10}$$

(Wegen der Randbedingung auf $r = 0$ entfallen die Punkte 2, 5 und 8, siehe Abb. 1).

Die numerische Behandlung mehrerer Probefelder hat gezeigt, daß bei gleicher Maschenzahl der Fehler nur etwa 1—2% desjenigen der Rechnung mit den üblichen Differenzenoperatoren (3) ist.

Das Integriergerät

Zur Schaltung des *Netzes*, das die Näherungslösung der Potentialgleichung (4) liefert, und zu den Formeln, nach denen die Werte der Widerstände berechnet werden, siehe (*3*). Die Gesamtzahl der Knotenpunkte beträgt 2560, und zwar 40 längs der r-Richtung und 64 längs der z-Achse. Der größte Widerstandsnennwert beträgt 320 kΩ und der kleinste 1 kΩ. Die Manganinwiderstände wurden mit einer Fertigungstoleranz von etwa 0,05% hergestellt. Die Randwerte werden von einem Spannungsteiler (5 Ω Gesamtwiderstand) abgegriffen, der in 100 Teile unterteilt ist. Um die Randwertpotentiale mit vier Dezimalziffern angeben zu können, bedient man sich einer Anzahl von digitalen Spannungsteilern, die nach

Abb. 2. Gesamtansicht des Netzgerätes

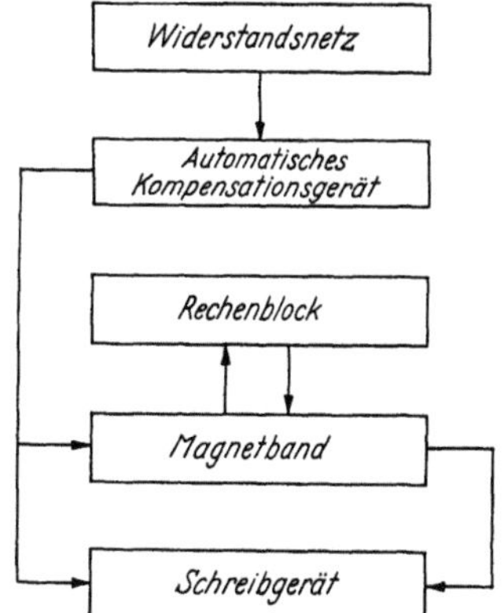

Abb. 3. Blockschema der Gesamtanlage

dem Prinzip der Stromsummierung arbeiten (*4*).

Die Gesamtansicht des *Netzgeräts* ist auf Abb. 2 dargestellt. Das Netz ist in 40 Schubladen untergebracht, von denen jede 64 Knotenpunkte enthält. Es wird von einer Akkumulatorenbatterie gespeist.

Das *Blockschema des Integriergeräts* zeigt Abb. 3. Die mit dem Netzgerät erhaltenen, genäherten Potentialwerte werden von einem digitalen Potentiometer (*5*) (Abb. 4) vollautomatisch gemessen und auf ein breites Papier-

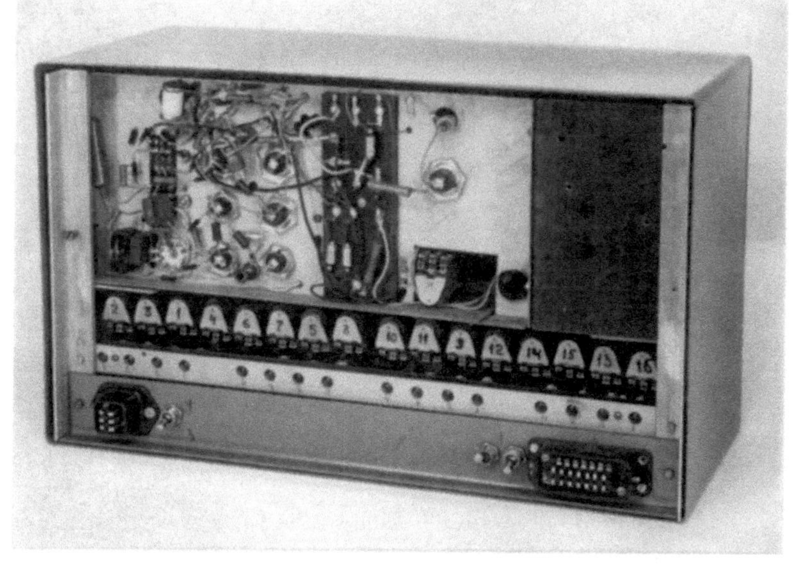

Abb. 4. Digital-Potentiometer zur vollautomatischen Messung und Aufzeichnung der Potentialwerte aus dem Netzgerät

band in Dezimalziffern gedruckt. Arbeitet das Netzgerät in Serie mit der digitalen Iterations-maschine, so werden die Potentiale mit einem anderen Potentiometer gemessen, das die Poten-tialwerte in Dualzeichen umsetzt und dem Magnetbandspeicher (16 Spuren) zuführt.

Die sukzessive Berichtigung der im Speicher lagernden Potentialwerte wird von einer *digitalen Iterationsmaschine* nach dem Gauß-Seidelschen Verfahren besorgt. Spezialmaschinen dieser Art (*6, 7*) eignen sich gut zur Lösung von partiellen Differentialgleichungen der mathematischen Physik. Die Iterationsmaschine, über die hier berichtet wird, zeichnet sich vor den anderen uns bekannten durch eine besondere Lage der Zahlenwerte auf dem Speicherband aus. Außerdem sind Rechenwerk und Speicherband in ihrem Arbeitstempo so aufeinander abgestimmt, daß praktisch keine Wartezeit eintritt.

Der technische Teil dieser Arbeit wurde gemeinschaftlich von Ing. K. A. NETREBENKO und mir durchgeführt. Wir danken unseren Kollegen O. B. BELONOSCHKO, W. N. WSOROW und W. P. RATSCHKOW, die uns beim Bau der Anlage und bei der Lösung der Kontrollaufgaben behilflich waren.

Literatur

1. KANTOROWITSCH, L., u. W. KRILOW: Näherungsmethoden der höheren Analysis. Berlin: VEB. Dtsch. Verlag der Wissenschaften, 1956.
2. DER-SCHWARZ, G.: Radiotechnika i Elektronika Bd. III, N2, S. 262 (1958); Bd. IV, N 2, S. 347 (1959).
3. Siehe z. B. W. GLASER: Grundlagen der Elektronenoptik, insbes. S. 164 ff. Springer 1952.
4. NETREBENKO, K.: Ismeritelnaja Techn. **1958**, N4, 70.
5. DER-SCHWARZ, G., u. K. NETREBENKO: Priborostrojenije **1958**, N9; Bd. IV, N 2, S. 347 (1959).
6. LEONDES, C., u. M. RUBINOFF: A.I.E.E. Trans. **71**, 303 (1952).
7. DER-SCHWARZ, G., u. K. NETREBENKO: Elektritschestwo **1958**, N5, 51.

Über eine Zusatzlinse zur Kompensation der Farbabhängigkeit der Vergrößerung im elektrostatischen Elektronenmikroskop

W. WEITSCH

Firma Carl Zeiss, Abteilung für Elektronenoptik, Oberkochen (Deutschland)

Seit den systematischen Untersuchungen (*1, 2, 3, 4, 5*) über die symmetrischen, elektrostati-schen Einzellinsen hat man im allgemeinen als Projektive verzeichnungsfreie Linsen dieser Bauart verwendet. Der verzeichnungsfreie Arbeitspunkt einer elektrischen Einzellinse liegt sehr nahe dem Maximum ihrer Brechkraft-Spannungs-Kurve (Abb. 1). Da an dieser Stelle die Brechkraft praktisch unabhängig von der Spannung ist, weist ein verzeichnungsfreies Projektiv zugleich eine sehr geringe Farb-abhängigkeit der Vergrößerung (Farbfehler 2. Art) auf.

Einen Farbfehler der Vergrößerung be-sitzen jedoch die üblichen elektrostatischen Objektive. Damit eine elektrische Einzel-linse als Objektiv geeignet ist, muß ihr Brennpunkt im feldfreien Raum liegen; aus den Lippertschen (*4, 5*) Diagrammen ergibt sich, daß in diesem Falle der Arbeitspunkt auf der Brechkraftkurve stets rechts vom Maxi-mum liegt (entsprechend Kurvenpunkten

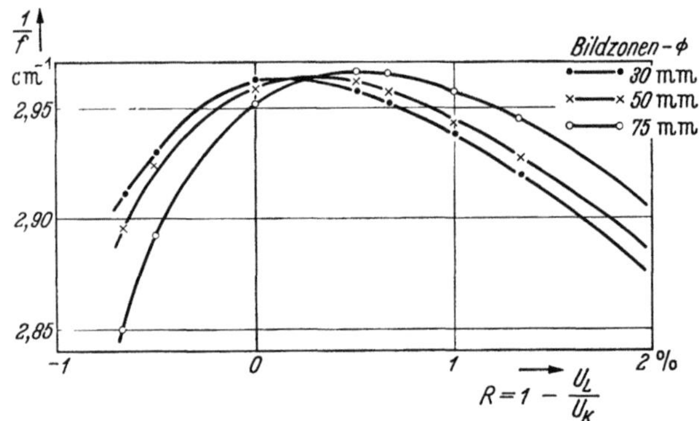

Abb. 1. Brechkraft-Spannungs-Kurven einer elektrischen Einzellinse für verschiedene Bildzonen. U_L Mittelelektro-denpotential, U_K Strahlspannung. Bei Zweipolschaltung ist $R = 0$

rechts außerhalb der Abb. 1). Eine solche Linse weist daher einen Farbfehler der Vergrößerung in dem Sinne auf, daß die Vergrößerung für energieärmere Elektronen (kleinere R-Werte) zu-nimmt. LIPPERT (*6*) wies darauf hin, daß dieser Fehler störend wird, wenn durch dickere Objekte ein größerer Anteil der Strahlelektronen Energieverluste erleidet. Er konnte in einem zweistufigen Strahlengang diesen Fehler dadurch weitgehend kompensieren, daß er den Arbeitspunkt des Projektivs an eine Stelle links vom Brechkraftmaximum verlegte. Da damit ein Farbfehler der Vergrößerung im entgegengesetzten Sinne wie beim Objektiv verbunden ist, kann durch geeignete Wahl dieser Stelle eine genaue Kompensation erreicht werden, allerdings nur für eine gewisse Zone des Endbildes; denn mit zunehmendem Abstand von der optischen Achse bzw. mit zunehmendem Bildzonendurchmesser verschiebt sich die Brechkraftkurve etwas (Abb. 1); ihre Neigung im Arbeitspunkt und damit die Kompensationswirkung hängt daher vom Achsenabstand des Objektpunktes ab. Es sei noch erwähnt [vgl. RANG (1)], daß der verzeichnungsfreie Arbeitspunkt offenbar im Überkreuzungsbereich der verschobenen Brechkraftkurven liegt; der senkrechte Abstand der Kurven in einem anderen Arbeitspunkt ist ein annäherndes Maß für die Verzeichnung.

Nach den ausführlichen Untersuchungen von KATAGIRI (7) und MORITO (8) über den Farbfehler der Vergrößerung und seine Kompensation im Falle des zwei- bzw. dreistufigen magnetischen Elektronenmikroskops lag es nahe, eine entsprechende Korrektur im ebenfalls zwei- bzw. dreistufigen Strahlengang des elektrostatischen AEG-Zeiss-Gerätes, Typ EM 8, vorzunehmen. Dazu bieten sich grundsätzlich zwei Möglichkeiten. Die zunächst einfachere, über die bereits berichtet wurde (9), besteht darin, daß man den für den zweistufigen Fall angedeuteten Weg weitergeht. Unter Beibehaltung der Zweipolschaltung ändert man die Geometrie beider Projektive so ab, daß die Arbeitspunkte auf den abfallenden Ast der Kurve links vom Maximum rücken. Man kann dadurch in den beiden Strahlengängen mit den wichtigsten Vergrößerungswerten von 5000 in zweistufiger und 15000 in dreistufiger Abbildung den Fehler des Objektivs kompensieren, allerdings wieder nur für eine gewisse Zone des Endbildes. Dieses Verfahren hat offenbar noch den weiteren Nachteil, daß die Arbeitspunkte nun im Bereich der tonnenförmigen Verzeichnung liegen, was sich im Endbild auswirkt.

Die erwähnte zweite Kompensationsmöglichkeit besteht darin, daß man das von Verzeichnung und Farbabhängigkeit der Vergrößerung freie Projektivsystem beibehält und zwischen dem Objektiv und dem Projektivsystem eine Zusatzlinse einfügt. Diese ist so zu dimensionieren, daß sie auf Grund der Neigung ihrer Brechkraftkurve im Arbeitspunkt den Fehler des Objektivs kompensiert. Wegen der hohen Vergrößerung der Projektive bleibt das von der Zusatzlinse entworfene Zwischenbild so klein, daß mit einer Verschiebung der Brechkraftkurve nicht zu rechnen ist; die Kompensation wird also mit wesentlich besserer Annäherung als im vorher geschilderten Fall für das ganze Endbild zu erreichen sein. Man kann ferner diese Zusatzlinse für eine geeignete Brechkraft dimensionieren und erhält dann — indem man die beiden Projektive entweder einzeln oder gemeinsam einschaltet — drei Vergrößerungswerte, die sich von den bisherigen um einen gewünschten Faktor unterscheiden.

Zur technischen Durchführung dieses Vorschlages gibt es zwei elektronenoptisch verschiedene Wege. Im einen Fall wird das Objekt so nahe an das Objektiv gebracht, daß dieses ein *virtuelles* Bild jenseits des Objekts entwirft, während die hinter dem Objektiv eingeschaltete Zusatzlinse dieses virtuelle Bild in die normale Zwischenbildebene abbildet. Da in diesem Falle die Zusatzlinse unmittelbar hinter das Objektiv gesetzt werden müßte und dies erhebliche Änderungen im oberen Teil der Mikroskopsäule zur Folge hätte, wurde diese Möglichkeit nicht näher in Erwägung gezogen, zumal sich ein sehr einfacher Weg bietet, über ein weiteres *reelles* Zwischenbild zum Ziel zu gelangen. Dieser Weg besteht darin, die zwischen Objektiv und Projektivsystem befindliche Beugungslinse (eine sehr langbrennweitige Linse zur Herstellung des Boerschschen Strahlenganges) durch eine andere Linse zu ersetzen, die die beiden erwähnten Forderungen nach Kompensation des Farbfehlers 2. Art des Objektivs und nach Erhöhung der Vergrößerungswerte um etwa einen Faktor 2 erfüllt. Eine Überschlagsrechnung zeigte, daß die Brennweite der Linse zur Erfüllung der Vergrößerungsforderung etwa 30 mm betragen muß. Da die Linse zur Erfüllung der Kompensationsforderung trotz der langen Brennweite noch verhältnismäßig nahe ihrem Brechkraftmaximum arbeiten muß, ergibt sich, daß eine Linse großer Höhe und eine Mittelelektrode großer Dicke und weiter Bohrung benutzt werden muß (Abb. 2). Infolgedessen gelang es nur durch Vergrößerung des Abstandes zwischen Boden und Deckel des normalen Linsengehäuses, eine kompensierende Linse darin unterzubringen, die die Forderung nach elektronenoptischen Endvergrößerungswerten von etwa 3000, 10000 und 30000 erfüllt. Eine solche Linse hat eine im Verhältnis zum Objektiv sehr große Öffnungsfehlerkonstante; da jedoch die Objektiv-Vergrößerung etwa 15 beträgt, wird die wirksame Apertur bereits so weit verkleinert, daß der Öffnungsfehler der Korrekturlinse keine Rolle spielt. Tatsächlich konnte eine Auflösung von 20 Å bei Benutzung dieser Linse festgestellt werden, wie sie auch früher ohne diese Linse erreicht wurde.

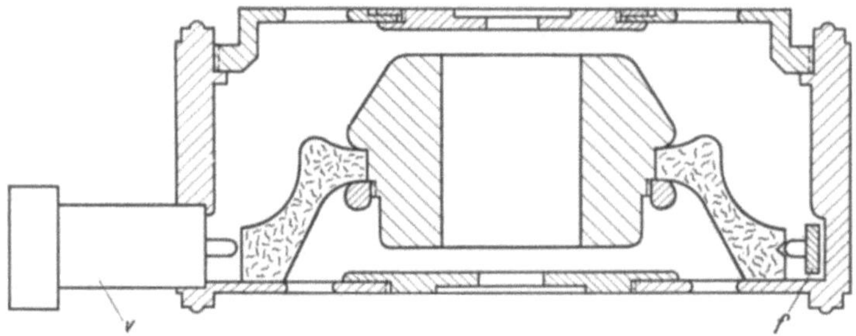

Abb. 2. Schnittskizze der Zusatzlinse. Justierung durch Verstelltriebe *v* und Gegenfeder *f*

Zur Prüfung der Kompensationswirkung wird am einfachsten dem Kathodenpotential oder dem Mittelelektrodenpotential aller eingeschalteten Linsen eine Wechselspannung geeigneter Amplitude überlagert. Befreit man andererseits die korrigierende Zusatzlinse von der Wechsel-spannung, so wird der Farbfehler der Vergrößerung des Objektivs voll wirksam. Zwei derartige Aufnahmen von Polystyrol-Latex sind in Abb. 3 wiedergegeben. Die gegen den Rand zunehmende

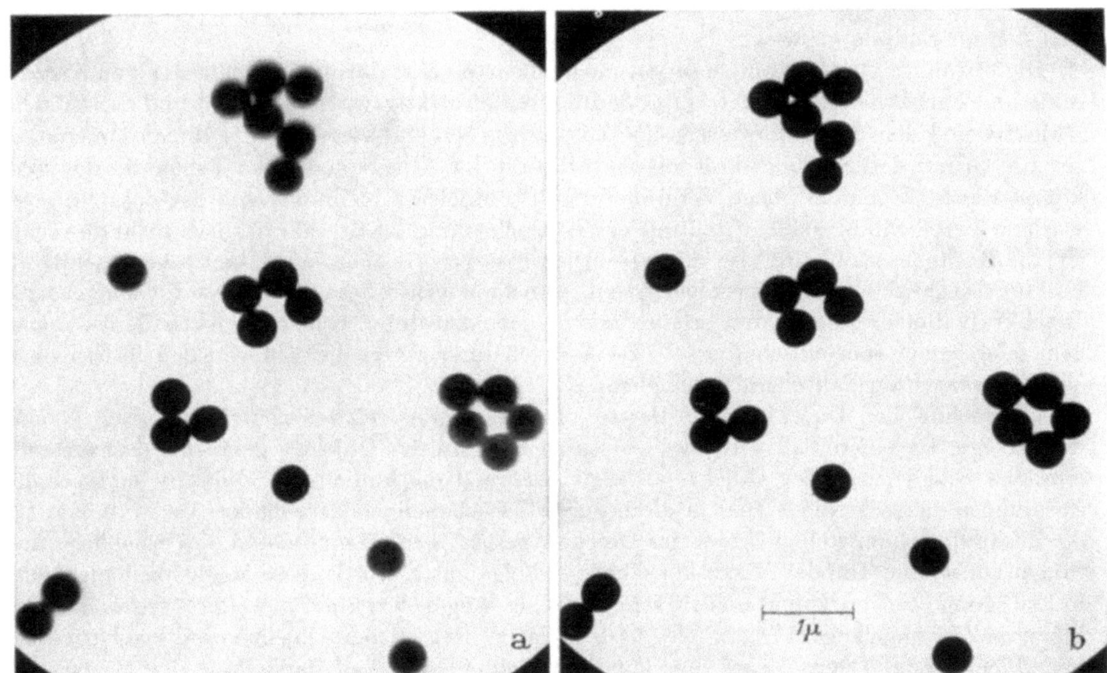

Abb. 3a u. b. Nachweis der Kompensation durch überlagerte Wechselspannung ($\pm$ 100 V bei 40 kV):
a) nur an Objektiv und Projektiv, b) zusätzlich an der Korrekturlinse

radiale Verwaschung in Abb. 3a zeigt den Farbfehler des Objektivs, der in Abb. 3b durch die Zusatzlinse kompensiert ist. Selbstverständlich macht sich der chromatische Fehler 1. Art, die Farbabweichung des Brennpunktortes, durch eine gewisse Unschärfe des ganzen Bildes bemerk-bar. Die Kompensationswirkung der Zusatzlinse zeigt Abb. 4 an zwei Aufnahmen eines absichtlich zu dick hergestellten Kohleabdruckes von kugeligem Perlit (der Fehler in Abb. 4a ist in der Original-Aufnahme deutlicher sichtbar als in dieser Wiedergabe).

Mit dem Ersatz der Beugungslinse durch die beschriebene korrigierende und vergrößernde Zusatzlinse ist ein Verzicht auf den Boerschschen Strahlengang trotzdem nicht verbunden. Einmal hat sich gezeigt, daß die Zusatzlinse diese Aufgabe der Beugungslinse mit einer gewissen Annäherung erfüllt, wenn man sie statt an Kathodenpotential an 5/8 dieses Potentials legt, ein

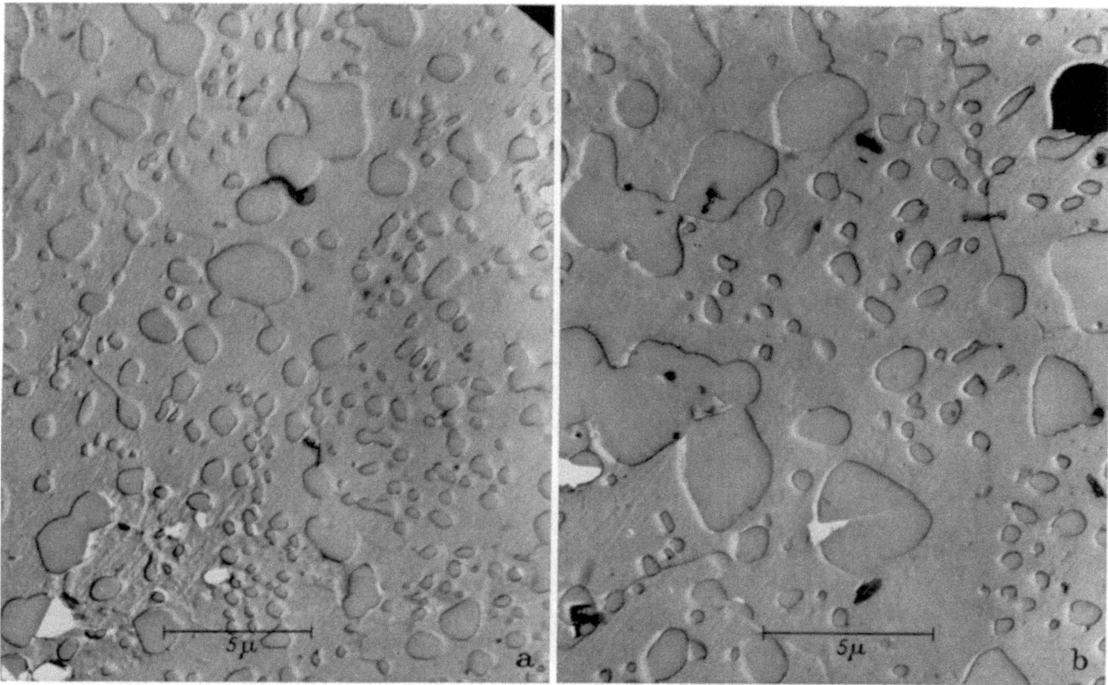

Abb. 4a u. b. Zu dick aufgedampfter Kohleabdruck von kugeligem Perlit. a) ohne, b) mit Korrekturlinse

Wert, den der Hochfrequenz-Kaskaden-Generator des Gerätes ohne zusätzlichen Aufwand abzugreifen gestattet. Um jedoch das Beugungsdiagramm scharfstellen zu können, kann ein Spannungsteiler in das Gerät eingebaut werden, der einerseits mit Erde, andererseits mit dem in gewissen Grenzen variablen Potential des Objektivs verbunden ist. Durch Verstellen dieses Potentials wird dann der Abgriff des Spannungsteilers gegenüber dem konstanten Kathodenpotential hinreichend geändert, um eine Fokussierung des Beugungsdiagramms zu ermöglichen.

Literatur

1. Rang, O.: Optik 4, 251 (1948).
2. Heise, F., u. O. Rang: Optik 5, 201 (1949).
3. — Optik 5, 479 (1949).
4. Lippert, W., u. W. Pohlit: Optik 9, 456 (1952).
5. — — Optik 10, 447 (1953).
6. Lippert, W.: Z. wiss. Mikrosk. 61, 172 (1952).
7. Katagiri, S.: J. Electr. Microsc. 1, 13 (1953).
8. Morito, N.: J. appl. Physics 25, 986 (1954).
9. Weitsch, W.: Optik 15, 492 (1958) u. 16, 56 (1959).

The development of the lens system in the Hitachi electron microscope

Nozomu Morito, Bunya Tadano and Shinjiro Katagiri

Hitachi Central Research Laboratory, Kokubunji, Tokyo

Astigmatism was already mentioned in Ardenne's famous book (*1*), but the astigmatism described therein was one of the Seidel's aberrations of the third order and a field aberration. Axial astigmatism was more important, though it had not been well known at that time. We usually took underfocused micrographs, in which the astigmatic image defect was vague.

There are several methods to measure the axial astigmatism. We have studied the so-called "Fresnel fringe method". It is one of the most convenient methods, because the measurement can be carried out under normal operating conditions of the microscope. In the image produced by an astigmatic lens, the Fresnel fringes show a characteristic type of asymmetry. There are two mutually perpendicular directions between which the degree of defocusing shows the largest difference. We could find that the separation of the first maxima (bright fringes) in the bright and the shadowy regions of an overfocused image was approximately proportional to the square root of the deviation from focus and was not critically influenced by the experimental conditions. We have used it as a measure of the astigmatic difference. An empirical formula obtained is as follows;

$$\Delta f_A = \frac{x_{max}^2 - x_{min}^2}{3.1\,\lambda},\tag{1}$$

where Δf_A is the astigmatic difference, x_{max} and x_{min} are the maximum and minimum separations respectively, and λ is the electron wave length (2). Haine and Mulvey (3) also reported a similar formula.

The first problem for reducing axial astigmatism is to obtain axial symmetry in the geometry of the lens. Akeyama of our laboratory proposed an ingenious method, in which upper and lower pole-pieces were soldered to a nonmagnetic spacer and worked up carefully. Fig. 1 is the sectional diagram of this type of lens, called "Block-lens".

As shown in Fig. 2, the relative astigmatic difference, $\Delta f_A/f$, generally increases as the excitation of the lens is decreased. This seems to be caused mainly by the magnetic anisotropy of the lens material which often becomes conspicuous at weak field strength.

There are several types of compensating devices for astigmatism. Some of them can be adjusted during operation, but some cannot. We have developed an adjustable compensator of magnetic type similar to that reported by Leisegang (4). Sometimes we use an unadjustable type, which consists of a suitable compensating collar inserted into the lens bore. In any case, perfect compensation cannot be expected. Therefore, the axial astigmatism should be small originally and strong excitation is advantageous.

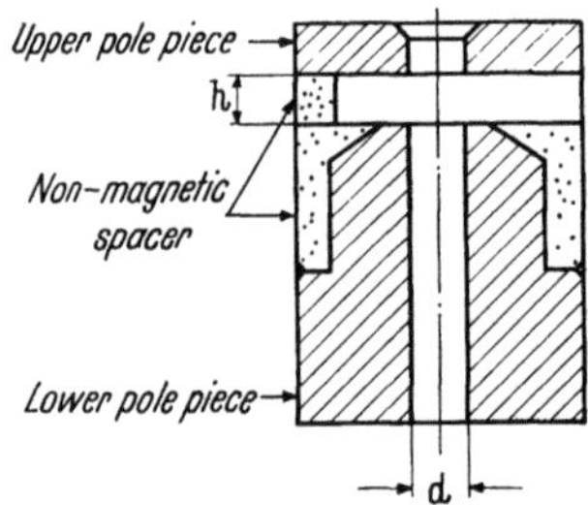

Fig. 1. Sectional diagram of "Block-lens"

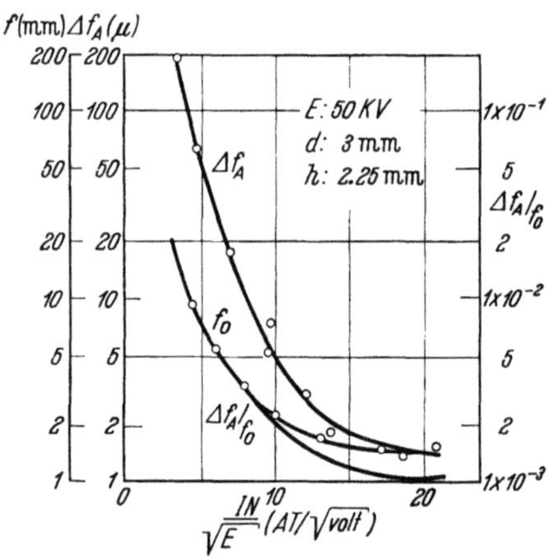

Fig. 2. Relation between astigmatic difference and lens strength

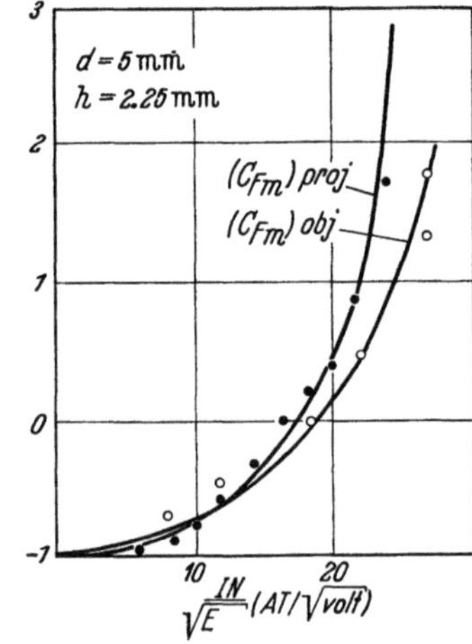

Fig. 3. Coefficient of chromatic difference in magnification (——: calc., ● ○ : obs.)

Chromatic aberration is divided into axial chromatic aberration and chromatic field aberration compounded of the chromatic difference in magnification and that in rotation. The coefficients of the chromatic aberration can be experimentally obtained from the displacement of image points when a known alternating voltage is superposed on the accelerating voltage (*5, 6*). The experimental results coincide well with the calculated values as seen in Fig. 3 (*7*). From these results, the conditions, in which chromatic field aberration is compensated, can be found. Strong excitation is advantageous not only for reducing the axial chromatic aberration, but also for compensating the chromatic field aberration.

In case of selected area diffraction, widely reflected diffraction spots sometimes cannot be observed on the image screen owing to the *spherical aberration* of the objective lens. This phenomenon can be applied to the estimation of the spherical aberration coefficient. If the Gaussian image is focused on the plane of the field limiting aperture, the coefficient is obtained from the following equation:

$$C_1 = \frac{r}{8f\theta^3}, \tag{2}$$

where r is the radius of the field limiting aperture referred to the object plane, f the focal length, and θ the Bragg angle. Strong excitation is also advantageous for the reduction of spherical aberration.

At first, we were afraid that the increase of the angular aperture of illumination caused by the magnetic field lying before the specimen would noticeably deteriorate the image quality in case of strong excitation, but the effect was not serious. *Strong excitation* is very effective to reduce lens aberrations. With the employment of strongly excited block-lenses as well as the compensating method of chromatic field aberration, the resolving power of the microscope has been greatly improved.

The authors wish to thank Dr. Akeyama and other cooperators of our laboratory for their helpful discussion and assistance during these works.

References

1. Ardenne, M. v.: Elektronen-Übermikroskopie. Berlin: Springer 1940.
2. Katagiri, S., and B. Tadano: Measurement of astigmatic difference, Report of the Cooperative Research Committee on Electronmicroscopy of Japan, No. 54-A-2 (1950).
3. Haine, M. E., and T. Mulvey: J. sci. Instrum. **31,** 326 (1954).
4. Leisegang, S.: Optik **11,** 49 (1954).
5. Katagiri, S.: Rev. sci. Instrum. **26,** 870 (1955).
6. Watanabe, H., and N. Morito: Optik **12,** 166 (1955).
7. Morito, N.: J. appl. Physics **25,** 986 (1954).

Permanent magnet lens systems and their characteristics

Hirokazu Kimura and Yoshio Kikuchi

Hitachi Central Research Laboratory, Kokubunji, Tokyo, and Hitachi Taga Works, Hitachi City, Ibaragi (Japan)

Owing to the high stability and easy maintenance of a permanent magnet electron lens systems excited by permanent magnets are advantageous in obtaining high resolving power as well as good daily performance and low cost. Since 1949 the authors have studied many kinds of permanent magnet lens systems. Their constructions, characteristics and efficiencies will be reported.

One-stage electron lens systems. The double-gap lens system is most useful in practice among the various one-stage lens systems. An example of the construction is shown in Fig. 1. The flux distribution and the focal length of these lens systems have already been reported (*1, 2*). The focal length of a double-gap lens decreases as the diameter, spacing and thickness of the central pole-piece become smaller. Because the central pole-piece can not be made too thin without magnetic saturation, it is difficult to get short focal lengths by using a double-gap lens. But it is beneficial that, when a double-gap lens used as a projection lens or an intermediate lens, the chromatic difference in magnification becomes zero at a comparatively weak magneto-motive force. The spherical aberration coefficient of a double-gap lens is of the same order as that of a single-gap lens. When using a double-gap lens as an objective lens, we have obtained an astigmatic difference smaller than $2\,\mu$ without any astigmatism compensator, and it seems to be easy to get even better values. The resolving power of a double-gap objective lens reaches to better than 80 Å in our experiments. In order to vary the strength of the lens, an iron cylinder is used, which can be moved up and down by means of a gear mechanism as shown in Fig. 1. Thus, the focal length of the lens can be varied over a wide range. Fig. 2 gives an example of relations between the position of the movable piece and both the magneto-motive force and the focal length.

Two-stage electron lens systems. A system in which an objective and a projection lens are excited in parallel by a set of permanent magnets (*3, 4, 5*) is the simplest type of lens arrangements and many researchers have reported on such lens systems for electron microscopes. In the authors' design of the lens system it was necessary to know first the leakage permeance at

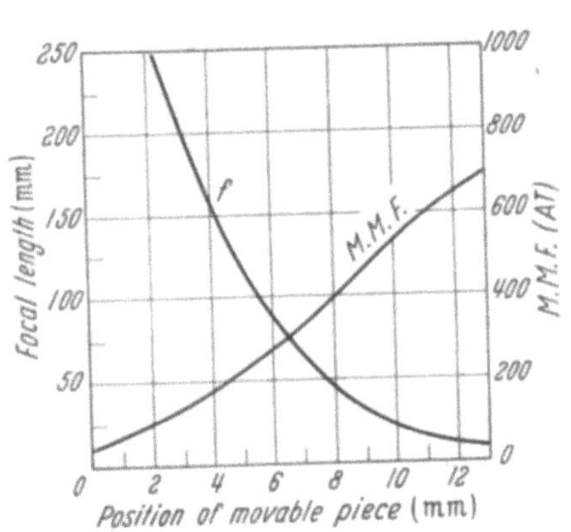

Fig. 1. Double-gap lens system. *1* Double-gap lens, *2* Permanent magnet, *3* Gear, *4* Movable piece

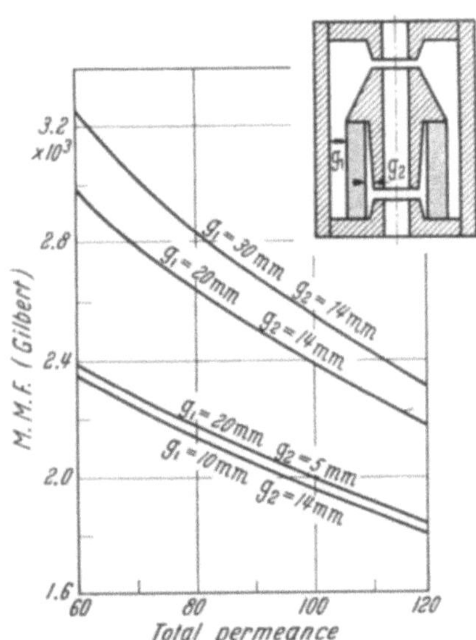

Fig. 2. Relations between both M.M.F. and focal length to position of movable piece

Fig. 3. Relations between total permeance and M.M.F.

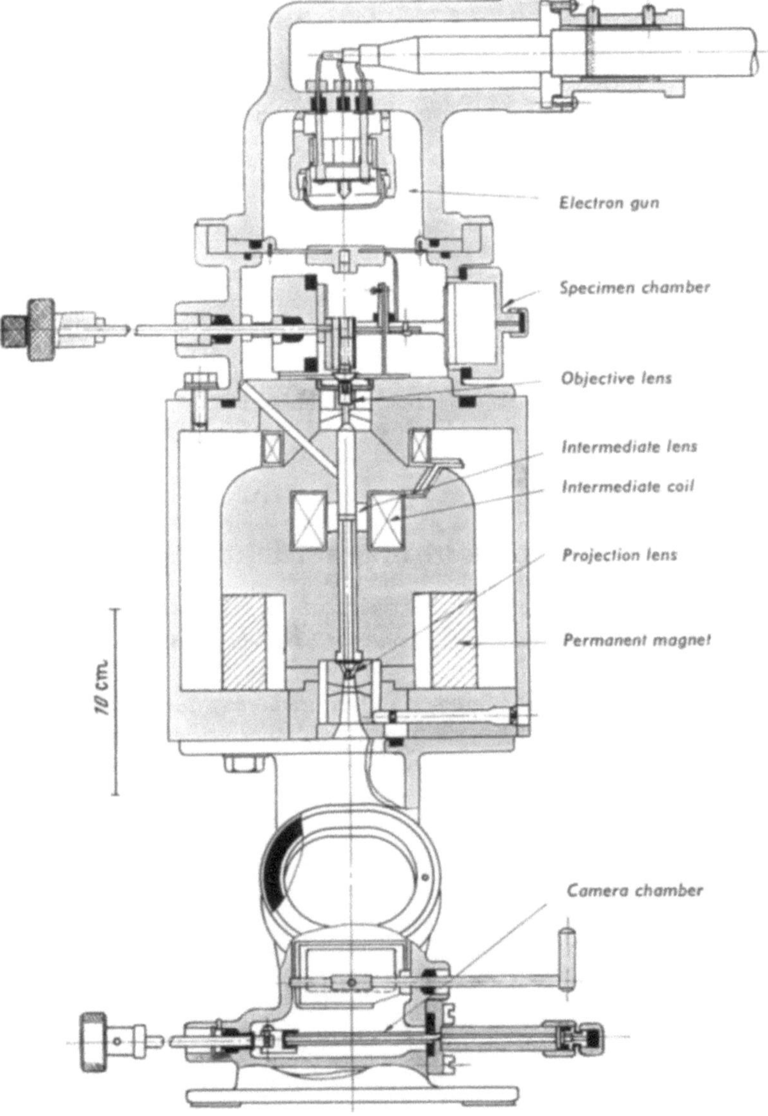

Fig. 4. Sectional diagram of the HM-3 electron microscope

the in- and out-sides of the permanent magnet, secondly the permeance in the lens gap, thirdly the flux distribution of the magnet, and at last the working point on the demagnetization curve. Then the flux distribution was calculated by EVERSHED's method of successive approximation.

Fig. 3 shows an example of the relations between the total permeance at both poles of the permanent magnet including the electron lens gap and its magneto-motive force by taking the outer gap g_1 and the inner the gap g_2 as parameters. In this example it seems advisable to take more than 10 mm for the outer gap g_1 and more than 5 mm for the inner gap g_2.

The two-stage lens system excited by two sets of permanent magnets has already been proposed. The authors have studied this type for the three-stage lens system, and have calculated the magneto-motive force by a simpler graphical method (6).

Three-stage electron lens systems. Fig. 4 shows the construction of the HM-3 electron microscope equipped by the new electron lens system designed by the authors. The objective and projection lenses are excited by a permanent magnet and the intermediate lens is excited with an electromagnet. Owing to such construction it is easy to obtain a wide range of magnification. Because the intermediate lens is only used for reduction of magnification in this case, the current source for the intermediate lens coil can be of small power and comparatively low stability. The resolving power of this lens system reaches to 60 Å.

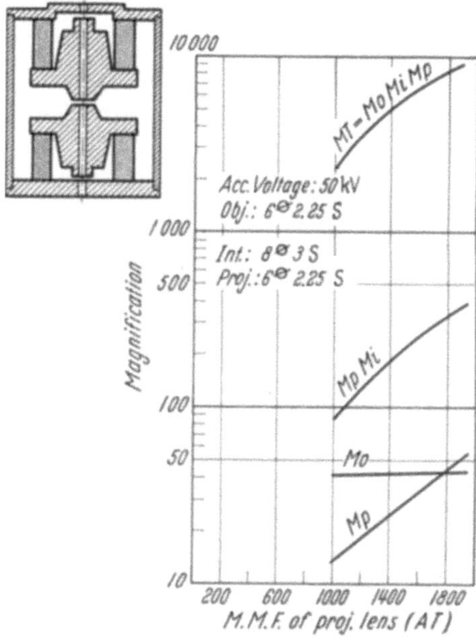

Fig. 5. Relation between magnification and M.M.F. of projection lens

The other three-stage lens system is shown in Fig. 5 (at the left upper corner). In this system, the objective and projection lenses are excited each by one permanent magnet. The intermediate lens is excited with the difference of magneto-motive forces between both magnets. Because the

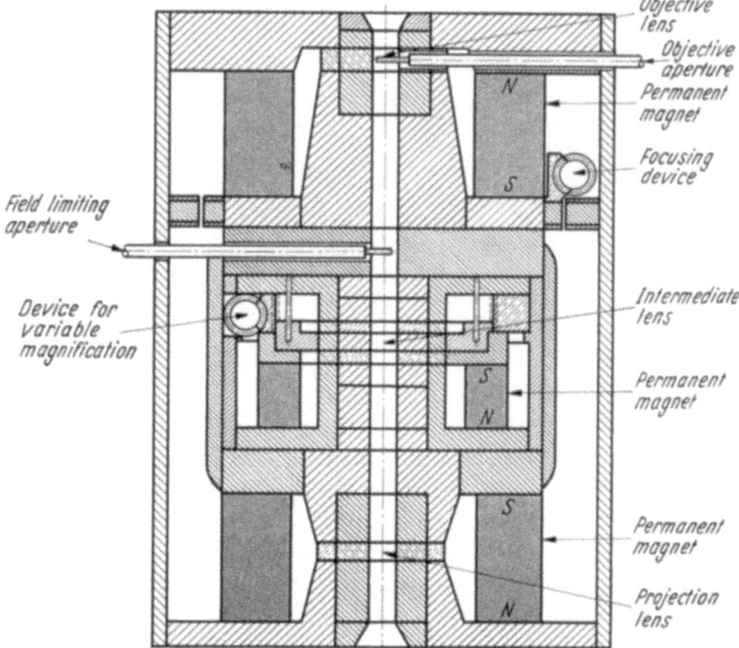

Fig. 6. Sectional diagram of Type HS-6 lens system

magnet on the projection side has a magnetic shunt and the M. M. F. applied to the projection and intermediate lenses can be changed, the magnification can be varied over a wide range with a proper design. The diagram of Fig. 5 gives some results of the examination of this system.

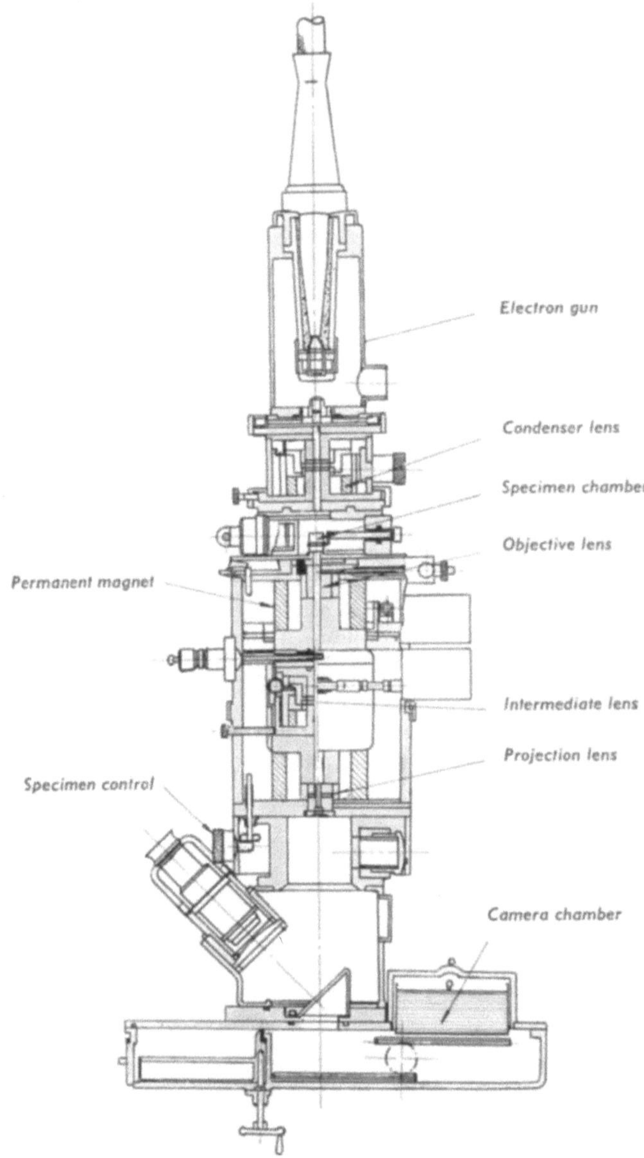

Fig. 7. Sectional diagram of the HS-6 electron microscope

The lens system shown in Fig. 6 has been designed by the authors (7) and is now used in the HS-6 electron microscope, a section of which may be seen in Fig. 7. The double-gap lens is used as an intermediate lens and the single-gap lenses as objective and projection lenses, all lenses being excited by cylindrical magnets. The magnification of this lens system can be changed over a wide range by means of the movable piece in the intermediate lens system. Fig. 8 shows an electron micrograph of evaporated Pt-Ir particles, showing that the resolving power of this lens system reaches to 15 Å.

The authors wish to express their deep appreciation to Dr. B. Tadano of Hitachi Central Research Laboratory and Mr. I. Makino of Taga Works of Hitachi Ltd. for their kind guidance and helpful discussions.

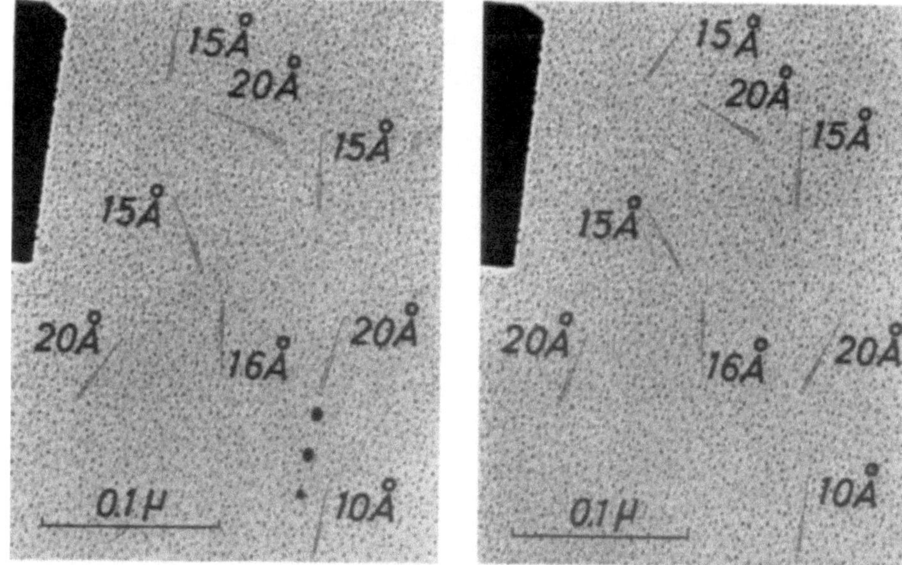

Fig. 8. Double test micrograph on the resolving power (15 Å) of HS-6-system. Evaporated Pt-Ir-particles

References

1. LENZ, F.: Z. angew. Physik 8, 492 (1956).
2. KIMURA, H.: Proc. of the first regional conference on electron microscopy in Asia and Oceania, Tokyo 1956, p. 108.
3. REISNER, J. H., and E. G. DORNFELD: J. appl. Physics 21, 1131 (1950).
4. BORRIES, B. v.: Kolloid-Z. 114, 164 (1949).
5. KIMURA, H., and T. FUJIOKA: Hitachi Hyoron 36, 1517 (1954).
6. — Hitachi Rev. 6, 1 (1957).
7. — and Y. KIKUCHI: Hitachi Hyoron 38, 1043 (1956).
8. RUSKA, E.: Z. wiss. Mikrosk. u. mikrosk. Techn. 61, 152 (1952).
9. MÜLLER, K.: Z. wiss. Mikrosk. u. mikrosk. Techn. 63, 303 (1957).

Mesure et correction de l'aberration d'ouverture des lentilles quadrupolaires magnétiques

ALBERT SEPTIER

Laboratoire d'Electronique et Radioélectricité de la Faculté des Sciences de Paris

Origine de l'aberration d'ouverture. Dans une lentille bien construite, la répartition du champ coïncide avec la répartition théorique à gradient constant dans tout l'espace intérieur au cercle de gorge de rayon a, tout moins dans la zone centrale éloignée des extrémités. Mais les champs de fuite ne possèdent pas les mêmes propriétés: a) une composante longitudinale B_z apparaît dans les zones faisant face aux pièces polaires (1), c'est-à-dire les zones où les trajectoires sont gauches, d'où des effets parasites de convergence. b) la «longueur» du champ de fuite varie dans l'entrefer. La convergence de la lentille est liée directement à la longueur efficace du champ, définie sur les parallèles à l'axe Oz par la relation:

$$L = \frac{1}{B_0} \int_{-\infty}^{+\infty} B_r \, dz$$

où B_0 est la valeur théorique du champ transversal B_r en $z = 0$. L'étude magnétique de la lentille montre (2) que L décroît lorsqu'on s'éloigne de l'axe, l'écart $\Delta L/L$ variant de façon identique dans toutes les directions radiales, et atteignant 3% environ pour $r = a$. Une lentille quadrupolaire est, de ce fait, moins convergente pour les rayons marginaux que pour les rayons paraxiaux.

Méthode de mesure: banc d'optique ionique. Le système étudié se compose de deux lentilles quadrupolaires identiques de grande taille, ce qui a facilité l'étude des aberrations, mais nous a conduit à mettre au point un banc d'optique spécial. Chaque lentille a un cercle de gorge de rayon $a = 4$ cm, et une longueur mécanique $l = 15$ cm (on a alors $L \sim 20$ cm); les centres sont distants de 50 cm. Un tel doublet constitue un système convergent astigmatique: un faisceau de révolution issu d'un point source situé sur l'axe s'appuie, à la sortie, sur deux focales perpendiculaires, infiniment minces en théorie; par suite des aberrations les lignes focales sont remplacées par des taches allongées de forme complexe. Pour mesurer ces aberrations, il faut utiliser des faisceaux de grande dimension et dénués eux-mêmes d'aberrations; d'autre part, ces lentilles magnétiques puissantes doivent être excitées suffisamment, pour que le champ focalisant soit grand devant le champ rémanent.

Le banc d'optique utilisé répond à ces impératifs (3). Il utilise des ions alcalins lourds, accélérés sous une tension variable de 50 à 100 kV. Le système accélérateur donne un faisceau fin, qui est

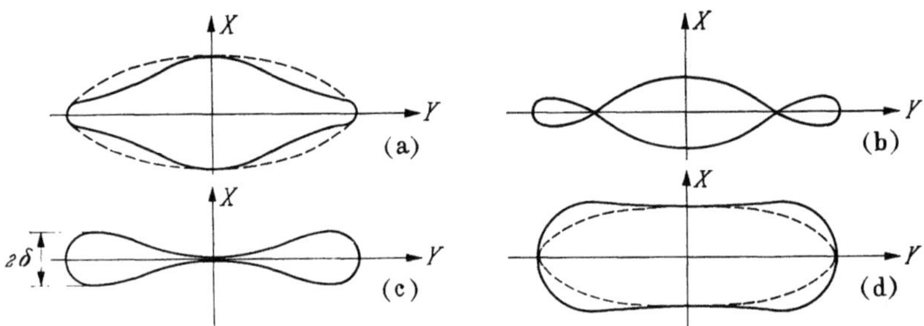

Fig. 1a—d. Forme de la section d'un faisceau creux au voisinage d'une focale

transformé, grâce à un déflecteur hexapolaire électrostatique à champ tournant, en un faisceau conique creux de section circulaire et de demi-ouverture α_0 variable. Ce faisceau est repris par une lentille électrostatique E qui le transforme en un faisceau cylindrique creux parallèle à l'axe et de rayon R_0, lui-même variable par action sur α_0 (R_0 peut atteindre 4 cm). Lorsque E n'est pas excitée, le faisceau creux est issu d'un point objet réel situé au centre du déflecteur. La lentille E possède une forte aberration d'ouverture, mais l'emploi du faisceau creux très mince permet de la négliger; lorsque α_0 varie, il suffit de retoucher légèrement l'excitation de la lentille pour que le faisceau émergent reste parallèle à l'axe.

Le faisceau creux sortant de E traverse le doublet étudié, puis est observé sur un écran fluorescent spécial pour ions; l'enceinte à vide peut être allongée à volonté, et atteint plusieurs mètres de long.

Mesure des aberrations. Au voisinage des taches focales, le faisceau correspondant à un faisceau incident creux de rayon R_0 prend successivement les formes ci-contre (Fig. 1) qui défilent de (a) à (d) sur l'écran lorsque l'excitation des lentilles augmente. La figure (c), d'épaisseur nulle au centre constitue la tache d'aberration cherchée, et son épaisseur $2\,\delta$, a été mesurée pour des faisceaux incidents parallèles à l'axe optique. Le rapport $\tau = \delta/R_0$ constitue le taux d'aberration du faisceau. Il a été mesuré en fonction de R_0 pour différentes valeurs de la convergence C (4). Théoriquement, pour un système quadrupolaire, on doit avoir la relation:

$$\tau = A\,R_0^2 + B\,R_0^4 + \dots.$$

La variation en R_0^2 n'est valable que jusque $R_0 = a/3$; il faut ensuite tenir compte du second terme. Les courbes $\tau\,(R_0)$ permettent de calculer les constantes d'aberration sphérique, car $\delta = C_3\alpha^3 + C_5\alpha^5$, avec $\alpha = R_0/f$. On trouve:

f/L	=	0,85	3,75	6,5
$C_3/f = C_s =$		3	14	25
$C_5/f = C'_s =$		170	$2,3 \cdot 10^4$	10^5

Pour les faibles valeurs de f, les valeurs de C_s sont comparables à celles des meilleures lentilles magnétiques; les valeurs de C_s croissent avec f. Les valeurs mesurées de τ sont sensiblement proportionnelles à la convergence, pour une même valeur de R_0.

Correction partielle des aberrations. L'étude magnétique des lentilles montre qu'il est possible de rendre la longueur efficace constante dans tout l'entrefer (*2*), en modifiant la forme des extrémités des pièces polaires par addition de masses de fer doux. Si on munit les lentilles du doublet

Fig. 2a—c. Correction de l'aberration d'ouverture: a) Faisceau non corrigé; b) Faisceau sur-corrigé (aberration inversée) c) Faisceau corrigé. Dans chaque série lorsque l'intensité d'excitation des lentilles croît, les figures défilent de 1 à 4 sur l'écran

de ces correcteurs, on supprime l'une des causes de l'aberration d'ouverture. Effectivement, le taux d'aberration observé diminue de façon non négligeable et le «sens» de l'aberration reste le même: les figures défilent toujours sur l'écran de (a) à (d) lorsque l'excitation croît. Le terme d'aberration de champ qui subsiste est du même ordre de grandeur et, surtout, il est de même sens que le terme dû à la variation originale de L dans l'entrefer. Il sera donc possible de réagir sur l'aberration de champ en lui superposant une aberration de longueur efficace de signe inversé, provoquée par une variation de L, telle que $L(r)$ *croisse* lorsqu'on s'éloigne de l'axe.

Essai de correction totale (5). Pour faire croître la convergence loin de l'axe, tout au moins dans deux directions perpendiculaires OX et OY contenues dans les plans de symétrie radiaux ne coupant pas les pôles, il suffit de diminuer les entrefers latéraux. Un moyen rapide consiste à y placer des tiges d'acier doux parallèles à l'axe et déplaçables à la surface des pièces polaires. On peut vérifier ainsi rapidement que, si les tiges sont suffisamment rapprochées de l'axe, le «sens» de l'aberration se trouve inversé. La Fig. 2a montre l'évolution de la section du faisceau avec un doublet non corrigé; on reconnaît les aspects reportés Fig.1; la Fig. 2b correspond à un doublet sur-corrigé, les tiges étant placées contre l'enceinte à vide de rayon 4 cm. Il existe donc une position des tiges définie par leur distance R à l'axe, pour laquelle il y a correction: la section du faisceau est alors symétrique par rapport à la figure d'amincissement maximum; c'est ce que montre la Fig. 2c.

Cette correction totale est pratiquement valable pour toutes les valeurs de R_0, pour une valeur donnée de la convergence, mais elle ne l'est plus si on fait varier la convergence dans de larges limites; si celle-ci augmente, il faut rapprocher les tiges de l'axe car, pour une même valeur de R_0, les aberrations à corriger sont plus importantes. Toutefois, une correc-

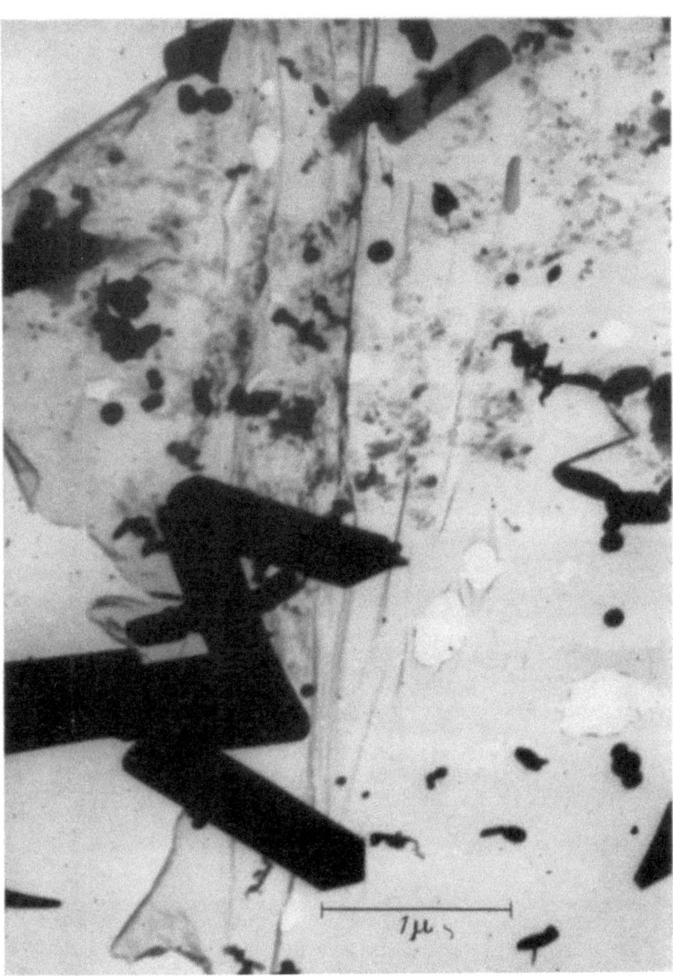

Fig. 3. Photographie d'oxyde de molybdène obtenue avec un doublet quadrupolaire électrostatique

tion donnée permet d'abaisser le taux d'aberration dans une zone notable de convergence, l'aberration résiduelle étant de sens opposé de part et d'autre du point de correction totale.

Action pratique des correcteurs. Les mesures magnétiques sur la lentille munie des tiges correctrices, montrent que le gradient radial du champ, et la longueur efficace L croissent régulièrement lorsqu'on s'éloigne de l'axe suivant les deux axes de symétrie radiaux OX et OY, et que ces mêmes grandeurs décroissent au contraire dans les deux directions Ox et Oy faisant un angle de 45° avec les précédentes. L'action des correcteurs accroît la convergence en OX et OY et la diminue en Ox et Oy: on retrouve ici un effet à symétrie octopolaire, comme dans le procédé de correction de lentilles de révolution proposé par SCHERZER (6).

Pour corriger un doublet de l'aberration d'ouverture, deux solutions sont possibles: ou bien modifier le profil des pièces polaires, ou bien lui adjoindre une lentille octopolaire, procédé beaucoup plus souple.

Intérêt des lentilles corrigées. Le premier intérêt réside évidemment dans l'amélioration des performances des lentilles dans leur domaine courant d'utilisation; celui des accélérateurs de particules. Mais on peut envisager la possibilité d'obtenir des systèmes optiques équivalents à des lentilles de révolution par association de lentilles quadrupolaires, ces systèmes pouvant être corrigés totalement de l'aberration d'ouverture, même pour des faisceaux de grande ouverture ou de grandes dimensions.

Systèmes centrés formés de quadrupôles. Un groupe de lentilles quadrupolaires sera équivalent à un système centré si les foyers et les plans principaux coïncident dans les deux plans de symétrie OX et OY. Un doublet formé de deux lentilles identiques croisées peut fonctionner dans ces conditions pour une valeur particulière de l'excitation. L'ensemble est alors très convergent, la distance focale étant inférieure à $L/10$; mais les foyers, définis à partir des rayons émergents sont profondément immergés dans les lentilles. Un tel doublet pourra donc servir seulement comme lentille de projection, précédé d'un objectif classique. L'expérience montre que cette application est effectivement possible (7): nous l'avons réalisée à l'aide d'un doublet électrostatique formé de deux lentilles ayant les caractéristiques suivantes: $a = 4$ mm, $L = 37,5$ mm, distance entre centres, $D = L$; les images sont de qualité équivalente à celles qu'on obtient avec une lentille de projection classique. Les grandissements linéaires sont identiques en OX et OY pour une excitation $\pm\, \Phi$ de l'ordre de $\Phi_0/10$, Φ_0 étant la tension d'accélération des électrons; la distance focale est alors de 3 mm environ. Mais si on augmente l'excitation jusque vers $\Phi = \Phi_0/5$, l'image est encore de bonne qualité, le rapport des grandissements restant de l'ordre de 0,8 et la distance focale s'abaissant jusqu'à 1 mm. La Fig. 3 est une image d'oxyde de molybdène obtenu avec ce doublet.

Le calcul complet de systèmes plus complexes s'avère pratiquement impossible dans le cas général (plusieurs excitations et des distances différentes entre lentilles). Une étude est en cours pour obtenir un système à foyers extérieurs, pouvant jouer le rôle d'objectif. La réalisation d'une telle lentille aurait l'avantage de permettre la construction de microscopes électrostatiques (en particulier ioniques) fonctionnant avec de fortes tensions d'accélération, les tensions d'excitation des lentilles restant de l'ordre de $\Phi_0/10$ à $\Phi_0/5$.

Références

1. SEPTIER, A.: C. R. Acad. Sci. (Paris) **243,** 1026 (1956).
2. — C. R. Acad. Sci. (Paris) **243,** 1297 (1956).
3. — C. R. Acad. Sci. (Paris) **245,** 1406 (1957).
4. — C. R. Acad. Sci. (Paris) **245,** 1905 (1957).
5. — C. R. Acad. Sci. (Paris) **245,** 2036 (1957).
6. SCHERZER, O.: Optik **2,** 114 (1947).
7. SEPTIER, A.: C. R. Acad. Sci. (Paris) **246,** 1983 (1958).

Stigmatoren für ein Mehrlinsen-Mikroskop

P. A. STOJANOW

Institut für Elektronenoptik des Staatskomitees für Radioelektronik, Moskau

Zur Verwendung als Stigmator haben wir eine Reihe von magnetischen Zylinderlinsen verschiedener Form experimentell und theoretisch untersucht. Eine Elementarform kann z. B. aus zwei zur optischen Achse (z) parallelen und gleichsinnig durchflossenen Stromleitern bestehen. Dabei können die Leiterquerschnitte beliebig geformt sein, sofern sie nur kongruent und in 2-zähliger Symmetrie um die z-Achse angeordnet sind. Ein Beispiel wäre ein Leiterpaar mit Querschnitten in Form von Kreissegmenten nach Abb. 1a. Auch ein Leiter mit einem Querschnitt, der das genannte Paar zu einem vollen Kreisring ergänzt (Abb. 1b), muß dann eine Zylinderlinse bilden. Sind die Stromdichten in beiden Linsen homogen die gleichen, so kompensieren sich ihre beiden Magnetfelder im Innern gerade; einzeln sind sie also dem Betrag nach gleich, der Richtung nach entgegengesetzt. Ihre Brechkräfte sind demnach einander gleich, jedoch mit entgegengesetztem Vorzeichen.

Von der Querschnittsform eines solchen Leiters hängt entscheidend die Genauigkeit ab, mit der er zu einem Stigmator ausgebildet und in einem elektronenoptischen System justiert werden kann. Der Stromleiter nach Abb. 1 b wird im wesentlichen in zwei einfachen Arbeitsgängen hergestellt, die mit minimaler Fertigungstoleranz ausgeführt werden können. Optische Achse des Stigmators und geometrische Achse des Stromleiters können daher leicht identisch gemacht

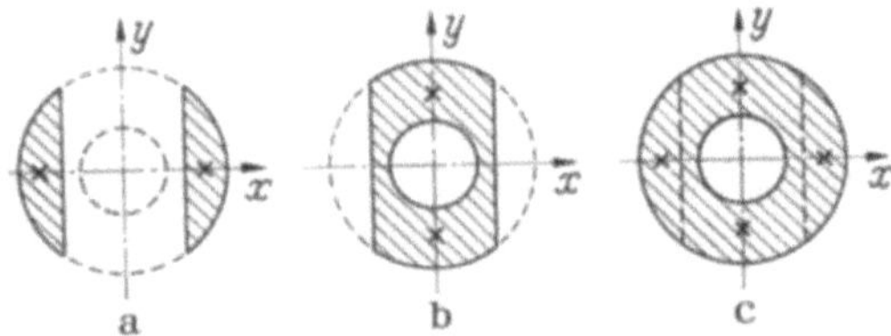

Abb. 1 a—c. a) und b) Stromleiterquerschnitte für Stigmatoren mit entgegengesetzt gleichem Magnetfeld im Innern. c) Superposition von a) und b) mit kompensiertem Magnetfeld

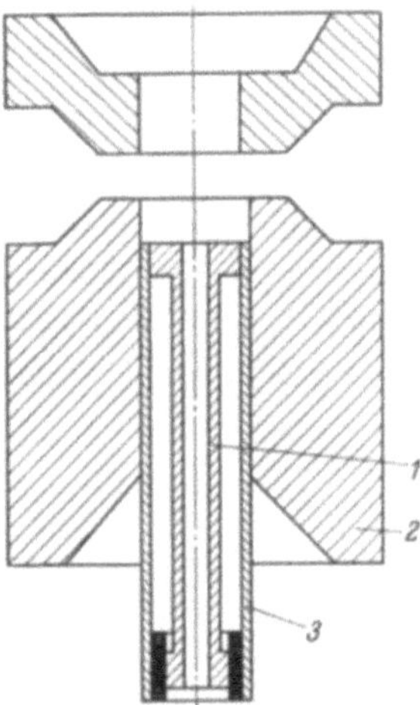

Abb. 2. Schnitt durch einen Stigmator mit Stromleiter nach Abb. 1 b

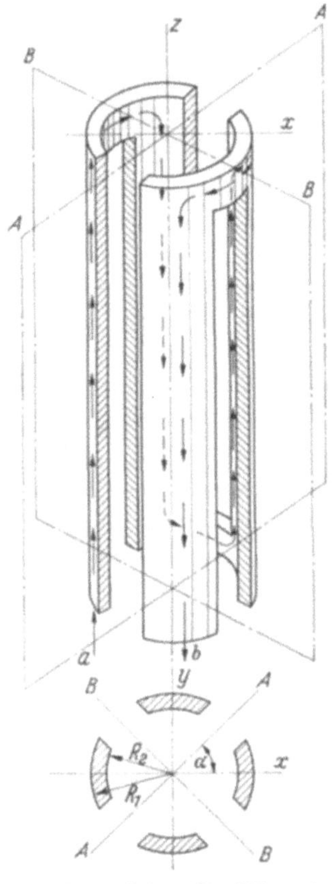

Abb. 3. Stromleiter für Stigmator mit 4 Stromelementen

werden. Um die Koinzidenz der optischen Achsen von Stigmator und Linse zu gewährleisten, läßt man die Enden des Stromleiters (Abb. 1 b) kreisrund, Teil *1* in Abb. 2, und steckt ihn in eine zylindrische Hülse *3*, die mit dem einen Ende des Stigmators guten Kontakt bildet und als Rückleiter dient. Die Hülse wird mit Engpassung in die Polschuhbohrung *2* eingeführt. Die Prüfung eines solchen Stigmators ergab, daß eine ernste Schwierigkeit für sein Funktionieren nur darin besteht, gleichmäßigen Übergangswiderstand auf dem Kontaktumfang zwischen Stromleiter und Hülse zu erzielen.

Um diesen Nachteil zu vermeiden, wurde eine weitere mögliche Form einer Zylinderlinse untersucht. Sie wird aus zwei Paaren von Stromleitern etwa der Form Abb. 1 a gebildet, die gegeneinander um 90° um die optische Achse versetzt und von entgegengesetzten Strömen durchflossen sind (*1*). Abb. 3 zeigt eine Ausführungsform in einem Stück, die durch Schlitzen eines Rohres in Achsenrichtung erzielt werden kann. Bei *a* und *b* erfolgt die Zuführung des Stroms für die vier in Reihe geschalteten Leiterteile. Ein solcher Stigmator kann mit der noch zulässigen Fertigungstoleranz bequem hergestellt und in die Linse eingepaßt werden. Er funktioniert zuverlässig, da die Kontaktschwierigkeiten des eingangs beschriebenen Stigmators vermieden sind.

Eine Berechnung der Feldstärke dieses Stigmators im paraxialen Gebiet ($r \ll R$) führt zu folgendem Ausdruck:

$$H = r \cdot \frac{j}{c} \, (P + S) \tag{1}$$

mit den Komponenten $H_x = -H \cdot \cos\alpha$, $H_y = +H \cdot \sin\alpha$.

Darin ist r der Achsenabstand des Aufpunktes, j die Stromdichte und c die Lichtgeschwindigkeit, ferner

$$P = 4 \ln \frac{R_1^2 \left[\sqrt{R_2^2 + (L-z)^2} + L - z\right] \left[\sqrt{R_2^2 + (L+z)^2} + L + z\right]}{R_2^2 \left[\sqrt{R_1^2 + (L-z)^2} + L - z\right] \left[\sqrt{R_1^2 + (L+z)^2} + L + z\right]} \tag{2a}$$

und

$$S = 2 \sin 2\alpha \left[\frac{L-z}{\sqrt{R_2^2 + (L-z)^2}} + \frac{L+z}{\sqrt{R_2^2 + (L+z)^2}} - \frac{L-z}{\sqrt{R_1^2 + (L-z)^2}} - \frac{L+z}{\sqrt{R_1^2 + (L+z)^2}}\right]. \tag{2b}$$

Hier bedeuten R_1 und R_2 den Außen- bzw. Innenradius, $2L$ seine Länge (Abb. 3), z die Koordinate längs der Symmetrieachse des Stigmators, $z = \pm L$ die Enden des Stigmators. α ist der aus Abb. 3 ersichtliche Azimutwinkel. Die astigmatische Differenz der mit dem Stigmator versehenen Linse läßt sich folgendermaßen ausdrücken:

$$\Delta f = 32 \left(\frac{b-l}{b}\right)^2 \sqrt{\frac{e}{2mU}} \, f^2 \, \frac{j}{c^2} \, L \ln \frac{R_1}{R_2}, \tag{3}$$

wo b den Bildabstand von der Linse, l den Bildabstand vom Stigmator, U die Beschleunigungsspannung, f die Brennweite der Linse, e/m die spezifische Ladung des Elektrons bedeuten. Das Bild erfährt in einer Richtung eine Dehnung und wird in der dazu senkrechten Richtung zusammengedrückt.

Sind Objektiv und Stigmator nicht koaxial, so erfährt das Bild eine Auslenkung. Die Lösung der Bahngleichung ergibt den folgenden auf die Objektebene bezogenen Wert der Auslenkung δ:

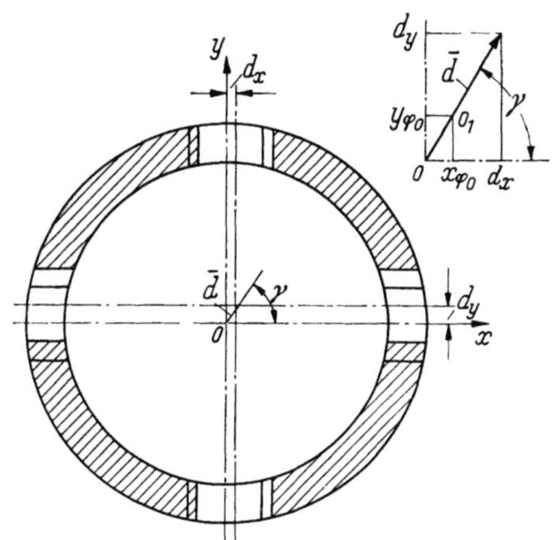

Abb. 4. Querschnitt des Stromleiters Abb. 3 bei fehlerhafter Schlitzung. d_x und d_y Abstände der Schlitzmittelebenen von der Achse des Stromleiters

$$\delta = 16 \sqrt{\frac{e}{2mU}} \, \varepsilon f \frac{j}{c^2} L \ln \frac{R_1}{R_2}, \tag{4}$$

wo ε der Abstand der Stigmatorachse von der Objektivachse ist.

Eine Auslenkung erfährt das Bild auch, wenn die Mittelebenen der Längsschlitze des Stigmators nicht durch dessen geometrische Achse verlaufen. Wir bezeichnen den Abstand dieser Schlitzmittelebenen von der Achse mit d_x und d_y (Abb. 4). Die Lösung der Bahngleichung der Elektronen, die sich im Felde eines solchen Stigmators bewegen, liefert den folgenden, auf die Objektebene bezogenen Wert der Auslenkung

$$\delta = 16 \sqrt{\frac{e}{2mU}} \, df \frac{j}{c^2} L \left[\ln \frac{R_1}{R_2} - \sqrt{2} \, \frac{\sin\alpha}{\alpha} \, \frac{R_1 - R_2}{R_1 + R_2}\right], \tag{5}$$

wo

$$d = \sqrt{d_x^2 + d_y^2} \, .$$

Aus dem Vergleich von Gl. (4) und (5) ergibt sich, daß die Zentrierung des Stigmators mit einer engeren Toleranz eingehalten werden muß als die Lage der Schlitze (etwa um das Dreifache).

Verwendung in Kondensor, Objektiv und Zwischenlinse

Durch den Einbau eines Stigmators in die zweite Kondensorlinse kann die schädliche Wirkung des axialen Astigmatismus auf die Objektbeleuchtung beseitigt werden. Abb. 5 zeigt seinen Aufbau aus zwei konzentrisch ineinandergestellten, ortsfesten Stigmatoren, innen 1, außen 2, deren

Leitersysteme gegeneinander um 45° versetzt sind. Die Stromversorgung der beiden Stigmatoren erfolgt getrennt. Die Einstellung dieses Doppelstigmators erfolgt bequem nach der Kaustik (2) trotz doppelter Stromregulierung ohne Sinusschema (3). Abb. 6a und b zeigen die Spitzen der Kaustikflächen bei unkorrigiertem Kondensor, Abb. 6c die Kaustikspitze nach Korrektur mit dem Stigmator. Die astigmatische Differenz des zweiten Kondensors betrug (nach der Formel für schwache Linsen) 0,39 mm. Der Gesamtwert der astigmatischen Differenz der beiden Stigmatoren betrug [nach Gl. (3)] bei Korrektionseinstellung 0,37 mm in guter Übereinstimmung mit dem experimentell ermittelten Betrag. Nach Beseitigung des Astigmatismus konnte der Bestrahlungsfleck auf $1\,\mu\,\varnothing$ am Objekt ohne Einbuße an Intensität konzentriert werden.

Der Aufbau des Stigmators, der im Objektiv des Mikroskops UEMB-100 verwendet wird, ist durch die Abb. 7 veranschaulicht; Abb. 7a zeigt den stromführenden Teil (nach dem Schema von Abb. 3), Abb. 7b zeigt diesen Teil 1 mit isoliert aufgeklebten zylindrischen Hülsen 2, 3, 4. Die Festigkeit durch Verleimung mit BF-2 (Zwischenlage aus Kondensatorpapier) war so groß, daß die verleimten Stücke an den zylindrischen Flächen auf Werkbänken bearbeitet werden konnten. Durch Hülse 2 wird der Stigmator in der Polschuhbohrung zentriert. Die azimutale Versetzung wird von außen mechanisch betätigt. Die Brechkraft wird durch Stromregelung eingestellt.

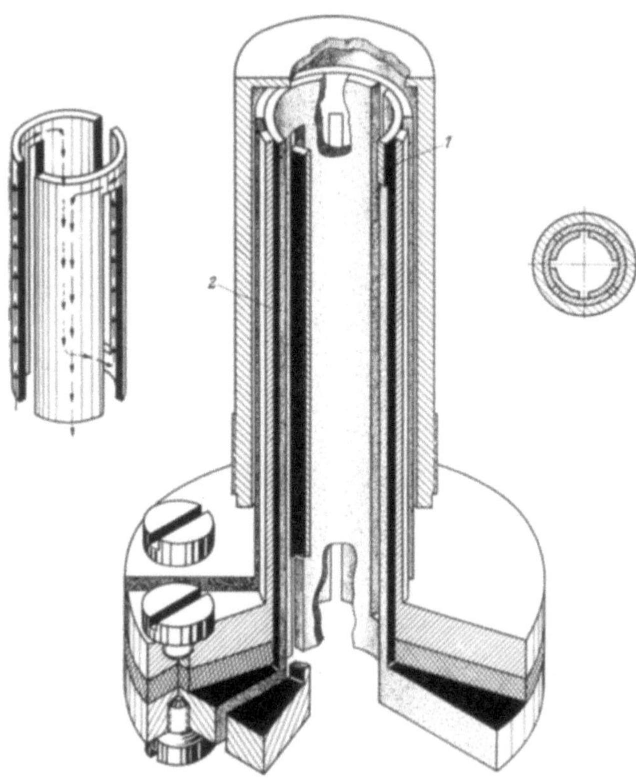

Abb. 5. Aufbau eines Doppelstigmators mit 2×4 Stromelementen für Kondensor (und Zwischenlinse). *1* innerer, *2* äußerer Stigmator, jeder nach Schema Abb. 3

Die Schlitzfertigungstoleranz betrug etwa 0,1 mm, die Zentrierungstoleranz etwa 0,02 mm. Die maximale Auslenkung des Bildes ist dann [nach Gl. (4) und (5)] nur 1,35 mm bei einer Vergrößerung von 100000. Gemessen wurde eine Auslenkung von 1,2 mm, was im berechneten Toleranzbereich liegt.

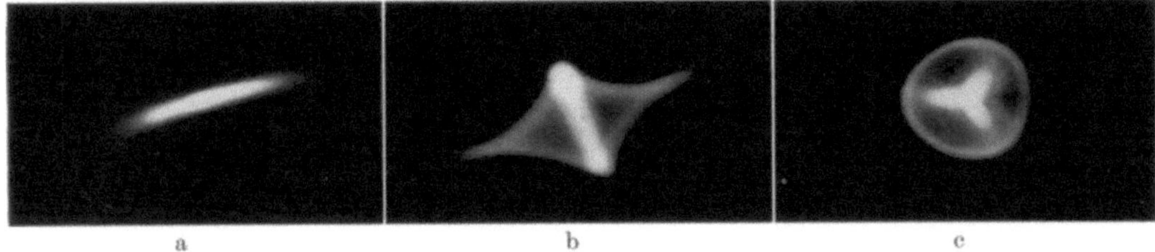

Abb. 6a—c. a) und b) Kaustik-Spitzen ohne Korrektion, c) nach Stigmator-Korrektion

Die Maßstabänderung, die der Stigmator verursacht, wurde durch Rechnung und Experiment bestimmt. Zur Messung benutzte man eine Kreisblende, deren Abbildung auf dem Endschirm des Mikroskops beobachtet wurde. Es wurde der Zuwachs $\varDelta r_0$ des Halbmessers r_0 in Abhängigkeit vom Stigmatorstrom gemessen. Abb. 8 zeigt, daß die relative Halbmesserveränderung $\varDelta r_0/r_0$ dem Strom proportional ist. Dieselbe Größe wurde auf rechnerischem Wege ermittelt:

$$\frac{\varDelta r_0}{r_0} = 16 \sqrt{\frac{e}{2mU}}\ t\,\frac{j}{c^2}\,L\ln\frac{R_1}{R_2}\,. \tag{6}$$

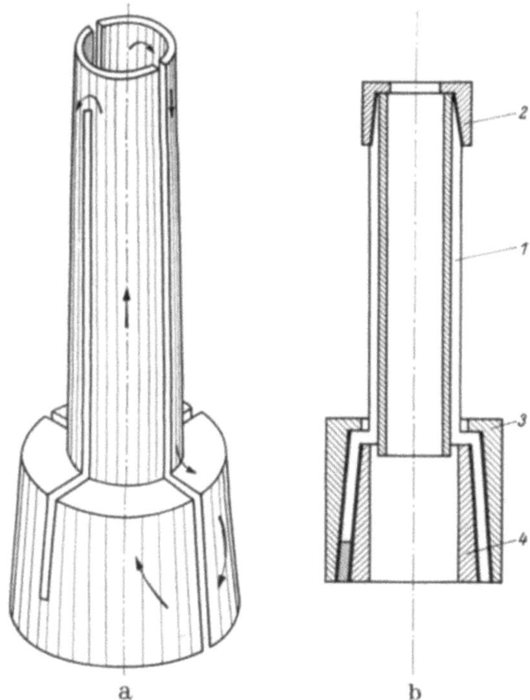

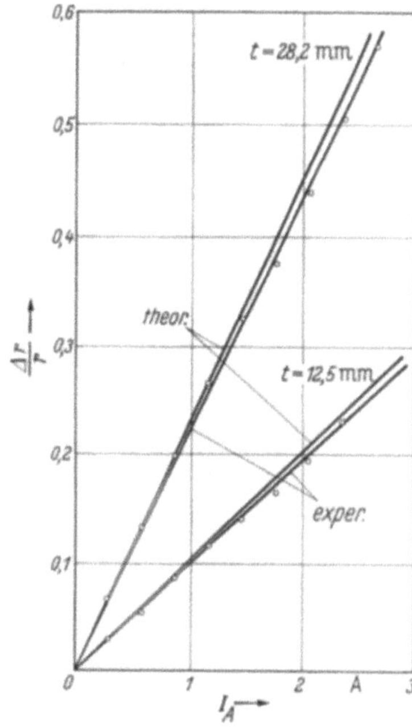

Abb. 8. Relative Veränderung des Halbmessers des Bildes einer Kreisblende als Funktion des Stigmatorstroms. t Abstand Stigmatormitte von hinterer Brennebene

a   b

Abb. 7a u. b. a) Stromleiter, b) Schnitt durch Stigmator mit Stromleiter 1 nach a) zum Einbau ins Objektiv. $2, 3, 4$ aufgeleimte Pass-Hülsen

Hier ist t der Abstand der hinteren Brennebene von der Mittelebene des Stigmators. Auf Abb. 8 sind die entsprechenden Geraden für zwei verschiedene t-Werte eingezeichnet. Aus Gl. (6) und Abb. 8 ersieht man, daß die Maßstabverzerrung mit t wächst. Ist der Stigmator in der Polschuhbohrung gelagert ($t = 12{,}5$ mm), so sind die Maßstabverzerrungen klein und betragen etwa 0,1%, wenn der Stigmatorstrom im Bereich der Betriebsdaten schwankt.

Es ist bequem, mit dem beschriebenen Stigmator die Behebung des Astigmatismus nach den Fresnelschen Säumen (4) in der folgenden Reihenfolge durchzuführen. Bei ausgeschaltetem Stigmator beobachtet man eine leicht unterfokussierte Abbildung einer Öffnung. Nach der Lage der Fresnelschen Säume bestimmt man die azimutale Richtung, in die der Stigmator gebracht werden muß. Dann schaltet man den Stigmator ein. Bei sehr starkem Stigmator bestimmt die azimutale Orientierung des Stigmators allein die Richtung des Gesamtastigmatismus. Mit diesem stellt man den Stigmator so ein, daß der von dem Stigmator erzeugte Astigmatismus einen Winkel von 90° mit dem des Elektronenmikroskops bildet. Nun vermindert man den Strom so lange, bis der Beugungssaum sich schließt. Damit ist der Astigmatismus behoben, und es bleibt nur eine gleichmäßige Unterfokussierung.

In der Zwischenlinse kann die Verwendung eines Stigmators zu einer Verbesserung der Beugungsbilder führen. Um hierbei aber einer Verzerrung der Beugungsringe vorzubeugen, muß man den

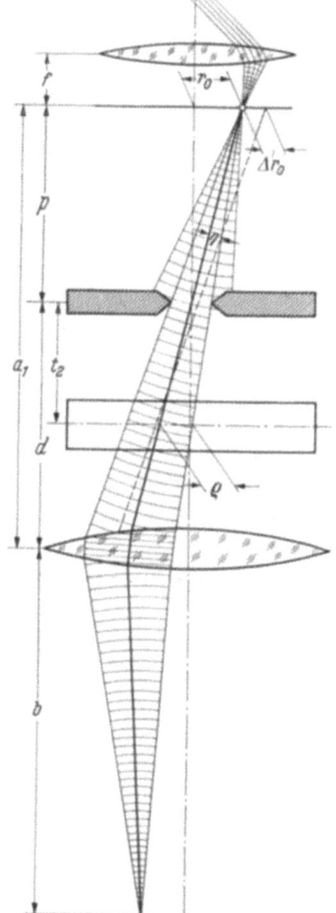

Abb. 9. Strahlengang und Stigmatorstellung zur Korrektur der Zwischenlinse bei Beugungsaufnahmen. t_2 Abstand der Stigmatormitte von der Selektorblende

Stigmator so einbauen, daß er möglichst nahe an den Schnittpunkten der Hauptstrahlen mit der Achse zu liegen kommt. Im Falle des Objektivs ist es die bildseitige Brennebene, in die man den Stigmator zu legen hätte, wollte man die Maßstabverzerrungen minimal halten. Im Falle einer Zwischenlinse bei Kleinbereichsbeugung muß der Stigmator möglichst nahe der Selektorblende aufgestellt werden (vgl. Strahlengang in Abb. 9). Die Maßstabsverzerrung der Zwischenlinse ermittelt sich aus

$$\frac{\Delta r_0}{r_0} = 16 \, \frac{p + t_2}{p} \, \sqrt{\frac{e}{2\,m\,U}} \; t_2 \, \frac{j}{c^2} \, L \ln \frac{R_1}{R_2} \, . \tag{7}$$

Hier bedeutet t_2 den Abstand der Selektorblende von der Mittelebene des Stigmators, p den Abstand der bildseitigen Brennebene des Objektivs von der Selektorblende (Abb. 9). Nach Gl. (7) ist t_2 also klein zu halten und der Stigmator zur Korrektion der Zwischenlinse in beträchtlichem Abstand davor aufzustellen. Es ist klar, daß seine Brechkraft darunter leidet. Der Ausdruck für die astigmatische Differenz lautet für diesen Fall:

$$\Delta f = 32 \left(\frac{p + t_2}{p + q} \right)^2 \sqrt{\frac{e}{2\,m\,U}} \; f^2 \, \frac{j}{c^2} \, L \ln \frac{R_1}{R_2} \, . \tag{8}$$

Der Aufbau des Stigmators für die Zwischenlinse des Mikroskops UEMB-100 ist der gleiche wie für den Doppelkondensor.

Literatur

1. Stojanow, P. A.: Optikomechanitscheskaja Promischlennost **1958**, Nr. 4, 40.
2. Leisegang, S.: Optik **10**, 5 (1953).
3. Rang, O.: Optik **5**, 518 (1949).
4. Hillier, J., and E. G. Ramberg: J. appl. Physics **18**, 48 (1947).

Ein elektrostatischer Feinstrahlkondensor

Eberhard Hahn

Jena (Deutschland)

Zur Erzeugung kleiner Beleuchtungsflecke, wie sie in der Elektronenmikroskopie beispielsweise zur Objektschonung oder zur Kleinfeldbeugung verlangt werden, sind bisher Doppelkondensoren vorwiegend magnetischer Bauart verwendet worden. Das zumeist mit einem Triodensystem erzeugte Strahlenbündel wird von dem ersten Kondensor mit starker Brechkraft in einem Brennfleck von etwa 1 μ im Durchmesser gesammelt, der von dem zweiten Kondensor mit schwacher Brechkraft auf die entfernt liegende Objektebene etwas vergrößert abgebildet wird (*1*). Der Strahlerzeuger (Triode) ist in erster Linie Strahlbeschleuniger. Seine über die mit der Strahlspannung anwachsende Richtwirkung hinausgehende Fokussierungseigenschaft hat nur untergeordnete Bedeutung. Hierin kann man einen Mangel sehen und die Frage stellen, ob es gelingt, ohne Kondensoren mit einem statt dessen geeignet ausgebildeten Beschleunigungsfeld allein Brennflecke von der Größenordnung 1 μ zu erzeugen. Um eine Einsicht in die erforderliche Elektrodenverteilung und Dimensionierung zu bekommen, haben wir im wesentlichen zwei Probleme rechnerisch untersucht:

1. Das die Glühkathode umgebende Steuer- und Beschleunigungsfeld ersetzen wir durch ein Feld mit ebener Kathode auf Potential 0 und im Abstand 1 gegenübergestellter Zwischenanode auf Potential 1 mit Bohrungsdurchmesser b. Auf dem Zylindermantel vom Radius $\frac{b}{2}$ nehmen wir die Potentialverteilung zwischen den Elektroden linear an und können das Achsenpotential mit Hilfe tabulierter Funktionen zusammensetzen (*2, 3*). Die Berechnung eines Fundamentalsystems für die paraxiale Bahngleichung wird im kathodennahen Gebiet auf analytischem Wege durch einen Reihenansatz (*4*), im mittleren Gebiet nach einer der bekannten numerischen Integrationsmethoden, z. B. nach einem Runge-Kutta-Verfahren, und schließlich in dem Gebiet, in dem das Achsenpotential in etwa auf $1 \cdot 10^{-4}$ beschränkter Genauigkeit exponentiell auf 1 abklingt, wiederum analytisch mit einer aus einem Reihenansatz erhältlichen Grenzformel vorgenommen.

Bemerkenswert am Ergebnis (Abb. 1) ist das Eintreten eines Brechkraftmaximums für etwa $b = 2$ mit einer Brennweite von 3,3. Die Kardinalelemente im Falle $b \to 0$ und $b \to \infty$ (eingezeichnete Asymptoten) wurden durch gesonderte Betrachtungen gefunden, die sich aus Stetigkeitsforderungen an die Bahngleichung (eine Unstetigkeit in der Ableitung des Achsenpotentials $\Phi(z)$ zieht eine ebensolche in der Bahnkurvenrichtung r' gemäß

$$r'(z + 0) - r'(z - 0)$$
$$= -\frac{1}{4}\left\{\Phi'(z + 0) - \Phi'(z - 0)\right\}\frac{r(z)}{\Phi(z)} \quad (1)$$

nach sich) und zum anderen aus dem in gleicher Weise rechnerisch zu behandelnden Problem $b = 2$, Abstand Kathode-Anode $= 0$ ergeben.

2. Das vor der ebenen Anode (Potential 1) liegende Beschleunigungsfeld wird kathodenseitig von einer Planelektrode auf Potential u mit Bohrung b und Abstand 1 begrenzt. Wiederum wird der Potentialverlauf auf dem Rande $r = \frac{b}{2}$ zwischen den Elektroden als linear angenommen. Der Einfluß einer zum Austritt der Elektronen aus dem Feld notwendigen Bohrung b_A in der Anode kann in hinreichender Näherung durch die Wirkung der Zerstreuungslinse bei unendlich kleiner Bohrung $b_A \to 0$ gemäß Formel (1) beschrieben werden. Die zusammengesetzten Kardinalelemente sind in Abhängigkeit vom Spannungsparameter u für $b = 1$ und $b = 2$ in Abb. 2 dargestellt. Die kleinere (anodenseitige) Brennweite wird für die kleinere Bohrung $b = 1$ erzielt und erreicht für ein Spannungsverhältnis u von 0,03 ein Minimum, da für kleinere u-Werte der anodenseitige Brennpunkt in das Feld hineinwandert.

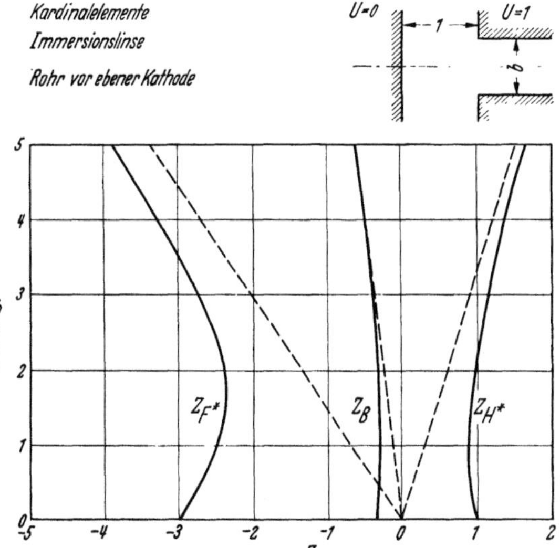

Abb. 1. Kardinalelemente einer aus ebener Kathode und durchbohrter Anode bestehenden „Kathodenfeldlinse" in Abhängigkeit des Bohrungsdurchmessers b

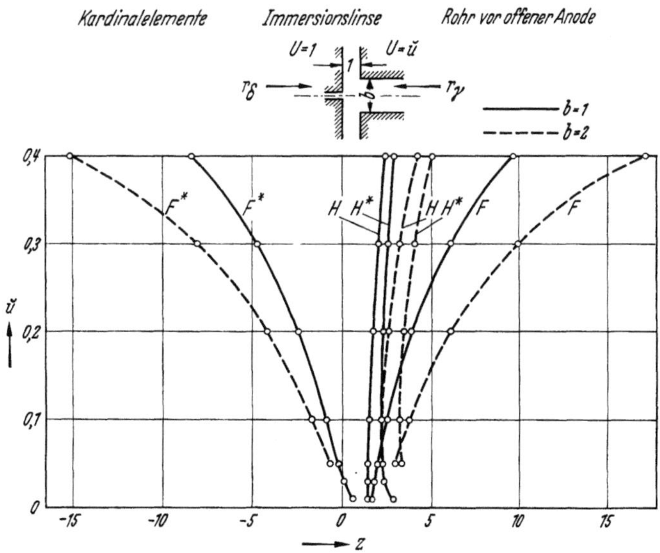

Abb. 2. Kardinalelemente einer „Anodenfeldlinse" in Abhängigkeit vom Spannungsparameter u der Antianode

Für einen Elektrodenabstand von 4 mm, der für Strahlspannungen bis 50 kV noch als genügend groß gilt, ergibt sich dann für eine ebenso große Bohrung b eine anodenseitige Brennweite von $f_2^* = 9{,}2$ mm. Die auf 1,5 kV gelegte Zwischenanode kann der Kathode auf 0,5 mm genähert werden. Die Brennweite der „Kathodenfeldlinse" beträgt dann $f_0^* = 1,65$ mm. Bei einem Abstand Kathode-Anode (genauer $F_2 F_0^*$) von etwa 60 mm besitzt das zusammengesetzte System eine Brennweite $f_{02}^* = \dfrac{1,65 \cdot 9,2}{60} = 0,25$ mm und ist daher imstande, bei einer thermischen Austrittsgeschwindigkeit von 0,2 eV und einer Strahlspannung von 50 kV einen Brennfleck vom Durchmesser 1 μ zu erzeugen.

Die Ausführung eines kompletten elektrostatischen Feinstrahlkondensors mit kontinuierlicher Regelung der Fokusgröße von etwa 2—100 μ im Durchmesser bei konstanter Intensität und Apertur zeigt die schematiche Abbildung 3, in der auch die Verstellmittel zur Strahljustierung angedeutet sind. Mit Hilfe der Elemente 9 und 12 läßt sich das Strahlenbündel sowohl auf die gewünschte Objektstelle als auch in seiner Einfallsrichtung bequem einstellen, da keine schweren Gruppen bewegt werden. Die justierbar angeordnete Antikathode 3 ermöglicht eine Ausrichtung der Bündelachse auf die optische Achse, was durch die zentrische Lage des Kathodenbildes im Raumladungskreis bei unterheizter Kathode gut kontrolliert werden kann. Die Justierung an der Anode 6 ist bei Feinfokusbetrieb kaum von Einfluß, so daß diese zur Regelung des konzentrischen Ablaufes bei Änderung der Fokusgröße dienen kann.

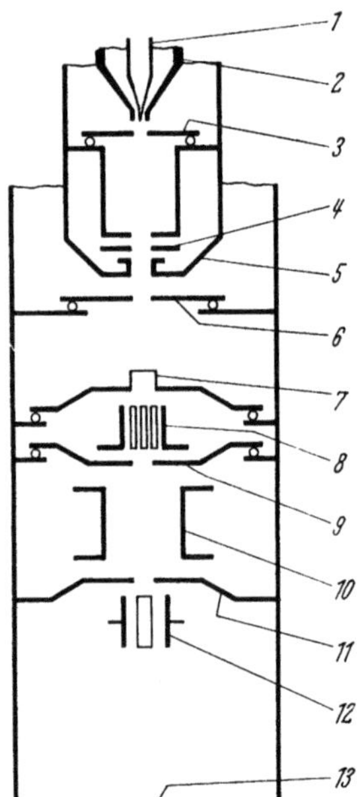

Literatur

1. RUSKA, E., u. O. WOLFF: Z. wiss. Mikrosk. **62**, 465 (1954/55).
2. BERTRAM, S.: J. appl. Physics **13**, 496 (1942).
3. HAHN, E.: Optik **15**, 500 (1958).
4. — Jenaer Jb. 1958 **I,** 184. VEB Gustav Fischer Verlag, Jena.

Abb. 3. Elektrostatischer Feinstrahlkondensor schematisch. *1* Glühkathode, —50 kV; *2* Steuerkegel, regelbar —51,5 . . . —50,5 kV; *3* Antikathode —48,5 kV, justierbar; *4* Zwischenelektrode zur Regelung der Fokusgröße 2 μ bis 100 μ, —48,5 . . . —49,8 kV regelbar; *5* Antianode —48,5 kV; *6* Anode justierbar; *7* Bestrahlungsblende (Mehrlochblende) justier- und wechselbar, zur Regelung der Apertur ($2 \cdot 10^{-4}$ bis $1 \cdot 10^{-3}$); *8* Elektrisch regelbares Korrekturelement zur Kompensation des Astigmatismus; *9, 10, 11* Elektrostatische, langbrennweitige Kondensorlinse mit verschiebbarer Außenelektrode; *12* Elektrisches Ablenksystem; *13* Objekt

Elektronenoptisches System zur Herstellung feiner Elektronensonden

T. MULVEY

A.E.I. Forschungslaboratorium, Aldermaston (England)

Eine der in der Konstruktion einer Elektronensonde auftretenden Schwierigkeiten ist die Konzentration eines genügenden Stromes in der Sonde. Dieser ist ungefähr durch

$$I = \frac{\pi\,\beta\,d^{8/3}}{(4\,C_{\ddot{o}})^{2/3}} \tag{1}$$

gegeben, wo $C_{\ddot{o}}$ der Öffnungsfehler, β der Richtstrahlwert und d der Fleckdurchmesser ist. Einsetzen von typischen, in einem Mikroanalysator verwendeten Werten: $C_{\ddot{o}} = 2,5$ cm, $d = 10^{-4}$ cm, $\beta = 50.000$ A/cm²/Raumwinkeleinheit (*1*), ergibt: $I = 2,3 \times 10^{-6}$ A für eine 1-μ-Sonde; für $d = 0,5\mu$ erhält man $I = 0,36 \times 10^{-6}$ A.

Obwohl solche Ströme für heutige Verhältnisse ausreichen, mag es dennoch in Zukunft wünschenswert sein, noch feinere Sonden zu haben, ohne Intensitätsverluste in Kauf zu nehmen. Arbeiten von HIBI (*2*) und von MÖLLENSTEDT und SAKAKI (*3*) zeigen jedoch, daß bei Anwendung von Spitzenkathoden der Richtstrahlwert den von LANGMUIR berechneten um das Hundertfache überschreiten kann. Obgleich die Konstruktion von Spitzenkathoden zur Zeit keineswegs leicht ist, zeigen solche Kathoden doch den Weg zu einer beachtlichen Steigerung der Sondenstromdichte an.

Die durch den Öffnungsfehler auferlegte Beschränkung kann in der nahen Zukunft möglicherweise auch durch entsprechende Korrektursysteme überwunden werden. Ein derartiges aus elektrostatischen Elementen aufgebautes System ist bereits von ARCHARD (4) vorgeschlagen worden, und gewisse Gründe sprechen dafür, daß ein aus magnetischen Elementen aufgebautes System sogar noch leistungsfähiger sien dürfte. Ein solches Korrektursystem kann für eine Elektronensonde einfacher sein als das von SCHERZER für ein Elektronenmikroskop vorgeschlagene und von SEEL IGER (5) gebaute System.

Elektronenlinsen mit großer Arbeitslänge. In den meisten Sondengeräten ist es wünschenswert, die Arbeitslänge, d. h. den Abstand zwischen dem Brennpunkt der Linse und der letzten Arbeitsfläche so groß wie möglich zu halten. Ein denkbarer Weg zur Erlangung einer großen Arbeitslänge ist die Anwendung einer gewöhnlichen kurzbrennweitigen Objektivlinse (z. B. 2,0 mm) mit einem vergleichbaren Wert von $C_ö$, wie in Abb. 1 gezeigt wird. Das gibt ein sehr kompaktes Linsensystem, obwohl das innerhalb der Linse entstehende Bild nicht erreichbar ist. Deshalb wird eine im Verhältnis 1 : 1 abbildende Linse benötigt, um einen außerhalb des Systems liegenden Brennfleck zu erzeugen. Jedoch wächst dann leider der Öffnungsfehler an. Dieser wurde von ARCHARD (6) für verschiedene Linsenstärken unter Benutzung des Glaserschen Ausdruckes für $C_ö$ abgeschätzt. Für die in der Praxis zumeist angewandten Linsen dürfte sich $C_ö$ danach um 60% steigern. Obzwar Linsen mit einem Abbildungsverhältnis 1 : 1 in ihrer Leistung gegen solche mit hohem Abbildungsverhältnis etwas zurückstehen, mag es für sie dennoch Anwendungsgebiete in Mehrzweckgeräten geben.

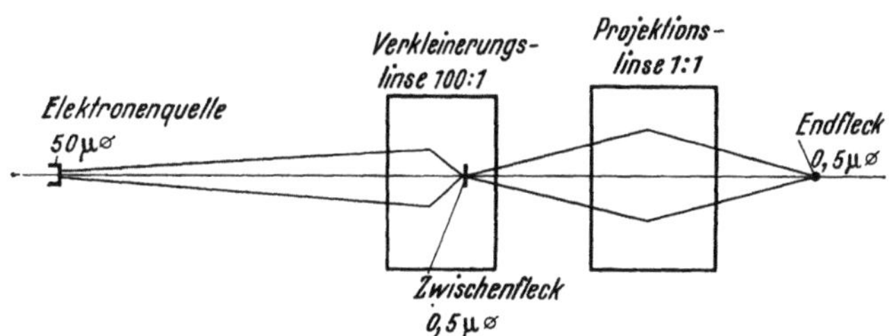

Abb. 1. Feinelektronensondensystem mit Endlinse. Abbildungsverhältnis 1:1

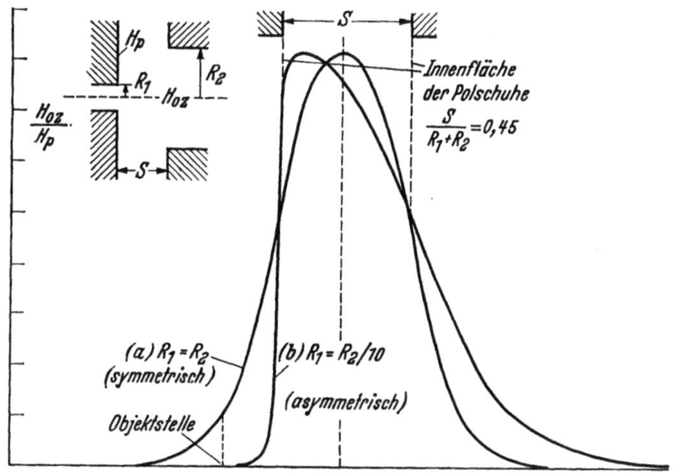

Abb. 2. Achsenparallele Feldverteilung für a) eine symmetrische und b) eine unsymmetrische Linse

Asymmetrische Linse. In der Objektivlinse eines Elektronenmikroskopes von kleinem Öffnungsfehler ist das Objekt vom starken Magnetfeld im Spalt umgeben. In einem Röntgenmikroanalysator können ferromagnetische Objekte leicht Anlaß zu beträchtlichen Störungen des Magnetfeldes geben und damit zu starken Abbildungsfehlern führen. Dem kann durch eine asymmetrische Polschuhkonstruktion, nach Abb. 2, abgeholfen werden, die eine Verkürzung des Linsenfeldes in Objektnähe erlaubt. Die objektseitige Linsenbohrung wird klein gemacht im Vergleich zur kathodenseitigen Bohrung. Man erhält dann die gleichfalls in Abb. 2 gezeigte günstige Feldverteilung des Magnetfeldes. Die auf den Liebmannschen Daten (7) beruhenden Kurven zeigen die achsenparallele Feldverteilung zweier Linsen mit nahezu gleichen Fokaleigenschaften und Linsenfehlern. Eine dieser Linsen ist mit gleichen Bohrungen, die andere mit ungleichen, im Verhältnis 1 : 10 zueinander stehenden Bohrungsradien versehen. Die kleine Bohrung, die als magnetische Abschirmung wirkt, darf jedoch nicht zu klein gemacht werden, da sonst ihr Beitrag zum Öffnungsfehler zu groß wird.

Die Arbeitslänge l wird von der Innenfläche der durchbohrten Polschuhfläche bis zum Brennpunkt gemessen. Eine graphische Darstellung von $l/C_ö$ auf Grund der Liebmannschen Linsendaten

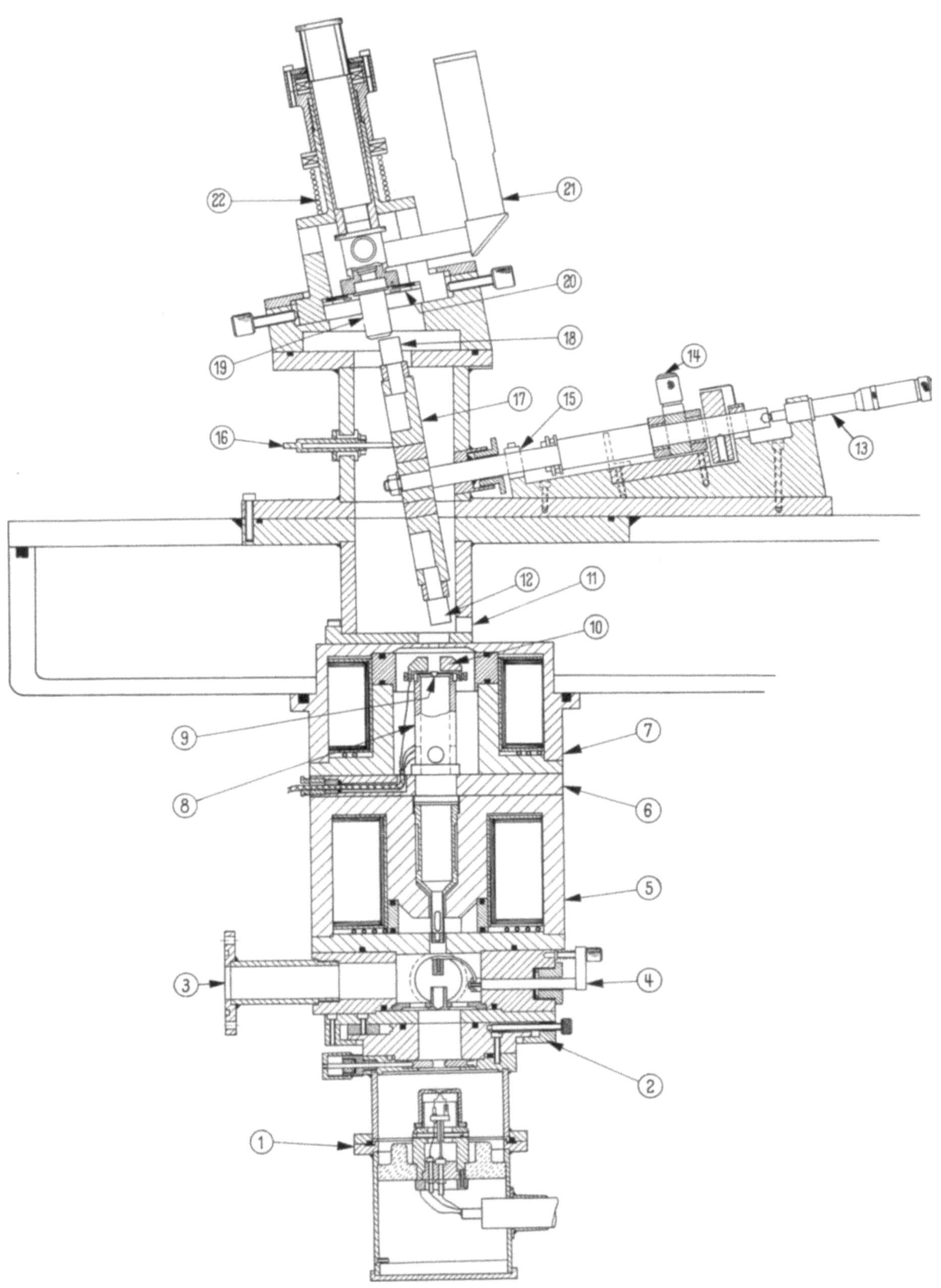

Abb. 3. Praktische Ausführung eines Feinsonden-Systems für einen Mikroanalysator

zeigt, daß dieser Quotient nahezu unabhängig von der Linsengeometrie ist, jedoch ein flaches Maximum von ungefähr 3 hat für einen Durchflutungsparameter $\frac{V_r}{(NI)^2} = 0{,}015$, wo V_r die Beschleunigungsspannung und NI die Spaltdurchflutung in Amperewindungen ist.

Praktische Ausführung. Die praktische Ausführung einer solchen asymmetrischen Linse in einem Mikroanalysator wird in Abb. 3 gezeigt. Das System besteht aus einem Strahlerzeuger *1* und zwei Verkleinerungslinsen *5* und *7*. Der Richtstrahlwert des Strahlerzeugers wird mit einem Faradaykäfig *4* kontrolliert, um die höchstmögliche Sondenstromdichte zu erreichen. Die letzte Verkleinerungslinse *7* ist asymmetrisch, das heißt, die vordere Bohrung hat einen Durchmesser von 6 cm, die hintere einen von 0,6 cm. Diese Linse, die eine Brennweite von 2,8 cm und einen $C_{\ddot{o}}$-Wert von 3 cm hat, erzeugt einen Brennfleck von 0,4 μ (oder größer, wenn nötig) auf dem Objekt *12*, das einen Zentimeter über der Linse gehaltert ist. Die Röntgenstrahlen gehen von der Objektkammer in das Spektrometer durch eine dünne „Mylar"-Folie.

Ein optisches Mikroskop *22* wird benutzt, um das zu untersuchende Mikrogebiet in den Elektronenstrahl einzubringen, wobei der Auftreffpunkt des Elektronenstrahles auf dem Objekt mit Hilfe der Objektverschmutzung bestimmt wird.

Elektronen-Rastersystem. Die große Bohrung der Endlinse *7* erlaubt den Einsatz eines Ablenksystems, um auf diese Weise ein Elektronenrastermikroskop zu erhalten, wie es zuerst bei von Ardenne (*8*) beschrieben und später von Cosslett und Duncumb (*9*) in ihrem Röntgenstrahl-Mikroanalysator an Stelle des optischen Mikroskops angewandt wurde. Das hier verwendete System weicht von den bisherigen ab, indem die Ablenkung hinter der Objektivöffnung stattfindet; dies ergibt eine einfache, aus zwei elektrostatischen Ablenkplattenpaaren bestehende Anordnung *10*. Die elektrischen Anschlüsse werden durch Vakuumdichtungen in der Platte *6* geführt. Eine Fläche von $150 \times 150 \ \mu$ kann mit einer Ablenkplattenspannung von 150 V durchrastert werden.

Die Anwendung des Gerätes in metallurgischen und oberflächenphysikalischen Problemen wird an anderer Stelle (*10*) beschrieben.

Herrn L. C. Ronson danke ich für die Übertragung ins Deutsche und Herrn Dr. T. E. Allibone, F.R.S., dem Direktor des Laboratoriums, für die Genehmigung zur Veröffentlichung.

Literatur

1. Haine, M. E., and P. A. Einstein: Brit. J. appl. Physics **3**, 40 (1952).
2. Hibi, T.: Proc. III. Internat. Conf. on Electron Microscopy London 1954; p. 636, 1956.
3. Sakaki, Y., u. G. Möllenstedt: Optik **13**, 193 (1956).
4. Archard, G. D.: Proc. Phys. Soc. **72**, 135 (1958).
5. Seeliger, R.: Optik **10**, 29 (1953).
6. Archard, G. D.: Rev. sci. Instrum. **29**, 1049 (1958).
7. Liebmann, G.: Proc. Phys. Soc. B **68**, 737. Siehe auch 682, 679 (1955).
8. Ardenne, M. von: Z. Physik **109**, 553 (1938).
9. Cosslett, V. E., and P. Duncumb: X-ray Microscopy and Microradiography, New York: Academic Press 1957, p. 374.
10. Siehe diesen Band, S. 263

An electrostatic-electromagnetic alignment section
for the electron microscope

M. E. Haine, A. W. Agar and T. Mulvey

A.E.I. Research Laboratory, Aldermaston Court, Aldermaston, Berkshire (England)

A high resolution electron microscope must be equipped with a double condenser lens system, and should have a pumping tube into the gun. With fine beam illumination, the mechanical stability of the column becomes important; it is desirable to avoid mechanical alignment of the illuminating system, and to rely on electrical methods. If provision is to be made for reflection electron microscopy, electrical or magnetic alignment of the illuminating system has many advantages. It is not possible to design a compact system with purely magnetic deflectors, but since the large deflection of the electron beam required for reflection microscopy is in one plane only, it is possible to obtain the small deflection in the plane at right angles by insulating the pole pieces of the magnetic deflectors and using them as electrostatic deflector plates. They may be quite closely spaced, thus reducing the excitation required both for magnetic and electrostatic deflections.

The system to be described was designed to provide a tilt of the illuminating beam of $\pm 1°$ for normal transmission working and up to 20° for reflection working. Considering the diagrammatic layout of the deflectors (Fig. 1) with a distance d between the centres of the deflection plates, and l to the object plane, the required deflection in the lower plates is 4θ for a tilt angle θ at the specimen for the practical case of $l = 9$ cm and $d = 3$ cm.

The final design for the deflector system is shown in Fig. 2. The outer annulus which supports the

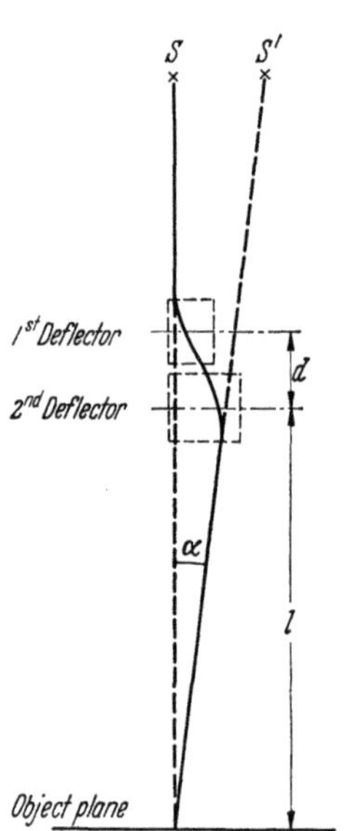

Fig. 1. Ray diagram illustrating the action of the deflectors

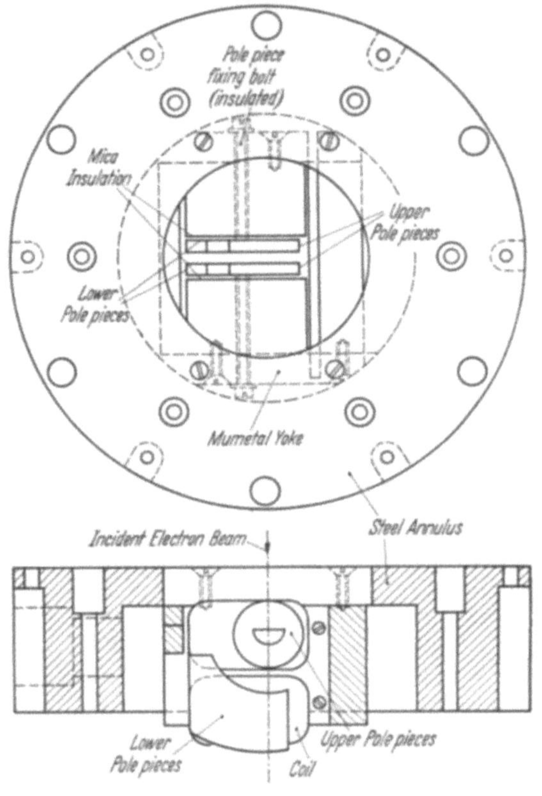

Fig. 2. Plan view and cross-section of deflector system

deflectors is provided with vacuum grooves for sealing to the outer parts of the microscope. The magnet yoke is made of 'Mumetal' plates to which are bolted the 'Mumetal' cores which carry the energising coils. Each pole piece is held in position by a single bolt insulated from the yoke by a mica sheet. All insulating material had to be screened from the electron beam to prevent charging-up effects. The air gap between the pole pieces is 3 mm and the maximum field required in the gap is 350 oersted. Careful design of the iron circuit was necessary to ensure that the m.m.f drop in the 'Mumetal' was small compared with that across the air gap, otherwise linear operation could not be obtained. Soft iron was tried in the circuit, but was found unsatisfactory because of hysteresis and remanence effects.

For transmission microscopy the design of the deflector pole pieces is relatively unimportant. Initially rectangular plates were employed, instead of those shown in Fig. 2. These were found unsuitable for reflection microscopy since they introduced strong astigmatism into the illuminating beam even for deflections of a few degrees. Archard (1) pointed out that the reason for this is that the beam crosses the edge of the pole pieces obliquely so that the fringing fields cause focusing perpendicular to the plane of the deflection, leading to the formation of a line focus. The resulting minimum disc of confusion observed in the object plane is plotted in curve B of Fig. 3.

This "obliquity" effect can be removed by curving the edges of the electrodes, but in general, the result is to cause electrons entering on parallel paths to travel different distances in the field, giving rise to a focusing effect in the plane of deflection, and hence to an astigmatism of the opposite sign to the one described previously. This is shown in Fig. 3, curve C. By making the first pole piece curved and the second rectangular, the astigmatisms should tend to cancel. This was found to be so for angles less than 5°; for greater angles, the compensation is inadequate.

The arrangement finally adopted is shown in Fig. 2. In this, the D-shaped gap, suggested by ARCHARD, in the pole pieces of the first deflector (filled by a copper block so as not to disturb the electrostatic field) eliminates path difference effects, while the circular boundary eliminates "obliquity" effects. Small residual path difference and obliquity effects at the exit surface of the second deflector cancel. The resulting astigmatism is shown in curve A of Fig. 3. Astigmatism is negligible up to total tilt angles of 18° and tolerable up to 20°.

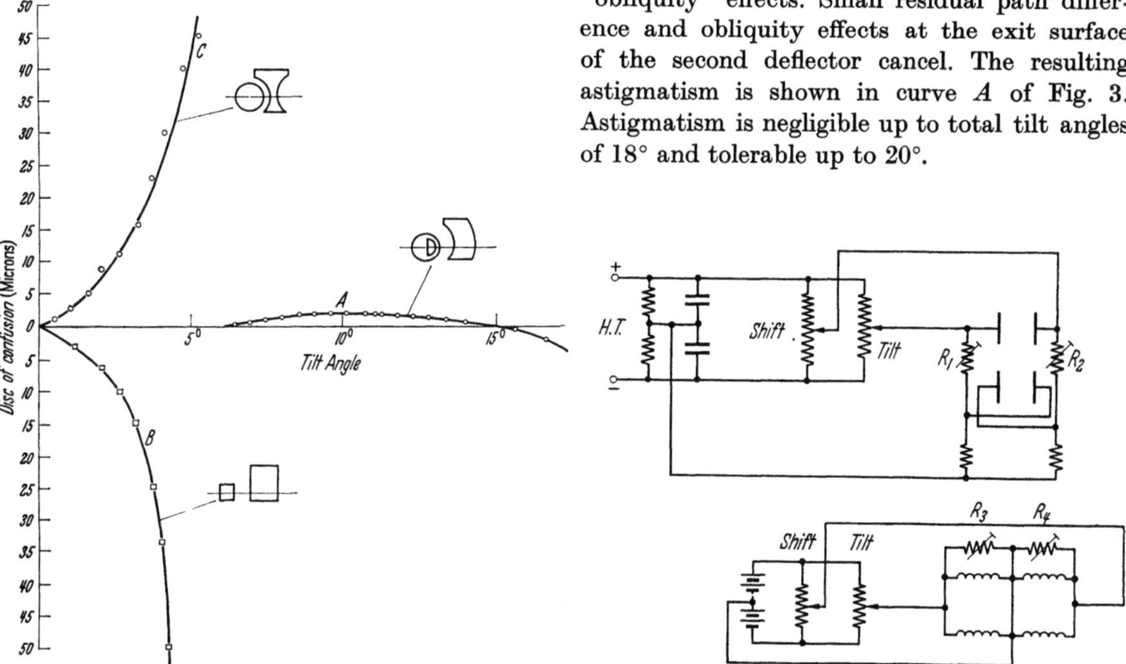

Fig. 3. Aberrations of the deflector system   Fig. 4. Electrical circuit

Control circuits. A simple control circuit results if one upper and one opposite lower plate are employed to tilt the beam, and the other two plates to shift the beam. The simple circuit shown in Fig. 4 which is adequate for this system, will serve to illustrate the principles underlying the circuitry. Each control circuit is centre-tapped to permit deflections on either side of the mean without switching. Trimming resistors R_1, R_2, R_3, R_4 permit the deflections in the lower plates to be adjusted to suit the geometry of the instrument, and thus to ensure that operation of the tilt control does not shift the illumination at the object.

A system such as this may give rise to an appreciable potential along the beam axis since opposing plates are not necessarily at equal and opposite potentials above ground. While this is unimportant if only small instrumental misalignments have to be corrected, it may in some circumstances give rise to astigmatism; it would be desirable in this case to arrange that the voltages on the plates are always balanced. When this is done, all four plates are required for the tilt control, and the shift must be obtained by superposed voltages on one pair of plates. This involves some complication in the supply circuits, but they can still be operated and adjusted without difficulty.

For reflection microscopy, much larger deflections are required in the magnetic circuit, but fortunately in one direction only. Switching to reflection working accordingly dispenses with the centre-tapped control, thereby permitting the full voltage of the supply to be utilised. A separate set of trimming resistors for reflection working is required, since the objective works at a considerably longer focal length, and the relative deflections required in upper and lower deflectors are changed.

Results. The deflector stage was found to be very convenient to operate, since the tilt and shift controls can be placed within easy reach of the operator. In reflection, a total angle of 20° of tilt of the illumination with respect to the optical axis of the microscope was obtained without astigmatism. The angle of tilt can be obtained conveniently and accurately (within 0.1°) by measuring the current in the deflector coil after calibration at one known angle.

The authors wish to thank Mr. G. K. Rickards and Mr. E. Pesterfield for their assistance in the experimental work, and Dr. T. E. Allibone, F.R.S., Director of the Research Laboratory, Associated Electrical Industries, for permission to publish this paper. Fig. 2, 3 and 4 are reproduced from the Journal of Scientific Instruments by kind permission of the Editor.

References

1. Archard, G. D., and T. Mulvey: J. sci. Instrum. 25, 279 (1958).

3. Objekteinrichtungen

Ein Präparattisch mit universeller Bewegungseinrichtung*

W. D. Riecke

Institut für Elektronenmikroskopie am Fritz-Haber-Institut der Max-Planck-Gesellschaft, Berlin-Dahlem

Bei der Untersuchung von Objekten mit Hilfe der Elektronenbeugung ist es wichtig, die Probe relativ zum Elektronenstrahl ausrichten zu können. Dies ist besonders bei der Beugungsuntersuchung massiver Präparate notwendig, weil hier die Elektronen fast streifend unter einem kleinen Winkel einfallen müssen. Dabei ist es vorteilhaft, wenn sich die Auftreffstelle der Elektronen während der Ausrichtung nicht auf der Oberfläche verschiebt. Die Justierung wird außerdem sehr erleichtert, wenn man sich neben der Beugung durch gleichzeitige lichtmikroskopische Beobachtung ein Bild von der Beschaffenheit der Probenoberfläche machen kann.

Wir haben während der letzten Jahre einen Präparattisch entwickelt, der diese Forderungen weitgehend erfüllt. Da das Linsensystem einer Elektronenbeugungskamera verhältnismäßig einfach sein kann und der Präparattisch den zentralen, wichtigsten Teil der Beugungseinrichtung darstellt, haben wir den für die Erzielung einer hohen Präzision bei der Präparatbewegung notwendigen mechanischen Aufwand in Kauf genommen.

Der Aufbau des Präparattisches ist in Abb. 1 stark vereinfacht wiedergegeben. Während der Beugungsuntersuchung können ohne Belüftung der Apparatur und deshalb bei ständiger Beobachtung des Beugungsdiagramms folgende Bewegungen ausgeführt werden:

1. Azimutales Drehen des Objekts um eine Achse, die senkrecht auf dem Elektronenstrahl steht oder gegen diese Lage um maximal ±5° geneigt werden kann.

2. Ausrichten der Probenoberfläche oder einer bestimmten Netzebene senkrecht zur azimutalen Drehachse. Diese Bewegung wird durch einen Kardanring geführt, dessen Achsenschnittpunkt auf der azimutalen Drehachse liegt. Wird das Präparat mit Hilfe der unter 5. beschriebenen geradlinigen Verschiebung so eingestellt, daß der Achsenschnittpunkt auf der Probenoberfläche liegt, und richtet man den Elektronenstrahl auf diesen Punkt, so wandert die untersuchte Objektstelle während des Ausrichtens und azimutalen Drehens nicht aus dem Elektronenstrahl aus. Beim Ausrichten kann um beide Achsen der kardanischen Führung eine Schwenkung von maximal ±15° ausgeführt werden.

3. Neigen der azimutalen Drehachse relativ zum Elektronenstrahl. Hierbei bewegt sich die azimutale Drehachse in einer senkrechten, durch den Elektronenstrahl gehenden Ebene und dreht sich um den Schnittpunkt der Kardanachsen. Das Präparat dreht sich dabei um eine horizontale, senkrecht auf dem Elektronenstrahl stehende Achse, die ebenfalls durch den Schnittpunkt der Achsen der Kardanführung geht, so daß der Auftreffpunkt der Elektronen nicht geändert wird. Diese Verstellung gestattet es, den für die Beugung geeigneten Einfallswinkel des Elektronen-

---

* Ausführliche Veröffentlichung siehe Z. Physik **156**, 163 (1959).

strahls einzustellen. Hat man die Probenoberfläche vorher senkrecht zur azimutalen Drehachse ausgerichtet, so wird der Einfallswinkel der Elektronen auf die Probenoberfläche beim azimutalen Drehen nicht geändert. Bei guten Spaltflächen kann man daher z. B. ohne Schwierigkeiten das Kikuchi-Diagramm bei jeder beliebigen azimutalen Orientierung des Kristalles beobachten. Durch die Verwendung von möglichst losefreien Kugellagern zur Führung der Dreh- und Schwenkbewegungen sowie durch sorgfältige Justierung der Azimutachse und der Kardanachsen in den gemeinsamen Schnittpunkt konnten wir erreichen, daß ein einmal im Schnittpunkt der Kardanachsen liegender Objektpunkt bei allen nur möglichen Einstellungen der azimutalen Drehung, der Ausrichtung und der Neigung um weniger als 5 μ aus dem Kardanschnittpunkt auswandert.

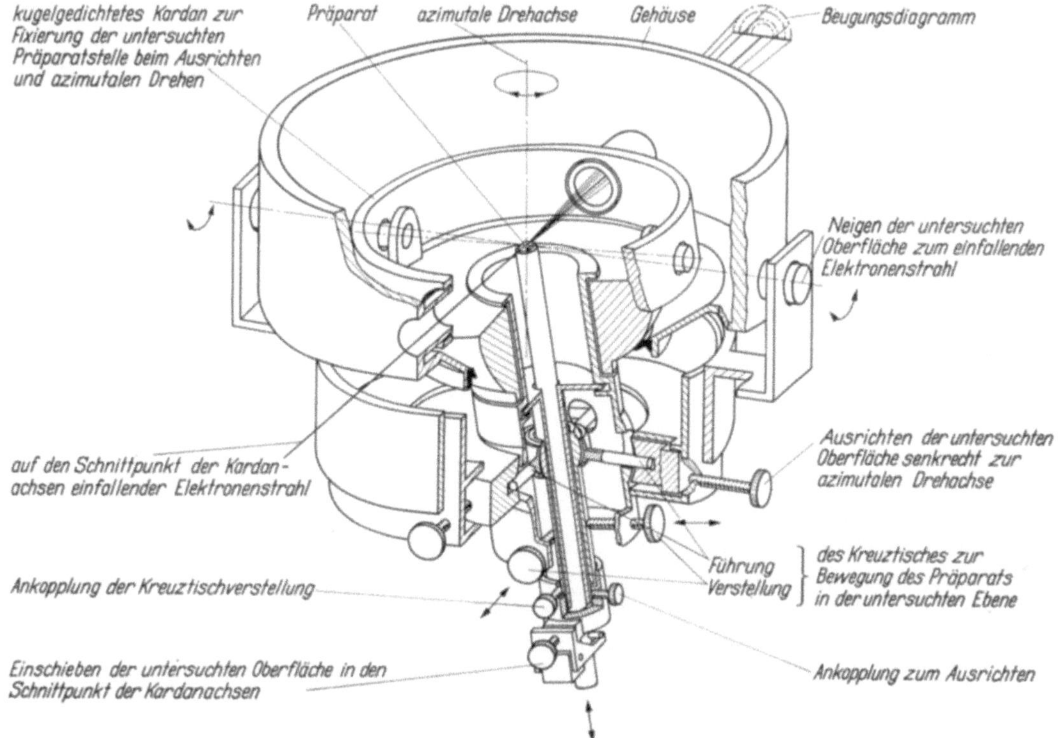

Abb. 1. Vereinfachte Darstellung des Aufbaus des Präparattisches mit universeller Bewegungseinrichtung

4. Geradlinige Verschiebung des Objektes in zwei aufeinander und auf der azimutalen Drehachse senkrecht stehenden Richtungen (Kreuztischverstellung). Hierdurch können neue Stellen des Präparates in den Elektronenstrahl und somit zur Untersuchung gebracht werden. Die in Abb. 1 schematisch dargestellte Führung der Kreuztischbewegung sorgt dafür, daß die Bewegung senkrecht zur azimutalen Drehachse verläuft. Hat man daher eine ebene Präparatoberfläche senkrecht zur azimutalen Drehachse ausgerichtet, so trifft der Elektronenstrahl auch nach Kreuztischverschiebung des Präparats stets im Schnittpunkt der Kardanachsen auf die Oberfläche auf, und die dort liegende Präparatstelle kann ohne weitere Justierung bei azimutalem Drehen und Verändern der Neigung untersucht werden.

5. Geradlinige Verschiebung der Probe in einer Richtung, die gegen die azimutale Drehachse nur wenig geneigt ist, und zwar um denjenigen Winkel, um den die Probe bei dem Ausrichten relativ zur Azimutachse verkippt worden war. Hierdurch können Höhenunterschiede der Präparatoberfläche bei der Kreuztischverstellung ausgeglichen und Dickenunterschiede der Proben beim Präparatwechsel berücksichtigt werden.

Abb. 2 zeigt einen Schnitt durch die Objektkammer, die als Einsatzstück für eine elektronenoptische Bank mit horizontal liegender Geräteachse konstruiert wurde (1). Die Präparate sind nach Belüften der Bank und Abnehmen des Deckels bequem einzusetzen. In dem Deckel ist ein

Fenster angebracht, das die lichtmikroskopische Beobachtung der Proben während des Betriebes gestattet. Der Präparatträger für massive Proben besteht aus einer ebenen Kappe aus Tantalblech, die auf ein der thermischen Isolation dienendes Keramikrohr aufgeschoben ist, durch

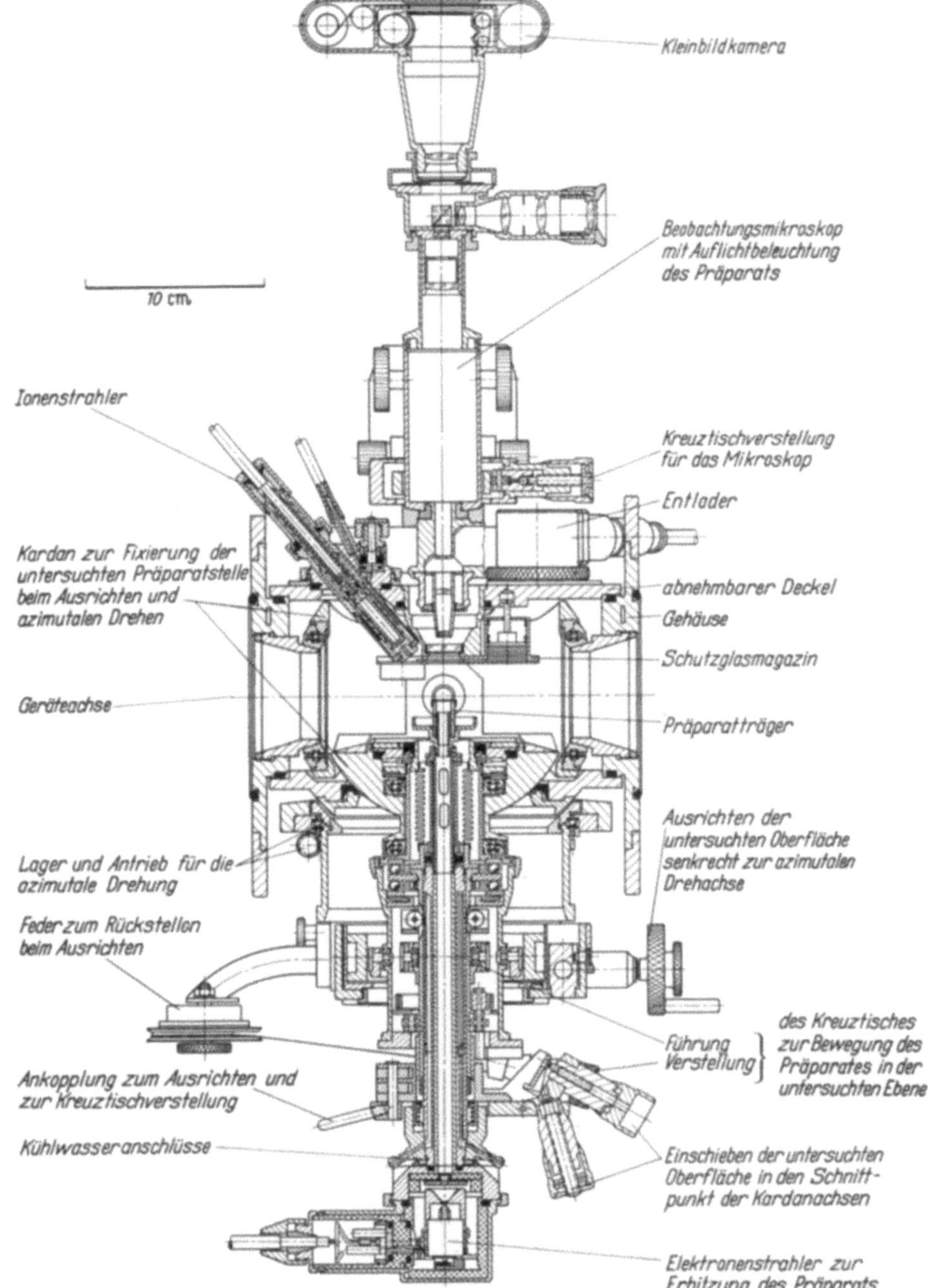

Abb. 2. Schnitt durch die Objektkammer mit universell beweglichem Präparattisch und Auflichtmikroskop zur Beobachtung der Oberfläche massiver Präparate

Elektronenbombardement mit einem besonderen, von unten einfallenden Elektronenstrahl erhitzt werden kann (2) und durch einen dünnen Wolframdraht mit dem Erdpotential verbunden ist. Wir haben mit dieser Anordnung Temperaturen von über 1000° C erreicht. Massive Proben mit ebener Auflagefläche können ohne besondere Befestigung auf die Kappe gelegt werden, da diese höchstens um die Summe des Ausrichtungs- und Neigungswinkels gegen die horizontale

Lage verkippt wird und die Präparate auf dieser verhältnismäßig schwach geneigten Ebene noch nicht verrutschen. Zur Untersuchung von Durchstrahlungspräparaten wird der Präparatträger für massive Proben gegen einen besonderen Halter ausgetauscht, der zwei Objektblenden von je 2,4 mm Durchmesser aufnehmen kann, die man wahlweise in den Strahl bringt.

Abb. 3 zeigt die in die elektronenoptische Bank eingesetzte Objektkammer und einen für Beugungsuntersuchungen bei streifendem Einfall benutzten Tubus, der die Aufnahmekammer

Abb. 3. Objektkammer mit universell beweglichem Präparattisch und Exzentertubus zur Aufnahme von Elektronenbeugungsdiagrammen bei streifendem Einfall an der Oberfläche massiver Präparate

so weit exzentrisch zur Bankachse verschiebt, daß der dort verlaufende unabgebeugte Strahl fast am Rande der Fotoplatte auftrifft und somit praktisch das ganze Format zur Aufnahme des Beugungsdiagramms ausgenutzt werden kann. Zur Aufnahme von Durchstrahlungsdiagrammen verwendeten wir die übliche zentrische Anordnung der Plattenkammer, bei der der unabgebeugte Strahl in der Plattenmitte auftrifft. Die Beugungslänge kann durch Einsetzen von Zwischentuben bequem zwischen 30 cm und 120 cm verändert und die Beugungsauflösung durch verkleinerte Abbildung der Strahlquelle mit Hilfe einer zwischen dieser und der Objektkammer angeordneten kurzbrennweitigen Linse den Erfordernissen angepaßt werden.

Die Konstruktionsarbeiten für den Präparattisch wurden von Herrn F. Stöcklein ausgeführt, dem der Verfasser für seine Mitarbeit danken möchte.

Literatur

1. Ruska, E.: C. R. du colloque C.N.R.S. Toulouse, April 1955, p. 253.
2. Riecke, W. D.: Z. wiss. Mikrosk. **63,** 427 (1958).

A protection shutter for the specimen in the electron microscope

Nobuji Sasaki, Ryuzo Ueda and Noboru Arai

Department of Chemistry, Faculty of Science, Kyoto University (Japan)

In electron microscopy, specimens under examination are inevitably subjected to the deteriorating action of the electron beam and change more or less in shape, chemical composition, and crystal structure. Contamination of specimens is also a result of the joint action of electrons and residual organic vapours. These problems have often been discussed and will gain in importance as the high magnification electron microscope becomes more popular. One way to minimize the deterioration would be to take the micrographs with a minimum dose of electrons by eliminating the necessity of focusing.

For some years we have been trying to take micrographs least affected by the electron beam and to estimate the extent of changes that have occurred during the ordinary procedure of observation. The principle is to expose a imited part of the specimen to the electron beam for focusing and not to expose the remaining part that has been under protection, longer than three seconds that are necessary for photographing with a weak electron beam. In this report we will describe the protection shutter which we designed and constructed for use in the electron microscope, type TRS-50 of Akashi Seisaku-sho, and present some results obtained with it.

Fig. 1 shows the handmade *shutter system* so attached to the original specimen chamber that the latter can be completely restored when the system is removed after the tests had been finished. A simpler specimen chamber is possible, if designed from the beginning to incorporate the shutter system. Shutter *1* is a piece of platinum foil with a sharp straight edge. It is placed just in front of the specimen and can be finely shifted in the direction perpendicular to its edge. This can be done from outside without breaking the vacuum. The specimen exchange shaft *2* is used originally to expose each of the two specimens placed side by side in the specimen holder. Shaft *2* is now used to drive in or out the screwed rod *3*. Its tip will then press or release one end of spring lever *4*, the other end of which has been soldered to cylinder *5*. The adjustable screw *6* attached to spring lever *4* will communicate through a hole in cylinder *5* the motion of rod *3* in a reduced scale to another spring lever *7*. It is only a piece of copper wire and its one end carries shutter *1*. The other end passes through bearing hole *8* and carries spring fork *9* that embraces rod *10*. Spring *11* presses the spring lever *7* and the shutter *1* away from the specimen. The stronger spring *12* is fixed to rod *10* and used to adjust the distance of the shutter from the specimen by turning the nut on rod *13*. The whole shutter system is fixed to the cover of the specimen chamber *16* by bolting together *14* and *15*.

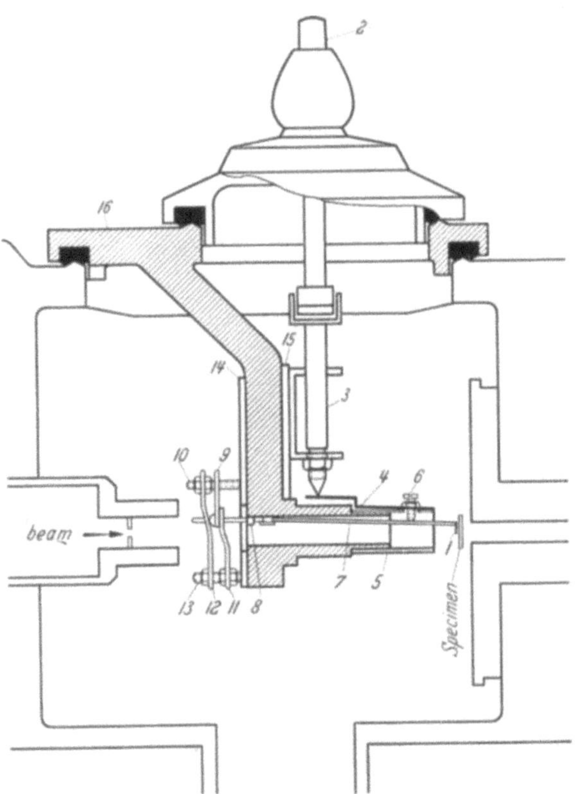

Fig. 1. Protection-shutter system attached to Akashi's electron microscope type TRS-50 (hatched)

The positions of the specimen and the shutter must be adjusted beforehand so that the edge of the shutter appears in a corner of the fluorescent screen and the main part of the specimen is concealed behind the shutter. A shutter with a very narrow slit in its middle will be more advantageous than the straight edge.

A small section of the specimen, brought out from behind the shutter, if necessary, is used for focusing with a sufficiently strong electron beam. The beam is then weakened and by shifting

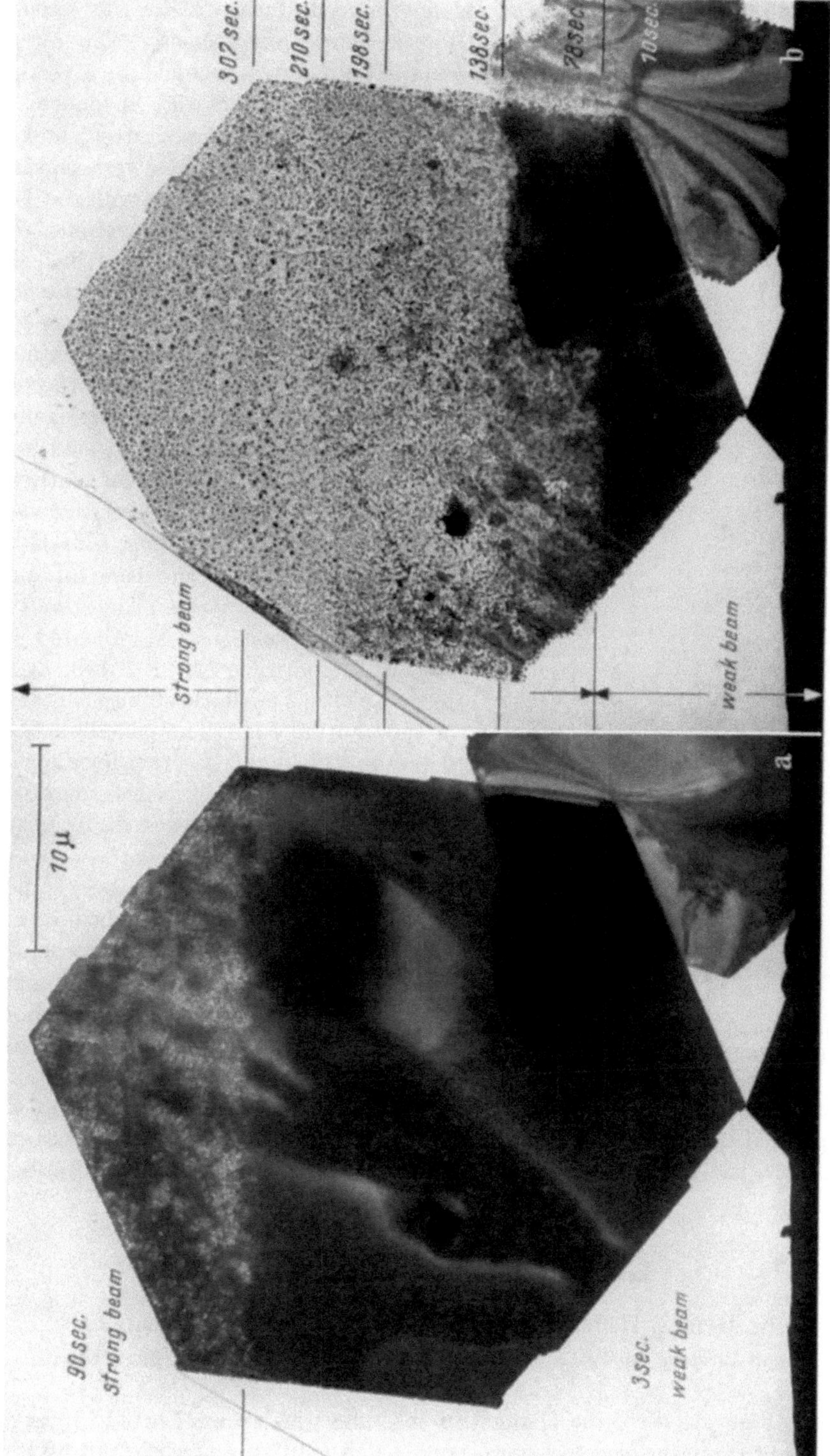

Fig. 2a and b. Change in appearance of a lead iodide single crystal exposed to the electron beam for the times indicated in the micrographs

either the specimen or the shutter in opposite direction, a fresh section of the specimen is quickly brought out into vision and photographed at once. Thus the fresh section is affected by the weak electron beam for only a few seconds. Now this section is compared in the micrograph with the section used for focusing. This will permit to estimate the extent of deterioration in the usual course of photographing.

In Fig. 2a, the upper section of a *lead iodide* crystal on formvar film was exposed for about 90 sec. to a relatively strong electron beam for the purpose of focusing. The lower section was exposed for three seconds to a weak beam to be photographed. Then the specimen was quickly withdrawn behind the shutter, and the sections as indicated in Fig. 2b were again taken out one after the other at intervals, so that the tota times of exposure for the sections, seen from the top toward the bottom, were 307, 210, 198, 138 and 78 sec. respectively, all under *strong* beams, but for the lowest section, which was 10 sec. under a *weak* beam. Thus, the effect of the time of exposure or the effect of the strength of the electron beam can be studied with one and the same crystal. The effect of the electron beam on lead iodide is partly decomposition and partly evaporation.

Fig. 3 shows the interesting fact, that the transparency of a *collodion film* to the electron beam increases with the time of exposure to a certain saturation value. The times of exposure were for the sections as indicated from the top toward the bottom: 239, 202, 133, 73, 11 and 3 sec. respectively. The darkest section at the bottom is the shutter edge. The collodion film was about 0.4 μ in thickness. In the formvar film, on the other hand, the effect is less marked; the transparency slightly increases at first and then decreases again.

The crystal of *hydroquinone* is peculiar in its behaviour to the electron beam. Five different sections of a crystal were exposed to weak electron beams for different times ranging from 11 to 264 sec. The micrograph thus obtained shows, quite contrary to our expectation, that the density is the least for the section least acted upon by the

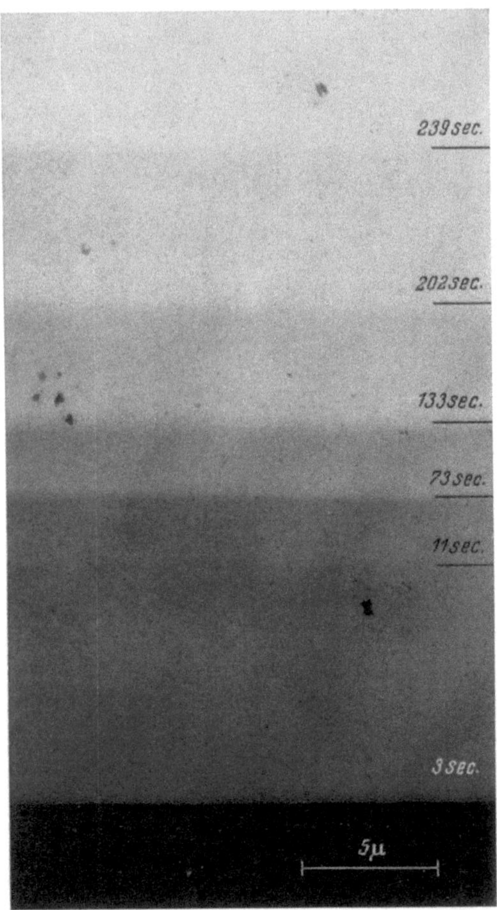

Fig. 3. Change in transparency to the electron beam of collodion film (0.4 μ) bombarded by electrons for the times indicated in the micrograph

electron beam. On the other hand, however, we could establish the fact that hydroquinone crystals evaporated rapidly in vacuum even at room temperature. Electron beams seem to fix hydroquinone into the formvar film by transforming it into some less volatile substances.

Gas reaction on the specimen

K. Hiziya, H. Hashimoto*, M. Watanabe and K. Mihama

Japan Electron Optics Labor. Co., Tokyo, and *Kyoto Techn. Univ., Kyoto

Continuous observations of the changes in specimens which were heated in gas atmospheres of 10^{-3} to 10^{-1} mm Hg in the electron microscope, had already been carried out by Ito and Hiziya (1), and by Hashimoto, Tanaka, and Yoda (2). In their experiments, they used oxygen, hydrogen, and air by which the furnace and the surfaces of the objective pole pieces in the specimen chamber were little corroded. The first stage of our study whether gases of stronger activity might be admitted to the electron microscope, was the examination of the very corrosive hydrogen sulphide in the gas-reaction device previously reported (*1*). Here we observed the crystal growth of copper sulphide which originated from a copper mesh as specimen.

In our electron microscope, the illuminating system, the specimen chamber, and other parts are evacuated independently of each other by systems composed of an oil diffusion pump and a rotary pump. To prevent gas more than unavoidable from leaking out of the specimen chamber, the chamber is accessible to other parts of the column only through diaphragms. After the specimen chamber has been evacuated down to at least 10^{-4} mm Hg, hydrogen sulphide gas is introduced up to the desired pressure through a needle valve. Thereupon the specimen is heated.

The furnace and the surfaces of the pole pieces were not remarkably corroded in the H_2S-gas atmosphere of 10^{-3} to 10^{-1} mm Hg at temperatures up to 500° C. At 1 mm Hg, however, the conduction wires of copper and the sylphon bellows which give allowance for the specimen displacement, were covered by corrosion layers after a few hours' operation at about 500° C.

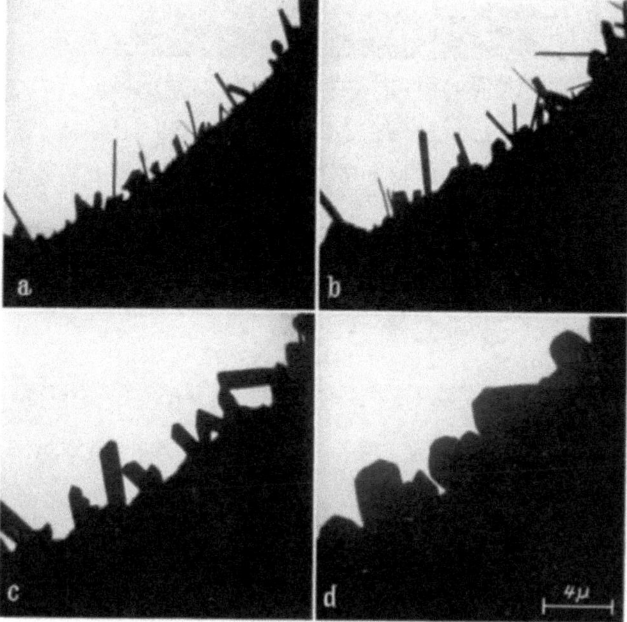

Fig. 1a—c. Growth of a Cu_2S needle crystal in H_2S of 10^{-2} mm Hg: a) at 300° C, b) at 350° C, 5 min after a), c) at 400° C, 15 min after b)

Fig. 2a—d. Growth of a Cu_2S needle crystal at 330° C during increasing pressure: a) at 10^{-2} mm Hg, b) at 10^{-2} mm Hg, 5 min after a), c) at 10^{-1} mm Hg, 9 min after b), d) at 1 mm Hg, 2 min after c)

At about 200° C, needle-, rod-, and plate-like crystals began to grow from the copper mesh in the H_2S-atmosphere of 10^{-2} to 10^{-1} mm Hg, but chevron-like crystals began to grow in an atmosphere of about 1 mm Hg. The number of needle crystals at 10^{-1} mm Hg was less than that at 10^{-2} mm Hg. In each case, the crystal growth occurred after a time without relation to that of others. Fig. 1 shows some stages of the crystal growth in an atmosphere of 10^{-2} mm Hg. a) was taken at 300° C, b) at 350° C, 5 min after a), and c) at 400° C, 15 min after b). In a), a needle crystal below 0.1 μ in breadth, marked by an arrow, has grown to a finite length within a part of one second. Then, the axial growth became so slow that it could hardly be observed on the screen at last, whereas a growth perpendicular to the axial direction began. In c), the crystal, marked by an arrow, has grown up to 1 μ in breadth. All the crystals observed had regular shapes, some of them reaching up to several μ in length. Fig. 2 shows the behaviour of the crystal growth with increasing pressure of hydrogen sulphide gas at 330° C. These images were photographed indirectly on 35 mm films from the outside of the electron microscope. We could easily see that the crystals grow rapidly in the lateral direction, as the pressure is raised.

In the course of these experiments, we often observed that the needle crystal vibrated, with one end supported on the base, as soon as it had completed its axial growth.

Fig. 3 shows a diffraction pattern from one single thin rod-like crystal, taken at room temperature. From this, we could confirm that the crystal was copper sulphide (Cu_2S). But its detailed analysis has not yet been carried out.

Fig. 3. Diffraction pattern of one thin rod crystal of Cu_2S

Besides this, it results that a more active gas, such as H_2S, can be used without much trouble in our gas reaction device.

The authors wish to express their hearty thanks to Dr. K. Ito, Mr. K. Ashinuma, and Mr. T. Ito for their encouragement and helpful discussions.

References

1. Ito, T., and K. Hiziya: J. Electronmicroscopy (Jap.) **6,** 4 (1958).
2. Hashimoto H., K. Tanaka and E. Yoda: J. Electronmicroscopy (Jap.) **6,** 8 (1958).

Eine Kammer für die Untersuchung von Objekten mit Gasumgebung

I. G. Stojanowa

Institut für Elektronenoptik des Staatskomitees für Radioelektronik, Moskau

Strukturänderungen durch die Einwirkung des Vakuums und der Elektronenstrahlen auf das Objekt verhindern in einem gewöhnlichen Elektronenmikroskop die Beobachtung der Struktur mancher, besonders biologischer Objekte. Schon seit dem Entstehen des ersten Elektronenmikroskops wurden daher Schritte unternommen, seinen Anwendungsbereich auf Präparate, die sich in gasartigen Medien befinden müssen, z. B. auf lebende Objekte, auszudehnen (1). So konstruierte Abrams (2) eine Objektkammer, in der Präparate untersucht werden konnten, die einer vorhergehenden Trocknung nicht unterzogen zu werden brauchten. Ruska (3) und Ardenne (4) schlugen Kammern offener Bauart vor, in denen Präparate unter Gaszufuhr bei einem Druck von 10—20 mm Hg in der Präparatumgebung untersucht werden konnten. Ein höherer Gasdruck aber beeinträchtigte das Vakuum in dem übrigen Mikroskopraum derart, daß infolge geringer Stabilität Abbildungsverschlechterungen eintraten.

Elektronenmikroskopische Untersuchungen an Objekten, die sich in gasartigen Medien befinden müssen, sollten aber bei einem Druck in der unmittelbaren Umgebung des Objekts durchgeführt werden, der um 5—6 Zehnerpotenzen höher ist als der im übrigen Strahlraum. Die Bau-elemente einer entsprechenden Objektkammer hoher mechanischer Stabilität und gute Abdichtung des Objektraums müssen aber auch einerseits der Einwirkung der Elektronenstrahlen und der Gasfeuchtigkeit widerstehen und dürfen andererseits keine erhebliche Streuung der das Objekt durchsetzenden Elektronen hervorrufen.

Nach längerer Entwicklungsarbeit gelang es uns, eine magnetische Objektivlinse zu bauen (5), die mit einer solchen Kammer ausgerüstet ist. Diese zeichnet sich durch die Möglichkeit aus, den Gasdruck im Objektraum von 0 bis auf 700 mm Hg zu ändern, ohne die Objektabbildung auf dem Bildschirm unterbrechen zu müssen. Dies wird dadurch erreicht, daß der Objekthalter, s. Abb. 1, einen Objektraum enthält, der durch dünne Folien gegen die anschließenden Strahlräume abgeschlossen ist. Diese Abschlußfolien sind auf durchlochte Metallscheibchen *1* und *2* aufgetragen und für Elektronenstrahlen durchlässig. Der von ihnen abgeschlossene Objektraum ist durch einen Kanal *3* wahlweise mit der Pumpvorrichtung oder mit Behältern verbunden, die das Schutzgas unter dem gewünschten Druck enthalten. Zwischen den beiden Scheibchen *1* und *2* befindet sich ein mit Einschnitten versehener Distanzring *4*, der die Dicke der Gasschicht bestimmt, die von den Elektronenstrahlen zu durchsetzen ist. Die Abdichtung der Kammer erfolgt durch die Dichtungsringe *5* und die Ringscheibe *6* als Gegenfläche. Durch einen Schraubring *7* wird das Scheibensystem zusammengezogen.

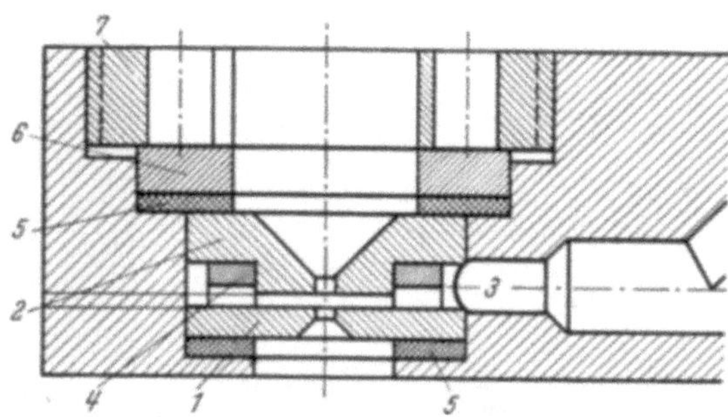

Abb. 1. Objekthalter mit Mikro-Gaskammer. *1* und *2* Trägerscheibchen für Abschlußfolien, *3* Gaskanal, *4* Distanzring, *5* Dichtungsringe, *6* Unterlegscheibe, *7* Spannschraube

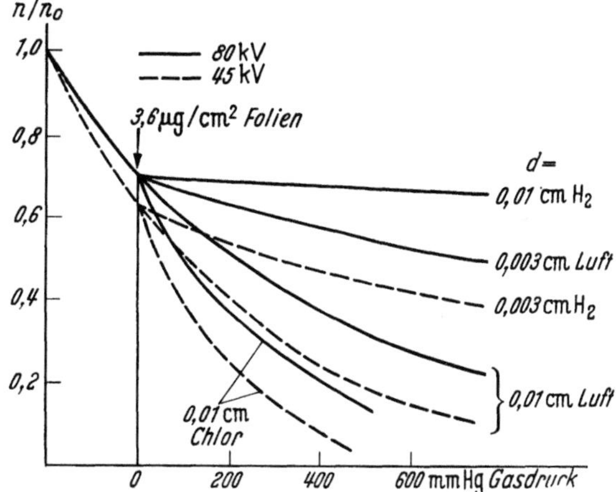

Abb. 2. Änderung der relativen Elektronenstrahldichte auf dem Bildschirm mit der Gasfüllung im Objektraum. Abszisse: Gasdruck. *d* Gasschichtdicke

Eine Schwierigkeit bildete die Herstellung brauchbarer Abschlußfolien. Hierzu wurde Kollodium auf den Spiegel einer Flüssigkeit gegossen, die kein Anschwellen der Kollodiumschicht hervorrief. Die so gewonnenen Kollodiumfolien wurden anschließend durch eine Kohleschicht verstärkt. Die Gesamtdicke zweier solcher Folien betrug etwa 200 Å. Die Folien schlossen den Objektraum so gut ab, daß sich das Vakuum im übrigen Strahlraum praktisch nicht änderte, wenn der Druck im Objektraum von 0 auf 500—700 mm Hg angehoben wurde.

Der Einfluß der Schutzgasschicht und der Abschlußfolien auf die Abbildungsqualität. Schutzgasschicht und Abschlußfolien bewirken eine zusätzliche Streuung der Elektronenstrahlen. Zur Beurteilung des Helligkeitsverlustes im Elektronenbild zeigt Abb. 2 die Abhängigkeit der relativen Elektronendichte im Endbild von der Dicke des Objekts unter der Voraussetzung, daß die Gesamtdicke der Folien 3,6 μg/cm² beträgt. Die Werte für 0,01 mm Hg Luftschicht wurden als Bezugspunkte genommen, und sodann wurde beobachtet, wie die Helligkeit bei Füllung der Objektkammer mit Wasserstoff, Luft oder Chlor in Gasschichtdicken von 0,003—0,01 cm abnimmt. Es wurde festgestellt, daß der Helligkeitsverlust bei Gaseinlaß stets von einem Kontrastverlust begleitet wird.

Untersuchungen über den Einfluß des Blendendurchmessers auf den Bildkontrast (infolge der veränderten Streuverteilung) ergaben als optimale Bündelbegrenzung im Objektiv einen Aperturwinkel von $8 \cdot 10^{-3}$. Der minimale Bildkontrast ändert sich nur schwach, wenn der Aperturwinkel von 0 bis auf etwa 10^{-2} vergrößert wird. Übersteigt er aber 10^{-2}, so vermindert sich der Bildkontrast sehr rasch. Auch im Hinblick auf genügende Helligkeit des Endbildes erwies sich der Aperturwinkel von $8 \cdot 10^{-3}$ als befriedigend.

Drucksteigerung in der Gasschicht verursacht eine Helligkeitsabnahme. Um den Helligkeitsverlust wieder auszugleichen, wurde einesteils die Dicke der Gasschicht verkleinert, anderteils die Strahldichte heraufgesetzt. Um aber eine stärkere thermische Belastung des Objekts zu vermeiden, wurde der bestrahlte Objektbereich durch eine oberhalb des Objekts angebrachte Blende von 20—30 μ ⌀ begrenzt.

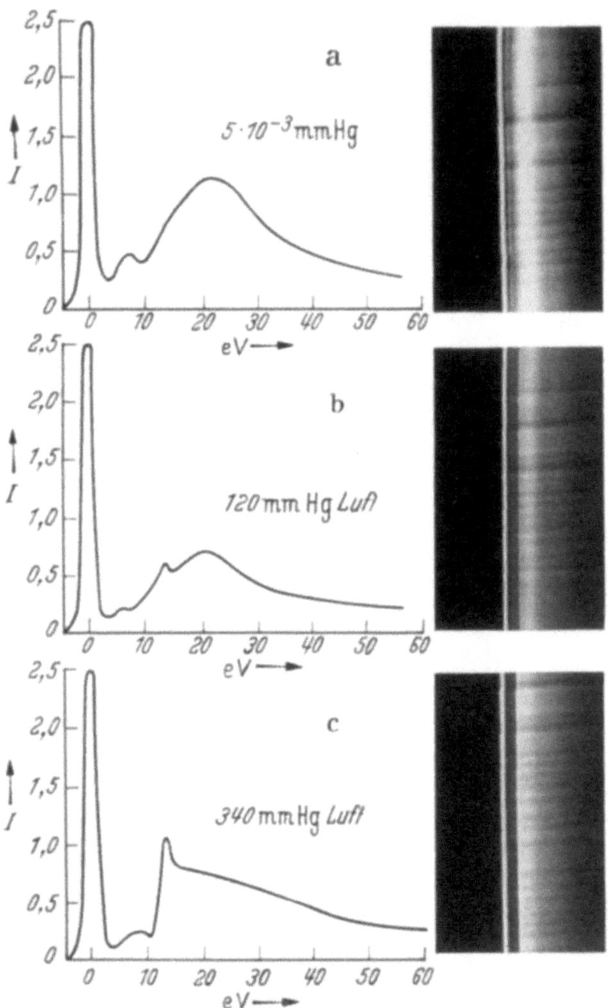

Um die Frage des Einflusses der unelastischen Streuung auf die Bildqualität zu klären, wurden die Energieverluste der Elektronen beim Durchtritt durch ein Objekt mit umgebender Gasschicht bestimmt (6). Die Messungen wurden mit einer elektrostatischen Analysatorlinse nach MÖLLENSTEDT durchgeführt, die an die Stelle der Projektivlinse trat. Die Energieverlust-Spektren der Abschlußfolien (Abb. 3) weisen eine sehr scharfe Linie bei 6,5 eV und ein breiteres Band mit einem Maximum um 22 eV auf. Diese Werte stimmen gut mit den charakteristischen Energieverlusten von Kohle- und Kollodium-Schichten überein, die von anderen Forschern gemessen worden sind. Abb. 3a zeigt das Spektrum für die Folien bei evakuiertem Objektraum. Bei der Füllung mit Luft, Abb. 3b für 120 mm Hg, Abb. 3c für 340 mm Hg Druck, tritt noch eine scharfe Energieverlust-Linie bei 13,7 eV auf, deren Intensität bei Drucksteigerung ansteigt. Ebensolche Messungen wurden bei Füllung mit Helium, Argon, Sauerstoff und Schwefelwasserstoff durchgeführt. In den damit erhaltenen Energiespektren erscheinen Linien, die jeweils den Ionisationspotentialen der betreffenden Gase entsprechen. Ihre Intensität steigt bei Drucksteigerung stets an. Dabei bleibt aber das Verhältnis der Anzahlen elastisch und unelastisch gestreuter Elektronen praktisch unverändert. Wir schließen daraus, daß die elektronenmikroskopische Abbildung durch die Gasfüllung im

Abb. 3a—c. Energieverlust-Spektren der Abschlußfolien (Kollodium + Kohleschicht) ohne und mit Luft im Objektraum, a) evakuiert, b) mit 120 mm Hg Luft, c) mit 340 mm Hg Luft

Objektraum nicht wesentlich verschlechtert wird. Beobachtungen bestätigten dies. Weiterhin fanden wir, daß eine ionisierte Gasschicht in unmittelbarer Nähe des Objekts dessen Kühlung und Entladung verbessert, die Wahrscheinlichkeit einer Schädigung also herabsetzt.

Für den Durchmesser δ_{ch} des durch den chromatischen Fehler bedingten Bildscheibchens berechneten wir nach (7)

$$\delta_{ch} = 0,1 \times \text{Objektdicke} = 50 \text{ Å}$$

mit der verwendeten Gesamtdicke der Abschlußfolien und einer Gasschicht unter maximalem Druck. Um den Verlust an Auflösungsvermögen bei Gasfüllung experimentell zu erfassen, nahmen wir eine Kollodiumfolie mit einem Präparat aus kolloidalem Gold als Testobjekt. Bei einem Gas-

druck von 120—170 mm Hg im Objektraum erzielten wir (*8*) eine Auflösung von 80—100 Å
und bei einem Gasdruck von 520 mm Hg eine solche von 120 Å (vgl. Abb. 4).

Beobachtung einer chemischen Umwandlung. Als Beispiel für die Brauchbarkeit der Kammer
zur elektronenmikroskopischen Untersuchung des Ablaufs chemischer Prozesse teilen wir noch
einige Beobachtungsergebnisse über die Einwirkung von Schwefelwasserstoff auf Silber in
Anwesenheit von Sauerstoff mit. Das Silber wurde im Vakuum auf eine der Abschlußfolien aufgedampft. Zunächst wurde das mikroskopische Bild (Abb.5a) und das Beugungsdiagramm (Abb.5a')
der Silberschicht aufgenommen. Dann wurden 30 mm Hg Schwefelwasserstoff und 10 mm Hg
Sauerstoff in den Objektraum eingelassen. Nach 2 min war der Beginn einer Teilchenverschiebung
im Objekt zu beobachten (Abb. 5 b). Die große Geschwindigkeit des Vorgangs machte eine scharfe
Aufnahme bei 1—2 sec Belichtungszeit unmöglich. Im Beugungsbild waren schon zu Beginn der

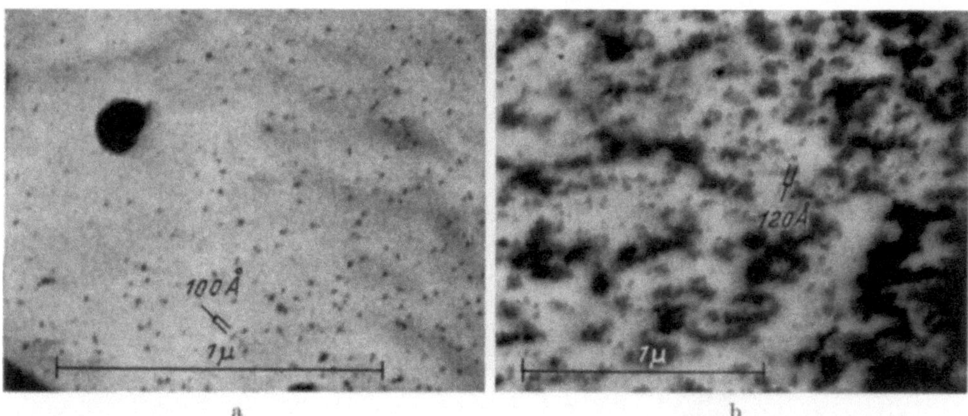

Abb. 4a u. b. Auflösungsteste mit einem Präparat aus kolloidalem Gold auf Kollodium (80 kV), a) bei 170 mm Hg,
b) bei 520 mm Hg Gasdruck im Objektraum

chemischen Reaktion neben den Ringen des Silbers auch solche von Silbersulfid (Ag_2S) sichtbar.
Die vollkommene Umwandlung des Silbers in Silbersulfid erfolgte erst nach Ablauf von 3—4 min
(Abb. 5c). Es war festzustellen, daß eine so schnelle Umwandlung durch die thermische Einwirkung der Elektronenstrahlen bedingt ist; auf den benachbarten, gegen Elektronenbestrahlung
abgeschirmten Objektbereichen war nämlich immer noch die Ausgangsstruktur zu beobachten.

Aus Beobachtungen des Reaktionsablaufs ergab sich, daß an einigen Stellen des Objekts ein
Stoffabbau, an anderen aber ein Aufbau stattfand. Die Objektverschiebung erklärt sich wahr-
scheinlich durch einen beträchtlichen Temperaturunterschied zwischen bestrahltem und un-
bestrahltem Objektbereich. Neben der positiven Einwirkung der Elektronenstrahlen auf die
Reaktionsgeschwindigkeit im Sinne einer Beschleunigung wurde auch eine negative beobachtet.
Es bildete sich nämlich auf dem Objekt eine Schicht, deren Dicke mit der Zeit und mit einer Stei-
gerung der Strahlintensität anwuchs. Die Ausbildung dieser Schicht führte zu einer erheblichen
Minderung des Bildkontrasts. In dem Falle, wo die chemische Umwandlung schneller als der
Schichtaufbau verlief, konnte man alle Phasen des Umwandlungsprozesses beobachten. Verlief
der Schichtaufbau jedoch mit größerer Geschwindigkeit, so hörte die Reaktion schon in einem
Anfangsstadium wieder auf. Bei der elektronenmikroskopischen Untersuchung chemischer Reaktionen ist daher die Bildungsgeschwindigkeit dieser Schichten in Rechnung zu stellen.

Bei unseren Versuchen stellten wir ferner fest, daß sich die im Vakuum aufgedampfte Silberschicht aus
Agglomeraten zusammensetzt, die jeweils aus mehreren Struktureinheiten bestehen. Jede einzelne dieser Struktureinheiten geht selbständig in die Reaktion $Ag \rightarrow Ag_2S$ ein; erst danach koagulieren die Teilchen, die das Silbersulfid bilden.

Literatur

1. RÜDENBERG, R.: Öst. Patentschrift N 137611 (1934).
   KRAUSE, F.: Naturwissenschaften **25**, 817 (1937).
2. ABRAMS, J. M., and W. McBAIN: J. appl. Physics **15**, 607 (1944); Science **100**, 273 (1944).
3. RUSKA, E.: Kolloid-Z. **100**, 212 (1942).
4. ARDENNE, M. v.: Z. physik. Chem. **52**, 61 (1942).

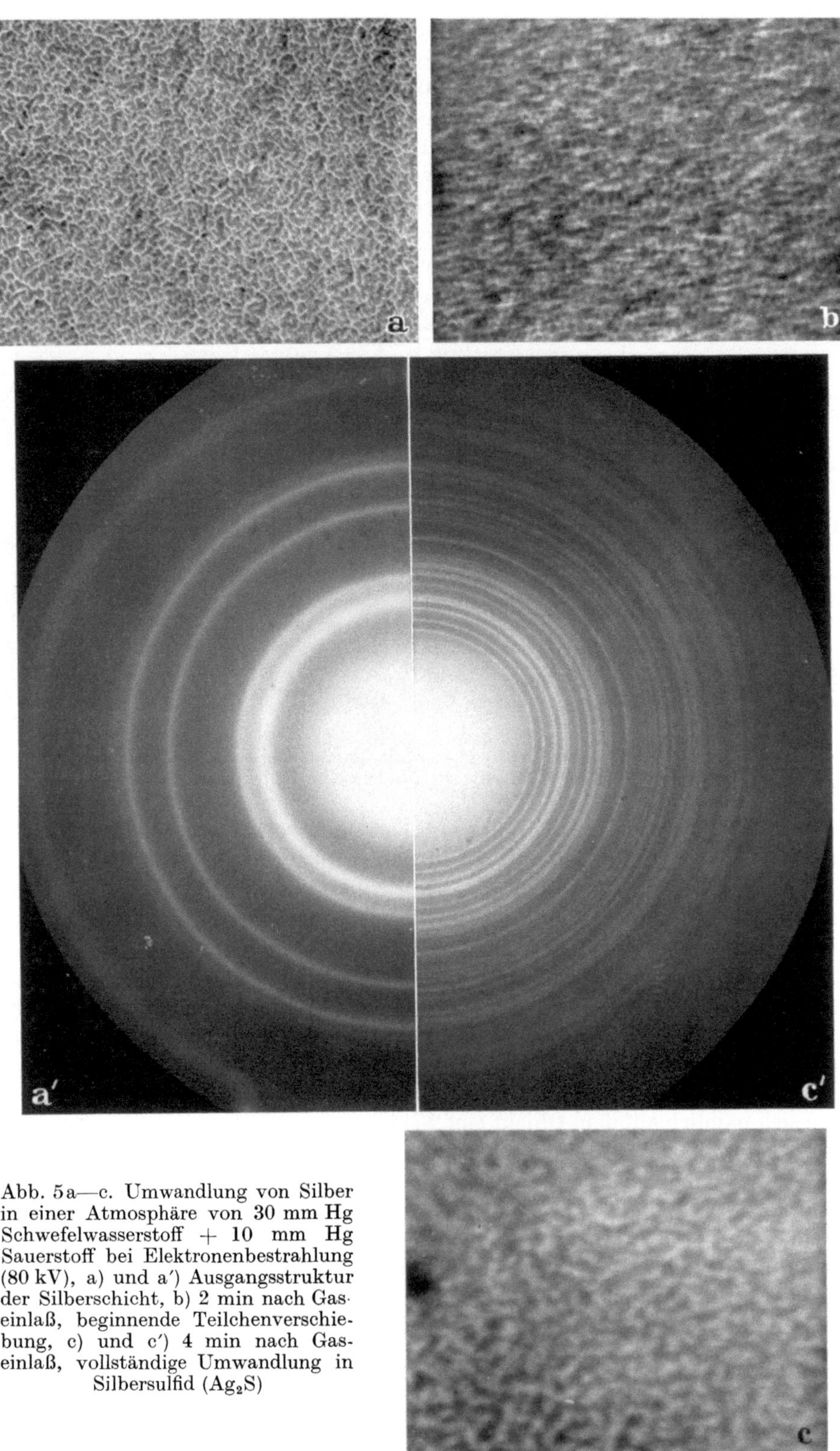

Abb. 5a—c. Umwandlung von Silber in einer Atmosphäre von 30 mm Hg Schwefelwasserstoff + 10 mm Hg Sauerstoff bei Elektronenbestrahlung (80 kV), a) und a′) Ausgangsstruktur der Silberschicht, b) 2 min nach Gaseinlaß, beginnende Teilchenverschiebung, c) und c′) 4 min nach Gaseinlaß, vollständige Umwandlung in Silbersulfid (Ag₂S)

5. Stojanowa, I. G., i P. W. Saizew: Pribori i Technika exp. (im Druck).
6. — i A. N. Kabanow: Iswestija Akad. Nauk SSSR, im Druck (1958).
7. Cosslett, V.: Colloq. int. Centre Nat. Rech. Scient. 58, 27 (1956).
8. Stojanowa, I. G.: Dokl. Akad. Nauk SSSR 118, 325 (1958).

Die Objektverschmutzung und ihre Verhütung

H. G. Heide

Institut für Elektronenmikroskopie am Fritz-Haber-Institut der Max-Planck-Gesellschaft, Berlin-Dahlem

Von dem Mechanismus der beim Mikroskopieren so sehr störenden Objektverschmutzung (specimen contamination) herrscht heute folgende Vorstellung. Kohlenwasserstoffmoleküle aus dem Restgas des Mikroskopvakuums werden an der Objektoberfläche für eine von der Temperatur abhängige Verweilzeit adsorbiert. Werden sie während ihres Aufenthalts auf oder sehr dicht über dem Präparat von Elektronen getroffen und ionisiert, so bilden sie Polymerisate, die im weiteren Verlauf der Bestrahlung verkohlen, so daß ein Kohlenstoffgerüst als Verschmutzungsschicht zurückbleibt. Auf der Grundlage dieser Vorstellung berechneten Leisegang und Schott (1) den Partialdruck der Kohlenwasserstoffe in Objektnähe zu etwa 10^{-16} Torr. Der tatsächlich herrschende Partialdruck dürfte aber bei einigen 10^{-7} Torr liegen. Das ergibt sich erstens aus massenspektrometrischen Untersuchungen an mit dem Elektronenmikroskop vergleichbaren Vakuumapparaturen [z. B. Blears (2)]. Zweitens kann man einen Vergleich anstellen zwischen dem experimentell gefundenen maximalen Wachstum der Kohlenstoff-Schichten bei Zimmertemperatur (etwa 10 Å/sec) und der dem Druck proportionalen Stoßzahl der organischen Moleküle nach der kinetischen Gastheorie. Wenn man die Annahme macht, daß nicht mehr Moleküle pro Zeiteinheit kondensieren können, als überhaupt gaskinetisch auftreffen, führt das zu einer Abschätzung der unteren Grenze des fraglichen Partialdruckes. Die Durchrechnung ergibt ebenfalls einige 10^{-7} Torr. Schließlich wurde ein Partialdruck dieser Größenordnung auch aus Schichtbildungsmessungen erhalten, bei denen hochgereinigte Kupferkäfige und Blenden vor und hinter dem Präparat angeordnet waren, und das Nachströmen der organischen Moleküle durch diese engen Blenden betrachtet wurde.

Dieser Kohlenwasserstoff-Partialdruck ist vermutlich ein Sättigungsdruck und in allen Elektronenmikroskopen praktisch gleich groß. Zu der oft geäußerten Meinung, daß die C-Schichtbildung in verschiedenen Typen von Elektronenmikroskopen sehr unterschiedlich sei, ist zu sagen, daß verschiedene Geräte natürlich nur unter gleichen Bestrahlungsbedingungen, also bei gleicher Objekttemperatur miteinander vergleichbar sind. Ein solcher Vergleich wurde von uns durchgeführt zwischen a) einem Siemens-Elmiskop I mit Öldiffusionspumpe, b) einem Siemens-Elmiskop I mit Quecksilberdiffusionspumpe und Kühlfalle (dessen Teile auch während der Fertigung nur mit einer solchen Pumpe geprüft worden waren!) und c) einem Siemens-ÜM 100, in dem die Verschmutzung im Routinebetrieb offenbar besonders gering ist. In allen drei Geräten ergab die quantitative Prüfung ein weitgehend gleich starkes Wachstum der Kohlenstoffschicht, sofern nur die oben genannten Bedingungen herbeigeführt waren.

Es besteht also eine große Diskrepanz zwischen dem aus der C-Schichtbildung berechneten und dem tatsächlich vorhandenen Kohlenwasserstoff-Partialdruck. Eine weitere bemerkenswerte Tatsache ist die Beobachtung von Leisegang und Schott (3), wonach sich organische Präparate in der Kühlpatrone auflösen, wenn unter eine gewisse Temperatur gekühlt wird. Das legt die Vermutung nahe, daß bei der Schichtbildung der Sauerstoff eine große Rolle spielt. Dafür spricht auch das Ergebnis von Castaing und Descamps (4), die im Mikroanalysator die kompakte Probe mit einem Luftstrahl bespülten und dadurch die Schichtbildung verhinderten. Um die Verhältnisse zu klären, wurden Versuche angestellt und dazu folgende Einrichtungen gebaut.

Abb. 1 zeigt in Abwandlung früher beschriebener Vorrichtungen für den gleichen Zweck (5, 6, 7, 8) eine Objektpatrone für das Elmiskop I, die es gestattet, unmittelbar am Präparat Luft oder ein beliebiges Gas einzulassen und in einer dünnen Schicht einen erhöhten Druck aufrechtzuerhalten. An Stelle der einen Objektträgerblende sind hier drei Blenden übereinander eingelegt, wobei die mittlere das Objekt trägt und die obere und untere als Drosselblenden dienen. Es entstehen um das Präparat herum zwei Hohlräume von Blendendicke (0,5 mm), in denen der erhöhte Druck herrscht. Die Blenden sind teilweise am Rand bzw. auf ihrer Oberfläche so mit kleinen Nuten versehen, daß das Gas nur in diese Hohlräume gelangen kann. Innerhalb der Patrone wird das Gas durch geeignete Kanäle bis an die Blenden herangeführt und sonst abgedichtet. Die Zufuhr von außen geschieht durch ein Röhrchen von 2,5 mm Durchmesser, welches in der für den Stereotrieb vorgesehenen Bohrung liegt. Es wird außen am Mikroskop durch Nutring-Manschetten gedichtet, und davor befindet sich ein einfaches Drosselventil oder eine andere Einrichtung zum kontrollierten Gaseinlaß. Den Druck, der am Präparat herrscht, kann man aus der in das Mikroskopvakuum strömenden Gasmenge und den Durchmessern der Drosselblenden (z. B. 50 μ)

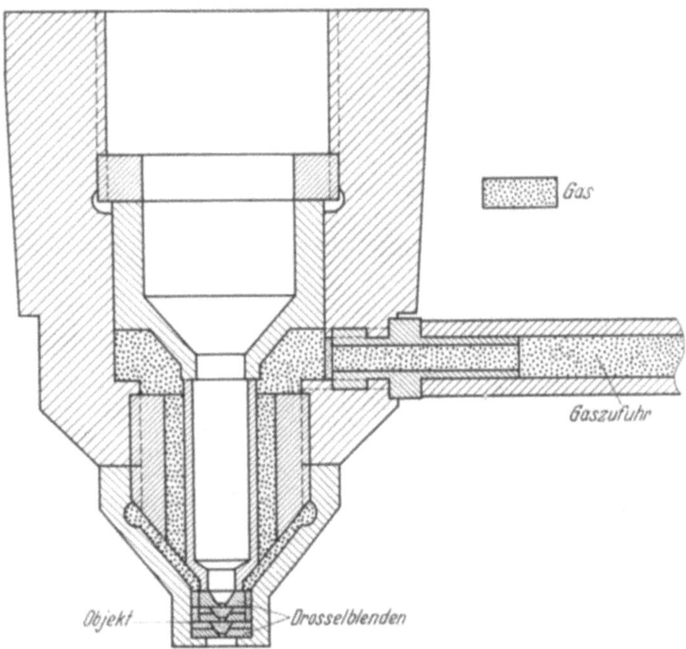

Abb. 1. Objektpatrone für Gaseinlaß

leicht berechnen oder direkt am Ende des Zufuhrröhrchens messen, wo er praktisch den gleichen Wert wie am Präparat hat. Es gelang bisher, Drucke bis zu etwa 10 Torr zu erreichen, was durch verschiedene Änderungen sicher wesentlich überschritten werden kann. Das praktische Arbeiten mit dieser Patrone ist sehr einfach, der Präparatwechsel kaum schwieriger als normalerweise. Die Einrichtung ist deswegen auch für Routinearbeiten bei erhöhtem Druck und für alle Versuche mit Gasreaktionen brauchbar.

Untersucht wurde die Bildung der C-Schicht auf Kohlefolien, deren Dickenwachstum aus der elektronenmikroskopischen Durchlässigkeit bestimmt wurde. Dazu wurde die Intensität im Endbild mit Faradaykäfig und Schwingkondensator-Meßverstärker gemessen. Abb. 2 zeigt das Schichtwachstum in Abhängigkeit vom Luftdruck am Objekt. Kurvenparameter ist der Durchmesser des bestrahlten Bereiches bzw. eine entsprechende Objekttemperatur. Man erkennt, daß sich die Schichtbildung mit Erhöhung des Luftdrucks verlangsamt, bis sie ganz aufhört. Der Druck, bei dem keine C-Schicht mehr aufwächst, ist um so niedriger, je größer der bestrahlte Bereich (je höher die Temperatur) ist. Steigert man den Druck über diesen Wert hinaus, so wird eine vorher entstandene C-Schicht wieder abgebaut; das verbleibende Kohlenstoffgerüst organischer Präparate verschwindet. Die Abbaugeschwindigkeit läßt sich ebenfalls messen, so daß man die Kurven für negative Ordinatenwerte fortsetzen kann.

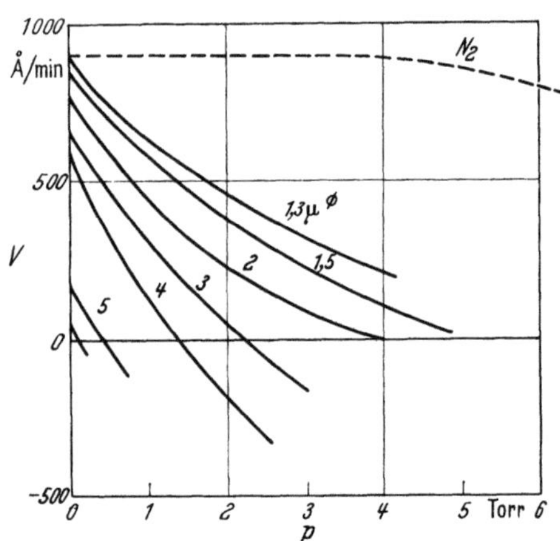

Abb. 2. Geschwindigkeit des Auf- und Abbaus der C-Schicht in Abhängigkeit vom Luftdruck am Objekt, gemessen an Kohlefolien von etwa 300 Å Dicke, bei 0,4 A/cm². Das kurze Kurvenstück, welches bei 0,1 Torr die Abszisse schneidet, gehört zu einem bestrahlten Bereich von etwa 40 μ ⌀. Die gestrichelte Kurve gilt bei Stickstoff-Einlaß

Um diesen Befund zu deuten, könnte man daran denken, daß die Kohlenwasserstoffe vielleicht durch die Drosselblenden vor und hinter dem Präparat nicht genügend schnell nachdiffundieren, daß sie also gewissermaßen von der Luft fortgespült werden. Das ist aber nicht so, wie man sofort sieht, wenn man statt Luft Stickstoff einströmen läßt. Die gestrichelte Kurve in Abb. 2 zeigt, daß dieser Diffusionseffekt erst bei viel höheren Drucken einsetzt. Es dürfte also kaum ein Zweifel bestehen, daß es der Sauerstoff ist, der zunächst eine Verminderung des Schichtwachstums, dann den Abbau von Kohlenstoff bewirkt.

Die Situation muß also jetzt folgendermaßen angesehen werden. Es wird auf einem mit Elektronen bestrahlten Objekt nicht nur dauernd eine C-Schicht aufgebaut, sondern es wird auch gleichzeitig Kohlenstoff abgebaut, und zwar durch Sauerstoff, also durch eine Oxydation infolge Anregung durch Elektronen. Normalerweise überwiegt das Schichtwachstum. Daraus folgt, daß es für die Verhinderung der C-Schichtbildung prinzipiell zwei Wege gibt: Erstens kann man den Partialdruck der Kohlenwasserstoffe in der Umgebung des Objekts durch eine Kühlkammer

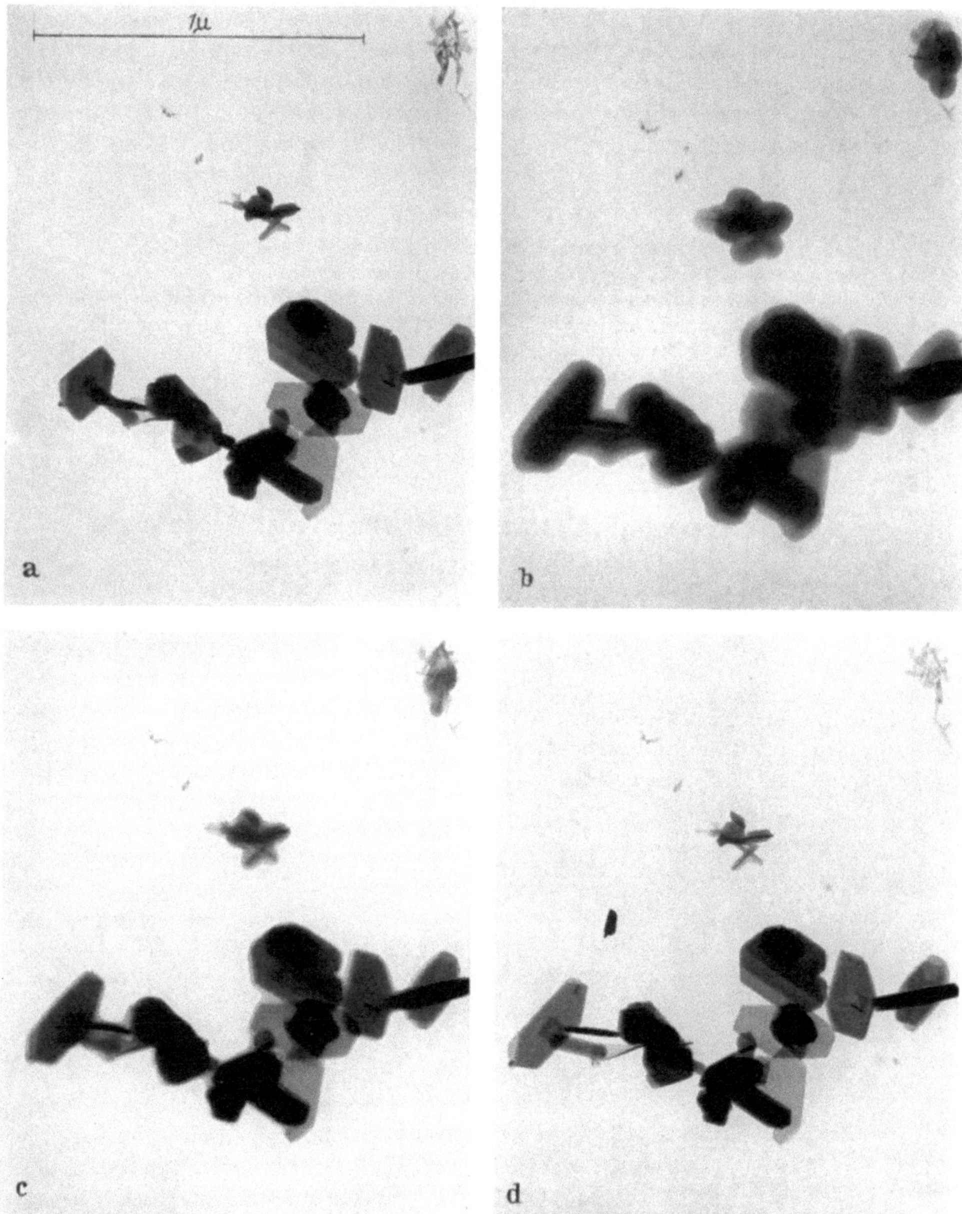

Abb. 3a—d. Auf- und Abbau der C-Schicht (Verschmutzung und Säuberung), beobachtet an MoO_3 auf SiO_2-Folie. Reihenfolge der Aufnahmen: a—b—c—d

wesentlich verringern (3). Zweitens kann man den Partialdruck des Sauerstoffs erhöhen, was mit sehr wenig Aufwand durch Lufteinlaß geschehen kann.

Bei organischen Präparaten, die nach der Elektronenbestrahlung praktisch aus Kohlenstoff bestehen, muß man sich jedoch vorsehen, daß man nicht über das Ziel hinausschießt und das Präparat schädigt. Man muß sich in diesen Fällen also auf einem schmalen Grat zwischen Aufbau und Abbau der C-Schicht bewegen. Im Hinblick auf organische Präparate darf man jetzt aber wohl sagen: Es ist beinahe ein Glück, daß es die Verschmutzung gibt; denn ohne die Kohlenwasserstoffe in den Elektronenmikroskopen würden diese Präparate bei Bestrahlung in kurzer Zeit abgebaut werden.

Bei anorganischen Präparaten ist die Verhinderung der C-Schichtbildung dagegen recht einfach, wenn man bei etwas erhöhtem Luftdruck arbeitet. Abb. 3 zeigt Molybdänoxyd auf einer Siliciumoxyd-Trägerfolie, das zunächst bei normalem Vakuum bestrahlt wurde, bis eine 300 Å dicke C-Schicht aufgewachsen war (Aufnahme b). Danach wurde bei 4 Torr Luftdruck weiterbestrahlt, wodurch die Schicht wieder abgebaut wurde (Aufnahme c und d). Man kann also gegenüber Sauerstoff beständige Präparate beliebig lange bestrahlen, ohne daß es zu einer Schichtbildung kommt, wenn nur der von der Objekttemperatur abhängige Mindest-Luftdruck eingehalten wird.

Literatur

1. Leisegang, S., u. O. Schott: Proc. Stockholm Conf. on Electron Microscopy 1956, S. 20.
2. Blears, J.: J. sci. Instrum. **1951**, Suppl. Nr. 1 (Vacuum Physics), 36.
3. Schott, O., and S. Leisegang: Proc. Stockholm Conf. on Electron Microscopy 1956, S. 27.
4. Castaing, R., and J. Descamps: C. R. Acad. Sci. (Paris) **238**, 1506 (1954).
5. Ruska, E.: Kolloid-Z. **100**, 212 (1942).
6. Ardenne, M. von: Z. physik. Chem. (B) **52**, 61 (1942).
7. Ito, T., and K. Hiziya: J. Electronmicroscopy (Jap.) **6**, 4 (1958).
8. Stojanowa, I.: Dieser Band, S. 82.

Improvement of the specimen cooling device for the electron microscope

M. Watanabe, I. Okazaki, G. Honjo* and K. Mihama

Japan Electron Optics Lab. Co., Ltd., and *Tokyo Inst. of Techn., Tokyo, Japan

One of the authors and his collaborators (*1*) have previously reported a cooling device for specimens in electron diffraction and electron microscopy. This was applied for studies on the crystal structure of ice (*1, 2*), the crystal growth of mercury (*1*) and the crystal structure of native

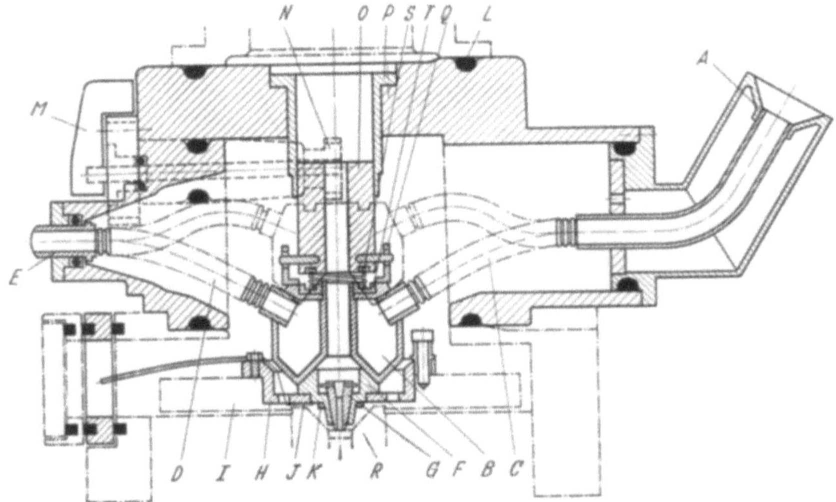

Fig. 1. Construction of the new specimen cooling device

cellose (*3*). The cooling device was proved to be useful, since it makes possible to study substances of low melting point and high vapour pressure by electron diffraction and electron microscopy. Furthermore, it can prevent the damage of biological specimens by electron irradiation. But the cooling device mentioned above, was not satisfactory in the following points.

1. Because of the asymmetric construction of the device which is inserted from a side wall of the specimen chamber, the forward and backward drifts of the specimen before and after reaching the thermal equilibrium were very considerable, and the time of thermal equilibrium was not long. Furthermore, the vibration caused by boiling of the refrigerant (e. g. liquid air) made it necessary to use a special technique even when a micrograph of a comparatively lower magnification, say, 5,000 × on the screen was taken.

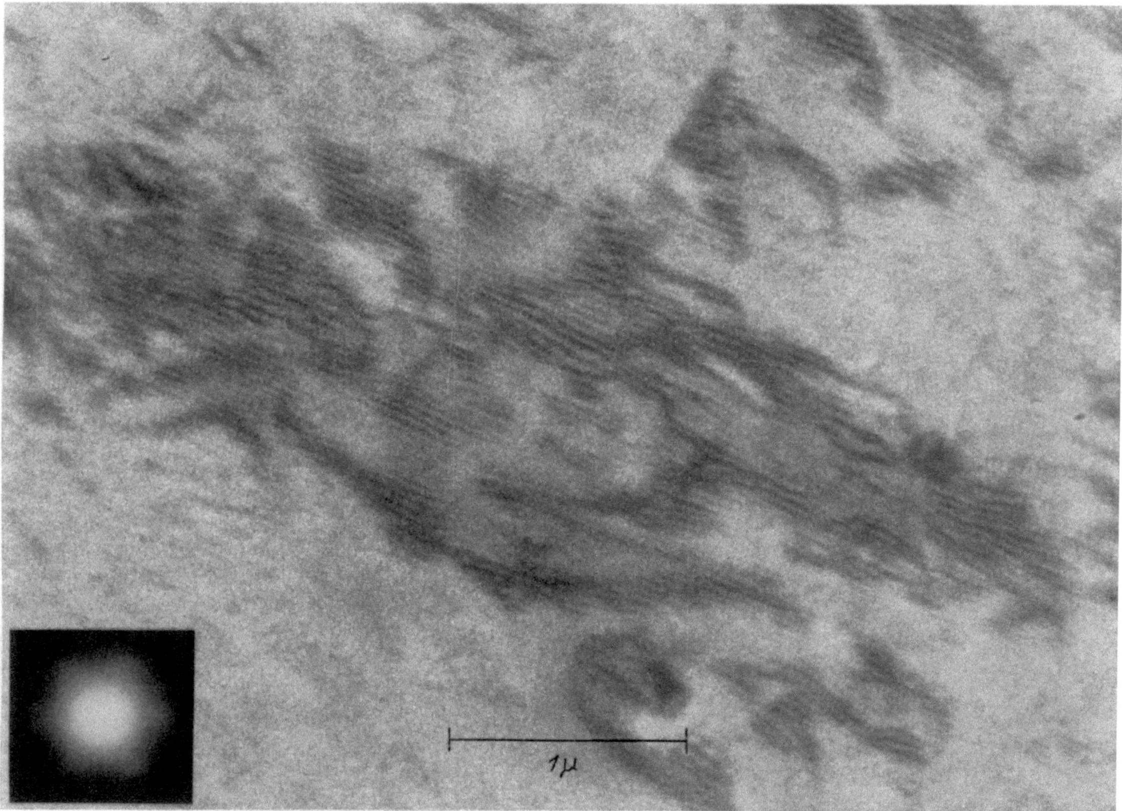

Fig. 2. Moiré pattern obtained by superposition of thin gold and palladium
single crystal films cooled to —110° C

2. It was designed to be used with an asymmetric objective lens of longer focal length, so that high resolution could not be obtained.

3. Its simple specimen shifting mechanism was not suitable for the fine control of the specimen position.

4. In order to exchange the specimen, all parts of the holder had to be raised to room temperature. This took a long time and was very troublesome for routine work. Therefore we have constructed a new cooling device for the specimens of the electron microscope. Fig. 1 shows the arrangement of the new device in detail.

Cooling part. The part indicated by A is a pouring port of the refrigerant, which is made of brass and copper pipes of 1 mm in thickness. B shows the refrigerant reservoir with a capacity of 30 cm³. The pouring port A and the draught port E are connected symmetrically to the refrigerant reservoir B by the sylphon bellows C and D. Thus, the pressure acted upon the refrigerant reservoir B when the specimen chamber is evacuated, balances itself. The draught port makes it easy to pour the refrigerant into the reservoir. The specimen carrier F is attached to the center of a ring-shaped steatite H which is set up onto the specimen shifter I. The temperature is measured by a copper-constantan thermo-couple J attached to F. The heater K is used to control the temperature of the specimen.

Operating. The specimen cooling device can easily be put in and out through the round port located at the head of the specimen chamber of JEM-5 G. The refrigerant reservoir B, which is connected to the rack O by pieces of steatite Q, can be elevated to the position shown by the dotted line, by rotating the pinion N with the lever M. When the specimen is to be exchanged, the reservoir B is elevated in the same way. Then the specimen cartridge G is put in and taken out independently through another chamber for pre-evacuation. The specimen cartridge G can be

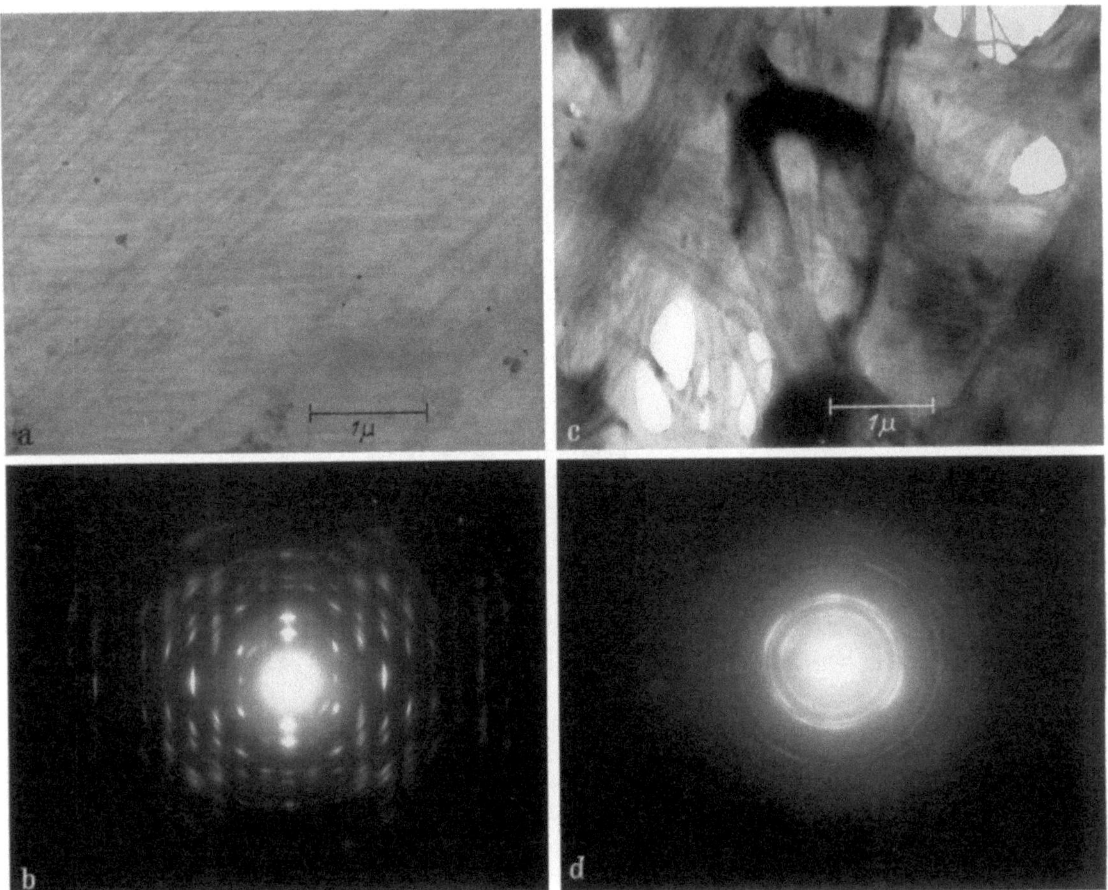

Fig. 3a—d. a) Electron micrograph and b) electron diffraction pattern of Valonia microfibril cooled to —55° C. c) Electron micrograph and d) electron diffraction pattern of Tunicin microfibril cooled to —55° C

inserted deep in the field of the objective lens R. In order to cool the specimen, the refrigerant reservoir B is lowered to contact the specimen carrier F. At the lowest position, the reservoir is pushed downwards by releasing the spring S and elongating the sylphon bellows C and D.

Specimen displacement. The specimen carrier F is set upon the specimen shifter I through the steatite H. The shifter I, for general use, can control the specimen position as fine as 0.1 μ. The horizontal components of forces caused by elongating the sylphon bellows C and D, cancel each other. The vibration caused by the boiling of the refrigerant was also of no effect.

Cooling effect. The lowest temperature to which the specimen carrier F was cooled depended very much on the fineness of contact between the reservoir B and the carrier F. By finishing their contact surfaces with carborundum powder of about 2,000 mesh, the temperature of F was lowered down to —160° C, when the reservoir was filled with liquid oxygen. This temperature was reached within 15—20 min, using about 120—150 cm³ of liquid oxygen. Once obtained, the temperature was kept constant for more than one hour without supplying the reservoir with liquid oxygen being required. This proves that the heat insulation of the refrigerant reservoir and of the specimen carrier is very good. The temperature of the specimen itself under electron irradiation may be higher than that of the carrier F, but it was observed that ice crystals deposited on the specimen film under the operating vacuum of about 1×10^{-5} mm Hg. This proves that the temperature of the specimen had reached about $-100°$ C, at heighest.

Performance. The performance of the cooling device, was tested by Au-Pd monocrystal films prepared by Pashley's method (*4*). Fig. 2 shows the electron micrograph and the electron diffraction pattern of the films taken at $-110°$ C. We can fairly see a moiré pattern in the micrograph. The spacings in the moiré pattern proved to be 30 Å from the electron diffraction pattern. Thus, the performance of our device is quite satisfactory. Fig. 3 shows the electron micrographs and electron diffraction patterns of Valonia (*3*) and Tunicin cell-walls which were taken at $-55°$ C. Here we can see that the crystal structure has not been damaged even after the stronger irradiation during a long observation at high magnification.

In conclusion, the authors express their sincere appreciation to Dr. Kazuo Ito and Mr. Kan-ichi Ashinuma for their interest and encouragement.

References

1. Honjo, G., N. Kitamura, K. Shimaoka and K. Mihama: J. Phys. Soc. Jap. **11**, 527 (1956).
2. Honjo, G., and K. Shimaoka: Acta crystallogr. (Lond.) **10**, 710 (1957).
3. Honjo, G., and M. Watanabe: Nature (Lond.) **181**, 326 (1958).
4. Pashley, D. W., J. W. Menter and G. A. Basset: Nature (Lond.) **179**, 752 (1957).

Improvement of the specimen heating device for the electron microscope

I. Okazaki, M. Watanabe, and K. Mihama

Japan Electron Optics Lab. Co., Ltd., Tokyo, Japan

A specimen heating device for the electron microscope (*1, 2*) has previously been reported by us in detail, and some results (*1, 2, 3, 4*) were obtained applying this device. Recently, as the methods of preparing thin films of the specimen itself (*5, 6, 7, 8*) have made progresses, its utility has increased. But this specimen heating device for the electron microscope is not satisfactory in the following points.

1. On account of the asymmetric construction of the device supported from one side wall of the specimen chamber, the drift of the specimen caused by thermal expansion was very large and the time necessary to reach the thermal equilibrium was not short.

2. As the specimen position was placed at some distance from the pole piece of the objective, the focal length was rather long and the resolving power rather low.

3. The device required considerable time for exchanging the specimen, because at every time air must be admitted to the microscope column after the furnace had been cooled to room temperature. This was very inconvenient for operation.

4. Owing to the simplicity of the mechanism of specimen displacement, a fine control could not be obtained.

Taking into consideration such points as mentional above, we constructed a new specimen heating device for high resolution and higher reliability. Fig. 1 shows the new transmission type of the specimen heating device. A is a connecting ring for setting this device onto the specimen displacement mechanism. This can easily be done after having removed the ordinary specimen holding device, so that the same mechanism for specimen shifting can be used for both cases. B shows a ring-shaped insulator of porcelain. C, D and E are the outside walls of the furnace, which are made of porcelain. F is a heater of molybdenium wire and G is an inside wall of the furnace made of molybdenium sheet. The specimen cartridge I is composed of Mo plate and porcelain. This cartridge can be put into and taken out of the furnace which is heated through another chamber, for pre-evacuation. K shows a Pt-Pt, Rh thermocouple and L indicates a guide plate which is used when the specimen cartridge is inserted into the furnace. M represents the conducting wires of heater and thermocouple, that pass through a port out of the specimen chamber. To avoid charging due to electron irradiation, the outer surface of the porcelain is covered with evaporated carbon. The magnetic pole piece is so well protected by a protector O that it cannot be damaged by heating.

The main features of this device are as follows: The furnace is set symmetrically about the optical axis; consequently, drift of the specimen due to expansion is fully checked. Furthermore, the focal length of the objective lens is comparatively short, namely 8 mm, because the furnace is inserted in the hole of the magnetic pole piece.

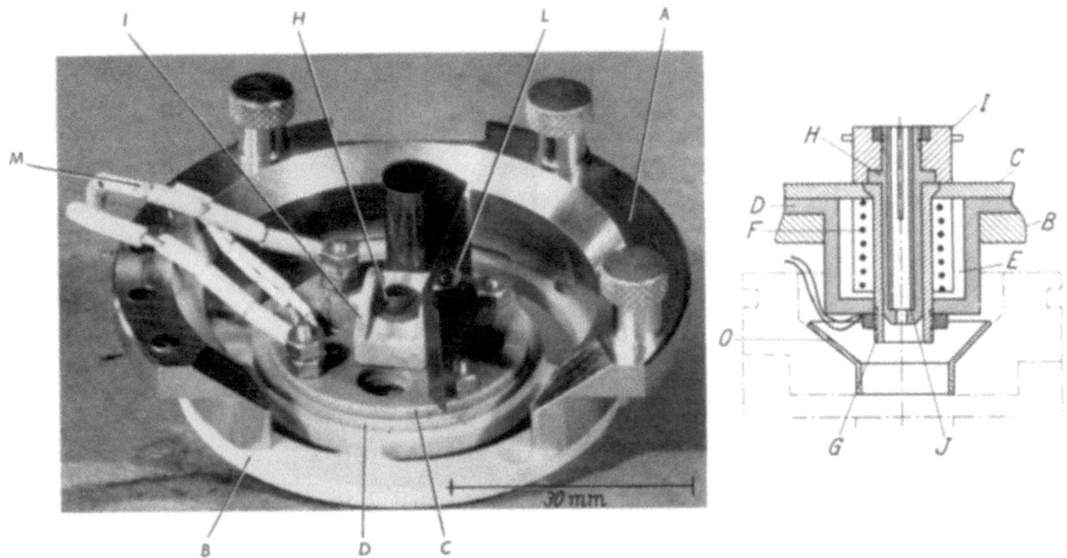

Fig. 1. Specimen heating device for transmission, new-type, and cross-section of the furnace

A reflection type of the specimen heating device is also made according to the same design, with the only exception that it is equipped with a mechanism by which the glancing angle of the specimen is changeable. The focal length of the objective is 10 mm.

A battery is employed as power source and the temperature reached up to 1,000° C at about 14 V, 8 A. The drift of the specimen due to thermal expansion from room temperature to 1,000° C was about 0.2 mm. As the mechanism of specimen displacement is exactly the same as that of the ordinary type, this drift of the specimen can be easily controlled and the same field of specimen can be kept in the view. Until the temperature reached 100° C—200° C, the direction and the quantity of the drift were uncertain. This seems due to mechanical deformation which the mesh (18/8 stainless and Ni) has already undergone, and therefore it would be advisable to use mesh pre-annealed at more than 200° C. When the specimen was heated at more than 200° C, the drifting direction became definite. When the temperature increased suddenly as high as 500° C from room temperature, it took about 30 min to obtain thermal equilibrium. When the temperature was raised step by step, e. g. up to 100° C, 200° C, ..., thermal equilibrium could be obtained in a shorter time.

Judging from the test of the melting point of Al film, the difference between the temperature of the specimen and that indicated by a meter is about $\pm 50°$ C at about 600° C. Of course, all parts of the specimen are not at the same temperature. From the behaviour of the phase transition of an Al-Cu film by heating, it is most likely that the temperature around the mesh screen is higher than that at the center of one hole.

With this device in operation the resolving power was determined by measuring the distances of evaporated particles of Pt-Pd. Fig. 2 shows 2 micrographs taken with the specimen heated at 300° C; the resolving power is here better than 30 Å. This proves that high resolution is also

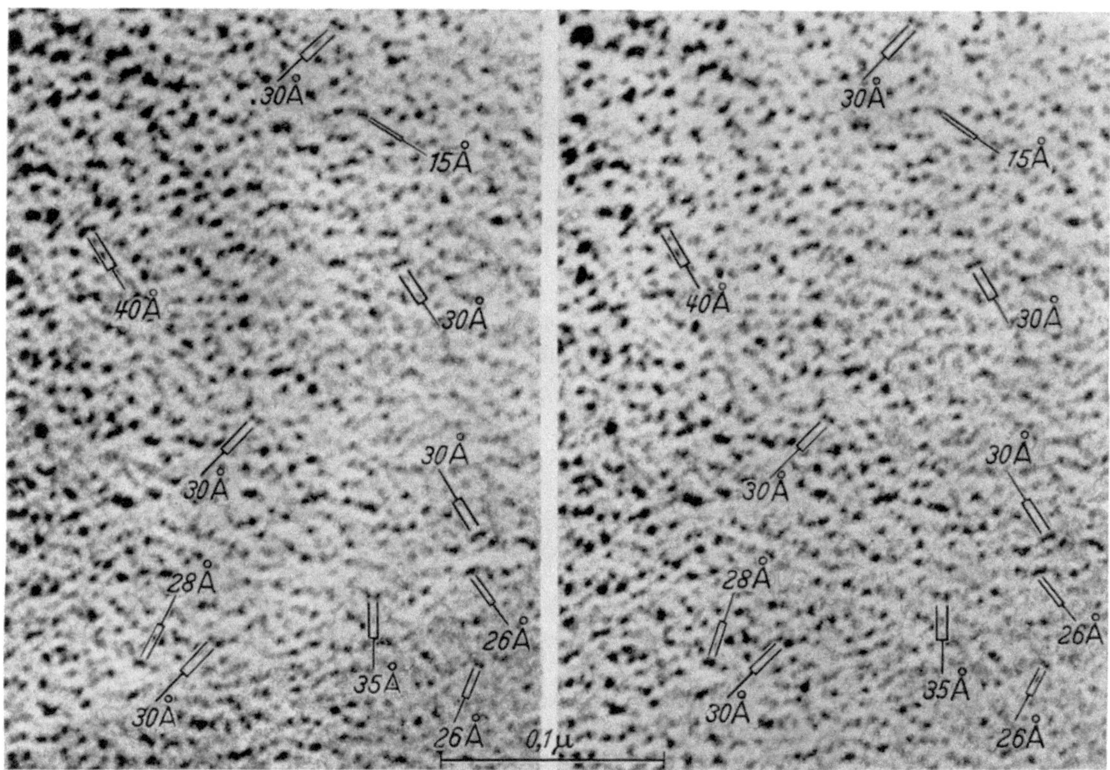

Fig. 2. Evaporated particles of Pt-Pd, taken at 300° C

Fig. 3. Electron micrograph and electron diffraction pattern of Al-Cu (50-50) film, taken at 450° C

obtainable at high temperatures. Fig. 3 shows one stage in the process of phase transition of Al-Cu (50-50) film. This was taken at 450° C. Thus, it is proved that the performance of our device is quite satisfactory.

In closing, we express our thanks to Dr. Ito and Mr. Ashinuma for their discussions and encouragements.

References

1. Itoh, K., T. Itoh and M. Watanabe: Proc. int. Conf. Electron. Microscopy, London 1954, p. 658 (1956).
2. Takahashi, N., T. Takeyama, K. Ito, T. Ito, K. Mihama and M. Watanabe: J. Electronmicroscopy (Jap.) **4,** 16 (1956).
3. — and K. Mihama: Acta metallurg. **5,** 159 (1957).
4. — and K. Ashinuma: J. Electronmicroscopy (Jap.) **6,** 29 (1958).
5. Heidenreich, R. D.: J. appl. Physics **20,** 993 (1949).
6. Castaing, R.: Revue metallurg. **52,** 669 (1955).
7. Bollmann, W.: Proc. Stockholm Conference on Electron Microscopy (1956) 316.
8. Takahashi, N., K. Ashinuma and M. Watanabe: J. Electronmicroscopy (Jap.) **5,** 22 (1957).

A high temperature stage for the Elmiskop I

M. J. Whelan

Cavendish Laboratory, University of Cambridge (England)

High temperature examination of crystalline materials in the transmission electron microscope has not been extensively reported in the literature. A notable exception is the work of Takahashi et al. (*1*), which describes experiments carried out with a high temperature adaptor on a commercial Japanese instrument. In this work the size of the object chamber and the long focal length of the objective enabled a small electric furnace to be accommodated, dissipating a relatively large amount of heat. These workers reported that 120 W were required to heat the object to 1000° C.

Recently a very compact high temperature stage for the Siemens Elmiskop I has been designed, constructed and tested with a view to studying such problems as phase transformations, recrystallisation, dislocation behaviour, and oxidation in thin metallic foils. The basic principle should be adaptable to all instruments with short focal length objectives. The following factors were considered in choosing a suitable design:

a) The adaptation must not interfere with routine operation of the microscope.
b) Excessive heating must be avoided.
c) Observation during heating must be possible.

Design. Fig. 1 and 2 show the design chosen, while Fig. 3 shows the completed equipment. Compact construction and low heat dissipation are obtained by limiting the heated area to the specimen grid itself, which is heated directly by D. C. current; condition b) above is therefore satisfied.

The object holder (Fig. 1a and b) is similar in external shape to the conventional one, and is inserted through the airlock in the usual manner. It contains a two-pin socket of copper, made in two halves cemented together with glass tape and Araldite type 1. The socket is also insulated from the body of the object holder and the fixing screws by layers of Araldite. The specimen is mounted on a filament type support consisting of a stainless steel mesh A (RCA 200 mesh woven grids of 30 μ diameter wires) spot-welded to 0.4 mm diameter platinum legs B (Fig. 1a and b). The specimen support is held in the socket by screws at D; thus the heating element is easily removed and replaced by a new one. The end cap C prevents evaporation onto the objective pole-piece and limits the diameter of visible area to 0.8 mm.

Electrical connection to the object holder is made with a two-pin plug rod insert (Fig. 2), which enters the case of the objective lens through the hole normally occupied by the stereo-drive. The use of the stereo-tilt and the high temperature stage are therefore mutually exclusive.

A similar method of entry has been used by SCHOTT and LEISEGANG (2) for a low temperature heat conductor. The rod insert consists of a round section phosphor bronze tube joining to a rectangular section brass tube, to the end of which is cemented a two-pin plug, also of phosphor

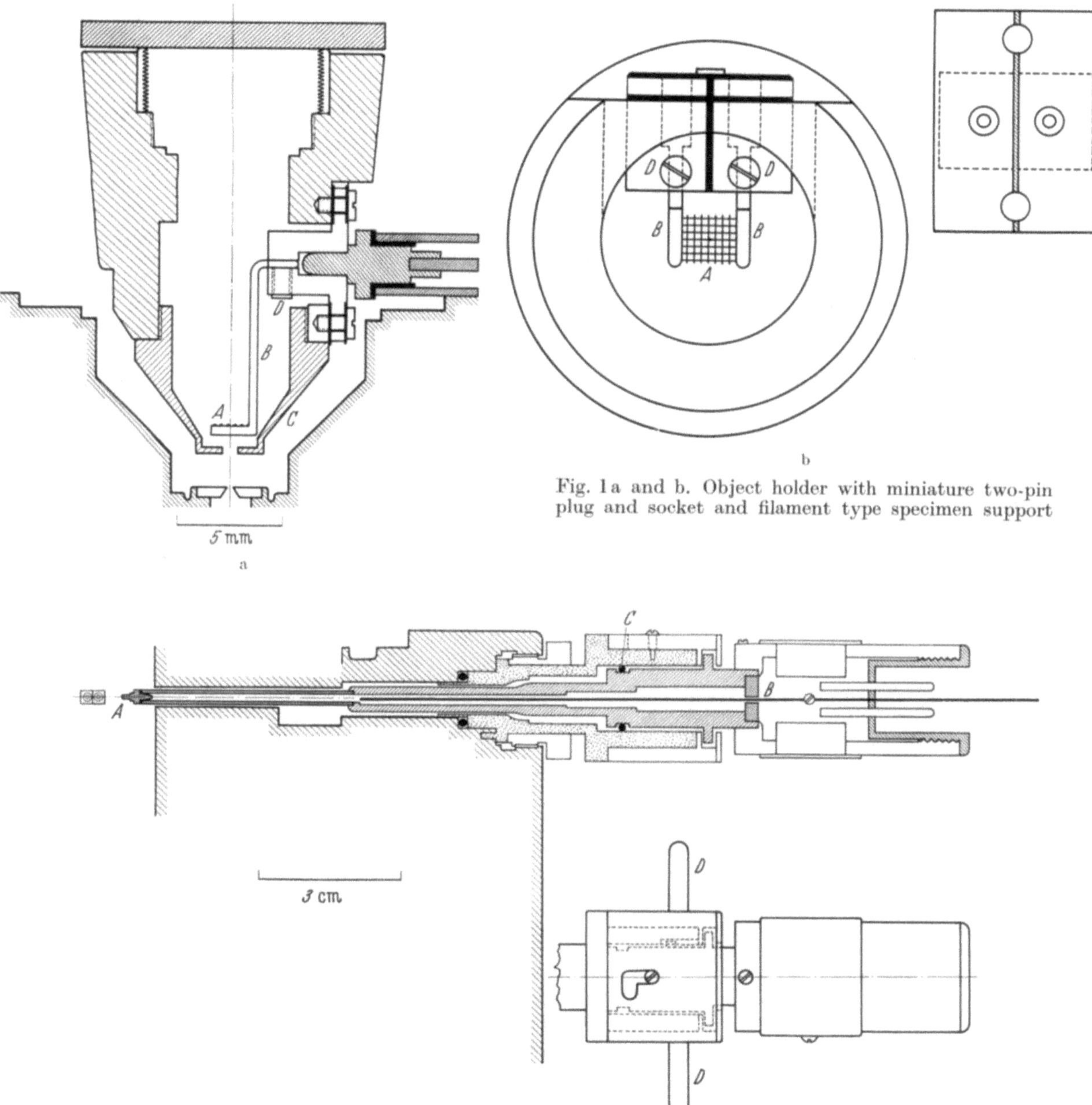

Fig. 1a and b. Object holder with miniature two-pin plug and socket and filament type specimen support

Fig. 2. Two-pin plug rod insert with bayonet lock D

bronze. The plug is made in two halves joined with glass tape and Araldite, which also provides the insulation. The rod slides under atmospheric pressure on the seal C to follow the stage movement, and can be withdrawn to an inoperative position by means of the bayonet lock D (Fig. 2). In this position the normal specimen holder can be inserted; the adaptation does not therefore interfere with routine work. Current is conducted along the rod by 20 S. W. G. enamelled wires which pass through a wax seal at B and join to a large two-pin plug.

A new stage carriage is also required as shown in Fig. 3 at A; this differs from the conventional carriage only by the absence of the stereo-mechanism and provision of a channel on the lower surface to allow entry of the rod insert.

Calibration and performance. Heater current for the specimen support is obtained from a series circuit containing a 4 V battery and a 2 Ω rheostat. The specimen supports are standardized in a jig so that the spacing between the platinum legs B (Fig. 1a and b) is 1.5 mm, and 7 strands of

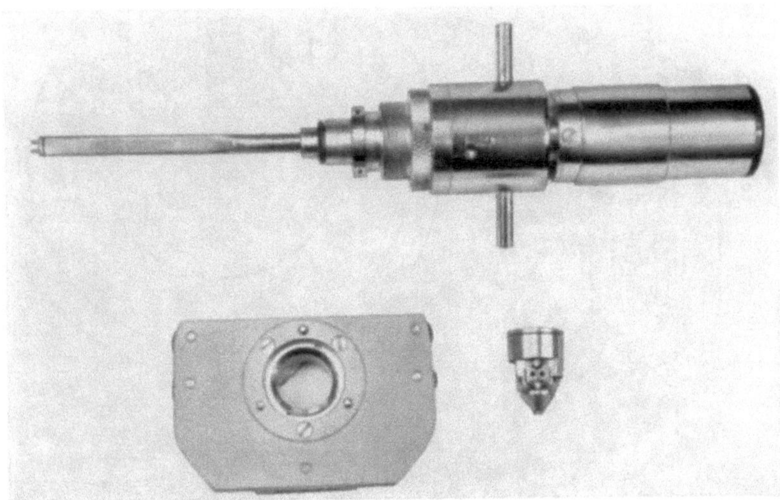

Fig. 3. Completed equipment

the grid wires conduct current. With these standard supports it has been possible to estimate temperature approximately by measuring heater current and using the calibration curve of Fig. 4. This shows an average curve of grid temperature versus heater current obtained by testing several specimen supports in a high vacuum system. The temperature near the centre of a speci-

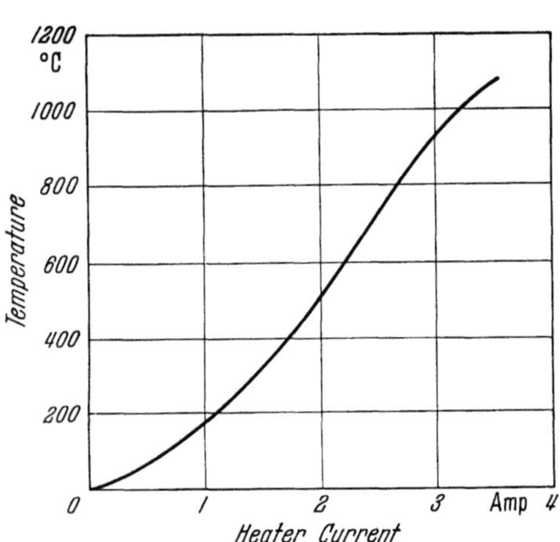

Fig. 4. Average calibration curve:
grid temperature versus heater current

men support was measured with Pt—Pt, Rh thermo-couples of 48 S.W.G. wires. The measurements also indicated that the expected accuracy of an estimation is about $\pm 50°$ C at 700° C; this is considered reasonable in view of errors likely to arise from temperature gradients in the grid, and from unknown temperature rises in the electron beam. An accurate measurement of temperature in the area examined does not at present seem feasible. It will also be noted that temperature rises of about 1000° C can be obtained with this equipment for heat dissipations as low as 6—12 W.

The stage has been used in the Elmiskop I operating with a 10 μ diameter illumination spot. On switching on the heater current the spot is slightly displaced; a gradual drift of the specimen also occurs during warming up. A resolving power of about 20—30 Å has been obtained with thin metal specimens after the initial warm up period; this is comparable with that obtained under normal operating conditions.

Fig. 5 and 6 show examples of some effects observed in preliminary experiments. Fig. 5a is a typical transmission micrograph of a thin nickel foil at room temperature, showing irregular arrangements of dislocations. There is a slight tendency for the dislocations to polygonize, i. e.

to form irregular surface distributions. Fig. 5b shows a different area of the same specimen after heating to about 800° C. Well defined two dimensional networks of dislocations are now visible showing that practically complete polygonization of the thin foil has occurred. Fig. 6 shows a

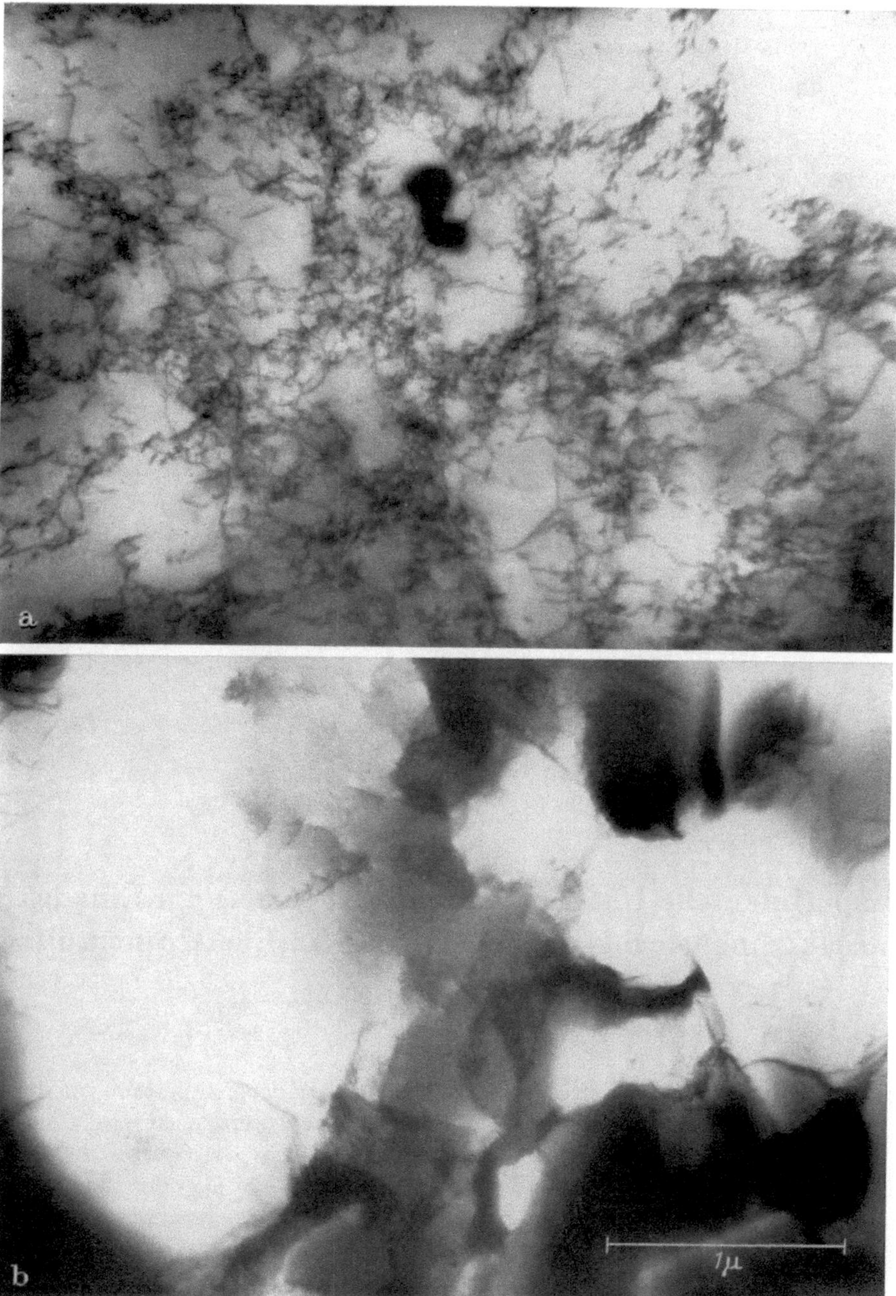

Fig. 5a and b. a) Dislocation lines in 25 % deformed Ni foil examined at room temperature, b) Polygonization in the same specimen after heating to 800° C

beaten aluminium foil after heating to near the melting point. Thickness extinction contours are visible at the edge of the metal. The transparent region is most likely an oxide film left behind by molten metal. Other effects observed at high temperatures include the interesting observation that there is no carbon contamination deposited on metals by the electron bombardment.

The author is indepted to the firm of Siemens & Halske for co-operation, and to Mr. C. K. Jackson for assistance and for reading this paper in his absence.

References

1. Takahashi, N., T. Takeyama, K. Ito, T. Ito, K. Mihama and M. Watanabe: J. Electron Microscopy (Jap.) **4,** 16 (1956).
2. Schott, O., and S. Leisegang: Proc. Stockholm Conference on Electron Microscopy. Stockholm: Almqvist and Wiksell 1956, p. 27.

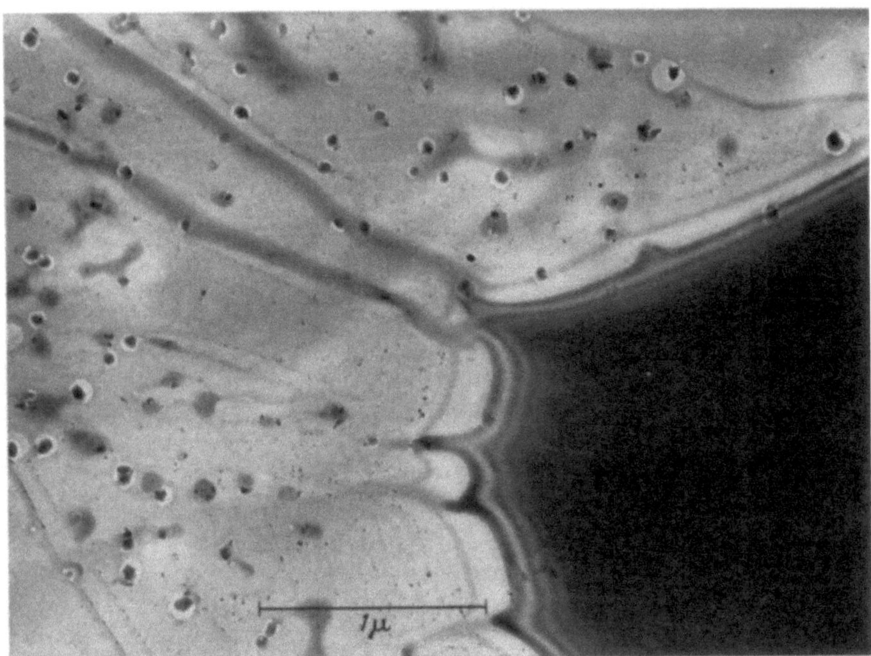

Fig. 6. Beaten Al foil after heating to near the melting point; examined at room temperature

Experimentelle Untersuchung der thermischen Einwirkung des Elektronenstrahls auf das Objekt im Elektronenmikroskop

I. G. Stojanowa und E. M. Belawzewa

Institut für Elektronenoptik des Staatskomitees für Radioelektronik, Moskau

Es gibt bis heute kein eigentliches Verfahren zur Messung der Temperatur von dünnen Schichten, wie sie beispielsweise im Elektronenmikroskop untersucht werden. Alle bekannten Verfahren, deren man sich in der Elektronenmikroskopie zu bedienen pflegt, die Beurteilung der Temperatur des Objekts nach einer Phasenumwandlung seiner Bestandteile (1) oder nach dem Beugungsdiagramm (2), eignen sich nur dazu, das Erreichen gewisser Temperaturwerte festzustellen, nicht aber, Temperaturänderungen stetig zu verfolgen.

Um die thermische Einwirkung des Elektronenstrahls auf das Objekt zu studieren, wurde daher ein Mikro-Thermoelement entwickelt, um exakte Temperaturmessungen am Objekt im Elektronenmikroskop durchzuführen: Auf einem Messingscheibchen *1* von 3 mm ⌀ mit einem Kreisloch von 1 mm ⌀ werden zwei Halbringe *2* und *3* angebracht (s. Abb. 1), die aus verschiedenen Metallen, z. B. Kupfer und Konstantan, bestehen und zur Stromabnahme in Fahnen *10* und *11* auslaufen. Die Halbringe sind voneinander getrennt und gegenüber der Messingscheibe durch eine Lack- oder Bakelitleim-Schicht isoliert. Sodann wird auf die Oberfläche eine Formvarträgerschicht *4* aufgetragen, auf den Segmenten *5* und *6* aber wieder entfernt. Auf diese Oberfläche wird ein sehr dünner Belag aus Kupfer *7* und anschließend ein solcher aus Konstantan *8* so aufgedampft, daß sich die Beläge im Zentrum *9* der Scheibe auf einem Gebiet von 0,0025 mm² überdecken und dort eine Gesamtdicke von 300—500 Å haben. Sie bilden hier ein Mikro-Thermoelement mit einem elektrischen Widerstand der aufgedampften Schicht von etwa 1000 Ω. Seine Eichkurve (Abb. 2a) unterscheidet sich ersichtlich nicht von der eines gewöhnlichen Kupfer-Konstantan-Draht-Elements. Sie ändert sich auch nicht bei Elektronenbestrahlung, wie Abb. 2b zeigt.

Als Formvarträgerschicht diente ein Abdruck eines Beugungsgitters. Die Dicke der Trägerschicht und der Metallaufdampfschichten wurde durch Mikrowägung bestimmt. Mit einem solchen Thermoelement auf Formvarträger lassen sich Temperaturen bis zu 250° C messen. Zur Messung höherer Temperaturen eignet sich ein Thermoelement aus Platin-Platinrhodium, das auf eine Quarzschicht aufgedampft wird.

Dieser Objektträger mit Mikro-Thermoelement wurde in das Mikroskop eingeführt, um die Objekttemperatur unter Elektronenbestrahlung zu messen. Die Elektronenstrahldichte am Objekt wurde aus der an der Endbildfläche mit Faradaykäfig und Galvanometer gemessenen bestimmt. Abb. 3 enthält die bei verschiedenen Strahlstromdichten und den Beschleunigungsspannungen 40 kV und 80 kV gemessenen Temperaturerhöhungen, Kurven 1 und 2 für das oben beschriebene Thermoelement ohne zusätzliche Präparatschicht. Kurve 3 zeigt, wie sich die Temperatur mit einer zusätzlichen Kohleschicht von 280 Å Dicke bei 40 kV einstellt. Die Kurven 4 und 5 wurden erhalten, nachdem ein für Elektronenstrahlen undurchlässiges Teilchen unmittelbar auf das Thermoelement aufgebracht worden war. Ein Vergleich der Kurvenanstiege läßt erkennen, daß eine Spannungssenkung von 80 auf 40 kV die Temperatur einer 1500 Å dicken Schicht weniger ändert als eine Vergrößerung seiner Dicke. Ein Vergleich der Kurvenpaare 1, 2 und 4, 5 zeigt aber andererseits, daß die Abhängigkeit der Temperatur von der Beschleunigungsspannung mit steigender Objektdicke merklich stärker wird.

Die folgenden Versuche wurden unter konstanten Bedingungen für die Wärmeübertragung bei 70 kV vorgenommen.

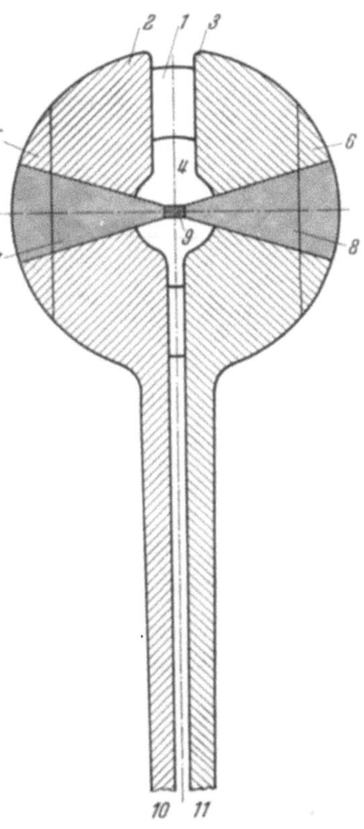

Abb. 1. Mikro-Thermoelement aus Aufdampfschichten; übereinander: *1* Grundscheibe mit Isolierschicht, *2* und *3* (weit schraffiert) Halbringe aus Kupfer bzw. Konstantan zur Stromabnahme, *4* Formvarträger, *5* und *6* von Formvar befreite Segmente als Kontaktflächen, *7* Kupfer- und *8* Konstantan-Aufdampfschicht (dicht schraffiert), im Zentrum *9* überlappend, *10* und *11* Stromabnahmeenden von *2* und *3*

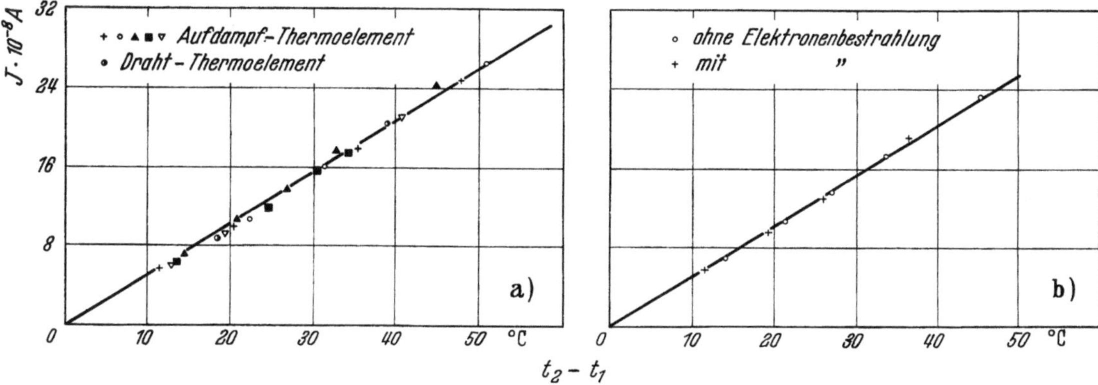

Abb. 2a u. b. Eich- und Prüf-Kurven des Thermoelements. a) Vergleich der Eichkurve mit der eines Drahtelements, b) Unabhängigkeit der Eichkurve von der Elektronenbestrahlung. Abszissen: Temperaturdifferenz. Ordinaten: Thermoelektrischer Strom

Das Thermoelement wurde mit einer Elektronensonde von etwa 100 μ $\varnothing$ bestrahlt. Aus Abb. 4 ist ersichtlich, wie sich die Objekttemperatur in Abhängigkeit von der Stromdichte änderte, wenn auf die Trägerschicht des Thermoelements noch eine Hefepräparatschicht (saccharomyces cerevisial) aufgetragen wurde. Das bestrahlte Objektgebiet hatte dabei einen Durchmesser von 30 μ.

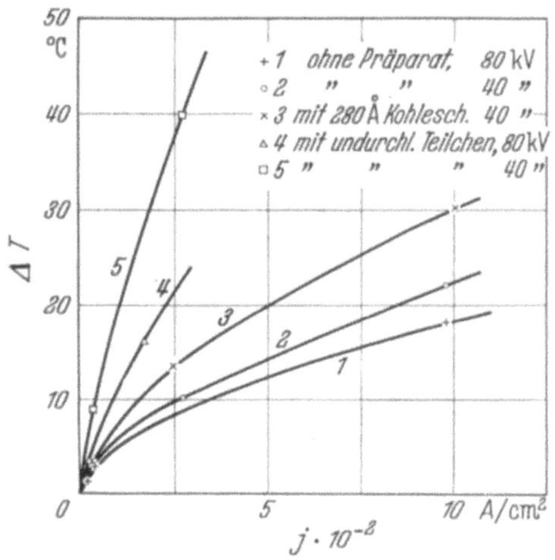

Abb. 3. Objekttemperatur als Funktion der Strahlstromdichte ohne und mit Präparat auf dem Thermoelement

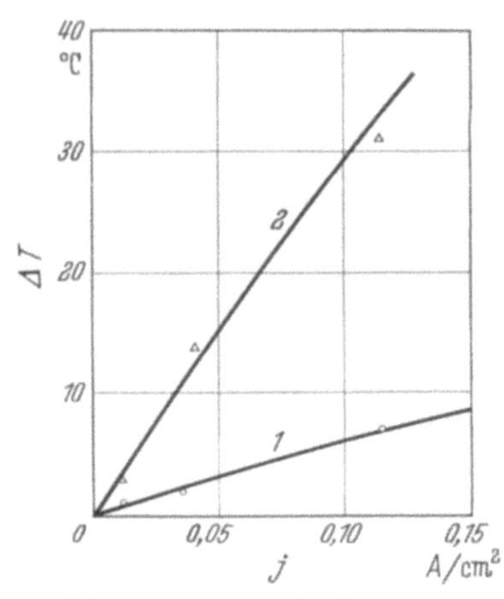

Abb. 4. Objekttemperatur als Funktion der Strahlstromdichte bei 100 μ $\varnothing$-Elektronenstrahlsonde von 70 kV. *1* ohne und *2* mit Hefepräparatschicht auf dem Thermoelement; bestrahltes Objektgebiet 30 μ $\varnothing$

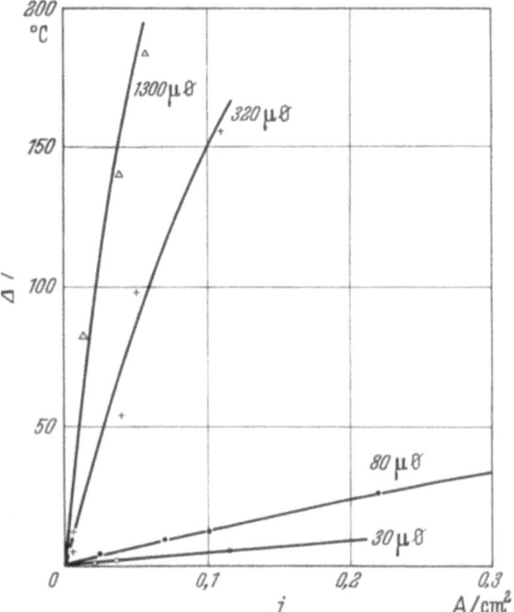

Abb. 5. Objekttemperatur als Funktion der Strahlstromdichte bei verschieden großen bestrahlten Objektgebieten

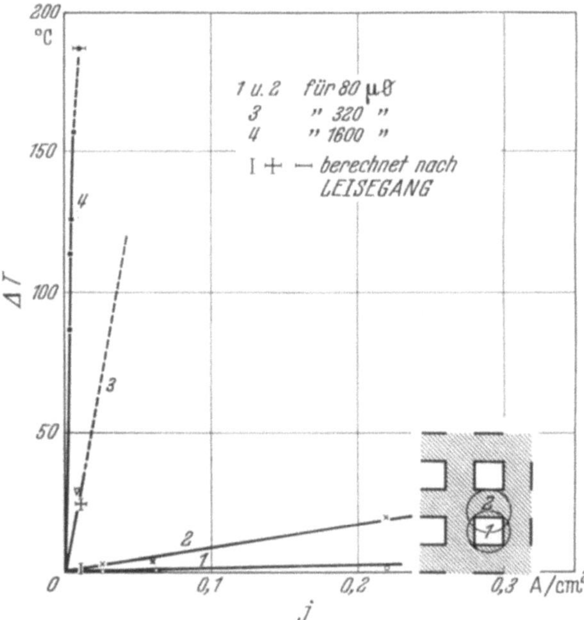

Abb. 6. Objekttemperatur als Funktion der Strahlstromdichte bei verschieden großen bzw. auf einem Trägernetz verschieden gelegenen Bestrahlungsgebieten

In Abb. 5 ist die Abhängigkeit der Objekttemperatur von der Stromdichte bei verschieden großen bestrahlten Objektgebieten aufgetragen. Man erkennt, daß die Vergrößerung des bestrahlten Objektgebietes eine besonders starke Temperaturerhöhung im Objekt hervorruft. Hat das von Elektronen beaufschlagte Gebiet 30 μ $\varnothing$, so ist der Temperaturanstieg bei Strahlstromdichten, wie sie in der Elektronenmikroskopie üblich sind, nur etwa 10° C. Ist der Durchmesser jedoch 1300 μ, so steigt die Temperatur stark an und erreicht bereits bei 50 mA/cm² einen Wert von 170° C.

Abb. 6 zeigt noch die Temperatur-Stromdichte-Kurven für ein Objekt, das auf ein elektrolytisch hergestelltes Trägernetz aufgetragen war und mit 70 kV bestrahlt wurde. Die Kurven 1 und 2 ergaben sich für Bestrahlungsgebiete von 80 μ $\varnothing$, die entsprechend dem neben den Kurven in Abb. 6 gezeichneten Schema auf dem Trägernetz lagen; Kurve 3 ergab sich für 320 μ $\varnothing$ und Kurve 4 für 1600 μ $\varnothing$. Die Endtemperaturen stellten sich jeweils im Laufe einer Minute ein. Wurde ein Objekt dagegen auf eine Metallblende aufgetragen, so stellte sich die Temperatur sofort ein. Die langsame Temperatureinstellung im ersten Fall erklärt sich wahrscheinlich durch die größere spezifische Wärme des Netzes. In Abb. 6 sind außerdem die Temperaturen des Kupfernetzes eingetragen, die nach Leisegang (3) berechnet wurden.

Soll ein Objektgebiet in 10000- bis 30000facher Vergrößerung auf dem Endbildschirm beobachtet werden, so darf die Strahlstromdichte im Objekt etwa 100 mA/cm² nicht unterschreiten. Unsere Messungen an einer aufgedampften Metallschicht von 800 Å Dicke ergaben, daß die Objekttemperatur bei einer 10000fachen Vergrößerung 20° C und bei einer 30000fachen Vergrößerung 50° C betrug. Bei diesen Messungen wurde das Objekt durch eine Metall-Schirmblende von 80 μ $\varnothing$ hindurch bestrahlt. Ohne diese stieg die Objekttemperatur schon bei 10000facher Vergrößerung auf 200° C an. Eine Beschränkung des bestrahlten Objektgebietes senkt also die thermische Objektbelastung ganz erheblich.

<h2 style="text-align:center">Literatur</h2>

1. Leisegang, S.: Proc. of the III. Internat. Conf. on Electron Microscopy, London 1954, p. 176 (1956).
2. Yamaguchi, Sh.: Z. Physik **134**, 618 (1953); Z. angew. Physik 8, 221 (1956).
Winkelmann, A.: Z. angew. Physik 8, 218 (1956).
3. Leisegang, S., and O. Schott: Electron Microscopy Proc. of the Stockholm Conf. 1956, p.20.

4. Bildaufzeichnungsverfahren

Verwendung eines Bildverstärkers zur Leuchtdichte-Steigerung des Bildes im Elektronenmikroskop

V. G. Nirikoff, J. M. Kuschnier, M. M. Butsloff und G. A. Bordowsky

Institut für Elektronenoptik des Staatskomitees für Radioelektronik, Moskau

Bei der Untersuchung von Objekten im Durchstrahlungsmikroskop ist man gezwungen, das Objekt im Falle hoher elektronenoptischer Vergrößerung zu schonen. Besonders bezieht sich das auf biologische Objekte. In der Reflexionsmikroskopie ist das Bild bereits bei geringen Vergrößerungen äußerst elektronenarm. In solchen Fällen besteht das Bedürfnis, die Bildintensität zu steigern, um sich die Scharfstellung des Mikroskops zu erleichtern.

Man kann dieses Problem eventuell dadurch lösen, daß man einen Mehrstufen-Bildwandler benutzt, um die Helligkeit des Endbildes zu steigern. Er kann zwar nicht den Quotienten Signal : Rausch des Elektronenmikroskops verbessern, doch darf er ihn trotz der geringen Ausgangsintensität, bei welcher der Kontrast schon beträchtlich leidet, auch nicht verschlechtern.

Zur Durchführung von solchen *Versuchen beim Durchstrahlungsmikroskop* benutzten wir ein MM 50-Gerät (Kleintype) *(2, 3)*, dessen Bau besonders dazu geeignet ist, einen Bildverstärker aufzusetzen. Die Auflösung des Elektronenmikroskops beträgt etwa 200—250 Å; alle Beobachtungen wurden bei der förderlichen Vergrößerung 8000 : 1 durchgeführt. Die Beschleunigungsspannung betrug 30 kV. Als Objekt diente eine Aluminiumoxydschicht. Die gewünschte Stromdichte in der Objektfläche wurde mit der Kondensorlinse eingestellt.

Der auf den Schirm fallende Strom wurde mit einem Faraday-Käfig gemessen, der in der Säule des Mikroskopes beweglich angebracht war (Abb. 1). Der Meßkäfig befand sich dabei unmittelbar hinter dem Projektiv. Diese Sonde war mit einem Gleichstromverstärker verbunden.

Man beobachtete das Bild visuell auf dem Schirm des Elektronenmikroskopes und dem des Bildverstärkers und photographierte es im Mikroskop und vom Bildwandlerschirm (Außenphoto).

Versuche im Reflexionsmikroskop wurden mit einem Experimentalgerät durchgeführt, dessen Kondensorachse einen Winkel von 25° mit der Objektivachse bildete (Bestrahlungswinkel 1—2°, Beobachtungswinkel 23°). Der Durchmesser der Aperturblende betrug 20 μ. Die Ströme in der Schirmfläche des Mikroskopes wurden in diesem Falle nicht gemessen. Alle Beobachtungen wurden bei einer Vergrößerung von 2000 : 1 durchgeführt. Die Beschleunigungsspannung betrug 60 kV. Das Mikroskop war mit einer Photokamera ausgerüstet, in deren Boden ein Durchsichtsleuchtschirm einmontiert war. Das Bild wurde von diesem Leuchtschirm (Abb. 1) auf die Photokathode des Bildwandlers übertragen. Man beobachtete das Bild visuell auf dem Schirm des Mikroskops. Als Objekt diente in diesem Falle ein elektrolytisch vernickeltes Kupferplättchen.

Die Verwendung eines Mehrstufen-Bildwandlers zur Steigerung der Bildhelligkeit im *Durchstrahlungsmikroskop* ergab Bilder mit gutem Kontrast bei einer mittleren Stromdichte von $1{,}2 \cdot 10^{-12}$ Amp/cm² ($\sim 10^7$ Elektronen/cm² sec) auf dem Leuchtschirm des Mikroskops. Auf diesem selbst war visuell nur ein äußerst lichtschwaches und sehr kontrastarmes Bild zu beobachten. Ein Bild mit ausreichendem Kontrast auf dem Schirm des Bildwandlers wurde beobachtet, wenn die mittlere Stromdichte auf dem Mikroskopschirm $1{,}2 \cdot 10^{-13}$ Amp/cm² ($\sim 10^6$ Elektronen/cm² sec) betrug. Wurde diese weiter auf 10^{-14} Amp/cm² ($\sim 10^5$ Elektronen/cm² sec) herabgesetzt, so konnte man auf dem Bildwandlerschirm gerade eben noch ein Bild wahrnehmen.

Im oben erwähnten *Reflexionsmikroskop* ermöglichte die Verwendung des Bildwandlers überhaupt erst eine visuelle Beobachtung und Scharfstellung des Bildes; keines von beiden war ohne den Bildwandler möglich.

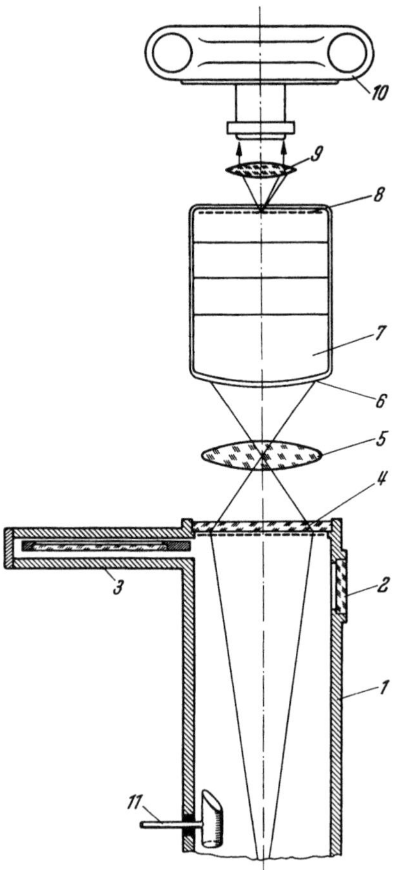

Abb. 1. *Anordnung zur Bildaufzeichnung mit Leuchtschirm und Bildverstärker beim Elektronenmikroskop.*
1. Mikroskopsäule; *2.* Beobachtungsfenster; *3.* Photokassette; *4.* Leuchtschirm des Elektronenmikroskopes; *5.* Projektionslinse; *6.* Photokathode des Bildwandlers; *7.* Mehrstufen-Bildwandler; *8.* Schirm des Bildwandlers; *9.* Vorsatzlinse; *10.* Kleinbild-Photokamera; *11.* Sonde (Faraday-Käfig) zur Elektronenstrom-Messung

Literatur

1. Sawoysky, E. K., M. M. Butsloff, A. G. Plachov, G. E. Smolkin: Atomnaya energ. 4, 34 (1956).
2. Elektronnaya mikroskopiya, pod redakzieyi A. A. Lebedewa, 1954, GTTI.
3. Nirikov, V. G., and J. M. Kuschnier: Proc. First Reg. Conf. on Electron Microscopy in Asia and Oceania. Tokyo 1956, S. 30.
4. Kuschnier, J. M., W. G. Nirikov, M. M. Butsloff, G. A. Bordovski: Pribori i techn. exp. 3, 73 (1958).

Hochauflösende Leuchtschirme für die Elektronenmikroskopie

R. Broser-Warminsky und E. Ruska

Institut für Elektronenmikroskopie am Fritz-Haber-Institut der Max-Planck-Gesellschaft, Berlin-Dahlem

Die Auflösung der heute üblichen polykristallinen Schirme ist ausreichend, solange man elektronenoptisch relativ hoch vergrößerte Elektronenbilder, deren Auflösung nicht wesentlich besser als die Auflösung des Schirmes selbst ist, beobachten und zur Aufnahme scharf einstellen will. In diesem Fall genügt es, das Elektronenbild auf dem Schirm schwach vergrößert durch eine Lupe zu betrachten und zur Aufnahme die schon recht empfindlichen Photoschichten mittlerer Auflösung zu verwenden.

Aus drei Gründen möchte man aber elektronisch möglichst wenig vergrößern und statt dessen die Elektronenbilder auf einem besser auflösenden Leuchtschirm bei entsprechend höherer lichtoptischer Vergrößerung beobachten bzw. scharfstellen und auf entsprechend besser auflösenden Photoschichten aufnehmen: 1. Die notwendige Bestrahlungsintensität in der Objektebene verringert sich, so daß empfindliche Objekte geschont werden können. 2. Bei gleichem Verbrauch von Photomaterial kann eine größere Objektfläche bei gleich guter Auflösung aufgenommen werden. 3. Die Elektronenmikroskope können einfacher gebaut werden. Nachteilig ist vielleicht das schnellere Ermüden der Augen beim Betrachten des Schirms durch ein Lichtmikroskop.

Nehmen wir beispielsweise an, daß ein — verglichen mit den bisher verwendeten polykristallinen Schirmen — 10 mal besser auflösender Leuchtschirm zur Verfügung steht, so daß bei 10 mal höherer lichtoptischer Vergrößerung die elektronenoptische Vergrößerung nur $^{1}/_{10}$ der sonst notwendigen zu sein braucht. Selbst wenn die Helligkeit dieses besser auflösenden Schirmes nur $^{1}/_{5}$ der des sonst verwendeten ist, kann man bei $^{5}/_{100}$ der sonst notwendigen Objektbelastung ein Elektronenbild beobachten, das (bei idealer Lichtoptik) weder an Helligkeit noch an Detail verloren hat. Mit einem entsprechend gut auflösenden Photomaterial kann man dann außerdem ohne Auflösungsverlust die 100 fache Objektfläche aufnehmen.

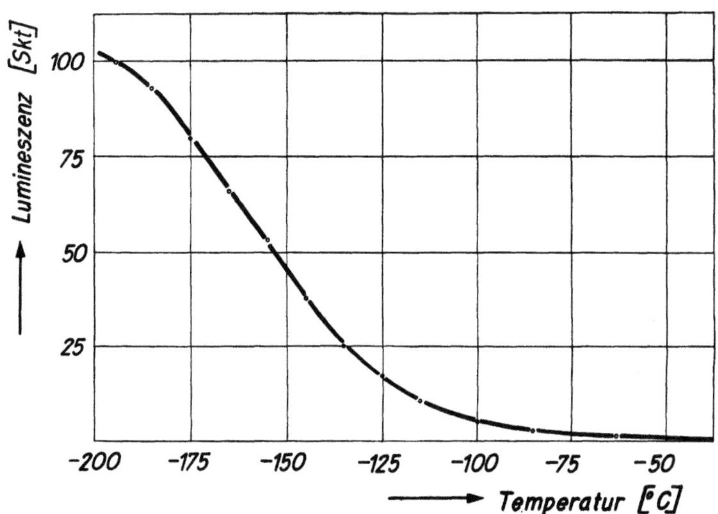

Abb. 1. Temperaturabhängigkeit der Kantenemission eines CdS-Kristalls

Aber auch bei etwas höheren elektronenoptischen Vergrößerungen ist die Verbesserung der Schirmauflösung wichtig, weil das Bild leichter und sicherer scharfgestellt werden kann, wenn die Auflösung des Schirms die des Aufnahmematerials übertrifft. Bei den heute meist verwendeten polykristallinen Schirmen und Photoemulsionen ist diese Bedingung noch nicht erfüllt; die Auflösung des Schirms ist etwa um den Faktor 2 schlechter als die der Photoschichten.

Eine wesentliche Verbesserung der Auflösung des Leuchtschirmes bringt also erhebliche Vorteile, und darum fehlt es auch nicht an Versuchen, hochauflösende, möglichst kornlose Schirme zu verwenden oder herzustellen; erwähnt seien solche aus Uranglas und aus Einkristallen von ZnS und CdS (1). Bei derartigen kornlosen Schirmen ist die Auflösung bekanntlich allein durch die Diffusion der Elektronen im Leuchtmaterial begrenzt, jedoch dürfte es kaum möglich sein, eine Helligkeit gleich der von gebräuchlichen polykristallinen Schirmen zu erzielen. Bei einem Einkristall mit dem Brechungsindex n wird der in Richtung des Beobachters austretende Lichtstrom auf einen um n^2 größeren Raumwinkel verteilt, die Leuchtdichte ist also um den Faktor $1/n^2$ kleiner als bei einem polykristallinen Stoff gleicher Lichtausbeute. Der größte Teil des Lumineszenzlichtes tritt nicht durch die vordere und die hintere Fläche des Schirmes, sondern nach mehrfacher Totalreflexion durch dessen schmale Randflächen aus. Man kann daher von einem Einkristall aus CdS, $n = 2,6$, nur 15% und einem aus ZnS, $n = 2,3$, nur 20% der Helligkeit des entsprechenden polykristallinen Materials erwarten. Trotz dieser geringeren Helligkeit würden solche Einkristall-Schirme auf Grund ihres hohen Auflösungsvermögens den polykristallinen Schirmen in der Bildgüte überlegen sein, wenn die Lumineszenz, wie beim üblichen polykristallinen Schirm, im Spektralbereich der maximalen Augenempfindlichkeit liegt.

Wir versuchten daher, *Einkristalle* herzustellen, die eine möglichst hohe Lichtausbeute im gelbgrünen Spektralbereich aufweisen. Dabei dachten wir zunächst an ZnS—Cu. Es gelang uns bisher aber nicht, aus diesem Material glatte strukturlose Stücke mit höchster Lichtausbeute zu züchten. Leichter läßt sich CdS als Einkristall herstellen; hier ist jedoch die Lumineszenz normalerweise rot. Bei tiefen Temperaturen kann aber bei CdS eine grüne Lumineszenzbande auftreten, die um so stärker ausgeprägt ist, je reiner der Kristall ist. Abb. 1 zeigt die starke Temperaturabhängigkeit dieser „Kantenemission": Bei Zimmertemperatur ist die grüne Bande kaum vorhanden, erst bei —150° C beginnt ein merklicher Anstieg, und für eine gute Lichtausbeute braucht man schon etwa —200° C. Man muß also mit flüssiger Luft, besser noch mit flüssigem

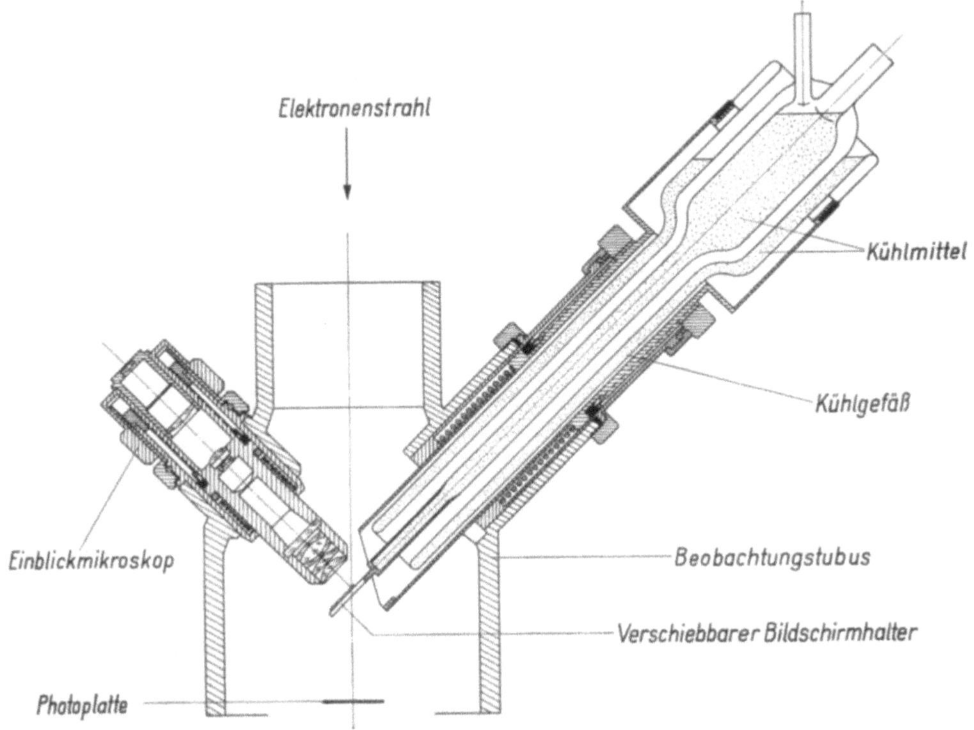

Abb. 2. Anordnung zur Untersuchung von Leuchtschirmen bei tiefen Temperaturen im Elektronenmikroskop

Wasserstoff oder flüssigem Helium kühlen, um diese grüne Bande annähernd mit voller Intensität zu erhalten. Unter den kornlosen Schirmen müßten — unter Voraussetzung gleicher Lichtausbeute — die gekühlten reinen CdS-Kristalle die denkbar günstigste Helligkeit aufweisen, weil die Bande der Kantenemission sehr schmal ist und das Emissionsmaximum gerade im Gebiet der maximalen Augenempfindlichkeit liegt. Bei Kühlung mit flüssiger Luft haben wir an einigen Kristallen $^1/_5$ der Helligkeit des zum Vergleich verwandten polykristallinen Schirmes erhalten.

Ferner haben wir versucht, *dünne Aufdampfschichten* aus ZnS—Mn herzustellen, wie man sie ähnlich auch für Fernsehbildschirme verwendet. Solche Schichten sind zwar polykristallin, aber so feinkörnig, daß sie eine merklich bessere Zeichenschärfe als die üblichen Schirme aufweisen, wenn auch die der Einkristalle nicht erreicht wird. Die von uns bisher erzielte Lichtausbeute dieser Schirme ist — verglichen mit der Lichtausbeute von gut aktivierten grobkörnigen polykristallinen Schichten — so klein, daß ihre Helligkeit noch geringer ist als die von Einkristallen guter Lichtausbeute, obwohl der zum Beobachter gelangende Lichtstrom bei der Aufdampfschicht nicht durch Brechung auf $^1/_5$ herabgesetzt ist. Der Vorteil der Aufdampfschichten liegt in der Möglichkeit, größere gleichmäßige Schirme zu erhalten.

Beim Vergleich der subjektiven *Helligkeiten* der verschiedenfarbigen Leuchtschirme benutzten wir geeichte Graufilter zum Schwächen der helleren Schirme. Das Ergebnis zeigt Tab. 1. Ähnliche

Werte ergab ein Vergleich der Belichtungszeiten beim Photographieren der Leuchtschirme; natürlich spielt hierbei die spektrale Empfindlichkeit der Photoplatte noch eine Rolle.

Das *Auflösungsvermögen* der verschiedenen Leuchtschirme wurde in einem Elektronenmikroskop (Elmiskop I von Siemens & Halske) verglichen. In dem hierzu gebauten Spezialtubus befinden sich ein von der Firma Carl Zeiss entwickeltes 50fach vergrößerndes Lichtmikroskop der Apertur 0,5 mit einem Gesichtsfeld von 1,2 mm Durchmesser und auf einer tiefgekühlten Unterlage die zu prüfenden Schirme (Abb. 2). Die Leuchtschirme und das senkrecht auf sie gerichtete Mikroskop sind gegen

Tabelle 1. *Relative Leuchtschirmhelligkeit*

Material	Leuchtschirm Struktur	Farbe	Helligkeit H senkrecht zur Schirmfläche
ZnS/CdS	polykristallin	grün-gelb	1
ZnO	polykristallin	blau	$\sim 1/10$
ZnS-Mn	Aufdampfschicht	gelb-orange	$\sim 1/25$
CdS gekühlt	Einkristall	grün	$\sim 1/5$

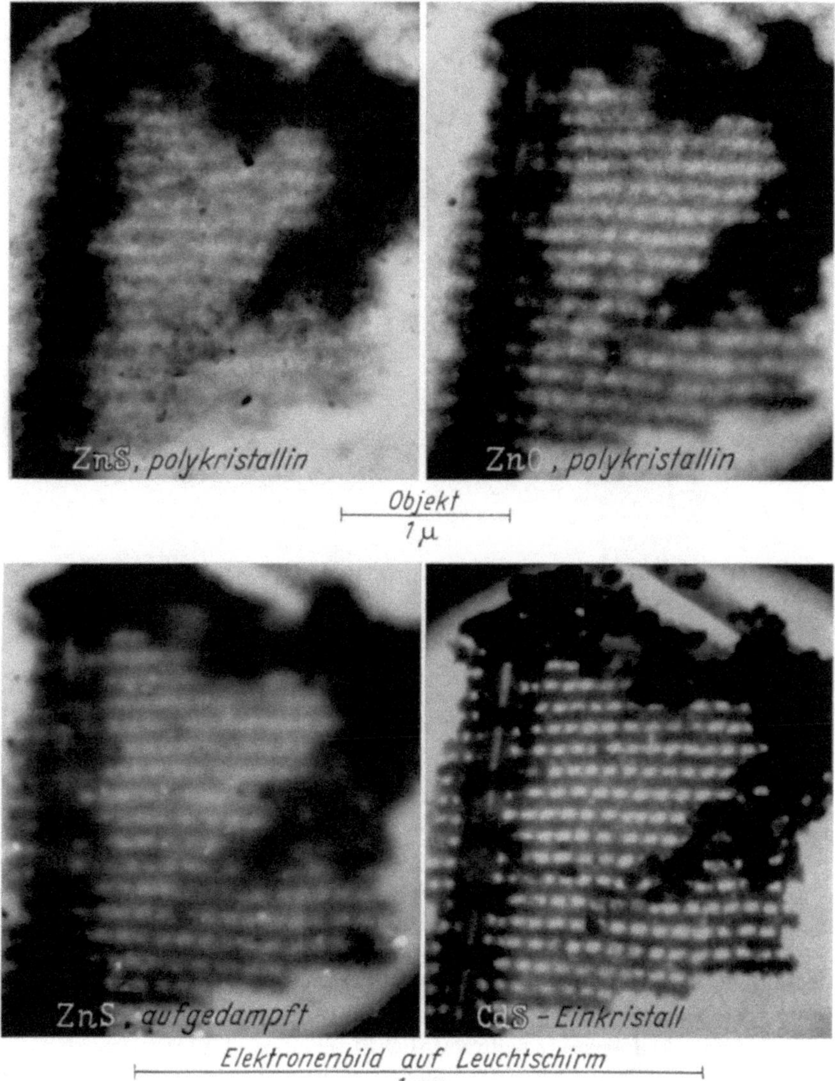

Abb. 3. 40-keV-Elektronenbild einer Diatomee: Wiedergabe durch verschiedene Leuchtschirme bei 80° K

den Elektronenstrahl um 45° geneigt angeordnet. Zwischen dem im Vakuum liegenden Objektiv und dem in Luft befindlichen Okular ist eine Planglasplatte vakuumdicht in den Mikroskop-tubus eingesetzt. Das Mikroskop kann zur Scharfstellung auf den Leuchtschirm und zur Entfernung aus dem Elektronenstrahl bei der Aufnahme mit Hilfe eines Schraubringes rasch axial verschoben werden.

Zur Kühlung der Schirme diente flüssige Luft; die Apparatur ist aber bereits so eingerichtet, daß auch eine Kühlung mit flüssigem Wasserstoff oder Helium möglich ist. Ein guter Wärme-

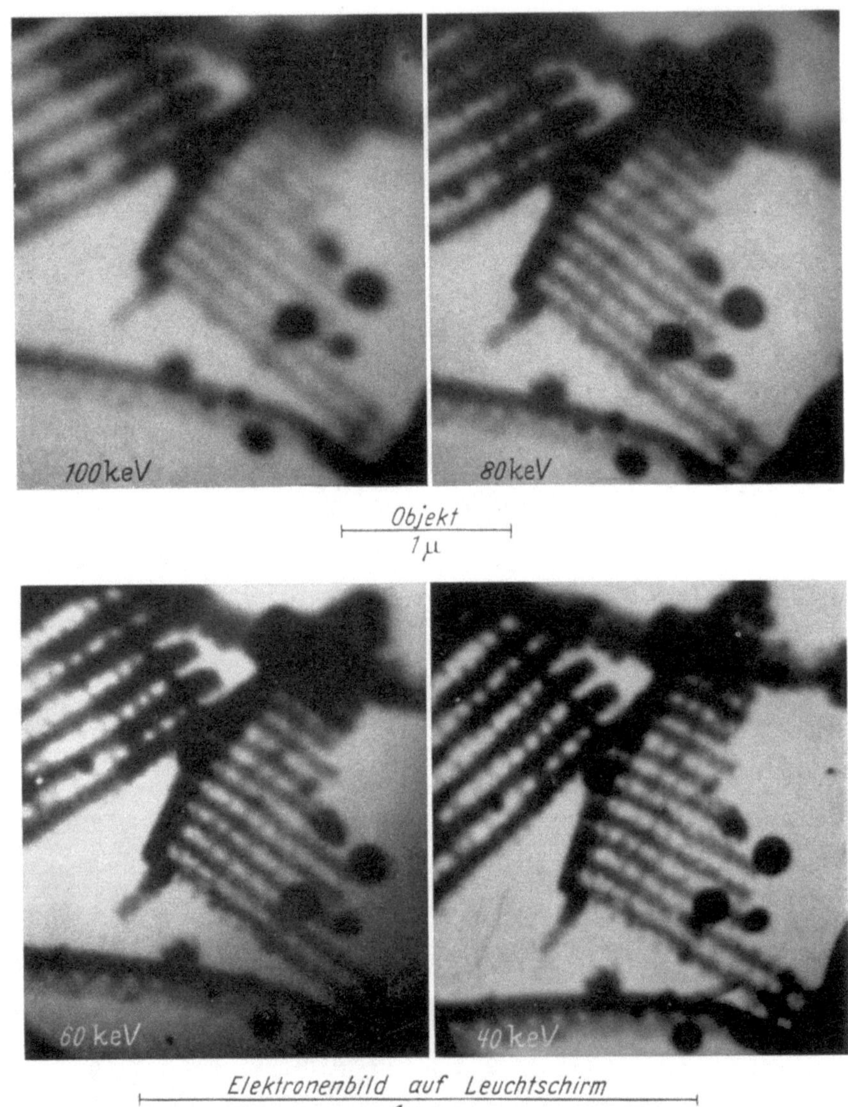

Abb. 4. 40-keV-Elektronenbild einer Diatomee: Wiedergabe durch gekühlten CdS-Einkristall bei Variation der Elektronenenergie

kontakt zwischen dem direkt gekühlten Schirmhalter und dem Schirm wurde durch eine Indium-Amalgam-Schicht erzielt, die bei Zimmertemperatur flüssig ist und beim Abkühlen erstarrt. Die gesamte Kühleinrichtung kann während des Betriebes verschoben werden, so daß ein elektronenmikroskopisches Bild nacheinander auf den vier Schirmen scharfgestellt und photographiert werden kann.

Damit der Kontrast für die Auflösung sich nicht durch Streulicht verschlechtert, wurde die Elektronenbestrahlung auf den im Lichtmikroskop sichtbaren Kristallteil beschränkt und die Metallunterlage unter den im Blickfeld des Mikroskops befindlichen Kristallteilen geschwärzt.

Zum Vergleich der Zeichenschärfe der Leuchtschirme haben wir diese mit einer auf das Lichtmikroskop aufgesetzten Kamera im Maßstab 25:1 photographiert (Abb. 3 und 4). Als Testobjekte dienten Diatomeen, die elektronisch nur schwach (etwa 200:1) vergrößert wurden. Abb. 3 zeigt die Auflösung der vier verschiedenen in Tab. 1 bezüglich ihrer Helligkeit charakterisierten Leuchtschirme an einem Objekt mit relativ starkem Kontrast, das mit 40-keV-Elektronen abgebildet wurde. Die starke Überlegenheit des Einkristalles in der Zeichenschärfe kommt deutlich zum Ausdruck. Abb. 4 zeigt die Auflösung eines CdS-Einkristalles bei Elektronenenergien

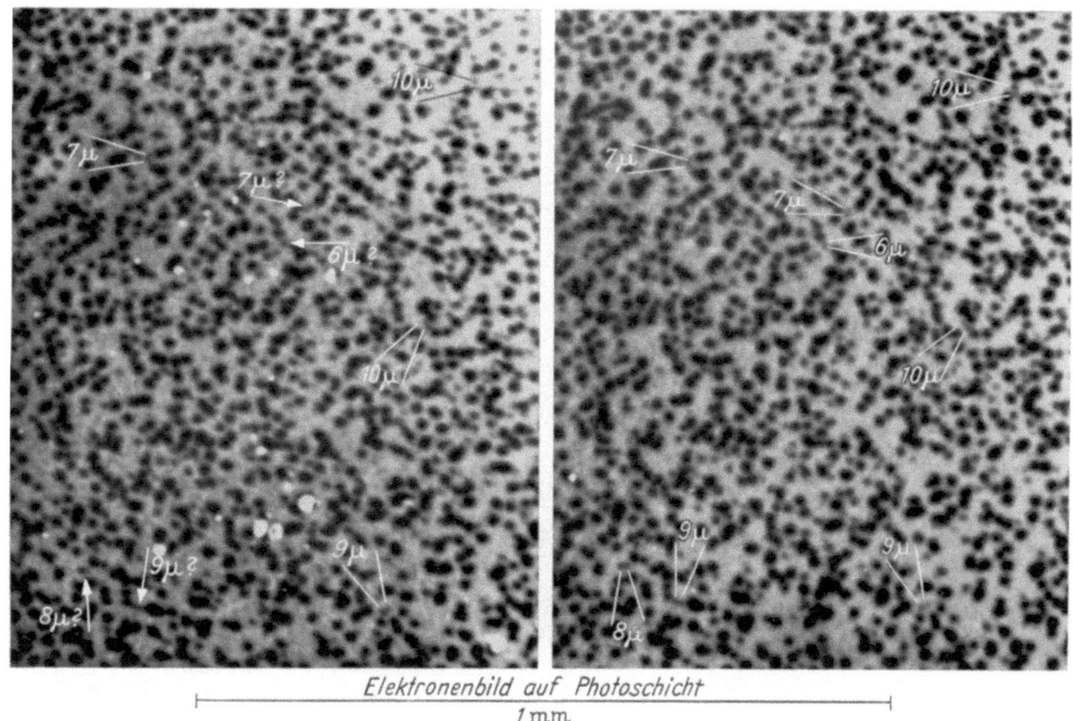

Abb. 5. 40-keV-Elektronenbild von elektrolytisch gefälltem Gold: Innenaufnahme auf zwei hochauflösenden Kodak-MR-Platten, Scharfstellung mit Lichtmikroskop auf gekühltem CdS-Einkristall

von 100, 80, 60 und 40 keV. Sie veranschaulicht die sich von 10 auf 4 μ verbessernde Kantenschärfe, die wir auf den bei verminderter Strahlenergie allseitig schrumpfenden Diffusionsbereich zurückführen. Eine solche Änderung der Kantenschärfe wurde nämlich auch bei senkrecht bestrahlten Schirmen in Durchsicht beobachtet.

Die gute Eignung des hochauflösenden CdS-Einkristalls zum Scharfstellen des Elektronenbildes für die photographische Aufnahme beweist Abb. 5. Das elektronisch nur 200fach vergrößerte Bild eines Präparates aus elektrolytisch gefällten Goldteilchen (2) mit einem mittleren Durchmesser von 0,05 μ wurde nach Scharfstellung auf dem Einkristall mit einer hochauflösenden Kodak-MR-Platte (3) aufgenommen. Man erkennt auf den 100fach lichtoptisch nachvergrößerten beiden Innenaufnahmen des gleichen Objektfeldes, daß die Punktauflösung mindestens 7 μ beträgt; mit Hilfe eines polykristallinen Schirms wird diese Scharfstellung nur mit merklich geringerer Wahrscheinlichkeit erreicht. Der Einkristall-Schirm macht es also möglich, ein nur 10000fach vergrößertes Elektronenbild von 7 μ:10000 = 7 Å Auflösung ohne Verlust an Detail zu betrachten und aufzunehmen.

Literatur

1. AREND, H., R. BROSER-WARMINSKY u. E. RUSKA: Z. wiss. Mikrosk. **62,** 46 (1954); vgl. dort auch die ältere Literatur.
2. WIESENBERGER, E.: Dieser Band, S. 769.
3. D'ANS, A. M., E.-G. BERGANSKY u. G. TOCHTERMANN: Dieser Band, S. 127.

Kornlose und höchstauflösende Fixierung
von Ionen- und Elektronen-Bildern

R. Speidel

Lehrstuhl für experimentelle und angewandte Physik der Universität Tübingen

Zur kornlosen und höchstauflösenden Fixierung von Ionen- und Elektronen-Bildern wird ein neuartiges Verfahren mittels lichtoptischer Interferenzfilter mitgeteilt. Unter „kornlos" verstehen wir, daß Korn- und Auflösungsgrenze der Platte kleiner sind als die Auflösung des Lichtmikroskops, welches zur Betrachtung verwendet wird.

Aus früheren Arbeiten (1, 2) ist bekannt, daß sich an der Auftreffstelle eines Elektronen- oder Ionenstrahls eine Schicht auf der im Vakuum von etwa 10^{-4} mm Hg befindlichen Oberfläche bildet. Sie ist im wesentlichen aus Kohlenwasserstoff-Polymerisaten aufgebaut. Da die Schichtbildung an der Auftreffstelle des Ionen- bzw. Elektronenstrahls erfolgt, brauchen wir nur die Kohlenwasserstoffschicht sichtbar zu machen, um eine kornlose Platte zur Registrierung von Ionen- und Elektronen-Bildern zu haben. Die Sichtbarmachung dieser Schicht erfolgt durch Einlagerung in ein lichtoptisches Interferenzfilter.

Die Belichtung und Entwicklung einer kornlosen Interferenzfilterplatte ist schematisch in Abb. 1 dargestellt. Auf einem Glasträger ist eine teildurchlässige Silberschicht aufgedampft (1 a). Durch den Ionenstrahl wird das Schattenbild eines Netzes auf die Platte geworfen. An den Auftreffstellen der Ionen erhalten wir eine Kohlenwasserstoffschicht. Bei der Entwicklung des Bildes (1 b) wird eine Dielektrikumschicht und die zweite teildurchlässige Silberschicht aufgedampft. Dadurch haben wir ein Interferenzlinienfilter erhalten, dessen optische Dicke an den bestrahlten Stellen größer ist als an den unbestrahlten Stellen. Es ergibt sich daher eine Farbverschiebung nach längeren Wellen gegenüber dem Grundfilter.

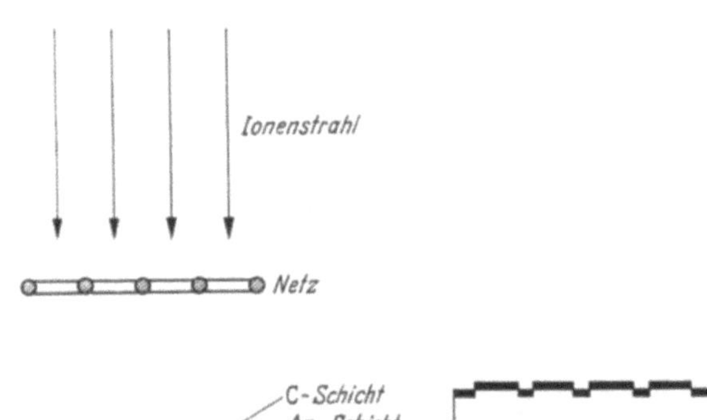

Abb. 1a u. b. Bestrahlung a) und Entwicklung b) einer Interferenzfilterplatte

Obwohl schon 3 Å dicke Kohlenwasserstoffschichten eine deutliche Farbverschiebung hervorrufen, benötigt die Registrierung eines 50fach vergrößerten Ionenbildes eine Bestrahlungszeit von 30 min. Eine Verkürzung der Bestrahlungszeit kann jedoch durch Bedampfen der bestrahlten Schicht (Abb. 1a) mit Zink erreicht werden. Die bei der Bestrahlung angelagerten Kohlenwasserstoff-Moleküle bewirken eine Entkernung der Unterlage, so daß bei einer anschließenden Bedampfung der gesamten Oberfläche mit Zink nur diejenigen Stellen von Zink-Atomen besetzt werden, die frei von Kohlenwasserstoff-Molekülen sind. Diese Platte kann entweder unmittelbar im Lichtmikroskop betrachtet oder zu einem Interferenzfilter vervollständigt werden. Bestrahlungsstufen von je 30 sec zeigen, daß die Interferenzfilterplatte mit eingelagerter Zink-Schicht auch Halbtönungen wiederzugeben vermag. Dieses Aufnahmeverfahren liefert ein positives Bild des Objektes.

Die Anwendung solcher kornlosen Registrierplatten in der Ionen- und Elektronen-Mikroskopie ist vielseitig. Um beispielsweise den gesamten Objektbereich im Elektronenmikroskop zu registrieren, genügt *eine* Interferenzfilterplatte. In Abb. 2 sehen wir eine Übersichtsaufnahme von freitragenden ZnO-Kristallen, mit Elektronen auf eine Interferenzfilterplatte gedruckt. Die elektronenoptische Vergrößerung war 50fach, die Bestrahlungszeit der Platte betrug nur 3 min. Zur Steigerung des Kontrastes und der Empfindlichkeit wurde sie nach der Bestrahlung

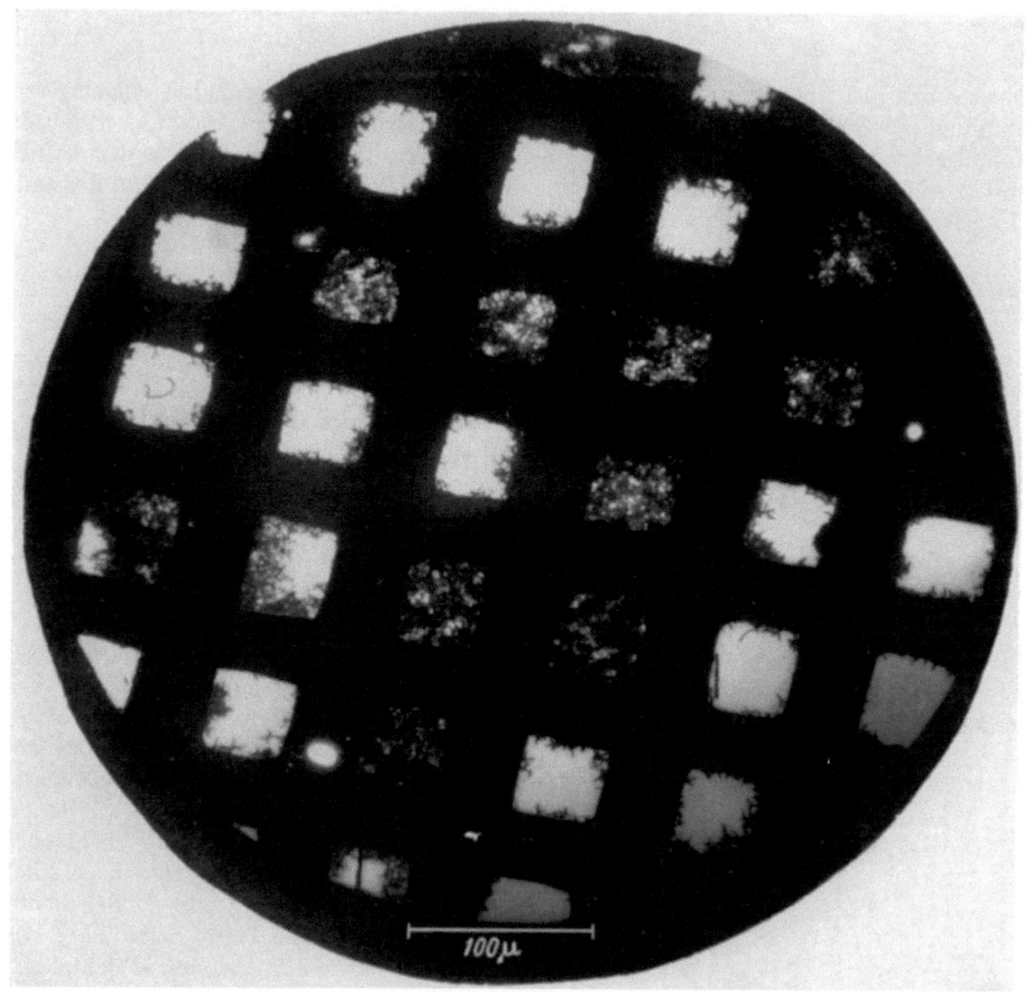

Abb. 2. Übersichtsaufnahme von ZnO-Kristallen, freitragend auf ein 50-μ-Netz präpariert. Elektronenoptische Vergrößerung 50 fach, lichtoptische Nachvergrößerung 5 fach

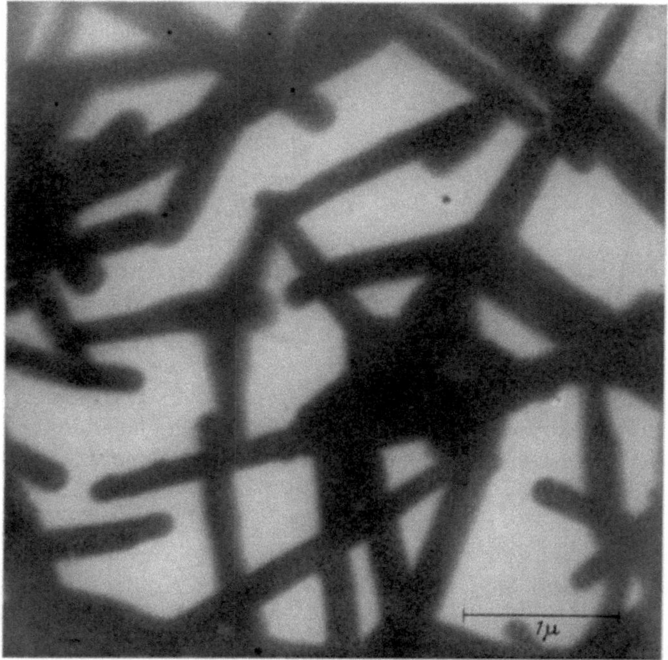

Abb. 3. 450 fache lichtoptische Nachvergrößerung eines Ausschnittes der kornlosen Interferenzfilter-Aufnahme

mit einer Zinkschicht bedampft und diese symmetrisch in ein Interferenzfilter eingelagert. Die Bedampfung mit Zink erhöht die Empfindlichkeit der Interferenzfilterplatte um den Faktor 10.

Abb. 3 zeigt die 450fache lichtoptische Nachvergrößerung eines Ausschnittes der Aufnahme zu Abb. 2. Sie läßt die Kornlosigkeit und die hohe Auflösung von mindestens 0,5 μ der neuartigen Interferenzfilterplatte erkennen.

Literatur

1. Stewart, R.: Physic. Rev. **45**, 488 (1934).
2. Möllenstedt, G., u. W. Hubig: Optik **11**, 528 (1954).

Die informationstheoretische Grenze bei der Abbildung lebender Substanz im Elektronenmikroskop und über Möglichkeiten zur Annäherung an die Grenze

M. von Ardenne

Forschungsinstitut Manfred von Ardenne, Dresden, Weißer Hirsch

Zur Abschätzung des noch möglichen Fortschrittes bei der elektronenmikroskopischen Untersuchung lebender Substanz (*1, 2, 3*) soll von der Frage ausgegangen werden, mit welcher Elektronenzahl n_e ein Objektelement durchstrahlt werden muß, damit das Objekt durch eine ausreichende Zahl p von Kontraststufen abgebildet wird. Diese Frage kann mit Hilfe der Informationstheorie beantwortet werden. Hierzu teilen wir die Objektfläche F in Flächenelemente der Größe ΔF ein. Diesen entsprechen bei idealer Abbildung die Bildelemente in der Bildebene. Als erste Koordinate wählen wir die Ortskoordinate des Objektelementes $\mathfrak{r} = \vec{x} + \vec{y}$ und als Qualitätskoordinate die Schwärzung S des Bildelementes auf einer photographischen oder xerographischen Schicht. Die Mindestgröße von ΔF wird durch das Auflösungsvermögen δ des Mikroskopes bestimmt und hat den Wert $\Delta F = \dfrac{\pi \cdot \delta^2}{4}$. Die Größe der Schwärzungsstufen ΔS ergibt sich aus der Forderung, daß sie statistisch voneinander unabhängig sein müssen. Bei linear angenommener Schwärzungskurve (s. unten) und bei Abwesenheit von Schleier (s. unten) bedeutet diese Forderung, daß die Elektronenzahlen n_{e_1} und n_{e_2} von zwei unterscheidbaren Objektelementen sich um die Summe ihrer mittleren statistischen Fehler $\sqrt{n_{e_1}} + \sqrt{n_{e_2}}$ unterscheiden. Wegen der Wiederholbarkeit von Aufnahmen an gleichartigen Objekten erscheint es gerechtfertigt, den einfachen statistischen Fehler und nicht den doppelten oder dreifachen Fehler in Rechnung zu setzen. Unter dieser Annahme ergibt sich die Zahl p der Kontraststufen für eine bestimmte, das Objektelement belastende Elektronenzahl $n_{e_{max}}$. Die für einen erkennbaren Effekt notwendige minimale Elektronenzahl $n_{e_{min}}$ pro Objektelement ergibt sich aus der Empfindlichkeit der Aufnahmeschicht. Es ist dann die Zahl der Kontraststufen $p = \sqrt{n_{e_{max}}} - \sqrt{n_{e_{min}}}$. Die ideale Grenze wäre dann erreicht, wenn ein Strahlelektron eine gerade erkennbare Graustufe im Bildelement erzeugen würde. Für diesen Grenzfall bringt Abb. 1 den Zusammenhang zwischen

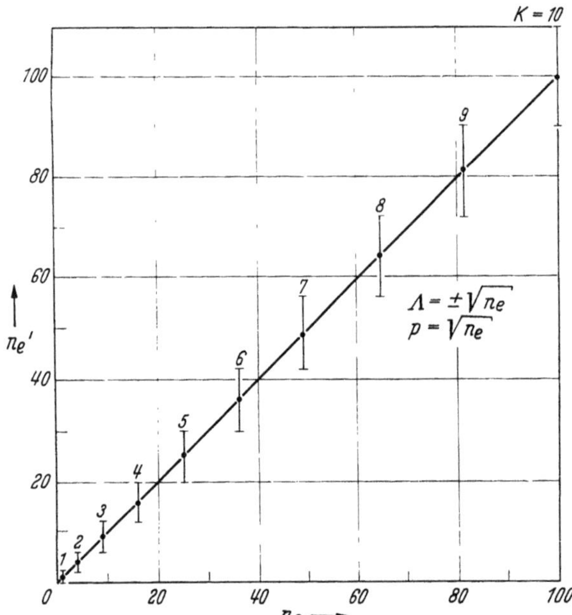

Abb. 1. Statistische Schwankung Λ der Elektronenzahl n_e' pro Bildelement und Kontraststufenzahl p als Funktion der Elektronenzahl n_e pro Objektelement

der Zahl n_e der das Objektelement durchstrahlenden Elektronen und der unterscheidbaren Kontraststufenzahl p. Der Informationsinhalt des elektronenmikroskopischen Bildes ist dann gegeben durch die Zahl Bildelemente $\frac{F}{\Delta F}$ und die Zahl Kontraststufen p.

Als minimale Kontraststufenzahl für eine gerade hinreichend detaillierte Wiedergabe von Bildeinzelheiten wollen wir nach den Erfahrungen beim Fernsehempfang in unverdunkelten Räumen den Wert $p = 5$ in den folgenden Betrachtungen zugrunde legen. *Unter den obigen idealen Annahmen benötigen wir für $p = 5$ eine Elektronenzahl pro Objektelement $n_e = 25$.*

Aus der Gleichsetzung der das Objektelement durchstrahlenden Ladung mit der in Elektronenbelastung umgerechneten kritischen Bestrahlungsdosis D_k in Röntgeneinheiten ergibt sich folgender *Ausdruck für die informationstheoretische Grenze bei der Abbildung lebender Substanz im Elektronenmikroskop*

$$\delta_{l_{min}} = 8{,}8 \cdot 10^{-7} \sqrt{\frac{n_e \cdot Q_{I_{\varrho=1}}\,[\text{cm}^{-1}] \cdot n}{D_{k\,[r]}}} \qquad [\text{cm}]$$

$Q_{I_{\varrho=1}}$ = Differentielle Ionisierung für Substanz der Dichte $\varrho = 1\ \text{g} \cdot \text{cm}^{-3}$ (lebende Substanz) = $4 \cdot 10^4\ \text{cm}^{-1}$ für 200-keV-Elektronen.

D_k = Kritische Bestrahlungsdosis in Röntgeneinheiten, bei der ein bestimmter (als höchst zulässig angesehener) Prozentsatz von Individuen durch Elektronenstrahlung abgetötet wird.

$n + 1$ = Zahl von Einzelaufnahmen, durch welche die Objektveränderung beschrieben werden soll. (Da bei der letzten Aufnahme das Objekt getötet werden darf, ist hier nicht n, sondern $n + 1$ geschrieben.)

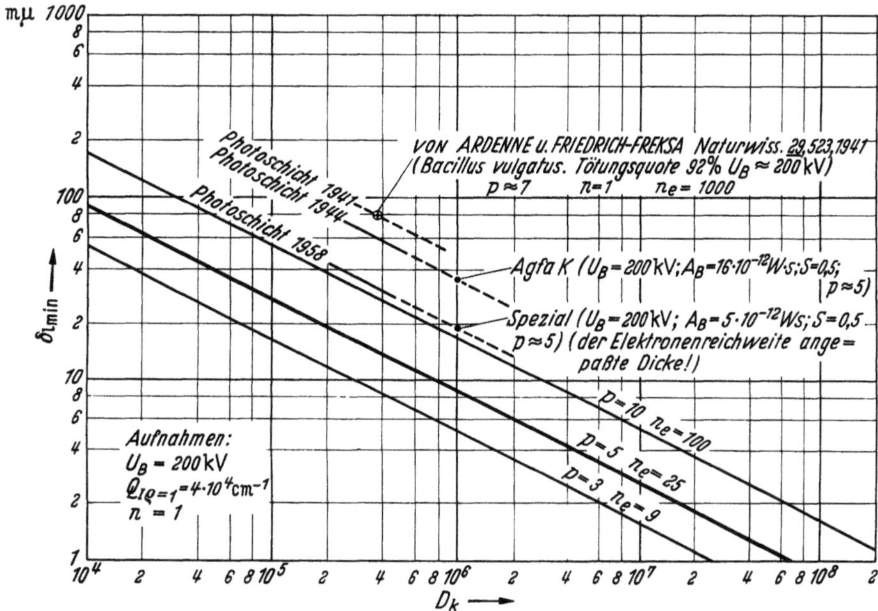

Abb. 2. Die informationstheoretisch erzielbare Auflösung $\delta_{l_{min}}$ lebender Substanz in Abhängigkeit von der kritischen Objekt-Röntgendosis D_k und der gewünschten Kontrastzahl p

Die zahlenmäßige Ausrechnung des vorstehenden Ausdrucks für drei Elektronenzahlen n_e (drei Kontraststufen) und eine Elektronenbeschleunigungsspannung $U_B = 200$ kV sowie $n = 1$ (1 Bildpaar) bringt Abb. 2.

Zahlenwerte der kritischen Dosis D_k für 35 verschiedene biologische Objekte und für Abtötungsquoten zwischen 10 und 99% wurden bereits früher zusammengestellt (*4*). Wenn man sich dazu entschließt, gleichzeitig z. B. 1000 Individuen aufzunehmen (evtl. Großgesichtsfeldaufnahme), so erscheint eine hohe Abtötungsquote durchaus zulässig. Bei Mikroorganismen mit einfachem Trefferbereich darf für eine Abtötungsquote von 99% die Dosis auf $D_k = 6{,}5 \cdot D_{0,5}$ und für eine Abtötungsquote von 999 $\%_0$ die Dosis auf $D_k = 10 \cdot \text{D}_{0,5}$ gesteigert werden. Hierbei bedeutet $D_{0,5}$ die Dosis für die Abtötung von 50% der Individuen. In der Anwendung hoher Abtötungsquoten liegt daher eine weitere Möglichkeit zur Verbesserung der Auflösung bei der Untersuchung lebender Substanz.

Durch Hochzüchtung der photographischen Emulsion und durch bessere Anpassung der Photoschichtdicke an die praktische Reichweite der Elektronen in der Schicht (5) konnte gegenüber den 1941 bzw. 1944 gegebenen Photoschichten ein erheblicher Fortschritt erzielt werden.

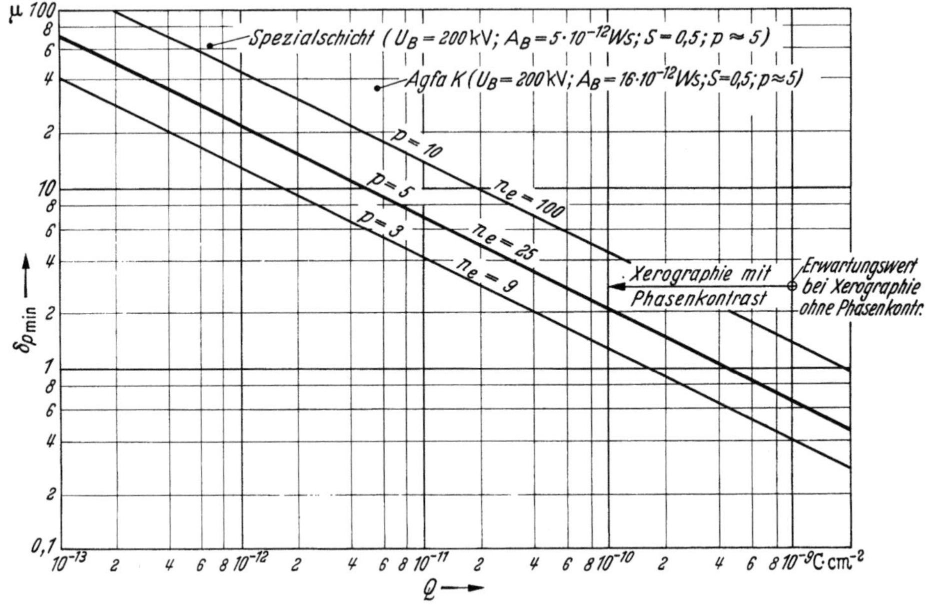

Abb. 3. Die informationstheoretisch erzielbare Auflösung $\delta_{p\,min}$ bei idealer Bildaufzeichnung in Abhängigkeit von der Ladungsdichte Q und der gewünschten Kontrastzahl p

Ein weiterer Weg zur Annäherung an die theoretische Grenze dürfte darin liegen, das *Elektronenbild xerographisch aufzunehmen und die Empfindlichkeit sowohl durch günstige Wahl der Schichten, der Entwicklerpartikel usw. als* auch *durch Wiedergabe mit Phasenkontrast hochzuzüchten.* Die xerographische Methode, die bisher für die Aufzeichnung von Lichtbildern und Röntgenbildern ausgebildet wurde und hier als bekannt vorausgesetzt wird, hat den Vorteil, daß es einfach ist (Schichtaufladung unmittelbar vor der Aufnahme), die *Integrationszeit für die Schleierbildung extrem kurz* zu halten.

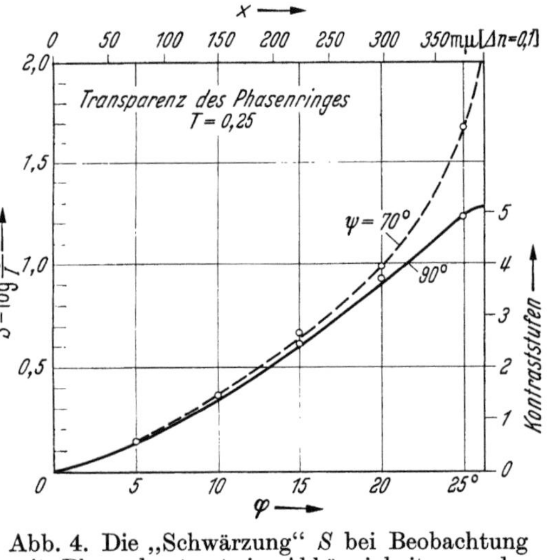

Werden obige informationstheoretische Überlegungen nicht auf die Objektebene, sondern auf die Bildebene bezogen, so ergibt sich die Darstellung Abb. 3, bei der sinngemäß in der Abszisse Ladungsdichten eingetragen sind.

Bei der xerographischen Methode wird man um so mehr sich der theoretischen Grenze annähern können, je dünner die bei der Entwicklung entstehenden Schichten und damit je feiner die Partikel für den Aufbau dieser Schichten sein dürfen. Mit der Herabsetzung dieser Abmessungen nimmt nämlich die zur elektrostatischen Schichtfesthaltung erforderliche Oberflächen-Beladungsdichte

Abb. 4. Die „Schwärzung" S bei Beobachtung mit Phasenkontrast in Abhängigkeit von der Phasenverschiebung φ in der Xeroschicht bzw. von der Schichtdicke x

(und daher auch die Oberflächen-Entladungsdichte Q) ab, und es verbessert sich die Auflösung δ_p der Bildaufzeichnung. Durch die für die Abbildung von Objekten kleiner Ausdehnung

(Mikroorganismen) zulässige Anwendung der Phasenkontrastmethode (6) besteht die Möglichkeit, mit besonders geringen Schichtdicken und nicht lichtabsorbierenden Entwicklersubstanzen die erforderliche Kontraststufenzahl zu erreichen. Eine Abschätzung über die mit der Phasenkontrastmethode erzielbare „Schwärzungskurve" gibt Abb. 4. Die beiden Kurven beziehen sich auf einen Phasenring mit der Lichtdurchlässigkeit $T = 0{,}25$ und zwei Werte der Phasenänderung ψ. Für eine Brechungsdifferenz $\Delta n = 0{,}1$ zwischen den Xeropartikeln und der Immersionsflüssigkeit ist in dieser Abbildung oben ein Maßstab für die Schichtdicke miteingezeichnet. Für 5 Kontraststufen mit einem angenommenen Schwärzungsunterschied $\Delta S = 0{,}25$, $\psi = 70°$ und $\Delta n = 0{,}1$ ersehen wir, daß eine Schichtdicke von nur $x = 340\ \text{m}\mu$ erforderlich ist. Demgegenüber liegen die Schichtdicken in der Standard-Xerographie bei Werten

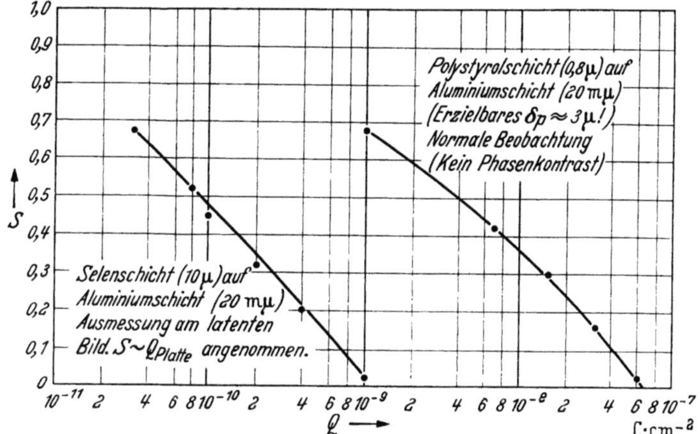

Abb. 5. Xerographische Schwärzung S als Funktion der aufgestrahlten Ladungsdichte bei Entladung mit 60-keV-Elektronen

um $50\ \mu$ und darüber. Nach Vorstehendem läßt sich vermuten, daß durch den Übergang zur Dünnschicht-Xerographie mit feinen Partikeln ein sehr erheblicher Fortschritt gegenüber der normalen xerographischen Methode erzielt werden kann.

Um zahlenmäßige Unterlagen zu gewinnen, wurden xerographische Schwärzungskurven bei Bestrahlung mit 60-keV-Elektronen aufgenommen, welche in Abb. 5 mit eingehendem Kommentar wiedergegeben sind. Sie zeigen, daß xerographische Platten mit im Vakuum aufgedampften, $10\ \mu$ dicken Selenschichten bereits eine hohe Empfindlichkeit erreichen. Der nach dem Ergebnis (Abb. 5) erwartete Wert bei Xerographie ohne Phasenkontrast und 200 keV Elektronenenergie ist in Abb. 3 miteingetragen. Man erkennt, daß ein Fortschritt in der Empfindlichkeit durch Anwendung der Phasenkontrastmethode bei der Wiedergabe nahe an die informationstheoretische Grenze heranführen könnte. Arbeiten mit dieser Zielsetzung sind in unserem Institut im Gange.

Die vorstehende Arbeit wurde durchgeführt im Rahmen eines Entwicklungsauftrages des Werkes für Fernmeldewesen, Berlin-Oberschöneweide. Herrn Dr. H. WESTMEYER bin ich für den Hinweis auf die Anwendung des Phasenkontrastverfahrens, die Berechnung der Kurven in Abb. 4 sowie zahlreiche Diskussionen zu Dank verpflichtet. Herrn Dipl.-Phys. D. EFFENBERGER und Herrn cand. ing. K. SPARING danke ich für die Durchführung von Versuchen und Messungen mit der xerographischen Methode.

Literatur

1. ARDENNE, M. VON: Z. techn. Physik **20**, 239 (1940).
2. — Z. Physik **117**, 657 (1941).
3. — u. H. FRIEDRICH-FREKSA: Naturwissenschaften **29**, 523 (1941).
4. — Tabellen der Elektronenphysik, Ionenphysik und Übermikroskopie, Band 1, Deutscher Verlag der Wissenschaften, Berlin, 1956, S. 395.
5. — Tabellen, s. Band 1, S. 207 u. 210. Vergl. ferner Schicht Nr. 26 in. H. FRIESER und E. KLEIN, Z. angew. Physik **10**, 337 (1958).
6. ZERNICKE, F.: Z. techn. Physik **16**, 454 (1935).

Eine einfache Sonde zur Bestimmung von Elektronenstrahlintensitäten am Endbildschirm von Übermikroskopen

E. Dengel, F. Grasenick und E. Jakopic

Institut für Elektronenmikroskopie, Technische Hochschule Graz

Die zu beschreibende Sonde für Strahlintensitätsmessungen erfüllt Forderungen der elektronenmikroskopischen Praxis, wie einfache Bauart, Betriebssicherheit und leichte Handhabung, große Empfindlichkeit und Ausmeßbarkeit kleinster Bereiche, in weitem Maße. Außerdem besteht günstige Einbaumöglichkeit bei den üblicherweise in Betrieb befindlichen Mikroskopen unmittelbar oder durch nur geringe Änderung sowie Anwendbarkeit der verschiedensten Meßprinzipien. Einige Anwendungen zur Beurteilung photographischer Schichten und als Belichtungsmesser zur Untersuchung dünner Schichten, z. B. Schichtdickenbestimmung u. a. m., werden gezeigt, wie sie sich seit Jahren bei der Durchführung zahlreicher praktischer Arbeiten in Graz bewährt haben.

Dieser Beitrag erscheint ausführlich in „Physica acta Austriaca", Wien.

5. Photographische Emulsionen (und Elektronenwirkung auf Silbersalze)

Das Verhalten photographischer Schichten bei Elektronenbestrahlung

H. Frieser, E. Klein und E. Zeitler

Wissenschaftlich-Photographisches Laboratorium der Agfa AG, Leverkusen

In einer früheren Arbeit wurden die Eigenschaften photographischer Schichten bei Elektronenbestrahlung theoretisch und experimentell untersucht (1, 2). Durch Anwendung der Übertragungstheorie auf das Problem der Wiedergabe kleiner Details im Elektronenmikroskop wurde eine Beziehung hergeleitet, die Angaben über diejenige photographische Schicht gestattet, mit der eine optimale Aufzeichnung möglich ist. Die Auswertung dieser Ergebnisse ist der Inhalt der vorliegenden Arbeit.

I. Die Wiedergabe kleiner Details durch die photographische Platte

Betrachtet wird ein Objekt mit einer periodischen Massenverteilung, so daß eine ebenfalls örtlich periodische Elektronenintensitätsverteilung $\hat{E}(x)$ (das Zeichen ⌢ ist denjenigen Größen vorbehalten, die von außen auf die Schicht aufgedrückt werden), die noch durch die elektronenoptische Abbildung im Mikroskop moduliert ist, auf die photographische Schicht trifft. Diese Intensitätsverteilung (Abb. 1) wird einerseits charakterisiert durch die Aussteuerung $\hat{p}$, für die gilt

$$\hat{p} = \frac{E_{max} - E_{min}}{E_{max} + E_{min}} = \frac{\text{Amplitude}}{\text{Mittelwert}} , \tag{1}$$

andererseits durch die Frequenz ν [cm^{-1}] bzw. die Rasterlänge $r = \dfrac{1}{\nu}$ [cm]. E sind die pro Flächeneinheit auffallenden Elektronen

Die photographische Platte registriert eine Elektronenintensitätsverteilung als Schwärzungsverteilung (Abb. 1), die man mit Hilfe der Schwärzungskurve $S(E)$ berechnen kann:

$$\hat{E}(x) \xrightarrow{\;\;S(E)\;\;} S(x) . \tag{2}$$

Einem Intensitätsunterschied $\hat{\Delta}E$ entspräche (bei einer idealen photographischen Schicht) ein Schwärzungsunterschied $\hat{\Delta}S$, auch Schwärzungs-Kontrast genannt, wenn nicht Elektronendiffusionshof und Körnigkeit den Kontrast verminderten. Der Elektronendiffusionshof und die Körnigkeit verschlechtern den erwarteten Schwärzungskontrast $\hat{\Delta}S$ (Abb. 2).

Die Coulombstreuung der Elektronen in der photographischen Schicht ist die Ursache des *Diffusionshofes.* Er bewirkt eine Verwaschung im Bild des harmonischen Objektrasters. Mit zunehmender Frequenz ν wird der Kontrast im Bild immer mehr abnehmen, da die Zwischenräume des Bildrasters auf Grund der Diffusion immer mehr aufgefüllt werden. Von einer gewissen Frequenz im Objekt ab wird im Bild eine Periodizität nicht mehr wahrgenommen werden können.

Dieser Kontrastminderung trägt man durch die Übertragungsfunktion $F(\nu)$ Rechnung (s.w.u.) (3), die für die jeweilige Frequenz als einfacher Faktor vor die Aussteuerung des aufgeprägten Intensitätsrasters tritt.

$$\hat{p} \longrightarrow p = F(\nu)\,\hat{p}\,, \qquad (3)$$

oder auch

$$\widehat{\Delta S} \longrightarrow \Delta S\,. \qquad (4)$$

Die körnige Struktur der Belichtung (Elektronen) und der photographischen Schicht (AgBr-Körner) hat bei der Registrierung statistische Schwankungen zur Folge, die sich dem Bild überlagern (4). Die Schwankun-

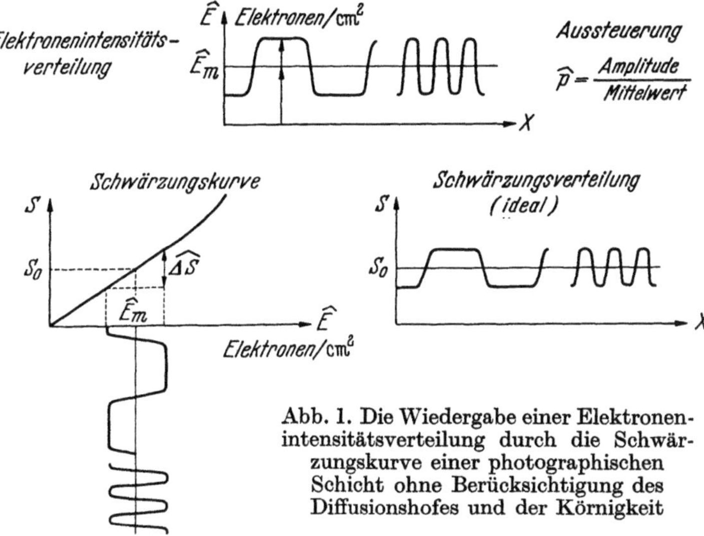

Abb. 1. Die Wiedergabe einer Elektronenintensitätsverteilung durch die Schwärzungskurve einer photographischen Schicht ohne Berücksichtigung des Diffusionshofes und der Körnigkeit

gen werden um so größer sein, je kleiner die pro Flächeneinheit auffallende Elektronenanzahl ist; außerdem wird die von einer Beobachtungsfläche erfaßte Kornzahl um so größere relative Schwankungen zeigen, je kleiner diese Beobachtungsfläche ist. Photographisch äußern sich diese Schwankungen als Schwärzungsschwankungen, deren mittlere quadratische Abweichung $\overline{\Delta S^2}$ vom Mittelwert ein Maß für die sog. *Körnigkeit* liefert. Eine anschauliche Darstellung dieser Verhältnisse findet sich in Abb. 2.

Für die Erkennbarkeit eines Rasters ergibt sich nach dem Gesagten die einleuchtende Bedingung, daß der durch die Elektronendiffusion bereits verminderte Schwärzungskontrast ΔS immer noch größer als die statistische Schwärzungsschwankung $\sqrt{\overline{\Delta S^2}}$ sein muß. Aus physiologischen Gründen fordert man

$$\Delta S \geqq q\,\sqrt{\overline{\Delta S^2}}\,, \qquad (5)$$

wobei q von der Größenordnung 5 ist.

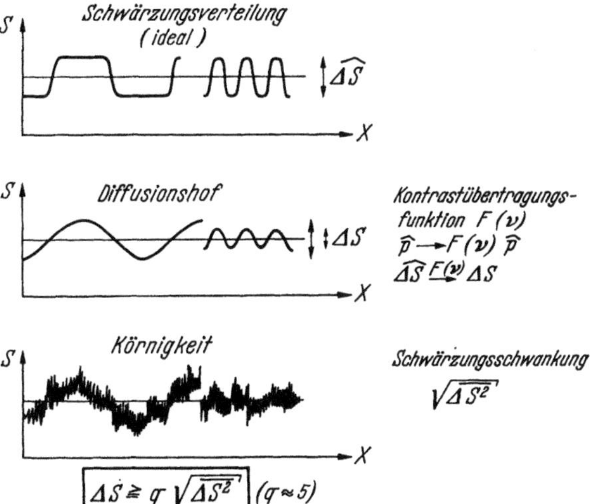

Abb. 2. Der Einfluß des Diffusionshofes und der Körnigkeit auf die Wiedergabe einer gegebenen Elektronenintensitätsverteilung durch die photographische Schicht

II. Der optimal auflösbare Rasterabstand unter Berücksichtigung von Diffusionshof und Körnigkeit

Um zu konkreten Angaben über die Eigenschaften photographischer Materialien zu gelangen, sollen im folgenden zunächst die quantitativen Verknüpfungen der oben eingeführten Größen zusammengestellt werden; die genaue theoretische Ableitung findet sich in (1).

1. Schwärzung, Empfindlichkeit und Reichweite der Elektronen. Den Zusammenhang zwischen Schwärzung und den aufgefallenen Elektronen pro Flächeneinheit der photographischen Schicht liefert eine einfache Exponentialfunktion:

$$S = S_{max}\left(1 - e^{-KE}\right),\qquad(6)$$

die sich für kleine Werte KE als linearer Ausdruck schreiben läßt:

$$S = S_{max}\,KE\,.\qquad(7)$$

Im Bereich der Praxis ist diese Näherung weitgehend anwendbar. Die Empfindlichkeit der Schicht wird definiert durch

$$\varepsilon = \left(\frac{dS}{dE}\right)_{E\to 0} = KS_{max},\qquad(8)$$

so daß für die lineare Näherung gilt:

$$S = \varepsilon E\,.\qquad(9)$$

Für den Zusammenhang zwischen Schwärzung und der Anzahl der entwickelten Körner N pro Flächeneinheit gilt ebenfalls ein linearer Ausdruck (5):

$$S = \frac{1}{2,3}\,N\,\bar{f}_e,\qquad(10)$$

wobei $\bar{f}_e$ das arithmetische Mittel der Projektionsflächen der entwickelten Körner bedeutet.

Führen wir φ als die Anzahl der Körner ein, die ein einzelnes Elektron entwickelbar macht, so wird

$$S = \frac{1}{2,3}\,\varphi\,E\,\bar{f}_e\qquad(11)$$

und die Empfindlichkeit

$$\varepsilon = \frac{1}{2,3}\,\varphi\,\bar{f}_e\,.\qquad(12)$$

Die Empfindlichkeit ist um so höher, je größer die entwickelte Kornfläche ist und je mehr Körner ein Elektron entwickelbar macht. Die Vervielfachungskonstante φ ist einerseits von der Energie U (Spannung) des Elektrons, andererseits von den Eigenschaften der photographischen Platte wie Silbermenge pro Flächeneinheit, Dichte der Emulsion ϱ_{Em}, Korngröße und Reifezustand abhängig. Speziell wird φ zunehmen, wenn durch Erhöhung der Schichtdicke h das Elektron einen größeren Bruchteil seiner Reichweite h^* in der Schicht zurücklegen kann. In einem empirisch gefundenen Zusammenhang zwischen der relativen Empfindlichkeit und der Schichtdicke h tritt deshalb nur das Verhältnis $\frac{h}{h^*}$ auf:

$$\varepsilon_{rel} = 1 - \left(\frac{h^* - h}{h^*}\right)^2,\qquad(13)$$

wobei nach Glocker (6) die Reichweite h^* gegeben ist als

$$h^* = \frac{1}{\varrho_{Em}}\left(-0{,}065 + \sqrt{0{,}065^2 + \frac{U^2\,10^{-6}}{4{,}4}}\right).\qquad(14)$$

2. Die Körnigkeit. Die Anwendung des Wurzelgesetzes der Statistik liefert für die mittlere quadratische Schwärzungsschwankung [nach Gl. (11)]:

$$\overline{\Delta S^2} = \frac{1}{2,3}\,\varphi\,\frac{\bar{f}_e}{A}\,S = \frac{\varepsilon S}{A}\,,\qquad(15)$$

wobei A die Meßfläche ist, mit der die Schwärzungsschwankung registriert wird. Gleichung (15) gilt aber nur, wenn die Körner statistisch verteilt sind. [Das Schwankungsspektrum muß frequenzunabhängig sein (1).] Im Falle der Elektronenbelichtung besteht jedoch eine Korrelation zwischen den Körnern, die von einem Elektron entwickelbar gemacht wurden. Man kann daher Gl. (15) nur mit einer Korrektur $\beta\,(A,\varphi)$ anwenden

$$\overline{\Delta S^2} = \beta^2\,(A,\varphi)\qquad(16)$$

$$\text{mit } \beta \leqq 1\,,$$

wobei $\beta\,(A,\varphi)$ empirisch bestimmt wird.

Um zu quantitativen Aussagen zu kommen, wurde der Abhängigkeit des β-Wertes von φ durch Mittelwertsbildung Rechnung getragen (Abb. 3). Im Schwankungsspektrum äußert sich die genannte Korrelation in einer starken Frequenzabhängigkeit, die erst dann verschwindet, wenn die Periodenlänge groß gegen die Ausdehnung eines Kornhaufens ist, der durch ein Elektron erzeugt wurde. Ab hier bestimmt die statistische Verteilung des Elektronenregens das Schwankungsspektrum; $\overline{\Delta S^2}$ erreicht einen Maximalwert, der nach Gl. (15) berechenbar ist ($\beta = 1$).

3. Der Elektronendiffusionshof. Belichtet man einen Spalt der Breite dx mit der Intensität eins auf, so erhält man wegen der Diffussion der Elektronen in der Schicht eine Schwärzungsverteilung, wie man sie ohne Streuung durch Aufbelichten einer Intensitätsverteilung

$$\Phi(x)\,dx = \frac{2{,}3}{k}\,10^{-\frac{|x|}{k}}\,dx \qquad (17)$$

erhalten hätte. $\Phi(x)$ nennt man die Verwaschungsfunktion. Im Fall einer linearen Schwärzungskurve entspricht die Schwärzungsverteilung eines aufgedrückten Spaltes direkt der Verwaschungs-

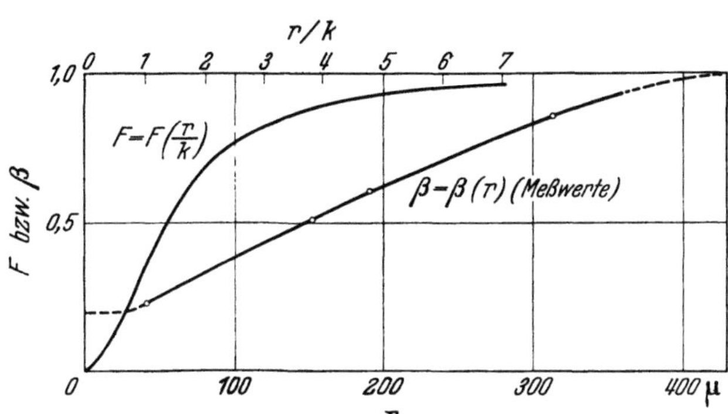

Abb. 3. Die Kontrastübertragungsfunktion F und die β-Funktion für die photographische Platte bei Elektronenbelichtung

funktion. Die Konstante k beschreibt die Breite des Diffusionssaumes (Zehntelwertsbreite). Bei Elektronenbestrahlung ist sie nicht von der Korngröße, sondern nur von der Packungsdichte der Emulsion und der Energie der Elektronen abhängig. Bei den in der Praxis verwendeten Platten liegt k in der Größenordnung 30—50 μ (1). Je breiter die Verwaschung im Vergleich zu der Periodenlänge r eines aufbelichteten Rasters ist, um so höher wird die Kontrastminderung sein.

Die Übertragungsfunktion $F(\nu)$, die diese Kontrastminderung beschreibt, wird also nur vom Verhältnis beider Längen $\dfrac{k}{r}$ abhängen. Die Übertragungstheorie (3) zeigt, daß der Zusammenhang zwischen $\Phi(x)$ und $F(\nu)$ durch eine Fouriertransformation gegeben wird $\left(\nu = \dfrac{1}{r}\right)$:

$$F(\nu) = \int_{-\infty}^{+\infty} \Phi(x)\,\cos 2\,\pi\nu x\,dx = \frac{0{,}54}{0{,}54 + (k\nu)^2}\ \text{oder}$$

$$F\left(\frac{k}{r}\right) = \frac{0{,}54}{0{,}54 + (\frac{k}{r})^2}\,. \qquad (18)$$

Abb. 3 zeigt die Funktion $F(\nu)$ über $\dfrac{r}{k}$.

Man entnimmt Abb. 1 und Gl. (3), daß sich die zu $\hat{p}$ gehörige Schwärzungsdifferenz ΔS berechnet zu

$$\Delta S = 2\,F(\nu)\,\hat{p}\,S_0\,, \qquad (19)$$

wobei S_0 die $\hat{E}_m$ entsprechende mittlere Schwärzung ist.

4. Der Zusammenhang zwischen den Eigenschaften der photographischen Schicht und dem aufzulösenden Rasterabstand. Soll bei einer Vergrößerung v die Rasterlänge r_0 eines periodischen Objektes wiedergegeben werden, so muß entsprechend Gleichung (5) und (16) der durch die Elektronendiffusion verminderte Kontrast ΔS die Körnigkeitsschwankung mindestens q-mal übertreffen:

$$\Delta S \geqq q\,\beta(A)\,\sqrt{\overline{\Delta S^2}}\,. \qquad (20)$$

Außerdem muß ΔS wegen der Augenempfindlichkeit mindestens 0,02 sein. Da die Körnigkeit um so größer wird, je höher die Empfindlichkeit des photographischen Materials ist, soll die nach Gleichung (20) eben noch zulässige Empfindlichkeit ε^* bestimmt werden. Man ist an der Anwendung dieser Grenzempfindlichkeit interessiert, weil aus Gründen der Objektveränderung und der Verwackelung während der Belichtung die kürzeste Belichtungszeit am günstigsten ist. Tastet man das Objekt mit einer Fläche A ab, deren Seitenlänge der halben Periodenlänge $\frac{r_0 v}{2}$ im Bild entspricht, so erhält man

$$4 F^2 \left(\frac{1}{r_0 v}\right) \hat{p}^2 S_0^2 \geqq \frac{4 q^2 \beta^2 (r_0 v) \, \varepsilon^* S_0}{r_0^2 v^2} \tag{21}$$

oder nach dem interessierenden ε^* aufgelöst

$$\varepsilon^* = \frac{F^2 \left(\frac{1}{r_0 v}\right) \hat{p}^2 r_0^2 v^2 S_0}{q^2 \beta^2 (r_0 v)} . \tag{22}$$

a) *Das Nomogramm zur Bestimmung der maximal zulässigen Empfindlichkeit.* Die zulässige Empfindlichkeit ε^* wird einerseits von Daten des Objektes, andererseits von photographischen Daten festgelegt. Um den mannigfaltigen Einfluß der einzelnen Größen klar zu übersehen und

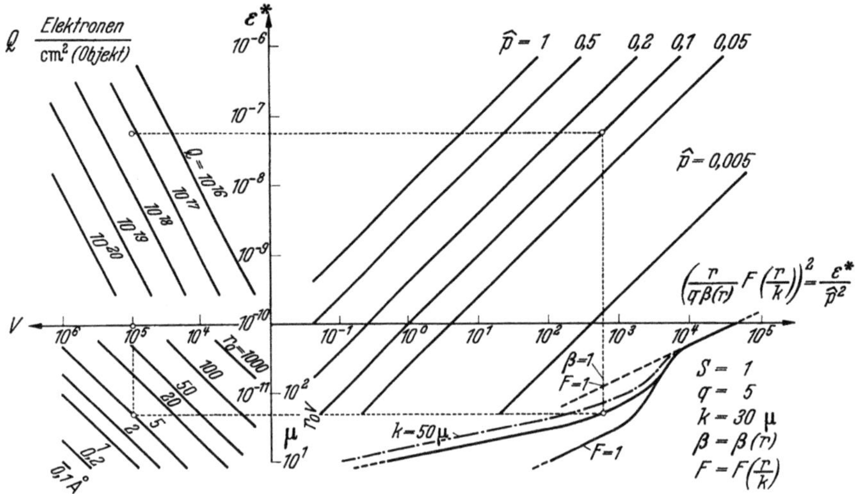

Abb. 4. Nomogramm I. Zur Bestimmung der maximal zulässigen Empfindlichkeit ε^*

ε^* einfach bestimmen zu können, stellt man Formel (22) in einem Nomogramm dar (Abb. 4). Das Objekt bestimmt die Rasterlänge r_0 und die Aussteuerung $\hat{p}$. Der Film bestimmt die Übertragungsfunktion bzw. die Diffusionskonstante k. Frei wählen kann man dann die Vergrößerung v und die mittlere Schwärzung S_0, die hier mit $S_0 = 1$ als optimal festgelegt wird.

Die Handhabung des Nomogrammes erklärt man am einfachsten an einem praktischen Beispiel, das in Abb. 4 (für 80 kV) auch eingezeichnet ist ($v = 10^5$, $r_0 = 5$ Å, $\hat{p} = 0,1$, $S = 1$, $k = 30$). Man beginnt im dritten Quadranten mit einer Senkrechten bei $v = 10^5$, spiegelt diese Linie an der Winkelhalbierenden $r_0 = 5$ Å. An der Ordinate des dritten Quadranten ergibt sich dann die Periodenlänge im Bild $r_0 v = 0,5 \cdot 10^2 \, \mu$. Die Fortführung der Linie und Spiegelung an der Übertragungsfunktion im zweiten Quadranten läßt an der Ordinate die zulässige Empfindlichkeit für hundertprozentige Aussteuerung ($\hat{p} = 1$) ablesen. Die wirklich vorliegende bzw. abgeschätzte Aussteuerung wird durch Spiegelung an den entsprechenden Geraden im ersten Quadranten berücksichtigt. Die Ordinate zeigt dann die gewünschten zulässigen Empfindlichkeiten ε^*. Zusätzlich wurde im zweiten Quadranten noch die zu ε^* gehörende Ladungsdichte $Q = \dfrac{v^2 S_0}{\varepsilon^*}$ im Objekt angegeben, wobei nur diejenigen Elektronen berücksichtigt sind, die das Objekt durchdringen *und* auf die photographische Schicht treffen (vgl. Abschnitt II 4b). Es ist ferner eine Berechnung für $k = 50$ eingetragen, so daß man den Einfluß von Schichten mit größerem Diffusionshof (evtl. bedingt durch ein kleineres Verhältnis Silberbromid zu Gelatine) erkennen kann.

Wie schon Gl. (22) zeigt, ist ε^* um so größer, je größer $F(v)$ und je kleiner β wird. Beide Größen können maximal 1 werden. Es bedeutet dann $F(v) = 1$, daß der Diffusionshof die Wiedergabe nicht mehr mitbestimmt und nur noch die Körnigkeit von Einfluß ist. Da die Kurve für $F(v) = 1$ (Abb. 4) von $r_0 v \geqq 200 \, \mu$ an nicht mehr von derjenigen Kurve abweicht, in der auch $F(v)$ noch berücksichtigt ist, kann man folgern, daß für alle Rasterabstände auf der photographischen

Platte, die größer als 200 μ sind, der Diffusionshof ohne Einfluß ist. Die zu einer Objektrasterlänge gehörige Vergrößerung, die auf der photographischen Schicht die Rasterlänge 200 μ ergibt, kann man Abb. 5 entnehmen. Für $F(v) = 1$ und $\beta = 1$ erhält man im Nomogramm eine Gerade, die keinen Diffusionshof, aber die höchstmögliche Körnigkeit entsprechend Gl. 15 berücksichtigt.

Man kann die Empfindlichkeit ε^* auf zweierlei Weise realisieren. Man kann den Korndurchmesser der unentwickelten Halogensilberkristalle variieren, und man kann ferner die Schichtdicke verändern. Die Empfindlichkeitssteigerung durch Schichtdickenerhöhung erreicht eine Grenze, wenn die Schichtdicke der Reichweite der Elektronen gleich wird. Die Empfindlichkeitserniedrigung (durch Schichtdickenverminderung) ist begrenzt durch die Bedingung, daß mindestens

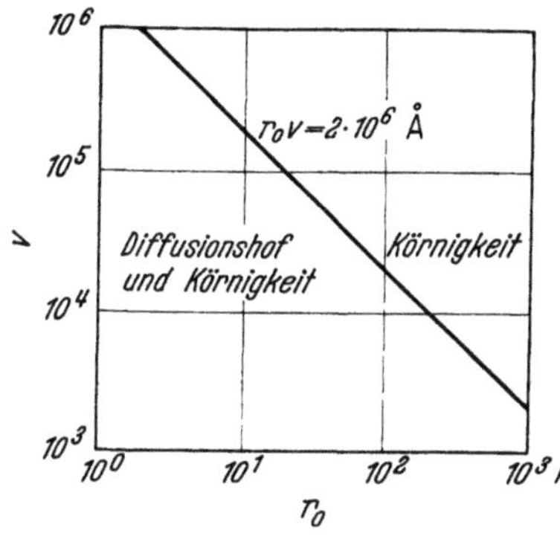

Abb. 5. Die zur Objektgröße r_0 gehörende Vergrößerung, v, von der an der Diffusionshof vernachlässigt werden kann und nur noch die Körnigkeit für die Wiedergabe kleiner Details bestimmend ist

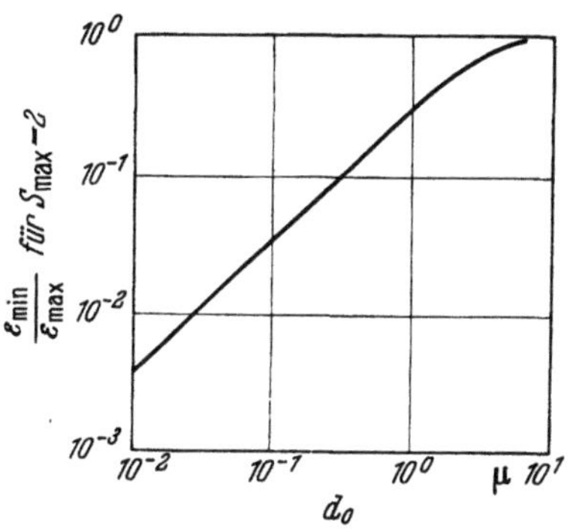

Abb. 6. Der Bruchteil $\dfrac{\varepsilon_{min}}{\varepsilon_{max}}$ der Empfindlichkeit, den man durch Schichtdickenverringerung für verschiedene Korngrößen erreichen kann (geforderte Maximalschwärzung $S_{max} = 2$)

eine bestimmte Maximalschwärzung (etwa $S_{max} = 2$) gefordert werden muß. Man kann mittels Gl. (13) für eine gegebene Packungsdichte (für Abb. 6: $c = 0{,}4$ g Ag/cm³ Em.) denjenigen Bruchteil $\dfrac{\varepsilon_{min}}{\varepsilon_{max}}$ der Maximalempfindlichkeit berechnen, den man bei gegebenem Korndurchmesser der unentwickelten Mikrokristalle durch Schichtdickenverminderung gerade noch erreichen kann (für $S_{max} = 2$). Es folgt, daß (im Gegensatz zu grobkörnigen Schichten) feinkörnige Schichten durch Schichtdickenänderung sehr stark in der Empfindlichkeit verringert werden können (Abb. 6).

b) *Die Objektbelastung.* Durch den Energieverlust, den die Elektronen beim Durchgang durch das Objekt erleiden, wird dem Objekt Energie zugeführt. Die Aufnahmebedingungen müssen so gewählt werden, daß die Veränderungen am Objekt durch diese Energiezufuhr tragbar bleiben.

Es wird daher eine Angabe über den Zusammenhang zwischen Objektbelastung und Empfindlichkeit des photographischen Materials interessant sein. Wenn S_0 die für die Aufnahme zu fordernde Schwärzung ist, muß eine Ladungsdichte $E = \dfrac{S_0}{\varepsilon}\left[\dfrac{\text{Coul}}{\text{cm}^2}\right]$ auf die Photoplatte fallen. Die Ladungsdichte im Objekt erhöht sich um das Quadrat der linearen Vergrößerung zu

$$Q = \frac{v^2 S_0}{\varepsilon}\left[\frac{\text{Coul}}{\text{cm}^2}\right]. \tag{23}$$

Diese Größe stellt eine untere Grenze dar, da solche Elektronen, die wegen der Streuung nicht auf die Platte fallen (und hier nicht mitgerechnet werden), dennoch Energie im Objekt abgeben.

Der Energieverlust ΔU in einem Objekt der Dicke t [g/cm²] wird im Nachgang von Cosslett (7) mit Hilfe des Thomson-Widdington'schen Gesetzes

$$\Delta U = a \frac{Z}{A} \frac{t}{2U} \tag{24}$$

überschlagen. U ist die Strahlspannung. Für den Spannungsbereich der praktischen Elektronenmikroskopie ergibt sich $a = 8 \cdot 10^{11}\left[\text{Volt}^2 \dfrac{\text{cm}^2}{\text{g}}\right]$. Außerdem kann man für das Verhältnis von

Ordnungs- zu Atomzahl $\frac{Z}{A}$ sehr gut $^1/_2$ setzen. Die Objektbelastung B folgt dann zu

$$B = Q\,\varDelta\,U = \frac{v^2\,S_0}{\varepsilon}\,\frac{a\,t}{4\,U}\qquad\left[\frac{\text{Wattsec}}{\text{cm}^2}\right], \tag{25}$$

oder, wenn man die spezifische Belastung $\frac{B}{t} = b$ einführt:

$$b = \frac{v^2\,S_0}{\varepsilon}\,\frac{a}{4\,U}\qquad\left[\frac{\text{Wattsec}}{\text{cm}^2}\right]. \tag{26}$$

Es soll jetzt die praktische Frage diskutiert werden, welcher Rasterabstand bei vorgegebener Objektbelastung wiedergegeben werden kann. Setzt man die spezifische Objektbelastung, die als konstant vorgegeben betrachtet wird, in die Bedingungsgleichung (20) für die Erkennbarkeit des Rasterabstandes r_0 ein, so ergibt sich

$$F\hat{p}\,\sqrt{\frac{4\,U}{a}}\,\sqrt{b} = \frac{q\beta}{r_0}. \tag{27}$$

Diese kubische Gleichung (r_0 tritt quadratisch in der Übertragungsfunktion F auf), die nur eine reelle Wurzel hat, läßt sich nach Umschreiben graphisch einfach diskutieren:

$$\frac{r_0 - R}{k\,K^2} = \frac{1}{r_0{}^2}, \qquad\qquad R = \frac{q\,\beta\,\sqrt{a}}{2\sqrt{U}\sqrt{b}\,\hat{p}},$$

$$K^2 = \left(\frac{0{,}43\,\pi\,k}{v}\right)^2.$$

Trägt man beide Funktionen graphisch auf (Abb. 7), so erhält man die Lösung als Schnittpunkt der Geraden $g = \dfrac{r_0 - R}{R\,K^2}$ mit der Hyperbel $h = \dfrac{1}{r_0{}^2}$.

Je größer die Objektbelastung, d. h. je kleiner k, desto kleiner wird der minimal wiedergebbare Rasterabstand r_0. In der graphischen Darstellung äußert sich dies durch Wandern des Schnittpunktes von g mit der Abszisse zu kleineren Werten. Dieses Ergebnis ist verständlich. Eine größere Objektbelastung erlaubt nämlich zur Anfertigung eines „Normbildes" die Verwendung einer unempfindlicheren Schicht, die wegen des geringeren Rauschens eine bessere Wiedergabe zeigt. Eine Verringerung der k-Zahl bewirkt ebenfalls eine Verkleinerung von r_0. In der graphischen Darstellung ist nämlich der Ordinatenabschnitt von g proportional zu $\frac{1}{k^2}$; eine Veränderung von k bewirkt demnach eine Drehung der Geraden g um den Abszissenpunkt R.

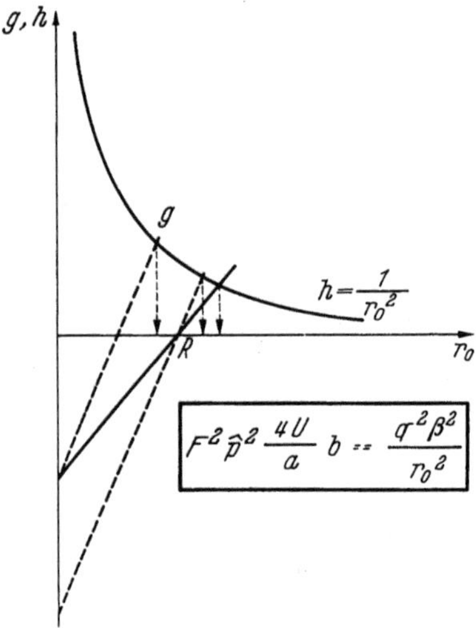

Abb. 7. Schematische Darstellung für den Zusammenhang zwischen Objektbelastung b und Rasterlänge r_0

Eine Erhöhung des Vergrößerungsmaßstabes v wirkt im gleichen Sinne wie eine Verkleinerung der Diffusionszahl k. Entsprechend der vorausgesetzten konstanten Objektbelastung kann eine Vergrößerung des Abbildungsmaßstabes jedoch nur in Verbindung mit einer Erhöhung der Empfindlichkeit des photographischen Materials erfolgen.

Eine Erhöhung der Spannung U verschiebt R zu größeren Werten. Im Nenner von R erhöht sich zwar einerseits die Wurzel aus U, andererseits wird jedoch die durch das Objekt verursachte Aussteuerung $\hat{p}$ annähernd proportional U kleiner, so daß eine Abnahme des Nenners resultiert. Hinzu kommt, daß im Zähler die spannungsabhängige Größe β erhöht wird, mindestens jedoch konstant bleibt. Da die Spannungserhöhung andererseits eine Empfindlichkeitssteigerung der photographischen Schicht zur Folge hat, kann bei konstanter Objektbelastung die Vergrößerung erhöht werden. Die Gerade g wird steiler. Eine zusätzliche Verbesserung von r_0 bewirkt die wegen der höheren Spannung geringere Elektronen-Diffusionszahl k.

Die Spannungserhöhung hat also zwei gegeneinander gerichtete Effekte zur Folge. Welcher der beiden Effekte überwiegt, kann nur durch quantitatives Vorgehen geklärt werden. (Schon in der qualitativen Zeichnung kann man sehen, daß zur Abschätzung dieser beiden gegenläufigen

Prozesse der absolute Wert von R bedeutend ist.) Es soll die graphische Darstellung nur als Mittel zur vereinfachten Diskussion der verschiedenen Parameter, die den minimalen Rasterabstand bestimmen, angewendet werden.

c) *Die Aussteuerung $\hat{p}$ der auf die Photoplatte fallenden Intensität.* In diesem Abschnitt soll ein Überblick über die Effekte gegeben werden, die für die Intensitätsmodulation bei der Durchstrahlung eines Objektes im Elektronenmikroskop verantwortlich sind. Anhand von Beispielen wird die Anwendbarkeit der obengenannten Formeln gezeigt.

Die Theorie von UYEDA (*8*) läßt die Bildentstehung im Elektronenmikroskop in direkter Analogie zu den Effekten im Lichtmikroskop einheitlich interpretieren. Der Anteil der im Objekt inkohärent gestreuten Elektronen, der nicht durch die effektive Apertur fällt, und so zur Kontrastentstehung beiträgt, läßt sich durch den Streukoeffizienten beschreiben. Das lichtoptische Analogon ist der Absorptionskoeffizient. Trägt man der Wellennatur der Elektronen Rechnung, so ergibt sich auch ein kohärenter Anteil elastisch gestreuter Elektronen. Die Phasenbeziehungen dieses Anteils werden durch das innere Potential im Objekt, analog zum Brechungsindex im lichtoptischen Fall bestimmt. Diese Unterscheidung mußte erwähnt werden, da je nach der Frequenz der betrachteten Schwankungen im Objekt der eine oder der andere Effekt bestimmend ist.

Liegt ein amorphes Objekt vor, und ist die Periode der Objektschwankungen größer als das Verhältnis von Elektronenwellenlänge λ zu Apertur des elektronenmikroskopischen Systems, so ist nur die Streuabsorption zu berücksichtigen. Entsprechend den üblich verwendeten Wellenlängen von 3—$5 \cdot 10^{-2}$ Å (50—150 kV) und Aperturen von 10^{-3}—10^{-2} ergibt sich diese Grenze zu rund 30 Å, oberhalb der die Intensitätsmodulation nur durch örtliche Änderungen des Streuabsorptionskoeffizienten bewirkt wird.

Beschränkt man sich auf Einzelstreuung, so liefert die Theorie (*9*) einen Wert für

$$\hat{p} = \frac{\widehat{\Delta E}}{\hat{E}} = \Delta \left\{ \sigma \, N \, d \, (1\!-\!k) \right\}, \tag{28}$$

wobei $\quad \sigma =$ der Streukoeffizient [cm²]

$\qquad Nd =$ die Anzahl der Atome pro cm² der Objektfläche

$\qquad 1\!-\!k =$ der Bruchteil der auffallenden Elektronen, der nicht in die effektive Apertur trifft.

Durch das Δ-Zeichen vor der Klammer ist angedeutet, daß die Änderungen der Streukraft entweder durch Änderungen der geometrischen Dicke d oder der Dichte (Anzahl der Atome N pro cm³) oder auch durch Änderungen des Streukoeffizienten σ durch Übergang von einer zu einer anderen Atomart bewirkt werden können. Wesentlich ist noch zu bemerken, daß die relative Größe $\dfrac{\widehat{\Delta E}}{\hat{E}}$ der absoluten Änderung $\Delta \left\{ \sigma N d \right\}$ proportional ist.

Um die üblichen Dichte- bzw. Dickeschwankungen gemeinsam diskutieren zu können, führt man das Flächengewicht t [g/cm²] des Objektes ein. Es wird dann

$$\hat{p} = \frac{\widehat{\Delta E}}{\hat{E}} = \frac{\Delta t}{t_e}, \tag{29}$$

wobei t_e die Schichtdicke [g/cm²] ist, die die auf das Objekt auffallende Intensität auf $\dfrac{1}{e}$ absinken läßt:

$$t_e = \frac{\beta^2}{0{,}88 \dfrac{Z^{4/3}}{A} (1-k)} \cdot 10^{-4} \ [\text{g/cm}^2]. \tag{30}$$

($\beta =$ Elektronengeschwindigkeit/Lichtgeschwindigkeit). Wählt man die häufig in der praktischen Elektronenmikroskopie vorkommenden Daten

Apertur $\Theta = 5 \cdot 10^{-3}$; $\beta^2 = 0{,}17$ ($U = 50$ kV) und $Z = 6$ (C), so ist $t_e = 22 \cdot 10^{-6}$ [g/cm²]. Rechnet man mit einer Schwankung $\Delta t = 22 \cdot 10^{-8}$ [g/cm²], so erhält man unter den obigen Bedingungen eine Aussteuerung von $\hat{p} = 1\%$. Das Nomogramm I zeigt, daß diese Aussteuerung von feinkörnigen Emulsionen ($\varepsilon^* \approx 10^{-9}$ [cm²/Elektr.]) herunter bis zu Vergrößerungen von 10^4

und Periodenlängen $r_0 = 30$ Å gut wiedergegeben werden kann. Da t_e mit abnehmender Strahlspannung abnimmt, können dann sogar noch kleinere Schwankungen Δt festgestellt werden.

Will man Schwankungen im Objekt betrachten, deren Periode kleiner als 30 Å ist, so muß man den kohärenten Anteil der Streuintensität berücksichtigen. Man schreibt nach dem Obengesagten diese Intensitätsmodulation einer periodischen Änderung des Brechungsindex zu. Der Brechungsindex $n = \sqrt{1 + \dfrac{U_0}{U}}$ wird durch das innere Potential des Objektes U_0 und die Strahlspannung U bestimmt. Die Schwankung ergibt sich also zu $\dfrac{1}{2n}\dfrac{\Delta U_0}{U}$.

Den maximalen Kontrast im Bild erhält man durch Defokusierung um die Strecke $\dfrac{2 r_0^2}{\lambda}$. Die Aussteuerung für diese optimale Einstellung erhält man gemäß einer Formel, die Lenz (10) angibt zu

$$\hat{p} = \frac{4\pi d}{\lambda}\frac{\Delta U_0}{U}. \tag{31}$$

Wählt man als Beispiel die Objektdicke $d = 50$ Å, Wellenlänge $\lambda = 0{,}055$ Å, Spannung $U = 50$ kV und eine Schwankung des inneren Potentials von $\Delta U_0 = 0{,}2$ V, so erhält man $\hat{p} = 4\%$. Diese Aussteuerung läßt bei einer Vergrößerung von $v = 10^5$ eine Rasterlänge von 2 Å mit Hilfe von feinkörnigen Platten ($\varepsilon^* = 10^{-10}$ [cm²/Elektr.]) noch gut wiedergeben.

III. Ausblick

Durch eine Auswertung von Nomogramm I kann man zu der in Abb. 8 angegebenen Darstellung gelangen. Dieses Nomogramm II gestattet das direkte Ablesen von ε^* bei gegebener Objekt-Rasterlänge r_0 und Aussteuerung $\hat{p}$ für verschiedene Vergrößerungen. (Die Vergrößerung 10^6 ist nur mit angegeben, damit man zwischen $v = 10^5$ und $v = 10^6$ interpolieren kann. Man entnimmt Abb. 8 zur Beantwortung der besonders interessanten Frage nach der Möglichkeit, Rasterlängen von 1 Å (Atomgrößen) auf der photographischen Platte wiederzugeben:

1. Die Wiedergabe ist bei einer Vergrößerung von 10^5 nur bei einer Aussteuerung von $\hat{p} \geqq 0{,}1$ noch möglich; man muß dazu äußerst unempfindliche Platten $\left(\varepsilon^* = 10^{-11} \text{ bis } 10^{-12} \dfrac{\text{cm}^2}{\text{Elektronen}}\right)$ verwenden (Typ Mikrat); höhere Aussteuerungen gestatten auch die Verwendung etwas höher empfindlicher photographischer Schichten.

2. Es wäre von großem Vorteil, wenn man für die Aufgabe, Atome aufzulösen, zu höheren Vergrößerungen $> 10^5$ übergehen könnte.

Objekte in der Größenordnung von etwa 10 Å lassen sich auch bei kleinen Aussteuerungen ($\hat{p} \approx 0{,}05$) mit mittelempfindlichen Schichten noch gut wiedergeben, schon Aussteuerungen von $\hat{p} = 0{,}2$ können mit den heute höchstempfindlichen Schichten wiedergegeben werden. Inzwischen ist gezeigt, daß etwa 10 Å gut wiedergebbar sind (11); ferner konnte 8 Å mit höchstempfindlichen Schichten aufgelöst werden (2);

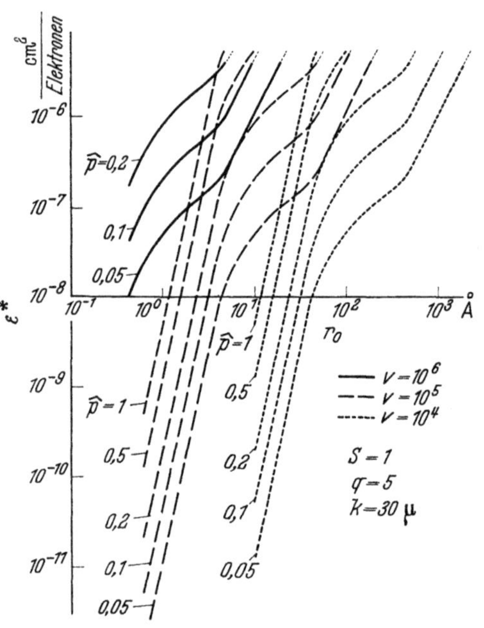

Abb. 8. Nomogramm II. Auswertung des Nomogramms I zur Bestimmung der maximal zulässigen Empfindlichkeit

man kann also schließen, daß diese Objekte eine Aussteuerung von $\hat{p} \approx 0{,}2$ besitzen. Da auch in diesen Fällen die Aussteuerung bereits von einzelnen Gitterlinien im Kristall herrührt, kann man wahrscheinlich mit gleichen Aussteuerungen rechnen, wenn man einatomig besetzte Gitterplätze sichtbar machen will, so daß vom Standpunkt der photographischen Platte eine Auflösung von Einzelatomen möglich sein müßte.

Herrn Prof. Dr. E. Ruska möchten wir an dieser Stelle für die Diskussionen danken, die er mit uns über das behandelte Thema führte.

Literatur

1. Frieser, H., u. E. Klein: Z. angew. Physik **10**, 337 (1958).

2. Neider, R.: Zur Bestimmung des Auflösungsvermögens elektronengeschwärzter photographischer Schichten. Diplomarbeit Freie Universität Berlin 1954/55.
 — Empfindlichkeit, Gradation und Auflösungsvermögen elektronengeschwärzter Emulsionen. Vortrag Tagung dtsch. Ges. Elektronenmikroskopie, Darmstadt 1957.

3. Zeitler, E.: Mitt. Agfa Leverkusen-München **2**, 217 (1958), Berlin: Springer.

4. Frieser, H.: Mitt. Agfa Leverkusen-München 2, 249 (1958), Berlin: Springer.

5. Arens, H., J. Eggert u. E. Heisenberg: Z. wiss. Photogr. 28, 356 (1931).
Klein, E.: Mitt. Agfa Leverkusen-München **2**, 85 (1958), Berlin: Springer.
Eggert, J., u. A. Küster: Agfa Veröff. **5**, 123 (1937), Leipzig: Hirzel.

6. Glocker, R.: Z. Naturforsch. **3a**, 147 (1948).

7. Cosslett, V. E.: Brit. J. appl. Physics **7**, 10 (1956).

8. Uyeda, R.: J. Phys. Soc. Japan **10**, 256 (1955).

9. Zeitler, E., and G. F. Bahr: Exp. Cell. Res. **12**, 44 (1957).

10. Borries, B. v., u. F. Lenz: Proc. Stockholm Conf. on Electron Microscopy 1956, S. 60, Stockholm: Almqvist u. Wiksell.

11. Niehrs, H.: Proc. Stockholm Conf. 1956, S. 86.
Menter, J. W.: Proc. Stockholm Conf. 1956, S. 88.
Neider, R.: Proc. Stockholm Conf. 1956, S. 93.

Elektronenvielfachstreuung in photographischen Emulsionen

Friedrich Lenz

Technische Hochschule Aachen

Für die Fähigkeit photographischer Emulsionen, bei der Registrierung von Elektronenbildern kleine Bilddetails wiederzugeben, kommt es nicht nur auf die Körnigkeit der Emulsion an, sondern es kann auch durch Streuung der Elektronen innerhalb der photographischen Schicht

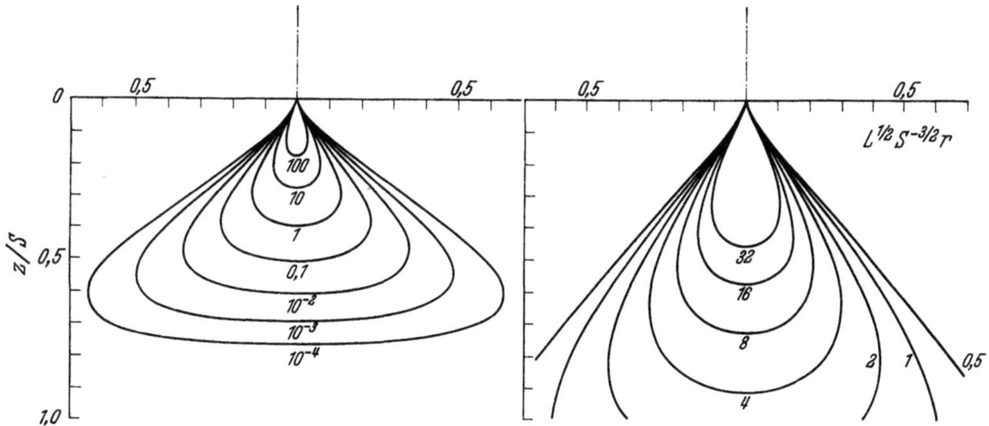

Abb. 1 Linien gleicher Stromdichte bei der Vielfachstreuung von Elektronen.
Der an die Kurven angeschriebene Parameter ist $S^3 \pi j/LI$, ein dimensionsloses Maß für die Stromdichte.
Wegen der Bedeutung von S s. Gl. (4). $L = (l/\vartheta_m^2)_{z=0}$.
Links: Mit, rechts: Ohne Berücksichtigung von Absorption und Bremsung

zu einer Verwaschung kleiner Bilddetails kommen. Ein entsprechender Effekt wurde schon früher bei der Registrierung von Lichtbildern beobachtet und als „Diffusionslichthof" bezeichnet. Frieser (*1*) hat gezeigt, daß die Intensitätsverteilung in einem solchen Lichthof in der Umgebung eines dünnen belichteten Spaltes in guter Näherung exponentiell mit dem Abstand $|x|$ vom Spalt abnimmt, und zwar definiert er eine „Zehntelwertbreite" k, indem er die zur Intensitätsverteilung proportionale, aber durch die Bedingung

$$\int_{-\infty}^{+\infty} \Phi(x)\, dx = 1 \tag{1}$$

normierte „Verwaschungsfunktion" $\Phi(x)$ durch

$$\Phi(x) = \frac{\ln 10}{k} \exp\left(-\frac{2\,|x|}{k}\ln 10\right) \tag{2}$$

annähert. KOWALSKI (2) hat mittels Elektronenbelichtung photographischer Schichten verschiedener Schichtdicke durch wenige Mikron breite Spalte für verschiedene Elektronengeschwindigkeiten (25, 68, 82 kV) experimentell gezeigt, daß der Diffusionshof auch bei Elektronenbestrahlung näherungsweise durch einen Ausdruck der Form (2) beschrieben werden kann.

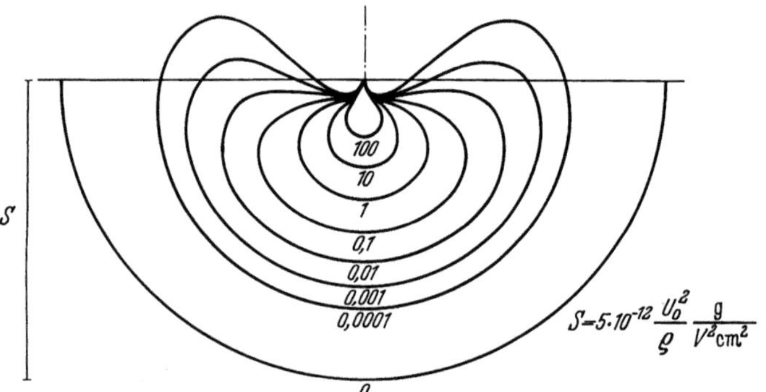

$$S = 5 \cdot 10^{-12}\,\frac{U_0^2}{\varrho}\,\frac{g}{V^2\mathrm{cm}^2}$$

Abb. 2. Linien gleicher Stromdichte bei Diffusion von Elektronen in Luft

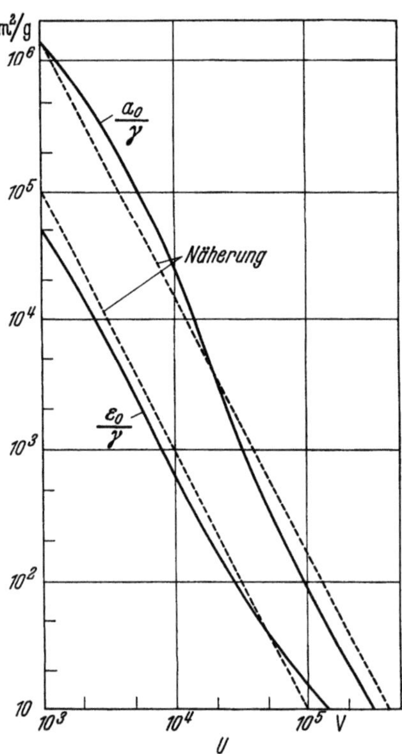

Abb. 3. Koeffizienten des Geschwindigkeitsverlustes ε_0/γ und der Absorption a_0/γ. —— empirische Daten (v. BORRIES 1942), -------- Näherungen (4) u. (5)

In der vorliegenden Untersuchung soll nun gezeigt werden, daß die in Arbeiten von FRIESER und KLEIN (3, 4) publizierten Daten von KOWALSKI in größenordnungsmäßiger Übereinstimmung mit den Ergebnissen einer Absorption und Bremsung der Elektronen berücksichtigenden Kleinwinkel-Theorie der Elektronen-Vielfachstreuung von LENZ (5) sind. Die aus der Theorie folgende Verteilung der Elektronenstromdichte ist in Abb. 1 allgemein und in Abb. 2 speziell für Elektronenstreuung in Luft dargestellt. Dabei ist zur Vereinfachung vorausgesetzt, daß der auf die mittlere freie Weglänge l zwischen zwei Streuakten bezogene mittlere quadratische Streuwinkel ϑ_m^2/l durch eine halbempirische Formel von BOTHE (6)

$$\sqrt{\frac{\vartheta_m^2}{l}} = \frac{4{,}0 \cdot 10^5}{U}\,Z\,\sqrt{\frac{\varrho}{A}}\;V\;\mathrm{cm\;g^{-1/2}}, \tag{3}$$

die Bremsung durch das Gesetz von THOMSON und WHIDDINGTON

$$\frac{U_0^2 - U^2}{U_0^2} = \frac{z}{S}\;;\quad S = 5\cdot 10^{-12}\,\frac{U_0^2}{\varrho}\,\frac{g}{V^2\mathrm{cm}^2} \tag{4}$$

und der Absorptionskoeffizient a_0 für Elektronen durch einen Ausdruck der Form

$$a_0 = 1{,}5 \cdot 10^{12}\,\frac{\varrho}{U^2}\,\frac{V^2\mathrm{cm}^2}{g} \tag{5}$$

beschrieben werden kann.

Die benutzten Näherungen (4) und (5) werden in Abb. 3 den genaueren empirischen Daten gegenübergestellt. In den Gl. (3) bis (5) bedeutet eU die Elektronenenergie, eU_0 die anfängliche Elektronenenergie, Z die Ordnungszahl, A das Atomgewicht der streuenden Atome, S eine durch (4) definierte Reichweite und ϱ die Dichte der streuenden Substanz. Ferner bedeutet z die Eindringtiefe in die streuende Substanz und I den gesamten Primärstrom.

Berechnet man nun die Form der Verwaschungsfunktion unter der Annahme, daß die Wahrscheinlichkeit für die Schwärzung eines Silberkorns in der photographischen Emulsion zur lokalen Elektronenstromdichte direkt und zur Elektronenenergie eU umgekehrt proportional ist, so erhält man das in Abb. 4 gezeigte Bild. In dieser halblogarithmischen Darstellung würde eine

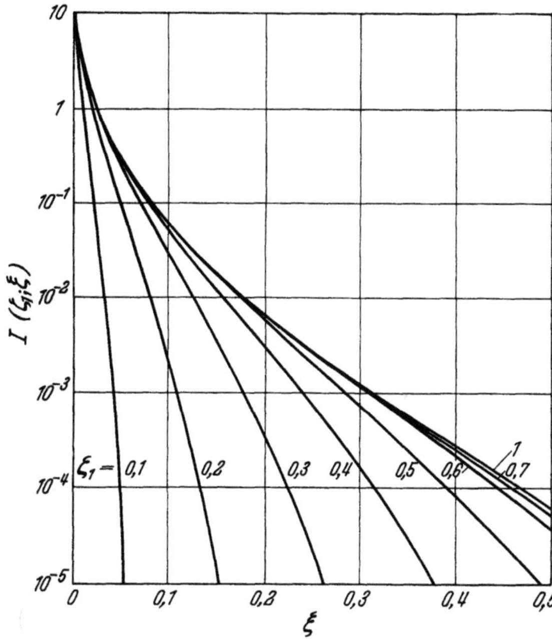

Abb. 4. Intensitätsabnahme im Diffusionshof bei Elektronenstreuung. $I(\zeta_1, \xi)$ ist ein dimensionsloses Maß für die über die Schichtdicke gemittelte Ionisation in einer Elektronen streuenden Schicht. Der Abszissenmaßstab $\xi = L^{\frac{1}{2}} S^{-\frac{3}{2}} r$ ist mit dem in Abb. 1 identisch. ζ_1 ist das Verhältnis der Schichtdicke zur Reichweite

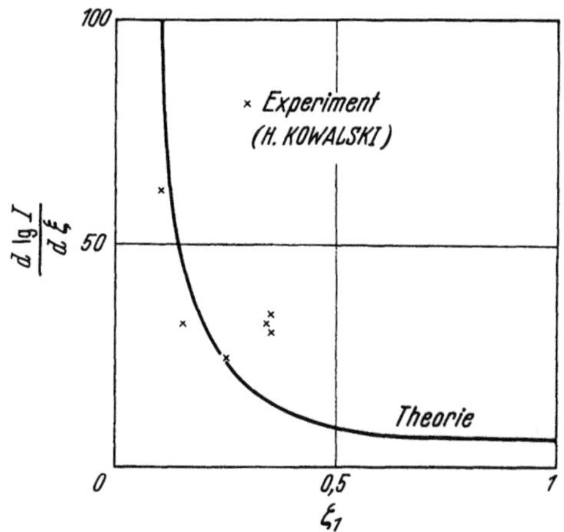

Abb. 5. Abhängigkeit der minimalen Steigung der Kurven Abb. 4 von der relativen Schichtdicke

Verteilung nach Gl. (2) als Gerade erscheinen. Tatsächlich sind die berechneten Kurven keine Geraden (sie gehen vielmehr für $x \to 0$ gegen Unendlich), sie können aber in der Umgebung ihrer Wendetangenten durch diese angenähert werden. Die reziproke Steigung dieser Wendetangenten ist somit ein Maß für die Zehntelwertbreite k. Die Abhängigkeit dieser Steigung von der relativen (d. h. auf die Reichweite bezogenen) Schichtdicke ist in Abb. 5 dargestellt. Die aus den experimentellen Daten von Kowalski ermittelten Werte sind mit eingezeichnet. Wie man sieht, ist die Abweichung zwischen Theorie und Experiment in keinem Fall größer als um den Faktor 2, in einigen Fällen aber wesentlich geringer.

Literatur

1. Frieser, H.: Photogr. Korresp. **91**, 69 (1955); **92**, 51 und 183 (1956); s. a. diesen Band, S. 116.
2. Kowalski, H.: Eigenschaften elektronenbestrahlter photographischer Versuchsschichten (Empfindlichkeit, Körnigkeit, Elektronendiffusionshof), Diplomarbeit, Aachen 1957.
3. Frieser, H., u. E. Klein: Z. angew. Physik **10**, 337 (1958).
4. — Science et industries photographiques (2), **28**, 436 (1957).
5. Lenz, F.: Z. angew. Physik **10**, 31 (1958).
6. Bothe, W.: Handbuch d. Physik (Geiger-Scheel), Bd. 22/2. Berlin: Springer 1933.

Punktauflösung von extrem feinkörnigen und extrem empfindlichen Photoemulsionen

A. M. D'Ans, E.-G. Bergansky und G. Tochtermann

Institut für Elektronenmikroskopie am Fritz-Haber-Institut der Max-Planck-Gesellschaft, Berlin-Dahlem

Die Ausnutzung der Leistungsfähigkeit des Elektronenmikroskops hängt bekanntlich auch von den Eigenschaften des photographischen Aufnahmematerials ab. Wir untersuchten daher — außer einigen Versuchsschichten der Agfa-AG. Leverkusen — zahlreiche handelsübliche Photoemulsionen auf Gradation, Empfindlichkeit, Körnigkeit und Auflösung. Im folgenden soll über den Teil dieser Arbeiten berichtet werden, der sich auf extrem feinkörnige und extrem empfindliche Schichten bezieht. Aus den untersuchten feinkörnigen Schichten wurden die Kodak-MR-Platte (Maximum Resolution) und der Agfa-Mikrat-Film, aus den untersuchten empfindlichen Schichten der Gevaert-Structurix-D4-Film und ein Agfa-Versuchsfilm ausgewählt. Zum Vergleich mit diesen extremen Schichten ist als Aufnahmematerial mittlerer Körnigkeit und Empfindlichkeit, wie es in der Elektronenmikroskopie meist verwendet wird, die Perutz-Kontrast-Platte aufgeführt. Die Punktauflösung $\delta^{\cdot\cdot}$ dieser Schichten wurde auf zwei Arten bestimmt:

a) aus der Körnigkeit der gleichmäßig bestrahlten Schicht und als Funktion des Bildkontrasts,

b) aus elektronenmikroskopischen Aufnahmen eines aus punktförmigen Teilchen bestehenden Präparates.

Zusammenhang zwischen Punktauflösung, Körnigkeit und Bildkontrast. Zur Bestimmung der Körnigkeit wurden an Schichten der Schwärzung $S \approx 1$ die durch Anhäufungen und Auflockerungen der Silberkörner hervorgerufenen Schwankungen des durchgelassenen Lichts mit Hilfe eines Mikrophotometers registriert. Aus den Registrierkurven wurden der mittlere Abszissenabstand $\bar{a}$ aufeinanderfolgender Maxima bzw. Minima sowie die mittlere relative Ordinatenschwankung, d. i. der Grundkontrast K_G, nach einer statistischen Methode bestimmt (1). Die aus diesen Werten ermittelte Körnigkeit $G = \bar{a}\,K_G$ der entwikkelten Schichten erwies sich als weitgehend unabhängig von der Größe der Abtastblende und der Schwärzung (1).

Zunächst liegt die Annahme nahe, die Punktauflösung sei proportional zur Körnigkeit G und umgekehrt

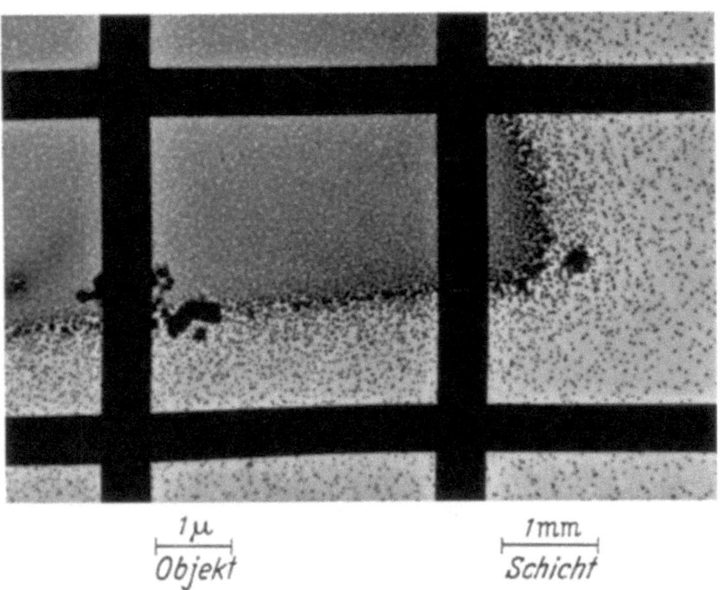

Abb. 1. Übersichtsaufnahme des Testpräparates aus elektrolytisch gefälltem Gold. Aufnahmematerial: Kodak-MR-Platte. Abbildungsmaßstab: elektronenoptisch 800:1; lichtoptisch 12,5:1

proportional zum Bildkontrast K_B. Der Berechnung von K_B legen wir das Verhältnis der Ladungsdichten q im Bild des Teilchens und seiner Umgebung $q_T/q_U = 0,6$ zugrunde, wie er den Elektronenbildern von etwa 10 mμ großen Teilchen aus Schwermetallen entspricht, die wir bei der zweiten Methode auf den bezüglich ihrer Auflösung zu testenden Schichten aufnehmen. Zur Erlangung der Schwärzungskurven — $S = \log I_0/I = f(\log q)$ — bestimmten wir die Schwärzung jeder Schicht für 6 verschiedene Werte von q. Die Schichten werden hierzu mit 80-keV-Elektronen in Stufen steigender Ladungsdichte $q = it$ bestrahlt und die Stromdichte i mit einem Faradaykäfig gemessen.

Bestimmung der Punktauflösung aus Elektronenbildern von Testpräparaten. Die Punktauflösung läßt sich besonders gut aus dem Elektronenbild von Präparaten bestimmen, die aus zahlreichen punktförmigen, möglichst dicht nebeneinander liegenden Einzelteilchen von nur wenig verschiedener Größe bestehen. Die mittlere Größe der für den Auflösungstest benutzten Teilchen soll etwa gleich der Auflösung der Schicht dividiert durch die elektronenoptische Vergrößerung sein. Zum Scharfstellen ist es notwendig, daß das Präparat außerdem Teilchen enthält, die so viel größer als die Testteilchen sind, wie die Auflösung des Leuchtschirms schlechter als die der Photoschicht ist, so daß deren größeres und kontrastreicheres Elektronenbild noch nicht in der Körnigkeit des Leuchtschirms untergeht. Alle diese Bedingungen erfüllt ein kürzlich entwickeltes

Verfahren (2), bei dem Schwermetalle, z. B. Gold, elektrolytisch auf der Präparatblende niedergeschlagen werden, und gleichmäßig große Kriställchen von z. B. 10 mμ Größe entstehen. Eine Übersichtsaufnahme eines solchen Präparates zeigt Abb. 1. Um die Aufladung, die bei unempfindlichen Schichten auftritt und eine Bildverzeichnung bewirkt, zu verhindern, brachten wir in der Wechselkassette des Elektronenmikroskops (Elmiskop I von S & H) ungefähr 10 mm über dem Photomaterial ein Drahtnetz von 3 mm Maschenweite an, dessen Projektion in der Abbildung sichtbar wird. Gleichzeitig dienten die Netzmaschen dazu, die gleiche Objektstelle auf den Platten und Filmen verschiedener Auflösung wiederzufinden. Die kleinen Testteilchen haben sich auf der Elektrodenfläche niedergeschlagen und erscheinen bei der wiedergegebenen 10000fachen Gesamtvergrößerung gerade aufgelöst. Am Rande der Elektrodenfläche haben sich größere Teilchen gebildet und nach Auswaschen des Elektrolyten finden sich außerhalb der Elektrodenfläche Teilchen in größeren Abständen.

Eine Gegenüberstellung des gleichen Präparatbereiches auf den fünf verschiedenen Emulsionen bei der gleichen elektronenoptischen Vergrößerung von 800 zeigt Abb. 2. Die elektronenoptische Aufnahme muß 30fach nachvergrößert werden, damit man die kleinsten, im Elektronenbild nur etwa 8 μ großen Teilchen und ihre etwa ebenso großen kleinsten Abstände auf den hochauflösenden Schichten mit unbewaffnetem Auge unterscheiden kann. Bei der MR-Platte und dem Mikrat-Film sind alle Teilchen aufgelöst. Trotz der hohen Nachvergrößerung ist auf der MR-Platte noch keine Körnigkeit sichtbar,

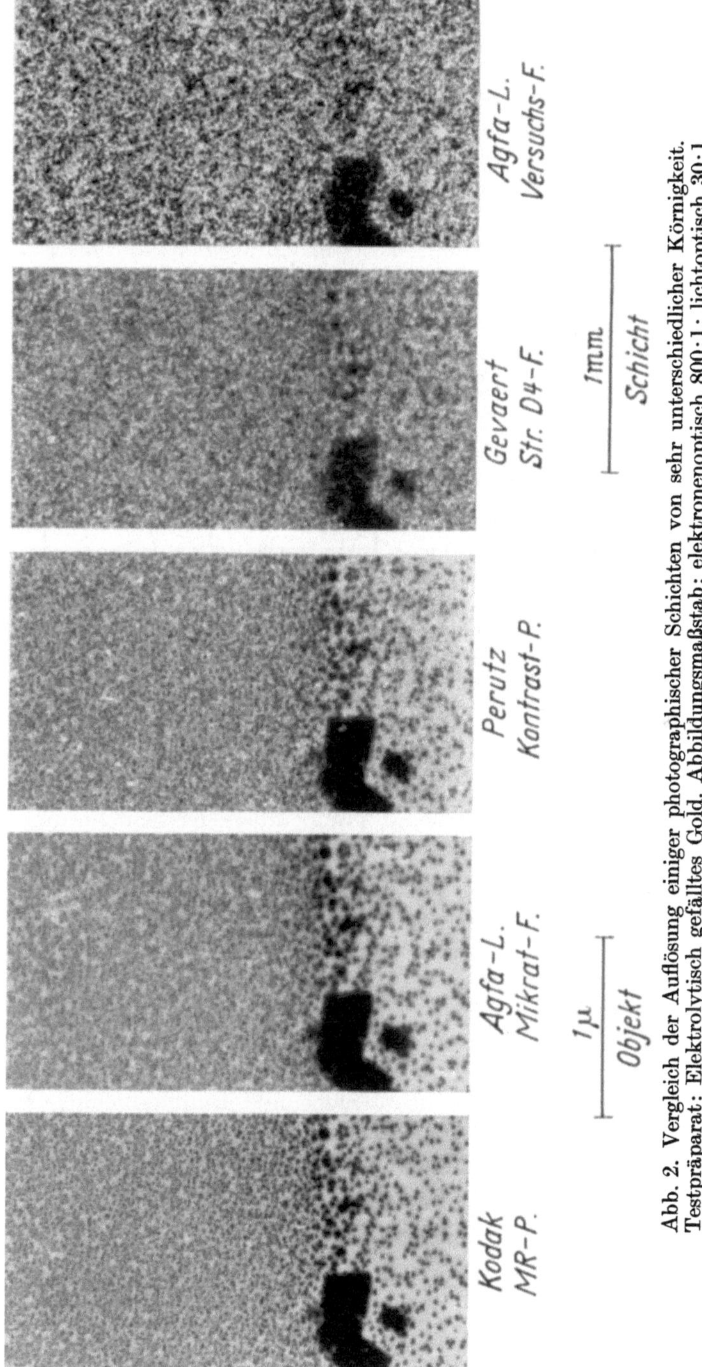

Abb. 2. Vergleich der Auflösung einiger photographischer Schichten von sehr unterschiedlicher Körnigkeit. Testpräparat: Elektrolytisch gefälltes Gold. Abbildungsmaßstab: elektronenoptisch 800:1; lichtoptisch 30:1

dagegen ist diese bei dem etwas weniger feinkörnigen Mikrat-Film schon zu erkennen. Die Körnigkeit der Kontrast-Platte ist bereits so groß, daß die kleinen Teilchen im oberen Gebiet in der Körnigkeit untergehen und nur noch die größten Teilchen und Teilchenabstände im unteren Gebiet aufgelöst werden. Bei den beiden empfindlichen und grobkörnigen Filmen — Structurix-D4 und Agfa-Versuch — kann man nur noch an dem links unten liegenden großen Kristall erkennen, daß es sich um die gleiche Objektstelle handelt.

Damit die Auflösung von Photoschichten unterschiedlicher Körnigkeit an Hand desselben Präparates einheitlicher Teilchengröße bestimmt werden kann, muß die elektronenoptische Vergrößerung so variiert werden, daß die Teilchenbilder der verschieden guten Auflösung der Schichten etwa entsprechen. Die Scharfstellung der kleinsten Präparatteilchen, die im Elektronenbild auf der am besten auflösenden Schicht, der Kodak-MR-Platte, durchschnittlich nur so groß wie deren Auflösung (5 μ) sein dürfen, gelingt auf einem polykristallinen Leuchtschirm von erheblich schlechterer Auflösung auch bei Verwendung einer 10fach vergrößernden Beobachtungsoptik nur an Hand wesentlich größerer Einzelheiten auf dem Präparat und unter Ausnutzung der stufenweisen Einstellbarkeit des Objektivlinsenstroms. Die aus Aufnahmen erhaltenen Auflösungen sind neben den aus der gemessenen Körnigkeit und als Funktion des Bildkontrasts berechneten in der Tabelle aufgeführt.

Tabelle. *Daten von Photoschichten sehr unterschiedlicher Körnigkeit bei Bestrahlung mit 80-keV-Elektronen*

$$\text{für } \frac{q_T}{q_U} = 0,6, \text{ d. h. } K_B = 2\,\frac{1 - 0,6^\gamma}{1 + 0,6^\gamma}$$

Bezeichnung der Photoschichten			Körnigkeit $G = \bar{a}\,K_G$	Schwär-zungsdosis $q = f(S)$	Gradation $\gamma = d\,S/d \log q$		Körnigkeit G / Bildkontrast K_B		Auflösung δ·· aus Aufnahmen
Platte: Film:	P	F	$S \approx 1$	S = 1	$\gamma_{S=0,5}$	γ_{max}	$\gamma_{S=0,5}$	γ_{max}	
			μ	10^{-12} Cb/cm²	1	1	μ	μ	μ
Kodak-MR	P		1,5	13800	0,4	0,83	7,1	3,6	5
Agfa-Leverkusen-Mikrat (Versuch)		F	3,1	5130	2,0	4,3	3,2	1,9	10
Perutz-Kontrast	P		6,5	147	0,8	1,7	15,0	7,9	30
Gevaert-Structurix-D4		F	19,0	4	1,4	3,3	19,7	16,5	50
Agfa-Leverkusen-Versuch		F	30,4	1,2	0,9	1,6	67,5	39,3	100

Vergleich der Schichten bezüglich Körnigkeit und Punktauflösung. Vergleicht man die Schichten bezüglich ihrer Körnigkeit und der aus Aufnahmen gewonnenen Punktauflösungen, so ergibt sich in beiden Fällen dieselbe Reihenfolge der Schichten und für beide Größen zwischen den extremen Schichten dasselbe Verhältnis 1:20, während sich die Schwärzungsdosen (reziproke Empfindlichkeit) derselben Schichten wie 10^4:1 verhalten. Bei zwei Schichten weicht jedoch das Verhältnis von Auflösung zu Körnigkeit vom Mittelwert 3,3 stärker ab, bei der Perutz-Kontrast-Platte nach oben (4,5) und bei dem Gevaert-Structurix-D4-Film nach unten (2,5). Auch wenn man das Verhältnis von Körnigkeit zu Bildkontrast betrachtet, ergibt sich — abgesehen vom Agfa-Mikrat-Film, dessen Gradation besonders steil ist — dieselbe Reihenfolge der Schichten, die sich aus der Betrachtung der Körnigkeit allein und der Auflösung ergibt.

Für elektronenmikroskopische Aufnahmen werden ganz überwiegend photographische Schichten mit mittlerer Auflösung und Empfindlichkeit verwendet. Hochauflösende Schichten werden jedoch in der Elektronenmikroskopie eine größere Bedeutung erlangen, wenn die wünschenswerte Entwicklung von stark vereinfachten Elektronenmikroskopen geringer Vergrößerung, aber dennoch guter Auflösung weiter fortgeschritten ist. Extrem empfindliche Schichten sind trotz ihrer etwas schlechteren Auflösung dann von Nutzen, wenn von empfindlichen Objekten Aufnahmen höchster Auflösung gemacht werden sollen und die Inkonstanz des Elektronenmikroskops die sehr langen Belichtungszeiten verbietet, die zur Schwärzung besser auflösender Schichten notwendig sind.

Wir danken Herrn Prof. Dr. E. Ruska für die Anregung zu dieser Untersuchung und für wertvolle Diskussionen. Herrn Dr. E. Wiesenberger danken wir herzlich für die Herstellung der Präparate.

Literatur

1. Neider, R.: Diplomarbeit, Freie Universität Berlin, 1955.
2. Wiesenberger, E.: Dieser Band S. 769.

The effect of grain of photographic emulsion on the resolution of an electron microscope

Kazuhiko Akashi, Tatsunosuke Masuda, Hiroshi Tochigi, Kan Yamanouchi
and Emiko Iguchi

Akashi Seisakusho, Ltd., Tokyo,

The resolving power of photographic plates is usually expressed by the maximum number of resolved lines in 1 mm. This method of expressing resolving power is not always adequate for electron microscopy, particularly when the resolution of small spots is treated. The following experiment was carried out to study the minimum size of spots which can be recorded on photographic plates.

For the test chart, we used methylmethacrylate polymer balls scattered on thin collodion films (Fig. 1). The diameters of the balls were 13, 25, 30, 45, 64, 80, and 116 microns. An enlarged picture of the chart was taken by a light microscope (Fig. 1b). This picture showed the exact position of each ball on each section of the chart. Placing the chart just in front of a photographic plate, the latter was exposed to electrons of 50 kV (Fig. 1a). Since the balls are perfectly opaque to electrons, the contrast of shadow images of balls is 1. To vary the contrast, an exposure E was first given to the plate with the chart in front of it. Then the chart was removed, and a second exposure E' was given to the same plate. Thus, an exposure contrast $E/(E + E')$ was obtained. (The diffusion of shadow images due to the aperture angle of irradiating electrons (10^{-7} rad) and to the scattering of electrons in the balls is negligible.)

Since electron micrographs usually are of low contrast we carried out the experiments at two rather low contrast values, $1/4$ and $1/6$. Total exposure ($E + E'$) was varied at 14 stages. Four kinds of plates were tested (Fig. 2), three of which were Japanese plates. Plates (2) and (3) are used most frequently in Japan, and (4) in USA. Before the main experiment, we measured characteristic curves of these plates (Fig. 2). Plates (2), (3) and (4) show no remarkable difference, while (1) is a special plate. We developed all plates in Kodak D-72 (1:2) at 20 $\pm$ 0.3 °C for 3 minutes.

Shadow images of the balls taken on these plates were printed on paper with an enlargement of 20. The number of visible shadow images was counted on each section. Since the decision, *visible* or *invisible*, is subjective to each observer, the counting was carried out by four independent observers and the average was taken. We indicate by N the total number of balls on a section of the photomicrograph, and by N' that on the corresponding section of the shadow image. The ratio N'/N is an expression for the probability that a spot is recorded. The probability depends on the ball size, the exposure contrast, and the total exposure. Sometimes, particularly when the size was small, we found ghost spots which were not shadow images of balls. Such ghosts were omitted from count N'.

Fig. 3 shows the experimental result. Here, the probability N'/N is plotted against total exposure ($E + E'$). One diagram is given for each exposure contrast and each ball diameter. As a general trend, the probability decreases with the ball diameter and the contrast. These are self-evident results.

In practice, it is desirable to use the range where the probability is 100%. The range where the probability is less than a certain value, say 90%, should not be used. At low contrasts and small spot sizes, a plate is not usable independent of exposures. At higher contrasts and larger spot sizes, there is a critical exposure value above which the plate is usable. For example, at exposure contrast $1/4$ and ball size 25 microns, plates (2), (3) and (4) are not usable at any value of exposures, while plate (1) has a critical value at $E = 110 \times 10^{-12}$ Coulomb/cm².

For low contrasts and small spot sizes, only plate (1) is usable at large exposures. The required exposures are two times or more the usual exposure in routine work of electron microscopy. This can be explained by fine grain, high contrast and low speed of plate (1). At larger spot sizes and higher contrasts, all plates are usable. An accurate determination of the critical value is not obtainable in the present experiment because of the fluctuation of data. It is remarkable that plate (1)

          KAZUHIKO AKASHI et al.:

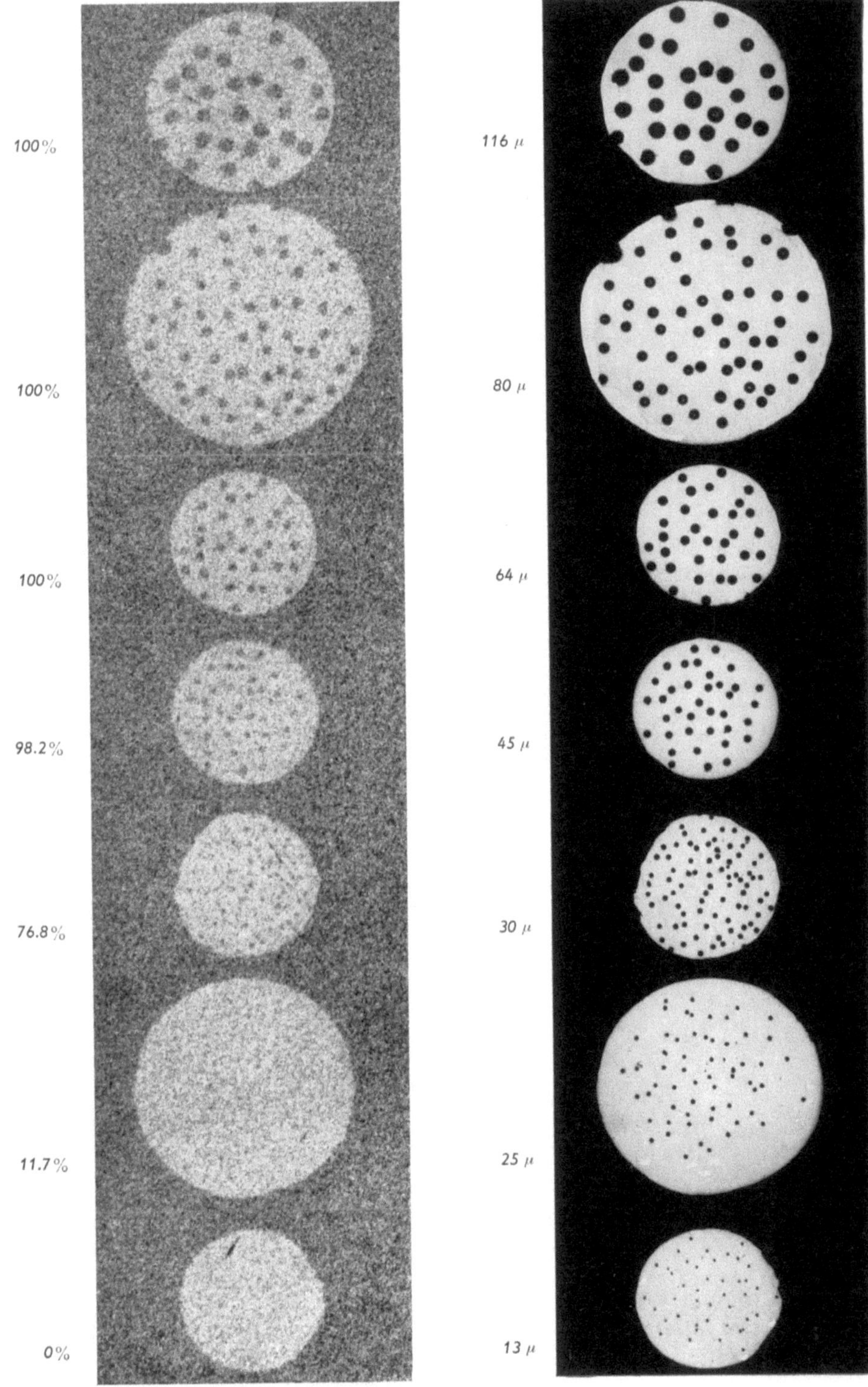

Fig. 1a   Fig. 1b

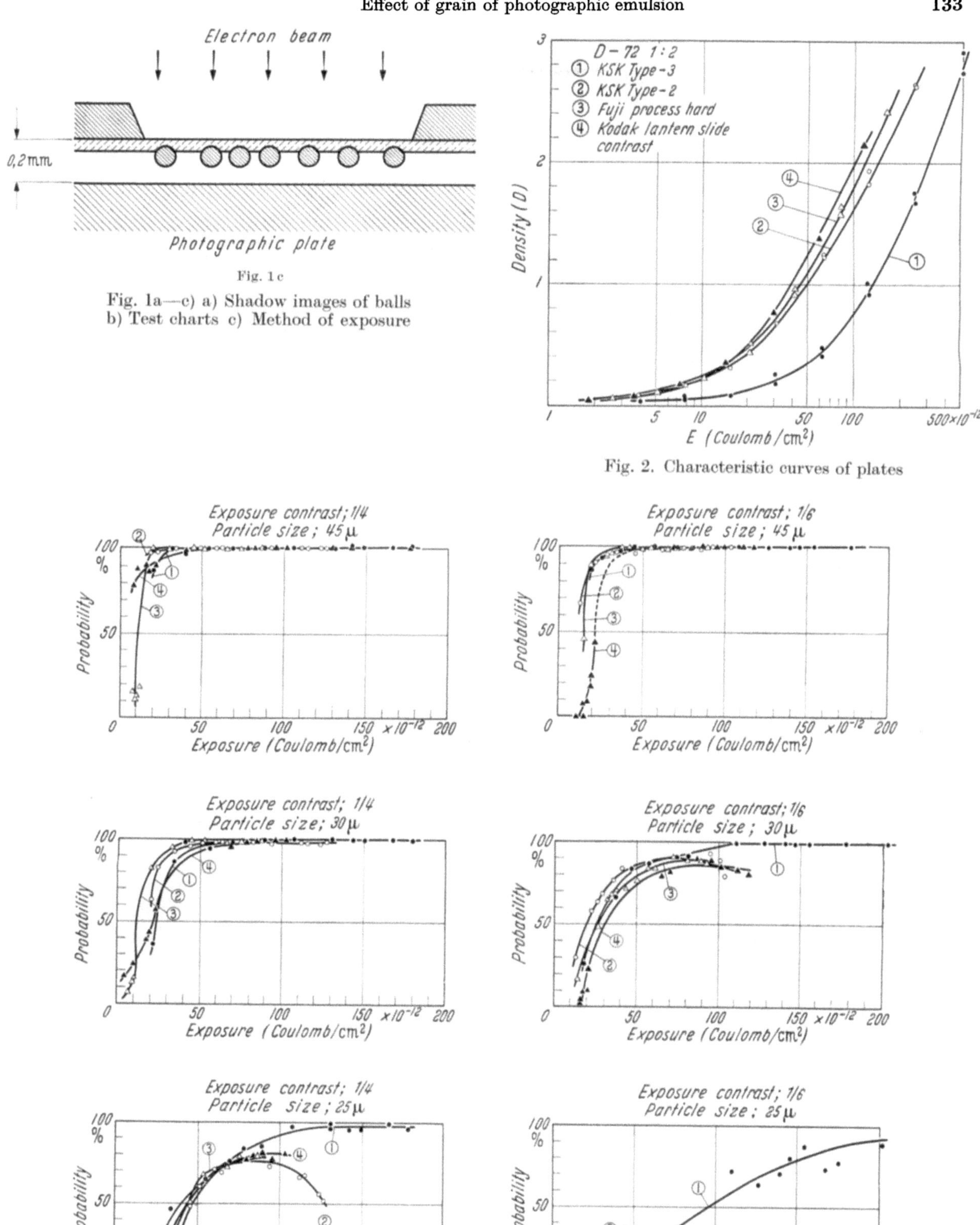

Fig. 1a—c) a) Shadow images of balls
b) Test charts c) Method of exposure

Fig. 2. Characteristic curves of plates

Fig. 3. Relations between exposure and probability

seems the medium of plates (*2*), (*3*), and (*4*). Plate (*1*) has a low speed, but thanks to its fine grain, it can record spots as well as the other plates. If a more accurate experiment is repeated, we may be able to determine the critical exposure values. We suppose, however, that the values will not differ by more than 50% from one another.

It is worth noting that a single spot is sometimes recorded as a pair (Fig. 4). Even with rather large particles such as 60 microns in diameter, this phenomenon was observed in more than 30%

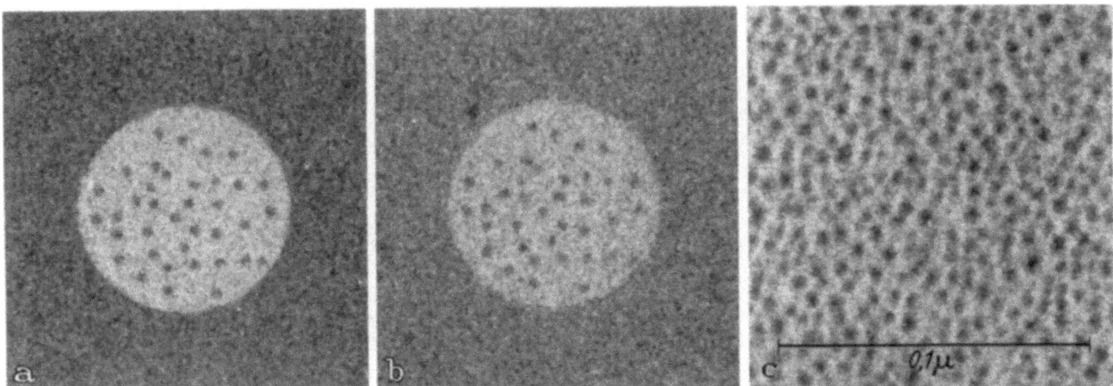

Fig. 4a—c. Reproduction of single ball particles (size 45 μ) as multiple spots by photographic recording [plate type (*2*)]. a) Exposure contrast: $^1/_4$; total exposure 64.0 Coul./cm². b) Exposure contrast: $^1/_6$; total exposure 14.4 Coul./cm². c) Evaporated Gold

of all cases. In that case, the distance beween two particles of a pair was about 30 microns. Although our data are not sufficient to allow a quantitative conclusion to be drawn, it seems very dangerous to refer a paired spot obtained at or close to the critical value to an actual pair of particles.

The decomposition of silver azide by electrons

M. Camp*

Research Laboratory for the Physics and Chemistry of Solids, Department of Physics, University of Cambridge
(England)

The beam of an electron microscope has been used by several workers to decompose solids but in most cases it was not possible to decide whether the decomposition was produced thermally or by the direct action of the electrons. For solid state reactions of the type solid to solid plus gas it is particularly important to determine the real cause as the direct evidence obtained in an electron microscope of the nuclei formation and growth of the solid product is necessary to test the validity of suggested mechanisms of decomposition. Sawkill (*1*) using a Metropolitan Vickers EM 3 microscope observed that single crystal silver azide flakes when decomposed by the electron beam produce silver part of which was ordered with respect to the original silver azide the remainder being completely disordered. On the evidence available at that time it was not possible to determine whether the decomposition was thermal or electronic.

If a small amount of surface active agent is added to a solution of silver azide in ammonium hydroxide then a crop of single crystal flakes, many having an area of several square millimetres, is obtained on rapid evaporation of the ammonia. These large flakes when placed in a *Finch* electron diffraction camera do not decompose even after an hour's exposure to the electron beam. If they are decomposed thermally (either inside or external to the camera) the single crystal azide pattern gradually weakens and the ring pattern of completely disordered silver takes its place. Fig. 1 shows the intermediate position where both the spots of the undecomposed silver azide and the rings of the disordered product silver occur simultaneously. Under these conditions

* Now at Research Department, Unilever Limited, Port Sunlight, Cheshire, England.

of decomposition no ordered silver has been observed. It can be inferred from this that the ordered silver is produced by the direct action of the high intensity electron beam of the microscope. This has been confirmed in a more direct manner using the cooling stage of the Siemens Elmiskop I. If traces of moisture remain in the microscope a thin layer of amorphous ice builds up on the specimen. Under such conditions the specimen cannot be at a temperature greater than 0° C and yet precisely the same decomposition into silver ordered with respect to the azide is observed. It is to be remembered that silver azide does not decompose thermally below 100° C.

This electronic decomposition is particularly interesting for the change from ordered silver azide to ordered silver is not abrupt. From a study of the changes in the diffraction pattern SAWKILL suggested that an intermediate stage was reached where many of the silver atoms (or ions) retain their positions in the azide lattice whilst the azide ions vacate their positions and pass off as nitrogen. Further silver ions added to the new pseudo-lattice which then became unstable and reverted to the normal silver lattice. Microscopically he observed that large nuclei (1000 to 2000 Å) appeared in the early stages of the decomposition which grew, not in lateral dimensions, but in contrast as the decomposition proceeded. Surrounding these large nuclei was a fine network of silver but from his evidence he concluded that the silver of the large nuclei was ordered and that of the fine network disordered.

Repeating the experiment using the higher resolving power Siemens Elmiskop I we observed that the change from the pseudo-lattice to

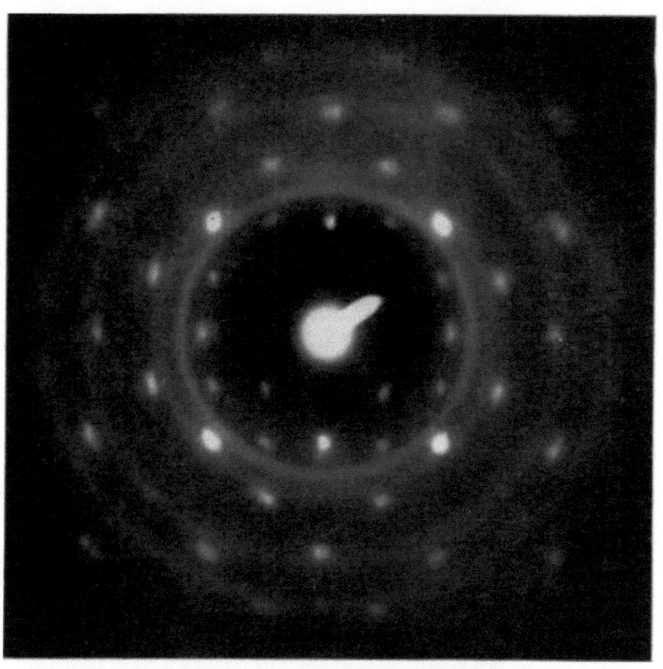

Fig. 1. An intermediate state in the thermal decomposition: Spots of undecomposed silver azide and rings of disordered silver

the normal lattice was accompanied by considerable movement within the fine network. Dark field micrographs (Fig. 2) obtained using first a (200) spot of the ordered silver and then a portion of the (111) and (200) rings revealed conclusively that the network was responsible for the ordered silver pattern. Closer examination of this network showed that it was actually a series of overlapping irregular shaped islands which shrank into nuclei about 50 Å diameter as the pseudo-lattice changed into the normal silver lattice. Fig. 3 is taken from a very thin region where these islands are separately resolved. The dark field micrograph (Fig. 2c) shows clearly the small nuclei of ordered silver remaining at the end of the decomposition.

The nature and origin of the large nuclei is not completely understood. Their number varies considerably from crystal to crystal and quite frequently there are regions where they are completely absent; at such places no disordered silver is observed on the diffraction patterns. The fine network normally can be seen through them and this thinness is borne out by stereo-microscopy. They appear therefore to be associated with some imperfection on the surface of the crystal, e.g. the point of emergence of a dislocation.

Thus we can say that the ordered silver produced when a single crystal of silver azide is decomposed in the electron microscope is due to the direct action of the electrons. SAWKILL's mechanism for the change from ordered azide to ordered silver through a pseudo-lattice holds although it must be applied not to specific and large centres but rather to the crystal surface as a whole. In this way no transport of silver ions over large distances need be assumed; the ordered

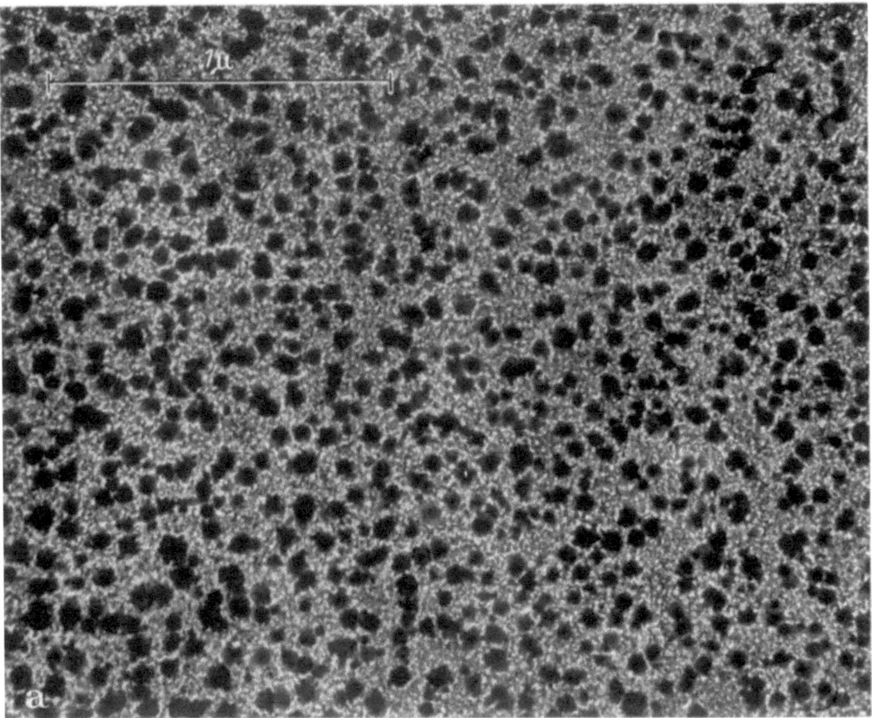

Fig. 2a—d. Nuclei of ordered silver at the end of decomposition by electron irradiation at low temperature; movement of silver islands and shrinking into nuclei. a) Bright field micrograph using 50 μ objective aperture over undeviated beam

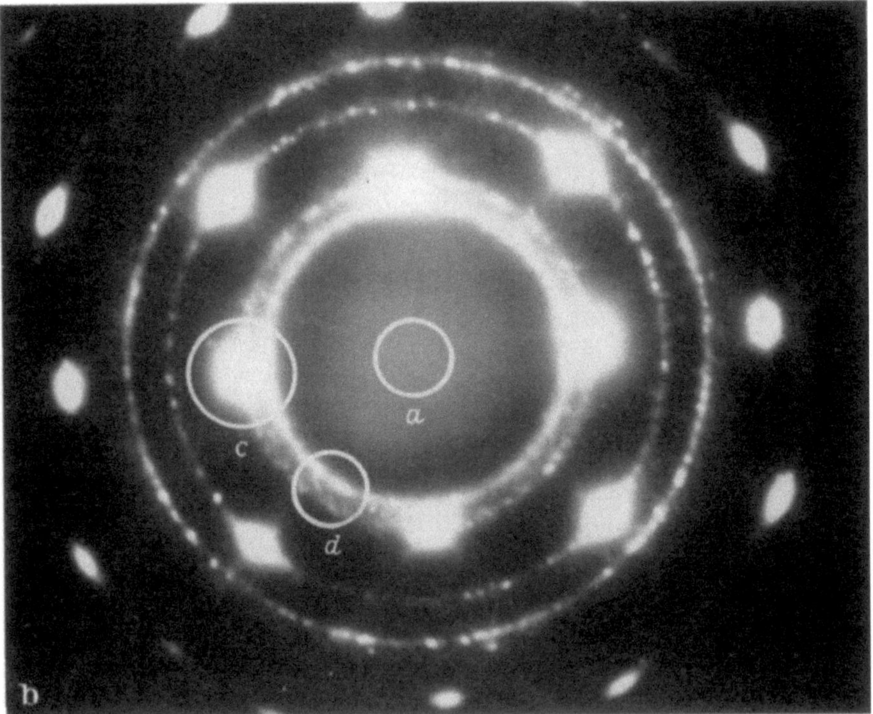

Fig. 2b. Selected-area diffraction using 50 μ intermediate aperture over central area of Fig. 2a

Fig. 2c. Dark field micrograph produced by 30 μ aperture over (200) spot of b

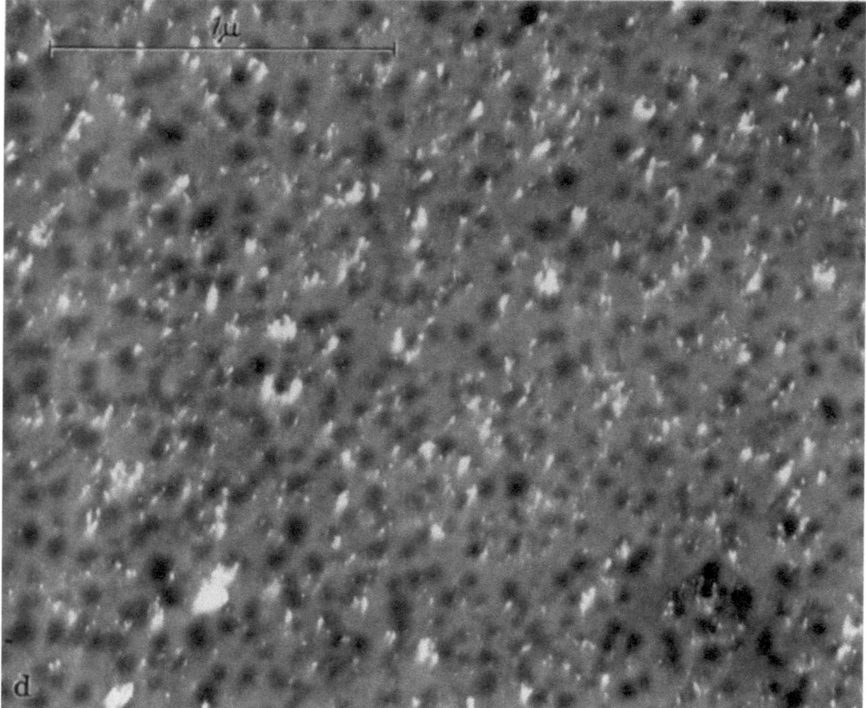

Fig. 2d. Dark field micrograph produced by 30 μ aperture over portion of (111) and (200) rings of b

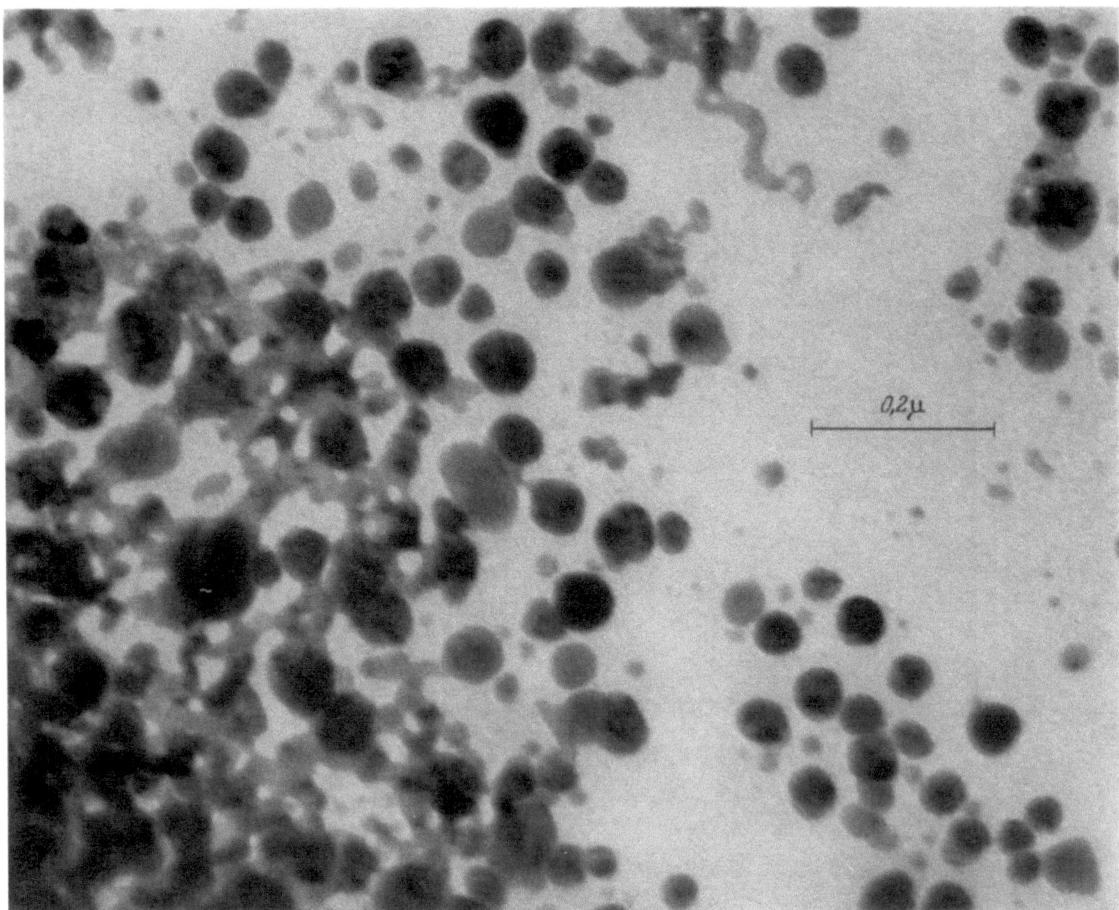

Fig. 3. Separately resolved silver islands

change occurring at the perfect regions of the crystal. Calculations show that the total ionization produced by the high intensity electron beam of the microscope is adequate to produce the decomposition at the rate observed.

I wish to thank Dr. F. P. BOWDEN for his help and guidance and Messrs. Unilever Ltd. for seconding me for the period of this research.

References: *1.* SAWKILL,J.: Proc. roy. Soc. A **229**, 135 (1955).

Extruded silver filaments

I. S. KERR

Imperial College, London

Recently an examination was made of the silver nitrate occluded compound of silver A. This synthetic compound has been described by BARRER and MEIER (*1, 2*), and consists of a very open aluminosilicate framework with large cavities linked by intersecting channels. These cavities are filled with $AgNO_3$ as well as the Ag^+ cations.

On examining a sample of the compound supported on a carbon film in our Philips electron microscope some movement of the particles was noticed, and this was due to fine rods forcing their way out from the particles. With the condenser adjusted so as to give an image of moderately bright intensity at 2 000 magnification, the rods grew into long filaments (Fig. 1). The thickest of the filaments are 1 000 Å across, while the finest shown in Fig. 2 are about 100 Å diameter.

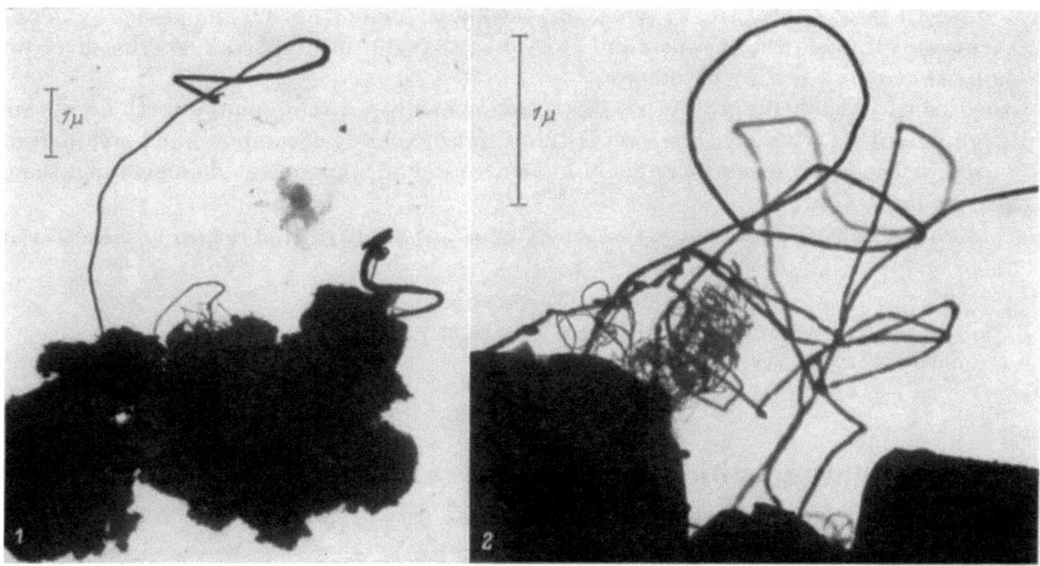

Fig. 1 and 2. Growth of long silver filaments (100 to 1 000 Å in thickness)
from the occluded compound under electron irradiation

It was found possible to take an electron diffraction pattern from a suitable coil of fine filaments. Fig. 3 shows such a pattern and measurement reveals it to be that expected from randomly orientated silver.

As we wished to learn more of the reaction, specimens of the occluded compound were heated at various temperatures then examined in the microscope with the beam kept low. Heating in air proved unsuccessful but heating at about 340° C in a high vacuum apparatus produced similar silver filaments. Bulk material of the occluded compound was heated also at 340° in vacuum and an X-ray powder pattern subsequently taken. This showed the residue to consist of silver, silver A and a little unchanged occluded compound. From a further observation, that silver A heated in the microscope did not extrude any silver, it was concluded that the silver of the filaments comes from the occluded $AgNO_3$; that the remainder of the cations and the frame work atoms played no part in the reaction. The occluded compound contains large cavities of about 11.9 Å spherical

Fig. 3. Randomly orientated silver in a coil of fine silver filaments

diameter, filled with $AgNO_3$ and interconnected by windows of 4.2 Å diameter. The filaments grow not directly from the channel mouths but from a few centres of growth. The transport of silver to these centres must be explained.

The following is put forward as only a tentative explanation. Decomposition of silver nitrate occurs firstly near the crystal surface, where the oxides of nitrogen can easily escape. The silver so produced blocks the channel mouths forming a crust to the crystal. Any further reaction in the interior of the crystal is held back by the amounting pressure of the imprisoned gaseous decomposition products. With rise of temperature the pressure inside the crystal rises still more, until the crust breaks at a place of structural weakness. Molten $AgNO_3$ and gaseous oxides alike are then swept through the channels and ejected at the point of the break. As the silver nitrate enters free vacuum it readily decomposes.

How the silver filaments grow is not clear. One possibility is that spiral growth occurs similar to the growth of tin whiskers; a second is that a jet of $AgNO_3$ decomposes and solidifies into a rod of silver. The latter seems more likely in view of the buckling of the filaments and the other suggestions made above.

I wish to acknowledge the advice given me by Professor R. M. Barrer in coming to these conclusions.

References

1. Barrer, R. M., and W. M. Meier: Helv. phys. Acta **29**, 229 (1956).
2. — — J. chem. Soc. **58**, 299 (1958).

Cinematographic studies on the interaction of electrons with microcrystals of silver iodide

R. W. Horne and R. H. Ottewill

Cavendish Laboratory and Department of Colloid Science, University of Cambridge (England)

Recent improvements in the design of electron microscopes leading to high resolution (ca. 10 Å) have resulted in the extended use of electron microscopy for the investigation of the internal structures of crystals and their imperfections (*1, 2*). It is essential for such observations that the crystals should be sufficiently thin for electron transmission to occur; an essential feature also for diffraction. In the case of silver halide crystals most investigations have been carried out on particles which appeared opaque to the electron beam. Such investigations are complicated, in the case of silver chloride and bromide, by the extensive decomposition which occurs. Silver iodide, however, is stable in the electron beam under controlled conditions and the preparation of thin microcrystalline plates of β-AgI has enabled observations to be made on the internal changes occuring in the particles during electron irradiation (*3*). In view of the dynamic nature of these changes cinematography has been used to record them in detail.

It was found with silver iodide crystals that if the thickness of the specimen exceeded 500 to 800 Å complete scattering of electrons occurred and thus the particles were completely opaque. With particles having a thickness of 500 Å or less some transmission of electrons occurred and the contrast of the specimen was then essentially dependent on the angle of incidence (i.e. Bragg reflection). In the present paper these particles will be arbitrarily referred to as "thick" and "thin" respectively.

Thick particles were prepared by dissolving well-washed precipitated silver iodide in concentrated potassium iodide and adding this solution to a large volume of well-stirred distilled water (*3, 4*). Sols prepared in this manner were very heterogeneous with regard to particle size and shape, but the predominant particles appeared to be thick hexagonal plates and tetrahedra. The particle thickness was usually of the order of 1 000 Å.

For producing *thin particles* nuclear silver iodide sols prepared in the manner previously described (*5*) were adjusted to P_I 3.5 and then aged at 75° C for 2—3 days. Under these conditions growth appeared to occur primarily in the lateral direction and a good proportion of flat hexagonal or triangular particles were obtained with thicknesses in the region of 500 Å or less.

Electron Microscopy. Small drops of the solutions were deposited onto nitrocellulose supporting films by means of a small platinum loop. The films were then covered on the underside with evaporated carbon to ensure stability. The fluorescent screen of the electron microscope (Siemens

Elmiskop I) was photographed directly using a Kodak Ciné Special camera fitted with an $f/0.95$ lens. Film speeds of 16 frames per second were usually employed; such speeds were also found suitable for recording diffraction patterns provided that a fast film such as Ilford HPS was employed.

Results. With *thick particles*, as the beam area was decreased transparent areas appeared in the crystals and migrated rapidly and continuously within the particle boundaries without causing any change in the external shape. Moreover, the degree of contrast change was very marked, the observed density changing from "black" to "white" within a fraction of a second. The rate of migration depended on beam intensity and to some extent on the substrate, being greater on carbon than on nitrocellulose. Often the electron transparent areas assumed well-defined geometrical shapes and these areas appeared to have a greater degree of transmission than the supporting film. Microdiffraction patterns taken before and after extensive irradiation of the crystal confirmed that no decomposition had occurred.

When certain types of particles were irradiated *filament growth* was observed. This was particularly pronounced in the case of tetrahedral particles where growth occurred from the points.

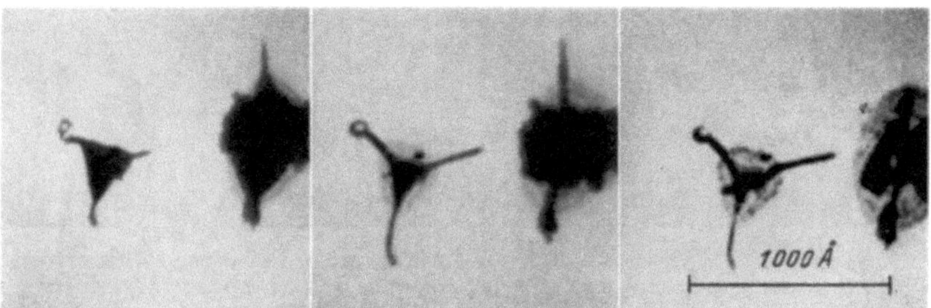

Fig. 1. Selected frames of the cine film showing the growth of filaments from a tetrahedral particle

Usually, only one filament was produced although occasionally filaments were produced from all four corners simultaneously (Fig. 1). The widths of the filaments were in the range 30—80 Å. Contrast changes were also observed during growth of the filaments, and the formed filaments often exhibited well-defined bands (6). These are thought to indicate that the filaments are probably corrugated ribbons, the "bands" corresponding to the different electron reflections caused by different crystal orientations. Micro-diffraction observations on single filaments have given a strong indication that these are also composed of silver iodide.

The *thin particles* selected for observations were normally hexagonal or triangular plates, 2,000—5,000 Å across, and 500 Å or less, thick; a typical replica of such a particle is shown in Fig. 3b. These particles gave excellent micro-diffraction patterns (see Fig. 2a) the patterns corresponding to single crystals of β-silver iodide (hexagonal form) with their c-axis parallel to the incident beam. Initially, when the particles were examined at low intensity they were of uniform contrast. At higher beam intensities, however, mobile changes of contrast were observed. Due to the thinness of the specimen other changes were also observable. Notable among these was the appearance of bands of high contrast with widths varying from 15—100 Å (Fig. 3a). These resembled very closely contrast effects caused by dislocations, observed by electron microscopy, in aluminium and stacking faults in stainless steel foils. Movement of the lines was also observed during irradiation; under these conditions the lines remained constant in width and either extended or shortened and disappeared. The lines form in preferred crystallographic planes and move along these directions. — Micro diffraction observations during irradiation revealed periodic variations of intensity of the spots.

All the dynamic effects described here have been recorded on 16 mm film and were shown at the Conference.

Discussion. There is no doubt that during examination of material in the electron microscope the specimen may undergo considerable temperature variation; the exact magnitude of this rise is not easy to determine but it can often amount to 100° C or more. Thus considerable thermal stress may be set up in the crystal and, moreover, if the crystal can exist in a different phase within this temperature region a phase change may occur during examination. Silver iodide exists at low temperatures in both hexagonal and cubic forms which transform at 146° C into

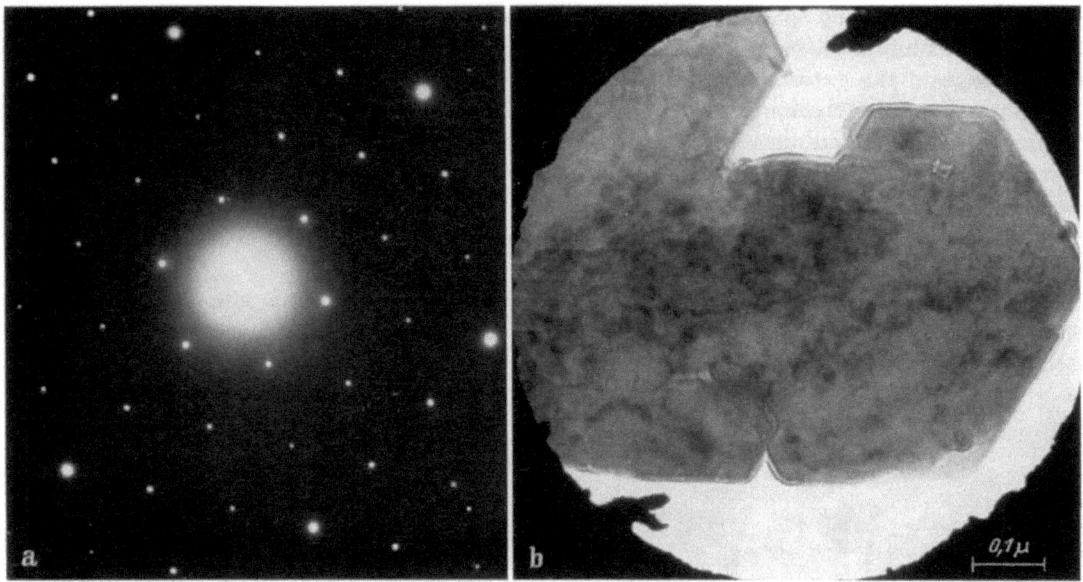

Fig. 2a and b. a) Micro-area electron diffraction pattern of silver iodide crystal.
b) Selected area micrograph showing region of crystal used for diffraction

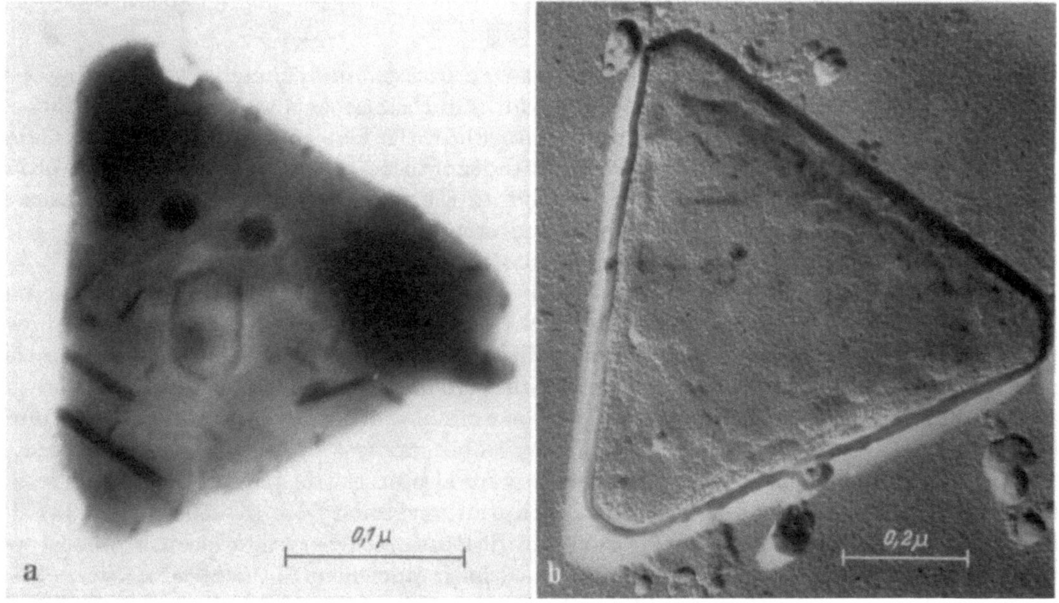

Fig. 3a and b. a) Particle showing lines of high contrast.
b) Carbon replica, shadowed with chromium at 50°, of thin particle

the α-cubic form. In this form the crystal is composed of a lattice of iodide ions among which the silver ions are randomly distributed (7); the conductivity in this crystal form is also very high (8).

It is thought that the effects observed are closely connected with the phase change which occurs as the crystals heat up in the microscope. Once the crystal is in the α-cubic form the silver ions are very mobile and local charges set up on the crystal surface will cause migration of silver ions within the crystal thus altering the observed contrast. Fluctuations of the regions of surface charge would explain the continuous migration of the electron transparent regions. However, it is not by any means impossible that local phase changes may occur within the crystal; in which case if the Bragg reflecting angles of the two forms were different changes of contrast would occur. On the latter hypothesis it is perhaps less easy to account for the rapid migratory motion.

During the phase change considerable stress will be set up at the boundaries of the two forms leading to the formation of crystal defects. In the case of certain particles, e. g. tetrahedra, this stress will be relieved by the formation of filaments from the corners. The impression obtained from the cine film is that the filaments are pushed outwards; which would be in keeping with this hypothesis. It is possible that the stress set up would be sufficiently high that enough impetus can be provided to form a whole filament. However, growth may be aided by the fact that cooling of the filament during growth would encourage migration of silver iodide from the hotter parts of the crystal. These filaments possess a close resemblance to whiskers, and recent studies on iodide titanium wire have indicated that whisker growth in this case is closely associated with a phase change from a hexagonal to a cubic structure (9).

The lines of high contrast formed in the thin crystals would also appear to be formed by a similar mechanism. Such crystals generally seem to occur initially as single crystals, and no crystal defects can be observed. The lines form during irradiation. The exact crystallographic significance of these lines is still not clear, but their appearance is very similar to that of the dislocation lines observed in thin metal foils, and their high contrast could be explained by the same reasoning (1). The possibility that these lines could be due to stacking faults, however, cannot yet be ruled out.

The periodic variations in intensity of the diffraction spots are in keeping with the above mechanism. During the phase transformation the (0001) hexagonal planes will become (111) cubic, and as in the case of silver iodide the cubic reflections are superimposed on some of the hexagonal reflections, enhanced intensity of some spots would occur. Thermal distortions in the crystals would also cause variation of intensity. Further detailed investigations by electron diffraction are at present in progress.

References

1. HIRSCH, P. B., R. W. HORNE and M. J. WHELAN: Philosophic. Mag. 1, Ser. 8, 677 (1956).
— Proc. Stockholm Conference on Electron Microscopy. 1956, p. 312.
2. MENTER, J. W.: Proc. roy. Soc. A **236**, 119 (1956).
3. HORNE, R. W., and R. H. OTTEWILL: J. Photographic Sci. **6**, 39 (1958).
4. TROELSTRA, S. A.: Diss. Utrecht 1941.
5. OTTEWILL, R. H., and R. W. HORNE: Proc. Stockholm Conference on Electron Microscopy, 1956, p. 102.
6. HORNE, R. W., and R. H. OTTEWILL: Nature (Lond.) **180**, 910 (1957).
7. STROCK, L. W.: Z. physik. Chem., B **25**, 441 (1934).
8. TUBANDT, C., and S. EGGERT: Z. anorg. Chem. **110**, 196 (1920).
9. RUSSELL, A. M., and R. C. ABBOTT: J. appl. Phys. **29**, 1130 (1958).

Neue elektronenmikroskopische Untersuchungen zum Mechanismus der photographischen Entwicklung

E. KLEIN

Wissenschaftlich-Photographisches Laboratorium der Agfa AG., Leverkusen

Wie in mehreren Arbeiten (*1—4*) bereits beschrieben, ist für das elektronenmikroskopische Studium der photographischen Entwicklung die Untersuchung der zeitlichen Veränderung eines Halogensilber-Mikrokristalles während der Reduktion zu Silber von besonderem Interesse. Die Ausbildung von Silberfäden, gleichzeitig entstehende Ätzgruben am Kristall und andere Erscheinungen können dabei beobachtet werden.

Präparationsmethode. Die Belichtung und Verarbeitung der Mikrokristalle (Entwicklung, Fixage usw.) muß dabei in Emulsionsschichten erfolgen, in denen die Kristalle in Gelatine eingebettet sind, damit ein Vergleich mit den praktisch vorliegenden Verhältnissen möglich ist. Zur elektronenmikroskopischen Untersuchung muß dann natürlich die Gelatine entfernt werden, was bisher immer in der Weise geschah, daß die Gelatine enzymatisch abgebaut wurde und durch mehrmaliges Abzentrifugieren und Wiederaufschlämmen der Kristalle oder des entwickelten Silbers mit Wasser beseitigt wurde.

Bei diesem Arbeitsgang ist es aber unvermeidbar, daß Veränderungen an den Kristallen auftreten, indem z. B. Ansätze von Silberfäden vom Kristall abbrechen und später nicht mehr einem bestimmten Kristall zugeordnet werden können. Es wurde daher folgendermaßen gearbeitet: Abb. 1 zeigt die Apparatur zum Abbau von Gelatine. Das Präparat (Emulsionsschicht auf Glas) liegt auf dem Boden eines Kupfergefäßes, das durch einen Thermostaten geheizt wird. Aus einem Vorratsgefäß läuft zunächst die Enzymlösung durch ein Filter und dann sehr langsam (ca. 5 Std.) am Präparat vorbei (es darf keine Strömung entstehen); hierbei wird die Gelatine abgebaut und fortgeschlämmt, und die spezifisch schweren Halogensilber- oder Silberkristalle sinken nach unten und bleiben auf dem Glasobjektträger liegen. Automatisch nachfließendes Wasser entfernt Enzym- und Gelatinereste. Das Präparat wird anschließend getrocknet, nach dem bekannten Verfahren [Bradley (5)] wird ein Kohleabdruck angefertigt.

Diese Methode ist allgemein anwendbar und eignet sich z. B. auch zur Überführung eines Staubes (z. B. durch Ansaugen auf einem Filter gesammelt) auf den Objektträger; hierbei wird das Filter aufgelöst und der zu untersuchende Staub sinkt nach unten. (Der Kohleabdruck ist nicht notwendig.) Mit der genannten Präparationsmethode konnten sehr saubere Präparate erhalten werden, die genaue Auskunft über Zwischenstadien der Entwicklung gaben.

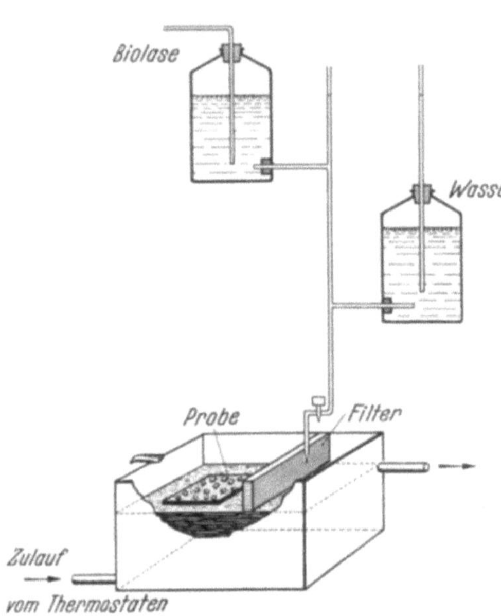

Abb. 1. Apparatur zum enzymatischen Abbau von Photoschichten ohne mechanische Beanspruchung der Objekte

Photolyse. Unter Photolyse wird die direkte sichtbare Zersetzung (ohne Entwicklung) eines Kristalles durch Licht verstanden. Es wurde früher bereits gezeigt (2—4), daß bei der photographischen Entwicklung Silberionen auf Zwischengitterplatz (Frenkel-Fehlordnung) zum latenten Bildkeim über weite Strecken des Kristalles wandern können, dort entladen werden und den Silberfaden bilden, indem an der Grenzschicht Kristall—Keim die Reduktion und damit die Silberabscheidung erfolgt und aus Platzgründen das bereits vorliegende Silber aus dem Kristall herausgeschoben wird. Ferner wird für den Elementarprozeß heute die Beteiligung von beweglichen Silberionen angenommen, derart, daß an Silberkeimen (aus einzelnen Atomen bestehend) Silberionen auf Zwischengitterplatz adsorbiert werden und auf diese Weise die Keime immer wieder neue Elektronenfänger werden (6—7).

Wenn diese Vorstellungen über die Entwicklung („chemische Entwicklung") und den Elementarprozeß richtig sind, dann müßte man auch durch Photolyse zu einer Fadenbildung gelangen. Die Abb. 2 zeigt Kohleabdrücke photolytisch zersetzter AgBr-Kristalle. Man erkennt die Fadenbildung. Die Kristalle der linken Seite der Abbildung sind nach der Belichtung und Kohleumhüllung nur mit Halogensilberlösungsmittel behandelt, das Silber bleibt also (auch in dem Faden) erhalten, während im rechten Teil des Bildes auch noch das Silber mit Oxydationsmitteln entfernt wurde.

Keimgröße und -Anzahl bei verschiedenartiger Belichtung. Von den umfangreichen Experementen soll hier nur ein besonders instruktiver Fall mitgeteilt werden [vgl. auch (8)]. Belichitt man AgBr-Kristalle mit hoher Intensität kurzzeitig (Blitz), so kann man bei vorsichtiger An-entwicklung viele kleine Silberansätze erkennen, die jeweils einem Keim entsprechen und aus

denen bei längerer Entwicklungszeit Fäden entstehen (Abb. 3). Belichtet man mit 10⁴facher Lichtmenge, so verschwinden die vielen kleinen Silberansätze zugunsten der Bildung weniger großer Silberpartikel. Im Sinne der Vorstellungen über den Elementarprozeß ist das ein Effekt, der wahrscheinlich mit der Erscheinung der Solarisation identisch ist, und ist so zu erklären, daß ursprünglich am Kristall vorhandene Defektelektronenfänger mit steigender Brombildung infolge Belichtung verbraucht werden, und dann die bei hoher Intensität des Lichtes in großer Zahl gebildeten Silberkeime als Defektelektronenfänger wirken, also zu AgBr rekombinieren. Nur wenige an sich schon relativ große Keime sind durch Silberionenadsorption so positiv aufgeladen, daß sie nicht als Bromakzeptor wirken und weiter wachsen können.

Herrn Dr. KIRCHER aus dem anorg.-phys. Laboratorium der Farbenfabriken Bayer danken wir für die Anfertigung der elektronenmikroskopischen Aufnahmen.

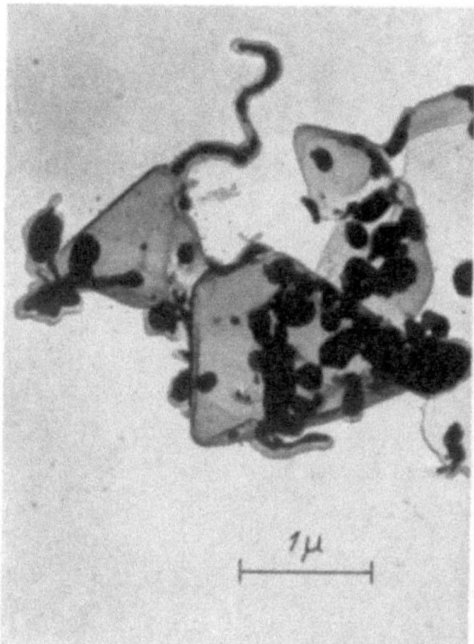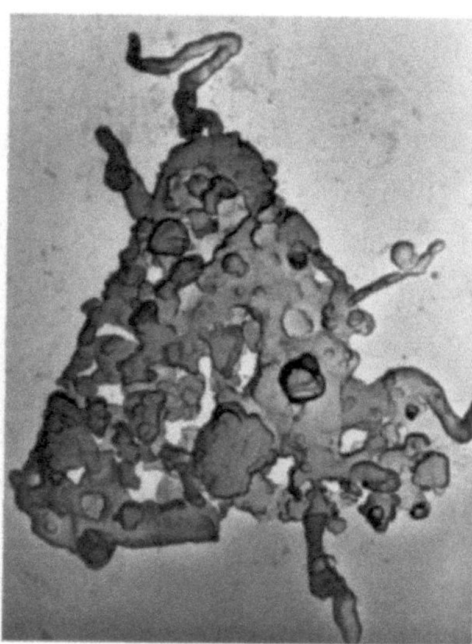

Abb. 2. Fadenbildung durch Photolyse von Halogensilberkristallen.
Links: Halogensilber weggelöst, Silber nicht.
Rechts: Halogensilber und Silber weggelöst

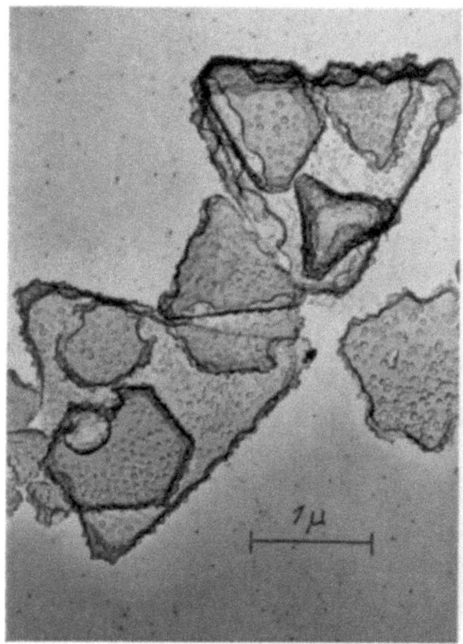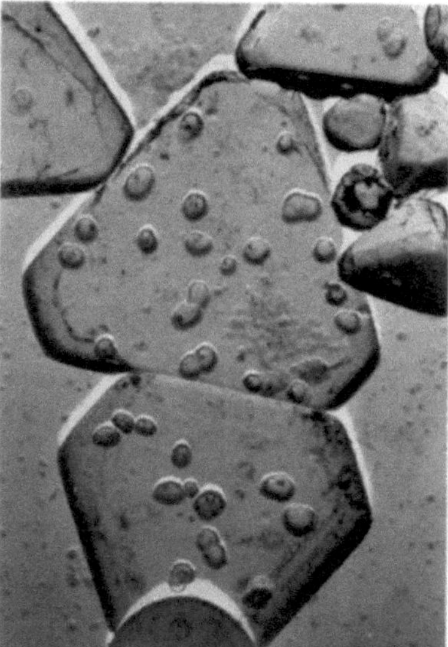

Abb. 3. Anentwicklung von belichteten Halogensilberkristallen.
Links kurze, rechts hohe Belichtung

Literatur

1. Vgl. auch FRIESER, H.: Z. wiss. Photogr. **39**, 68 (1940).
2. KLEIN, E.: Z. Elektrochem. Ber. Bunsenges. phys. Chem. **62**, 505 (1958).
3. — Z. Elektrochem. Ber. Bunsenges. phys. Chem. **60**, 998 (1956).
4. — R. MATEJEC: Z. Elektrochem. Ber. Bunsenges. phys. Chem. **61**, 1127 (1957).
5. BRADLEY, D. E.: Brit. J. appl. Physics **5**, 65 (1954).
6. MITCHELL, J. W.: Z. Elektrochem. Ber. Bunsenges. phys. Chem. **60**, 557 (1956).
7. MATEJEC, R.: Z. Physik **148**, 454 (1957); Naturwissenschaften **43**, 533 (1956).
8. KLEIN, E.: Z. Elektrochem. Ber. Bunsenges. phys. Chem. **62**, 870 (1958).

6. Stereoaufnahme

Stereoscopy and resolution in electron microscopy

Th. F. Anderson

Johnson Foundation, University of Pennsylvania, Philadelphia (USA)

Why do stereoscopic pairs show striking increases in resolution over the individual micrographs of which they are composed? Of course, stereoscopy increases information by permitting a three-dimensional reconstruction of the specimen to be made. Stereoscopic views also tell whether observed variations in image density are due to Bragg reflections in crystalline materials or to differences in electron scattering power in amorphous materials. Also, with two separate exposures, imperfections in photographic materials tend to cancel out; and there is a two-fold gain in the numbers of electrons or photographic grains that contribute to the net image seen. An additional feature is perhaps more subtle but no less important: No matter how many exposures are made from a single point of view, the images of some objects in a threedimensional specimen are inevitably confused with those of other objects such as the supporting film. If, however, two exposures are made from different points of view, i. e., a stereoscopic pair, the previously superimposed images separate from each other. What would have caused confusion in a single exposure may now be ignored by the viewer of the stereo pair. By eliminating confusions like these, stereoscopy increases the yield of information and the effective resolution at all levels in the specimen.

Präparative Hilfsmittel zur quantitativen Auswertung elektronenmikroskopischer Stereoaufnahmen

H. Grothe, E. Knobling und G. Schimmel

Battelle-Institut e.V., Frankfurt am Main-W 13

Bekanntlich besitzt das Elektronenmikroskop infolge der kleinen Aperturen seiner Linsen verglichen mit dem Lichtmikroskop eine sehr große Schärfentiefe. Dieser für viele Untersuchungen gar nicht hoch genug einzuschätzende Vorteil birgt allerdings eine große Gefahr in sich: Tiefenunterschiede können im normalen elektronenmikroskopischen Bild oft nicht erkannt oder in ihrer Größe nicht abgeschätzt werden. Bereits Helmcke (1) hat darauf hingewiesen, daß aus diesem Grunde bei Längenmessungen auf elektronenmikroskopischen Bildern unter Umständen große Fehler begangen werden können, da nur die Projektion räumlich ausgedehnter Objekte auf die Bildebene gemessen wird.

Wohl das verbreitetste Hilfsmittel zur Hervorhebung der Tiefenausdehnung elektronenmikroskopischer Objekte stellt die Schrägbedampfung mit elektronenadsorbierenden Substanzen (Schwermetallen) dar.

Aus den „Schatten" der Objekte kann auf deren Tiefe geschlossen werden. Exakte Messungen sind mit dieser Methode z. B. dann möglich, wenn kleine Objekte auf Trägerfolien liegen und deren Durchbiegung infolge der Belastung vernachlässigt werden kann. Bei Oberflächenpräparaten (Replicas) rauher Objekte lassen sich Tiefenmessungen über die Schattenlängen nicht durchführen, da man die Neigungen der abgebildeten Flächen relativ zur Aufdampfrichtung nicht kennt. Seeliger (2) übertrug daher das Lichtschnittverfahren der Lichtmikroskopie durch eine besondere Aufdampfanordnung auf die Elektronenmikroskopie. Wegen seiner experimentellen Schwierigkeiten hat sich das Verfahren nicht eingebürgert.

Eine andere Möglichkeit, Aussagen über die räumliche Ausdehnung elektronenmikroskopischer Objekte zu erlangen, besteht in der Anfertigung von stereoskopischen Aufnahmen, bei denen das Objekt zwischen zwei Aufnahmen der gleichen Objektstelle um einen Winkel, der von der Vergrößerung abhängt, gekippt wird. Bei geeigneter Betrachtung mit einem Stereoskop liefern derartige Aufnahmen einen ausgezeichneten räumlichen Eindruck und leisten wertvolle Hilfe bei der Auswertung komplizierter Objekte. Auf dem Gebiete der Mikromorphologie, besonders bei der Aufklärung der Struktur von Mikroorganismen, konnten HELMCKE und KRIEGER durch exakte mathematische Auswertung stereoskopischer Aufnahmen ausgezeichnete Erfolge erzielen. Allerdings zeigten HELMCKE und ORTHMANN (4) auch, daß für eine exakte Auswertung der Stereo-Aufnahmen eine sehr genaue Kenntnis des Kippwinkels und der Vergrößerung erforderlich ist und daß bei Papierabzügen die Verzerrungen des Papiers berücksichtigt werden müssen. Besonders an die Genauigkeit bei der Messung des Kippwinkels sind nach den Berechnungen von HELMCKE und ORTHMANN (4) Forderungen zu stellen, die in der Praxis nur schwer zu erfüllen sind.

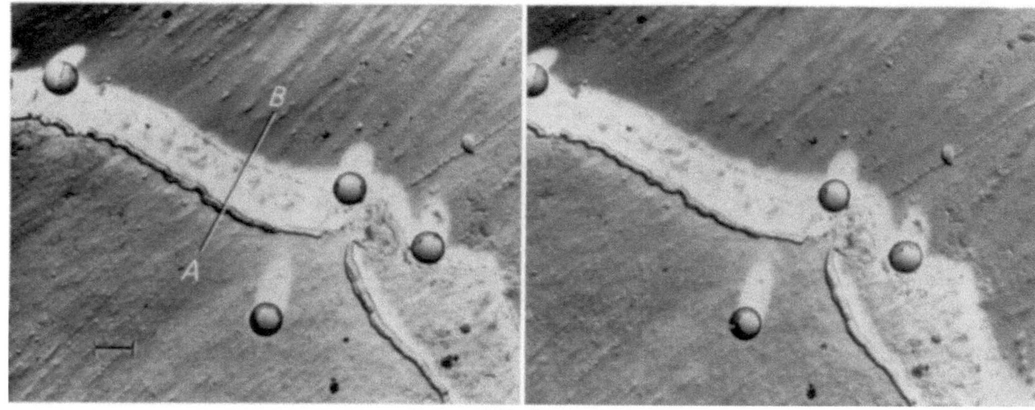

Abb. 1a

Abb. 1a u. b. Wollfaser. a) Negativ-Relief, b) Höhenverlauf entlang $A \to B$ in a)

Wir haben uns bemüht, ein einfaches Verfahren zur Ausmessung von Stereo-Bildpaaren zu finden, das die oben beschriebenen Schwierigkeiten vermeidet. Der Gedanke liegt nahe, Eichsubstanzen genau bekannter Tiefe auf das Objekt zu bringen und mit deren Hilfe ein Stereometer zu eichen. Besonders bewährt haben sich dafür Polystyrol-Kügelchen (Polystyrol-Latex), die sehr häufig als Einstellhilfen zur Vergrößerungseichung und zur Bestimmung der Bedampfungsrichtung auf elektronenmikro-

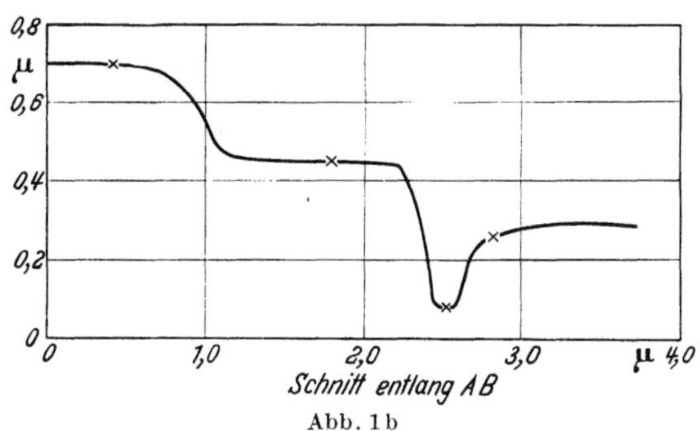

Abb. 1b

skopische Objekte aufgebracht werden. Die Tiefe der Kügelchen läßt sich durch Vermessen des Durchmessers stets leicht ermitteln, sofern man nicht überhaupt Kügelchen bekannter Größe verwendet. Mit diesen Kugeln kann ein beliebiges stereographisches Auswertegerät geeicht werden, so daß Tiefenmessungen ohne Kenntnis des Kippwinkels durchgeführt werden können. Das Verfahren besitzt weiterhin den Vorteil, daß Papierverzerrungen und Justierfehler das Ergebnis nur wenig verfälschen, wenn die Tiefenmessung dicht neben der Eichstelle vorgenommen werden kann. Allerdings zeigte sich bei unseren ersten Versuchen, daß sich kompakte Polystyrol-Kugeln nicht für den beschriebenen Zweck eignen. Da die Kugeln undurchstrahlbar sind und daher nur als weiße Flecke im photographischen Negativ erscheinen, war es nicht möglich, die Höhenmarke des von uns benutzten stereometrischen Auswertegerätes auf die höchste bzw. tiefste Stelle der Kugeln einzustellen. Wir haben deshalb die normalen Oberflächen-Abdruckverfahren jeweils so mit dem Kohlehüllenverfahren kombiniert, daß neben dem Oberflächenabdruck gleichzeitig Hüllenabdrucke der Polystyrolkugeln entstanden. Diese durchstrahlbaren Hüllenabdrucke ließen sich stereometrisch gut vermessen, können also die zur Auswertung benötigten Eichwerte für die Tiefenmessungen liefern. Die Brauchbarkeit des Verfahrens soll an einigen Beispielen gezeigt werden.

Besonders bewährt hat sich diese Auswertemethode bei Faserabdrücken. Verschiedene im Battelle-Institut durchgeführte Untersuchungen hatten den großen Einfluß der Oberflächen-

10*

rauhigkeit von Textilfasern auf die Anschmutzbarkeit gezeigt [s. hierzu auch Bandel (5)], und es sollte deshalb die Rauhigkeit einiger Fasern quantitativ erfaßt werden.

Abb. 1a zeigt einen interessanten, allerdings nicht typischen, Ausschnitt aus der Oberfläche einer Wollfaser (Präparation nach Tab. 1). In der Anordnung dieser Abbildung sind die Höhen und Tiefen gegenüber dem Objekt vertauscht; die Kugeln liegen bei Stereo-Betrachtung über der abgebildeten Fläche und erfahrungsgemäß ist dann die Messung leichter durchzuführen, als wenn

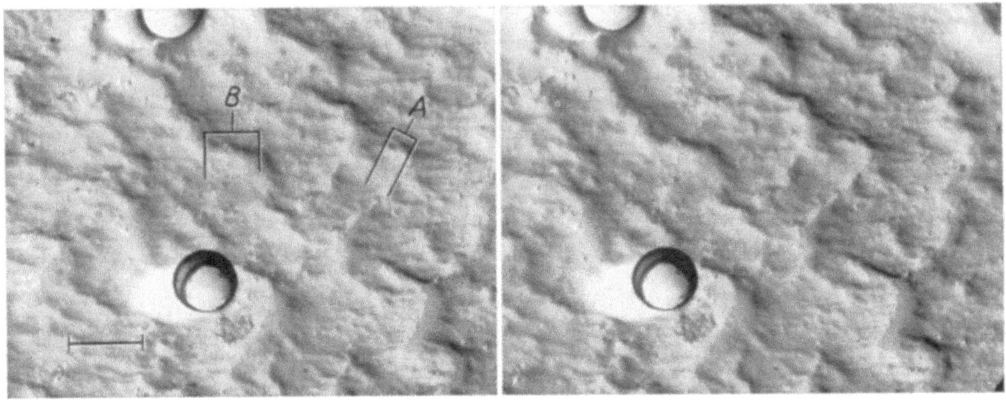

Abb. 2. Floxanfaser, Höhenunterschiede bei A und B: 0,19 μ, und 0,31 μ

die Kugeln unter der Fläche gesehen werden. Die Polystyrolkugeln besitzen in allen Aufnahmen einen mittleren Durchmesser von 0,814 μ. (Sie wurden von der Dow Chemical Company, Midland, Michigan, freundlicherweise zur Verfügung gestellt). Die Parallaxe zwischen den höchsten und tiefsten Stellen der Kugeln wurde mit einem Stereometer (Spiegelstereoskop OV, Zeiss Aeroto-

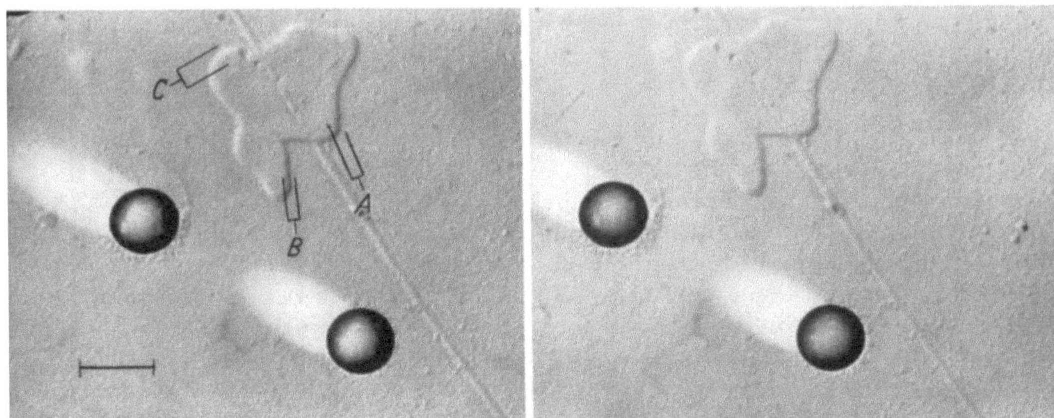

Abb. 3. Glasoberfläche, Höhenunterschiede bei A, B und C: 0,049 μ, 0,041 μ und 0,087 μ

graph) ausgemessen. Zu beachten ist, daß in Abb. 1a die Kohlehülle die Kugel nicht völlig umschlossen hat, sondern an der Auflagefläche offen geblieben ist. Die Höhenmarke des Stereometers konnte deshalb nicht auf den tiefsten Punkt der Kugel, sondern nur auf den deutlich erkennbaren Rand, an dem die Auflagefläche gleichsam ein Kreissegment abschneidet, eingestellt werden. Doch kann der dadurch entstandene Meßfehler rechnerisch eliminiert werden. Er beträgt im Falle der Kugel A in Abb. 1a nur 4%. Einen Schnitt entlang $A B$ zeigt Abb. 1b, wobei die Verbindung zwischen den eingezeichneten Meßpunkten nach dem visuellen Eindruck gezeichnet wurde.

Abb. 2 zeigt eine Floxan-Faser, die sich durch besonders geringe Anschmutzbarkeit auszeichnet. In vorliegender Vergrößerung erscheint die Oberfläche etwa wie genarbtes Leder. (Höhen und Tiefen sind hier originalgetreu, die Kugeln hängen daher gemäß Präparationsverfahren unter der Oberfläche). Die Tiefe der Furchen ergab sich zu 0,30 μ bei Meßstelle *B*.

Selbstverständlich ist die Methode nicht auf Faserabdrucke oder auf ein bestimmtes Abdruckmaterial beschränkt. Es können beliebige Oberflächen untersucht werden, wobei z. B. Palavit

<table>
<tr><td>

Tabelle 1. *Polystyrol-Prägeabdruck*

1. Herstellen des Abdruckes
2. Aufbringen der Kugeln
3. Schrägbedampfung
4. Kegelbedampfung mit Kohle
5. Lösen des Polystyrol in Benzol und Aufbringen der Kohlefolien auf Blenden

</td><td>

Tabelle 2. *Palavit-Abdruck*

1. Herstellen des Abdruckes
2. Aufbringen der Kugeln
3. Schrägbedampfung
4. Kegelbedampfung mit Kohle
5. Lösen des Palavit in Aceton
6. Lösen des Polystyrol in Benzol

</td></tr>
</table>

verwendet werden kann. Ein bei uns bewährtes Präparationsverfahren für die Untersuchung rauher Oberflächen mit diesem Abdruckmaterial zeigt Tab. 2.

Tabelle 3. *Kollodium-Lackabdruck*

1. Herstellen des Lackabdruckes und Überführen des Films auf Blenden
2. Aufbringen der Kugeln
3. Schrägbedampfung
4. Kegelbedampfung mit Kohle
5. Lösen des Polystyrol in Benzol

Im allgemeinen wird man bei Lackabdrücken glatter Objekte Tiefenmessungen über die Schattenlängen durchführen. Doch ist das beschriebene Meßverfahren auch hier anwendbar, wenn größere Genauigkeit erwünscht ist. Abb. 3 zeigt einen Lackabdruck einer verwitterten Glasoberfläche. Präparation erfolgte nach Tab. 3.

Literatur

1. Helmcke, J. G.: Optik **11**, 201 (1954).
2. Seeliger, R.: Metalloberfläche **3**, (A), 181 (1949).
3. Helmcke, J. G., u. W. Krieger: Z. wiss. Mikrosk. **61**, 83 (1952/53).
4. — u. H. J. Orthmann: Optik **11**, 562 (1954).
5. Bandel, W.: Melliand Textilber. Heidelberg **39**, 800 (1958).

Methoden und Ergebnisse von Ausmessungen elektronenmikroskopischer Stereo-Aufnahmen mit dem „Elmigraph I"

K. Bogen, J.-G. Helmcke und G. Weimann

Technische Universität Berlin, Lehrgebiet Biologie und Anthropologie und Institut für Photogrammetrie

Mit dem „Elmigraph I" können folgende Arbeiten durchgeführt werden: 1. Koordinatenmessung, 2. Grundrißkartierung, 3. Höhenlinienkartierung, 4. Profilkartierung, 5. Zeichnung einer Militärperspektive.

1. Koordinatenmessung. Zur Bestimmung der Koordinaten werden die verschiedenen auszumessenden Punkte des Raummodells einzeln mit Hilfe der räumlich gesehenen Meßmarke eingestellt. An den Skalen bzw. Zählwerken des Gerätes lassen sich dann die Koordinatenwerte x, y, z der Modellpunkte ablesen. Aus den gemessenen Koordinaten sind mit Hilfe mathematischer Formeln a) die räumliche Entfernung zwischen zwei Punkten, b) der räumliche Winkel zwischen zwei Strecken, c) die zwischen drei Punkten aufgespannte Fläche des Modells zu berechnen.

2. Grundrißkartierung. Die im Modell eingestellten Punkte, deren Koordinaten verwendet werden, können auch automatisch mit einem Zeichenbleistift kartiert werden. Hierdurch ergibt sich eine orthogonale Projektion der Modellpunkte. Schreibt man an die kartierten Punkte die

Höhenwerte der z-Skala, so lassen sich die Strecken-, Winkel- und Flächenberechnungen durchführen. Alle in der Kartierung dargestellten Strecken erscheinen verkürzt; sie müssen daher unter Berücksichtigung der Höhendifferenz zwischen ihren Endpunkten in räumliche Entfernungen umgerechnet werden.

Sollen nicht Einzelpunkte kartiert, sondern die markanten *Begrenzungslinien* (Kanten, Lochränder usw.) aufgezeichnet werden, dann ist die räumliche Meßmarke an den Begrenzungslinien des Modells entlangzuführen, wobei der Zeichenbleistift des „Elmigraph I" das Modell in orthogonaler Projektion darstellt.

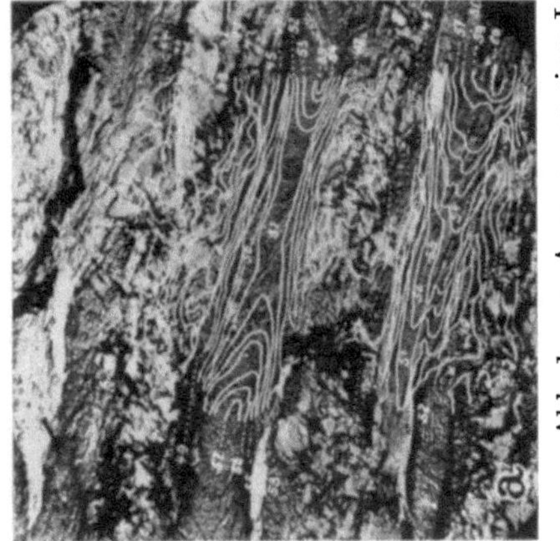

Abb. 1 a—c. Ausmessung eines Längsbruches durch Dentin des menschlichen Zahnes. Vergrößerung 7200:1

Das Gerät eignet sich auch zur Herstellung von gezeichneten Raumbildern. Ohne Veränderung der Höheneinstellung z der Meßmarken werden die beiden Bilder, die das stereoskopische Modell formen, einzeln abgefahren. Der Zeichenbleistift stellt in diesem Falle die beiden Bilder mit ihren stereoskopischen Versetzungen einzeln dar. Diese Bilder können unter einem gewöhnlichen Stereoskop räumlich betrachtet werden. Der Vorteil der Verwendung des „Elmigraph I" liegt hierbei in der automatischen Ausschaltung der Maßstabsdifferenzen zwischen den Originalaufnahmen, die normalerweise bei der Aufnahme des Stereopaares im Elektronenmikroskop entstehen.

3. Höhenlinienkartierung. Häufig eignen sich die Raummodelle zur Darstellung in Höhenlinien. Diese sind Schnitte des Modells in vorgeschriebenen Schnitthöhen z. Die Höhenlinienkartierung geht folgendermaßen vor sich: Die Meßmarke wird auf eine bestimmte Höhe eingestellt (Ablesung am z-Maßstab). Mit Hilfe der x- und y-Bewegung des Gerätes wird sie so an dem Modell entlanggeführt, daß sie weder in dieses eintaucht noch über ihm schwebt. In diesem Falle zeichnet der Zeichenbleistift die Höhenlinien auf dem Zeichenpapier automatisch auf (s. Abb. 1a).

Durch Ausschneiden von Pappen oder ähnlichem Material entsprechender Dicke und Übereinanderlegen dieser Konturenblätter kann ein raumrichtiges, plastisches Modell angefertigt werden.

4. Profilkartierung. Das Gerät besitzt eine Einrichtung, die es gestattet, die Meßmarke in einer ganz bestimmten Grundrißrichtung durch das Modell zu führen (Abb. 1b). Die Veränderungen, die notwendig sind, um die Meßmarke auf ihrem Wege dauernd in Berührung mit dem Modell zu halten (z-Bewegungen), werden dann automatisch vom Zeichenbleistift des Gerätes als Profillinie aufgezeichnet (dieses Profil ist in die Zeichenebene umgeklappt, Abb. 1c).

5. Zeichnung einer Militärperspektive. Außer der Zeichnung des Grundrisses in orthogonaler Projektion kann mit Hilfe des „Elmigraph I" auch eine *Militärperspektive* von dem Modell hergestellt werden. Diese ergibt bei geeigneten Objekten einen räumlichen Eindruck von der Gestalt des Modells, ohne die stereoskopische (beidäugige) Betrachtung notwendig zu machen.

Die photogrammetrische *Ausmessung elektronenmikroskopischer Stereoaufnahmen* mit dem „Elmigraph I" läßt sich mit einer so hohen Exaktheit durchführen, daß eine zusätzliche Ungenauigkeit gegenüber dem elektronenmikroskopischen Bild praktisch vermieden werden kann.

Die durch Messung und automatische Aufzeichnung gewonnenen orthogonalen Projektionen können nach bekannten Verfahren berechnet und die entzerrten Winkel und Flächen ermittelt werden (darüber wird an anderer Stelle ausführlich berichtet).

Die bisherigen Ausmessungen haben ergeben, daß die Anwendung des „Elmigraph I" in weit höherem Maße die Ermittlung von Reliefdetails gestattet, als es bisher mit Punktmessungen möglich war. So konnten wir jetzt mit Hilfe des „Elmigraph I" unsere eigenen, früheren Ausmessungen und Rekonstruktionen (s. z. B. Abb. 2a) überprüfen und in einigen Fällen korrigieren (Abb. 2b). Hierdurch ergaben sich wesentlich neue Gesichtspunkte zur Deutung einiger biologischer Strukturen (z. B. über den Feinbau der Diatomeenschalen).

Der hohe Grad der Einstellgenauigkeit des „Elmigraph I" erfordert eine ebenfalls hohe Ablesegenauigkeit des Kippungswinkels, um den das Präparat zwischen den beiden Aufnahmen im Elektronenmikroskop geschwenkt wird (Abb. 3 zeigt ein praktisches Beispiel der Abhängigkeit des Ausmeßergebnisses vom Kippungswinkel). Solange diese Forderung an die Stereo-Einrichtungen des Elektronenmikroskopes nicht in entsprechender Weise erfüllt wird ($^1/_{10}°$ reproduzierbare Genauigkeit der Einstellung des Konvergenzwinkels mit entsprechender Ablesemöglichkeit), werden immer noch Zweifel an der raumrichtigen Erkennung der Abbildungen bestehen bleiben.

Literatur

HELMCKE, J.-G.: Optik **11**, 201 (1954); **12**, 253, (1955).

HELMKE, J.-G., u. H. J. ORTHMANN: Optik **11**, 562 (1954).

BURKHARDT, R.: Optik **12**, 417 (1955).

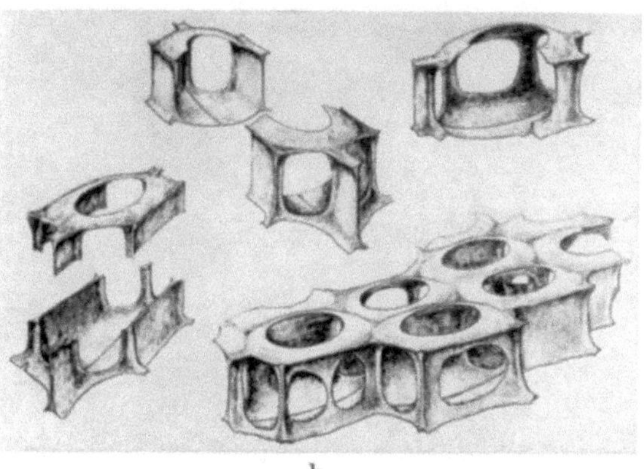

Abb. 2a u. b. Rekonstruktionszeichnung nach Ausmessung einer Diatomeenschale (Pleurosigma angulatum). a) alte Ausmessung, b) neuere Ausmessung

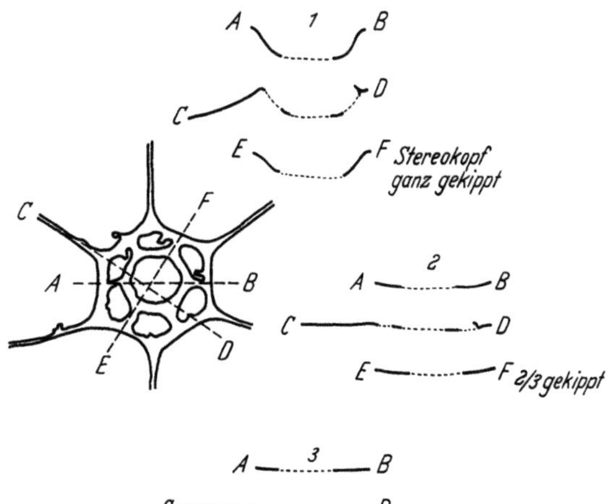

Abb. 3. Ausmessungen eines Silicoflagellaten (Distephanus speculum) unter Annahme verschiedener Kippungswinkel. *1.* 9°; *2.* 6° *3.* 3°;

Ein einfaches Verfahren zur Auswertung
elektronenmikroskopischer Stereoaufnahmen

G. Pohlmann

Institut für Hygiene und Mikrobiologie der Universität Würzburg

Die Grundlagen für eine dreidimensionale Auswertung elektronenmikroskopischer Stereoaufnahmen finden sich in den Arbeiten u. a. von Gotthardt (*1*), H. O. Müller (*2*) und Helmcke (*3*) ausführlich dargestellt. Für uns ergab sich die Frage nach einer handlichen und einfachen Anordnung, die es ermöglichen sollte, einen dreidimensionalen Eindruck, wie ihn etwa ein Stereobetrachtungsgerät von einem Stereobildpaar vermittelt, in ein zweidimensionales Bild zu übertragen.

In einem Zeiss-Elektronenmikroskop wurden von einem Objekt stereoskopische Aufnahmen in folgender Weise hergestellt: Der um 6° gegen die Hauptachse des Gerätes geneigte Objekthalter

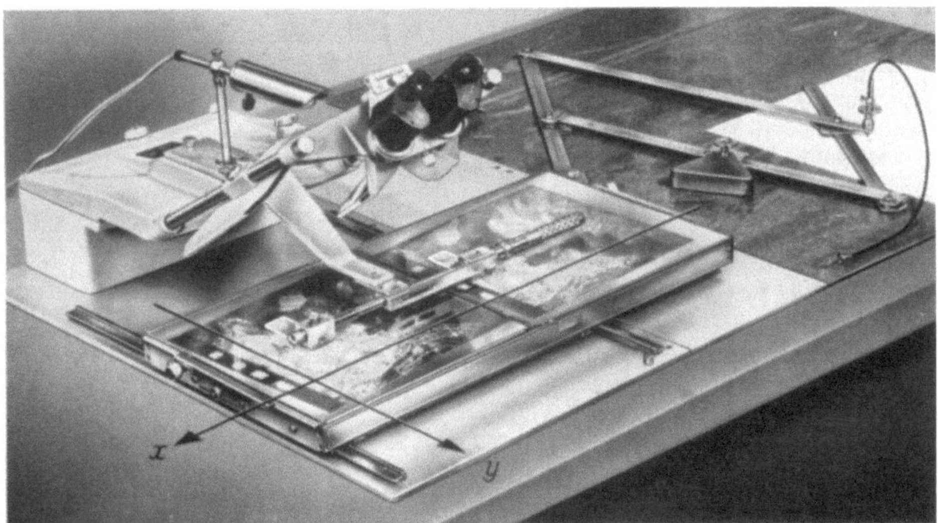

Abb. 1. Bildeinlage beim Stereopret

wurde nach der 1. Aufnahme um 180° um diese Achse gedreht. Der Konvergenzwinkel betrug somit insgesamt 12°. Das Objekt selbst war so angeordnet, daß es während der 1. und 2. Aufnahme in seitengleicher Position verblieb.

Die dreidimensionale Ausmessung und die zeichnerische Wiedergabe der Stereoaufnahmen wurde mit einem *Stereopret* der Firma Zeiss-Aerotopograph vorgenommen. Die Vergrößerungen der Stereobilder werden in das Stereopret eingelegt und in x-Richtung genau ausgekantet (Abb. 1). Man geht dabei so vor, daß zunächst die 1. Stereoaufnahme — in bezug auf den Untersucher in gleicher Lage wie im Elektronenmikroskop — auf der rechten Bildplatte mit ihrer linken oder rechten Begrenzung nach den Einpaßstrichen des Stereoprets ausgerichtet wird. Dann wird das 2. Stereobild in entsprechender Lage auf der linken Bildplatte des Gerätes derart ausgerichtet, bis auf der waagerechten Mittellinie bei stereoskopischer Betrachtung keine Parallaxen in y-Richtung mehr zu erkennen sind. Um jeweils einen orthoskopischen Bildeindruck zu erhalten, muß im Falle eines „Negativ-Abdruckes" das 1. Stereobild auf die linke Bildplatte des Auswertegerätes gelegt werden.

Auf der Zeichenfläche rechts vom Gerät zeichnet ein Pantograph die Grundrißstruktur des Präparates und die Schichtlinien seiner räumlichen Ausdehnung. An der Parallaxenschraube kann eine gewünschte Höhe für die zu zeichnenden Höhenschichtlinien eingestellt oder die Parallaxe in mm als Maß für die Objekthöhe abgelesen werden. Die Objekthöhe z ergibt sich aus dem

Parallaxenwert px nach Einsetzen in eine Näherungsformel (die Näherungen für x und z bedingen einen Fehler bis zu $5°/_{00}$): $z = px/M \cdot \sin\varphi$ (M = Maßstab der Gesamtvergrößerung; φ = Konvergenzwinkel). Bei einer Vergrößerung von $5000:1$ oder $50000:1$ kann die Objekthöhe unmittelbar in μ an der Parallaxenschraube abgelesen werden.

Die Grundrißzeichnung bedarf in unserem Falle einer Korrektur in x-Richtung von der Größe $dx = px/2$ in bezug auf das im Stereopret links liegende Bild, dem der Grundriß entnommen wird. Diese Fehlerkorrektur kann jedoch für die meisten stereoskopischen Auswertungen vernachlässigt werden: Beträgt der Konvergenzwinkel $12°$, wird $px = z/5$ und dementsprechend $dx = z/10$, bezogen auf den Maßstab M. Geht man von der Annahme aus, daß die Höhe des auszumessenden Objektes im Bildbereich höchstens $1/4$ seines Grundrisses beträgt ($z_{max} = x/4$), wird der Maximalfehler in der Grundrißzeichnung $dx_{max} = x_{max}/40$, maximal also $2{,}5\%$.

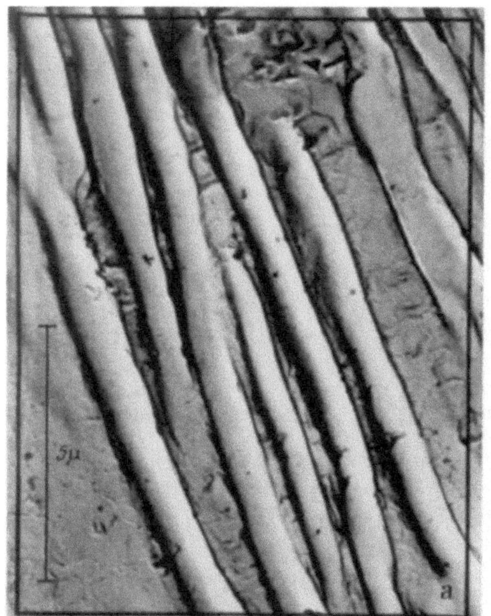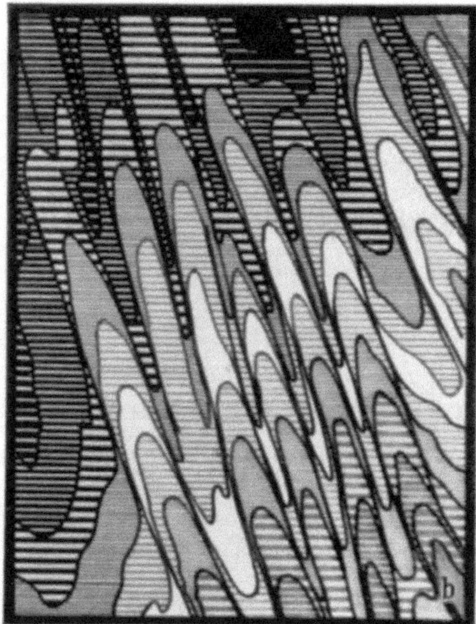

Abb. 2a u. b. a) Tyloseabdruck von der Oberfläche eines Pflanzenblattes (Weißdorn, Blattoberseite). Vergrößerung: $6600:1$; b) Höhenschichtlinien nach der photogrammetrischen Auswertung; Höhendifferenz benachbarter Schichtlinien $0{,}25\ \mu$ ($\pm\ 1{,}5\% \approx \pm\ 4\ \mathrm{m}\mu$)

Die Genauigkeit der Grundrißdarstellung wird somit vor allem durch die Gleichung $dx = px/2$ bestimmt. Sie ist weiterhin abhängig von der Präzision der Nachzeichnung, die bis auf etwa $0{,}1$ mm genau möglich ist und bei einer 5000 fachen Vergrößerung einen mittleren Fehler von nur $\pm 0{,}02\ \mu$ bedingt.

Die Höhenmessung wird im wesentlichen von der Genauigkeit der Konvergenzwinkeleinstellung bestimmt. Außerdem ist sie abhängig von der Kantenschärfe des Bildes und von der Parallaxenmeßgenauigkeit, die bis auf $0{,}02$ mm genau möglich ist. Während bei einer 5000 fachen Vergrößerung aus der Parallaxenmeßgenauigkeit ein mittlerer Fehler von nur $\pm 0{,}02\ \mu$ resultiert, folgt aus der Ungenauigkeit der Konvergenzwinkeleinstellung ein Höhenfehler bis zu $\pm 1{,}5\%$.

Nach unserer Erfahrung läßt sich der Konvergenzwinkel bis auf etwa ± 10 Bogenminuten genau einstellen und auf einfache Weise ermitteln. Auf diesen Wert bezieht sich die Berechnung des Höhenfehlers. Darüber hinaus bezieht sich die Höhenangabe unmittelbar auf die Gesamtvergrößerung der Stereoaufnahme, die i.a. nur bis auf 3—5% genau angegeben werden kann.

Es erhebt sich die Frage, wodurch dem vorliegenden Verfahren seine Grenzen gesetzt sind: Die Erfahrung des räumlichen Sehens und Messens zeigt, daß die stereoskopische Verschmelzung der je mit dem linken und rechten Auge betrachteten Einzelbilder nur bis zu einer Maximalparallaxe in Augenbasisrichtung von etwa 5 mm erfolgt, bezogen auf eine Sehweite von 250 mm.

Diese Parallaxe wird bei einem Konvergenzwinkel von 12°, einem Bildformat von 10×10 cm und einer Vergrößerung von 5000 : 1 durch eine Objekthöhe von 5 μ bewirkt. Will man also das ganze Bild auf einmal betrachten, sollten die Höhenunterschiede unter den gegebenen Bedingungen 5 μ nicht übersteigen, wenn man nicht den Konvergenzwinkel oder den Maßstab kleiner wählen will. Das Stereopret arbeitet mit 6facher Lupenvergrößerung bei einem Bildausschnitt von 30 mm im Durchmesser. Die Gesamtvergrößerung ist jetzt 30000fach, wenn man von einer 5000fachen Vergrößerung ausgeht. Innerhalb eines Bereiches von 6 μ im Durchmesser sollten hierbei keine Objekthöhen größer als 1 μ sein. Für das Gesamtobjekt darf die maximale Höhendifferenz dann aber schon 11 μ betragen. Durch Verkleinerung des Bildausschnittes auf die Hälfte mittels einer Blende am Betrachtungsgerät erreicht man eine zusätzliche Erweiterung der maximal zulässigen Höhendifferenz bisa uf 45 μ, so daß innerhalb weiter Grenzen mit einer und derselben Konvergenzwinkeleinstellung gearbeitet werden kann.

Die Abb. 2 gibt ein Beispiel für eine stereoskopische Auswertung nach dem angegebenen Verfahren.

Zur Entwicklung des Verfahrens hat Herr Dr. M. Ahrend aus Oberkochen Wesentliches beigetragen, wofür ich ihm an dieser Stelle herzlich danken möchte.

Literatur

1. Gotthardt, E.: Z. Physik 118, 714 (1941/42).
2. Müller, H. O.: Kolloid-Z. 99, 6 (1942).
3. Helmcke, J. G.: Optik 11, 201 u. 562 (1954); Optik 12, 253 (1955).

7. Vakuum, Strahlspannung, Linsendurchflutung

Neue Gesichtspunkte bei der Gestaltung von Hochvakuumanlagen in der Elektronenmikroskopie

R. A. Haefer

Balzers Gerätebau-Anstalt, Liechtenstein

An Hochvakuumanlagen für den Chargen- und Routinebetrieb stellt man heutzutage die Forderungen nach möglichst kurzer Pumpzeit und möglichst einfachem Aufbau der Anlage. In besonderen Fällen, z. B. in der Elektronenmikroskopie, gesellt sich zu diesen Forderungen noch als dritte diejenige der Freiheit von Vibrationen, wie sie von der rotierenden Pumpe übertragen werden können. Hochvakuumanlagen, die diese Forderungen weitgehend erfüllen, sind in der letzten Zeit für die verschiedensten Zwecke bei uns entwickelt worden, und es soll daher durch Erläuterung von einigen dabei gemachten Erfahrungen die Frage diskutiert werden, inwieweit diese Erfahrungen auch in der Elektronenmikroskopie nutzbar gemacht werden können.

Als erstes Beispiel betrachten wir eine Bedampfungsanlage, bei der besonders auf die Verwirklichung der beiden zuerst genannten Forderungen geachtet wurde (Abb. 1). Es handelt sich um einen Pumpstand für die Aluminisierung von Fernsehröhren. Das Besondere an diesem Pumpstand ist die Tatsache, daß er keine Umgehungsleitung zur Diffusionspumpe, also keinen „Bypass" enthält, über den das sonst übliche Vorevakuieren des Rezipienten vorgenommen wird (2). Es wird vielmehr in der Weise gearbeitet, daß durch schlagartiges Öffnen des Plattenventiles der gesamte Luftinhalt der Röhre (etwa 45 l) durch die heiße Öldiffussionpumpe hindurchgesaugt wird. Damit aber der Lufteinbruch nicht zu vehement erfolgt und dadurch das Öl aus der Diffusionspumpe in die Vorvakuumleitung getrieben wird, ist in der Ventilplatte noch ein kleines Hilfsventil angebracht, das sich bei Betätigung des Ventilhebels etwa 1 sec eher als das Hauptventil öffnet. Die Einstellung des Vakuums geschieht derart rasch, daß in 1 min der Druck im Rezipienten von 760 auf 10^{-4} Torr erniedrigt ist und schon nach 2 min Pumpzeit mit dem Aufdampfen begonnen werden kann (Abb. 1b). Der ganze Aufdampfprozeß einschließlich Röhrenwechsel und Neubeschickung der Heizwendel pflegt im Chargenbetrieb nur 6 min zu dauern.

Würde man hingegen über eine Bypass-Leitung (20 mm ⌀, 80 cm lang) zunächst vorevakuieren (Abb. 1b), so stellte sich das Vakuum bedeutend langsamer ein.

Man könnte auf den ersten Blick vermuten, daß das Treibmittel (Diffoil 71) durch die Lufteinbrüche so stark zersetzt wird, daß die Diffusionspumpe sehr bald keinen ausreichenden Enddruck mehr erzeugt. Das ist aber nicht der Fall. Man kann bei steigender Chargenzahl sogar eine Verkürzung der Pumpzeit beobachten (Abb. 1c). Dieser Effekt der Begünstigung der selbstreinigenden Wirkung der Diffusionspumpe auf ihre Treibmittel ist dem Umstand zuzuschreiben, daß durch Oxydation entstehende, leicht flüchtige Zersetzungsprodukte rasch aus der Pumpe entfernt werden (1).

Unter dem Einfluß der Luftströmung nimmt die Treibmittelmenge in der Pumpe wegen der Zersetzung laufend ab. Die Zahl der mit einer Treibmittelfüllung möglichen Chargen ist um so

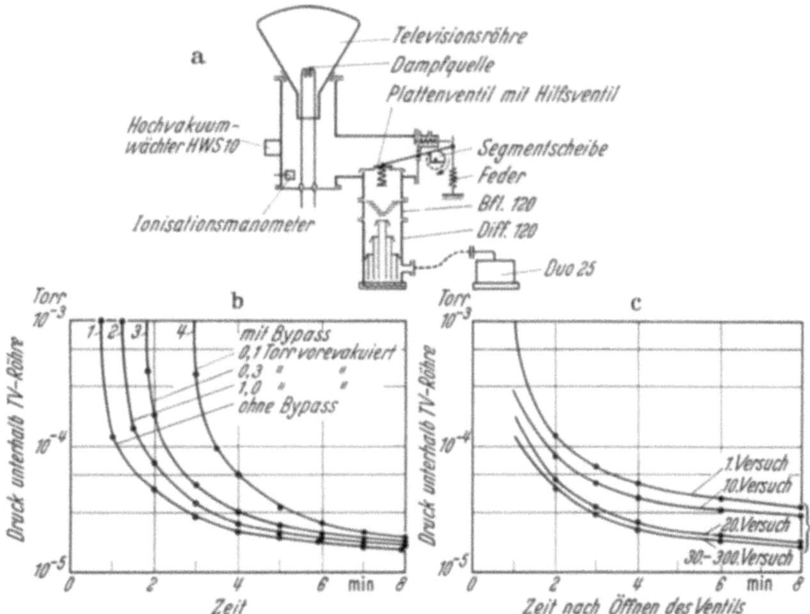

Abb. 1. Bypassloser Pumpstand (Balzers EW 120) für die Aluminisierung von Televisionsröhren als Beispiel für eine Vakuumanlage mit kurzer Pumpzeit und einfachem Aufbau

größer, je kleiner die Dauer der Einwirkung der Luftströmung ist. Ein Maß für diese Dauer ist die durch das Verhältnis Rezipientenvolumen : Sauggeschwindigkeit der Vorpumpe definierte Zeitkonstante τ. Im Beispiel der Abb. 1 ist $\tau = 6$ sec und die Zahl der möglichen Chargen 300. Wenn man ein Elektronenmikroskop mit dem beschriebenen bypasslosen Pumpstand ausrüstet, so ist die mögliche Chargenzahl wegen des geringeren Rezipientenvolumens (5 l) 10mal größer, so daß im praktischen Betrieb über Jahre hinaus mit einer Ölfüllung gearbeitet werden kann, weil ein Evakuieren der Mikroskopröhre von Atmosphärendruck herunter bei heißer Diffusionspumpe relativ selten notwendig ist.

Ein weiteres Beispiel für die bypasslose Arbeitsweise, nämlich eine Kleinstapparatur für die Bedampfung elektronenmikroskopischer Präparate, zeigt Abb. 2. Der mit leicht auswechselbaren Flanschen für die Dampfquellen bzw. Kohlespitzen oder den Dreh-Schwenktisch versehene Glasrezipient wird über einen Hahn mit einer Pumpenkombination aus Diff 60 (60 l/s) + DUO 5 (5 m³/h) oder Diff 10 (10 l/s) + DUO 1 (1 m³/h) evakuiert. Dabei beträgt die Zeit zum Erreichen von 10⁻⁴ Torr 1 bzw. 5 min. Es sind mehr als 3000 Chargen mit einer Ölfüllung möglich.

Soll die Vorpumpe zum Zwecke der Vermeidung der Vibrationen abgeschaltet werden, so hat man einen geeignet dimensionierten Vorvakuumbehälter einzubauen. Wie Abb. 3 (links unten) zeigt, verläuft die Einstellung des Vakuums im Rezipienten völlig unabhängig davon, ob die Vorpumpe dauernd in Betrieb bleibt, oder ob sie nach 60 bzw. 30 oder 10 min (vom Öffnen des

Abb. 2. Kleinst-Vakuumapparatur für die elektronenmikroskopische Präparation (Balzers Mikro BA)

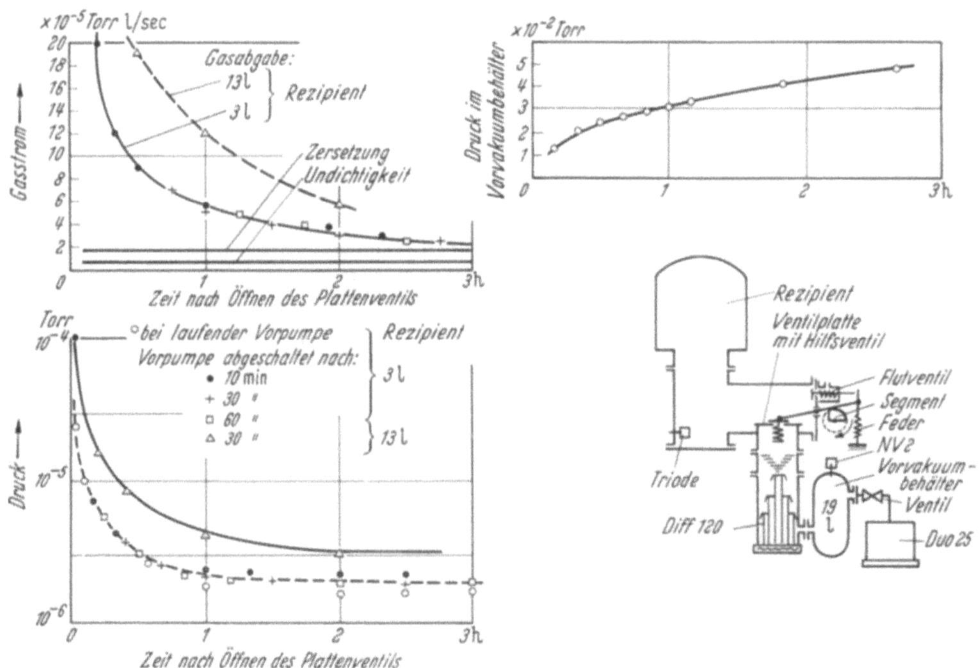

Abb. 3. Bedampfungsanlage mit bypasslosem Pumpstand (Balzers EW 120).
Verhalten bei laufender und bei abgeschalteter Vorpumpe

Plattenventils an gerechnet) abgeschaltet wurde. Ist Letzteres der Fall, so steigt der Druck im Vorvakuumbehälter im Laufe der Zeit an (Abb. 3, rechts oben). Differenziert man diese Kurve nach der Zeit und multipliziert mit dem Volumen des Vorvakuumbehälters (19 l), so erhält man den in diesen Behälter übergehenden Gasstrom in Torr · l/sec. Dieser Gasstrom setzt sich aus 3 Anteilen zusammen (Kurven links oben): 1. Undichtigkeit $= 7 \cdot 10^{-6}$ Torr · l/sec, 2. Thermische Zersetzung des Treibmittels (Diffoil 71) $= 1,7 \cdot 10^{-5}$ Torr · l/sec, 3. Gasabgabe von Wänden und Gummidichtungen des Rezipienten. Dieser dritte Anteil ist proportional der Oberfläche und nimmt im Laufe der Zeit ab. Im vorliegenden Fall der Abb. 3 kann mehr als 10 Std. bei abgeschalteter Vorpumpe gearbeitet werden, ehe die Grenze der Vorvakuumbeständigkeit von 0,2 Torr im Vorvakuumbehälter erreicht ist.

Nehmen wir eine etwa 100mal höhere Undichtigkeit (10^{-3} Torr · l/sec) an, wie sie in ungünstigen Fällen beim Elektronenmikroskop vorliegen kann, so sind die beiden übrigen Anteile des Gasstromes zu vernachlässigen. Es kann dann noch mehr als 1 Std. bei abgeschalteter Vorpumpe gearbeitet werden, wenn ein Vorvakuumbehälter von 20 l verwendet wird. Eine Kontrolle des Druckes im Vorvakuumbehälter ist z. B. mittels eines auf 0,2 Torr eingestellten Feinvakuumwächters möglich, der ein Signal auslöst, wenn dieser Druck überschritten wird.

Literatur

1. Haefer, R. A.: Beitrag zu M. Auwärter, Ergebnisse der Hochvakuumtechnik und der Physik der dünnen Schichten. S. 100. Stuttgart 1957.
2. — u. H. Wild: Proc. First Int. Congress on Vacuum Technology, 1958.
3. — Proc. First Int. Congress on Vacuum Technology, 1958.

Objektverschmutzung durch Kohlenwasserstoffe als vakuumtechnisches Problem

K.-H. Mirgel

E. Leybold's Nachfolger, Köln-Bayental

Die Objektverschmutzung durch Kohlenwasserstoffe aus dem Restgasdruck in Elektronenmikroskopen ist ein Problem, das den Apparatebauer wie den Beobachter gleichermaßen beschäftigt. Die Erscheinung ist jedoch keineswegs auf Elektronenmikroskope beschränkt, sondern sie zeigt sich immer dann, wenn energiereiche, geladene Teilchen für einen Prozeß in einem kohlenwasserstoffhaltigen Vakuum erzeugt werden. So spricht man z. B. auch bei Teilchenbeschleunigern von einer „Vergiftung des Targets", durch die die Ausbeute einer beabsichtigten Kernreaktion oft in kurzer Zeit erheblich herabgesetzt werden kann.

Die erste Mitteilung über diese Verschmutzungsschichten finden wir in den Jahren 1947/48 bei König (1), Watson (2), später auch bei Burton und Kinder. Über die Zusammensetzung der Schichten ist heute bekannt, daß es sich — je nach den Versuchsbedingungen, unter denen sie entstehen — um reinen Kohlenstoff oder um Kohlenwasserstoff-Polymerisate handelt. Es ist heute auch durchaus üblich, solche Kohleschichten für elektronenmikroskopische Abdrücke aus einer Gasentladung in einer Kohlenwasserstoff-Atmosphäre, z. B. in Benzol, herzustellen [König (3), Grasenick (4)].

Der folgende Beitrag soll untersuchen, inwieweit diese Erscheinung durch die vakuumtechnische Einrichtung, also Pumpen und Treibmittel, verursacht wird. Dazu muß aber zunächst nach Beziehungen zwischen der Verschmutzungsgeschwindigkeit und dem Kohlenwasserstoff-Partialdruck des Restgases bei Variation der elektrischen Parameter gesucht werden.

Ennos (5) hat 1953 die Aufwachsgeschwindigkeit unter Variation der verschiedensten Versuchsparameter (Objekttemperatur, Bestrahlungsdichte, Beschleunigungsspannung, und in gewissem Umfang auch des Kohlenwasserstoff-Partialdrucks) sehr eingehend studiert. Weitere Untersuchungen, insbesondere auch über die Abhängigkeit der Verschmutzungsgeschwindigkeit von der Objekttemperatur, finden sich bei Leisegang und Schott (6). Allen diesen Arbeiten gemeinsam ist aber, daß sie unter „normalen Vakuumbedingungen", d. h. bei einem Endtotaldruck von etwa 10^{-5} Torr, durchgeführt wurden. Eine Untersuchung der Abhängigkeit der Verschmutzungsgeschwindigkeit vom Kohlenwasserstoff-Partialdruck wurde bisher nicht durchgeführt, sondern man beschränkte sich hier lediglich auf Abschätzungen.

In Abb. 1 sind die Ergebnisse von ENNOS (5) und LEISEGANG und SCHOTT (6) in doppelt-logarithmischem Maßstab aufgetragen. Die Abszisse trägt für die Bestrahlungsdichte j_0 einen Maßstab in A/cm^2 sowie einen zweiten Maßstab, den man nach Umrechnung auf die Zahl der Elektronen pro cm^2 und Sekunde erhält. Die Ordinate trägt für die Verschmutzungsgeschwindigkeit V einen Maßstab in $Å/sec$ sowie einen zweiten Maßstab, der die Anzahl N_c der Kohlenstoffatome angibt, die pro sec und cm^2 angelagert werden, unter der Voraussetzung, daß die Kohlenstoffatome einen C—C-Abstand von etwa 1,5 Å haben [KÖNIG (3)]. Allen Untersuchungen gemein ist ein ausgesprochener Sättigungscharakter der Kurven $V = f(j_0)$. Nimmt man an, daß diese Sättigung dann erreicht wird, wenn *alle* durch Wandstöße von Kohlenwasserstoffatomen auf der Oberfläche angebotenen C-Atome angelagert werden, so läßt sich daraus

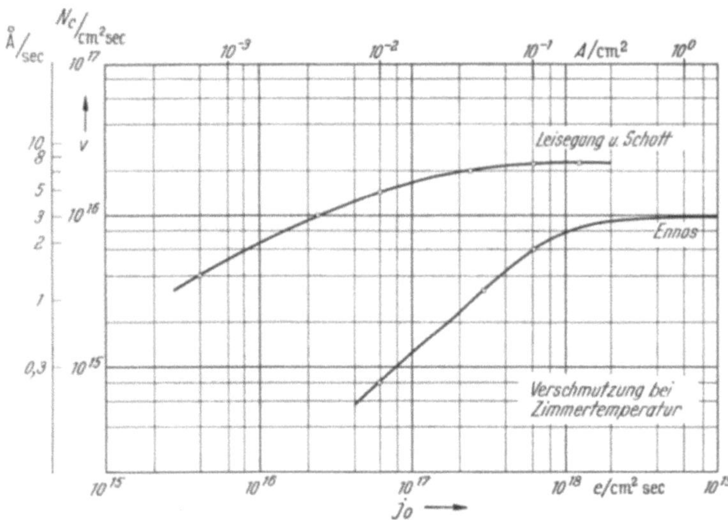

Abb. 1. Anlagerungsgeschwindigkeit von Kohlenstoff als Funktion der Bestrahlungsstärke (nach Meßergebnissen von ENNOS und von LEISEGANG u. SCHOTT)

ein Hinweis auf den dazu notwendigerweise herrschenden Kohlenwasserstoff-Partialdruck gewinnen. Diese Annahme scheint aus drei Gründen gerechtfertigt zu sein:

Erstens entnimmt man den Kurven, daß der Überschuß von Elektronen zu angelagerten C-Atomen etwa 100 : 1 beträgt.

Zweitens erscheint es möglich — wenn auch nicht sehr wahrscheinlich —, daß ein einzelnes Elektron aus einem größeren Kohlenwasserstoffmolekül mehr als ein Kohlenstoffatom zur Ablagerung veranlaßt, und drittens ist es denkbar, daß durch Polymerisatbildung größere Kohlenwasserstoffmoleküle sozusagen festgenagelt und dann völlig zu Kohlenstoff abgebaut werden.

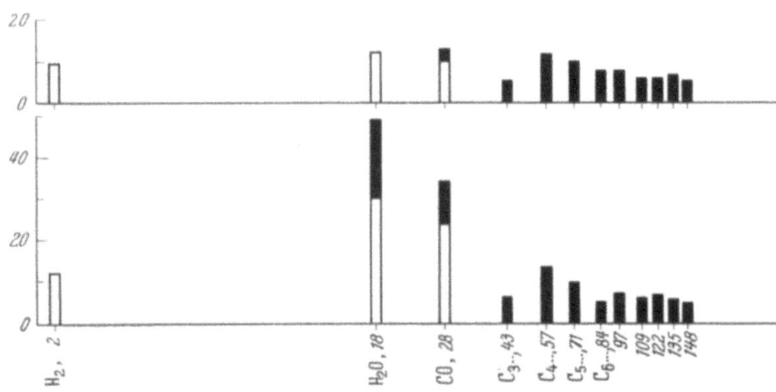

Abb. 2. Partialdruckanalyse des Enddruckes einer Öl-Diffusionspumpe; Treibmittel Diffelen V. Oben: Verbindungen mit Aluminium gedichtet; Enddruck $5 \cdot 10^{-8}$ Torr bei 13° C bzw. $1,2 \cdot 10^{-8}$ Torr bei —40° C Ölfängertemperatur. Unten: Verbindungen mit Perbunanringen gedichtet; Enddruck $1,6 \cdot 10^{-7}$ Torr bei 13° C bzw. $1,05 \cdot 10^{-7}$ Torr bei —40° C Ölfängertemperatur

Maßgebend für die Größe des Sättigungswertes wäre danach also die Zahl der pro sec und cm^2 durch Wandstöße angebotenen Kohlenwasserstoffmoleküle. Setzt man voraus, daß es sich um schwere Kohlenwasserstoffe mit einem Molekulargewicht $M \approx 400$ etwa der Form $C_{29}H_{60}$ (allgemein C_nH_{2n+2}) handelt, also mit 29 Kohlenstoffatomen pro Molekül, so ergibt sich folgendes Bild für den Sättigungswert:

$$3 \left[\frac{Å}{sec}\right] = \left[\frac{N_c/cm^2\ sec}{N_c/N_{öl}}\right] = \frac{1 \cdot 10^{16}}{30} = 3,3 \cdot 10^{14}\ [N_{öl}/cm^2\ sec]$$

(N = Teilchenzahlen; Index = Teilchenart). Diese Zahl von Wandstößen entspricht aber einem Kohlenwasserstoff-Partialdruck von einigen 10^{-6} bis 10^{-5} Torr. Berücksichtigt man noch, daß man infolge eines anderen Eichfaktors mit einem Ionisationsmanometer einen höheren Druck messen würde, wenn dieser Kohlenwasserstoffdruck tatsächlich den Totaldruck in der Apparatur bestimmen würde, so sehen wir, daß diese Abschätzung durchaus die richtige Größenordnung wiedergibt.

Daß der Restgasdruck über Vakuumpumpen tatsächlich im wesentlichen durch Kohlenwasserstoffe bedingt ist, zeigen neuere Partialdruckmessungen des Enddruckes über Vakuumpumpen mit dem Omegatron-Massenspektrometer. Auf Grund solcher Analysen ist es gelungen, Pumpen und Treibmittel wesentlich zu verbessern. Als Endtotaldruck über einer Diffusionspumpe erreicht man heute praktisch den durch den Öl-Dampfdruck des Treibmittels bei Kühlwassertemperatur gegebenen Wert, d. h. man erreicht ohne große Mühe Totaldrucke von einigen 10^{-7} Torr — bei sorgfältigem Experimentieren (Ausheizen des Rezipienten usw.) — einige 10^{-8} Torr bei normaler Kühlwasser- bzw. Zimmertemperatur. Ermöglicht wurde dies durch bessere Entgasung und Fraktionierung in den Öl-Diffusionspumpen und durch Auswahl neuer Treibmittel mit niedrigem Dampfdruck.

In den Abb. 2—7 sind einige Beispiele für Partialdruckanalysen des Restgases über Vakuumpumpen, gewonnen mit dem Omegatron, dargestellt (7). Die Indizierungen $C_3 \ldots C_n$ bedeuten Kohlenwasserstoffgruppen der allgemeinen Form $C_n H_{2n+2}$. Die schwarz ausgezogenen Teile der Spektren verschwinden, wenn der Ölfänger statt mit normalem Kühlwasser (13°C) auf —40°C gekühlt wird.

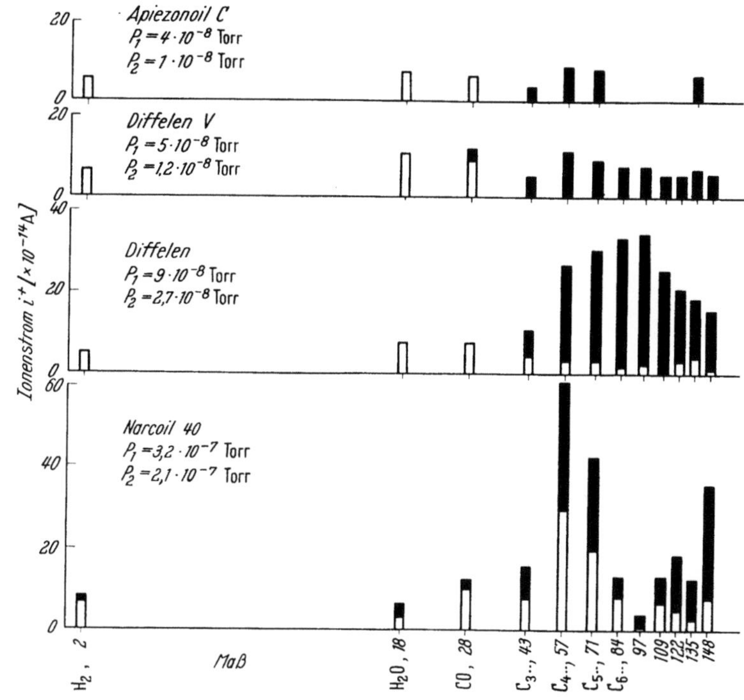

Abb. 3. Enddruckanalyse verschiedener Treibmittel

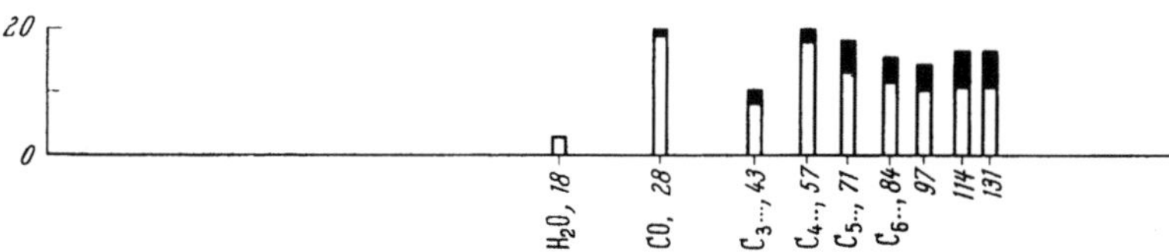

Abb. 4. Partialdruckanalyse des Enddruckes einer Öl-Diffusionspumpe, Treibmittel Siliconoid DC 703. Enddruck bei 13° C Ölfängertemperatur $2,2 \cdot 10^{-7}$ Torr, Enddruck bei —40° C Ölfängertemperatur $1,8 \cdot 10^{-7}$ Torr

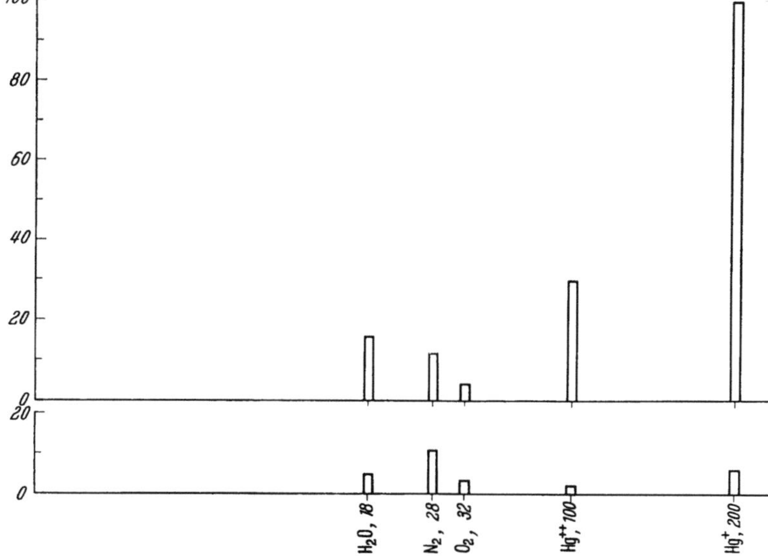

Abb. 5. Partialdruckanalyse des Enddruckes einer Quecksilber-Diffusionspumpe. Oben: Kühlfalle gekühlt mit Trockeneis (—70° C), Enddruck $3 \cdot 10^{-7}$ Torr. Unten: Kühlfalle gekühlt mit flüssiger Luft (—180° C), Enddruck $3,2 \cdot 10^{-8}$ Torr

Soweit es sich um Untersuchungen an Diffusionspumpen oder deren Treibmittel handelt, sind die Endtotaldrucke, bei denen sie durchgeführt wurden, sehr niedrig. Man kann aber sagen, daß in Vakuumsystemen, in denen solch niedrige Enddrucke nicht erzielt werden (Undichtigkeiten sollen ausgeschlossen sein), der Restgasdruck trotzdem im wesentlichen durch Kohlenwasserstoffe bestimmt wird, die zum Teil als Crack-Produkte aus der Diffusionspumpe oder von anderen Verschmutzungsquellen der Apparatur herrühren können.

Im Hinblick auf die Objektverschmutzung ist festzustellen, daß zumindest von seiten der Diffusionspumpen und Treibmittel die Möglichkeit besteht, die Verschmutzungsgeschwindigkeit wesentlich herabzusetzen infolge des um 2—3 Zehnerpotenzen verbesserten Endvakuums der Pumpen und damit des geringen Kohlenwasserstoff-Partialdruckes. Voraussetzung ist allerdings, daß alle übrigen Kohlenwasserstoffquellen, die sonst üblicherweise in einer zerlegbaren Metall-Apparatur noch möglich sind (Fette, Gummidichtungen), weitgehend vermieden werden und daß die

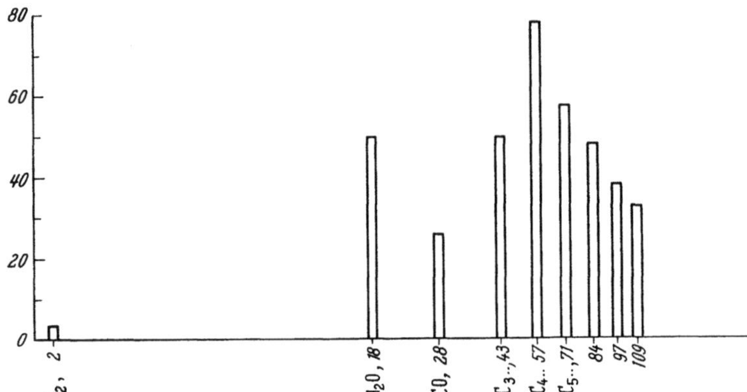

Abb. 6. Partialdruckanalyse des Enddruckes einer zweistufigen Gasballastpumpe. Enddruck 8 · 10⁻³ Torr

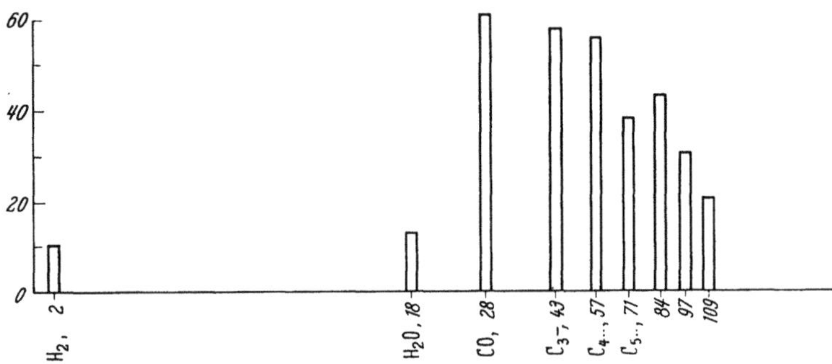

Abb. 7. Partialdruckanalyse des Enddruckes einer zweistufigen Rootspumpe. Enddruck 1,5 · 10⁻⁴ Torr

gesamte Apparatur nach Möglichkeit ausgeheizt werden kann. Darüber hinaus erscheint natürlich, bei etwas größerem technischem Aufwand, auch die Tiefkühlung in der Objektgegend als ein sinnvoller Weg zur Herabsetzung der Verschmutzungsgeschwindigkeit.

Literatur

1. KÖNIG, H., u. A. WINKLER: Naturwissenschaften **35,** 136 (1948).
2. WATSON, J. H. L.: J. appl. Physics **18,** 153 (1947).
3. KÖNIG, H.: Naturwissenschaften **35,** 261 (1948).
   — u. G. HELWIG: Z. Physik **129,** 491 (1951).
4. GRASENICK, F.: Radex-Rundsch. Sonderh. 4/5 (1956) u. 5/6 (1957).
5. ENNOS, A. E.: Brit. J. appl. Physics **4,** 101 (1953); **5,** 27 (1953).
6. LEISEGANG, S., u. O. SCHOTT: Proc. Stockholm Conf. on Electron Mikroscopy, 1956, p. 20.
7. REICH, G., u. H. G. NÖLLER: Z. angew. Physik **11,** 617 (1957).

Über eine einfache elektronische Hochspannungsquelle für 50 kV mit hoher Konstanz

H. EVERDING

Institut für Elektronenmikroskopie am Fritz-Haber-Institut der Max-Planck-Gesellschaft, Berlin-Dahlem

Für den Gebrauch beim Experimentieren mit elektronenoptischen Versuchsapparaten haben wir eine einfache Hochspannungsanlage für 50 kV entwickelt, über die im folgenden berichtet werden soll. Die an dieses Gerät gestellten Forderungen waren:

Einstellbarkeit der Spannung über einen weiten Bereich,
Kurzzeitige Spannungskonstanz von 10^{-4} oder besser,
Stromergiebigkeit in der Größenordnung von 100 μA,
Größte Einfachheit der Konstruktion,
Verwendung handelsüblicher Bauteile für möglichst alle Schaltelemente.

Auf äußerste Kleinhaltung der Abmessungen wurde zugunsten hoher Betriebssicherheit und leichter Zugänglichkeit aller Teile verzichtet. Aus Gewichts- und Kostengründen wurde ein Aufbau in atmosphärischer Luft gewählt. Mit den Gehäusemaßen $39 \times 53 \times 63$ cm wurde dennoch ein hinreichend handliches Format erzielt.

Das Gerät besitzt zur Hochspannungsgleichrichtung eine Spannungsvervielfacherschaltung nach Art einer Greinacher-Kaskade mit Selengleichrichtern. Die Zahl der Verdopplerstufen beträgt $3^1/_2$, so daß sich als Gesamtspannung etwa der 7fache Wert der eingespeisten Amplitude ergibt.

Die Wechselstromleistung zum Betrieb der Kaskade erzeugt ein selbstschwingender rückgekoppelter Röhrenoszillator, der mit einer Leistungspentode EL 34 bestückt ist und auf einer Frequenz von etwa 2 kHz arbeitet. Zur Konstanthaltung wird er über einen 3stufigen Gleichstromverstärker geregelt, der auf das Oszillator-Schirmgitter wirkt. Die Regelspannung wird von der Oszillatorschwingung abgenommen und nach Gleichrichtung in einem besonderen kleinen Gleichrichter mit der Spannung eines als Bezugsnormal dienenden Glimmstrecken-Stabilisators verglichen. Die Differenz der beiden Spannungen wird durch Gegeneinanderschalten gewonnen und der ersten Verstärkerstufe zur Steuerung zugeführt. Die Anordnung regelt also die Amplitude der Oszillator-Schwingung auf einen konstanten Wert.

Nach diesem Verfahren läßt sich mit einfachen Mitteln eine hohe Spannungskonstanz erzielen, wie sie bei Abnahme der Regelspannung von der Hochspannung über einen Ohmschen Präzisions-Spannungsteiler wegen der Schwierigkeiten, die infolge der Temperaturabhängigkeit der Widerstände auftreten, nur mit großem Aufwand erreichbar wäre.

Das Verfahren ermöglicht eine Konstanz der Hochspannung, die sich sogar für Stunden innerhalb der Grenzen von 10^{-4} hält; es erfordert freilich eine sehr gute Proportionalität zwischen der Oszillator-Amplitude, der Regelspannung und der Hochspannung. Voraussetzungen für diese Proportionalität sind erstens feste Kopplung zwischen Oszillator und Kaskade und zweitens guter Richteffekt bei den Selengleichrichtern. Beide Voraussetzungen lassen sich durch die Wahl einer nicht zu hohen Betriebsfrequenz leicht erfüllen; die erste durch Verwenden von Transformatoren mit Eisenkern, die zweite durch Kleinhalten von dielektrischen Verlustströmen in den Sperrschichten.

Als Transformator für die Speisung der Kaskade dient eine normale Zündspule für Fahrzeugmotoren, die die erforderliche Amplitude von max. 7,5 kV liefert, und die ein äußerst betriebssicheres und billiges Bauteil darstellt. Sie ist durch einen Zwischentransformator an die Oszillatorröhre angepaßt, welcher zugleich die Rückkopplungsspannung bereitstellt.

Die Zündspule stellt sich zusammen mit der Eigenkapazität der Kaskade ohne weitere frequenzbeeinflussende Schaltelemente auf eine Resonanzfrequenz von etwa 2 kHz ein. Bei dieser Frequenz steht am Ausgang der Kaskade eine Welligkeit von durchschnittlich etwa 20 V, die durch ein nachgeschaltetes RC-Siebglied auf max. 1,5 V Scheitelwert herabgesetzt wird, entsprechend $\pm\, 3 \cdot 10^{-5}$ von 50 kV.

Die Kaskade ist durch einen eingebauten Hochspannungswiderstand von 10^9 Ohm vorbelastet, so daß auch ohne äußere Last ein ausreichend schnelles Auf- und Abwärtssteuern der Hochspannung möglich ist. Das ist z. B. wichtig bei Verwendung der Anlage zur Erregung elektrostatischer Linsen. Durch diesen Widerstand wird zugleich der zweiten Stufe des Regelverstärkers eine Gittervorspannung zugeführt, bei deren Fehlen der Oszillator auf minimale Leistungsabgabe eingeregelt wird. Im Falle eines Zusammenbruchs der Hochspannung durch äußeren Kurzschluß können daher Schäden durch Überlastung nicht eintreten. Der Kurzschlußstrom geht dann auf nur etwa 20—30 μA zurück. Im normalen Betrieb liefert das Gerät bis 150 μA bei voller Wirksamkeit der Regelung. Die Spannung läßt sich kontinuierlich zwischen 10 und 52 kV einstellen.

Als einfache Maßnahme zum Schutz gegen Überspannung durch Ausfallen der Regelung infolge Röhrenschäden sind die Heizfäden aller Verstärkerstufen in Reihe geschaltet. Beim Durchbrennen eines Heizfadens setzt daher in jedem Fall die Lieferung von Schirmgitterstrom für den Oszillator aus.

Alle Röhren werden mit Wechselstrom vom Transformator geheizt. Zum Ausgleich von Datenänderungen bei schwankender Netzspannung besitzt die erste Stufe zwei Triodensysteme, die so zu einem Spannungsteiler zusammengeschaltet sind, daß sich gleichsinnige Verschiebungen ihrer Kennlinien näherungsweise aufheben.

Das Netzgerät zur Stromversorgung besteht aus Transformator, Selengleichrichtern in Graetzschaltung und Ladekapazität. Weitere Siebmittel sind nicht vorhanden. Soweit sich die Welligkeit vom Netzgerät auf die Hochspannung auswirken kann, wird sie von dem schon erwähnten Siebglied auf der Hochspannungsseite mit herausgefiltert.

Das beschriebene Gerät wurde von uns in einigen Exemplaren gebaut und ist seit Jahresfrist an verschiedenen Stellen unseres Instituts im Gebrauch. In etwas abgewandelter Form dient es auch als Strahlspannungserzeuger in einem Kleinmikroskop mit Kaltkathode (1).

Literatur: *1.* Müller, K., u. E. Ruska: Dieser Band, S. 184.

Meßgeräte zur Untersuchung der Schwankungen von Hochspannung und Linsenstrom beim Elektronenmikroskop mit elektromagnetischen Linsen

A. Engel, H. Everding* und O. Wolff

Wernerwerk für Meßtechnik der Siemens & Halske AG. und *Institut für Elektronenmikroskopie am Fritz-Haber-Institut der Max-Planck-Gesellschaft, Berlin

Beim Elektronenmikroskop mit magnetischen Linsen ist die Brechkraft der Elektronenlinsen bekanntlich von der Beschleunigungsspannung und von der Induktion im Luftspalt der Linse abhängig. Für ein hochleistungsfähiges Elektronenmikroskop, dessen praktische Auflösung zwischen 6 und 10 Å liegt, dürfen Beschleunigungsspannung und Objektivlinsenstrom innerhalb der sog. „Aufnahmezeit" höchstens um Beträge von $(3 \text{ bis } 1) \cdot 10^{-5}$ schwanken. Diese Bedingung stellt hohe Ansprüche an die Güte der Regelschaltungen sowohl für die Beschleunigungsspannung als auch für den Linsenstrom. Es war daher notwendig, zur Prüfung der Hochspannung und Linsenstromquellen geeignete Prüfgeräte zu entwickeln. Diese Arbeiten wurden parallel zur Entwicklung der Elektronik zum Elmiskop I in den Laboratorien der Siemens & Halske AG durchgeführt. Da die schreibenden Geräte in erster Linie die Schwankungen der Quellen aufzeichnen sollten, wurden sie als technische Kompensatoren ausgeführt.

Der Meßplatz zur Registrierung der Spannungsschwankungen, kurz als Delta-U-Schreiber bezeichnet, ist nach folgendem Prinzip aufgebaut: Dem Spannungsabfall an einem Meßwiderstand oder an einem Teil desselben wird eine hochkonstante Kompensationsspannung gegengeschaltet. Ihre Differenz wird nach geeigneter Verstärkung auf einem Tintenschreiber aufgezeichnet. Der Meßplatz „Delta-U-Schreiber" (Abb. 1) besteht aus einem Hochspannungs-Meßteiler mit 2000 MΩ Gesamtwiderstand (a) und einem Anzeigegerät, das die Kompensationsbatterien, den Meßverstärker, das Anzeigeinstrument und den Schreiber enthält (b). Seine größte Empfindlichkeit beträgt 1 cm Schreibausschlag für $\Delta U/U = 2 \cdot 10^{-5}$. Registrierungen von zwei Hochspannungseinrichtungen für das Elmiskop I sind auf Abb. 2 dargestellt. Die jeweils obere Kurve stellt den Verlauf der Schwankungen über mehrere Stunden dar, während die unteren Kurven mit höchster Empfindlichkeit und größerem Zeitmaßstab das Verhalten der Spannung während etwa einer halben Stunde wiedergeben. Aus den eingetragenen Maßstäben sieht man, daß für eine sog. Aufnahmezeit von 1 min die eingangs angegebenen Gütebedingungen für die Hochspannung sehr gut eingehalten werden.

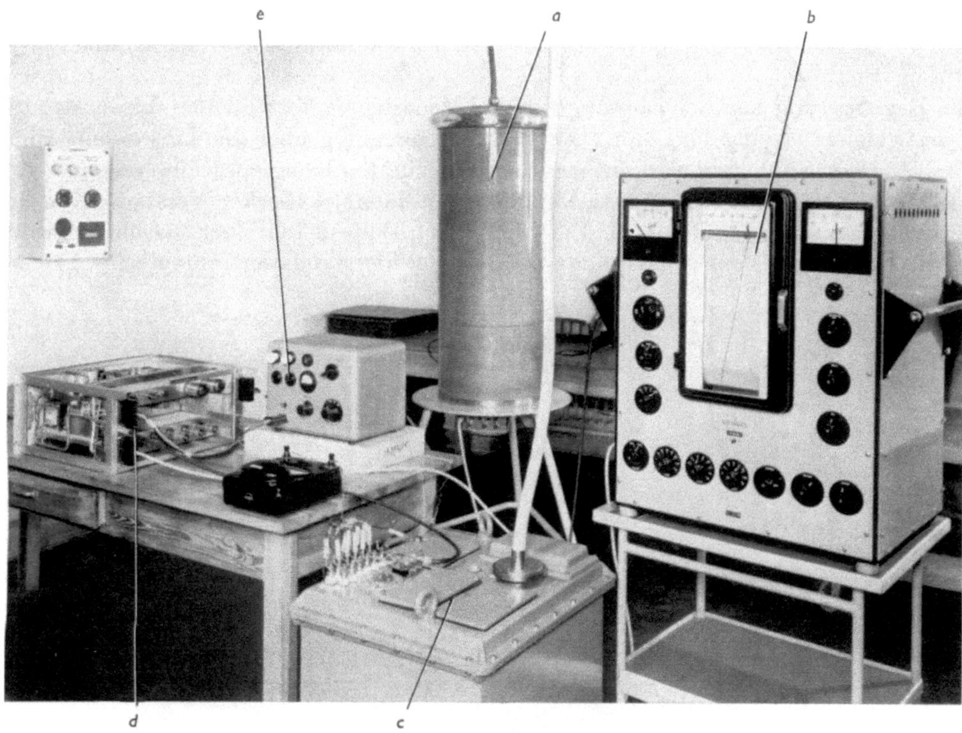

Abb. 1. ΔU-Meßplatz. *a* Meß-Spannungsteiler für 100 kV, *b* ΔU-Schreiber (Kompensationsbatterien, Meßverstärker, Anzeigeinstrument bzw. Schreiber), *c* Hochspannungsgleichrichter, *d* Hochspannungsregler, *e* Schaltkasten

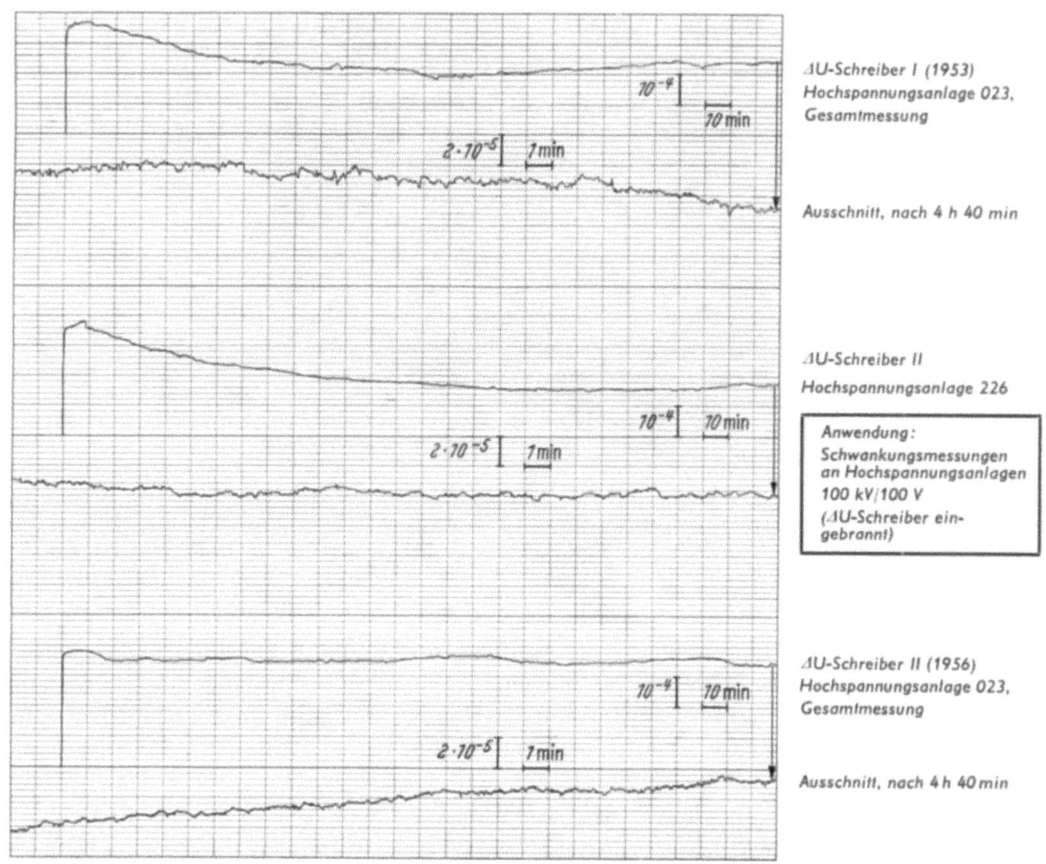

Abb. 2. Registrierung der Hochspannungsschwankung von zwei Hochspannungsgleichrichtern. Obere Kurve jeweils mehrstündige Messung mit geringerer Empfindlichkeit. Untere Kurve Ausschnitt mit größter Empfindlichkeit und größerer Papiergeschwindigkeit

Zur Registrierung der Schwankungen der Linsenströme wird in den Linsenstromkreis ein Präzisionswiderstand eingefügt, der etwa 1% der Spannung über die Linsenspule zum Messen verbraucht. Diese Spannung wird mit einer hochkonstanten Kompensationsspannung verglichen. Deren Differenz erscheint nach Verstärkung in einem lichtelektrischen Verstärker auf dem Registrierstreifen eines Tintenschreibers. Der Meßplatz „Delta-I-Schreiber" (Abb. 3) besteht demgemäß aus einem Präzisionswiderstandssatz, dessen Widerstandswert entsprechend dem Bereich

Abb. 3. ΔI-Meßplatz. *a* Meßwiderstand für Linsenströme bis 900 mA, Einstellung mit Stöpseln und Drehschaltern über sechs Dekaden, Empfindlichkeitswähler, *b* Umlaufthermostat zum Konstanthalten der Temperatur im Meßwiderstand, *c* Nickel-Cadmium-Batterie großer Kapazität in Isoliergehäuse gegen äußere Temperaturschwankungen geschützt eingebaut, *d* Lichtelektrischer Verstärker, *e* Tintenschreiber

der zu untersuchenden Linsenströme sehr feinfühlig — es sind 6 Dekaden vorgesehen — eingestellt werden kann. Diese Meßwiderstände sind in einem doppelwandigen Metallkasten *a* eingebaut. Je nach Bedarf kann der Innenraum des Kastens mit Hilfe eines Umlaufthermostaten *b* auf einer auf 0,2° C geregelten Temperatur gehalten werden. Die Kompensationsspannung wird einer sehr gut wärmeisolierten Nickel-Cadmium-Batterie *c* entnommen. Der lichtelektrische Verstärker *d* ist hinter dem Schreiber *e* eingebaut. Die höchste Empfindlichkeit beträgt 1 cm Schreibausschlag für $\Delta I/I = 2{,}5 \cdot 10^{-5}$.

Abb. 4 zeigt die Registrierung eines Linsenstromes, wobei die obere Kurve mit geringerer Empfindlichkeit und Registriergeschwindigkeit über mehrere Stunden, die untere Kurve einen

Ausschnitt mit höchster Empfindlichkeit und höherer Registriergeschwindigkeit zeigt. Die hier nur kurz beschriebenen Geräte haben sich in Prüffeld und Labor außerordentlich gut bewährt und waren bei der Entwicklung und Prüfung des Elmiskop I eine wertvolle Hilfe.

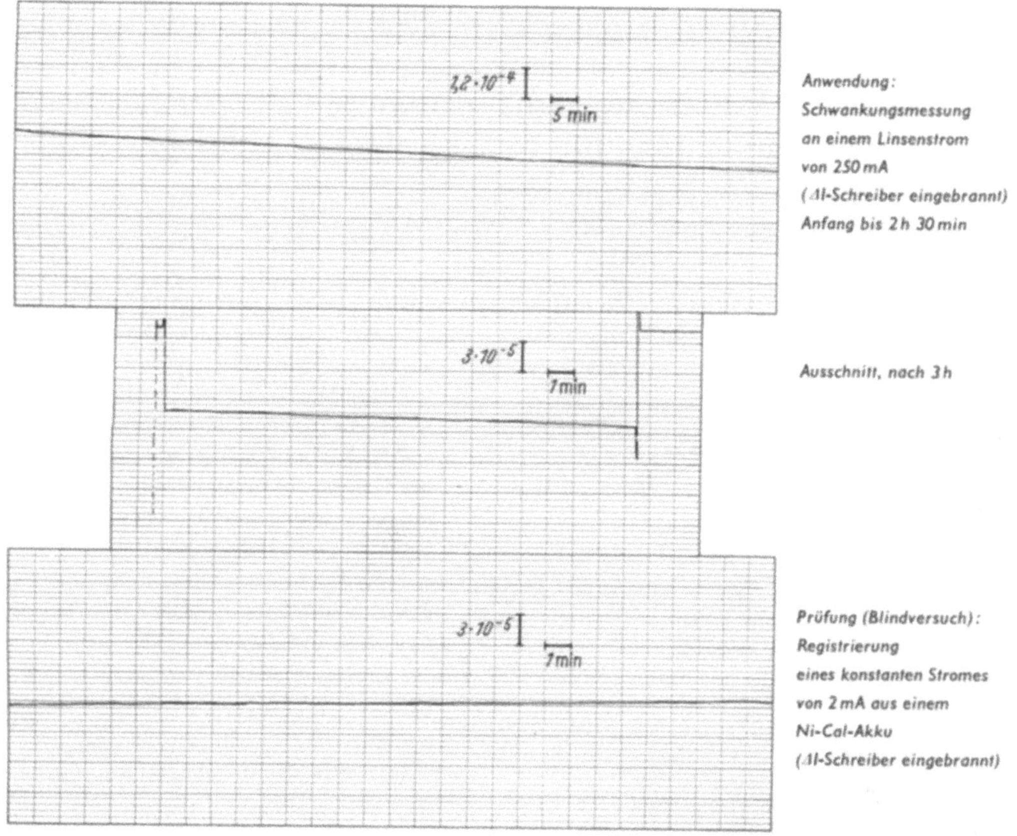

Abb. 4. Obere Kurve: Registrierung eines Linsenstromes. Obere Kurve: Über längere Zeit (geringere Empfindlichkeit, geringer Vorschub). Untere Kurve: Ausschnitt mit größter Empfindlichkeit und größerem Vorschub

8. Durchstrahlungsmikroskope

A new high voltage (350 kV) universal electron microscope and its applications

K. Kobayashi, E. Suito and S. Shimadzu

Institute for Chem. Research, Kyoto University, and Central Research Laboratory, Shimadzu Seisakusho, Kyoto (Japan)

A research electron microscope with an accelerating voltage up to 350 kV was developed. High tension is generated by means of step-up transformers, and fed to the three-stage accelerators through a coaxial cable which avoids exposing the highest tension. Thus the corona and leakage loss are minimized and the fluctuation of voltage is kept in the order of 10^{-5}. The electron beam from the gun is adjusted by both static and magnetic deflectors. The intermediate and projector lenses are adjustable to the optical axis of the objective lens merely by moving their pole pieces. All lenses can be replaced or removed from the side without disassembling the microscope body. This microscope, thus designed, can be adapted to any electron diffraction studies. Even heat-sensitive organic specimens keep their original structures in this microscope, and it is possible to obtain distinct diffraction patterns from any selected area. Solid materials can be investigated more extensively; the transitions of crystals and phases are also easily followed by applying the heating or cooling devices. The most interesting application of this instrument is stereoscopy, that is, the three-dimensional observation of inner structures, which otherwise are attainable only by laborious observations of successive ultra thin sections.

Ein 300-kV-Elektronenmikroskop und einige Ergebnisse seiner Anwendung für verschiedene Forschungszwecke

B. Tadano, S. Katagiri, K. Ichige, Y. Sakaki und S. Maruse

Hitachi Zentral-Forschungslaboratorium, Tokyo, und Elektrotechnisches Institut der Universität Nagoya

Bevor die moderne Dünnschnittmikrotomie entwickelt wurde, war die mit sehr hohen Spannungen arbeitende Elektronenmikroskopie (vgl. Tab. 1) beinahe die einzige Methode zur Sichtbarmachung der sublichtmikroskopischen Struktur biologischer Präparate. Außer dieser Bedeutung für die Elektronenmikroskopie hat die Anwendung sehr hoher Spannungen auch für die Elektronenbeugung einen großen Vorzug: man kann dadurch den Untergrund des Diagramms abschwächen und somit den Kontrast verbessern, wie Möllenstedt es für den Fall der Durchstrahlung und Finch u. a. für die Rückstrahlung experimentell nachgewiesen haben.

Tabelle 1. *Bisherige Arbeiten der Höchstspannungselektronenmikroskopie und -elektronenbeugung*

Autor	Jahr	kV
Elektronenmikroskopie		
Müller u. Ruska (*1*)	1941	220
v. Ardenne (*2*)	1941	200
Zworykin, Hillier u. a. (*3*) . .	1941	300
van Dorsten, le Poole u. a. (*4*) .	1947	400
Coupland (*5*)	1954	150
Tadano, Sakaki u. a. (*6*)	1956	300
Elektronenbeugung		
Möllenstedt (*7*)	1946	600
Finch u. a. (*8*)	1953	150

In Japan wurden die Arbeiten auf diesem Gebiet erst im Jahre 1950 aufgenommen, als die Entwicklung des modernen Dünnschnittmikrotoms schon die ersten Erfolge verzeichnete, und das Verfahren der Feinbereichsbeugung bereits bekannt war. Wir waren daher von vornherein stärker daran interessiert, den oben erwähnten Vorzug sehr hoher

Tabelle 2. *Arbeiten zur Höchstspannungselektronenmikroskopie in Japan*
(mündlich oder nur in japanischer Sprache veröffentlicht):

Autor	Jahr	kV	Spannungserzeugung
Tadano, Sakaki u. a. . . .	1951	150	Niederfrequenz, Cockcroft
Shimazu u. a.	1952	200	Niederfrequenz, Cockcroft
Tadano, Sakaki u. a.	1952	200	van de Graaff
Tadano, Sakaki u. a.	1954	300	van de Graaff
Ito, Ashinuma u. a.	1955	200	Hochfrequenz, Cockcroft
Kobayashi, Shimazu u. a. . .	1958	350	Niederfequenz, Cockcroft

Spannung bei der Elektronenbeugung in einem modernen Elektronenmikroskop auszunutzen, als damit biologische Präparate zu beobachten. In Tab. 2 sind die seit 1950 in Japan veröffentlichten Arbeiten aufgeführt.

Konstruktion des Höchstspannungsmikroskopes (*6, 9*)

Teils aus wirtschaftlichen Gründen, teils wegen unseres besonderen Interesses für den elektrostatischen Generator wurde ein van-de-Graaff-Generator als Hochspannungsquelle für das Elektronenmikroskop benutzt. Um die erzeugte Spannung bequem und ohne Nachteil für die Spannungsstabilität einstellen zu können, wird (Abb. 1) die wirksame Breite des Kammes von Koronaspitzen (*K*) und damit die in der Zeiteinheit aufgesprühte Ladung durch mehr oder weniger weites Abdecken mittels der Isolatoren (*I*) verändert; diese können vom Bedienungspult aus mit Hilfe eines Servomotors (*M*) verschoben werden, der eine Spindelwelle mit zwei gegenläufigen Gewindeteilen treibt. Damit läßt sich die Spannung sehr leicht und stabil von 50 kV bis 400 kV variieren.

Der Strahlerzeuger des Elektronenmikroskops ist zweistufig. Etwa 40 % der gesamten Spannung wird zwischen Kathode und erste Anode gelegt, und der Rest zwischen erste und zweite Anode. Bei der Dimensionierung und Anordnung der Elektroden waren uns die von CRANBERG mitgeteilten Beziehungen zwischen Durchschlagsspannungen und Zwischenelektrodenabständen (10) eine große Hilfe. Unser Strahlerzeuger arbeitet sogar bei Spannungen bis 350 kV völlig stabil, wenn die Elektroden sauber genug sind.

Das Mikroskoprohr besteht aus zweistufigem Strahlerzeuger, Kondensor, Objektiv, Zwischenlinse und Projektiv. Die Linsen benötigen eine viel stärkere Erregung als die eines Mikroskops üblicher Beschleunigungsspannung. Trotz sehr sorgfältiger Dimensionierung der Linse und ihrer magnetischen Kreise ist es uns ohne Beeinträchtigung der axialen Symmetrie noch nicht gelungen, die Erregung der Objektivlinse auf über 7 000 Amperewindungen zu erhöhen, was einer Brennweite von etwa 5 mm bei 300 kV entspricht. Aus den Testaufnahmen glauben wir schließen zu dürfen, daß bis zu dieser Erregung der Astigmatismus noch ausreichend klein ist.

Da die Intensität der sekundären Röntgenstrahlen mit wachsender Spannung sehr stark ansteigt, ist der Strahlenschutz des Beobachters beim Höchstspannungselektronenmikroskop außerordentlich wichtig. Beim Entwurf der Abschirmung ist andererseits darauf geachtet worden, daß durch sie das Einstellen des Geräts nicht zu sehr erschwert wird. Nach unseren Messungen ist die durchschnittliche Röntgendosis-Leistung bei einer Spannung bis zu 300 kV und unter den gewöhnlichen Betriebsbedingungen am Ort des Beobachters nur 0,05 mr/Std. Auch am Fenster des Endbildes, wo die Röntgenintensität am stärksten ist, ist der Beobachter höchstens 5 mr/Std. ausgesetzt.

Eine Gesamtansicht unserer Apparatur zeigt Abb. 2.

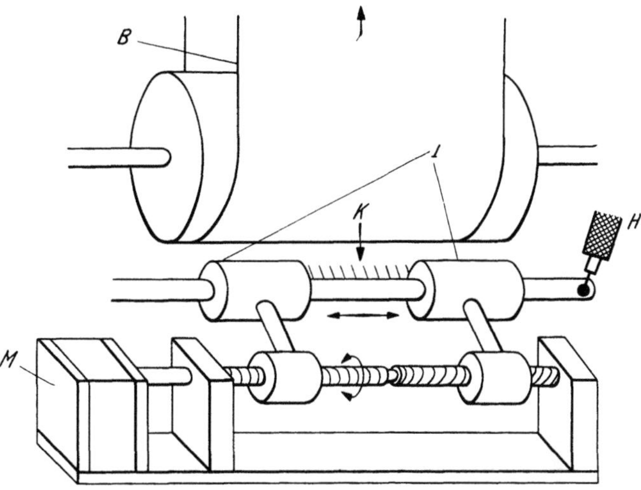

Abb. 1. Mechanismus zur Variation der erzeugten Spannung des van-de-Graaff-Generators. *B* Band, *I* Isolatoren, *K* Koronaspitzen, *M* Servomotor, *H* Hochspannung zur Erregung

Abb. 2. Das 300-kV-Elektronenmikroskop mit van-de-Graaff-Bandgenerator

Leistungsfähigkeit und einige Ergebnisse

Nach Testaufnahmen liegt die Auflösungsgrenze bei etwa 25 Å. Abb. 3 zeigt zwei Aufnahmen vom gleichen Objekt unter gleichen Betriebsbedingungen. Unser Gerät ist besonders für Versuche geeignet, die eine rasche und bequeme Änderung der Spannung erfordern, und u. a. für folgende Forschungen verwendet worden:

Watanabe u. a. (*11*) haben die Abhängigkeit des Kontrasts im Elektronenbeugungsdiagramm von der Spannung untersucht. Sie schließen, daß der Kontrast proportional zur Quadratwurzel aus der Spannung ist.

Honjo u. a. (*12*) haben die Strukturfaktoren von Aluminium und Nickel experimentell zu bestimmen versucht. Ihre Methode besteht im wesentlichen darin, zunächst die relative Intensität

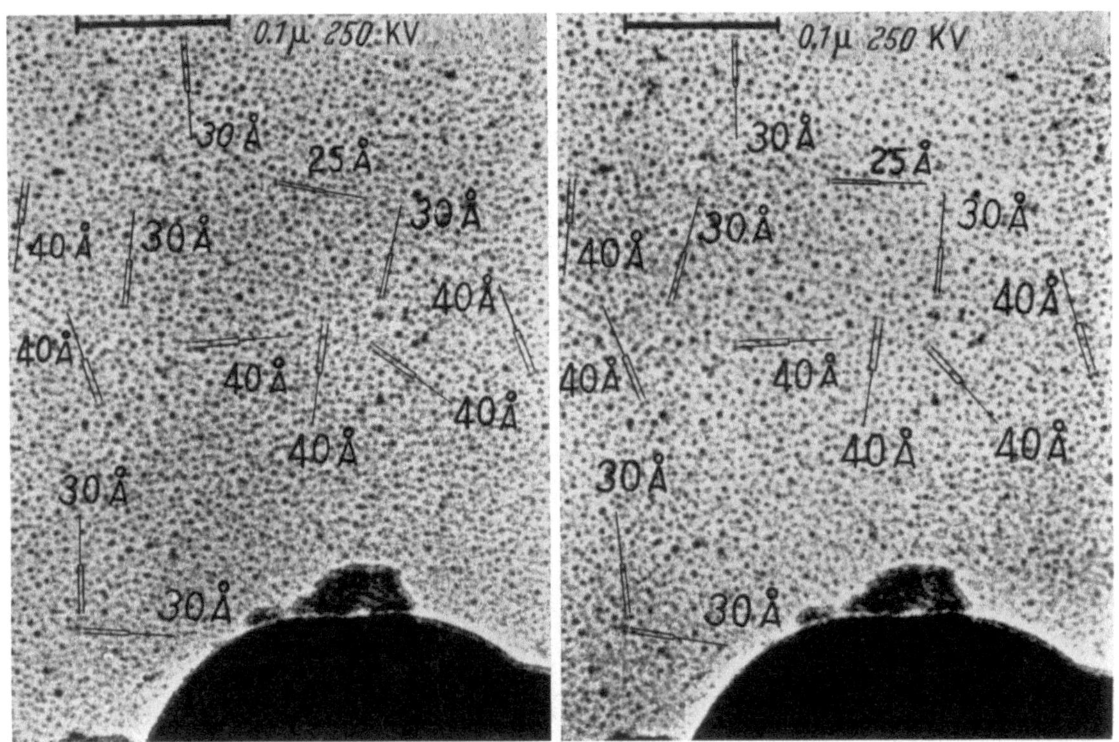

Abb. 3. Doppelaufnahme zum Auflösungstest

der abgebeugten Strahlen bei verschiedenen Wellenlängen λ zu messen und dann die Winkelabhängigkeit auf den Grenzfall $\lambda \to 0$ zu extrapolieren, in welchem dynamische Effekte verschwinden. Die so ermittelten Grenzwerte sind in guter Übereinstimmung mit der kinematischen Theorie.

Akutagawa u. a. (*13*) haben die Kristallstruktur der Ausscheidungen im Stahl studiert.

Tsuchikura u. a. (*14*) haben mit dem Mikrotom hergestellte Aluminiumschnitte von etwa 1 μ Dicke beobachtet. Obwohl die Aufnahmen Spuren plastischer Deformation zeigen, beweisen die Elektronenbeugungsdiagramme, daß die Kristallstruktur der Schicht im kleinen Bereich ungestört ist.

Literatur

1. Müller, H. O., u. E. Ruska: Kolloid-Z. **95**, 21 (1941).
2. Ardenne, M. v.: Z. Physik. **117**, 657 (1941).
3. Zworykin, V. K., J. Hillier and A. W. Vance: J. appl. Physics **12**, 738 (1941).
4. Dorsten, A. C. van, W. J. Oosterkamp and J. B. le Poole: Philips techn. Rev. **9**, 193 (1947).
5. Coupland, J. H.: Proc. int. Conf. on Electron Microscopy. London 1954, 159 (1956).
6. Tadano, B., Y. Sakaki, S. Maruse and N. Morito: J. Electron Microscopy **4**, 5 (1956).
7. Möllenstedt, G.: Nachr. Wiss. Göttingen **1**, 83 (1946).
8. Finch, G. I., H. C. Lewis and D. P. D. Webb: Proc. phys. Soc. **B 66**, 949 (1953).
9. Tadano, B., Y. Sakaki, S. Katagiri, K. Ichige, S. Tsuchikura and H. Watanabe: Denshikenbikyo (Elektronenmikroskopie) **6**, 13 (1957).

10. Cranberg, L.: J. appl. Physics **23,** 518 (1952).
11. Watanabe, H., S. Nagakura and N. Kato: Proc. Region. Conf. Asia a. Oceania, Tokyo 1956, p. 125.
12. Honjo, G., and N. Kitamura: Acta crystallogr. (Copenh.) **10,** 533 (1957).
13. Akutagawa, T., M. Tanino, I. Uchiyama and Sh. Katagiri: dieser Band, S. 673
14. Tsuchikura, H., and K. Ichige: Nature (Lond.) **181,** 694 (1958).

A two-stage electron microscope using a pointed filament

T. Hibi and S. Takahashi

Research Institute for Scientific Measurement, Tohoku University, Sendai (Japan)

As it is easier to reduce aberrations due to imperfect alignment in a two-stage electron microscope than in a three-stage microscope, it was our intention to achieve a higher resolution with an ordinary two-stage electron microscope using an improved pointed filament and electron lenses having adequately short focal lengths. The HU-6 of Hitachi (old type) was used as test electron microscope. Its maximum electron-optical magnification is 15000, its design is very simple, and it allows various experiments to be carried out, because all its parts can be dismounted.

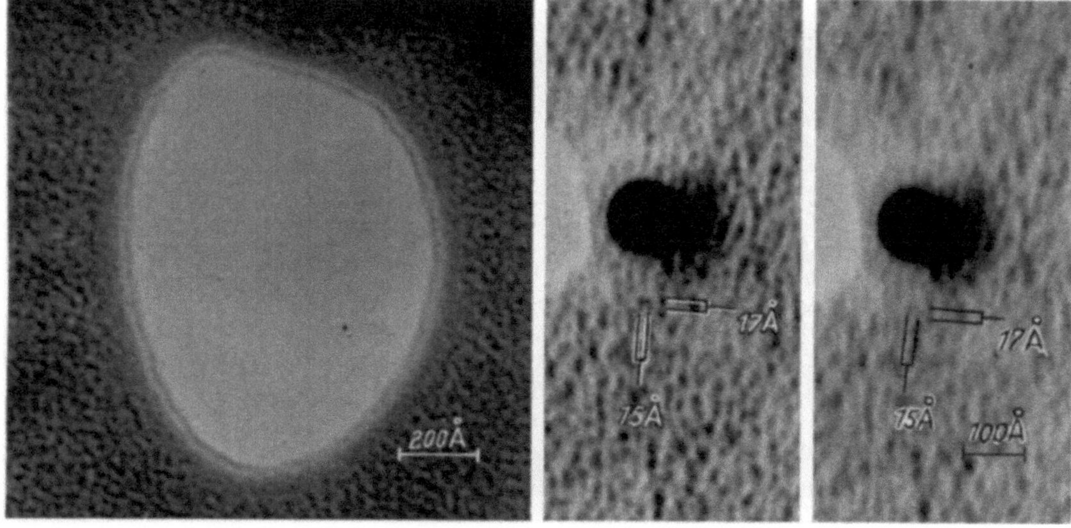

Fig. 1. Evaporated platinum test micrograph. Fig. 2. Collodion membrane; astigmatic difference of 0.1 μ

In this study, a pointed filament of the Müller type which was already reported by one of the authors (*1*) was used instead of an ordinary hair-pin filament. By use of this filament, the specimen can be illuminated by a very bright and fine electron beam of about 1 μ in diameter. Though the disadvantage of such filaments, namely their short life, had already been eliminated in a modified type developed by Sakaki and Möllenstedt (*2*), we used our own type of pointed filament, the life time of which we increased by the following procedure: Tungsten wire was torn off by cold drawing and then the pointed filament was made of that material by hand polishing. The filament really had a three times longer life because tungsten wire can easily be transformed into single crystals by heat treatment. The distance between the filament tip and the Wehnelt cylinder is 1 to 0.8 mm, and the bias voltage is 150 V. An ordinary specimen chamber was used, but a slender and longer specimen holder than the ordinary one was required, because the objective lens had a short focal length and, therefore, the specimen had to be inserted into the hole of that lens. Both the objective and the projector were magnetic lenses of short focal lengths. The gap distance was 2 mm and the diameter of the hole 2.6 mm. Soft iron or "permindul"was chosen as material and a silver plate with a hole of 25 μ as aperture of the objective lens. To obtain a short focal length, the magnetizing current had to be increased, and a simple eliminater system was used for that purpose. The focal lengths of the objective and projection lenses were fixed at about 1.2 mm and 1.5 mm respectively, their ampere turns being 3100 and 3400 respectively. The magnetic lens of permindul proved to be superior to that of soft iron.

There occurred, however, one difficulty in this experiment: When the magnetizing current of the projection lens was increased to give a high magnification, "halos" due to reflection from the inner wall of the projection lens appeared at the final value of the magnetizing current. The use of a smaller aperture in the projection lens did not eliminate this effect. We succeeded in eliminating the trouble perfectly, in our case, by inserting an aperture of about 0.6 mm below the plane of the intermediate image. Only by such a modification, could a higher resolution than that of the ordinary two-stage electron microscope be obtained. This was of about 1.5 to 2.0 mμ in a Pt-evaporated film, as shown in Fig. 1. A stigmator was not used, but the astigmatism was not so large as is seen from Fig. 2. The astigmatic difference was 0.1 μ. A moiré pattern from Au and Cu_2O evaporation films of single crystals (3) was obtained in this two stage electron microscope, but the spacing found was 30 Å, due to the (220) reflections, this being too large for the determination of the resolution. Throughout this study, electron images of electron optical magnifications of 80,000 to 95,000 could be nearly always obtained. The resolution, of course, is still inferior to that of the high-resolution three-stage electron microscope.

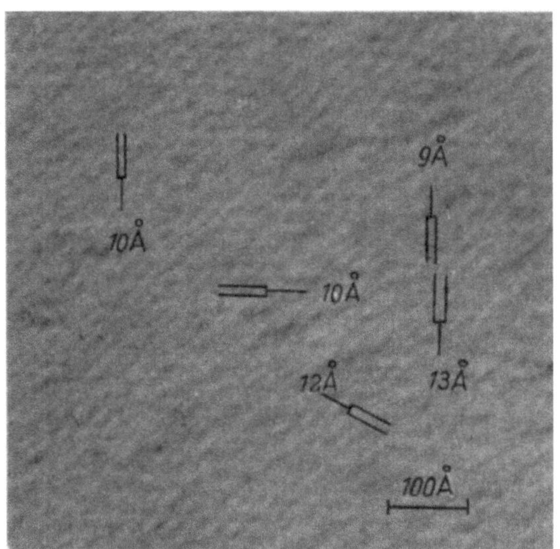

Fig. 3. Pt-Pd evaporated on NaCl crystal, reinforced by collodion

Now we should like to touch on the problem of determining the resolution. Usually, this is measured from the smallest separations of particles distributed at random in a metallic deposit film, after taking two or three micrographs from the same specimen field. It is, however, a matter of luck to get very fine deposit films, and, moreover, the deposit points are often surrounded by fringes, the physical origin of which is still unknown. Thus we began to study how to make a standard deposit film for the determination of the resolution. At first, images of the same field of a Pt-Pd film deposited on a collodion membrane by the usual method, were examined. The distance between two points was found to be excessively large (22 to 28 Å), and, moreover, the distribution of the deposit points was not uniform. An electron image of a Pt-Pd film deposited on a NaCl crystal and reinforced by collodion was next made, and here the distance between two points was 15 to 17 Å. Fig. 3 is an image of a Pt-Pd film deposited by dynamical evaporation (4) on a NaCl crystal and reinforced by collodion, showing distances between two points of 9 to 13 Å.

Should we know a method of obtaining a definite deposit film in which many points were arranged at approximately equal distances from one another, and the physical origin of these could be explained clearly, a more correct determination of the resolution by using only one photographic plate would be possible.

References

1. Hibi, T.: J. Electron Microscopy **4**, 10 (1956).
2. Sakaki, Y., u. G. Möllenstedt: Optik **13**, 193 (1956).
3. Pashley, D. W., J. W. Menter und G. A. Bassett: Nature (Lond.) **179**, 752 (1957).
4. Hibi, T., und K. Yada: Physik. Verh. **8**, 224 (1957).

Some design features of a new Philips Electron Microscope

A. C. van Dorsten and S. L. van den Broek

Philips Research Laboratories, Philips Phys. Techn. X-ray Lab., N. V. Philips Gloeilampenfabrieken
Eindhoven (Netherlands)

A study of the means of control of the various factors governing the general performance, the attainable resolution, as well as the ease of obtaining quantitive and qualitative results, at the Philips Physical-Technical X-ray Laboratory and the Philips Research Laboratories, has lead to the development of a new electron microscope, entering the production stage just now (Fig. 1).

The new instrument consists of a vertical column, comprising six magnetic lenses: a double lens condenser system, followed by the objective lens, two intermediate lenses and the projector lens. The variation of the magnification between $1400 \times$ and $200.000 \times$ on the viewing screen is effected by the alternate use of the variably excited intermediate lenses, as in the existing Philips EM 100 microscope.

It may be said that, while the main construction is conventional rather than revolutionary, there are number of more subtle refinements, relevant with the performance of the instrument, the detailed explanation of which would certainly go beyond the scope and possibilities of this paper. Therefore, a choice is made of only a few of the more predominant features.

There is a very refined *electronic stabilizing circuit* assembly for lens currents and high voltage, perhaps unequalled by previous designs. Stabilities of $1:200,000$ (lens currents) and $1:100,000$ (high voltage) over periods of several exposures, are warranted by a complex but reliable electronic system. The stabilities can be instantly checked and measured. The whole system, including the high voltage

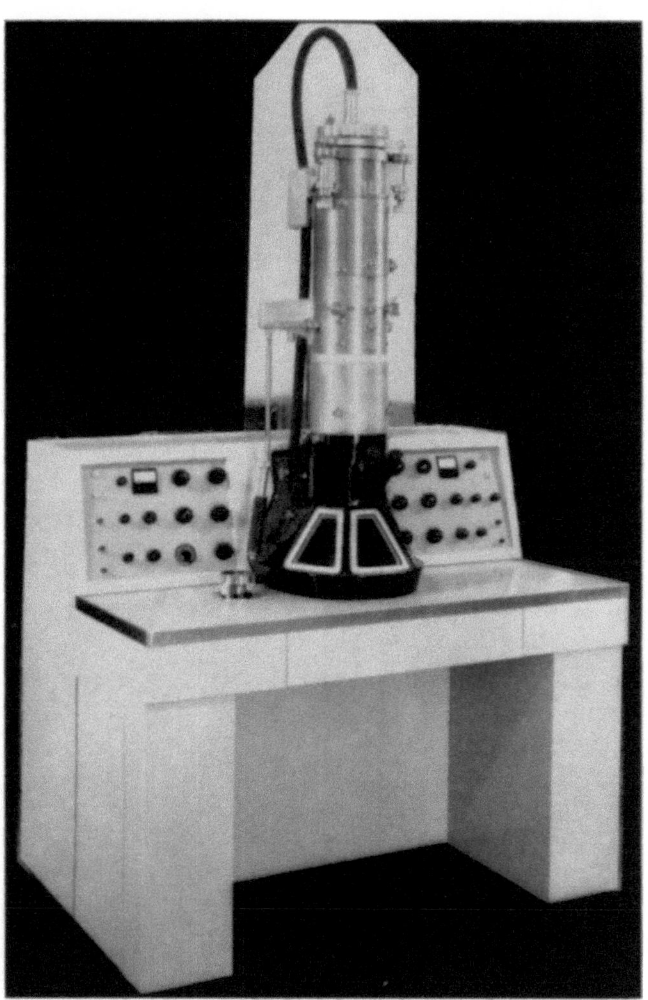

Fig. 1. The Philips Electron Microscope

supply is housed in a separate cabinet, to be placed at short distance of the instrument.

Less conspicuous, but equally essential, are the constructional as well as the electron optical means for very accurate *column alignment* and means for checking the alignment at any moment. The modern two lens illuminating system requires a next to perfect alignment, whereas good alignment of the rest of the column is a further safeguard against the occurrence of a number of effects that interfere with the sharpness of the image.

Compensating devices for *axial astigmatism* are provided for the condenser system and the objective lens and there are special means for the adjusting and electron optical centring of the stigmators. Various systems for operating the objective lens correction have been tried out, and the user will have a choice of at least two different methods, according to his personal preference and previous experience. A essential point in this connection is the short time required for the correction and the exact reproducibility of corrector settings.

The *objective lens* is of the immersion type, with adjustable and detachable pole pieces and features the sideways introduction of the specimen, known from the Philips EM 100 and EM 75 electron microscopes. The objective lens used represents a fair approximation to the theoretical optimum; the theoretical resolving power is between 2 and 3 Å, both the electrical stability and the attainable degree of compensation of astigmatism would permit this resolution.

Thus far, heavy particle resolutions down to 6 Å have been obtained without undue effort. The same method used by Leisegang (*1*) and others was followed. It is also interesting and perhaps a more realistic approach to try to make an estimate or even to determine the resolution over an extended area. This can be done by simultaneously correlating a great number of well dispersed heavy particles, by superimposing two independently recorded images. By introducing a deliberate small error of superposition, the resulting correlation pattern reveals an average resolution over a relatively large area. This resolution amounts to about 10 Å, but it must be remembered that a too low particle density and poor dispersion both have a negative influence on the resolution figure thus obtained.

Although there need not be any argument about the usefulness of proved resolution as a figure of merit for electron microscopes, there are further points, connected to the amount of recorded information that can be obtained from a given specimen during the time that it can be permitted to be exposed to the beam without damage to its structure, and, more generally, to the total volume of work the instrument can handle in a given time. In the new Philips EM an approach to the solution of this problem has been made by the following means: protection of the specimen against contamination in the electron beam, improved recording facilities and a good viewing system.

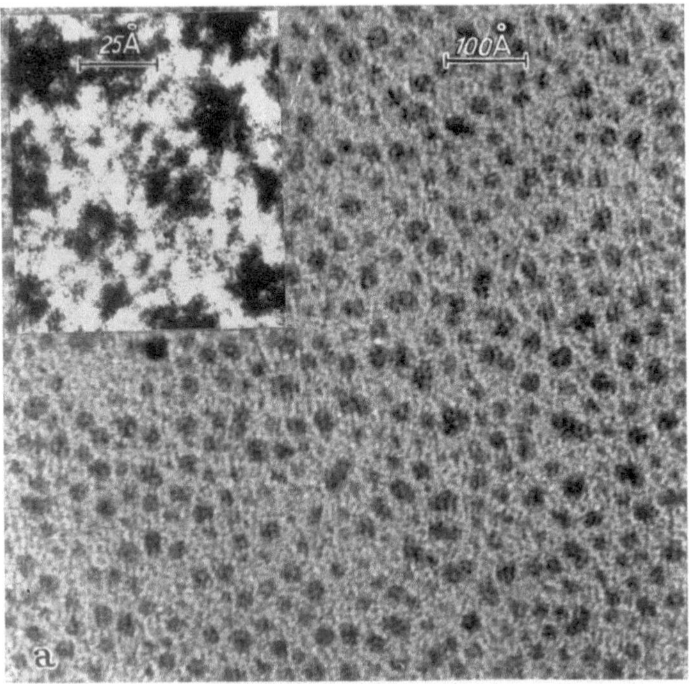
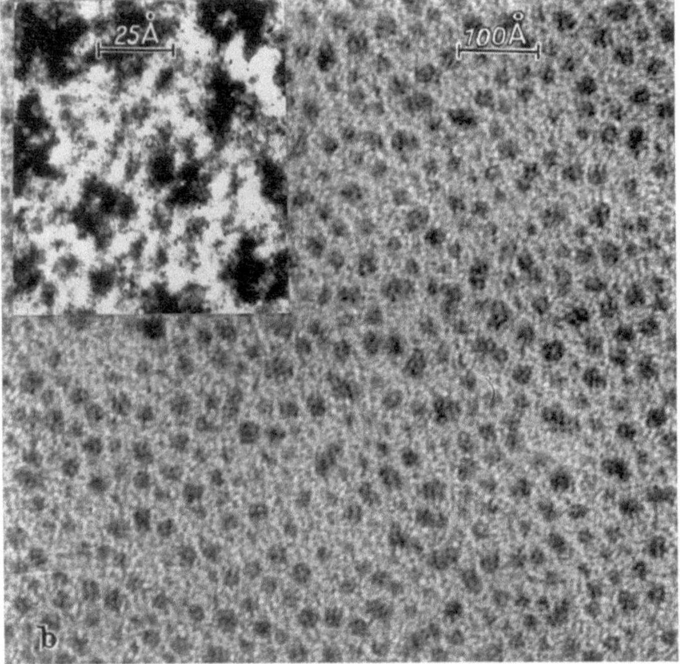

Fig. 2a and b. Platinum particles on a carbon reinforced collodion film. Partially enlarged pictures from the image recorded on film at an electron optical magnification of 100,000 ×. Exposure time 2 sec

The specimen contamination is dealt with by a *specimen chamber cooling device*. The specimen holder, itself in thermal contact with the body of the column, is almost completely surrounded by cooled surfaces. This reduces the vapour pressure of organic origin considerably. The beneficial effect, first described by LEISEGANG (2), who used a cooled specimen cartridge, was confirmed in our experiments. Because the specimen grid itself is not at low temperature there is no danger that condensation of vapours on the specimen itself partly or wholly cancels the initially gained advantage. The construction is such as not to cause specimen shift or vibration. The coolant is air or nitrogen obtained by the evaporation of liquid gas in a Dewar vessel. A typical result

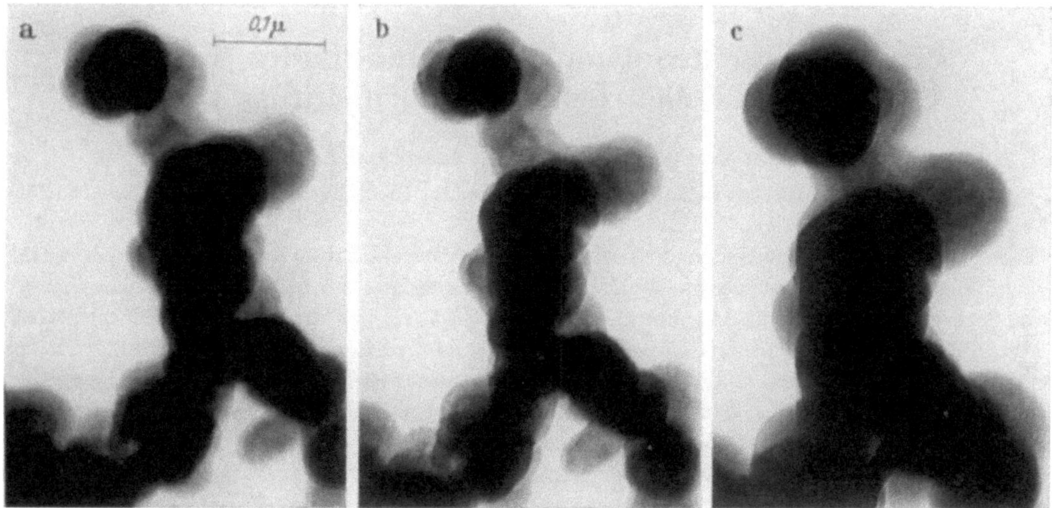

Fig. 3a—c. Carbon black particles; a) micrograph taken immediately after bringing the specimen into the beam; b) after 10 min exposure to the beam with the specimen chamber cooling device operating; c) after a further 15 min exposure to the beam without cooling. The rate of growth of the contamination layer in this case amounts to about 22 Å per minute

of using the cooling device is shown in Fig. 3. The device also permits to reduce the contamination of the objective aperture, experimental comparative results, however, are not yet available at this moment.

For the *image recording* on photographic emulsions there is a *dual system* for plates and 35 mm film. The maximum electron-optical magnification on the plates is 200,000 ×, on the film 100,000 ×. With available emulsions, there is no danger for electron noise to interfere appreciably with the recorded information as long as high magnifications are used. The full resolution can thus be realized on film, as was shown in the resolution picture shown in Fig. 2. For ultimate resolution at lower magnifications recording on plates may be preferred. Switching from film to plate recording can be done instantaneously at any time. The viewing screen in front of the plate camera can be observed through three lead glass windows to permit simultaneous observation by several persons. A special screen of small dimensions can be swung into the beam about halfway between projector lens and plate camera; the maximum electron optical magnification equals the film magnification of 100,000 ×. A special binocular 10 × microscope permits visual observation of the image on this screen at a total magnification of 1,000,000 ×. The adequately large exit pupil of the binocular prevents undue loss of image brightness. Binocular vision is not only less strenuous for the operator, but increases the acuity of vision for most people by 30 to 40%. It is recommended for persons needing cylindrical or prismatic glasses to make use of the available special correction lenses that can be fixed in the eyepieces. Optimal visual observation is of greatest importance in connection with the new objective lens compensating devices, that permit almost instant correction at high magnification, if required even before each exposure.

In this survey no attempt has been made at completeness of description. The new microscope is provided with numerous features that have become more or less standard in most of the up to date instruments.

At this place we would like to mention the names of two persons outside the Philips Organization, Professor J. B. Le Poole and Mr. J. Cramer of the Technical Physical Department of the Technical University at Delft, who have made valuable contributions to the realization of the instrument described in this paper.

References

1. Leisegang, S.: Optik **11**, 49 (1954).
2. — Proc. int. Conf. on Electron Microscopy, London 1954; 184 (1956).

Ein 70-kV-Elektronenmikroskop mit kalter Kathode und elektrostatischem Objektiv

M. Gribi, M. Thürkauf, W. Villiger und L. Wegmann

Elektronenmikroskopisches Laboratorium der Universität Basel und Trüb, Täuber & Co. AG., Zürich

Eine Analyse der Anforderungen an ein allseitig verwendbares Routinemikroskop ergab die Daten: Beschleunigungsspannung 70 kV, Grenzauflösung 20—25 Å, direkte elektronenoptische Vergrößerung bis 35 000fach. Als besonders einfache Lösung bieten sich dafür die kalte Kathode und das elektrostatische Objektiv an. Die kalte Kathode wurde auf höhere Spannung und größeren Richtstrahlwert gebracht, wobei neue Erkenntnisse über die Optik dieser Gasentladung gewonnen wurden. Ein bei 70 kV betriebssicheres elektrostatisches Objektiv wurde auf Grund eingehender Untersuchungen über den Spannungszusammenbruch entwickelt. Die Vakuumanlage wurde den Anforderungen an Betriebssicherheit und erhöhten Kontrast angepaßt, wofür eine eigene Öldiffusionspumpe und ein Vakuummeter entwickelt wurden. Es sind Einrichtungen für Mikrobeugung und stereoskopische Aufnahmen eingebaut. Größter Wert wurde auf Einfachheit der Bedienung und Betriebssicherheit gelegt. Der Prototyp wurde deshalb über ein Jahr lang im täglichen Routinebetrieb des Forschungslaboratoriums getestet.

Dieser Beitrag erschien ausführlich in Optik **16**, 65 (1959).

The new electron microscope "Tronscope TRS-50"
Part I: Construction

Kazuhiko Akashi and Tatsunosuke Masuda

Akashi Seisakusho, Ltd., Tokyo

The fundamental principle employed in the design of the Tronscope TRS-50 was to attain a high resolution without making the operation so complicated that a highly skilled operator would be needed.

An outside view is shown in Fig. 1. The microscope column is placed on the cabinet, in which all of the vacuum and electric power supply units except the voltage stabilizer are installed. The high tension voltage is 50 kV, and the magnification can be changed continuously from 1,200 to 30,000 diameters. By exchange of the projection lens pole piece, a magnification range of 600 to 15,000 diameters can be obtained.

Fig. 2 shows a cross section of the column of the Tronscope TRS-50. This electron microscope has three magnetic lenses: objective lens, intermediate lens, and projection lens. A diffraction aperture of variable size is provided between the objective and intermediate lenses by means of which selected-area diffraction work is made possible. Transmission and reflection electron diffraction are also possible by placing a specimen between the objective and intermediate lenses.

One of the characteristics of the Tronscope TRS-50 is the fixed optical system. All lenses and apertures are factory aligned, thus, the operator does not have to make the lens alignment. Since the anode aperture is fixed on the axis of the lens system, the illuminating beam is always on the lens axis. Thus, any increase in aberration, which would result from the operator's mis-alignment, is completely prevented.

Another advantage of Tronscope TRS-50 is the simplified illuminating system, in which the pointed, oxide coated platinum filament (1) is used. This simple system, which has no condenser

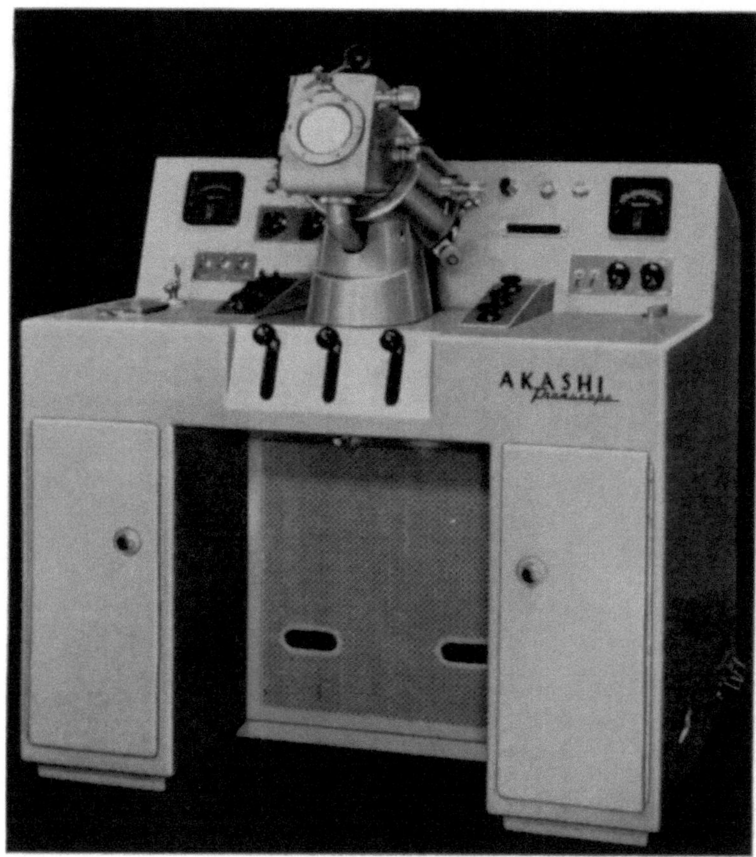

Fig. 1. Tronscope TRS-50

lens, gives a very bright image even at the maximum magnification of 30,000. The only manual adjustment which is required is the positioning of the electron gun by means of two adjusting screws. This adjustment is necessary in order to make the electron beam pass just through the anode aperture.

Fig. 3a shows the platinum filament. The white ball on the tip is the oxide emitter. This type of platinum filament has the advantage of giving a very small electron source of less than 50 microns diameter, and also has a long life. It does not burn out when heated even in air. The oxide emitter should be re-coated every few hours of operating time. This procedure, however, is very simple, requiring only a few minutes. We are now commercializing the oxide-core cathode (Fig. 3b) which was invented a few years ago by UYEDA (2). This cathode gives a very narrow electron beam and has a long life. A sample has shown an actual life time of 100 h.

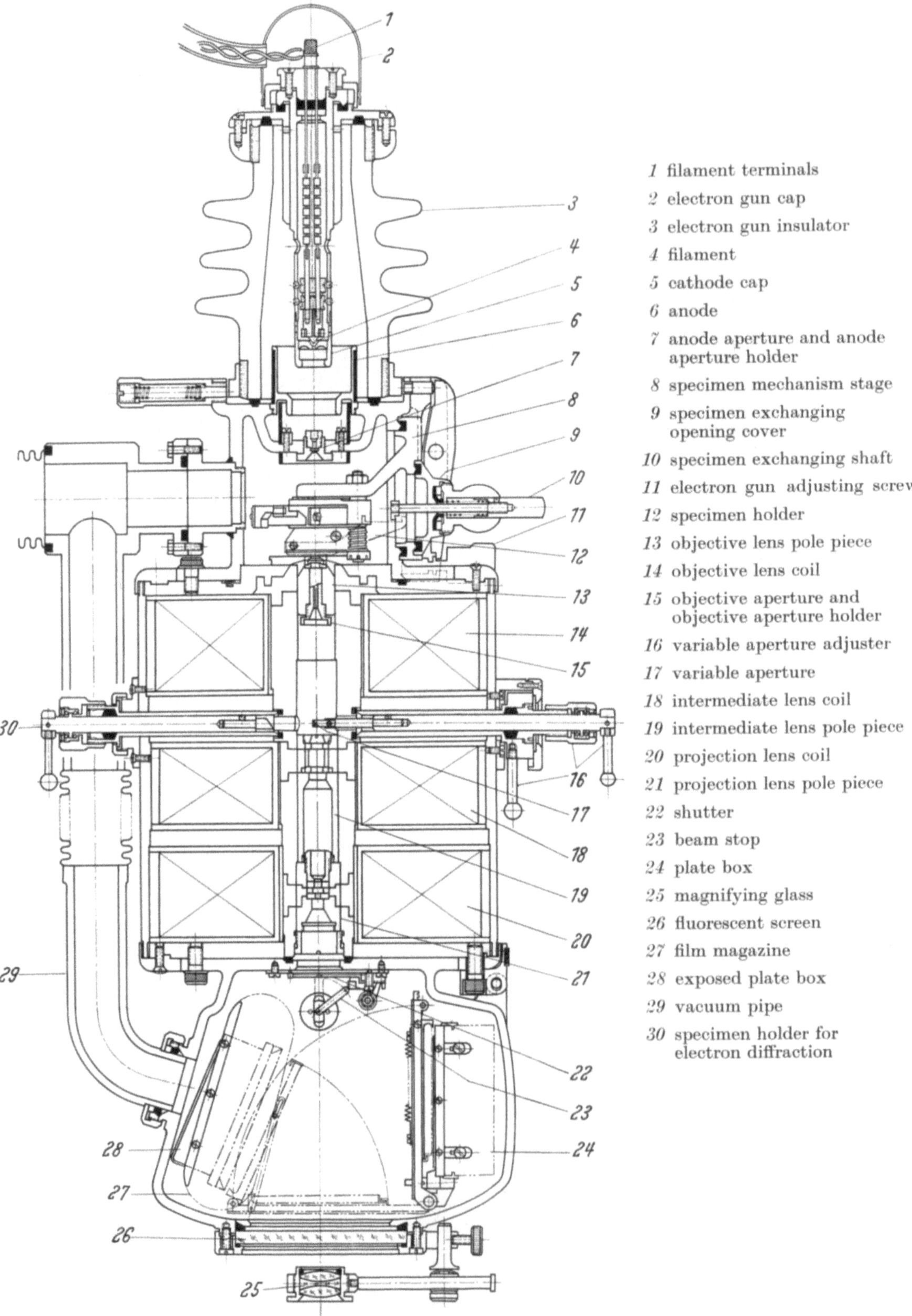

Fig. 2. Cross section of microscope column of Tronscope TRS-50 (the axis of the column being nearly horizontal in operation)

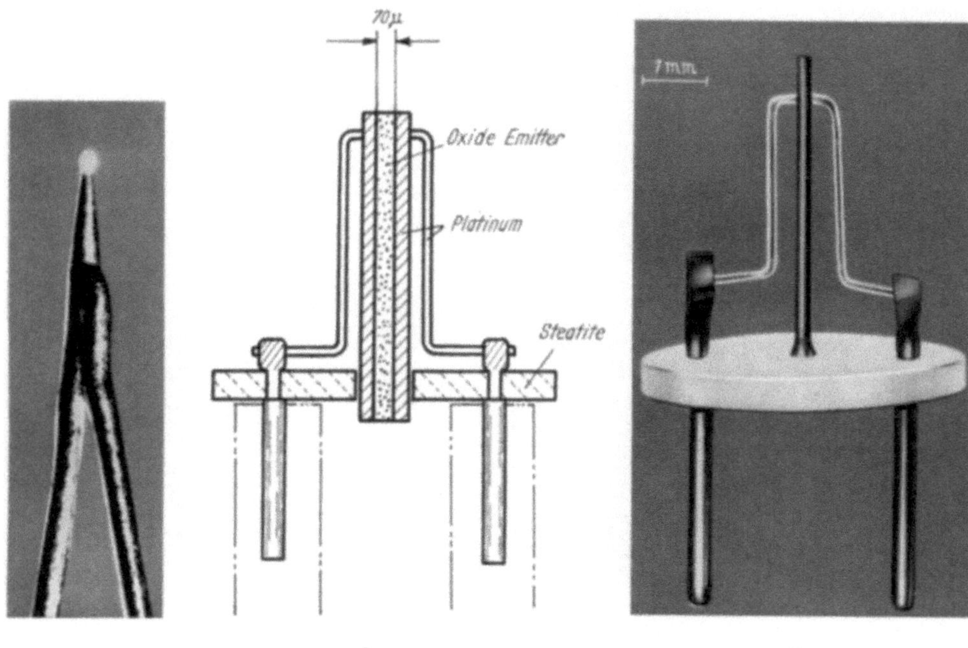

Fig. 3. a and b Cathode of Tronscope TRS-50.
a) Oxide coated pointed platinum filament, b) Oxide cored cathode

References

1. Masuda, T.: Specification Pamphlet, "Tronscope TRS-50" Akashi Seisakusho, Ltd. (1956).
2. Uyeda, R.: Proc. First Regional Conf. on Electron Microscopy in Asia and Oceania, Tokyo 1956, p. 146.

The new electron microscope "Tronscope TRS-50"
Part II: Method of alignment and inspection

Kazuhiko Akashi, Tatsunosuke Masuda and Hiroshi Tochigi

Akashi Seisakusho, Ltd., Tokyo

Since the optical system of the Tronscope TRS-50 is fixed, the factors which determine the resolution can be checked. These factors are listed in the first column of Table 1. In the second column the formulas for the calculation of the factors are given. The third column gives the numerical constants in the formulas, and the fourth column, the maximum allowable aberrations at the final tests. The numerical constants have been all obtained from actual measurements. The spherical aberration coefficient, $C\ddot{o}$ was measured from the distortion of the selected-area diffraction pattern (7). The on-axial and off-axial chromatic aberration coefficients were obtained from the measurement of the movement and blur of the image when a voltage fluctuation of about 1,000 times the actually allowable fluctuation was applied. Since the voltage center is clearly found, the off-axial chromatic aberration due to the voltage fluctuation can be expressed by the distance r between the center of the screen and the voltage center (Fig. 1a). On the other hand, in the range of high magnification, it is practically impossible to find the current center. Therefore, the off-axial chromatic aberration due to the current fluctuation is given by the maximum movement K_i of the final image, when a certain constant current fluctuation is applied (Fig. 1b).

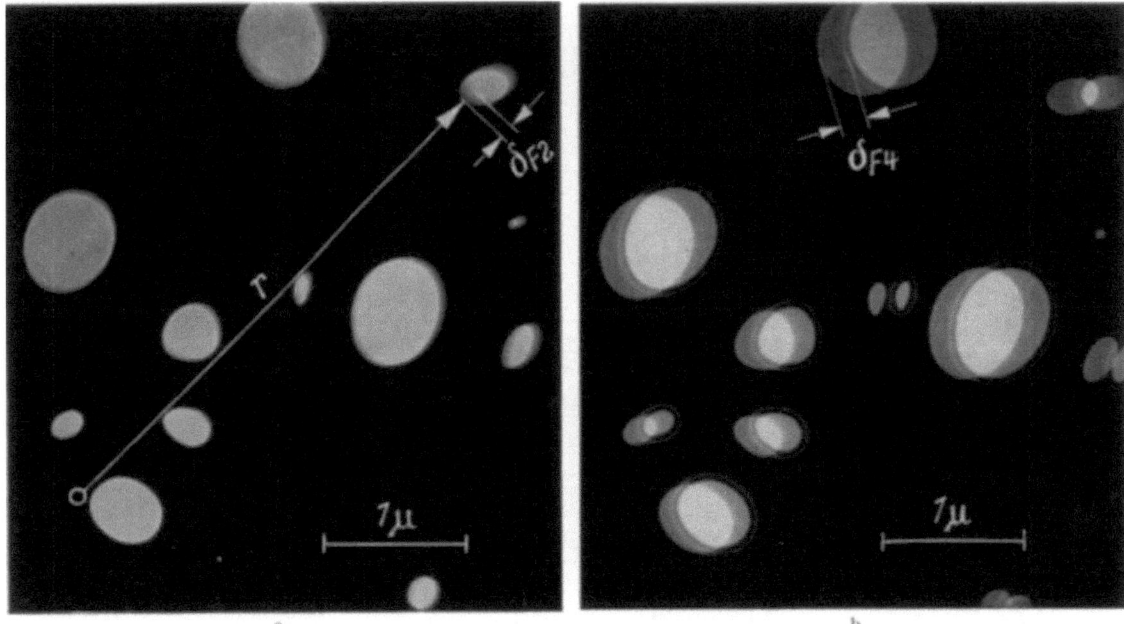

Fig. 1a and b. Off-axial chromatic aberration.
a) Movement of image due to voltage fluctuation; b) Movement of image due to current fluctuation

$$\left(\frac{\Delta U}{U} = 10^{-2}\right) \qquad\qquad \left(\frac{\Delta I}{I} = 1.2 \times 10^{-2}\right)$$

$$\delta_{F2} = K_A \cdot r\left(\frac{\Delta U}{U}\right) < 6.2 \text{ Å} \qquad\qquad \delta_{F4} = K_i\left(\frac{\Delta I}{I}\right) < 4 \text{ Å}$$

$$K_A = 2.6 \text{ Å} \qquad\qquad\qquad K_i < 4 \times 10^{-3} \text{cm}$$

$$r < 4\,\mu$$

Table 1.

	Factor	Formula		Constants	Error
1	Theoretical resolution limit	$\delta opt = 0.6 \cdot \lambda^{3/4}\, C\ddot{o}^{1/4}$ (1)		$\lambda = 0.054$ Å $C\ddot{o} = 0.6$ cm	6 Å
2	Increase of spherical aberration due to oblique illumination	$\delta\theta = 3\,C\ddot{o} \cdot \alpha_{20} \cdot \theta^2$ (2)		$\alpha_{20} = 2.1 \times 10^{-3}$ $\theta < 2.6 \times 10^{-3}$	< 2.6 Å
3	Chromatic aberration due to accelerating voltage fluctuation	on Axis	$\delta_{F1} = C_{FU} \cdot \alpha\left(\frac{\Delta U}{U}\right)$(3)	$C_{FU} \cdot \alpha = 6.3 \times 10^{-4}$ cm $\frac{\Delta U}{U} < 6 \times 10^{-5}$	< 3.8 Å
4		off Axis	$\delta_{F2} = K_A \cdot r\left(\frac{\Delta U}{U}\right)$ (3)	$K_A = 2.6$ $r < 4\,\mu$	< 6.2 Å
5	Chromatic aberration due to lens current fluctuation	on Axis	$\delta_{F3} = C_{FI} \cdot \alpha \cdot \left(\frac{\Delta I}{I}\right)$(4)	$C_{FI} \cdot \alpha = 1.3 \times 10^{-3}$ cm $\frac{\Delta I}{I} < 1 \times 10^{-5}$	< 1.3 Å
6		off Axis	$\delta_{F4} = K_i \cdot \left(\frac{\Delta I}{I}\right)$	$K_i < 4 \times 10^{-3}$ cm	< 4 Å
7	Astigmatic aberration	$\delta_A = \Delta f_A \cdot \alpha_{20}$ (6)		$\Delta f_A < 0.21\,\mu$	< 4.4 Å
8	Disturbance due to stray magnetic field	$\delta_m = K_H \cdot H$		$K_H = 2$ Å/mGauss $H = 2$ mGauss	4 Å

The movement of image due to the external magnetic field was measured by means of a Helmholtz coil (5) (Fig. 2a). The movement of the image is proportional to the intensity of the external magnetic field (Fig. 2b). Since the stray magnetic field from the microscope cabinet is about 2 milligauss at the position of the specimen, the aberration due to this field is 4 Å.

The asterisked factors in the first column of Table 1, the off-axial chromatic aberrations due to the voltage and current fluctuations, and the astigmatic aberration, are different in each individual microscope. Therefore, an adjustment is made at the final stage of manufacturing so as to make these aberrations smaller than the allowable values. First, the behaviour of the voltage center is observed by turning the three lens pole pieces one by one, then the orientation of each pole piece is determined so that the distance between the screen center and the voltage center, r becomes minimum

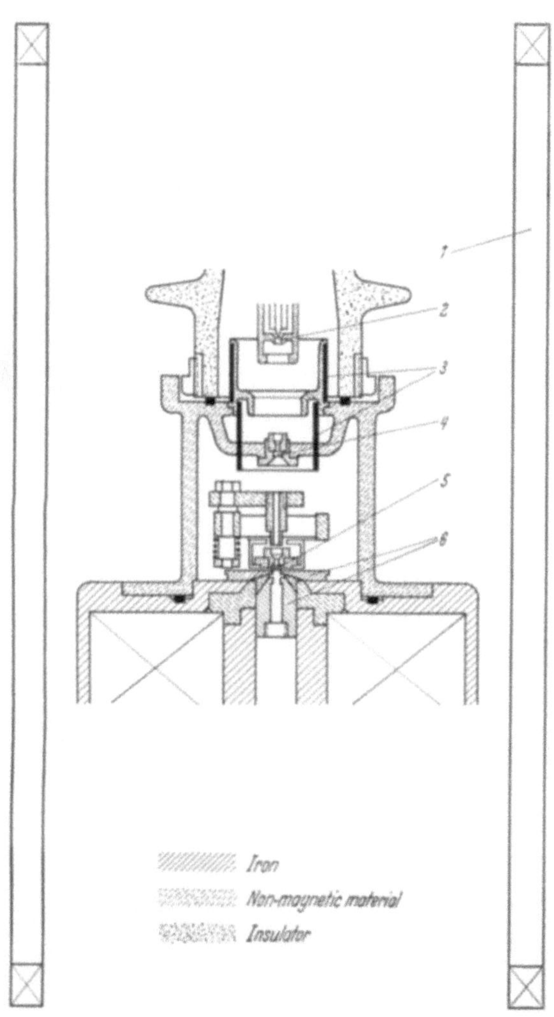

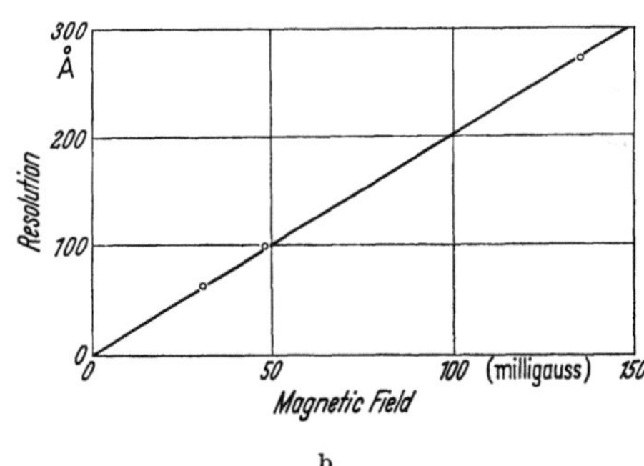

Fig. 2a and b. Effect of external magnetic field. a) Measurement of image movement due to external magnetic field: *1* Helmholtz coil, *2* filament, *3* permalloy shield, *4* anode aperture, *5* specimen, *6* objective lens pole piece. b) Relation between external magnetic field and image movement

(Fig. 3). If r cannot be brought to less than 4 μ, the objective lens pole piece is discarded. The orientation of the intermediate and projection lens pole pieces has almost no influence upon the position of the voltage center. Next, by applying a 1% fluctuation to the objective lens current, the value K_i is measured. If K_i is larger than the maximum allowable value, it is made smaller by adjustment of eight screws in the objective lens pole piece provided for compensation of astigmatism. The astigmatic aberration is compensated by the screws so that the longitudinal astigmatism Δf_A is less than 0.21 μ. The Haine method (6) is employed for the measurement of Δf_A.

The aberration values listed in the fourth column of Table 1 are the maximum allowable limits in the factory inspection. The arithmetic sum of these aberrations amounts to about 30 Å. However, even if each aberration is as large as the maximum allowable limit, the final resolution distance is smaller than the arithmetic sum. In Fig. 4 and 5, some micrographs taken with the Tronscope are shown.

References

1. Glaser, W.: Handbuch der Physik, Bd. 33, p. 373, 1956.
2. Leisegang, S.: Optik **11,** 397 (1954).
3. — Handbuch der Physik, Bd. 33, p. 401, 1956.
4. — Handbuch der Physik, Bd. 33, p. 473, 1956.
5. — Handbuch der Physik, Bd. 33, p. 480, 1956.
6. Haine, M. E., and T. Mulvey: J. Scient. Instr. **31,** 326 (1954).
7. Klemperer, O.: Electron Optics. Cambridge 1953, p. 136.

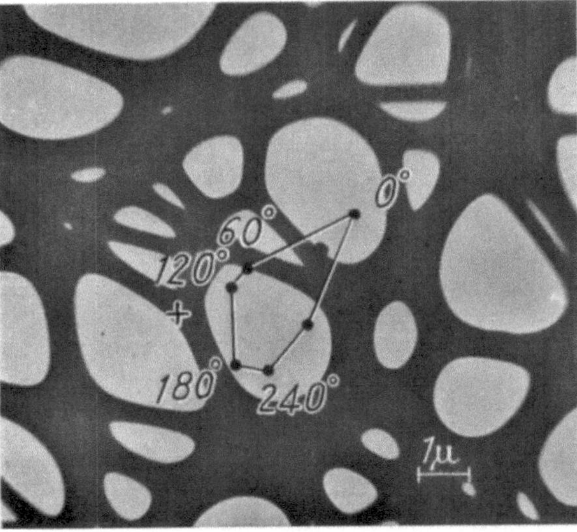

Fig. 3. Behavior of voltage center when objective lens pole piece is turned

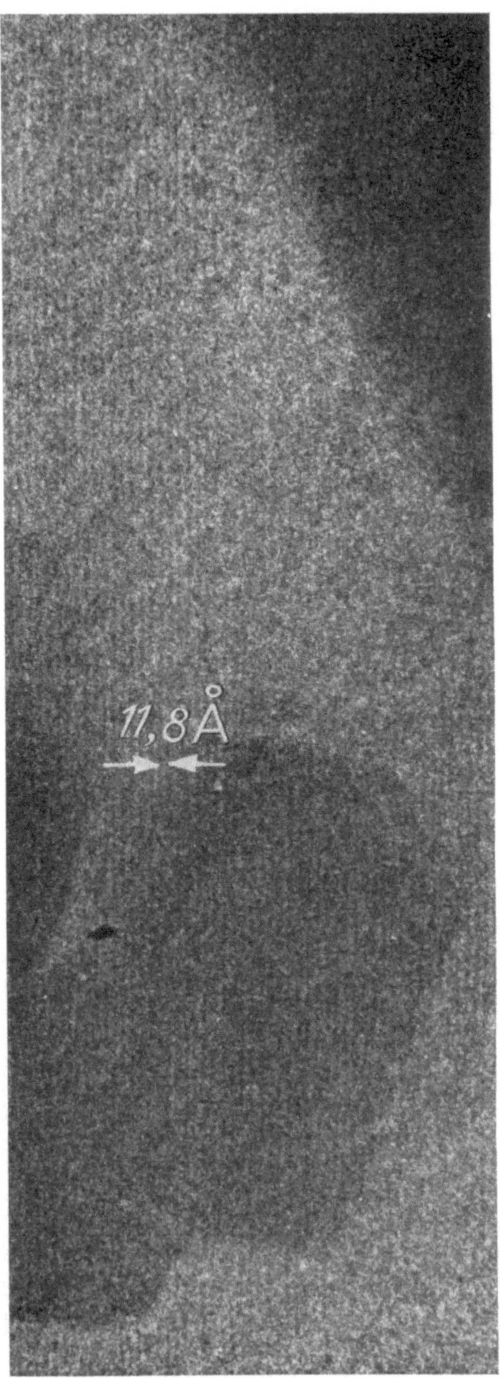

Fig. 4. Cu-phthalocyanine

Fig. 5. Evaporated palladium-platinum

Ein vereinfachtes 50-kV-Elektronenmikroskop

A. Strojnik

Elektroinstitut, Universität Ljubljana (Jugoslawien)

Um Erfahrungen für den Bau billiger Elektronenmikroskope mittlerer Leistung zu gewinnen, wurde ein Gerät mit magnetischen Linsen konstruiert, bei dem auf einfache und billige Herstellbarkeit aller Bestandteile besonders geachtet wurde.

Abb. 1 zeigt schematisch, teil sauseinandergezogen, die Hauptbestandteile des elektronenoptischen Vergrößerungssystems. Um die Zahl der Einzelteile und damit der Arbeitsstunden niedrig zu halten, sind nach Haine (1) die Eisenmäntel der einzelnen Linsen mit den Polschuhen aus einem Stück gedreht. Die Objektivlinse ist aus zwei Teilen 1 und 2 zusammengesetzt, die gegeneinander durch die Schrauben 3 zentrierbar sind. Auf dem oberen Teil 1 sitzt der Elektronenstrahler. Der Boden des unteren Teils 2 der Objektivlinse ist besonders massiv ausgeführt, um den Einbau der Selektorblende und eines kleinen Fensters für die Beobachtung des Zwischenbildes zu ermöglichen. Der Boden des unteren Teils 2 des Eisenmantels stellt zugleich den oberen Teil des magnetischen Kreises der Zwischenlinse sowie auch deren oberen Polschuh dar. Die Inneneisenkapselungen der Zwischenlinse und der Projektivlinse sind auch aus einem Stück 4 ausgeführt. Sowohl die beiden Polschuhe der Zwischenlinse als auch der Projektivlinse 4, 6 sind mittels der Schrauben 5 und 7 gegeneinander zentrierbar.

Die gesamte Mikroskopröhre wird durch zwei Schrauben 8 zusammengehalten. Am ganzen Linsensystem ist nur am oberen und unteren Ende des Zentralrohres der Zwischen- und Projektivlinse weichgelötet worden. Alle Eisenteile sind aus gewöhnlichem Eisen (ähnlich Armco) hergestellt und reichlich dimensioniert.

Es hat sich gezeigt, daß diese robuste und einfache Bauweise mechanisch sehr stabil ist und eine ausgezeichnete Linsenzentrierung erlaubt. Zudem ist eine komplette Demontage der Mikroskopröhre innerhalb 2—3 min möglich. Es brauchen nur die beiden Schrauben 8 entfernt und 6 Zentrierschrauben gelöst zu werden. Beim Zusammenbau muß dann nur die Objektivlinse erneut zentriert werden. Eine Neuzentrierung aller Linsen kann nach einem besonders entwickelten Verfahren, das keine hohen Anforderungen

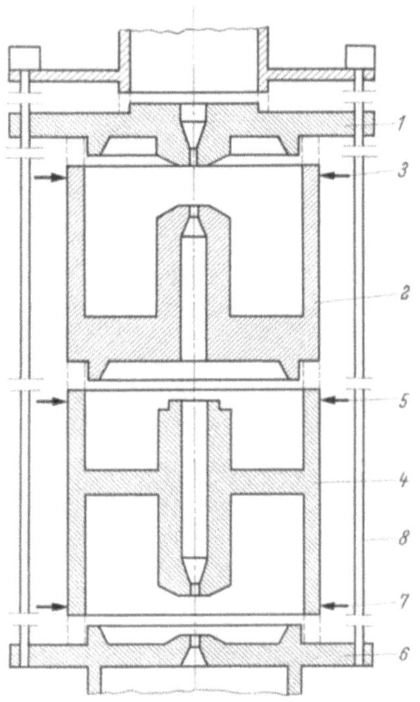

Abb. 1. Schema des elektronenoptischen Vergrößerungssystems; Eisenkerne des Linsensystems eng schraffiert: 1 und 2: Teile der Objektivlinse; 2 und 4: Teile der Zwischenlinse; 4 und 6: Teile der Projektivlinse; 3, 5, 7: Schrauben zur Zentrierung; 8: Spannschrauben

an das technische Können des Benutzers stellt, in kurzer Zeit erfolgen. Dabei wird automatisch eine weitgehende Übereinstimmung der Strom- und Spannungszentrierung erreicht.

Abb. 2 zeigt einen Schnitt durch die Mikroskopröhre. Der Fernfokus-Elektronenstrahler 1 (2) bündelt den Strahl genug, um bei 20000—30000facher Vergrößerung scharf fokussieren zu können. Mit den Justierschrauben 2 wird der Strahler geneigt und seitlich verschoben. An dieser Stelle wird die Röhre auch geöffnet, wenn die Kathode ausgewechselt werden muß. Die Strahlblende 3, sowie die auf dem unteren Polschuh der Objektivlinse sitzende Kontrastblende und die Selektorblende 5, haben mehrere Öffnungen und sind im Betrieb zentrierbar. Auf der Außenseite des oberen Polschuhs der Objektivlinse sitzt ein einfacher Stigmator 4. Er besteht aus einem Eisenring mit zwei diametralen Verlängerungen. Durch die schraubende Bewegung kann man die Winkellage und die Intensität des Korrekturfeldes im Betrieb einstellen. Die Präparate werden von der Seite zwischen die beiden Polschuhe eingeschoben. Mit einer Schleuse von besonders einfacher Konstruktion läßt sich der Objektwechsel in 30 sec ausführen.

Bei schwacher Erregung der Zwischenlinse hat sich anfangs ein starker Astigmatismus bemerkbar gemacht. Mit einem Messingring *6*, der diametral zwei Eisenschrauben hat und in den Luftspalt der Linse gelegt ist, kann man aber den Astigmatismus unter Beobachtung der Kaustik (*3*) so weit kompensieren, daß er nicht mehr störend wirkt.

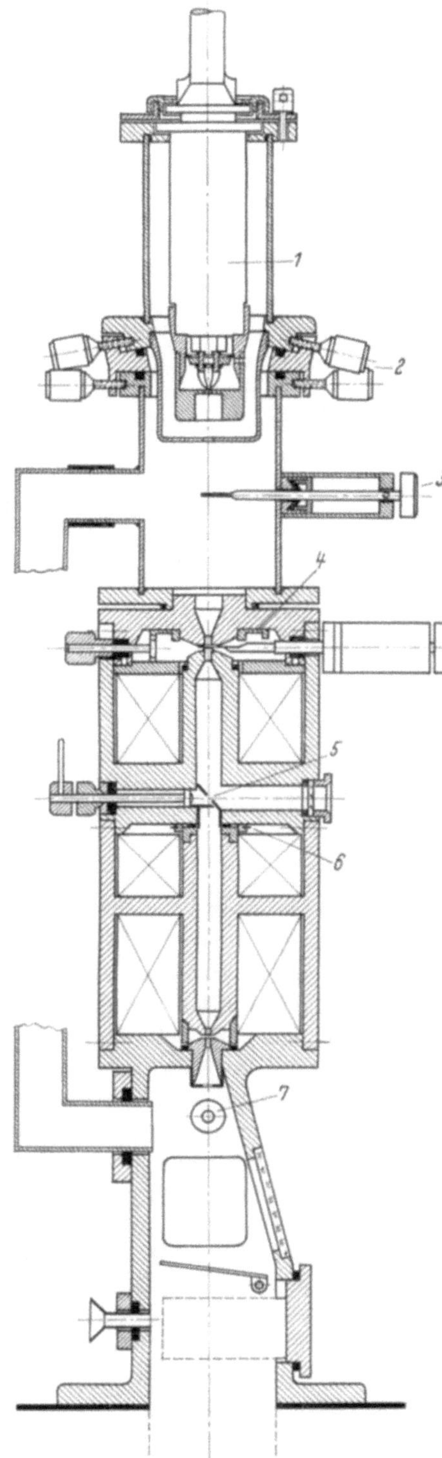

Abb. 2. Schnitt durch die Mikroskopröhre, *1* Fernfokus-Kathode, *2* Kathoden-Justierschrauben, *3* Strahlblende, *4* Stigmator der Objektivlinse, *5* Selektorblende, *6* Stigmator der Zwischenlinse, *7* Stabschleuse für Beugungspräparate

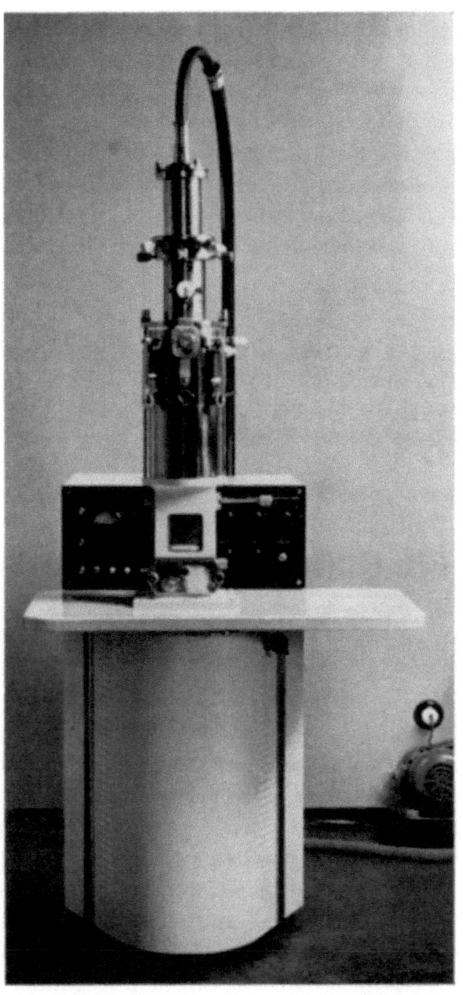

Abb. 3. Gesamtansicht des Geräts; das Sockelgehäuse enthält Öldiffusionspumpe und 50-kV-Spannungserzeuger

Der Unterteil der Mikroskopröhre trägt unmittelbar unter der Projektivlinse eine Stabschleuse *7* nach LIEBMANN (*4*) zur Einführung der Präparate für hochauflösende Beugung. Das Endbild wird auf Normalfilm fotografiert. Es wird in der Regel mit Hilfe einer 10fach vergrößernden Fernrohrlupe scharfgestellt.

Abb. 3 zeigt das gesamte Mikroskop. Unter dem Tisch befindet sich die Öldiffusionspumpe, unmittelbar an die Mikroskopröhre angeschlossen. Dahinter steht der Ölkessel mit dem 50-kV-Spannungserzeuger.

Die Beschleunigungsspannung wird mittels eines 50-Hz-Transformators und einer Gleichrichter-röhre erzeugt und durch starke Gegenkopplung stabilisiert. Hinter der Mikroskopröhre steht als unabhängige Einheit das Gehäuse mit den Stromquellen für die Linsen und allen Regel-einrichtungen.

Die Vergrößerung ist in 6 Stufen von 1000 bis 20000fach einstellbar. Zusätzlich kann man die Vergrößerung der Projektivlinse noch um den Faktor 1... 1,5 stufenlos verändern. Das Mikroskop wurde erst kürzlich fertiggestellt. Bei den ersten Versuchen ergab sich ein Auflösungs-vermögen von 50 Å.

Bei der gesamten Konstruktion wurde bewußt auf hohe mechanische Genauigkeit verzichtet, und selbst bei den kritischen Abmessungen eine Toleranz von 0,1 mm zugelassen. Damit und durch konstruktive Einfachheit wurde erreicht, daß die Gesamtkosten des Prototyps, der auf kommerzieller Basis gebaut wurde, nur den 10—20fachen Preis einer zweistufigen Vorpumpe betragen. Damit ist gezeigt, daß ein mit einfachsten Mitteln gebautes Mikroskop die 50-Å-Klasse ohne weiteres erreichen kann, die heute für eine große Zahl von Problemen ausreicht. Die bisher erzielten Resultate geben sogar zu der Hoffnung Anlaß, daß mit wenigen Herstellungsverfeine-rungen ohne merkliche Mehrkosten ein besseres Auflösungsvermögen erreicht werden kann.

Literatur

1. HAINE, M. E.: Int. Conf. of Electron Microscopy, London 1954, p. 92, 1956.
2. STEIGERWALD, K. H.: Optik 5, 469 (1949).
3. RIECKE, W. D., u. E. RUSKA: Z. wiss. Mikroskopie 63, 288 (1957).
4. LIEBMANN, G.: J. scient. Instrum. 25, 37 (1948).

Ein Hilfselektronenmikroskop für Kurs- und Routinebetrieb

K. Müller und E. Ruska

Institut für Elektronenmikroskopie am Fritz-Haber-Institut der Max-Planck-Gesellschaft, Berlin-Dahlem

Wir bauten ein einfaches Mikroskop, das für eine große Zahl von Routinearbeiten und zu Ausbildungszwecken verwendet werden kann. Abb. 1 zeigt einen Querschnitt durch das Mikro-skoprohr (alle hinter Konstruktionsdetails genannten Zahlen sind Hinweise auf Abb. 1): Als Strahlquelle wählten wir eine Gasentladungskathode nach INDUNI (1). Sie hat einige, für die Vereinfachung des Gerätes wesentliche Vorteile gegenüber dem meist verwendeten Glühkathoden-rohr: erstens benötigt sie weder einen Heizstromkreis noch eine Wehneltvorspannung, zweitens sind die Anforderungen an den Vakuumzustand des Gerätes geringer, und drittens ist die Lebens-dauer größer als die einer Haarnadelkathode. Die Kathode, deren wesentlicher Teil 1 auswechsel-bar ist, ist durch Kittung mit dem tragenden Isolator 2 verbunden. Die Hochspannung von 50 kV wird durch ein Kabel 3 mit geerdetem Mantel berührungssicher eingeführt. Strahlrohr-Gehäuse 4 und -Grundplatte 5 bilden die Anode. Die Entladung brennt nur zwischen dem Scheitelpunkt der halbkugelförmigen Kathode und der Anodenbohrung. Die Zentrierung der Kathode zur Anode erfolgt während des Betriebes durch Horizontalverschiebung 6 in rechtwinkligen Koordi-naten. Bei Entladungsstromstärken zwischen 10 und 120 μA beträgt der Druck im Entladungs-raum 1—2 · 10^{-2} Torr. Die Helligkeit ändert sich in diesem Bereich um den Faktor 8. Druck und Stromstärke werden durch ein Nadelventil 7 nach EWALD (2) reguliert, das Luft in den Raum unterhalb der Anode eintreten läßt. Neuerdings verwenden wir statt dessen ein Metallcapillar-Ventil nach FOWLER (3). Entladungsrohr und Lufteinlaßraum werden von dem übrigen Teil des Mikroskops und der Vakuumpumpe durch eine Scheibe 8 mit einer exzentrisch gelegenen, engen Bohrung getrennt, die ein Druckgefälle zwischen Strahlrohr und Abbildungsraum ermöglicht. Die Scheibe enthält außerdem eine Strahlbegrenzungsblende, die eine unnötig große Erwärmung von Objekt und Objekttisch verhindert.

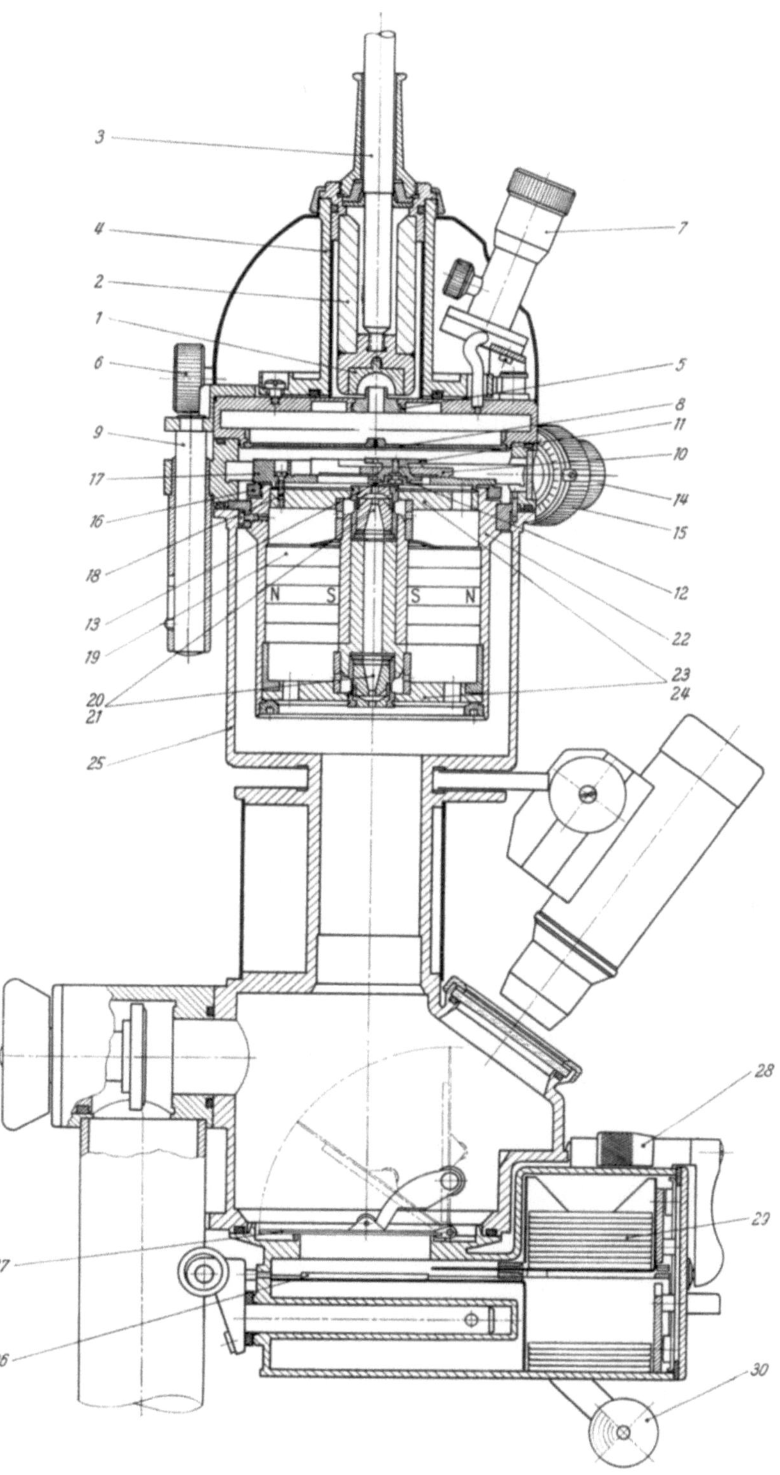

Abb. 1. Vereinfachter Querschnitt durch das Mikroskoprohr
(Näheres siehe im Text)

Um die Einfachheit des Gerätes zu wahren, haben wir auf einen Kondensor verzichtet, ebenso auf eine Objektschleuse. Wenn das Gerät belüftet ist, kann der obere Teil des Mikroskops, der das Strahlrohr enthält, leicht angehoben und um eine Führungsstange *9* seitlich ausgeschwenkt werden. Dadurch wird der Objekttisch *10* zugänglich. Ein in dem Tisch gelagertes Zackenrad *11* trägt einen Teller *12*, der 15 Präparatträger aufnehmen kann. Das Zackenrad mit dem Teller kann durch zwei Bedienungsstangen sowohl im Uhrzeigersinn als auch gegensinnig gedreht werden und rastet jedesmal ein, wenn sich einer der Präparatträger *13* im Strahlengang befindet. Die Raststellungen sind numeriert, und die Nummer des gerade beobachteten Präparates ist durch ein Einblickfenster erkennbar. Die große Zahl der gleichzeitig im Gerät befindlichen Präparate erleichtert Reihenuntersuchungen sowie den subjektiven Vergleich verschiedener Präparate. Die für jeweils 15 Objekte notwendige einmalige Evakuierung des Gerätes dauert etwa 3 min, also nicht länger als 15 Einzelschleusvorgänge. Der Objekttisch wird durch Grob- und Feintriebe *14, 15* horizontal verschoben. Durch Drehen eines Gewinderinges *16* kann er auch gehoben bzw. gesenkt werden. Auf diese Weise wird die axiale Entfernung der Tischauflagefläche *17* vom Objektiv justiert und dann durch Schrauben *18* festgelegt.

Um auch die Optik möglichst einfach zu gestalten, wählten wir ein Zweilinsensystem, das durch Dauermagnete mit 2000 AW erregt wird. Diese Form der Erregung ist billiger als die durch Elektromagnete, weil sie keine Stromquelle braucht. Sie hat außerdem den Vorteil großer Konstanz. Permanentmagnetische Linsen haben auch gegenüber elektrostatischen Linsen Vorteile: sie sind absolut betriebssicher und bedürfen keiner Wartung.

Abweichend von den sonst üblichen Anordnungen mit axial magnetisierten Zylindern verwenden wir scheibenförmige Dauermagnete, die wir radial magnetisierten. Durch diese Anordnung wird der für die Linsenerregung nicht ausnutzbare Streufluß der Dauermagnete verringert. Die Magnete *19* und die Polschuhsysteme *20, 21* sind durch einen Innenmantel *22* und die Polplatten *23, 24* zu einem nach außen feldfreien System vereinigt. Der äußere Mantel *25* bietet eine zusätzliche Abschirmung gegen äußere Felder. Er wird zugleich als Vakuumleitung verwendet.

In unserem Bemühen um Vereinfachung haben wir bewußt auf eine dritte Linse und damit auf eine Möglichkeit zur Vergrößerungsregelung verzichtet. Die Aufnahme von Beugungsdiagrammen ist jedoch nach Ausbau der Optik möglich. Das Bild wird durch Änderung der Strahlspannung fokussiert. Damit entfällt auch die Notwendigkeit einer Regelung der Magnete. Das Zweilinsensystem ermöglicht eine feste, etwa 9200fache elektronenoptische Vergrößerung des Objektes auf der photographischen Platte *26* und eine etwa 8500fache elektronenoptische Vergrößerung auf dem Leuchtschirm *27*, der mit einem wahlweise 3- oder 10fach vergrößernden Lichtmikroskop betrachtet werden kann. Die 8500fache elektronische Abbildung ist für das Auffinden und Durchmustern der Präparate noch nicht zu groß. Andererseits genügt die Vergrößerung, um z. B. auf Perutz-Kontrast-Platten oder ähnlich elektronenempfindlichen Photoschichten mit einer Punktauflösung von etwa 46 μ eine elektronenoptische Auflösung von 5 mμ auszunutzen. Die derzeitige Auflösung des Elektronenmikroskops beträgt mindestens 9 mμ. Wir arbeiteten bisher mit einer fest eingebauten Aperturblende und ohne Stigmator. Eine Erweiterung der Konstruktion durch eine im Betrieb zentrierbare Aperturblende und einen Stigmator würde die Auflösung der Elektronenoptik zweifellos verbessern und keinen allzu großen Mehraufwand bedeuten. Falls man noch feinkörnigere Schichten, z. B. die Kodak HR-Platte mit einer Punktauflösung < 10 μ und — zur Erleichterung der Fokussierung — feinkörnigere oder kornlose Leuchtschirme entsprechender Auflösung verwendet, kann die Auflösung des Gerätes grundsätzlich auf 1,5 mμ gesteigert werden.

Die Kammer für photographische Aufnahmen läßt sich nach Rückziehen der Klinke *28* vom Gerät lösen und wird in der Dunkelkammer beschickt. Sie nimmt 16 Platten vom Format 6,5 × 9 cm² auf. Die Platten sind nicht in Einzelkassetten, sondern nur in offene Führungsbleche eingelegt. Die unbelichteten Platten *29* liegen im oberen Raum der Kammer. Durch eine einfache Schubbewegung eines Handgriffs *30* wird jeweils die unterste der unbelichteten Platten in die Expositionsstellung *26* gebracht und durch Hochklappen des Leuchtschirmes belichtet.

Danach wird sie durch Rückziehen des Handgriffs in den unteren Raum der Kammer transportiert.

Abb. 2 zeigt die Gesamtansicht des Gerätes. Alle für den Betrieb notwendigen Zusatzeinrichtungen sind in das Tischstativ eingebaut: links eine einfache Hochspannungsquelle, die in unserem Institut von H. Everding (4) entwickelt wurde, und rechts die Bedienungselemente und die Vakuumpumpe. Wir verwenden nur eine zweistufige, rotierende Ölpumpe. Zur Erhöhung der Pumpgeschwindigkeit — vor allem nach dem Einlegen von Photoplatten — wurden bisher die kondensierbaren Dämpfe in einer mit flüssiger Luft gekühlten Falle ausgefroren. Bei vernünftiger Dimensionierung der Drosselbohrung zwischen Gasentladungsrohr und Objekt erhält man auf diese Weise im Abbildungsraum den für die bisher erreichte Auflösung von 9 mμ ausreichenden Druck von etwa $1 \cdot 10^{-3}$ Torr. Ergänzende Messungen zeigten inzwischen, daß man auf das Ausfrieren mit flüssiger Luft verzichten kann, wenn man statt dessen ein Gefäß mit Phosphorpentoxyd in die Vakuumleitung einbringt.

Den Herren H. Schliebe und H. Pätzold, die das Gerät konstruierten, sowie Herrn H. Büttner danken wir für ihre Mitarbeit.

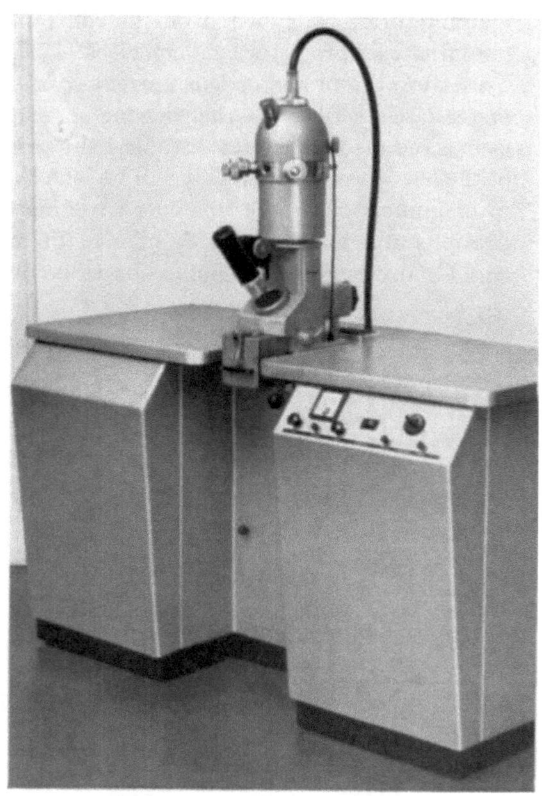

Abb. 2. Gesamtansicht des Gerätes

Literatur

1. Induni, G.: Helv. phys. Acta **20**, 463 (1947).
2. Ewald, H.: Z. Naturforsch. **5 a,** 230 (1950).
3. Fowler, R. D.: Rev. scient. Instrum. **6,** 26 (1935).
4. Everding, H.: Dieser Band, S. 160.

An improved operating method for the Siemens Elmiskop I

G. A. Meek

Department of Human Anatomy, University of Oxford

For the biologist examining thin sections, it is very convenient for an electron microscope to have a magnification control adjustable in fine steps throughout its working range, so that an entire cell or organelle can be made completely to fill the photographic plate. The most valuable working range of direct magnification is between about 1000 × and 50,000 ×, followed by 3 × photographic enlargement.

The Siemens Elmiskop I is provided by the manufacturers with 5 lenses, but with only 4 independent stabilised power supplies to energise them. Fine stepwise magnification adjustment can readily be obtained if the intermediate lens is energised from the power pack normally intended for the upper element of the fine focus double condenser, K1. Provision for this is made by the manufacturers by a switch on the control desk. The most useful setting at 60 kV accelerating potential uses projector lens polepiece II. Easily reproducible magnification settings are obtained by setting the projector lens current so that the image diameter coincides with the 9.5 cm diameter circle scribed on the viewing screen. The intermediate lens is set to crossover with the coarse and medium controls. Table 1 shows the values of plate magnification at each coarse setting of the lens current control. It will be seen that the resistors provided do not give an even increase in magnification as the lens current is increased, the values being too far apart at low magnifications and too crowded at high magnifications. However, use of the medium control knob enables any required magnification to be obtained.

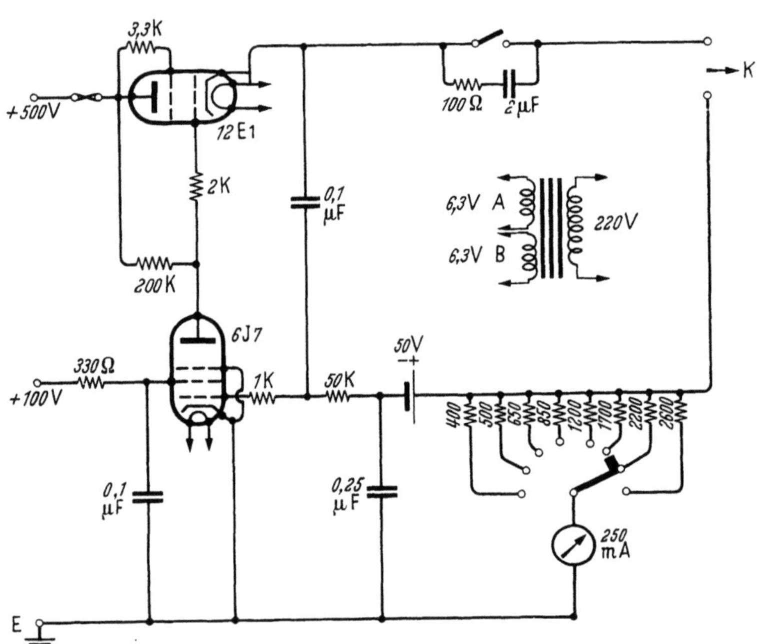

Fig. 1. Stabiliser for Siemens K1 lens

Table 1. *Elmiskop I plate magnification at 60 kV.* Projector II polepiece set to give 9.5 cm image on screen

Intermediate lens coarse setting	Plate magnification
1	3660
2	1850
3	crossover
4	2770
5	6000
6	9600
7	13500
8	17600
9	22100
10	26500
11	30800
12	35000
13	38400
14	42500
15	45200
16	47000
17	48400

If the instrument is operated in this way, all the advantages of the double condenser — high illumination with reduced specimen heating and contamination — are lost. When it is desired to use the double condenser, magnification can only be altered clumsily by switching the intermediate lens in series with the objective, giving a 8 × increase; by changing and re-centring the projector pole-piece, or by altering the projector lens current, the small range of which rotates the image drastically.

The only solution, suggested by Dr. MICHAEL WATSON, is to energise the K1 lens with a separate power pack. The Siemens primary lens stabiliser (geregeltes Netzgerät) is capable of an output of 1.3 A at 500 V with four lenses at full current, but at normal settings the total output is only about 700 mA. Thus, a fifth stabiliser using the partially stabilised 500 V supply, feeding the K1 lens at about 50 mA, cannot overload the primary stabiliser. Accordingly, a circuit was made up following closely that of the Siemens K1 stabiliser (Fig. 1). A British Mazda 12 E1 valve is used as the series control in place of the two F2A valves in parallel used by Siemens; an international type 6J7 is used in place of the VF14 amplifier valve. Both heaters are supplied from a small transformer, and a 50 V dry battery supplies the reference potential. The unit is built into a box mounted beside the microscope operating desk (Fig. 2). The 100 V and 500 V supplies are brought from the cabinet by means of two of the spare wires; the mains supply is taken from one of the sockets provided on the desk.

This stabiliser will energise the K1 lens at up to 200 mA; the most satisfactory setting is 55 mA, at which the reduced cathode image can be projected on to the specimen with a minimum diameter of about 5 μ. Condenser focussing is done with the medium control on K2.

This apparatus has been in use for about 18 months, during which time both it and the microscope circuits have been entirely free from breakdown.

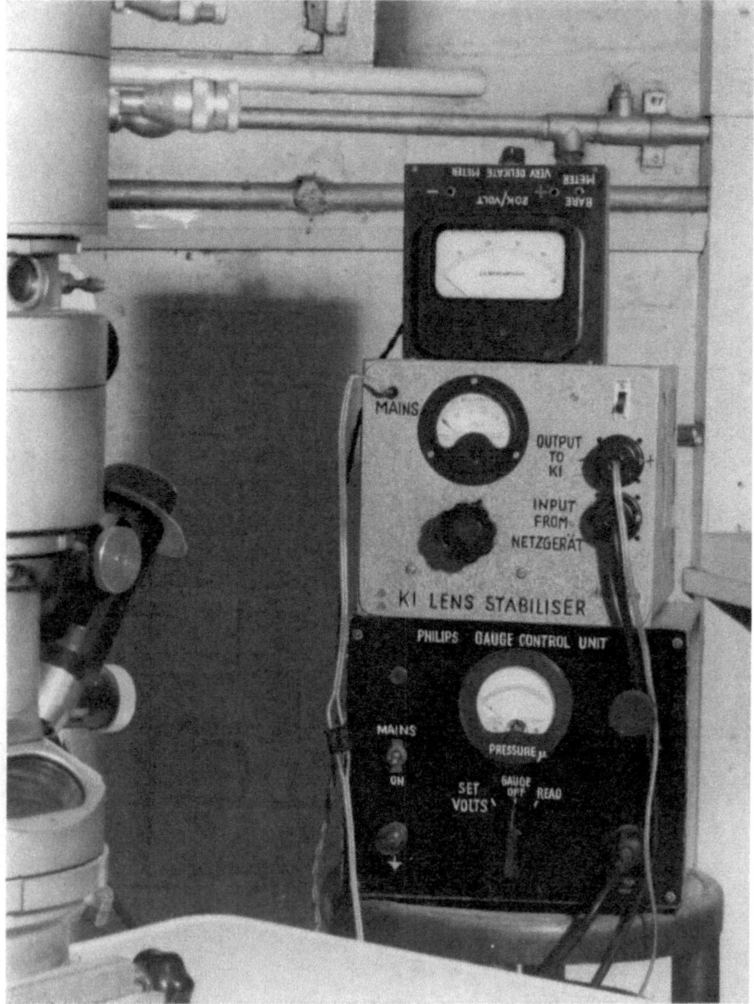

Fig. 2. General view of the stabiliser unit

Über eine neue Einrichtung zur Feinstrahlbeugung

W. D. Riecke

Institut für Elektronenmikroskopie am Fritz-Haber-Institut der Max-Planck-Gesellschaft, Berlin-Dahlem

Die Herstellung von Beugungsdiagrammen kleiner ausgewählter Präparatbereiche durch Ausblendung im ersten Zwischenbild und vergrößerte Abbildung der hinteren Objektivbrennebene ist ohne größere Fehler im Hinblick auf die Übereinstimmung von abgebildetem und beugendem Bereich nur bis zu einem Bereichsdurchmesser von etwa 1 μ herab möglich. Diese Grenze rührt vom Öffnungsfehler der Objektivlinse her und ist daher bei rotationssymmetrischen Linsen prinzipiell nicht zu unterschreiten (1). Wir haben deshalb die Möglichkeit untersucht, mit Hilfe der Feinstrahlbeleuchtung zur Herstellung von Beugungsdiagrammen noch kleinerer, ausgewählter Bereiche von durchstrahlten Objekten zu gelangen. Die experimentellen Arbeiten wurden dabei auf einer elektronenoptischen Bank ausgeführt (2).

Bisher sind alle Versuche gescheitert, bei Benutzung eines rein elektromagnetischen Vergrößerungssystems von der Abbildung des mit dem Feinstrahl beleuchteten Präparatbereichs zur Aufnahme seines Beugungsdiagramms einfach durch Ausschalten der abbildenden Linsen und Herausziehen der den Beugungskegel einengenden Polschuhe und Blenden überzugehen, und zwar aus folgenden Gründen: Die Linsen des Abbildungssystems erzeugen in eingeschaltetem Zustand außerhalb der Mikroskopröhre ein magnetisches Streufeld, und dieses Streufeld greift auch in

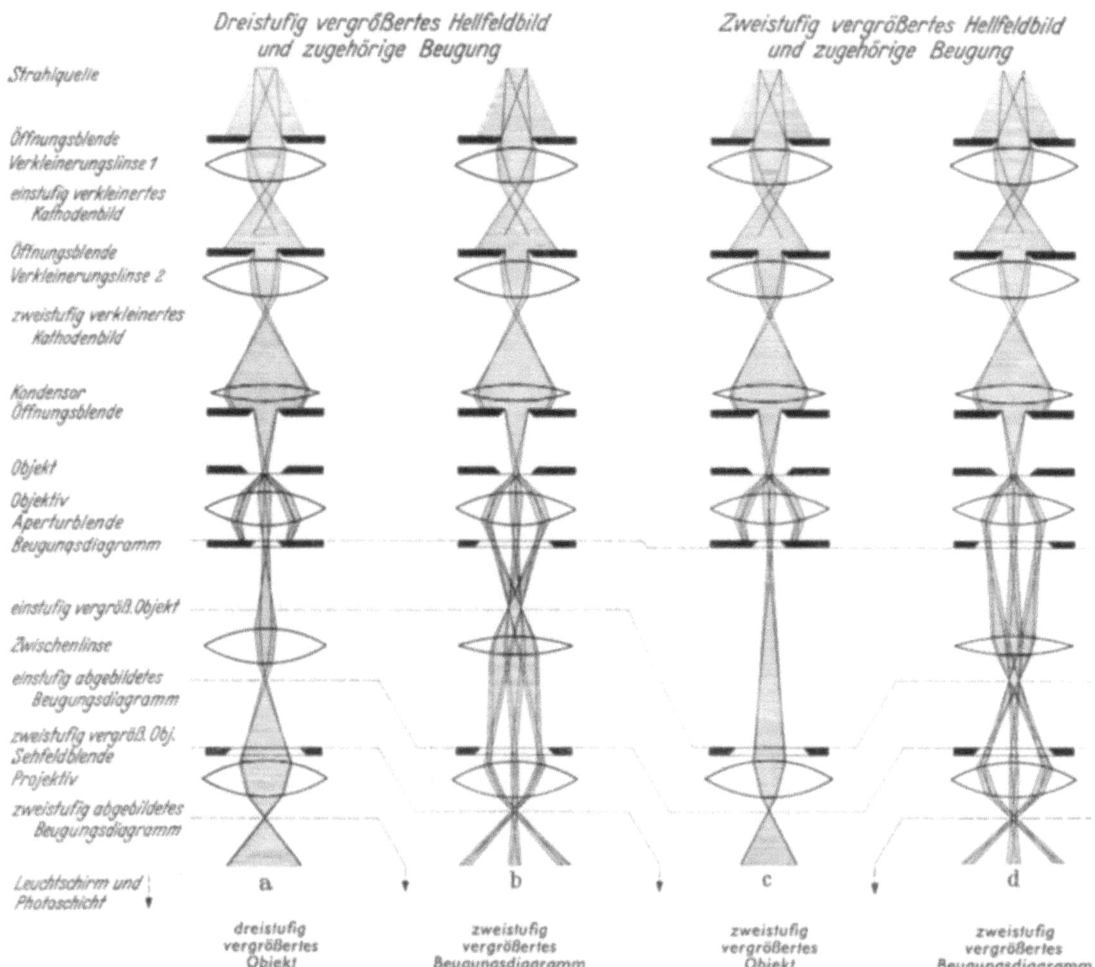

Abb. 1a—d. Strahlengänge bei der Herstellung von Beugungsdiagrammen kleiner ausgewählter Objektbereiche mit Hilfe der Feinstrahlbeleuchtung

den Raum zwischen Strahlquelle und Präparat ein. Es lenkt mit seiner zur Geräteachse transversalen Komponente den beleuchteten Strahl ab. Beim Ausschalten der Abbildungslinsen wird diese Ablenkung rückgängig gemacht, was eine Verschiebung des Auftreffpunkts des Feinstrahles von der bei mikroskopischer Abbildung beobachteten Stelle zur Folge hat. Da diese Verschiebung einige hundertstel Millimeter betragen kann, der Durchmesser des beleuchteten Fleckes dagegen nur von der Größenordnung 1 μ ist, kann man das Beugungsdiagramm keinem bestimmten Präparatteil zuordnen. Entsprechenden Schwierigkeiten begegnet man, wenn man das Beugungsdiagramm durch Abbildung der hinteren Objektivbrennebene mittels Zwischenlinse und Projektiv zu erhalten versucht und dabei die Erregung der Zwischenlinse verändern muß.

Wir entschlossen uns infolgedessen, eine elektrostatische Zwischenlinse zu verwenden, um das Beugungsdiagramm durch Abbildung der hinteren Objektivbrennebene in die Projektivgegenstandsebene auf den Endbildschirm zu projizieren. Da elektrostatische Linsen keine magnetischen Streufelder haben, ist dann die Veränderung der Zwischenlinsenbrennweite beim Übergang von der Abbildung zur Beugung ohne Rückwirkung auf den beleuchtenden Strahl möglich. Zur vergrößerten Abbildung des Präparates wurden wahlweise zwei oder drei Vergrößerungsstufen benutzt (Abb. 1a bzw. 1c). Das Beugungsdiagramm erhielten wir, wie bereits erwähnt, durch vergrößerte Abbildung der hinteren Objektivbrennebene mittels Zwischenlinse und Projektiv (Abb. 1b bzw. 1d). Das Bestrahlungssystem bestand aus zwei kurzbrennweitigen Linsen, die

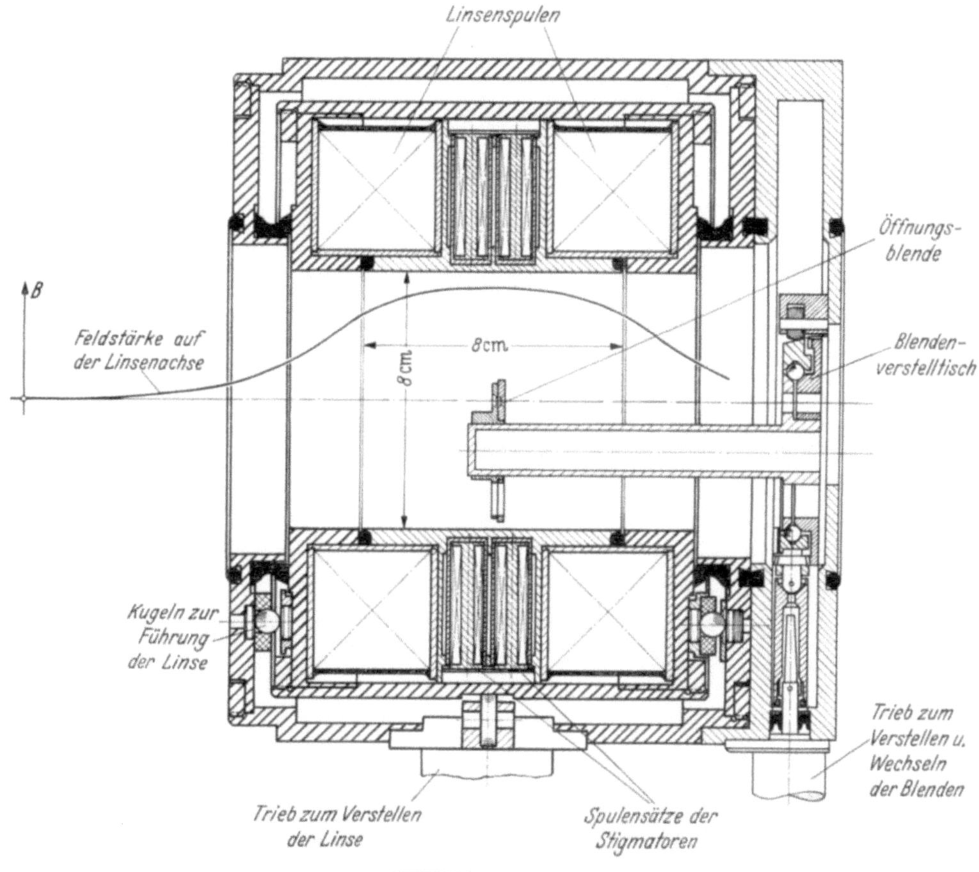

Abb. 2. Langbrennweitige starke elektromagnetische Linse kleinen Öffnungsfehlers mit elektromagnetischen Stigmatoren zur Kompensation des zwei- und dreizähligen axialen Astigmatismus

eine zweistufig etwa 1000fach verkleinerte Abbildung des vor der Kathode liegenden engsten Strahlquerschnittes erzeugten, und dieses etwa 0,1 μ große Bild wurde mit Hilfe einer langbrennweitigen Kondensorlinse zweifach vergrößert in die Präparatebene übertragen.

Objektiv- und Projektivlinse waren kurzbrennweitige elektromagnetische Polschuhlinsen üblicher Bauweise. Das Objektiv war mit einem magnetomechanischen Stigmator und mit einer Aperturblende versehen, die während des Betriebes justiert oder ganz aus dem Strahl herausgenommen werden konnte. Mit Hilfe der Polschuhwechselvorrichtung des Projektivs konnte die Gesamtvergrößerung ohne Belüftung der Apparatur in vier groben Stufen verändert werden. Bei der zweistufigen Abbildung des Präparats ergaben sich dabei die festen Vergrößerungsstufen 20000, 10000, 5000 und 2500, mit denen wir meistens gearbeitet haben. Die Mittelelektrodenspannung der als Zwischenlinse benutzten elektrostatischen Linse wurde von einer besonderen Hochspannungsanlage geliefert. Die Spannungshöhe konnte kontinuierlich verändert und hierdurch die Zwischenlinsenbrechkraft eingestellt werden.

Besondere Überlegungen waren für die Konstruktion der elektromagnetischen Kondensorlinse erforderlich. Sie sollte eine schwach vergrößerte Abbildung der stark verkleinerten Strahlquelle von etwa 0.1 μ Durchmesser in die Präparatebene ermöglichen, wobei wir zur Vermeidung eines Helligkeitsverlustes die bei normaler Beleuchtung übliche Bestrahlungshalbapertur von $\alpha = 1\text{—}2 \cdot 10^{-3}$ rad anwenden wollten. Der Durchmesser des Öffnungsfehlerscheibchens mußte daher deutlich kleiner sein als der geometrisch-optische Durchmesser des bestrahlten Bereiches. Nimmt man für letzteren 2000 Å an und als Durchmesser des Kreises kleinster Verwirrung ein

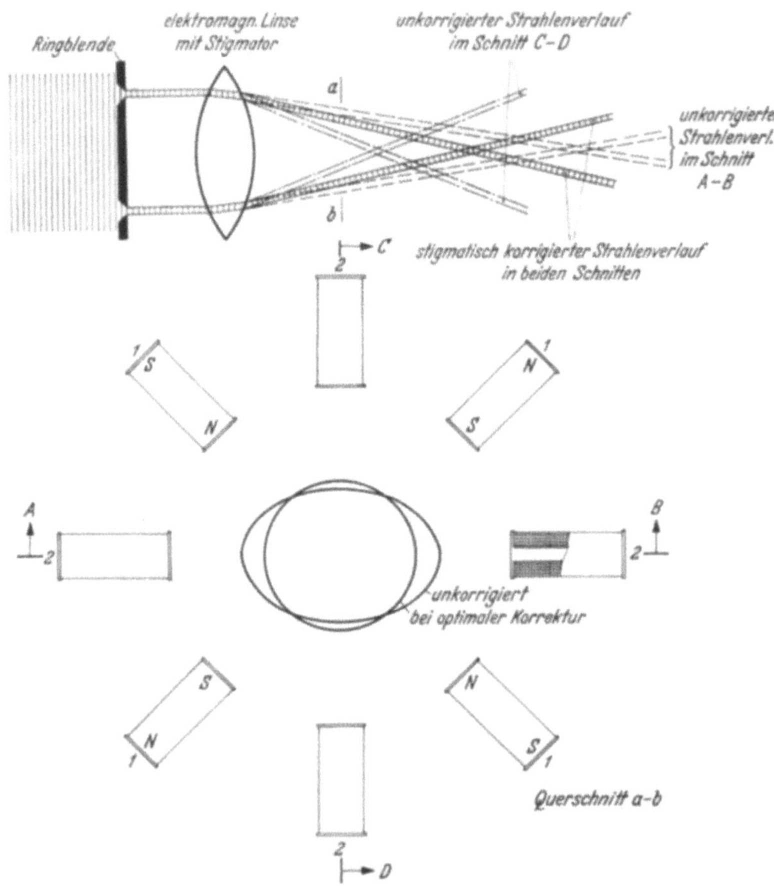

Abb. 3a u. b. Aufbau und Wirkungsweise elektromagnetischer Stigmatoren zur Korrektur des axialen Astigmatismus von Elektronenlinsen. Querschnitt a—b eines durch eine Ringblende in eine zweizählige unrunde Linse achsenparallel einfallenden Strahles. Die Ströme in den Spulensystemen 1 und 2 werden unabhängig voneinander eingestellt. a) für zweizähligen Astigmatismus

Zehntel davon, d. h. $2\,\delta = 200$ Å, so ergibt sich für die bildseitige Öffnungsfehlerkonstante $C_S = 4\,\delta/\alpha^3 = 5000$ mm und für die gegenstandsseitige Konstante bei unendlich hoher Vergrößerung $C_{\delta\,\infty} = C_S/(1 + M)^4 = 63$ mm, wobei $M = 2$ die geometrisch-optische Vergrößerung bei der Abbildung durch den Kondensor bedeutet. Hierbei sollte die Linse mit einer Brennweite von etwa 70 mm arbeiten. Wir schätzten die erforderlichen Linsendimensionen ab, wobei wir für den Verlauf der Feldstärke auf der Linsenachse als Näherung die von Glaser (3) angegebene Glockenkurve $B = B_0/(1 + (z/a)^2]$ annahmen.

Die auf Grund der hieraus gewonnenen Daten gebaute Linse (Abb. 2) mit je 80 mm Bohrungsdurchmesser und Spaltweite zeigt zwar einen von der Glockenkurve stark abweichenden Verlauf der Achsenfeldstärke, jedoch einen Öffnungsfehler der erwarteten Größe. Im Linsenspalt haben wir in zwei hintereinander liegenden Ebenen elektromagnetische Stigmatoren zur Korrektur des zwei- und dreizähligen axialen Astigmatismus angeordnet, deren Aufbau und Wirkungsweise in den Abb. 3a und 3b schematisch dargestellt sind. Da die Stigmatoren im Luftspalt der Linse, also in ihrem Magnetfeld liegen, sind die radial angeordneten Spulen ohne Eisenkern ausgeführt. Der äußere Streufluß wird durch die eiserne Spulenkapselung kurzgeschlossen. Amplitude und Richtung der Ströme in den jeweils mit *1* und *2* bezeichneten Spulensystemen werden unabhängig voneinander eingestellt. Zum Einbau des Stigmators zur Korrektur des dreizähligen axialen Astigmatismus entschlossen wir uns, weil wir bei der Messung des Koeffizienten der dreizähligen Unrundheit bei einer Reihe von langbrennweitigen elektromagnetischen Linsen häufig Werte

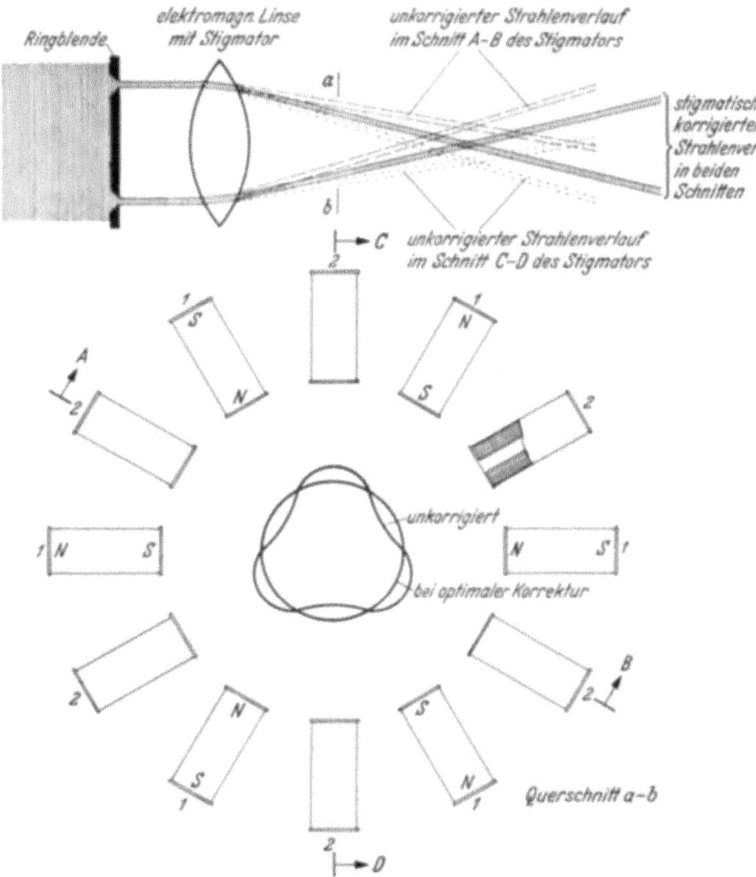

Abb. 3b. Für dreizähligen Astigmatismus

der Größenordnung 100 mm gefunden hatten (*4*). Der Radius des Öffnungsfehlerscheibchens bei rein dreizähliger Unrundheit $\delta = C_3 \alpha^2$ wäre mit diesem Wert und $\alpha = 2 \cdot 10^{-3}$ $\delta = 0,4\,\mu$, und dies hätte die Verkleinerung des bestrahlten Bereiches auf die Größenordnung $0,1\,\mu$ unmöglich gemacht. Der Verlauf der Korrektur wird in der Abbildung eines Kaustikquerschnittes verfolgt (Abb. 4). Die Kondensorlinse konnte durch Verschiebung des ganzen Linsengehäuses in zwei Koordinaten senkrecht zum Strahl justiert werden.

Während der Versuche zur Erzielung einer Feinstrahlbeleuchtung stellte es sich heraus, daß die quer zum Rohr verlaufende Komponente des von den elektrischen Anlagen des Hauses hervorgerufenen magnetischen Wechselfeldes (Feldstärke 2 mOe) eine Oscillation des beleuchtenden Strahles um mehrere μ verursacht. Bei dem Versuch, diesen Effekt zu beseitigen, haben wir die Mikroskopröhre mit einem hochpermeablen Schirm aus Mumetall umgeben, wodurch zwar einige Unbequemlichkeiten bei der Bedienung der mechanischen Verstellungen in Kauf genommen werden müssen, die äußeren Störfelder aber wirksam abgeschirmt werden. Allerdings beobachten wir immer noch eine leichte Oscillation des Strahles, die offenbar von einem Störfeld hervorgerufen wird, das von der mit Wechselstrom geheizten Kathode des Strahlsystems herrührt. Vermutlich ist die Wirkung besonders stark, weil die Störfeldquelle innerhalb der Abschirmung liegt. Die restliche Oscillation des beleuchtenden Fleckes beträgt etwa 1 μ (Abb. 5a) und wird sich wahrscheinlich durch Gleichstrombeheizung der Kathode beseitigen lassen. Hierüber wird später an anderer Stelle berichtet werden.

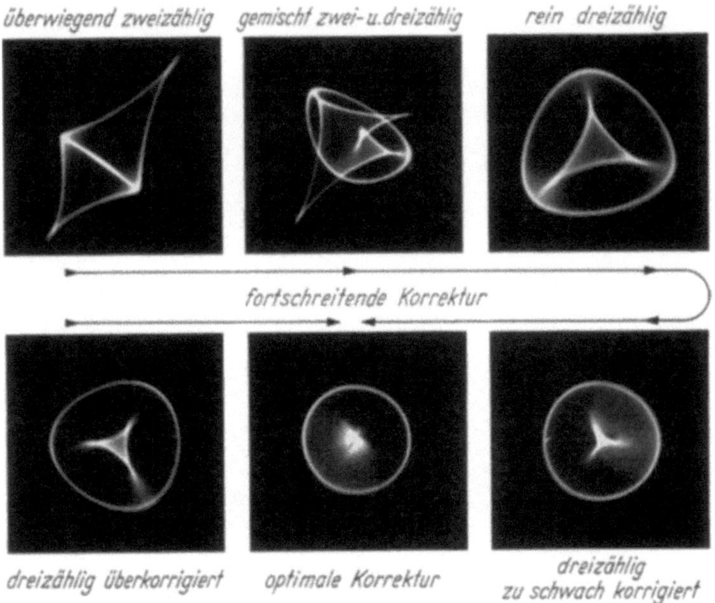

Abb. 4. Beurteilung des Korrekturzustandes bei der Kompensation des axialen Astigmatismus zweiter und dritter Ordnung an Hand der Abbildung von Kaustikquerschnitten

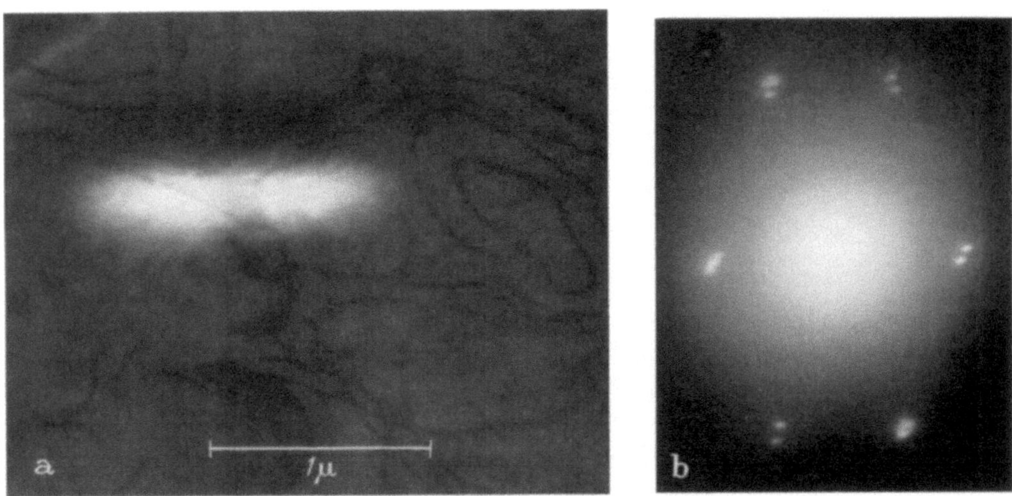

Abb. 5a u. b. Abbildung und Elektronenbeugungsdiagramm eines kleinen Bereiches einer Al_2O_3-Folie bei Feinstrahlbeleuchtung. Die schwache Abbildung eines größeren Präparatgebietes um den Feinstrahl herum wurde nach Defokussieren des Kondensors und längerer Belichtung erhalten

Literatur

1. Riecke, W. D.: Vortrag 6. Tagung der Deutschen Gesellschaft für Elektronenmikroskopie, Münster 1955, s. a. Physik. Verh. **6,** 20 (1955).
2. Ruska, E.: C. R. du colloque du C.N.R.S., Toulouse, April 1955, S. 253.
3. Glaser, W.: Grundlagen der Elektronenoptik. Wien: Springer-Verlag, 1952.
4. Riecke, W. D., u. P. Schiske: Veröffentlichung demnächst.

9. Reflexions- und Emissionsmikroskopie

The examination of single crystals by reflection electron microscopy

J. S. HALLIDAY and R. C. NEWMAN

Research Laboratory, Associated Electrical Industries, Aldermaston Court, Aldermaston, Berkshire (England)

1. Introduction. The crystallographic structure, and hence the chemical composition of surfaces, is readily found by reflection electron diffraction, but the distribution of surface constituents and the fraction of the surface which contributes to the diffraction pattern cannot be determined by this means. The possibility of obtaining this information from reflection electron micrographs was first suggested by HAINE and HIRST (1) who observed bright spots in some images which were attributed to electrons diffracted through the objective aperture by suitable oriented crystallites. In such circumstances, the total angle of deviation of the electrons β must be twice the Bragg angle for a particular set of planes in the crystallites. Since β is only dependent upon the interplanar spacing d, and the electron wavelength λ, it should be possible to determine the distribution of each surface constituent by examining the specimen at various values of β. If these effects are to be obtained with single crystals or oriented microcrystalline films, the specimen must be oriented so that normal to the diffracting planes is co-planar with and bisects the angle between the incident electron beam and the electron optical axis of the microscope.

In addition, since the image is formed with elastically scattered electrons, the resolution should be considerably better than in normal reflection micrographs.

The present experiments were therefore carried out to assess the value of the technique for the examination of solid surfaces.

2. Results. Single-crystal germanium samples with surfaces cut to within 1° of the (100) lattice plane were ground on 600 grade Carborundum paper and then lightly etched (2). The specimens gave rise to high-contrast electron diffraction patterns consisting of spots and Kikuchi lines, indicating a high degree of crystal perfection. Each specimen was then mounted on a special reflection holder designed by HAINE and WADDELL, which fitted into a modified M-V EM3 electron microscope (1). After aligning the instrument, the condenser lens supply was switched off to give approximately parallel illumination, and the specimen was pushed forward into the beam. The specimen tilt α, which could be measured directly to within 1 min of arc, was then adjusted until the face of the specimen was parallel to the electron optic axis ($\alpha = 0$). The gun tilt β, which could be measured by a dial gauge to an absolute accuracy of 0.05 degrees and a relative accuracy of 0.02 agrees, was then increased to a value of 2 θ (400), where θ (400) was the calculated value of the Bragg angle for the germanium (400) reflection; the operating voltage was assumed to be 50 kV. α was then increased until at a particular setting of approximately θ (400) a bright circular region appeared in the image (Fig. 1). This may be compared with the same region of the surface photographed under identical conditions except for a slight change in α (Fig. 2). Similar effects were found when α and β were doubled and trebled, corresponding to the (800) and (1200) reflections respectively.

The bright region moved relative to the imaged surface when the objective aperture was translated laterally, indicating that its width W_1 was limited by the size of the objective aperture W_2 which was 50 μ (the width of the illuminated area on the surface was calculated to be 1100 μ). W_1 was about 100 μ, from which it was deduced that the average electron penetration into the specimen was only about 15 Å; for large depths of penetration, W_1 would equal W_2. From the range of specimen tilts $\alpha \pm \Delta \alpha$, for which the bright region remained visible in the area under observation, the diameter of the diffracting asperities parallel to the electron beam could be calculated. Such values agreed remarkably well with direct measurements taken from micrographs of higher magnification; a typical value was about 400 Å.

Some specimens were etched for a very short period and examined in a prototype EM6 microscope (3) at even higher magnification. Fig. 3 shows a germanium surface where many of the diffracting asperities are less than 100 Å across. The resolution was also deduced to be better than 80 Å, as pairs of regions were resolved in distances of about 150 Å.

Some silicon specimens with polycrystalline iron deposits on their surface were also examined. The iron was found to be in the form of discrete particles about 2000 Å across and distributed at random sites on the surface.

3. Conclusions. The experiments have proved quite conclusively that it is possible to detect diffraction effects from solid surfaces examined in the reflection electron microscope, and that

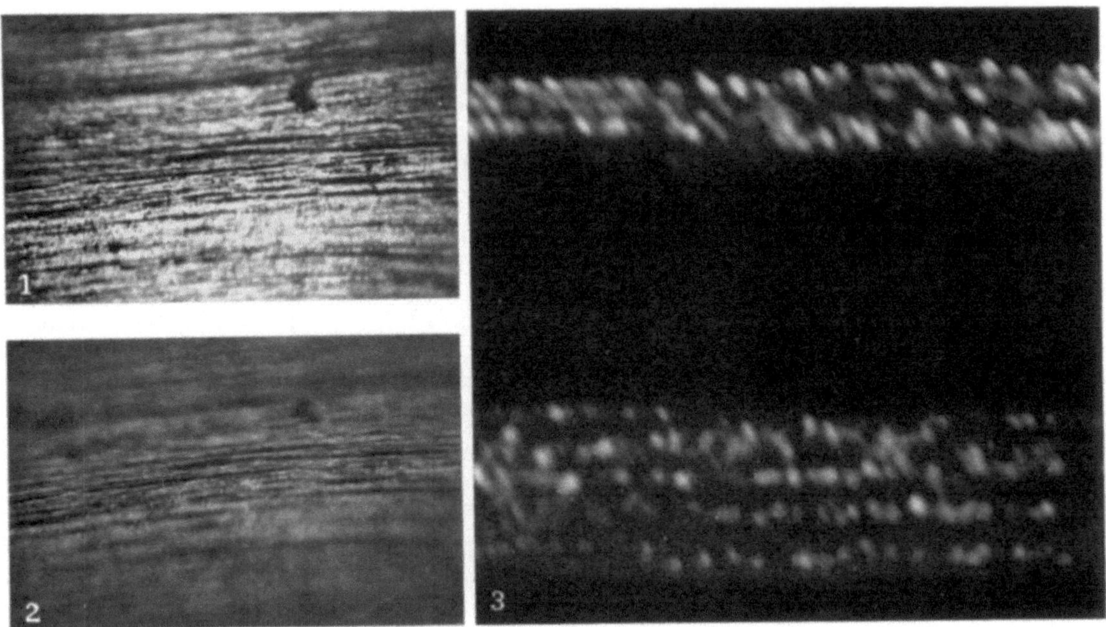

Fig. 1. β and α set to observe electrons diffracted through 2θ (400), $M_\perp = 580$
Fig. 2. Same area as in Fig. 1 but α reduced by 0.37 degrees, $M_\perp = 580$
Fig. 3. β and α set to observe electrons diffracted through 2θ (400), $M_\perp = 100.000$

deductions concerning the size of asperities and surface particles are thereby possible. The results indicate in a striking way that excellent diffraction patterns can be ontained from specimens where only a small proportion of the surface is contributing to the pattern.

The resolution obtained was superior to that normally found in reflection microscopy, presumably due to a reduction in chromatic aberration, but it did not appear to be as good as that obtainable in transmission microscopy. It is quite possible that very small asperities were present but were not observed due to the high background intensity of inelastically scattered electrons produced in reflection experiments. This would lead to a lower contrast than is obtained in a comparable transmission experiment.

Finally, it should be stated that some difficulty was caused by the build up of carbon contamination on the specimen surface, particulary when small features were observed at high magnification. In principle, it should be possible to eliminate this effect by incorporating a stage heater in the microscope.

The authors wish to thank Dr. T. E. Allibone, F. R. S., Director of the Research Laboratory, Associated Electrical Industries, for permission to publish this paper.

References

1. Haine, M. E., and W. Hirst: Brit. J. appl. Physics **4**, 239 (1953).
2. Wynne, R. H., and C. Goldberg: J. Metals **5**, 436 (1953).
3. Haine, M. E., and R. S. Page: Proc. First European Conference on Electron Microscopy. p. 32. Stockholm, September 1956.

Microscopie électronique à émission secondaire et microscopie électronique par réflexion: développements récents

Charles Fert, Ferdinand Pradal, Robert Saporte et René Simon
Laboratoire d'Optique Electronique de Toulouse

Nous désirons évoquer deux méthodes d'observation directe de la surface des échantillons épais: la microscopie électronique à émission et la microscopie électronique par réflexion.

Nous avons étudié divers problèmes concernant la *microscopie électronique à émission*, l'émission étant produite par bombardement ionique de la cathode. Le montage que nous avons utilisé, différent des montages antérieurs, sera brièvement décrit. Puis nous présenterons quelques résultats en insistant plus particulièrement sur les problèmes physiques qui interviennent dans la formation de l'image par cette méthode.

Au cours des congrès antérieurs, nous avons montré les possibilités de la *microscopie électronique par réflexion*. Nous n'y reviendrons ici que pour exposer les résultats récents concernant l'influence des angles d'éclairement et d'observation sur l'intensité et la dispersion des vitesses des électrons «réfléchis», donc sur l'éclairement et la résolution des images.

I. Microscopie électronique par réflexion. Au cours des dernières années, il a été montré que la microscopie électronique par réflexion était possible en utilisant des valeurs de l'angle d'observation θ_2 beaucoup plus grandes que celles qui avaient été proposées par B. von Borries[1], et cela sans perte de résolution. Lorsque nous avons présenté les premières photographies prises avec $\theta_2 = 25°$ et $40°$, il a paru étonnant que la limite de résolution soit la même que pour θ_2 de l'ordre de quelques degrés.

Pour interpréter ce résultat, Mm. Pradal et Saporte (*1*) ont étudié la dispersion des vitesses des électrons diffusés par un échantillon métallique, en utilisant un spectrographe magnétique (*4*). Nous examinerons les résultats obtenus, en nous limitant au

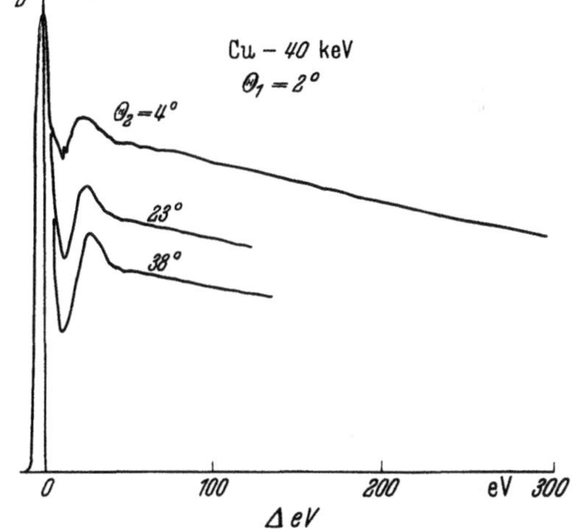

Fig. 1. Dispersion des vitesses des électrons diffusés; influence de l'angle d'observation

cas des échantillons préparés pour la microscopie électronique par réflexion. Nous écarterons, en particulier, le cas d'échantillons *rayés*, qui donnent des spectres de pseudo-transmission (*1*).

1. *Dispersion des vitesses des électrons diffusés et pouvoir de résolution du microscope électronique par réflexion pour différentes valeurs de l'angle d'observation.* Fig. 1 montre les spectres de vitesses obtenus pour $\theta_2 = 2°$, lorsque θ_2 est égal, successivement, à $4°$, $23°$ et $38°$. Les intensités ont été rapportées à celle du maximum correspondant aux électrons diffusés sans perte d'énergie.

L'aspect du spectre reste sensiblement le même dans tous les cas. Tous les spectres présentent un «fossé» pour une énergie de l'ordre de 11 V, et un maximum au voisinage de 25 V.

Mais il est remarquable de noter que l'intensité *relative* des électrons quasi élastiques est plus grande lorsque θ_2 augmente, si θ_1 reste de l'ordre de quelques degrés.

Ce sont là les conditions dans lesquelles nous avons montré que le pouvoir de résolution, en microscopie électronique par réflexion, était sensiblement indépendant de θ_2. Le résultat obtenu par spectrographie des vitesses montre que cela est tout à fait normal.

Fig. 2 montre l'influence de la différence de potentiel accélératrice: dans les limites où les expériences ont été faites, le spectre dépend relativement peu de la tension. Cependant, rappelons

---

[1] Rappelons que les premiers essais de microscopie électronique, dus à Ruska, utilisaient une valeur de θ_2 voisine de $90°$. Cependant, dans l'état de la technique au moment où ces premiers essais ont été faits, le pouvoir de résolution n'était pas bon.

qu'une élevation de tension augmente l'eclairement des images, puisque la brillance du canon
à électrons augmente.

2. *Intensité diffusée, éclairement des images et contraste.* L'intensité diffusée, pour θ_1, donné,
dépend de la nature du métal et de l'angle d'observation θ_2. La Fig. 2 représente les résultats
obtenus pour différents métaux usuels.

a) L'intensité diffusée diminue très vite lorsque θ_2 augmente à partir d'une valeur pour laquelle
cette intensité est maximum: l'éclairement des images sera faible dans l'observation sous grand
angle, particulièrement au delà de 20°.

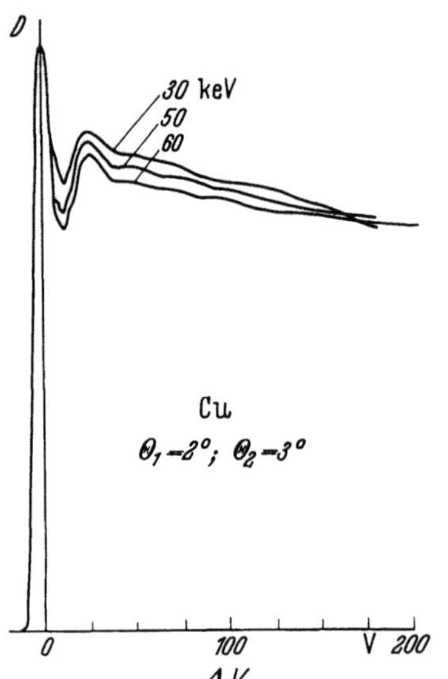

Fig. 2. Dispersion des vitesses des électrons diffusés;
influence de l'énergie des électrons incidents   Fig. 3. Variation de l'intensité diffusée avec l'angle
d'observation, pour différents métaux

b) L'intensité diffusée dépend de la nature du métal. Cependant cette variation de l'intensité
diffusée avec le métal est relativement peu importante. *En microscopie électronique par réflexion,
le contraste dû a la microgéométrie de la surface, et à l'éclairage rasant, sera prépondérant*[1].

Les caractéristiques précédentes de la microscopie électronique par réflexion (limite de résolution indépendante de θ_2, faible éclairement des images à grand angle, et contraste de relief)
étaient déjà connus. Les résultats précédents les confirment à partir de mesures directes sur
l'intensité et la dispersion des vitesses des électrons diffusés.

Par ailleurs, la diffusion des électrons rapides par un échantillon est un phénomène très complexe, se prêtant difficilement à une analyse physique.

II. Microscopie électronique à émission. 1. *Montage expérimental:* la figure 4 montre une coupe
de la zone de l'objet et de l'objectif du microscope électronique à émission qui a servi à cette étude.
La cathode plane, qui est l'objet à examiner, est disposée face à l'anode, plane, percée d'un petit
trou axial. La distance anode — cathode Δ est de quelques millimètres, la différence de potentiel
appliquée étant de 20 à 40 kV.

L'émission est provoquée par bombardement ionique; le canon à ions, d'un type simple[2], est
disposé latéralement; il est alimenté par de l'argon.

Les électrons secondaires émis par la cathode sont accélérés par le champ électrique *uniforme*
qui règne entre cathode et anode, et traverse le trou d'anode. Ce dernier joue le rôle d'une lentille
divergente. Dans ces conditions, le faisceau, après le trou d'anode, semble provenir d'une image
virtuelle de la cathode, située au dessus de la cathode, à la distance $\Delta/_3$, et de grandissement 2/3.

---

[1] Ceci ne concerne pas, évidemment, le cas de la formation de l'image avec un spot de diffraction, parce que
$\theta_1 + \theta_2$ est petit. Voir à ce sujet la communication présentée à ce congrès par J. St. Halliday et R. C. New-
mann.

[2] Un nouveau modèle est actuellement en cours d'étude.

Une lentille magnétique reprend cette image et la rejette à l'infini. Un diaphragme centrable limite l'ouverture du faisceau électronique. Il est disposé dans le plan où se forme l'image du crossover, c'est-à-dire au foyer image de tout le système optique allant de la cathode au diaphragme.

2. *Rôle du diaphragme.* Les électrons secondaires quittent la cathode sous un angle α_0, compris entre 0 et 90°, et avec l'énergie φ_0 électronvolts.

Après la traversée du trou d'anode, la pente α_1 de la trajectoire qui a quitté le point axial objet sous l'angle α_0 et l'énergie φ_0 est donnée par la relation des sinus[1]

$$\sin\alpha_0 \, \sqrt{\varphi_0} = \tfrac{2}{3}\,\alpha_1 \sqrt{\Phi} \tag{1}$$

(Φ: tension d'accélération; $\Phi \gg \varphi_0$; $\alpha_1 \ll \alpha_c$).

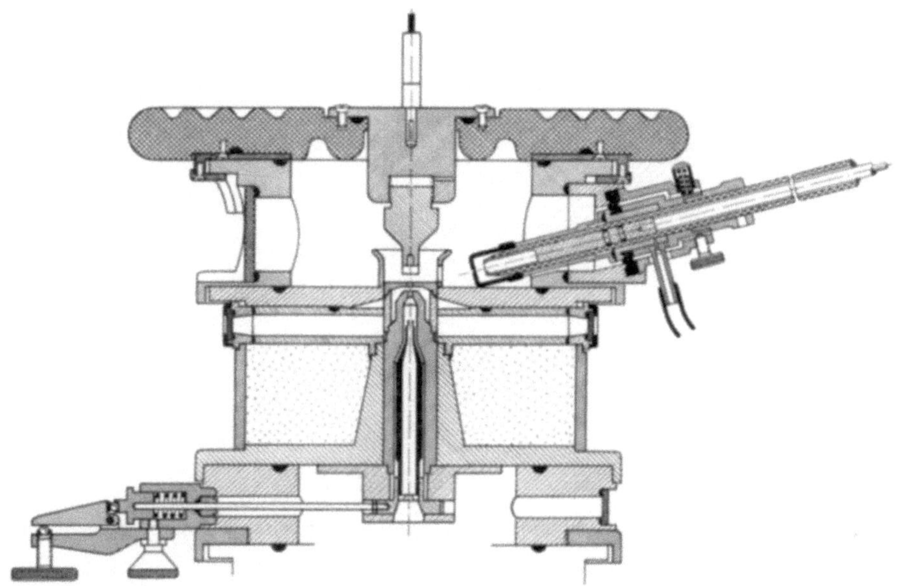

Fig. 4. Microscope électronique à émission: coupe de la zone de l'object et de l'objectif

Si α_1 dépasse la valeur $\alpha_{1M} = r/a$ définie par le diaphragme d'objectif (r, rayon du diaphragme; a, distance de la lentille magnétique, assimilable à une lentille mince, à l'image virtuelle de la cathode définie ci-dessus) l'électron est arrêté par le diaphragme.

On voit alors que:

a) pour les électrons d'énergie $\varphi_0 > \tfrac{4}{9}\,\alpha_{1M}^2\Phi$, la relation (*1*) avec $\alpha_1 = \alpha_{1M}$ définit un angle α_{0M}: tous les électrons quittant la cathode avec l'énergie φ_0, sous un angle $\alpha_0 > \alpha_{0M}$ sont arrêtés par le diaphragme. Celui-ci joue bien le rôle d'un diaphragme d'ouverture, mais α_{0M} dépend de l'énergie φ_0 de l'électron secondaire. α_{0M} est d'autant plus grand que φ_0 est plus petit.

b) pour les électrons d'énergie $\varphi_0 < \tfrac{4}{9}\,\alpha_{1M}^2\Phi$, il résulte de la relation (1) qu'aucun électron n'est arrêté par le diaphragme.

3. *Première application: pouvoir séparateur du microscope électronique à émission en présence d'un diaphragme:* A partir de ce qui précède, il devient facile de calculer le pouvoir séparateur du microscope électronique à émission que nous venons de décrire.

On montre aisément que le pouvoir séparateur est de l'ordre de

$$\varepsilon_g = 0{,}5\,\Delta\,\alpha_{1M}^2 = 0{,}5\,\Delta\,r^2/a^2. \tag{2}$$

Il est indépendant de la dispersion des vitesses des électrons émis par la cathode, ainsi que du champ qui règne sur la cathode.

---

[1] Cette relation est valable pour un champ uniforme, c'est-à-dire pour l'espace d'accélération. Par la suite la pente de la trajectoire est petite, et cette relation se ramène à celle de LAGRANGE-HELMHOLTZ. Pour plus de détails, voir (*3*).

Donnons un exemple numérique: pour $\Delta = 4$ mm, $\alpha_{1M} = 2.10^{-3}$, on obtient $\varepsilon_g = 80$ Å. Le pouvoir séparateur expérimental est de 250 Å, sans qu'un gros effort ait été nécessaire pour atteindre cette valeur (2, 3).

4. *Deuxième application: Dispersion des vitesses des électrons transmis:* Le diaphragme arrête tous les électrons émis par la cathode sous un angle α_{0M} supérieur à la valeur définie par (1), dès que leur énergie dépasse la valeur critique $\varphi_0 = \frac{4}{9}\,\alpha_{1M}{}^2\Phi \cdot$ L'efficacité de ce filtrage augmente très rapidement à partir de φ_{01}. L'étude directe du spectre de vitesse des électrons transmis avec et sans diaphragme vérifie cette théorie (5).

L'analyse précédente, faite pour un montage se prêtant bien au calcul, reste valable dans d'autres cas. Elle montre que, si on désire connaître la dispersion des vitesses des électrons émis par une cathode, il faut éviter l'effet de filtre du système électro-optique, sinon le spectre obtenu

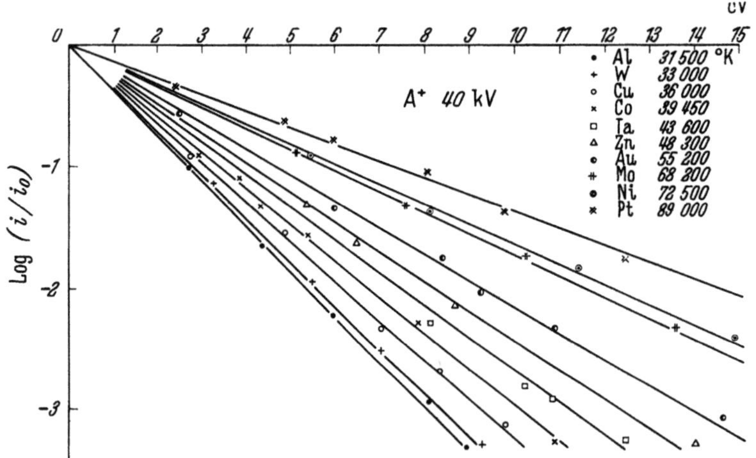

Fig. 5. Dispersion des vitesses des électrons secondaires extraits par bombardement ionique

est caractéristique du montage électro-optique et non de l'émission proprement dite; par exemple, avec le montage précédent, en présence d'un diaphragme, on obtient un spectre étroit à peu près indépendant de la nature de la cathode. Nous verrons, au contraire, que si on évite cet effet, le spectre d'émission vrai dépend de la nature de la cathode.

Le même phénomène intervient dans un canon à électrons à cathode froide tel qu'il est utilisé sur certains appareils (6). Il contribue certainement à rétrécir le spectre des vitesses des électrons transmis, et explique que ces sources d'électrons soient suffisamment monocinétiques pour leur emploi en microscopie électronique.

5. *Spectre de vitesses réel des électrons secondaires:* Il est intéressant d'examiner le spectre *réel* des électrons secondaires. Cela a été fait pour différents métaux, avec le spectrographe décrit dans (4). Soit $i = f(\varphi_0)$ la répartition des électrons secondaires en fonction de l'énergie. L'expérience montre que, en première approximation, on peut représenter cette répartition par une expression de la forme $i = i_0 e^{-\alpha\varphi_0}$, c'est-à-dire que la grandeur $y = \log i/i_0$ est une fonction linéaire de φ_0 (Fig. 5). En donnant à l'exposant $\alpha\,\varphi_0$ la forme classique qui intervient dans la formule de Boltzmann, soit $\alpha\,\varphi_0 = eV/kT$, on définit, à partir de la pente de la droite $y = -eV/k\cdot T$ une *température d'émission* T° K caractéristique de l'étalement du spectre pour le métal étudié.

Cette «*température*» varie beaucoup d'un métal à l'autre (Fig. 5). Dans le domaine étudié, de 35 à 45 keV, elle semble dépendre très peu de l'énergie des ions incidents.

Ce résultat montre bien que le spectre d'énergie des électrons secondaires dépend de la nature de la cathode, pour des ions incidents donnés. Une telle étude est susceptible d'apporter des renseignements sur le mécanisme d'émission des électrons secondaires.

6. *Le contraste des images en microscopie électronique à émission:* L'intérêt du microscope électronique à émission pour le métallographe est dû au fait que le contraste de l'image n'est pas seulement un contraste de relief, comme c'est le cas pour les techniques d'empreintes les plus

courantes et aussi, en grande partie, pour la microscopie électronique par réflexion. Au contraire, le contraste de l'image en microscopie électronique à émission dépend essentiellement du coefficient d'émission secondaire des différentes plages de l'échantillon, coefficient d'émission secondaire qui est lié à la structure des premières couches atomiques au voisinage de la surface (Fig. 6).

Les images obtenues en microscopie électronique à émission montrent que le coefficient d'émission secondaire varie dans de larges limites avec le métal, ou l'alliage. Par exemple, dans l'image d'une fonte blanche perlitique, les plages de cémentite paraissent noires, car en général les carbures métalliques ont un très faible coefficient d'émission secondaire.

L'exploitation des photographies obtenues en microscopie électronique à émission secondaire, sous bombardement ionique, serait plus complète si on connaissait bien les coefficients d'émission secondaire des métaux et des alliages. La mesure de ces coefficients est délicate, et la dispersion des résultats obtenus par différents auteurs le montre bien. En outre, cette mesure a été habituellement faite avec des ions d'énergie plus faible que celle qui

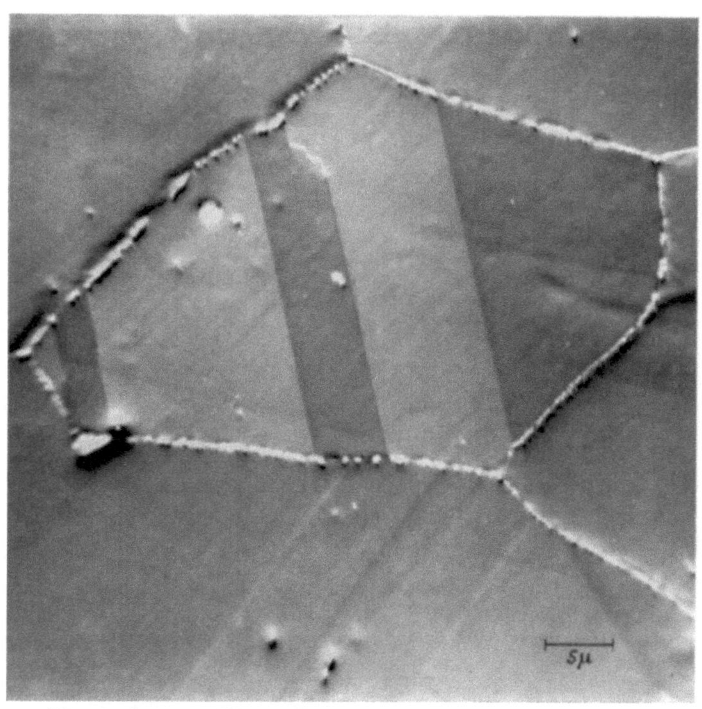

Fig. 6. Acier au Ni-Cr, observé en microscopie électronique par émission

est courante en microscopie électronique à émission. Nous espérons pouvoir donner prochainement des informations précises à ce sujet, dans les conditions de la microscopie électronique à émission.

Bibliographie

1. Pradal, F., et R. Saporte: C. R. Acad. Sci. (Paris) **246,** 2880 (1958).
2. Fert, Ch., et R. Simon: C. R. Acad. Sci. **243,** 1300 (1956).
3. — — C. R. Acad. Sci. (Paris) **244,** 1177 (1957).
4. — et F. Pradal: C. R. Acad. Sci. (Paris) **244,** 54 (1957).
5. Pradal, F., et R. Simon: C. R. Acad. Sci. (Paris) **244,** 2150 (1957).
6. Induni, G.: Helv. phys. Acta **20,** 463 (1947).

Über ein Elektronenmikroskop und ein Verfahren zur direkten Sichtbarmachung von isolierenden Oberflächen

G. Bartz

Firma Ernst Leitz, Opt. Werke, Wetzlar/Lahn

Es gibt heute eine ganze Reihe verschiedener Verfahren, eine Oberfläche elektronenoptisch sichtbar zu machen. Von diesen hat das Emissionsverfahren, bei dem das Objekt mit primären Elektronen beschossen wird, den Vorteil, daß die Objektbelastung relativ gering ist. Der Anwendungsbereich dieses Verfahrens ist sehr groß, da nicht nur elektronische Leiter, sondern fast alle in der Mikroskopie vorkommenden Objekte untersucht werden können.

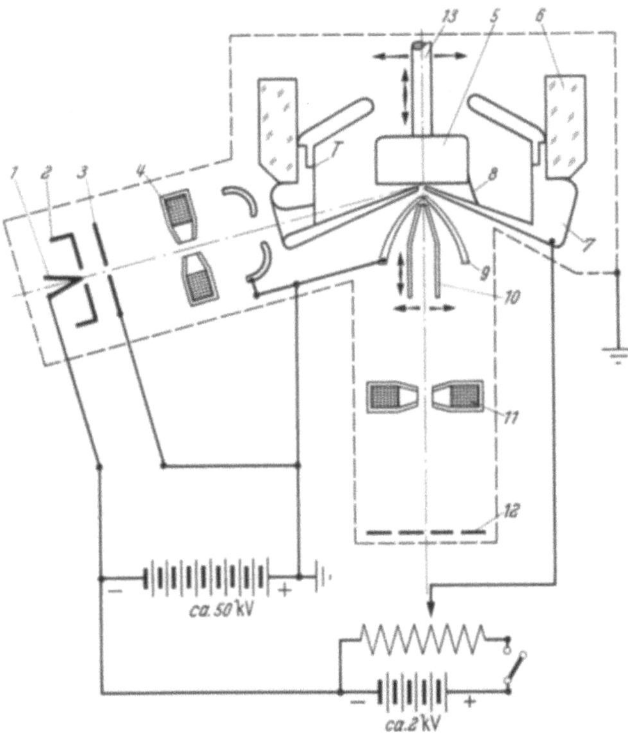

Abb. 1. Schematische Darstellung des Oberflächen-Emissions-
mikroskopes (Auslösung von Sekundärelektronen durch primären Elektronenbeschuß). *1* Kathode, *2* Wehneltzylinder,
3 Anodenblende, *4* Kondensor, *5* Objekt, *6* Isolator, *7* Käfig-
blende, *8* Kontaktfeder, *9* Beschleunigungsblende, *10* Aperturblende, *11* Projektiv, *12* Leuchtschirm, *13* Objekthalter

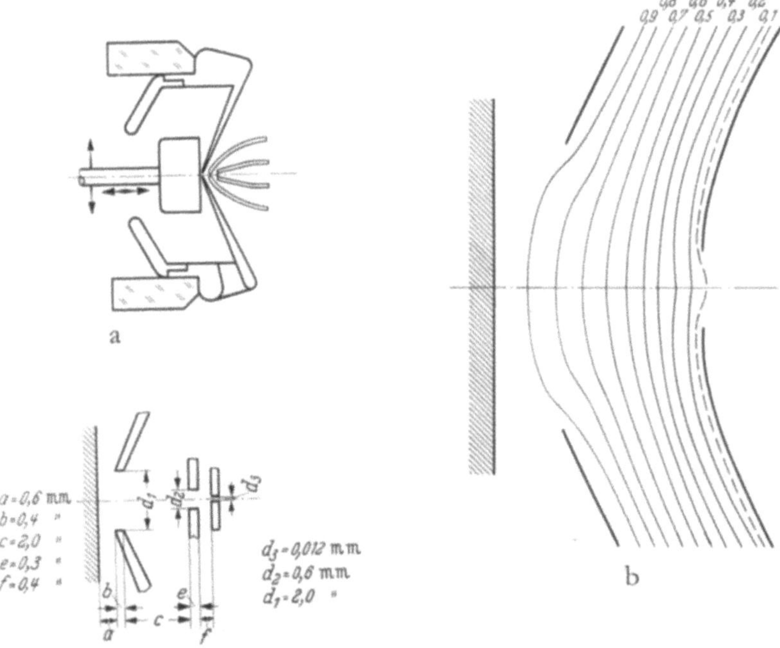

Abb. 2a u. b. a Immersionslinse mit mechanischer Scharfstellung. b Potentialfeld: im elektrolytischen Trog an einem maßstäblich vergrößerten Modell
gemessen. Die am Objekt angreifende elektrische Feldstärke ist um den
Faktor 0,75 geringer als ein entsprechend langes Plattenkondensatorfeld.
(Die gestrichelte Potentiallinie konnte nicht exakt gemessen werden)

Von G. Weissenberg (*1*) u. Mitarb.
wurde nach diesem Verfahren bei Metall-
schliffen zunächst ein Auflösungsvermögen von 4000 Å erreicht. Später
konnte dieses von W. Bay (*2*) bei Anwendung einer Aperturblende auf 1000 Å
verbessert werden. Im folgenden soll
über eine Untersuchung berichtet werden, die zum Ziel hatte, die Anwendbarkeit dieses Verfahrens auf nicht-
metallische Objekte zu erweitern und
das Auflösungsvermögen weiter zu
erhöhen.

In Abb. 1 ist das Oberflächen-
mikroskop, welches wir benutzen,
schematisch dargestellt. Als Beleuch-
tungseinrichtung dient eine justierbare
Elektronenkanone mit magnetischem
Kondensor. Das Objekt wird unter
einem Winkel von etwa 20° mit Elektronen beschossen und zur Emission
von Sekundärelektronen angeregt. Wir
sind von der üblichen Bauweise eines
elektrostatischen Immersionsobjektives
abgewichen. Die Zwischenelektrode
liegt hier auf gleichem Potential wie
das Objekt selbst. Sie ist als rotations-
symmetrischer Käfig ausgebildet und
umgibt das Objekt nach Art
eines Faradaykäfiges. Diese
Konstruktion hat den Vor-
teil, daß der beleuchtende
Strahl, der durch ein Loch
in den feldfreien Raum
des Käfigs eintritt, ohne
wesentliche Ablenkung auf
das Objekt gelangen kann.
Man kommt daher mit
relativ kleinen Primärspan-
nungen aus, da der Primär-
strahl nur noch in der
nächsten Umgebung des
Abbildungsortes von seiner
ursprünglichen Richtung
abgelenkt werden kann. Bei
einer Beschleunigungsspannung der Sekundärelek-
tronen von 40 kV genügt
eine Primärspannung von
etwa 2000 V. Man arbeitet
somit in einem Spannungs-
bereich, indem der Sekun-
däremissionsfaktor der mei-

sten Stoffe sein Maximum hat und gewinnt dadurch an Intensität.

Die Scharfstellung des Bildes erfolgt durch axiale Bewegung des Objektes. Die Objekte selbst können einen Durchmesser bis zu 30 mm besitzen, d. h. es können z. B. die in der Lichtmikroskopie üblichen Metallschliffe direkt verwendet werden.

Für das Auflösungsvermögen des elektrostatischen Immersionsobjektives ist bekanntlich die Feldstärke maßgebend, die an der Objektoberfläche angreift. Um diese zu bestimmen, wurde die Feldverteilung an einem maßstäblichen Modell im elektrolytischen Trog gemessen. (s. Abb. 2.) Wir haben gefunden, daß die Feldstärke an der Objektoberfläche in unserer Anordnung um einen

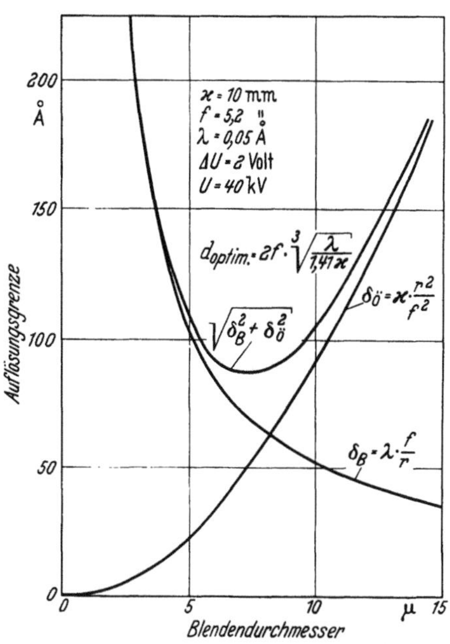

Abb. 3. Bestimmung des optimalen Blendendurchmessers nach H. BOERSCH. Das Optimum liegt bei 7 μ. δ_B Beugungsfehler, $\delta_{\ddot{o}}$ sphäro-chromatischer Fehler $e \cdot \Delta U$ wahrscheinliche Austrittsenergie, f Brennweite, $2r$ Blendendurchmesser, K Konstante des sphäro-chromatischen Fehlers

Abb. 4. Geätzter Schliff aus perlitischem Stahl nach 20 min Beobachtungszeit. Das Objekt befindet sich auf Zimmertemperatur. Belichtungszeit 1 sec

Faktor $g = 0{,}75$ geringer ist als die eines gleich langen und homogenen Feldes eines Plattenkondensators. Bei einer Beschleunigungsspannung der Sekundärelektronen von 40 kV und einer Brennweite von 5,2 mm wurde eine Feldstärke von 60 kV/cm ermittelt.

Im hinteren Brennpunkt dieser Immersionslinse liegt nach dem Vorschlag von H. Boersch (3) eine Feinblende. Die bekannten Näherungsrechnungen zur Bestimmung des optimalen Durchmessers dieser Aperturblende wurden auf den vorliegenden Fall für Sekundärelektronen übertragen.

Abb. 5. Fossile Diatomeen. Isolierende Teilchen oder ungleichmäßig bestäubte Stellen werden aufgeladen und können die Abbildung stören

Das Ergebnis einer solchen Rechnung zeigt Abb. 3. Als optimalen Blendendurchmesser fanden wir für unser Objektiv 7 μ. Übereinstimmend mit dieser Abschätzung haben unsere Versuche mit noch feineren Blenden mit einem Lochdurchmesser bis zu 1 μ bisher keine Verbesserung des Auflösungsvermögens gebracht.

Bekanntlich wird unter dem Einfluß der Elektronenbestrahlung (4) am Objekt eine Niederschlagsbildung von Kohlenstoff beobachtet. Diese Niederschläge können die Materialdifferenzierung des Elektronenbildes verschlechtern oder sogar unmöglich machen. In vielen Fällen kommt es jedoch nicht darauf an, ein Bild mit guter Materialdifferenzierung zu erhalten. Oft genügt, ähnlich wie bei jedem anderen Abdruck- oder Umhüllungsverfahren, die Darstellung des Oberflächenreliefs. Wir haben gefunden, daß bei einem Hochvakuum von etwa 10^{-5} Torr diese

Niederschlagsbildung zwar vorhanden, aber so gering ist, daß selbst bei längerer Beobachtungsdauer keine wesentlichen Einzelheiten des Oberflächenreliefs (durch „Zuschneien") im Bild ver-
lorengehen. Man kann daher in solchen Fällen auf eine zusätzliche Ionenätzeinrichtung oder
Objektheizung zur Vermeidung dieser Niederschläge verzichten.

Abb. 4 zeigt als Beispiel einen geätzten Metallschliff aus perlitischem Stahl. Das Objekt, das
sich auf Zimmertemperatur befand, wurde nach einer Bestrahlzeit von etwa 20 min aufgenommen. Die Auflösung in diesem Bild ist besser als 700 Å. (Es handelt sich bei diesem und den fol-

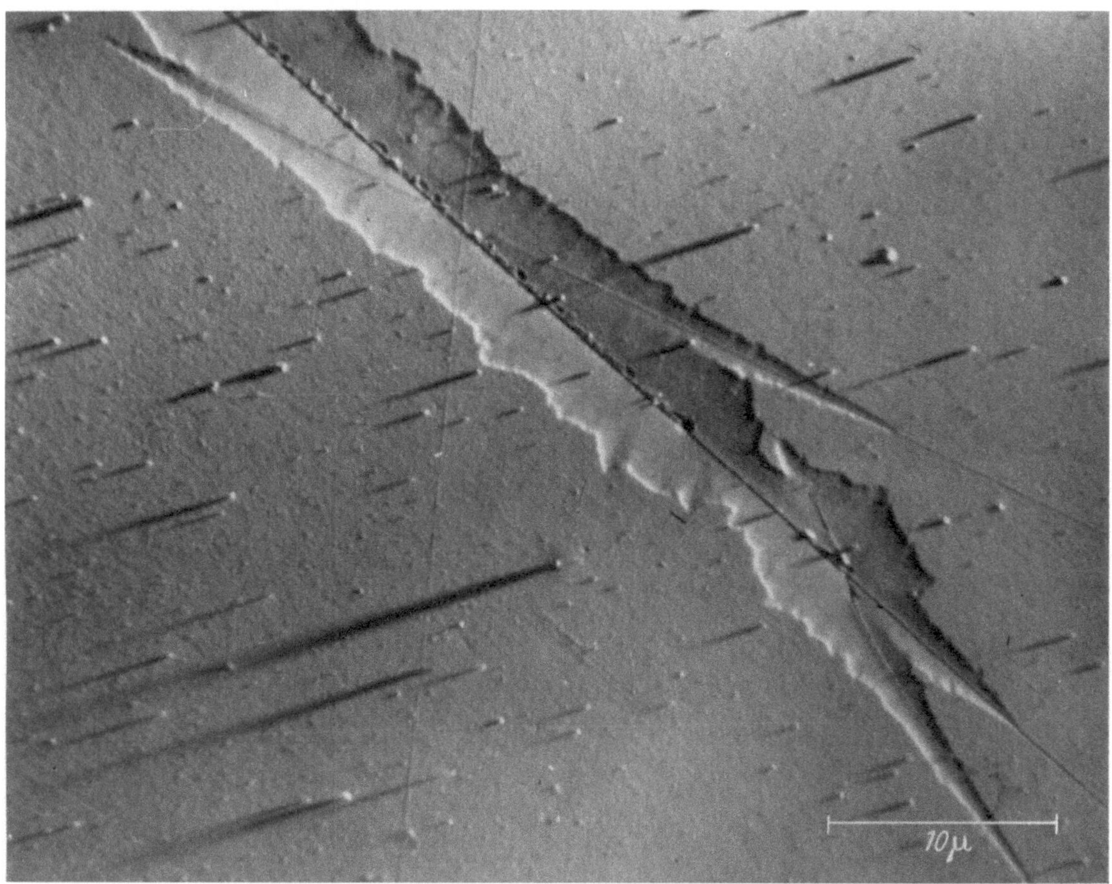

Abb. 6. Abbildung einer vergüteten Objektivlinse mit einem Korrosionsschaden, der durch Einwirkung von
tropischem Klima entstanden ist. Längs alter Schleifspuren ist die λ/4-Schicht herausgebrochen. Man sieht
auch feine, vom Poliervorgang herrührende Schleifspuren

genden Bildern um Innenaufnahmen mit der Leica, mit Agepefilm und Belichtungszeiten von
ungefähr 1 sec). Dieses Ergebnis ermutigte uns, das Verfahren auch auf nicht-metallische und
temperaturempfindliche Objekte anzuwenden.

Nicht alle vorkommenden Objekte haben eine so große Leitfähigkeit oder einen Sekundär-
emissionsfaktor $\eta = 1$, derart, daß eine Aufladung der Objektoberfläche vermieden wird. Wir
haben daher isolierende oder schlecht leitende Objekte mit einer dünnen leitenden Schicht versehen. Nach einem Kathodenzerstäubungsverfahren, wie es zur Herstellung von halbdurchlässigen
Spiegeln üblich ist, wurde Platin bei einem Vakuum von etwa 10^{-3} Torr und einer Entladungsspannung von 2000 V Gleichspannung bis zu Dicken von etwa 50—100 Å aufgestäubt. (Die
Schichten hatten also etwa 50—70% Lichtdurchlässigkeit.) Bei sorgfältiger Zerstäubung sind diese
Schichten so feinkörnig, daß sie in unseren Elektronenbildern noch keine Eigenstruktur zeigen.

Als Anwendungsbeispiel einer derartigen Technik ist in Abb. 5 eine fossile Diatomee gezeigt, die auf ein Glasplättchen aufgelegt wurde.

Man sieht auch isolierende Teilchen, die auf der Objektoberfläche aufliegen. Zum Teil werden diese durch den Primär-Elektronenstrahl aufgeladen und können dann die Abbildung in ihrer Umgebung empfindlich stören.

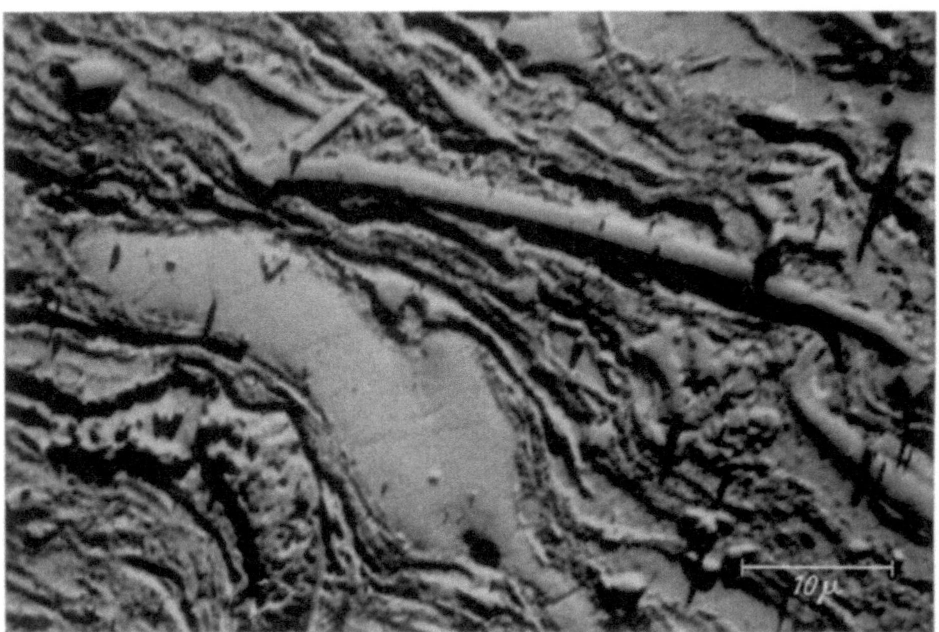

Abb. 7. Kohle-Anschliff (Kennelkohle). Die schlecht leitende Kohle wurde zusätzlich mit etwa 50 Å Platin bestäubt

Es gibt nun auch Objekte, wie z. B. Glas und Kohle, die bekanntlich lichtmikroskopisch nicht einfach untersucht werden können. Auch in solchen Fällen kann das beschriebene Abbildungsverfahren eindeutige und sofort auswertbare Aussagen liefern.

In Abb. 6 ist als Beispiel die Oberfläche einer vergüteten Objektivlinse abgebildet. Korrosionsschäden, die durch Einwirkung von tropischem Klima entstanden sind, können gut sichtbar gemacht werden. Längs eines alten Polierkratzers ist hier die Vergütungsschicht von der Dicke $\lambda/4$ herausgebrochen. Man sieht in diesem Bilde auch feine Rillen und Kratzer, die vom Poliervorgang herrühren und infolge des Schattenwurfes mit gutem Kontrast noch aufgelöst werden. Ebenso lassen sich Kohle-Anschliffe, die sich bekanntlich nicht sehr glatt polieren lassen, wegen der großen Tiefenschärfe des Verfahrens befriedigend abbilden (s. Abb. 7).

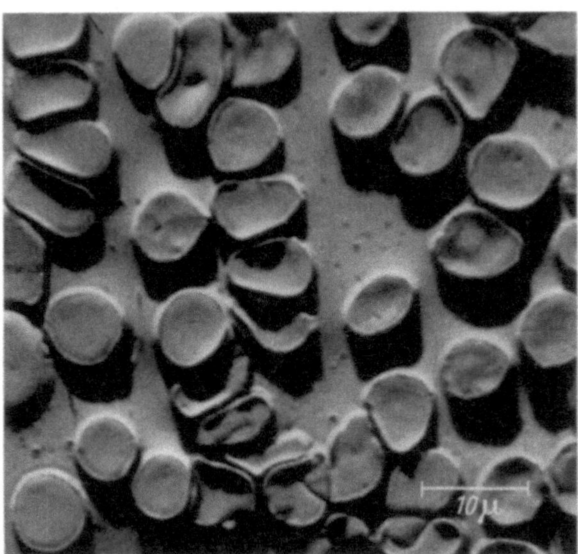

Abb. 8. Erythrocyten auf ein Glasplättchen aufgestrichen. Die charakteristische Biskuitform dieser Teilchen kann man deutlich erkennen

Weitere Oberflächenuntersuchungen wurden bisher durchgeführt an Gläsern bei verschiedenem Polier- und Ätzzustand, außerdem an Papierfasern und Einkristallspaltflächen.

Wegen der geringen Objektbelastung dieses Verfahrens ist es nun auch möglich, biologische Objektive zu untersuchen.

Als Beispiel für einen ersten Versuch in dieser Richtung sind in Abb. 8 Erythrocyten gezeigt, die auf eine Glasplatte aufgestrichen wurden. Die Biskuitform dieser Teilchen ist gut zu erkennen, und man bekommt infolge der Schlagschatten einen guten räumlichen Eindruck. Bemerkenswert ist die Tatsache, daß selbst bei längerer Beobachtungsdauer bisher keine Objektschäden (z. B. durch thermische Zersetzung) wahrgenommen werden konnten.

Die Anwendbarkeit des beschriebenen Verfahrens, für das hier nur wenige Beispiele gezeigt werden konnten, läßt sich natürlich noch beliebig erweitern. Allerdings konnte die zur Zeit optimal erzielbare Auflösung von 700 Å bis jetzt nur bei Metallen und Glasoberflächen nachgewiesen werden, während sie bei biologischen, insbesondere räumlich ausgedehnten Objekten etwas niedriger lag.

Literatur

1. Bartz, G., G. Weissenberg u. D. Wiskott: Radex Rdsch. 4/5, 163 (1956).
— — — Physik. Verh. 6, Folge 2, 19 (1955).
2. Bayh, W.: Z. Physik 180, 11 (1958).
3. Boersch, H.: Z. techn. Phys. 23, 129 (1942).
4. Möllenstedt, G., u. W. Hubig: Optik 11, 528 (1954).

Association d'un microscope à émission et d'un diffractographe à réflexion

R. Arnal

Laboratoire d'Electronique et de Radioélectricite de la Faculté des Sciences de Paris. Fontenay aux Roses/Seine

Nous avons construit un appareil qui permet l'observation simultanée d'une surface métallique par microscopie à émission et du diagramme de diffraction électronique par réflexion d'une partie du même objet. Le principe est le suivant (Fig. 1); les électrons du diffractographe tombant sur le spécimen massif donnent des électrons secondaires qui sont pris par l'optique d'un microscope à émission dont l'axe optique est situé à environ 90° de celui du diffractographe. L'intérêt de cet appareil est que chacun des appareils (microscope et diffracteur) apporte un complément à l'autre. Ainsi, si l'on regarde le microscope comme l'élément principal, le diffractographe apporte la connaissance de l'orientation des faces cristallines d'un spécimen polycristallin; il permet de connaître la cristallographie d'une transformation de phase qui peut être suivie d'une manière continue au microscope, enfin, la nature d'un précipité. Si l'on considère le diffracteur comme l'élément principal, le microscope à émission permet de régler son optique de manière que le spot sur le spécimen soit le plus petit possible et de localiser avec précision l'endroit où tombe le spot.

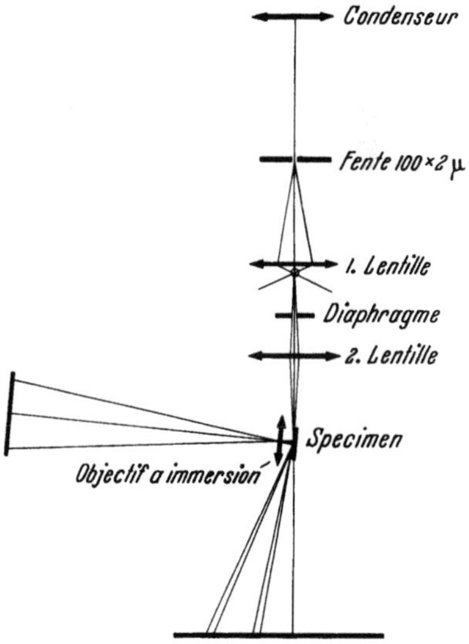

Par contre, cet appareil possède dans son principe quelques limitations; il ne peut s'appliquer qu'à des métaux dont la taille des cristaux est supérieure à un carré de 5 μ de côté, taille du spot que l'on peut raisonnablement espérer sur le spécimen; en effet, le spot est focalisé sur l'échantillon et non

Fig. 1

sur la plaque photographique si bien que la résolution de raies de diffraction serait mauvaise. D'autre part, on ne peut demander au microscope à émission les performances maximum qu'il peut atteindre car il est préférable, pour que le spot du diffractographe ne soit pas trop déformé par la traversée de l'objectif à immersion de s'en tenir à un objectif dont le champ électrique sur l'objet soit faible.

A notre avis, cet inconvénient est moins restrictif que le premier puisque cet appareil ne présente de l'intérêt que pour des spécimens ayant des cristaux de la taille du spot.

L'optique électrostatique du diffractographe est adaptée aux conditions de l'appareil; un canon, un condenseur, une fente de $100 \times 2\ \mu$, une lentille formant une image réduite de la fente dans un rapport 20 et une lentille reportant cette image sur le spécimen avec un grossissement 1. Cette dernière lentille a un diaphragme de $70\ \mu$ de manière que la taille du spot sur la plaque photographique située à 25 cm du spécimen soit de l'ordre du millimètre. Cette dimension devrait être largement inférieure si le diffracteur fonctionnait seul mais le spot est agrandi par la traversée, du faisceau à travers le champ inhomogène de l'objectif à immersion.

L'optique du microscope est un seul objectif à immersion du type décrit par SEPTIER; il donne un grossissement de 60 à 50 cm. La seule particularité est que l'objet est à la masse et toute la chambre portée à la haute tension positive. Le microscope à emission peut pivoter en entier

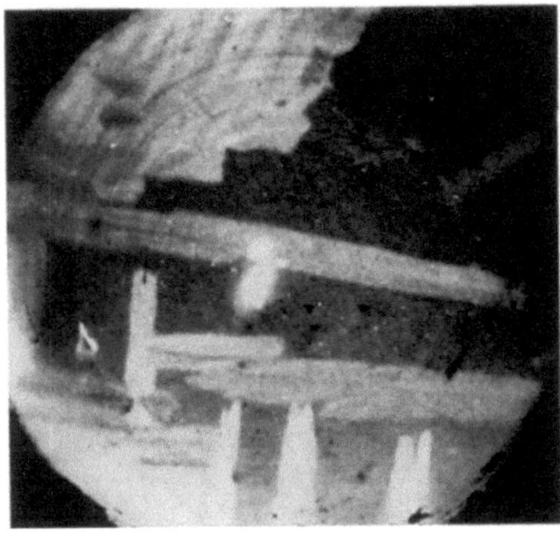

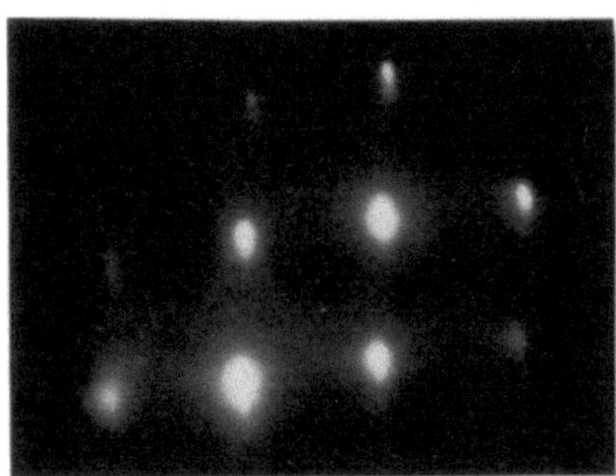

Fig. 2   Fig. 3

de manière à placer le spécimen sous l'angle le plus favorable à la diffraction tout en le maintenant perpendiculaire à l'axe optique du microscope à émission; ceci est réalisé par une sphère qui porte tout le microscope.

Bien que toute l'optique du diffractographe soit déplaçable par rapport au spécimen, il a été nécessaire de lui ajouter un déflecteur électrostatique de manière à obtenir un réglage fin du spot sur l'échantillon.

Les Fig. 2 et 3 montrent les premiers résultats; elles ont été prises simultanément. Dans celle du microscope à émission (titane vers 900°), le diamètre du cercle représente 8/10 de mm et le spot apparaît comme un carré de $40\ \mu$ environ.

La Fig. 3 représente le diagramme pris en même temps. En fait, il est probable que le spot est plus petit; en effet, la vitesse initiale des électrons secondaires est supérieure à celle des électrons de l'émission thermique et il en résulte une aberration plus grande agrandissant le spot. Nous pensons que ce défaut pourra être minimisé en plaçant un diaphragme de cross-over dans l'objectif à immersion.

Neuere emissionsmikroskopische Erfahrungen mit Ionen-, Elektronen- und UV-ausgelösten Elektronen

G. MÖLLENSTEDT

Lehrstuhl für Experimentelle und Angewandte Physik der Universität Tübingen

Wegen der vorgeschriebenen Kürze dieser Mitteilung soll hier nur über Tübinger Erfahrungen auf dem Gebiet der Elektronenemissions-Mikroskopie berichtet werden. Dabei handelt es sich vorwiegend um Untersuchungsergebnisse der Mitarbeiter W. BAYH, W. KOCH, K. H. GAUKLER und R. SPEIDEL sowie um erste Erfahrungen, die gemeinsam mit H. DÜKER, Max-Planck-Institut für Metallforschung, Stuttgart, mit dem neuen Emissionsmikroskop für metallkundliche

Anwendungen erzielt wurden. Die Untersuchungen sind noch im Gange, jedoch scheint es uns schon jetzt lohnend, einige Ergebnisse mitzuteilen und zur Diskussion zu stellen.

A. Bemerkungen zur Emissions-Mikroskopie mit ionenausgelösten Elektronen. Es sei zunächst daran erinnert, daß das Objekt Kathode eines elektrostatischen Immersionsobjektives ist und die Elektronenauslösung durch einen Kanalstrahl, bestehend aus neutralen und ionisierten Teilchen, erfolgt. Die allgemeinen physikalischen Grundlagen der Mikroskopie mit „Sekundär-

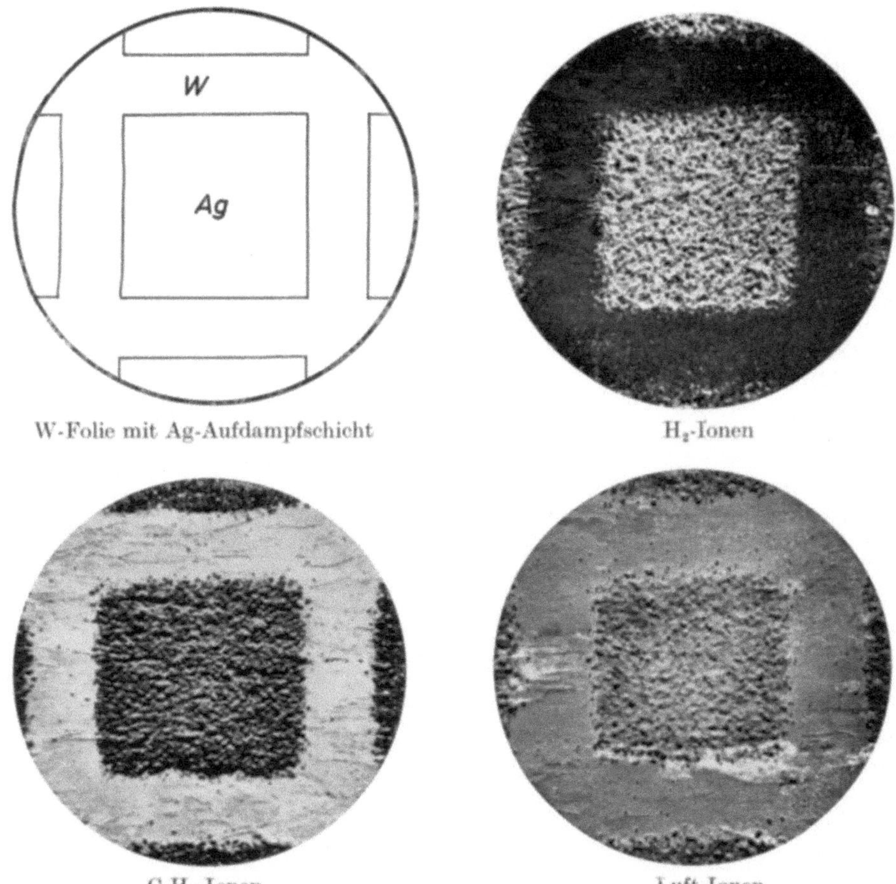

Abb. 1. Bildkontrast als Funktion der Ionenart

Elektronen" sind in den Arbeiten (*1—6*) eingehend behandelt. Es blieben jedoch einige Fragen offen, über die im folgenden berichtet werden soll:

1. Elektronenausbeute als Funktion der Ionenenergie: Das neue Elektronenemissions-Mikroskop für metallkundliche Anwendungen (*7*) ermöglichte es, die Gasentladung zur Erzeugung des Ionenstrahls mit einer gesonderten positiven Hochspannungsanlage der Fa. Carl Zeiss, Oberkochen (HA 60, positiv) zu betreiben. Wählt man eine Entladungsspannung von $+30\,\mathrm{kV}$ und eine Spannung von $-50\,\mathrm{kV}$ an der Kathode des Immersionsobjektives, so beträgt nunmehr die Ionenenergie beim Auftreffen auf das Objekt 80 keV gegenüber 20 keV bei der früheren Anordnung. Dadurch wird die Bildhelligkeit um den Faktor 4 gesteigert. Die Ursache liegt erstens in der besseren Bündelung des Ionenstrahls und zweitens in der Zunahme der Elektronenausbeute. H. C. BOURNE, R. W. CLOUDE und J. G. TRUMP (*8*) stellten fest, daß eine Steigerung der Ionenenergie von 20 keV auf 80 keV bei den meisten Ionen und Materialien eine Erhöhung der Elektronenausbeute um etwa den Faktor 2,5 bewirkt.

2. Die Abhängigkeit des Bildkontrastes von der Ionenart: Zu Beginn der Entwicklung der Emissionsmikroskopie wurde von uns die Meinung vertreten, daß das Emissionsbild von der Art

des Entladungsgases und somit von der Ionensorte unabhängig sei. Diese Behauptung müssen wir nach neueren Untersuchungen von K. H. Gaukler berichtigen.

Ein Beispiel für die Abhängigkeit des Kontrastes von der Ionenart ist in Abb. 1 gegeben. Die Stege sind mit Wolfram (W) und die Felder mit Silber (Ag)-Aufdampfschichten belegt. Ag emittiert bei Beschuß mit H_2-Ionen stärker als W. Bei Verwendung von Acetylen (C_2H_2) als Entladungsgas kehren sich die Emissionsverhältnisse um. Bei Luft als Entladungsgas erhält man einen wesentlich geringeren Kontrast als bei den zuvor angeführten Beispielen.

Für „Luftionen" sei schließlich eine Emissionsreihe für verschiedene Materialien angegeben. In dieser Reihe nimmt die Intensität von links nach rechts ab.

Be—Al—Zr—Fe—Pt—W—Ag—Cu

Das Verhältnis der Intensitäten von Be und Ag beträgt etwa 10.

3. Vermeidung von Kohlenwasserstoff-Niederschlägen durch erhöhte Objekttemperatur: Durch Einbettung der bei Ionenbeschuß sich bildenden Kohlenwasserstoff-Niederschläge in ein lichtoptisches Interferenzfilter konnte R. Spei-del (9) die Wachstumsgeschwindigkeit als Funktion von der Temperatur z. B. auf Silber bei Bestrahlung mit Lithium-Ionen messen. Die Abb. 2 zeigt, daß die Wachstumsgeschwindigkeit bei $+110°$ C gegen 0 geht.

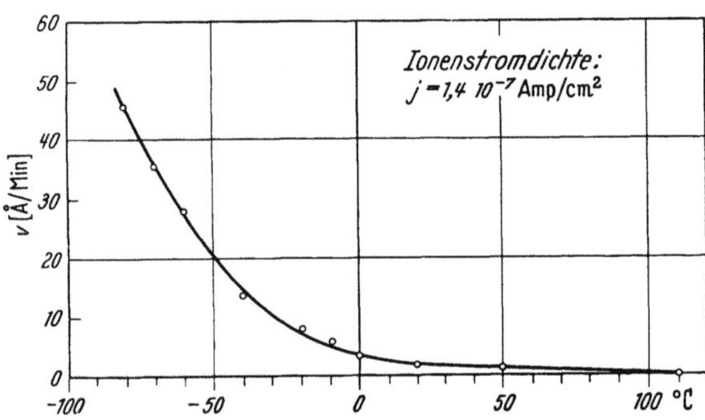

Abb. 2. Wachstumsgeschwindigkeit der Kohlen-wasserstoffschicht als Funktion von der Temperatur des Objekts

Auch die Reduzierung bzw. Beseitigung des Wachstums der Fremdschicht durch Einführung eines flüssig-luftgekühlten Zylinders in das Vakuum um das Objekt herum konnte auf diese Weise gemessen werden.

4. Der Einfluß der Objekttemperatur auf die Bildhelligkeit: Verwendet man bei Platinobjekten zur Elektronenauslösung als Entladungsgase N_2, H_2, Ar, CO, CO_2, SO_2, HCl, H_2O, C_2H_2, CH_4, C_2H_4, so läßt sich bei Temperaturen zwischen $110°$ C und $700°$ C keine Änderung der Bildhelligkeit feststellen. Läßt man Sauerstoff in das Entladungsrohr ein, so zeigt sich bis zu $300°$ C ebenfalls keine Änderung. Dagegen kann im Bereich zwischen $300°$ C und $650°$ C eine deutliche Abnahme des Emissionsvermögens beobachtet werden (etwa um den Faktor 1,5). Von besonderem Interesse ist hierbei, daß die Verdunklung des Bildes von der Ionendichte, also von der Zahl der angebotenen O_2-Ionen, abhängt. Erst oberhalb eines Entladungsstromes von 20 μA treten dunkle Bereiche auf. Diese Gebiete verminderter Elektronenemission entstehen an charakteristischen Stellen (z. B. an Korngrenzen) und breiten sich von hier aus über das gesamte Gesichtsfeld aus Eine Deutung dieses Phänomens steht noch aus.

Gleiche Erscheinungen konnten bei Iridium und Palladium festgestellt werden. Reduziert man bei diesen Versuchen den Entladungsstrom auf weniger als 20 μA, so tritt schlagartig wieder die größere Emission auf.

Auch ein Objekt aus Kupfer wird bei Beschuß mit O_2-Ionen dunkler, während Nickel eine Aufhellung zeigt. Jedoch bleibt bei den beiden zuletzt genannten Materialien die Emissionsänderung bestehen, wenn man den Ionenstrom reduziert. Offensichtlich handelt es sich hier um eine Oxydhaut.

5. Die Zerstäubungswirkung der verschiedenen Ionen-Arten. Es wurden auf die Oberfläche eines massiven Objektes verschiedene Materialien aufgedampft und bei konstantem Ionenstrom und gleicher Entladungsspannung die Abbauzeiten der dünnen Schichten gemessen. Die Abbauzeiten der einige 1000 Å dicken Schichten betragen z. B. bei Luft als Entladungsgas 4 min, bei H_2 15 min und bei C_2H_2 2—3 min. Dieser Befund steht mit Abbaumessungen von K. Thommen (10) in Übereinstimmung, da das Massenverhältnis der Stoßpartner für Wasserstoff am geringsten ist. Die Zerstäubungswirkung wurde bei einem Ionen-Einschußwinkel (Winkel zwischen Ober-

fläche und Ionenstrahl) von 20° gemessen. W. BAYH (*6*) machte bereits früher die Beobachtung, daß mit abnehmendem Winkel der Abbau größer wird.

6. Wiedergabe von Details der Oberfläche als Funktion vom Ionen-Einschußwinkel. Es zeigte sich, daß es zur deutlichen Sichtbarmachung von kleinsten Unebenheiten der Oberfläche zweckmäßig ist, den Ionen-Einschußwinkel möglichst klein zu wählen. Dagegen ist bei rauhen Oberflächen wegen der übergroßen Schattenlängen ein größerer Winkel zu empfehlen. Ein modernes Gerät sollte daher die Möglichkeit zur Variation des Ionen-Einschußwinkels bieten.

B. Emissions-Mikroskopie mit Sekundär-Elektronen (15 keV-Primär-Elektronen). Das für ionenausgelöste Elektronen gebaute Emissionsmikroskop wurde durch W. BAYH (*11*) so umgestaltet, daß anstelle der Ionenquelle eine Elektronenquelle tritt. Die Primärelektronen treffen die abzubildende Oberfläche mit 15 keV. Eine Auflösungsgrenze von 1000 Å konnte erreicht werden. Die bei einem Vakuum von 10^{-4} mm Hg aufgenommenen Bilder

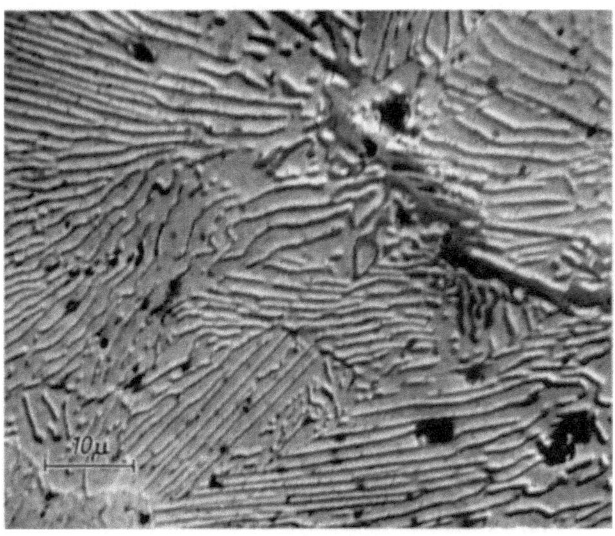

Abb. 3. Perlitischer Stahlschliff; 75 sec belichtet

stehen denen mit ionenausgelösten Elektronen in der Plastik nicht nach, jedoch erreichen sie hinsichtlich Auflösung und Materialdifferenzierung nicht deren volle Qualität. Die Ursache für

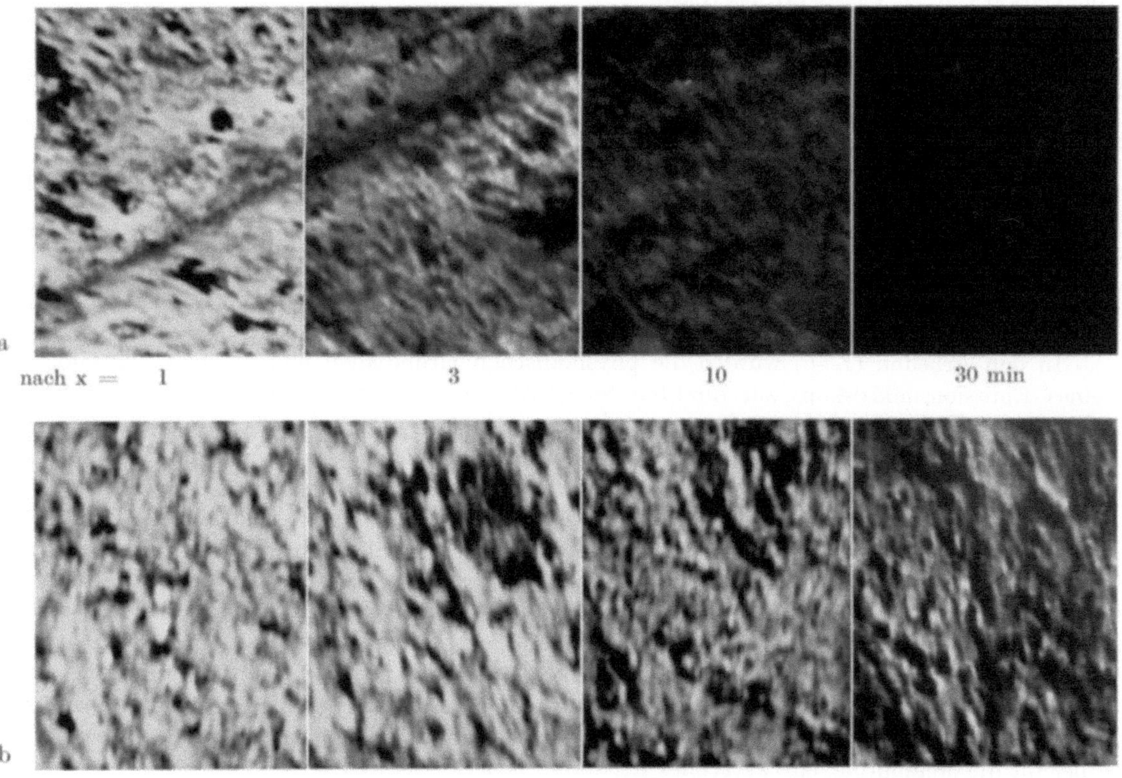

Abb. 4a u. b. Zink, geschmirgelt, nach x min Bestrahlung je 1 min belichtet.
a ohne Heizung (20° C); b mitHeizung (100° C)

14*

das geringere Auflösungsvermögen gegenüber ionenausgelösten Elektronen sehen wir in der größeren chromatischen Breite der Sekundärelektronen. Die geringere Materialdifferenzierung läßt sich dadurch begründen, daß für verschiedene Materialien bei 15 keV-Primärelektronen kaum eine Differenz in der Elektronenausbeute zu erwarten ist.

C. Emissions-Mikroskopie mit UV-ausgelösten Elektronen. Die Abb. 3 zeigt ein von W. Koch (12) mit UV-ausgelösten Elektronen aufgenommenes Emissionsbild. Als UV-Quelle diente eine Quecksilber-Höchstdrucklampe HBO 107 der Firma Osram. Die Beleuchtungsanordnung bestand aus 2 Quarzlinsen (Herasil) mit einem Öffnungsverhältnis von je 1 : 1. Die Aufnahme zeigt, daß es möglich ist, technisch interessierende Oberflächen durch UV-ausgelöste Elektronen vergrößert wiederzugeben.

Als Auflösungsgrenze wurden bisher 1000 Å erreicht. Eine Steigerung der Vergrößerung und damit der Auflösung scheint uns durch eine verbesserte Lichtführung durchaus noch möglich.

Durch die Aufheizung des Objektes auf 120° C läßt sich auch bei dem in der Elektronenmikroskopie üblichen Vakuum von etwa 10^{-4} Torr eine Materialdifferenzierung über längere Zeit aufrechterhalten, wie aus Abb. 4 hervorgeht. Ferner wurde gefunden, daß beim Übergang zu kurzwelligerem UV (Wasserstoff-Gasentladungslampe im Vakuum mit LiF-Fenster) die Bilder besser werden.

Literatur

1. Möllenstedt, G., u. H. Düker: Optik **10**, 192 (1953).
2. — u. M. Keller: Proc. Third Int. Conference Electr. Microscop. p. 390. London 1954.
3. — H. Düker, M. Keller u. W. Bayh: Optik **13**, 380 (1956).
4. — u. M. Keller: Radex-Rdsch. H. 4/5. 153 (1956); Rev. Univ. Mines, Métallurgie, Mécanique, 9ᵉ Sér. **12**, 415 (1956).
5. Fert, C., et R. Simon: C. R. Acad. Sci. (Paris) **243**, 1300 (1956).
6. Bayh, W.: Z. Physik **151**, 281 (1958).
7. Möllenstedt, G., u. H. Düker: Dieser Band S. 212.
8. Bourne, H. C., R. W. Cloude and T. G. Trump: J. appl. Physics **26**, 596 (1955).
9. Speidel, R.: Physik. Verh. 8, 201 (1957).
10. Thommen, K.: Z. Physik **151**, 144 (1958).
11. Bayh, W.: Z. Physik **150**, 10 (1958).
12. Koch, W.: Z. Physik **152**, 1 (1958).

Ein Elektronen-Emissions-Mikroskop für metallkundliche Anwendungen

G. Möllenstedt und H. Düker

Lehrstuhl für Experimentelle und Angewandte Physik der Universität Tübingen
Max-Planck-Institut für Metallforschung, Stuttgart

In den Arbeiten (1—6) wurden die physikalischen Grundlagen und die Leistungsfähigkeit eines Emissionsmikroskops zur direkten Sichtbarmachung von Metalloberflächen mit ionenausgelösten Elektronen dargestellt.

Es konnte gezeigt werden, daß durch den seitlichen Einschuß des in einer Gasentladung erzeugten Kanalstrahls Bilder von besonderer Plastik und Brillanz entstehen. Da außerdem die Elektronenausbeute von Material und Ionenart abhängt, wird eine deutliche Materialdifferenzierung erzielt. Der besondere Vorteil dieses Mikroskops besteht darin, daß sich das Objekt auf hohe Temperatur bringen läßt, ohne den Abbildungsvorgang selbst zu stören. Ferner ist es möglich, die Oberfläche während der Beobachtung durch intensiven Ionenbeschuß anzuätzen. Die praktische Auflösungsgrenze liegt bei 500 Å, während theoretisch etwa 150 Å erreichbar sein müßten, sofern das Objekt die erforderliche Planheit besitzt und die Apertur optimal begrenzt wird. Diese Leistungen lassen erkennen, daß ein technisch und physikalisch gut durchüberlegtes Emissionsmikroskop mit ionenausgelösten Elektronen für Forschung und Technik, insbesondere aber für die Metallurgie, ein wertvolles Instrument werden kann.

Die bisherigen Untersuchungen wurden mit einem Laborgerät durchgeführt, das naturgemäß den routinemäßigen Anforderungen der Praxis nicht entsprach. Die Zusammenarbeit mit Metallurgen ergab, daß für die Praxis eine Reihe von Änderungen erforderlich waren. Wir haben daher ein neues, auf Anwendungen zugeschnittenes, handliches Gerät entwickelt.

Abb. 1. Ein Emissions-Mikroskop mit ionenausgelösten Elektronen für metallkundliche Anwendungen

Auch in dem neuen Gerät (Abb. 1) bildet das Objekt die Kathode eines elektrostatischen Immersionsobjektives. Es ist am Ende eines Porzellanrohres befestigt.

Im Innern des Rohres befinden sich die Heizzuführungen und ein Thermoelement. Ein kleiner Ofen mit Wolfram-Draht-Wicklungen erlaubt, vorerst Temperaturen bis 900° C zu erreichen. Die Temperaturmessung erfolgt durch Thermoelement und Galvanometer mit Lichtanzeige. Eine auf das Isolierrohr gelötete Mantelmanschette ist vakuumdicht in Simmerringen geführt, so daß Vertikalbewegung und azimutale Drehung des Objektes während des Mikroskopierens möglich sind. Zwei Feintriebe gestatten die horizontale Objektverschiebung. Die absuchbare

Objektfläche beträgt 20 mm². Durch Lösen eines Bajonett-Verschlusses läßt sich die Objekthalterung nach Belüften des Gerätes oben herausnehmen.

Die Steuerelektrode des elektrostatischen Immersionsobjektives ist durch Porzellanstäbchen fest mit dem Objektivgehäuse verbunden. Hingegen kann die Anode bei eingeschaltetem Gerät über zwei senkrecht zueinander stehende Feintriebe justiert werden, um einen eventuell auftretenden Astigmatismus kompensieren zu können. In der Brennebene des Objektives befindet sich die Apertur-Begrenzungsblende. Sie ist sowohl in der Höhe als auch in der Horizontalen fein verstellbar und kann zusätzlich aus dem Strahlengang herausgeklappt werden. Ferner enthält das Objektivgehäuse einen Anschluß für eine Tiefkühl-Einrichtung zur Vermeidung von Kohlenwasserstoff-Niederschlägen und einen Reserveanschluß. Die Kathodenspannung (Strahlspannung) beträgt etwa 50 kV.

Als Ionenquelle bewährt sich nach unseren Erfahrungen ein Gasentladungsrohr nach C. Hailer. Der Ionenstrahl läßt sich mittels dreier Stellschrauben auf die Objektmitte konzentrieren. Da sich die Variation des Ioneneinschußwinkels als zweckmäßig erwies, ist dieser Winkel während des Mikroskopierens von 0°—20° einstellbar. Die Entladungsspannung kann zwischen 10 kV und 30 kV gewählt werden. Die Auftreffenergie der Ionen auf das Objekt ist auf Grund zweier Schaltungsmöglichkeiten zwischen 10 kV und 80 kV variierbar. Der Gaseinlaß zur Entladung wird durch ein Ewald-Ventil geregelt. An das Nadelventil können auf der Hochdruckseite Gummiballone mit verschiedenen Gasfüllungen angeschlossen werden. Zur Beobachtung und Einregulierung des Ionenpinsels und zur Beobachtung des Objektes ist im Objektivgehäuse ein Einblickfenster angebracht. Als Spannungsquellen für die Gasentladung und die Kathode des Immersionsobjektives dienen zwei Hochfrequenz-

Abb. 2. Projektiv für das Emissions-Mikroskop

Kaskaden-Generatoren der Firma Carl Zeiss, Oberkochen (Typ HA 60 R), die sich wegen ihrer bequemen Handhabung und Gefahrlosigkeit als besonders geeignet erwiesen.

Das durch ein Einblickfenster beobachtbare Zwischenbild (Brennweite des Immersionsobjektives etwa 7 mm) wird mittels zweier elektrostatischer Projektive auf die Gesamtvergrößerungen von 600, 1200 bzw. 1650 gebracht. Die V 2 A-Elektroden des Projektives sind fest zentriert (Abb. 2). Durch die Porzellanstäbchen-Halterung sind die Linsen bis zu 55 kV spannungsfest. Die Projektive werden mittels eines neuartigen kleinen Ölumschalters wahlweise an Hochspannung bzw. Erde gelegt.

Der Durchmesser des Endbildes beträgt 8 cm bzw. 10 cm. Das Endbild läßt sich auf dem Leuchtschirm mit einer 10- bzw. 20fach vergrößernden lichtstarken Einblickoptik betrachten und auf Photoplatten vom Format 6,5 × 9 cm registrieren. Eine einfache Trommelplatten-Kamera enthält 5 Platten und ist mit einer Vakuumschleuse ausgerüstet. Die Grob-Scharfstellung des Bildes erfolgt durch die mechanische Vertikalverschiebung des Objektes, während die Feineinstellung durch Variation des Potentials der Steuerelektrode bewirkt wird.

Die gesamte Mikroskopsäule wurde auf ein Eisengestell montiert, das die Vakuumanlage, Elektrik, Hochspannungsverteilung, Meßinstrumente und Bedienungsknöpfe aufnimmt. Als

Armauflage dient ein Tisch aus Plexiglas, der wegen seiner Durchsichtigkeit die Beobachtung der darunter befindlichen Bedienungselemente und Instrumente ermöglicht.

Literatur

1. Möllenstedt, G., u. H. Düker: Optik **10**, 192 (1953).
2. — u. M. Keller: Proc. Third Int. Conference Electr. Microsc. p. 390. London 1954.
3. — H. Düker, M. Keller u. W. Bayh: Optik **13**, 380 (1956).
4. — u. M. Keller: Radex-Rdsch. H. 4/5, 153 (1956); Rev. Univ. Mines, Métallurgie, Mécanique, 9e Sér. **12**, 415 (1956).
5. Fert, C., et R. Simon: C. R. Acad. Sci. (Paris) **243**, 1300 (1956).
6. Bayh, W.: Z. Physik **151**, 281 (1958).

Microscopie à émission ionique négative

René Bernard et Robert Goutte

Université de Lyon, Laboratoire d'optique électronique

Nous avons utilisé les ions négatifs émis par l'impact d'ions positifs rapides sur une surface métallique pour former une image de cette surface (*1*).

Dispositif expérimental. Le schéma de l'ensemble du dispositif est donné Fig. 1.

L'objectif utilisé est un objectif classique à immersion. Il est électrostatique, ceci, afin de permettre la focalisation des particules négatives de masses différentes émises par l'objet. Le grossissement direct est faible, $20\times$, ce qui facilite l'étude des surfaces peu émissives.

Deux sources d'ions positifs sont placées latéralement, symétriquement par rapport à l'objectif, le faisceau d'ions tombant dans les deux cas sur la surface de l'objet sous une incidence de 75°.

Une des sources est une source solide à base d'alumino-silicate alcalin synthétique. La perle S émissive est placée sur l'extrémité en V d'un filament de tungstène pouvant être porté à haute température. La polarisation variable du Wehnelt W' permet d'agir sur la densité ionique primaire à la surface de l'objet.

La seconde source est un canon à ions gazeux fonctionnant à l'air.

Le faisceau primaire d'ions positifs donne par impact avec la surface de l'objet deux types de particules négatives:

    a) les électrons secondaires,

    b) les ions négatifs.

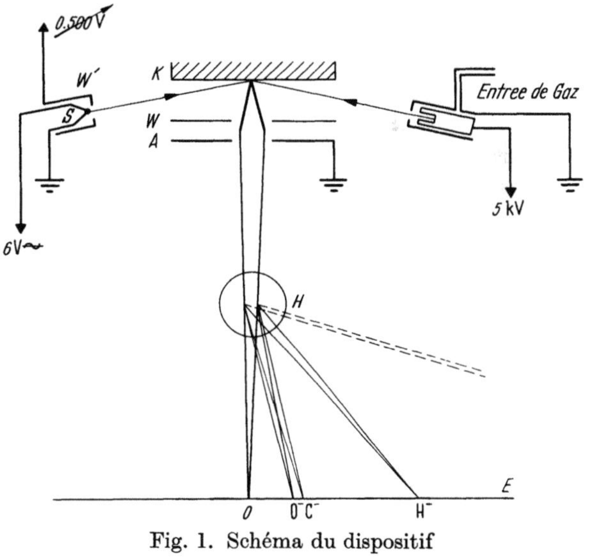

Fig. 1. Schéma du dispositif

Afin d'étudier les images essentiellement dues aux ions négatifs, il est nécessaire de déplacer par l'action d'un champ magnétique transversal l'image électronique secondaire, et de la sortir du champ d'observation. L'écran d'observation est réalisé en déposant par sédimentation et sans liant sur une plaque métallique une fine couche de sulfure de zinc. Pour la reproduction photographique, nous avons utilisé des plaques ayant un film de gélatine extrêmement mince; ce sont des plaques Ilford Q_1 et Q_3.

Résultats. En utilisant comme objet un fil de molybdène de 40 μ de diamètre, éclairé par des ions Na$^+$ de 20 keV, nous obtenons de ce fil une série d'images parallèles inégalement déviées (Fig. 2). L'image électronique secondaire, la plus intense, est trop déviée pour rester dans le champ d'observation. L'image centrale, non déviée, dont l'intensité varie avec les conditions expérimentales, est due à des atomes neutres. En outre, 4 images ioniques négatives sont observables sur la Fig. 2, l'une, la plus déviée est intense, les autres plus faibles. La valeur du champ magnétique étant connue, la mesure de la déviation permet la détermination des masses des différents ions présents. On constate ainsi que l'image intense est due aux ions négatifs H^-, les 3 autres correspondent aux ions C^-, O^- et C_2^-.

Le spectre obtenu est identique si nous remplaçons les ions primaires Na^+ par des ions Li^+ ou par des ions gazeux. Il est donc indépendant de la nature du bombardement primaire. Le spectre est également indépendant de la nature de la cible, car un fil de nickel conduit à un spectre superposable avec celui obtenu pour un fil de molybdène.

Fig. 2. Spectre de masse des ions négatifs.
Fil molybdène 40 μ. Primaires Na^+ 20 kV

Par contre, les intensités des différentes images ioniques négatives dépendent de la pression dans l'enceinte du microscope: Lorsque la pression passe de 10^{-5} à 10^{-4}, l'image neutre devient d'intensité comparable à l'image due aux ions H^- et les autres images négatives disparaissent pratiquement.

Pour des pressions supérieures à 10^{-4}, toutes les images ioniques négatives s'estompent. L'image neutre est alors seule visible mais devient très floue.

La température de l'objet est un facteur important dans la formation des images ioniques. Une élévation de la température du fil de 500° suffit à faire disparaître aussi bien les images ioniques que l'image neutre.

Le phénomène est parfaitement réversible et indéfiniment reproductible ce qui laisse supposer que les ions négatifs proviennent d'une couche adsorbée. Ces ions peuvent naturellement servir à former l'image de surfaces métalliques quelconques.

Images de surfaces formées par les Ions H^-. La Fig. 3, sur plaque Q_1, est une image d'un treillis de cuivre réalisée avec des ions primaires gazeux (air).

Fig. 3. Image négative ions H^-.
Treillis cuivre Ions primaires gazeux 20 kV (air) 50 ×

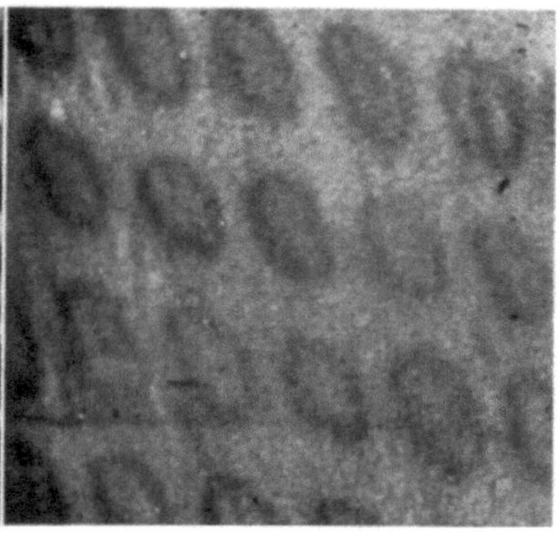

Fig. 4. Image négative ions H^-.
Au vaporisé sur Al. Ions primaires Li^+. 50 ×

La Fig. 4 sur plaque Q_3, ions primaires Li^+, est l'image d'une surface d'aluminium sur laquelle on a vaporisé de l'or sous vide en se servant du treillis précédent comme pochoir. Le contraste observable sur ce cliché est donc dû uniquement à la différence de pouvoir émissif en ions négatifs de l'or et de l'aluminium, et non à une variation locale de l'angle d'incidence.

Le pouvoir séparateur est comparable à celui que l'on obtient dans les mêmes conditions avec les électrons secondaires. Il est sur les meilleures images voisin de 2 μ, ce qui implique, le champ extracteur étant de 2.400 V/cm, une énergie moyenne de sortie des ions négatifs particulièrement basse, de l'ordre de 0,5 eV.

Bibliographie: *1.* Bernard, R., et R. Goutte: C. R. Acad. Sci. (Paris) **246,** 2597 (1958).

Über einige anwendungstechnische Erfahrungen
mit einem Emissions-Mikroskop

H. Bethge, H. Eggert und K. Herbold

Institut für experimentelle Physik der Martin-Luther-Universität Halle-Wittenberg
(Direktor: Prof. Dr. W. Messerschmidt)

Nachfolgend sollen einige Erfahrungen mitgeteilt werden, die an einem seit längerer Zeit in Erprobung befindlichen Emissionsmikroskop mit durch Ionenbeschuß und lichtelektrisch ausgelösten Elektronen gesammelt werden konnten.

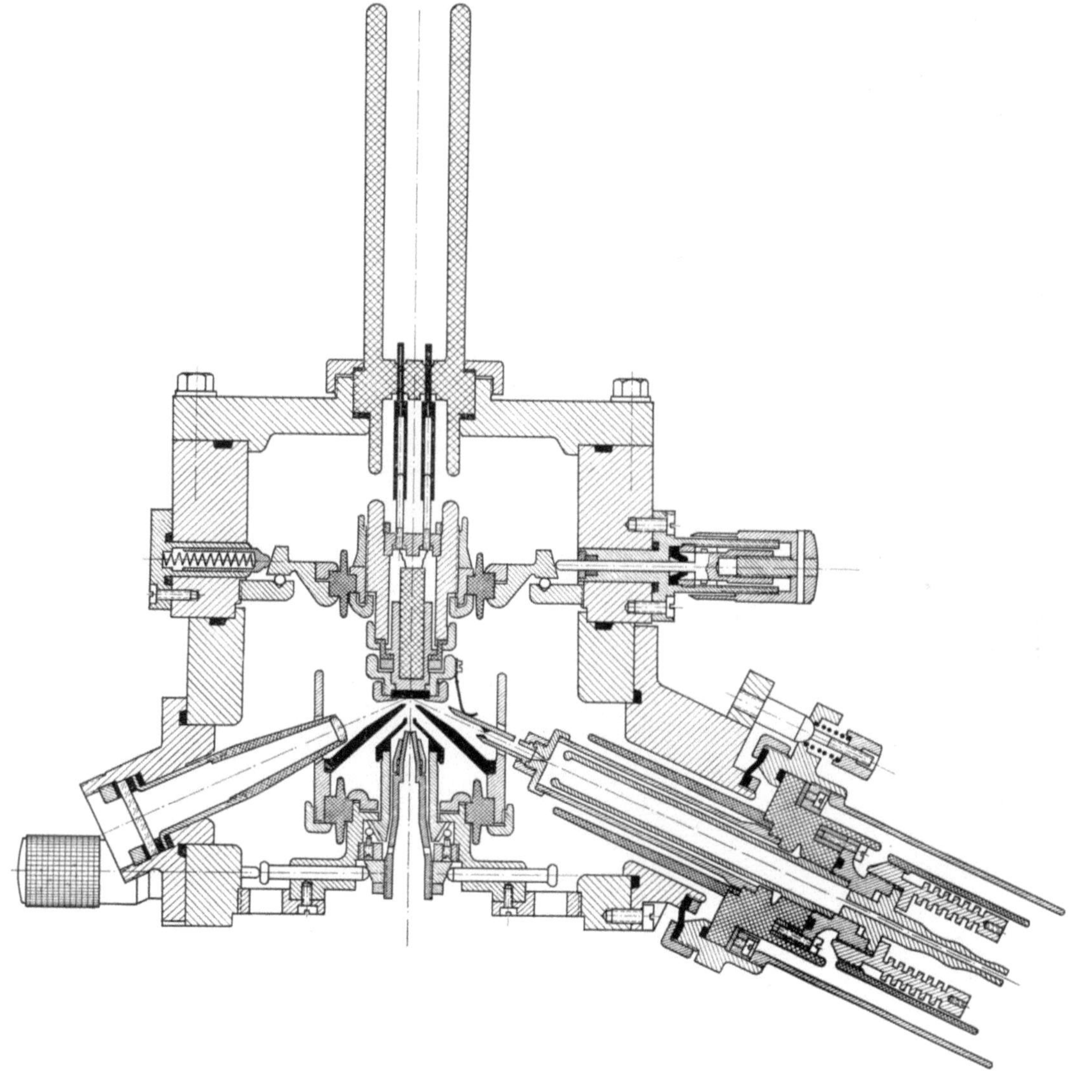

Abb. 1. Schnittzeichnung des Objektiv-Bauteiles mit Ionenquelle. Zur besseren Übersicht sind verschiedene Teile versetzt gezeichnet. Die Hochspannungszuführung für die Steuerelektrode ist nicht dargestellt

Es soll zunächst das Gerät kurz beschrieben werden. Der allgemeine Aufbau entspricht der von Möllenstedt und Düker (1) beschriebenen Anordnung zur elektronenoptischen Abbildung der Oberflächen durch infolge Ionenbeschuß ausgelöster Sekundäremission. Abweichend von der Anordnung der vorgenannten Autoren liegt bei uns jedoch das die Immersionsoptik aufnehmende Bauteil auf Erdpotential. Die Beschleunigungsspannung für die Ionen wird durch eine zweite

Hochspannungsanlage (regelbar von 5—20 kV) geliefert, die kathodenseitig mit der Hochspannungsanlage für die Optik (20—50 kV) zusammengeschaltet ist und deren positiver Pol (berührungssicher zugeführt) das Anodenpotential der Ionenquelle liefert. Die Abb. 1 zeigt die Schnittzeichnung des Objektivbauteiles. Im Objekt-Verschiebetisch ist, durch einen Isolator getrennt, die durch eine Mo-Heizspirale aufheizbare Objekthalterung angeordnet. Die Scharfstellung erfolgt durch Regelung des Potentials der Zwischenelektrode, hierzu dient ein durch einen 100 kHz-Sender betriebener, hochspannungsisolierter Generator für 0—5 kV. In der Regel werden genormte Proben von 15 mm Durchmesser und 3 mm Dicke untersucht. Für abweichende Probenabmessungen ist die Objekthalterung bei geöffnetem Gerät in der Höhe zu verstellen. Gegenüber der ebenfalls durch einen Isolator gehalterten Zwischenelektrode ist die Anodenblende beim Zusammenbau unter Beobachtung mit einem Lichtmikroskop zu zentrieren. Die Kontrastblende ist unter Vakuum justierbar. Das über eine bewegliche Gummimanschette angeflanschte Ionenstrahlrohr ist über eine Dreipunkt-Lagerung gut einzustellen. Der feste Einschußwinkel beträgt 25°. Dem Ionenstrahlrohr gegenüber befindet sich ein Quarzfenster und in einem Isolator gehaltert eine Quarzlinse von $f = 28$ mm. Außerhalb des Gerätes ist die zentrierbare UV-Strahlenquelle (Hg-Hochdrucklampe HBO 107) und ein Quarzkondensor angeordnet (s. Abb. 2). Zum weiteren Aufbau des Gerätes sei erwähnt, daß vorerst nur ein elektrostatisches Projektiv eingebaut wurde. Damit ergibt sich eine Gesamtvergrößerung von 450fach, ohne Projektiv ergibt das Objektiv allein eine Vergrößerung von 50fach. Als Plattenschleuse dient eine für ein früheres Labor-Elektronenmikroskop gebaute Einzelschleuse (2). Den Aufbau des Gerätes zeigt die Abb. 2.

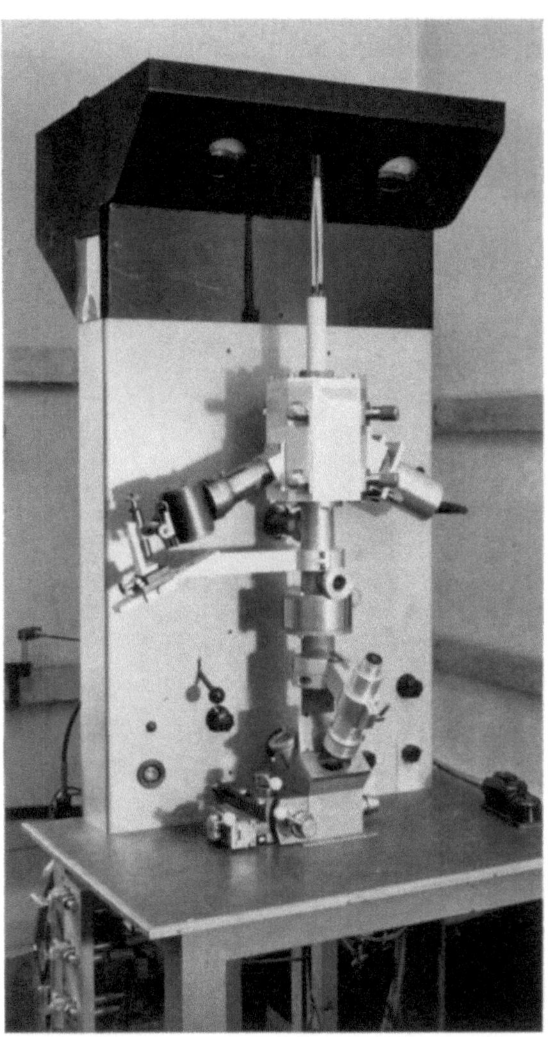

Abb. 2. Ansicht des Mikroskopes mit UV-Lichtquelle (links) und Ionenstrahlrohr (rechts)

Zu den mit dem Gerät durchgeführten Untersuchungen sei bemerkt, daß hierbei wesentlich die Anwendbarkeit der Abbildungsmethoden auf metallphysikalische Fragen im Vordergrund stand. Das von Möllenstedt u. Mitarb.[1] erreichte Auflösungsvermögen von 500 Å bei der Abbildung mit durch Ionenbeschuß ausgelösten Elektronen konnte noch nicht ganz erreicht werden, da bisher nur Aperturblenden von 50 μ Durchmesser verwendet wurden. Mit lichtelektrisch ausgelösten Elektronen konnte ein Auflösungsvermögen von 1000 Å — wie auch kürzlich schon von Koch (3) beschrieben — erreicht werden.

Nachfolgend sollen einige Ergebnisse mitgeteilt werden. Die Abb. 3 zeigt ein angeätztes perlitisches Stahlgefüge, abgebildet mit durch 20 kV Luft-Ionen ausgelösten Elektronen bei 40 kV Beschleunigungsspannung. Die Abb. 4—7 geben Beispiele für die Abbildung verschiedener Metalle mit lichtelektrisch ausgelösten Elektronen[2] bei variierten Bedingungen. Die Bildreihe der Abb. 4,

---

[1] Siehe Vortrag G. Möllenstedt S. 208.

[2] Sämtliche Aufnahmen wurden mit ungefiltertem UV-Licht aufgenommen. Die Belichtungszeiten lagen (außer bei Aufnahme 7c) zwischen 2 und 5 sec.

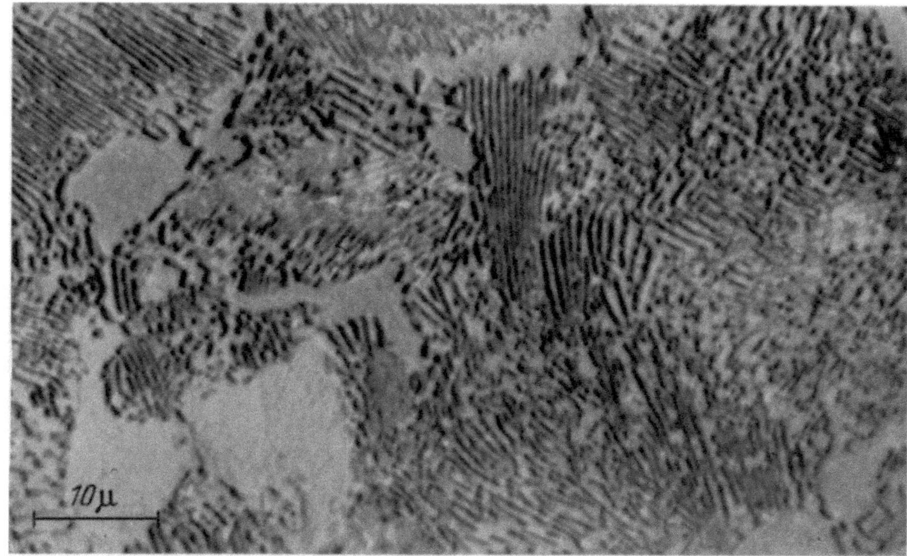

Abb. 3. Durch Ionenbeschuß ausgelöstes Elektronenbild eines angeätzten Schliffes von einem perlitischen Stahlgefüge. Kontrastblende 50 μ. El.-opt. 450fach

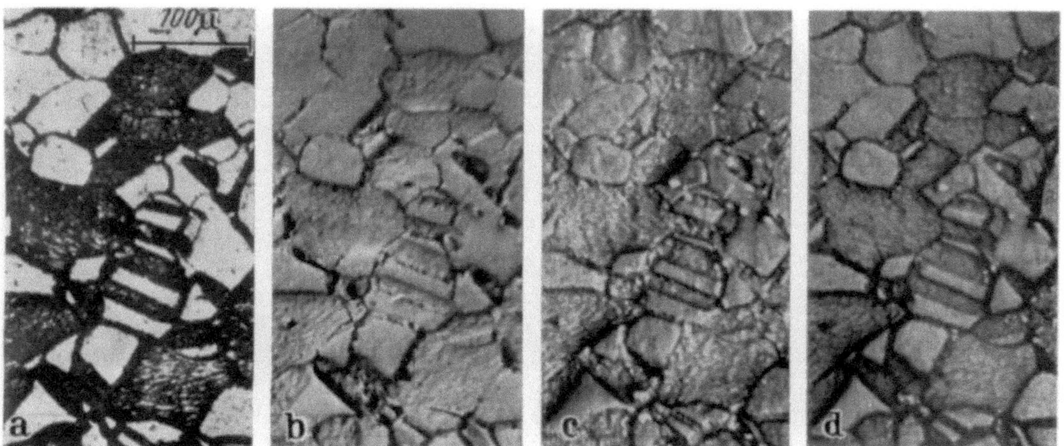

Abb. 4a—d. Rekristallisiertes Nickel, geätzt mit HCl. a), c) und d) bei 20° C bzw. 150° C d) lichtelektrisch ausgelöste Elektronenbilder. b) durch Ionenbeschuß ausgelöst. Näheres s. Text. El.-opt. 50fach

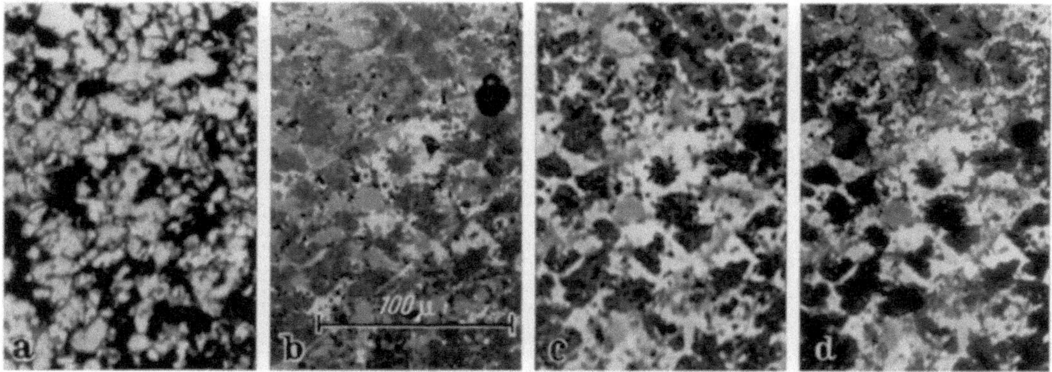

Abb. 5a—d. Cer-Zündfeuerstein, nur poliert. a) lichtmikr. Vergleichsaufnahme. b) c) und d) lichtelektrisch ausgelöste Elektronenbilder bei 20° C, 200° C und 220° C. El.-opt. 50fach

aufgenommen an reinem Nickel, zeigt in der Abb. 4a das Elektronenbild unmittelbar nach dem Einbringen des Objektes. Diese Aufnahme ist in ihrem Hell-Dunkel-Kontrast sehr ähnlich der hier nicht wiedergegebenen lichtmikroskopischen Aufnahme. Abb. 4b ist nach dem Beschuß mit 20 kV-Luft-Ionen (einige Sekunden) mit durch Ionen ausgelösten Elektronen aufgenommen. Die nachfolgende Aufnahme (Abb. 4c) — wiederum lichtelektrisch ausgelöst — zeigt, daß die in Abb. 4a dunkeln Bereiche jetzt sehr viel stärker emittieren. Offenbar sind durch den Ionenbeschuß die bei der Ätzbehandlung in den Vertiefungen verbliebenen Rückstände des Ätzprozesses entfernt worden. Abb. 4d schließlich ist bei einer Temperatur von 150° C aufgenommen. Die ur-

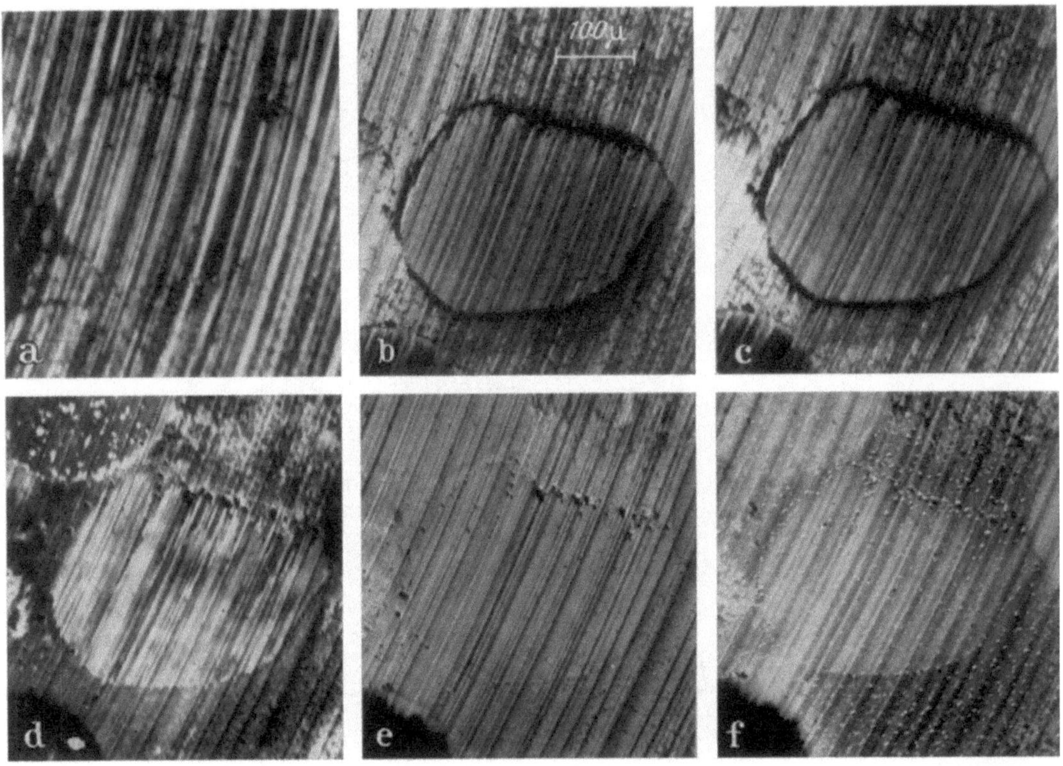

Abb. 6a—f. Verschiedene Metalle in eine Messingkathode hart eingelötet (Au und Ag sind mit dem Lot ineinander diffundiert), Probe nur übergedreht. a) lichtmikr. Vergleichsaufnahme. b) bei 20° C. c) bei 100° C. d) bei 300° C. e) nach anschließender Abkühlung. f) erneute Erwärmung auf 150° C. El.-opt. 50fach

sprünglich sehr dunkel erschienenen Bereiche lassen in ihrer Emission jetzt wieder nach, außerdem erscheinen die Korngrenzen verbreitert. In der Abb. 5 sind von einem nur polierten Cer-Feuerstein neben der lichtmikroskopischen Aufnahme 3 Elektronenbilder bei verschiedener Temperatur wiedergegeben. Infolge der Materialdifferenzierung ist der metallographische Bildinhalt des Elektronenbildes dem lichtmikroskopischen Bild deutlich überlegen. Mit der Temperaturzunahme werden auch hier die Kontraste der Korngrenzen verstärkt, zugleich tritt aber auch hier in den bei 20° C noch gut emittierenden Bereichen eine Abnahme der Emission ein. Da die beiden Bildserien 4 und 5 zeigen, daß bei Temperaturen von über 150° C wahrscheinlich bereits Oxydschichten gebildet werden, die die Emission stark herabsetzen, wurde dieses Verhalten bei verschiedenen möglichst reinen Metallen untersucht. Hierzu wurden in eine Messingkathode Drähte verschiedener Metalle eingelötet und die Probe danach in einer Drehbank nur plangedreht. Die Abb. 6 zeigt die Bildreihe mit zunehmender Temperatur. Das Verhalten der einzelnen Metalle spricht für die Annahme sehr empfindlicher Oxydationsvorgänge. So verringert sich die Emission von Mo schon bei 100° C, Pt dagegen hat bei 300° C eine verstärkte Emission. Die Abb. 6e zeigt, daß nach anschließender Abkühlung jetzt Mo, Pt, Ni und auch Cu etwa gleich emittieren. Da bekannt ist, daß bei den aufgetretenen Temperaturen im Hochvakuum (Druck: $5 \cdot 10^{-5}$ Torr) aus Messing leicht Zink herausdampft, sollte hier die gleichmäßige Emission durch eine Bedeckung mit Zink hervorgerufen sein, die bei der Abkühlung und einer Temperatur gebildet wurde, bei der die Verdampfung nur noch gering ist, eine Oberflächendiffusion aber noch gut möglich ist. Auffallend die dadurch bewirkte sehr viel deutlichere Wiedergabe feinster Objektdetails. Die Aufnahme der Abb. 7 ist an Mg aufgenommen. In Abb. 7a und 7b sind die lichtmikroskopische Aufnahme und das Elektronenbild gegenübergestellt. Auch hier überrascht die Wiedergabe kleinster Einzel-

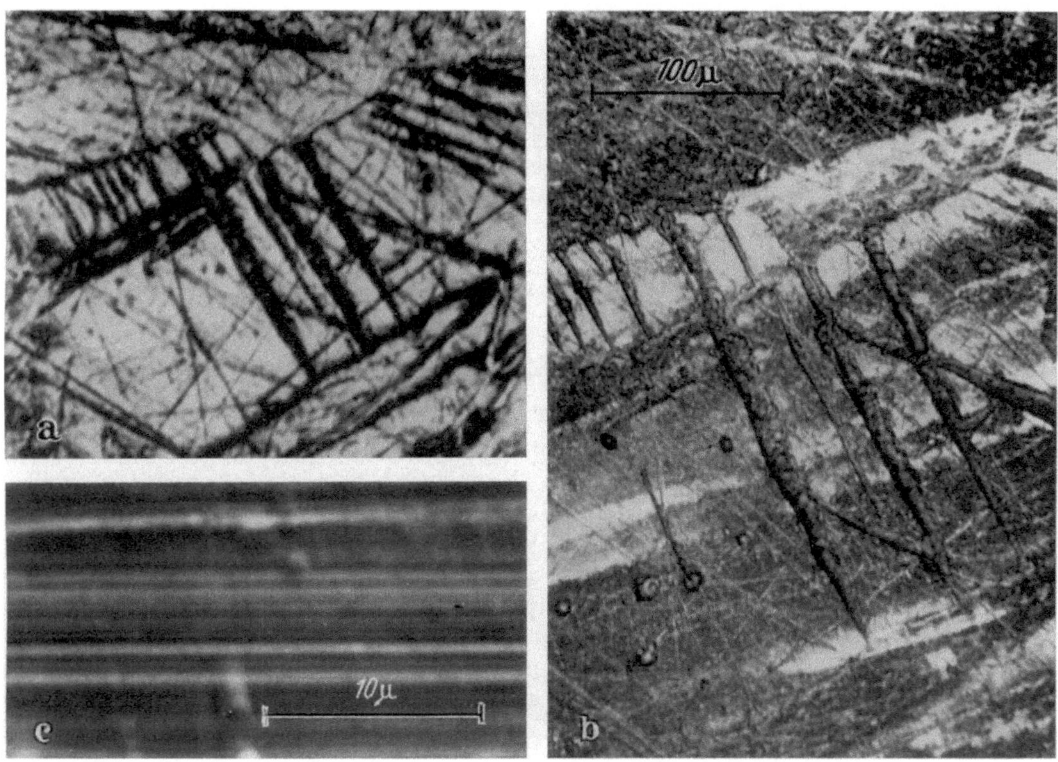

Abb. 7a—c. Magnesium. a) u. b) geätzt mit HNO_3 (2%). a) lichtmikr. Vergleichsaufnahme. b) el.-opt. 50fach, c) Oberfläche nur geschabt, el.-opt. 450fach, 20 sec Belichtungszeit

heiten. In Abb. 7c ist eine Aufnahme gezeigt, die im Auflösungsvermögen das Lichtmikroskop übertrifft. Erste Untersuchungen zur Beobachtung der Diffusion am System Pb—Au führten noch zu keinem befriedigenden Erfolg, da an der Oberfläche die Diffusion durch die Bildung von Oxydschichten behindert wurde.

Die Ergebnisse der Abbildung mit lichtelektrisch aufgelösten Elektronen zusammenfassend, sei festgestellt, daß gegenüber früheren Untersuchungen (4) das Verfahren in seiner Leistungsfähigkeit erheblich verbessert werden konnte. In vielen Fällen (im Vortrag wurde nur eine Auswahl der von uns untersuchten Metalle und Legierungen wiedergegeben) ist das Elektronenbild der lichtmikroskopischen Aufnahme überlegen. Die auch hier — wenn auch in sehr geringem Maße — auftretende Objektverschmutzung in dem vom UV-Licht beaufschlagten Bereich, stellt keine Schwierigkeit dar. Hierauf wurde nicht eingegangen, da der Sachverhalt schon bei KOCH (3) klargestellt wurde. Zur umfassenden Anwendung in der Metallkunde bedarf es weiterer Untersuchungen, die sich vor allem mit der vorbereitenden Behandlung der Proben und der Entfernung der Fremdschichten auf der Oberfläche befassen. Zur Verfolgung thermischer Behandlungen während der Beobachtung muß die Bildung von Reaktionsschichten durch das Restgas des Vakuums vermieden werden. Ein Vorschlag dahingehend, daß durch Anwendung einer Diffusionspumpe höherer Saugleistung ein Arbeitsvakuum von 10^{-4} Torr aufrechterhalten werden kann, bei „Spülen" mit einem Edelgas (Einlaß über ein Nadelventil), wird untersucht.

Dem VEB Carl Zeiss Jena haben wir für apparative Leihgaben zu danken.

Literatur

1. Möllenstedt, G., u. H. Düker: Optik **10**, 192 (1953).
2. Bethge, H., u. K. H. Brauer: Optik **10**, 399 (1953).
3. Koch, W.: Z. Physik **152**, 1 (1958).
4. Mahl, H., u. J. Pohl: Z. techn. Physik **16**, 219 (1935).
   Haguenin, M. E. L.: Ann. de Physique (13), **2**, 214 (1957).

Über einige Probleme der Reflexionsmikroskopie

J. M. Kuschnier und G. W. Der-Schwarz

Institut für Elektronenoptik des Staatskomitees für Radioelektronik, Moskau

Einführung. Es wird über einige Forschungsarbeiten aus dem Gebiet der Reflexionsmikroskopie berichtet, die von den Verfassern und ihren Mitarbeitern in den Jahren von 1950—1958 durchgeführt wurden.

I. Raumverteilung der Elektronen mittlerer Energie, die an massiven Metallobjekten gestreut wurden

(J. M. Kuschnier, N. P. Lewkin, M. Welikowsky)

Die Raumverteilung mittelschneller Elektronen nach der Streuung an massiven Metallobjekten wurde eingehend in einem besonderen Gerät, dessen Schema in Abb. 1 dargestellt ist, untersucht. Hier bedeutet 1 — das Objekt (eine Metallplatte von 14 mm Durchmesser und 2 mm Dicke), das sich in einer Haltevorrichtung befand. Die letzte war so beschaffen, daß die Objektoberfläche in einem beliebigen Winkel, zum bestrahlenden Elektronenbündel, eingestellt und dann um die Bündelachse gedreht werden konnte. Das Objekt befand sich im Zentrum eines sphärischen Kollektors 2 ($R = 100$ mm), der mit einem schmalen Meridianspalt (2 mm) versehen war. Längs diesem bewegte sich eine Sonde (von 20 mm² Oberfläche), die etwas außerhalb der Kugel gelagert war.

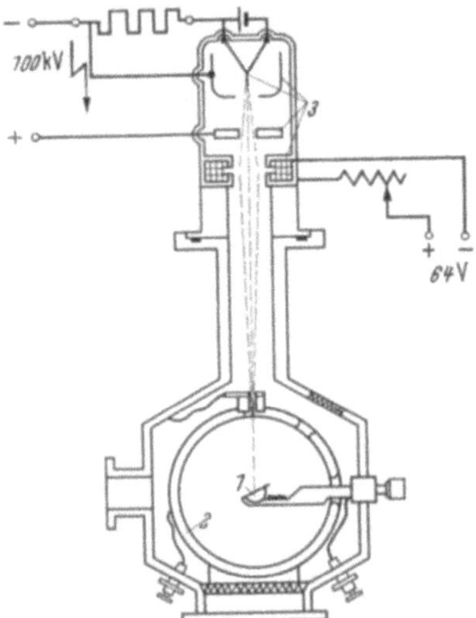

Abb. 1. Schema der Versuchsapparatur zur Messung der Energie- und Winkelverteilung von gestreuten Elektronen

Bei der Untersuchung der Raumverteilung der Sekundärelektronen fiel die Einfallsebene des Strahles entweder mit der Ebene, in der der Meridianspalt liegt, zusammen ($\beta = 0$), oder sie bildete mit der letzten einen bestimmten Winkel β.

Der Durchmesser des Bündelquerschnittes auf dem Objekt betrug höchstens 0,1 mm. Als Elektronenquelle diente der Elektronenstrahler des Elektronenmikroskops EM-100.

Zwischen Objekt und Kollektor lag ein Gegenfeld, so daß die Sonde nur von gestreuten Elektronen, deren Energie größer als 600 eV war, erreicht wurde. Der Untersuchung wurden polierte Plättchen aus Al, Ni, Nb, Ag, Ta, Messing und aufgerauhte Plättchen aus Messing mit Aquadagbezug und Berylliumbronze unterzogen. Die Beschleunigungsspannungen betrugen $U_1 = 46$ kV und $U_2 = 80$ kV, die Bestrahlungswinkel $\theta = 90°, 40°, 20°$ und $10°$. Die Winkel zwischen Einfallsebene und der Ebene, in der der Meridianspalt lag, waren $\beta = 0°, 30°, 60°$. In Abb. 2a, b und Abb. 3a, b sind die typischen Raumverteilungskurven der an Al- und Ta-Oberflächen gestreuten Elektronen dargestellt. Für den Fall $\beta = 0$ zeigen die Kurven, daß das Verhältnis der Zahl der in Spiegelrichtung gestreuten Elektronen bei kleinem Bestrahlungswinkel θ, zur Zahl derjenigen bei großem θ, mit der

Abnahme der Ordnungszahl der Metalle wächst. Auch wächst dieses Verhältnis für ein bestimmtes Metall bei Abnahme der Beschleunigungsspannung.

Der Vergleich der Raumverteilungskurven für verschiedene β-Werte zeigt, daß bei kleinen Bestrahlungswinkeln θ, die Mehrzahl der Elektronen sich um die Einfallsebene konzentriert.

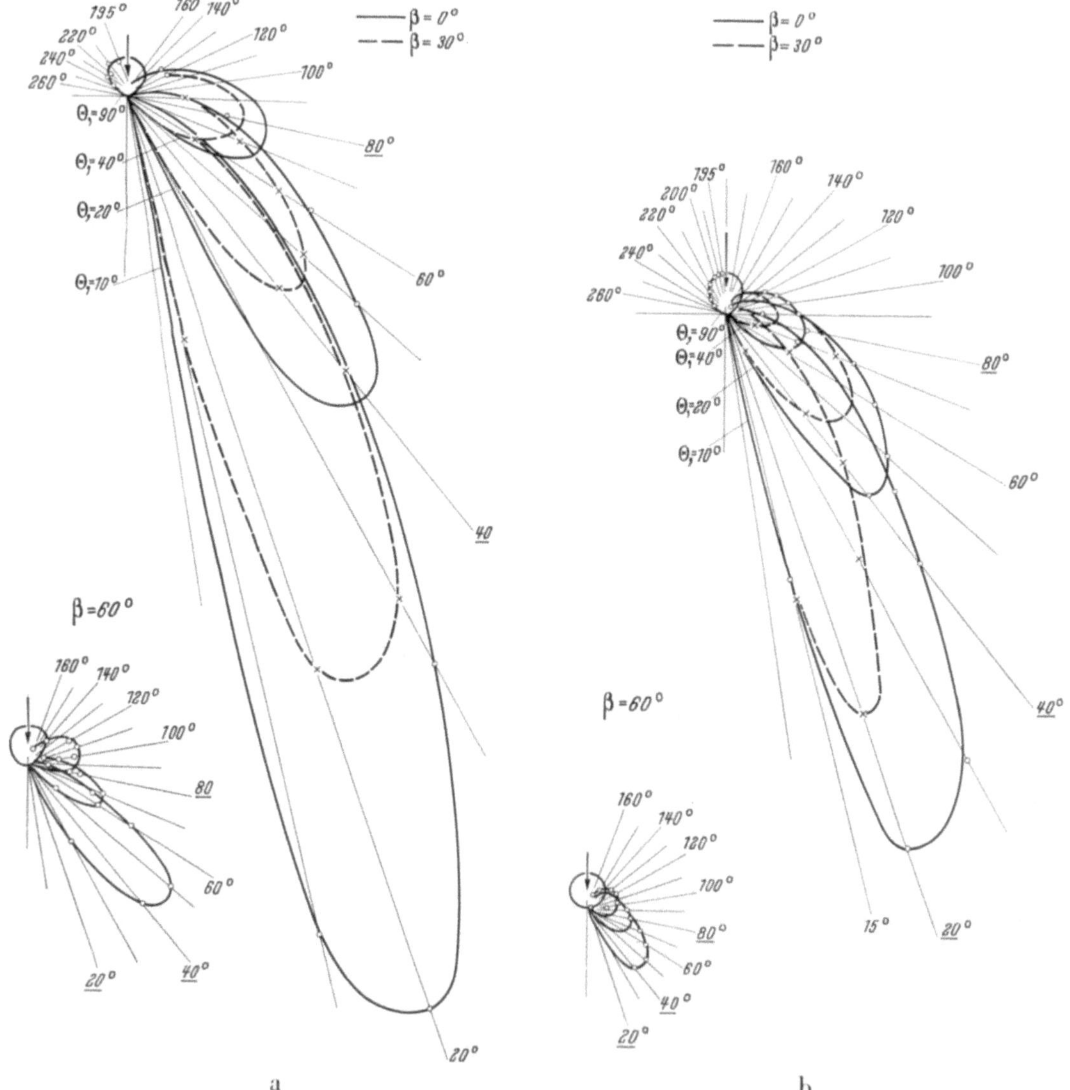

Abb. 2a u. b. a) Raumverteilungskurven von gestreuten Elektronen an einer Aluminium-Oberfläche. Spannung des Gegenfeldes — 600 V. $\beta = 0°$ —, $\beta = 30°$ ---, $\theta = 90°$, 40°, 20° und 10°. Beschleunigungsspannung der Primär-Elektronen $U_p = 46$ kV. Gesamtstrom $I_p = 100 \times 2{,}59 \cdot 10^{-8}$ Amp. b) wie a), aber: $U_p = 80$ kV und $I_p = 50 \cdot 2{,}59 \cdot 10^{-8}$ Amp.

Es ist bemerkenswert, daß bei $\beta = 0$ die maximale Elektronenzahl sich um den gespiegelten Strahl gruppiert. Die Raumverteilung der gestreuten Elektronen ist an aufgerauhten Metalloberflächen etwas gleichmäßiger als an polierten Metallobjekten.

II. Die Geschwindigkeitsverteilung der reflektierten Elektronen

(J. M. Kuschnier, N. P. Lewkin, N. S. Ekamassow)

Die Geschwindigkeitsverteilung der an einem massiven Metallobjekt gestreuten Elektronen wurde unmittelbar im Reflexionsmikroskop untersucht. Dazu wurde die Projektionslinse durch

Polschuhwechsel in einen Geschwindigkeitsanalysator umgestaltet. Der Analysatorpolschuh verwandelt das rotationssymmetrische Feld der Projektionslinse in ein annähernd homogenes, das senkrecht zur optischen Achse des Objektives gerichtet ist (Abb. 4). Das Auflösungsvermögen

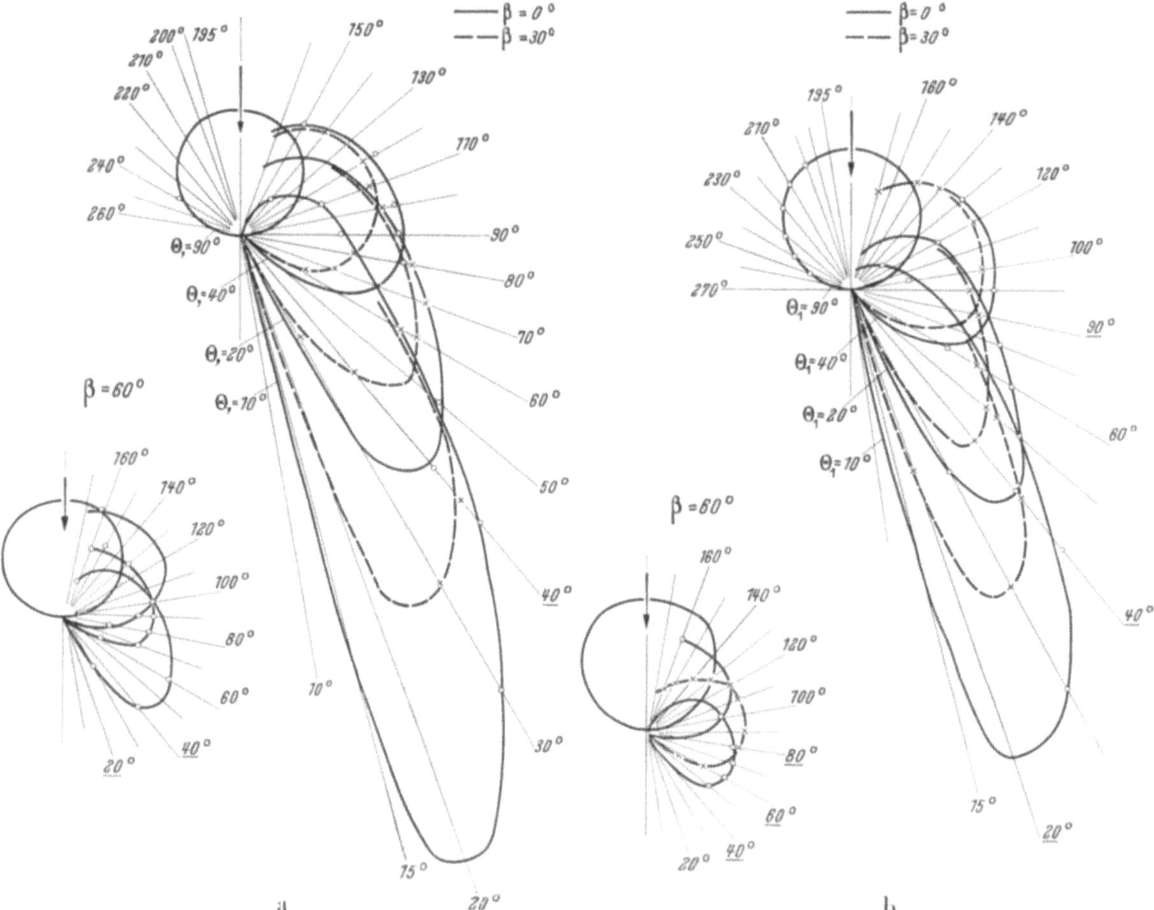

Abb. 3a u. b. Wie Abb. 2a u. b, aber an Tantal

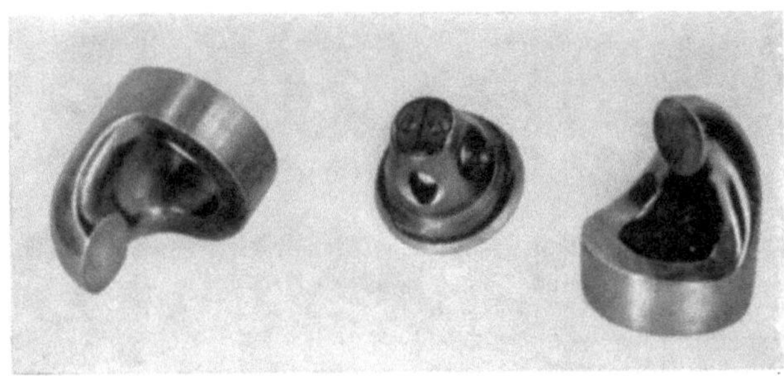

Abb. 4. Polschuhe, die zur Geschwindigkeitsanalyse in das Projektiv des magnetischen Elektronenmikroskops eingesetzt werden

eines solchen Analysators ist nicht groß. Die Dispersion beträgt 0,4 mm/kV bei einer Beschleunigungsspannung von 40 kV und 0,13 mm/kV bei 90 kV.

Dennoch geben die mit ihm gewonnenen Geschwindigkeitsspektren eine richtige Vorstellung über die Abhängigkeit der Geschwindigkeitsverteilung der Elektronen vom Bestrahlungs- und Beobachtungswinkel bei verschiedener Beschleunigungsspannung. Die Untersuchungen wurden mit einem Elektronenmikroskop durchgeführt, dessen schematischer Querschnitt in Abb. 5 dargestellt ist. Die Winkel zwischen Strahlerachse und Symmetrieachse des Objektivs betrugen $\theta = 8°$, 45° und 90°. Die Winkelpaare θ_1 und θ_2, die bei der Untersuchung einem bestimmten Winkel θ entsprachen, sind in der Tab. 1 angeführt. Für ein jedes Paar der θ_1- und θ_2-Werte wurden Geschwindigkeitsspektren der reflektierten Elektronen aufgenommen. Die Beschleunigungsspannungen betrugen dabei $U = 50$, 70 und 90 kV. Diese Versuche wurden an Aluminium-, Molybdän- und Tantal-Objekten durchgeführt.

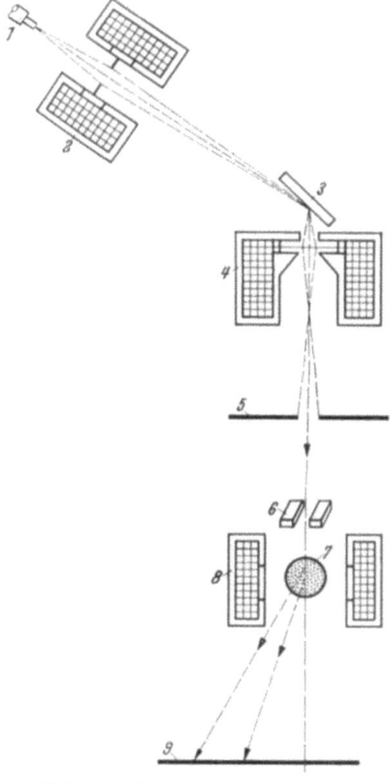

Abb. 5. Querschnitt des für die Geschwindigkeitsanalyse der Elektronen benutzten Elektronenmikroskops. *1* Elektronenquelle, *2* Kondensor, *3* Reflektierendes Objekt, *4* Objektiv, *5* Blende, *6* Feinspalt über Analysator, *7* Homogenes Magnetfeld zur Analyse, *8* Projektiv, *9* Leuchtschirm bzw. Photoplatte

In Abb. 6 sehen wir die Geschwindigkeitsspektren, die bei 90 kV und $\theta = 8°$ (wobei $\theta_1 = \theta_2 = 4°$) erhalten wurden.

Bei konstantem Bestrahlungswinkel $\theta_1 = 4°$ wachsen die Geschwindigkeitsverluste, wenn man den Beobachtungswinkel von $\theta_2 = 41°$ auf $\theta_2 = 86°$ vergrößert. Dieses wird durch Abb. 7a und 7b veranschaulicht. Dabei hängen die Geschwindigkeitsverluste auch von der Ordnungszahl des Metalles ab. Die Geschwindigkeitsverluste bei Streuung an Leichtmetallen sind größer als an Schwermetallen.

Tabelle 1

$\theta = \theta_1 + \theta_2$	θ_1	θ_2
90°	4°	86°
	21°	69°
	45°	45°
	70°	20°
45°	4°	41°
	21°	24°
	41°	4°
8°	4°	4°

Bei etwa gleichen Beobachtungswinkeln ($\theta_2 = 41°$ und $\theta_2 = 45°$) beobachtete man größere Geschwindigkeitsverluste bei größerem Bestrahlungswinkel (s. Abb. 7 und Abb. 8). Die in

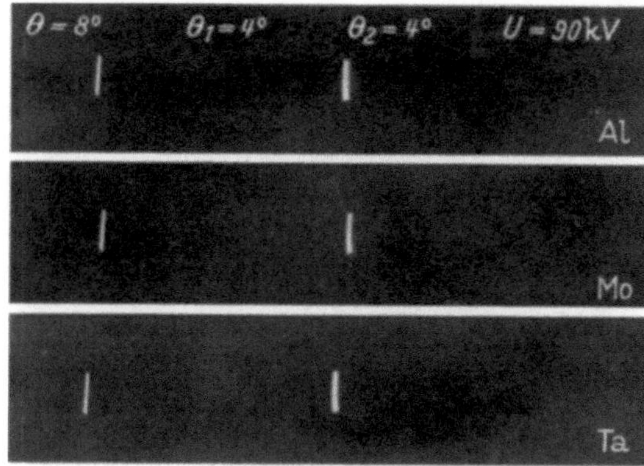

Abb. 6. Energiespektren eines gestreuten Elektronenstrahls

Spiegelrichtung reflektierten Elektronen weisen nur dann kleine Geschwindigkeitsverluste auf, wenn auch die Bestrahlungswinkel klein sind. Bei großen Bestrahlungswinkeln ($\theta = 45°$) dagegen sind die Geschwindigkeitsverluste bei $\theta_2 = 45°$ größer als bei $\theta_2 = 5°$.

Der Einfluß der Beschleunigungsspannung auf die Geschwindigkeitsverluste bei unveränderlichen θ_1 und θ_2 wird durch Abb. 9a (Streuung an Al, $\theta_1 = 45°$ und $\theta_2 = 45°$) und Abb. 9b

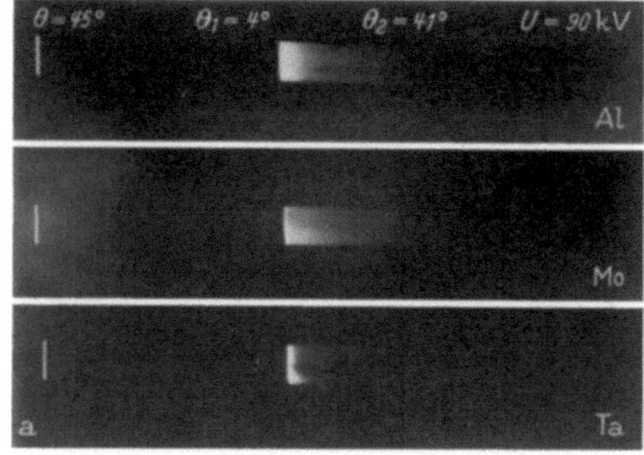

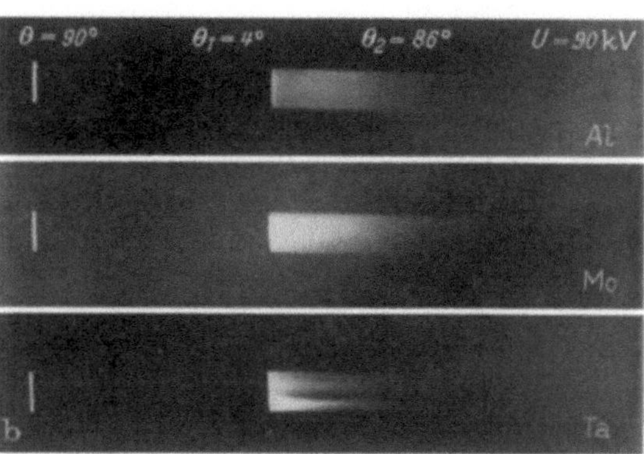

Abb. 7a u. b. a) Energiespektren eines Elektronenstrahls. b) Energiespektren eines Elektronenstrahls

Abb. 8. Energiespektrum eines an *Ta* gestreuten Elektronenstrahls. $\theta = 90°$, $\theta_1 = 45°$, $\theta_2 = 45°$, $U_p = 90$ kV

(Streuung an Ta, $\theta_1 = 40°$, $\theta_2 = 50°$) veranschaulicht. Dieselben Aufnahmen demonstrieren die starke Abhängigkeit der Streuung von der Ordnungszahl des Metalles. Je kleiner die Ordnungszahl des Metalls ist, desto größer sind die Geschwindigkeits-

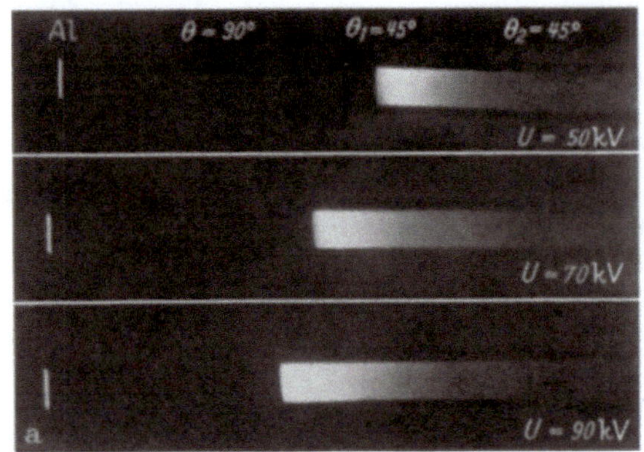

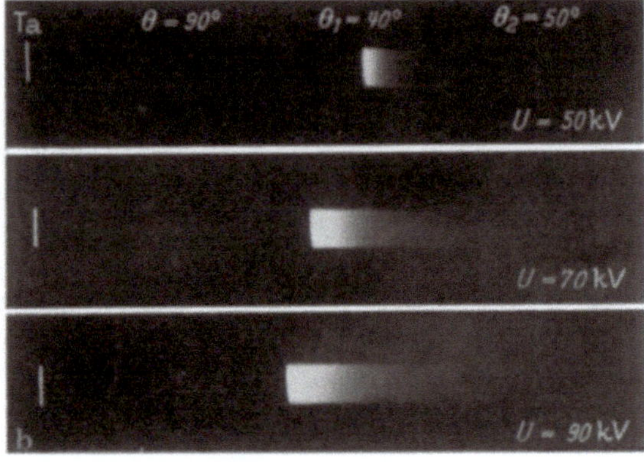

Abb. 9a u. b. a) Energiespektren von an Aluminium gestreuten Elektronenstrahlen als Funktion der Primär-Energie. b) wie in Abb. 9a, aber an Tantal

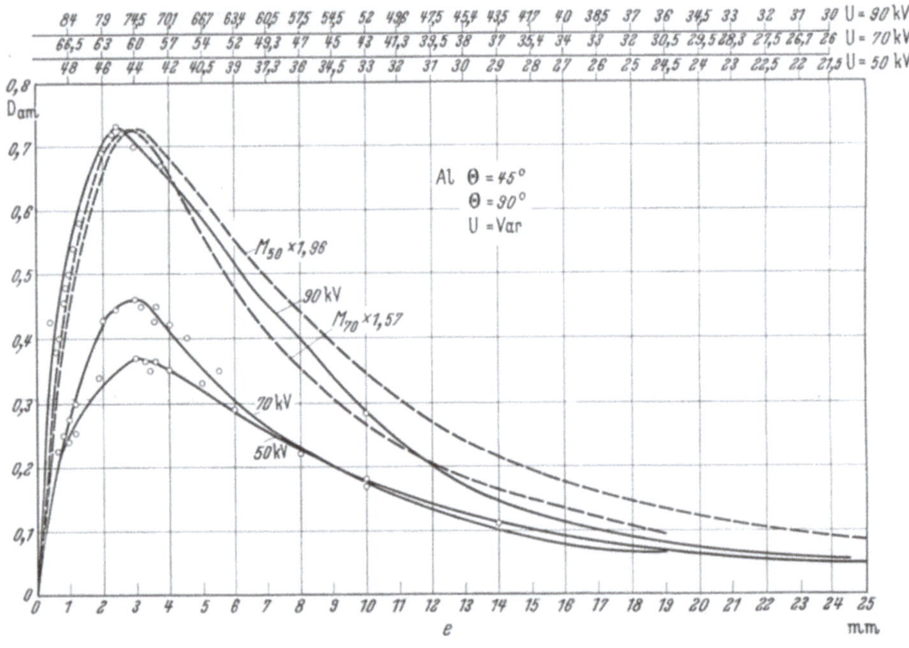

Abb. 10. Schwärzungskurven von Spektren

verluste. Alle Geschwindigkeitsspektren wurden photometriert und Schwärzungskurven in Abhängigkeit von der Elektronenintensität erhalten. Eine typische Kurve, die Abb. 9a entspricht, ist in Abb. 10 wiedergegeben.

In Abb. 11 sehen wir das Farbspektrum der Elektronen, die von einer Aluminiumplatte reflektiert wurden. Die lichtspektrenähnliche Färbung kommt

Abb. 11. Aufnahme eines Elektronen-Energiespektrums auf Farbfilm. Verschiedene Farben infolge verschiedener Eindringtiefe der Elektronen

dadurch zustande, daß die chromatisch verschiedenen Elektronen verschieden tief in die Farbemulsion des Films eindringen (*1*).

III. Korrektion eines magnetischen Reflexionsmikroskops hinsichtlich der Farbfehler und der Maßstabsverzerrung

(G. W. Der-Schwarz, J. M. Kuschnier)

Nach dem Erscheinen der ausgezeichneten Reflexionsaufnahmen Ch. Ferts und seiner Mitarbeiter (2) wurde eine Korrektur der Optik eines magnetischen Elektronenmikroskops, das sich im Besitz unseres Laboratoriums befindet, hinsichtlich der Farbfehler vorgenommen (*3*). Diese Korrektion wurde annähernd in derselben Richtung durchgeführt, wie es bei J. Katagiri geschildert ist (*4*). Man stellte sich dabei die Aufgabe, ein Paar solcher Polschuhe für Objektiv und Projektionslinse zu wählen, die bei der Beschleunigungsspannung von 60 kV möglichst genau im ersten Brechkraftmaximum arbeiten und dabei denselben Wert der chromatischen Bildzerdrehungskonstante haben. Außerdem war es notwendig, die Brennweite so klein zu machen, wie es sich mit der Konstruktion des Objektives und den Überlegungen der Bequemlichkeit vereinbaren ließ. Man konnte dabei ein geringes Hereinragen des Objektes in das Magnetfeld zulassen, da nachfolgende Untersuchungen an nicht ferromagnetischen Metallen durchgeführt werden sollten.

Um die Wahl des Polschuhpaares mit geringem Zeitaufwand durchzuführen, wurden Versuchspolschuhe für Objektiv und Projektiv angefertigt, deren Spaltweite bequem verändert und deren Bestandteile rasch ausgewechselt werden konnten.

Es stellte sich bald heraus, daß die oben erwähnten Anforderungen zu Polschuhabmessungen führten, die die Sättigung des Polschuhmetalls unvermeidlich machten. Da die Polschuhe im Brechkraftmaximum betrieben werden sollten, hatte man lediglich die Bildzerdrehungsfarbfehlerkonstante bei Änderung der Betriebsspannung zu messen. Dabei mußte die Durchflutung derjenigen gleichen, die bei der Beschleunigungsspannung von 60 kV das Gaußsche Bild auf dem Endbildschirm erzeugte.

Ändert sich das Magnetfeld in der Bohrung der Polschuhlinse nicht, so ist der Bilddrehungswinkel eine Funktion der Beschleunigungsspannung U.

$$\alpha = \frac{\varkappa}{\sqrt{U^*}} \tag{1}$$

Bei kleinen Geschwindigkeitsänderungen $U \ll \varDelta U$ gleicht die Winkeländerung:

$$\varDelta \alpha = C_3 \cdot \frac{\varDelta U}{U} \tag{2}$$

$$C_3 = \frac{1}{2} \frac{\varkappa}{\sqrt{U^*}} \tag{3}$$

So hatte man also die Konstante $\varkappa$ zu bestimmen, um den Wert von C_3 errechnen zu können. Man berechnete $\varkappa$ nach der Formel:

$$\varkappa = \frac{\alpha_1 - \alpha_2}{\dfrac{1}{\sqrt{U_1^*}} - \dfrac{1}{\sqrt{U_2^*}}} \tag{4}$$

Man beobachtete die Winkeländerung $\alpha_1 - \alpha_2$, indem man bei Spannungszuwachs von $(U_1^* - U_2^*)$ die Drehung des Bildes durch eine mit einem Einschnitt versehene Blendenöffnung fotografierte. Bei 60 kV ging das Schattenbild der Blende in das Gaußsche Bild über. Wurde dabei der Durchmesser der Blende auf dem Bild maximal, so genügten die Abmessungen des Objektivpolschuhes der gestellten Aufgabe. Man mußte nun einen solchen Polschuh für die Projektionslinse finden, der bei 60 kV ebenfalls das Schattenbild einer Blende maximal gestaltete und dieselbe Drehung des Blendenbildes bei dem Spannungsanstieg von $U_1^* - U_5^*$ herbeiführte.

Der so gefundene Wert von C_3 betrug $C_3 = 1 \pm 0{,}1$.

In den Abb. 12a und 12b ist eine Kupferoberfläche, die vorher einem längeren Ionenbeschuß ausgesetzt war, abgebildet. Die Abb. 12a entspricht der nicht parallelen Richtung der axialen

Komponente der Feldstärke beider Linsen und Abb. 12b der parallelen. Die elektronenoptische Vergrößerung M_1 betrug 3 000mal, und die Winkel θ_1 und θ_2 betrugen 1° bzw. 7°. Die Abb. 12c zeigt ein anderes Objektgebiet bei einer Gesamtvergrößerung von 6 000mal.

Die Maßstabsverzerrungen wurden teilweise dadurch beseitigt, daß man unmittelbar nach der Projektionslinse eine Zylinderlinse in die Säule des Geräts einführte (4). Die Brechkraft des Objektives und der Projektionslinse waren dabei so groß, daß das von dem Maßstabskorrektor

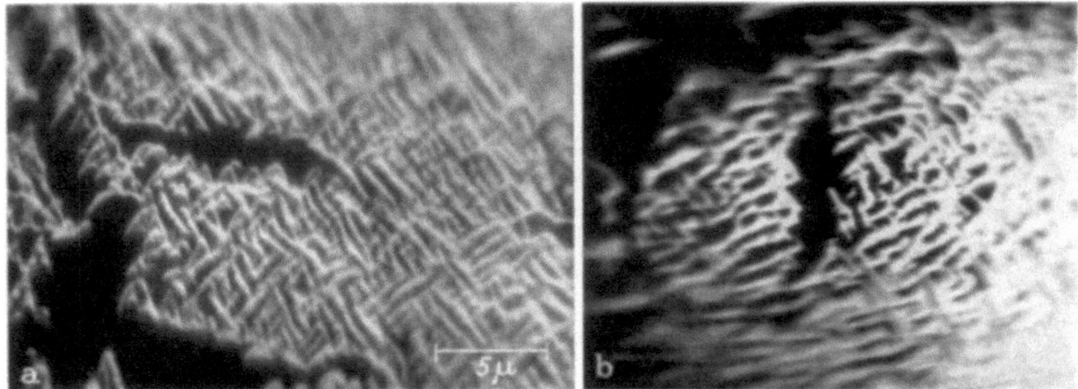

Abb. 12a u. b. a) Kupferoberfläche im Reflexionsmikroskop sichtbar gemacht. Nicht parallele Richtung der axialen Komponente der Feldstärke beider Linsen. b) bei paralleler Komponente

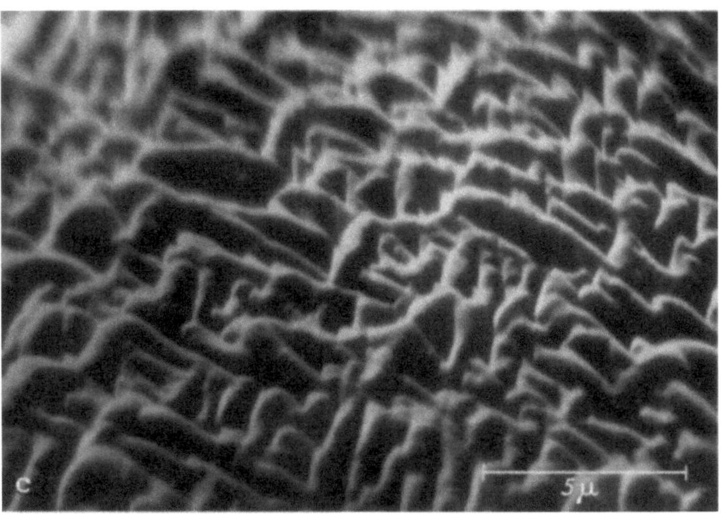

Abb. 12c. Wie Abb. 12b, aber eine andere Stelle in höherer Vergrößerung

erzeugte Zerstreuungsscheibchen, das dem axialen Astigmatismus zuzuschreiben ist, in Umrechnung auf das Objekt, 80 Å nie erreichte. Da die durch den chromatischen Öffnungsfehler bestimmte Auflösung schätzungsweise 300—500 Å sein mußte, konnte die Maßstabskorrektion nicht die Bildgüte beeinträchtigen.

Die Wirksamkeit einer solchen Maßstabskorrektur läßt sich aus den Abb. 13 a, b ersehen. Abb. 13a zeigt eine polierte Tantaloberfläche bei natürlichem Maßstabsverhältnis: $M_\perp/M_\parallel = 8{,}3$. Abb. 13b zeigt dasselbe Objektgebiet nach Betätigung des Korrekturstückes. Die beste Auflösung, die man im Laufe dieser Untersuchungen zu erreichen vermochte, betrug 300—500 Å. Eine solche Auflösung entsprach aber nur einem sehr kleinen Objektgebiet (Abb. 13b). Auf den übrigen abgebildeten Objektgebieten betrug sie etwa 600 Å. Eine so geringe Auflösung, trotz der getroffenen Maßnahmen, läßt sich wahrscheinlich durch die Verschmutzung der Objektoberfläche erklären.

Abb. 13a u. b.   a) Tantaloberfläche unkorrigiert.   b) Tantaloberfläche korrigiert

Alle oben angeführten Abbildungen wurden mit einer begrenzenden Aperturblende von 0,03 mm Durchmesser erhalten.

IV. Der Einfluß der Blendenverschiebung auf die Auflösung des Reflexionsmikroskopes

(G. W. Der-Schwarz)

Verkleinert man den Durchmesser der begrenzenden Aperturblende ($D = 0,01$ mm), so kann man eine höhere Auflösung erreichen. Darum untersuchten wir theoretisch, wie stark die Auflösung eines Mikroskops durch eine Blendenverrückung beeinträchtigt wird (5). Diese Frage tauchte gleichzeitig mit der Idee auf, einen Mehrstufenbildwandler zur Leuchtdichtesteigerung des Endbildes eines Elektronenmikroskops zu verwenden, um so eine Möglichkeit mit kleiner Elektronendichte zu arbeiten (6), zu erlangen.

Rückt man die Blende etwas von der Symmetrieachse des Feldes ab, so wird das Bild von geneigten Bündeln gebildet. Diese setzen sich der analysierenden Einwirkung der zur optischen Achse senkrechten Feldkomponente aus (Abb. 14a, b). Es entsteht so ein Farbfehlerscheibchen, das auf Abb. 15 dargestellt ist. Die Größe dieses Fehlers hängt von den Polschuhabmessungen ab. Die diesen Fehler kennzeichnende Länge τ beträgt etwa $\tau \cong (1{,}5 \div 2)\,d$, wenn $\beta \cong (1{,}5 \div 2)\,\alpha$ gleicht. Hier ist d der Durchmesser des Farböffnungsfehlerscheibchens und α der Öffnungswinkel der das Objekt verlassenden Elektronenstrahlen.

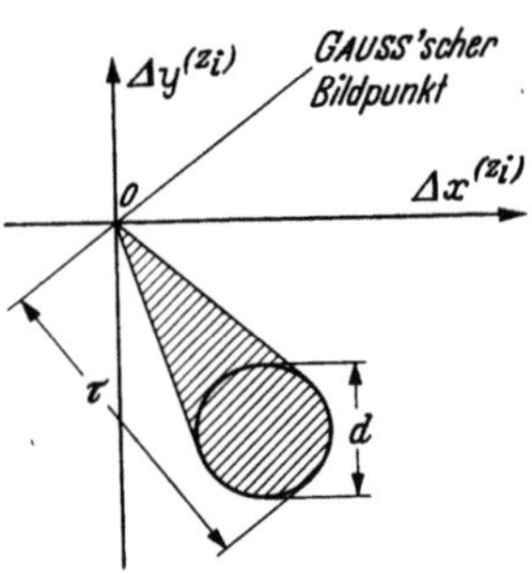

Abb. 14a u. b. a) Objektiv mit dezentrierter Aperturblende. b) Komponenten des Magnetfeldes

Abb. 15. Zur Entstehung des Farbfehlerscheibchens

Die angeführten Daten machen deutlich, daß die Blende gut zentriert sein muß. Ist der Durchmesser der Blendenöffnung klein, so ist es schwer, damit zu experimentieren, da der Mechanismus der Blendenverstellung gewöhnlich recht grob ist. Es gelang, den beschriebenen Farbfehler mit einem Elektronenprisma, dessen Feld senkrecht zur optischen Achse gerichtet war und nach Stärke und Richtung stetig verändert werden konnte, zu beheben.

Literatur

1. Suschkin, N. G., u. J. M. Kuschnier: J. techn. Fisiki 28, N 4, 908 (1958).
2. Fert, Ch., B. Marty et R. Saporte: C. R. Acad. Sci. (Paris) 240, 1975 (1955).
3. Der-Schwarz, G. W., u. J. M. Kuschnier: Radiotechn. i Elektr. IV, N 6, 1002 (1959).
4. Katagiri, S.: Rev. sci. Instrum. 26, 70 (1955).
5. Der-Schwarz, G. W.: Radiotechn. i Elektr. 3, N 10, 1315 (1958).
6. Nirikow, W. G., J. M. Kuschnier, M. M. Butslow u. G. A. Bordowski: Dieser Band S. 103.

10. Interferenzmikroskopie und Interferometrie

Biprisma-Interferometer für Elektronenwellen und seine Anwendung zur Messung von inneren Potentialen

M. Keller

Lehrstuhl für Experimentelle und Angewandte Physik der Universität Tübingen

Das Hauptelement des Elektronen-Interferometers ist ein elektronenoptisches Biprisma nach G. Möllenstedt und H. Düker. Es gibt die Möglichkeit, mit Elektronen helle, visuell gut beobachtbare Zweistrahl-Interferenzen zu erzeugen. Die kohärenten Teilstrahlen lassen sich räumlich trennen; durch kontinuierliche Änderung der Brechkraft des Biprismas kann man Zahl und Abstand der parallelen Interferenzstreifen innerhalb weiter Grenzen verändern.

Der Strahlengang durch das Biprisma wird in lichtoptischer Analogie dargestellt und die Lage der Interferenzstreifen gezeigt. Durch den Einfluß eines Stufen-Objektes aus einem brechenden Medium, das für die Teilstrahlen verschiedene Dicken aufweist, entsteht ein zusätzlicher Gangunterschied zwischen den beiden Strahlen, der sich in einer Streifenverschiebung bemerkbar macht. Aus der Streifenverschiebung, der Wellenlänge und der Stufenhöhe des Objektes läßt sich der Brechungsindex des Mediums ermitteln. Die brechenden Medien der Elektronenoptik sind

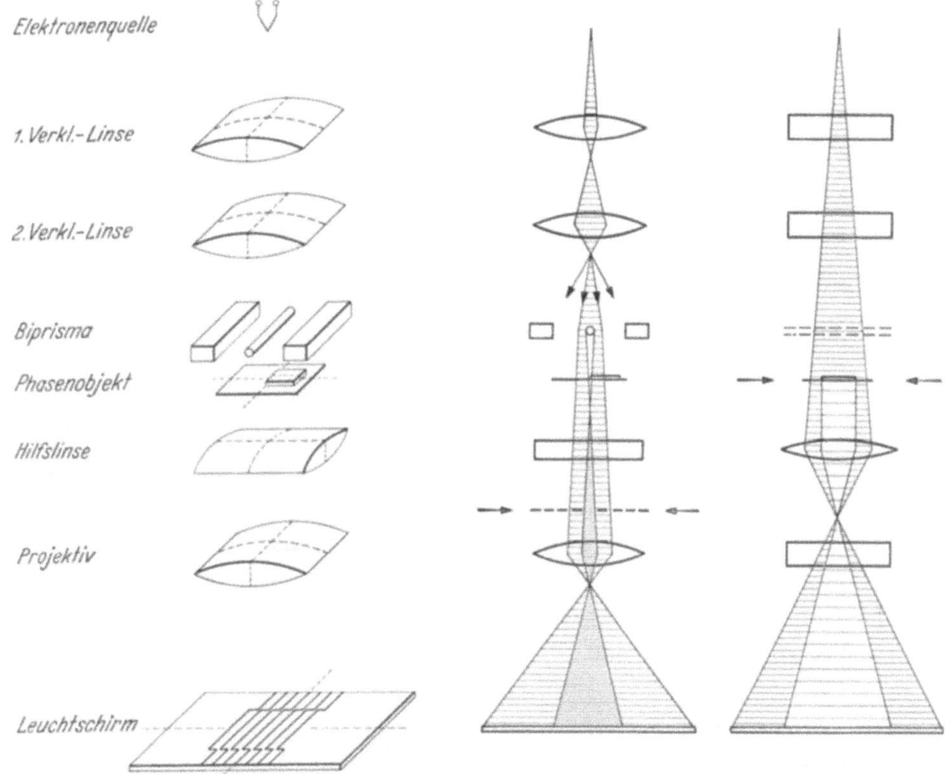

Abb. 1. Aufbau und Strahlengang eines Elektronen-Interferometers

Substanzen, die ein inneres Potential besitzen. Ein positives inneres Potential bewirkt, daß die Elektronen beim Durchgang durch eine Folie im Innern eine höhere Geschwindigkeit und damit eine kleinere Wellenlänge als im Außenraum haben.

Abb. 1 zeigt den Aufbau des Interferometers und den Strahlengang in Vorder- und Seitenansicht. Zwei Zylinderlinsen verkleinern eine Glühkathode in einer Richtung tausendfach zur spaltförmigen Beleuchtung des Biprismas. Eine Ebene des Interferenzraumes wird durch ein zylindrisches Projektiv auf den Leuchtschirm geworfen. Die Stufe des Objektes, das sich dicht unter dem Biprisma befindet, wird unterbrochen und die Unterbrechungslinie mit einer zu den anderen Linsen gekreuzten Hilfslinse abgebildet, so daß auf dem Leuchtschirm gleichzeitig verschobene und unverschobene Interferenzstreifen sichtbar sind. Der Gangunterschied läßt sich dadurch leicht ausmessen.

Aus der Strahlspannung, der Streifenverschiebung und der Stufenhöhe des Objektes wird das innere Potential des Objektmaterials berechnet. Die Linsen des Interferometers arbeiten an Teilspannungen von höchstens 65% der Kathodenspannung, so daß mit Strahlspannung bis 60 kV gearbeitet werden kann.

Die Stufenobjekte werden durch Hochvakuum-Bedampfung hergestellt. Eine 400 μ-Blende wird mit einer Trägerfolie z. B. aus Beryllium bespannt. Darauf wird eine gleichmäßige Grundschicht aus dem zu messenden Material gedampft, dann durch die Maschen eines 50 μ-Netzes hindurch noch quadratische Stufen aus demselben Material. Die Grundschicht kann nicht weggelassen werden, weil sonst das Kontaktpotential zwischen Stufen und Träger sich störend auswirken würde. Die Stufenhöhe wird mit lichtoptischen Vielstrahl-Interferenzen nach TOLANSKY gemessen.

In Abb. 2 wird schematisch dargestellt, wie die Objekte zur optischen Mittelebene des Interferometers, die durch Pfeile gekennzeichnet ist, ausgerichtet werden. Der an dem Interferenzbild

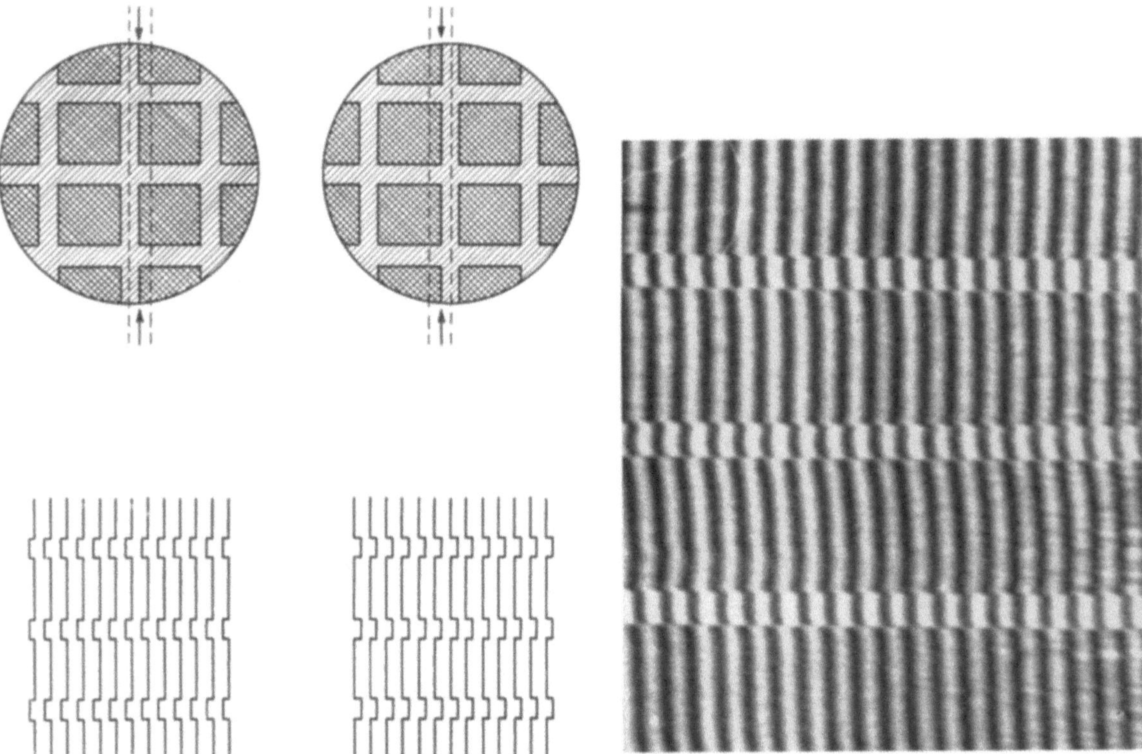

Abb. 2. Phasensprünge in Abhängigkeit von der Lage des Objektes

Abb. 3. Demonstration der Phasenverschiebung durch Aluminium-Stufen

mitwirkende Bereich ist gestrichelt eingetragen. Je nachdem, ob die Stufen an die Mitte von rechts oder links heranreichen, erfolgt der Sprung der Interferenzstreifen nach rechts oder links. Dies ist im unteren Teil der Abbildung angedeutet. Aus der Richtung des Streifensprungs geht das Vorzeichen des inneren Potentials hervor.

In Abb. 3 ist ein Beispiel eines Interferenzbildes mit Streifensprüngen, die durch den Einfluß des inneren Potentials an Objektstufen entstanden sind, dargestellt. Der Gangunterschied der 50 kV-Elektronen beträgt in dieser Aufnahme weniger als $1/5\ \lambda$.

Erste Messungen nach der geschilderten Methode ergaben als mittlere innere Potentiale die Werte für Be: $+11$ V, Cu: $+19$ V, Ag: $+20$ V, Au: $+27$ V. Bei den Messungen treten vor allem zwei Störeffekte auf. Der erste ist die Verbiegung der Interferenzstreifen, wenn die Grundfolie des Objektes nicht sehr gut plangespannt ist. Eine exakte Messung ist dann nicht möglich. Der zweite Effekt ist eine festgestellte Abhängigkeit der Elektronendurchlässigkeit bestimmter Materialien von der Bestrahlungsdichte. Ob dies einen Einfluß auf den Meßwert des inneren Potentiales hat, wird noch geprüft.

Elektronen-Interferenz-Mikroskopie

R. Buhl

Lehrstuhl für Experimentelle und Angewandte Physik der Universität Tübingen

Nach den Erfahrungen mit dem Biprisma-Interferometer für Elektronenwellen (1) mußte es möglich sein, die Phasenschiebung der Elektronenwellen bei Durchstrahlung von Materieschichten im Elektronen-Interferenzmikroskop zu beobachten. Ein Elektronen-Interferenzmikroskop (2) muß gleichzeitig die Interferenzstreifen und das Objekt scharf auf die Beobachtungsebene abbilden. Der dazu ausgewählte Strahlengang hat die Eigenschaft, bei gefordertem Abstand der Interferenzstreifen in der Endbildebene die größte Helligkeit zu liefern. Das in Abb. 1 dargestellte Biprisma lenkt die beiden kohärenten Bündel auseinander. Es überschneiden sich dann die von den beiden kohärenten Bildern der Lichtquelle in der hinteren Brennebene der Objektivlinse ausgehenden Bündel in der Beobachtungsebene und erzeugen dort ein System von Interferenzstreifen. Das Objektiv bildet dabei die Objektebene auf die Beobachtungsebene ab. Mit den Projektiven wird eine Gesamtvergrößerung von 1000- bzw. 2000fach ermöglicht.

Neben Aufnahmen an Kohle- und Kollodiumfolien und an MoO_3-Einkristallen wurden Aufdampfschichten zur Untersuchung herangezogen. Aus den gemessenen Phasenschiebungen

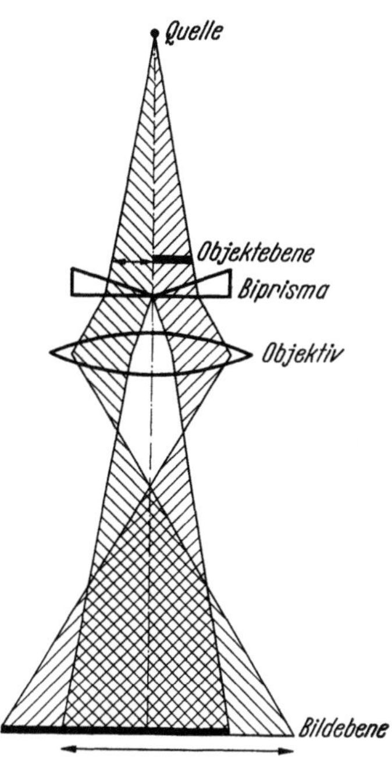

Abb. 1. Strahlengang des Biprisma-Interferenz-Mikroskops

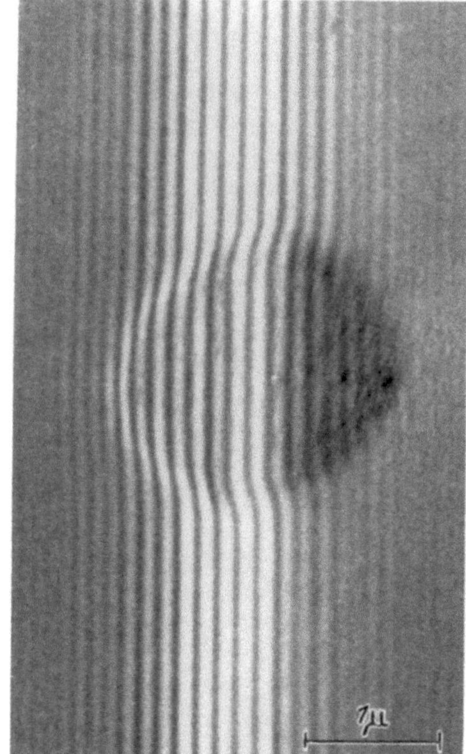

Abb. 2. Nach Verfahren 1 aufgedampfte Scheibe von Aluminium, 200 Å dick

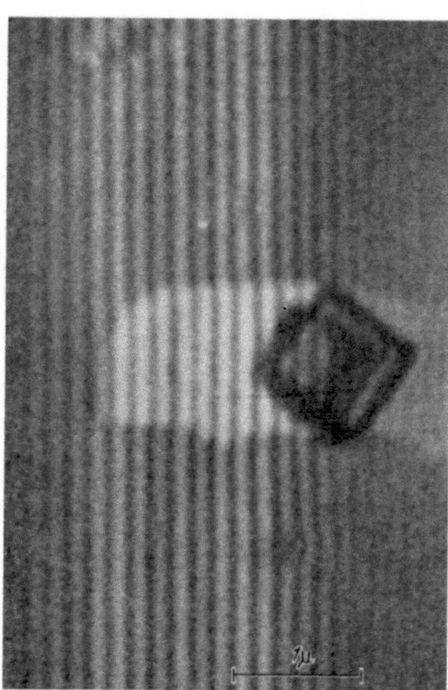

Abb. 3. Nach Verfahren 2 aufgedampfte Goldschicht, 60 Å dick

wird das mittlere innere Potential der untersuchten Materie bestimmt. Die Aufdampfschichten zur Untersuchung im Elektronen-Interferenzmikroskop wurden nach zwei Verfahren hergestellt:

1. Kollodiumfolien, die durch Elektronenbeschuß Löcher erhalten hatten, wurden als Bedampfungsschablone möglichst eng auf die Trägerfolien gelegt. Der Niederschlag erfolgt so nur hinter den Löchern. Die Abb. 2 stellt eine elektroneninterferenz-mikroskopische Aufnahme eines runden, 1,5 μ im Durchmesser betragenden Bereiches von 230 Å dickem Aluminium dar.

2. Kohlehüllen-Präparate auf einer glatten Folie werden mit den zu untersuchenden Substanzen schräg bedampft. Die Schatträume bleiben von der Bedampfung frei, und an ihren Grenzen kann der Sprung der Interferenzstreifen beobachtet werden (Abb. 3).

So wurden Aufdampfschichten von Gold, Silber, Aluminium und Zinksulfid (ZnS) im Elektronen-Interferenzmikroskop untersucht und die Phasenschiebung gemessen. Die Dickenmessung erfolgte mit Vielstrahlinterferenzen (TOLANSKY). Die verwendeten Schichtdicken lagen zwischen 100 und 600 Å. Die Phasenschiebung ergab sich als proportional zu der Schichtdicke. Es wurden aus insgesamt 26 Meßreihen folgende Mittelwerte für das innere Potential errechnet:

Gold	21,1 V	Aluminium	12,4 V
Silber	20,7 V	Zinksulfid	10,2 V

Die Streuung der einzelnen Messungen lag maximal bei $\pm 10\%$.

Literatur

1. MÖLLENSTEDT, G., u. M. KELLER: Z. Physik **148**, 34 (1957).
2. — u. R. BUHL: Physik. Bl. **13**, 357 (1957).

Interférométrie électronique et microscopie électronique interférentielle

CHARLES FERT et JEAN FAGET

Laboratoire d'Optique Electronique de Toulouse

Les expériences d'interférométrie que nous décrivons utilisent le principe du biprisme de FRESNEL, tel qu'il a été transposé en optique électronique par MÖLLENSTEDT et DÜKER (1).

Indépendamment de différences de détail, notre montage diffère de celui de ces auteurs par l'emploi d'une optique magnétique. Il en résulte, en particulier, les caractères suivants:

— les difficultés associées à l'emploi d'électrons d'énergie supérieure à 50 keV sont très réduites. Les expériences décrites ci-dessous ont été faites, en général, avec des électrons de 75 keV; dès les premières expériences, nous avons pu vérifier la conservation de la cohérence à la traversée d'un film mince. L'utilisation d'une différence de potentiel plus élevée, et, par exemple, de 100 keV ne présente pas plus de difficulté qu'en microscopie électronique.

— il est facile d'obtenir, avec des lentilles magnétiques, des distances focales plus courtes et des coefficients d'aberration plus faibles qu'avec des lentilles électrostatiques. Le rôle des lentilles cylindriques électrostatiques peut être joué par des lentilles quadrupolaires.

— la rotation des images, qui semble à priori une gêne dans un montage où l'orientation d'une fente ou d'un fil joue un grand rôle, est, en réalité, commode pour un réglage fin de cette orientation.

1. Montage Expérimental. La conception du montage expérimental, et la description des éléments qui le constituent, ont déjà fait l'objet de publications antérieures (2, 3). Nous pouvons dire qu'il s'agit d'un microscope électronique de laboratoire, à lentilles magnétiques, présentant les particularités suivantes:

— on peut introduire sans démontage, et centrer sous vide, une *fente fine dans l'entrefer du condenseur*. Cette fente peut en outre être légèrement déplacée suivant l'axe du condenseur, ce qui équivaut à l'orienter. La largeur de la fente est, suivant son réglage, de 3—5 μ. La distance condenseur-objectif est de l'ordre de 20 cm.

— *le porte objet* comporte la possibilité d'orienter l'objet autour de l'axe de l'objectif.

— *l'objectif* est réglé habituellement pour une distance focale $f_0 \sim 3$ mm, sa constante d'aberration sphérique étant du même ordre.

— le *support du biprisme* est inséré entre l'objectif et la chambre intermédiaire. Ce support permet le centrage et l'orientation mécanique du biprisme.

Le fil du biprisme est un fil d'araignée de diametre voisin de $0,1\ \mu$, chromé par évaporation sous vide. Il est disposé sur un diaphragme de 0,4 mm, isolé de la masse, qui peut être porté à un potentiel de quelques dizaines de volts (Fig. 2).

— *la chambre intermédiaire* contient la lentille intermédiaire. Il est possible d'extraire celle-ci par une large ouverture, et d'avoir accès, sans démontage de la colonne, au biprisme et aux pièces polaires de l'objectif et du projecteur.

Une deuxième chambre intermédiaire a été mis en place récemment avant le projecteur; elle doit être utilisée au cours de prochaines expériences.

— Sous le projecteur est placé une *lentille quadrupolaire magnétique*, qui réduit le grandissement dans la direction parallèle à la direction de visée de l'observateur, et l'augmente dans la direction perpendiculaire (4).

— *La rotation des images* due aux lentilles magnétiques n'est pas une source de difficultés. Le sens des courants dans les lentilles est choisi pour que les rotations dues au condenseur et à l'objectif soient concordantes et opposées à la rotation due au projecteur. La fente, dans le condenseur, étant parallèle à la direction de visée de l'observateur sur l'écran, il est facile de régler l'excitation du projecteur pour que les franges de diffraction et d'interférence soient parallèles à la même direction. Dans ces conditions, les excitations des lentilles peuvent avoir des valeurs très favorables, et la lentille quadrupolaire donne à la fois un grandissement plus élevé dans le sens perpendiculaire aux franges d'interférence et un gain d'éclairement de l'écran.

Fig. 1. Banc d'optique électronique monté pour les expériences d'interférométrie

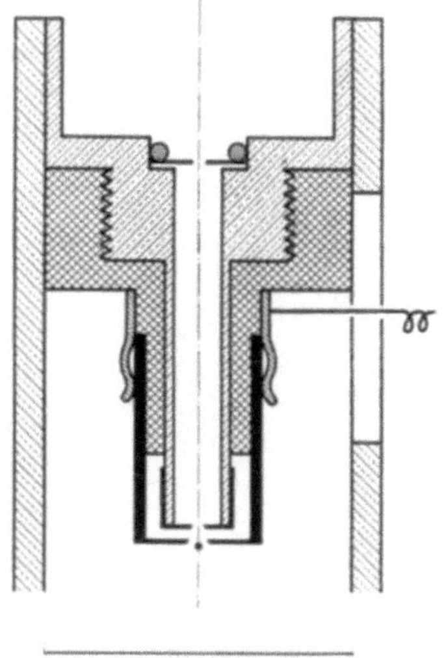

Fig. 2. Coupe du biprisme

2. Franges de diffraction et d'interférence. Le montage que nous venons de décrire a servi à l'observation de différents phenomènes de diffraction et d'interférences (trous de YOUNG, diffraction de FRESNEL par un trou ou un demi-plan etc. (6)]. Nous limiterons cet exposé aux expériences qui utilisent le principe du biprisme de FRESNEL. Nous ne rapellerons pas le montage ni les premiers résultats obtenus. En ce qui concerne l'expérience du biprisme proprement dite, nous attirerons seulement l'attention sur le rôle de la largeur de la source dans cette expérience.[1]

Pour que les franges soient visibles, il faut que la fente-source, c'est-à-dire l'image de la fente qui se forme au foyer image de l'objectif, soit assez fine.

---

[1] Voir à ce sujet (7); dans cette publication est également examinée l'influence d'une tension périodique appliquée au fil du biprisme.

En réalité, on a déjà montré, en optique, que si la largeur $2\,\varepsilon$ de la source augmente progressivement, pour une distance $2\,l$ des deux images de cette source que donne le biprisme, les franges, d'abord nettes, disparaissent pour

$$2\,\varepsilon = \frac{a\,(a+b)\,\lambda}{2\,l \cdot b}$$

puis reparaissent avec un *contraste inversé* (frange centrale sombre). Si $2\,\varepsilon$ augmente encore, les franges disparaissant chaque fois que λ

$$2\,\varepsilon = n \cdot \frac{a\,(a+b)\,\lambda}{2\,l \cdot b} \quad (n = 1, 2, 3\ldots), \tag{1}$$

le contraste des franges allant en diminuant et s'inversant à chaque disparition.

Le même phénomène s'observe en optique électronique en provoquant l'augmentation de la largeur $2\,\varepsilon$, par dilatation par exemple. Il est plus simple de maintenir $2\,\varepsilon$ fixe, et d'augmenter progressivement $2\,l$ en augmentant le potentiel appliqué au biprisme. Il y a disparition des franges, suivie d'inversion, chaque fois que la relation (1) est satisfaite. Pour une valeur donnée de $2\,\varepsilon$, et augmentation progressive de $2\,l$, le nombre de franges N_n à l'intérieur de la zone géométrique[1] commune aux deux faisceaux, *au voisinage* de la n^{ieme} disparition, est:[2]

$$N_n = \frac{a\,(a+b)\,\lambda}{(2\,\varepsilon)^2\,b} \cdot n^2$$

L'expérience confirme bien cette théorie, et ce phénomène permet de contrôler la finesse de la source (7).

Avec une bonne fente, et sans précaution spéciale, nous avons obtenu couramment 200 à 300 franges bien contrastées. Ce nombre peut certainement être augmenté par un montage soigné dans le détail, comme il est devenu possible de le faire. Nous ne pensons pas qu'il s'agisse là simplement d'une performance sans intérêt: un essai de cette nature peut contribuer à fixer une limite inférieure de la cohérence d'un faisceau électronique donné.

3. Microscopie électronique interférentielle. Disposons un objet dans le plan focal objet de l'objectif. L'objectif, tout en donnant une image réduite de la fente disposée dans le condenseur, forme une image de l'objet dans le plan focal objet du projecteur. Si nous avons disposé le fil du biprisme, sans l'exciter, l'image de l'objet est barrée par les franges de diffraction du fil.

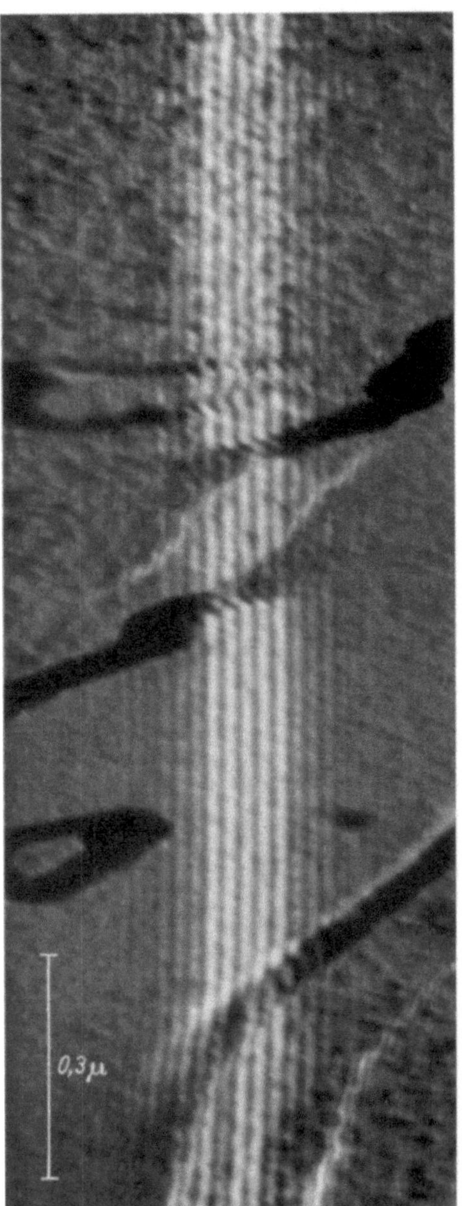

Fig. 3. Microscopie électronique interférentielle: empreinte d'une fonte blanche

Portons le fil à un potentiel positif. L'action du biprisme se traduit par une translation vers la gauche de la partie de l'image située à droite de l'ombre du fil, vers la droite de la partie de l'image située à gauche de l'ombre du fil. Dans la zone commune, *étalée par diffraction*, on aperçoit

---

[1] Dans cette expression, a est la distance de la source au biprisme, b) celle du biprisme au plan focal objet du projecteur.

[2] En réalité, la zone commune aux deux faisceaux est étalée par diffraction; il est facile, cependant, d'évaluer approximativement N_n car l'éclairement diminue vite en dehors de la zone géométrique commune aux deux faisceaux.

les franges du biprisme. Mais, en chaque point, l'ordre d'interférence est défini par la différence de marche géométrique due à l'action du biprisme, à laquelle vient s'ajouter la différence d'épaisseur optique des deux points correspondants de l'objet. Il en résulte, si la lame objet n'est pas uniforme, des franges sinueuses dont les écarts à la frange moyenne (mesurés en interfrange) représentent les variations de la différence d'épaisseur optique, (mesurée en longueur d'onde) entre les deux points correspondants de la lame-objet.

On a ainsi obtenu, dans cette zone commune, une image en microscopie électronique interférentielle, au sens de ce terme en optique. Si l'une des deux régions est homogène, les sinuosités des franges représentent les variations d'épaisseur optique de l'autre région.

La Fig. 3 donne un exemple d'une telle image.

Le montage que nous avons décrit permet de faire ces observations avec toute la résolution du microscope électronique et pour les tensions qui se sont révélées utiles en microscopie électronique: l'optique comprend, en fait, celle d'un microscope électronique à lentilles magnétiques; pour des grandissements de l'ordre de 20 000 à 30 000, et une fente très fine, l'éclairement reste suffisant pour une observation commode. Cette méthode d'observation est susceptible d'être utile, même sous sa forme actuelle, très rudimentaire si on la compare aux procédés de microscopie électronique interférentielle en optique.

4. Mesure d'une différence de phase en optique électronique. L'interposition d'une lame matérielle d'épaisseur d, d'indice électro-optique n, introduit, sur le trajet de l'onde associée à l'électron, une différence de marche supplémentaire $\Delta = (n-1)\,d$.

Pour mesurer Δ, nous utilisons le principe décrit ci-dessus pour la microscopie électronique interférentielle: la lame étant disposée dans le plan objet, et mise au point, on amène au voisinage de l'ombre portée du fil du biprisme une région anguleuse du contour de la lame, ou un bord net de la lame placé obliquement par rapport au fil. En excitant le biprisme, on fait apparaître le dédoublement des images décrit ci-dessus, et le décrochement des franges dû à la traversée de la lame est mis en évidence (Fig. 4). Le rapport du décrochement à l'interfrange est égal au rapport Δ/λ de la différence de marche à la longueur d'onde associée aux électrons.

5. Mesure du potentiel interne d'une substance. L'indice d'une lame matérielle est fonction du potentiel interne moyen φ de la substance. Si Φ représente l'énergie du faisceau électronique en électrons volts, on a, avec une approximation très suffisante en pratique,

$$\Delta = (n-1)\,d = \frac{\varphi}{2\,\Phi} \; \frac{1 + \dfrac{e\,\Phi}{mc^2}}{1 + \dfrac{e\,\Phi}{2\,mc^2}}\, d$$

(e et m, charge et masse au repos de l'électron, c vitesse de la lumière). Nous venons de voir comment peut être mesuré Δ. Si on sait mesurer l'épaisseur de la même lame, il est possible de calculer φ.

Il est bien naturel de faire cette mesure sur les films de préparation courante en microscopie électronique: les films obtenus par évaporation sous vide. Malheureusement, ces films ont des propriétés qui dépendent dans une large mesure de leur préparation, et cela d'une manière difficile à préciser. Ce fait est bien établi pour les propriétés électriques et optiques de nombreux films. Différents auteurs[1] ont mesuré la transparence des films de carbone en fonction de leur épaisseur: la dispersion de leur résultat est une nouvelle confirmation de ce fait.

Nous nous sommes proposés de faire la mesure sur une lame mieux définie; c'est le cas d'une *lame monocristalline*, obtenue par clivage ou amincissement.

Nous présentons ici le résultat obtenu sur une lame de graphite, obtenue par clivage, suivant la technique décrite par R. HOCART et A. OBERLIN (*12*). On obtient par cette méthode des lamelles de quelques centaines d'Angströms, et, pour une accélération de 75 kV, les franges sont encore très nettes avec une lame de 700 Å d'épaisseur.

La mesure de la différence de marche électro-optique étant faite comme il est indiqué ci-dessus, la difficulté principale réside dans la mesure de l'épaisseur d. Une méthode de transparence est

---

[1] AGAR, A. W.: Brit. J. appl. Physics 8, 35 (1957). — COSSLETT, A., et V. E. COSSLETT: Brit. J. appl. Physics 8, 374 (1957). — DURAND, PH.: Dipl. d'Et. Sup. Toulouse 1958.

utilisable si on a tracé *avec le même microdensitomètre*, la courbe de densité en fonction de l'épaisseur. Nous avons préféré mesurer directement l'épaisseur par une méthode d'interférométrie optique.

Après la mesure de Δ, la lame de graphite est libérée de la grille et posée sur une plaque de verre. On condense à sa surface, par évaporation sous vide, une couche épaisse d'argent de manière à obtenir une surface réfléchissante. Sur celle-ci, on pose une lamelle couvre objet semi argentée sur sa face inférieure. On observe au microscope optique, en éclairage cohérent par réflexion,

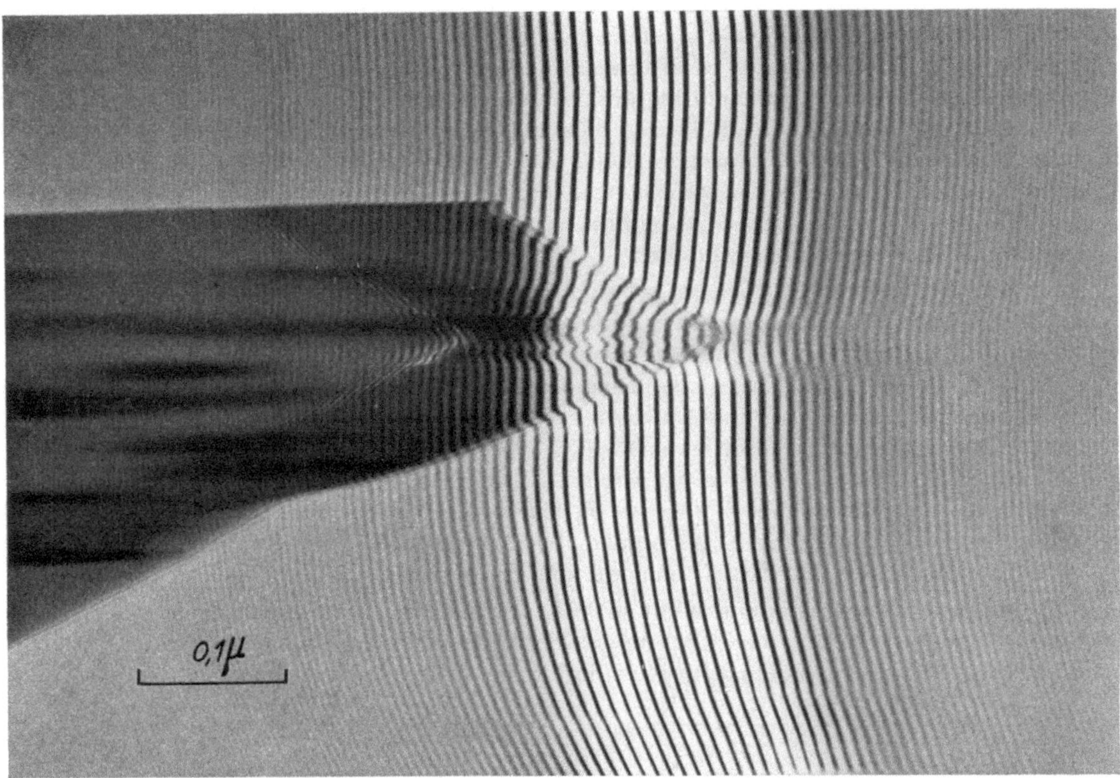

Fig. 4. Mesure d'une différence de marche en optique électronique: cas d'une lamelle monocristalline de graphite. Cette photographie récente a été obtenue après amélioration de la fente source. Le nombre de franges de diffraction est nettement plus élevé que sur la photographie précédente, plus ancienne. Temps de pose: 2 secondes

des franges d'égale épaisseur très fines. En agissant sur la lamelle couvre objet, il est facile d'obtenir qu'une ou plusieurs franges traversent la zone où se trouve la surépaisseur due à la lame de graphite étudiée. Le décrochement des franges dans cette zone, mesuré sur une photographie agrandie, permet le calcul de l'épaisseur à 20 ou 30 Å près.

Différentes mesures ont été faites. Celles que nous considérons comme la meilleure (lame de 400 Å, $\Phi = 75$ kV) donne $\varphi = 11$ V. La source principale d'erreur n'est pas la mesure de Δ, ni la mesure de l'épaisseur, mais l'inégale localisation de deux mesures, quelles que soient les précautions prises. D'après la dispersion des résultats, la valeur donnée pour φ peut être considérée comme valable à mieux que 2 ou 3 V près.

Ce résultat est en bon accord avec les mesures plus anciennes utilisant la réfraction ainsi qu'avec les valeurs théoriques (*13*). Les quelques observations faites sur des films de carbone obtenus par évaporation sous vide conduisent à des valeurs du même ordre.

Cette méthode peut être étendue à d'autres substances monocristallines, les lames étant obtenues par clivage ou par amincissement, suivant des techniques déjà proposées pour la préparation des objets en microscopie électronique.

Bibliographie

1. Möllenstedt, G., u. H. Düker: Z. Physik **145**, 377 (1956).
2. Fert, Ch.: Proc. int. Conference on Electron Microscopy p. 161, London 1954.
3. Durandeau, P., et Ch. Fert: Rev. Opt. théor. instrument. **36**, 205 (1957).
4. Fert, Ch., et R. Saporte: C. R. Acad. Sci. (Paris) **243**, 1107 (1956).
5. Faget, J., et Ch. Fert: C. R. Acad. Sci. **243**, 2028 (1956).
6. — — Cah. Physique **83**, 285 (1957).
7. — J. Ferre et Ch. Fert: C. R. Acad. Sci. (Paris) **246**, 1404 (1958).
8. Möllenstedt, G., u. R. Buhl: Physik. Bl. **13**, 357 (1957).
9. Faget, J., et Ch. Fert: C. R. Acad. Sci. (Paris) **244**, 2368 (1957).
10. Möllenstedt, G., et M. Keller: Z. Physik **148**, 34 (1957).
11. Durand, M., Melle, J. Faget, J. Ferre et Ch. Fert: C. R. Acad. Sci. **247**, 590 (1958).
12. Hocart, R., et A. Oberlin (Mathieu-Sicaud): Mem. Services chim. **39**, 119 (1954).
13. Pinsker, Z.: Electron Diffraction p. 139. London 1953.

11. Röntgen-Projektionsmikroskopie

The projection X-ray microscope and related microanalytical techniques

V. E. Cosslett

Cavendish Laboratory, University of Cambridge (England)

Introduction

Three methods of microscopical investigation with X-rays are in process of active development: the total reflection, the contact microradiographic and the direct projection methods. The total reflection method, in which true focussing of X-rays takes place at polished cylindrical mirrors, has been investigated very thoroughly by Kirkpatrick and Baez (*1*) and a detailed account of its present state has been given by Kirkpatrick and Pattee (*2*). It has attained a resolving power of about 0.25 μ, but further progress is hindered by technical difficulties of preparing the specially curved surfaces required to reduce the severe aberrations that occur in conditions of glancing incidence. The contact method is the simplest, since the specimen is photographed at one-to-one magnification on a very fine grained emulsion, without the need for any optical element in either the electron or the X-ray path. It has been developed to a high degree of usefulness in biological research by Engström (*3*, *4*) in particular, who has also investigated its value as a method of microanalysis by differential absorption of X-rays [see also Lindström (*5*), Clemmons (*6*)]. As the micro-negative must be enlarged through an optical system, in order to make available the stored information, the resolving power is limited to that of the best optical microscope and this limit (about 0.2 μ) has now been reached. Efforts have been made (*7*, *8*) to circumvent this difficulty by using electron microscopy to enlarge the photographic image, but the difficulties are formidable. The projection method of X-ray microscopy, on the other hand, has no such limitation because it provides a direct initial magnification of the image, which is recorded on a normal type of emulsion and requires little or no subsequent enlargement. A resolving power of about 0.1 μ has already been obtained (*9*) and further improvement is possible. The projection method is closely related to electron microscopy, since electron lenses are employed to obtain the very small focal spot by which the image is projected. The resolution and exposure time depend on the size and intensity of the spot, and therefore on the aberrations of the electron lenses. For this reason it is appropriate to discuss the physical aspects of projection X-ray microscopy in the present meeting. Attention will be directed mainly to advances made since the 1956 Symposium on X-ray microscopy (*10*).

Methods have now been devised for readily converting an electron microscope into a projection X-ray microscope (*11*). Since X-ray methods permit microanalysis of the chemical elements present in the specimen, within certain limits, such a combination greatly extends the scope of electron microscopy. At the same time, a scanning X-ray microscope has been developed (*12*, *13*) in which the characteristic emission spectra are utilised to present an image of the specimen in terms of the distribution of a particular element, or alternatively to carry out a localised quantitative microanalysis of a wide range of elements and with a high degree of localisation, as described by Duncumb (*14*) at this conference.

Resolving power and intensity in the projection method

The principle of the projection method, as developed by Cosslett and Nixon (*15, 16*), is shown in Fig. 1. The cathode C of an electron gun is imaged by electron lenses $L_1 L_2$ at fractional magnification on a thin metal target T. The X-rays issuing from this spot project an image of a specimen S on to a screen or photographic plate P, with a magnification equal to the ratio of the distances PT to ST. For example, if the diameter of C, or, more accurately, of the virtual electron image of C, is 50 μ, then an electron optical magnification of 10^{-2} will give a focal spot of diameter

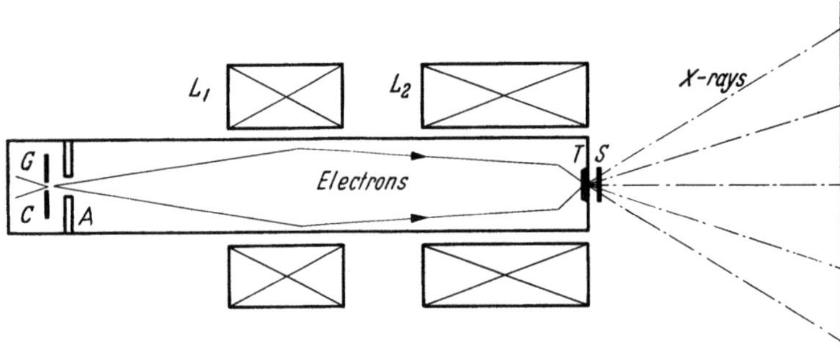

Fig. 1. Projection imaging by a point focus of X-rays

0.5 μ. Assuming that the diameter of the X-ray source is the same, the resolving power in the projected image (calculated in object space) will also be 0.5 μ, because it is primarily determined by the formation of a penumbra around the image, the width of which depends on the size of the source. A direct magnification of 500 × will enlarge this "edge confusion" to 0.25 mm in the image, which is an acceptable value for viewing with the unaided eye. If the object distance ST is 0.2 mm, the camera length PT for this X-ray magnification must be 10 cm. In any case ST has to be small, in order to minimise the effect of Fresnel diffraction in the image; it is desirable to keep PT small, to ensure a reasonably short exposure. Even with the very high loading that is possible on very small focal spots, which can exceed 1 megawatt per cm² (*17*), the exposure time in the above conditions will be 5 to 10 min. For higher magnifications than 500 ×, it is more convenient to limit the direct X-ray magnification to about 100 ×, followed by optical enlargement. This is especially necessary because smaller spot size, which makes higher magnification useful, entails serious reduction in X-ray intensity.

The effective size of the X-ray source depends in the first place on the diameter of the electron spot, and in the second place on the lateral spread of the electrons, due to scattering, as they penetrate into the target. The intensity of the X-rays is determined primarily by the voltage and the current of the electron beam focussed into the spot, and secondarily by the stopping-power of the target, i.e. by its atomic number and its thickness. These quantities are interdependent because the current in the spot depends on its diameter and the amount of lateral spread of the beam depends on the ratio of target thickness to electron range, at the given beam voltage.

The Gaussian size of the focal spot can in principle be made as small as desired, by arranging for the appropriate degree of demagnification. In practice, the spherical aberration of the final electron lens requires the aperture to be progressively reduced as the spot diameter d is made smaller, and it can be shown that the intensity in the spot depends on $d^{8/3}$ on this account, for given current density of the imaging beam. The latter depends on the cathode current density ϱ_c and on the beam voltage V. The amount of X-ray production is independent of V, in a target of thickness less than the range (*18*), but the lateral spread is inversely dependent on V, so that it is desirable to use the highest practicable beam voltage. On the other hand, contrast in the X-ray image depends on a high power of the wavelength, and thus would be favoured by using soft radiation and a low beam voltage. In practice, therefore, a compromise has to be found between the requirements of contrast and of exposure time, and voltages in the range 2—20 kV are used, depending on the type of specimen.

As the resolving power is improved, by making the spot diameter smaller, the intensity at the image falls at least as rapidly as the 8/3 power. When the spot diameter becomes less than the lateral spread of the beam in the target, which may be taken as equal to half the electron range (*18*), either the target thickness must be reduced or the voltage lowered, to reduce the range. In both cases the X-ray output will be further diminished. The attainment of very high resolution ($< 0.2\,\mu$) in the projection X-ray microscope, therefore, at present is linked inevitably with very low intensity and long exposure time. In itself, there is no objection to an exposure of tens of minutes, since the electrical and mechanical stability is good enough to keep the focal spot fixed. The difficulty arises in determining the best condition of focus, when the X-ray image is too weak to be visible on the screen. Three methods are now being investigated for overcoming this difficulty: focussing by observation of back-scattered electrons, or alternatively of those scattered forward, and the use of an image intensifier. A fourth solution, valid within the limits of optical resolution, is to go over to contact conditions whilst retaining the fine focus tube developed for projection. The ultimate solution lies in correcting the spherical aberration of electron lenses, so that a wider aperture and correspondingly greater beam intensity can be used.

a) Focussing with back-scattered electrons. A significant proportion (of order 1%) of the electron beam is scattered back from the target, without loss of energy, and this effect has been used by ONG and LE POOLE (*19*) to determine the focussing conditions giving minimum size of focal spot. The back-scattered electrons collected in the aperture of the final lens (Fig. 2) would be focussed at the cathode, but by slightly tilting the lens the return image is formed on the rear side of the anode. If this is coated with fluorescent material, the size and shape of this image can be observed with a low powered optical microscope. By this means an adequate visual control of focussing is obtained, even when the X-ray intensity is too low to give a visible image. The projection micrographs taken in this way show a resolution of order 0.1 μ and are repeatable at will. The alignment of the system has to be controlled with great care, to avoid introducing distortion

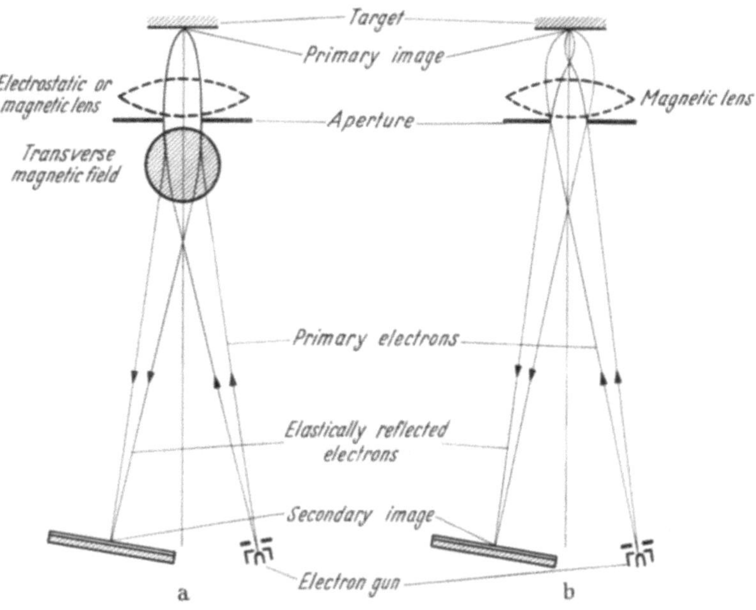

Fig. 2. Observation of focal spot by focussing back-scattered electrons (ONG and LE POOLE)

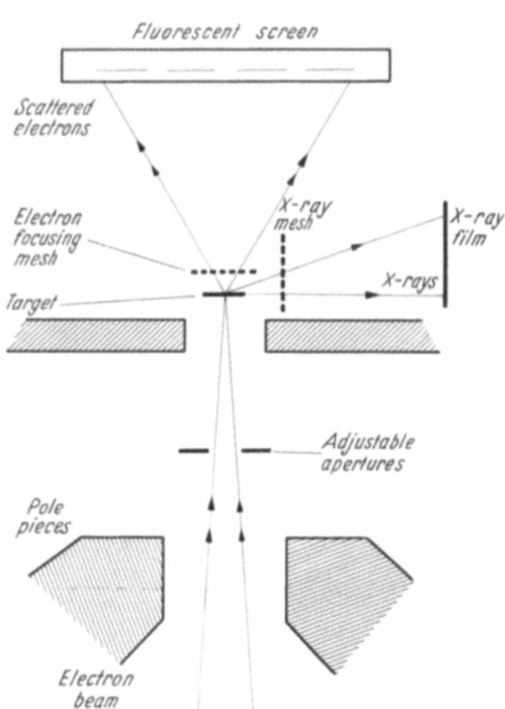

Fig. 3. Observation of focal spot by using forward-scattered electrons to project an image of a test grid; the X-ray projection image is formed at an angle with the axis (NIXON)

into the spot; the tolerance conditions are fully discussed by Ong and Le Poole (*19*), and are within normal experimental requirements in electron microscopy.

b) Focussing with forward-scattered electrons. The targets used in the projection method are thin enough for an appreciable proportion of the primary electron beam to emerge from the far side without much angular deviation. Nixon (*20*) has used these forward scattered electrons to control focussing, by forming an image of a grid placed after the target (Fig. 3), i.e. by electron projection microscopy. The target can be thick enough to stop most of the primary beam, since it is immaterial that the image-forming electrons may have lost energy, — it is only necessary that they travel rectilinearly from target to viewing screen. In order to make the mean free path long

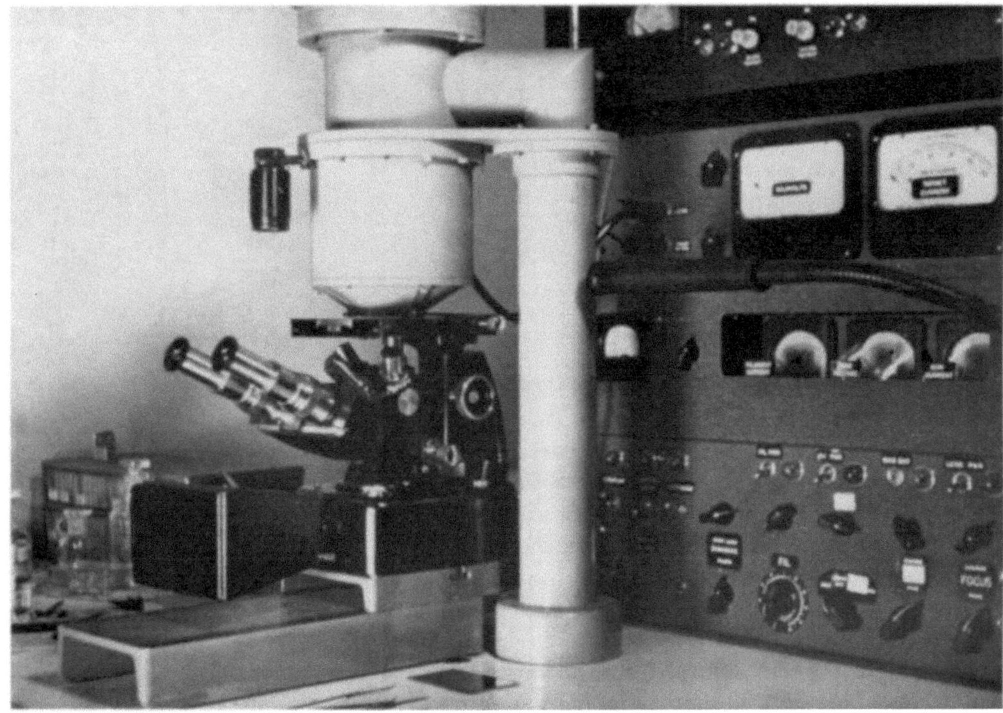

Fig. 4. Microfluoroscope of Pattee: overall view of microfocus X-ray tube and optical microscope

enough, the whole system must be in vacuo, but in any case this must be so when soft X-rays are generated, as is desirable for biological investigations at high resolution. The scattered electrons would affect the photograph emulsion more powerfully than the X-rays, but as they proceed mainly in a forward direction whilst the distribution of X-rays is almost isotropic, the difficulty can be surmounted by placing the specimen and emulsion to one side of the primary axis. Residual scattered electrons in this direction may be removed by means of thin foils of the same material as composes the target, since these will be largely transparent to its characteristic radiation. Nixon has used targets of aluminium and of carbon, and the results obtained are encouraging, as described later in these Proceedings (*20*). As compared with back-scattering, this method has the disadvantage of giving variable magnification across the X-ray image, owing to the off-axis position. In sensitivity it appears to be superior, since a greater proportion of the electrons is scattered forward than backwards.

c) Image intensifiers. Any of the types of image intensifiers, which have been developed for intensifying optical images, could be used to make more visible the X-ray image by placing them against the viewing screen. Alternatively, some types can be modified so as to receive the X-ray image directly on the photo-sensitive surface, as has been already achieved successfully in the conditions of medical radiography (*21, 22*). At the low voltages used in X-ray microscopy the technical difficulties are greater; for instance, it may be desirable to build the end of the intensifier directly into the projection microscope, so as to avoid the need for a window transparent to soft X-rays but capable of bearing atmospheric pressure. Some of the problems involved have been discussed in a recent Symposium, and there is a good prospect that they will find a solution, in particular in the photo-conductive intensifier developed by HAINE (23).

d) Microfluoroscopy with a point focus tube. A screen of given grain size s will be used to best advantage if the penumbra width in the X-ray image is arranged to be equal to s. The permissible angular size of the source is then given by s/b, if b is the distance of the object from the screen, and will clearly be a maximum when b is minimum, i.e. in contact conditions. The angular size of source being fixed, its actual diameter would be arbitrary so long as the target loading was in-dependent of spot diameter. But since the current density can be increased as the spot is reduced in size (17), it is advantageous to use a fine focus as close as convenient to the specimen. This conclusion was first reached by NIXON and PATTEE (24), but its translation into practice has been delayed by the lack of a fluorescent screen of fine grain. PATTEE (25) has now made use of a new preparation technique (26) to produce an effectively grainless screen, sintered into glass, which allows direct observation with an optical microscope up to magnifica-tions of over 1 000 ×. In his "micro-fluoroscope" (Fig. 4) the object is placed in contact with the upper side of the viewing screen and a fine focus tube is arranged above it, with the spot at a distance of order 100 μ. The maximum possible X-ray intensity is required, since the luminous efficiency of this type of

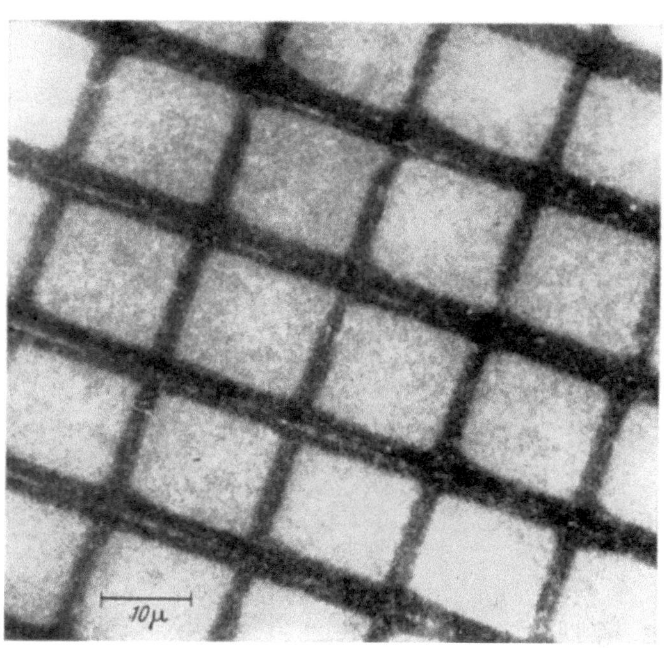

Fig. 5. Optical micrograph, recorded at 1 000 × from fluorescent image formed by X-rays in the microfluoroscope; reproduced at 600 ×

screen is very low. The fluorescent image is then viewed at high magnification with an inverted optical microscope, through which it may be photographed. The exposure time is of order 1 min at a direct magnification of 1 000 ×. Alternatively the enlarged image may be photometered in order to determine the relative transmission of different parts of the specimen, thus making an elemen-tary microanalysis possible. First results of the new method are promising and show a resolution approaching 0.25 μ (Fig. 5); further details will be given by NIXON in a later paper (20). Within the resolution limit of optical microscopy, it offers a valuable alternative to the direct projection method. The specimen dosage is very great, however, so that microanalysis by projection and using a proportional counter may be preferable (as described below), especially for living material.

Microanalysis by differential absorption

A great advantage of X-ray methods, tending to counterbalance their poor resolution as compared with electron microscopy, lies in the possibility of localised microanalysis of the chemic-al elements in a specimen. The absorption coefficient μ depends on the third or fourth power of atomic number, according to the part of the spectrum used, and, more importantly, it changes abruptly at the absorption edges corresponding to the characteristic emission lines. In passing from one wavelength to another across an absorption edge, therefore, the value of the transmission (I/I_o) for that particular element will change greatly, whilst that for another element will remain almost the same (Fig. 6). Hence, by measuring the transmission at a given point in the specimen at two such wavelengths, as close as possible to the absorption edge, the concentration of the element responsible for the edge can be determined with high accuracy. This method of differential absorption has been developed into a powerful tool in cytochemistry by Engström and his

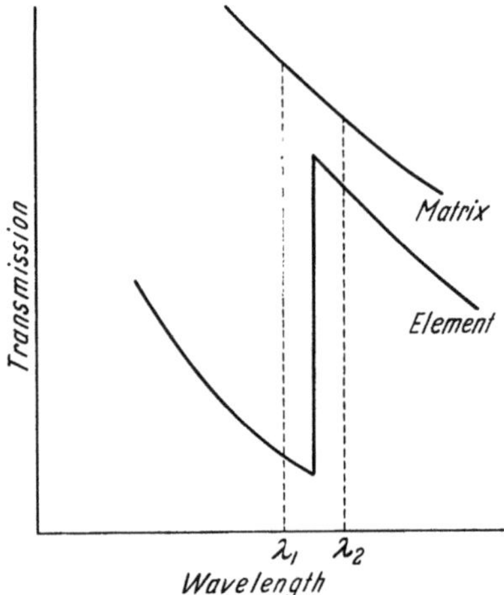

Fig. 6. Variation in X-ray transmission with wavelength for two elements, in the neighbourhood of an absorption edge of one of them

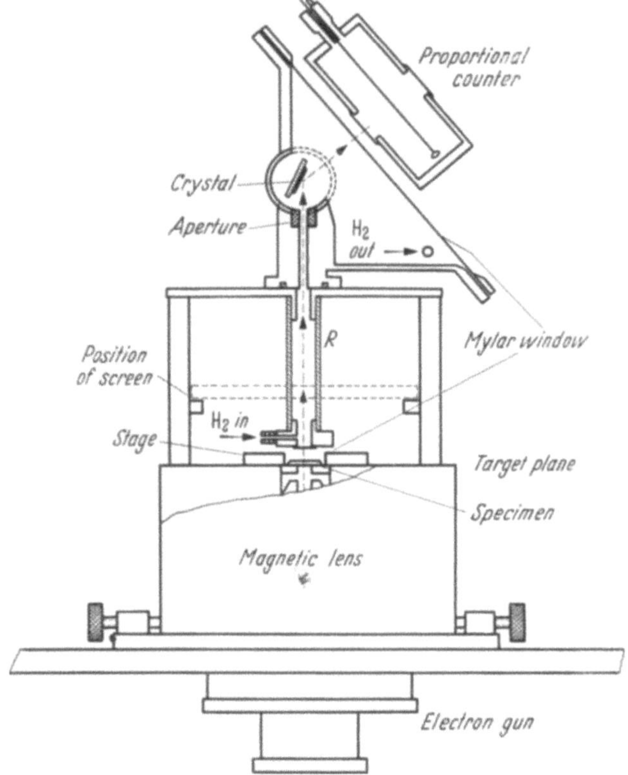

Fig. 7. X-ray microabsorptiometer, employing microfocus tube (Long)

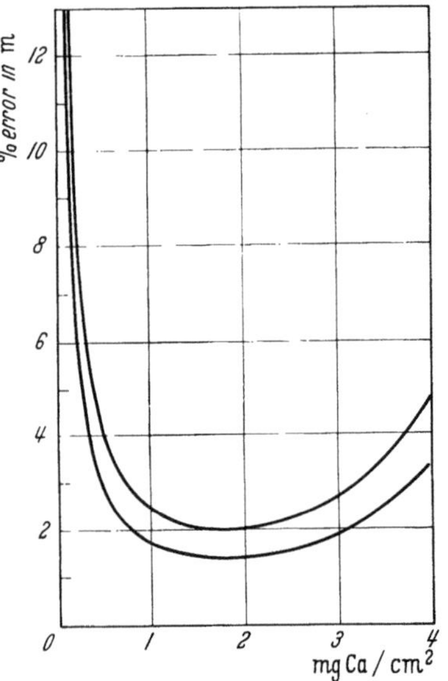

Fig. 8. Calculated relationship between percentage error of analysis and amount of Calcium analysed in cementum (Apatite + organic matrix) of teeth. The upper and lower curves relate to the error for single and double observations respectively (Long)

collaborators (3, 4, 5, 6), utilising the contact method of X-ray microscopy. The procedure is tedious, because the transmission is measured by microphotometry of two negatives, obtained on ultra-fine grained emulsions; the photographic conditions have to be standardised with great care, and the specimen must be transferred from one emulsion to the other without damage. It is much simpler to measure the X-ray transmission in projection, by means of a counter system (Fig. 7). The specimen is placed near a point focus tube and an aperture is used to isolate the region to be analysed, which is first selected by optical observation (27). The two required wavelengths may be obtained by using targets which have a strong emission line at one side or other of the absorption edge. If this is not possible, appropriate wavelengths may be selected from the continuous spectrum by means of a crystal spectrometer, as shown.

The differential absorption method, in conjunction with a projection tube, has been used for the estimation of calcium in teeth and in rock sections by Long and Röckert (28, 29, 30). The accuracy attainable depends on the relative amount of calcium in the matrix and on the time that can be allowed for the analysis, since enough counts must be recorded to be statistically significant. When there is little calcium the difference in count at the two wavelengths is small, and the accuracy low; when there is much calcium, the transmission will be small at the shorter wavelength and only a small count is obtained in given time, so that the accuracy is again small (Fig. 8). Over the optimum range of calcium content, in the given experimental conditions, an accuracy of 2—3% was obtained in analysing a quantity of order 0.5—3.5 mg/cm². The area analysed was about 75 μ^2, so that the mass of calcium determined was about 10^{-10} g. By using a smaller aperture, this limit could be reduced to 10^{-12} g, at the cost of much longer counting rate.

Microanalysis by X-ray emission spectrometry: The scanning microanalyser

Direct impact of the electron beam on the specimen causes emission of the line spectrum characteristic of the element (or elements) present in it. As each element gives only a few well spaced lines, it is possible to identify those present by means of a simple spectrometer. Counter recording, or photometry of a photographic negative, permits a quantitative estimation of the amount of each element. The application of these well-known principles to microanalysis was first made by CASTAING (31), who formed a focal spot of electrons on a specimen by means of electrostatic lenses (Fig. 9), and independently by BOROVSKII (32) using magnetic lenses. In this way an analysis can be carried out on a particular point in the specimen, which is selected by optical observation. Both the CASTAING and the BOROVSKII instruments are now in production. A slightly different design, using magnetic lenses in an inverted column, has been developed by MULVEY (33) and is to be made by Metropolitan-Vickers.

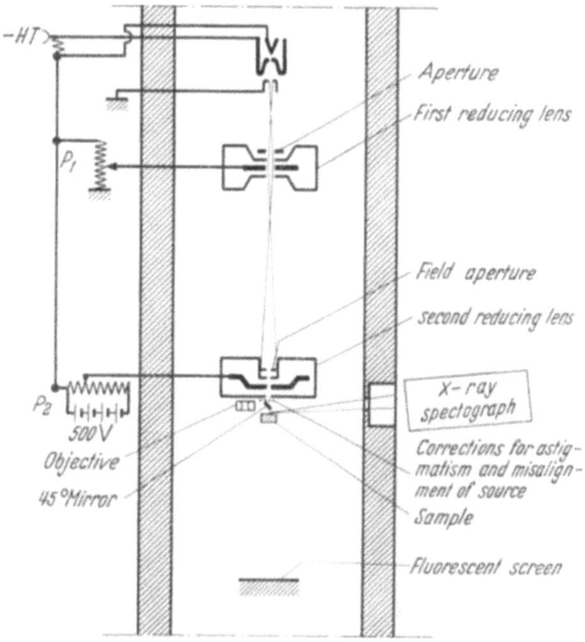

The usefulness and speed of working of the emission microanalyser is greatly increased by incorporating television technique, so as to provide an image of the specimen in terms of emissivity of a particular X-ray line, thus

Fig. 9. X-ray static spot microanalyser, with electrostatic lenses (CASTAING)

displaying the distribution of a given element over it (12, 13). The electron spot is scanned over the required field, in a raster about $0.3 \times 0.3\ \mu$ in extent, and the X-ray signal produced is amplified and transferred to a cathode ray tube, operating in synchronism with the scan (Fig. 10). The picture may be formed either by the total X-ray output, as detected by a scintillation counter, or by a given wavelength, as selected by a spectrometer and recorded with a Geiger or proportional counter. For many purposes a proportional counter may be used alone, without a spectrometer, resulting in a great gain in intensity. Additional evidence about the specimen can also be obtained by forming an image with scattered electrons, detected by applying a positive bias to the scintillation counter.

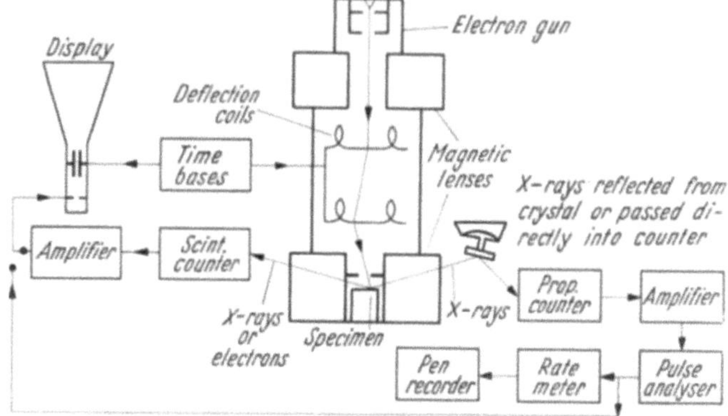

Fig. 10. Schematic diagram of X-ray scanning microanalyser (COSSLETT and DUNCUMB)

The scanning microanalyser has proved particularly valuable for quantitive analysis of metal surfaces, although it can also be used for transmission work. Since a visible image is produced, and may be photographed, the instrument can legitimately be classed as a microscope: an X-ray emission microscope. But it is convenient to retain the term "microanalyser", so as to emphasise the ability of making a chemical analysis. At present, as with the Castaing apparatus, all elements in the periodic table down to aluminium can be determined. Extension to those of lower atomic number, especially to carbon and nitrogen, is hindered by the low intensity and long wavelength of their characteristic X-ray lines. It should be possible to develop a special type of proportional counter for this purpose. The intensity should then be sufficient for a reasonably short counting time; an unsolved problem is whether it will be possible to separate neighbouring elements in the periodic table by use of a counter alone.

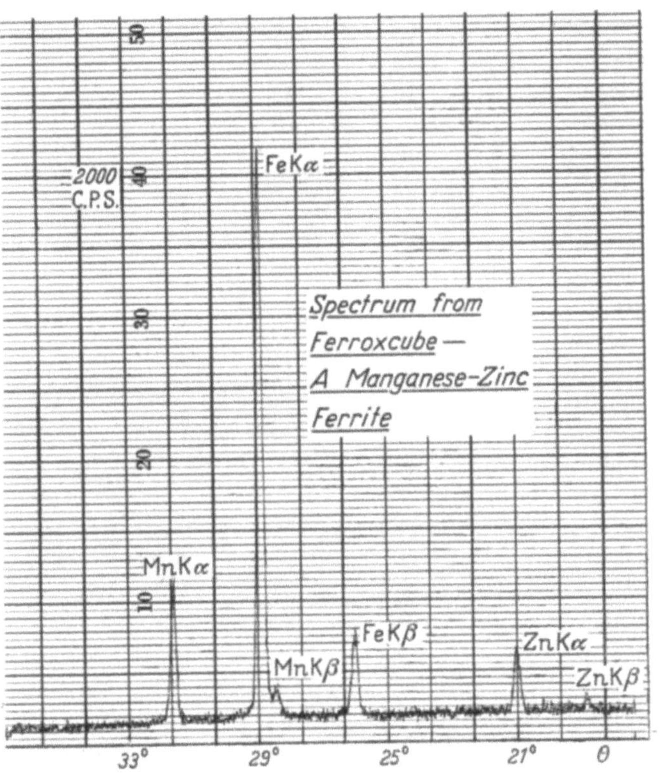

Fig. 11. Record of emission spectrum, obtained with X-ray scanning microanalyser, from a ferrite (Duncumb)

The accuracy of analysis with the scanning instrument depends on the concentration of the element and to some extent on the acceptable counting time, although the random background count sets an ultimate limit. With an electron spot of 1 μ diameter and a beam current of order 10^{-6} amp. at 25 kV, an accuracy of order 0.01% can be obtained in favourable cases. A point analysis, such as illustrated in Fig. 11, can be carried out in a few minutes. Assuming the electron penetration also to be limited to the order of 1 μ, the detection limit is of order 10^{-14} to 10^{-15} g. Other methods of microanalysis can achieve a similar sensitivity, but no other can localise the analysis to 1 μ^2. In experiments to be reported later (14), it has been possible to operate successfully with an electron spot as small as 0.25 μ and to analyse isolated particles containing manganese and chromium carbides, extracted from iron by electron microscope techniques. The ultimate limits of localisation and of accuracy are set, as in the projection X-ray microscope, by considerations of intensity. By temporary raising of the cathode emissivity, together with improved efficiency in collecting the X-rays from the specimen, a lateral resolving power of 0.1 μ is immediately possible. Below 0.1 μ, the beam voltage must be reduced in order to limit penetration in the specimen, so that X-ray output falls even more rapidly. The attainment of a localisation of 0.01 μ (100 Å), which on electron optical grounds is perfectly feasible, will probably have to wait until at least partial correction of spherical aberration can be accomplished.

The scanning method entails a certain degree of extra complication, in comparison with the fixed spot microanalyser, but it has two great advantages. Firstly, by displaying the distribution of an element over the specimen it makes it readily possible to select the most interesting area for analysis, which may not be obvious from optical inspection, especially when diffusion or solid solution effects occur. Secondly, the optical control fails at a resolution of order 0.3—0.4 μ, in the case of solid surfaces, whereas it should be possible to produce an X-ray image with a resolution at least an order of magnitude better. The first advantage is illustrated by a recent investigation of the cause of brittleness in a steel, by Duncumb and Melford (34). As seen in Fig. 12, the regions rich in nickel could not be detected in the optical micrograph without prior knowledge. In order to carry these metallurgical investigations further, an improved X-ray scanning microscope has now been built at the Tube Investment Research Laboratories, near Cambridge.

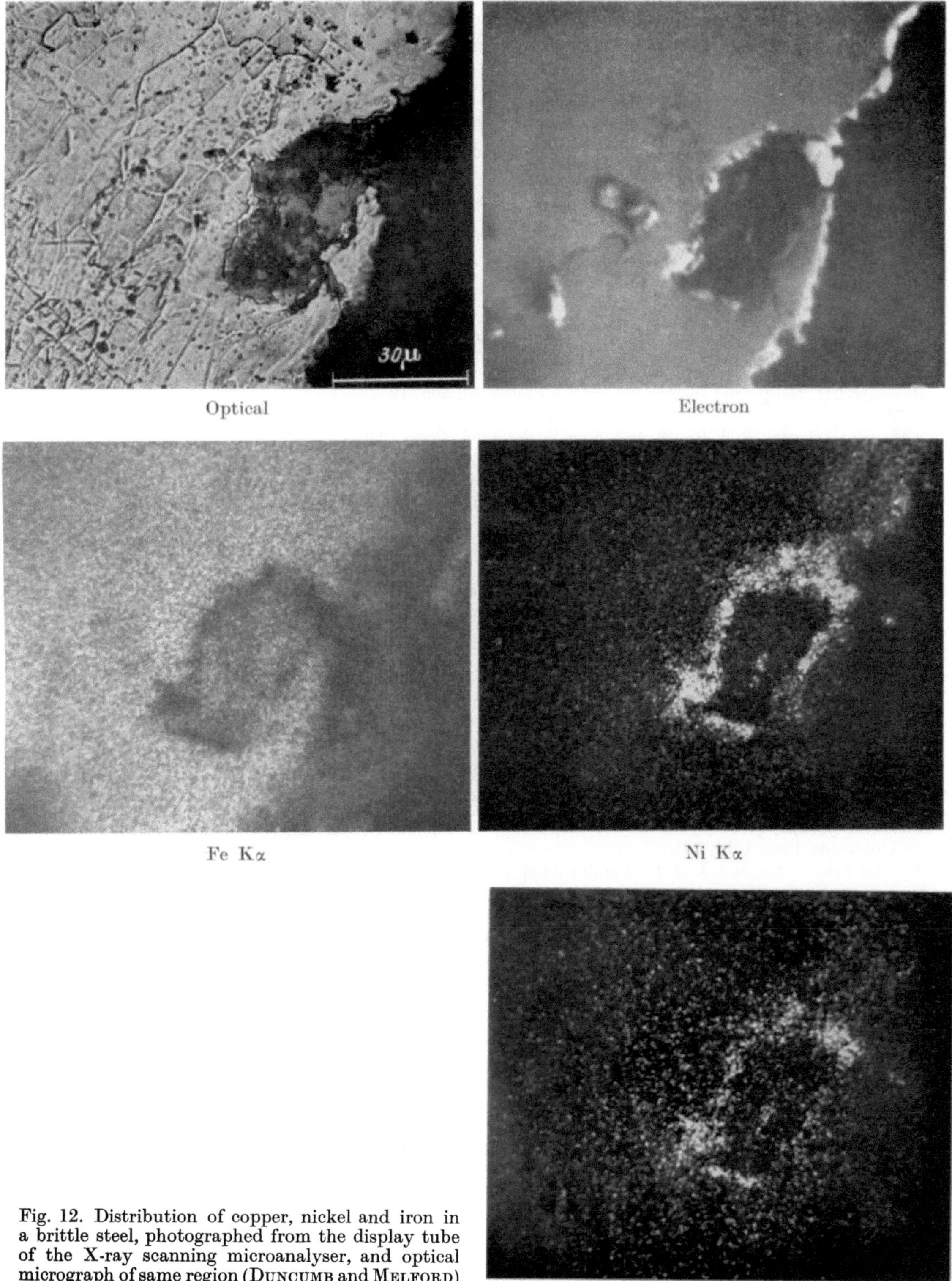

Fig. 12. Distribution of copper, nickel and iron in a brittle steel, photographed from the display tube of the X-ray scanning microanalyser, and optical micrograph of same region (DUNCUMB and MELFORD)

X-ray methods in the electron microscope

The range of specimens in which metallic inclusion may occur, both in biological and inorganic material, appears to be great enough to justify the attempt to combine X-ray emission analysis with electron microscopy. It would not be difficult to modify the double condenser already in use. The major difficulty of principle is that the object should be at the front focus of the objective for microscopy, but at the back focus for X-ray excitation. Several possible solutions suggest themselves: the specimen might be moved from the one position to the other, the focal point may be arranged in the centre of the lens, or the whole lens system might be invertable, as in an experimental instrument of von Borries (35). An objective lens of the Philips type, with divided winding, would be best suited for building in the X-ray detection system. Here is a constructional problem that would well repay investigation. The electron microscope is bound to become specialised for various types of use, in the future, and it may well prove valuable to be able to carry out at least a crude estimation of the elements present, in alternation with microscopy, as we can already do in part by microdiffraction.

References

1. Kirkpatrick, P., and A. V. Baez: J. opt. Soc. Amer. **38**, 766 (1948).
2. — and H. H. Pattee jr.: Handbuch der Physik **30**, 305 (1957).
3. Engström, A.: Acta radiol. (Stockh.) Suppl. **63**, 1 (1946).
4. — Phys. Techn. Biol. Res. **3**, 489. New York: Acad. Press 1956.
5. Lindström, B.: Acta radiol. (Stockh.) Suppl. **125**, 1, (1955).
6. Clemmons, J. G.: Exp. Cell. Res. Suppl. **4**, 172 (1957).
7. Recourt, A.: Proc. Symp. X-ray Microscopy and Microradiography, Cambridge 1956. Cambridge: University Press 1957, 234.
8. Ladd, W. A., and M. W. Ladd: Proc. Symp. X-ray Microscopy and Microradiography, Cambridge 1956. Cambridge: University Press 1957, 383.
9. Nixon, W. C.: Proc. roy. Soc. Lond. A **232**, 475 (1955).
10. Proceedings of the Symposium on X-ray Microscopy and Microradiography, Cambridge 1956. Cambridge: University Press 1957.
11. Bessen, I. I.: Norelco Rep. **4**, 119 (1957).
12. Cosslett, V. E., and P. Duncumb: Nature (Lond.) **177**, 1172 (1956); Stockholm Conf. Elect. Microscopy, 1956. Stockholm: Almqvist and Wiksell 1957, 12.
13. Duncumb, P.: Thesis, Cambridge (1957).
14. — This volume, p. 267
15. Cosslett, V. E., and W. C. Nixon: Nature (Lond.) **168**, 24 (1951).
16. — — J. appl. Physics **24**, 616 (1953).
17. — Proc. Phys. Soc. B **65**, 782 (1952).
18. Langner, G.: Proc. Symp. X-ray Microscopy and Microradiography, Cambridge 1956. Cambridge: University Press 1957, 293.
19. Ong Sing Poen, and J. B. Le Poole: Appl. Sci. Res. B **7**, 233 (1958).
20. Nixon, W. C.: This volume, p. 249
21. Teves, M. C., and T. Tol: Philips Tech. Rev. **14**, 33 (1952).
22. Kazan, B., and F. H. Nicoll: J. opt. Soc. Amer. **47**, 887 (1957).
23. Haine, M. E., A. E. Ennos, and P. A. Einstein: J. Sci. Inst. **35**, 466 (1958).
24. Nixon, W. C., and H. H. Pattee jr.: Proc. Symp. X-ray Microscopy and Microradiography, Cambridge 1956. Cambridge: University Press 1957, 397.
25. Pattee, H. H. jr.: Science **128**, 977 (1958).
26. Feldman, C., and M. O'Hara: J. opt. Soc. Amer. **47**, 300 (1957).
27. Long, J. V. P., and V. E. Cosslett: Proc. Symp. X-ray Microscopy and Microradiography, Cambridge 1956. Cambridge: University Press 1957, 435.
28. — J. Sci. Inst. **35**, 323 (1958).
29. Röckert, H.: Acta odont. scand. Suppl. **25**, (1958).
30. Long, J. V. P., and J. D. C. McConnell: Mineralogical Magazine **32**, 117 (1959).
31. Castaing, R.: Thesis, Paris (1951).
32. Borovskii, I. B.: Problemy Metallurgi (A. N. SSSR: Moscow), 1953, 135; Zavodskaya Lab. **10**, 1234 (1957).
33. Mulvey, T.: This volume, p. 263
34. Duncumb, P., and D. A. Melford: Metallurgia **57**, 159 (1958).
35. Borries, B. von: Z. wiss. Mikrosk. **60**, 329 (1952).

X-ray microscopy using point sources

W. C. Nixon

Cavendish Laboratory, University of Cambridge (England)

The methods of projection X-ray microscopy have developed from the same physical basis of electron optics as employed in electron microscopy. The production and control of this type of finely focused electron beam is common as well to the scanning electron microscope, the double condenser lens system, accurate selected area electron diffraction and working materials on the microscale. The applications of X-ray microscopy are similar to those of electron microscopy at lower resolution but with the unique advantage of precise chemical analysis of small selected regions of the specimen. These two areas of common interest justify the inclusion of some recent work on X-ray microscopy within the scope of this conference. A symposium on this subject was held at Cambridge, England in 1956 and the published proceedings (*1*) give a complete record of all the known work on X-ray microscopy and microradiography up to that time. Two more recent instrumental results are discussed here prior to the next meeting on X-ray microscopy at Stockholm in 1959.

Microfluoroscopy. A point source of X-rays has been used by Pattee (*2*) to obtain sufficient intensity for direct viewing of the fluorescent screen X-ray image of a specimen at optical magnifications up to 1000 times. The necessary grainless fluorescent screen is formed by vacuum evaporation of a manganese activated zinc silicate phosphor followed by baking at atmospheric pressure in air for a few minutes for re-activation. The phosphor layer is about 1 μ thick; this is sufficient to absorb all of the soft X-rays transmitted by the specimen and yet thin enough to have the emitted light image

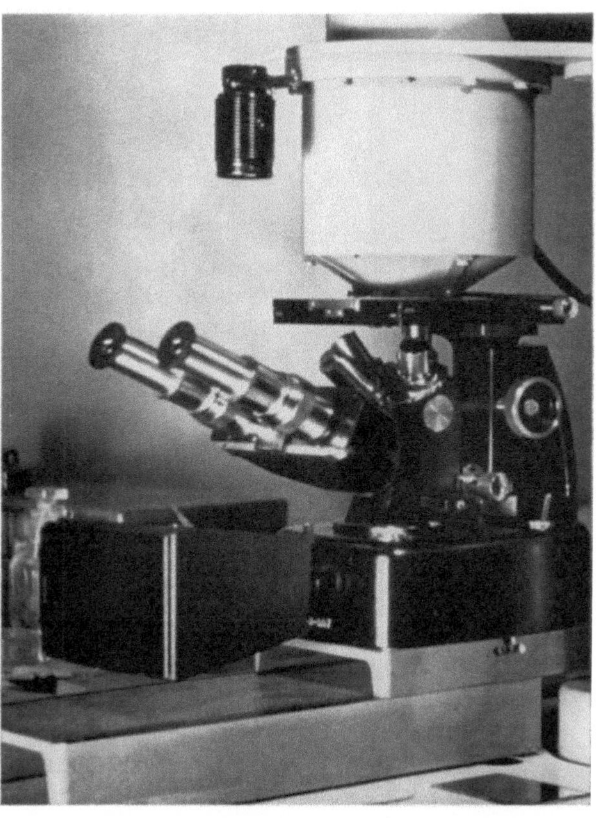

Fig. 1. The microfluoroscope showing the magnetic lens above the inverted optical microscope used to view the grainless fluorescent screen. For optical viewing the microscope is retracted until the specimen is illuminated by the small lamp seen at the upper left

within the small depth of focus of the high power optical microscope used for enlargement. There is no X-ray enlargement in this method and the specimen is placed in contact with the fine grained screen on the stage of an inverted optical microscope as shown in Fig. 1. The point source of X-rays is formed within a 3 μ aluminium transmission target using a 10 μ electron source (60 μA, 9 kV), focused by a single magnetic lens (also seen in Fig. 1) with long working distance pole-pieces and a normal hot cathode electron gun. The specimen may be brought to within 20 μ of this X-ray source but the usual distance is 200 μ to keep the geometrical unsharpness below the resolution limit set by the light microscope. The ratio of specimen distance to source size (20 in this case) is equal to the ratio of specimen thickness to resolution sought. For a resolution of 0.2 μ the specimen could be 4 μ thick.

In practice the thin object is also viewed with visible light by sliding the optical microscope to the left in Fig. 1 and placing the specimen beneath the small lamp. The visible image using either X-rays or light is recorded by photography using the camera shown at the lower left of Fig. 1. A comparison pair of results obtained in this way is shown in Fig. 2 and 3. The specimen is a 1500 mesh/inch silver grid with 2 and 4 μ bars. In the optical view of Fig. 2 the bent portion

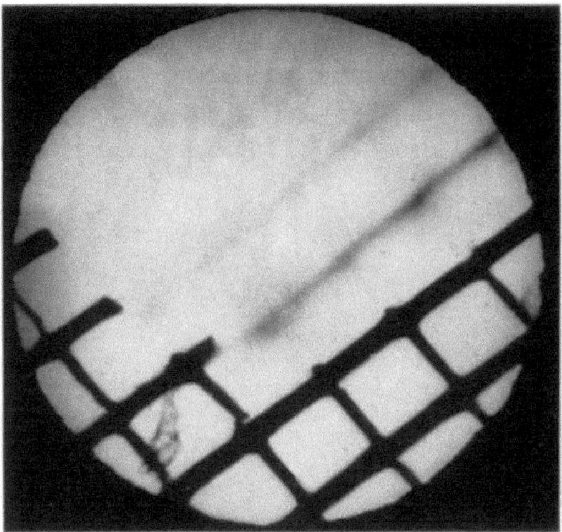

Fig. 2. Optical micrograph of a 1500 mesh/inch grid, partly out of focus due to bending. Bars are 17 μ apart

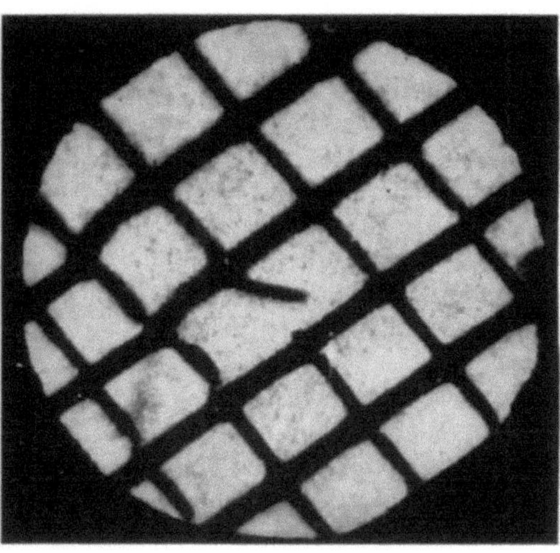

Fig. 3. The same field as Fig. 2 but taken with the X-ray image as seen on the fluorescent screen. The depth of field is now greater and all of the grid is in focus

of the grid is out of focus at this high magnification. In the X-ray image of Fig. 3 this region of the same field of view is in focus due to the large depth of focus of the geometrical X-ray image.

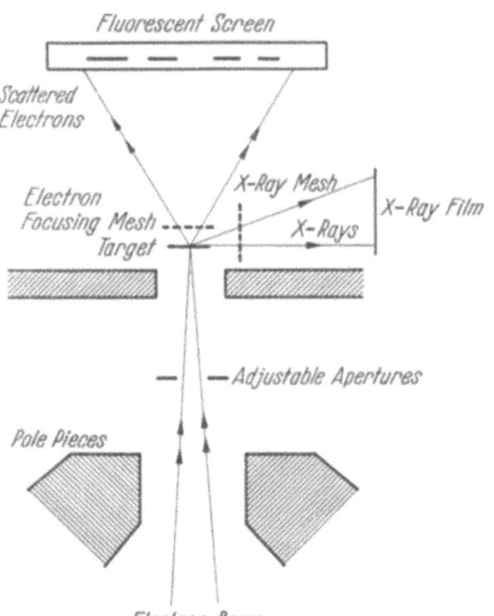

Fig. 4. Projection X-ray microscopy focusing using forward scattered electrons. The narrow electron beam from the gun passes through the aperture and is scattered by the target. This scattered image is used to focus the X-ray microscope

However, this portion of the image is not as sharp as that area in focus in both Figs. indicating that the grid had been bent beyond the permissible 4 μ depth of specimen for 0.2 μ resolution.

Several advantages can be claimed for this method of X-ray microscopy when compared with the normal type of contact microradiography using a fine grained photographic plate. An immediate X-ray view is obtained of the specimen and only the interesting areas need be photographed while comparison with the normal light microscope image of the identical field allows positive identification of all regions under study. For quantitative work the relative X-ray absorption of any area of the enlarged image may be measured by a photomultiplier placed behind an aperture in the image plane of the camera. The normal stage movements of the optical microscope are used to translate the specimen and also provide the proper motion for stereoscopic viewing and recording. This method of microfluoroscopy may be widely used for routine contact X-ray microscopy of thin biological sections using very soft X-rays.

Projection X-ray microscopy using scattered electron focusing. As the electron source is reduced in size in order to improve the resolution of a projection X-ray microscope the fluorescent screen image brightness falls rapidly. The image of a test grid is needed for focusing but for X-ray sources below 0.1 μ the image cannot be seen. Some indirect method of focusing is needed before the longer photographic exposure is made. The *back-scattered electrons* from the target have been used by ONG and LE POOLE (*3*) for this purpose. These electrons are focused by the same lenses that focused the main beam onto the target

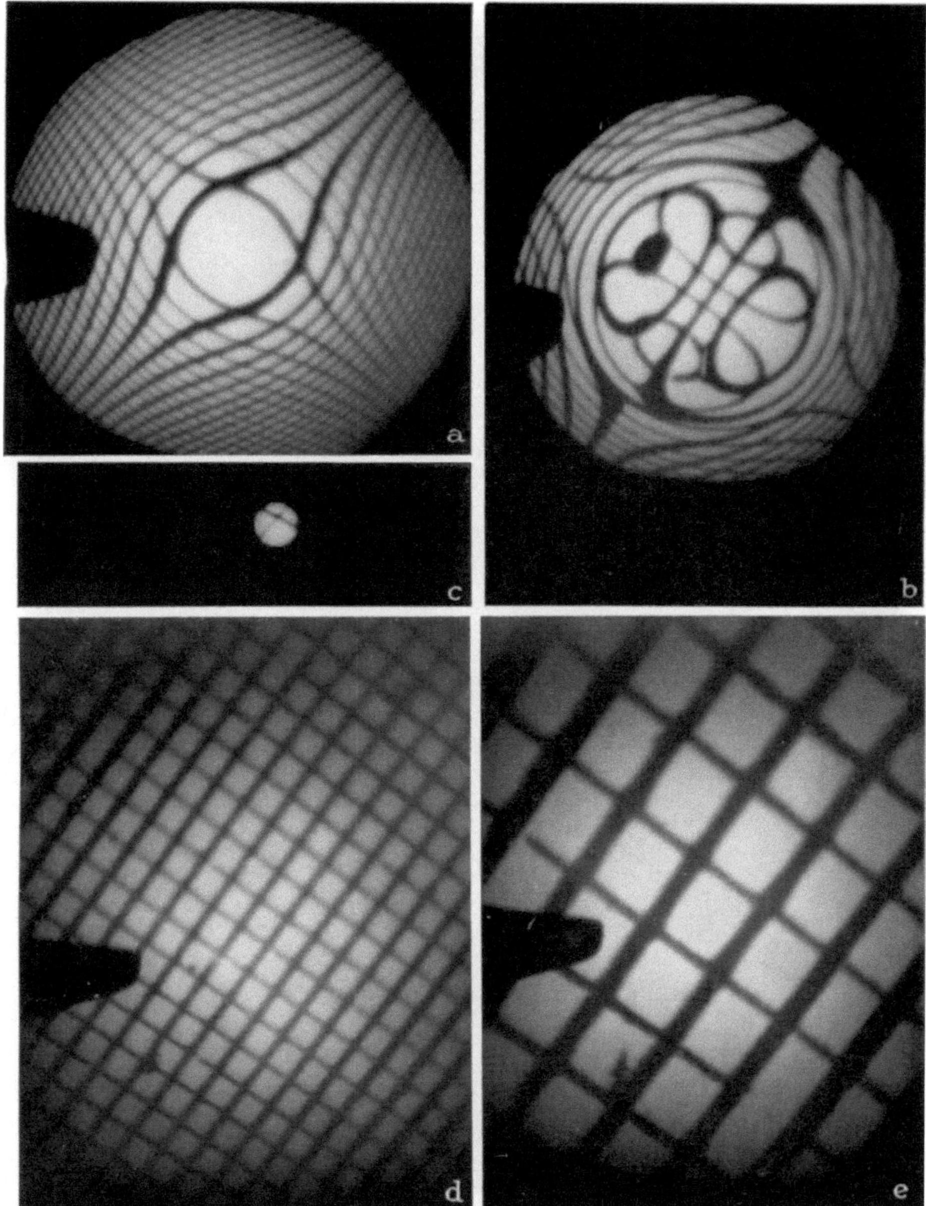

Fig. 5a—e. Electron images as seen on the top screen of Fig. 4. a) no aperture or target, underfocused, barrel distortion of grid; b) no aperture or target, over focused, pin-cushion distortion of grid; c) aperture in place, no target; d) aperture and target in place, scattered electrons form enlarged image of grid but without distortion. e) as in d) but at higher magnification since grid is closer to target

but the elastically scattered return beam is now focused in the plane of the filament tip. A slight displacement of the axis of the instrument allows the placing of a fluorescent screen in the back-scattered focal plane and this electron excited image is viewed with a low power optical microscope through the side of the column. When this image is sharp the electron spot at the target is also at its smallest size and the instrument is in focus although the X-ray image has not been detected. With an aluminium target at 6 kV and a test grid they could record 0.1 μ Fresnel fringes indicating a resolution of this order, with an exposure time of 20 min. The energy density in the original X-ray image and in the focused electron image may be compared. Using

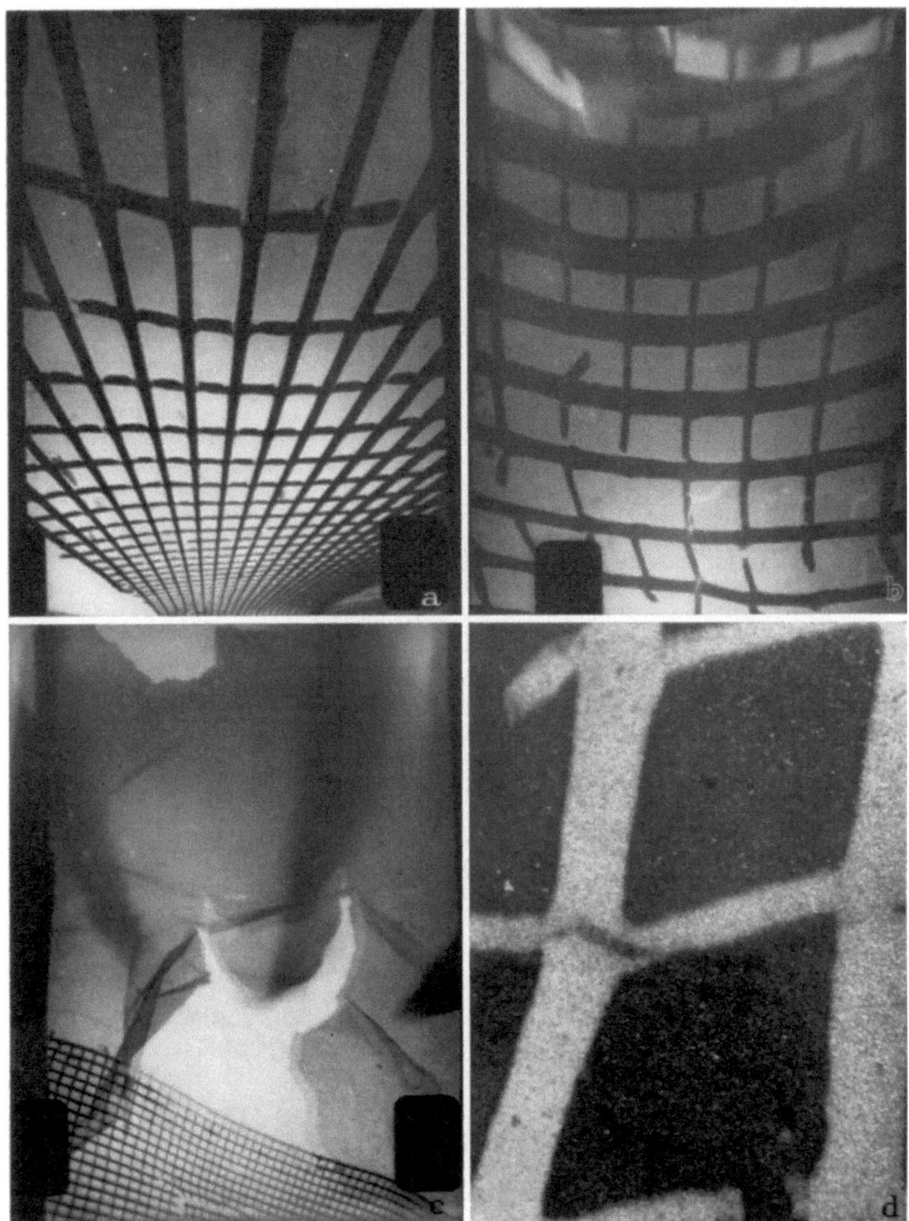

Fig. 6a—d. X-ray micrographs as recorded by the film on the right of Fig. 4. a) X-ray image of electron focusing grid at right angles to film and therefore distorted. b) X-ray image of grid parallel to film: no distortion except near top; Fresnel fringe of 0.1 μ visible. c) torn aluminium foil filter demonstrating absorption of soft X-rays used. d) enlarged view of b) to show that the resolution is limited by the grain of the film at 2200 $\times$

reasonable assumptions the electron image is 6×10^3 brighter than the X-ray image, due partly to the low conversion efficiency of electrons to X-rays in the target. This method of focusing may lead to much better resolution with the projection X-ray microscope if the instrument can be stabilised for the very long exposures when the source is below 0.1 μ.

A similar but different method of focusing using the *forward scattered electrons* has been tried at Cambridge. In this case a thin target is used in order to reduce the electron diffusion and subsequent loss of X-ray resolution. More than half of the electrons striking the target are transmitted. Since multiple scattering takes place at these low voltages the electrons are scattered into a cone of about one radian as shown in Fig. 4. An electron focusing mesh is placed close to the target and the projection electron image is seen on the fluorescent screen. This image is used to focus the original beam onto the target. The X-rays are emitted isotropically for characteristic line radiation and with a slight maximum at 60° for continuous radiation. The X-ray mesh specimen and X-ray film are placed to one side of the electron beam but almost at the most favourable position for maximum X-ray emission.

The electron image as seen on the fluorescent screen is shown in Fig. 5 under several conditions. In (a) there is no target or aperture present and the characteristic barrel distortion due to spherical aberration is present for an underfocused beam. In (b) the same conditions hold but the beam is now overfocused and pin cushion distortion is shown. These images were used to measure the amount of spherical aberration present in the lenses used. In (c) one of the adjustable apertures has been moved into the beam and no scattered electrons are seen. In (d) the transmission target has now been placed at the focal plane of the beam giving a sharp image of the 1500 mesh/inch grid with no distortion. In (e) the same grid is shown at higher magnification (640 ×) by moving the grid closer to the target foil. The angular distribution of the total scattered electrons is given by the variation in brightness of the fluorescent screen. This shows that multiple scattering has in fact taken place as would be expected with a 1000 Å gold foil at 6 kV. This final image is then used for focusing the projection X-ray microscope.

The X-ray images as recorded on 16 mm film 4 mm from the X-ray source are shown in Fig. 6. In (a) the image is of the electron focusing mesh and is foreshortened since it is almost at right angles to the plane of the film. The X-ray resolution can be estimated as a small fraction of a micron and the distribution of X-ray intensity is given by the variation of intensity on the film. In (b) the mesh is now parallel to the plane of the film and very little distortion occurs except at the top of the image. The resolution can again be estimated as about $0.1\ \mu$ from the faint Fresnel fringe around the grid bars at the lower centre section of the field. This area is enlarged in (d) to 2200 × and it is seen that the resolution is limited by the grain of the film.

Extremely soft X-rays may be used with this method since there is vacuum on both sides of the X-ray target and no air absorption of the beam. Thin aluminium and carbon films have been used in attempts to obtain soft characteristic radiation. A thin aluminium foil filter that has been torn is seen in (c) and the effective wavelength may be judged from the amount of absorption. Two thin carbon filters have been used in place of the aluminium, one close to the X-ray source to remove scattered electrons and one close to the film to remove light from the fluorescent screen.

A comparison may be made with the back-scattered focusing method on the basis of energy density at the fluorescent screen. The two methods are almost equal with perhaps up to a factor of 10 in favour of forward scattering focusing, depending on the initial assumptions. In any case both methods still require a long exposure time and instrumental stability is now the major limiting factor on the resolution of projection X-ray microscopy. If the electron beam intensity can be increased in the future so that the exposure time may be reduced then one of these methods may still be necessary for ease of focusing at very high resolution.

References

1. "X-ray Microscopy and Microradiography". Proc. Cambridge Symposium, 1956. Eds. COSSLETT, ENGSTRÖM, and PATTEE. New York: Academic Press 1957.
2. PATTEE, H. H.: Science **128**, 977 (1958).
3. ONG SING POEN and J. B. LePOOLE: Appl. Sci. Res. B **7**, 233 (1958).

Selection of spectra for X-ray microscopy

I. I. Bessen*

Philips Electronics, Inc. Mount Vernon, New York

The projection X-ray microscope ordinarily uses a transmission X-ray target. The spectrum generated in such a target depends on certain factors in the design and operation of the microscope. It is the intent to discuss in this paper the types of spectra obtained from transmission targets, and the proper selection of these for optimum results in the microscope. The spectral character of transmission targets is not the same as for reflection targets where the X-rays are viewed from the same surface upon which the electrons impinge. For a sufficiently thick transmission target the intensity above the absorption edge of the target material is transformed by fluorescence to the characteristic wavelength. Conditions which change the amount of radiation so transformed will change the spectral character of the beam.

In order to determine the changes in the spectra as functions of the applied kilovoltage, target material, and target thickness, measurements were made of both reflection and transmission beams. Reflection measurements were made in order to suppress the effect of target thickness and to show what is more nearly the spectral character at the incident side of

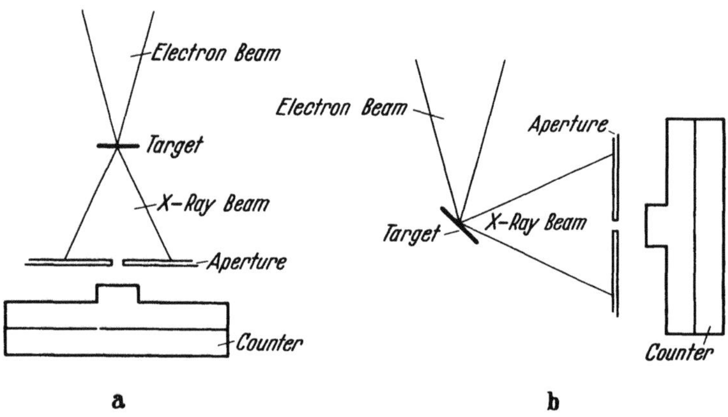

Fig. 1a and b. Schematic showing methods used in studying spectra with pulse height analysis. a) Transmission target study, b) Reflection target study

the target. The technique employed for this investigation is illustrated in Fig. 1. The X-ray beams were sampled through a small aperture behind which were placed proportional counters operated in a pulse height analysis scheme. Wavelengths up to about 20 Å were examined.

The spectrum of a copper target in reflection at 15 kV shows that the continuous radiation is predominant. A weak characteristic peak found at 8 kV is partially hidden for two reasons. The copper peak with 15 kV applied potential is not particularly intense because of the low ratio of applied to excitation potential. Also the statistical broadening of the pulse height analysis method tends to merge the characteristic peak with the continuous radiation of similar energy.

With targets used in the transmission scheme the conversion of continuous radiation to the characteristic was clearly seen. The compound spectrum from a 4 μ thick aluminium target was measured using a xenon counter to measure the high energy end of the spectrum and an argon gas flow counter for the low energy end. Corrections were made for the quantum efficiencies of both counters. In this case roughly half the radiation lies in the characteristic and half in the continuous spectrum. The effect of using a higher atomic number transmission target material as well as a thicker target were determined by using 12 μ thick copper and a titanium target both operated at 15 kV. The continuous spectrum now appears to be suppressed and the bulk of the radiation lies in the characteristic peak, even though the critical excitation energy of copper is comparable to the exciting energy.

Theoretical calculations were made which described the intensity of the characteristic radiation as a function of kilovoltage, target thickness and atomic number. These calculations were verified experimentally. The dependence of the characteristic intensity on the target thickness for copper at 20 kV was determined, as well as the integrated intensities on either side of the K ab-

* Current address: Jones and Laughlin Steel Corp., Pittsburgh, Pa.

sorption edge of copper. A maximum is reached representing 80% of the total integrated intensity. The variation with kV of the characteristic intensity from a 12 μ thick titanium target was measured and the curve plotted with the intensity normalized for constant energy in the target. As the kV is reduced towards the excitation potential, the intensity rises very rapidly, deviating from a relation linear with $(kV)^2$ at greatest applied kV. The characteristic intensity goes through a peak and falls rapidly as the excitation potential is approached. The applied kilovoltage for most efficiently exciting radiation is slightly higher than the excitation energy.

By properly selecting the targets and operating voltages, spectra may be obtained which are fairly monochromatic. It has been possible to make these selections to obtain good contrast

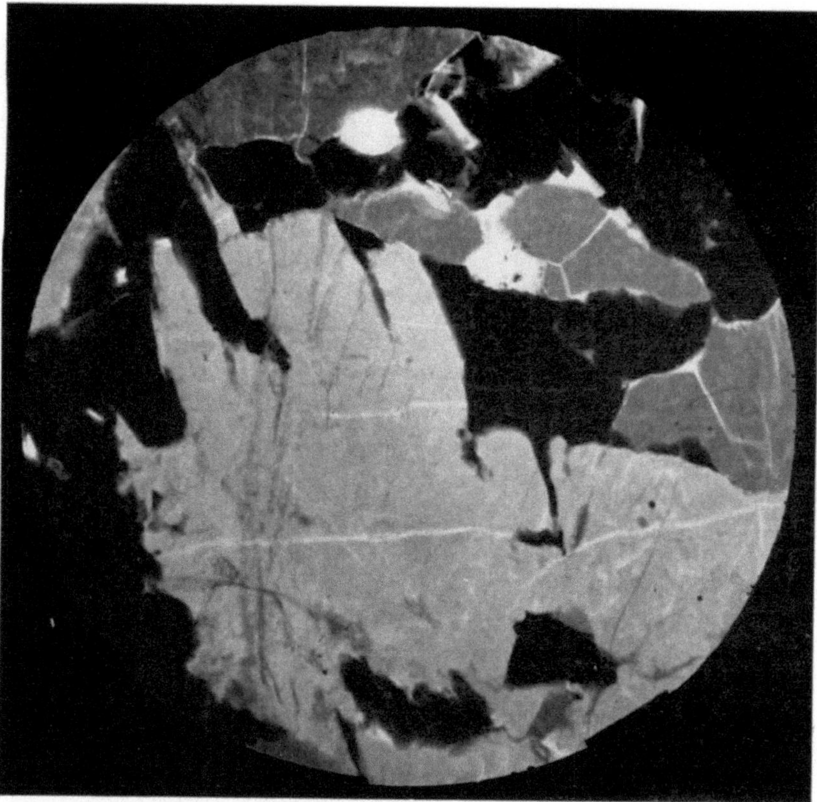

Fig. 2. Mineral section containing Fe_3O_4, $CaCO_3$ and willemite Zn_2SiO_4 (largest area). The willemite contains impurities of Fe and Mn. Iron K radiation

conditions for various specimens as well as to perform quantitative absorption analyses. CLARKE (1), HENKE (2) and others have calculated the optimum contrast conditions for X-ray microscopy. These are based on the absorption laws of X-rays and in general depend on selecting exciting spectra which are intense in the wavelength region just shorter than the critical absorption wavelength, as could be seen from an X-ray micrograph using Al K radiation of a uraniferous marlstone, essentially (Mg, Ca) CO_3. The Al radiation is well absorbed by all the constituents. When Cu K radiation is used only the heavy impurity compounds appreciably absorb the radiation, and the overall contrast is lost. In certain cases, however, the contrast between high and low atomic number constituents is useful. For biological specimens in which the mass density is so low, there is a great advantage in using long wavelength X-rays for contrast as can be demonstrated by comparison of Al K and Ti K radiation in photographing the thorax of a moth.

In another application of the projection microscope, spectrum selection permits one to perform absorption analyses. The absorption law

$$\ln \frac{I}{I_0} = -\mu x = -\left(\frac{\mu}{\varrho}\right)\varrho x = -\left(\frac{\mu}{\varrho}\right)\frac{M}{A}$$

is used to determine the masses M in an area of the micrograph A. As an example of how to use the absorption method, we assume that we know the components in a micro-region to be analyzed, and that these are two, a and b. The absorption law for wavelengths λ' and λ'' may be written:

$$\ln\left(\frac{I}{I_0}\right)' = -\frac{1}{A}\left[\left(\frac{\mu}{\varrho}\right)'_a M_a + \left(\frac{\mu}{\varrho}\right)'_b M_b\right]$$

$$\ln\left(\frac{I}{I_0}\right)'' = -\frac{1}{A}\left[\left(\frac{\mu}{\varrho}\right)''_a M_a + \left(\frac{\mu}{\varrho}\right)''_b M_b\right]$$

By choosing λ' and λ'' on the short wavelength side of the absorption edges of elements a and b, the sensitivity is maximized. When micrographs at these wavelengths are obtained, microphoto-

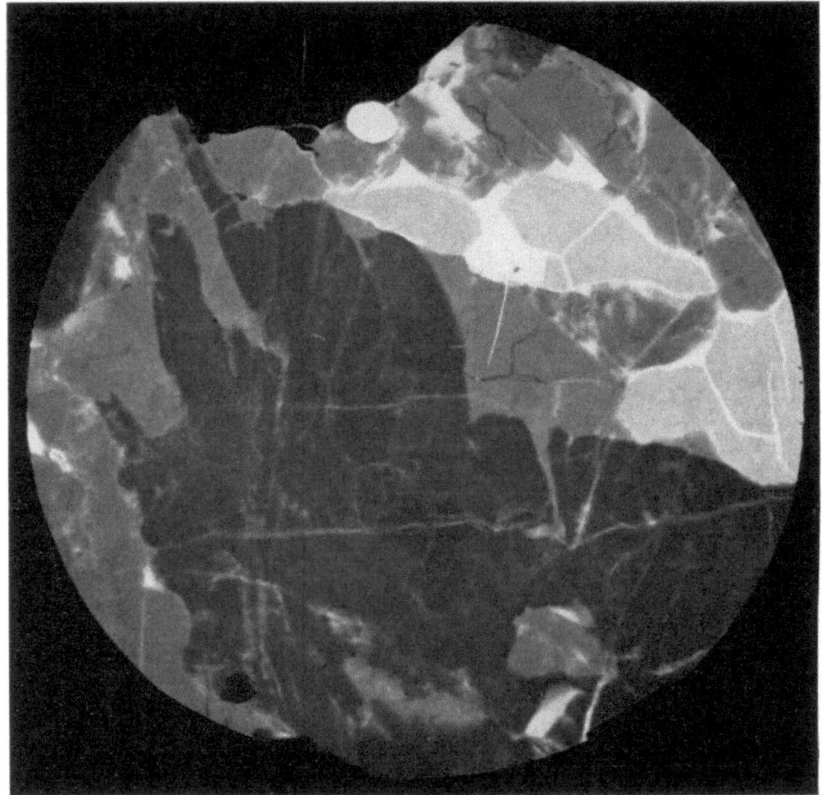

Fig. 3. Same specimen as Fig. 2. Copper K radiation. The changes in photo-metric density between these two figures permit mass absorption analyses

meter measurements of I and I_0 made in area A will give sufficient data to calculate M_a and M_b. The mass absorption coefficients are either known or measurable.

For precise work it is necessary to measure the coefficients since the radiation is not truly monochromatic. A step wedge may be constructed of films or foils and exposed to the particular radiations used in the microscope. The slope of a semi-logarithmic plot of microphotometer measurements as a function of step wedge thickness will yield the absorption coefficient.

An analysis of willemite was made from the micrographs of Fig. 2 and 3 in which iron K and copper K radiations were used. The willemite consists of Zn_2SiO_4 with minute inclusions (not resolvable) of Fe_3O_4. Absorption law equations were set up on the basis of three constituents, Fe, Zn and an aggregate of light elements, and the two radiations. These were solved for $\frac{M}{A}$ (Fe) and $\frac{M}{A}$ (Zn). Measurements showed $\frac{M}{A}$ (Fe) $= 1.5 \times 10^{-4}$ g/cm² and $\frac{M}{A}$ (Zn) $= 1 \times 10^{-3}$ g/cm² for a 0.04 mm thick section. The other minerals in this section were ZnO, $CaCO_3$ and Fe_3O_4.

The density variations from one micrograph to the other are emphasized because of the choice of spectra.

The ability to perform absorption analyses in a rapid and precise manner depends on the facility for changing spectra. By using a multiple target holder, as in the Norelco equipment, targets may be changed in a few seconds without breaking the vacuum or disturbing the sample. The same field of view can be maintained throughout all measurements. The combination of spectrochemical and morphological analyses in simultaneous measurements within micro-regions provides a powerful method for studying minerals, alloys, and other solid materials. The selection of spectra is basic to the technique, and its judicious use should prove fruitful.

References

1. Clark, G. L.: Applied X-rays, Fourth Ed. p. 238. London-New York-Toronto: McGraw-Hill Book Comp. 1955.
2. Henke, B. L., B. Lundberg, and A. Engström: X-ray Microscopy and Microradiography, p. 240. New York Academic Press, Inc. 1957.

Contrast improvement in X-ray projection microscopy

Ong Sing Poen and J. B. Le Poole

Technical Physics Laboratory, Technological University, Delft (Netherlands)

Shortly after we had closed our investigations on the reflection focusing aid (1) we started using the microscope for biological applications. A voltage of some 6 kV was applied on the thin sections of soft tissue. Contrast, obtained in this way however, was disappointing.

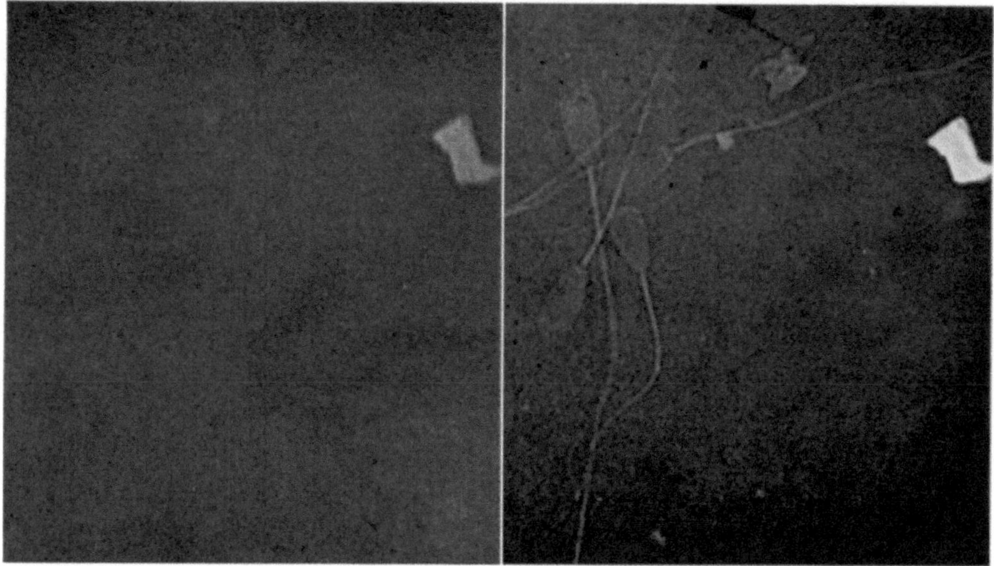

Fig. 1. Comparison of images from the same specimen (bull sperms on a collodion film), taken with Ilford process film (left) and Kodak Maximum Resolution (right). Magnification ca. 900 ×

Trying to reproduce the results obtained by Mosley, Scott and Wyckoff (2) using Mg radiation at 12 kV, we found that although the results were better, contrast is still far below that which they obtained by contact microradiography. As in the contact method the use of special ultra-fine grain is imperative, this difference in results had to be due to the film properties. As already pointed out in our previous publication on the 2 × method (3), this kind of films has a filter action since it is sensitive mainly to the soft radiation, the hard radiation passing through the emulsion without being absorbed. Application of the ultrafine grain film in the projection microscope may therefore be expected to increase contrast. As now the magnification on the film has to be adapted to the resolution, the primary magnification amounts to about $4 \times$. The results obtained in this way are striking. Encouraged by this success we used 12 kV with Au target. Even then contrast is good enough to show small specimens like bull sperms without staining.

At the end of this paper we will show you our results, all taken with 12 kV, Au target. This gives white radiation with a maximum at 1.6 Å. Closer investigation of the effect of the hard radiation on the contrast shows that the filter action mentioned above cannot be the only reason of the great difference in contrast. A thick film would absorb the hard radiation, but since the variation in density caused by the hard radiation is very small, this would amount to the same thing as putting a grey filter in front of a film when investigating it. Admittedly the noise in the background would be a disturbing factor, but the gain in contrast on ultrafine emulsions is so large that it needs a separate explanation. We believe that the main effect is caused by the fineness of the grain itself, more than by the thickness of the emulsion. Investigations carried out by Engström and Lindström (4) showed that the linear portion of the density curve of ultrafine grain films goes up to densities of 1.4. Since the slope gamma of the film is proportional to the density a large value of gamma can be obtained. Engström and Lindström also found that for softer radiation the linear part of the curve is shorter. Obviously the explanation is that the soft radiation uses only part of the emulsion as a result of its small depth of penetration.

Fig. 2. 10 μ section of an appendix, formol fixation, and treated with osmiumtetroxide. Magnification ca. 1 200 $\times$

Fig. 3. 10 μ section of human muscle, formol fixation, and treated with osmium tetroxide. Magnification ca. 900 $\times$

Let us now investigate the influence of grain size on the spectral properties of the film. For simplicity we assume that the grain size is small compared with the depth of penetration of the radiation. In that case the number of grains which can be reached by a given soft radiation is proportional to a^3 in which a is the grain diameter. In order to register all X-ray quanta we have to make sure that only a very small part of the available grains are struck twice by the quanta.

This in turn means that only a small part of the available grains should be hit at all. Consequently if a fine grain film can register n quanta per cm² a film with a p times larger grain size can only register $\frac{n}{p^3}$ quanta per cm². This leads to the surprizing condition that the ratio of magnifications for fine and coarse grain films is (the ratio of the grain size)$^{3/2}$. It means that the obtainable density is smaller the coarser the grains, and this in turn means that the obtainable gamma also decreases with grain size.

The next question is, how these results are affected by fluctuations. Obviously if each quantum gives rise to one developable grain, the signal to noise ratio is the same in the number of grains as it is in the number of quanta. There are two main causes of extra fluctuations: a) Not all grains are equal in size, b) even a non-exposed film has fog. The influence of point b) clearly decreases with increasing density. Since at correct exposure the fine grain film has the highest density, this is superior to the normal film. The fluctuations due to difference in grain size depend on the size distribution curve and are obviously determined by the manufacturing process.

To illustrate the effect of different emulsions we show the following pictures (Fig. 1, 2 and 3). They are taken at 12 kV. The target is a gold layer of about 0.2 μ on an Al-film some 10 μ in thickness. Exposures are in the order of 15 min. The camera length is 2 mm, primary magnification on the Lippmann film some 4 times, developed in ordinary paper developer.

The authors wish to express their gratitude to Dr. P. LOPES CARDOZO for kindly supplying with the specimen shown in Fig. 2 and Fig. 3, to Drs. J. ISINGS and co-workers for preparing and cutting the specimen, and to the electron microscope division of the Technical Physics Department, T.N.O. and T.H. for its cooperation in these experiments.

References

1. ONG SING POEN, and J. B. LE POOLE: Appl. Sci. Res. B **7**, 233 (1958).
2. MOSLEY, V. M., D. B. SCOTT and R. W. G. WYCKOFF: Biochim. biophys. Acta **24**, 235 (1958).
3. LE POOLE, J. B., and ONG SING POEN: Appl. Sci. Res. B **5**, 454 (1956).
4. ENGSTRÖM, A., and B. LINDSTRÖM: Proc. roy. Soc. B **140**, 33 (1952).

Untersuchungen über das Röntgenstrahlmikroskop vom Standpunkt der Informationsübertragung

GÜNTHER LANGNER

Institut für Elektronenmikroskopie der Medizinischen Akademie Düsseldorf

Ein Röntgenstrahlmikroskop übermittelt Informationen über die Objekte vermöge ihrer Durchlässigkeit τ für Röntgenstrahlen verschiedener Wellenlänge. Die relative Durchlässigkeit oder der Objektkontrast

$$K_o = \frac{\tau - \bar{\tau}}{\bar{\tau}} \tag{1}$$

ist eine Ortsfunktion des Objektes. Wir betrachten sie als „gesendetes Signal", das durch ein „Übertragungssystem" geschickt wird und es als „zu empfangendes Signal" verläßt. Dieses ist eine Ortsfunktion der Endbildebene und z. B. durch die Leuchtdichte B oder den Bildkontrast

$$K_b = \frac{B - \bar{B}}{\bar{B}} \tag{2}$$

des Endbildes gegeben. (Überstreichung bedeutet Mittelwert). Was mit der Objektfunktion K_o im Übertragungssystem, in unserem Falle dem Röntgenstrahlmikroskop, vor sich geht, kann man am besten verfolgen, wenn man die Funktion K_o nach FOURIER in ein Spektrum von Cosinus- und Sinusrastern der Raumfrequenzen N zerlegt. Ist das Übertragungssystem linear, so entstehen vom einzelnen Raster (N) keinerlei Oberwellen, nur die Rasteramplitude wird verändert. Das Verhältnis von Ausgangsamplitude a_1 zur Eingangsamplitude a_0 ist eine Funktion des Röntgenstrahlmikroskops allein und hängt nur von N, nicht vom Objekt ab. Man nennt diesen Quotienten

$Y(N)$ die Kontrastübertragungsfunktion (KÜF). Das Bild ist aufzufassen als die Fouriertransformierte der durch das Röntgenstrahlmikroskop modifizierten Fourierzerlegung der Objektfunktion K_o.

Es gibt stets eine maximale Frequenz N_0, oberhalb der die KÜF verschwindet. Wie man in der Informationstheorie zeigt, hat dies zur Folge, daß nur eine endliche Anzahl voneinander unabhängiger Werte der Objektfunktion K_0 übertragen wird. Aus der unendlichen Anzahl von Objektpunkten entsteht eine endliche Anzahl von Bildpunkten. Diese ist für ein Objekt der Fläche F gegeben durch

$$n_b = \pi N_0^2 F. \tag{3}$$

Zu jedem Bild sind also noch unendlich viele Objekte möglich, die zwar an gleichen Stellen mit dem gegenseitigen Abstand $1/\sqrt{\pi}\,N_0$ den gleichen Wert von K_o besitzen, sich an allen anderen Stellen aber im Wert von K_o unterscheiden.

Die Informationstheorie gestattet es ferner, den Einfluß aller Art statistischer Störungen zu berücksichtigen, die sich der Bildfunktion K_b überlagern. Diese Störsignale haben zur Folge, daß nur eine beschränkte Anzahl von Kontraststufen pro Bildpunkt unterscheidbar ist, und zwar ist ihre Zahl 2^I, wobei I die durchschnittliche Information pro Bildpunkt bedeutet. Die Information hängt eng mit dem Begriff der Entropie aus der statistischen Mechanik zusammen. Die Grunddefinition der Information in der Informationstheorie ist

$$I = \log_2 \frac{\text{Wahrscheinlichkeit eines Ereignisses nach Empfang der Nachricht}}{\text{Wahrscheinlichkeit eines Ereignisses vor Empfang der Nachricht}} \cdot \tag{4}$$

Die Einheit ist ein „bit". Bei Kenntnis der KÜF, der statistischen Durchschnittswerte der Objektfunktionen K_o und der Störsignale kann man die mittlere Information I pro Bildpunkt berechnen nach

$$I = \frac{1.44}{N_0^2} \int_0^{N_0} \ln\left[1 + \frac{\sigma_0^2\,|Y(N)|^2}{\sigma_s^2}\right] N\,dN. \tag{5}$$

Die statistischen Durchschnittswerte sind in σ_0^2 und σ_s^2 berücksichtigt. Für eine genaue Herleitung und Diskussion dieser Formel vgl. (1). Aus einer unendlichen Anzahl von Objekten vermag ein Röntgenstrahlmikroskop $2^{\pi N_0^2 I F}$ voneinander unterscheidbare Bilder zu übertragen. Diese Zahl ist allerdings beachtlich und beträgt für ein gutes, aber keineswegs hochgezüchtetes Röntgenstrahl-Punktprojektionsmikroskop mit 10^4 Bildpunkten pro $100\ \mu^2$ Objektfläche bei 1 bit pro Bildpunkt (man kann dann 2 verschiedene Kontraststufen unterscheiden) immerhin 10^{3010} Bilder.

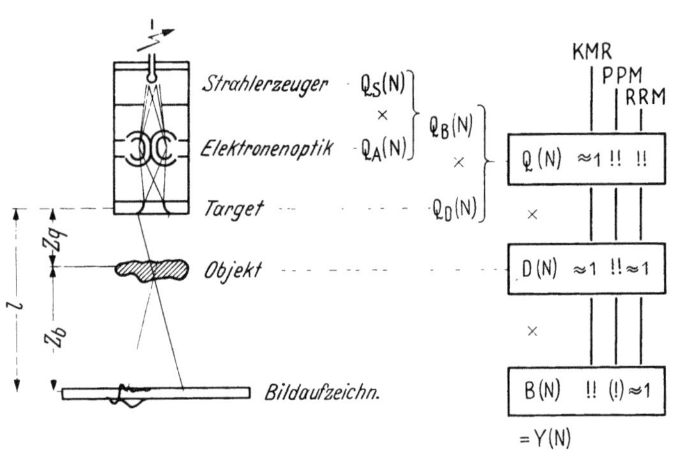

Abb. 1. Schematische Darstellung der multiplikativen Zusammensetzung der Kontrastübertragungsfunktion aus den einzelnen Anteilen für die Röntgenstrahl-Mikroradiographie (KMR), das Röntgenstrahl-Punktprojektionsmikroskop (PPM) und das Röntgenstrahlrastermikroskop (RRM)

Wegen ihrer praktischen Bedeutung wollen wir uns im folgenden nur mit dem Kontakt-Mikroradiographen (KMR), dem Punktprojektionsmikroskop (PPM) und dem Rastermikroskop (RM) befassen. Bezüglich ihrer Wirkungsweise muß auf die Arbeiten von Cosslett ($2, 3$) und Nixon (4) sowie auf die zusammenfassenden Artikel von Kirkpatrick und Pattee (5) und Hildenbrand (6) verwiesen werden. Die KÜF läßt sich einfach multiplikativ aus den Anteilen $Q_S(N)$ für den engsten Querschnitt des Elektronenstrahls, $Q_A(N)$ für die Aberrationen der Elektronenlinsen, $Q_D(N)$ für die Verbreiterung der Röntgenstrahlquelle durch Elektronenvielfachstreuung, $D(N)$ für die Fresnelsche Beugung und $B(N)$ für die Bildaufzeichnung zusammensetzen, wie Abb. 1 es schematisch andeutet. Mit $Q_B(N)$ haben wir den Anteil des Elektronenbrennflecks, mit $Q(N)$

den gesamten Anteil der Röntgenstrahlquelle bezeichnet. Die Raumfrequenz N muß sich für alle Anteile auf die gleiche Ebene beziehen. Die Raumfrequenzkoordinaten N_q der Quellenebene, N_{obj} der Objektebene und N_b der Bildebene lassen sich leicht ineinander umrechnen. Ausrufungszeichen weisen darauf hin, daß für das betreffende Mikroskop der fragliche Anteil besonders stark ins Gewicht fällt.

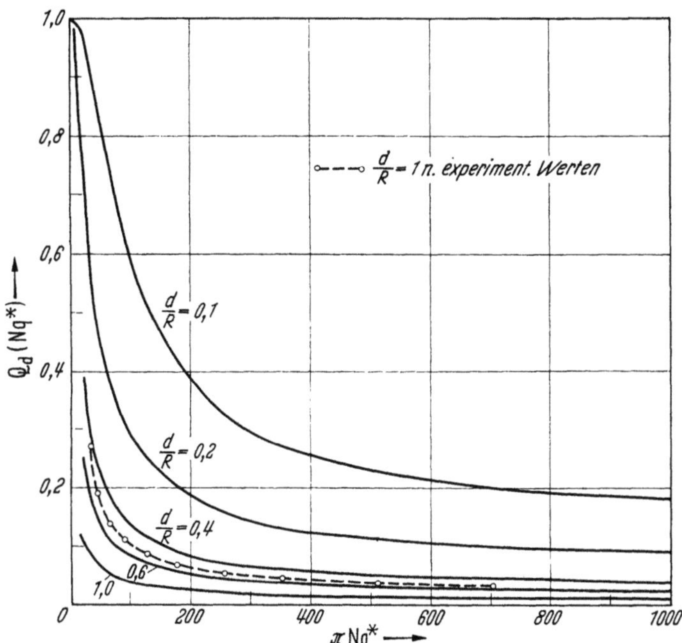

Abb. 2. Der Anteil der Vielfachstreuung der Elektronen im Target an der Kontrastübertragungsfunktion. d = Targetdicke, R = praktische Elektronenreichweite

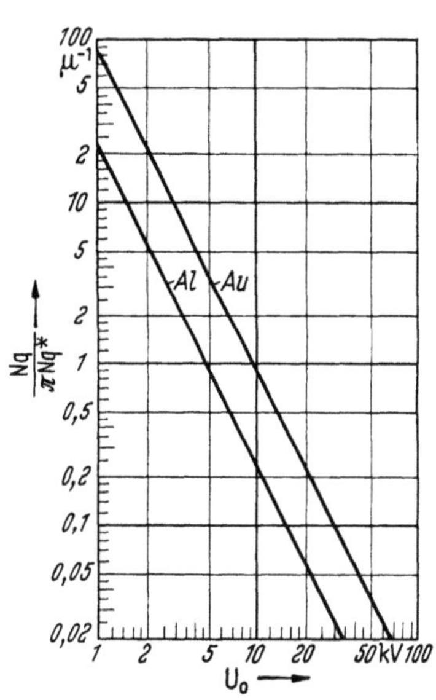

Abb. 3. Umrechnungsfaktor zwischen natürlicher und reduzierter Raumfrequenz für Al und Au als Funktion der Strahlspannung U_0

Als Beispiel zeigt Abb. 2 den Anteil Q_D für die Verbreiterung der Röntgenstrahlquelle durch Elektronenvielfachstreuung. Q_D ist über der reduzierten Raumfrequenz πN_q^* der Quellebene aufgetragen. Man erhält die natürliche Raumfrequenz N_q in der Quellebene, indem man πN_q^* mit dem von der Strahlspannung U_0 und dem Material abhängigen Faktor $N_q/\pi N_q^*$ multipliziert, der für Al und Au in Abb. 3 dargestellt ist. Als Grundlage zur Berechnung diente die paraxiale Theorie der Vielfachstreuung von LENZ (7, 8). Eine an empirische Werte (1) angeglichene nach der Näherung berechnete Kurve für $d/R \geqq 1$ wurde ebenfalls in Abb. 2a, gestrichelt, eingezeichnet. d bedeutet die Dicke des Materials und R die praktische Elektronenreichweite.

Abb. 4 zeigt ein Beispiel für die KÜF eines Röntgenstrahl-Projektionsmikroskops, das zwar im Bereich des experimentell heute Möglichen liegen dürfte, aber bisher mit dieser Leistungsfähigkeit noch

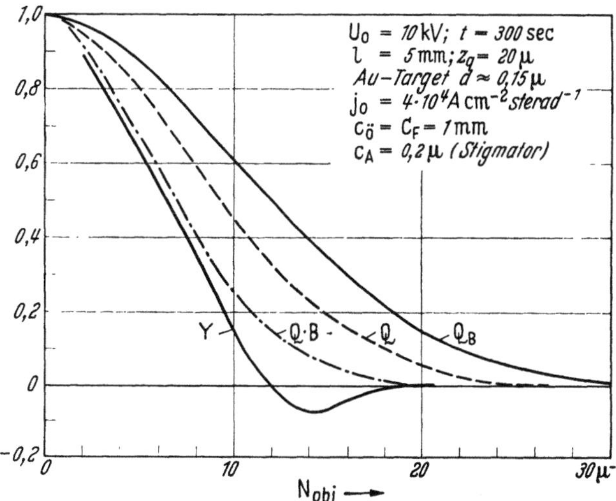

Abb. 4. Beispiel für die Kontrastübertragungsfunktion von Röntgenstrahl-Punktprojektions- und Rastermikroskop

nicht verwirklicht worden ist. Die zugehörigen Werte der Betriebsdaten und Apparatekonstanten sind eingetragen. Die Bedeutung von l und z_q geht aus Abb. 1 hervor; t bedeutet die Expositionsdauer, j_0 den maximalen Richtstrahlwert des Elektronenstrahlers, $C_\ddot{o}$ die

Konstante des Öffnungsfehlers, C_f die des Farbfehlers und C_A die des zweizähligen axialen Astigmatismus der Elektronenlinse. Q_B, Q, B und Y haben wieder die zuvor erwähnten Bedeutungen. Die Kurve $Q \cdot B$ ist bereits die KÜF des Rastermikroskops, während beim Punkt-Projektionsmikroskop (mit der KÜF: $Y = Q \cdot B \cdot D$) noch der Anteil D der Fresnelschen Beugung hinzukommt. Es sind die Raumfrequenzkoordinaten N_{obj} in bezug auf die Objektebene gewählt.

Für eine vergleichende Übersicht soll es uns genügen, die Abhängigkeit der Grenzfrequenz N_0 beim KMR, PPM und RRM von der Strahlspannung, dem verwendeten Spektrum der Röntgenstrahlen und von wichtigen Apparatekonstanten zu zeigen. Als Faustregel gilt nämlich, daß die reziproke Grenzfrequenz etwa dem Auflösungsvermögen gleichzusetzen ist, wie man es aus der Trennung kleiner Bilddetails zu bestimmen pflegt. In Abb. 5 links finden sich drei ausgezogene Kurven für KMR, einmal für den Fall lichtmikroskopischer Vergrößerung, dann für die Verwendung eines Röntgenbildwandlers mit Immersions-Elektronenlinse nach Möllenstedt und Huang (9, 10) und schließlich für ein Verfahren der Bildaufzeichnung und -vergrößerung, das auf der Löslichkeitsänderung der Oberfläche bestimmter Kristalle oder von Hochpolymeren beruht. Das durch Anätzen entstandene Relief wird durch elektronenmikroskopische Abdruckverfahren sichtbar gemacht. Dieses Verfahren ist von Ladd (11) vorgeschlagen worden. Für die KÜF der KMR ist in erster Linie die Bildaufzeichnung und Nachvergrößerung maßgebend. Die entscheidende Rolle spielt die mittlere Reichweite der von den Quanten ausgelösten Photoelektronen. Den rechten Teil der Abb. 5 beherrschen die PPM und RRM. Die günstigste Kurve gehört zu einem wohl noch nicht realisierten RRM,

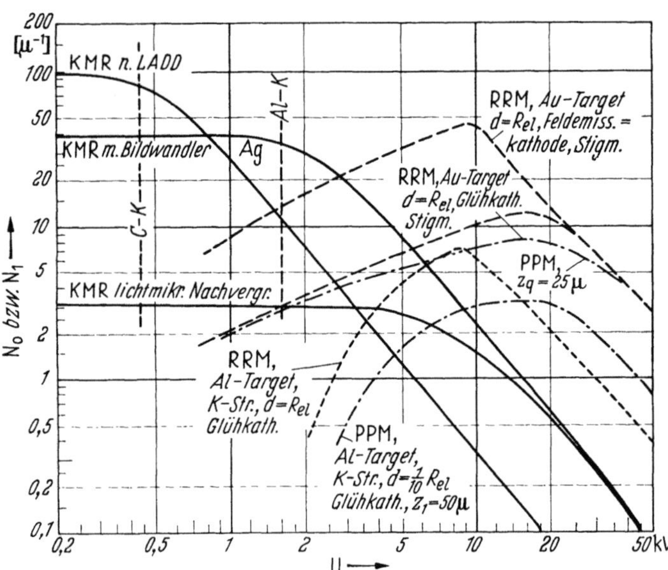

Abb. 5. Darstellung der Arbeitsbereiche und der erreichbaren Grenzfrequenz N_0 von Röntgenstrahl-Kontaktmikroradiographie (ausgezogene Kurven), Röntgenstrahl-Punktprojektionsmikroskopen (strichpunktierte Kurven) und Röntgenstrahl-Rastermikroskopen (gestrichelte Kurven) in Abhängigkeit von Betriebsspannung, Spektrum und Apparatekonstanten

das mit einer Feldemissionskathode arbeitet, während die anderen Kurven zu bereits realisierten PPM und RRM gehören. RM sind durch gestrichelte, PPM durch strichpunktierte Kurven gekennzeichnet. Die beiden durch eine punktierte Linie verbundenen Kurven gehören zu Mikroskopen mit Au-Target, $d = R_{el}$, Glühkathode und Stigmator. Die obere beschreibt die Grenzfrequenz des Rastermikroskops, die untere die des mit gleicher Röntgenstrahlquelle arbeitenden Punkt-Projektionsmikroskops (mit $z_q = 25\,\mu$). Die praktische Elektronenreichweite ist hier mit R_{el} bezeichnet. Die wesentlichen zugehörigen Werte über Targetmaterial und -dicke (d), Strahlungsart usw. sind eingetragen.

Zusammenfassend kann man sagen: Die Wahl des zu verwendenden Spektralbereichs richtet sich nach dem Objekt. Für weiche und insbesondere ultraweiche Strahlung eignet sich gut das KMR, besonders in seiner weiterentwickelten Form, die nicht mit lichtmikroskopischer Vergrößerung arbeitet. Die PPM und RRM werden, wie bekannt, optimal bei Strahlspannungen zwischen etwa 5 und 20 kV betrieben. Eine Reduzierung der Targetdicke unter die Elektronenreichweite lohnt erst oberhalb 20 kV und für leichte Elemente wie Al. Man sollte andererseits die Targetfolie nicht dicker machen als die Elektronenreichweite, weil man sonst durch Absorption von Röntgenstrahlen im Target Energie verschenkt und gezwungen wird, die Grenzfrequenz zu reduzieren, wenn man die gleiche Belichtungszeit aufrecht erhalten will. Die Erfahrung stimmt mit den allgemeinen theoretischen Überlegungen überein. Unsere Darstellung macht Aussagen über die günstigsten Betriebsbedingungen der für vorliegende Objekte am besten geeigneten röntgenmikroskopischen Verfahren sowie über eine ihre Leistungsfähigkeit kennzeichnende Größe, nämlich die Grenzfrequenz.

Literatur

1. Langner, G.: Theoretische Untersuchungen über Röntgenstrahlmikroskope ohne Röntgenoptik vom Standpunkt der Informationsübertragung. In Vorbereitung.
2. Cosslett, V. E.: Dieser Band, S. 239
3. — J. photogr. Sci. **2**, 125 (1954).
4. Nixon, W. C.: Proc. roy. Soc. A **232**, 475 (1955).
5. Kirkpatrick, P., and H. H. Pattee jr.: Handbuch der Physik. Band XXX, S. 305. Berlin-Göttingen-Heidelberg: Springer 1957.
6. Hildenbrand, G.: Ergebn. exakt. Naturwiss. **30**, 1 (1958).
7. Lenz, F.: Z. angew. Physik **10**, 31 (1958).
8. — Theoretische Untersuchungen über die Ausbreitung von Elektronenstrahlbündeln in rotationssymmetrischen elektrischen und magnetischen Feldern. Habilitationsschrift Aachen 1957.
9. Möllenstedt, G., and Lan Yu Huang: X-ray microscopy and microradiography. New York: Acad. Press Inc. 1957 S. 392.
10. Lan Yu Huang: Z. Physik **149**, 225 (1957).
11. Ladd, W. H., and M. W. Ladd: Science **123**, 270 (1956).

12. Elektronen- und Röntgen-Rastermikroskopie

An X-ray micro-analyzer of improved design

T. Mulvey

Research Laboratory, Associated Electrical Industries Ltd., Aldermaston Court, Aldermaston, Berkshire (Engl.)

Introduction. Following the application by Castaing and Guinier (*1*) of the electron-optical techniques of electron microscopy to X-ray micro-analysis, a number of instruments (*2—5*) have been described in the literature. In 1956, an experimental X-ray micro-analyzer (*6*) was constructed at the A. E. I. Research Laboratory for research into micro-analysis; this instrument has also been used in problems of metallurgy and surface physics (*7*) in conjunction with electron diffraction and electron microscopy.

Construction and operation. A detailed description of the electron probe forming system and optical viewing arrangements will be found elsewhere (*8*) in these proceedings. The electron probe permits a resolution of about one micron, the limit being set mainly by the diffusion of electrons in the specimen.

The specimen may be analyzed point by point, using the optical microscope to position the specimen under the probe, scanned mechanically over an area of one and a half square centimetres and scanned electronically over an area of $150\ \mu \times 150\ \mu$. The choice of method is dictated by individual requirements of any particular specimen.

The spectrometer. The X-ray spectrometer is of the Johansson (*9*) bent crystal focussing type using either lithium fluoride or quartz crystals covering a range of elements from uranium (92) to chlorine (17). For elements such as aluminium a proportional counter is in use. At present the resolution of proportional counters is not adequate to separate neighbouring elements in the periodic table but recent investigations (*10*) have shown that this difficulty is not insuperable. Light elements can of course be analyzed using a mica or gypsum crystal, but this leads to a loss of intensity.

The present instrument is primarily intended to explore possible methods for the analysis of carbon, oxygen and nitrogen; this will be referred to later. The design is sufficiently flexible for it to be used for routine analysis of heavier elements.

Fig. 1 shows a photograph of the apparatus. The electron gun and demagnifying lenses are mounted underneath the spectrometer (cover removed) which can operate either in air or under vacuum. A system of mechanical linkages is used to maintain the crystal and detector in their correct positions in relation to one another. The specimens are mounted on a drum inside the vacuum underneath the optical microscope, which is of the conventional metallurgical pattern, except that the objective lens is inside the vacuum chamber. The specimen drum is mounted on a shaft provided with a lever arrangement and micrometers for positioning the desired area under the cross-wires of the optical microscope. The micrometer that produces axial movement

Fig. 1. Experimental X-ray micro-analyzer. *A* Electron scanning equipment, *B* Optical microscope, *C* Specimen lever control, *D* Motor for mechanical scanning

of the specimen can be seen at the end of the shaft. By means of a small electric motor attached to this micrometer the specimen can be scanned mechanically for a distance of 1.3 cm.

By operating the lever attached to the shaft the drum is turned through 180° and the specimen is brought under the electron probe. The lever is in the latter position in Fig. 1. The alignment of the optical and electron probe systems can be carried out quite simply by forming a small contamination spot on a copper specimen, turning the lever and shaft through 180° between the fixed mechanical stops and traversing the optical microscope until the contamination mark coincides with the cross-wires. The lever system is so arranged that the alignment is then correct for any area that is selected.

Small movements of the probe (several microns) can be made by applying a small voltage across a pair of electrostatic deflector plates mounted inside the final lens. These plates also form part of a simple electronic scanning system (*11*).

Results obtained

Analysis of a 9.5% Cr-Cast Iron. The micrograph in Fig. 2 shows a 9.5% Cr-Cast Iron. The distribution of this chromium between the matrix (dark area) and the carbide (light area) was required. By setting the spectrometer to the Cr Kα line and traversing the specimen as previously described, the distribution of chromium was obtained along the line indicated on the micrograph. The graph of Fig. 2 shows that the concentration of chromium is high in the carbide (22%), but low in the matrix (5%). The *general* distribution of chromium in the region analyzed is shown in the upper part of the micrograph of Fig. 1 which was obtained by scanning the electron probe electrically and feeding the output of the spectrometer into the modulator of a cathode ray tube

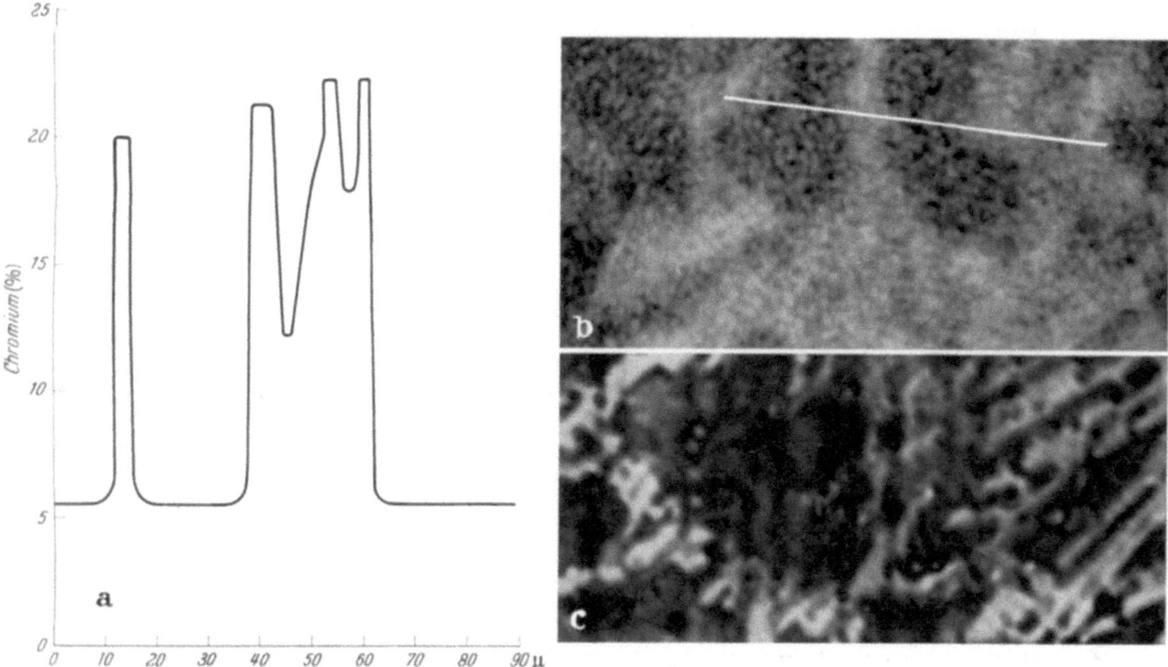

Fig. 2a—c. a Line scan showing distribution of chromium in a 9.5% cast iron.
b Optical micrograph (1100 ×), c Electron scan micrograph using Cr Kα radiation (1100 ×)

whose spot was scanned in synchronism. Regions of high chromium cause a corresponding brightening of the screen which is photographed in the usual way. The exposure must be continued until the random statistical fluctuations in the counting rate do not mask the variations of contrast due to true changes of composition. In an area $200\,\mu \times 200\,\mu$, for example, four million counts must be accumulated to reduce random fluctuations below 10%. Allowance must also be made in interpreting the electron scan pictures for the continuous X-ray background (Bremsstrahlung) which in point analysis is subtracted from the total count.

Application to wear and lubrication problems. For some time now electron microscopy and electron diffraction (*12, 13*) have been used to study the wear and lubrication of surfaces. A specimen submitted by Dr. J. K. LANCASTER of this laboratory consisted of a brass pin that had been worn against a rotating steel surface. The surface of the pin was covered with a dark oxide layer. Electron diffraction suggested the presence of ZnO or CuO or Fe_3O_4 or combinations of the three. Owing to the similarity in the diffraction patterns of these oxides it was not possible to distinguish between them. A qualitative micro-analysis showed that iron was the chiefconstituent of the film, which varied in thickness from 500 to 5000 Å. An analysis at 15 kV of the thicker parts of the film to prevent electrons reaching the underlying brass gave the following aver age analysis: Fe $\simeq$ 50%, Zn $\simeq$ 20%, Cu $\simeq$ 6%. This was consistent with the presence o all threfe oxides.

Analysis of inclusions. Fig. 3a is a micrograph showing inclusions in a "Nimonic" alloy. Point-by-point analysis of the inclusions gave the analysis shown in Fig. 3.

The inclusions appear to be regions depleted in nickel, chromium and titanium. The *general* distribution of chromium in the alloy is shown in Fig. 3b, an electron scanning picture taken with Cr $K\alpha$ radiation. The inclusions are *dark* compared with the matrix, indicating a lower chromium content.

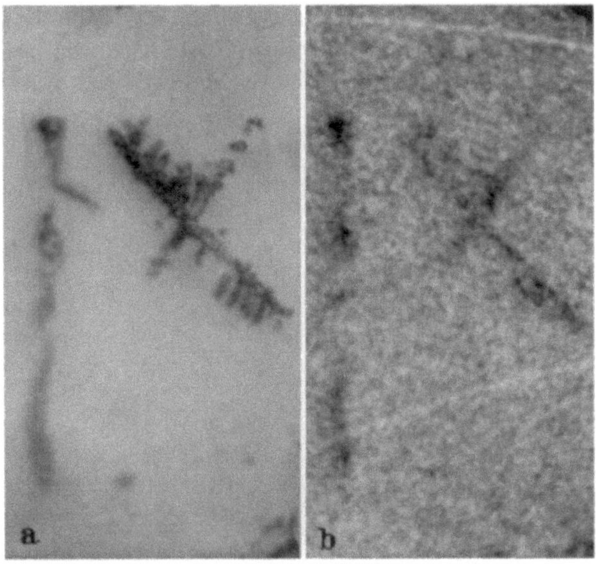

Fig. 3a and b. Inclusions in a Nimonic alloy. a Optical micrograph (600 ×), b Electron scanning picture of same area taken with Cr $K\alpha$ radiation showing low chromium content of inclusions. Analysis of inclusions: Ni71, Cr11, Fe 0.3, Ti 2.0. Matrix: Ni 77, Cr 20, Fe 0.3, Ti 2.3 percent

Analysis of Carbon, Nitrogen and Oxygen. The analysis of these light elements raises problems in electron-optics and X-ray detection. A calculation by Archard (*14*) shows that for a given probe current the X-ray $K\alpha$ yield from a carbon target will be about $1/5$ of that from magnesium. At present the biggest loss of intensity occurs in the analysing and detecting system. In the present apparatus this consists of a diffraction grating and either a proportional counter or a window-less counter such as a beryllium-copper photo-multiplier. The micro-analysis of the lightest elements appears feasible provided that the detector sensitivity can be improved. Present research is being directed to this end.

The basis of the design, i. e. the separation of the optical and electron optical systems, was first suggested by Dr. M. E. Haine. The author also wishes to thank Mr. E. Pesterfield and the design staff of the Laboratory for valuable suggestions for the mechanical construction, Messrs. J. Ballinger and A. Bernard for assistance with the analysis, and many colleagues for their advice and help. The work has been partly supported by a Joint Committee of B.I.S.R.A., B.N.F.R.A., B.C.I.R.A. and B.W.R.A. He also wishes to thank Dr. T. E. Allibone, F. R. S., Director of the Reserach Laboratory, Associated Electrical Industries, for permission to publish this paper.

References

1. Castaing, R., and A. Guinier: Proc. Conference Electr. Microsc. p. 60. Delft 1949.

2. — Paper 68. Proc. Conference Electr. Microsc. London 1954.

3. Borovski, I. B., and N. P. Il'in: Dokl. Akad. Nauk **106**, (4) 655 (1956).

4. Birks, L. S., and E. J. Brooks: Rev. sci. Instrum. **28**, 709 (1957).

5. Cosslett, V. E., and P. Duncumb: X-ray microscopy and radiography. p. 374. New York: Acad. Press. 1957.

6. Mulvey, T.: Improved electron-optical system for X-ray microanalyzer. Proc. Conference Electr. Microsc. Reading 1956.

7. — Development of the Castaing-Guinier technique. Rev. de Metallurgie (In the press).

8. — This volume p. 68.

9. Johansson, T.: Z. Physik **82**, 507 (1933).

10. Mulvey, T., and A. J. Campbell: Brit. J. appl. Physics **9**, 406, (1958).

11. — D. Haynes and A. Bernard: A simple scanning system for the X-ray micro-analyzer (To be published).

12. Halliday, J. S.: Proc. Conference lubrication and wear. Inst. Mech. Engrs. p 647. London (1957).

13. Archard, J. F., and W. Hirst: Proc. roy. Soc. A **238**, 515 (1957).

14. Archard, G. D.: On the production of $K\alpha$ quanta by electrons. (To be published).

Microanalysis with the X-ray scanning microscope

P. Duncumb

Cavendish Laboratory, University of Cambridge (England)

In the normal method of X-ray emission microanalysis, developed by Castaing (*1, 2*), the specimen surface is positioned optically under a fixed electron probe. With the present equipment (*3, 4*), the electron probe may be scanned over the specimen and the emitted X-rays collected to form an image of the surface on a cathode-ray tube, which is scanned in synchronism with the probe. An accelerating voltage of about 25 kV is used, and the probe, of diameter 0.1—1 μ, may be scanned over an area up to 0.4 mm square. X-rays may be detected either with or without wavelength discrimination; the crystal spectrometer (or proportional counter and pulse analyser)

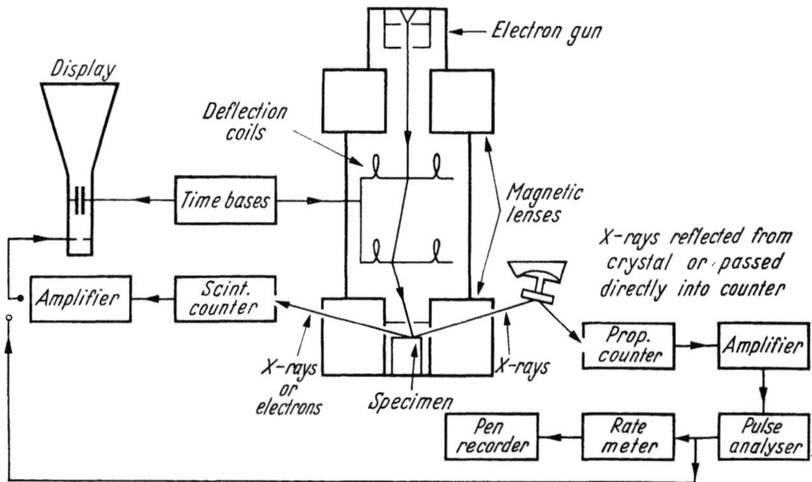

Fig. 1. Block diagram of the X-ray scanning microscope

on the right of the column (Fig. 1) selects a particular characteristic emission line, whereas the scintillation counter on the left accepts the total X-ray emission. In the former case the surface distribution of one element is obtained and, in the latter, contrast is chiefly due to the variation of atomic number over the surface. For specimens thicker than the electron penetration depth, the resolving power is limited to about 1 μ by lateral electron diffusion.

A further method of image formation, which shows the relief of the surface and gives better resolution, is by collection of the scattered electrons with the scintillation counter. In the present arrangement, the phosphor responds mainly to the high energy reflected electrons, giving a resolution of better than 0.5 μ, but, by collection of the low energy secondary electrons, it should be possible to attain the value of 200 Å reported by Smith and Oatley (*5*) with their scanning electron microscope.

After the visual image has been obtained, the electron probe can be accurately located on a particular feature in the surface by manual positioning of the display tube spot on the image afterglow, which persists for about 30 sec. Quantitative analysis may then be carried out with the crystal spectrometer, the concentration of a particular element being approximately proportional to the intensity of its characteristic emission. In favourable circumstances the lowest detectable concentration is less than 0.1%, which represents 10^{-14} gm of the element in the emitting region. With slight modification, the instrument would be suitable for the analysis of all elements heavier than chlorine ($Z = 17$); the long wavelength emission of lighter elements is strongly absorbed in the spectrometer. Castaing and Descamps (*6*) have shown, however, that it is possible with a vacuum spectrometer to extend the range to magnesium ($Z = 12$).

In the present objective lens (*4*), as Fig. 1 indicates, the specimen is mounted within the polepiece, emitted X-rays and scattered electrons being collected through the gap. This has the advantage of combining a short focal length (0.4 cm) and low spherical aberration coefficient (0.4 cm) with the requirement that X-rays should be collected at a high angle to the surface (20°), in order

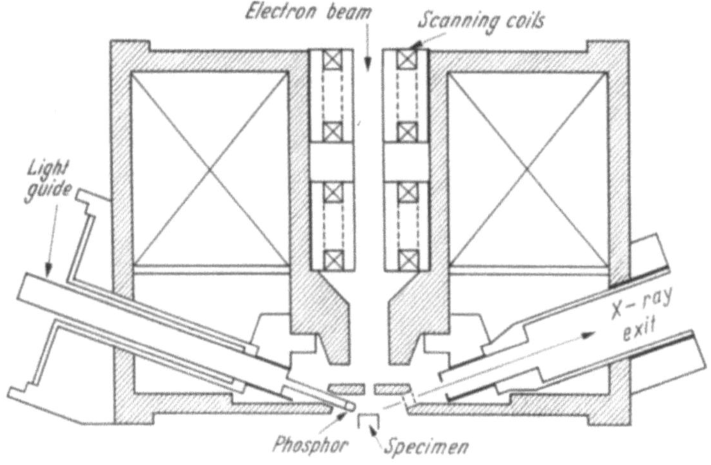

to minimise absorption within the specimen. It suffers, however, from the drawback that the specimen must be small and cannot be easily interchanged with a pure element for calibration. Accordingly, after experience had shown that some sacrifice in the maximum probe current would be allowable, the lens shown in Fig. 2 was designed and has been successfully tested.

In this lens, the electron beam is brought to a focus outside the polepiece, so that the specimen can be large and easily interchanged with others under vacuum. The focal length is 1.2 cm and the spherical aberration coefficient is increased to about 4 cm, but it is still possible to deliver the normal working current of 0.1 μA into a 1 μ probe. The double deflection coils are accomodated

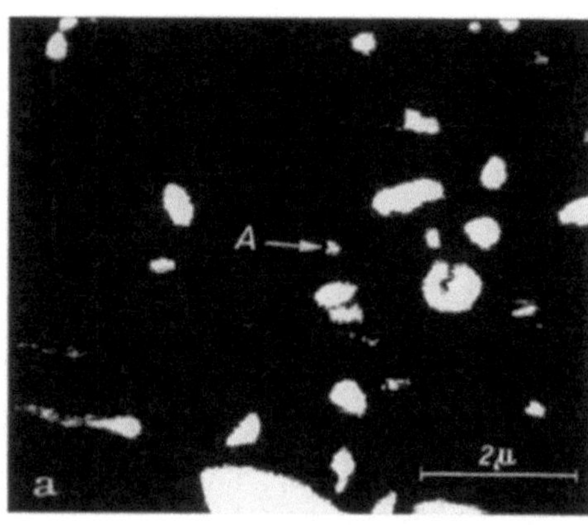

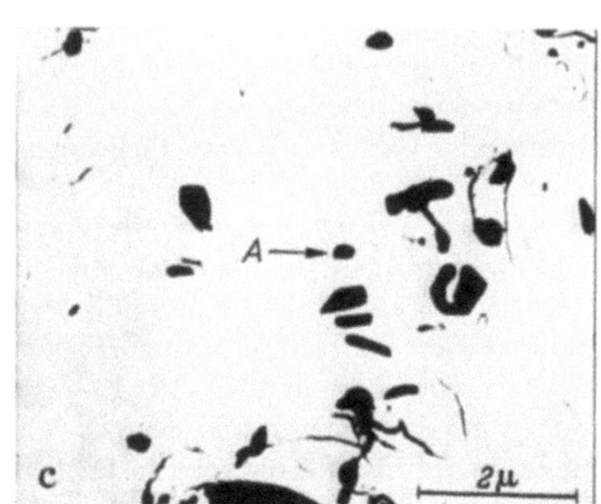

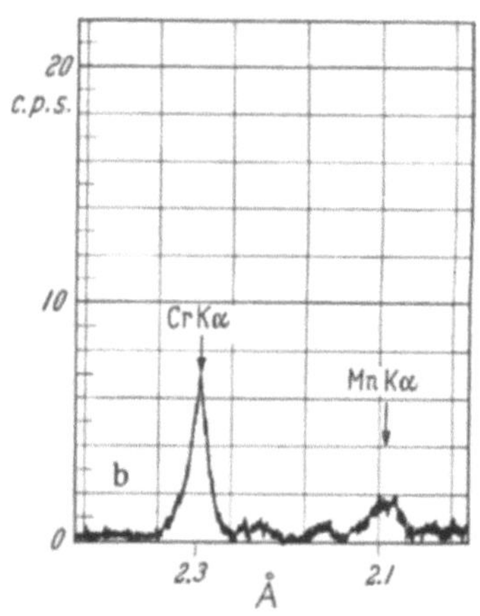

Fig. 3a—c. Analysis of single carbide particle. a Electron scanning micrograph, b X-ray spectrum from particle A, c Normal electron micrograph

in the upper bore of the lens, permitting some reduction in the volume of the system. Emitted X-rays are collected at an angle of 20° to the surface through a re-entrant port in the bottom face; this arrangement avoids the flux leakage in a lens having the bottom face coned so that the X-ray path is entirely outside the lens. Similar ports give space for the electron detecting phosphor and for a cold copper finger close to the specimen to reduce carbon contamination. The lens was designed from the data of Liebmann (7, 8).

The two main advantages of the scanning method are (1.), the ability to show up the distribution of a given element over the specimen surface, and (2.), the accuracy with which the probe can be located at a chosen point in the surface. The first of these features is particulary valuable in the study of solution segregation problems in metallurgy, where the optical microscope is of little value in finding the regions of maximum segregation. On the display screen these regions show up as bright areas in the distribution of the segregating element, and can be immediately picked out for analysis. By this method, the study of a mild steel specimen (*9*), which had shown a tendency to crack under conditions of hot working, showed that copper and nickel impurities had segregated in regions a few microns across. In places the concentration of each element had risen from the bulk average of less than 0.2 % to nearly 30%, so that an alloy was formed which remained molten during working and caused the cracks.

The second advantage of the scanning method, that of accurate location, is shown particularly in the study of carbon film extraction replicas. In this case, the particles may be well below 1 μ in size, so that a large fraction of the incident electrons are transmitted, and the effect of lateral diffusion is reduced. A smaller X-ray source can thus be obtained, as demonstrated by NIXON (*10*) with the X-ray projection microscope, and the resolution of the microanalysis is correspondingly improved. This is illustrated with an extraction replica taken from an intergranular fracture surface of steel. Fig. 3a shows the electron scanning image of carbide particles on the carbon film, and Fig. 3b is the X-ray emission spectrum plotted from a selected particle A, which is seen to contain chromium and manganese. The diameter of A is found from a normal electron micrograph of the same field (Fig. 3c) to be about 3000 Å. It is thus possible to analyse, at least qualitatively, individual particles on or below the limit of resolving power of the optical microscope, and a wide range of applications of the instrument in conjunction with the electron microscope is foreseen.

The author is indebted to Dr. V. E. COSSLETT and other members of the laboratory for many helpful discussions, and to the Department of Scientific and Industrial Research for two awards. The extraction replica was kindly provided by Dr. R. G. WARD of Sheffield University.

References

1. CASTAING, R.: Application des sondes électroniques à une methode d'analyse ponctuelle chimique et cristallographique. Thesis, Paris Univ. 1951. O.N.E.R.A. publ. no. 55.
2. — J. PHILIBERT and C. CRUSSARD: J. of Metals **9**, 389 (1957).
3. DUNCUMB, P., and V. E. COSSLETT: Proc. Symposium on X-ray Microscopy and Microradiography, 1956, pp. 374 and 617. Published by Academic Press 1957.
4. COSSLETT, V. E., and P. DUNCUMB: Proc. Stockholm Conference Electr. Microsc. p. 12, 1956.
5. SMITH, K. C. A., and C. W. OATLEY: Brit. J. appl. Physics **6**, 391 (1955).
6. CASTAING, R., and J. DESCAMPS: Recherche aéronaut. **63**, 41 (1958).
7. LIEBMANN, G.: Proc. Physic. Soc. B **68**, 737 (1955).
8. — Proc. Physic. Soc. B **68**, 682 (1955).
9. MELFORD, D. A., and P. DUNCUMB: Metallurgia **57**, 159 (1958).
10. NIXON, W. C.: Proc. roy. Soc. A **232**, 475 (1955).

Recent developments in scanning electron microscopy

T. E. EVERHART, K. C. A. SMITH, O. C. WELLS and C. W. OATLEY

University of Cambridge (England)

A more fundamental understanding of contrast formation in the scanning electron microscope (*1, 2, 3, 4*) will be described briefly in this paper, together with recent applications and instrumental developments.

1. Contrast Formation. MCMULLAN (*3*) initially proposed that only high energy electrons reflected from the specimen should be collected, amplified, and used as a video signal to yield a scanning electron micrograph. He divided secondary electron radiation induced by primary beam bombardment into two classes: secondary electrons and reflected electrons. Secondary electrons are defined here as those electrons coming from the specimen with energies less than 50 eV and reflected electrons therefore have energies between 50 eV and the primary beam energy, which is usually many keV. While useful micrographs have been obtained by recording the reflected electron video signal, more information content per micrograph is observed when the secondary electrons are used to form the video signal. Experiments show that if θ is the angle between the primary beam axis and the specimen normal, the number of collected electrons varies as sec θ, in agreement with elementary theories of secondary emission. Reflected electrons, with a mean energy approximately one-half the primary beam energy (5), follow straight line trajectories in the specimen chamber, where only moderate electric fields are present. Reflected electrons therefore can be recorded only if an unobstructed straight line path exists between the area of the specimen being scanned and the collector. If the path is obstructed (by specimen structure, for example), the area appears black on the micrograph. Low energy secondary electrons, however, can be appreciably deflected by moderate fields, and can reach the collector by curved

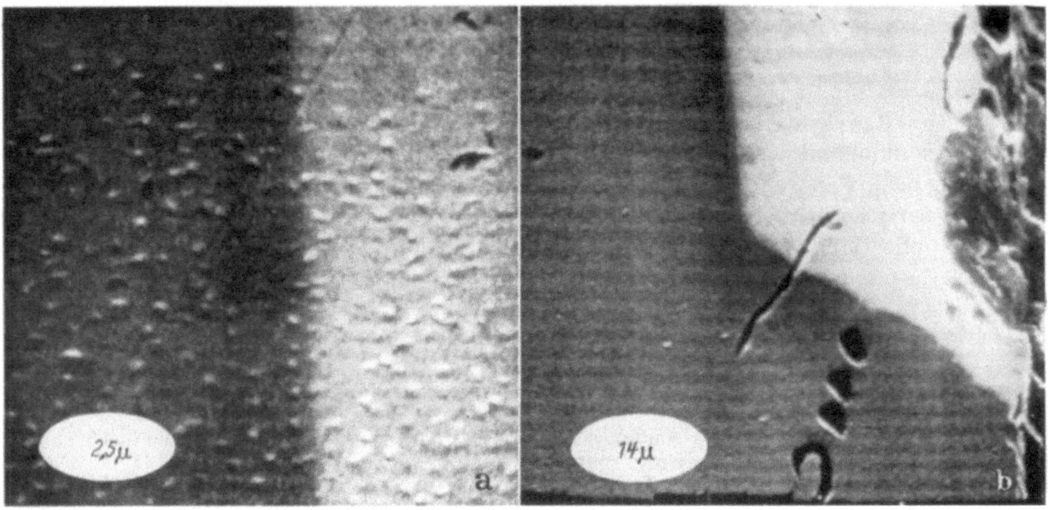

Fig. 1a and b. Micrographs of reverse-biased germanium p-n junctions. Reverse bias = 1 v. Reverse bias = 3v

trajectories. The unobstructed straight line trajectory criteria no longer applies, and areas which appear black and contain no information in a reflected electron image usually contain appreciable detail in a secondary electron image.

2. Recent applications. Potential differences between adjacent areas of a specimen surface can be imaged as brightness differences between these areas on the scanning electron micrograph (6), and voltage contrast is superimposed on topographical contrast. Fig. 1 shows two examples of voltage contrast. The specimen is a reverse-biased p-n junction; all potential variation occurs within a distance of 2 μ from the junction. Micrograph (a) shows that potential differences as small as one volt can be easily detected between adjacent areas, and it also shows how the voltage contrast is superimposed on topographical contrast. Micrograph (b) shows another interesting effect. The darkened band immediately adjacent to the bright p-region, and extending a few microns into the darker n-region has the calculated width of the swept-out, or space charge region of the junction diode. The darkening of the micrograph is due to either a slightly reduced secondary emission from an area where few carrier-electrons exist, or to transverse fields which are very strong in this region, and may deflect secondary electrons away from the collector.

Similar voltage detection experiments have been performed with a polycrystalline gallium phosphide specimen. This crystal showed striking line electroluminescent patterns, which were believed due to minority carrier recombination at p-n-p junctions. These p-p-n junctions were formed along crystallographic grain boundaries when the crystal was cooled from the melt. Fig. 2 shows two low-magnification potential maps of the surface; the imaged areas are identical, only the bias voltage polarity has been reversed. These potential maps show the junction is symmetrical over most of its length; however, near the bottom of the montages non-symmetrical patterns are apparent. It is doubtful whether this two dimensional potential distribution information could be obtained by mechanical probing methods in any reasonable length of time.

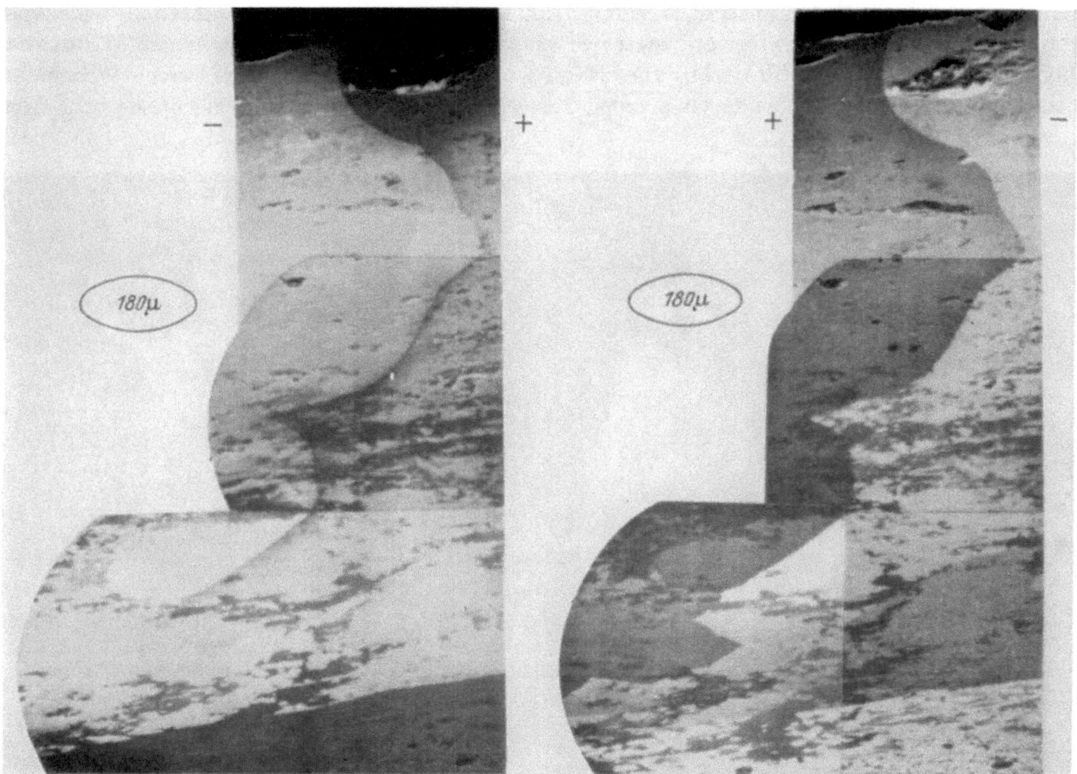

Fig. 2. Comparison montages of a biased polycrystalline specimen of gallium phosphide

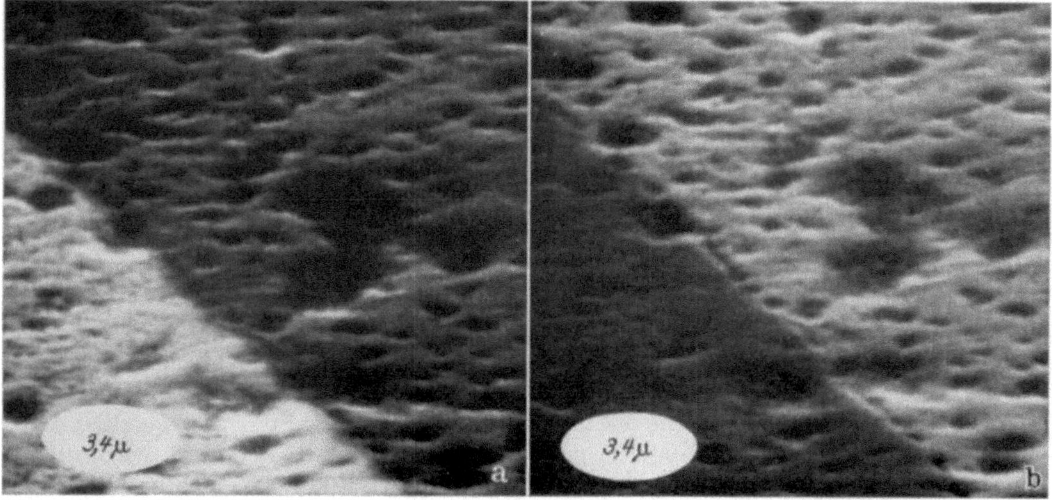

Fig. 3a and b. Comparison micrographs of biased gallium phosphide specimen. Bias = + 7 v. Bias = —7v

Fig. 3 shows one area of the junction at much higher magnification. Measurements on these micrographs show the base region is less than 0.2 μ wide. Quantitative measurements at several points showed that the base thickness varied greatly with position on the junction. For nonuniform junctions of this type, it is difficult to see how base thickness could be determined in any other manner.

Another interesting application of the scanning electron microscope is the application to the interior of small-bore tubes. The nylon spinneret shown in Fig. 4 illustrates this technique. Micrograph (*a*) shows the spinneret as received, and micrograph (*b*) shows it rotated 30° clockwise after cleaning. Note that the foreign matter which appears black in (*a*) is missing in (*b*), but that other foreign matter is not affected by the cleaning process. The tube length is twice its diameter. In these micrographs the secondary electrons were collected at the opposite end of the tube from

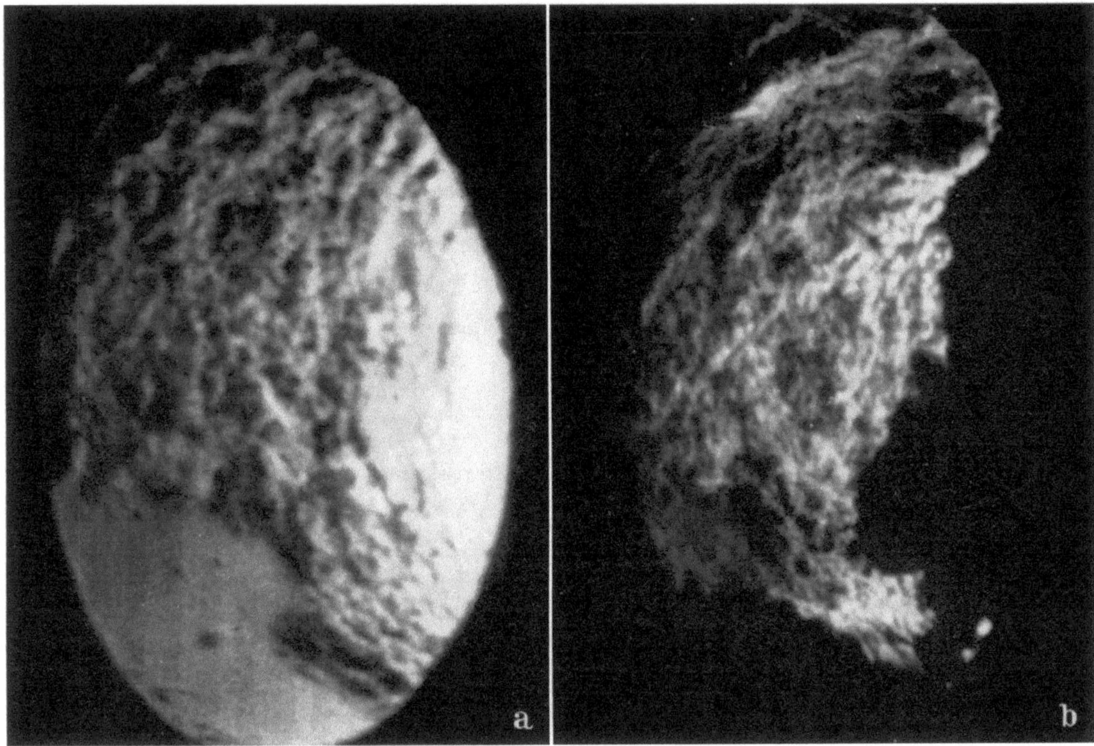

Fig. 4a and b. Comparison micrographs of 50 μ diameter nylon spinneret, before and after cleaning

the one shown. This is the reason that the brightness increases with depth in the hole. The interior of the tube is clearly seen to a depth equal to the radius of the bore. This technique has proved helpful to fibre manufacturers, and may be useful to others interested in the microscopic examination of small tubes, which are exceedingly difficult to examine by any other non-destructive method.

3. Recent instrumental developments. A sensitive, noise-free detector of very small electron currents has been developed to allow greater flexibility in collector position as well as a better signal-to-noise ratio. After leaving the specimen in the new system, the secondary electrons are drawn through a grid held at 100 V positive potential about 2 cm from the specimen, and then accelerated through several kV onto a scintillator, which is covered by a few hundred Ångstrom unit layer of aluminium to prevent charging. The light produced is transmitted down a light-pipe to a photo cathode, with a theoretical efficiency of nearly 100%. The photomultiplier output is held at earth potential, and feeds a direct-coupled video amplifier. The collector position is varied by bending the light-pipe.

This improved collection system has been incorporated into a new engineered version of the scanning electron microscope. Magnetic lenses, a new enclosed gun with plug-in cathodes, a higher resolution cathode-ray tube, and technical improvements relating to ease of operation and instrumental flexibility have also been incorporated into this instrument. The final spot size is continuously variable from 2 μ to less than 100 A, and this instrument will be used to explore fundamental limits of resolution, which are expected to lie somewhere below 100 A.

References

1. Ardenne, M. von: Z. Physik **109,** 553 (1938).
2. Zworykin, V. K., J. Hillier and R. L. Snyder: ASTM Bull. **117,** 15 (1942).
3. McMullan, D.: Proc. Inst. Electr. Eng. **100,** Pt. II, 245 (1953).
4. Smith, K. C. A., and C. W. Oatley: Brit. J. appl. Phys. **6,** 391 (1955).
5. Sternglass, E. J.: Physic. Rev. **95,** 345 (1954).
6. Oatley, C. W., and T. E. Everhart: J. Electronics **2,** 568 (1957).

Microscopie électronique par balayage

René Bernard et François Davoine

Université de Lyon, Laboratoire d'optique électronique

Nous avons construit un microscope électronique à balayage utilisant des électrons primaires de faible énergie: 1.000 à 2.000 eV (*1, 2*). Le spot a une intensité de 10^{-10} Amp environ. Les électrons réfléchis interviennent peu dans la formation de l'image.

Le pouvoir séparateur dépend, en premier chef, de la dimension du spot analyseur, c'est-à-dire du rapport signal/souffle obtenu à la sortie du dispositif collecteur de l'émission secondaire.

Fig. 1. Ensemble de l'installation

Dans le but d'augmenter le plus possible ce facteur nous recueillons l'émission secondaire directement dans un multiplicateur d'électrons dont les dynodes sont en alliage cuivre-béryllium et doivent être réactivées périodiquement.

La Fig. 1 représente l'ensemble de l'installation.

Si on peut espérer atteindre un pouvoir séparateur de l'ordre d'une centaine d'Ångstroems, c'est-à-dire compétitif avec celui du microscope électronique classique, le dispositif, dans son état imparfait actuel ne nous assure qu'une résolution d'environ 1 μ.

Dans cette technique, les contrastes de l'image résultent des variations locales du flux électronique réémis par l'échantillon, variations qui proviennent soit d'une modification locale réelle de l'émission secondaire, soit tout simplement d'une modification apparente consécutive à des variations locales d'incidence des électrons primaires.

Dans le but de réaliser des images apportant le maximum de renseignements sur la structure de l'échantillon, il semble souhaitable de favoriser le premier facteur aux dépens du second, c'est-à-dire de réduire l'influence des électrons réfléchis par rapport à celle des secondaires vrais. C'est la raison pour laquelle nous avons préféré utiliser un faisceau primaire explorateur faiblement accéléré.

A priori, cette conception semblait devoir se heurter à deux objections:

a) La contamination superficielle de l'objet, inévitable lorsqu'on travaille en enceinte démontable et avec une pompe à diffusion, risquait d'interdire la pénétration des électrons jusqu'à la surface même de l'échantillon, et pour parer cet à écueil nous avions même équipé notre microscope d'un canon à ions permettant de décaper la surface au moment de l'observation. L'expérience nous a montré que cette précaution était inutile. Les images ci-jointes ont toutes été obtenues sans aucun traitement préalable de la surface.

b) La vitesse faible des électrons primaires limite en théorie la finesse de la sonde exploratrice (aberrations de diffraction et de charge d'espace), mais d'autre part réduit considérablement leur

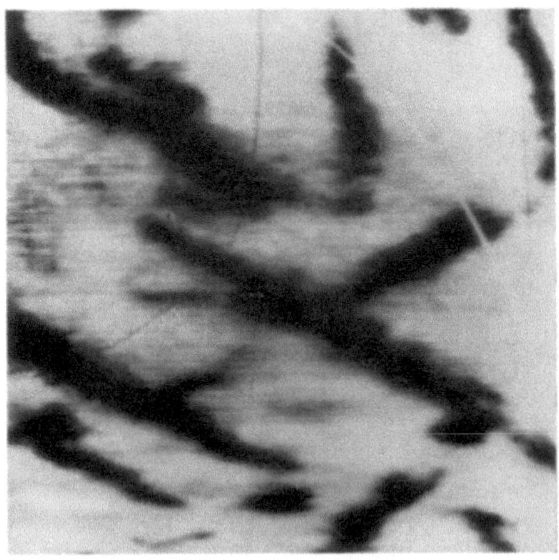

Fig. 2. Support: Argent. Métal vaporisé: Or (3.000 ×). Incidence normale. Energie des électrons primaires: 1.000 eV

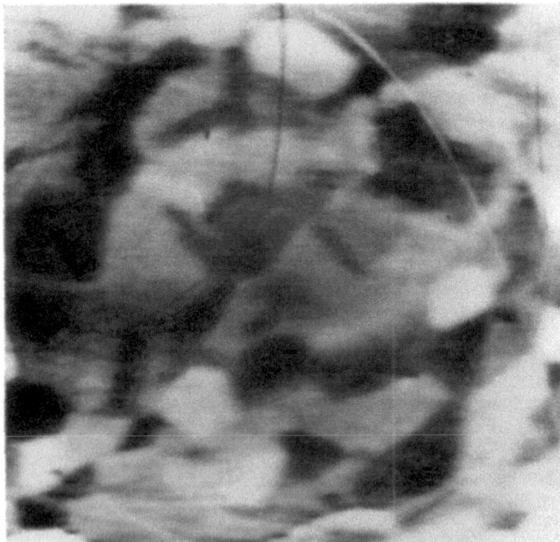

Fig. 3. Lentilles de phase η (800 ×). Incidence normale. Energie des électrons primaires: 1.000 eV

Fig. 4. Or recuit (500 ×). Incidence normale. Energie des électrons primaires: 1.500 eV

pouvoir de pénétration dans l'échantillon. Le volume de diffusion d'où sont issus les secondaires se trouve ainsi fort réduit et ces deux effets peuvent dans une certaine mesure se compenser (3). Dans l'état actuel de notre installation (absence de stigmateur, dynodes non activées) il ne nous est pas encore possible de préciser plus avant le rôle des ces deux facteurs.

Mise à part la question du pouvoir séparateur limité, les premiers résultats expérimentaux ont confirmé nos espérances et mis en évidence trois facteurs de contraste caractéristiques de la structure même de l'échantillon.

1. Contraste dû à la nature chimique de l'échantillon. Deux zones de nature chimique distincte se reconnaissent facilement sur l'image si leurs coefficients d'émission secondaire diffèrent même très légèrement. La Fig. 2 fait apparaître avec un contraste très satisfaisant des surfaces d'or évaporées sur de l'argent, bien que les coefficients d'émission de ces deux métaux soient très voisins.

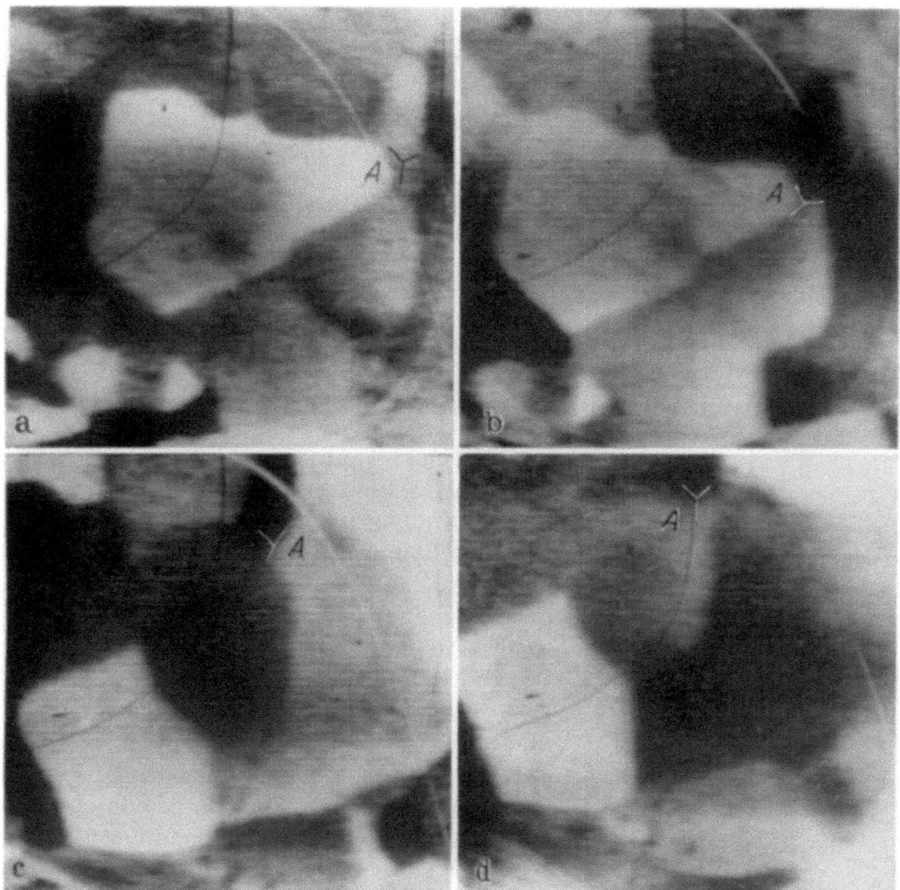

Fig. 5a—d. Or recuit ($1.000 \times$). Incidence normale. Energie des électrones primaires: 2.000 eV.
a Avant traction, d Rupture

De même la Fig. 3 fait apparaître des ségrégations de phase η ($W_6Co_6C_2$) dans un alliage riche en CW plus émissif.

2. Contraste dû à l'orientation cristalline. Le coefficient d'émission secondaire dépend de la nature de la face cristalline exposée au rayonnement primaire. Cet effet est suffisamment important pour permettre d'observer très facilement les monocristaux d'un métal pur polycristallin. La Fig. 4 reproduit la structure d'une feuille d'or pur.

3. Contraste dû à l'état d'écrouissage du métal. Nous avons antérieurement signalé (4) les modifications que l'écrouissage apporte au coefficient d'émission secondaire des substances polycristallines. Un montage spécial nous a permis de soumettre des éprouvettes métalliques à un effort de traction dans le microscope lui-même. Cette contrainte provoque, outre une augmentation globale importante de l'émission secondaire des zones les plus déformées des changements considérables dans le contraste des images, comme le montre la Fig. 5.

18*

Ces variations semblent dues à deux causes différentes:

— modifications de l'incidence du pinceau primaire (car l'application d'un effort de traction peut modifier localement l'orientation géométrique de la surface),

— modifications de l'orientation des plans cristallins (car les glissements provoqués par l'écrouissage s'effectuant seulement suivant des orientations bien définies, les plans réticulaires constituant la surface doivent acquérir des directions privilégiées soit plus émissives, soit moins émissives).

Les améliorations que nous sommes en train d'apporter à notre instrument, en vue notamment de parvenir au pouvoir séparateur théorique, nous laissent espérer que, sous réserve d'essais systématiques préalables nécessaires pour permettre l'interprétation des images obtenues, le microscope électronique à balayage deviendra un outil précieux pour les recherches métallurgiques.

Bibliographie

1. Bernard, R., et F. Davoine: Ann. Univ. Lyon, 3e sér. Sciences, B **10**, 78 (1957).
2. Davoine, F.: Thèse, Lyon 1958.
3. MacMullan, D.: Proc. Inst. Electr. Eng., Part II, **100**, N. 75, 245 (1953).
4. Davoine, F., et R. Bernard: J. de Physique Radium **17**, 859 (1956).

13. Materialbearbeitung mit Elektronenstrahlen

Materialbearbeitung mit Elektronen-Strahlen

K. H. Steigerwald

Firma Carl Zeiss, Oberkochen (Deutschland)

Über Versuche zur Materialbearbeitung mit Elektronen-Strahlen wurde bereits 1953 auf der Tagung der Gesellschaft für Elektronenmikroskopie in Innsbruck berichtet (*1*). Die außerordentlich hohe, mit einem fokussierten Elektronenstrahl erzielbare Energiedichte wird zur Erhitzung und Verdampfung von Material verwendet. Auf diese Weise ist es möglich, Material abzutragen und beispielsweise feine Bohrungen herzustellen. Ziel der Arbeit ist die Entwicklung eines Verfahrens zur Materialbearbeitung mit Elektronen-Strahlen, mit dem es möglich ist, an einem Werkstück formverändernde Bearbeitung innerhalb einer bestimmten Toleranz reproduzierbar auszuführen.

Abb. 1 zeigt eine der ersten Bohrungen, die im Jahr 1949 hergestellt wurde. Es handelt sich um eine Bohrung von 0,2 mm ⌀ in V2a-Stahlblech von 0,5 mm Dicke. Wie man sieht, wurde während des Bohrvorganges das Material in einem Bereich von etwa 0,1 mm um die Bohrung herum aufgeschmolzen, ein wesentlich größerer Bereich wurde derart erhitzt, daß Materialveränderungen eintraten. Verantwortlich hierfür ist die Wärmeleitfähigkeit des bearbeiteten Materials, durch die ein

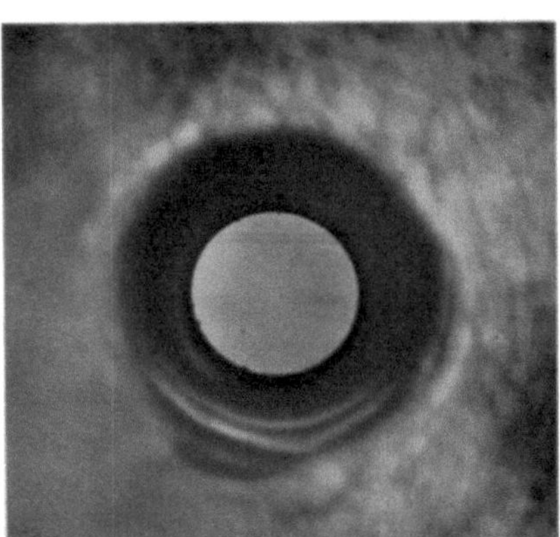

Abb. 1. Bohrung 0,2 mm ⌀ in Edelstahl, 0,5 mm stark

Teil der an der Bearbeitungsstelle eingestrahlten Energie in die Umgebung abfließt. Es ergab sich also die Aufgabe, diesen Anteil so klein wie möglich zu machen.

Abb. 2 zeigt schematisch den Ablauf eines Bearbeitungsvorganges. Die Oberfläche des schraffiert dargestellten Körpers wird auf einer scharf begrenzten Fläche von dem Elektronenstrahl *S* getroffen. Die Elektronen durchsetzen dabei eine dünne Schicht an der Oberfläche des Materials und geben ihre Energie im wesentlichen in Form von Wärme ab. Man erhält bereits einen recht guten quantitativen Überblick des ablaufenden Energieaustausches, wenn man den Vorgang zunächst stationär betrachtet. Dabei kann man den Elektronen-Strahl außer Betracht lassen und geht davon aus, daß die bearbeitete Fläche auf einer konstanten Temperatur gehalten wird. Um diese aufrecht zu erhalten, muß man Wärmeenergie zuführen, deren Menge sich aus den im Bild angedeuteten abfließenden Energiebeträgen ergibt. Hierbei fließen bei Auftreten von Verdampfung die Energiebeträge q_1—q_3 ab, die sich folgendermaßen zusammensetzen: q_1 = Verdampfungswärme bei der Temperatur T; q_2 = Wärme, die zur Aufheizung des Materials auf die Temperatur T benötigt wird; q_3 = Schmelzwärme. Von der erhitzten Bearbeitungsfläche geht weiterhin q_4 durch Strahlungsaustausch verloren. Die durch Wärmeleitung in das angrenzende Material verlorengehende Energie ist mit q_5 bezeichnet.

Betrachtet man die Energiebilanz dieses stationären Vorganges in Abhängigkeit von der Temperatur T, auf der sich die bearbeitete Fläche befindet, so ergibt sich das in Abb. 3 gezeigte Bild. Hier sind die pro Sekunde abfließenden Energiebeträge als Leistungen N_1—N_5 über der Temperatur aufgetragen, wobei die Indizierung 1—5 der für die Abb. 2 angegebenen entspricht.

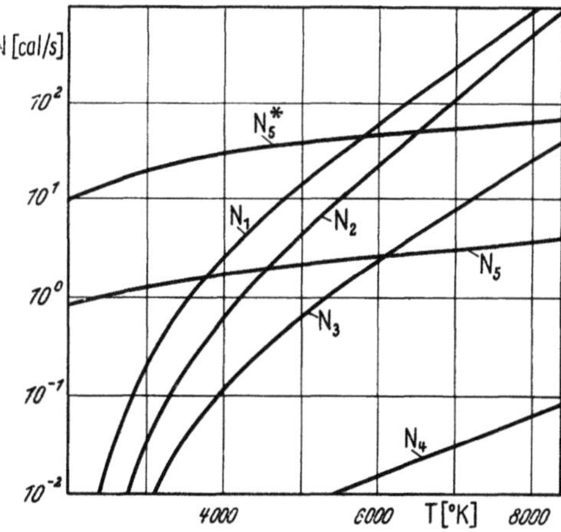

Abb. 2. Materialbearbeitung mit Elektronenstrahlen, schematische Darstellung

Abb. 3. Abschätzung der Leistungsbilanz bei Bearbeitung von Stahl in Abhängigkeit von der Temperatur an der Bearbeitungsstelle

Die Werte gelten für eine Stahlplatte von 1 cm Stärke und einer seitlichen Ausdehnung von einigen cm, auf der eine Fläche von 0,01 mm² auf die Temperatur T gebracht wird, während die Unterseite auf Zimmertemperatur gehalten wird. Die Werte für N_1—N_3 konnten zum Teil Berechnungen und Messungen entnommen werden, die LANGMUIR u. Mitarb. (2) über die Verdampfung von Metallen im Vakuum mitgeteilt haben. N_5 wurde nach der beispielsweise von ALEX MÜLLER angegebenen Methode (3) zur Bestimmung der Belastbarkeit von Antikathoden in Röntgenröhren berechnet. Die Darstellung beginnt erst bei 2000° K; also über dem Schmelzpunkt von Eisen bei etwa 1800° K. Die dabei vorhandene Verdampfungsgeschwindigkeit und die damit in die Verdampfung gehende Nutzleistung $N_1 - N_2 + N_3$ ist verschwindend gering gegenüber der durch Wärmeleitung abfließenden Verlustleistung N_5. Das Ergebnis hiervon sind hoffnungslos zusammengeschmolzene Krater, die die Aussicht auf eine definierte Materialbearbeitung mit Elektronen-Strahlen zunächst gering erscheinen lassen.

Betrachtet man jedoch den weiteren Verlauf von Kurven, so sieht man, daß nun der Anteil der Nutzleistung schnell ansteigt und bei 3500° K die Verlustleistung überholt. Hierfür ist der im wesentlichen exponentiell mit der Temperatur ansteigende Dampfdruck verantwortlich, während bekanntlich die durch Wärmeleitung abfließende Verlustleistung praktisch nur linear mit der Temperatur ansteigt. Der unterschiedliche Charakter der Abhängigkeit dieser beiden Leistungsanteile von der Temperatur und der damit zu erwartende gute Wirkungsgrad bei hohen Verdampfungstemperaturen war der wesentliche Grund für die Hoffnung, ein technisch brauchbares Verfahren zur Materialbearbeitung mit Elektronenstrahlen oder allgemein mit

Ladungsträger-Strahlen entwickeln zu können. Als Wirkungsgrad wird das Verhältnis N_1—N_3 zu N_1—N_5 angesehen.

Es besteht also die Aufgabe, eine hohe Verdampfungstemperatur zu erzeugen, während in einer durch die gewünschte Toleranz der Materialbearbeitung bestimmten Entfernung von der Bearbeitungsstelle die Temperatur einen durch die thermischen Materialeigenschaften bestimmten Wert nicht überschreiten darf. Eine Anschauung von den in einem praktischen Fall vorliegenden Verhältnissen zeigt der Verlauf der Verlustleistung N_5. Er wurde für den stationären Fall berechnet unter der Bedingung, daß die Temperatur in $4\,\mu$ Abstand von der bearbeiteten Fläche den Wert von 900° K nicht überschreiten darf. Es ergibt sich ein ganz wesentlicher Anstieg der Verlustleistung N_5^* um etwa eine Zehner-Potenz gegenüber dem bei N_5 vorliegenden Fall und damit eine Verschiebung gleicher Werte des Wirkungsgrades nach höheren Temperaturen. Es läßt sich nun leicht zeigen, daß die Erfüllung der oben angegebenen Bedingung über die Temperaturverteilung im Material in fast allen praktischen Fällen für stationären Betrieb nicht zu erfüllen ist. In dem angegebenen Fall für N_5^* dürfte z. B. die Dicke des gesamten bearbeiteten Körpers bei Voraussetzung homogener Verteilung der Wärmeleitfähigkeit für eine Verdampfungstemperatur von 4000° K nicht größer als etwa $5\,\mu$ sein.

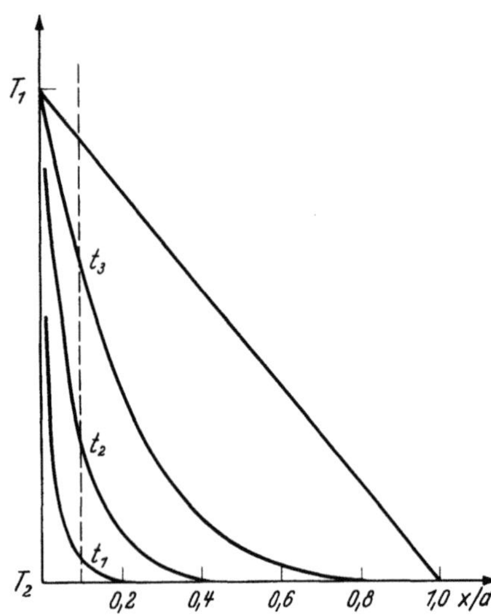

Abb. 4. Temperaturausgleich in einer ebenen Platte der Dicke d bei plötzlicher einseitiger Aufheizung

Daraus ergibt sich zunächst, daß man abgesehen von Sonderfällen eine technisch brauchbare Materialbearbeitung mit Elektronen-Strahlen nur bei nicht stationären thermischen Bedingungen ausführen kann. Als Beispiel zeigt Abb. 4 für verschiedene Zeiten die Temperaturverteilung in einer planparallelen homogenen Platte der Dicke d, deren linke bei $x/d = 0$ liegende Oberfläche plötzlich durch ausreichende Energiezufuhr auf eine konstante Temperatur T_1 gebracht wird, während die rechte bei $x/d = 1$ liegende Oberfläche durch Kühlung auf T_2 gehalten wird. Die Temperaturverteilung strebt dem stationären Zustand zu, der in diesem Falle einem linearen Temperaturabfall entspricht. Die dünne Schicht, in der eine Grenztemperatur nicht überschritten werden soll, ist zwischen $x/d = 0$ und der gestrichelten Linie schematisch angedeutet. Der für die Materialbearbeitung zulässige zeitliche Bereich, in dem das geforderte starke Temperaturgefälle existiert, bleibt auf eine ganz kurze Zeitspanne nach Einsetzen des Heizvorganges beschränkt. Daraus ergibt sich praktisch die Forderung nach einer Impulssteuerung des Aufheizvorganges und damit des Elektronen-Strahles. Glücklicherweise bietet hierfür der Elektronen-Strahl ausgezeichnete Möglichkeiten.

Im vorliegenden Bericht wurden die thermischen Vorgänge stark vereinfacht dargestellt. Die Veröffentlichung eingehender Betrachtungen über die Materialbearbeitung mit Elektronen-Strahlen mit Untersuchungsergebnissen ist in Vorbereitung.

Literatur

1. Steigerwald, K. H.: Physik. Verh. **4**, 123 (1953).
2. Jones, H. A., J. Langmuir, and G. M. Mackay: Physic. Rev. **30**, 202 (1927).
3. Müller, A.: Proc. roy. Soc. A **117**, 30 (1928).

Herstellung feiner Fräsungen mit Elektronen-Strahlen

F. Schleich

Firma Carl Zeiss, Oberkochen (Deutschland)

Bei den ersten praktischen Anwendungen des Verfahrens zur Materialbearbeitung mit Elektronen-Strahlen (1) war es notwendig, sich auf Aufgaben zu beschränken, die mit der etwa 100 W betragenden Leistung der uns zur Verfügung stehenden Elektronenstrahlquellen ausführbar erschienen. Es fanden sich eine ganze Reihe auch technisch interessanter Anwendungen wie beispielsweise die Herstellung feiner Bohrungen, feiner Schlitze oder komplizierter Profilfräsungen. Bei der Ausführung solcher Bearbeitungen stellte es sich als besonders günstig heraus, einen feinen Elektronenstrahl möglichst hoher Energiedichte mit kreisförmigem Querschnitt zu erzeugen und diesen in geeigneter Weise über die zu bearbeitende Fläche zu führen. Die Materialabtragung und die dadurch erzielbare Formveränderung hängt damit nicht nur von den Eigenschaften des Elektronen-Strahles ab, sondern sie wird auch von der Art der Bewegung des Strahles über die zu bearbeitende Fläche bestimmt. Dabei ist es möglich, ohne Veränderung der Fokussierungsmittel des Elektronenstrahles, allein durch eine definiert gesteuerte Bewegung des Strahles über das Werkstück, in den angegebenen Dimensionen praktisch beliebige Bearbeitungen auszuführen. Im folgenden wird eine Apparatur zur Herstellung von solchen Elektronenstrahl-Fräsungen beschrieben.

Das in Abb. 1 gezeigte Gerät enthält eine Fernfokuskathode (a) als Strahlerzeugungssystem, die bereits für eine Vorfokussierung des Elektronenstrahles sorgt. Eine magnetische Linse (c) erzeugt im Raum des Werkstückes (g) ein feinfokussiertes Elektronenstrahlbündel, dessen Form durch Abbildung der oberhalb der Linse liegenden zwei Blenden (b) bestimmt wird. Dieses Strahlstück stellt das Werkzeug für die Materialbearbeitung dar. Die Vorgänge am Werkstück können über einen unter 45° angebrachten Spiegel (d) mit einem Stereomikroskop (e) in etwa 80facher Vergrößerung beobachtet werden. Mit Hilfe eines von außen bedienbaren Kreuztisches (f) läßt sich das Werkstück verschieben. Die Strahlführung erfolgt durch magnetische Ablenkung ähnlich wie bei Bildröhren. In einer Ebene unterhalb der Linse sind 4 Ablenkspulen (h) angeordnet, die paarweise zusammenarbeitend den Strahl ablenken.

Zur Impulssteuerung (2) wird die Vorspannung der Wehneltelektrode (a) gegenüber dem Heizfaden periodisch geändert. Die etwa rechteckförmig verlaufende Vorspannung ist so eingestellt, daß während der Impulse ein hoher Strahlstrom fließt, dieser in den Pausen zwischen den Impulsen dagegen gesperrt ist. Impulsbreite und Impuls-

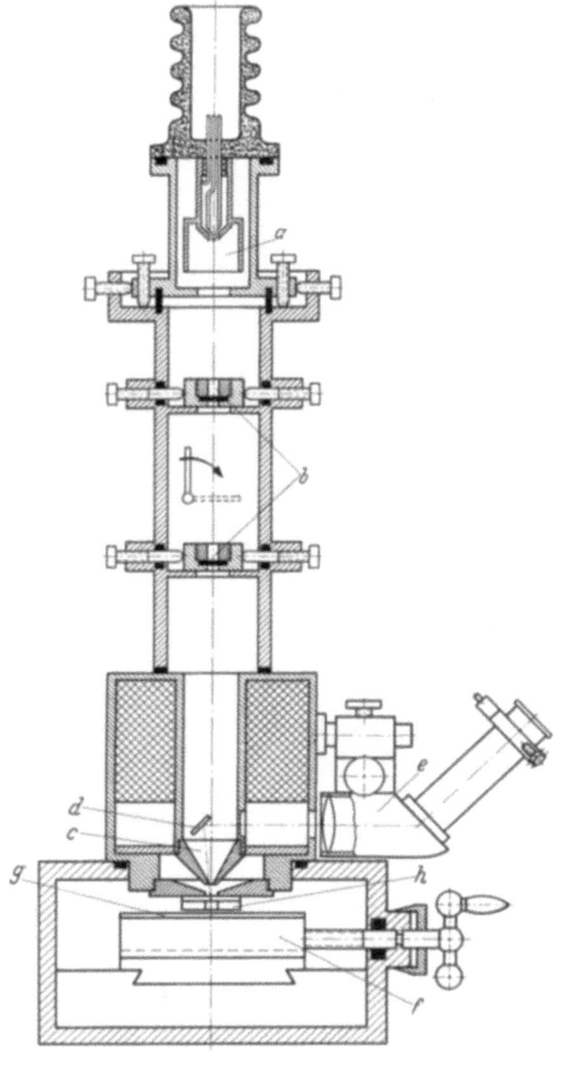

Abb. 1. Elektronenstrahl-Fräsmaschine, schematisch

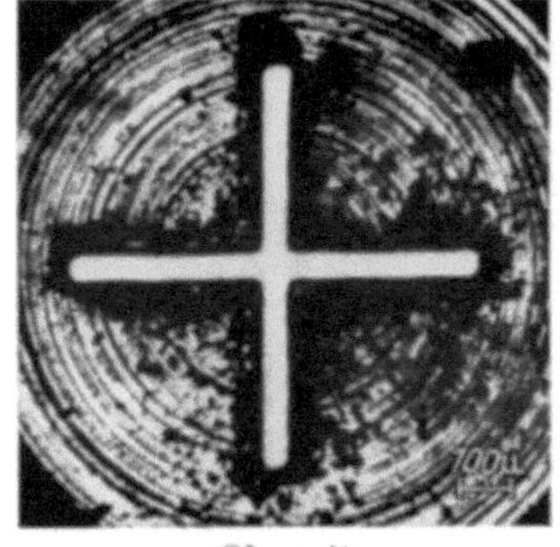

Abb. 2. Elektronenstrahl-Fräsung in Edelstahl 0,5 mm, Schlitzbreite 43 μ, Schlitzlänge 1040 μ

folgefrequenz sind regelbar. Eine zusätzliche Gleichspannung erlaubt die Einstellung des max. Strahlstromes. Für die Strahlsteuerung wurden in dem hier beschriebenen Gerät zunächst einfache Röhrengeneratoren zur Erzeugung der Erregerströme der Ablenkspulen benützt. Versorgt man das eine Spulenpaar z. B. mit einem sägezahnförmig, das andere gleichzeitig mit einem rechteckförmig verlaufenden Strom, wobei Frequenz *und* Amplitude das Verhältnis 1:10 haben, so wird der Strahl über einen schmalen rechteckförmigen Bereich geführt und fräst einen entsprechenden Schlitz aus. Kombiniert man diese beiden Stromquellen mit einer Relaissteuerung, die periodisch die Funktionen der Spulen umschaltet, so entsteht eine kreuzförmige Bohrung.

Abb. 2 zeigt ein auf diese Weise hergestelltes Kreuzprofil. Das Verhältnis Breite zu Tiefe beträgt hier 1:10. Dieses Verhältnis kann auch auf 1:50 ausgedehnt werden. Zur Wiederholung des Arbeitsganges kann das Werkstück mit Hilfe des Kreuztisches gegenüber dem Elektronen-Strahl in eine neue Position gebracht werden. Diese Einstellung läßt sich bei abgeschaltetem Strahl mit dem Einblickmikroskop beobachten.

In Abb. 3 ist als Beispiel für die praktische Anwendung des Verfahrens eine Spinndüsenplatte zur Herstellung vollsynthetischer Kunstfasern gezeigt. Die Platte besteht aus 8 mm starkem Edelstahl. Von der im Bild nicht gezeigten Seite aus wurden 30 zylindrische Vorbohrungen von 3 mm Durchmesser derart angebracht, daß jeweils ein zur Vorderseite der Platte planparalleler Boden von 0,4 mm Dicke stehen blieb. In den Böden dieser mechanisch hergestellten Vorbohrungen wurden nun mit dem Elektronen-Strahl die im Durchlicht sichtbaren Kreuzprofile ausgefräst. Die Breite der Schlitze beträgt 40 μ, die gesamte Länge eines Kreuzbalkens 1 000 μ. Die Breite der Schlitze von Fräsung zu Fräsung zeigt eine Toleranz von etwa $\pm$ 3 μ, was 8% der Breite entspricht.

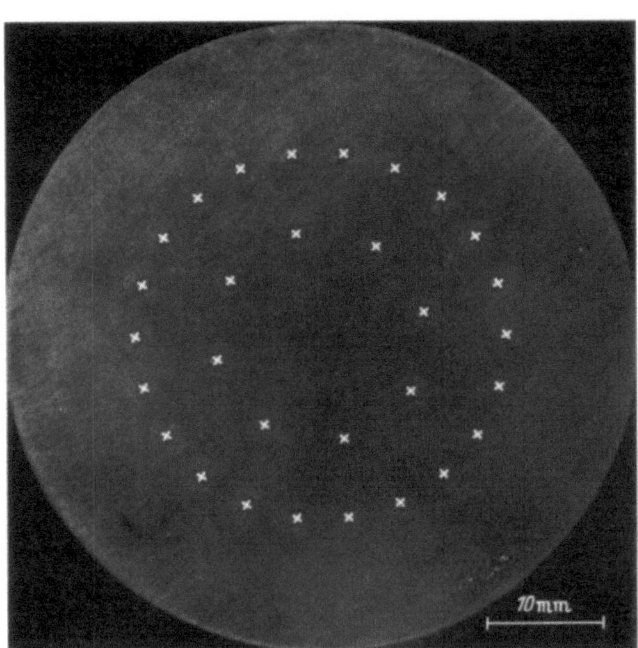

Abb. 3. Spinndüsenplatte aus Edelstahl mit Profilbohrungen
Schlitzbreite 40 μ, Schlitzlänge 1 000 μ

Mit der beschriebenen Anlage wurde die Bearbeitbarkeit von Werkstoffen wie Wolfram, Edelstahl, Quarz, synthetischen Edelsteinen u. a. untersucht. Die Ergebnisse zeigen, daß es mit Hilfe der Impulssteuerung des Elektronen-Strahles möglich ist, das erzielbare Arbeitsergebnis, insbesondere die mögliche Bearbeitungsgenauigkeit, von den unterschiedlichen Materialeigenschaften unabhängig zu machen.

Literatur

1. Steigerwald, K. H.: Physik. Verh. **4,** 123 (1953).
2. — Dieser Band, S. 276.

B. Einwirkung des Objekts auf Strahl und Bild

1. Streuung am Objekt und Bildkontrast

Characteristic energy losses of electrons

L. Marton, L. B. Leder, C. Marton, H. Mendlowitz, J. A. Simpson, J. A. Suddeth and
M. D. Wagner

National Bureau of Standards, Washington, D. C.

It has been recognized for more than 20 years (*1*) that one of the most important factors in the formation of electron microscope images is electron scattering. A number of papers have appeared (*2*) based on accepted theories of elastic and inelastic scattering. In order to obtain numerical results, approximations were made and in some cases the results were in fair agreement with experiments (*3*). We now believe that this agreement was only fair, due to the fact that the theoretical treatments were essentially based on statistical considerations where an average energy loss was used for the inelastic part of the scattering. During the last few years, quite an effort has been made, both experimental and theoretical, toward a better exploration of the inelastic process. As a result, we are now in a much better position to say something more definite about the factors contributing to the inelastic part of the electron scattering process and its role in image formation in electron microscopy.

The most important single result which modern investigators have shown is that the statistical approximations to the inelastic process are not entirely adequate. This is because it has been found that there are certain processes by which the electrons lose energy in distinct measurable steps. These distinct losses are found to be superimposed on a continuous background of energy losses. These distinct energy losses are now called characteristic energy losses because the energy losses suffered by the electrons are characteristic of the material by which the electrons are scattered. The characteristic losses appear to be the most important factor to be considered, but the apparently continuous losses must be considered too. In this review we will emphasize the role of the characteristic losses in image formation.

About 15 years ago, Kossel, investigating X-ray spectra and the dynamical theory of electron diffraction, came to the conclusion that electrons interacting with metals may show some characteristic energy losses. Unaware of earlier investigations in this field, he assigned the work of discovering any such losses to his student Ruthemann. The now well known investigations of Ruthemann (*4*) have shown that electrons shot through thin layers of material indeed show well defined characteristic losses. Ruthemann's early interpretation of the energy losses was that they are caused by transitions between X-ray levels. Both Kossel and Ruthemann were unaware of observations made over a decade earlier which were derived from secondary electron emission investigations. In studying secondary emission, Becker (*5*), and later Rudberg (*6*), Farnsworth (*7*), Haworth (*8*) and others found that very well marked energy losses can be observed; and, a solid state interpretation of these energy losses was put forward as early as 1936 by Rudberg and Slater (*9*). The essential difference between these early investigations and Ruthemann's work is that the early work was done by using very low energy electrons, of the order of a few hundred electron volts or less, and observing the electrons which were reflected from the surface of bulk material. Some of these investigations were carried out with extreme care on very well prepared specimens with well known surface properties. In a few cases single crystals were used.

Ruthemann used higher energies closer to those in electron microscope investigations and the electrons were shot through thin layers in transmission. Since Ruthemann's time, similar investigations have been taken up by a number of laboratories; in particular, Möllenstedt (*10*), Friedmann (*11*), Meyer (*12*), Haberstroh (*13*) and others in Germany, Watanabe (*14*) in Japan, Gabor and collaborators (*15*) in England, Cauchois, Gauthe (*16*) and Fert (*17*) in France, Swan (*18*) in Australia, Gorny (*19*) and others in the USSR and several investigators in the U. S. (*20, 21*).

Investigations of characteristic energy loss phenomena have to cover at least three important aspects of these effects. First there is the general appearance of the characteristic energy loss spectra, the number of peaks observed and energy values which can be measured. The second important aspect is the angular distribution of those inelastically scattered electrons which have

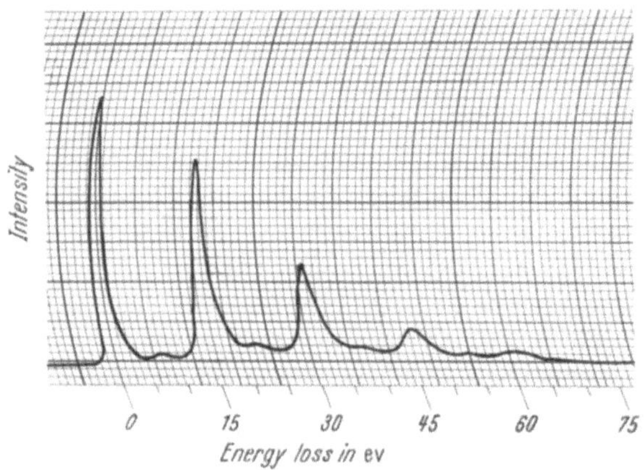

Fig. 1. Energy loss spectrum of aluminium (linear intensity scale). (Courtesy the Physical Review)

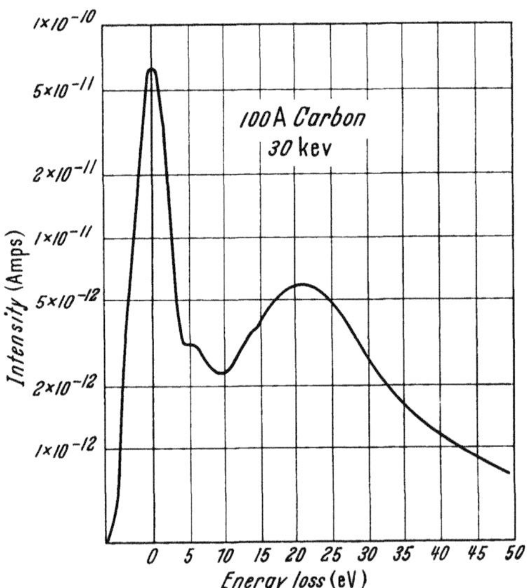

Fig. 2. Energy loss spectrum of carbon (logarithmic intensity scale). (Courtesy the Reviews of Modern Physics)

suffered a characteristic energy loss. The third, and equally important, aspect is the probability for inelastic events to occur. This probability or cross section for the inelastic events appears to be dependent upon a certain number of factors, and the influence of these factors, such as the state of aggregation of the material, is necessary for complete evaluation of these effects.

In discussing the characteristic energy losses we will try to consider the viewpoint of the electron microscopist. This will limit somewhat the scope of our presentation, but since the electron microscopist is usually interested in more than just image forming operations, we will also discuss the effects of these energy losses on electron diffraction patterns.

The general appearance of the energy loss spectra of scattered electrons is by now known to a large number of electron microscopists. Nevertheless, it is useful to consider here a few loss spectra, discuss briefly their general appearance, and see to what conclusion we can come after such considerations. Fig. 1 shows the characteristic loss spectrum in aluminium. The energy spectrum is plotted as energy loss versus intensity. The number of characteristic lines we observe in the energy spectrum depends upon the thickness of the aluminium layer. We can see characteristic energy losses at about 7 ev, 15 ev, 22 ev, 30 ev, etc. Note that there exist essentially two groups of lines. Those at 15 ev, 30 ev, etc., are more intense, and those at 7 ev, 22 ev, etc., are considerably weaker. The strong lines are integral multiples of the first strong line at 15 ev. Since thick layers show a greater number of strong lines than a thin layer, one can reach the obvious conclusion that the higher energy losses are due to multiple collisions. Electrons which have lost 15 ev can lose again one or more times the same amount of energy. Similarly, the 22 ev line can be considered as the sum of a 15 ev and of a 7 ev loss. If we assume these two processes as basic, then we need to explain essentially only the occurrence of two energy losses, those at 7 and 15 ev. Any explanation covering those two lines will automatically cover the higher losses too.

Fig. 2 shows the spectrum of a thin carbon film. We see a weak first loss followed by a rather broad main loss line.

The characteristic energy loss spectra of a great number of elements and of simple compounds have been measured. The general agreement between the measured electron energy loss values in different laboratories is of the order of a fraction of an electron volt in those materials which have been studied most. Although individual measurements may have internal consistencies which are better by a factor of ten than the results quoted in the preceding, day to day comparison with results obtained in the same laboratory and comparison with results obtained in other laboratories may be of the order of a fraction of a volt or more. Instead of giving here an extended tabular presentation of the material which has been published repeatedly in the literature [see for instance, references (*4, 10, 14, 20, 22, 27*)], we can summarize it in the following way. In almost every case, it is possible to observe a weak energy loss line usually below 10 ev energy. It is usually followed by a strong line whose energy is between 10 ev and 25 ev. As indicated with aluminium, higher loss lines may be considered to be multiples or sums of the energies of those two elementary losses. While this last statement may not be entirely general, it seems to be close enough to reality so that for working purposes we may assume it to be true.

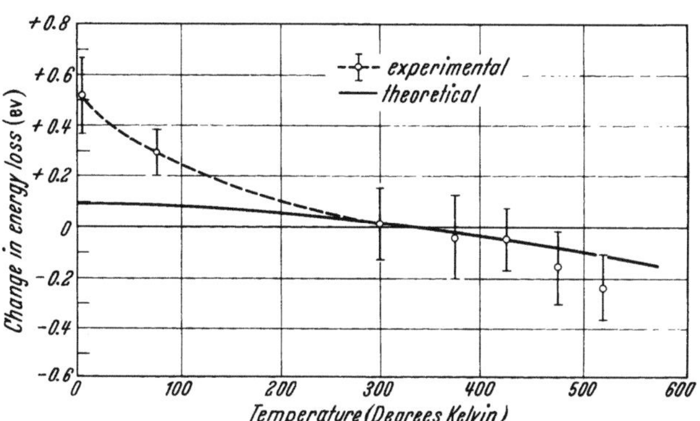

Fig. 3. Temperature dependence of the most important characteristic loss line in aluminium. (Courtesy the Physical Review)

The exact reason for the lack of agreement between different laboratories on the energy loss values is presently not yet explained. We know that the magnitude of the energy loss and the shape of the line vary with angle. It may be that by utilizing a large enough acceptance angle on the detector, one can obtain an integrated effect over an angular region. This may result in a shift of the apparent energy loss from that obtained at zero angle (forward direction). This has been noted in one of our earlier communications (*22*). Other effects may influence the position of the characteristic losses: for instance, the temperature of the specimen. Fig. 3 shows the temperature dependence of the value of the main loss line in aluminium as a function of absolute temperature (*23*). In the higher temperature range, the change in the energy loss can be explained as a density effect. The energy loss is related to the density of charges in the medium which can be expressed as a function of temperature. At extremely low temperatures, the effects due to the enhancement of the conductivity may predominate.

It may be worthwhile to note that there are apparently several conflicting approaches to the interpretation of the characteristic losses. One explanation is that the characteristic loss arises when the incident electron causes an interband transition in the solid. This was first proposed by RUDBERG and SLATER (*9*). There is some support for this approach in the striking similarity between the characteristic energy loss values and the spacings in the fine structure of the X-ray absorption spectra in solids. The interpretation of the X-ray fine structure was first suggested by KRONIG (*24*) to be due to the band structure of the solids. BOHM and PINES (*25*) originally suggested that the characteristic losses occur when the incident electrons excite collective oscillations in the "free-electron plasma" in the metals. Upon proper choice of the "free electron" density one can obtain fairly good agreement with experiment in a large number of cases. Another suggestion was to relate the characteristic losses to atomic transitions (*26*). However, one must bear in mind that basically we must consider a coulomb interaction between the electron and the charges in the medium. Since we treat only those collisions in which relatively small amounts of momenta are transferred, we may describe the medium in terms of a dielectric constant (*27*). When this is done, one finds that the interpretations mentioned in the preceding are special cases of the dielectric constant model and each case may be obtained by making different assumptions regarding the "oscillator strength" distribution in the material. The oscillator strength is related to the probability of exciting a particular type of transition. When one considers the over all dielectric constant model one obtains a reasonable interpretation of the various features in the energy loss spectra.

The next important question is the angular distribution of the scattered electrons as a function of the energy distribution. Work on this subject is much more restricted than on the first phase, and only about half of the interested laboratories have engaged in this type of work. Fig. 4 gives a typical observation on aluminium. On this presentation the ordinate is energy loss, the abscissa is angle and the third direction, toward the observer, is shown in the form of constant intensity contours. Let us look first at the elastically scattered electrons, those that come through with no energy loss at all. For these, the ordinate is zero. After a fast rapid decrease in intensity we find a maximum occurring at 57 milliradians. This maximum is due to a diffraction ring occurring at that angle. The surprising part is that diffraction maxima occur in this diagram not only for the elastically scattered electrons, but also for the inelastically scattered ones. If we look, for instance, at the 15 ev characteristic energy loss, we find that at the same angle of 57 milliradians a maximum occurs and the same maximum is repeated at larger losses. The interpretation is reasonably straightforward. We can have an energy loss followed by diffraction, or diffraction followed by an energy loss, in a two step process. This, however, has a very important consequence. In electron diffraction practice, it is usually assumed that only elastically scattered electrons are diffracted. This diagram shows clearly that the diffraction ring consists of a large number of inelastically scattered electrons mixed with the elastic ones. The influence of these inelastically scattered electrons in precision electron diffractography is far from negligible. The diameter of the diffraction ring is increased due to the presence of inelastically scattered electrons, and calculations of the lattice constants from ring diameters will give incorrect values. Some disagreement in the measurements of lattice constants obtained by X-rays and by electrons may be traced to this phenomenon as a primary reason. A good number of inner potential measurements may be spurious for the same reason.

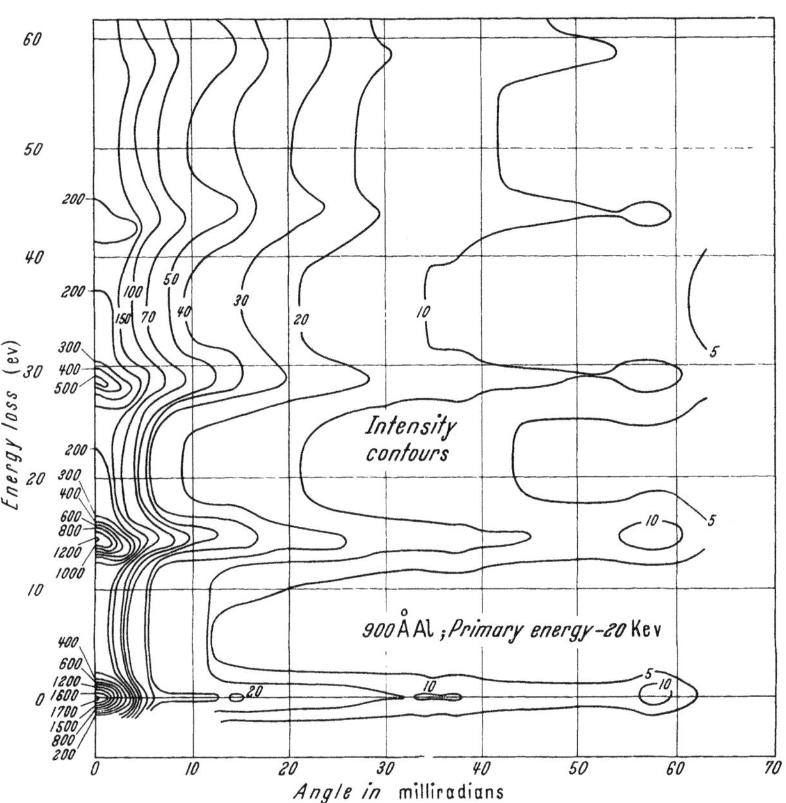

Fig. 4. Angular dependence of the characteristic energy losses in aluminium of 900 Å thickness. Intensity is represented by constant intensity contours

Fig. 5 represents a cartographic presentation of the scattering in a thinner aluminium foil. In the region around 15 milliradians, the 15 ev energy loss shows an asymmetry which required closer investigation. An expanded view of this region is shown on Fig. 6. It shows that the 15 ev loss splits into two components at larger angles. One component is "angle invariant" while the other depends on angle. The angular dependence of the energy loss was shown to be represented correctly by a dispersion relation derived from the plasma oscillation theory (28). This relation is not a specific feature of the plasma oscillation theory, but can be shown to be a consequence of almost any theory which we apply. The "angle invariant" part of the energy loss is presumably due to a two step process again. An electron can be elastically scattered into larger angles and then lose a characteristic amount of energy. This would show up as the horizontal part of the energy loss in this presentation. A further aspect of the angular distribution diagrams is the predominance of the continuous background at large angles and higher energy losses.

A third and very important aspect of the energy loss spectra is the cross section for the inelastic event. These cross sections are not well known. At present probably the only measurements in that direction are carried out at the National Bureau of Standards. The difficulty of carrying out absolute total cross section measurements is almost insurmountable. Even absolute differential cross sections are very hard to measure, and at present the existing measurements are still not reliable. There exist, however, reasonable reliable relative cross section measurements. Here "relative" means relative to the elastic cross section. This is, however, the place to emphasize the importance of better knowledge of these data. The electron microscopist needs to know what is the total number of electrons participating in any given image forming process, and he cannot

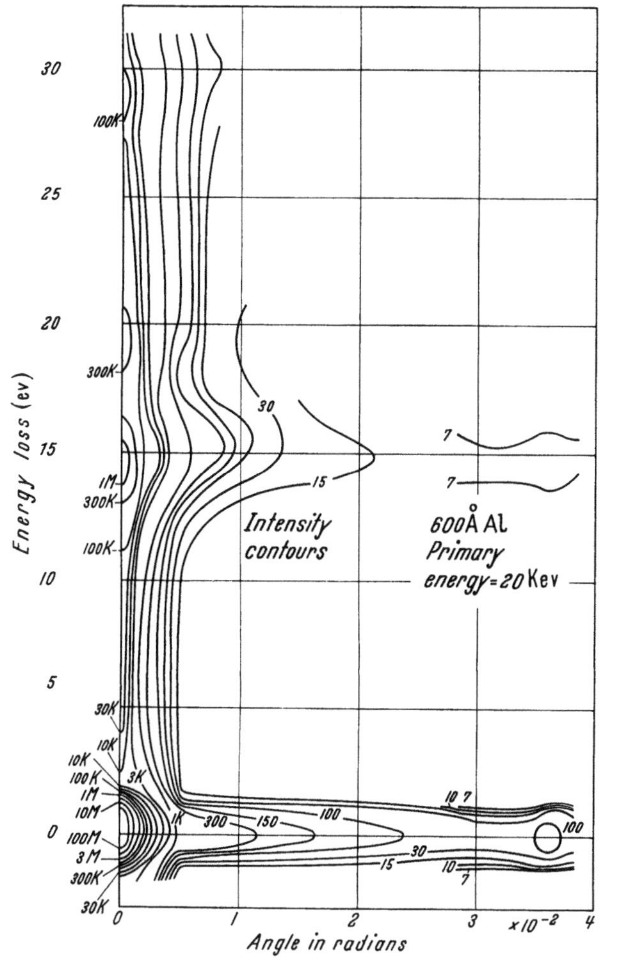

Fig. 5. Angular dependence of the energy loss in aluminum of 600 Å thickness

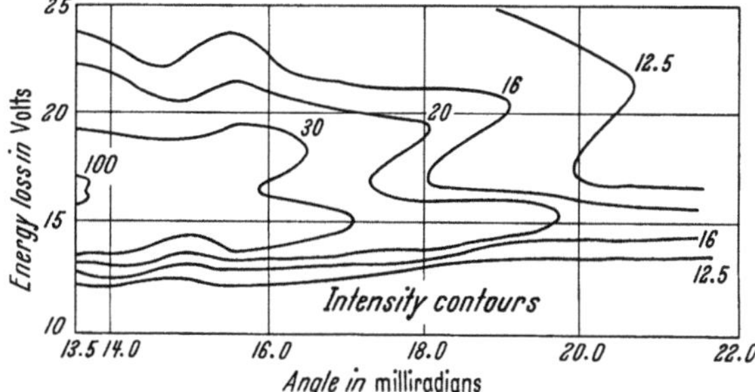

Fig. 6. Detailed presentation of a small region shown on Fig. 5. (Courtesy the Review of Scientific Instruments)

answer questions about chromatic aberrations unless he knows which portion of the total number of electrons goes into the inelastic process and which goes into the elastic one.

Recent investigations have shown that the answers to these questions are far from simple ones. Relatively early measurements at the National Bureau of Standards have indicated that the height of an inelastic peak relative to the elastic peak can show rather unexpected fluctuations. For simplicity we assume that we can represent the number of inelastically scattered electrons by the height of one important characteristic energy loss peak. If we take this quantity as a characteristic quantity, then the relative cross section for the inelastic event versus the elastic event can be represented by the ratio of the heights of these two peaks. A first indication that this ratio may vary, came when a single crystal and a polycrystalline aggregate of the same material were compared. At that time it was very difficult to make comparisons on materials of equal thickness and the data were rather qualitative. Later thin films of equal thickness but of varying crystalline aggregation were produced and it was found that with increasing number of grains (that is, decreasing grain size of the polycrystalline layer) the ratio of elastic to inelastic electrons decreased. Recently, more accurate measurements have been carried out at the National Bureau of Standards on aluminium for different thicknesses (29). Fig. 7 is a plot of the ratio of elastically scattered electrons to the electrons which have suffered the characteristic energy loss. These data are given for two scattering angles: 0 and 60 milliradians, both for unoriented and oriented foils. The angle of 60 milliradians corresponds to the (220) diffraction maximum for aluminium. It was found that the energy distribution at the diffraction maximum is significantly different from the one at 0 angle. Moreover this difference depends on both the sample thickness and the degree of crystalline order. The parallelism of the curves for oriented and for polycrystalline material, both at 0 degree and at the diffraction maximum offers an indirect evidence for the absence of

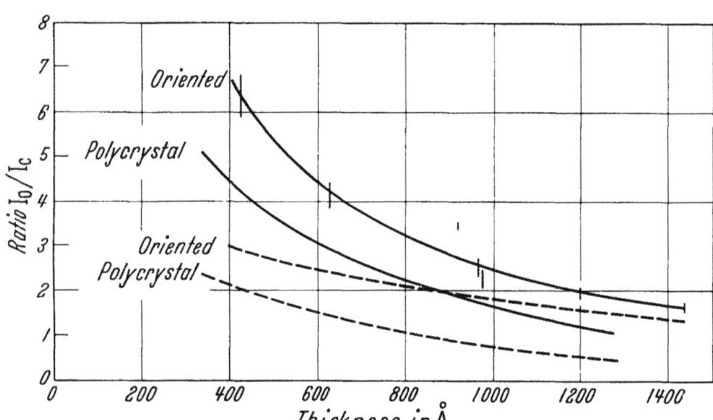

Fig. 7. The ratio of the elastic transmission to the characteristic loss as a function of thickness and degree of orientation. The solid lines are at zero angle, the dotted at the (220) diffraction maximum. (Courtesy the Physical Review)

many holes in the foils used for the experiment. One inference which can be drawn from these data is that single crystals are more transparent to electrons for equal thicknesses of material than are polycrystalline ones. This is not very surprising since earlier light optical data have shown a similar behaviour. A second inference is that, from the point of view of scattering, everything behaves as if more inelastic electrons would be produced on grain boundaries than in the grains themselves. It should be added that the effect of thickness on the intensity ratios can be ascribed to increased probability of scattering with increasing thickness.

It should be emphasized that the influence of the state of crystalline aggregation is only on the cross sections for the event and not on the value of the energy loss. Repeated attempts have been recorded in the literature for linking the values of the energy losses to the state of crystalline aggregation and all of them apparently conclude that no such effect exists (11). A series of measurements by Watanabe, reported by Uyeda at the 1957 meeting of the International Union of Crystallography, showed a dependence of the energy loss value with variation in grain size of the material. Recent measurements of Watanabe, in which he repeated very carefully the same type of measurement, show no such effect. The reason for the first positive finding remains entirely unexplained.

Changes in cross sections through a possible addition of contaminations to the material should be investigated. Initial experiments, where controlled addition of carbonaceous layers was attempted, did not indicate any major shifts in the value of the characteristic loss nor in relative intensities (15, 29). The major apparent effect is to raise the level of the background. In view of this state of affairs it is somewhat suprising that we recently found an entirely new effect in sodium, the explanation of which is for the time being, completely missing.

Sodium has been investigated earlier by Leder and Marton (20) and a rather important energy loss was found at 5.5 ev. Recently these measurements have been repeated with an electron spectrometer of improved resolution and on a very freshly prepared layer. An energy loss was found at 3 ev in addition to the 5.5 ev line. The 3 ev line gradually disappears under the action of the electron beam. The time of disappearance depends upon the intensity of the electron beam. If the primary beam intensity is reduced, the 3 ev line can be kept alive for a longer period of time. An attempt was made to link the presence of the 3 volt line to the state of aggregation of the substance following some clues given by Ritchie's theory of subplasma losses (30). The 3 ev line is apparently independent of the nature of the substrate onto which sodium is deposited.

It is not affected by annealing of the material and it has been found that it cannot be ascribed to oxidation. All experiments, at present, point toward the interpretation that the 3 ev line is a true property of the very fresh clean sodium. That its disappearance may be due to an effect of contamination by the electron beam has been suggested, but at present, cannot be confirmed. The suggestion that the 3 ev line disappears because of contamination may be partially supported by the fact that the 3 ev loss does not disappear by a shrinking of the loss line but rather by gradual raising of the background level. This and some other examples which may be taken from other laboratories show that the question of cross sections for these inelastic events is a very important one and it is far from being solved. Likewise there exist some effects of line broadening which are at present not completely explained. We may expect that the energy distribution of the characteristic energy loss line should be broader than that of the primary beam. The problem of line shape won't be resolved until we are able to make more monochromatic electron sources and reinvestigate all materials with much narrower primary beam widths than at present. It is also necessary that the experimental procedures used for the investigation of line shapes should be considerably improved. Photographic recording is not suitable for line shape investigations because of the non-linearity of the response of the photographic emulsion. The retarding potential measurements, giving integral curves, are not very suitable if the differentiation is done by numerical means (13). Their accuracy is notoriously low. Thus we are restricted to either deflection spectrographs having absolute current measurements (31) or to retarding potential measurements with some reliable means of differentiation, such as electronic differentiation (32).

From the point of view of the electron microscopists, what are the essential conclusions we have to reach? Both contrast and resolution are strongly influenced by the number of inelastically scattered electrons which can reach the aperture of the objective lens. We emphasized in a previous discussion (22) that the number of inelastically scattered electrons in certain cases can be very high. In the case of aluminium, the number of characteristically scattered electrons of 15 ev energy is about one-third of those which haven't lost any energy at all. This is, however, a small percentage of the total number of electrons which have lost energy, because there are higher characteristic energy losses and furthermore there exists the continuous background, existence of which we mentioned earlier. This continuous background includes electrons which have suffered losses up to 150—200 ev and is quite noticeable up to 0.1 radians angle. To evaluate the total influence of all the inelastic electrons, we have to integrate over all energies within the angular range described by the aperture of the objective lens. In the case of aluminium, these may exceed the number of elastically scattered electrons by a considerable factor. Fortunately for the electron microscopists, the situation is not as extreme in most materials as it is in aluminium. Aluminium is a material which has about the highest cross section for characteristic energy losses of all materials known. In carbon, for instance, the cross section for the inelastic event is roughly a hundred times lower than in the case of aluminium. Nevertheless, it is important to remember that the cross section for the inelastic events is not a fixed quantity, but depends on the state of aggregation and thickness of the material. This statement implies that we cannot make any absolute calculation of the number of inelastically scattered electrons which reach the photographic plate. It has to be kept in mind that this number changes from specimen to specimen. If the electron microscopist is using a shadowing technique he will have to remember that the state of aggregation of the shadowing layer will have an influence on the production of inelastically scattered electrons too. It is probably too early to give any numbers at present, but we would like to sound a word of warning, that these effects exist, and that they may affect the total resolution and contrast of the electron microscope image.

References

1. MARTON, L.: Physica **9**, 959 (1936).
    ARDENNE, M. VON: Z. Physik **111**, 152 (1938).
2. MARTON, L., and L. I. SCHIFF: J. appl. Physics **12**, 759 (1941).
    BORRIES, B. VON: Z. Naturforsch. **4a**, 51 (1949).
    LENZ, F.: Z. Naturforsch. **9a**, 185 (1954).
3. HALL, C. E.: J. appl. Physics **22**, 655 (1951).

HALL, C. E., and T. INOUE: J. appl. Physics **28**, 1346 (1957).
4. RUTHEMANN, G.: Naturwissenschaften **29**, 648 (1941); **30**, 145 (1942).
   Ann. Physik **2** (6), 113 (1948).
5. BECKER, J. A.: Physic. Rev. **23**, 664 (1924).
6. RUDBERG, E.: Svenska Vet. Akad. Handl. **7**, No. 1 (1929); Proc. roy. Soc. A **127**, 111 (1930); A **129**, 628 (1930); A **130**, 182 (1930); Physic. Rev. **50**, 138 (1936).
7. FARNSWORTH, H. E., and J. C. TURNBULL: Physic. Rev. **54**, 509 (1938).
   REICHERTZ, P. P., and H. E. FARNSWORTH: Physic. Rev. **75**, 1902 (1949).
8. HAWORTH, L. J.: Physic. Rev. **48**, 88 (1935); **50**, 26 (1936).
9. RUDBERG, E., and J. C. SLATER: Physic. Rev. **50**, 156 (1936).
10. MÖLLENSTEDT, G.: Optik **5**, 499 (1949); **9**, 473 (1952).
    KLEINN, W.: Optik **11**, 226 (1954).
    LEONHARD, F.: Z. Naturforsch. **9a**, 1010 (1954).
11. FRIEDMANN, H.: Z. Naturforsch. **11**, 373 (1956); Fortschritte Physik **5**, 51 (1957).
12. MEYER, G.: Z. Physik **148**, 61 (1957).
13. HABERSTROH, G.: Z. Physik **145**, 20 (1956).
14. WATANABE, H.: J. Phys. Soc. Japan **9**, 920 (1954); **9**, 1035 (1954).
    Physic. Rev. **95**, 1684 (1954).
15. GABOR, D., and G. W. JULL: Nature (Lond.) **175**, 718 (1955).
    JULL, G. W.: Proc. Phys. Soc. B **69**, 1237 (1956).
16. GAUTHE, B.: C. R. Acad. Sci. (Paris) **239**, 399 (1954).
17. FERT, CH., and F. PRADAL: C. R. Acad. Sci. (Paris) **246**, 252 (1958).
18. POWELL, C. J., J. L. ROBINS, and J. B. SWAN: Physic. Rev. **110**, 657 (1958).
19. GORNY, N. B.: J.E.T.P. (USSR) **30**, 160 (1956); **31**, 132 (1956).
20. MARTON, L., and L. B. LEDER: Physic. Rev. **94**, 203 (1954).
    LEDER, L. B., and L. MARTON: Physic. Rev. **95**, 1345 (1954).
    MARTON, L., J. A. SIMPSON, and T. F. McCRAW: Physic. Rev. **99**, 495 (1955).
21. BLACKSTOCK, A. W., R. H. RITCHIE, and R. D. BIRKHOFF: Physic. Rev. **100**, 1078 (1955).
22. MARTON, L., et al.: C.N.R.S. Colloque, Toulouse, 175 (1955). Published by the Centre National de la Recherche Scientifique, Paris.
23. LEDER, L. B., and L. MARTON: Physic. Rev. **112**, 341, (1958).
24. KRONIG, R. L., and W. G. PENNEY: Proc. roy. Soc. A **130**, 499 (1930—1931).
25. BOHM, D., and D. PINES: Physic. Rev. **85**, 338 (1952); **92**, 609 (1953).
    PINES, D.: Physic. Rev. **92**, 626 (1953).
26. STERNGLASS, E. J.: Nature (Lond.) **178**, 1387 (1956).
27. MARTON, L., L. B. LEDER, and H. MENDLOWITZ: Advanc. in Electronics and Electron Physics. **7**, 183 (1955).
28. WATANABE, H.: J. Physic. Soc. Japan **11**, 112 (1956).
29. MARTON, L., J. A. SIMPSON, J. A. SUDDETH, M. D. WAGNER, and H. WATANABE: Physic. Rev. **110**, 1057 (1958).
30. RITCHIE, R. H.: Physic. Rev. **106**, 874 (1957).
31. MARTON, L., and J. A. SIMPSON: Rev. sci. Instrum. **29**, 567 (1958).
32. LEDER, L. B., and J. A. SIMPSON: Rev. sci. Instrum. **29**, 571 (1958).

Über den Einfluß der unelastisch gestreuten Elektronen auf den Flächenkontrast im Elektronenmikroskop

WERNER LIPPERT

Max-Planck-Institut für Biophysik, Frankfurt/Main

Wenn man sich für den Vergleich von Experimenten mit rechnerischen Überlegungen (*1, 2, 3*) über den elektronenmikroskopischen Kontrast von leichtatomigen Substanzen befaßt, so kann man von folgenden Gesichtspunkten ausgehen: Will man den rechnerischen Aufwand möglichst niedrig halten, so besteht die Möglichkeit, die unelastische Streuung zu vernachlässigen. Als Resultat einer solchen Berechnung ist in Abb. 1 als Kurve *c* die Abhängigkeit der Durchlässigkeit einer Kohlefolie von der Objektivapertur dargestellt. Als Dicke der Folie wurde eine halbe Aufhellungsdicke gewählt; die Winkelangaben η auf der Abszisse sind Vielfache einer in den theoretischen Betrachtungen auftretenden Winkelkonstanten. Experimente zeigen jedoch, daß diese Näherung nur für Objektivaperturen solcher Größe mit einiger Genauigkeit brauchbar ist, daß sie für die praktische Elektronenmikroskopie relativ uninteressant wird. Bezieht man dagegen die unelastische Streuung in die Rechnungen mit ein, so hat man vom experimentellen Standpunkt aus noch eine Konstante verfügbar, die den unelastischen Gesamtstreuquerschnitt betrifft. Es ist üblich geworden, dafür das Verhältnis n des unelastischen zum elastischen Gesamtstreuquerschnitt in den Formeln zu benutzen. Für $n = \infty$ erhält man die Kurve b der Abb. 1, und zwar mit dem gestrichelten Ast in Nähe des Nullpunktes. Der durchgezogene Ast gibt den Verlauf für $n = 2$ wieder. Die experimentelle Untersuchung der Durchlässigkeit bei kleinen Winkeln ist z. B. zur Bestimmung von n von einem gewissen Interesse, aber mit der üblichen Methode der Messung des Kontrasts bei immer kleiner werdenden Aperturblenden nicht befriedigend durchführbar, da die Kurve in der Nähe des Nullpunkts eine stark veränderliche Krümmung aufweist. Dagegen erweist sich zur Extrapolation der Kurve a auf die Apertur Null ein anderer Weg als recht gut gangbar: Filtert man die unelastisch gestreuten Elektronen weg, so entsteht eine Kurve der

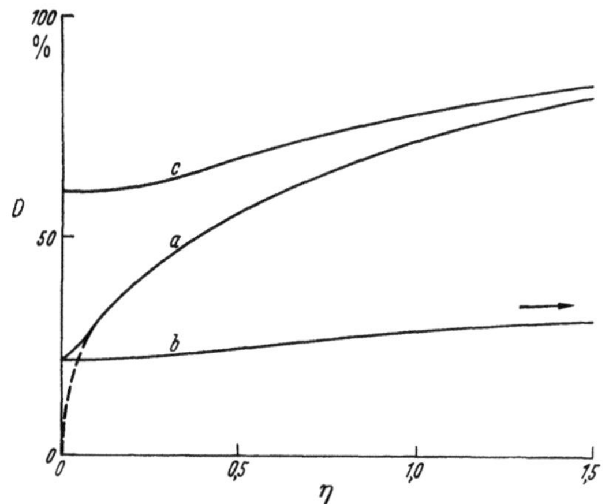

Abb. 1. Abhängigkeit der Durchlässigkeit von der Objektivapertur, unter verschiedenen Annahmen errechnet (s. Text)

Abb. 2. Bei 38,8 kV mit und ohne Elektronenfilter gemessene Durchlässigkeiten von Formvarfolien verschiedener Dicke als Funktion der Objektivapertur

Form b, die die Ordinatenachse mit horizontaler Tangente im gleichen Punkte wie die Kurve a trifft. Aus den beiden Kurven a und b gewinnt man auch sofort einen recht anschaulichen Überblick über die Eigenschaften der durch das Objekt getretenen Elektronen. Bei einer durch ein bestimmtes η gegebenen Objektivapertur (3) stellt die Differenz der Kurven a und b den Prozentsatz der Elektronen dar, die im Objekt wenigstens eine unelastische Streuung erfahren haben und innerhalb des Aperturwinkels gestreut wurden. Die Ordinatendifferenz zwischen dem Punkt (η) der Kurve b und dem Schnittpunkt von b mit der Ordinatenachse gibt die nur elastisch gestreuten Elektronen an; die Höhe des Schnittpunkts von b mit der Ordinatenachse zeigt die im Objekt nicht beeinflußten Elektronen an. Bei diesen Betrachtungen war u. a. vorausgesetzt, daß die Beleuchtungsapertur und der chromatische Fehler des Objektivs vernachlässigbar klein sind.

Zur Messung der Kurven der Form a und b wurde in ein elektrostatisches Elektronenmikroskop ein Möllenstedtscher Geschwindigkeitsanalysator eingebaut, der als ein abschaltbares Filter benutzt werden konnte. Ein Resultat bei Formvar zeigt Abb. 2. Die leicht herstellbaren Formvarfolien wurden vor allem auch dazu benutzt, die Apparatur auszuprobieren und zu verbessern. Daraus erklärt sich, daß die Meßpunkte gelegentlich etwas stärker streuen. Die Resultate, über die anschließend berichtet wird, sind an Kohlefolien gewonnen, die mittels Graphitverdampfung hergestellt wurden.

Um die Meßresultate in einer möglichst gedrängten Form darstellen zu können, haben wir versucht, folgende Näherungsformel zu benutzen:

$$D(p, \alpha, U) = e^{-p/x_K (\alpha, U)}$$

(D = Durchlässigkeit, p = Massendicke in Vielfachen der Aufhellungsdicke, x_K = Kontrastdicke, α = Objektivapertur, U = Strahlspannung).

Wir konnten bei unseren Auswertungen keine wirklich charakteristischen Abweichungen von dieser Näherung beobachten. Relativwerte der Kontrastdicke für verschiedene α und U lassen sich leicht und mit großer Genauigkeit gewinnen, wenn man ein und dieselbe Folie bei verschiedenen α- und U-Werten durchmißt. Ein schwierigeres Problem ist die Angabe von Absolutwerten für x_K. Dazu benötigt man an sich dann nur noch die Durchlässigkeit von Kohlefolien, deren Massendicken man genau kennt, bei *einer* Apertur und *einer* Strahlspannung. Unsere Versuche haben gezeigt, daß die elektronenmikroskopischen Eigenschaften von gewogenen Kohlefolien relativ stark streuen, wahrscheinlich infolge nicht näher erfaßbarer Eigenschaften der Schichten. Drückt man diese Streuung in Massendickeunterschieden aus, so zeigt sich, daß eine Unsicherheit von ungefähr ±10% um einen Mittelwert vorhanden ist. Nur mit dieser Genauigkeit ist also nach unseren Messungen die Kontrastdicke zur Zeit angebbar. Die folgende Abb. 3 zeigt die Kontrastdicke als Funktion der Objektivapertur für verschiedene Spannungen. Für n von Kohle ergab sich aus unseren Messungen ein Wert von ungefähr 2,0.

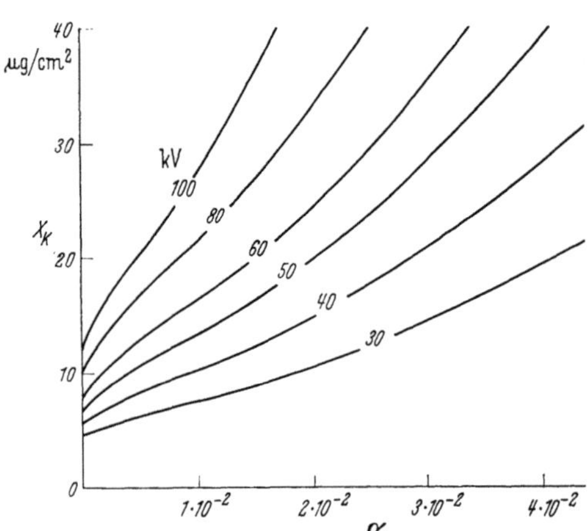

Abb. 3. Kontrastdicke von Kohle als Funktion der Objektivapertur für verschiedene Stahlspannungen

Literatur

1. Lenz, F.: Z. Naturforsch. **9a,** 185 (1954).
2. Leisegang, S.: Z. Physik **132,** 183, 1952; Handbuch der Physik. Bd. **33,** 499ff. 1956.
3. Lippert, W.: Z. Naturforsch. **13a,** 274 (1958). Dort auch weitere Hinweise auf Veröffentlichungen.

Messung der elastischen und unelastischen Streuverteilung mittelschneller (15—50-keV-) Elektronen mit Hilfe der Gegenfeldmethode

M. Horstmann, G. Meyer und H. Raether

Institut für angewandte Physik der Universität Hamburg

Wenn man den gesamten Informationsgehalt eines Elektronen-Streudiagramms erfassen will, muß man sowohl die Winkel- als auch die Energieverteilung der gestreuten Elektronen messen. Eine hierfür geeignete Meßanordnung sollte darüber hinaus auch absolute Intensitätsmessungen gestatten. Für solche absoluten Intensitätsmessungen von Streuverteilungen mittelschneller Elektronen beim Durchgang durch dünne Festkörperschichten von 100—500 Å haben wir in unserem Institut eine Gegenfeldanlage aufgebaut. Das Schema dieser Apparatur ist in Abb. 1 dargestellt. Die Elektronen werden in einem üblichen Strahlerzeugungssystem auf 15—50 keV beschleunigt. Durch 2 Aperturblenden wird die Divergenz des Primärstrahles am Ort des Objektes auf $2 \cdot 10^{-4}$ herabgesetzt. Aus der Elektronen-Streuverteilung wird durch einen feinen Spalt ein enges Strahlbündel ausgeblendet. Dieser Strahl durchläuft nun ein Gegenfeld. Die Elektronen, die das Bremspotential überwinden können, erreichen den Auffänger und werden mit einem Gleichstromverstärker gemessen. Durch Variation des Bremspotentials mit Hilfe einer Zusatzspannung ΔU_g erhält man die integrale Energieverteilung der Elektronen im ausgeblendeten Strahlbündel. Die Messung der Winkelverteilung bei festem Bremspotential erfolgt so, daß das gesamte Auffängersystem auf einem Kreisbogen um das Objekt als Zentrum geschwenkt wird. Synchron mit dieser Schwenkbewegung wird der Auffängerstrom photographisch registriert.

Mit dieser Anlage (Abb. 2 zeigt ein Gesamtbild) kann ein Winkelbereich von $\pm 6°$ überstrichen werden. Das Winkelauflösungsvermögen beträgt $4 \cdot 10^{-4}$ rad. Die Gegenfeldanordnung besitzt eine Empfindlichkeit von 0,05 eV. Dagegen ist die Energieauflösung allein durch die spektrale Breite des Primärstrahls bedingt und liegt bei dem von uns verwendeten Strahlerzeugungssystem bei 0,8 eV. Die Genauigkeit der Intensitätsmessung beträgt 1%. Die Nullpunktsunruhe des Gleichstromverstärkers beträgt etwa 10^{-14} A und die Einstellzeit 0,1 sec. Durch die Einstellzeit der gesamten Meßanordnung wird die Registriergeschwindigkeit begrenzt. So beträgt die Zeit zum Durchfahren eines Debye-Scherrer-Diagramms mit sehr scharfen Ringen etwa 10 min. Wegen der großen Stromempfindlichkeit und der kurzen Einstellzeit des Meßorgans und wegen der langen Registrierzeit trat eine große Zahl von Schwierigkeiten auf. Es mußten die Hochspannung sorgfältig

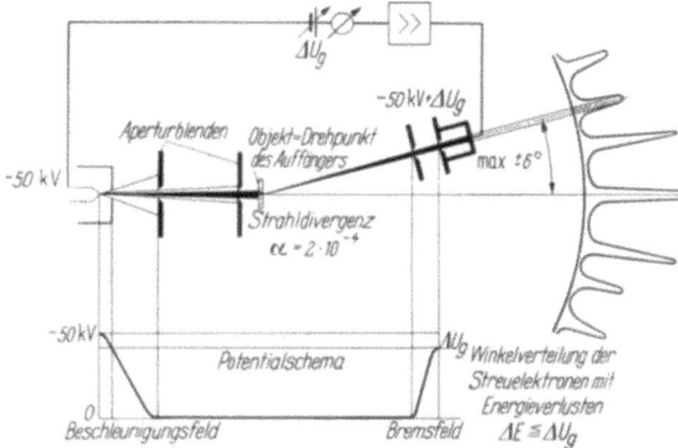

Abb. 1. Schema der Gegenfeldanlage

konstant gehalten und auch kleinste Überschläge vermieden werden. Außerdem war es nötig, die Intensität des Primärstrahls hinreichend gut zu stabilisieren. Die genauen Intensitätsmessungen wurden nur nachts ausgeführt, um die tagsüber starken Störungen durch langsam veränderliche Magnetfelder zu umgehen.

Schließlich wurde das Aufwachsen von Fremdschichten auf der Folie während der Meßzeit durch Kühlung der Objektumgebung erheblich reduziert. Andererseits besitzt die Anordnung folgende Vorteile:

1. Durch Abfiltern der unelastisch gestreuten Elektronen bietet sich die Möglichkeit, die rein elastische Elektronenstreuung zu untersuchen.

2. Im Vergleich zum photographischen Verfahren ist die Intensitätsmessung wesentlich einfacher und genauer und darüber hinaus unabhängig von der Beschleunigungsspannung.

Ein Beispiel für eine mit dieser Anlage durchgeführte Registrierung gibt die Abb. 3: Es handelt sich um die Registrierung des Streudiagramms einer mit 44-keV-Elektronen durchstrahlten polykristallinen Aluminiumfolie. Der Übersichtlichkeit wegen wurden diese Kurven ohne Empfindlichkeitsumschaltung aufgenommen. Die obere Registrierkurve zeigt das bis auf 250 eV gefilterte (quasi ungefilterte) Interferenz-Diagramm. Die mittlere Registrierkurve gibt die elastische, bis auf 2,4 eV gefilterte Streuverteilung wieder. Man erkennt deutlich den größeren

Abb. 2. Ansicht der Gegenfeldanlage

Kontrast der Ringe im elastischen Streudiagramm und die starke Untergrundintensität in der Nähe des Primärstrahls im ungefilterten Diagramm. Durch graphische Differenzbildung zweier verschieden stark gefilterter Streubilder erhält man die rein unelastische Streuverteilung. Auf diese Weise ist das untere Bild gewonnen. Es zeigt die Winkelverteilung des ersten charakteristischen Energieverlustes von Aluminium, der bei etwa 15 eV liegt (Filterung von 2—20 eV). Die in dem unelastischen Streudiagramm an den Orten der Interferenzwinkel vorhandenen Maxima kommen durch gemischte Zweifachstreuung (elastisch, unelastisch) zustande.

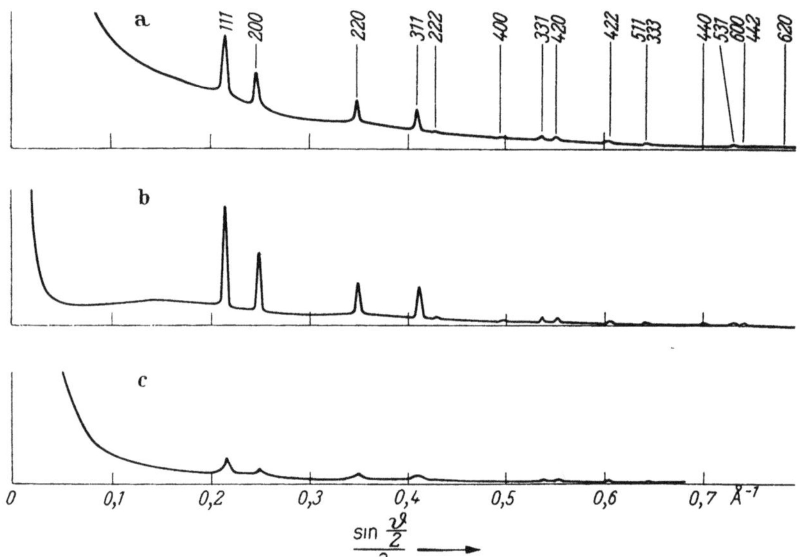

Abb. 3a—c. Winkelverteilung von 44-keV-Elektronen nach der Streuung an einer polykristallinen Al-Folie (Schichtdicke $d = 200$ Å). a) Praktisch ungefilterte Streuverteilung ($\Delta U_g = + 250$ V); b) elastische Streuverteilung ($\Delta U_g = + 2,4$ V); c) Winkelverteilung der unelastisch mit einem Energieverlust zwischen 2 und 20 eV gestreuten Elektronen. Die Stromempfindlichkeit ist bei b) und c) um einen Faktor 3 größer als bei a. Der Übersichtlichkeit halber sind diese Diagramme mit konstanter Empfindlichkeit registriert worden, während bei den ausgewerteten Kurven die Empfindlichkeit in den äußeren Winkelbereichen bis aufs 30fache erhöht wurde

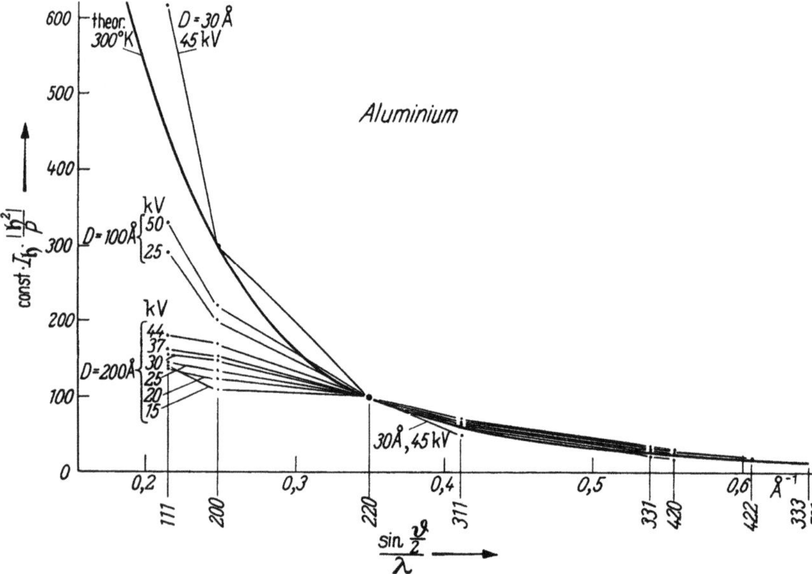

Abb. 4. Darstellung der relativen Ringintensitäten einer polykristallinen Al-Folie von 200 Å Dicke in Abhängigkeit von Elektronenenergie und Kristallitgröße D. Die Meßwerte sind mit $|\mathfrak{f}|^2/p$ multipliziert ($|\mathfrak{f}|^2$ reziproker Lorentz-Faktor, p Flächenhäufigkeitsfaktor) und beim (220)-Reflex an die temperaturkorrigierte, theoretische Atomformfaktorkurve angepaßt

Wir haben zunächst mit dieser Gegenfeldanlage die elastische Streuverteilung von Aluminium näher untersucht. Unser Ziel war die Atomformfaktorbestimmung oder, was auf dasselbe hinausläuft, die Prüfung der kinematischen Streuformel. Durch graphisches Abtrennen des Untergrundes im elastischen Diagramm erhalten wir die rein elastischen Kristallgitterinterferenzen. Die Texturfreiheit der verwendeten polykristallinen Aluminiumfolien wurde von uns sorgfältig geprüft. Nach der kinematischen Theorie sollte das Verhältnis der Ringintensitäten unabhängig von der Kristallitgröße und der Elektronenenergie sein, wogegen nach der dynamischen Theorie eine starke Abhängigkeit von diesen beiden Parametern zu erwarten ist [siehe z. B. (1, 2)]. Wir haben deshalb diese Größen variiert, ohne aber die mittlere Schichtdicke ($d = 200$ Å) zu ändern.

Das Ergebnis ist in Abb. 4 dargestellt. Aufgetragen ist das mit $\mathfrak{h}^2/p$ ($\mathfrak{h}$ = Vektor im reziproken Gitter, p = Flächenhäufigkeit) multiplizierte und auf den (220)-Reflex bezogene Verhältnis der Ringintensitäten. Dies sollte nach Aussage der kinematischen Theorie gerade den Verlauf des Atomformfaktors von Aluminium liefern, der im Bild als stark ausgezogene Kurve mit Temperaturkorrektion eingetragen ist. Wir sind ausgegangen von einer Aluminiumfolie mit sehr kleinen Kristalliten. Die mittlere Kristallitgröße betrug 30 Å. Die für diese Kristallitgröße gemessene Kurve läuft beträchtlich steiler als der Atomformfaktor. Durch wiederholtes Tempern der Folie bei etwa 300° C wurde nun die mittlere Kristallitgröße stufenweise vergrößert. Dabei blieb die Folie texturfrei. Es zeigt sich, daß mit wachsender Kristallitgröße besonders die intensiven Reflexe stark geschwächt werden und die gemessene Kurve flacher verläuft als der Atomformfaktor. Es ist bemerkenswert, daß die Meßkurve von Lennander (3) für 30 kV und 100-Å-Kristallite sich gut in diese Meßkurven einordnen läßt. Eine erhebliche Abflachung der Kurven ist bei 200-Å-Kristalliten erreicht und die Spannungsabhängigkeit wird so stark, daß bereits eine Änderung der Elektronenenergie um 10% zu einem merklich anderen Verlauf führt. Das Verhalten bei den sehr kleinen Kristalliten ist noch nicht geklärt, steht aber in Einklang mit den schon früher beobachteten Intensitätsanomalien (4).

Es ergibt sich aus diesen Messungen, daß selbst für Aluminium mit seiner kleinen Ordnungszahl ($Z = 13$) die kinematische Theorie bei 100 Å großen Kristalliten sicher nicht mehr gilt, was für Fragen der Strukturbestimmung mit Elektroneninterferenzen von Bedeutung ist. Wenn man auch qualitativ das Verhalten der Ringintensitäten bei großen Kristalliten nach der dynamischen Theorie verstehen kann, so bereitet doch die genaue dynamische Interpretation wegen der komplizierten Natur des Streukörpers (Form- und Größenverteilung der Kristallite) erhebliche Schwierigkeiten.

Literatur

1. Blackman, M.: Proc. roy. Soc. London A **173,** 68 (1939).
2. Kuwabara, S.: J. Phys. Soc. Japan **12,** 637 (1957).
3. Lennander, S.: Ark. f. Fysik, **8,** 551 (1954).
4. Germer, L. H., u. A. H. White: Phys. Rev. **60,** 447 (1941).

A simple method of estimating the screening radius of an atom

D. L. Bhattacharya

Department of Metallurgy, Indian Institute of Science, Bangalore (India)

In the discussions of the electron scattering theory as applied to electron microscopy it is usually assumed that the scattering at small angles is so greatly affected by the shielding of the nucleus by the atomic electrons, that the scattering cross section becomes small and approximately constant after a limiting angle θ_{min} and can be neglected entirely. The magnitude of the limiting angle is found to be of the order of 10^{-2} radian or more. Practical observations show, however, that the introduction of a diaphragm in the objective lens to reduce the angular aperture below 10^{-2} radian improves the image contrast considerably. It appears, therefore, that although the scattering at angles in the neighbourhood of θ_{min} is theoretically complicated, it is not strictly justifiable to ignore it completely.

The differential atomic scattering cross section per unit solid angle, defined by $\dfrac{d\sigma}{d\Omega}$, is given by the well known expression (1):

$$\frac{d\sigma}{d\Omega} = \frac{e^4}{4\,m^2\,\gamma^2 v^4} \cdot \frac{1}{\sin^4 \theta/2} \cdot (Z - F)^2 \tag{1}$$

where e, m, v, are respectively the charge, the rest mass and the velocity of the incident electrons; γ is equal to $(1 - v^2/c^2)^{-1/2}$, c being the velocity of light; θ is the angle of scattering of the electrons relative to the incident direction; Ze is the nuclear charge and F is the atom form factor defined by the relation:

$$F = 4\pi \int_0^\infty r^2 \varrho(r) \frac{\sin kr}{kr} \, dr \quad , \tag{2}$$

where $k = (4\pi \sin\theta/2)/\lambda$ and $\varrho(r)$ is the number of electrons in the shell bounded by the radii r and $r + dr$ from the centre of the atom. The charge distribution is considered to be spherically symmetric; λ is the wavelength of electrons. Equation (1) is valid for elastic scattering which causes no significant energy loss due to atomic excitation or ionization.

If α_0 denotes the angular aperture of the objective lens, then at small angles of the order of α_0 the atom form factor cannot be evaluated by the existing atom models, since consideration has to be given to the scattering originating at the outer parts of the atom where the density of electrons is very small. Experimental measurements of atom form factors at small angles is not extensive. Lenz (2) has pointed out that a screened coulomb field gives a better description of the small angle scattering, provided a particular screening radius r_0 is assumed. By assuming

$r_0 = [\Theta/6Z]^{1/2}$ where $\Theta = \int_0^\infty 4\pi r^4 \varrho(r) \, dr$ and can be calculated from the diamagnetic suscepti-

bility of the atom, Lenz shows that the agreement with the experimental values of the scattering cross section obtained by Biberman et al. is much better than that obtained by calculating with the Thomas-Fermi model. However, when we try to apply the screened field method to all atoms, we are faced with the difficulty that the diamagnetic susceptibility values for all atoms are not available, and when they are available, often the values obtained from different experiments are inconsistent. It was, therefore, decided to define and determine r_0 from following considerations: by assuming a screened field, the atom form factor is calculated in terms of r_0. Since the value of the form factor for an atom is known and tabulated at $x = \dfrac{\sin\theta/2}{\lambda \, \text{Å}^{-1}} = 0.1$, we can match the known value at this point with the calculated one and by solving the resulting simple equation, can obtain a value of r_0.

The form factor of an atom with a potential energy $v(r) = \dfrac{-Ze^2}{r} \exp(-r/r_0)$ is obtained from the relation:

$$F = Z/(1 + k^2 r_0^2) \quad , \tag{3}$$

and the screening radius is given by:

$$r_0 = \frac{10}{4\pi} \left[\left\{ \frac{Z - F(x)}{F(x)} \right\}_{x=0.1} \right]^{1/2} \text{Å} \quad . \tag{4}$$

A comparison of the screening radii as calculated from the present method and from the diamagnetic susceptibility (Wentzel radii) can be made in the case of rare gas atoms. For helium, neon, argon and krypton, the screening radii so obtained are 0.20, 0.22, 0.29, and 0.26 Å respectively, while the Wentzel radii for the same are 0.24, 0.21, 0.25 and 0.21 Å, respectively. A fair agreement is thus observed and the method can be used with some confidence for other atoms.

In the note by Lenz referred to above, a curve showing the variation of the measured scattering cross section for chromium as a function of the scattering angle has been reproduced. For an angle of 5×10^{-3} radian, the value of $\dfrac{d\sigma}{d\Omega}$ obtained from this graph is 7.05×10^{-15} cm²/steradian. When we calculate the same from the present estimate, the value of the elastic scattering cross section per unit solid angle turns out to be 7.22×10^{-15} cm²/steradian. Considering the contribution due to inelastic scattering to be small, the agreement with theory and experiment can be taken as satisfactory.

References

1. Mott, N. F., and H. S. W. Massey: The theory of atomic collisions. Oxford University Press, Oxford 1949.
2. Lenz, F.: Naturwissenschaften **39**, 265 (1952).

Die Streumatrix für die Elektronenbeugung an durchstrahlten Kristallplatten und ihre Verwendung für die Berechnung elektronenoptischer Kristallgitterbilder

H. Niehrs

Institut für Elektronenmikroskopie am Fritz-Haber-Institut der Max-Planck-Gesellschaft, Berlin-Dahlem

Die Deutung eines experimentellen Ergebnisses setzt stets voraus, daß eine theoretische Erwartung vorliegt. Insbesondere die Ausdeutung eines elektronenmikroskopischen Kristallgitterbildes bedarf stets des Vergleiches mit einem theoretischen Resultat, weil man keineswegs erwarten darf, daß eine beobachtete Intensitätsverteilung unmittelbar eine Potentialverteilung oder eine Massenverteilung im Kristallgitter wiedergibt. Da eine Fouriersynthese der Beugungswellen das mikroskopische Bild des Kristallgitters ergibt, wie es im Idealfall mit einer endlichen Objektivapertur erzielt werden könnte, hat die theoretische Bestimmung des Elektronenbeugungsbildes einer Kristallplatte eine bisher kaum beachtete weitere Bedeutung erlangt. Für diese neue Aufgabe der Beugungstheorie wird es in Zukunft sehr darauf ankommen, Fälle zu behandeln, in denen mehrere starke Beugungsstrahlen zugleich auftreten, weil die Kristallgitterperioden nur dann mit ausreichendem Kontrast und geometrisch vollständig im Bild erscheinen. Für die Behandlung solcher Fälle ist aber die geometrische Beugungstheorie nicht mehr zuständig, die dynamische Beugungstheorie in ihrem bisherigen Vorgehen wiederum recht kompliziert und schwerfällig. Es liegt daher nahe, nach einer durchsichtigen und einfacheren Formulierung der dynamischen Theorie unter Beibehaltung ihrer Grundannahmen zu suchen. Über eine solche neue Darstellung auf dem Boden der dynamischen Theorie soll im folgenden berichtet werden.

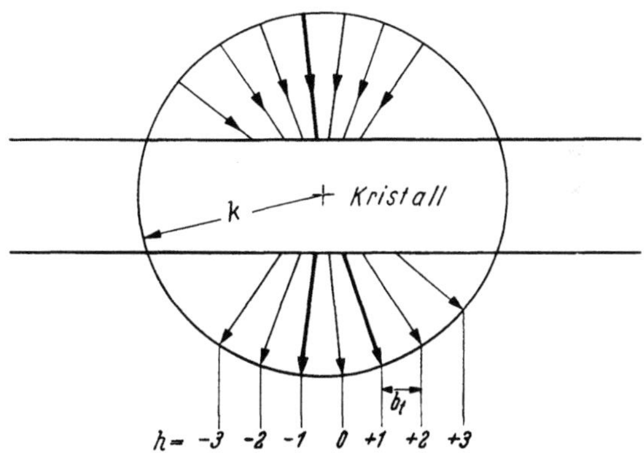

Abb. 1. Umwandlung der Amplitudenverteilung nach Strahlrichtungen durch Elektronenbeugung in der Kristallplatte

Denken wir uns eine planparallele Einkristallplatte, auf die ein primärer Elektronenstrahl scharf bestimmten Impulses auffällt. Auf der Rückseite der Platte können dann infolge Beugung am Atomgitter nur abzählbar viele Strahlen austreten, deren Richtungen vollkommen bestimmt sind durch den Primärimpuls und die geometrische Struktur des Gitters. In Abb. 1 beachten wir zunächst auf der Eintrittsseite nur die stark ausgezogene Strahlrichtung als einzige Primärstrahlrichtung. Die Wellenvektoren (Impulse) der austretenden Strahlen ergeben sich sämtlich durch Addition der Tangentialkomponenten von reziproken Gittervektoren zur Tangentialkomponente des Primärwellenvektors, während die Beträge der Wellenvektoren einheitlich durch die Energie vorgegeben sind. An diesen *möglichen* Richtungen austretender Strahlen ändert sich nichts, wenn wir darüber hinaus zulassen, daß auch primär alle diese Strahlrichtungen in einer Vielfalt von Primärstrahlen gleicher Energie vorhanden sind, wie es Abb. 1 schon andeutet. Durch diese Verallgemeinerung auf der Primärseite erscheinen an der Rückseite keine neuen Richtungen austretender Strahlen, die Gesamtheit der möglichen Strahlrichtungen auf der Rückseite ist die gleiche wie die auf der Vorderseite. Die Wirkung der beugenden Kristallplatte besteht lediglich darin, daß die Amplituden der Strahlen hinter der Platte anders auf die Strahlrichtungen verteilt werden, als sie es vor der Platte waren. Richtungen, die vor der Platte ohne Intensität sind, können hinter der Platte mit Intensität erscheinen oder auch umgekehrt. Die beugende Kristallplatte *transformiert* also nur *die Verteilung der Strahlintensität* nach Strahlrichtungen, während diese selbst geometrisch von vornherein elementar angegeben werden können.

Da jede Strahlrichtung durch das Indextripel h einer Beugungsordnung charakterisiert werden kann, bilden sowohl die Amplituden der eintretenden wie auch der austretenden Strahlen je eine einspaltige Matrix, U_e bzw. U_a, deren Zeilen durch Indextripel numerierbar sind. Ferner muß es eine quadratische Matrix $\mathfrak{M}$ geben, die die Transformation von U_e in U_a beschreibt. Diese „Streumatrix" kann aus der dynamischen Theorie exakt hergeleitet werden. Es ist hier nicht der Ort, die Herleitung vorzuführen, ihre Grundgedanken scheinen mir aber einer Erwähnung wert zu sein.

Die Durchführung der dynamischen Theorie erfolgt in zwei Stufen. Die erste geht von der Schrödingergleichung für das periodische Potentialfeld des Kristallgitters aus und führt zur Form der verschiedenen Lösungen im Kristallgitter, d. h. es werden die *möglichen Strukturen* der Elektronenwellenfelder im Kristallinnern bestimmt. Hieran schließt die zweite Stufe, die von den Randbedingungen an der Eintrittsfläche und der Austrittsfläche ausgeht, und in der einerseits die *wirklichen Stärken* der Wellenfelder im Kristall, andererseits die Amplituden der austretenden Strahlen bestimmt werden.

In der ersten Stufe tritt ein System von homogenen linearen Gleichungen für die möglichen Verhältnisse von Partialamplituden im Wellenfeld und dem zugehörigen Ausbreitungsvektor auf. Dieses System kann in Form einer Matrixgleichung geschrieben werden:

$$\mathfrak{U} \cdot \mathfrak{K} = \mathfrak{S} \cdot \mathfrak{U}, \tag{1}$$

welche den Charakter einer Eigenwertgleichung hat. $\mathfrak{K}$ ist die Diagonalmatrix der Vertikalkomponenten der Ausbreitungsvektoren der einzelnen Wellenfelder („Eigenwerte"). $\mathfrak{U}$ ist die Matrix der Partialamplituden aller Wellenfelder; die einzelnen Spalten stellen die Wellenfelder dar („Eigenvektoren"). $\mathfrak{S}$ ist eine vorgegebene (nicht-hermitesche) Matrix, welche die Koeffizienten des Primärstrahls und die Eigenschaften des Kristallgitters enthält. Diese Eigenwertgleichung wird in der ersten Stufe des bisherigen Vorgehens gelöst, d. h. $\mathfrak{K}$ und $\mathfrak{U}$ werden bestimmt.

In der zweiten Stufe treten als Randbedingungen an den Grenzflächen zwei weitere Systeme von linearen Gleichungen auf. Auch diese lassen sich bemerkenswerterweise zu zwei Matrixgleichungen zusammenfassen. Durch eine Kombination von beiden lassen sich ferner die Stärken der Wellenfelder eliminieren, so daß man eine Matrixgleichung von der Form:

$$U_a = \exp(2\pi i D \cdot \mathfrak{D}) \cdot \exp(-2\pi i D \cdot \mathfrak{U}\mathfrak{K}\mathfrak{U}^{-1}) \cdot U_e \tag{2}$$

erhält. Darin ist D die Kristalldicke, $\mathfrak{D}$ eine reelle Diagonalmatrix, so daß der erste Faktor nur Phasenverschiebungen für die Amplituden der austretenden Strahlen bewirkt. Der zweite Faktor enthält noch die möglichen Strukturen der Wellenfelder im Kristallinnern. Aber nur scheinbar: Aus Gl. (1) liest man ab, daß $\mathfrak{U}\mathfrak{K}\mathfrak{U}^{-1}$ eine vorgegebene bekannte Matrix $\mathfrak{S}$ ist, die in Gl. (2) substituiert werden kann. Damit erhält man eine explizite Darstellung der Amplituden der austretenden Strahlen, in der keine Eigenschaften oder Koeffizienten der Wellenfelder im Kristall mehr erscheinen, sondern nur noch vorgegebene Größen in den Matrizen $\mathfrak{D}$ und $\mathfrak{S}$.

Das Gesamtergebnis der dynamischen Theorie für die Durchstrahlung einer Kristallplatte, wenn Reflexionen vernachlässigbar sind, können wir in folgenden Gleichungen zusammenstellen:

$$U_a = \mathfrak{M} \cdot U_e, \tag{3}$$

Streumatrix $\qquad \mathfrak{M} = \exp\left(\dfrac{i\pi D}{E\lambda} \cdot \mathfrak{G}^{-1}\mathfrak{F}\right) \cdot \exp\left[\dfrac{-i\pi D}{E\lambda} \cdot \mathfrak{G}^{-1}(\mathfrak{B} + \mathfrak{F})\right], \tag{4}$

Darin bedeuten

E die Beschleunigungsspannung,
λ die Wellenlänge,
$\mathfrak{G}$ die Diagonalmatrix, deren Elemente $\cos \gamma_h$ sind,
γ_h die Strahlaustrittswinkel,
$\mathfrak{F}$ die Diagonalmatrix der „Anregungsfehler-Potentiale" F_h,
F_h $= E\lambda^2 \cdot [\mathbf{k}^2 - (\mathbf{k} + \mathbf{b}_h)^2]$
$\mathbf{k}$ den primären Wellenvektor,
$\mathbf{b}_h$ den reziproken Gittervektor zum Indextripel h,
$\mathfrak{B}$ die (quadratische) Matrix mit den Elementen $\mathfrak{B}_{hh\prime} = \Phi_{h-h\prime}$,
Φ_h den Fourierkoeffizienten des inneren Potentials zum Indextripel h, das „Strukturpotential".

Demnach ist z. B. (mit Indextripeln o, g, h usw.)

$$\mathfrak{G}^{-1}\,(\mathfrak{V}+\mathfrak{F}) = \begin{pmatrix} \dfrac{\Phi_0}{\cos\gamma_0} & \dfrac{\Phi_{-g}}{\cos\gamma_0} & \dfrac{\Phi_{-h}}{\cos\gamma_0} & \cdots \\[2ex] \dfrac{\Phi_g}{\cos\gamma_g} & \dfrac{\Phi_0+F_g}{\cos\gamma_g} & \dfrac{\Phi_{g-h}}{\cos\gamma_g} & \cdots \\[2ex] \dfrac{\Phi_h}{\cos\gamma_h} & \dfrac{\Phi_{h-g}}{\cos\gamma_h} & \dfrac{\Phi_0+F_h}{\cos\gamma_h} & \cdots \\[2ex] \cdots & \cdots & \cdots & \cdots \end{pmatrix}. \tag{5}$$

In Gl. (4) ist der erste Exponentialfaktor wieder nur eine (für Beugungsbild-Bestimmungen belanglose) „Phasenmatrix", der zweite Exponentialfaktor die eigentliche Streumatrix. Die komplexen Amplituden in den einspaltigen Matrizen U_a und U_e, sowie die Koeffizienten Φ_h, sind sämtlich auf einen einheitlichen Punkt in der Strahleintrittsfläche bezogen. Für eine Fourier-synthese der austretenden Wellen an der Strahlaustrittsfläche treten also noch individuelle, richtungsabhängige Phasenfaktoren zu den Amplituden in U_a hinzu.

Es erhebt sich nun die Frage, inwieweit die Berechnung der Exponentialfunktion einer Matrix in der praktischen Anwendung einfacher ist als das klassische Vorgehen unter Auflösung einer Eigenwertgleichung. Diese klassische Methode läuft in der Hauptsache auf die Auswertung einer großen Zahl von Determinanten hinaus, die Streumatrixmethode erfordert eine große Zahl von Matrixmultiplikationen. Als Maß für den erforderlichen Rechenaufwand kann bei beiden Methoden die Anzahl der zu bildenden Produktsummen betrachtet werden. Werden insgesamt N Strahlrichtungen, d. h. Beugungsordnungen, in Rechnung gestellt, so sind nach der klassischen Eigenwertmethode rund N^4 Produktsummen zu bilden, nur wenig abhängig von der gewünschten Genauigkeit. Nach der neuen Streumatrixmethode dagegen braucht man bei geschicktem Vorgehen und unter Ausnutzung der Exponentialeigenschaften nur etwa $7\cdot N^2$ Produktsummen zu bilden, nur wenig abhängig von der gewünschten Genauigkeit und der Kristalldicke. Eine genauere Gegenüberstellung ergibt als wesentlichen Rechenaufwand bei $\lambda = 0.05$ Å und $D = 200$ Å

für $N =$	3	4	5	6
beim Eigenwertverfahren . .	81	256	625	1296
beim Streumatrixverfahren .	63	110	170	243

Produktsummenbildungen. Bei 6 berücksichtigten Strahlen ist der erforderliche Rechenaufwand also bereits auf 19% des bisher notwendigen reduziert. Wesentlich zugunsten des Streumatrixverfahrens spricht ferner, daß bei diesem im Gegensatz zum Eigenwertverfahren fast nur gleichartige Rechengänge, nämlich Matrixmultiplikationen, auftreten und die Programmierung äußerst einfach ist.

The variations in background intensity of electron diffraction patterns

J. S. Halliday

Research Laboratory, Associated Electrical Industries Ltd., Aldermaston Court, Aldermaston, Berkshire, (England)

Very few investigations of the general background of diffusely scattered electrons associated with all electron diffraction patterns have been made, presumably because no direct information about the structure of the crystalline regions can be gained. Nevertheless, such investigations are of interest because they provide a direct test of the theoretical intensity distributions which have been proposed for diffusely scattered electrons. Early results obtained by White [1] and Kirchner [2] did not agree with distributions calculated on the basis of single inelastic scattering by

Bethe (*3*) and Morse (*4*). This disagreement was undoubtedly due to plural scattering effects in the experiments. More recently Ellis (*5*) has measured patterns obtained at 50, 100 and 150 kV from aluminium and thallium chloride specimens having a wide range of thicknesses. For the thinnest specimens, the electron intensity $f(r)$ at a distance r from the central spot was almost proportional to r^{-2}, but with thicker specimens an enhanced background intensity was discovered in the vicinity of the diffraction rings. This enhancement, which increased with specimen thickness, was attributed to electrons which were scattered after they had been diffracted.

Lenz (*6*) has since calculated the variations of $f(r)$ to be expected for a range of specimen thicknesses, varying from that for which predominantly single scattering should occur to thicknesses where considerable plural scattering must occur. Allowing for the occurrence of elastic and inelastic scattering, Lenz predicts intensity distributions very similar in form to those formed by Ellis, in spite of the fact that in the theoretical analysis the specimens were assumed to be amorphous. It would seem therefore that the variations observed by Ellis were produced by general plural scattering and that scattering of diffracted electrons was only one of the contributory factors. In view of this similarity between theory and experiment, measurements have been made of the relative background intensity variations in transmission patterns and the form of the variations has been compared with those predicted by Lenz.

Experimental results. Iron and gold films, prepared by vacuum evaporation, were supported on copper electron microscope grids, their thickness having been measured in separate experiments by multiple beam interferometry. The diffraction patterns, recorded on Ilford N 50 plates, were microphotometered and characteristic curves, relating optical density and relative electron intensity, determined by the method proposed by Thomson (*7*).

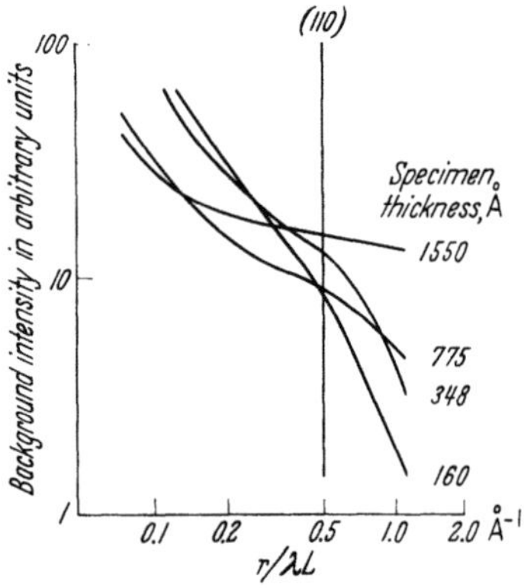

Fig. 1. Variations of relative background intensity with $r/\lambda L$. Vacuum evaporated iron specimens, operating voltage 70 kV

In Fig. 1 experimental curves of log $f(r)$ against log $r/\lambda L$ are shown, where λ is the electron wavelength and L the distance from the specimen to the photographic plate; these results were obtained with iron films and an operating voltage of 70 kV. The position of the innermost diffraction ring is indicated and it can be seen that these results confirm those described by Ellis (*5*). As the specimen thickness, t, increased the intensity scattered into smaller angles decerased whilst that scattered into larger angles increased. From these and from results at other voltages it was found that the excess background at larger radii increased with t/λ_e, where λ_e is the mean free path for elastic scattering in iron.

Comparison with theory. Lenz (*6*) has published graphs of log $[\theta_0^2 f(\theta)]$ against log (θ/θ_0) for various thickness films of carbon, chromium and gold, the thicknesses being given in terms of the ratio t/λ_e. $f(\theta)$ is equivalent to $f(r)$, θ is the angle of deviation and θ_0 is $\lambda/2\pi R$, where R is the atomic screening radius. Whilst the graphs are not identical for these three elements, they are very similar in form and for present purposes it is reasonable to compare the experimental results obtained with iron specimens ($Z = 26$) with the theoretical chromium curves ($Z = 24$). In order to compare theory and experiment, the two sets of curves were adjusted until the values of log (θ/θ_0) and log $(r/\lambda L)$ coincided for all diffraction ring positions. This is possible since $\{(\theta/\theta_0)_{hkl}/(r/\lambda L)_{hkl}\}$ is constant and equal to $2\pi R$. The value 0.122 Å was assumed for the radius of the gold atom [after (*6*)] and the value of R for iron was calculated assuming that $R = a_H Z^{-1/3}$, where a_H is the radius of the first Bohr orbit of the hydrogen atom. The curves were then adjusted to assess the fit between the experimental results and the theoretical curves for corresponding values of (t/λ_e).

Experimental results obtained with iron and gold specimens have been fitted to the nearest appropriate theoretical curves in Fig. 2 and 3 respectively. It can be seen that there is good agreement when t/λ_e is less than 3.0. At larger values of t/λ_e the experimental intensities at the smaller angles are much greater than those predicted theoretically.

At first it appeared possible that this discrepancy might be due to unscattered electrons at the outer edge of the central spot. To test this possibility a plate was taken on which the central spot was recorded without a specimen and also a pattern with a specimen inserted. Identical operating conditions and exposure times were used. It was shown that the intensity of unscattered electrons at these radii is insignificant. Thus there is a real discrepancy between theory and experiment at small angles when the specimen thickness is greater than two or three mean free paths.

The experimental measurements show that the background intensity variations in electron diffraction patterns obtained from thicker specimens are directly associated with plural scattering

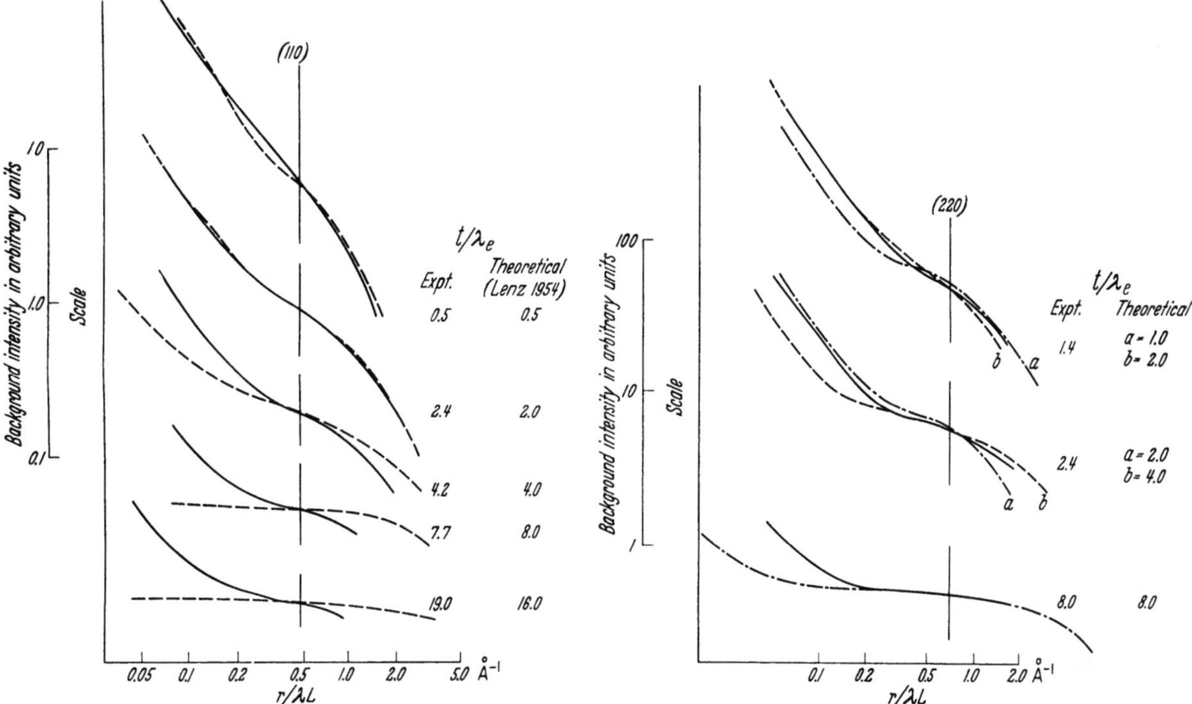

Fig. 2. Variations of relative background intensity with $r/\lambda L$. Comparison of experimental iron results (continuous lines) with LENZ, (hatched lines)

Fig. 3. Comparison of experimental background intensity variations with theoretical curves (LENZ, 1954). Vacuum evaporated gold, 117 kV. Experimental results shown as continuous lines

effects. The discrepancy observed with thicker specimens may be due to the fact that LENZ assumed that inelastic scattering occurred only when electron-specimen interaction caused ionization of the atoms. However, it is likely that many inelastic scattering processes do not involve such large energy losses, in which case the background intensity at small radii would be greater than that predicted by LENZ.

The author wishes to thank Dr. T. E. ALLIBONE, F.R.S., Director of the Research Laboratory, Associated Electrical Industries, for permission to publish this paper.

References

1. WHITE, P.: Philosophic. Mag. **9,** 641 (1930).
2. KIRCHNER, F.: Ann. Physik **13,** 38 (1932).
3. BETHE, H.: Ann. Physik **5,** 325 (1930).
4. MORSE, P. M.: Physik. Z. **33,** 443 (1932).
5. ELLIS, S. G.: Physic. Rev. **87,** 970 (1952).
6. LENZ, F.: Z. Naturforsch. **9a,** 185 (1954).
7. THOMSON, G. P.: Proc. roy. Soc. A **125,** 352 (1929).

The contrast of transmission electron diffraction patterns

J. S. Halliday

Research Lab., Associated Electrical Industries Ltd., Aldermaston Court, Aldermaston, Berkshire (England)

When an electron beam is transmitted through a very thin film of matter an electron diffraction pattern is formed by electrons which are elastically scattered in the crystalline regions. Electrons which are inelastically scattered, together with electrons which are elastically scattered in non-crystalline regions, form a diffuse background, and this tends to mask the diffraction pattern. When thicker specimens are used the number of scattered electrons increases but the contrast of the diffraction pattern decreases because the pattern is formed only by singly scattered electrons whilst the background includes all plurally scattered electrons.

In this paper a theoretical equation relating the contrast of a diffraction ring, the specimen thickness and the mean free path of the electrons is described. The form of this equation is compared with experimental contrast values obtained with randomly oriented iron specimens, using voltages between 27 and 162 kV.

Theory. If K is the total fraction of electrons singly scattered per unit thickness of specimen, the number of electrons scattered into the (hkl) diffraction ring by a polycrystalline film of thickness t is given by

$$i_R = k_1 i_0 t e^{-Kt} \tag{1}$$

where i_0 is the number of electrons incident on the film. k_1 is the fraction of electrons diffracted into the (hkl) ring per unit specimen thickness; it obviously depends upon the proportion of crystalline material in the film. This equation was derived by Ellis (1) and is analogous to that used in X-ray diffraction when taking into account attenuation of transmitted X-ray intensity by absorption.

The same form of equation, with k_1 replaced by k_2 (the fraction of electrons inelastically scattered through the same angle), cannot represent the number of background electrons at the ring position, since this would only account for the singly scattered electrons. The total number of background electrons, considering all scatter paths, is

$$i_B = k_2 i_0 t e^{-Kt} \left[1 + \sum_{n=1}^{\infty} a_n t^n \right] \tag{2}$$

where a_1, a_2, etc., depend upon the total angle of scattering, that is, upon the position of the diffraction ring. The term $a_n k_2 i_0 t^{n+1} e^{-Kt}$ represents the number of electrons scattered $(n + 1)$ times on passing through the film.

Thus the contrast of a diffraction ring is

$$C = \frac{i_R}{i_B} = \frac{k_1}{k_2 \left(1 + \sum\limits_{n=1}^{\infty} a_n t^n \right)} \cdot \tag{3}$$

A similar equation was quoted by Ellis (1). If single scattering predominates, $t/\lambda_p < 1$, where λ_p is the mean free path for electron scattering, then $\sum\limits_{n=1}^{\infty} a_n t^n = 0$, and the contrast should reach the maximum value, k_1/k_2.

In the present experiments the peak contrast of diffraction rings, C', was measured, corresponding to the ratio of the peak ring intensity divided by the background intensity at the same radius. Similar measurements were made by Ellis (1) and Watanabe et al. (2) and they are proportional to the theoretical contrast.

The effect of voltage on the peak contrast will now be discussed. Assuming kinematical diffraction conditions, the fraction of electrons diffracted into unit length of the (hkl) ring, per unit thickness, I_{hkl}, is proportional to

$$\lambda^3 \, [F \, (\theta)]^2 \, p/\theta^2$$

where λ is the electron wavelength, $F(\theta)$ is the structure factor, p the multiplicity and θ the Bragg angle for the (hkl) reflection. The peak intensity, I^*_{hkl}, is given by I_{hkl} divided by the angular width of the reflection, which is proportional to λ. Now $\lambda \alpha\, \theta$ and $F(\theta)$ is independent of λ and therefore it follows that I^*_{hkl} is independent of λ. The effect of voltage upon the diffusely scattered intensity may be determined from the theory of plural scattering by LENZ (3). It can be shown that if the specimen thickness is adjusted so that (t/λ_p) is constant then the background intensity per unit thickness of specimen is also independent of λ. Thus for any given value of (t/λ_p) the peak contrast is independent of voltage and it is concluded that C' is given by the general expression

$$C' = k_1/k_2 \left[1 + \sum_{n=1}^{\infty} a_n \left(\frac{t}{\lambda_p} \right)^n \right]. \qquad (4)$$

Thus if log C' is plotted against log (t/λ_p) a curve of the shape shown in Fig. 1 is predicted.

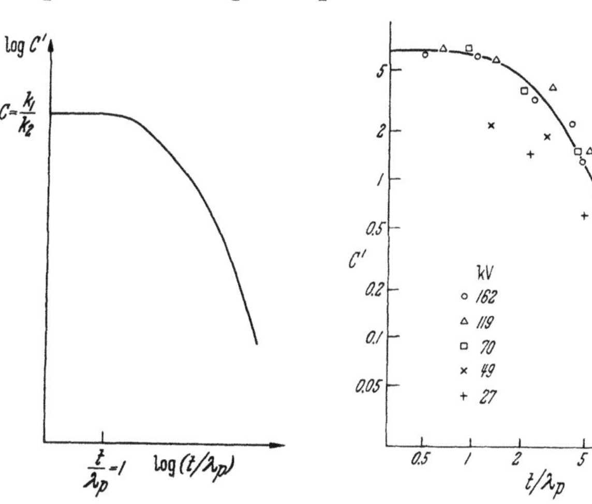

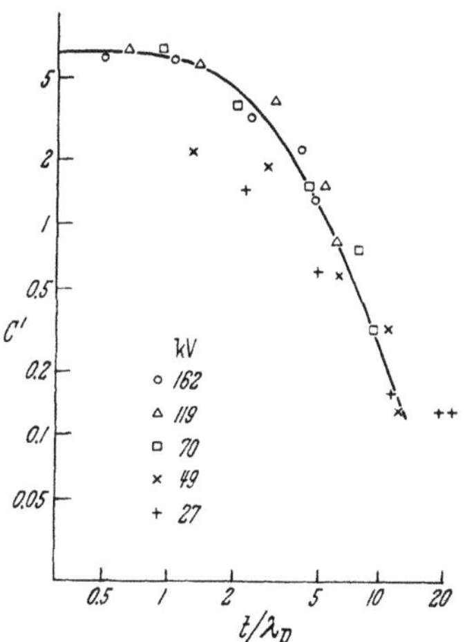

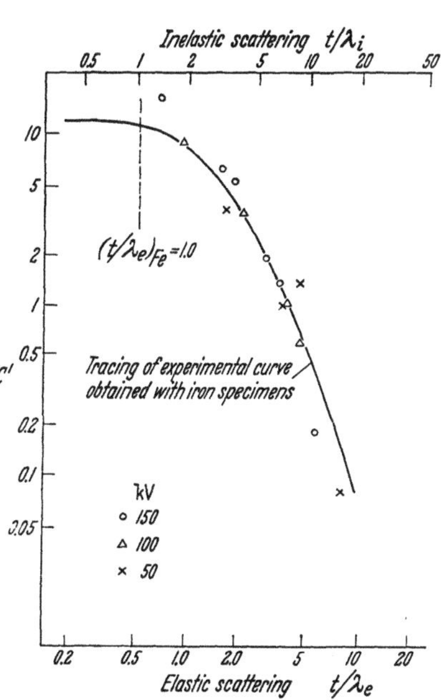

Fig. 1. Theoretical variation of the peak contrast of a diffraction ring with speciment hickness, t, and electron mean free path, λ_p

Fig. 2. Variation of contrast with effective specimen thickness. Vac. evap. Fe (110) ring

Fig. 3. Variation of peak contrast with effective specimen thickness. Vac. evap. Al (111) ring. [Measurements by ELLIS, S. G. (1952), his Fig. 4b]

Experimental results. Iron films, varying in thickness from 160 Å to 1 550 Å, were prepared by vacuum evaporation and mounted directly onto copper grids without any additional supporting membrane. The relative electron intensities were calculated from microphotometry of the diffraction patterns, which were recorded on Ilford N. 50 plates. A characteristic curve was computed for every plate in the manner described by THOMSON (4). Subsidiary experiments in the diffraction camera revealed that all films were randomly oriented and had the same mean crystallite size, 50 Å.

The experimental values of log C' for the (110) reflection are plotted against the relevant values of log (t/λ_p) in Fig. 2. In the instance of iron the mean free paths for elastic, λ_e, and inelastic scattering, λ_i, are approximately equal and were calculated from data provided by LENZ (3). All the results, except those obtained at the lowest voltages, fall on a single curve, which has the shape predicted by equation (5). C' is constant at the maximum value of 6.5 when $t/\lambda_p < 1$ and then decreases rapidly, it is about 30 times smaller when t/λ_p reaches 10. The contrast results obtained at lower voltages fall below the general curve because of the onset of dynamical diffraction conditions. Different values of (k_1/k_2) were obtained for other reflections but in all instances the shape of the log C, log t/λ_p curves was the same, within the limits of experimental error.

Comparison with previous experimental work. The contrast results obtained by ELLIS (1) with aluminium specimens are plotted against log (t/λ_e) and log (t/λ_i) in Fig. 3. It can be seen that the results obtained at different voltages fit a single curve. Furthermore, this curve has precisely the same shape as that obtained with the iron specimens. Similar agreement has been obtained with

Ellis's results for thallium chloride specimens and with those obtained for gold specimens by Watanabe et al. (2).

The theoretical relationship between the contrast of a diffraction ring, the specimen thickness and the electron mean free path is fully confirmed by the experimental results. The theory and results show that maximum contrast in diffraction patterns is obtained under conditions of single scattering. Since the shape of all $\log C'$, $\log t/\lambda_p$ curves is the same, it appears that a_1, a_2 etc., in equation (5) are constant within the limits of experimental error.

The author wishes to thank Dr. T. E. Allibone, F.R.S., Director of the Research Laboratory, Associated Electrical Industries, for permission to publish this paper.

References

1. Ellis, S. G.: Physic. Rev. 87, 970 (1952).
2. Watanabe, H., S. Nagakura and N. Kato: Electron Microscopy. Proc. First Regional Conference in Asia and Oceania, Tokyo 1956, 125—129.
3. Lenz, F.: Z. Naturforsch. 9a, 185 (1954).
4. Thomson, G. P.: Proc. roy. Soc. A 125, 352 (1929).

Low voltage electron microscopy

W. C. Nixon

Cavendish Laboratory, University of Cambridge (England)

Extremely high electron accelerating voltages have been tried in the past in attempts to see internal detail in biological specimens up to 1 μ thick. In addition there is a slight theoretical gain in resolution as the voltage is raised. These two reasons have led to instruments for 220 kV, (1), 300 kV, (2), 400 kV, (3) and 1400 kV (4) among others. The advent of the ultra-microtome in various forms, capable of cutting sections 0.01 μ thick, has eliminated the need for penetration. The improvement in resolution has never been demonstrated since the contrast falls more rapidly as the voltage is raised. At present there is a need to follow the converse of past work and investigate the region below 10 kV for electron microscopy. The resolving power of the instrument will deteriorate only slightly while the gain in contrast may actually improve the overall resolution for a given thin section.

Resolution. The maximum angular aperture of an electron microscope objective lens is determined by the amount of spherical aberration present and the minimum aperture by the electron wavelength, (or accelerating voltage) for any given resolution. When these conflicting claims are combined the resolving power $d = 750\, C_s^{\frac{1}{4}}\, V^{-\frac{3}{8}}$, where C_s is the spherical aberration coefficient and V the electron beam voltage (5). The amount of spherical aberration varies with the square root of the voltage (6) giving the final variation of resolving power with voltage as $d = V^{-\frac{1}{4}}$. A reduction from 60 kV to 6 kV need only worsen the resolution by less than a factor of 2 from the few Ångströms achieved at present. For the results below the lens used at 6 kV was operated at 2.25 mm focal length, and 3 mm C_s, both values measured experimentally as well as calculated.

At 6 kV this focal length is reached with 600 A turns and consequently very low magnetic field strength. One pole piece is made quite thin, 2 mm, allowing the specimen to be outside the bore and so many grids may be placed on the specimen stage at one time.

With a 30 μ aperture ($\alpha = 6 \times 10^{-3}$) the disc of least confusion, $d = \frac{1}{2} C_s \alpha^3$, is 4 Å and the diffraction error for a wavelength of 0.15 Å (6 kV), $d = \dfrac{0.61\,\lambda}{\alpha}$, is 14 Å. When added in quadrature the resolving power is less than 15 Å.

Contrast and scattering. The total scattering cross section including both elastic and inelastic collisions varies inversely with the voltage. This has led to a few isolated suggestions that lower voltages might be used (7, 8) and Hall (9) has considered the problem in more detail. Two separate cases are discussed: 1. when the background intensity is very small and 2. when the background intensity forms an appreciable fraction of the total intensity on the screen or film. In the first case, such as a thin section over a hole in the supporting film, he concludes that the contrast will improve continuously as the voltage approaches zero. In the second case, such as very small particles on a relatively thick supporting film, there is an optimum voltage and this is independent of the nature of the particles and is determined only by the scattering power of the substrate. This optimum varies directly with film thickness and an example is shown using a 1000 Å film of SiO giving $V = 38$ kV, fairly close to the normal 50 kV of many electron microscopes. However, it is now possible to use stable specimen supports of thin carbon films with similar scattering power that are 100 Å in thickness. This would then give $V = 3.8$ kV as the optimum voltage for detection of small particles dispersed on the film. Both types of specimen would benefit from very low voltages but so far no other work at 6 kV or lower has been reported, possibly due to intensity difficulties.

Intensity and recording. As shown above, the resolution is not seriously affected at 6 kV, and the contrast is improved appreciably. However, the reduced voltage does lead to a similar drop in the brightness of the electron gun. HAINE (*10*) has indicated that the theoretical final screen brightness is independent of voltage and resolution. In practice the screen intensity falls somewhat as the voltage is reduced but this brightness can be recovered at very low voltages. High optical magnification of the fluorescent screen cannot be used fully at high voltages since the depth of penetration of the electrons is greater than the depth of focus of the wide angle optical objective. The screen must be as thin as this depth of focus to avoid out-of-focus light entering the objective and therefore the efficiency falls to about 7% compared with a thick screen. At 6 kV the electrons penetrate only about 1 μ into the screen and so the full brightness may be used. In the present case an optical objective of N. A. 0.28, 10 × magnification and 7 mm working distance has been used. The electron optical system uses one projector allowing a range of magnification from 100 to 1000 before optical enlargement by 100 (10 × objective and 10 × eyepiece) or a total magnification of 100,000. Grainless screens (1 μ thick) have been made by evaporation of zinc sulphide and other phosphors followed by subsequent baking (*11*). [The present screen was prepared by Dr. H. H. PATTEE, Dep. of Biophysics, Stanford Univ., USA, as an X-ray screen for very long wavelengths (*12*)].

The fluorescent screen image is photographed at 30 × optical magnification through the 10 × objective onto 35 mm film which can be enlarged further by 10 ×. The exposure times of 1 to 2 min allow mechanical and thermal drift of the specimen to spoil the resolution as shown here although the image as seen by the eye with $^1/_5$ sec integration time is very sharp. Both maximum resolution and Q plates are being tried in the vacuum in order to reduce the exposure time to a few seconds.

Results. Various thin sections have been imaged at 6 kV but only the thinnest give good results. Knife marks show up more clearly at this low voltage as well as any dirt on the supporting film. The best specimens have been very thin sections of rat thyroid (cut on a Porter-Blum microtome by Dr. J. D. LEVER, Dep. of Anatomy, Cambridge Univ.). Micrographs from these sections are shown in Fig. 1 with the same area imaged at 75 kV and 6 kV. The visible resolution on the fluorescent screen is not reproduced here due to the long exposure time. However, the gain in contrast can be estimated. Representative areas of thyroid are shown in Fig. 2.

Future prospects. The present arrangement may be operated down to 3 kV giving another factor of two in contrast. At this voltage the ,,Aufhellungsdicke'' for carbon is 20 Å. Unstained specimens cut into thin sections will be compared with osmium and phosphotungstic acid fixed preparations. Other selective stains may now be of use since much less need be taken up to be visible (*13*). High resolution shadow casting with carbon as tried at higher voltages (*14*) may be more valuable at a few kilovolts. Since small angle scattering is almost independent of atomic number very thin metal specimens as well as biological sections should show better contrast at a low voltage, when the original contrast is due to scattering and not interference.

Increased intensity will be necessary before the ultimate limit of low voltage electron microscopy is reached. The point filament as an electron source (*15*), some form of image intensifier and slight correction of the lens for spherical aberration would all allow greater intensity in the final image. This may be the best reason for trying to correct the spherical error rather than to improve the resolution of high voltage instruments that are already limited by other defects.

Trials have been made by Valentine (*16*) using a Siemens Elmiskop I down to 10 kV. In general, all high voltage instruments could be adapted for low voltages with a few changes, as has been done for projection X-ray microscopy (*17*). Photographic emulsions with very little

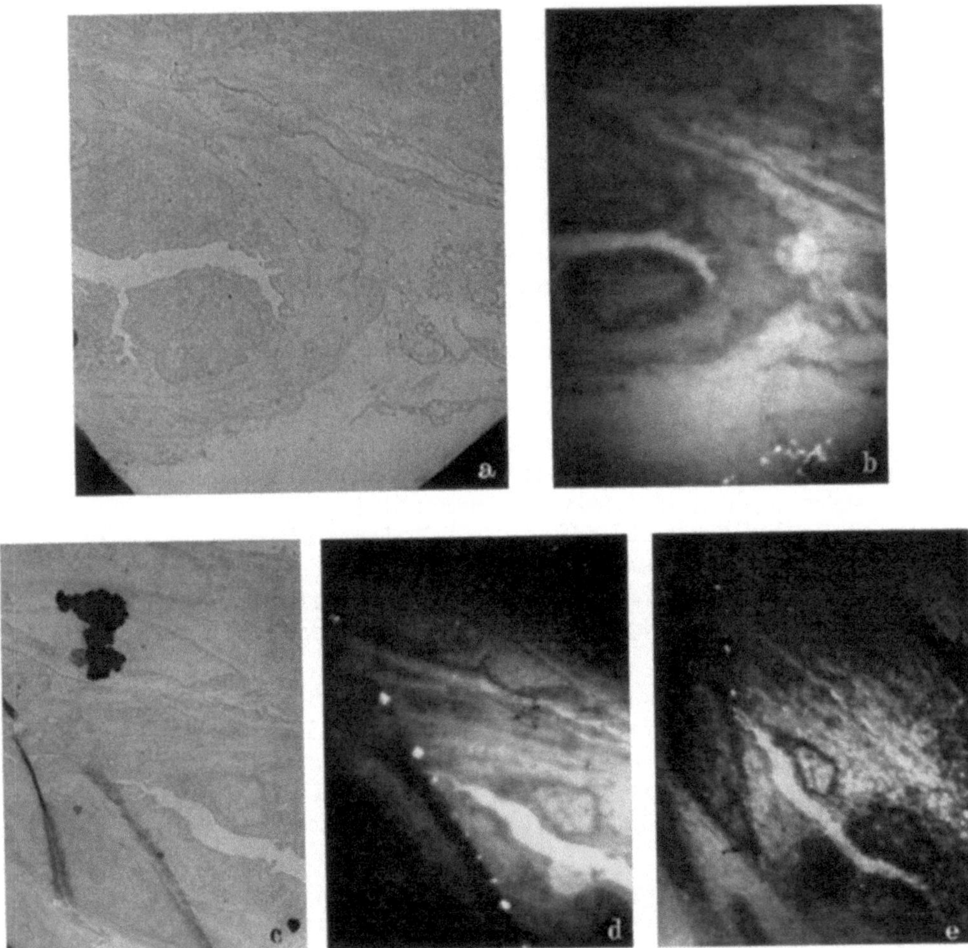

Fig. 1 a—e. a) Thin section of rat thyroid exposed at 75 kV. b) Same area as a) exposed at 6 kV. Resolution limited by specimen movement during the 1—2 min exposure while photographing the image on the fine grained fluorescent screen. The small white circle and horizontal dark line are defects in the screen. c) A different adjacent area imaged at 75 kV. d) Same area imaged at 6 kV. Note the row of holes in the film that are hardly visible in c). Large dark patch in c) is dust particle not present in d). e) Same area imaged at 6 kV after beam contamination. Contrast increased but resolution reduced. Both d) and e) limited in resolution by specimen movement during the relatively long exposure. All magnifications about 5,000 × (100 electron, 25 optical, 2 photographic)

gelatin on the surface would be used in place of the normal lantern type of plate. It may be necessary to use lenses that have been designed specifically for a few kilovolts as in this present work. If the increase in contrast is found to be worthwhile then existing electron optical knowledge could easily be used to make available a low voltage unit for routine biological, medical and other types of thin section research.

I should like to thank Dr. H. H. Pattee for the fine grained fluorescent screen, Dr. J. D. Lever for the thin section of thyroid, and Dr. V. E. Cosslett for his interest and encouragement in low voltage electron microscopy.

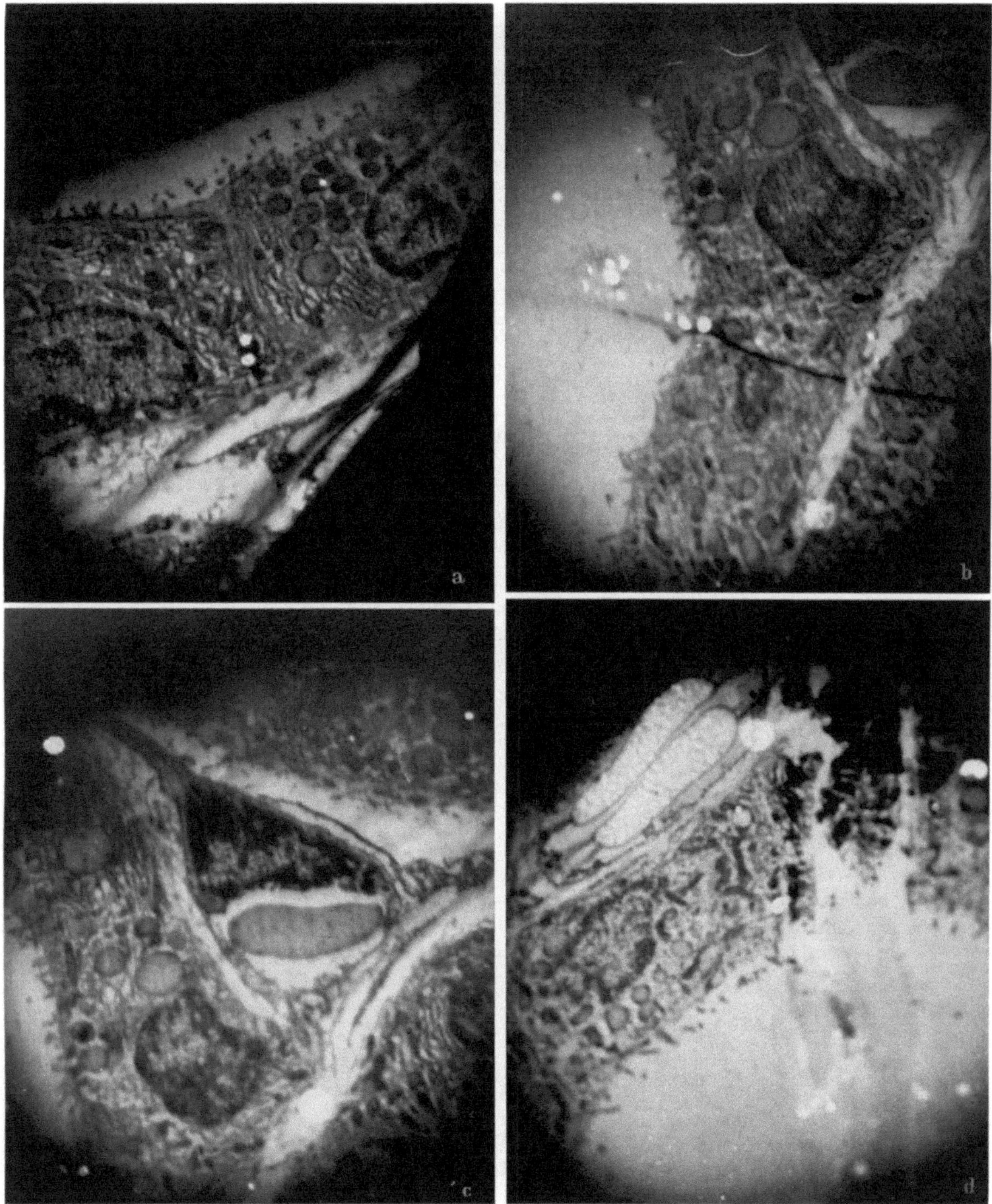

Fig. 2a—d. Representative areas of rat thyroid thin sections taken at 6 kV showing blood vessels, cell nuclei, microvilli, granules with and without dark inclusions, vacuoles and possibly mitochondria. Resolution limited by specimen movement during the 1—2 min exposure. Magnification about 4000 (50 electron, 10 optical, 8 photographic)

References

1. MÜLLER, H. O., and E. RUSKA: Kolloid-Z. **95,** 21 (1941).
2. ZWORYKIN, V. K., J. HILLIER, and A. W. VANCE: J. appl. Physics **12,** 738 (1941).
3. DORSTEN, A. C. VAN, W. J. OOSTERKAMP, and J. B. LE POOLE: Philips techn. Rev. **9,** 193 (1947).

4. Marton, L.: Electron Mic. Conference, Cambridge 1948, quoted in (5), 269.
5. Cosslett, V. E.: Practical Electron Microscopy. p. 104. London: Butterworths 1951.
6. — Proc. Phys. Soc. 58, 443 (1946).
7. Knoll, M.: Electron Physics Conference, Washington, 1951, Nat. Bur. Stands. Circ. 527, 329 (1954).
8. Cosslett, V. E.: Les Techniques Récentes en Microscopie Electronique. C.N.R.S., Toulouse Conf., p. 44, 1955.
9. Hall, C. E.: Introduction to Electron Microscopy. p. 301. New York: McGraw-Hill 1953.
10. Haine, M. E.: Intensification of the Electron Microscope Image. J. Phot. Sci. 1958 (in the press).
11. Feldman, C., and M. O'Hara: J. opt. Soc. Amer. 47, 300 (1957).
12. Pattee, H. H.: Science 128, 977 (1958).
13. Valentine, R. C.: Nature (Lond.) 181, 832 (1958).
14. Oberlin, A., and C. Tchoubar: Programme of this Conference, Abstract 15.06 (no lecture).
15. Drechsler, M., V. E. Cosslett, and W. C. Nixon: This vol. p. 13
16. Valentine, R. C.: Private Communication 1958.
17. Siegel , B. M., and K. C. Knowlton: X-ray microscopy and microradiography Proc. Cambridge Symposium 1956. Academic Press N. Y. p. 106 (1957).

Bildentstehung und Bildkontrast

Friedrich Lenz

Technische Hochschule Aachen

Der Anwender des Elektronenmikroskopes steht primär vor der Aufgabe, aus dem, was ihm das Elektronenmikroskop liefert, nämlich der geschwärzten Photoschicht, auf das zu schließen, was er erfahren möchte, nämlich Informationen über die Objekteigenschaften. Glücklicherweise gibt es eine große Zahl von Fällen, wo ein derartiger Schluß möglich ist. Insbesondere dann, wenn es sich um Objekte handelt, über deren Form, Aufbau oder Zusammensetzung der Anwender schon aus anderen Quellen Kenntnisse besitzt, ehe er das Elektronenbild sieht, wird es ihm leicht fallen, die einzelnen Elemente der beobachteten Strukturen zu identifizieren, also beispielsweise Steinsalz-Kristalle oder Zellwände oder Gleitlinien im Bild richtig zu erkennen. Der Schluß vom Elektronenbild auf die Objekteigenschaften wird aber um so schwieriger, je tiefer der Anwender in wissenschaftliches Neuland eindringt. Wenn er Strukturen entdeckt, die ihn völlig überraschen, weil er sie nach seinen bisherigen Vorstellungen über die Objekteigenschaften nicht zu sehen erwartet hat, muß er nach neuen Deutungen suchen. Hierbei kann ein gesundes Maß an schöpferischer Phantasie ebenso fruchtbar wie ein Übermaß gefährlich sein. In dieser Situation ist der Anwender daran interessiert, vom Theoretiker Aufschluß darüber zu erhalten, welcher Zusammenhang zwischen den Objekteigenschaften einerseits und der Schwärzungsverteilung andererseits besteht und welche Möglichkeiten zu quantitativen oder qualitativen Schlüssen vom einen auf das andere aus diesem Zusammenhang resultieren. Ich will versuchen, Ihnen kurz darzustellen, was der Theoretiker dazu zu sagen hat.

1. In hinreichend ausgedehnten („flächenhaften") amorphen Objekten kann man sich die Elektronenstromdichte im Endbild und damit die Schwärzung der photographischen Emulsion dadurch zustande gekommen denken, daß jedes Objektatom wie eine kleine Zielscheibe der Größenordnung 10^{-18} cm² wirkt und die Schwächung des Elektronenstrahlbündels beim Durchgang durch das Objekt einfach durch die Wahrscheinlichkeit dafür bestimmt wird, daß eins der abbildenden Elektronen beim Passieren des Objektes eine oder mehrere dieser Zielscheiben trifft. Die Größe der Zielscheiben (Streuquerschnitt) hängt dabei nicht nur von der Art der Atome und der Geschwindigkeit der Elektronen ab, sondern auch von den Eigenschaften des Abbildungssystems, d. h. der Elektronenlinsen und Blenden. Man kann etwa sagen, daß für den Streuquerschnitt σ eines Atoms

$$\sigma \approx \text{const.}\ \frac{Z\left(1 + \dfrac{U}{511\,\text{kV}}\right)^2}{U\left(1 + \dfrac{U}{1022\,\text{kV}}\right)} \tag{1}$$

gilt. Die Konstante hat dabei einen Wert der Größenordnung 10^{-14} V cm², Z bedeutet die Ordnungszahl des streuenden Atoms und U die Strahlspannung der Elektronen. Über die Größenordnung der Konstanten und über die Abhängigkeit von der Strahlspannung besteht heute weitgehende Einigkeit. Die Abhängigkeit von der Ordnungszahl Z ist aber in Wirklichkeit etwas weniger einfach als in Gleichung (1), da das Atomvolumen und damit auch die Streuquerschnitte der Atome zusätzlich einen Gang mit den Perioden des periodischen Systems besitzen (1). Die Konstante in Gleichung (1) hängt stark von der Größe der Aperturblende im Objektiv ab. Nach HALL und INOUE (2) kann sie durch Verkleinerung der Objektivblende auf 20 μ auf mehr als das Doppelte des Wertes erhöht werden, den sie bei Fehlen einer Aperturblende besitzt.

Der Schluß, der aus dem Elektronenbild flächenhafter amorpher Objekte auf dessen Eigenschaften gezogen werden kann, betrifft nur eine ganz spezielle Objekteigenschaft, nämlich das Produkt $N\,\sigma\,x$ aus Atomkonzentration N, Streuquerschnitt σ und Dicke x des Objekts. Dieses Produkt ist der Massendicke proportional, wobei der Proportionalitätsfaktor zwar von der Strahlspannung und der Größe der Objektivblende abhängt, aber nur wenig von der Art der streuenden Atome.

2. Das einfache Schießscheibenbild versagt dann, wenn die Kleinheit der abzubildenden Objekteinzelheiten der Auflösungsgrenze nahekommt, wenn das Bild defokussiert ist oder wenn das Objekt nicht amorph ist, sondern wie alle Kristalle eine regelmäßige Atomanordnung besitzt. In diesem Fall kann der Physiker zwar im Prinzip auf die Stromdichteverteilung im Endbild schließen, wenn ihm gewisse Objekteigenschaften (vor allem die räumliche Verteilung des elektrischen Potentials im Objekt) und die Eigenschaften des Abbildungssystems bekannt sind; ein eindeutiger Schluß in umgekehrter Richtung, d. h. vom Bild auf das Objekt ist dagegen im allgemeinen nicht möglich. So ist es z. B. in Abbildungen mit periodischer Struktur oft nicht möglich, eindeutig zu entscheiden, welche dieser Strukturelemente Objektbereichen mit erhöhter Massendicke entsprechen und welche durch Interferenzerscheinungen anderer Art hervorgerufen werden.

Häufig ist in neueren Arbeiten die Rede vom elektronenmikroskopischen Phasenkontrast im Gegensatz zum Streuabsorptionskontrast. Wird man nach dem grundsätzlichen Unterschied zwischen diesen beiden Arten von Kontrast gefragt, so ist man zunächst geneigt zu antworten, es handele sich im einen Fall um Streuung und im anderen um Beugung der Elektronen. Diese Antwort wäre aber insofern unbefriedigend, als auch die Streuung der Elektronen an den Objektatomen nur als Beugungserscheinung richtig verstanden werden kann. Gehen wir zur Klärung der Begriffe zur Lichtoptik zurück, aus welcher der Begriff des Phasenkontrastes stammt: Dort wird die abbildende Lichtwelle infolge der absorbierenden Eigenschaften des Objekts geschwächt und infolge der örtlichen Schwankungen des Brechungsindex gebeugt. Der durch die Absorption bewirkte Kontrast ist auch bei fehlerfreier Abbildung mit großer Apertur sichtbar, dagegen trägt die durch die Schwankungen des Brechungsindex bewirkte Modifikation der Lichtwelle nur dann zum Bildkontrast bei, wenn die Abbildung gestört ist, sei es durch Einbringung enger Blenden in den Strahlengang, durch schiefe Beleuchtung, durch Defokussieren oder durch phasenschiebende Elemente.

In dünnen elektronenmikroskopischen Objekten spielt im Gegensatz zur Bildentstehung im Lichtmikroskop die Elektronenabsorption für den Kontrast keine wesentliche Rolle. Es tritt daher bei dünnen Objekten (d. h. $d \ll \dfrac{\delta^2}{\lambda}$, wenn d die Objektdicke, δ das aufzulösende Detail und λ die Wellenlänge ist) nur der für nichtabsorbierende Objekte mit ortsabhängigem Brechungsindex charakteristische Kontrast auf, der bei idealer Abbildung mit großer Apertur verschwinden würde. Wir sehen ihn nur deshalb, weil die Abbildung im Elektronenmikroskop weder fehlerfrei ist noch mit großer Apertur arbeitet. Darauf, daß in hinreichend dicken Objekten, insbesondere solchen mit periodischen Strukturen, auch eine Modulation der abbildenden Elektronenströmung auftreten kann, die selbst bei idealer Abbildung zu entsprechenden Kontrasten im Bild führen würde, werde ich später noch einzugehen haben.

Beispiel für ein „dünnes" Objekt: $\delta = 25$ Å; $\lambda = 0{,}05$ Å; $d \ll 1{,}25\ \mu$
Beispiel für ein „dickes" Objekt: $\delta = 4$ Å; $\lambda = 0{,}05$ Å; $d \approx 300$ Å.

Der nur infolge fehlerhafter Abbildung sichtbare Kontrast nichtabsorbierender Objekte wird nach der bisherigen Terminologie dann als Streuabsorptionskontrast bezeichnet, wenn die den Kontrast hervorrufende lokale Variation des elektronenoptischen Brechungsindex im Objekt sich über Entfernungen von der noch nicht auflösbaren Größenordnung der Atomradien erstreckt und dann als Phasenkontrast, wenn es sich um wesentlich langsamere lokale Änderungen des Brechungsindex handelt, insbesondere solche, die von der Objektivlinse aufgelöst werden können. Ein *grundsätzlicher* physikalischer Unterschied zwischen den diese beiden Arten von Kontrast hervorrufenden Wechselwirkungen im Objekt besteht also nicht. Der *praktische* Unterschied zwischen beiden Kontrasttypen besteht aber im wesentlichen darin, daß die durch die atomaren Felder im Innern des Objekts bewirkte Modifikation des abbildenden Strahls hinter dem Objekt zu einer Beugungserscheinung mit so breitem Öffnungswinkel führt, daß eine auch nur annähernd ideale Abbildung (die nach dem Obigen zum Verschwinden des Kontrastes führen würde) mit den heutigen Elektronenlinsen unmöglich ist. Man braucht also weder phasenschiebende Plättchen einzubringen noch zu defokussieren noch sonstige Störungen des Strahlengangs künstlich einzuführen, um den Streuabsorptionskontrast hervorzurufen.

Anders ist es mit den längerwelligen Schwankungen des Brechungsindex im Objekt, die eine Beugungserscheinung mit so engem Öffnungswinkel bewirken, daß die Bildfehler wirkungslos werden und die Aperturblende praktisch alle gebeugten Elektronen durchläßt. Dann liegt im Bezug auf diese längerwelligen Schwankungen eine ideale Abbildung vor und sie führen im Bild nur dann zu Helligkeitsschwankungen, wenn man diese ideale Abbildung künstlich stört, beispielsweise durch Defokussieren.

3. Die für den Anwender naheliegende Frage, welcher Anteil eines im Bild beobachteten Kontrastes auf Streuabsorptions- und welcher Anteil auf Phasenkontrast zurückzuführen sei, kann daher in dieser Form kaum beantwortet werden. Aber auch die schon etwas sachgemäßer gestellte Frage, ob und wie man aus einer beobachteten Schwärzungsverteilung im photographischen Endbild auf die verursachende lokale Verteilung des elektronenoptischen Brechungsindex im Objekt schließen kann, bringt den Theoretiker in Verlegenheit. Wie schon oben erwähnt, kann er im allgemeinen nur den umgekehrten Schluß vom Objekt auf das Bild ziehen und daher bestenfalls sagen, ob gewisse vom Anwender zu machende Annahmen über Objekteigenschaften mit dem beobachteten Bild verträglich sind oder nicht. Dabei können aber durchaus verschiedene, in gleicher Weise mit dem Bild verträgliche Annahmen über die Verteilung des Brechungsindex im Objekt möglich sein.

Für die Möglichkeiten der Elektronenmikroskopie periodischer oder nahezu periodischer Strukturen nahe der Auflösungsgrenze ist es ein glücklicher Umstand, daß die auftretenden Kontraste viel stärker sein können, als man noch vor einigen Jahren zu hoffen wagte. So bildet sich nach theoretischen Untersuchungen von Niehrs in Objekten mit periodischer Struktur und endlicher Dicke $\left(\text{d. h. } d \gtrsim \frac{\delta^2}{\lambda}\right)$ eine ebenfalls periodische lokale Intensitätsmodulation der abbildenden Elektronenströmung aus. Diese Intensitätsmodulation kann bei hinreichend dicken Objekten schon in der bildseitigen Objektoberfläche erhebliche Werte annehmen. Im Gegensatz zu der durch unendlich dünne Objekte bewirkten zunächst reinen Phasenmodulation der abbildenden Elektronenstrahlung ist zu erwarten, daß selbst bei idealer Abbildung mit großer Apertur diese Intensitätsmodulation auch im Endbild einen entsprechenden Kontrast hervorruft.

Literatur

1. Wyrwich, H., u. F. Lenz: Z. Naturforsch. **13a**, 515 (1958).

2. Hall, C. E., and T. Inoue: J. appl. Physics **28**, 1346 (1957); Denshikembikyo (Electron Microscopy), **6**, 129 (1958).

Electron phase microscope

Koichi Kanaya and Hisazo Kawakatsu

Electrotechnical Laboratory, Tokyo

Since the beginning of the electron microscopy, it has been well known that the phase contrast due to interference of the coherent wave plays a very important role in image formation. Distinctive examples are: Fresnel diffraction fringes as demonstrated by Boersch (*1*), Hibi (*2*) and others;

interference fringes in crystals by HEIDENREICH (*3*) and MENTER (*4*); biprism-interference fringes obtained by MÖLLENSTEDT (*5*) and FERT (*6*); a possibility of interferometer introduced by MARTON (*7*), and so on.

In view of ZERNIKE's (*8*) theory of the phase difference microscope, if an appropriate phase plate is inserted into the back focal plane of the objective and, in addition, if it is possible to cause a phase difference whether in the transmitted wave or the diffracted one, it is reasonable to expect that it is possible to make a phase microscopic observation. According to RAMBERG's calculation, a collodion film 100 Å in thickness is seen to result in a phase delay of order of $\pi/2$ provided that the accelerating potential is 60 kV. For this reason, it is necessary that the phase

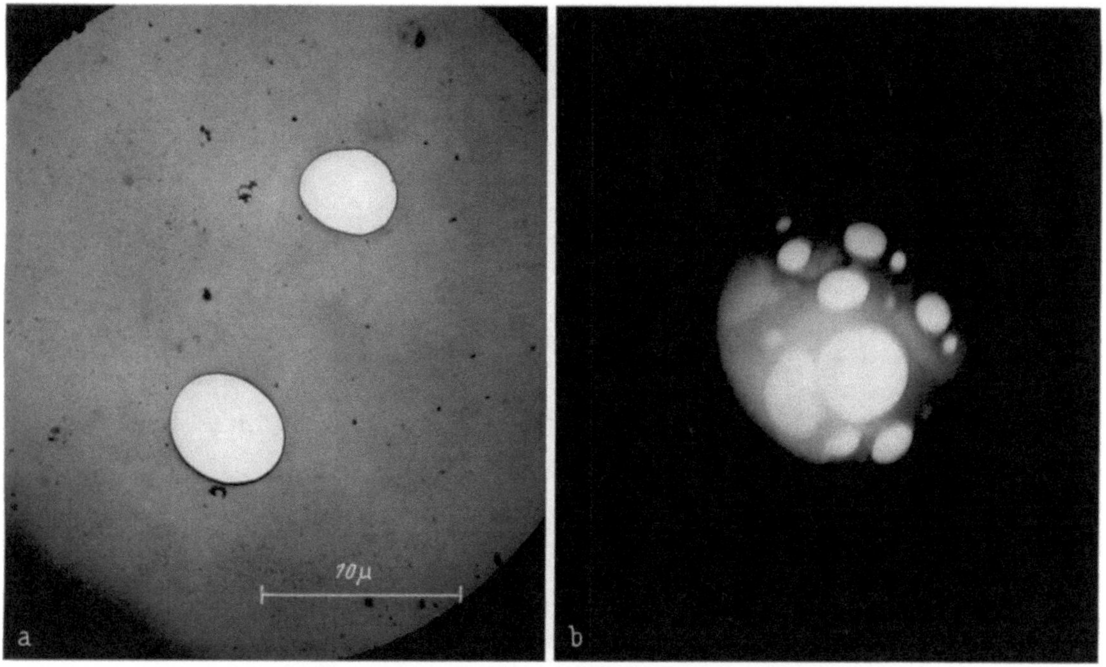

Fig. 1a and b. Micrograph of a phase plate,
a) in object position, b) in position at the back focal point

plate be very thin. In this respect it is different from interchromatic phase contrast as tested by LOCQUIN (*10*), in which a metallic cone diaphragm is used as phase plate. Later the authors tried to use a collodion or carbon film instead of a metallic film. For the phase plate, a hole in a collodion membrane or disk on a thin collodion membrane may be suitable for dark or bright contrast observations. However, when the electron beam is exactly focused at the back focal point, its intensity may be ten times as much as its value at the specimen and therefore the resulting destruction, contamination, and charge-up phenomenon of the phase plate have frequently been observed. Accordingly, it is concluded that a phase plate with holes may be considered to be superior to that without holes as the phase plate under consideration. Furthermore, an appropriate potential to arise various phase differences is applied to the carbon phase plate which is shadowed as thin as possible by chromium. This report deals with an experiment of electron phase microscope using a phase plate with many holes in a carbon membrane, together with applying a small potential.

Theoretical consideration. The case will be considered where a disk specimen having a uniform thickness is illuminated by an incident plane wave. Let us assume the image plane to have a very large distance from the objective lens. The amplitude of the specimen as a function of any image plane can easily be calculated according to HUYGEN's principle in FRAUNHOFER's approximation, assuming that the phase plate results in a phase delay of the order of $\pi/2$, disregarding all aberrations, defocusings and inelastic scatterings. Thus, consider the phase contrast at the centre of a disk specimen, called "macro-contrast" in the optical phase difference microscope; it may be expressed by

$$\gamma = \frac{(1-P)^2 \, \varDelta \, \delta^2 - P^2 \, \varDelta \, \delta^2}{(1-P)^2 \, \varDelta \, \delta^2} \; . \tag{1}$$

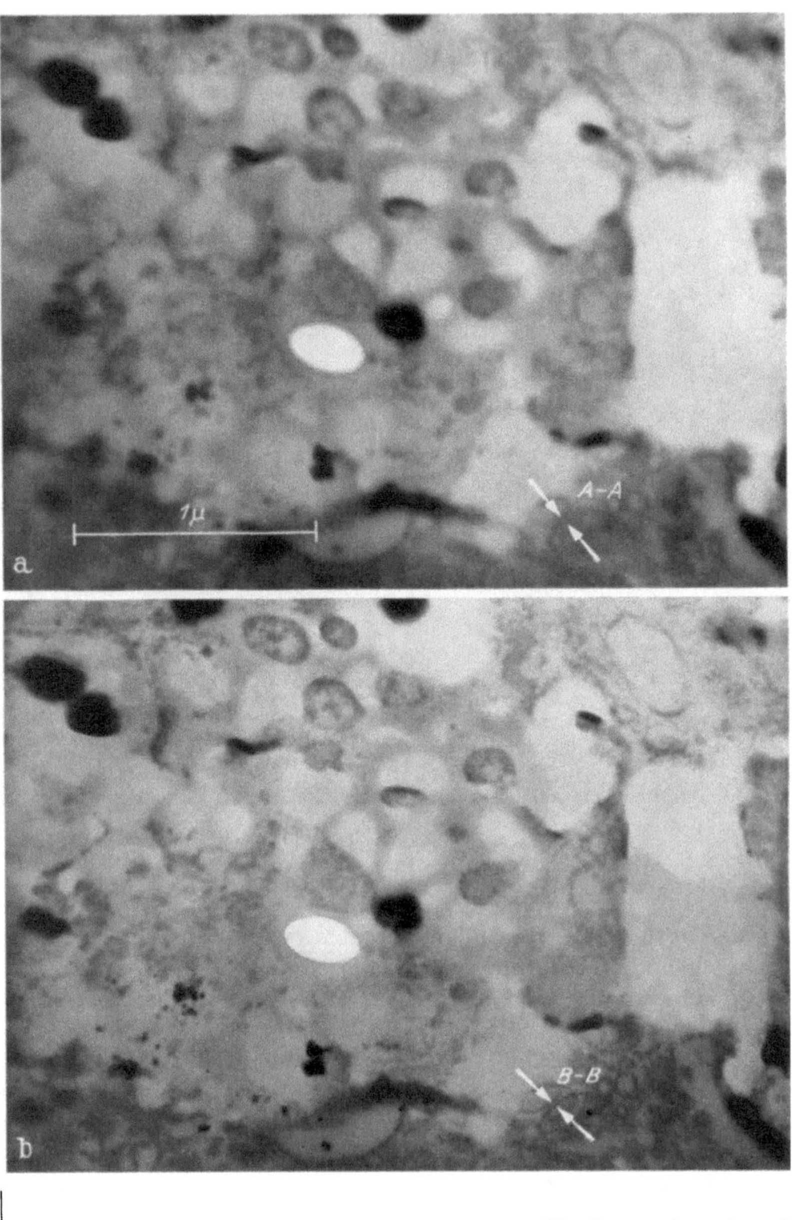

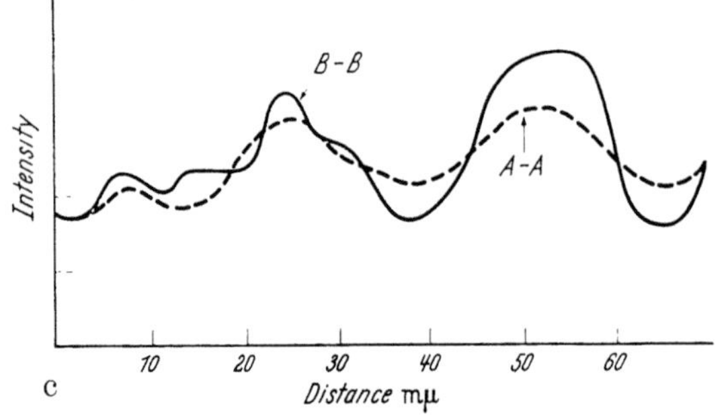

Fig. 2a—c. A section of liver of the mouse, a) ordinary observation with 50 μ limiting aperture, b) electron phase microscopic observation with a hole of 20 μ in the phase plate; c) comparison of the intensity variations within the fields indicated by arrows in a) and b)

Then, "micro-contrast" indicating the contrast corresponding to a small phase difference may be expressed by

$$\gamma' = \frac{\Delta I_1}{I_1 \Delta(\Delta\delta)}, \tag{2}$$

where I_1 is the image intensity and is equal to $(1-P)^2 \Delta\delta^2$, $P = (R_s/R_a)^2$, in which R_s and R_a express the radii of the specimen and substrate, and $\Delta\delta$ is the phase difference.

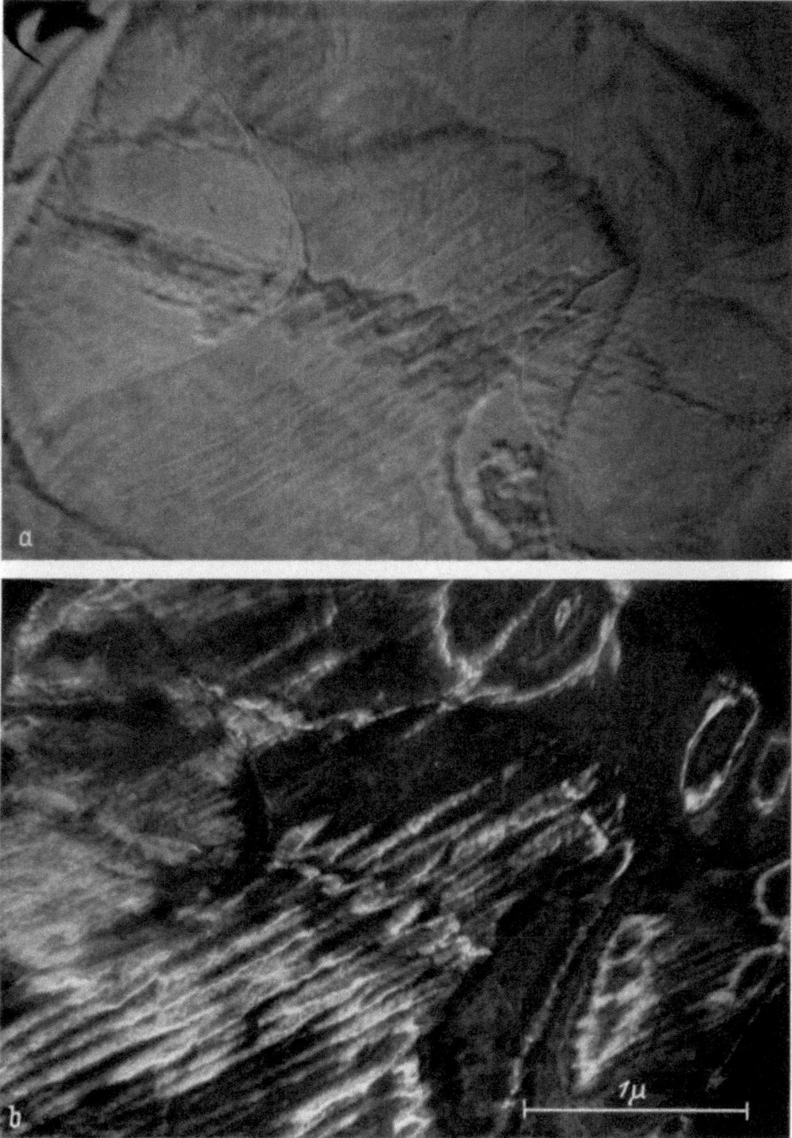

Fig. 3a—f. Images of MoO$_3$-crystal, a) ordinary observation without limiting aperture, b) and c) with phase plate, a hole at spots (200) or ($\bar{2}$00), respectively; d), e) and f) with phase plate on various potentials, the hole at the centre (000). ($\lambda = 0.053$ Å)

It is well known that in the optical phase microscope the phase shift is $\lambda/4$ corresponding to $\Delta\delta = \pi/2$, where λ is the wave length. However, in the electron phase microscope such condition does not hold, since in the latter case the phase delay due to the phase plate must be of an order corresponding to the phase difference of the specimen. Accordingly, normal electron phase microscopic procedure should yield not high "macro-contrast" but high "micro-contrast", in order to attain high contrast in the image not visible by conventional observation.

Preparation of phase plate. A 3% collodion (nitrocellulose) solution in amyl acetate is spread uniformly on a slide glass and droplets of distilled water are sprayed on it by a nebulizer. Conse-

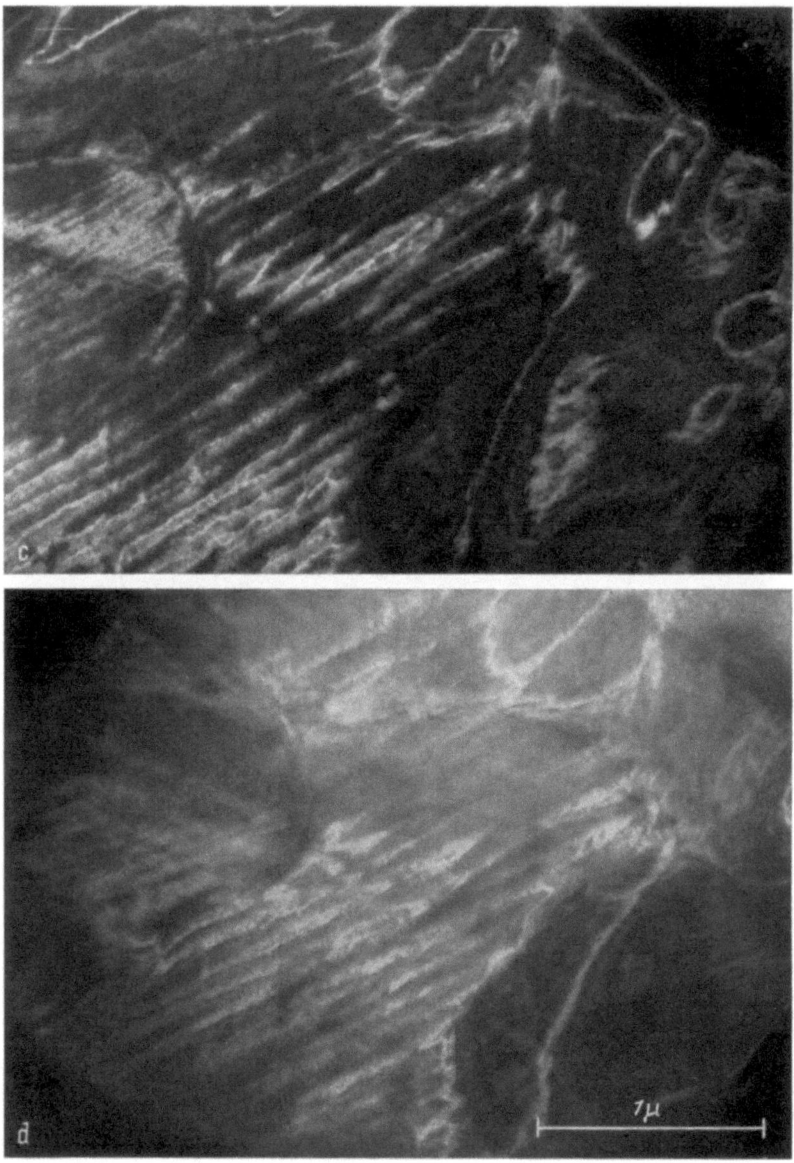

Fig. 3c and d

quently, because of the temperature difference in evaporation between amyl acetate used as the collodion solvent and water, many air bubbles with different diameters, i. e., 5—50 μ are made in the collodion film. Next, this collodion film with air bubbles is floated on water, dipped up from it by the mesh on the slide glass, and the air bubbles are burned out by a gas burner. In addition, as thin a layer of carbon as possible is evaporated on the film and then only the collodion is dissolved by an appropriate solvent. Furthermore, this carbon phase plate evaporated as thin as possible by metal can be made to be able to apply the potential. Fig. 1a and b show the micrographs of such a phase plate in object position and in position at the back focal point.

Experiments and results. To take an example from a number of trials of the electron phase microscopic observations (*11, 12*), Fig. 2 shows a section of liver of the mouse, a) taken with ordinary observation, b) with the phase plate; c) shows a comparison of the intensity variations through image contours taken with a microphotometer from the fields indicated by arrow in a) and b).

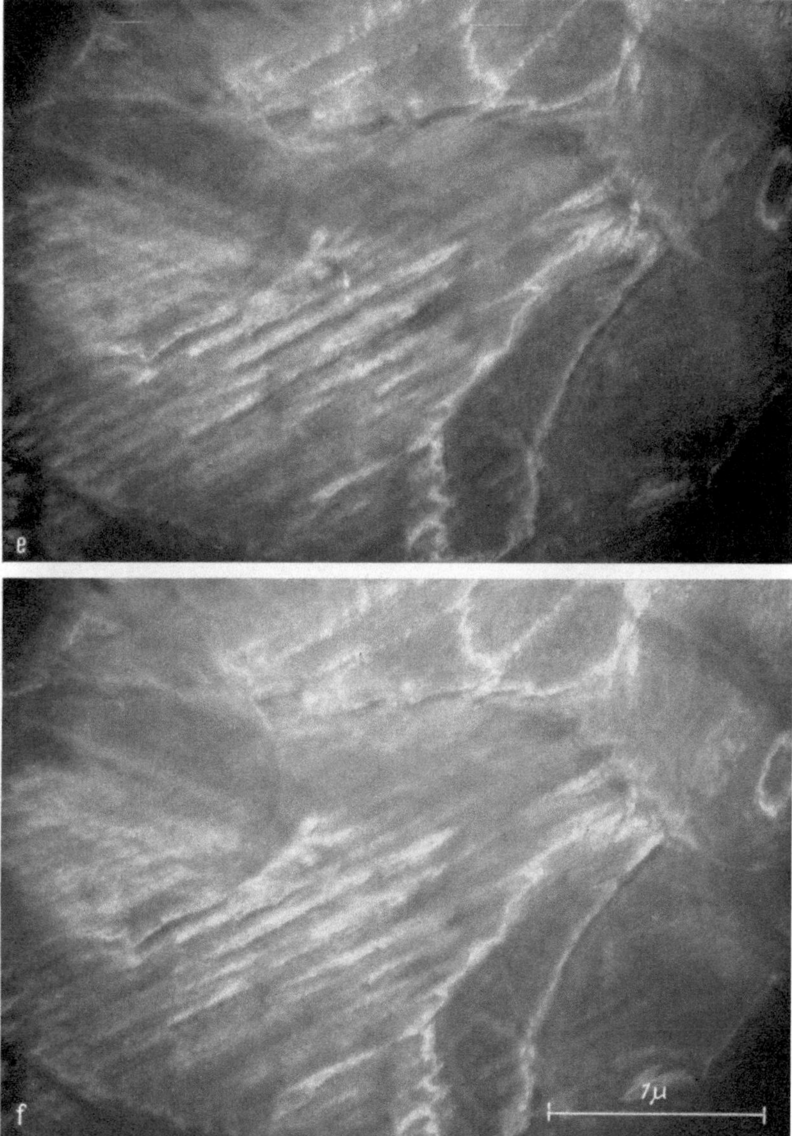

Fig. 3 e and f

The following images of a thin crystal of MoO_3 show the influence of the position of hole in the phase plate and of potential applied to it. In Fig. 3, a) is taken with ordinary observation without limiting aperture; b) and c) are taken with the phase plate, a hole in it being displaced to the positions of spots (200) or ($\bar{2}$00), respectively; d), e), and f) show the interference effects for various potentials when the hole is placed at the centre (000), the diffracted beams (200) and ($\bar{2}$00) going through the phase plate. Fig. 4 shows images of the same crystal observed under various other conditions. The method for dark field image d) is indicated by e). Such an image can be obtained in that manner that the primary wave might be stopped by the mesh grid, the ($\bar{2}$00)-

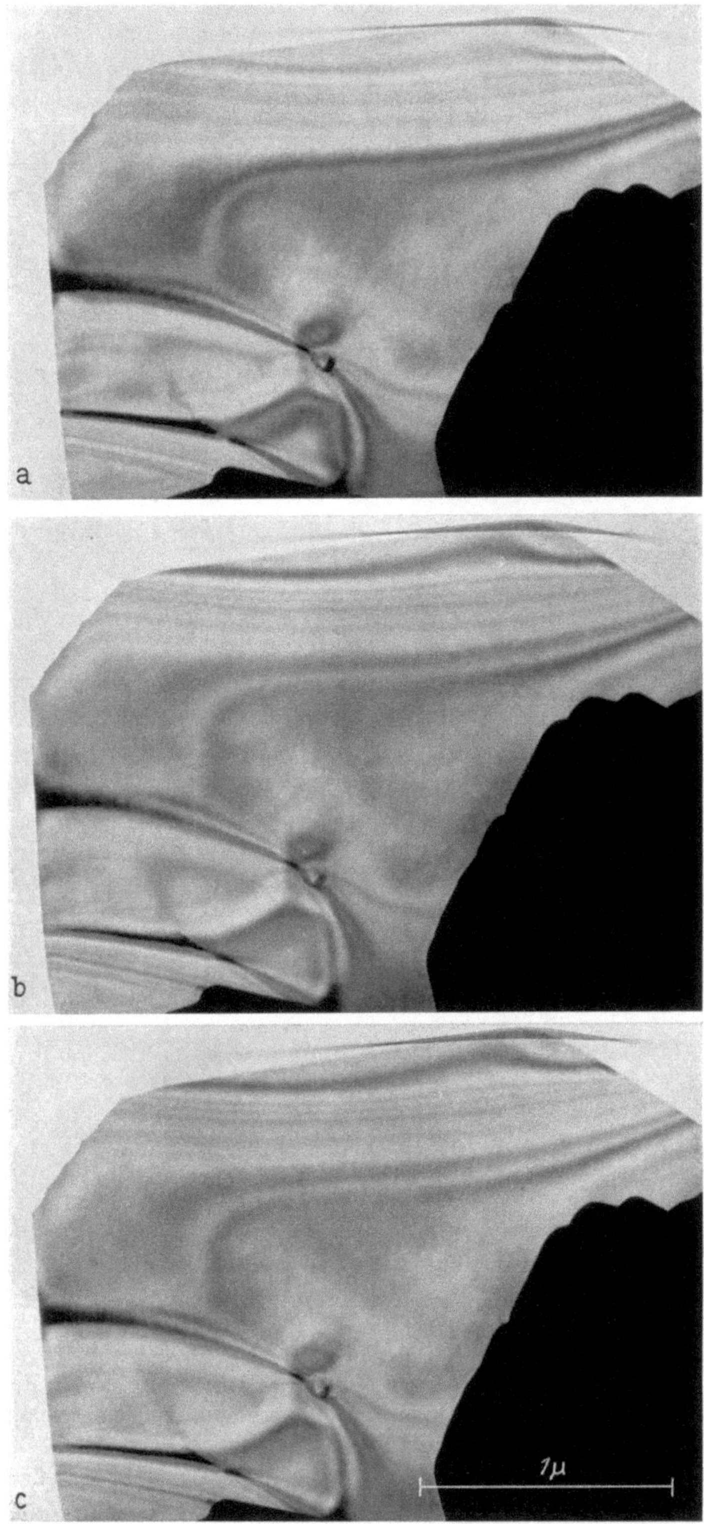

Fig. 4a—f. Images of the same MoO$_3$-crystal, a) ordinary observation, with 50 μ aperture, b) with a hole of 20 μ in the phase plate, c) with the same phase plate, but potential of 10 V applied, d) "interference bright contrast image" taken with the method indicated by e). f) selected area diffraction pattern. ($\lambda = 0.053$ Å)

diffracted wave directly passing through the hole and the (200)-diffracted wave passing through the thin phase plate, changing its phase provided that the potential of 11 V is applied.

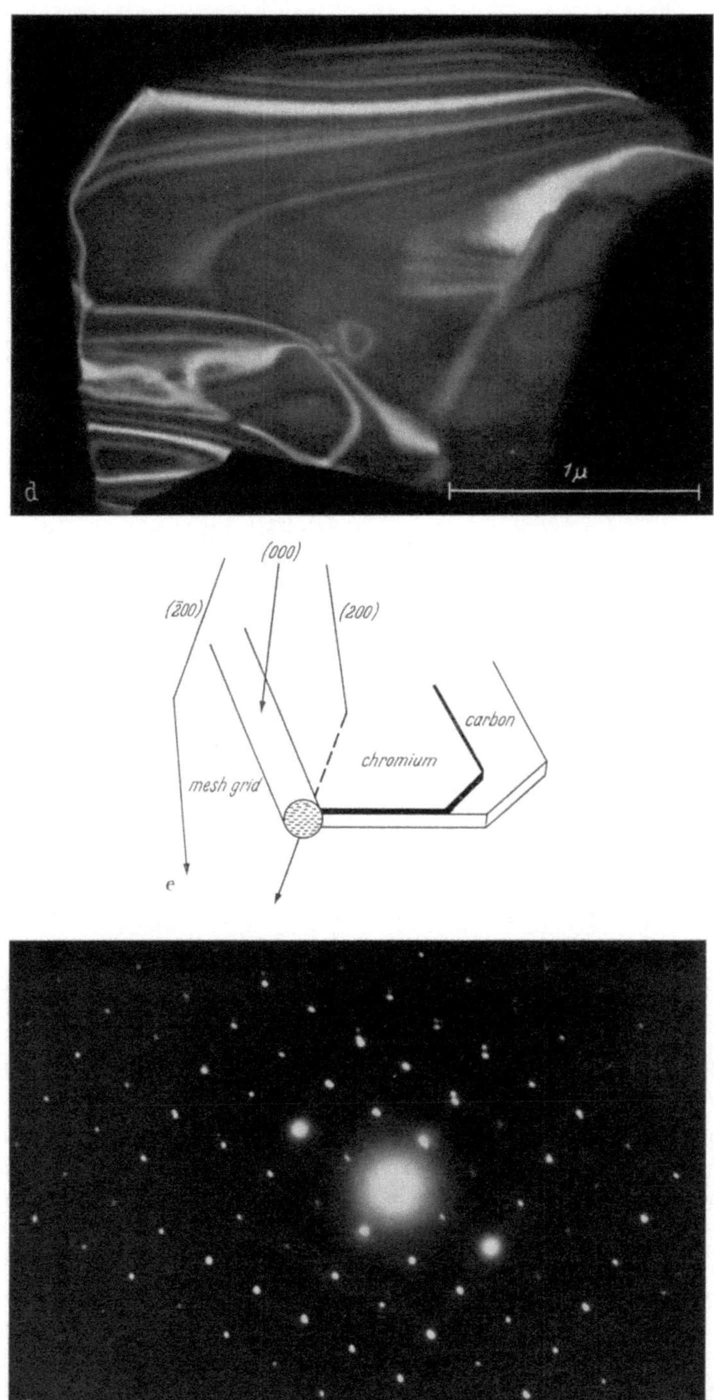

Fig. 4 d — f

According to these results, Fig. 5 shows the variation of image contrast with phase plate as well as potential applied to it.

Considering the foregoing, it may be concluded that for a crystal possessing the intense diffraction wave, the improvement of image contrast depends on the phase contrast, however, for an amorphous specimen possessing the weak diffraction wave it does not depend on the phase contrast, but on the effect of scattering absorption because of the small aperture in the phase plate.

In any case, it is concluded that the electron phase microscopic observation for specimens possessing small phase difference is superior to the ordinary one, even if the phase delay is not the optimum value of $\lambda/4$. In order to make it more successful, in addition to making a thinner phase plate with the optimum phase shift, the most serious image confusions due to astigmatism and charge-up phenomena should all be removed. It is also assumed that if it is possible to improve such observation, interference fringes corresponding to the resolving limit could clearly be observed as bright contrast image.

References

1. Boersch, H.: Naturwissenschaften **28**, 709 (1940).
2. Hibi, T.: J. Electronmicroscopy **3**, 15 (1955).
3. Heidenreich, R. D.: J. appl. Physics **20**, 993 (1949).
4. Menter, J. W.: Proc. roy. Soc. **236**, 119 (1955).
5. Möllenstedt, G., u. H. Düker: Z. Physik **145**, 377 (1956).
6. Faget, J., et C. Fert: Cahier de Physique n° 83, 285 (1957).
7. Marton, L.: Science **118**, 470 (1953).
8. Zernike, F.: Physica **1**, 686 (1942).
9. Ramberg, E. G.: J. appl. Physics **20**, 441 (1949).
10. Locquin, M.: Proc. int. Conference on Electron Microscopy, London 1954, p. 285.
11. Kanaya, K., H. Kawakatsu, and A. Ishikawa: Bull. electrotechn. Lab. **21**, 825 (1957).
12. Kanaya, K., H. Kawakatsu, and H. Yotsumoto: J. Electronmicroscopy **6**, 1 (1958).

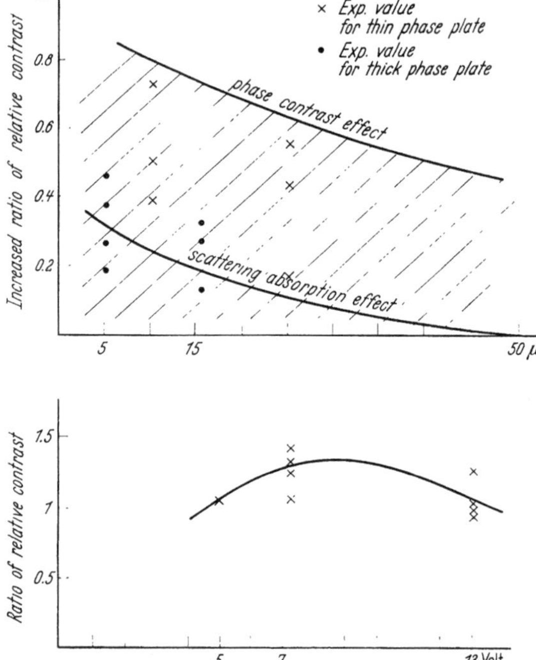

Fig. 5. Variation of image contrast with phase plate as well as potential applied to it

Kritisches zu gewohnten Auffassungen über Kontrastentstehung

H. Niehrs

Institut für Elektronenmikroskopie am Fritz-Haber-Institut der Max-Planck-Gesellschaft, Berlin-Dahlem

Unter dem angekündigten Titel möchte ich nicht einen thematisch abgeschlossenen Vortrag bringen, sondern einige Bemerkungen machen und Bilder zeigen, die für weitere Diskussionen über Streuung und Kontrast Anregungen geben mögen. Bei diesem Fragenkomplex scheinen mir nämlich einige wesentliche Gesichtspunkte bislang zu wenig beachtet worden zu sein.

1. Man hat es des öfteren unternommen, die Streuung eines amorphen Objekts abzuschätzen mit der vereinfachenden Annahme, daß die Atome in ihm statistisch regellos verteilt sind. Dazu möchte ich auf alte Ergebnisse der Röntgenstrahl-Strukturforschung an Flüssigkeiten hinweisen, welche sehr deutlich machen, daß die Atomverteilung in solchen oder in einem amorphen Körper eine große Ähnlichkeit mit der im Kristallgitter hat und keineswegs als regellos betrachtet werden sollte. Abb. 1 zeigt z. B. ein Ergebnis von Debye und Menke über die Röntgenbeugung an flüssigem Quecksilber, welches in der Dampfphase einatomig ist und nicht zur Molekelbildung neigt. Die Verfasser haben auch ein Verfahren angegeben, um aus der Streuverteilung eine Abstandsstatistik der Atome zu ermitteln. Diese, Abb. 2, zeigt, daß bestimmte Atomabstände bevorzugt vorkommen, daß es einen minimalen Abstand gibt, und daß die Verteilung nur für den

Bereich großer Abstände regellos wird. (Die gestrichelte Fortsetzung der berechneten Wahrscheinlichkeitskurve ist durch die begrenzte Kenntnis der Beugungskurve bedingt und ohne physikalische Bedeutung.) Aus der Schwankung der Wahrscheinlichkeit der Atomabstände im Bereich von 2—10 Å folgt zunächst eine entsprechende Schwankung der Elektronenstreuung im Winkelbereich etwa $3 \cdot 10^{-3}$ bis 10^{-1}. Das Fehlen von Atomabständen kleiner als etwa 2 Å wirkt sich nach der Theorie ($1, 2$) dahin aus, daß die Streuung in Winkel kleiner als etwa 10^{-2} stark herabgedrückt ist gegenüber der atomaren Streuung. (Erst durch die Beugung an der begrenzten Gestalt des bestrahlten Objekts tritt bei entsprechend kleinen Winkeln stark erhöhte Streuung ein, doch fällt diese meist in die Grenzen der Bestrahlungsapertur.) Insgesamt ist zu sagen, daß

bei einer Abschätzung der Streuabsorption des amorphen Körpers Vorsicht geboten ist, sobald Objektivaperturen kleiner als 10^{-1} vorausgesetzt werden. Erst außerhalb dieses Winkelbereichs kann unbedenklich mit der atomaren Streuverteilung gerechnet werden.

Es sei ferner eine Bemerkung zur Durchführung solcher Bestimmungen bzw. zur Deutung einer Streuverteilung gestattet. Die Streuverteilung (Intensitätsverteilung) einer Gesamtheit von N wirklich regellos verteilten Atomen ist bekanntlich das N-fache der Streuverteilung vom einzelnen Atom. Man kann die Streuwellen der einzelnen Atome in diesem Fall als inkohärent betrachten. Denken wir uns nunmehr die Atome dieser Gesamtheit irgendwie nach einer Regel neu angeordnet, so ändert das nichts an der gesamten, über den Raumwinkel integrierten Streuintensität. Es scheint mir daher unmöglich zu sein, die Streuverteilung der geordneten Atomgesamtheit als eine Superposition eines inkohärenten Anteils, identisch der ursprünglichen Streuverteilung, und eines kohärenten Anteils, bedingt durch den Grad der atomaren Ordnung, aufzufassen. Denn da die integrierte Streuintensität vom Ord-

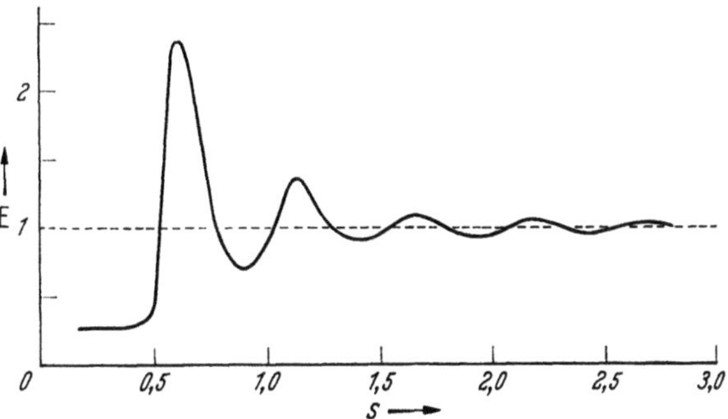

Abb. 1. Experimentelle Streufunktion des flüssigen Hg. [Nach DEBYE u. MENKE, l. c. (2)]

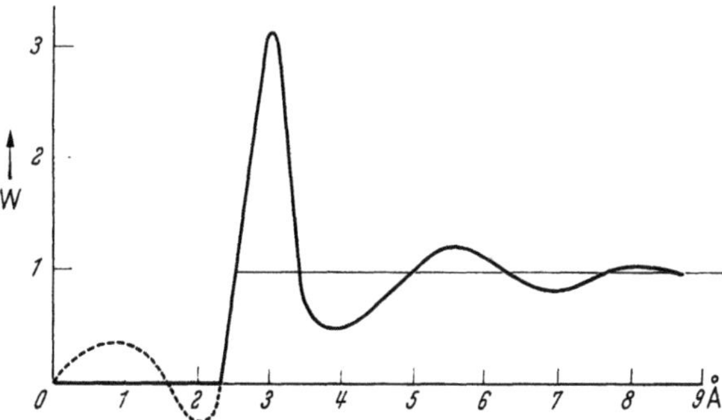

Abb. 2. Lagenwahrscheinlichkeit der Quecksilberatome. [Nach DEBYE u. MENKE, l. c. (2)]

nungsgrad unabhängig ist und diejenige bei vollständiger Inkohärenz nie übersteigen kann, müßte das Raumwinkel-Integral eines „kohärenten Anteils" stets gleich Null sein und jene Aufteilung zu der Konsequenz führen, daß der „kohärente Anteil" der Streuverteilung mindestens in einigen Winkelbereichen negative Intensität enthält. Dies scheint mir ohne Nutzen für das Verständnis der Bildentstehung und für eine Berechnung des Bildkontrastes zu sein.

2. möchte ich einige Bedenken anmelden zu der häufig vorgenommenen Aufteilung eines Bildkontrasts in Phasenkontrast und Streuabsorptionskontrast, wenn ein Eingriff in den Strahlengang nur durch eine Aperturblende, nicht durch eine Phasenplatte erfolgt. Nehmen wir zunächst an, das Objekt sei ein Phasenobjekt und habe eine Mikrostruktur und eine Makrostruktur, so daß deutlich trennbar eine Gruppe von nicht oder höchstens gering abgebeugten Strahlen und eine Gruppe von stark abgebeugten Strahlen auftritt. Wird die letztgenannte Gruppe von einer Aperturblende abgefangen, so zeigt das mikroskopische Bild günstigenfalls die Makrostruktur. Für die Entstehung des Bildkontrasts in dieser gibt es nun zwei Darstellungsweisen:

Die erste ist eine korpuskulare; sie unterscheidet die am Bild auftreffenden Strahlen vor allem nach ihrem lokalen Ausgangspunkt auf der Objektfläche. Diese lokale Unterscheidung ist jedoch nur grob (Makrostruktur) und läßt daher auch noch eine gewisse Unterscheidung nach Strahlrichtungen zu: von der Blende durchgelassene und von der Blende abgefangene Strahlen. Nach dieser Analyse entsteht der Bildkontrast durch Streuabsorption, nämlich dadurch, daß die Streuung in große Winkel verschieden stark ist für grob verschiedene Ausgangsstellen auf der Objektfläche. Jede feinere Unterscheidung nach Streurichtungen aber, jede Vorstellung von Beugung und von Phasenunterschieden durch die Makrostruktur ist hierbei unverträglich mit der korpuskularen Grundvorstellung, daß die Strahlen nach ihren Ausgangspunkten im Objekt unterschieden werden. In dieser Betrachtungsweise gibt es keinen Phasenkontrast.

Die zweite Darstellungsweise ist eine undulatorische; sie ordnet den Strahlen überhaupt keine Ausgangspunkte am Objekt zu, unterscheidet die Strahlen dafür aber rigoros ihrer Richtung nach. Der Bildkontrast ergibt sich nunmehr als Folge der Überlagerung von Wellen verschiedener Strahlrichtungen, die durch die Blende hindurchgelassen werden. Er rührt vollständig von den Makroschwankungen des inneren Potentials her und wird als Phasenkontrast bezeichnet. Strahlen, die von der Blende abgefangen werden, können mit der Bildentstehung überhaupt nichts mehr zu tun haben. Die Streuabsorption bewirkt nur eine Abnahme der gesamten bzw. gemittelten Bildintensität.

Die beiden Darstellungsweisen sind miteinander unvereinbar. Die eine erklärt Bild und Kontrast durch das Fehlen gewisser Strahlen, die andere durch das Vorhandensein gewisser Strahlen. Die erste hat als Ausgangsvorstellung die weit offene Blende und betrachtet die Kontrastzunahme bei deren Verengerung (Streuabsorption). Die zweite hat als Ausgangsvorstellung die fast geschlossene Blende und betrachtet die Kontrastzunahme bei deren Erweiterung (Phasenkontrast durch Streuung unter kleinen Winkeln). Beide Darstellungsweisen sind berechtigt und werden für die Anschauung je nach den Eigenschaften von Objekt und Blende mehr oder weniger erfolgreich sein. Begrifflich unzulässig ist es aber, beide Ausgangspositionen zugleich zu beziehen und dadurch zwei scheinbar unabhängige, verschiedene Kontrastursachen zu konstatieren, die in Wirklichkeit unteilbar die gleichen sind.

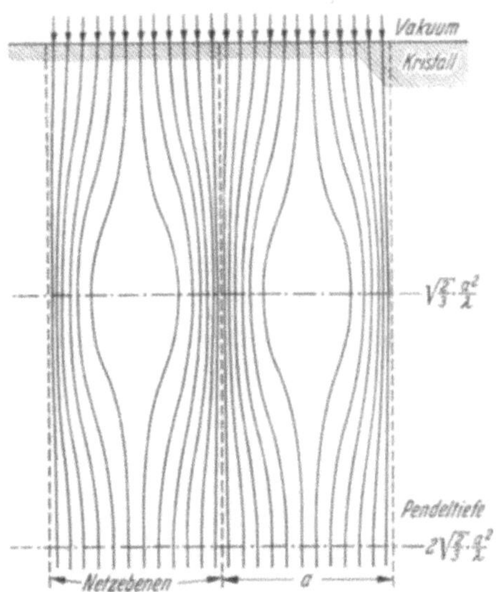

Abb. 3. Verlauf des Strahlstroms in einem „Kristall" mit dem inneren Potential $\Phi_0 + \dfrac{150\ \mathrm{V}\cdot\text{Å}^2}{2\,a^2}\cdot\cos(2\pi x/a)$ bei senkrechter Einstrahlung auf die Oberfläche ($x =$ Koordinate parallel zur Oberfläche)

3. Der Einfachheit halber sprachen wir von einem Phasenobjekt. Jedoch selbst unter der Annahme, daß nur elastische Streuung stattfindet, und echte Absorption keine Rolle spielt, scheint es mir zweifelhaft, ob man in der Elektronenmikroskopie annähernd ähnliche Verhältnisse wie in der Lichtmikroskopie realisieren kann. Denn ein beachtenswerter quantitativer Unterschied liegt zweifellos darin, daß die Objekte eine (atomare) Mikrostruktur haben, die einen sehr wesentlichen Teil zur gesamten Elektronenstreuung beiträgt. Dies muß schon bei geringen Schichtdicken (weniger als 50 Å) in der Mikrostruktur zu einem echten Amplitudenkontrast an der Objektfläche führen, auch wenn nur elastische Streuung als ursächlicher Vorgang wirkt. Das Entstehen eines Amplitudenkontrasts an der Grenze zweier Objektbereiche mit verschiedener optischer Dicke ist aus der Lichtmikroskopie im Grunde bekannt. Besonders kraß wird dieser Effekt an Elektronenstrahlen in einem Kristallgitter, in dem sich das über die Richtung der Strahlachse gemittelte Potential quer zu dieser periodisch und stark ändert. Für einige solche Fälle wurde vor einiger Zeit (3) der Verlauf des Strahlstromes im Kristallinnern auf der Basis der dynamischen Beugungstheorie untersucht. Abb. 3 zeigt den Verlauf der Elektronenstromdichte bei Annahme senkrechter Einstrahlung auf die Oberfläche eines „Kristalls" mit dem inneren Potential

$$\Phi_0 + \frac{150\ \text{Volt}\cdot\text{Å}^2}{2\,a^2}\cdot\cos(2\pi x/a)$$

($x =$ Koordinate parallel zur Oberfläche). Für eine Potentialperiode („Netzebenenabstand") $a = 5$ Å bedeutet diese Annahme eine Potentialschwankungsamplitude von nur 3 V („Strukturpotential" 1,5 V). Zwischen je zwei benachbarten Stromlinien im Bild ist jeweils der gleiche Strahlstrom fließend zu denken. Nach anfänglicher Homogenität tritt eine Bündelung ein, die ihren höchsten Wert für $\lambda = 0{,}05$ Å erstmals in der Tiefe 400 Å erreicht („Brennweite" der Netzebenen-Zylinderlinse). Hier beträgt die Stromdichte in den Potentialmaxima aber schon das 2,7 fache der primären, während sie in den Potentialminima gleich Null ist. Nach Überschreiten des „Brennpunkts" wird das Strahlbündel divergent und allmählich infolge der fortgesetzten Linsenwirkung wieder homogen. Mit weiter wachsender Tiefe wiederholen sich die Bündelungen periodisch. Abb. 4 zeigt den Verlauf des Strahlstroms bei schräger Einstrahlung unter dem Winkel (ε) optimaler Bragg-Reflexion an den Netzebenen. Nach der halben periodischen Pendeltiefe ist der Strahlstrom homogen, aber an den Netzebenen gespiegelt. (Bei entsprechender Kristalldicke

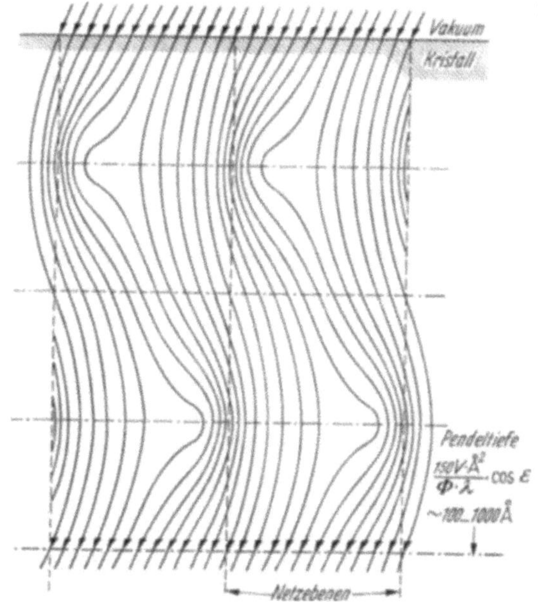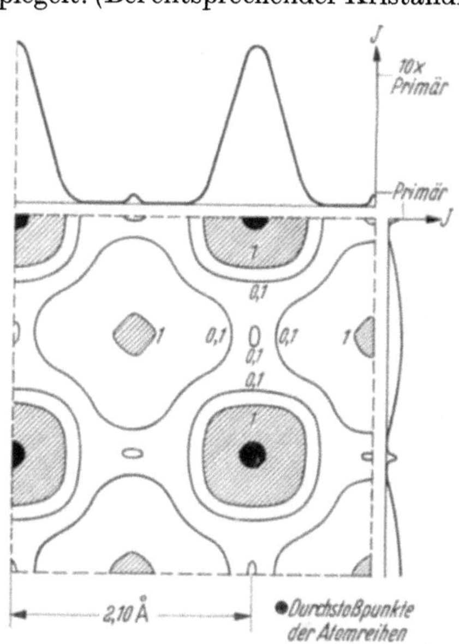

Abb. 4. Verlauf des Strahlstromes in einem „Kristall" mit dem inneren Potential $\Phi_0 + 2\Phi \cdot \cos (2\pi\, x/a)$ bei Einstrahlung unter dem Winkel ε maximaler Bragg-Reflexion an den „Netzebenen" $x = n \cdot a$

Abb. 5. Strahlintensitätsverteilung an der Austrittsfläche eines MgO-Kristalls, einer von (001)-Flächen begrenzten Platte der Dicke 3,6 Å²/λ, bei senkrechter Einstrahlung. Aus 25 Strahlen bis zu Ordnungen (440), ($4\bar{4}$0) usw. resultierendes Gitterbild

würde sich der gesamte austretende Strahlstrom in der Reflexionsrichtung wiederfinden.) Zum Schluß noch das Ergebnis einer Berechnung der Strahlintensitätsverteilung an der Austrittsfläche eines MgO-Kristalls bei Einstrahlung in Richtung der Kante der würfelförmigen Elementarzelle, senkrecht zu den Grenzflächen des Kristalls. Abb. 5 zeigt die Höhenlinien der Strahlintensität an der Austrittsfläche für eine Kristalldicke 3,6 Å²/λ (z. B. ~ 70 Å bei 50 kV) maximalen Gitterbildkontrasts. In den schraffierten Bereichen findet man größere als Primär-Intensität, in den schwarzen Bereichen ist das Zehnfache der Primär-Intensität überschritten. In ihren Zentren stoßen die Atomreihen Mg-O-Mg-O- senkrecht auf die Austrittsfläche. Dazwischen befinden sich ausgedehnte Gebiete, in denen die Intensität nur ein kleiner Bruchteil der primären ist. Das Diagramm gibt das bei einer bestimmten Abbildungsapertur zu erwartende elektronenoptische Gitterbild wieder, während in der Objektfläche selbst (oder auch schon bei größerer Apertur) noch schroffere Intensitätsunterschiede auftreten müssen. Diese Bilder verdeutlichen, wie weit man selbst bei einem nicht absorbierenden Kristallgitter geringer Dicke vom Sachverhalt eines Phasenobjekts entfernt sein kann, und wie problematisch gerade bei idealer Abbildung mit großer Apertur die Begriffe des Phasenkontrastes und des Streuabsorptionskontrasts werden.

Literatur

1. Debye, P.: Physik. Z. **28**, 135 (1927).
2. — u. H. Menke: Ergebn. techn. Röntgenk. **2**, 1 (1931).
3. Niehrs, H.: Optik **13**, 399 (1956).

2. Abbildung von Kristallgitter-Perioden

Observations on crystal lattices and imperfections by transmission electron microscopy through thin films

J. W. Menter

Tube Investments Research Laboratories, Hinxton Hall, Cambridge (England)

Some striking advances have occurred in the use of high resolution electron microscopes in the field of solid state physics since the International Meeting of 1954. These have been concerned with the direct study by transmission of thin crystalline specimens in two distinct ways. In the first the aperture of the microscope is chosen so that some diffracted beams from the specimen pass through to the image and are recombined to form a periodic pattern, the form and spacing of which is closely related to the relative dispositions and spacings of the lattice planes in the crystal. Using this method, the basic periodicity of net planes of the lattice may be directly imaged and departures from perfect periodicity in the form of distortions and discontinuities arising from lattice imperfections such as dislocations may be studied. In the second method the aperture of the microscope objective is chosen so that all diffracted beams from the specimen are intercepted and contrast arises from changes in thickness and orientation and from lattice distortion of the crystal. In particular, the lattice disturbance associated with a dislocation line is sufficient to cause a large local change in the electron intensity scattered outside the objective aperture in the vicinity of the line, thereby making the line visible in the image. Both of these methods have required a complementary study of the diffraction pattern by the selected area technique. For this, the three stage design has been invaluable and the microscope has come into its own as an integrated research tool for the study of crystals and their imperfections. With the addition of a hot stage and means for applying stress to the specimen in situ very wide fields of investigation in physics, chemistry and metallurgy have been opened up.

The work in the field of thin crystalline films as a whole is already too extensive to be encompassed within the time available here so it is my intention to concentrate my attention on studies of the first type, i. e. periodic images, with which the work of my own laboratory has been largely concerned.

The most interesting advances in the study of crystal lattice periodicities have occurred near the limit of resolution of the microscope, the direct transmission method taking over from surface replica techniques at periodicities around 30 Å. Apart from the limits on the information derivable from replica methods about the interior of the crystal inherent in the technique, it appears that inherent self structure of the replica is likely always to be a limiting factor in applying the method for very small periodicities. Furthermore, even for periodicities above 30 Å, there are considerable advantages in direct transmission studies since contrast may be obtained from diffraction effects, for example, in superlattices or from variations in mass thickness [e. g. ferritin crystals studied by Farrant and Hodge (1)], which cannot be made visible by replicas since they are not associated with any periodic surface structure.

The first direct micrographs of small crystal lattice periodicities were obtained from crystals of phthalocyanine compounds by Menter (2). Fig. 1 shows a micrograph of platinum phthalocyanine revealing a set of parallel lines with a spacing of 12.0 ± 0.2 Å. From simple considerations of the diffraction pattern from such a crystal (Fig. 2) Menter, using kinematic theory, showed that the image could be interpreted in terms of the Abbe theory of image formation by periodic objects. The elementary rectangle of the cross grating pattern has reciprocal dimensions corresponding to the (020) and (20$\bar{1}$) spacings of the crystal which are respectively 1.95 Å and 11.94 Å as determined by Robertson and Woodward (3). A 30 μ aperture superposed on this diffraction pattern leads to the exclusion of all diffracted beams from the image except the zero order, (20$\bar{1}$) and ($\bar{2}$01). Thus the periodic image is a pattern formed by the recombination of the zero-order beam with one or both of these diffracted beams. The image may be regarded as a very poor

Fourier projection of the crystal structure obtained by summing the first two terms of the Fourier series corresponding to the particular projection of the crystal, in this case on (001). The essential correctness of the criterion that the aperture radius (α in angular measure) for axial illumination should be sufficient to permit the first order beam to pass to the image, i. e. $d = \lambda/\alpha$,

Fig. 1. ($20\bar{1}$) spacing of 12 Å resolved in platinum phthalocyanine. [MENTER (2)]

may be readily confirmed by reducing it below this value, whereupon the periodic structure disappears from the image.

While this simple geometrical treatment based on the interference of diffracted beams from the crystal accounts adequately for the basic features of the micrograph there is a need to consider the detailed scattering processes within the crystal and to derive the actual current density distribution arising at the exit face of the crystal as a result of interaction between diffracted waves within the crystal (dynamical theory). A discussion of dynamical effects and image features to which they may lead is deferred until later.

The phthalocyanines have now been studied by a number of workers including NEIDER (4), LABAW and WYCKOFF (5), SUITO and UYEDA (6). The last authors were able to explain some discrepancies in lattice spacings in copper phthalocyanine observed by MENTER (2) as arising from a new crystal habit, different from that described by ROBERTSON (7). NEIDER studied the range of misorientation from the symmetrical reflecting position over which the periodic image could still be observed and concluded that MENTER's kinematic interpretation was inadequate as suggested by the theoretical considerations of NIEHRS (8, 9, 10) (see below).

Fig. 2. Diffraction pattern from crystal in same orientation as in Fig. 1

Among other crystals studied are faujasite [MENTER (11)] in which two periodicities of 14.4 Å from (111) spacings in a cubic crystal were simultaneously imaged by observation along [110], indanthrene scarlet [LABAW and WYCKOFF (12)] and molybdenum trioxide [BASSETT and MENTER (13)]. The study of indanthrene scarlet is particularly interesting since no X-ray data were available for this crystal and to my knowledge it was the first time that an electron microscope

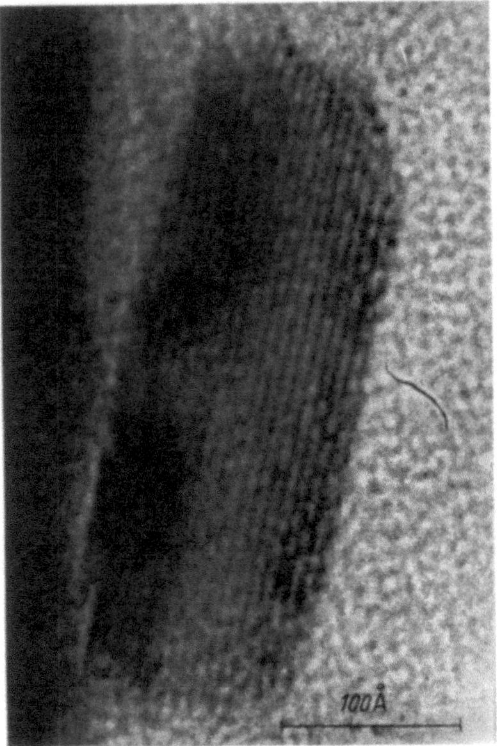

Fig. 3. (020) spacing of 6.9 Å resolved in molybdenum trioxide. [BASSETT and MENTER (13)]

had been used to measure the periodicities of a crystal structure within the reach of normal diffraction techniques. The smallest periodicity so far directly resolved is the (020) spacing of 6.9 Å in molybdenum trioxide (Fig. 3). Smaller spacings have however been resolved in moiré patterns (see below) but it is clear from consideration of the effects of lens aberrations on images of this type discussed later, that it may be exceedingly difficult to resolve periodicities much below 4 Å. This means that lattice periodicities of metals are for the present excluded from direct observation. It is therefore fortunate that an indirect method yielding almost as much information as the direct method is available.

Images of overlapping crystals and moiré patterns

The method used is that of forming moiré patterns from overlapping crystals. The two basic types of moiré pattern may be illustrated by optical analogues using bar and space gratings (Fig. 4). The parallel moiré pattern is formed by the parallel superposition of two unequal gratings of pitch d_1 and d_2 giving rise to a moiré pattern of lines parallel to the lines of the elementary

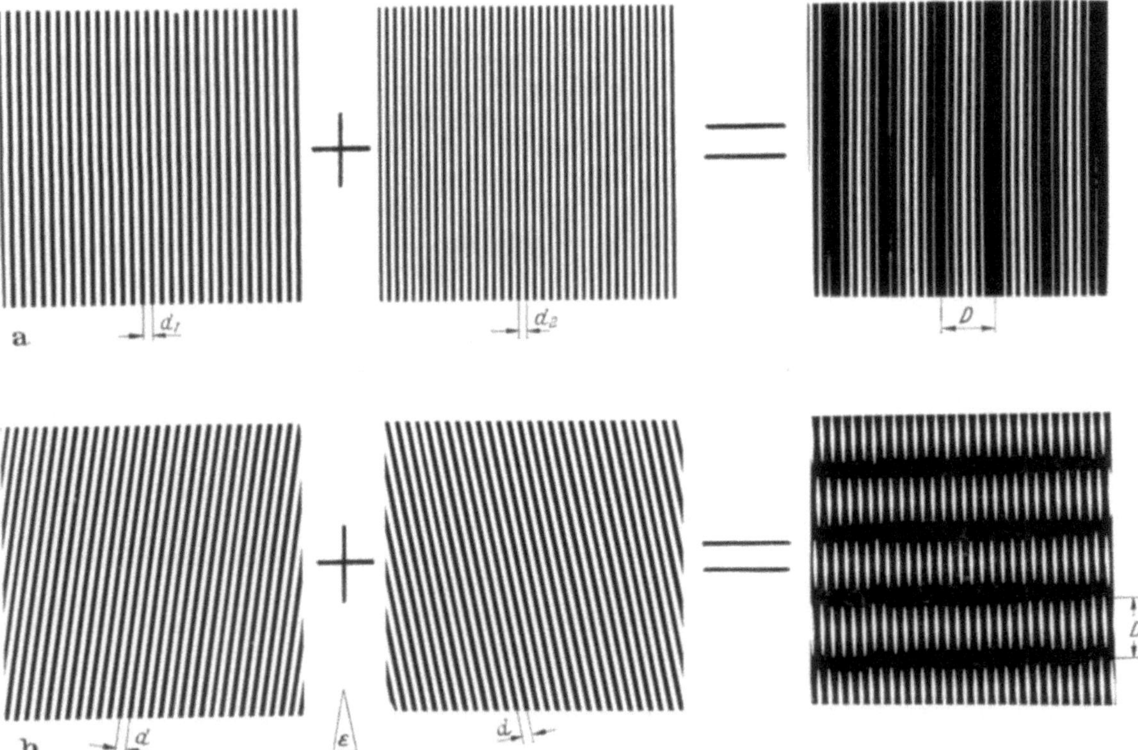

Fig. 4a and b. Optical analogue demonstrating principles of moiré patterns. a) Parallel case, b) Rotation case

gratings with a spacing

$$D = d_1 d_2 / d_1 - d_2. \tag{1}$$

The rotation pattern is formed by the superposition of two equal gratings of pitch d with a small angular twist ε about the normal to the plane of the gratings. This leads to a moiré pattern, the direction of which bisects the obtuse angle between the lines of the elementary gratings, and has a spacing given by

$$D = d/\varepsilon. \tag{2}$$

Combinations of the two types may of course be obtained, together with patterns arising from gratings with angular misorientations other than the simple one described above, but for present purposes we shall confine our attention to the simple cases. For a simple grating of the type used in the illustration, the moiré pattern is an enlarged version of the elementary gratings, in one case parallel and in the other approximately perpendicular to them. We may therefore define a "moiré magnification" in the parallel case of $d_2/|d_1 - d_2|$ and in the rotation case of $1/\varepsilon$. If a microscopic system is incapable of resolving the elementary distance of a grating, by superposing a second grating of suitable pitch or relative orientation on the first, we can produce a coarser pattern, similar in form to the elementary gratings with a spacing that is within the resolution limit of the microscope. This principle has been applied to the resolution of crystal lattice periodicities with the electron microscope.

Fringe patterns have been observed in images of overlapping crystals by several workers including MITSUISHI, NAGASAKI and UYEDA (14) in graphite, SEKI (15, 16) in sericite, RANG (17) in mica, GARD, BARRER and BAYNHAM (18) in potash felspar, BERNARD and PERNOUX (19) in lead oxide and molybdenum oxide, HILLIER (20) and DOWELL, FARRANT and REES (21) in molybdenum oxide. All of these fringes are essentially moiré patterns and have been interpreted in this way by several authors. As a means of studying lattice periodicities and imperfections the techniques of specimen preparation were inadequate since the patterns were observed only on small crystals which happened fortuitously to overlap in the correct relative orientation during deposition upon the specimen support.

Considerable progress in the practical utilisation of moiré patterns came with the development of the controlled methods of specimen production by BASSETT, MENTER and PASHLEY (22) in their studies of thin metal films, prepared in the form of single crystals 200—2000 Å. in thickness by vacuum evaporation on single crystal substrates. The films were detached from the substrate and specimens suitable for displaying moiré patterns prepared by one of two methods. In the first a parallel type pattern was produced by direct evaporation of a second metal on to the first, the temperature of which was chosen to ensure parallel oriented growth of the second layer. In the second method a rotation type pattern was produced by direct superposition of one metal film on another. Most of the films in this initial study were in [111] orientation so that {220} and {422} planes were parallel to the electron beam and in reflecting orientations. From the known spacings of these planes using equation (1) it was possible to calculate for the parallel case the expected spacings of patterns obtained when gold was combined in turn with Cu, Ni, Pt, Co, Pd (Table 1) and the observed values agreed to within 10% with these calculated values.

Table 1

Metal	Crystal spacings (Å.)		Moiré spacings (Å) when combined with parallel gold	
	$(02\overline{2})$	$(42\overline{2})$	$(02\overline{2})$	$(42\overline{2})$
Nickel . .	1.24	0.719	9.2	5.3
Cobalt . .	1.26	0.725	9.8	5.7
Copper . .	1.28	0.737	11.3	6.5
Palladium	1.37	0.792	29	17
Platinum .	1.38	0.798	35	20

Following the analysis of DOWELL, FARRANT and REES (23) it can readily be shown that the moiré pattern is essentially an Abbe image formed by the recombination of diffracted beams which have undergone a double scattering process in the specimen. Fig. 5 shows a diffraction pattern from a single crystal gold film and Fig. 6 the pattern obtained from a composite Ni/Au film. In addition to the primary 220 and 422 reflections from the individual films there are secondary reflections around each of the primaries including the zero order. The apparent Bragg angle of a secondary beam adjacent to the zero order obtained by double diffraction of a reflection (hkl) by the $(\overline{h}\overline{k}\overline{l})$ planes in the second film, is the same as that which would be obtained

21*

from a grating with a spacing equal to that of the moiré pattern. Thus recombination of these secondary beams with the zero order leads to periodicities in the image equal to the moiré periodicities in an analogous manner to that in which the directly resolved periodicity of the crystal lattice described earlier arises from interference between diffracted beams.

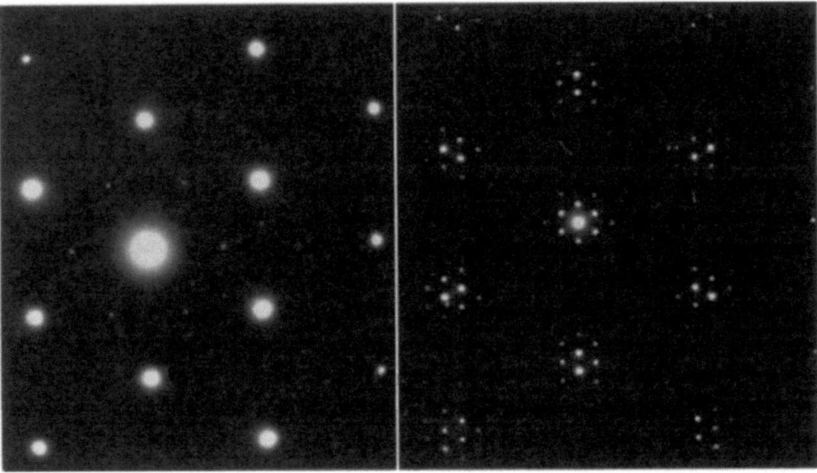

Fig. 5. Diffraction pattern from single crystal gold film in (111) orientation, prepared by vacuum evaporation on Ag/mica substrate. [Bassett, Menter and Pashley (22)]

Fig. 6. Diffraction pattern from single crystal gold film in (111) orientation upon which a nickel film has been grown in parallel orientation by vacuum evaporation. (Bassett, Menter and Pashley (22)]

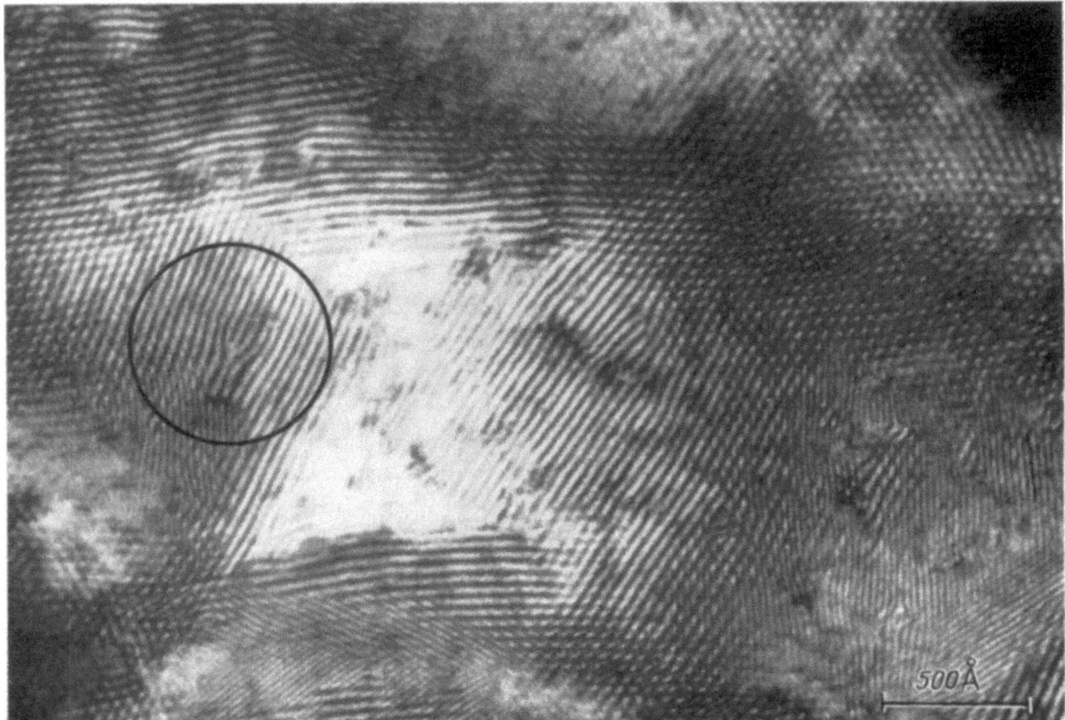

Fig. 7. Moiré pattern from parallel Au/Pd specimen showing variability of pattern due to buckling of specimen. [Bassett, Menter and Pashley (24)]

The bar and space grating used in the optical analogue is thus a limiting case where the diffraction angles are small. We can still regard moiré patterns in crystals as arising from the pattern of matching and mismatching between lattice planes provided we take account of the essential diffraction origin of the image. The periodicity will be resolved provided the lattice planes are in a diffracting orientation. In general metal films are not perfectly flat so that reflecting conditions

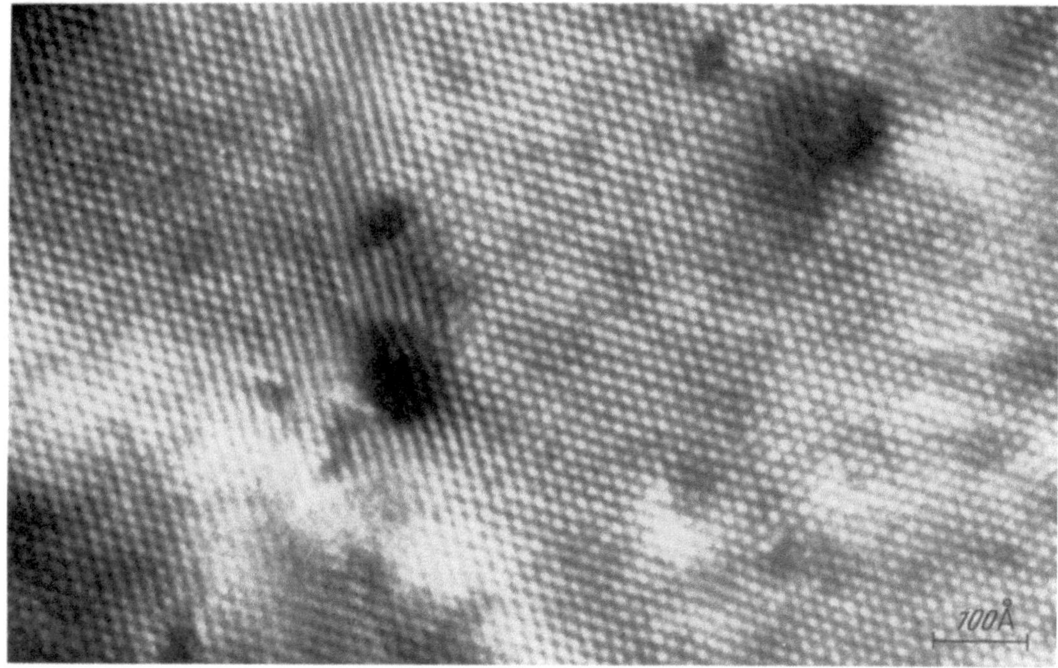

Fig. 8. Moiré pattern from separately prepared and superposed films of Au and Pd. [BASSETT, MENTER and PASHLEY (24)]

do vary from one region to another and we find that different aspects of the moiré pattern are exhibited in various regions of the specimen (Fig. 7). On occasions it is possible to obtain an extensive area in which the reflecting conditions for more than one 220 plane are simultaneously satisfied and we then obtain a cross-hatched effect similar in form to a magnified image of the projection of the crystal structure (Fig. 8).

DOWELL et al. (23) have pointed out that the rotation moiré pattern from identical crystals is a Patterson distribution rotated through approximately 90° with respect to the potential distribution of the elementary lattices and magnified by a factor $1/\varepsilon$. They suggest that this offers a means of structure analysis since detail of 10 Å, which can be resolved in a good electron microscope, corresponds to a vector displacement of only 1 Å, with a moiré magnification of 10 ($\varepsilon = 0.1$ rad). The

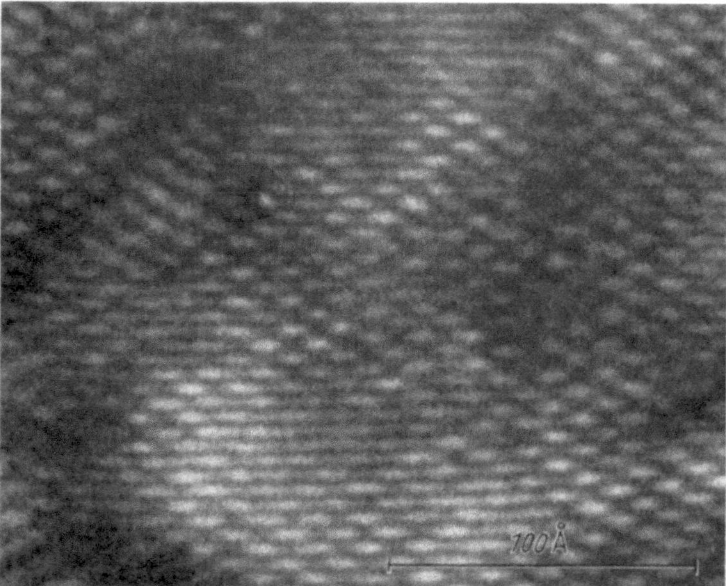

Fig. 9. (422) type moiré pattern from parallel Au/Ni specimen. Nominal spacing 5.3 Å, measured spacing 5.8 Å. [BASSETT, MENTER and PASHLEY (24)]

experimental difficulties are rather formidable however, since to record a true Patterson distribution it is necessary to control the relative orientations of the two crystals accurately and to maintain their relative parallelism in the plane of the specimen over reasonably large areas in order to obtain a true rotation moiré pattern. Further limitations arise from the effective termination of the Patterson series by lens aberrations. For small values of ε this will not be too serious but in these circumstances, it is also essential for the lattices to be quite perfect (free of dislocations) over the region of overlap, since the pattern will otherwise be seriously distorted or even completely destroyed.

Summarising, we may obtain images from crystals revealing the periodicity of net planes with spacings down to about 5 Å. This figure has been determined from experimental observation on moiré patterns from nickel and gold which give a nominal (422) spacing of 5.3 Å (Fig. 9). Below this spacing, lattice periodicities may be resolved by the indirect technique of moiré patterns, and for simple lattices the image obtained is directly related to the lattice structure of the overlapping crystals.

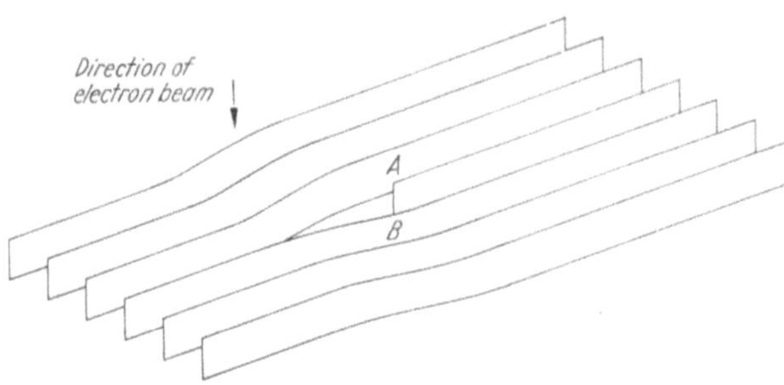

Fig. 10. Model of edge dislocation showing terminating half plane associated with dislocation line

Observations on imperfections in crystals

While there is still much work to do on the perfectly periodic image, particularly from the point of view of electron optics, the practical interest of the solid state physicist lies more in the imperfections of the lattice. The three most important types of imperfection

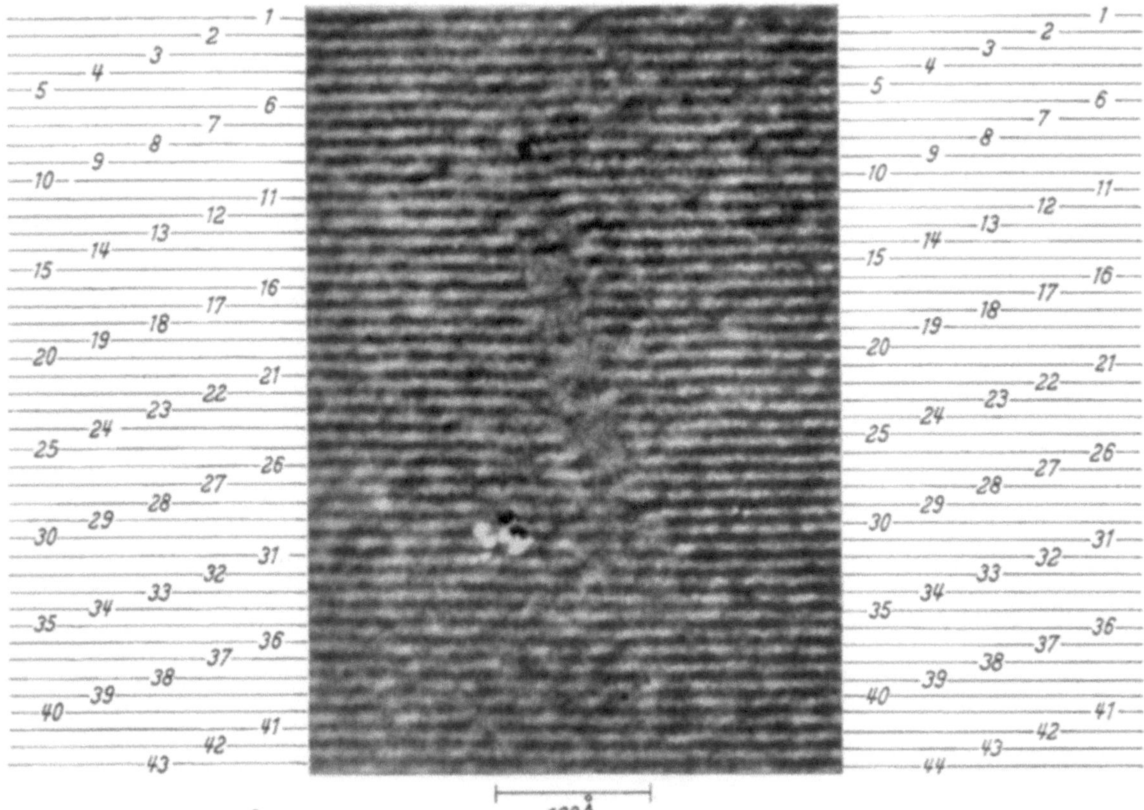

Fig. 11. Dislocation in platinum phthalocyanine crystal. [MENTER (2)]

to be considered are the point defect (vacancy or interstitial atom), the line defect (dislocation) and the plane defect (stacking fault).

Of these the dislocation is most readily identified since in the case of the edge dislocation it is characterised as the line at the edge of a half plane of atoms or molecules terminating in the interior of the crystal (Fig. 10). Features of this type were observed by MENTER (2) in crystals of platinum phthalocyanine (Fig. 11) and interpreted as edge dislocations with a geometry similar to that shown in Fig. 10, i. e. a dislocation line running normally through the crystal from the top to the bottom surface with a Burgers vector normal to the resolved planes equal in magnitude to the spacing of the planes. More detailed consideration of the appearance of dislocations in these images by BASSETT, MENTER and PASHLEY (24), has shown that this interpretation is inadequate.

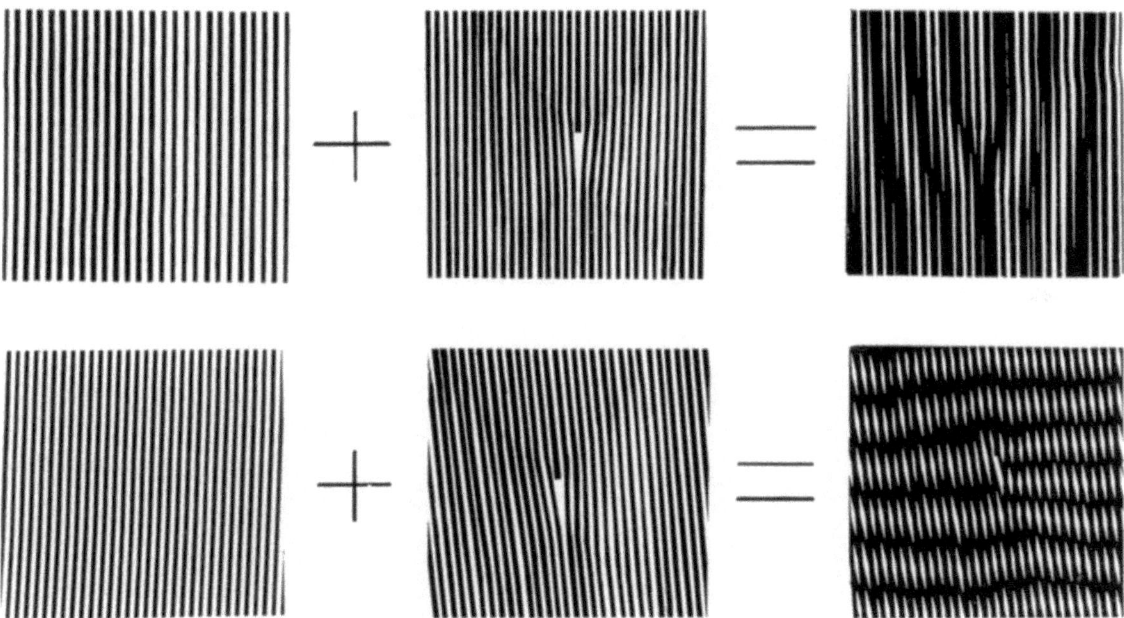

Fig. 12. Optical analogue showing formation of terminating half lines in moiré pattern associated with dislocation in one of the gratings

The general result has been deduced that with a dislocation line of Burgers vector $[uvw]$ passing from top to bottom of the crystal along any arbitrary path in the image of a crystal in which (hkl) planes are resolved then there will be a number of extra half lines $N = hu + kv + lw$ in the image associated with the dislocation line. This means that we see in the image the component of the Burgers vector of the dislocation resolved in the plane of the specimen and perpendicular to the imaged planes. Three important consequences follow from this. Firstly, the extra terminating half line need not be uniquely determined in that the lattice disregister associated with the dislocation may be spread out along the projection of the line on the image. This seems to be the situation in Fig. 11 where it is necessary to make a circuit around a fairly extended diffuse area in the centre of the micrograph in order to demonstrate that there is an extra half-line on one side of this area. Secondly, the analysis makes no assumption about the direction of the Burgers vector in relation to the direction of the dislocation line, i. e. whether the dislocation has edge, screw or mixed character. Thus we do not learn anything directly from the micrograph about the character of the dislocation and no special configuration is to be associated with a screw dislocation as had previously been suggested by a number of authors. Thirdly, we do not detect a dislocation with Burgers vector along the direction of observation.

A further important advance in the study of imperfections came with the realisation by HASHIMOTO and UYEDA (25) and BASSETT, MENTER and PASHLEY (22) working independently, that a dislocation in one of the pair of crystals forming a moiré pattern would lead to the appearance of terminating half lines in the pattern. This may be readily demonstrated by optical analogues (Fig. 12). A typical dislocation in a moiré pattern is shown in Fig. 13. The analysis referred to above of the effects due to dislocations in directly resolved lattices may be transferred immediately to the analysis of dislocation effects in moiré patterns with certain reservations. Firstly, the detailed form of the moiré pattern in the vicinity of the dislocation does not necessarily display faithfully the elastic distortions of the lattice associated with the dislocation since the form of the pattern is affected by the exact position of the perfect crystal with respect to the imperfect one. Secondly, ambiguous effects may be observed where there are superposed dislocations in close proximity, one in each crystal. In the limit, for example, with superposed dislocations of the same Burgers vector, one in each crystal, no terminating half lines are seen in the

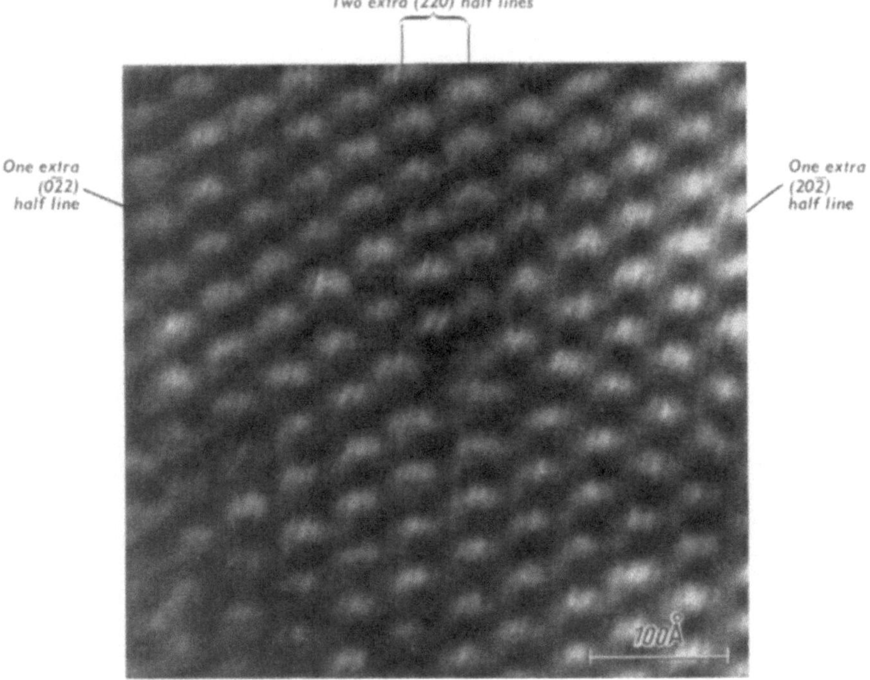

Fig. 13. Dislocation in moiré pattern from Au/Pd parallel specimen. [Bassett, Menter and Pashley (24)]

moiré pattern. Thirdly, the moiré pattern effectively samples the lattice once every moiré spacing and particularly if the latter is large, detailed structure of the imperfect crystal will be smoothed out. As a general rule, it may be stated that features revealing terminating half lines by a count on a closed circuit around them are unambiguously associated with dislocations. Other features which may be mistaken for dislocations may arise as a result of dynamical effects and will be discussed below.

It has been shown by Bassett, Menter and Pashley (24) that stacking faults may be detected in certain orientations by effects associated with the partial dislocations by which they are bounded. In favourable circumstances the width of the fault may be measured. Single point defects give rise to elastic distortions of the lattice which extend no further than a few atomic spacings from the defect. Since the resolved lattice image, whether direct or indirect represents essentially a projection of the whole depth of the crystal on a plane normal to the electron beam, it is unlikely that effects due to single point defects will appreciably disturb the uniformity of the image. However, when defects form into spherical or planar aggregates, their effects will be more far reaching and we may expect them to be detected in the image. The moiré pattern is in fact a very sensitive means of detecting small elastic distortions in a crystal, as recently observed by Rang and Poppa (26), provided that one can be certain of the relative orientations of the two overlapped crystals.

Other types of periodic structure

It follows from the imaging mechanism discussed above that any crystalline specimen producing strong diffracted beams at small angles to the zero order will reveal periodicities in the image with a spacing corresponding to the "Bragg" angle of the beams. In this way superlattice periodicities may be directly imaged as has been shown by BRINDLEY, COMER, UYEDA and ZUSSMANN (27) in their studies of the mineral antigorite. In the diffraction pattern of this material, the primary reflections including the zero order beam are flanked by satellite spots, the spacing of which is different in minerals from different localities. Two principal spacings, 100 Å and 40 Å have been reported, attributed by the authors to a periodic variation in scattering amplitude rather than a modulation of the lattice spacing.

More recently some very interesting observations have been made by GLOSSOP and PASHLEY (28) on the periodic antiphase domain boundaries in ordered alloys of CuAu first observed on electron micrographs by OGAWA, WATANABE, WATANABE and KOMODA (private communication). Under certain conditions of ordering in this alloy an orthorhombic super unit cell with approximate dimensions $4 \times 4 \times 40$ Å is formed and a 20 Å periodicity arising from the phase change at the centre of each cell is revealed by satellite reflections flanking the normal superlattice spots. Diffracted beams corresponding to the 20 Å spacing are formed around the zero order by a double scattering mechanism described by GLOSSOP and PASHLEY giving rise to the same periodicity in the image. Two interesting points relating to image formation emerge from this work. Firstly, there is a striking increase of contrast in the dark field image compared with the bright field and provided the method of inclined illumination is used rather than displacement of the objective aperture, the loss of resolution in dark field is not serious. The principal reason for improved contrast is undoubtedly the more nearly equal intensities of the interfering beams. This was also noticed by GOODMAN (29) in moiré patterns formed by stacking disorders within boron nitride crystals. The second interesting observation is that although there is a basic 20 Å periodicity in the substructure arising from the phase boundaries, the boundaries themselves often form a highly irregular maze like pattern. There is clearly much more new information to be obtained from these combined studies of diffraction patterns and microscope images both about the mechanism of ordering and also about the relation between the domain structure and dislocations.

Limits of resolution of periodic structures

In discussing the resolution of images of periodic structures we need to consider basically only the effect of lens aberrations on the relative phases of the interfering beams contributing to the image. The thin crystal is of course a pure phase grating and the focussed image with a perfect lens does not therefore show any contrast. However the relative phases of an axial beam and a beam passing through the lens at an angle α may be shifted by an amount $\pi \Delta f \alpha^2/\lambda$ by a defocussing Δf of the lens. In what follows we shall therefore consider the crystal only as an amplitude grating and assume that the optimum adjustment of the relative phases of the beams has been made. MENTER (2) showed that for a parallel illuminating beam the effect of spherical aberration is not serious in the imaging of periodic objects. Assuming that a crystal of width Δt ($\gg d$, where d is the resolved periodicity) gives rise to a parallel first order diffracted beam of approximately the same width, the important criterion is the path difference arising from spherical aberration for the two extreme rays of the beam. This is given approximately by $\Delta \varepsilon = C_S \alpha^3 \Delta r/f$ where C_S is the spherical aberration coefficient, α is the semi-angular aperture in object space, f the focal length of the lens. For a crystal 1000 Å wide, in the Siemens Elmiskop I this gives $\Delta \varepsilon = 3 \times 10^{-13}$ cm, i. e. $\Delta \varepsilon \ll \lambda$ ($= 4 \times 10^{-10}$ cm), for a spacing $d = 12$ Å. If we adopt a criterion of $\Delta \varepsilon < \lambda/4$ for an observable pattern over a region 1000 Å wide we find that $d_{min} = 1.85$ Å.

It appears therefore that this aberration alone does not seriously limit the resolution provided diffracted beams traverse a narrow zone of the lens. This condition cannot be met however simply by reducing the width of the crystal since this in itself leads to beam divergence, so causing the diffracted beam to fill more of the lens aperture. The initial divergence of the illumination contributes in a similar way. On the other hand, increasing the width of the crystal to reduce the effects of divergence only serves to increase the width of the parallel diffracted beam, so that there appears to be a minimum crystal width in which one can resolve a given spacing and an optimum width for maximum resolution. Taking account of the fact that the crystal width in this context is the width of the region actually in a diffracting orientation, this requires the specimen to be reasonably flat so that the necessary minimum width can be brought into the appropriate orientation.

Considerations of this type together with an approximate evaluation of the effect of chromatic aberration have led us to conclude that it would be very difficult indeed to resolve periodicities much below 4 Å with our instrument. Encouraged by the clarity of the nominal 5.3 Å (measured 5.8 Å) spacing in Au/Ni parallel moiré patterns, which we have been able to record quite frequently, we have in fact tried, without success to resolve a spacing near 4 Å. Taking into account the additional difficulties of focussing, mechanical stability and specimen contamination we now believe that success at this level will only be achieved as a result of the chance coincidence of favourable circumstances, whereas at 5—6 Å all the variable factors are sufficiently under control for successful micrographs to be obtained with all usual precautions.

Dynamical effects in periodic images

It is not within my purpose here to go into details of the dynamical theory of image formation in crystals, but there are certain results of the theory which should be mentioned. The theory predicts, neglecting absorption, that the contrast of the resolved lattice image will be periodic with thickness, the periodicity being the extinction distance $t_0 = \lambda E / V_{hkl}$, where E is the electron energy and V_{hkl} is the hkl coefficient of the Fourier expansion of the potential field of the crystal as pointed out by NIEHRS (8). In a parallel sided crystal this leads only to a variation in the level of contrast with thickness. A further prediction of the theory is that the contrast of the periodic image reverses at thicknesses corresponding to multiples of $t_0/2$. In a wedge shaped crystal this means that a stepped structure may be observed in the lines of the image where black lines change into white and vice versa. The stepped structure lies along contours of equal thickness in the wedge. HASHIMOTO (private communication) has suggested that effects of this type observed by MENTER (11) on crystals of faujasite may be attributable to this cause. It should be possible to distinguish such features from those due to structural irregularities in the crystal lattice by tilting the crystal slightly in which case non structural effects move with the extinction contours as shown by UYEDA, MASUDA, TOCHIGI, ITO and YOTSUMOTO (30).

Future prospects

From time to time doubt is expressed about the value of attempting to extend the resolution of the electron microscope further downwards to atomic dimensions. I hope that the work of the last few years on periodic structures in crystals may encourage the instrument designer to tackle the most difficult descent to 1 Å resolution. Speaking as a user of the instrument, I am deeply aware of the debt we owe the designers who have brought the electron microscope to the high level of performance and reliability that we see in the best models to-day. In a certain sense it is true that we can already study crystal imperfections adequately at the present level of resolution. However, from the point of view of directly imaging crystal structures, our micrographs are still extremely crude, mainly on account of the small aperture with which we must work. For those interested in this aspect of high resolution microscopy a further improvement in performance would undoubtedly be most beneficial. Investigations of crystals would also be considerably eased and more useful information concerning the specimen gained by the introduction of simple and rapid means of orienting the illuminating system for dark field work and by the design of a goniometer stage permitting accurate orientation of the specimen at any desired angle with respect to the electron beam.

In hopefully making these suggestions to instrument designers, I do not mean to imply that we, the users, are only waiting for further instrumental improvements to pursue our researches. We have as yet investigated but a small part of the field that is already open to us. We need improved methods of preparing and mounting specimens to control their flatness and relative orientations (in the case of moiré patterns). The kinematic interpretations presented above are clearly much over-simplified and there is a need for more detailed understanding of the imaging processes, which will inevitably require extensive use of the dynamical theory of diffraction. More knowledge is required of the limits of separation permitted between two crystals giving a moiré pattern in the hope that we may use one crystal as a reference lattice while some operation is carried out on the other. These are but a few of the unsolved problems in this field.

I am grateful to Dr. D. W. Pashley for valuable discussions in the preparation of this paper, which is published by permission of the Chairman of Tube Investments, Ltd.

References

1. Farrant, J. L., and A. J. Hodge: Proc. Third Int. Conference on electron microscopy. London 1954, p. 118 (1956).
2. Menter, J. W.: Proc. roy. Soc. A **236,** 119 (1956).
3. Robertson, J. M., and I. Woodward: J. chem. Soc., London **1940,** 36.
4. Neider, R.: Proc. of Stockholm Conference 1956, p. 93 (1957).
5. Labaw, L. W., and R. W. G. Wyckoff: Proc. kon. Ned. Akad. Wet. **59B,** 451 (1956).
6. Suito, E., and N. Uyeda: Proc. Imp. Acad. Japan **33,** 398 (1957).
7. Robertson, J. M.: J. chem. Soc. London **1934,** 615.
8. Niehrs, H.: Z. Physik **138,** 570 (1954).
9. — Optik **13,** 399 (1956).
10. — Proc. of Stockholm Conference 1956, p. 86 (1957).
11. Menter, J. W.: Proceedings of Stockholm Conference 1957, p. 88.
12. Labaw, L. W., and R. W. G. Wyckoff: Proc. nat. Acad. Sci. (Wash.) **43,** 1032 (1957).
13. Bassett, G. A., and J. W. Menter: Philosophical Mag. **2,** 1482 (1957).
14. Mitsuishi, T., H. Nagasaki and R. Uyeda: Proc. Imp. Acad. Japan **27,** 86 (1951).
15. Seki, Y.: J. Phys. Soc. Japan **6,** 543 (1951).
16. — J. Phys. Soc. Japan **8,** 149 (1953).
17. Rang, O.: Z. Physik **136,** 465 (1953).
18. Gard, J. A., R. M. Barrer and Baynham: J. chem. Soc., London **1955,** 2480.
19. Bernard, R., and E. Pernoux: C. R. Acad. Sci. (Paris) **236,** 187 (1953).
20. Hillier, J.: Nat. Bur. Stand. Circ. No. 527, Electron Physics 413 (1954).
21. Dowell, W. C. T., J. L. Farrant and A. L. G. Rees: Proc. Third Int. Conference on electron microscopy London 1954, p. 279, 1956.
22. Bassett, G. A., J. W. Menter and D. W. Pashley: Nature (Lond.) **179,** 752 (1957).
23. Dowell, W. C. T., J. L. Farrant and A. L. G. Rees: First Regional Conference in Asia and Oceania. Tokyo 1956, p. 320, 1957.
24. Bassett, G. A., J. W. Menter and D. W. Pashley: Proc. roy. Soc. A **246,** 345 (1958).
25. Hashimoto, H., and R. Uyeda: Acta crystallogr. (Lond.) **10,** 143 (1957).
26. Rang, O., and H. Poppa: Naturwissenschaften **10,** 239 (1958).
27. Brindley, G. W., J. J. Comer, R. Uyeda and J. Zussman: Acta crystallogr. (Lond.) **11,** 44 (1958).
28. Glossop, A., and D. W. Pashley: Proc. roy. Soc. A **250,** 132 (1959).
29. Goodman, J. F.: Nature (Lond.) **180,** 425 (1957).
30. Uyeda, R., T. Masuda, H. Tochigi, K. Ito and H. Yotsumoto: J. Phys. Soc. Japan **13,** 461 (1958).

Theoretical interpretation on the electron microscopic image of crystal lattice and its moiré pattern

H. Hashimoto, T. Naiki and M. Mannami
Kyoto Technical University and Kyoto University (Japan)

Introduction. It is well known that Menter (1) was the first who observed the image of lattice plane of crystal by electron microscope. He discussed the image by the kinematical theory of electron diffraction and Abbe's theory. Before his observation, Uyeda (2) suggested that the image of crystal lattice will become equally spaced parallel stripes and Niehrs (3), by using the dynamical theory of electron diffraction, predicted that the lattice image of wedge-shaped crystal such as MgO smoke at exact Bragg angle will become parallel stripes with stepped structure. Recently Uyeda and Kamiya (4), by using the dynamical theory of electron diffraction, have discussed imaging of crystal lattice irradiated by slightly divergent electron beam. Cowley (5) interpreted the stepped structure appeared in the image of antigorite crystal by his theory. Present authors, by using the dynamical theory of electron diffraction, interpreted the images of crystal lattice with various crystal habits at exact and deviated Bragg condition and applied this interpretation to the image of two crystals superposed, i. e. moiré pattern of crystal lattice.

Theory. According to the dynamical theory of electron diffraction developed by Bethe (6), when a plane wave

$$\Psi(\mathbf{r}) = \Psi \exp 2\pi i\,(\mathbf{K} \cdot \mathbf{r}) \tag{1}$$

enter the crystal whose inner potential is expressed by

$$\mathbf{V}(\mathbf{r}) = \sum_g v_g \exp 2\pi i\,(\mathbf{g} \cdot \mathbf{r}) \tag{2}$$

and one Bragg reflection is excited, four waves are formed in the crystal. These waves exit to the vacuum as two waves when the exit surface of the crystal is parallel to the entrance surface. In order to predict the well-focused electron microscopic image, it is sufficient to evaluate the intensity distribution of these waves at the lower surface of the crystal.

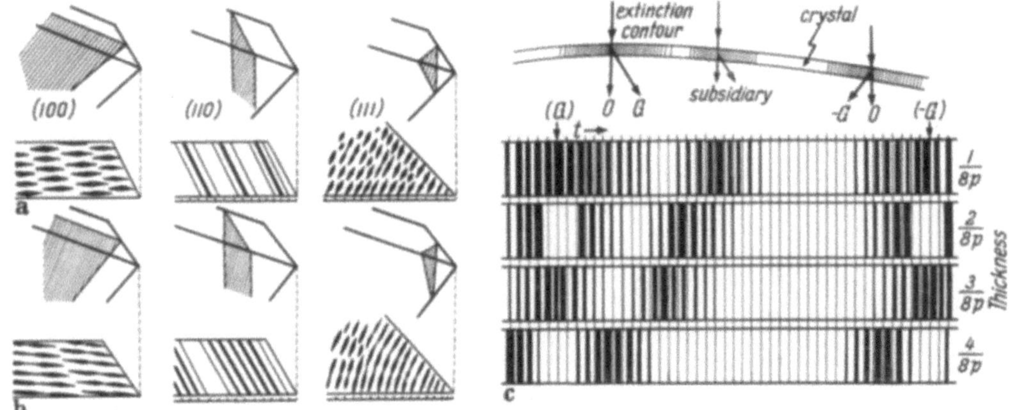

Fig. 1 a—c. Fringes of crystal lattice. a) Wedge shaped crystal at Bragg angle.
b) Wedge shaped crystal at deviated situation from Bragg angle. c) Bent crystalline film

Then the corresponding intensity distribution is given by

$$I = \{1 + (p^2 - q^2)/d^2 \cdot \sin^2 2\pi\,dZ\} - P/d \cdot \sin 4\pi\,dZ \cdot \sin 2\pi gr + 2Pt/d^2 \cdot \sin^2 2\pi\,dZ \cdot \cos 2\pi gr \tag{3}$$

where $t = \sin 2\theta_B/2\lambda \cos\theta_g \cdot \varDelta\theta$, $d = \sqrt{t^2 + q^2}$, $p = vg/2\lambda E$, $q = p/\sqrt{\cos\theta_0 \cos\theta g}$, Z thickness of crystal, θ_B Bragg angle. As can be seen from eq. (3), the first term has no periodic intensity distribution and gives the background of the image. The second and the third terms give the periodic structure whose spacing is given by

$$|\mathbf{r}| = \frac{1}{|\mathbf{g}|} = a \tag{4}$$

where a is the lattice spacing.

The intensity I varies with the thickness (Z) and a parameter (d or t) which represents the deviation from Bragg angle, then the fringes of wedge shaped crystals and crastylline films can easily be elucidated. The variation of fringes is indicated schematically in Fig. 1 a, b and c. Three kinds of fringes of wedge shaped crystal shown in a and b are formed by the interference of primary waves and one of three kinds of reflected waves from (100), (110) and (111) planes, which are shown by shading in the figures. Fig. 1 a shows the fringes at exact Bragg angle. The fringes of bent crystalline film are formed on extinction contours and change with thickness as shown in Fig. 1 c. Equally spaced thin lines indicate the position of net plane of crystal lattice. At the thickness $1/8\,p$, which is 240 Å for the $(20\bar{1})$ plane of Cu-phthalocyanine crystal irradiated by 80 kV electron, the spacings of the fringes elongate as the bending increases and, near the subsidiary contour, amount of shift due to elongation becomes half the lattice spacing. At the thickness 2/8 p and 4/8 p, fringes are not formed on the center of the contour and at 3/8 p fringes have contracted spacing.

Similar calculation was applied to the interpretation of the image of two crystals superposed. The incident wave to the first crystal A changes to 4 waves when one Bragg reflection has taken place on a net plane represented by a reciprocal point G. When these waves enter in second crystal B and Bragg reflections have taken place on both sides of a net plane represented by reciprocal points H and $-H$, 16 waves are formed in crystal B. These waves exit to vacuum as 4 waves which are directed to the origin O and reciprocal point G, H and $G-H$. As the wave directed to the point $G-H$ has small angle to the optical axis, it passes through the aperture of objective lens and interferes with unreflected primary waves O. Moiré pattern is interference fringe of these two waves O and $G-H$, then the intensity distribution of moiré fringe can be calculated easily.

By the study of intensity distribution, moiré fringes of two crystals of same kind superposed are schematically indicated in Fig. 2. The thin parallel lines indicate the direction and position

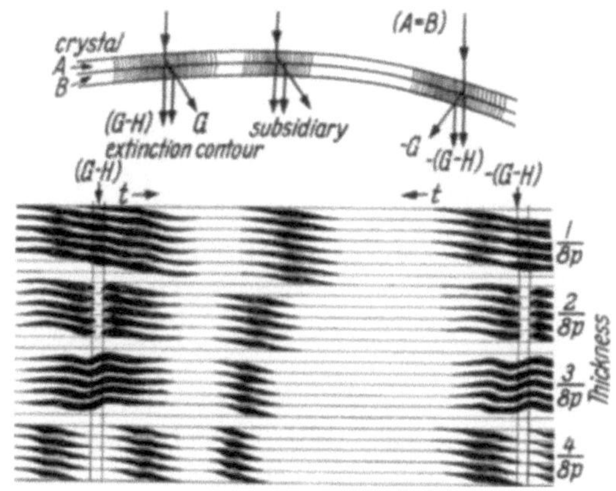

Fig. 2. Moiré fringe of same crystals superposed

of moiré fringe expected from the kinematical theory. The fringes are formed on extinction contours and are not always continuous parallel stripes but vary in intensity and shape by the increase of bending and thickness. In this figure, it can be seen that the stepped structures of the fringes are formed on the center of a contour and between every contours, i. e. between principal contour and its subsidiary, or two contours corresponding to the first and the second order of Bragg reflection or corresponding to positive and negative signs of the net plane.

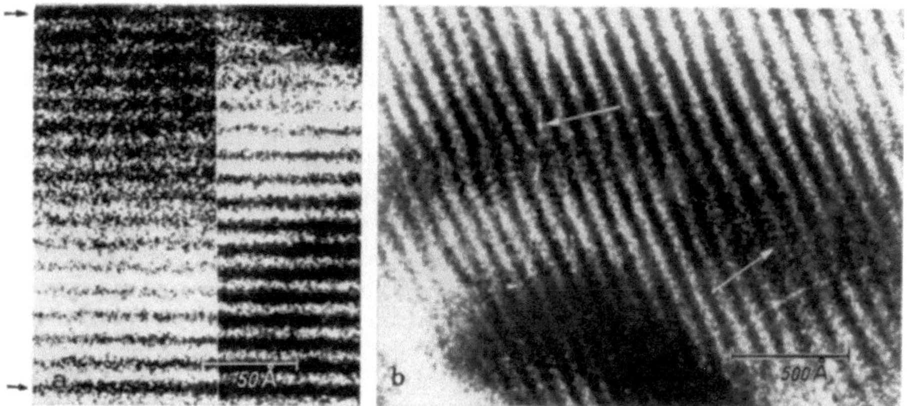

Fig. 3a and b. a) Lattice fringe of Cu-phthalocyanine taken by YOTSUMOTO.
b) Moiré fringe of CuS films, showing stepped structure on an extinction contour band

Comparison with observation. Fig. 3a and b are migrographs of a Cu-phthalocyanine crystal and a cupric sulphide crystal which is consisted of two superposed films respectively. In order to cheque the anomalies in spacing, photograph of Cu-phthalocyanine crystal is cut into two parts and arranges at shifted position. It can be seen clearly that the spacing of weak fringes are elongated and dark fringes are contracted if we notice to the arrow marks where the fringes on both sides coincide to each other. In the photograph of CuS films, it can be seen that the stepped structure is formed on the center of an extinction contour. Stepped structure of the fringe between two contours was already reported by one of the authors (7) .

References

1. MENTER, J. W.: Proc. roy. Soc. A **236,** 119 (1956).
2. UYEDA, R.: J. Phys. Soc. Japan **10,** 256 (1955).
3. NIEHRS, H.: Z. Physik **138,** 570 (1954).
4. UYEDA, R., and Y. KAMIYA: Symposium of Electronmicroscopy. Kyoto 1957.
5. COWLEY, J. M.: Acta crystallogr. (Lond.) (in press).
6. BETHE, H. A.: Ann. Physik **87,** 55 (1928).
7. HASHIMOTO, H.: J. Phys. Soc. Japan **13,** 534 (1958).

The direct observation of the long period of the ordered alloy CuAu (II) by means of electron microscope*

SHIRO OGAWA, DENJIRO WATANABE, HIROSHI WATANABE and TSUTOMU KOMODA

The Research Institute for Iron, Steel and Other Metals, Tohoku University, Sendai, Japan und Hitachi Central
Research Laboratory, Kokubunji, Tokyo

According to the electron diffraction studies on ordered alloys such as CuAu(II) (*1*), Cu$_3$Pt
(*2*), Ag$_3$Mg (*3*), Cu$_3$Pd (*4*), Au$_3$Mn (*5*), Au$_4$Zn (*6*) and Au$_3$Zn (*6*), it was revealed that they possess
superlattices consisting of anti-phase domains with definite size in a stable state. For example,
CuAu(II) has a one-dimensional anti-phase domain structure characterized by the first kind of
out-of-step, as shown in Fig. 1, while Cu$_3$Pd has a two-dimensional anti-phase domain structure
characterized by combination of the first kind and the second kind of out-of-step.

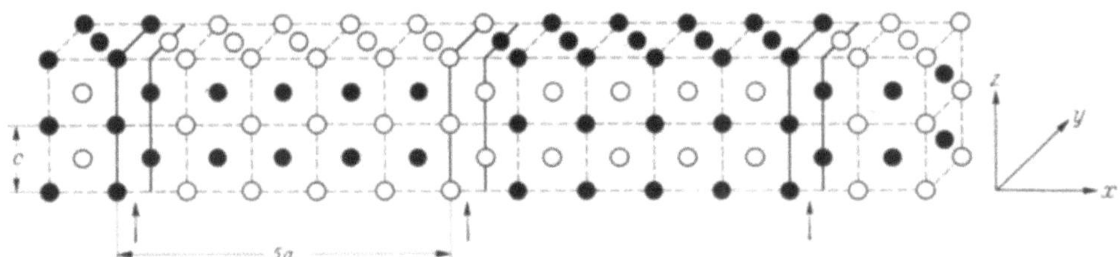

Fig. 1. The ordered structure of CuAu (II). The closed and open circles represent gold and copper atoms,
espectively. The arrows indicate the occurrence of out-of-steps

Fig. 2 shows an electron diffraction pattern obtained from a single-crystalline, evaporated
film of CuAu(II). Cross-like splits at superlattice reflection positions indicate the occurrence of
line-up of anti-phase domains in the crystal lattice. On the other hand, satellites flanking main
reflections, which are most conspicuous around the direct spot and clearly visible even to the
third order on the original plate, cannot be derived from the simple line-up of anti-phase domains.
Their origin is not yet thoroughly clear, but we can assume that some kind of periodic modulation
in the ordered lattice may cause them to appear just like a periodic error of an optical grating
gives rise to a so-called ghost. The similar satellites were observed on the other alloys except
Cu$_3$Pt and Ag$_3$Mg. The period of the modulation estimated from separations of the satellites from
the relevant main reflections always coincides with a length of the anti-phase domain concerned,
i. e., a period of out-of-step. Thus, the existence of the satellites means some periodic modulation
to accompany anti-phase domains, whether it may suggest a periodic error of lattice spacing or
of scattering factor.

Recently, the transmission electron microscope has greatly been improved in its resolving
power. Since the length of each anti-phase domain of CuAu(II), being five times the lattice constant of the fundamental lattice, is about 20 Å, we can anticipate that the periodic modulation
as presumed above may be directly observed under an electron microscope of high quality. Thus,
the present observation was undertaken.

* Read by RYOZI UYEDA.

Specimen films were prepared as follows: Gold was initially evaporated *in vacuo* on cleavage surfaces of rock-salt heated at 400° C, and then copper was successively evaporated on them at room temperature. Thus, single-crystalline composite films with (001) orientation were formed.

After detached from substrates and mounted on thin collodion films set on platinum meshes or titanium plates with pin holes, they were heated *in vacuo* at 400°—420° C for 2 h for alloying and ordering. The quantity of each component of metal was adjusted so that the atomic ratio became 1 to 1.

The electron microscope of HU-10 type made by Hitachi Company was used, and was operated at 75 kV. The focal length of the objective lens was 3 mm and the aperture size was 50 μ. The images were recorded on Fuji Process plates (hard) at a magnification of 100,000 — 120,000 ×.

The electron micrograph shown in Fig. 3 exhibits the structure of CuAu(II) films, corresponding to the diffraction pattern in Fig. 2. Regularly spaced parallel lines are seen. Their spacing was roughly estimated to be 20 Å, although there was some fluctu-

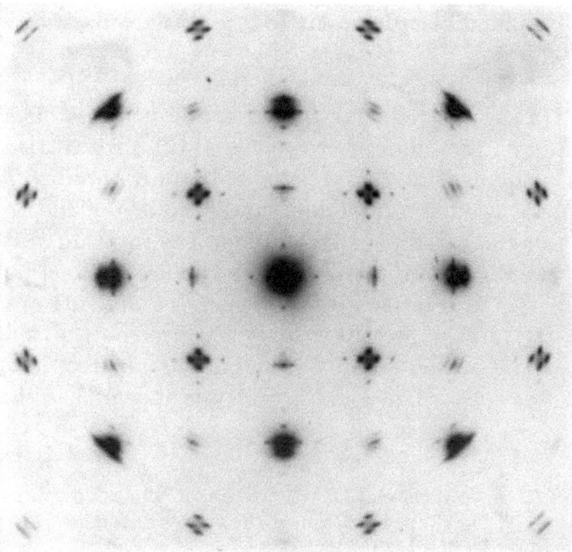

Fig. 2. Electron diffraction pattern of a CuAu (II) film

ation. The lattice constants of the present alloy in terms of the fundamental tetragonal lattice are: $a = 3.96$ Å, $c/a = 0.93$. The composition determined from the lattice constants somewhat

deviated from the planned one and corresponds to 45 atomic per cent copper. In the case of CuAu(II) the domain size measured in a, M, equals 5 at 1 to 1 composition, but increases as the composition deviates from the stoichiometric value and is in general not an integer. It is 5.4 in the present composition. $M a$ equals 21.4 Å which nearly matches the spacing of the lines in question. This coincidence indicates that the parallel lines are directly related to the anti-phase domain structure.

The electron microscopic observation as above can be applied to study the distribution of anti-phase domains in the films. So far as our observations were concerned, the area covered by

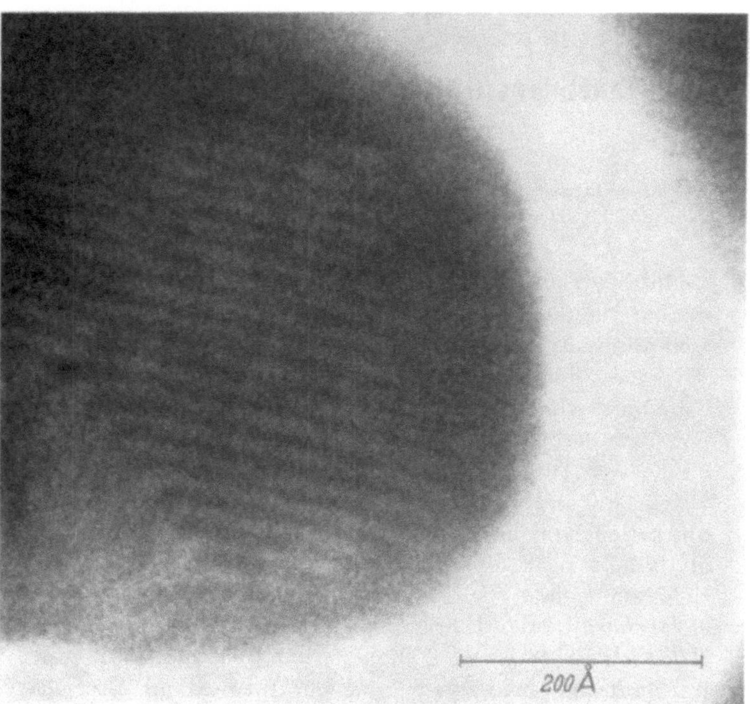

Fig. 3. Electron micrograph of a CuAu (II) film

the parallel lines were about 500 Å on one side and from 500 to 1000 Å on the other side. In Fig. 3 a set of faint lines orthogonal to a set of strong lines can be seen. Since the parallel lines should be perpendicular to the line-up direction of anti-phase domains, it is clear that the two orthogonal directions correspond to two cubic axes of the original disordered lattice along which anti-phase domains of the ordered lattice have been lined up. The boundary of the orthogonal sets is clearly observable in the photograph and is parallel to [110] indexed in terms of the original disordered lattice. Some irregularities were often seen in the arrangement of the parallel lines.

Though we presumed that the satellites flanking the direct spot are due to the modulation of the ordered lattice, there is another possible explanation that these would be caused by secondary diffraction of crosses as {110} superlattice reflection positions. This explanation, however, is denied by the fact that a pattern obtained when the film plane was inclined to the beam by 45° around a direction parallel to one of the original cubic axes clearly showed a remaining pain of the satellites aligned along the rotation axis in spite of vanishment of the crosses. The lines in Fig. 3 are, therefore, not a moiré pattern but a direct image of the period of modulation.

The fractionality of M means a mixture of different domain sizes in a coherent crystal lattice (7). In the present case, it is conceived that a line-up of anti-phase domains contains two kinds of M value, 5 and 6. The measurement of about one hundred distances between adjacent two ines was carried out and it was shown that the two M values surely existed.

References

1. Ogawa, S., and D. Watanabe: J. Phys. Soc. Japan **9**, 475 (1954).
2. Watanabe, D.: Read at the spring meeting of Phys. Soc. Japan in 1955. Electron diffraction study on the ordered alloy Cu_3Pt.
3. Fujiwara, K., M. Hirabayashi, D. Watanabe and S. Ogawa: J. Phys. Soc. Japan **13**, 167 (1958).
4. Watanabe, D., and S. Ogawa: J. Phys. Soc. Japan **11**, 226 (1956).
5. — J. Phys. Soc. Japan **13**, 535 (1958).
6. Fujiwara, K., D. Watanabe and S. Ogawa: Read at the annual meeting of Phys. Soc. Japan in 1957. Electron diffraction study on the alloys of gold-zinc system.
7. — J. Phys. Soc. Japan **12**, 7 (1957).

Observations on order-disorder and domain structures in thin films of copper-gold alloys

A. B. Glossop and D. W. Pashley

Tube Investments Research Laboratories. Hinxton Hall, Cambridge (England)

Introduction. The alloy CuAu becomes ordered below a critical temperature of about 420° C, so that the (002) planes of the f. c. c. structure (CuAu I) contain alternately all copper and all gold atoms. It was originally deduced from X-ray diffraction evidence (1) that regularly spaced anti-phase domain boundaries occur under certain conditions of annealing. At an anti-phase boundary, which is perpendicular to [100], an (002) plane of copper atoms on one side of the boundary is coplanar with a plane of gold atoms on the other side of the boundary. The boundaries occur every 20 Å along [100]. This is known as the CuAu II structure.

Ogawa and Watanabe (2) have studied thin single crystal films of CuAu II by electron diffraction, and have obtained well defined satellite reflections resulting from the periodicity of the anti-phase domain boundaries. However, some of the satellite reflections, particularly those immediately surrounding the incident electron beam, are not predicted by kinematical electron diffraction theory. Ogawa and Watanabe interpret the occurrence of these forbidden reflections in terms of a slight spacing change at the anti-phase boundary. We consider this interpretation inadequate, and put forward an alternative explanation based upon double diffraction.

If an electron microscope image of the thin film is made by allowing the satellite reflections around the main beam to combine with the main beam to form the image, the arrangement of the regularly spaced anti-phase domain boundaries may be observed directly. This was first achieved by OGAWA, WATANABE, WATANABE and KOMODA (private communication). We have carried out similar experiments, and extended the method by making observations with the dark field technique, when much improved contrast is obtained. The effect of dislocations on the formation of the boundaries is considered.

The interpretation of the electron diffraction pattern and the mechanism of image formation. The transmission diffraction pattern is shown in Fig. 1. The forbidden spots around the central spot may be obtained as follows. If the spot P acts as a secondary source for diffraction, then the reflection which gives the spot Q by primary diffraction will give the spot S by secondary diffraction. The other satellite spots are obtained in a similar way. A detailed justification of this inter-

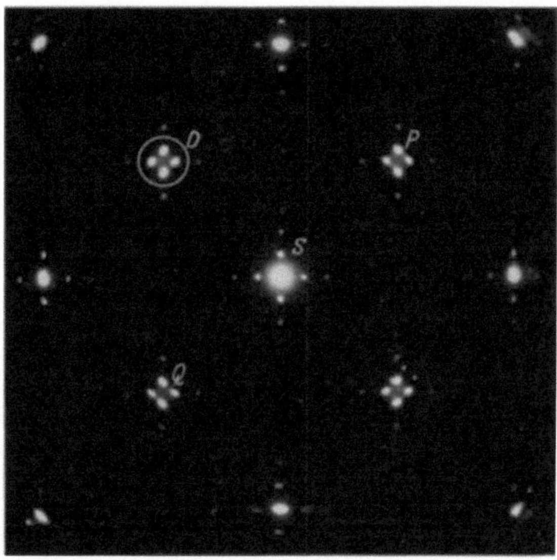

Fig. 1. Electron diffraction pattern from CuAuII. Beam along [001]

pretation is given elsewhere (*3*). We therefore conclude that the contrast which allows the anti-phase domain boundaries to be observed on the bright field micrograph does not arise from the small spacing change at the anti-phase boundary, but arises as a result of the phase change itself. The dark field image is obtained by inserting an objective aperture to allow only the beams D to be used in the image formation. The electron illuminating system of the Elmiskop I is tilted such that these beams pass approximately down the optic axis of the objective lens. In this way a high resolution image is obtained with the dark field technique.

The arrangement of the anti-phase domain boundaries. Fig. 2 shows a dark field image of the domain structure. The film is divided into two kinds of unidirectional zone, within each of which the anti-phase boundaries are parallel and equally spaced; the boundaries in the two types of zone are mutually perpendicular.

A detailed examination reveals that the anti-phase domain boundaries are continuous from one unidirectional zone to the adjacent one, and that they consist of a number of closed loops, which in some cases are very complex. Fig. 3 shows a case where both very simple loops and part of a complete zig-zag loop occur simultaneously. This closed loop structure is expected for a system where only two distinguishable domains occur [i. e. any (002) plane within the domain is either all copper or all gold]. However, if a dislocation occurs within the ordered CuAu, then it can, if it has a suitable Burgers vector, produce an anti-phase domain boundary. This boundary terminates on the dislocation line. Thus any terminating boundary observed on the image is associated with a dislocation. This is illustrated in Fig, 3; the line AB must be terminating at a dislocation at B.

If the CuAu is annealed at a temperature a little lower than that which gives rise to the periodic CuAu II structure, much less regular arrangements of the anti-phase domain boundaries occur, although there are local regions of regularity. It is probable that as the annealing tempe-

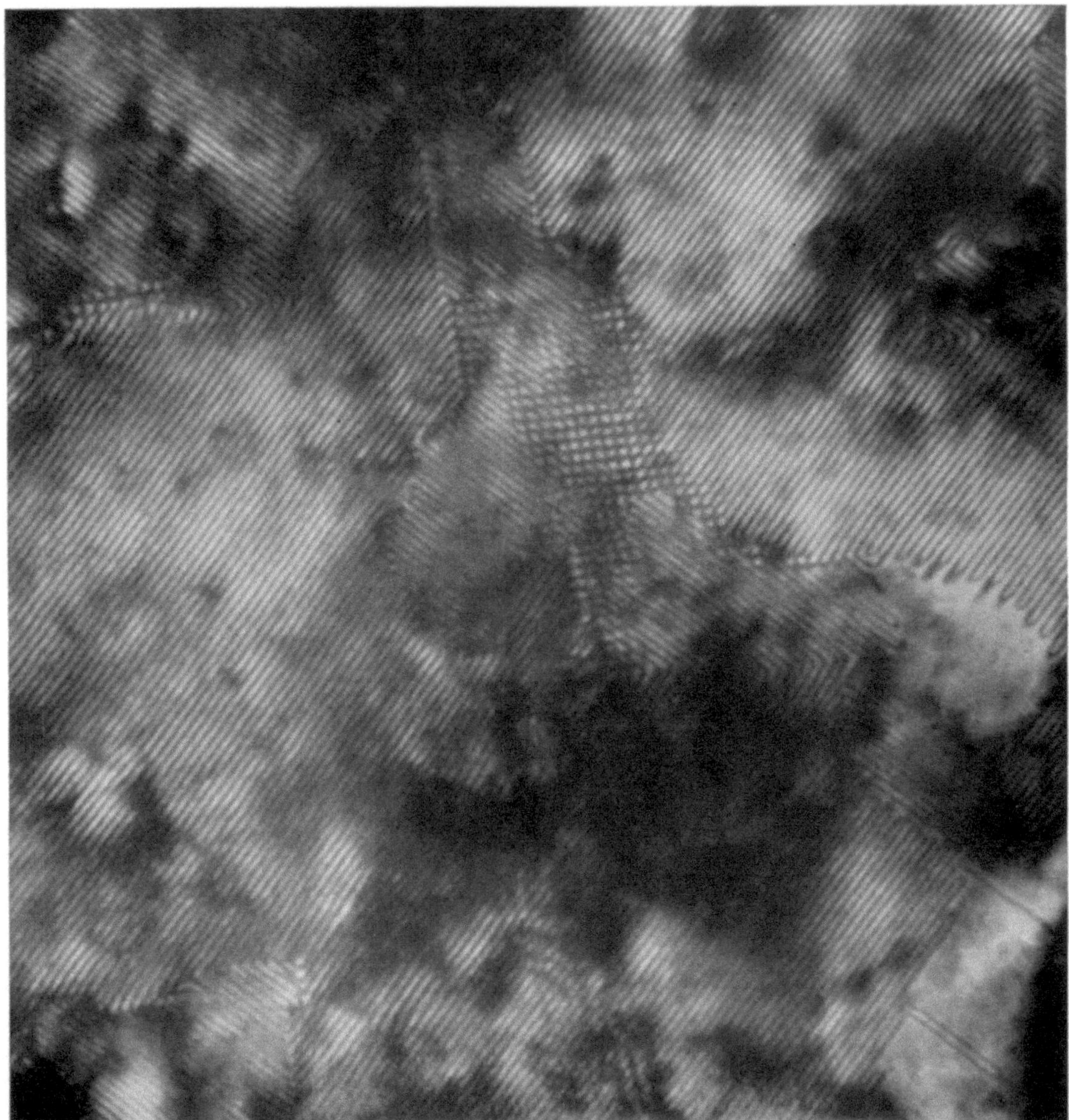

Fig. 2. Dark field micrograph of the domain structure in CuAu II

rature is increased there is a gradual transition from a very irregular arrangement to a regular arrangement such as that shown in Fig. 2.

This paper is published by permission of the Chairman of Tube Investments Limited.

References

1. Johannson, C. H., and J. O. Linde: Ann. Physik **25,** 1 (1936).
2. Ogawa, S., and D. Watanabe: J. Phys. Soc. Japan **9,** 475 (1954).
3. Glossop, A. B., and D. W. Pashley: Proc. roy. Soc. A **250, 132** (1959).

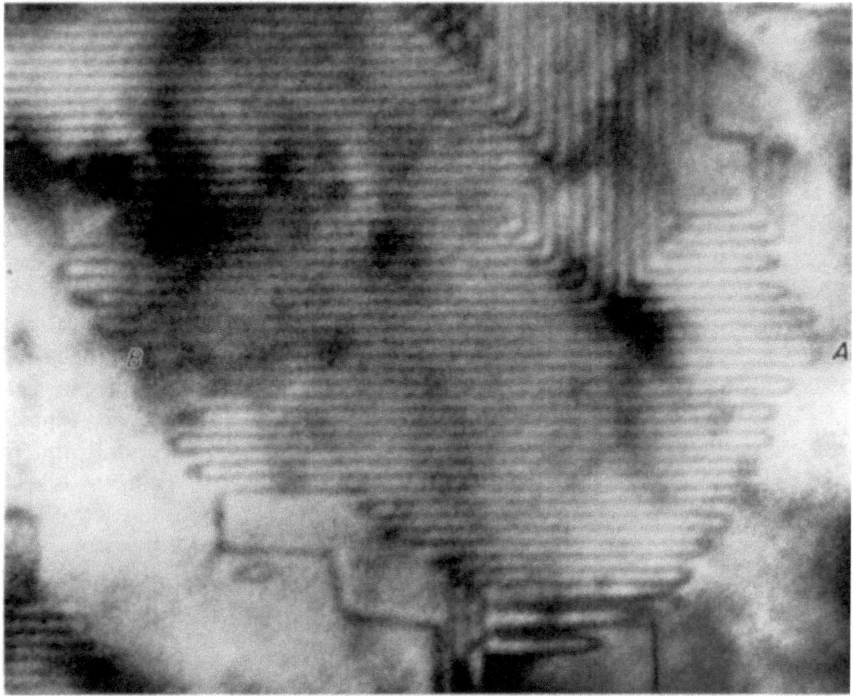

Fig. 3. Loop structure of the anti-phase domain boundaries, as shown in dark field

Electron microscopic observation of periodic structure

Yoshihiro Kamiya, Minoru Nonoyama, Hiroshi Tochigi and Ryozi Uyeda

Physical Institute, Nagoya University, Nagoya, and Akashi Seisakusho Ltd., Naka 8th Bdg., Marunouchi
Tokyo

Introduction. After Menter's (*1*) epoch-making experiment with phthalocyanines, Brindley, Comer, Uyeda and Zussman (*2*) reported equally spaced fringes observed in electron micrographs taken of a kind of serpentine mineral, called "Yu Yen Stone" (U. S. National Museum No. 94356). They concluded that the superlattice in minute crystals of "Yu Yen Stone" appeared as fringes in the electron micrographs.

In phthalocyanine, the observed spacing is about 12 Å which is only a little larger than the resolution distance of electron microscopes. For this reason, the details of the intensity profiles of the fringe system are difficult to observe. On the other hand, in "Yu Yen Stone" the super-lattice spacing is about 90 Å and intensity profile can be seen distinctly. One might interpret an observed profile to be similar to an electron density map as obtained by crystal analysis; e. g. the profile represents the variation of mass-thickness according to the superlattice period. This interpretation, however, is erroneous according to the theory of image formation. For example, the small intensity maxima in Fig. 2 do not necessarily imply, even qualitatively, the existence of small density maxima in the crystal. The present experiment was carried out to study images of periodic structure.

Experiment. We took more than 500 micrographs of the "Yu Yen Stone" sample which was furnished by the U. S. National Museum. Many of these micrographs were taken in series of through-focus; we obtained 13 good series, each containing six or nine micrographs. In general, each crystal produces a different profile at exact focus, and each profile varies according to the degree of defocus.

22*

In Fig. 1 the profile of fringes appears to be almost sinusoidal at over- and under-focus and the spacing of fringes is one-half of the usual 90 Å spacing when taken near the exact focus. We call sinusoidal fringes normal (N). Detailed observations reveal, however, that the black lines in some parts and the white lines in other parts are sharper than in the normal fringes. In Fig. 2 no normal fringes appear in wide range of defocus and the variation of profile can be easily seen. Typical profiles are illustrated and designated by: Sharp black (SB), sharp black with weak intermediate lines (SBi), sharp white (SW) and sharp white with paired black lines (SWp). The fringe system with one-half spacing (H) is a special case of paired black lines. We found a few examples in which fringes are almost always normal and inde-

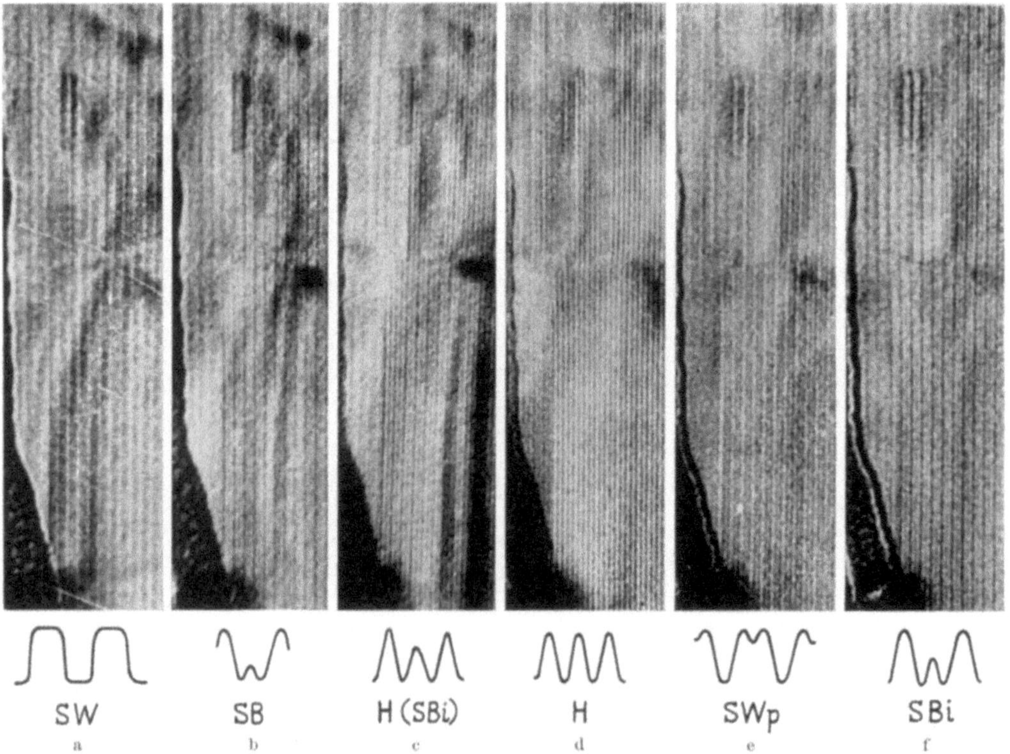

Fig. 1 a–c. Through-focus series of superlattice fringes, mag. 160,000×. Amount of defocus $\Delta f = -11.0\,\mu$, $0.5\,\mu$ and $8.0\,\mu$ in (a), (b) and (c), respectively

Fig. 2 a—f. Through-focus series of superlattice fringes, mag. 160,000 ×. Amount of defocus $\Delta f = -7.4\,\mu$, $-4.6\,\mu$, $0\,\mu$, $2.9\,\mu$, $4.6\,\mu$ and $6.5\,\mu$ in (a), (b), (c), (d), (e) and (f), respectively

pendent of the degree of defocus. General results only are summarized in Fig. 3, where degree of defocus has been estimated from the breadth of Fresnel fringes along boundaries of crystals or supporting films and thus values of defocus are not strictly accurate.

Discussions. If the transmitted incident wave and only one Bragg reflection interfere, the intensity profile of resultant fringes is independent on the degree of defocus, provided the incident beam be parallel. When, however, more than two reflections take part in the formation of an image, the profile varies with the defocus. The variation is periodic and the period is given by $p = d^2/\lambda$ (3), where d is the spacing and λ the wavelength. In the present experiment, it is sure that in many cases more than two strong reflections are simultaneously excited. Since

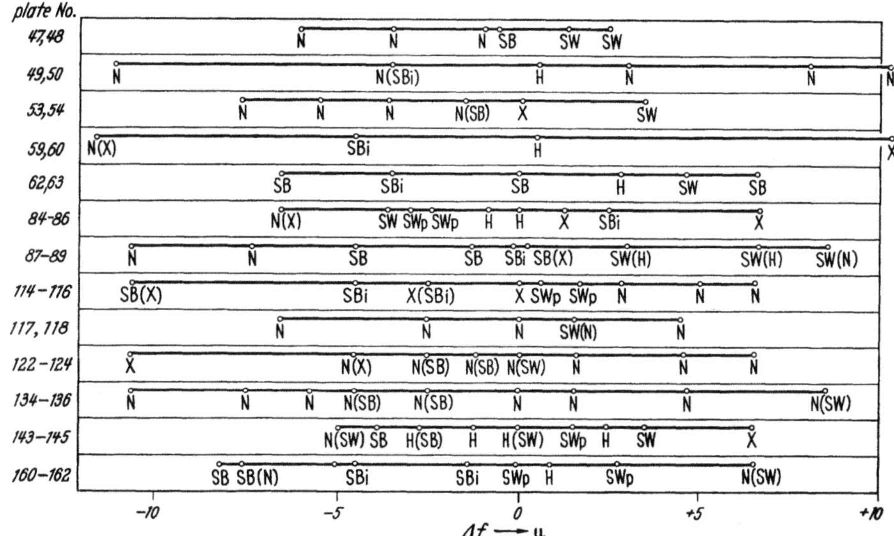

Fig. 3. X = Poor contrast

$d = 90$ Å and $\lambda = 0.037$ Å (100 kV), the period turns out to be $p = 22~\mu$. The results in table 1 are in accord with this value, although exact proof of the period is not obtainable because of deterioration of image due to defocus.

By a light optical experiment, HASHIMOTO and others (4) beautifully demonstrated the variation of intensity profile due to defocus. In their experiment a two-dimensional grating was used and thus the true image was formed at the exact focus. If the same also holds in the present experiment, observed varieties of profiles at the exact focus imply that there are varieties of superlattice structures. In the present experiment, however, crystals are three-dimensional and according to the dynamical theory of diffraction, the profile varies with the thickness of crystals even when the structure is the same. Therefore, it is premature to conclude from the experimental results that various superlattice structures exist. It is more probable that there is but one structure and that different profiles have appeared because of different crystal thickness.

Finally, a few remarks worth noting are added:

1. UYEDA and others (5) carried out magnification calibration of electron microscopes by using fringes from "Yu Yen Stone". However, as pointed out by Prof. BRINDLEY (6), "Yu Yen Stone" is not suitable material for an accurate calibration because superlattice spacing in the crystals often has irregularities. It should also be noted that fringe spacing always appears different lattice spacing when the crystal is bent.

2. In the course of the experiment, we found a number of edge dislocations, most of which were true dislocations, as proved by through-focus series (7).

3. We found many "stepped structures" (5) in fringes and studied them carefully with through-focus series. We concluded that most of them are not structural imperfections, but are

related to extinction contours caused by bending of crystals. This interpretation is in accordance with that pointed out by Cowley (8).

References

1. Menter, J. W.: Proc. roy. Soc. A **236**, 119 (1956).
2. Brindley, G. W., J. J. Comer, R. Uyeda and J. Zussman: Acta crystallogr. (Copenh.) **11**, 99 (1958).
3. Cowley, J. M., and A. F. Moodie: Proc. physic. Soc. B **70**, 486 (1957).
   Komoda, T.: Electron Microscopy (in Japanese) **6**, 137 (1958).
4. Hashimoto, H., T. Naiki and M. Mannai: Read before the annual meeting. Soc. Electron Microscopy, Japan, at Kyoto, May 1958. Theoretical interpretation and light optical experiment on the electron microscopic image of crystal lattice.
5. Uyeda, R., T. Masuda, H. Tochigi, K. Ito and H. Yotsumoto: J. Phys. Soc. Japan **13**, 461 (1958).
6. Brindley, G. W.: Private communication.
7. Hashimoto, H., and T. Naiki: J. Phys. Soc. Japan **13**, 764 (1958).
8. Cowley, J. M.: Acta crystallog. (Copenh.) **12**, 367 (1959).

Electron microscopy of ribonuclease crystals

I. M. Dawson and D. H. Watson

Department of Chemistry, The University, Glasgow W. 2., Scotland

The aim of this work was to extend to a low molecular weight protein, the electron microscope observations already made by Wyckoff (7), Hall (4), Dawson (3) and others on some of the higher molecular weight proteins. It was hoped to obtain information from direct examination of the material at high resolution, which would confirm and possibly supplement information gained from X-ray structural analysis of the protein. Ribonuclease was selected since a great deal is known about its structure from the work of Carlisle et al. (1, 2) and of Magdoff et al. (5, 6).

The specimens used were prepared from a suspension of crystalline material in alcohol-water for which we are indebted to Dr. C. H. Carlisle. It was found possible to obtain thin areas of frozen dried crystals for direct examination. Carbon replicas of frozen dried material were also examined.

Low resolution micrographs of palladium shadowed replicas (Fig. 1) showed vertical steps on the (100) face. Measurements of the height of these steps gave a value of 28 Å for $a \sin \beta$, in good agreement with the X-ray value. High resolution micrographs of uranium shadowed replicas showed periodic shadows parallel to the b-axis, whose spacing gives a value of 52 Å for the c-axial spacing. More rarely we observed periodic shadows parallel to the c-axis. The spacing of these gives a value of 34 Å for b.

However, the transmission micrographs obtained from ribonuclease crystals in the Siemens microscope are much more informative than the shadowcast replicas. Fig. 2 shows part of a crystal fragment at a magnification of $\times$ 570,000. Series of coarse bands run across the crystal at several sites. The spacing of these bands varies over the crystal surface. A series of fine lines is also visible. These have a spacing of 18 Å which is invariant over the crystal surface. The fine lines are inclined at an angle of about 2° to the broad bands, although the inclination seems to vary over the crystal. The fine bands appear to separate at certain points, into two finer bands separated by a distance of 7—8 Å.

The presence of the 18 Å bands suggests that there are planes of high electron density running through the crystal separated by this distance. In the crystal fragments which give good transmission micrographs, difficulty is usually encountered in assigning crystallographic axes, since these small pieces of crystal are usually irregular in outline. Reference to the shadowcast replicas of larger crystals and to the known crystallographic data suggest that the value of 18Å corresponds to $b/2$ and, since there are two molecules in each unit cell, it is conceivable that the lines run parallel to the c-axis. The b-axial dimension is very much diminished on dehydration of the crystal.

This fact taken together with our picture suggests that the molecules are aligned in rows parallel to the c-axis and that the water molecules are accommodated between these rows.

The broad band spacing is very likely a moiré pattern. However, although the patterns on some of the crystals examined directly are probably moirés produced by overlapping of two or more sets of 18Å bands, the 120—140 Å bands in Fig. 2 do not quite fit in with this. It is possible that the patterns are a moiré of a spacing perpendicular to the 18Å pattern. Measurements of the moiré may relate to a spacing of the order of 5—7 Å perpendicular to the 18 Å spacing.

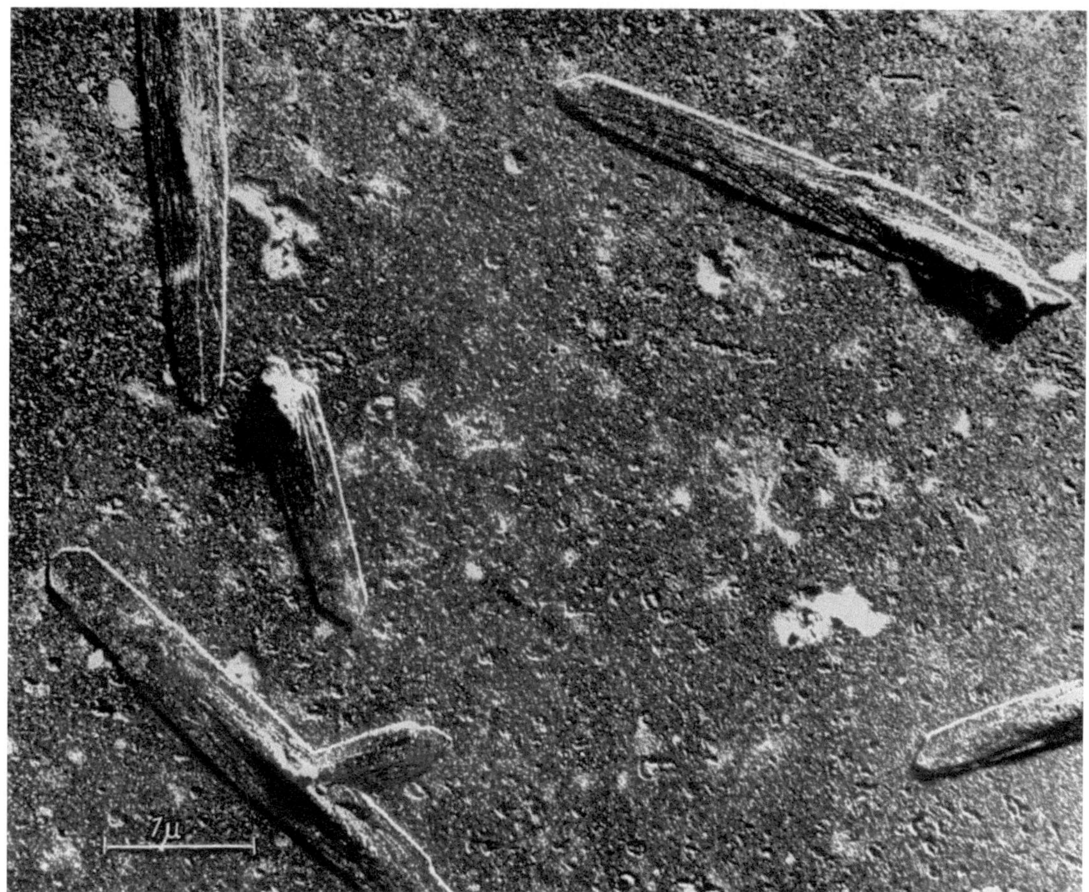

Fig. 1. Palladium pre-shadowed carbon replica of ribonuclease crystals showing vertical steps on (100) face

The c-axial projection electron density map of CARLISLE et al. (5) fits in quite well with this picture. As viewed down the $a \sin \beta$ axis it shows that three of the six parallel polypeptide pencils in each of the two molecules are seen superposed. These would produce planes of high electron density on the (100) face parallel to the c-axis and separated by a distance of $b/2$. It is tempting to interpret the unconfirmed 7—8 Å spacing as being due to the spacing between the superposed trio of pencils in each molecule and a superposed pair of two of the remaining pencils in the molecule. The electron density map does show such a pair at a distance of just under 8 Å from the trio.

CARLISLE and SCOULOUDI (1) report a 5 Å spacing along the polypeptide chain and it may be that this spacing causes the moiré pattern in Fig. 2.

MAGDOFF et al. (6) claim that there is no evidence for parallel polypeptide chains in ribonuclease. On balance our results appear to fit in better with the Carlisle model but the Magdoff and Crick model could produce a similar 18 Å structure.

A full account of this work is now being prepared for publication. One of us (D. H. W.) is indebted to I. C. I. Ltd. for a research fellowship.

References

1. Carlisle, C. H., and H. Scouloudi: Proc. roy. Soc. A **207**, 496 (1951).

2. — — and M. Spier: Proc. roy. Soc. B **141**, 85 (1953).

3. Dawson, I. M.: Nature (Lond.) **168**, 241 (1951).

4. Hall, C. E.: J. biol. Chem. **185**, 45 (1950).

5. Magdoff, B. S., and F. H. C. Crick: Acta crystallogr. (Copenh.) **8**, 461 (1955).

6. — — and V. Luzzati: Acta crystallogr. (Copenh.) **9**, 156 (1956).

7. Wyckoff, R. W. G.: Electron Microscopy, p. 72. New York: Interscience Publ. 1949.

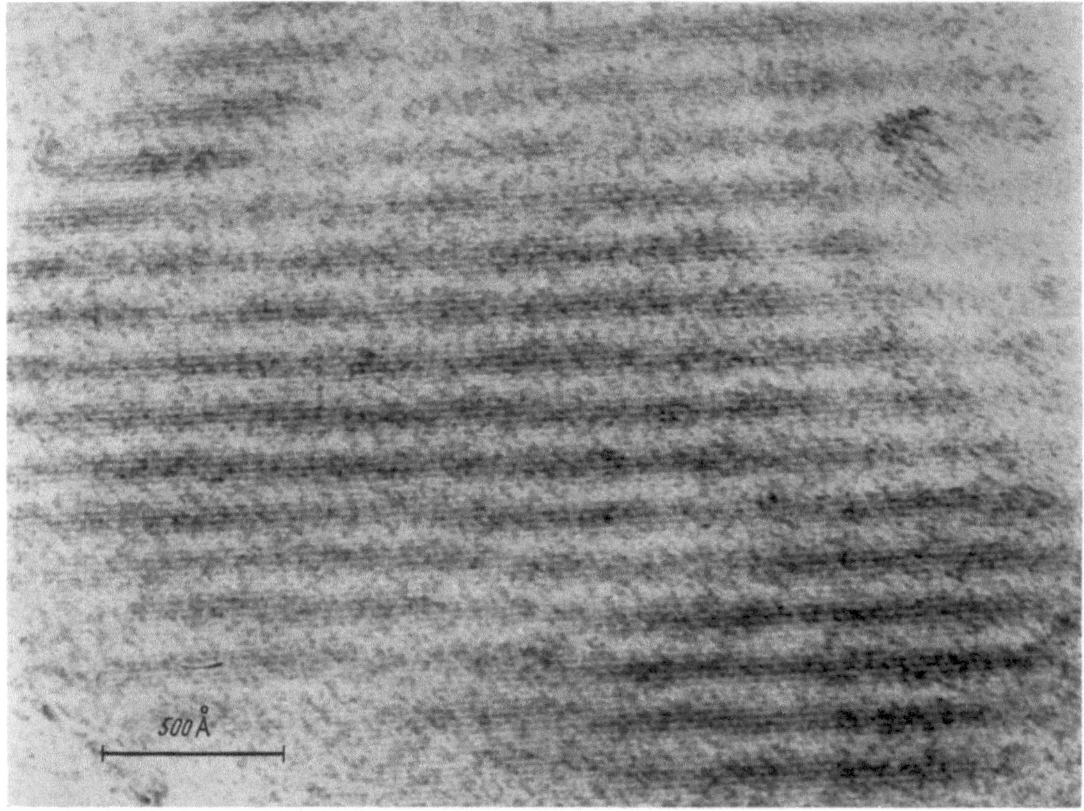

Fig. 2. Transmission micrograph of thin fragment of ribonuclease crystal showing coarse and fine (18 Å) band structure

Observations at high resolution on several indanthrene dyes

R. W. G. Wyckoff and L. W. Labaw

Laboratory of Physical Biology, NIAMD, National Institutes of Health, Bethesda, Md. (USA)

Philosophy and politics are not alone in moving with a rhythm that is dialectic. The development of modern physics has been marked by advances in experiment and in theory which subsequently have interacted to establish a new base for further growth. The instrumentation of physics, too, has frequently evolved in this fashion. Our electron microscopy for instance has involved the production of instruments whose potentialities could only be realized through the development of better specimens which in the end have required improved microscopes for their adequate study. At the moment we are in that phase of this cycle where attainable resolving power is so high that we are being hard-pressed to find preparations really worth looking at these maximal resolutions.

The observation of striations of molecular dimensions in organic crystals, first made a couple of years ago by MENTER (1), is especially important as demonstrating a kind of object that can profitably be studied in the best microscopes. The striations photographed in platinum phthalocyanin had apparent separations of 9 Å and 11 Å, which are approximately those of molecular separations demonstrated by X-ray diffraction.

The work described here was begun as a check on the quality of the microscopes at our disposal. It has continued as an exploration of types of compound likely to give striated images, as an effort to decide how good an index of microscope performance these are and as a source of the experimental evidence which must underlie their adequate interpretation.

Indanthrene dyes were chosen after a number of preliminary essays for the following reasons: 1. they involve high molecular weight molecules that, like phthalocyanin, are flat and of large areas, they have the high thermal stability required for electron microscopy at high magnifications and they can be crystallized by sublimation as well as from solution; 2. many are commercially available and the flat molecules of these have a wide variety of shapes. Thus far striated images have been recorded from nine of these dyes; the observed spacings have lain between 30 Å and 10 Å. Photographs have been made with a fifteen year old RCA EMU 2 microscope modified for astigmatic correction and for photography at an initial magnification of 45,000 times. Preparations of the especially thin crystals required, no more than a few hundred angstrom units thick, have usually consisted of crystals sublimed directly onto the meshes of conventional microscope grids. To obtain crystals sufficiently small the grids have been distributed at various points along a tube containing at one end the dye to be sublimed; after being evacuated this tube was heated under conditions that would vary the temperature and rate of crystal growth along its length. With some of the dyes the crystals thus formed were always too long and feathery to be stable under the electron bombardment. In this case the grids were first covered by a thin carbon substrate. Care was taken that, as is the case for example with indanthrene olive T, sublimation did not involve a chemical change. If this happened or if sufficiently thin crystals could not be obtained, they have been prepared by cooling from solution in a high boiling point organic solvent: this was done with indanthrene.

The dyes that have been successfully photographed have the observed separations listed in Table 1. For most the patterns of striations have been simple and have resembled those given by the phthalocyanins. Occasionally different patterns can be photographed from adjacent crystals; indanthrene olive R has been unique in sometimes showing two different patterns (13 Å and 18 Å) in different regions of the same crystal.

Table 1. *Dyes giving patterns of molecular striations*

Compound	Formula	Separations
Indanthrene blue RS (indanthrone)	$C_{28}H_{14}N_2O_4$	15 Å
Indanthrene violet FFBN	$C_{28}H_{14}N_2O_4$	15 Å
Indanthrene red FBB	$C_{29}H_{14}N_2O_5$	16 Å, 18 Å
Indanthrene olive green B	$C_{31}H_{15}NO_3$	16 Å
Indanthrene dark blue BOD (dibenzanthrone)	$C_{34}H_{16}O_2$	15 Å
Indanthrene scarlet R	$C_{38}H_{22}N_2O_6$	15.5(31 Å) 19 Å; 28(14 Å)
Indanthrene brown BR	$C_{42}H_{20}N_2O_4$	13 Å, 22 Å
Indanthrene olive R	$C_{42}H_{23}N_3O_6$	10 Å, 13 Å, 18 Å
Indanthrene olive T	$C_{45}H_{22}N_2O_5$	24 Å

A number of experiments have been made which throw light on the fundamental question of whether or not these patterns can as a first approximation be considered as true images of microscopic detail in the crystals or must from the outset have an interpretation based on diffraction. Enough crystals have now been photographed and measured to indicate if the separations observed for a substance are constant. In a typical series of experiments made on indanthrene scarlet R the separations measured on 20 photographs had an average variation of ca 1.5% and a maximum departure of twice this amount; they very clearly are a property of the compound in question. The examination of photographs made on either side of focus demonstrates that their striations are as sharp as in images taken at focus. Other photographs have shown equally sharp striations when taken in the presence of a large residual astigmatism. It therefore seems obvious

1. that these striated patterns are not simple microscopic images which can naively be interpreted as views along molecular planes and 2. that the ability of a microscope to produce a pattern of 10Å separation, for example, does not necessarily mean that it can give a true microscope image exhibiting a resolving power of 10Å. It seems important to emphasize this in view of the present tendency to employ these crystal patterns as demonstrations of the resolving power and image quality of an instrument.

MENTER has pointed out the evidence in his photographs of dislocations in the phthalocyanin crystals he used. Photographs of the indanthrene dyes have been notable for the rarity of such defects. They are occasionally to be seen but it is remarkable that even for crystals that are grossly distorted the patterns of striae are unusually perfect. This is doubly remarkable because, as nearly as can be judged, the crystals themselves are really very poor. Comparisons have been sought between the separations observed in the electron microscope and the possible molecular spacings as predicted from dimensions of the unit cell. Unfortunately this group of dyes has been little studied by X-ray diffraction and the requisite data are proving harder to obtain than was anticipated. There have been two reasons for this: 1. the crystals have given the X-ray patterns unusually impoverished in reflections that indicate poor molecular order and 2. like the phthalocyanins they have shown polymorphic transformations on heating which render uncertain the form actually being photographed in the electron microscope. It will require much additional work to demonstrate whether or not there is a significant relationship between the observed electron microscopic separations and important planar spacings in the crystals.

Though most of the observed patterns of striae are the simple sequences of light and dark to be seen in the photographs already published of phthalocyanin, this is not invariably the case. The patterns produced by indanthrene scarlet R commonly are more complicated (2). Sometimes the opaque bands of its 28Å series are broad and uniform and sometimes they are more or less completely split to provide a sub-spacing of 14Å. In the 15.5Å series each dark band may be equally opaque, or alternate dark bands may be especially opaque and alternate light bands especially transparent, to give a super-period of 31Å. We are not prepared to offer a satisfactory explanation of these essential details and are inclined to believe that it may have to await a satisfactory theoretical treatment of those problems of image formation which become especially difficult as atomic dimensions are approached. The question naturally arises as to whether or not these striae are related to the moiré effects that have often been observed in electron micrographs of thin crystals. This seems doubtful both because the spacings are so constant and characteristic for a compound and because, while crystals often overlie one another at various angles, the striated patterns do not appear in these areas of superposition.

References

1. MENTER, J. W.: Proc. roy. Soc. A **236**, 119 (1956).
2. LABAW, L. W., and R. W. G. WYCKOFF: Proc. nat. Acad. Sci. (Wash.) **43**, 1038 (1957).

Zum Einfluß von Bildfehlern und Beleuchtung auf die Abbildung von Kristallstrukturen

P. SCHISKE

Institut für Elektronenmikroskopie am Fritz-Haber-Institut der Max-Planck-Gesellschaft, Berlin-Dahlem

Für die Abbildung eines ungestörten Gitters ist sicher nicht das aus dem Öffnungsfehler bestimmte Punktauflösungsvermögen maßgebend. Es sind vielmehr mehrere optische Größen, deren Einflüsse auf die Abbildung für sich genommen jeweils leicht verständlich sind, über deren Gesamtheit man aber durch systematische Überlegungen Übersicht gewinnen muß. Dies kann durch die Betrachtung der optischen Weglänge geschehen, die man als Funktion des Quellpunkts r_Q und des Durchstoßpunktes r_S des Strahles mit der Schirmebene berechnen muß. Ein von einem Quellpunkt kommendes Bündel spaltet sich am Kristall in mehrere Bündel auf, deren

Interferenz in der Bildebene die periodischen Muster erzeugt. In Abb. 1 sind zwei Bündelaus-schnitte, die zur 0-ten bzw. zur j-ten Beugungsordnung gehören, welche sich in der Bildebene gerade decken, bis zu ihrer gemeinsamen Quelle zurückverfolgt. Infolge der Bildfehler und der Defokussierung decken sich die beiden Bündel in der Objektebene nicht. Es sind daher einem Bildpunkt im allgemeinen verschiedene Objektpartien zugeordnet. Die Defokussierung wird durch den Abstand (1)

$$d \approx \sqrt{\lambda |\zeta|} \tag{1}$$

des ersten Fresnel-Saums gemessen, wobei ζ aus der Lage z_Q der Strahlquelle, z_O des Objekts und z_E der zur Schirmebene konjugierten Einstellebene bestimmt ist:

$$1/\zeta = 1/(z_O - z_Q) - 1/(z_O - z_E) \tag{2}$$

$\zeta = \infty$ wäre Einstellung auf das Beugungsdiagramm.

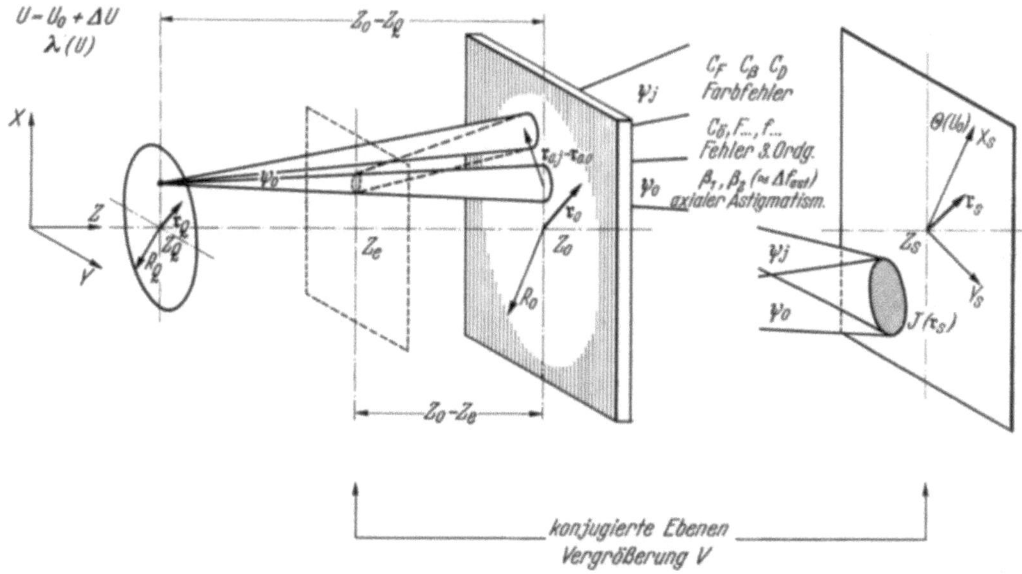

Abb. 1. Gitter-Abbildung durch Elektronen-Geometrie

In Abb. 1 steht die Strahlquelle ohne Kondensor unmittelbar dem Objekt gegenüber. Das gezeichnete Scheibchen ist als *virtuelle* Quelle aufzufassen, die man zu benützen hat, wenn man die Elektronenbahnen vor dem Kristall durch die in der Objektebene an sie gelegten Tangenten ersetzt; ebenso ist es mit der Einstellebene. Die virtuelle Quelle kann das Bild der Kathode sein: das ist wahrscheinlich dann richtig, wenn dieses Bild scharf gezeichnet ist. Die Strahlung wird aber durch Blenden und vermutlich auch durch die gegenseitige Wechselwirkung der Elektronen in ihren Kohärenzverhältnissen gestört. Wird die begrenzende Blende selber gleichmäßig und mit großer Apertur bestrahlt, so ist nach ZERNIKE (2) das Blendenbild als Quelle zu nehmen. In dem Falle, daß die Intensität in jeder Einstellebene durch eine Gaußsche Normalverteilung gegeben ist, so daß kein Kathodenbild und keine Blendenebene hervortreten, ist ebenfalls eine Ebene zueinander inkohärenter Quellen eindeutig definiert. Die Flächen gleicher Intensität sind dann Hyperboloide; die Quellebene ist dadurch bestimmt, daß die von ihr erzeugten kreisför-migen Querschnitte der Hyperboloide von der Objektebene aus gesehen unter dem kleinst-möglichen Winkel erscheinen.

Der Kristall ist ein gegenüber den Linsenabmessungen dünnes Blättchen, das sich ohne Ver-biegungen so weit erstreckt, daß die transversalen Interferenzbedingungen streng erfüllt sind. Die von ihnen geforderte Knickung der Wellenfronten bei der Beugung wird durch Addition eines Terms

$$\lambda \, \mathfrak{b}_j \mathfrak{r}_o \tag{3}$$

zur optischen Weglänge W ausgedrückt, wo $\mathfrak{r}_o$ der jeweilige Objektpunkt, $\mathfrak{b}_j$ der zur optischen Achse senkrechte Teil des die Beugung charakterisierenden Vektors des reziproken Gitters ist.

Zu den $\mathfrak{b}_j$ gehören die *achsensenkrecht* gemessenen Netzebenenabstände $D_j = 1/|\mathfrak{b}_j|$, worauf bei Menter (3) hingewiesen wird. Durch Addition von (3) zur optischen Weglänge erhält man eine Eikonalfunktion $\mathscr{E}(\mathfrak{r}_Q, \mathfrak{b}_j, \mathfrak{r}_S)$, analog zu Winkeleikonal oder gemischtem Eikonal, die auch vom geometrisch-optischen Standpunkt interessant ist; z. B. erhält man durch Ableitung nach $\mathfrak{b}_j$ den Objektpunkt

$$\mathfrak{r}_{oj} = \frac{1}{\lambda}\frac{\partial \mathscr{E}}{\partial \mathfrak{b}_j} \tag{4}$$

Mit ähnlichen Eikonalfunktionen kann man die geometrisch-optischen Fehler von Beugungsapparaturen berechnen. Wir beziehen das Bild über die Einstellebene zurück auf die Objektebene; dadurch tritt an Stelle des Ortsvektors $\mathfrak{r}_S$

$$\vec{\varrho} = \mathfrak{r}_S \cdot (1/V) \cdot (z_O - z_Q)/(z_E - z_Q), \tag{5}$$

wobei V die zur Einstellebene $z = z_E$ gehörige Vergrößerung darstellt (man projiziert die Einstellebene aus dem Zentrum der Quelle auf das Objekt). Man erhält als Summe der Terme zweiter und vierter Ordnung und des den axialen Astigmatismus ausdrückenden W_{asymm}:

$$\frac{1}{\lambda}\left[\mathscr{E}(0) - \mathscr{E}(\mathfrak{b}_j)\right] = \frac{1}{\lambda}\left[W_2(0) - W_2(\mathfrak{b}_j)\right] + \frac{1}{\lambda}\left[W_4(0) - W_4(\mathfrak{b}_j)\right] + \frac{1}{\lambda}\left[W_{asymm}(0) - W_{asymm}(\mathfrak{b}_j)\right]$$

$$= -\vec{\varrho}\,\mathfrak{b}_j + \left\{\frac{1}{2}\lambda\,\mathfrak{b}_j^2 C_F \frac{\Delta U}{U}\right\} + \left\{\left(\frac{\mathfrak{r}_Q}{z_Q - z_O}\cdot \mathfrak{b}_j\right)C_F\frac{\Delta U}{U}\right\} + \left\{\left(\frac{\mathfrak{r}_Q}{z_Q - z_O}\cdot \mathfrak{b}_j\right)(\zeta + \mathfrak{b}_j^2\lambda^2 C_{\ddot{o}})\right\} + \tag{6}$$

$$+ \left\{(\mathfrak{b}_{jy}y_Q - \mathfrak{b}_{jx}x_Q)\beta_1 + (\mathfrak{b}_{jx}y_Q + \mathfrak{b}_{jy}x_Q)\beta_2\right\} + \left\{\left[\frac{1}{2}\zeta + \frac{1}{4}C_{\ddot{o}}\mathfrak{b}_j^2\lambda^2\right]\mathfrak{b}_j^2\lambda - \frac{1}{2}(\mathfrak{b}_{jx}^2 - \mathfrak{b}_{jy}^2)\lambda\beta_1 + \right.$$

$$\left. + \mathfrak{b}_{jx}\mathfrak{b}_{jy}\lambda\beta_2\right\} + \left\{(\vec{\varrho}\,\mathfrak{b}_j)C_\beta + [\vec{\varrho}\,\mathfrak{b}_j]_z C_D\right\}\frac{\Delta U}{U} + \left\{(\vec{\varrho}\,\mathfrak{b}_j)\left(F + \frac{1}{z_O - z_Q}C_{\ddot{o}}\right) + [\vec{\varrho}\,\mathfrak{b}_j]_z \cdot f\right\}\mathfrak{b}_j^2\lambda^2$$

wobei die Fehlerkoeffizienten $C_{\ddot{o}}$ (Öffnungsfehler), F und f (Koma), β_1 und β_2 (axialer Astigmatismus), C_F (axialer Farbfehler), C_β (chromatische Vergrößerungsänderung), C_D (chromatische Zerdrehung) im blendenfreien System (4) zu messen sind. $[\vec{\varrho}\,\mathfrak{b}_j]_Z$ ist die z-Koordinate des Vektorprodukts. Es wurden in W_2: $(\Delta U)^2$, $\zeta \cdot (\Delta U)$; in W_4: ΔU, $\vec{\varrho}^2$, $\mathfrak{r}_Q^2/(z_O - z_Q)^2$, ζ^2; in W_{asymm}: ΔU, $|\vec{\varphi}|$, ζ, $\mathfrak{r}_Q^2$ vernachlässigt. Mit der Darstellung

$$\psi = \sum_j a_j \exp\left[(2\pi i/\lambda)\,\mathscr{E}(\mathfrak{b}_j)\right], \quad j \sim |\psi|^2,$$

wobei die a_j für unsere Zwecke als konstant angesehen werden können, erhält man die Intensität in der Schirmebene. Durch inkohärente Zusammensetzung der von verschiedenen Quellpunkten (Gesamtradius der Quelle $= R_Q$) und mit verschiedenen Strahlspannungen (gesamte Schwankung $= \pm\Delta U$) kommenden Bündel resultiert eine verwischte Intensitätsverteilung. Als Bedingungen dafür, daß ein Streifenabstand D noch wiedergegeben wird, entspringen aus den ersten vier geschweiften Klammern von (6) die Bedingungen (Bestrahlungsapertur $\alpha_Q = R_Q/|z_O - z_Q|$):

$$(1/2)\,C_F\lambda D^{-2} < 1 \tag{7a}$$

$$\alpha_Q C_F D^{-1}(\Delta U/U) < 1 \tag{7b}$$

$$(1/4)\,\alpha_Q C_{\ddot{o}}\lambda^2 D^{-3} < 1 \tag{7c}$$

(nur für mehrfach periodische Strukturen mit *mehreren* Netzebenenabständen $D \neq D' \ldots$ usw. erforderlich)

$$\alpha_Q \sqrt{\beta_1^2 + \beta_2^2}/D = \alpha_Q \cdot (\Delta f)_{Astigm.}/D < 1 \tag{7d}$$

Die 5. Klammer von (6) zeigt lediglich eine Phasenschiebung an, die 6. Klammer die geläufige Wirkung der chromatischen Vergrößerungsänderung und Zerdrehung. Die letzte geschwungene Klammer zeigt die geometrisch-optische Wirkung der Verletzung der Sinusbedingung: Überschreitet der Radius R_O des abgebildeten Bereichs die durch

$$R_O C_{\ddot{o}}\lambda^2 D^{-3}/|z_O - z_Q| < 1 \tag{7e}$$

gegebene Grenze, so sehen die Randpartien anders aus als das Zentrum des Bildes. Die Periodizität ist dann gestört. Dies kann nur bei extremen Beleuchtungsverhältnissen auftreten (z. B. $z_O - z_Q = (1/10)\cdot C_{\ddot{o}}$, $|\mathfrak{b}|\cdot\lambda = 10^{-2}$, $R_O > 1\,\mu$). Bei Menter (3) wird eine ähnliche Grenze, die aus (7e) entsteht, wenn die rechte Seite durch λ/D ersetzt wird, als Verwischungsbedingung diskutiert. Wir können uns dem nicht anschließen.

Zur Illustration der Verwischung durch Defokussierung und Farbfehler und der Wirkung der Phasenverschiebung wurde eine Abbildung eines kubischen Gitters berechnet, dessen eine Achse mit der optischen Achse zusammenfällt. Das Bild wird lediglich aus dem unabgebeugten Bündel und den vier innersten Beugungsordnungen aufgebaut. Die relativen Größen der Amplituden wurden nach einer Rechung von H. Niehrs für MgO bestimmt. Links oben in Abb. 2 ist das genau fokussierte Bild bei Abwesenheit des Farbfehlers gezeigt. Durch die teilweise Defokussierung bei axialem Astigmatismus wird die Symmetrie verändert, es entsteht eine Scheinstruktur.

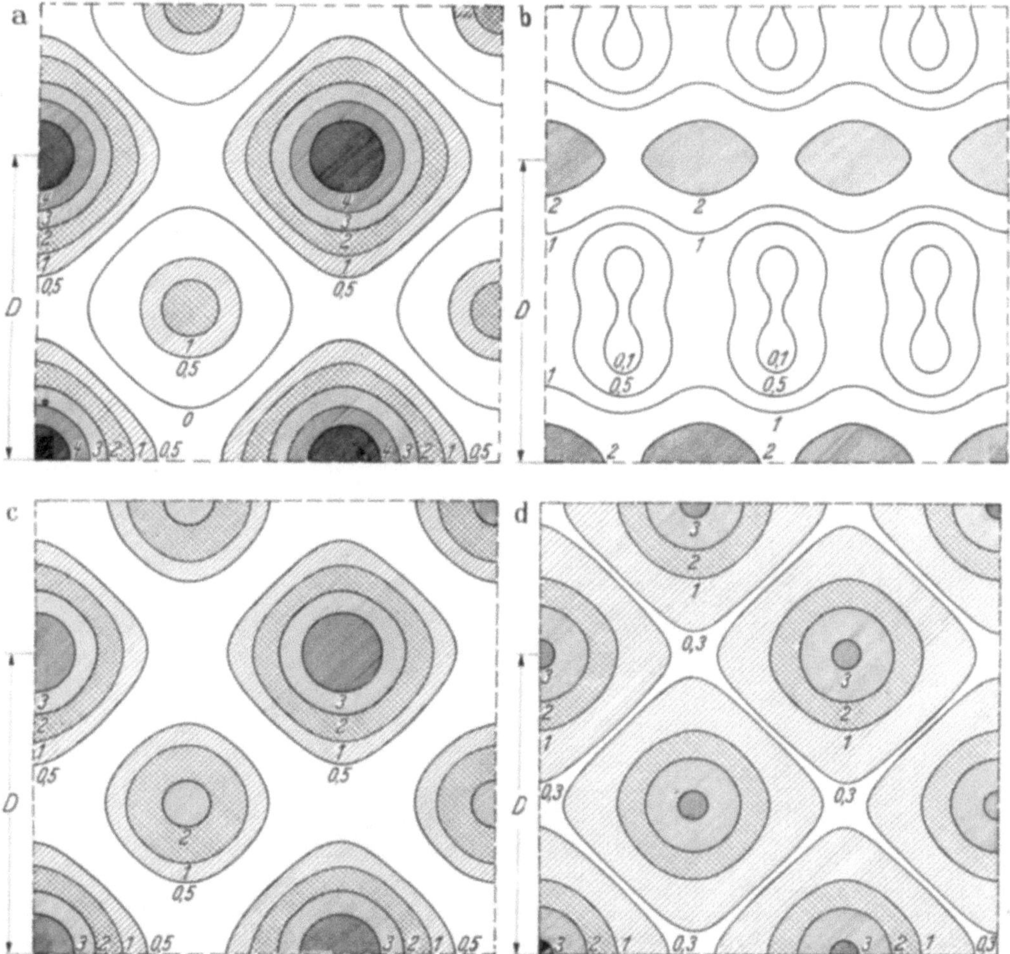

Abb. 2a—d. Intensitätsverteilung im Elektronenbild eines kubischen Gitters. Optische Achse = [001], Bildaufbau nur mit innersten Beugungsordnungen. a) fokussiert, kein Farbfehler. $\Delta U = \zeta = \beta_1 = 0$. b) axialer Astigmatismus, $\zeta = -\beta_1 = \pm\, 0{,}25\, D^2/\lambda$, $\Delta U = 0$. c) defokussiert bzw. Farbfehler, $\zeta = \pm\, 0{,}35\, D^2/\lambda$ bzw. $C_F \sqrt{\overline{(\Delta U)^2}}/U_0 = 0{,}4\, D^2\lambda$. d) defokussiert bzw. starker Farbfehler, $\zeta = \pm\, 0{,}5\, D^2/\lambda$ bzw. $C_F \sqrt{\overline{(\Delta U)^2}}/U_0 \gg 1$

Der zum gewählten Betrag des Astigmatismus gehörende Abstand des Fresnel-Saums ist von der Größenordnung der Gitterkonstante. — Durch gleichmäßige Defokussierung oder durch Wirkung des Farbfehlers erhält man demgegenüber nur Kontrastminderung und Verstärkung der Nebenmaxima. Dies liegt daran, daß der Beugungswinkel aller vier beteiligten Bündel gleich ist. Im vorliegenden Falle entsteht daher auch bei extrem starkem Farbfehler nicht völlige Verwischung, sondern eine Scheinstruktur, die man auch bei Defokussierung um D^2/λ erhält.

Literatur

1. Haine, M. E., and T. Mulvey: J. sci. Instrum. **31**, 326 (1954).
2. Zernike, F.: Physica **5**, 785 (1938).
3. Menter, J. W.: Proc. roy. Soc. **236**, 119 (1956).
4. Glaser, W.: Grundlagen der Elektronenoptik. S. 408. Wien: Springer 1952.

Modellversuche zur Beugung und Abbildung gestörter Gitter

H. Boersch und K. Klatt

I. Physikalisches Institut der Technischen Universität Berlin

In der Elektronenmikroskopie werden jetzt Gitter mit Störungen abgebildet. Hierbei ist unbekannt, wie sich die Gitterstörungen im Beugungsbild auswirken und welche Teile des Beugungsbildes zur Abbildung der Gitterstörung notwendig sind. Es wurden daher Modellversuche an optischen Strichgittern mit definierter Störung durchgeführt. Die Gitter bestanden aus zwei Teilgittern der gleichen Gitterkonstante d, Spaltbreite z, Stegbreite d-z, aber mit verschiedenen Periodenzahlen N bzw. M. Die Teilgitter waren durch eine Lücke der Breite $d_{\min}$ voneinander getrennt (vgl. Abb. 1). Dieses Gitter wurde mit parallelem und monochromatischem Licht durchstrahlt und mit einem Objektiv abgebildet. Außerdem wurde in der Brennebene des Objektivs das Fraunhofersche Beugungsbild aufgenommen.

Die *Beugungsfigur* wurde als Funktion der Breite und Lage der Lücke und der Periodenzahl des Gitters untersucht und das experimentelle Resultat mit dem theoretischen (Kirchhoffsche Näherung) verglichen. Die Rechnung führt *dann* zu einem einfachen Ausdruck, wenn die Lücke in der Mitte des Gitters liegt ($N = M$). Wenn die Lücke aus der Mitte des Gitters auswandert,

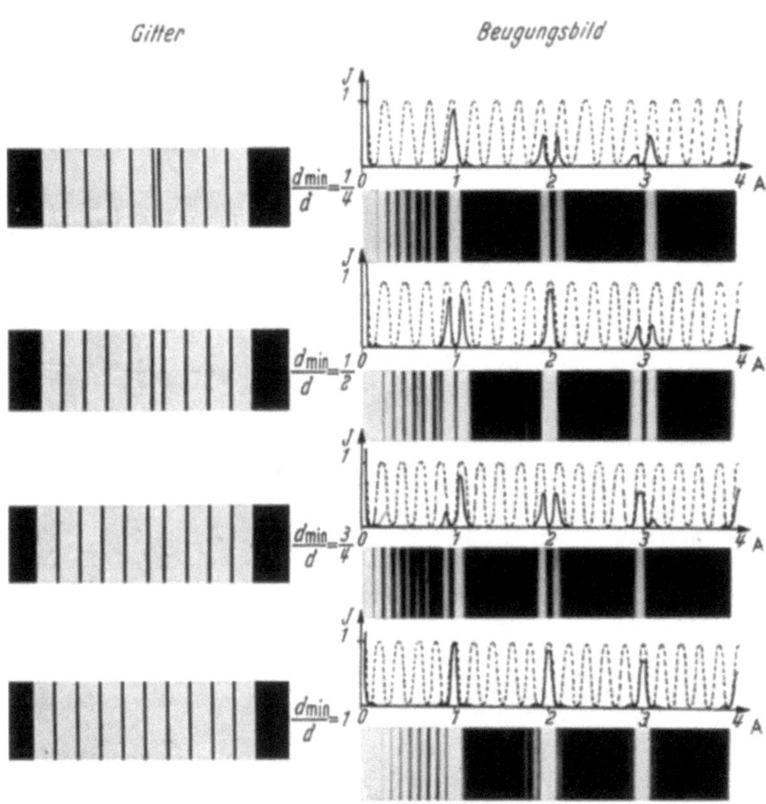

Abb. 1. Vergleich zwischen theoretischer Intensitätsverteilung und experimentellem Beugungsbild bei symmetrischer Lücke ($N = M$); Lückenfaktor = gestrichelte Kurve

ergibt sich ein kontinuierlicher Übergang zum Beugungsbild des ungestörten Gitters (allerdings mit „falscher" Begrenzung). Für den Fall, daß die Lücke in der Mitte des Gitters liegt ($N = M$), ergibt sich als Intensität im Beugungsbild ein Produkt aus drei Faktoren. Die beiden ersten sind als Gitterfaktor und als Formfaktor bekannt. Sie beschreiben das Beugungsbild eines ungestörten Gitters. Hinzu kommt als dritter ein „Lückenfaktor"

$$\cos^2\left(N + \frac{d_{\min}}{d} - 1\right)\pi\,A \qquad \left(A = \frac{d}{\lambda}\cdot\sin\alpha\right), \qquad (1)$$

der den Einfluß der Lücke auf das Beugungsbild beschreibt. Durch das Oszillieren des Lückenfaktors können bestimmte Hauptmaxima (Gitterfaktor) aufgespalten werden. Für den Fall unsymmetrischer Aufspaltung ist die Aufspaltung gleichbedeutend mit einer Verschiebung des Schwerpunktes des Hauptmaximums gegenüber der Lage im ungestörten Fall. Das zeigt Abb. 1 in Übereinstimmung von Theorie und Experiment. Im Bild sind unter den theoretischen Intensitätsverteilungen die Beugungsbilder angebracht. In Zeile 1 ist z. B. das zweite Hauptmaximum symmetrisch aufgespalten. Der Schwerpunkt ist nicht verschoben. Das dritte Hauptmaximum ist unsymmetrisch aufgespalten und verschoben. In den Beugungsbildern sind zwischen dem nullten und dem 1. Hauptmaximum ausgeprägte Nebenmaxima zu erkennen. Diese sind in den theoretischen Kurven der Übersicht halber weggelassen.

Wenn die Lücke breiter wird, wächst die Zahl der Aufspaltungen eines Hauptmaximums, weil der Lückenfaktor dann innerhalb eines Hauptmaximums häufiger oszilliert. Als Beispiel dafür sei die Wirkung von Fehlstellen angeführt. In diesem Fall (Abb. 2) ist die Lückenbreite ein ganzes Vielfaches der Gitterkonstante. Die Hauptmaxima werden in diesem speziellen Fall nicht verschoben. Es werden aber von den Hauptmaxima mit wachsender Breite der Lücke immer mehr Teile abgespalten, so daß entgegen unserer ursprünglichen Erwartung die Reste der Hauptmaxima im Fall von Fehlstellen sogar schmaler sind als beim ungestörten Gitter. Die Gitter in Abb. 2 haben 11 bzw. 12 Perioden. Bei einer Fehlstelle werden die Hauptmaxima hier um etwa 10% schmaler, bei zwei Fehlstellen um etwa 20%.

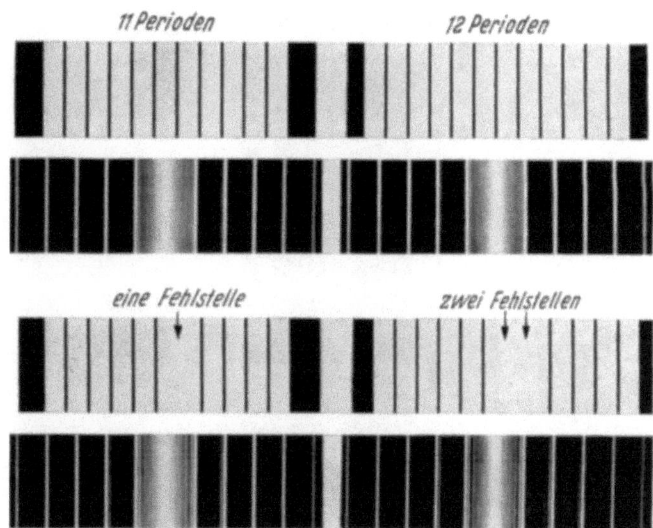

Abb. 2. Einfluß von Fehlstellen auf das Beugungsdiagramm

Ferner wurde durch entsprechende Ausblendungen im Beugungsbild untersucht, welche Teile des Beugungsbildes für die Wiedergabe der Lücke in der *Abbildung* notwendig sind. Abb. 3 zeigt unter c) einen Ausschnitt aus einem Beugungsbild, darunter die dem vollständigen Beugungsbild entsprechende Abbildung. Im Fall a) und b) sind durch Eingriffe in das Beugungsbild nur das nullte Hauptmaximum und je ein Paar Hauptmaxima zur Bilderzeugung zugelassen worden. Aus diesen und anderen Aufnahmen ergibt sich:

1. Wenn im Beugungsbild nur ein Paar symmetrisch aufgespaltener Hauptmaxima zugelassen wird, erscheint die Lücke im Bild an der richtigen Stelle.

2. Wenn im Beugungsbild nur ein Paar nicht aufgespalteter Hauptmaxima zugelassen wird, wird die Lücke nicht wiedergegeben.

Daraus folgt zunächst, daß die Aufspaltungen der Hauptmaxima im Beugungsbild die

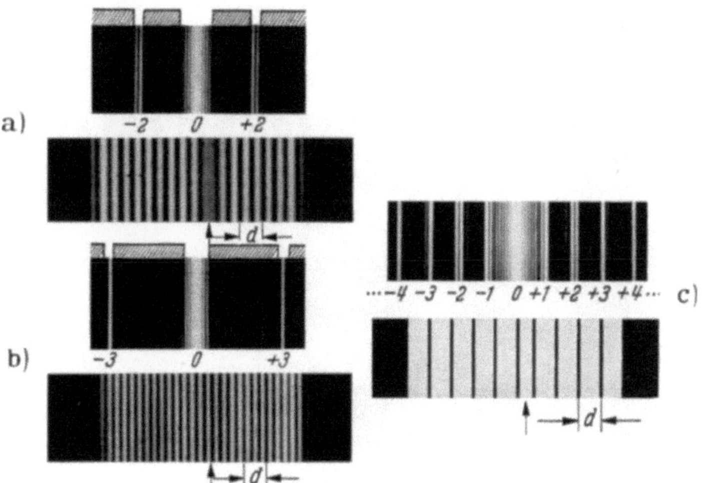

Abb. 3. a—c Eingriffe in das Beugungsbild und ihr Einfluß auf die Abbildung der Lücke ↑. ($d_{min} = {}^3/_4\, d$)

Lücke in der Abbildung erzeugen. Der Einfluß der Nebenmaxima wird noch behandelt.

Um die Auswirkung einer Beschränkung der Apertur auf die Abbildung zu erhalten, wurden z. B. in Abb. 4 von oben nach unten immer mehr Paare von Hauptmaxima des Beugungsbildes weggeblendet. Seit ABBE ist bekannt, daß Gitterkonstante und Periodenzahl eines ungestörten

Gitterteiles solange richtig wiedergegeben werden, wie — außer dem nullten Hauptmaximum — noch die beiden ersten Hauptmaxima von der Aperturblende durchgelassen werden. Wenn die Apertur weiter eingeschränkt wird, werden Gitterkonstante und Periodenzahl verfälscht. Hier interessierte vor allem die Wiedergabe der Lücke. Die Nachbarstriche einer Lücke werden getrennt

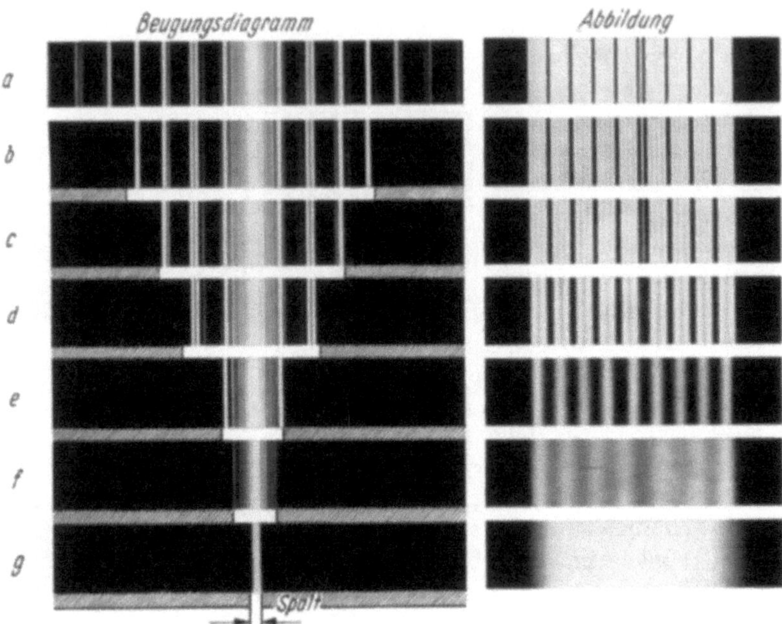

Abb. 4. Verringerung der Apertur und ihr Einfluß auf die Abbildung der Lücke. $(d_{\min} = {}^1/_4\, d)$

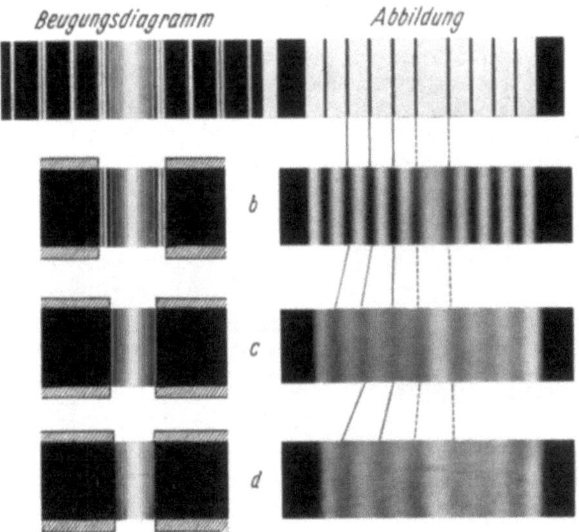

Abb. 5. Verringerung der Apertur und ihr Einfluß auf die Abbildung der Lücke. $(d_{\min} = {}^3/_2\, d)$

wiedergegeben, wenn die Objektiv-Apertur

$$A_{\max} \gtrsim \frac{\lambda}{d_{\min}} \qquad (\lambda = \text{Wellenlänge}) \qquad (2)$$

ist.

In Abb. 4 ist $d_{\min} = {}^1/_4\, d$. In Übereinstimmung mit Gl. (2) müssen die Hauptmaxima mindestens bis zur 4. Ordnung von der Aperturblende durchgelassen werden, um die Nachbarstriche der Lücke „getrennt" abzubilden. In Abb. 5 ist die Lücke größer als die Gitterkonstante $(d_{\min} = {}^3/_2\, d)$. Auch in diesem Fall gilt Gl. (2): Die Nachbarstriche ohne Lücke werden auch dann noch aufgelöst, wenn keine Hauptmaxima — außer der nullten — von der Aperturblende durchgelassen werden. Wenn $A_{\max} < \dfrac{2\lambda}{3d}$, wird der Abstand der Nachbarstriche breiter als im Objekt wiedergegeben.

Es folgt daraus, daß Informationen über die Lücke auch in den Nebenmaxima enthalten sind, da die Nebenmaxima durch die Lücke in ähnlicher Weise verändert werden wie die Hauptmaxima.

3. Mehrfachbeugung am Objekt und Entstehung von Moirés

Moiré patterns from metal lattices

G. A. BASSETT, J. W. MENTER and D. W. PASHLEY

Tube Investments Research Laboratories, Hinxton Hall, Cambridge (England)

Introduction. The work on the observation of moiré patterns from overlapping metal films carried out by the authors (*1, 2*) has already been described in part (*3*). In this contribution a few of the more important aspects in relation to the application of the techniques to studying dislocations are considered in more detail.

The mechanism by which dislocations are observed. Dislocations are made visible both in directly resolved lattice images and in indirectly resolved lattice images (moiré patterns) as a result of the relative lattice shifts associated with the presence of the dislocation. The mechanism is illustrated in Fig. 1. Consider a dislocation line AB passing through a film, and its effect on the projected image of the (hkl) planes. As the dislocation AB moves in to the field of view from the direction indicated by the arrow, the crystal on the right hand side of the slip plane is shifted relative to that on the left hand side by an amount equal to the Burgers vector. The effect on the projected image of the (hkl) planes is to shift the lines by the component of the Burgers vector perpendicular to these planes. For a dislocation of Burgers vector $[uvw]$ this component is given by

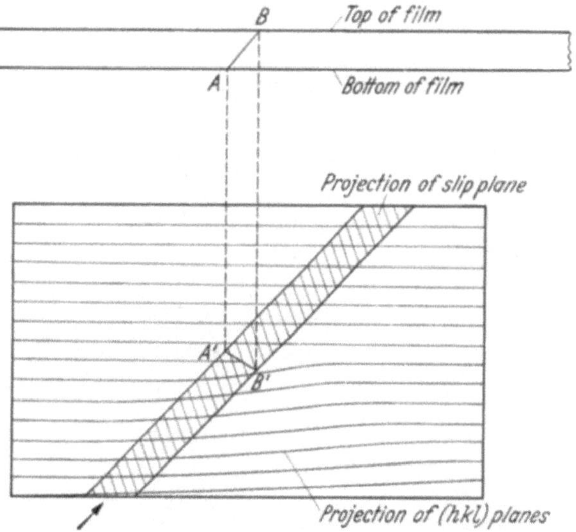

Fig. 1. The formation of extra half-lines by the introduction of a dislocation

$(hu + kv + lw)\, d_{hkl}$ where d_{hkl} is the spacing between the (hkl) planes. This holds generally for all lattices, so that $hu + kv + lw\ (= N)$ extra half-lines must terminate on $A'B'$. With the f. c. c. system $[uvw]$ is normally $[\frac{1}{2}\frac{1}{2}0]$ so that $N = \frac{1}{2}(h + k)$. All of our observations with the f. c. c. system may be interpreted in this way (*2*), the result being directly applicable to moiré patterns as well as directly resolved lattice images. Two important consequences follow from this analysis: 1. In general, an extra terminating half-line on the projected image does not correspond with a real terminating half-plane in the crystal. 2. Screw dislocations are observed in exactly the same way as edge dislocations, since the resolved component of the Burgers vector is the controlling factor.

The treatment may be extended to the consideration of partial dislocations and stacking faults. In the f. c. c. system a reaction of the type $[\frac{1}{2}\frac{1}{2}0] \rightarrow \frac{1}{6}[21\bar{1}] + \frac{1}{6}[121]$ occurs. If the effect on the projected image of the (220) planes is considered, two extra half-lines are associated with the unsplit dislocation, and one each with the two partials P_1 and P_2 (see Fig. 2a). If the effect on the (202) planes is considered, only one extra half-line is associated with the unsplit dislocation, $\frac{1}{3}$ and $\frac{2}{3}$ with the two partials respectively. This reveals the stacking fault between the two partials P_1 and P_2 (Fig. 2b).

Dislocation movement. Dislocations observed in moiré patterns may be observed to move as a result of the thermal stresses set up by the highly localised illuminating beam in the Elmiskop I. A number of examples has been recorded by means of a series of still photographs. Ciné-photography of the movement is not possible at present because the general level of illumination of the fluorescent screen is low as a result of the high magnifications used.

Techniques for superposing two films. Interface effects. Two methods have been used for preparing specimens. In the first, one metal is deposited by evaporation on to a single crystal film of the other, so that oriented growth occurs. This produces the parallel moiré patterns. In the second, two single crystal metal films are separately prepared, and superposed in the appropriate relative orientation to produce either parallel moiré patterns or rotation moiré patterns.

It is found that the second method produces moiré patterns which are much more regular than those obtained by the first method. No detailed interpretation of this has been made, but it is considered that the nature of the interface has an important influence on the detailed structure of the moiré pattern. In some cases alloying has an important effect. When copper is deposited

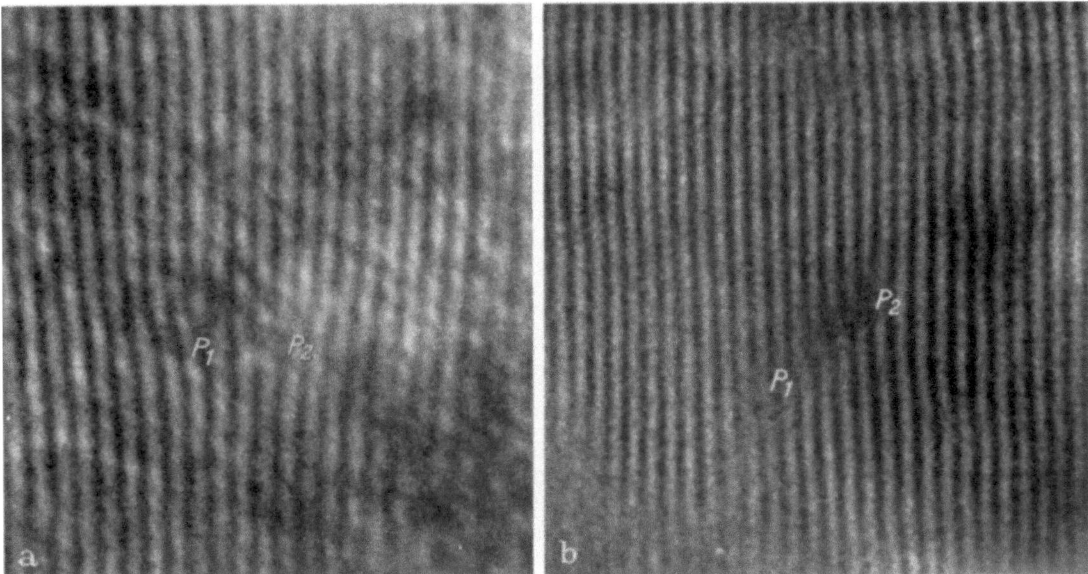

Fig. 2a and b. Partial dislocations P_1 and P_2 revealed by moiré patterns. a) copper on gold specimen showing one extra half-line with each partial ($\times$ 2. 600 000); b) palladium on gold showing stacking fault between two partials ($\times$ 2. 300 000)

on to a gold film, the alloying may be quite extensive, and the diffraction pattern sometimes indicates alloys of well defined composition at the interface. This leads to a modulation of intensity of the lines of the moiré pattern. If the copper layer is dissolved away, a moiré pattern corresponding to the superposed lattices of gold and copper-gold is obtained.

These interface effects indicate that the second technique of specimen preparation is the more satisfactory one if it is required to use the moiré pattern to investigate the properties of one of the films.

Dislocations in moiré patterns from low angle boundaries. The necessary conditions for the formation of rotation moiré patterns may be fulfilled when a thin film contains a low angle twist boundary. Fig. 3 shows a case of this observed with a specimen obtained by the thinning of a beryllium foil. This has been examined as part of an investigation being carried out in collaboration with Dr. D. A. Melford.

The twist boundary runs from top to bottom of the film, and a two-dimensional moiré pattern is distinguishable on the original negative. From the relative spacings of the pattern in different directions, and from the angles between these directions, it is deduced that the electron beam is passing along the [011] (beryllium has a h. c. p. structure with c/a = 1.58), and that the planes $(01\bar{1}\bar{1})$, $(1\bar{1}01)$ and (1010) are contributing to the pattern. There are a number of dislocations showing along the line $ABCD$, by direct diffraction contrast (4). These pass from one side of the film to the twist boundary, and in themselves form a second low angle boundary. If the dislocations are assumed to be pure edge dislocations, the boundary $ABCD$ is a tilt boundary, and this causes a difference in spacing of the moiré pattern on the two sides of the line $ABCD$. From the number of extra half-lines associated with the dislocations in the moiré pattern [one in the $(01\bar{1}\bar{1})$ set, one in the $(1\bar{1}01)$ set but none in the $(10\bar{1}0)$ set] the Burgers vector of the dislocations is deduced as [010]. This makes an angle of 57° 42′ with the [011]. The angle of tilt at $ABCD$ may be calculated both from the spacing of the dislocations along the boundary, and from the change in spacing of the moiré pattern. There is very good agreement between the two methods, the angle being about 12 min.

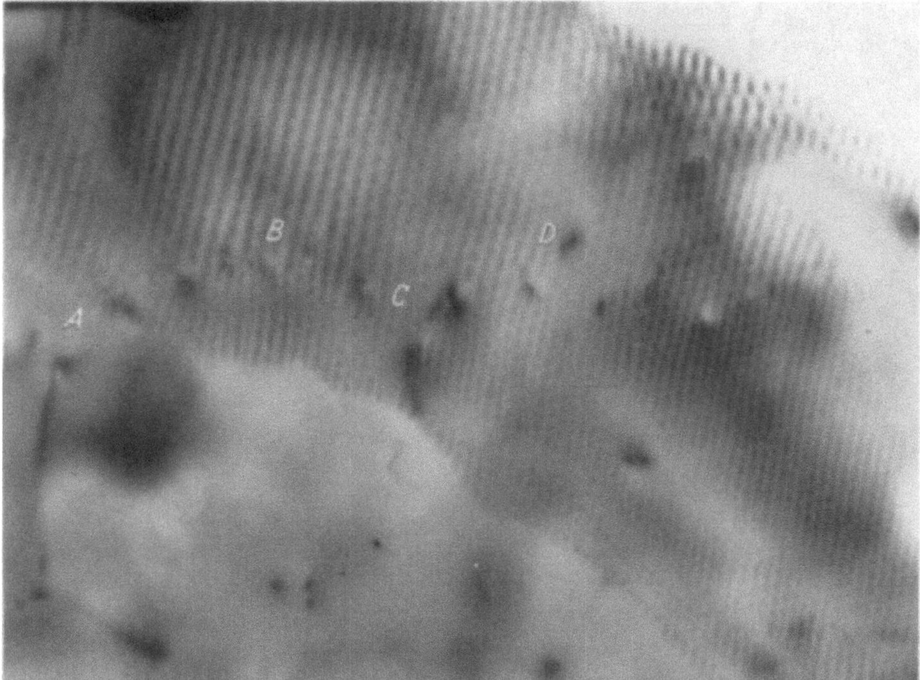

Fig. 3. Beryllium foil thinned by electropolishing ($\times$ 90.000)

This example illustrates how the techniques developed earlier (2) allow a detailed analysis to be made in favourable circumstances. It also demonstrates that the same dislocations may be detected both by diffraction contrast (4) and by means of moiré patterns.

This paper is published by permission of the Chairman of Tube Investments Ltd.

References

1. PASHLEY, D. W., J. W. MENTER and G. A. BASSETT: Nature (Lond.) **179,** 752 (1957).
2. BASSETT, G. A., J. W. MENTER and D. W. PASHLEY: Proc. roy. Soc. A **246,** 345 (1958).
3. MENTER, J. W.: This Volume, p. 320
4. HIRSCH, P. B., R. W. HORNE and M. J. WHELAN: Philosophic. Mag. **1,** 677 (1956).

Electron microscopic and diffraction studies
of superimposed lamellar crystals

EIJI SUITO and NATSU UYEDA

Institute for Chemical Research, Kyoto University (Japan)

I. Introduction. Subsequent to MITSUISHI, NAGASAKI and UYEDA (1) having found the moiré fringe on an electron micrograph of graphite, several examples of similar patterns were reported by many investigators (2) with respect to natural or artificially prepared specimens together with the theoretical consideration relating to the image formation and crystallography. The authors also found various kinds of moiré fringes in the electron micrograph of lamellar single crystal of specially prepared colloidal gold whose crystal habit and relating characters were reported in previous papers (3). The newly found moiré fringes contain those which appeared not only on the superimposed region of two or more lamellae but also on the overlapping part of spiral growth steps. The details of the examples of such moiré fringes are described below.

II. Specimen — Crystal habit of colloidal gold lamellae. The lamellar single crystal of colloidal gold which was used in the present work was prepared by the reduction of very dilute aqueous solution of hydroauric chloride with a small amount of saturated solution of salicylic acid at room temperature. The typical shape of the lamellar crystal is a regular trigon or hexagon but it

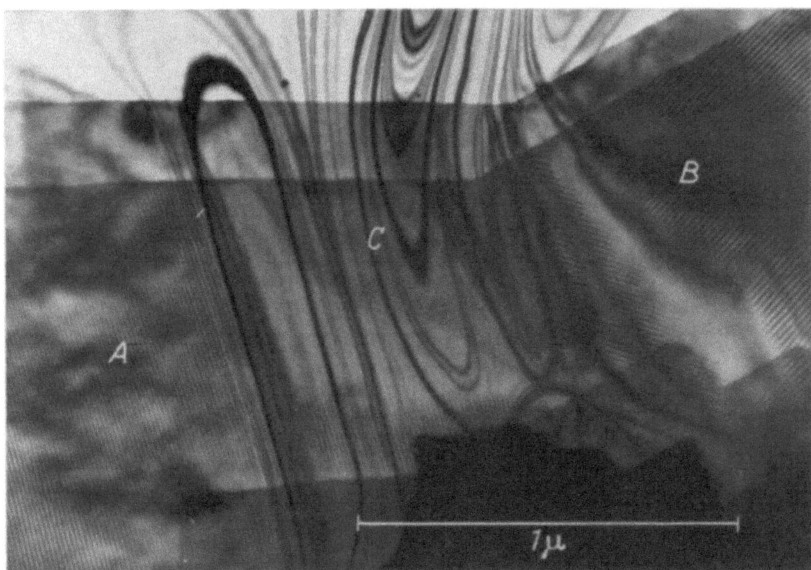

Fig. 1. Moiré fringes composed of natural fine stripes. (Single crystal lamellar of colloidal gold)

often takes the intermediate form of the above two or sometimes it takes a much more complicately deformed one. The crystal habit, however, is the same, and the lamellar habit surface, on which the crystal lies, is the (111) plane of the face centered cubic lattice. The three groups of the ($\bar{2}$20) plane cross one another at an angle of 120°, running just perpendicularly to the flaky surface of the crystal along the direction parallel to the altitudes of the triangle, which also coincides with the direction of the three zone axes of [11$\bar{2}$] group included in the flaky surface.

Thus the net planes of the ($\bar{2}$20) group become the most effective origin of the moiré fringe, since by taking such a crystal habit, they easily give the most intence reflection. As for the thickness of the crystal, a value of about 80 Å was obtained on an average by the analysis of the electron diffraction pattern which contains subsidiary maxima.

III. Moiré fringes observed on the superimposed region of two or more crystal lamellae. Since the specimen preparation technique is the ordinary one for electron microscopic observation, the superimposed part of the lamellae of the colloidal gold would be considered to be in close contact with each other and with the supporting film, which was also suggested by the metallic shadowing method. Thus, in general, the slight azimuthal rotation of the two or more superimposed crystals becomes the cause of the appearance of the moiré fringe.

Fig. 1 shows a very natural example of parallel fine stripes, whose spacings are as follows: A: 119 Å, B: 126 Å and C: 98 Å. No disturbance of the fringe can be observed over a comparatively wide region in any part of the crystal. This suggests that the crystal itself has no dislocation within such regions of the crystal in so far as the ($\bar{2}$20) reflection is concerned. In spite of the concave perimeter, this crystal is not a twin but a single crystal, as is also suggested by a moiré fringe which runs continuously far beyond the range where the twin boundary would be expected in another case. In Fig. 2, a shows the moiré fringe which contains the various kinds of cross grating nets composed of two or three parallel stripes crossing one another. At the part marked with arrows, the interaction between two kinds of fringes can be observed, where each component line of the finer stripes makes wave-like swinging coming close to the neighbouring line and these asymptotic points rank on a line which in turn becomes the component of the wider moiré fringe which crosses at an large angle to the original fringe.

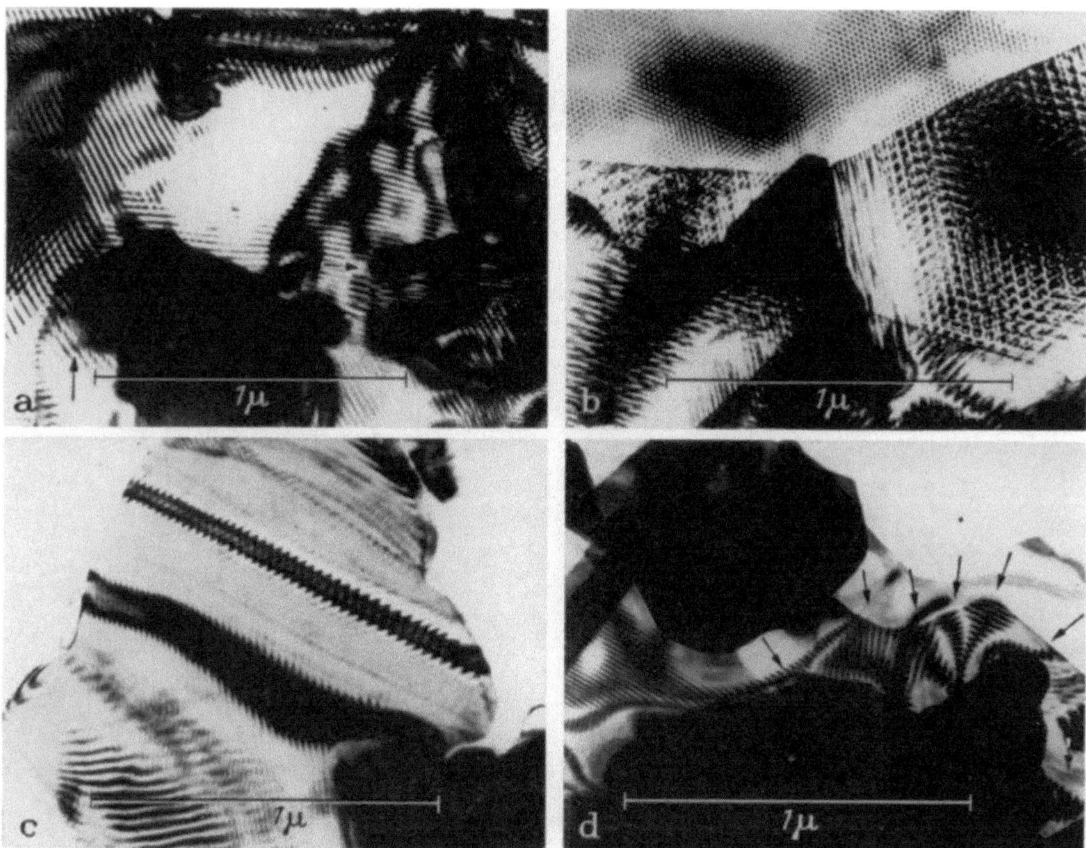

Fig. 2a—d. Various kinds of moiré fringes. (Single crystal lamellae of colloidal gold)

In Fig. 2, b shows another kind of moiré fringe. As two or more crystals are superimposed, the pattern has become very complicated. But, in the upper part of the photograph, a moiré fringe composed of the hexagonal packing of completely separate dots whose interval is about 122 Å. Such a dot pattern may be caused by the interaction of three sets of elemental electron waves which come close to the direct electron beam as the satellite reflection from the direction taking a three-fold symmetry to the direct electron beam. HASHIMOTO and his coworkers (4) reported a moiré fringe whose period shifted by half a spacing on the pair of parallel extinction fringes of counter signed indices, and ascribed the cause of such shifting to the dynamical inter-action between the electron beam and the crystal. The two photographs, c and d in Fig. 2, are examples of a similar case. Such patterns often occur when the warping of the crystal is rather sharp, and in a special case, as in d, the pair of moiré fringes with the shifting of one half period become just like a seismographic pattern with vibrating curves.

IV. Moiré fringes appearing on the overlapping region of spirally grown steps. The lamellar single crystal of colloidal gold often shows the spiral growth steps, which means that it contains the spiral dislocation in the direction normal to the flaky habit surface, i. e., in the direction of the [111] axis.

In Fig. 3, a shows an example of such crystals having a distinct spirally grown structure. As schematically illustrated in b, the perimeter of the lamellae can be followed along the ridge line of the growth steps like a manner of "sketch with one stroke", in the direction indicated by the arrows from the starting point S where a small hole whose diameter is about 50 mμ can be found. The respective electron diffraction pattern shows that the crystal takes a single orientation on the whole, except for a slight misorientation which is indetectable by the diffraction pattern itself prevented by the breadth of the diffraction spots. In the evidence of such a slight

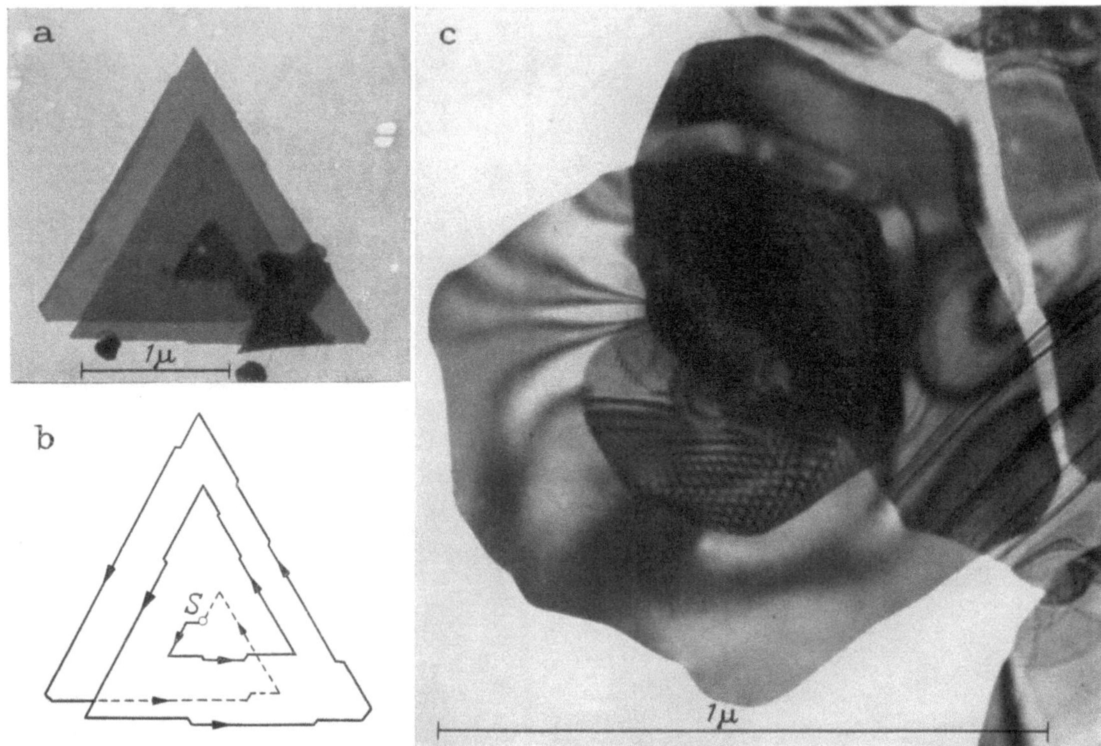

Fig. 3a—c. Spiral growth steps and moiré fringes on colloidal gold lamella

misorientation, the moiré fringes can be often observed on the overlapping region of the similar crystal having spirally grown steps. As an example of such cases, c in Fig. 3 shows the moiré fringe on the spirally superimposed regions. The spacing of stripes of the highest contrast is about 200 Å. When the angle of the slight azimuthal rotation between the steps is estimated, under the assumption that the origin of the fringe is the $(\bar{2}20)$ reflection and the rotation between the steps only, the result came to be about 0.007 rad. In another example, the slight rotation angle more or less falls in the same order.

This fact suggests that even when the crystal grows from the kink caused by the spiral dislocation, the over-grown step does not always exactly take the right orientation to the lower step but sometimes takes a slightly twisted orientation within an angle of about 0.007 rad., just as if a rotational slip takes place between the spiral steps. The edge dislocation may become the origin of such a twisting, which may also be detectable in some fortunate cases by the moiré fringe itself.

The authors should like to express their sincere thanks to Dr. B. Tadano, Dr. H. Watanabe and Mr. T. Komoda of Hitachi Central Research Laboratory for their kindness to take the electron micrographs of the moiré fringe of the colloidal gold lamella with HU-10.

References

1. Mitsuishi, T., H. Nagasaki and R. Uyeda: Proc. Japan Acad. **27,** 86 (1951).
2. Seki, Y.: J. Phys. Soc. Japan **8,** 149 (1953).
 Rang, O.: Z. Physik **136,** 465 (1953).
 Dowell, W. C. T., J. L. Farrant and A. L. G. Rees: E. M. Proc. 1st Reg. Conf. Asia and Oceania p. 320 (1956).
 Hashimoto, H., and R. Uyeda: Acta crystallogr. (Copenh.) **10,** 143 (1957).
 Pashley, D. W., J. W. Menter and G. A. Bassett: Nature (Lond.) **180,** 752 (1957).
 Goodman, J. F.: Nature (Lond.) **180,** 425 (1957).
3. Suito, E., and N. Uyeda: Proc. Japan Acad. **29,** 324 (1953).
 — — Proc. Japan Acad. **29,** 331 (1953).
 — — Proc. int. Conf. E. M. London p. 224 (1954).
4. Wilman, H.: Proc. Phys. Soc. **64,** 229 (1951).
5. Hashimoto, H.: J. Phys. Soc. Japan **13,** 534 (1958).

Mehrfachbeugung und Moiré bei orientiert verwachsenen Kristalldoppelschichten

Joachim Stabenow

Fritz-Haber-Institut der Max-Planck-Gesellschaft, Abt. Prof. Dr. K. Molière, Berlin-Dahlem

Mit dem Auftreten von Mehrfachbeugung hat man bei Elektroneninterferenzen in Kristallen häufig zu rechnen. Sie führt zu besonders auffälligen Erscheinungen, wenn die Teile des Präparates, in welchen aufeinanderfolgende Beugungen stattfinden, bei gleicher Struktur verschiedene Orientierungen besitzen.

Bei der Durchstrahlung eines dünnen hexagonalen Kristalls senkrecht zu seiner Basisfläche erhält man ein Beugungsdiagramm, das schematisch in Abb. 1 durch die großen Punkte allein dargestellt wird. Befindet sich hinter diesem ein zweiter Kristall, der gegenüber dem ersten um die gemeinsame [001]-Achse verdreht ist, so beobachtet man im allgemeinen neben weiteren Primärreflexen (durch Kreise angedeutet) eine Anzahl zusätzlicher Reflexe. Die Lagen dieser als kleine Punkte eingezeichneten Reflexe ergeben sich durch Linearkombination der reziproken Gittervektoren beider Kristalle. Sie entstehen demnach durch Mehrfachbeugung. In der Abbildung ist als Beispiel eine solche Orientierung gewählt, bei der ein 120-Reflex des einen Kristalls gerade genau mit einem 210-Reflex des anderen Kristalls zusammenfällt, was einer Drehung um den Winkel $\varphi = 21°\,48'$ entspricht. Bei der Koinzidenz zweier Primärreflexe bilden die Mehrfachbeugungsreflexe stets wieder ein hexagonales System, das die Primärreflexe als Teilsysteme enthält. Ferner ist die Anordnung der Mehrfachbeugungspunkte zwischen zwei Primärreflexen geometrisch ähnlich der Anordnung der Primärreflexe in der Umgebung der Koinzidenzpunkte. Man kann daher auch in den Fällen, bei denen Reflexe zusammenfallen, die weit außerhalb der Beugungsaufnahme liegen würden oder die aus Intensitätsgründen nicht sichtbar sind, die Orientierung der Kristalle leicht an der Lage der Mehrfachbeugungsreflexe erkennen.

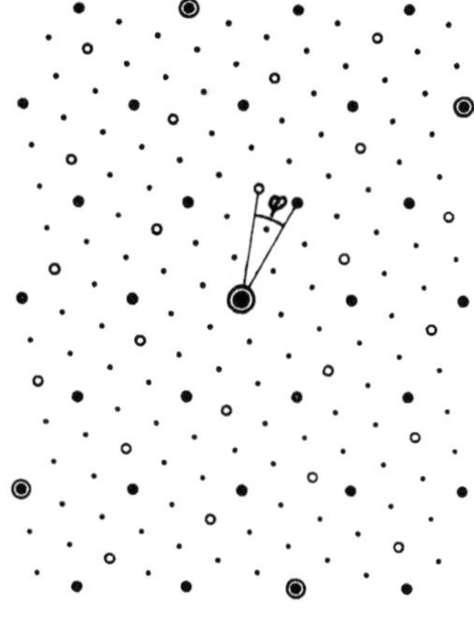

Abb. 1. Schematisches Beugungsdiagramm eines hexagonalen Kristallpaares in 120/210-Orientierung ($\varphi = 21°\,48'$)

Bei der elektronenmikroskopischen Untersuchung[1] von Mikrokristallen aus synthetischem Molybdändisulfid, die von Plieth und Ross (*1*) im Zusammenhang mit Arbeiten über die Herstellung von schmierfähigem MoS_2 erhalten wurden, konnten oft orientierte Verwachsungen zweier Kristallschichten beobachtet werden. *Dabei zeigten sich immer — zum mindesten annähernd*

---

[1] Die Untersuchungen wurden mit einem Elektronenmikroskop vom Typ Elmiskop I der Siemens & Halske AG. durchgeführt.

— ganz bestimmte Verdrehungswinkel der längs der Basisebene miteinander verwachsenen Kristalle.
Darüber ist bereits in einer kurzen Mitteilung vom Verfasser berichtet worden (2). Da diese Arbeit auch Beugungsaufnahmen von Kristallpaaren verschiedener Orientierung enthält, kann hier auf eine Wiedergabe verzichtet werden. Die gefundenen Orientierungen lassen sich durch die Vorstellung deuten, daß ausgeprägte relative Minima der Korngrenzenenergie mit solchen Konfigurationen verbunden sind, bei denen jeweils eine gewisse Anzahl von Grenzflächenatomen der einen Schicht der größtmöglichen Anzahl nächster Nachbarn aus der anderen Schicht gegenübersteht. Eine Deutung dieses experimentellen Befundes im Zusammenhang mit der Versetzungsstruktur an der Verwachsungsebene steht noch aus.

Bei einigen Orientierungen scheinen die Minima der Korngrenzenenergie besonders breit zu sein, so daß nicht selten geringe Abweichungen von den oben erwähnten Verdrehungswinkeln vorkommen. Die Folge davon ist, daß, wie in Abb. 2a für den Fall eines MoS_2-Kristallpaares in angenäherter 120/210-Orientierung zu sehen, anstelle der besprochenen mehrfach abgebeugten Strahlen ganze Gruppen von Strahlen auftreten. Die Strahlen einer Gruppe weichen untereinander in ihrer Richtung um den gleichen Betrag ab, wie die beiden nicht genau koinzidierenden primären Beugungsstrahlen. In Abb. 2b ist noch einmal die Umgebung des 120- bzw. 210-Reflexes vergrößert wiedergegeben. Alle Strahlen einer Reflexgruppe würden bei genauer 120/210-Orientierung zusammenfallen. Werden solche Strahlengruppen bei der elektronenmikroskopischen Abbildung mitbenutzt, so muß sich dies wegen des engen Zusammenhanges zwischen der Beugungserscheinung und dem Bild eines Objektes im Sinne von ABBE durch das Auftreten von Kristall-Moirés bemerkbar machen. Abb. 2c zeigt den zum Beugungsbild der Abb. 2a gehörenden Kristall. Moiré-Streifen verschiedener Richtung sind deutlich sichtbar. Ihr Abstand ist in guter Übereinstimmung mit dem Wert, der sich aus den Richtungsunterschieden der Strahlen einer Reflexgruppe ergibt. *Es lassen sich demnach auch bei großen gegenseitigen Verdrehungen der Kristalle Moirés mit relativ großen Periodizitäten erzielen.*

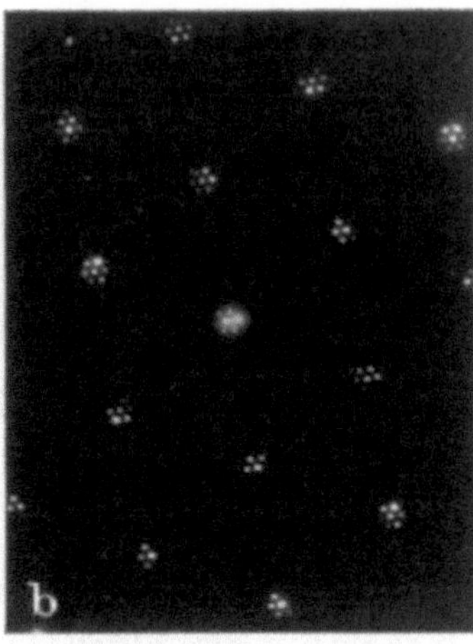
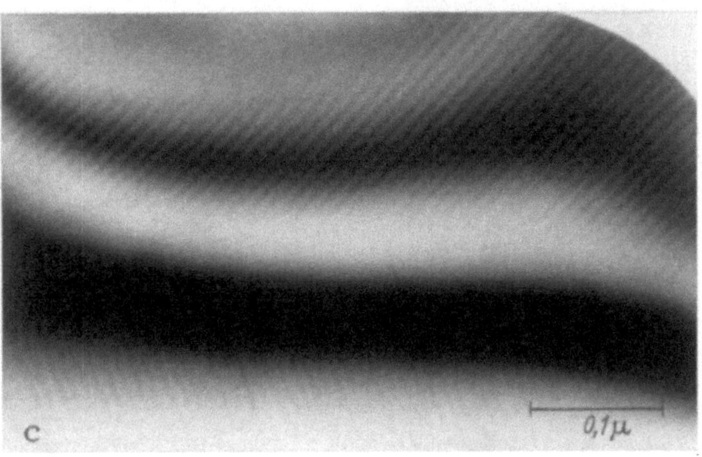

Abb. 2a—c. a) Beugungsbild eines MoS_2-Kristallpaares mit geringer Abweichung von der 120/210-Orientierung b) Vergrößerung der eingezeichneten Umgebung des 120- bzw. 210-Reflexes. c) Moiré des zum Beugungsbild der Abb. 2a gehörenden MoS_2-Kristallpaares

Über die Struktur des Moirés kann man nur nach vollständiger Kenntnis der Richtungen und Amplituden der beteiligten Strahlen genaue Aussagen machen. Sie ergibt sich dann durch Interferenz aller Strahlen, die durch die Objektivaperturblende hindurch zur Abbildung beitragen können. Es soll im folgenden überlegt werden, welche Elektronenstromdichteverteilung in der Strahlaustrittsfläche der Kristalle unter bestimmten Voraussetzungen über die Amplituden erwartet werden kann. Die möglichen Strahlrichtungen lassen sich verhältnismäßig leicht übersehen. Der Vergleich mit dem Experiment wird einen tieferen Einblick in manche Einzelheit des Interferenzmusters gestatten.

Bei der Berechnung der resultierenden Stromdichteverteilung erhält man im wesentlichen eine Reihe von Summanden mit periodischer Ortsabhängigkeit, die sich in der Größenordnung ihrer Perioden unterscheiden. Einmal ergibt die Wechselwirkung nur einer Reflexgruppe unter sich eine Modulation mit großer Periode. Durch Interferenz der Wellen zweier Reflexgruppen untereinander entsteht eine wesentlich schneller oscillierende Funktion mit nur sehr langsam veränderlicher Amplitude, da die Richtungsunterschiede der Strahlen einer Reflexgruppe klein sind gegenüber der Winkeldivergenz zweier Reflexgruppen. Wird die elektronenmikroskopische Abbildung mit einem Auflösungsvermögen vorgenommen, das zur Trennung dieser kurzperiodigen Intensitätsmodulation nicht ausreicht, so wird über diese hinweg gemittelt. Man erhält als Resultat eine Stromdichteverteilung

$$I = K + A_1 \cos(2\pi x - \alpha_1) \qquad + A_2 \cos(2\pi y - \alpha_2) \qquad + A_3 \cos[2\pi(x-y) - \alpha_3]$$
$$+ B_1 \cos[2\pi(2x-y) - \beta_1] + B_2 \cos[2\pi(x+y) - \beta_2] + B_3 \cos[2\pi(x-2y) - \beta_3]$$
$$+ C_1 \cos(4\pi x - \gamma_1) \qquad + C_2 \cos(4\pi y - \gamma_2) \qquad + C_3 \cos[4\pi(x-y) - \gamma_3],$$

die sich durch Überlagerung der Stromdichteverteilungen jeder einzelnen Reflexgruppe für sich ergibt. K enthält die nichtperiodischen Glieder.

Betrachtet man zunächst nur drei Wellen gleicher Amplitude, dann resultiert die in Abb. 3a dargestellte Verteilung. Sie wird im Mikroskopbild als hexagonale Anordnung von Intensitätsmaxima, d. h. von hellen Punkten erscheinen. Sind dagegen die Intensitäten zweier Wellen klein gegen die Intensität einer dritten, so ergibt sich das in Abb. 3b gezeichnete rechteckige Muster. Bei noch geringerer Intensität einer Welle erscheint die in Abb. 3c dargestellte schlangenförmige Figur, die schließlich beim Verbleiben von nur zwei Wellen in das bekannte Streifenmuster (Abb. 3d) übergeht. Man kann diese Erscheinung häufig bei Moirés von hexagonalen oder in [111]-Richtung durchstrahlten kubischflächenzentrierten Kristallen nebeneinander beobachten.

Bei örtlich verschiedenen Phasendifferenzen zwischen den interferierenden Wellen infolge unterschiedlicher Anregungsbedingungen, z. B. durch Verbiegung der Kristalle, ändern sich im allgemeinen auch die Phasenwinkel der im obigen

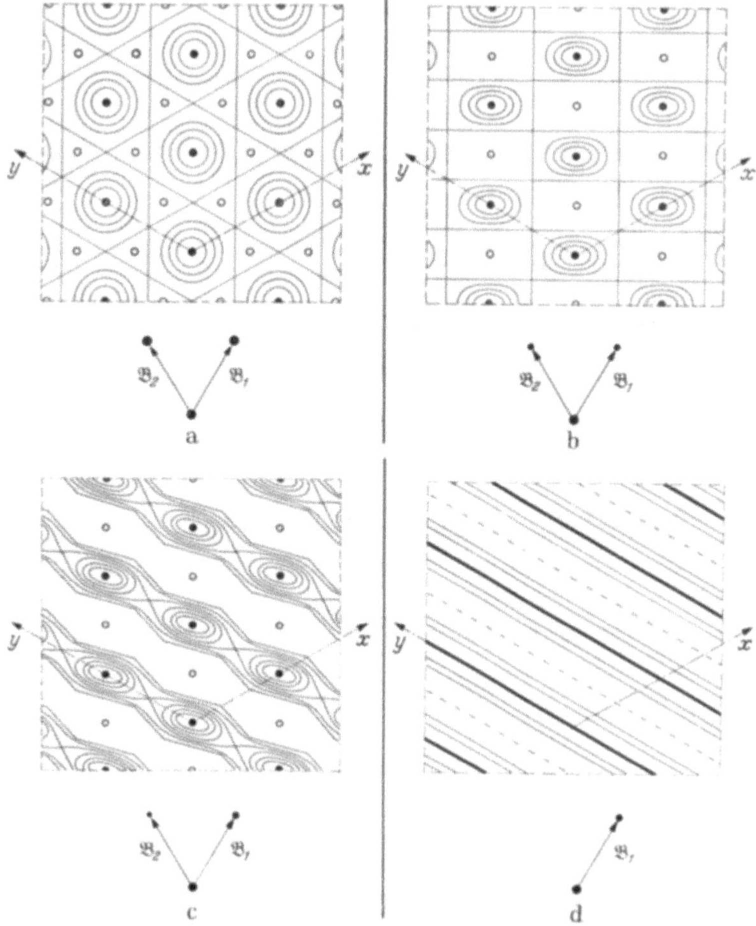

Abb. 3a—d. Berechnete Stromdichteverteilung in der Strahlaustrittsfläche der Kristalle bei unterschiedlichem Amplitudenverhältnis der beteiligten Wellen. (● Maxima, ○ Minima der Strahlstromdichte)

Ausdruck für die Stromdichteverteilung stehenden Kosinusfunktionen. Je nach der Richtung, in der diese Veränderung relativ zur Streifenrichtung stattfindet, können Krümmungen und Verschiebungen oder Abstandsänderungen der Streifen erfolgen, ohne daß Differenzen zwischen den Gitterabständen vorliegen müssen. Dies kann bei der Interpretation derartiger Effekte von Bedeutung sein.

Falls mehr als drei Wellen an der Abbildung beteiligt sind, kann sich unter bestimmten Voraussetzungen auch das Aussehen des Interferenzmusters in der Weise verändern, daß anstelle

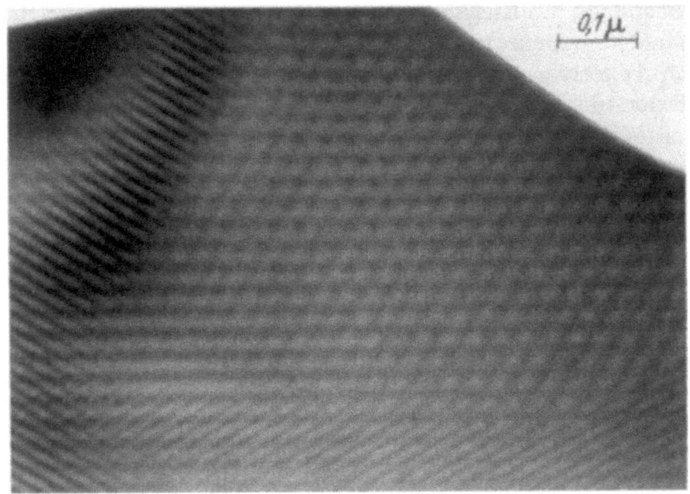

Abb. 4. Moiré eines MoS$_2$-Kristallpaares in angenäherter 120/210-Orientierung. Das Bild zeigt eine charakteristische Veränderung des Interferenzmusters infolge geringer Verbiegung der Kristalle

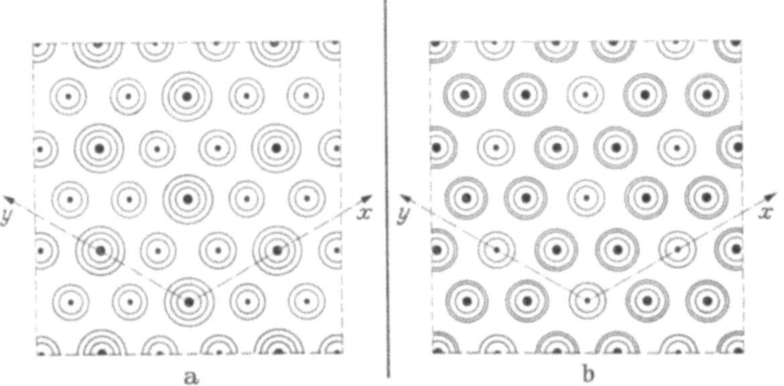

Abb. 5a u. b. Theoretische Stromdichteverteilungen in der Strahlaustrittsfläche der Kristalle bei bestimmten Voraussetzungen über die Amplituden der beteiligten Wellen

ähnlicher Stromdichtemaxima, wie sie die Abb. 3a zeigt, ausgesprochene Minima in gleicher Anordnung auftreten. Die Abb. 4 zeigt diese Veränderung im Moiré eines MoS$_2$-Kristallpaares, die offensichtlich durch eine nur geringe Verbiegung der Kristalle hervorgerufen wird. Man erkennt deutlich in der einen Bildhälfte das Auftreten von hellen punktförmigen Flecken auf dunklerem Untergrund, während andere Bildteile dunkle Punkte auf hellerem Grund aufweisen. Werden die Glieder der zweiten Zeile des Ausdrucks für die Stromdichteverteilung merklich, so erheben sich zwischen den Hauptmaxima kleinere Nebenmaxima (Abb. 5a). Im Bilde werden um je einen hellen Punkt sechs weniger helle zu sehen sein. Auch hier ist bei entsprechender Wahl der Amplituden und Phasenwinkel der Kosinusfunktionen eine Umkehrung in der Art denkbar, daß um ein relativ kleines Maximum sechs größere auftreten (Abb. 5b). Ein Beispiel dieser Fälle ist in Abb. 6 bei einem Kristallpaar in angenäherter 130/310-Orientierung zu sehen.

Die obigen Betrachtungen erscheinen geeignet, die Vielfältigkeit der auftretenden Interferenzmuster qualitativ verständlich zu machen, bis derartige Probleme streng mit Hilfe der dynamischen Beugungstheorie gelöst werden können. Vielleicht bietet schon das von NIEHRS (3) angegebene Streumatrix-Verfahren eine Möglichkeit dazu. Darüber hinaus erkennt man, in welcher Weise das Moiré beeinflußt werden kann, und daß beobachtete Veränderungen im Moiré nicht notwendig auf einen fehlerhaften Aufbau der Kristalle hinweisen müssen.

Abb. 6. Moiré eines MoS₂-Kristallpaares mit geringer Abweichung von der 130/310-Orientierung. Die Intensitätsverteilung im Bild entspricht den in Abb. 5a u. b dargestellten Verhältnissen

Herrn Professor Dr. K. MOLIÈRE und Herrn Privatdozent Dr. H. NIEHRS danke ich für ihr Interesse und für wertvolle Hinweise.

Literatur

1. Ross, K.: Untersuchungen über synthetisches Molybdändifsulfid. Bisher unveröffentlichte Diplomarbeit der Freien Universität Berlin 1957.
2. STABENOW, J.: Naturwissenschaften **44**, 360 (1957).
3. NIEHRS, H.: Dieser Band, S. 295.

Moiré patterns and other crystallinity effects in the electron microscopy of polyethylene single crystals

F. C. FRANK, A. KELLER and A. W. AGAR*

Bristol University and *Aeon Laboratories, Egham, Surrey (England)

Experimental. During our research on polymers we found that the crystallinity (as judged by electron diffraction) was lost by the irradiation of an electron beam intense enough to permit focusing of the picture, though the shape of the objects was not changed. Consequently, no high or medium power electron micrographs could be obtained of specimens which were still crystalline at the time the photograph was recorded. We have now overcome this difficulty by restricting the irradiation during focusing to a small area of the object with the double condenser system of the Siemens Elmiskop I. The beam intensity was then reduced and a part of the specimen not previously irradiated was brought into the beam and photographed. This technique enabled us to record crystallinity effects not previously observed. Fast working was essential as the specimens deteriorated even with the lowest intensities suitable for photography.

The subjects of these studies were polyethylene single crystals prepared in the form of a suspension (*1*). It was known that these thin lozenge-shaped crystals have an orthorombic structure, with the *a* and *b* axes along the long and short lozenge diameters respectively. The *c* axes (molecules) were perpendicular to the layers, a fact which requires the chains to be folded (*1*).

Fig. 1, 2 and 3 show three photographs obtained with the new technique [for the structure see (*2*)]. The newly observed effects can be classified as moiré patterns occurring where two or more layers are superposed (Fig. 1 and 2), and effects also occurring in single layers (Fig. 3).

Fig. 1. Polyethylene crystals showing moiré fringes

The theory of moiré patterns. Moiré patterns are produced whenever thin crystals with small differences in orientation or lattice spacings are superposed. Two modes of formation are involved: a) Double Bragg diffraction successively on two crystals. b) Mutual deformation at the surface of contact, most succinctly described as the formation of a grid of dislocations. (a) and (b) are clearly distinct modes, each might occur independently. The resulting patterns contain similar "vernier periodicities" by either mode.

If the crystals superposed are parallel but differ in a particular lattice spacing (denoted by d_1 and d_2) the corresponding moiré period will be $d_3 = d_1 d_2/(d_1 - d_2)$, and parallel to those in the crystal. In the case of contact this corresponds with a grid of edge dislocations. If the spacings are equal (d), but the two crystals have a small relative rotation α the moiré spacing will be $d_3 = d/2 \sin \frac{1}{2}\alpha \approx d/\alpha$, and orthogonal to the mean direction of the corresponding periodicities in the two crystals. This corresponds with a "twist boundary" interface if the layers are in contact. With monolayers this correspondence is complete; with thicker layers it depends on the particular selection of diffraction; there may be an integral number of moiré fringes per dislocation.

For double diffraction moirés (*3*) the conditions for repeated diffraction have to be satisfied. Two dimensional crystals (i. e. cross gratings) will diffract in all positions. In the case of thicker crystals however, special requirements have to be fulfilled, which for a given reflexion depend on

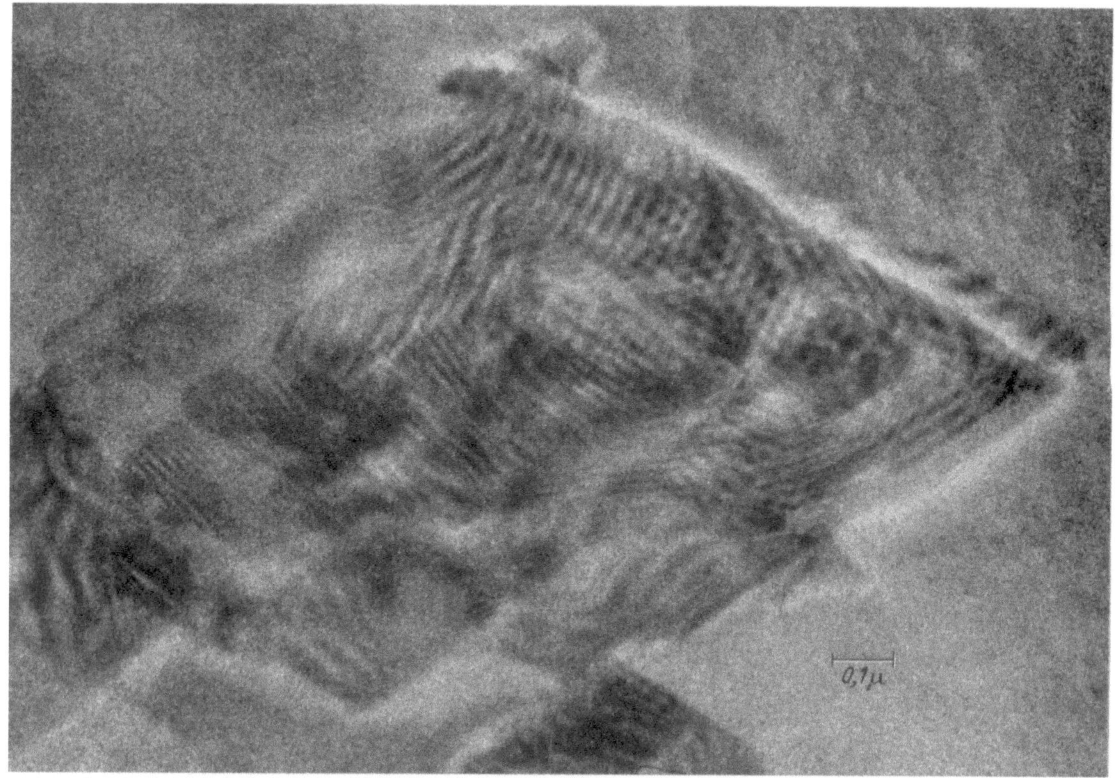

Fig. 2. Polyethylene crystals showing resolved moiré lattice

Fig. 3. Polyethylene crystal with interference contrast

the orientation and thickness of the crystal. By using kinematic theory (justified in this case where the hydrocarbon layers were 120 Å thick) we worked out the conditions for primary diffraction as a function of the above two variables. We found that whenever primary diffraction could occur conditions for repeated diffraction, and hence for moiré formation with periodicities as observed by us, were automatically satisfied.

By ABBE's theorem the images we see arise through the recombination of the diffracted beams (including the primary beam). The moirés are produced by those doubly diffracted beams which are very close to the primary beam. (The same applies to the environment of any primary reflexion). If these alone form the image by recombination, a magnified imperfect image of the lattice will result. This recombination can be carried out mathematically by forming the squared Fourier transform of the array of reciprocal lattice points, weighted according to the intensities. One diffraction (with or without its symmetrical pair) and the primary beam produce the image of a line grating. We showed that the inclusion of a third reflexion is sufficient to reproduce the main features of the lattice itself. For three reflexions the uncertainty in the phase angle only makes the position of the image in the image plane undefined.

It may be asked whether the light and dark regions in the image can be related to the atomic structure of the crystal. However, the contrast in the direct image from one of these crystals would first have to be defined. This depends on a number of factors such as simple elastic scattering, elastic component associated with inelastic scattering, out of focus phase contrast (4), and second order phase corrections, dependent on nuclear mass (5).

Existing theories are not sufficiently precise to enable the contrast in the direct image to be predicted, and hence we cannot do this for moirés either. However, since an additional phase factor φ has to be added in the case of moirés — for the nth order of diffraction at spacing d with the beam approximately normal,

$$\varphi = \frac{2\pi D}{\lambda}(\sec\vartheta - 1) \approx \frac{\pi D n^2 \lambda}{d^2}$$

where D is the distance between the mid planes of the two crystal plates and ϑ is the angle between the direct and diffracted beam. It follows that one could in principle reverse the contrast of the moiré by changing the wave length or the layer thickness.

Some comments on the photographs. Applying the above considerations we concluded that most of our moirés arose through a rotational displacement of layers which apparently is a characteristic mode of crystal growth in polyethylene. The two modes of formation could not readily be distinguished. Some moirés were in regions which diffracted only relatively weakly, if at all, hence it is possible that they were due to contact deformation. Undoubtedly the majority of the patterns were caused at least partly by double diffraction. In places the pseudo image of the lattice was revealed (Fig. 2). The curved fringes indicate lattice distortions. By comparing dark and light ground photographs and also by observing the selection of certain fringes by certain parts of the crystals we concluded that the orientation of the lattice was different in adjacent quadrants. This corresponds most likely to slightly oblique (non-orthorombic) lattices twinned along the lozenge diameters.

Effects within single layers (Fig. 3) are partly due to Bragg fringes and partly to crumpling of the layers (which is probably the source of the extinction). These effects were transient, they disappeared rapidly after the specimens were dried down from the suspension. We believe they might be caused by a readjustment of the fold length after drying. The quadrant formation is now directly observable. The existence of quadrants had been expected from our ideas on chain folding. Accordingly the chains should fold along the 110 direction (lozenge faces) which would lead to different fold directions in different parts of the crystals leading to four structurally different quadrants. The irregular fringes in Fig. 3 are not along simple crystallographic directions (not quite parallel to 110) and are not at present explicable. These examples illustrate some of the novel phenomena which where observable when the damaging effect of the electron beam was reduced. We believe that the recognition of this fact might be relevant to crystalline organic materials in general.

This work will be published in detail in the Philosophical Magazine.

References

1. Keller, A.: Philosophic. Mag. **2**, 1171 (1957).
2. Bunn, C. W.: Trans. Faraday Soc. **35**, 482 (1939).
3. Pashley, D. W., J. W. Menter and G. A. Bassett: Nature (Lond.) **179**, 752 (1957).
4. Haine, M. E.: J. sci. Instrum. **34**, 9 (1957).
5. Glauber, R., and V. Schomaker: Physic. Rev. **89**, 667 (1953).

The structural significance of moiré patterns

W. C. T. Dowell, J. L. Farrant and A. L. G. Rees

Division of Chemical Physics, C.S.I.R.O. Chemical Research Laboratories, Melbourne (Australia)

The fringe patterns which occur in electron micrographs of overlapping thin crystals were first observed almost simultaneously but independently in 1951 by Mitsubishi, Nagasaki and Uyeda (*1*), by Hillier (*2*) and by one of us (J. L. F.) (*2*) and since then have been the subject of many investigations. In 1956 the present authors (*3*) showed that in the case of pairs of sufficiently thin crystals rotationally disoriented through a small angle ε it should be possible to observe a complex of fringes, i. e., a moiré pattern, which is almost identical with the Patterson distribution of structure analysis. This paper describes the physical processes involved in the formation of moiré patterns and the possibility of observing patterns more directly related to the structure of the crystals than the Patterson function.

Consider a thin monoclinic crystal extended in the xz plane and illuminated at normal incidence by a parallel, geometrically and chromatically coherent electron beam of unit amplitude, zero phase and wavelength λ. Provided the crystal thickness t and the wavelength λ are sufficiently small, the emergent wave function is

$$q(x, t, z) = \exp\left\{-i\sigma \frac{t}{b}\, \varphi(x, z)\right\} \tag{1}$$

where

$$\varphi(x, z) = \frac{1}{A}\sum_h \sum_l E_{h0l} \exp\left\{-2\pi i\left(\frac{hx}{a} + \frac{lz}{c}\right)\right\}, \tag{2}$$

is the xz projection of the potential distribution, E_{h0l} are the Fourier coefficients, A is the area of the unit cell projected onto the xz plane, $\sigma = \dfrac{\pi}{\lambda w}$ and W is the electron accelerating potential. Provided $\sigma \dfrac{t}{b}\, \varphi(x, z)$ is small the wave function $q(x, t, z) = 1 - i\sigma \dfrac{t}{b}\, \varphi(x, z)$. This is a good approximation for small t and large W that is, when $\sigma \dfrac{t}{b}\, \varphi(x, z) < 0 \cdot 1$ radian. Thus the expression for the emergent wave is

$$q(x, t, z) = 1 - \sum_h \sum_l Q_{h0l} \exp\left\{-2\pi i\left(\frac{hx}{a} + \frac{lz}{c}\right)\right\}, \tag{3}$$

where

$$Q_{h0l} = i\sigma \frac{t}{b}\frac{1}{A}\, E_{h0l}.$$

This represents a set of plane waves consisting of the original wave and, in quadrature with it, a number of plane waves of amplitude Q_{h0l} diffracted through angles having the direction cosines

$$\frac{h\lambda}{a}, \; \frac{l\lambda}{c} \; \text{and} \; \left(1 - \frac{h^2\lambda^2}{a^2} - \frac{l^2\lambda^2}{c^2} - 2\,\frac{hl\lambda^2}{ac}\cos\beta\right)^{\frac{1}{2}}.$$

This argument treats the crystal as a phase grating. Though absorption does not occur in crystals as thin as those with which we are dealing, inelastic scattering substracts to some extent from the coherent wave producing much the same effect as absorption so that thin crystals are also, to a small degree, amplitude gratings.

The effect of the emergent wave at any subsequent point is the sum of the effects of its component plane waves. The distance travelled by the Q_{h0l} component in passing from $(0, t, 0)$ to $(x, t + r, z)$ is approximately

$$\frac{h\lambda x}{a} + \frac{l\lambda z}{c} + r\left(1 - \frac{h^2\lambda^2}{2a^2} - \frac{l^2\lambda^2}{2c^2} - \frac{hl\lambda^2}{ac}\cos\beta\right),$$

since $\frac{h\lambda}{a}$ and $\frac{l\lambda}{c}$ are small. Dropping the constant phase term $\exp\left(\frac{2\pi i r}{\lambda}\right)$ we obtain for the resultant wave function

$$q(x, t + r, z) = 1 - \sum_h \sum_l Q_{h0l} \exp\left[-2\pi i\left\{\left(\frac{hx}{a} + \frac{lz}{c}\right) - \frac{r}{2\lambda}\left(\frac{h^2\lambda^2}{a^2} + \frac{l^2\lambda^2}{c^2} + \frac{2hl\lambda^2}{ac}\cos\beta\right)\right\}\right], \qquad (4)$$

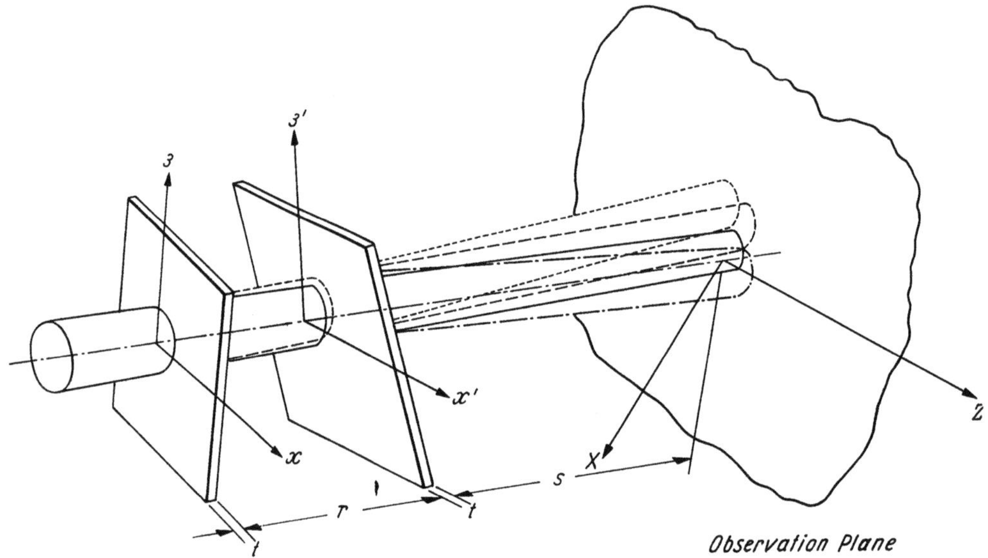

Fig. 1. Schematic diagrams of crystals and observation plane. The distances between crystals and observation plane are greatly exaggerated

Except for differences of notation this expression for the Fresnel diffraction pattern of a crystal is the same as the expression for the Fresnel pattern of a phase grating given by Zernike (4).

Consideration of the effect of a second identical crystal on each of the component plane waves of $q(x, t + r, z)$ will now yield the moiré pattern. Suppose that the second crystal lies in the (xz) plane at $y = t + r$ as shown in Fig. 1 and that its potential distribution projected on the xz plane is

$$\varphi'(x', z') = \frac{1}{A}\sum_{h'}\sum_{l'} E'_{h'0l'} \exp\left\{-2\pi i\left(\frac{h'x'}{a} + \frac{l'z'}{c}\right)\right\}, \qquad (5)$$

where x' and z' refer to axes rotated (anticlockwise) through an angle ε with respect to the axes of the first crystal. It is convenient to refer both crystals to new axes which are rotated 90° clockwise with respect to the bisectors of the angles between the axes of the two crystals (Fig. 2). The requisite transformations are

$$x = X\sin\frac{\varepsilon}{2} + (X\cot\beta + Z\csc\beta)\cos\frac{\varepsilon}{2},$$

$$z = Z\sin\frac{\varepsilon}{2} - (Z\cot\beta + X\csc\beta)\cos\frac{\varepsilon}{2},$$

$$x' = -X\sin\frac{\varepsilon}{2} + (X\cot\beta + Z\csc\beta)\cos\frac{\varepsilon}{2},$$

$$z' = -Z\sin\frac{\varepsilon}{2} - (Z\cot\beta + X\csc\beta)\cos\frac{\varepsilon}{2}.$$

In these coordinates the illumination falling on the second crystal is

$$q(X, t + r, Z) = 1 - \sum_h \sum_l Q_{h0l} \exp\left[-2\pi i\left\{\left(\frac{hX}{a} + \frac{lZ}{c}\right)\sin\frac{\varepsilon}{2}\right.\right.$$
$$\left.\left. + \left(\frac{hX}{a} - \frac{lZ}{c}\right)\cot\beta\cos\frac{\varepsilon}{2} + \left(\frac{hZ}{a} - \frac{lX}{c}\right)\operatorname{cosec}\beta\cos\frac{\varepsilon}{2} - \frac{r}{2\lambda}\left(\frac{h^2\lambda^2}{a^2} + \frac{l^2\lambda^2}{c^2} + \frac{2hl\lambda^2}{ac}\cos\beta\right)\right\}\right]. \tag{6}$$

and the projected potential distribution of the second crystal is

$$\varphi'(X, Z) = \frac{1}{A}\sum_{h'}\sum_{l'} E'_{h'0l'}\exp\left[-2\pi i\left\{-\left(\frac{h'X}{a} + \frac{l'Z}{c}\right)\sin\frac{\varepsilon}{2}\right.\right.$$
$$\left.\left. + \left(\frac{h'X}{a} - \frac{l'Z}{c}\right)\cot\beta\cos\frac{\varepsilon}{2} + \left(\frac{h'Z}{a} - \frac{l'X}{c}\right)\operatorname{cosec}\beta\cos\frac{\varepsilon}{2}\right\}\right]. \tag{7}$$

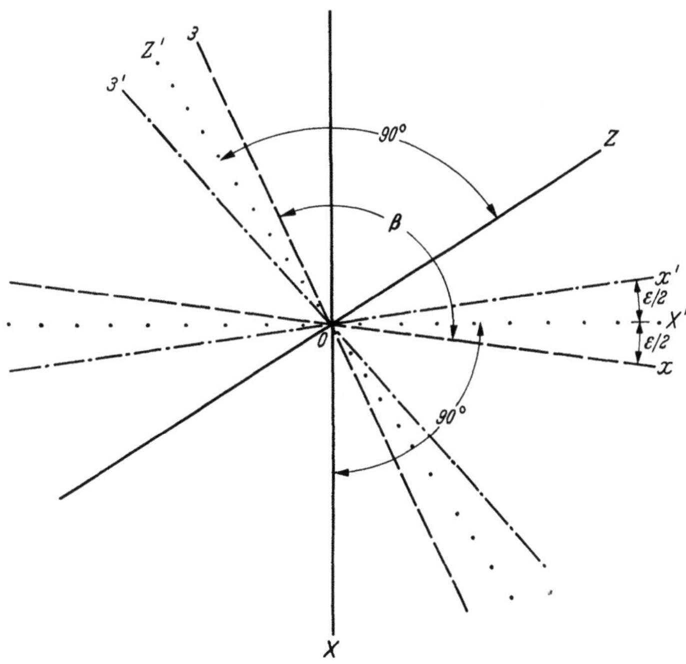

Fig. 2. Diagram of crystal axes and reference axes

Each component Q_{h0l} of $q(x, t + r, z)$ is transformed by the second crystal into an angular spectrum and the effect of all the components is to give the wave function

$$q(X, t + r + t, Z)$$

$$= \left[1 - i\sigma\frac{t}{b}\frac{1}{A}\sum_h\sum_l E_{h0l}\exp\left[-2\pi i\left\{\left(\frac{hX}{a} + \frac{lZ}{c}\right)\sin\frac{\varepsilon}{2}\right.\right.\right.$$
$$\left.\left. + \left(\frac{hX}{a} - \frac{lZ}{c}\right)\cot\beta\cos\frac{\varepsilon}{2} + \left(\frac{hZ}{a} - \frac{lX}{c}\right)\operatorname{cosec}\beta\cos\frac{\varepsilon}{2} - \frac{r}{2\lambda}\left(\frac{h^2\lambda^2}{a^2} + \frac{l^2\lambda^2}{c^2} + \frac{hl\lambda^2}{ac}\right)\cos\beta\right\}\right]\right]$$
$$\times \left[1 - i\sigma\frac{t}{b}\frac{1}{A}\sum_{h'}\sum_{l'} E'_{h'0l'}\exp\left[-2\pi i\left\{-\left(\frac{h'X}{a} + \frac{l'Z}{c}\right)\sin\frac{\varepsilon}{2}\right.\right.\right. \tag{8}$$
$$\left.\left. + \left(\frac{h'X}{a} - \frac{l'Z}{c}\right)\cot\beta\cos\frac{\varepsilon}{2} + \left(\frac{h'Z}{a} - \frac{l'X}{c}\right)\operatorname{cosec}\beta\cos\frac{\varepsilon}{2}\right\}\right]\right].$$

Earlier (3) we showed that provided $\varepsilon < 0.1$ radian the only terms of the above product which make significant contributions to the image obtained with contemporary electron microscopes

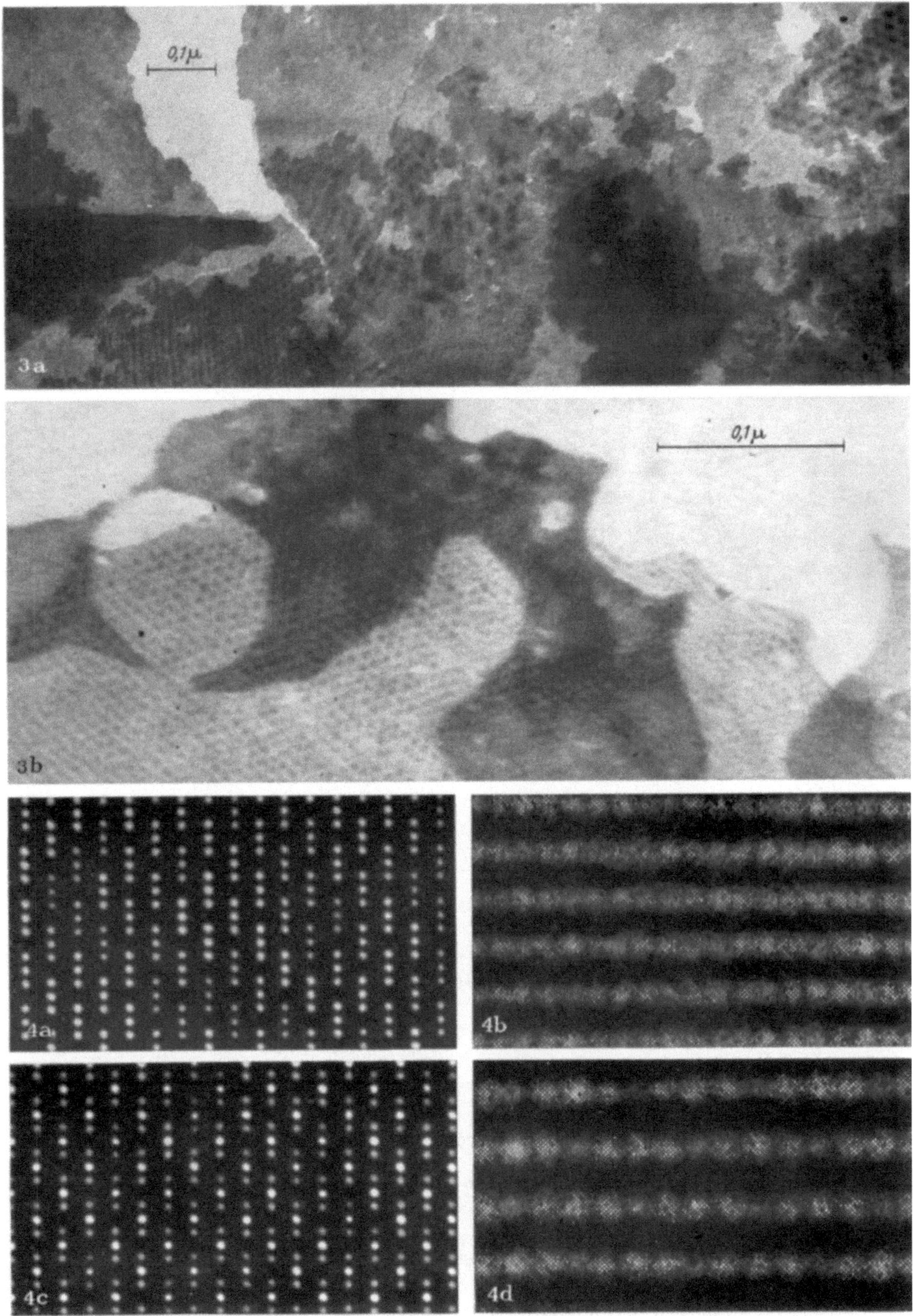

Fig. 3a and b. Patterson-like moiré patterns from superimposed basic lead carbonate crystals
Fig. 4a—d. a) Optical model of crystal lattice. b) Moiré pattern from 4a superimposed on 4a.
c) Model of isomorphous lattice. d) Moiré pattern from 4a on 4b

are those for which $h'l' = \bar{h}\bar{l}$. Since for centrosymmetric crystals $E_{h0l} = E_{\bar{h}0\bar{l}}$ the product reduces to

$$q'(X, t+r+t, Z) = \left[1 - 2i\sigma\,\frac{t}{b}\,\frac{1}{A}\,E_{000} - \sigma^2\,\frac{t^2}{b^2}\,\frac{1}{A^2}\sum_h\sum_l |E_{h0l}|^2\right.$$
$$\left. \exp\left[-2\pi i\left\{\left(\frac{hX}{a} + \frac{lZ}{b}\right)2\sin\frac{\varepsilon}{2} - \frac{r}{2\lambda}\left(\frac{h^2\lambda^2}{a^2} + \frac{l^2\lambda^2}{c^2} + \frac{2hl\lambda^2}{ac}\cos\beta\right)\right\}\right]\right]. \qquad (9)$$

Provided r does not exceed a few wavelengths the term $\exp\dfrac{\pi i r}{\lambda}\left(\dfrac{h^2\lambda^2}{a^2} + \dfrac{l^2\lambda^2}{c^2} + \dfrac{2hl\lambda^2}{ac}\cos\beta\right)$

has negligible effect for all significant values of h and l. For greater values of r the effect of this term may be eliminated by adjustment of focus.

The image intensity is then $q' \times q'^*$, where

$$q' = \left[1 - 2i\sigma\,\frac{t}{b}\,\frac{1}{A}\,E_{000} - \sigma^2\,\frac{t^2}{b^2}\,\frac{1}{A^2}\sum_h\sum_l |E_{h0l}|^2\exp\left[-2\pi i\left(\frac{hX}{a} + \frac{lZ}{c}\right)2\sin\frac{\varepsilon}{2}\right]\right]. \qquad (10)$$

and this is the square of the Patterson distribution, magnified by the factor $\dfrac{1}{2\sin\dfrac{\varepsilon}{2}}$ and superimposed

on a bright background. Fig. 3a and 3b show distributions of this type in superimposed basic lead carbonate crystals.

If the crystals are an isomorphous pair, one of which contains a heavy atom, then the moiré pattern is no longer the Patterson distribution but resembles, to some extent, the crystal distribution. This is illustrated by an optical model in Fig. 4. The pattern 4a superimposed on itself gives the moiré shown in 4b. However, when superimposed on its isomorph 4c it gives pattern 4d, which resembles the original distribution.

Dr. J. M. Cowley and Mr. A. F. Moodie of this Laboratory have prepared for publication a treatment of moiré patterns under more general illumination conditions than we have given here. They arrived at the isomorphous crystal method from theoretical considerations whereas we observed its occurrence with optical models.

References

1. Mitsuishi, T., H. Nagasaki, and R. Uyeda: Proc. Imp. Acad. Japan **27**, 86 (1951).
2. Hillier, J.: Nat. Bur. Stand. Circ. No. 527, 413 (1954).
3. Dowell, W. C. T., J. L. Farrant and A. L. G. Rees: Proc. First Regional Conference on Electron Microscopy in Asia and Oceania. p. 320, Tokyo 1956.
4. Zernike, F.: Physica **9**, 686 (1942).

Zur Theorie der Moiré-Muster

Otto Rang

Physikalisches Laboratorium, Mosbach (Deutschland)

Zum Verständnis der Moiré-Muster auf übereinanderliegenden Kristallen werden häufig lichtoptische Modelle übereinanderliegender Strichgitter angeführt (*1—4*). Diese Modellvorstellungen sind in der vorliegenden Form jedoch nicht allgemeingültig und treffen außerdem nicht, wie meist angenommen, auf die elektronenmikroskopische Hellfeld-Abbildung zu, sondern vielmehr auf die Dunkelfeld-Abbildung im Lichte eines definierten Gitterreflexes (*5*). Sowohl die Analogie zur Dunkelfeld-Abbildung als auch die Verallgemeinerung der Moiré-Modelle läßt sich zwar unmittelbar aus den Versuchen und Überlegungen folgern, die auf der Tübinger Tagung für Elektronenmikroskopie 1952 vorgetragen wurden (*6—9*), doch offenbar hat die Besonderheit der damals gezeigten Fern-Interferenzen an Glimmerblasen den unmittelbaren Zusammenhang zu anderen Moirés (*10—14*) nicht erkennen lassen. Das spiegelt sich beispielsweise noch in einem Vortrag auf der Londoner Tagung 1954 (*13*) und selbst in der dazu abgegebenen Diskussionsbemerkung des Verfassers wider (*15*).

24*

Zum Beweis, daß das elektronenoptische Hellfeld-Moiré dem lichtoptischen Moiré zweier Absorptionsgitter nicht entspricht, sondern ihm komplementär ist, diene folgende kurze Überlegung:

Unter Beschränkung auf die geometrische Theorie der Elektronen-Interferenzen berechnet sich der Gitterfaktor G zweier übereinanderliegender, gleicher und gleich orientierter Kristalle, die um den Vektor v in Richtung des reziproken Gittervektors B verschoben sind (Abb. 1), nach der Formel

$$G = 4G_0 \cos^2 \pi v B ,$$

worin G_0 den Gitterfaktor eines einzelnen Kristalls bedeutet. Diese zunächst für den Gitterfaktor G der ganzen, gleichen und gleich orientierten Kristalle abgeleitete Formel läßt sich auch auf einzelne Bildpunkte der Elektronenbilder verschiedener oder irgendwie verkanteter Kristalle

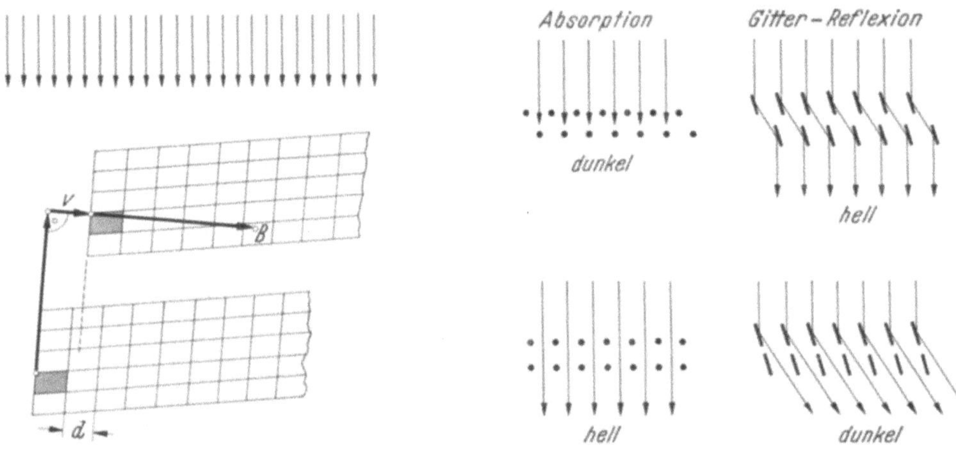

<table>
<tr><td>Abb. 1. Zur Berechnung des Gitterfaktors
übereinanderliegender Kristalle</td><td>Abb. 2. Gegenüberstellung von Absorptions- und stark
schematisiertem Reflexionsmodell zur Deutung von
Fern-Interferenzen</td></tr>
</table>

anwenden. Der Verschiebungsvektor v nimmt für einzelne Bildpunkte dann verschiedenen Wert an, so daß die Bildhelligkeit schwankt: Es liegt ein Moiré-Muster vor. Für die unmittelbare Anschauung ist dabei immer die Lage der reflektierenden Netzebenen zueinander entscheidend. Sowohl aus der Formel für G als auch aus noch spezielleren Rechnungen der Arbeit (8) geht hervor, daß der Gitterfaktor an all denjenigen Stellen ein Maximum hat, an denen Netzebenen des einen Kristalls als Fortsetzung der Netzebenen des anderen erscheinen, während ein Minimum dann auftritt, wenn die beiderseitigen Netzebenen in der Projektion zwischeneinander liegen. Das ist aber genau das gegenteilige Verhalten gegenüber dem lichtoptischen Modell übereinanderliegender Gitter (Abb. 2). Bei Dunkelfeld-Abbildung herrscht dagegen Übereinstimmung.

Die Verallgemeinerung des üblichen Strichgittermodells besteht darin, daß man es auch auf Moirés von räumlich entfernten Kristallgittern anwenden kann, wenn man die Beleuchtungsrichtung der Modellgitter nicht beliebig, sondern nach folgender Regel wählt: *Die Beleuchtungsrichtung muß zusammen mit den Geraden der Modellgitter Ebenen bilden, die senkrecht stehen zu den zuständigen Impulsvektoren für die Elektronen-Reflexion in den Kristallen.* Bei sehr kleinen gegenseitigen Verkantungen der einzelnen Kristalle bzw. Kristallstellen ersetzen die aus dem Modellgitter und der Beleuchtungsrichtung gebildeten Ebenen also praktisch die Netzebenen, und es liegt das in (8) gegebene Schema vor.

Leider können an dieser Stelle nicht alle die typischen Modelle für die Moiré-Entstehung gezeigt werden, die in der Literatur zur Deutung von Intensitätsschwankungen auf den Elektronenbildern übereinanderliegender Kristalle erwogen wurden. Es handelt sich dabei im wesentlichen um vier Grundtypen, nämlich um Parallelmoirés (4), Rotationsmoirés (11, 12) und zwei verschiedene Arten von Verkantungsmoirés (6, 10). Als Auswahl aus den vorgeführten Modellversuchen ist in Abb. 3 nur ein komplizierteres Verkantungsmoiré gezeigt, das bei gleich orientierten, aber gewölbten Folien entstehen kann. Voraussetzung für die Verkantungsmoirés in der

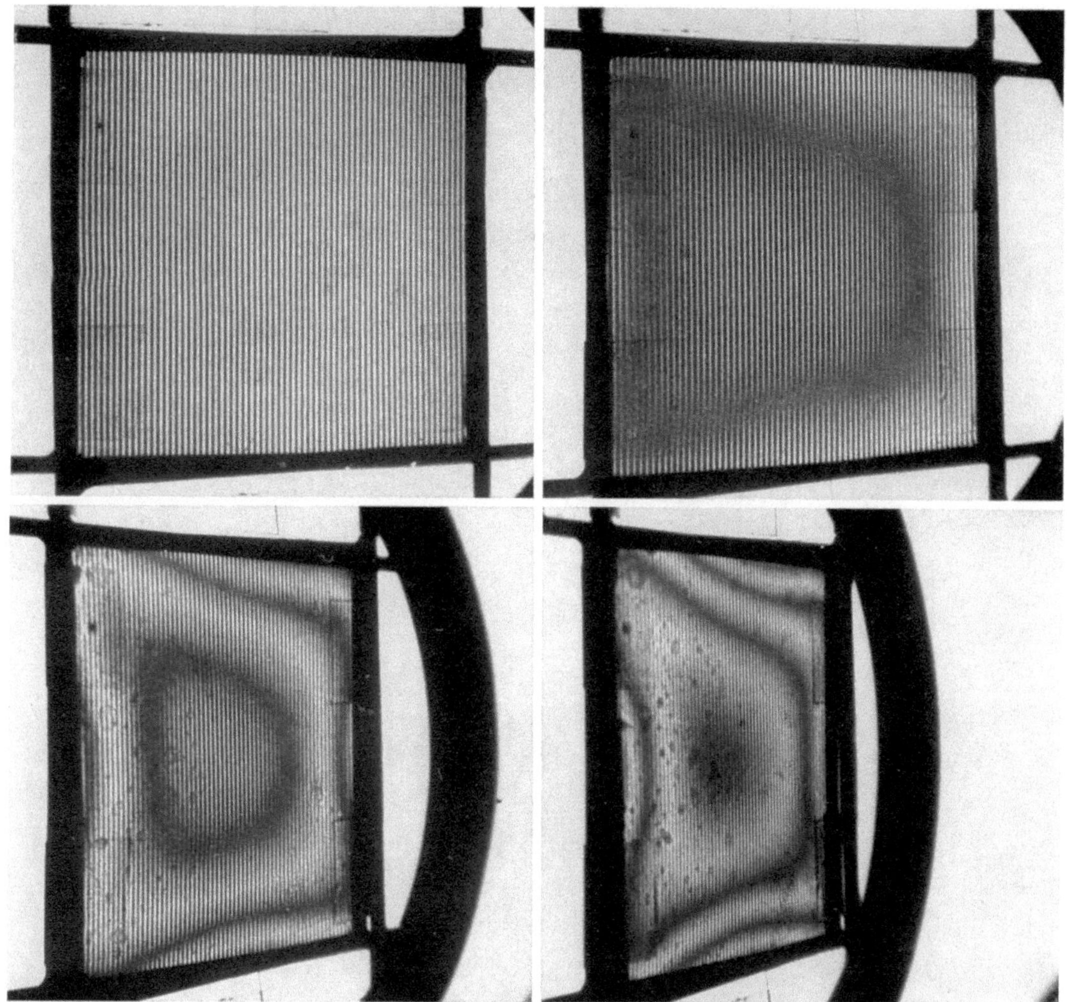

Abb. 3. Moirés bei verschiedener Beleuchtung zweier übereinanderliegender Strichgitter, die zwar gleich orientiert, aber leicht gewölbt sind

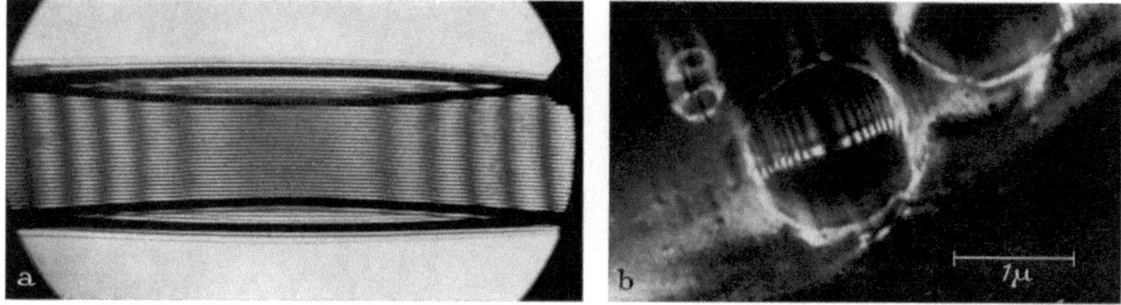

Abb. 4a u. b. Gegenüberstellung von Modell und Elektronenbild von Fern-Interferenzen an einer Glimmer-Blase

Elektronenmikroskopie ist übrigens immer eine Schräglage der Netzebenen gegenüber den Außenflächen der dünnen Kristalle. Denn die lichtoptischen Modelle zeigen einen Moiré-Effekt nur bei Schrägbeleuchtung.

In Abb. 4a ist schließlich das lichtoptische Modell für die vom Verfasser seinerzeit durchgeführten Experimente an Glimmerblasen (*6—8*) wiedergegeben. Die Beleuchtungsrichtung des Modells ist entsprechend der Netzebenenlage in monoklinen Glimmer schräg gewählt. Abb. 4b zeigt die entsprechende Interferenz-Erscheinung im Elektronen-Dunkelfeldbild.

Leider läßt der Mangel des hier zur Verfügung stehenden Raumes keine weiteren Erklärungen zu den angedeuteten Problemen und keine weitere Wiedergabe von Elektronenbildern zu. In der Zeitschrift für Kristallographie ist eine ausführliche Arbeit darüber im Druck.

Literatur

1. Green, T. A., et J. Weigle: Helv. phys. Acta **21,** 217 (1948).
2. Hashimoto, H., and R. Uyeda: Acta crystallogr. (Lond.) **10,** 143 (1957).
3. Dowell, W. C. T., J. L. Farrant and A. L. G. Rees: Proc. Reg. Conf. Electr. Micr. Tokyo 1956, p. 320 (1957).
4. Pashley, D. W., J. W. Menter and G. A. Bassett: Micrographs, Nature (Lond.) **179,** 752 (1957).
5. Rang, O., u. H. Schluge: Optik **9,** 463 (1952).
6. — Phys. Verh. **3,** 115 (1952).
7. — Phys. Verh. **3,** 190 (1952).
8. — Z. Physik **136,** 465 (1953).
9. — Phys. Bl. **10,** 452 (1954).
10. Mitsuishi, T., H. Nagasaki and R. Uyeda: Proc. Japan Acad. **27,** 86 (1951).
11. Seki, Y.: J. Phys. Soc. Japan **6,** 534 (1953).
12. — J. Phys. Soc. Japan **8,** 149 (1953).
13. Dowell, W. C. T., J. L. Farrant and A. L. G. Rees: Proc. Int. Conf. Electr. Micr. London 1954, p. 279 (1956).
14. Bernard, R., et E. Pernoux: C. R. Acad. Sci. (Paris) **236,** 189 (1953).
15. Rang, O.: Diskussionsbemerkung, Proc. Int. Conf. Electr. Micr. London 1954, p. 282 (1956).

C. Elektronenmikroskopische Präparationstechnik*

1. Trägerfolien

Stable substrates on annular discs

W. C. T. Dowell

Division of Chemical Physics, Chemical Research Laboratories, Commonwealth Scientific and Industrial
Research Organization, Melbourne (Australia)**

For the examination of extended specimens such as ribbons of serial sections, thin metal films
and some replicas in the electron microscope, it is desirable that the field of view should not be
obstructed by grid bars. Suitable supporting substrates must satisfy five essential conditions.

a) They should be easily prepared and mounted over holes of at least 0.5 mm diameter.

b) Under intense electron bombardment they should not contribute to specimen shrinkage or movement.

c) They must not break under the strains imposed in picking up floating specimens and subsequently drying them.

d) Their area density should be very low.

e) They must be clean and smooth.

These requirements are fulfilled by composite films of plastic and carbon which are easily mounted on discs of 1—2 mm internal diameter.

Glass slides are coated with about 100 Å of evaporated carbon, dipped into solutions of formvar or collodion and stood nearly vertical to dry. Solutions generally used are 0.1% formvar in chloroform, 0.15% collodion in ethyl acetate or 0.25% collodion in amyl acetate. The films are stripped and floated on to the surface of water in a shallow dish. The precautions to

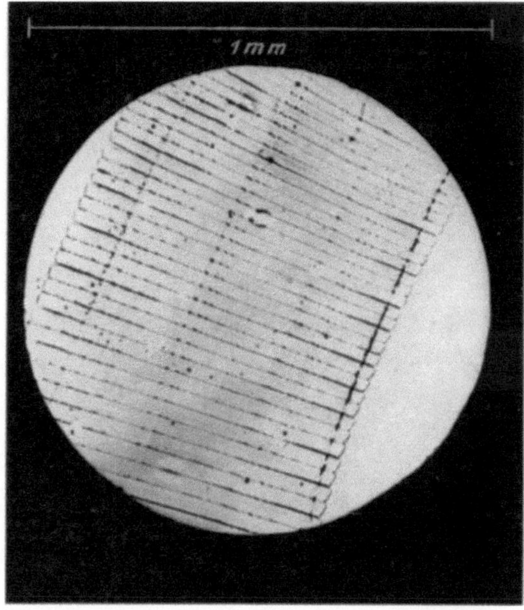

Fig. 1. Light micrograph of serial sections on a substrate covering a hole 1 mm in diameter

be taken in this procedure have been described recently (1). Carbon strips readily from the normal type of microscope slide obtained from Chance Bros. Ltd., but less readily from some other types which we have used.

A carrier plate is placed on the floor of the dish. This is simply a metal plate of dimensions similar to those of the glass slide, in which holes slightly smaller than the external diameter of the discs have been bored at regular intervals. Discs are placed centrally over the holes, and thus supported, are raised through the water surface to collect the floating film. Air bubbles will not be attached to the discs or plate if these have previously been rinsed in acetone and then stored under water.

---

* Die speziell biologischen Präparaten zugehörige Technik, insbesondere Mikrotomie, siehe Band II, S. 1 ff.

** Present Address: Institut für Elektronenmikroskopie am Fritz-Haber-Institut der Max-Planck-Gesellschaft, Berlin-Dahlem.

The covered discs are allowed to dry in air for several hours on the carrier plate. Substrates are then inspected with a low-power lens and any showing obvious imperfections are rejected.

The discs most frequently used in our laboratories are punched from 0.15 mm hardened copper sheet with central holes of 0.6 mm and 1.0 mm diameter. Slots 1 mm $\times$ 2 mm and holes 1.5 or 2.0 mm in diameter have been used with success in discs of $^1/_8$ inch external diameter. Specimen stages such as those in Philips electron microscopes are especially suitable for long slotted specimen mounts and other microscopes could be modified to take similar advantage of the increased field of view available with these substrates.

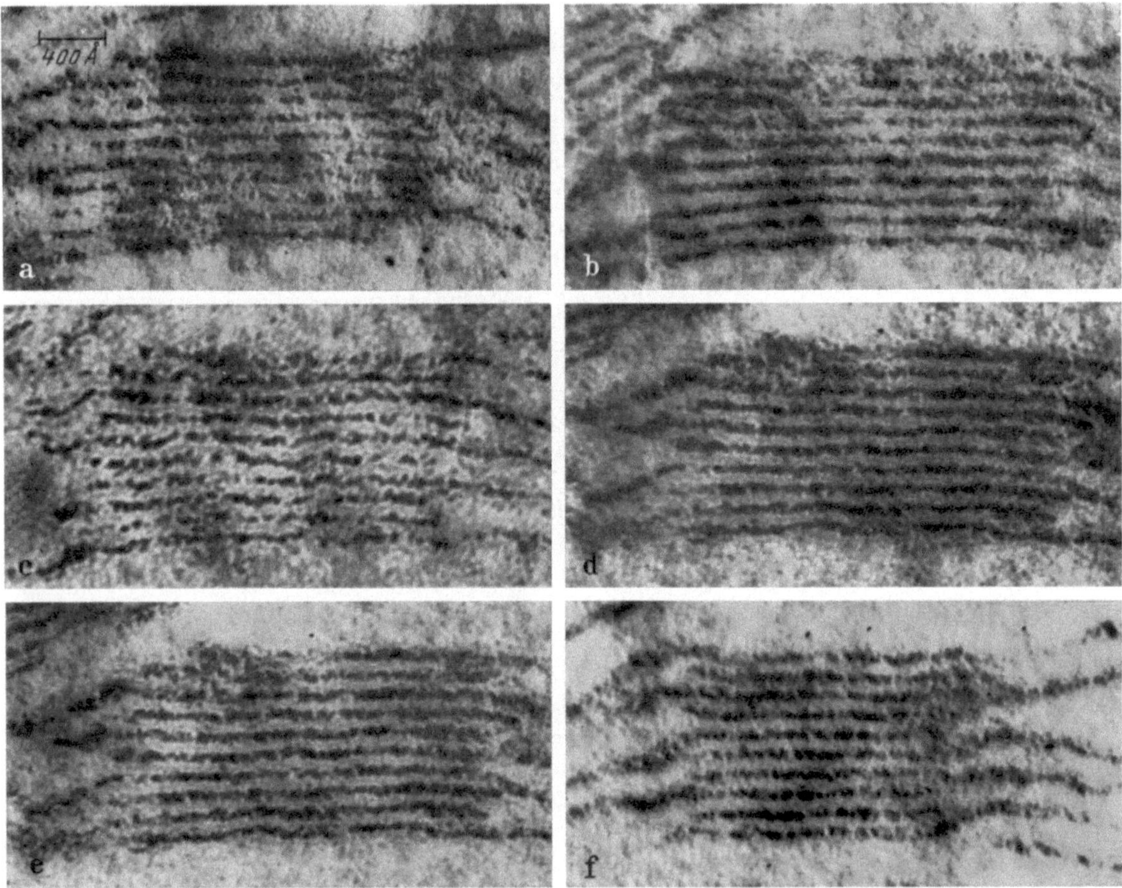

Fig. 2a—f. Serial sections of a granum in a mesophyll chloroplast of maize. RCA EMU-1

Floating serial sections are picked up directly. The extent of the open area greatly facilitates this operation and no special aligning technique of the type used for slotted grids is required. Drying at room temperature is recommended although sections mounted over 1 mm holes may be placed in a warm oven and those over 0.6 mm holes may be dried with filter paper. The light micrograph (Fig. 1) shows a ribbon of serial sections mounted in a typical fashion over a hole of 1 mm diameter. In this instance thick sections were used to enhance optical contrast.

These substrates will withstand moderately rough treatment before examination in the electron beam, but they must be handled very carefully once the plastic component has been embrittled by electron bombardment. For instance, slow introduction of air into the specimen chamber is necessary to avoid breaking the film. The chloroplasts sections shown in Fig. 2 were mounted on a composite film of carbon and collodion covering a hole 1 mm in diameter. The air in the specimen chamber was changed at least once before each micrograph was taken. The rate of specimen contamination is considerably reduced as a general rule since there need be no metal near the area irradiated by the electron beam.

Fig. 3 is an enlargement of Fig. 2d. The fact that the light intermediate zones are visible with good contrast shows that the films, though composite, are thin enough and stable enough to allow the recording of faint detail at high resolution.

Thinner substrates can be mounted over the smaller holes, but the proportion of carbon to plastic should be approximately preserved. If there is too much carbon the films may break on drying and if there is too little the plastic will not be stabilized. Silicon monoxide has been used in place of carbon.

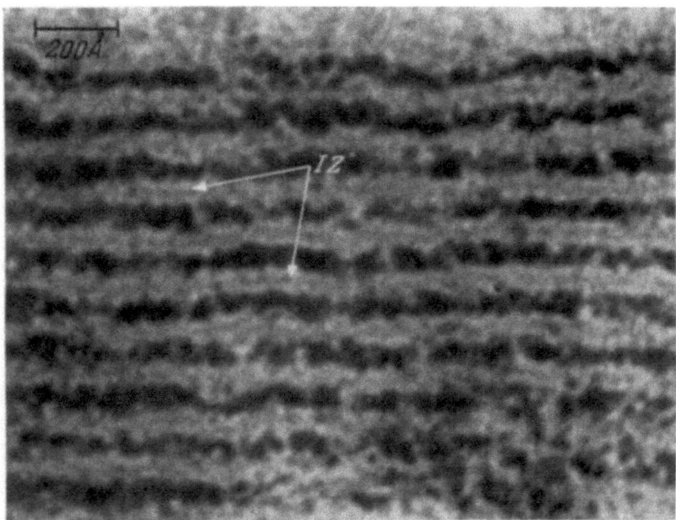

Fig. 3. Part of the section shown in Fig. 2d. [Note intermediate zones (*IZ*)]

Preliminary experiments on the composite films as phase plates have been carried out and it has been established that they will not break in the intense beam at the back focal plane of the objective lens.

The author is grateful to Dr. J. D. McLEAN, who cut the sections on a microtome designed by FARRANT and POWELL (*2*).

References

1. DOWELL, W. C. T.: J. appl. Physics **28**, 634 (1957).
2. FARRANT, J. L., and S. E. POWELL: Proc. First Regional Conf. in Asia and Oceania. p. 147. Tokyo 1956.

The use of charged polymers for supporting films for the electron microscopy of macromolecules

M. S. C. BIRBECK

Chester Beatty Research Institute (Institute of Cancer Research: Royal Cancer Hospital), London, S. W. 3

The use of charged polymers for making substrate films was originally described (BIRBECK and STACEY, 1958) for the examination of deoxyribosenucleic acid (DNA) molecules. It was found that when DNA was dried down on to conventional substrate films (formvar or collodion) the molecules would not adhere to the film but instead were deposited in a large mass at the centre of the drying drops. By using films made of a co-polymer of styrene and vinyl pyridine, it was found that the molecules could be made to adhere to the film and remain separated from each other. The particular co-polymer chosen was one which possesses positive charges on the pyridine groups to attract the negatively charged DNA molecules. Films of these co-polymers may be made by stripping from a glass slide in a manner similar to that used for formvar, and the films are mechanically strong and stable in the microscope.

Hall (1956) has described a method using mica surfaces for the examination of macromolecules, and he suggests that it is the hydrophilic property of mica which makes it suitable for this purpose. The fact that the hydrophilic nature of polymers may be increased by the additions of charged groupings suggested that the vinyl-pyridine co-polymers might be suitable for other molecules than DNA, and in particular various proteins. The decreasing angle of contact of water with increasing number of charged groups is shown in Fig. 1.

As an experiment to see the effect of increasing charge, various materials were dried down on to both the charged co-polymers and on to polystyrene. The latter has no charged groups and is extremely hydrophobic. The materials in 0.1 M ammonium acetate solution and in appropriate concentration were sprayed, using about 20 μ drops, on to the films which were mounted on grids. The grids were then shadowed and examined in the microscope. It was found that in most cases there was some difference between the molecules on the charged and uncharged films. With some molecules the difference was slight; for example ferritin,

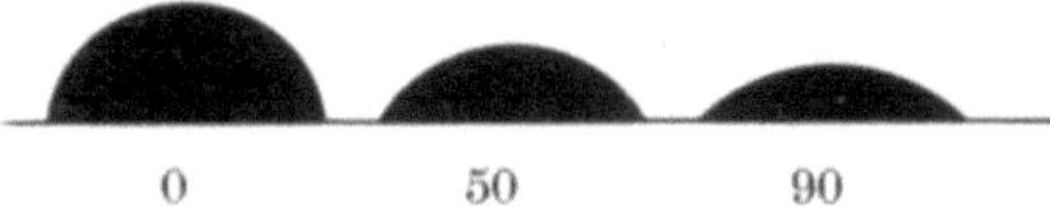

Fig. 1. A drawing of the profile of water drops (with addition of 0.1 M ammonium acetate) on polymer substrate films. 0 contains no vinyl pyridine groups and is therefore pure polystyrene. 50 and 90 contain 50% and 90% vinyl pyridine groups respectively

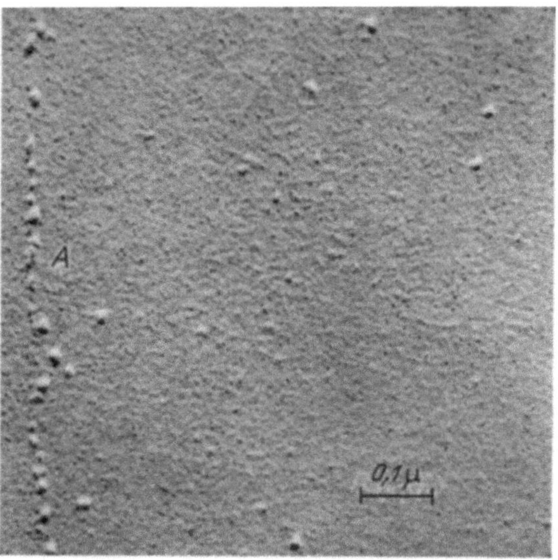

Fig. 2. Molecules of catalase on a 50% polyvinyl pyridine film. A is the edge of the drop where a ring of molecules is deposited. This is in marked contrast to the hydrophobic films where all the molecules are in the centre. Other molecules may be seen inside the drop

which is known to be an extremely tough protein, was found to be only slightly distorted in a few instances when dried down on to the polystyrene film. Other proteins, for example catalase and xanthine oxidase, when examined on polystyrene, were completely aggregated and were found in large masses at the centre of the drop, with no isolated molecules left at the periphery of the drop. However, when these molecules were examined using 50% vinyl pyride/polystyrene co-polymer, these were dispersed throughout the area of the drop and appeared neither aggregated or denatured. An electron micrograph of catalase on the charged film is shown in Fig. 2. It shows the individual molecules about 100 Å in diameter and also demonstrates that the surface background of these films is relatively smooth.

Thus the effect of drying down proteins on the hydrophobic films was one mainly of particle aggregation, but when T 2 bacteriophage was examined on polystyrene (Fig. 3), actual disruption of the structure could be observed. In some cases the head is pulled away from the tail of the phage, and in nearly all cases the head is flattened and the tail fibres are unwound from the tail. The same phage applied to the charged films showed good preservation of all these structures. The fact that phage particles dried on to formvar and collodion usually give reasonable preservation of their structure would suggest that these films are not as hydrophobic as polystyrene. However, the unwinding of the tail fibres which is often seen with these films may be produced during the drying of the phage particle.

In conclusion these experiments show that the structure of macromolecules may be modified by the nature of the substrate film on to which they are dried. Furthermore the use of charged co-polymer films is shown to be desirable for the examination of some proteins.

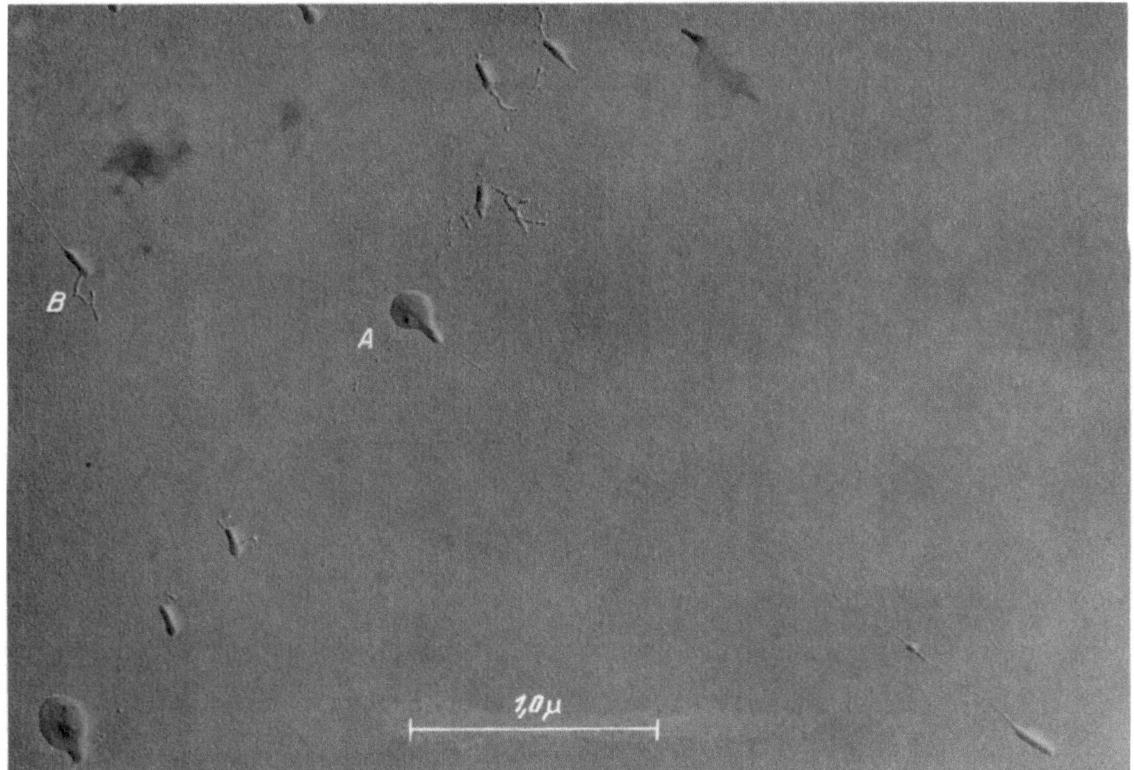

Fig. 3. A micrograph of T 2 phage particles on polystyrene. A phage head separated by a DNA fibre from its tail may be seen at *A*. *B* shows another tail with tail fibres unwound

References

Birbeck, M. S. C., and K. A. Stacey: J. biophys. biochem. Cytol. **5**, 167 (1959).
Hall, C. E.: J. biophys. biochem. Cytol. **2**, 625 (1956).

The mechanical strength of thin films under electron bombardment

E. Sugata, H. Yokoya and K. Kitakaze
Osaka University, Osaka (Japan)

We have continued to search for the thin film which transmits an energied electron beam of more than 50 keV without large scattering and which withstands a pressure difference of more than one atmospheric pressure safely.

First, we examined thin collodion films. A fairly thin film of this material could resist 1 atmospheric pressure difference if the film was not bombarded by the electron beam. Under electron bombardment this material became weak. Second, we tested the evaporated carbon film on the collodion film. This was stronger than the collodion under electron bombardment. Third, SiO film was tested. This seemed to be more brittle than the carbon film.

A theoretical equation of the strength of the thin films. If a thin film stretching over a circular hole is broken by a uniform pressure, a functional relation exists between the thickness of film t, the diameter of the hole d and the pressure p (*1*).

$$pd = kt$$

$$k = \left(\frac{\sigma^3}{0.423^3\,E}\right)^{\frac{1}{2}} \qquad : \text{constant}$$

$\sigma:$ tensile strength of the thin film

$E:$ Young's modulus

Constant k depends on the properties of the material alone. When t is constant, p and d have an inversely proportional relation. We used the hole whose diameter was 0.2 mm.

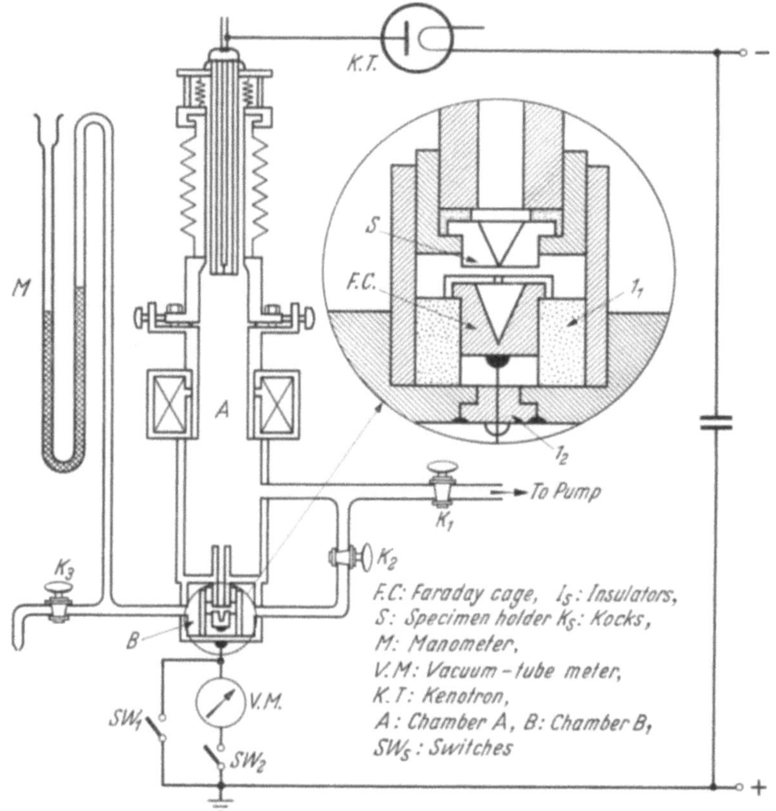

Fig. 1. Schematic illustration of experimental apparatus

Experimental apparatus is shown in Fig. 1. Part A is a vacuum space in which an electron beam is accelerated by 50 kV, d. c. voltage, and bombards a thin film specimen. S is a specimen holder whose hole is covered with the thin film. Part B is a space whose pressure is changed at will. F. C. is a Faraday cage for measuring the beam current. M is a manometer for measuring the pressure difference p.

The electron beam current into the Faraday cage is measured by a vacuum-tube-meter. In order to limit a rushing current when the film breaks and electric discharge occurs through Part A, a Kenotron tube K-T- is inserted between the electric source and the apparatus.

Testing method. At the start, parts A and B are connected by a pipe in order to be pumped out at the same vacuum state. An electron beam is injected and its intensity is adjusted by measuring the beam current into the Faraday cage. We used constant beam current intensities of $2 \times 10^{-3}\ \mu\text{A}$ and $0.1\ \mu\text{A}$ which passed through 0.2 mm diameter hole. After this adjustment of beam current, we took off the vacuum-tube-meter to protect it from damage by the rushing current.

At this point, part B is cut-off from part A and then air is gradually introduced into part B. A pressure difference between parts A and B will be produced by this introduction of air. If this pressure difference reaches a value corresponding to the above equation, the thin film will break and electric discharge will occur. In this way we can measure the pressure difference p.

About the collodion film we had get the results which fairly coincide with the theoretical curve (1). But, about carbon film, the measured strength has very different values as shown in Fig. 2 and Fig. 3. The reason for this fluctuation is not clear yet. The thickness of carbon film

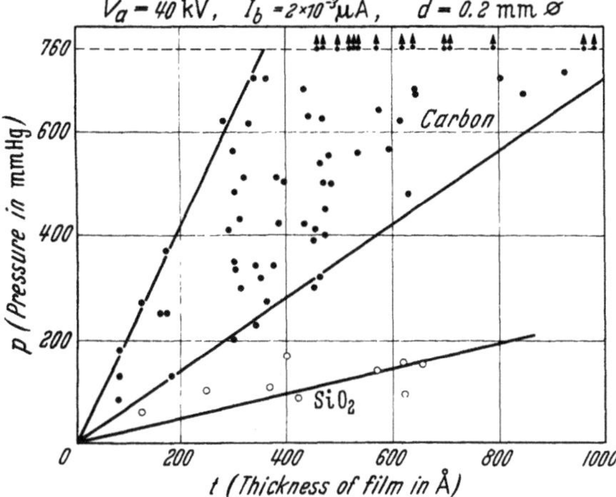

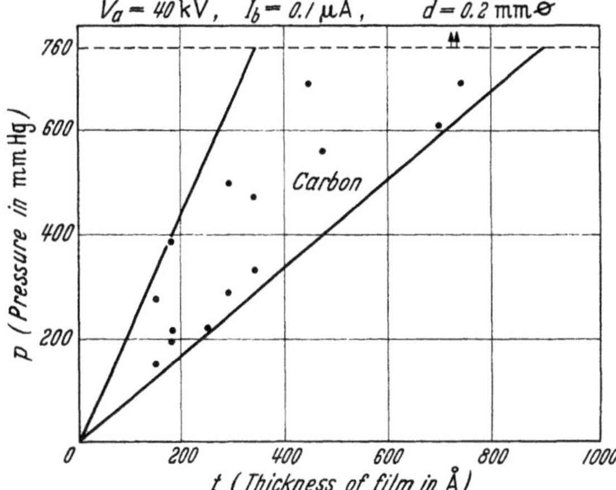

Fig. 2. The relation between the pressure and diameter of the film when it breaks. $I_b = 0$

Fig. 3. The relation between the pressure and thickness of the film when it breaks. $I = 0,1 \mu A$

is measured by the light transmission method which was calibrated by the light interference. So the accuracy of thickness is high. On the other hand, the film of collodion is prepared by the same conditions.

The strength of film seems to have no direct relation to the electron beam density. If the carbon film has 800 Å thickness, it can withstand one atmospheric pressure. If the smaller hole is used, the strength becomes stronger. We can have the hope to be able to observe the specimen in a thin layer of air.

References

1. Sugata, E., and Y. Nishitani: Technol. Rep. Osaka Univ. 4, No. 101 (1954).

2. Dünne Objektschichten

Einfluß verschiedener Präparationsmethoden auf die Korngrößenverteilung von feindispersen Substanzen

E. Kirste und H. Mahl

Firma Carl Zeiss, Abteilung für Elektronenoptik, Oberkochen/Württ. (Deutschland)

Für viele Probleme, die sich mit feindispersen Stoffen befassen, interessiert die Teilchengrößenverteilung, weil verschiedene Eigenschaften, wie das Reaktionsvermögen, das Adsorptionsvermögen oder das optische Verhalten, sehr stark vom Zerteilungsgrad der Stoffe abhängen. Da zur elektronenmikroskopischen Bestimmung der Größenverteilung die Substanz auf irgendeine Weise auf den Objektträger übertragen werden muß, erhebt sich die Frage, inwieweit verschiedene Präparationsverfahren einen Einfluß auf die experimentell ermittelte statistische Korngrößenverteilung haben.

Zum Studium dieses Einflusses wurden zunächst Versuche mit Polystyrol-Latex-Kügelchen als Modellsubstanz durchgeführt. Dabei wurden drei Latex-Präparate mit verschiedenen Partikel-Durchmessern in wäßriger Lösung bei gleichzeitiger Ultraschallbehandlung gemischt und nach verschiedenen Methoden präpariert. Schon bei der Betrachtung der elektronenmikroskopischen Bilder fiel auf, daß zwischen den verschiedenen Präparationsmethoden auffällige Unterschiede

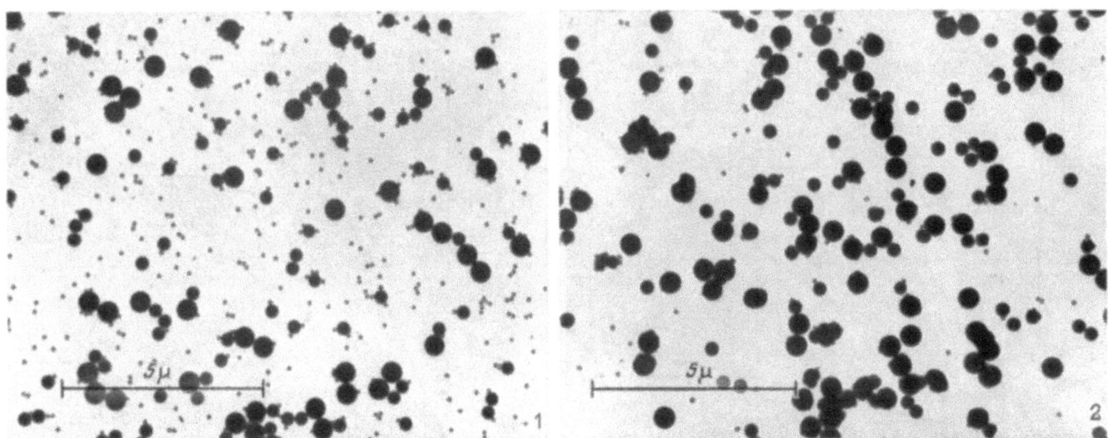

Abb. 1. Wassersuspension einer Polystyrol-Latex-Mischung durch Ultraschall zerstäubt

Abb. 2. Die gleiche Mischung eingetrocknet und aufgerieben

vorliegen können. Auf dem ersten Bild (Abb. 1) erkennt man neben den großen Kügelchen zahlreiche kleine Teilchen. Dieses Objekt wurde durch Ultraschallzerstäubung nach Kehler (1) präpariert. Die gleiche Präparatmischung zeigt, wenn sie nach einer Trockenpräparationsmethode auf den Objektträger übertragen wird (Abb. 2), ein ganz anderes Bild. Von dem feinen Objektanteil ist hier nur wenig zu sehen.

Wir haben nun nach verschiedenen Präparationsverfahren immer mehrere Objektträger belegt und dann jeweils so viele elektronenmikroskopische Aufnahmen angefertigt, daß für eine Präparationsmethode auf den Bildern mindestens 2000—3000 Einzelpartikel vorlagen. Die Aufnahmen wurden dann mit Hilfe eines Teilchengrößenzählgerätes nach Endter (2) ausgewertet.

Bei der Mischung der drei monodispersen Latex-Proben wurde das Teilchengrößenzählgerät zunächst nur als Zähler verwendet. Das Ergebnis der Auswertung ist auf Abb. 3 dargestellt. Man sieht, daß bei dieser Präparatmischung bei der Ultraschallzerstäubung der Wassersuspension

Abb. 3. Einfluß verschiedener Präparationsmethoden auf die Korngrößenverteilung einer Polystyrol-Latex-Mischung

die Zahl der kleinen Partikel weit überwiegt. Ein ähnliches Ergebnis liefert auch das einfache Auftropfen der Suspension mit einer Platinöse. Beim Aufreiben des eingetrockneten Pulvers mittels eines Gummis nach Rebentisch und beim Übertragen mit Hilfe eines rollenden Quecksilbertropfens nach Wyler (3) wird dagegen der feine Objektanteil sehr stark unterdrückt und der gröbere scheint bevorzugt. Als Kontrollversuch wurde die eingetrocknete Suspension wieder in Wasser suspendiert und mit Ultraschall zerstäubt. Die Ähnlichkeit mit der ursprünglichen Verteilung zeigt, daß beim Eintrocknen praktisch keine Entmischung stattfand. Die mittlere Abweichung der Auswertung einer Aufnahme (gegenüber dem Durchschnitt) betrug bei guten Verteilungen 1%, bei schlechten bis zu 3%.

Eine polydisperse Polyvinylchlorid-Probe, die nach den gleichen Methoden präpariert wurde, zeigt ebenfalls eine Benachteiligung der kleineren Partikel durch die Trocken-Präparationsmethoden. Eine weitgehende Erklärung des Befundes ergibt sich, wenn wir die Hüllpräparate von trocken und naß präparierten Latex-Gemischen betrachten. Naßpräparate liefern bei diesem speziellen Objekt sowohl für die großen als auch für die kleinen Teilchen eine gute Verteilung. Bei Trockenpräparaten zeigt vor allem der Hüllabdruck, daß die kleinen Partikel vorwiegend an den großen Partikeln adsorbiert sind (vgl. auch Abb. 1 und 2) und sich darum bei der nor-

malen Durchstrahlungsabbildung zum Teil der Beobachtung entziehen müssen. Die Auswertung derartiger Hüllpräparate einer ähnlichen Mischung ergab erwartungsgemäß eine wesentlich bessere, wenn auch keine vollkommene Übereinstimmung zwischen Trocken- und Naß-Präparation. Während bei den Durchstrahlungspräparaten eine Abweichung von etwa 30% auftrat, stimmten die Werte bei Hüllpräparaten bis auf 5% überein.

Ähnliche Ergebnisse wurden auch bei einer nach verschiedenen Methoden präparierten paramagnetischen Eisenoxyd-Probe beobachtet. Die statistische Auswertung der Hüllpräparate ergab auch hier eine relativ gute Übereinstimmung der verschiedenen Präparationsmetho-

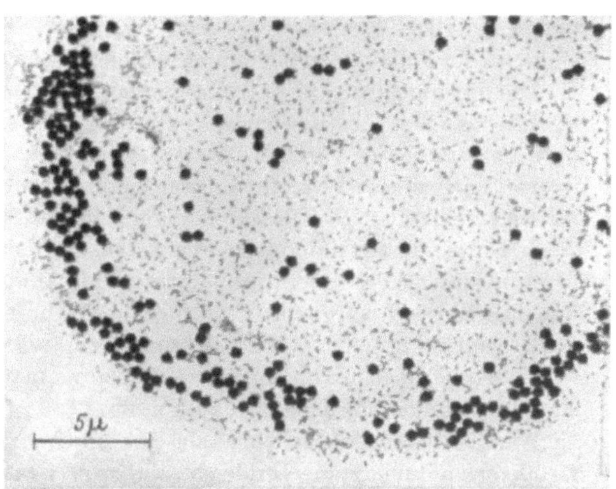

Abb. 4. Wassersuspension einer Polystyrol-Latex-Mischung höherer Konzentration durch Ultraschall zerstäubt

den, mit einer geringen Abweichung in der Höhe der einzelnen Maxima. Diese Abweichungen könnten vielleicht durch die Verschiedenheit der Adsorptionsverhältnisse bei den Trockenpräparationsmethoden und bei den Suspensionspräparaten von den durch die Flüssigkeit veränderten Adsorptionskräften zwischen den Teilchen und Folie bedingt sein.

Es kann aber auch der Fall eintreten, daß Suspensionspräparate falsche Verteilungen ergeben, und zwar deshalb, weil beim Eintrocknen eine Entmischung der verschieden großen Partikel eintritt. Dieser Effekt wurde gelegentlich auch von anderer Seite beobachtet oder vermutet. Er tritt besonders deutlich bei höheren Teilchenkonzentrationen hervor. Abb. 4 zeigt ein solches Beispiel. Hier ist ein eingetrocknetes Ultraschall-Tröpfchen wiedergegeben. Man erkennt, daß die groben Latex-Teilchen vorwiegend an der Randzone konzentriert sind, während die kleineren Partikel über der ganzen Tropfenfläche statistisch verteilt liegen. Das dürfte seinen Grund darin haben, daß die leichten Partikel durch die Brownsche Molekularbewegung während der ganzen Eintrocknungszeit in der Schwebe gehalten werden, die großen Teilchen aber durch Oberflächenspannung und andere Grenzflächen-Effekte bevorzugt an den Rand getrieben werden. Solange auf einem Bildausschnitt der ganze Tropfen wiedergegeben wird (4), wird dieser Effekt sicher keinen Fehler in der Auswertung hervorrufen, wohl aber bei größeren Tropfen, die über das abbildbare Gesichtsfeld ragen, wie sie bei der üblichen Tropfenpräparation mit Hilfe einer Platinöse vorkommen.

Es ist schwierig, den Einfluß all der Größen, von denen die Korngrößenverteilung abhängig ist, zu übersehen. Bei dispersen Systemen, die aus verschiedenen Stoffen bestehen, werden solche Entmischungserscheinungen noch einen weit größeren Einfluß auf die Korngrößenverteilung haben, da diese Grenzflächenerscheinungen in verwickelter Weise von den physikalisch-chemischen Eigenschaften der suspendierten Partikel (wie Größe, Dichte, Gestalt der Oberfläche, Fremdadsorptionsschichten, Solvationsfähigkeit, Ionisierbarkeit, Dipolcharakter usw.) gegenüber den verschiedenen Dispersionsmitteln und den angrenzenden Flächen abhängig sind. Um die Größenordnung solcher Abweichungen kennenzulernen, wurden Mischungen je zweier verschiedener Substanzen hergestellt und nach den gleichen Methoden präpariert. Eine Eisenoxyd-Mischung wurde so eingestellt, daß bei der Ultraschallpräparation die Anzahl der Fe_2O_3-Teilchen mit der der Latex-Teilchen etwa übereinstimmte (54% Fe_2O_3). Beim Auftropfen hat man wieder die gleiche prozentuale Verteilung; bei den Trockenpräparationen aber überwiegen deutlich die Eisenoxyd-Kriställchen (68%). Wir haben aber auch hydrophobe Gemische beobachtet, bei denen alle Präparationsmethoden sehr gut übereinstimmten, z. B. Titanoxyd-Latex.

Die bei der Eisenoxyd-Latex-Probe beobachteten Unterschiede mögen wieder zum Teil auf Entmischungen beim Eintrocknen der Suspension zurückzuführen sein. Auf den Aufnahmen wurde nämlich häufig beobachtet, daß die eine Komponente — das leichtere Latex — am Rande bevorzugt abgelagert wird, während die andere Komponente — das Eisenoxyd — rasch zu Boden sinkt, an der Folie haften bleibt und so gleichmäßig über den ganzen Tropfen auf der Folie verteilt ist.

Die Beispiele zeigen, daß Größenverteilungen disperser Substanzen nicht bedenkenlos mit irgendeinem Präparationsverfahren gewonnen werden dürfen, selbst wenn damit scheinbar eine gute Verteilung der Partikel auf dem Objektträger erhalten wird; dies muß für eine sichere Auswertung als selbstverständlich vorausgesetzt werden. Die ermittelte Korngrößenverteilung wird im allgemeinen der Wirklichkeit schon sehr nahe kommen, wenn

1. Entmischungen dadurch vermieden werden, daß man nicht zu hohe Teilchenkonzentrationen anwendet oder andere präparative Maßnahmen ergreift, wie zum Beispiel die von Bernard und Davoine (6) vorgeschlagene Suspension in leichtflüchtigen Flüssigkeiten; wenn

2. der Einfluß solcher Entmischungen zusätzlich durch Ultraschallverneblung vermindert und

3. möglichst das Kohlehüllenverfahren nach König (5) angewendet wird, um selbst kleinere Agglomerate exakt ausmessen zu können.

Nach Möglichkeit sollte auch eine nach einer anderen Präparationsmethode gewonnene Größenverteilung zum Vergleich und zur Bestätigung herangezogen werden. Werden diese Gesichtspunkte beachtet, dann ist das Elektronenmikroskop in der Lage, reelle und gut reproduzierbare Korngrößenverteilungen disperser Systeme zu liefern.

Literatur

1. Kehler, H., A. Koch u. K. Tesser: Z. wiss. Mikroskopie u. Technik **62**, 521 (1955/56).
2. Endter, F., u. H. Gebauer: Optik **13**, 97 (1956); Schluge, H.: Z. Aerosol-Forsch. **6**, 513 (1955).
3. Wyler, A. E.: Diss. Bern 1949; vgl. H. König, Ergebn. exakt. Naturwiss. **27**, 188 (1953).
4. Vgl. auch A. M. Cravath, A. E. Smith, J. R. Vinograd and J. N. Wilson: J. appl. Physics **17**, 309 (1946).
5. König, H., u. G. Helwig: Z, Physik **129**, 491 (1951); vgl. auch D. E. Bradley: Brit. J. appl. Physics **5**, 65 (1954).
6. Bernard, R., u. F. Davoine: Optik **10**, 150 (1953).

La technique des coupes ultra-minces appliquée à l'étude des charbons

S. Pregermain avec la collaboration de C. Guillemot

Centre d'Etudes et Recherches des Charbonnages de France — Verneuil-en-Halatte Oise (France)

L'examen des charbons au microscope électronique peut s'effectuer soit par la méthode des répliques (1, 2, 3), soit par la méthode des coupes. La méthode des répliques a déjà permis de montrer les différents aspects des éléments fondamentaux ou macéraux, dont l'ensemble constitue le charbon (2). Cependant la fidélité de reproduction des répliques ne semble pas suffisante pour que l'on puisse tirer pleinement profit du pouvoir séparateur du microscope électronique. C'est pourquoi nous avons tenté de réaliser des coupes de charbon en utilisant un mode opératoire analogue à celui qui est utilisé pour les objets biologiques.

Le principe de la méthode est le suivant: on enrobe de petits grains de charbon dans une résine appropriée, puis on effectue des coupes à l'aide d'un ultra-microtome.

Obtention des coupes ultra-minces

Après avoir essayé plusieurs milieux d'enrobage (araldite, vinox), nous avons fixé notre choix sur le méthacrylate de butyle pur. Cependant pour éviter certains échecs provenant d'une mauvaise polymérisation du méthacrylate (*4*), il nous a paru nécessaire de prendre les précautions suivantes:

1) Utiliser comme catalyseur de polymérisation, du peroxyde de benzoyle fraichement préparé (*5*);

2) Eliminer l'hydroquinone servant à stabiliser le méthacrylate, très peu de temps avant l'enrobage. Cette manière d'opérer a pour effet de réduire la quantité d'oxygène dissous dans le méthacrylate, le rôle néfaste de l'oxygène dissous a été mis en évidence récemment (*6*).

Nous enrobons des grains de charbon de 4 mm² de section au maximum. Ces grains sont déshydratés dans l'alcool absolu, puis plongés dans plusieurs bains successifs de méthacrylate de butyle. Le dernier des bains de méthacrylate contient du peroxyde de benzoyle (1%). Chaque grain est ensuite déposée au fond d'une capsule de gélatine et recouvert de méthacrylate de butyle contenant 1% de peroxyde de benzoyle. La polymérisation s'effectue dans ces capsules, à l'étuve à 60° pendant 12 h.

Les blocs polymérisés sont coupés à l'aide d'un ultra-microtome PORTER équipé d'un couteau de diamant, donné par le Professeur FERNANDEZ-MORAN. L'utilisation du couteau de diamant nous a paru essentielle pour obtenir des coupes de surface étendue. Nous avons simplement à regretter que le tranchant du couteau soit très fragile et provoque assez rapidement des stries sur les coupes.

Résultats obtenus

A. Examens a faible grossissement. Les examens a faible grossissement nous ont permis de faire la liaison evec la microscopie optique. Le charbon est constitué par une pâte amorphe: la collinite, d'origine végétale, dans laquelle sont enrobés des débris végétaux morphologiquement définissables. Parmi ces débris végétaux, on peut dinstiguer:

1) Les spores, organes reproducteurs des végétaux houillers (Fig. 1).

2) La fusinite qui présente une structure cellulaire de bois fossile non gélifié (Fig. 3).

3) La micrinite (Fig. 2). Elle est constituée par de petits granules opaques en lumière transmise. Son origine n'est pas établie.

Il est possible d'isoler les spores de charbon en utilisant la grande résistance des exines de spores aux agents chimiques: le ciment est alors éliminé au moyen d'un mélange oxydant (macération). Nous avons pu également enrober de telles spores et les couper (Fig. 4).

B. Examens à fort grossissement. Ces examens ont porté sur le ciment amorphe de différents charbons. Sur tous les ciments que nous avons observés à fort grossissement, nous avons trouvé des grains sombres séparés par des zones plus claires. Les grains sombres sont plus gros dans le cas des charbons peu houillifiés: nous avons trouvé des grains de 250 Å de diamètre pour un lignite des Bouches du Rhône à 42% de matières volatiles (Fig. 5); ces grains sont plus fins et plus serrés dans le cas des charbons plus houillifiés: nous avons trouvé des grains de 100 Å pour un charbon du bassin du Nord à 10% de matières volatiles.

Nous avons également observé du graphite, mis en suspension dans l'alcool et déposé sur une membrane de carbone (Fig. 6). Dans ce cas, on n'observe pas la structure granulaire précédente, on observe simplement la superposition de plusieurs feuillets à bords rectilignes. On remarque des effets d'interférence entre les différents feuillets.

Il semble qu'il y ait une relation entre la structure granulaire visible au microscope électronique et la texture poreuse que l'on peut étudier par les méthodes d'adsorption: les corps non poreux comme le graphite, ne présentent pas de structure granulaire. Cependant les résultats quantitatifs obtenus par les deux méthodes sont difficiles à comparer.

C. Etude de la répartition des matières minérales dans le charbon. On trouve dans les charbons, des minéraux d'origine diverse que l'on divise généralement en:

— minéraux primaires: cendres végétales, minéraux syngénétiques (concrétions), minéraux détritiques interstratifiés;

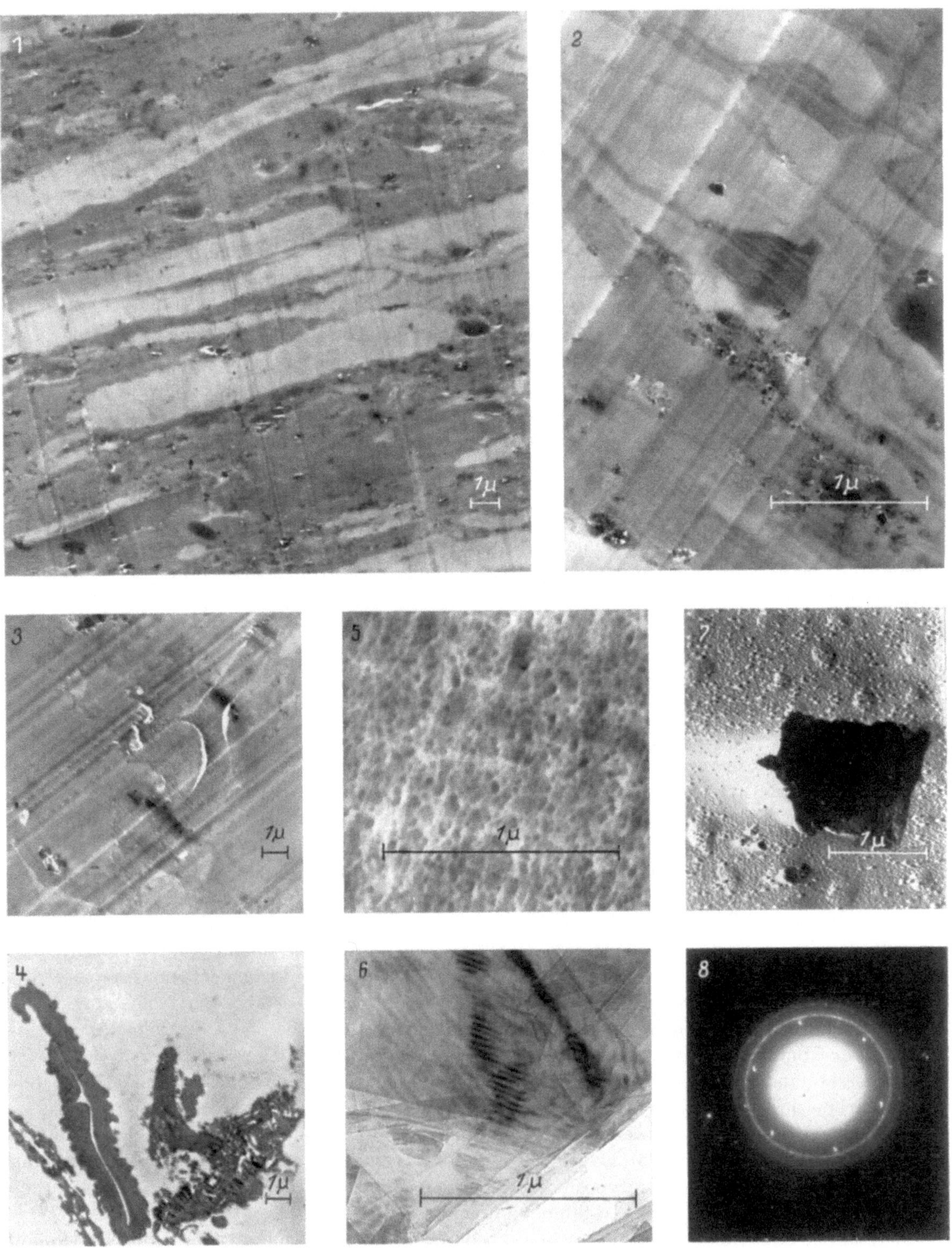

Fig. 1. Spores de taille variable, cimentées par de la collinite. Les spores sontbeaucoup plus transparentes que le ciment. (Charbon de Camphausen à 34% de matières volatiles)

Fig. 2. Grain de micrinite logé entre des spores. Particules minérales à la limite spores-ciment. (Charbon de Camphausen à 34% de matières volatiles)

Fig. 3. Eclat de fusinite. (Lignite des Bouches du Rhône à 42% de matières volatiles)

Fig. 4. Spore de macération (provenant d'un charbon de la Nièvre à 35% de matières volatiles)

Fig. 5. Vue à fort grossissement d'un ciment de lignite des Bouches du Rhône

Fig. 6. Feuillets de graphite (obtenu par décomposition de carborundum)

Fig. 7. Particule minérale ombrée au platine (repérée sur une coupe d'anthracite de La Mure)

Fig. 8. Diagramme de diffraction obtenu sur la particule représentée Fig. 7

—— minéraux secondaires déposés dans les fentes, fissures, cavités postérieurement à la formation du charbon.

Certains de ces minéraux sont visibles au microscope optique, les autres (en particulier les cendres intrinsèques) ne le sont pas.

a) Cas des minéraux visibles au microscope optique. Ces minéraux sont beaucoup moins plastiques que le charbon. Si le couteau les rencontre dans une direction quelconque, ils se pulvérisent en petites particules relativement épaisses mais susceptibles de donner encore un diagramme de diffraction. Au contraire si le couteau les rencontre suivant un plan de clivage, on obtient des particules qui présentent un aspect de lamelles clivées (Fig. 7).

Afin de pouvoir effectuer des mesures sur les diagrammes de diffraction, nous avons ombré les préparations avec du platine dont le spectre se superpose au diagramme étudié (Fig. 8). Les diagrammes obtenus appartiennent en général à des argiles ou à des micas. Ces résultats sont conformes aux résultats obtenus récemment par des auteurs (*7, 8*) qui ont étudié au microscope électronique des suspensions de particules de charbon.

b) Cas des minéraux non visibles au microscope optique. Ces minéraux sont finement dispersés dans les charbons et il est impossible de les éliminer par des moyens chimiques. Cependant on peut les reconnaître facilement sur les coupes ultra-minces car les particules minérales diffractent beaucoup plus les électrons que ne le fait le charbon.

L'examen de nombreuses micrographies nous a permis de vérifier les résultats déjà obtenus par d'autres méthodes d'étude des cendres intrinsèques, l'autoradiographie en particulier (*9*):

1) Ce sont les macéraux homogènes qui contiennent le moins de cendres végétales intrinsèques.

2) Ce sont les microlithotypes hétérogènes (notamment la clarodurite) qui contiennent le plus de cendres. Les cendres intrinsèques sont dispersées dans la collinite qui englobe les fragments végétaux à la façon d'un ciment.

De plus les examens à fort grossissement nous ont permis de voir que ces particules finement dispersées dans la collinite étaient constituées par des lamelles circulaires de quelques centaines d'angströms de diamètre.

Bibliographie

1. MacCartney, J. T.: Economic Geology **44**, 617 (1949).
2. Alpern, B., et S. Pregermain: Bull. Microsc. appl. **6**, 16 (1956).
3. Feltynowski, A., et I. Glass: Acta physica Polon. **15**, 75 (1956).
4. Swerdlow, M., A. J. Dalton et L. S. Birks: Analyt. Chemistry **28**, 597 (1956).
5. Charbonnier, J., et G. Foucault: Bull. Microsc. appl. **6**, 189 (1954).
6. Moore, D. H., et P. M. Grimley: J. biophys. biochem. Cytol. **3**, 255 (1957).
7. Westrik, R.: Brennstoff-Chemie **39**, 32 (1958).
8. Nemetschek, Th., et M. Th. Mackowsky: Brennstoff-Chemie **39**, 53 (1958).
9. Alpern, B., et A. Quesson: Bull. Soc. franç. Minéral. Cristallogr. **79**, 449 (1956).

Nouvelle méthode de préparation de films métalliques minces et application en métallurgie

N. Takahashi et K. Ashinuma

Université de Yamanashi, Kôfu et Laboratoire d'Optique Electronique du Japon, Tôkyô (Japon)

1. Introduction. La préparation des films metalliques minces destinés à l'examen en microscopie électronique a été faite jusqu'à présent par évaporation thermique ou par amincissement électrolytique, quelquefois suivi d'un bombardement ionique. Dans le premier cas, l'examen par diffraction est aisé, mais les images en microscopie électronique sont loin de donner des renseignements qu'on attend en micrographie en général. L'autre méthode donne de bons résultats aussi bien en diffraction qu'en microscopie électronique, mais la technique est assez complexe et limitée à certains alliages.

Afin d'éliminer ces divers inconvénients, nous avons mis au point une nouvelle méthode de préparation de films métalliques minces, à partir d'une masse de métal ou d'alliage fondue dans une boucle d'un fil métallique. La présente communication donne le principe de la technique ainsi que quelques résultats obtenus.

2. Méthode expérimentale. Lorsqu'on plonge une petite boucle de fil metallique dans une masse métallique fondue et qu'on la retire doucement du bain, on obtient une pellicule mince presque transparente tendue par capillarité sur cette boucle. Ce film est généralement constitué d'oxyde et ce procédé a été utilisé déjà en diffraction électronique (*1*). Sur ce film transparent existent de petits îlots de métal qui peuvent être utilisés comme échantillons pour microscopie électronique; leurs dimensions dépendent des conditions de préparations telles que la température, la vitesse de refroidissement et la nature du gaz ambiant. Ce dernier point est naturellement très important si l'on veut éviter l'oxydation du film, surtout dans le cas des alliages à point de fusion élevé où l'on doit utiliser un appareil construit dans ce but (*2*).

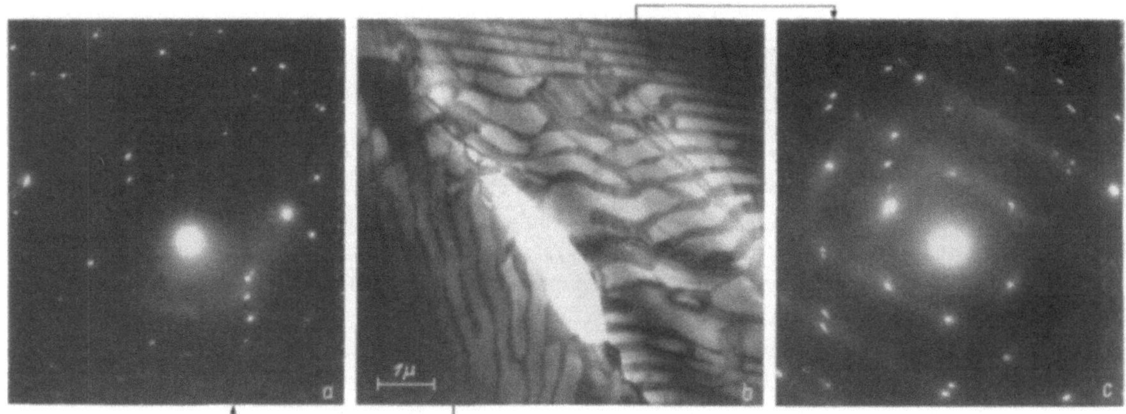

Fig. 1. Structure lamellaire de l'eutectique Pb/Sn avec les diagrammes de microdiffraction correspondants

Les films métalliques minces obtenus par cette nouvelle méthode ont été examinés par microscopie et diffraction électroniques au moyen de l'appareil JEM-5.

3. Résultats. Pour les alliages à point de fusion peu élevé, la préparation du film est facile; même dans l'air, il ne semble pas s'oxyder, ce qui permet à la rigueur d'effectuer toute opération dans l'atmosphère ambiante. Bien entendu, la croûte d'oxyde surnageant la masse fondue doit être au préalable soigneusement éliminée.

1) Application à l'eutectique. L'amincissement électrolytique n'est pas commode surtout dans le cas de l'eutectique; il est en effet très difficile de dissoudre uniformément deux sortes de lamelles de différentes phases de façon que toutes les deux soient également minces et transparentes pour des électrones. La présente méthode permet d'effectuer ces expériences en montrant la structure lamellaire caractéristique de l'eutectique.

La structure de l'eutectique 38% Pb/62% Sn (en poids) a été examinée ainsi (*3*). La figure 1 en montre un exemple. Deux sortes de lamelles sont observées clairement en microscopie aussi bien qu'en diffraction. La région transparente au centre correspond au support qui existe toujours et vraisemblablement d'oxyde. De chaque côté de cette région il y a deux colonies où l'orientation des lamelles est différente comme le montre les diagrammes de microdiffraction correspondant.

Il est assez rare qu'on obtienne une belle image en même temps qu'un beau diagramme de microdiffraction, celui-ci dépend de l'orientation cristallographique des lamelles par rapport à la surface du film, donc à la direction du faisceau d'électrons et de la différence de la maille cristallographique entre deux phases. Dans le cas présent, on a toujours observé beaucoup de taches de diffraction due à la phase β (presque Sn) et très peu de taches dues à la phase α (presque Pb). Ces taches nous montrent que toutes les lamelles appartenant à une phase ont une orientation commune à l'intérieur de la colonie. La détermination relative entre deux sortes de lamelles correspondant à chaque phase est possible. Il est aussi possible de confirmer expérimentellement quelle est la phase qui donne les lamelles apparaissant plus noires que les autres en microscopie électronique, ce qui est effectué facilement en profitant de l'image à champ noir. Dans le cas présent, les lamelles de phase α apparaissent plus noires.

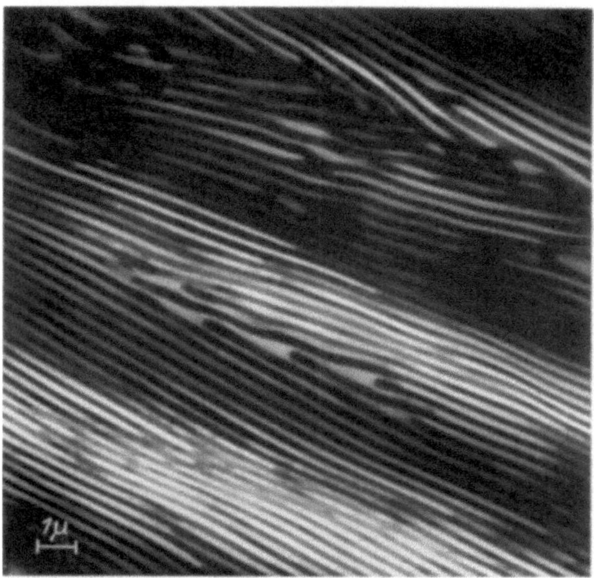

Fig. 2. Structure lamellaire de l'eutectique 33% Cu/67% Al

L'expérience sur 33% Cu/67% Al (en poids) donne l'image en microscopie électronique dont la netteté est plus grande que dans le cas de l'eutectique Pb/Sn et comparable à celle obtenue par empreinte. La figure 2 en est un exemple.

Le contraste de l'image est celui du film cristallin supporté par un film d'oxyde qui est souvent amorphe. Il faut tenir compte de deux sortes de cristaux métalliques; l'un contient, en général, un grand nombre d'atomes de grand pouvoir de diffusion pour des électrons que l'autre et sa maille cristallographique est plus compliquée, ce qui produit beaucoup de taches de diffraction. Ces deux facteurs n'interviennent pas toujours dans la même maille, mais, dans le cas de 33% Cu/67% Al, ils ont des effets concordants. D'après les résultats obtenus jusqu'à présent, la lamelle qui contient un grand nombre d'atomes de grand pouvoir de diffusion semble apparaître plus noire que l'autre.

En ce qui concerne le contraste entre deux sortes de lamelles, il semble que l'effet de réfléxion de BRAGG ne joue pas le rôle primordial, par contre il peut produire un renversement du contraste au sein d'une même lamelle.

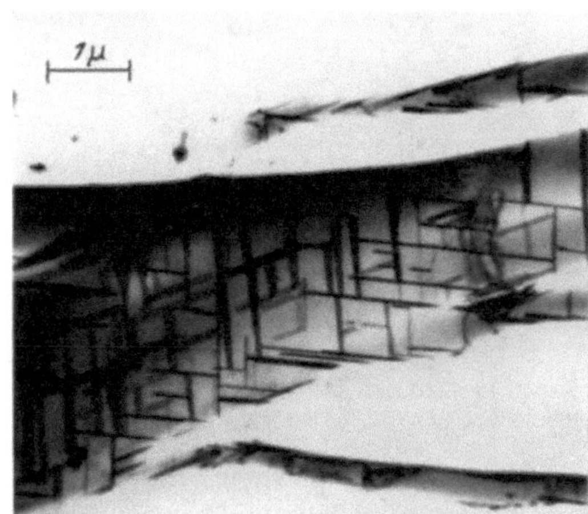

Fig. 3. Figure de Widmanstätten de l'alliage Al à 25% Ag

2) Application à des alliages montrant l'effet de durcissement structural. L'alliage 75% Al/ 25% Ag est bien connu pour sa belle figure de WIDMANSTÄTTEN. Notre méthode permet de révéler cette structure (Fig. 3).

Bibliographie

1. THOMSON, G. P., and W. COCHRANE: Theory and Practice of electron diffraction. p. 241, 1939.
2. TAKAHASHI, N., K. ASHINUMA and M. WATANABE: J. Electron Microscopy. 5, 22 (1957).
3. — — J. Inst. Metals (in press).

Une méthode rapide d'amincissement des échantillons métalliques et quelques unes de ses applications en métallographie

ADRIEN SAULNIER et PAUL MIRAND

Service des Recherches et Essais Physiques de la Cie Pechiney à Chambéry (France)

L'observation directe des coupes métalliques minces dans le microscope électronique, présente des avantages fondamentaux qui sont trop connus pour qu'il soit nécessaire d'y revenir. Les différentes (*1—5*) techniques d'amincissement sont également familières aux métallographes. Si l'emploi ne s'en est pas généralisé dans les laboratoires, de manière aussi extensive qu'on pouvait l'espérer c'est que de nombreux chercheurs demeurent rebutés par leur mise en oeuvre longue et délicate ou par le manque de généralité de leurs applications.

La méthode (*6*) que nous nous proposons de décrire, se caractérise avant tout par sa simplicité et sa rapidité. Elle est applicable à la majorité des métaux et alliages. C'est dire que nous envisageons son utilisation à l'étude aussi bien des phénomènes généraux de la physique structurale que des processus d'élaboration, de transformation et de traitement thermique des métaux et alliages qui nécessitent l'examen systématique d'un grand nombre de préparations.

Technique opératoire

L'échantillon est tout d'abord amené mécaniquement avec les précautions nécessaires pour ne pas perturber exagérément sa structure, à une épaisseur de quelques centièmes de millimètre. Il est ensuite placé à l'anode d'un appareil de polissage électrolytique automatique à forte densité de courant (système Knuth), comme indiqué sur la Fig. 1. L'électrolyte utilisé est celui qui sert normalement à polir le métal ou l'alliage considéré. On effectue un ou deux polissages de 5 s environ, alternativement sur chaque face de l'échantillon, de manière à éliminer les couches écrouies superficielles et à réduire l'épaisseur, puis un dernier polissage prolongé pendant 10 à 20 sec, au cours duquel de petits fragments de l'échantillon sont entraînés dans l'électrolyte. Ces fragments ont des dimensions de l'ordre de 3 à 5/10° de mm et, avec quelque habitude, on reconnaît aisément ceux qui ont une épaisseur convenable (de l'ordre de 300 Å) pour l'examen dans le microscope. On les lave et on les recueille à la manière habituelle sur le porte-échantillon.

Selon la nature des alliages étudiés et selon les conditions de polissage, les fragments peuvent être ou non recouverts d'une très mince pellicule d'oxyde. Lors-qu'elle existe, cette pellicule n'est pas gênante pour la micrographie. En diffraction électronique, elle donne de faibles taches diffuses qu'il est aisé d'identifier et d'isoler du diagramme de l'alliage.

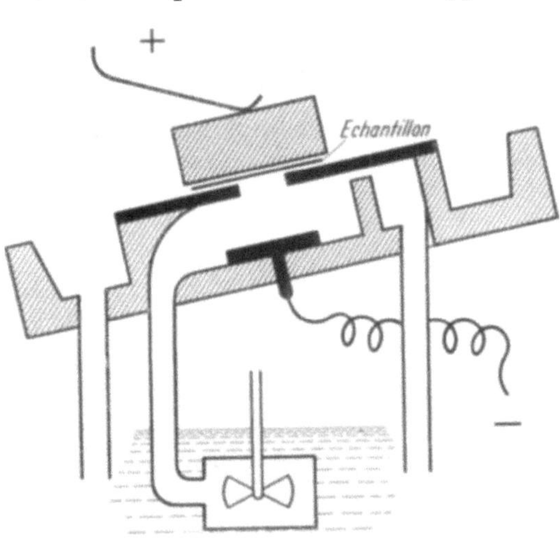

Fig. 1. Amincissement des échantillons à l'aide de l'appareil de polissage électrolytique

L'échauffement de la préparation en cours de polissage est négligeable par suite de la très faible durée de l'opération et du violent courant d'électrolyte réalisé par la pompe de circulation. La rapidité même du procédé KNUTH paraît être un avantage par rapport aux méthodes de dissolution lente et, dans les très nombreux alliages que nous avons examinés jusqu'à présent, il ne se produit pratiquement pas d'attaque sélective des phases particulièrement réactives.

Résultats obtenus

1. Ecrouissage, restauration et recristallisation tu titane (7). Nous avons examine des coupes minces prélevées dans des tôles de titane sous les trois états suivants:

a) écrouies de $\dfrac{S-s}{s} = 150\%$. Etat dans lequel les caratéristiques mécaniques sont représentées par $R = 85$ kg/mm², $E = 82$ kg/mm², $A\% = 12$, $\varDelta = 320$ (Vickers 10 kg).

b) restaurées par recuit de 30 min à 500° C, ce qui correspond à un très sensible adoucissement: $R = 70$ kg/mm², $E = 65$ kg/mm², $A\% = 25$, $\varDelta = 225$, sans variation appréciable de la texture micrographique ou de l'aspect des diagrammes de DEBYE-SCHERRER, par rapport à l'état écroui.

c) recristallisées par recuit de 30 mn à 550° C, avec les caractéristiques suivantes: $R = 62$ kg/mm², $E = 58$ kg/mm², $A\% = 30$, $\varDelta = 220$.

En micrographie électronique, la texture est confuse à l'état écroui avec apparition de «fragments» à contours déchiquetés. A l'état restauré se dessinent des «cellules» à contours arrondis,

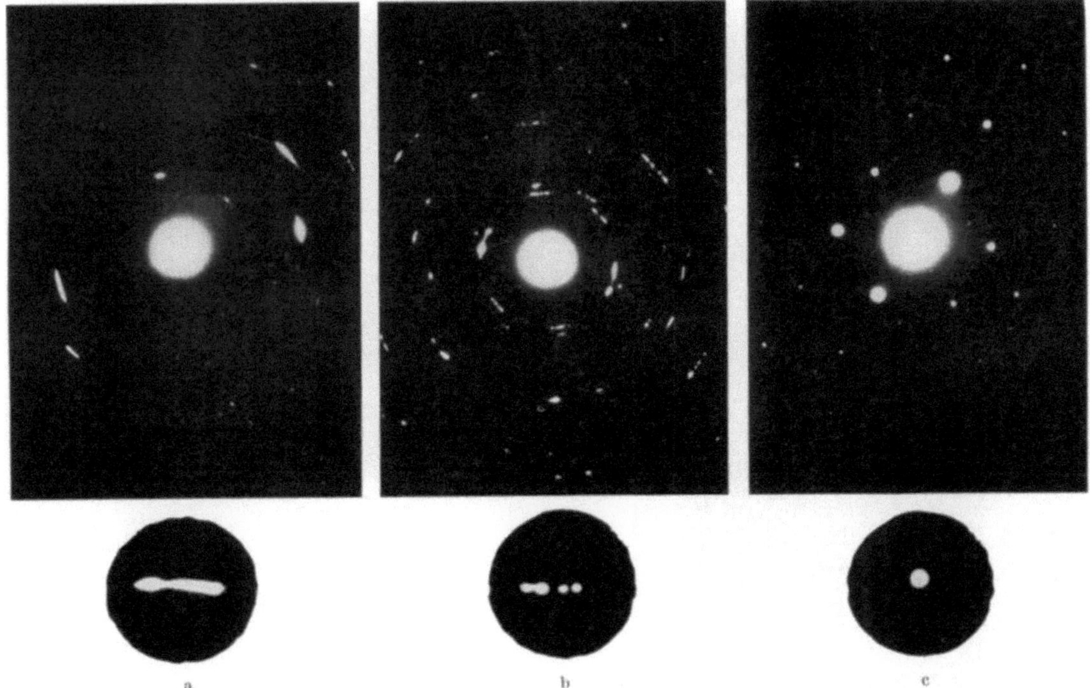

Fig. 2 a—c. Titane commercial. a Ecroui 150%, b Restauré 30 min à 500° C, c Recristallisé 30 min à 600° C

dont les dimensions sont de l'ordre du micron. Enfin l'état recristallisé se caractérise par de petits grains polygonaux, dont les dimensions sont de quelques microns.

Les observations faites en microdiffraction des électrons sur coupes minces sont schématisées par les trois diagrammes de la figure 2. A l'état écroui (Fig. 2 a), les taches de diffraction sont très allongées, avec une tendance à la fragmentation. Les taches de l'état restauré (Fig. 2 b) sont subdivisées en petites taches circulaires, dont certaines présentent entre elles une légère diffusion, mais dont d'autres parfaitement isolées. Quant au diagramme de l'état recristallisé (Fig. 2 c), il correspond à un diagramme classique de cristal unique.

On en déduit qu'à l'état *écroui* le grain est divisé en «fragments» dont le réseau est distordu et dont les dimensions sont de quelques centaines d'Å. La *restauration* transforme ces «fragments», sans doute par élimination périphérique des imperfections du réseau, en «cellules» dont les dimensions vont de quelques centaines d'Å au micron, cellules à l'intérieur desquelles le réseau ne présente plus de distorsion. Puis la *recristallisation* correspond à la croissance des cellules jusqu'à une dimension (quelques microns) telle qu'elles deviennent visibles en micrographie et décelables sur les diagrammes de DEBYE-SCHERRER.

L'affinement des méthodes de recherche et la possibilité d'explorer en microdiffraction des domaines de l'ordre du micron, conduit à réviser les conceptions établies et à mettre l'accent sur la «restauration», aux dépens de la notion de «recristallisation» qui perd le plus clair de la signification qui lui était attribuée jusqu'ici.

2. Les phénomènes de précipitation dans les alliages. Les micrographies électroniques effectuees à l'aide de répliques ont souligné l'importance des précipitations submicroscopiques dans les processus de transformation à l'état solide. Mais jusqu'à présent, il n'a pas été possible de saisir les tout premiers stades de ces transformations, au cours desquels les agrégats qui se forment

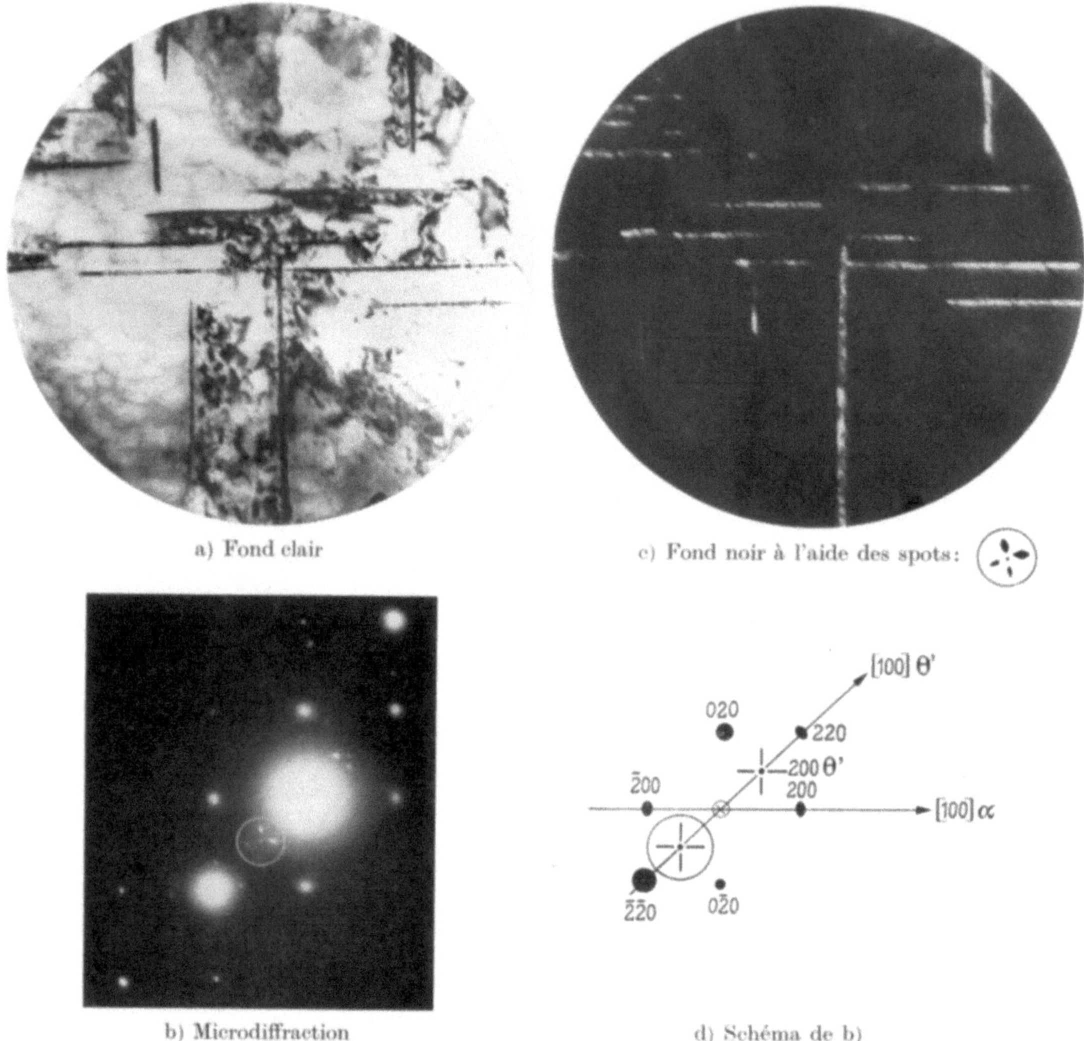

Fig. 3. AL-CU 4% Trempe + 30 min à 350° C; Phase θ'

ne comportent qu'un très petit nombre d'atomes. L'observation directe des films métalliques doit permettre d'améliorer la sensibilité de détection par suite de la suppression de l'intermédiaire d'une réplique et par suite également du contraste de Bragg. Nous avons pu par exemple déceler (8) dans un alliage Ti-Al 15% des plaquettes épaisses d'une vingtaine d'Ångströms seulement qui n'étaient pas visibles sur les images de réplique.

Pour ces études, l'amincissement des préparations et leur observation doivent se faire sans élévation sensible de température et il est d'autre part important qu'il ne se produise pas de dissolution sélective de l'une des phases en présence, lors de l'amincissement électrolytique.

Nous avons examiné jusqu'à présent de nombreux alliages (Al-Cu, Al-Mg, Al-Mg²Si, Cu-Be, Ti-Al, Ti-Al-V, etc.) pour lesquels ces conditions nous ont paru remplies d'une manière satisfaisante. Dans le cadre limité de cette communication, nous nous bornerons à l'exemple, désormais classique, de la phase θ' précipitée dans un alliage Al-Cu 4% (Fig. 3). La fig. 3a représente la précipitation de la phase θ', le plan de figure étant un plan (010) de la matrice. La fig. 3b reproduit le cliché de microdiffraction électronique correspondant. Enfin la Fig. 3c, image en fond noir obtenue à l'aide du rayonnement électronique qui correspond aux spots entourés d'un cercle sur la Fig. 3b, montre que ces spots proviennent de deux systèmes de plaquettes de la phase θ', orthogonaux et perpendiculaires au plan de figure.

3. Phénomènes ordre désordre (*8*). Nous rappellerons que cette étude, qui fait l'objet d'une autre communication, a été grandement facilitée par la possibilité de réaliser aisément et d'observer un très grand nombre de coupes minces, ce qui a permis de reconstituer l'ensemble de l'espace réciproque et d'enregistrer l'évolution des diagrammes en fonction des traitements thermiques sur des coupes minces *de même orientation* de cet espace réciproque, bien que ces traitements aient été effectués chaque fois sur les échantillons massifs.

Ces exemples ne sont pas limitatifs et la technique peut être améliorée aux dépens de la rapidité en la combinant avec les techniques précédemment connues, celles de bombardement ionique ou de dissolution chimique par exemple.

Bibliographie

1. HEIDENREICH, R. D.: J. appl. Physics. **20**, 993 (1949).
2. CASTAING, R., et P. LABORIE: C. R. Acad. Sci. (Paris) **237**, 1330 (1953).
3. HIRSCH, P. B., R. N. HORNE and M. J. WHELAN: Phil. Mag. **1**, 677 (1956).
4. BOLLMANN, W.: Physic. Rev. **103**, 1588 (1956).
5. NICHOLSON, R. B., G. THOMAS and J. NUTTING: J. appl. Physics **9**, 25 (1958).
6. MIRAND, P., et A. SAULNIER: C. R. Acad. Sci. (Paris) **246**, 1688 (1958).
7. SAULNIER, A., et R. DEVELAY: Symposium de Métallurgie Speciale. Saclay (1957).
8. — et M. CROUTZEILLES: C. R. Acad. Sci. (Paris) **246**, 3622 (1958).

Oxydation dünner Metall- und Fluoridschichten im Elektronenmikroskop

ERNST ZEHENDER

Robert Bosch-GmbH, Stuttgart

Unter den im Elektronenmikroskop stattfindenden Objektveränderungen herrschen Reduktionsvorgänge im allgemeinen vor. Bei MoO_3 wurde z. B. eine Reduktion zu MoO_2 beobachtet (*1*). Ferner wird $AgNO_3$, $PbCO_3$ und Cu_2O zu Ag, Pb bzw. zu Cu reduziert (*2*). Auch die bekannte Kohleschichtbildung auf elektronenmikroskopischen Präparaten kann zu den im Elektronenmikroskop stattfindenden Reduktionsvorgängen gerechnet werden (*3*).

Vereinzelt wurden im Elektronenmikroskop aber auch Oxydationseinflüsse beobachtet. So haben CASTAING und DESCAMPS (*4*) durch Erhöhung des O_2-Partialdruckes in einer Elektronen-Apparatur die Kohleverschmutzung des Objektes verkleinern können. Dies muß mit einer Oxydation der Kohle erklärt werden, wobei die gasförmigen Oxydationsprodukte abgepumpt werden. Auch erklärt man sich den Abbau von Kohleschichten im Elektronenmikroskop bei Temperaturen der Objektumgebung unter —80° C mit einer Oxydation dieser Schichten (*5*).

Die folgenden Beobachtungen sollen zeigen, daß im Elektronenmikroskop bei bestimmten Objekten auch bei üblichen O_2-Partialdrucken (etwa 10^{-4} Torr) Oxydationsvorgänge stattfinden können.

a) Al-Aufdampfschichten. Bei der elektronenmikroskopischen Untersuchung von Al-Schichten und ihrer natürlich gewachsenen Oxydschicht ist uns aufgefallen, daß die nach dem Sublimatverfahren isolierten Oxydschichten scheinbar dicker werden, wenn die Al-Schichten zuvor mit Elektronen bestrahlt wurden. Zunächst haben wir angenommen, daß sich auf den bestrahlten Al-Präparaten der gewohnte Kohlefilm gebildet hat.

Diese Deutung erschien uns aber deshalb nicht ganz wahrscheinlich, weil durch Verwendung eines Baffels in der Pumpenanlage die Kohlebildung im allgemeinen gering war.

Auch zeigte das Elektronenbeugungsbild dieser Filme nur amorphes Al_2O_3 und gab keine Anhaltspunkte für die Bildung einer Kohleschicht.

Daraufhin haben wir Al-Schichten im Elektronenmikroskop mit erhöhten Elektronen-Stromdichten (etwa 1 Amp./cm² bei 70 kV) bestrahlt. Die Temperatur des Präparates erhöhte sich dabei bis zur Rekristallisation und zum teilweisen Aufschmelzen des Aluminiums.

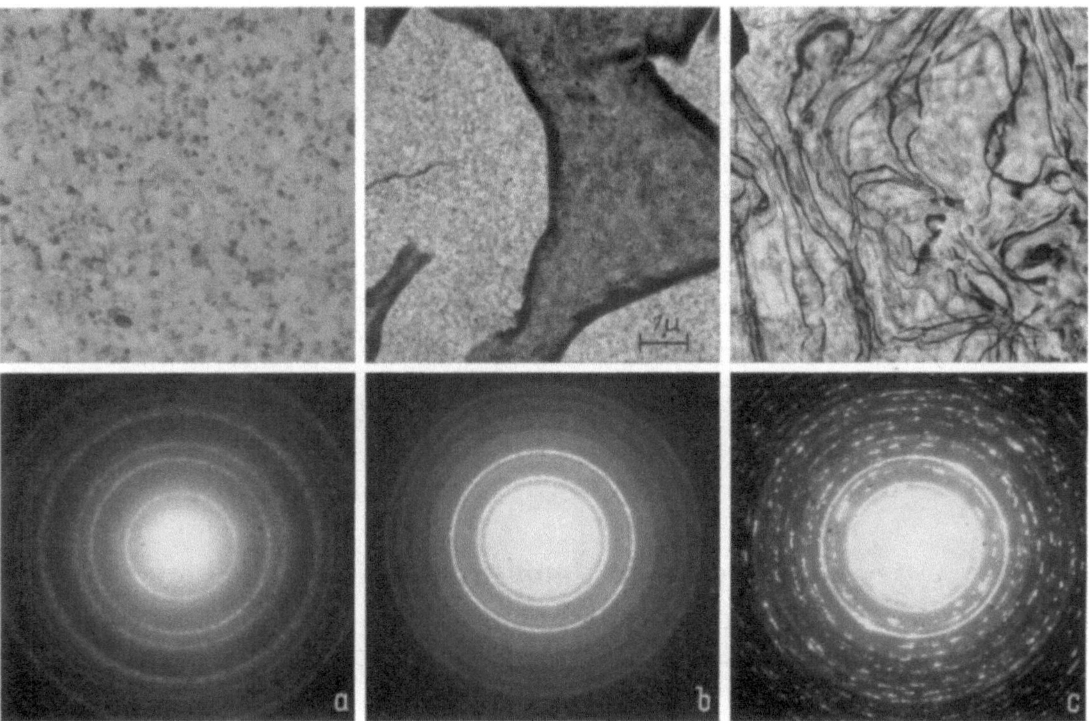

Abb. 1a—c. Umwandlung einer aufgedampften Al-Schicht in Al_2O_3
bei intensiver Elektronenbestrahlung

Abb. 1a zeigt die zunächst zu größeren Kristallen rekristallisierte Al-Schicht mit dem zugehörigen Beugungsdiagramm. Bei längerer Bestrahlung verschwinden die großen Al-Kristalle, und es entsteht eine feinkristalline Haut mit Verdickungen an den Stellen, an denen das Al aufgeschmolzen war (Abb. 1b). Das Elektronenbeugungsdiagramm dieser Schicht zeigt γ-Al_2O_3. Setzt man mit erhöhter Intensität die Elektronenbestrahlung fort, so rekristallisiert die feinkörnige γ-Al_2O_3-Schicht und geht schließlich über in die stabile α-Al_2-O_3-Modifikation, wobei sich wieder großflächige Kristalle ausbilden (Abb. 1c).

Die beschriebene Umwandlung von Al in Al_2O_3 ist, wie erwartet, abhängig vom O_2-Partialdruck während der Bestrahlung. Sie erfolgte um so leichter je höher der O_2-Partialdruck gewählt wurde.

b) Zn-Aufdampfschichten. Bei Zn-Aufdampfschichten haben wir eine merkliche Oxydation im Elektronenmikroskop nicht nachweisen können. Wahrscheinlich hängt diese geringere Neigung zur Oxydation in erster Linie zusammen mit dem höheren Dampfdruck des Zn, verglichen mit Al. Ehe eine Oxydation des Zn stattfindet, verdampft dieses vom Präparat und zurück bleibt nur die natürliche Oxydschicht, wie sie auch durch andere Verfahren isoliert werden kann.

c) MgF_2-Aufdampfschichten. Eine weitere interessante Veränderung im Elektronenmikroskop erleiden MgF_2-Aufdampfschichten. Eine feinkristalline MgF_2-Schicht (Abb. 2a) rekristallisiert bei wenig erhöhter Elektronen-Strahldichte (etwa 0,1 Amp./cm²) zu gröberen Kristallen. Die ursprünglich diffusen MgF_2-Linien werden dabei schärfer. Gleichzeitig entstehen elektronendurchlässigere Bereiche, und es treten im Elektronenbeugungsdiagramm neben MgF_2-Linien auch MgO-Linien auf (Abb. 2b). Bei Fortsetzung der Bestrahlung findet schließlich eine vollständige Umwandlung in MgO statt (Abb. 2c).

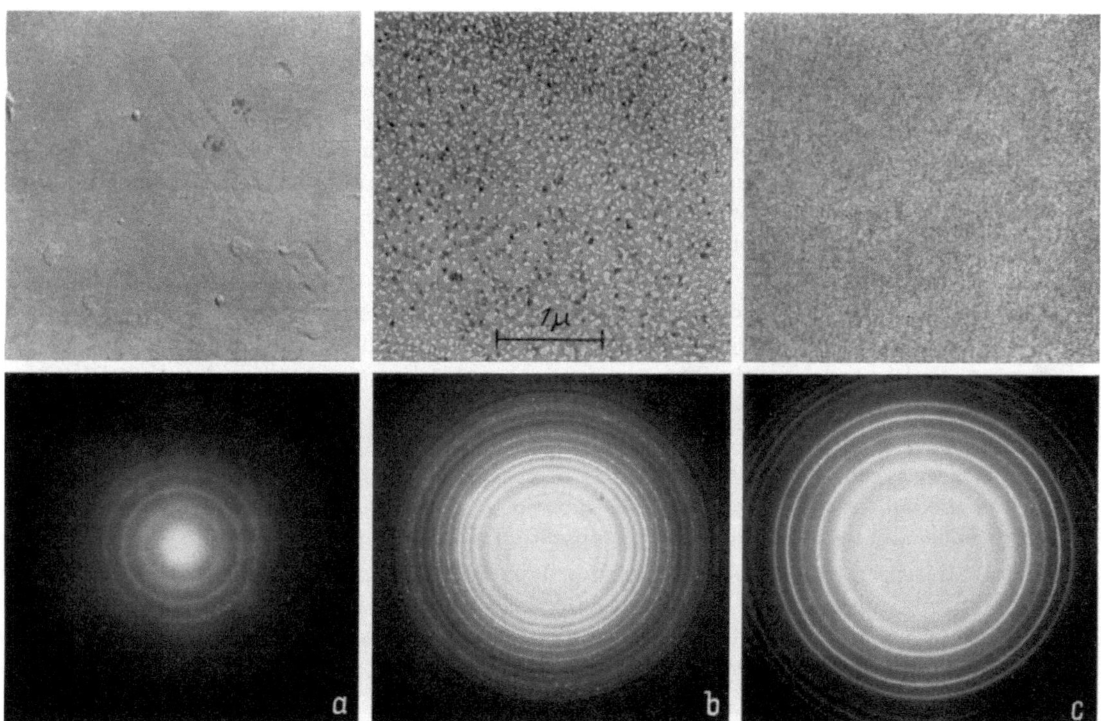

Abb. 2a—c. Rekristallisation und Oxydation einer aufgedampften MgF_2-Schicht bei Elektronenbestrahlung

Der Austausch des Fluors gegen den Sauerstoff wird bedingt sein durch eine vorausgehende Dissoziation des MgF_2. Das entstehende Mg, das sich in einem reaktionsfähigen Zustand befindet, wird von dem durch Elektronen-Beschuß ebenfalls angeregten Sauerstoff oxydiert.

Diese Oxydationserscheinungen finden nicht merklich statt, wenn man die Präparate nur im Vakuum tempert. Das Elektronenbombardement ist somit für die Auslösung der Oxydation (Anregung des Restsauerstoffs) notwendige Voraussetzung.

Sowohl Al als auch Mg bilden besonders stabile Oxyde. Entsprechend dem Massenwirkungsgesetz überwiegt bei diesen Metallen unter dem Einfluß der elektronenmikroskopischen Atmosphäre, die sowohl Sauerstoff als auch reduzierende Dämpfe enthält, die Oxydation normalerweise stattfindende Reduktionserscheinungen. Dabei beeinflußt das Elektronenbombardement sowohl die Geschwindigkeit der Reaktion als auch ihre Gleichgewichtskonstante.

Literatur

1. König, H.: Z. Physik **130**, 483 (1951).
2. Fischer, R. B.: J. appl. Physics **25**, 894 (1954).
3. König, H.: Z. Physik **129**, 483 (1951).
4. Castaing, R., et J. Descamps: C. R. Acad. Sci. (Paris) **238**, 1508 (1954).
5. Leisegang, S.: Handbuch der Physik, Bd. 33, 512 (1956).

3. Oberflächen

Cathodic etching in a magnetic field

C. J. Calbick

Bell Telephone Laboratories, Incorporated Murray Hill, New Jersey (USA)

In cathodic etching by ion bombardment, we find ourselves concerned with several problems. One of these is the temperature of the specimen. In the absence of effective cooling the temperature rise can be quite large. At 6 W/cm² on the specimen in a particular experimental arrangement patterned after those of other investigators such as Padden and Cain, and Bierlein and Mastel, the author has observed a temperature rise of 700° C. Merely permitting the small specimen to rest on a water-cooled base does not always eliminate the rise; it is necessary to clamp it to the base to reduce the rise to a few degrees. The ion bombardment power is large because of the current-voltage characteristic of the glow discharge — it required about 2 kV to obtain 20 mA at an argon pressure of about 75 μ.

A pressure as large as this gives rise to another problem — that of redeposit. The mean free path of the sputtered atoms is only a few tenths of a millimeter. A considerable number are returned to the specimen surface, as in the familiar case of the gas-filled tungsten incandescent lamp. One hopes that he can keep the surface clean by resputtering these atoms, but it is often clearly evident that he has failed.

High power also causes a considerable evolution of gas. Correspondingly, the electrical discharge is very unstable, which necessitates a protective resistor or some other current-limiting device in the voltage supply circuit. The evolved gas also dilutes the argon; a period of many minutes is usually required before stable operation with only minor evolution of gas is reached.

There are several methods by which ion bombardment can be carried out at much lower power. Wehner[1] immerses the cathode as a third electrode in a mercury arc. The mercury pressure is only about 1 μ, and mean free path of order 10 cm. Redeposit after collision with gas atoms is therefore not a problem. The same result can be achieved by using a thermionic cathode as a source of electrons for an arc discharge.

In 1940, Penning and Moubis[2] showed that if a magnetic field is established transversely to the electric gradient, as in a cylindrical geometry with an axial magnetic field, the length of path of the electrons is so greatly increased that currents of several amperes can be drawn at a 500 V. in argon at a pressure of 14 μ. They used a rather large tube, 70 cm long and magnetic fields up to 1000 Oe (oersteds). They were primarily interested in sputtering efficiency and reduction of time required for deposition of films.

It is rather difficult to maintain a field of 1000 Oe for an extended time. The magnetic field of a finite coil may be written:

$$H_z = 0.4\pi n I \, F(z)$$

in which z is distance along axis; $z = 0$ at the center of the coil and

$$F(0) = \frac{L}{D_2 - D_1} \ln \frac{D_2 + (D_2^2 + L^2)^{1/2}}{D_1 + (D_1^2 + L^2)^{1/2}}$$

$= 0.63$ for the coil used.

Here

L = coil length (7.5 cm)
D_1 = inner diameter of winding space (7.5 cm)
D_2 = outer diameter of winding space (12.5 cm)
n = turns/cm

[1] Wehner, G. K.: J. appl. Physics **29**, 217 (1958).
[2] Penning, F. M., and J. H. A. Moubis: Proc. Kon. Ned. Akad. Weten. **43**, 40 (1940).

If ϱ is the effective resistivity of the winding space, $H(z)$ may be written

$$H(z) = 0.4\,\pi^{3/2} \left(\frac{1}{\varrho}\right)^{1/2} \left(\frac{P}{\pi L\,(D_1 + D_2)}\right)^{1/2} \left(\frac{D_2 - D_1}{2}\right)^{1/2} F(z).$$

Now

$$\frac{P}{\pi L\,(D_1 + D_2)} = \frac{\text{power}}{\text{cm}^2 \text{ of cylindrical area}}$$

which determines the permissible temperature rise and hence the maximum value of $H(z)$ in steady state operation. For the coil above

$$(H_z[0])_{\max} = 450 \text{ Oe, for } 100^\circ \text{ C temperature rise in air at } 25^\circ \text{ C}$$
$$= 1000 \text{ Oe immersed in liquid } N_2, \text{ coil temperature ca. } -140^\circ \text{ C}.$$

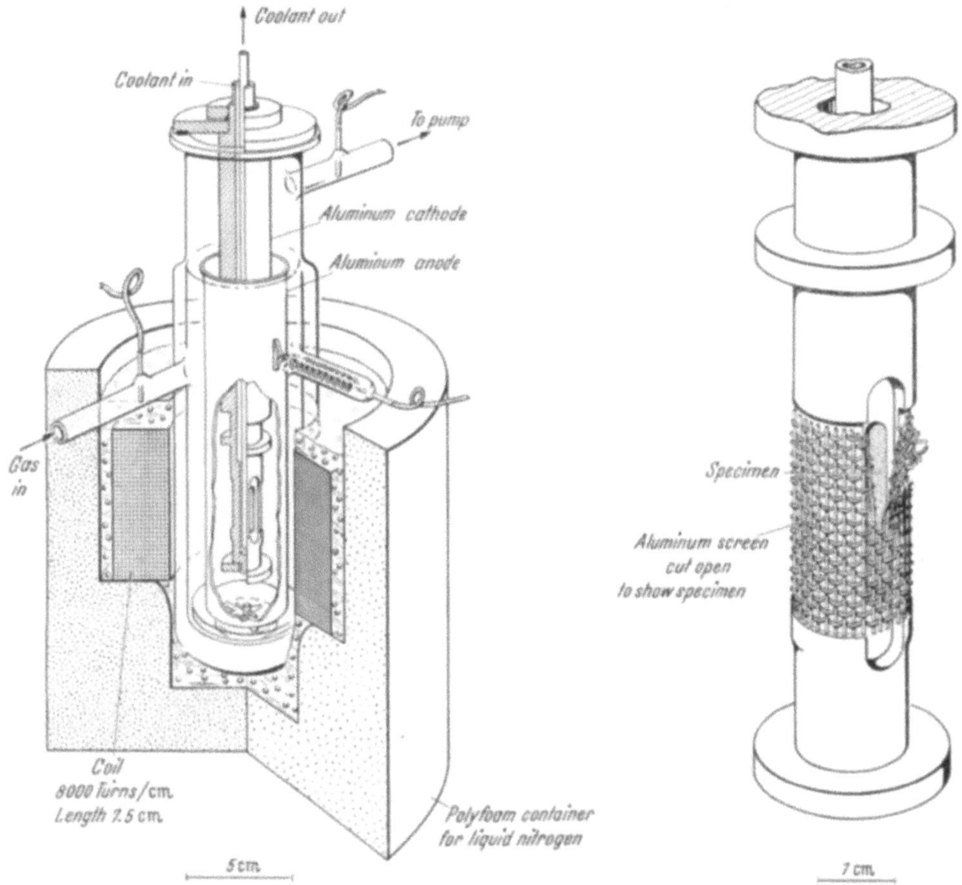

Fig. 1. Cutaway views of apparatus for ion bombardment in a magnetic field

In both cases, because of the increase in resistivity due to resistive heating, appreciably higher fields are attainable only for short periods.

Fig. 1 shows the construction of the experimental tube, which resembles an ordinary liquid air trap, into which an aluminium cylinder and an inner water-cooled electrode are inserted. In normal operation, the inner electrode is the cathode. It contains a slot into which the specimen is inserted. If the specimen is nonconducting, it is clamped to the cathode by some aluminium or stainless steel screen, shown as cut away in the figure. If the specimen is conducting, the screen is replaced by two rings. The coil and polyfoam container for liquid nitrogen are also shown cut away.

The operational characteristics are perhaps best shown by plotting volts against pressure using as parameter the current. In Fig. 2 are shown the curves for argon and krypton in the range up to 30×10^{-3} torr, at $H_0 = 825$ Oe. Pressure was measured in a rather remote location by a Pirani gauge, which was calibrated for air. The indicated pressure was multiplied by the factor 1.75 for argon, and 2.3 for krypton. For argon, mean free path is 1 cm at $p = 6.7 \times 10^{-3}$ torr.

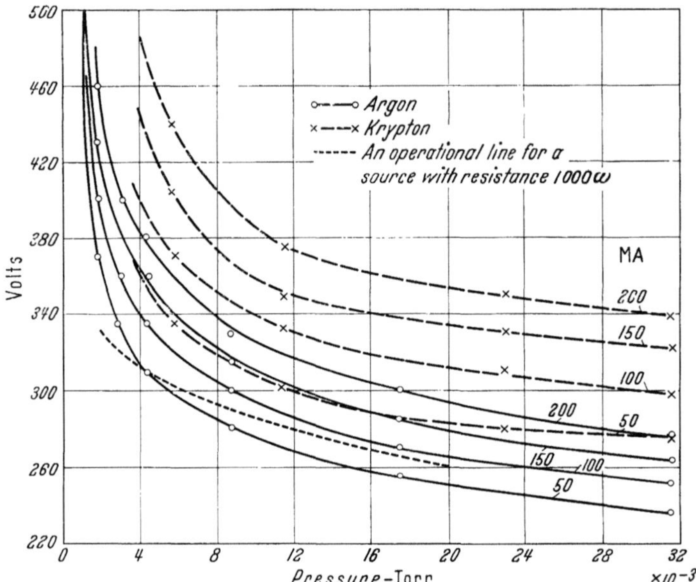

Fig. 2. Volts VS pressure at $H_0 = 825$ Oe parameter-current

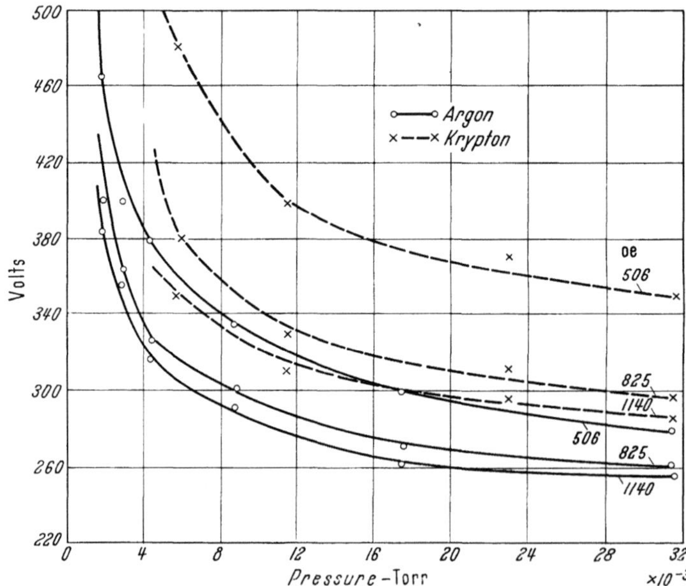

Fig. 3. Volts VS pressure at $i = 100$ ma parameter-magnetic field

Krypton gives mean free path shorter by about 23%. The cathode-anode distance is 1 cm, so that below a pressure of 5×10^{-3} torr most of the sputtered atoms do not suffer collisions with the gas atoms.

The dotted line is one of a family of operational curves for a power supply with a resistance of 1000 Ω. It is evident that even a large fluctuation of pressure such as an increase of 50% causes only a 20% increase in current. Etching has usually been carried on at the current 50 mA, where the power involved is less than 20 W. However, good operational stability characterizes operation down to near 1×10^{-3} torr for argon, and 1.5×10^{-3} torr for krypton. As these pressures are approached, the voltage rises rapidly, and one must reduce the current if he wishes to keep the power low.

In Fig. 3 is shown volts vs. pressure, with magnetic field as parameter at a current of 100 ma. The maximum magnetic field shown is 1140 Oe. This can easily be reached for a short time, and in fact data up to 1600 Oe can be ontained, but for steady-state operation the maximum is about 1000 Oe. The larger values of H_0 are obviously only important in the pressure range below 5×10^{-3} torr, but this is just where we want to operate. Fig. 4 shows volts vs. current at $H_0 = 825$ Oe, with pressure as parameter.

Fig. 5 shows two examples of etching by ion bombardment. One is that of a polished ceramic surface, which during polishing develops shatter pits such as those shown in (a) and (b). Little

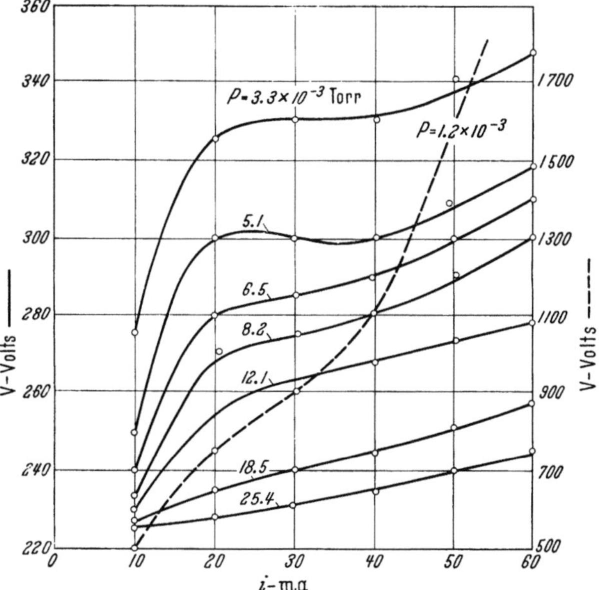

Fig. 4. Voltage VS current in argon $H_0 = 825$ Oe parameter-pressure

etching is evident in (a), for which the energy of the bombarding ions was 330 V. It is necessary to raise the voltage to about 800 V before etching effects such as those seen in (b) and (c) are observed. The two great advantages of etching by ion bombardment in a magnetic field are (1) that the additional parameter permits selection of the bombarding voltage[1] by appropriate choice of pressure and H_0, and (2) that operation is extremely stable under the selected conditions. Fig. 5 d shows an aluminium surface, that of the cathode itself, after bombardment had etched it to a depth of a few microns. One grain shows a considerable degree of development of crystallographic planes, while the other two show a line structure.

The interpretation of surface structures produced by ion-bombardment etching is as yet in its infancy. A great deal of work will have to be done comparing these structures with those obtained by more familiar chemical etch methods before we will be able to evaluate bulk structure reliably from such surfaces.

I shall conclude by discussing very briefly one further advantage of ion bombardment in a magnetic field. This is, that insulating materials do not require an overlying metallic mesh, as they do in the more usual arrangement. Of course, they must be suitably mounted on a metallic cathode. But the electrons pursue cycloidal trajectories whose radii of curvature are at most

---

[1] With the geometry of Fig. 1, voltage is greater than ca. 250 V (Fig. 2—4). This is not as low as is attainable by immersing the cathode as a third electrode in an arc discharge, cf. ref. 1.

a millimeter or two in the arrangements described

$$\varrho = \frac{mv}{He} = 3.37\,\frac{V^{1/2}}{H}\,(\text{cm})$$

where V is the electron energy in volts and H is in oersteds. Now $V^{1/2} < 30$, and $H > 300$, so

$$\varrho < 0.337\;\text{cm}.$$

Most electrons are less energetic[1], and H is usually considerably larger.

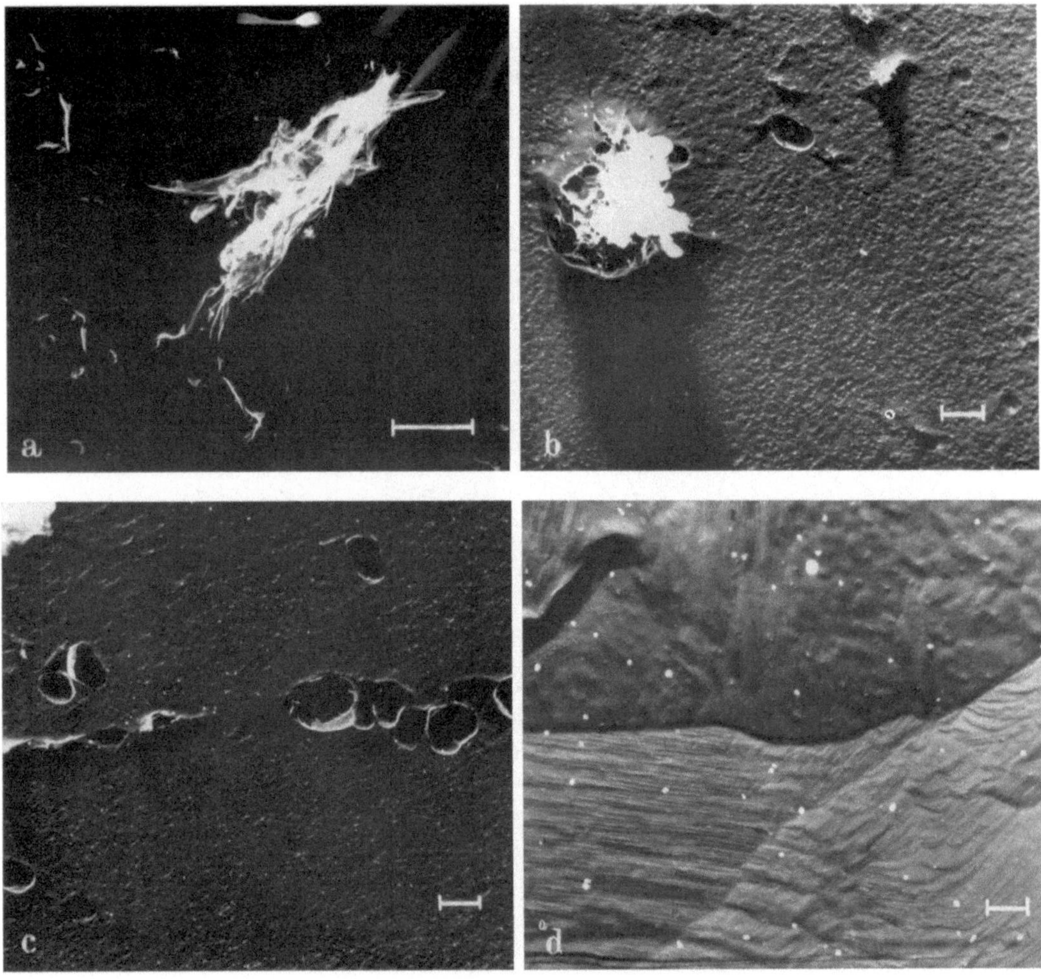

Fig. 5a—d
a) Ceramic surface polished, bombarded at $p = 4 \times 10^{-3}$ torr, 50 mA, 330 V, 20 min.
b) After additional bombardment, at $p = 1.4 \times 10^{-3}$, 30 mA, 830V, 30 min.
c) Same as b), showing islands of a differentphase along a boundary.
d) Aluminium surface, after prolonged bombardment

If a piece of insulating material embedded in a metallic cathode becomes charged positively with respect to the cathode, it will attract electrons many of whose trajectories carry them close to the cathode (and insulator) and these electrons will neutralize the positive charge. So the mesh gauze shown in Fig. 1 is unnecessary.

---

[1] Electron trajectories in crossed electric and magnetic fields have been discussed by many authors. For a review see P. A. Redhead, Canad. J. Phys. *36*, 255 (1958). Electron energy varies greatly over the cycloidal path. The problem is complicated even for uniform fields. Electron energy is reduced whenever an electron suffers an inelastic collision with a gas molecule. Most electrons never acquire energies in excess of a small fraction of V.

Le décapage ionique appliqué à la diffraction électronique par réflexion

S. Steinemann et J. J. Trillat

Laboratoire Suisse de Recherches Horlogères, Neuchâtel (Suisse) et Centre National de la Recherche Scientifique, Bellevue (S. et O.) (France)

Fert (*1*), Trillat (*2*) et Ladage (*3*) ont montré qu'en utilisant une source d'ions appropriés, il était possible d'attaquer par pulvérisation cathodique un échantillon en cours d'observation par diffraction électronique par réflexion.

La condition formelle de l'application d'une telle pulvérisation cathodique est que le bombardement ne donne pas lieu à des phénomènes parasites: échauffement, contamination, granulation de la surface, action chimique, modification de l'état cristallin, etc. Or, Trillat et coll. ont observé dans de nombreux cas des réactions chimiques; de son côté Ladage (*3*) constate une oxydation du fer par l'oxygène du gaz résiduel dans l'instrument et une granulation marquée qui se manifeste pour des attaques de l'ordre de 0,1 μm. Il paraît ainsi important de bien préciser les limites et les possibilités de la méthode de pulvérisation cathodique associée à la diffraction électronique.

Source d'ions. La decharge froide permet de realiser a la fois une construction simple et une intensité d'ions élevée; la répartition non-monocinétique des ions ne s'est pas montrée gênante. Pour des tensions de décharge élevées (5—25 kV), un simple tube a été employé; pour les basses tensions (3—7 kV), une décharge multiple focalisée fournit l'intensité nécessaire (*4*).

Réactions chimiques accompagnant l'irradiation. Les observations de Ladage (*3*) sur l'oxydation superficielle, pendant l'irradation, par des ions d'argon ou d'hydrogène des matières moins nobles que le cuivre ou le nickel ont toujours été confirmées. La variation de l'énergie des ions en vue d'augmenter la vitesse de pulvérisation ne diminue pas le phénomène qui n'est freiné que par l'abaissement de la pression résiduelle de l'oxygène dans l'instrument de diffraction.

Cette oxydation ne peut pas être produite par un effet direct des ions. Les impuretés du gaz de décharge et le transfert de charges entre ions et oxygène du gaz résiduel (quelques pourcents sur un parcours de 4 cm) sont en effet notablement insuffisants pour que la vitesse de formation de l'oxyde dépasse celle de la pulvérisation. Il faut plutôt admettre que l'oxydation provient de la réaction de l'oxygène adsorbé avec la matière de l'éprouvette qui subit sous l'impact des ions une excitation de vibration ou une excitation électronique. L'oxydation se produira donc par un mécanisme très semblable à celui qui est proposé pour la formation des contaminations (*5*). Ainsi l'oxydation pourrait être combattue en abaissant le nombre d'impacts du gaz résiduel que reconstitue la couche adsorbée sur l'éprouvette. Ceci peut être obtenu en diminuant la pression dans l'instrument ou en refroidissant l'entourage de l'éprouvette et en disposant des diaphragmes qui limitent l'angle d'incidence.

Granulation de la surface. Il est bien connu que la vitesse de pulverisation depend assez fortement de la matière. Le décapage sur des échantillons hétérogènes est donc nécessairement sélectif. Pour une cristallisation fine des constituants, l'effet de l'attaque est particulièrement marqué et ainsi les deux phénomènes déterminent la profondeur d'attaque qui est admissible en diffraction électronique par réflexion.

La vitesse de pulvérisation dépend, d'autre part, de l'orientation des cristallites à la surface de l'éprouvette. Ce phénomène donne très souvent et spécialement en diffraction par réflexion les diagrammes caractéristiques des textures fibreuses; ce résultat est artificiel. Ici également les conséquences de l'attaque sélective apparaissent très rapidement sur les couches évaporées ou sur les dépôts galvaniques qui ont une cristallisation fine. Signalons encore que les cristaux, ayant une orientation résistant à l'attaque, produisent fréquemment le phénomène de réfraction; la pulvérisation semble alors avoir créé des surfaces planes (Fig. 1).

Enfin, des expériences sur le cuivre, l'or, le laiton et le sel gemme polycristallin avec des ions d'énergie variable ont montré que l'attaque sélective est beaucoup moins marquée pour les ions lents, compte tenu de la vitesse différente de pulvérisation. C'est généralement pour des tensions de décharge d'environ 3—6 kV que les textures artificielles n'apparaissent qu'après des attaques d'environ 0,2 μm. On voit donc ici l'intérêt réel qu'il y a à employer des ions relativement lents.

Modifications de l'état cristallin. Des expériences sur l'alliage or-cuivre ont montré que l'irradiation détruit l'ordre à grande distance. La disparition générale des lignes de Kikuchi, constatée sur une face de clivage du sel gemme, est un autre phénomène qui montre que l'irradiation perturbe l'ordre dans le cristal et provoque des distorsions du réseau; ces dernières pourtant sont insuffisantes pour causer un élargissement décelable en transmission.

Conclusions. De ces observations, il resulte les limitations suivantes des la méthode de décapage ionique associée à la diffraction électronique:

1. Des matières peu nobles ou facilement dissociées s'oxydent si des précautions spéciales ne sont pas prises.

2. L'étude de l'état cristallin et des orientations préférentielles est souvent douteuse à cause de l'attaque sélective et des distorsions introduites par l'irradiation.

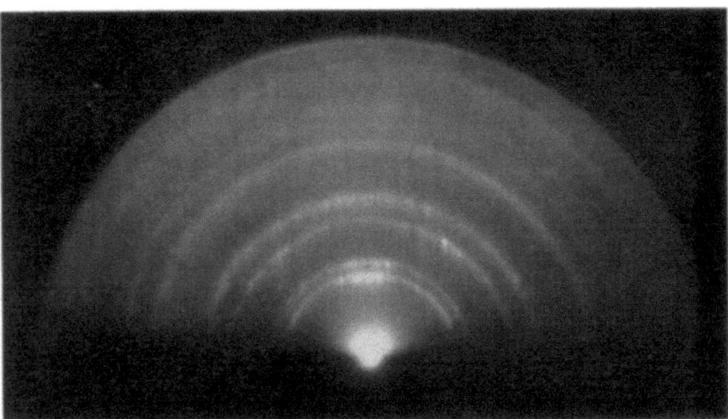

Fig. 1. Décapage ionique prolongé (0,4 μm) sur le cuivre polycristallin. Conditions: 4 kV, env. 300 μA/cm², Argon, canon orienté à 30° de la normale. L'attaque sélective produit une texture fibreuse et les cristaux de l'orientation [110] montrent le phénomène de refraction

Par contre, ces limitations n'existent pas dans le cas où l'on désire étudier l'interaction des ions avec la matière.

Examen de couches superficielles. Deux exemples traitent de l'etude des dépôts galvaniques or-cuivre couramment utilisés en horlogerie dans la décoration et pour la protection.

a) Le contrôle de la texture des dépôts galvaniques permet de tirer des conclusions sur les conditions de placage. Leur étude par diffraction électronique est rapide. Sortant du bain, les dépôts ne donnent ordinairement pas de diffraction; cela est dû probablement à une très faible couche de polissage ou à une passivation. Un décapage ionique faible, dans les conditions suivantes: tension de décharge 3,5 kV intensité environ 300 μA/cm² pendant 20 sec., permet de mettre à nu le dépôt sans que l'attaque perturbe la détermination des orientations préférentielles.

b) Le traitement thermique des plaqués améliore à la fois les propriétés mécaniques et l'adhésion du dépôt. Ce traitement peut se faire dans un bain de sels neutres (nitrites et nitrates d'alcalins). Parfois, une décoloration du dépôt se produit. Le décapage ionique dans les mêmes conditions de tension et de courant a permis de mettre en évidence une couche homogène d'oxyde cuivreux à croissance fibreuse.

Bibliographie

1. Fert, Ch.: C. R. Acad. Sci. (Paris) **238**, 233 (1954).
2. Trillat, J. J.: J. Chim. physique **53**, 570 (1956).
3. Ladage, A.: Z. Physik **144**, 354 (1956).
4. Gribi, M., u. L. Wegmann: Seite 403 dieses Bandes.
5. Moore, W.J., C. D. O'Briain and Amelie Lindner: Ann. N. Y. Acad. Sci. **67**, 600 (1957).

Ionenätzung im Elektronendiffraktographen

M. Gribi und L. Wegmann

Abteilung für Elektronengeräte der Firma Trüb, Täuber & Co. AG, Zürich (Schweiz)

Die Ionenätzung als Methode der kontinuierlichen Abtragung von Oberflächenmaterial im Elektronendiffraktographen ist seit einiger Zeit bekannt. Gegenstand intensiver, zum Teil noch nicht abgeschlossener Untersuchungen sind die Betriebsbedingungen, welche bei der Ionenätzung eingehalten werden müssen, damit die Struktur der noch nicht abgetragenen Schichten nicht

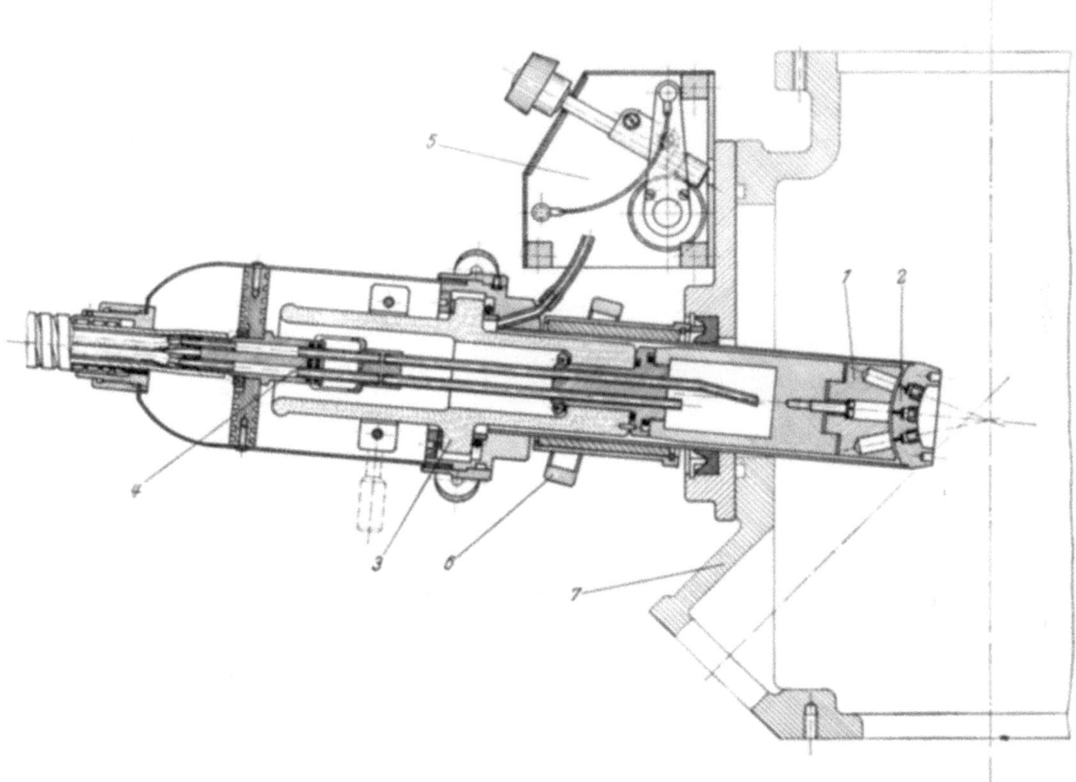

Abb. 1. Schnitt durch Ionenätzvorrichtung 1—4,5 kV Ionenbeschleunigungsspannung. *1* wassergekühlte Anode, *2* Kathode, *3* Anodenisolator, *4* Hochspannungs- und Kühlwasserzuführung, *5* Gaseinlaßventil. *6* Mechanismus für Objektüberstreichung, *7* Beugungskammer

gestört wird (*1*). Der vorliegende Artikel beschreibt die apparative Ausrüstung eines Elektronendiffraktographen, welche sowohl für die *Untersuchung des Mechanismus der Ionenätzung* als auch für *deren Anwendung bei Strukturuntersuchungen* benötigt wird. Die Ionenätzvorrichtung zum Elektronendiffraktographen KD3 der Firma Trüb Täuber in Zürich und einige Zusatzeinrichtungen werden detailliert beschrieben.

Die *Ionenätzvorrichtung* (Abb. 1) wurde entwickelt auf Grund der im Laboratoire Suisse de Recherches Horlogères in Neuchâtel und im Laboratoire des Rayons X du C. N. R. S. in Bellevue unternommenen Versuche (*2, 3*). Sie weist zwei auswechselbare Einsätze auf, wovon der eine zur Untersuchung und Anwendung der Ionenätzung unterhalb von 4,5 kV Ionenbeschleunigungsspannung dient, der andere zu chemischen Ionenexperimenten mit 10—30 kV.

Im unteren Spannungsbereich wurde die obere Grenze der Ionenbeschleunigungsspannung auf Grund der Erfahrungen mit dem selektiven (material- und kristallorientierungsabhängigen) Charakter der Ionenätzung gewählt. Als Ionenquelle wird eine Kanalstrahlquelle in Ganzmetallausführung verwendet. Für die Anode *1*, welche keinem Materialverschleiß unterworfen ist, wird Aluminium verwendet, für die Kathode *2* dagegen muß ein Material verwendet werden, welches sowohl eine gute Ionenausbeute der Quelle als auch einen geringen Materialverschleiß unter dem Ionenbeschuß aufweist. Chrom-Nickelstahl zeigt z. B. gute Resultate. Da mit einer einzigen Kanalstrahlquelle infolge von Raumladungseffekten kaum eine für Ionenätzung genügende Ionenstromdichte auf der Objektoberfläche erzeugt werden kann, wurden 7 Kanalstrahlquellen derart angeordnet, daß sich die 7 Strahlen auf der Objektoberfläche treffen (Abb. 2). Mit dieser Anordnung werden unter Beibehaltung der einfachsten und betriebssicheren Form einer Ionenquelle Ionenströme von etwa 50 μA auf der Objektoberfläche erzeugt. Die Ionenstromdichte auf der Objektoberfläche genügt ausreichend zur kontaminationsfreien Materialabtragung. Zur Verhinderung von chemischen Reaktionen wird die Ionenätzung meist mit Edelgasen (üblicherweise mit Argon) betrieben, zur Untersuchung chemischer Reaktionen können dagegen praktisch beliebige Gase verwendet werden.

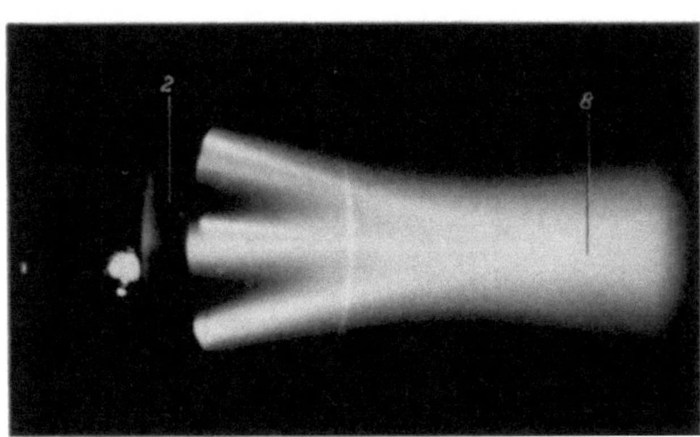

Abb. 2. Ionenstrahl der Ätzvorrichtung. *2* Kathode, *8* Fokus des Ionenstrahls

Der zweite Einsatz besteht aus einer einzigen Kanalstrahlquelle, welche so bemessen ist, daß sie mit 10—30 kV betrieben werden kann. Während die Reichweite der Ionen in festen Körpern bei 4 kV, höchstens einige Ångström-Einheiten beträgt, wird sie bei 30 kV etwa 50—200 Å. Der zweite Einsatz dient demnach für Untersuchungen, bei welchen Fremddionen in das Material hineingeschossen werden sollen. Da die Ionenausbeute, definiert als entnommener Ionenstrom dividiert durch Entladungsstrom, mit zunehmender Beschleunigungsspannung stark zunimmt, genügt in diesem Bereich eine einzige Kanalstrahlquelle zur Erzeugung eines reichlich genügenden Ionenstromes auf dem Objekt. Die erreichbaren Ionenströme sind von der Größenordnung 100 μA.

Da die Beugung bei Reflexion eine ebene Objektoberfläche längs des Auftreffbereiches des Elektronenstrahles verlangt, wird durch einen Mechanismus dafür gesorgt, daß der Fokus *8* der sieben Ionenstrahlen sich parallel zu der Objektoberfläche auf und ab bewegt. Der Bereich größter Stromdichte des Ionenstrahles überstreicht also die Objektoberfläche längs dem Elektronenstrahl und ätzt einen Graben in diese hinein, welcher infolge dieser Parallelführung eine gleichmäßige Breite und Tiefe aufweist. Die Parallelführung des Ionenstrahlfokus wird durch die mechanische, durch einen Motor angetriebene und mit Hilfe einer Relaisschaltung automatisch gesteuerte Anordnung erreicht, welche in Abb. 3 dargestellt ist. Unbewegliche Teile sind: die Führung der Ionenquelle *9*, in welcher die letztere frei beweglich, d. h. verschiebbar und drehbar ist, und der Träger *10*. Die Zwangsbewegung der Ionenquelle erfolgt durch den Hebel *12* und das feste Zentrum *11*. Der Hebel *12* wird durch das Motorgetriebe auf und ab bewegt. Die Ionenquelle ist durch die Achse *13* mit dem Hebel *12* verbunden. Damit eine Objektoberfläche von 20 mm Durchmesser durchgehend gleichmäßig geätzt wird, muß die Parallelführung bis zu einem Neigungswinkel der Ionenquelle von $\pm$ 5° wirksam sein. In unserem Falle ist innerhalb dieses Bereiches der maximale Fehler (Abstand zwischen Fokus des Ionenstrahles und der Objektoberfläche) kleiner als 1 μ, d. h. verglichen mit den Dimensionen des Ionenfokus sehr klein.

Bei der Untersuchung von geätzten Oberflächen kann die Reoxydation im normalen Hochvakuum einer Beugungsapparatur noch eine wesentliche Rolle spielen. Eisen oxydiert unter dem Beschuß mit Argon-Ionen bei einem Vakuum von 10^{-5} mm Hg noch so rasch, daß die Untersuchungen gestört werden. Auch die gründliche Spülung der ganzen Apparatur mit Argon genügt nicht. Der Ionenstrahl verstärkt als eine Art Katalysator die Oxydation wesentlich. Der Restgasdruck muß deshalb stark heruntergesetzt werden. Es genügt, wenn dies in der unmittelbaren Umgebung des Objektes erreicht wird. Dies ist mit einer geeignet ausgebildeten Ausfriertasche

(4), welche das Objekt praktisch vollständig umgibt, mit kleinem Aufwand zu erreichen. Das Ziel unserer diesbezüglichen — noch nicht abgeschlossenen — Arbeiten besteht darin, eine das Objekt möglichst vollständig umgebende *Ausfriertasche* zu entwickeln, welche jedoch die noch zu beschreibenden Zubehöreinrichtungen des Diffraktographen nicht beschränkt, d. h. die Ausfriertasche muß mehrere Öffnungen aufweisen: für den Ionenstrahl der Ätzvorrichtung und für Objekthalterung, -beobachtung, -entladung und -bedampfung. Da die freie Weglänge der Luftmoleküle bei einem Druck von 10^{-5} mm Hg größer ist als die Dimensionen des Diffraktographentubus, können diese Öffnungen durch geeignet angeordnete Blendensysteme weitgehend geschlossen werden. Vorversuche mit einer einfachen Blende direkt vor der Objektoberfläche, welche einen Schlitz von etwa doppelter Breite des Ätzgrabens aufwies, zeigten, daß die Oxydation von Eisen unter dem Beschuß von Argon-Ionen merkbar schwächer wird. Über die endgültige Ausführung wird in kurzer Zeit berichtet werden.

Die Ionenätzvorrichtung kann mit den bisherigen *Objekthaltern* betrieben werden: dem Universaleinstellknopf für Untersuchungen bei Zimmertemperatur mit zwei Translationen in der Objektebene, einer Rotation zur Einstellung des Reflexionswinkels und einer Rotation zur Einstellung eines beliebigen Winkels zwischen dem Elektronenstrahl und einer Bezugsrichtung der Objektoberfläche, oder dem heizbaren Einstellkopf, welcher eine Aufheizung des Objektes

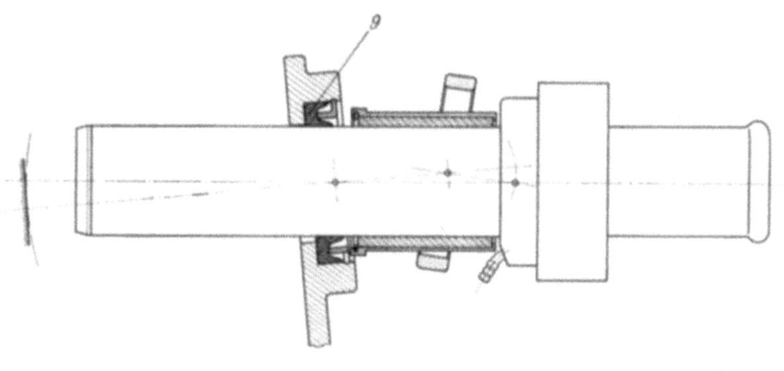

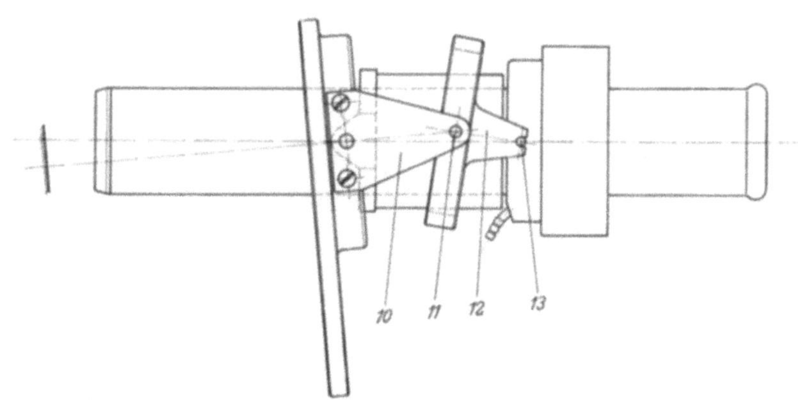

Abb. 3. Parallelverschiebung des Ionenfokus. *9* Führung der Ionenquelle, *10* unbeweglicher Träger, *11* festes Zentrum, *12* durch Motorgetriebe bewegter Hebel, *13* Achse zwischen Ionenquelle und Hebel

bis auf 900° C ermöglicht. Als Neuentwicklung steht nun auch der *Einstellkopf für tiefe Temperaturen* zur Verfügung, welcher den Temperaturbereich zwischen Zimmertemperatur und etwa —180° C beliebig überstreichen und darüber hinaus — mit einer kleinen Zusatzeinrichtung — auch beliebige Objekttemperaturen zwischen Zimmertemperatur und etwa +300° C einstellen läßt. Dieser neue Einstellkopf ist für die Ionenätzung von besonderer Bedeutung. Die Ionenätzeinrichtung erzeugt einen Ätzgraben, dessen Ränder infolge des glockenkurvenförmigen radialen Intensitätsverlaufes des Ionenstrahles kontaminiert werden. Metallische Objekte, welche erst bei Temperaturen über 200° C Umwandlungen unterliegen, können mit diesem Einstellkopf auf etwa +150° C erwärmt werden. Da diese Temperatur genügt, um die Kontaminationsschichten zu verhindern, bleibt die Umgebung des Ätzgrabens — abgesehen von einer verstärkten Oxydation — unbeeinflußt und kann für Vergleichsbeobachtungen während des Ätzens benützt werden. Andererseits kann durch Abkühlen des Objektes — insofern keine störenden Umwandlungen auftreten — die durch den Ionenstrahl verstärkte Oxydation verlangsamt werden. Im Falle von Kunststoffen, welche zum Teil schon durch einen intensiven Elektronenstrahl verkohlt werden können, wird

M. Gribi und L. Wegmann:

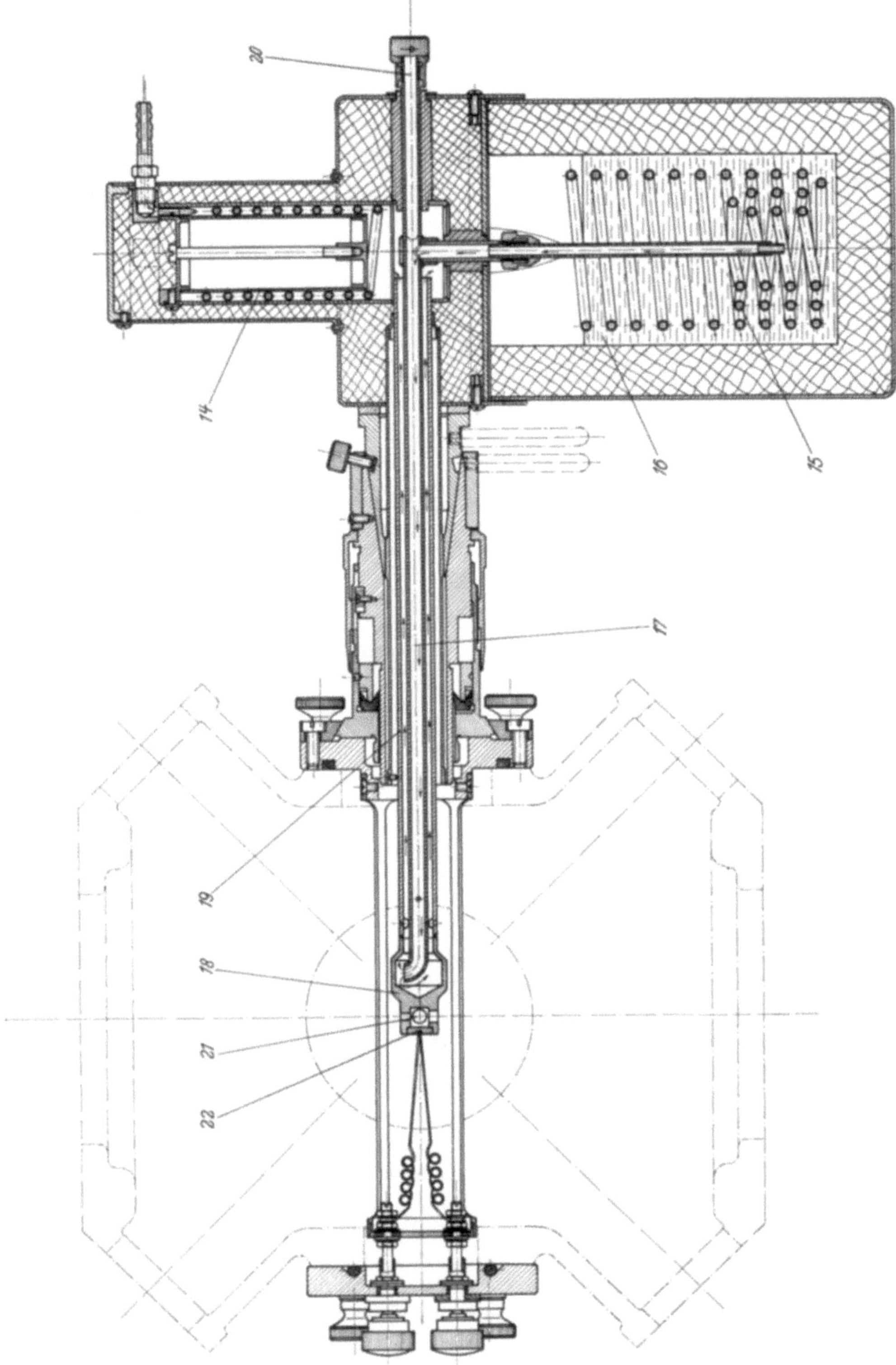

Abb. 4. Schnitt durch Einstellkopf für tiefe Temperaturen. *14* Voraustauscher, *15* Kühlspirale, *16* Kühlflüssigkeit, *17* Chrom-Nickel-Stahlrohr, *18* Objektkopf, *19* Rücklauf, *20* Heißluftanschluß, *21* Objekt, *22* Thermoelement

durch Abkühlung genügend dünner Folien, welche in guten Wärmekontakt mit dem gekühlten Träger gebracht werden, in vielen Fällen erreicht werden können, daß die Objekterwärmung durch Ionenstrahl und Elektronenstrahl kompensiert wird.

Die Funktion dieses Einstellkopfes mit variabler Temperatur geht aus der Schnittzeichnung (Abb. 4) hervor. Mit Hilfe einer CO_2-Alkohol-Ausfriertasche getrockneter Stickstoff gelangt zunächst in den Voraustauscher *14* und dann in die Kühlspirale *15*, welche durch flüssigen Stickstoff oder ein anderes Kühlmittel *16* gekühlt wird. Anschließend wird der gekühlte Stickstoff durch ein Chrom-Nickel-Stahlrohr *17* zum Objektkopf *18* gebracht. Der Rücklauf *19* ist konzentrisch um das Stahlrohr angeordnet und sorgt anschließend für eine Vorkühlung des Voraustauschers. Durch Variation des Gasstromes können innerhalb vernünftiger Zeiten beliebige Temperaturen des Objektkopfes eingestellt werden. Da die Wärmeisolation des Objektkopfes äußerst gut ist, muß ein erhitzter Gasstrom verwendet werden, um den Objektkopf wieder zu erwärmen. Zu diesem Zweck wird die Kühlflüssigkeit durch heißes Wasser ersetzt, oder es kann am Heißluftanschluß *20* erhitzte Luft direkt in das Stahlrohr geblasen werden. Dies ermöglicht

die Erwärmung des Objektkopfes auf Zimmertemperatur oder auf höhere Temperaturen. Das Objekt *21* bzw. der Objektträger müssen zylindrische Form aufweisen und werden in eine entsprechende Bohrung in der Rückseite des Objektkopfes genau passend hineingesteckt, so daß ein guter Wärmekontakt gesichert ist. Die Temperatur des Objektkopfes wird mit einem Thermoelement gemessen. Die bei Metallen kleine Temperaturdifferenz zwischen Objektinneren und Objektoberfläche ist Gegenstand weiterer Untersuchungen.

Aufladungen isolierender Objekte unter dem Elektronenstrahl werden während des Ätzens durch Sekundäreffekte des Ionenstrahles kompensiert. Soll jedoch vor dem Ätzen und nach Erreichen einer bestimmten Ätztiefe registriert werden, dann muß eine zusätzliche *Entladungseinrichtung* benützt

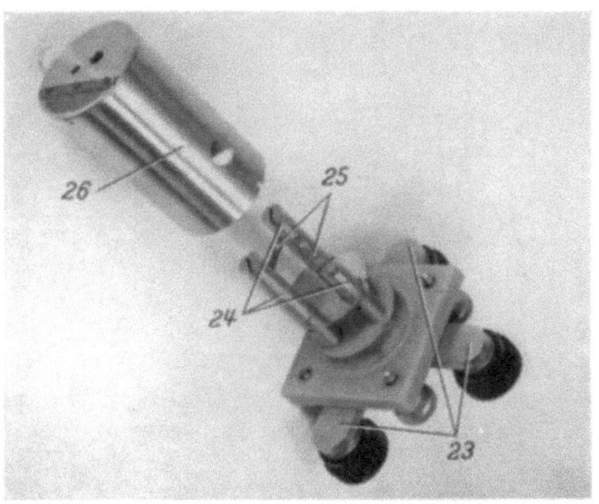

Abb. 5. Aufdampfeinrichtung. *23* Stromzuführungen, *24* Träger, *25* Wolframschiffchen, *26* Abblendzylinder

werden. Die Entladungseinrichtung erzeugt mit einer kalten Kathode nach INDUNI einen divergenten Strahl langsamer Elektronen, welche in der Umgebung der Objektoberfläche positive Ladungen zur Kompensation der negativen Aufladung des Objektes erzeugen. Die Beschleunigungsspannung ist variabel zwischen 1 und 4 kV, der Entladungsstrom zwischen 0 und 1,5 mA.

Da die Ionenätzung zur Vorbereitung oder Reinigung von Unterlagen für Aufdampfschichten und zur Untersuchung von Diffusionsvorgängen zwischen Aufdampfschicht und Unterlage geeignet ist, leistet die in die Beugungskammer einbaubare *Aufdampfeinrichtung* wertvolle Dienste, insbesondere deshalb, weil Aufdampfen und Materialabtragen unter stets gleichem Hochvakuum beliebig ausgeführt werden können. Die Aufdampfeinrichtung (Abb. 5) besteht aus 3 Stromdurchführungen *23* mit Trägern *24*, so daß zwei Wolfram- oder Molybdänschiffchen *25* abwechselnd oder gleichzeitig geheizt werden können. Der Zylinder *26* mit den Beobachtungsfensterchen dient zur Abblendung und eine zusätzliche Abdeckvorrichtung zur Abdeckung des Objektes.

Im Zusammenhange mit der Ionenätzung erhält die Registrierkassette für kinematographische Registrierung nach BOETTCHER ein weiteres Anwendungsgebiet.

Das Baukastenprinzip des Elektronendiffraktographen KD3 von Trüb Täuber (5) ermöglicht es, diese Zusatzgeräte für spezielle Untersuchungen geeignet zu kombinieren, so daß der Apparat zu einem eigentlichen wissenschaftlichen Vakuumlaboratorium geworden ist. Die speziell dafür konstruierte Vakuumanlage wird andernorts beschrieben (6). Die *Beugungskammer 27* (Abb. 6) ist mit 10 Öffnungen versehen, an welche die beschriebenen Zubehörteile hochvakuumdicht angeflanscht werden können, und zwar in der folgenden Anordnung: die Ätzvorrichtung *30* an der großen Frontöffnung, der Objekthalter *31* an der großen rechteckigen Öffnung rechts, die Entladevorrichtung an der runden Öffnung *32* links, die Aufdampfeinrichtung *33* an der 45°-Öffnung unter der Frontöffnung und die dazugehörende Abdeckvorrichtung *34* an der 45°-Öffnung rechts unten. Zusätzlich dazu kann an der 45°-Öffnung *35* links unten ein isolierter Blendenhalter angebracht werden, mit welchem eine Blende zwischen Ätzvorrichtung und Ausfriertasche geschoben wird. Diese Blende kann einerseits als Sperrung für den Ionenstrahl und andererseits zur Kontrolle des Ionenstromes verwendet werden. Zur Absolutmessung des Ionenstromes ist

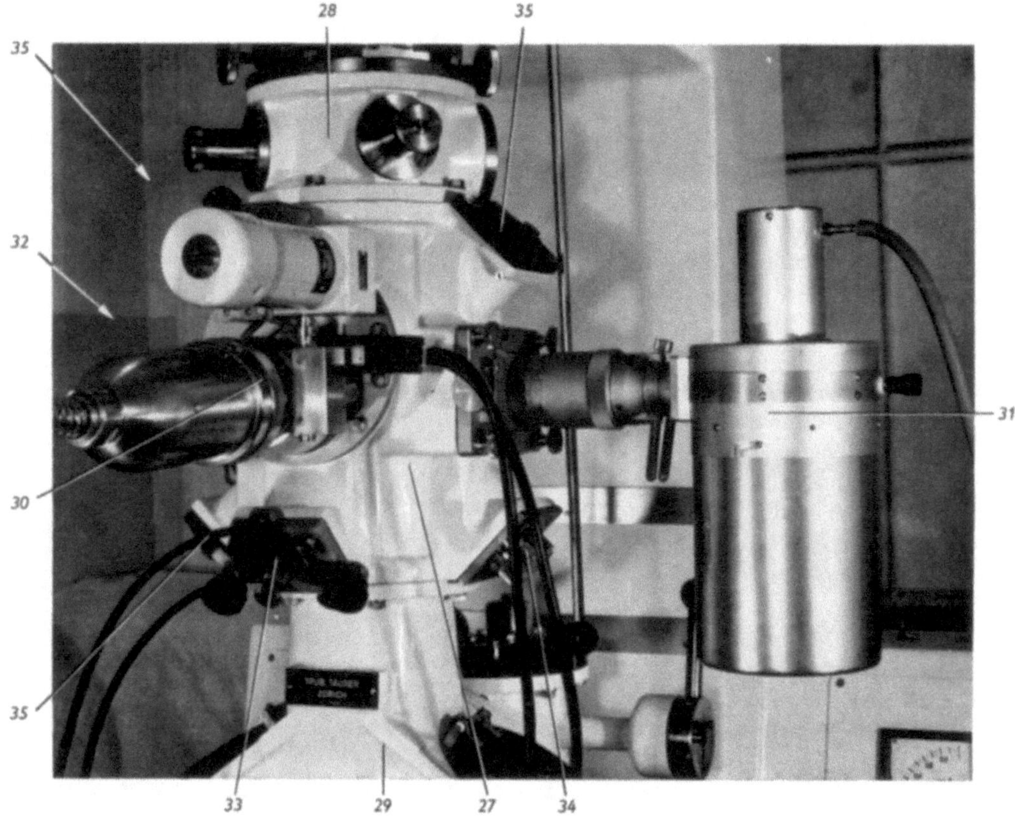

Abb. 6. Beugungskammer mit Zubehör. *27* Beugungskammer, *28* Kondensorkammer, *29* Beobachtungskammer, *30* Ionenätzvorrichtung mit Antriebsmotor, *31* Einstellkopf für tiefe Temperaturen, *32* Öffnung für Entladevorrichtung, *33* Aufdampfvorrichtung, *34* Abdeckvorrichtung, *35* 45°-Öffnungen

sie wegen der Sekundärelektronen nicht geeignet. Die Blende kann jedoch durch einen Faradaykäfig ersetzt werden. Das Hochvakuum wird mit einer Ionisationszelle nach Penning an einer weiteren Öffnung der Beugungskammer gemessen. Über Anwendungen soll später berichtet werden.

Literatur

1. Steinemann, S., et J. J. Trillat: Seite 401 dieses Bandes.
2. — Experientia (Basel) **13**, 417 (1957).
3. Gribi, M., u. L. Wegmann: Ionenätzung als Materialuntersuchungsmethode im Elektronendiffraktographen. Dechema-Monogr. Frankfurt 1958 (im Druck).
4. Moore, W. J., C. D. O'Briain and Amelie Linder: Ann. N. Y. Acad. Sci. **67**, 600 (1957).
5. Vgl. auch E., Bauer: Elektronenbeugung 1958. München: Verlag Moderne Industrie.
6. Gribi, M., M. Thürkauf, W. Villiger u. L. Wegmann: Ein 70 kV-Elektronenmikroskop mit kalter Kathode und elektrostatischem Objektiv. Optik **16**, 65 (1959)

Über Grenzflächenreaktionen zur Entwicklung von üblicherweise im Abdruck nicht erkennbaren Oberflächenstrukturen

H. Bethge

Institut für experimentelle Physik der Martin-Luther-Universität Halle-Wittenberg
(Direktor: Prof. Dr. W. Messerschmidt)

Eine wesentliche Aufgabe der Untersuchung von Oberflächen fester Stoffe besteht darin, aus der beobachteten Struktur der Oberfläche allgemeine Aussagen zu den Eigenschaften des Festkörpers zu gewinnen. Zumeist sind — entsprechend der jeweiligen Fragestellung — spezielle Behandlungen der Oberfläche notwendig. So hat z. B. die Metallkunde eine Vielzahl von Ätz-

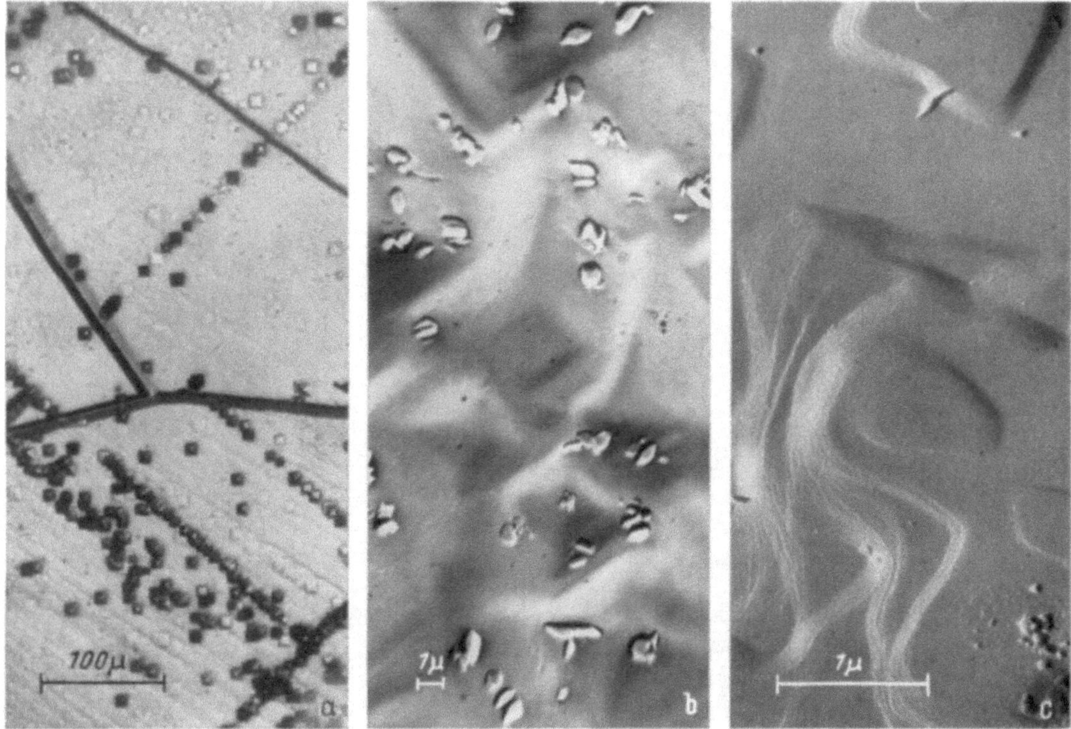

Abb. 1a—c. NaCl-Spaltflächen nach chemischer Ätzbehandlung. a) lichtmikr. Aufnahme: Versetzungen an Feinkorngrenzen, Gleitlinien und Spaltstufen angeätzt mit $CH_3COOH + H_2SO_4$. b) elektronenmikr. Aufnahme der durch Ätzung mit $CH_3COOH + H_2SO_4$ erzielten Ätzgruben. c) bei der Ätzung mit Alkohol-Jod entstehende Ätzgruben und Lamellen

verfahren für die mit dem Lichtmikroskop durchzuführenden metallographischen Untersuchungen entwickelt. Die Elektronenmikroskopie hat zunächst diese vorbereitenden Behandlungsverfahren übernommen; aber oftmals ist das in der Metallographie geübte Ätzverfahren zu grob. Das gilt vor allem, wenn nicht einfach Gefügezusammensetzungen untersucht, sondern an Einkristallen die für die Festkörperphysik so wichtigen Fragen der Realstruktur studiert werden sollen.

Untersucht man — ohne weitere Behandlung — frische Spaltflächen von Ionenkristallen, so zeigt sich, daß recht häufig Bereiche der Abmessung bis etwa $100\,\mu$ aufzufinden sind, die „elektronenoptisch leer" erscheinen (1). Das heißt aber, daß die sicherlich in diesen Bereichen vorhandenen Oberflächenstrukturen wie z. B. Spaltstufen der Abmessung von wenigen Atomlagen, Feinkorngrenzen oder auch durchstoßende Versetzungen nicht zur Abbildung gelangen. Die durch diese Störungen hervorgerufenen Oberflächenstrukturen sind durch die Abdrucktechnik nicht erfaßbar. Wohl gibt es Ätzverfahren für das Anätzen von Versetzungen (2) für den Bereich des Lichtmikroskopes; aber für das Elektronenmikroskop sind diese Methoden wenig wertvoll. In der Abb. 1 sind neben einer lichtmikroskopischen Aufnahme zwei elektronenmikroskopische

Abbildungen[1] bei Anwendung verschiedener Ätzmittel wiedergegeben. Die Ätzgruben (Abb. 1b) zeigen keine weitere Aufschluß gebende Feinstruktur. Störend sind die vom Ätzvorgang herrührenden Rückstände. Die Abb. 1c vermittelt zwar eine sehr feine Lamellenstruktur; aber auch hier ist der Ätzangriff zu tiefgehend.

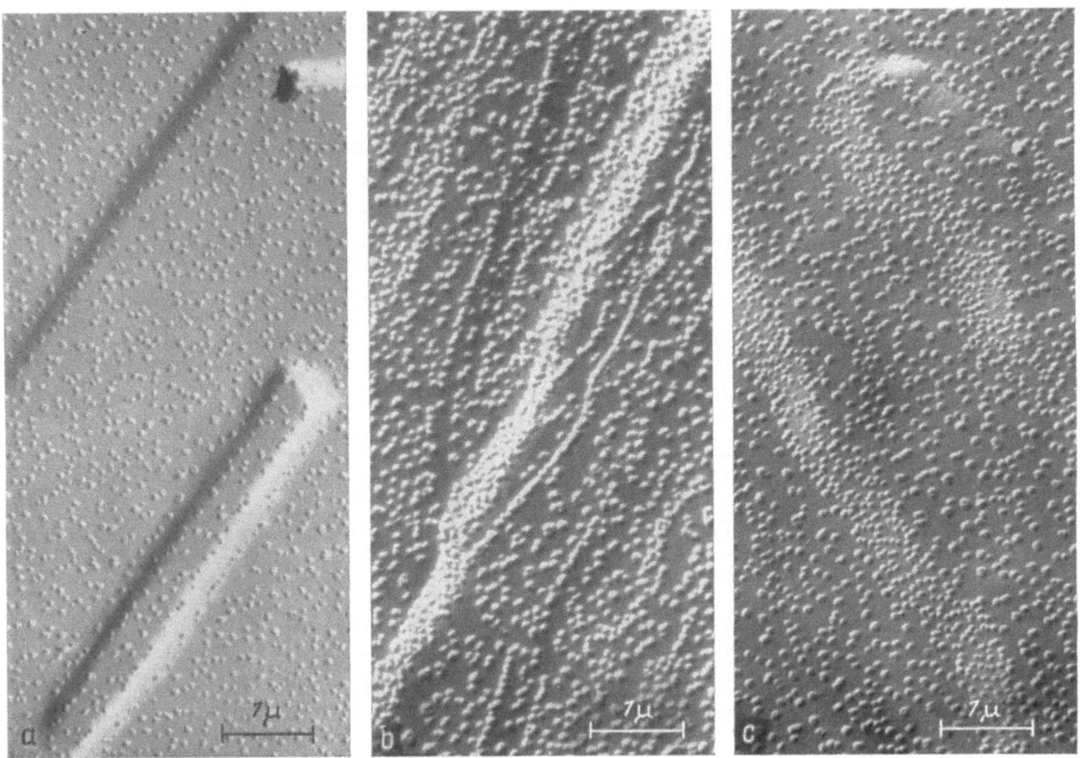

Abb. 2a—c. Durch Elektronenbeschuß auf NaCl-Spaltflächen gebildete Hügelchen. Bedingungen siehe Abb. 3

Nachfolgend soll über Methoden berichtet werden, die auf ihre Möglichkeit zur „Entwicklung" von Strukturen auf Steinsalz-Spaltflächen untersucht wurden.

Es wurde zunächst versucht, den auf Kathodenpotential liegenden Kristall durch Ionenbeschuß in einer Glimmentladung zu behandeln. Für den Ionenkristall gibt das wenig übersichtliche und reproduzierbare Ergebnisse. Wir machten dabei aber die interessante Feststellung, daß im Falle des auf Anodenpotential liegenden Kristalles bei bestimmten Versuchsbedingungen die Kristalloberfläche nach der Behandlung mit feinen, keineswegs statistisch verteilten Hügelchen bedeckt ist, wie die Abb. 2 zeigt. Das Beugungsdiagramm in streifendem Einfall von so behandelten Oberflächen zeigt neben den noch gut ausgebildeten Kickuchi-Linien angedeutete Ringe, die dem NaCl zuzuordnen sind. Es handelt sich offenbar um eine Erscheinung des Gebietes "radiation damage", hervorgerufen durch den Elektronenbeschuß. Für unsere Fragestellung ist ein Ergebnis wichtig: Die Abscheidungen erfolgen an bestimmten Zentren, die, um hier ein Beispiel herauszugreifen (Abb. 2b), längs atomarer oder wenige Atomlagen hohen Spaltstufen angeordnet

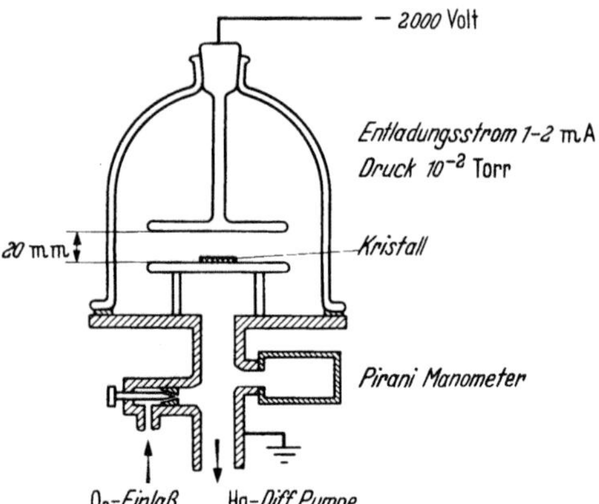

Abb. 3. Schematische Darstellung und Versuchsbedingungen der Behandlung in der Glimmentladung

---

[1] Zur Herstellung der Abdrucke: Sämtliche wiedergegebenen elektronenmikr. Aufnahmen sind von nach Bradley hergestellten Kohleabdrucken, die mit Thoriumfluorid schräg bedampft waren, aufgenommen.

sein können. Abb. 3 erläutert die Versuchsbedingungen. Eine einmalig aufgefundene Erscheinung bei dieser Behandlung zeigt die Abb. 4. Es sollte sich hierbei um eine Lichtenbergsche Entladungsfigur handeln, die dadurch entstanden sein kann, daß die von dem lose auf den Kristall aufliegenden Fremdteilchen aufgenommenen Ladungen beim Elektronenbeschuß eine Oberflächenentladung auf dem Kristall hervorgerufen haben.

Ein zweites Verfahren zur Entwicklung von Oberflächenstrukturen benutzt die Reaktion zwischen dem Ionenkristall und einer aufgedampften Silberschicht, die nach der Trennung zugleich als Matrizenabdruck benutzt wird. Durch Temperung des mit dem Silberfilm versehenen Kristalles wird an der Grenzfläche Silberchlorid gebildet (*3*). Ein Vorgang, der noch nicht befrie-

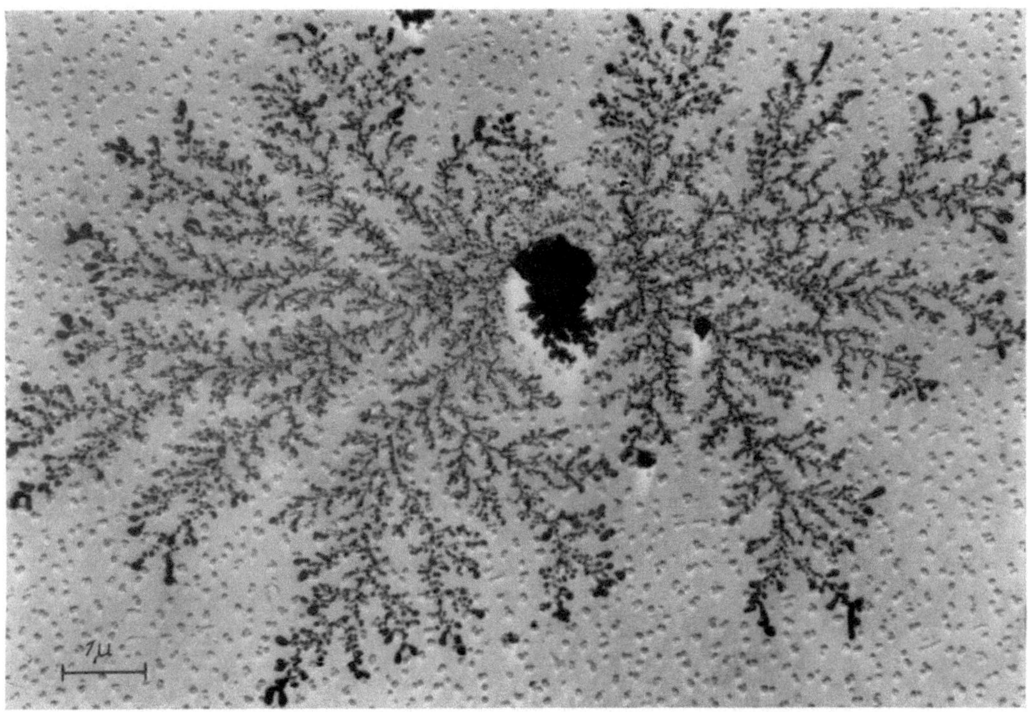

Abb. 4. Entladungsfigur auf einer mit Elektronen beschossenen NaCl-Spaltfläche

digend erklärt ist; aber für unsere Aufgabenstellung ist von Bedeutung, daß — wie das Experiment zeigt — diese Grenzflächenreaktion von den Störungen der Kristalloberfläche beeinflußt wird.

In zahlreichen, meist durch Zielpräparation hergestellten Aufnahmen (*4*) konnte gefunden werden, daß Feinkorngrenzen, die im Abdruck von nicht vorbehandelten Spaltflächen nicht zu erkennen sind, durch diese Methode zur Abbildung gebracht werden (Abb. 5a, b, c). Ein bei der Spaltung plastizierter Bereich (Abb. 5d—g) zeigt in der elektronenmikroskopischen Aufnahme, daß die im Lichtmikroskop erkennbaren Gleitlinien aus Gleitbändern bestehen. Bemerkenswert ist, daß die AgCl-Bildung nicht an den feinen Gleitstufen stattgefunden hat. Mit einiger Vorsicht mag daraus geschlossen werden, daß in den Gleitbändern gegenüber der Umgebung die Diffusion unterschiedlich ist.

Eine dritte Methode schließlich geht von der Überlegung aus, daß beim Bedampfen eines Kristalles mit gleicher Substanz — in unserem Falle also Bedampfen einer Steinsalzspaltfläche mit NaCl — die Störungen der Kristalloberfläche als Zentren bevorzugter Keimbildung wirken sollten. Durch Erwärmung des Kristalles ist dabei für eine hinreichende Oberflächenbeweglichkeit der auftreffenden Molekeln oder Atome zu sorgen. Beim Steinsalz liegt diese im Experiment ermittelte Temperatur bei 280—300° C. Wenn der Kristall längere Zeit auf dieser Temperatur gehalten wird, setzt im Hochvakuum bereits Verdampfung ein. Zu erwähnen ist, daß auch das

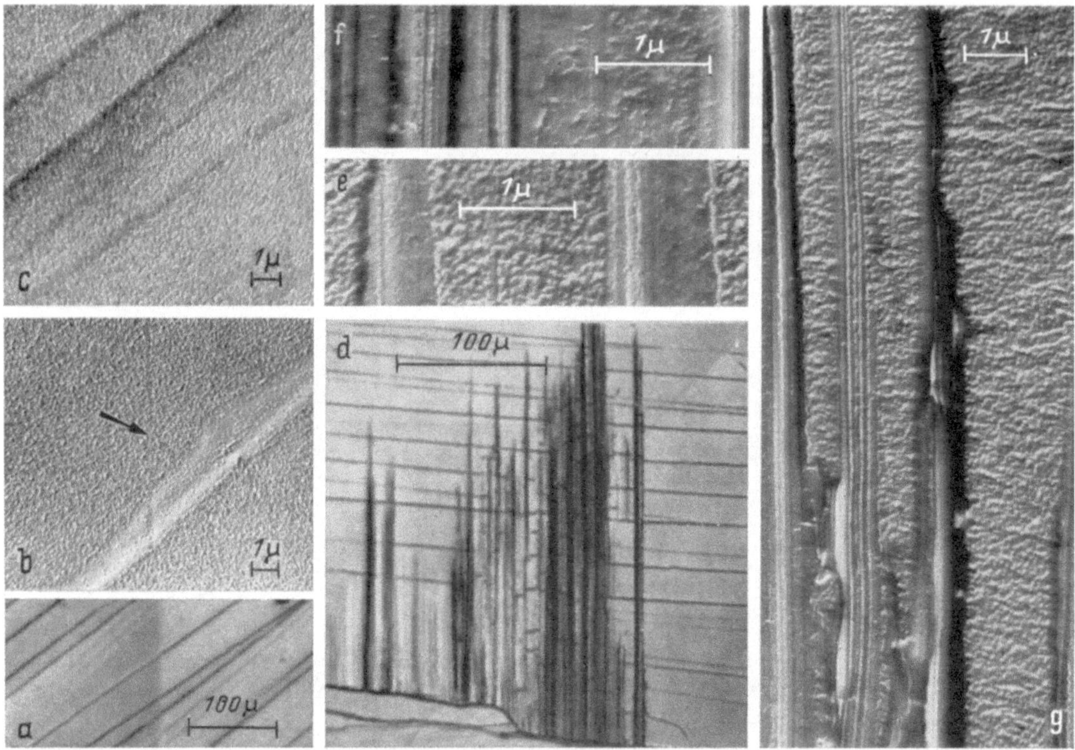

Abb. 5a—g. Grenzflächenreaktion von NaCl-Spaltflächen mit Ag-Matrize bei Temperung. a) (lichtmikr. Aufm.), b) u. c) Bildserie zur „Entwicklung" von Feinkorngrenzen (Pfeil in b) und Spaltstufen geringer Höhe (c). d—g) Bildserie eines bei der Spaltung plastizierten Bereiches. d) lichtmikr. Übersichtsaufn., e), f) u. g) plastizierte Bereiche (z. T. (f) aus Gleitbändern bestehend) mit gegenüber der Umgebung verschiedener Reaktion

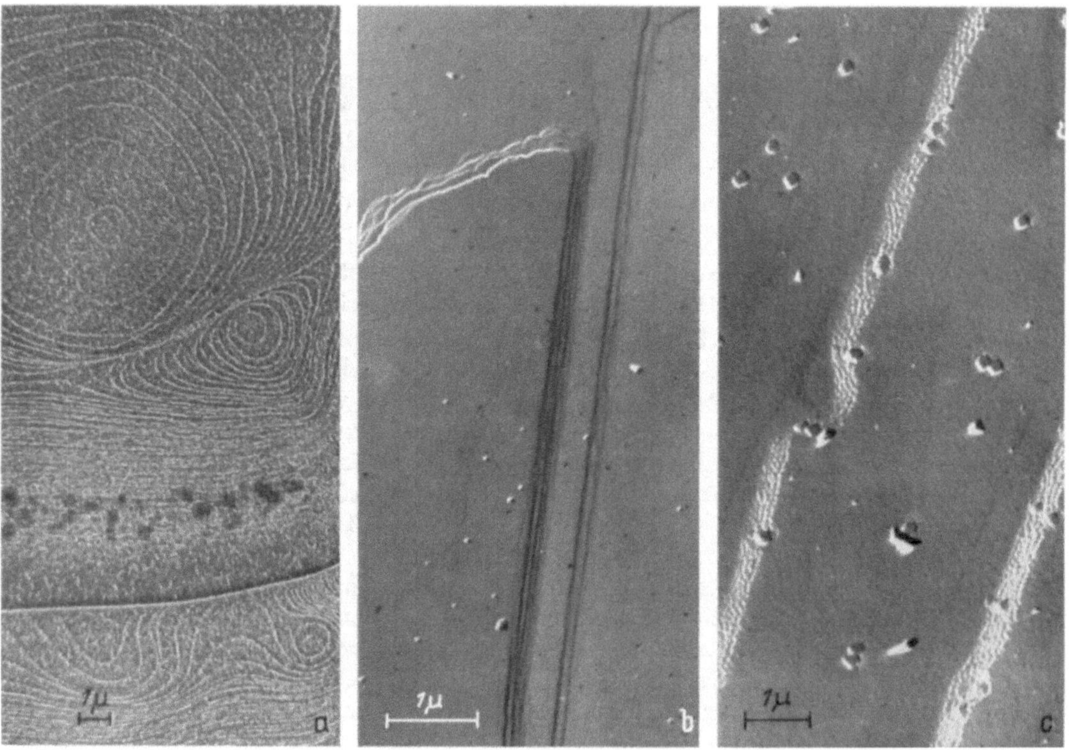

Abb. 6a—c. Abdampf- und Aufdampfstrukturen auf NaCl-Spaltflächen a) 20 min bei 400° C, b) 10 min bei 350° C, c) bei 300° C 20 mg NaCl aufgedampft

Studium dieser im Hochvakuum erzielten Abdampfstrukturen sehr von kristallphysikalischem
Interesse ist. Gegenüber bekannten Ergebnissen (5), die bei Temperaturen dicht unter dem
Schmelzpunkt in der freien Atmosphäre erzielt wurden, zeigen unsere Ergebnisse sehr viel mehr
Einzelheiten und Feinheiten. Abb. 6 zeigt bei verschiedener Temperatur behandelte Oberflächen.
In der Abb. 7 sind drei mit dieser Methode erhaltene Ergebnisse wiedergegeben. Es soll hier nicht
auf die kristallphysikalische Deutung eingegangen, sondern nur erwähnt werden, daß es sich um
erstmals mit dem Elektronenmikroskop aufgefundene Strukturen handelt, die Aufschluß geben

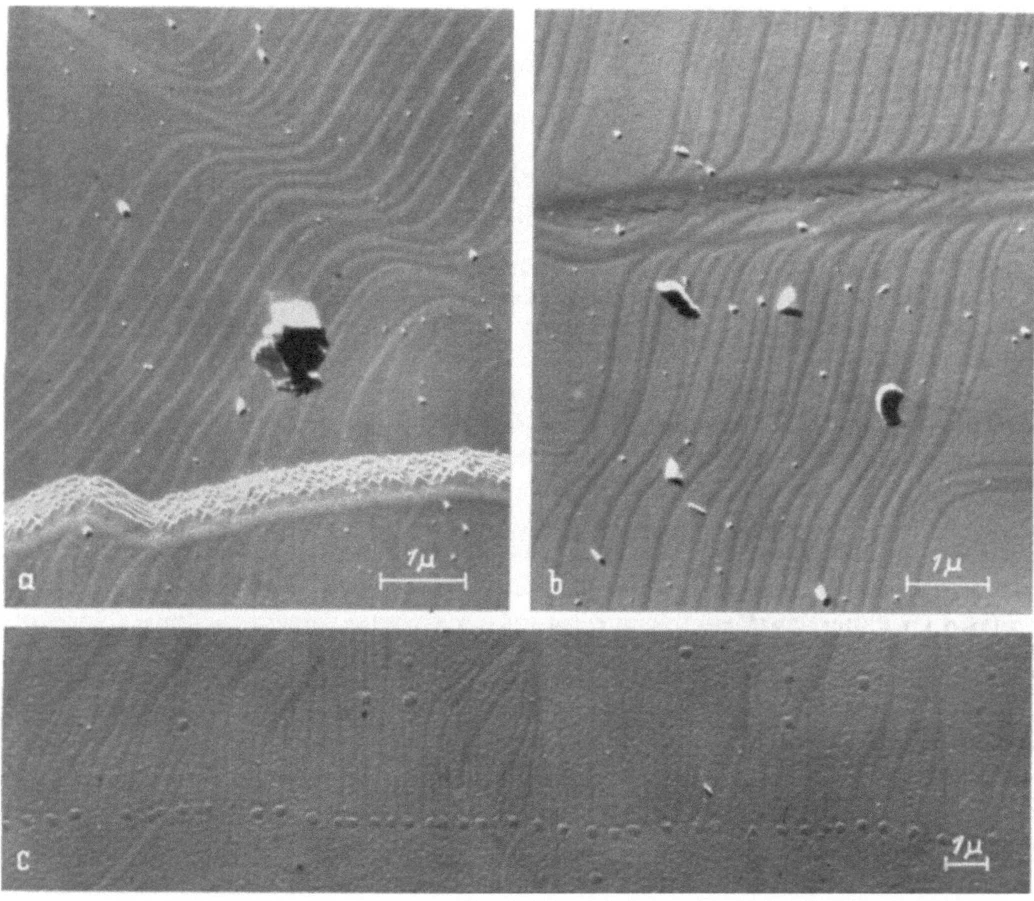

Abb. 7a—c. Durch Aufdampfen von NaCl (50 mg bei 300° C) auf Steinsalz „entwickelte" Oberflächenstrukturen
a) u. b) zur Ausbildung gebrachte Gleit- u. Spaltstufen, die Aufschluß geben zur Wechselwirkung von Versetzungen. c) durch bevorzugtes Wachstum an den Versetzungen sichtbar gemachte Feinkorngrenze

zur Wechselwirkung von Versetzungen (Abb. 7a und b) bei der Plastizierung und bei der Kristall-
spaltung bzw. beim Sprödbruch. Abb. 7c zeigt eine Feinkorngrenze (twist-boundary), in der die
Versetzungen deutlich als Zentren bevorzugten Wachstums wirkten. Die von den einzelnen Versetzungen fortlaufenden Stufen (river-pattern) sollten nach theoretischen Vorstellungen von
atomarer Größenordnung sein.

Wägen wir die drei beschriebenen Verfahren gegeneinander ab, so scheinen die beiden ersten
Verfahren an spezielle Voraussetzungen gebunden. Es mag aber sehr gut möglich sein, daß das
Verfahren der Grenzflächenreaktion zwischen einem Kristall und einer Aufdampfschicht von
allgemeinerer Bedeutung sein kann. Es ist zu untersuchen, wie sich auf Metallkristallen Aufdampfschichten eines anderen Metalles verhalten, wenn das aufgedampfte Metall mit dem Metall-
Grundkristall einen hinreichenden Diffusionskoeffizienten hat, oder auch intermetallische Verbindungen bildet. Solche Untersuchungen haben wir in Vorbereitung. Das zuletzt angeführte

Verfahren, das Aufdampfen von gleicher Substanz bei Temperaturen hinreichender Oberflächenbeweglichkeit, halten wir für das zunächst am meisten Erfolg versprechende. Es ist sicher allgemein anzuwenden beim Studium von Spalt- und Bruchflächen kristalliner Stoffe.

Literatur

1. Bethge, H.: Fortschr. Mineral. **35,** 156 (1957).
2. Amelinckx, S.: Acta metallurgica **2,** 848 (1954); Gilman, J. J., W. G. Johnston and G. W. Sears: J. appl.
Physics **29,** 747 (1958).
3. van der Vorst, W., W. Dekeyser and O. Goche: Naturwissenschaften **41,** 116 (1954).
4. Bethge, H.: Z. wiss. Mikrosk. **62,** 122 (1954).
5. Kern, E., u. H. Pick: Z. Physik **134,** 610 (1953).

Influence du bombardement
ionique sur certaines structures superficielles

K. Mihama

Centre National de la Recherche Scientifique, Bellevue, (S-et-O), France

Les effets de l'impact d'un faisceau ionique provenant de l'air (3 kV à 15 kV) sur des surfaces
de cristaux ont été étudiés par microscopie et diffraction électroniques. Nous avons examiné
des surfaces clivées de sel gemme, des couches d'or déposées sous vide, des plaques d'or et de
pyrite. Les effets observés peuvent se résumer comme suit:

1) Décapage sélectif révélant la microstructure superficielle du cristal.

2) Les particules arrachées par le bombardement peuvent se recondenser sur la surface après
collision avec les ions du faisceau, les molécules résiduelles et les parois de l'enceinte.

1. Bombardement ionique d'une surface de sel gemme. Une surface clivée de sel gemme fournit un
diagramme de diffraction électronique constitué de taches «monocristallines» accompagnées
de lignes de Kikuchi.

Dès que l'on bombarde cette surface par des ions accélérés sous une tension de 10 kV (débit
total 200 μA), les lignes de Kikuchi disparaissent, et les taches «monocristallines» s'allongent
par suite du phémomène de réfraction.

On peut observer comme suit la transformation de la structure d'une surface de sel gemme
sous l'effet du bombardement ionique (Fig. 1):

La surface clivée avant bombardement ionique montre des gradins suivant les directions [100]
ou [110].

b) Après un bombardement ionique d'une minute environ, on remarque une action de décapage
sélectif sur les bords des gradins.

c) Quand on continue le bombardement ionique, les gradins disparaissent et on obtient une
image montrant plusieurs terrasses plus au moins carrées, qui se produisent soit par décapage
sélectif soit par recondensation, et dont les directions sont également parallèles aux directions [100].

d) Si on chauffe ce sel gemme sous vide après bombardement de 30 min par les ions à 400° C
pendant 2 h, plusieurs terrasses carrées, très nettes et souvent superposées les unes aux autres,
apparaissent par recristallisation.

Quand on poursuit le bombardement ionique pendant plus d'une heure, on remarque à la fois
des phénomènes de décapage sélectif et de recondensation auxquels se superpose un phénomène
de contamination.

On a recueilli les particules é'ectées par les ions sur une autre surface de sel gemme placée
à proximité de l'échantillon. La dimension de ces particules est estimée à environ plusieurs centaines d'angströms.

2. Bombardement ionique d'un film d'or évaporé sur sel gemme. L'echantillon est préparé par
évaporation d'or sur une surface clivée de sel gemme sous une épaisseur de 1000 Å environ.

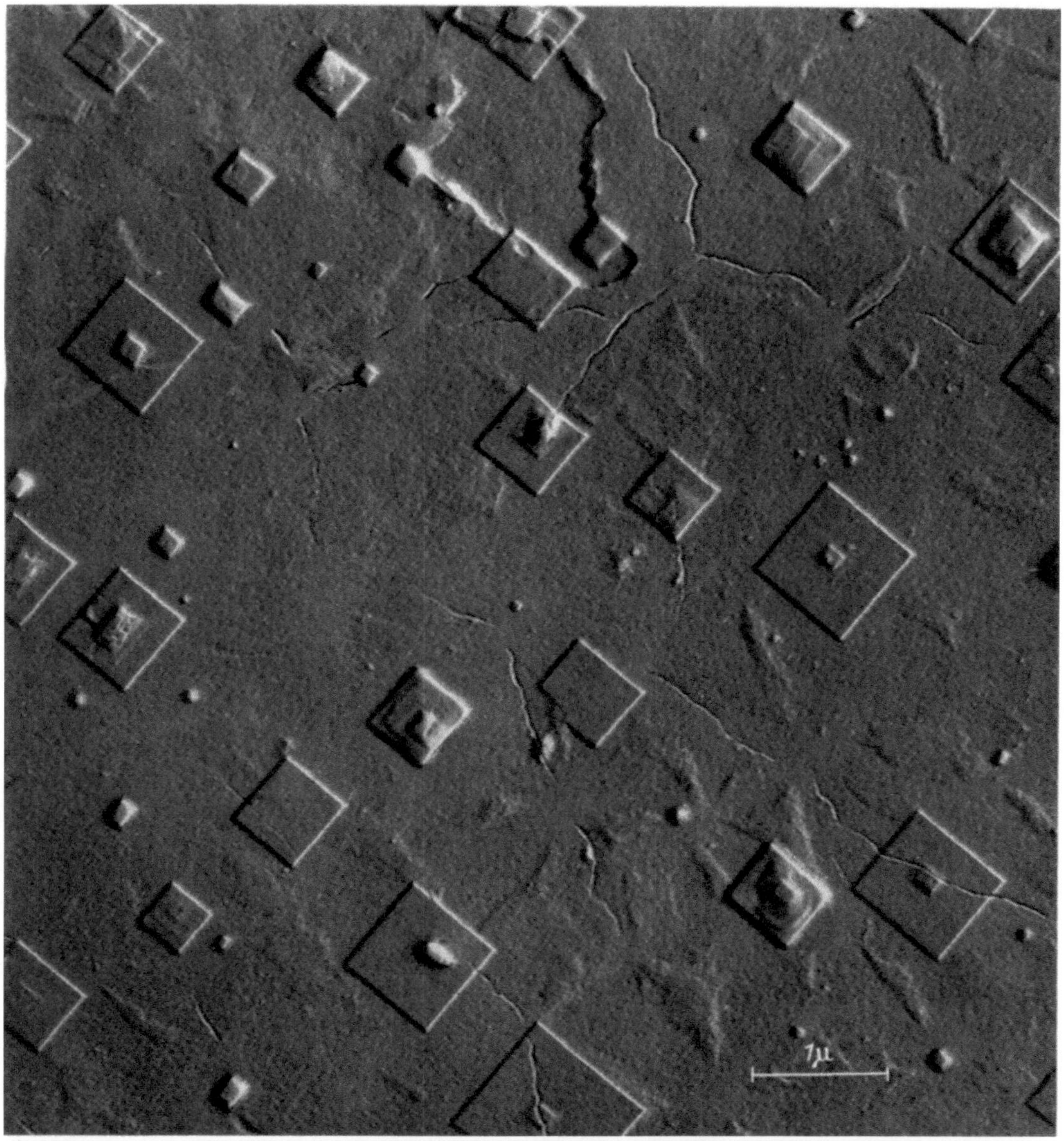

Fig. 1. Recristallisation de NaCl

L'apparition de l'orientation fibreuse suivant [110] dans l'image de diffraction électronique après le bombardement ionique dépend de la direction du faisceau des ions, c'est-à-dire que l'axe de l'orientation fibreuse est parallèle à la direction du faisceau ionique. Mais il ne semble pas que cette structure fibreuse soit apparente sur l'image obtenue par microscope électronique. La production de l'orientation fibreuse serait due à la recondensation des molécules éjectées ou la fusion suivie de recristallisation, toutes deux dépendant de la direction du faisceau.

La comparaison entre la dimension des cristaux présents sur le film d'or évaporé et des grains redéposés sur la surface de sel gemme placé près de l'échantillon permet de constater la croissance des grains d'or

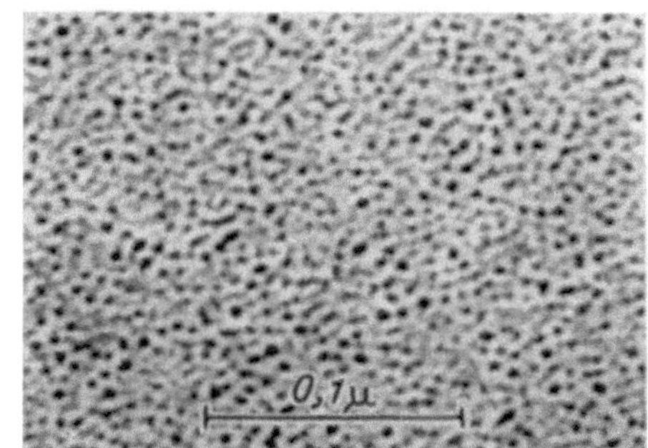

Fig. 2. Redéposition d'or

après bombardement ionique et de mesurer une dimension de l'ordre de vingt angströms pour les particules éjectées par le faisceau ionique.

La Fig. 2 montre deux exemples de la redéposition de l'or sur une surface de sel gemme. Généralement les cristaux redéposés n'ont aucune orientation, mais ils ont parfois l'orientation fibreuse.

Pour observer les effets d'ombrage produits par des particules éjectées par le faisceau d'ions, on opère de la façon suivante ; on vaporise de l'oxyde de magnésium sur une surface de sel gemme

Fig. 3. Or polycristallin (bombardé 5 h)

sur laquelle s'effectuè la redéposition des particules éjectées par le faisceau ionique ; on peut alors remarquer les effets d'ombrage. Il est intéressant de noter dans ces expériences qu'il existe une grande différence de dimension des particules redéposées à la frontière de l'ombre de l'oxyde de magnésium, ce qui est contraire aux résultats obtenus par l'ombrage usuel des préparations pour microscope électronique.

3. Bombardement ionique d'une d'or polycristallin. Une surface d'or bien poli donne un diagramme de halos qui indique une structure pseudo-amorphe de microcristaux.

Dès que l'on bombarde cette surface par le faisceau ionique sous 10 kV, ce diagramme de diffraction électronique se transforme en un diagramme d'orientation fibreuse [110].

Si on continue le bombardement ionique de cette surface, ce dernier diagramme d'orientation fibreuse disparaît progressivement et de nouvelles taches de diffraction apparaissent après 5 min. environ; celles-ci sont tout à fait indépendantes de l'orientation fibreuse, mais dépendent de l'orientation propre de l'échantillon.

Ces taches s'affinent au fur et à mesure du bombardement ionique et après environ 60 min, elle deviennent bien nettes et s'allongent à cause de l'effet de la réfraction du faisceau d'electrons.

Par bombardement ionique, une surface d'or bien poli est décapée sélectivement. Après plus de 3 h de bombardement ionique, l'image de microscopie électronique donne une structure

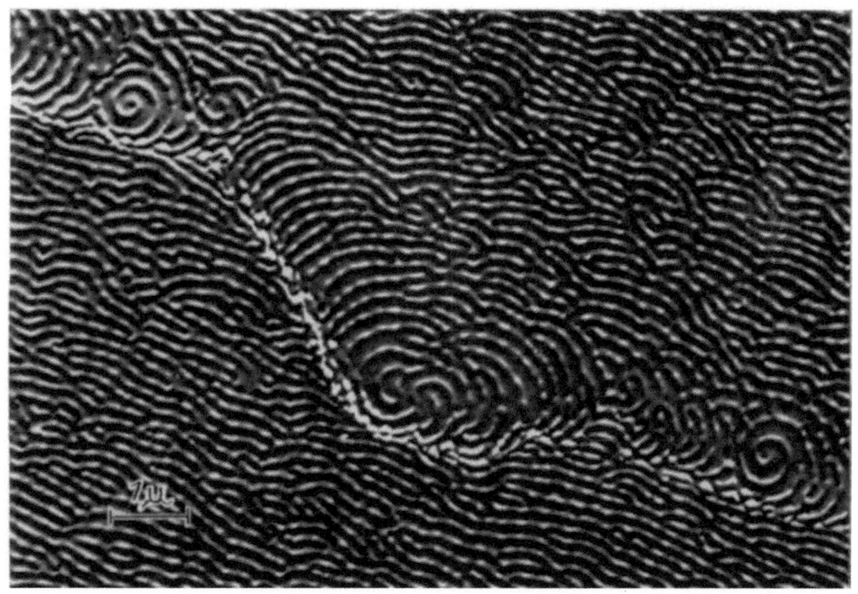

Fig. 4. Pyrite (bombardé 60 min)

remarquable; cette structure est constituée de plusieurs terrasses assez régulières. Une image caractéristique du décapage sélectif par le bombardement ionique est montrée sur Fig. 3; l'intervalle entre chaque ligne régulière est de 200 Å à 600 Å.

4. Bombardement ionique d'une plaque d'or monocristallin. La surface de la plaque d'or monocristallin est parallèle aux plans [111]. Avant le bombardement ionique de cette surface, elle donne un diagramme de diffraction électronique qui est constitué d'anneaux de DEBYE-SCHERRER; cette surface etait en effet recouverte d'une couche d'or polycristallin.

Dès que l'on bombarde la surface de cet échantillon, la structure sousjacente apparaît.

Les différentes phases de décapage obtenues par bombardement ionique sont tout à fait analogues à celles obtenue sur une plaque d'or polycristallin.

5. Bombardement ionique d'un cristal de pyrite. Cet échantillon est une plaque rectangulaire dont les deux côtés correspondent aux directions [100] et [010] respectivement.

Avant le bombardement ionique, cette surface est très lisse et présente seulement quelques gradins dont les directions correspondent respectivement à [100] et à [210].

Dès que l'on bombarde cette surface naturelle, l'image de diffraction électronique disparaît par suite de la formation d'un film superficiel d'oxyde Fe_3O_4, mais l'image de microscopie électronique ne présente pas de changement apparent.

Après plusieurs minutes de bombardement ionique, l'oxyde Fe_3O_4 qui se forme sur cette surface présente les orientations fibreuses [111] et [110]. La première orientation est toujours prédominante.

Après la formation de l'oxyde Fe_3O_4, les images de microscopie se transforment; la Fig. 4 montre l'image caractéristique de la croissance du cristal d'oxyde Fe_3O_4 par le bombardement ionique, avec des spirales caractéristiques, à partir des défauts superficiels.

Einfluß des Ätzvorganges auf die Gefügewiedergabe
im elektronenmikroskopischen Bild

ANGELICA SCHRADER

Aus dem Max-Planck-Institut für Eisenforschung, Düsseldorf

Für die elektronenmikroskopische Gefügeuntersuchung von Metallen, insbesondere von Stahl, werden noch immer Lackabdrucke verwendet, die ein Abbild des durch das Ätzen des Schliffes entstandenen Gefügereliefs erbringen. Sie sollen daher im folgenden als „*Reliefabdruck*" bezeichnet werden. Eine Begrenzung ist der Anwendung des Reliefabdruckes jedoch dadurch gegeben, daß mit Vergrößerungen über etwa 20000fach keine weiteren Gefügeeinzelheiten mehr sichtbar werden.

Ein Fortschritt für die elektronenmikroskopische Metallographie, besonders wenn es sich um die Beobachtung sehr feiner Gefügebestandteile handelt, wurde erreicht, als das Abdruckverfah-

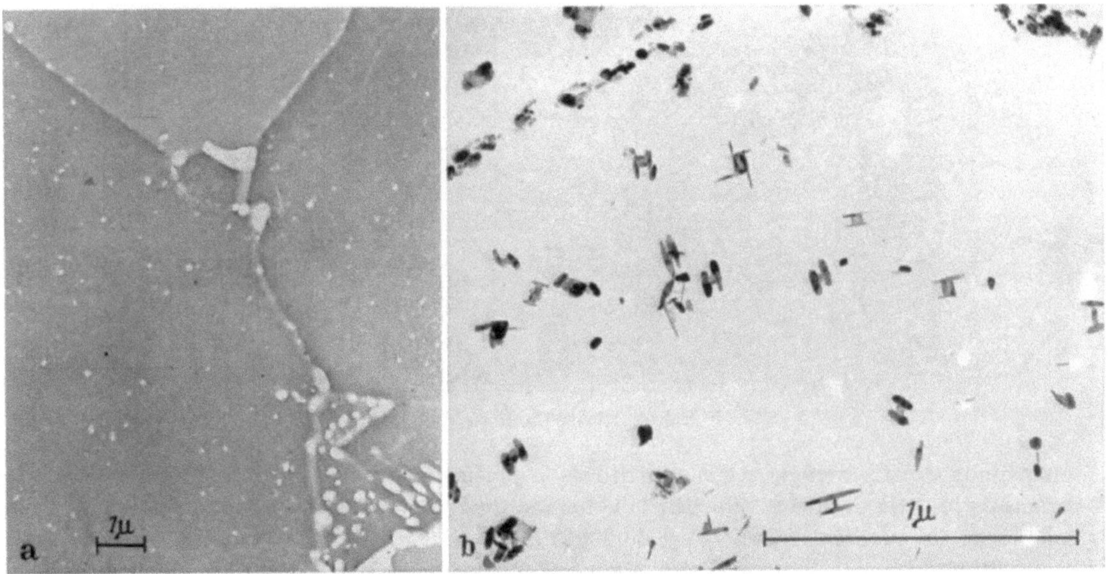

Abb. 1a u. b. Stahl mit 0,11% C, 0,87% Cr, 0,45% Mo. 930°/Luft, 1 h 700°/Luft und 807 h 550° 15 kg/mm². Unterschiedliche Wiedergabe karbidischer Gefügebestandteile a) im Relief- und b) Extraktionsabdruck

ren dahingehend erweitert wurde, die in der Grundmasse eingelagerten Gefügebestandteile, z. B. Karbideinschlüsse, in das Abdruckhäutchen zu übertragen (*1, 2*). Man erreicht dies durch ein stärkeres Ätzen des Schliffes, als es für den Reliefabdruck erforderlich ist. Die Ätzung kann vor oder nach Aufbringen des Abdruckhäutchens, das aus Lack oder aus aufgedampftem Kohlenstoff bestehen kann, erfolgen. Mit diesem als „Ausziehabdruck", im englischen Schrifttum (*3*) als "extraction replica" bezeichneten Abdruck können die Beobachtungen bis zu den höchsten Vergrößerungen vorgenommen werden.

Vergleicht man die Gefügewiedergabe eines Reliefabdruckes mit der eines Ausziehabdruckes, so findet man Unterschiede in der Wiedergabe der Form der karbidischen Gefügebestandteile.

Die Abb. 1a und b zeigen einen Stahl mit 0,11 % C, 0,87 % Cr, 0,45 % Mo, der von 930° an der Luft abgekühlt, 1 Std. 700°/Luft und 807 Std. bei 550° mit 15 kg/mm² beansprucht war. Nach dem Reliefabdruck (Abb. 1a) würde man annehmen, daß die karbidischen Ausscheidungen im Ferrit aus rundlichen Körnchen bestehen; demgegenüber zeigt der Ausziehabdruck, daß sie aus Nadeln und Plättchen bestehen oder durch Ankristallisation die verschiedensten Formen bilden.

Derartige Unterschiede in der Abbildung karbidischer Bestandteile in den verschiedensten Gefügen zwischen den beiden Abdruckverfahren sind nicht nur in ferritischen, sondern auch in austenitischen Stählen (4) regelmäßig festzustellen.

Die beschriebenen Unterschiede im Aussehen von karbidischen Gefügebestandteilen im Relief- und Ausziehabdruck werden augenscheinlich durch eine zu Beginn des Ätzens vorhandene Verzögerung der Anätzung des die karbidischen Bestandteile umgebenden Ferrits bzw. Austenits hervorgerufen. In diesem Zustand des Ätzens erhält man den Reliefabdruck. Diese Ätzverzögerung wird jedoch gewöhnlich nach einer gewissen Ätzzeit überwunden, so daß dann die karbidischen Bestandteile aus der ferritischen bzw. austenitischen Grundmasse hervorstehen und es nun möglich wird, sie in den Abdruck zu übertragen. Er ist der als Ausziehabdruck bzw. als extraction replica bezeichnete Abdruck. Die gleiche Erscheinung hat auch R. M. FISCHER (3) bei seinen Untersuchungen beobachtet.

Auch an nichtmetallischen Stoffen kann die gleiche Erscheinung auftreten. Abb. 2 zeigt eine Probe aus Wüstit mit Ausscheidungen von Magnetit (5). Die dunkler getönte Grundfläche ist

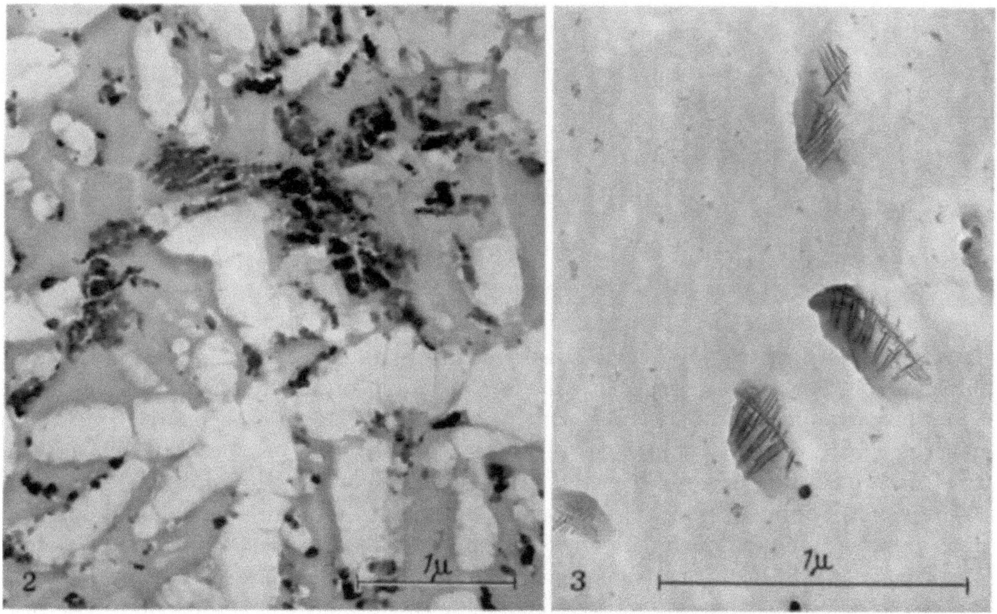

Abb. 2. Relief-/Extraktionsabdruck. Wüstit mit Magnetitausscheidungen. Von 1100° schnell auf 250° abgekühlt und 24 h gehalten. Ätzverzögerung am Wüstit in der Umgebung des Magnetits bewirkt dessen ungenaue Wiedergabe

Abb. 3. Extraktionsabdruck. Stahl mit 0,06% C, 0,40% Mn, 0,082% P, 0,052% S, 0,018% N_2. 930°/Luft, 1 h/200°/Luft. Verstärkter Ätzangriff des Ferrits in der Umgebung des ε-Carbids nach Ätzung in salzsaurer Kupfer(II)-chlorid-Lösung nach FRY. Der Lackabdruck erscheint hier dunkler

der Wüstit, die dunklen Einschlüsse sind die im Abdruck eingeschlossenen Teilchen aus Magnetit; die hellen Figuren dagegen sind Stellen, die den Magnetit enthalten, an denen der Wüstit durch die Ätzverzögerung noch nicht angeätzt wurde. Eine Beurteilung der Ausscheidungen nur nach dem Reliefabdruck allein würde eine andere Gestalt und Menge der Magnetitteilchen vermuten lassen, als tatsächlich vorliegt.

Es kann auch die umgekehrte Erscheinung auftreten, nämlich eine verstärkte Anätzung des Ferrits in der Umgebung von Karbidteilchen, wie es Abb. 3 an einem Stahl mit 0,06 %C, 0,40% Mn, 0,082% P, 0,052% S, 0,018% N_2 zeigt, der nach einer Luftabkühlung von 930° 1/Std. bei 200° angelassen und mit der salzsauren Kupfer(II)chlorid-Lösung nach FRY geätzt worden war. In der Umgebung der feinen Ausscheidungen, die aus dem ε-Carbid (6) bestehen, ist die stärkere Anätzung gegenüber der des übrigen Ferrits an der dunkleren Tönung des Lackhäutchens zu

27*

erkennen. Die Ätzverzögerung in der Umgebung der Carbide war auch hier nach einer in Salpeter-säure oder Pikrinsäure-Ätzung im Reliefabdruck zu beobachten.

Es ist anzunehmen, daß sowohl die in Salpetersäure oder Pikrinsäure verzögerte Anätzung der Umgebung der Einschlüsse als auch die in salzsaurer Kupfer(II)-chlorid-Lösung verstärkte Anätzung auf elektrochemische Vorgänge zwischen der Ätzlösung und den beteiligten Gefüge-bestandteilen zurückzuführen ist (7).

Literatur

1. Schrader, A.: Arch. Eisenhüttenwes. **29**, 793 (1958)
2. — Z. wiss. Mikrosk. **60**, 309 (1952); Wever, F., u. A. Schrader: Arch. Eisenhüttenwes. **26**, 475 (1955). Schrader, A., Rev. univ. Mines 9 Sér. 99, 537 (1956); Koch, W., A. Krisch u. A. Schrader: Arch. Eisenhüttenwes. **28**, 445 (1957).
3. Fisher, R. M.: A. S. T. M., Spec. Techn. Publ. Nr. 155, 49 (1953).
4. Koch, W., A. Schrader, A. Krisch und H. Rohde: Stahl und Eisen **78**, 1251 (1958).
5. Fischer, W. A., u. A. Hoffmann: Arch. Eisenhüttenees. **29**, 107 (1958).
6. Pitsch, W., Schrader A.: Arch. Eisenhüttenwes. **29**, 715 (1958).
7. Engell, H. J.: Arch. Eisenhüttenwes. **29**, 73 (1958). Koch, W., u. H. Sundermann: Elektrochemische Grundlagen der Isolierung von Gefügebestandteilen in metallischen Werkstoffen. Forschungsber. 599 des Wirtschaftsministeriums Nordrhein-Westfalen (1958).

Réactif d'attaque amélioré des aciers destiné à la microscopie électronique

I. Eguchi

Laboratoire des Recherches, Daidô Steel Co., Nagoya (Japon)

L'observation des structures microscopiques des métaux est le moyen le plus important et le plus puissant dans les recherches des aciers. Cependant on ne doit jamais oublier que le choix des réactifs d'attaque est d'importance primordiale, particulièrement en microscopie électronique; en général, l'acier a une structure complexe se composant de beaucoup de phases différentes. Cette structure ne peut être révélée avec succès qu'avec un réactif approprié.

D'après notre opinion, les réactifs d'attaque employés ordinairement dans le domaine de la microscopie électronique pourraient être classés en deux catégories suivantes: la première nous donne la matrice relativement plane et en même temps les précipités fins et la deuxième révèle les structures mosaïques dans la matrice. A partir de ces dernières structures nous pouvons obtenir des informations cristallographiques importantes.

D'après nos résultats (1), on peut changer les propriétés des réactifs d'attaque en y ajoutant des agents activants de surface. Ces derniers agents sont ainsi très utiles pour contrôler et améliorer les propriétés des réactifs d'attaque.

Dans les Fig. 1 et 2 sont donnés quelques résultats obtenus. L'échantillon est un acier à 0,3% de carbone, refroidi à partir de 900° C dans l'air qui se compose de deux phases: perlite et ferrite. La Fig. 1 nous montre la structure attaquée avec le réactif-N, solution alcoolique à 2% d'acide nitrique contenant 0,5% de sulfonate de sodium de dodécyle-benzène. Voici, on peut voir de nombreux précipités fins révélés clairement sur la surface plane de la matrice. La Fig. 2 nous montre la structure attaquée avec le réactif-H, solution alcoolique à 2% d'acide chlorhydrique et à 1% de chlorure ferrique contenant 0,5% de chlorure de cétylepyridinium. Voici, des structures mosaïques clairement révélées sur la matrice de ferrite. A l'aide de cette micrographe, la relation d'orientation parmi des grains peut être facilement déterminée.

Or, nous voudrions remarquer le nouveau phénomène de précipitation, que nous avons trouvé récemment. Considérons l'acier d'hydrocarbone, refroidi rapidement de domaine de l'austénite à une certaine température entre les températures de transformation A_3—A_1. On croit qu'il n'a que deux phases, austénite et ferrite, en ignorant le carbure de fer, mais le résultat obtenu nous suggère qu'il existent des précipités des carbure de fer.

Si l'on refroidit la phase de ferrite de l'acier à carbone à partir du domaine de l'austénite, elle contient ordinairement ces précipités. Par exemple, les grains de ferrite, existant dans la structure de bainite de l'acier à 0,6% de carbone, contiennent aussi les précipités fins analogues.

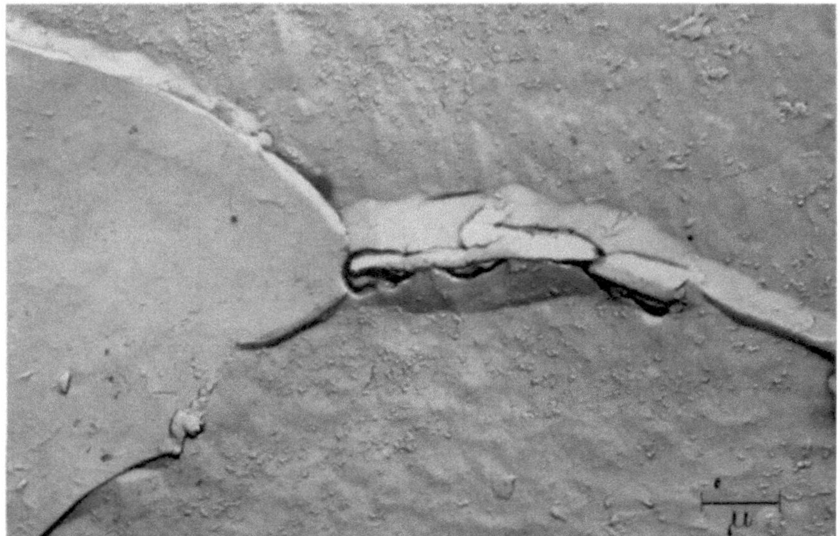

Fig. 1. Acier à 0,3% de carbone, refroidi à partir de 900° C dans l'air. Réactif d'attaque-N

Cependant, si l'on traite ces échantillons avec le réactif-H, on voit ces précipités presque disparus, tandis que les structures mosaïques apparaissent. A l'aide de cette micrographie, nous

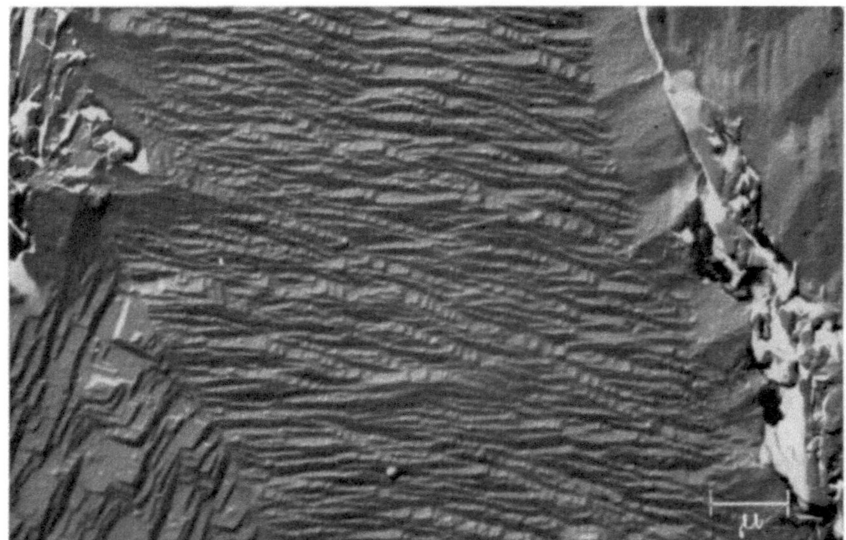

Fig. 2. Acier à 0,3% de carbone, refroidi à partir de 900° C dans l'air, Réactif d'attaque-H

pouvons déterminer les relations non seulement parmi des grains de la même espèce, mais encore, parmi des grains de ferrite et de bainite.

Comme mentionné tout à l'heure, le réactif-H révélant la mosaïque contient de l'acide chlorhydrique comme composante principale. C'est aussi le cas pour les autres réactifs contenant de l'acide chlorhydrique. Il faut noter que cette acide est aussi la composante principale dans le cas de l'attaque gazeuse faite pour essayer l'attaque à température élevée. La Fig. 3 montre la surface du fer pur attaquée par le gaz à 950° C. On emploie le gaz d'acide chlorhydrique desséché comme atmosphère d'attaque. La réplique est préparée après refroidissement de l'échantillon à la température ambiante. Dans cette micrographie on voit aussi les structures mosaïques. Elle fournit une preuve favorable à notre opinion mentionée précédemment.

Quant à l'attaque gazeuse, il nous semble que ce procédé, étant employé dans les conditions appropriées, nous donne la possibilité d'observer les structures des métaux à température élevée. Bien que ce procédé se compose de l'attaque à température élevée et de la préparation des répliques à la température ambiante, nous avons souvent expérimenté que l'apparence des micro-

Fig. 3. Fer pur attaqué par le gaz à 950° C. Atmosphère d'attaque HCl

graphies ainsi obtenues est semblable à la métallographie optique à température élevée. En ce qui concerne ce problème, j'aimerais profiter d'une autre occasion après avoir obtenu un temoignage convaincant pour tout le monde.

Nous ne voulons pas manquer, en terminant, remercier profondément le Professeur Y. Sakaki et le Professeur N. Takahashi de leurs conseils ainsi que de leurs encouragements incessants durant ce travail.

Bibliographie

1. Eguchi, I., et C. Asada: Métaux, Corrosion, Industries, n°376 483 (1956).

4. Aufdampf- und Abdruckverfahren

Energy of particles ejected during evaporation of carbon

C. J. Calbick

Bell Telephone Laboratories, Incorporated Murray Hill, New Jersey (USA)

When carbon is evaporated, either by the Bradley method or by a vacuum arc, incandescent particles are observed flying from the source. As reported at the Madison meeting, from the mere fact that these particles are visible, one can deduce a lower limit to their size (1). Since then, trajectories of these particles have been photographed with a high speed motion picture camera.

Fig. 1 shows four frames selected from a 100 ft roll taken at 300 frames per second. Each exposure is about 0.002 sec. Most common are frames such as Fig. 1a, in which four trajectories (including one to the left of the post) are visible. Frames exhibiting trajectories are widely separrated, usually by hundreds of frames, although occasionally an adjacent frame shows a single trajectory as in Fig. 1 b and c. Only rarely is a trajectory such as that in Fig. 1 b observed. Here the particle is coming toward the camera and going out of focus, but the trajectory obviously occupies the complete duration of the exposure. The beginning or end of the observed track, but not both, is usually determined by the operation of the camera exposure. The same trajectory has not been observed on adjacent frames. If a particle strikes the apparatus, as in Fig. 1 c, it bounces off. The observed angle of incidence is not equal to the angle of reflection, but no significance can be attached to this fact because the reflecting surface is not in general parallel to the optic axis of the camera. Often particles fade from view within the duration of the exposure

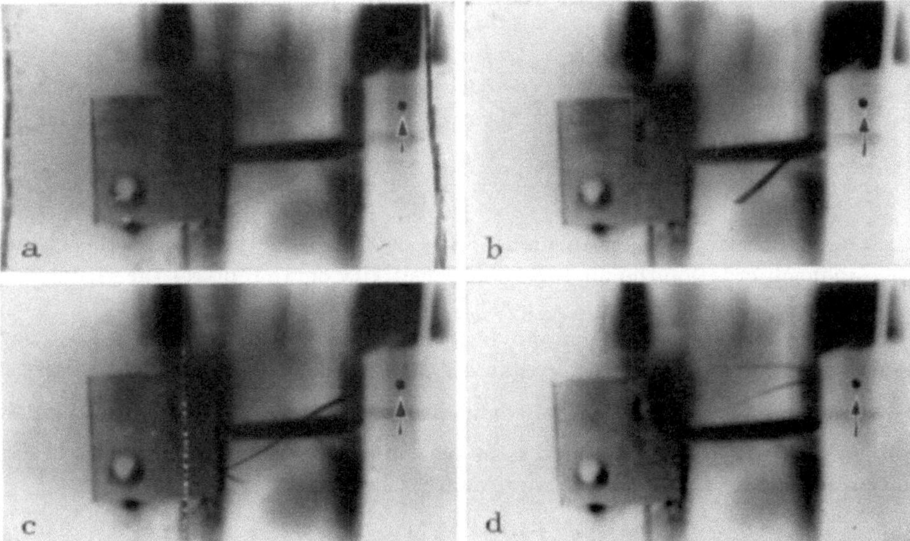

Fig. 1a—d. Particle tracks photographed at 300 frames per second. Arrows point to location of arc, light from which is masked out by electrode. a) Four tracks, including one at extreme left beyond post. b) Single track visible for duration of frame, ca. 0.002 sec. c) As in b) but showing particle bouncing off post. d) Two tracks which fade out before end of exposure, due to cooling of particles

(Fig. 1d), because they are cooling radiatively and no longer emit enough light to be photographed. At 64 frames per second almost every trajectory is observed over its complete length (except for fading). From the observed path lengths at 300 frames per second, particle velocities from about 200 up to more than 1000 cm/sec have been calculated.

At velocities in this range, trajectories in the gravitational field are only very slightly curved. Those in Fig. 1 do exhibit curvature. This curvature is usually concave downward, but may be concave upward over some portion of the trajectory (Fig. 1a, c), or nearly straight (Fig. 1b). Consequently, it is deduced that the particles are usually charged. In the vacuum arc method[1] of evaporation, voltages, both ac and dc, in excess of 1000 V exist between parts of the apparatus. The observed curvatures are ascribed predominantly to the action of the electric fields. Some part of their energy is therefore acquired by acceleration in the electric fields existing in the space through which they pass.

---

[1] A 60-cycle voltage controlled by a Variac in the primary in the circuit of a 120—2500 V transformer is applied between two carbon rods separated by a small gap. When the ends of the rods are sufficiently hot, each emits electrons which bombard the other during alternate half cycles. The arc is initiated by d.c. bombardment from a resistively heated carbon rod; the heating current is then reduced to zero. (This rod is seen as the dark bar in Fig. 1). The arc can be maintained down to temperatures at which very little evaporation occurs. Substantial outgassing can be achieved by means of several preliminary runs with intervals to permit cooling of the apparatus. Most of the carbon is evaporated during a final run at considerably higher power. Indicated pressure rises as low as 5×10^{-6} torr have been achieved during this run.

To calculate the lower size limit of the *visible* particles, one first notes that the visual effect from a stationary particle is proportional to the light radiated multiplied by the visibility function $F(\lambda)$.

Visual effect $\alpha \pi d^2 \int \varepsilon_\lambda E(\lambda) F(\lambda) d\lambda$

in which

$$d = \text{particle diameter (assumed spherical)}$$
$$\varepsilon_\lambda = \text{spectral emissivity}$$
$$E_\lambda = \frac{5.89 \times 10^{-13}}{\lambda^5} \Big/ \left(e^{\frac{1.44}{\lambda T}} + 1 \right) \quad \text{(Planck's Law)}$$

Since ε_λ is not known and in fact depends upon the unknown surface structure of the particle, the integral cannot be evaluated. However, at any wavelength, a particle of diameter $d < d_0$, where d_0 is the limit of resolution of the human eye (10^{-2} cm), will produce an equal visual effect if

$$d^2 E_\lambda = d_0^2 (E_\lambda)_0 . \tag{1}$$

Inserting Planck's Law, since $e^{\frac{1.44}{\lambda T}} \gg 1$, eq. (1) becomes

$$\frac{1}{T} = \frac{1}{T_0} - \frac{2\lambda}{1.44} \ln \frac{d_0}{d} . \tag{2}$$

On chooses a comparison wavelength such as $\lambda = 6000$ Å, near the peak of the visibility curve; for photographic observation the photographic sensitivity curve replaces the visual, and the comparison should be made at perhaps $\lambda = 5000$ Å.

The particle is not stationary but moving with velocity v. If it traverses a length of path equal to the resolution in a time greater than the persistence of vision, it is essentially stationary; the quasi-stationary condition is therefore defined as $v < v_0 = \frac{\alpha L}{\tau}$ where α is the angular resolution of the observer's eye, L its distance, and τ the persistence of vision. For particles of higher speed, the equation for equal visual effect at wavelength λ becomes:

$$T = \frac{1.44}{\lambda} \Big/ \left[\frac{1.44}{\lambda T_0} - 2 \ln \frac{d_0}{d} - \log \frac{v}{v_0} \right] . \tag{3}$$

for $d = 0.004$ radians, $L = 50$ cm, $\tau = .05$ sec, v_0 is 0.4 cm/sec. One then makes an *assumption*, that under the conditions of observation a stationary particle of diameter $d_0 = 10^{-2}$ cm would be just visible if its temperature were 1000° K. Table 1 is then calculated, at the comparison wavelength 6000 Å.

Table 1

v	$d = 10^{-2}$	5×10^{-3}	2×10^{-3}	10^{-3}	5×10^{-4}	2×10^{-4}	10^{-4} cm
$< 0.4 \frac{\text{cm}}{\text{sec}}$	$T = 1000$	1064	1155	1236	1332	1483	1625° K
31.6	1218	1315	1462	1595	1758	2030	2300
100	1292	1404	1572	1728	1920	2250	2585
316	1377	1505	1700	1883	2115	2520	2945
1000	1475	1622	1852	2070	2350	2870	3430

The assumption can be varied by assuming a different visibility temperature for the reference particle, e. g., 900° K or 1100° K. The comparison wavelength can also be varied. Such variations do not change the general conclusion that particles traveling at speeds in excess of 100 cm/sec must be larger than about 10^{-4} cm to be seen under the conditions of the experiment. This is because smaller particles cool to the visibility temperature before they have moved from behind the post which masks the intensely bright source.

The case of photographic observation is not similarly calculable, because the particle is not necessarily in good focus (Fig. 1b). Depth of focus is very small (at the large angular aperture used) compared to that of the eye. The time τ is quite small (0.002 sec at 300 frames/sec). The velocity v_0 below which the particle is effectively stationary is about 10 cm/sec for an in-focus particle, under the conditions of exposure of the pictures in Fig. 1. The variation of visibility temperature with particle velocity is less (Table 2).

Comparison wavelength is chosen as 5000 Å rather than 6000 Å as in the visual case. Although v_0 varies with speed, the temperature of the reference quasi-stationary particle must be varied in such a way that Table 2 does not depend on frame speed under a specific set of conditions of observation, since obviously the light from a particle track causes equal blackening at all frame speeds so long as $v \gg v_0$. "Conditions of observation" are primarily camera and film speeds, but also include interference by light from the bright source reflected from parts of the apparatus, etc.

Table 2

v	$d = 10^{-2}$	5×10^{-3}	2×10^{-3}	10^{-3}	5×10^{-4}	2×10^{-4}	10^{-4} cm
$< 10\ \frac{cm}{sec}$	$T = 1000$	1050	1127	1190	1260	1367	1470° K
31.6	1040	1095	1178	1248	1328	1448	1562
100	1087	1148	1236	1316	1402	1525	1665
316	1136	1190	1300	1387	1488	1635	1783
1000	1190	1260	1372	1470	1580	1750	1920

If the only field is gravitational, the equation of the particle trajectory is given by

$$x^2 + y^2 + \left(z + \frac{gt^2}{2}\right)^2 = v_1^2 t^2 \tag{4}$$

in which $v_1 =$ initial particle speed. For the particles observed, $t < 0.01$ sec, so $\frac{gt^2}{2} < 0.05$ cm. At any time t the particle reaches the surface of a sphere centered nearly at the source.

The particle is initially at temperature T_m, which may be taken as ca. 4000° K. As it travels it cools by radiation (Fig. 1 d). By equating radiated power to the rate of change of heat content, the relation between time and temperature is found to be

$$t = \frac{c_v d}{18 \varepsilon \sigma} (T^{-3} - T_m^{-3}). \tag{5}$$

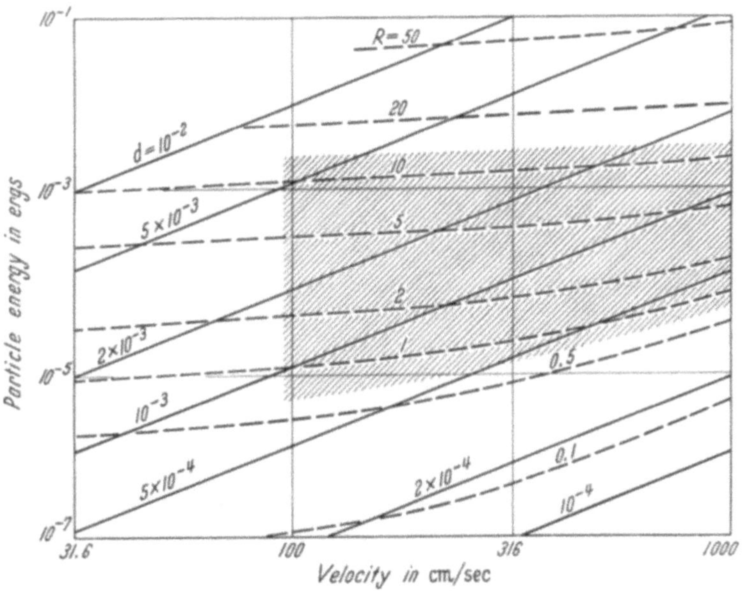

Fig. 2. Energy VS velocity for spherical carbon particles. $d =$ particle diameter-CM, $R =$ range of visibility, ////// = area within which particles are observed

Here

$c_v =$ volume specific heat (4.2 joules cm^{-3} deg^{-1} for carbon at 1250° C)
$\sigma =$ black-body constant (5.6 × 10^{-12} joules sec^{-1} cm^{-2} deg^{-4})
$\varepsilon =$ specific emissive power, taken as 0.75 for carbon.

Pairs of values of d and T from Table 1 may be substituted in eq. (5), yielding values of t at which the visibility temperature T is reached. To each such pair there corresponds, in the table, a value of v. One sets $v = v_1$, $t = t_{vis}$. The radius of the sphere of visibility is then

$$R = v_1 t_{vis} \tag{6}$$

In Fig. 2 the solid lines are theoretical for particles of density 2. The dashed lines are lines of constant radius of visibility. These will shift down or up as the assumed conditions for visibility of the reference particle are relaxed or made more stringent. However, reasonable changes, such as assuming that the (stationary) reference particle is just visible at 900° K or 1100° K, rather than

$1000°$ K, change the ordinates of the dashed curves by factors less than two, and do not significantly alter the conclusions. A similar figure can be constructed from Table 2 for which R becomes the radius of photographibility for in-focus particles under the conditions of exposure. The lines of constant R are shifted downward. Particles as small as $d = 2 \times 10^{-4}$ cm are probably photographible within the accessible range of observation (from $R = 0.7$ to $R = 13$ cm).

The important conclusions are:

1. Some observed particles are ejected with energy in excess of 10^{-3} erg.

2. No particles smaller than about $d = 5 \times 10^{-4}$ cm have been actually observed visually or photographically. Conclusion (2) does not preclude the ejection of smaller particles. In fact, smaller particles, usually of an irregular and porous structure, are sometimes observed electron-micrographically. Chupka and Inghram have studied the evaporation of carbon from filaments (2) and from a Knudsen cell (3) with the mass spectrometer. The ratio of intensities of $C_1 : C_2 : C_3$ was $1 : 0.95 : 1.4$ at $2440°$ K (3). Although particles of higher mass were also observed, these could not be identified with certainty as carbon. To explain the great brightness of the high-intensity carbon arc, C. E. Larson (4) states that "part of the material in the floor of the crater vaporizes into tiny particles of the order of a millionth of an inch in diameter".

The ejection of visible particles under the conditions of rapid evaporation in a vacuum indicates that carbon does not evaporate uniformly. Rather, it suggests that small localized volumes vaporize explosively and that evaporization between these incidents is probably at a much slower rate. The spectrum of particles emitted can perhaps be assumed to extend from individual carbon atoms, and molecules of 2 and 3 atoms up through larger aggregations to the visible particles observed. Localized heating may well be caused by ionization of erupting pockets of gas. The energies of the observed particles, ranging from about $10^6 \, kT_m$ to more than $10^9 \, kT_m$, cannot be purely thermal and must be explained by some other mechanism such as the explosive release of gas. Part of the energy may be acquired electrically. For this part to be a considerable fraction of the total energy, it is necessary to assume that the charge on a particle may be as large as 10^9 e. Although this is a large number of elemental charges, the electric gradient at the particle surface is not large ($< 100 \, v$/cm) because of the size-energy relationship for the observed particles as shown in Fig. 2. The energy cannot *all* be acquired electrically, for if it were the observed trajectories would not be predominantly transverse as in Fig. 1 a, c, d. Rather they would tend to be in a direction toward or away from the camera, after the fashion of Fig. 1 b, because this is the direction of the electric field in the gap. Relatively few such trajectories have been observed.

References

1. Calbick, C. J.: J. appl. Physics **27**, 1389 (1956).
2. Chupka, W. A., and M. G. Inghram: J. chem. Physics **21**, 1313 (1953).
3. — — J. physic. Chem. **59**, 100 (1955).
4. Industrial Laboratories, October 1956.

Methods for the preparation and electron microscopical observation of dispersed colloidal heavy metal particles

A. C. van Dorsten

Philips Research Laboratories, Eindhoven (Holland)

Certain observations made by I. Langmuir as long ago as 1924 on the behaviour of a gas discharge in pure argon under the presence of small amounts of sputtered tungsten, and his explanation of the visible phenomena by assuming the presence of submicroscopical tungsten aggregates were confirmed by electron microscopical methods. The experimental parameters leave considerable room for the control of particle size and degree of dispersion. A comparison is made with other methods of obtaining particles of colloidal sizes.

An extended version of this article will appear in Appl. Sci. Res. B.

Beschreibung einer Apparatur zur Herstellung dünner Schichten aus Gasentladungen bei Drucken von kleiner als 10^{-3} Torr und tiefen Temperaturen

F. Grasenick und O. Reiter

Institut für Elektronenmikroskopie, Technische Hochschule Graz (Österreich)

Die besonderen Möglichkeiten, die mit der von H. König inaugurierten Methode der Schichtabscheidung aus Kohlenwasserstoffen erzielbar sind, werden in der elektronenmikroskopischen Präparationstechnik zu wenig beachtet. Besonders gilt das, wenn die Entladung bei tiefen Drucken erfolgt (vgl. R. Haefer, Londoner Tagung 1954). Der Anwendungsbereich kann nun neuerlich erweitert und die Qualität der Schichten verbessert werden, wenn die Temperatur des Auffängers und der Umgebung von $-200°$ bis $+400°$ C geregelt und gemessen wird. Die dann erhaltenen Schichten sind verschiedentlich den durch Aufdampfen gewonnenen überlegen. Ähnliches gilt nach Versuchen von O. Reiter und R. Ziegelbecker für Schichten, aus Hochfrequenzentladungen abgeschieden, da auch hier der Druck (10^{-4} Torr) günstig gewählt werden kann. Diese Arbeiten wurden in den letzten Jahren besonders unterstützt und gefördert durch Herrn Prof. Th. G. F. Schoon (Indonesian Foundation for Rubber Research and Development, Bogor). Versuche und verschiedene Apparateentwicklungen wurden von G. Sorge und R. Ziegelbecker durchgeführt.

Dieser Beitrag erscheint ausführlich in „Physica acta Austriaca", Wien-Graz

Methodik der elektronenmikroskopischen Untersuchung temperaturempfindlicher Präparate

S. Gessner, F. Grasenick, H. Horn und O. Reiter

Institut für Elektronenmikroskopie, Technische Hochschule Graz (Österreich)
und Balai Penjelidikan dan Pemakaian Karet (Inst. for Rubber Resarch und Developement)
Bogor (Indonesia)

In den letzten Jahren ist eine leicht zu handhabende, verhältnismäßig einfache Apparatur entwickelt worden, die bei großer Betriebssicherheit eine äußerst vielseitige Anwendung ermöglicht: sie erlaubt die Vorbereitung von Präparaten, wie Schrägbedampfungen, Umhüllungen durch direktes Aufdampfen oder durch Schichtabscheidung aus der Gasphase, Dünnschnitte nach einem Spezialverfahren bei tiefen Temperaturen, Verkohlung von Ultramikrotomschnitten oder anderen organischen Präparaten unter definierten Bedingungen und somit Stabilisierung, und anderes. Die Einrichtung ist für die Herstellung und das Studium dünner Schichten allgemein anwendbar, die Ergebnisse sind dadurch reproduzierbar und temperaturempfindliche Präparate werden vielfach erst so einer elektronenmikroskopischen Untersuchung zugänglich. Die Präparattemperatur ist im Bereich $\pm 100°$ C regelbar. — Die Arbeitsweise vermeidet praktisch zusätzliche Strahlungsbelastung des Objekts und Druckverschlechterung; es wird ein Arbeitsvakuum von 10^{-6} bis 10^{-8} Torr (bei zusätzlicher Ionenpumpe noch eine Größenordnung besser) erreicht, besonders auch bei „kalter Verdampfung".

Dieser Beitrag erscheint ausführlich in „Technische Rundschau", Bern und „Die Mikroskopie", Wien

A new approach to the problem of high resolution shadow-casting: The simultaneous evaporation of platinum and carbon

D. E. Bradley

Research Laboratory, Associated Electrical Industries Limited, Aldermaston Court, Aldermaston, Berkshire
(England)

Introduction. The problem of shadowing specimens for high resolution is well known. Existing shadowing materials of high atomic number, generally metals, form small aggregates or crystallites, the size of which limits the resolution obtainable. Materials of low atomic number which may not form aggregates, are unsuitable because they give insufficient contrast in the electron microscope. Many workers have attempted to reduce the amount of aggregation by varying the conditions of evaporation of the shadowing material but lack of success in these attempts, and other experimental evidence suggests that appreciable aggregation occurs under electron bombardment within the instrument. It follows, therefore, that it is the shadowing material itself which is the limiting factor rather than the conditions of deposition.

The ideal material must be of a high atomic number (preferably greater than 40), and of a non-crystalline nature so that it will not granulate in the electron beam. As yet, no substances have been found to fulfil these conditions, but a deposit, which is both amorphous and has a high electron scattering power, can be obtained by the simultaneous evaporation of platinum and carbon (1). A summary of the method and some results are described here.

Method of evaporation. The simultaneous evaporation of platinum and carbon is most easily achieved using a single composite source. The evaporating technique is similar to that used for carbon (2), where a heavy current is passed through two pointed carbon rods, whose points are pressed lightly together in vacuo. In this case, however, the rods consist of platinum and carbon. On passing the current, both elements are vapourised by resistance heating at the points.

The platinum/carbon electrodes can be prepared as follows. Carbon and platinum powders (70% Pt, 30% C, W/W) are mixed together and then about 0.5 ml of 10% aqueous Acacia solution per 1 g of mixed powder is added. After mixing, the paste formed is dried in a stream of hot air. Next, a similar quantity of a 15% solution of pitch in chloroform with one drop of linseed oil is added, mixed, and dried in the same way. The mixture is now broken down as much as possible, warmed gently over a bunsen in a test tube to drive off residual solvents etc., and then fed into a press. This consists of a 4 cm length of 12.7 mm diameter silver steel rod (hardened) with a 2.25 mm hole drilled down the whole length, one end of the hole being blocked with 6 mm of 2.25 mm silver steel rod. When this tube is full of powder, a drop of 10% linseed oil in benzene is introduced, and the contents compressed with another length of 2.25 mm silver steel rod, using a vice. The mixture is extruded, and the platinum/carbon rods so obtained are heated in an inert atmosphere to 200—300° C to drive off the linseed oil; they are finally "cured" by heating to bright red heat on a V-shaped molybdenum foil boat at a pressure of 10^{-2} mm Hg, for 20 min. The rods are now hard and can be pointed for the evaporation in a drill, using fine emery paper.

An important feature of the evaporation is that the platinum/carbon must be deposited through an aperture, so that the target is shielded from carbon scattered from surrounding parts of the apparatus. This forms an uneven layer which introduces a coarse background structure on the specimen. A suitable arrangement for a shadowing angle of $\tan^{-1} 1/2$ is to place a 2 mm aperture in a large sheet of brass about 1 cm from the source and 2.5 cm from the target.

Platinum/carbon deposits can be used in the normal way, backed with evaporated carbon, or as self-supporting replicas.

Results. A test object which is both easily prepared and provides a well-defined feature of small dimensions is a small step. Bassett (3) has shown that the steps which occur on cleaved rock salt surfaces are frequently only half a unit cell high (2.8 Å). These steps are grouped together in wide bands which are easy to locate in the electron microscope. The edge of a band is shown in Fig. 1, and the height of the smaller steps can be estimated from the shadow width, the angle of deposition being $\tan^{-1} 1/_2$. Clearly, the platinum/carbon technique can resolve steps less than 10 Å in height. Platinum metal shadowing, applied as a very thin film, also shows up the steps, but less clearly. Furthermore, it is difficult to see whether actual shadows are present,

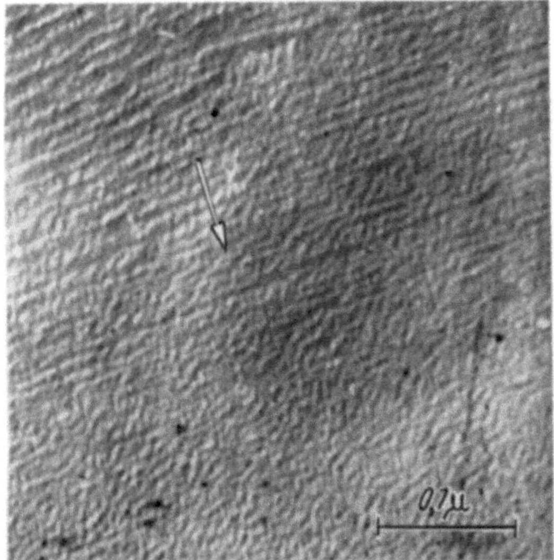

Fig. 1. Platinum/carbon replica of cleavage steps in Rock Salt. Shadowing angle, $\tan^{-1} 1/_2$, direction marked by arrow

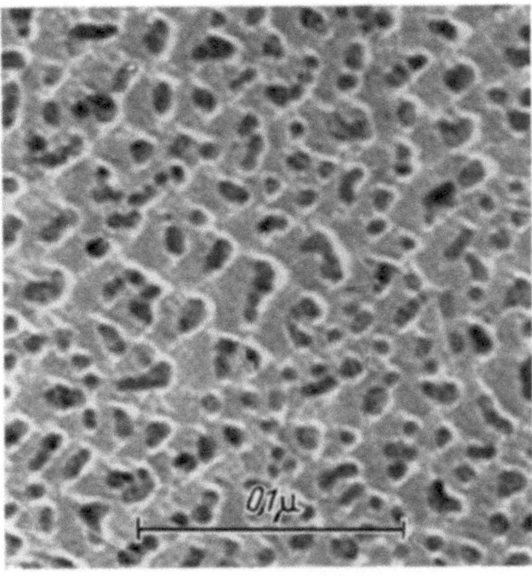

Fig. 2. Evaporated gold on cleaved Rock Salt shadowed at $\tan^{-1} 1/_2$ with platinum/carbon and backed with a thin film ofcarbon. Print not reversed

or whether the steps are revealed by a very small scale decorating effect similar to that found by BASSETT (3), who used gold.

Gold deposited on rock salt, apart from decorating cleavage steps, forms particles whose size depends upon the mean thickness of the deposit. These particles are a useful test object and are shown, shadowed with platinum/carbon, in Fig. 2. The majority are less than 15 Å in thickness, an unexpectedly low figure; interaction between the gold and the rock salt, or a moisture effect might possibly explain this.

The very sharp shadows produced by the platinum/carbon technique enables the thickness of thin films to be measured directly in the electron microscope. Fig. 3 shows the edge of a 50 Å carbon film shadowed at $\tan^{-1} 1/_3$. A coarse background structure is present since no aperture was used in the evaporation.

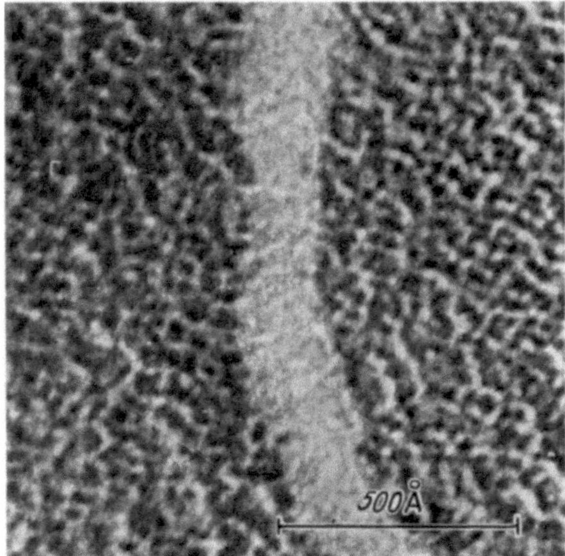

Fig. 3. The edge of a 50 Å thick carbon film shadowed with platinum/carbon at $\tan^{-1} 1/_3$ without an aperture. Print not reversed

References

1. BRADLEY, D. E.: Nature (Lond.) **181**, 875 (1958).
2. — Brit. J. appl. Physics **5**, 65 (1954).
3. BASSETT, G. A.: A new technique for the decoration of slip and cleavage steps on the surface of ionic crystals. Philosophic. Mag. (in press).

The author would like to thank Dr. T. E. ALLIBONE, F.R.S., Director of the Research Laboratory, Associated Electrical Industries, for permission to publish this paper.

Ergebnisse bei der Untersuchung von Abdrucken geringer Eigenstruktur

Ernst Bauer, Bernd Fritz und Ernst Kinder
II. Physikalisches Institut der Universität München

Die Zerstäubung einer Pt-Kathode in der Glimmentladung bei Anwesenheit definierter Kohlenwasserstoffzusätze führt zu dünnen Schichten aus Kohlenwasserstoffpolymerisaten, in welche Pt in feiner Verteilung eingebettet ist. [Angegeben von König und Knoch (1).]

Man erwartet von Abdruckschichten, die auf diese Art hergestellt wurden, einen höheren Kontrast als von reinen Kohleabdrucken (in der Glimmentladung oder durch Aufdampfen hergestellt); dabei wird die feine Verteilung des Pt keine Begrenzung des Auflösungsvermögens durch die Eigenstruktur des Abdrucks ergeben. Wir haben deshalb die Wiedergabeeigenschaften solcher Schichten, also Auflösungsvermögen, Kontrast und Objekttreue, an Abdrucken von aufgedampftem LiF und von aufgerauchtem MgO untersucht und mit den Eigenschaften gewöhnlicher Pt-Schrägbedampfungsabdrucke und Kohleabdrucke der gleichen Objekte verglichen.

Die Herstellung der Abdrucke in der Glimmentladung erfolgte bei 2,5 kV Spannung und 0,1—0,3 mA Strom bei $1 \cdot 10^{-2}$—$2 \cdot 10^{-2}$ Torr Gasdruck. Der Abstand des 10 cm langen Pt-Kathodendrahtes von der dazu parallelen Anodenplatte (Al) betrug 1 cm. Die Objekte befanden sich auf der Anode etwas erhöht und seitlich von der Kathode in 8 mm Entfernung und wurden unter 45° schräg bestäubt.

Das Gasgemisch Argon und Kohlenwasserstoffgas strömte aus einem Vorratsgefäß über ein Nadelventil in den Entladungsraum und wurde durch eine Öldiffusionspumpe mit Kühlfalle abgesaugt. Im Vorratsgefäß wurde vorher der Partialdruck der Kohlenwasserstoffgase durch Einlaß definierter Gasmengen fest eingestellt.

Ein Benzolzusatz von 1—1,3% Partialdruck oder ein Acetylenzusatz von 2,5—3,3% Partialdruck ergab Schichten, deren Elektronenbeugungsbild zwei breite verwaschene Ringe aufwies. Diese Ringe gingen beim Tempern bei dunkler Rotglut oder starker Belastung der Schicht im Elektronenstrahl in getrennte Pt-Beugungsringe über. Bei größeren Kohlenwasserstoffzusätzen als den angegebenen wurde nach dem Tempern kein Pt-Beugungsbild erhalten, bei geringeren Zusätzen entstanden bereits Schichten mit gröberen Pt-Körnern von 30 Å Größe und darüber.

Die Untersuchung der Abbildungseigenschaften der Abdruckschichten mit feinverteiltem Pt brachte folgende Ergebnisse:

Zusammenhängende Kristallaufdampfschichten, wie LiF, werden im Abdruck mit Pt-Einbettungsschichten aus der Glimmentladung kontrastärmer und weniger fein strukturiert wiedergegeben als im Pt-Schrägbedampfungsabdruck mit Lackstabilisation (Abb. 1). Ecken und Kanten der würfelförmigen Kristalle wirken stark abgerundet, und die Kristalle scheinen von schmalen schwarzen Rändern begrenzt (Abb. 1a). Die gewöhnliche Pt-Schrägbedampfung dagegen (Abb. 1b) läßt die Würfel scharfkantig erscheinen; auf den Kristallflächen sind Wachstumsstufen bis 30 Å scheinbarer Höhe, in einigen Fällen kleiner, zu sehen. Hier begrenzt die Körnigkeit der Aufdampfschicht das Auflösungsvermögen für Punkt- und Linientrennung. Von einer Begrenzung der Auflösung durch die Eigenstruktur allein kann bei den Pt-Einbettungsschichten nicht die Rede sein. Auch hier wird eine Körnerstruktur der Abdruckschicht sichtbar, die unabhängig von der Unterlage ist, aber in keinem Fall gröber als bei Aufdampfschichten ist.

Die weitere Untersuchung ergab, daß die beobachtete Abrundung der Ecken und Kanten eine Eigenschaft solcher Abdrucke ist, die ganz oder überwiegend aus Kohlenstoff bestehen (Kohleaufdampfschichten und einfache Kohleschichten aus der Glimmentladung). Ein Kohleaufdampfabdruck nach Bradley (2) von LiF (Abb. 2a) zeigt neben der Abrundung der Würfel die schwarzen Säume an der Bedampfungsseite. Die Abrundung ist auch dann, allerdings in geringerem Maße, sichtbar, wenn der Kohlebedampfung eine Pt-Schrägbedampfung des Objekts vorausging (Abb. 2b). Die schwarzen Säume, wohl Anhäufungen von Kohle in den Tälern der Oberfläche, verschwinden hierbei vollständig.

Die beobachtete Übereinstimmung zwischen Pt-Einbettungsabdrucken und Kohleabdrucken läßt sich auf Grund von Versuchen zur Bestimmung des Pt-Anteils in den Einbettungsschichten erklären. Bringt man solche Schichten auf Pt-Lochblenden und tempert sie im Vakuum, so bilden

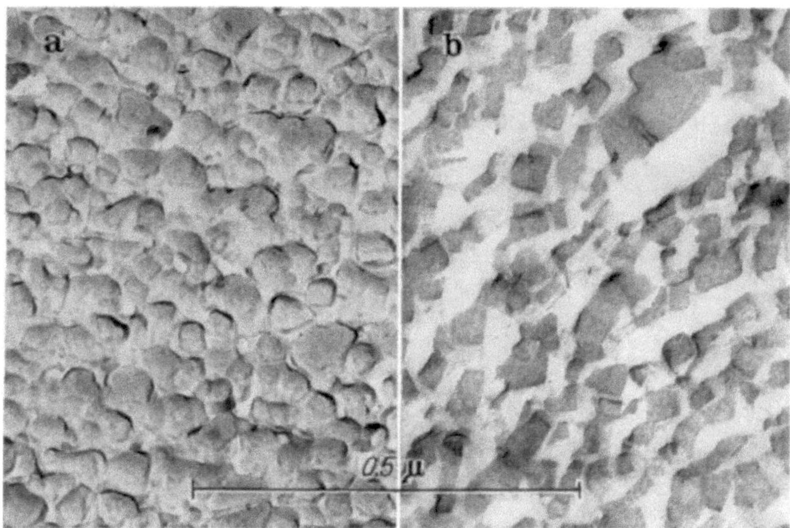

Abb. 1a und b. Abdrucke von LiF. a) Pt-Kathodenzerstäubung in der Glimmentladung, 1% C_6H_6-Partialdruck. b) Pt-Schrägbedampfung des Objektes, darüber dünner Zaponlack

sich gröbere Pt-Körner von etwa 30 Å Durchmesser, deren durchschnittliche Anzahl pro Flächeneinheit sich aus hochvergrößerten Aufnahmen (300000fache Vergrößerung) ermitteln läßt. Aus den gleichen Aufnahmen läßt sich die durchschnittliche Korngröße ermitteln und damit die

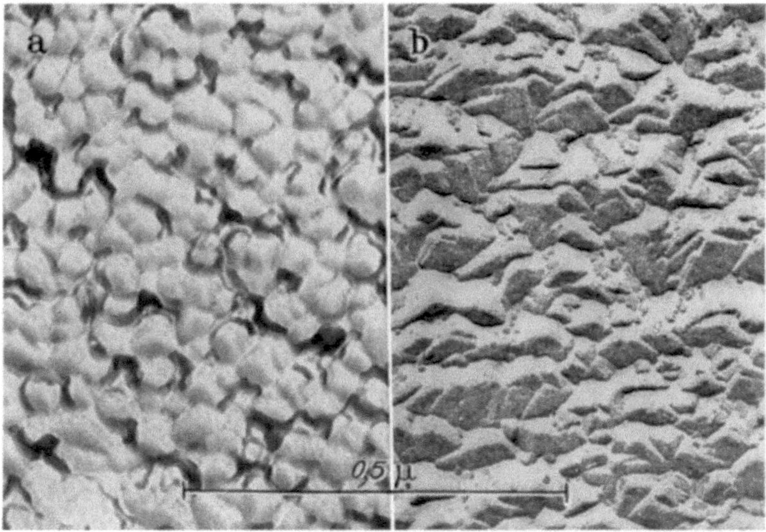

Abb. 2a und b. Abdrucke von LiF. a) Kohle aufgedampft nach BRADLEY. b) Pt-Schrägbedampfung, darüber Kohle aufgedampft

mittlere Dicke der Pt-Schicht berechnen, die man bei Abwesenheit der Kohlenwasserstoffbestandteile erhalten würde. Die Dicke der Gesamtschicht bestimmt man an einer anderen Schichtprobe (zusammen mit der ersten hergestellt) mit der Methode der Vielstrahlinterferenzen. Wir erhielten auf diese Weise bei der Untersuchung einer Schicht von 140 Å Dicke ($\pm$ 10%) eine

Pt-Schichtdicke von 7—12 Å aus Körnerzählungen an verschiedenen Aufnahmen zweier Präparate, an anderen Schichten relative Pt-Anteile der gleichen Größenordnung. Die größte Unsicherheit stellt die Abschätzung der mittleren Korngröße dar. Die Zählung der Pt-Körner ist an Dunkelfeldbildern am einfachsten (Ausblenden eines Ausschnittes der 111- und 200-Reflexe; Multiplizieren der so erhaltenen Körnerzahl mit dem Faktor „360 : ausgeblendeter Kreisbogen im Beugungsbild").

Der beobachtete Pt-Anteil von 5—9% des Schichtvolumens genügt wegen der etwa 10mal höheren Dichte zur Erzeugung eines Schrägbedampfungskontrastes (s. Abb. 1a). Der Kontrast an Stufen, die klein gegen die Schichtdicke sind, sowie die Abrundung der Kanten werden nicht durch die Höhe des Pt-Anteils, sondern durch die Tatsache seiner Verteilung auf eine Schicht des 10—20fachen Volumens bestimmt. Die Kontrastverhältnisse bei der Wiedergabe einer

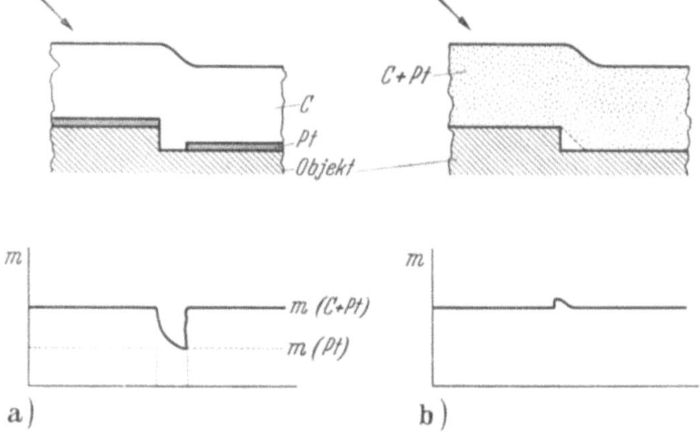

Abb. 3a u. b. Wiedergabe von Stufen a) durch Schrägbedampfung und darüberliegende Kohleschicht. b) durch Überziehen mit einer Pt-Einbettungsschicht. (m = Massendicke)

Stufe durch eine Pt-Schrägbedampfung und eine Pt-Einbettungsschicht mit gleichen Pt-Anteilen erläutert Abb. 3, auf der unten die durchstrahlten Massendicken in beiden Fällen aufgetragen sind. Daß die der Kohleschicht eigene Abrundung der Kanten an der Schichtaußenseite bei Ver-

Abb. 4. Hüllabdruck von MgO (Glimmentladung, Argon mit Benzolzusatz). Das Bild zeigt die Abhängigkeit des Kontrastes an Stufen von der Lage zur Durchstrahlungsrichtung. Der Pfeil zeigt auf eine Stelle, an der das Innenprofil und das abgerundete Außenprofil des Abdruckes gut zu sehen sind

teilung des Pt über den gesamten Schichtquerschnitt stärker wirksam wird als bei der Schrägbedampfung des Objekts, ist unmittelbar verständlich.

Hüllabdrucke von MgO mit Kohleschichten, aufgedampft oder aus der Glimmentladung (mit oder ohne Platin), stellen, im Gegensatz zu den Abdrucken von LiF, und trotz ihrer Abrundung an der Außenseite, befriedigende Wiedergaben dieser Kristalle dar. Man sieht hier (Abb. 4) das Innenprofil des Abdrucks, das dem Verlauf Objektoberfläche folgt [vgl. auch (3)], sowie

Serien von Stufen, wenn diese so zur Strahlrichtung geneigt sind, daß hoher Kontrast entsteht. Abhängigkeit von Kontrast und Auflösung (maximal 25 Å) von der Lage der Stufen zum Strahl wurde häufig beobachtet (vgl. auch Hibi (4)].

Es erscheint bemerkenswert, daß die Wiedergabe von MgO-Kristallen keinen brauchbaren Test für die mit Kohleabdrucken und stark kohlehaltigen Pt-Einbettungsschichten zu erwartende Objekttreue und Auflösung bei der Wiedergabe zusammenhängender Schichten kleiner und fein-strukturierter Kristalle (< 1000 Å; z. B. LiF) darstellt.

Literatur

1. Knoch, M., u. H. König: Z. wiss. Mikroskop. **63,** 121 (1956).
2. Bradley, D. E.: J. appl. Physics. **27,** 1399 (1956).
3. Grasenik, J.: Radex-Rdsch. 4/5, S. 226 (1956).
4. Hibi, T., K. Yada and S. Takahashi: J. Electronmicrosc. **5,** (ann. ed.), 58 (1957).

The rigidity of carbon replicas in relation to surface topography

J. F. Nankivell

Australian Defence Scientific Service
Aeronautical Research Laboratories, Department of Supply, Melbourne (Australia)

The determination of relative surface elevations is of considerable importance in, for example, the study of slip processes in metals, where glide distances may range from a few Å to several

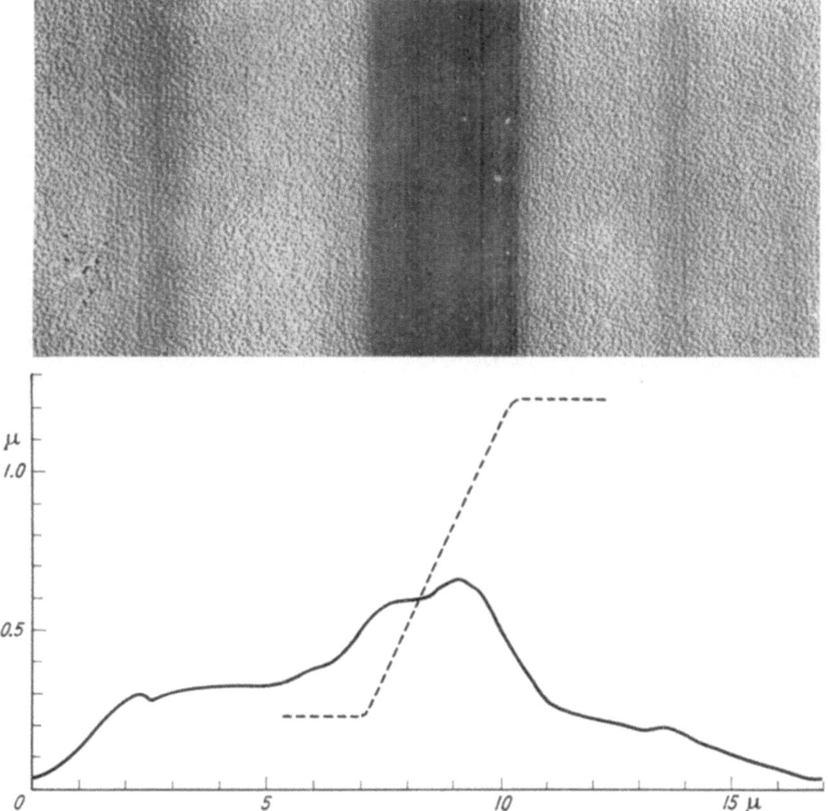

Fig. 1. Slip band on a single crystal of aluminium. Solid line-stereoscopically determined profile. Dotted lineexpected profile

thousand Å (1). At present the most versatile technique in electron microscopy for determining fine scale features of surface topography is the stereo method, and expressions have been developed that relate the parallax in the micrograph to relative surface elevation (*2, 3*). An analysis of the importance of various intrinsic sources of error in stereomicroscopy has been reported elsewhere (*3*). The present communication outlines an additional uncertainty arising from lack of stiffness in the replica.

It is essential in quantitative measurements, that the replica be a faithful reproduction of the original surface contour, at least to the accuracy required and over the area of the micrograph.

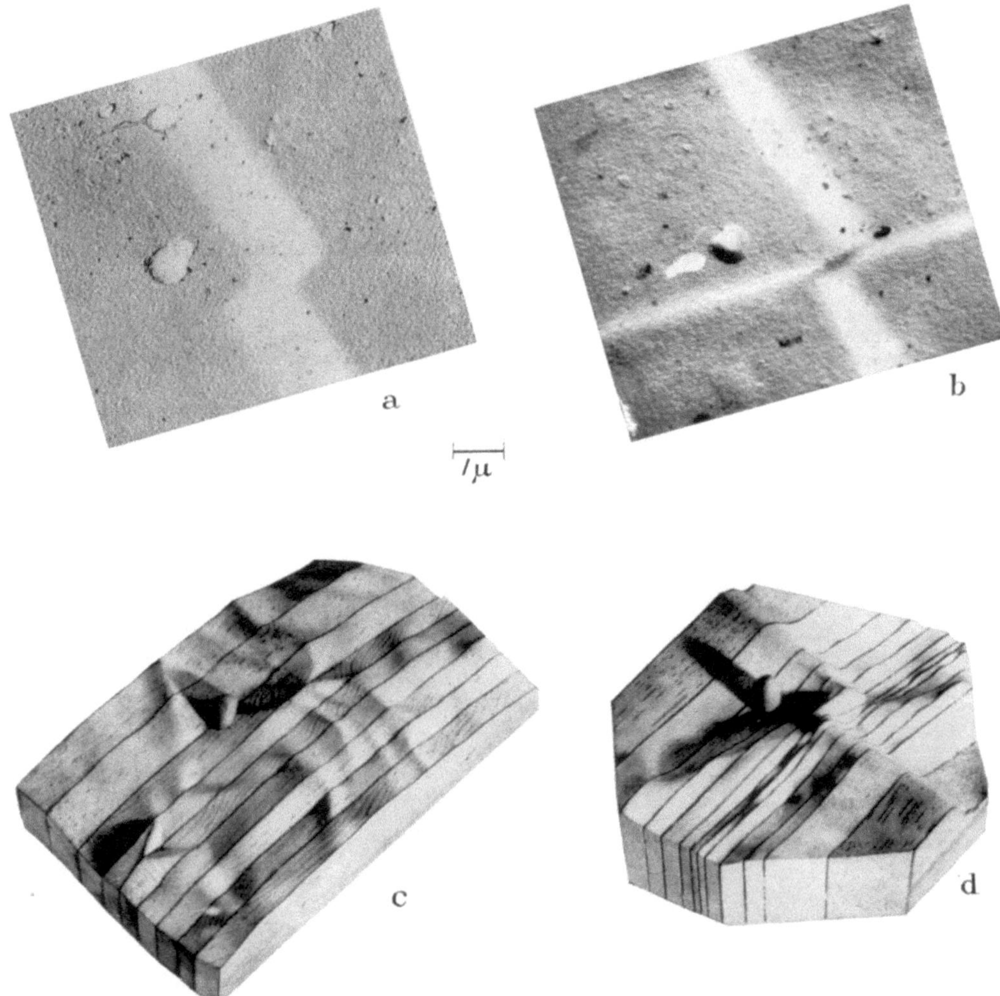

Fig. 2a—d. Electron micrographs and models of replicas of intersecting slip bands. a) 100 Å thick. b) 600 Å thick

During a study of deformation processes in single crystals of aluminium however, it was found repeatedly that the profile across a slip band, as determined by stereoscopic measurements on carbon replicas of normal thickness (∼ 100 Å), departed markedly from that inferred from other considerations (Fig. 1). A more detailed investigation of this effect has therefore been initiated.

Since the replicas appear to exhibit a general flattening of contours, it seems probable that they lack sufficient rigidity to withstand small distorting forces that may be operative during various stages of preparation; e. g. during separation of the carbon film from the first stage replica. In this case, the thickness of the carbon replica and the types of features being replicated may be expected to influence the fidelity obtained in reproduction. Up to the present time therefore, the investigation has been restricted to a study of the importance of these factors.

Carbon replicas of varying thickness shadowed with Au-Pd alloy and detached from primary methyl methacrylate impressions, have been prepared from two types of surface features which represent extreme cases from the point of view of their stiffening effect on the film. The features chosen were; a) slip bands on a deformed single crystal of aluminium, and b) either small etch pits or a pyramidal indent formed at a selected point on the specimen by a hardness testing machine equipped with a standard Vickers diamond. The thickness of the replicas was estimated from measurements of the optical density of similar carbon films. A selected area technique (4) was employed to enable the same surface features to be examined systematically in different replicas.

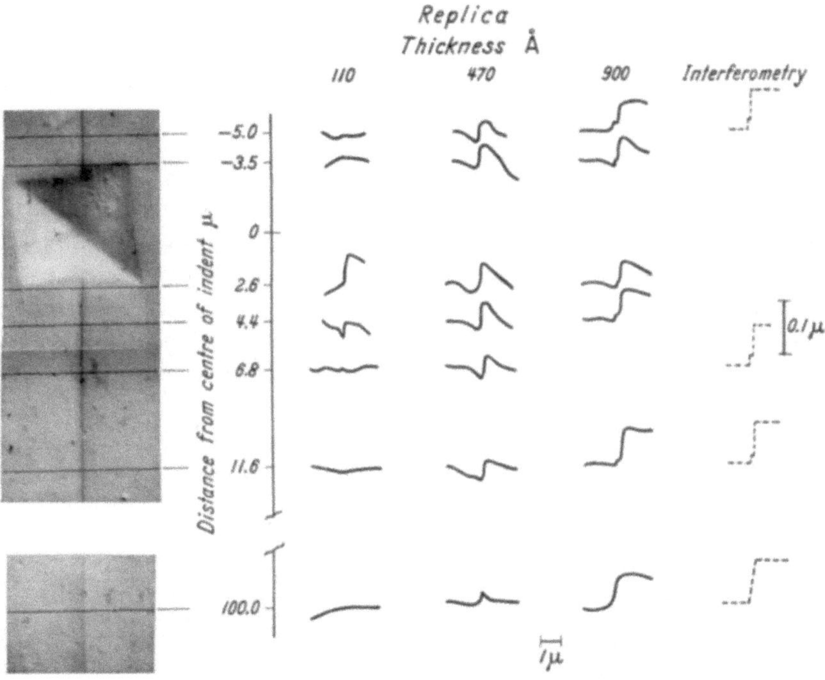

Fig. 3. Slip band profiles at varying distances from the centre of the indent on replicas of different thicknesses. Dotted linesexpected profiles

In some cases the profiles determined from stereoscopic measurements on the replica have been compared with values obtained directly on the specimen by interferometry Preliminary observations by the latter technique established that the methyl methacrylate impression was a faithful reproduction of the surface of the specimen.

Fig. 2 shows micrographs of the intersection of two slip bands in a region close to an etch pit, for replicas 100 and 600 Å in thickness. Models of the surface topography were prepared from stereoscopic measurements and are also illustrated in the diagram. Although for both replicas some distortion has occurred in a plane normal to the electron beam, the difference in elevations is particularly striking. No trace of the slip steps is present in the thinner replica, and even the relatively rigid etch pit feature has been reproduced with considerable distortion. An intermediate replica thickness of 250 Å showed little improvement over the 100 Å film.

Table 1. *Measured height (Å) of slip band at various distances from the indent, for different replica thickness*

Replica thickness Å	Distance from centre of'Indent (μ)							Indent depth Å
	−5	−3.5	2.6	4.4	6.8	11.6	100	
110	0	0	550	270	0	0	0	6,700
470	360	420	520	460	400	330	190	7,400
900	420	540	460	530		650	510	8,300
Interferometry on original surface	740			740	750	750	760	11,200

In another series of experiments an indent, made as described above was impressed across a single slip band. The results obtained by stereoscopy and interferometry are compared diagrammatically in Fig. 3 and numerically in Table 1 for replicas 110, 470 and 900 Å in thickness, and for various distances along the band from the indentation. Two main features are apparent. Firstly, although the indent stiffens the replica in its immediate vicinity, as shown by the change in height and profile of the slip band along its length, even this relatively rigid shape is distorted. Secondly, as expected there is a progressive overall improvement in fidelity with increasing film thickness. It is to be noted however, that even for a thickness of 900 Å, there is still a difference between the depth of the indent as determined on the original surface and on the replica. This discrepancy requires further investigation.

The results presented here represent only the first phase in the study of distortion in replicas. It is hoped to pursue other aspects in due course: e. g. alternative methods of detaching the carbon films from the intermediate plastic replica; the comparison of inherent rigidity between carbon and other high resolution replicas; the possible effects of slip bands in deformed polycrystalline specimens, etc., are all features which warrant investigation. It is already clear however, that carbon replicas of normal thickness prepared in the conventional manner are insufficiently rigid for accurate quantitative determination of surface elevations. From this point of view, the type of distortion encountered here is much more serious than the long wave length crinkles that have been observed in silicon monoxide replicas (5). It remains to be seen whether ways can be found for overcoming this deficiency other than by increasing the film thickness to such an extent that contrast and resolution suffer serious deterioration.

This communication is published with the permission of the Chief Scientist, Australian Defence Scientific Service, Department of Supply, Melbourne, Australia.

References

1. Wilsdorf, H., and Doris Kuhlmann-Wilsdorf: Norelco Rep. **5**, 9 (1958).
2. Heidenreich, R. D., and L. A. Matheson: J. appl. Physics **15**, 423 (1944).
3. Garrod, R. I., and J. F. Nankivell: Brit. J. appl. Physics **9**, 214 (1958).
4. Nankivell, J. F.: Brit. J. appl. Physics **4**, 141 (1953).
5. Wilsdorf, H., and J. T. Fourie: Acta Met. **4**, 271 (1956).

Eine Technik der Replica-Herstellung von Kohlenstoffstählen durch unmittelbare Verdampfung von Kohle und ihre Eignung für das Studium der Martensit-Zersetzung

A. Camuñas

Staatliches Institut für Luftfahrttechnik, Madrid (Spanien)

Wenn man die Ausscheidungsprozesse mit dem Elektronenmikroskop studieren will, wie z. B. die Zersetzung des Martensits des gehärteten Stahls, so benötigt man meist eine hohe Auflösung des Abdruckes.

Es ist bekannt, daß die Auflösung eines mit „Formvar" erhaltenen Abdruckes nur etwa ~ 200 Å beträgt. Wird der Abdruck mit Pd, Au usw. beschattet, so wird der Kontrast erheblich besser. Trotzdem werden mit Formvarabdrucken, die mit Kohle bedampft werden, bei nachträglichem Auflösen des Formvars ausgezeichnete Ergebnisse erzielt (1). Um etwa vorhandene Zweifel zu beseitigen, daß mit dieser Bradleytechnik eine Auflösung von ~ 50 Å erreicht wird, scheint es zweckmäßig, wenn man die Kohlebedampfung unmittelbar für die metallische Probe anwendet. Wenn man die ernsten Schwierigkeiten des Abreißens der unmittelbar aufgedampften Kohleschicht überwindet, würde man, wenn auch keine größere Auflösung erreicht wird, doch mindestens die Gewißheit erlangen, daß eine genauere Negativwiedergabe der geschliffenen und geätzten metallischen Probe vorliegt.

Falls man mit günstigsten Bedingungen arbeiten könnte, d. h. geeigneter Schliff und Ätzung der verschiedenen Stahlproben, günstigste Dicke der Kohleschicht, um die Mikrostruktur einwandfrei darzustellen und, falls es notwendig wäre, mit den gleichen Kohleelektroden (2) oder mit einem Metall zu beschatten, müßte man eine Auflösung erreichen, welche der Grenzauflösung des von uns benutzten Elektronenmikroskops nahe steht, d. h. $\sim$ 40 Å.

Die angewandte Technik der unmittelbaren Kohlebedampfung der Proben von gehärtetem und angelassenem Stahl berührt grundsätzlich folgende Punkte:

1. Elektrolytischer Schliff und Ätzung. Bad-Zusammensetzung: 2 Teile Überchlorsäure ($d = 1.20$), 7 Teile Äthylalkohol 96%, 1 Teil Glycerin. Apparat: Disa Electropolisher; 20 sec Schliff (45 V, 1,2 Amp) und 3 sec Ätzung.

2. Verdampfung im hohen Vakuum mit Spektralkohlen. 50 Amp, 10 sec oder mehr, wenn man die Probe in 8 cm Abstand vor den spitzen Elektroden anordnet.

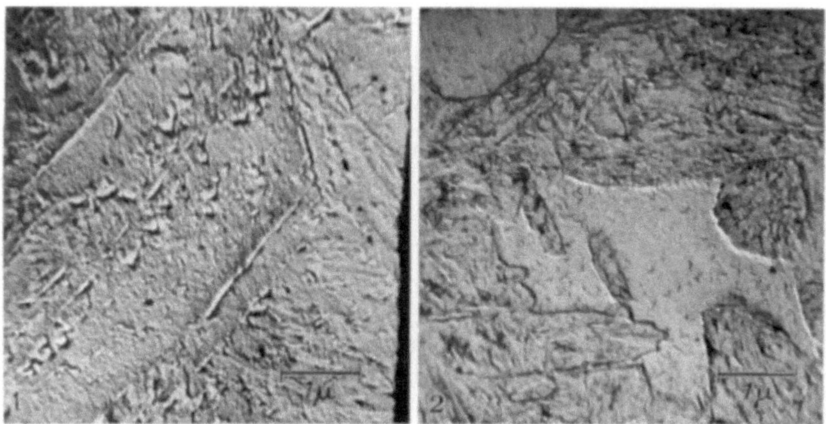

Abb. 1. Mikroaufnahme eines Kohlenstahls (0,4% C) gehärtet und angelassen bei 300° C
Abb. 2. Elektronenmikroskopisches Bild eines Stahles mit 2,17% Si

3. Ablösen des Abdruckes: In einen Porzellantiegel mit 50 cm³ Elektrolyt für Schliff und Ätzung wird die Probe mit der Kohlenschichtseite nach oben eingeführt. Nach 1—2 Std. reißt der Abdruckfilm in Stücken ab (die Probe wurde vorher geritzt). Diese werden zuerst mit verdünnter Chlorwasserstoffsäure und dann mit destilliertem Wasser gewaschen und mit dem Objektträgernetz aufgefischt. Das wird viel schneller erreicht, wenn man die Hilfsvorrichrung des „Disapol" anwendet.

Abb. 1 und 2 sind Vergleichsbeispiele zwischen der mittelbaren und unmittelbaren Technik. Abb. 1 zeigt die Mikroaufnahme eines Kohlenstahls (0,4% C), gehärtet und angelassen bei 300° C. Die Aufnahme zeigt die Entstehung von Karbidlamellen Fe₃C, die die Martensitnadeln umgeben. Diese Struktur entspricht dem Bruchsmaximum bei niedrigerer Temperatur. Man erhielt den Abdruck auf indirekte Weise, d. h. zuerst wurde ein Formvar-Zwischenabdruck angefertigt, der nachher mit Kohle bedampft wurde. Das Formvar wurde schließlich in Chloroform aufgelöst.

Abb. 2 zeigt ein elektronenmikroskopisches Bild eines Stahles, der einen hohen Siliciumgehalt (2,17%) aufweist. Diese Aufnahme wurde mit einer direkt aufgedampften Kohleschicht erhalten, die elektrolytisch abgelöst wurde. Der Härtungsprozeß war hier nicht richtig. Die thermische Behandlung erfolgte bei 200° C während 1 Std.

Zum Schluß möchte ich Herrn Generaldirektor Luftfahrtingenieur D. RAFAEL CALVO meinen Dank zum Ausdruck bringen, weil er mir die Gelegenheit bot, die vorliegende Arbeit durchzuführen.

Literatur

1. BRADLEY, D. E.: Brit. J. appl. Physics 5, 65 (1954).
2. CAMUÑAS, A.: Anales Física y Química. Santiago de Compostela, 1957 (en prensa).

On a high resolution pre-shadowed carbon replica method
and its direct stripping technique

AKIRA FUKAMI

Engineering Research Institute, Department of Engineering, University of Tokyo (Japan)

1. Theoretical and practical consideration of the compositive element of atomic replica. In order to improve the resolution of a replica (usually called "atomic replica") made by direct application of vacuum evaporation on the surface of a specimen, it is necessary to reduce the thickness of the replica film as mentioned by CALBICK (*1*). On the other hand, however, from the standpoint of the replica preparation technique, a certain thickness is required, beyond which it is impracticable to reduce it.

The purpose of the study of the author is to harmonize the above conflicting conditions and to improve the resolution of an atomic replica. So a new idea was introduced, whereby the compositive elements of the atomic replica film were divided into two parts. The first element is an extremely thin pre-shadowcasting film. The second element is simply a backing film. For the above thin pre-shadowcasting film, a certain thickness was added for necessity in handling.

With regard to the contrast of an electron image formed by the pre-shadowcasting film, it was found, as a result of numerical calculation by utilizing the formula of BOERSCH (*2*), that in the materials of higher atomic number, the difference in film thickness was 0.5—0.6 μg/cm^2 for producing the lowest contrast, discernable as the difference in photographic density. In order to increase the contrast of a replica without impairing the resolution, it can be theoretically concluded that the best way is to carry out a deeper angle shadowcasting and to make a pre-shadowcasting film as thin as possible, to produce such a difference in a replica film thickness as the above-mentioned calculation value, to the testing point of a specimen.

It is necessary to theoretically consider the effect of the backing film on the contrast of the electron image caused by the pre-shadowcasting film. In the case of overlapping of a thin film of x_1 in thickness on top of another thin film of uniform thickness x_2, the ratio (contrast) of electron beam penetrating $x_1 + x_2$ and also x_2 only was calculated. As a result it was proved that the contrast had no connection at all with the thickness of x_2.

When the surface structure of the specimen was represented as an electron image, it was the pre-shadowcasting film that mostly caused the formation of the image. The backing film, as far as it had a uniform thickness, was a cause of weakening the electron beam intensity of the whole field, but it did not lower the contrast of the electron image formed by the pre-shadowcasting film.

These facts provided an important theoretical ground in point of the composition of a new atomic replica anticipated in high resolution.

From past research (*3, 4, 5*), it was ascertained that the evaporated carbon film was the best backing film at the present time. Provided, however, that the evaporated carbon film has a tendency to have a uniform thickness on the specimen surface, and that the thickness is not uniform on the incidence direction of electron beam. In consequence it sometimes impairs the contrast of the pre-shadowcasting film. However, the evaporated carbon film has an adequate reinforcing effect within a thickness of 100 Å or less, and its electron scattering power is small, causing no impediment to its practical application.

With the evaporated material used for pre-shadowcasting of an atomic replica, it is desirable that it should be as high as possible in atomic number and yet lower in the appearance of granularity. The author carried out the experimental comparison concerning granularity of evaporated films of various materials. As the result of these experiments, platinum-palladium alloy (Pt: 80%, Pd: 20%) was employed as material for pre-shadowcasting, though it was never a satisfactory one.

Fig. 1 is an example of experimental illustration of the composition of the new atomic replica film. This is an atomic replica of magnesium oxide made by employing platinum for pre-shadowcasting and carbon for backing. It possesses adequate contrast to be observed as a replica. The carbon backing film covers the whole surface in a semi-transparent film looking as if a contamination, but evidently it does impair the contrast of the pre-shadowcasting film.

II. Experimental measurement of the resolution of the new atomic replica. The autor has experimentally measured the resolution of the new atomic replica in the replica image of magnesium oxide. For pre-shadowcasting, the platinum-palladium alloy was employed, and at an angle of $\tan^{-1} 1/3$, the evaporated film of about $2 \ \mu g/cm^2$ (in calculation) covered the specimen surface. Then carbon was evaporated from vertical direction and was made to form a backing film of about 100 Å in thickness.

Fig. 2a and b show a small spacing between the steps of crystals. The minimum spacing measured in the photograph was 25 Å. According to the judgement made from the photograph of high magnification, even though there was an original structure which had a spacing under 20 Å, it was presumed that recognition as two lines was ambiguous, being prevented by the glanular structure of the evaporated film. Though it was merely an assumption, 20 Å was recognized as the limit of resolution of the new atomic replica, in which platinum-palladium alloy was employed for a pre-shadowcasting film.

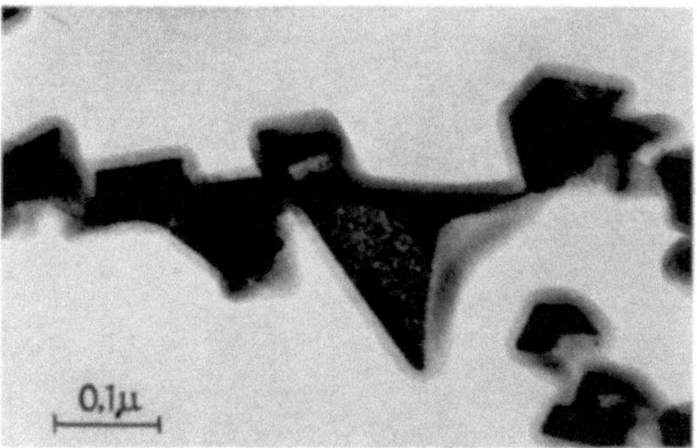

Fig. 1. Platinum pre-shadowed replica of magnesium oxide, an example of experimental illustration of the composition of new atomic replica

III. Practical applications of the new atomic replica method. Fig. 3a shows a photograph of Pt-Pd pre-shadowed replica of nickel-iron alloy (Ni_3Fe) for the purpose of observation of the

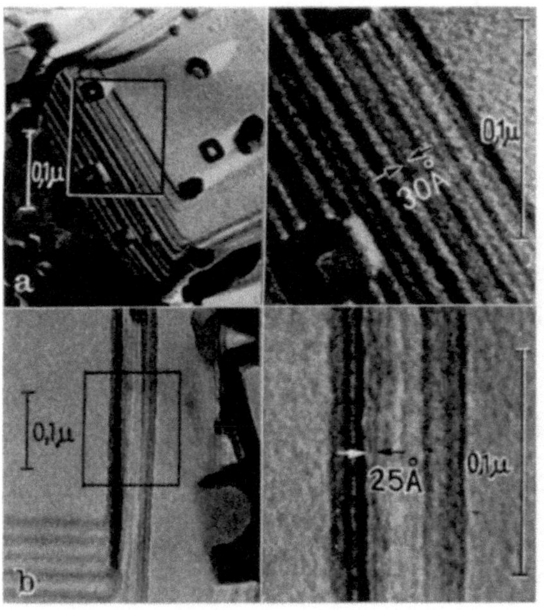

Fig. 2a and b. Measured example of the resolution of platinum-palladium pre-shadowed new atomic replica

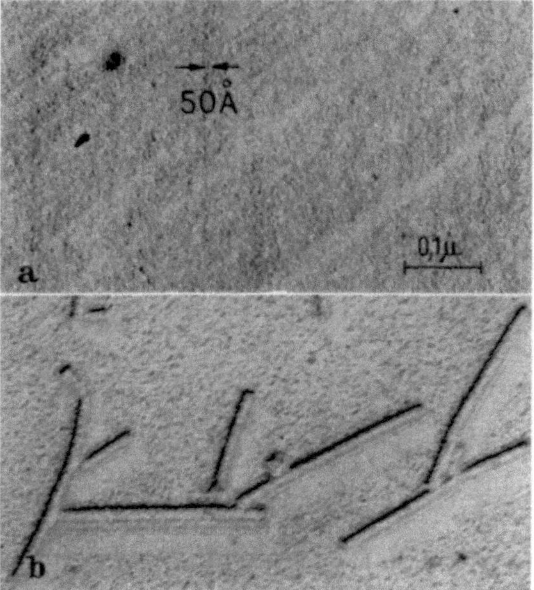

Fig. 3a and b. a) Platinum-palladium pre-shadowed replica of micro-slips on the surface of nickel-iron alloy (Ni_3-Fe). b) Platinum-palladium pre-shadowed replica of tobacco mosaic virus

micro-slip caused by plastic deformation. As the minimum spacing between the slip lines, a spacing of 50 Å can be measured in the photograph. For the purpose of measuring such a small spacing, the polishing of the specimen surface must be further improved.

Fig. 3b shows a photograph of Pt-Pd pre-shadowed replica of tobacco mosaic virus (TMV). The breadth of TMV measured in the photograph was about 170 Å. In this replica, with a view to preventing the increase in the breadth of the replica of TMV by pre-shadowcasting, the pre-shadowcasting film thickness was prepared specially thin.

IV. A direct stripping technique of the atomic replica film from the surface of a specimen. The atomic replica film was directly stripped from the surface of a specimen by the following method. After having finished an evaporation treatment of Pt-Pd pre-shadowcasting film and carbon backing film, 7% benzol solution of Bedacryl 122X (4) was applied on the evaporated film and after drying it by heating, 0.01—0.02 mm of plastic backing film was made to form over it. Then it was immersed in water of about 50° C for 10 min. The double layers of both the plastic backing film and evaporated film were slowly teased and stripped off with forceps or a needle from the surface of the specimen. Then the side of the evaporated film of the double layers was wetted with water, and was stuck on the cleavage surface of rock salt or mica, and was dried. Then it was immersed in methyl acetate for dissolution and elimination of Bedacryl film. In this process, the cleavage surface of rock salt or mica served as backing material, and it kept the evaporated film from breaking by swelling during the dissolution of Bedacryl. After washing, the surface of the evaporated film was scored into about 2 mm squares. Next the cleavage surface was immersed in water. Then the evaporated film was stripped off and floated on the surface of the water. It was then picked up on a grid for observation. Fig. 4 shows an example of the new atomic replica obtained by the direct stripping technique. The specimen was of 0.6% carbon steel.

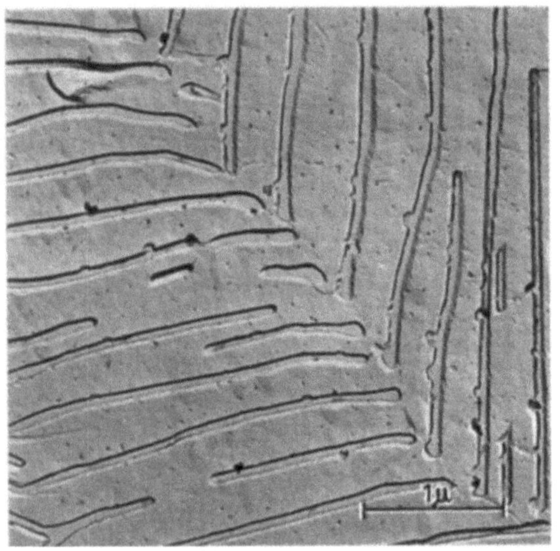

Fig. 4. Platinum-palladium pre-shadowed replica of pearlite in 0.6% carbon steel

References

1. Calbick, C. J.: Bell System Techn. J. **30,** 798 (1951).
2. Boersch, H.: Z. Naturforsch. **2a,** 615 (1947).
3. Bradley, D. E.: Brit. J. appl. Physics **5,** 96 (1954).
4. — J. Inst. Metals **83,** 35 (1954/55).
5. Fukami, A., and H. Yotsumoto: Electron-Microscopy, Japan (in Japanese) **4,** 166 (1956).

The replication of radioactive metal surfaces

J. A. Coiley, P. A. E. Clark and B. F. Sharpe

U.K.Atomic Energy authority, A.E.R.E. Metallurgy Division, Harwell, Berkshire (England)

I. Introduction. The increased use of uranium in one form or another as a fuel element in nuclear reactors has stimulated a great interest in the behaviour of the metal when irradiated with neutrons.

In addition to the complex nature of uranium itself, studies of irradiated materials are hindered by the high level of $\beta\gamma$ activity they possess as a result of fission events in the reactors. Much useful metallographic work has however been carried out with light microscopes located behind shielding walls and manipulated remotely, although Bierlein et al. (1) pointed out several years ago some of the advantages of employing a replica technique for this apart from using such replicas in the electron microscope. These workers have described a number of techniques which may be used to obtain replicas by remote control from active specimens, including the aluminium pressing method of Nutting and Cosslett (*2*) and the Faxfilm technique (*3*). More recently (*4*), they have described a way to replicate fractured surfaces of irradiated uranium.

The results obtained by these workers and others using light microscopes have indicated the need for further high resolution electron microscopic examination of uranium and its alloys and for employing replicas made solely for use in this microscope, although with anisotropic metals such as uranium containing many different non-metallic inclusions replica methods possess a number of disadvantages. The technique described in this paper has been developed with a view to this and designed for the particular requirements of such work at Harwell.

II. Experimental. For the initial electron metallographic studies of irradiated uranium in this laboratory it was decided to try to use a slight modification of the Formvar-carbon method of Bradley (*5*), based on a technique described by Nutting (*6*), and which has been used extensively here for the replication of non-active metal surfaces.

The method is briefly as follows. The surface to be replicated is covered with a 1% solution of Formvar in dioxan or chloroform. This is stripped directly onto cellulose tape. The latter is then stretched across a rigid frame and a carbon film deposited on the Formvar. Any shadowing is performed before the deposition of the carbon film.

The Formvar-carbon film is then removed from the cellulose tape by washing in (60—80) petroleum ether, care being taken to see that the film collected is from the part of the tape covered with Formvar as well as with carbon. This is quite simple even with mounted specimens as small as 0.1 cm diameter and in most cases selection may be made of the part of the specimen from which the final replica is taken. After removal of the Formvar-carbon film from the tape the plastic is dissolved in chloroform and the carbon film collected in the normal way.

The only part of the above technique which need be carried out in a shielded area is the formation of the plastic replica on the cellulose tape. To do this the mounted $\beta\gamma$ active specimen is introduced into a standard lead walled box fitted with ball and socket tongs. The specimen is placed face upwards in a cylindrical hole cut in a steel block about $10 \times 10 \times 5$ cm. The upper face of the block is inclined at about 35° to the horizontal and the hole holding the specimen is cut perpendicular to this face, so ensuring that the Formvar solution drains readily, producing a thin film. The specimen is clamped into this block by a simple bolt bearing on the mount.

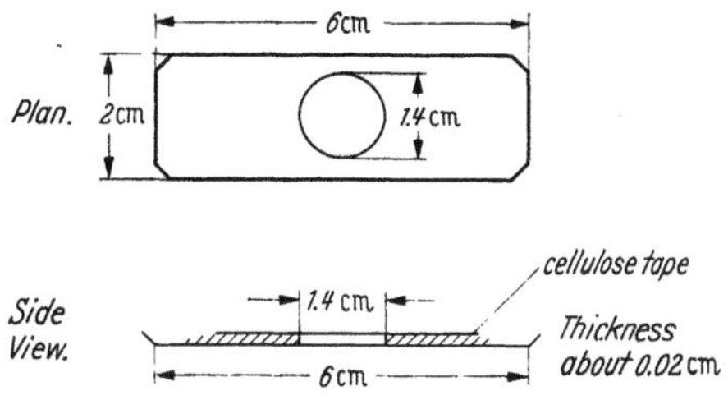

Schema 1

When the specimen has been thus arranged the Formvar solution may be applied in the usual way with the aid of tongs. After drying, the block plus specimen may be lifted with the tongs and brought to the cell viewing window for closer examination.

The Formvar film is removed with cellulose tape mounted along the length a pliable brass shim shaped as shown in schema 1.

The adhesive area of the tape exposed over the hole in the shim is then placed on the Formvar film on the specimen. A small soft sponge rubber pad is then pressed carefully over the back of the tape to secure good contact with the plastic film and to remove air bubbles. The upturned end of the shim is then gripped with the tongs and peeled away from the specimen together with the tape and plastic film. In many cases it has not been found necessary to introduce moisture into the plastic film in order to strip it satisfactorily although provision is made for this facility. Results indicate that backing of the plastic film is not necessary.

After removal of the shim plus replica from the cell and checking for possible activity on the replica the remainder of the method is as outlined above.

III. Results. So far, only a preliminary investigation has been carried out with a view to examining the reproducibility of the method and to finding a suitable way of preparing the surface of uranium for electron metallography.

To test the ability of the technique to replicate surfaces with re-entrant holes, a grey cast iron was polished in such a manner as to tear out the graphite flakes leaving jagged grooves on the surfaces. Fig. 1 shows a showed replica prepared remotely from such a specimen. Fig. 2 shows the surface of attack polished in unradiated natural uranium and Fig. 3 the surface of similar material after irradiation.

The main features observed in the uranium micrographs are the large roughly circular areas and the small marks on and in between the larger patches. From a knowledge of the shadowing direction the large circular patches are interpreted as humps on the metal surface and the smaller markings as holes in the metal. In many cases the latter appear on the replica as having solid

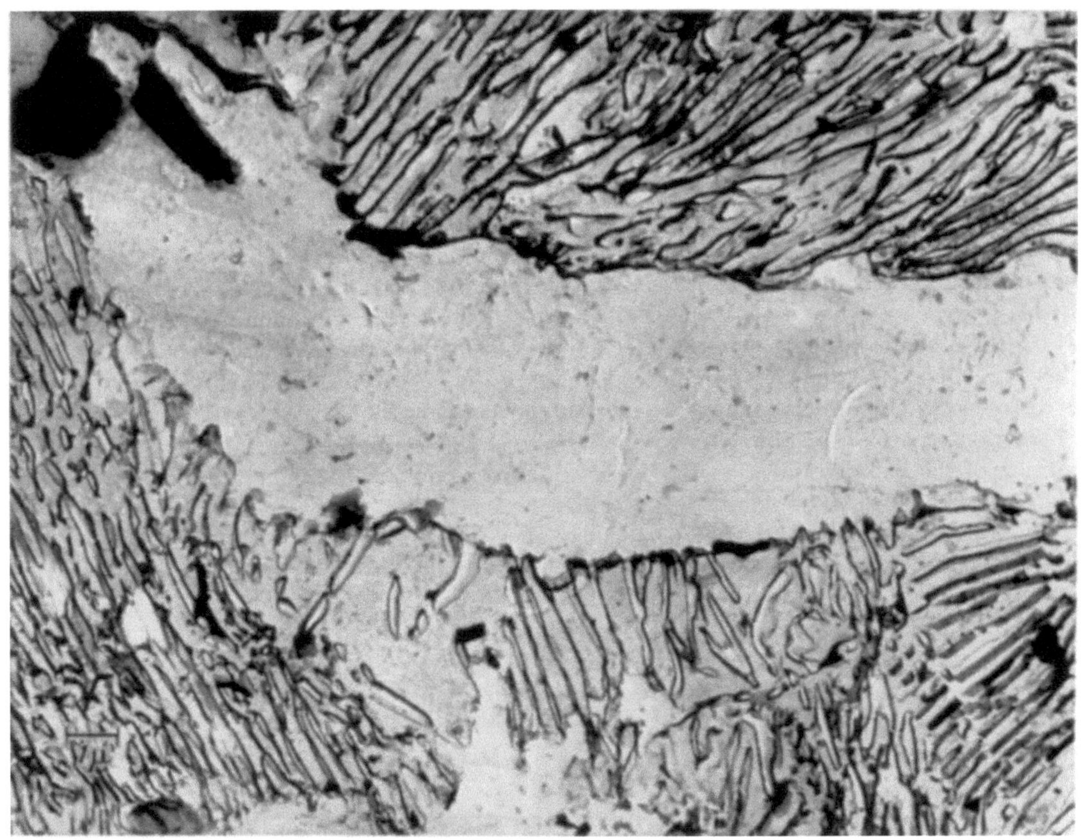

Fig. 1. Remotely stripped shadowed formvar-carbon replica from heavily polished grey cast iron. Showing pearlitic areas and a groove formerly occupied by a graphite flake

material associated with them indicating that small particles may have been pulled out of the metal surface when the Formvar film was removed.

From these micrographs and many other replicas examined it appears that so far no significant difference is observed with the electron microscope between the irradiated and unirradiated uranium. The appearance of several replicas suggests that the methods employed for the preparation of the uranium, while undoubtedly very suitable for examination under bright field and polarised light, are less suitable for study with the electron microscope. In particular, variation of the duration of the attack polish varies the appearance and density of the humps on the metal surfaces. Furthermore the surface of a specimen prepared by electropolishing and etching shows no humps but clearly displays the many nonmetallic inclusions known to be present but which are only occasionally observed on the attack polished specimens examined with the electron microscope.

IV. Discussion. From the brief description of the few results already obtained it would appear that before completely satisfactory studies can be made with the electron microscope of the effects

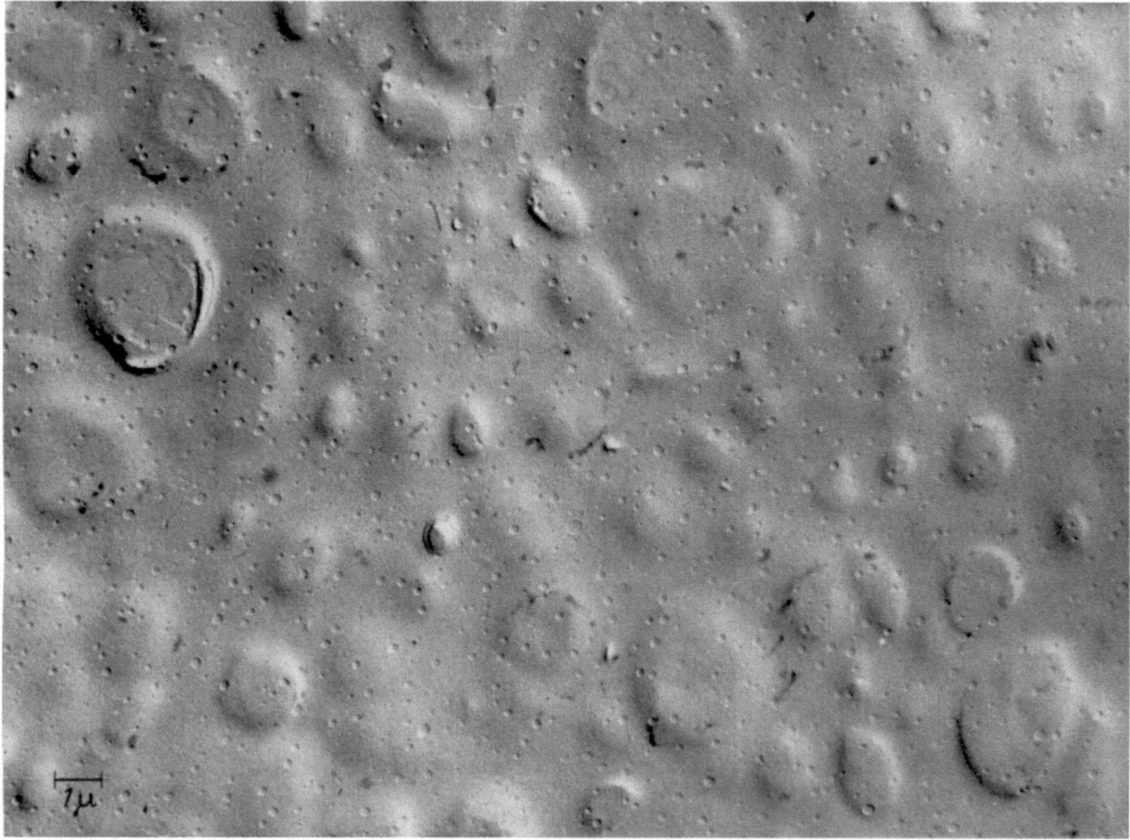

Fig. 2. Remotely stripped shadowed Formvar-carbon replica from attack polished natural uranium

of neutron irradiation on uranium, more work is needed to assess the detailed effects of surface preparation on the appearance of the metal.

Notwithstanding the advances in techniques during the past few years, particulary with respect to direct carbon replicas (7) and thin metal foils, the handling problems encountered, even with only $\beta\gamma$ radioactive metals, make the adoption in this field of these latest techniques difficult and costly. However, direct carbon replicas obtained by remote handling are now considered possible at least for $\beta\gamma$ active metals. There are indications too that with suitable slight modifications it may be possible to extend the techniques described in this paper for the replication of $\alpha\beta\gamma$ active metals.

At the present time it does not appear feasible to prepare thin metal foils from irradiated specimens possessing the high activity levels of those

Fig. 3. Remotely stripped shadowed Formvar-carbon replica from attack polished natural uranium of similar chemical composition to that shown in slide 2 but after irradiation by neutrons

considered here. There are two main reasons for this. The first is the difficulty associated with preparing such films remotely. Secondly, in many cases the level of activity from even a small area of metal foil only a few hundred Ångstroms thick would be too high to permit the handling necessary outside a shielded box and siting in an electron microscope. Where however the irradiation has been less severe and the resultant radioactivity decays more rapidly to a safe level, then studies with thin metal foils are possible, for example as described by Silcox (8).

In conclusion, the authors would like to express thanks to all their colleagues for their assistance with this work and in particular to Dr. H. M. Finniston for his continued help and encouragement and to Mrs. B. Jenkins and Mr. V. J. Haddrell for much of the experimental work. The paper is published by kind permission of the Director of the Atomic Energy Research Establishment, Harwell, England.

References

1. Bierlein, T. K.: US Atomic Energy Commission. HW—34390 (Declassified), January 18 (1955).
2. Nutting, J., and V. E. Cosslett: Inst. Metals (Lond.) Monogr. No. 8, 57 (1950).
3. Bierlein, T. K., J. R. Morgan and G. R. Mallett: US Atomic Energy Commission, HW-42184, REV (Unclassified), May 25 (1956).
4. — and B. Mastel: Paper presented at 16th Annual Meeting of the Electron Microscope Soc. Amer. Santa Monica, California, August 1958.
5. Bradley, D. E.: J. Inst. Metals **83**, 35.
6. Nutting, J.: Proc. 1st Int. Conference Electron Microscopy, Delft, 1949.
7. Smith, E., and J. Nutting: Brit. J. appl. Physics **7**, 214 (1956.
8. Silcox, J.: This volume, p. 522.

A two-step replica method in electron microscope investigation of the structure of porous aluminium oxide pellets

L. Moscou

Koninklijke Zwavelzuurfabrieken v/h Ketjen N. V., Amsterdam (Holland)

The object of this paper is to describe a replica technique for electron microscope studies on surface structures of aluminium oxide pellets.

From other investigations it is known that aluminium oxide pellets, which are used as catalyst and catalyst carriers, possess a network of pores with diameters ranging from 40 Å to over 1000 Å.

It is possible to measure the size distribution of the smaller pores from 40 Å to 400 Å by absorption of liquid nitrogen at —183° C (1); the size distribution of the larger pores with diameters of 400 Å to 2000 Å is measured by the mercury penetration method at high pressure (2).

With these methods, the pore diameters are calculated in the assumption that all the pores are cylindrical in shape or have another idealized form.

No information is obtained about the shape of the pores and their distribution through the pellet.

The electron microscope might be a valuable instrument to investigate the shape and distribution of the pores.

By direct mounting of a crushed aluminium oxide pellet on a filmed grid, the smaller pores can be seen very well; the larger pores, however, cannot be distinguished as the macrostructure of the pellet is fully destroyed by crushing.

To obviate this difficulty it is necessary to use a replica technique.

Up till now replicating aluminium oxide pellets was extremely difficult due to their very irregular, soft and porous nature.

It is necessary that the replicating material should penetrate into the porous aluminium oxide; this implies that it is impossible to strip the replica from the surface without damaging the replica.

The method described by Hall (3) to ensure that a replica can be stripped from porous surfaces of teeth by soaking the teeth in water to prevent the collodion penetrating too deeply into the pores, is not suitable for aluminium oxide pellets, as this material is too soft; adherent aluminium oxide remains on the stripped collodion replica.

A method was developed by which the aluminium oxide pellet is removed from the replica by treating it with a solvent. This method requires that:

a) The aluminium oxide pellet, whether or not calcined, should be completely dissolved.

b) The solvent should not affect the replicating material.

We experimented with the triafol silicon monoxide replica technique (5). In this method the aluminium oxide pellet is wetted with acetone and placed on the triafol sheet. No pressure is applied.

Some strong acids, such as 50% sulfuric acid, 38% hydrochloric acid and 65% nitric acid, are capable of dissolving calcined aluminium oxide only partially and in all cases the triafol replica is damaged by this treatment.

40% Hydrofluoric acid, however, is capable of completely dissolving the calcined aluminium oxide without damaging the triafol sheet. The same acid is used by LUKYANOVICH to dissolve aluminium silicate from collodion replicas (4).

Our procedure is as follows: The aluminium oxide pellet is immersed in acetone until no

Fig. 1. Triafol-SiO replica of the surface of an aluminium oxide pellet

more air bubbles are developed by the pellet. The pellet with the adherent acetone drop is placed immediately on a triafol sheet; after 10 min the acetone has evaporated. The aluminium oxide

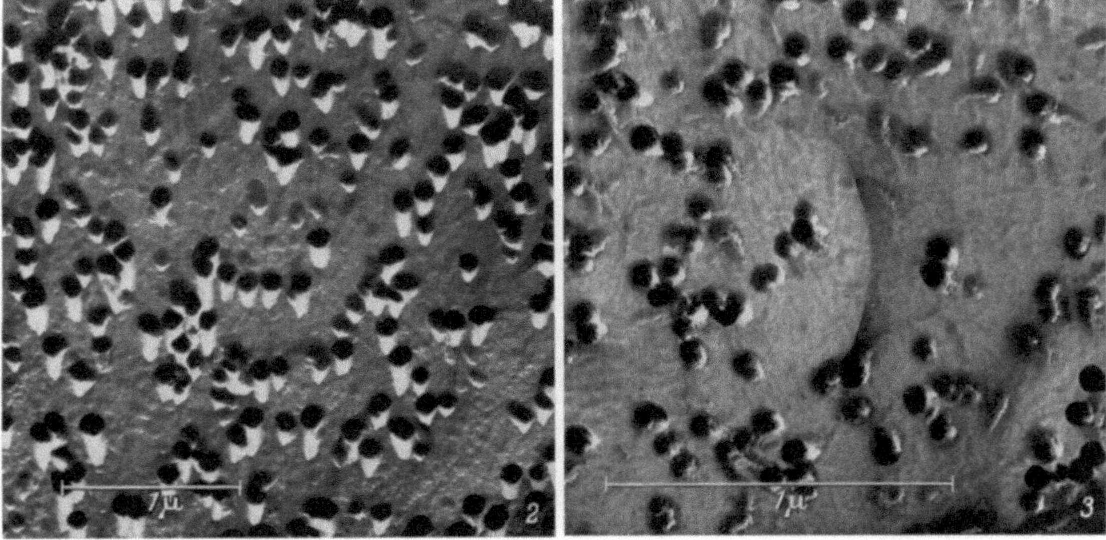

Fig. 2. Triafol-SiO replica of the surface of an aluminium oxide pellet. Shadowing angle 45°.
Note that a number of pores lies on nearly straigth lines
Fig. 3. Triafol-SiO replica of a cross-sectioned aluminium oxide pellet

is dissolved by placing the pellet with replica in a platinum crucible with 40% hydrofluoric acid for 1—2 hr at room temperature. Next, the triafol is washed several times with distilled water and dried. A silicon monoxide film is then deposited on the triafol in the usual way and a thin layer of paraffin is brought on the silicon monoxide; after this treatment the triafol is removed by dissolving it in methyl acetate saturated with paraffin, and the paraffin layer is dissolved in toluene. The silicon monoxide film is mounted on a specimen holder and observed in the Siemens electron microscope: Elmiskop I.

Various aluminium oxide pellets were investigated in this way. The irregular aluminium oxide surface in Fig. 1 shows the very porous nature of the material. Many pores with diameters of about 1000 Å are present. Beside these round pores there are narrow slits, which can be seen as black lines on the micrograph. The width of these slits varies between 1000 Å and 2000 Å.

To estimate the depth of penetration of the triafol in the pores, the replica was shadowed with silicon monoxide at a shadowing angle of 45°. The length of the shadows indicates a depth of penetration of about 2000 Å in pores with a diameter of 1000 Å (Fig. 2).

A surface replica of a cross-sectioned pellet can be seen in Fig. 3. The black spots indicate that by sectioning the pellet, some pores are cross-sectioned at right angles to their longitudinal axis and others parallel to their axis.

The micrographs show almost round pores with diameters of 500 Å to 1000 Å. In some instances a number of round pores lie on a nearly straight line (Fig. 2). Probably such a series of round pores indicates the presence of a slit-shaped pore with a varying diameter. Where the slit has a diameter larger than approx. 500 Å, the triafol is able to penetrate into the slit, but where the diameter is smaller than 500 Å, the triafol does not penetrate.

It is significant that the pores are distributed irregularly over the surface. Probably the larger pores are voids between the particles from which the pellet is built up.

The replica method described can be used for the replication of large, rough and porous areas of aluminium oxide pellets. It has been of great value in the investigation of their structure.

The author wishes to thank the management of the Koninklijke Zwavelzuurfabrieken v/h Ketjen N. V. for their permission to publish the above results.

References

1. Barrett, E. P., L. G. Joyner and P. P. Halenda: J. Amer. chem. Soc. **73**, 373 (1951).
2. Ritter, H. L., and L. C. Drake: Ind. Eng. Chem., Anal. Ed. **17**, 782 (1945).
3. Hall, D. M.: Brit. J. appl. Physics **8**, 295 (1957).
4. Lukyanovich, V. M., and E. A. Leontiev: Proc. First Reg. Conf. Electr. Micr. in Asia and Oceania. Tokyo 331, 1956.
5. Cellulose-acetobutyrate sheet, Triafol BN. A product from Farben Fabriken Bayer A. G., Leverkusen.

Abbildung von Verteilungszuständen in kompakt-dispersen Körpern

H.-W. Kohlschütter und G. Kämpf
Eduard-Zintl-Institut für anorganische und physikalische Chemie, Technische Hochschule Darmstadt

Kompakt-disperse Körper enthalten abgrenzbare Teilchen, die miteinander verbunden sind und dadurch als Strukturelemente eines übergeordneten Strukturverbandes erscheinen. Sie haben den Charakter von porösen Stoffen, an denen Gerüstsubstanz und Porensystem unterschieden werden können. Viele Beispiele kompakt-disperser Körper eignen sich zum Studium von Aggregationsvorgängen, und zwar besonders dann, wenn sich ihre Bildung im Raum von einheitlichen Kristallen abspielt. Man erhält in solchen Fällen Kristall-Pseudomorphosen. Die Flächen der Pseudomorphosen können leicht durch ein Abdruckverfahren abgebildet werden, ohne daß sich der Verteilungszustand im Innern der Pseudomorphosen ändert. — Gezeigt werden Aggregation von amorphem Eisenhydroxyd, Sammelkristallisation und Rekristallisation von Eisenoxyd. An dem benutzten Eisenhydroxydpräparat wird auch auf Beziehungen hingewiesen, die zwischen den Ergebnissen der elektronenmikroskopischen Beobachtung und den Ergebnissen einer radiochemischen Untersuchungsmethode (1) bestehen.

Ausführliche Behandlung in einer besonderen Mitteilung vorgesehen.

1. H. W. Kohlschütter u. G. Kämpf: Z. Naturforsch. **13b**, 295 (1958); K. H. Lieser, H. W. Kohlschütter u. F. Stetter: Z. Naturforsch. **13b**, 352 (1958)

D. Ergebnisse der Elektronenmikroskopie in der Technologie (Kristallographie, Metallographie, Chemie)

1. Kristallgitter-Strukturen

Über die Genauigkeit von Gitterkonstantenmessungen mit Elektroneninterferenzen

K. Meyerhoff

Institut für angewandte Physik der Universität Hamburg

In der Regel werden Gitterkonstanten mit Röntgenstrahlen gemessen; da die Meßtechnik und die Auswerteverfahren außerordentlich gut durchgebildet sind, kann bei absoluten Gitterkonstantenmessungen mit Röntgenstrahlen eine Meßgenauigkeit von etwa $\Delta a/a = \pm 5 \cdot 10^{-5}$ erreicht werden. Dieser Fehler entsteht fast ausschließlich dadurch, daß die Wellenlängen der verwendeten Röntgenlinien mit einer Unsicherheit $\Delta \lambda/\lambda = \pm 4 \cdot 10^{-5}$ behaftet sind (1).

Die Meßgenauigkeit bei Gitterkonstantenmessungen mit Elektroneninterferenzen soll an Messungen, die an TlCl-Aufdampfkristallen ausgeführt wurden, diskutiert werden. TlCl hatte sich in einer Voruntersuchung als sehr gute Eichsubstanz erwiesen (2). Die Netzebenenabstände d und damit die Gitterkonstante werden aus der Braggschen Gleichung $2d \cdot \sin \Theta = n \lambda$ berechnet, hierzu müssen die Braggschen Winkel Θ und die Wellenlänge λ der Elektronenstrahlen gemessen werden. Die Messungen wurden in einer Feinstrahl-Interferenzapparatur ausgeführt, die von Ehlers (3) beschrieben wurde. Präparat- und Plattenhalterung wurden so geändert, daß der Abstand L (etwa 33 cm) zwischen dem Präparat und der Photoplatte mit einem Innenmikrometer bis auf etwa $\pm 10\,\mu$ (entsprechend $\Delta L/L = \pm 3 \cdot 10^{-5}$) bestimmt werden konnte. Die Durchmesser der Debye-Scherrer-Ringe wurden mit

Tabelle 1

Ring (hkl)	relative Abweichung der Gitterkonstanten a_{hkl} vom Mittelwert in %
1 0 0	+ 0,002
1 1 0	— 0,008
1 1 1	— 0,019
2 0 0	+ 0,013
2 1 0	+ 0,015
2 1 1	— 0,013
3 0 0	+ 0,002
3 1 0	+ 0,024
2 2 2	— 0,010
3 2 1	— 0,006

einem geeichten Mikrophotometer gemessen. Die Tab. 1 zeigt die Auswertung einer TlCl-Interferenzaufnahme, die in einer Richtung photometriert wurde. Zu jedem Ring (hkl) wurde die Gitterkonstante a_{hkl} berechnet, angegeben sind die prozentualen Abweichungen vom Mittelwert der Gitterkonstanten. Der mittlere relative Meßfehler beträgt $\pm 5 \cdot 10^{-5}$, bedingt durch die zufälligen Fehler in der Bestimmung der Braggschen Winkel. Die Abb. 1 zeigt einen Ausschnitt aus einer Photometerkurve; die sehr gute Schärfe der Maxima macht es verständlich, daß in der Winkelbestimmung ein so kleiner Fehler erreicht werden konnte.

Die Wellenlänge der Elektronenstrahlen läßt sich aus der Beschleunigungsspannung berechnen. Es ist bemerkenswert, daß bei fehlerfreier Messung der Beschleunigungsspannung die Wellenlänge der Elektronenstrahlen bis auf eine relative Unsicherheit von $\pm 1 \cdot 10^{-5}$ bestimmt werden könnte; diese Grenze ist gegeben durch die Kenntnis der atomaren Konstanten. Die Wellenlängen der Röntgenlinien sind mit einer um den Faktor 4 größeren Unsicherheit behaftet. Bei meinen Messungen wurde die von außen an die Apparatur gelegte Spannung von etwa 50 kV mit einem geeichten Spannungsteiler aus Drahtwiderständen in Polyäthylen-Isolierungen in Verbindung mit einem geeichten Normalelement gemessen. Bei der Bestimmung der Beschleunigungsspannung wurden das Austrittspotential der Kathode, das Raumladungspotential vor der Kathodenoberfläche und das Fermi-Potential des Kristalls berücksichtigt. Die Beschleunigungsspannung

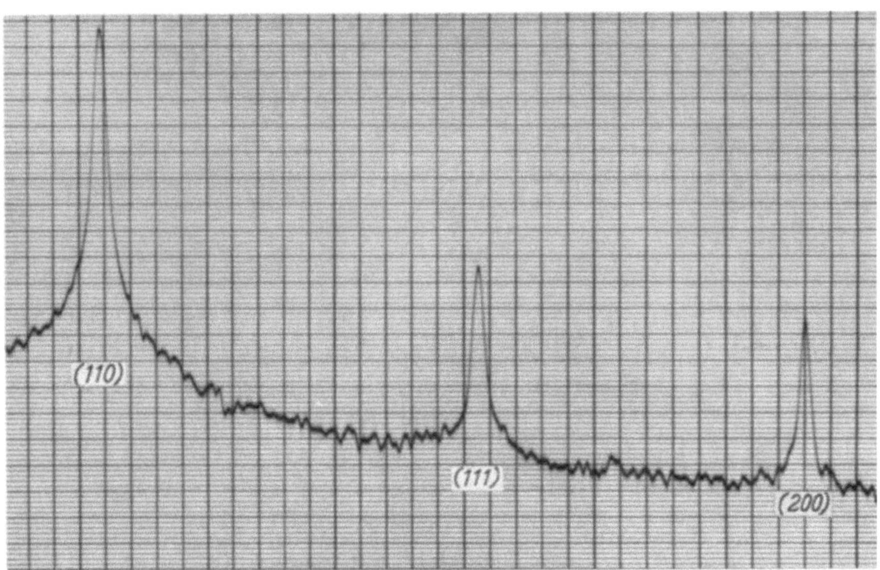

Abb. 1. Ausschnitt aus einer Photometerkurve (TlCl)

konnte so bis auf einen relativen Fehler von $\pm 1{,}4 \cdot 10^{-4}$ ermittelt werden, die Wellenlänge der Elektronenstrahlen ist demnach mit einer relativen Unsicherheit von $\pm 7 \cdot 10^{-5}$ behaftet.

Bei der Berechnung der Elektronen-Wellenlänge und der Fehlerabschätzung wurde berücksichtigt, daß Energieverluste in der Kristallschicht oder in der Trägerfolie stattfinden können. Nach der Gegenfeldmethode wurden an TlCl-Aufdampfschichten, wie sie für die Gitterkonstantenmessungen verwendet wurden, die Energieverluste bestimmt; die hierdurch bedingte Korrektur der Gitterkonstanten beträgt nur 0,005%.

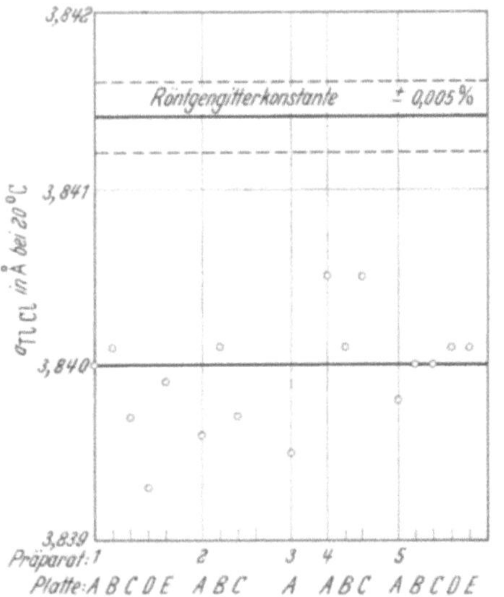

Abb. 2. Meßergebnisse der Gitterkonstante von TlCl

Die Abb. 2 zeigt eine Zusammenstellung der Gitterkonstantenwerte von 5 verschiedenen TlCl-Aufdampfschichten. Von jedem Präparat wurden mehrere Interferenzaufnahmen hergestellt, jede Platte wurde in 4 verschiedenen Richtungen photometriert; ausgewertet wurden jeweils die 6 Ringe mit den Indizes von (100) bis (211).

Der Mittelwert der Gitterkonstanten von TlCl-Aufdampfkristallen beträgt 3,8400 Å bei 20° C; die Kristallitgröße betrug bei allen Präparaten etwa 500 Å, abgeschätzt aus der Ringbreite [Röntgengitterkonstante von TlCl bei 20° C: 3,8414 Å (4)]. Aus den vorhergehenden Fehlerabschätzungen, $\Delta L/L = \pm 3 \cdot 10^{-5}$, dem Fehler der Durchmesserbestimmung von relativ $\pm 5 \cdot 10^{-5}$ und dem Fehler $\Delta \lambda/\lambda = \pm 7 \cdot 10^{-5}$, folgt, daß der Absolutwert der Gitterkonstanten mit einer relativen Unsicherheit von $\pm 1 \cdot 10^{-4}$ behaftet ist; die geringe Streuung der Meßwerte zeigt aber, daß die Messung in sich genauer ist, denn der aus der Streuung der Meßwerte berechnete mittlere relative Fehler beträgt nur $\pm 2 \cdot 10^{-5}$. TlCl-Aufdampfkristalle können daher sehr gut als Eichnormal für Gitterkonstantenmessungen mit Elektronenstrahlen verwendet werden.

Es ist überraschend, daß die Gitterkonstante der TlCl-Aufdampfkristalle um etwa $\Delta a/a = 4 \cdot 10^{-4}$ unter der am kompakten Material gemessenen Röntgengitterkonstanten liegt. Dieser Effekt liegt um den Faktor 4 über der Meßgenauigkeit. Es muß daher angenommen werden, daß kleine Kristalle auch eine kleinere Gitterkonstante besitzen. Gestützt wird diese Annahme durch Gitterkonstantenmessungen von Boswell (5), der bei Alkalihalogeniden und einigen Metallen mit abnehmender Kristallitgröße im Bereich von 100 Å bis 30 Å eine Abnahme der Gitterkonstanten beobachtete; die relative Gitterkonstantenabnahme ist ungefähr proportional $1/N$, wenn N die Anzahl der Elementarzellen längs einer Kristallkante ist (6). Extrapoliert man aus den Werten von Boswell die relative Gitterkonstantenabnahme für 500 Å große TlCl-Kristalle, so müßte diese etwa $4 \cdot 10^{-4}$ betragen, in Übereinstimmung mit der gemessenen Gitterkonstantenabnahme.

Die Messungen an TlCl-Aufdampfkristallen zeigen, daß bei absoluten Gitterkonstantenmessungen mit Elektronen-Interferenzen eine Genauigkeit von $\pm 0,01\%$ erreicht werden kann; bei so genauen Messungen muß aber der Einfluß der Kristallitgröße auf die Gitterkonstante berücksichtigt werden.

Literatur

1. Bragg, W. L.: J. sci. Instrum. **24,** 27 (1947).
2. Meyerhoff, K.: Z. Naturforsch. **12 a,** 23 (1957).
3. Ehlers, H.: Z. Naturforsch. **11 a,** 359 (1956).
4. Smakula, A., u. J. Kalnajs: Physic. Rev. **99,** 1737 (1955).
5. Boswell, F. W. C.: Proc. Phys. Soc. London A **64,** 465 (1951).
6. Rymer, T. B.: Nuovo Cimento **6,** 294 (1957).

Studies in crystal structure using electron diffraction of single crystals

J. A. Gard, H. F. W. Taylor and L. W. Staples*

Chemistry Department, University of Aberdeen, Scotland, and *Department of Geology,
University of Oregon (USA)

The object of this paper is to show that some complex problems in crystal structure may be solved by collaboration between crystallographer and electron microscopist.

The unit cell of a mineral is normally determined from single-crystal X-ray patterns. Systematically absent reflections indicate the symmetry of the atomic arrangement, and the structure can sometimes be deduced by consideration of the number of atoms of each element in the cell. The problem is much more difficult where minerals of low symmetry occur only as fine powders or as fibrous aggregates with random orientation around their axes. Although the spacings between all the crystal planes may be accurately estimated, their relative orientations are in doubt. Even where the data are sufficient for determination of the unit cell, unambiguous reflections are usually too few for derivation of systematic absences. In such cases, however, the missing information can often be supplied from electron-diffraction patterns of single crystals recorded in the electron microscope. Correlation of electron and X-ray data has been applied extensively in Aberdeen to the derivation of previously unknown unit cells (1—9), and the crystal structures have been determined for two minerals, erionite and foshagite. Both occur as fibrous aggregates. The methods employed will be briefly described.

Procedures for interpretation of single-crystal electron-diffraction patterns have been reviewed elsewhere (6, 10) and will merely be outlined here. The pattern is a plane section of the reciprocal lattice, and comprises a cross-grating of spots intersected by circular arcs known as Laue zones. Two parameters of the unit cell are estimated from the spacings between rows of spots, and the third from the radii of the Laue zones, the accuracy of measurement of which may be improved by tilting the crystal through known angles (10, 11). The lattice type (simple, face-, or body-centred) may be deduced from the relative positions of spots in adjacent zones.

Erionite is a fibrous zeolite, the composition of which was shown to be $(Ca, Mg, K_2, Na_2)_{4.5}$ $Al_9Si_{27}O_{72} \cdot 27\ H_2O$. X-ray fibre patterns had shown that even small splinters consist of minute crystals with random orientation around the fibre axis, and indicated an orthorhombic unit cell with $a = 11.53$, $b = 6.63$, $c = 15.12$ Å. Electron-diffraction patterns from individual fibres show, however, that the unit cell is really hexagonal with $a = 13.26$, $c = 15.12$ Å (8). It is interesting to note that fibre rotation patterns do not distinguish between the apparent and the true unit cell, but single-crystal patterns are unequivocal. Reflections with odd l-values are completely absent from electron-diffraction patterns with $(10\bar{1}0)$ planes normal to the electron beam. This reveals the presence of glide planes parallel to the three $(10\bar{1}0)$ planes and limits the permitted space

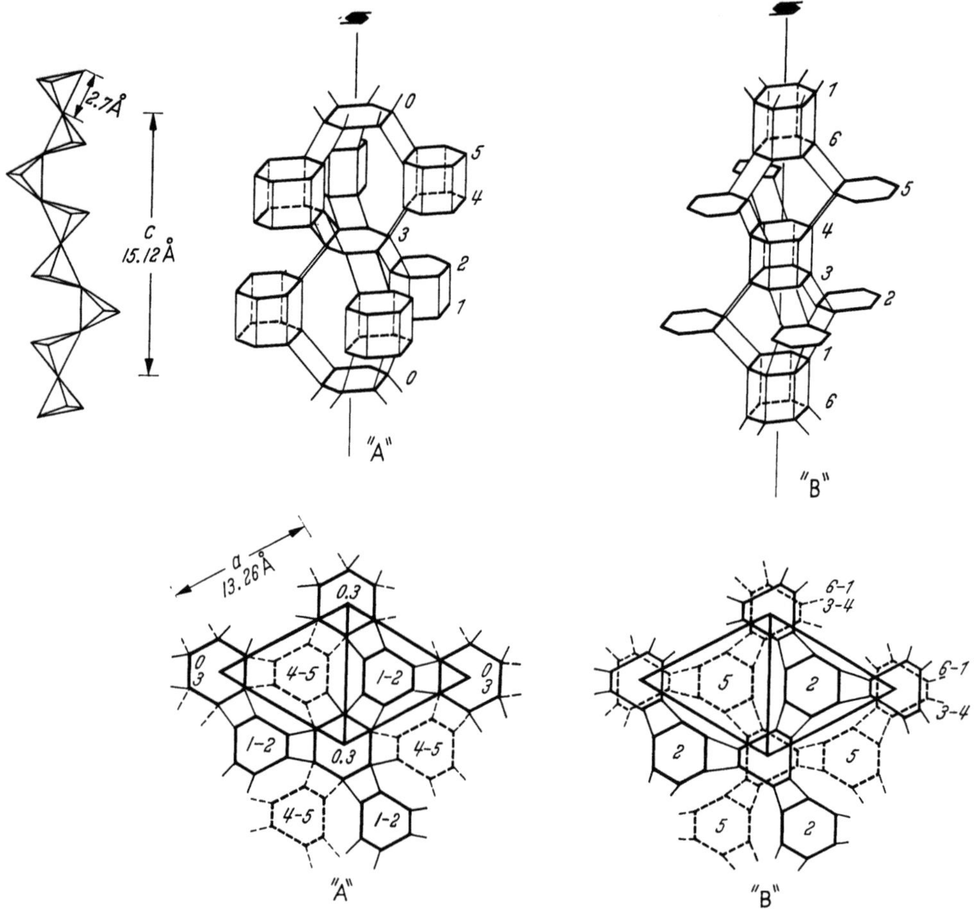

Fig. 1. Structure of the anionic frame of erionite $(Si, Al)_{36}O_{72}$. The fibre $(c$-$)$ spacing can accommodate chains of 6 linked $(Si, Al)O_4$ tetrahedra, which are cross-linked to form 6-membered rings. There are two possible ways "A" and "B" of stacking 6 such rings in the unit cells so that $(10\bar{1}0)$ glide planes are present. Comparison of calculated and observed intensities on an X-ray fibre rotation pattern showed that "B" represents the correct structure

groups to five. These data are sufficient to suggest possible structures for erionite. All zeolites contain a rigid framework in which each Si or Al atom is bonded to four oxygen atoms situated at the corners of a tetrahedron, and in which each oxygen atom is shared between two (Si, Al) atoms. Cavities and channels in this frame carry the more loosely held cations and water molecules. The unit cell of erionite contains 36 (Si, Al) atoms, and the fibre spacing can accommodate chains each with 6 (Si, Al) atoms, so there must be 6 such atoms in each layer normal to c. The hexagonal symmetry suggests that these may be linked to form six-membered rings. Fig. 1 shows the two possible ways ("A" and "B") of stacking six such rings per unit cell so that the $(10\bar{1}0)$ glide planes are present. Comparison of calculated and observed intensities of reflections on the X-ray fibre rotation patterns showed that "B" represents the correct structure for the frame of erionite. Bundles each of six chains are strongly cross-linked with comparatively few bonds between adjacent bundles, explaining the fibrous nature.

Foshagite is a fibrous calcium silicate, of composition shown during this investigation to be $Ca_4Si_3O_{11}H_2$ (*4*). Like erionite, it occurs as randomly oriented fibrous aggregates. X-ray data of HELLER (*12*) had shown that when a fibre is heated at over 700° C, it loses water and gives a mixture of β-$CaSiO_3$ (wollastonite) and β-Ca_2SiO_4 (larnite). Both products have their *b*-axes parallel to that of the initial foshagite, but because of the random orientation of the specimen about this axis, it was not known how completely the orientation was preserved during the dehydration. Correlation of the X-ray data with that derived from electron-diffraction patterns of individual fibres defined the

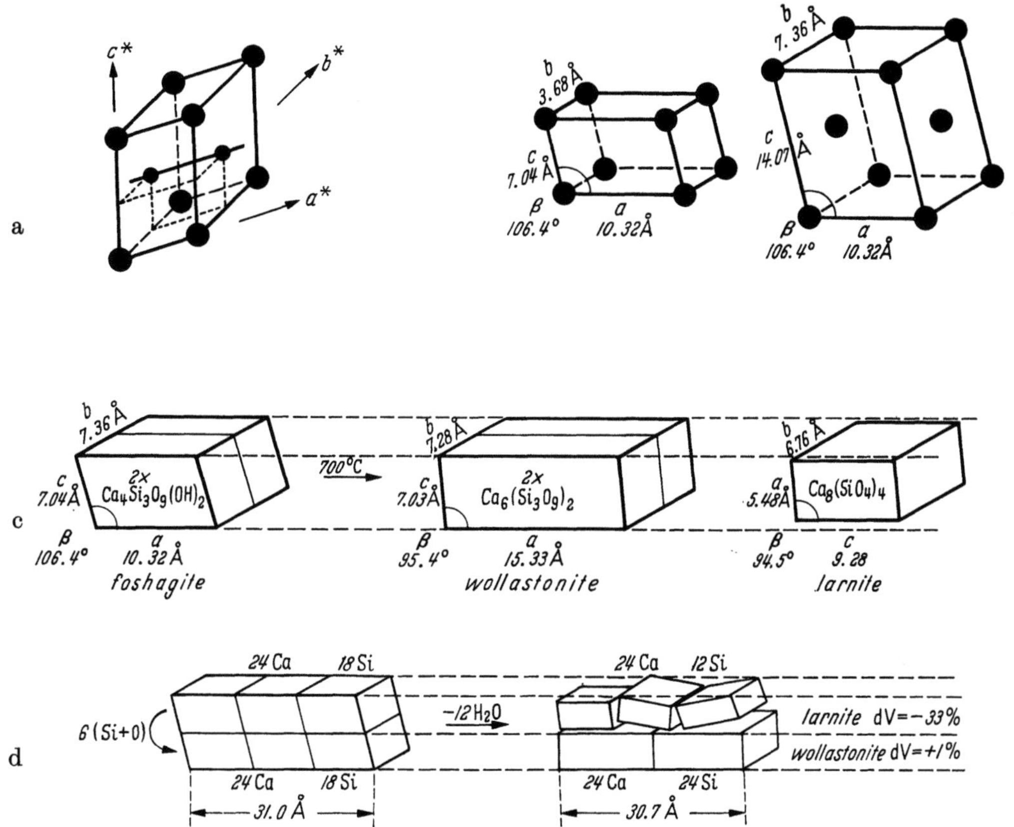

Fig. 2a—d. a) The reciprocal pseudo-cell (full lines) of foshagite. The positions are shown of a weak streak with *k* odd and its maxima. The reciprocal true cell is also outlined. b) The pseudo-cell (left) and the true A-centred unit cell of foshagite. c) Comparison of the unit cells of foshagite and its products of dehydration at 700° C. The parameters of foshagite and wollastonite are closely related, and equal volumes contain equal numbers of Ca atoms. d) Schematic representation of the dehydration process, explaining the completely oriented formation of wollastonite, and partly ordered formation of larnite

reciprocal lattice shown in Fig. 2a which indicated the unit cell and pseudo-cell of Fig. 2b. The steps by which these cells were derived have been described elsewhere (*4*), and will not be reproduced here. Specimens of foshagite heated at 800° C were examined in the electron microscope. Diffraction patterns from a number of fibres showed them to be single crystals of wollastonite, indicating a completely oriented change, but there was no indication of the larnite. Common to the patterns from foshagite both before and after dehydration is a system of strong reflections which resembles the pattern from a flake of $Ca(OH)_2$, suggesting that the arrangement of the Ca and most of the oxygen atoms is not radically altered. Further evidence is given by comparison of the unit-cell parameters (Fig. 2c). Those of foshagite and wollastonite are closely related, and equal volumes contain equal numbers of calcium atoms. Fig. 2d shows a proposed mechanism for the dehydration. One half of the cells of foshagite accept Si and O atoms and become wollastonite with negligible change in volume and orientation, while the donor cells shrink to 2/3 of their initial volume on changing to larnite, and break up into smaller fibres which are given random orientation by the escaping steam. The structure of wollastonite is known (*13—16*), and consideration of the cell parameters and atomic cell contents of the two minerals indicated a proposed structure for foshagite. This has been confirmed by comparison of calculated with observed intensities on X-ray fibre patterns (*9*). Projections of the structures of the minerals are compared in Fig. 3.

These examples clearly show that the field of X-ray diffraction may be extended considerably by use of the electron microscope.

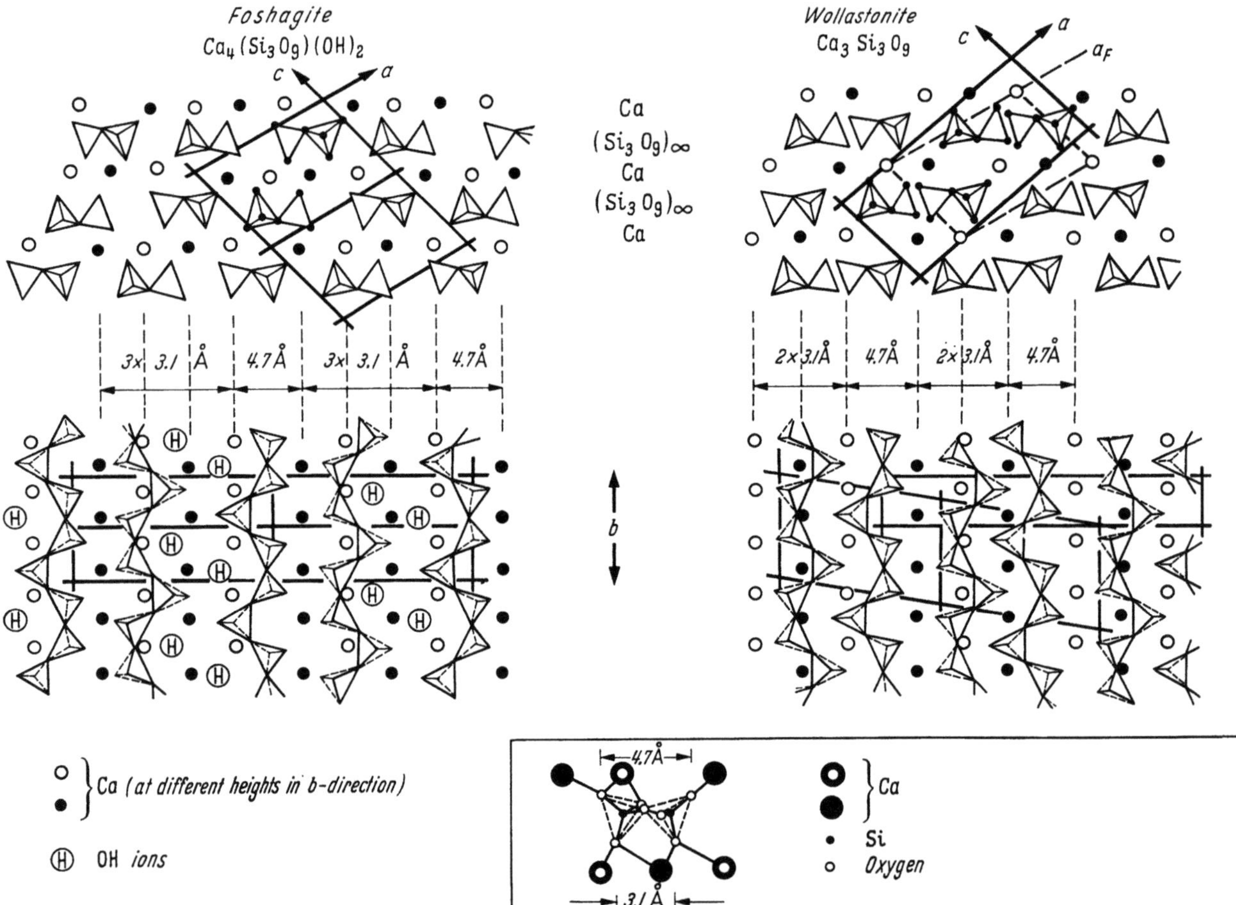

Fig. 3. Projections in which are compared the proposed structure of foshagite and the known structure of wollastonite. Pseudo-cells are outlined, relating to the Ca and most of the oxygen atoms. Broken lines (upper right) show how a pseudo-cell of foshagite can be selected from the wollastonite structure with respect to the Ca atoms. Bottom right is a projection on (010) of a $(Si_3O_9)_\infty$ chain. The lower oxygens and adjacent Ca atoms are in positions similar to those in $Ca(OH)_2$ while the upper ones are in rows 4.7 Å apart

References

1. Gard, J. A., and H. F. W. Taylor: Miner. Mag. **31**, 5 (1956).
2. — — Miner. Mag. **31**, 361 (1957).
3. — — Miner. Mag. **31**, 611 (1957).
4. — — Amer. Mineral. **43**, 1 (1958).
5. Buckle, E. R., J. A. Gard and H. F. W. Taylor: J. chem. Soc. **1958**, 1351.
6. Gard, J. A.: Ph. D. Thesis, Aberdeen Univ. (1956).
7. Chalmers, R. A., L. S. Dent and H. F. W. Taylor: Miner. Mag. **31**, 726 (1958).
8. Staples, L. W., and J. A. Gard: Miner. Mag. (in the press).
9. Gard, J. A., and H. F. W. Taylor: Nature (Lond.) **183**, 171 (1959).
10. — Brit. J. appl. Physics **7**, 361 (1956).
11. — J. sci. Instrum. **33**, 307 (1956).

12. Heller, L.: Proc. Third Int. Symposium Chemistry of Cements, London, 237 (1952). Cement and Concrete Association, London, 1954.
13. Dornberger-Schiff, K., F. Liebau und E. Thilo: Naturwissenschaften **41**, 551 (1954); Acta crystallogr. **8**, 752 (1955).
14. Buerger, M. J.: Proc. nat. Acad. Sci., N. S. **42**, 113 (1956).
15. Tolliday, J.: Private communication, 1956.
16. Mamedov, Kh. S., and N. V. Belov: Dokl. Akad. Nauk. SSSR **107**, 463 (1956); Chem. Abstr. **50**, 12765h (1956).

Electron microscopic and diffraction studies of the aged AgI sol

S. N. Chatterjee
Biophysics Division, Institute of Nuclear Physics, Calcutta-9 (India)

Ottewil and Horne (*6*) recently made an electron microscopic study of the AgI colloids and detected the presence of extremely small particles ($\sim$ 10 Å) in the colloidal state. The object of the present investigation was to study the crystal structure of the AgI particles in the colloidal state and specially to follow the changes in structure, if any, occurring with the age of the sol.

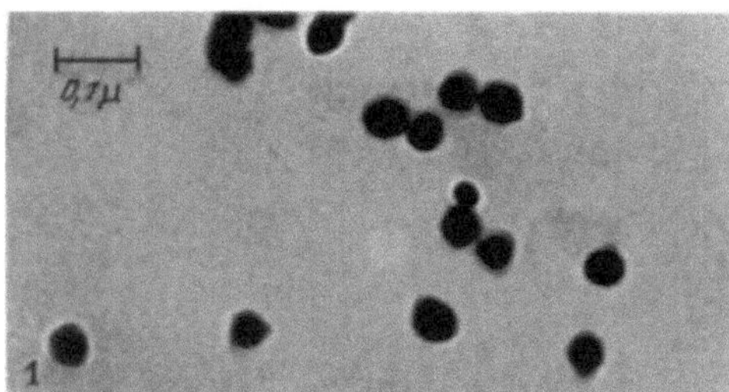

Fig. 1. Particles in the freshly prepared sol

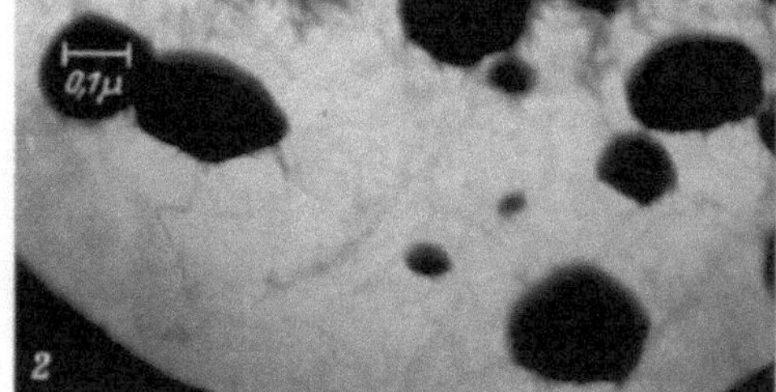

Fig. 2. Particles in the aged sol

In such studies the electron diffraction technique as such cannot help much, due to the difficulties in the analysis of a diffraction pattern bearing the impression of possible different structures possessed by a large number of particles. In the present work, the fine region electron diffraction technique (*1*) was combined with electron microscopy of the corresponding region. Such a combination made possible the selection of a suitable small specimen region containing particles of one type, so that the corresponding diffraction pattern exhibited more or less a particular type of structure. A new phase structure (cubic) of tungstic oxide in the colloidal state has recently been revealed with this technique (*3*).

Fig. 3. Fine region diffraction of the particles in Fig. 2

Experimental methods. Silver iodide sol was prepared by the method of de Bruyn and Troelstra (*2*). A solution of 0.1 (N) $AgNO_3$ was added to an equal volume of 0.11 (N) KI. The sol was then electrodialysed and concentrated by electro-decantation. The solution was allowed to age undisturbed under the ordinary laboratory conditions for about two years. The specimens for the electron microscopic observation were prepared both from the freshly prepared and the aged sol of AgI. For this purpose, a small drop of solution was deposited on the collodion covered steel wire mesh and the excess liquid was drained off with the help of a filter paper.

The above preparations were examined under the electron microscope (Siemens Elmiskop I) with the help of Boersch's technique (*1*) of fine region electron diffraction combined with the electron microscopy of the corresponding region.

Results. The electron micrograph of the freshly prepared AgI sol is shown in Fig. 1. The individual particles were triangular or spherical in shape and of an average size of 53 mμ. With age these particles were found to grow in size (Fig. 2) but they gave no evidence of crystalline arrangement. The fine region electron diffraction pattern from these particles, shown in Fig. 3, was found to consist of two diffuse halos with corresponding Bragg spacings, $d_1 = 2.12$ Å and $d_2 = 1.36$ Å.

In the aged sol, different types of very small particles were found. Fig. 4 shows a type of such particles of average size 16 mμ. These particles were found to be crystalline in nature as evidenced

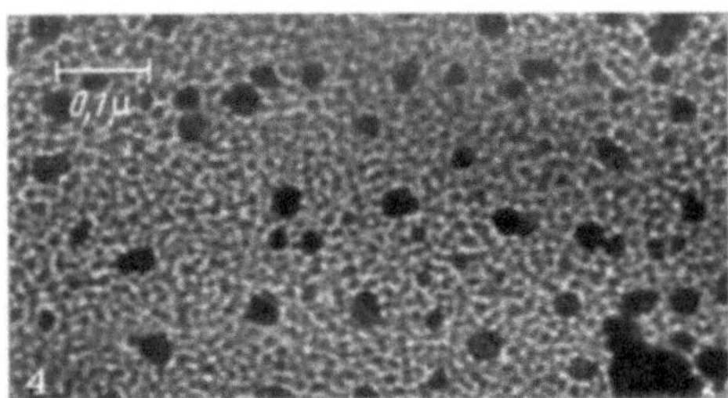

Fig. 4. Particles in the aged sol of average size 16 mμ Fig. 5. Particles in the aged sol of average size 21.5 mμ

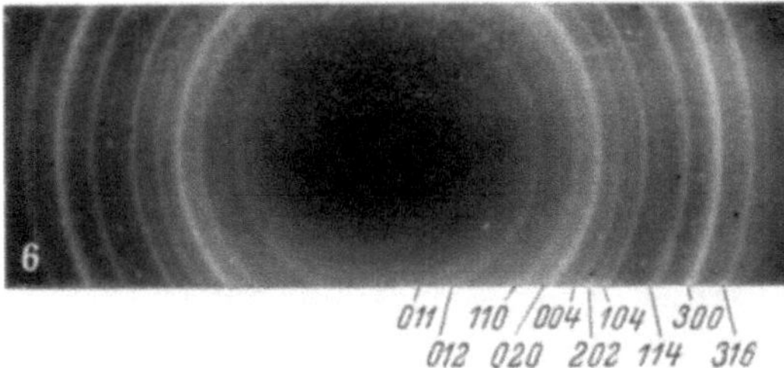

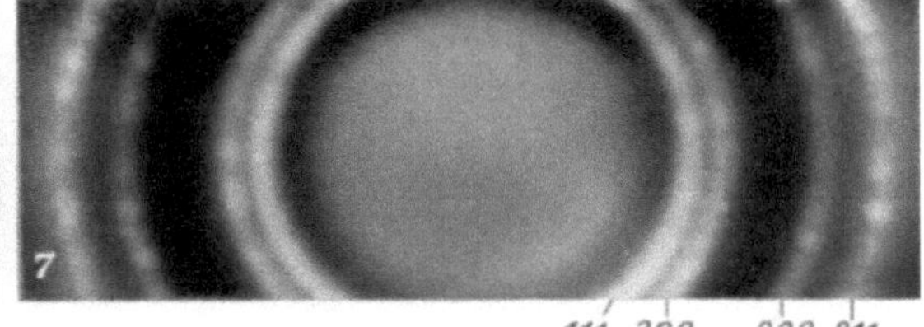

Fig. 6. Fine region diffraction of the particles in Fig. 4   Fig. 7. Fine region diffraction of the particles in Fig. 5

by the electron diffraction pattern shown in Fig. 6. This pattern was analysed completely and the different rings were indexed as shown in the figure. The details of the analysis are given in Table 1. It was found that the pattern corresponded best to the hexagonal AgI crystals with the

Table 1. *Verification of the agreement between the observed pattern and the hexagonal* AgI *structure*

$h\,k\,l$	Calculated lattice spacings (d) for hexagonal structure (Å)	Calculated diameters with Lλ = 2.648 Å · cm (cm)	Measured diameters (cm)	Relative intensity
011	3.52	1.60	1.80	f
012	2.74	2.06	2.05	s
110	2.30	2.45	2.50	m
020	1.99	2.83	2.85	v.s.
004	1.86	3.12	3.11	f
202	1.75	3.29	3.31	m
104	1.69	3.39	3.43	m
114	1.44	3.91	3.95	m
300	1.33	4.26	4.32	s
016	1.18	4.78	4.83	m

Table 2. *Verification of the agreement between the observed pattern and the face-centered cubic silver structure*

$h\,k\,l$	Calculated lattice spacing (d) for f.c. cubic structure (Å)	Calculated diameters with Lλ = 2.648 Å · cm (cm)	Measured diameters (cm)	Relative intensity
111	2.56	2.20	2.23	v.s.
200	2.22	2.54	2.55	v.s.
220	1.56	3.61	3.60	s
311	1.34	4.20	4.20	s

lattice parameters $a = 4.58$ Å and $c = 7.49$ Å as determined by X-ray diffraction study (4).

Another type of small particles found in the aged sol is shown in Fig. 5. These particles had an average size of 21.5 mμ and also exhibited crystalline nature. The fine region diffraction pattern from these particles is shown in Fig. 7. Table 2 gives the details of the analysis of the pattern. The analysis identified these particles with metallic silver having face centered cubic structure with the lattice parameter $a = 4.08$ Å.

Discussion. The present study revealed the existence of both amorphous and crystalline AgI particles in the colloidal sol. It further revealed the appearance of metallic silver crystals in the colloidal specimen. There are two possible sources of the appearance of crystalline silver: a) the silver crystals may grow within the electron microscope by the chemical decomposition of AgI under the action of the electron beam or b) they may grow within the colloidal solution by some process from the colloidal silver iodide particles.

It is to be noted that thin films of AgBr were found to produce microcrystalline silver particles under the action of the electron beam (*7, 8, 9*). It was, however, observed by Trillat et al. (*7*) that in case of AgI films produced by directly exposing silver to iodine vapour, no such chemical decomposition occurred under the action of the electron beam. Ottewil and Horne (*6*) obtained the same results with the colloidal AgI particles. In order to be sure that the appearance of the Ag crystals was not due to the action of the electron beam, in the present work the intensity of the electron beam was gradually increased while a particular region of the specimen was under observation with the help of micro-diffraction technique. No trace of the appearance of the Ag microcrystals was observed. This proved that the metallic Ag crystals did not appear as a result of the action of the electron beam on AgI.

The next alternative was the growth of the silver crystals in the aged colloidal sol of AgI. This might have some relation with the stability of the AgI particles in the colloidal state. In the case of the formation of the colloidal AgI particles by the addition of $AgNO_3$ solution to a solution of KI, two types of charged colloidal AgI particles are said to occur (*5*). These may be represented as

$$[AgI]I^- \mid K^+ \quad \text{and} \quad [AgI]\, Ag^+ \mid NO_3^-$$

where [AgI] represents a colloidal silver iodide particle. Negatively charged particles occur due to the adsorption of iodine ions, whereas the positively charged ones are due to the adsorption of silver ions. In a particular colloidal sol one type of charged particles is generally in excess depending on the mode of preparation. These adsorbed ions are important for the stability of the sol. The changes generally observed with the age of a sol may be attributed to the gradual decay of the colloidal state. It is very likely that in the aged silver iodide sol, the adsorbed silver ions came out of the colloidal silver iodide particles, and began to grow as metallic silver crystals.

The author wishes to express his indebtedness to Prof. N. N. Das Gupta and Mr. M. L. De for general advice and helpful criticisms, to Prof. B. N. Ghosh for the supply of colloidal sols from his laboratory and finally to the Ministry of Scientific Research and Cultural Affairs, Government of India, for the financial assistance.

References

1. Boersch, H.: Ann. Physik **27,** 75 (1936).
2. Bruyn, H. de, and S. A. Troelstra: Kolloid-Z. **84,** 192 (1938).
3. Chatterjee, S. N.: J. Coll. Sci. **13,** 1, 61 (1958).
4. Donnay, J. D. H., and W. Nowacki: Crystal Data, Geol. Soc. Amer., N. Y. 1954.
5. Glasstone, S.: The Elements of Physical Chemistry. London: MacMillan 564, 1955.
6. Ottewil, R. H., and R. W. Horne: Kolloid-Z. **149,** 122 (1956).
7. Pashley, D. W.: Acta crystallogr. **3,** 163 (1950).
8. Trillat, J. J., and R. Merigoux: J. Physique Radium (7), **7,** 497 (1936).
9. — Acta crystallogr. **5,** 471 (1952).

The diamond to graphite transformation

M. Seal

Research Laboratory for the Physics and Chemistry of Solids, Department of Physics, University of Cambridge
(England)

When diamond is heated in vacuum to temperatures above about 1200° C, an allotropic transformation to graphite occurs. This change has been studied using two types of sample — fine diamond powder, and large single crystals of diamond. The graphitised diamond powder has been examined by transmission electron microscopy and diffraction; the graphitised single crystals by reflection electron microscopy and diffraction. It was found that the graphite forms as crystallites about 100 Å across; that plastic deformation of the diamond can occur at 1800° C under the stresses set up by an expanding nucleus of graphitisation; and that the presence or absence of preferred orientation of the graphite on the diamond depends on the temperature of graphitisation.

Techniques. The diamond samples were contained in crucibles of hard spectrographic purity graphite. They were heated to various temperatures in an electric resistance furnace for periods of 15 to 30 min. The vacuum in the furnace was about 10^{-4} mm Hg. Temperatures were measured with an optical pyrometer of the "disappearing filament" type.

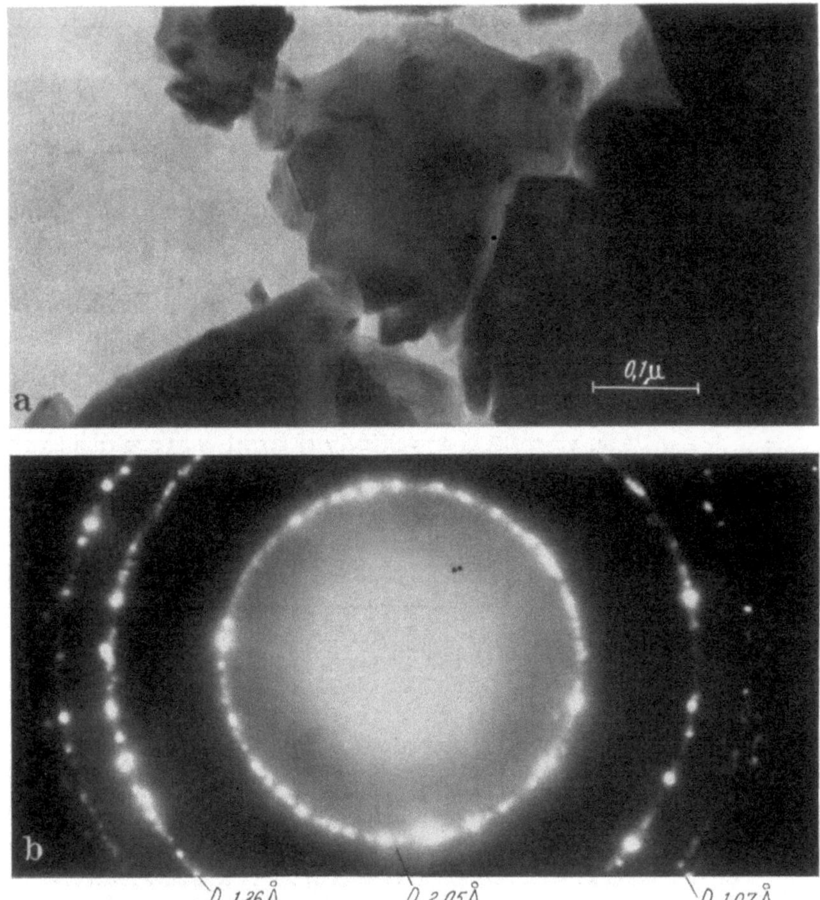

Fig. 1a and b. Untreated diamond powder; D diamond rings

Specimens of the diamond powder (and of the graphitised powder) for electron microscope examination were prepared in the following way. The powder was dispersed in water or ethyl alcohol and a drop of the suspension so formed allowed to dry on a carbon film mounted on a support grid. The specimens were examined in a Siemens Elmiskop I.

The surfaces of the single crystals were examined by reflection in a modified Metropolitan-Vickers EM3 (*1*) or in a Metropolitan-Vickers EM3A. A layer of silver was evaporated onto the untreated diamonds to render the surfaces conducting, but this was not necessary with the graphitised diamonds since the surface film of graphite had a sufficient electrical conductivity. Reflection diffraction patterns were obtained using a Finch-type electron diffraction camera.

Fine powder. Untreated diamond powder showed little structure in the electron microscope other than cleavage steps on the fragments (Fig. 1a). Spotty ring patterns of the normal spacings for diamond were obtained by electron diffraction (Fig. 1b). Graphitised powders showed dark spots in the bright field pictures (Fig. 2a) and these could be shown by dark field electron micro-scopy to be the graphite crystallites (Fig. 2b). The specimen of Fig. 2 had been graphitised at

2000° C and the diffraction pattern (Fig. 2c) showed that the transformation was complete, there being no trace of a diamond pattern. The graphite crystallites have a distribution of sizes but are of the order of 100 Å across.

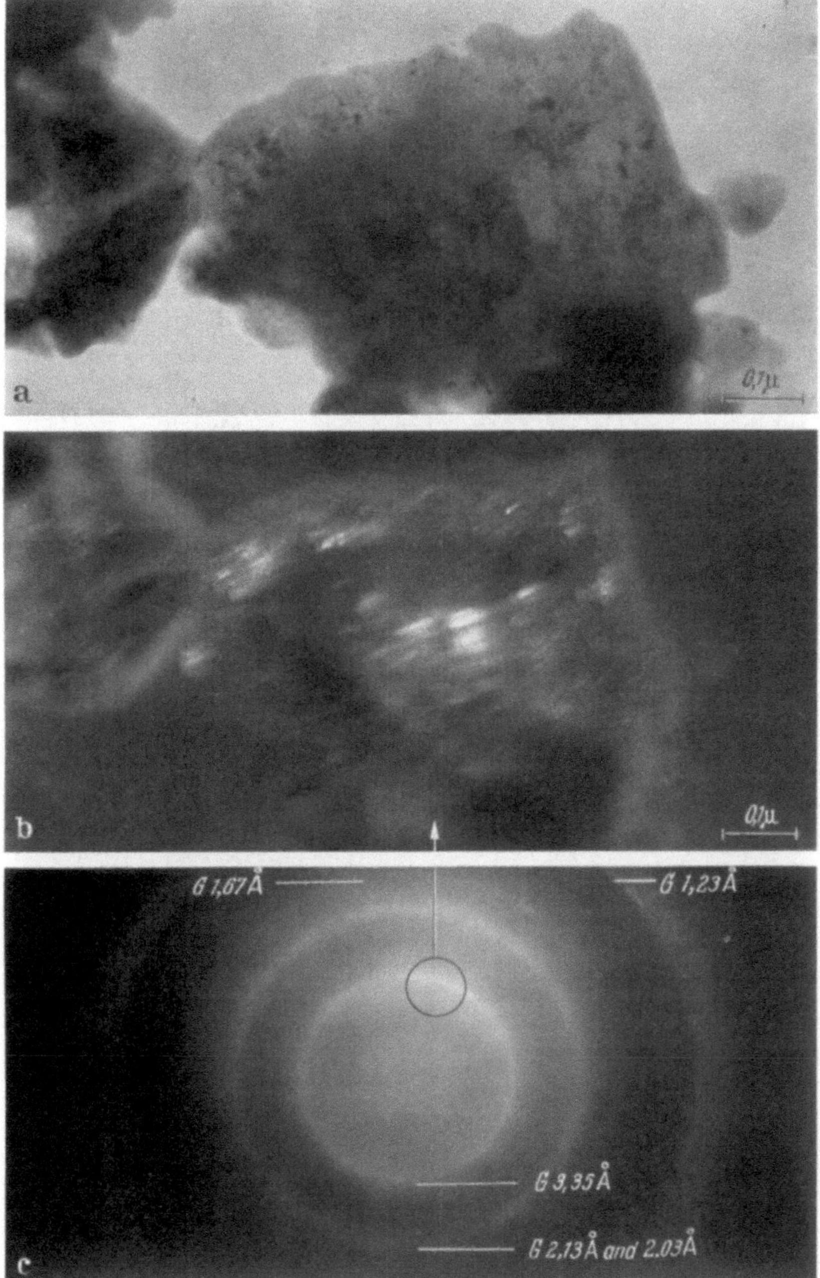

Fig. 2a—c. Diamond powder after being heated to 2000° C; a) Bright field micrograph, b) Dark field micrograph obtained using part of the 0002 (3.35 Å) graphite ring, c) Diffraction pattern, G graphite rings

Similar results were obtained for diamond powder graphitised at 1750° C, but powder graphitised at 1400° C or 1600° C showed the presence of diamond and graphite simultaneously. There were also spots in the diffraction patterns which were not due to either diamond or graphite (Fig. 3d). The graphite rings again originate in crystallites which are of the order of 100 Å across,

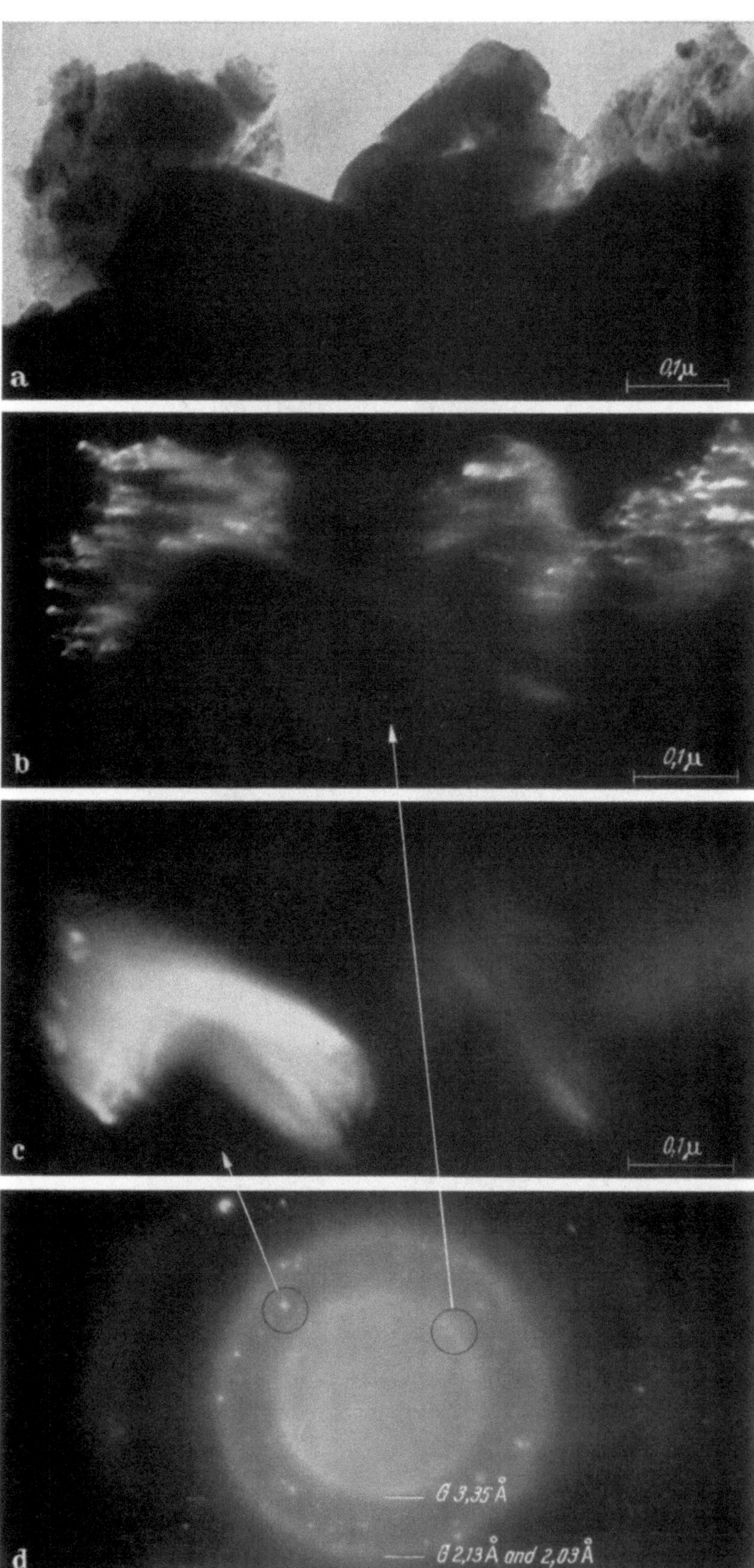

but the extra spots come from larger regions of the fragments (Fig. 3c). The extra spots can be indexed for a cubic unit cell, $a = 12.3$ Å. Weak lines which can be indexed for the same unit cell were observed in X-ray powder patterns from the same material. Some of these reflections are due to silicon carbide formed from silicon present as impurity in the original powder, but the interpretation of the others is uncertain.

Large single crystals. Diamonds showed no sign of graphitisation unless heated to 1200° C or more. For this temperature a slight dulling of the surface became apparent. For higher temperatures a grey or black surface film was formed but this was translucent unless the diamond had been heated to more than about 1600° C. The diamonds retained their shape up to about 1800° C, but at this temperature they started to break up and at higher temperatures disintegrated completely into graphite powder. These changes are similar to those reported by earlier workers — see

Fig. 3a—d. Diamond powder after being heated to 1600° C; a) Bright field micrograph, b) Dark field micrograph obtained using part of the 0002 (3.35 Å) graphite ring, c) Dark field micrograph obtained using one of the extra spots, d) Diffraction pattern, G graphite rings

for example PHINNEY (2) where an extensive bibliography of earlier work on the graphitisation of diamond is given. It was found that the graphite formed entirely as a surface layer which could readily be removed by abrasion with alumina. This film was extremely thin: on one particular diamond surface which had been graphitised at 1800° C, for example, its thickness was $0.6 \pm 0.1 \,\mu$.

No change in the micro-structure of the surfaces was detected for temperatures of graphitisation below about 1500° C, but above this temperature significant changes did occur. Some diamond faces showed crystallographically oriented features — triangular on (111), square on (110). Examination by reflection electron microscopy established that these were raised pyramids some of which had a central spike. An example is shown in Fig. 4. This is an optical micrograph of the surface after examination in the reflection electron microscope. The surface has effectively been shadowed at low angle with electron-induced contamination since this forms only where a surface is exposed to electron irradiation. The details of this work are being published elsewhere, but it has been shown by experiments in which sections were polished through these features that they are nuclei of graphitisation which extend into the diamond to a depth comparable with their width, and thus in many cases large compared with the thickness of the overall surface graphite film. One particularly large feature was studied in detail and it was found that the raised pyramidal portions consisted of diamond beneath the surface graphite layer, i. e. that diamond had been transported to a level above that of the original diamond surface. This can only have occurred through plastic deformation of the diamond. It was concluded that the features represent regions where a graphite nucleus has formed just below the surface, has

Fig. 4. Features produced on a (100) diamond surface by heating to 1800 °C, (optical micrograph taken after shadowing with electron induced contamination — see text)

expanded as it grew (graphite being less dense than diamond), and burst through the surface causing plastic deformation of the surrounding diamond as it did so.

Reflection electron diffraction patterns from diamonds graphitised at 1500° C showed no evidence of preferred orientation of the graphite on the diamond. Diamonds graphitised at 1800°C showed the type of preferred orientation described by GRENVILLE-WELLS (3) i. e. 0001 of graphite parallel to 111 of diamond. The difference may be due to a difference in the mode of transformation or it may be that the graphite recrystallises epitaxially at the higher temperatures.

I thank Dr. F. P. BOWDEN, F.R.S., for his interest and advice. The heating of the diamond specimens was carried out by Dr. D. A. MELFORD or by Mr. B. MORDIKE of this Laboratory: X-ray powder photographs were taken by Mr. R. C. HUDD of the Crystallographic Laboratory, Dept. of Physics, Cambridge. This help is gratefully acknowledged. I also wish to thank Industrial Distributors (1946) Ltd. for a grant to the Laboratory.

References

1. COURTNEY-PRATT, J. S., J. W. MENTER and M. SEAL: Proc. III. Int. Conf. Electron Microscopy, London 1954, 645 (1956).
2. PHINNEY, F. S.: Science **120**, 393 (1954).
3. GRENVILLE-WELLS, H. J.: Mineral. Mag. **29**, 803 (1952).

Orientation de microcristaux déposés sur mica

R. Zouckermann

Laboratoire de Microscopie et Diffraction Electroniques, Faculté des Sciences de l'Univ., Poitiers (France)

En clivant le mica, on n'obtient pas toujours les beaux échantillons qui donnent, par diffraction électronique (transmission), le diagramme classique du «plan réticulaire unique». Laissant de côté les cas où l'échantillon, trop épais, donne un autre diagramme de cristal unique (zônes de

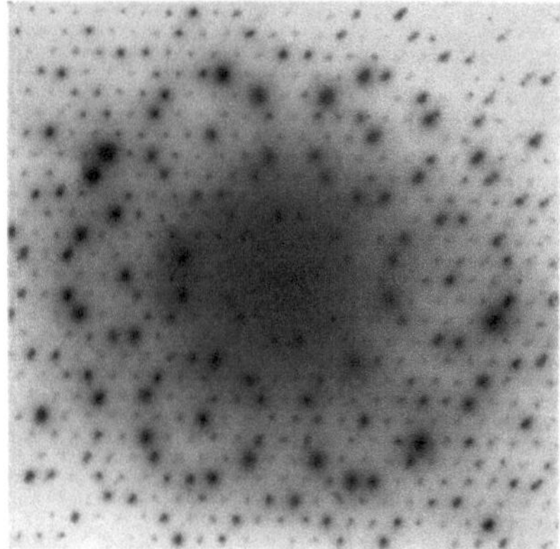

Fig. 1. Diagramme de glissement rotationnel

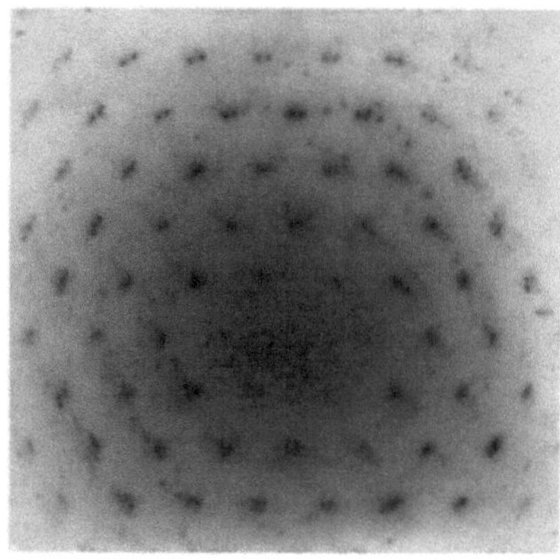

Fig. 2. Sédimentation dans l'eau

Laue, lignes de Kikuchi), signalons qu'on obtient parfois un diagramme d'apparence plus complexe (Fig. 1), qu'on reproduit aisément en superposant deux dessins du réseau réciproque (pratiquement hexagonal) auxquels on a fait subir une rotation relative d'environ 30°.

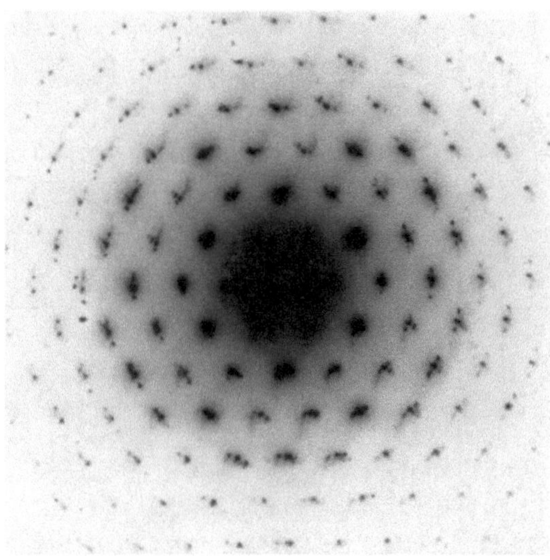

Fig. 3. Tamisage dans l'air

On pourrait donc penser d'abord à deux diffractions indépendantes par deux couches monocristallines semblables ayant subi ce déplacement relatif, ou bien à deux diffractions successives des électrons[1]. Ces deux couches pourraient provenir d'une déformation décrite par Wilman (1) sous le nom de «rotation de glissement» ("rotational slip"). Autrefois, Finch et Wilman avaient rencontré des diagrammes assez analogues avec des couches de As_2O_3 recueillies sur un cristal de NaCl. — Plusieurs autres exemples intéressants de tels «glissements rotationnels» ont été étudiés (2). — Bien entendu, on ne peut non plus exclure l'hypothèse d'une mâcle (310). Hocard (3) a obtenu des diagrammes de rayons X qui lui ont fait suspecter l'existence de cette mâcle. — Enfin, on pouvait encore imaginer que des écailles de mica libérées dans le travail de clivage aient été orientées par le cristal leur servant de support. J'ai ainsi été conduit à étudier (4) en collaboration avec Melle Corcuff un cas un peu différent. Sur une mince feuille de mica, donnant un diagramme de «plan réticulaire», nous recueillons une fine poudre de mica, soit par simple tamisage, soit par sédimentation dans l'eau. Aussitôt séché, à une température voisine de la température ambiante, l'échantillon obtenu est introduit dans le

[1] C'est cette dernière hypothèse qui est conforme à la théorie de Wilman. Elle rend compte des taches multiples que l'on rencontre quelquefois [voir (1) p. 335 et sq.].

diffracteur[1]. On n'obtient pas par ce procédé le diagramme de la Fig. 1 mais celui de la Fig. 2 (sédimentation dans l'eau) ou de la Fig. 3 (tamisage dans l'air). Ces diagrammes traduisent une coïncidence quelquefois presque parfaite du réseau des microcristaux déposés avec le réseau du support. En fait, il semble que le diagramme de la Fig. 1 ne soit obtenu que sur les bords des clivages, c'est-à-dire à des endroits où le cristal a subi des efforts mécaniques susceptibles de produire des «glissements rotationnels». L'effet d'orientation du support semble au contraire aboutir à l'équilibre stable représenté par la coïncidence des deux réseaux. —

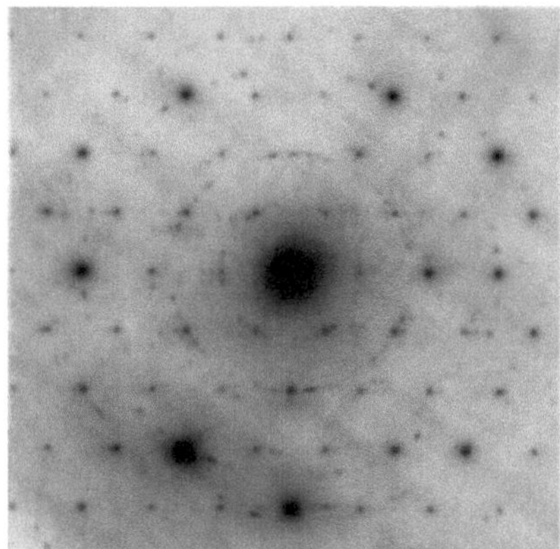

Fig. 4. Sédimentation dans le dioxane

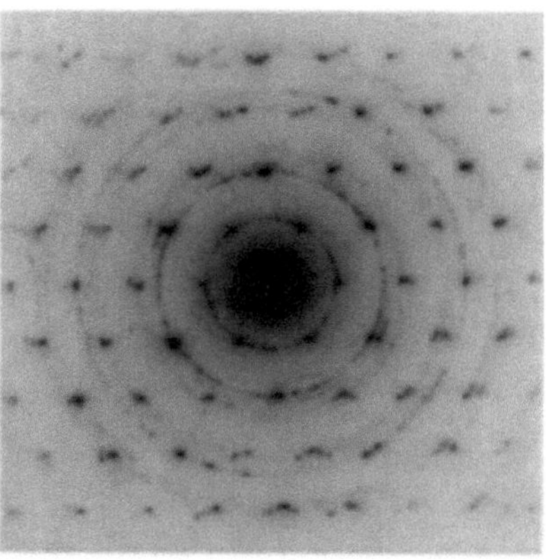

Fig. 5. Sédimentation dans le benzène

Mais si cet effet d'orientation est dû à des forces électrostatiques, on peut s'attendre à une orientation d'autant meilleure que la constante diélectrique du liquide de sédimentation est plus faible. En ce qui concerne l'épitaxie à partir d'une solution, divers auteurs (5) étaient d'ailleurs parvenus à une conclusion analogue. —

Nous avons donc été conduits (6) à effectuer la sédimentation dans divers liquides. Dans le dioxane, nous avons encore trouvé une orientation, mais beaucoup plus faible (Fig. 4). Dans le benzène, l'orientation a presque complètement disparu (Fig. 5). Les dépôts obtenus par sédimentation dans divers liquides adhèrent d'autant mieux au support que l'orientation est plus marquée: l'adhérence, très forte avec l'eau, est faible avec le dioxane et très faible avec le benzène. Il faut rapprocher cette observation d'une étude de Bowden et Tabor sur l'adhérence et le frottement de deux cristaux de NaCl en fonction de leur orientation respective (7). —

La valeur de la constante diélectrique n'est donc pas déterminante, mais le moment polaire des molécules d'eau peut jouer un rôle important, et, par exemple, permettre l'adsorption d'une couche monomoléculaire d'eau sur le mica. Deux faits expérimentaux nous ont conduit à travailler sur cette hypothèse. D'une part, l'adsorption de la vapeur d'eau sur le mica est si forte qu'il est très difficile d'éliminer les dernières traces d'eau même dans le vide le plus poussé. D'autre part, Palmer, Cunliffe et Hough (8) ont étudié la variation avec la fréquence de la constante diélectrique d'un mince film d'eau entre plaques de mica. Ils ont trouvé que cette variation était celle de l'«eau solide».

L'étude de l'orientation d'autres microcristaux déposés par sédimentation sur le mica fera l'objet d'une communication ultérieure.

Littérature

1. Wilman, H.: Proc. phys. Soc. London A **64,** 329 (1951).
2. Stabenow, J.: Naturwissenschaften **44,** 360 (1957).
3. Communication privée.
4. Zouckermann, R., et Y. Corcuff: C. R. Acad. Sci. (Paris) **245,** 2323 (1957).
5. Sloat, C. A., and A. W. C. Menzies: J. phys. Chem. **35,** 2005 (1931).
6. Corcuff, Melle Y.: Diplôme d'Etudes Supérieures. Poitiers 1958.
7. Bowden, F. P., and D. Tabor: Conference of "The National Research Council", p. 237, Wisconsin 1952.
8. Palmer, L. S., A. Cunliffe and J. M. Hough: Nature (Lond.) **170,** 796 (1952).

[1] Les poudres de mica ont été obtenues par broyage au mortier ou par meulage. Nous avons également utilisé des poudres industrielles. Les grains utilisés, triés par sédimentation, avaient des dimensions de l'ordre de 1 à 10 microns.

2. Kristallwachstum

Untersuchungen an sehr dünnem Blattgold

E. Brüche und K.-J. Schulze
Physikalisches Laboratorium Mosbach (Deutschland)

Außer den von Rang und Poppa (*1*) behandelten Erscheinungen an chemisch abgeschiedenen Goldblättchen haben wir in unserem Laboratorium geschlagenes Gold, sog. Blattgold, untersucht. Die ältesten Abbildungsversuche von Blattgold führte Brüche (*2*) durch; in neuerer Zeit haben

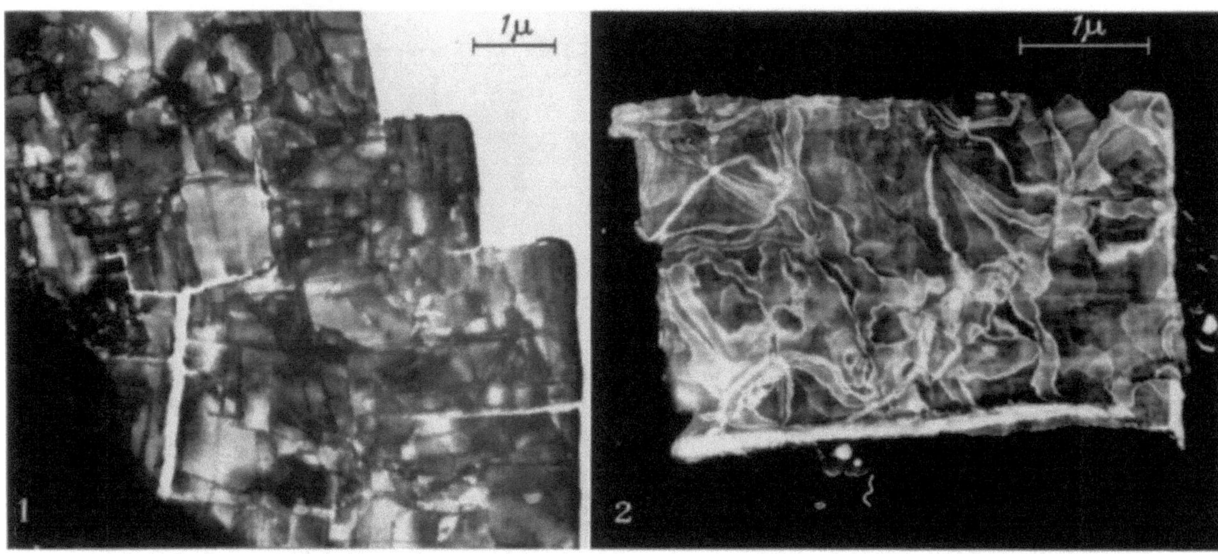

Abb. 1. Rand von stark geschlagenem
Blattgold mit Rechteckstrukturen

Abb. 2. Durch Ultraschall aus Zwischgold
isoliertes Einzelplättchen (Negativkopie)

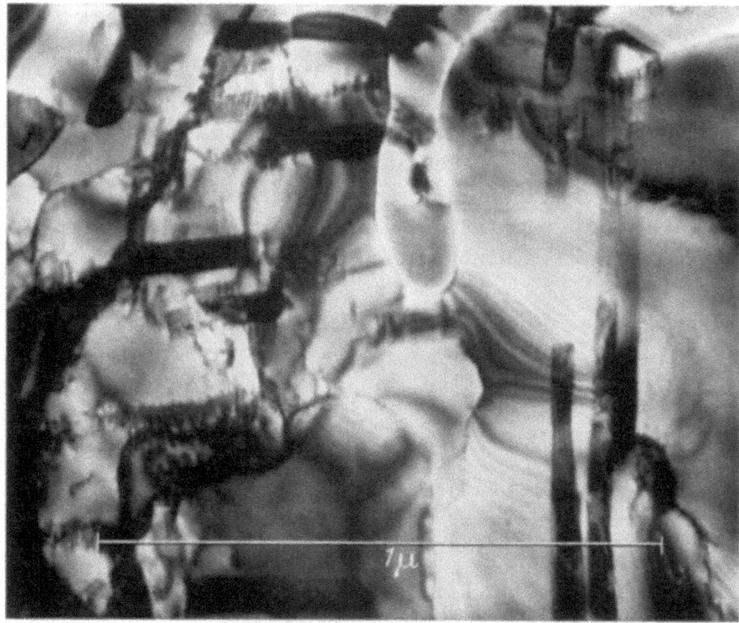

Abb. 3. Versetzungen in Blattgold

sich besonders Hirsch, Menter u. a. (*3*) mit Blattgold beschäftigt.

Blattgold ist weniger als 100 mμ dick. Es zeigt in Elektronen-Durchstrahlung eine von nahezu senkrecht aufeinanderstehenden Geraden aufgeteilte Struktur. In diesen Linien reißt das Blattgold bevorzugt auf bzw. trennt es sich in Stücke (Abb. 1). Schon diese äußere Erscheinung weist auf den Aufbau des Blattgoldes aus Kristallen des kubisch-flächenzentrierten Materials mit der Würfelebene in der Tafelebene hin. Dem entspricht das Beugungsbild, das auch von einem relativ großen

Bereich von einigen Zehntel Millimetern noch eine ausgeprägte Textur an Verstärkungen, besonders des (200)-Ringes, an vier symmetrischen Punkten erkennen läßt. Ebenfalls bei Röntgenbeugung (4) ergibt sich ein sehr kräftiges Hervortreten der (200)-Reflexe. Es wurde die Vorstellung gewonnen, daß Goldblatt aus übereinanderliegenden Kristallplättchen aufgebaut ist, die Gruppen („Plättchenfamilien") nahezu gleichartig orientierter Mikrokristalle bilden (5).

Aus dem Zusammenhang des Blattgoldes lassen sich durch Ultraschall einzelne Blättchen herauslösen, die meist rechteckig sind. Geht man von dünn geätztem Blattgold (Ätzung mit Königswasser) aus oder von dem sog. Zwischgold, das beim Herstellungsverfahren durch Kunstgriffe (Auswalzen mit dicker Silberauflage) besonders dünn gemacht worden ist, so erhält man Plättchen, von denen Abb. 2 ein Beispiel zeigt. Diese Plättchen mit den sehr deutlichen „Interferenz-Schlieren", die Aufschluß über die Verknitterung des Blattgoldes geben, sind nur noch etwa 10 mμ dick. In solchem, sehr dünnem Blattgold lassen sich manche metallkundlich interessanten Erscheinungen (Versetzungen verschiedener Art) beobachten (Abb. 3).

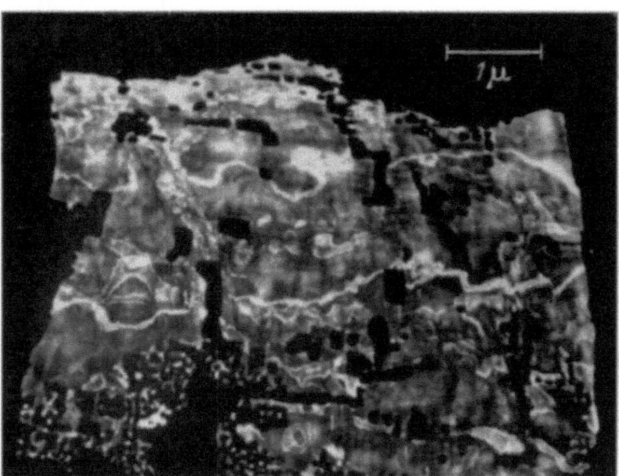

Abb. 4. Lochbildung in Blattgold durch Elektronenbestrahlung (Negativkopie)

Die Behauptung, daß die Blattgoldplättchen mit der Würfelebene in der Tafelebene liegen, wurde durch Feinbereichs-Beugungsaufnahmen bekräftigt, wobei sich weitgehend das Punktgitter der Würfelebene ergab. Eine weitere Bestätigung erhält man durch starke Bestrahlung solcher Plättchen mit Elektronen. Dabei bilden sich *viereckige* Löcher in den Einzelplättchen, die nach den Kanten des Plättchens (Gitterlage) ausgerichtet sind (Abb. 4.).

Statt die Plättchen bzw. ein größeres Goldblatt mit Elektronen zu bestrahlen, haben wir Goldblatt auch in einem Ofen langsam erhitzt. Es ergab sich, daß bei etwa 650 °C (Goldschmelzpunkt 1063 °C!) bereits Sammelkristallisation begann. Es bildeten sich große, ebene und einheitliche Kristallplättchen von 10 μ Größe und mehr (Abb. 5). In diesen Kristallplättchen liegt nicht mehr die Würfelebene in der Tafelebene, son-

Abb. 5. Beginnende Sammelkristallisation bei 650 °C

dern es treten (111)-Reflexe auf. Es hat also nicht nur eine Sammelkristallisation stattgefunden, sondern auch eine innere Umstellung, wobei das Plättchen nun den gleichen Aufbau hat wie chemisch aus einer Goldchloridlösung abgeschiedene Goldplättchen (6). Beiden Plättchen, den auf 650 °C in Luft erwärmten Kristallen aus dem geschlagenen Gold und den chemisch erwärmten Kristallen, ist gemeinsam, daß sich auf ihren Linien und bei Bestrahlung mit Elektronen

Löcher bilden, die beide dem strukturellen Aufbau entsprechen. Es treten gleichseitige Dreiecke oder Sechsecke auf bzw. der Winkel von 60° zwischen verschiedenen Strukturen wird sichtbar.

Literatur

1. RANG, O., u. H. POPPA: Naturwissenschaften **45**, 239 (1958); vgl. auch diesen Band S. 371.
2. BRÜCHE, E.: Jb. AEG-Forsch.-Inst. **3**, 111 (1933).
3. HIRSCH, P. B., A. KELLY and J. W. MENTER: Proc. Phys. Soc. B **68**, 1132 (1955) und Proc. Internat. Conf. Electron Microscopy London 1954, 231 (1956); HIRSCH, P. B., R. W. HORN and H. W. WHELAN: Proc. Internat. Conf. Lake Placid, S. 92 (1956); WHELAN, H. J., and P. B. HIRSCH: Phil. Mag. **2**, 1121 (1957).
4. NEFF, H., u. K.-J. SCHULZE: Siemens-Z. **32**, 819 (1958).
5. BRÜCHE, E., u. K.-J. SCHULZE: Z. Physik **153**, 571 (1959).
6. RANG, O., u. H. POPPA: Z. Physik **153**, 643 (1959).

An electron microscopical study:
The structure and morphology of ultramicroscopic dendrites of alpha iron

JOHN H. L. WATSON

Edsel B. Ford Institute for Medical Research, Henry Ford Hospital, Detroit, Michigan (USA)

The three papers by Dr. MICHAEL W. FREEMAN and myself describe the role of electron microscopy in the determination of certain properties of ultramicroscopic crystals of alpha iron and in the assessment of their uses. The crystals are produced in a unique process of controlled electrolysis under conditions which favor the deposition of single particles in discrete locations

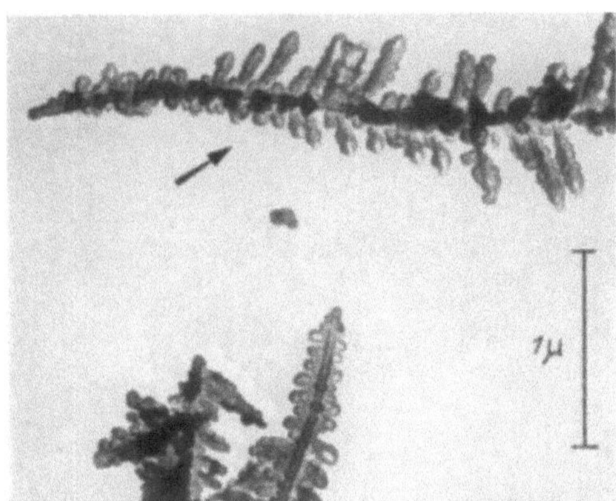

Fig. 1. Partially etched, carbon replica of dendrites of α iron showing three sets of secondary branches. 21,000 ×

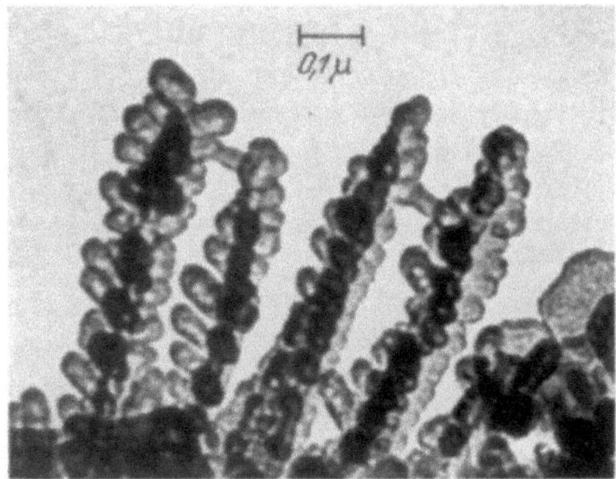

Fig. 2. Partially etched, carbon replica of four secondary dendritic branches which bear tiny crystals of the tertiary branches. 68,000 ×

rather than in continuous plated layers. All of the crystals to be described are inherently dendritic regardless of their specific morphology (*1*). In addition, we have reason to believe that they are monolithic and of the same nature as "whiskers", except for their greatly reduced dimensions. Although the dendrites were examined extensively by the more usual electron microscopical methods, it was not until carbon replication with partial etching was applied to them (*2*), coupled with stereoscopy, that a structure was determined which was consistent with certain chemical kinetics of the reaction, as well as with the crystal structure itself of this body-centered, cubic material.

From observations recorded from electron micrographs of carbon replicas, as in Fig. 1, examined stereoscopically, the following structure of these α-Fe dendrites has been determined. It has been concluded that they are 3-dimensional, rather than 2-dimensional, as is the case with

α-Fe prepared by electrodeposition into mercury (3). At any position on the main stem 3 secondaries were observed to grow, separated by equiangular distances of 120 degrees around the stem. Likewise, secondary stems, were observed to have three tertiaries originating at any secondary location. In Fig. 2 the single crystals are seen in the tertiaries and although approaching the limits of resolution of the carbon replica method, sufficient faces and edges were recognizable upon these tiny crystalline arms to conclude that they grew as rhombododecahedrons. These crystals are about 300 Å on a side. It has been concluded that this mechanism of growth occurs in primary and secondary as well as tertiary arms, although in the primaries particularly, complexities in observation are often introduced by overlapping of side arms.

In Fig. 1, the three sets of arms on the dendrite at the arrow are visible because of the etching and partial etching of the carbon replicated specimen. Unetched, all branches were opaque, and overlapping themselves or the primary, one set always went undetected. Etched, it is seen that the dendrite at the arrow lies with two sets of etched transparent secondaries slanting down into the plane away from the viewer, the relatively unetched opaque series represented by the series of dark triangulations along the primary are the third set of secondary branches slanting up toward the viewer from the plane. The effect of triangulation is occasioned by the presence of tertiary branches on the secondaries.

Growth of the crystallites along the diagonal of the cube has been suggested by direct observation in many of the better resolved micrographs. In addition, the observation of a minimum 60, maximum 75 degree angle, between secondaries and primary, in the direction of dendritic growth, and the conclusion that 3 sets of secondaries exist uniformly about the primary, are explainable by, and therefore support the concept of growth along the diagonal. The lack of observable secondaries at the other three available points does not preclude their existence but supports an explanation for growth based on concentration gradient. The uniformity of the angles between the primary and secondaries, and between any secondary and its tertiaries, etc., indicates that the body of each dendrite is essentially a single crystal of α-iron. Further direct evidence for monolithicity of these crystalline particles will be given later.

The structure then, and its growth, appear to be that of alpha iron developing as rhombic dodecahedrons, 100 to 500 Å thick, in a direction along the main diagonal of the cube, with the (111) planes perpendicular to the direction of growth. Three secondaries separated by 120° develop at positions along the primary dictated by the concentration gradient and the crystal structure of the cube: and these slant toward the growing tip at an angle of 60 to 75 degrees in order to reach the highest gradient. Growth along the [111] direction with branching in the other [111] directions at any location would be expected to give a 70 degree angle between primary and secondaries in agreement with direct observations on the dendrites in the micrographs. The same mechanisms, of course, occur in tertiary growth with respect to the secondaries.

Although an end-on orientation is very unstable and examples are not often met, Fig. 3a represents one of the dendrites in an end-on position, demonstrating sets of three secondaries separated by 120°.

The following mechanism of the dendrite formation is offered. Lability of the solution initiates the primary growth and a strong, central stem of body-centered alpha iron develops in the direction perpendicular to the (111) planes. Secondary growth occurs along the other [111] directions, and predominently along those three which allow development in the direction of the concentration gradient. That the concentration gradient is fundamental in determining many characteristics of the dendrites, is indicated by many observations; among them, that the secondary growth is angled in the direction of maximum concentration, that the secondaries are better developed in the center and taper toward both their growing and attachment ends, and that, at any point, secondaries are not observed in the direction of decreasing concentration gradient.

A model was constructed to demonstrate the growth and structure of the dendrite. The complete model (and consequently the dendrite) represents a single, (although incomplete), cubic crystal positioned on one corner with its diagonal vertical, and with its preferred [111] directions iron-filled. The model and this mechanism of formation, based on electron microscopical evidence, allows symmetrical and uniform "filling-in" of the dendrite and demonstrates a growth of parallel partial crystals extending in the direction of the axes of symmetry, thus satisfying the definition of a dendrite.

By appropriate process changes the dendritic growth can be aborted, or controlled, to produce a variety of crystal shapes, depending upon the extent of their dendriticity. Our work has shown that the genesis of all the particulate morphological types, now to be described is the dendritic growth, and that the single difference between types lies in the extent and quality of this dendriticity.

'Discrete particles' is the term used to indicate those crystals in Fig. 3b which occur as single crystallites, where the growth as a dendrite has never been allowed to proceed. These particles

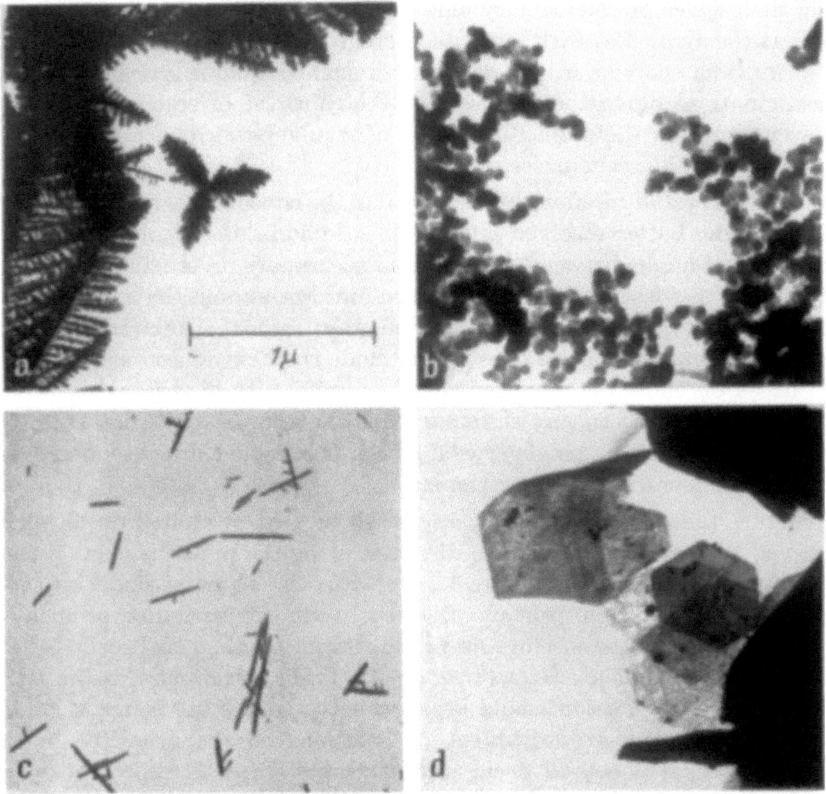

Fig. 3a—d. a) Strong dendrites, one shown end-on demonstrate three sets of secondary branches. b) Discrete particles of α iron; c) "Needles" and "Nodular Rods" of α iron; d) "Platelets" of α iron. 25,000×

average about 400 to 650 Å diameter, and often have straight edged profiles. They have potential uses in medicine and as catalysts.

By allowing the growth to proceed beyond the discrete particle stage, a relatively smooth needle or nodular rod can be formed. Fig. 3c is an electron micrograph of single crystals of this general rod-like variety, which are essentially the central stems of dendritic forms. They are about 125 to 250 Å in width and in this sample anywhere from 600 to 7500 Å long. The needles and rods are usually about one micron long with a length to diameter ratio of 15 to 1. This ratio can go as high as 50 to 1. When the formation episode during the process is sufficiently long the particles develop as large dendrites; when it is properly shortened, or otherwise controlled, nodular rods or needles are deposited with aborted or non-existent secondary branches. The dendrite may 'fill-in', so that the tips of the main stems and the secondaries become solid and quite opaque. Or the alpha iron crystal may occur in another form referred to as 'platelet', Fig. 3d. By selected area diffraction these platelets are identifiable as alpha iron.

This first chapter should not be closed without stressing that similar structures can be produced with all the crystalline transition metals. Fig. 4a shows a conglomerate of single cubes of copper, about 1/3 μ on a slide, made by the same process, which will also produce single copper crystals in the rod-like or dendritic forms, Fig. 4b. These are carbon replicas of the copper particles. The copper forms are very similar to those of the alpha iron, except that the single crystallites seem to be cubes rather than rhombic dodecahedrons, and the dendrites are two- rather than three-dimensional in character.

Fig. 4a and b. Forms of copper made by the same process. a) Cubic single crystals. 18,000×; b) Dendrites and rods. 21,000×

References

1. FREEMAN, M. W., and J. H. L. WATSON: Proc. of 2nd Conf. on Magnetism and Magnetic Materials, T-91, AIEE, 1956, p. 163.
2. WATSON, J. H. L.: Anorg. Chem. **29**, 562 (1957).
3. LUBORSKY, F. E., E. F. FULLAM, and D. S. HALLGREN: J. appl. Physics **29**, 989 (1958).

An electron microscopical study:
Some effects of magnetic field upon single, anisotropic alpha iron crystals and the relation between their fine structure and magnetic properties

JOHN H. L. WATSON and MICHAEL W. FREEMAN

Edsel B. Ford Institute for Medical Research, Henry Ford Hospital, Detroit, and
M. W. Freeman Company, Detroit, Michigan (USA)

In this discussion of the magnetic properties of these same crystals we are dealing only with those forms which we have described previously as "rods", "needles", "nodular rods" or "dendrites with relatively short secondary arms". Except for their small dimensions, these microscopic crystals are somewhat like "whiskers", in that they appear to be single and are monolithic as far as our observation can detect. Monolithicity cannot be demonstrated in the more complex forms of the dendrites where overlapping of structures confuses observation, but in the less complex forms, namely rods and needles, it is seen that there is no beadlike appearance, as is observed in iron particles made by a process of electro-deposition into mercury (1). They would therefore be expected to act with the magnetic behaviour associated with shape anisotropy, and as elongated, single crystals, rather than as strings of separate crystals. As such they would be expected to yield exceptionally high coercive force when compacted and aligned.

Statistical areal analyses were performed on a series of five different samples for which the magnetic properties were known. The numbers of particles, definable under the notations given in the previous paper, were separated and counted in this work. From these studies it was shown that the electron microscopic aspect could be used to differentiate samples morphologically

Table 1. *Areal analysis of α iron samples*

Sample	LCF					HCF		$\dfrac{\text{HCF}}{\text{LCF}}$	Magnetic properties
	FID	DEN	WD	PL	P	NR	N		
1033—1	59	188	94	0	10	189	69	0.74	Excellent
			351				258		
1042	94	46	64	0	0	182	60	1.20	Very good
			204				242		
1078	132	24	93	6	5	124	29	0.60	Poor
			260				153		
1431—1	75	4	11	112	78	55	7	0.22	Bad
			197				62		
5401	24	17	156	0	0	317	77	2.0	Excellent
			197				394		

Where L.C.F. = Lower Coercive Force; H.C.F. = Higher Coercive Force; F.I.D. = Filled-in Dendrites; DEN. = Dendrites; W.D. = Weak Dendrites; Pl. = Platelets; P. = Discrete Particles; N.R. = Nodular Rods; N. = Needles.

according to their magnetic properties. In poor samples (No. 1431-1) as far as coercive force was concerned (the coercive force in such a sample was never greater than about 500 oersteds, usually less), the filled-in dendrites, dendrites, weak dendrites, platelets and discrete particles were much more in evidence than the nodular rods and needles, and the particle sizes were relatively large. As the samples improved magnetically (No. 1078), the ratio of needles and nodular rods to the other types increased, but the particle sizes were still quite large, and there was a large number of magnetically undesirable "filled-in dendrites". In sample, No. 1042, the ratio was much improved and the coercive force was classified as "very good". In it the particle dimensions were still relatively large but the platelets were absent and nodular rods, needles and weak dendrites predominated.

Sample No. 1033-1, had the highest coercive force of the series. Although this material had fewer rods and needles than the immediately previous sample, it was found to have a smaller mean length and mean diameter of the individual particles. Therefore, from this series three conclusions were drawn: (1) that nodular rods and needles were those particles which contributed to higher coercive force (HCF) in a specimen and the other particles (filled-in dendrites, dendrites, weak dendrites, platelets and discrete particles) tended to contribute to a lower coercive force (LCH); (2) that, in some manner, as yet undetermined, the coercive force was better when the particle dimensions were appropriately reduced; and (3) that, since the best sample of this series was one in which the particles had some development of secondary arms, it was concluded that there was also some magnetically optimum spacing for the elongated particles, and that ideal magnetic packing would be such as to hold the particles a distance from each other rather than tightly together.

Fig. 1 shows an electron micrograph of sample 5401 which had somewhat better coercive force than No. 1033-1. The results of the areal analysis are summarized in the table. Here it is apparent that in samples of higher coercive force the (LCF) class of particles are relatively less abundant than the (HCF) particles, and the agreement is direct, except for sample 1042 where particle size itself has entered to depress the coercive force. Sample 5401 is excellent in both aspects of morphology, and has a high coercive force as well. In the areal analysis it should be emphasized that the results are quoted for the type of mounting and sample preparation employed and are only comparable from this view point. The experimental procedures involve a transfer method of sample preparation.

It has been our further interest to use these fine crystals of high coercive force as magnetic indicators for mapping magnetic fields and for studying microscopically the effect of magnetic field upon them. Fig. 2 is a view of a finely dispersed sample of the crystals oriented by a relatively weak magnetic field in a medium of prepolymerized butyl methacrylate which hardened about the particles to record the field permanently (2). The minuteness of the particles, their good dispersability in the monomer and their excellent magnetic properties have provided a much improved permanent representation of the field, over that usually made with iron filings. Immediately over the poles the particles are standing on end, and it is seen that orientation is maintained extremely well even into the very weak outlying areas.

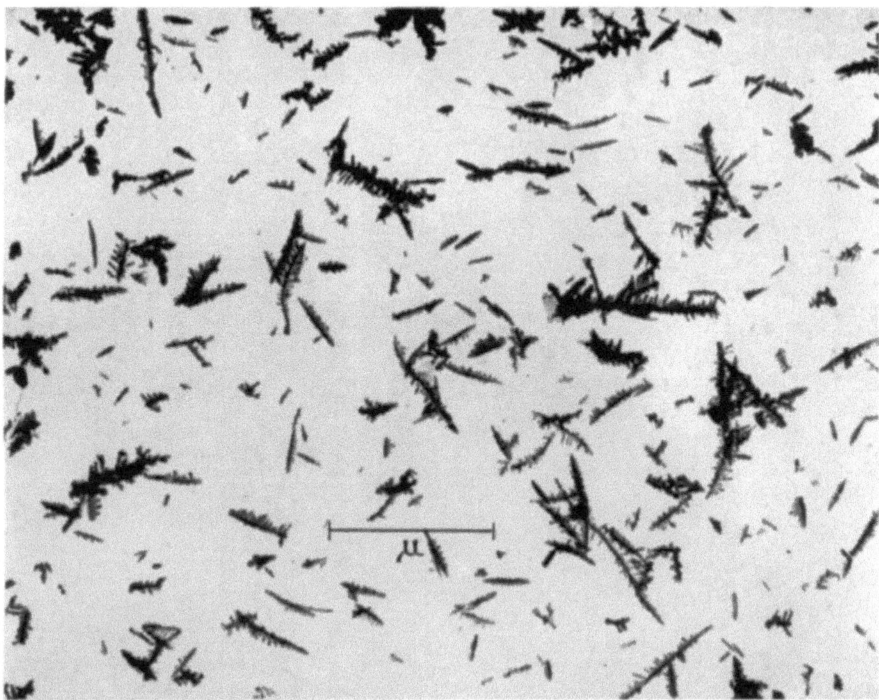

Fig. 1. High coercive force α iron crystals. 22,000×

It is now our interest to see electron microscopically what relationship if any, the particles in a magnetic field bear to each other and to the orienting field. To do this two procedures have been used with some success. First, attempts were made to thin section the oriented powders in butyl methacrylate both parallel to and across the direction of the field (3).

A second technique involved suspension of the particles in dilute solutions of Formvar in ethylene dichloride (4). A drop of the suspension was allowed to run down an inclined glass slide in fields as high as 40 kilogauss. In both techniques dilute specimens of magnetic volume fractions 1 : 20 or less were used because they were most adaptable to the electron microscopy. Macroscopic bundles were seen by eye to stream in the field direction. This streaming effect is caused by particles and agglomerates which migrate into long, thin bundles with large regions of ironfree matrix between them. This process is considered to be due to minimization of the energy by formation of group geometries with low demagnization factors. The appearance of the streams is sensitive to the manner in which the field is applied and the finest bundles are formed when the field is swept from a low to a high value, while the film is dried quickly. Retarded drying yields larger bundles. With a high field, clumping occurs in the regions of maximum field. The particles are agglomerated as they come from the Freeman process in its present form, and the problems inherent in aligning them are related to the forces responsible for this agglomeration. In addition to lesser factors of molecular attraction and mechanical interlocking, these forces are predominantly dipole-dipole in nature.

The drying Formvar film constrains the particles more or less into a plane during alignment. Steroscopic pictures of the particles in the films revealed considerable 3-dimensionality in the particle interactions, but demonstrated no new observations over the 2-dimensional micrographs.

In large streaming-bundles, alignment is conspicuous by its absence within the bundles, due to the forces mentioned earlier, and may be the result of mechanical constrains particularly, wherever the groups are large. Alignment is always observed along the edges of large clumps and at their tips. The needles and rod-shaped particles are much more apt to align than the more

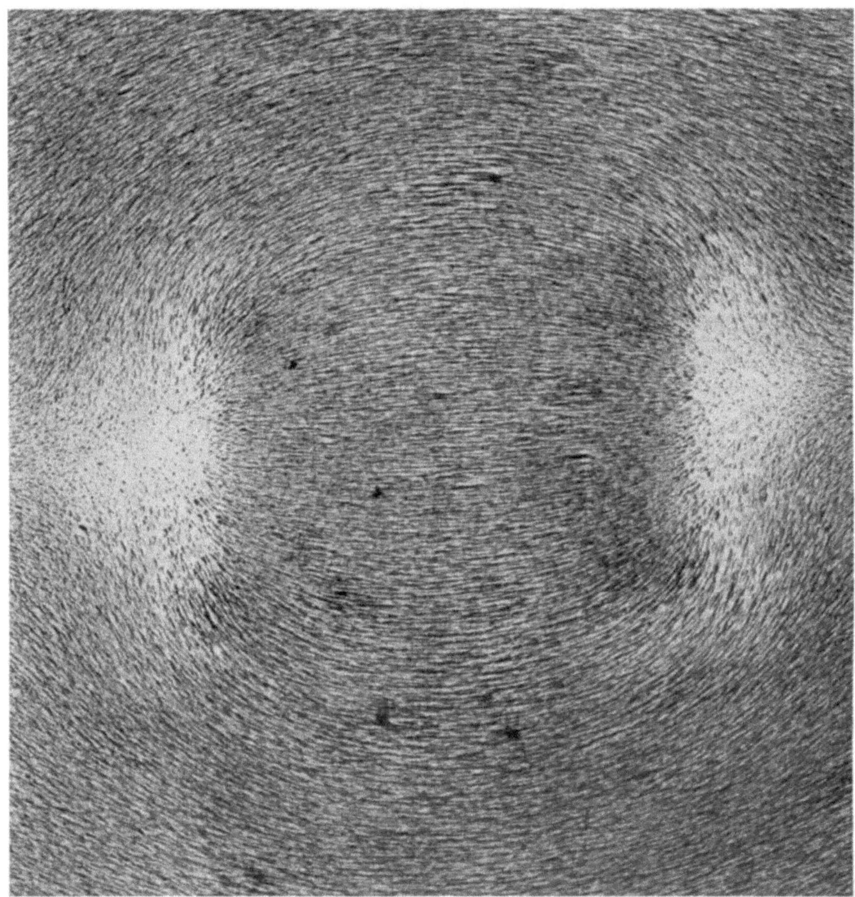

Fig. 2. Single Crystals of α iron oriented by a relatively weak magnet field, in order to "map" the field. The crystals were suspended in butyl methacrylate monomer and the monomer polymerized about them in the field. 2,5 ×

fully developed dendrites. In Fig. 3a several rods and nodular rods are aligned in complete agreement with the field. Fig. 3b represents another characteristic behaviour, in which fully developed dendrites often align with one set of their secondaries in the field direction. This happens even when they are separated entirely, or in part, from other particles.

The local field often has more influence upon a crystal than the aligning field itself, and small rods will orient themselves across the direction of the field, rather than rotate further into the direction of the field. This condition, where a single isolated rod is oriented across the field, is often observed. The action of the applied field often bends particles which are constrained in one way or another. The primaries of several large dendrites may be so bent by the field. All of these observations have been made repeatedly and show that it is possible to align these particles quickly and completely, given proper conditions.

From theoretical considerations several behaviour patterns were predicted, (1) it would be difficult to align any particle completely if there were counteracting torques, and therefore it might be expected that many particles, even when completely isolated and ideally shaped, would not be in complete alignment with the field; (2) in a strongly dendritic particle there might be more torque active upon a set of its secondaries than upon the central stem itself and it would be expected therefore that such particles would frequently lie transversely to the field direction; (3) local dipole effects might be observed to interfere with the field effect and it would be expected that some free particles would take unaligned positions; (4) the torques might be sufficient to bend primary or secondary branches of particles held rigidly in one or more places; (5) rod-like

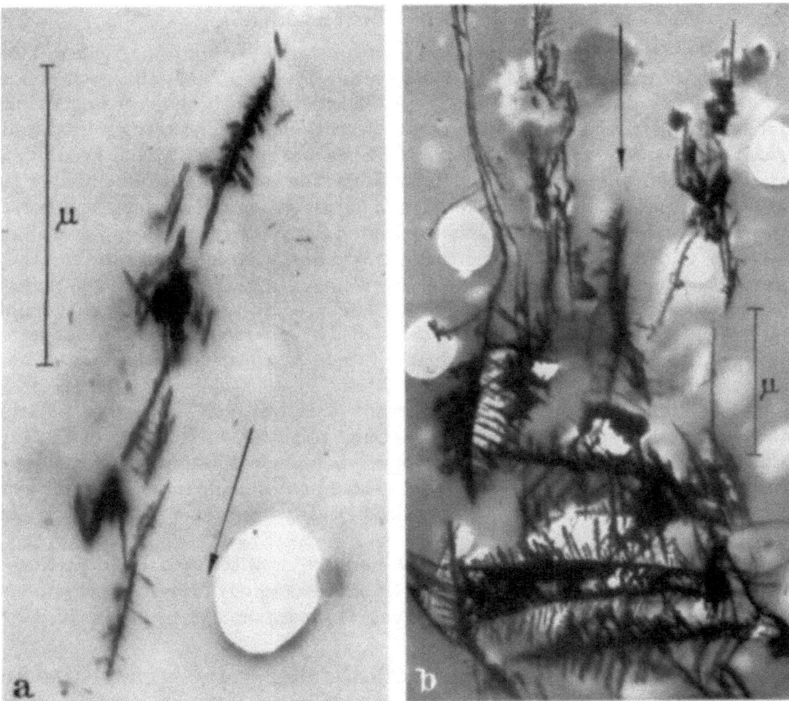

Fig. 3a and b. a) Single crystals of α iron oriented within a Formvar film by a magnetic field of 40 kilogauss, 40,000 ×. Direction of the field is indicated by the arrow. b) A bundle of dendritic crystals of α iron influenced by a 40 kilogauss field within a Formvar film. Secondary dendritic branches are oriented in the direction of the field. Orientation of rods into the direction of the field is observed at the less populated tip of the bundle. 20,000 ×

particles would be expected to align more readily than well developed dendrites, and best alignment in samples containing both types of crystals would be found among the rod-like particles.

All of these observations predicted by theory were seen in the micrographs. From the general behaviour reported, it is not surprising that while separated small agglomerates can be aligned, if they bunch together in large streams before alignment it is impossible for the applied fields, no matter how large, to cause further alignment. From these studies it is reported again that for alignment to be effective for magnetic measurements, the dendrites should have an optimum minimum of secondary development. In addition the medium in which they are placed should offer some ideal impedance to allow particle rotation but to reduce the streaming effect which bunches the agglomerates. Observations made in the butyl methacrylate to date show a tendency for this medium to do just this, and to fulfill this impedance requirement. At the same time it allows determination of the magnetic properties on a block which can be sectioned later to give direct correlation between magnetic results and particle alignment.

References

1. Luborsky, F. E., E. F. Fullam and D. S. Hallgren: J. appl. Physics 29, 989 (1958).
2. Crump, L. R.: J. appl. Physics 28, 530 (1957).
3. Watson, J. H. L.: J. appl. Physics 28, 821 (1957).
4. Watson, J. H. L., A. Arrott and M. W. Freeman: J. appl. Physics 29, 306 (1958).

The role of electron microscopy in the development of a new science "Crystallurgy"

Michael W. Freeman and John H. L. Watson

M. W. Freeman Company, Detroit, and
Edsel B. Ford Institute for Medical Research Henry Ford Hospital, Detroit, Michigan (USA)

The strongly developed dendrites and their application in the development of a new science which we have called "Crystallurgy" will now be considered.

Since the new term "Crystallurgy" is the focal point of this paper it will be defined. First consider the word "Metallurgy", the root of which is the word *ergos*, meaning "working". Metallurgy is defined as, the science of the working of, or with metals, i.e. metals in the bulk. Metallurgy has been exceedingly slow in its development as a science and most of the time it has been a matter of "cut-and-try", or even of "cast-and-tug". The physical properties of metals were discovered from experience; little was predictable, and even intelligent guesses came centuries apart. This historical background still has its effect on modern metallurgy. Though solid-state physics has provided new insight into the atomic and electronic forces at work inside metals, and though the theories of lattice structure and lattice imperfections have indicated many of the reasons for metallic behavior, it still remains for these new understandings to affect metallurgical practice to any great extent. The basic practice of metallurgy continues to be mostly a search for alloying elements and for the heat treatments which will provide materials which meet certain ranges of specifications. This process goes on by an ever more thorough series of trials and errors but is slow to yield the properties demanded by new technology. This is true especially in airborne applications, where the need for materials of higher strengths to operate at elevated temperatures steadily increases.

The new understandings of the electronic structure of metals and of the role of lattice imperfections in determining their physical properties have been centered primarily in concepts of the single crystal, i.e. the concept of regular arrays of metallic atoms in relatively simple lattices, with any deviations from regularity restricted to certain limited varieties, which in particular do not include imperfections of the grain boundaries. This improved understanding which is increasing dramatically from year to year supplies the foundation of crystallurgy.

"Crystallurgy" is defined as the science of the working of, or with crystals. In particular it is the study of methods to combine into gross forms. It begins with an understanding of the single crystal and then builds polycrystalline materials which have predictable properties. If properties can be predicted it follows that they can be made optimum.

As a first guide in developing the science of crystallurgy, the accumulated knowledge of solid-state physics concerning the strength of individual crystals has been coupled with information obtained from metallurgical correlations. For example, from recent studies it is known that the smaller the single crystal, the stronger it is (*1*), and from long metallurgical experience, it is known that the smaller the grain size, the stronger is the metal up to the equi-cohesive temperature range. It is also known that superior mechanical properties arise from two-phase systems where the separate phases have complementary effects on strength and ductility. One of the aims of crystallurgy is to create a process in which ultra-strong, submicron crystals are joined into the bulk so that grain size is known from the starting point. Supermaterials of tomorrow could well be produced by such means. Ability to control both the extent of a two-phase system and the individual crystallite sizes promises that a new degree of freedom will arise from the science of crystallurgy in the making of desired products.

This emphasis upon the correlation between size of the crystals and the strength of the ultimate bulk material made from them makes apparent the importance of the role of the electron microscope in the

Table 1

Particle and size range	Selected value μ	Volume atoms
Cement dust from 30 to 150 μ	30	10^{15}
325-mesh Tyler Standard scale	44	1.47×10^{15}
Whiskers, diameter about	2	10^{11}
Tobacco smoke from 0.01 to 0.05 μ . . }	0.03	10^{6}
Freeman Crystals from 0.01 to 0.05 μ .		
Atom	0.0003	1

development of this new science. Since determination of crystal size alone is not enough to understand the working of the crystals, their morphology must also be known from electron optical study.

Morphology will be correlated with the intrinsic properties of the individual particles, since the crystal sizes are so small, Table 1, that surface energies can no longer be neglected in theorizing on electronic structure and on the behavior of lattice defects. Morphology is also very pertinent when the combination of crystals to form the bulk solid is considered. It would certainly make a difference in any final product, if one tried to combine marbles, cubes, rods, or jacks. In the first two papers of this series the morphology and size of these submicron alpha iron crystals and the great variety of forms in which just two elements (iron and copper) could be produced was described. The considerations, however, are equally well directed to almost all of the transition metals, since they are all subject to the same general process of production. The magnetic properties of these submicron iron particles and the way in which they contribute to the technology of permanent magnets have already been discussed. Magnetism is just one of the many and varied properties which can be obtained and utilized with them. The potentialities to be realized from utilizing the mechanical properties of the submicron crystals as building blocks for the crystallurgist will be considered now.

First, let us review what is known about macroscopic single crystals and how these facts can be translated to increase knowledge of these ultramicroscopic crystals which, because of their minuteness cannot be tested individually in a tensile machine. Electron microscopy has revealed that the crystals under consideration are not merely small fragments of metals, but are more like very large *molecules* which interact with one another and combine with other large molecules, both metals and organic polymers.

It is known that the theoretical strength limit of a perfect crystal, as calculated from the binding energies from electronic configurations in metals, is much higher than is usually observed for non perfect crystals; in some instances, three orders of magnitude higher, and in most materials at least one order higher. The reasons for this are found in the modern theories of atomic dislocations. The dislocation initiates the mechanism by which crystals slip along closely packed planes. Generally, lattice dislocations can move in

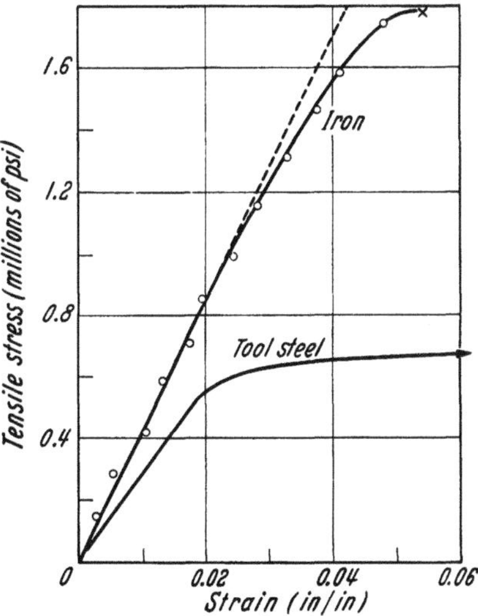

Fig. 1. Stress-strain curves for the best of the iron whiskers tested and for the best of tool steel, for comparison

two distinct ways: by movement in the slip planes or by climbing from plane to plane. Either the dislocation movements can be within Hooke's Law and the physical properties be unimpaired; or they can exceed Hooke's Law with much effect upon the physical properties. Therefore, the ultimate strength can be achieved only if one can either stop the actions of dislocations keeping within Hooke's Law, or eliminate them from the crystal. From present knowledge it appears easier to have the dislocations tie one another up than to eliminate them entirely.

The strongest metallic materials directly tested today are the minute filaments whimsically referred to as "whiskers". Whiskers are single crystal filaments grown as perfect as possible. The properties of whiskers were first observed and reported in 1921, by GRIFFITH (2). Much work has been done since that time and especially in the last ten years, and more intense effort has been devoted by many leading scientists in the field in the last three years. An excellent summary of the properties of whiskers is given by HOFFMAN (1). The physical properties of some whiskers are truly remarkable, in that they approach closely the theoretical expectations for the perfect crystal. In Fig. 1 are shown the stress-strain curves for the best of the iron whiskers tested, and the best of tool steel for comparison. These almost mechanically perfect whiskers are also the smallest tested. The correlations between strength and cross-sectional diameter are shown in Fig. 2. Here it is seen that whisker filaments can have tensile strengths of almost two million psi when their crystal size is reduced beyond $2^1/_2\,\mu$. The reasons for the near-mechanical perfection of whiskers are still somewhat a matter of controversy. The natural conclusion is that the spiral growth, Fig. 3., proceeds with perfection except for one central screw dislocation which does not affect the mechanical strength. It appears, however, from current investigations that even the whisker is far from atomically perfect. It is the interactions of edge dislocations with one another and with the crystal boundaries that prevent their motions, rather than the absence of edge dislocations. Thus strength is *fundamental to size rather than perfection of atomic arrangement*.

Our submicron alpha iron particles, which are produced by means of electrodeposition from aqueous solutions, are grown in a manner conceptionally not dissimilar to the nucleation process of whisker growth from the vapor. The essential differences are those of speed of the process, control of the morphology of the resulting particles, and uniformity of product. The result of the process is a practical and economical means of producing single crystals of controlled size and morphology. One unique feature of the submicron particle process is that it is possible for alloys to be produced as well as the elements themselves. The alloys can be produced by substitution of one unit crystallite or single atom for another crystallite or atom, or by interstitial growth of

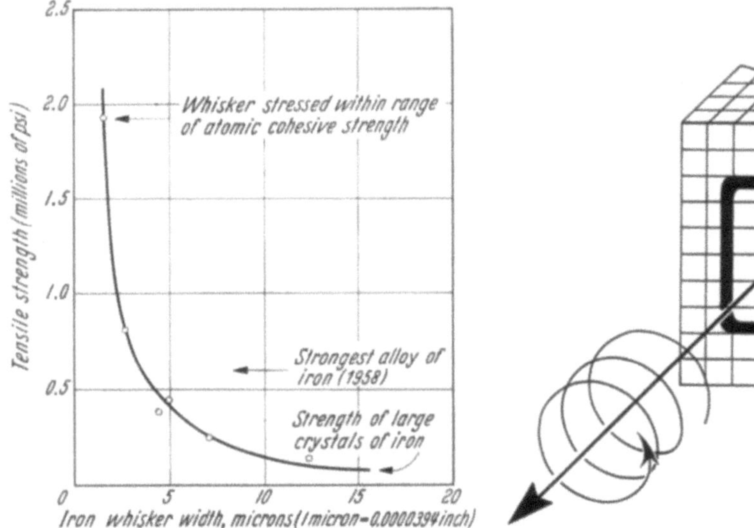

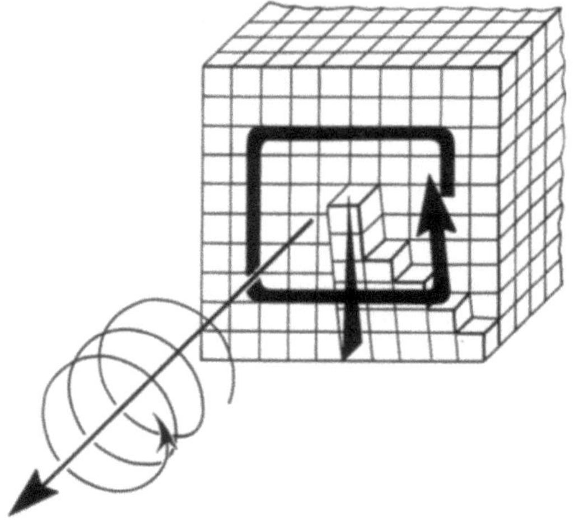

Fig. 2. Correlation between strength and cross-sectional diameter of metals

Fig. 3. Schematic drawing to illustrate spiraling growth with a single screw dislocation

selected unit crystallites or atoms. Some of these materials possess a high free energy as well as some degree of instability: two properties which are useful in the manufacture of such products as rocket fuels.

In common with whiskers, there is also the uniformity of crystallographic alignment with respect to crystal boundaries of the submicron crystals, and thus preferred orientation is readily achieved. It should be emphasized that the process is not a mercury process. The limitations of the mercury process should be well known since they have been reported on in several instances. Our crystalline particles are not subject to its limitations. Anything the mercury process produces can be duplicated in the electron depositions from aqueous solutions but the converse is not true.

As has been mentioned, the strength of whiskers most likely arises from interactions of dislocations with crystal boundaries. In our submicron iron single crystals such interaction can only be enhanced. The *tiniest* whiskers have diameters greater than one micron (10000 Å), but our iron crystals are much smaller than this, being anywhere from 100 to 500 Å in diameter and from 400 Å to several microns in length. Even smaller crystalline structures have been produced with nickel, where electron micrographs have shown particle dimensions less than 50 Å in some cases. One of the smallest whiskers would have a volume equivalent to some 100 millions of such submicron crystals. Though no one has yet proved the strength of the individual crystals by direct test, there is good reason to think that it should approach the theoretical strength indicated by results on the thinnest of whiskers.

Assuming that these crystals are the ultimate in strength, it remains to make practical use of this strength. Their usefulness when they are compacted into test parts, or made into special high-temperature bearings has already been reported elsewhere from direct experiments (*3*). These crystals have also been coreacted with organic polymers and rubber and in each case the inherent defects of the elastomers were corrected. The results are truly remarkable, but it would be deviating too far from our central theme to go into detail here on the performance of such new heterogeneous materials.

It would be more to the point to consider how the submicron crystals can be made to interact with one another to form strong bulk materials. It has been suggested for instance, that the strength of whiskers can be made available by braiding, weaving or compacting them. HOFFMAN (*1*), has calculated that the contact needed to transmit a force completely from one whisker to another would involve intimate contact along a side of whisker for a length 1000 times its diameter. It

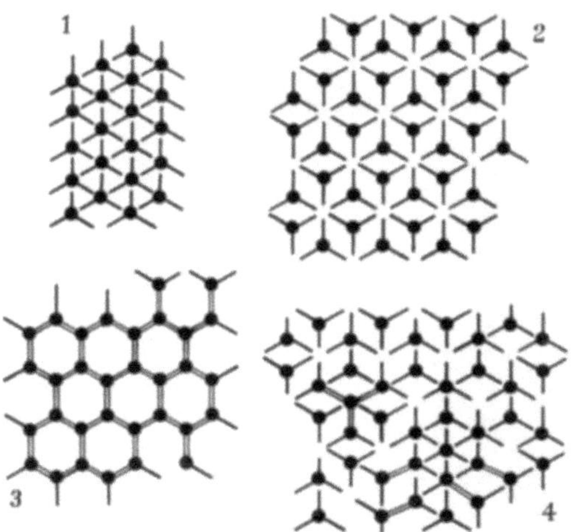

Fig. 4. Schematic drawing to show cross sections of the three possible modes of perfect packing for the three dimensional dendrites of α iron

Fig. 5. Model of rhombic dodecahedron, shows 4 of the 12 sides, 9 of the 14 corners and 12 of the 20 edges

is more realistic to develop bulk strength by compacting submicron crystals. Consider the surface energies and the incidence of surface contact of one crystal with another available for interparticle interaction with the particle packing represented in Fig. 4.

To explain how these crystals come to exhibit such high energies, one may compare the vapor pressure exhibited by a single droplet of water and that exhibited by water in bulk liquid. The vapor pressure of the drop is related simply to its radius of curvature: the smaller the drop, the greater the vapor pressure. Similarly with crystals, the smaller they are, the greater their specific surface, the greater their total energy per mol. The surface area of these crystals is 16 to 150 m²/g. From the point of view of energy contributions, in addition to the smallness of each crystal, its new geometry must be considered. Each crystal has 14 corners, 20 edges, and 12 sides, Fig. 5. The atoms at corners and edges possess higher energies than those on the side surfaces; and the energy associated with surface atoms is higher than that associated with those in the interior of the crystal. In order to illustrate the increase in energy, the energies possessed by crystals of diameters 240 and 315 Å respectively can be compared. The energy of the smaller crystal is 0.2 kcal/mol greater due to its surface area, and 1.2 kcal/mol greater because of other energies, particularly those related to the intracrystalline strains resulting from lattice deformations.

In addition to the more favorable energies for combining, inherent in these submicron particles, it is also pertinent to consider their morphology. In particular, it may well be that their interlocking structures will be more favorable for strength in combination than the simple packing of cubes or of rods. When combining these submicron particles of different materials superior results may be achieved because of the added degree of freedom coming from a choice in the morphologies of both constituents, Fig. 6. With all these factors working in favor of success, it is easy to become optimistic about the future of these crystal particles.

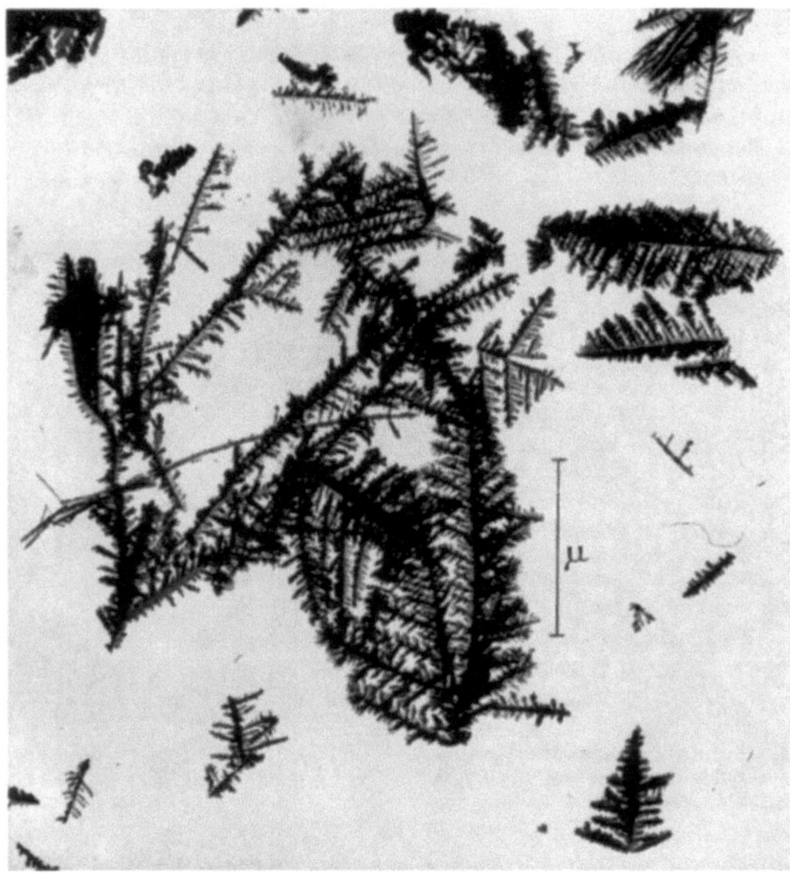

Fig. 6. Electron micrograph of sample of strong α iron dendrites. 24,000 ×

References

1. HOFFMAN, G. A.: Astronautics, August 1958.
2. GRIFFITH, A. A.: Philos. Trans. roy. Soc. London **221,** 163 (1921).
3. FREEMAN, M. W., and J. H. L. Watson: Proc. Metal Powder Assoc., 13th Annual Meeting 1957, p. 112.

Übermikroskopische Strukturuntersuchung von zwei Legierungen für permanente Magnete

J. J. DE JONG, J. M. G. SMEETS und H. B. HAANSTRA

Philips Research Laboratory and Philips Metallurgical Laboratory, Eindhoven (Holland)

Die metallographische Struktur von zwei bekannten Legierungen für permanente Magnete (Ticonal-G und Ticonal-X) im Zustand optimaler magnetischer Eigenschaften wurde erneut untersucht. Über die Struktur derartiger Legierungen nach der Elektronenmikroskopie von Oxydabdrücken ist schon von FAHLENBRACH und von SCHULZE berichtet worden. Da das Oxydabdruckverfahren bei inhomogenen Legierungen nicht nur reproduzierend, sondern gleichzeitig auch ätzend wirkt, bevorzugten wir bei unseren Arbeiten den nur reproduzierenden Kohleabdruck.

— Die uns interessierende Struktur stellt keine Gleichgewichtsstruktur dar. Wir haben daher die erhaltenen Resultate einer ständigen Kontrolle dadurch unterworfen, daß wir mit verschiedenen Polier-, Ätz- und schließlich auch Abdruckverfahren arbeiteten. — Unsere Resultate bestätigten im allgemeinen die von Fahlenbrach und von Schulze veröffentlichten Strukturbilder; wir haben aber eine bessere Auflösung erreicht, die für den Erfolg weiterer Untersuchungen günstig sein dürfte.

Cinematographic study of the growth process of oxide crystals in the electron microscope

H. Hashimoto, K. Tanaka, K. Kobayashi, S. Shimadzu*, T. Naiki and M. Mannami

Kyoto University and *Shimadzu Seisakusho, Kyoto (Japan)

Improving our specimen heating device (*1*), we developed a new specimen holder for continuous observation at high temperatures up to 3000° C. The specimen to be observed is placed on a fine metal wire of high melting point such as tungsten and platinum so that the specimen can be heated by passing electric current through the wire, as has been done by Yamaguchi (*2*) and v. Ardenne (*3*). This heating device is inserted in a specially designed chamber in which gases of pressures of 10^{-3} mm Hg $\sim 10^{-1}$ mm Hg can be introduced on to the heated specimen, as has been done by Ito and Hiziya (*4*). The vacuum in the specimen chamber was measured by a MacLeod gauge and an ionization gauge. The temperature was measured by an optical pyrometer and a thermocouple.

As specimen ammonium tungstate was coated on a platinum wire and heated up to 1500° C in a vacuum of 10^{-3} mm Hg so as to decompose to tungsten oxide. The decomposition began, when the temperature of the wire was elevated to 700° C. *Needle crystals* originated from the specimen surface and grew at their tips. Their diffraction patterns suggested that the needles consisted of γ-tungsten oxide ($WO_{2.72}$). The growth rate varied considerably with a slight variation of the heating temperature. The changing electron microscope images formed on the fluorescent screen were photographed by a 16 mm cine camera (Paillard Bolex) with a speed of 8 pictures per second.

When the needle crystals grew with a high rate, it was often observed that *ball-like particles* like dew drops were formed on the needles. The numbers of such particles increased during the heating. They moved on the surface of the needle as if they were attracted to each other by the surface tension of a liquid, and the balls became larger by collecting small balls. When the temperature was lowered to about 500° C, the ball-like particles changed from spherical shapes to polygonal ones and vice versa when the temperature was raised again. This process could be repeated several times. When the temperature was kept for several minutes at a value where the ball-like particles had spherical shapes, they spread over the surface of the needle crystal and increased the thickness of the needle. Some stages of the behaviour of the ball-like particles may be seen from Fig. 1.

The ball-like particle of spherical shape is supposed to be liquid because of the high speed of its movement and the roundness of its outer contour, whereas those of polygonal shape may be solid. Many small-area diffraction patterns which included both the ball and a part of the needle were examined. By substracting the diffraction spots from the needle, the pattern only due to the ball was selected. There were no diffraction spots or only a few which seemed to be due to the ball-like substance. The identification of the diffraction spots has not yet been carried out. The needle, immediately after increasing in thickness by the spreading of the ball-like particles, gave a diffraction pattern with many spots, which is not due to pure γ-tungsten oxide but to some anomalous lattice, the length of the *b*-axis being twice that of the original lattice.

When the temperature was elevated again after having been lowered from the value favourable for the growth of the needle crystal, the needle crystals did not always continue to grow at their tips but began to grow from several points at the side-wall and formed as branches. After suitable intermittent heatings, beautiful *dendrite crystals* were formed. If the needle crystal had some knobs or steps, new needles often were growing from their side-walls. The axis of the new needles seemed to have no crystallographic relation to the mother needle, though they were growing nearly perpendicular to the wall of the mother needle. Some stages of the formation of dendrite crystals are shown in Fig. 2.

Fig. 1. Behaviour of ball-like particles on a needle crystal
Fig. 2. Formation of a dendrite crystal
Fig. 3. Growth and evaporation of a needle crystal

Bundle structure. At the tip of a needle crystal which was growing at the suitable temperature, it was often observed that a few small needles grew first and then the gaps between them were filled with material so that the tip of the compound needle became a smooth surface without any steps. After the accomplishment of a compound needle's crystal growth, the intensity of the electron beam was increased by changing the strength of the condenser lens, whereupon the crystals began to evaporate from their tips by local heating, leaving some cores like a candle with several wicks. From this phenomenon it may be supposed that a needle is composed of thin single needles separated by gaps which are filled with some material of a lower melting point.

The diffraction patterns of the needles of various thickness gave the rotation diagrams of single crystals with rotation angles ranging within 40 degrees. It may be supposed, therefore, that the single-crystal needles which constitute a compound needle crystal with a bundle structure have some misorientation to each other. Some stages of growth and evaporation are illustrated in Fig. 3.

References

1. Hashimoto, H., K. Tanaka and E. Yoda: J. Electronmicroscopy **6,** 8 (1958).
2. Yamaguchi, S.: Kagaku (in Jap.) **17,** 275 (1947).
3. Ardenne, M. v.: Tabellen der Elektronenphysik, Ionenphysik und Übermikroskopie. Band I, 390. Berlin: Dtsch. Verlag d. Wissensch. 1956.
4. Ito, T., and K. Hiziya: J. Electronmicroscopy **6,** 4 (1958).

Electron microscopic and diffraction study on the progress of reduction of tungsten trioxide

Nobuji Sasaki and Ryuzo Ueda

Department of Chemistry, Faculty of Science, Kyoto University (Japan)

Some papers have been published concerning the particle size of tungsten powder prepared by hydrogen reduction of tungsten oxide (*1, 2*), and also some work has been done on the mechanism of the reduction process (*3*), but they are seldom concerned with the morphological change in tungsten oxide crystals in the course of reduction. What Hermann and Pfisterer (*4*) did observe in their electron microscopical studies, is only the *difference* in shape between a few particles taken from a lot of the original oxide powder and those from a lot of the reduced powder, but not the *change* in shape of a single particle by reduction.

The specimen-treating adaptor for the electron microscope, previously devised by us (*5*), enables to take micrographs and selected area electron diffraction patterns of one and the same part of the specimen before and after a physical or chemical treatment, so that even minute changes can easily be detected. It enables, by the way, to observe a freshly prepared specimen without exposing it to air and moisture that can greatly affect fine particles.

Observations of this kind with several metal oxides and metal oxide catalysts subjected to successive partial reduction in hydrogen were previously reported by us (*6, 7*). The present report deals with tungsten trioxide.

Reduction of tungsten trioxide single crystals. In order to observe the change in a crystal in detail, single crystals of tungsten trioxide, sufficiently large and transparent to electrons, were prepared by the following method. A fine platinum wire was inserted into a tungsten coil heated electrically in air at 800 to 900 °C. Within several seconds, yellow oxide crystals were formed on the platinum wire. Some of them are shown in Fig. 1a. Diffraction pattern (a′) shows a spot pattern of a tungsten trioxide crystal having (010) as the flat surface. But this crystal is likely to have a superlattice structure, because the pattern shows weak diffraction spots corresponding to twice the periods of **a** and **c** of the unit cell.

The oxide crystals as formed on the platinum wire were exposed for short intervals to heated hydrogen at one atmosphere pressure in the specimen-treating adaptor, and the morphological and chemical changes in the specimen were followed by taking micrographs and selected area electron diffraction patterns after each exposure.

Fig. 1 shows the progress of reduction. Micrograph (a) is taken from the original single crystals of tungsten trioxide. In this and following figures, each diffraction pattern corresponds to the part enclosed in a circle of respective the micrograph. Micrograph (b) was taken after reduction for 5 min at 450 °C, and (c) after reduction at 500 °C and 600 °C each time for 5 min. They show the formation of fine particles. In diffraction patterns (b′) and (c′) both the rings of tungsten dioxide and those of β-tungsten are seen. Micrographs (d), (e) and (f) were taken after further reductions at 750° C, 800° C and 850° C each time for 5 min. They show the gradual growth of the fine particles to larger ones clinging to each other. In diffraction pattern (d′) we see the rings

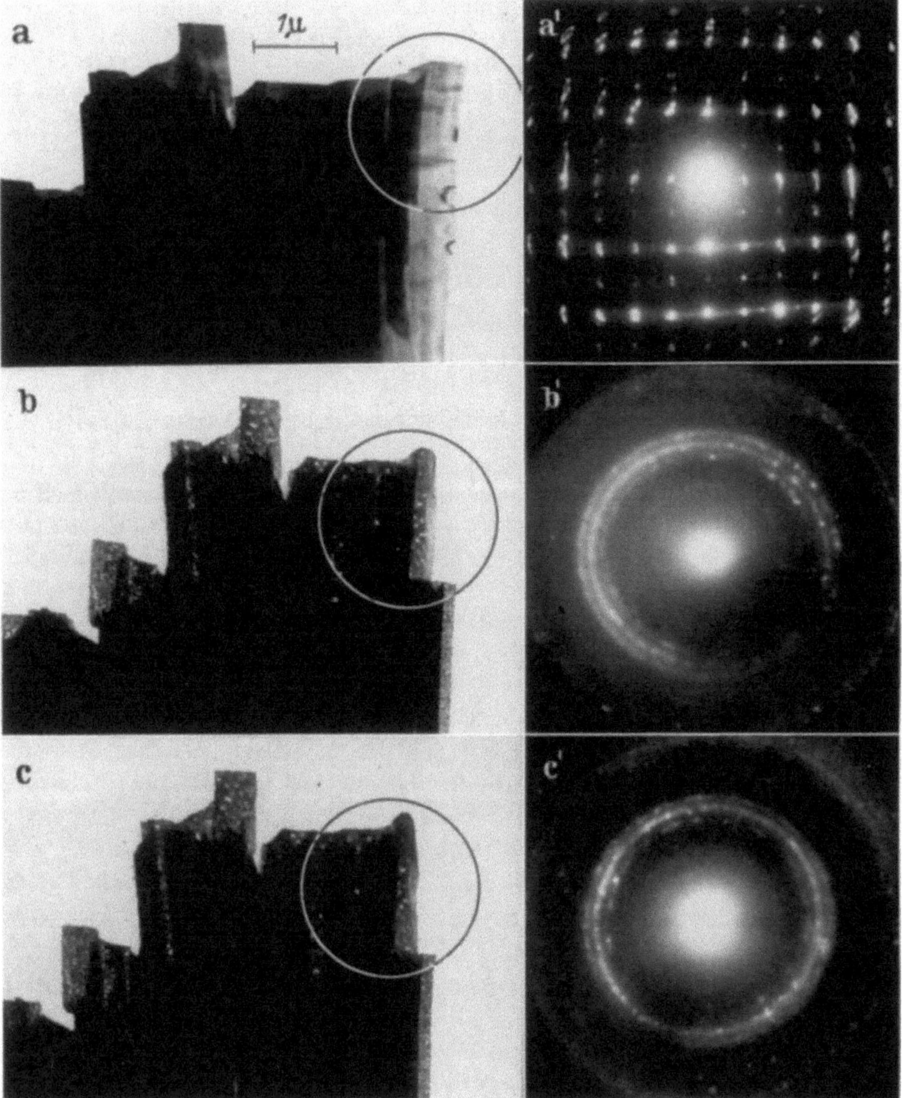

Fig. 1 a—f. Progress of reduction of WO₃ single crystal. The original crystal a) was reduced by hydrogen (1 atm.) successively; b) for 5 min, at 450 °C; c) for 5 min, each at 500 °C and at 600 °C

of α-tungsten together with the weak rings of β-tungsten, but in diffraction patterns (e′) and (f′) only the strong rings of α-tungsten remain. These rings are composed of elongated diffraction spots.

The particles first produced by reduction are very likely to be metallic tungsten, for, firstly, the diffraction rings of metallic tungsten and the particles in micrographs appeared at the same stage of reduction, and secondly, the particles steadily grew to the final stage of reduction. During our investigation, several types of formation of tungsten particles have been observed. So in the earliest stage of reduction needle-like particles were formed radiating from several points in the original single crystal. In another type of formations which is shown in Fig. 2, tungsten particles have clinged together in some preferred directions which seem to have some relation to the crystallographic axes of the original oxide crystal.

In reducing molybdenum trioxide crystals, molybdenum particles were often formed densely along the contour of the original crystal and formed a frame of considerable strength which

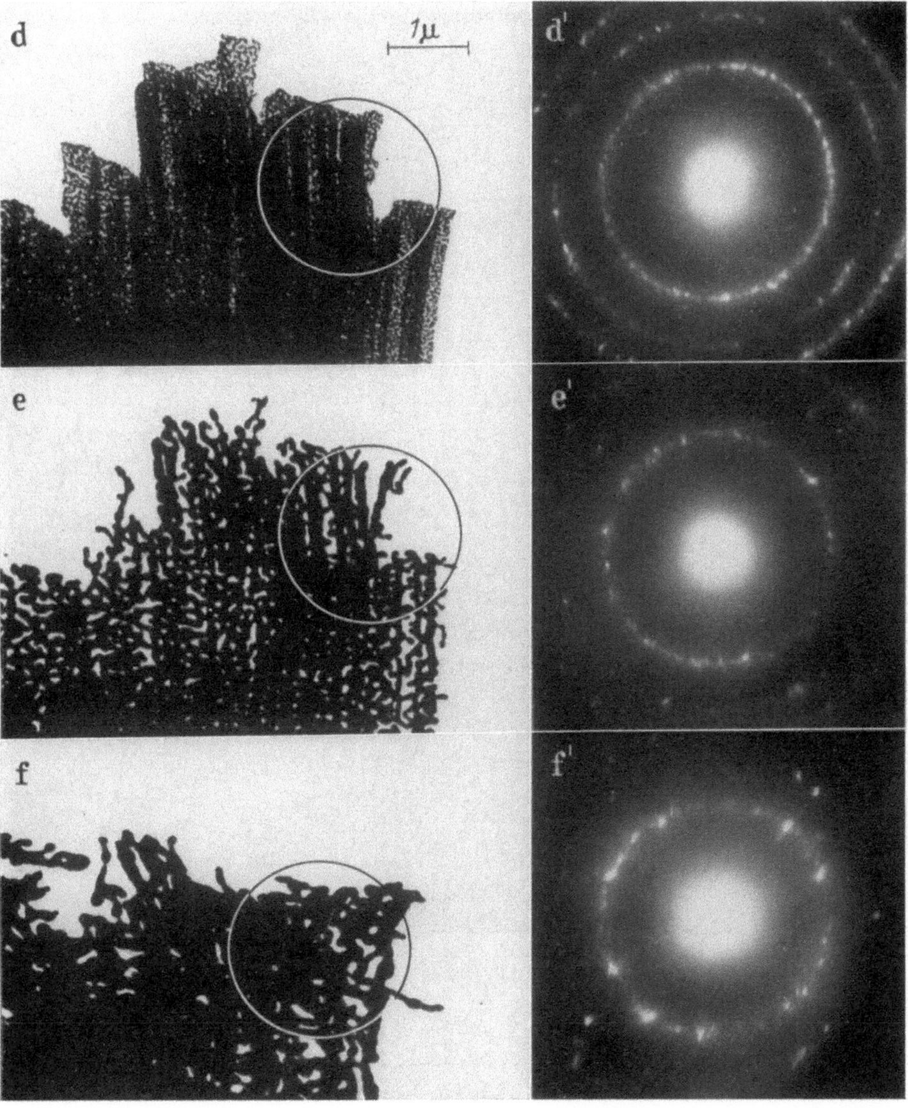

Fig. 1d—f. d) for 5 min at 700 °C; e) for 5 min at 800 °C; then f) for 5 min at 850 °C. Each diffraction pattern belongs to the part of the corresponding micrograph enclosed in a circle

retained the original shape. Tungsten trioxide crystals, however, have not exhibited such a phenomenon.

β-tungsten particles formed at an early stage of reduction, were completely transformed to α-tungsten particles when heated above 700 °C. The transformation can only be traced in diffraction patterns, but not in micrographs. α-tungsten particles when grown sufficiently always give rise to elongation of diffraction spots owing to the refraction effect. Extinction contours also, though diffuse, are often met with. These are so called equal inclination fringes or equal thickness fringes. These observations suggest that the particles have relatively thin and wedge-formed parts in them.

Reduction of colloidal particles of tungsten trioxide. Colloidal particles of tungsten oxide having boat-like and rectangular shapes were prepared from the aqueous solution. These crystals were mounted, by drying a small drop of suspension, on a carbon film supported by a perforated gold foil, and were reduced by hydrogen.

Fig. 3 shows the progress of reduction of boat-like crystals which is much the same as that of rectangular crystals. Micrograph (a) is taken from the original crystals. Diffraction pattern (a′)

Fig. 2. A type of formation of tungsten particles

shows a spot pattern of tungsten trioxide crystals. It is to be noted that this is accompanied by the diffuse rings of carbon film as in all the following diffraction patterns. At an early stage of reduction for 10 min at 500 °C (b), minute particles were formed in the original crystals. There are β- and α-tungsten as seen in diffraction pattern (b′). By further reduction at 600 °C (c), 700 °C (d), and 750 °C (e) each time for 10 min, particles grew to some degree and broke into separate particles, later becoming somewhat rounded. But even at the last stage of reduction, these very fine tungsten particles remain dispersed uniformly throughout the contours of the original oxide crystals. To be more exact, coarser particles are formed in thicker crystals and also in the part where two crystals are lying upon each other. This high stability of the dispersed metal particles is never observed without carbon support.

In diffraction pattern (c′) there are only the rings of α-tungsten. But in (d′) there appear the very weak rings of α-W_2C and in (e′) they have grown stronger. This indicates that at high temperatures the reaction has occurred between tungsten particles and carbon film on which they rest.

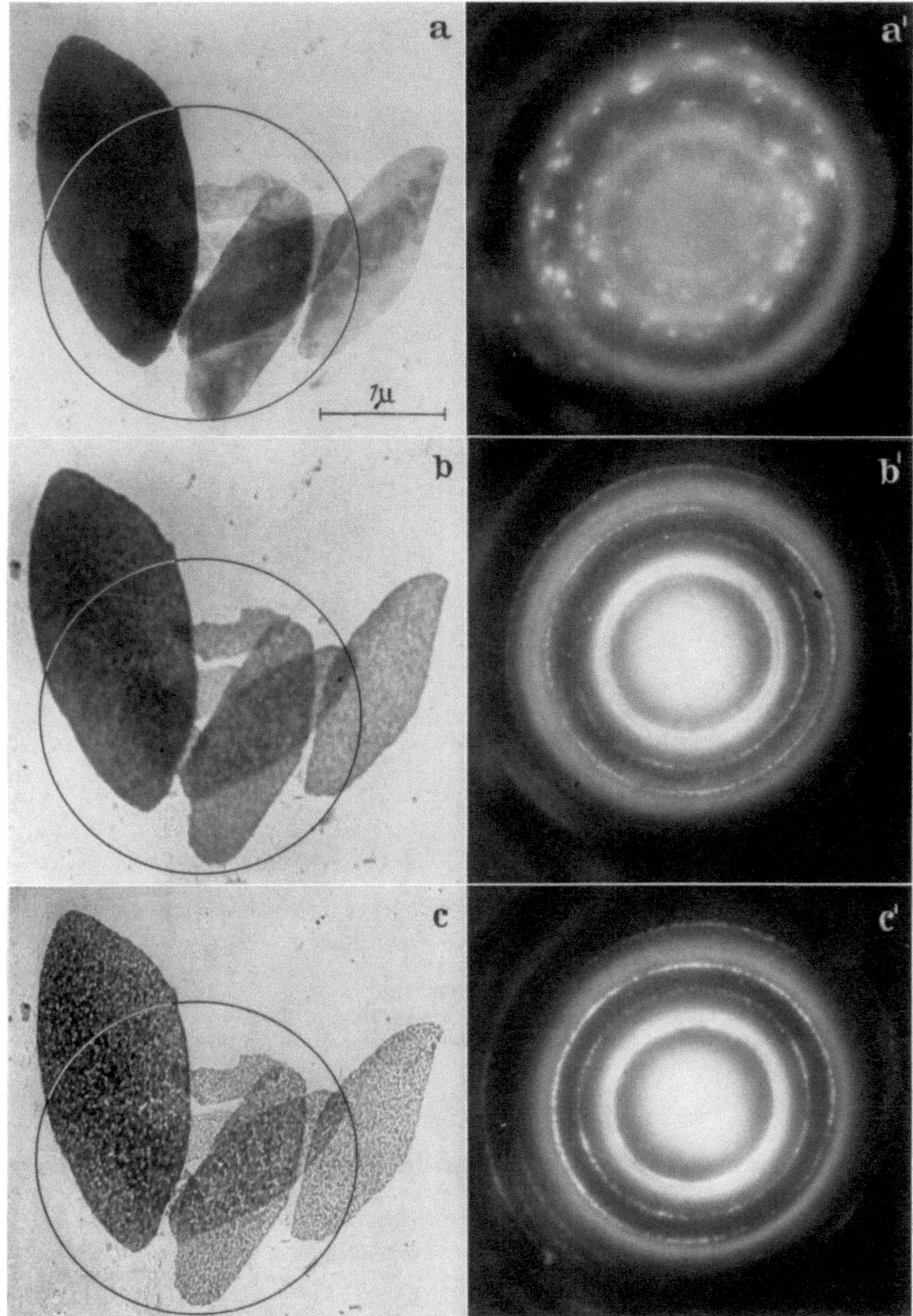

Fig. 3a—e. Progress of reduction of colloidal particles of WO_3. The original boat-like crystals a) mounted on a carbon film were reduced by hydrogen (1 atm.) successively; b) for 10 min at 500 °C; c) for 10 min at 600 °C

References

1. KOPELMAN, B.: The Physics of Powder Metallurgy. Edited by W. E. Kingston. New York: McGraw-Hill 303, 1951.
2. SPIER, H. L., and W. L. WANMAKER: Philips Res. Rep. **13,** 149 (1958).
3. HEGEDÜS, A. J., T. MILLNER, J. NEUGEBAUER u. K. SASVÁRI: Z. anorg. Chem. **281,** 64 (1955); **289,** 288 (1957).

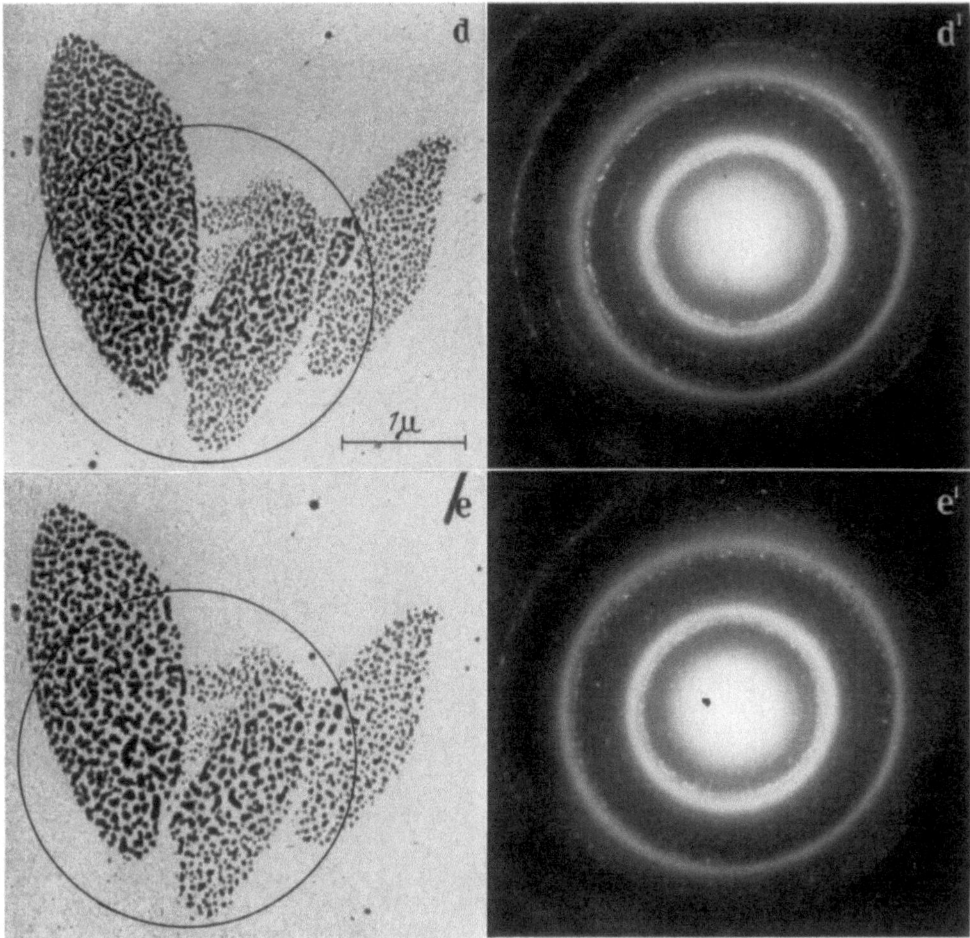

Fig. 3d and e. d) for 10 min at 700 °C; then e) for 10 min at 750 °C

4. Hermann, O., u. H. Pfisterer: Metall 8, 759 (1954).
5. Sasaki, N., and R. Ueda: Rev. sci. Instrum. 23, 136 (1952).
6. — — Proc. 3rd. Int. Conf. Electron Microscopy, London 1954, p. 463 (1956).
7. — — and N. Arai: Proc. First. Reg. Conf. Electron Microscopy, Tokyo 1956, p. 284.

A study of an oxide-coated cathode with the electron microscope

E. Sugata and S. Nakamura

Osaka University, Osaka (Japan)

The relation between the thermionic electron emission and the surface structure or crystallite size of the oxide cathode material is a problem of interest for physicists as well as for engineers. Oxide cathodes, however, are extremely unstable in the atmosphere, whereas only a mean size is measured in vacuum by the X-ray diffraction method, as used by Eisenstein (1), Rooksby (2), Wright (3) and Yamaka (4). Recently, in Japan, Yazawa and Yako (5) and Hirota (6) have investigated a replica method which can fix the state of the cathode surface in vacuum. On the other hand, oxide cathodes during decomposition were directly observed in the electron microscope with a special specimen-chamber by Ueda (7).

We have studied crystals of the oxide cathode and its surface structures by the replica method and measured the cathode activity at the same time. Our procedure in the *replica preparation*, as illustrated by Fig. 1, is almost similar to that of HIROTA (6):

1. Fixing the surface structure of the oxide cathode by an evaporated film of SiO.

2. In the atmosphere, pressing the SiO-replica film into the "Bioden R. M." which is a trade name and a kind of resin.

3. Dissolving the oxide-cathode material in 1% HNO_3 and washing the specimen in water.

4. Shadowing by Ge evaporation and reinforcing by carbon film.

5. Dissolving "Bioden R. M." in aceton.

We could also get a good replica using the carbon film in place of SiO.

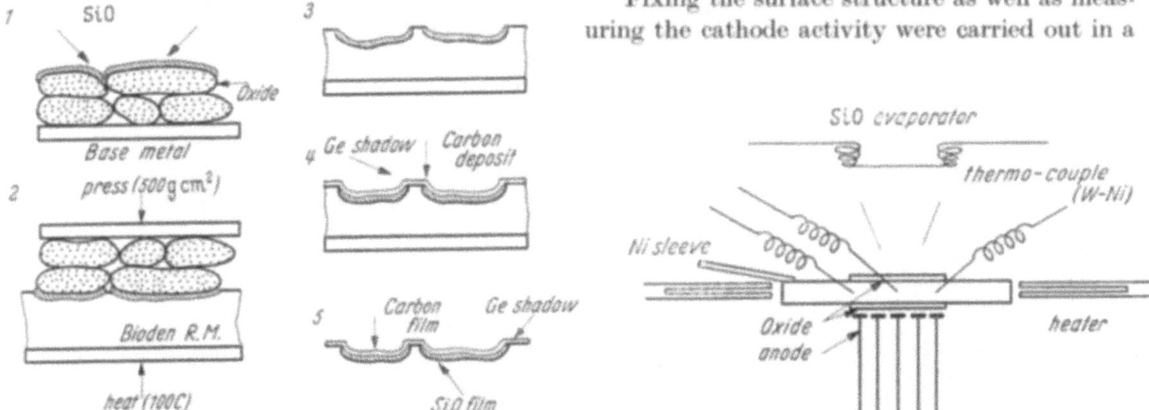

Fixing the surface structure as well as measuring the cathode activity were carried out in a

Fig. 1. Process of replica preparation (see text)   Fig. 2. Array of electrodes

vacuum tube, the electrodes of which were arranged as shown in Fig. 2. In this vacuum tube, there are the SiO evaporator, the cathode with a flat surface and two heaters, and five anodes for measuring the emission current from different parts of the cathode. One side of the flat surface of the cathode is used for getting a replica and the other side for measuring the emission current.

The various cathode temperatures and temperature gradients are established by the control of the feeding power in the two separated heaters. The cathode temperature for any portion is estimated from the value measured by W-Ni thermo-couples at three points.

As the *standard decomposition conditions* we chose the following procedures: the carbonates were heated gradually and degassed for 10 min at a pressure lower than 2×10^{-4} mm Hg, and then decomposed into the oxide at 1280° K for 5 min. To know the activity of various parts of the cathode, we used five different anodes.

The baryum carbonate cathode. In good vacuum (2×10^{-4} mmHg) at a temperature lower than about 1020° K, the original shape and the surface structure of the carbonate were almost retained, the cathode activity still being low. But at the standard temperature, the shape changed and a cubic crystallite (about 1000 Å or more) grew on the surface. If the cathodes, decomposed at these standard conditions, are exposed to the decomposing gas which is released by heating the other carbonate-coated cathode, and if the gas pressure does not exceed 10^{-2} mm Hg and the cathode temperature is lower than 1400° K, the surface structure does not change and the activity of the cathodes is recovered by the activation.

Under a rather bad vacuum (about 5×10^{-3} mm Hg), however, at a temperature 900—1100° K, the shape of the carbonate particles changes thoroughly and at 1300—1400° K the carbonate seems to have a fused state. We can see many rounded corners on the particles. If the shape of the carbonate is changed into the above mentioned state, the electron emission is low.

In Fig. 3a, b, c the original single carbonate and the oxide cathodes decomposed under good and bad conditions are shown, respectively.

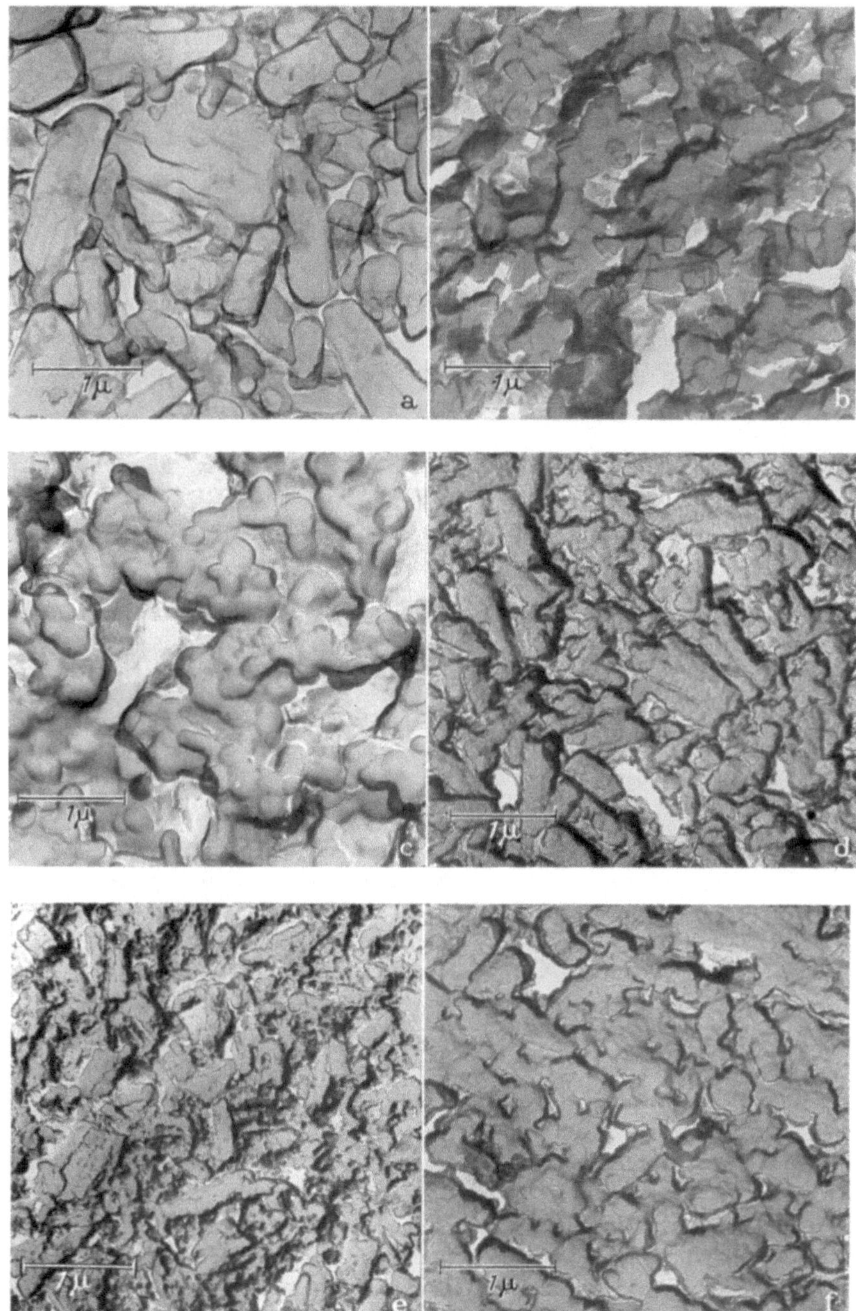

Fig. 3a—f. Surface structures of oxide cathodes for various decompositions. Conditions:
a) Before conversion, $BaCO_3$; b) 1280° K, $< 2 \times 10^{-4}$ mm Hg, 5 min, BaO; c) 1400° K, $< 5 \times 10^{-3}$ mm Hg, 5 min, BaO; d) 1045° K, $< 2 \times 10^{-4}$ mm Hg, 5 min, (BaSr)O; e) 1320° K, $< 2 \times 10^{-4}$ mm Hg, 5 min, (BaSr)O; f) 1320° K, $< 10^{-2}$ mm Hg, 5 min, (BaSr)O

The baryum-strontium carbonate cathode. When this double carbonate cathode is decomposed under the standard condition, the original shape of the particle does not change, as is shown in Fig. 3d, e, but many small crystallites (about several hundred Å) can be seen clearly on the surface of the particle. But if the decomposition is done at a 10^{-2} mm Hg pressure, a fused state appears (Fig. 3f), and small crystallites do not appear.

In the case of the triple carbonate cathode as studied by S. Hirota, T. Imai and H. Noaki (*8*), the original shape of the particle does not change by the standard decomposition and we can see many small crystallites on it similar as in case of the double carbonate cathode.

In Fig. 4, the change of the cathode activity is shown for each decomposition condition and activation procedure. In summary, it is to be established, that the condition of decomposition of the double carbonate cathode has not so much influence on the activity or the surface structure as that of the single carbonate cathode. This is probably due to a stopping action of the crystal growth by SrO.

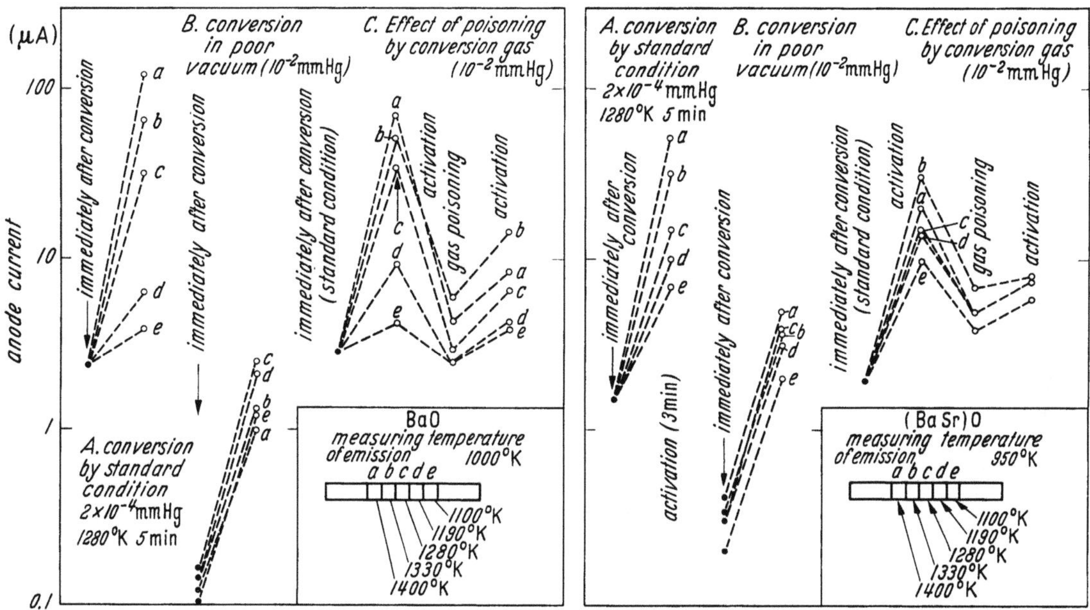

Fig. 4. The activity of the cathodes for various decomposition conditions and activation procedures

References

1. Eisenstein, A.: J. appl. Physics **17**, 434 and 654 (1946).

2. Rooksby, R. R.: Brit. J. appl. Physics **6**, 272 (1955).

3. Wright, D. A.: Le Vide **9**, 58 (1954).

4. Yamaka, E.: J. appl. Physics **23**, 937 (1952).

5. Yazawa, K., and H. Yako: The text-book for the lecture at the meeting of Appl. Phys. Soc. April 1957 (in Jap.).

6. Hirota, S.: Electron Microscopy **6**, 152 (1958) (in Jap.).

7. Ueda, R., and A. Nii: The text-book for the lecture at the meeting of Soc. of Electron Microscopy, May (1958) (in Jap.).

8. Hirota, S., T. Imai and H. Noaki: Private communication.

3. Kristalloberflächen

Electron microscopic observation of alkali-halide crystals at low temperature

T. Hibi and K. Yada

Research Institute for Scient. Measurements, Tohoku University, Sendai (Japan)

Electron microscopic studies on the coloration by X-rays (*1*), the additive colouration, and also the bleaching process (*2*) of some alkali-halide crystals were made only at room temperature until now. We also successively observed colouring and bleaching processes of the definite position of the same KCl crystal by using two-stage replicas (*3*). The same kind of observations at liquid air temperature, however, is more important physically and practicable, after the replica technique at liquid air temperature has been studied in the meantime (*4*).

Being the most important problems in experiments at low temperatures, the effects of ice condensed from water vapour in the atmosphere and of contamination on the crystals from oil vapour were first examined. As this kind of contamination can be prevented by using a liquid

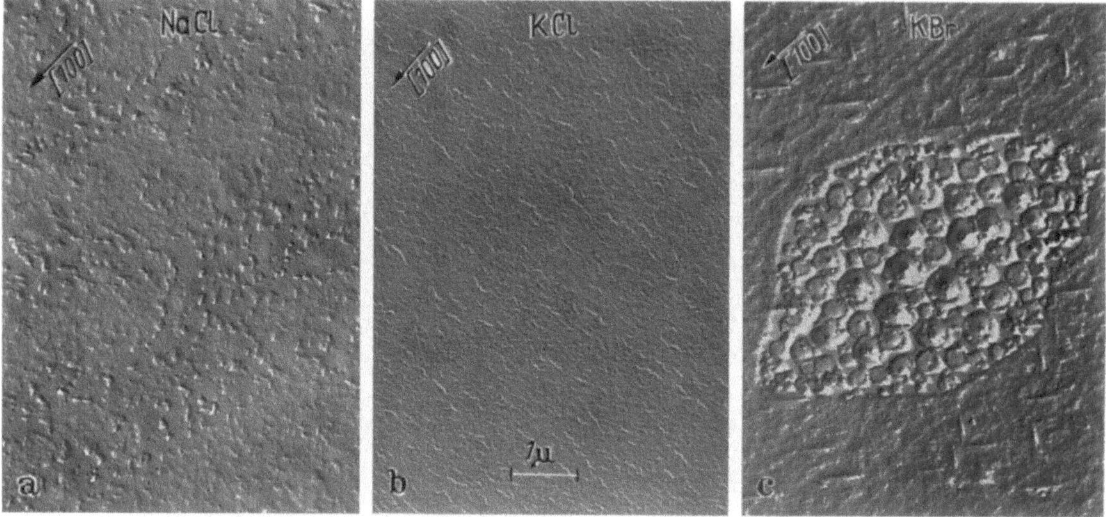

Fig. 1 a—c. Alkali-halide crystal surfaces, kept at liquid air temperature for 40 min. a) NaCl, b) KCl, c) KBr

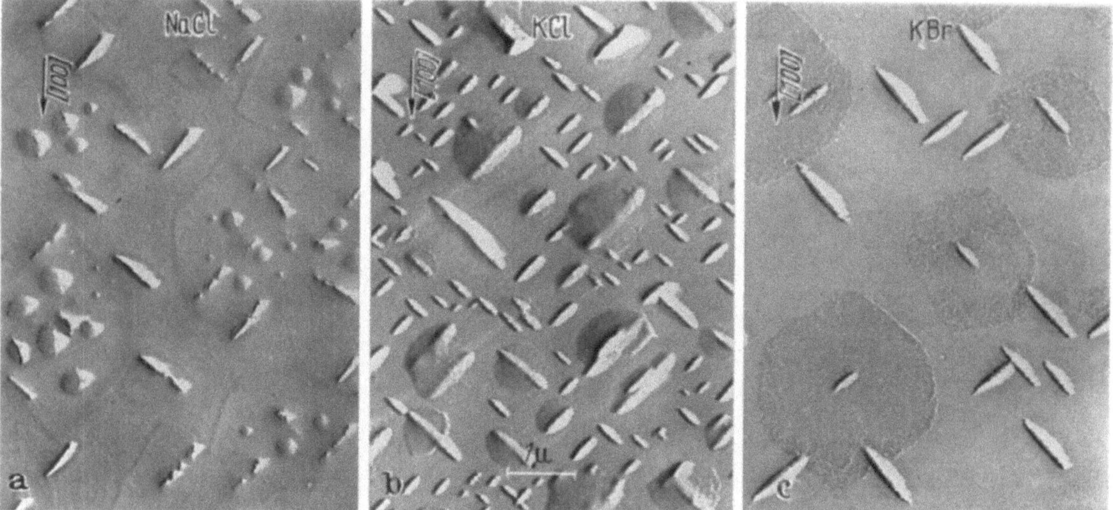

Fig. 2 a—c. Alkali-halide crystal surfaces, kept at liquid air temperature for 1 hr. a) NaCl, b) KCl, c) KBr

air trap, specimens were cooled to liquid air temperature after having been kept in high vacuum for a few hours by use of a liquid air trap. NaCl, KCl and KBr crystals were always simultaneously used as specimens. A SiO or a C replica made at liquid air temperature was used.

In the investigation of alkali-halide crystals, when coloured by X-ray irradiation at low temperature, the specimens must be kept at that temperature for a long time. Thus, they may be affected by ice or contamination during this period. In order to examine this, the specimens were kept at liquid air temperature for various periods of time. Though any changes of the crystals were hardly observable after 5 min, surface changes along the [110] direction appeared after 20 min. Fig. 1 shows the result after 40 min. Surface structures similar to deposited films are seen in all specimens. In the case of KBr, small crystallites arrange themselves along the [110] direction, and round crystallites aggregate at one place. Fig. 2 shows the result after 1 hr. In this figure all crystallites arrange themselves along the [110] direction. After having been kept at low temperature for 1 hr, the specimens were slowly heated to room temperature. Though the trace of the surface change at low temperature is maintained for a short time, the surfaces of NaCl, KCl and KBr return to smoothness.

A collodion membrane, however, when kept at a low temperature for 1 hr, showed a change of its surface. The observation was also made when the specimens were kept in a metal shielding case at liquid air temperature for 1.5 hr. Here, the surface changes of all specimens were not so

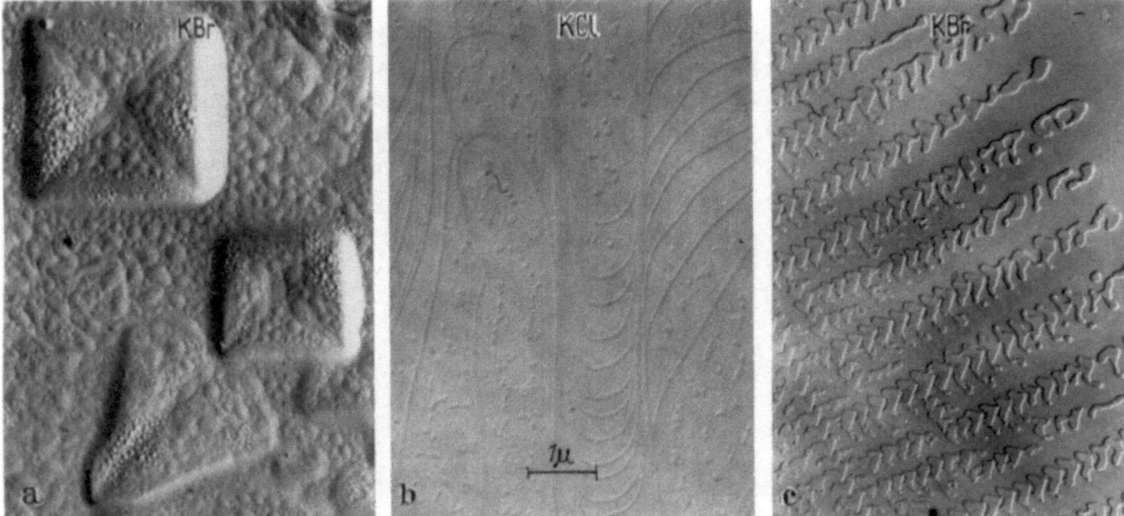

Fig. 3a—c. Alkali-halide crystal surfaces, a) KBr, coloured by X-irradiation at room temperature, then kept at low temperature for 5 min; b) KCl, coloured by X-irradiation at low temperature for 1 hr; c) KBr, coloured by X-irradiation at low temperature for 1 hr

pronounced. On the other hand, specimens located upon the shielding case showed pronounced surface changes. These experimental results lead us to the opinion, that contamination may contribute to surface changes.

Slow cooling to liquid air temperature, however, with subsequent keeping at that temperature for 1 hr gave smaller surface changes than rapid cooling. Surface change thus seems to depend on the rate of cooling to low temperature.

NaCl crystals with and without heat treatment and after compression were also compared. Hardly any change was observable between the former two cases, while crystallites arranged themselves along the [110] direction in the latter case. It seems therefore, that the surface change depends on the amount of internal stress in the specimens.

Furthermore, we compared natural collodion and electron bombarded collodion membranes cooled at a low temperature for 1 hr. The results showed, that the surface change of an electron bombarded membrane was more pronounced than that of a natural one, and a crack often appeared. It seems from this that the collodion membrane is not in an amorphous state at liquid air temperature.

The temperature difference between the upper and the lower surfaces of a crystal may be supposed to be an important factor for surface change. To confirm this, thin and thick NaCl crystals were compared after having been kept at low temperature for 1 hr. The change in a thick crystal was more pronounced than that in a thin one.

In order to clarify the efficiency of the metal shielding case, corresponding experiments were performed by using a glass shielding case in which the specimens should receive a light irradiation and, moreover, the temperature gradient between the upper and the lower surface should be larger than in the metal case. Keeping the crystals at a low temperature for 1 hr gave more pronounced surface changes than those in the case of using a metal shielding case.

Finally, Fig. 3a shows the image obtained at liquid air temperature from a KBr crystal after having been coloured by X-ray irradiation at room temperature and kept at low temperature for 5 min. A surface change similar to a deposited film appears, whereas such a change is not seen when the crystal is kept at a low temperature for 5 min without X-ray irradiation. Fig. 3b and c show the images of the surfaces of KCl and KBr crystals, respectively, appearing at liquid air temperature, when they were shielded by the metal case and coloured by X-ray irradiation at a low temperature for 1 hr through a collodion window of the shielding case. It turned out that a surface change of the alkali-halide crystal also appears after X-ray irradiation at low temperature.

These results lead us to the following opinion: It is still risky to conclude that the surface changes observed in these experiments were not due to contamination, but to changes in the alkali-halide crystals themselves. Considering, however, that the surface change depends on the nature of the alkali-halide crystal and also on many physical conditions, it seems that the change which depends on the internal stress in alkali-halide crystals, appears on the surface. Even if this presumption might not be correct, the results will suggest very important precautions, as such effects have often been neglected in investigations at liquid air temperature.

<h2 style="text-align:center">References</h2>

1. HIBI, T., and K. ISHIKAWA: J. Phys. Soc. Japan **13,** 709 (1958).
2. — and T. TOMIKI: J. Phys. Soc. Japan **14,** 445 (1959).
3. — and K. YADA: J. Phys. Soc. Japan **14,** 455 (1959).
4. — — J. Electron Microscopy **7,** 21 (1959).

Microstructure in ammonium dihydrogen phosphate crystals induced by clays during growth*

J. J. COMER

Mineral Constitution Laboratory, College of Mineral Industries,
The Pennsylvania State University, University Park, Pennsylvania

During a study of habit modification of crystals of $NH_4H_2PO_4$ various clays were added as impurities to the solutions in order to determine the effect of colloidal particles in suspension on crystal growth. The results are of interest for the following two reasons: 1. they indicate the relative degree of reactivity of the clays with the solutions, and 2. they show that interesting growth features, some visible to the unaided eye, and others visible by means of the electron microscope, form as a result of the presence of the clays. The growth features are unique in that they are not observed on fracture surfaces of the pure crystals or on habit-modified crystals grown from solutions containing certain metal ions as impurities.

Small quantities of powdered clays were added to solutions of $NH_4H_2PO_4$ which were then heated to the boiling point, while stirring, for 2—3 hr. In most cases the p_H was lowered by the addition of phosphoric acid. The solutions were diluted and evaporation was allowed to take place until they were saturated at room temperature. Seed crystals, approximately 15×30 mm in size, were suspended in the solutions and growth was allowed to proceed by evaporation of the solvent at room temperature until the crystals had increased in length by about 5—10 mm. Table 1 lists the conditions of growth and the amount of foreign metal ion found in the crystals.

Certain metal ions, including Al^{+++}, when adsorbed by $NH_4H_2PO_4$ crystals during growth from solution cause a tapering of the prism faces (1). The degree of tapering is a function of the cation concentration in solution as well as rate of growth. Upon complete dissolution of the halloysite in this experiment the concentration of Al^{+++} ion in solution would be about 9×10^{-3}

* Contribution No. 58-20. College of Mineral Industries.

Table 1. *Summary of crystal growth conditions*

Clays	Concentration in g/100 ml solution	pH	Period of growth	Appearance of crystal	Per cent Al^{+++} in crystal
Na-bentonite	.0203	3	3 days	Lineage. No tapering	.0002
Nontronite	.0324	2	7 days	Relatively smooth. No tapering	.0020*
Halloysite	.1000	3	2 days	Smooth. 7 degree tapering	.0023
Halloysite-Kaolinite	.0819	2	7 days	Spirals on prism face. Slight tapering	.0010
Kaolinite.	.1000	4	2 days	Spirals on prism faces. No tapering	.0002

* Percent Fe^{+++}

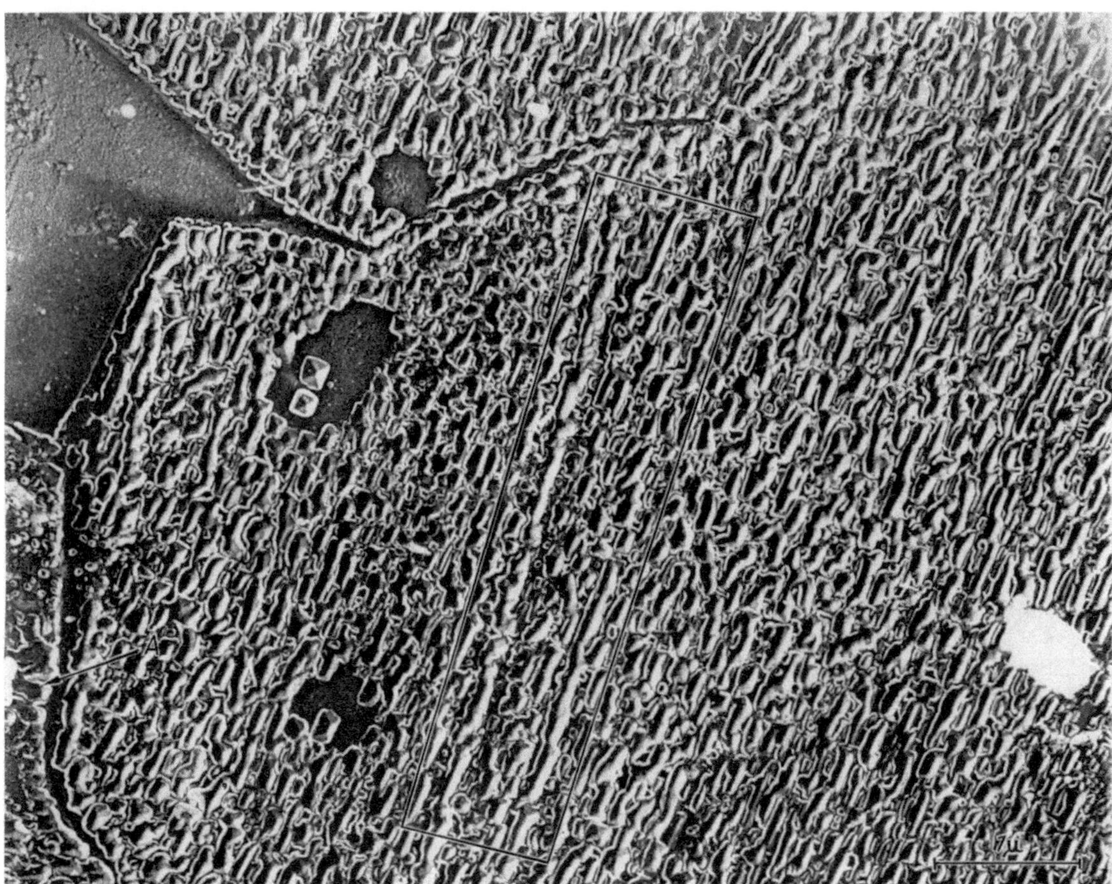

Fig. 1. Mosaic structure on fracture surface parallel to the (001) plane of $NH_4H_2PO_4$ grown from solution containing a halloysite-kaolinite mixture

mol/l. In unpublished data by Kolb and Comer it was shown that this concentration of Al^{+++} could cause a tapering of 8—12 degrees, depending upon the method of growth. The actual tapering of the crystal grown from solution containing halloysite was about 7 degrees. This suggests that essentially all of the available Al^{+++} in the clay had been released. By comparing the tapering of the prism faces it would appear that the halloysite reacts more rapidly with the phosphate solution than does kaolinite. This appears reasonable because halloysite is known to be less well-crystallized. Further evidence is found in a comparison of the quantities of Al^{+++} found in the various crystals. These are: .0023% for halloysite, .001% for a 50—50 mixture of halloysite and kaolinite, and .0002% for kaolinite. For each clay, including nontronite and Na-bentonite, residues were found on the replicas indicating various degrees of dissolution of the clay particles. X-ray diffraction analyses of the residues in the flasks showed the structure of the clays considerably altered.

Most of the crystals grown from solutions containing clay were poorly formed. Those grown in solutions containing Na-bentonite showed a macro mosaic structure with a unit size of 2—3 mm. Many hillocks of concentric rings, or possibly spirals, visible to the unaided eye were found on prism faces of crystals grown from solutions containing kaolinite or mixtures of halloysite-kaolinite. It is believed that these are the result of local deformations of the crystal lattice due to the occlusion of clay particles or residues. Similarly, it is believed that these particles are responsible for the mosaic structures observed throughout these crystals. ANNE WILLIAMS (2) has shown

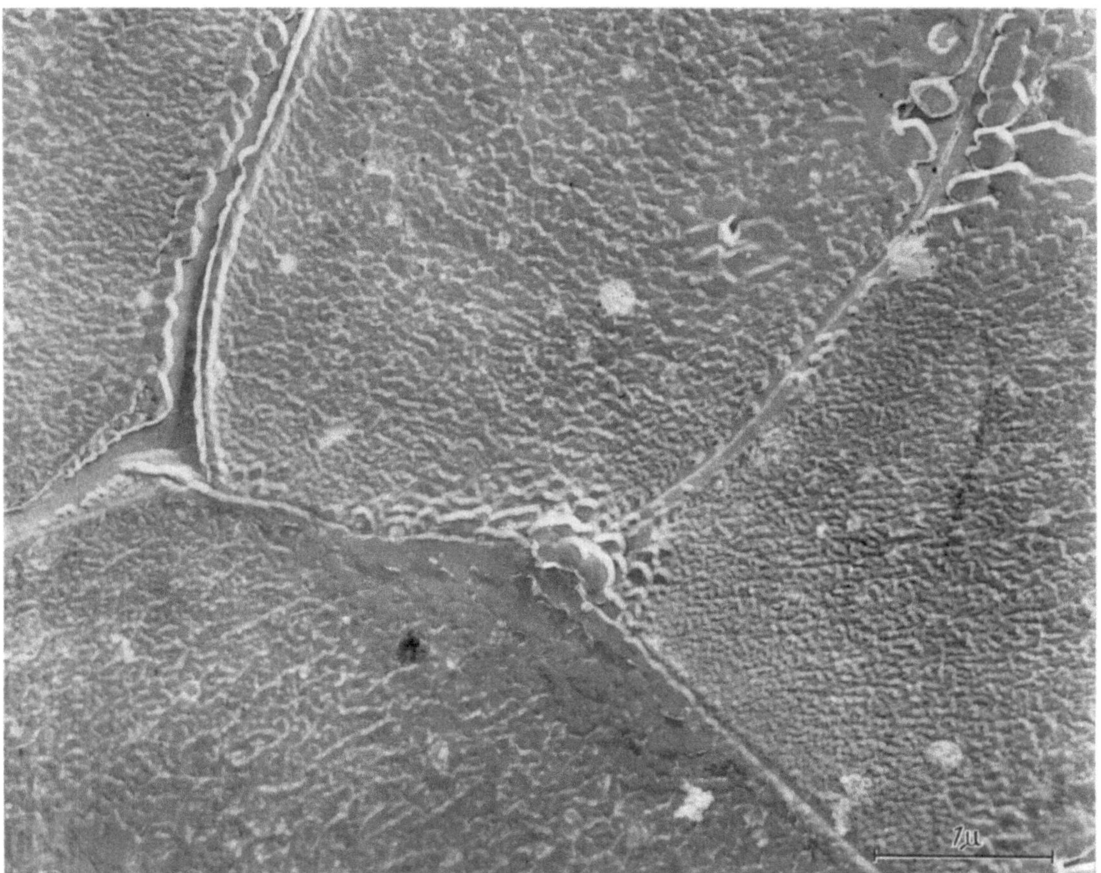

Fig. 2. Boundaries on fracture surface parallel to the (110) plane of $NH_4H_2PO_4$ grown from solution containing nontronite

in a series of photomicrographs of growing crystals of KH_2PO_4 that dislocation growth spirals form at the point of contact of a fine glass needle with the crystal by the introduction of local deformations. Occluded clay particles may have a similar effect.

Surfaces for examination were obtained by fracturing the crystals in areas of new growth. Carbon replicas of the fracture surfaces were prepared immediately, applying the carbon at angles of about 30 degrees with the crystals oriented so that the shadows on the replicas of the prism faces would extend in a direction parallel to the Z-axis of the crystal. Metal shadow-casting was eliminated because it was hoped to be able to identify residues on the replicas by means of selected area diffraction techniques. Many areas of the fracture surfaces contained clays in various stages of dissolution; other areas were quite structureless, resembling those found on replicas of crystals grown from pure solutions, and still others showed the surface features which will be described in this paper. All of the replicas contained areas exhibiting microstructures which were not found on pure crystals or on those containing habit-modifying cations.

It is interesting to note that etching was not employed to show the mosaic structures in these crystals. They occur in patches on the fracture surfaces, always appearing raised above the smooth areas. It is difficult to explain this unless one assumes that the surface from which the fracture piece was removed contains similar patches of raised mosaic areas and smooth areas in such a pattern that the mosaic areas of the one fit the smooth areas of the other section. In order to

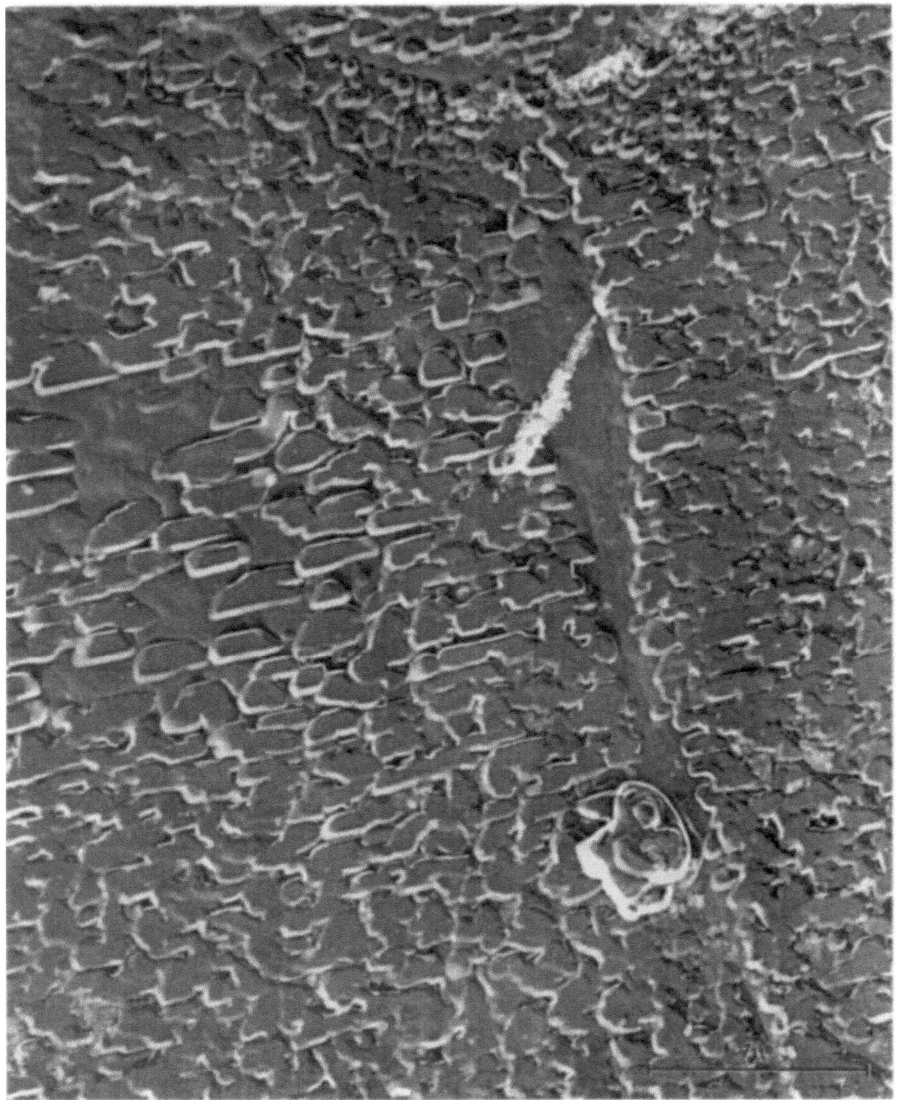

Fig. 3. Mosaic structure on fracture surface parallel prism face of $NH_4H_2PO_4$ grown from solution containing nontronite

accept this explanation, however, it would also be necessary to accept the idea that there are many voids in the crystals; for it is obvious that the smooth areas and mosaic areas do not make a close fit. Nevertheless, it is unlikely that the structure is made by atmospheric attack during the short period between fracturing the crystal and making the replica.

In Fig. 1 is seen an excellent example of the mosaic structure found on crystals grown from solution containing a 50—50 mixture of halloysite-kaolinite (from Les Eyzies, France), and also on crystals grown from solution containing nontronite (Spokane, Washington). The surface is that of a fracture or cleavage parallel to the (001) plane. The average size of the microcrystalline units is about 1000—1500 Å in one dimension, but most of them appear to be elongated with the length varying considerably. At the extreme left of this micrograph a boundary shown by arrow *A*, is observed where the microcrystals are aligned so that they are elongated in a direction 90 degrees to the long direction of those in the adjacent area. This is quite characteristic although this change in direction does not occur at every point where a boundary is visible. At most of the boundaries there are smooth areas; within the smooth areas, at distances of 1000—1500 Å from the border is often found a row of small particles which follow the curvature of the border. Also of interest are the rows of particles which merge to form a continuous ridge which curves out of alignment with the other particles in the field. These are located within the marked rectangle. The mosaic structure was also observed on fractures parallel to the prism faces although the units were not always so well defined morphologically as those on the (001) fractures.

In many areas of fracture surfaces of crystals grown from solution containing nontronite, clearly defined boundaries like those shown in Fig. 2 were found. This represents a fracture parallel to the (110) plane. It is noted that the crystallites are more clearly defined at the smooth areas near the borders. There is a wide variation in size of the crystallites.

In Fig. 3 is again seen the mosaic structure observed on a fracture surface roughly parallel to a prism face. Discontinuities in the structure include a sharply defined structureless boundary.

Other interesting surface features which are not illustrated here include rows of closely-spaced spherical particles, with the rows spaced about 700—1000 Å apart, intersecting at angles of 90 degrees. There is also a network of lines intersecting the others at 45 degrees. While the origin of these is not known at present the presence of some residue suggests that the particles may be of a different composition than that of the crystal. If so, the particles may represent an impurity compound deposited preferentially. On some fractures microcrystals were found which contained cavities almost as deep as the crystals were thick.

At present the mosaic structure has been found only on crystals grown from solutions containing clays; further studies are necessary to determine: 1. what conditions are favorable for the formation of mosaic structures, 2. what determines the crystallite size, 3. what is the mechanism of formation, and 4. to what extent it exists in the crystal. The work might be extended to other crystals, including a study of the effect of habit-modifying ions on mosaic crystals.

References

1. Kolb, H. J., and J. J. Comer: J. Amer. chem. Soc. **67**, 894 (1945).
2. Williams, Anne P.: Philosophic. Mag. **2**, 635 (1952).

Elektronenmikroskopische Untersuchung der Spaltflächen von Indiumantimonid-Einkristallen

Antoni Feltynowski und Ludwik Górski

Institut für Physik der Polnischen Akademie der Wissenschaften, Warszawa

Das Ziel dieser Arbeit war es festzustellen, wie weit sich die Methode der elektronenmikroskopischen Untersuchung von Spaltflächen eines Einkristalls zur Untersuchung der Strukturdefekte und deren Einflusses auf die Eigenschaften von Halbleitern eignet. Die Spaltflächen von Einkristallen sind, soweit uns bekannt, elektronenoptisch bis jetzt noch nicht untersucht worden. Lichtmikroskopische Beobachtungen an Spaltflächen betrafen lediglich Einkristalle von Metallen (hauptsächlich von Zink). Nach Gilman (*1*) bilden sich hier bei der Spaltung infolge der im Einkristall vorhandenen Defekte „Spaltstufen" (cleavage steps) auf der Spaltfläche.

Die von uns untersuchten Einkristalle von Indiumantimonid sind nach dem Verfahren des Zonenschmelzens erzeugt worden. Nach Feststellung der Kristallorientierung wurden sie in verschiedenen Kristallflächen gespalten. Hierzu wurde der Kristall in einer Goniometerfassung befestigt und mit einem Widia-Messer gespalten. Für die anschließenden licht- und elektronenmikroskopischen Untersuchungen eigneten sich Kristalle, die in den Flächen (111) oder (100) gespalten waren, wozu bemerkt sei, daß die Spaltung in der Fläche (100) leichter durchführbar war.

Die Spaltfläche wurde zunächst unter dem metallographischen Auflichtmikroskop durchsucht. Wies die Oberfläche eine interessante Struktur auf, so wurde ein Abdruck gemacht, um den betreffenden Teil der Spaltfläche im Elektronenmikroskop durchsuchen zu können. Wir verwendeten ein zweistufiges (positives) Saponlack-Aluminium-Abdruckverfahren. Die von der Spaltfläche abgezogene Saponlackfolie wurde mit Chrom unter einem Winkel von 15° schattiert, sodann mit Aluminium unter 90° bedampft, der Saponlackfilm in Amylacetat aufgelöst, so daß als Präparat nur die mit Chrom schattierte Aluminiumfolie blieb. Mitunter benutzten wir einen Mikromanipulator. Die interessanten Teile des Abdrucks wurden mittels eines Glasfadens oder einer Nadel noch vor der Trennung des Abdrucks vom Kristall gezeichnet.

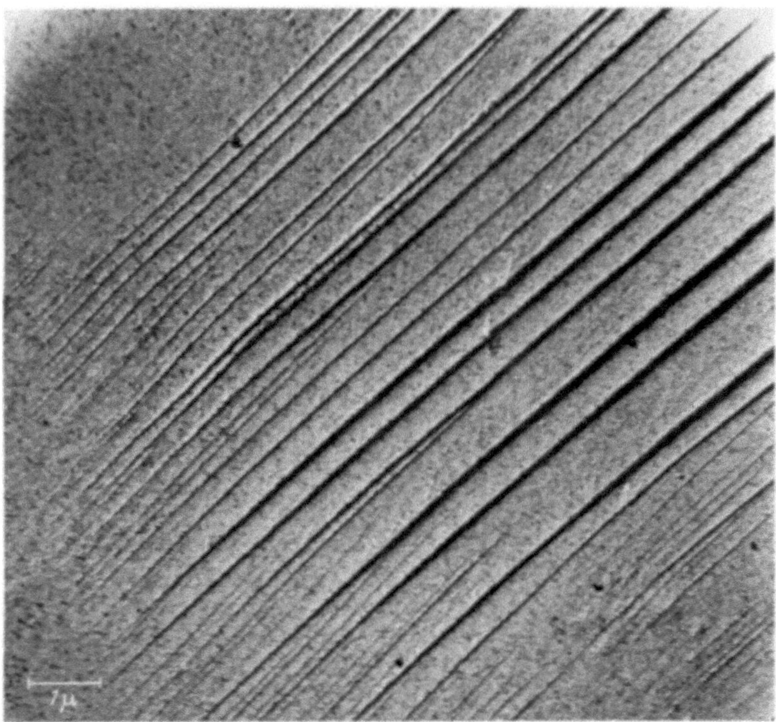

Abb. 1. Spaltstufenserie, die über ein etwa 100 μ großes Gebiet auf der (100)-Spaltfläche eines InSb-Einkristalls verläuft. Vergr. 9400 mal

Auf der Spaltfläche (100) werden deutlich Spaltstufen sichtbar, die von einer Verankerung der Kristallite längs der Spaltfläche herrühren. Die Ursache dieser Defektstellen im Kristall und der dadurch entstehenden Spaltstufen sind Schraubenversetzungen, deren Verschiebungsvektor (Burgersvektor) senkrecht zur Spaltfläche steht bzw. im allgemeinen Fall die Spaltfläche schneidet. Die Spaltstufen verlaufen in der Richtung der Spaltverbreiterung, worauf auch GILMAN (1) hinweist. Außer diesen Bereichen der Spaltfläche, die verhältnismäßig dicht mit Spaltstufen bedeckt sind, gibt es große Bereiche (etwa $^2/_3$ der durchsuchten Oberfläche), die ganz glatt sind, und auf welchen nur sehr selten vereinzelte Spaltstufen zu finden sind. Diese entstehen bei der Spaltung infolge Verankerung durch nur einzelne Schraubenversetzungen. Abb. 1 zeigt eine Serie von Spaltstufen, die über ein etwa 100 μ großes Gebiet der Spaltfläche und in Richtung der Spaltverbreiterung verlaufen. Am Anfang sind sie niedrig und dicht nebeneinander gelegen; im weiteren Verlauf vereinigen sie sich allmählich zu immer höheren Stufen mit abnehmender Dichte. Am Ende dieser Spaltstufen bildet sich auf der Spaltfläche ein großer Strukturdefekt, der wieder Ausgang einer neuen Serie von Spaltstufen ist.

Auch die Korngrenzen sind nach der einen Seite hin oft Anfang oder Ende einer Spaltstufenserie, während die Spaltfläche auf der anderen Seite der Grenze ganz glatt ist. Je größer die Desorientierung der Körner, d. h. je größer der Winkel zwischen ihnen ist, desto dichter

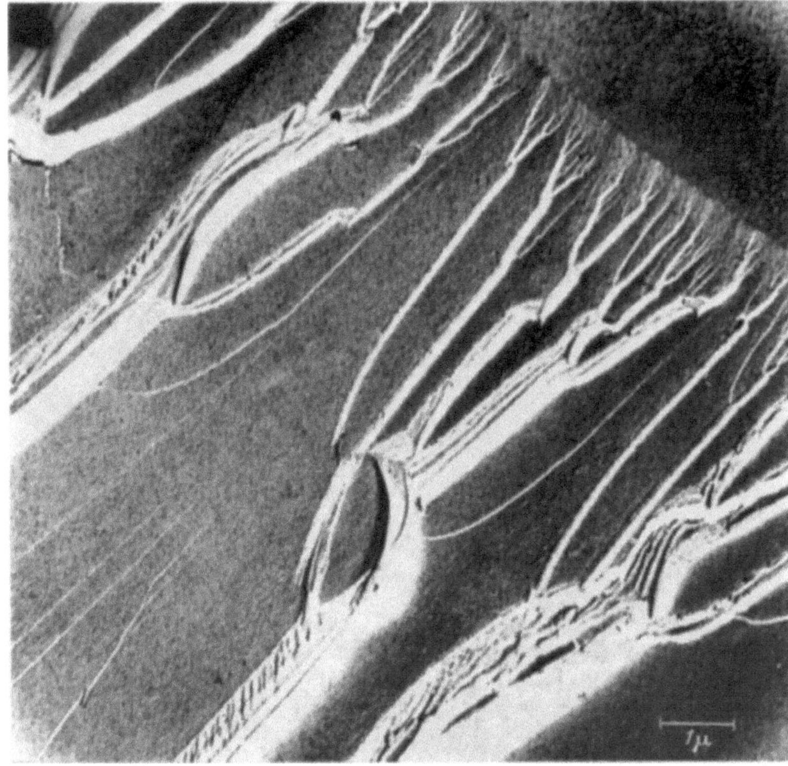

Abb. 2. Die Flußfiguren an der Korngrenze auf der (100)-Spaltfläche eines InSb-Einkristalls. Vergr. 9400 mal

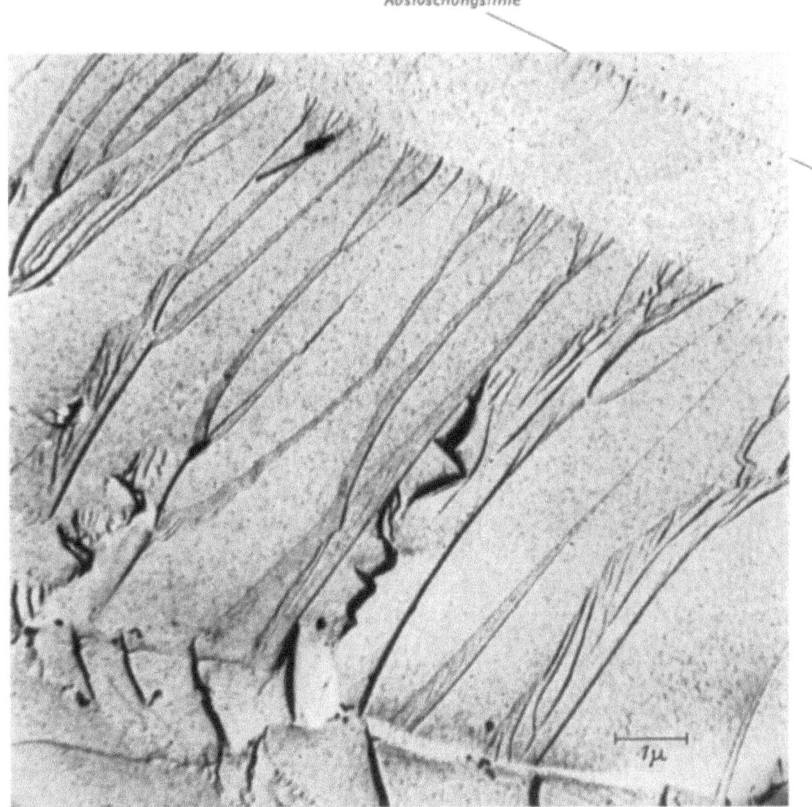

Abb. 3. Korngrenze und dazu parallele „Auslöschungslinie". Vergr. 9400 mal

liegen die Spaltstufen an der Grenze. An der Korngrenze bilden sich meistens kleine Spaltstufen, die sich etwas weiter in größere vereinigen und sog. „Flußfiguren" (river patterns) bilden. In Abb. 2 ist deutlich zu sehen, wie die Dichte der Spaltstufen mit der Entfernung von der Korngrenze abnimmt.

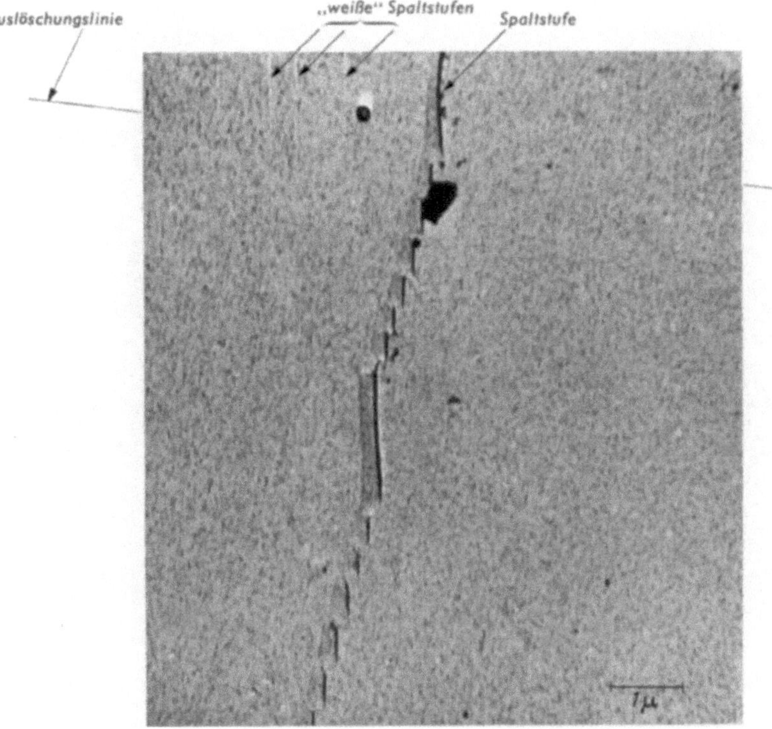

Abb. 4. Einzelne Spaltstufe mit den Verankerungen und einer „Auslöschungslinie". Vergr. 9400mal

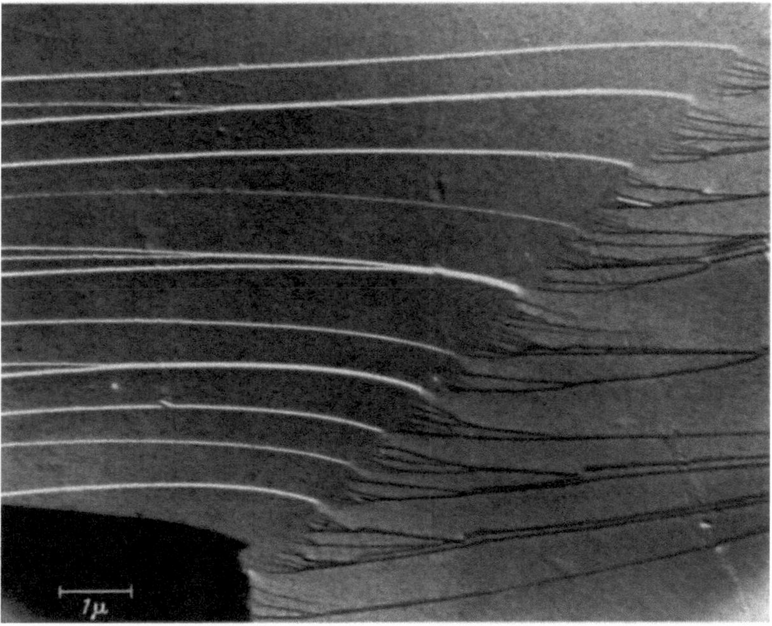

Abb. 5. „Weiße" und „dunkle" Stufen auf den verschiedenen Seiten der Korngrenze. Vergr. 9400mal

Auf einigen Aufnahmen wie z. B. in Abb. 3 ist außer der gewöhnlichen Korngrenze noch eine parallel zu dieser liegende Linie auf dem glatten Teilbereich der Spaltfläche zu sehen. Von dieser

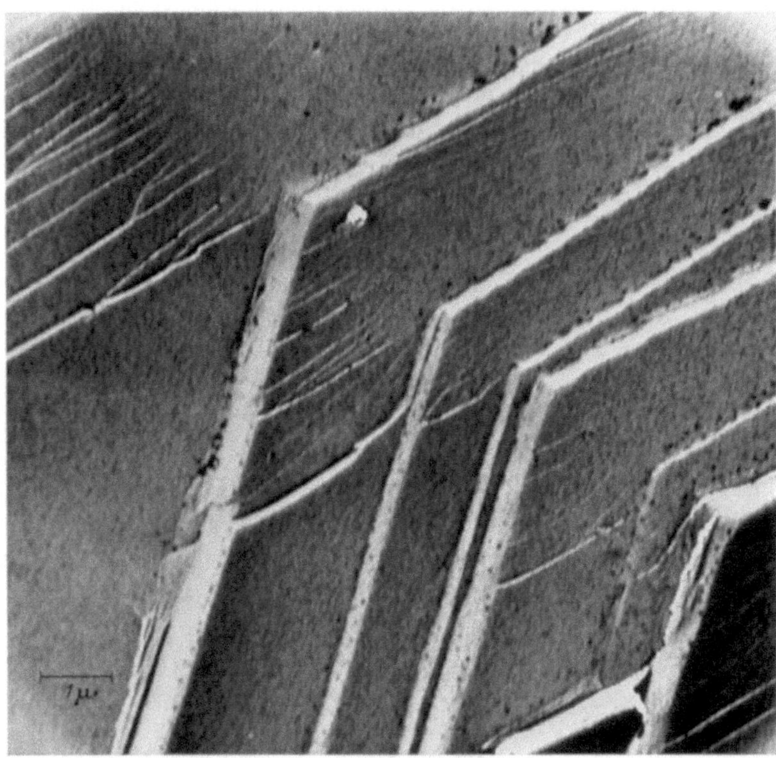

Abb. 6. Änderung des Spaltstufenverlaufs auf einer Versetzungsgrenze. Vergr. 9400 mal

Abb. 7. Änderung des Spaltstufenverlaufs auf einer Versetzungsgrenze mit „Flußfiguren". Vergr. 9400 mal

Linie gehen Stufen aus, die weiterhin wieder verschwinden. Dies könnte man mit der Tatsache erklären, daß hier Versetzungen mit umgekehrten Vorzeichen hervortreten, die sich gegenseitig auslöschen. Solche „Auslöschungslinien" kann man auf glatten Teilen der Spaltfläche auch ohne Zusammenhang mit Korngrenzen beobachten, s. Abb. 4.

Auf einer der Bildserien wurden auch Spaltstufen auf beiden Seiten der Korngrenze beobachtet (Abb. 5). Anfangs selbständig, d. h. nicht auf einer Grenze, und ziemlich dicht gebildete Spaltstufen enden auf der Korngrenze. Die Dichte der Stufen nimmt in ihrem Verlauf stark ab. Auf beiden Seiten dieser Korngrenze sind Stufen sichtbar, auf der einen Seite helle, größere mit

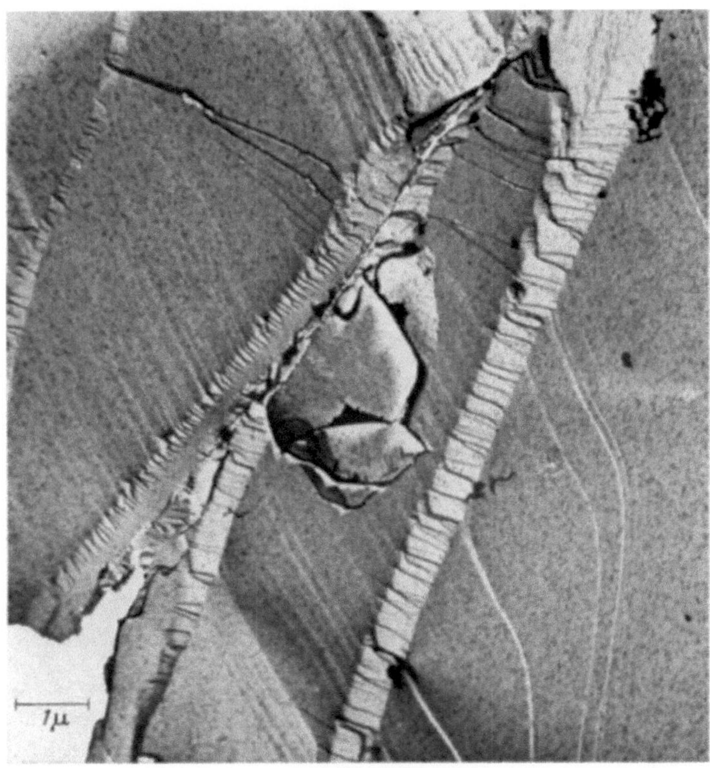

Abb. 8. Größere Spaltstufen mit lamellenförmiger Struktur aus Gleitlinien nahezu senkrecht zur Spaltstufe. Vergr. 9400 mal

kleiner Dichte, auf der anderen dagegen dunkle, kleinere mit größerer Dichte. Dieser Unterschied, durch die schräge Bedampfung sichtbar gemacht, weist auf eine Desorientierung der Flächen auf beiden Seiten der Grenze. Es ist zu vermuten, daß die Höhe einer hellen Stufe gleich der Summe der Höhen der einzelnen dunklen Stufen zwischen zwei benachbarten hellen ist.

In einigen Fällen konnten wir die Änderung der Spaltstufenrichtung beobachten (Abb. 6). Die Ursache dieser Änderung ist ein Hindernis in Gestalt einer Versetzungsgrenze mit großer Dichte der Versetzungen; es ändert die bisherige Richtung der Spaltverbreiterung. Zugleich kann man auf dieser Grenze Flußfiguren beobachten (Abb. 7).

Die lineare Dichte der Spaltstufen ist (im Durchschnitt über sämtliche Aufnahmen) 10^4 bis 10^5 pro cm. Da die Anzahl der Spaltstufen der Zahl der Schraubenversetzungen entspricht, kann man die lineare Versetzungsdichte in den untersuchten Einkristallen in der Größenordnung 10^4—10^5 pro cm annehmen.

Auf einer Reihe von Bildern ist wie in Abb. 8 deutlich zu bemerken, daß die einzelnen größeren Spaltstufen eine lamellenförmige Struktur aus feinen, dichten Linien, den Gleitlinien, aufweisen, welche unter rechtem oder nahezu rechtem Winkel zu den Spaltstufen verlaufen. Es sind auch

32*

Gleitlinien beobachtet worden, die unabhängig von Spaltstufen verlaufen und Streifen von parallelen, dichten Linien bilden (Abb. 9 und 10). Im Gegensatz zu den Spaltstufen sind diese Linien noch feiner und dichter gelegen.

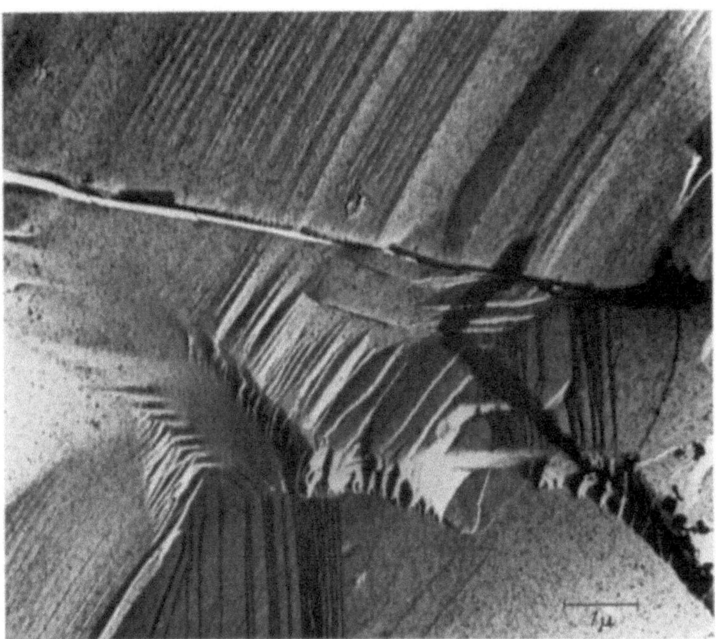

Abb. 9. Gleitlinien auf der Spaltfläche. Vergr. 9400 mal

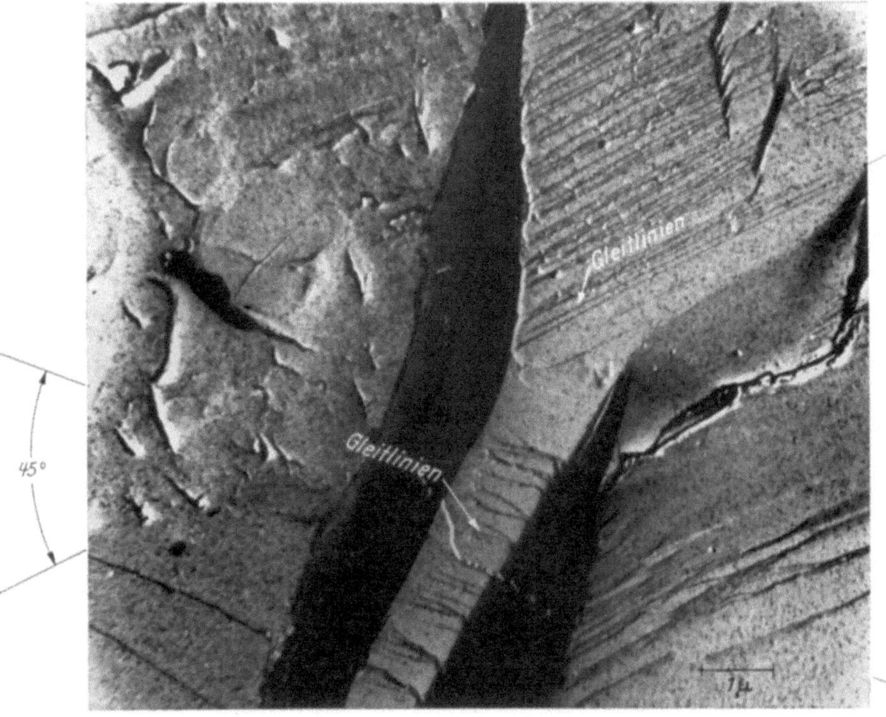

Abb. 10. Zwei Gleitliniensysteme auf der (100)-Spaltfläche. Vergr. 9400 mal

In unserem Fall der Spaltung entlang der (100)-Fläche entsteht die Gleitung hauptsächlich an den Flächen (111) und (110). Einen interessanten Fall zeigt Abb. 10, wo eine Spaltstufe von größerem Ausmaß mit der feinen Ultrastruktur der Gleitlinien zu sehen ist. Auf diesem Bild sieht man zwei Gleitliniensysteme unter dem Winkel 45° zueinander. Er entspricht dem Winkel zwischen der Schnittlinie der Flächen (100), (111) und der Schnittlinie der Flächen (100), (110). Da eine Gleitlinie die Schnittlinie der Spaltfläche und einer Gleitfläche darstellt, rühren die beobachteten zwei Gleitliniensysteme von zwei verschiedenen Gleitflächen, (111) und (110), her.

Nach MOTT und NABARRO (2) liegt die Ursache der Gleitung in den Versetzungen, die im Einkristall schon bei seiner Bildung oder einer thermischen Behandlung entstehen. Nach einer

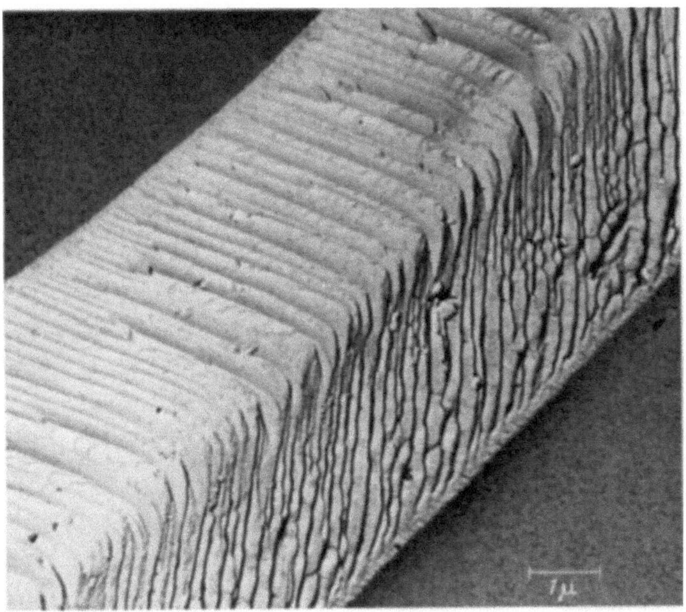

Abb. 11. Ein inkludierter Kristallit auf der Spaltfläche von InSb. Vergr. 9400mal

anderen Theorie, von KOCHENDÖRFER (3), ist sie dagegen in den Korngrenzen oder in Strukturdefekten anderer Art zu suchen, die bei kleinen Deformationsspannungen Versetzungen erzeugen können. In unserem Fall liegt die Ursache der Gleitung wahrscheinlich in den Versetzungen, die infolge der Scherungsspannungen bei der Spaltung entstanden sind.

Auf dem letzten Bild (Abb. 11) sehen wir einen Teil eines großen Grabens (oder einer Schwelle), der über ein ausgedehntes Gebiet des Einkristalls läuft. Wahrscheinlich handelt es sich hier um einen inkludierten Kristallit, der anders als der gespaltene Mutterkristall orientiert ist. Auf beiden Seiten dieses Grabens sind deutlich Gleitlinien zu sehen.

Die Hauptelemente der Struktur der Spaltfläche von InSb-Einkristallen sind also die Spaltstufen und die Gleitlinien. Infolge des Zusammenhangs zwischen Spaltstufen und Versetzungen und der Möglichkeit, Gleitlinien auf der Spaltfläche zu beobachten, kann die Untersuchung der Spaltflächen eine wertvolle Methode zur Aufklärung der Strukturdefekte in Einkristallen, insbesondere aus technisch wichtigen Halbleitersubstanzen, sein.

Literatur

1. GILMAN, J. J.: J. appl. Physics **26**, 1262 (1956).
2. MOTT, N. F., and F. NABARRO: Rep. on the Conference of Strength of Solids. London 1948.
3. KOCHENDÖRFER, A.: Z. Physik **108**, 244 (1938).

Electron optical investigation and electron microscopy of the domain structure of ferroelectric single crystals

G. V. Spivak, E. Igras and I. S. Zholudyev
Electron Optics Labor. of the Moscow University, Moscow

As far as it is known, the domain structure of the ferroelectrics was not investigated by use of electron optics until now. There is only one publication on the matter concerned here treating, however, the investigation of the domain structure of the ceramic barium titanate (1). The method of investigating the ferroelectric domain structure almost exclusively used at present, was that of polarization microscopy (2). But the small effective magnifications, which could be obtained in this way, did not allow the investigation of domain structures in detail. A more accurate knowledge of these structures might allow a better understanding of some properties of the ferroelectrics not quite clear at present, as for example the high value of the dielectric susceptibility in the saturation region of the barium titanate polarization curve. That is why an electron optical investigation of the ferroelectrics domain structure at high efficient magnifications is important for clarifying some processes taking place in ferroelectrics as well as for better explaining the proper nature of ferroelectricity itself.

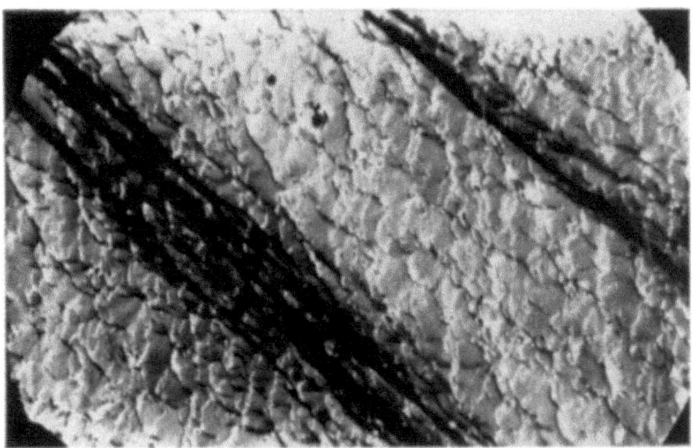

Fig. 1. *a*-domain structure of barium titanate single crystal, 10 min etched. Magnification 8000 ×

In the first stage of the investigation of the barium titanate domain structure by means of the electron microscope, the crystals were etched in concentrated hydrochloric acid (3) during several to ten minutes; then they were washed with distilled water and with alcohol. After the etched crystals had dried, the carbon or collodion replicas were stripped off and shadowed with chromium or self-shadowed in the case of carbon sometimes. The thicknesses of the carbon replicas were about 200 Å. Etching is done here in such a way that the domain structure of the crystal is revealed. The positive dipoles are attacked much more stronger by the etchant than the negative ones. As a result, a suitable geometrical relief reflecting the domain structure, is obtained.

Fig. 1 gives the picture of the barium titanate *a*-domains etched with concentrated hydrochloric acid during 10 min. The magnification is 8000 times. In the case of *a*-domains, the polarization vector is lying in the surface plane of the crystal and the polarization vectors in two neighboured domains are perpendicular to each other. All *a*-domains are etched in the same manner.

Fig. 2. Domain structure of barium titanate single crystal, 5 min etched. Magnification 8000 ×

of course, but the etching process is quite different in the transitional regions at the boundary between two *a*-domains. This boundary region is seen on the photograph in the form of irregular black lines parallel to each other. These black lines are supposed to be marked depressions or cracks which can occur in such regions because of strong strains and violent etching. As may be concluded from the theoretical computations of LITTLE (4), the width of the boundary area between two a-domains is about 0.2 μ, but in our case it is about 0.5—1 μ. The additional diffusion of the boundary region between a-domains in our photograph can be explained by the etching process. The area between two bound-aries (the a-domain) as seen from the photograph, consists of many etching figures, which seem to be due to blocks arranging in lines at an angle of 45° to the boundaries. It may be supposed that the described series of blocks is the etched fine domain struc-ture of a larger a-domain. The width of the supposed fine domains is of the order of 10^{-5} cm. The correctness of this point of view can be justified by the fact that a similar domain struc-ture was found when investigating replicas stripped from natural (not etched) barium titanate single crystals (see Fig. 5). Fig. 2 shows the domain structure of a barium titanate single crystal, etched during 5 min in concentrated hydrochloric acid. The two areas which can be seen here, are two a-domains when observed in a polarizing microscope. Each of these a-domains consists of many little domains which form the fine structure and are in perpendicular position

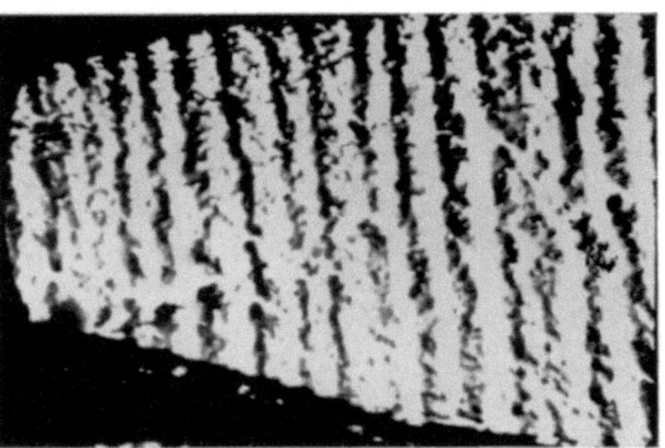

Fig. 3. Wedge-shaped a-domain with its fine structure, 5 min etched crystal. Magnification 8000 $\times$

Fig. 4. Domain structure of Rochelle salt, etched crystal x-plane. Magnification 2000 $\times$

to the boundary between a-domains. Their width is about 10^{-5} cm. From the progress of etching it can be seen that small domains are a-domains too, i. e. they have antiparallel directions of spontaneous polarization. Fig. 3 shows one wedge-shaped a-domain, containing fine domain structure. The widths of its subdomains are of about 10^{-5} cm. As in the previous photograph, they are a-domains. The crystal was etched during 5 min and a carbon replica was used.

The investigation of the domain structure of the Rochelle Salt was based on etching the X-Planes of the ferroelectrics with water during about 0,5 min. The temperature of the water was 10° C. The collodion replicas were stripped from the etched surface and shadowed with chromium. The state of etching was examined by using a usual light microscope for metallography.

Fig. 4 shows the domain structure of the Rochelle salt x-plane, the magnification being 2000 times. The interesting feature is here that there are series of blocks which have the form of cracks in the areas taken for individual domains when observed in the polarizing microscope alone. The order of the magnitude of these blocks is about 10^{-5} cm. To verify whether the picture obtained from the surface of the crystal x-plane is the domain structure, x-planes of the Rochelle salt were etched at temperatures from several to ten degrees even above the Curie point; no domain structure relief was obtained in these cases. As it is known, a relatively strong dose of X-radiation destroys the domain structure of the Rochelle salt. We examined this by etching the crystals treated in this way; no etching figures similar to domain structures were observed.

Let us now return to the investigation of the domain structure of barium titanate single crystals, especially to some results obtained when examining natural (not etched) single crystals using the method of replicas. It was found that it is possible in this way to investigate the domain structure of natural barium titanate crystals because geometrical domain reliefs are occurring on their surface. Barium titanate in its ferroelectric phase is characterized by strong spontaneous strains at the domain boundaries resulting from electrostriction and tetragonal deformations. The spontaneous strains are especially strong in the case of a-domains; the strains are able to cause some roughness on the surface in the form of a geometrical relief following the domains. The domain relief can be of different strength in different crystals and even at different places of the same crystal. As it is supposed, the strength of the relief depends on the electrical properties of the crystals. As it is well known, the electrical properties depend on the concentration of the impurities in the crystal. It was found, that the geometrical domain relief can be an elastic or an unelastic one. A sufficiently weak domain relief disappears at the temperature above the Curie point, whereas a stronger domain relief does not, being regarded as an inelastic one.

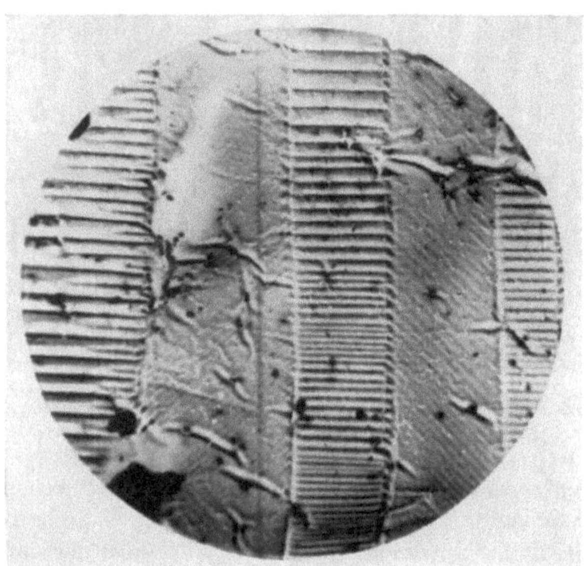

Fig. 5. Domain structure of not etched barium titanate single crystal. Magnification 2000 ×

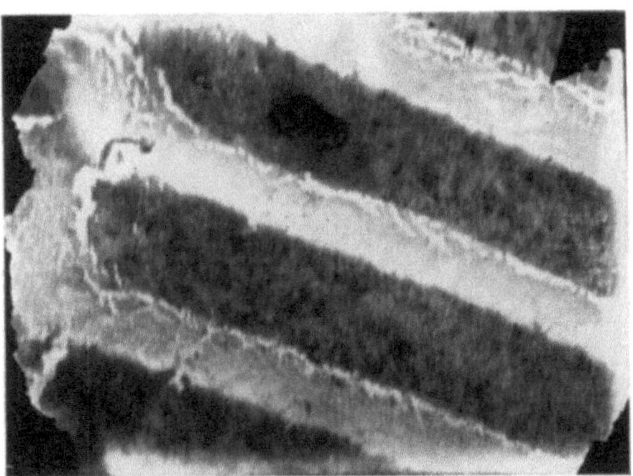

Fig. 6. Fine domain structure of the barium titanate, 45° domains of that seen on Fig. 5. Magnification 25000 ×

The typical picture of the domain structure of barium titanate obtained by using the method of carbon replicas stripped from not etched single crystals, is shown in Fig. 5 at the magnification 2000 times. On this photograph there can be seen the domains of the width 10^{-4}—10^{-5} cm, orientated at an angle of 45° to the "domain ladder" (Fig. 1 showed these domains strongly etched with hydrochlorid acid; there they are seen as a series of etching figures orientated at an angle of 45° to the *a*-domain boundary). Fig. 6 reveals some of the smallest domains at an angle of 45° to the "domain ladder" seen in Fig. 5, now at the magnification of 25000 times. The most interesting feature in this photograph is a certain structure on the surface of these domains. This structure has the form of bands, the width of which is about 100 Å.

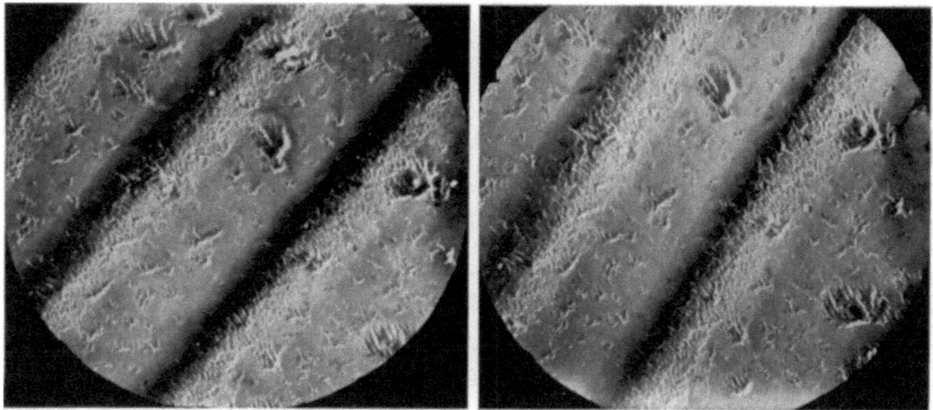

Fig. 7. Stereomicrograph of the barium titanate domain structure (geometrical domain relief). Magnification 4000 ×

For determining the form of the described domain relief and for measuring its depth, the series of electron microscope stereophotographs were made at an angle of convergency of 12°. Then, using a stereoscope, the form of the relief was determined and its depth measured. The depth Δy of the domain relief was computed from the formula:

$$\Delta y = \frac{\Delta p}{2 \sin \frac{\gamma}{2} \cdot M},$$

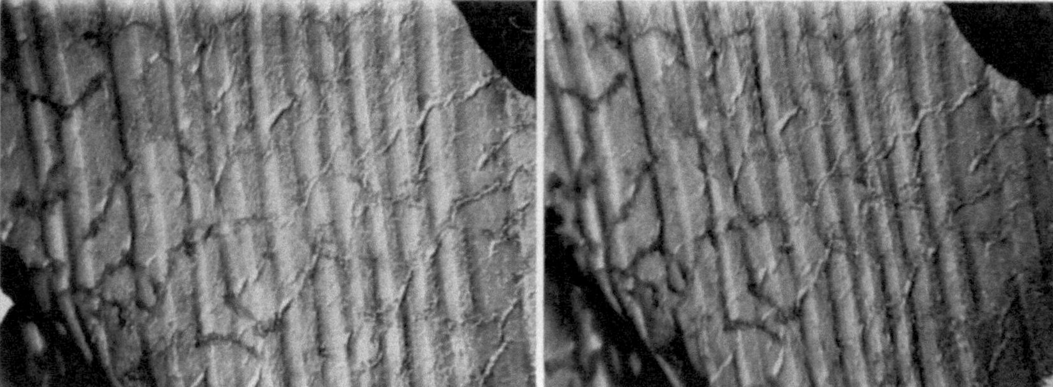

Fig. 8. Another stereomicrograph of the barium titanate domain structure. Magnification 1000 ×

where Δp is the parallax, and M the magnification, $\frac{\gamma}{2} = 6°$. For the stereopair in Fig. 7, the depth of the domain relief was one of the strongest: about 2000 Å. For the stereopair in Fig. 8, this depth is about 1200 Å. Very often the domain relief was so weak that it was impossible to measure it using the stereoscope. The weakest still measurable domain relief was about 400 Å. The form of the domain relief was always rectangular.

The existence of the subdomain structure and of strong unelastic domain deformations can be helpful for explaining some properties of the ferroelectrics, not quite clear until now. Particularly, the existence of such a fine domain structure might explain the comparatively high value of dielectric susceptibility (about 100), as it was determined in the saturation region of the barium titanate polarization curve. We suppose that the polarization process in the saturat on region is connected with a reorientation of the subdomains, particularly of those, which "got stuck" to the separate imperfections in the crystal. In such a case, the reorientation process can occur only in sufficiently high electric fields.

References

1. TENNERY, V. J., and R. A. FRANKLIN: J. appl. Physics **29**, 755 (1958).
2. For example P. W. FORSBERGH: Physic. Rev. **76**, 1187 (1949).
3. HOOTON, J. A., and W. J. MERZ: Physic. Rev. **98**, 409 (1955).
4. LITTLE, E. A.: Physic. Rev. **98**, 978 (1955).

4. Kondensierte Schichten

Wachstum von Alkalihalogeniden bei Bekeimung

W. WILKENS

Institut für Angewandte Physik der Universität Hamburg

Die vorliegenden Versuche schließen an Untersuchungen an, die in unserem Institut von SÖNKSEN (1) durchgeführt wurden. Hierin wurde festgestellt, daß die Kristallitgröße in Aufdampfschichten durch Vorbekeimung mit geringen Fremdsubstanzmengen entscheidend beeinflußt wird.

Hierzu wurden im Vakuum von $5 \cdot 10^{-6}$ bis $1 \cdot 10^{-5}$ Torr Aufdampfschichten verschiedener Alkalihalogenide auf frischen Alkalihalogenidspaltflächen hergestellt. Die Dicke der bei Zimmer-

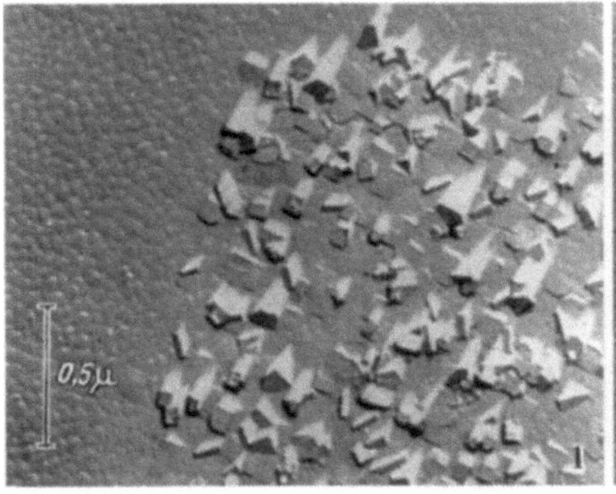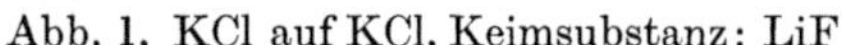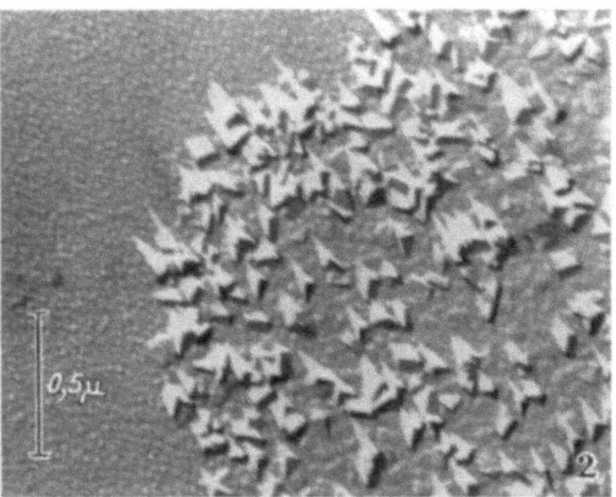

<table>
<tr><td>Abb. 1. KCl auf KCl, Keimsubstanz: LiF</td><td>Abb. 2. KCl auf NaCl, Keimsubstanz: Cr</td></tr>
</table>

temperatur senkrecht auf die Spaltflächen gedampften Schichten lag im allgemeinen bei 1000 Å, die Aufdampfgeschwindigkeit bei 10 Å/sec. Die Schichtoberflächen wurden mit Hilfe des kombinierten Beschattungs- und Lackabdruckverfahrens im Elektronenmikroskop untersucht. Das Auflösungsvermögen des benutzten Elektronenmikroskops liegt bei 50 Å und ist demjenigen des Lackabdruckverfahrens angepaßt.

Die untersuchten Aufdampfalkalihalogenide (NaCl, NaBr, KCl, KBr, KJ, LiF, NaF) zeigen im Abdruckverfahren — mit Ausnahme von LiF und NaF — Schichten mit relativ glatten Oberflächen. Bedampft man die Spaltflächen dagegen zunächst mit geringen Fremdsubstanzmengen, die bei völliger Haftung auf der Unterlage mittlere Schichtdicken der Größenordnung 1 Å ergeben würden, so kommt es zu einem Wachstum der nachgedampften Schichtsubstanz in einzelnen Kristalliten, während ohne Bekeimung relativ glatte Oberflächen entstehen.

Ein Wachstum in einzelnen Kristalliten konnte nach einer Vorbedampfung mit verschiedenen Metallen, WO_3 und LiF beobachtet werden.

Bei den Bekeimungsversuchen werden die Schichtunterlagen stets mit feinmaschigen Cu-Netzen abgedeckt, so daß unbekeimte und bekeimte Spaltflächenbereiche direkt nebeneinanderliegen und ihr unterschiedlicher Einfluß auf das Schichtwachstum beobachtet werden kann. Dieses zeigen die Abb. 1 und 2 an etwa 1000 Å dicken KCl-Schichten, die auf teilweise bekeimte Spaltflächen gedampft wurden.

Während über dem unbekeimten Teil der Schichtunterlage eine relativ glatte Oberfläche zu sehen ist, hat über dem bekeimten Teil ein Wachstum in einzelnen Kristalliten stattgefunden.

Die Vorbedampfung der Schichtunterlage mit einer Fremdsubstanz muß also zur Bildung von Keimen führen, an denen eine bevorzugte Anlagerung der nachgedampften Schichtsubstanz stattfindet.

Ziel der weiteren Untersuchungen war es, Parameter zu bestimmen, welche die Keimbildung beeinflussen.

Es lag nahe, zunächst nach einem Zusammenhang zwischen der Zahl der infolge Bekeimung gebildeten Kristallite und der aufgedampften Keimsubstanzmenge zu fragen. Um diese Frage zu untersuchen, mußte die aufgedampfte Keimsubstanzmenge möglichst genau bestimmt werden können. Eine direkte Nachmessung der größenordnungsmäßig höchstens 1 Å dicken Keimschichten konnte nicht durchgeführt werden. Deshalb wurden in der Nähe der Verdampfungsquelle Kontrollschichten aufgefangen, die bei vergrößertem Abstand zwischen Verdampfungsquelle und Schichtunterlage noch bis zu einer Entfernung von 10 cm von der Verdampfungsquelle für eine interferenzmäßige Schichtdickenkontrolle hinreichend dick waren.

Bei Drucken $\leq 1 \cdot 10^{-5}$ Torr wurde eine Versuchsreihe mit KCl-Spaltflächen als Schichtunterlagen, KCl als Schichtsubstanz und LiF als Keimsubstanz durchgeführt. Zu jedem Versuch wurden LiF-Kontrollschichten auf LiF-Unterlagen aufgefangen. Von den Kontrollschichtdicken wurde auf die insgesamt auf die Schichtunterlage gedampfte Keimsubstanzmenge extrapoliert. Verdampfte Keimsubstanzmengen und Aufdampfzeiten wurden variiert.

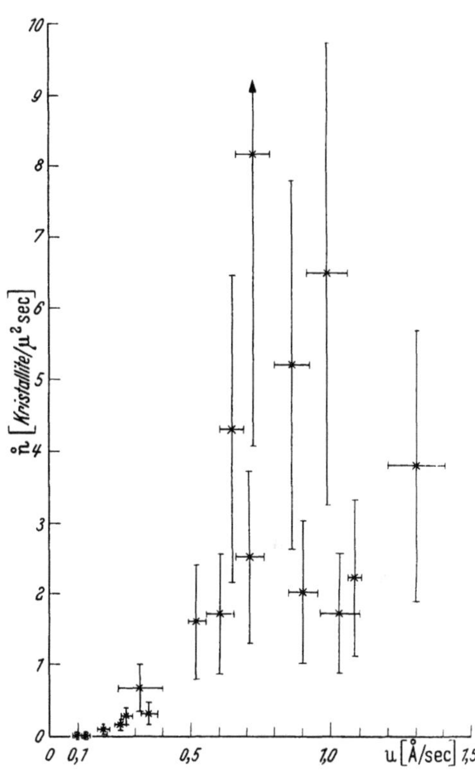

Abb. 3. Während der Mittelwert von $\bar{n}$ zwischen 0,1 und 0,5 Å/sec bei 0,2 liegt, beträgt er zwischen 0,5 und 1,3 Å/sec das 20fache

Die auf die Schichtunterlagen gedampften Keimsubstanzmengen und die (mittlere) Aufdampfgeschwindigkeit können bis auf etwa $\pm 10\%$ genau angegeben werden (völlige Haftung der LiF-Dampfmoleküle auf den LiF-Kontrollschichtunterlagen vorausgesetzt). Die infolge Bekeimung entstandenen Kristallitzahldichten lassen sich nur bis auf etwa $\pm 50\%$ genau angeben, da auf einer Schichtoberfläche stets erhebliche Schwankungen in der Kristallitzahldichte festgestellt wurden.

Mittels des Abdruckverfahrens, dessen Auflösungsvermögen bei 50 Å liegt, konnten keine LiF-Keime sichtbar gemacht werden. Die Keime sind also sicher kleiner als etwa 50 Å.

Ein Zusammenhang zwischen aufgedampfter Keimsubstanzmenge und der infolge Bekeimung entstandenen Kristallitzahldichte konnte nicht festgestellt werden. Dagegen zeigt ein Vergleich zwischen der Aufdampfgeschwindigkeit der Keimsubstanz und der auf gleiche Aufdampfzeit bezogenen Kristallitzahldichte, daß zu größeren Aufdampfgeschwindigkeiten im allgemeinen auch größere Kristallitzahldichten gehören. Die auf gleiche Aufdampfzeiten bezogenen Kristallitzahldichten n sind in Abb. 3 über der Aufdampfgeschwindigkeit u aufgetragen. Man erkennt hier deutlich eine ansteigende Tendenz der n-Werte mit der Aufdampfgeschwindigkeit.

Die bei der Vorbedampfung auf den Spaltflächen gebildeten Keime entstehen möglicherweise dadurch, daß Fremdsubstanzmoleküle auf der Oberfläche zusammentreffen und Molekülgruppen bilden, die als Keime wirken. Dieses entspricht der Vorstellung Frenkels (2), nach der schon kleinste Molekülgruppen als Keime wirken können. Die Zahl der durch Zusammenstöße gebildeten Molekülgruppen oder Keime wird mit der Zahl der auf der Oberfläche befindlichen Keimsubstanzmoleküle zunehmen. Die Versuche mit LiF als Keimsubstanz lassen daher vermuten, daß die Aufdampfgeschwindigkeit die Zahl der auf der KCl-Spaltfläche befindlichen LiF-Moleküle bestimmt. Das ist der Fall, wenn die auftreffenden Moleküle nicht auf der Oberfläche haften bleiben, sondern (nach einer gewissen Zeit) wieder verdampfen (Adsorptionsgleichgewicht). Dagegen werden die infolge von Zusammenstößen gebildeten Molekülgruppen auf der Oberfläche verbleiben (3) und für die nachher aufgedampfte Schichtsubstanz als Kondensationskeime wirken.

Die vorliegenden Versuche stützen diese Vorstellung von der Keimbildung.

Literatur

1. Sönksen, D.: Z. Naturforsch. **11a,** 646 (1956).
2. Frenkel, J.: Z. Physik **26,** 117 (1924).
3. Meyer, H.: „Physik dünner Schichten", Teil 2, S. 50. Stuttgart: Wissenschaftliche Verlagsges. 1955.

Nouvelle méthode d'étude par microscopie électronique
de la structure superficielle des faces de clivages d'halogénures alcalins

C. Sella, P. Conjeaud et J. J. Trillat
Laboratoire du C.N.R.S. Bellevue (S et O) — France

On sait depuis longtemps qu'un faisceau d'atomes métalliques produit par vaporisation thermique sous vide, peut se condenser sur une surface cristalline si la température de cette surface est inférieure à une température critique dépendant à la fois de la nature de la cible solide et de l'intensité du faisceau atomique incident. La microscopie et la diffraction électroniques permettent de mieux comprendre les différents stades, encore mal connus, de l'adsorption, de la germination et de la croissance de films métalliques minces sur différentes faces cristallines. Les cristaux supports utilisés étaient des faces (001) de NaCl, KCl, KBr, Ki, obtenues par clivage de monocristaux synthétiques, et chauffées sous un vide de 10^{-4} à 10^{-5} mm de mercure à des températures variables entre 20 et 550° C. Le métal condensé était l'or, à la fois inoxydable, facile à vaporiser et à observer au microscope électronique. Un obturateur commandé par un électro-aimant permet d'intercepter le jet atomique tant que celui-ci n'a pas atteint son régime d'équilibre. Il permet en outre de faire varier la durée de la condensation (de 1 sec à 20 mn) et d'utiliser des faisceaux atomiques d'intensités très variées.

Les dépôts d'or préparés dans des conditions thermiques très diverses avaient des épaisseurs moyennes variables entre quelques Å et 250 Å. Ils étaient ensuite recouverts, toujours sous vide, d'une couche de carbone permettant après dissolution du support un examen facile en microscopie et microdiffraction électroniques.

Les films condensés sur support froid (20° C) ne présentent pas de traces d'orientation. Les microcristaux se forment au hasard, donnant un film discontinu, sans cohésion. Le facteur de condensation de l'or est élevé (voisin de 1) quelle que soit l'épaisseur du film. La mobilité superficielle des atomes d'or est pratiquement nulle au cours de la condensation. Si l'on chauffe le cristal support, cette mobilité augmente fortement et le facteur de condensation diminue conformément à la théorie de Frenkel[1]. Les germes cristallins ont alors des formes plus géométriques

---

[1] Frenkel, J.: Z. Physik **26,** 117 (1924).

et certains se fixent sélectivement sur les accidents de la surface (microgradins, dislocations et défauts à l'échelle atomique) (Fig. 1—2 et 3) — on peut distinguer:

1) des germes, de forme triangulaire ou hexagonale, ayant *l'orientation fibreuse* (111) Au// (001) support ([1$\bar{1}$0] Au// [110] ou [1$\bar{1}$0] support partiellement azimutale).

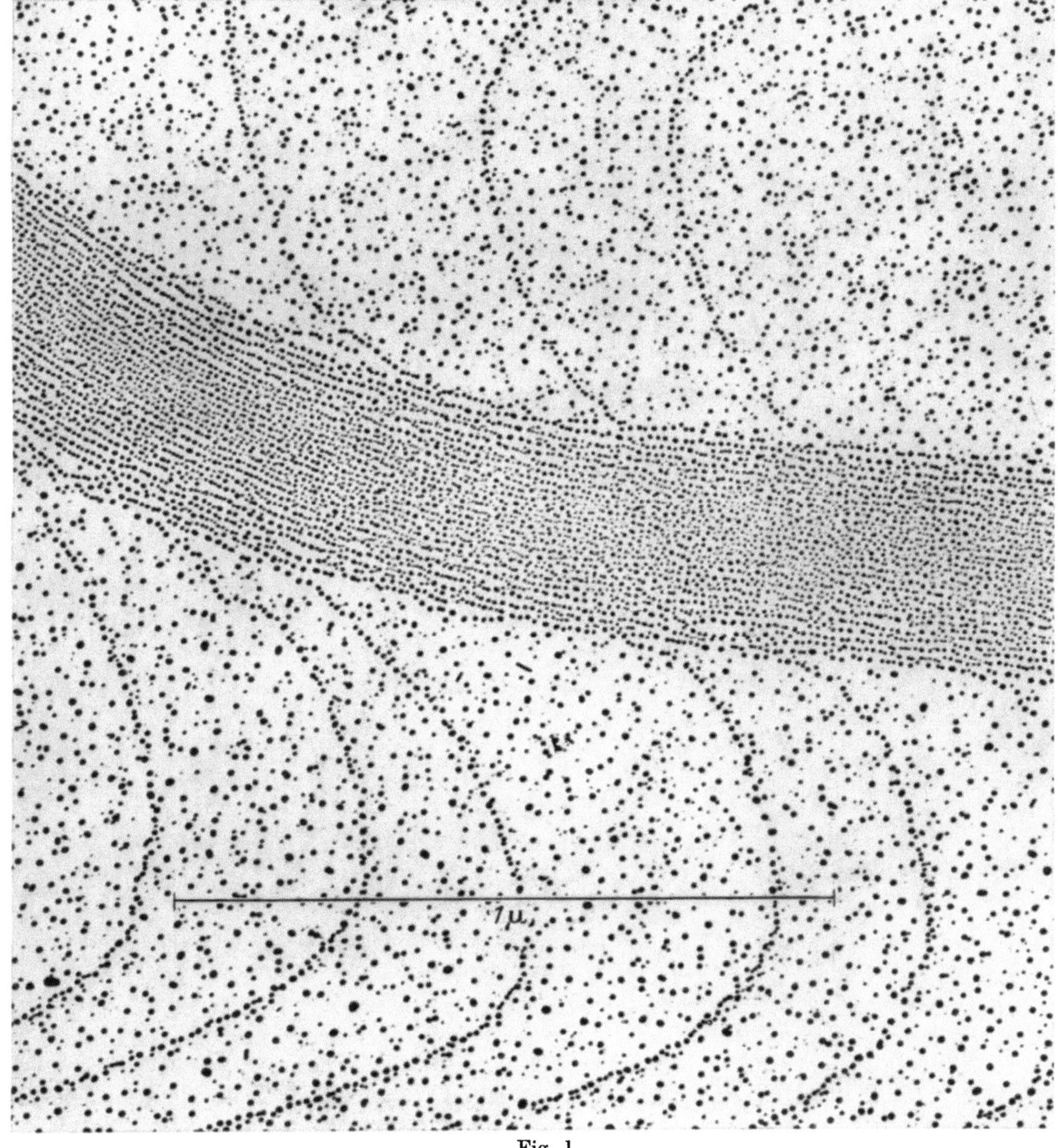

Fig. 1

Ces germes répartis au hasard se produisent uniquement quand leur croissance se fait sous la dépendance d'un phénomène de sursaturation, c'est-à-dire pour des températures de condensation peu élevées, ou pour des intensités du faisceau atomique trop grandes.

2) des germes de forme carrée ou rectangulaire, ayant *l'orientation épitaxique vraie* dite parallèle (001) Au// (001) support et [110] Au // [110] support. La fréquence relative de ces germes est d'autant plus grande que la température du support est élevée et que l'intensité du faisceau atomique et la vitesse de croissance sont plus faibles.

Ces germes ayant l'orientation épitaxique vraie se forment préférentiellement d'une part sur les accidents géométriques de la surface (microgradins, dislocations, réseaux de dislocations, etc.), et d'autre part sur les défauts plus ponctuels qui diffusent et viennent se neutraliser à la surface du cristal support. En effet, pour un halogénure donné, à une température donnée, la fréquence des germes épitaxiques fixés en dehors des accidents microgéométriques, augmente avec la durée

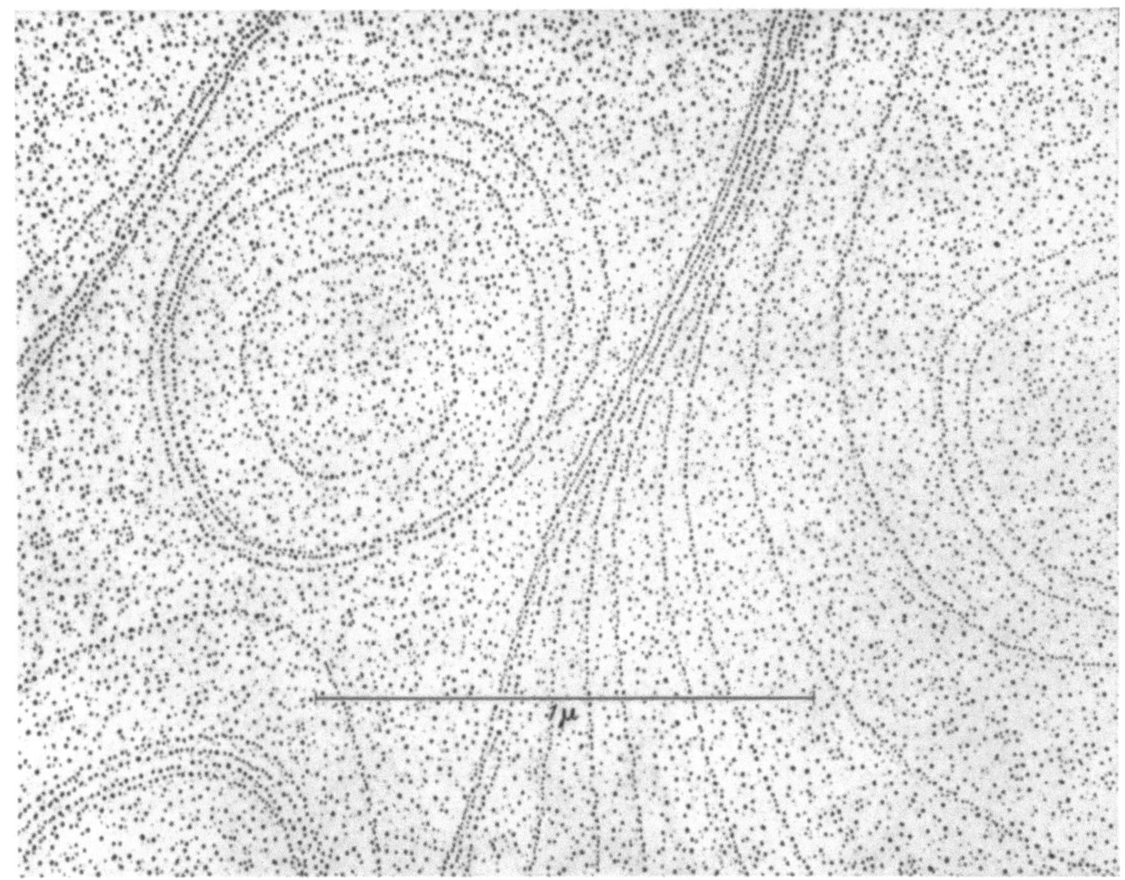

Fig. 2

de la condensation. La formation de ces germes est directement liée à la cinétique de diffusion des lacunes d'anions (Cl⁻, Br⁻, I⁻) et des défauts associés (halogènes interstitiels, centres F, M, etc.) qui viennent se neutraliser à la surface et le long des réseaux de dislocations du cristal. En outre, l'étalement de la distribution des dimensions de ces germes augmente considérablement avec la durée de la condensation. Ainsi, dans le cas d'une vaporisation très lente, les germes qui se forment tout au début sur les défauts ponctuels présents à la surface, se développent pendant toute la durée de la condensation et ont des dimensions beaucoup plus grandes que les germes formés sur les défauts qui atteignent la surface en cours ou en fin de condensation. D'où une distribution très étalée des dimensions des germes (Fig. 4a) et une augmentation de leur fréquence proportionelle à la durée de la condensation.

La fréquence des germes ayant l'une ou l'autre orientation dépend essentiellement, pour un support donné, de la température du support et de la cinétique de cristallisation du germe (intensité du faisceau atomique, durée de croissance). Quand la grosseur et la densité des germes deviennent trop élevées, les microcristaux commencent à se souder les uns aux autres en donnant naissance à des cristaux beaucoup moins géométriques et présentent de très nombreux défauts d'empilement, macles et dislocations principalement dans les plans (111). Ces anomalies dues au réarrangement interne des microcristaux qui se soudent se traduisent par des lignes d'interférences caractéristiques parallèles en général aux directions [110] (Fig. 4b). Ces phénomènes s'amplifient d'ailleurs à mesure que l'épaisseur du film augmente. Ils sont d'autant plus marqués que la vitesse de croissance du dépôt est plus grande. Signalons en outre que, dans de nombreux cas, on observe au début de la croissance un mélange en proportion variable de germes ayant

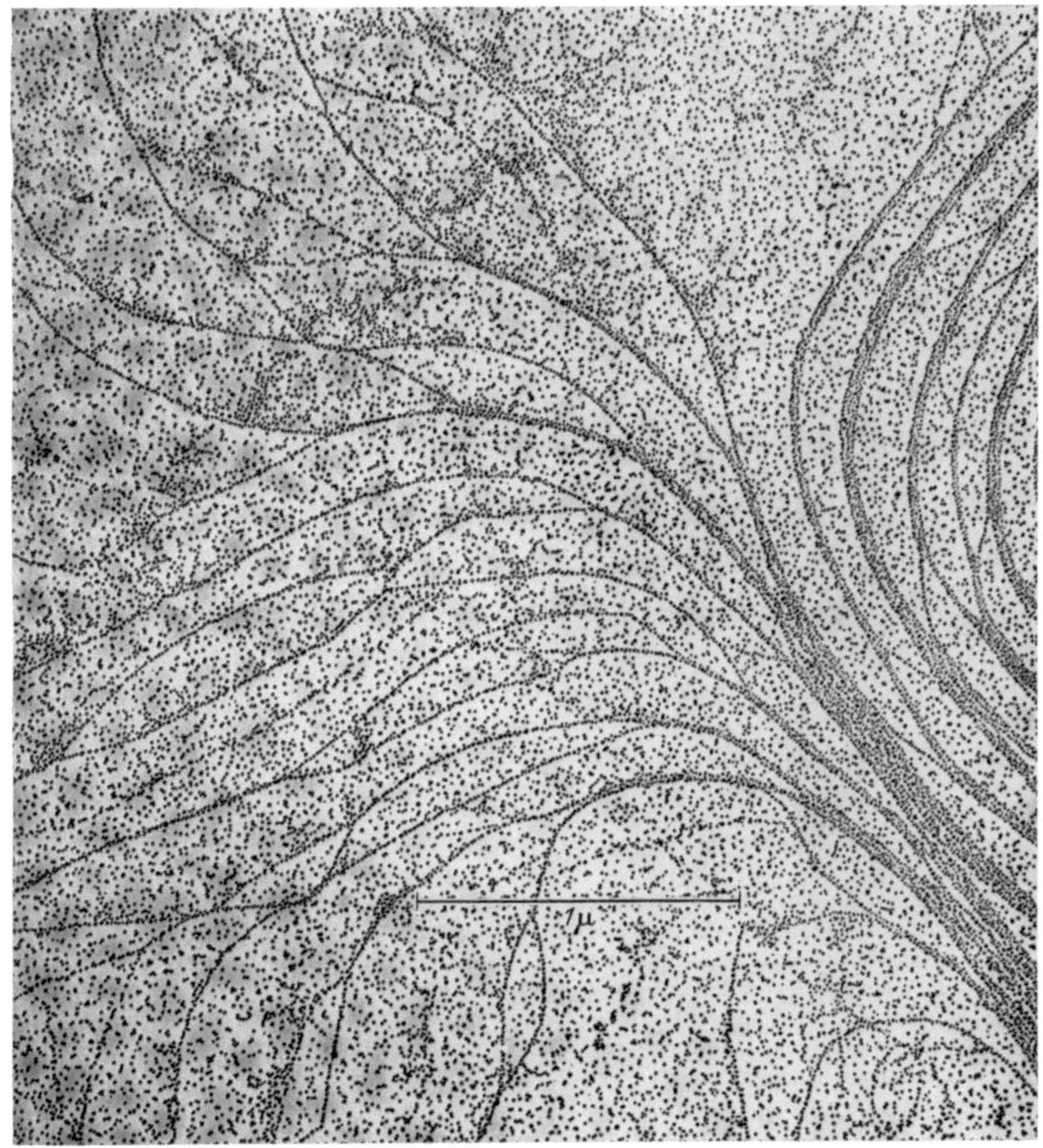

Fig. 3

l'une ou l'autre orientation (fibreuse ou épitaxique). L'orientation ultérieure de la couche, après croissance ne dépend que de la fréquence relative des germes initiaux, les plus nombreux imposant leur orientation à l'ensemble du dépôt. Notons également que le facteur de condensation du métal, très faible au début de la croissance, augmente très rapidement avec la densité de germes formés. L'énergie de liaison des atomes métalliques entre eux étant supérieure à leur énergie

512   G. A. Bassett:

de liaison avec le support, la probabilité de capture de ces atomes par les germes présents sur le support augmente avec la densité de ces germes.

Bibliographie

Sella, C., et P. Conjeaud: Communication à la Société Française de Minéralogie-Cristallographie 17 avril 1958.
— — et J. J. Trillat: Communication à la Société Chimique de France (23 mai 1958).

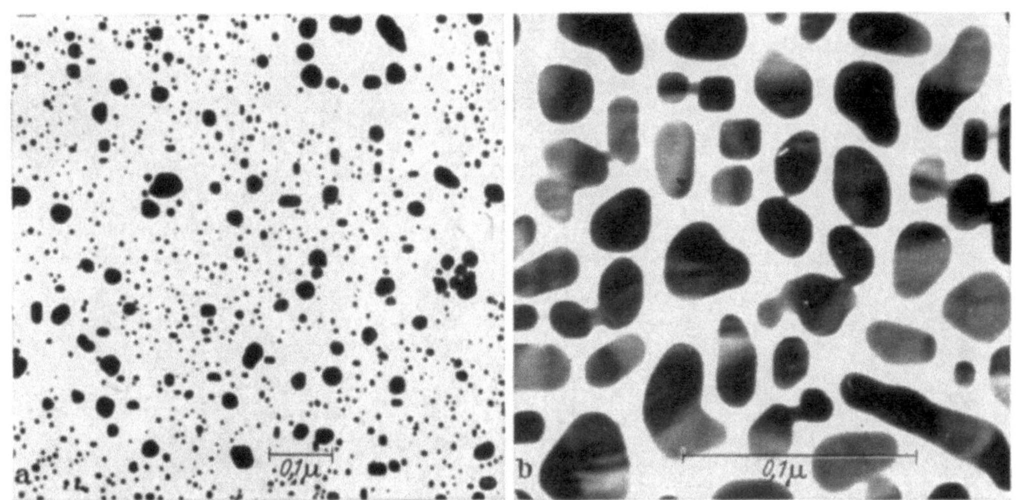

Fig. 4a et b

Nucleation of evaporated metal layers on single crystal substrates

G. A. Bassett

Tube Investments Research Laboratories, Hinxton Hall, Hinxton, Nr. Saffron Walden, Essex (England)

1. Introduction. The growth of thin evaporated metal films has been the subject of extensive investigation largely by the methods of electron diffraction. (A recent review has been given by Pashley). In many cases of oriented growth it is known whether the first deposit forms a mono-layer or whether island nuclei are produced. It is essential to have such information in order to formulate a model on which a theory of epitaxial growth may be based. In the present work the electron microscope has been used to follow stages in the growth of gold films deposited on 1. rocksalt cleavage surfaces, 2. the (111) face of single crystals of silver.

2. Preparation of specimens. Small quantities of gold were evaporated from a 'V'-shaped tungsten filament to give a deposit of the required thickness. The stated mean thickness of deposits are based on the geometry of the evaporation arrangement used. A carbon film was next evaporated into the gold deposit and subsequently stripped from the substrate, carrying the gold deposit with it, washed and mounted for examination in the electron microscope. From the rocksalt substrates stripping was carried out by lowering the rocksalt gently into water and from the silver substrates by dissolving the silver in nitric acid.

3. Rocksalt cleavage substrate. The most striking feature of the nucleation of a gold deposit on a freshly cleaved rocksalt surface is the formation of greater numbers of nuclei along the edges of surface steps compared with regions which are atomically smooth. This preferential nucleation very effectively decorates cleavage and slip steps which are made visible as chains of closely spaced gold particles. A typical pattern of cleavage steps is shown in Fig. 1 decorated with a gold deposit of about 5 Å mean thickness. The larger cleavage steps at a higher magnification can be observed to consist of series of smaller steps. Many single steps are observed following a curved path joining adjacent larger cleavage steps. The path followed by these single steps is generally of a 'U' or elongated 'S' shape depending on whether adjacent large steps have the opposite or the same sense.

Slip steps which occur somewhat rarely on the crystal surface are also decorated by preferential nucleation of a gold deposit. Intersections of slip steps with steps provide a convenient method of measurement of the height of the cleavage steps. Such measurements lead to the conclusion that most of the individual steps making up one of the larger cleavage steps are of unit atomic height. These observations have been discussed in more detail elsewhere (2).

It is not considered that special sites are chosen for nucleation on the flat parts of the crystal surface. The observed density of nuclei of $2—3 \times 10^{11}/\mathrm{cm}^2$ is too high for nucleation to occur

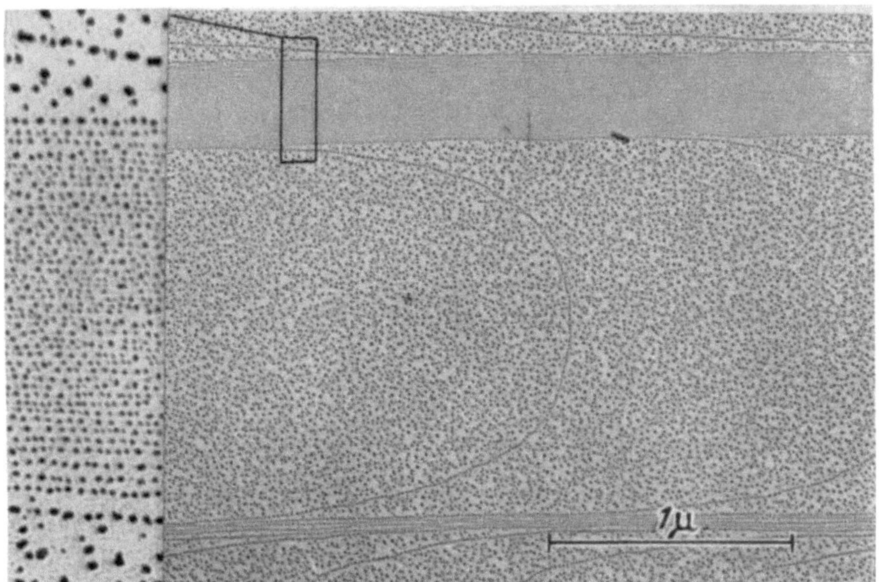

Fig. 1. Cleavage steps on rocksalt decorated with gold

entirely on emergent dislocation sites. It would seem more likely that nucleation is controlled by mobility of the deposit on the substrate surface and aggregation of mobile atoms or atom groups.

The step pattern displayed by the decoration replica is unchanged by increasing temperature of the substrate up to about 350° C above which temperature the rocksalt surface exhibits a considerable mobility. Highly complex step patterns are developed by this means on surfaces after vacuum annealing, an example of which is shown in Fig. 2.

Removal of gold nuclei on a carbon carrying film is a surprisingly sensitive method for their detection. Some preliminary observations on the earliest stages of deposition suggest that a deposit of mean thickness of only 0.1 Å is just detectable as nuclei 10 Å or less in diameter. The visibility of such small deposits is largely restricted by the graininess of the carbon film. The number of nuclei observed for a deposit of 0.4 Å mean thickness is $5 \times 10^{11}/\mathrm{cm}^2$ with a size range from about 36 Å down to less than 10 Å. As the deposit is increased in thickness to 3 Å the number of nuclei decrease to around $2.5 \times 10^{11}/\mathrm{cm}^2$ because apparently many of the smallest particles coalesce to form larger ones. Beyond 2—3 Å mean thickness the number of nuclei remain constant but increase in size until those closer together join.

The decoration of surface steps down to atomic height has been found effective on a number of ionic crystals and thus clearly provides a new method for the investigation of the surface structure of crystals.

4. Silver Substrates. The single crystals of silver were prepared by evaporation onto heated mica. The surface of this layer consists of well oriented silver with (111) planes parallel to the surface (3). Thin layers of gold were evaporated onto the silver usually at a substrate temperature of 270° C.

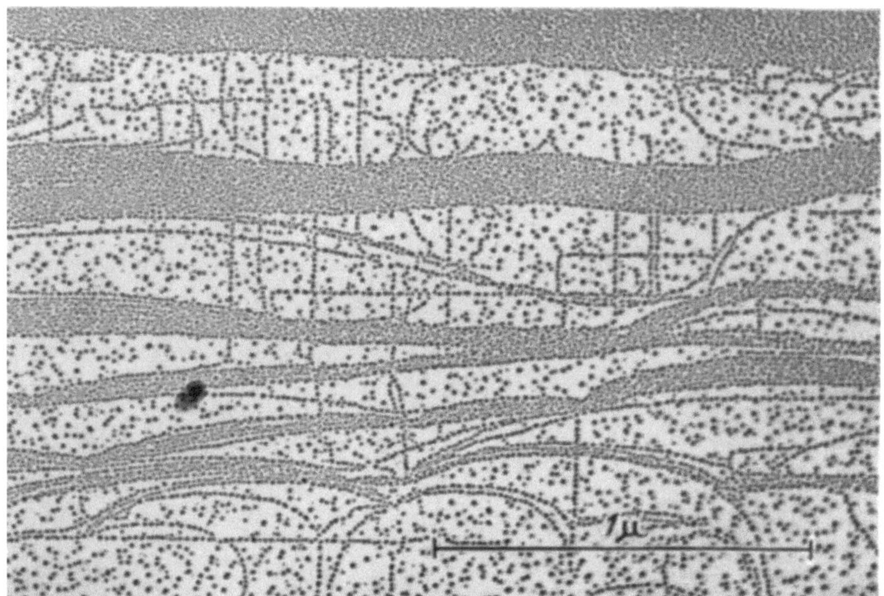

Fig. 2. Complex array of cleavage and slip steps on rocksalt after vacuum annealing

At a mean thickness of gold deposit of 10 Å a dispersion of gold nuclei form. The dimensions of the nuclei in the plane of the film lie between 40 and 200 Å although a few are elongated up

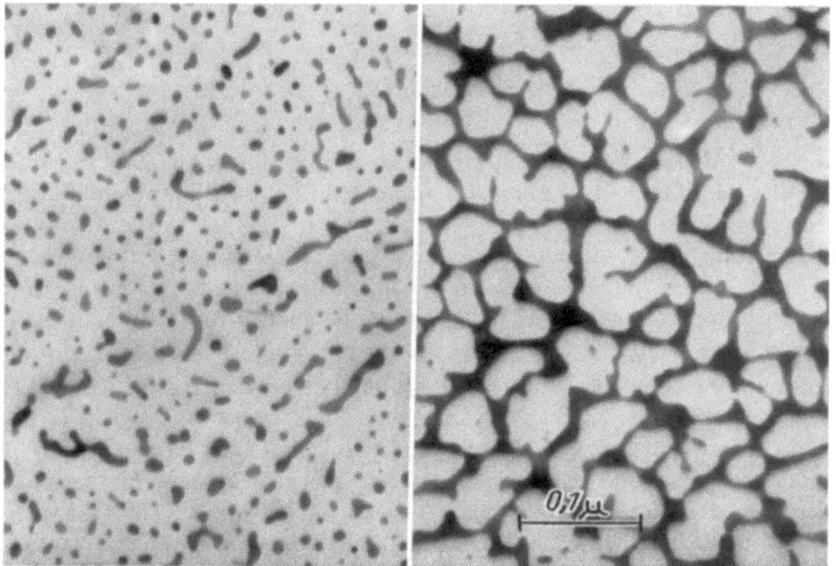

Fig. 3. Stages in the growth of an oriented gold film on a single crystal silver substrate.
a) ∼ 10 Å. b) ∼ 20 Å mean thickness of gold deposit

to about 1000 Å in length. Fig. 3a shows a gold deposit of 10 Å mean thickness. Selected area diffraction shows that the layer is well oriented parallel to the substrate although arcing of the pattern indicates that in some regions nuclei are less well aligned. As the deposit thickness is increased from 10 Å nuclei are observed to grow in size rather than in number and generally become elongated until at about 20 Å mean thickness a network film is formed. (Fig. 3 b). The network does not cover the substrate uniformly, but is divided into regions about 1 μ across separated by narrow zones almost free of gold. The size of the regions covered uniformly by the gold net film correspond to a slight surface irregularity detectable on a replica of the silver substrate. It would appear that the nucleation and growth of the gold film is influenced by the surface topography of the substrate. Further increase in thickness leads to a gradual closing of the net until a continous film is grown.

Rotational moiré patterns offer in principle a method to investigate the perfection of the growing film. If it is arranged that the oriented nuclei on a carbon carrying film are mounted in contact with a continous gold film with a slight rotation between the two lattices, the moiré pattern so formed should reveal dislocations in the nuclei, or at the points of contact of growing misaligned nuclei. Application of the method has been demonstrated and the first results suggest the island nuclei are highly perfect. It would seem possible that the observed high density of dislocations (4) in single crystal gold films may well arise largely at the junctions of nuclei in an early stage of growth.

I wish to thank my colleagues, Drs. J. W. Menter, A. J. Forty and B. H. Kear for helpful discussions. The work is published by permission of the chairman of Tube Investments Limited.

References

1. Pashley, D. W.: Philosophic. Mag. Suppl. 5, No. 18, 173 (1956).
2. Bassett, G. A.: Philosophic. Mag. 3, (33), 1042 (1958)
3. Newman, R. C., and D. W. Pashley: Philosophic. Mag. 46, (7), 927 (1955).
4. Bassett, G. A., J. W. Menter and D. W. Pashley: Proc. roy. Soc. A 246, 345 (1958).

Elektronenoptische Untersuchung zur Kristallisation von dünnen Aufdampfschichten aus halbleitenden Verbindungen

Ludwig Reimer

Physikalisches Institut der Universität Münster/Westf.

Ziel der Untersuchung. Aufdampfschichten aus halbleitenden Verbindungen finden im großen Maße als Photoleiter technische Anwendung (insbesondere z. B. PbS, CdS und die entsprechenden Selenide und Telluride). Andere halbleitende Verbindungen (z. B. Bi_2S_3, Bi_2Se_3 u. a.) sind hinsichtlich ihrer photoleitenden Eigenschaften zum Teil sogar nur in Form von Aufdampfschichten untersucht worden. Soweit diese Substanzen einen hohen Brechungsindex im Ultraroten besitzen, gewinnen solche Schichten auch Bedeutung als Antireflexschichten in Ultrarotoptiken oder als Zwischenschichten in Interferenzfiltern (1). Es ist zu erwarten, daß die elektrischen und optischen Eigenschaften halbleitender Aufdampfschichten sehr stark von der Schichtstruktur abhängen, wie es auch in Metallschichten der Fall ist (2). In der vorliegenden Arbeit soll über Vorversuche zu diesem Problemkreis berichtet werden, in der zunächst die Struktur dieser Schichten elektronenmikroskopisch untersucht wird. Bei der Herstellung der Schichten durch Verdampfung im Hochvakuum erhebt sich nämlich die Frage, ob 1. die Schichtkondensation wieder stöchiometrisch erfolgt, wenn man Stücke aus zusammengeschmolzenen halbleitenden Verbindungen quantitativ aus einem Schiffchen verdampft, und ob eine etwaige Zersetzung oder fraktionierte Destillation der Verbindungspartner bei der Kondensation durch Diffusion wieder rückgängig gemacht werden kann. 2. interessiert, ob in den Schichten dieselbe Kristallstruktur wie im kompakten Material vorliegt und 3. der Einfluß der Trägertemperatur auf die Schichtstruktur, durch welche eine Diffusion beschleunigt werden kann und die ferner auch — wie schon bei reinen Metallschichten bekannt ist — mit wachsender Temperatur zu größeren Kristalliten führt. 4. kann bei höheren Trägertemperaturen ein orientiertes Aufwachsen (Fasertextur) auf amorphen Trägern beobachtet werden, was auf kristallinen Trägern (z. B. NaCl)

33*

unter günstigen Verhältnissen zu Einkristallschichten führen kann. Um die Vorteile der direkten elektronenmikroskopischen Durchstrahlung auszunutzen, wurden Schichten mit Dicken zwischen 300 und 500 Å auf Kohlefolien aufgedampft, wobei aus einem Wolframschiffchen stets gleiche Substanzmengen von etwa 50 mg quantitativ verdampft wurden. Die Untersuchung derartig dünner Schichten ermöglicht außerdem Elektronenbeugungsuntersuchungen in Durchstrahlung und bei Neigung des Präparates unter 45° zum einfallenden Strahl kann man aus der Änderung der Ringintensitäten auf eine eventuell vorhandene Fasertextur schließen. In photoleitenden Schichten werden zwar in der Regel Schichtdicken um 1 μ und dicker verwendet. Aus dem Kristallisationsvermögen der Verbindungen in den elektronenmikroskopisch direkt untersuchten

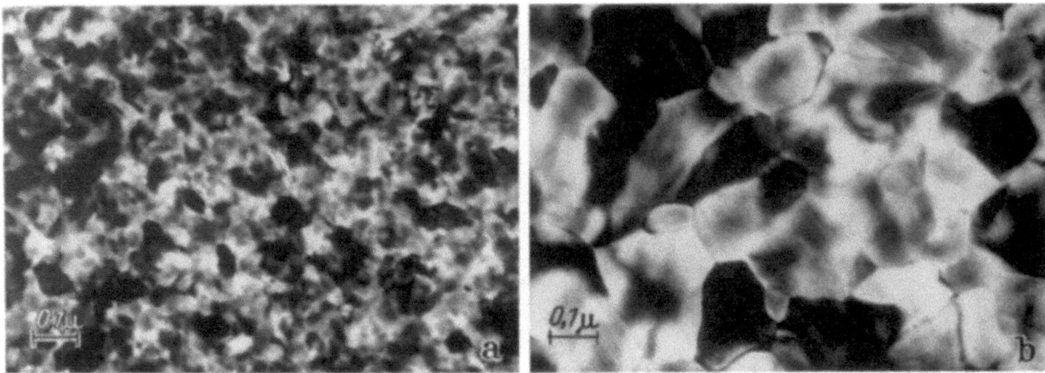

Abb. 1a und b. Bi$_2$Te$_3$-Schichten (500 Å) in Durchstrahlung bei verschiedenen Trägertemperaturen während der Bedampfung: a) 100° C, b) 300° C

dünnen Schichten kann man aber indirekt auch auf jenes in den dicken Schichten schließen, vor allem wenn noch zusätzlich Oberflächenabdrücke dicker Schichten angefertigt werden. Als Beispiel einer derartigen Untersuchung sei auf eine Arbeit des Verfassers an InSb-Schichten hingewiesen (3).

Ergebnisse. Untersucht wurden Schichten aus Sulfiden, Seleniden und Telluriden von Cd, Pb, In, As, Sb und Bi. Als Schichtunterlage dienten mit Kohlefilmen belegte Netzblenden. In einem röhrenförmigen Ofen wurde die Unterlage während der Bedampfung auf Temperaturen von 20°, 100°, 200°, 300° und 400° C aufgeheizt. Bei Schichten aus Sb$_2$S$_3$, In$_2$Se$_3$ und InSe wurde auf ungeheizten Unterlagen (20° C) amorphe Struktur beobachtet (breite verwaschene Interferenzen in Elektronenbeugung und völlige Strukturlosigkeit im elektronenmikroskopischen Bild). In$_2$Se$_3$ ergab erst bei Aufdampftemperaturen über 200° C (InSe über 100° C) kristalline Schichten. Bei diesen und anderen Schichten stimmte die Kristallstruktur der Schichten stets mit derjenigen des kompakten Materials überein. Während die Cd- und Pb-Verbindungen Zinkblende- bzw. Steinsalzgitterstruktur besitzen, haben die In-, Sb- und Bi-Verbindungen recht komplizierte Schichtgitterstrukturen. Daher wurde bei letzteren vom kompakten Ausgangsmaterial (hergestellt durch Zusammenschmelzen stöchiometrischer Mengen in Quarzampullen) Röntgenpulverdiagramme aufgenommen, die mit den Elektronenbeugungsaufnahmen der Schichten verglichen wurden. Lage der Interferenzen und Intensitätsverhältnisse stimmten in allen Fällen befriedigend überein. Dagegen werden bei den meisten Verbindungen Abweichungen bei erhöhter Aufdampftemperatur erhalten, die sich in einer Änderung der Ringintensitätsverhältnisse äußern und sogar zum Verschwinden einzelner Reflexe führen können. In keinem Fall wurden dagegen neue Linien gefunden, die anderen Kristallstrukturen zuzuschreiben wären. Eine derartige Änderung der Intensitätsverhältnisse ist stets mit dem Auftreten einer Fasertextur verbunden. Dies wurde im Vortrag besonders am Beispiel des Bi$_2$Te$_3$ demonstriert. Bemerkenswert ist, daß PbTe als einzige der untersuchten Verbindungen bereits auf ungeheizter Unterlage eine starke Fasertextur zeigt (4). Bei den Verbindungen Sb$_2$S$_3$ und den In-, Sb- und Bi-Seleniden und -Telluriden führt die Fasertextur — mit der Schichtgitterebene vorwiegend parallel zur Unterlage — zu ausgedehnten Kristallamellen in der Schichtebene. Während die kubischen Cd- und Pb-Verbindungen selbst bei hohen Aufdampftemperaturen (300—400° C) eine mittlere Ausdehnung der Kristallite in Schichtebene von höchstens 500 Å besitzen, bestehen die obigen Schichten aus Verbindungen mit Schichtgitterstruktur bei den gleichen Aufdampftemperaturen aus ausgedehnten Einkristallamellen mit 0,5—1 μ Ausdehnung in Schichtebene. Am Beispiel des Bi_2Te_3 soll in Abb. 1 das Anwachsen der Kristallitgröße mit zunehmender Trägertemperatur (100° C in Abb. 1a, 300° C in Abb. 1b) gezeigt werden. Diese Tendenz zum Schichtwachstum beobachtet man auch in Oberflächenabdrücken von dicken Schichten (Platin-Kohle-Abdrücke). Während z. B. 0,6 μ dicke Bi_2Se_3-Schichten bei einer Aufdampftemperatur von 200° C (Abb. 2a) noch ein sehr un-

Abb. 2a und b. Oberflächenabdrücke (Kohle-Platin) von Bi_2Se_3-Schichten (0,6 μ).
Trägertemperatur: a) 200° C, b) 400° C

regelmäßiges Wachstum mit relativ kleinen Kristalliten zeigen, beobachtet man in gleich dicken Schichten mit einer Trägertemperatur von 400° C (Abb. 2b) ein lamellares Wachstum in wesentlich größeren Kristalliten. Die Oberflächenbeweglichkeit ist bei dieser Temperatur offenbar so groß, daß ein bevorzugtes Wachstum an den Kristallkanten auftreten kann.

Die Versuche zeigen demnach, daß man — analog wie bei Metallaufdampfschichten — die Kristallitgrößen in den halbleitenden Schichten durch Veränderung der Trägertemperatur während des Aufdampfens in weiten Grenzen variieren kann. Es besteht also die Möglichkeit, in weiteren Untersuchungen den Einfluß der sublichtmikroskopischen Struktur auf die elektrischen und optischen Eigenschaften dieser Schichten zu messen.

Literatur

1. Hass, G., u. A. F. Turner: Ergebnisse der Hochvakuumtechnik und der Physik dünner Schichten. 143. Hrsg. M. Auwärter. Stuttgart 1957.
2. Mayer, H.: Physik dünner Schichten I und II. Stuttgart 1950 und 1955.
3. Reimer, L.: Z. Naturforsch. **13a,** 148 (1958).
4. — Naturwissenschaften **44,** 416 (1957).

The structure of evaporated carbon films

ANNA COSSLETT and V. E. COSSLETT
Cavendish Laboratory, University of Cambridge (England)

1. Introduction. Very thin films of carbon, prepared by the method of BRADLEY (*1, 2*), are usually stated to be "structureless" when viewed in the electron microscope. The wide variations in their optical properties as measured by different authors (*3, 4, 5*), however, suggested that structural differences must exist.

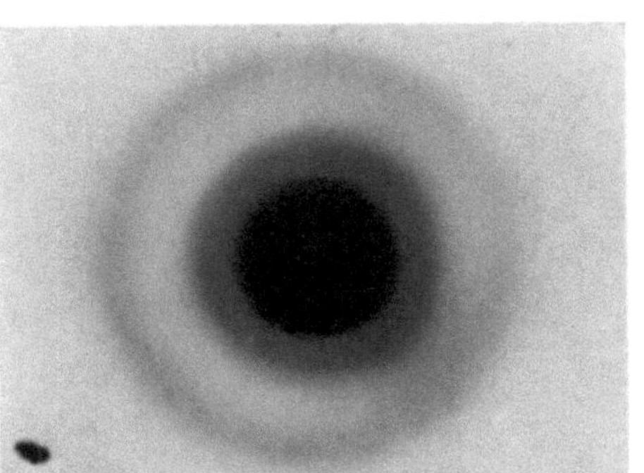

Fig. 1. Electron diffraction pattern from normal form of evaporated carbon film, showing only broad rings

2. Structure of normal films. The electron diffraction pattern typically obtained from a carbon film, of thickness 50—500 Å, consists of a few broad rings (Fig. 1) which correspond to a two-dimensional structure with spacings very close to those of graphite. The 10, 11, combined 21 and 30, and 22 reflections have been photometered. The particle size, deduced from the ring breadth, is usually about 8—10 Å. The spacing calculated from the 11 ring is often smaller than in pure graphite, corresponding to a C—C bond length of 1.38 Å instead of the normal 1.42 Å. Sharp diffraction rings, indicating large particles, are very rarely obtained and single crystal patterns never. The individual graphite flakes must thus be small, and randomly orientated in their own plane (Fig. 2).

By careful control of the exposure, a broad ring of smaller diameter can be observed. It corresponds to the 002 reflection of the three-dimensional structure, but has a spacing variable between 3.4 Å and 3.5 Å, instead of the normal 3.35 A of graphite. It is deduced that this represents the average distance of closest approach of the individual flakes, parallel to each other. They are not crystallographically bonded into a three-dimensional structure, but are disposed in parallel layers and randomly arranged in each layer. The term "turbostratic" has been applied to this type of lamellar structure (*6*), and the inter-layer spacing was found to be 3.44 Å in graphitised carbon (*11*).

X-ray diffraction studies (*7, 8*) show a low-angle reflection from graphitic carbons, and careful comparative electron diffraction observations, with and without a carbon film, confirmed its existence here also. It corresponds to a spacing of 16—20 Å, and is interpreted as the centre-to-centre spacing of the individual graphite flakes.

Class	L	No. of atoms	Mol Wt.	Molecules used
1	5.8	11	132	
3	8.4	22	273	
5	10	32	387	
7	15	72	860	
9	20	128	1536	

Fig. 2. Elementary graphite particles, which may be formed by given numbers of carbon atoms; L is a characteristic parameter (in Å), approximately equal to twice the radius of gyration of particles in a given class [after Diamond (*8*)]

A correlation between optical properties and structure has not been definitely established. The optical density versus thickness curve has differing slope, as obtained by different authors [cf. (*5*)]. It is largely repeatable by a given author, so that the conditions of evaporation and possibly the type of carbon rod used may provide the explanation. Our preliminary diffraction results show some corresponding variations in structure which may explain these differences; the changes in average flake size and inter-layer spacing are small, but a more important variation occurs in the innermost ring (16—20 Å spacing). This would indicate differences in lateral spacing

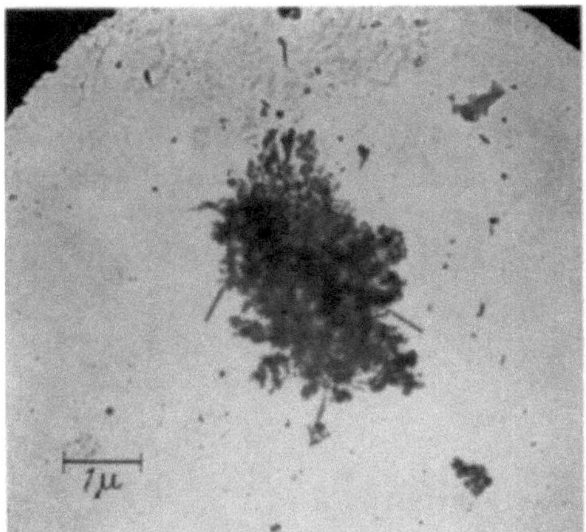

Fig. 3. Electron micrograph of large "particle" found in carbon film. (8,000 ×)

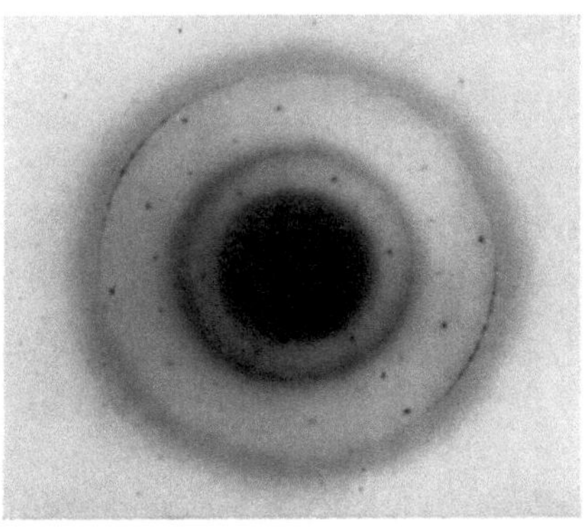

Fig. 4. Electron diffraction pattern obtained from a large particle, similar to that in Fig. 3, showing the spot pattern of mica as well as both broad and sharp rings due to graphite; the (111) ring is especially sharp

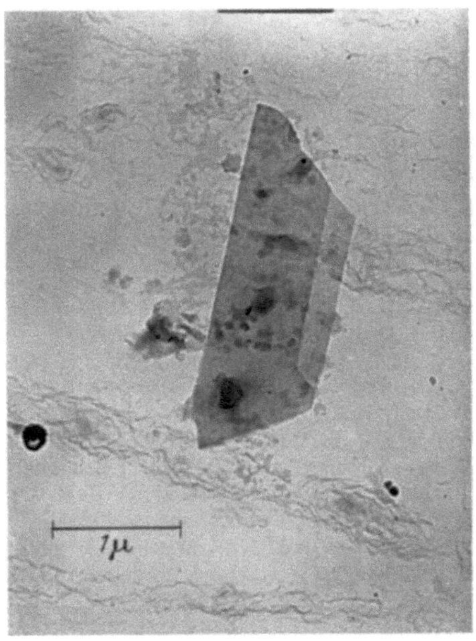

Fig. 5. Electron micrograph of isolated flake of mica, found in carbon film (16,000 ×)

of the flakes, and hence in the proportion of amorphous carbon present. Adventitious influences may also play a large part in determining the latter.

3. Artefacts and adventitious effects. a) *Large Particles.* Occasionally particles of 1—5 μ in width are visible in carbon films, when viewed in the electron microscope (Fig. 3) as already reported by CALBICK (*4, 9*). They usually appear to be aggregates, and give sharp diffraction rings corresponding to the normal three-dimensional spacings of graphite. Sometimes a single crystal spot pattern is also obtained (Fig. 4), with 100 spacing about twice that of graphite: 4.45 Å as compared with 2.13 Å. It appears to be that of mica, but occasionally a slightly larger spacing occurs, which might be due to a clay. Mica is a well-known impurity in many natural graphites (*10*). It may be noted that powder, ground from the carbon rods used in the evaporation process, gives electron diffraction patterns identical with those from these large particles, including the single crystal spots. No broad rings are obtained from the powder, so that the graphite particles in the rod are relatively large.

b) *Flakes*, of 0.2—5 μ in width, are more often found (Fig. 5). They give the single crystal spot pattern of mica; there is no evidence to support conjectures that this might be due to a different crystallographic form of graphite.

c) *Extra rings* are sometimes found in the diffraction patterns from the evaporated films, which have no apparent connection with the graphite structure. They mostly seem to be due to a contaminating film of oil, which would appreciably modify the optical properties of the carbon films, although it is not yet clear whether it could account for the very high refractive index (2.4—2.5) which was measured in the earlier work (*5*).

Discussion. The electron diffraction evidence shows that the carbon films have a structure almost identical with that found by X-ray studies in natural and carbonised coals (*7, 8*). The carbon is present partly in amorphous form, partly as very small graphite flakes, one atomic layer thick and made up of only a few (5—20) hexagonal units (Fig. 2). The flakes are arranged parallel to each other, but in random orientation within a given layer ("turbostratic packing"). The inter-layer spacing is slightly larger than in the true graphite lattice, indicating that there is no bonding between layers. A high proportion of the carbon appears to be amorphous, and measurement of the electrical conductivity (*12*) points to the same conclusion. Variation in the proportion of amorphous carbon, which it is difficult to measure exactly, is the most probable explanation of the observed variation in the optical properties of evaporated carbon films, but small differences in inter-layer spacing and the presence of contaminants, such as oil films, may also affect the optical properties.

<h3 style="text-align:center">References</h3>

1. BRADLEY, D. E.: Brit. J. appl. Physics **5**, 65 (1954).
2. — J. appl. Physics **27**, 1399 (1956).
3. AGAR, A. W.: Brit. J. appl. Physics **8**, 35 (1957).
4. CALBICK, C. J.: J. appl. Physics **27**, 1389 (1956).
5. COSSLETT, A., and V. E. COSSLETT: Brit. J. appl. Physics **8**, 374 (1957).
6. BISCOE, J., and B. E. WARREN: J. appl. Physics **13**, 464 (1942).
7. HIRSCH, P. B.: Proc. roy. Soc. A **226**, 143 (1954).
8. DIAMOND, R.: Thesis, Cambridge 1956.
9. CALBICK, C. J.: This Volume, p. 422.
10. FINCH, G. I., and H. W. WILMAN: Proc. roy. Soc. A **155**, 345 (1936).
11. FRANKLIN, R. E.: Acta crystallogr. (Lond.) **4**, 253 (1951).
12. BLUE, M. D., and G. C. DANIELSON: J. appl. Physics **28**, 583 (1957).

Untersuchungen über den Ursprung von spontanen Bedeckungen auf Silberaufdampfschichten

KARL-JOSEPH HANSZEN
Braunschweig, Physikalisch-Technische Bundesanstalt

In früheren Untersuchungen (*1*) wurde festgestellt, daß Gold-, Silber- und Kupfer-Aufdampfschichten, die unmittelbar im Anschluß an ihre Herstellung im gleichen Vakuumgefäß durch Erhitzung über 700 °C sublimiert wurden, schlangenhautartige Fremdstoffrückstände zurückließen. Das für den Aufbau dieser Hüllen[1] benötigte Fremdmaterial kann auf folgenden Wegen auf die Oberflächen der Metallschicht gelangen:

1. Durch Ausscheidung aus dem Innern der Kristalle der Aufdampfschicht beim Tempern. (Die Fremdbausteine im Innern der Metallschicht rühren möglicherweise von freigewordenen Gasokklusionen aus der Verdampfungsquelle[2] und von den Restgasen des Vakuumgefäßes[3] her. Sie wurden dort bereits während des Kondensationsvorganges eingelagert.)

2. Durch Oberflächendiffusion von der Trägerfolie.

3. Durch Adsorption aus dem Gasraum[4].

Die vorliegenden Untersuchungen sollen aufklären, wie weit die drei genannten Erscheinungen an der beobachteten Hüllenbildung beteiligt sind[5].

---

[1] Daß es sich tatsächlich um Hüllen handelt, kann durch Profilaufnahmen belegt werden, die gelegentlich an zusammengefalteten Folien gelingen.

[2] Ihr Einfluß wurde durch vorheriges Ausheizen der Verdampfungsquelle so klein wie möglich gehalten.

[3] Der Druck im Verdampfungsgefäß betrug beim Beginn der Verdampfung $2 \cdot 10^{-5}$ Torr.

[4] Der Druck im Vakuumgefäß lag beim Tempern stets unter $8 \cdot 10^{-5}$ Torr.

[5] Wegen der leichteren Sublimierbarkeit von Silber im Vergleich zu Gold und seiner größeren chemischen Inaktivität im Vergleich zu Kupfer wurden die jetzigen Versuche nur mit diesem Metall durchgeführt. Über besondere Vorkehrungen zur Vermeidung von Störeinflüssen bei der Versuchsdurchführung wird in einer späteren ausführlichen Veröffentlichung berichtet.

Durch Variation des Restdrucks im Vakuumgefäß kann nachgewiesen werden, daß die Entstehung der Hüllen durch die *Verhältnisse im Gasraum* wesentlich bestimmt ist. Friert man nämlich die Restgase durch eine Kühlfalle in der direkten Nähe der Präparate aus[6], so kann die Hüllenbildung bei Verwendung ausgeheizter Trägerfolien vollständig zurückgedrängt werden. Es bleibt somit die Frage zu beantworten, ob die Einlagerung der Restgasmolekeln bei der Kondensation, oder ihre Anlagerung an die fertige Schicht die Hauptursache für die Entstehung der beobachteten Hüllen darstellt.

Wie bereits mitgeteilt (*1*), lassen sich die experimentellen Befunde durch einfache physikalische Adsorption von Fremdstoffen an die Metallschicht nicht deuten, da im Adsorptionsgleichgewicht befindliche Filme, die bereits bei Raumtemperatur höchstens monoatomar sind, bei der zur Sublimation erforderlichen hohen Temperatur praktisch ganz verschwunden sein müssen

und keinesfalls zu Rückständen nach der Sublimation des Silbers führen können. Deshalb wurde schon früher vermutet, daß es sich bei den festgestellten Hüllen um Zersetzungsprodukte handelt, die sich erst während des Temperns aus den adsorbierten Kohlenwasserstoffen der Restgase auf der Metallschicht bilden[7]. Diese Vermutung soll durch die folgenden Versuche bestätigt werden:

Zunächst wurde die Lagerungszeit der Präparate, die auf Trägerhäuten von 20 °C kondensiert wurden, bei dieser Temperatur im Vakuum vor ihrer Sublimation variiert. In Abhängigkeit von diesem Parameter ergaben sich keine Dickenunterschiede der vorgefundenen Hüllen. Die Ein-

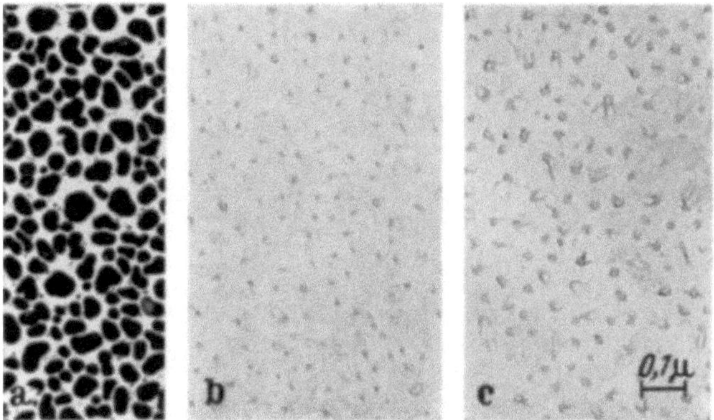

Abb. 1a—c. a) Auf 150 °C heiße Siliciummonoxyd-Trägerhaut kondensierte Silberschicht. b) Rückstände einer solchen Schicht, wenn die Sublimation durch schnelle Erhitzung sofort nach der Kondensation der Schicht erfolgt. c) Rückstände, wenn die Sublimation nach 20 min langer Lagerung des Präparats bei 150 °C im Hochvakuum erfolgt

wirkung der Restgase bei Raumtemperatur ist also unerheblich. Dann wurden zur Erreichung der Sublimation schnelle (Temperaturanstieg 250 grad/min) und langsame (Temperaturanstieg 25 grad/min) Erhitzungen der unter den obengenannten Bedingungen hergestellten Präparate durchgeführt. Nach der schnellen Erhitzung waren die zurückbleibenden Hüllen so extrem dünn und daher so kontrastarm, daß sie visuell auf dem Leuchtschirm des Elektronenmikroskopes nicht zu erkennen waren[8]. Bei langsamem Temperaturanstieg hoben sie sich dagegen schon auf dem Leuchtschirmbild mit gutem Kontrast vom Untergrund ab. Damit ist belegt, daß die Hüllen erst während des Temperns auf ihre volle Dicke auswachsen.

Zur genauen Bestimmung des für das Wachstum der Hüllen günstigen Temperaturintervalls wurden Erhitzungen mit Haltepunkten der Temperatur zwischen 20 und 600 °C vorgenommen. Diese Versuche ergaben, daß die Hüllenbildung im Temperaturintervall zwischen etwa 120 und 350 °C vor sich geht (vgl. Abb. 1). *In diesem Temperaturbereich wird also durch einen reinen Temperatureffekt eine Kontamination bewirkt, die in vielen Punkten der bekannten, unter Elektronenbestrahlung eintretenden Kontamination gleicht.* Diese Erscheinung kann auf folgende Weise erklärt werden: Oberhalb 120 °C reicht die angebotene thermische Energie bereits aus, um die Zersetzung der an die Aufdampfschicht adsorbierten Molekeln, evtl. unter katalytischer Mitwirkung der Metallschicht, durchzuführen. Durch die Anlagerung der fortwährend neu aus dem Gasraum auftreffenden Molekeln kann sich der Vorgang wiederholen, so daß sich Hüllen von elektronenmikroskopisch feststellbarer Dicke bilden. Ihre Beständigkeit ist so groß, daß sie bei der Sublimation des Silbers,

---

[6] Restgasdruck am Ionisationsmanometer 10^{-6} Torr.

[7] Die nach dem Tempern zurückbleibenden Hüllen erweisen sich weitgehend als säurebeständig.

[8] Um die Kontrastverluste durch die Trägerhäute so klein wie möglich zu halten, wurden diese so dünn gewählt, wie es die zu fordernde Temperaturbeständigkeit gerade noch erlaubte.

allerdings unter wesentlichen Schrumpfungen, erhalten bleiben (vgl. Abb. 1a mit 1b und 1c). Da oberhalb 350 °C die Anlagerung von Adsorptionsfilmen allmählich zum Stillstand kommt, findet hier auch die Hüllenbildung ihr Ende.

Besonders bemerkenswert sind nach Abb. 2 die Unterschiede zwischen den Rückständen von Schichten, die auf Trägern mit Temperaturen größer als 350 °C kondensiert wurden und dann a) durch weitere Erhitzungen sofort sublimiert wurden, so daß sich auf ihren Oberflächen keine Adsorptionsfilme ausbilden konnten, oder b) vor der Sublimation zunächst durch langsame Abkühlung des Ofens bis auf 50 °C (Zeitdauer etwa 60 min) gebracht wurden und somit längere Zeit dem absorptionsfördernden Temperaturintervall ausgesetzt waren.

Im Falle a) entstehen im Einklang mit den oben mitgeteilten Vorstellungen keine Hüllen. Es bilden sich aber auf der Trägerhaut an den Grenzen der Berührungsflächen zwischen Silberpartikeln und Trägerhaut (vgl. Abb. 2a und b) Schmutzränder aus, die nach den eingangs gemachten Ausführungen auf Fremdmaterial zurückgeführt werden müssen, das dorthin entweder vom *Träger* her oder

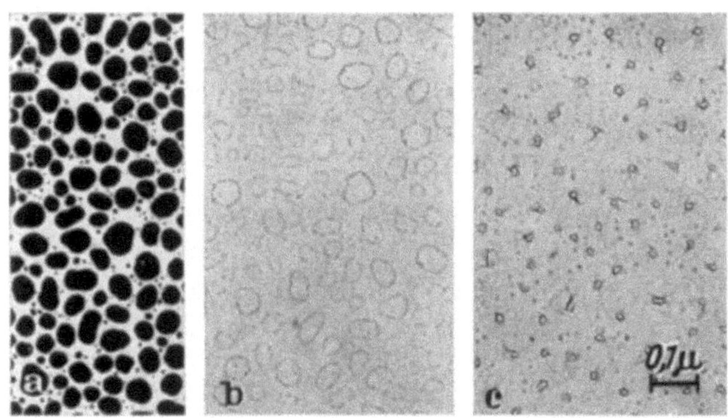

Abb. 2a—c. a) Auf 450 °C heiße Siliciummonoxyd-Trägerhaut kondensierte Silberschicht. b) Rückstände einer solchen Schicht, wenn die Sublimation durch schnelle Erhitzung sofort nach der Kondensation der Schicht erfolgt. c) Rückstände, wenn der Sublimation eine langsame Abkühlung auf 50 °C vorausgeht

aus dem Innern der Silberteilchen geschoben wurde. Im Falle b) treten in Übereinstimmungen mit unseren Erwartungen wieder die bekannten Hüllen auf (Abb. 2c). Der Schrumpfungsprozeß dieser Hüllen ist auch nach diesen Versuchsbedingungen deutlich zu erkennen. Das Studium von Einzelheiten zeigt auch hier den zusätzlichen Einfluß der Trägerfolie. Eine nähere Beschreibung dieses und weiterer Einflüße muß jedoch einer ausführlichen Veröffentlichung vorbehalten bleiben.

Literatur: *1.* HANSZEN, K.-J.: Z. Physik **150**, 527 (1958).

Oberflächenabdrücke von elektrolytisch niedergeschlagenen Kupfer- und Silberschichten mit eingebauten organischen Fremdstoffen

MANFRED AUST und LUDWIG REIMER
Physikalisches Institut der Universität Münster/Westf.

Organische Fremdstoffzusätze zu den Elektrolyten finden in der Galvanotechnik vielseitige Anwendung als Inhibitoren zur Glanzerhöhung des Niederschlages (*1*). Dabei findet ein Einbau der Fremdstoffe in den Niederschlag statt. Nach Untersuchungen von RAUB (*2*) genügt bereits eine Temperung der Niederschläge bei relativ niedrigen Temperaturen der Größenordnung 100° C bis 200° C, um die eingebauten Fremdstoffe zu zersetzen. Dies äußert sich in einem Gasausbruch und einem steilen Abfall der Härte. In der vorliegenden Untersuchung der Oberflächenstruktur von Kupfer- und Silberniederschlägen mit Platin-Kohle-Abdrücken war die Badzusammensetzung ähnlich wie in der Arbeit von RAUB (*2*) und FUSEYA und MURATA (*3*). Als Grundbäder dienten saure Kupfersulfat- (m-CuSO$_4$ + 0,1 n-H$_2$SO$_4$) und Silbernitrat-Bäder (n/5-AgNO$_3$ + 0,1 n-HNO$_3$), denen Fremdstoffzusätze aus Citronensäure, Kaliumcitrat, Weinsäure, Kaliumtartrat, Glykokoll, Asparaginsäure und Gelantine in den Konzentrationen der Größenordnung 0,01 bis 0,05 molar beigegeben wurden. Die Stromdichte bei der Abscheidung betrug 20 mA/cm² bei Cu-Schichten und 5 mA/cm² bei Ag-Schichten. Es interessierten bei den Untersuchungen folgende Fragen: 1. Abhängigkeit der sublichtmikroskopischen Struktur von der Art des Zusatzes, 2. Einfluß der Fremdstoffkonzentration bei gleichem Zusatz und 3. Veränderungen der Oberflächenstruktur bei einer Temperung der Niederschläge (Auftreten von Poren beim Gasausbruch, Rekristallisation bei höheren Temperaturen).

Bei der Herstellung der Abdrücke wurden die 10 μ dicken Niederschläge zunächst schräg mit Platin beschattet und anschließend senkrecht von oben mit Kohle bedampft. Die Ablösung der Schichten erfolgte bei Kupfer durch Auflösen der Unterlage in einer Chromsäurelösung (500 g/l Chromsäure + 50 g/l H_2SO_4), die sich bei Untersuchungen von WEIL und READ (4) und REIMER (5) zur Ablösung von Nickelabdrücken bewährt hat. Die Silberunterlage wurde mit konz. Salpetersäure weggelöst. Da über die Untersuchungen an Kupferschichten an anderer Stelle ausführlich berichtet wird (6), sollen nur die wichtigsten Resultate zusammengefaßt werden. Bei Abscheidung aus reinem Kupfersulfatbad ohne Fremdstoffzusatz wird die Oberfläche aus den Wachstumsflächen der 1—3 μ großen Kristalle gebildet. Die einzelnen Kristallflächen sind nie völlig glatt, sondern es zeigen sich kleine würfelförmige Aufwachsungen mit einem Durchmesser von etwa 300 Å. Zusätze von Weinsäure und Glykokoll, die als schwache Inhibitoren wirken, rufen keine wesentlichen Änderungen der Oberflächenstruktur her-

Abb. 1. Pt-Kohle Abdruck eines 10 μ dicken Ag-Niederschlages (Badzusatz: 0,05 m Glykokoll)

vor, selbst wenn in Versuchen mit Weinsäure die Konzentration bis 0,5 molar gesteigert wurde. Stärkere Veränderungen werden durch Zusätze von Citrat und Asparaginsäure hervorgerufen. Die Oberflächen zeigen bei diesen Zusätzen einen feinkörnigen lamellenartigen Aufbau, bei dem keine ebenen natürlichen Wachstumsflächen und Kristallkanten wie bei reinen Kupferschichten auftreten. Die Richtung der streifenförmigen Struktur ändert entlang von korngrenzenartigen Linien plötzlich ihre Richtung. An Schichten mit Kaliumcitratzusatz und reinen Kupferschichten sind auch Oberflächenabdrücke mit elektrolytisch niedergeschlagenen Nickelschichten (Dicke etwa 50 Å) zum Vergleich durchgeführt, da bei diesem Abdruckverfahren auch Aussagen über die Kristallorientierungen der Kupferunterlage gemacht werden können (5), weil Nickel orientiert auf den Kupferschichten aufwächst. Gelantine als wirksamster Inhibitor zur Glanzerhöhung von Niederschlägen ergibt bereits bei einer Konzentration von 0,025 g/l ein Aufbrechen der Oberfläche in kleinere Kristallblöcke, und mit steigender Konzentration bis 0,5 g/l ebnet sich die Oberfläche weiter ein und erscheint zuletzt sogar fast elektronenmikroskopisch glatt.

Bei der Untersuchung von Silberschichten ergaben sich keineswegs bei gleichen Zusätzen dieselben Veränderungen der Oberflächenstruktur wie bei Kupferschichten. Die reinen Silberschichten aus Bädern ohne Fremdstoffzusatz wachsen im Isolationstyp auf, so daß gute Oberflächenabdrücke nicht zu erhalten sind, weil die Höhenunterschiede zu groß sind, da stellenweise die unbedeckte Unterlage (feinkörniger Niederschlag aus cyankalischem Silberbad) zu sehen ist. Im Gegensatz zu den Kupferschichten erscheinen die Wachstumsflächen der Silberschichten völlig glatt. Sehr oft beobachtet man durch Schrägbeschattung abwechselnd helle und dunkle Schattierungen, die auf häufige Zwillingsbildung in diesen Schichten schließen lassen. Ein Zusatz von Glykokoll wirkt insofern als Inhibitor, als die Unterlage völlig bedeckt wird (kein Isolationstyp). Dabei ergibt sich aber eine größere Ausdehnung der natürlichen Wachstumsflächen, von denen in Abb. 1 ein Beispiel gezeigt wird, welches vor allem die völlig glatten Flächen und scharfen Kristallkanten aufzeigen soll. Während Weinsäure- oder Tartratzusatz bei Kupferschichten keine wesentlichen Veränderungen hervorruft, wirkt der gleiche Zusatz in Silberbädern völlig strukturverändernd (Abb. 2). Zusätze von Citronensäure oder Citraten wirken sich bei Kupfer- und Silberschichten in ähnlicher Weise auf die Oberflächenstruktur aus (Abb. 3).

Abb. 2. Ag-Niederschlag (Badzusatz: 0,01 m Weinsäure)

Abb. 3. Ag-Niederschlag (Badzusatz: 0,05 m Kal.-Citrat)

Der Einfluß einer nachträglichen Temperung auf die Oberflächenstruktur (das eigentliche Ausgangsproblem zu diesen Untersuchungen) ist zunächst an reinen Kupferschichten und Schichten mit Zusatz von 0,05 molar Kaliumcitrat untersucht worden. Die Temperung der Niederschläge erfolgte in evakuierten Glasampullen. Oberhalb 200° C beobachtet man in citrathaltigen Schichten ein Auftreten von kleinen Blasen, die durch Gasausbruch bei der Zersetzung des Citrats entstanden sein können. Bei höheren Temperaturen von 300—400° C beobachtet man eine Einebnung der Oberfläche durch Rekristallisation, die mit einer Oberflächendiffusion verbunden ist. Dieser Einfluß der Rekristallisation ist auch an reinen Kupferschichten zu finden. Wenn man Abdrücke von ungetemperten und bis 300° C getemperten Niederschlägen miteinander vergleicht, so beobachtet man bereits bei dieser relativ niedrigen Temperatur (es wurde jeweils 1 Std. bei der betreffenden Temperatur getempert) eine deutliche Veränderung der Oberfläche, die sich besonders in einer Abrundung aller scharfen Kristallkanten äußert.

Literatur

1. FISCHER, H.: Elektrolytische Abscheidung u. Elektrokristallisation von Metallen. Berlin: Springer 1954.
2. RAUB, E.: Z. Metallkunde 39, 33 (1948).
3. FUSEYA, G., u. M. MURATA: Trans. Amer. Electrochem. Soc. 50, 255 (1926).
4. WEIL, R., u. H. J. READ: J. appl. Physics 21, 1068 (1950).
   — — Metal Finishing 53, 60 (1955); 54, 56 (1956).
5. REIMER, L.: Z. Metallkunde 47, 631 (1956); 48, 390 (1957).
6. — u. M. AUST: Z. Metallkunde 50, 101 (1959).

Elektronenoptische Untersuchungen an dünnen, elektrolytisch niedergeschlagenen Nickelschichten

E. Fuchs, A. Politycki und H. Pfisterer

Siemens & Halske AG, Werkstoff-Hauptlaboratorium, Karlsruhe

Die Untersuchungen, über die im folgenden berichtet wird, sollen einen Beitrag darstellen zur Diskussion der Passivität des Nickels. Ausgangspunkt war der Gedanke, daß sich eine passivierende Deckschicht mit elektronenoptischen Methoden* gut an extrem dünnen Filmen studieren lassen sollte.

Die Nickelschichten wurden in Anlehnung an ein von Reimer (1) angegebenes Verfahren elektrolytisch hergestellt. Als Unterlage diente eine auf polykristallinem Walzkupfer abgeschiedene Kupferschicht von etwa 5 μ Dicke. Das Vernicklungsbad enthielt 240 g/l Nickelchlorid und 180 g/l Kaliumchlorid. Die Stromausbeute, die durch Wägung an 500 bzw. 1000 Å dicken Schichten bestimmt wurde, betrug bei der verwendeten Stromdichte von 3 mA/cm² nahezu 100%. Zur Berechnung der für eine bestimmte Strommenge erreichbaren Schichtdicke wurde das elektrochemische Äquivalent der zweiwertigen Nickel-Ionen zugrunde gelegt. Nach der Vernicklung wurden die Filme in einem Bad, das 250 g/l Chromsäure und 25 g/l Schwefelsäure enthielt, von der Kupferunterlage abgelöst. Sie konnten nach mehrfachem Spülen freitragend auf elektronenmikroskopische Objektträgerblenden präpariert werden. Beim Abtrennen der Nickelfilme von der Unterlage löst sich das Kupfer von unten weg, während die Nickelschicht kaum angegriffen wird. Es liegt nahe, ihre Existenz auf eine Passivschicht zurückzuführen, die sich bei der Einwirkung der stark oxydierenden Säure ausbilden könnte.

Im Elektronenbeugungsbild der Filme erscheint neben den Interferenzen des Metalls das Diagramm von Nickeloxyd, das im B1 NaCl-Typ mit der Gitterkonstanten $a_0 = 4{,}17$ Å kristallisiert. Bei der Identifizierung bleibt allerdings die Frage offen, ob es sich um NiO oder um Ni_2O_3 handelt. Das gefundene Diagramm entspricht einem B1-Gitter, das sich im Ni-O-Phasendiagramm über ein weites Gebiet erstreckt. Dieses Gebiet schließt die stöchiometrische Zusammensetzung Ni_2O_3 mit ein (2). Ni_2O_3 besitzt keinen eigenen Gittertyp und kann daher mit strukturanalytischen Mitteln nicht sicher von NiO unterschieden werden. Beim Vergleich der Beugungsbilder verschieden dicker Filme zeigte sich, daß die Intensitäten der Interferenzen des Metalls bei dünnen Proben sehr klein werden. Während bei den verschiedenen Schichtdicken die Intensitäten der Oxydinterferenzen annähernd gleich bleiben, nimmt die Intensität der Nickelinterferenzen mit dünner werdender Schicht merklich ab.

Um über die Dicke der Oxydschicht eine Aussage machen zu können, wurde eine von White und Germer (3) angegebene Methode angewandt. Dabei wird angenommen, daß die Intensität der Interferenzen bei sehr dünnen Filmen direkt proportional zur Schichtdicke ist. Die Intensitäten der (200)-Interferenzen des Metalls, bezogen auf die Intensitäten der (220)-Interferenzen des Oxydes, wurden photometrisch bestimmt und die Abhängigkeit dieser relativen Intensitäten von der amperometrisch ermittelten Ausgangsschichtdicke festgestellt. Aus diesen Meßergebnissen folgt, daß der metallische Anteil erst dann aufgezehrt sein kann, wenn der Film dünner als etwa 15 Å ist. Für die Ausbildung der Oxydschicht wird also an jeder Seite des Films eine Metallschicht von etwa 7—8 Å aufgezehrt. Da die Oxydation erfahrungsgemäß eine Volumenvermehrung um den Faktor 1,65 bedeutet, dürfte die mittlere Oxydschichtdicke auf einer Seite etwa 12 Å betragen.

Der ermittelte, äußerst geringe Wert der Oxydschichtdicke ließ Zweifel entstehen, ob es sich hier tatsächlich um eine geschlossene Schicht oder vielleicht nur um unzusammenhängende Einzelkristalle handelt. Es wurde daher versucht, diese Frage mit Hilfe von Dunkelfeldaufnahmen (Abb. 1) zu klären. Ein 30 Å-Film, der bei starker Vergrößerung zunächst im Hellfeld (Abb. 1a) aufgenommen wurde, erscheint nicht vollständig homogen. Das Dunkelfeldbild der gleichen Stelle im Lichte eines Oxydreflexes zeigt dagegen eine recht gleichmäßige Beschaffenheit (Abb. 1b). Die hellen Flecke stellen Oxydpartikel mit günstiger Orientierung dar. Ihre mittlere Linearausdehnung läßt sich zu 10—20 Å abschätzen. Das Dunkelfeldbild des gleichen Objekt-

---

* Die Untersuchungen wurden mit dem Elmiskop I der Siemens & Halske AG durchgeführt.

ausschnittes im Lichte eines Metallreflexes (Abb. 1 c) zeigt unregelmäßig verteilte größere Flecken. Die Größe der Nickelkristallite kann daraus zu etwa 50 Å bestimmt werden.

Aus diesen Ergebnissen läßt sich für den Aufbau der untersuchten Nickelfilme ein Modell ableiten, das in Abb. 2 dargestellt ist. Die Zeichnung stellt Querschnitte durch einen 20 Å- und einen 50 Å-Film dar. Die kleineren Kreise deuten die Oxydkristalle an, die größeren die Metall-

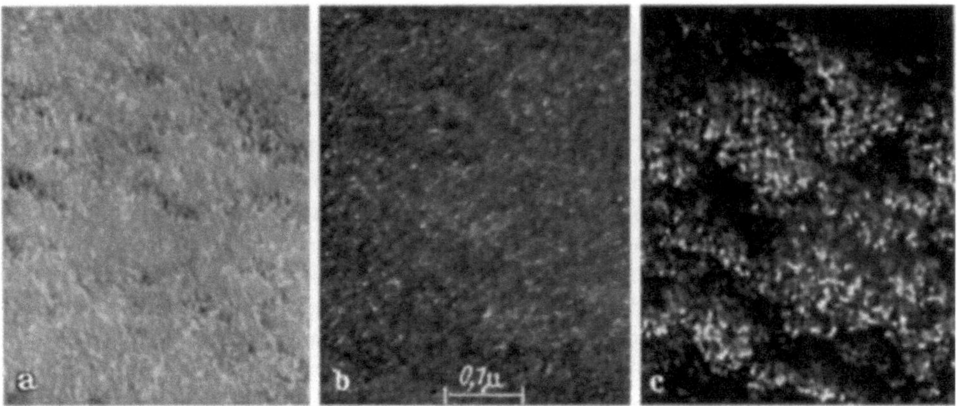

Abb. 1 a—c. Vergleich der Kristallitgrößen von Ni und NiO bei einer 30 Å-Schicht.
a) Hellfeld, b) Dunkelfeld im Lichte eines NiO (220)-Reflexes, c) Dunkelfeld im Lichte eines Ni (200)-Reflexes

kristalle. Die Oxydkristalle bilden eine geschlossene Schicht, die die größeren bei einer 20 Å-Schicht unregelmäßig verteilten Metallkristallite umgibt. Bei einer dickeren Schicht werden die Lücken zwischen den Metallkristalliten ebenfalls mit Nickelkristalliten aufgefüllt. Die Dicke der Nickeloxydschicht bleibt dabei erhalten.

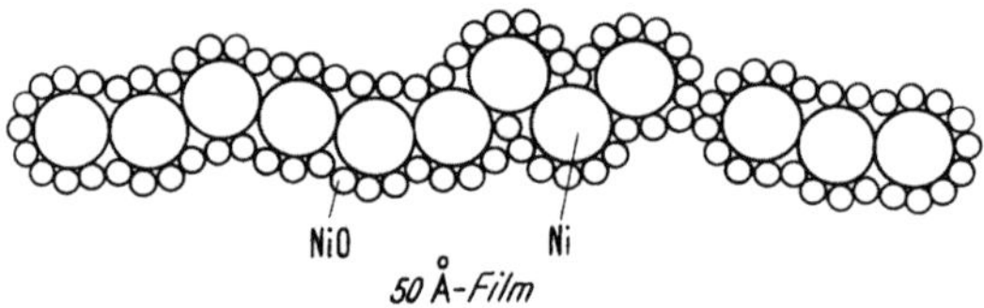

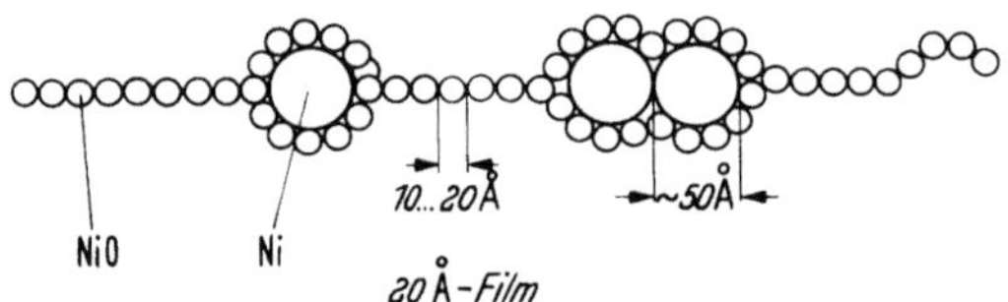

Abb. 2. Modell elektrolytisch erzeugter und in CrO_3/H_2SO_4 abgelöster Ni-Filme

Bei der Beurteilung der Ergebnisse und Folgerungen der vorliegenden Untersuchung muß beachtet werden, daß bei der Messung der Oxydschichtdicke von der amperometrisch ermittelten Gesamtschichtdicke ausgegangen worden ist. Die Rauhigkeit der Filme sowie eine im Elektrolyten einsetzende Auflösung ist nicht berücksichtigt worden. Die mitgeteilten Daten über die Dicke der Oxydschicht stellen daher nur Näherungswerte dar. Eine weitere gewisse Unsicherheit bei der Messung der Oxydschichtdicke darf ebenfalls nicht verkannt werden. Es besteht noch die Möglichkeit, daß die Nickelfilme nicht bis in kleinste Dimensionen hinein vollständig gleichmäßig ausgebildet sind und daß die einzelnen Körner je nach ihrer Orientierung etwas verschieden rasch oxydieren.

Literatur

1. Reimer, L.: Z. Metallkunde **47,** 631 (1956).
   — Z. Metallkunde **48,** 390 (1957).
2. Siehe z. B. Structure Rep. **15,** 177 (1951).
3. White H. und L. H. Germer: Trans. electrochem. Soc. **81,** 305 (1942)

5. Kristallbau-Fehler und Versetzungen

A theory of Bragg diffraction phase contrast due to defects in crystals observed by transmission electron microscopy

P. B. HIRSCH, A. HOWIE and M. J. WHELAN
Cavendish Laboratory, University of Cambridge (England)

1. Introduction

The contrast on transmission micrographs of crystals is mainly due to local differences in the intensities of the Bragg diffracted beams. Since the wavelength of the electrons in electron microscopes operating usually at $50-100$ kV is very short (about 0.05 Å), and since the Bragg angles are only of the order of a few degrees, there is a high probability that for an arbitrary orientation of the crystal the incident beam will have a direction not very far away from that corresponding to the Bragg angle of a set of reflecting planes. Thus, in general, some electrons are diffracted by crystals in arbitrary orientation, although of course the electron beam is particularly strongly diffracted when the crystal is in such an orientation that a set of reflecting planes is exactly at the Bragg angle relative to the incident beam. In the latter case the electron beam can be reflected completely if the thickness of the specimen, in the case of a metal, is only of the order of a few 100 Å. Since usually the Bragg diffracted electrons are prevented from reaching the image by placing a suitable aperture in the microscope, large contrast effects can result from local differences in orientation. Thus different grains in a polycrystalline material, or subgrains in a crystal, can be distinguished clearly on transmission micrographs (*1, 2, 3*). If the crystals are bent, the loci of points on the specimen where the reflecting planes are at a reflecting position are called *extinction contours* due to bending (or bend contours) (*1*). Fig. 1 shows an example of a transmission micrograph from a polycrystalline specimen of annealed stainless steel; the different grains and extinction contours are clearly visible.

Apart from differences in orientation the intensities of the Bragg diffracted beams are affected by local displacements of the atoms or by the presence of atoms of different scattering power. The general problem of contrast due to defects reduces to the problem of calculating the intensity of the electron beam diffracted from a column of the crystal (along the direction of the incident electron beam) corresponding to a particular point on the transmission micrograph (Fig. 2). In principle this calculation can be carried out on the kinematical theory for any defect provided the displacements are known; this theory will be applicable provided the crystal is not orientated with reflecting planes too close to a reflecting position. If the crystal is at or near a reflecting position the dynamical theory has to be applied. This treatment has been carried out for stacking faults (*4, 5*) but the analysis shows that, apart from some details the main effects observed on micrographs due to stacking faults can be interpreted, at least qualitatively, in terms of the kinematical theory. No attempt has yet been made to develop the dynamical theory for defects such as dislocations, but, as will be shown in this paper, most of the contrast effects observed can again be interpreted, at least qualitatively, on the kinematical theory. It seems therefore that the kinematical theory is adequate for problems of this type, at least for a qualitative understanding of the contrast effects. It is the purpose of the present paper to outline the procedure adopted in carrying out such calculations on the contrast effects from defects.

2. Perfect crystal

The amplitude diffracted by a column of perfect crystal such as that in Fig. 2 is

$$A = \Sigma f\, e^{2\pi i\,(\underline{g} + \underline{s})\cdot\underline{r}} \tag{1}$$

where $\underline{g}$ is the reciprocal lattice vector corresponding to the reflection operating, $\underline{s}$ is the deviation of the point in reciprocal space where the amplitude is considered from the reciprocal lattice point, $\underline{g}$; $\underline{r}$ gives the position of the atom along the column of crystal, and f is the scattering factor for electrons of the atom. In the perfect crystal $\underline{r} = n_1\underline{a} + n_2\underline{b} + n_3\underline{c}$ where $\underline{a}$, $\underline{b}$, $\underline{c}$ are the unit cell vectors and n_1, n_2, n_3 are integers. Since $\underline{g} = m_1\underline{a}^* + m_2\underline{b}^* + m_3\underline{c}^*$, where $\underline{a}^*$, $\underline{b}^*$, $\underline{c}^*$ are the reciprocal unit cell vectors and m_1, m_2, m_3 are integers, the product $\underline{g} \cdot \underline{r} = $ integer. Hence for

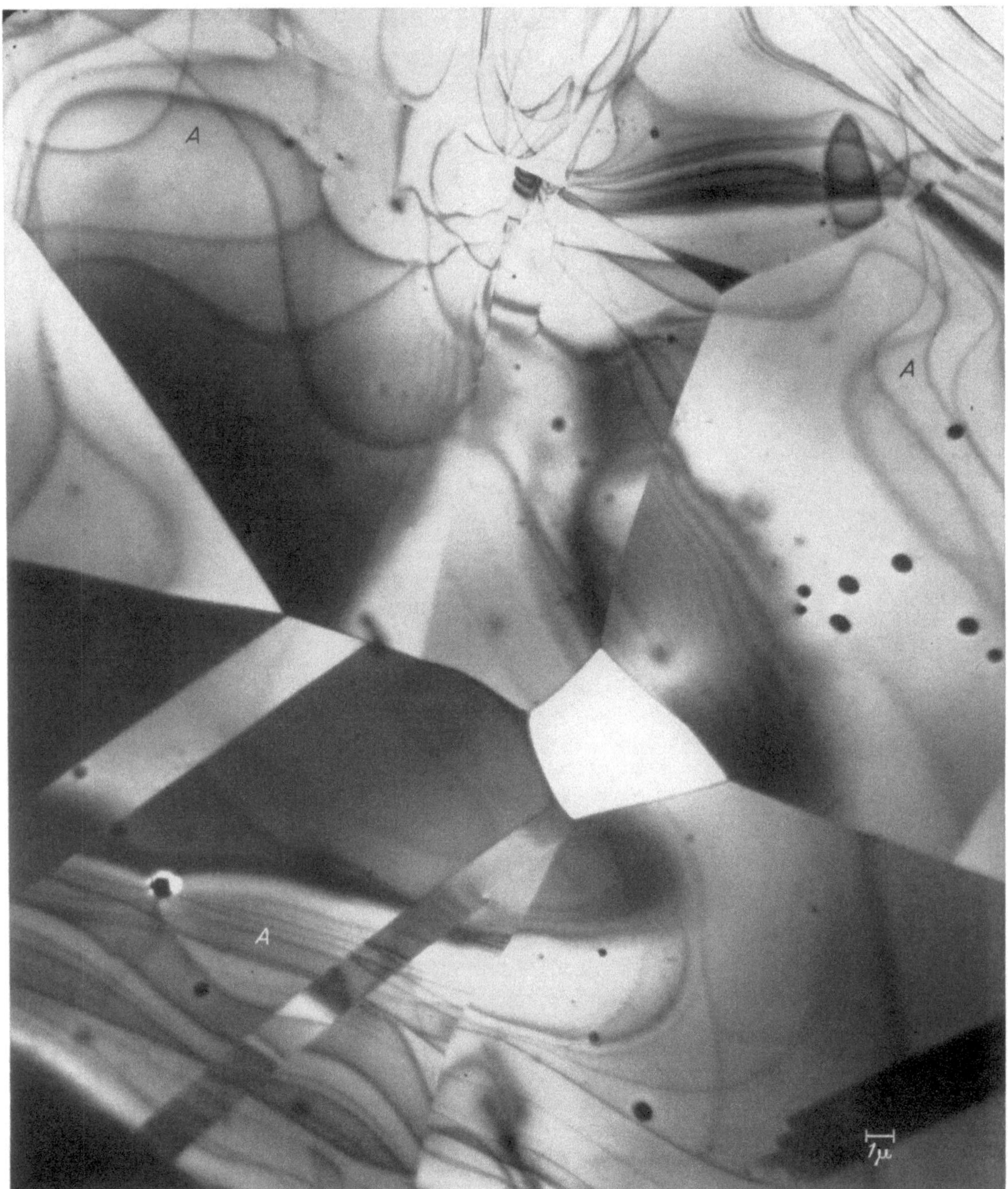

Fig. 1. Micrograph of annealed stainless steel showing how the contrast of different grains varies with different orientations. The foil is slightly buckled and the dark fringes at A are bend extinction contours following lines of equal inclination

a perfect crystal

$$A = \Sigma f\, e^{2\pi i \underline{g} \cdot \underline{r}} \tag{2}$$

On replacing the sum by an integral. A is found to be proportional to

$$e^{i\pi s t}\, \frac{\sin \pi s t}{\pi s}. \tag{3}$$

where t is the length of the column and s is the projection of $\underline{s}$ on to t. Thus, the amplitude oscillates sinusoidally with t; this result can also be interpreted in terms of an amplitude phase diagram. The phase difference between the waves diffracted by different diffracting elements e.g. at t_1, t_2, is proportional to the distance between them (e.g. $2\pi s[t_1-t_2]$); hence the amplitude phase diagram (as in the case of diffraction of light from a single slit) is a circle. The phase differrence between the waves diffracted from any two points on the column is equal to the angle between the tangents at the corresponding points on the amplitude phase diagram. Since this angle is proportional to s, the radius of the circle is proportional to s^{-1}. Thus, the larger s, the smaller the diameter of the circle and the smaller the average diffracted intensity, a result which is also evident from equation (*3*). Fig. 3 shows schematically the oscillation of the transmitted wave in the crystal.

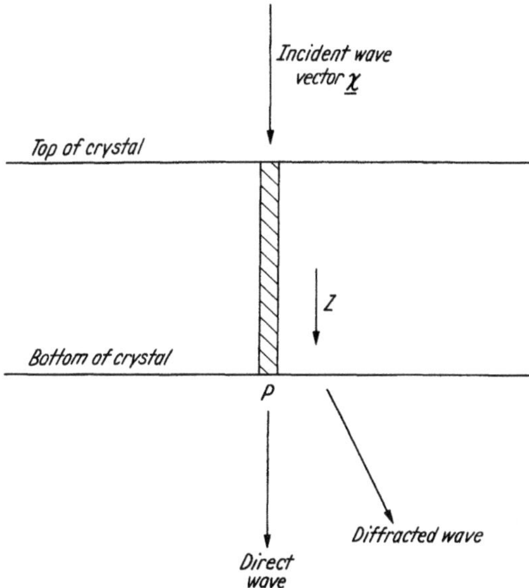

Fig. 2. Column of crystal with incident and diffracted beams

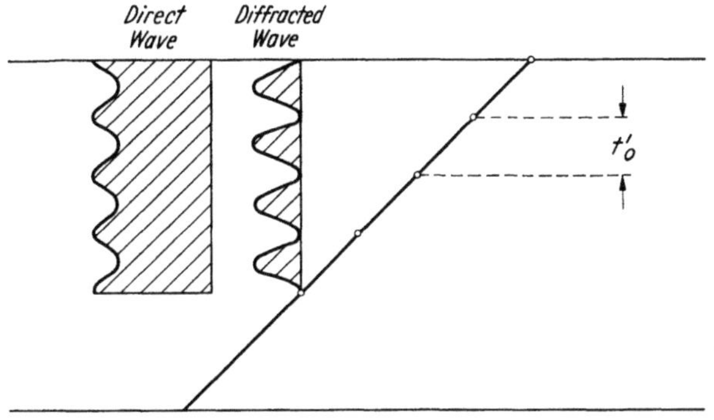

Fig. 3. Diagram of the incident and diffracted wave field oscillations (wavelength t'_0 near the reflecting position $t'_0 = t_0$, the extinction distance) in a crystal containing an oblique "fault". The "fault" may be: — a) A stacking fault; b) A grain boundary; c) The lower surface of a wedge crystal. (In this case the crystal below the "fault" is neglected.) In all cases fringes running parallel to the intersection of the "fault" with the crystal surface would be expected

If now the crystal is in the form of a wedge, see Fig. 3, the amplitude of the diffracted wave will clearly vary sinusoidally along the length of the wedge, thus giving rise to fringes parallel to the line of intersection of the two planes of the wedge. These fringes are called *thickness extinction contours* (*1, 6*) and occure for example at grain boundaries running obliquely through a metal foil. Fig. 4 shows an example of such fringes at a twin boundary in a specimen of stainless steel (*3*).

3. Imperfect crystal

3.1 General. A defect generally causes displacements of the atoms from their ideal positions and, if impurity atoms are involved, local changes in the scattering factor f. The latter effect can of course be taken into account, but usually the displacements of the atoms have a more important influence on the contrast. In the following discussion only the atomic displacements will be taken into account.

The amplitude diffracted by a column of imperfect crystal is then given by

$$A = \Sigma f\, e^{2\pi i (\underline{g} + \underline{s}) \cdot (\underline{r} + \underline{R})} \tag{4}$$

where $\underline{R}$ is the displacement of the atom from the ideal position. This reduces to

$$A = \Sigma f\, e^{2\pi i \underline{s} \cdot \underline{r}}\, e^{2\pi i \underline{g} \cdot \underline{R}} \tag{5}$$

where the phase factor $e^{2\pi i \underline{s} \cdot \underline{R}}$ has been neglected since R is usually only of atomic dimensions or less. Thus, the displacements of the atoms result in a phase factor $e^{i\alpha}$ where $\alpha = 2\pi \underline{g} \cdot \underline{R}$. The phase angle α therefore depends both on the reflection ($\underline{g}$) and on the displacement $\underline{R}$.

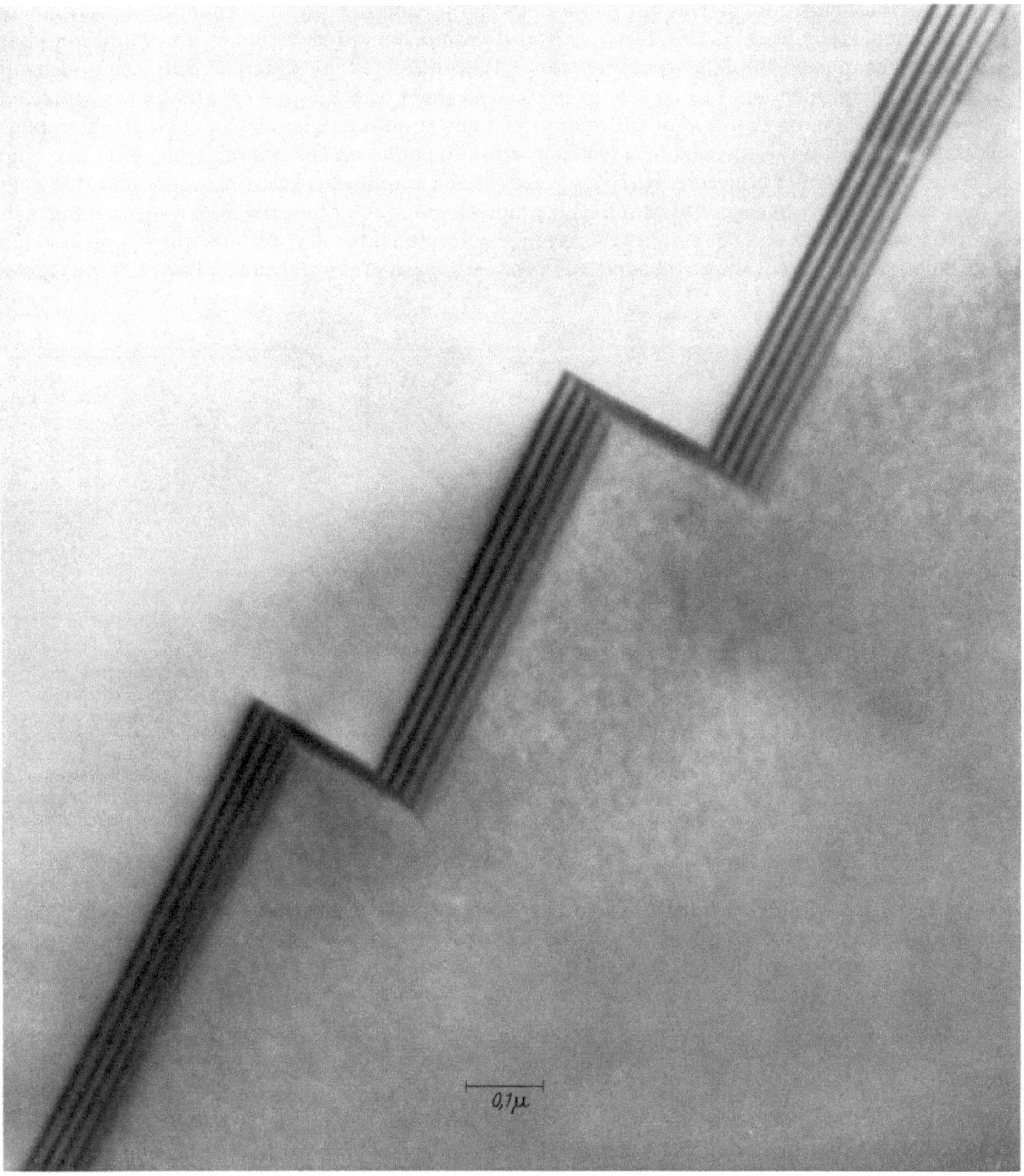

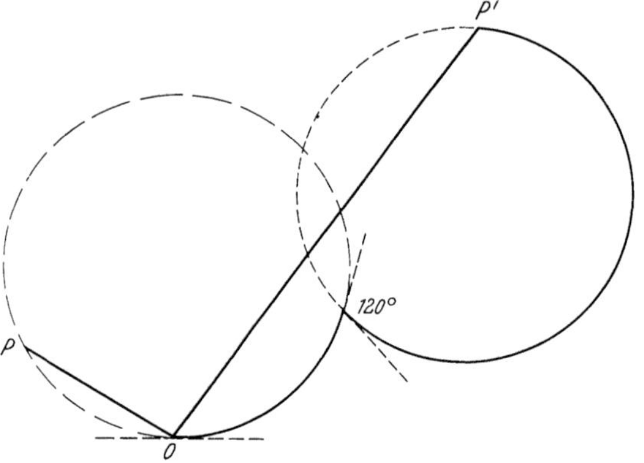

Fig. 4. Fringes at a grain boundary running obliquely to the foil surface. One grain is near a diffracting position the other is not and wedge type fringes parallel to the intersection of the boundary and the foil surface result

Fig. 5. Amplitude phase diagram for a stacking fault. At the fault the phase of the diffracted beam changes discontinuously (by 120° in this case)

3.2 Stacking fault. A simple example is the case of a stacking fault in the face-centred cubic system. Suppose the fault runs obliquely across the foil as shown in Fig. 3. The two parts of the crystal, separated by the fault are displaced relative to each other, parallel to the plane of the fault by the vector $\underline{R} = \frac{1}{6}[112]\,a$, where a is the length of the unit cell side. For a (111) reflection

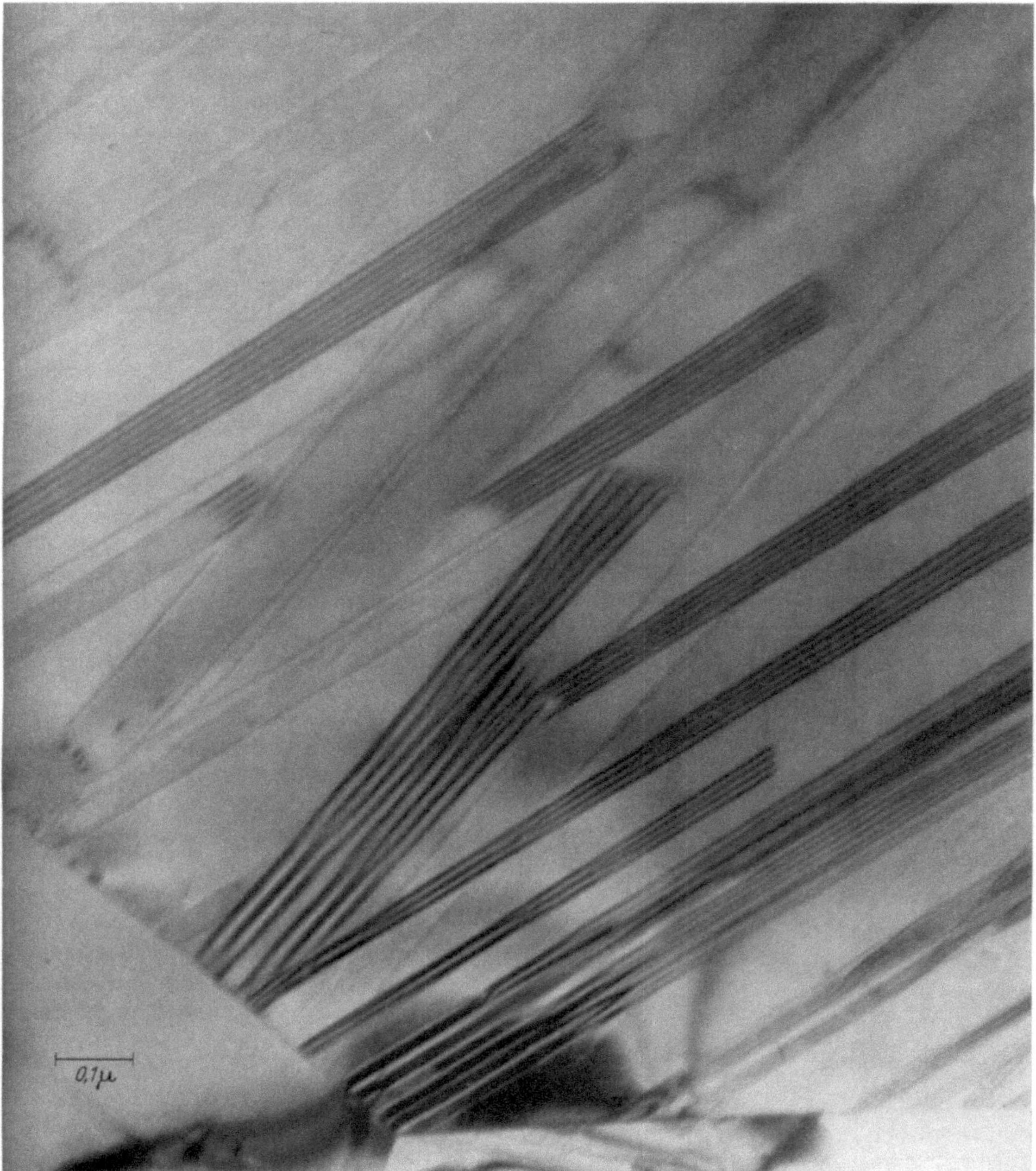

Fig. 6. Stacking fault fringes. Note how the fringes run parallel to the intersection of the fault with the surface
of the foil

with $\underline{g} = [111]\,a^*$, where a^* is the length of the unit cell side of the reciprocal lattice, $\underline{g} \cdot \underline{R} = \frac{2}{3}$; thus $\alpha = 240°$. For all reflections α has the values 0 or 120° or 240°. The amplitude phase diagram for $\alpha = 120°$ for example is shown in Fig. 5: at the point on the amplitude phase diagram corresponding to the point of intersection of the column with the fault an abrupt change of phase of 120° occurs, this being equal to the angle between the tangents to the circles for the top and bottom parts of the crystal. Fig. 5 shows clearly that the final amplitude of the resulting wave at the bottom of the foil can be considerably different from that in the perfect crystal. For a fault running obliquely across the foil the contrast will be in the form of fringes parallel to the line of intersection of the fault with the surfaces, because of the periodicity of the wavefield in the crystal (Fig. 3). A little consideration shows that this type of contrast follows at once from the amplitude phase diagram (Fig. 5). Fig. 6 shows an example of fringes due to stacking faults; full details of the dynamical and kinematical theories of contrast from faults are given in (4, 5).

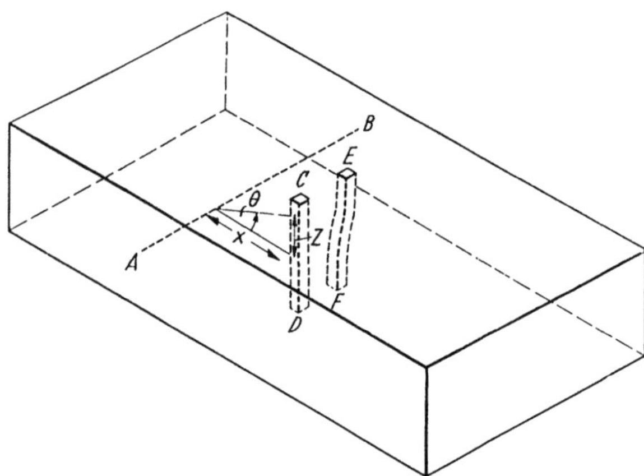

Fig. 7. Diagram of a screw dislocation AB in the centre of the foil running parallel to the plane of the foil. The coordinates used in the text are shown. Z is the component of r parallel to the column of crystal CD. X is the component perpendicular to both the column and the dislocation. EF shows the displacements in the column due to the screw

3.3 Dislocation. Consider a dislocation parrallel to the plane of the foil (Fig. 7). A column of crystal close to the dislocation line will now be distorted in some continuous manner as shown in the diagram. In this case $\underline{R}$ and therefore α vary continuously with $\underline{r}$. The nature of the displacements of the atoms around a dislocation is such that atoms on opposite sides of the dislocation are displaced in opposite directions. (This is easily seen for example for an edge dislocation, see Fig. 8). This means that on one side of the dislocation α adds to the phase difference due to the depth in the crystal (i.e. the phase angle $2\pi\underline{s}\cdot\underline{r}$); on the other side α is of opposite sign to $2\pi\underline{s}\cdot\underline{r}$. In the latter case the effect of the dislocation is to bring the crystal locally towards the reflecting position; on the other side of the dislocation the crystal is effectively further away from the reflecting position. Generally therefore there will be strong contrast effects only on the side of the dislocation on which the intensity of diffraction is high, i.e. the dislocation is visible only on one side. These considerations are confirmed by detailed calculations as shown below.

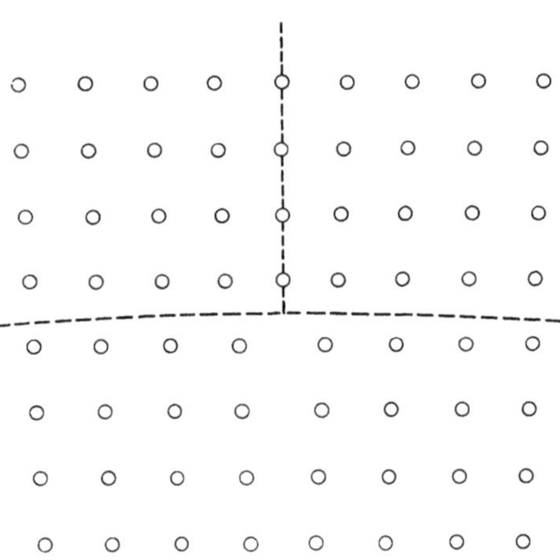

Fig. 8. Atomic positions round an edge dislocation in a simple cubic crystal. The displacements of the atoms from their positions in a perfect crystal are opposite on opposite sides of the dislocation. This produces increased diffraction on one side and decreased diffraction on the other so that the image is not symmetrical

For a dislocation line of any character (edge, screw or intermediate) the displacement of the atoms is mainly parallel to the burgers vector $\underline{b}$, and it decreases inversely as the distance x from the dislocation (7). Near the dislocation the displacements are large; thus if one looks along a line passing through the centre of a dislocation, the relative displacement of two atoms in the immediate neighbourhood of the centre of a dislocation and on opposite sides of it is $\frac{1}{2}\underline{b}$. In the face-centred cubic structure $\frac{1}{2}\underline{b} = \frac{1}{4}[110]a$; thus, for a (111) reflexion ($\underline{g} = [111]a^*$), the phase difference α_0 between the waves diffracted by these two atoms is π. In general for all reflexions $\alpha_0 - n\pi$; thus the phase difference as in the cases of a stacking fault is again large. For a column not passing through the centre of the dislocation the phase angle α varies continuously with r;

thus for a screw dislocation the displacement is given by $R = \dfrac{\Theta}{2\pi}\underline{b}$ where Θ is the angular coordinate of the point on the column measured relative to a radius vector drawn out from the dislocation (see Fig. 7). In general therefore $\alpha = 2\pi\underline{g}\cdot\underline{R} = \underline{g}\cdot\underline{b}\Theta = n\Theta$. Clearly, if $\underline{g}\cdot\underline{b} = 0$, $\alpha = 0$, and the dislocation is invisible. Thus if the Burgers vector is parallel to the reflecting planes the dislocations are not revealed. There is considerable experimental evidence that in fact sometimes dislocations cannot be observed on transmission micrographs ($2, 8, 9$). The same contrast mechanism applies to the technique by which dislocations are revealed with X-rays ($10, 11, 12$); in this case the above condition for invisibility of the dislocations was discovered experimentally.

Knowing the variation of α with r along the column from the equation $\alpha = n\Theta$, the amplitude phase diagram can be calculated for a column at a given distance x from the dislocation. Fig. 9 shows such an amplitude phase diagram for $n = 2$ and $2\pi s x = \pm 1$. The dotted circle corresponds to the amplitude phase diagram for a perfect crystal for the same value of s. For $2\pi s x = -1$ one full circle

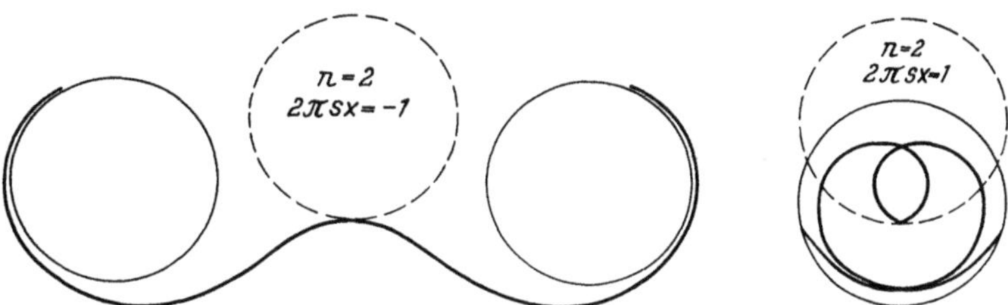

Fig. 9. Amplitude phase diagrams from a column of crystal near a dislocation for the case $n = 2$, $2\pi s x \pm 1$. The dotted circle is the diagram for the perfect crystal. The effect of the dislocation is much greater in the case $2\pi s x = -1$ and thus the contrast occurs on this side of the dislocation

is the amplitude phase diagram for the part of the column near the top surface of the foil far away from the dislocation. As the dislocation is approached the amplitude phase diagram spirals out, up to a point on the column level with the dislocation line (Fig. 7). On the bottom side of the dislocation the rest of the amplitude phase diagram is the mirror image of that for the top part of the column. The final amplitude is obtained by joining the points on the two full circles corresponding to the top and bottom surfaces of the foil. It is clear that this vector can be much longer than the corresponding one in the perfect crystal and hence pronounced contrast effects are expected. On the other side of the dislocation, $2\pi s x = +1$, the circle spirals inwards, and the resulting amplitude cannot be very different from that in the perfect crystal. The amplitude phase diagram therefore confirms the conclusion reached above that the dislocation is visible only on one side.

The main effect of the dislocation is then to displace the centres of the two circles for the top and bottom parts of the column. The average intensity (for various thicknesses of foil) from a dislocation can therefore be obtained from the vector joining the centres of the two circles. Fig. 10 shows the locus of the centres of one circle as a function of $2\pi s x$. For $2\pi s x = \pm \infty$ the centres coincide with

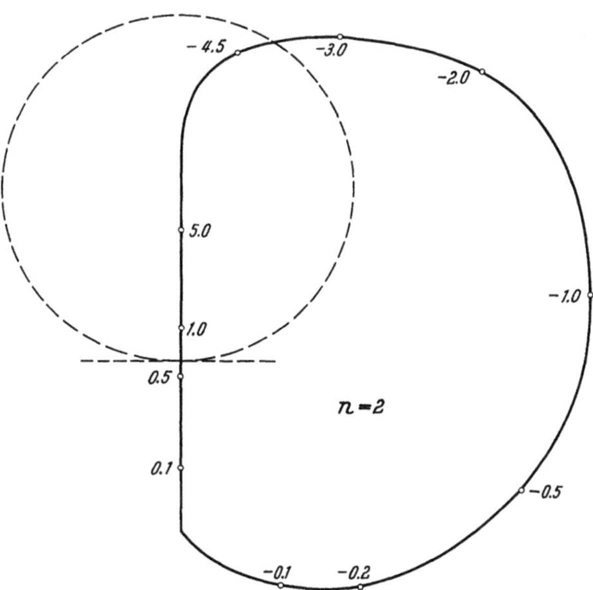

Fig. 10. Locus of the centre of the final circle of the $n = 2$ amplitude phase diagram as $2\pi s x$ varies. Since the average amplitude diffracted by the column of crystal for a given $2\pi s x$ is proportional to the horizontal distance of the point on the final circle from the vertical through the centre of the dotted circle the diagram shows that this will be greatest for $2\pi s x = -1.0$ not for $2\pi s x = 0$ i.e. not at the centre of the dislocation

the centre of the circle (dotted) for the perfect crystal. For values of $2\pi s x$ increasing from $-\infty$ the centre moves along the curve as indicated, the maximum distance in the horizontal direction corresponding to $2\pi s x = -1.0$. For positive values of $2\pi s x$ the centre moves along the vertical through the centre of the dotted circle, as shown in Fig. 10. The average amplitude scattered by a column is proportional to twice the length of the horizontal coordinate of the point on the circle, measured from the vertical through the centre of the dotted circle; thus, for the side of the dislocation for which $2\pi sx$ is positive there is no horizontal displacement and therefore no effect on the average intensity of diffraction due to the dislocation. The average intensity profile of a dislocation is shown in Fig. 11 for $n = 1,2,3,4$. Again it is clear that the dislocations are essentially visible only on one side. For $n = 3,4$ double peaks are expected to occur, the inner peak being rather weak. It is to be noted that the width of the profile is of the order of the displacement of the peak from the centre of the dislocation.

This theory explains a number of experimental facts pertaining to the dislocation contrast: —

1. The dislocations generally appear as lines which diffract more strongly; this follows at once from the theory, since the dislocation is visible only on the side on which the crystal is effectively closer to the reflecting position.

2. Since the intensity can be shown to decrease as $\dfrac{1}{s^2}$ in the kinematical region, the maximum contrast is probably obtained for s just outside the dynamical region. It follows at once that the width w of a dislocation should, under optimum contrast conditions, be about t_0/π, where t_0 is the extinction distance (1, 4). For electron transmission micrographs from metals, w will be ≈ 100 Å, which is the observed width. For X-ray micrographs from crystals of Si etc. (10) w is expected to be of the order of microns, which also appears to be a reasonable order of magnitude compared with the experiments.

3. If two reflexions are occurring simultaneously the dislocations may appear as two lines, one on each side of the dislocation, corresponding respectively to the images in the two reflexions. Fig. 12 shows an example of such double dislocations in nickel. Diffraction patterns and experiments on tilting the specimens have shown that double dislocations occur indeed only if two reflexions occur simultaneously.

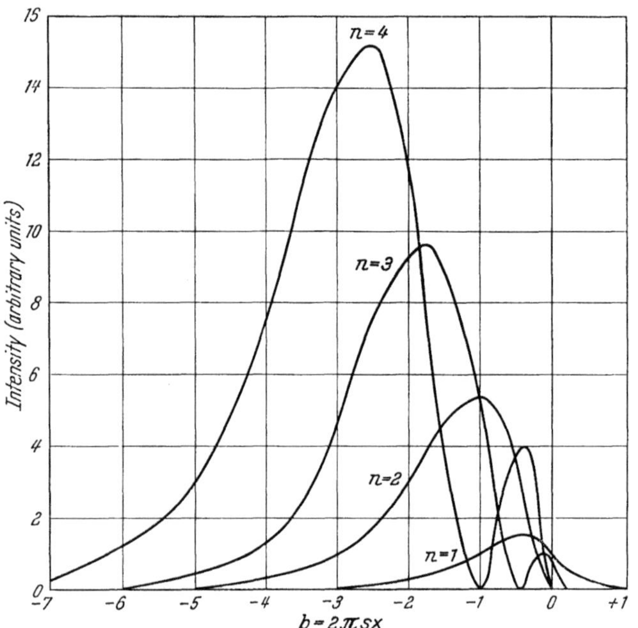

Fig. 11. Predicted intensity profiles from a dislocation situated at the origin. Note the increasing contrast and the appearance of subsidiary peaks for higher values of n

4. Extension of the theory to the case of dislocations running obliquely across the foil shows that similar contrast effects are expected. However, since the wave is periodic (see section 2) there will be a variation of contrast along the dislocation line with a periodicity determined by that of the wavefield. This result can also be obtained from a consideration of the amplitude phase diagram, such as that of Fig. 9. Fig. 13 shows an example of such dislocations with periodic contrast. The theory also predicts that the dislocation should become less visible the steeper it is inclined to the plane of the foil. This probably accounts for the fact that dislocation loops inclined to the plane of the foil appear often as two lines, as if the connecting parts of the loop are not so visible. These are probably the steeply inclined parts of the loop. (For example see Fig. 2, p. 522, by Silcox.)

It appears that the main contrast effects due to defects such as stacking faults and dislocations can be accounted for in terms of a kinematical theory. There are of course details which require the application of the dynamical theory, which has been developed for stacking faults (4, 5). Dislocations sometimes show a characteristic black-white contrast, and occasionally dislocations may also scatter less than the surrounding material. It is very likely that these are dynamical effects. Nevertheless it appears profitable to apply the kinematical theory first, and it is thought that this theory could also be applied to other defects, for example to the contrast from G. P. zones in Al 4% Cu alloys (*13*), or to point defects.

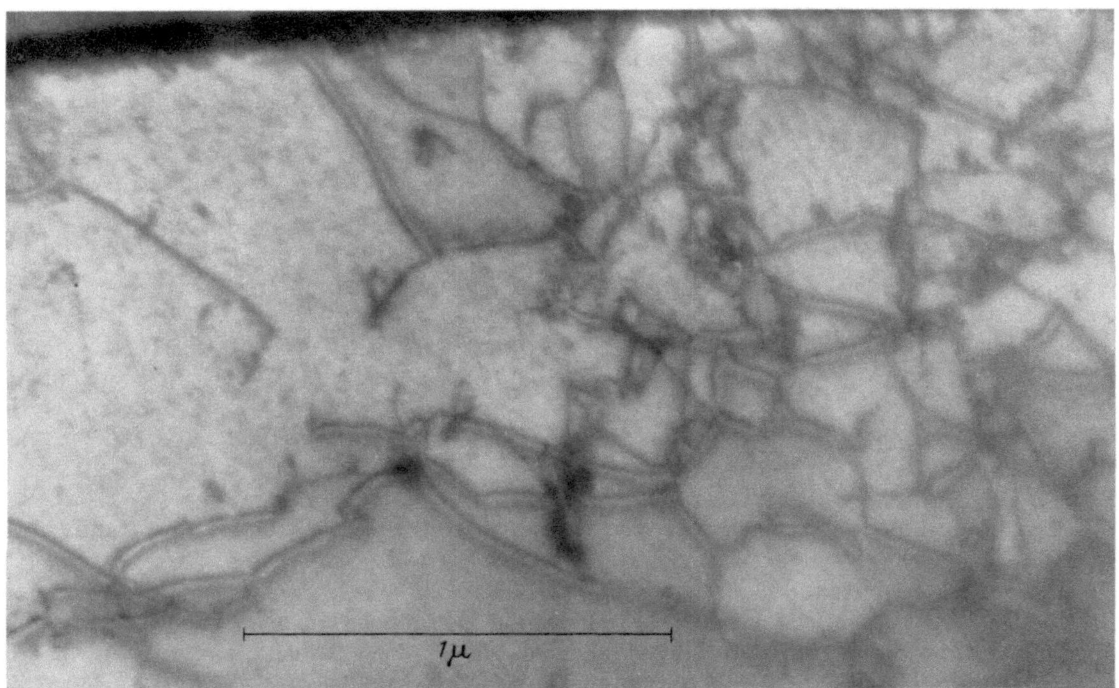

Fig. 12. An example in Ni of the double images formed when two diffracted beams are operating

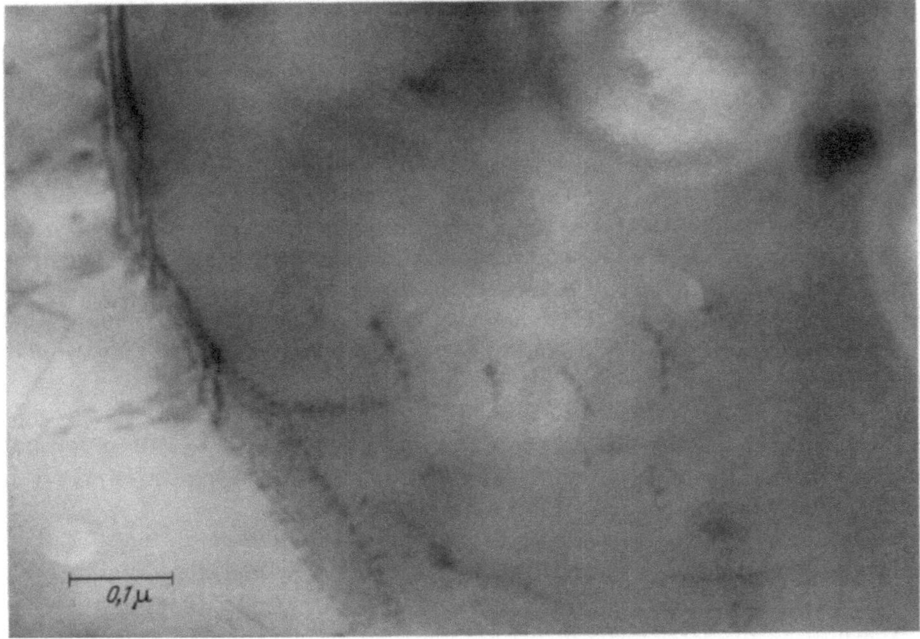

Fig. 13. An example in Al of the dotted image that is formed in certain cases when the dislocation is inclined to the plane of the foil. This is a direct result of the periodicity of the crystal wave field

References

1. HEIDENREICH, R. D.: J. appl. Physics **20**, 993 (1949).
2. HIRSCH, P. B., R. W. HORNE and M. J. WHELAN: Philosophic. Mag. **1**, 677 (1956).
3. WHELAN, M. J., P. B. HIRSCH, R. W. HORNE and W. BOLLMANN: Proc. roy. Soc. **240**, 524 (1957).
4. — — Philosophic. Mag. **2**, 1121 (1957).
5. — — Philosophic. Mag. **2**, 1303 (1957).
6. KATO, N.: J. Physic. Soc. Japan **7**, 397 (1952).
7. READ, W. T.: Dislocations in Crystal. New York: McGraw Hill 1953.
8. WHELAN, M. J.: Thesis, University of Cambridge 1958.
9. BRADLEY, D. E., and R. PHILLIPS Proc. Physic. Soc. B **70**, 533 (1957).
10. LANG, A.: J. appl. Physics **29**, 597 (1958).
11. NEWKIRK, J. B.: J. appl. Physics **29**, 995 (1958).
12. BONSE, U., u. E. KAPPLER: Z. Naturforsch. **14a**, 348 (1958).
13. NICHOLSON, R. B., and J. NUTTING: Philosophic. Mag. **3**, 531 (1958).

Comparison of dislocation arrangements and movements in a number of metals

P. B. HIRSCH, P. G. PARTRIDGE and H. TOMLINSON

Cavendish Laboratory, University of Cambridge (England)

1. Introduction. The mechanical properties are widely different for different metals. Even for metals of the same crystal structure there is a very wide variation. These differences must be reflected in the movement and arrangement of the dislocations. The distribution and motion of the dislocations have now been studied by the transmission electron microscope technigue (*1, 2, 3, 4*) for a number of polycrystalline metals, including face centred cubic stainless steel, α-brass, Cu, Au, Ni, Al, body centred cubic Fe and hexagonal Co and Mg.

2. Experimental technique. The starting material is generally in the form of sheet about $^1/_{10}$ mm thick; this is deformed in tension or by rolling, and subsequently thinned by electro-polishing for use as transmission specimens in the electron microscope. The conditions used for polishing have been described for all the above metals except Au by TOMLINSON (*4*) and by SILCOX and HIRSCH (*5*) for Au. The specimens are examined in a Siemens Elmiskop I at 80 kV or 100 kV, and the instrumental magnification varies between 20,000 and 80,000 times.

3. Results. For the face-centred cubic metals there is a considerable variation in the arrangement of the dislocations in the different metals. In stainless steel the dislocations are arranged in piled-up groups against grain boundaries for very small deformations, but already after a few percent elongation the pile-ups are replaced by networks on the slip planes. These networks are produced by the interaction between the piled-up dislocations and dislocations on other slip planes. Further deformation leads to the formation of more complex networks on the slip planes and for very large deformations wide stacking faults and probably twins are produced (*3, 6*). Dislocation nodes are found to be extended, suggesting that the stacking fault energy is low, about 13 ergs/cm². With regard to the movement of the dislocations it is found that the dislocations are confined to the slip planes, and no cross-slip is observed, and this is expected for a metal of such low stacking fault energy (*7*).

In α-brass the dislocations appear to be arranged in a similar manner. Networks are formed on the slip planes; the dislocation nodes do not appear to be as extended as for stainless steel, and therefore the stacking fault energy is expected to be somewhat higher. However, no cross slip is observed. Fig. 1 shows a typical arrangement of dislocations.

For Cu, Au and Ni the dislocation arrangement is quite different. Here the dislocations are not confined to their slip planes; frequent cross-slip is oberved in all these metals. Thus the screw dislocations can escape from their slip planes, and as a result the dislocations tend to arrange themselves into localised regions which form the boundaries between neighbouring subgrains. These subgrains are very poorly developed. Fig. 2 and 3 show examples of such substructure in Au and Ni.

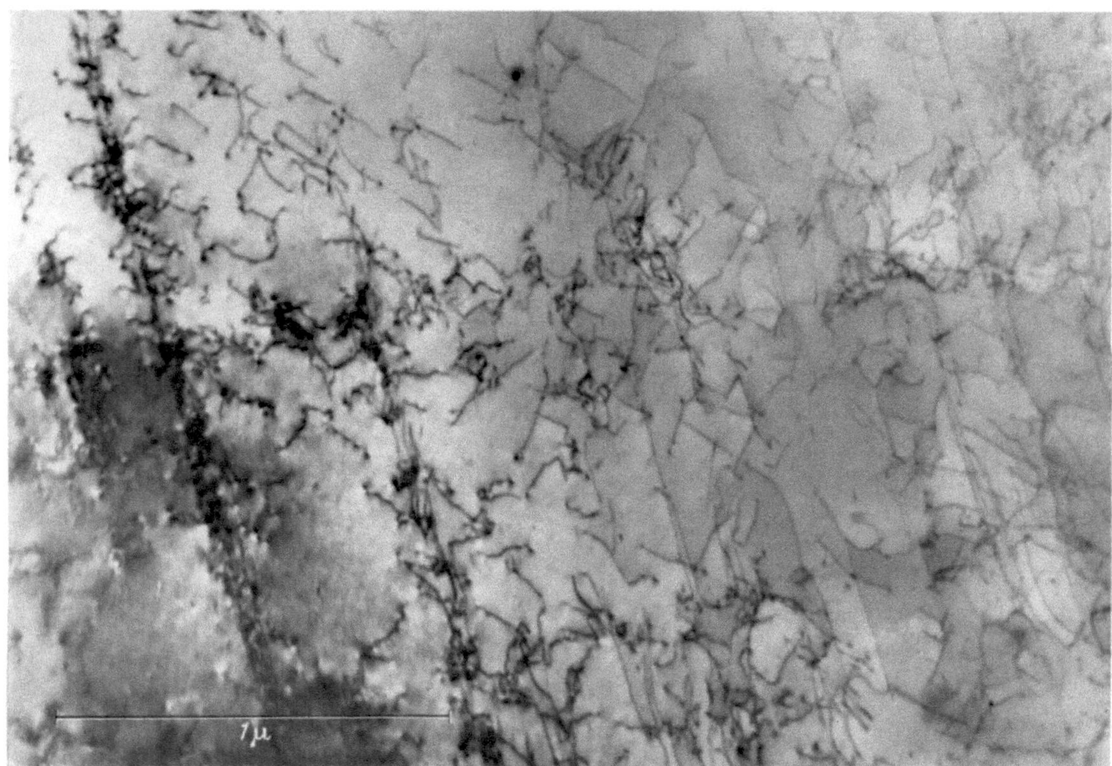

Fig. 1. Dislocations in α-brass deformed 8% in tension

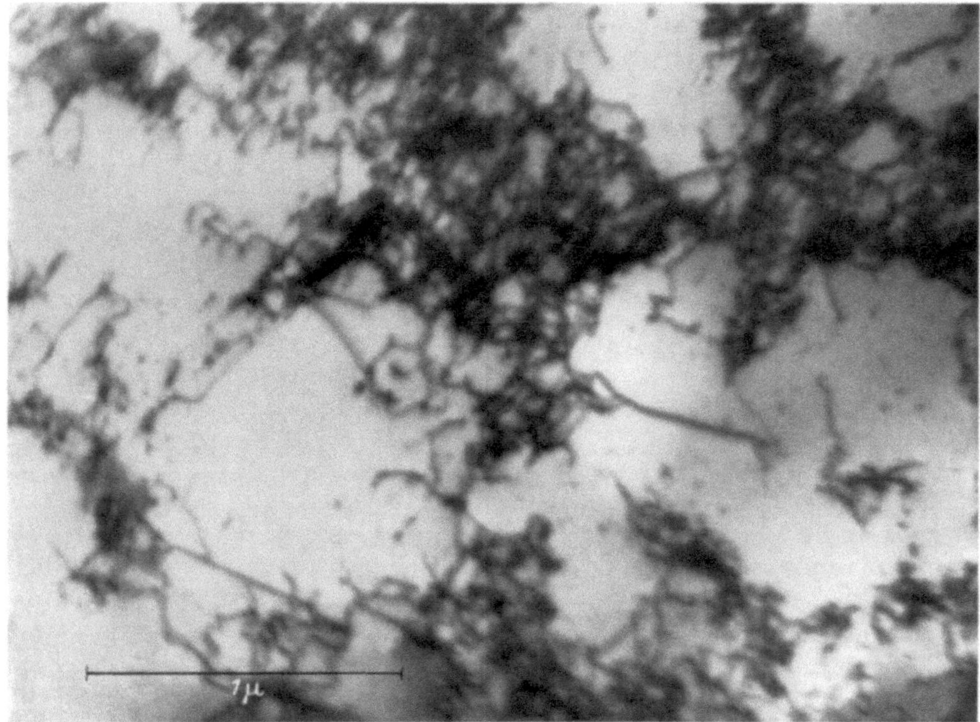

Fig. 2. Dislocations in Au deformed 10% in tension

In Al the dislocations are all arranged in beautifully developed sub-boundaries, some of which have already been published (*1*). For this metal too cross-slip is observed very frequently.

These results leave little doubt that the most important factor responsible for the differences in mechanical properties of face-centred cubic metals is the stacking fault energy, γ. Stainless steel and α-brass have very low values of γ (about 13 ergs/cm² for stainless steel); no cross-slip is possible and networks are produced on the slip planes. For Al, γ is probably $\sim$ 200 ergs/cm², and here the dislocations can cross-slip easily and perfect low energy sub-bondaries are formed. For

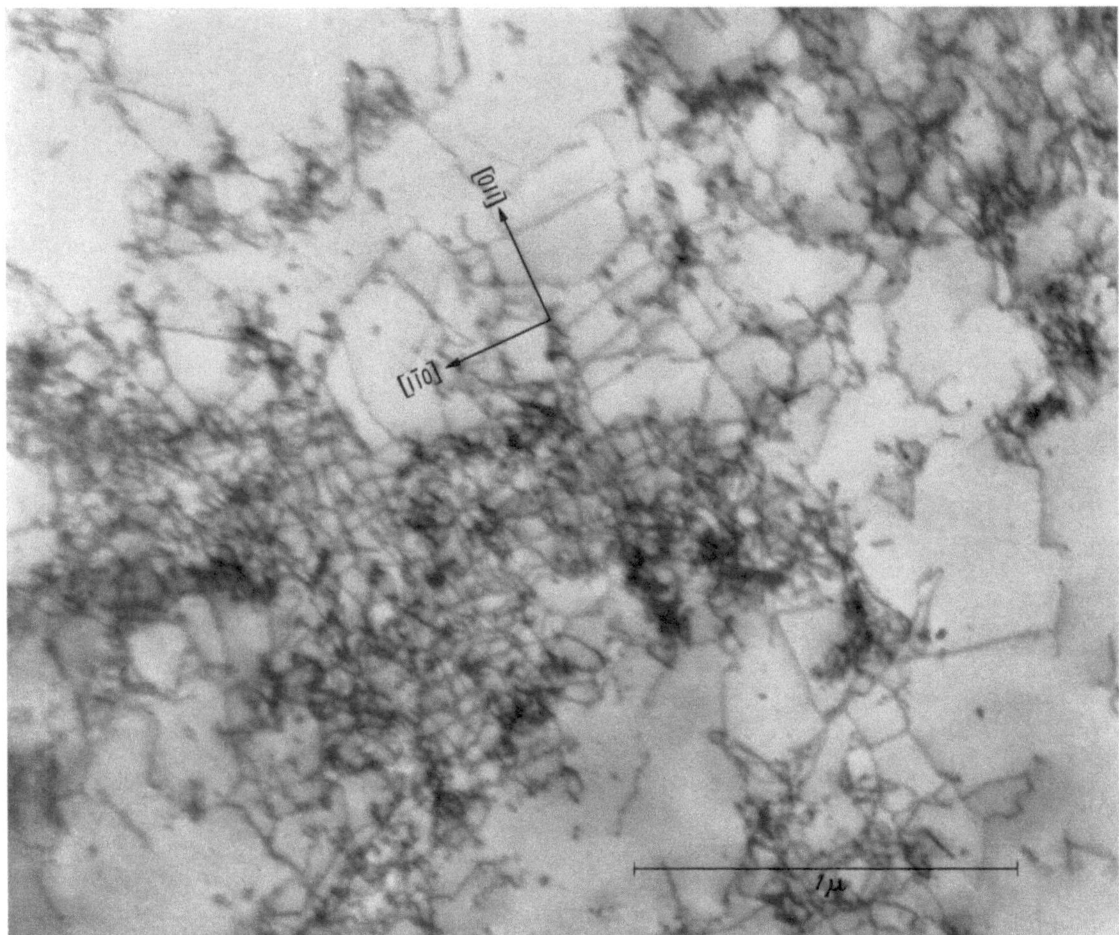

Fig. 3. Dislocations in Ni deformed 7.5% in tension

Cu, Au and Ni the value of the stacking fault energy is intermediate (probably $\sim$ 40, 30 and 90 ergs/cm² respectively (*8*)] between that for Al and stainless steel. The dislocation arrangement is also intermediate, the tendency being to form poorly developed subgrains, in agreement with the interpretation of previous X-ray diffraction results (*9*).

It is interesting to observe that in the body-centred cubic metal Fe there is also a tendency for formation of sub-grains, and again frequent cross-slip is observed (*4*). This is as expected for slip on the commonly observed (110) planes where splitting of the dislocations into partials is not possible. The frequent apparently non-crystallographic cross-slip explains the wavy nature of the slip lines in this metal (*10*).

On the other hand, for hexagonal close packed Co the stacking fault energy is expected to be very low (*7, 8*). Preliminary experiments have shown the existence of many wide faults in the quenched material. In particular in the retained face-centred cubic phase there are many wide faults; all the dislocations appear to be split to form wide faults; this is expected since the stacking fault energy in the cubic phase retained at room temperature is effectively negative.

References

1. HIRSCH, P. B., R. W. HORNE and M. J. WHELAN: Philosophic. Mag. **1**, 677 (1956).
2. BOLLMANN, W.: Physic. Rev. **103**, 1588 (1956).
3. WHELAN, M. J., P. B. HIRSCH, R. W. HORNE and W. BOLLMANN: Proc. roy. Soc. **240**, 524 (1957).
4. TOMLINSON, H.: Philosophic. Mag. **3**, 867 (1958).
5. Silcox, J., and P. B. HIRSCH: Direct observations of defects in quenched Au. Philosophic. Mag. **4**, 72 (1958).
6. WHELAN, M. J.: Dislocation interactions in face centred cubic metals, with particular reference to stainless steel. Proc. roy. Soc. **249**, 114 (1958).
7. SEEGER, A.: Report of Lake Placid conference on Dislocations and Mechanical Properties of Crystals. p. 243. New York: Wiley 1957.
8. THORNTON, P. R., and P. B. HIRSCH: Philosophic. Mag. **3**, 738 (1958).
9. GAY, P., P. B. HIRSCH and A. KELLY: Acta crystallogr. (Copenh.) **7**, 41 (1954).
10. PAXTON, H. W., M. A. ADAMS and T. B. MASSALSKI: Philosophic. Mag. **43**, 257 (1952).

Dislocation interactions in stainless steel

M. J. WHELAN

Cavendish Laboratory, University of Cambridge (England)

1. Introduction

Observations by transmission electron microscopy (HIRSCH, HORNE, and WHELAN (*1*), BOLLMANN (*2*), WHELAN, HIRSCH, HORNE and BOLLMANN (*3*), TOMLINSON (*4*)] have revealed individual dislocation lines in the interior of thin foils of various metals. The experiments so far have shown that there are marked differences in the behaviour of dislocations in different face centered cubic metals. In aluminium for example (*1*) the dislocations occur mainly in the boundaries of a substructure, whereas in stainless steel (*2, 3*) they occur either in pile-ups or irregular networks. Other metals, e.g. copper and nickel (*4*) show dislocation arrangements of an intermediate character. These differences in dislocation properties in face centered cubic materials are currently interpreted in terms of differences in ribbon widths of extended dislocations, which in turn depend on stacking fault energies.

Recently it has been possible to study in some detail the arrangements and interactions of dislocations in stainless steel, a typical metal of low stacking fault energy. In this material dislocations are often observed to be piled-up at grain boundaries. The purpose of this paper is to show how some apparently complicated networks formed in the pile-ups can be explained quite simply in terms of dislocation theory. The ribbon dislocations in stainless steel are so widely extended that it becomes possible in certain cases to observe the interactions of individual partials and test the predictions of dislocation theory directly. A more complete account of this study will be published elsewhere (*5*). The methods of preparation of thin specimens and of examination by transmission microscopy and selected area diffraction techniques have also been reported previously (*2, 3*).

2. Interaction of dislocations

a) Theoretical arrangements. When two dislocations on different slip-planes with suitable Burgers vectors intersect, there will be a strong attraction between the segments of dislocations line at the point of intersection and they will join together over a short length to form a resultant dislocation, the Burgers vector of which is the sum of those of the intersecting dislocations. This process has been called interaction of dislocations; the resultant dislocation must at first lie along the line of intersection of the two slip planes involved. The possible cases of interaction in the face centered cubic lattice are shown in Figs. 1, 2 and 3, using the notation of THOMPSON (*6*) to describe Burgers vectors. The plane of the paper is plane (a) in THOMPSON's notation, and a set of dislocations piled-up in this plane is intersected by a single dislocation on plane (d).

In Fig. 1a a pile-up of dislocations with Burgers vector DC in intersected by a screw with Burgers vector CB. Interaction occurs at the points of intersection to give a resultant dislocation of Burgers vector DB as shown in Fig. 1b. This arrangement is however unstable since the resultant dislocation can glide in the plane of the paper. The network will therefore degenerate under the action of dislocation line tension to the array of Fig. 1c, where all the nodal angles are 120°. For detailed considerations of how this occurs reference (5) should be consulted.

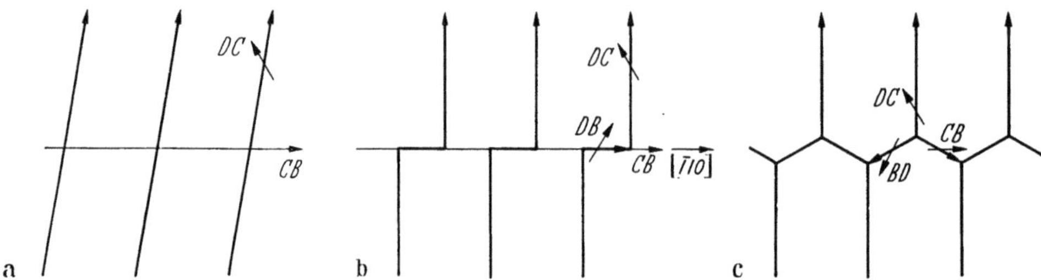

Fig. 1a—c. A pile-up on plane a) (plane of paper) is intersected by a screw on plane d as shown in a. The pile-up arrangement of b), which degenerates to that of c)

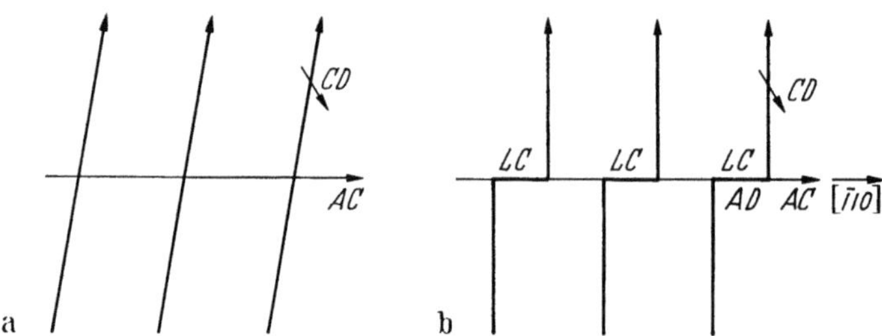

Fig. 2a and b. b segments of Lomer-Cottrell dislocation LC are formed at the intersection of slip planes

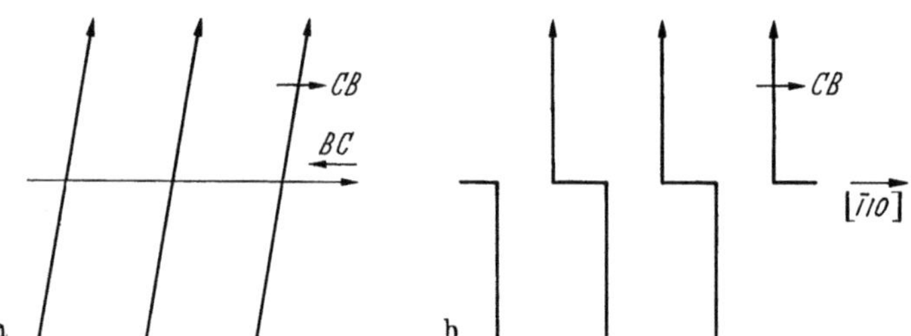

Fig. 3a and b. Annhilation at the intersection of slip planes

Fig. 2 shows the case where the interacting dislocations have Burgers vector which lead to the formation of Lomer-Cottrell locks. In this case the short segments of resultant Lomer-Cottrell dislocation LC with Burgers vector AD (Fig. 2b) cannot glide in the plane of the paper so that the network does not degenerate as in the above case.

Fig. 3 shows the case where the interacting dislocations have opposite Burgers vector; annihilation occurs at the point of intersection to give the arrangement of Fig. 3b.

b) Observed interactions. Many examples of the first two types of interaction have been observed in the networks formed from pile-ups in stainless steel. Fig. 4 shows a pile-up at a grain boundary which has been intersected by four dislocations A, B, C and D, three of which can be clearly seen to end at the surface at A, B and C. The interactions at C and D are examples of the case shown in Fig. 1. The tendency for the nodal angles to be close to 120° is clearly visible.

An example of the type of interaction of Fig. 2, ie. the formation of segments of Lomer-Cottrell sessile dislocation, is shown in Fig. 5a and b. This sequence will be mentioned below with particular reference to the structure of the dislocation nodes.

3. Interaction of ribbon dislocations

In order to interpret the fine detail of many electron micrographs it is necessary to consider the arrangements of partial dislocations bounding the ribbons of stacking fault of extended dislocations. Fig. 6 shows the arrangement of partial dislocations at the three-fold nodes of the type of network shown in Fig. 1 c. The lettering of the partial dislocations follows THOMPSON's rule (6). Two types of node are seen to occur; one node is extended into a roughly triangular region of stacking fault, while the other is contracted. These nodes and others were first discussed

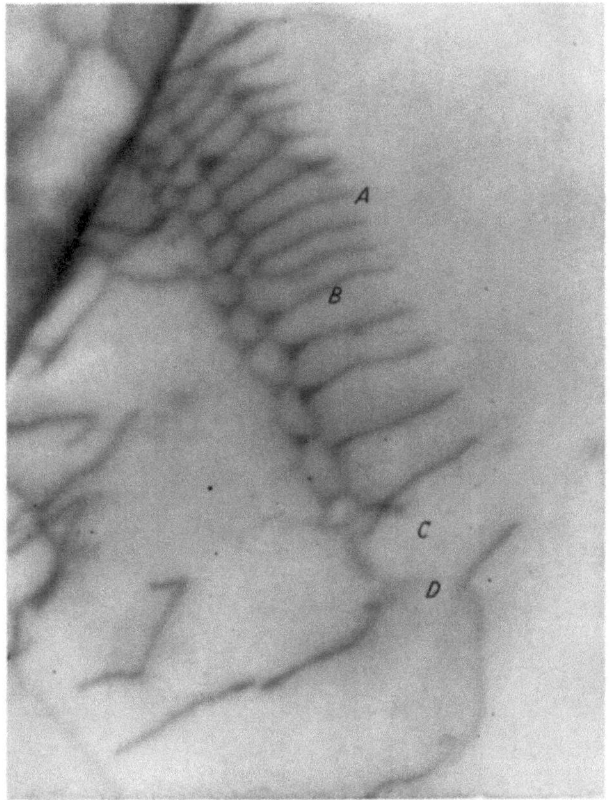

Fig. 4. Interactions in a pile-up in stainless steel. Note the extended and contracted three fold nodes

theoretically by THOMPSON (6). These extended and contracted three fold nodes also correspond (for intrinsic faults) with the P and K type nodes introduced by FRANK (7) in connection with hexagonal networks. Close examination of Fig. 4 does in fact reveal pairs of extended and contracted nodes at the interactions C and D.

Fig. 7 shows an isolated extended three-fold node in stainless steel; from such nodes an approximate estimate of stacking fault energy can be made by equating the surface tension due to the fault at points such as A in Fig. 6 and the force due to the line energy and curvature of the partial. Estimation by this method using the node in Fig. 7 gave a value of 13 ergs cm^{-2} for the stacking fault energy, in reasonable agreement with a previous rough estimate (reference (3)].

The Lomer-Cottrell interactions of Fig. 5 show interesting features at the dislocation nodes, the explanation of which is shown in Fig. 8. A ribbon dislocation C$\alpha\alpha$D, lying in plane (a), has been intersected by a dislocation A$\delta\delta$C on plane (d). The partials Cα and δC attract each other according to the reaction $\delta C + C\alpha \rightarrow \delta\alpha$, to form a stair-rod dislocation of Burgers vector $\delta\alpha$ at the intersection of the slip planes. This is the normal type of reaction giving rise to a Lomer-Cottrell lock. The ribbon of stacking fault bends through an acute angle at the stair-rod dislocation $\delta\alpha$. The partial αD is repelled by $\delta\alpha$ so that the node in the upper half of Fig. 8 is extended;

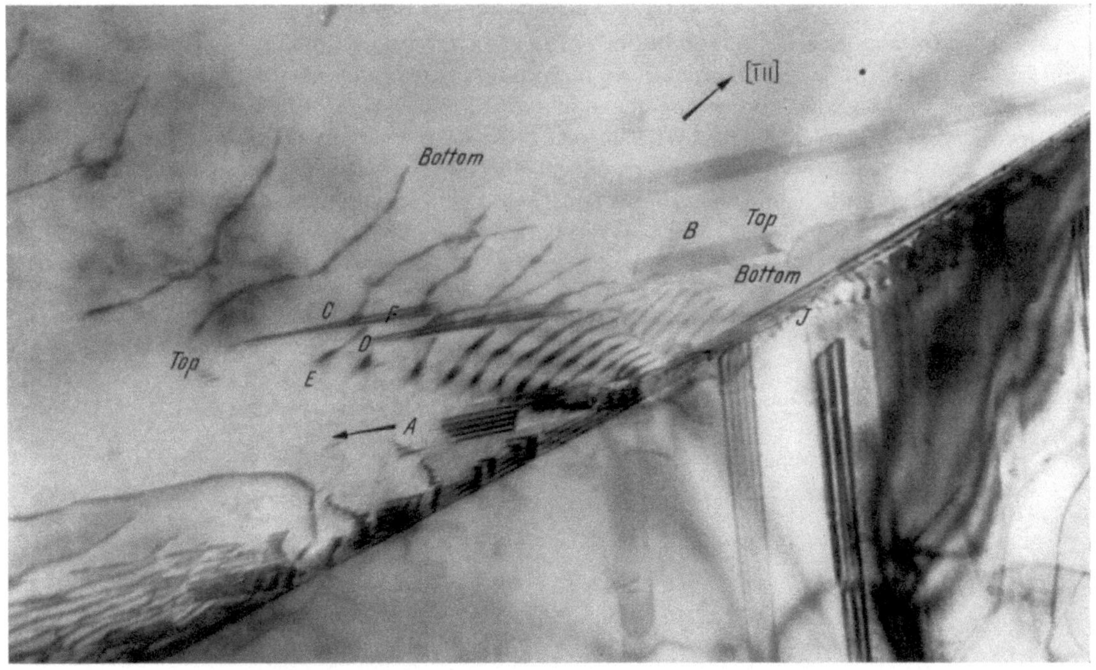

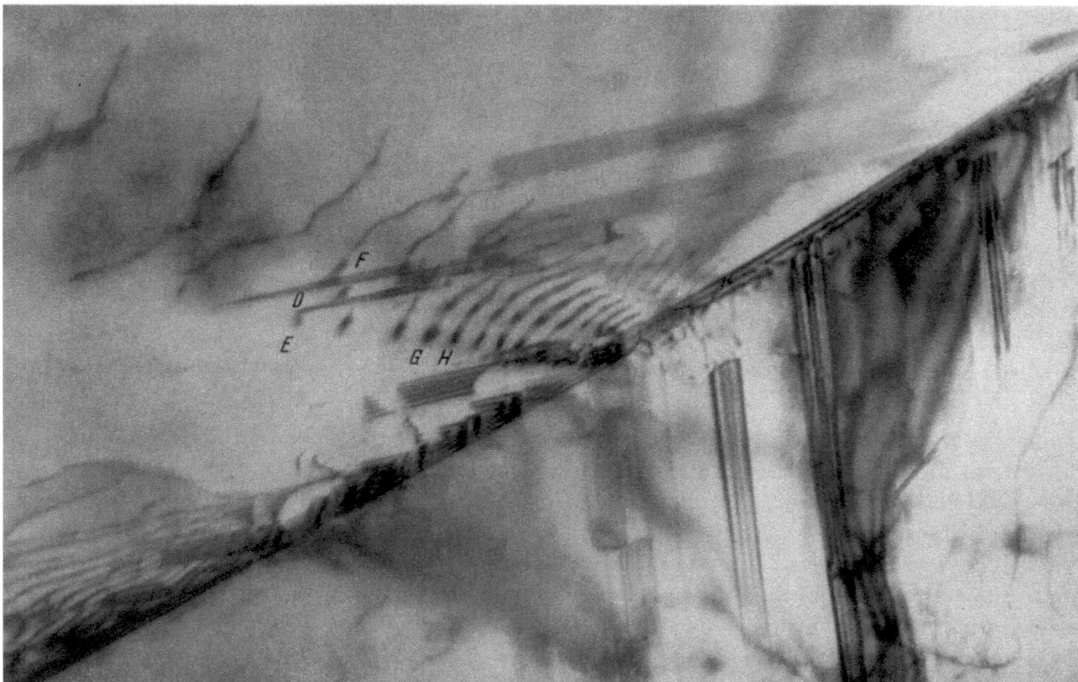

Fig. 5a and b. A sequence showing Lomer-Cottrell interactions in a pile-up in stainless steel. Note the extended and contracted nodes. See text for detailed explanation

further detailed considerations show that the lower node is contracted. The interactions are therefore terminated by a pair of nodes one of which is contracted and the other extended. These nodes are visible directly in the sequence of Fig. 5, where it is actually possible to see the theoretical interactions occurring. The normal to the foil is [321] and the pile-up of long dislocation lines against the grain boundary J (Fig. 5a) is in a (111) plane which makes a small angle with the plane of the foil. The ends of the dislocation lines corresponding to the top and bottom surfaces of the foil are marked in Fig. 5a. In the same region, e.g. at A and B in Fig. 5a, dislocations which are spilt wide open on a more steeply inclined (111) plane are visible, and during observation these were seen to move in the direction indicated with an arrow. They give rise to wide stacking faults with electron optical interference fringes (WHELAN and HIRSCH (8)]. Some of these spilt dislocations intersect the pile-up dislocations, eg. at C. D and other places in Fig. 5a. A detailed study of this sequence shows that the interactions predicted by theory do in fact occur. The segment of ribbon dislocation EF for example in Fig. 5a is seen by comparison with Fig. 5b to be intersected by the partial at D in the manner predicted by theory. Extended and contracted nodes are clearly visible.

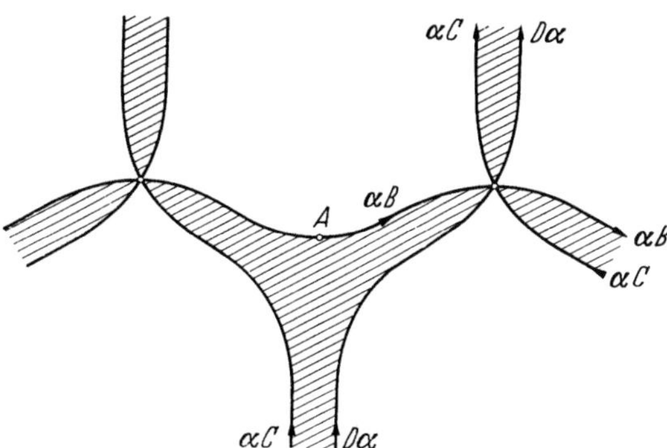

Fig. 6. Arrangement of partial dislocations in the network of Fig. 1c. Stacking fault is shaded

The sequence of Fig. 5 also illustrates beautifully the ribbon nature of the pile-up dislocations. The contrast variations along the ribbons, eg. at G and H in Fig. 5b is similar in nature to the fringes seen at wide stacking faults.

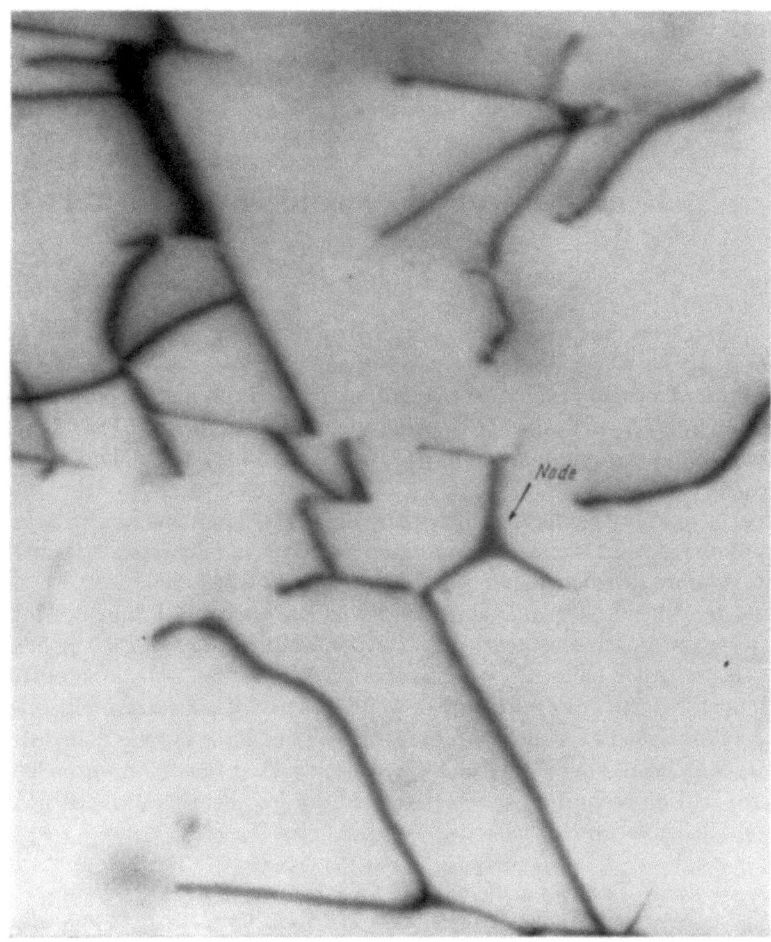

Fig. 7. An extended three-fold *node* in stainless steel

The author is indebted to Prof. N. F. Mott and Dr. W. H. Taylor for their interest, to Dr. P. B. Hirsch for many valuable discussions, to Dr. W. Bollmann for supplying the sample of stainless steel, and to Mr. A. Howie for reading this paper in his absence.

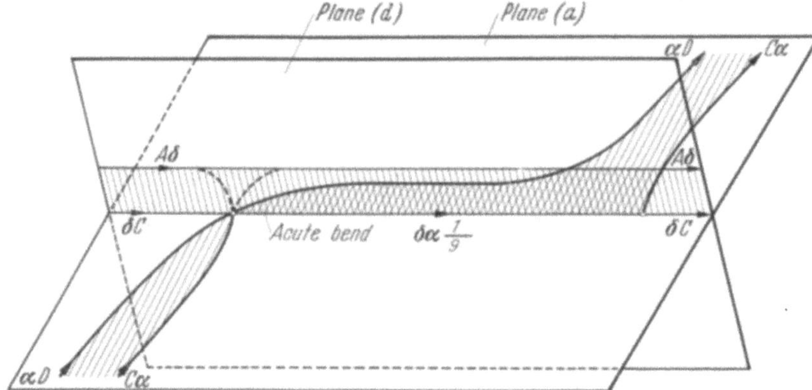

Fig. 8. Explanation of features in Fig. 5; Stacking fault is shaded. See text for detailed discussion

References

1. Hirsch, P. B., R. W. Horne and M. J. Whelan: Philosophic. Mag. 1, 677 (1956).
2. Bollmann, W.: Physic. Rev. 103, 1588 (1957); Report of First European Regional Conference on Electron Microscopy, p. 316. Stockholm: Almqvist and Wiksell.
3. Whelan, M. J., P. B. Hirsch, R. W. Horne and W. Bollmann: Proc. roy. Soc. A 240, 524 (1957).
4. Tomlinson, H. M.: Philosophic. Mag. 3, 867 (1958).
5. Whelan, M. J.: Proc. roy. Soc. A 249, 114 (1959).
6. Thompson, N.: Proc. physic. Soc. B 66, 481 (1953).
7. Frank, F. C.: Report of Conference on Defects in Crystalline Solids. p. 159. London: Physic. Soc. 1955.
8. Whelan, M. J., and P. B. Hirsch: Philosophic. Mag. 2, 1121 (1957); Philosophic. Mag. 2, 1303 (1957)

Recrystallization of cold rolled nickel

W. Bollmann

Battelle Memorial Institute, Geneva (Switzerland)

A lot of research work has been done on recovery and recrystallization of cold worked metals. A detailed survey article was given by P. A. Beck (1). The essential experimental methods applied until now are: optical metallography, X-ray diffraction, strain- and impression-hardness measurements, microcalorimetry, and electrical resistance measurements. This paper deals with the recrystallization of nickel of a given quality (detailed below). The method applied is transmission electron-microscopy.

In this paper a qualitative description of the observed phenomena of recrystallization will be given and the pictures will be chosen more from an electronmicroscopic than from a metallurgical standpoint. A more detailed paper will be published elsewhere.

Material and treatments. The nickel studied was supplied by Johnson, Matthey & Co., Ltd., London. The essential impurities are: (in parts per million) Fe 8, Si 6, Ca 3, Cu 1, Mg 1, Na 1, Ag < 1, Mn < 1; 42 other elements were specially sought but not detected (Johnson, Matthey Laboratory Report No. 2614, Catalogue No. J. M. 891). No gases are mentioned in the analysis. The material was furnished as a sheet 0.5 mm thick. This material was rolled down to a thickness of 0.1 mm. Later on, small sheets (2 and 1 cm) were treated for 30 min at selected temperatures. The general preparation technique by electropolishing has been described by W. Bollmann (2). The electrolytic bath used in this case consisted of:

$$\text{orthophosphoric acid } H_3PO_4 \quad 860 \text{ cm}^3$$
$$\text{chromium oxide} \quad CrO_3 \quad 108 \text{ g}$$
$$\text{sulphuric acid} \quad H_2SO_4 \quad 51 \text{ cm}^3$$

The electron microscope (Philips EM. 100) was operated with 100 kV acceleration voltage.

Recovery. The electron microscopic appearance of the cold rolled specimen is somewhat confusing owing to the fact that the picture is not only given by the complicated structure of the material, but also by the purely electron optical effects like extinction contours. A detailed investigation shows a cloudy distribution of very irregularly curved dislocations. With increasing temperature of the heat treatment, the mean dislocation density diminishes and dislocation-free

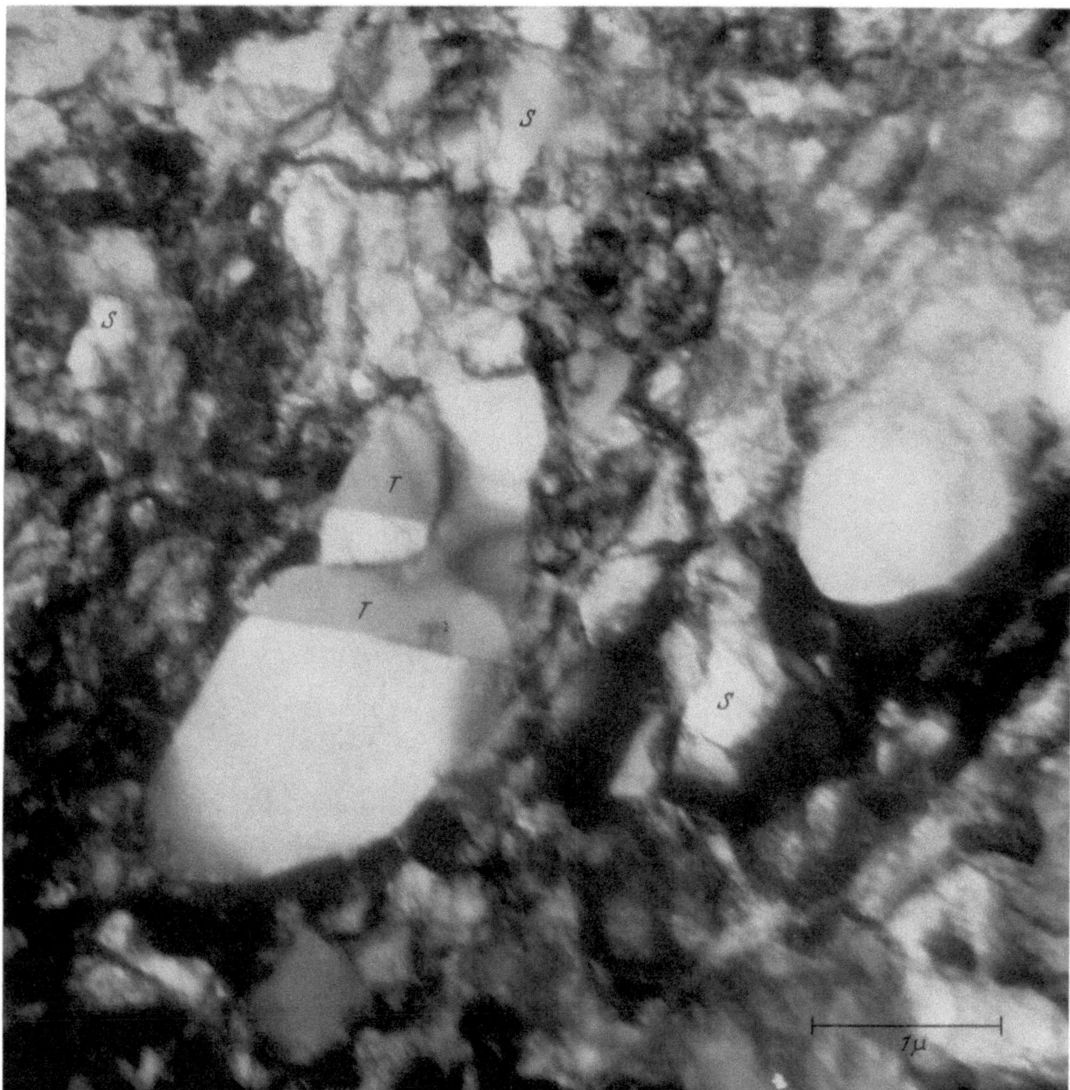

Fig. 1. Nuclei of crystal grains in material heated at 250° C. *T* twin crystals. *S* strain free areas with low angle grain boundaries

areas become more and more extended. With the treatment at 100° C the dimensions of those areas are about 0.2—0.3 μ while at 200° C they are about 0.5—0.7 μ. These indications are only approximate because the pictures show only a few details out of a great variety. Unlike pure aluminium (*3*) these nickel samples do not show complete polygonization before recrystallization.

Nucleation. At 250°, nuclei of crystal grains appear distinctly on the pictures. Their dimensions are about 1 μ and they are sharply delimited in the smooth surface against their surroundings (Fig. 1). As is well known, a crystal grain grows if it is able to reduce the free energy content of the material. Thus the increase in surface free energy of the grain during grain-growth has to be overcompensated by the loss of volume free energy by the transfer from the deformed to the recrystallized state. For a spherical grain this is possible for a radius longer than the critical radius $R_c = 2\,F_s/\varDelta F_v$ (F_s = surface free energy per cm², $\varDelta F_v$ = difference in free energy between cold worked and recrystallized state per cm³).

This expression shows that the critical radius becomes smaller with decreasing surface free energy and with increasing gain in volume free energy. In the frame of this paper it is not possible to discuss nucleation theories in detail, but only to make some remarks. The evidence from our pictures tends to support the Cahn-Cottrell-theory [reported by Beck (1) p. 298]. Cottrell explains the growth of the nuclei in the following way: Small strain-free areas have a small

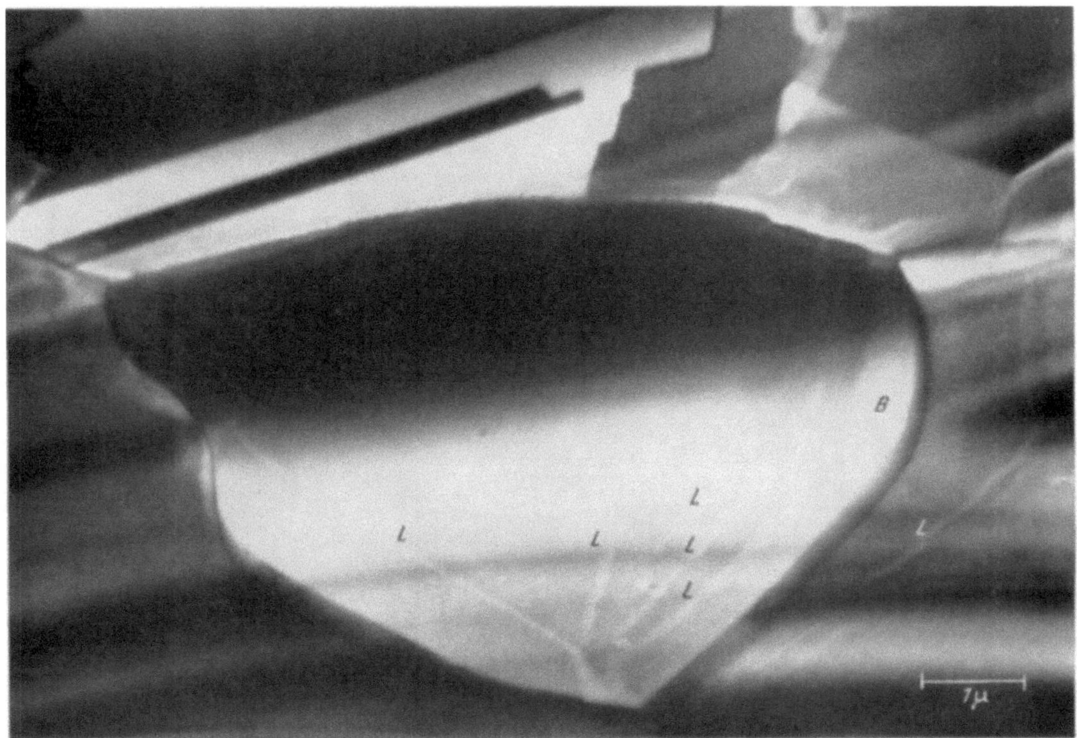

Fig. 2. Completed primary recrystallization at 450° C. Faint lines, very probably due to impurities (segregation zones). L lines, B band

misfit in orientation with respect to their surroundings, thus the surface is formed by some single dislocations, which together give a low F_s. If these small nuclei are surrounded by dense dislocation clouds $\varDelta F_v$ will be large enough, so that the critical radius remains smaller than the dimension of the actual nuclei. Therefore, the nuclei grow and at the same time increase their misfit with respect to the surroundings, and thus F_s increases. This growth is slow because it is mainly determined by the diffusion in the bulk material since the grain surface is formed by separate dislocations.

Grain growth. The rapid growth of the grains is due to the high-energy boundary, for diffusion is much quicker in disturbed regions like dislocation cores or high angle grain boundaries. The twins are produced through growth faults in the stacking sequence of close packed planes, the undisturbed sequence in the cubic f. c. lattice being of the type —ABCABC--, a fault which is a metastable situation with higher energy has a sequence of the type —ABA—. To regain the normal type of stacking sequence after one fault, the order has to be inversed –ABCABCBACBA– therefore the crystal grows further in twin orientation.

Impurities. In Fig. 2 faint lines can be seen inside the grains in a certain relation to the grain boundaries. Some indications show that there the metal specimen is thinner, that is to say, more attacked by the electropolishing preparation. The grains sometimes separate in the grain boundary, especially in specimens treated at 400° C, where the primary recrystallization is just achieved. These effects are obviously related to the grain growth and are not an independent artefact of the preparation. We suppose that these effects are caused by impurities. During the growth of the grain, the grain-boundary behaves like a molten zone, where certain impurities remain trapped by a zone refining effect. The concentration of the impurities in the boundary increases proportionally to the radius of the grain, until a limiting solubility is reached. By further grain growth most of the impurities in the boundary may become incorporated into the grains (distinct lines), or

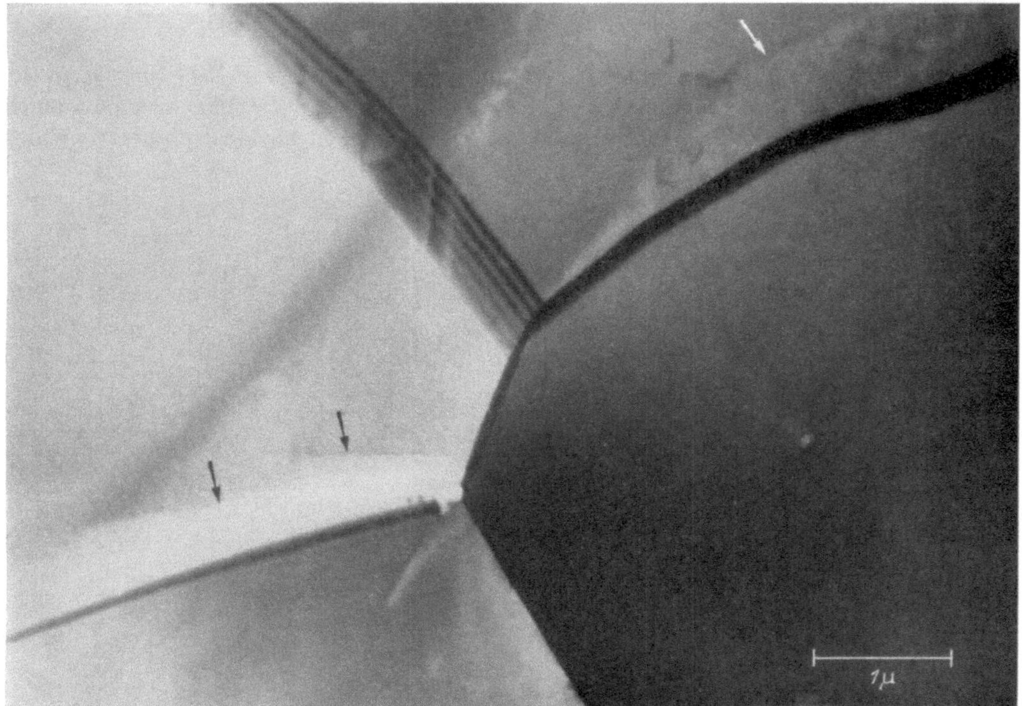

Fig. 3. Traces of grain boundary movement (marked by arrows)
during secondary recrystallization at 512° C

by slower growth the bulk may take up part of the impurities to keep the concentration in the boundary at a constant saturation level (large bands).

The marked influence of small amounts of impurities on recrystallization can be understood by this mechanism which is also mentioned by F. HALLA for other metals [(4), p. 375]. In our case the recrystallization temperature lies at about 320° C, while in the specimen CLAREBOROUGH et al. (5) investigated, with a total impurity content about 100 times higher than ours, it lies at about 580° C.

Secondary recrystallization. When all the new grains touch each other, secondary recrystallization (coarsening) begins, but here free-energy can only be lowered by diminishing the sum of all grain surfaces. The free energy of the bulk is virtually constant except for small changes on account of the motion of point defects. Curved surfaces will straighten, and small grains will be dissolved in larger ones. In Fig. 3 zones are visible which are obviously traces from a grain-boundary movement. The traces might be due to the reincorporation of impurities into the bulk, or to a higher density of point defects after the transition of the atoms from one crystal to the other.

I am thankful to Drs. P. B. HIRSCH and J. SPREADBOROUGH for fruitful discussions and to the Cobalt Information Centre, Brussels, as well as to Battelle Memorial Institute for sponsoring this work.

References

1. Beck, P. A.: Adv. in Physics **3,** 245 (1954).
2. Bollmann, W.: Proc. of the Stockholm Conf. on Electron Microscopy 1956, p. 316.
3. Hirsch, P. B., R. W. Horne and M. J. Whelan: Philosophic Mag. **1,** 677 (1956).
4. Halla, F.: Kristallchemie und Kristallphysik metallischer Werkstoffe. Leipzig 1957.
5. Clareborough, L. M., M. E. Hargreaves and G. W. West: Proc. roy. Soc. **232,** 252 (1955).

Dislocation loops in quenched aluminium and gold

J. Silcox

Cavendish Laboratory, University of Cambridge (England)

When pure metals are rapidly cooled from temperatures near their melting points, considerable numbers of vacant lattice sites in excess of the equilibrium concentrations may be quenched in. Attempts have therefore been made to interpret the changes in physical properties which arise

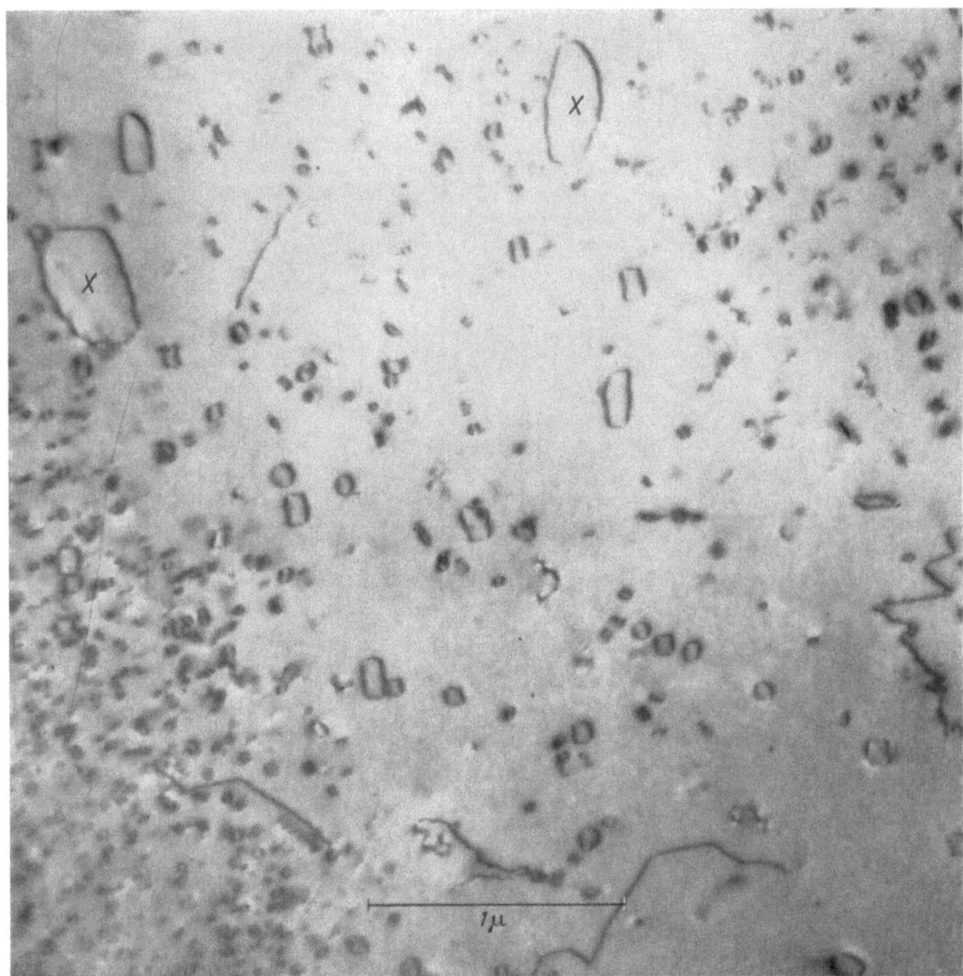

Fig. 1. A micrograph of a specimen of aluminium quenched from ~ 600° C into iced brine showing a distribution of dislocation loops. The large loops X are thought to arise from the smaller loops by a process of coalescence by slip. The complicated configurations of the dislocations other than loops suggest that climb has taken place

as the result of quenching, as being due largely to the influence of vacancies. Thus the increase in yield stress (*1*) has been interpreted in terms of the jogging of dislocation lines already in the crystal (*2*), the creation of small dislocation loops or stacking faults by the disc-like condensation of the vacancies (*3, 4*) and the formation of cavities on the dislocations (*5*). The annealing of electrical resistivity (*6*) has also been interpreted on the second model (*4*).

Small angle X-ray scattering results on quenched aluminium by SMALLMAN and WESTMACOTT (*7*) at A.E.R.E. Harwell show a large increase in scattering after allowing the aluminium to age for a few minutes at room temperature. It was thought that this increase could only be interpreted in terms of small cavities or dislocation loops. Attempts were therefore made both at Harwell and at Cambridge to look in transmission at electron microscope specimens of quenched aluminium. Essentially similar results were obtained at both laboratories but the fine focus condenser system and the stereoholder enabled more detailed information to be obtained with the Cambridge instrument (Elmiskop I). A fuller account of this work is published elsewhere (*7*).

Specimens of polycrystalline aluminium foil, 99.997% pure, 0.075 mm thick were quenched from a vertical tube furnace at 600° C into iced brine. After thinning by electropolishing in a bath of 80% ethyl alcohol, 20% perchloric acid, they were examined directly in a Siemens Elmiskop I electron microscope operating at 80 kV. To obtain representative pictures of the defects in the foils, the stereoholder was used to tilt the specimen.

Fig. 1 and 2 show micrographs of typical areas of different quenched specimens. They show contrast effects in the form of loops. Experiments on tilting the specimens with the stereoholder prove conclusively that the contrast arises from the Bragg diffraction mechanism. Many of the

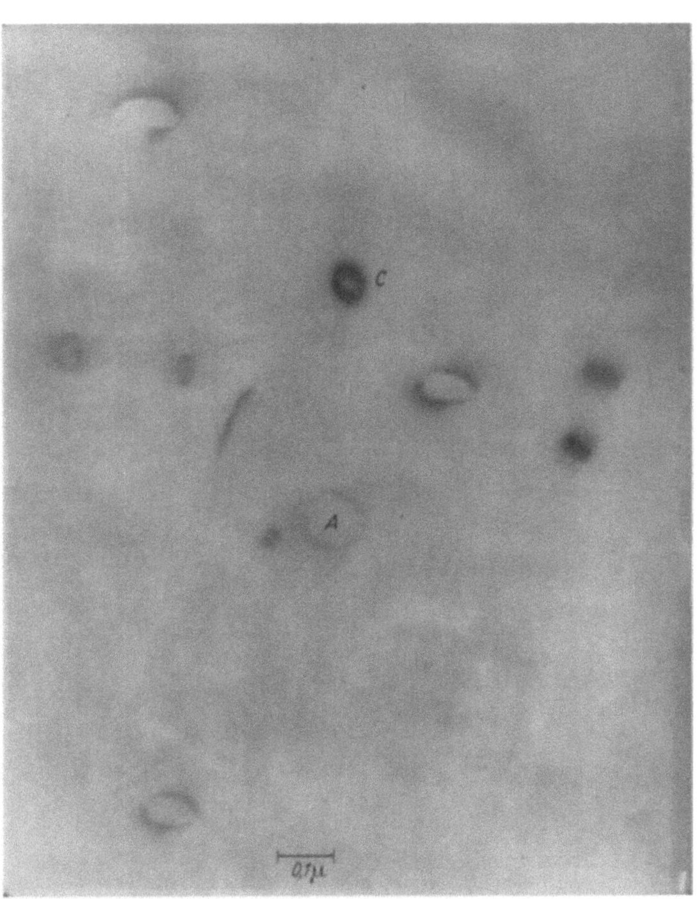

Fig. 2. A micrograph of a different specimen of quenched aluminium showing a well formed hexagonal loop *A*

loops have hexagonal ,A, or parallelogram ,B, shapes and seem to lie in (111) planes. The loops do not correspond to cavities as the contrast within the loop is the same as that outside the loop. As no characteristic striped contrast is observed within the loops, the loops do not enclose stacking faults (*8*) and are therefore not due to Frank sessile dislocations. A sequence of which Fig. 2 forms part, shows that loops A and C have disappeared and some slip traces have appeared in their stead. Analysis of the slip traces proves that the loops had slipped in a manner to be expected from a loop on a (111) plane with a $^1/_2$ (110) Burgers vector not in the same plane.

As had been pointed out by KUHLMANN-WILSDORF (*3*) it is energetically favourable to nucleate a partial dislocation inside a disc of stacking fault surrounded by a Frank sessile dislocation if the stacking fault energy, γ, is greater than 180 ergs cm. Actually for aluminium, γ is thought to be at least as high as this and thus, by a reaction of the type $^1/_3$ (111) $+ \ ^1/_6$ (11$\bar{2}$) $= \ ^1/_2$ (110), prismatic dislocation loops of the kind observed are created. On the assumption that the Frank sessile dislocations are caused by the disc-like condensation of vacancies into discs on the (111) planes, we can arrive at a figure for the initial concentration of vacancies. From the size, about 200 Å, and

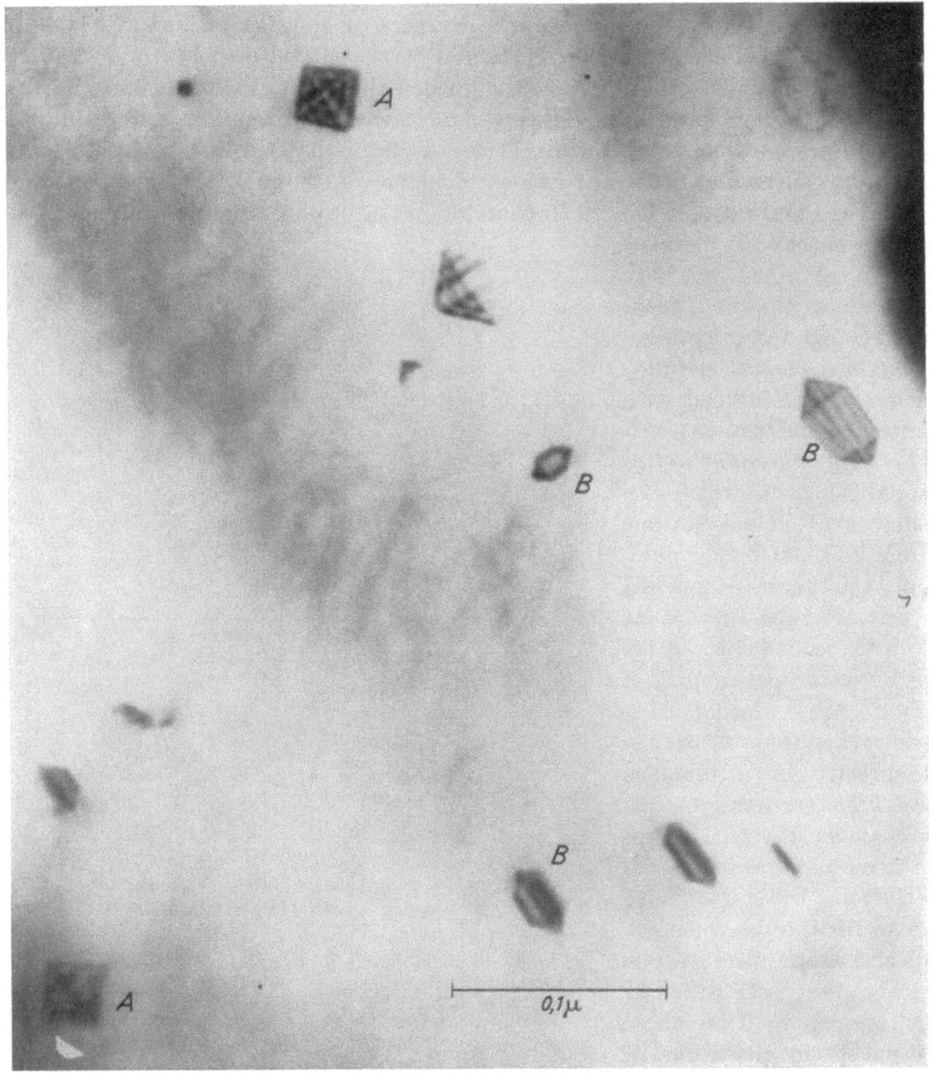

Fig. 3a. A micrograph of polycrystalline gold quenched from 960° C into iced brine. It shows an area with the normal to the specimen in the (100) orientation. Notice the square A, elongated hexagon B and line shapes

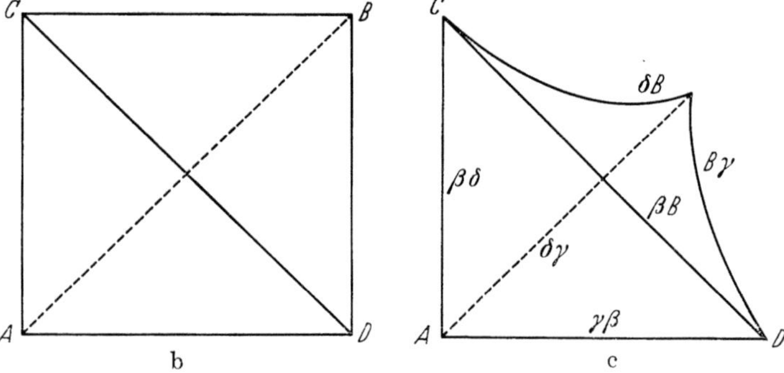

Fig. 3b and c. b) View of tetrahedron $ABCD$ projected onto a (100) plane. c) Partial dislocations δB and $B\gamma$ have moved on planes ABD, ADB reforming the faults on those planes after collapse of the tetrahedron on to the triangle ACD

the density about 10^{15} cc^{-1}, an initial vacancy concentration of 10^{-4} is obtained, in good agreement with other estimates (9, 10).

Near grain boundaries a zone, about one micron in width, denuded of loops has been observed. A similar depleted zone is observed in the neighbourhood of other dislocations whose complicated configurations suggest that climb or coalescence with the loops has occurred. These facts suggest that grain boundaries and other dislocation lines are sinks for vacancies. The large loops in Fig. 1 are thought to arise by a form of coalescence by slip of the smaller loops. There are very few smaller loops within the large loops. Finally it should be noted that a furnace cooled specimen prepared for comparison purposes showed few or no loops.

In view of the above results, it was thought to be of interest to continue the experiments on a face-centred cubic metal of low stacking fault energy. At the suggestion of Professor R. Maddin, gold was chosen for this study as measurements of electrical resistivity changes introduced by quenching, and their analysis, had already been performed on this metal (4, 6). Gold foils, 99.998% pure, 0.075 mm thick, were quenched from 960° C in exactly the same way as the aluminium. The specimens were then aged for one hour at 100° C and thinned by electropolishing in a bath of 17 g potassium cyanide, 3.75 g potassium ferrocyanide, 3.75 g potassium sodium tartrate, 3.5 cm³ of orthophosphoric acid, 1 cm³ ammonia and 250 cm³ water (11). A fuller account of this section of the paper will be found elsewhere (12).

Fig. 3a shows a typical micrograph from a quenched specimen in a (100) orientation. Contrast effects in the form of geometrical shapes about 350 Å in size, with edges parallel to the (110) projections in the plane of the foil are observed. Similar micrographs taken in the (110) orientation show triangular shapes. Enhancement of the contrast near some extinction contours show the contrast to be due to the Bragg diffraction mechanism and therefore due to defects within the foil. The simplest solid figure to give rise to square shapes in projection in the (100) orientation is the tetrahedron formed by equilateral triangles on the (111) planes. Since contrast within the loops is dark relative to the background the defect is thought to consist of a tetrahedral array of stacking faults rather than of a tetrahedral cavity. This is borne out by a number of other considerations, an example of which is shown in Fig. 3. This is the last of a sequence in which the defect X was originally seen as a complete square, ABCD, then seen to contract to the triangle ACD and finally to re-emerge as in the figure. This is illustrated in Fig. 3b and c. It is thought that originally the tetrahedron ABCD was complete. Then the stacking fault on the plane CBD was removed whereupon the stacking faults on the faces BAC, BAD withdrew and then re-emerged. It will be noted that the contrast on ACD is exactly the type of contrast observed with the full tetrahedron Y while the contrast in the area CDB is of the striped variety associated with stacking faults. The shapes B seen in Fig. 3 are thought to be brought about by the foil surface cutting the tetrahedron.

Theoretically, the defect may arise by a two stage reaction. Using Thompson's notation (13), a Frank sessile dislocation (Energy proportional to 1/3) will dissociate into an acute angled stair-rod dislocation (Energy proportional to 1/18) and a Shockley partial dislocation (Energy proportional to 1/6) by a reaction of the type $\alpha A = \alpha\gamma + \gamma A$. If now, we have an equilateral triangle of Frank sessile, the partial dislocations will bow out on the intersecting (111) planes and attract each other to form acute-angled stair-rod dislocations. The reaction is of the type $\gamma A + A\beta = \gamma\beta$ and similar stair-rods are formed on the other edges of the tetrahedron, thereby producing the tetrahedral array of stacking faults. The vacancy concentration found on these assumptions is about 6×10^{-5} which is of the same order of magnitude as concentrations quoted (4) for other specimens quenched from similar temperatures.

All the observations made so far support the hypothesis that vacancies condense in discs on the (111) planes in face-centred cubic metals. The slower the rate of cooling then the larger would be the discs. Since the loops can act as Frank-Read sources, this is a very attractive hypothesis for the origin of the Frank-Read network in well annealed crystals or crystals grown from the melt (4).

My thanks are due to Dr. P. B. Hirsch, under whose supervision this work was done, for constant inspiration and guidance, and to Mr. C. K. Jackson for attention to the performance of the microscope. I would also like to thank A.E.R.E. (Harwell) for a maintenance grant.

References

1. Maddin, R., and A. H. Cottrell: Philosophic. Mag. 46, 735 (1955).
2. Cottrell, A. H.: Institute of metals monograph and report series N. 23, 1 (1957).
3. Kuhlmann-Wilsdorf, D.: Philosophic. Mag. 3, 125 (1958).
4. Kimura, H., R. Maddin and D. Kuhlmann-Wilsdorf: Acta metall (a) 7, 145 (b) 7, 154 (1958).

5. Coulomb, P., and J. Friedel: Report of Lake Placid Conference on Dislocations and Mechanical Properties of Crystals. p. 555. New York: Wiley 1957.
6. Bauerle, J. E., and J. S. Koehler: Physic. Rev. 107, 1493 (1957).
7. Hirsch, P. B., J. Silcox, R. E. Smallman and K. H. Westmacott: Philosophic. Mag. 3, 897 (1958)
8. Whelan, M. J., and P. B. Hirsch: I. Philosophic. Mag. 2, 1121 (1957); II. Philosophic. Mag. 2, 1303 (1957).
9. Wintenberger, M.: C. R. Acad. Sci. (Paris) 242, 128 (1956); Rev. Métall. 54, 942 (1957).
10. Bradshaw, F. J., and S. Pearson: Philosophic. Mag. 2, 570 (1957).
11. Murphy-Tomlinson, H., reported by M. J. Whelan: Electron optical transmission studies of metals. p. 307. Ph. D. Dissertation, University of Cambridge 1958.
12. Silcox, J., and P. B. Hirsch: Direct observation of defects in quenched gold. Philosophic. Mag. 4, 72 (1958)
13. Thompson, N.: Proc. phys. Soc. 66 B, 481 (1953).

A transmission microscope study of uranium

J. Silcox

Cavendish Laboratory, University of Cambridge (England)

One of the advances made in metal physics during recent years has been the application of electron transmission microscopy to the study of thin films of metals. In this manner, dislocations and other microstructures (1, 2) have been revealed and studied directly. At Cambridge, work has been concentrated on producing thin films by electro-polishing. This technique permits direct examination of the dislocation arrangement as they exist in the bulk material although the subsequent movement is thought to be characteristic of thin films. Such studies have so far been made on aluminium, austenitic stainless steel, alpha-brass, copper, nickel, magnesium, iron, cobalt and gold (3, 4). With the exception of gold, these metals are all of relatively low atomic number. The experiments have now been extended to uranium, a metal of high atomic number with a view to studying the dislocation arrangements and irradiation effects. This paper records some preliminary results on alpha-uranium, the phase which is stable up to 668° C.

The uranium "as received" was in the form of foil 0.025 mm thick and had been given an unknown, though considerable, extension by coldrolling. Some specimens were thinned in this state, while others were given a 90 min anneal at 600° C under vacuo in a silica tube. The foils were then thinned by electropolishing in a bath of 33% orthophosphoric acid, 33% ethyl alcohol and 33% glycerol. Two other solutions (b) 7.5% perchloric acid, 92.5% glacial acetic acid, and (c) 20% orthophosphoric acid, 40% sulphuric acid and 40% water, were also used (5, 6, 7). After being washed in glass-distilled water (solutions a and c) or methyl alcohol (solution b), the foils were examined in a Siemens Elmiskop I electron microscope operating at 100 kV.

In general, the foils proved transparent to electrons in areas about 1 to 5 μ in diameter, some of them being well-away from the edge of the foil (Fig. 1). In these areas, fairly well-defined networks were observed in the cold-rolled specimens (Fig. 2). The dislocation density in these specimens was about 10^{10} cm^{-2} while a somewhat lower density, about 10^9 cm^{-2}, was observed in the annealed specimens (Fig. 3). In other areas, near the edge of the foil, the metal proved to be transparent to a certain degree showing a certain amount of surface or other structure. To prove that the contrast of the dislocations was due to the Bragg diffraction mechanism (3, 8) experiments were performed on tilting the specimen by means of the stereoholder and thereby sweeping extinction contours across the field of view. The change of contrast was typical of dislocations. It is probably of interest to note the occurrence on a number of micrographs of small distinct rings, Y (Fig. 1). These may be interpreted in terms of small dislocation loops of the order of 100 Å in diameter. As movement has not yet been observed, however, it has so far proved impossible to decide if they are prismatic loops or if the slip vector lies in the plane of the loop. In general, the dislocations appear to be unextended and, so far, no stacking fault contrast has been observed.

A number of 3-dislocation nodes have been observed and some examples are shown at X in Fig. 2a. The most likely interpretation of these is as follows. The unit cell of alpha-uranium is orthorhombic with four atoms situated at $(0, 0, 0)$ $(0, y, {}^1\!/_2)$ $({}^1\!/_2, {}^1\!/_2, 0)$ and $({}^1\!/_2, {}^1\!/_2 + y, {}^1\!/_2)$ (see Fig. 2b) where $y = (0.21 \pm 0.01)$ $(9, 10)$. Previous work on slip in alpha-uranium has been done by CAHN (11) and by LLOYD and CHISWIK [reported by FOOTE (12)] using X-ray analysis in conjunction with electron microscope replica techniques. These authors agree in assigning the

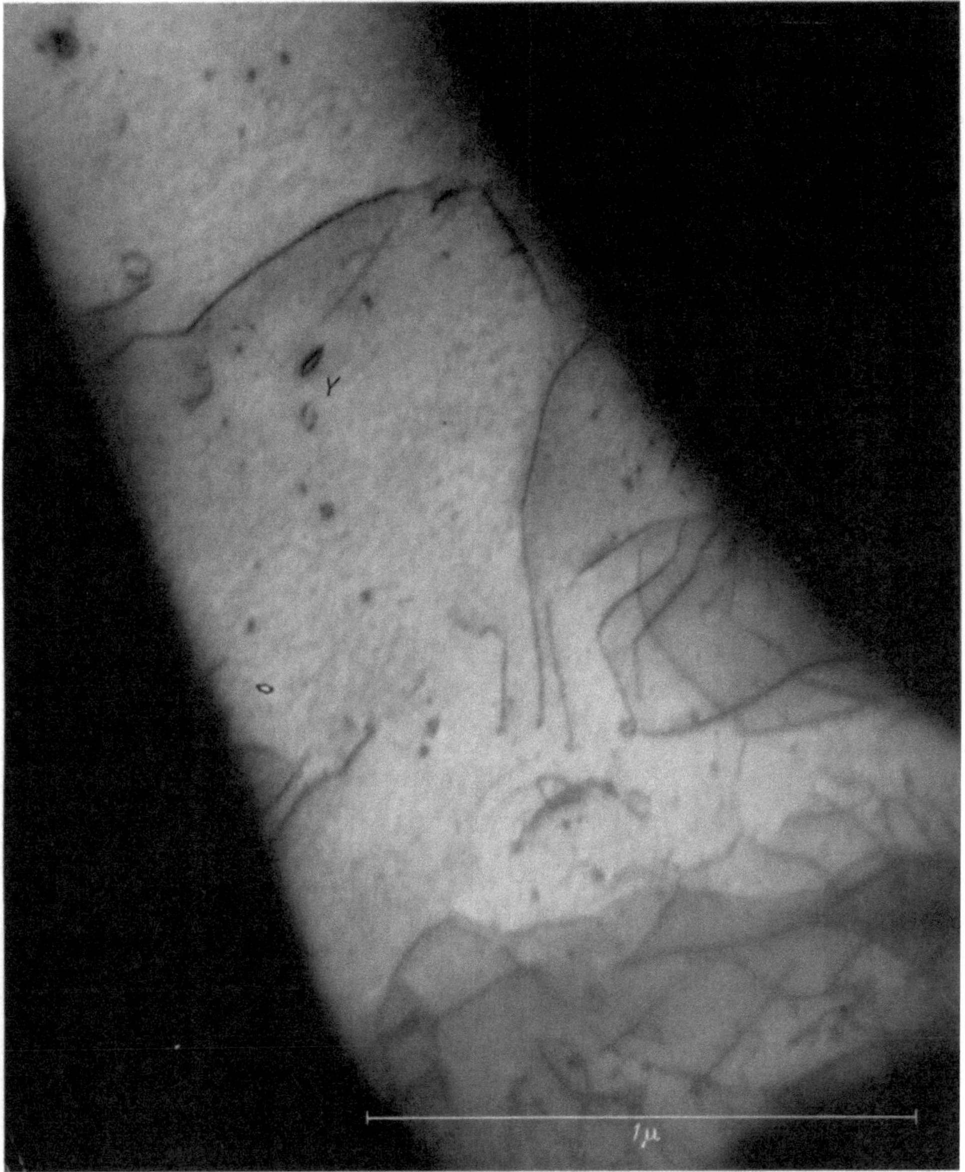

Fig. 1. A micrograph showing an area transparent to electrons in an Uranium specimen thinned by electro-polishing. Dislocations and dislocation loops Y are clearly visible

predominant slip plane A as (010) with (100) slip vector and both reported minor slip systems, B. and C. CAHN also observed cross-slip on the predominant system A. The minor system B observed by LLOYD and CHISWIK was on (011) planes with probably (100) slip vector. It should be noted that the slip vector in systems B and A are the same. It therefore seems reasonable to suppose that the system B is the one to which dislocations on A cross-slip, as reported by CAHN. The minor system C reported by CAHN is on (110) planes to which the slip vector $(1\bar{1}0)$ was tentatively assigned. There are two equivalent systems of the type C, $(1\bar{1}0)$ — (110) and $(1\bar{1}0)$ — (110).

554   J. SILCOX:

The Burgers vectors of the dislocations in these systems may be taken as the atomic repeat distances which in system A gives (100) and in systems C gives $^1/_2$ (110) and $^1/_2$ (1$\bar{1}$0). The possibility of a 3-dislocation node is immediately seen from the interaction of dislocations on these

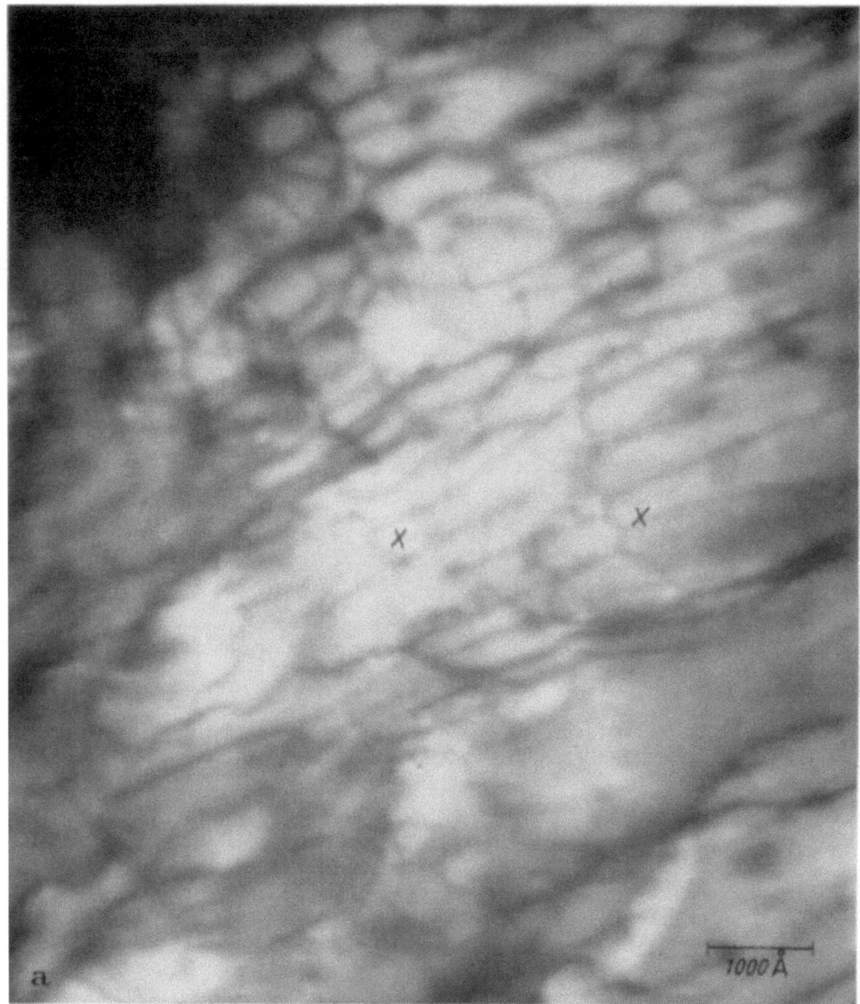

Fig. 2a. A dislocation network in a cold-rolled specimen. Notice the 3-dislocation notes at X

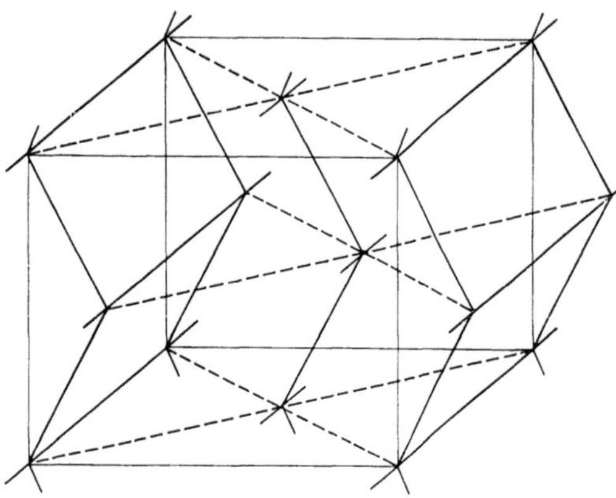

Fig. 2b. Structure of α-Uranium. Full lines denote predominant slip plane (010). Hatched lines denote minor slip planes (101) and (110)

systems by a reaction of the type $(\bar{1}00) + ^1/_2 (110) + ^1/_2 (1\bar{1}0) = 0$, which gives zero in accordance with FRANK's rule.

The results leave little doubt that the transmission technique can be used to view dislocations directly in uranium and that a high atomic number is not necessarily an obstacle to the use of the technique. There is, however, considerable scope for improving the thinning technique used at the present time.

I would like to thank Dr. P. B. HIRSCH, under whose supervision this work was done, for his continued inspiration and guidance, Dr. N. HANCOCK and Dr. P. MURRAY (A.E.R.E. Harwell) for kindly furnishing the uranium foil and Mr. C. K. JACKSON for attention to the performance of the electron microscope. I would also like to thank A.E.R.E., (Harwell), for a maintenance grant.

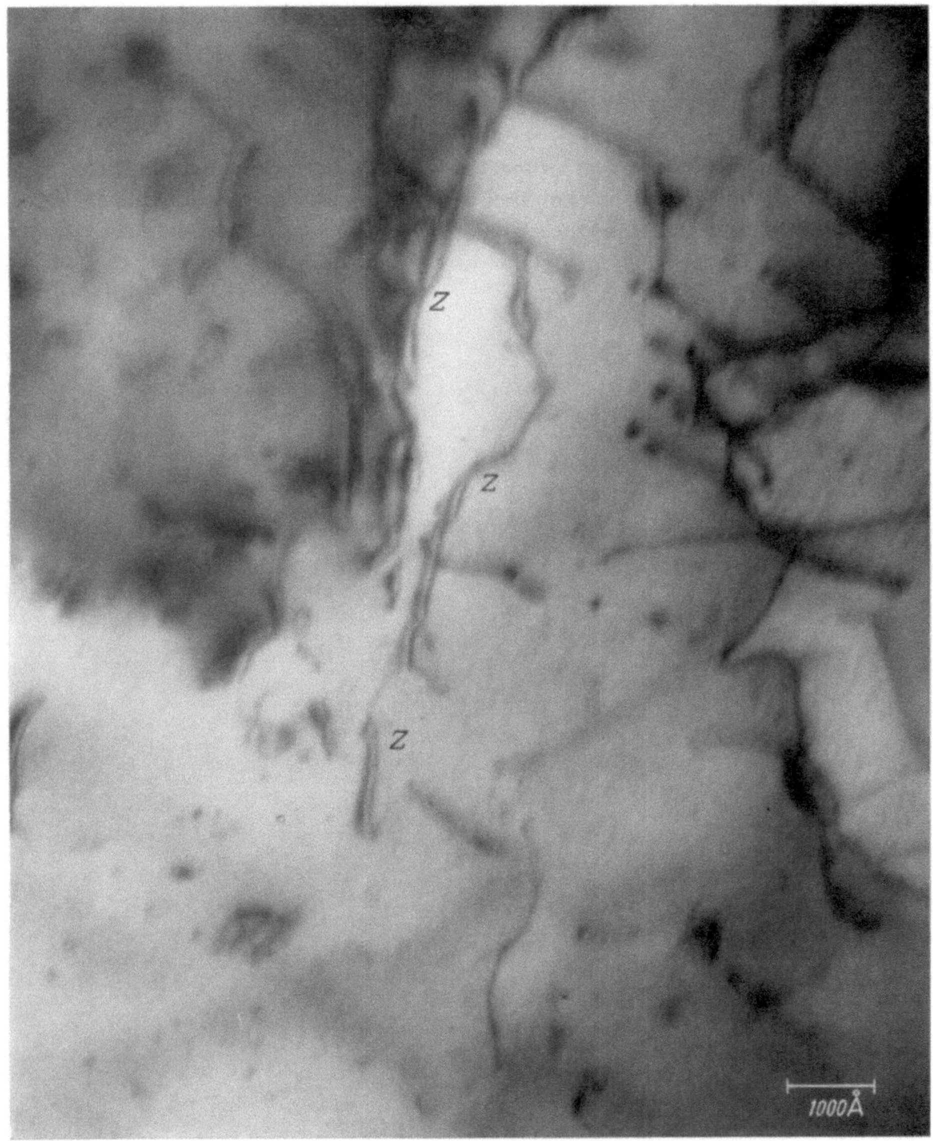

Fig. 3. Dislocations in an annealed specimen. The double lines observed at Z are thought to be due to the mechanism of contrast of the dislocations discussed in (*8*)

References

1. WHELAN, M. J., P. B. HIRSCH, R. W. HORNE and W. BOLLMANN: Proc. roy. Soc. A **240,** 524 (1957).
2. NICHOLSON, R. B., and J. NUTTING: Philosophic. Mag. **3,** 531 (1958).
3. HIRSCH, P. B., R. W. HORNE and M. J. WHELAN: Philosophic. Mag. **1,** 677 (1956).
4. — P. G. PARTRIDGE and H. MURPHY-TOMLINSON: This volume p. 536.
5. MOTT, B. W., and H. R. HAINES: J. Inst. Metals **80,** 621 (1952).
6. JACQUET, P. A., and R. CAILLAT: C. R. Acad. Sci. (Paris) **228,** 1224 (1949).
7. TEGART, McG.: Electrolytic and chemical polishing of metals. London: Pergamon Press 1956.
8. HIRSCH, P. B., A. HOWIE and M. J. WHELAN: This volume p. 527.
9. JACOB, C. W., and B. E. WARREN: J. Amer. chem. Soc. **49,** 2588 (1937).
10. LUKESH, J. S.: Acta crystallogr. (Lond.) **2,** 420 (1949).
11. CAHN, R. W.: Acta metall. **1,** 49 (1953).
12. LLOYD, L. T., and H. H. CHISWIK: Reported by F. G. FOOTE; Proc. Int. Conf. on the Peaceful Uses of Atomic Energy, Geneva **9,** 33, (1955).

A transmission electron microscope study of thin foils of copper

E. Votava and A. Fourdeux

European Research Associates, s. a. Brussels (Belgium)

The differences in the mechanical properties of different f. c. c. metals have been explained by Seeger (*1*) by the differences in the stacking-fault energy of these metals. Copper has a low stacking-fault energy and therefore the partial dislocations will be widely separated. As a consequence the mechanical properties depend on the properties of the partials and, because the

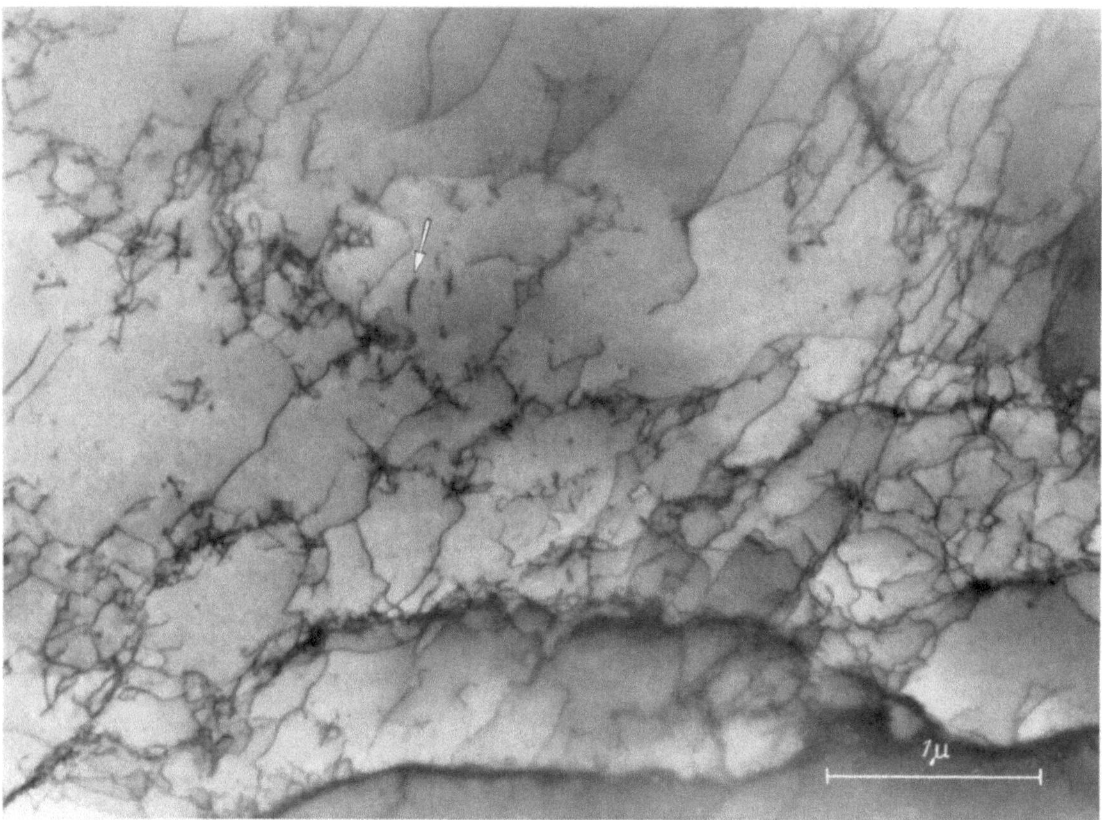

Fig. 1. The arrangement of dislocation in an annealed Cu (a) — foil (2 h at 800° C). A diffuse polygonisation has been formed. The arrow markes a circular closed dislocation line

climbing of partials is difficult, it has been suggested (*1*) that polygonisation of copper is not possible. The present investigation has therefore been undertaken to study this problem experimentally and to obtain a better understanding of the recovery process of a f. c. c. metal with low stacking-fault energy.

Following the work of Hirsch, Horne and Whelan (*2*) we used thin foils of Cu and observed these in transmission with a Philips electron microscope EM 100, operating at 100 kV. The dislocations became visible thereby because of the Bragg scattering from the strained region of the dislocation lines, as explained by Hirsch (*2*).

Two sets of Cu have been used: (a) commercial electrolytic Cu (impure, containing oxygen) and (b) very pure, oxygen-free Cu of Johnson & Matthey. The samples have been prepared by electrolytic thinning of Cu-foils in Jaquet's electrolyte. Both recrystallized and deformed samples have been investigated. The deformation was produced before electrolytic thinning by rubbing with a steel rod.

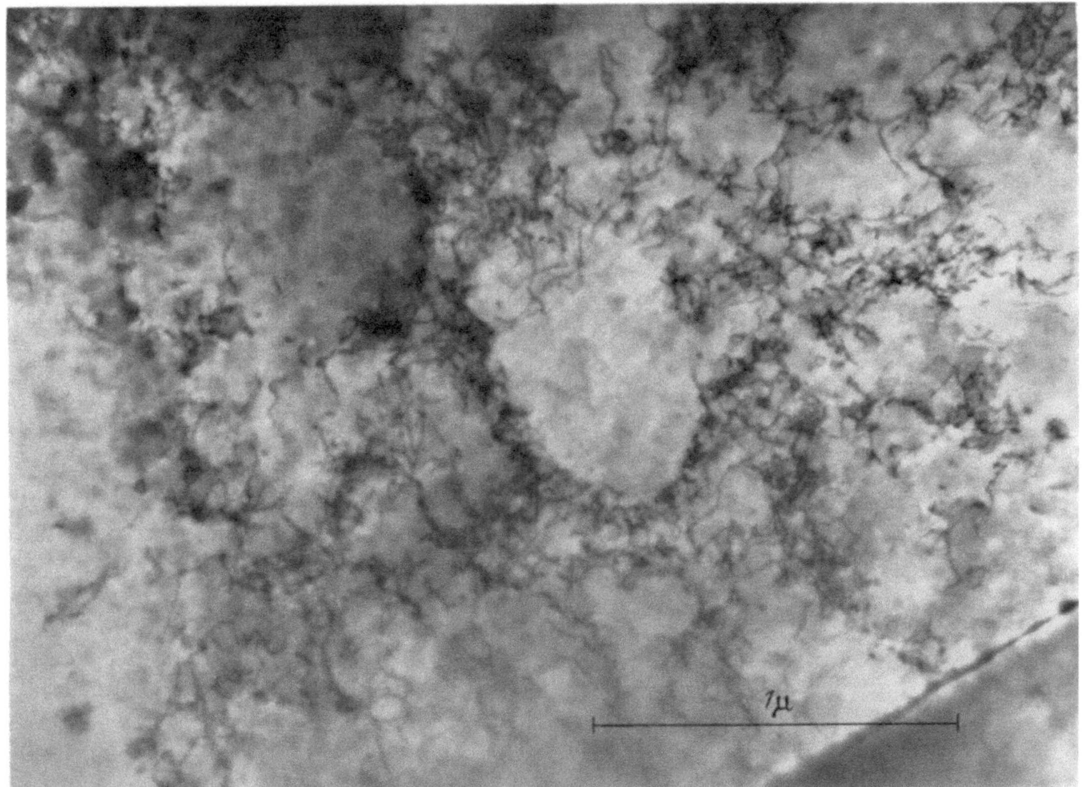

Fig. 2. The arrangement of dislocation in a deformed Cu (a) — foil. A diffuse cellular structure has been formed

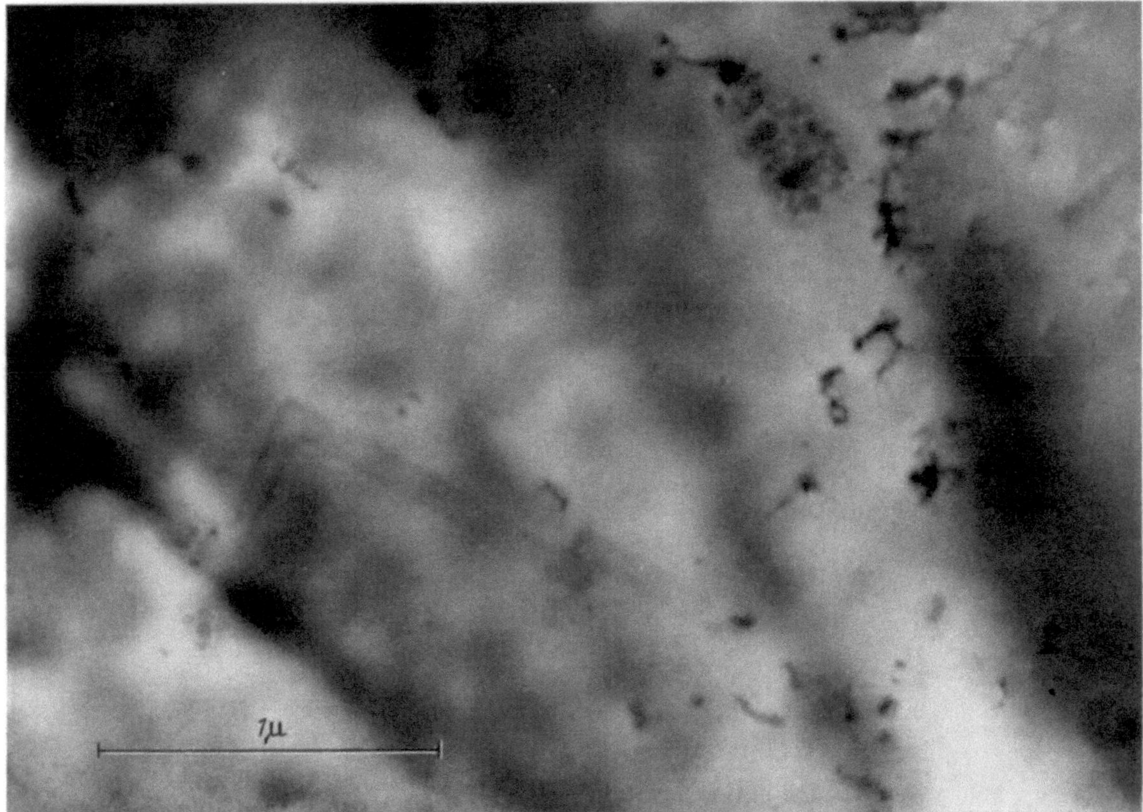

Fig. 3. Cross-slip in Cu (a)

The most noteworthy observations are:

1. *Annealed samples.* In Cu (a) the dislocations form a more or less diffuse cellular structure, as can be seen in Fig. 1. The various boundaries, mostly not closed, consist of irregular and relatively broad networks of dislocations. The neighbouring cells are slightly disoriented, as can be deduced from the changes in the contrast on turning the sample. Changes in the contrast are also produced by single dislocations, as can be seen in Fig. 1. This seems to be a consequence of the small angular differences on both sides of the dislocations. On the other hand this sort of cellular structure has not been found in Cu (b), indicating the influence of impurities on this phenomenon.

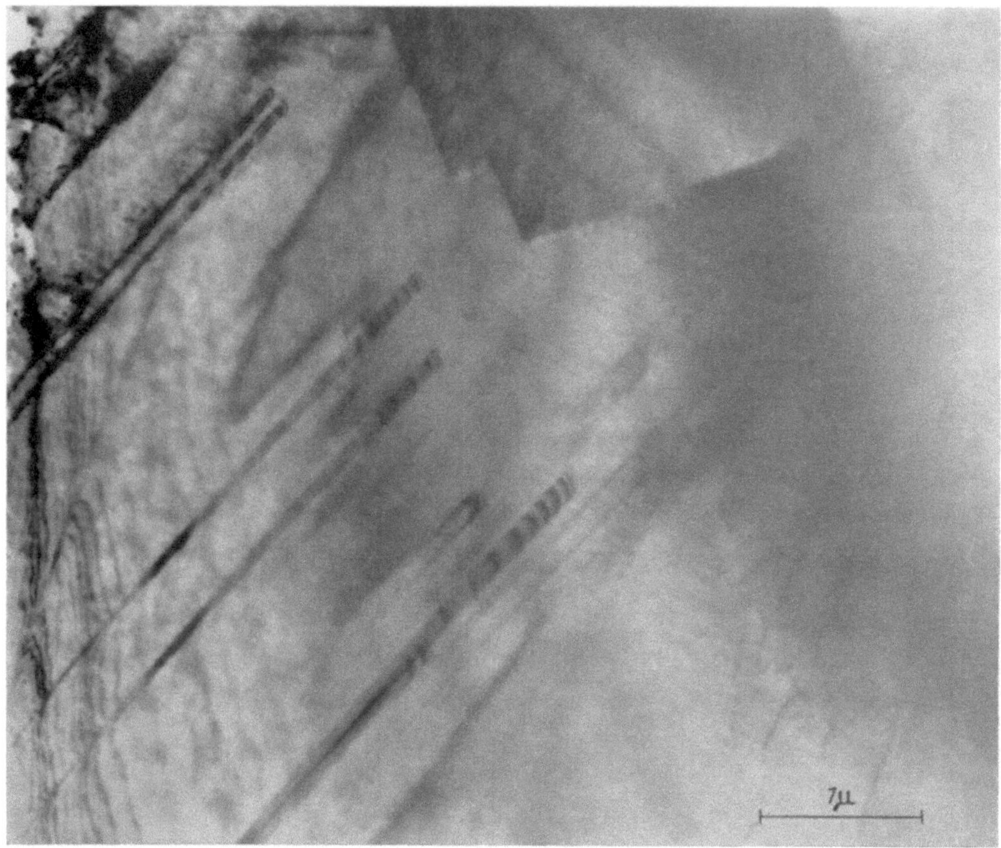

Fig. 4. Splitting of total dislocations into partial dislocations. The stacking faults between the two partials became visible by striped regions

2. *Deformed samples.* In both Cu (a) and Cu (b), the dislocations introduced by deformation also form a cellular structure, as can be seen in Fig. 2. The cell dimensions are somewhat smaller than in annealed samples, also the cell boundaries are broader.

3. *Moving dislocations.* On heating deformed or partially recrystallized samples by the electron beam, the dislocations start to move in straight lines leaving behind dark or light bands with edges of higher contrast. These traces are stable for a long time and we believe that this is due to the interaction of the dislocations with the oxide film. We have also observed cross-slip several times, as can be seen in Fig. 3.

4. *Extended dislocations.* Total dislocations on (111) planes can split into two partial dislocations. The space between the two partials represents a stacking fault. We have observed this splitting in Cu (a), as can be seen in Fig. 4. The stacking faults between the two partials became visible by the striped regions. The dislocations are piled up against one side, probably because of the increasing thickness of the foil in this direction.

The project of which this work is a part was sponsored by Union Carbide Corporation, New York, and the authors take this opportunity to express their thanks for this support. We are also indebted to Dr. A. Berghezan for his encouraging interest in this work.

References

1. Seeger, A.: Conf. Rep. on Defects in Crystalline Solids, London 1954.
2. Hirsch, P. B., R. W. Horne and M. J. Whelan: Lake Placid Conference 1956.

Experimental techniques for the plastic deformation of metal foils in the electron microscope

H. G. F. Wilsdorf, L. Cinquina and C. J. Varker
The Franklin Institute Laboratories Philadelphia 3, Pennsylvania

Introduction. Several investigators have found that individual dislocations are visible when suitable thin metal foils are viewed using transmission electron microscopy (*1—3*). The dislocations can be made to move through the films under the action of stresses, produced by the local heating effect of a high intensity electron beam. This experiment, is particularly successful when carried out with films which have a high dislocation density as produced by plastic deformation prior to the electrolytic polishing. In the present investigation a different technique is used; namely, previously undeformed films of about 1000 Å in thickness are strained in the electron microscope. In this way it is possible to study the behavior of dislocations at all strains (*4*). In the following, the experimental aspects of such an investigation are described.

The Straining device. In a recent publication, a device for the plastic deformation of thin foils within the electron microscope has been described (*5*). Since then, the apparatus has been further improved by adding a hydraulic loading system which can be easily attached to the original straining device. This hydraulic system allows a very accurate control of the strain rate and makes it possible to reduce the load quickly, or even to reverse the direction of the stress. Fig. 1 shows the major components of straining device and control system. The pulling force on the specimen is provided by the

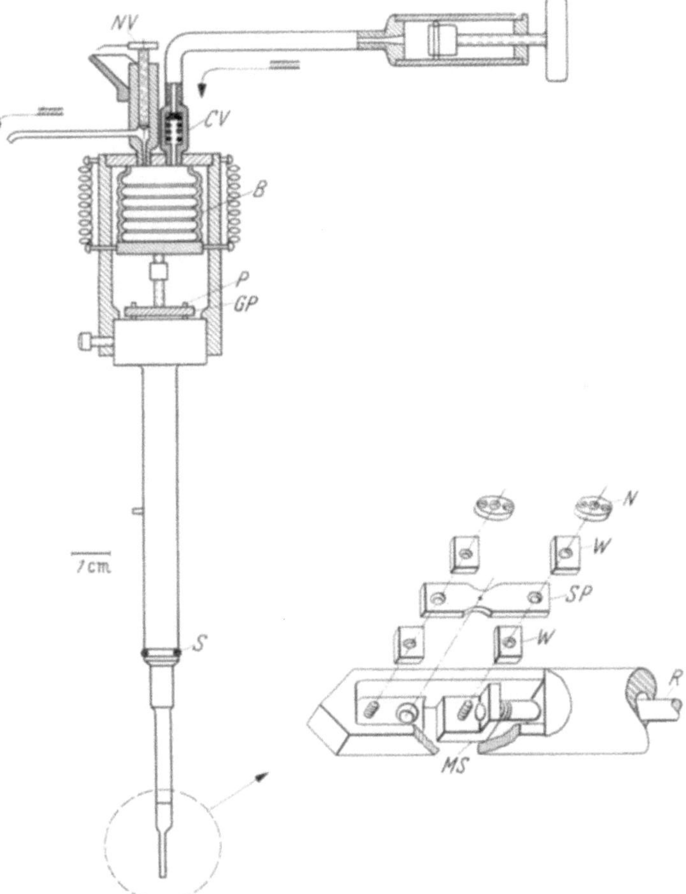

Fig. 1. Micro-straining device with hydraulic loading system. Key: NV = Needle Valve, CV = Check Valve, B = Bellows Pressure Chamber, P = Guiding Pins, GP = Guiding Plate, S = Vacuum Seal, R = Control Rod, NV = Needle Valve with Indicator Dial, MS = Movable Shoe, W = Square Washer, SP = Specimen, N = Nut

elastic stress of the bellows in the expanded state, as well as by the springs acting in the same direction as the former. The strain rate is controlled by the needle valve NV and can be accurately adjusted within the limits of 1.5×10^{-2} sec^{-1} and 10^{-6} sec^{-1}. A typical set of calibration readings for the system is given in Table 1.

Experience shows that dislocations are only visible when viewed under the most favorable diffraction conditions, i. e., when situated close to a Bragg reflection. In order to make reliable observations, it is, therefore, necessary to scan any given area of a specimen by rotating it slightly around an axis perpendicular to the electron beam until a favorable contrast is achieved. The design of the straining device takes this fact into account, allowing a rotation of the specimen through angles of about $\pm 6°$ during a test and without affecting the strain rate.

Specimen preparation. The insert of Fig. 1 gives an exploded view of the specimen clamping arrangement, including a sketch of the specimen. The dimensions of the tensile specimen are $3 \times 9 \times 0.2$ mm. It is produced from sheet material with the help of a punch and die arrangement, since its size has to be kept within narrow tolerances.

The first step in the production of an area which is transparent to electrons, is to make a depression in the center of the narrow part of the specimen. This is being accomplished by placing the center part of the specimen between the tips of two identical steel pins, the lower of which is firmly held in a steel block, while the upper pin can freely move up and down in a guide. The tips of the pins have a diameter of somewhat less than 0.5 mm and are polished to a slight convex

Table 1. *Calibration readings of straining device with a standard tensile specimen*

Scale division on needle valve head	Displacement in Å/sec	Strain rate $\times 10^{-5}$ sec^{-1}
2°	13	.11
5°	67	.57
10°	170	1.4
15°	340	2.8
20°	530	4.6
25°	800	6.8
30°	1200	9.9
35°	1600	14
40°	2500	21
.	.	.
.	.	.
.	.	.
Needle valve fully opened	1.5×10^5	1500

Table 2. *Conditions of electrolytic polishing*

Specimen	Composition of bath	Cathode	Potential difference across cell Volts	Current density in A/cm²	Temp. of bath	Remarks[1]
Aluminium	40 cm³ perchloric acid (70%) 160 cm³ ethyl alcohol	Al	10	0.15—0.2	5—20° C	Agitation. Polish very good. "Furrow" structure is occasionally observed.
Stainless Steel 304		Stainless Steel	8	0.25	5—20 °C	Agitation. Polish good. Excessive roughness above 20° C
Aluminium	30 cm³ perchloric acid (70%) 100 cm³ acetic acid (glacial)	Al	10	0.06	20° C	Agitation. Polish good.
Nickel	40 cm³ perchloric acid (70%) 450 cm³ acetic acid (glacial) 15 cm³ H₂O	Ni or Stainless Steel	51	0.1 —0.2		Agitation. Good polish with intermittant etching effects.
Stainless Steel 304		Stainless Steel	15	0.1 —0.2	15—20° C	Agitation. Good polish with intermittant roughness.

[1] Remarks referring to the quality of polish as observed above 20000 $\times$.

curvature. By hammering the upper pin, the foil is thinned until a suitable thickness is obtained, which is then further reduced to electron transparency by electrolytic polishing (Table 2).

The polishing apparatus was arranged in the following manner. A pyrex crystallizing dish containing the electrolyte was supported several inches above the laboratory table by a circular ring and stand. A binocular microscope was placed on the table so that the objective was directly over the thinned area of the horizontally held specimen in the polishing bath. Directly under the bath a plane mirror was positioned, so that a parallel beam of light from an intense source could be reflected up through the solution to illuminate the underside of the specimen. The diameter of the beam of light was reduced to less than that of the specimen by placing an aperture between the crystallizing dish and the plane mirror. This gives the observer a dark field which enables him to detect the first trace of light coming through the foil, indicating that transparency has been reached. The specimen was held by a clip which was fastened to a copper cylinder resting on a conducting platform. By rotating the cylinder the specimen can be quickly removed from the

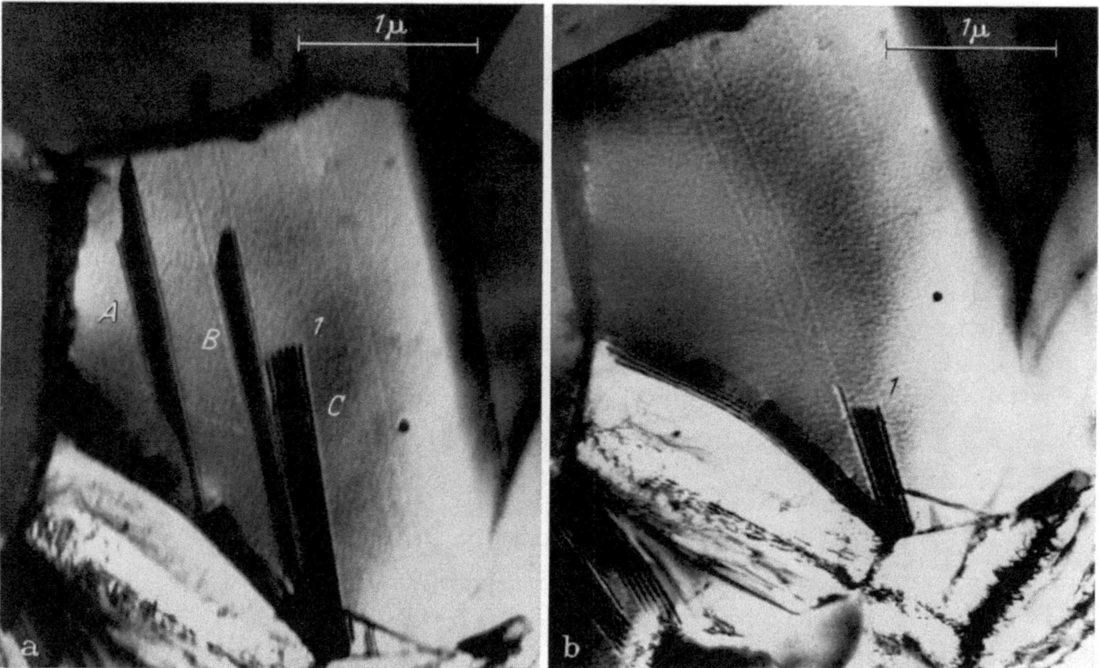

Fig. 2a and b. Behavior of a partial dislocation after unloading the specimen a) Specimen under stress (A, B, C are stacking faults, 1 indicates a partial dislocation). b) Position of partial dislocation 1 after release of stress

polishing bath as soon as light is seen through its thinned area while maintaining electrical contact. It is desirable to position the cathode vertically since excessive bubbling in the field of view will obscure the image of the specimen.

An alternative method is to suspend the specimen vertically in a rectangular glass tank and to observe the specimen through one of the walls with the light coming through the opposite side.

Applications. The apparatus was constructed in order to carry out tensile tests on thin films and thus study the behaviour of dislocations at different strains and strain rates, as well as after unloading or reversal of stress. An example of the behavior of dislocations on unloading will be described here.

The micrograph, Fig. 2a, shows a strained foil of stainless steel type 304 as it appeared immediately after the strain rate had been reduced to zero by closing the needle valve. The most obvious feature is the stacking faults, labelled A, B and C visible in the center grain. They have been produced by dislocations released from the lower boundary. Other dislocations have already traversed the whole grain as evidenced by the faint trails still visible within the grain. This release of dislocations from grain boundaries or sub-grain boundaries is quite typical, since the majority of glide dislocations observed in our experiments are emitted from boundaries.

Those dislocations which had already reached the upper boundary have either been trapped in it and have initiated the release of some new dislocations, or, may be more correctly, are themselves just emerging through the boundary with the trailing partials of two of them still anchored in it. The stacking fault A, traversing the whole grain, is limited by half dislocations which are partly anchored in the upper and lower boundary respectively and whose shape seems to be strongly affected by the fields of the left and lower boundaries. The partial dislocation which has produced stacking fault B, has not yet reached the upper boundary, and that belonging to stacking fault C, moves on a different slip plane than the others, as can be seen from the different direction of the fault and different spacing of the interference lines in it.

After the Fig. 2a had been taken and while the applied stress was still unchanged, the partial dislocations belonging to stacking faults A and B suddenly moved up to the upper boundary, disappearing in it, while the position of the half dislocation 1 remained unchanged. Fig. 2b was taken of the same area after the load had been completely released. As we would have expected, half dislocation 1 has receded, attracted by its own stacking fault: but we realize that there must be a strong frictional force acting on the dislocation, for it has stopped after traveling only about 1μ instead of moving completely back into the lower boundary. This frictional force is obviously acting at the intersection of the dislocation with the surface of the foil. While half dislocation 1 has a convex curvature in Fig. 2a, it has a concave curvature in Fig. 2b, which is even more pronounced than the former.

We thank Mr. I. Greenfield for stimulating discussions on the subject. We are indebted to the U. S. Atomic Energy Commission for supporting this work.

References

1. Hirsch, P. B., R. W. Horne and M. J. Whelan: Philosophic. Mag. 1, 677 (1956).
2. Bollmann, W.: Physic. Rev. 103, 1588 (1956).
3. Whelan, M. J., P. B. Hirsch, R. W. Horne and W. Bollmann: Proc. roy. Soc. A 240, 524 (1957).
4. Wilsdorf, H. G. F.: ASTM Techn. Publ. No. 245, p. 43 (1958).
5. Wilsdorf, H. G. F.: Rev. sci. Instrum. 29, 323 (1958.)

Versetzungsanordnungen in α-Messing

J. D. Meakin, R. Sun and H. Wilsdorf

The Franklin Institute Laboratory for Research and Development, Philadelphia, Pa. (USA)

Die bekannte Beobachtung, daß sich Fremdatome an Versetzungen anlagern, wurde benutzt, um Versetzungsanordnungen in gedehntem α-Messing sichtbar zu machen. Einkristalle der Zusammensetzung 69,4% Cu, 30% Zn und 0,6% Cd wurden zwischen 0,5% und 5% gedehnt, für zwei Stunden auf eine Temperatur von 200° C gebracht und anschließend in einem verdünnten Phosphorsäurebad elektrolytisch geätzt. Negative Siliciummonoxyd-Abdrücke ermöglichten die Untersuchung von Versetzungsanordnungen über relativ große Bereiche hinweg. Besonders auffällig waren Versetzungsgruppen, in denen Versetzungen gegen Hindernisse aufgestaut worden waren. Ein Vergleich zwischen experimentellen und theoretisch berechneten gegenseitigen Abständen von Versetzungen ergab gute Übereinstimmung für isolierte Gruppen, während Gruppen in Gleitbündeln erheblich kompliziertere Anordnungen zeigten, was auf die Wechselwirkungen zwischen benachbarten Versetzungsgruppen zurückgeführt werden konnte.

Dieser Beitrag erscheint ausführlich in Symposium on Internal Stresses and Fatigue, Elsevier Publishing Company, 1959.

Observations on thin metal films during controlled deformation in the electron microscope

D. W. Pashley

Tube Investments Research Laboratories, Hinxton Hall, Cambridge (England)

Introduction. The microstructure of metals which have been deformed in a plastic manner has been studied with the electron microscope by a number of workers [see, for example, Heidenreich (1); Hirsch, Kelly and Menter (2); Hirsch, Horne and Whelan (3); Bollmann (4)].

Since it seemed possible that more information might be obtained if the specimens were deformed whilst under observation, it was decided to attempt to deform metal films in position in the electron microscope. An evaporation technique for preparing coherent single crystal films of gold in (111) orientation has been developed (5), and these are deformed in an apparatus which has been constructed as an attachment for the Siemens Elmiskop I.

The apparatus for applying controlled strain. The apparatus is illustrated in Fig. 1. The film is mounted by waxing it on a standard sized platinum disc D which contains a 1 mm × 0.1 mm slit which is opened at one end by a fine saw cut. The strain is applied to the film by forcing a wedge in to the open end of the slit, as is shown schematically in the figure. This wedge is provided by a fine rod with chisel end, which is pushed by a horizontal rod R which is controlled by the knob normally used for tilting the specimen to permit stereomicrographs to be taken. To allow this method to be used, a complete new specimen stage

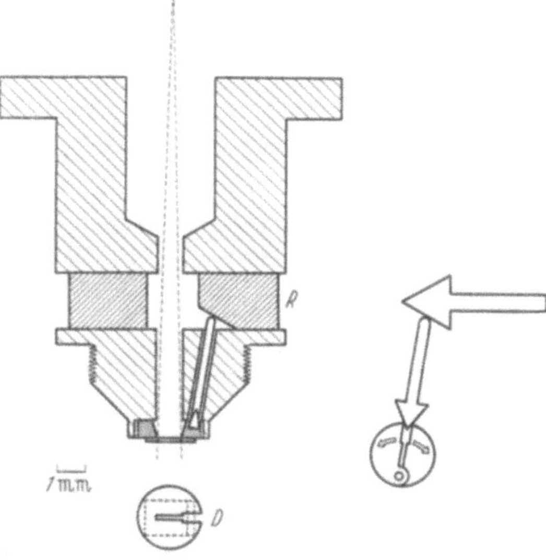

Fig. 1. The apparatus for applying controlled strain

Fig. 2. The fracture in a 500 Å film of gold in (111) orientation

has been constructed, and this stage is inserted in the Elmiskop I with the apparatus of Fig. 1 already mounted in it. The specimen air lock is not used. In order to prevent the film from tearing at its edge as strain is applied, the edge of the film at the open end of the slit is folded two or three times.

The nature of the deformation of the film before fracture. a) *Film thickness approximately 500 Å.* The films have been observed at high magnification as the strain is applied, so that individual dislocations present in the film can be detected by diffraction contrast (3). No movement of these dislocations is observed, and no other evidence of plastic deformation is detected. When the strain reaches a value of 1—1¹/₂% fracture occurs.

It has been confirmed, by means of precision electron diffraction measurements, that the strain which occurs before fracture is elastic strain. The spacings of the three $(2\bar{2}0)$ planes normal to the plane of the film were measured from the electron diffraction pattern as the strain was applied. It was found that the spacing of the planes parallel to the edge of the slit gradually increased relative to those perpendicular to the edge of the slit, as the strain was increased. When fracture occurred this relative increase in the spacing was removed. The maximum relative spacing increase was at least one percent, in good agreement with the strain as measured by the amount by which the slit was opened.

Fig. 3. Localised plastic deformation in a 1500 Å film of gold in (111) orientation

b) *Film thickness approximately 1500 Å.* The behaviour of the 1500 Å films was similar to that of the 500 Å films, but no precision electron diffraction measurements were possible because of the effect of the considerable inelastic scattering on the sharpness of the diffraction pattern. However, because of the absence of plastic deformation, it is concluded that pure elastic strain occurs before the fracture mechanism takes place.

The nature of the fracture. a) *Film thickness approximately 500 Å.* The fracture occurs along the crystallographic $[1\bar{1}0]$ directions, as shown in Fig. 2. There occurs localised plastic deformation in the neighbourhood of the fracture, as shown by the bands of thinning such as at *A*, and a band of thinning along the edges of the fracture, as at *B*. When a fracture terminates within the film, a region of localised thinning occurs ahead of the tip of the fracture. This indicates that the fracture is preceded by localised plastic deformation. Piled-up groups of dislocations are sometimes observed in the vicinity of the fracture, indicating that dislocation sources have operated.

b) *Film thickness approximately 1500 Å.* The fracture is discontinuous with the thicker films. Straight sections of fracture along $[1\bar{1}0]$ directions are joined together by regions of localised plastic deformation without fracture. The non-fractured regions can be several microns in length, although they are usually very much shorter. A region of plastic deformation without fracture is illustrated in Fig. 3. The light bands represent local thinning which occurs as a result of slip on the $(11\bar{1})$ planes.

Discussion. The measurement of high elastic strains by electron diffraction implies a tensile strength for thin films of gold, several times that of the bulk tensile strength. This is consistent with earlier work with electro-deposited silver films (*6*), and represents a mechanical behaviour very similar to that found with many materials in the form of fine whiskers.

Although the fracture follows a region of pure elastic strain, it is not a brittle fracture. The fracture occurs after the propagation of a region of localised plastic deformation along the length of the film. If the plastic deformation is highly localised, the resulting stress concentrations lead to fracture. Less localisation, for the same film thickness, will not lead to fracture so readily. Thus thinner films tend to have a continuous fracture, whereas thicker films do not, because a greater degree of localisation is required to produce the same amount of stress concentration.

I am indebted to Dr. J. W. Menter for useful discussions. The paper is published by permission of the Chairman of Tube Investments Ltd.

References

1. Heidenreich, R. D.: J. appl. Physics **20**, 993 (1949).
2. Hirsch, P. B., A. Kelly and J. W. Menter: Proc. Physic. Soc. B, **68**, 1132 (1955).
3. Hirsch, P. B., R. W. Horne and M. J. Whelan: Philosophic. Mag. **1**, 677 (1956).
4. Bollmann, W.: Physic. Rev. **103**, 1588 (1956).
5. Pashley, D. W.: Philosophic. Mag. **4**, 324 (1959).
6. Beams, J. W., J. B. Breazeale and W. L. Bart: Physic. Rev. **100**, 1657 (1955).

Deformation of oriented thin films on solid substrates

D. R. Brame and T. Evans

Tube Investments Research Laboratories, Hinxton Hall, Cambridge (England)

Introduction. When a single crystal of a face centred cubic metal is deformed, the strain is accommodated by the movement of dislocations which results in the formation of localized slipped regions. If an oriented thin film of another face centred cubic metal is deposited on the surface, the way in which the film deforms is determined by the ability with which the mobile dislocations in the substrate can pass into and through the film. The mode of deformation of such surface films has been investigated by detaching from the substrate after deformation and examining them by transmission in the electron microscope. This has given information about the factors which influence the passage of dislocations across a boundary between two crystals which are in a parallel orientation but have different lattice parameters.

Experimental details. Single crystals of silver in the shape of tensile specimens were produced by a soft mould technique. The surface was prepared by chemical polishing and ionic bombardment before an oriented surface film was evaporated onto the surface. Oriented thin films of gold, gold-palladium alloy, platinum and rhodium were evaporated onto the silver specimens. The orienting of the films which were in the thickness range of 300—700 Å was obtained by maintaining the substrate at an elevated temperature during evaporation. The specimens were then deformed in tension and the films detached by attacking the underlying silver with dilute nitric acid. The films were examined by transmission in a Siemens electron microscope (Elmiskop I) operating at 80 kV. Palladium substrates were also used and the experiments repeated with oriented thin films of gold and rhodium.

Results. The examination of the stripped gold films after deformation on silver substrates proved that the films accommodated the imposed strain entirely in a ductile manner by slipping. Fig. 1 is an electron micrograph of such a film where the slipped regions are in two directions due to the initial specimen being favourably oriented for duplex slip. The slip is detectable because it results in a thinned region as shown schematically in Fig. 2. The gold-palladium alloy films also exhibit the same ductile behaviour and it is considered that in these two cases sufficient dislocations can pass from the substrates and through the films for them to accommodate the strain entirely by slipping. Platinum films on silver sometimes behave in the same way but occasionally they form slipped regions with cracks which are parallel to the slip lines. In the case of rhodium films on silver an extremely small amount of slip occurs and the main effect is a cracking of the films parallel to the slip traces. Fig. 3 shows a rhodium film which has deformed by the formation of these parallel cracks. With palladium substrates, the gold films behaved in a ductile manner as

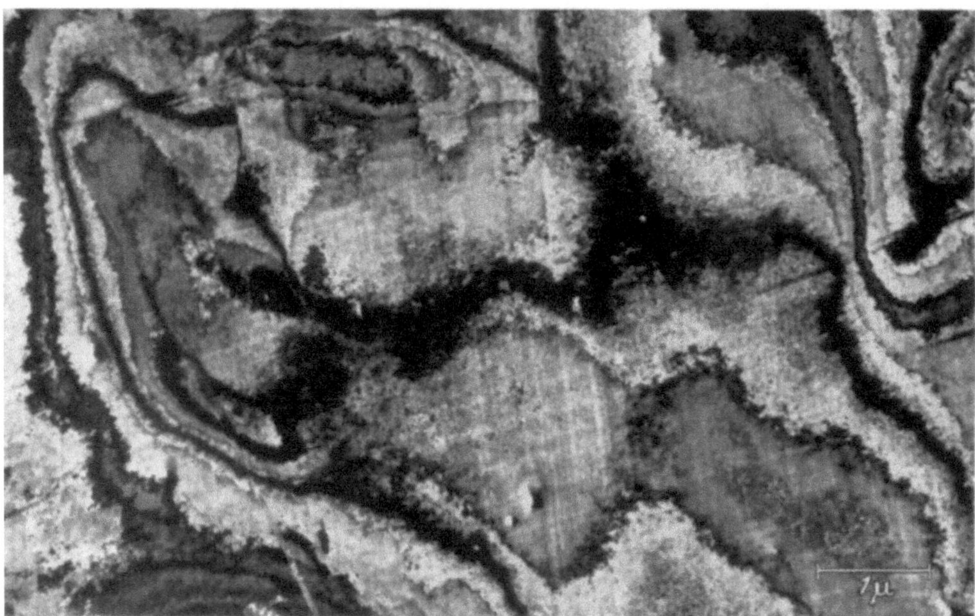

Fig. 1. Oriented gold film deformed on a single crystal silver substrate. The thinning of the film due to slipping as shown in two directions

did the rhodium films except that the latter also showed occasional cracking. In the cases where cracking of the film occurs parallel to the slip traces, not sufficient dislocations can be injected into it from the substrate for the film to deform entirely by slipping and cracking must also occur.

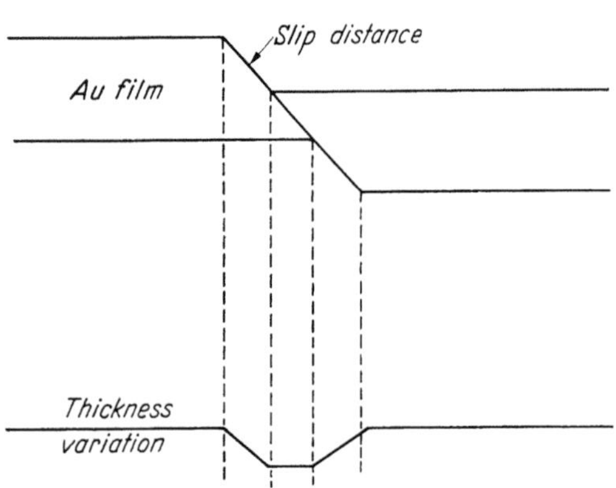

Fig. 2. Schematic diagram of thinning due to slip in a thin film

To show that the dislocations responsible for the slip in the film originate in the substrate, single crystal gold films were attached to noncrystallographic substrates which could not act as sources of dislocations. Deformation resulted in a brittle cracking of the attached films presumably due to the absence of injected dislocations from the substrates. This point was also tested in another way. An oriented multilayer of rhodium, silver and gold films was deposited on a silver substrate and deformed in tension. Subsequent examination of the gold film showed that it had cracked with no evidence for slipping. This suggests that the rhodium film was acting as a barrier to the passage of dislocations from the silver substrate to the gold film and it therefore has to crack in a brittle manner. These two types of experiment indicate that the dislocations responsible for slip in the thin films originate at sources in the underlying substrate.

Discussion. The gold, gold-palladium alloy, platinum and rhodium film lattices have a degree of misfit with respect to the silver substrate of 0.2%, 1.9%, 4.1% and 7.37% respectively. The misfit can be accommodated at the substrate-film boundary by a two-dimensional network of dislocations whose spacing is reduced as the misfit increases (van der Merwe, 1950). This network can act as a barrier to the passage of dislocations from the substrate into the film and the strength of this barrier increases with the degree of misfit. Another factor which also influences the transfer of dislocations is the ratio of the elastic moduli of the film and substrate (Head, 1953). When the elastic modulus of the film is greater than that of the substrate, a dislocation in the substrate experiences a repulsion as it approaches the interface. This effect increases as the ratio increases as in the case when gold, gold-palladium alloy, platinum and rhodium are successively used on silver. Thus there are two effects which increasingly hinder the passage of dislocations across the boundary as this sequence of metals on silver is followed. To try and differentiate between the relative effects of the misfit and the ratio of the elastic moduli to the passage of

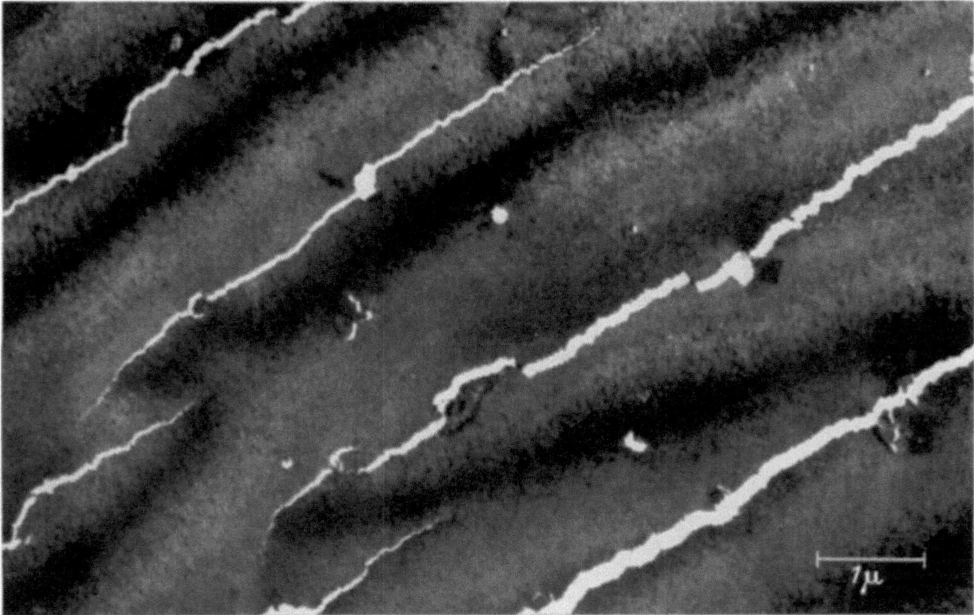

Fig. 3. Cracking of oriented rhodium film deformed on a single crystal silver substrate

dislocations, palladium substrates were used instead of silver. With gold films the degree of misfit is 5% with respect to the palladium substrate but the ratio of the elastic moduli gives an attractive force to the interface whereas in the case of rhodium films the degree of misfit is 2.26% and the elastic modulus effect gives a strong repulsion from the interface. The experimental evidence suggests that as degree of misfit between the oriented film and substrate increases there is an increasing resistance to the passage of dislocations across the substrate-film interface but the effects of the ratio of the elastic moduli must also be taken into consideration. It is suggested that these factors determine the mode of deformation of oriented surface films when they are deformed on silver or palladium substrates.

This paper is published by permission of the Chairman of the Tube Investments Limited.

References

1. Head, A. K.: Philosophic. Mag. 44, 92 (1953).
2. Merwe, J. H. van der: Proc. physic. Soc. A 63, 616 (1950).

Chauffage et déformation des échantillons minces métalliques à l'intérieur d'un microscope électronique

A. Berghezan et A. Fourdeux

European Research Associates, s. a., Uccle-Bruxelles (Belgium)

Grâce aux travaux de Heidenreich (1), Castaing (2), Bollmann (3) et surtout de Hirsch et Whelan (4) il est maintenant possible de regarder directement par transmission au microscope électronique des feuilles métalliques très minces.

Dans ce travail nous avons essayé de tirer profit de cette technique pour observer simultanément les métaux pendant le chauffage et la déformation à l'intérieur même du microscope électronique.

A. Le Chauffage. Le chauffage a été réalisé en transformant le porte-échantillons original du microscope Philips de telle façon qu'un filament chauffant a pu être placé près de l'échantillon. La Fig. 1 montre les détails de sa construction.

A l'aide de cet appareil nous avons pu suivre la cinétique de certains phénomènes comme la restauration, la précipitation et la diffusion par observation continue au cours du recuit.

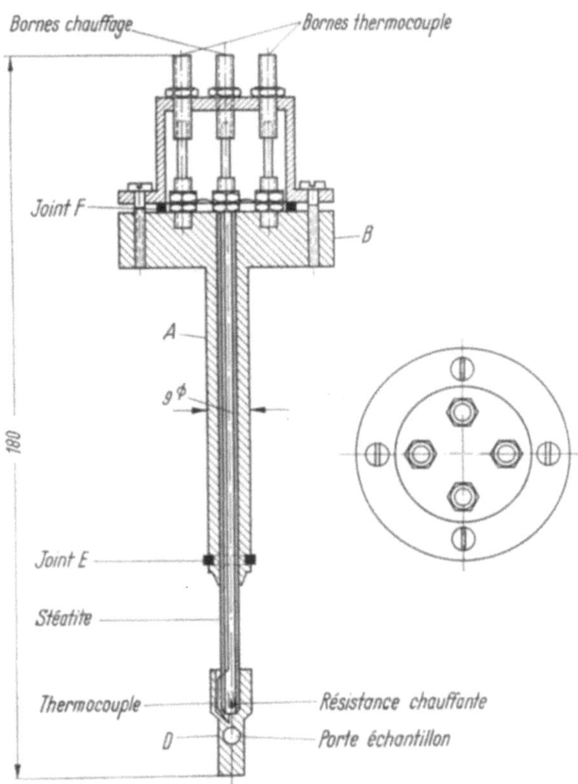

Fig. 1. Porte-échantillon chauffant pour microscope électronique Philips

a) *Etude de la restauration*. L'observation par transmission de l'aluminium déformé montre l'existence d'une sous-structure aux sous-grains assez imparfaits. Pour la plupart, les imperfections sont confinées aux sous-joints, et, à fort grossissement, elles apparaissent constituées d'une accumulation de dislocations individuelles arrangées en différents réseaux. Sous l'action seule du faisceau d'électrons, ces dislocations peuvent se déplacer et leur mouvement est observé sur l'écran du microscope comme rapporté par Hirsch. Cependant, même après de longues durées (plusieurs heures) de nombreuses dislocations restent encore *visibles* dans les sous-joints (Fig. 2). Le chauffage de l'échantillon à l'aide du four décrit ci-dessus fait apparaître un gradient de température qui introduit des tensions supplémentaires et de nouvelles dislocations se mettent en mouvement. Le plus souvent, elles traversent les sous-grains de part en part suivant une ou plusieurs directions, suivant les différents plans (111) actifs. Parfois, des dislocations de signes contraires partant des sous-joints opposés et empruntant les mêmes plans (111) se rencontrent à l'intérieur des sous-grains et s'annulent par le mécanisme déjà imaginé il y a quelques années par Burgers. L'annulation des dislocations de signes opposés se fait surtout aux sous-joints. Il nous semble en outre, que l'aboutissement des dislocations dans un sous-joint aide le départ d'autres de même signe par répulsion dans un sous-grain voisin. De cette manière, des sous-grains assez parfaits peuvent être obtenus comme le montre la Fig. 3 représentant la même plage que la Fig. 2.

D'une façon générale, la taille des sous-grains change assez différemment. Pour certains d'entre eux, leurs désorientations relatives se sont accentuées. Parfois, il y a «fusion» de deux sous-grains voisins en un seul d'orientation intermédiaire (figures à comparer). Lorsque le degré de perfectionnement de la Fig. 2 a été atteint, il ne se produit plus aucun changement visible jusqu'au voisinage de la température de fusion. Une recristallisation commence et on ne voit plus qu'un ou deux grains.

b) *Précipitation*. Une feuille amincie après trempe à l'eau d'un alliage Al-Cu 4% a été chauffée de la même manière. A froid, l'existence des grains et des sous-grains était invisible. Au cours du chauffage des grains apparaissent et une précipitation abondante y est visible confinée surtout aux joints. La diffraction électronique a confirmé les observations décrites. Les premiers stades de la précipitation ou de pré-précipitation retiendront à l'avenir notre attention.

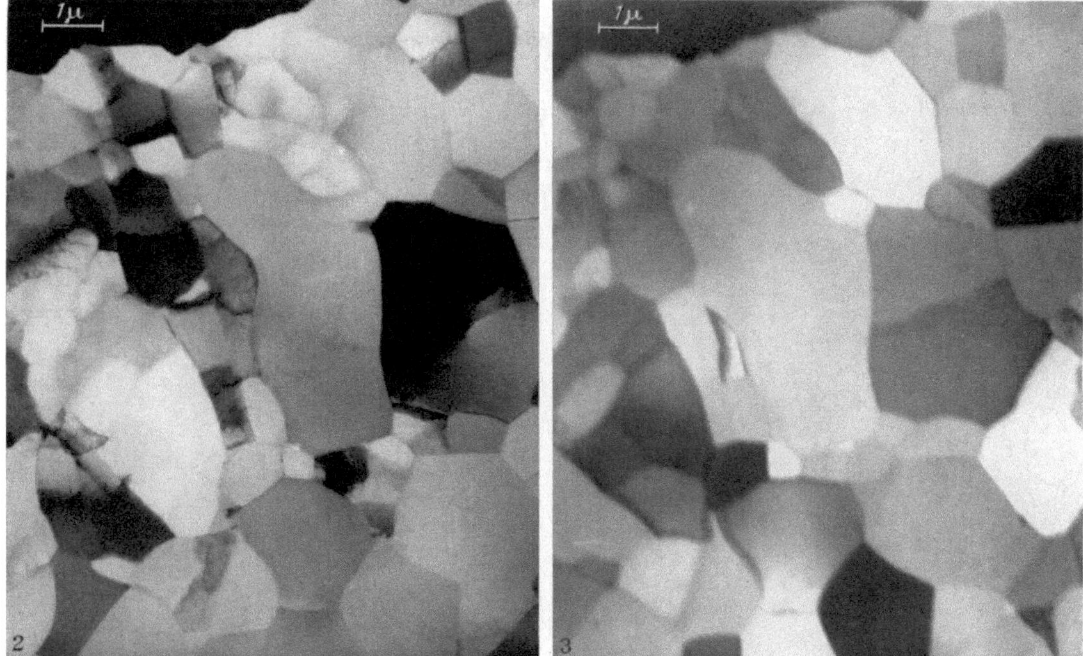

Fig. 2. Sous-grains imparfaits dans l'aluminium déformé, regardé par transmission au microscope électronique et maintenu plusieurs heures sous le faisceau des électrons. Dans plusieurs sous-grains et surtout aux sous-joints le réseau des dislocations est encore bien visible

Fig. 3. Perfectionnement des sous-grains par chauffage à l'intérieur même du microscope. La même plage que la Fig. 1

c) *Diffusion*. Le chauffage des échantillons d'aluminium amincis et placés sur grille en cuivre provoque la diffusion du cuivre dans l'aluminium. Cette diffusion est facilement rendue visible au microscope grâce à la différence d'absorption aux électrons des deux métaux. La diffusion démarre à proximité des grilles et se propage d'abord le long des joints et des sous-joints et ensuite dans tout le volume. En continuant le chauffage on s'aperçoit que les joints fondent bien avant le reste de la matrice grâce à cette diffusion préférentielle.

B. La Déformation. En nous basant toujours sur cette possibilite de regarder par transparence au microscope électronique des feuilles métalliques suffisamment minces, nous avons pensé qu'il serait d'un très grand intérêt de pouvoir observer le métal pendant la déformation pour voir comment celle-ci met en jeu la formation et le mouvement des dislocations prévus par la théorie.

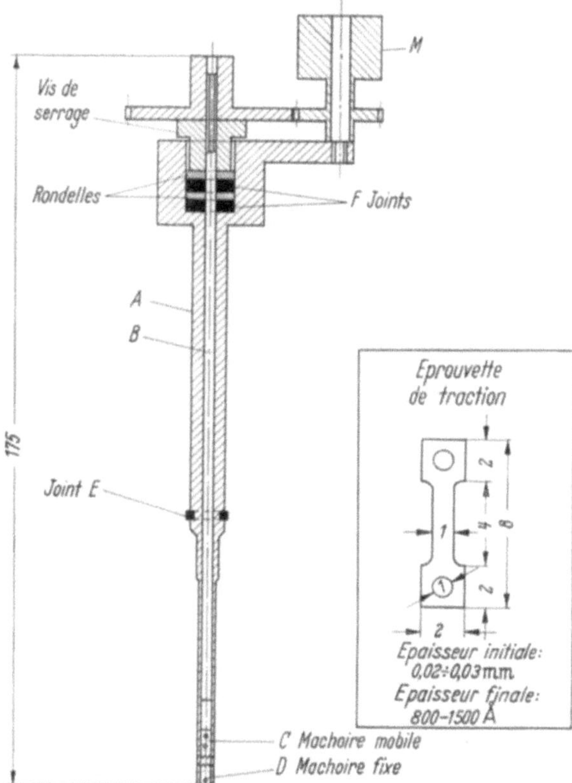

Fig. 4. Appareil pour la déformation de échantillons métalliques à l'intérieur du microscope électronique Philips

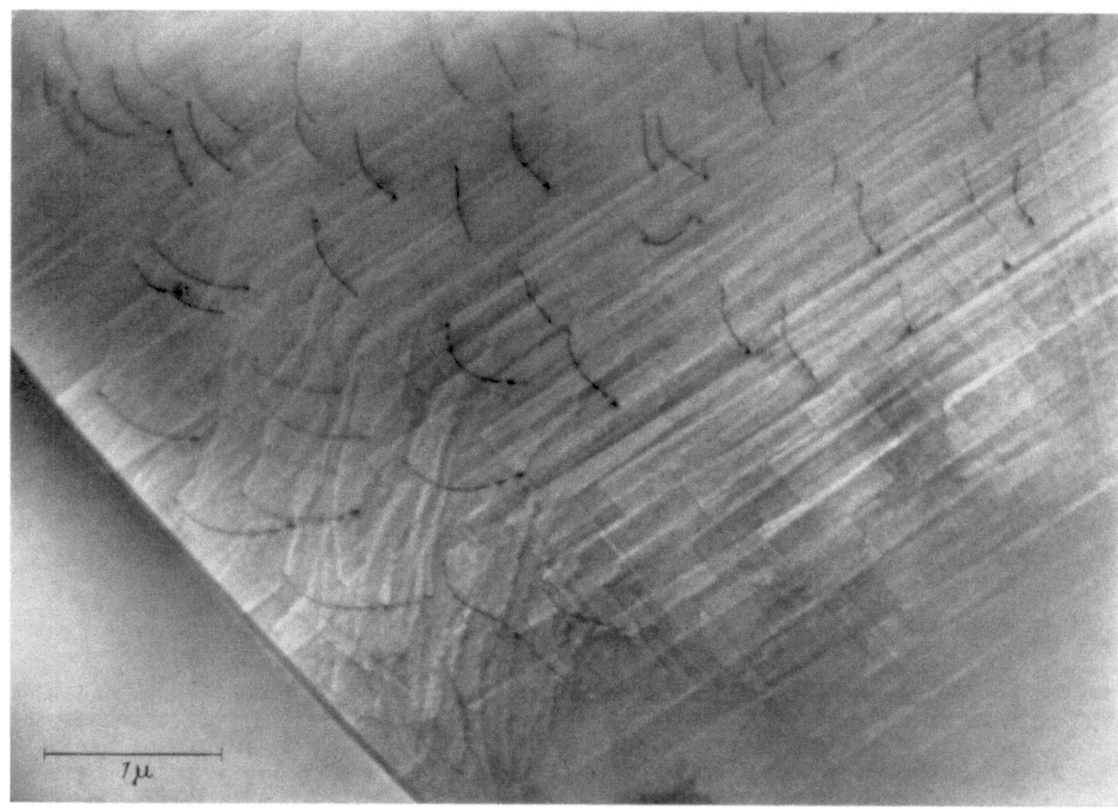

Fig. 5. Aspects statiques d'un moment du mouvement des dislocations en cours de déformation

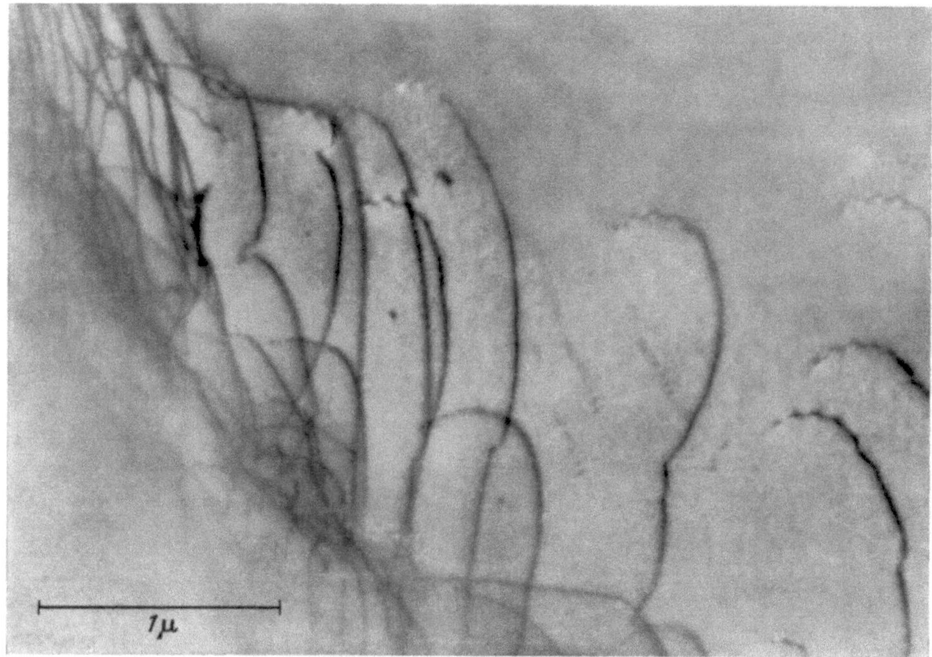

Fig. 6. Ancrage des lignes de dislocations à la surface de l'échantillon

A cet effet, un appareil représenté dans la Fig. 4 a été construit, qui n'est autre qu'une transformation du porte-échantillons normal en une petite machine de traction. A l'aide de cet appareil, nous avons pu observer et déformer simultanément des feuilles minces d'aluminium préalablement recuites.

Il ne sera pas opportun ici de rendre compte en quelques minutes du nombre important d'observations que nous avons faites, mais de résumer deux conclusions importantes:

La déformation plastique se produit par le mouvement des dislocations sur les plans de glissement normaux et au cours même de la déformation de nombreuses autres dislocations sont formées à l'endroit de certaines «sources», comme il a été prévu théoriquement.

La Fig. 5 montre un exemple frappant de l'aspect statique d'un instant du mouvement des dislocations le long des plans de glissement {111}. A part les dislocations visibles sur cette figure, il est possible de se faire une idée du nombre des traces qu'elles ont laissées sous la forme de lignes de glissement très fines et très serrées. A l'approche d'un joint de grain, on remarque que ces lignes se sont courbées par la nécessité d'accommoder la discontinuité d'orientation entre les deux grains et ceci à l'aide même des dislocations accumulées derrière le joint. Sur la même figure, on observe en outre que le contour des lignes de dislocations est à la fois courbé et brisé. Hirsch a déjà montré que les lignes doivent se courber avant le mouvement pour réduire l'énergie nécessaire à leur avancement. La brisure se produit différemment; elle résulte de l'intersection des lignes de dislocation avec les parties du réseau déjà glissées.

Les «cross-slips» sont fréquents. Les courbures du réseau et les changements d'orientation «aigus» que les dislocations dans leur mouvement et leur interaction ont créés sont très nombreux.

La Fig. 6 montre des lignes de dislocations assez longues, visibles souvent après un certain taux de déformation, formant plusieurs boucles près de la surface où elles semblent s'être accrochées. Nous pensons que ces boucles aux extrémités bien accrochées peuvent éventuellement constituer des «sources» de dislocations.

Bibliographie

1. Heidenreich, R. D.: J. appl. Physics **20**, 993 (1949).
2. Castaing, R., et P. Laborie: C. R. Acad. Sci. (Paris) **237**, 1330 (1953).
3. Bollmann, W.: Proc. Conf. Electron Microscopy: p. 316 Stockholm 1956.
4. Hirsch, P. B., R. W. Horne et M. J. Whelan: Proc. Conf. Electron Microscopy p. 312 Stockholm 1956
   — Whelan, M. J., et P. B. Hirsch: Philosophic. Mag. **2**, 1303 (1957).

The direct observation of dislocations in bismuth telluride

G. A. Geach and R. Phillips

Research Laboratory, Associated Electrical Industries Ltd, Aldermaston Court, Aldermaston, Berkshire (England)

Introduction. *The Crystallography of Bismuth Telluride.* Bismuth telluride has a rather complex rhombohedral crystal structure (*1*). The crystals are built up of layers of (111) orientation, each layer containing three planes of tellurium atoms and two of bismuth so arranged that at the boundary between layers two planes of tellurium atoms occur together. The projection of the structures on a $(11\bar{2})$ plane is shown in Fig. 1a. The bonding in the layers is covalent, but that between adjacent tellurium layers is very weak. Therefore (111) cleavage occurs readily; furthermore (111) slip may be expected. The arrangement of atoms in the (111) planes is close-packed and the slip vector is b as shown in Fig. 1b where $|\,b\,| = 4.37$ Å.

The planes of closest packing normal to (111) are also normal to the slip vectors and of spacing 2.19 Å. The electron diffraction pattern from a (111) slice with the orientation shown in Fig. 1b is drawn in Fig. 1c.

Experimental. A thin (111) flake was stripped from a single crystal with adhesive tape. The adhesive was then dissolved away in chloroform, the flake was deformed and etched in a mixture of 50% nitric acid, 40% hydrochloric acid and 10% acetic acid, until thin enough to transmit

70 to 100 kV electrons. The structure of the specimen was studied by transmission electron microscopy and selected area diffraction. The experimental prototype M-V. E. M. 6. electron microscope was used.

Observational. The phenomena seen in these specimens are extinction contours, moiré fringes, interference fringes of unknown origin and dislocations. The present paper is principally concerned with the arrangement of these dislocations: a typical irregular arrangement of dislocations is shown in Fig. 2a. The contrast on dislocations lying in the plane of the specimen takes a number of different forms; single dark lines, a dark line and a bright line side by side and a pair of dark lines with a slight separation. The short elements of double lines may be due to loops of dislocation, due possibly to the condensation of vacancies on planes other than (111) in the growth process. Long lines of dislocations which appear to stop short in the specimen present a problem of interpretation. The dislocations may stop at a sub-boundary which gives rise to only little contrast, or the dislocations may be near the surface in which case small surface steps may cut into them.

Apart from irregular arrays (Fig. 2a) the most frequently observed patterns of dislocations consists of equally spaced parallel lines, hexagonal networks and other regular patterns (Fig. 2b, c) and d) respectively) which may be interpreted as two arrays of parallel dislocations in different direction and in many cases on separate (111) planes.

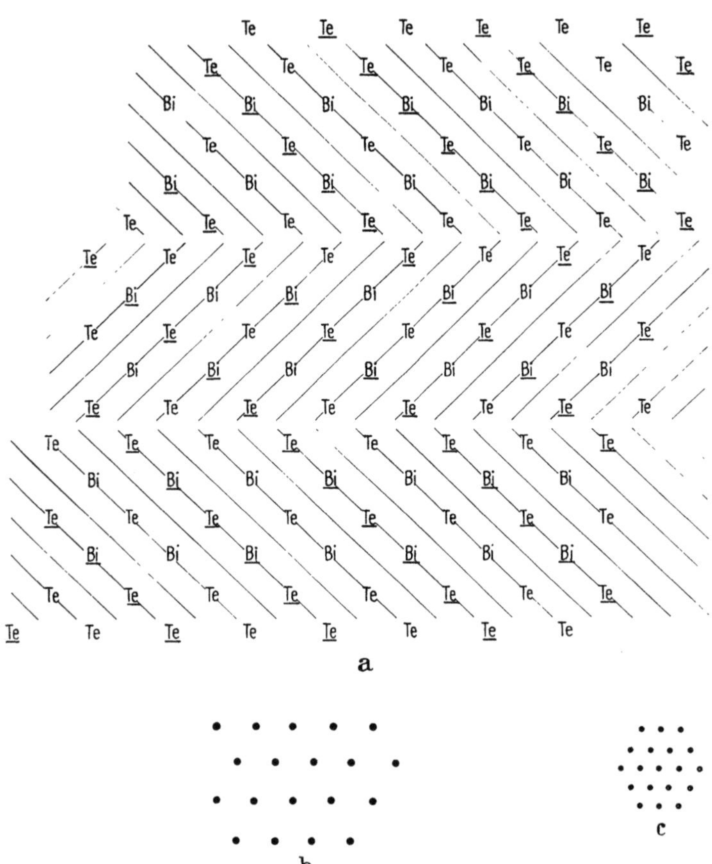

Fig. 1a—c. a) The atomic structure of Bi_2Te_3 projected on the $(1\bar{1}0)$ plane. The $(1\bar{1}0)$ plane is normal to the plane of the layers (111). Te = Te atom in plane of paper $\underline{Te}$ = Te atom in neighbouring plane. Bi = Bi atom in plane of paper $\underline{Bi}$ = Bi atom in neighbouring plane. b) The arrangement of atoms in a (111) plane. c) Electron diffraction pattern from a layer of the orientation in 1b the incident beam being along [111]

Discussion. The evidence that the lines in the micrographs do, in fact, correspond to dislocations is as follows:

1. The number of these lines in the specimen increases with deformation.

2. The contrast on these lines is similar to that on dislocations in the plane of the specimen in other materials.

3. The dislocations can be moved by localised heating with the electron beam (but only with difficulty).

4. The majority of the patterns may be interpreted by dislocation theory, as also may be the effects of dislocation lines lying near to patterns.

5. Dark field work shows that the mechanism by which the lines are seen is diffraction and not absorption.

The mechanism suggested by Hirsch (2), by which dislocations are seen in transmission electron microscope studies is that the strains associated with the dislocation line cause a different distribution of electrons between the transmitted and diffracted spots from that given by a perfect region, thus giving contrast at bright and dark field images of dislocations.

The parallel arrays are believed to be edge dislocations accommodating plastic bending of the flake about an axis parallel to the dislocation lines. A difficulty here is that the radius of curvature

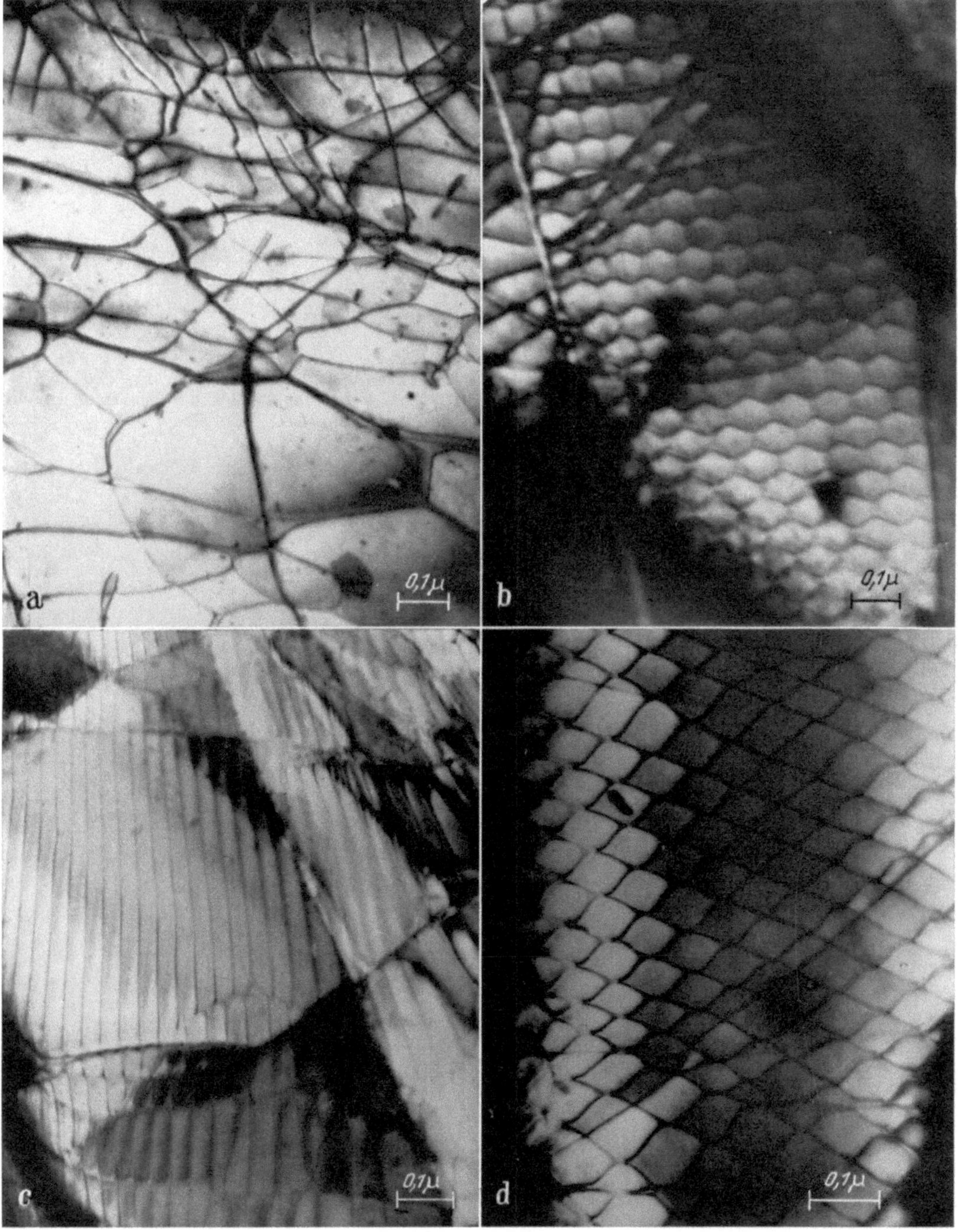

Fig. 2a—d. a) An irregular arrangement of dislocations. b) Parallel edge dislocations. c) A hexagonal network.
d) A regular pattern formed by two sets of parallel dislocations in parallel planes

r of the specimen calculated from the formula $r = \frac{1}{\varrho b}$ (3) where ϱ is the dislocation density and b is the Burgers vector is rather low (1—10 μ). Probably the conditions assumed in the calculation are not satisfied in a thin film.

The contrast on the dislocations in a parallel array is reversed by selecting a beam diffracted at 90° to the dislocation line. Thus the strains round the lines are deflecting the electrons in a direction at right angles to the dislocation line, the shears and therefore the Burgers vectors are also at right angles to the dislocation line.

The orientation of the hexagonal networks is such that the element of dislocation line could be pure screws. Diffractions patterns from areas containing a good network are often of poor quality but correlation between the rotation calculated from the spacing of the network and that measured by spot splitting has been obtained. Moiré fringes also provide evidence for rotation boundaries and here good correlation is obtained between the rotation observed in the diffraction patterns and that calculated from $\theta = \frac{d}{s}$ where d is the spacing of the densest planes and s is that of the fringes.

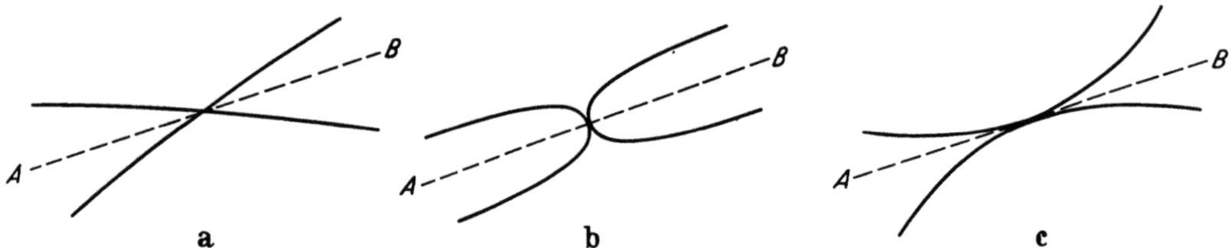

Fig. 3a—c. a) Crossing dislocations in parallel crystallographic planes. b) The interaction of the dislocations when they possess large unlike edge components along AB. c) The interaction of the dislocations when they possess large like edge components along AB

With a view to interpreting patterns obtained from superimposed arrays, consider two skew dislocations represented in Fig. 3a with a separation d at cross over, in parallel crystallographic planes. It is approximately true to say that when the Burgers vectors are such that, the dislocations having lined up along AB have large unlike components, the dislocations repel in the slip plane at the cross over point. The crossing dislocations will then tend to adopt the form shown in Fig. 3b. If, on the other hand, the edge components are large and like the reverse is true and the dislocations will tend to the form shown.

Considering its orientation and shape this is the probable interpretation of the pattern shown in Fig. 2d.

Similar rules apply at the cross over points of like and unlike screws respectively. The elastic interaction of other dislocations with those in the networks may be seen affecting the spacing of the network.

The authors wish to thank Dr. T. E. Allibone, F. R. S., Director of the Research Laboratory, Associated Electrical Industries, for permission to publish this paper.

References

1. Hockings, E. F.: Chemistry and Structure of Some Semi-Conducting Solids, Ph. D. Thesis, Imperial College of Science and Technology, London October 1957.
2. Hirsch, P. B., R. W. Horne and M. J. Whelan: Philosophic. Mag. 1, 677 (1956).
3. Cottrell, A. H.: Dislocations and Plastic Flow in Crystals. Oxford: Clarendon Press 1953.

6. Umwandlungs- und Ausscheidungsvorgänge in Metallen

Some problems in the study of precipitation and phase transformation in metals

J. Nutting

Department of Metallurgy, University of Cambridge, England

Phase transformations in the solid state, and in particular those in metallic systems, form an interesting and important topic of scientific investigation. The study of phase transformations in metals and alloys is of importance to the metallurgist, for by controlling the character and extent of these transformations it is possible to produce materials of widely differing chemical and physical properties to meet specific technological requirements.

It is usual to classify phase transformations into two types: those which occur by nucleation and diffusion controlled growth, and those in which the new phases are produced by a series of co-operative atom movements. But as might be expected in different systems a gradual transition from one type of behaviour to another is found and it becomes difficult to define precisely the type of mechanism involved. To investigate the mechanism and kinetics of phase transformations many different experimental techniques have been and are being used, but during the past few years perhaps the most important experimental development has been the widespread application of the electron microscope to this study.

Phase transformations of the nucleation and growth type may be further subdivided into two groups; the continuous and discontinuous precipitation reactions. Discontinuous precipitation, of which a eutectoid reaction is an example, formed one of the first topics of investigation for metallurgists studying metals with the electron microscope. The mechanism of the austenite-pearlite reaction is still imperfectly understood. MEHL and co-workers (1) have proposed that cementite is first nucleated from the austenite, subsequently ferrite forms and then the two advance simultaneously into the untransformed austentite. Recently DARKEN, FISHER and CALLIGAN (2) have shown that a narrow layer of ferrite exists in front of the advancing cementite. This proves that the Mehl model for pearlite growth is incorrect and that it now seems more likely that ferrite is the first phase nucleated; a cementite nucleus then forms within the ferrite and growth takes place by preferential diffusion of carbon along the austenite-ferrite interface followed by carbon diffusion through the short ferrite path between the austenite and the advancing cementite. A mechanism of this type allows a more satisfactory explanation to be given of the effects of small alloying additions upon the austenite pearlite reaction than was possible with the Mehl mechanism.

The transition from the discontinuous to the shear type of decomposition mechanism is shown by the low temperature transformation reactions of austenite. The morphology of these low temperature decomposition products of medium and high carbon austenites to produce bainites and the formation of bainites in alloy steels during continuous cooling are being studied by HABRA-KEN (3) and by members of a Sub-committee of the A. S. T. M. (4.) Valuable results have been obtained on the differentiation of upper and lower bainites and their modes of formation. As a result of the work of SIRIWARDENE (5) and IRVING and PICKERING (6) interest has now been aroused in the transformation of low carbon austenite to give bainitic ferrites. The roles of boron and molybdenum in producing these structures are now beginning to be understood. But the structure of bainitic ferrite, the orientation relationships between the ferrite and the parent austenite and the nature of the bainite boundaries await further investigation.

The shear type transformation as typified by the austenite martensite reaction has not been studied in detail by electron metallographers. However NISHIYAMA and SHIMIZA (7) have prepared replicas from a deeply etched martensite in a 30% Ni-Fe alloy. By comparing optical and electron micrographs from identical areas they have concluded, from the shape of the etch pits, that one martensite plate is of single orientation, and that the rib frequently observed down the centre of a martensite plate is not evidence of a twin orientation as has been postulated by other workers.

The electron microscope has been of great value in the study of the continuous type of phase transformation. It has been widely applied to the examination of two technologically important groups of alloys, those based on aluminium and those on iron i. e. the steels — both of which after suitable heat treatment show the continuous type of phase transformation. With the development of the direct carbon and direct carbon extraction replica techniques it has been possible to make great advances in the study of the tempering reactions in alloy steels. As a result of the work of HONEYCOMBE and SEAL (8) and SMITH and NUTTING (9) the morphology of the precipitation of Cr_7C_3, V_4C_3, Mo_2C, $M_{23}C_6$ and M_6C type of carbides from ferritic steels has been determined and correlated with the secondary hardening characteristics. Attempts are now being made to correlate the microstructures after tempering with the subsequent behaviour during creep, whilst KOCH, WEISTER and SCHRADER (10) working on Cr-Mo and Cr-Mo-V steels, have determined the effects of creep upon the precipitated carbides. It would now appear that suitable guiding principles are available for it to be possible to assess the creep behaviour of ferritic steels simply by examining the microstructure after the final heat treatment.

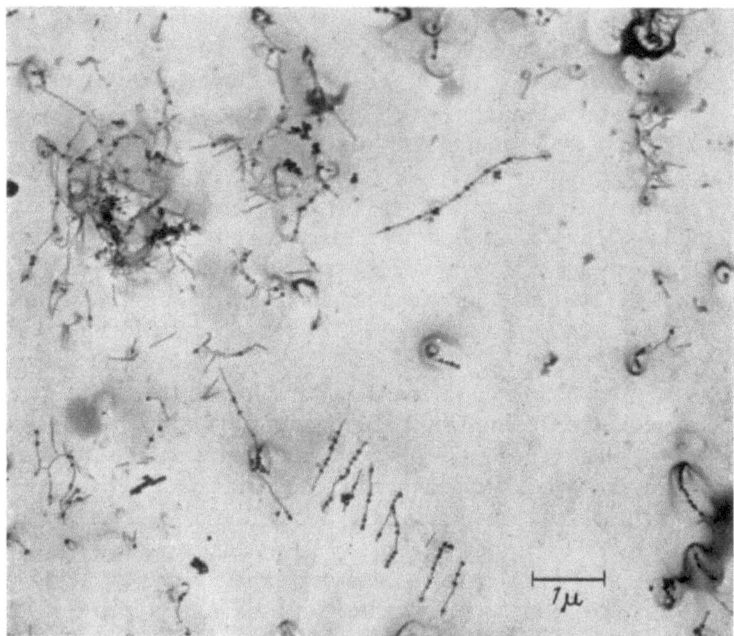

Fig. 1. Precipitates of NbC formed on dislocations in stainless steel containing 1.8% Mo 2.5% W 3.0% Nb. The steel was solution treated at 1300° C and then tempered for 20 hr at 700° C. Carbon extraction replica

Fig. 2. G. P. (1) zones in Al-4% Cu solution treated and aged for 16 hr at 130° C. Thin film

The tempering reactions in the more highly alloyed ferritic and austenitic steels have still to be investigated in detail. The precipitation of NbC from a 13% Ni, 13% Cr, 10% Co base steel is being investigated by Arrowsmith (11) who has observed a thread-like form of the carbides after tempering at 700° C as shown in Fig. 1. He believes that these may represent a type of precipitation on dislocations. At higher tempering temperatures discreet particles form as plates growing out from the thread-like structures.

The study of carbide morphology has been greatly facilitated by the ease with which the three stage electron microscope may be adapted for selected area electron diffraction on the extraction replicas. In this way it has been possible positively to identify the various carbides by their diffraction patterns, and differentiate the carbides which may be formed at the grain boundaries and within the grains. Recently BAKER and NUTTING (12) have shown that by using the technique of X-ray fluorescence analysis it is possible to obtain a semi-quantitative chemical anlysis of the carbides on an extraction replica when the total weight of the extracted carbide was not more

than 10^{-5} gms. They have also shown, as have BOOKER and NORBURY (13), that the extraction replica may be used for obtaining X-ray powder photographs. Thus from one relatively simple specimen preparation technique it is possible to obtain a wide variety of information on the structure, morphology and composition of the precipitated phases.

Perhaps the most important recent advance in the study of phase transformations with the electron microscope has been the development of the thin foil techniques for the direct examination of metals by transmission. From the early experiments of HEIDENREICH (14) using

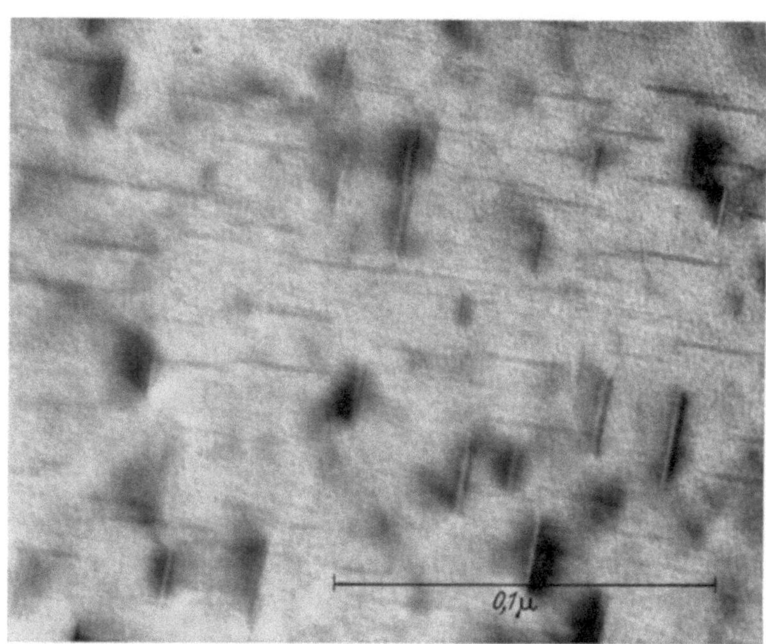

Fig. 3. Strain fields around the G. P. (2) zones in Al-4% Cu alloy solution treated and aged for 24 hr at 130° C. Thin film

chemical thinning, and the subsequent studies of CASTAING (15) with the ionic bombardment method, thinning techniques have now been developed for a wide variety of metals and alloys.

In studying precipitation in an aluminium 4% copper alloy NICHOLSON and NUTTING (16) have shown that the G. P. [1] zones may be detected when they are only one atom thick and $\cong$ 50 atoms in diameter. The structure obtained is given in Fig. 2. They have also shown that the strain fields, developed as a result of coherency between the G. P. [2] zones and the aluminium matrix, may be observed. An example is shown in Fig. 3.

The transition from coherency to partial coherency in this alloy has been discussed by NICHOLSON (17) who has found moiré patterns in the images from thin foils aged to produce the Θ' phase. From the spacing of the moiré fringes it is possible to calculate the difference in lattic parameter between the Θ' phase and the matrix. Further work by NICHOLSON (18) on the aluminium-zinc and aluminium-silver systems has shown that, as predicted from the X-ray diffraction results, the first formed zones are spherical in shape.

The role of dislocations in initiating the continuous forms of precipitation have been discussed by many workers but no satisfactory general theory is yet available. There is little doubt that under some circumstances precipitates are nucleated at dislocations as is indicated by the work of AMELINCKX (19) and MITCHELL (2) on ionic crystals. It seems doubtful, however, in view of the large numbers of G. P. zones formed in metals, if these are nucleated by dislocations. At a later stage when partially coherent precipitates form nucleation at dislocations may occur as shown

by THOMAS and NUTTING (*21*) and WILSDORF and KUHLMAN-WILSDORF (*22*) when examining
replicas from aluminium — 4% copper alloys aged to produce the Θ' phase. The thin film
technique allows this form of precipitation to be readily investigated and an example of the
results obtained by NICHOLSON (*18*) are shown in Fig. 4.

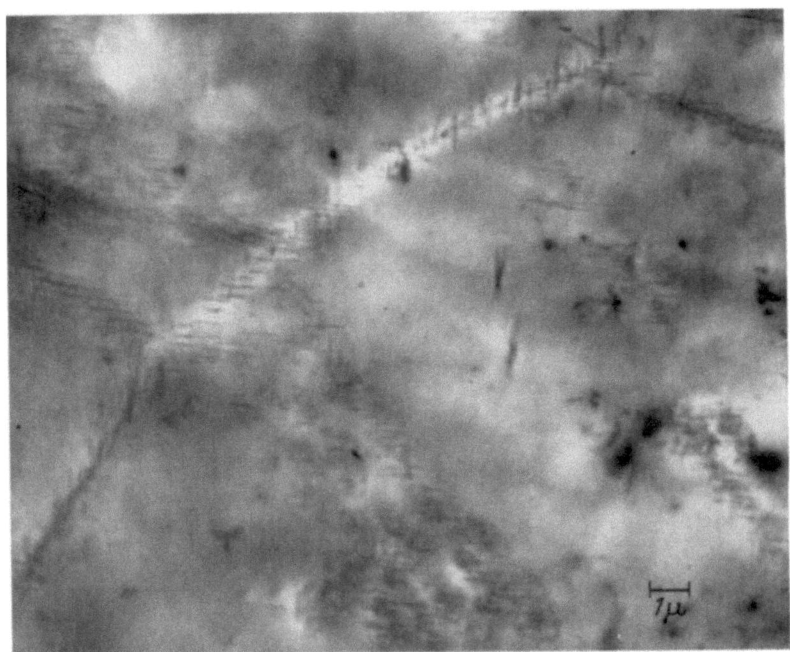

Fig. 4. Preferential precipitation of Θ' phase on subboundaries dislocations in Al-4% Cu
alloy solution treated and aged 12 hr at 200° C. Thin film

The work of HIRSCH, HORNE and WHELAN (*23*) has shown that dislocations may be observed
directly by examining thin metal foils in the electron microscope. These experiments have opened
a wide field for further investigation, for apart from studying dislocations in pure metals and single phase alloys it is now possible to determine directly how dislocations interact with precipitate particles. Predictions have been made by OROWAN (*24*) and FISHER HART and PRY (*25*). They have suggested that when a dislocation meets a hard precipitate particle the dislocation should loop around it. THOMAS and NUTTING (*26*) and KODA and TAKEYAMA (*27*) have shown from the examination of oxide replicas that

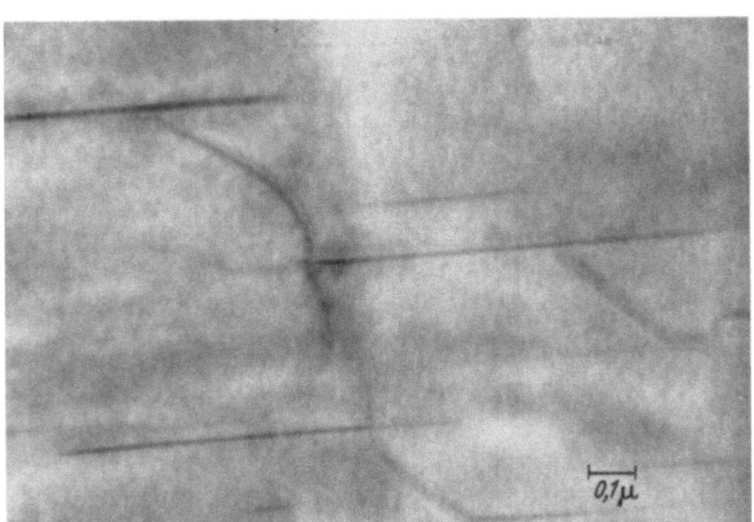

Fig. 5. Dislocations interacting with precipitates of Θ' phase
in Al-4% Cu alloy. Thin film

dislocations appear to pass through the precipitates, particularly if the interface is coherent of
partially coherent. More recent work by NICHOLSON and THOMAS (*28*) on the examination or

dislocation-precipitate interaction in thin foils has fully confirmed these views. An example of the results they have obtained is shown in Fig. 5 where dislocations can be seen passing through the precipitate particles.

It will be seen therefore that during the past few years considerable progress has been made in the study of phase transformations. There are still wide gaps in our knowledge, particularly about the initiation of phase changes and the morphology of shear transformations, but with the experimental techniques now at our disposal many of these gaps can be filled.

References

1. Mehl, R. F., and W. C. Hagel: Prog. Met. Phys. 6 (1956).
2. Darken, L. S., R. M. Fisher and J. M. Calligan: Symposium on "The Relation of Structure to High Temperature Properties." 2nd World Metallurgical Congress, Chicago 1957.
3. Habraken, L.: Rev. Metallurgie 53, 930 (1956).
4. Fourth Progress Report Sub-Committee XI, A.S.T.M. 54, 568 (1954).
5. Siriwardene, P. P. L. G.: Ph. D. Thesis, Dept. of Metallurgy, Cambridge Univ.
6. Irvine, K. J., and F. B. Pickering: J. Iron Steel Inst. 187, 292 (1957), 188, 101 (1958).
7. Nishiyama, Z., and K. Shimizu: M. Inst. Scient. Ind. Res. Osaka Univ. 15, 105 (1958).
8. Seal, A. K., and R. W. K. Honeycombe: J. Iron Steel Inst. 188, 343 (1958).
9. Smith, E., and J. Nutting: J. Iron Steel Inst. 187, 314 (1957).
10. Koch, W., A. Krisch and A. Schrader: Arch. Eisenhüttenwesen 28, 445 (1957).
11. Arrowsmith, J. M.: Dept. of Metallurgy, Cambridge Univ. Private Communication.
12. Baker, R. G., and J. Nutting: Proceedings of Conference on Precipitation in Steels. To be published by J. Iron Steel Institute.
13. Booker, G. R., P. J. Norbury and A. L. Sutton: Brit. J. appl. Physics 8, 155 (1957).
14. Heidenreich, R. D.: J. appl. Physics 20, 993 (1949).
15. Castaing, R.: Rev. Univ. Mines 12, 454 (1956).
16. Nicholson, R. B., and J. Nutting: Philosophic. Mag. 3, 531 (1958).
17. — Bull. Inst. Metals 4, 105 (1958).
18. — Dept. of Metallurgy, Cambridge Univ. Private Communication.
19. Amelinckx, S.: Dislocations and mechanicals properties of crystals. New York: J. Wiley and Sons Inc. 1957, p. 116.
20. Mitchell, J. W.: Dislocations and mechanical properties of crystals. New York: J. Wiley and Sons Inc. 1957. p. 69.
21. Thomas, G., and J. Nutting: Symposium on the mechanism of phase transformations in metals, Inst of Metals, London 1956, p. 57."
22. Wilsdorf, H., and D. Kuhlmann-Wilsdorf: Report on Conference on Defects in Crystalline Solids, Physical Soc. London 1955, p. 175.
23. Hirsch, P. B., R. W. Horne and M. J. Whelan: Philosophic. Mag. 1, 677 (1956).
24. Orowan, E.: Symposium in internal stresses in metals and alloys. Inst. of Metals, London 1948, p. 451.
25. Fisher, J. C., E. W. Hart and R. M. Pry: Acta metall. 1, 336 (1953).
26. Thomas, G., and J. Nutting: J. Inst. Metals 86, 277 (1957).
27. Koda, S., and T. Takeyama: J. Inst. Metals 86, 277 (1957).
28. Nicholson, R. B., and G. Thomas: Dept. of Metallurgy, Cambridge, Univ. Private Communication.

Precipitation of carbides in unalloyed and low alloy steels

R. M. Fisher

Edgar C. Bain Laboratory for Fundamental Research United States Steel Corporation
Monroeville, Pennsylvania (USA)

Studies of the precipitation of carbides in steel have been an important application of electron microscopy for a number of years. Such studies continue to hold great interest because improvements in specimen techniques and in the performance of the microscope itself make it possible to obtain even more detailed information on carbide formation. This paper summarizes the result of our electron metallographic studies of the precipitation of iron carbides during isothermal transformation of austenite to pearlite and bainite, during tempering of martensite following quenching, and during aging of ferrits supersaturated with carbon.

The brief interpretations given here of the microstructural relationships between the metallic and carbide phases are based on observations made of a number of specimens over a period of years. The micrographs are chosen to show as much information as possible in a single figure. Experimental data from other techniques, such as X-ray analysis, mechanical testing, internal friction and chemical analysis, are not included, although such information is essential for full understanding of the factors affecting and the effects of these phase transformation and precipitation phenomena.

The precipitation reactions examined involve only the iron carbides epsilon ($Fe_{2.4}C$) and cementite (Fe_3C); the mechanism is essentially the same in low alloy steels as in pure iron-carbon

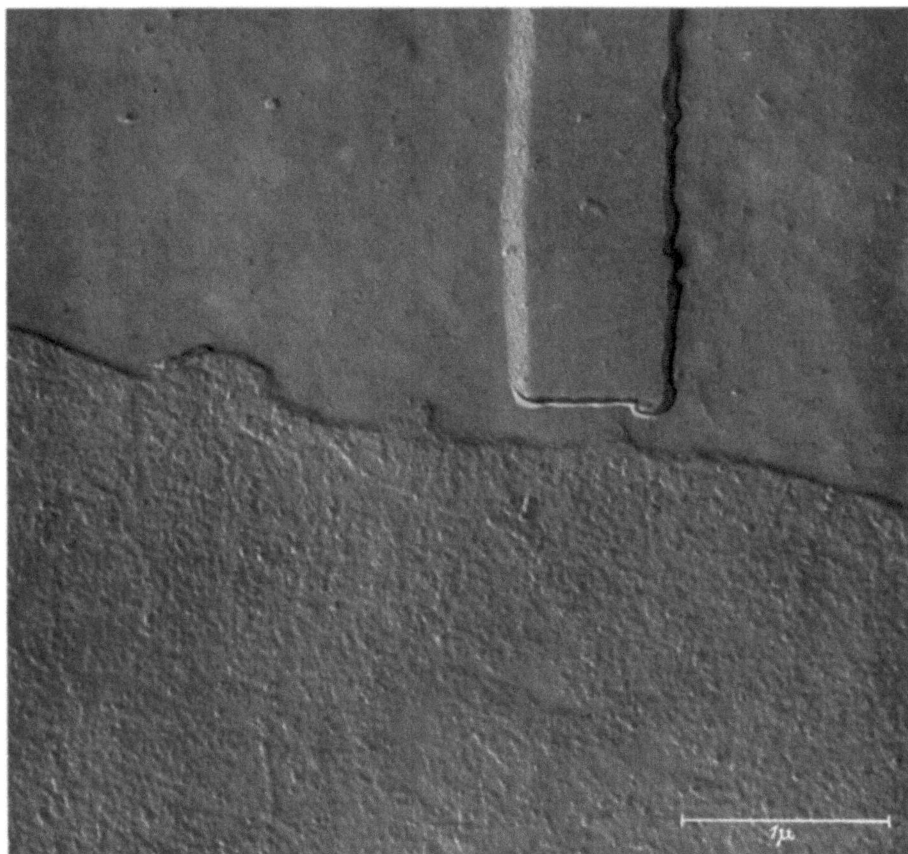

Fig. 1. Uranium-shadowed replica of 1087 steel partially transformed to pearlite at 713 °C

alloys. This report includes work on AISI 1013, 1087 and 4140 steels, a vacuum melted iron-carbon alloy (0.80% C) and a purified and carburized iron (.015% C).

Surface relief and extraction replica techniques (1) were used and electron diffraction patterns of selected areas taken to identify the crystal structure and orientation of individual carbide particles. The segregation of alloying elements in the sub-micron carbides was detected by means of electron probe microanalysis, utilizing the extraction replica technique.

Isothermal transformation

In investigating the growth of carbides during isothermal transformation, it is desirable to interrupt transformation by quenching so that only 15—25% of the sample is pearlite or bainite, and the remainder, martensite. In this condition, the microstructure is much easier to interpret.

Pearlite. Fig. 1 shows a uranium-shadowed carbon replica of the pearlitemartensite interface in a sample of 1087 steel that was partially transformed to very coarse pearlite at 713 °C, and then quenched. It is apparent from this micrograph that the carbide does not make contact with the interface, but rather lags slightly behind. This gap has been observed and measured in a number of alloys including pure iron-carbon and iron-cobalt-carbon alloys, and found to be approximately 1/10 the true pearlite interlamellar spacing. It is most easily observed in relatively coarse pearlite, and in order to avoid the formation of very fine pearlite along the interface, it is necessary to use relatively thin (.25 mm) specimens to achieve a very high rate of cooling.

Fig. 2 shows an extraction replica of partially transformed pearlite formed in 4140 steel at 704 °C. The thin cementite lamellae intersected the polished surface of the original specimen at a rather low angle so that they tend to lie flat on the replica. The martensite area at the bottom

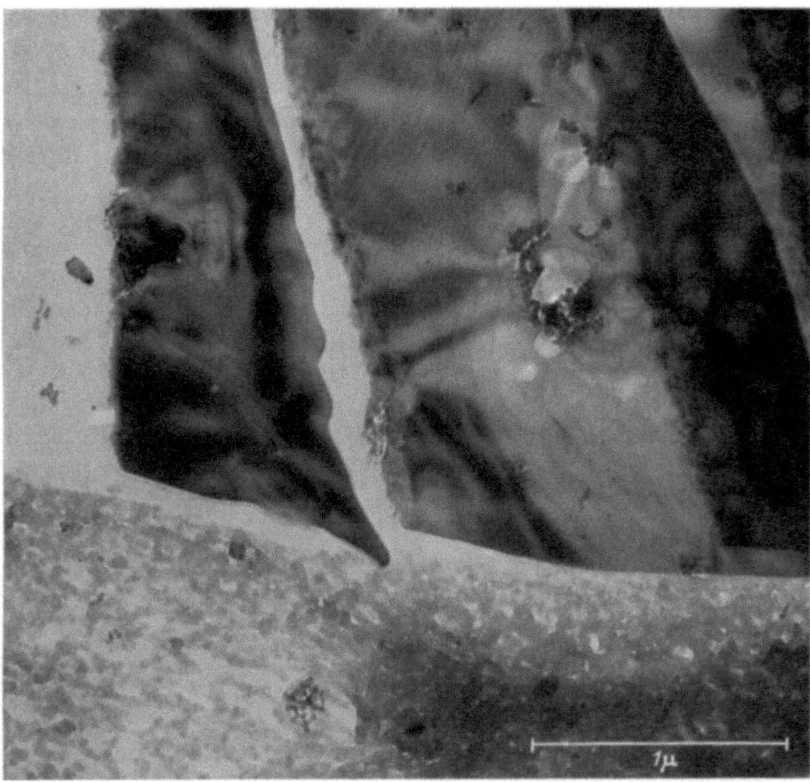

Fig. 2. Extraction replica of 4140 steel partially transformed to pearlite at 704 °C

appears somewhat darker (in the micrograph) than the ferrite because the carbon in solid solution of the martensite forms an amorphous stain on the replica. This effect will be mentioned in a following section. Numerous electron interference effects including moiré patterns can be seen where these thin crystals overlap. The electron diffraction pattern for the cementite in Fig. 2 showed that the thin direction through the lamellae is along the c axis of the orthorhombic unit cell of cementite, and the direction of growth is along the b axis, thus the growing front of the particle an (010) plane.

These observations suggest a rather simple model for the growth of pearlite, shown schematically in Fig. 3. The lack of 3-phase contact between ferrite, cementite, and austenite is consistent with the postulate (2) that pearlite growth is a steady state process during which local equilibrium prevails; the substantially straight front of the lamellae indicates the absence of pronounces surface tension effects. Thus, equilibrium concentrations of carbon exist at the boundaries, and carbon diffusion is through the ferrite. Calculations based on this model give a good check for the observed rates of growth of pearlite over a range of temperatures.

Bainite. Fig. 4 shows an uranium-shadowed collodion replica of bainite formed in 1087 steel by partial transformation at 455 °C. The carbide particles are surrounded by an evelope of ferrite, and in general, they are strung along the long axis of the bainite plate. An extraction replica of this same specimen is shown in Fig. 5, and the carbide particles appear to be relatively long, narrow ribbons. The electron diffraction pattern from this area shows that the carbides are cementite, and are oriented so that the b axis of the orthorhombic unit cell runs along the length of the ribbon, and the a axis through the thin dimension of the particles.

Uranium-shadowed collodion replicas and also extraction replicas of the carbides in bainite formed in 1087 steel at 315 °C show that the particles have essentially the same ribbon-like shape as those formed at 455 °C, but tend to be oriented across bainite needles rather than along their length. The electron diffraction patterns of these particles show them to be cementite with the same orientation relationship between their shape and the unit cell as in those in 455 °C bainite.

These observations suggest that cementite precipitation occurs by the same mechanism over the whole bainite range although the relationship may be different between the dimensions of the carbide particles and the dimensions of bainite plates. That is for steels where a distinction between upper and lower bainite exists, such as the 1087 steel discussed here, it is a result of changes with temperature of the relative rates of

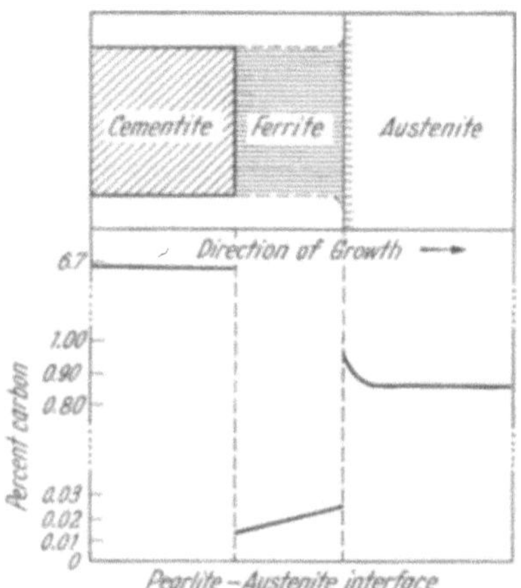

Fig. 3. Diffussion for the growth of pearlite based on the electron microscopic evidence

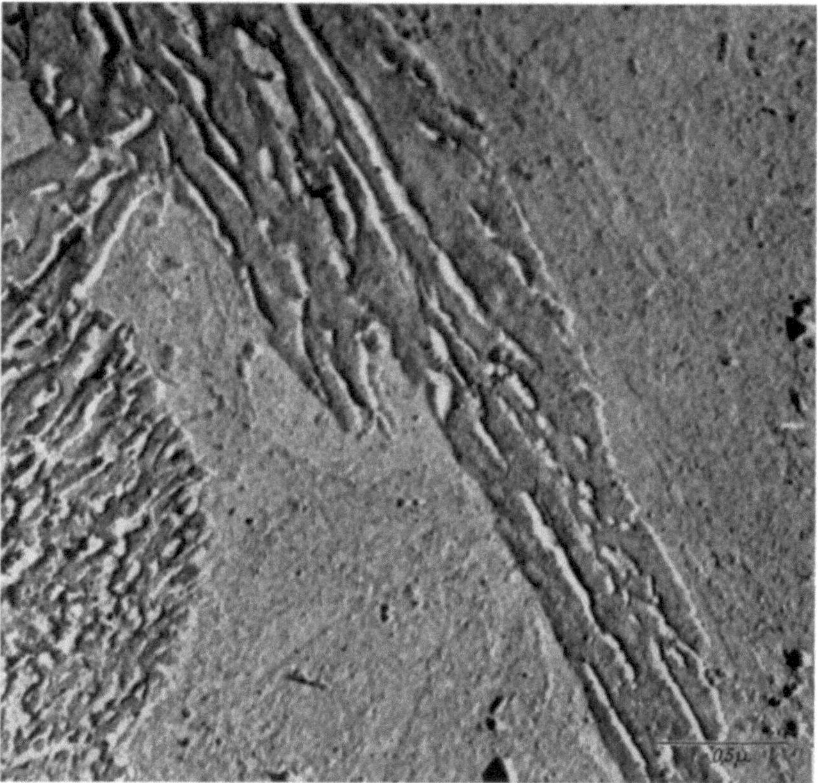

Fig. 4. Uranium-shadowed replica of 1087 steel partially transformed to bainite at 455° C

growth of plates along different directions in the austenite crystal. This effect is quite probable as bainite formation is due to a combination of shear type and diffusion controlled mechanisms and these will certainly vary with temperature in quite different manners. Thus, in the upper bainite range, bainite plates grow most rapidly into austenite along one crystallographic direction, whereas at low temperatures, the relative velocity of growth directions may be reversed. At intermediate temperatures, the two velocities would be equal so that no definite plate directions would exist and actually none are seen in the optical microscope (3).

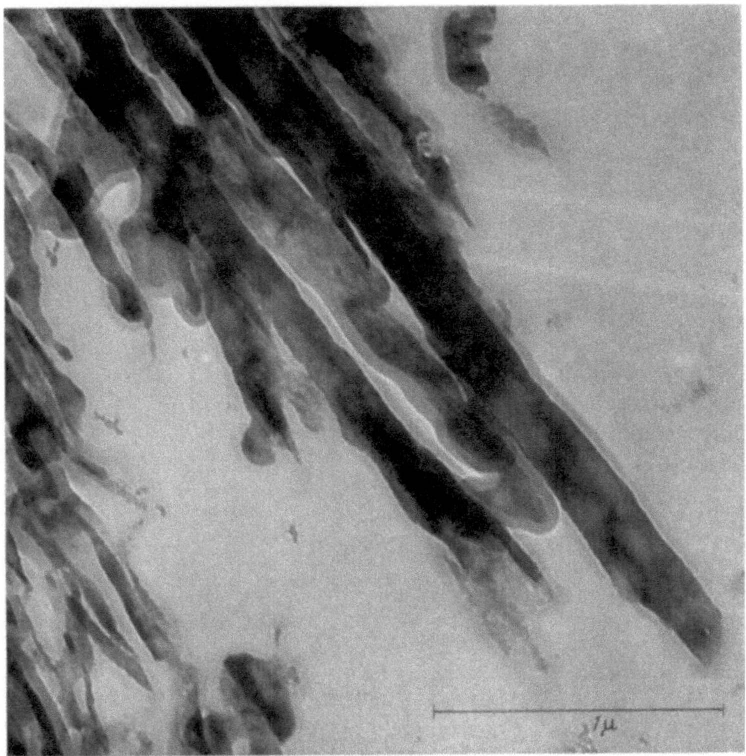

Fig. 5. Extraction replica of 1087 steel partially transformed to bainite at 455° C

Tempering of martensite

An extraction replica of a specimen of 1087 steel tempered for 10 min. at 200 °C following quench shows dark mottled bands which are martensite plates and clear areas of retained austenite. The dark material does not give a crystalline diffraction pattern, but rather just a few broad rings. This amorphous stain is encountered frequently when examining carbon steels, and it seems to be formed from the carbon in solid solution which is released by etching. However, this stain only forms after some tempering has occurred and so it might be an indication of pre-precipitation clustering of carbon. Very little of it forms from the retained austenite that has not decomposed although the carbon content is the same as in the martensite.

After a tempering a specimen for 30 min. at 200 °C, definite electron diffraction evidence was obtained for hexagonal epsilon carbide (4) and after 2 hours cementite could be detected. Fig. 6 shows a specimen tempered for 8 hours at 200 °C. The very tiny particles in the lower right half of the figure gave a good pattern for epsilon carbide, and the larger dark particles in the central band gave a pattern for cementite. The epsilon carbide particles are only 50 Å in diameter, about 300 Å long, and exhibit a Widmanstätten arrangement. Bands such as this one continue to widen as new cementite particles nucleate along their edges and grow to displace the less stable epsilon carbide.

Further tempering results in the complete disappearance of epsilon carbide and the cementite particles grow into ribbons. Their length to width ratio is not as great as that of the carbide

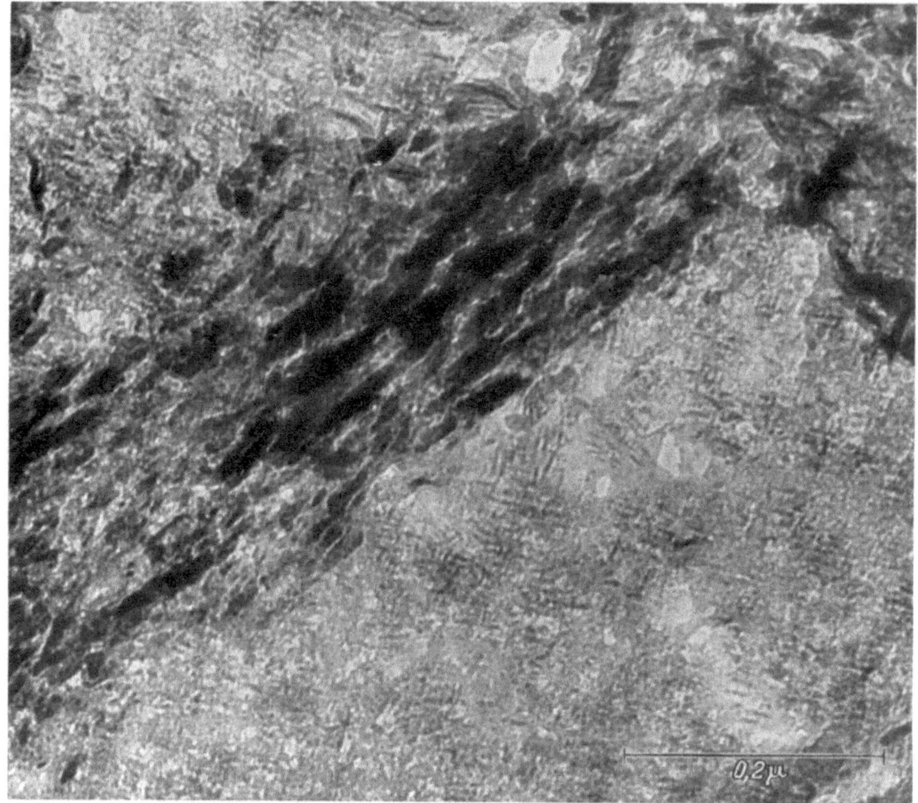

Fig. 6. Extraction replica of quenched 1087 steel tempered 8 hr at 200° C

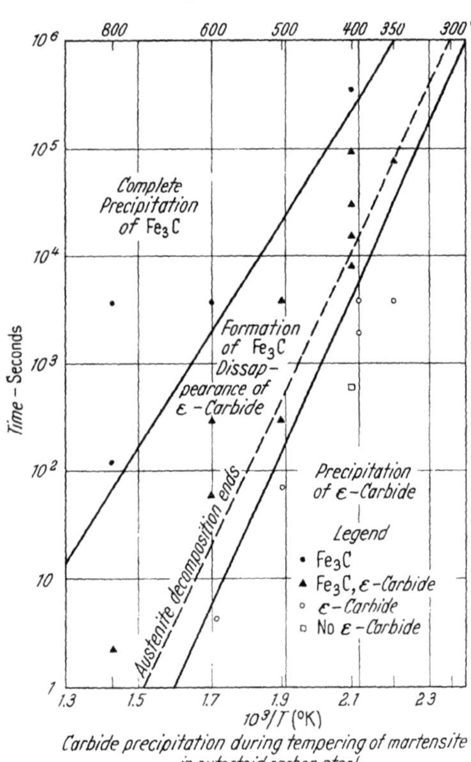

Fig. 7. Summary of identification of carbide
precipitated during tempering of 1087 steel

particles in bainite and they are somewhat thicker.
The length to width ratio increases with further
tempering and the carbides do not approach a
spherical shape until after tempering for several
hundred hours at this temperature.

Fig. 7 summarizes the results of observations
made on specimens tempered at various temperatures and gives the time-temperature equi-
valence for the precipitation of epsilon carbide

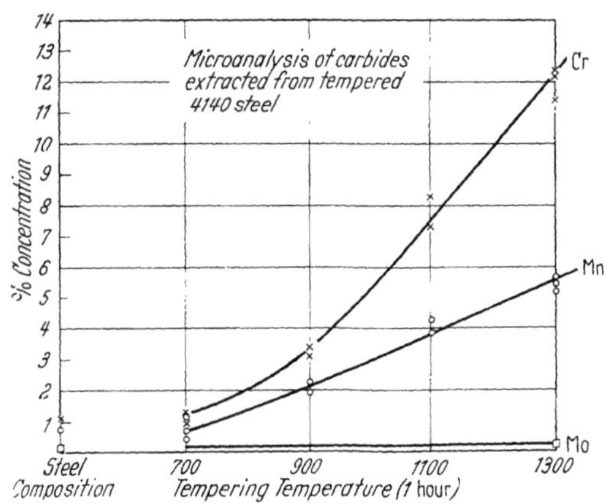

Fig. 8. Electron probe microanalysis of carbides
removed on extraction replicas of tempered 4140 steel

and cementite in this steel. The microstructures of the equivalent stages of tempering appear very similar although those formed at higher temperatures are somewhat more coarse.

The segregation of alloying elements in cementite during isothermal transformation and during tempering has been studied in a 4140 steel by electron probe microanalysis. The carbide particles are much smaller than the $2\ \mu$ resolution of an electron probe, but it was found possible to mount extraction replicas on platinum foil and examine them in an electron probe microanalyzer. Platinum foil was found convenient for this purpose as it is free of any of the alloying elements

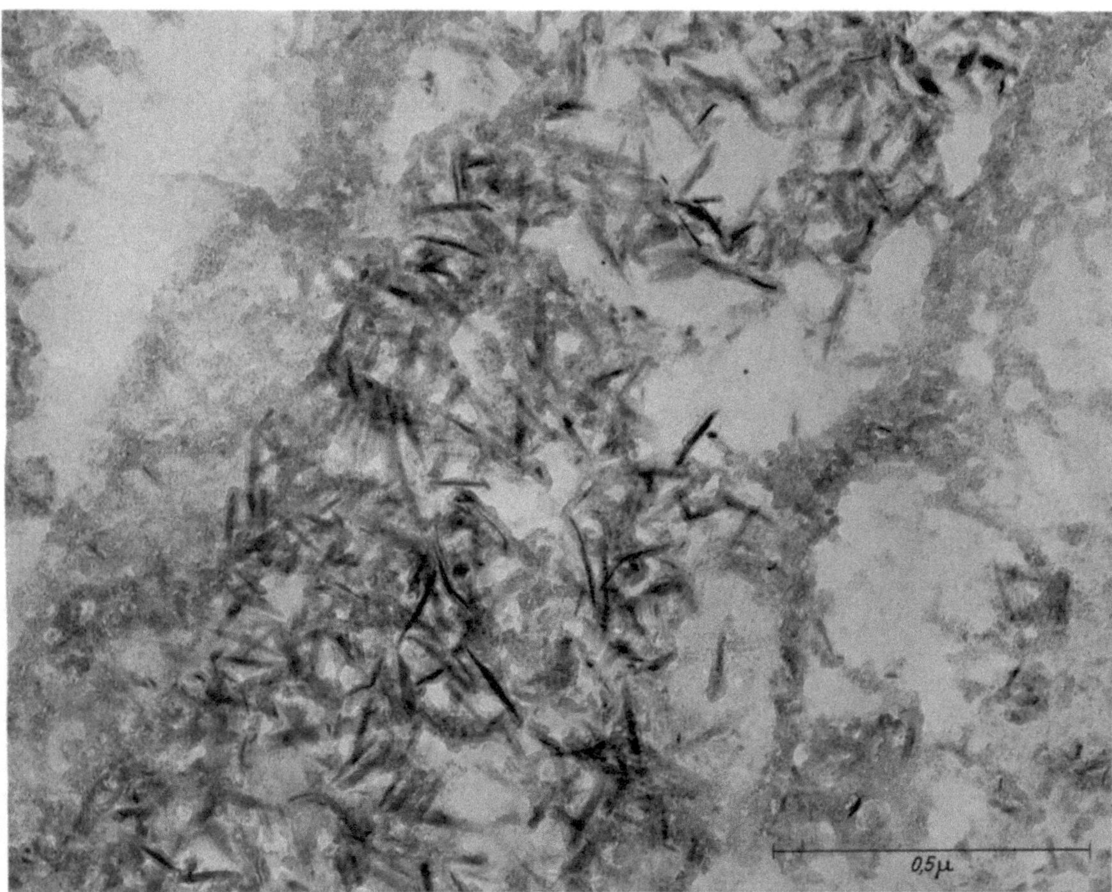

Fig. 9. Extraction replica of cementite particles precipitated during quench of 1013 steel

that might be encountered, and the surface of the foil as received is smooth and bright. The replicas as mounted, appear under the optical microscope very much like the original ploshed and etched specimen.

Fig. 8 summarize the measurements of alloy segregation in cementite during tempering. Similar measurements of the alloy content of cementite particles in pearlite colonies showed it to be lower near the growing edge of a colony, and lower in small new colonies than in the larger older colonies. These results indicate that carbides formed during isothermal transformation of austenite contain the same alloy concentration as the steel, and that alloy segregation occurs after the carbides are formed.

The process of tempering is somewhat different in low carbon steels $(5, 6)$ containing less than about .25% C. Fig. 9 shows an extraction replica of a specimen of 1013 steel as quenched. Under the optical microscope, some martensite plates are observed to etch dark, and as shown in the figure, these plates contain small carbide straws which were identified as cementite by electron diffraction. This precipitation is more pronounced in thicker sections because of a slower cooling rate and cannot be avoided completely even in specimens only .75 mm thick.

In this steel, martensite starts to form from austenite at the relatively high temperature of 482 °C, so that the martensite plates which form first are exposed to a brief tempering during cooling. It is possible to duplicate this structure in a very thin specimen by tempering for several seconds at 344 °C following a rapid quench.

Quench aging of ferrite

The process of precipitation of carbides from supersaturated ferrite has been followed (7) in pure iron carburized to .014% carbon. The material was solution treated at 740 °C and quenched and aged at temperatures from 150—325 °C for various times. The precipitation process is time and temperature dependent, and 30 seconds at 325 °C was found to be equivalent to 8 days at 150 °C.

Fig. 10 shows the size and shape of the particles formed by aging 10 min. at 260° C. This dendritic shape is observed over the full range of temperatures studied although

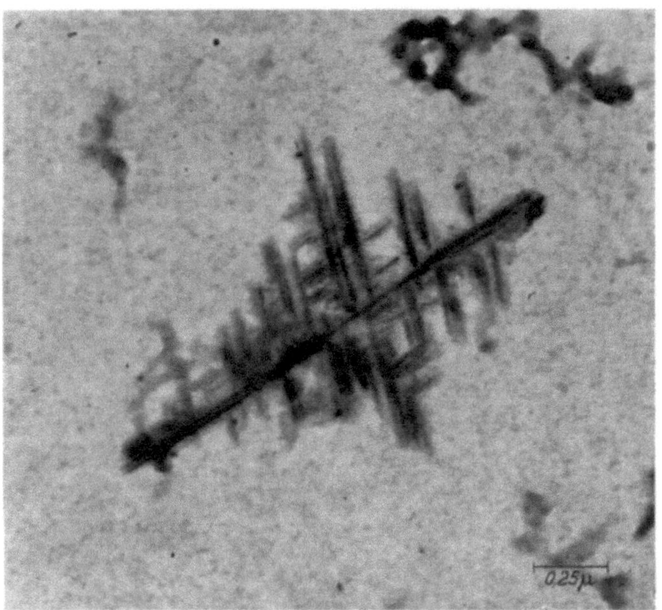

Fig. 10. Extraction replica of cementite precipitated in .013% C ferrite aged 10 min at 260° C

the branches of the dendrites are much coarser at higher temperatures and finer at lower temperatures. All the precipitate particles found in the specimens were identified as cementite by electron diffraction.

Occasionally, structures were observed that might be interpreted as decorated dislocations. The contrast of the "carbon atmosphere" when first observed during aging is very low as might be expected by the nature of the material but after longer aging times or higher aging temperatures, occasional strings of dendritic crystals were found, such as in Fig. 11.

If the samples of material were quenched directly into a lead pot at the aging temperature oblong plates were formed in the samples along with the dendritic form. Both carbide forms are cementite but with different relations between the dimensions of the particle and the axes of the unit crystal.

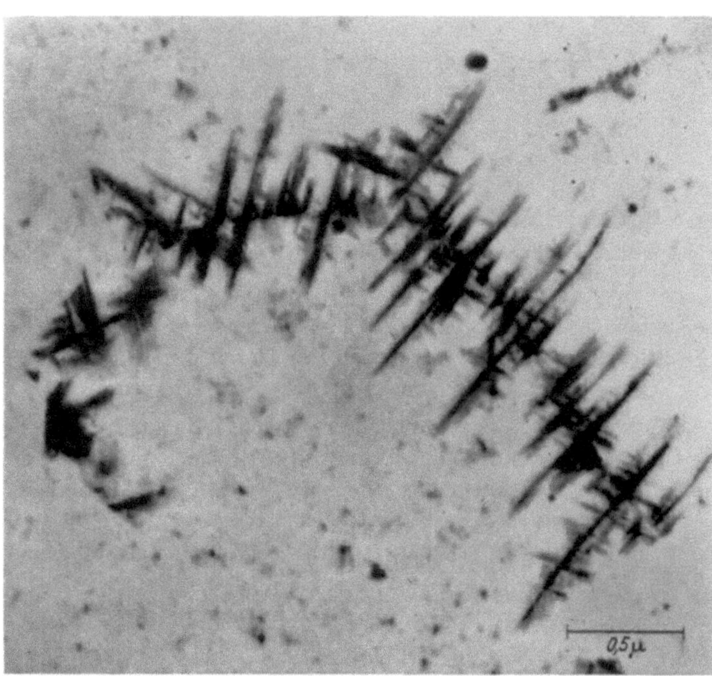

Fig. 11. Extraction replica of cementite precipitated in .013% C ferrite aged 3 min at 260° C

The electron diffraction pattern from a dendritic particle is shown in Fig. 12. Analysis of this pattern showed that the thin direction through the particle is along the a axis of the unit cell, whereas for the plate-like particle, the thin direction is along the c axis, as for cementite formed during the growth of pearlite. The pattern of Fig. 12 is actually two electron diffraction patterns superimposed at an angle of 70 degrees. This is due to the fact that all the branches of the dendrite are oriented in just two directions at an angle of 70 degrees, and so the particle diffracts as if it were two crystals. This angular relationship was found to be quite consistent for the dendrite particles throughout the precipitation process and occurs because the particles precipitate on (110) planes in ferrite and grow out along two $\langle 111 \rangle$ directions which subtend an angle of 70.5.

Conclusions

As mentioned at the beginning of this paper, electron metallography alone is not sufficient for complete understanding of these various precipitation reactions, and so a detailed interpretation of the observations will not be attempted here. Not only must the experimental findings of other techniques be considered, but viewpoints other than metallographic as well. In particular, the importance of internal stresses resulting from phase transformations and the thermodynamic relations between the various phases must not be overlooked. However, these observations on the size, shape and distribution of the carbide precipitates along with the data on their crystal type and orientation help to settle questions that cannot be resolved easily by other techniques, and microstructural studies such as those reported here suggest models to test against all the known data for these reactions.

The principal features of all of the known carbide precipitation reactions in plain carbon steels have been examined by electron microscopy and may be summarized as follows:

1. Pearlite grows with the cementite lamellae lagging very slightly behind the austenite-ferrite interface. The gap is approximately $^1/_{10}$ the pearlite spacing. The particles are oriented so that growth occurs along the b axis of the orthorhombic unit cell with the c axis through the thickness of the lamellae. No partition of alloying elements occurs during precipitation but this does proceed very rapidly following carbide formation.

2. The cementite particles formed during bainite formation are long ribbons with the b axis of the unit cell parallel to their length and with the a axis through their thickness. No partition of alloying elements between carbide and matrix occurs during bainite formation.

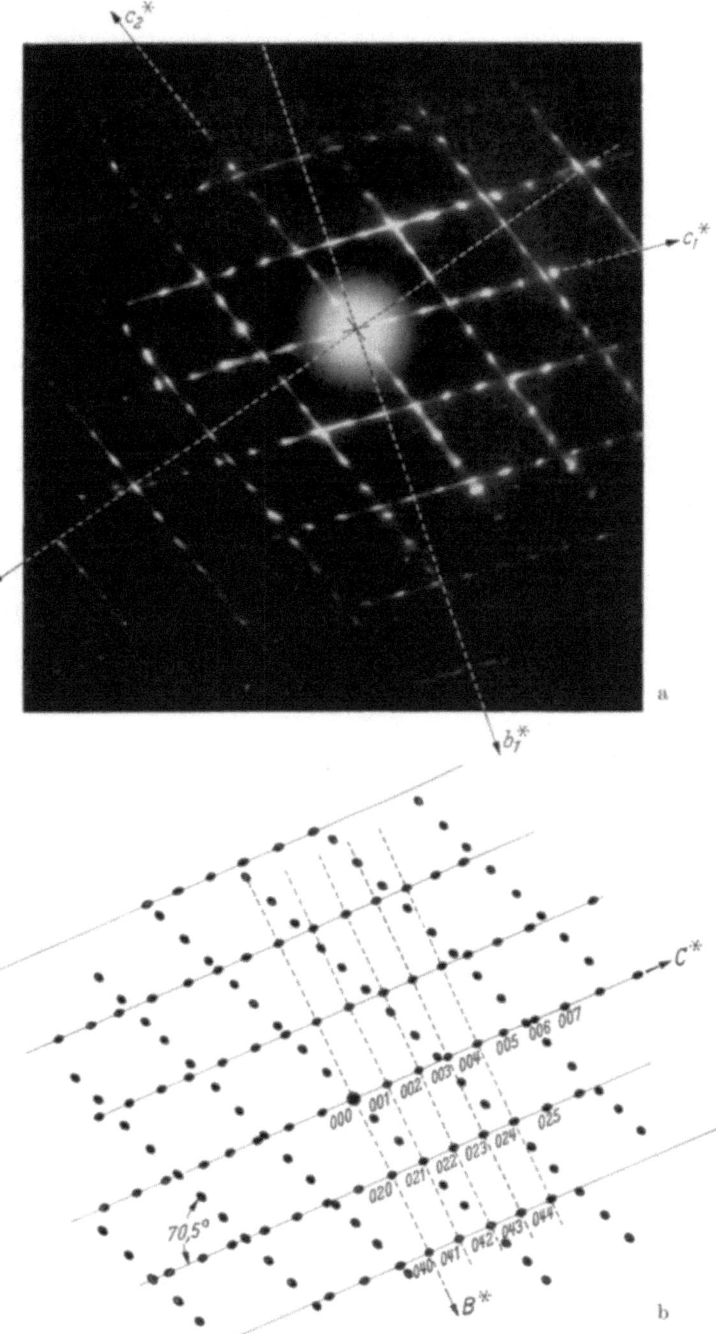

Fig. 12a and b. Electron diffraction pattern of dendritic cementite particle

3. Tempering of martensite in eutectoid carbon steels is a two-stage process and the rate of the reactions is time and temperature dependent. In a 1087 steel, epsilon carbide formation is complete after one hour at 200° C and several seconds at 315° C. Epsilon carbide is replaced by the nucleation and growth of cementite and this process is complete after 2 min at 427° C or 24 hr at 200° C.

4. In a low carbon steel (1013) no epsilon carbide is formed and some precipitation of tiny strawlike particles of cementite can occur during the quench when the cooling is extremely rapid. This effect is due to the relatively high Ms temperature for low carbon steels.

5. During aging of supersaturated ferrite over the temperature range 150° C to 450° C cementite is the only carbide precipitated. The particles are dendritic in form with two principal directions for the branches. If samples are quenched directly to the aging temperature, plate-like particles are formed in addition to the dendrites. When quenched and aged above 427° C the plates predominate; below 315° C the dendrites predominate. The relationship between the shape of the plates and the crystallographic directions of the cementite structure is the same as for the carbides in pearlite, while for the dendrite it is same as for those in bainite.

References

1. FISHER, R. M.: J. appl. Physics **24,** 113 (1953).
2. DARKEN, L. S., and R. M. FISHER: To be published.
3. ASTM Subcommittee XI, Proc. Amer. Soc. Testing Materials **50,** 44 (1950); **52,** 543 (1952).
4. JACK, H. H.: J. Iron and Steel Inst. **169,** 26 (1951).
5. ABORN, R. H.: Trans. Amer. Soc. Metals **48,** 51 (1956).
6. ROBERTS, C. S., B. L. AUERBACH and M. COHEN: Trans. Amer. Soc. Metals **45,** 376 (1953).
7. LESLIE, W. C., R. M. FISHER and N. SEN: To be published.

Étude d'alliages titane- aluminium par micrographie et microdiffraction électroniques sur coupes minces

A. SAULNIER et M. CROUTZEILLES

Péchiney Service des Recherches et Essais Physiques de Chambéry (France)

Le titane présente une transformation allotropique à 882° C, température à laquelle il passe de la structure hexagonale compacte (phase α), à la structure cubique centrée (phase β).

Les éléments d'addition élèvent ou abaissent la température de transformation et permettent ainsi de favoriser l'une ou l'autre phase et de réaliser des alliages α, des alliages β ou des alliages α—β. Les alliages α doivent à leur structure hexagonale des caractéristiques mécaniques élevées et stables à haute température. Les alliages β sont plastiques, par suite du nombre élevé des systèmes de glissement de la structure cubique et, étant normalement instables à l'ambiante, susceptibles de traitement thermique. Les alliages α—β combinent en proportion variable selon le pourcentage de deux phases présentes, les propriétés de résistance et de plasticité.

De nombreux éléments d'addition abaissent la température de transformation allotropique et favorisent la phase β. Pour élever la température de transformation et favoriser α, on pourrait faire appel à l'oxygène ou à l'azote qui entrent en solution dans α à l'état d'insertion mais ces alliages seraient difficilement contrôlables. On utilise de préférence l'aluminium qui est l'un des rares éléments de substitution dont la solubilité dans la phase α est élevée.

En définitive l'aluminium est un élément d'addition très fréquemment utilisé dans les alliages de titane binaires, ternaires ou complexes, soit pour réaliser des structures hexagonales (type α) résistantes et stables aux températures élevées, soit pour renforcer la phase α dans le mélange α—β. On conçoit ainsi le très grand intérêt qui s'attache à la connaissance de l'alliage binaire Ti-Al, base de la plupart des alliages industriels.

Les alliages binaires Ti-Al: Les premiers chercheurs (*1* à *3*) qui s'intéressèrent à ces alliages mirent en évidence les deux caractéristiques fondamentales qui correspondent à une même propriété stabilisatrice de l'aluminium vis à vis de la phase α:

1. l'aluminium élève la température de transformation $\alpha \rightleftarrows \beta$,

2. l'aluminium est largement soluble dans la phase α (26% en poids).

Le diagramme d'équilibre (*4*) basé sur ces travaux (à quelques discordances près) est représenté sur la Fig. 1.

Ajoutons encore que l'addition d'aluminium diminue sensiblement les paramètres a et c de la solution solide et augmente légèrement le rapport c/a.

Cependant des études ultérieures devaient rapidement révéler un certain nombre d'anomalies dans le domaine de la solution solide α:

1. On s'aperçut que les alliages contenant plus de 7,5% d'aluminium en poids devenaient fragiles. CROSSLEY et CAREW (5) montrèrent qu'un alliage Ti-Al 8% trempé à 800° C est ductile (A % = 20) et que le même alliage trempé et revenu 24 h à 650° C devient pratiquement impossible à travailler (A % = 2), le maximum de fragilité étant atteint pour un traitement de revenu de 48 h à 550° C. La ductilité peut se restaurer par un traitement de 2 h à 800° C suivi de trempe.

Ces résultats font songer à une fragilisation par précipitation d'une seconde phase.

2. En même temps, de nouvelles études (6 à 9) mettaient en évidence des raies supplémentaires sur les diagrammes de rayons X. Il est assez difficile d'en faire concorder les résultats et de nombreux points demeurent à éclaircir. Cependant une évidence satisfaisante à

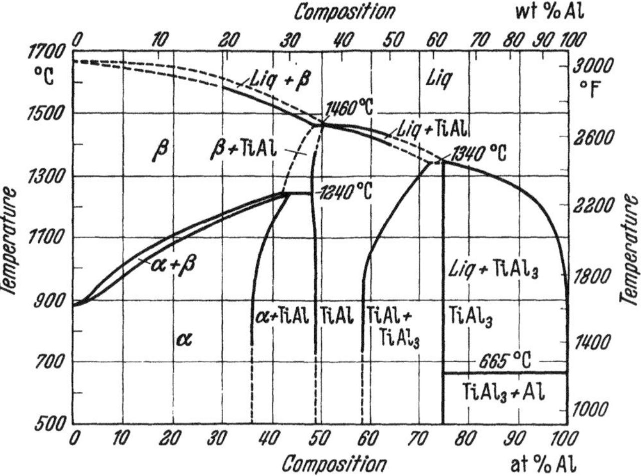

Fig. 1. Diagramme d'équilibre Ti-Al (McQUILLAN)

été obtenue pour l'existence d'une surstructure Ti₃Al, de type Mg₃Cd que ZWICKER et ses collaborateurs ont appelée phase α_2.

3. Enfin des anomalies ont été également relevées en micrographie optique et électronique. Nous avions signalé les «stries et veinules» qui apparaissent dans la phase α des alliages Ti-Al-Mn (10) et des alliages Ti-Al-V (11). SAGEL, SCHULZ et ZWICKER (7) ont observé les mêmes phénomènes dans un alliage binaire Titane-aluminium. Mais là également subsistent des difficultés d'interprétation, notamment en ce qui concerne la relation entre les images observées en micrographie optique et en micrographie électronique.

De ce bref résumé ressortent les lacunes et les contradictions de notre connaissance de la solution solide α des alliages Ti-Al, telle qu'elle apparaît dans le diagramme de la Fig. 1. Des informations complémentaires sont souhaitables. Nous nous sommes efforcés de les obtenir par une méthode qui n'avait pas encore été utilisée pour ces alliages, celle de l'examen direct dans le microscope électronique de coupes métalliques minces, associé à la diffraction des électrons. Nous nous

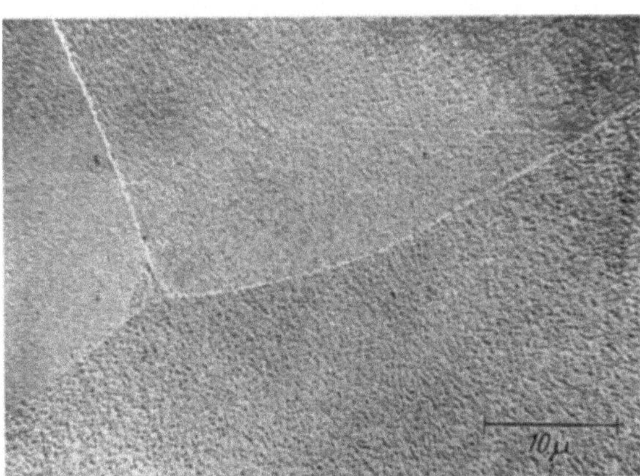

Fig. 2. Ti-Al 7%. 2 h à 900° C Trempé.
Micrographie électronique sur réplique de carbone

proposons d'exposer quelques-uns des premiers résultats des travaux que nous poursuivons.

Technique opératoire: Des alliages à 7—10 et 15% d'Al ont été élaborés par double fusion sous vide à partir de titane commercial et d'aluminium raffiné. L'impureté principale est le fer (0,2% environ). Les billettes coulées de ⌀ 90 mm ont été réchauffées pendant 30 mn entre 1200 et 1250° C, puis forgées par étirage suivant l'axe de coulée en 3 chaudes, au carré de 25 × 25 mm pour les alliages T-A 7 et T-A 10. L'alliage T-A 15 n'a pu être forgé qu'au carré de 50 × 50 mm, par suite de sa criquabilité.

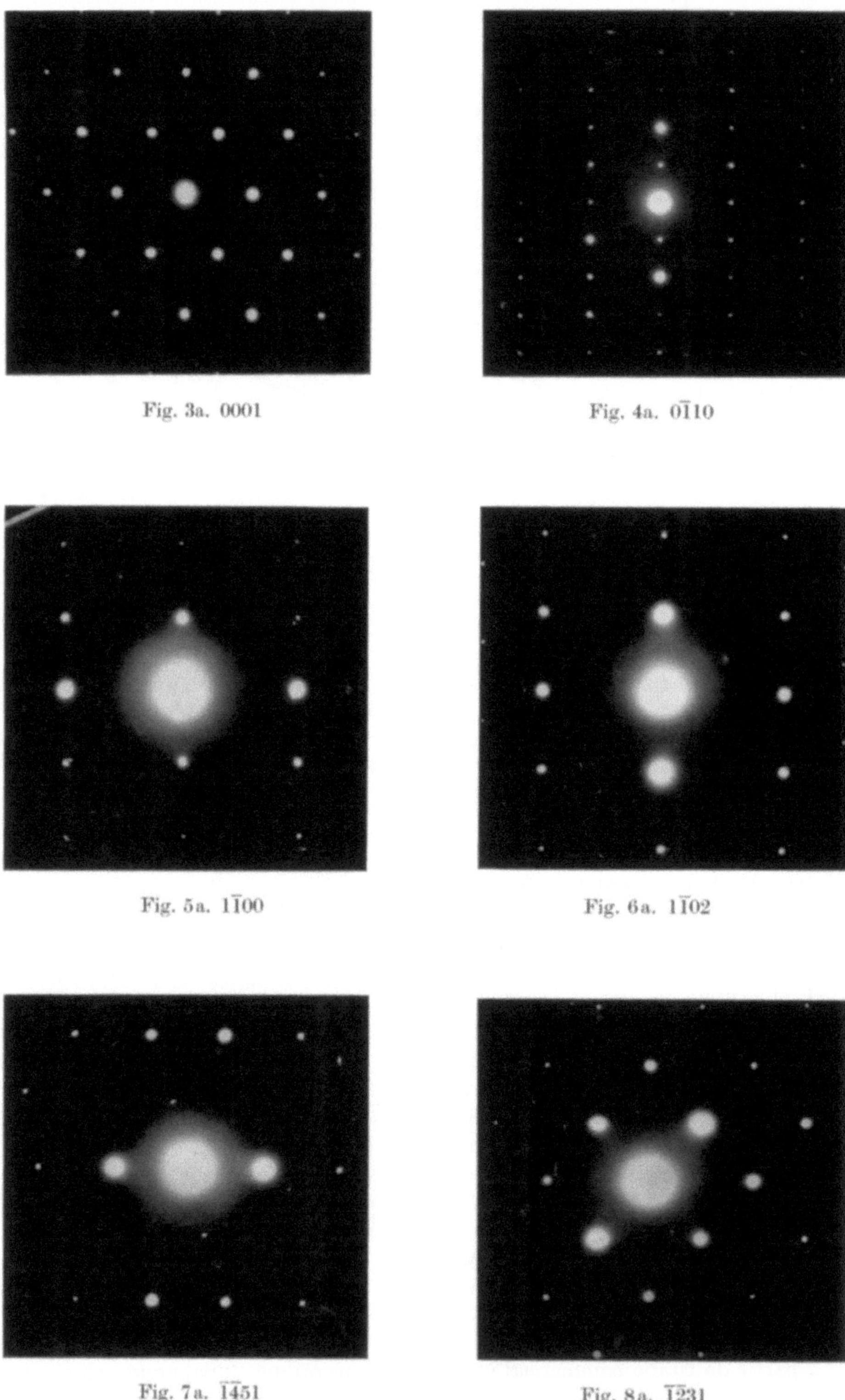

Fig. 3a. 0001

Fig. 4a. $0\bar{1}10$

Fig. 5a. $1\bar{1}00$

Fig. 6a. $1\bar{1}02$

Fig. 7a. $\bar{1}4\bar{5}1$

Fig. 8a. $\bar{1}2\bar{3}1$

Planche I

Fig. 3a—8a. Diagrammes témoins de la phase α (Ti-Al 7%)

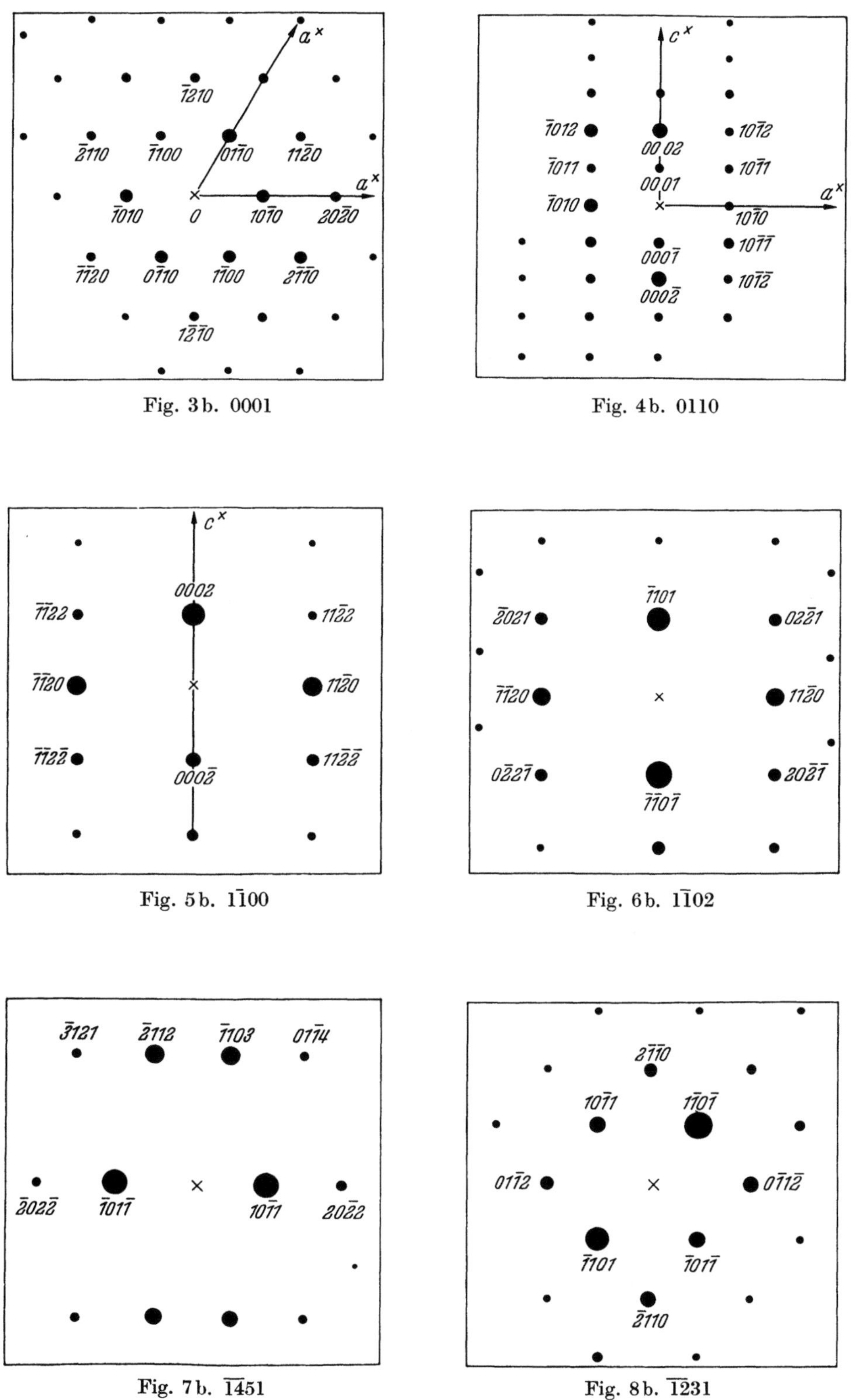

Planche I

Fig. 3b—8b. Diagrammes témoins de la phase α (Ti-Al 7%)

Des échantillons ont été prélevés dans les barres forgées et éventuellement traités thermiquement. Le polissage électrolytique est effectué à l'appareil Disa-électropol, en bain d'acide perchlorique (70%) 60 cm³, alcool méthylique 590 cm³, butoxyl-éthanol 350 cm³, sous 30 volts et pendant 50 s. Attaque dans l'acide fluorhydrique à 1%.

Les micrographies électroniques sont prises sur réplique de carbone.

D'autres séries déchantillons sont amincies par la technique rapide mise au point dans notre laboratoire (12) qui est décrite dans une autre communication présentée à ce Congrès, puis examinées directement dans le microscope électronique, en micrographie et microdiffraction.

Les micrographies de coupes minces et diagrammes de microdiffraction sont effectués sous la tension de 100 kV, en utilisant la projective n° 3 du microscope Elmiskop I et un diaphragme sélecteur de 50 μ. Le grossissement de l'image est de X 20000 direct sur l'écran. La relation de diffraction a été établie à l'aide de métaux purs. Elle s'écrit d Å $\times$ R mm = 24, d étant la distance interréticulaire d'un système de plans qui donnent naissance à une tache de diffraction et R la distance en mm de cette tache au centre du cliché. Par suite de la très faible longueur d'onde utilisée, la sensibilité de la méthode est insuffisante pour la mesure précise des paramètres qui ont été déterminés par des enregistrements au diffractomètre à rayons X.

Les conditions d'éclairement ont été choisies de manière à ce que l'échauffement de la préparation en cours d'observation soit très limité. Enfin le champ du sélecteur étant de l'ordre du micron, les diagrammes de diffraction sont des diagrammes de cristaux uniques.

Alliage Ti-Al 7%: Cet alliage forgé et traité 2 h à 900° C, puis trempé à l'eau, est recristallisé en grains polygonaux et paraît, en micrographie électronique prise sur réplique (Fig. 2), constitué par une phase unique.

Une série de diagrammes de diffraction électronique ont été effectués sur des plages (de 2,5 μ de diamètre) de coupes métalliques minces. Les plus typiques sont reproduits sur la Planche I (Fig. 3 à 8). On sait que le réseau réciproque d'un réseau hexagonal d'axes a et c est un réseau hexagonal d'axes $a^* = \dfrac{2}{a\sqrt{3}}$ et $c^* = \dfrac{1}{c}$. Les deux réseaux ne sont pas parallèles, on passe de l'un à l'autre par une rotation de 30° autour de l'axe sénaire. Il est alors possible d'indicer les diagrammes de la Planche I, en les considérant comme des coupes planes du réseau réciproque[1].

Cependant l'interprétation détaillée de ces diagrammes (et de ceux des planches suivantes) pose un certain nombre de problèmes; si les phénomènes généraux de la diffraction des électrons sont bien connus, principalement par leur analogie avec les diagrammes de rayons X, une étude approfondie qui tienne compte de leurs particularités demeure à effectuer. On remarquera par exemple sur la Fig. 4 la présence de taches interdites (0001, etc...). On constatera de même que si la Fig. 3 peut s'interpréter à l'aide des diffractions de rangées d'atomes inclinées à 60° dans un plan réel unique (comme on l'a fait dans le cas classique du mica), il n'en va plus ainsi pour la Fig. 4, sans que l'épaisseur de la préparation ait varié sensiblement. Même sur des préparations très minces, le mode d'empilement dans le sens de l'épaisseur intervient et la méthode d'interprétation basée sur les diffractions par des réseaux plans n'est pas une méthode générale.

Nous n'insisterons pas plus longuement sur ces diagrammes qui montrent que dans les alliages à moins de 7% d'aluminium on est en présence de la solution solide α. Les diagrammes de la planche I constituent une série de diagrammes types que l'on comparera par la suite à ceux des alliages plus chargés en aluminium.

Alliage Ti-Al 15% - (13): Cet alliage contient 25 At% d'aluminium. Nous l'avons réalisé comme étant celui dans lequel nous avions le maximum de chances de trouver la surstructure Ti_3Al. Nous l'avons étudié à l'état forgé et à l'état traité à 900° C—1000° C et 1100° C, ces différents traitements étant suivis de trempe à l'eau ou de refroidissement lent. Nous n'entrerons pas ici dans le détail des résultats, nous bornant à mettre en évidence l'existence et les caractéristiques de la surstructure.

---

[1] Les coupes sont indicées dans l'espace réciproque suivant un système de coordonnées à trois axes $\vec{a}$ * équivalents, à 60° l'un de l'autre dans le plan de base et un axe $\vec{c}$ * perpendiculaire.

Dans un tel système les plans (0$\bar{1}$10)·— Fig. 4 — et (1100) — Fig. 5 — ne sont pas équivalents.

Quelques-unes des micrographies électroniques effectuées sur coupes minces (X 60000), sont reproduites sur la Fig. 9 à 12. A l'état brut de forge (Fig. 9), les plages observées sont souvent divisées en petits domaines sous-cristallins de l'ordre de quelques dixièmes de microns. Après traitement à 900° suivi de trempe à l'eau, apparaissent généralement des «plaquettes» orientées par rapport à la matrice, dont les dimensions sont également de quelques dixièmes de microns et l'épaisseur de quelques dizaines d'Ångströms. La Fig. 10 représente ces plaquettes dans une orientation favorable à leur observation (Coupe 0001). Dans d'autres cas plus rares, la plage micrographique est séparée en «bandes» dont la largeur est de l'ordre du 1/10° de micron (Fig. 11).

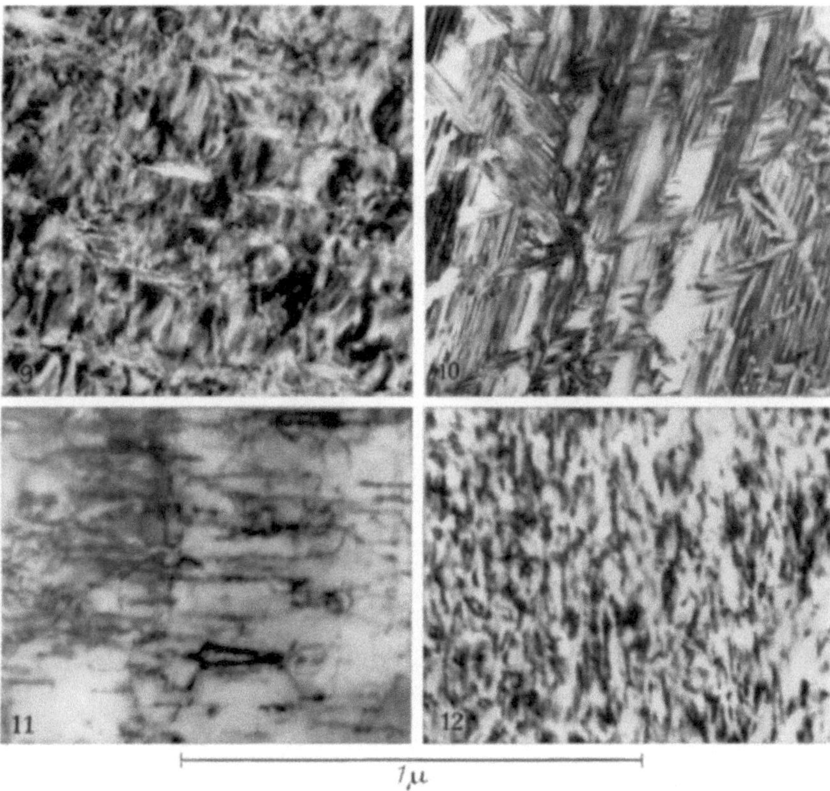

Fig. 9—12. Ti-Al 15%. Micrographies électroniques de coupes minees, Fig. 9. Brut de forge. Fig. 10. 900° C, trempé. Fig. 11. 900° C, trempé. Fig. 12. 1100 °C, trempé

Enfin, après traitement à 1100° C suivi de trempe à l'eau (Fig. 12) ou de refroidissement lent, les «plaquettes» sont très fines, très nombreuses et très serrées.

Les diagrammes de diffraction les plus caractéristiques ont été groupés dans la Planche II (Fig. 13 à 18).

La Fig. 13 représente le diagramme de diffraction de la micrographie de la Fig. 10. Il s'agit d'une coupe de l'espace réciproque parallèle au plan de base. Elle est constituée par un réseau hexagonal de points de paramètre moitié de celui de la solution solide α (comparer la Fig. 13 à la Fig. 3), auquel se superpose le réseau des droites qui forment les côtés des hexagones.

Nous verrons par la suite l'interprétation qu'il convient de donner au réseau réciproque de points. En ce qui concerne le réseau de droites, le problème est plus délicat, comme le sont en général les problèmes de diffusion. Nous dirons que les droites réciproques (droites de diffusion) ont pour origine un désordre planaire $\{10\bar{1}0\}$ dans l'espace réel. Dans le cas présent, ces plans $\{10\bar{1}0\}$ sont perpendiculaires au plan de la préparation (plan diffractant) et les «plaquettes» de la micrographie (Fig. 10) représent leur intersection avec le plan de figure. Il est donc probable que ces «plaquettes» représentent des domaines d'ordre de la solution solide, parallèles aux plans

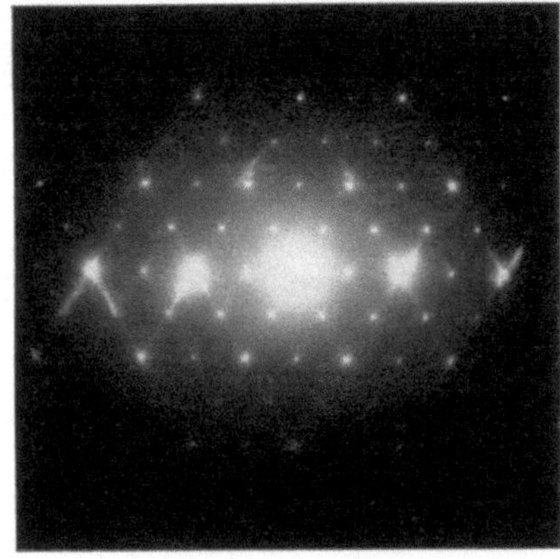

Fig. 13 a. 900° C, trempé 0001. Diagramme de la Fig. 10

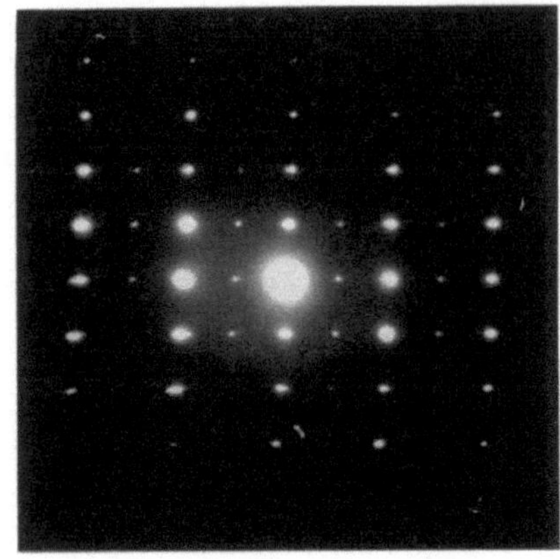

Fig. 14a. 900° C, trempé 01$\bar{1}$0

Fig. 15a. 900° C, trempé $\bar{0}\bar{1}$11

Fig. 16a. 1100° C. Refroidissement lent. 1$\bar{1}$02

Fig. 17a. Forgé. $\bar{1}\bar{3}$41

Fig. 18a. 900° C, trempé $\bar{1}\bar{3}$41. Diagramme de la Fig. 11

Planche II

Fig. 13a—18a. Ti-Al 15%. Diagrammes de diffraction

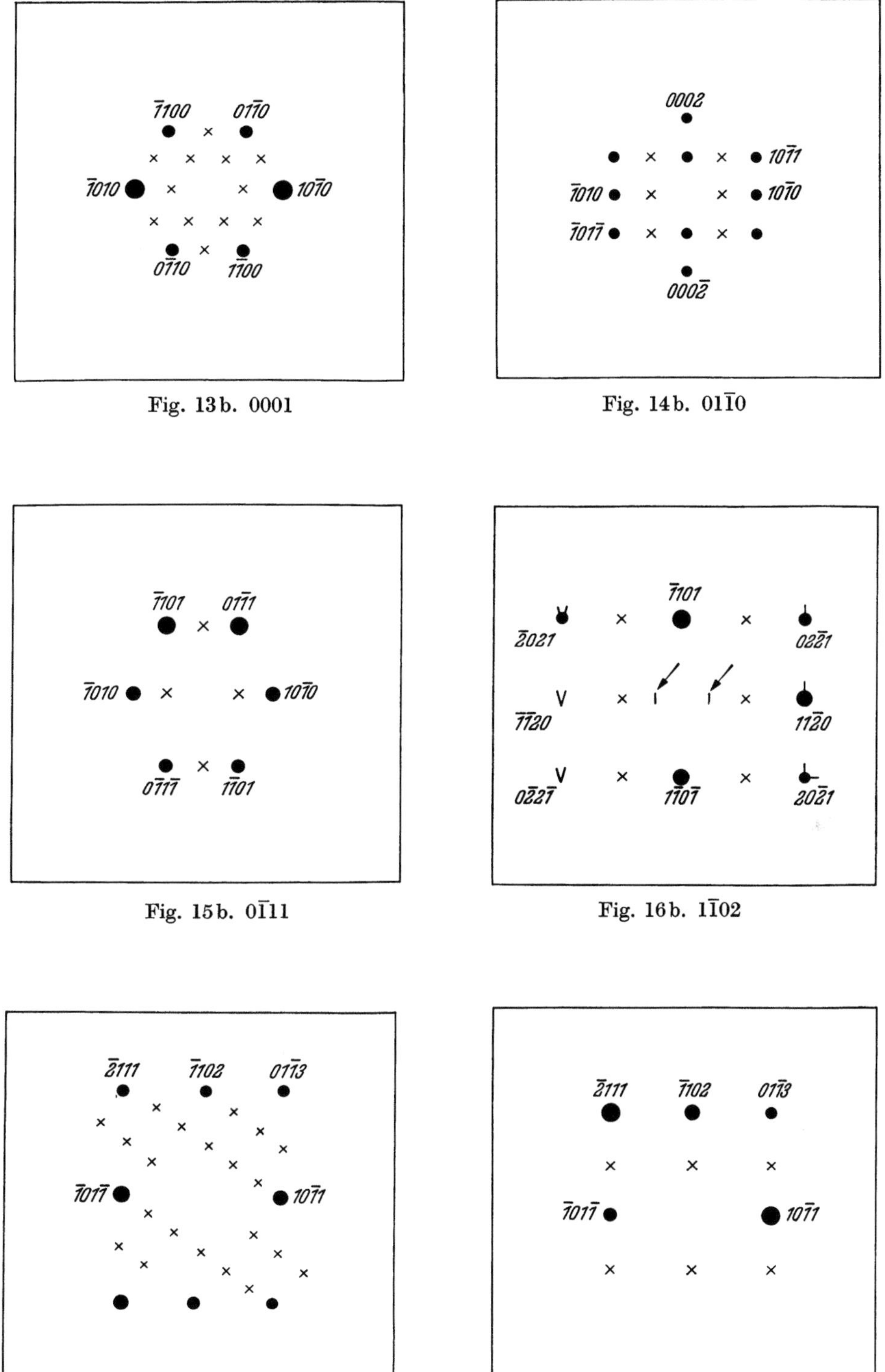

Fig. 13b. 0001

Fig. 14b. 01$\bar{1}$0

Fig. 15b. 0$\bar{1}$11

Fig. 16b. 1$\bar{1}$02

Fig. 17b. $\bar{1}$341

Fig. 18b. $\bar{1}$341

Planche II

Fig. 13b—18b. Ti-Al 15%. Diagrammes de diffraction. × Noeuds de surstructure

{1010} et dont l'épaisseur limitée à quelques dizaines d'Ångströms entraine l'existence de droites de diffusion.

La Fig. 14 représente une coupe du réseau réciproque parallèle aux faces du prisme hexagonal dans ce réseau, donc perpendiculaire à la précédente qui était parallèle au plan de base. Par comparaison avec le diagramme témoin de même orientation pour la phase α (Fig. 4), on constatera que α^* est égal à la moitié du paramètre correspondant du réseau réciproque du titane α, tandis que c^* est le même dans les deux cas.

Des Fig. 13 et 14, on déduit que le réseau réciproque de points, enregistré pour l'alliage Ti-Al 15%, correspond à un réseau réel hexagonal compact, de paramètres $a = 5{,}77$ Å et $c = 4{,}65$ Å (valeurs que nous avons confirmées par diffraction des rayons X), c'est-à-dire à une surstructure de type Mg^3Cd de la solution solide α à 15% d'aluminium dont les paramètres sont $a = 2{,}89$ Å et $c = 4{,}63$ Å.

Le diagramme de la Fig. 15 est une coupe $|0\bar{1}11|$ du réseau réciproque, sur laquelle les noeuds de surstructure sont également bien visibles.

Sur la Fig. 16 est reproduit un diagramme pour lequel les taches de diffraction correspondent à des noeuds du réseau réciproque de points précédemment défini. Mais il apparait également au voisinage de ces noeuds, de petits segments de droite et on observera à proximité immédiate de la tache centrale, des intersections (repérées par des flèches) extrêmement faibles du plan de coupe avec les droites réciproques.

Les deux Fig. 17 et 18 représentent une même coupe $|\bar{1}341|$ de l'espace réciproque. Dans le premier cas (Fig. 17), cet espace réciproque est constitué par le réseau de points auquel se superpose le réseau de droites, ce qui explique le nombre élevé de taches de diffraction. Dans le second cas (Fig. 18 qui correspond à la micrographie de la Fig. 11), le réseau de points est seul présent, le réseau de droites a disparu. On remarquera corrélativement sur la micrographie correspondante (Fig. 11), la présence non de plaquettes minces mais de bandes larges de $1/10°$ de micron environ.

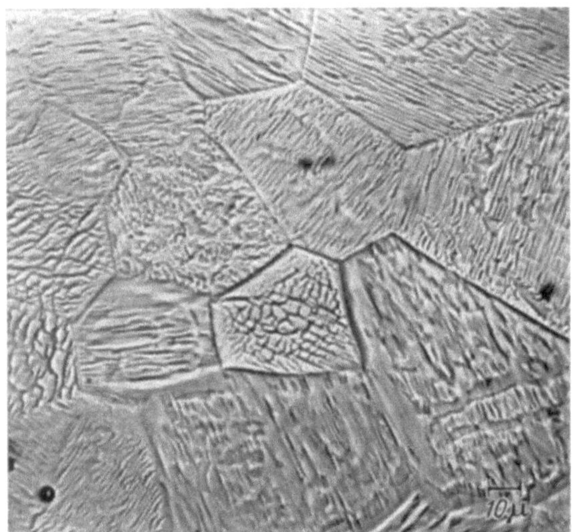

Fig. 19. Ti-Al 10%. 1 h à 1000° C trempé.
Veinules intragranulaires

L'ensemble de ces résultats montre que le réseau réciproque de l'alliage Ti-Al 15% est toujours constitué par un réseau réciproque de points caractéristique d'une surstructure de la solution solide α et qu'à ce réseau de points peut se superposer un réseau réciproque de droites lorsque l'épaisseur, dans le réseau réel, de domaines d'ordre planaire de type {10$\bar{1}$0}, est suffisamment faible.

En résumé:

1) — Pour les différents traitements thermiques que nous avons étudiés, l'alliage Ti-Al 15% paraît toujours constitué par une solution solide hexagonale compacte (α_2) de paramètres $a = 5{,}77$ Å, $c = 4{,}65$ Å qui est une surstructure de type Mg^3Cd de la solution solide α.

2) — dans cette solution solide apparaissent, en micrographie électronique sur coupes minces, des domaines parallèles aux plans {10$\bar{1}$0} dont l'épaisseur peut varier de quelques dizaines à quelques milliers d'Å.

3) — lorsque l'épaisseur de ces domaines est de quelques dizaines d'Å, il leur correspond dans les diagrammes de diffraction, des droites de diffusion.

4) — Il n'est pas possible pour l'instant de lier l'épaisseur des domaines au traitement thermique effectué.

5) — il est raisonnable de penser que les domaines sont des domaines d'ordre de la solution solide, les plans de faute étant parallèles aux plans $\{10\bar{1}0\}$.

Alliage Ti-Al 10%: L'alliage à 10% d'aluminium présente un cas intermédiaire intéressant entre l'alliage à 7% (solution solide α désordonnée) et l'alliage à 15% (solution solide α ordonnée). Il correspond par ailleurs à des concentrations que l'on observe dans la pratique industrielle:

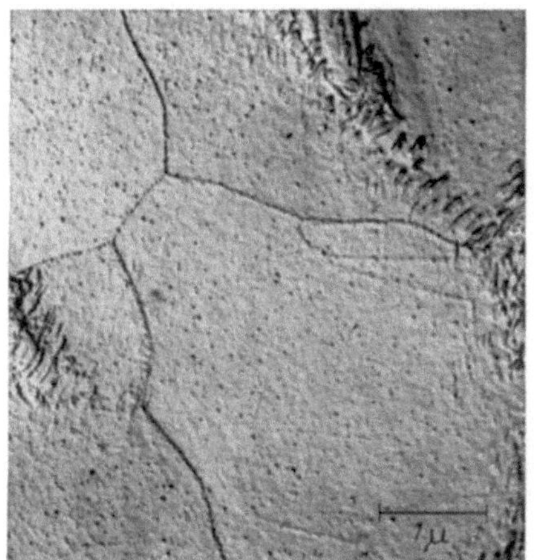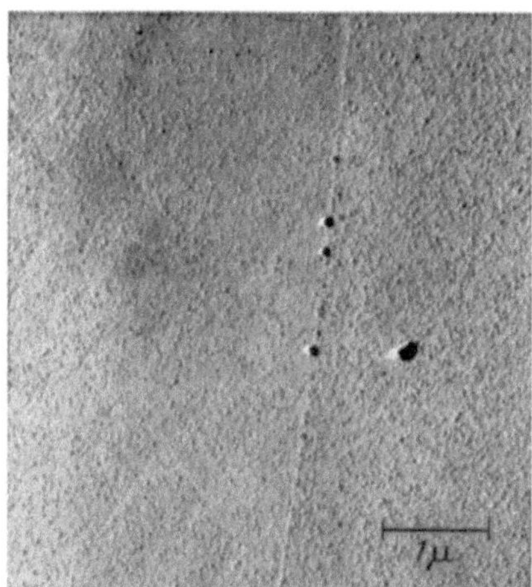

Fig. 20 et 21

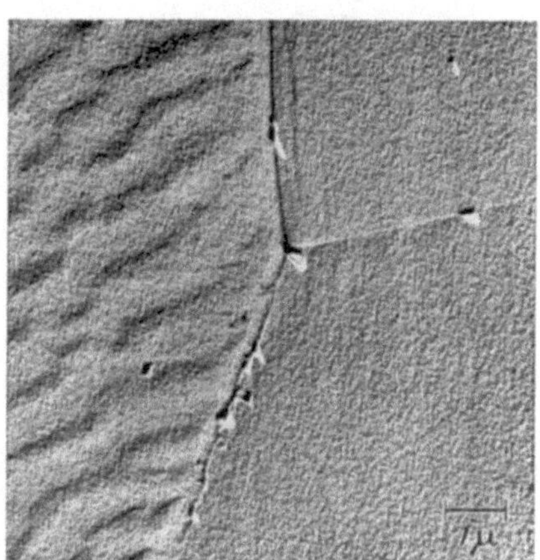

Fig. 20—23. Ti-Al 10%. Micrographies électroniques sur répliques de carbone. Fig. 20. Etat forgé. Fig. 21. 1000° C. Refroidissement lent. Fig. 22. Trempé. Revenu 1 h à 600° C. Fig. 23. Trempé. Revenu 24 h à 600° C

dans les alliages ternaires Ti-Al 4% — Mn 4%, Ti-Al 6% — V 4%... pour lesquels la phase α peut arriver à contenir 10% environ d'aluminium lorque le mélange α—β est suffisamment riche en β.

En micrographie optique, l'alliage présente aussi bien à l'état forgé qu'après traitement thermique à haute température dans le domaine α, les veinules ou sous-structures intragranulaires (Fig. 19) précédemment signalées.

En micrographie électronique sur répliques de carbone (Fig. 20 à 23), le produit est hétérogène à l'état forgé (Fig. 20) et homogène après traitement à 1000° C suivi de refroidissement lent (Fig. 21). Le revenu à 600° C sur état trempé fait apparaitre des très fines «précipitations» en plaquettes de WIDMANSTÄTTEN (Fig. 22 et 23). On remarquera dans un grain de la Fig. 23, des reliefs qui peuvent être assimilés aux veinules de la micrographie optique. Ces veinules ne correspondent donc pas à une phase précipitée mais à une hétérogénéité d'attaque de la solution solide.

Une étude a été également effectuée sur coupes métalliques minces. Quelques-unes des micrographies (X 60000) et quelques-uns des diagrammes sont reproduits sur les Fig. 24—23.

A l'état forgé (Fig. 24), on peut trouver dans l'alliage des systèmes de plaquettes minces, analogues à celles de l'alliage T-A15. Sur le diagramme de diffraction correspondant (Fig. 28), sont présentes les taches de diffraction de la surstructure.

Après traitement à haute température suivi de trempe, des striations apparaissent dans les grains (Fig. 25). Ces striations s'arrêtent sur les limites des grains et changent d'orientation d'un

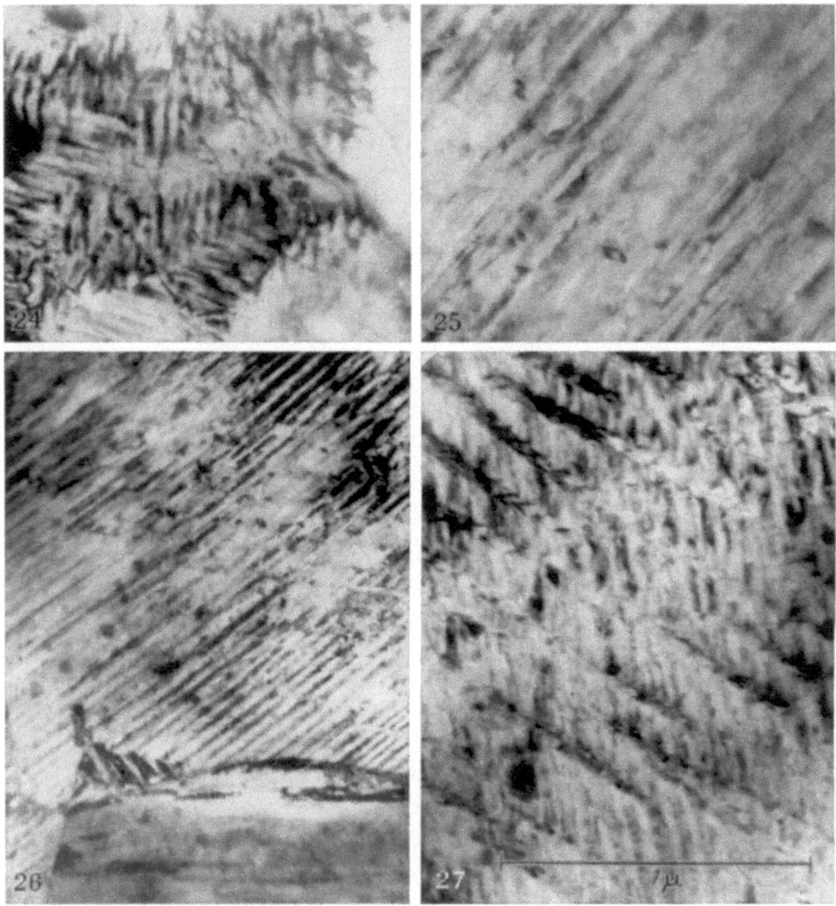

Fig. 24—27. Ti-Al 10%. Micrographies électroniques sur coupes minces. Fig. 24. Etat forgé. Fig. 25. 900 °C. Trempé. Fig. 26. 900 °C. Trempé. Fig. 27. Trempé-Revenu 1 h à 600 °C

grain à l'autre. Il ne s'agit pas d'un défaut de polissage ou amincissement de l'échantillon, mais, une fois de plus, d'une hétérogénéité d'attaque de la solution solide. Les taches de surstructure disparaissent des diagrammes: la Fig. 29 (après trempe à 900° C) représente une coupe de même orientation que la Fig. 28 (état forgé) et, alors que les taches de surstructure étaient présentes à l'état forgé, on constate qu'elles ont disparu après la trempe et que l'on retrouve le diagramme de la phase α désordonnée.

Après traitement à haute température suivi de refroidissement lent, les taches de surstructure sont présentes dans les diagrammes. La Fig. 30 est une coupe $|1\bar{1}00|$ de l'espace réciproque, c'est-à-dire que le plan de la préparation constitue une coupe $(10\bar{1}0)$ de l'espace réel. Si les domaines plans de faible épaisseur existent dans l'échantillon, ils sont dans ce cas parallèles au plan de l'échantillon et les droites réciproques correspondantes sont perpendiculaires au plan de coupe de l'espace réciproque; effectivement, on observe sur le Fig. 30, à la fois les noeuds réciproques de la solution solide ordonnée (surstructure) et les intersections du plan de coupe avec un système de droites réciproques perpendiculaires.

Les trois dernières figures (31-32-33) représentent une même coupe de l'espace réciproque de trois échantillons qui ont subi des traitements thermiques différents. Après trempe à 1000° C (Fig. 31), on retrouve les taches de diffraction de la solution solide α désordonnée (comparer à la Fig. 4), mais le diagramme présente cependant un certain nombre de particularités (étalement des taches interdites, taches satellites, ondulation des rangées verticales...) qu'il serait intéressant d'approfondir par une étude ultérieure. Après revenu de 1 h à 600° C, appliqué à l'échantillon précédent, les anomalies de la Fig. 31 ont en grande partie disparu, mais on constate la réapparition des taches de surstructure avec une très faible intensité (Fig. 32). Après revenu de 24 h à 600° C (Fig. 33) les taches de surstructure se précisent et l'on retrouve un diagramme du type de celui de la Fig. 14. Il convient de noter que les revenus ont été effectués sur les échantillons massifs, de manière à conserver toute leur signification. Il a fallu ensuite amincir chacun des trois échantillons correspondants et examiner un nombre suffisant de préparations pour retrouver dans les trois cas la même orientation. Que nous y soyons parvenus, souligne l'intérêt que présente pour les études systématiques la méthode d'amincissement rapide que nous avons utilisée.

Ces résultats permettent d'établir les conclusions suivantes: A l'état forgé, l'alliage Ti-Al 10% présente des domaines d'ordre de même type que ceux qui ont été décelés dans l'alliage Ti-Al 15%. Après traitement de l'alliage Ti-Al 10% à haute température dans le domaine α, suivi de trempe à l'eau, les domaines d'ordre disparaissent cependant que la solution solide α est le siège de perturbations qui se traduisent par différentes anomalies du diagramme de diffraction. Le revenu à 600° C sur état trempé, fait réapparaitre les taches de surstructure et par conséquent les domaines d'ordre, progressivement en fonction du temps. Si l'on se rappelle que les alliages à teneur en aluminium voisine de 10% sont ductiles après trempe et fragiles après revenu prolongé au voisinage de 500—600° C, il est permis de relier la fragilité à la présence des domaines d'ordre.

Conclusions generales

Les conclusions que nous pouvons tirer de cette étude sont de trois ordres:

1. Dans le domaine proprement métallurgique, qui constituait l'objectif essentiel de la recherche entreprise, la fragilité des alliages à teneur élevée en aluminium a pu être rattachée à l'existence dans la solution solide α, de domaines d'ordre de forme plane, parallèles aux plans $\{10\bar{1}0\}$: jusqu'à 7% environ d'aluminium, la solution solide α est désordonnée et l'alliage ductile; aux environs de 10% d'aluminium, l'alliage forgé (ou laminé) est rendu fragile par suite de la présence de domaines d'ordre. Ces domaines peuvent disparaitre par trempe à température élevée et l'alliage devient ductile. Mais il est alors dans un état d'équilibre métastable, susceptible d'évolution par maintien de longue durée à des températures de quelques centaines de degrés C, maintien au cours duquel l'ordre et la fragilité réapparaissent.

Ce phénomène conditionne la composition des alliages ternaires: ce sont en effet généralement des alliages α—β et l'on sait que l'aluminium se localise dans la phase α. Il conviendra de calculer la teneur globale en aluminium de manière à ce que la teneur de la phase α ne dépasse pas 7 à 8%. Si l'on désire par exemple un alliage α 50% — β 50%, on procèdera à une addition de Mn (élément soluble dans β) de 4% environ pour stabiliser la proportion convenable de β. Mais l'addition d'aluminium ne devra pas dépasser alors $8 \times \dfrac{50}{100}$. On aboutit à l'alliage Ti-Al 4% — Mn 4%.

Si l'on désire un alliage dans lequel la proportion de α est plus élevée (80%) on pourra faire appel à un troisième élément comme le vanadium dont l'effet stabilisateur sur la phase β sera moins prononcé. La proportion d'aluminium pourra être $8 \times \dfrac{80}{100}$ et l'on aboutit à l'alliage Ti-Al 6% — V 4%.

Il conviendra cependant de se méfier de l'utilisation à chaud d'alliages dans lesquels la proportion de phase β aura été augmentée par traitement thermique, ce qui est le cas par exemple de la trempe de l'alliage Ti-Al 6% — V 4%: la proportion de phase α étant diminuée, sa concentration en aluminium augmente et peut dépasser la valeur critique.

Fig. 28a. Etat forgé. 0$\bar{1}$11. Diagramme de la Fig. 24

Fig. 29a. 900° C. Trempé 0$\bar{1}$11 même coupe que la précédente

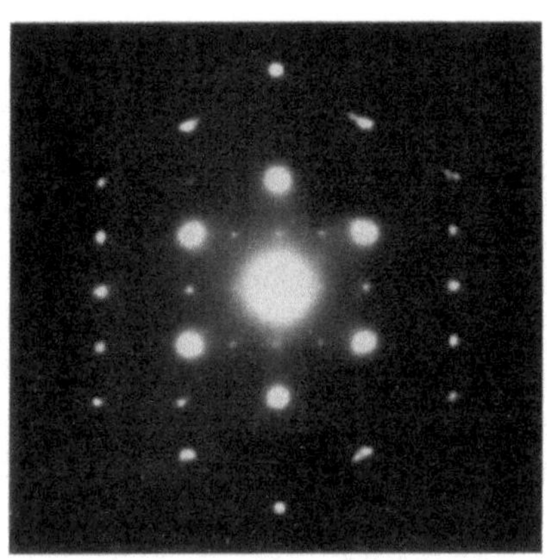

Fig. 30a. 1000° C. Refroidissement lent 1$\bar{1}$00

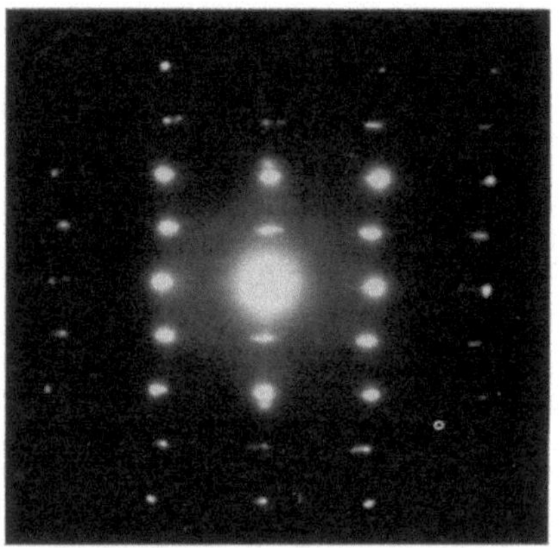

Fig. 31a. 1000° C. Trempé. 0$\bar{1}$10

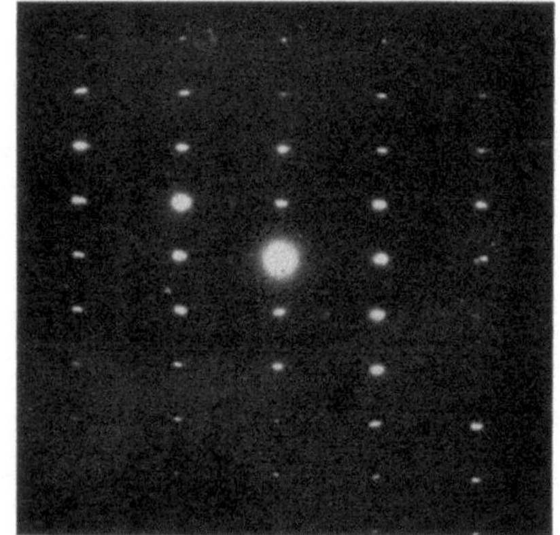

Fig. 32a. Trempé. Revenu 1 h à 600° C. 0$\bar{1}$10

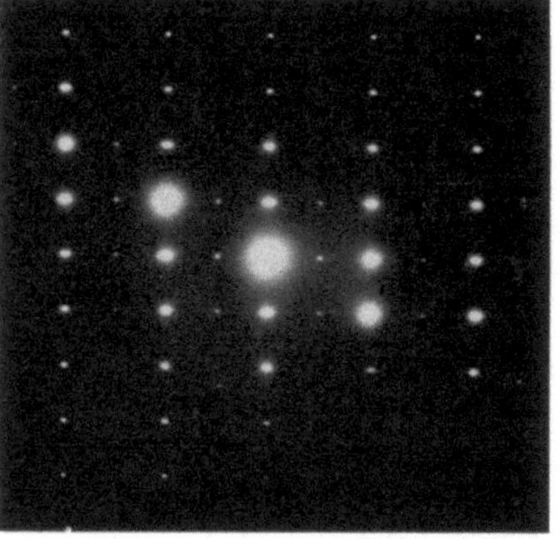

Fig. 33a. Trempé. Revenu 24 h à 600° C. 0$\bar{1}$10

Planche III

Fig. 28a—33a. Ti-Al 10%. Microdiffraction

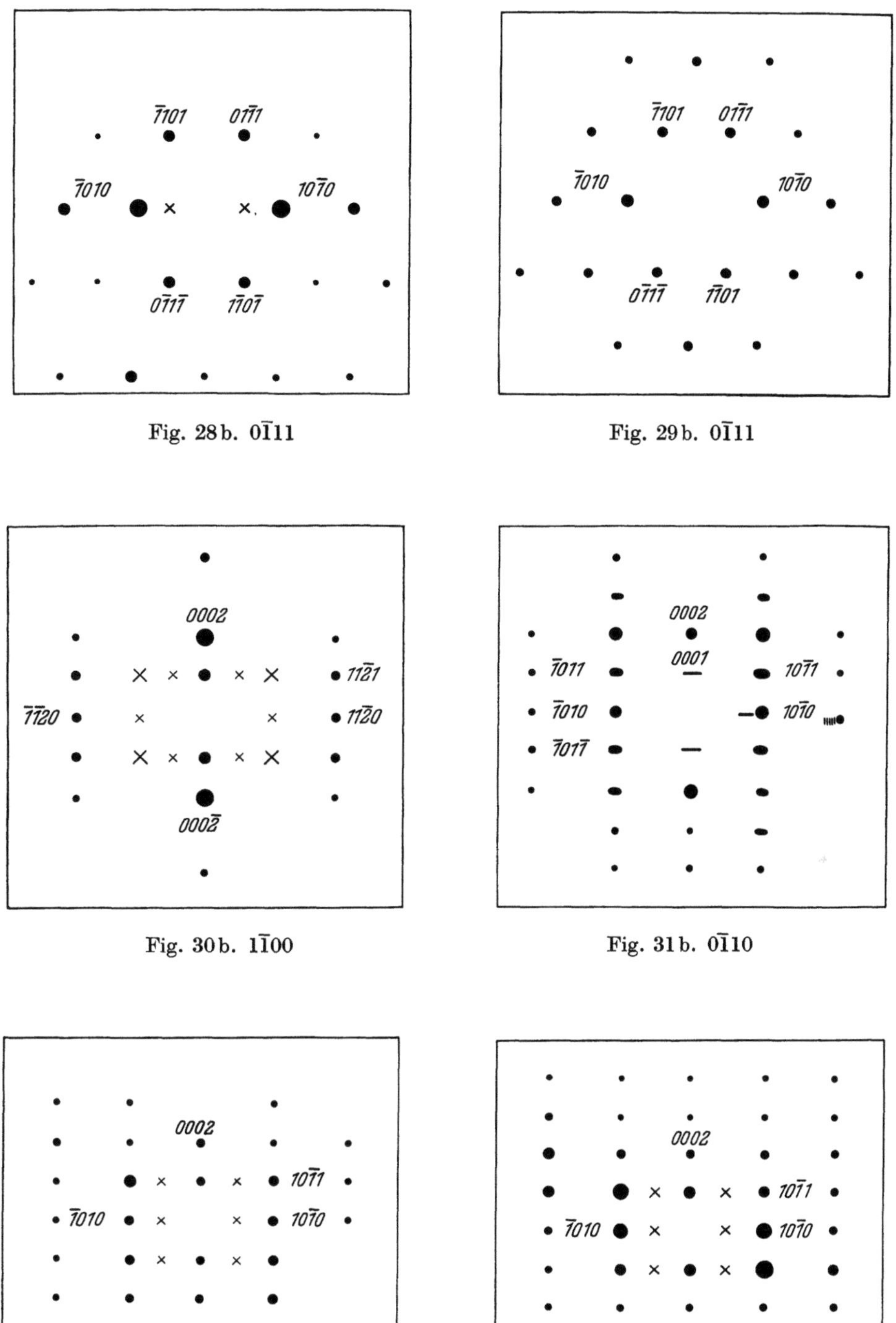

Planche III

Fig. 28 b—33 b. Ti-Al 10%. Microdiffraction. × Noeuds de surstructure

2. En ce qui concerne les phénomènes généraux de l'ordre dans les solutions solides, nous avons confirmé l'existence d'une surstructure de type Mg^3Cd dans la solution solide α Ti-Al en en déterminant le réseau réciproque par diffraction des électrons. Les micrographies électroniques sur coupes minces nous ont donné une image directe des domaines d'ordre et, conjuguées aux diffusions observées dans les diagrammes de diffraction, elles ont permis d'établir que ces domaines avaient la forme de plaquettes planes, parallèles aux faces $|10\bar{1}0|$ de la solution solide et d'épaisseur comprise entre quelques dizaines et quelques milliers d'Å.

Les aspects en veinules observés en micrographie optique et sur certaines micrographies électroniques de répliques ne correspondent pas aux domaines d'ordre dans la solution solide (phase α_2) mais à des hétérogénéités d'attaque reliées sans doute à des hétérogénéités de concentration en aluminium à grande échelle.

L'ordre existe quel que soit le traitement thermique dans les alliages Ti-Al 15%. Dans les alliages Ti-Al 10%, il disparaît par trempe, mais les diagrammes présentent alors des anomalies qui pourraient être rattachées à un ordre à courte distance; l'interprétation précise de ces anomalies demeure à effectuer. Le revenu consécutif à la tremps rétablit lentement et progressivement l'ordre dans la solution solide.

3. Enfin, ces résultats constituent un exemple des voies nouvelles que l'observation directe et la microdiffraction électronique offrent aux métallographes.

Il importait pour celà d'avoir à sa disposition une méthode simple et rapide d'amincissement des échantillons métalliques, de manière à simplifier considérablement les manipulations et à permettre les examens systématiques. La méthode que nous avons proposée (*12*), nous paraît satisfaisante dans ce sens. Les techniques de réplique ne doivent pas disparaitre pour autant. Dans l'expérience que nous en avons actuellement, il nous paraît indispensable d'effectuer aussi bien des micrographies optiques qui donnent une vue d'ensemble de l'échantillon sur des grandes surfaces à des grossisements compris entre X 150 et X 800 que des micrographies électroniques sur répliques qui permettent d'obtenir d'excellentes images aux grossissements compris entre X 1000 et X 60000 environ. L'intérêt essentiel de l'examen des coupes minces consiste d'une part dans la détection des détails très fins par suppression de l'intermédiaire «réplique» et utilisation du contraste de Bragg dans la masse même de l'échantillon (ce qui justifie des grossissements de l'ordre de X 50000 et supérieurs) et d'autre part dans la corrélation entre l'image et le diagramme de diffraction.

Il est relativement aisé d'effectuer des micrographies directes et les diagrammes de microdiffraction correspondants, sur des plages de moins de 1 μ. Les études métallographiques bénéficient dans le domaine des structures d'un progrès analogue à celui qui a été réalisé dans le domaine de l'analyse par la sonde de Castaing. Notre connaissance des phénomènes généraux de la physique des métaux et alliages en est considérablement favorisée, mais nous pensons avoir montré également que ces techniques sont immédiatement transposables aux laboratoires de recherche industrielle.

Bibliographie

1. Ogden, H. R., D. J. Maykuth, W. L. Finlay and R. J. Jaffee: Trans. Amer. Inst. Met. Eng. **191**, 1150 (1951).
2. Duwez, P., J. L. Taylor: Trans. Amer. Inst. Met. Eng. **194**, 70 (1952).
3. Bumps, E. S., H. D. Kessler and M. Hansen: Trans. Amer. Inst. Met. Eng. **194**, 609 (1952).
4. McQuillan, A. D., and M. K. McQuillan: Titanium.
5. Crossley, F. A., and W. F. Carew: Trans. Amer. Inst. Met. Eng. **209**, 43 (1957).
6. Clark, D., and J. C. Terry: Bull. Inst. Met. 3, 13, **116** (1956).
7. Sagel, K., E. Schultz u. U. Zwicker: Z. Metallkde. **47**, 529 (1956).
8. Ence, E., and H. Margolin: Trans. Amer. Inst. Met. Eng. **209**, 485 (1957).
9. Anderko, K., K. Sagel u. U. Zwicker: Z. Metallkde. **48**, 2, 57 (1957).
10. Saulnier, A.: Rev. Métall. **53**, 11, 831 (1956).
11. — et R. Syre: Rev. de l'Aluminium **243**, 1 (1957).
12. Mirand, P., et A. Saulnier: C. R. Acad. Sci. (Paris) **246**, 11, 1688 (1958).
13. Saulnier, A., et M. Croutzeilles: C. R. Acad. Sci. (Paris) **246**, 3622 (1958).

Eletron transmission studies of thin foils of aged aluminium alloys

G. Thomas

Department of Metallurgy, University of Cambridge (England)

Synopsis. The ageing sequence in aluminium-magnesium-zinc base alloys of composition up to DTD 687 specification has been investigated using thin metal foils. The decomposition occurs in three stages viz

$$\text{Spherical G. P. zones} \to M^1 \to M.MgZn_2$$

The effect of additions of copper is to extend the range of stability of the GP zones which are also increased in diameter. Manganese accelerates the ageing rate but does not affect the structure of the G. P. zones. Both manganese and copper probably enter the M^1 phase in solid solution. Chromium only seems to effect the uniform distribution of precipitates but may have some effect on intermetallic compounds.

All the alloys show marked intercrystalline embrittlement over the maximum hardening range. This is associated with preferential slip in the solute denuded zones adjacent to the grain boundaries. Slip in the matrix depends on the size and distribution of precipitated phases.

Introduction. Alloys based on the ternary aluminium-magnesium-zinc series including additions of copper, manganese and chromium are the highest strength commercial light alloys. One of the chief disadvantages of these alloys is their susceptibility to stress-corrosion which varies according to the heat treatment. It is essential therefore that the metallographic changes which occur during ageing should be known. Some work by oxide replica methods and X-ray analysis has already been carried out, but the oxide replica is unsatisfactory in revealing microstructures until alloys are over-aged.

The present paper describes the results obtained when thin metal foils of aged alloys are viewed directly in the electron microscope, and the corresponding electron diffraction patterns which have been obtained after the various stages of ageing.

The plastic deformation characteristics have been followed by taking oxide replicas from aged and deformed alloys. The results are also briefly summarized in this paper.

Materials examined. The composition of the alloys used in this investigation are tabulated below:

	Alloy	% Cu	% Mn	% Mg	% Fe	% Si	% Zn	% Ti	% Cr
Ternary	1	< 0.02	< 0.01	2.47	0.02	< 0.10	7.4	< 0.01	< 0.05
Quaternary . . .	2	0.48	< 0.01	2.54	0.02	< 0.10	5.8	< 0.01	< 0.05
DTD 687 . . . {	3	0.52	0.33	2.95	0.27	0.13	5.9	0.03	< 0.01
{	4	0.5	0.22	2.90	0.27	0.17	5.93	0.04	0.10

These were supplied in sheets and after heat treatment were rolled to 0.1 mm section. From these small tensile specimens of 1 inch gauge length were stamped. For the thin foil work, sheets were rolled to 0.01 mm section and heat treated. From these, foils were prepared in the manner described elsewhere (1).

The solution heat treatment consisted of a 4 hr. soak at 465° C followed by water quenching. Ageing was carried out in silicone oil baths at temperatures of 120° and 160° C respectively. All the specimens were polycrystalline.

Results. 1. *Ternary alloy.* The first evidence of precipitation was the appearance of small spherical G. P. zones of ~ 40 Å diameter after 20 min at 160° C and 1 hr at 120° C. At the higher temperature small platelets are also formed (Fig. 1) together with the spherical zones. These platelets develop in a well defined Widmanstätten pattern (Fig. 2) and the corresponding electron diffraction pattern (Fig. 3) shows streaking from the origin to (T 11) the zone axis being $[27\bar{3}]$. This indicates that the plates are forming in thin sections along [111] matrix planes. Extra diffuse rings corresponding to the G. P. zones have α spacings which could correspond to the compounds

$MgZn_5$—$MgZn_{11}$ i. e. the G. P. zones are clusters of magnesium and zinc atoms. Ageing to maximum hardness (1.5 dy 120° C; 2 hr 160° C) produces the maximum density of G. P. zones and platelets. Over-ageing results in the disappearance of the zones and growth of the platelets. It is probable that these plates are an intermediate $MgZn_2$ precipitate, designated M^1. In over-aged alloys there is marked grain boundary denudation and the Widmanstätten pattern is well

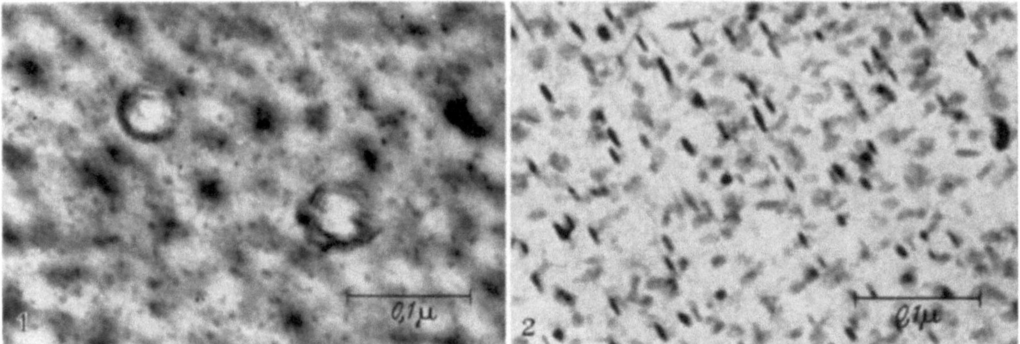

Fig. 1. Al-Mg-Zn aged 20 min 160° C   Fig. 2. Al-Mg-Zn aged 5 hr 120° C

defined, as shown in Fig. 4. Precipitation at the grain boundary is always in advance of that within the grains. Ageing to maximum hardness results in a continuous film of grain boundary precipitate and after deformation all the slip is confined to the denuded regions adjacent to these boundaries. Slip lines cannot cross the boundaries at this stage, which represents the maximum susceptibility

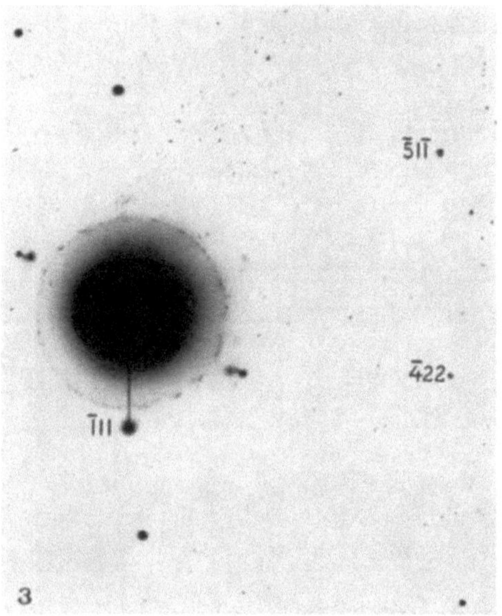

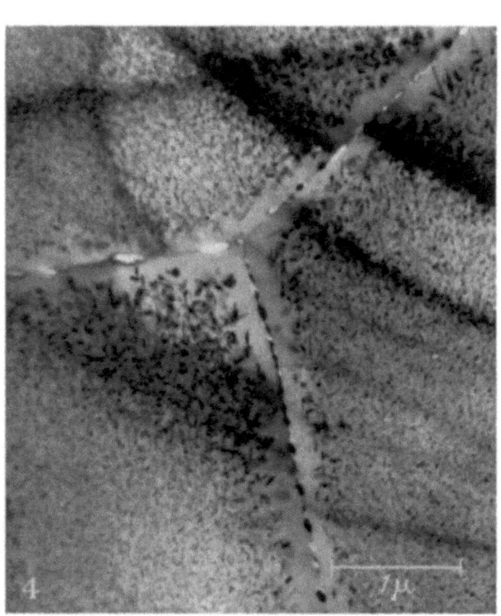

Fig. 3. Electron diffraction pattern of Fig. 2   Fig. 4. Al-Mg-Zn aged 20 days 160° C

to intercrystalline embrittlement. In age-softened alloys there is gross particle growth both in the grain boundaries, and within the grains and slip lines are observed again in the grains and can cross the boundaries between the precipitate particles there. Thus the alloys become less brittle.

Ageing at 300° C produces a very coarse precipitate which has no preferred orientation. Unfortunately these particles tend to be leached out during electropolishing of the foils which makes the foils unsuitable for electron metallography. It is probable that the high temperature precipitate is $(AlZn)_4$-Mg_{32}.

2. *Quaternary alloys.* The ageing sequence is the same as for the ternary alloy but the additional copper produces the following effects

1. The G. P. zone size is doubled (Fig. 5),
2. The stability of the G. P. zones is increased.
3. The ageing rate is slowed down.
4. The onset of M^1 precipitation is delayed.
5. The rate of growth of M^1 is increased.

The G. P. zones were about 80 Å diameter and more widely separated than in the ternary alloy. They were first observed after 30 min at 160° C, but not after 1 day at 160° and 10 days at 120° C. Nucleation of the platelets was first observed after 5 hr 160° C (Fig. 5). In many cases

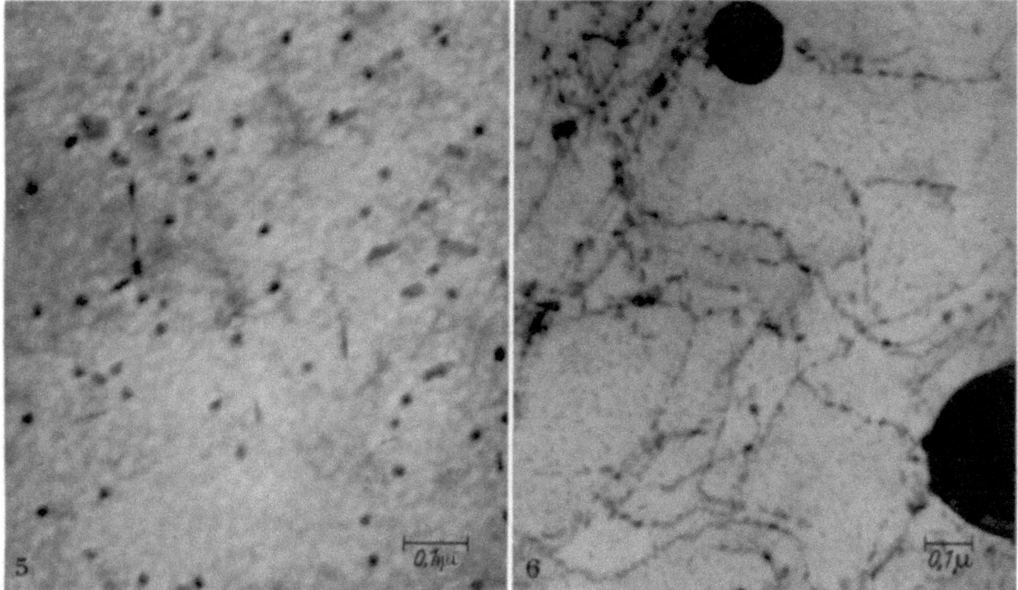

<table>
<tr><td>Fig. 5. Al-Mg-Zn-Cu aged 5 hr 160° C</td><td>Fig. 6. Al-Mg-Zn-Cu-Mn 70 min 160° C</td></tr>
</table>

preferential formation of the precipitates occured along dislocation lines and sub-boundaries and this tendency increased with increasing alloy content e. g. Fig. 6, 7. There was always microsegration in this alloy and some grains were observed to contain little or no precipitation but adjacent ones were quite normal.

There was some evidence that θ' CuAl; was formed after 5 days at 160° C.

3. *DTD 687 alloy.* This is essentially a quinary alloy containing 0.3% manganese in addition to zinc, magnesium and copper. Again the ageing sequence was not affected, but manganese overrides the effects of copper and the results may again be summarized as follows:

1. The size of G. P. zones is unaffected.
2. The number of zones is increased.
3. The ageing rate is faster than in quaternary alloys and very closely resembles that of the ternary alloy.
4. The onset of the M' Phase is more rapid than in quaternary alloys.
5. The rate of growth of M' is more rapid than that in quaternary alloys.
6. The tendency for microsegregation is increased.

4. *DTD 687 + Cr. alloy.* The influence of chromium seems to be solely on the dispersion of precipitates. There was little or no microsegregation in this alloy but uniform precipitation throughout the grains (Fig. 8) and the ageing sequence was again unaffected. The precipitate sizes were the same as in DTD 687 alloy not containing chromium.

One difference observed was that in the solution treated alloy there were many small dispersed non-soluble precipitates presumably in the other alloys. These many act as favourable sites for aggregation and precipitation, and may account for the more uniform dispersion of precipitates in this alloy.

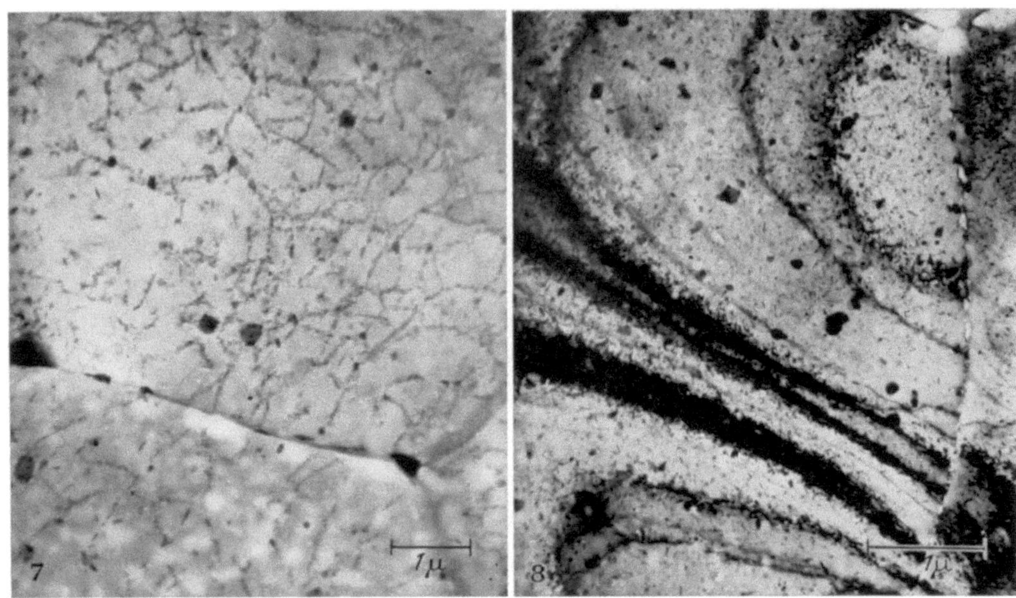

Fig. 7. Al-Mg-Zn-Cu-Mn aged 10 days 160° C   Fig. 8. Al-Mg-Zn-Cu-Mn-Cr aged 20 days 160° C

5. *The intermetallic compounds in commercial alloys.* The chief impurities in DTD 687 alloys are iron and silicon and the intermediate phases Mg_2Si and $(FeMn)Al_6$, were recognised in the light microscope. An unidentified structure was found in the non-chromium bearing alloy which after taking many electron diffraction patterns seems to have a base-centred orthorhombic reciprocal lattice in which the α spacings are $a = 1.84$, $b = 3.68$, $c = 2.38$ where a, b, c represent the three cell axes in reciprocal space. The base centres are repeated every six atom planes in which the α spacing is 11.9. These values do not correspond to any of the known structures for these alloys. This structure was not observed in the chromium bearing alloy and one of the known beneficial effects of chromium additions is to prevent the formation of brittle segregates provided the manganese plus three times the chromium content does not exceed 1% (2).

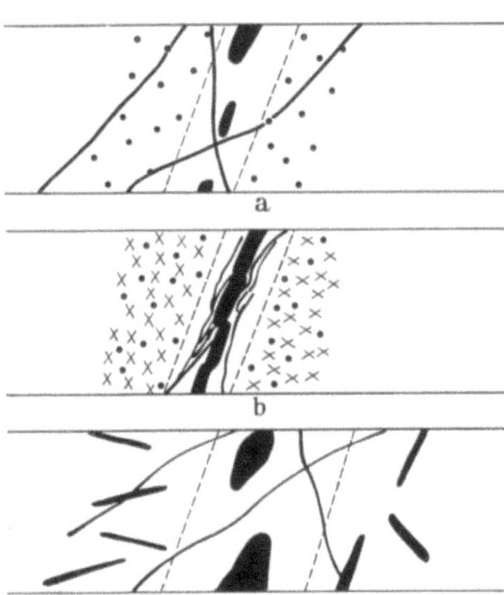

Fig. 9a—c. The schematic representation of slip in aged alloys; dotted lines represent extent of grain boundary denudation, wavy lines represent slip lines. a) Before maximum hardness; b) Over the maximum hardening range; c) Over-aged alloys

6. *The plastic deformation of aged alloys.* The examination of oxide replicas from aged and deformed alloys and the dislocation movements in aged and deformed thin foils show that slip propagation is very difficult in all alloys aged over the maximum hardening range. Slip in the matrix occurs only during the early stages of ageing and in age-softened alloys. As the alloy content is increased, so the size of the particles is increased and they are more widely spaced when the alloys are over-aged. Consequently there is more slip in the matrix and it occurs there at an earlier stage in complex alloys compared to the ternary alloy so that the susceptibility to

intercrystalline embrittlement decreases as ageing proceeds. The results are summarized in Fig. 9. It can be seen that the maximum susceptibility is associated with preferential slip in the solute denuded layers adjacent to the continuous film of grain boundary precipitate when the matrix contains the densest and most closely dispersed amount of second phases.

Discussion. From the micrographs and electron diffraction results it is clear that the G. P. zones consist of spherical aggregates of magnesium, zinc and copper atoms. The two main theories to account for zone formation in alloys are; firstly that excess vanacies retained after quenching diffuse to form planar sheets or disc-shaped aggregates on which solute atoms can preferentially aggregate, and secondly, if stacking faults exist in the crystal then a chemical interaction is possible between solute atoms and the stacking fault resulting in the formation of a solute rich hexagonal layer on [111] f. c. c. However since the zones in these alloys are spherical and not disc shaped and as stacking faults have never been observed in the thin foils it is unlikely that either of these mechanisms occur*. It seems more likely that G. P. zones in high strength aluminium alloys are nucleated at dislocations. The density of zones is about $6\text{---}20 \times 10^{10}$ cm^2 which is higher than the estimated dislocation density in aluminium alloys but the excess could be accounted for by vacancy nucleation. In the case of an edge dislocation, the extra half plane side is in compression and the other side is in tension giving rise to an elastic strain. This may be relieved if the larger magnesium atoms segregate to the tension side and smaller zinc and/or copper atoms segregate to the compression side of the dislocation.

The electron diffraction results confirm the X-ray results of Graf (*3, 4*) and Mondolfo (et al. (*5*) in that the M^1 phase is nucleated as thin plates on [111] matrix planes. From the micrographs it is clear that both copper and manganese are probably taken into solution with this phase and as ageing continues the equilibrium structure M.-MgZn$_Z$ is formed. Both these M^1 and M phases are hexagonal (*5*) so the probable orientation relationship is (111) Al//(0001) MgZn$_2$. It is unlikely that there is much contribution to hardening as a result of coherency strains around the M^1 plates because such strains are visible in thin foils in the electron microscope and have been observed in aluminium-copper alloys (*6*), but not in the aluminium-magnesium-zinc series. The increase in hardening is therefore chiefly associated with the degree of dispersion of zones and plates.

References

1. Nicholson, R. B., G. Thomas and J. Nutting: Brit. J. appl. Physics **9**, 25 (1958).
2. (Miss) Day, M. K. B.: J. Inst. Metals **85**, 263 (1956—1957).
3. Graf, R.: C. R. Acad. Sci. (Paris) **242**, 1311 (1956).
4. — C. R. Acad. Sci. (Paris) **242**, 2834 (1956).
5. Mondolfo, L. F., N. A. Gjostein and D. W. Levinson: J. Metals **2**, 1378 (1956).
6. Nicholson, R. B., and J. Nutting: Philosophic. Mag. **3**, 531 (1958).

An electron microscopic study of the age hardening of duralumin

K. S. Grewal and D. L. Bhattacharya

Department of Metallurgy, Indian Institute of Science, Bangalore (India)

Introduction. Precipitation in duralumin-type Al-Cu-Mg alloys is more complex than that in binary Al-Cu alloys. According to Brommelle and Phillips (*1*), the principal constituents present in equilibrium in these alloys are: (1) the aluminium-rich solid solution α; (2) the phase Al$_2$CuMg (S phase); and (3) the phase CuAl$_2$ (θ-phase). The relative amounts of S and θ depend upon the copper to magnesium weight ratio in the alloy, the equilibrium ratio being equal to 2.6. If the ratio is less than 2.6 in the alloy, then the phases present in equilibrium will be only the solid solution α and S, on annealing near the solidus temperature.

---

*) Note added in Proof: More recent work has shown that nucleation of zones at dislocations is unlikely. Zone formation occurs as a result of the annealing out of excess vacancies retained by the solution treatment quench.

In 24 S alloy, Sperry (2) has shown that besides α and S, three more constituents, viz., Mg_2Si, $\alpha\,Al\,(Mn, Fe)\,Si$ and Al_7-Cu_2-Fe, also occur. However, these are found to be essentially insoluble and their size, shape and general distribution remain virtually unchanged by various heat treatments (3). The phase θ might also be present as an undissolved constituent (2).

X-ray investigations have indicated that precipitation hardening of Al-Cu-Mg alloys is due to the formation of Guinier-Preston zones and metastable structures. Results obtained by Bagaryatsky, as quoted by Hardy and Heal (4), show that the initial precipitation in an Al-Cu-Mg alloy containing 3.0 weight per cent copper and 1.15 weight per cent magnesium is

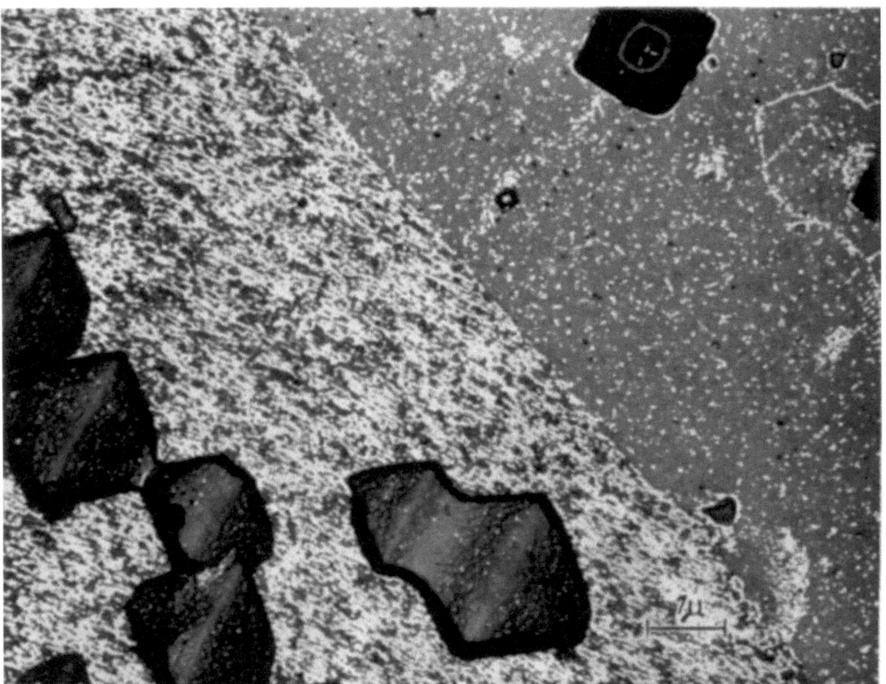

Fig. 1. Electron micrograph of 24 S aged for 15 min at 200° C. Chemical polish; oxide film replica

in the form of Guinier-Preston zones (G. P. zones) composed of copper and magnesium atoms on the {100} planes of the matrix. The next stage in the ageing process is the formation of the orthorhombic S' phase, which is similar to the S phase and corresponds to θ' in binary Al-Cu alloys. The existence of S'', corresponding to θ'' or G. P. zones [2] has not been established. Precipitation of S' occurs as platelets coherent on (021) plane of the matrix. On further ageing, S' forms the S phase, Al_2CuMg, which forms as platelets on (021) planes.

The present work describes a study of the ageing behaviour of commercial duralumin (Alcoa 24 S) by means of hardness measurements and electron microscopy. Since electron microscopy by itself is incapable of identifying the structures revealed, the interpretation of micrographs has been attempted with the help of the results obtained by other workers as summarized in the preceding paragraphs.

Experimental. The alloy investigated was Alcoa 24 S with the following composition (by weigth): 4.08% Cu, 1.60% Mg, 0.55% Mn, and 0.029% Si. Taking Mg_2Si formation into account, the copper to magnesium ratio becomes 2.63 and this is further reduced because the available copper also forms other insoluble constituents. For the sake of simplicity, we have assumed that the S phase only takes part in the precipitation process.

Small square pieces of the stock 24 S sheet were solution heat-treated in a salt bath furance at 493° C. One batch of samples was so treated for 24 hr, quenched in water at room temperature

(24° C) and transferred quickly to a boiling-liquid type thermostat maintained at 200° C. Another batch of specimens was soaked for 28 hr, quenched in water and aged in a salt bath maintained at 300° C.

Specimens for electron microscopy were polished chemically in Alcoa R5 Bright Dip or electropolished in Jacquet's solution. Etch pits were produced on the surface with an etchant, recommended by HUNTER and ROBINSON (5), containing 10 ml of hydrochloric acid (concentrated) 30 ml of nitric acid (concentrated) and 20 ml of 5 % ferric chloride solution in water. This etchant produces cubical etch pits in pure aluminium. Experimental details for the anodic oxidation of specimens and stripping of replicas are given in a paper published elsewhere (6). Oxide replicas were used throughout.

Results. Hardness measurements show that at an ageing temperature of 200° C, maximum hardness is reached after about 4 hr of ageing. No definite peak is discernible when the ageing temperature is 300° C.

Electron micrographs of specimens aged up to 32 hr at 200° C show that at the early stages of ageing, a complex network of white streaks and dots appears (Fig. 1). The density of these streaks depends on the orientation of the grains, being least on the grains having their surfaces parallel to {100} planes. Etch pits on these planes are not cubical in shape, but are octahedral — very much similar to those observed by MAHL and STRANSKI (7) on pure aluminium etched with gaseous hydrochloric acid. It is found that the white streaks disappear when the

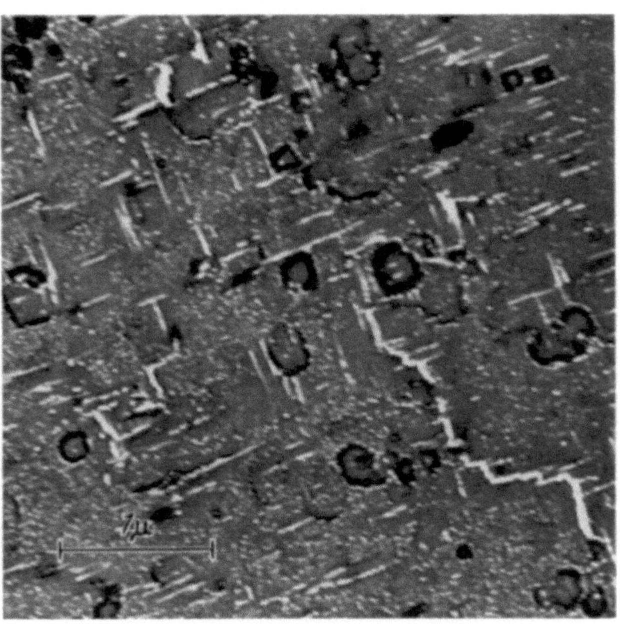

Fig. 2. Electron micrograph of 24 S aged for 4 hr at 200° C. Chemical polish; oxide film replica

sample is overaged and the etch pits tend to assume cubical shape. Thus, these effects can be attributed to a precipitation structure existing within the alloy.

At the point of peak hardness at 200° C, a Widmanstätten pattern of precipitates occurs on the {100} planes, along with some white spots (Fig. 2). As the ageing advances, the Widmanstätten pattern becomes more pronounced and the density of white spots decreases. No stable precipitation is observed up to 32 hr of ageing.

At a temperature of 300° C, ageing is rapid, the Widmanstätten network of white streaks being observed after a short ageing period. These streaks then grow in size and finally after a fairly long period (128 hr) stable precipitates are produced.

Discussion. In Fig. 1, we find that the network of streaks and dots is distributed right up to the grain boundaries and the precipitation is inhomogeneous. On the (100) plane we see only white dots of about 100 Å in diameter or short streaks. Subgrain boundaries are very well defined.

The difference in the surface appearance of specimens aged for less than 4 hr at 200° C and more than 4 hr, shows that at and after the peak hardness a transition is occurring. Comparing this observation with the x-ray evidence, we can attribute the change to the formation of the S' phase from a pre-precipitation structure.

The resolution of the electron microscope used (50 Å) and the limitation of the oxide replica technique do not permit the observation of the regions of heterogeneity in the crystals that are supposed to be the first stage in any precipitation process. In other words, the G. P. zones are not resolved. The structure composed of streaks and dots that is observed in the pre-precipitation stage, before the formation of the S' phase in the Widmanstätten pattern, therefore, corresponds to a second stage of ageing as yet undetected with the x-ray technique. We can tentatively call this structure as G. P. zones [2, S]or S'', which corresponds to θ'' in binary Al-Cu alloys. Unfortunately, no high resolution transmission electron micrographs of 24 S have been made so far and the existence of S'' cannot be said to have been proved conclusively.

The regions in the immediate vicinity of the platelets of S' in Fig. 2 are devoid of white spots indicating that S'' has dissolved in the matrix and the solute atoms have migrated towards the regions forming the S' phase.

Ageing for 32 hr only at 200° C does not produce the stable S phase. It appears when we age 24 S at 300° C. At this temperature, the growth of the S' particles can be observed to take place up to about an hour of ageing. Finally S' transforms into stable S platelets, which lose coherency with the matrix.

The authors wish to acknowledge with thanks the permission given by the Aluminium Company of America for the use of the Alcoa R5 Bright Dip chemical polishing solution and to Prof. H. L. Walker for obtaining the permission. This paper is published with the permission of the Director General, Council of Scientific and Industrial Research, India.

References

1. Brommelle, N. S., and H. W. L. Phillips: J. Inst. Metals, London 82, 239 (1953).
2. Sperry, P. R.: Trans. A.S.M. 48, 904 (1956).
3. Keller, F.: Physical Metallurgy of aluminium alloys. A.S.M., 1949, p. 111.
4. Hardy, H. K., and T. J. Heal: Progress in metal physics, Vol. 5. London: Pergamon Press 1954, p. 214.
5. Hunter, M. S., and D. L. Robinson: J. Metals 5, 717 (1953).
6. Bhattacharya, D. L., and K. S. Grewal: Trans. Indian Inst. Metals T. P. 152, 149 (1956).
7. Mahl, H., and I. N. Stranski: Z. physik. Chem. 52, 257 (1942).

Transformation de phases des alliages Al-Cu due au chauffage à l'intérieur du microscope électronique

N. Takahashi et K. Ashinuma

Université de Yamanashi à Kôfu et Laboratoire d'Optique Electronique du Japon, Tokyo

Il est possible de poursuivre la transformation de phases des alliages due au chauffage à l'intérieur du microscope électronique si l'on utilise un film mince de ces alliages eux-mêmes. Deux sortes de films sont utilisables à présent; l'un est un film évaporé et l'autre préparé par amincissement à partir de l'état massif. Le film évaporé est facile à préparer, mais au point de vue de l'image en microscopie, en général il ne révèle pas de caractéristiques en métallurgie s'il ne subit aucun traitement thermique après préparation. Le film aminci à partir de l'état massif est le meilleur, quoiqu'il y ait quelque difficulté pour chercher l'origine du contraste de l'image. Malheureusement, on ne peut pas obtenir facilement le film de n'importe quel alliage sauf quelques alliages spéciaux qu'on a pu amincir jusqu'à présent.

Le but de la présente communication est de suivre la cinétique de la transformation de phases des alliages Al/Cu au microscope électronique. Nous avons utilisé deux sortes de films d'alliages Al/Cu, dont l'un est un film évaporé de l'alliage 40%Al/60%Cu et l'autre, celui préparé par fusion de l'alliage 67%Al/33%Cu. L'alliage 40%Al/60%Cu correspond aux phases $\eta + \theta$, c'est-à-dire $CuAl + CuAl_2$ et l'alliage 67%Al/33%Cu est l'eutectique se composant des phases θ et $\varkappa$. Le chauffage a été effectué à l'intérieur du microscope électronique JEM, dont le vide est de l'ordre de 10^{-4} mm Hg. La vitesse de chauffage est de l'ordre de 10° C/min.

Chauffage du film évaporé de l'alliage 40%Al/60%Cu. Une expérience semblable a déjà été effectuée sur un échantillon à 50%Al/50%Cu (en poids) (1, 2) qui montre un changement intéressant, mais la transformation en image ne correspond pas à celle qu'on observe en métallurgie, d'une part, à cause de l'effet d'évaporation hétérogène des composantes sous vide, et, d'autre part, à cause de sa structure différente du même échantillon à l'état massif. Dans le cas présent, la situation est la même, mais le changement en image est très caractéristique et la microdiffraction nous donne des connaissances cristallographiques plus détaillées dans le domaine riche en cuivre du diagramme d'équilibre Al/Cu. La Fig. 1 montre l'état initial du film 40%Al/60%Cu. Sa structure est presque amorphe et le diagramme de diffraction se compose d'anneaux flous de DEBYE-SCHERRER. On peut y reconnaître quelques anneaux correspondant à la phase CuAl$_2$.

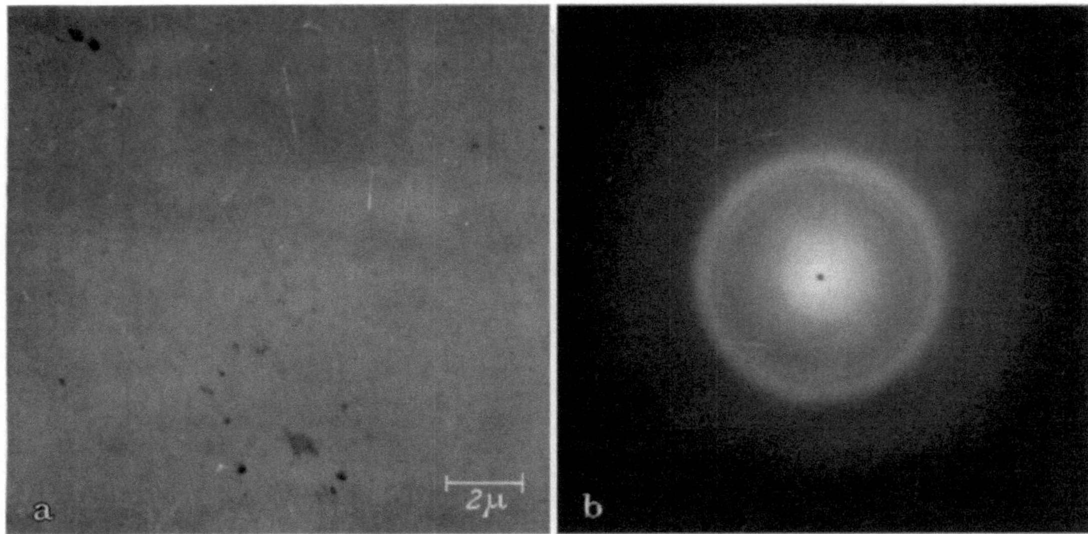

Fig. 1a et b. Film évaporé de l'alliage 40% Al/60% Cu. a) Image. b) Diagramme de microdiffraction correspondant à la région entournée

Quand on chauffe ce film, de nombreux microcristaux se produisent et le diagramme change en anneaux de CuAl$_2$ et CuAl. La Fig. 2 montre cet état. Ces cristaux se développent de plus en plus et des plages grandes apparaissent. Fig. 3 montre que des grains de la phase CuAl se

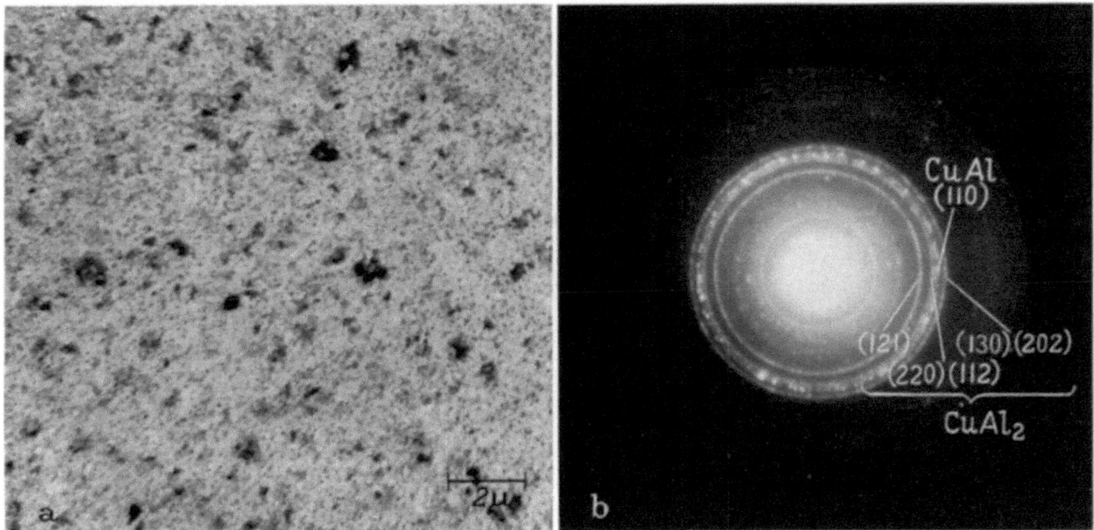

Fig. 2a et b. Comme Fig. 1. Après chauffage à 200° C, pendant 20 min avec 10° C/min

développent et que la phase CuAl$_2$ diminue remarquablement, ce qui déjà indique que la composition du film se déplace du côté riche en cuivre du diagramme d'équilibre. Quelques petits traits apparaissent en même temps, ce qui est dû à l'évaporation hétérogénée dans le film. (L'aluminium s'évapore davantage) et au développement d'une autre phase encore inconnue. Ils

39*

sont caractéristiques et se développent selon le chauffage. Mais quand la température n'est pas élevée (par exemple, 390° C), ils restent encore sous forme de traits. La Fig. 4 montre le stade où la phase $CuAl_2$ disparaît et l'image révèle plusieurs grandes plages correspondant à la phase CuAl. Cette structure a été étudiée par l'un des auteurs (2); elle a un réseau cubique centré du type CsCl. A l'échelle de cette image il y a des plages monocristallines.

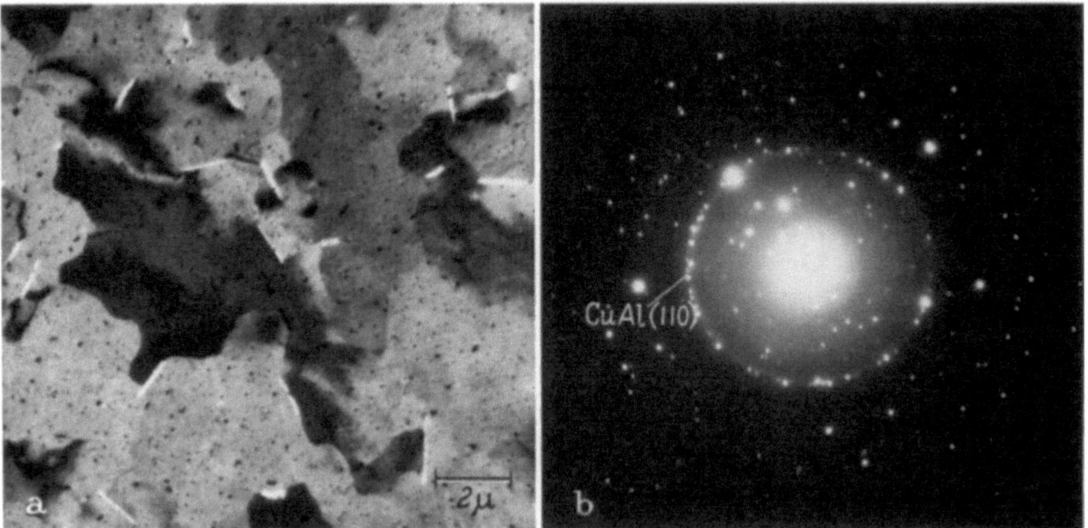

Fig. 3a et b. Comme Fig. 1. Après chauffage à 390° C pendant 70 min avec 10° C/min

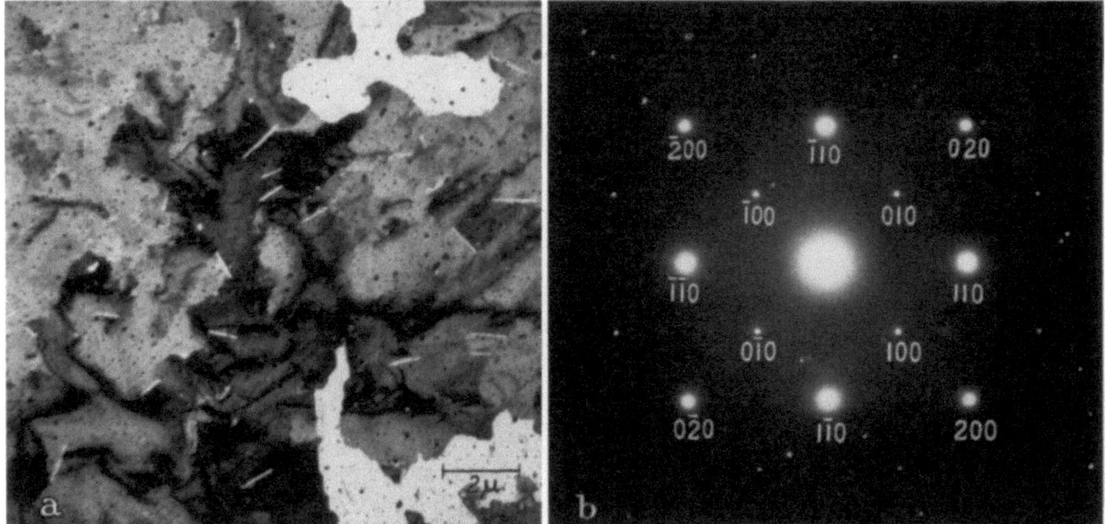

Fig. 4a et b. Comme Fig. 1. Après chauffage à 390° C pendant 170 min avec 10° C/min.
Les taches montrent le phase CuAl

La Fig. 5 correspond à la phase Cu_9Al_4, mais l'image ne varie pas beaucoup. La transformation de phase s'effectue toujours à l'état monocristallin, ce qui permet de poursuivre l'orientation relative entre chaque phase. A ce stade, il apparaît beaucoup de plages dont les images ne sont pas différentes entre elles, mais dont les diagrammes correspondants ne sont pas semblables, ce qui montre qu'il y a différentes orientations cristallographiques dans le même film. Si la température reste invariable, le changement en diagramme continue, mais l'image ne varie pas sensiblement.

Quand on élève la température de l'échantillon, la transformation progresse. La Fig. 6 montre l'état correspondant à la température de 520° C. On voit que des traits se développent remarquablement. Le diagramme de diffraction correspondant est celui de la phase Cu_3Al. La Fig. 7 montre le stade après chauffage prolongé à 520° C. La transformation correspondante de l'image est semblable au stade de l'ouverture d'une fleur à de nombreux pétales, ce qui serait dû à

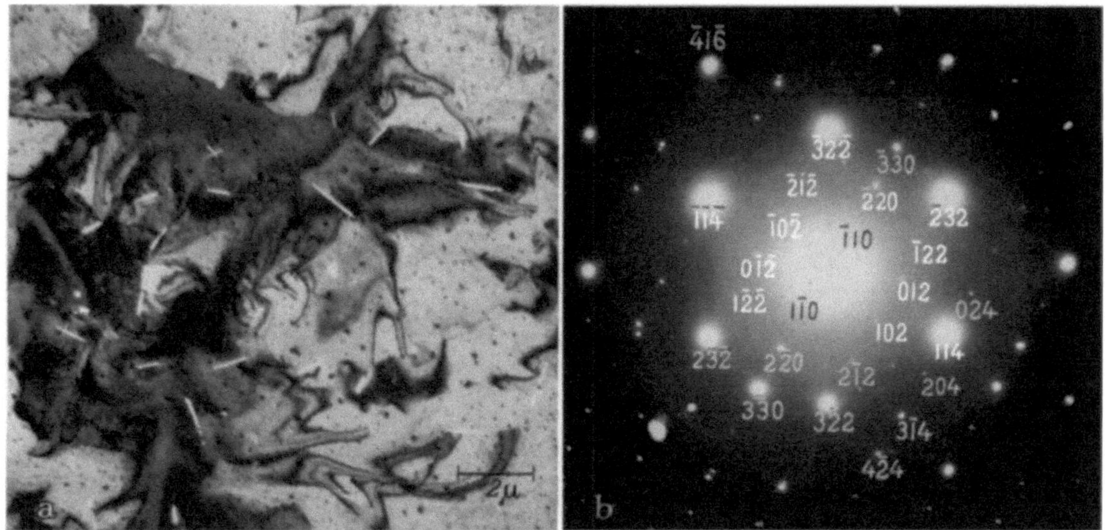

Fig. 5a et b. Comme Fig. 1. Après chauffage à 390° C pendant 180 min avec 10° C/min. Les taches montrent la phase Cu_9Al_4. Les Fig. 2, 3, 4 et 5 appartiennent à la même série d'expériences

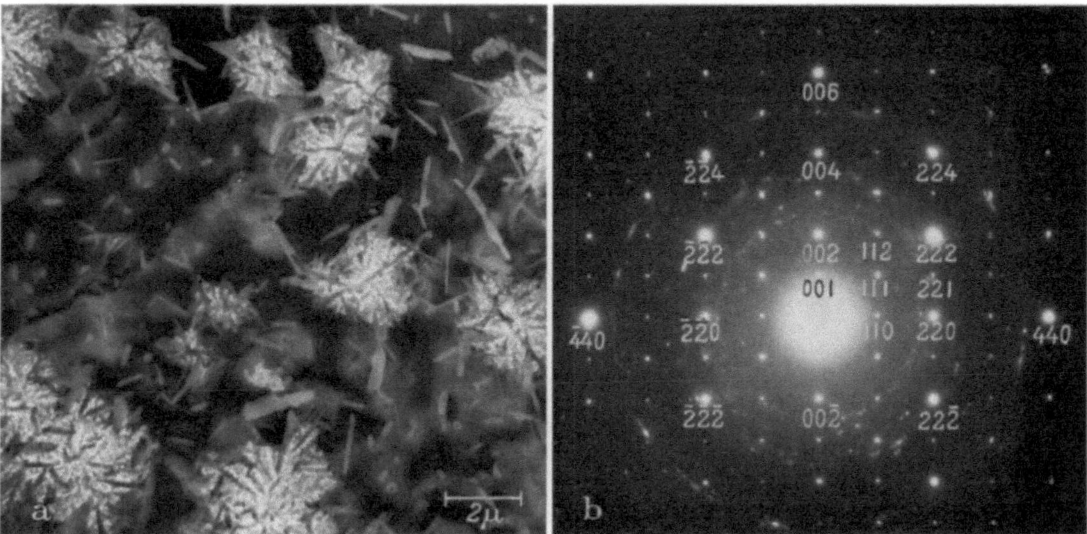

Fig. 6a et b. Comme Fig. 1. Après chauffage à 520° C pendant 60 min avec 50° C/min.
Les taches montrent la phase Cu_3Al

l'évaporation hétérogène des composantes. La Fig. 7b montre le diagramme correspondant encore inconnu.

L'ordre du changement de phase est :

$$CuAl_2 + CuAl \rightarrow CuAl \rightarrow Cu_9Al_4 \rightarrow Cu_3Al.$$

Chauffage du film préparé par fusion de l'alliage 67%Al/33%Cu. Le second film est celui de l'eutectique 67%Al/33%Cu (en poids) préparé par fusion. Il montre dès l'abord une structure lamellaire caractéristique de l'eutectique massif et le diagramme monocristallin de microdiffraction correspondant. Il est très rare qu'on obtienne une belle image en même temps qu'un beau diagramme de microdiffraction; celui-ci dépend de l'orientation cristallographique des lamelles par rapport à la surface du film, donc à la direction du faisceau d'électrons et de la différence de la maille cristallographique entre deux phases. Ce fait nous empêche d'étudier

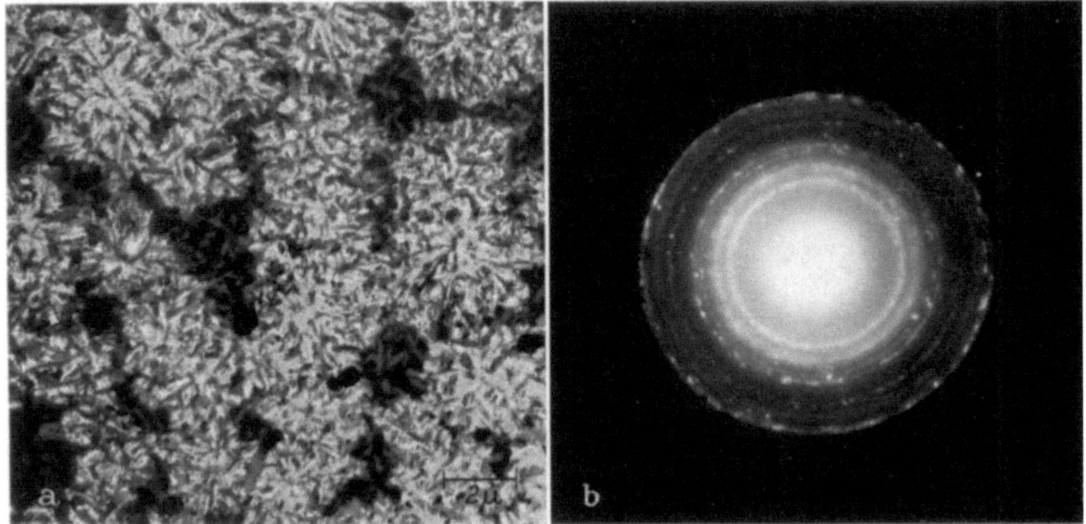

Fig. 7a et b. Comme Fig. 6. Après chauffage prolongé à 520 °C pendant 85 min.
Les anneaux (Fig. b) correspondent à des régions blanches (Fig. a)

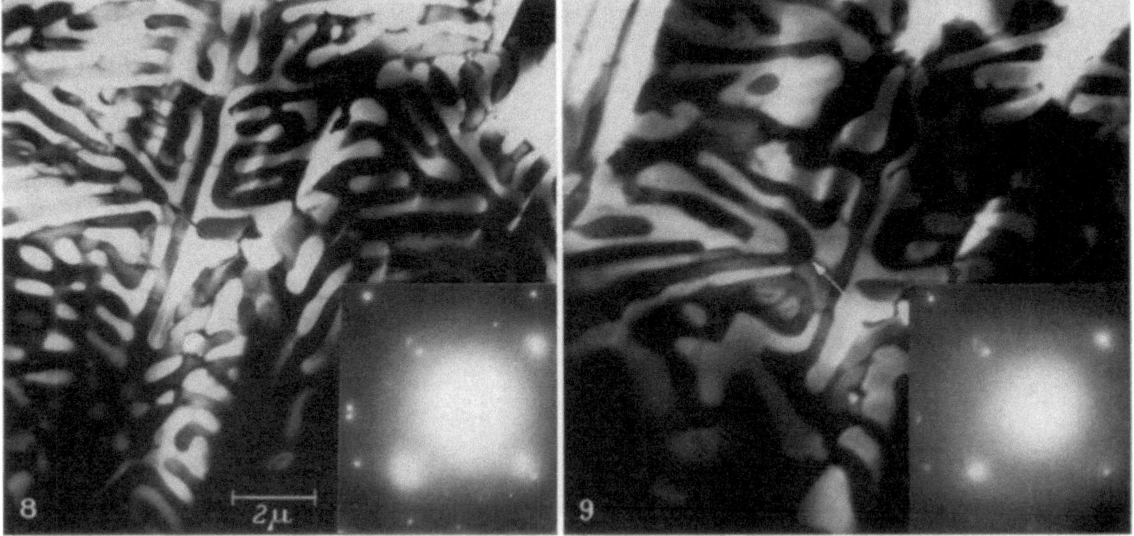

Fig. 8. Structure lamellaire de l'eutectique 33% Cu/67% Al. La plupart des taches est due à la phase CuAl₂ qui apparaît plus noire dans l'image. La flèche indique le déplacement de la même lamelle
Fig. 9. Comme Fig. 8. Après chauffage à 425° C pendant 3 min

la transformation cristallographique due au chauffage de la structure lamellaire. La Fig. 8 montre la structure lamellaire de l'eutectique 67%Al/33%Cu (3).

Sous l'effet du chauffage, ces lamelles commencent à se déplacer et des plages plus grandes se forment par combinaison de plusieurs lamelles. Ce déplacement semble avoir lieu à une température plus basse que celle de la formation de l'eutectique (548° C). La Fig. 9 montre l'état à 425° C. Les lamelles s'agrandissent déjà légèrement. La Fig. 10 montre l'état à 455° C; les lamelles se déplacent remarquablement. La Fig. 11 montre l'état à 480° C. On dirait que les lamelles sont devenues plutôt de gros grains. L'état monocristallin se maintient encore. La Fig. 12 correspond à 480° C. L'état monocristallin n'existe plus. Cet état doit correspondre à 548° C, point de l'eutectique; mais notre dispositif de chauffage ne permet pas de mesurer la

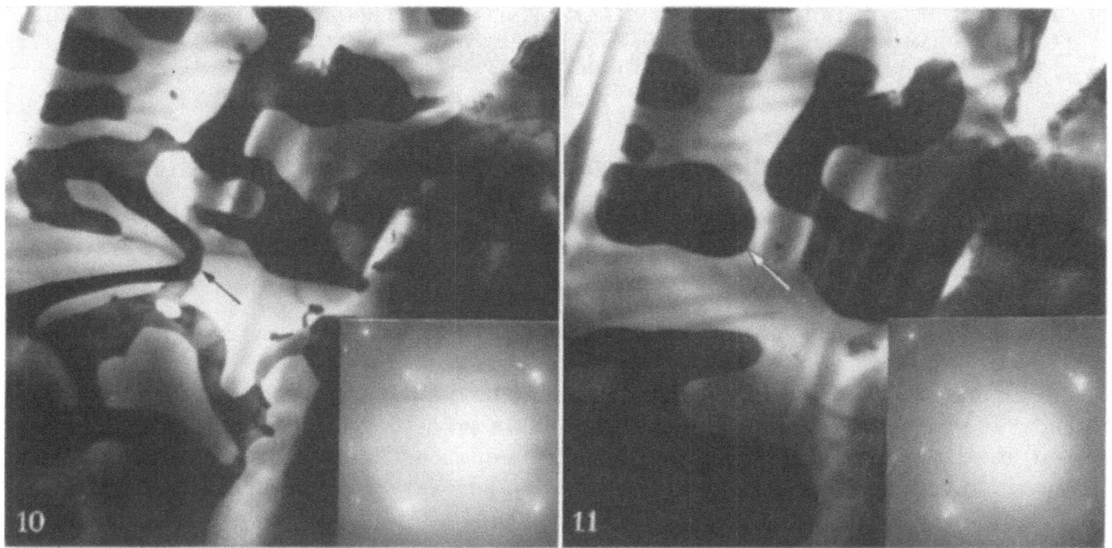

Fig. 10. Comme Fig. 8. Après chauffage à 455° C pendant 4 min
Fig. 11. Comme Fig. 8. Après chauffage à 480° C pendant 5 min

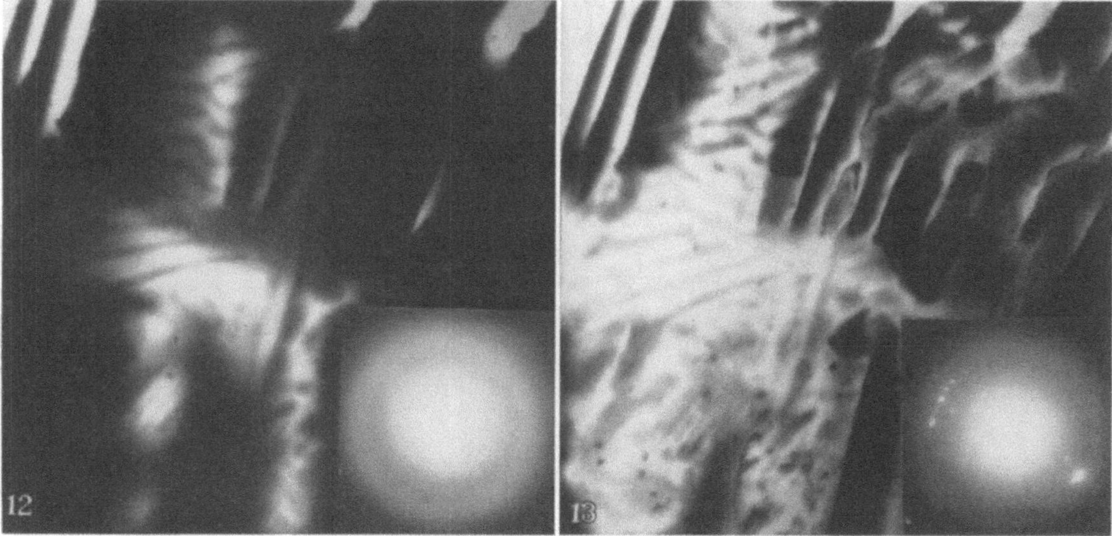

Fig. 12. Comme Fig. 8. Après chauffage à 480° C pendant 6 min
Fig. 13. Comme Fig. 12. Commencement de refroidissement

température précise de l'échantillon lui-même, d'une part, à cause de sa construction mécanique d'autre part, à cause de la qualité du film mince lui-même.

Au cours du déplacement des lamelles, on observe les mêmes taches de diffraction qu'au début, ce qui montre que l'orientation cristallographique relative des deux sortes de lamelles ne change pas malgré leur déplacement.

Quand on refroidit un peu l'échantillon, la séparation des lamelles commence comme le montre la Fig. 13.

Pour ce film, l'influence de l'évaporation hétérogène est moins grande. L'épaisseur du film est plus importante et la température est aussi moins élevée.

Bibliographie

1. Takahashi, N., J. J. Trillat et A. Saulnier: Métaux, Corrosion, Industries **28** (N° 333) 185 (1953).
2. — et K. Mihama: Acta metall. **5,** 159 (1957).
3. — et K. Ashinuma: C. R. Acad. Sci. (Paris) **246,** 3430 (1958).

Transformation des réseaux métalliques sous l'influence des éléments d'insertion:
Transformation du réseau du nickel sous l'influence de l'azote

Nobuzo Terao et Aurel Berghezan

European Research Associates, Uccle-Bruxelles (Belgique)

Il est bien connu que certains métaux présentent des transformations allotropiques. L'existence de quelques-unes de ces formes allotropiques est actuellement de plus en plus contestée et on les attribue à des transformations s'effectuant sous l'influence d'éléments d'insertion. Dans ce travail nous avons porté notre attention sur cette question en étudiant plus particulièrement les transformations subies par le nickel sous l'influence de l'azote.

Habituellement, ce métal se présente sous la forme cubique à faces centrées, mais certains auteurs ont signalé une variété allotropique hexagonale compacte qui n'est plus ferromagnétique (*1*). Cependant, ces dernières années, la variété hexagonale a été de plus en plus mise en doute et il semble maintenant qu'elle soit en réalité constituée par une solution solide d'insertion pouvant contenir en particulier des atomes de carbone, d'azote et même d'hydrogène (*2, 3*). Récemment, J. J. Trillat et ses collaborateurs ont étudié par diffraction électronique l'action de l'azote sur le nickel (*4*). Leurs résultats montrent que les atomes d'azote s'insèrent d'abord dans le réseau cubique à faces centrées du nickel et le dilatent considérablement, puis le transforment en un réseau hexagonal correspondant au nitrure: Ni_3N.

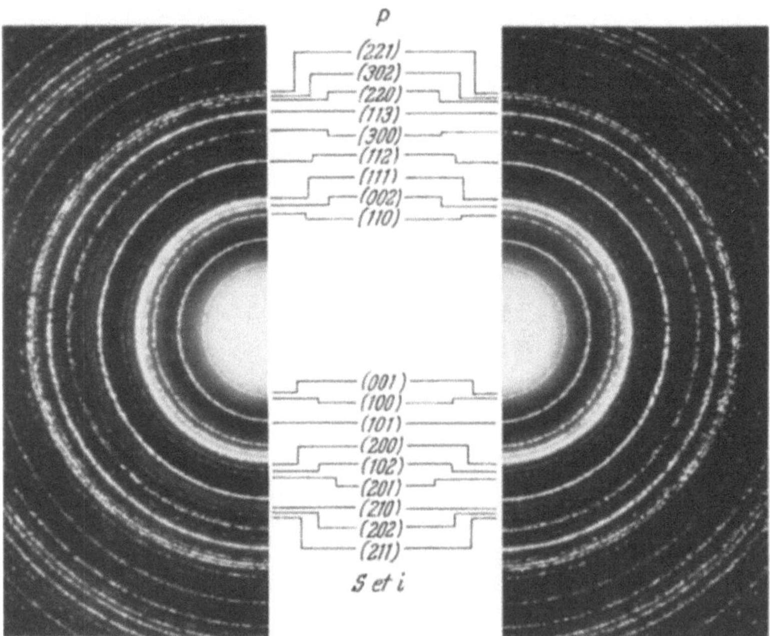

Fig. 1. Diagramme de diffraction électronique du Ni_3N

Dans le but d'apporter une contribution plus importante à ce problème de la transformation du nickel sous l'influence d'atomes d'azote, nous avons essayé dans ce travail de déterminer la structure exacte de la forme hexagonale; Ni_3N, celle de la forme intermédiaire dilatée et enfin, le mécanisme de cette transformation.

L'action de l'azote sur le nickel a été effectuée par passage de gaz ammoniac séché sur des couches minces de nickel polycristallines ou monocristallines, chauffées à des températures de

150 à 300° C. Les couches minces de nickel ont été préparées par vaporisation sous vide sur support de sel gemme ou de collodion et leur épaisseur était d'environ 200—400 Å. La durée de la nitruration était de 1 à 7 h. Après refroidissement complet en atmosphère de NH_3, les préparations sont retirées du four et examinées par diffraction électronique par transmission.

Structure de la forme hexagonale: Ni_3N. Ce nickel, c.f.c. de maille $a = 3,52$ Å, se dilate fortement par nitruration jusqu'à atteindre la maille $a = 3,72$ Å. Ensuite, en continuant la nitruration, cette forme cubique dilatée se transforme en une variété hexagonale (Fig. 1). L'interprétation de ce diagramme indique que toutes les raies de diffraction peuvent être classées en trois groupes de réflexions; P = raies principales, S = raies de sur-structure et i = raies interdites. Les raies principales, toujours assez fortes, sont attribuées à la structure hexagonale compacte de paramètres:

$$a = 2,660 \text{ Å}, \qquad c = 4,304 \text{ Å}, \qquad c/a = 1,618$$

Les réflexions «i» sont attribuées à la même maille bien qu'elles soient interdites pour la maille hexagonale compacte. Par contre, les raies «S» très faibles ne peuvent être attribuées à cette maille, mais à une maille supérieure toujours hexagonale de paramètres:

$$a_S = \sqrt{3} \cdot a = 4,607 \text{ Å}, \qquad c_S = c = 4,304 \text{ Å}.$$

Cette maille supérieure semble bien être une maille de sur-structure, dans laquelle les atomes de nickel et d'azote sont arrangés comme indiqué dans la Fig. 2. Cet arrangement en sur-structure est en accord avec les travaux par rayons X de JACK (*3*), mais diffère de la structure proposée par NAGAKURA (*5*) pour le carbure de nickel: Ni_3C.

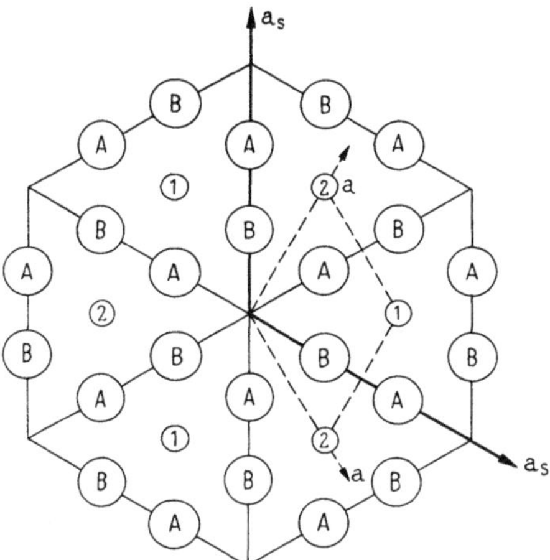

Fig. 2. Structure du Ni_3N. Cette Figure montre la projection de l'arrangement atomique sur le plan de base. Les grands cercles représentent les atomes de nickel et les petits cercles, les atomes d'azote. La maille indiquée par les traits de lignes est la maille hexagonale compacte antérieurement supposée (*4*). Position des deux sortes d'atomes est: Ni: A $(0, {}^2/_3, {}^1/_4)$; $({}^1/_3, {}^1/_3, {}^1/_4)$; $({}^2/_3, 0, {}^1/_4)$. B $({}^1/_3, 0, {}^3/_4)$; $(0, {}^1/_3, {}^3/_4)$; $({}^2/_3, {}^2/_3, {}^3/_4)$. N: 1 $({}^2/_3, {}^1/_3, 0)$. 2 $({}^1/_3, {}^2/_3, {}^1/_2)$

Structure de la forme intermédiaire dilatée. Les diagrammes de diffraction électronique du nickel dilaté montrent que la forme c. f. c. se conserve, mais on observe en outre certains anneaux supplémentaires, toujours faibles et très diffus (Fig. 3). Comme les raies (100), (110), (210), (211)... sont interdites pour le cristal c. f. c. formé d'une seule sorte d'atomes, nous avons attribué ces réflexions à un réseau de sur-structure, toujours cubique à faces centrées contenant en plus des atomes de nickel un atome d'azote. La position la plus probable de cet atome d'azote dans la maille de sur-structure est: $({}^1/_2, {}^1/_2, {}^1/_2)$. Cela conduit à admettre l'existence d'une nouvelle forme de nitrure de nickel Ni_4N.

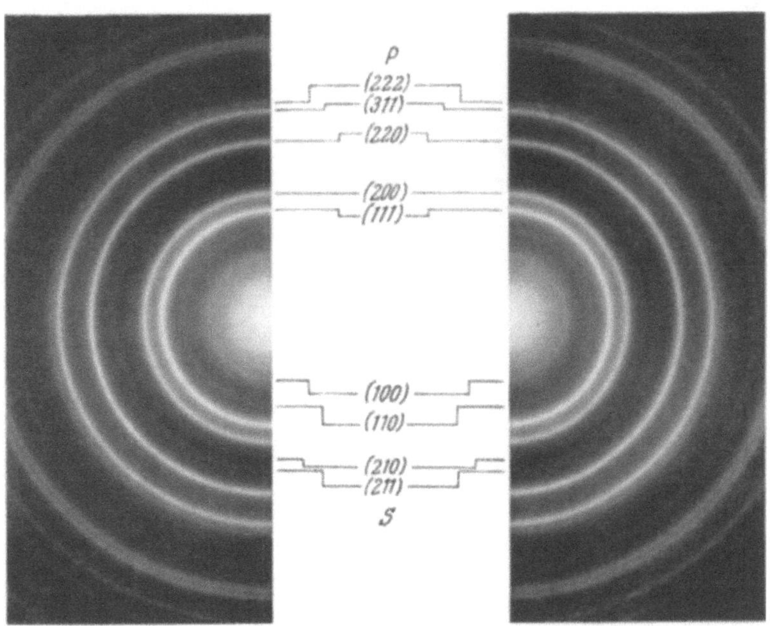

Fig. 3. Diagramme de diffraction électronique du nickel dilaté

Mécanisme de la transformation de la forme cubique dilatée (Ni₄N) en la forme hexagonale (Ni₃N). La nitruration conduite sur la couche mince de nickel monocristalline, obtenue par vaporisation sous vide sur une face clivée (001) de NaCl chauffé à 400 ∼ 450° C, montre que les diagrammes de diffraction du nickel dilaté sont formés de taches individuelles tout comme le nickel de départ, montrant ainsi que l'orientation monocristalline est conservée. En continuant la nitruration, toutes les taches du nickel de départ et du nickel dilaté disparaissent et on obtient en fin de compte la forme hexagonale. La relation d'orientation entre le nickel dilaté (Ni₄N) et le Ni₃N peut s'écrire:

$$(111)_{Ni4N} \,//\, (0001)_{Ni3N}; \quad [10\bar{1}]_{Ni4N} \,//\, [2\bar{1}\bar{1}0]_{Ni3N}$$

(Ni₃N: indice d'hexagonal compact). Cette relation d'orientation indique que le mécanisme de la transformation du nickel dilaté (Ni₄N) cubique en nickel hexagonal (Ni₃N) se fait par des micro-glissements sur les plans {111}, semblables à ceux qui provoquent la transformation martensitique du cobalt. C'est-à-dire que chaque glissement est produit par le déplacement d'une dislocation partielle dans la direction [11$\bar{2}$] et ces micro-glissements ont comme conséquence le changement de l'ordre d'empilement des plans {111} - cubique en un empilement des plans {0001} - hexagonal. En plus, la diffusion d'atomes d'azote supplémentaires dans le réseau du Ni₄N (cubique) provoque un autre changement d'empilement: Les plans {1$\bar{1}$0} -cubiques deviennent après la transformation des plans {1$\bar{2}$10} de la forme hexagonale (Ni₃N).

Bibliographie

1. Ingersoll, L. R., and S. S. de Vinney: Physic. Rev. **26**, 81 (1925).
   Thomson, G. P.: Nature (Lond.) **123**, 912 (1929).
2. Jacobson, B., u. A. Westgren: Z. physik. Chem. B **20**, 361 (1933).
   Leclerc, G., et A. Michel: C. R. Acad. Sci. (Paris) **208**, 1583 (1939).
   Bernier, R.: Ann. Chim. analyt. **6**, 104 (1951).
3. Jack, K. H.: Acta crystallogr. (Lond.) **3**, 392 (1950).
4. Trillat, J. J., L. Tertian, N. Terao et C. Lecomte: Bull. Soc. Chim. France **1957**, 804.
5. Nagakura, S.: J. Phys. Soc. Japan **12**, 482 (1957); Acta crystallogr. (Copenh.) **10**, 601 (1957).

Die Bildung des Eisen-Stickstoff-Martensits in dünnen Schichten

Wolfgang Pitsch

Max-Planck-Institut für Eisenforschung, Düsseldorf

In der vorliegenden Arbeit wurden Eisenfolien bei rund 700° C in Ammoniak-Wasserstoff-Gasgemischen nitriert. Dabei bilden sich je nach Zusammensetzung des Gasgemisches austenitische Eisen-Stickstoff-Folien mit verschiedenem Stickstoffgehalt (*1*). Anschließend wurden die Folien in einer auf Raumtemperatur befindlichen Zone des Nitrierofens schnell abgekühlt. Dabei wandelten sich austenitische Folien mit z. B. 1,5 Gew.-% N fast vollständig in Martensit um. Die abgeschreckten Folien wurden mit dem Siemens Elmiskop I in Durchstrahlung beobachtet und die Struktur des auftretenden Martensits durch Elektronenbeugung bestimmt.

Während einer Nitrierung in einem Gasgemisch mit rund 5 Vol.-% NH₃ entstanden Schichten, deren Debye-Scherrer-Diagramm nach dem Abschrecken neben einigen schwachen austenitischen Reflexen die Linien eines tetragonalen Kristallgitters mit den Konstanten $a = 2{,}85$ Å und $c = 3{,}00$ Å zeigte. Diese Struktur hat nach K. H. Jack ein martensitisches Kristallgitter mit einem Stickstoffgehalt von 1,5 Gew.-% N (*2*). Abb. 1 zeigt das elektronenmikroskopische Bild einer solchen Folie. Man erkennt an einigen Stellen feine parallele Streifen (*a*), die häufig in zwei Gruppen aufeinander senkrecht stehen, während sonst ein vielleicht gefleckt zu nennendes Muster (*b*) vorherrscht.

Um die Folie genauer zu untersuchen, wurden einzelne Stellen mit einem Durchmesser von rund 1 μ ausgeblendet und ihre Feinbereichsbeugung aufgenommen. Abb. 2 zeigt das Beugungsbild der Stelle (*a*). Es besteht in der Hauptsache aus einem Faserdiagramm, dessen Schichtlinien senkrecht zu den Streifen an der Stelle (a) verlaufen. Daraus folgt, daß die Streifen Martensitnadeln darstellen, die in der Folienebene liegen. Aus dem Abstand der Schichtlinien ergab sich als Atomabstand längs der Nadelachsen 2,51 Å. Dieser Wert entspricht genau dem Abstand

Abb. 1. Elektronenmikroskopische Durchstrahlaufnahme einer martensitischen Eisen-Stickstoff-Folie
(80 kV, 60000:1)

der Eisenatome längs der Raumdiagonalen $\langle 111\rangle_{\alpha'}$ eines Martensitgitters mit $a = 2,85$ Å und $c = 3,00$ Å. Das bedeutet, daß die Martensitnadeln mit der $\langle 111\rangle_{\alpha'}$-Richtung ihres Kristallgitters in Nadelachsenrichtung gewachsen sind. Die Auswertung der Einzelreflexe auf den Schichtlinien wurde nach den beiden in Abb. 2 zur besseren Übersicht eingezeichneten Strichmustern ausgeführt und ist in Abb. 3 wiedergegeben. Sie zeigt, daß die Martensitnadeln in den beiden Zwillingsorientierungen eines kubisch-raumzentrierten Gitters vorkommen. Dabei wird die

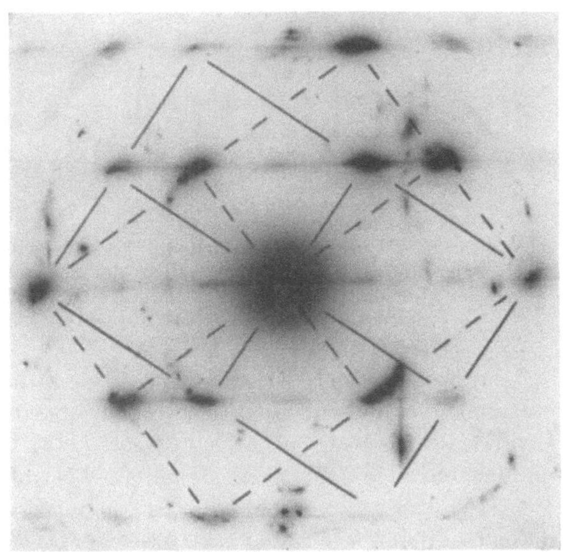

Abb. 2. Das Elektronenbeugungsbild der Stelle a in Abb. 1. Zur besseren Übersicht sind zusammengehörige Reflexe untereinander durch ein ausgezogenes bzw. unterbrochenes Strichmuster verbunden

Zwillingsebene $(112)_{\alpha\prime}$ von der Richtung der einfachen Schiebung $[\bar{1}11]_{\alpha\prime}$, in diesem Falle also der Nadelachsenrichtung und der Richtung $[1\bar{1}0]_{\alpha\prime}$ aufgespannt. Bei beiden Zwillingslagen steht die $[1\bar{1}0]_{\alpha\prime}$-Richtung senkrecht auf der Folienebene. Damit ist die Kristallorientierung der Martensitnadeln festgelegt.

An der Stelle (a) in Abb. 1 stehen zwei Nadelgruppen aufeinander senkrecht. Deshalb enthält das Beugungsbild Abb. 2 noch Teile eines zweiten Faserdiagramms, das senkrecht zu dem ersten verläuft, aber sonst mit diesem übereinstimmt. Damit ergibt sich für die beiden Nadelgruppen an der Stelle (a) der in Abb. 4a schematisch wiedergegebene Kristallaufbau. Die beiden Nadelgruppen besitzen kein gemeinsames, durchgehendes Kristallgitter; denn innerhalb ein und desselben Martensitgitters gibt es keine zwei $\langle 111 \rangle_{\alpha\prime}$-Richtungen, die aufeinander senkrecht stehen.

Aus dem besonderen Aufbau des Martensits läßt sich auch die Orientierung des vor der Transformation an dieser Stelle gelegenen Austenitgitters ablesen, wenn man annimmt, daß sich die dichtest gepackte Gittergerade $\langle 111 \rangle_{\alpha\prime}$ des Martensits aus der dichtest gepackten Gittergeraden $(110)_{\gamma}$ des Austenits gebildet hat. Die sich damit ergebende Orientierung des Austenits ist in Abb. 4 rechts wiedergegeben. Wie man erkennt, wurde bei der Umwandlung genau der Orientierungszusammenhang

$$[\bar{1}\bar{1}1]_{\alpha\prime} \; // \; [1\bar{1}0]_{\gamma}, \; [1\bar{1}0]_{\alpha\prime} \; // \; [001]_{\gamma} \; \text{und} \; (\bar{1}\bar{1}2)_{\alpha\prime} \; // \; (110)_{\gamma}$$

eingehalten. Dieser Orientierungszusammenhang ist verschieden von dem an kompakten Proben aus vergleichbaren Fe-C-Legierungen (3) beobachteten Zusammenhang. So wurde in der vorliegenden Untersuchung nicht gefunden, daß die Gitterebenen $\{110\}_{\alpha\prime}$ und $\{111\}_{\gamma}$ parallel sind. Eine Erklärung für diese Abweichung muß in den speziellen Versuchsbedingungen gesucht werden, unter denen die hier beobachtete Martensit-Transformation abgelaufen ist.

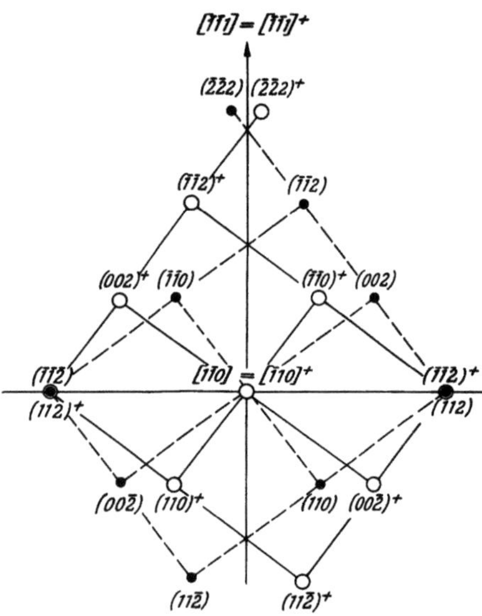

Abb. 3. Berechnetes Beugungsdiagramm eines Martensit-Kristalls, der wie in eckigen Klammern angegeben orientiert sein soll. Die Reflexe sind mit den Indizes der jeweils reflektierenden Netzebenen beschriftet. Es kommen zwei Zwillingslagen vor, von denen eine durch ein Sternchen markiert ist

Das Austenitgitter (Abb. 4b) kann durch folgende Atomverrückungen in das Gitter einer Martensitnadel (Abb. 4a) übergeführt werden[1]:

1. $[1\bar{1}0]_{\gamma}$ geht in $[\bar{1}\bar{1}1]_{\alpha\prime}$ durch eine 1,5%ige Schrumpfung der Atomabstände über.

2. Der Atomabstand in $[001]_{\gamma}$-Richtung muß um 12% vergrößert werden, um in den Atomabstand der $[1\bar{1}0]_{\alpha\prime}$-Richtung überzugehen.

3. Der Abstand der $(110)_{\gamma}$-Ebenen muß um 6% verkleinert werden, um in den Abstand der $(\bar{1}\bar{1}2)_{\alpha\prime}$-Ebene überzugehen.

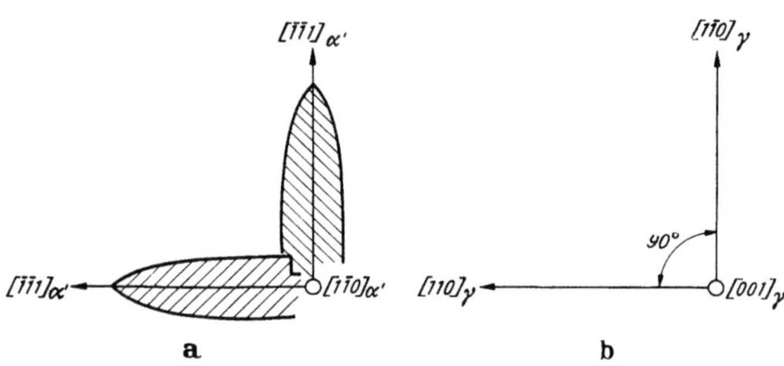

Abb. 4a u. b. Schematische Darstellung a) des Kristallaufbaues der Martensitnadeln in Abb. 1 an der Stelle a, b) des austenitischen Muttergitters, in dem sich die Martensitnadeln gebildet haben

Ein austenitisches Kristallgitter, in dem die unter 1.—3. beschriebenen Atomverrückungen stattgefunden haben, entspricht einem martensitischen Kristallgitter, das genau eine halbe Zwillingsschiebung gemacht hat, wobei $(\bar{1}\bar{1}2)_{\alpha\prime}$ die Zwillingsebene und $[\bar{1}\bar{1}1]_{\alpha\prime}$ die Richtung der einfachen Schiebung sind (4). Das heißt aber, daß die ehemaligen $(110)_{\gamma}$-Ebenen noch eine halbe

____

[1] Für die folgenden Berechnungen wurde als Gitterkonstante des Austenits der Wert 3,60 Å benutzt, der nach (2) einem Stickstoffgehalt von 1,5 Gew.-% N entspricht.

Zwillingsschiebung entweder in $[\overline{1}1\overline{1}]_{\alpha'}$- oder in $[11\overline{1}]_{\alpha'}$-Richtung um rund 17° machen müssen, um die fertige Martensitstruktur aufzubauen. Daß beide Schiebungen wirklich stattgefunden haben, wird durch den Befund bestätigt, daß die untersuchten Martensitnadeln wirklich in den beiden Zwillingsorientierungen vorliegen.

Die untersuchte Martensit-Transformation kann also im wesentlichen darauf zurückgeführt werden, daß die dichtest gepackten Atomreihen ihre gegenseitigen Abstände etwas verändern und im übrigen gegeneinander um $+17°$ oder $-17°$ geschert worden sind. Es ist wahrscheinlich daß diese Scherung bei den nebeneinander in der Folienebene liegenden Atomreihen abwechselnd in positiver und negativer Richtung erfolgt ist. Auf diese Weise kann die Entstehung der Zwillingsstruktur bei den nebeneinander in der Folienebene liegenden Martensitnadeln erklärt werden.

Über Eigenschaften der Habitusebene kann in dieser Untersuchung nichts ausgesagt werden, da solche bei der verwendeten, besonderen Probenform nicht auftreten.

Abschließend sei erwähnt, daß die in Abb. 1 als gefleckt bezeichneten Stellen (*b*) auf Martensitnadeln zurückgeführt werden können, die annähernd parallel zur Foliennormalen gerichtet sind.

Literatur

1. Einzelheiten des Präparationsverfahren s.: W. Pitsch, Arch. Eisenhüttenwesen **28**, 745 (1957); **29**, 125 (1958). Lehrer, E.: Z. Elektrochem. **36**, 383 (1930).
2. Jack, K. H.: Proc. roy. Soc. **208**, A 200 (1951).
3. S. z. B. die zusammenfassende Darstellung von J. S. Bowles and C. S. Barret "Crystallography of Transformations". Progr. in Metall Physics **3**, 5 (1952).
4. Masing, G.: Lehrbuch der allgemeinen Metallkunde. S. 350. Berlin-Göttingen-Heidelberg: Springer 1950.

Some special aspects of the bainitic structure

L. Habraken

National Center of Metallurgical Research, Liège (Belgium)

Bainite is commonly thought of as a structure of carbides in ferrite and, in fact, is so defined. The carbides are of the M_3C type. Some recent reviews of the bainitic transformation confirm this point of view (*1*). As reported some years ago in several publications (*2, 3, 4, 5, 6, 7, 8, 9*), upper and lower bainite are differentiated in electron metallography by the orientation of the

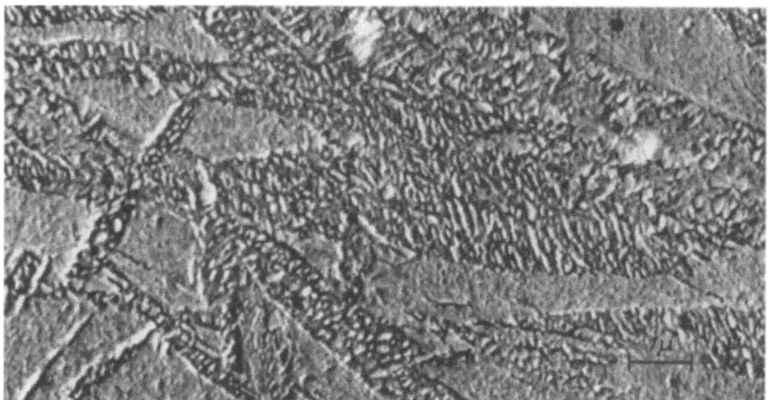

Fig. 1. Lower bainite in a Cr-V steel. Isothermal transformation 4 min 50 sec at 290° C.
Formvar replica shadowed with chromium

carbide particles with respect to the axis of the ferrite needle. In pure lower bainite, the carbides are parallel and lie at a constant angle with the direction of the bainitic needle (or lens). In pure upper bainite, a feather-like product, the carbides are parallel to the longest direction of the plates — one of the growth directions. These structures are exhibited in Fig. 1, a Cr-V steel, and in Fig. 2, an eutectoid carbon steel. Usually, these two structures appear in all steels containing 0.5% carbon and more, with and without other alloying elements. Here, the pearlitic transformation overlaps the upper portion of the bainitic range. The coexistence of these two structures is

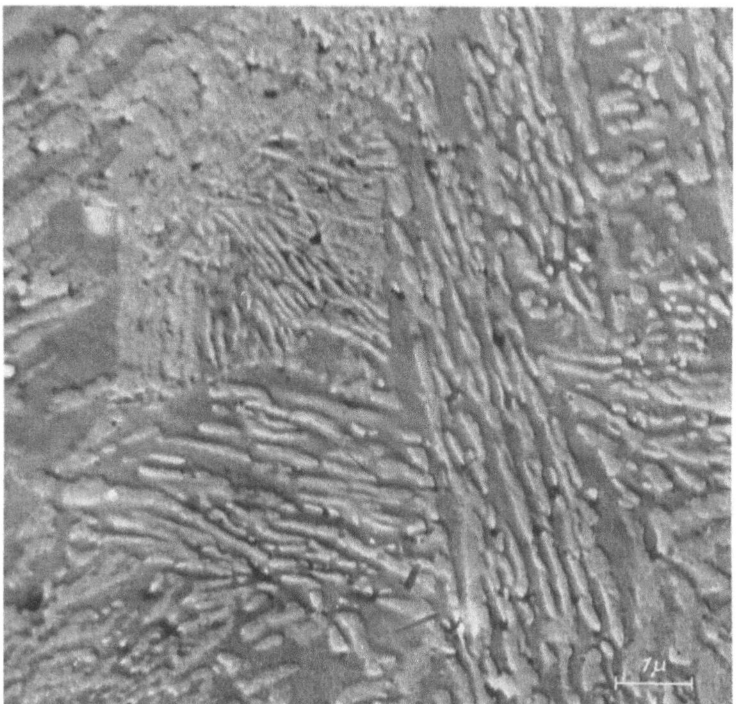

Fig. 2. Upper bainite in an eutectoïd steel (0.9% C). Isothermal transformation 1 min at 525° C. Formvar replica shadowed with chromium

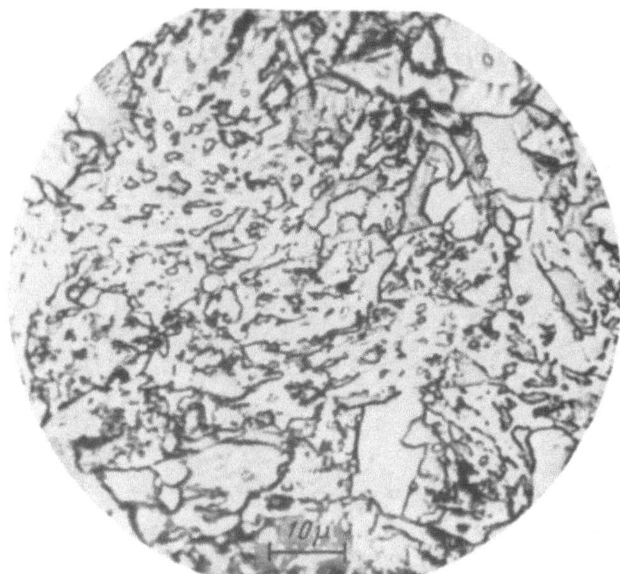

Fig. 3. Granular structure in the upper region of the bainitic transformation in a Cr-Mo steel. (Light micrograph)

especially noticed in anisothermal transformation. In isothermal transformation, it is relatively easy to separate them.

When bainitic and pearlitic transformations are sufficiently separated as, for example, in the third and fourth classes of TTT curves, another microstructure appears. In the upper part of the bainitic range, a granular structure is formed. It appears both in isothermal and anisothermal transformations. This product has been called probainitic ferrite, by HULTGREN (*10*), and constituant A, by the author (*7*) after an extensive electron metallographic investigation. Fig. 3 shows an optical micrograph of a Cr-Mo steel possessing this structure. During isothermal treatment, this transformation very seldom reaches completion. During an anisothermal treatment, the transformation is complete, for critical rates of cooling (Fig. 4) in a short temperature range (*9*).

Electron metallographic observations (at $\times$ 5000), using a one-step formvar replica technique, show three kinds of structure (Fig. 5). The first is a duplex structure of ferrite and agglomerated

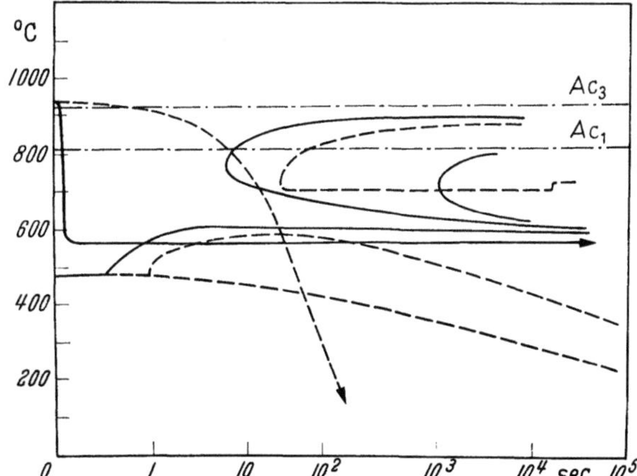

Fig. 4. Comparison of isothermal and anisothermal transformation in the upper bainite regions of a Cr-Mo steel (schematic): ———— isothermal, —·—·— anisothermal

carbides (Fig. 5a). The second (Fig. 5b) shows the same constituents and also a polygonal, slightly etched structure. The third micrograph shows only ferrite and this latter constituent. The first structure is observed in a Cr-Mo-V-W steel, the second in a low-alloyed steel, type 4140, and the third in the well-known $2^1/_4\%$ Cr-1% Mo steel. These structures appear after a normalisation of a specimen one inch thick.

To detect the nature of this lightly etched constituent, we have examined by X-ray diffraction specimens giving a microstructure as shown in Fig. 5c. The patterns clearly show the peaks of austenite. By using a semi-quantitative method, it is possible to estimate that some specimens contained up to 15 or 20% of this phase. To obtain additional information on this structure, specimens were given a tempering treatment. Fig. 6 shows the resulting microstructure in a Cr-Mo and a Mn steel. The nodules of austenite have decomposed into ferrite and small carbides. X-ray investigation of the extracted carbide residues showed the presence of the M_3C type carbide. There is insufficient evidence at present to determine whether or not these regions are enriched in substitutional elements. Some indications exist, however, which show that these regions are enriched in hydrogen as the carbon content is increased (*9, 11*).

In order to learn more about the presence and effect of this austenite, we have determined the structures present in different steels subject to various cooling rates (water quench to furnace cooling) after austenitization. The maximum residual austenite or enriched austenite[1] is present after a critical cooling rate, in fact, after the air cooling of a bar one inch in diameter (Fig. 7). In order to determine if these structures could possibly be interpreted as bainitic, we have investigated the common bainite (acicular bainite) appearing after more rapid quenching operations in steels which exhibited the structure as shown in Fig. 5c.

---

[1] In comparison to the composition of the initial austenite grain.

The same Cr-Mo steel, when subjected to a cooling rate more rapid than above, or during isothermal transformation under the chin of the TTT curve, exhibits a bainite as shown in Fig. 8. In this figure, the white needles are again austenite, as W. Koch, A. Krisch and A. Schrader

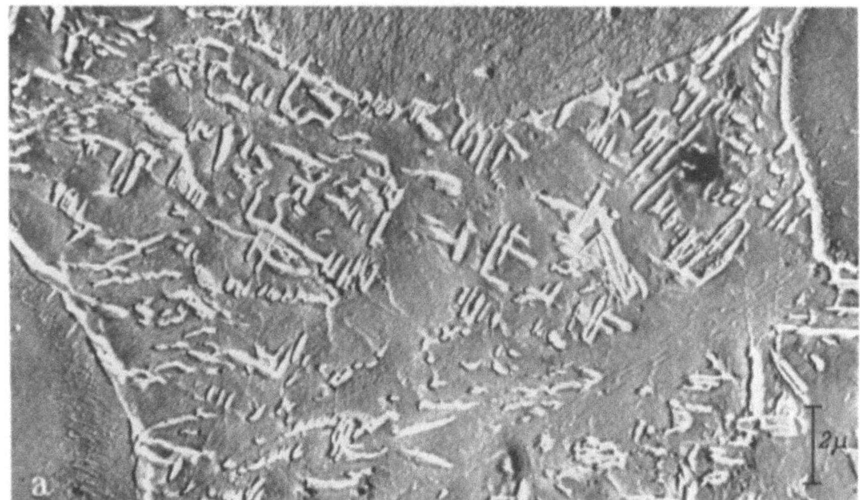

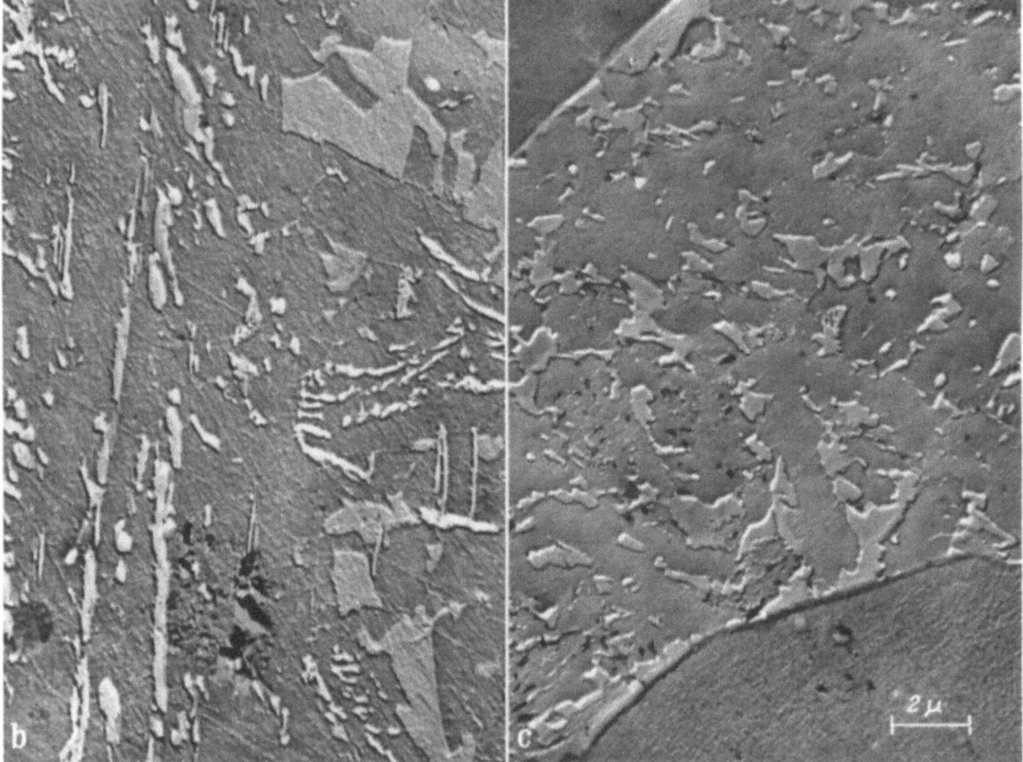

Fig. 5a—c. Granular structure in the bainitic range. Formvar replica shadowed with chromium. a) 0.1% C + + 1% Cr + 0.5% Mo + 0.5% W + 0.4% Va steel; b) 4140 type steel; c) 0.1% C + 2.25% Cr + 1% Mo steel

have confirmed recently in a Cr-Mo-V steel (12). In Fig. 9, corresponding to the steel studied here after an oil quench, the structure is completely acicular (lower bainite) with practically no austenite visible. This last result agrees with the information obtained by X-rays. Thus, it appears that even the common "upper" bainite in these low carbon alloyed steels is also formed by ferrite and "enriched" austenite.

In order to determine if the presence of substitutional elements (Cr, Mo, etc.) is necessary for the stabilization of austenitic regions, we have tried to reproduce this structure in carbon steels. The nodular austenite is visible from a critical air-cooling of a very thin lamella of a 0,05%

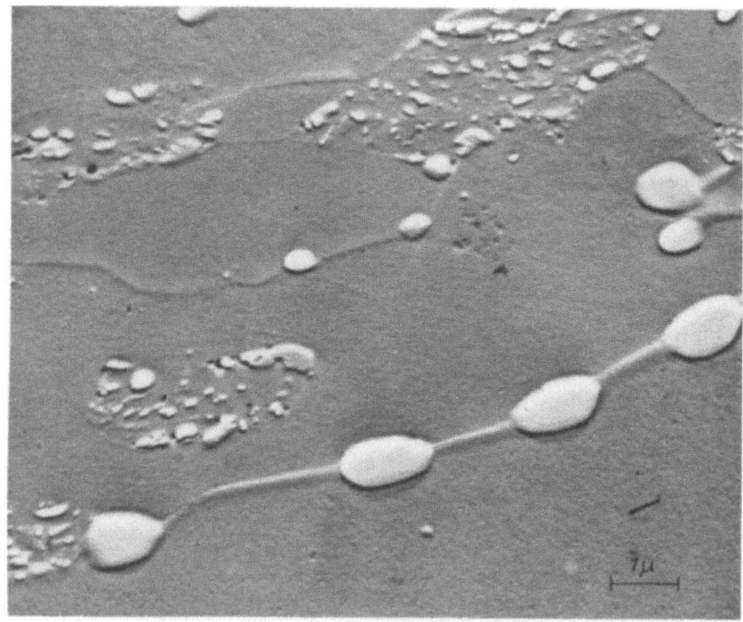

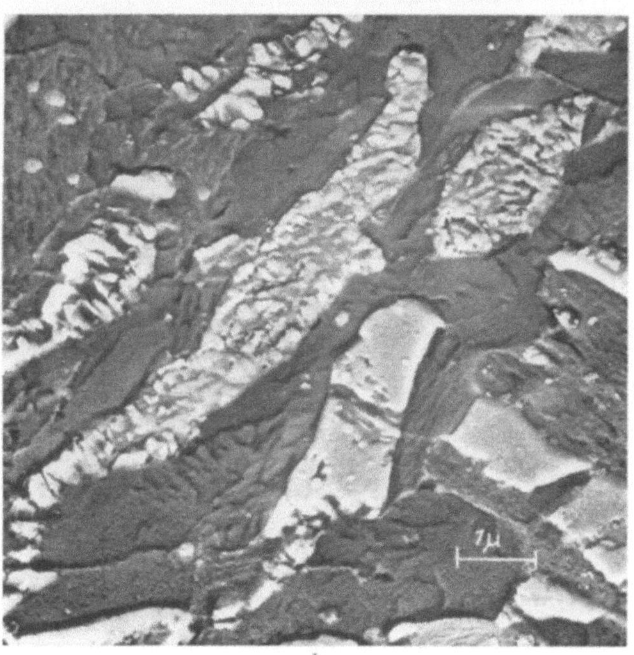

Fig. 6a and b. Tempering of granular bainite. Formvar replica shadowed with chromium.
a) 2.25% Cr + 1% Mo steel; b) 1.4% Mn + 0.4% C steel

carbon steel and also in isothermal transformation at the highest temperatures of the bainitic transformation (9). It is apparently possible to produce this structure even in carbon steels. To explain the formation of this granular structure, we shall use the schematic sequence shown in Fig. 10. Below A$_1$ cooling introduces some atomic movement inside the austenite grain. In fact, thermal quench stresses produce not only elastic but also plastic deformation (9).

The rate of cooling is very important; for example in a water quench, the stresses and, as a result, the deformation, are important. The time of diffusion is short. During air-cooling, stresses and deformation are lower but the time for diffusion is prolonged especially for the

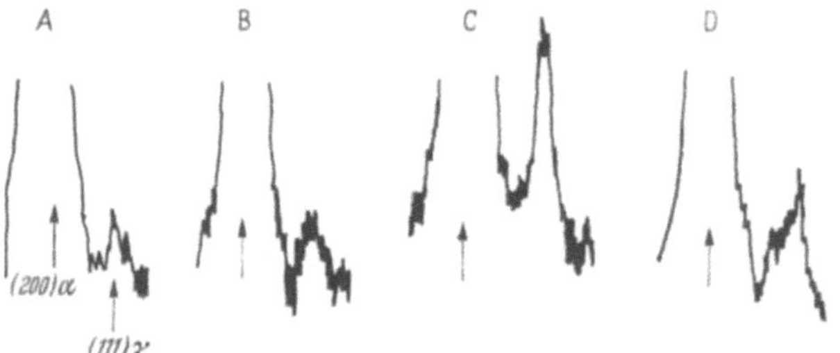

Fig. 7A—D. Portions of X-ray diffraction diagrams showing foot of (110) reflexion of ferrite and reflexion of (111) of austenite in a Cr-Mo steel, after various cooling rates. A) water quenched; B) oil quenched; C) air-cooling; D) furnace cooling. Maximum austenite content corresponds to an air-cooling treatment

interstitial elements. It thus appears possible that during the movements of imperfections, a large diffusion of carbon takes place, and as the temperature decreases, a concentration of dislocations and also carbon atoms occur at the intersection of octaedral planes. Evidentally,

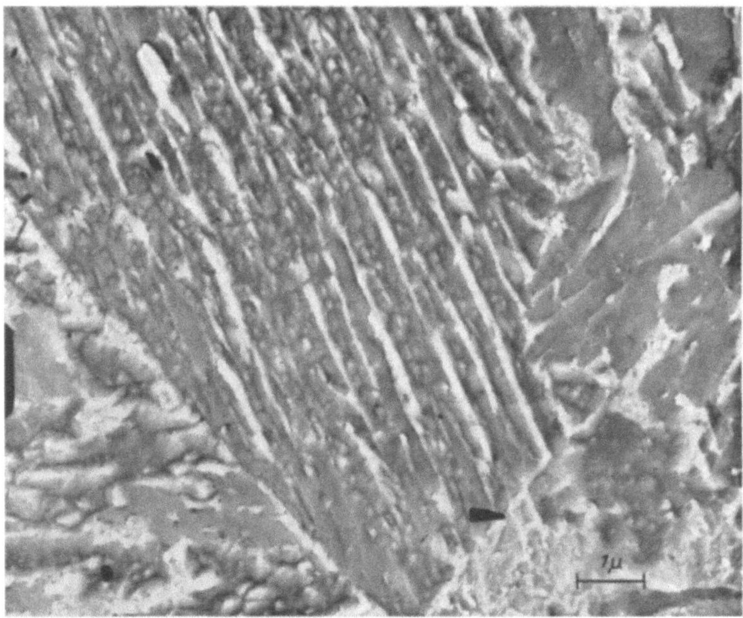

Fig. 8. Aspect of bainite in a 2.25 Cr + 1% Mo steel after oil quenching.
Formvar replica shadowed with chromium

these regions are very inhomogenous not only in carbon and other elements but also in dislocations and vacancies.

The size of these regions is evidentally the most important when the rate of cooling is sufficiently slow to introduce a minimum of imperfections movement and a maximum of diffusion of interstitial elements. This is the reason for the existence of a critical cooling rate. These structures appear especially in those steels whose TTT curves belong to the third and fourth classes, since no perturbation in the process appears by the precipitation of α ferrite.

The transformation is governed by the magnitude of this modification in the matrix. At the austenitic grain boundaries or sometimes inside the grain itself, ferritic nuclei appear which originate in regions poor in interstitial elements. These grow incoherent with the matrix lattice

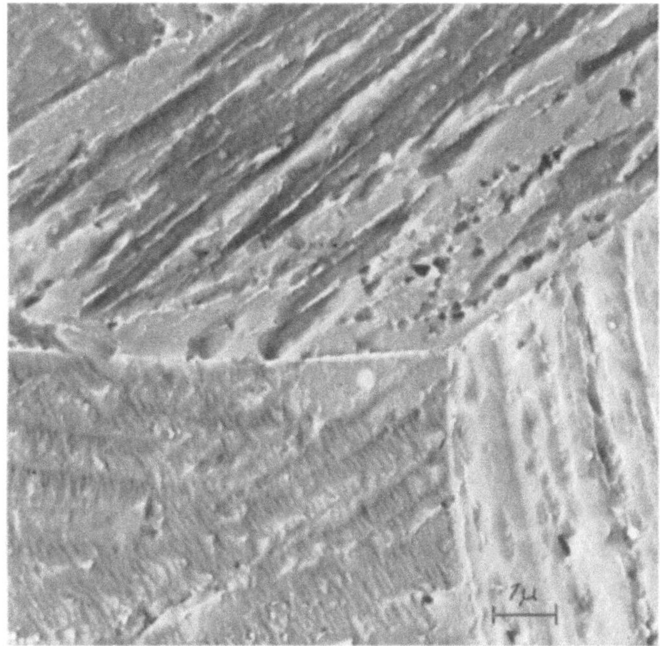

Fig. 9. Aspect of acicular bainite in a 2.25% Cr + 1% Mo steel after water quenching. Formvar replica shadowed with chromium

on some crystallographic planes, as suggested by J. FRIEDEL (13) for some special martensitic transformations. These ferritic regions envelope the enriched zones where the $\gamma \to \alpha$ transformation is retarded or not possible in the case of stabilization.

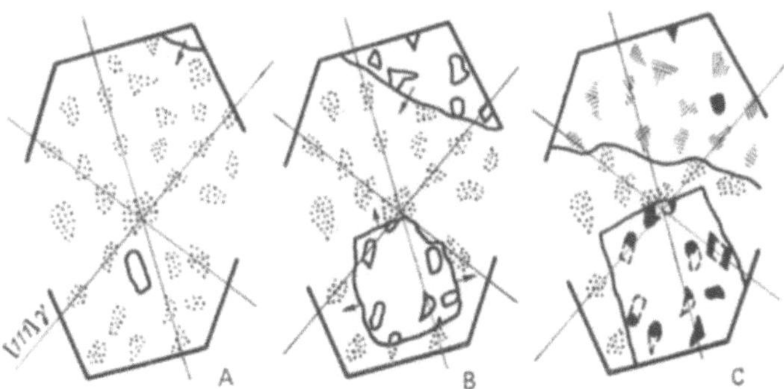

Fig. 10A—C. Schematic evolution of the granular bainite. A) [▦] zone of austenite enriched in C, H, . . . [▭] nuclei of ferrite; B) [▭] ferrite with nodules of enriched austenite; C) [▨] zone of ferrite and carbides inside ferrite; [▭] ferrite and nodule of stabilized austenite

This growth is rapid as has been shown by using interrupted air-cooling (8, 9). Usually only a few nuclei are present in each austenite grain. The rate of transformation appears to increase with decreasing temperature (ΔT). At the end of the transformation, a change appears in the untransformed and encircled regions. These are slowly consumed by the surrounding ferrite except for some particles which remain as stabilized, enriched austenite. In other instances these particles transform into ferrite and carbides (Fe_3C). From time to time, in some steels, these two structures are present. In this case stabilized regions are often concentrated along the primary austenitic grain boundaries. This fact is taken as evidence of the influence of imperfections on the process.

This work was conducted under the auspices of the "Institut pour l'Encouragement de la Recherche Scientifique dans l'Industrie et l'Agriculture" (IRSIA) at the CNRM (Liège). The author expresses his thanks to those two organizations. The author wishes also to thank especially Mr. GREDAY and Mr. CUVELIER of the C.N.R.M.

References

1. HEHEMAN, R. F., and A. R. TROIANO: Metal Progr. **70**, 97 (1956).
2. COHEUR, P., et L. HABRAKEN: Rev. univ. Mines, **94**, 107 (1951).
3. First Progress Report of Sub-Committee on Electron Microstructure of Steel, Proc. ASTM **50**, 444 (1950).
4. Second Progr. Rep. by Sub-Ctee XI-Ctee E4, Proc. ASTM **52**, 543 (1952).
5. Fourth Progr. Rep. by Sub-Ctee of Ctee E4. Proc. ASTM **54**, 568-590 (1954).
6. TEAGUE, D. M., and S. T. ROSS: Proc. ASTM **55**, 590 (1955).
7. HABRAKEN, L.: Sur la métallographie électronique (Publ. Vaillant-Carmanne) 1953, Liège, Belgium.
8. — Rev. de Métallurgie **53**, 930 (1956).
9. — C. R. de recherches. IRSIA (Belgium), n° 19 (1957).
10. HULTGREN, A.: Trans. A.S.M. **39**, 915, 1005 (1947); Jernkontorets Ann. **135**, 403 (1951).
11. SIMS, P.: Gases in metals — ASM publication.
12. KOCH, W., A. KRISCH u. A. SCHRADER: Arch. Eisenhüttenwesen 8, 445 (1957).
13. FRIEDEL, J.: Les dislocations. Paris: Gauthier-Villars 1956.

The mechanism of bainite formation in low alloy steels containing up to 0.4% carbon

F. B. PICKERING

United Steel Companies Ltd., Rotherham/Yorks. (England)

The bainite reaction in steels has been the subject of many investigations (*1, 2, 3*), but until recently high resolution electron microscopical techniques have not been available, so that much fine detail in the bainite structure has been missed. Much of the earlier work was confined to medium and high carbon steels and it is only recently (*4*) that high strength low carbon bainite structures have been produced in commercially available steels by simple continuous cooling heat treatments.

The present investigation into the mechanism of the bainite reaction arose out of an attempt to relate the microstructure to the mechanical properties of low carbon bainitic steels, and to explore the mechanisms by which such structures were formed.

The initial discovery (*5*) was that completely bainitic structures could be produced, during continuous cooling, over a wide range of cooling rates, in low carbon $1/2\%$ Mo steels containing 0.002% B. From this work it was known that there was a clear relationship between tensile strength and transformation temperature over a limited range of tensile strengths up to 45 tons/sq. inch. Later work (*4*) showed that by adding other alloying elements such as Mn, Cr, Ni, Si and W considerably higher strengths could be produced and that these were associated with lower transformation temperatures. The relationship between tensile strength and the temperature for the maximum rate of transformation for many steels of this type, based on 0.1% C, is shown in Fig. 1, the cooling rate being equivalent to air cooling $3/4''$ dia. bar. The structural types which occur over the various ranges of transformation temperature are shown also. The relationship between the bainitic microstructure and tensile strength was then investigated for steels containing up to 0.4% C.

The structure of low carbon bainitic steels

As the tensile strength increases, the optical microstructures show that the structure becomes finer, more acicular and darker etching. A more detailed examination of a selection of steels of varying strength and carbon content was carried out in the electron microscope using formvar replicas. The relationship between tensile strength and transformation temperature for these steels is shown in Fig. 2. The variation in strength was achieved by both alloying elements and carbon but the relationship is apparently independent of

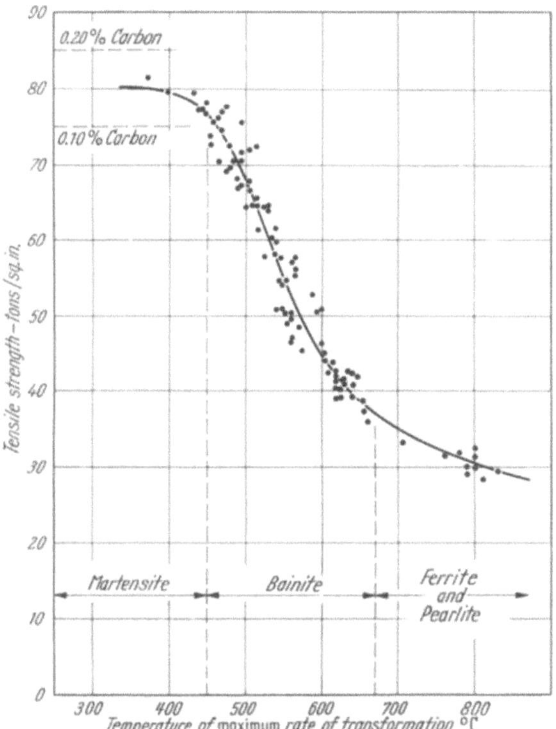

Fig. 1. Effect of transformation temperature on the mechanical properties

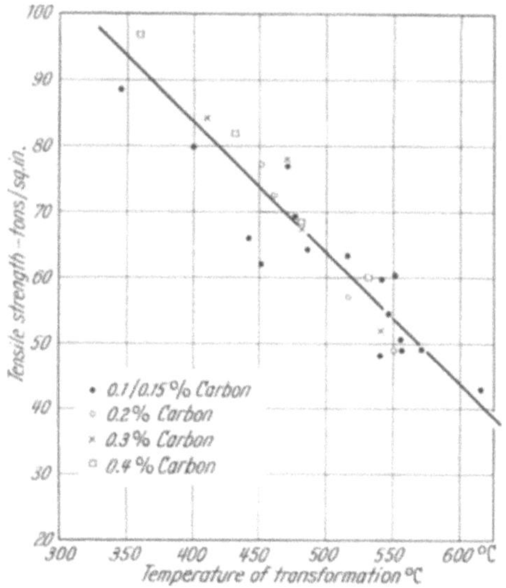

Fig. 2. Relationship between tensile strength and transformation temperature for steels used for metallographic studies

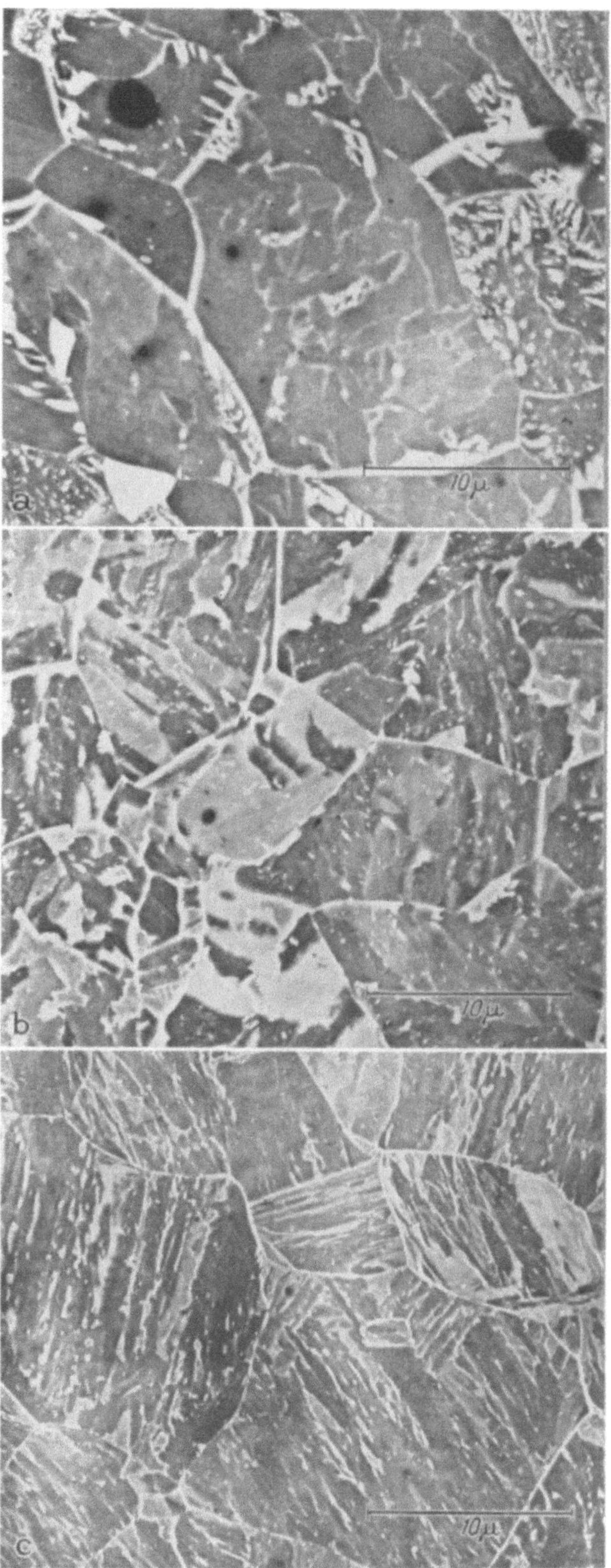

Fig. 3 a—c. Microstructures of bainitic steels at different tensile strengths (Formvar replicas). a) 40 tons/sq. inch. b) 60 tons/sq. inch. c) 80 tons/sq. inch

     F. B. PICKERING:

the carbon content. This indicates that in bainitic structures containing up to 0.4% C, the effect of the carbon is mainly to depress the transformation temperature.

Previous work (6) has shown that in low strength bainitic steels, the bainitic ferrite contained many sub-grains, the carbides occurring as dense aggregates often at the prior austenite grain boundaries or between the ferrite grains, Fig. 3a. With increasing strength the sub-grain size becomes finer, and the carbides become more dispersed (Fig. 3b). The sub-grains become still more acicular at higher strengths, until at the highest strengths or lowest transformation temperatures they are martensitic (Fig. 3c). In many of the microstructures examined, adjacent grains often showed very different structures, because on cooling these steels in $^3/_4''$ dia. bar, transformation to bainite occurred over a range of temperature greater than 100° C.

The relationship between structure and tensile strength

From an examination of the structures it could be seen that there was an obvious correlation between the structure and the tensile strength and in order to investigate this relationship in more detail formvar replicas were prepared from the steels listed in Table 1 and analysed for

Table 1. *Quantitative metallographic data and mechanical properties*

Cast Number	Chemical analysis %							Tensile strength tons/sq. in	Transformation Temperature	Average Grain Diameter μ	Number of Carbide Particles per sq.mm $\times 10^6$
	C	Si	Mn	Ni	Cr	Mo	Sol.B				
203	0.14	0.10	0.51	—	0.58	0.54	0.0017	49.1	555° C	2.40	1.05
204	0.14	0.20	0.59	—	1.08	0.55	0.0019	64.2	485° C	1.84	1.58
205	0.14	0.21	0.52	—	1.52	0.53	0.0015	69.1	475° C	2.96	1.35
333	0.14	0.25	0.78	—	2,05	0.53	0.0027	76.9	470° C	1.82	2.00
210	0.15	0.17	0.85	—	—	0.54	0.0022	48.1	540° C	2.21	0.68
211	0.17	0.21	1.42	—	—	0.52	0.0023	61.9	450° C	2.14	2.46
330	0.15	0.24	1.90	—	—	0.50	0.0035	66.1	440° C	1.28	1.73
331	0.14	0.29	2.95	—	—	0.55	0.0034	79.7	400° C	1.64	3.07
332	0.15	0.28	4.00	—	—	0.55	0.0031	88.5	345° C	1.45	3.09
334	0.13	0.24	0.65	—	—	0.90	0.0035	50.5	555° C	2.45	0.76
335	0.14	0.22	0.61	—	—	1.50	0.0024	54.6	545° C	1.97	0.90
336	0.14	0.26	0.65	—	—	2.05	0.0020	59.6	540° C	2.34	1.77
733	0.10	0.11	0.52	—	0.09	0.54	0.0033	42.9	615° C	4.10	0.49
734	0.20	0.22	0.59	—	0.08	0.52	0.0037	49.0	550° C	2.90	0.68
735	0.29	0.18	0.57	—	0.08	0.51	0.0037	52.0	540° C	2.80	0.90
736	0.41	0.23	0.62	—	0.07	0.54	0.0033	60.0	530° C	< 3.20	1.22
737	0.11	0.15	0.53	—	0.46	0.51	0.0038	49.1	570° C	2.90	0.65
738	0.20	0.17	0.52	—	0.45	0.51	0.0038	56.8	515° C	<2.80	0.69
739	0.30	0.23	0.62	—	0.51	0.51	0.0040	67.7	480° C	< 3.10	1.21
740	0.41	0.21	0.51	—	0.51	0.52	0.0024	68.4	480° C	2.20	1.60
741	0.12	0.27	0.52	—	1.08	0.54	0.0038	60.4	550° C	2.60	0.80
742	0.22	0.21	0.57	—	1.05	0.51	0.0038	72.4	460° C	< 2.30	1.60
743	0.32	0.29	0.63	—	1.03	0.49	0.0040	77.9	470° C	< 1.90	1.69
744	0.42	0.28	0.59	—	0.99	0.54	0.0024	81.9	430° C	< 2.00	1.55
745	0.11	0.27	0.60	—	1.50	0.49	0.0043	63.3	515° C	< 2.40	2.16
746	0.22	0.28	0.60	—	1.50	0.49	0.0041	77.2	450° C	< 1.90	2.43
747	0.31	0.31	0.57	—	1.55	0.49	0.0038	84.1	410° C	< 1.90	2.82
748	0.42	0.32	0.60	—	1.49	0.50	0.0025	97.0	360° C	< 1.60	> 2.65

variations in the structure. This analysis consisted of counting the number of carbide particles intersecting a given area of the polished and etched section and of determining the average grain size of the bainitic ferrite.

The results of these measurements are shown in Table 1 and are plotted against both tensile strength and transformation temperature in Fig. 4 and 5. The grain size decreases as the tensile strength increases and the transformation temperature decreases. Similarly the number of carbide particles increases as the transformation temperature decreases. Also, as the number of carbide particles increases, the size of the individual carbides decreases. There is a pronounced scatter in the results, mainly due to the inhomogeneous nature of the structure in continuously cooled specimens.

Carbon has little or no effect on the grain size relationship nor on the number of carbide particles up to a strength of about 55 tons/sq. inch, but above this strength level, increasing carbon produces an increasing number of carbide particles and the higher the strength or the lower the transformation temperature, the greater the effect of carbon as the following figures show:

Tensile strength, (t.s.i.)	Number of particles per sq.mm at carbon contents of:			
	0.1%	0.2%	0.3%	0.4%
50	0.65×10^6	0.68×10^6	—	—
60	0.80×10^6	—	—	1.22×10^6
68	—	—	1.21×10^6	1.60×10^6

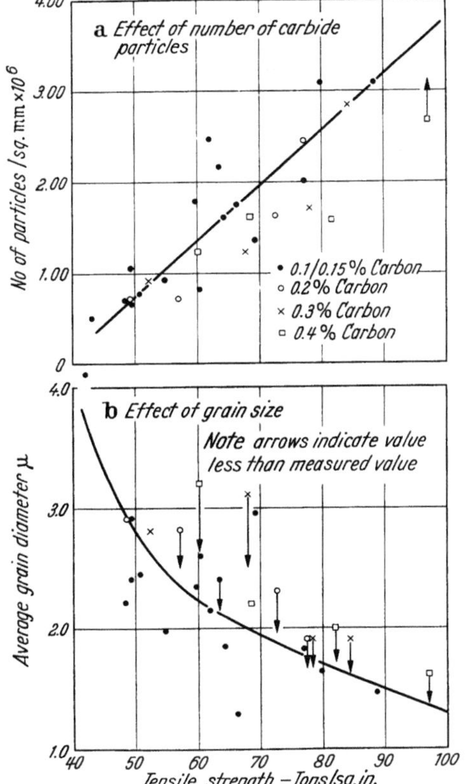

Fig. 4 a and b. Relationship between structure and tensile strength

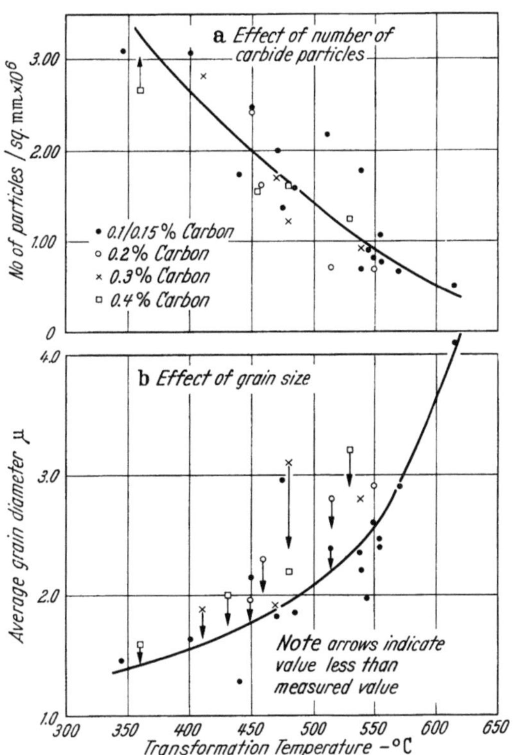

Fig. 5 a and b. Relationship between structure and transformation temperature

The strength of low carbon bainitic steels

HYAM and NUTTING (7) have shown that grain size has a marked effect in strengthening plain carbon steels which have been tempered to produce ferrite grains with carbides at the grain boundaries, and SIRIWARDENE (6) has shown a similar effect in low strength bainitic steels. The finer the grain size, the higher the strength in both cases.

This effect can be explained on the basis that grain boundaries obstruct the movement of dislocations. The greater the grain boundary area, i. e. the finer the grain size, the more movement of dislocations is hindered, and therefore the greater the strength. The steels of HYAM and NUTTING showed large angle grain boundaries, which undoubtedly obstruct the movement of dislocations, but the sub-boundaries of the bainitic ferrite grains are very probably low angle boundaries, and these might be expected to have less strengthening effect. This however, is not necessarily the case, for the following reasons:

1. Low angle sub-grain boundaries are dislocation arrays, and if a dislocation moves across such an array, a jog will be produced; the energy required to produce the jog resulting in an increased stress required to move the dislocation. Therefore, the larger the number of grain boundary intersections, the larger the number of jogs created per dislocation and the higher the strength.

2. As will be shown later impurities concentrate in the subgrain boundaries, and these may also act as effective barriers to dislocation movement.

Both these effects therefore cause an increase in strength with decreasing grain size, especially at the higher transformation temperatures and the lower strengths below 55 tons/sq. inch. In these structures, any carbide formed does so at the prior austenite grain boundaries or the bainitic ferrite boundaries, and presumably does not materially effect the normally operative grain boundary hardening. The indications are, therefore, that grain size is the controlling factor on the strength at relatively low strength levels.

At the higher strengths, above 55 tons/sq. inch, carbide particles precipitate generally throughout the bainitic ferrite. It is believed that this increase in the number of carbide particles as the strength increases results in a major contribution to the strength by dispersion hardening, grain size now playing a less dominant role.

It is at these lower transformation temperatures that carbon begins to exert a more marked effect on the structure and hence on the tensile strength. However, because carbon also markedly depresses the transformation temperature, it is difficult to separate this from the effect on the tensile strength of increased carbide dispersion hardening.

The morphology of bainite formation

Although the metallography of bainitic structures has been described fairly fully, these structures were not uniform because they were formed during continuous cooling. In order to obtain more information about the morphology of the bainite reaction, it is necessary to study the progress of the reaction isothermally and six steels were chosen for this purpose. Details of the analysis of the steels are given in Table 2. The three low carbon steels (0.1%) showed identical morphology for the bainite formation, and hence attention was concentrated upon the effect of carbon on the reaction.

Table 2. *Analysis of steels used for isothermal transformation characteristics*

Cast Number	Chemical Analysis						
	C	Mn	Si	Ni	Cr	Mo	Sol B
443	0.15	0.60	0.23	1.00	—	0.51	0.0014
444	0.15	0.59	0.19	1.57	—	0.52	0.0013
741	0.12	0.52	0.27	—	1.08	0.54	0.0038
742	0.22	0.57	0.21	—	1.05	0.51	0.0038
743	0.32	0.63	0.29	—	1.03	0.49	0.0040
744	0.42	0.59	0.28	—	0.99	0.54	0.0024

Specimens were transformed at temperatures between B_s and M_s for varying periods of time and then examined by electron microscopy, using carbon extraction replicas.

1. Bainite formation in 0.1% C steels. At temperatures near to B_s i.e. 600° and 650°, the reaction commences by plates of ferrite forming rapidly and growing across the whole of the austenite grain. These plates grow to appreciable widths (Fig. 6a), and several plates often nucleate within one austenite grain, entrapping areas of austenite between them (Fig. 6a). There is an obvious orientation relationship between this bainitic ferrite and the parent austenitic grain, as found by SMITH and MEHL (8). The shear nature of the reaction observed by KO and COTTRELL (3) causes the strain associated with the formation of one plate to nucleate many more within the same austenite grain. Once started, therefore, the reaction proceeds very rapidly within any one austenite grain. Occasionally markings can be seen on the ferrite plates which may be etching effects associated with the dislocation movements which occur during transformation. At high temperatures the reaction stops fairly quickly and there is no precipitation of carbide. As the plates grow, carbon diffuses into the austenite in front of them and this concentration of carbon eventually stops their further growth.

As the temperature decreases the basic features of the reaction remain the same, but the ferrite plates become thinner and more acicular as their lateral growth is impeded by the slower rate of diffusion of carbon into the untransformed austenite. At 550° C for example, the carbon enrichment in the austenite is localised to a region immediately in front of the austenite/bainitic ferrite interface. The carbon enrichment of the austenite immediately adjacent to the bainitic ferrite is shown in Fig. 6b, the M_s being lowered sufficiently to prevent the martensite needles formed during quenching from growing up to the interface. The impingement of the plates of ferrite at high temperatures leads to the formation of fairly large slabs of ferrite containing the subgrains previously described. These sub-grains are simply the boundaries between the various bainitic ferrite plates. Due to the diffusion of carbon in front of the ferrite plate, there will be a segregation of carbon at these sub-grain boundaries when impingement occurs.

A further decrease in the reaction temperature to 500° C results in still thinner plates of bainitic ferrite and the carbon enriched austenite which is entrapped between impinging ferrite plates now breaks down to long films or combs of carbide.

Profound changes in the mechanism of transformation occur when the temperature is lowered to 450° C and below. The transformation commences by many thin ferrite needles forming across the austenite grains (Fig. 6c), but their lateral growth is very restricted and carbide particles in the form of thin plates begin to form within the ferrite plates. The plates of ferrite are often in the form of sheaves of many parallel plates and when they impinged it was noticed that carbides did not generally form along the sub-grain boundary.

As the temperature of transformation decreases towards M_s, the structure becomes finer and more acicular, the ferrite plates being thinner and the precipitating carbide particles much smaller. A comparison between the structures of bainite formed between 500° C and 400° C and the auto-tempered martensite formed by quenching an 0.1% C steel (Fig. 7), shows the change in mechanism at 450° C very clearly. The carbides change from being rather coarse films or combs at the grain boundaries to small oriented plates within the ferrite. These carbide plates decrease in size as the transformation temperature decreases, as can be seen from the figures quoted in Table 3.

2. The effect of increasing carbon content.
Increasing carbon content decreases the B_s

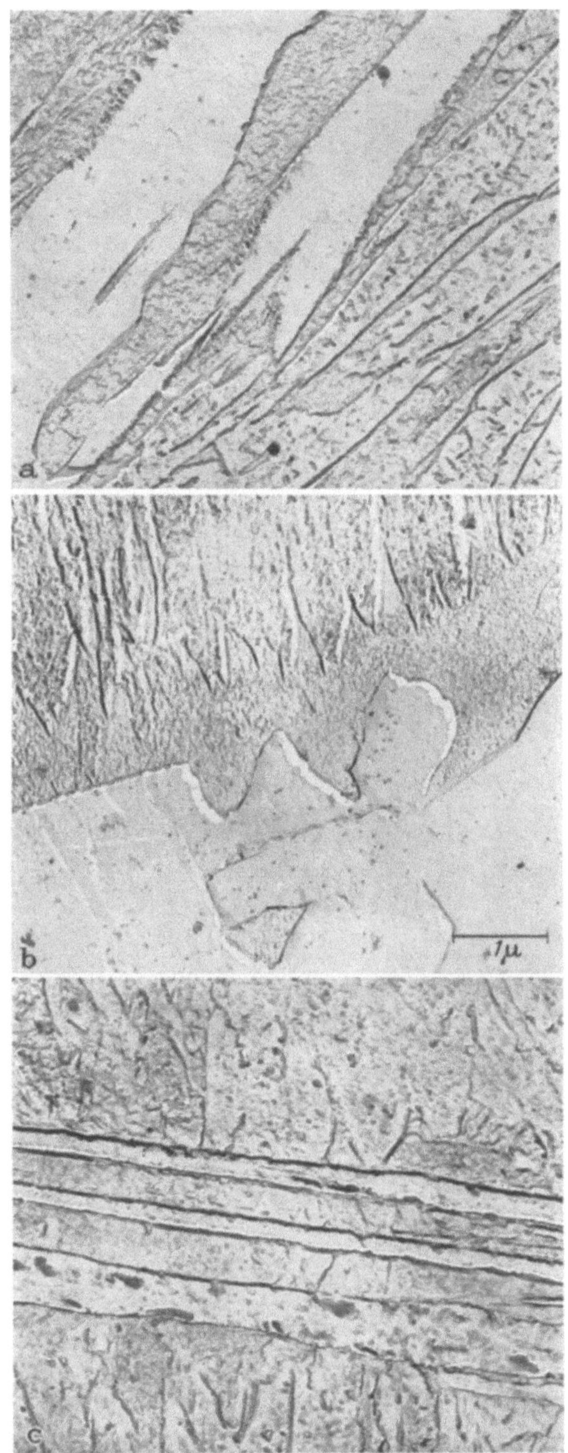

Fig. 6a—c. Isothermally transformed bainitic structures in 0.1% Carbon steel (carbon extraction replicas) a) 600° C — 20 sec. b) 550° C — 4 min. c) 450° C — 40 sec

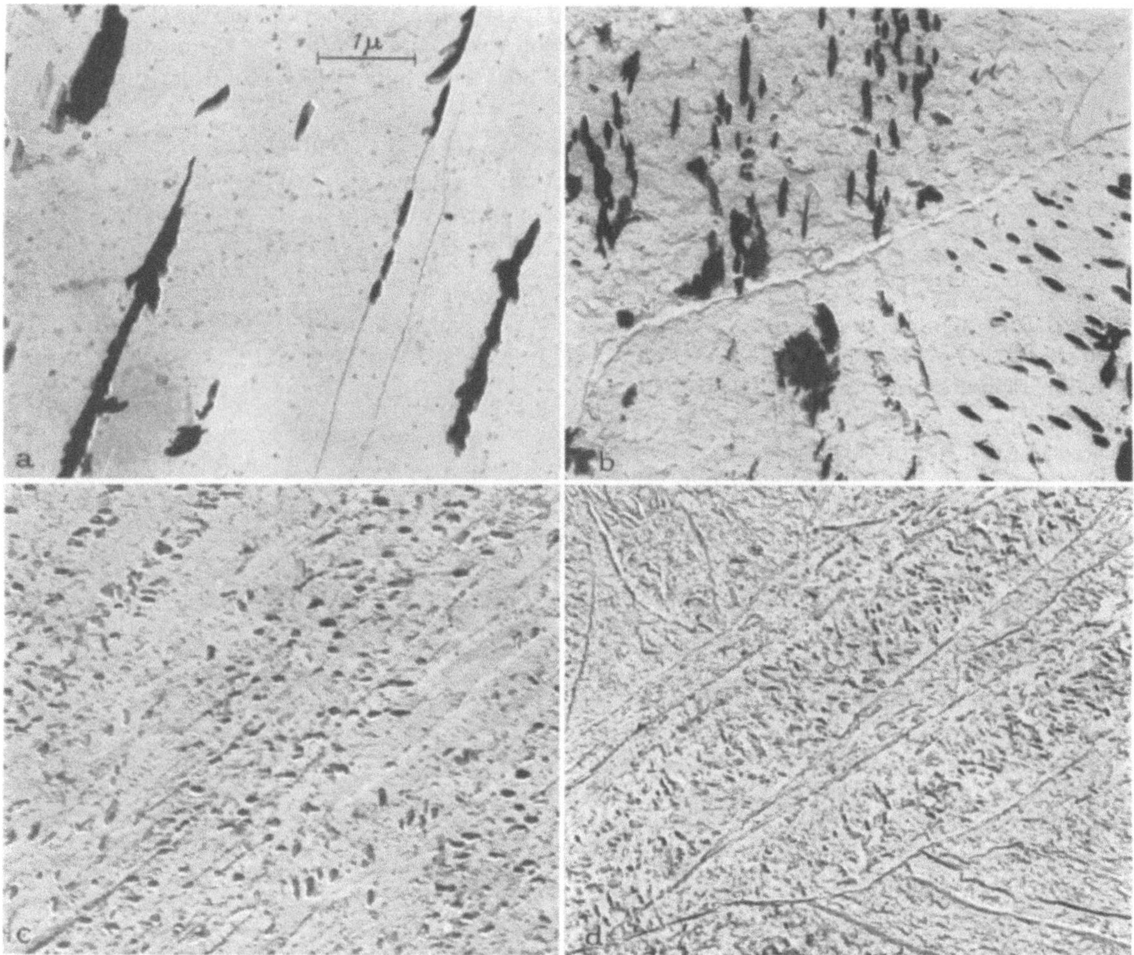

Fig. 7a—d. Effect of transformation temperature on the fully transformed microstructure of 0.1% carbon steel (carbon extraction replicas). a) 500° C. b) 450° C. c) 400° C. d) 0.1% Carbon martensite

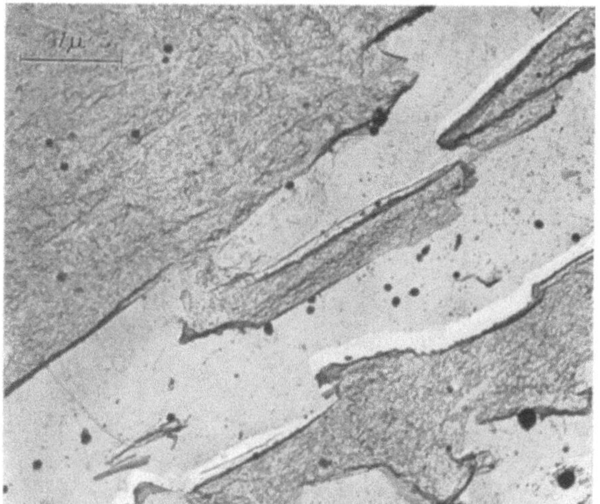

Fig. 8. Bainite formed at 550° C in 0.4% C steel (carbon extraction replicas)

Table 3. *Quantitative measurements on bainitic structures*

Transformation Temperature	Average width of first-formed Bainite plates μ	Average length of Carbide particles μ	Average width of Carbide particles μ
600° C	1.7	—	—
550° C	1.2	—	0.15
500° C	0.75	>0.5	>0.10
450° C	0.35	0.33	0.08
400° C	0.17	0.2	0.05
350° C	0.10	0.16	0.03
Auto-tempered 0.1% carbon Martensite	≈1.0	0.10	0.02

temperature as well as the M_s temperature and therefore, moves the whole bainite range to lower temperatures. The basic mechanisms of the reactions were not altered; at high temperatures of 550° C and above, Fig. 8, the reaction proceeds by the formation of plates of ferrite across the austenite grains with entrapment of carbon enriched austenite. Below 450° C

(Fig. 9), the reaction produces thin ferrite plates within which carbide particles are precipitated. The main effect of carbon however, is to raise the transformation temperature at which carbide precipitation either between or within the ferrite plates starts to take place. The following figures indicate the temperatures at which carbide precipitates at the various carbon contents.

Carbon content:	0.12%	0.22%	0.32%	0.42%
Highest temperature for precipitation of carbide within ferrite plates.	450° C	500° C	500° C	550° C

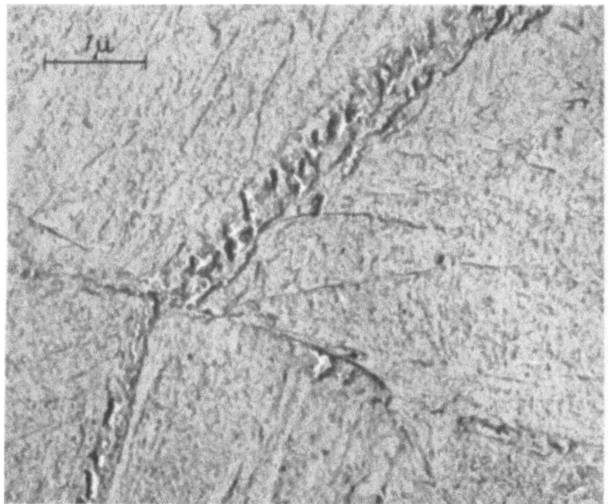

Fig. 9. Bainite formed at 400° C in 0.4% carbon steel (carbon extraction replicas)

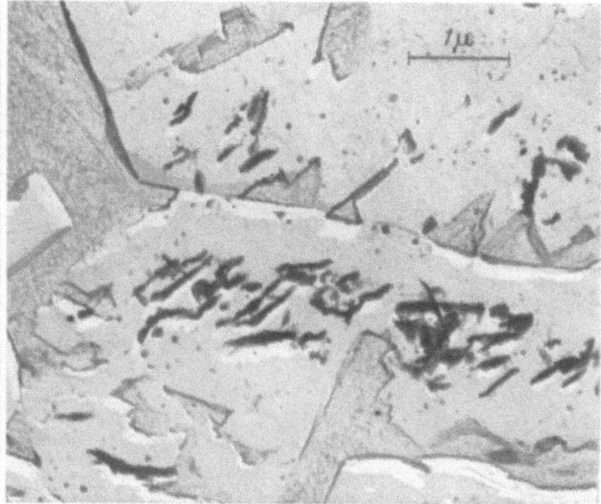

Fig. 10. Carbides precipitated in bainitic ferrite formed at 500° C in 0.4% C steel (carbon extraction replicas)

An example of precipitation of carbides in a 0.42% carbon steel at 500° C is shown in Fig.10.

3. Quantitative measurements on bainitic structures. The two main constituents are the bainitic ferrite and the carbide particles. Details of average measurements for these structural features are given in Table 3, from which the fairly regular effect of transformation temperature is clearly apparent. A comparison is made with auto-tempered low carbon (0.1% carbon) martensite and shows that the width of the lower bainite plates is much smaller than the width of martensite plates formed just below M_s, as observed by HOWARD and COHEN (9). The bainitic carbides, however, are considerably coarser than the carbides in the auto-tempered martensite.

The structure of low temperature bainite

It has been observed both in this investigation and by HABRAKEN (10) and American workers (11) that the electron microstructure of low temperature bainite consists of carbide plates precipitated within the bainitic ferrite at a fairly constant orientation to the longitudinal axis of the bainite plate (Fig. 11a). It is unusual to see more than one orientation of carbide plate within a bainite needle and this contrasts sharply with the several orientations of Fe_3C observed in martensite needles during tempering. The angle between the carbide plate and the axis of the needle is not markedly dependent upon the transformation temperature as can be seen from the following approximate measurements:

Transformation temperature	500	450	400	350	° C
Angle	70	55	60	70	°

These values give an average of about 65° which compares favourably with 55° reported by American workers (11) and 60° reported by HABRAKEN (10). In contrast with the carbides in low temperature bainite, higher temperature bainites formed above 450° C have their carbides oriented parallel to the axis of the bainite plates, because they form along the interface between two impinging plates of bainitic ferrite.

The reason for this peculiar orientation of the carbide in lower bainite is probably associated with the shear mechanism by which the bainitic ferrite forms. During a recent study of martensitic structures, markings were observed on high carbon martensite plates which may have been etching effects associated with the movement of the dislocations responsible for the formation of the martensite plate. Similar markings have also been observed on bainitic ferrite plates (Fig. 11 b), and these show a similarity to the dislocation movements proposed by FRIEDEL

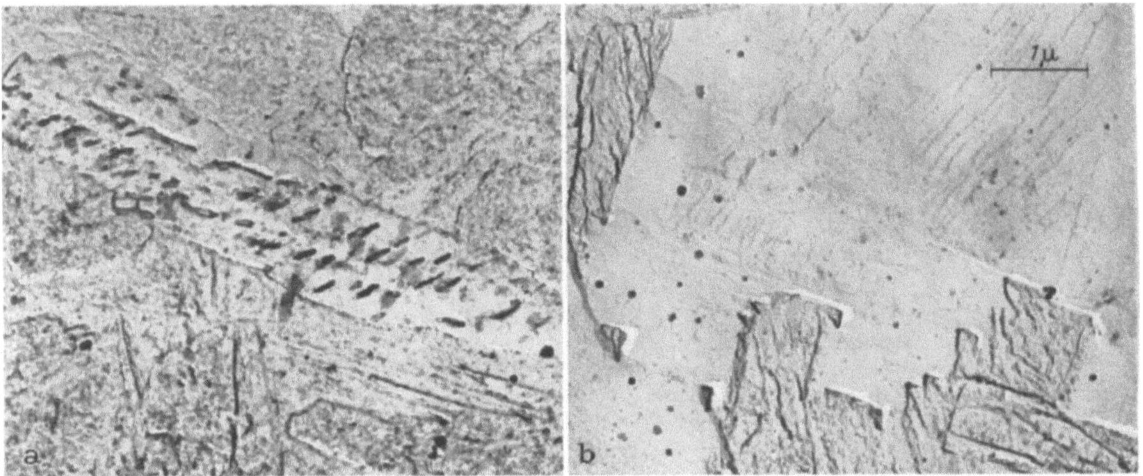

Fig. 11a and b. Orientation of carbides in lower bainite (carbon extraction replicas).
a) Carbide plates in lower bainite. b) Markings on bainitic ferrite plates formed at higher temperatures

(12) and discussed by HABRAKEN (10) for incoherent formation of martensite. It may be, therefore, that the carbides form on nuclei which are activated by the movement of the dislocations causing the formation of a bainite plate.

The mechanism of the bainite reaction

There are two main theories for the formation of bainite. HULTGREN (2) postulated that bainite nucleates as a ferrite plate and grows as a ferrite-carbide aggregate. The growth of the ferrite creates conditions in the austenite at the γ/α interface such that the carbon content is sufficiently high to nucleate for carbide particles which then are enveloped by the growing ferrite.

The second theory due to KO and COTTRELL (3) suggests that bainite nucleates as ferrite, formed and propagated by a shear transformation and that the growth of the ferrite plate is diffusion controlled, the free energy driving force for the react on being provided by the low carbon content of the ferrite. This is achieved either by diffusion of carbon away into the surrounding austenite or by precipitation of carbides in the ferrite. The bainite plate will stop growing when the carbon content of the ferrite can no longer be reduced rapidly enough or when some physical obstacle to growth is encountered. This theory more nearly fits many of the observations made in the present work.

Both theories agree that the nuclei are ferrite and these are probably "quenched in" low carbon fluctuations of concentration. The critical nucleus size will decrease as the reaction temperature decreases and hence the number of nuclei will increase. This can account for the decrease in ferrite plate width, the more acicular nature and the more uniform reaction as the temperature decreases.

The present results allow a general description of the bainite reaction as follows. At temperatures near to B_s, bainitic ferrite plates form by shear from the austenite and grow slowly as the carbon diffuses away from the γ/α interface. The diffusion of carbon away from the γ/α

interface leads to an increase in the carbon concentration in the austenite at the interface which may slow down and eventually stop the growth of the ferrite plate as carbon can no longer move away from the ferrite with sufficient rapidity. The ferrite plates often extend completely across the austenite grain in which they nucleate and the strain caused by the shear transformation appears to activate other nuclei, giving rise to a series of parallel plates which trap carbon enriched austenite between them. This not only accounts for the cessation of the reaction but the greatest enrichment will be at the austenite grain boundaries thus neutralising the most favourable nucleation sites. Local carbon enrichment of this nature has been reported by WEVER (*13*) and results in remnant austenite grains which resist transformation.

At the higher transformation temperatures, carbon can diffuse away fairly easily and the ferrite plates merge to form continuous slabs of ferrite over almost the whole austenite grain. These slabs contain the sub-grains which are the initial bainitic ferrite plates. At slightly lower temperatures, of the order of 500/550° C, the carbon cannot diffuse away so rapidly as at temperatures near to B_s, and the carbon enriched austenite which is entrapped between the growing bainitic ferrite plates breaks down to form large plates or combs of carbide.

With a further decrease in the reaction temperature, the rate of diffusion of carbon in austenite decreased rapidly and the growth of the ferrite plates is quickly stopped by carbon enrichment in the surrounding austenite. Carbide precipitation then occurs in the ferrite and the typical low temperature bainites result. This lowers the carbon concentration of the ferrite so that the conditions necessary for a continuance of the reaction are fulfilled. The strain induced by the shear transformation activates many nuclei so that transformation proceeds uniformly and rapidly within individual austenite grains.

The change in the mechanism of the bainite reaction as the temperature is lowered means that upper bainite is controlled by the diffusion of carbon in austenite, whilst lower bainite is controlled by the diffusion of carbon in ferrite. In 0.1% C steels this change in the mechanism occurs at 450/500° C, but at higher carbon contents up to 0.4% it occurs some 50° to 100° higher, i. e. 500/550° C. This seems quite logical, because if the austenite itself is of a higher carbon concentration, less diffusion of carbon will be required to build up a concentration sufficient to stop the reaction unless carbide precipitates occur in the ferrite. In higher carbon steels, therefore, this occurs at higher temperatures until in steels approaching eutectoid composition, carbides will precipitate in the bainitic ferrite even at the B_s temperature.

The two reactions by which the bainite transformation can proceed means that the activation energy for the reaction should change with temperature and recent work (*14*) has shown that this is the case, being smaller for low temperature bainite than for high temperature bainite. The measured activation energies are considerably less than the generally accepted values for carbon diffusion in austenite and in ferrite, but they are in the expected order, the activation energy for upper bainite which is controlled by the diffusion of carbon in austenite being the greater.

The author wishes to thank Mr. F. H. SANITER, Director of Research, The United Steel Companies, Ltd., for permission to publish this work, and Dr. K. J. IRVINE of the Research and Development Dept. for many helpful discussions on the subject.

References

1. HEHEMANN, R. F., and A. R. TROIANO: Trans. Amer. Inst. Min. Met. Eng. **200**, 1272 (1954); J. Metals **6**, (1954).

2. HULTGREN, A.: Trans. Amer. Soc. Metals **39**, 915 (1947).

3. KO, T., and S. A. COTTRELL: J. Iron and Steel Inst. **172**, 307 (1952).

4. IRVINE, K. J., and F. B. PICKERING: J. Iron and Steel Inst. **187**, 292 (1957).

5. — et al.: J. Iron and Steel Inst. **186**, 54 (1957).

6. SIRIWARDENE, P. P. G. L.: Ph. D. Thesis, Cambridge Univ. England 1955.

7. HYAM, E. D., and J. NUTTING: J. Iron and Steel Inst. **184**, 148 (1956).

8. SMITH, G. V., and R. F. MEHL: Trans. Amer. Inst. Min. Met. Eng. **150**, 211 (1942).

9. HOWARD JR., R. T., and M. COHEN: Trans. Amer. Inst. Min. Met. Eng. **176**, 384 (1948).

10. HABRAKEN, L.: C. R. Recherches. I.R.S.I.A., I.W.O.N.L. No. 19. (1957).

11. Amer. Soc. Test. Mat. Preprint No. 53, 1952.

12. FRIEDEL, J.: Les Dislocations. Paris: Gauthier-Villars 1956.

13. WEVER, F.: Stahl und Eisen. **69**, 664 (1949).

14. RADCLIFFE, S. V.: B.I.S.R.A. Rep. MG/NA/160/56. 1956.

Utilisation du brome comme agent de dissolution du métal, dans la préparation de répliques microfractographiques et de répliques avec extraction

G. Henry et J. Plateau

Institut de Recherches de la Sidérurgie, Saint-Germain-en-Laye (France)

I. Introduction

L'utilisation du brome, comme réactif d'attaque en métallographie, n'est pas nouvelle. En solution aqueuse, il dissout la plupart des métaux, seuls ceux de la mine du platine étant inattaqués. Dans le cas des métaux ferreux, le bromure de fer qui se forme est très soluble dans l'alcool et les esters. Ces propriétés sont particulièrement précieuses en métallographie électronique: la méthode de préparation des empreintes la plus employée et la plus fructueuse est incontestablement celle de répliques directes au carbone, mise au point par Smith et Nutting (1); la dissolution du métal qui permet de détacher le film de carbone doit s'effectuer lentement, sans dégagement gazeux, pour que le film ne se déchire pas, ni formation de composés insolubles ou peu solubles, pour que la réplique soit facile à nettoyer. Un mélange de brome et d'alcool éthylique[1] constitue ainsi un agent de dissolution du métal tout indiqué et les résultats qu'il permet d'obtenir sont souvent satisfaisants.

Les diverses applications auxquelles se prête ce réactif sont les suivantes (2):

a) décollage de *répliques continues* sur des surfaces présentant des reliefs accusés comme par exemple les surfaces de rupture.

b) dans le cas où les précipités sont insolubles dans le brome, obtention de *répliques avec extraction* classiques, où la densité des précipités extraits est voisine de celle observée sur une section micrographique normale. Préparation de répliques avec extraction sur des surfaces de ruptures.

c) si la densité des particules à étudier est trop faible sur une section micrographique, on peut en extraire une quantité plus importante sur un film de carbone de la façon suivante: on prépare une lame mince du métal à étudier, on dépose sur l'une de ses faces un film de carbone, puis on dissout tout le métal dans le brome.

d) extraction de films et précipités intergranulaires: la méthode précédente s'applique également à l'extraction des films et précipités intergranulaires, à la condition que la lame mince ait une épaisseur faible par rapport à la dimension du grain du métal étudié.

L'emploi de l'une des variantes précédentes de la technique d'extraction des particules du métal permet d'obtenir sur un film de carbone la densité de précipités ou d'inclusions convenable non seulement pour l'observation au microscope électronique et l'identification par diffraction électronique, mais aussi pour effectuer divers examens par rayons X (cf. Booker, Norbury et Sutton (3, 4). En particulier, l'analyse élémentaire des particules extraites peut être effectuée dans certains cas favorables au moyen du *microanalyseur à sonde électronique de* Castaing.

Nous nous proposons de donner, dans les pages qui suivent, quelques détails sur les techniques précédentes et quelques exemples d'applications à des problèmes précis. Nous examinerons plus particulièrement d'une part quelques résultats relatifs à la rupture fragile de l'acier et à l'influence des précipités intergranulaires et de phénomènes d'adsorption intergranulaire sur la propagation et l'amorçage de ce type de rupture, d'autre part la morphologie des carbures de chrome formés par revenu dans les aciers inoxydables 18—8 et leur influence sur la fragilité intergranulaire.

II. Décollage des répliques directes au carbone de surfaces de rupture

Si la surface à examiner au microscope électronique présente un relief accentué, ce qui est généralement le cas pour les surfaces de rupture, les méthodes usuelles, dans lesquelles le métal est dissous électrolytiquement, ne permettent de récupérer que des lambeaux du film de carbone, du moins si celui-ci est assez mince pour fournir des images présentant une bonne résolution. Au

---

[1] Le plus souvent nous avons utilisé un mélange contenant 10% de brome.

contraire, dans une solution alcoolique de brome à 10%, il est possible de récupérer des répliques fines étendues.

En général, lors du décollage électrolytique dans un bain de polissage, les répliques se déchirent le long d'arêtes vives de l'échantillon: ce sont naturellement des zones faibles, mais il est probable que la densité de courant élevée aux arêtes en relief (5) contribue également à faire céder le film de carbone le long de ces arêtes. Les résultats plus satisfaisants obtenus par dissolution dans le brome peuvent s'expliquer par l'absence de cet effet de pointe. D'autre part, il semble que le brome ait un domaine d'application beaucoup plus étendu que les bains électrolytiques, dont chacun convient le plus souvent que pour un acier de composition déterminée. Enfin, les répliques décollées dans le brome sont plus propres que celles qui sont détachées électrolytiquement. En revanche, le décollage dans le brome est sensiblement plus long.

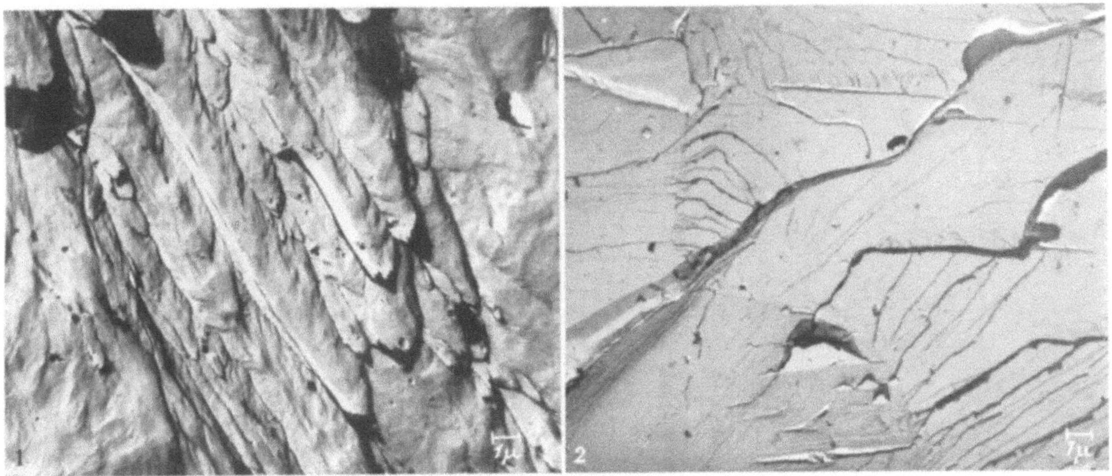

Fig. 1. Microfractographie d'une surface de rupture par cisaillement dans du cuivre
Fig. 2. Microfractographie d'une surface de rupture par clivage, dans un acier sans perlite

L'intérêt de pouvoir observer des répliques étendues ne réside pas uniquement dans la commodité et le gain de temps qui en résultent: lorsque l'on examine seulement des lambeaux de films de carbone, des régions de caractère particulier, si la réplique s'y déchire préférentiellement, peuvent échapper systématiquement à l'observation. Au contraire, des répliques continues permettent d'observer des zones représentatives de l'ensemble de l'échantillon.

Dans le brome, il est possible de détacher des répliques d'un seul tenant sur des surfaces de rupture de plusieurs millimètres carrés, et, au cours d'une étude sur la rupture fragile de l'acier doux (6), nous avons pu observer toute une série de répliques provenant d'éprouvettes de traction de 2,5 mm de diamètre. Il a été ainsi possible de comparer les aspects dans la zone axiale et dans la zone périphérique, et d'étudier en détail comment se fait la transition de facies lorsque la température décroît depuis la température ambiante, où les surfaces de rupture sont entièrement ductiles, jusqu'à —210° C où la rupture se fait surtout par clivage.

On sait d'autre part que l'observation des surfaces de rupture au microscope électronique permet mode de déterminer localement le rupture: A titre d'exemple, la Fig. 1 représente une rupture ductile par cisaillement et la Fig, 2 une rupture par clivage. Dans ce dernier cas, le sens de propagation de la rupture correspond au sens de confluence des rivieres que l'on observe sur les clivages (7). Ainsi, en examinant dans le microscope des répliques couvrant la totalité de surfaces de rupture, et en dressant une carte des sens de propagation de la fissure, il est possible de déterminer la position de *l'amorce* de la rupture. Dans le cas de l'acier doux étudié ici, qui contenait 0,07% C et était utilisé à l'état brut de laminage, pour des vitesses d'allongements comprises entre $1,5 \cdot 10^{-5}$ et $4 \cdot 10^{-1}$ par seconde, et pour des températures d'essai comprises entre $+20°$ C et $—196°$ C, nous avons pu ainsi montrer que la rupture part *toujours d'un point situé à l'intérieur de l'éprouvette et même* (sauf pour les conditions d'essais les plus sévères) *voisin de l'axe de l'éprouvette*. La Fig. 3 montre un exemple de carte de propagation relative à la surface de rupture obtenue par traction à —196° C et à la vitesse de $4 \cdot 10^{-1}$/sec. La rupture se fait presque entièrement par clivage. On voit que les flèches indiquant les sens de propagation divergent à partir d'un point situé à peu près sur l'axe de l'éprouvette. Le résultat précédent est bien connu dans le cas des ruptures ductiles; dans le cas des ruptures par clivage, il conduit à penser que dans les conditions de nos essais, *ce type de rupture ou bien ne survient pas sans une déformation plastique préalable dans l'éprouvette, ou bien ne correspond pas à un critère de contrainte normale maximum*: en effet, comme une machine de traction n'assure jamais une axialité rigoureuse de la charge, la fibre la plus tendue, quand les déformations sont purement élastiques, est externe: c'est elle qui doit céder la première, si la rupture se produit pour une valeur critique de la contrainte de tension maximum, à moins que des déformations plastiques ne modifient la répartition des contraintes. Nous avons pu préciser, en utilisant d'autres méthodes d'observation, que la rupture fragile est en effet précédée par la formation de bandes de Piobert-Lüders (*6*). En particulier, l'un des stades de la croissance des bandes de Piobert-Lüders s'accompagne d'ondes sonores qui permettent d'observer la formation de ces bandes au cours même d'un essai de traction (*8*).

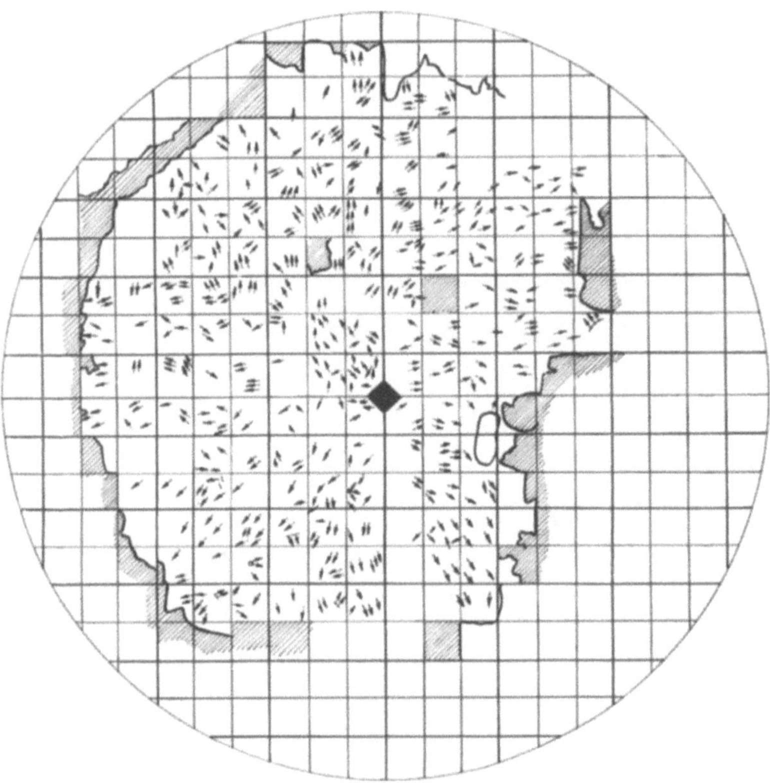

Fig. 3. Carte, dressée au microscope électronique, des sens de propagation de la rupture par clivage, sur la surface de rupture d'une éprouvette essayée à —196° C et à la vitesse de $4 \cdot 10^{-1}$/s. Le quadrillage représente les mailles de la grille porte-objet

Revenons au faciès de la rupture. Nous avons pu constater, sur les surfaces de rupture à faciès fragile, quelques zones de *rupture ductile*: la disposition géométrique de ces zones et l'examen du sens de propagation de la rupture permettent de conclure qu'elles correspondent en général au déchirement d'un mince pédoncule de métal séparant des régions où la rupture s'est propagée par clivage (Fig. 4). On conçoit que, dans un tel pédoncule, en raison de sa

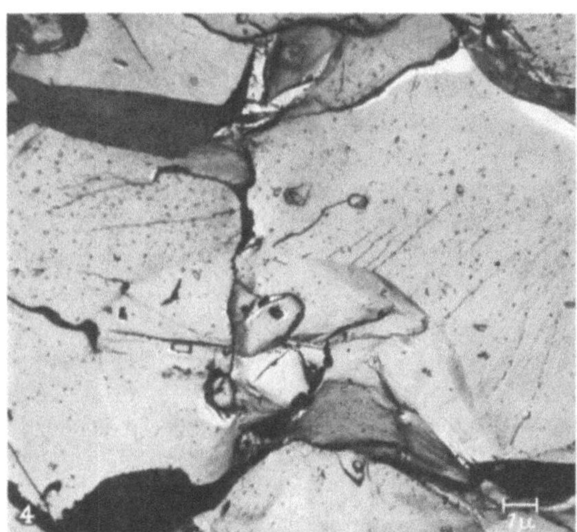

Fig. 4. Microfractographie de la surface de rupture d'une éprouvette d'acier doux rompue à — 196° C. Au centre, on observe une petite zone où la rupture est ductile et s'est produite après celle des régions environnantes

faible épaisseur, la triaxialité des contraintes soit faible; si, de plus, son orientation est favorable, il se rompra par cisaillement adiabatique plutôt que par clivage, même dans les conditions de mise en charge rapide que provoque la propagation de la rupture fragile dans les zones voisines. La proportion des zones ductiles décroît quand la température décroît mais, même dans les conditions les plus sévères de nos essais, le faciès de rupture n'est pas entièrement fragile.

D'autre part, les ruptures fragiles présentent toujours, dans le cas de l'acier étudié ici, des zones de rupture intergranulaire qui couvrent quelques % de la surface de rupture. Ces zones avaient échappé à peu près complètement à notre observation quand nous décollions les répliques

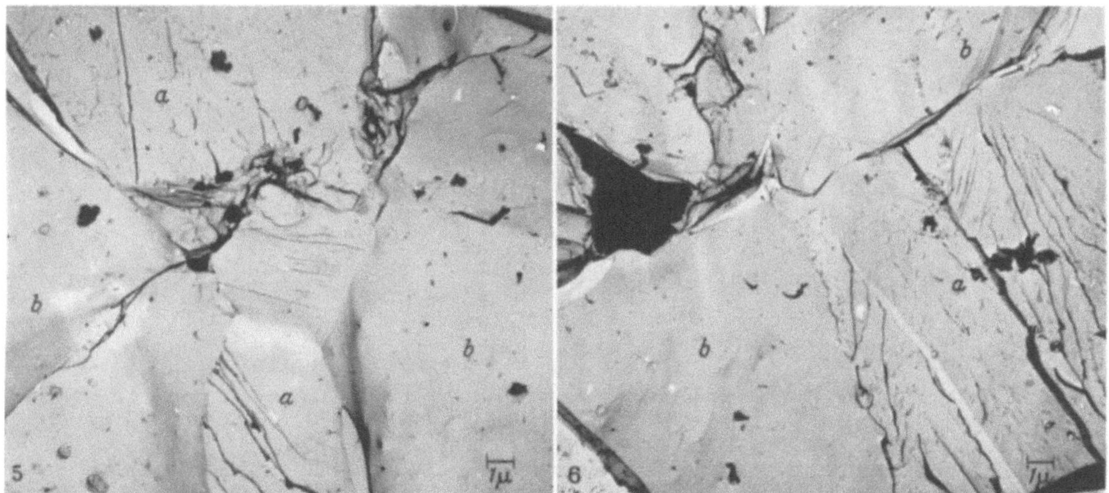

Fig. 5. Microfractographie. Eprouvette d'acier doux rompue. à — 196°c. *a*) clivages. *b*) zones intergranulaires
Fig. 6. Même surface de rupture que Fig. 5. *a*) clivages. *b*) zones intergranulaires. En noir, précipité de cémentite extrait dans la réplique

électrolytiquement. Elles se présentent le plus souvent sous la forme de grandes surfaces lisses montrant parfois quelques inclusions fines (Fig. 5). Assez fréquemment, ces régions contiennent, au contact des joints de grains voisins, des précipités de cémentite, qui peuvent être extraits dans la réplique comme le montrent les Fig. 6 et 7. La décohésion se fait alors probablement le long de l'interface précipité-matrice, si bien que le précipité reste sur l'une ou l'autre des deux surfaces de rupture. Les zones de la surface examinée qui correspondent à une rupture de ce type, mais ne comportent pas le précipité, en montrent alors l'empreinte (Fig. 7). Précisons que par micrographie optique on peut voir dans le métal étudié des précipités intergranulaires de cémentite et des îlots de perlite aux joints triples. Enfin, la microfractographie montre souvent sur les joints de grain des aspects striés, tels que ceux des Fig. 6, 8 et 9. Nous nous sommes aperçus que des figures analogues sont courantes sur les joints des grains de certains métaux présentant une fragilité intergranulaire à froid (en particulier dans le cas d'un nickel industriel et d'un alliage fer-oxygène) (*9, 10*). Nous pouvons préciser que ces stries reflètent la forme du joint dans l'échantillon non rompu, et nous pensons que l'hypothèse suivante peut être retenue pour expliquer leur formation: il y aurait adsorption aux joints des grains d'atomes en solution dans le métal (oxygène, soufre, etc..). Il en résulterait une diminution sélective de l'énergie interfaciale pour certaines directions cristallographiques des réseaux des deux grains adjacents, ce qui entraînerait une réorganisation du joint par diffusion intergranulaire et conduirait au faciès observé. Il semble qu'il y ait simultanément une baisse de la cohésion intergranulaire.

Si la cohésion du joint est du même ordre de grandeur que la cohésion intracristalline, il n'est pas surprenant que, au cours du la *propagation*, la rupture emprunte certains joints ou certaines portions de joints favorablement orientés: ce seront pourtant les zones les plus faibles des joints comme le sont probablement les régions striées ou celles contenant un précipité de cémentite qui céderont le plus facilement. D'ailleurs, la comparaison des micrographies optiques et des microfractographies montre que la proportion de joints couverts de cémentite est en moyenne plus forte sur les surfaces de rupture que dans l'ensemble de l'échantillon.

Cependant, en ce qui concerne le mécanisme de la rupture fragile, ce qui est important est de savoir si l'amorçage de la rupture est intergranulaire ou intracristallin. C'est l'observation

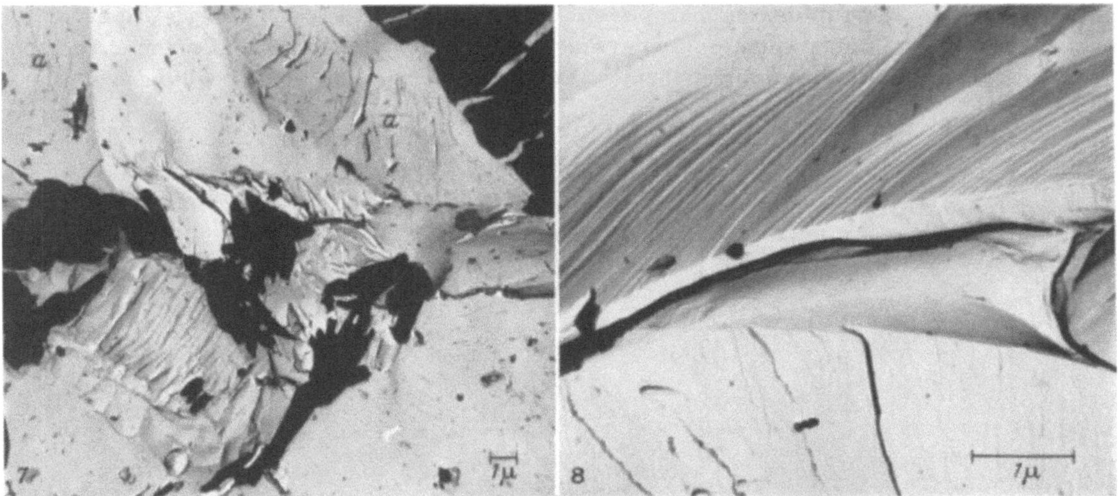

Fig. 7. Microfractographie. Eprouvette d'acier doux rompue à — 183° C. *a*) clivages. Le reste du champ correspond à des décohésions intergranulaires. Précipités de cémentite extraits dans la réplique ou marqués par leur empreinte dans le joint

Fig. 8. Microfractographie. Eprouvette d'acier doux rompue à — 196° C. Vue à fort grandissement d'une zone intergranulaire couverte de stries (en haut). En bas, clivage

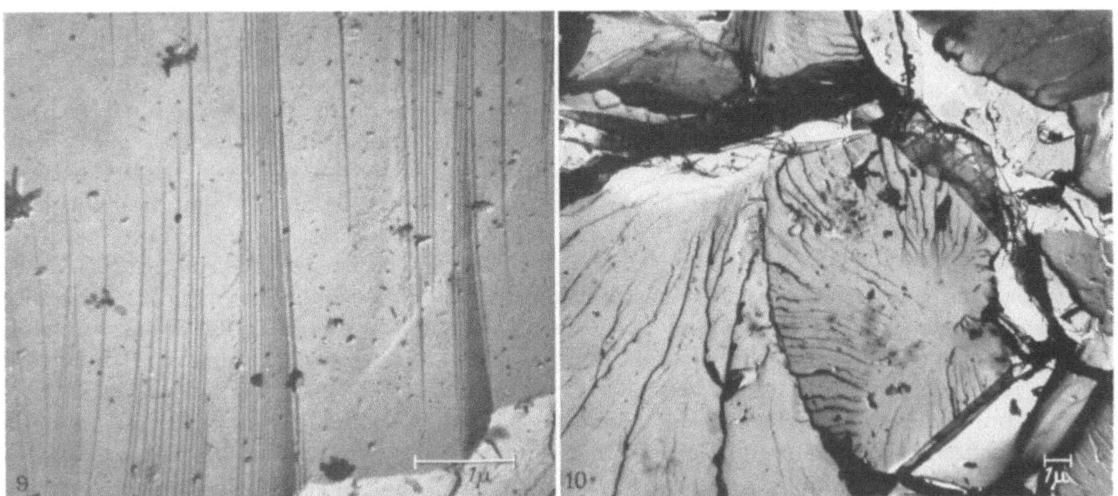

Fig. 9. Microfractographie. Eprouvette d'acier doux rompue à — 183° C.
Zone intergranulaire présentant des stries

Fig. 10. Microfractographie. Eprouvette rompue à — 183° C.
Zone de clivage montrant un amorçage à l'intérieur d'un grain

du sens de propagation de la rupture dans les zones de clivages qui nous a permis de répondre à cette question.

D'une part, en examinant le sens de propagation de la rupture au voisinage des zones intergranulaires, nous n'avons observé aucun cas où la zone intergranulaire puisse être considérée comme un point d'amorçage de la rupture (ou de réamorçage au cours de la propagation). S'il n'est pas possible de faire des observations analogues pour *toutes* les zones intergranulaires d'une surface de rupture, il nous a été possible, dans le cas de la réplique de la Fig. 3, d'observer que, dans la région de l'amorçage, ne figure aucune zone intergranulaire. Aussi pouvons-nous dire que dans les conditions d'essais de l'éprouvette examinée ici, où la rupture fragile survient au cours de la propagation des bandes de LüDERS, *la rupture ne s'amorce pas le long d'un joint de grain.* En particulier, pour des déformations locales de l'ordre de grandeur de celles qui interviennent ici, les précipités intergranulaires ne sont pas susceptibles de donner naissance à des amorces de fissure, ni du moins à des microfissures de dimension suffisante pour amorcer la rupture fragile.

La Fig. 10 montre par contre un exemple d'amorçage — ou de réamorçage en cours de propagation — *intracristallin*. Il s'agit ici d'un échantillon rompu à — 183° C, à la vitesse d'allongement de $1{,}3 \cdot 10^{-2}$/sec. La rupture fragile est survenue après une déformation plus importante, la striction étant de 35% environ.

L'examen de répliques de surfaces de rupture nous a donc permis de montrer que, dans l'acier doux, dans les conditions les plus sévères de nos essais, l'amorçage est interne. D'autre part, les surfaces de rupture dont le faciès est fragile présentent toujours une certaine proportion de zones de rupture ductile et de zones de rupture intergranulaire. Ces dernières se produisent de préférence aux joints triples qui contiennent des précipités de cémentite, et aussi dans des régions où la géométrie et la cohésion des joints est modifiée en conséquence de phénomènes d'adsorption intergranulaire. Cependant nous avons pu vérifier que l'amorce de la rupture est intracristalline.

III. Techniques d'extraction

L'utilisation du brome pour l'extraction des précipités et des inclusions contenus dans le métal comporte une limitation importante du fait que certaines de ces particules sont dissoutes par le brome. Mais une bonne connaissance de l'action du brome sur les précipités pourrait permettre d'obtenir des extractions sélectives intéressantes. Les indications les plus précises dont on dispose à ce sujet résultent des essais effectués, en particulier par BEEGHLY (*10*), pour mettre au point des méthodes d'analyse utilisant le brome comme agent de séparation. Il convient de souligner que les résultats de ces travaux ne sont pas directement transposables au cas qui nous occupe, parce que, ici, la couche de métal à dissoudre est particulièrement mince. Quoi qu'il en soit, il est important de savoir que le rôle du corps organique avec lequel est mélangé le brome n'est pas purement passif et que les résultats obtenus peuvent dépendre de la nature de ce corps. D'autre part, en présence d'eau, de nombreuses particules, qui ne sont pas attaquées par le brome anhydre, peuvent être dissoutes. D'après les travaux de BEEGHLY, on peut penser que les carbures des aciers alliés, la silice, l'alumine, les silicates et les silicoaluminates sont insolubles dans le brome en milieu aqueux. De plus, les oxydes (sauf MnO et FeO), les sulfures (sauf les sulfures de fer et de manganèse), les nitrures de Zn, Al, V, Ti et Si ne sont pas en général attaqués par le brome en milieu anhydre. Mais ce ne sont là que des indications générales valables dans le cas où la dissolution a lieu à chaud et qu'il convient de vérifier dans chaque cas particulier. C'est ainsi que, à froid, la cémentite des aciers extra-doux ne se dissout pas dans le brome à une vitesse appréciable et peut être facilement extraite, comme le montrent les figures du paragraphe précédent.

A titre d'exemple, la Fig. 11 représente les carbures extraits de la sorbite d'un acier auto-trempant au nickel-chrome contenant 0,36% C, 3,2% Ni, 0,9% Cr et ayant subi une trempe à l'huile à partir de 850° C suivie d'un revenu de 30 min à 650° C. Pour cet échantillon, les réactifs d'attaque usuels n'avaient pas permis d'obtenir un résultat satisfaisant.

Dans le cas précédent, la densité des précipités extraits dans la réplique est voisine de celle que donnerait une micrographie normale (sans extraction), à la condition que l'échantillon ne contienne pas de précipités de dimensions nettement différentes. Dans d'autres cas, il est souhaitable d'obtenir sur la pellicule de carbone une densité de particules plus élevée que celle que l'on observe en surface sur l'échantillon: c'est ce qui se produit en particulier si l'on désire étudier les inclusions fines du métal. Une densité relativement forte de ces inclusions sur la pellicule pourra permettre non seulement d'examiner leurs dimensions et leurs formes, mais aussi de disposer d'un nombre de cristaux et d'un volume de matière suffisant pour l'identification. La méthode utilisée alors consiste à préparer une lame mince du métal à étudier, d'abord par polissage mécanique, puis par polissage électrolytique. Un film de carbone est déposé sur la lame mince, qui est ensuite disposée horizontalement, la face couverte de carbone tournée

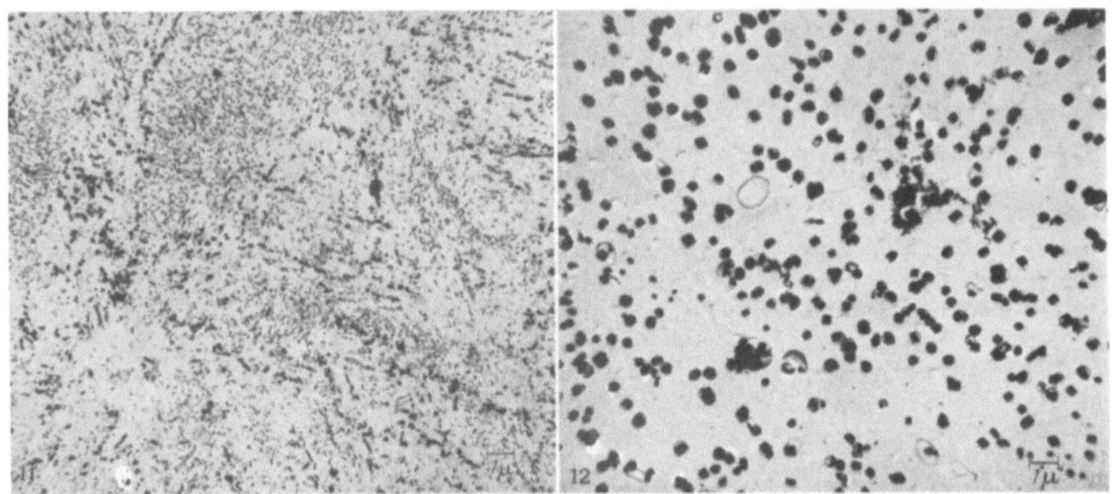

Fig. 11. Réplique avec extraction. Acier à 0,36% C, 3,2 % Ni, 0,9% Cr, trempé à l'huile à partir de 850° C, revenu 30 min à 650° C
Fig. 12. Même acier que pour la Fig. 11. Extraction après décarburation, des inclusions à partir d'une lame mince

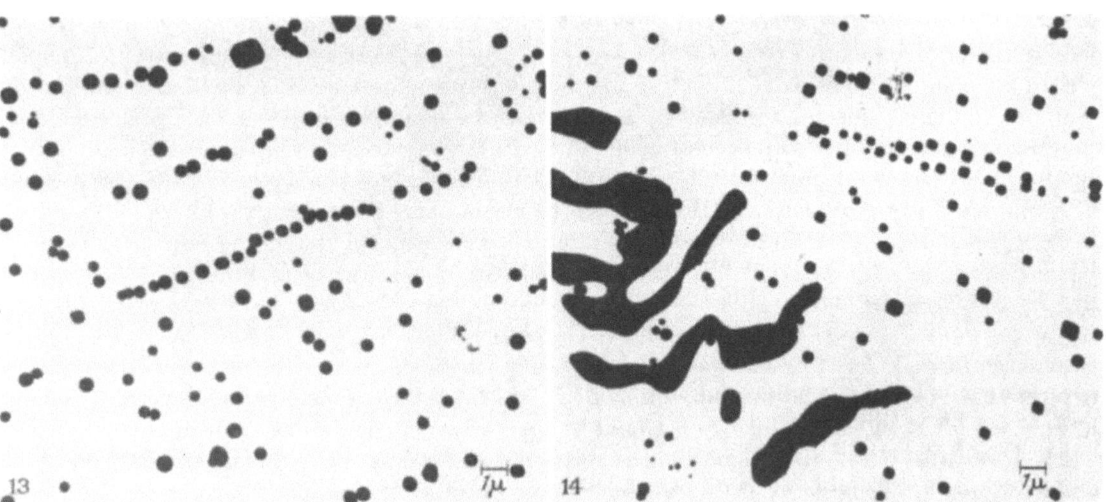

Fig. 13. Extraction, à partir d'une lame mince décarburée, des inclusions de cristobalite d'un acier mi-dur
Fig. 14. Même préparation que pour la Fig. 13. On remarque des lamelles de cémentite, la décarburation ayant été incomplète

vers le bas, dans un récipient contenant une solution alcoolique de brome. On laisse séjourner la préparation dans le brome jusqu'à la dissolution complète du métal. Les particules se rassemblent sur le film de carbone, et leur position relative dans l'échantillon est généralement à peu près conservée, comme le montrent les exemples qui suivent. L'épaisseur de la lame mince doit être réglée en fonction de la densité d'inclusions que l'on désire obtenir.

Cette méthode nous a permis d'examiner les inclusions contenues dans divers aciers mi-durs et les Fig. 12 à 14 montrent les résultats obtenus. Pour éliminer les carbures, nous avons dû décarburer les lames minces, par un traitement de 30 h à 1100° C dans l'hydrogène sec. Dans le cas de la Fig. 14, la décarburation a été incomplète et il subsiste des lamelles de cémentite. Naturellement, dans l'interprétation des résultats obtenus, il ne faut oublier ni que certaines inclusions peuvent être dissoutes dans le brome, ni que le traitement dans l'hydrogène peut également modifier certaines d'entre elles.

La Fig. 15 montre, à titre de comparaison, une micrographie électronique normale de l'échantillon des Fig. 13 et 14. Les inclusions sont rares et, étant donnée la structure du métal, difficiles à distinguer.

Dans un acier 18—8 contenant 0,56% de titane et 0,09% de C, la même méthode nous a permis d'observer les précipités fins et dispersés de carbure de titane qui se forment à 900° C (Fig. 16). On voit que la position relative des précipités, au voisinage du joint de macle, est bien conservée.

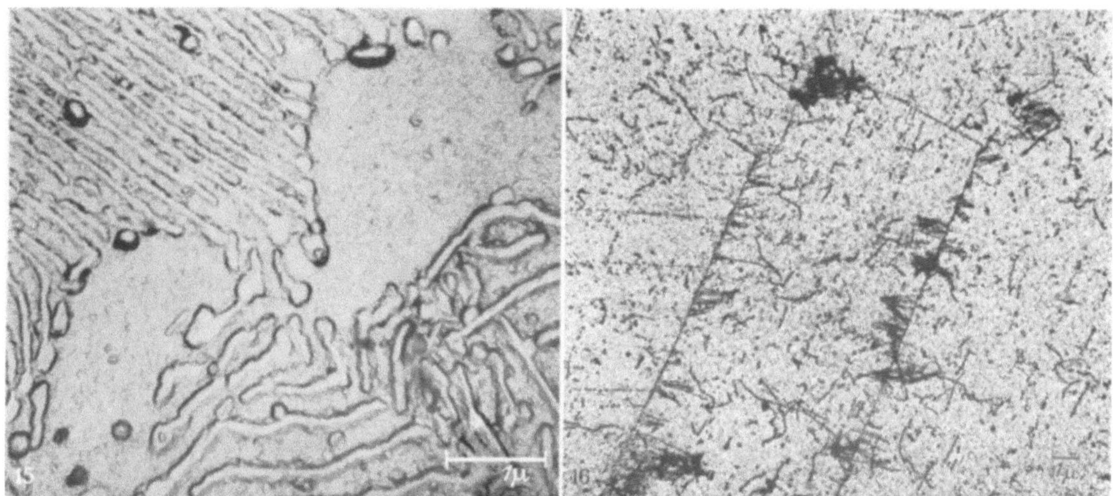

Fig. 15. Micrographie électronique normale effectuée sur l'acier mi-dur utilisé pour les extractions
des figures précédentes

Fig. 16. Acier 18—8 à 0,56% de titane. Hypertrempé et revenu 4 h à 900° C.
Lame mince dissoute dans le brome. Carbures TiC

Précipités intergranulaires. Dans le cas où la precipitation intergranulaire s'accompagne d'une fragilité intergranulaire à froid, il est possible d'extraire les précipités intergranulaires dans une réplique de la surface de rupture (*11*).

Cependant, on peut étudier de façon plus générale les précipités intergranulaires en utilisant la méthode de la lame mince qui vient d'être décrite: pour qu'il n'y ait pas chevauchement de précipités provenant de joints différents, il convient alors que l'épaisseur de la lame soit de l'ordre du dixième de la dimension du grain.

Les Fig. 17, 18 et 19 montrent des exemples du résultat obtenu dans le cas d'un acier inoxydable et d'un alliage Ni-Cr 80—20, où un revenu a provoqué la formation du précipité intergranulaire de carbure de chrome ($Cr_{23}C_6$). Dans le cas de la Fig. 19, les contours rectilignes parallèles limitant le film de précipité correspondent à l'intersection de la lame mince et du joint contenant ce précipité.

En appliquant les deux méthodes précédentes pour extraire et observer les précipités intergranulaires, nous avons étudié la morphologie des carbures de chrome qui précipitent par revenu dans l'acier inoxydable 18—8 et l'influence de ces précipités sur la fragilité intergranulaire du métal (*9*).

Nos essais ont porté sur 3 aciers de diverses provenances, de compositions chimiques voisines, les teneurs en carbone étant comprises entre 0,06 et 0,08%. Nous avons comparé les formes des précipités se formant par revenu à 750° C, après hypertrempe, dans ces divers métaux. Dans l'un des aciers, nous avons observé à peu près uniquement des précipités en formes de feuilles, tels que ceux que montrent les Fig. 17 et 18; dans le second acier, les précipités sont petits

646 G. Henry et J. Plateau:

et souvent triangulaires (Fig. 20); enfin, pour le troisième métal, les précipités, suivant les joints, peuvent êt en forme de feuilles ramifiées étendues, de précipités fins irréguliers ou de triangles réguliers.

Nous poursuivons actuellement des essais pour élucider ces différences de comportement, en tenant compte des résultats obtenus par ailleurs par HATWELL et BERGHEZAN (13). C'est

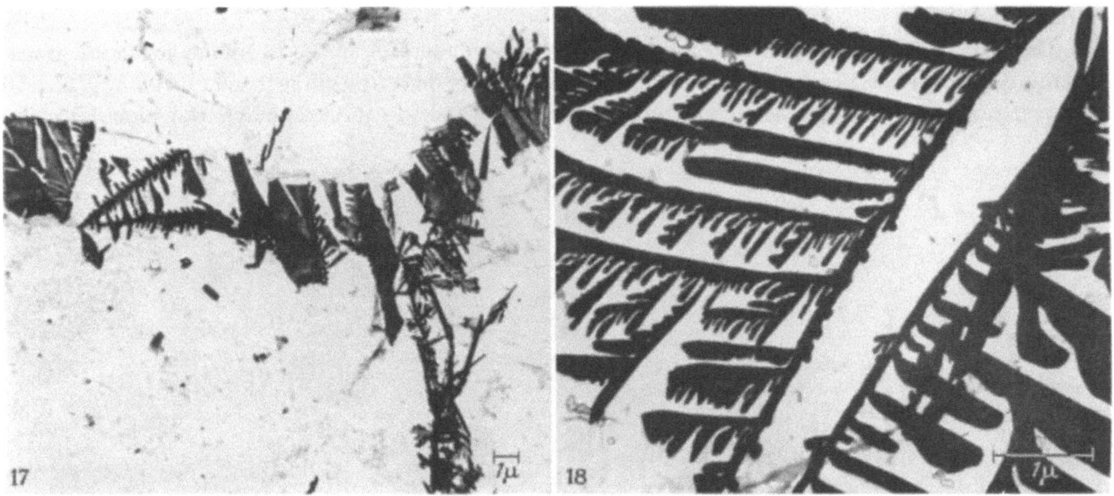

Fig. 17. Acier 18—8 à 0,60% C. Revenu 1 h à 750° C. Lame mince dissoute dans le brome. Carbure $M_{23}C_6$
Fig. 18. Même préparation que pour la Fig. 17

Fig. 19. Alliage 80—20 à 0,02% C. Trempé à partir de 1080° C et revenu à 710° C.
Lame mince dissoute dans le brome. Carbure $M_{23}C_6$
Fig. 20. Acier inoxydable 18—8 hypertrempé et revenu 24 h à 750° C.
Extraction à partir d'une lame mince des carbures intergranulaires

ainsi que nous avons vérifié que la température d'hypertrempe (entre 1 100 et 1 200° C) et que la dimension de l'échantillon n'affectent pas de manière systématique la forme des précipités observés.

Pour étudier plus en détail l'influence de la précipitation intergranulaire sur la fragilité intergranulaire, nous avons choisi le second acier parce que les précipités qui se forment aux joints de grains, dans ce métal, sont de dimensions et de formes régulières.

La composition de ce métal est la suivante: C/0.09 — Si/0.48 — Mn/0.94 — Ni/9,50 — Cr/18.32 — S/0,003 — P/0,023 — Al/0,010.

Si le temps de maintien à 750° C croît, on observe que les précipités intergranulaires, d'abord très fins et nombreux, augmentent de dimensions en même temps que leur nombre décroît. D'autre part, pour les temps de revenu courts on observe de nombreux précipités *trapézoïdaux*, que montre la Fig. 21. Nous pensons que ce sont ces précipités qui donnent les triangles obtenus

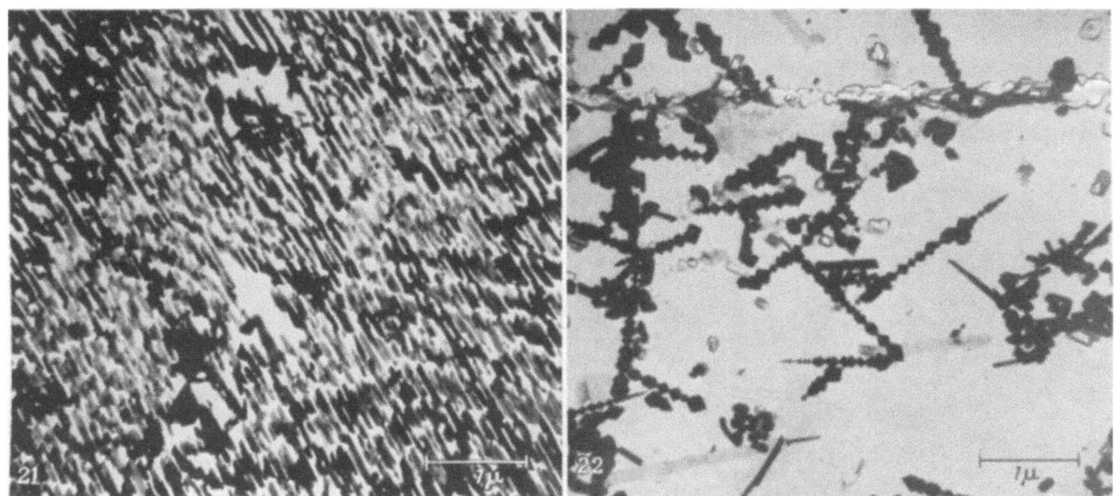

Fig. 21. Acier inoxydable 18—8 hypertrempé et revenu 1 h à 750° C.
Extraction à partir d'une lame mince des carbures intergranulaires

Fig. 22. Même préparation que pour la Fig. 20. Précipités intragranulaires

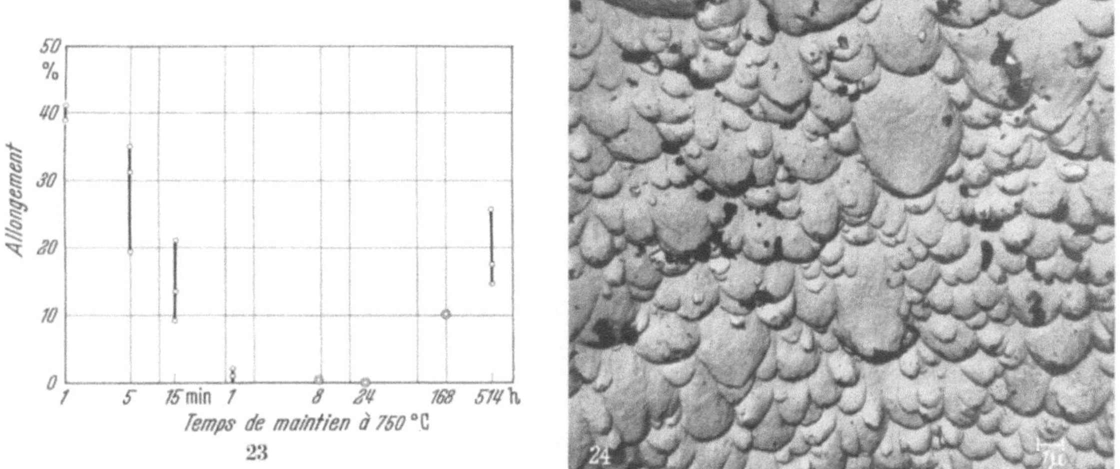

Fig. 23. Variations, en fonction du temps de maintien à 750° C, de l'allongement à la rupture à — 196° C d'un acier inoxydable 18—8

Fig. 24. Microfractographie de la rupture ductile d'un acier inoxydable 18—8 hypertrempé

pour des durées de revenu plus élevées. Enfin, pour les temps de revenu longs apparaissent, en plus des précipités intergranulaires, des précipités intracristallins, tels que ceux de la Fig. 22.

La Fig. 23 représente les variations de l'allongement de rupture à —196° C, en fonction du temps de maintien à 750° C, pour des éprouvettes plates de 0,2 mm d'épaisseur et de 2 mm de largeur. On observe une forte dispersion des valeurs de l'allongement d'une part dans la zone où apparaît la fragilité intergranulaire et, d'autre part, pour les temps de maintien en température les plus longs, pour lesquels la fragilité diminue.

L'examen des faciès de rupture par microfractographie, dans le cas d'une éprouvette n'ayant pas subi de revenu, montre l'aspect classique des ruptures ductiles (Fig. 24). Les échantillons ayant subi un revenu montrent au contraire des zones de rupture intergranulaire, dont la proportion croît d'abord avec le temps de revenu: pour un temps de revenu de 1 h la rupture est entièrement intergranulaire.

L'aspect des zones de rupture intergranulaire, très variable d'un joint à l'autre, évolue lui-même avec le temps de revenu: si ce temps est court, le plus souvent, les zones de ruptures intergranulaires ont l'aspect de ruptures ductiles et la propagation s'y fait de la même façon (Fig. 25): chaque précipité sert d'amorce à un trou qui se forme en avant du front de rupture, lequel progresse par déchirement des pédoncules séparant des trous: la propagation de la rupture

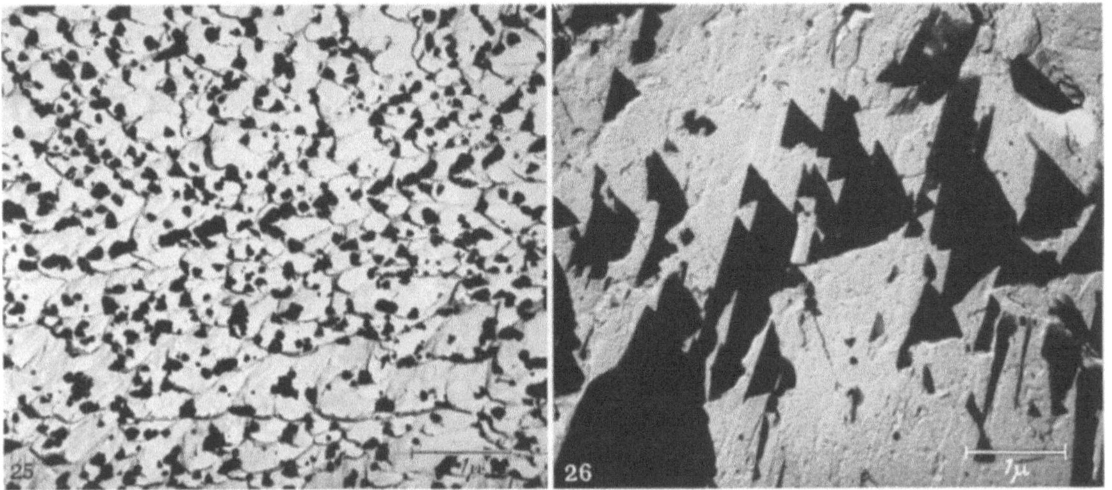

Fig. 25. Microfractographie. Rupture intergranulaire d'apparence ductile dans un acier inoxydable 18—8, après revenu de 5 min à 750° C

Fig. 26. Microfractographie. Rupture intergranulaire dans un acier inoxydable 18—8, après revenu de 168 h à 750° C

est ainsi discontinue. Au contraire, lorsque le temps de revenu est plus long, ce qui conduit à des précipités intergranulaires plus gros, la propagation de la rupture est continue le long du joint (Fig. 26).

Nous pensons que la dispersion observée sur les valeurs de l'allongement, pour les temps de revenu compris entre quelques minutes et 1 heure, est en relation avec l'hétérogénéité de la précipitation de joint à joint, qui entraîne de fortes différences de cohésion intergranulaire. Au contraire, pour les temps de revenu plus élevés, tous les joints sont fragiles, et la dispersion des mesures d'allongement disparaît.

L'augmentation de l'allongement, pour un temps de revenu supérieur à 150 h, n'est pas liée à une évolution nette du faciès de la rupture intergranulaire; il apparait cependant à nouveau quelques zones ductiles, mais qui restent rares. On peut préciser qu'elles sont intracristallines: en effet, les cupules, dans ces zones, montrent des précipités analogues aux précipités intra-cristallins.

Nous avions pensé que cette augmentation d'allongement pouvait être liée à une modification de la répartition du chrome dans la matrice, et c'est pourquoi nous avons fait rechercher[1] au moyen du microanalyseur à sonde électronique, les variations locales de la teneur en chrome, pour des échantillons ayant subi un maintien de 24 ou de 500 h à 750° C. Ces essais ont montré que, pour aucun des deux échantillons examinés, on ne peut mettre en évidence de manière reproductible une zone déchromée au voisinage des joints de grains: on observe à l'échelle du grain

[1] Ces essais ont été effectués par M. J. Philibert et Mme. H. Bizouard, à qui nous exprimons nos remerciéments.

dans la matrice des fluctuations de teneur en chrome ne dépassant pas 1% en valeur absolue, mais qui ne sont pas nécessairement liées à la position des joints de grains. L'hypothèse d'une diminution de la teneur en chrome au voisinage des joints[1] ne peut donc pas être retenue pour expliquer l'augmentation de ductilité observée. On peut alors émettre l'hypothèse qu'elle soit due aux modifications *intracristallines* et qu'elle pourrait être liée à un durcissement de la matrice causé par l'apparition de précipités intracristallins nombreux. Bien que, comme nous l'avons vu, ces précipités commencent à apparaître pour un maintien de 24 h à 750° C, pour lequel l'allongement est pratiquement nul (Fig. 2), ils ne deviennent abondants que pour des durées plus importantes. D'ailleurs, la limite élastique, qui décroît légèrement quand apparaît la précipitation intergranulaire, croît si la durée à 750° C est supérieure à 24 h. Le mécanisme de l'augmentation de la ductilité liée aux précipités intracristallins pourrait être le suivant: la rupture intergranulaire serait liée à la formation d'empilements de dislocations suffisamment importants contre les joints, tandis que les précipités dans les grains bloqueraient certaines dislocations, ce qui diminuerait les contraintes sur le joint.

Ainsi, l'examen par microscopie électronique des précipités se formant par revenu à 750° C dans l'acier inoxydable 18—8, ainsi que l'observation du faciès de rupture à froid de ce métal, nous ont permis de mieux comprendre le mécanisme de la rupture intergranulaire induite par la précipitation intergranulaire et d'interpréter les variations, en fonction de la durée du revenu, de l'allongement de rupture et de la limite élastique.

IV. Identification des précipités et inclusions extraits dans la réplique (2)

S'ils sont suffisamment fins, les précipités et les inclusions recueillis sur le film de carbone peuvent être identifiés par *diffraction électronique*. C'est ainsi que nous avons pu montrer que les précipités visibles sur la Fig. 16 sont constitués par du carbure de titane TiC et que ceux des Fig. 17 à 22 sont constitués par du carbure $M_{23}C_6$.

S'ils sont plus massifs et en nombre suffisant sur la pellicule, il est possible de les identifier par *diffraction des rayons X*, à la condition d'utiliser un pinceau incident de diamètre inférieur à la dimension des mailles de la grille qui supporte le film de carbone. Enfin, nous avons pu faire l'analyse élémentaire de certains des éléments des précipités extraits, au moyen du *microanalyseur à sonde électronique* de Castaing. En effet, les précipités trop fins pour être analysés in situ peuvent être avantageusement étudiés sur les répliques pour deux raisons: d'une part, la quantité de précipités peut être plus grande que sur une section polie; d'autre part, l'effet perturbateur de la matrice est supprimé. Le seul inconvénient réside dans la faible intensité de l'émission X, l'épaisseur des précipités pouvant être inférieure à la pénétration des électrons. Par ailleurs, on peut repérer grossièrement les précipités en observant sur un écran fluorescent leur projection agrandie dans le faisceau électronique divergent, ce qui permet d'effectuer l'analyse et la micrographie électronique de la même plage. Nous avons ainsi mesuré les rapports de concentration [Cr] / [Fe] et [Cr] / [Ni] dans les carbures du type $M_{23}C_6$ des échantillons cités plus haut. Dans l'alliage 80—20 (Fig. 19), nous avons trouvé un rapport [Cr] / [Ni] égal à 13. Dans l'acier 18—8, en utilisant la réplique sur laquelle les micrographies des Fig. 17 et 18 ont été prises, nous avons trouvé que le rapport [Cr] / [Fe] est égal à 2, et le carbure $M_{23}C_6$ contient aussi quelques traces de nickel ([Cr] / [Ni] voisin de 28).

V. Conclusions

Nous pensons avoir montré, par les exemples précédents, quelle peut être la diversité des applications, en métallographie électronique, du brome utilisé comme agent de dissolution des métaux ferreux. Certes, d'autres réactifs permettraient probablement d'obtenir d'aussi bons résultats; mais, dans une solution alcoolique de brome, le film de carbone, au moment du décollage, semble soumis à des efforts mécaniques particulièrement faibles, et plus faibles surtout que ceux qui interviennent au cours du décollage électrolytique. C'est pourquoi il semble indiqué d'étendre l'utilisation de réactifs chimiques du même type. En particulier l'emploi de l'iode est probablement susceptible de développements analogues. De plus, on peut espérer, en variant les conditions d'emploi de ces agents (concentration, température, nature du solvant organique, proportion d'eau) parvenir à

---

[1] Il est à noter que ce résultat est également important en ce qui concerne le mécanisme de la corrosion intergranulaire.

effectuer des extractions sélectives d'inclusions ou de particules analogues à celles dont Mihalisin (*12*) a donné récemment un exemple dans le cas des nickelures et des carbures d'alliages 80—20.

Bibliographie

1. Smith, E., et J. Nutting: Brit. J. appl. Physics **7**, 214 (1956).
2. Henry, G., J. Plateau et J. Philibert: C. R. Acad. Sci. (Paris) **246**, 2753 (1958).
3. Booker, G. R., J. Norbury et A. L. Sutton: Brit. J. appl. Physics **8**, 155 (1957).
4. — — A paraître Brit. J. appl. Physics.
5. Plateau, J., G. Wyon, A. Pillon et C. Crussard: Métaux **26**, 235 (1951).
6. Lean, J. B.: Thèse, Paris (1958).
— J. Plateau et C. Crussard. — A paraître Rev. de Metallurgie.
7. Crussard, C., R. Borione, J. Plateau, Y. Morillon et F. Maratray: J.I.S.I. **183**, 146 (1956); Rev. de Mét. **53**, 426 (1955).
8. Lean, J. B., J. Plateau, C. Bachet et C. Crussard: C. R. Acad. Sci. **246**, 2845 (1958).
9. Plateau, J., G. Henry et C. Crussard: Conference on precipitation. Sheffield 1958.
Henry, G., J. Plateau, X. Waché et M. Gerber: A paraître Rev. de Métallurgie.
10. Beeghly, H. F.: Analyt. Chemistry **1952**, 24.
11. Henry, G., et J. Plateau: C. R. Acad. Sci. (Paris) **245**, 1475 (1957).
12. Mihalisin, J. R.: Trans. Amer. Inst. Mining Metall. Eng. **212**, 349 (1958).
13. Hatwell, H., et A. Berghezan: Conference on precipitation. Sheffield 1958.

An electron microscope study of changes in a $2\frac{1}{4}\%$ Cr, 1% Mo super-heater tube steel during tempering and creep

K. F. Hale, B. Sc., Grad. Inst. P.

National Physical Laboratory, Metallurgy Division, Teddington (England)

Introduction

Present day power plants require materials that can withstand stresses at elevated temperatures for times of the order of 100,000 hr. Naturally it would be highly desirable to predict the behaviour of these materials over long periods from tests of short duration. If the view is correct that creep strength is largely determined by the fine-scale microstructure this would be possible if similar changes take place at different temperatures. The present work was done in an attempt to test this hypothesis, changes in microstructure in fairly long tests at service temperatures being compared with those occurring during shorter tests at higher temperatures. It was considered that the application of electron microscopy might make such short duration tests feasible.

The $2^1/_4\%$ Cr, 1% Mo steel, a typical super-heater and steam-pipe power plant material, was chosen for study because suitable specimens were available from the work of Smith, Jenkinson, Armstrong and Day (*1*).

Previous electron microscopical studies

The $2^1/_4\%$ Cr, 1% Mo steel has been studied with the electron microscope by several workers. Habraken (*2*) examined the changes in microstructure during tempering at temperatures of 400° C to 830° C, also after creep tests conducted at 550° C and at stresses ranging from about 3 to 20 kg/mm² (2 to 13 Tons/sq.in), for periods up to 6500 hr. He found an intermediate phase rich in molybdenum and carbon. It appeared, during tempering at 550° C, in the form of plates and needles and grew on the (100) planes of the ferrite matrix in the [110] direction. It redissolved slowly at 550° C and was replaced by the carbide $(M_4Mo_2)C$, i.e. M_6C. The process was similar, but very much more rapid, at 700° C. Schrader, Rose, Rademacher and Pitsch (*3*) studied the carbides formed during tempering. They found a large amount of precipitate consisting of needles and platelets of irregular shape which they identified by electron diffraction as M_6C. This precipitate occurred at an early stage in the tempering as well as later on as Habraken (*2*) found. They also observed pearlite areas consisting of individual thin laths or bundles of laths which were identified as $M_{23}C_6$. Baker and Nutting (*4*) studied a specimen that had been tested in creep at 550° C at a stress of 17 Tons/sq.in (27 kg/mm²) for 4 172 hr (0.54% strain). No differences were found between the stressed and unstressed portions of the specimen. They also observed the formation of carbides with a Cr_7C_3 type of structure, and Mo_2C needles during tempering SMITH and NUTTING (5) also studied this Cr—Mo steel during tempering. They observed in specimens tempered at 650° C, 700° C and 750° C large carbide particles at the grain boundaries and small acicular particles within the grains giving rise to a Widmanstätten structure. They also thought the small acicular precipitates were a chromium-rich carbide based on Cr_7C_3. In addition they reported the presence of Mo_2C and Fe_3C precipitates.

Experimental work

Longitudinal specimens cut from superheater tube of outside diameter 2¹/₂ in. (6.35 cm) and inside diameter 1⁵/₈ in. (4.05 cm) were used. After fabrication, the tube had been annealed at 920° C and furnace-cooled to 500° C in 9 hr. The composition is given in Table 1.

Table 1. *Chemical analysis of* 2¹/₄% Cr, 1% Mo *Superheater tube.* Weight per cent

Cr	Mo	C	Mn	Si	Ni	V	P	S
2.27	1.01	0.15	0.42	0.18	0.14	0.08	0.018	0.014

The specimens examined had either undergone creep tests, always at a stress of 2¹/₄ Tons/sq.in (3.5 kg/mm²), or had been tempered for times up to 20,000 hr at temperatures between 550° and 675° C. These creep specimens were available from work undertaken for the Sub-Committee J/E (Steels for High Temperatures) of the Electrical Research Association (1). In addition a series of specimens was tested in creep or tempered at 650° C for periods up to 1 000 hr. The creep curves for the steel at several temperatures under a stress of 2¹/₄ Tons/sq.in (3.5 kg/mm²) are shown in Fig. 1.

Observations were made on the size, shape and distribution of second phase precipitates in the various specimens. Three types of replicas were used in the work, viz. preshadowed carbon, direct carbon (6) and the carbon extraction replicas (6). The last proved to be the most useful, as in addition to yielding information regarding the size and shape of the precipitates, it also allowed identification by electron diffraction of selected areas.

An estimate of the mean distance between particles was made from extraction micrographs assuming that the precipitates on the extraction replica all intersected the original plane of polish of the specimen, and therefore that the number of precipitates which were caught up on the replica during processing and which did not intersect this plane were negligible. When the average number of particles per unit area was determined from the extraction micrograph, the square root of this quantity gave the average number of particles intersecting unit length in the given plane, and hence the mean distance between them. The results from extraction replicas were compared with those obtained from corresponding direct replicas, and were found to agree within experimental limits of about ± 20%.

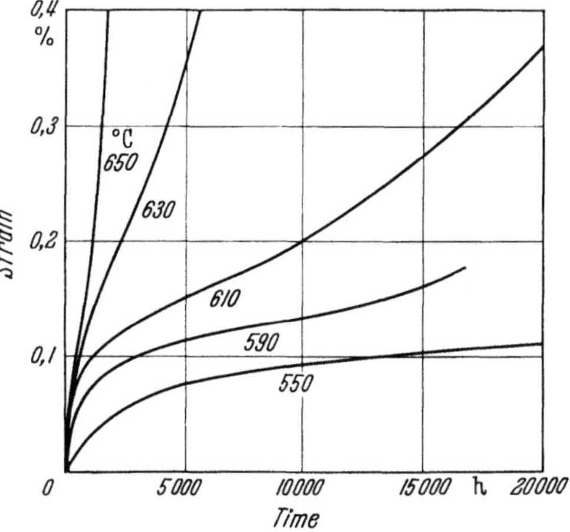

Fig. 1. Creep curves at temperatures between 550° and 650° C at 2¹/₄ Tons/sq. in. 2¹/₄% Cr, 1% Mo super-heater tube

Experimental results

The general distribution of precipitate before creep or tempering can be seen from the carbon extraction micrograph of the "as received" structure at 3 000 × (Fig. 2). The microstructure consists of a relatively coarse precipitate, mainly in the shape of laths, several microns long,

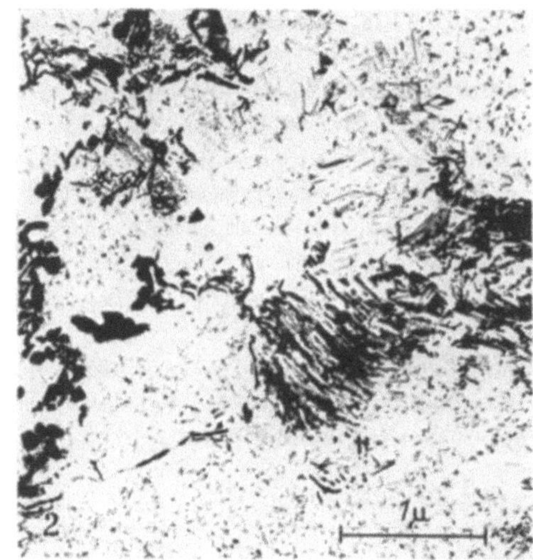

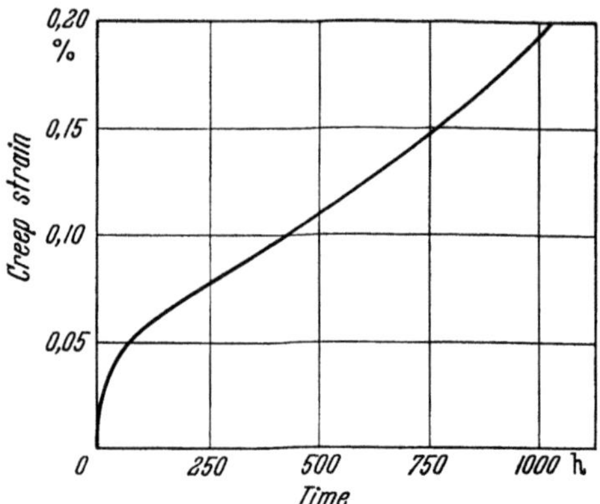

Fig. 4. Creep curve for $2^1/_4\%$ Cr, 1% Mo
steel at 650° C at $2^1/_4$ Tons/sq. in.

Fig. 2. Initial structure of $2^1/_4\%$ Cr, 1% Mo
super-heater tube. Carbon extraction replica

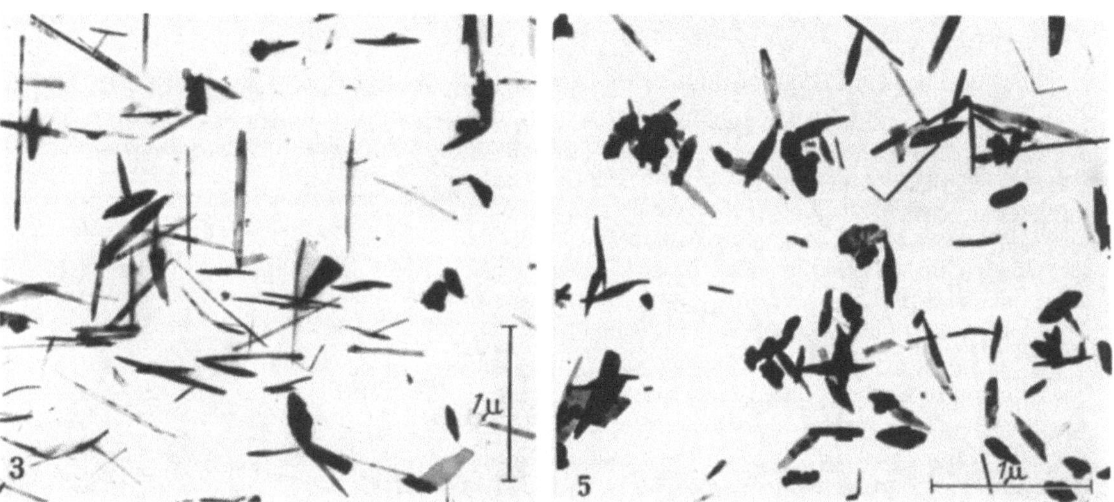

Fig. 3. Initial structure. Carbon extraction replica
Fig. 5. After 300 hr at 650° C at $2^1/_4$ Tons/sq. in. 0.08% strain. Carbon extraction replica

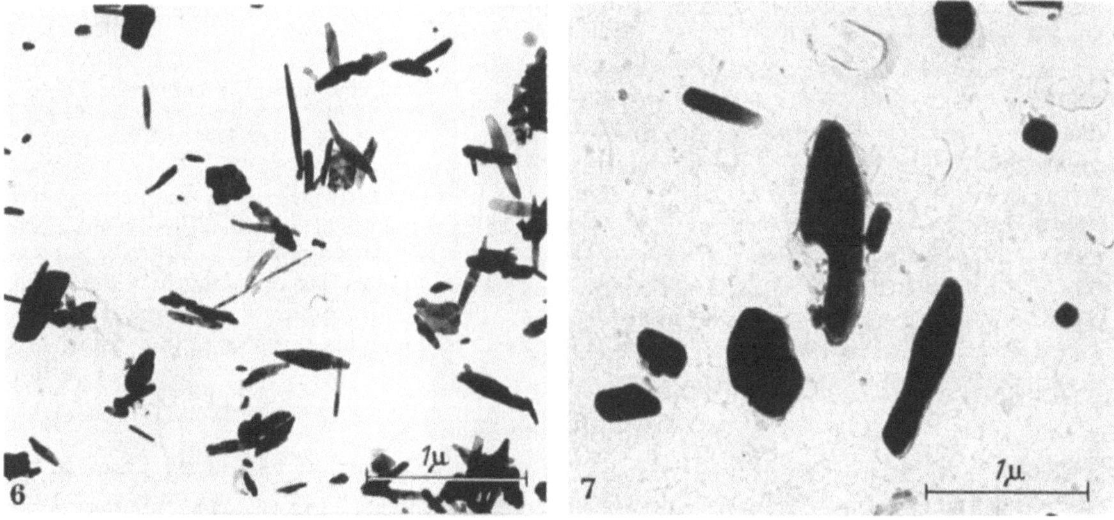

Fig. 6. After 1000 hr at 650° C at $2^1/_4$ Tons/sq. in. 0.19% strain. Carbon extraction replica
Fig. 7. After 5000 hr at 650° C at $2^1/_4$ Tons/sq. in. Ruptured at 31% strain. Carbon extraction replica

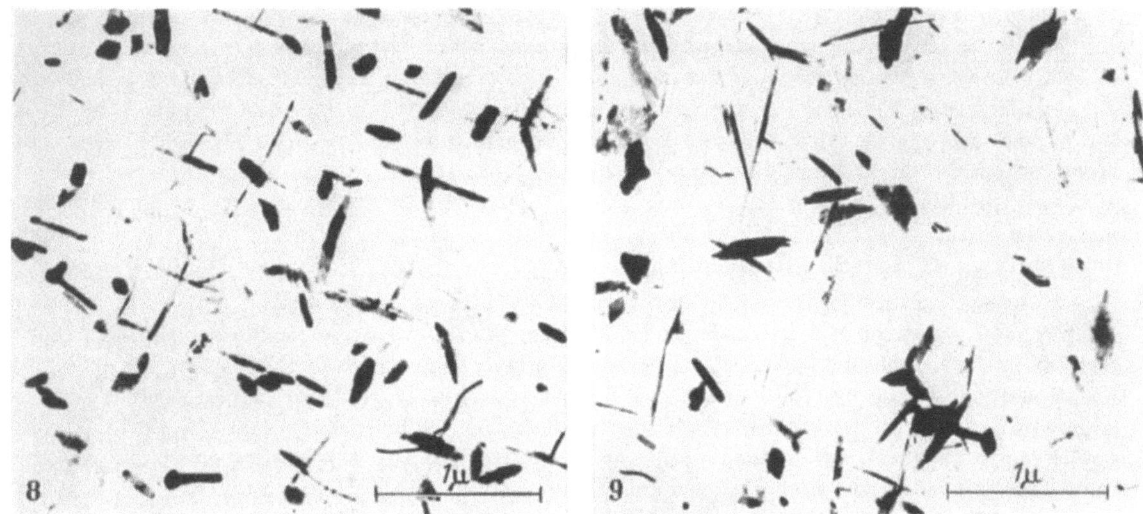

Fig. 8. After 100 hr at 650° C at $2^1/_4$ Tons/sq. in. 0.06% strain. Carbon extraction replica
Fig. 9. After 100 hr at 650° C unstressed. Carbon extraction replica

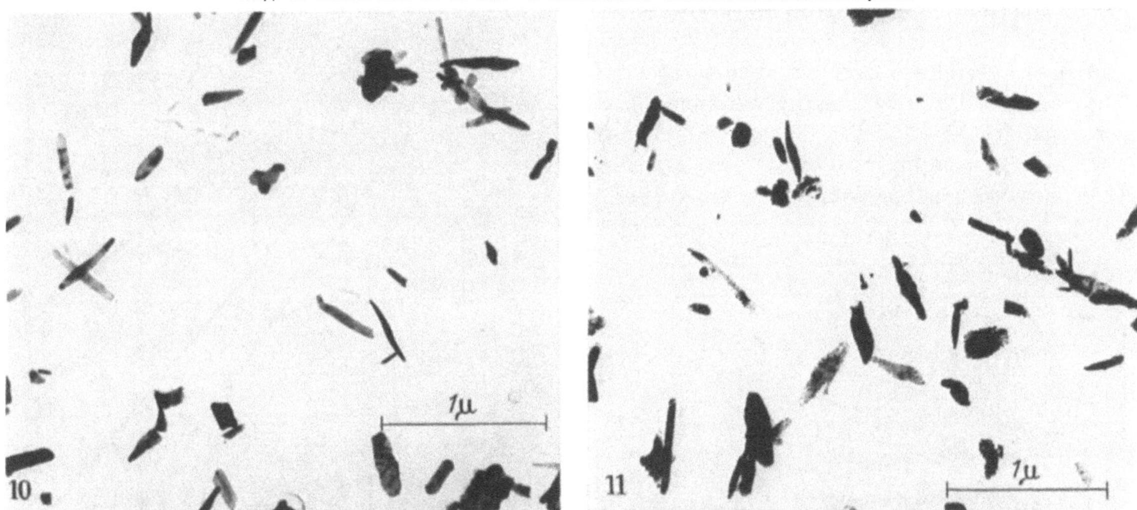

Fig. 10. After 1000 hr at 650° C at $2^1/_4$ Tons/sq. in. 0.19% strain. Carbon extraction replica
Fig. 11. After 1000 hr at 650° C unstressed. Carbon extraction replica

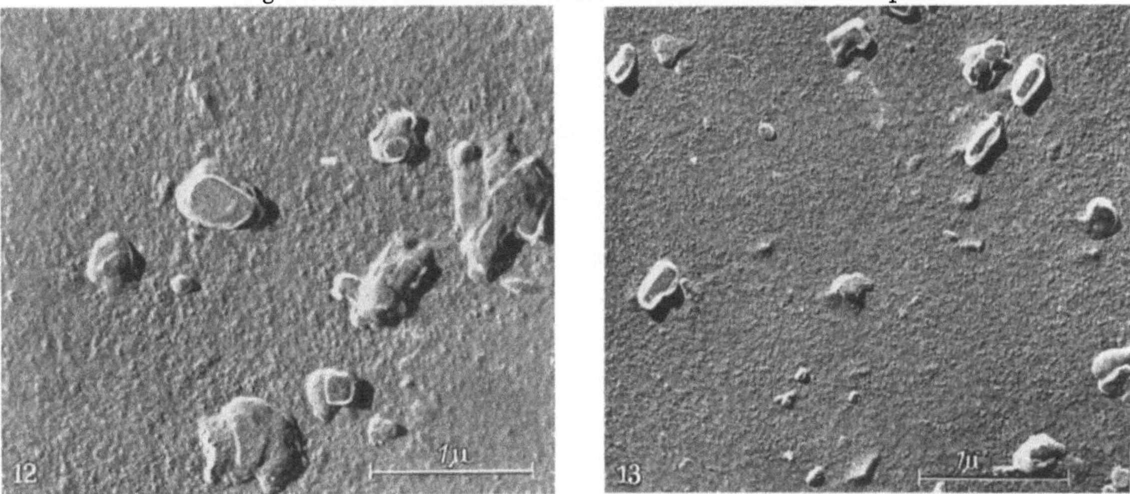

Fig. 12. After 5000 hr at 650° C at $2^1/_4$ Tons/sq. in. Ruptured at 31% strain. Preshadowed carbon replica
Fig. 13. After 5000 hr at 650° C unstressed. Preshadowed carbon replica

about 1000 Å across and several hundred Ångstroms thick, which occur in pearlitic clumps. In addition these are smaller acicular and plate-like types of precipitate which occur between the pearlite areas. The acicular precipitates are usually less than one micron in length, up to 400 Å wide and 200 Å thick, and the plate-like precipitates are about 1000—2000 Å across. Since the pearlite areas occupy only approximately 20% of the volume of the material and are relatively stable compared with the finer precipitate in the ferrite areas, greater consideration was given to the latter. Fig. 3 shows these precipitates at 25,000 ×. The mean distance between these particles was found to be about 0.33 μ.

The microstructures of the 650° C creep specimens will now be described. The corresponding creep curve for a stress of $2^1/_4$ Tons/sq.in (3.5 kg/mm²) is shown in Fig. 4. Observations on 18, 30 and 100 hr specimens, 0.03%, 0.04% and 0.06% strain respectively, show that with increasing strain the finer needle precipitates become shorter and thinner, and the coarser needles become larger, presumably at the expense of the fine needles. The 300 hr specimen, 0.08% strain (Fig. 5), shows the same trend, the microstructure being coarser than in the initial condition, and this trend is continued in the 1000 hr specimen, 0.19% strain (Fig. 6). After 1000 hr, very few fine needles are seen, and the mean distance between particles has increased to about 0.5 μ. It is seen from the creep curve (Fig. 4) that the tertiary stage of creep has begun.

A specimen which represents a continuation of the series to its logical conclusion ruptured at a strain of 31% after 4890 hr at 650° C (Fig. 7). Considerable coarsening of both the pearlitic type of precipitate and the smaller precipitate has occurred and the mean distance between the particles has now increased to more than a micron.

The corresponding set of unstressed specimens that had been subjected to a temperature of

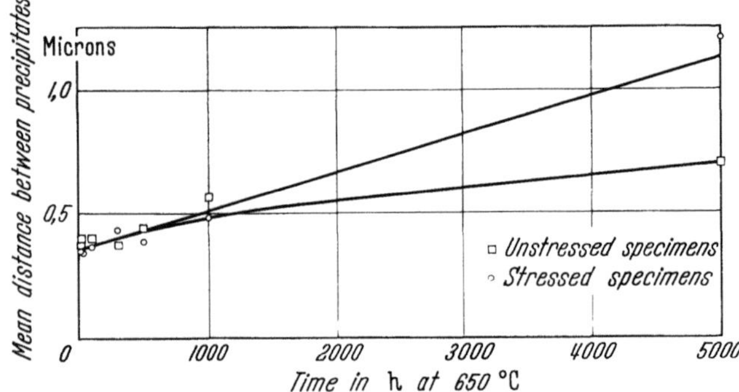

Fig. 14. Change in mean distance between precipitates with time at 650° C for stressed ($2^1/_4$ Tons/sq. in) and unstressed specimens

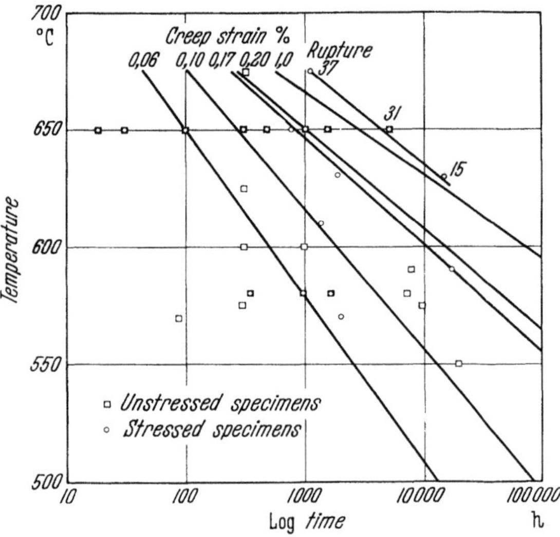

Fig. 15. Temperature-Log Time diagram for specific creep strains at $2^1/_4$ Tons/sq. in. $2^1/_4$% Cr, 1% Mo super-heater tube

650° C for the same times as the creep specimens, showed no differences from the latter in the sequence of change in the precipitate microstructure up to 1000 hr. However, a pair treated for 5000 hr at 650 °C, which represented a difference in strain of 31%, showed that the spheroidisation of the precipitate had proceeded to a more advanced stage in the case of the $2^1/_4$ Tons/sq.in (3.5 kg/mm²) stressed specimen, compared with the unstressed one. The mean distances between precipitates were 1.2 μ and 0.7 μ respectively. It may be concluded that during secondary creep at 650° C, at stresses of up to $2^1/_4$ Tons/sq.in (3.5 kg/mm²), that is, at strains of up to 0.2%, the changes in the size, shape and distribution of the precipitates proceed in the same way and at the same rate as in tempering at the same temperature. However, during the tertiary stage of creep leading to rupture, there is an increase in the rate of spheroidisation compared with the unstressed condition. These conclusions are illustrated in Fig. 8 to 13. Curves showing the changes in mean distance between precipitates with time at 650° C for stressed and unstressed specimens are shown in Fig. 14.

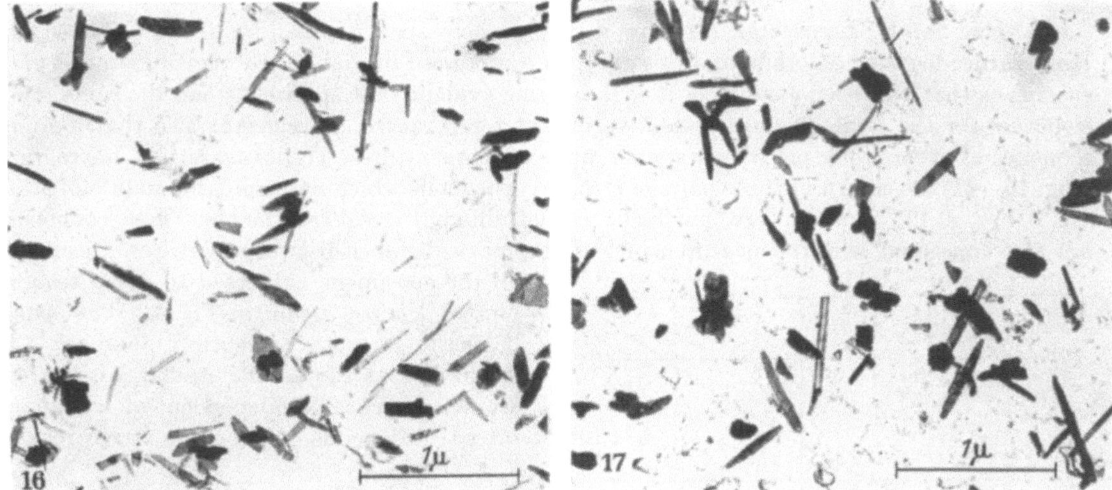

Fig. 16. After 1000 hr at 580° C at $2^1/_4$ Tons/sq. in. 0.06% strain. Carbon extraction replica
Fig. 17. After 100 hr at 650° C at $2^1/_4$ Tons/sq. in. 0.06% strain. Carbon extraction replica

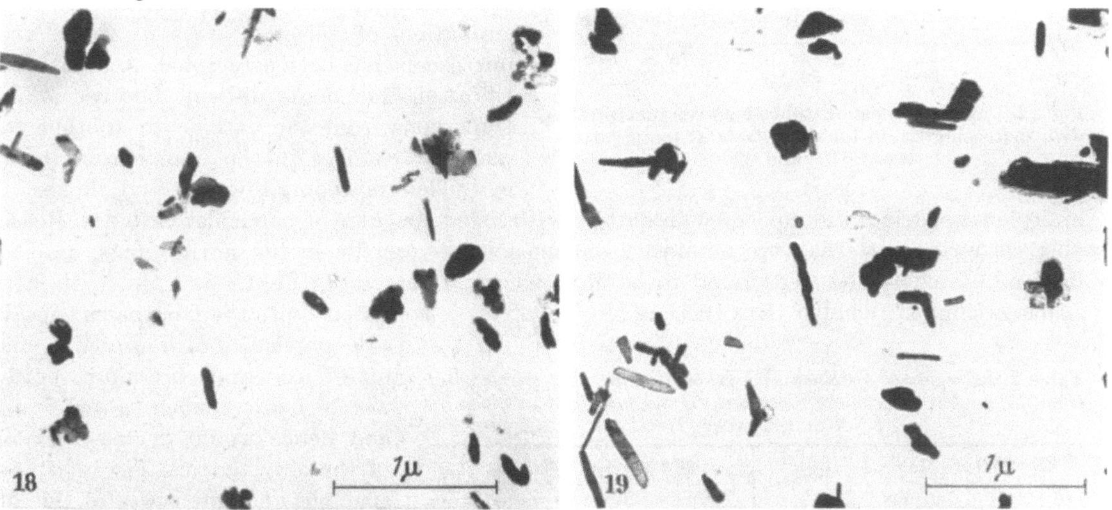

Fig. 18. After 17,000 hr at 590° C at $2^1/_4$ Tons/sq. in. 0.18% strain. Carbon extraction replica
Fig. 19. After 1000 hr at 650° C at $2^1/_4$ Tons/sq. in. 0.19% strain. Carbon extraction replica

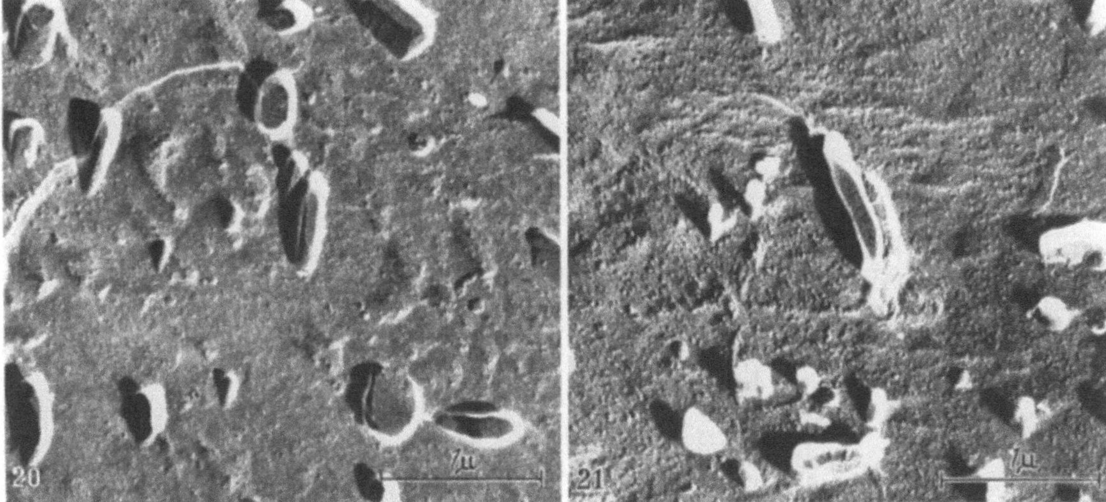

Fig. 20. After 13,000 hr at 630° C at $2^1/_4$ Tons./sq. in. Ruptured at 15% strain. Preshadowed carbon replica
Fig. 21. After 1000 hr at 675° C at $2^1/_4$ Tons/sq. in. Ruptured at 37% strain. Preshadowed carbon replica

In their paper SMITH et al. (*1*) show a graph where specific creep strains are plotted on a temperature-log time diagram, and this graph is reproduced in Fig. 15. By plotting on this graph specimens that had been examined, it soon became evident that specimens had the same microstructure for the same strain, irrespective of test temperature. This meant also that a similar sequence of events took place over a wide range of temperatures. To illustrate this, micrographs (Fig. 16—21) are shown of three pairs of stressed specimens which had similar amounts of strain, viz. 0.06%, 0.19% and rupture, but had received different creep treatments. These conclusions are also consistent with the measurements of the mean distance between particles. Results for all the specimens subjected to creep tests are plotted against strain in Fig. 22. The spacing begins to increase perceptibly at about 0.1% strain and as far as the results go, the subsequent increase is independent of test temperature; it depends only on the strain reached.

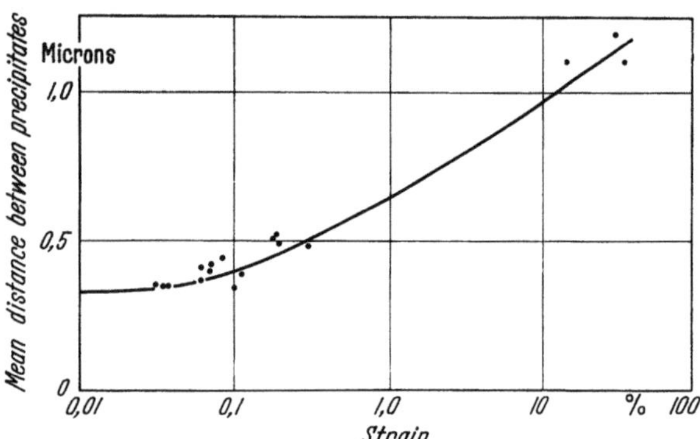

Fig. 22. Change in mean distance between precipitates with increasing strain for creep tests at temperatures between 570° and 650° C

Identification of precipitates

Identification of the precipitates in the extraction replicas by electron diffraction examination of selected areas in the electron microscope has been attempted. Accurate identification was made difficult because gradual transitions from one carbide to another took place by changes in the iron, chromium and molybdenum compositions, and hence the interplanar spacings did not agree absolutely with listed spacings of particular carbides. Reasonably clear ring patterns were obtained from the acicular carbide in the ferrite areas, and both fine and coarse needles were found to be M_2C, where M represents Fe, Cr and Mo, with lattice spacings some 4% smaller than those of Mo_2C (*7*). This is consistent with the fact that a considerable portion of M is probably made up of iron and chromium, both of which have smaller atomic sizes, and hence would decrease the size of the Mo_2C lattice. The interplanar spacings and intensities of this M_2C and GOLDSCHMIDT's (*7*) Mo_2C are given in Table 2.

The lamellar precipitates in the pearlite areas gave rather spotty electron diffraction patterns but it was possible to confirm previous X-ray work on these specimens by SMITH et al. (*1*) that they were $M_{23}C_6$, where M represents Fe, Cr and Mo. The interplanar spacings and intensities found here for $M_{23}C_6$, and also those determined by GOLDSCHMIDT (*7*) are shown in Table 3.

It was not possible to identify the coarser precipitates by electron diffraction. However, X-ray diffraction work showed that the amount of M_6C precipitate present in the creep specimens increased with increase

Table 2. *Interplanar spacings and intensities for* M_2C *as obtained from the present electron diffraction work and for* Mo_2C *as given by* GOLDSCHMIDT (*7*)

| Author's M_2C | | hkl | Goldschmidt's Mo_2C | | d Mo_2C/ dM_2C |
d Å	Intensity		d Å	Intensity	
2.46	Medium	100	2.60	Medium-weak	1.05
—	Weak	002	2.36	Medium-weak	—
2.16	Very strong	101	2.27	Strong	1.05
1.70	Medium	102	1.74	Medium	1.02
1.42	Medium	110	1.50	Medium	1.05
1.31	Medium	103	1.35	Medium-strong	1.04

Table 3. *Interplanar spacings and intensities for* $M_{23}C_6$ *as obtained from the present electron diffraction work and as given by* GOLDSCHMIDT (*7*)

| Author's M_2C | | hkl | Goldschmidt's $M_{23}Cj$ | | d_A/d_G |
d_A Å	Intensity		d_G Å	Intensity	
2.32	Strong	420	2.38	Medium-strong	1.03
2.13	Strong	422	2.17	Medium	1.02
2.00	Strong	333,511	2.04	Strong	1.02
1.85	Strong	440	1.88	Medium	1.02
1.75	Medium	531	1.80	Medium	1.02
1.26	Medium	644,820	1.29	Medium	1.02
1.22	Medium	660,822	1.25	Medium-strong	1.02
—	Weak	555,751	1.23	Medium	—
1.15	Medium	753,911	1.17	Medium	1.02
—	Medium	844	1.08	Strong	—

in strain and that there was no M_6C present in the "as received" specimens. Thus when the $2^1/_4\%$ Cr, 1% Mo steel goes into service, it contains $M_{23}C_6$ laths in pearlitic areas, with M_2C needles in between, but during service the M_2C needles disappear and finally $M_{23}C_6$ and M_6C spheroidised precipitates are obtained. SMITH et al. (*1*) show from chemical analysis of extracted residues that the derived value of the molybdenum content of the matrix is reduced from 0.6% initially to 0.3% at the time of rupture in a $630°$ C creep test, and the molybdenum content in the carbides has increased correspondingly. The chromium content of the carbide has increased from about 0.45% to 0.6%, whereas the iron content has remained more or less constant. It can be further deduced from their data that the increase in the amount of carbide precipitated in the matrix during the course of creep to rupture is of the order of 15%. Much of this increase is supplied by molybdenum coming out of solution.

Backgrounds in micrographs

In all micrographs a background effect was observed. After extensive work to determine the cause, including reduction of contamination during preparation of the replicas, it was concluded that the backgrounds could be interpreted as an etching effect, possibly due to ZENER (*8*) platelets. The effect was more pronounced in electro-polished than in mechanically polished specimens.

Discussion

It is now generally recognised that finely dispersed precipitates are one of the factors which lead to good creep resistance of an alloy. It is thought that, prior to the creep test, dislocations are distributed throughout the matrix of the material, and that when a stress is applied they tend to move but are stopped by obstacles, which in the case of alloys include precipitates. Ease of climb of the dislocations over the precipitate obstacles will depend on several factors, including size, shape, distribution and coherency of the precipitates, and it is very probable that finely divided and closely spaced needle precipitates will be more effective in hindering the movement of dislocations than will widely spaced coarse spherical ones. By comparing the microstructures of the creep specimens with their positions on the creep curves, it appears in the case of the $2^1/_4\%$ Cr, 1% Mo steel that, whilst secondary creep continues, there are some fine needle precipitates in the matrix, and that the mean distance between precipitates does not exceed $0.5\ \mu$. After this the tertiary stage of creep begins and rupture

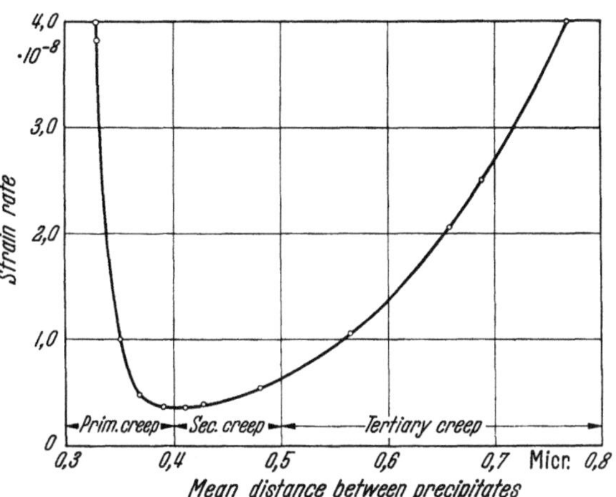

Fig. 23. Strain rate during creep test at $650°$ C plotted against mean distance between precipitates

takes place when the mean distance between spheroidal particles is about $1.2\ \mu$. This is compatible with the observation that for strains up to 0.2% at least, the changes in precipitate microstructure are apparently independent of whether a stress is applied or not and therefore it is possible to suggest that the actual creep rate at any time may be a function of the state of the precipitate microstructure at that time. It is tempting to think that the increase in creep rate above about 0.1% (Fig. 1) is due to this increase in particle spacing. When the variation in creep rate with time at $650°$ C is plotted against the corresponding change in distance between particles (Fig. 23), it seems that the increase in creep rate beyond about 1×10^{-8} is too large to be accounted for by the increase in particle spacing. This suggests that the changes which occur in the matrix are also important.

This investigation has been mainly concerned with precipitation hardening, but solid solution strengthening, although undoubtedly playing a part in the change in creep resistance during service, should make no difference to the preceding arguments since the two processes are interrelated.

From this work, it seems possible to equate time and temperature for a given stress and strain for temperatures between 550° C and 650° C, thus providing the possibility of comparing a relatively short duration creep test at 650° C, with a relatively long one at 565° C, the service temperature. The consequent gain in time is a factor of about 100:1.

Since there is an apparent correlation between the amount of strain undergone by the Cr—Mo steel and the precipitate microstructure, it might be possible to make an estimate of the stage in creep life reached by actual power plant components, by taking specimens at times of overhauls. This assumes of course that the stresses induced in power plants do not exceed $2^1/_4$ Tons/sq.in (3.5 kg/mm²), since the effect at higher stresses has not been studied.

Conclusions

Observations have been made on specimens covering stressed [$2^1/_4$ Tons/sq.in. (3.5 kg/mm²)] and unstressed conditions between 550° C and 675° C and times up to 20,000 hr. Four main conclusions are drawn:

1. Specimens, stressed or unstressed subjected to the same temperature for the same time have similar microstructures, providing the tertiary stage of creep has not been reached.

2. Stressed specimens with the same strain have similar microstructures for creep tests conducted between 580° C and 650° C; creep specimens at 580° C and 650° C have a creep test time ratio of the order of 10:1.

3. At the commencement of creep there is a fine needle precipitate which gradually disappears during secondary creep and is replaced by a more widely space coarser precipitate. During the tertiary stage the precipitate spheroidises and the mean distance between particles increases.

4. In this particular steel it appears that changes in the matrix composition during creep as well as changes in the precipitates have a significant effect on the creep strength.

Conclusion 2 suggests the possibility that in materials where there are no sudden transformations, accelerated creep tests may be conducted at temperatures up to 100° C above the intended service temperature, with time savings of at least 10 to 1.

The work described above has been carried out as part of the General Research Programme of the National Physical Laboratory and this paper is published by permission of the Director of the Laboratory.

Dr. N. P. Allen, F.R.S., Superintendent of Metallurgy Division, N. P. L., suggested the problem and gave valuable criticism and encouragement. Mr. M. F. Day carried out the creep testing part of the programme and Mr. D. Quigley helped in investigating contamination of replicas. Valuable discussions were held with Dr. D. McLean and other colleagues in the Metallurgy Division, National Physical Laboratory.

References

1. Smith, A. I., E. A. Jenkinson, D. J. Armstrong and M. F. Day: J/T 170. Electrical Res. Ass. 1957. Steels for use in steam power plant operating above 950° F. Creep, Stress-Relaxation and Metallurgical Properties. To be published in Trans. I. Mech. E.
2. Habraken, L.: Thése d'Agrégation d l'Enseignement Supérieur, Université de Liége 1953. Publie par Centre National Recherches Métallurgiques.
3. Schrader, A., A. Rose, L. Rademacher and W. Pitsch: Arch. Eisenhüttenwesen 28, 461 (1957).
4. Baker, R. G., and J. Nutting: B.I.S.R.A. Rep. Nos. MG/J/101/55 and MG/J/248/55.
5. Smith, E., and J. Nutting: B.I.S.R.A. Rep. No. MG/J/251/55.
6. Smith, E., and J. Nutting: Brit. J. appl. Physics 7, 214 (1956).
7. Goldschmidt, H. J.: Metallurgia 40, 103 (1949).
8. Zener, C.: Physic. Rev. 74, 639 (1948).

Studies on the occurrence, morphology and identity of nitride precipitates in iron and steel

G. R. Booker and J. Norbury

Physics Department, Central Research Laboratories, Richard Thomas & Baldwins Ltd.,
Whitchurch, Bucks (England)

Introduction. Although γ'-Fe₄N iron nitride precipitates formed in a solid iron matrix were extensively examined as long ago as 1934 (*1*), their detailed structure was not elucidated until 1948 when Jack (*2*) performed an X-ray diffraction examination of nitrided iron powders. The occurrence of a second type of iron nitride precipitate, a low temperature form, was first reported by Dijkstra (*3*) and Wert (*4*). In further investigations with nitrided iron powders, Jack (*5*) determined the structure of this phase, which he termed α''-$Fe_{16}N_2$ iron nitride. Several investigators (6) have observed two types of plate-like precipitate in nitrided iron specimens and assumed these to be the γ' and α'' phases, but no proof of identification was given.

Precipitates of both types formed by nitriding solid iron and steel specimens were isolated in extraction replicas by BOOKER, NORBURY and SUTTON (7) and identified by electron and X-ray diffraction as γ'-Fe_4N and α''-$Fe_{16}N_2$ iron nitrides. The present paper describes further results obtained using these methods concerning the morphology and manner of growth of the precipitates, and the effect of the presence of carbon, aluminium and silicon in the α-iron matrix on their precipitation.

The α''-$Fe_{16}N_2$ Iron nitride phase. JACK (5) found that the α''-phase possessed a tetragonal structure with $a = 5.72$ Å and $c = 6.31$ Å. Furthermore, JACK suggested from coherency considerations that if α'' precipitates were formed in a solid α-iron matrix, they would grow with their major crystallographic axes parallel to those of the α-iron matrix, would take the form of plates with the $'c'$-axis perpendicular to the plane of the plates, and would lie along three mutually perpendicular directions corresponding to the {100} planes of the matrix. These relationships have been verified in the present work.

A piece of pure iron was nitrided for 6 hr at 640° C and furnace cooled. Beneath the outer surface layers, plate-like precipitates of α''-$Fe_{16}N_2$ up to about 6 μ in size and γ'-Fe_4N up to about 20 μ in size were observed. Isolation of the α''-phase in extraction replicas (Fig. 1) using the single etch method (8) has enabled both the plate-like nature of the precipitates and their growth along three mutually perpendicular directions, to be demonstrated. The characteristic electron diffraction pattern obtained from individual precipitates when the electron beam was perpendicular to the plate was a single-crystal spot pattern having its major axes perpendicular and with spacings corresponding to $a = b = 5.72$ Å. Another type of pattern was obtained with the electron beam approximately parallel to the plates. This was also of the single-crystal spot type with perpendicular major axes, but had spacings corresponding to $a = 5.72$ Å and $c = 6.31$ Å. The two patterns taken together illustrate the tetragonal structure of the α''-phase and the formation of the α''-precipitates with the $'c'$-axis perpendicular to the plane of the plate.

To determine the orientation of the precipitates in the α-iron matrix, sections polished mechanically and electrolytically down to a few 100 Å in thickness have been examined. As the individual precipitates were several microns in size, they were rarely retained in such thin sections, but the slots left in the sections indicated the positions the plates occupied before dropping out. The section illustrated in Fig. 2 contains two sets of slots oriented along perpendicular directions and is thought to correspond to a principal section, i. e. the third set of plates lies approximately parallel to the plane of the section. Transmission electron diffraction patterns from various areas of the matrix in the neighbourhood of the slots were identical, indicating similar orientation of the matrix over a comparatively large area. The pattern was a single-crystal spot type with major axes perpendicular and with spacings corresponding to $a = b = 2.86$ Å, i. e. the (001) direction was perpendicular to the section. As the slots were oriented parallel to the major axes of the pattern, this indicated that the α''-plates had grown along the {100} planes of the α-iron matrix.

The γ'-Fe_4N iron nitride phase. Isolation of the γ'-phase from the same specimen in extraction replicas showed that it consisted of large plates possessing highly oriented structure (Fig. 3). This structure ran in two main directions in the precipitates, the angle between the directions being about 40°. The characteristic electron diffraction pattern (Fig. 4) obtained from γ'-precipitates with the beam perpendicular to the plate consisted of a series of intersecting lines arranged symmetrically in regularly spaced rows and columns, the angle between the two lines forming each intersection being about 40°. The positions of the intersections were observed to be close to the reciprocal lattice points corresponding to a (112) zone, suggesting initially that the pattern should be interpreted as a whole.

Subsequent examination revealed, however, that the directions of the two series of lines forming the intersections in the pattern were perpendicular to the two directions of oriented structure in the precipitate. Furthermore, when a pattern was obtained from an area containing only one type of oriented structure, only the one series of lines perpendicular to the structure

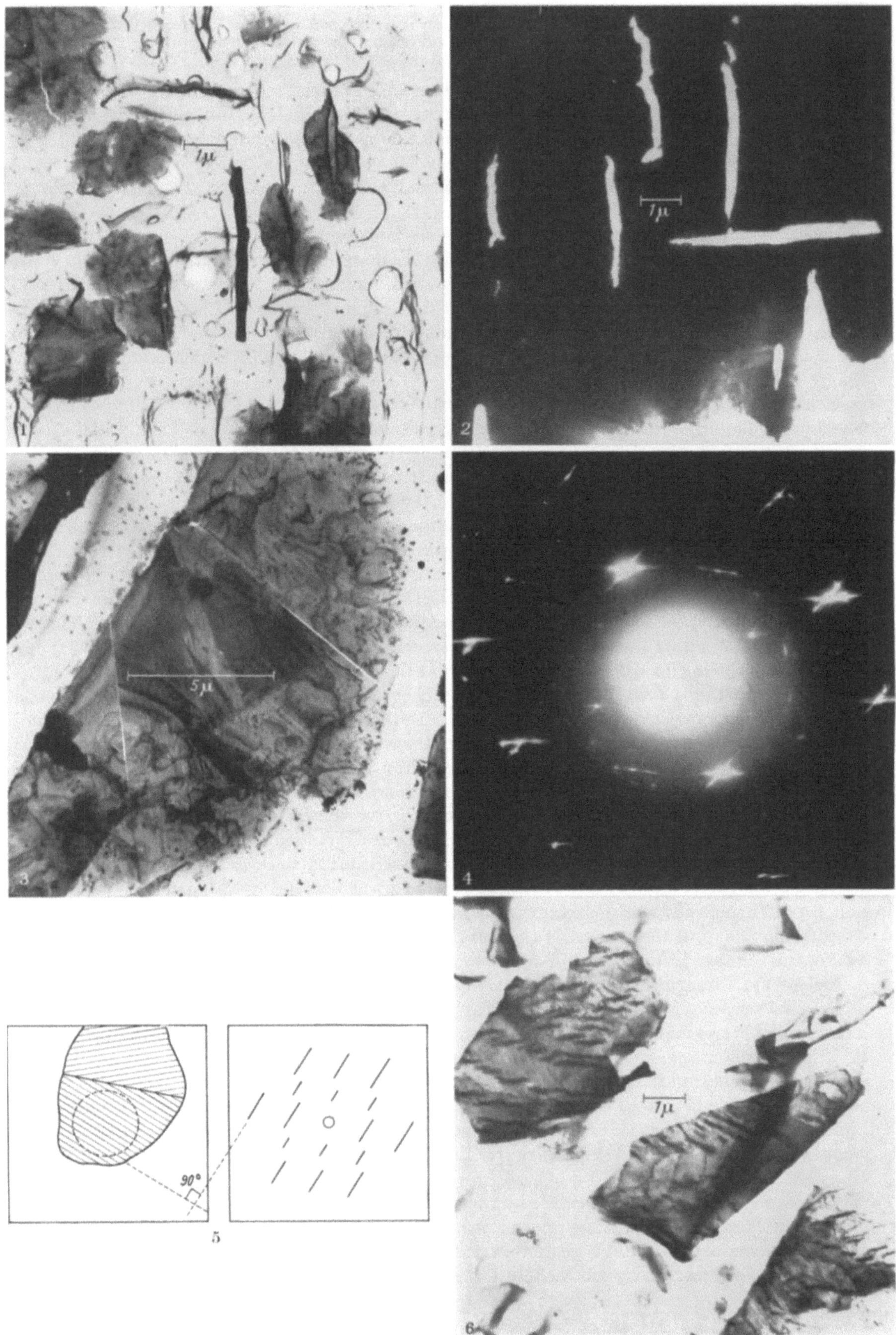

occurred (Fig. 5), thus showing that the two types of oriented structure present in individual precipitates grew in an individual manner, and that the pattern from each should be interpreted separately. Each separate pattern appeared to comprise layer lines arising from relaxation of the diffraction condition perpendicular to the direction of the oriented structure. From measurement of the distance between the layer lines, and between the intensity peaks along individual layer lines, the orientation of the γ'-crystal lattice with respect to the precipitates could be calculated. The next step is to fit this lattice to the α-iron matrix lattice, and so acertain the reasons for the unusual manner of growth of the precipitates. The investigations are at present not complete, and will be reported later.

The α''-Fe$_{16}$N$_2$ $\longrightarrow$ γ'-Fe$_4$N Transformation. The low temperature, unstable α''-Fe$_{16}$N$_2$ precipitate transforms on annealing to the γ'-Fe$_4$N form. In furnace cooled specimens, plate-like precipitates in the process of transforming are sometimes observed. These plates (Fig. 6) are characterized by additional oriented structure often arranged in echelons, and give electron diffraction patterns consisting of a combination of α''-Fe$_{16}$N$_2$ rings and γ'-Fe$_4$N lines (Fig. 7).

Specimens annealed at 700° C, quenched and tempered at 170° C for 9 days contained only α''-Fe$_{16}$N$_2$ precipitates. One such specimen was further tempered at 250° C to cause these precipitates to transform to γ'-Fe$_4$N, and examined at intervals during the treatment. It was observed that the α''-plates moved across the grains and tended to arrange themselves in groups surrounded by areas denuded of precipitates. The groups usually consisted of plates arranged in straight lines in echelon formation. The echelons gradually joined up to form a continuous, initially irregular γ'-plate lying in the direction of the echelon. Often a separate, very regular γ'-plate developed from the side of the echelon, eventually giving rise to the characteristic V-form of γ'-Fe$_4$N iron nitride precipitates that is frequently observed. This sequence of precipitation is at present being studied in greater detail using extraction replicas.

Effect of carbon in the matrix on the precipitates. To determine the effect of the presence of carbon in the matrix on the precipitation of the α''- and γ'-phases, steels containing .02%, .10% and .22% of carbon were simultaneously nitrided for 4 hr at 700° C and furnace cooled. The resulting nitrided zones did not extend as far in the specimens with higher carbon content. γ'-plate-like precipitates occurred in all three specimens, but were slightly smaller and less regular in the .22% C specimen. The α''-phase was present as plate-like precipitates up to about 6 μ in the .02% C specimen, appeared similar but was present only up to about 3 μ in the .10% C specimen and was completely absent in the .22% C specimen. The latter specimen exhibited a mottled grain structure extending considerably beyond the region where the γ'-phase occurred. Studies on extraction replicas revealed that this structure was due to the presence of small irregular particles (Fig. 8), thought to be an iron carbo-nitride because of the relatively large amounts of both nitrogen and carbon in this portion of the specimen. Analysis of the electron diffraction pattern (Fig. 9) from these particles has enabled the phase to be provisionally indexed on a hexagonal basis, and because of its similarity with ε-iron nitride and ε-iron carbide, it has been tentatively termed the ε-phase.

Effect of aluminium in the matrix on the precipitates. A vacuum cast Fe-1%Al alloy was nitrided for 4 hr at 640° C and furnace cooled. Optical microscopic examination of the specimen showed a region containing γ'-Fe$_4$N plate-like precipitates immediately below the surface and a mottled structure extending considerably further inwards. No α''-Fe$_{16}$N$_2$ precipitates were

---

Fig. 1. α''-Fe$_{16}$N$_2$ iron nitride precipitates. Formvar extraction replica

Fig. 2. Thinned down section originally containing α''-Fe$_{16}$-N$_2$ iron nitride precipitates

Fig. 3. γ'-Fe$_4$N iron nitride precipitate. Formvar extraction replica

Fig. 4. Electron diffraction pattern obtained from a γ'-Fe$_4$N precipitate with the electron beam approximately perpendicular to the plane of the plate

Fig. 5. Relative orientation of a γ'-Fe$_4$N precipitate and the pattern obtained from the portion of the precipitate shown ringed

Fig. 6. Precipitates in the process of transformation from α''-Fe$_{16}$N$_2$ to γ'-Fe$_4$N. Formvar extraction replica

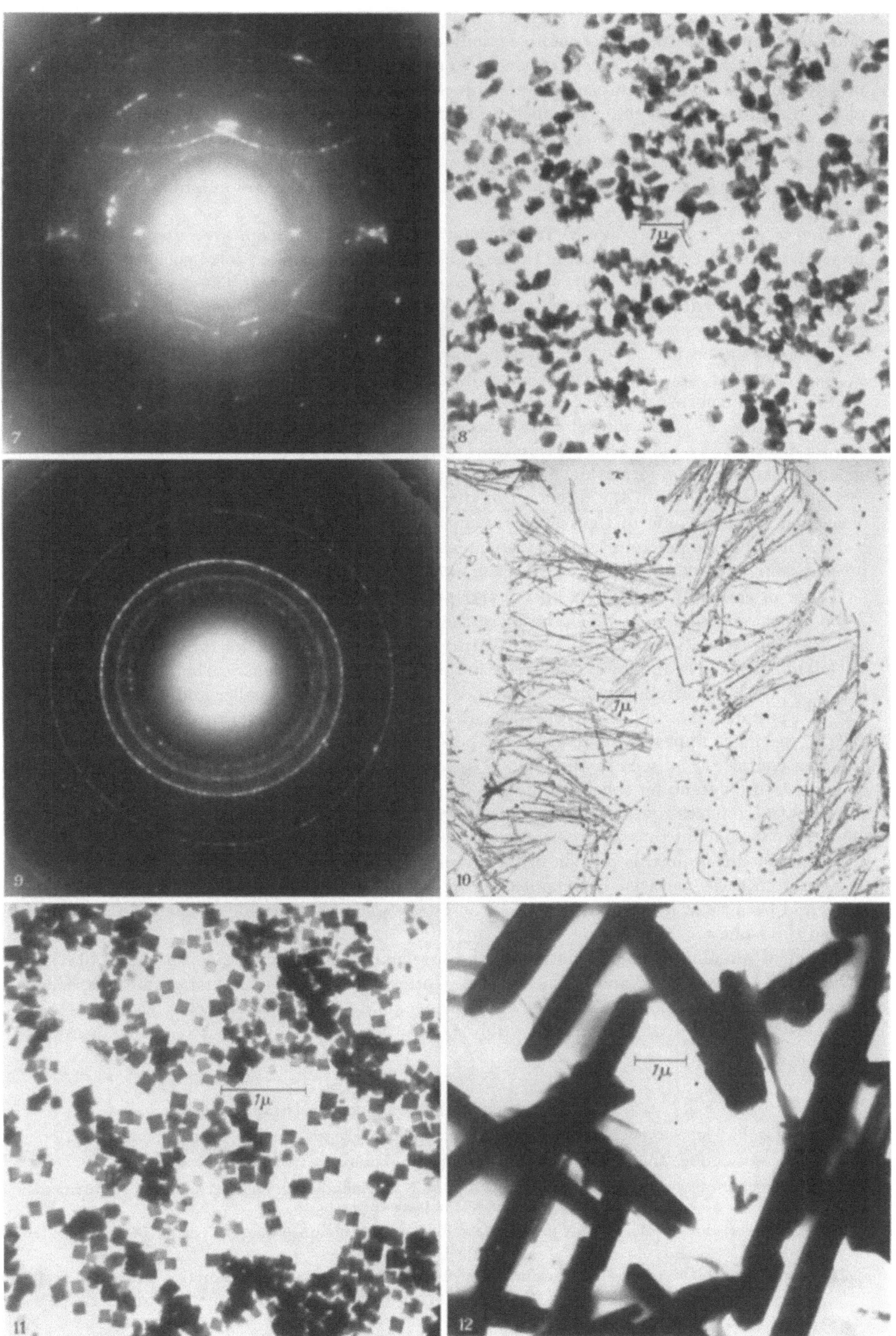

observed. Examination of extraction replicas revealed that the mottled structure was due to the presence of fine rod-like particles identified as aluminium nitride (*9*). The rods were sparsely distributed and well formed in the lower nitrogen concentration regions of the mottled zone (Fig. 10), but were more numerous and smaller in the higher nitrogen concentration regions.

Effect of silicon in the matrix on the precipitates. A pure Fe-3%Si alloy was nitrided for 18 hr at 640° C and furnace cooled. Again γ'-Fe$_4$N plate-like precipitates were evident together with an underlying mottled structure, and α''-Fe$_{16}$N$_2$ precipitates were absent. Examination of extraction replicas showed that the mottled structure was due to the presence of numerous small particles in the form of regular cubes (Fig. 11). The diffraction patterns from these particles were very weak, did not appear to correspond to a known silicon nitride and have not been identified. This phase may be the unidentified iron-silicon nitride inferred to be present in a nitrided Fe-3%Si alloy by LEAK, THOMAS and LEAK (*10*) using internal friction methods.

After the above examination, the specimen was further annealed for 6 hr at 820° C and furnace cooled. This caused a considerable change in the appearance of the specimen, the mottled structure being replaced by a coarser, more definite structure. Examination of extraction replicas showed that the structure was due to the presence of rod-like particles identified from electron diffraction patterns as silicon nitride (α-Si$_3$N$_4$). The rods occurring in the regions of low nitrogen concentration were few and large (Fig. 12) whilst those at higher concentrations were smaller and more numerous, as was observed with the aluminium nitride precipitates in the Fe-1%Al specimen.

Summary. Extraction replicas have been examined by electron microscopy, electron diffraction and X-ray diffraction to study the occurrence, morphology and manner of growth of α''-Fe$_{16}$N$_2$ and γ'-Fe$_4$N iron nitride precipitates in an α-iron matrix. The α''-phase has been shown to possess a tetragonal structure and grow as regular thin plates along the three major planes of the α-iron matrix, as predicted by JACK (*5*). The γ'-phase also grows as plates, but possesses a highly oriented structure giving rise to an unusual type of electron diffraction pattern. The crystallographic manner of growth of this phase with respect to the α-iron matrix has not yet been fully elucidated. The α''-Fe$_{16}$N$_2 \rightarrow \gamma'$Fe$_4$N transformation has been followed, and some "in situ" transformations observed.

Increasing the amount of carbon in the α-iron matrix decreases the size of the α''-phase until at about .22% C it is entirely suppressed and replaced by small particles thought to be an iron carbo-nitride and which has been tentatively termed the ε-phase. The γ'-phase is not appreciably affected by increasing the carbon content up to .22%.

The presence of 1% of aluminium or 3% of silicon in an α-iron matrix suppresses the formation of the α''-phase but not the γ'-phase. In the former, rod-like particles of aluminium nitride (AlN) occur, and in the latter unidentified small regular cubes are formed that transform to rod-like particles of silicon nitride (α-Si$_3$N$_4$) at higher temperatures. In both instances, the size of the rod-like precipitate seems to be related to the nitrogen concentration, low concentrations favouring the growth of large precipitates.

The authors wish to express their thanks to colleagues in these laboratories for assistance with the experimental work. Thanks are also due to Mr. R. A. HACKING, Director of Research, for permission to publish this paper.

Fig. 7. The type of electron diffraction pattern obtained from the precipitates shown in Fig. 6 with the electron beam approximately perpendicular to the plane of the plates

Fig. 8. Particles thought to be an iron carbo-nitride from a nitrided .22%C steel. Formvar extraction replica

Fig. 9. The type of electron diffraction pattern obtained from a group of the precipitates shown in Fig. 8

Fig. 10. Aluminium nitride (AlN) particles from a nitrided Fe-1% Al alloy. Formvar extraction replica

Fig. 11. Unidentified particles from an Fe-3%Si alloy nitrided and furnace cooled from 640° C. Formvar extraction replica

Fig. 12. Silicon nitride (α-Si$_3$N$_4$) particles from the specimen of Fig. 11 after further annealing at 820° C and furnace cooling. Formvar extraction replica

References

1. MEHL, R. F., C. S. BARRETT and H. S. JERABEK: Trans. Amer. Inst. Min. Met. Eng. **113**, 211 (1934).
2. JACK, K. H.: Proc. roy. Soc. A **195**, 34 (1948).
3. DIJKSTRA, L. J.: J. Met. **1**, 252 (1949).
4. WERT, C. A.: J. appl. Physics **20**, 943 (1949).
5. JACK, K. H.: Proc. roy. Soc. A **208**, 216 (1951).
6. HOPKINS, B. E., and H. R. TIPLER: J. Iron Steel Inst. **177**, 110 (1954).
7. BOOKER, G. R., J. NORBURY and A. L. SUTTON: J. Iron Steel Inst. **187**, 205 (1957).
8. — — Brit. J. appl. Physics **8**, 109 (1957).
9. — — Nature (Lond.) **182**, 255 (1958).
10. LEAK, D. A., W. R. THOMAS and G. M. LEAK: Acta metallurgica **3**, 501 (1955).

Die orientierte Zementitausscheidung im Ferrit

WOLFGANG PITSCH und ANGELICA SCHRADER

Max-Planck-Institut für Eisenforschung, Düsseldorf

Die Transformation einer kristallinen Phase in eine andere wird unter Umständen wesentlich dadurch beeinflußt, daß in den beiden Phasen die Atome auf einzelnen Gittergeraden oder -ebenen ähnlich angeordnet sind. In der vorliegenden Arbeit wird untersucht, welchen Einfluß solche Ähnlichkeiten bei der Ausscheidung des Zementits (Z) im Ferrit (α) auf den Ausscheidungsvorgang haben.

Die Untersuchung wurde an Partikeln gemacht, die sich in massiven Stahlproben im Ferrit ausgeschieden hatten und die eine besondere geometrische Form besaßen. Die beobachteten Partikel bestanden aus zwei Nadelscharen, die neben- und durcheinander angeordnet waren und gegeneinander um einen Winkel von rd. 70° verdreht waren. In Abb. 1 sind einige solcher Partikel abgebildet, die mit dem Elmiskop I in einem Extraktions-Abdruck aufgenommen wurden. Die Gitterstruktur dieser Partikel konnte mit Hilfe der Elektronenbeugung bestimmt werden. Abb. 2 zeigt eines der beobachteten Beugungsdiagramme. Es besteht

Abb. 1. Direkte elektronenmikroskopische Abbildung einiger Zementitteilchen aus einem normalisierten Weicheisen mit 0,09% C und 0,004% N₂, nach einer Wärmebehandlung bei 325°. Extraktionsabdruck. (80 kV)

aus zwei Scharen paralleler Linien, auch Schichtlinien genannt, die jeweils senkrecht zu einer der beiden Nadelrichtungen verlaufen und daher ebenfalls um rd. 70° gegeneinander geneigt sind. Ferner sind die Schichtlinien an einzelnen Stellen besonders intensiv geschwärzt. Das bedeutet, daß jede der beiden Nadelscharen eines Partikels für sich ein Faserdiagramm erzeugt.

Die Auswertung dieser Faserdiagramme war mit Hilfe des Zementitgitters möglich und ist in Abb. 3 dargestellt [Einzelheiten s. in Arbeit (1)]. Sie zeigt eindeutig, daß die beobachteten Partikel aus Zementitnadeln bestehen, die alle mit [010]$_Z$ in Nadelachsenrichtung gewachsen sind. Die beiden Nadelscharen können kein gemeinsames, durchgehendes Kristallgitter besitzen, da innerhalb ein und desselben Zementitgitters nur eine einzige [010]$_Z$-Richtung existiert. Jedoch sind die Kristallgitter der beiden Nadelgruppen so orientiert, daß ihre [100]$_Z$-Richtungen parallel verlaufen. Dieser Aufbau der Zementitpartikel ist in der Mitte von Abb. 3 und in Abb. 4a schematisch wiedergegeben.

Die ermittelte besondere Struktur der Zementitpartikel ließ sich darauf zurückführen, daß eine ganz bestimmte Gitterkohärenz während der Ausscheidung maßgeblich wirksam war. Um dies zu zeigen, wird zunächst der allgemeine, von N. J. PETCH (2) für die Umwandlung von Ferrit in Zementit vorgeschlagene Orientierungszusammenhang betrachtet. PETCH stützt sich im wesentlichen auf eine röntgenographische Strukturanalyse von K. H. JACK (3) an angelassenem

Eisen-Kohlenstoff-Martensit und leitet aus Ähnlichkeitsbetrachtungen zwei verschiedene Zusammenhänge ab. Wie PETCH selbst angibt, lautet der wahrscheinlichere von den beiden Zusammenhängen

$$(211)_\alpha // (001)_Z \text{ und}$$
$$[01\bar{1}]_\alpha // [100]_Z \qquad (1)$$

Dieser Zusammenhang stimmt außerdem fast genau mit dem Zusammenhang überein, den J. J. TRILLAT und S. OKETANI (4) mit Elektronenbeugung an sehr dünnen, zementierten Eisen-Einkristallschichten gemessen haben.

Um die Struktur der beobachteten Zementitpartikel auf die mögliche Wirksamkeit von Gitterkohärenzen zurückführen zu können, muß noch die

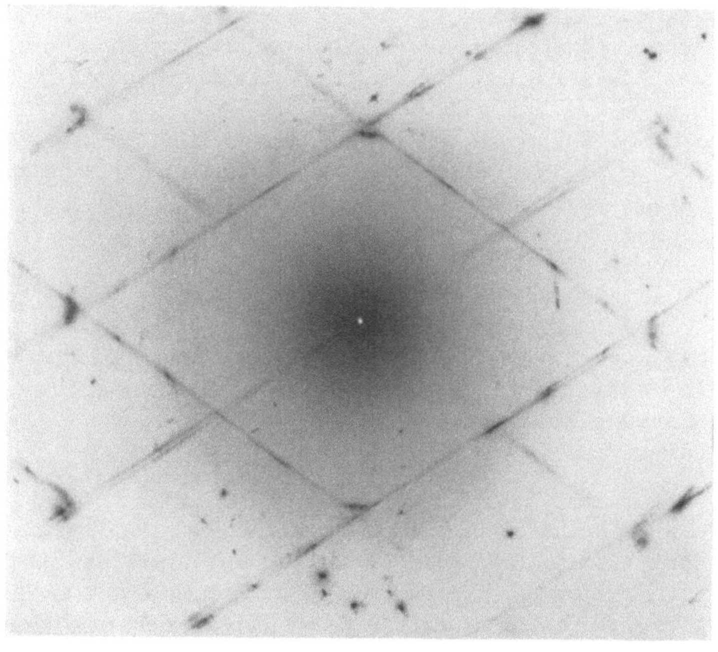

Abb. 2. Feinbereichsbeugung eines Zementitpartikels (80 kV)

Lage der $[010]_Z$-Richtung relativ zum ferritischen Gitter bekannt sein. Sie folgt automatisch aus dem in Gleichung (1) beschriebenen Zusammenhang zu

$$[111]_\alpha // [010]_Z$$

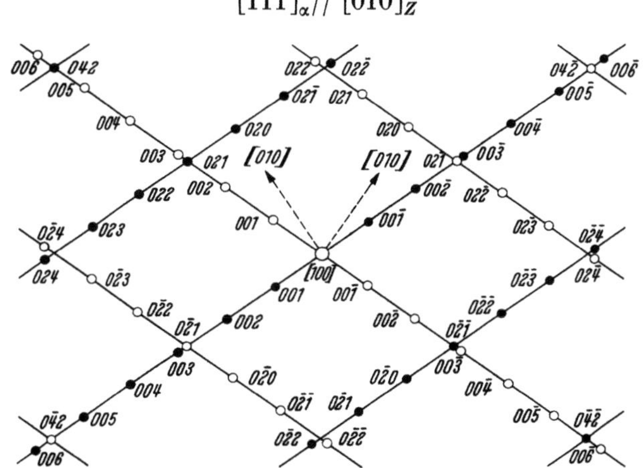

Abb. 3. Berechnetes Beugungsdiagramm zweier Zementitnadeln, die wie in der Bildmitte in eckigen Klammern angegeben orientiert sein sollen. Die Reflexe auf den Schichtlinien sind mit den Indizes der jeweils reflektierenden Netzebenen beschriftet

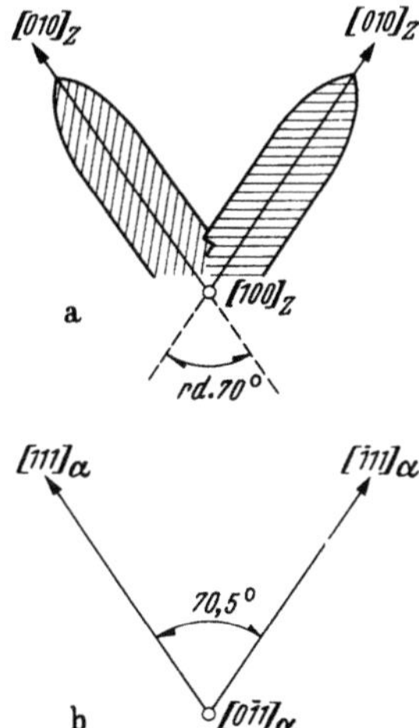

Abb. 4a u. b. a) Schematische Darstellung des Kristallaufbaus der Zementit-Partikel. b) Schematische Darstellung des ferritischen Muttergitters, in dem sich die Zementit-Partikel ausgeschieden haben

Dann müssen — falls überhaupt eine kohärente Zementitausscheidung nach dem genannten Orientierungszusammenhang (1) stattgefunden hat — im Ferritgitter zwei $\langle 111 \rangle_\alpha$-Richtungen existieren, die einen Winkel von rd. 70° einschließen und senkrecht zu einer $\langle 110 \rangle_\alpha$-Richtung stehen. Das ist wirklich der Fall und in Abb. 4b dargestellt. Eine analoge Überlegung für den anderen von PETCH angegebenen Orientierungszusammenhang war nicht möglich.

Damit folgt, daß die besondere Kristallstruktur und Partikelform der untersuchten Zementitpartikel dadurch entstanden ist, daß die Ausscheidung kohärent nach dem in Gleichung (1) beschriebenen Zusammenhang erfolgt ist. Darüber hinaus zeigt die Bildung zweier voneinander unabhängiger Nadelgruppen direkt nebeneinander, daß bei der untersuchten Zementitausscheidung nur eine einzige Ähnlichkeitsbeziehung zwischen Ferrit und Zementit maßgeblich wirksam war: die Ähnlichkeit zwischen der Atomanordnung längs der am dichtesten besetzten Ferritrichtung $\langle 111 \rangle_\alpha$ und der Atomanordnung längs der Nadelachse $[010]_Z$. Diese Ähnlichkeit besteht darin, daß einerseits die Eisenatome in $\langle 111 \rangle_\alpha$-Richtung des Ferrits mit einem Abstand von $2,86 \cdot \sqrt{\tfrac{3}{2}} = 2,48$ Å direkt aufeinander folgen, und andererseits die Eisenatome in $[010]_Z$-Richtung des Zementits mit einem Abstand von $5,08 \cdot \tfrac{1}{2} = 2,54$ Å aufeinander folgen, wobei eine geringere gegenseitige Verschiebung in $[100]_Z$-Richtung um $0,75$ Å vernachlässigt worden ist (Einzelheiten s. in Arbeit (1)].

Es sei noch bemerkt, daß auch für die Ausscheidung des ε-Karbids im Ferrit ein analoges Bildungsprinzip gefunden wurde (5). Das ε-Carbid bildet sich bei tieferen Temperaturen kohärent in Form von feinen Bändern oder Fasern, die mit $[110]_\varepsilon$ in zwei zueinander senkrecht stehenden $\langle 100 \rangle_\alpha$-Richtungen des Ferrits wachsen und dabei ein ebenes Netzwerk auf $\{100\}_\alpha$ bilden. Diese besondere Ausscheidungsform wird verursacht durch den maßgeblichen Einfluß der Gitterkohärenz

$$\langle 100 \rangle_\alpha // [110]_\varepsilon.$$

Damit wird deutlich, daß die Morphologie der Karbidausscheidung im Ferrit entscheidend durch Gitterkohärenzen beeinflußt wird. Die Vorstellung einer kugelförmigen Carbidausscheidung, wie sie meist den theoretischen Behandlungen der Ausscheidungskinetik zugrunde gelegt wird, entspricht nicht den wirklichen Verhältnissen.

Literatur

1. Pitsch, W., u. A. Schrader: Arch. Eisenhüttenwesen **29**, 485 (1958).
2. Petch, N. J.: Acta crystallogr. **6**, 96 (1953).
3. Jack, K. H.: J. Iron Steel Inst. **169**, 26 (1951).
4. Trillat, J. J., et S. Oketani: Acta crystallogr. **5**, 469 (1952).
5. Pitsch, W., u. A. Schrader: Arch. Eisenhüttenwesen **29**, 715 (1958).

Carbidphasen-Umwandlungen in Schnelldrehstahl beim Anlassen zwischen 100° und 700° C

J. Ježek

Staatsforschungsinstitut für Material und Technologie, Prag

Die Strukturumwandlungen, welche im Schnelldrehstahl bei seiner Verarbeitung und Verwendung vor sich gehen, haben auf die Leistung und Lebensdauer des daraus verfertigten Werkzeuges einen entscheidenden Einfluß. Dies gilt insbesondere für einen Fertigungsprozeß wie den Guß von Werkzeugen aus diesem Stahl, wobei man nicht die homogenisierende Wirkung des Schmiedens auf die Struktur des Stahles zu Hilfe nehmen kann, sondern darauf angewiesen ist, die gewünschten Eigenschaften durch geeignete Zusammensetzung und Wärmebehandlung hervorzurufen. Infolgedessen ist es wichtig zu wissen, welche Wirkungen die einzelnen Legierungselemente in diesem Material haben, und in welcher Weise die einzelnen Umwandlungen verlaufen. Die vorliegende Arbeit galt dem Studium der Entwicklung von Ausscheidungen beim Anlassen des Schnelldrehstahls der Type 9-4-2 (W-Cr-V), und zwar insbesondere im Hinblick auf die sekundäre Härte.

Als Versuchsmaterial wurde ein Stahl der Grundzusammensetzung $0,82\%$ C, $0,25\%$ Mn, $0,25\%$ Si, $3,90\%$ Cr, $9,0\%$ W, $1,85\%$ V verwendet. Die abgeschreckten Proben (1240° C, 30 sec. Öl) wurden zweimal eine Stunde lang bei verschiedenen Temperaturen zwischen 100° und 700° C angelassen. Zur Erforschung der Gefügeumwandlungen wurde nicht nur der Härteverlauf verfolgt, sondern auch die Methode der elektrolytischen Isolation der Carbide und die des Kollodium-Carbidabzugs (1) verwendet. Die elektrolytische Isolierung der Carbide und das Ätzen der Proben für die Carbidabzüge wurde in einer 5 % igen wäßrigen Lösung von Citronensäure unter Zusatz von 5 g NaCl je Liter durchgeführt.

Die Strukturanalyse der Präcipitate wurde von dem Carbidabzug mittels Elektronenbeugung durchgeführt, soweit Belegungsdichte und Größe dies zuließen. Andernfalls wurde aus mehreren Carbidabzügen ein für die Röntgenstrukturanalyse geeignetes Präparat hergestellt. Zur Ergänzung und Überprüfung der Isoliermethoden wurden Debye-Scherrer-Diagramme von den massiven, wie oben geätzten Proben aufgenommen. Diese Aufnahmen dienten zugleich zur Untersuchung des Martensits und Restaustenits.

Das typische Aussehen des Carbidabzuges von Proben, herrührend aus Anlaßzonen zwischen 100° und 300° C, zeigt Abb. 1a. Wie ersichtlich, werden innerhalb dieses Temperaturbereiches aus den Lamellen des primären Martensits Teilchen abgesondert, deren Größe ordnungsmäßig 0,1 μ beträgt. Diese Teilchen treten auch in zugehörigen Isolaten auf. Durch Strukturanalyse wurde festgestellt, daß es sich um ein Carbid vom Typ M_6C handelt. Aus der chemischen Analyse geht hervor, daß dieses Carbid mit Eisen angereichert und demnach Fe_4W_2C ist, was mit den Ergebnissen der Arbeiten von GOLDSCHMIDT (2) und KUO (3) übereinstimmt.

Im Bereich der zwischen 300° und 550° C liegenden Anlaßtemperaturen entwickelt sich das Carbid W_2C, welches von 400° C an in dem Stahlgefüge als typisch nadelförmige Phase erscheint. Diese Nadeln sind einesteils längs der Martensitlamellen angeordnet, andernteils liegen sie innerhalb dieser Lamellen senkrecht zu deren Längsachse (Abb. 1b). Da dieses Carbid im Stahlgefüge schon bei 400° C als morphologisch definiertes Teilchen vorkommt, ist es nicht möglich, daß es

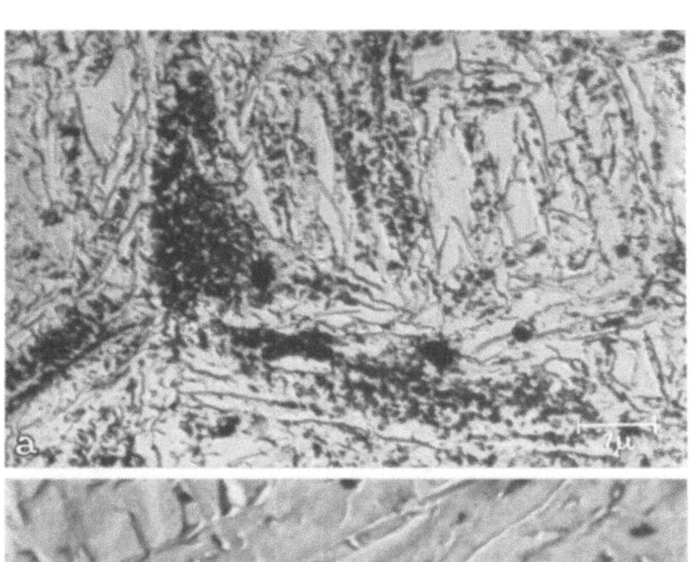
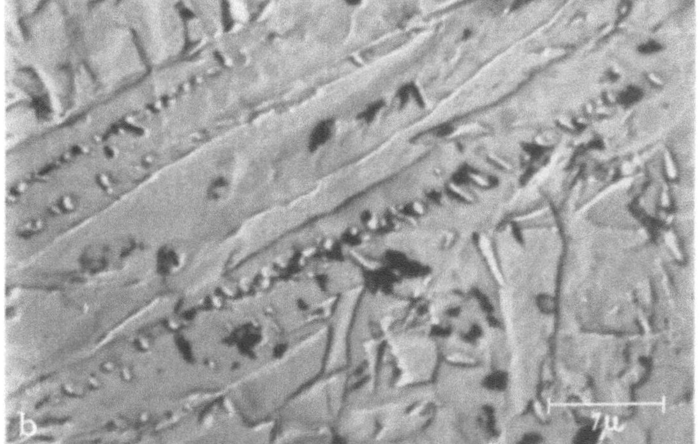

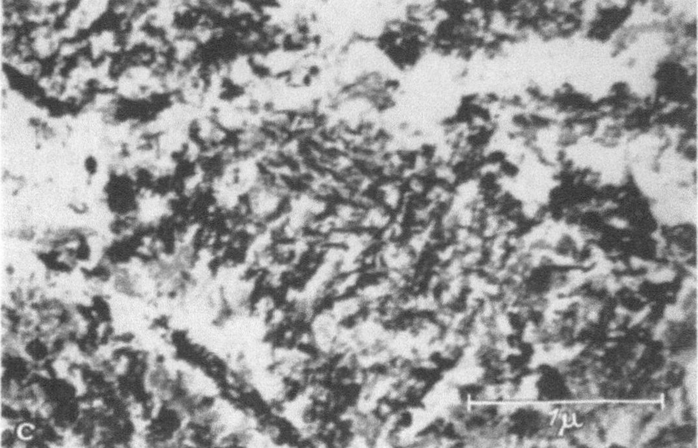

Abb. 1a—c. Schnelldrehstahl 9-4-2 (W-Cr-V) abgeschreckt (1240 °C, 30 sec, Öl) und zweimal 1 Std. angelassen: a) 200° C, b) 500° C, c) 700° C (Kollodium-Carbidabzug)

in diesem Falle auf die Grundmasse eine aushärtende Wirkung ausüben kann, wie dies von KUO für Stähle von anderem Typ angenommen wird.

Die Menge des Restaustenits ändert sich in diesem Temperaturbereich sehr langsam, sinkt aber bei 550° C, wo die Sekundärhärte ihr Maximum erreicht, fast auf Null ab.

Bei einer Temperatur von 650° C erscheint in dem Stahlgefüge ein feines, faserförmiges Präcipitat, welches durch Elektronenbeugung als Carbid VC identifiziert wurde. Bei 700° C wächst seine Menge wesentlich an (Abb. 1c). Seinem Wesen nach ähnelt es den faserförmigen Präcipitaten (Mo_2C, VC, TiC), deren Ausscheidung als Ursache der Aushärtung legierter Stähle angesehen wird. Aus der Menge und Verteilung dieser Teilchen geht hervor, daß es sich um eine Ausscheidung aus der Martensit-Grundmasse handelt. Aus diesem Grunde ist anzunehmen, daß das erwähnte faserförmige Präcipitat in einem frühzeitigen Stadium seiner Entwicklung zur Entstehung der Sekundärhärte beiträgt.

Zugleich beginnt im Temperaturbereich oberhalb 550 °C das Carbid W_2C zu schwinden, und es bildet sich das stabile Carbid Fe_3W_3C.

Literatur

1. JEŽEK, J.: Hutnické listy **13,** 213 (1958).
2. GOLDSCHMIDT, H. J.: J. Iron Steel Inst. **170,** 189 (1952).
3. KUO, K.: J. Iron Steel Inst. **174,** 223 (1953).

The precipitation of Cr_7C_3 in ferritic steels of varying chromium content

F. B. PICKERING

The United Steel Companies Ltd., Rotherham, Yorks. (England)

There has been much conflicting evidence on the formation of Cr_7C_3 during the tempering of chromium steels. Some workers (1, 2) have suggested that Cr_7C_3 is separately nucleated, whilst others (3, 4) support the view that Cr_7C_3 forms by an "in situ" transformation from Fe_3C. The evidence presented in this paper has been obtained on both low alloy steels containing up to 4% chromium and high alloy 12% chromium steels, and has shown that the mode of formation of Cr_7C_3 is different at the two chromium levels.

Precipitation in low chromium steels. During tempering in the temperature range 450°—500°C, the Fe_3C present in the structure is gradually replaced by Cr_7C_3. Carbon extraction replicas examined in the electron microscope show no signs of separate nucleation, but small particles of a new phase, identified as Cr_7C_3 by electron diffraction, are observed within the existing Fe_3C particles, Fig. 1. With increasing tempering time or temperature the whole of the plate-like Fe_3C particles transform to Cr_7C_3 and with further tempering the Cr_7C_3 coalesces and grows, especially at the ferrite grain boundary, so that the ferrite grain size coarsens. These latter changes are associated with marked softening.

Precipitation in 12% chromium steels. During tempering these steels at 450° C and 500° C, there is a dense precipitate of a separately nucleated carbide phase, which gives rise to a slight secondary hardening (Fig. 2). During overageing at the same temperatures, a fine plate-like

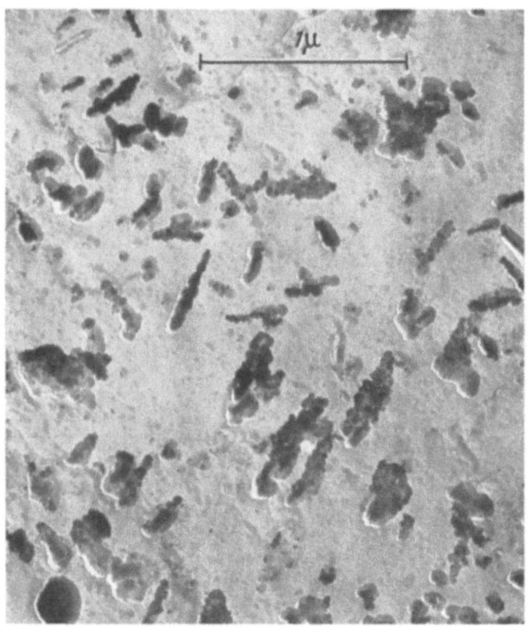

Fig. 1. Transformation of Fe_3C to Cr_7C_3 "in situ" in 4% Chromium Steel. Tempered 240 hr at 450° C

precipitate forms from the dense matrix precipitate (Fig. 3) and there is also evidence of a transformation "in situ" in the Fe_3C (Fig. 3). During the separately nucleated precipitation, the Fe_3C needles in the original structure began to re-dissolve, and it is the remnants of the Fe_3C which undergo the "in situ" transformation.

Electron diffraction of the carbides extracted in the replicas, and also X-ray examination of extracted carbide residues, both show the presence of Cr_7C_3. However, there are also strong lines from another phase, designated M_2X (5). This phase is hexagonal and isomorphous with Mo_2C and Cr_2N. Its lattice parameter lies close to Cr_2N, but as the steel contains very much less nitrogen than carbon, it is believed to be predominantly carbide. The only alloying element present is chromium, and hence it is presumably a chromium carbide, probably of the general type Cr_2C, but stabilised by nitrogen which replaces some of the carbon. Other work has shown that this phase also occurs without Cr_7C_3, in 17% Cr, 4% Ni alloys and that it is markedly stabilised by Mo additions, in which case its parameter is raised towards that of Mo_2C.

The formation of Cr_7C_3 during tempering. The evidence strongly suggests that in low chromium steels, the formation of Cr_7C_3 takes place by a diffusion of chromium into the Fe_3C plates present in the structure, until the chromium concentration is high enough for localised transformation of Fe_3C to Cr_7C_3. This transformation then spreads through the whole of the Cr_7C_3 particles, giving transformation "in situ". Such a reaction does not lead to any increase in hardness.

In the 12% chromium steels however, there is a noticeable secondary hardening reaction, especially if the carbon content exceeds 0.15%, and this is accompanied, as might be expected, by the precipitation of a separately nucleated carbide phase. The formation of such a precipitate can only occur if the Fe_3C already present

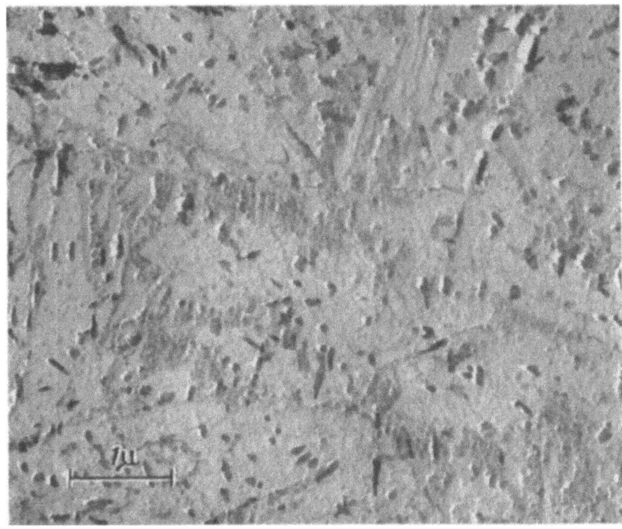

Fig. 2. Separate Nucleation of Cr_7C_3 in 12% Chromium Steel. Tempered 4 hr at 500° C

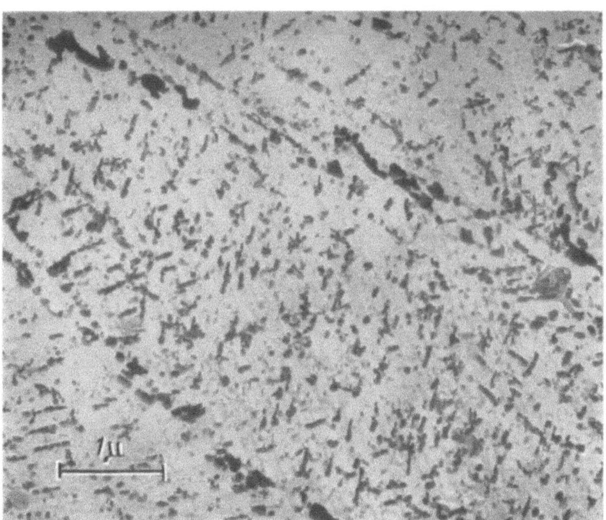

Fig. 3. Small Plates of Cr_7C_3 and M_2C in 12% Chromium Steel. Tempered 240 hr at 500° C

in the structure re-dissolves, but the remnants of this Fe_3C undergo an "in situ" transformation in a very similar manner to the Fe_3C in the lower chromium steels.

The separately nucleated precipitate appears to be either Cr_7C_3 or the $Cr_2(CN)$ type of carbide. In these higher chromium steels therefore, it seems that Cr_7C_3 can occur by separate nucleation or when a little nitrogen is present a carbon rich form of Cr_2N can form, also by separate nucleation. Both precipitations lead to secondary hardening.

It appears therefore, that the formation of Cr_7C_3 at low chromium concentrations is mainly by an "in situ" transformation of the Fe_3C. At high chromium concentrations, however, a separate nucleation of Cr_7C_3 can also occur. The form of the Cr_7C_3, it is suggested, depends very much on the degree of supersaturation. At low supersaturation, the predominant mode seems to be an "in situ" transformation from Fe_3C, but at high degrees of supersaturation, i.e. high chromium and high carbon concentrations, separate nucleation is more favoured, although some "in situ" transformation may also occur. It is interesting that both V_4C_3 and Mo_2C form by separate nucleation from low alloy ferrite, in which case a high degree of supersaturation is expected even at relatively low alloy concentrations. This means that the solubility of V_4C_3 and Mo_2C in ferrite is very low and probably much lower than that of Cr_7C_3. This might be expected because of the much stronger affinity of vanadium and molybdenum for carbon.

In the presence of a little nitrogen, a phase based on $Cr_2(CN)$ can form by separate nucleation and contribute to the secondary hardening reaction. This phase is hexagonal and has a lattice parameter close to that of Cr_2N, although molybdenum additions can both stabilise the phase and raise its parameter nearer to that of Mo_2C. It is believed that this $Cr_2(CN)$ phase, which is deficient in chromium compared with Cr_7C_3, forms at relatively low temperatures where limited chromium diffusion can occur, so that the carbide itself is deficient in chromium, and also contains a considerable proportion of iron.

Chromium lies directly above both molybdenum and tungsten in the periodic classification of the elements. Both these elements form hexagonal M_2C carbides, and this together with the fact that Cr_7C_3 itself is of hexagonal type, lends support to the belief that the M_2X phase is in fact based on Cr_2C.

The author wishes to thank Mr. F. H. Saniter, Director of Research, The United Steel Companies Ltd., for permission to publish these results. He also acknowledges the help given by Dr. K. W. Andrews, The United Steel Companies Ltd., including fruitful discussions on the subject.

References

1. Balluffi, R. W., M. Cohen and B. L. Averbach: Trans. Amer. Soc. Metals **43**, 497 (1951).
2. Seal, A. K., and R. W. K. Honeycombe: J. Iron Steel Inst. **188**, 9 (1958).
3. Kuo, K.: J. Iron Steel Inst. **173**, 363 (1953).
4. Wever, F., u. W. Koch: Stahl u. Eisen **74**, (2), 989 (1954).
5. Andrews, K. W., and H. Hughes: To be published.

Application de la microscopie électronique à l'étude de la précipitation dans les aciers inoxydables par extraction sur réplique de carbone

Angéline Fourdeux et Henri Hatwell

European Research Associates, s. a., Uccle-Bruxelles (Belgium)

L'extraction et l'observation au microscope électronique du carbure de chrome $Cr_{23}C_6$ précipité dans les aciers austénitiques fer-chrome-nickel a montré que les particules apparaissent tantôt sous la forme de dendrites, tantôt sous la forme de plaquettes géométriques généralement à symétrie ternaire.

Les particules dendritiques apparaissent dès le début de la précipitation alors qu'il faut un certain temps pour voir apparaître les particules à formes géométriques. Ceci conduisit Mahla et Nielsen (*1*) à envisager l'existence d'une transformation isotherme de la forme dendritique et de la forme géométrique. Plus tard, Kinzel (*2*) suggéra que la forme du précipité était déterminée par le site de précipitation, les dendrites se développant sur les joints de grains, tandis que les particules à formes géométriques devaient leur symétrie au fait que la germination s'était produite sur un joint de macle.

La mise au point d'une technique d'extraction du précipité sur réplique de carbone [même principe que la méthode décrite par Fukami (*3*)] nous a permis d'observer en même temps la forme du précipité et sa répartition dans la matrice cristalline et d'apporter l'évidence expérimentale de la relation qui existe entre la forme du précipité et le lieu de germination dans une réaction à l'état solide.

Nous avons procédé de la façon suivante: Les échantillons sont découpés dans un lingot homogène d'acier fer-chrome-nickel 18/8 et subissent les traitements thermiques appropriés pour la précipitation des carbures. Ils sont ensuite polis à la pâte de diamant puis attaqués à l'abri de l'humidité dans une solution à 10% de brome dans l'alcool méthylique anhydre. Ce réactif préconisé par MAHLA et NIELSEN attaque préférentiellement la matrice austénitique sans réagir

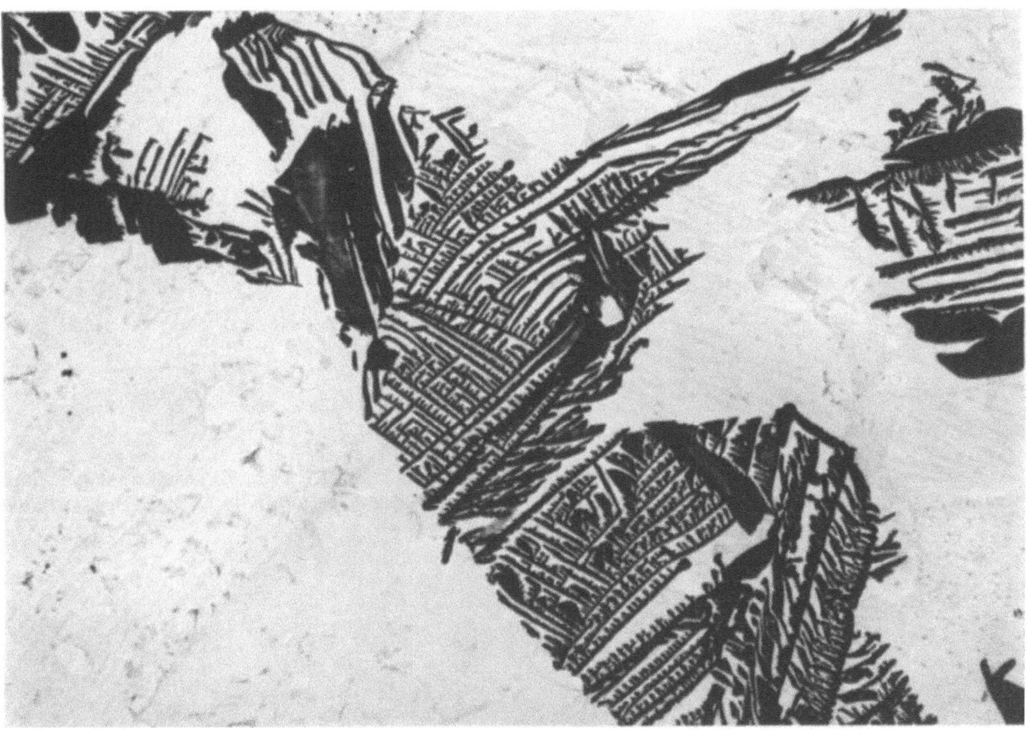

Fig. 1. Acier fer-chrome-nickel type 18/8, recuit 2 h à 1075° C, refroidi lentement jusqu'à 750° C et maintenu à cette température pendant 15 h. Dans ces conditions, la précipitation se produit uniquement sur les joints de grains (particules dendritiques). Notez l'absence de précipité sur le joint de macle

avec le carbure de chrome. Un lavage dans un courant d'eau distillée permet d'éliminer les particules qui ne sont pas parfaitement adhérentes à la surface. Après séchage et nettoyage par la méthode classique du film de collodium, on dépose sur la surface, par évaporation sous vide et sous un angle de 35° pour accentuer l'effet d'ombrage, une couche de carbone de 300 à 400 Å, selon la technique introduite par BRADLEY (4). L'échantillon recouvert de la réplique de carbone, préalablement découpée en petits carrés est imergé dans le réactif au brome qui attaque l'austénite, s'infiltre sous la replique qui se dégage au bout de quelques heures et vient flotter à la surface du liquide portant le précipité solidement implanté dans sa répartition originale.

L'influence du site de précipitation sur la morphologie du précipité apparaît maintenant d'une façon décisive. Trois types distincts de particules ont été observés:

1. Les particules dendritiques (Fig. 1) caractéristiques de la croissance sur les joints de grains. Ces dendrites varient en dimensions selon la durée du traitement thermique de précipitation. Elles ne subissent pas de transformations, même après des recuits de 2000 h. Ceci nous permet de conclure que l'hypothèse avancée par MAHLA et NIELSEN doit être rejetée.

2. Particules à formes géométriques presque toujours triangulaires, caractéristiques des précipités dont la germination et la croissance se sont produites sur un joint de macle cohérent

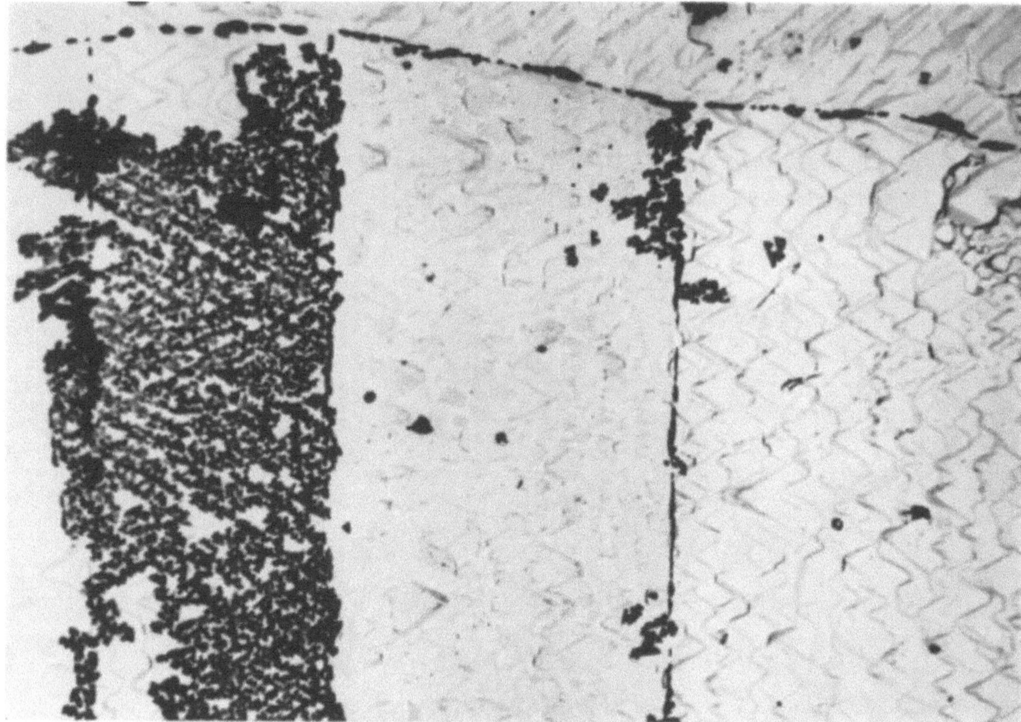

Fig. 2. Acier fer-chrome-nickel type 18/8, recuit 2 h à 1075° C, puis trempé à l'eau. Tractionné 2% et maintenu à 750° pendant 2 h. Dans ces conditions la précipitation se produit sur les joints de macle et les particules ont une forme triangulaire

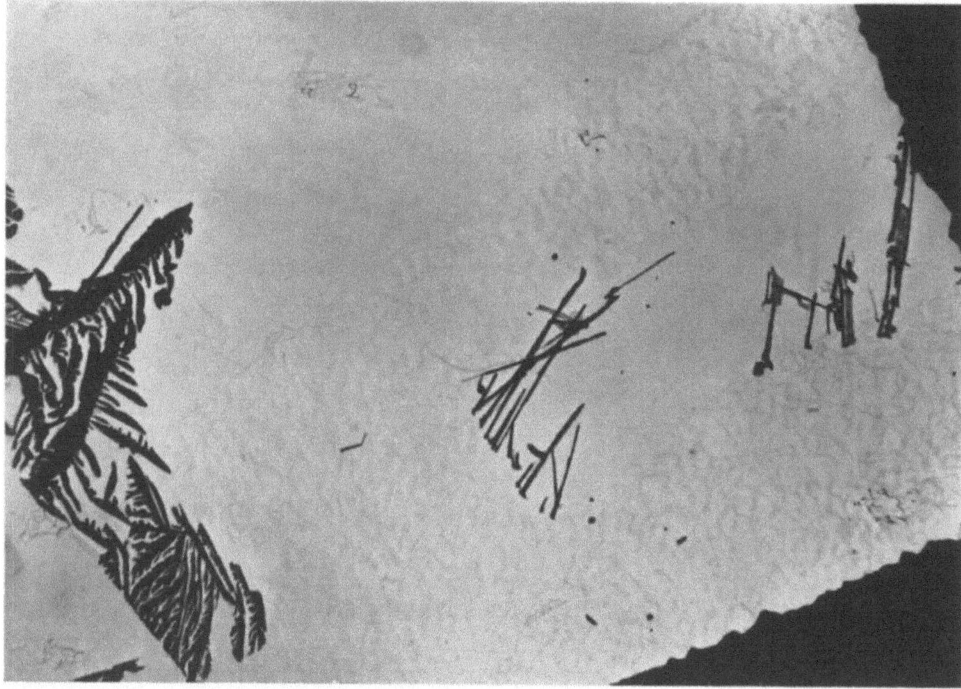

Fig. 3. Acier-fer-chrome-nickel type 18/8, recuit 2 h à 1075° C, puis refroidi lentement jusqu'à 750° C et maintenu à cette température 50 h. Notez le précipité en forme d'aiguilles sur les parties non-cohérentes du joint de macle

(Fig. 2). Les conditions dans lesquelles la germination préférentielle se produit sur les joints de macle cohérents, ont été précisées ailleurs par l'un de nous (5).

3. Longues aiguilles ou rubans apparaissant sur les joints de macle non-cohérents après les traitements thermiques de longue durée (Fig. 3). Ces aiguilles semblent être en relation avec les demi-dislocations présentes sur les joints de macle non-conhérents ainsi que l'ont montré les travaux de E. Votava, A. Berghezan et R. H. Gillette (6).

En conclusion, nous pensons avoir donné une illustration de plus à la méthode d'extraction «in situ» des précipités sur réplique de carbone qui complète très avantageusement les observations métallographiques classiques.

Bibliographie

1. Mahla, M., et N. A. Nielsen: Trans. Amer. Soc. Met. **43**, 290 (1951).
2. Kinzel, A. B.: J. of Metals, May 1952, p. 469.
3. Fukami, A.: J. of Electron microscopy (Jap.) **4**, 31 (1956).
4. Bradley, D. E.: Brit. J. appl. Physics **5**, 65 (1954).
5. Hatwell, H., et A. Berghezan: Symposium on Precipitation in Steels, Sheffield 1958. (A paraître dans J. of Iron & Steel Institute.)
6. Votava, E., A. Berghezan u. R. H. Gillette: Naturwissenschaften **13**, 372 (1957).

Application of the selected area diffraction from carbon extraction replicas for the study of carbide reactions and the inclusions in steel

Takeshi Akutagawa †, Mitsusu Tanino, Iku Uchiyama* and Shinjiro Katagiri**

The University of Tokyo, Faculty of Engineering, Department of Metallurgy

In recent years the applications of the electron microscope to the study of carbides and non-metallic inclusions in steel, have greatly increased as the result of the development of the extraction replica technique. With extraction replicas the distribution and shape of carbides or non-metallic inclusions are clearly defined in the electron microscope. When several different types of particles are present at the same time diffraction patterns from individual particles can be obtained by means of the selected area diffraction technique and this method becomes particularly valuable if the microscope is adapted for operation at very high voltages. In preparing the extraction replica the time required to extract the particles onto the replica is short, therefore the risk of changes occurring is less than with particles extracted by the various electrolytic isolation techniques. The disadvantages of the extraction replicas are that there is a limit to the size and shape of the particles which can be extracted, whilst the treatments after extraction have to be more delicate than with electrolytically isolated residues. In view of the low accuracy obtainable in the determination of lattice parameters from electron diffraction patterns, it is better to use both the extraction replica-electron diffraction technique and the electrolytically isolated residue-X-ray diffraction methods together, as in this way accurate results may be obtained.

To prepare the extraction replicas an evaporated carbon film was used (1). Etching was carried out in two stages. First, the specimen was etched with a normal reagent which left in relief the carbides or non-metallic inclusions. The carbon film was then evaporated onto the specimen and the second etching was carried out in a 10—20% alcoholic solution of bromine.

Manganese sulphide inclusions in a high sulphur free-cutting steel in the as-rolled condition were extracted on carbon replicas and examined by selected area electron diffraction. Clearly defined diffraction patterns could not be obtained at the normal potential of 50—100 kV. But with increasing accelerating potential of the electron beam (variable up to 350 kV in the Hitachi electron microscope), the permissible maximum thickness which could be examined, increased and satisfactory patterns could then be obtained. Fig. 1a, b and c show the diffraction patterns from a manganese sulphide particle at 100, 200 and 300 kV respectively.

* National Research Institute for Metals ** Hitachi Central Research Laboratory

Only a few diffraction spots were apparent at 100 kV (Fig. 1a) but with increasing potential the pattern became more clearly defined (Fig. 1b and c). It can be seen from Fig. 1c that the particle of manganese sulphide was composed of several differently orientated crystals. The diffraction patterns from regions 1 and 2 are of different orientation, whilst the pattern from region 3 is a mixture of the patterns from regions 1 and 2.

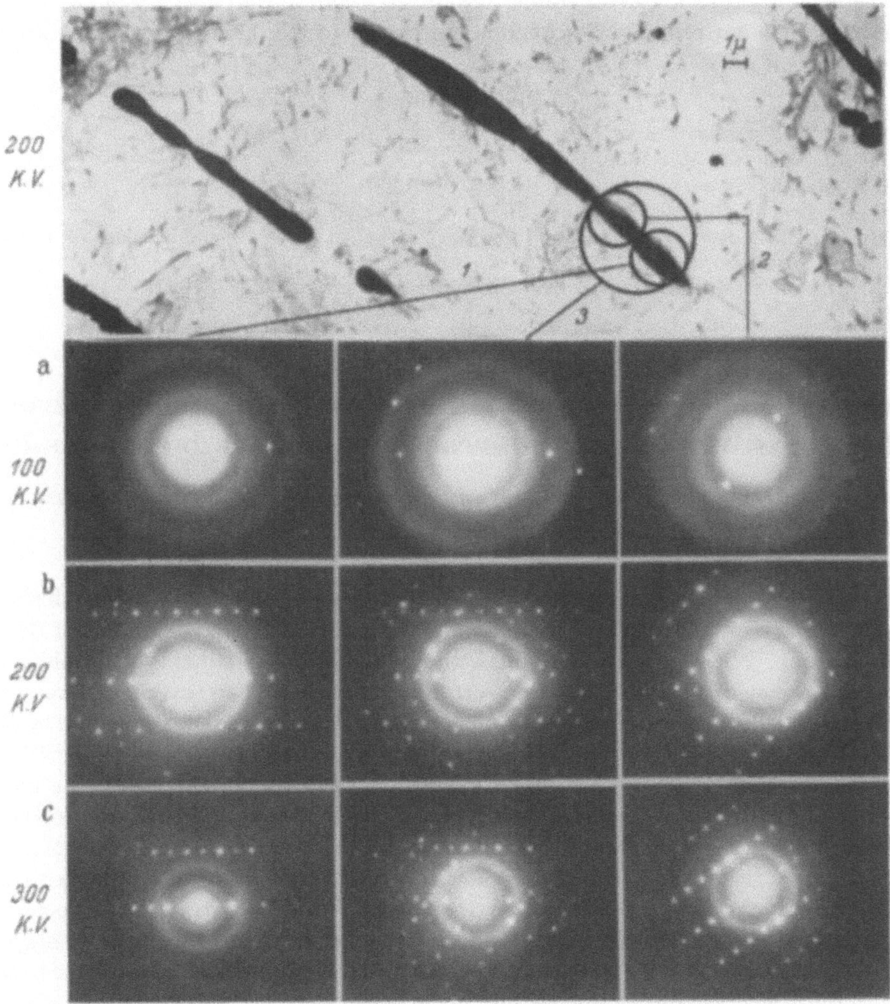

Fig. 1. Manganese sulphide in sulphurated free-cutting steel. (Carbon extraction replica)

Carbide reactions in 13% chromium steel. The chemical compositions of the specimens used are shown in Table 1.

Table 1

Element	C	Si	Mn	P	S	Ni	Cr	Cu
Content in percent	0.18	0.33	0.74	0.021	0.016	0.18	13.50	0.16

The specimens were solution-treated at 1150° C for 30 min and then quenched into oil. Tempering was carried out at 450, 500, 525 and 575° C in a lead bath and at 600, 650 and 700° C in air. The tempering times were 1 h at each temperature and 2, 10, 100 and 200 h at 650° C and 5 min, 10 min, 0.5, 1, 2, 10, 100 and 250 h at 700° C. After each tempering treatment the specimens were air-cooled.

The carbide precipitations occurring after tempering for 1 h are considered first. The martensite was decomposed and ε-carbide precipitated, which then transformed to cementite having a rod-like shape and being distributed over the whole of the specimen (2, 3, 4). Chromium was soluble in the cementite to the extent of about 20% (5) and with increasing temperature the chromium content increased further, but no change in particle shape occurred. The reaction $Fe_3C \rightarrow Cr_7C_3$ started at about 500° C and continued between 525 and 550° C. It is thought that the cementite is taken back into solution and the Cr_7C_3 nucleated. The solubility of chromium in Cr_7C_3 reached a maximum of about 30%, but with increasing temperature the chromium

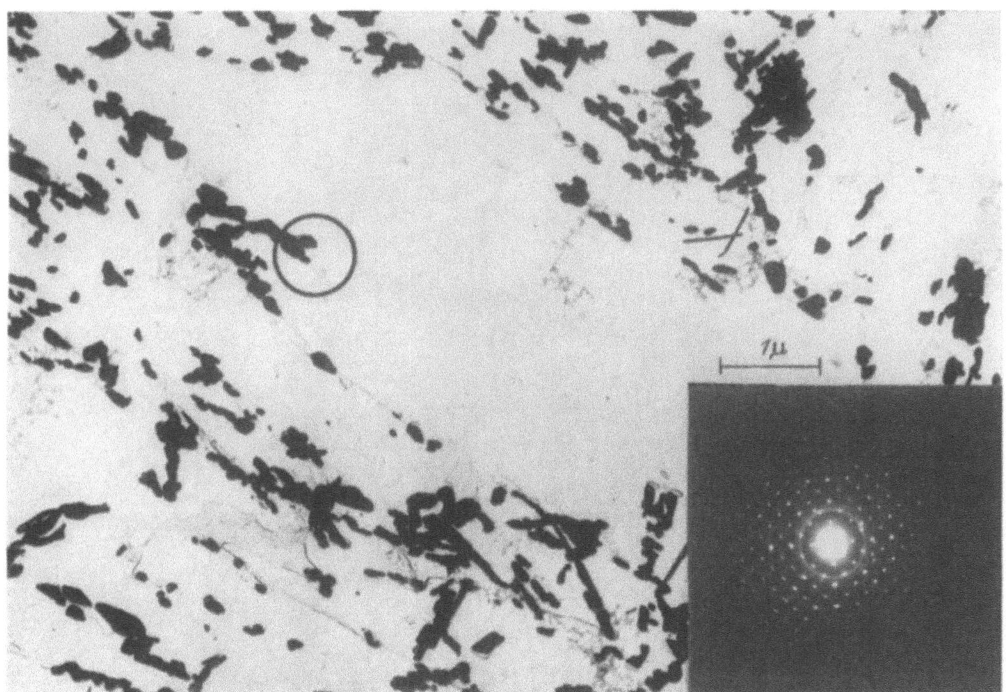

Fig. 2. $Cr_{23}C_6$, tempered at 650° C for 250 h. (Carbon extraction replica)

content of the extracts increased still further. It was thought that this was a result of the reaction $Cr_7C_3 \rightarrow Cr_{23}C_6$ which began at about 550° C. In this reaction the Cr_7C_3 dissolved in the extracts and the $Cr_{23}C_6$ was nucleated at the ferrite grain boundaries. The amount of precipitated carbide appeared to reach a minimum at about 575 °C and then increased again. This effect was associated with the coagulation and growth of the carbide particles. The particles of $Cr_{23}C_6$ were usually spherical in shape.

The changes with varying tempering times at 650° C were also studied. At this temperature $Cr_{23}C_6$ was stable in the 13% chromium steel so that no further transformation occurred apart from coagulation of the carbide particles (see Fig. 2). Relations between the nature of the precipitated carbides and the tempering temperature and time are shown in Tables 2 and 3.

Table 2. *Change of carbides with tempering temperature* (tempered for 1 h)

Temperature (°C)	450	500	525	550	575	600	650	700
Carbides	Fe_3C	Fe_3C	Fe_3C Cr_7C_3	Fe_3C Cr_7C_3	Cr_7C_3 $Cr_{23}C_6$	Cr_7C_3 $Cr_{23}C_6$	Cr_7C_3 $Cr_{23}C_6$	$Cr_{23}C_6$

Table 3. *Changes of carbides with tempering time* (tempered at 650° C)

Time (h)	1	2	10	100	250
Carbides . . .	Cr_7C_3 $Cr_{23}C_6$	Cr_7C_3 $Cr_{23}C_6$	Cr_7C_3 $Cr_{23}C_6$	$Cr_{23}C_6$	$Cr_{23}C_6$

To study the carbide precipitation in 13% chromium steel the accelerating potential used was 150 kV. The terms Cr_7C_3, $Cr_{23}C_6$ are used in this paper to signify $(Cr, Fe)_7C_3$ and $(Cr, Fe)_{23}C_6$, respectively.

The precipitations of carbides after isothermal decomposition of the austenite were also studied. The specimens were the same as those listed in Table 1. Samples were solution treated at 1150° C and then quenched into a lead bath at 700° C and kept there for various times. The carbides produced in this way were lamellar in shape and extended so deep into the specimen that they were far more difficult to be extracted than the carbides formed after quenching and tempering.

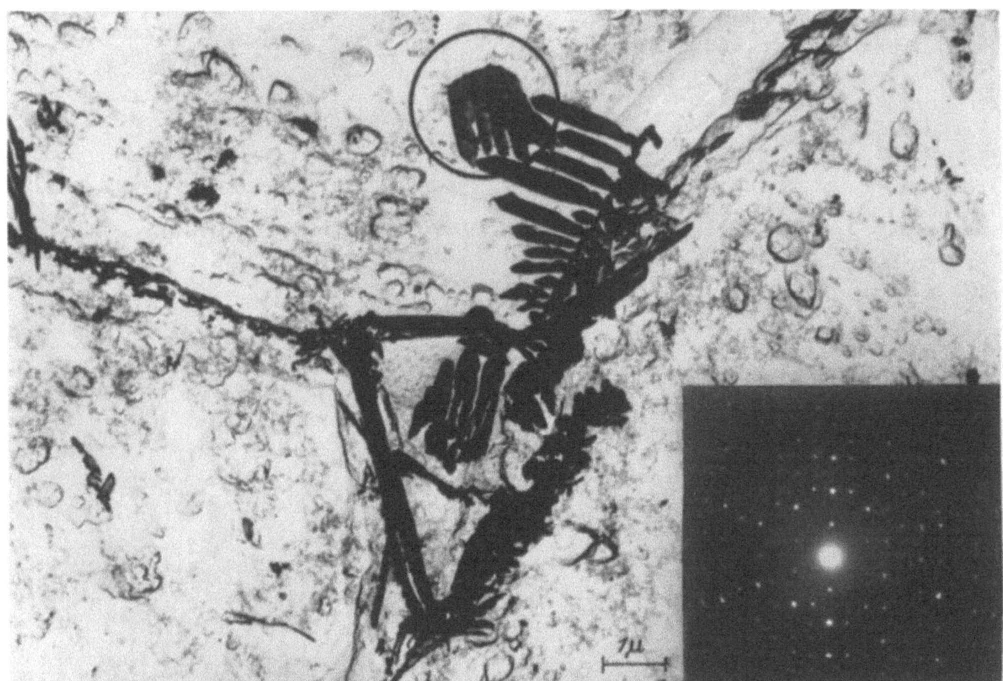

Fig. 3. Lamellar carbide ($Cr_{23}C_6$) after isothermal transformation at 700° C for 2 min. (Carbon extraction replica)

In the later stages of the transformation the carbides had grown too large to be extracted on extraction replicas. Therefore they were electrolytically isolated and examined by electron diffraction. Table 4 shows the relations between the carbides and the transformation time. During

Table 4. *Changes of carbides with transformation time* (isothermal transformation at 700° C)

Time (min)	1	2	5	10	30	60
Carbides . . .	Cr_7C_3 $Cr_{23}C_6$	Cr_7C_3 $Cr_{23}C_6$	Cr_7C_3 $Cr_{23}C_6$	Cr_7C_3 $Cr_{23}C_6$	$Cr_{23}C_6$	$Cr_{23}C_6$

isothermal transformation the carbides were nucleated first at the grain boundaries and then grew into the grains. Precipitation occurred more rapidly in the δ-ferrite (produced during solution treatment) than in the austenite. By electron diffraction it was found that the carbide formed after two minutes was $Cr_{23}C_6$ and had a face-centred tetragonal lattice with a c/a ratio of 0.94. With increasing transformation time the ratio increased to 1.00, and after 1 h the carbides had a face-centred cubic lattice (Fig. 3).

References

1. NUTTING, J.: Rev. Univ. Mines, Métallurg., Oct. 1956, p. 512.
2. LEMENT, B. S., B. L. AVERBACH and M. COHEN: Trans. Amer. Soc. Met. **45,** 576 (1953).
3. JACK, K. H.: J. Iron Steel Inst. **169,** 26 (1951).
4. ROBERTS, C. S., B. L. AVERBACH and M. COHEN: Trans. Amer. Soc. Met. **46,** 851 (1954).
5. KUO, K.: J. Iron Steel Inst. **173,** 363 (1953).

Quelques aspects du développement de la métallographie électronique*

L. Habraken, T. Greday et P. Cuvelier
Laboratoires du C.N.R.M. Liège (Belgique)

De nombreuses méthodes nouvelles d'étude physique ont contribué efficacement, au cours des dernières années, au développement de nos connaissances des propriétés des métaux. Parmi celles-ci, la microscopie électronique occupe actuellement une place importante. Cependant, son application à l'examen des métaux n'a initialement pu progresser que laborieusement par suite des difficultés rencontrées dans la préparation des objets. Depuis la 3e Conférence Internationale de Microscopie Electronique qui a tenu ses assises à Londres en 1954, nous avons, dans ce domaine, assisté à une évolution particulièrement rapide (*1*). En effet, alors qu'à ce Congrès, vingt-cinq conférences intéressaient la métallographie électronique (techniques de préparation et applications), par contre en 1958, nous relevons dans le programme du 4e Congrès International, plus de soixante communications consacrées au même sujet. Ce développement spectaculaire de la métallographie électronique est dû, pensons-nous, à la mise au point de nouvelles techniques d'observation qui accroissent particulièrement le champ d'application du microscope électronique pour l'étude de la physique du métal. C'est en effet, surtout depuis 1954, que nous assistons par exemple à une généralisation de l'emploi des empreintes à résolution élevée (empreinte au carbone) et des empreintes d'extraction permettant l'étude des précipités. En outre, depuis peu, la possibilité de préparer des lames minces métalliques permettant l'observation directe de nombreux métaux, autorise le développement de nouvelles recherches directes sur la distribution et la formation des imperfections cristallines, les mécanismes de déformation, etc…

En nous appuyant sur quelques études effectuées dans nos laboratoires, nous voudrions montrer l'évolution des techniques de préparation en métallographie électronique dans le cas des alliages ferreux. En outre, ces quelques exemples de recherches indiqueront aussi à quels problèmes est susceptible de s'intéresser un Centre de Recherches créé par l'industrie métallurgique.

La Préparation des échantillons métalliques pour l'examen au microscope électronique

L'utilisation du microscope électronique en transmission par les métallographes a été initialement subordonnée à la mise au point de techniques d'empreinte. La préparation, leur reproductibilité et leur interprétation ont souvent exigé une solution spécifique à l'alliage étudié. Une revue complète des différentes méthodes d'empreinte qui ont été proposées depuis vingt ans n'entre nullement dans le cadre de cet exposé. Nous nous limiterons à schématiser les différentes méthodes de préparation de l'objet qui furent utilisées dans notre laboratoire pour l'examen des structures du fer et des aciers.

Chronologiquement, cette séquence est la suivante. Depuis 1947, nous utilisons l'empreinte en un temps en résine plastique (formvar en solution dans le dioxane). Vers 1952, nous avons employé couramment l'empreinte en deux temps: méthylmétacrylate-silice. Depuis 1955, nous employons également l'empreinte en deux temps: méthylmétacrylate-carbone. Pour des études de précipitation dans les aciers notamment, nous faisons largement usage de l'empreinte d'extraction en un temps au formvar ou, mieux, au carbone. Enfin, récemment, nous avons débuté l'examen de couches minces métalliques. On peut apercevoir immédiatement que la tendance a toujours été d'améliorer le pouvoir séparateur des empreintes.

C'est ainsi qu'il est permis d'estimer qu'en moyenne: l'empreinte en un temps à l'aide d'une résine plastique conduit à un pouvoir séparateur de 150 Å, l'empreinte en deux temps au méthylmétacrylate-silice — 75 Å, l'empreinte en deux temps au méthylmétacrylate-carbone — 40 Å, les lames métalliques minces — quelques angstroems. D'ailleurs, à l'heure actuelle encore, le choix de l'une ou l'autre méthode d'empreinte est avant tout déterminé par la nature de la recherche.

---

* Recherche exécutée sous les auspices de l'Institut pour l'Encouragement de la Recherche Scientifique dans l'Industrie et l'Agriculture (I.R.S.I.A.)

C'est ainsi par exemple que pour l'étude de la transformation bainitique dans les aciers, nous préférons généralement examiner des empreintes au formvar. En effet, le contraste de cette empreinte, amélioré encore par un ombrage, nous a permis par exemple d'observer très aisément l'existence d'austénite stabilisée. Par contre, la compréhension de certains phénomènes de précipitation fine au cours du vieillissement des aciers, sera grandement facilitée par l'emploi de l'empreinte au carbone. Enfin, dans des études de phénomènes tels que ceux de la recristallisation, la déformation et la restauration, l'emploi systématique des couches minces métalliques apportera des indications par l'observation de la distribution et de la nature des défauts réticulaires.

Contrairement à un microscope optique où une adaptation de la lumière incidente permet l'observation dans des conditions diverses (fond noir, lumière polarisée, contraste de phase),

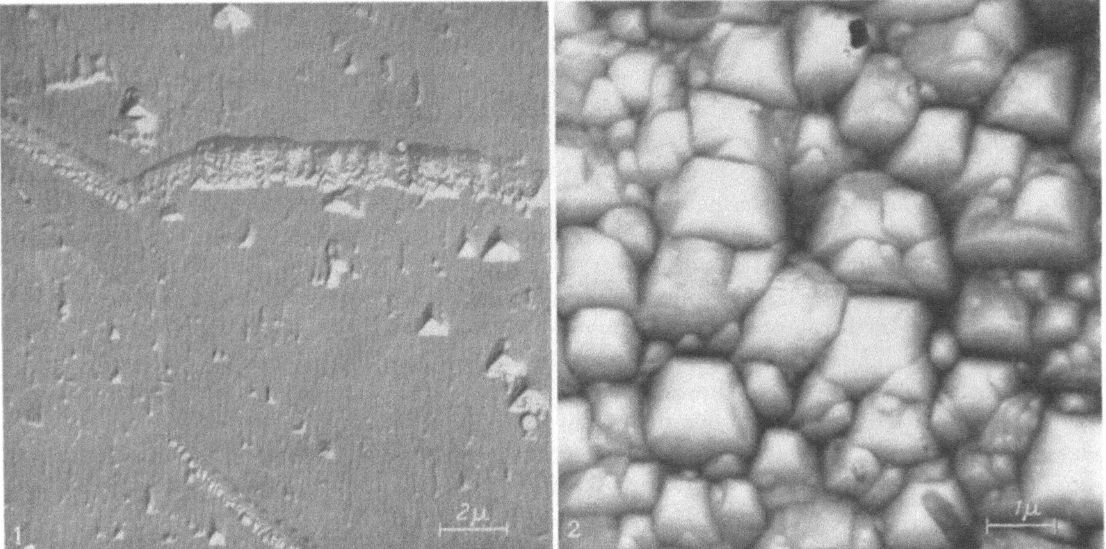

Fig. 1. Fer pur. Empreinte au méthylmétacrylate-silice. Attaque au nital
Fig. 2. Fer pur. Empreinte au formvar. Attaque au mélange acide picrique + acide chlorhydrique

la métallographie électronique doit très souvent faire appel à d'autres techniques d'examen pour que l'interprétation des micrographies soit valable. Nous pensons particulièrement à la diffraction des rayons X ou des électrons, à la fluorescence des rayons X, à l'extraction électrolytique sélective des précipités, au microanalyseur, etc.

Aspects structuraux de la ferrite α dans le fer et les aciers ordinaires

La ferrite est certainement la phase fondamentale de la matrice cristalline des aciers ordinaires. Ses propriétés dépendent expressément des traitements thermiques ou mécaniques subis par le métal, de la composition chimique et de la distribution des éléments secondaires d'insertion et de substitution. Souvent les micrographies de la ferrite sont marquées par des piqûres de corrosion dont la densité et la distribution semblent, dans une certaine mesure, liées à l'état du réseau.

Certes pour l'étude des effets d'une déformation ou d'un traitement thermique, la méthode des pellicules minces métalliques est très précieuse. Elle ne peut cependant être appliquée qu'à un très petit volume. Nous voudrions montrer que l'étude de la formation de piqûres de corrosion par un réactif chimique déterminé peut également nous fournir des indications sur l'état du réseau. Cette méthode a d'ailleurs déjà été appliquée par différents chercheurs à l'étude de la déformation d'alliages Fe-Si (2) et Fe-Ni (3), ou de métaux tels que le germanium (4) et le zinc (5).

La recherche que nous avons entreprise comporte tout d'abord une étude préliminaire des effets de divers réactifs chimiques sur une ferrite relativement pure : il s'agit de fer préparé par fusion sous vide. Les documents que nous avons obtenus montrent bien l'action complexe des réactifs sur les plans cristallographiques. Nous pouvons résumer rapidement les effets observés pour quelques-uns d'entre eux (6).

1. Les piqûres de corrosion obtenues par attaque au nital sont bien apparentes aux joints et aux sous-joints (Fig. 1). Elles s'identifient à des régions attaquées préférentiellement et révèlent les plans (100).

Fig. 3. Fer pur. Empreinte au méthylmétacrylate-silice. Attaque au chlorure double de cuivre et d'ammonium

Fig. 4. Fer pur. Empreinte au méthylmétacrylate-silice. Attaque au mélange chlorure ferrique + acide chlorhydrique

2. Par opposition, l'effet d'une solution d'acide picrique et d'acide chlorhydrique est de révéler des piqûres qui correspondent à des zones moins attaquées que l'ensemble de la matrice. Lorsque l'attaque est prolongée, les dômes en relief émergent de plus en plus et leurs parois sont attaquées sévèrement (Fig. 2). Ainsi, l'attaque d'un réseau cristallin métallique par un réactif chimique fait intervenir non seulement les vitesses d'attaque suivant les lignes de dislocation et perpendiculairement à celles-ci mais encore une vitesse d'attaque spécifique de chaque famille de plans cristallins.

3. C'est en particulier le cas d'un réactif au chlorure double de cuivre et d'ammonium. Les piqûres de corrosion apparaissent à nouveau, mais simultanément, une attaque des plans cristallins s'observe sur tous les échantillons étudiés (Fig. 3). Dans cet exemple, on remarquera que les plans des parois des piqûres pyramidales sont également divisés par l'attaque.

4. Un autre agent d'attaque, qui nous a donné de bons résultats dans des études d'aciers ordinaires ou alliés, est une solution alcoolique de chlorure ferrique et d'acide chlorhydrique. Son action semble se limiter aux piqûres de corrosion. Celles-ci apparais-

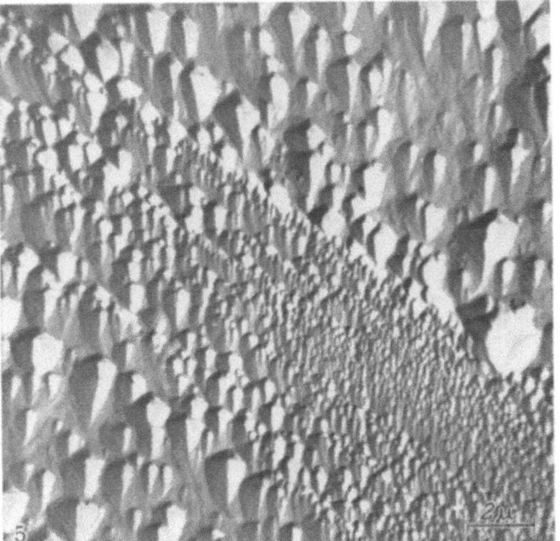

Fig. 5. Fer pur déformé. Empreinte au méthylmétacrylate-silice. Attaque au mélange chlorure ferrique + acide chlorhydrique

sent en creux dans la surface de l'échantillon et s'accumulent aux sous-joints. Elles ont un aspect pyramidal et leur inclinaison par rapport au plan de base dépend de l'angle existant entre la dislocation et la surface. Leurs flancs correspondent à nouveau à des plans (110). Une empreinte en deux temps permet de mieux définir encore le mode de formation de ces piqûres

(Fig. 4). Les flancs des pyramides sont maintenant marqués par des paliers et on n'observe pas de traces de plans cristallo-graphiques entre les différentes piqûres. Ce même réactif nous a permis encore de suivre le mécanisme de déformation par traction à la température ambiante. Au début de la déformation plastique, il existe des alignements de piqûres en relation avec le glissement. Lorsque le pourcentage de déformation atteint environ 10%, on observe une concentration de la déformation dans des zones de 3 à 5 μ. Celles-ci sont clairement indiquées par une densité plus élevée de piqûres (Fig. 5).

Ainsi, il nous semble possible, par l'étude des effets des réactifs chimiques sur une matrice cristalline, de rassembler des indications sur l'état de pureté du réseau tant du point de vue chimique, distribution des atomes interstitiels, que du point de vue physique, distribution des défauts cristallins. En outre, cette méthode permet aussi d'étudier le mécanisme de déformation du fer polycristallin.

A titre de comparaison, la micrographie de la Fig. 6a montre un aspect d'un fer purifié (préparé en lame mince par la méthode d'amincissement électrolytique [7, 8]) et la Fig. 6b d'un acier austénitique. Les dislocations sont directement mises en évidence. Leur agencement dans des sous-grains est parfois typique (Fig. 6c). Enfin, d'autres défauts tels que les fautes d'empilements sont maintenant directement perçus (Fig. 6d).

Les ferrites dans les aciers alliés

Précipitation au sein de la ferrite δ. Dans les aciers au chrome (14%), contenant également du molybdène et du vanadium, une fragilité marquée apparaît à l'état coulé ou forgé. Les micrographies optiques indiquent que cette fragi-

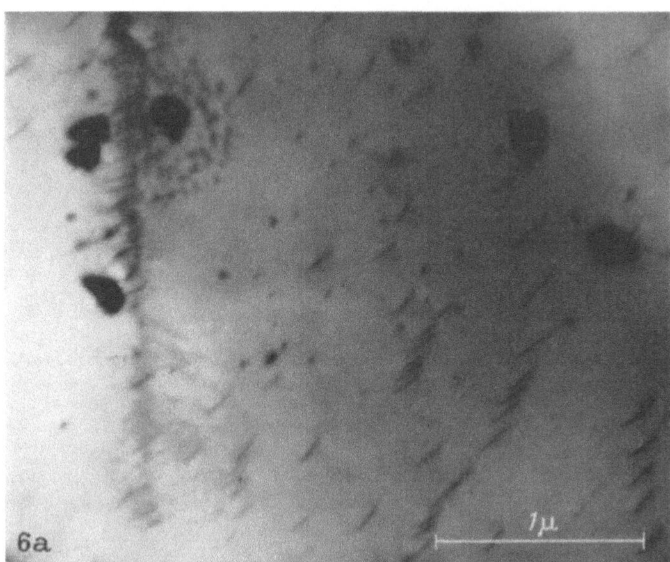

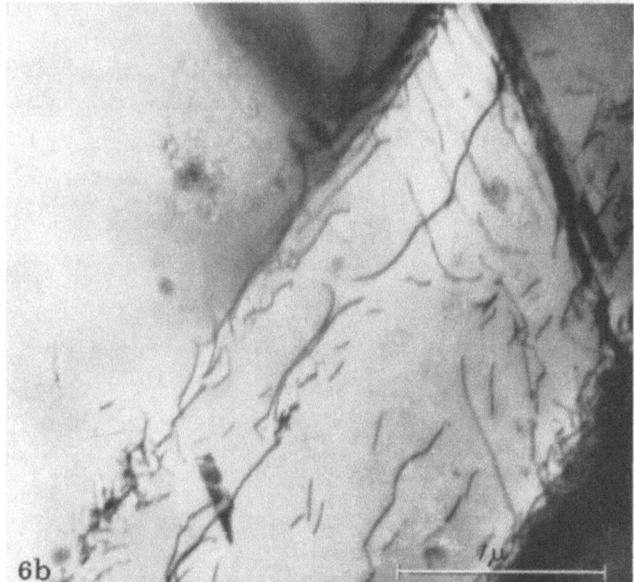

Fig. 6a et b. a) Fer pur — Lame mince; b) Acier austénitique 18/8 — lame mince

lité peut provenir de la présence de ferrite δ aux frontières des joints austénitiques. Cette explication ne semble cependant pas pouvoir s'appliquer à tous les cas. La métallographie électronique a montré que l'état fragile était lié à la présence d'aiguilles de carbure, de dimensions critiques, au sein de la ferrite δ. Lorsque ces carbures ont coalescé, la résilience s'améliore (Fig. 7).

Etat d'équilibre de la ferrite alliée. L'étude de la transformation isotherme à 700° C d'un acier chrome-molybdène (2,25% Cr + 1% Mo) nous a montré que les premiers grains ferritiques formés sont exempts de précipités. Le maintien de l'échantillon pendant 1 h à 700° C conduit à la formation de carbures du type M_2C au sein de la ferrite (Fig. 8). On remarque en outre que l'orientation de ces précipités n'est pas quelconque. Une empreinte d'extraction montre la forme aciculaire de ces carbures (Fig. 9). Il semble en outre exister une relation entre les piqûres de corrosion et les précipités. Après un maintien isotherme de 4 h, une coalescence des précipités est observée tant au coeur des grains qu'aux joints (Fig. 10). Les résultats de cette étude (*9*)

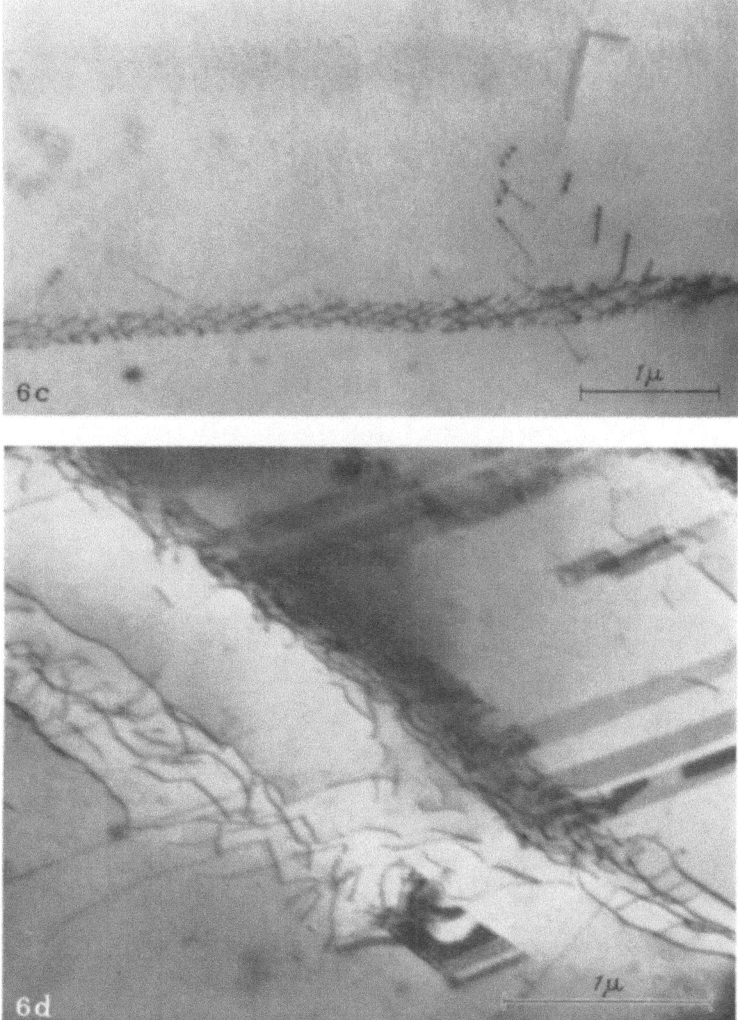

Fig. 6c et d. c) Fer pur — lame mince; d) Acier austénitique 18/8 — lame mince

nous permettent de constater que l'évolution de la ferrite de ce type d'acier vers l'état d'équilibre final est très lente, même aux températures élevées, lorsqu'elle dépend de la diffusion des atomes de substitution. Aussi les traitements thermiques industriels courants ne permettent-ils pas d'atteindre l'équilibre même avec une vitesse de refroidissement très lente.

La transformation „perlitique"

Nous envisageons ici le cas particulier de la transformation isotherme d'un acier à 12% Cr et 0,1% C, la première phase qui apparaît aux joints austénitiques est très souvent un eutectoïde. Le diagramme de diffraction électronique sur empreinte d'extraction ne permet pas de déterminer avec certitude si le premier carbure qui se forme est du type M_3C ou $M_{23}C_6$. Il est cependant certain que sa formation est rapide. En outre, les plages de carbure sont toujours séparées de l'austénite par de la ferrite.

Le joint triple de la Fig. 11 met en évidence non seulement les carbures mais aussi une accumulation de piqûres de corrosion, quasi normales au joint. Il serait intéressant d'expliquer par quel mécanisme le carbone a la possibilité de se rassembler aux joints en quantité suffisante

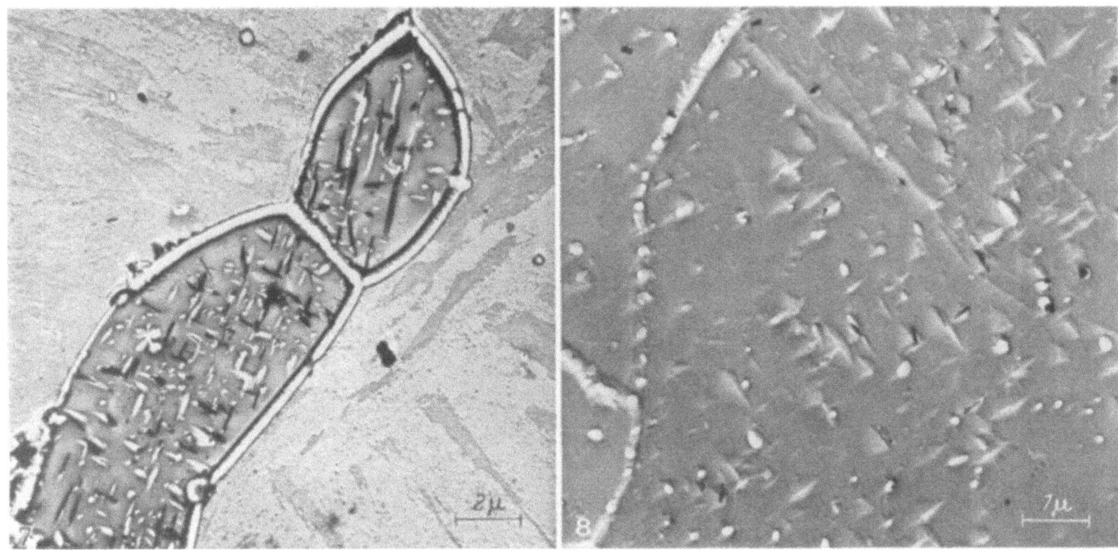

Fig. 7. Acier 14% Cr — Empreinte au formvar

Fig. 8. Acier 2,25% Cr + 1% Mo + 0,1% C. Empreinte au formvar

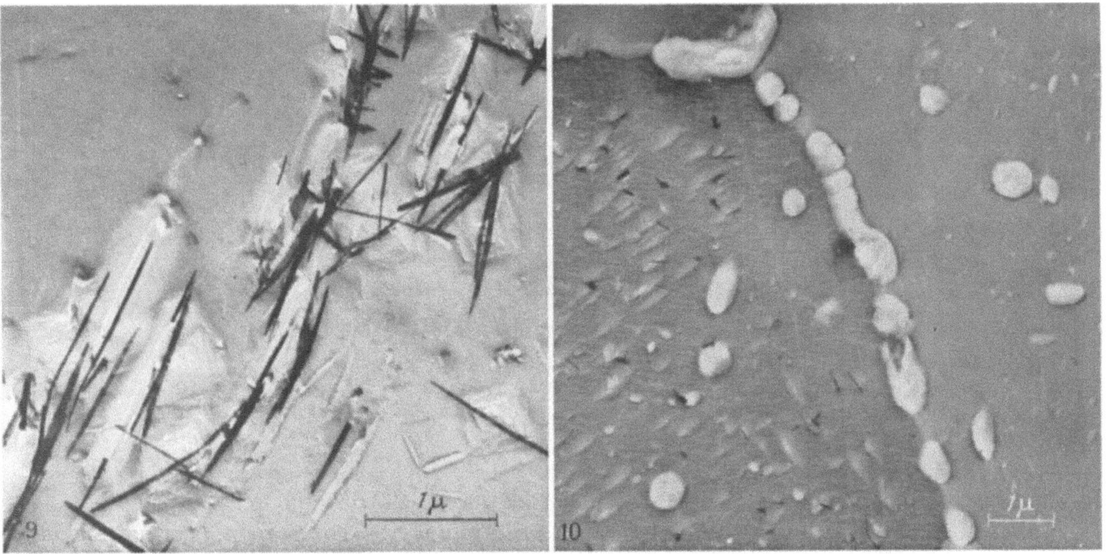

Fig. 9. Acier 2,25% Cr + 1% Mo + 0,1% C. Empreinte d'extraction

Fig. 10. Acier 2,25% Cr + 1% Mo + 0,1% C. Empreinte au formvar

pour donner lieu à une précipitation d'un eutectoïde ternaire, avant que la transformation allotropique n'apparaisse.

Nous supposons que la diffusion du carbone est en relation avec les imperfections cristallines, bien que la température soit élevée. Il doit alors exister une relation entre ces imperfections, le mouvement des atomes interstitiels et l'existence de tensions internes produites par la trempe.

La transformation bainitique

Le problème des transformations bainitiques est particulièrement apte à être étudié par métallographie électronique. Nous avons pu montrer que les structures bainitiques peuvent présenter un aspect granulaire en plus de l'aspect aciculaire classique. En outre, des indications précises sur les mécanismes de précipitation des carbures ont été obtenues (*10*). Le progrès exige des aciers dont les résistances mécaniques et thermiques sont de plus en plus élevées. Malheureusement, si ces seules exigences peuvent être satisfaites par différents traitements thermiques, le champ d'action se restreint fortement lorsque l'on demande simultanément une bonne soudabilité.

L'étude approfondie de la transformation intermédiaire de plusieurs aciers faiblement alliés nous autorise à conclure que certaines structures bainitiques permettent d'obtenir l'ensemble

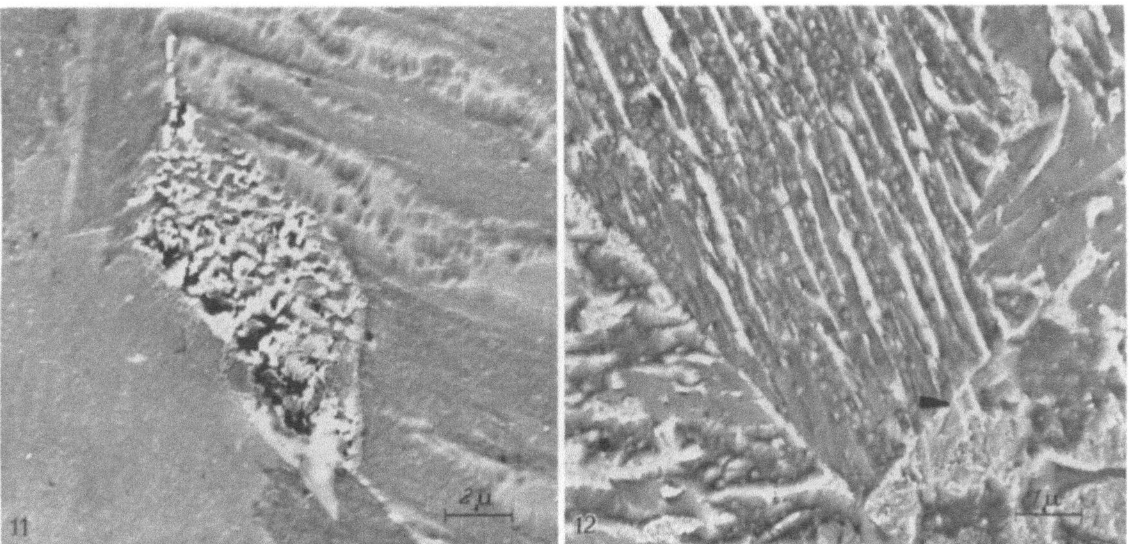

Fig. 11. Acier 12% Cr + 0,1% C. Empreinte au formvar
Fig. 12. Acier 2,25% Cr + 1% Mo + 0,1% C. Empreinte au formvar

des propriétés souhaitées. Le microscope électronique est apte à différencier très aisément les deux formes aujourd'hui classiques des bainites aciculaires. Elles se distinguent aisément par l'orientation des carbures M_3C par rapport à l'axe de l'aiguille. Cette morphologie apparaît pour les aciers ordinaires dont la concentration en carbone s'échelonne de 0,9% à 0,4% environ (*8*).

Pour une teneur en carbone plus faible, seules les traces des plans (110) apparaissent dans les aiguilles de bainite inférieure. Ce n'est qu'au cours d'un revenu ultérieur et en présence d'éléments d'addition qu'il est possible de faire apparaître une précipitation. Une morphologie identique a été observée pour la bainite supérieure mais cependant ici les particules présentes au sein de l'aiguille ne sont pas nécessairement des carbures mais de l'austénite stabilisée (Fig. 12).

Par ailleurs, pour certaines nuances d'acier (Cr-Co), la transformation isotherme ne conduit, même pour un maintien de 80 h à 480 °C, qu'à une structure formée de ferrite et de larges plages martensitiques. Si au contraire, on effectue sur ce même acier un traitement anisotherme à vitesse de refroidissement critique, la transformation s'achève en quelques minutes. Comme le confirme l'examen aux rayons X, la bainite est maintenant composée de ferrite et d'austénite résiduelle enrichie en carbone (Fig. 13). Dans ce cas, la définition de la bainite doit être revue, de même que la conception de sa cinétique de formation (*10, 11*).

Propriétés de Fluage

Un autre problème que nous étudions de manière approfondie depuis plusieurs années est celui des propriétés de fluage aux températures élevées des aciers faiblement alliés. En effet, pour les températures proches de 600° C, l'emploi des aciers austénitiques est une solution onéreuse.

Dans de nombreux pays, la tendance est actuellement d'améliorer les aciers ferritiques pour permettre leur utilisation jusqu'à la température indiquée ci-dessus. Dans ce cas, pour améliorer la tenue à chaud, le problème important à résoudre est de définir l'efficacité des éléments d'alliage. En relation avec les traitements thermiques, ces éléments sont, soit en solution solide, soit sous forme de carbures. De plus, des propriétés technologiques telles que le forgeage, la soudure, etc... devront encore être prises en considération dans les cas pratiques. En effet, souvent il n'est pas possible de pratiquer le traitement thermique qui conduit aux meilleurs propriétés de fluage à température élevée, tout en conservant des propriétés satisfaisantes pour la mise sous forme, la soudure, etc...

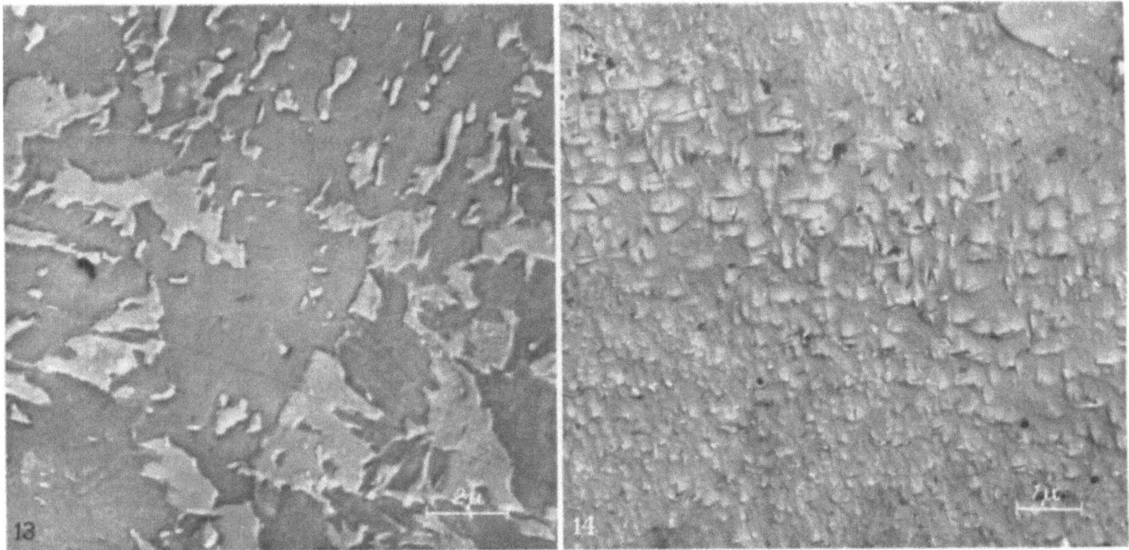

Fig. 13. Acier Cr-Mo-V-W. Empreinte au formvar
Fig. 14. Acier 2,25% Cr + 1% Mo + 0,1% C. Empreinte au formvar

Il y a quelques années, nous avons commencé à étudier un acier couramment utilisé: l'acier à 2,25% Cr + 1% Mo. Cet acier présente un très bon comportement au fluage et nous avons montré que l'on pouvait l'améliorer encore en pratiquant un traitement provoquant un durcissement structural. Celui-ci est dû à la précipitation de carbures M_2C. Son effet est maximum pour une température de 550° C. En résumé, pour cet acier, le revenu d'une structure normalisée, formée initialement de ferrite probainitique et d'austénite résiduelle stabilisée, conduit aux observations suivantes:

1. Après 1000 h à 400° C, l'austénite est décomposée en ferrite et carbures M_3C. La dureté s'est légèrement accrue.

2. A 550° C, il apparaît après 100 h, de nombreux précipités très fins qui augmentent notablement la dureté de la ferrite mais également sa fragilité. La Fig. 14 montre l'aspect structural après 1000 h de revenu. Pour des temps plus longs, une coalescence des précipités se marquera.

3. Pour une température plus élevée (675° C), ce même mécanisme se déroule plus rapidement. Il ne conduit plus à un acroissement aussi intense de la dureté.

4. Enfin, pour la température de 775° C, après 100 h déjà, il peut apparaître une recristallisation de la matrice bainitique.

Les propriétés de fluage à 550° C et 575° C ont été déterminées soigneusement après différents traitements thermiques et des temps de maintien jusque 10000 h. Les conclusions montrent qu'il est possible d'obtenir une amélioration importante des propriétés de cet acier par le traitement thermique qui conduit au durcissement structural. Autrement dit, on obtient ici une estimation de l'efficacité des différents éléments d'alliages. Lorsque le molybdène est combiné avec le carbone pour former de fins précipités, on observe une augmentation des propriétés mécaniques à chaud de la matrice. Cependant, pour permettre la mise sous forme et la soudure des tubes, il est nécessaire de modifier le traitement thermique précédent. On est ainsi contraint de perdre une partie de l'amélioration obtenue. Ceci est particulièrement significatif lorsqu'on extrapole les aciers jusqu'à 100000 h.

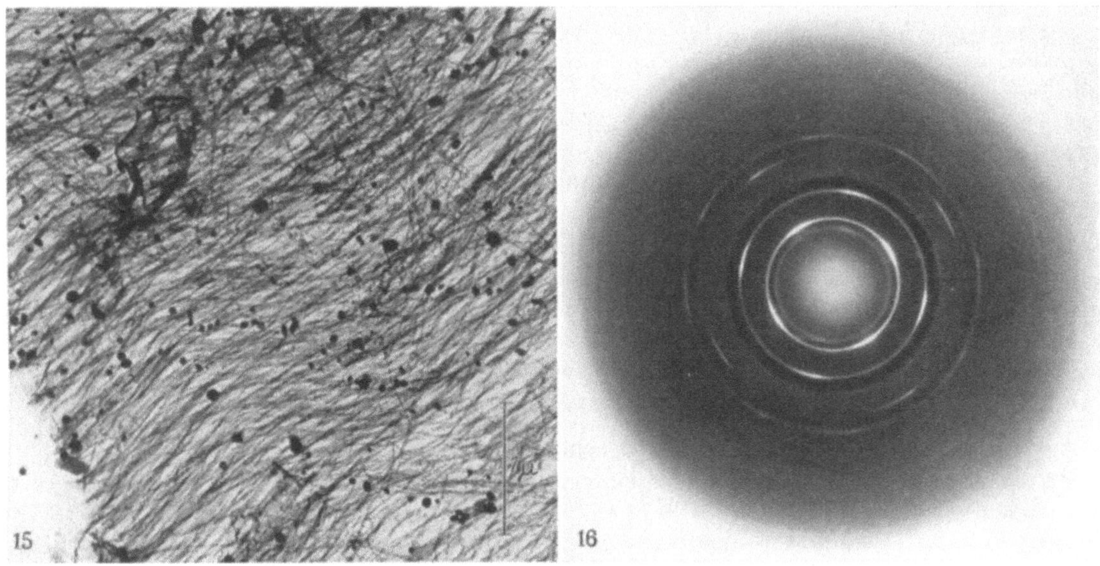

Fig. 15. Acier Cr-Mo-V-W. Empreinte d'extraction au carbone

Fig. 16. Acier Cr-Mo-V-W. Diagramme de diffraction électronique du carbure de vanadium orienté

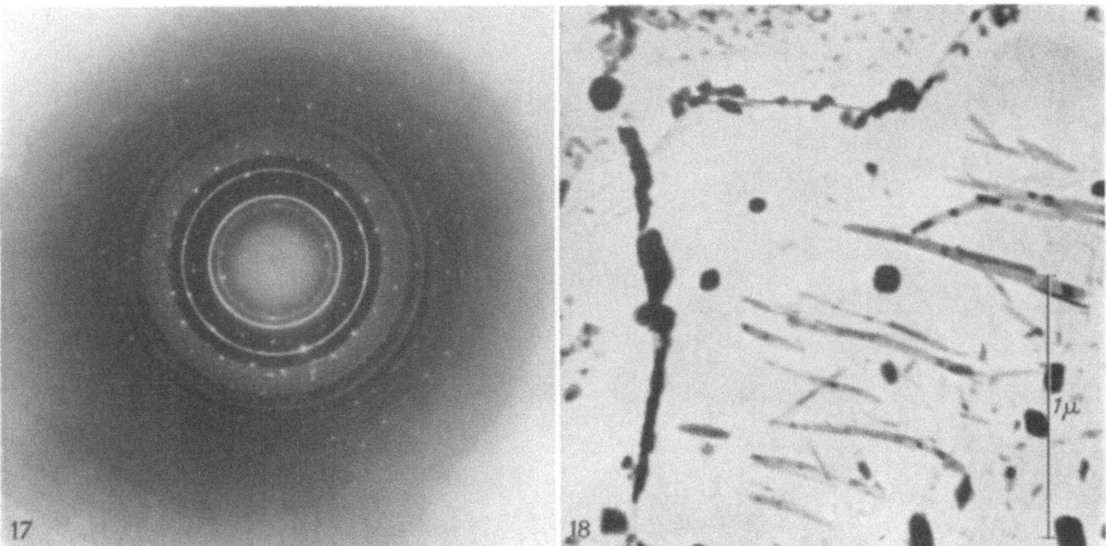

Fig. 17. Acier Cr-Mo-V-W. Diagramme de diffraction électronique du carbure de vanadium (anneaux continus) et du carbure M_2C

Fig. 18. Acier Cr-Mo-V-W. Empreinte d'extraction au carbone

Sur la base de ces résultats, le Comité Belge de Fluage a étudié différentes nuances d'acier: Cr-Mo-V, Cr-Mo-W-V, etc. Ces nuances plus complexes contiennent plus d'éléments formateurs de carbures. Elles sont examinées en vue de définir l'action de ces éléments. Nous rapporterons ici les résultats des observations réalisées sur l'un de ces aciers. Il s'agit de l'acier contenant 1% Cr $+ 0,5\%$ Mo $+ 0,4\%$ V $+ 0,5\%$ W. Celui-ci présente de bonnes propriétés de fluage à $575°$ C.

Au cours du fluage, l'évolution des carbures VC, M_2C, M_6C, M_4C est particulièrement complexe. Nous avons pu dégager que dans le cas présent, les différents stades de la précipitation peuvent être mis en évidence par un traitement isotherme à température relativement élevée (700° C). Pour cet acier, les courbes de dureté au cours de transformations isothermes à différentes températures après austénisation, montrent que la transformation allotropique est également complexe.

Certains pics de durcissement dus à des précipitations apparaissent et même après 500 h, l'équilibre ne semble pas atteint. Des empreintes d'extraction ont permis d'étudier ces différents précipités. Après 10 sec, on n'observe, outre les précipités non dissous lors de l'austénisation, que quelques longues aiguilles de carbures. Après 95 sec (Fig. 15), le nombre de ces aiguilles s'est considérablement accru. La diffraction électronique (Fig. 16) montre qu'il s'agit de particules orientées de carbure de vanadium. Après 10 min, les aiguilles sont pratiquement disparues et ont été remplacées par de nombreux petits carbures. Il ne s'agit plus uniquement de carbure de vanadium mais en outre de carbure Mo_2C. En diffraction électronique (Fig. 17), celui-ci ne produit que quelques taches pour chaque anneau caractéristique. Il s'agit donc de particules relativement importantes. Après 30 h, les carbures précédents ont coalescé et il apparaît, en outre, des particules de M_6C. Celles-ci sont vraisemblablement les particules allongées perpendiculaires aux frontières (Fig. 18). Enfin, après 500 h à cette même température, il n'apparaît plus que des carbures complexes ($M_{23}C_6$) le long des frontières et des carbures VC et M_6C dans les grains.

Conclusions

De nombreux autres exemples pourraient encore être développés à l'appui de la thèse de cette communication. Nous pensons notamment aux recherches sur la fatigue des métaux et la fragilité de revenu. Nous espérons cependant que le développement de quelques études particulières, tel que nous l'avons esquissé, montre à suffisance l'ampleur des possibilités d'application de la métallographie électronique pour l'étude des aciers, non seulement dans le domaine théorique, mais aussi du point de vue pratique.

Au cours des prochaines années, l'évolution des techniques de préparation de l'objet s'accentuera encore vers l'emploi généralisé des lames métalliques minces, tout au moins pour l'examen des alliages à phase unique.

Les études à entreprendre apparaissent de plus en plus nombreuses mais il semble que les développements les plus intéressants de la métallographie porteront sur l'observation des imperfections du réseau cristallin et de leurs effets sur les propriétés des alliages.

Bibliographie

1. Proc. Int. Conf. on Electron Microscopy. London 1954 — Royal Microscopical Society. London 1956.
2. Aust, K. T., and C. G. Dunn: J. of Metals **1957,** 472
3. Guard, R. W.: Creep and Recovery. A.S.M. Book, p. 251, 1957.
4. Vogel, F. L. Jr.: J. of Metals **1956,** 946.
5. Gilman, J. J.: J. of Metals **1956,** 998.
6. Habraken, L., et P. Cuvelier: Métaux, Corrosion, Industries no. 367, p. 105 (1956).
7. Heidenreich, R. D.: J. appl. Physics **20,** 993 (1949).
8. Tomlinson, H. M.: Philosophic. Mag. **3,** 867 (1958).
9. Habraken, L.: La Métallographie électronique. Liège: Ed. Vaillant-Carmanne 1953.
10. — C. R. IRSIA — no. 19, novembre 1957.
11. Krisement, O., u. F. Wever: Arch. Eisenhüttenwes. **25,** 489 (1954).

7. Natürliche und künstliche technologische Fasern

Studies of fibrous structures

J. Sikorski

Textile Physics Laboratory, Department of Textile Industries, The University of Leeds (England)

It is most appropriate that the first session of an International Conference on Electron Microscopy, devoted exclusively to technological fibres, should be held here at Berlin where the pioneering work of this kind was conducted over twenty years ago (*1*). Moreover, a gathering of many workers from the field of applied research provides a useful opportunity to assess the extent of the general progress.

Those engaged in applied research know only too well how difficult it is to go beyond the stage of fact finding and make a positive contribution to a particular problem in an industry. Discussions with many practitioners of electron microscopy reveal that only very recently we have entered the stage in which one can say with some degree of confidence that electron microscopy is showing signs of providing answers to certain technological problems. What is even more important, and constitutes a happy portent for the future, is that one can even suggest that both workers engaged in electron microscopy and those from technological circles have now acquired enough background knowledge of both fields, to see in proper perspective the range of application of electron microscopy and its limitations.

Perhaps it was inevitable that in such a new technique as electron microscopy too much was at first expected from this instrument, and it is timely to say so now. An instrument was often acquired on impulse without real thought as to how it could be put to use; a situation analogous, if only in character, to the circumstances in which industry, in at least one country, is littered with computers which are only partially used. Indeed there are many laboratories where electron microscopy work has been reduced in scope or even discontinued.

Fortunately, to counterbalance this, there are new refreshing signs of consolidation and refinement of technique in fibre applications. Indeed one can apply here remarks made, by Cosslett, in a recent review (2) about the situation in the biological fields. For although there are many problems in which one must use the high resolving power of the latest electron microscopes, yet more stress is now placed on the perfecting of techniques and, what is perhaps more important, obtaining correlation with the results provided by other methods; electron and X-ray diffraction on one hand, and optical microscopy techniques on the other. Many of these developments have recently been the subject of excellent reviews (3—10) which deal with more detailed aspects of the techniques. Here it is proposed to indicate instead only the most important lines of progress obtained in many laboratories engaged in leather, paper and textile research.

I. Study of surface structure

The problem of primary importance in the fields of paper and textile technology is, in the first place, not information about the internal fine structure of fibres but, paradoxically, knowledge about the topography of their surfaces and their shape. Both these factors determine the behaviour of fibres in the typical assemblies encountered in the preparation and final performance of the respective products of the paper and textile industries.

Study of the morphology of surfaces will be always associated with the pioneering work of Mahl who as early as 1940 developed the replication technique (11, 12). Before discussion of

Fig. 1. Low angle reflexion electron micrograph of wool fibre (Bradley)

the latest advances in this field, however, it is appropriate that we should turn our attention to the progress made in the field of reflexion and scanning microscopy (2). The obvious advantages of the latter techniques spring from the fact that the general shape of fibres and the morphology of their surfaces can be simultaneously studied. Indeed, simple modifications to the existing transmission instruments (*13, 14*) produced very promising results (*15, 16, 17*). The fibres were coated with a thin film of metal in order to reduce the heating and electrostatic effects and the resulting contamination of the specimen. This procedure had the advantage of simplicity over the replication necessary for a transmission electron microscope. However, there remained the

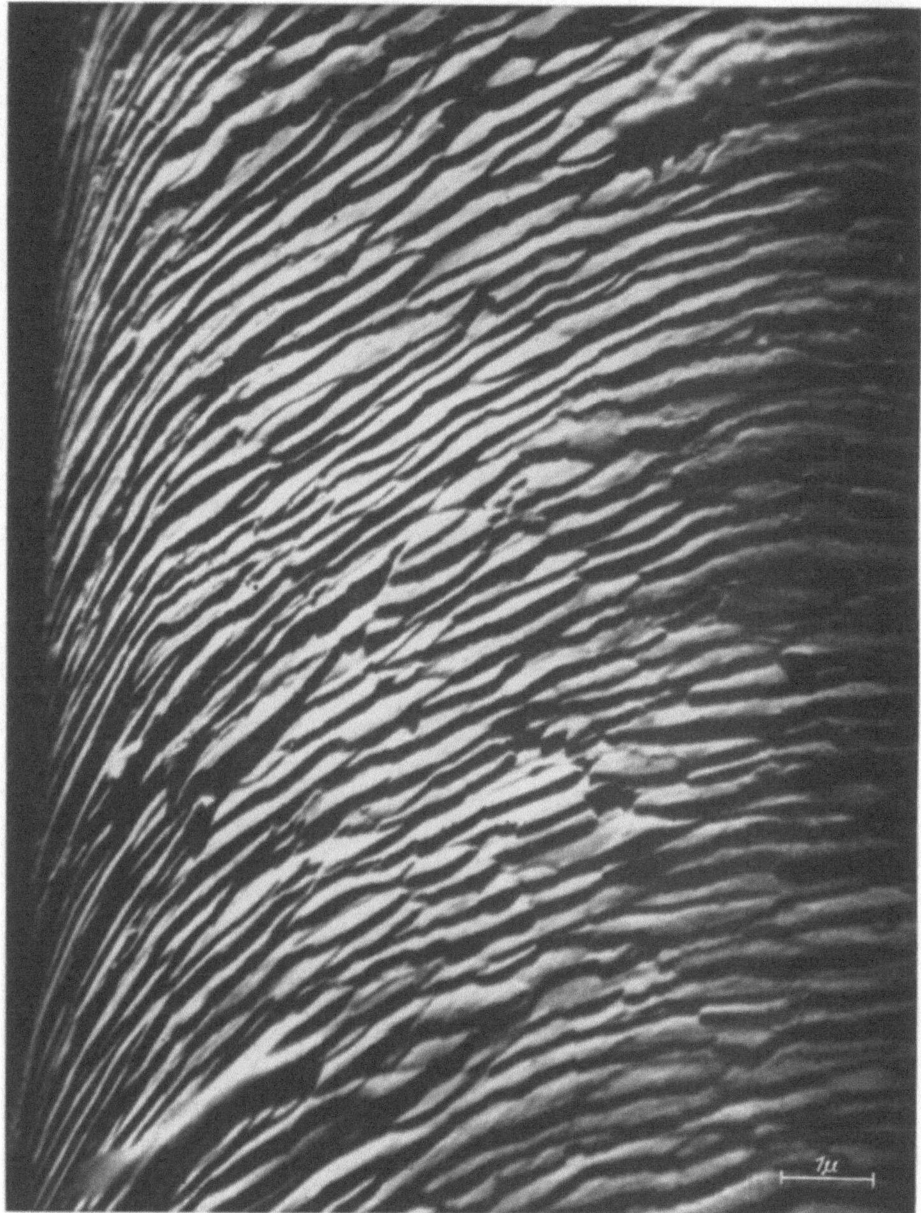

Fig. 2. High angle reflexion electron micrograph of human hair (Page)

difficulties associated with the overheating of the specimens and Bradley (*18, 19*) and later Page (*20*) developed replication techniques for the reflexion work. The use of replicas in reflexion work is, eo ipso, a retrograde step, since the whole advantage of simplicity in specimen preparation is thus lost, without attaining resolution practicable in the transmission method. There are of course, cases where the advantage of the high depth of field will more than offset this loss in resolution.

In the hands of EMERTON and his colleagues the reflexion technique yielded particularly promising results *(16, 21)*. It is, therefore, to be regretted that their efforts were cut short at this early pioneering stage. There can be little doubt, however, that their work will remain a model of the rational use of a new technique to provide vital information (the full significance of which is as yet fully understood) relating, for example "fine structure of paper fibre to the paper fibre as a whole" *(22)*.

The most recent advances in reflexion technique are due to PAGE *(23, 24)* who emphasised that the claims of earlier workers *(25, 26)* in stressing the advantages of this technique, in providing high depth of field, are realised only when the field aberrations are satisfactorily corrected,

Table 1. *Resolution* (Å) *of different reflexion instruments*

Type of reflexion microscope	θ_1	θ_2	d_x	d_y	d_z
High angle	2°	24°	600	1500	50
Low angle	2°	6°	250	2400	65
Scanning	—	25° (say)	250	600	250

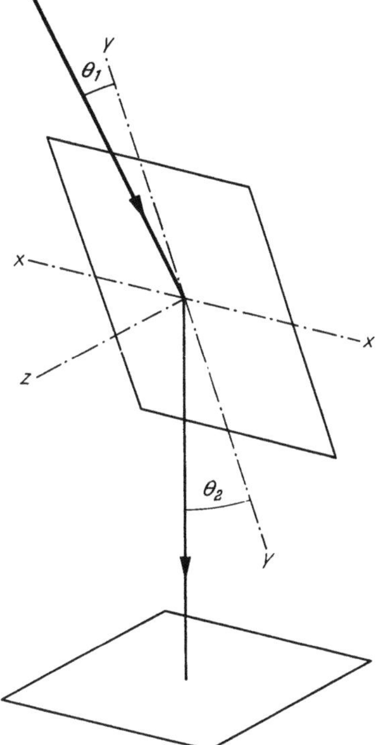

Fig. 3. Relation between resolution in object and image space of reflexion instruments (PAGE)

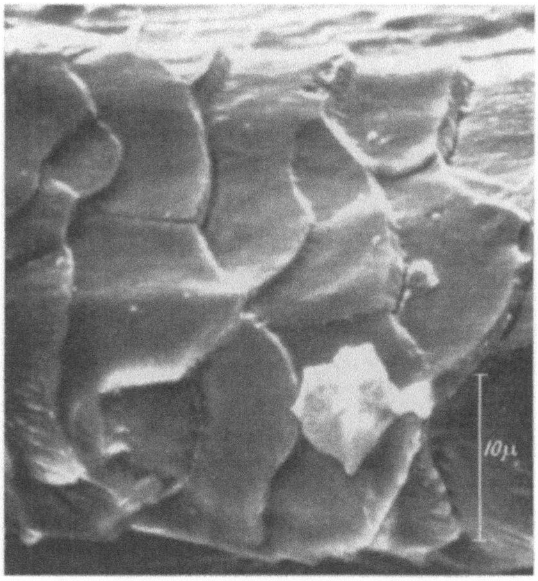

Fig. 4. Scanning electron micrograph of wool fibre (SMITH)

by appropriate setting of an objective aperture (Fig. 1 and 2). He analysed the relation between the resolution in object and image planes (Fig. 3 and Table 1) from which it is evident that the choice, for example, between high or low angle instruments can be made according to whether one proposes to examine very rough surfaces or obtain better resolution in at least one direction.

However, in view of the development of the scanning microscope further refinements of the reflexion technique will be of academic rather than practical interest. Clearly the low *overall* intensity of the illumination involved in a scanning instrument is of a great advantage in permitting the direct study of the surfaces of, say, synthetic fibres. Further improvements in the resolution of the scanning instrument *(27)* (Fig. 4) will be awaited with great interest not only in research circles but, one hopes, in textile industries. In the opinion of the present reviewer, this type of instrument will in the end play a very important part in quality control, since there is no reason why it should not be fitted with a suitable system for the examination of surface of samples of continuous filaments, at suitable intervals along their length.

The advantages of reflexion and scanning methods in providing a high depth of field are best seen when one compares results obtained from a replica of some extensive surfaces, involving the preparation of a mosaic from many electron micrographs (28); a tedious and not always very rewarding procedure [1]. Of course, even qualitative application of stereoscopic techniques (29—32) provides a useful aid in the interpretation of results but is also time consuming at all stages. Quantitative stereoscopy has reached a stage of some refinement (33) yet the equipment involved and again time required make this technique of not more than academic interest. Perhaps the most fruitful step would be to examine the possibility of an approach to the quantitative methods of stereoscopy in the scanning instrument.

Fig. 5. Reflexion electron micrograph of abraded nylon filament (Chapman). Diameter of filament 15 micron

In spite of what has been said about the great advantages of reflexion and scanning over transmission instruments, it is nevertheless clear that in view of the general availability of transmission instruments much work must be done using now well established techniques of replication. Indeed, the degree of perfection of replicas is perhaps best illustrated by the results of examination of surfaces subjected to prolonged abrasion, causing the formation of fibrillar strands. In fact, it has been claimed (34) that such features can only be adequately explored with a reflexion microscope (Fig. 5). It is, therefore, to the great credit of the standards of the replication techniques in general, and to the workers concerned, in particular, that such features were, in fact, very successfully replicated (35) (Fig. 6). It is, of course, evident that no claim can be made to obtain reproducible results in the replication of such surfaces.

Mention must be made of an old and quick method (36) of obtaining silhouettes of fibres by placing their long axes at right angle to the electron beam. As expected, fibres must be covered with a thin layer of carbon or some metal, but clearly only instruments fitted with a double condenser can be used with advantage for this type of work.

Drummond formulated some requirements for an ideal replica of a fibre surface (37). Recently, more practical criteria were suggested (38): 1. Accuracy of reproduction of finest detail, which can be achieved by using Low Molecular Weight (L.M.W.) materials at all stages of replication, and not only for the final replica. 2. Possibility of repeated replication, i.e. obtaining successive casts from the same area of a fibre, involving, as a conditio sine qua non, partial embedding of the fibres. 3. Manipulative simplicity [2].

The accuracy of replication required may not be very high as, for example, in the investigations of soiling of the fibre surfaces. Generally, for particular method the accuracy of replication depends mainly on two factors, viz. the fidelity of reproduction of the detail of the specimen and the ultimate resolution, which is determined by the thickness and the nature of replica (40, 41). Only by using the method involving repeated casts from the same area (not the destruction of the sample, by dissolution, as soon as the first replica has been prepared) is it possible

---

[1] Wildman's method of preparing for light microscope rolled impressions of animals hairs, in polymers, could be followed by, say, carbon replication for electron microscopy. Wildman, "The microscopy of animal textile fibres", Leeds, 1954, p. 36.

[2] No attempt can be made in this review to discuss various replication methods, which under the main classification headings adopted earlier by Drummond (39), were recently summarized (38).

to assess the degree of fidelity and eliminate artifacts; moreover, this is the only reliable method of assessing the degree of modification introduced by a particular chemical treatment in an area of fibre surface, whose replica was prepared previously to serve as a reference. Otherwise, in order to gain an estimate about the real significance of any particular feature in any replica of the surface, a quasi statistical approach will have to be considered; this would necessarily involve the preparation of a great number of electron micrographs from the replicas of many fibres. The difficulty in reaching conclusions about the significance of the surface features in

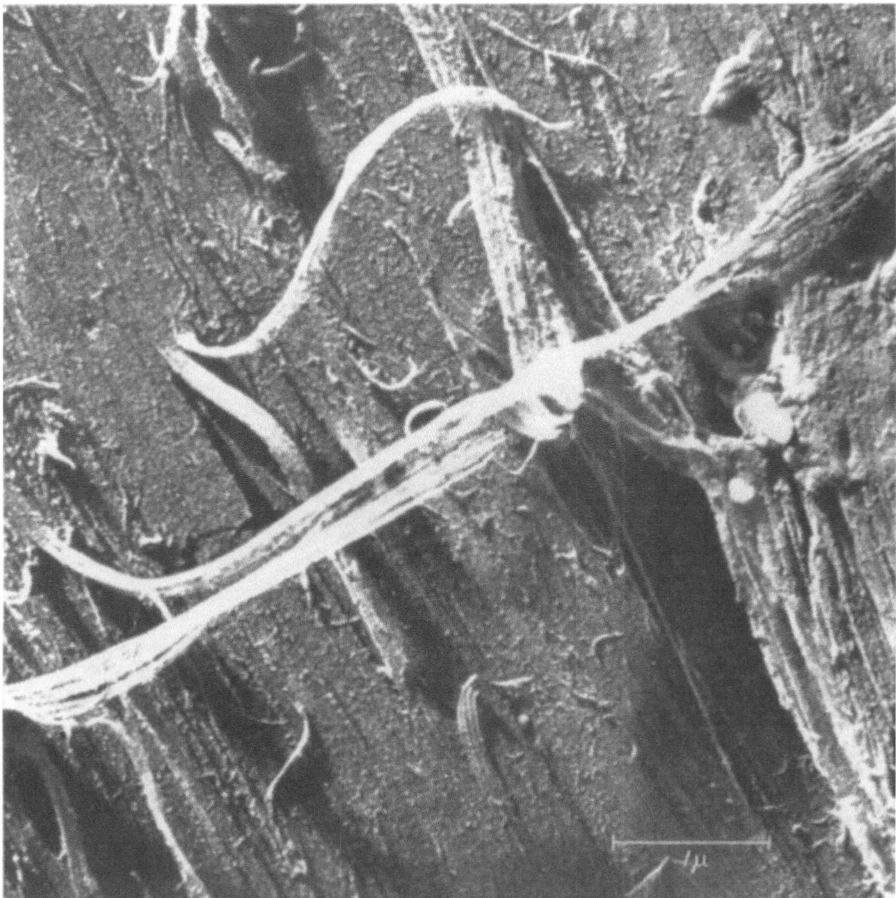

Fig. 6. Polyacrylonitrile fibre — LMW replica. Note: fibrillation due to abrasion (PECK)

a replica taken at random is, perhaps, well illustrated by a case of the surface of wool (Ref. 30, Fig. 3) where the wealth of detail may form a source of embarrassment to the person charged with the task of interpreting the real effect of a particular chemical treatment applied to such a surface.

Manipulative simplicity and rapidity of working of a replication method are certainly very desirable qualities and may be considered to be of overriding importance for industrial routine examination; but if the final aim lies in the high resolution of surface detail, methods might have to be used which are neither simple nor rapid.

The Leeds methods of replication (Fig. 7a) was developed to deal with individual mammalian hairs, structures endowed with the crimp and the covering layer of the very fine membrane, susceptible to damage. For both these reasons this method is the only reliable means of dealing with this type of fibre, which, on account of its crimp, must be handled individually (28—31).

However, if circumstances permit, use can be made of the method of DLUGOSZ (*42*), who introduced an additional pre-embedding step to the Leeds method of replication (Fig. 7b). There is little doubt that, ceteris paribus, this helps to overcome the difficulty in the Leeds technique, namely, its reliance on the skill of an individual in producing uniform embedding.

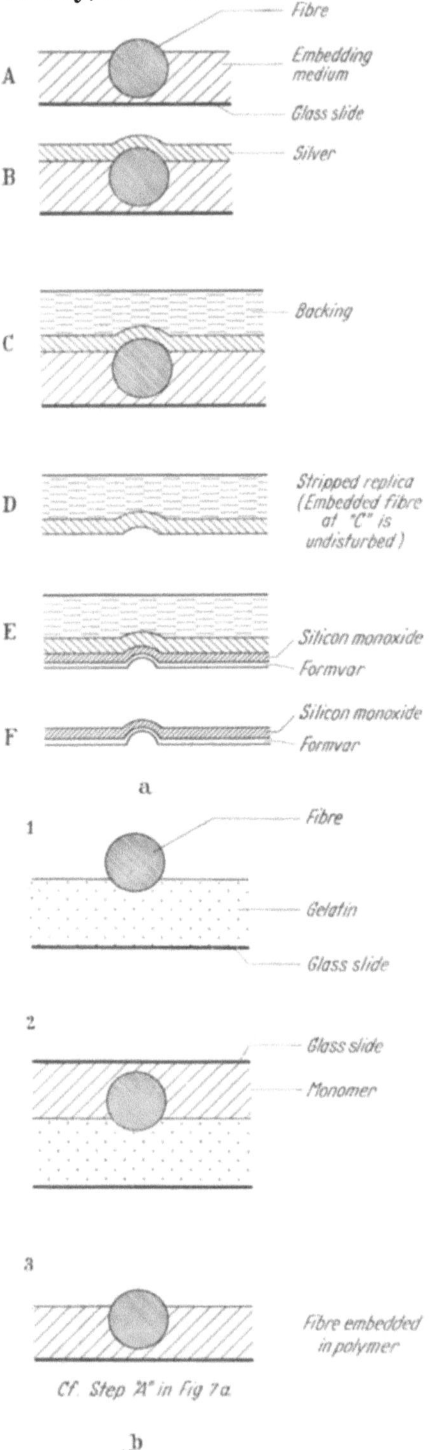

Fig. 7a and b. a) The Leeds method of replication. b) Pre-embedding technique of DLUGOSZ

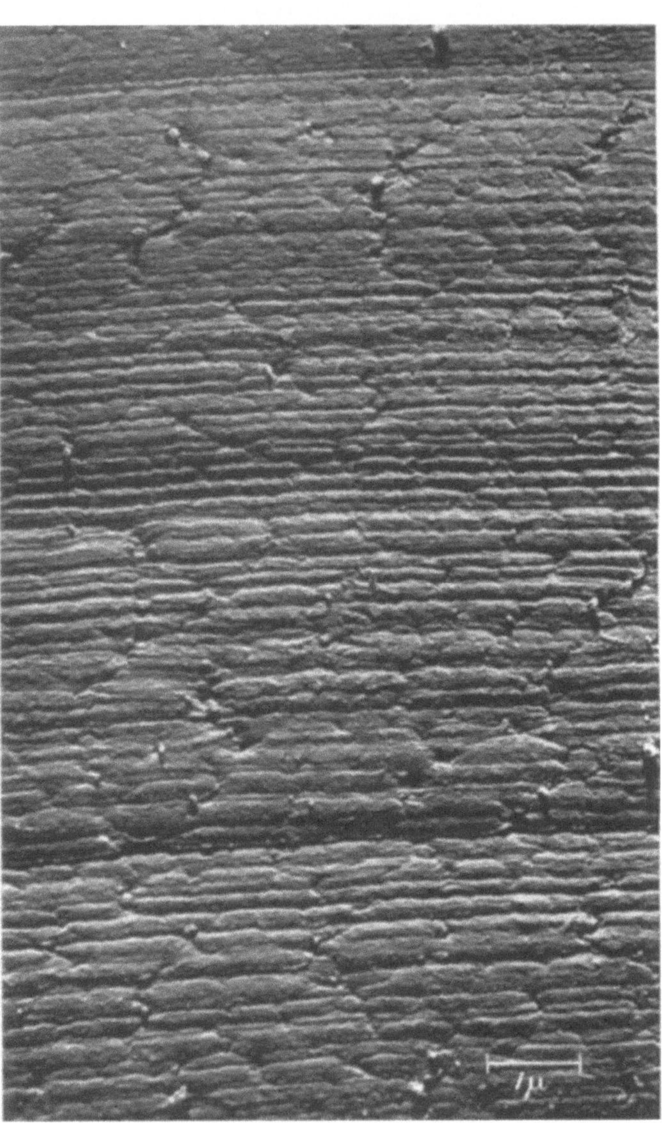

Fig. 8. Surface of viscose fibre — silver/carbon replica (SPIT)

Since the advent of Bradleys' method of carbon evaporation (*43*) we tried to substitute this material for silicon monoxide in the second step of our replication technique. However, apart from the low degree of contrast, necessitating recourse to an additional step of shadowing with metal, another and perhaps more serious deficiency was observed, i.e. the sagging of great areas of replicas, and consequently we were forced to return to silicon monoxide (cf. ref. *44*).

In spite of the above observations about difficulties associated with the sagging of carbon replicas, excellent results have been obtained by SPIT (*45*) using the silver/carbon technique, and prepared to demonstrate the advantage of LMW materials at all stages of replication, over techniques employing polymer for the first stage cast (Fig. 8). However, CHIPPINDALE (*46*), who modified the method of BRADLEY (*47*) and prepared the first stage replica in polyvinyl formaldehyde, was able to produce highly satisfactory results (Fig. 9). Great ingenuity was shown and a most elaborate vacuum apparatus and technique used by JAYME and HUNGER (*48—50*) in order to obtain a first stage negative replica free from artifacts. Their results, which illustrate the application of such methods to the variety of problems encountered in paper technology, compare most favourably with the results obtained with LMW materials (Fig. 10).

It appears, therefore, that provided some inevitable loss of resolution (concomitant with the use of polymers at the first stage of replication) is acceptable, the latter methods will always produce a greater percentage of successful replicas and this is, as already remarked, a consideration not to be disregarded, particularly in industrial applications, I think that one cannot do better than quote

Fig. 9. Surface of viscose fibre — Formvar/carbon replica (CHIPPINDALE)

one of the most accomplished workers in the field of replication (*51*), who suggested that: "one has to decide for oneself what replica method to choose to suit one's particular problem". The

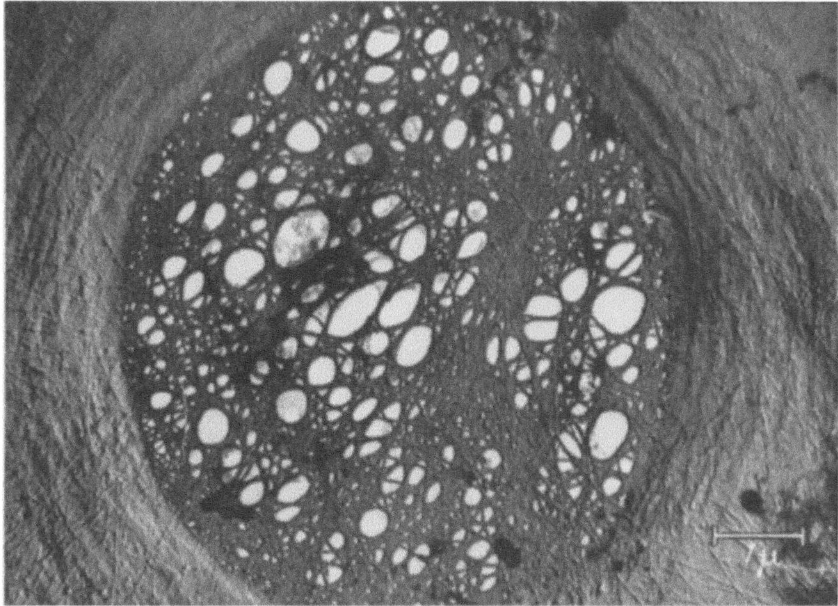

Fig. 10. Pine-wood delignified, section. First-stage polymer replica in high vacuo (JAYME and HUNGER)

present reviewer would like to add a plea, addressed to all workers in this field, for help in the assessment of their own work by clearly describing their electron micrographs to indicate materials used at different stages of replication.

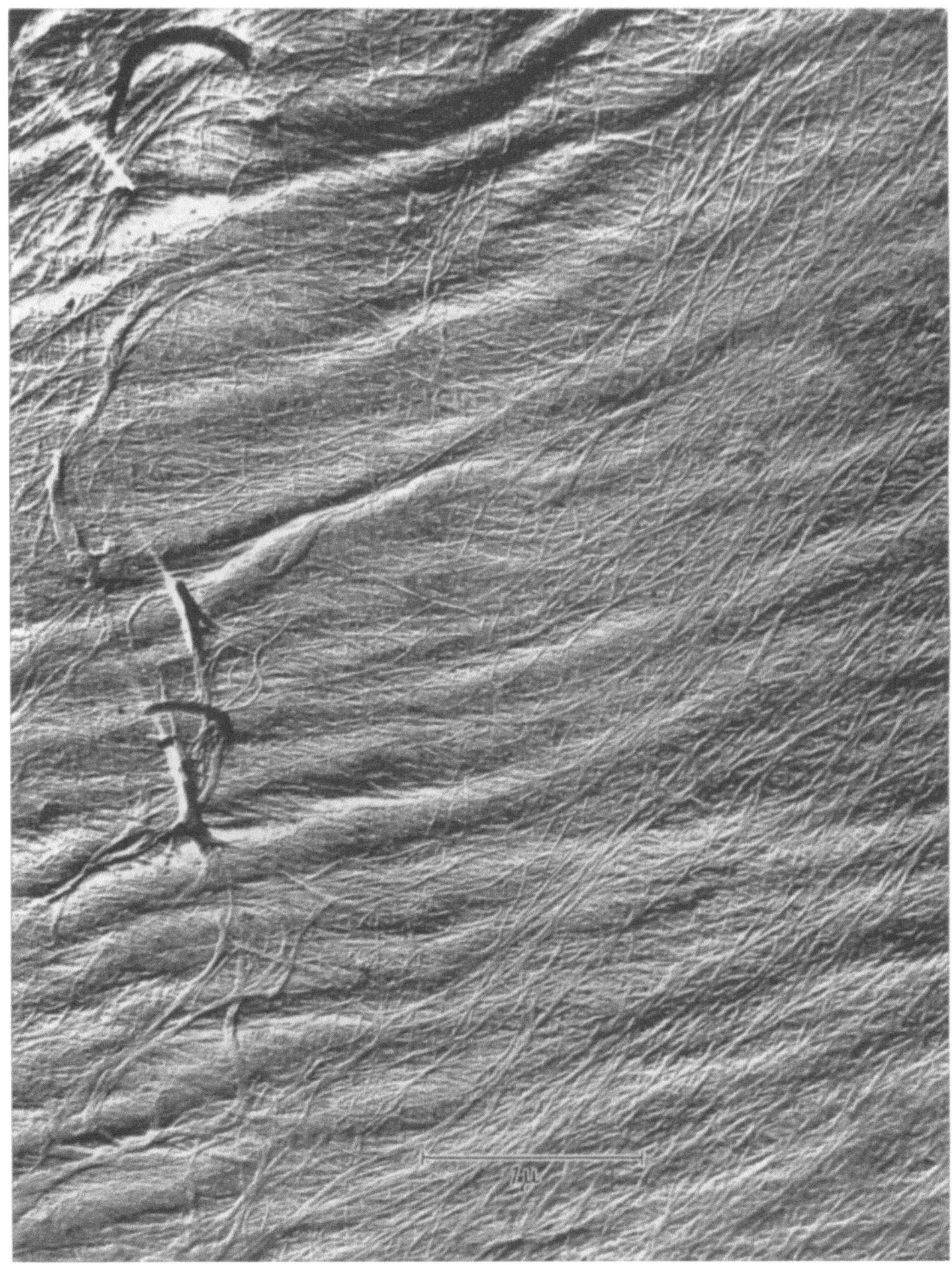

Fig. 11. Surface of a bleached and mercerized cotton fibre. Pt-C single stage replica (Mahl)

Possible developments in the field of replication can be illustrated most appropriately by a most recent result of MAHL (*52*), who prepared a striking replica of bleached and mercerized cotton surface, using BRADLEY's Pt/C single stage replica (*53*) (Fig. 11). It is clear that in conjunction with partial embedding this promises to be a very powerful tool in investigating the surfaces of fibres.

Studies of technological problems. Reference was made earlier to a belief that there are already some signs of the direct application of electron microscope methods to the solution of technological problems. Closer analysis of the published material referring to the surface structure of fibres reveals, however, that in most cases no more was achieved than to demonstrate the range of application of one or more techniques, often with beautiful results. Nevertheless, among these are a few which point to the lines of future developments. For example, the fundamental work on the friction and wear of fibres will remain a good example of the treatment of the problem (*25, 54*); this applies equally to the first systematic examination of the effect of wear conditions encountered by some regenerated fibres during normal processing (*35*).

There have been numerous attempts to study the effects of many typical chemical agents on various fibres, but the work of KLING and MAHL, in Germany (*55—61*), and of the New Orleans Laboratory of the USA Department of Agriculture (*62—64*) provided what must be now considered as the standard references, in so far as cotton fibres are concerned. Developments in the novel approach to the studies of synthetic fibres by SCOTT and FERGUSON (*65*), will be awaited with great interest.

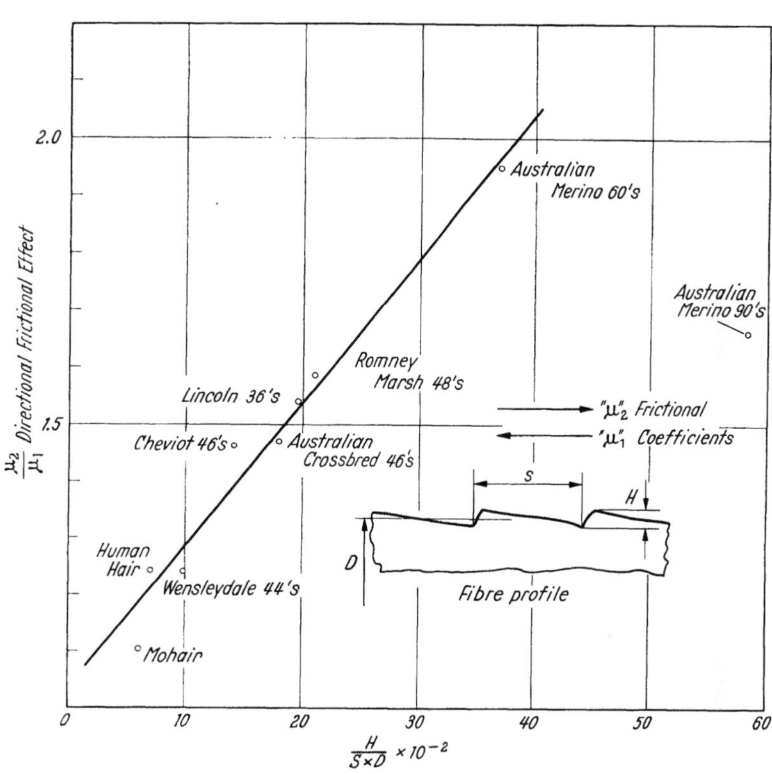

Fig. 12. Relation between "directional frictional effect" and some dimensional parameters of animal fibres

Very recently it has been possible to make some advances to obtain an adequate quantitative correlation between the morphology of the cuticular layer of flat overlapping cells, which cover animal hairs, on one hand, and the degree of felting of assemblies of fibres, on the other. It is well known, and a considerable amount of experimental data has been collected by many workers over a number of years, that the ratchet-like character of cuticle is responsible for the greater frictional resistance to motion in the tip to root than root to tip direction of animal hair. The direct electron-microscope examination of various animal hairs provided information about the general shape of their profiles and data about the height of the scales (from 0.4 to 1.38 micron) which, of course, could not be previously measured in a light microscope. These and other data, together with the known frictional parameters for the same fibres (*66*), supplied the most convincing vindication of the ratchet theory of animal fibre friction. The increase in the ratio of frictional parameters follows a well established trend in the technological behaviour of fibres, namely, an increase in their felting ability (Fig. 12). The latter appears, among many other factors, to be related to the dimensional parameters like the diameter, the average length of scales and the height of their edge (*67*).

In the light of evidence now available it has also been necessary to reconsider some results obtained during earlier electron microscope studies of the surface structure of Lincoln wools (*30*).

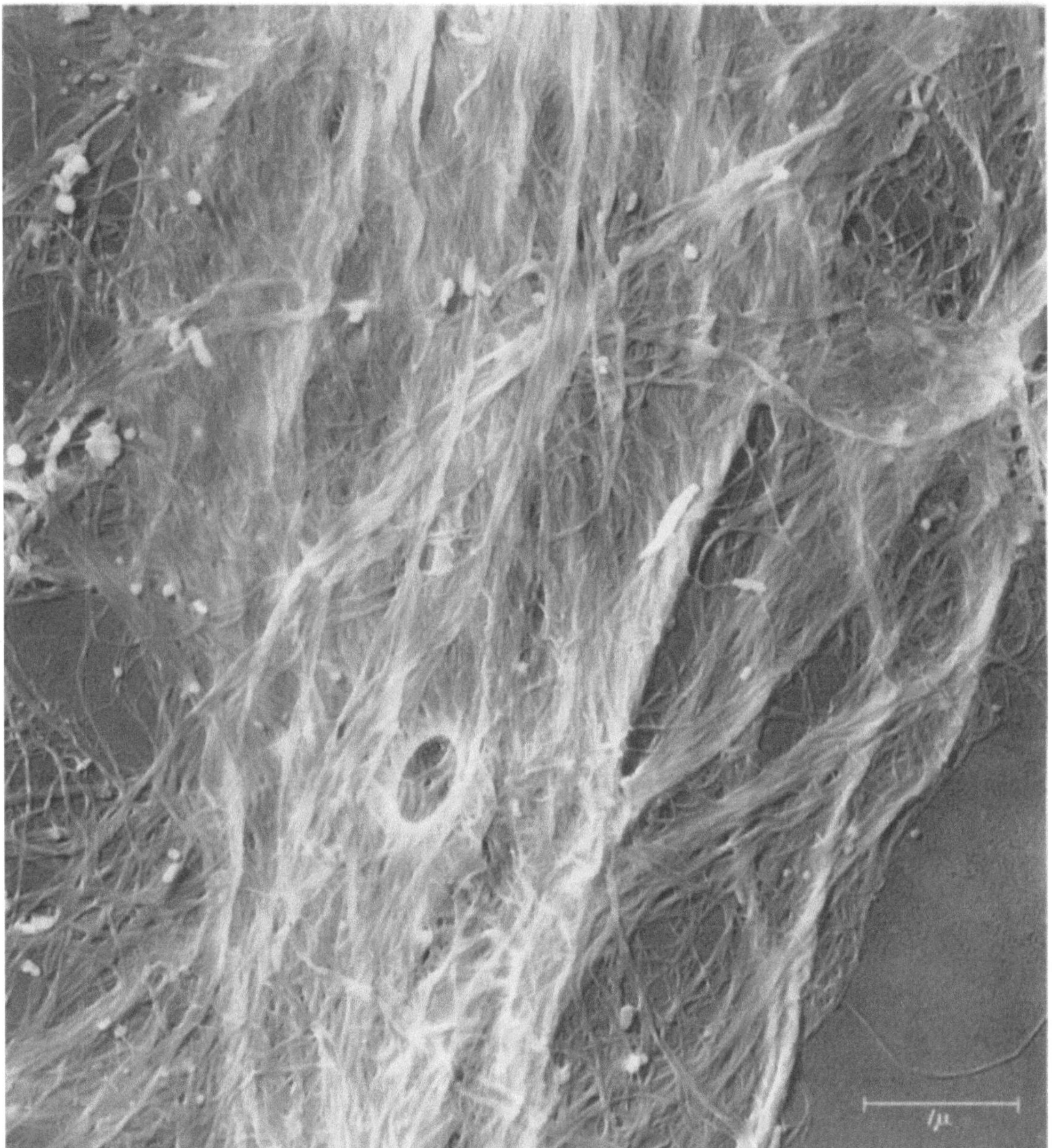

Fig. 13. Polyacrylonitrile (orlon) fibre, exposed to ultrasonic radiation. (Scott and Ferguson)

Thus, in addition to the broad (1000—3000 Å) striated band situated at the distal edge of the scale, and not proximal as previously reported, there is also in this latter position a narrower band globular in character (*68*).

II. Fine structure

Information about fine structure may be obtained by one of the following methods, or a combination of some: 1. Disintegration by mechanical and/or chemical means: 2. Sectioning combined with replication; 3. Thin sectioning.

1. Disintegration by mechanical and/or chemical means. The use of the combination of mechanical and chemical "disintegration" methods is of great value in providing information about the type of forces at various levels of organization in the fibres. These, of course, are the oldest methods in the field and with the advent of thin sectioning they have fallen into disrepute. Yet it is

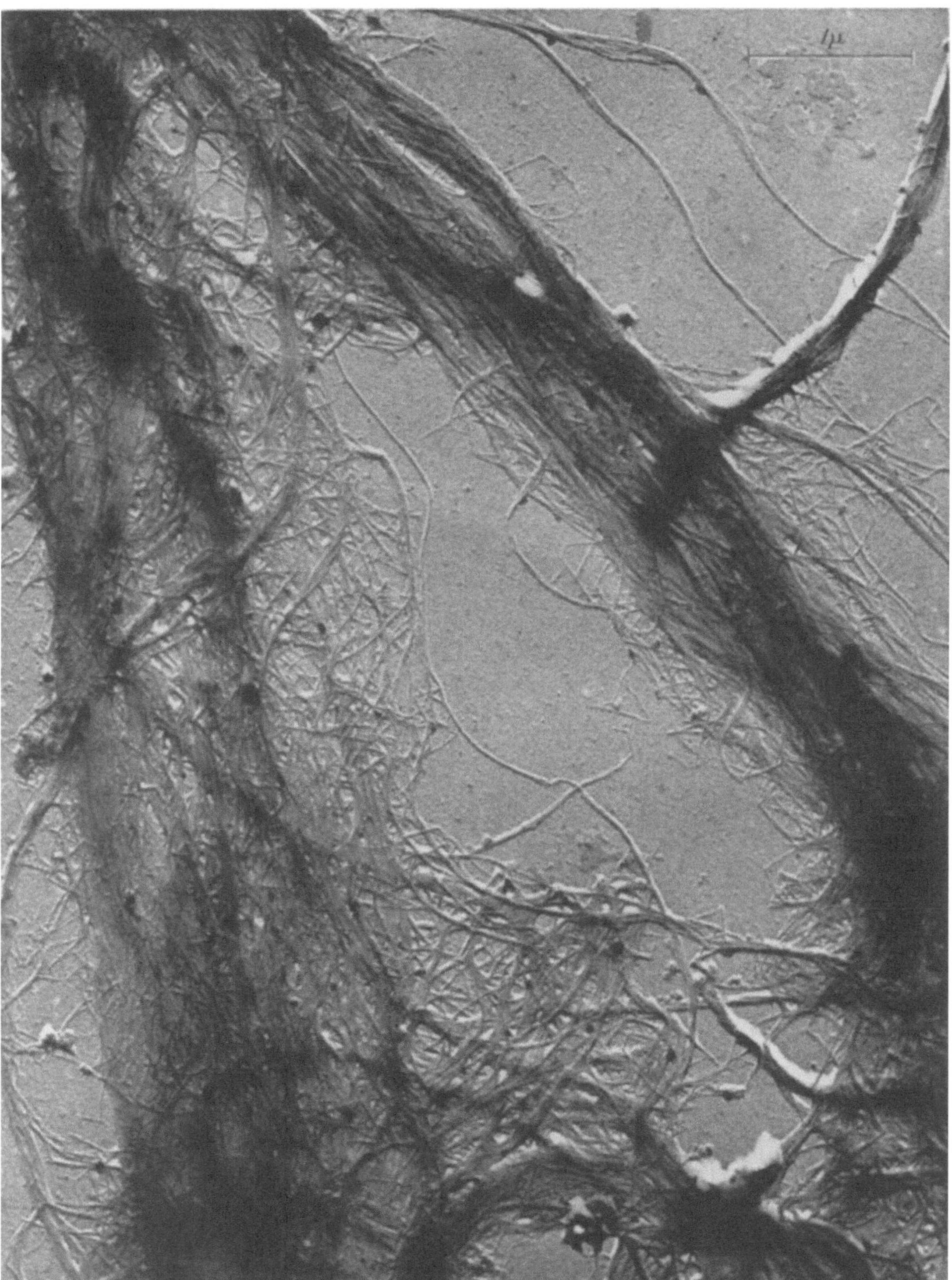

Fig. 14. Silk fibre (untreated), exposed to grinding in Waring blender (ZUBER and ZAHN)

clear that both techniques are complementary as is beautifully illustrated in the case of poly-acrylonitrile fibres (Fig. 13) (to be compared with Fig. 21, ref. 65).

The effect of chemical cross-linkages on the state of coherence between the microfibrils (see below) in the fibres has been very clearly illustrated in the case of cotton, silk and keratin. Cotton (secondary wall, Ref. 63, Fig. 8) and silk fibres exposed to beating in water in a Waring blender, show separation into sheets of parallel microfibrils which break easily into single micro-fibrils (Fig. 14). If, however, fibres are treated with agents involving crosslinkage formation, the subsequent treatment in a Waring blender fails to produce evidence of single microfibrils; instead very coherent and thick layers of ribbons of parallel microfibrils are evident (cotton — ref. 69, silk — ref. 70, Fig. 4).

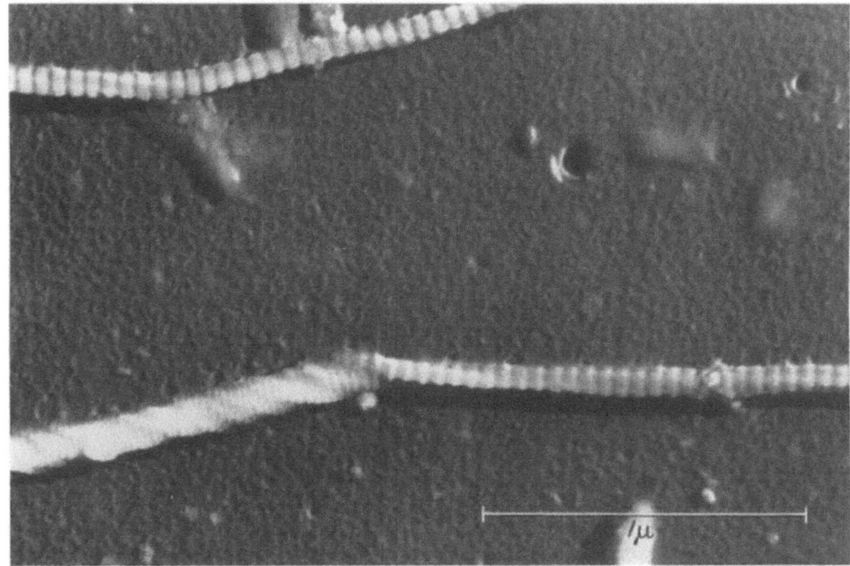

Fig. 15. Collagen fibril, chrome tanned, after heating in water (BURTON, REED and WOOD)

The example of keratin is most attractive when viewed against this background, although historically this evidence was obtained earlier (71). The keratin fibre in the normal fully hardened state is endowed with strong disulphide linkages, and consequently treatments in a Waring blender or by ultrasonic radiation fail to separate individual microfibrils; instead there is a tendency for them to separate into coherent ribbons of parallel microfibrils. However, if the fibres were previously exposed to the action of chemical agents capable of producing breakdown of disulphide linkages (not all, however!) the appearance of single microfibrils is evident after the exposure to the action of, say, ultrasonic radiation (Ref. 71, Plates 3 and 6).

Studies of the morphological changes induced by chemical and thermal effects is illustrated by a beautiful case of partially contracted fibril of collagen (72, 73), revealing the development of spiralling (Fig. 15). There is, however, some divergence of opinion about the behaviour of fibrillar aggregates in keratin, during the supercontraction of this fibre. Thus some believe that, as in the case of collagen, this process is associated with the spiralling of fibrillar aggregates (74), others produced results suggesting that shortening even of the order of 40% of the original length is intra-fibrillar in character, i.e. the microfibrils remain straight (75).

2. Sectioning combined with replication. It may be true to say that this technique of studying the fine structure of fibres was, in itself, an admission of failure to produce, until very recently, sections thin enough for the transmission electron microscope. However, as is often the case, this apparent failure was turned into a considerable advantage and some very attractive results were obtained by KLING and MAHL (57, 58) working on cotton, KASSENBECK and LEVEAU (76) on merino wool, and SPIT (77) on viscose fibres. In some cases sections of polymer block, containing a sample, were prepared and the exposed surface of the fibres replicated. Thus KASSENBECK and LEVEAU (*76*) were able to show for the first time the differences between the morphology of the cortical cells in ortho- and para-segments: the observed diameter of the former was of the order of 5 micron, whereas of the latter about 10 micron (Fig. 16). SPIT (*77*) studied the voids in viscose fibres; their presence had been well established from thin transverse (*78—82*) and longitudinal (*65, 79*) sections. However, in this case fairly thick (5 micron) sections were obtained and, after freeing from embedding medium, their replicas prepared by a gas discharge method of KÖNIG and HELVIG (*83*). Following the dissolution of viscose fibres, in cupriethylene-diamine, and shadowing with tungsten oxide, cigar-shaped replicas of voids are left on the surface of the section.

Replication of thick sections (*76, 77*) often provides an opportunity to study simultaneously the fine detail of the surface and internal structure of fibres; for example Ref 76, Fig. 3 b.

The fine structure of drawn polyethylene terephthalate (Terylene) was established (*84*) by LMW replication, although in this case, instead of sectioning, the filaments used in these experiments were split (Fig. 17).

3. Thin sectioning. The thin sectioning of most paper and textile fibres presented for a long time difficulties which were more formidable than those encountered with most biological materials. Consequently, as indicated above, the early attempts necessitated the use of replication to obtain information about the fine detail. However, there has been a systematic improvement in the general standard of thin sectioning. The problems involved were discussed recently by CHIPPINDALE (*81*) who pointed out that generally it is difficult to obtain satisfactory infiltration of the embedding medium into the tough and compact specimens, and consequently the sections are often pulled out, because of low adhesion between fibre surface and embedding medium. These remarks applied mainly,

Fig. 16. Wool fibre — replica of cross-section
(KASSENBECK and LEVEAU)

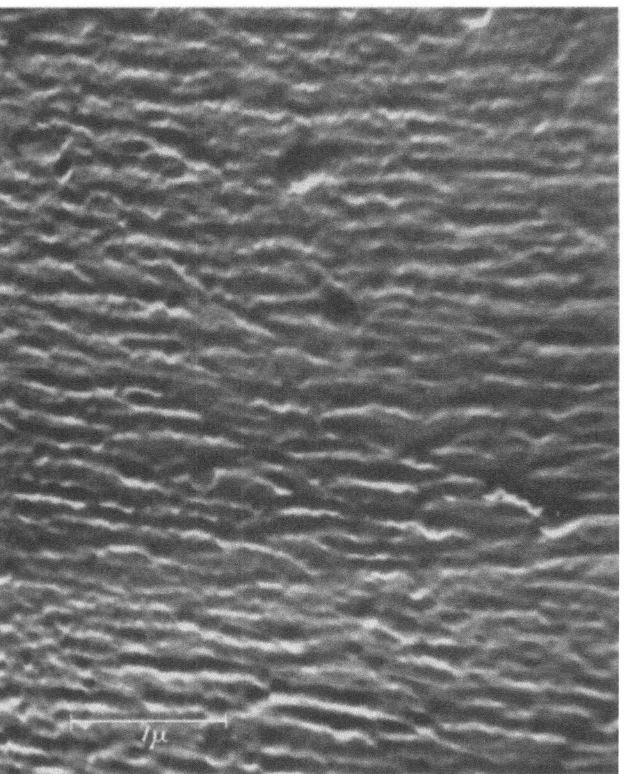

Fig. 17. Polyethylene terephthalate fibre — LMW replica,
showing fibrillar structure (COBBOLD et al.)

but not exclusively, to the methacrylate embedding which, in spite of the above shortcomings, produced specimen blocks capable of giving sections satisfactory for electron microscopy. With the introduction of Araldite embedding, many of the difficulties (for example, pulling out of the sections) disappeared; others (like matching the hardness of the embedding medium to

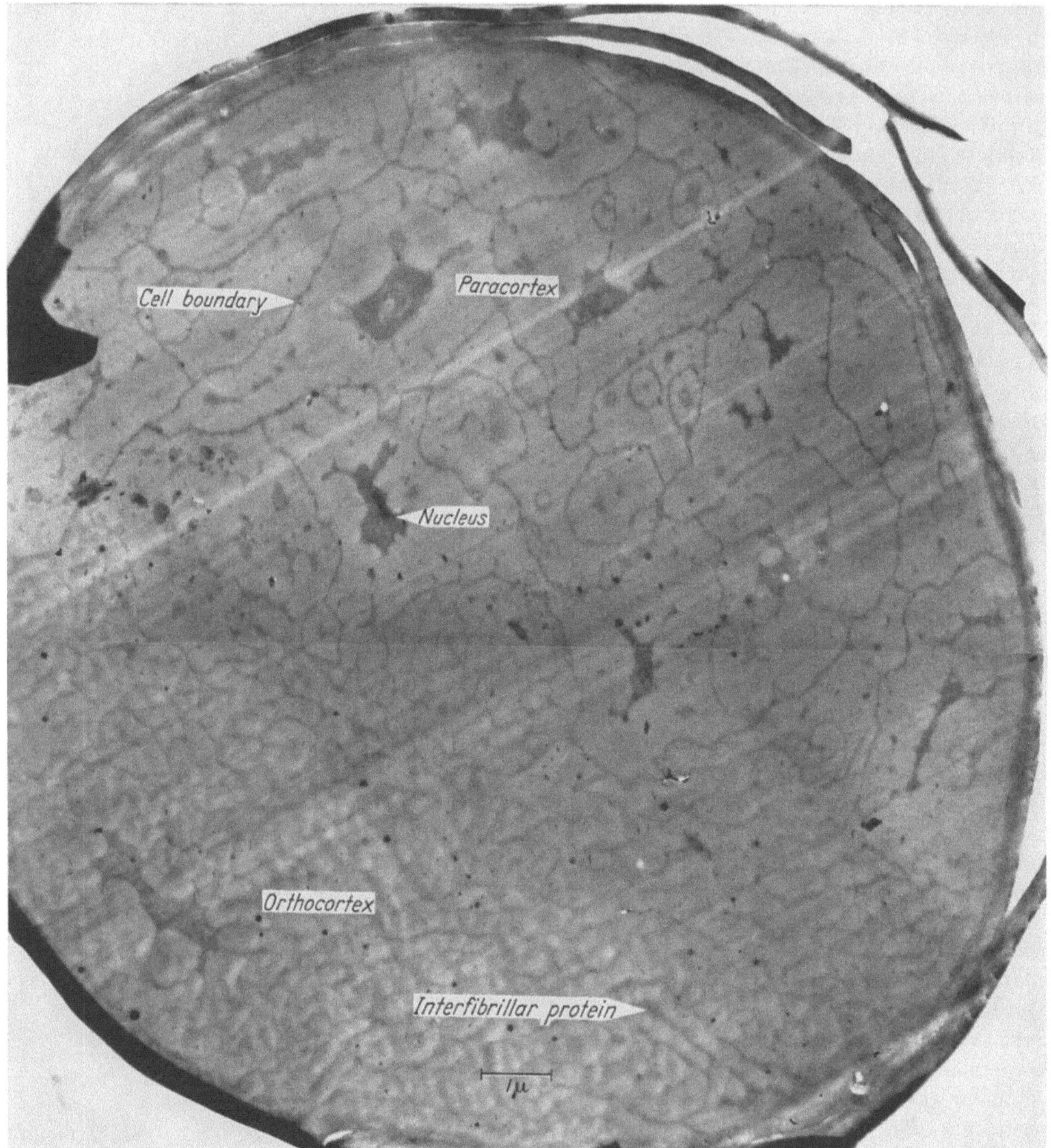

Fig. 18. Australian merino woll 64's — thin section (Rogers)

the hardness of the sections) have become less critical. However, there still remains the problem of a suitable knife edge for cutting sections of hard textile materials; some workers find no advantage in using diamond knives, although they admit that the edge of a glass knife may not be durable enough for such a purpose (*85*).

For example, it is well known that keratin fibres can be sectioned *satisfactorily*, either if their disulphide cross-linkages were previously broken (Fig. 18), or the investigations are restricted to the region of hair follicles (*86—91*). The investigations on hair keratin are, in fact, on the border-line between biological and technological fields of research. The very beautiful results obtained by BIRBECK and MERCER, and by ROGERS are still of an exploratory nature on account of unresolved difficulties to find specific stains for the particular chemical sites in keratin. For

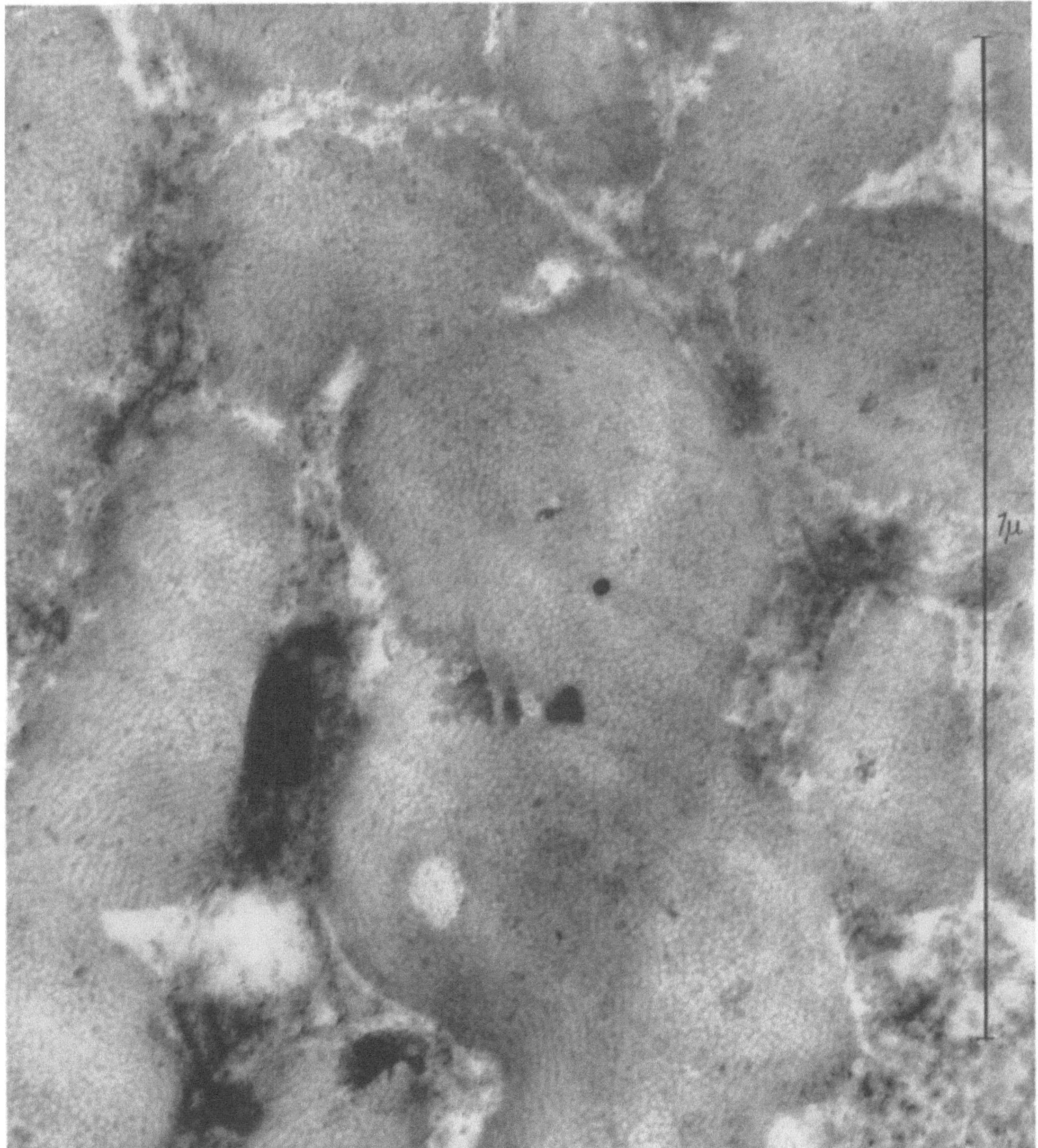

Fig. 19. Human hair — cross-section in upper hair follicle. Note: packed keratin microfibrils outlined by osmium stained matrix. (BIRBECK and MERCER)

example, osmium tetroxide staining is assumed (*86—91*) to be related to the presence of -SH groups; in view, however, of the doubts expressed by many workers about its specificity, the search must be continued for new stains (*92—93*). There is no doubt, however, that the results involving osmium tetroxide staining (Fig. 19), are very satisfactory in providing information (about the distribution and packing of microfibrils in the cortex) which is in good agreement with the type of structure predicted from the X-ray data (*94—95*).

In the field of cellulose the studies of Saara Asunmaa (*96—100*) are particularly beautiful. She directed her attention to the problem of the fibre-to-fibre bond in paper where only the serial thin sections through the whole contact zone between fibres in a paper sheet are capable of giving a three-dimensional picture of the situation. The high resolution electron micrographs of such a contact zone (Fig. 20), reveal that the distance involved are of the order of magnitude compatible with the dimensions of the chemical bonds.

This fundamental work carried out in the field of paper technology forms a worthy counterpart of the biophysical research into the structure of plant cell walls (*101—106*). Moreover, in its implications, it contributes towards an understanding of the events, for example, at various stages in the production of regenerated fibres, as well as of their structure (*107, 108*).

It may be very fitting to end this part of the review with a few examples of some advances in the thin sectioning of cotton fibres. Fig. 21 shows clearly, without staining, the existence of lamination in the secondary wall [cf. the lack of this effect in the secondary wall, S_2, of some wood samples (*109*)]. The differences in the fine structure evident on either side of the lumen, in the cross-section of a silver stained cotton fibre (Fig. 22) are of particular interest in view of what is known about the differences between the fine structure of ortho- and paracortex segments in crimpy wool fibres (*91*) (it will be remembered that cotton fibre is endowed with marked convolutions); these results are reproducible (*52*). However, in view of the paucity of knowledge about the effect of swelling agents on different

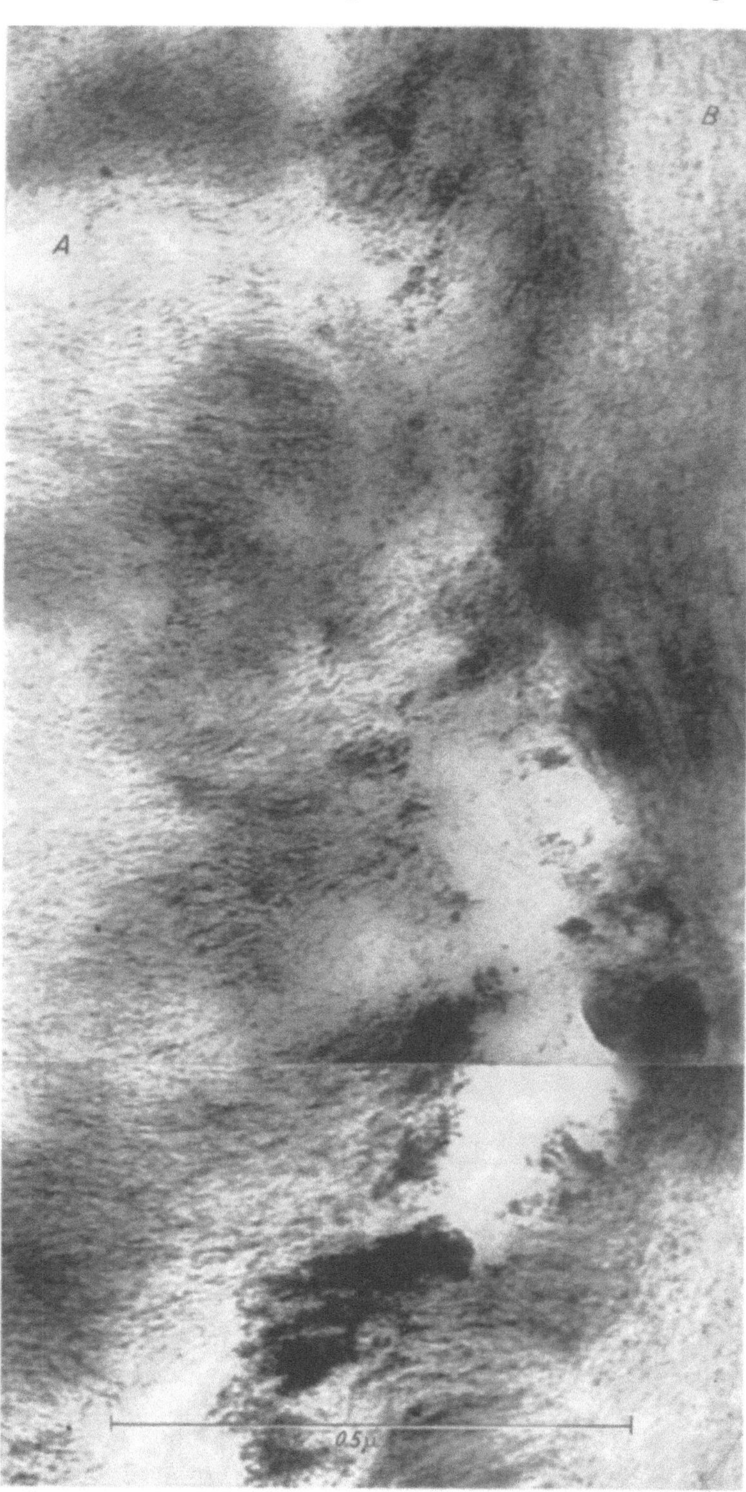

Fig. 20. Contact between the microfibrils in paper (Saara Asunmaa)

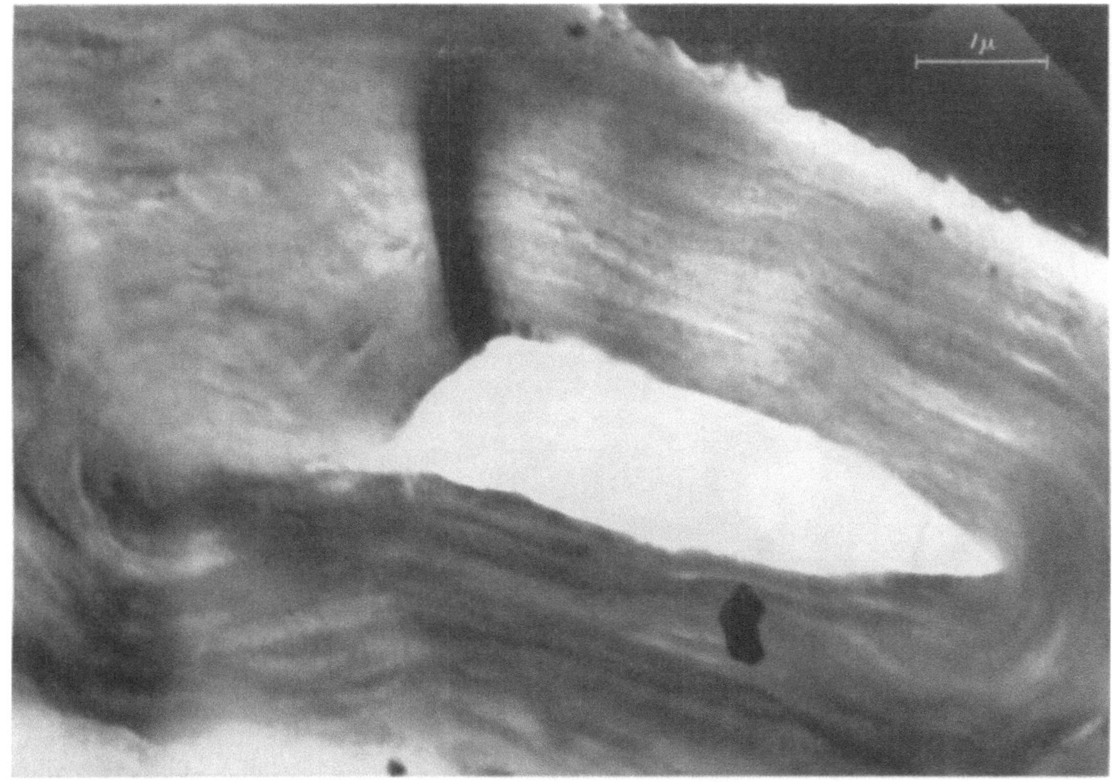

Fig. 21. Cotton fibre — thin section (Silva)

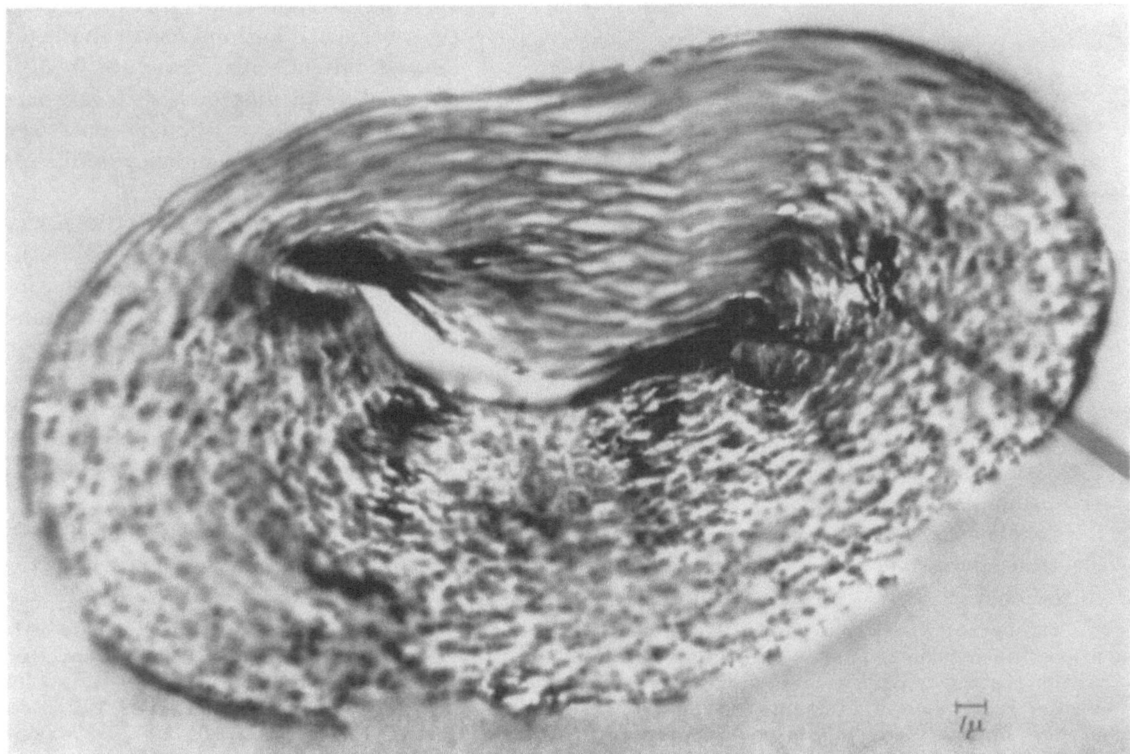

Fig. 22. Cotton fibre — thin section, stained in $AgNO_3$ (Mahl)

cotton fibres (see, for example, Fig. 23), and of staining media (*110*), in particular, more extensive work is indicated, but it is clear that it will be most rewarding to both botanist and technologist. For instance, the effects of synthetic resins on the changes in the fine structure and the solubility of cotton cellulose have been studied in some detail now and, indeed, they open another avenue leading to the systematic control of technological processes; this time a reality — not only a pipe-dream of scientists.

Fibrillation. With the advent of the electron microscope a considerable body of evidence has been collected about the general occurrence of microfibrils (*3, 102, 103, 104, 106*). ASTBURY (*112*), PARISOT et al. (*113*) and BALASHOV and PRESTON (*114*) have drawn attention to the remarkable similarity in size of the finest fibriform units in fibres (*113*) and the thickness of some substances of different chemical composition (*113, 114*).

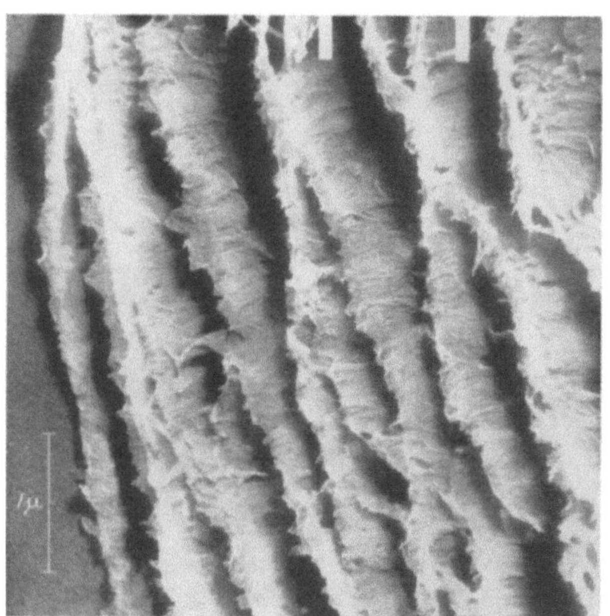

Fig. 23. Cotton fibre — thin section of fibre swollen in glycerine (U.S., D.A. — New Orleans)

The appearance of microfibrillar elements in natural cellulose or protein fibres has been generally accepted, under the weight of this overwhelming evidence, as one of the consequences of particular conditions during biosynthesis (*115, 116*).

The appearance of microfibrils in reenerated cellulose and, in particular, synthetic fibres (*3*), has been more difficult to explain. Thus, it has been suggested that the fibrillation observed in regenerated cellulose fibres is evidence of the residual native morphology (*117*), or may be produced during regeneration and the stretching of the fibre (*118*). However, some authors observed the presence of microfibrillar structure in fibres prepared from unstretched regenerated cellulose (*108*), although not very pronounced (*119*). Moreover, microfibrils were prepared, e.g. from solutions of silk fibroin (*116, 120, 121,*) polyamides (*123*) and polyesters (*125*).

To account for the presence of these features various mechanisms of crystallizations have been proposed (*126—129*) and the size of the intrinsic structures of all biological and other crystalline materials has recently been considered to be limited, by the restricting thermodynamic equilibrium (*130*), to an order of magnitude a few hundred times larger than atomic dimensions (*131*).

The studies of the internal structure of microfibrils involved the application of X-ray (*132, 133*) and electron diffraction (*134—136*) and the usual staining techniques for electron microscopy (*137, 138*). In the case of native cellulose structure this resulted in a suggestion of the formation of crystalline lattice in a microfibril (*103, 115, 139*) and a model of periodic intercrystalline faulting in some regenerated cellulose and synthetic fibres (*137, 138, 140*).

Conclusions. From the few main lines of development indicated above, it is evident that the electron microscope has now emerged as a powerful tool, capable of confounding its early critics, in the field of applied fibre research.

The author wishes to express his gratitude to the following scientists who most generously placed at his disposal their published and unpublished results. Without their co-operation this review could not have been written: Dr. SAARA ASUNMAA, Swedish Forest Products Research Laboratory, Stockholm; Mr. M. S. C.BIRBECK, Chester Beatty Research Institute, London; Mr. D. E. BRADLEY, Associated Electrical Industries Ltd., Aldermaston; Dr. J. A. CHAPMAN, Rheumatism Research Centre, The University, Manchester; Mr. A. O. T. CHARLES, Department of Dermatology and Department of Biomolecular Structure, The University, Leeds; Dr. P. CHIPPINDALE, Royal Technical College, College of Advanced Technology, Salford; Mr. A. J. COBBOLD, I. C. I. Ltd.,

Plastics Division, Welwyn Garden City; Dr. J. DLUGOSZ, British Rayon Research Association, Wythenshawe, Manchester; Mr. H. W. EMERTON, British Paper and Board Research Association, Kenley; Dipl. Chem. GÜNTHER HUNGER, Institut für Cellulosechemie, Darmstadt; Prof. Dr. Ing. GEORG JAYME, Institut für Cellulosechemie, Darmstadt; Dr. P. KASSENBECK, l'Institut Textile de France, Paris; Dr. A. KELLER, Department of Physics, The University, Bristol; Dr. H. MAHL, Abt. für Elektronenoptik der Firma Carl Zeiss, Oberkochen; Dr. J. W. MENTER, Tube Investments Ltd., Research Laboratories, Saffron Walden; Dr. E. H. MERCER, Chester Beatty Research Institute, London; Prof. Dr. K. MÜHLETHALER, Eidgenössische Technische Hochschule, Zürich; Mr. C. W. OATLEY, Engineering Laboratory, The University, Cambridge; Mr. D. H. PAGE, British Paper and Board Industry Research Association, Kenley; Dr. V. PECK, Tennessee Eastman Company, Kingsport; Prof. Dr. R. D. PRESTON, Sub-Department of Biophysics, Department of Botany, The University, Leeds; Dr. R. REED, Department of Leather Industries, The University, Leeds; Dr. G. E. ROGERS, C.S.I.R.O., Australia; Miss MARY L. ROLLINS, United States Department of Agriculture, Southern Utilization Research and Development Organization, New Orleans; Dr. R. G. SCOTT, Pioneering Research Division, E. I. du Pont de Nemours & Co., Wilmington; Frau G. SILVA, Aeon Laboratories, Egham; Dr. K. C. A. SMITH, Pulp and Paper Research Institute of Canada, Montreal; Mr. B. J. SPIT, Technisch Physische Dienst T.N.O. en T.H., Delft; Prof. Dr. Ing. H. ZAHN, Deutsches Wollforschungs-Institut, Aachen.

His thanks are also extended to his colleagues in this laboratory and in particular to Mr. H. J. WOODS.

References

1. BORRIES, B. VON: Die Übermikroskopie, S. 296. Aulendorf: Editio Cantor 1949.
2. COSSLETT, V. E.: Brit. J. appl. Physics 9, (1958).
3. GUTHRIE, J. C.: J. Textile Inst. 47, 268 (1956).
4. KASSENBECK, P.: Melliand Textilber. 39, 55 (1958).
5. MAHL, H.: Z. wiss. Mikrosk. u. mikr. Techn. 60, 372 (1952).
6. — Rapport, Eur. Congress Electr. microscope, T. E. M., p. 253. Gent 1954,
7. ROLLINS, M. L.: Analytic. Chem. 26, 718 (1954).
8. MAHL, H.: Mikroskopie (Wien) 11, 93 (1956).
9. COSSLETT, V. E., and R. W. HORNE: Vacuum 5, 109 (1955) (published Nov. 1957).
10. SWERDLOW, M.: Analytic. Chem. 26, 34 (1954).
11. MAHL, H.: Metallwirtschaft 19, 488 (1940).
12. — Z. techn. Physik 21, 17 (1940).
13. HAINE, M. E., and W. HIRST: Brit. J. appl. Physics 4, 239 (1953).
14. MENTER, J. W.: J. Inst. Metals 81, 163 (1952).
15. CHAPMAN, J. A., and J. W. MENTER: Proc. roy. Soc. A 226, 400 (1954).
16. AMBOSS, K., H. W. EMERTON and J. WATTS: Proc. int. Electron Microscopy Conf., p. 560, London 1954.
17. CHAPMAN, J. A.: Brit. J. appl. Physics 8, 1 (1957).
18. BRADLEY, D. E.: Research 8, 12 (1955).
19. — Brit. J. appl. Physics 6, 191 (1955).
20. PAGE, D. H.: Proc. Electron Microscopy Conf., p. 285. Stockholm 1956.
21. EMERTON, H. W., D. H. PAGE and J. WATTS: Proc. Electron Microscopy Conf., p. 287, Stockholm 1956.
22. — Fundamentals of the beating process, B.P.B.I.R.A., p. 10, Kenley 1957.
23. PAGE, D. H.: Brit. J. appl. Physics 9, 60 (1958).
24. — Brit. J. appl. Physics 9, 268 (1958).
25. CHAPMAN, J. A., and J. W. MENTER: Proc. roy. Soc. A 226, 400 (1954).
26. BRADLEY, D. E.: Research 8, 12 (1955).
27. EVERHART, T. E., K. C. A.. SMITH, O. C. WELLS and C. W. OATLEY (this vol. p. 269).
28. RAMANATHAN, N.: Ph. D. Thesis, University of Leeds 1955.
29. — J. SIKORSKI and H. J. WOODS: Proc. int. Electron Microscopy Conf. p. 482. London 1954.
30. — — Biochim. biophys. Acta 18, 323 (1955).
31. — — — Proc. Int. Wool Textile Research Conf. Australia, F 92, 1955.
32. BRADLEY, D. E.: J. appl. Physics 27, 1399 (1956).
33. BOGEN, K., J. G. HELMCKE and G. WEIMANN: (This vol. p. 149).
34. CHAPMAN, J. A.: Brit. J. appl. Physics 8, 1 (1957).
35. PECK, V., and W. KAYE: Textile Res. J. 24, 300 (1954).
36. MERCER, E. H., and A. L. G. REES: J. exp. Biol. 24, 147 (1946).
37. DRUMMOND, D. G.: Brit. J. appl. Physics 8, 1 (1957).
38. OSTER, L.: M. Sc. Thesis, University of Leeds, 1958.
39. DRUMMOND, D. G.: J. roy. Micr. Soc. 50, 128 (1950).
40. CALBICK, C. J.: The Bell System Techn. J. 30, 798 (1951).
41. COSSLETT, V. E.: Brit. J. appl. Physics 7, 10 (1956).
42. DLUGOSZ, J.: Proc. Electron Microscopy Conf. p. 283, Stockholm 1956.
43. BRADLEY, D. E.: Brit. J. appl. Physics 5, 65 (1954).
44. NANKIVELL J.: (This vol. p. 433).
45. SPIT, B. J.: Brit. J. appl. Physics 8, 484 (1957).

46. Chippindale, P.: Private communication.
47. Bradley, D. E.: Brit. J. appl. Physics 8, 150 (1957).
48. Jayme, G., and G. Hunger: Holz als Roh-Werkstoff 13, 212 (1955).
49. — — Mh. Chem. 87, 8 (1956).
50. — — : (This vol. p. 718.).
51. Bradley, D. E.: Brit. J. appl. Physics 8, 485 (1957).
52. Mahl. H.: Unpublished.
53. Bradley, D. E.: Nature (Lond.) 181, 875 (1958).
54. Chapman, J. A., M. W. Pascoe and D. Tabor: J. Textile Inst 46, 3 (1955).
55. Kling, W., and H. Mahl: Melliand Textilber. 31, 407 (1950).
56. — — Melliand Textilber. 32, 131 (1951).
57. — — Melliand Textilber. 33, 32 (1952).
58. — — Melliand Textilber. 33, 328 (1952).
59. — — Melliand Textilber. 33, 829 (1952).
60. Götte, E., W. Kling and H. Mahl: Melliand Textilber. 35, 1 (1954).
61. — — — Melliand Textilber. 35, 640 (1954).
62. Tripp, V. F., A. T. Moore and M. L. Rollins: Textile Res. J. 27, 419 (1957); 27, 427 (1957).
63. — R. Giuffria and I. V. de Gruy: Textile Res. J. 27, 14 (1957).
64. — R. L. Clayton and B. R. Porter: Textile Res. J. 27, 340 (1957).
65. Scott, R. G., and A. W. Fergusson: Textile Res. J. 26, 284 (1956).
66. Sikorski, J.: Unpublished results.
67. Oster, L., and J. Sikorski: To be published.
68. — — and H. J. Woods: To be published.
69. Rollins, M. L.: Private communication.
70. Zuber, H., and H. Zahn: Melliand Textilber. 37, 429 (1956).
71. Jeffrey, G.M., J. Sikorski and H. J. Woods: Proc. Inter. Wool Textile Res. Conf., Australia, F 130, 1955.
72. Reed, R., M. J. Wood and M. K. Keech: Nature (Lond.) 177, 697 (1956).
73. — — — Brit. J. appl. Physics 8, 1 (1957).
74. Mercer, E. H.: Textile Res. J. 22, 476 (1952).
75. Jeffrey, G. M., J. Sikorski and H. J. Woods: Textile Res. J. 25, 714 (1955).
76. Kassenbeck, P., and M. Leveau: Bull. Inst. Textile de France, No. 67, 7 (1957).
77. Spit, B. J.: J. Textile Inst. In press (private communication).
78. Hermans, P. H.: Textile Res. J. 20, 105 (1950).
79. Kassenbeck, P.: Bull. Inst. Textile de France, No. 61, 7 (1956).
80. — : (This vol. p. 710.).
81. Chippindale, P.: Brit. J. appl. Physics 8, 1 (1957).
82. Dlugosz, J.: Private communication.
83. König, H., and G. Helwig: Z. Physik 129, 491 (1951).
84. Cobbold, A., de R. Daubeny, K. Deutsch and P. Markey: Nature (Lond.) 172, 806 (1953).
85. Silva, G.: Private communication.
86. Birbeck, M. S. C., and E. H. Mercer: Proc. Inter. Wool Textile Res. Conf., Australia, F 215 (1955).
87. Rogers, G. E.: Brit. J. appl. Physics 8, 1 (1957).
88. Birbeck, M. S. C., and E. H. Mercer: Brit. J. appl. Physics 8, 1 (1957).
89. Mercer. E. H.: The Electron Microscopy of Keratinized Tissues. Chap. 5, pp. 91—111, in "The Biology of Hair Growth, ed. Montagna and Ellis, New York: Academic Press Inc. 1958.
90. Birbeck, M. S. C., and E. H. Mercer: J. biophys. biochem Cytol. 3, 203 (1957).
91. Rogers, G. E.: To be published.
92. Sikorski, J., W. S. Simpson and H. J. Woods: (This vol. p. 707.).
93. — and W. S. Simpson: Nature (Lond.) 182, 1235 (1958).
94. Fraser, R. D. B., and T. P. MacRae: Biochem. biophys. Acta 29, 229 (1958).
95. Forrester, M., and H. J. Woods: Unpublished data.
96. Asunmaa, S.: Svensk Papperstidn, 10, 1 (1954).
97. — Proc. Stockholm Conference, S. 293, 1956.
98. — and B. Steenberg: Svensk Pappertidn. (survey paper in press).
99. — Industria, 53, 50 1(957).
100. — Brit. J. appl. Physics 8, 1 (1957).
101. Frey-Wyssling, A., K. Mühlethaler and R. W. G. Wyckhoff: Experientia (Basel) 4/12, 478 (1948).
102. Preston, R. D.: The Molecular Architecture of Plant Cell Walls. London: Chapman and Hall Ltd. 1952.
103. Frey-Wyssling, A.: Die pflanzliche Zellwand, Berlin:Springer 1958.
104. — Rånby and others in "Fundamentals of Papermaking Fibres, Trans. Symposium, Cambridge 1957. ed. Bolam, Kenley 1958.
105. Preston, R. D., and E. Frei: Brit. J. appl. Physics 8, 1 (1957).
106. The General Discussion on Cellulose, XIII Intern. Congress Pure Appl. Chemistry, Stockholm 1953. Svensk Papperstidn. 44, 1 (1954).
107. Rånby, B. G., H. W. Giertz and E. Treiber: Svensk Papperstidn. 59, 117 (1956).

108. Samuelson, O., F. Alvang and A. Svenson: Svensk Papperstidn. **20,** 712 (1956).
109. Asunmaa, S.: Svensk Papperstidn. **59,** 527 (1956).
110. Maertens, C., G. Raes and G. Vandermeerssche: Proc. Stockholm Conference, 1956, p. 292.
111. Rollins, M. L., V. W. Tripp and A. T. Moore: (This vol. p. 712.).
112. Astbury, W. T.: Brit. J. appl. Physics **3,** 25 (1952); **4,** 119 (1953).
113. Parisot, A., P. Kassenbeck, A. Cannepin and M. Leveau: Inter. Conf. Text. Techn., Barcelona, Section III, No. 18, 1954.
114. Balashov, V., and R. D. Preston: Nature (Lond.) **176,** 64 (1955).
115. Frey-Wyssling, A.: Biochim. biophys. Acta **18,** 166 (1955).
116. Mercer, E. H.: Electron Microscopy and the Biosynthesis of Fibres, Chapt. 6, p. 113, in "The Biology of Hair Growth, ed. Montagna and Ellis, New York: Acad. Press Inc. 1958.
117. Mülethaler, K.: Experientia (Basel) **6,** 226 (1950).
118. Ribi, E., and A. Norling: Ark. Kemi **7,** 417 (1954).
119. — Ark. Kemi **2,** 551 (1950).
120. Mercer, E. H.: Aust. J. Sci. Res. B **5,** 366 (1952).
121. Kobayashi, K., and S. Goto: Proc. int. Conf. Electron Microscopy, p. 568 London 1954.
122. Keller, A.: Philosophic. Mag. **2,** 1171 (1957).
123. Cooper, A. C.: Hexagon House Digest, I.C.I. Ltd., No. 17, 20 (1954).
124. — A. Keller and J. R. S. Waring: J. Polymer Sci. **11,** 215 (1953).
125. Roy, C. S., and J. Sikorski: In preparation.
126. Keller, A., G. R. Lester and L. B. Morgan: Phil. Trans. roy. Soc. A **247,** 1 (1954).
127. Morgan, L. B.: Phil. Trans. roy. Soc. A **247,** 13 (1954).
128. Hartley, F. D., F. W. Lord and L. B. Morgan: Phil. Trans. roy. Soc. A **247,** 23 (1954).
129. Hearle, J. W. S.: J. Polymer Sci. **117,** 432 (1958).
130. Born, M.: Festschrift Gött. d. Wiss. I, Meth. Phys. Kl. 1 (1951).
131. Fürth, R.: Exp. Med. Surg. **13,** 17 (1955).
132. Statton, W.: J. Polymer. Sci. **28,** 423 (1958).
133. Mukherjee, S. M., J. Sikorski and H. J. Woods: Nature (Lond.) **167,** 821 (1951).
134. Preston, R. D., and G. W. Ripley: Nature (Lond.) **174,** 76 (1954).
135. Honio, G., and M. Watanabe: Nature (Lond.) **181,** 326 (1958).
136. Keller, A.: Private communication.
137. Hess, K., H. Mahl and E. Gütter: Kolloid-Z. **155,** 1 (1957).
138. — E. Gütter and H. Mahl: Kolloid-Z. **158,** 115 (1958).
139. Woods, H. J.: The crystal structure of cellulose, chapter in "Recent advances in the Chemistry of cellulose and starch, ed. Honeyman, Haywood & Co., (in press).
140. Hess, K.: Proc. Stockholm Conference, p. 295 (1956.

Studies of the reactivity of keratin with heavy metals

J. Sikorski, W. S. Simpson and H. J. Woods

Textile Physics Laboratory, Department of Textile Industries, The University of Leeds (England)

The use of heavy metals for staining biological tissues is, of course, a standard microscope technique; the best known application is when osmium is used. Recently, doubts have been expressed as to the correct interpretation of osmium staining (*1*) because of the uncertainty of the chemical reactions taking place. For a long time (*2*) it has been known that mercury is taken up by keratin by virtue of its reaction with sulphur from broken disulphide linkages between the polypeptide chains. This suggests that if the mercury could be detected by electron microscopy information might be obtained about the distribution of sulphur in the fibre, and if it is characteristically distributed, histological features should be made more easily evident in the microscope. The importance of investigating this reaction of mercury with keratin is emphasized by the fact that fibres containing mercury give an X-ray diffraction photograph different in certain respects from that of untreated fibres (*3, 4*).

The X-ray results can be briefly summarized as follows. The large-angle diffraction pattern, crystallographic in origin, is essentially unaffected by the metal, although it tends to be weak in heavily stained specimens because of the absorption of X-rays by the metal. The small angle scattering is, in general, enhanced in intensity; this applies particularly to the discrete equatorial reflections at approximately 90 Å, 40 Å and 27 Å. This would suggest that the bulk of the metal is located outside the microfibrils, although, if the 27 Å reflection is accepted as crystallographic, some penetration inside the crystallites must be allowed. Besides these changes, the principal effect in the X-ray photograph is the appearance of powder reflections showing that crystalline metal salts are present. Such crystalline salts are also present when keratin reacts with sodium plumbite, but in this case not only the sulphide but also intermediate thio-salts may be produced.

When these metal salts are present in the fibre there is often an enhancement of the continuous small-angle scatter, which is probably due, therefore, to these particles. In some photographs the small-angle scatter appears to extend to greater angles on the equator, suggesting

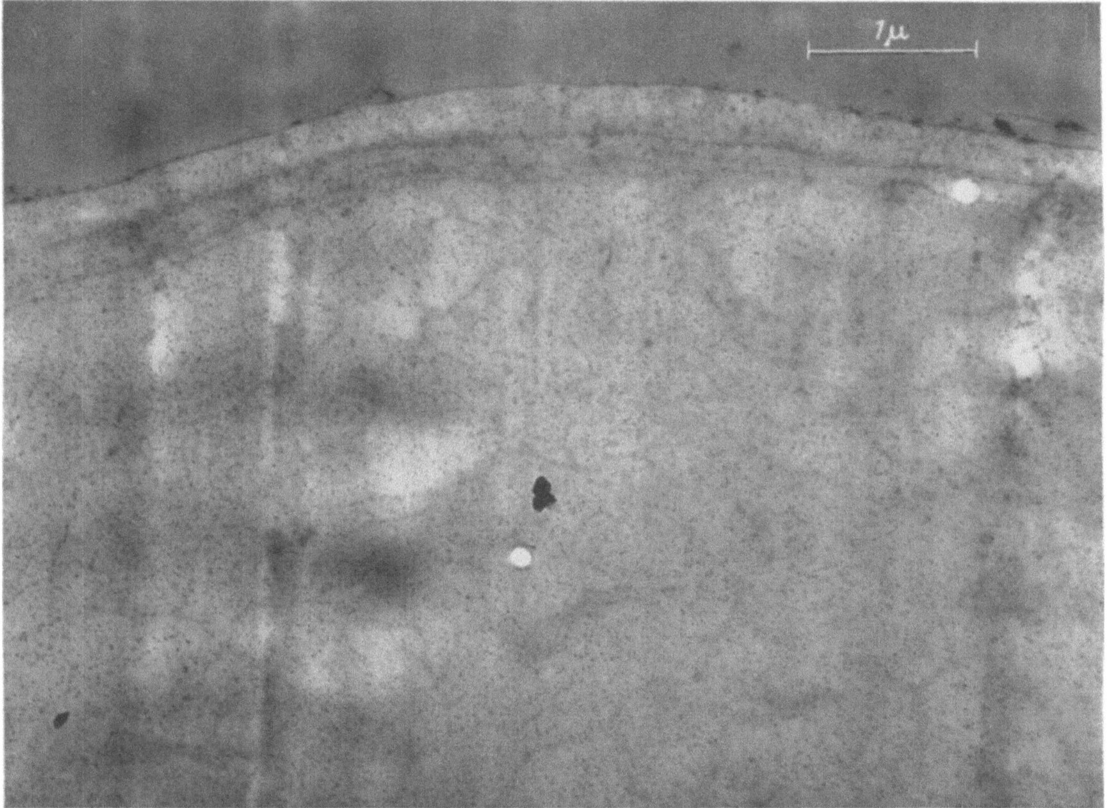

Fig. 1. Cross-section of a merino wool fibre treated with sodium plumbite (0.1% Pb^{++}) at p$_H$ 10.6 for 18 h. at 35° C

the presence of oriented elongated particles; owing to the discrete equatorial reflections, however, this observation must, for the present, be accepted with due reserve.

For the electron microscopy, two methods of specimen preparation have been used: mechanical breakdown after swelling in formic acid, and sectioning. Few details of any structural significance could be seen in the material disintegrated in formic acid; we mention it here because, in the thinner places, elongated particles could be seen. There is no doubt that these were crystallites of the metal salts whose presence in the specimen had been shown by X-ray diffraction.

Sections between 200 Å and 400 Å thick were cut from merino wool fibres embedded in Araldite. The principal features observed when these were examined in the electron microscope were as follows. With lead (Fig. 1) there was a general staining of the whole of the cortex, heavier in parts which presumably correspond to the paracortex [cf. the results obtained by MERCER, GOLDEN and JEFFRIES (5)]; the cell membranes are distinguished by heavy staining, and inside the cells, particularly in the orthocortex, it is possible to see some macrofibrillar texture. In both mercury and lead staining there occur numerous opaque particles of a roughly uniform size, which we identify as the crystallites of the metal salts. In the cortex the lead sulphide crystals show up more clearly against the background in the orthocortex, because the general staining there is lighter, but nowhere do they appear to congregate significantly. In the cuticle the chief feature is the accumulation of the crystallites at the cell membranes and the heavy uniform staining under the epicuticle. The general cortical staining is, on close examination, somewhat granular, suggesting the beginnings of microfibrillar discrimination, but we do no wish to over-emphasize this possibility at this stage.

With mercury (Fig. 2) the general staining is lighter but similar in character to that due to lead. The non-uniformity in the distribution of crystallites is, however, much more striking, both

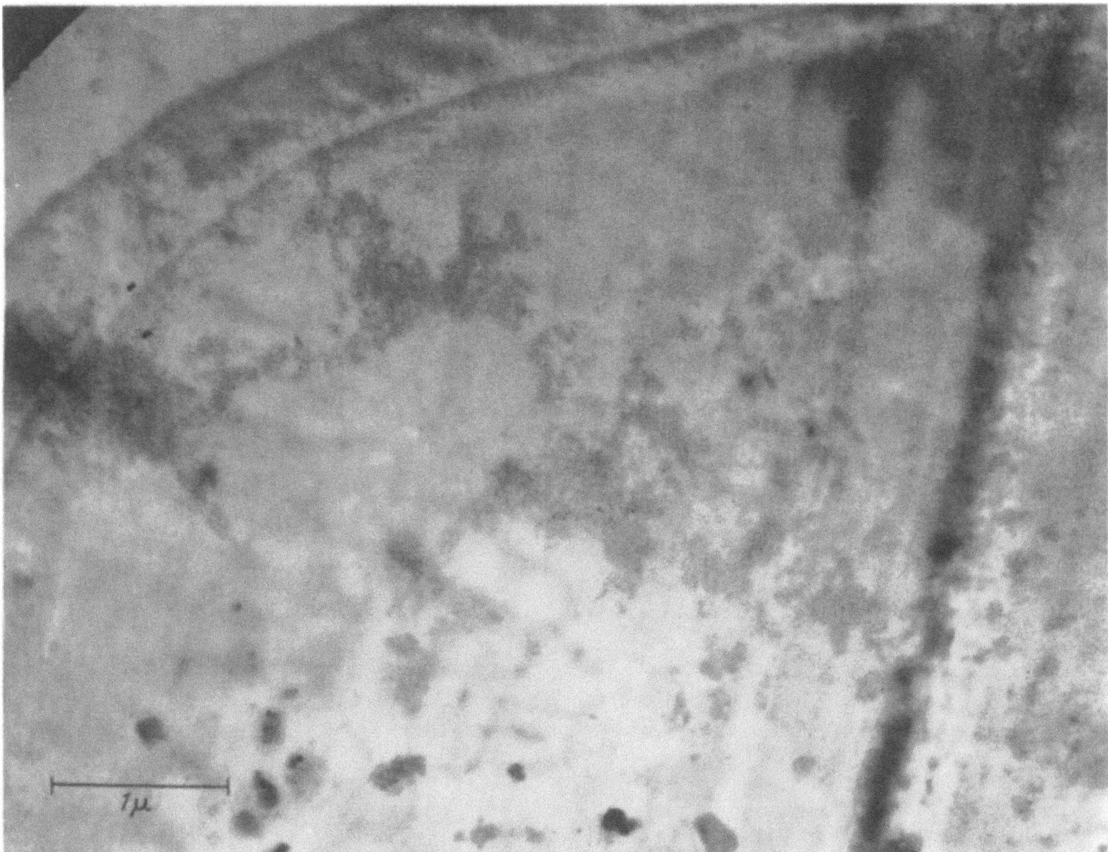

Fig. 2. Cross-section of a merino wool fibre reduced in 0.4 M thioglycollic acid and treated with 0.1 N mercuric acetate, buffered to p_H 5.6 with acetic acid, for 24 h at 35° C

in the cortex and in the cuticle, where the exocuticle and endocuticle are clearly shown up. The difference in type of staining between the two merino wool specimens is not, however, due to the different metals used, for staining of the crystallite type occurs even more strikingly in Fig. 3, a cross-section of pig bristle stained with lead. Here the discrimination between the layers in the cuticle cells is particularly good.

The occurrence of crystallites of the metal salt must mean that the salt molecules undergo some migration after the reaction in which they are produced. If no migration takes place the staining would give a direct indication of the distribution of the active groups in keratin; this, we may say, is the effect in the general staining shown in Fig. 1 and 2. So long as the movement of the salt molecules is small, crystallization will not affect the conclusion that the staining gives a faithful picture of the general distribution of the active groups. When migration occurs, however, another factor must be taken into account, namely, the ease of diffusion of the salt through the keratin. If diffusion is difficult, the crystallites will tend to be small and their distri-bution will closely follow that of the active groups; if diffusion is easy, the crystallites will grow larger, draining the metal salt from the surrounding keratin. This appears to be happening in the more lightly stained parts of Fig. 3; although BIRBECK and MERCER (6) distinguish this layer as non-keratinous, it clearly contains a considerable amount of sulphur. In spite of the diffusion, the details of the layering in the cuticle cells in Fig. 3 is impressive. Layering of this character, but less clearly shown, has been reported by BIRBECK and MERCER (6), who used osmium tetroxide as a stain.

It may be noted that the kind of crystallization shown in the endocuticle in Fig. 3 has been observed in the central core of the cortex of pig bristle an along cell membranes and macro-

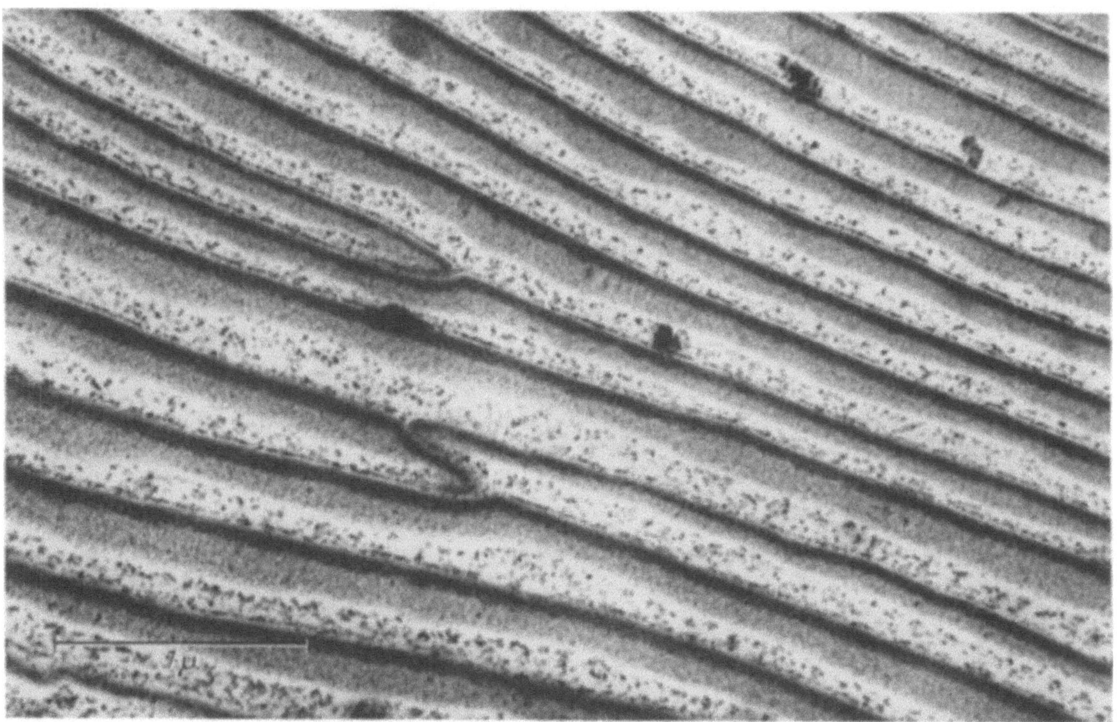

Fig. 3. Cross-section of white Chungking pig bristle treated with sodium plumbite (0.1% Pb^{++}) at pH 10.6 for 18 h at 35° C

fibrillar boundaries in pig bristle and in human hair, but never in wool fibres. This suggests another use of metal salt staining, namely, to obtain information about the "porosity" or openness of the keratin.

References

1. HALL, C. E.: J. biophys. biochem. Cytol. 1, 1 (1955).
2. SPEAKMAN, J. B.: J. Textile Inst. 27, 231 (1936).
3. COCKBURN, R.: The distribution of the side-chains in the keratin molecule. Ph. D. Thesis. University of Leeds 1954.
4. FRASER, R. D. B., and T. P. MACRAE: Nature (Lond.) 179, 732 (1957).
5. MERCER, E. H., R. L. GOLDEN and E. B. JEFFRIES: Textile Res. J. 24, 615 (1954).
6. BIRBECK, M. S. C., and E. H. MERCER: J. biophys. biochem. Cytol. 3, 215 (1957).

L'examen des fibres textiles au microscope éléctronique
Contribution à l'étude de la structure fine des fibres de laine Mérinos

P. KASSENBECK

Institut Textile de France, Paris

L'examen au microscope éléctronique de la structure fine des fibres de laine Mérinos, par les techniques d'empreintes et de coupes ultraminces, révèle un certain nombre de détails morphologiques importants concernant l'architecture du cortex et de la cuticule de ces fibres.

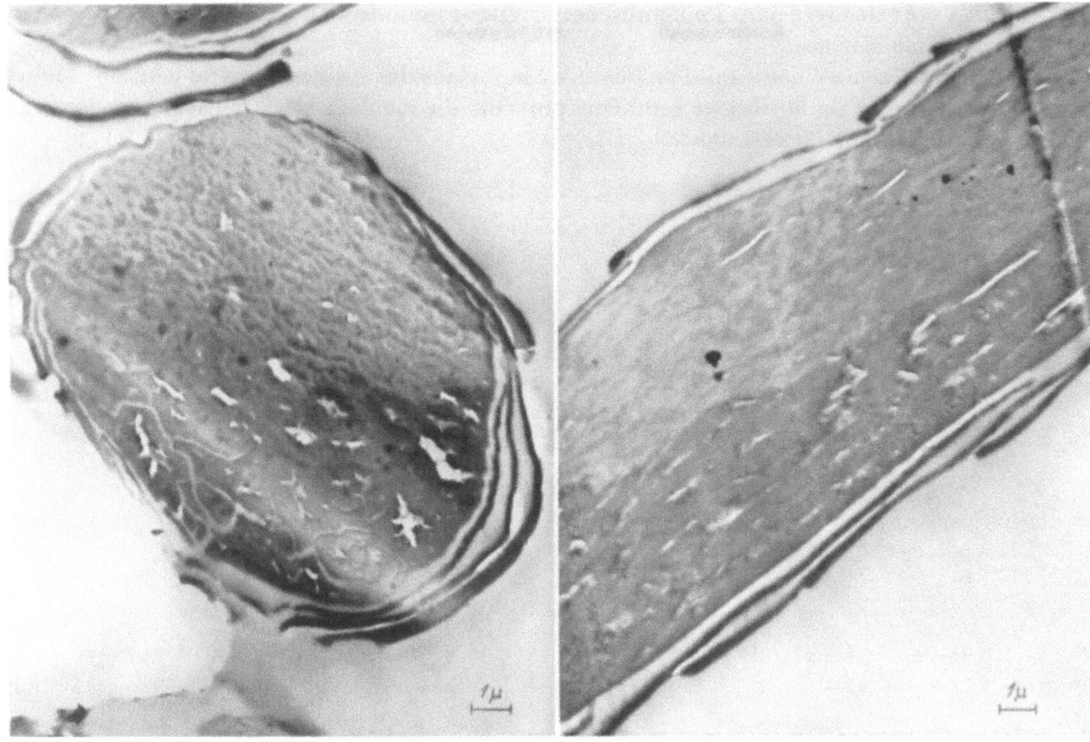

Fig. 1   Fig. 2

Fig. 1. Coupe transversale d'une fibre de laine Mérinos montrant la structure bilatérale du cortex et la disposition asymétrique des cellules cuticulaires

Fig. 2. Coupe longitudinale d'une fibre de laine Mérinos montrant la différence de recouvrement des écailles du côté ortho- et paracortex de la fibre. Les différences de densité entre les cellules ortho- et paracorticales ainsi que les cellules cuticulaires sont nettement visibles

1. Le nombre et le recouvrement des cellules cuticulaires ne sont pas les mêmes sur les deux côtés de la fibre caractérisés par la structure bilatérale du cortex.

2. La forme des sections longitudinales et transversales des cellules cuticulaires montre que celles-ci sont soumises, dans le follicule, à des forces de laminage axiales et radiales, ces dernières provoquant, lors de la biosynthèse de la fibre, un déplacement des cellules vers le côté paracorticale.

3. Les cellules de la gaine cuticulaire du follicule sont modelées à la surface des cellules cuticulaires de la fibre, produisant des épaulements ou lignes de jonction apparentes qui, jusqu'à présent, ont été confondues avec des bords d'écailles, notamment dans l'interprétation de la réaction d'ALLWÖRDEN.

4. L'épicuticule n'est pas une membrane continue; elle correspond à la membrane externe renforcée de cellules cuticulaires et recouvre avec la membrane interne chaque cellule individuellement.

5. Aucune trace d'une membrane interne ou sub-cutis, qui serait située entre le cortex et la

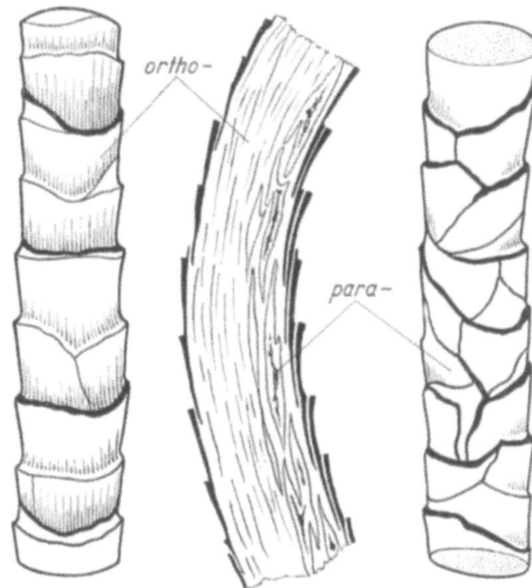

Fig. 3. Réconstitution schématique de la structure-morphologique de la surface de la fibre

cuticule, n'a été retrouvée dans les nombreuses coupes examinées. Une telle «membrane» n'existe pas dans la laine Mérinos.

6. Les stries longitudinales, que l'on observe à la surface des écailles, apparaissent de préférence du côté orthocortex de la fibre et semblent provenir du moulage de la cuticule sur les macro-fibrilles des cellules orthocorticales.

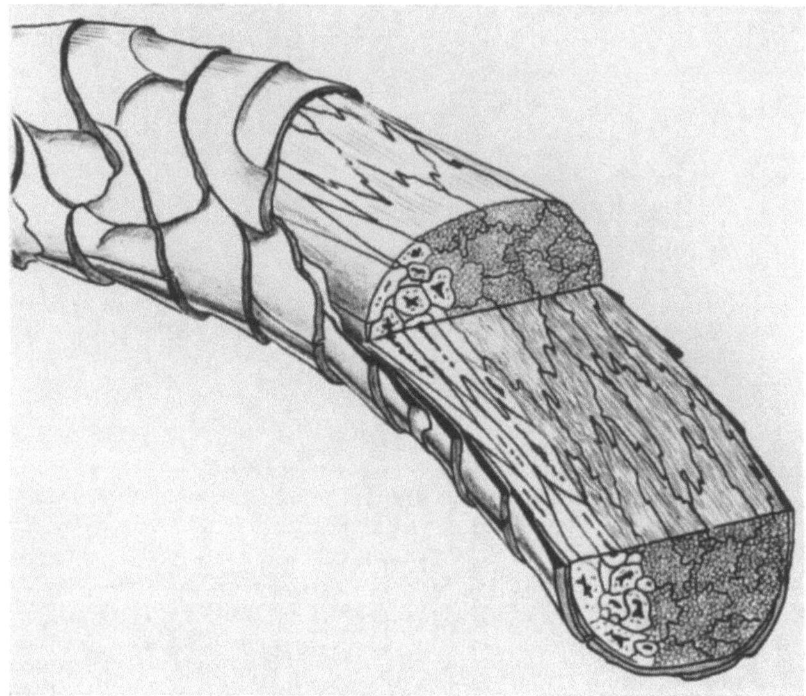

Fig. 4. Modéle de l'architecture d'une fibre de laine à structure bilaterale (Mérinos)

7. La différenciation morphologique des cellules de l'orthocortex et du paracortex, ainsi que la présence d'un ciment intercellulaire, sont confirmées par l'examen de coupes ultraminces de fibres préalablement traitées par hydrolyse.

8. Un nouveau modèle perfectionné est proposé pour schématiser la constitution morpho-logique des fibres de laine Mérinos.

Cross-sectional study of chemically treated cotton fibers

MARY L. ROLLINS, ANNA T. MOORE and VERNE W. TRIPP
Southern Regional Research Laboratory*, New Orleans, Louisiana (USA)

Chemical impregnations to achieve flameproofing, wrinkle resistance, or modification to increase dimensional stability are typical processes aimed at improving the properties of cotton. These treatments involve the possibility of chemical linking of the cellulose to the impregnating reagent, or the formation of cross linking bonds between the cellulose members themselves within the fine structure of the fiber. Insolubility of the entire fiber or of small pieces of fiber in a dispersing agent such as cuprammonium hydroxide or cuprietheylenediamine hydroxide (CED) has been accepted as a characteristic of cross-linked cellulose. However, it has been difficult to evaluate

* One of the laboratories of the Southern Utilization Research and Development Division, Agricultural Research Service, US Department of Agriculture.

the extent of cross linking; and the location of chemically modified areas within the fiber has been a matter of speculation. A new technique for treating thin sections directly on the specimen screen permits visual study of these phenomena.

Previous work with ultrathin cross sections of cotton fibers has provided information on the layered morphology and fibrillate structure of the cell wall and on the accessibility of the cellulose to heavy elements deposited within or between cellulose structural elements (1, 2, 3). This report describes observations on ultrathin cross sections of variously modified cotton fibers treated directly on the specimen screen with cupriethylenediamine hydroxide in order to explore the relationship of the cellulose in cotton to the noncellulosic phase which may have been introduced by impregnation, polymerization or reaction.

Method

In this technique cotton fibers embedded in a 4:1 mixture of methyl and butyl methacrylates are sectioned in the conventional manner with a Porter-Blum[1] microtome using a glass knife. Thickness of sections is approximately 600—1 000 Å. They are collected in a reservoir behind the knife on the surface of a 50:50 acetone-water mixture. The use of a platinum loop about $^2/_3$ the size of a specimen screen permits positioning of individual sections in a drop before removal from the reservoir and depositing of the specimen in the chosen area of the screen. This operation is performed under a widefield stereoscopic microscope.

The screen with the section in position is placed on filter paper saturated with methyl ethyl ketone in a covered Petri dish and allowed to remain overnight to effect complete solution of the embedding material. Single screens bearing satisfactory sections are placed on a glass microscope slide and are cautiously pushed into a drop of CED (0.5 M in Cu) placed nearby on the slide. Unreacted cellulose will disperse immediately in this strength CED but the specimens are left in contact with the solvent for 15—30 min to ensure complete dispersion. The specimen is washed free of CED by gently pushing the screen out of the reagent into a drop of distilled water. More water is added to the drop until the specimen has been thoroughly washed. The screen is now lifted from the water and placed on a strip of wet filter paper which is repeatedly saturated by running water near the screen until the violet color of the CED can no longer be detected microscopically. Finally, the screen is lifted onto dry filter paper and allowed to dry under ambient conditions. A control specimen and the CED-treated specimen are shadow-cast with Pt and examined in the electron microscope.

Results

Typical results obtained when sections of control and modified fibers were treated with cupriethylenediamine hydroxide (CED) reagent are shown in Fig. 1. Unmodified cotton was almost completely dissolved, only the primary wall and lumen contents remaining in a relatively intact condition. Cotton impregnated with polymer-forming resins, in such a way that reaction with cellulose was minimized, exhibited relatively little swelling in CED but underwent dispersion of most of the cellulose leaving the resin phase intact (Fig. 2). The sample was prepared by impregnating the fabric with aqueous momomeric methylol melamine which was subsequently cured in the wet state by a steam process to produce polymerization of resin within the fiber. The effect of CED on an ultrathin section was to dissolve out the cellulose phase leaving the resin phase relatively undisturbed.

In contrast, fiber sections from a sample of cotton which had been treated with dimethylol cyclic ethylene urea to impart crease resistance were strongly swelled by CED, indicating partial reaction between cellulose and impregnating resin, the cellulose swelling considerably before dissolving to leave a residue of resin unreacted with cellulose.

In cotton which had been treated with 1,3-dichloropropanol-2 in the presence of 40% sodium hydroxide, the fiber sections were enormously swollen by immersion in CED; they decreased in thickness markedly while increasing in area some 20-fold. Nevertheless, all parts of the fiber remained coherent, indicating strong bonding of neighboring elements to retain a continuous

---

[1] Trade names are given as part of the exact experimental conditions and not as an endorsement of the products over those of other manufacturers.

structure. It is thought that in this case cross linking had been achieved uniformly throughout the cross section.

The action of CED on thin sections of cotton which had been treated with formaldehyde indicated that the extent of swelling in formaldehyde-treated cotton is inversely proportional

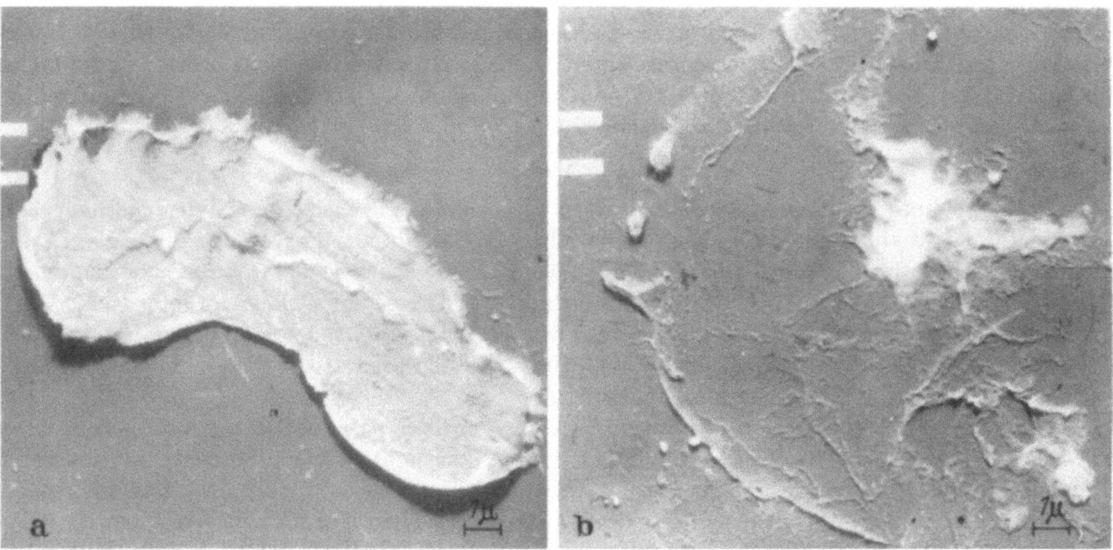

Fig. 1a and b. Cross-section of unmodified cotton.
a) After complete removal of methacrylate embedding resin; b) after immersion in CED

to the amount of bound formaldehyde. Samples were prepared by treating cotton with formaldehyde in water using zinc nitrate as a catalyst. They were cured in the oven to the dry state, and then washed in water and redried. Sections of three samples containing 0.8%, 0.4%, and 0.26% bound HCHO respectively, responded differently to CED. The 0.8% sample showed relatively little swelling, although some material was dissolved, leaving conspicuous holes (Fig. 3a). The 0.4% sample showed greater swelling and the sections were marked by the presence of numerous holes from which cellulose had been removed. The 0.26% sample sections showed enormous lateral swelling and became much thinner (Fig. 3b).

All the treated samples described above were inert toward CED in the fiber state. Sections 10 microns thick were virtually unaffected by CED, as judged by observation with the light microscope. Similarly, no effects could be observed with the light microscope in ultrathin sections except in samples showing excessive swelling. With the electron microscope it appears possible

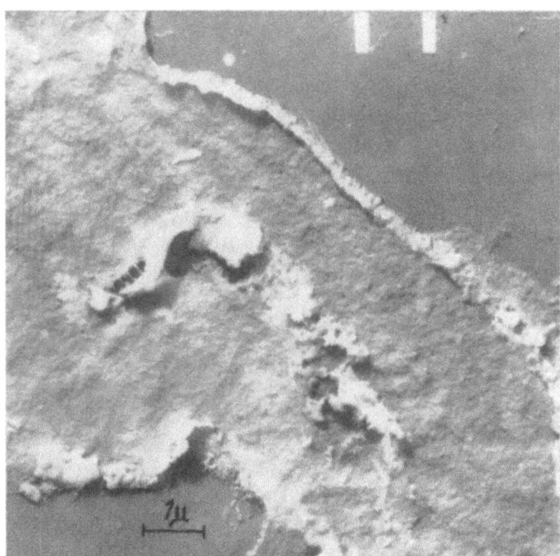

Fig. 2. Residue of cross-section of cotton fiber impregnated with methylol melamine resin

to observe minute details of the phenomena associated with swelling and solution of cotton fiber cellulose after various treatments and to evaluate the effects of different degrees of cross linking.

Although the response of individual specimens to CED may vary considerably, even in those prepared from the same sample of modified cotton, the following general hypothesis may be advanced: 1. Regions of cellulose free to complex with CED to the point of dispersion are removed with a minimum of swelling of the fiber cross section, unless they are encapsulated by

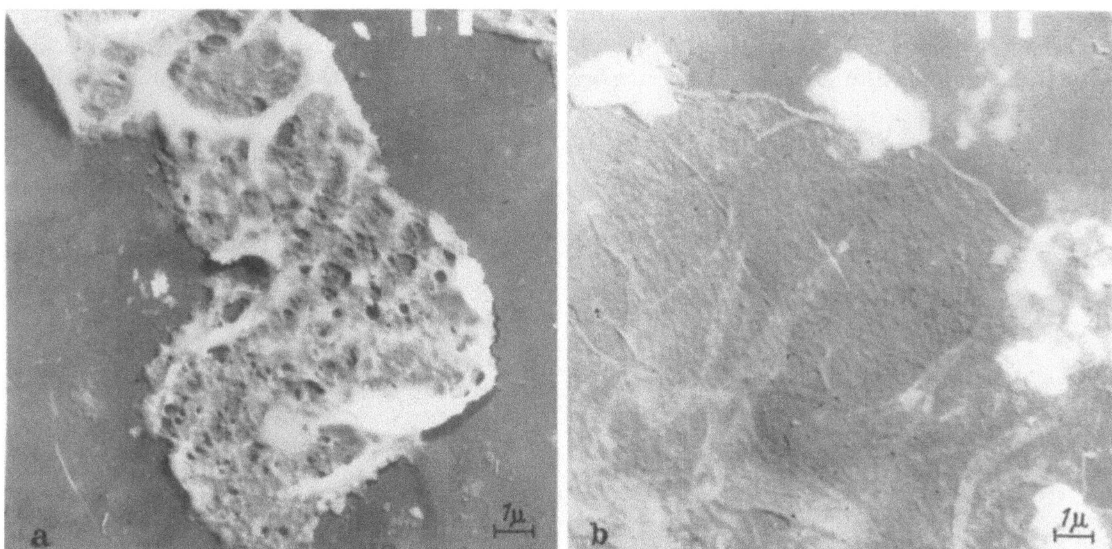

Fig. 3a and b. Cross-sections of formaldehyde-treated fibers after immersion in CED. HCHO content: a) 0.8%; b) 0.26%

inert material. This dispersion is observed in untreated cotton, in cotton impregnated with polyacrylic esters and with certain methylol melamine resins. 2. Modifications in which cellulose chains are cross linked to a greater or lesser extent, will exhibit marked swelling of the specimen, accompanied by removal of the dispersible cellulose. Examples of this type are cotton cross linked with dichloropropanol, some specimens of cotton treated with cyclic ethylene urea and some formaldehyde-treated specimens.

This method is being applied in a further study of the reactions of cotton fiber with various classes of chemicals in an effort to elucidate the structural features related to changes in fiber properties induced by these and other treatments.

References

1. Asunmaa, Saara: Svensk Papperstidn. **57, 367** (1954).
2. Castiaux, P., G. Raes et G. Vandermeerssche: Ann. Sci. Textiles Belges No. **2,** 29 (1956).
3. Kling, W., and H. Mahl: Melliand Textilber. **33,** 328 (1952).

Microfibrillar structure in regenerated cellulose

J. Dlugosz and R. I. C. Michie

British Rayon Research Association, Heald Green Laboratories, Wythenshawe, Manchester (England)

The considerable body of data made available by many electron microscopical investigations of wet-disintegrated regenerated cellulose has yielded a structural picture in all ways less satisfactory than that established for native celluloses (1). Generally micrographs of regenerated cellulose show a confusion between quasi-microfibrillar structure and ostensibly amorphous debris. Added to this uncertainty there exists some conflict in the literature, for example the somewhat indefinite structure observed by Hock (2) in wet-beaten Viscose Rayon contrasts markedly with the extraordinarily well defined microfibrils found by Ribi (*3*) in similar material.

In our laboratories many specimens of regenerated cellulose have been examined after wet-disintegration in a high speed blender or by ultrasonic irradiation (25 Kc/s). Unstretched material has always given results of poor reproducibility with seldom any indication of clear structural features. As the applied stretch is increased, regenerated cellulose can be broken up with progressive ease into ribbons of varying width and of thickness in the region 100 Å—200 Å. However, even in the case of Fortisan H, where the breakdown into ribbons occurs particularly readily, further breakdown to microfibrils has not been observed. It is at the same time noteworthy that

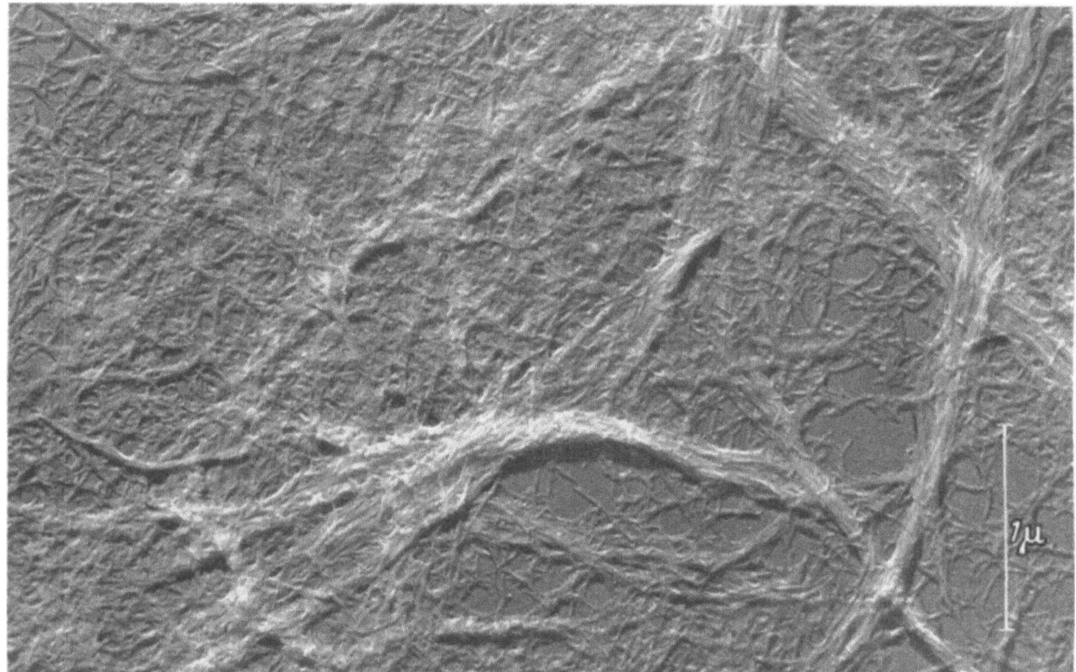

Fig. 1. Fortisan H swollen for 5 min in 61.4% H₂SO₄ and disintegrated by 10 min ultrasonic irradiation

narrow ribbons obtained from stretched regenerated celluloses have some tendency to curl round at the edges and might well be mistaken for microfibrils, particularly when viewed at moderate magnification.

There emerges from our results the conclusion that if microfibrillar building units do exist in regenerated celluloses their mutual cohesion must be greater than that between the corresponding units of native celluloses. This in turn implies that conditions more drastic than simple wet disintegration are likely to be necessary if such structural details are to be revealed. We have made a study of the influence of chemical swelling treatments of the type commonly employed in light microscopy (*4, 5, 6*) on the appearance of regenerated cellulose under the electron microscope. The substrate was given a short swelling in the reagent, washed well and then submitted to the usual ultrasonic disintegration and preparation on the specimen grid. A variety of acids and bases has been investigated, the details of which are given below: concentrations are expressed as weight per cent.

Results of particular interest have been obtained by swelling regenerated cellulose with sulphuric or hydrochloric acid. As illustration are shown Fortisan H (Fig. 1) and unstretched saponified cellulose triacetate film (Fig. 2) which have been treated with 61% sulphuric acid, and unstretched viscose film (Fig. 3) treated with 36% hydrochloric acid. In each case the material has been broken down to elongated units in which microfibrils of width in the region 70 Å—100 A can be seen with a degree of definition unparalleled in any preparation involving only aqueous disintegration, observed in these laboratories. Although quantitative separation into microfibrils is not achieved (for instance, remnants of the characteristic Fortisan ribbons are manifest in Fig. 1) the appearance of the larger units is compatible with their being composed of microfibrillar aggregates. It is emphasised that this sort of picture is, in essence, completely reproducible with

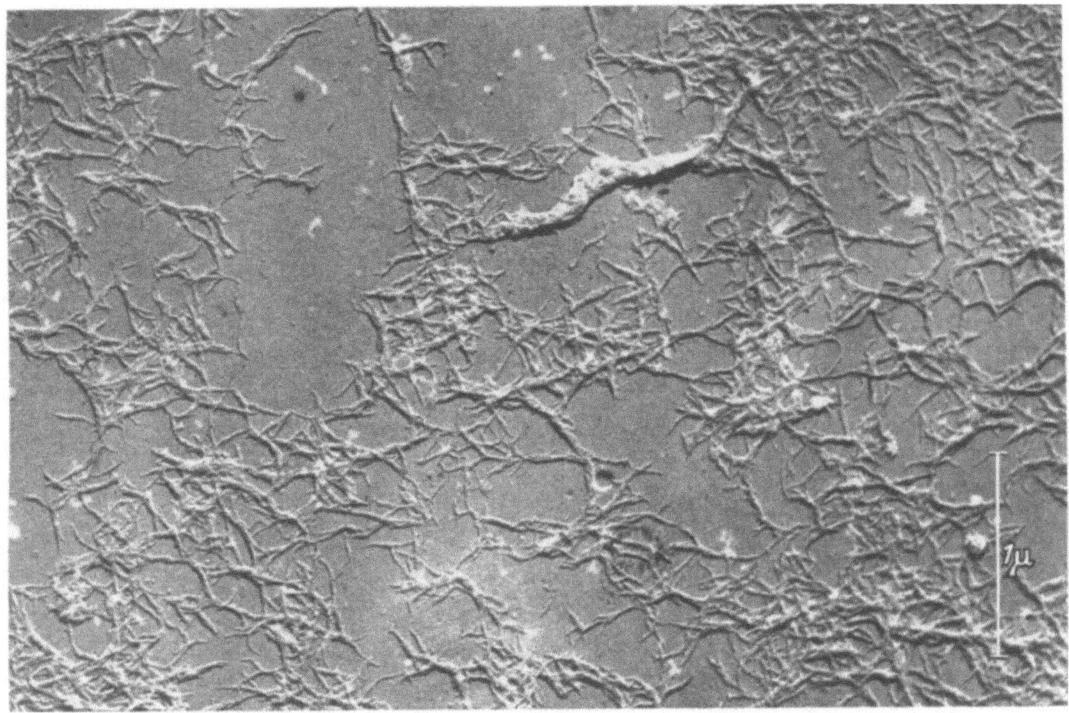

Fig. 2. Unstretched saponified cellulose triacetate film swollen for 5 min in 61.4% H_2SO_4 and disintegrated by 10 min ultrasonic irradiation

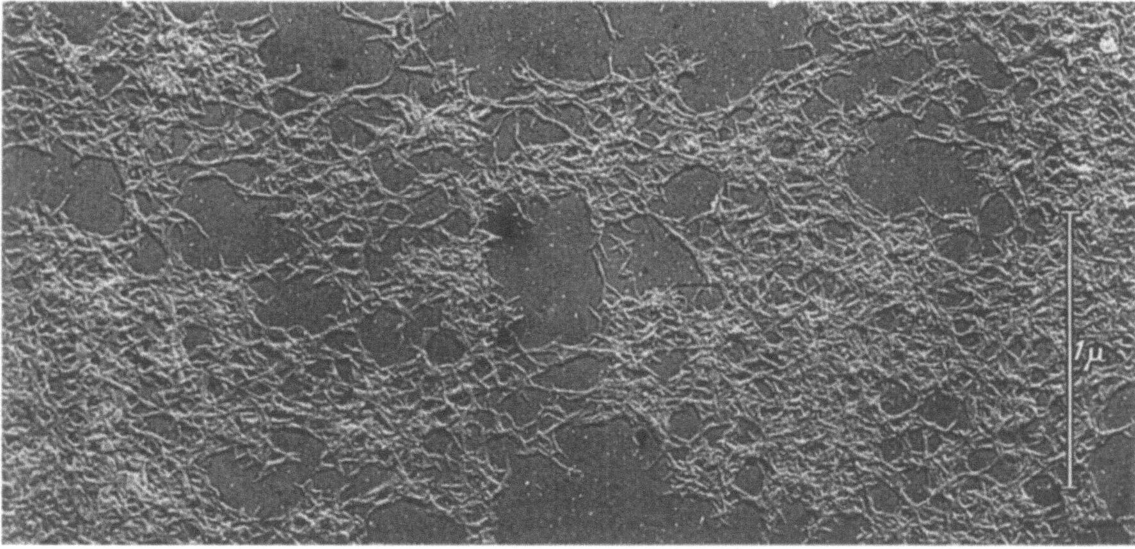

Fig. 3. Unstretched cellulose film (viscose) swollen for 15 min in 36% HCl and disintegrated by 15 min ultrasonic irradiation

any given substrate showing it to be representative of the whole acid swollen structure. The microfibrils appear shorter than those of native cellulose but there is reason to believe that the length is decreased by the acid treatment so no precise upper limit can be placed on the original length. Every specimen of suitably acid swollen regenerated cellulose examined has shown some sort of microfibrillar pattern: generally speaking, the similarities between the various specimens are more striking than the differences.

The swelling reagents which reveal the microfibrillar structure are of concentration above the critical solvent limit so that an apparently homogeneous solution or dispersion could be effected if the whole were vigorously shaken for some time. (This critical limit is not the same for all regenerated celluloses: both 59% sulphuric acid and 36% hydrochloric acid disperse the majority of specimens but have little action on Fortisan, the dispersion of which requires 61% sulphuric acid). At the same time it is necessary that the reagent should penetrate and swell grossly before substantial dissolution takes place. 96% sulphuric acid or cuprammonium hydroxide solution which tend to dissolve concurrently with penetration do not yield microfibrils. The optimum effect is obtained with sulphuric acid in the concentration range 61%—63% while 36% hydrochloric acid gives generally similar results with possibly less satisfactory microfibrillar separation. Phosphoric acid appears to be considerably less effective than sulphuric acid but has not been investigated in detail. A 25% aqueous solution of tetra-ethyl ammonium hydroxide penetrates rapidly and causes extensive swelling but does not reveal clear microfibrillar features. 70% nitric acid is non-swelling and yields no structural information.

The application of a potentially dissolving reagent to regenerated cellulose is obviously likely to cause considerable disruption of the structure even in the case at present under consideration where complete dissolution is not involved. However, recent work has provided evidence that microfibrils seen after a short acid swelling do in fact reflect microfibrillar order existing in the original material. The details of this work will be dealt with in a forthcoming publication.

References

1. Hock, C. W.: In High Polymers, Vol. V, 2nd Edition, part 1. Ed. Ott, Spurlin and Grafflin. p. 370. New York: Interscience Publ. Inc. 1954.
2. — In High Polymers, Vol. V, 2nd Edition, part 1. Ed. Ott, Spurlin and Grafflin. p. 388. New York: Interscience Publ. Inc. 1954.
3. Ribi, E. Ark. für Kemi **2**, 561 (1951).
4. Hock, C. W.: Ref. (*1*), 364.
5. Lovell, E. L., and O. Goldschmid: Ind. Eng. Chem. **38**, 811 (1946).
6. Welch, L. M., W. E. Roseveare and H. Mark: Ind. Eng. Chem. **38**, 580 (1946).

Verbesserte Objektpräparationen für die elektronenmikroskopische Untersuchung von Cellulosefasern

G. Jayme und G. Hunger

Institut für Cellulosechemie mit Holzforschungsstelle an der Technischen Hochschule Darmstadt

Die Oberflächenrauheit und die Saugeigenschaften cellulosischer Faserblätter erfordern Präparationsmethoden, bei deren Anwendung das Abdruckmittel einerseits nicht flüssig an das Objekt herangebracht werden kann, andererseits aber auch in dessen zerklüftete Struktur eindringen soll. Bei Anwendung des thermoplastischen Polystyrol-Abdruckverfahrens verhindern oft am Objekt anhaftende Lufthäute eine getreue Objektwiedergabe. Kassenbeck (*1*) beschritt darum als erster den Weg einer Abdrucknahme im Vakuum. Wir entwickelten zum gleichen Zwecke eine sehr einfach zu handhabende Apparatur (*2, 3*), die in Abb. 1 wiedergegeben ist.

Die Apparatur hat einen Durchmesser von 7 cm, die innere Bohrung, die die Glasfilterscheibe aufnimmt, ist 4 cm weit und 0,5 cm tief. Über ein in die Durchbohrung am Boden eingelötetes Rohr wird die Luft abgesaugt. Auf die Glasfilterscheibe kommen Objekt und Polystyrolscheibchen, darüber die Gummimembran und auf diese der Druckring, der mit dem einschraubbaren Verschlußdeckel gegen die auf dem Messingboden aufliegende Gummimembran gedrückt wird.

Der Verschlußdeckel hat in der Mitte noch einen über ein Gewinde beweglichen Stempel, mit dem auf das erweichende Polystyrol bei Bedarf ein größerer Druck ausgeübt werden kann als er dem Luftdruckunterschied innerhalb und außerhalb der Apparatur entspricht.

Die mit dem Objekt beschickte und verschlossene Apparatur wird über eine rotierende Pumpe 3 min evakuiert und sodann in ein Glycerinbad von 135° C eingetaucht. Hier erweicht das Polystyrol und wird von dem über die Gummimembran wirkenden äußeren Druck auf das Objekt aufgepreßt. Nach 3—5 min entnimmt man die Apparatur aus dem Glycerin und taucht sie in einen Stutzen mit kaltem Wasser, in dem das Polystyrol erhärtet. Nach 2 min kann man die

Abb. 1. Apparatur zur Abdrucknahme im Vakuum

Apparatur aus dem Wasser nehmen, abtrocknen und belüften. Objekt und Polystyrol haften innig zusammen. Die Cellulose wird in 72 Gew.-%iger Schwefelsäure innerhalb von 4 Std. zerstört, die Polystyrolmatrize unter einem scharfen Wasserstrahl gewaschen, getrocknet und in der Hochvakuumbedampfungsapparatur mit Metall und Kohle bedampft.

Zur Abbildung auch freihängender, dünner Celluloseschichten eignet sich besser noch eine Umkehrung des Verfahrens, über die von uns schon berichtet wurde (3). Abb. 2 gibt den Präparationsweg wieder. Auf einer Glasfilternutsche wird aus der Fasersuspension in Wasser ein kleines Blättchen gebildet und auf einem Phototrockner getrocknet. Im Falle von Holz als Objekt wird ein 30—50 μ dicker Holzschnitt auf einem gewöhnlichen Mikrotom hergestellt. Das Objekt wird nun in der Bedampfungsapparatur mit Metall (wir verwendeten meist Palladium) und Kohle befilmt. Auf dieser Objektseite wird dann in der oben beschriebenen Apparatur eine Polystyrolverstärkung aufgepreßt und danach das Objekt in Schwefelsäure zerstört. Der Metall-Kohle-Film haftet durch die allseitig gute Stützung des Polystyrols an diesem fest und kann nach der Objektverzuckerung ohne Schaden ebenfalls mit einem scharfen Wasserstrahl abgespritzt werden, wobei letzte unzerstörte Ligninanteile abgesprengt werden. Auf einem Metallkühler wird über siedendem Benzol das Polystyrol gelöst und der Metall-Kohle-Film auf einem untergelegtem Stück Phosphorbronzenetz von 50 μ Maschenweite aufgefangen. Den so erhaltenen Aufdampfabdruck kann man im Lichtmikroskop zunächst anschauen, und aus untersuchungswerten Bereichen kann man mit einer Schere sich ein dem Objektträger des verwendeten Elektronenmikroskopes entsprechendes Stück ausschneiden und im Elektronenmikroskop betrachten. An mehreren Bildern konnte demonstriert werden, daß das Verfahren selbst freihängende, wenige hundert Ångström dicke Schichten von Mikrofibrillen einwandfrei wiedergibt.

Das Aufdampfverfahren konnte auch mit Erfolg zur Beobachtung der Einwirkung von Cellulose quellenden und lösenden Reagenzien verwendet werden. Bedingung hierfür ist, daß das Quellmittel im Verein mit der Cellulose einen geringeren Dampfdruck besitzt, als er zum erfolgreichen Niederschlagen eines Metall-Kohle-Filmes in der Bedampfungsapparatur erforderlich ist. Von Jayme (4, 5) u. Mitarb. unlängst aufgefundene Cellulose lösende und bei geeigneter Konzentration quellende Verbindungen wie der Eisen-Weinsäure-Natrium-Komplex und das Cadoxen (Tri(en)-Cadmium-Hydroxyd) konnten dazu mit Erfolg verwendet werden. Allerdings tritt im Vakuum der Bedampfungsanlage eine Konzentration des Quellmittels ein, die mitunter bis zur Ausscheidung von Kristallen führte, so daß der lichtoptisch erfaßbare hohe Quellungszustand nicht sichtbar gemacht werden kann, jedoch konnten in Anwendung des Verfahrens

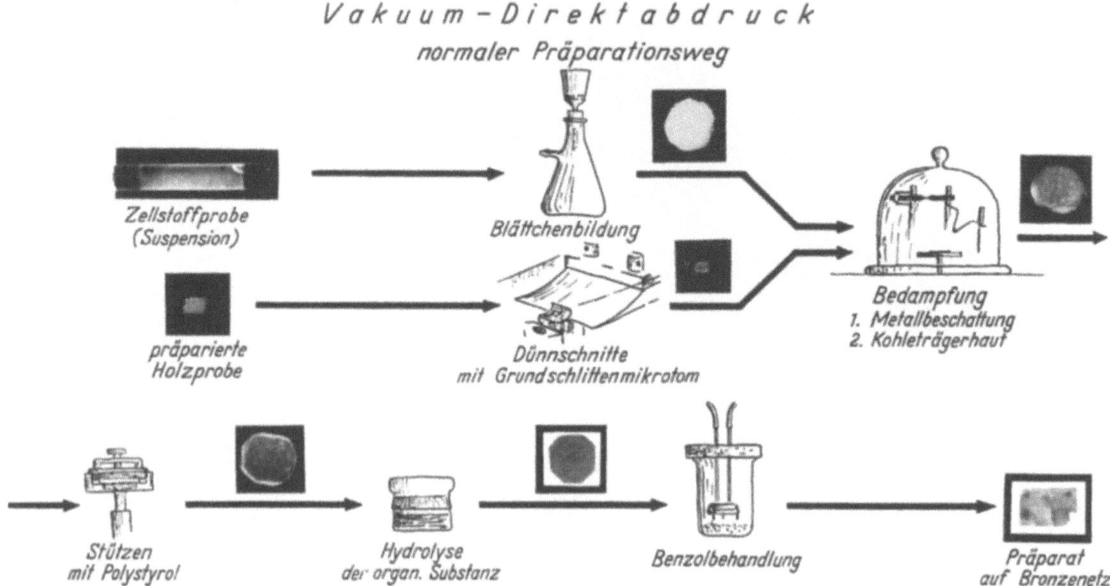

Abb. 2. Neuer Präparationsweg für einen Aufdampfabdruck

interessante Einblicke in das Quellungsverhalten der Faser gewonnen werden. Die Präparation ist die gleiche wie schon beschrieben, nur wird die befilmte, gequollene Cellulose nach der Entnahme aus der Bedampfungsapparatur zunächst 5 Std. in langsam strömendem Wasser vom Quellungsmittel befreit und dann an der Luft getrocknet.

Das Verfahren erlaubt, auch eine Kugelquellung, wie sie lichtoptisch an gequollenen Cellulosefasern leicht beobachtet werden kann, elektronenoptisch sichtbar zu machen.

Auf Abb. 3 können wir das Aufplatzen der Sekundärwand 1 erkennen. Unter ihr drängt die Sekundärwand 2 heraus, erkenntlich an der weniger zur Faserachse geneigten Richtung der Mikrofibrillen.

Auch wenn das Quellmittel durch zu langes Abpumpen teilweise Kristallausscheidungen zeigt, können diese in ihrer Anordnung noch interessante Hinweise geben.

An einer Aufnahme konnte gezeigt werden, daß die Kristallausscheidung in Richtung der Mikrofibrillen verläuft, die chemischen Komponenten also entlang den polaren Gruppen der Celluloseketten in den äußersten Lagen der Mikrofibrillen orientiert waren. Ein Gemisch von 7 Volumenteilen konzentrierter Phosphorsäure und 3 Teilen Glycerin erlaubte bei Anwendung des Aufdampfverfahrens die Teilhydrolyse der Mikrofibrillen zu erfassen. Die resistenten geordneten Bereiche wurden perlschnurartig aufeinanderfolgend abgebildet.

Aufdampfabdrücke, bei denen Kohle mitverwendet wurde, geben freihängende dünne Membranen oft in einer unnatürlichen, artefaktverdächtig wirkenden Art wieder. Wir konnten beweisen, daß es sich dabei um Kohleumhüllungen des Objektes handelt. Die Elektronen mußten also mindestens zwei, einschließlich des Untergrundes wahrscheinlich 3 Kohlehäute an diesen Stellen passieren, was eine entsprechend stärkere Streuung und damit dunklere Objektbereiche zur Folge hatte.

Präpariert man das Objekt aber derart, daß man zunächst eine Metallbeschattung ausführt, den Metallfilm dann wie eingangs beschrieben mit Polystyrol im Vakuum stützt und nach Hydrolyse der Cellulose auf den vom Polystyrol gestützten Metallfilm einen Kohlefilm niederschlägt, so verschwinden diese Strukturen an freihängenden Membranen und jede einzelne Mikrofibrille wird wieder sichtbar.

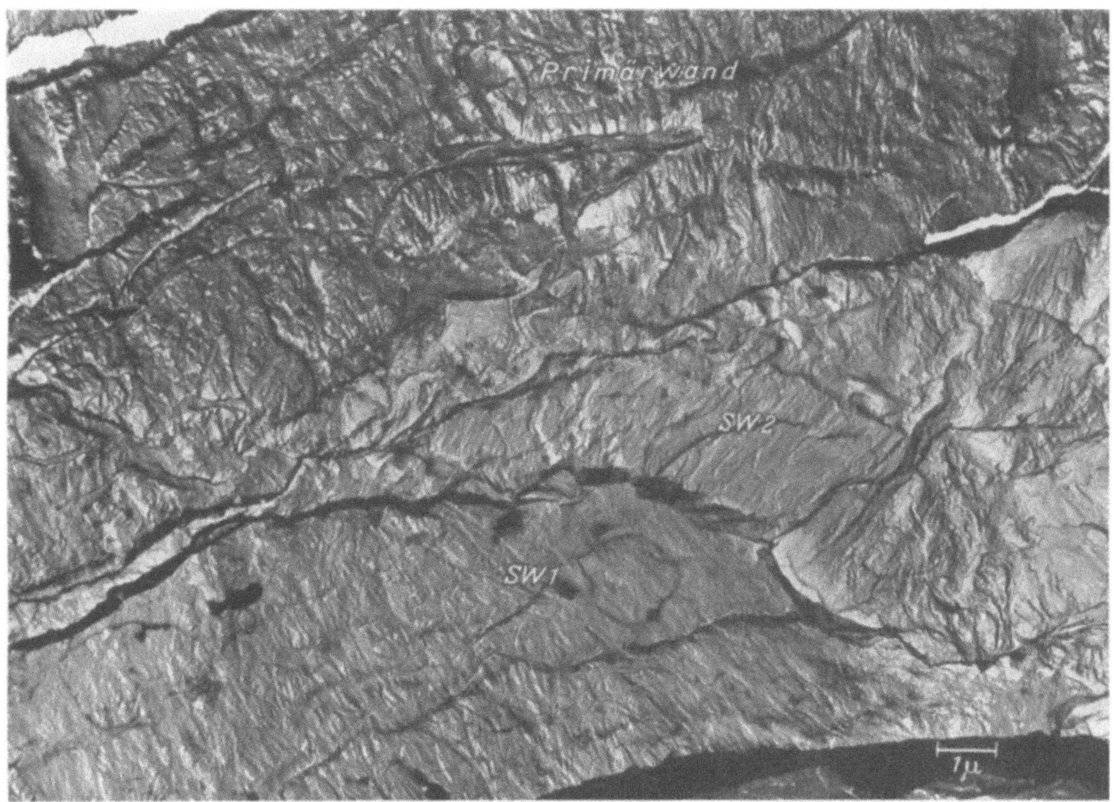

Abb. 3. Entstehung einer Kugelquellung. SW = Sekundärwand

Trocknungserscheinungen an freihängenden Membranen, wie sie in den Schließhäuten von Hoftüpfeln nichtkollabierter Nadelholztracheiden angetroffen werden können und von uns beschrieben worden sind (6), können nach dem vorher Gesagten vermieden werden, wenn man die Mikrofibrillen mit einer nichtquellenden, aber benetzenden Flüssigkeit oder Lösung befeuchtet, die einen so geringen Dampfdruck besitzt, daß das Objekt in der Bedampfungsanlage mit Metall und Kohle bedampft werden kann. Wir verwendeten Glycerin und andere mehrwertige Alkohole, mit bestem Erfolg jedoch Hexit-Lösungen, von denen Sorbit, von der Firma E. Merck, Darmstadt, als etwa 60%ige Lösung unter dem Namen Karion F hergestellt, sich bewährte.

Literatur

1. Kassenbeck, P.: Z. wiss. Mikroskop. mikroskop. Techn. **62,** 200 (1955).
2. Hunger, G., u. G. Jayme: Naturwissenschaften **42,** 209 (1955).
3. Jayme, G., u. G. Hunger: Mh. Chem. **87,** 8 (1956).
4. — u. W. Bergmann: Reyon, Zellw., Chemiefasern, Heft 1, 27 (1956).
5. — u. K. H. Neuschäffer: Makromol. Chem. **23,** 71 (1957).
6. — u. G. Hunger: Holz, Roh- u. Werkstoff **13,** 212 (1955).

Relative mass thicknesses in wood cells of pine
(with remarks on impregnation properties)

S. Asunmaa

Swedish Forest Products Res. Lab., Stockholm, and Stanford Univ., Dept. of Physics, Stanford (California)

Electron microscopy by transmission has been applied for semiquantitative evaluations of relative values of dry mass or mass thickness in ultra thin sections of wood tissue (1).

The present-day theory on image formation, however, even if applied to specimens of reference thickness and to surface contrasts (under optimum conditions) shows several weak points. The structural properties are not considered and therefore the theory can be applied only to materials of amorphous structure. The electron scattering of chemical compounds as a function of atomic scatterings has not been investigated in details.

The different morphological layers of wood cells, on the other hand, provide quite a favourable subject for the study of variations of mass thickness. — The chemistry of the different layers is well known and the structural properties are almost optimum. Lignin is completely amorphous

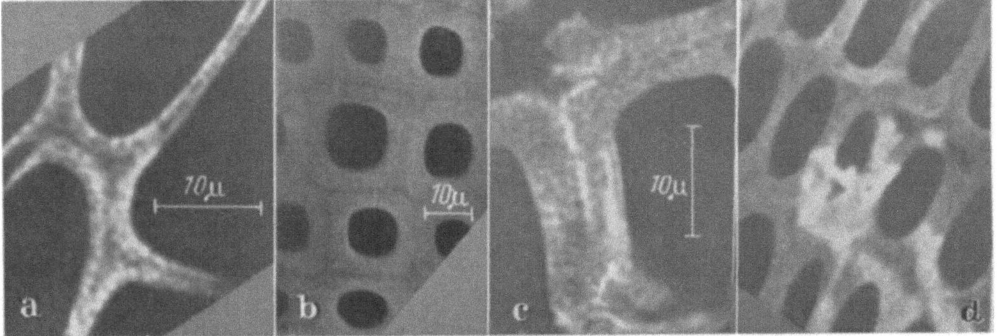

Fig. 1 a—d. a) Low X-ray absorption in the ML of sapwood, springwood; b) Corresponding sapwood summerwood; c) High X-ray absorption in the ML of heartwood; d) Distribution of dry mass in heartwood

according to repeated X-ray studies (2). The crystallites of cellulose are very small, but the crystallinity of cellulose can show considerable values and the diffraction of electrons presumably causes some change in the scattering power. Also the interaction between specimen and the incident energy of the electron beam must be taken into consideration under the conditions sometimes applied in electron microscopy. A precise experimental check therefore will be welcome. The absorption of soft X-rays is an exceptionally convenient and relevant method for corroborating these recent results. The image formation follows simple absorption laws, the fluorescent and scattering radiations are negligible as well as the interaction between specimen and irradiation. The low resolution attained in earlier micrographs (3) has prevented detailed investigations.

For the present study the Stanford contact method was applied i.e. a microfocus tube was used, giving a spot of 10 microns on an Al-target, with 9 kV excitation.

The study was focused mainly on the variations of mass thickness in the middle lamella (ML) and the secondary walls (SW) in heartwood and sapwood of pine (*Pinus silvestris*). Native contrasts were studied in sections with thickness of about 1—2 μ, the most convenient thickness for geometrical reasons. — Furthermore, the technique gives a unique opportunity to follow the transport of solutions in wood tissue. For this study electrolytic solutions consisting of one heavy component were employed, e.g. Pb-acetate, Na-tungstate. The absorption of iodine (I in K I) into wood layers were compared with the more or less pure transport of Pb^+ and WO_4^-. Sections were predared of the impregnated wood, avoiding the use of water and other solvents during preparation. A physical staining of the material by means of diffusion was thus attained.

Results. A low absorption of X-rays was observed in the ML (less than in the SW) in sapwood of pine, both in springwood and summerwood (Fig. 1 a and b). The observations correspond to low packing-densities according to simple calculations based on the theoretical absorption values. Fairly high absorption of X-rays often occurs in the surroundings of the lumen (Fig. 1 b). The contact micrographs are sharp and photographic enlargements could be made up to a magnification of 1,400 times. Owing to the contrast differences observed, the photographic grain could be disregarded to some extent. The width of the ML as low as $0.6\ \mu$ could easily be measured.

Fig. 2a—c. a) Low mass thickness in the RC of sapwood (s), high mass thickness in the RC of heartwood (h). b) Heterogeneous distribution of tungsten in dry sapwood impregnated with Na-tungstate. Notice diffusion from the RC and from the easily stained individual tracheid. c) Distribution of lead in the dry sapwood, impregnated with Pb-acetate

In heartwood of pine a high absorption of X-rays was observed in the ML (Fig. 1 c), higher than in the adjacent SWs. The characteristic differences in mass thickness in heartwood often become visible after removal of $CHCl_3$-soluble components, which penetrate the SW (Fig. 1 d). The absorption values observed thus depend almost exclusively on the contents of cellulose and

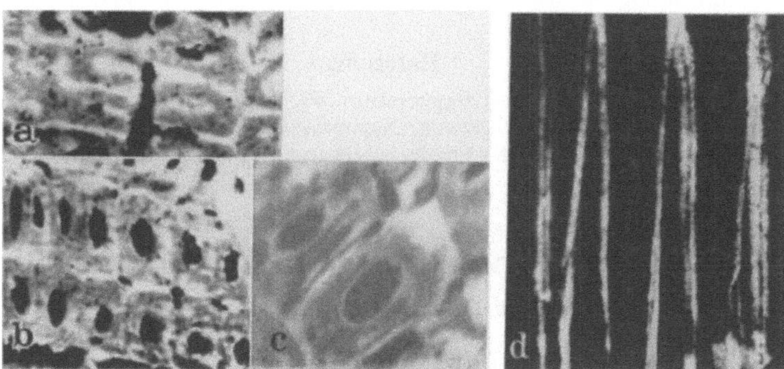

Fig. 3a—d. a) High concentration of iodine in the ML and the lumen in dry sapwood impregnated with I-KI. b) and c) Corresponding specimen as in a after removal of the excess reagent. d) Extremely low mass thickness in the ML in the regions on both sides of radial cells. Longitudinal section. White areas SW, the sharp line between them ML. No impregnation employed

lignin. — Corresponding pronounced differences in the mass thicknesses in radial cells (RC) were obtained in the same wood samples i.e. considerably higher mass thickness in heartwood (Fig. 2a).

The seasoned and dried sapwood ($10\%\ H_2O$) gave interesting results when impregnated with electrolytic solutions. The distribution of WO_4^- and Pb^+ (Fig. 2b and c) was surprisingly heterogeneous, owing to diffusion, which depends mainly on morphological reasons. The distribution of iodine (dissolved in KI), which is absorbed both on cellulose and lignin, was more regular, showing an extremely high concentration of I in the whole ML (Fig. 3a), even after the removal

46*

of the excess reagents (Fig. 3b). The single cross section with high tungsten content attracts our attention, especially because in the neighbouring cross sections only the adjoining half of the section was stained. Diffusion of the heavy components from the RCs into the SWs is obvious, but also a diffusion through and along the ML from the particular cell stained must be assumed. This individually stained tracheid may not have dried in exactly the same way as the rest of the fibers. No differences were observed in the behaviour of the tungstate anion and the lead cation. The surprising behaviour of the ML may be explained by the extremely low mass thickness of the ML on both sides immediately beyond the RCs, as illustrated in the longitudinal section in Fig. 3d. Here a transport of solutions may be possible if the usual ways are closed owing to the drying procedure. The empty corners between different cells, after removal of the I by means of 20% KI in water (Fig. 3b and c), show that there may be some difference in the chemistry, morphology or the physical properties between the lignin in the main ML and at the corners.

Discussion. The higher X-ray absorption in the ML than in the SW as frequently observed in heartwood and the lower X-ray absorption in the ML than in the SW in sapwood of pine, are related to the packing densities of the corresponding layers. The observed correlation between the electron scattering and the X-ray absorption seems to be a good piece of evidence that the electron scattering roughly signifies the differences in mass thickness as far as cellulose and lignin are concerned. For exact values, the crystallinity of cellulose and its variations in the corresponding samples must be considered. For further investigations and absolute values, the same specimen should be studied by means of X-ray microscopy and electron microscopy. The ultra soft X-rays thus must be introduced and the resolution must be improved. The X-ray absorption as a checking method is superior to all the optical methods, including interference microscopy, because they are complicated by light scattering and birefringence.

From the technical point of view, the observed differences in mass thickness in the ML and the RC in heartwood and sapwood of pine might be to some extent significant in addition to the distribution of resins and the surface active properties, in the experimentally known different impregnation properties, For detailed studies also on the morphological, qualitative level, the X-ray microscopy and the electron microscopy should be combined.

The author wishes to express her thanks to Dr. H. H. PATTEE, jr. for the opportunity to use the facilities of Stanford University, to him and Dr. L. ZEITZ for all their help, to the American Association of University Women for a study grant during the academic year 1957—1958 and to the Swedish Forest Products Research Laboratory for further economic help.

References

1. ASUNMAA, S., and B. STEENBERG: Svensk Papperstidn. **60,** 751 (1957).

2. BECHERER, G., and G. VOIGTLAENDER-TETZNER: Naturwissenschaften **42,** 577 (1955).

3. LANGE, P. W.: E. TREIBER: Die Chemie der Pflanzenzellwand, S. 274, Berlin-Göttingen-Heidelberg: Springer-Verlag, 1957.

Statistische Auswertungen an Cellulosefibrillen in der primären Zellwand

INGEBORG GÜNTHER

Institut für Physik und Meteorologie der Landw. Hochschule Hohenheim, Laboratorium für Elektronenmikroskopie (Dir. Prof. Dr. W. RENTSCHLER) und Botanisches Institut der Universität Tübingen (Dir. Prof. Dr. E. BÜNNING)

Im Rahmen einer Arbeit über die primäre Zellwand gekeimter Moos-Sporen von Funaria hygrometrica wurden die Durchmesser einer großen Zahl von Cellulosefibrillen ausgemessen und statistisch ausgewertet.

Die keimende Spore wurde in üblicher Weise maceriert und nach dem Auftrocknen auf die Trägerfolie mit einer 15—30 Å dicken Platin-Iridium-Schicht unter einem Winkel von 20° bedampft.

Die Vergrößerung der elektronenmikroskopischen Aufnahmen wurde mit Gitterabdrücken und mit Platin-Lochblenden bestimmt.

Die Ausmessung der Fibrillen erfolgte auf einem Projektionstisch bei 5facher Nachvergrößerung der Originalplatte. Wegen der Verflechtung der Fibrillen lassen sich deren Schattenbreiten nicht zur Ausmessung heranziehen. Es wurde daher nur die Fibrillenbreite ohne die Schatten gemessen. Im allgemeinen wurden Fibrillen aller azimutalen Lagen zur Ausmessung herangezogen. Zur absoluten Größenbestimmung wurden dagegen nur Fibrillen ausgemessen, die

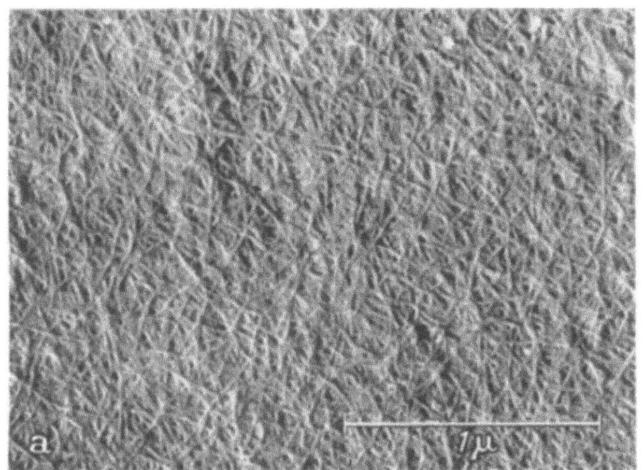

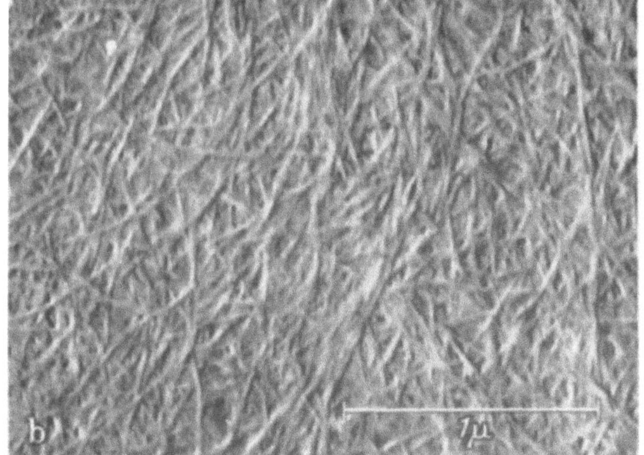

Abb. 1a u. b. Cellulosefibrillen im Protonema von *Funaria hygrometrica*. a) Sporen 10 Tage gekeimt,
b) Sporen 40 Tage gekeimt

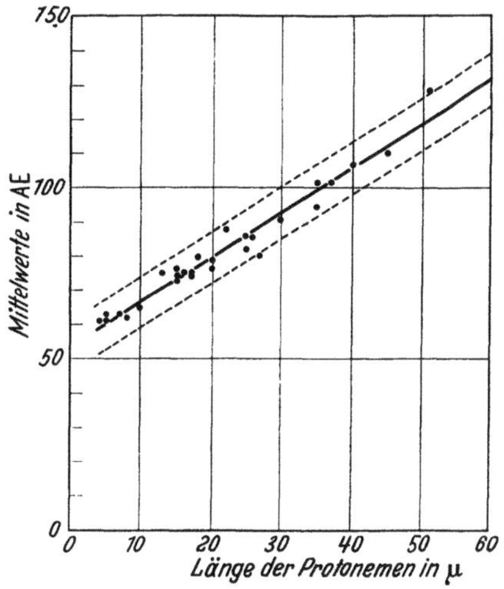

Abb. 2. Zusammenhang von mittlerem Fibrillendurchmesser und Protonemenlänge. —— Regressionsgerade,
- - - - Grenzen des Vertrauensstreifens für 95% Aussagesicherheit

parallel zur Bedampfungsrichtung lagen, um dadurch von der Beeinflussung durch die Bedampfungsdicke unabhängig zu sein.

Die Häufigkeitsverteilung der Fibrillendurchmesser entspricht, wie die Auswertung von 5000 Messungen ergab, der Normalverteilung.

Beim Auskeimen der Sporen nimmt der mittlere Fibrillendurchmesser mit dem Alter des Protonemas zu (Abb. 1). Trägt man die mittleren Fibrillendurchmesser in Abhängigkeit von der Länge des Protonemas auf, so zeigt sich im untersuchten Bereich ein linearer Zusammenhang. Es wurde die lineare Regression zwischen Protonemalänge und Fibrillendurchmesser errechnet.

Als Regressionskoeffizient ergibt sich: $b = + 1{,}33$.

Die dazugehörige Regressionsgerade ist in Abb. 2 eingezeichnet. Das Bestimmtheitsmaß ist: $B = 0{,}96$, was einem Korrelationskoeffizienten $r = \sqrt{0{,}96} = 0{,}98$ entspricht.

Diese Korrelation zwischen Protonemalänge und mittlerem Fibrillendurchmesser ist mit mehr als 99,9% gesichert. In der Abbildung ist auch der aus den Messungen errechnete Vertrauensstreifen für 95% Sicherheit eingezeichnet.

Einem Wachstum des Protonemas um 10 μ entspricht nach der Regressionsgleichung $\bar{x} = (54 + 1{,}3\, l\,\mu)$ Å eine Zunahme des mittleren Fibrillendurchmessers um 13,3 Å.

Auch eine entsprechende Auswertung der 14000 Einzelmessungen der Fibrillendurchmesser liefert denselben Regressionskoeffizienten und dieselbe große Aussagesicherheit.

Dieser lineare Zusammenhang zwischen Protonemalänge und mittlerem Fibrillendurchmesser gilt nach unseren Untersuchungen bis zu einer Protonemalänge von etwa 50 μ.

Es wurden auch ältere Protonemen untersucht, die mehrere Millimeter lang waren. Als Mittel aus 8000 Messungen ergab sich ein Fibrillendurchmesser von 134 Å. Das zeigt, daß der mittlere Fibrillendurchmesser nach der anfänglichen Zunahme von 13,3 Å pro 10 μ Protonemalänge sich bald asymptotisch dem Wert von 120—150 Å nähert.

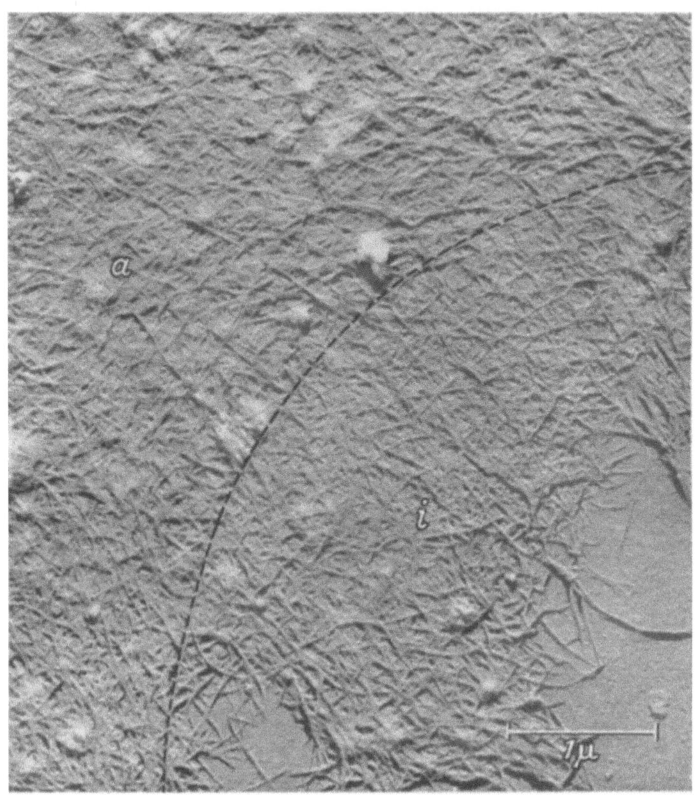

Abb. 3. Cellulosefibrillen im Protonema der keimenden Spore von Funaria hygrometrica. Schnittstelle mit Fibrillen der äußeren (*a*) und inneren (*i*) Zellwandseite

Sehr stark gesicherte Unterschiede erhält man bei der Ausmessung der Fibrillen auf der Zellwandinnen- und -außenseite[1]. Der mittlere Durchmesser der Fibrillen beträgt für die Innenseite:

$$92 \text{ Å} \pm 4,3 \text{ Å oder } 92 \text{ Å} \pm 4,7\%$$

für die Außenseite:

$$146 \text{ Å} \pm 3,7 \text{ Å oder } 146 \text{ Å} \pm 2,5\%$$

(statistische Aussagesicherheit 99,9%) (Abb. 3).

Diese Messungen an mehrzelligen Protonemen zeigen, daß die plasmanahen Fibrillen deutlich kleiner sind als Fibrillen auf der Außenseite der Zellwand. Man kann daraus wohl schließen, daß neu gebildete Fibrillen einen kleineren Durchmesser haben als ältere.

Junge Protonemen, die kurz nach der Sporenkeimung untersucht wurden und nur etwa 10—20 μ lang waren, zeigten im Gegensatz zu mehrzelligen älteren Protonemen sowohl auf der Innen- als auch auf der Außenseite der Zellwand Cellulosefibrillen mit einem mittleren Durchmesser von 60 Å.

Bei den Untersuchungen ergab sich, daß auch die Lage der Fibrillen zur Protonemalängsachse beachtet werden muß. Werden die Durchmesser der längs- und quer zur Protonemalängsachse

---

[1] Um die Innenseite der Zellwand sichtbar zu machen, wurden die Protonemen mit rotierenden Messern zerschlagen.

verlaufenden Fibrillen getrennt untersucht (Abb. 4), so betragen die mittleren Fibrillendurchmesser in der Längsrichtung:

$$63\ \text{Å} \pm 0{,}4\ \text{Å oder } 63\ \text{Å} \pm 0{,}6\%$$

in der Querrichtung:

$$99\ \text{Å} \pm 1{,}4\ \text{Å oder } 99\ \text{Å} \pm 1{,}4\%$$

(statistische Aussagesicherheit 99,9%).

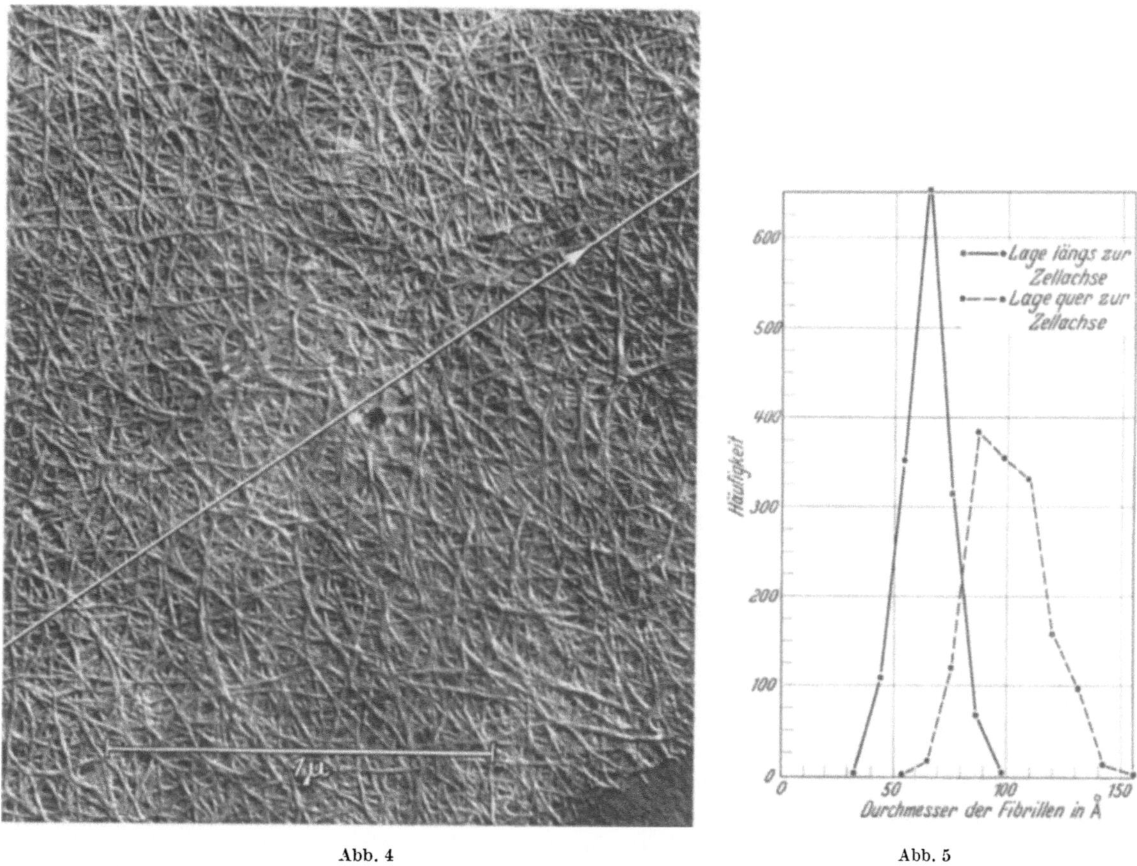

Abb. 4   Abb. 5

Abb. 4. Cellulosefibrillen im Protonema von Funaria hygrometrica. Die Fibrillen sind bevorzugt quer zur Protonemalängsachse orientiert

Abb. 5. Häufigkeitsverteilung von längs und quer zur Wachstumsrichtung der Protonemen liegenden Cellulosefibrillen ($N_1 = N_2 = 3000$)

Die Häufigkeitsverteilung der Fibrillendurchmesser längs und quer zur Protonemalängsachse ist in Abb. 5 dargestellt.

Zur Ausmessung wurden in diesem Fall Aufnahmen mit möglichst verschiedenem Winkel zwischen Bedampfungsrichtung und Protonemalängsachse herangezogen. Dies ist notwendig, da der Einfluß der Bedampfungsschicht auf den scheinbaren Fibrillendurchmesser vom Azimut abhängig ist.

Da es bei den Untersuchungen nur darauf ankam, Unterschiede in der Dicke der Fibrillen zu finden, wurde darauf verzichtet, eine Korrektur für den Einfluß der Bedampfungsschichtdicke einzuführen. Eine solche Korrektur ist nicht in einfacher Weise möglich, da sowohl der Bedampfungswinkel, wie auch die azimutale Lage der Fibrillen die wirksame Schichtdicke beeinflussen.

Die hier angegebenen mittleren Fibrillendurchmesser sind in jedem Fall größer als die tatsächlichen Durchmesser der Zellulosefibrillen.

Super micellar structures of high polymers

K. Kobayashi, Y. Nishijima, S. Goto and M. Kurokawa

Institute for Chemical Research, Kyoto Univ., Kyoto College of Textile Technology, Kyoto,
and Fukui University, Fukui (Japan)

The ultrastructures of natural and synthetic linear polymers solidified from their solutions or melts were investigated by means of electron microscopy and electron micro- and X-ray small-angle-diffraction techniques. The states of organization of micellar units in their fibril, membrane, and so-called "spherulite" were clarified. Some of the results are as follows: 1. Cellulose assembles into micell strings having the "long period" which shows a distribution and shifts to shorter length by degradation. The lateral orders between the "long periods" of neighboring strings are uneven. 2. Nylon (6) gives "spherulites" constructed with micell strings when they are crystalized in β-form (monoclinic). The "long periods" or micell lengths vary due to the changes of crystal forms on heating and cooling. 3. Polyethylene und polyethylene terephthalate show "spherulites" having fanlike assemblies of thin laminae of mono-micellar net-works on which b and c axes lie. By stretching, the laminae are transformed into fibrils, and on heating the reverse happens. The proposed coiled ribbon arrangements of micell strings are not likely to exist. 4. Silk fibroin has two states of assembly, one involves striated lamellar structure corresponding to "pleated sheet", and the other spiral filaments indicating the existence of "α-helix" of the molecule. 5. Polyacrylonitrile forms a texture of beaded strings whereas polyacrylamide gives a network of straight fibrils.

8. Verschiedene Produkte der chemischen Technik

Über die Hydratation von Zement und den Einfluß von Fluaten

H. Grothe und G. Schimmel

Battelle-Institut e.V., Frankfurt am Main W 13

Obwohl Zement für viele Industriezweige zu einem der wichtigsten Materialien geworden ist, herrscht über die kristallchemischen Vorgänge bei der Erhärtung in vielen Punkten noch keine Klarheit. Zwar sind die im Zement vorliegenden Klinkermineralien und die bei der Erhärtung sich neu bildenden Hydratationsprodukte im wesentlichen bekannt, doch sind diese Stoffe in ihren Röntgendiagrammen teilweise sehr ähnlich und teilweise auch röntgenamorph, so daß der Strukturforschung Grenzen gesetzt sind. Darüber hinaus ist nicht nur die Kristallstruktur der Hydratationsprodukte ein wesentlicher Faktor, sondern auch die Tracht und Größe der neugebildeten Kristalle. Die Dimensionen dieser Kristalle liegen jedoch im submikroskopischen Bereich und ihre Beobachtung entzieht sich also der lichtmikroskopischen Beobachtung. Die Elektronenmikroskopie kann also hier ein weites Arbeitsfeld finden.

Erstaunlicherweise ist, verglichen mit anderen Disziplinen, die Zahl der elektronenmikroskopischen Arbeiten gering. Einer der Gründe dürfte in den präparativen Schwierigkeiten zu suchen sein. Sowohl die Zementklinkermineralien wie auch die daraus gebildeten Hydratationsprodukte sind bei allen praktisch interessierenden Fällen so groß, daß sie nicht durchstrahlbar sind. Ferner muß die Hydratation der zu untersuchenden Proben hinsichtlich Wassergehalt und atmosphärischen Einflüssen unter Bedingungen erfolgen, die der Praxis weitgehendst angepaßt sind, was gerade bei elektronenmikroskopischen Präparationen nur schwer zu verifizieren ist. Als uns deshalb die Aufgabe gestellt wurde, den Einfluß bestimmter fluorhaltiger Verbindungen (Fluate) auf die Hydratation von Hochofen- und Portlandzement elektronenmikroskopisch nachzuweisen, wurden die Erfolgsaussichten sehr vorsichtig beurteilt, zumal die betreffenden Stoffe nur in einer Konzentration von etwa 1% dem Wasser beim Anteigen zugesetzt wurden. Makroskopisch äußerte sich der Einfluß des Zusatzes in einer gegenüber normal angeteigten Zementen langsameren

Volumenänderung. Überraschenderweise ließen sich jedoch elektronenmikroskopisch erhebliche Unterschiede im Hydratationsverhalten nachweisen, die sich sowohl in Kristalltracht als auch

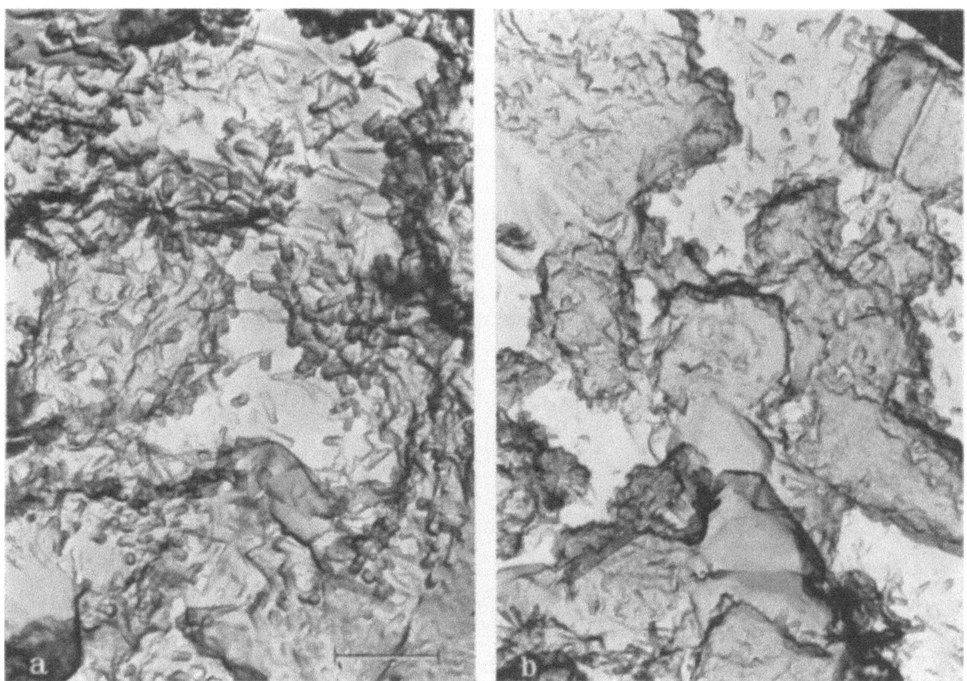

Abb. 1. Portlandzement ohne und mit Fluatzusatz nach 14 Std. präpariert

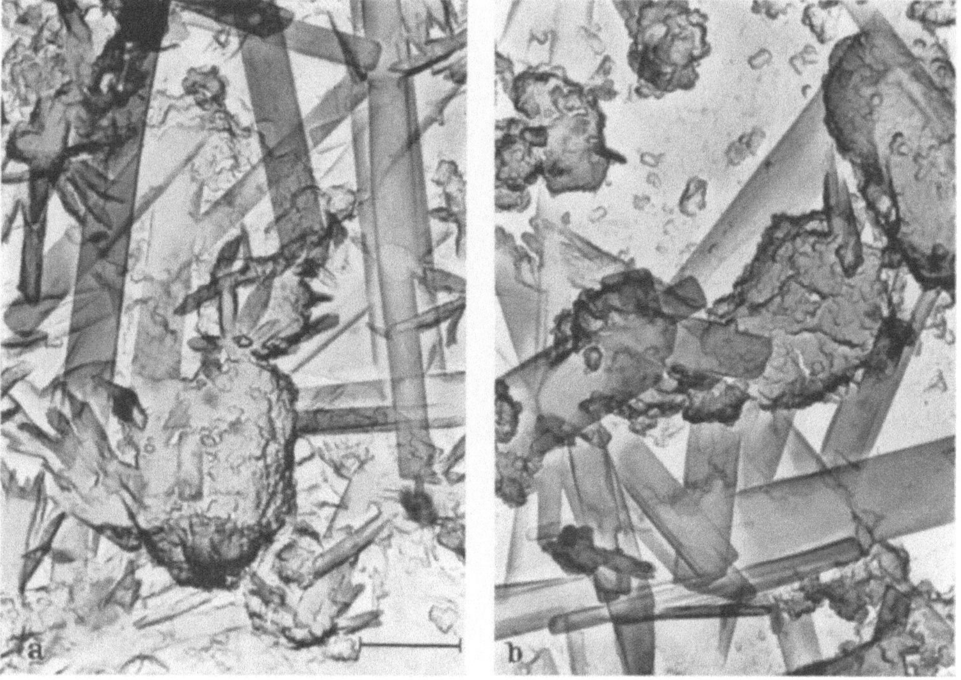

Abb. 2. Hochofenzement ohne und mit Fluatzusatz nach 6 Std. präpariert

in der Größe der Kristalle äußerten. In allen Fällen ließ sich die Hydratation des Zementes in allen ihren Stadien morphologisch sehr genau verfolgen.

Die Präparation wurde folgendermaßen durchgeführt: Die Zementproben wurden mit Aqua bidest. bzw. mit Aqua bidest. und Fluat zur Normensteife angeteigt. Der angeteigte Zement wurde auf einem Objektträger ausgestrichen. Die sofort und nach kurzer Anteigzeit zu präparierenden Proben wurden in flüssigem Stickstoff eingefroren und im Vakuum dehydriert. Alle erst nach Stunden oder Tagen zu untersuchenden Proben wurden in einer Klimakammer in feuchtigkeitsgesättigter Luft aufbewahrt, relative Feuchte 93 bis 95%. Zu gegebener Zeit wurden die Proben dem Exsikkator entnommen und nach dem Kegeldampfverfahren mit Kohle bedampft. Der Zement wurde aus den Kohlehüllen durch verdünnte Salzsäure herausgelöst.

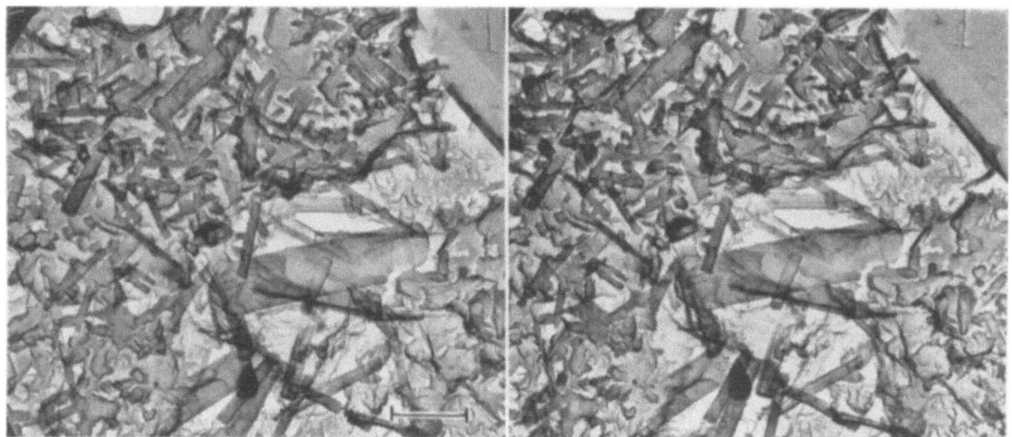

Abb. 3. Hochofenzement ohne Fluatzusatz nach 7 Tagen präpariert

Ergebnisse. Zement besteht aus unregelmäßigen Körnern, deren Form wohl weitgehend durch den Mahlprozeß beeinflußt wird. Nach dem Anteigen wachsen bei Portlandzement aus den einzelnen Körnern stäbchenförmige Kristalle heraus (Abb. 1a), doch wird die Wachstumsgeschwindigkeit durch Fluatzusatz gehemmt (Abb. 1b). Im Hochofenzement treten sehr viel größere stäbchenförmige daneben auch nadelförmige Kristalle (Abb. 2a) auf. Auch hier läßt sich die hemmende Wirkung von Fluaten deutlich nachweisen (Abb. 2b). Im Endzustand besteht der erhärtete Zement aus einem dichten Geflecht nadel- bzw. stäbchenförmiger Kristalle, wie das Stereobildpaar 3 zeigt.

Leider können aus der Fülle des Bildmaterials, das für die Marthahütte GmbH, Marktredwitz, erarbeitet wurde, nur die wenigen Beispiele gezeigt und diskutiert werden. Der Firma sei an dieser Stelle für die Übertragung der Arbeit und Genehmigung zur Veröffentlichung gedankt.

Elektronenmikroskopische Untersuchung von natürlichen, hydraulischen Bindstoffen

KLARA ÁRKOSI

Forschungsinstitut für Technische Physik der Ungarischen Akademie der Wissenschaften, Abteilung für Mikromorphologie, Budapest

EITEL (*1*), STOLNIKOW (*2*), SLIEPCEWICH (*3*) und andere beschäftigten sich ausführlich mit der Untersuchung dieser Veränderungen, die bei der Hydratation des Zementes und der Zement-Komponenten entstehen.

Nach ihren Feststellungen kann man die Festigkeit und Elastizität des Zementes teilweise mit der — bei der Bindung sich ausbildenden — faserigen Textur erklären.

Es ist bekannt, daß zur partikulären Ersetzung des Zementes bei kleineren Festigkeits-Anforderungen einige natürliche, hydraulische Stoffe gut brauchbar sind, z. B. Puzzolan, Traß.

usw. Nach unserer Voraussetzung bildet sich bei ihrer Bindung eine, dem Zement ähnliche Struktur aus. Das Ziel unserer Arbeit war die elektronenmikroskopische vergleichende Untersuchung einiger natürlicher, hydraulischer Stoffe.

Als Untersuchungsmaterie wurden Puzzolan, Traß und Feldspate benutzt. Es wurde eine neue Präparationsmethode mit der folgenden Überlegung ausgearbeitet:

Die elektronenmikroskopische Untersuchung der Kristallform und Textur ist bei der Erfüllung folgender zwei Grundbedingungen möglich: 1. Wenn in dem Präparat ein nicht zu dichtes Aggregat der genügend feinen Kristalle entsteht. 2. Wenn wir die Untersuchungsmaterie bei der entsprechenden Phase der Bindung unverletzt in die ursprünglichen topographischen Verhältnisse in das Elektronenmikroskop einstellen können. Es gelang diese zwei Bedingungen folgenderweise zu verwirklichen: Die Bindungsreaktion ließen wir in CO_2-freier Atmosphäre auf dem Objektträger stattfinden. (Der Objektträger war eine auf vergoldetes Kupfernetz aufgespannte, dünne Formwar-Haut). Einige Objektträger wurden zur Kontrolle sofort aus dem Reaktiongefäß herausgehoben und eingetrocknet, die anderen wurden erst nach verschiedener Bindungsdauer benützt.

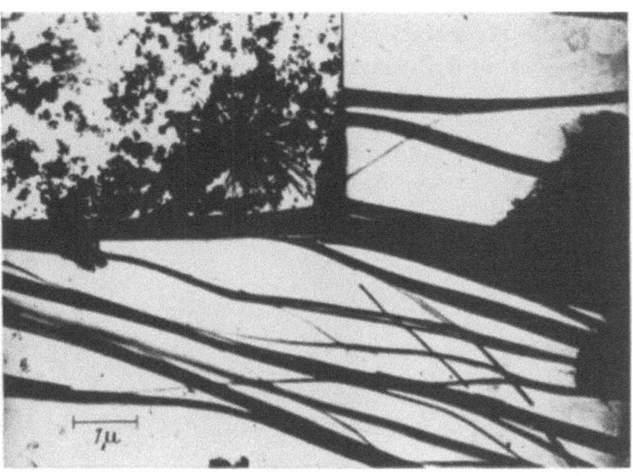

Abb. 1

Die in frischem Zustande ausgehobenen Präparate zeigen neben einer großen Menge von nicht gut definierten Körnchen von $Ca(OH_2)$ stammende Sphärolyten und regelmäßige Calcitkristalle. Auf den Objektträgern — die aus der Reaktionsmischung nach einigen Tagen ausgehoben wurden — können schon bei niedriger Vergrößerung gut sichtbare, nadelförmige Kristalle beobachtet werden (Abb. 1, oben). Die Bildung der Nadelkristalle geht von Kristallkeimen aus, solange die andere Materie noch unverändert ist. Der weitere Teil der Abb. 1 zeigt diese nadelförmigen Kristalle vergrößert. Wir finden noch unveränderte große Körnchen der ur-

Abb. 2

sprünglichen Materie mit den gebildeten, im Durchmesser verschiedenen fadenförmigen Kristallen durchgewoben. Ein Teil dieser Fäden ist noch sehr dünn (in der Größenordnung 10 mμ) und mit dem Elektronenstrahl einigermaßen durchleuchtbar. Die einzelnen Fäden sind aus feineren Fasern zusammengesetzt. Diese Fasern sind nicht spröde, unter dem Elektronenstrahl neigen sie sich ab. Es ist wahrscheinlich, daß man die Elastizität der vom Zement oder von anderen hydraulischen Stoffen verfertigten Objekte zu dieser faserigen Konstruktion zurückführen kann. Unter der Wirkung anhaltender Elektronenbombardierung schwellen die feinsten Fasern an und zeigen eine blasige Struktur. Diese Erscheinung kann mit der Dehydratation zusammenhängen.

Mit der Zunahme der Bindungsdauer wachsen die Kristalle in der Länge und Breite, und sich miteinander verwebend, zeigen sie eine an eine schüttere Textilmaterie erinnernde Textur.

Parallel mit dem Puzzolan hatten wir unter gleichen Umständen Trass-Muster geprüft. Nach dem Zeugnis unserer Abbildungen können wir bei der Hydratation des Trasses während gleicher Bindungszeit viel kürzere Nadelkristall-Bildungen beobachten (Abb. 2). Hier ordnen sich die Kristalle pinselförmig und bilden kein solches Gewebe, wie bei dem Puzzolan.

Durch die Daten der Druckfestigkeit-Messungen mit den elektronenmikroskopischen Aufnahmen parallelgestellt, können wir feststellen, daß die Festigkeit der hydraulischen Stoffe mit der Menge und Länge der bei der Hydratation entstehenden Fäden proportional ist.

Wir wissen durch röntgenographische Daten, daß unsere Puzzolan-Muster neben glasartigen Komponenten ausschließlich aus Feldspat bestehen. So breiteten wir unsere Untersuchungen auch auf die Hydratation der Feldspate aus. Zu diesem Zwecke benützten wir ganz reine, aus Skandinavien und Bulgarien stammende Feldspate. In beiden Mustern fanden wir schon nach 3—4

Abb. 3

Tagen sehr schöne, dichte, faserige Kristallbildung, nur mit dem Unterschied, daß sich im Feldspat von Skandinavien (Abb. 3) ein viel feineres und dichteres Gewebe der Fasern während gleicher Zeit bildet als im bulgarischen Feldspat. Die gemessenen Daten der Druckfestigkeit zeigen einen mit dem Puzzolan übereinstimmenden Wert. Diese Ergebnisse zeigen darauf hin, daß bei der Bindung der Puzzolane der Feldspat eine wichtige Rolle spielt.

Es wäre eine weitere Frage, die Identifizierung der chemischen Zusammensetzung der gebildeten Kristalle; das ist aber schon kein elektronenmikroskopisches Problem.

Zum Schluß möchte ich noch eine prinzipielle Frage behandeln. In der Praxis findet die Bindung der hydraulischen Stoffe in einer sehr dichten Suspension (im Malter) statt. Die oberen Untersuchungen wurden in sehr dünnen Suspensionen (manche g/Liter) ausgeführt. Die Bildung der Kristalle ist im großen Maße durch die Konzentration der Lösung beeinflußt. Hier kann die Frage aufgeworfen werden, ob man auf Grund dieser Untersuchungen auf den in der Praxis stattfindenden Bindungshergang folgern kann.

Die Löslichkeit der Komponenten in allen Systemen, welche untersucht wurden, ist so klein, daß die Lösung immer gesättigt ist. Aus gesättigter Lösung findet die Kristallisation immer auf die gleiche Art statt. So können wir voraussetzen, daß die gebildeten Kristalle im Malter, wie auch in den elektronenmikroskopischen Präparaten zu Anfang der Bindung einander ähnlich sind, und nur später, wenn die Kristalle einander im Wachstum schon behindern, kann in der Morphologie ein Unterschied sein.

Literatur

1. EITEL, W.: Zement **31,** 489 (1937).
— Naturwissenschaften **27,** 807 (1939).
— Z. angew. Chem. **54,** 185 (1941).
2. STOLNIKOW, V. V.: Dokl. Akad. Nauk SSSR **71,** 339 (1950).
3. SLIEPCEWICH, C. M., L. GILDART and D. L. KATZ: Ind. Eng. Chem. **35,** 1179 (1943).

Bestimmung der mittleren Porengröße feinporiger Stoffe im Elektronenmikroskop mit Hilfe definiert eingestellter Fresnelsäume

G. Kämpf

Farbenfabriken Bayer, Werk Uerdingen[1]

An einem einheitlich hergestellten feinporigen Standardpräparat von Silicagel wird der effektive mittlere Porenradius bestimmt

aus Adsorptionsmessungen über die Berechnung der spezifischen Oberfläche und des Porenvolumens,

aus Desorptionsmessungen unter Benutzung der Kelvingleichung und Berücksichtigung der verbleibenden Wandbeladung,

aus elektronenmikroskopischen Aufnahmen bei direkter Präparation bzw. Verwendung von Ultramikrotomschnitten.

Sämtliche Verfahren geben den effektiven mittleren Porenradius zu etwa 14 Å wieder; insbesondere wird gezeigt, daß im Stoffsystem Silicagel/Wasser die Kelvingleichung auch bei extrem kleinen Porenradien noch richtige Werte zu liefern imstande ist.

Weiterhin kann gezeigt werden, daß auch andere aus $SiO_{4/2}$-Tetraedern aufgebaute Stoffe eine ähnliche Porenstruktur ausbilden können.

Die spezifische Oberfläche und der mittlere Porenradius sind wichtige Kennzeichen feinporiger Stoffe. Während sich zur Bestimmung spezifischer Oberflächen das Verfahren von Brunauer,

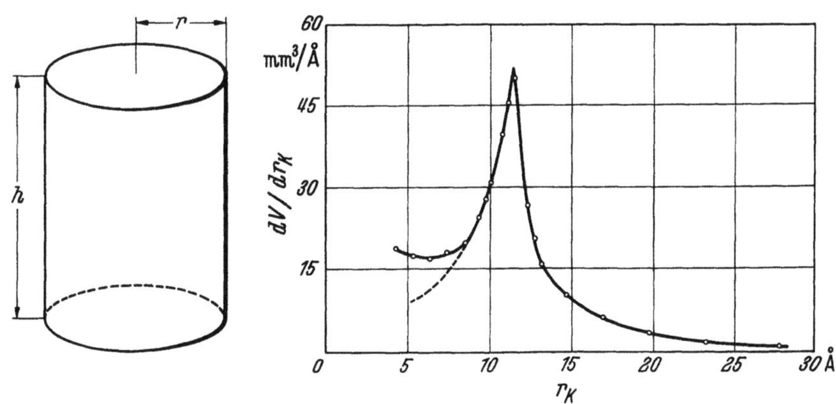

Abb. 1a. Porenmodell
$$O = 2\pi r \cdot h$$
$$V = r^2 \pi \cdot h$$
$$r = \frac{2 \cdot V}{O}$$
St. Pr. Silicagel:
$$O = 618\,\mathrm{m^2/g\ (BET/N_2)}$$
$$V_{korr.} = 425\,\mathrm{mm^3/g\ (H_2O - Ads.)}$$
$$r = \frac{2 \cdot 425}{618} \cdot 10^1$$
$$r = 13{,}7 \pm 1{,}3\,\text{Å}$$

Abb. 1b. Porenvolumen — Verteilungskurve
$$r_K = 11{,}1 \pm 0{,}5\,\text{Å}$$
$$r_{eff} = r_K + n \cdot d = 11{,}1 + 1 \cdot 2{,}7 = 13{,}8 \pm 0{,}5\,\text{Å}$$
(St. Pr. Silicagel)

Emmett und Teller — Adsorption von inerten Gasen bei tiefen Temperaturen — als Standardverfahren durchgesetzt hat, existiert zur Bestimmung von Porengrößen kein einheitliches Meßverfahren. Vorzugsweise werden Porenbestimmungen ausgeführt durch die Auswertung von Adsorptionsmessungen, von Desorptionsmessungen oder von direkten elektronenmikroskopischen Aufnahmen. Von besonderem Interesse ist daher ein Vergleich dieser Meßverfahren an einem definierten feinporigen Präparat.

Ausgangspunkt der vorliegenden Untersuchung bildet ein einheitlich hergestelltes sog. Standardpräparat von Silicagel (als Xerogel), dessen physikalische und chemische Eigenschaften

---

[1] Seit 1. 1. 1958

sehr gut bekannt sind (*1, 2*). Zur Bestimmung des mittleren Porenradius wurden folgende Messungen durchgeführt:

Adsorptionsmessungen. Diesen Messungen liegt ein sehr stark vereinfachtes Porenmodell zugrunde (Abb. 1a). Unter der Annahme kreisförmiger zylindrischer Poren errechnet sich der mittlere Porenradius aus der spezifischen Oberfläche O und dem Porenvolumen V zu $r = 2 \cdot V/O$. Für das Standardpräparat Silicagel wurde die spezifische Oberfläche aus BET/N_2-Messungen zu 618 m²/g bestimmt; das Porenvolumen ergab sich unter Berücksichtigung des Flächenbedarfs der in der ersten Schicht angelagerten Wassermolekeln (*3*) zu 425 mm³/g; daraus errechnet sich der mittlere Porenradius zu 13,7 $\pm$ 1,3 Å. Die Fehlergrenze schließt den bei Oberflächen- und Porenvolumenbestimmungen auftretenden Meßfehler ein.

Eine weitere sehr häufig gebrauchte Methode geht von der Messung der *Desorption* von Flüssigkeiten aus. Dabei wird die experimentell bestimmte Desorptions-Isotherme unter Benutzung der Kelvingleichung, die eine Beziehung zwischen der Dampfdruckerniedrigung des Adsorbates in den Poren — p/p_0 — und dem Porenradius — r_K — herstellt, in die sog. Summen- oder Strukturkurve umgezeichnet. Letztere gibt an, welches Flüssigkeitsvolumen $\varDelta V$ bei der Entleerung von Poren mit den Radien r und $r - \varDelta r$ desorbiert wird. Der Differenzenquotient $\varDelta V/\varDelta r$ bzw. im Grenzübergang der Differentialquotient dV/dr, aufgetragen über r_K, gibt dann die sog. Porenvolumen-Verteilungskurve wieder. Aus dieser kann beim Vorliegen symmetrischer Gauß-Verteilung der mittlere Porenradius abgelesen werden.

Die Messungen am Standardpräparat Silicagel ergeben eine sehr scharfe Porenvolumen-Verteilung, d. h. es liegen Poren meist einheitlicher Größe vor (Abb. 1b). Der sog. Kelvinradius r_K, auch unkorrigierter Porenradius genannt, ergibt sich zu 11,1 Å. Dieser Wert entspricht noch nicht dem effektiven Radius, da bei der Entleerung der Poren noch eine oder mehrere Adsorbatschichten an der Porenwand haften bleiben. Die Zahl dieser Schichten — n — errechnet sich nach PIERCE (*4*) aus der BET-Theorie; n wird im vorliegenden Falle zu 1. Die Dicke einer einzelnen Wasserschicht hat A. WEISS (*5*) aus röntgenographischen Quellungsmessungen an Schichtgittern zu 2,78 Å in guter Übereinstimmung mit dem Wassermodell von BERNAL und FOWLER (*6*) bestimmt. Damit ergibt sich der effektive mittlere Porenradius zu $r_{eff} = r_K + n \cdot d = 11,1 + 2,7 = 13,8 \pm 0,5$ Å; die Fehlergrenze gibt in diesem Fall die mittlere Abweichung mehrerer durchgeführter Messungen an.

Somit steht das Ergebnis, berechnet unter Heranziehung der Kelvingleichung, in guter Übereinstimmung mit dem Wert, der aus Adsorptionsmessungen gefunden wird. Diese Feststellung muß überraschen, wenn man berücksichtigt, daß die Kelvinformel als thermodynamische Beziehung beim Vorliegen sehr kleiner Porenradien nur noch eingeschränkt gültig sein kann; so werden die makroskopischen Zahlenwerte der Oberflächenspannung und der Dichte beim Übergang zu sehr dünnen Wasserschichten starken Änderungen unterworfen sein.

Ein echter Beweis für die Zulässigkeit der Kelvinformel bei kleinen Porenradien kann nur durch eine direkte *elektronenmikroskopische Ausmessung* erbracht werden.

Es ist zu erwarten, daß bei der Beobachtung dünner SiO_2-Schichten der reine Amplitudenkontrast außerordentlich gering wird. Man wird also, um kontrastreiche Aufnahmen zu erhalten, die entsprechenden Phasenbeziehungen mit zur Abbildung heranziehen.

Die sehr scharf ausgeprägte Porenvolumen-Verteilung deutet das Vorliegen von Poren einheitlicher Größe an. Man kann also das Silicagel in dünner Schicht sich modellmäßig als eine für Elektronen undurchlässige Platte vorstellen, in der zahlreiche Löcher gleicher Größe statistisch verteilt sind. Für derartige Modellsysteme haben v. BORRIES, LENZ und SCHEFFELS (*7, 8*) die Elektronendichteverteilung in objektnahen Ebenen ausgerechnet und zeigen können, daß sich bei entsprechender Defokussierung optimale Kontrastverhältnisse ergeben. Die optimale Defokussierung z errechnet sich bei vorgegebener Elektronenwellenlänge λ und bekannter Wellenlänge $\varLambda$ der Schwankungen des inneren Objektpotentials zu $z \sim \varLambda^2/2 \cdot \lambda$.

Im vorliegenden Falle wird die Defokussierung des elektronenoptischen Bildes derart vorgenommen, daß die Objektivdurchflutung verringert, d. h. die Brennweite des Objektivs vergrößert wird; jedes Objekt des unterfokussierten Bildes wird dann von hellen Fresnelsäumen umgeben. Bei dieser Einstellung wird die virtuelle Intensitätsverteilung, die durch Interferenz der Primär-welle mit den in den Raum vor dem Objekt rückwärts verlängerten Randwellenstrahlen entsteht, zur Abbildung mit herangezogen [nach v. BORRIES (9)]. Bei der Einstellung des elektronenoptischen Bildes ist dann die optimale Defokussierung erreicht, wenn die Breite der hellen Fresnelsäume des unterfokussierten Bildes dem sehr einheitlichen Durchmesser der Poren entspricht: Es bilden sich optimale Kontrastverhältnisse aus. Entsprechende Fokusserien stellen die Zuordnung zwischen dem fokussierten und defokussierten Bilde her; die so vorgenommene Unterfokussierung ergibt nur unwesentliche Verfälschungen der Objektstrukturen und -abstände (10).

Derartige Aufnahmen des Standardpräparates Silicagel wurden erhalten durch direkte Präparation — Zerreiben in Achatschale, Aufschlämmen in bidestilliertem Wasser, Präparation auf Kollodiumfolien, z. T. mit SiO verstärkt — oder über die Herstellung von Dünnschnitten — Einbetten in Metacrylat, Schneiden mittels Ultramikrotom (Diamantmesser) —; die Ausbeute an brauchbaren Objektstellen ist bei direkter Präparation außerordentlich gering; das zweite Verfahren bringt die bekannten Schwierigkeiten der Dünnschnittherstellung mit sich. Abb. 2 zeigt eine in direkter Präparation gewonnene Aufnahme des Standardpräparates bei optimaler Einstellung der Fresnelsäume. Die Aufnahme gibt das Porensystem des Standardpräparates Silicagel recht anschaulich wieder: Die Poren erscheinen z. T. senkrecht geschnitten, z. T. schräg bzw. in der Objektebene liegend[1]. Das gleiche Bild zeigt auch die Aufnahme eines Mikrotomschnittes des Standardpräparates Silicagel (Abb. 3). Den Aufnahmen kann folgendes entnommen werden:

Der effektive mittlere Porenradius des Standardpräparates Silicagel ergibt sich aus elektronenmikroskopischen Aufnahmen unter Berücksichtigung des bei der Unterfokussierung auftretenden

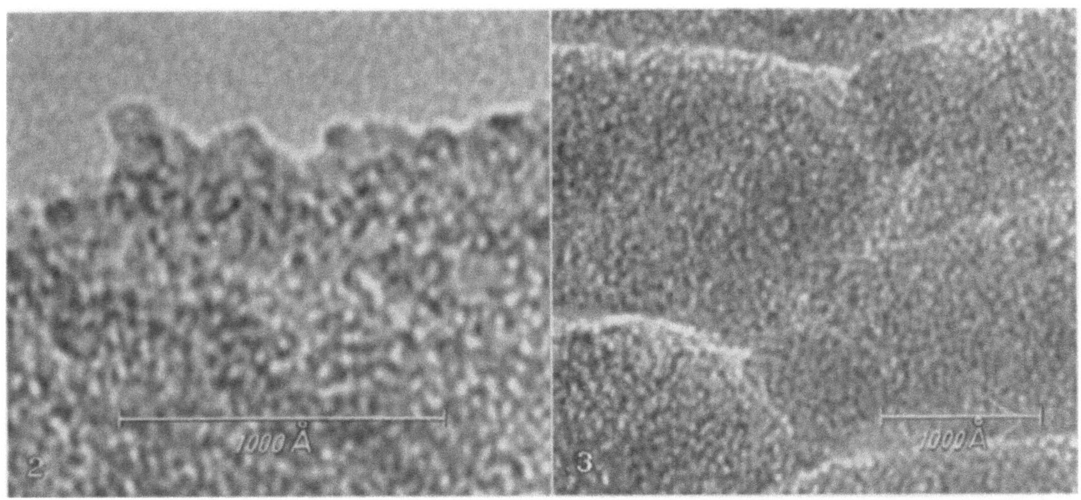

Abb. 2. St. Pr. Silicagel, Direktpräparation
(Ausschnittvergrößerung)
Abb. 3. St. Pr. Silicagel, Ultramikrotomschnitt
(Ausschnittvergrößerung)

Fehlers zu etwa 12—18 Å, in guter Übereinstimmung mit den Ergebnissen, die aus den Adsorptionsmessungen bzw. den Desorptionsmessungen unter Benutzung der Kelvinformel gewonnen wurden. Auch die Schärfe der Porenverteilung wird bestätigt. Weiterhin ist zu erkennen, daß die Verteilung der Poren nicht regellos erscheint; gewisse geometrische Beziehungen und Ordnungen können festgestellt werden (11), vor allem sind Poren mit konstantem gegenseitigen Abstand zu erkennen.

Ähnliche Strukturen treten auch bei anderen aus $SiO_{4/2}$-Tetraedern aufgebauten Stoffen auf. Abb. 4 zeigt ein Silicagel-Präparat auf einer stark mit SiO bedampften Unterlage (s. auch Abb. 2); das Erscheinungsbild der aufgedampften, zu SiO_2 oxydierten Schicht — die bei der Objektpräparation mit Wasser in Berührung gestanden hat — gleicht der Porenstruktur des Silicagels.

---

[1] Es sei an dieser Stelle eingefügt, daß unter „Poren" nicht an die makroskopische Modellvorstellung gedacht ist; Porenweite bedeutet hier im übertragenen Sinne den mittleren Abstand benachbarter $SiO_{4/2}$-Tetraederketten.

Auch Aufnahmen von Aerosil — feinst gemahlen und in bidestilliertem Wasser aufgeschlämmt — geben eine ähnliche Struktur der Objektbereiche wieder, die in sehr geringem Maße in Lösung gegangen und beim Eintrocknen in dünner Schicht ausgefallen sind.

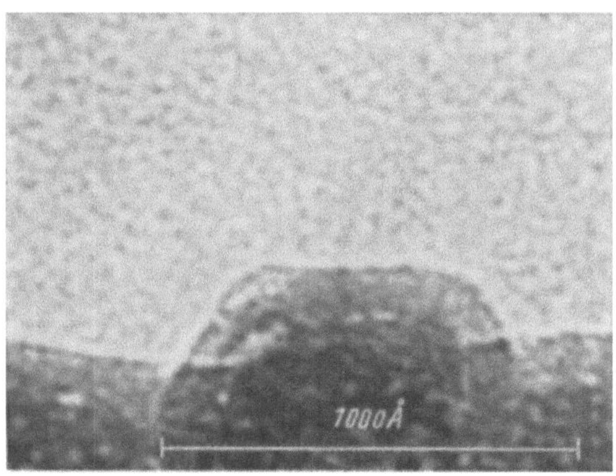

Abb. 4. St. Pr. Silicagel, Unterlage stark mit SiO bedampft (Ausschnittvergrößerung; Präparat durch Kohlehüllenbildung verschmutzt)

In diesem Zusammenhang wird die Frage nach der Struktur dieser Schichten berührt. Silicagel erscheint röntgenamorph; verschiedene Forscher (12) nehmen an, daß innerhalb kleinster Bereiche eine gegenseitige Ordnung der Silicium- und Sauerstoffatome ähnlich der Anordnung im Cristobalit oder Tridymit vorliegt. Hier kann eine weitere Klärung durch Röntgenkleinwinkelstreuung (13) und Elektronenfeinbereichsbeugung an dünnen Schichten gewonnen werden. Mit derartigen Untersuchungen ist kürzlich begonnen worden; es konnten erste Elektronen-Interferenz-Diagramme ausgewählter Objektbereiche aufgenommen werden. Sie deuten eine Zuordnung zur Struktur des β-Cristobalits an; auch bestätigt die starke Verbreiterung der Interferenzlinien die Existenz nur sehr kleiner Bereiche kristalliner Ordnung.

Die vorliegende Arbeit wurde im Winter 1957/58 am Zintl-Institut der Techn. Hochschule Darmstadt, Dir. Prof. Dr. H. W. Kohlschütter, ausgeführt. Ich darf an dieser Stelle Herrn Prof. Kohlschütter und Herrn Prof. König, Dir. des Phys. Instituts, für ihre frdl. gewährte Unterstützung der Arbeit durch wertvolle Diskussion und Bereitstellung apparativer Hilfsmittel danken.

Literatur

1. Kohlschütter, H. W., u. G. Kämpf: Z. anorg. allg. Chem. **292**, 298 (1957).
2. Kämpf, G., u. H. W. Kohlschütter: Z. anorg. allg. Chem. **294**, 10 (1958).
3. — — Z. Elektrochem., Ber. Bunsenges. phys. Chem. **62**, 958 (1958).
4. Pierce, C.: J. physic. Chem. **57**, 149 (1953).
   — and R. N. Smith: J. physic. Chem. **57**, 64 (1953).
5. Weiss, A.: Diss. Darmstadt 1953.
6. Bernal, J. D., and R. H. Fowler: J. chem. Physics **1**, 515 (1933).
7. Borries, B. v., u. F. Lenz: Proc. Electr. Micr., Stockholm, S. 60 (1956).
8. Lenz, F., u. W. Scheffels: Z. Naturforsch. **13a**, 226 (1958).
9. Borries, B. v.: Die Übermikroskopie. S. 150. Aulendorf/Württ.: Editio Cantor 1949.
10. Ausf. Veröff. in Vorber.
11. Siehe auch: J. Sugar and F. Guba: Acta chim. Acad. Sci. Hung. **7**, 233 (1955).
12. Boer, J. H. de: Angew. Chem. **70**, 383 (1958).
    Takamura, T.: Kolloid-Z. **157**, 11 (1958).
    Young, G. J.: J. Coll. Sci. **13**, 67 (1958).
    Carman, P. C.: Trans. Faraday Soc. **36**, 964 (1940).
    Krejci, L., u. E. Ott: Chem. Zbl. **103**, 1988 (1932 I).
    Dubrovo, S. K.: C. A. **33**, 8083 (1939).
    Sherikov, A. S.: C. A. **49**, 12921 (1955).
13. Shull, C. G., L. C. Roess and P. B. Elkin: J. Amer. chem. Soc. **70**, 1410 (1948).
    Sherikov, A. S.: C. A. **49**, 12921 (1955).

The structure of colloidal barium sulphate

I. M. Dawson and Miss A. I. McGaffney
Department of Chemistry Glasgow University (England)

The behaviour of precipitated barium sulphate is of considerable general interest since this insoluble salt is commonly used in the estimation of sulphate in gravimetric analysis. A great deal of attention has been directed to this subject in the past and several good general accounts of the chemical side of this problem are available.

The structure of $BaSO_4$ is, of course, well known. As early as 1925 X-ray diffraction studies showed the atomic positions of Ba, S and O in orthorhombic crystals of this compound. Since that time several papers have appeared describing X-ray and electron microscope studies of precipitated barium sulphates.

In quantitative chemical analysis the precipitation of SO_4^{--} as $BaSO_4$ has always been diffi-cult because of the marked tendency of precipitates to adsorb foreign ions. Under certain con-ditions $BaSO_4$ has a marked tendency to carry down traces of other substances contained in solution. These co-precipitated substances cannot always be removed by washing or ignition and therefore the results of the analysis are unsatisfactory.

In the past it was thought that a great deal of this ad-sorption was surface adsorp-tion and attention was there-fore directed to the nucleation and ageing of $BaSO_4$ precipit-ates since precipitates com-posed of large crystals would have a smaller surface area and thus surface adsorption would be reduced. This problem of ageing of $BaSO_4$ precipitates has been investigated by SUITO and TAKIYAMA.

The study of barium sul-phate in the electron micro-scope presents certain difficul-ties. In order to obtain pure material for examination very thorough washing is necessary to remove excess

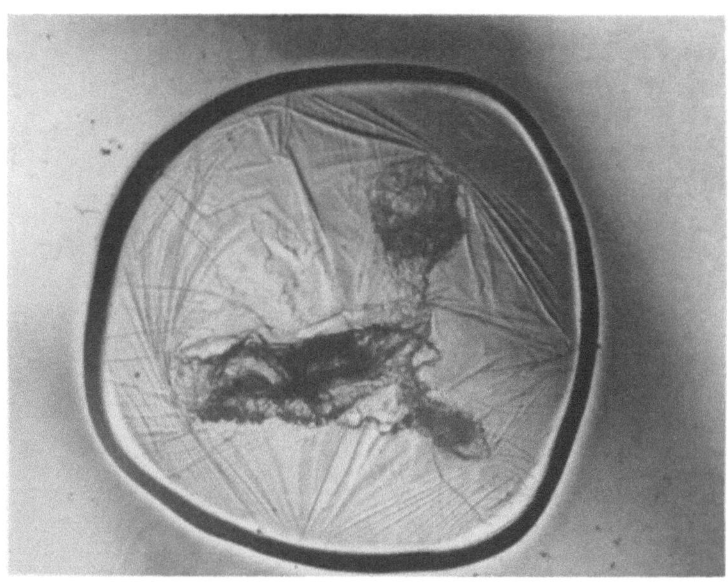

Fig. 1. Light micrograph 12 × of a colloidal barium sulphate film

Ba^{++} or SO_4^{--}. This washing does not seem to affect precipitates composed of large crystals but in the case of micro-crystals, those very crystals which are of most interest for electron microscope study, considerable changes occur on washing. This rapid change in structure is probably best illustrated by the behaviour of colloidal barium sulphate. If one mixes a concentrated solution of Ba^{++} with a concentrated solution of SO_4^{--}, instead of the usual dense white precipitate, a gel is obtained. This gel, on standing for a few minutes, undergoes a transformation to the usual dense white granular precipitate. Previous studies of nucleation and ageing in precipitated barium sulphate had convinced us that the key to the problem lay in the structure of this so-called colloidal material and that the main experimental difficulty would be to obtain the material in a form suitable for electron microscope examination without inducing changes in structure either in washing or by ageing.

The normal method of preparing colloidal material is by mixing a solution of barium thio-cyanate with a solution of manganous sulphate, since these are respectively the most soluble Ba^{++} and SO_4^{--} salts, and concentrations in excess of $7 N$ can readily be achieved. When prepared in bulk the gelatinous precipitate which is obtained is unsatisfactory for electron microscopy since it contains $Mn(CNS)_2$ which has to be removed by washing. In washing we found that the usual transformation from gel to granular material occurred and that the granular material produced had a variable crystal size which seemed to depend on the nature of the washing and ageing treat-ment. Several experiments convinced us that good reproducible results could not be obtained by this method.

Experiment showed that it was possible to form stable films of colloidal barium sulphate at an interface between $Ba(CNS)_2$ and $MnSO_4$ solutions. This could be done very simply by carefully introducing a small drop of $Ba(CNS)_2$ into a $MnSO_4$ solution. These droplets proved to be surprisingly stable within their thin enveloping $BaSO_4$ membrane. Fig. 1 shows a typical thin film under the light microscope at a magnification of about $12 \times$. Reversing the order and dropping Ba^{++} into SO_4^{--} gave unstable films and any reduction in concentration tended likewise to reduce stability. A very fine syringe could be inserted into the droplets and most of the $MnSO_4$ solution could be withdrawn. This also removed small pieces of colloidal film which had formed in convolutions of the membrane and on transferring the material to distilled water we found that it

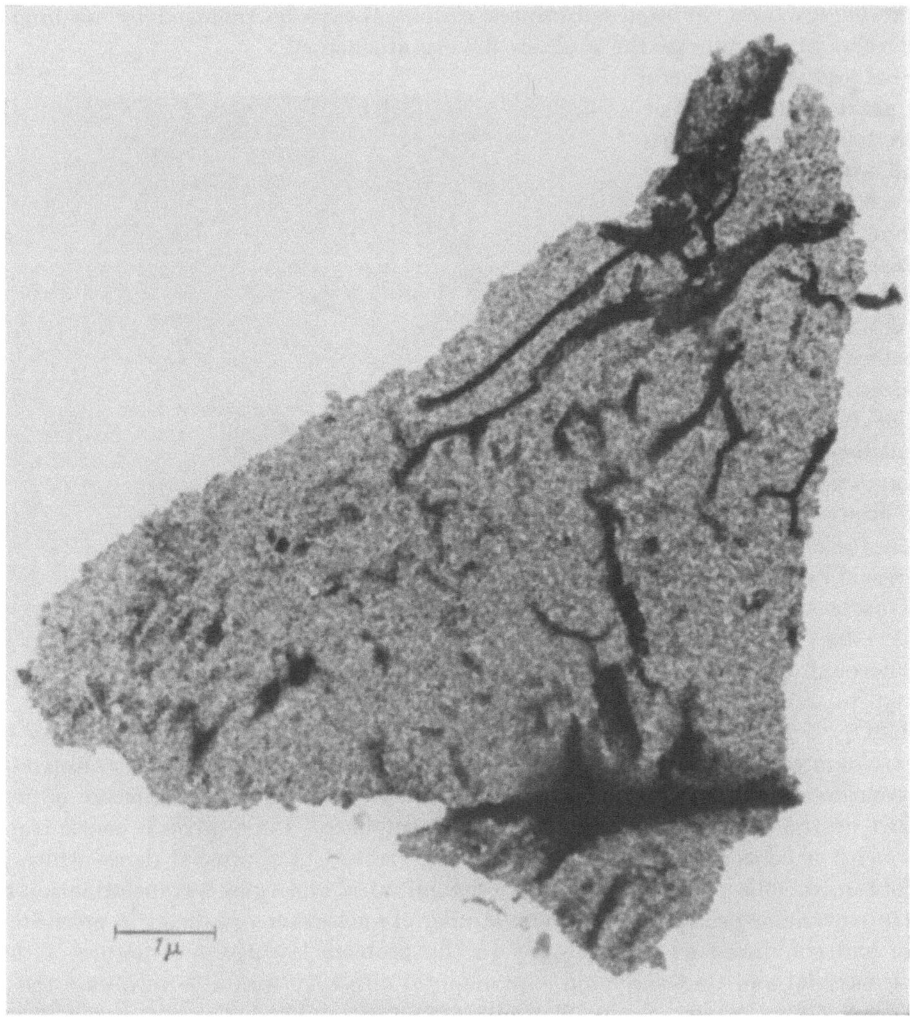

Fig. 2. Colloidal barium sulphate 16,600 $\times$

could be washed without showing any tendency to transform to the dense white opaque material previously encountered. The washed film could be mounted satisfactorily on normal specimen grids.

Fig. 2 shows a fragment of this film at comparatively low magnification in the electron microscope. This shows, instead of the smooth structureless film seen in the light microscope, a film composed of small granular particles. The folds which were characteristic of the light microscope appearance are still visible however. Selected area diffraction was used to show that the material was in fact barium sulphate. Good sharp powder patterns were obtained and identified and from the results it would appear that the material is colloidal in name only, since, although it shows all the characteristics of a colloid, it has in fact a regular well defined lattice structure, as shown by the diffraction pattern.

The most satisfactory feature of the new method of preparation was that reproducible results could be obtained. At high magnification, as for example in Fig. 3, we can begin to see something of the shape and structure of the individual granular particles. From this and similar micrographs size estimates were made and three successive preparations gave values ranging from 90 Å—650 Å, with mean values of 420 Å, 290 Å and 320 Å in each experiment. Shadowcasting showed that the films were one particle thick. The most interesting structural feature seen was the porous nature of the individual particles. Measurements made over a large number of particles, gave a mean

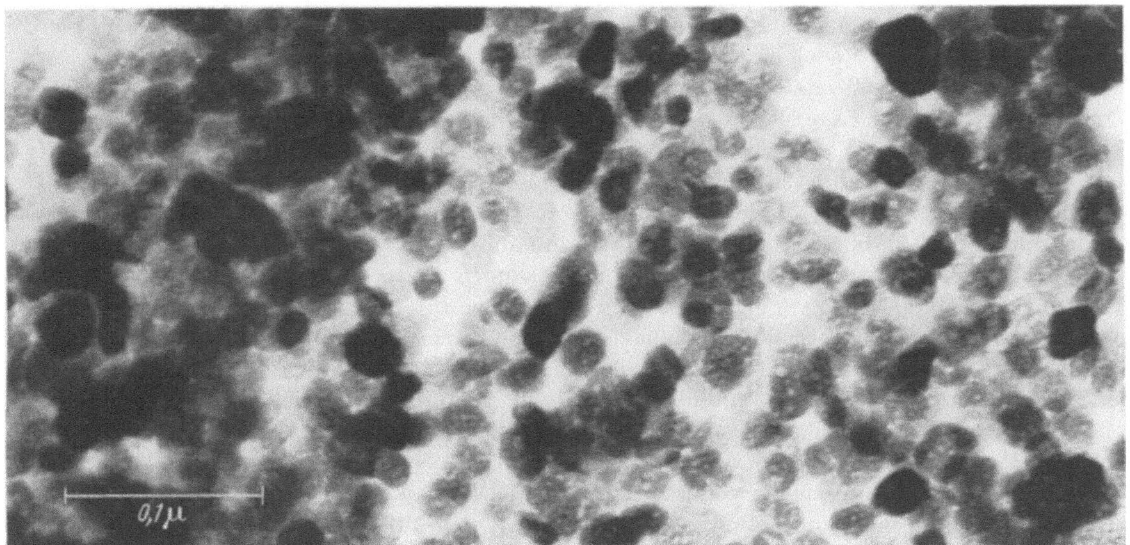

Fig. 3. Colloidal barium sulphate 266,000 ×

value of 35 Å for the pore diameter. Individual measurements ranging from 15 Å to 70 Å were recorded. It would appear that the lower limit of 15 Å is probably a resolution limit and it is likely that smaller pores are present.

This evidence of a porous structure in $BaSO_4$ is of interest in relation to the properties of the material since it is the first definite evidence which has been obtained of a defect structure in this material. The holes correspond to vacant lattice sites or aggregates of vacant lattice sites. It would seem likely that these defects are of the Schottky type since both Ba^{++} and SO_4^{--} are too large to be accommodated in interstitial positions to give a Frenkel type defect.

These results explain the adsorption properties of barium sulphate where hitherto it has been difficult to account for the strong attachment of adsorbed ions which are unaffected by prolonged washing. If these adsorbed ions are adsorbed internally, and the porous nature of the material makes this extremely likely, then the failure to remove then by washing can be readily understood.

References

1. Suito, E., and K. Takiyama: Bull. Chem. Soc. Japan **28**, 305 (1955).

Elektronenmikroskopische Untersuchung von Ni-Kieselsäure Katalysatoren

H. C. Corbet

Koninklijke/Shell-Laboratorium, Amsterdam (Holland)

I. Einleitung. An einen guten Katalysator werden im allgemeinen zwei Anforderungen gestellt:
1. eine hohe katalytische Aktivität;
2. eine große thermische Stabilität.

Beide Anforderungen werden jedoch nur sehr selten von einer Komponente erfüllt. Man sucht deshalb nach einer Kombination von zwei Stoffen, bei der sich die Aktivität der einen Komponente mit der Wärmebeständigkeit der anderen vereinigt.

Eine hohe Aktivität erfordert eine große zugängliche Oberfläche der Katalysatorkomponente. Infolgedessen soll die Trägerkomponente eine poröse Struktur besitzen, so daß die feine Verteilung der Katalysatorkomponente stabilisiert wird. Indessen besitzen nur wenige Stoffe eine thermisch stabile, hinreichend poröse Struktur. Aus diesem Grunde sind so viele ganz verschiedenartig wirkende Katalysatoren auf „Kieselsäure" (SiO_2) oder „Tonerde" (Al_2O_3) als Träger verteilt.

Dieses erste allgemeine Bild hinsichtlich der Struktur ist logisch und einfach. Oft wird hierbei der Träger durch ein Modell eines von Kanälen durchzogenen Blockes beschrieben.

Es zeigt sich jedoch, daß die Vorstellung, die Poren seien Kanäle in einem starren Trägermedium, nicht in der Lage ist, die beobachteten Phänomene hinreichend zu erklären.

Statt dessen führte eine ausführliche Untersuchung zahlreicher Ni-SiO_2-Katalysatoren (1) zu dem Schluß, daß ein System von Kugeln in loser Stapelung (2) ein realistischeres Bild der Katalysatorstruktur gibt. Diese Untersuchungen wurden unter Leitung von Dr. Schuit im Koninklijke/Shell-Laboratorium, Amsterdam, ausgeführt.

Hierbei wurden insbesondere Adsorptionsmessungen und elektronenmikroskopische Beobachtungen kombiniert.

II. Ergebnisse der Adsorptionsmessungen. Zur Bereitung der Katalysatoren wurden Silikagel und $Ni(OH)_2$ einzeln ausgefällt und gewaschen. Die Präcipitate wurden in destilliertem Wasser in verschiedenen Verhältnissen miteinander gemischt und filtriert, anschließend getrocknet und bei 500° C mit H_2 reduziert. Eine Portion reines Silikagel wurde genau wie die Katalysatoren behandelt (Leer-Träger). Ferner wurde aus einer Portion des Katalysators das Nickel mit Hilfe von CO als Nickeltetracarbonyl völlig entfernt (Kiesel-Rückstand).

Bei Adsorptionsmessungen an diesen Systemen hat sich unter anderm herausgestellt, daß die Gesamtoberfläche (m^2/g SiO_2), nicht nur bei reduzierten Katalysatoren, sondern auch beim Kieselrückstand, in hohem Maße (linear) vom ursprünglichen Ni-Gehalt abhängt.

Tab. 1 zeigt im einzelnen die Ergebnisse für ein Ni/SiO_2-Verhältnis von ungefähr 1 : 1.

Wie ersichtlich, besitzt der nicht imprägnierte Leerträger nicht nur die kleinste Oberfläche, sondern auch den kleinsten Porenraum. Von den drei Stoffen hat der Katalysator den größten Porenraum.

Tabelle 1

Muster	Porenraum cm³/g SiO_2	Oberfläche m²/g SiO_2	Mittlerer Porenradius Å
Ni-SiO_2	1,76	1110	32
Katalysator	1,66	820	40
Kieselrückstand			
Leer-Träger	0,88	217	80

Hieraus ist zu schließen, daß die Katalysatorstruktur bei Entfernung des Nickels stellenweise zusammenklappt, ohne daß sich der mittlere Porenradius dabei wesentlich ändert.

Diese Ergebnisse zeigen, daß ein Modell mit einem starren System von Poren, die entweder Ni-Kristalle enthalten oder mit einem Ni-Film bedeckt sind, nicht haltbar ist.

III. Die Struktur von Kugeln in loser Stapelung. Die Ergebnisse führten zu einer Modellvorstellung über die Struktur, die sich folgendermaßen beschreiben läßt: Es wird näherungsweise angenommen, daß das Nickel in Form von Kugeln gleicher Größe anwesend ist, Radius R_{Ni}, und die Kieselsäure ebenfalls in Form von Kugeln mit Radius R_S. Für eine quantitative Beschreibung wird jede Packung gleich großer Kugeln mit einer dichten Packung, z. B. der kubischen, verglichen. Der Bruchteil θ der tatsächlich besetzten Plätze in der kubischen Stapelung und der Kugelradius reichen dann zur Charakterisierung jeder losen Packung aus.

Aus den Angaben in Tab. 1 und der Dichte von SiO_2 ($\theta = 2{,}30$) folgt für den Kieselrückstand eine sehr lose Stapelung ($\theta \approx 0{,}3$) von Kugeln mit einem mittleren Radius von 16 Å. Der Leerträger ist etwas dichter ($\theta \approx 0{,}45$); sein mittlerer Kugelradius beträgt 60 Å. Die Kieselsäure im Rückstand hat also viel kleinere Teilchen. Für die Nickelteilchen berechnet man $R_{Ni} = 47$ Å.

Bei der Bereitung des Katalysators hat sich demnach offenbar folgendes abgespielt:

Silikagel ist ursprünglich eine lose Stapelung von Kugeln mit einem Radius von etwa 16 Å. Im besprochenen Katalysator wird dieses Gel mit Nickelhydroxyd gemischt. Dabei werden sowohl die SiO$_2$-Kugeln als auch die Ni(OH)$_2$-Kristalle zum Teil voneinander isoliert. Nach Reduktion bei 500° C sind die Ni(OH)$_2$-Kristalle in Ni-Kristalle verwandelt. Wo benachbarte Nickelteilchen sich berühren, sintern diese in gewissem Grade zusammen. Ebenso erfolgt ein Sintern des SiO$_2$ dort, wo die Kieselsäureteilchen miteinander Kontakt haben. Bei einer guten Dispersion der beiden Komponenten beträgt die mittlere Größe der SiO$_2$-Teilchen 32 Å, der Ni-Teilchen 90 Å. Wo ein Sintern von Kieselsäure stattfindet, wie z. B. im Leerträger, wächst der Durchmesser bis auf ungefähr 120 Å. Dieses Modell läßt sich mittels elektronenmikroskopischer Aufnahmen direkt kontrollieren. Aufnahmen des Leerträgers zeigen in der Tat das Bild einer losen Stapelung von Kugeln mit einem Durchmesser von ungefähr 100 Å (Abb. 1).

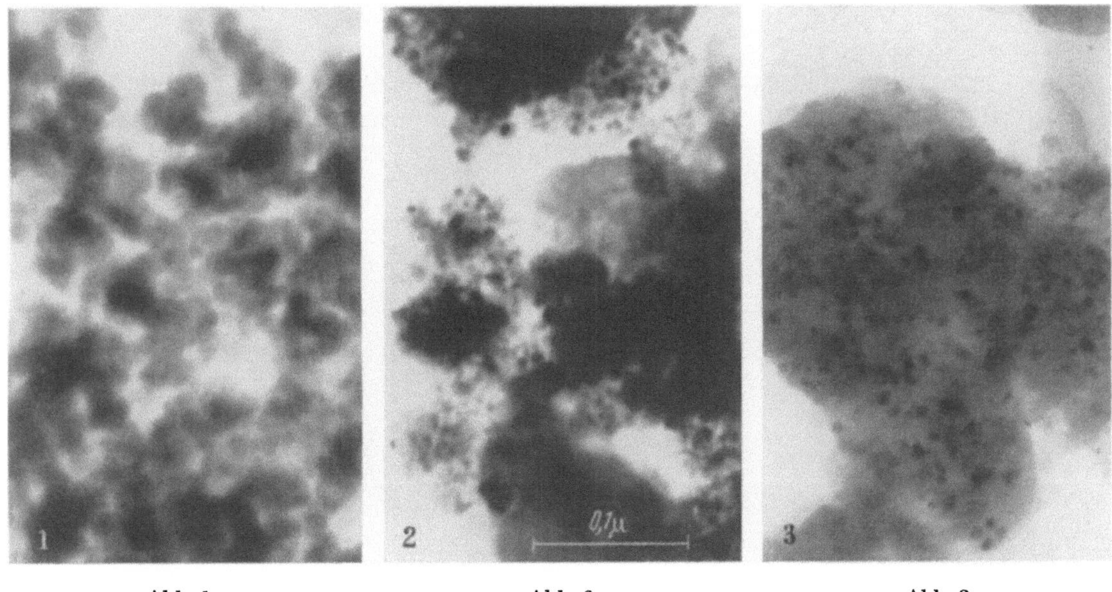

Abb. 1   Abb. 2   Abb. 3

Aufnahmen des Katalysators zeigen schwarze Punkte (das Nickel) gegen einen diffusen Hintergrund (SiO$_2$). Die mittlere Größe der Ni-Teilchen beträgt etwa 100 Å, während die Kieselsäure hier eine bedeutend feinere Struktur hat (etwa 20 Å) als im Leerträger (Abb. 2). Abb. 3 zeigt einen ähnlichen Katalysator mit nur 9,7% Nickel. Die einzelnen Teilchen sind besser sichtbar.

Die Elektronenmikroskopie liefert hier also einen unmittelbaren Beweis für ein auf indirektem Wege abgeleitetes Modell.

Literatur

1. Schuit, G. C. A., and L. L. van Reyen: Advanc. in Catalysis **10,** 242 (1958).
2. Siehe auch: A. V. Kiselev, Mitteilung auf dem 2. Internationalen Kongreß über Oberflächenaktivität. London 1957.

An investigation of a micellar solution by electron microscopy

J. F. Goodman

Basic Research Department Thomas Hedley & Co. Ltd., Newcastle (England)

Introduction. Detergent molecules contain a hydrophobic non-polar portion and a hydrophilic polar portion, which may have ionic or non-ionic character. Under certain conditions these detergent molecules aggregate in solution to form micelles, because the free energy of the system is reduced when then hydrocarbon portions of the molecules aggregate, leaving the polar groups in the aqueous phase. Micelles exert a large influence on the solubilization characteristics of detergent solutions, but there is no unambiguous information concerning their size and shape (*1*),

The object of the present investigation was to study the possible use of electron microscopy to solve this problem.

Results and discussion. To avoid complications associated with electric charge, a non-ionic detergent was chosen for the investigation. The material had an average formula $H(CH_2)_{18}(OCH_2CH_2)_{25}OH$, average molecular weight 1370, and the fully extended molecule had an average length of ca 100 Å. Although the material undoubtedly has a scatter of molecular weights, no attempt was made to use a single isomer for these preliminary experiments. An estimate of the critical concentration at which micelles first form in aqueous solution (cmc) was made by surface tension measurements, using the fact that there is a marked change in slope in the surface tension vs. concentration curve at the cmc. A surface aging effect was observed, but a

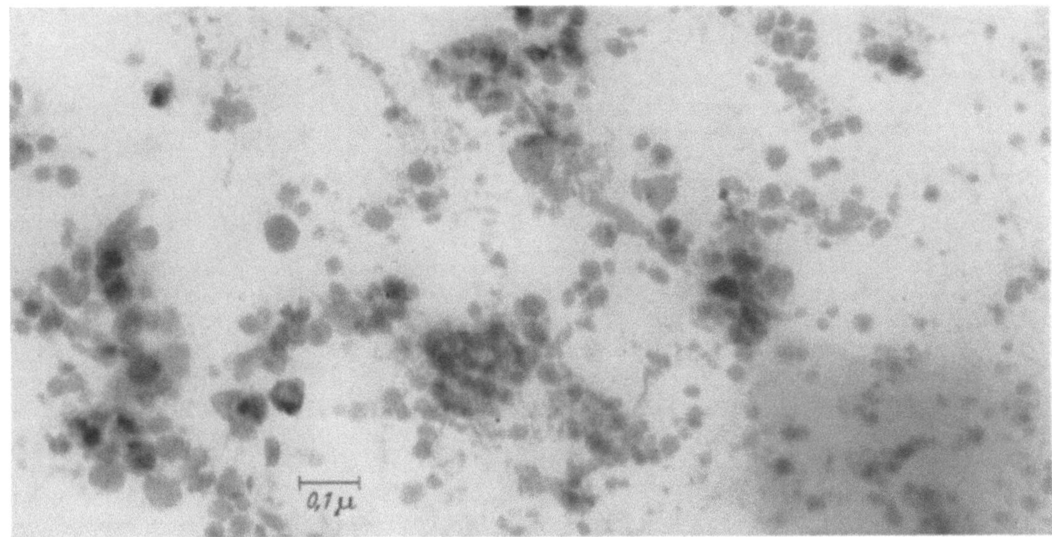

Fig. 1. Micrograph obtained from a freeze-dried specimen of a 0.01% solution of a nonionic detergent

sufficiently accurate value for the equilibrium surface tension was obtained by allowing the solutions to stand for two days before making the measurements with a Du Nouy tensiometer, and applying the appropriate corrections (2). The cmc was found to lie at about .0002% by weight, and a 0.01% solution was used for microscopy experiments.

Specimens were prepared by a simple freeze-drying technique. The possibility of using freeze-drying to examine detergent solutions also appears to have been considered by Hock (3) and Kehren and Rösch (4). Grids covered with a carbon film, which had been stripped from a cleavage face of mica at a water surface, were held on a gauze and placed in a brass block which was suspended in liquid oxygen. A small droplet of the solution was frozen onto the grid, and the ice removed by sublimation.

Examination in a Siemens Elmiskop I revealed areas of the type shown in Fig. 1. Although there are considerable deviations, the most frequent size of the particles is ca. 200—300 Å. Frequently the particles appeared to be trapped in a haze of less dense material, and some of them appeared to show appeared to show fine structure in the 20—50 Å region. A distinct electron diffraction pattern was not obtained, which distinquishes them from crystallites. A preliminary investigation of shadowed specimens indicated that the particles are approximately spherical. On raising the electron beam itensity and observing one particle, considerable motion was observed in the interior, and although this effect was not observed under normal operating conditions, irradiation damage in the electron beam must obviously be considered in any detailed investigation.

Conclusion. A spherical aggregate with a diameter of 200 Å, corresponding to the length of two extended molecules, is not unreasonable for a micelle. It is not impossible that the particles are, in fact, micelles, or that the structure observed extends to single molecular dimensions. However, these are only preliminary results and the work was conducted primarily to determine the usefulness of an electron optical investigation to study detergent molecules. This work is to be extended using a better technique on well defined detergent systems, and it is hoped to publish the results of this investigation in due course.

I wish to thank Dr. F. P. Bowden of Cambridge University, and Mr. E. Boult of King's College, Newcastle for allowing me to use their laboratory facilities for this preliminary investigation.

References

1. McBain, M. E. L., and E. Hutchinson: Solubilization. New York: Acad. Press Inc. 1955.
2. Harkins, W. D., and H. F. Jordan: J. Amer. chem. Soc. **52,** 1751 (1930).
3. Hock, C. W.: Text. Res. J. **25,** 682 (1955).
4. Kehren, M., and M. Rosch: Melliand Textilber. **37,** 680, 850, 967 (1956).

Polydispersität kolloider Systeme

R. Hosemann und F. Motzkus

Aus dem Fritz-Haber-Institut der Max-Planck-Gesellschaft, Berlin-Dahlem

Aus der diffusen Röntgenkleinwinkelstreuung lassen sich Aussagen sowohl über die Größe und Gestalt der Teilchen eines kolloiden Systems als auch über die Größenverteilung bzw. Polydispersität ihrer Teilchenradien gewinnen.

Guinier (1, 2, 3) zeigte, daß bei monodispersen Systemen hoher Verdünnung (Gas) die Röntgenkleinwinkelstreuung die Summe der Streueffekte der einzelnen Teilchen ist. Durch Einführung einer maxwellartigen Größenverteilung der Teilchenradien konnte Hosemann (4) aus

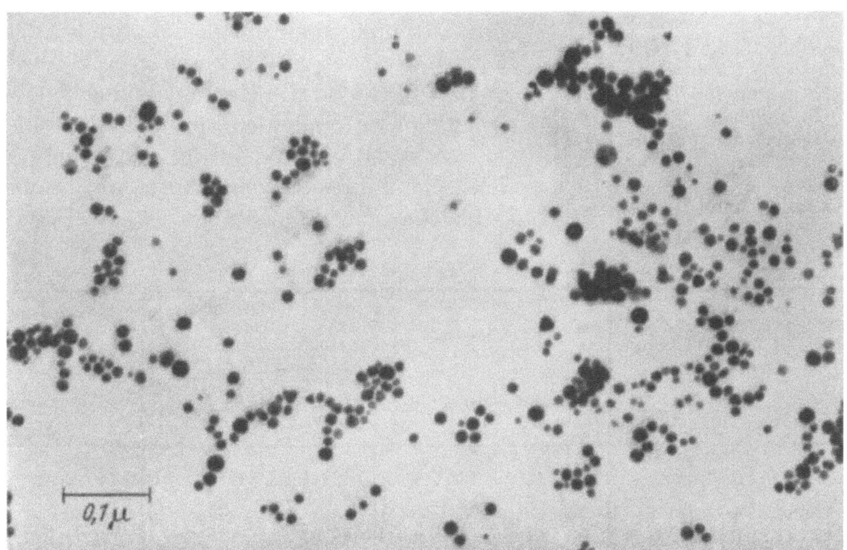

Abb. 1. Ausschnitt einer elektronenmikroskopischen Aufnahme von kolloidem Gold (Aurolumbal)

dem Röntgenkleinwinkeldiagramm Aussagen sowohl über die Größe der Teilchen als auch über ihre Größenverteilung gewinnen. Geht man zu dichtgepackten Systemen über, so braucht man, wie Hosemann (5) und Joerchel (7) zeigten, die Komponente der Flüssigkeitsstreuung so lange nur als Korrekturglied zu berücksichtigen, wie die Packungsdichte ε^3 kleiner als die Polydispersität g ist, und das von Hosemann und Joerchel angegebene Auswertverfahren (Ästekriterium) benutzt wird. Während die Bestimmung der Teilchengröße und Teilchengestalt bei verdünnten monodispersen Systemen nach der Methode von Guinier viel verwendet wird, wurden Untersuchungen an polydispersen Systemen unter Berücksichtigung der Polydispersität nur wenig durchgeführt [z. B. Shull und Roess (8), Jellinek, Solomon und Fankuchen (9)]. Wie Joerchel anhand lichtoptisch hergestellter Beugungsbilder von zweidimensionalen Modellstrukturen nachweisen konnte, führt die von Hosemann angegebene Auswertmethode (Ästekriterium) zu guten Übereinstimmungen mit den aus den ausgezählten Modellstrukturen gewonnenen Ergebnissen. Unter Anwendung dieses Auswertverfahrens wurden von Motzkus (10) unter Benutzung einer nach Kratky (11, 12) gebauten Röntgenkleinwinkelkammer einige kolloide Systeme auf Teilchengröße und Polydispersität untersucht. Die so gewonnenen Teilchengrößen und Polydispersitäten stimmen gut mit den Ergebnissen aus Auszählungen von elektronenmikroskopischen Aufnahmen[1] überein.

Abb. 1 gibt als Beispiel einen Ausschnitt einer auf das 110 000fache vergrößerten elektronenmikroskopischen Aufnahme von kolloidem Gold (Aurolumbal) wieder. In Abb. 2 ist die durch Auszählen gewonnene massenstatistische Größenverteilung $M(x)$ der Teilchenradien x als Stufenkurve dargestellt. Beim Ausmessen der elektronenmikroskopischen Vergrößerungen wurde angenommen, daß die Teilchen globuläre Gestalt haben und daß die aus Messungen an Einzelteilchen gewonnene Größenverteilung der Teilchenradien in den nicht auszählbaren Zusammenballungen (cluster) ebenfalls gültig ist. Die ausgezogene Kurve in Abb. 2 gibt die mit Hilfe des Ästekriteriums nach Hosemann aus der Röntgenkleinwinkelstreuung gewonnene Maxwellstatistik mit den Parameterwerten $n = 6{,}4$ und $c = 36$ Å wieder.

In Tab. 1 sind die Ergebnisse der Untersuchungen an drei kolloiden Systemen zusammengestellt. Um die Ergebnisse der Röntgenkleinwinkelstreuung mit den aus den elektronenmikroskopischen Aufnahmen gewonnenen leicht vergleichen zu können, ist es zweckmäßig, die von

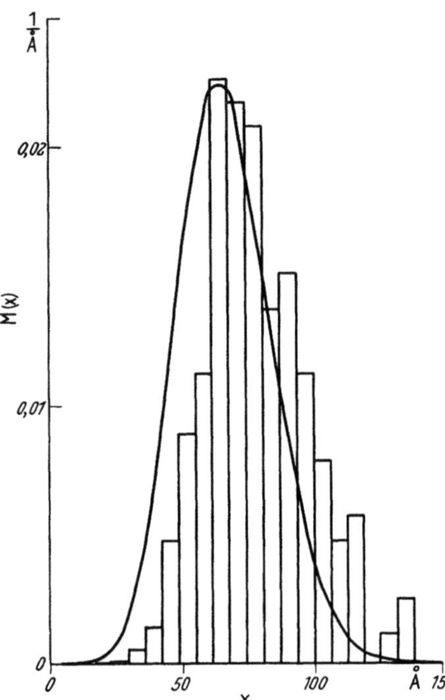

Abb. 2. Massenstatistische Verteilung der Teilchenradien von kolloidem Gold (Aurolumbal), gewonnen durch Ausmessen von 934 Teilchen (Stufenkurve). Maxwellstatistik mit den Parameterwerten $n = 6{,}4$ und $c = 36$ Å, gewonnen aus der Röntgenkleinwinkelstreuung mit Hilfe des Ästekriteriums nach Hosemann (glatte Kurve)

Tabelle 1

	Polystyrene-Latex (Dow Chemical Company)				Kolloides Gold (Aurolumbal der Fa. Imhausen und Co., Witten-Ruhr)				Ruß (Carbon black ELF 5 von Godfrey L. Cabot, Inc.)				
	$\bar{\bar{x}}$ Å	g	x_{min} Å	x_{max} Å	$\bar{\bar{x}}$ Å	g	x_{min} Å	x_{max} Å	$\bar{\bar{x}}$ Å	g	v	x_{min} Å	x_{max} Å
Aus el.-mikroskop. Aufnahmen	384	0,05	330	430	76,5	0,24	30	140	171	0,24	1	50	260
Aus Röntgenkleinwinkelstreuung nach dem Ästekriterium, Hosemann (4, 5)	365	0,08			72	0,24			219	0,41	1		
Aus Röntgenkleinwinkelstreuung nach Guinier (1, 2) und Warren (13)				369				192					281
Aus Röntgenkleinwinkelstreuung nach Hosemann (6)	362	0,08			158	0,24			184 250	0,41 0,3	1 $^1/_2$		

---

[1] Für die Herstellung der elektronenmikroskopischen Aufnahmen danken wir Fräulein Dr. D'Ans und Fräulein Tochtermann. Die Aufnahmen wurden mit den Siemens-Elektronenmikroskopen ÜM 100 und Elmiskop 1 im Fritz-Haber-Institut der MPG, Abt. Prof. E. Ruska, gemacht.

HOSEMANN und JOERCHEL eingeführten Größen — die Polydispersität g und den massenstatistisch mittleren Teilchenradius $\bar{\bar{x}}$ — zu benutzen. In der ersten Zeile sind die aus den elektronenmikroskopischen Aufnahmen gewonnenen Ergebnisse angegeben. Die zweite Zeile gibt die aus der Röntgenkleinwinkelstreuung mit Hilfe des von HOSEMANN angegebenen Ästekriteriums gewonnenen Werte an. In der dritten Zeile sind die aus dem Streukurvenverlauf bei kleinsten experimentell zugänglichen Streuwinkeln ($2\,\vartheta = 3{,}5$ min) nach GUINIER (*1, 2, 3*) und WARREN (*13, 14*) bestimmten maximalen Teilchenradien x_{max} wiedergegeben und in der letzten Zeile die massenstatistisch mittleren Teilchenradien $\bar{\bar{x}}$, die ebenfalls aus dem Streukurvenverlauf bei kleinsten Winkeln bestimmt wurden, aber nach einer von HOSEMANN (*6*) modifizierten Gleichung, die die Polydispersität g berücksichtigt.

Wie man aus der Tabelle ersieht, ist die Übereinstimmung der Ergebnisse beim Polystyrene-Latex, das im verdünnten Zustand untersucht wurde, gut. Beim kolloiden Gold, das im ausgeflockten Zustand untersucht wurde, ergab die Auswertung der elektronenmikroskopischen Aufnahmen und der Röntgenkleinwinkeldiagramme — mit Hilfe des Ästekriteriums — eine gute Übereinstimmung. Die Bestimmung von x_{max} nach GUINIER und WARREN bzw. von $\bar{\bar{x}}$ in der letzten Zeile nach HOSEMANN zeigt im Vergleich zu den darüber angegebenen Werten zu große Teilchenradien. Dieser Befund läßt den Schluß zu, daß die kolloiden Goldteilchen leicht Cluster bilden. Beim Ruß ist die Übereinstimmung in bezug auf die Teilchengröße $\bar{\bar{x}}$ nicht so gut, während die aus den Röntgenkleinwinkelmessungen nach dem Ästekriterium bestimmte Polydispersität g viel größer ist als die durch Auszählen der elektronenmikroskopischen Aufnahmen. Das gute Übereinstimmen der Ergebnisse beim kolloiden Gold rechtfertigt die gemachten Annahmen, daß in den auf den elektronenmikroskopischen Aufnahmen sichtbaren Zusammenballungen (cluster) dieselbe statistische Verteilung herrscht wie bei den vermessenen Einzelteilchen und daß die Gestalt der Teilchen globulär ist. Beim Ruß scheinen diese Annahmen nicht voll erfüllt zu sein, wie das unterschiedliche Ergebnis in der Polydispersität vermuten läßt. Der nach GUINIER und WARREN bestimmte Wert für x_{max} läßt sich gut mit dem elektronenmikroskopischen Wert für x_{max} vergleichen. Berechnet man nun aus x_{max} und aus der mit Hilfe des Ästekriteriums gewonnenen Polydispersität $g = 0{,}41$ den mittleren Teilchenradius $\bar{\bar{x}}$, so erhält man, wie aus der letzten Zeile der Tabelle zu ersehen ist, mit $\bar{\bar{x}} = 184$ Å einen zu kleinen Wert, was einen Cluster-Effekt ausschließt. Läßt man die Annahme, daß die Teilchen globuläre Gestalt ($v = 1$) haben, fallen und nimmt rotationssymmetrische Teilchen mit einem Achsenverhältnis $v = 1 : 2$ an, so erniedrigt sich die Polydispersität auf ungefähr $g = 0{,}3$, und unter Benutzung dieses Wertes für die Polydispersität erhält man einen mittleren Teilchenradius von $\bar{\bar{x}} = 250$ Å. Dieses Ergebnis läßt den Schluß zu, daß die Rußteilchen mehr oder weniger stark von der Kugelgestalt abweichen.

Obwohl die Röntgenkleinwinkelstreuung nur indirekt unter Anwendung einer Theorie Aussagen über das zu untersuchende Objekt gestattet, während das Elektronenmikroskop eine direkte Abbildung des Objektes liefert, so ist die Röntgenkleinwinkelmethode doch eine wertvolle Untersuchungsmethode, wenn die Herstellung der elektronenmikroskopischen Präparate auf große Schwierigkeiten stößt, eine Auflösung des Objektes in Einzelheiten nicht möglich ist und eine zerstörungsfreie Untersuchungsmethode erforderlich ist.

Literatur

1. GUINIER, A.: Theses. Ser. A. Nr. 1854 Univ. Paris 1939.
2. — Ann. de Physique **12**, 161 (1939).
3. — and G. FOURNET: Small-Angle-Scattering of X-Rays. New York: John Wiley and Sons, Inc. 1955.
4. HOSEMANN, R.: Z. Physik **113**, 751, **114**, 133 (1939).
5. — Kolloid-Z. **117**, 13, **119**, 130 (1950).
6. — Ergebn. exakt. Naturwiss. **24**, 142 (1951).
7. JOERCHEL, D.: Z. Naturforsch. **12a**, 123, 200 (1957).
8. SHULL, C. G., and L. C. ROESS: J. appl. Physics **18**, 295, 308 (1947).
9. JELLINEK, M. H., E. SOLOMON, N. I. and I. FANKUCHEN: Ind. Eng. Chem. Anal. Ed. **18**, 172 (1946).
10. MOTZKUS, F.: Acta crystallogr. 1959 (im Druck).
11. KRATKY, O.: Z. Elektrochem. **58**, 49 (1954).
12. — Kolloid. Z. **144**, 110 (1955).
13. WARREN, B. E.: Physic. Rev. **59**, 693 (1941).
14. — and J. BISCOE: J. appl. Physics **13**, 364 (1942).

A direct electron microscope study of thin rubber films

M. SEAL

Research Laboratory for the Physics and Chemistry of Solids, Department of Physics, University of Cambridge
(England)

Specimen preparation. Thin films of various rubbers have been examined in a Siemens Elmiskop I. The materials used were all originally unvulcanized. They were dissolved in benzene and specimens were prepared in the following way: a drop of solution was allowed to fall on a clean water surface where it spread and — after evaporation of the solvent — left a floating rubber film. This was then picked up on a specimen grid brought through the water surface from below. It was found that the thickness of the rubber film was critical. If the film was too thick the resolution suffered, but if too thin it broke into a web of fine filaments. There was an intermediate thickness for which the film was coherent but had thin patches which were suitable for electron microscope examination. Such films could be obtained by using a solution of strength about 10 g/l, but it was found best to judge the film thickness by the interference colour and dilute the solution accordingly. Films which showed low order white with veining of yellow colour were suitable: the average thickness was then about 1000 Å, but there were thin patches which were probably less than 100 Å thick.

Effect of electron irradiation on specimens. An attempt was made to determine whether or not the rubber was altered by the electron beam. It was found that changes did occur: a natural rubber film prepared from solution in the usual way was after examination in the electron microscope insoluble in benzene. This change was studied further by coating glass plates with a thin film of rubber, placing them in the camera, and exposing them to the very much less intense electron beam of this part of the instrument. Even in this position rubber films could be rendered insoluble in benzene by exposure to electrons. Indeed, a photographic image in rubber could be produced by suitable exposure followed by development in benzene. Considered as a photographic coating the rubber had a speed of the order of one thousandth of that of a normal silver halide emulsion. It seems, therefore, that it is impossible to obtain electron microscope images of rubber films of reasonable intensity without changing the rubber by the action of the electron beam.

It is well known that comparatively weak bombardment with ionizing particles merely vulcanizes rubber, i.e. it produces cross-linking of the atomic chains but leaves the material as rubber. Heavier irradiation causes chemical breakdown of the rubber changing it to carbonaceous material which is no longer elastic. It is thought that the films studied in the electron microscope though vulcanised remained as rubber when viewed at very low beam intensity, but were decomposed by exposure to a more intense beam. There are two reasons for this conclusion. First, in parallel studies of guttapercha and polyethylene which are normally partly crystalline materials it was found that spotty electron diffraction patterns could be obtained at low beam intensity, but that these disappeared when the beam intensity was increased. Second, stretched regions of rubber specimens viewed at low beam intensity showed characteristically elastic behaviour, springing back in rubber-like fashion when they were broken by suddenly focussing the electron beam on another part of the specimen.

Results. An electron micrograph of a specimen of natural rubber is shown in Fig. 1 a. Apart from holes, wrinkles, and the like the only structure which could be seen in such films of natural rubber was a granularity on a scale of about 20 Å. This may have been genuine, or it may have been an effect of electron-induced contamination. Specimens of neoprene had a similar appearance.

Dispersions of various materials in rubber have been studied. One of carbon black in natural rubber gave the micrograph shown in Fig. 1 b. Carbon black is commonly incorporated in rubber to give it improved strength properties and so this system is of considerable technological importance. Mixtures of rubbers have also been studied — in particular the systems natural rubber / neoprene and natural rubber / alloprene. Natural rubber is mainly cis-polyisoprene ($-CH_2-$ $-C(CH_3)=CH-CH_2-)_n$, neoprene is polychloroprene ($-CH_2-CCl=CH-CH_2-)_n$, and

alloprene is a chlorinated natural rubber made by Imperial Chemical Industries Ltd. Both neoprene and alloprene contain a high percentage of chlorine and may be expected to scatter electrons
more strongly than natural rubber. Regions of alloprene or neoprene in a film of natural rubber
would thus be expected to appear dark. The appearance of a film of 50% natural rubber, 50%

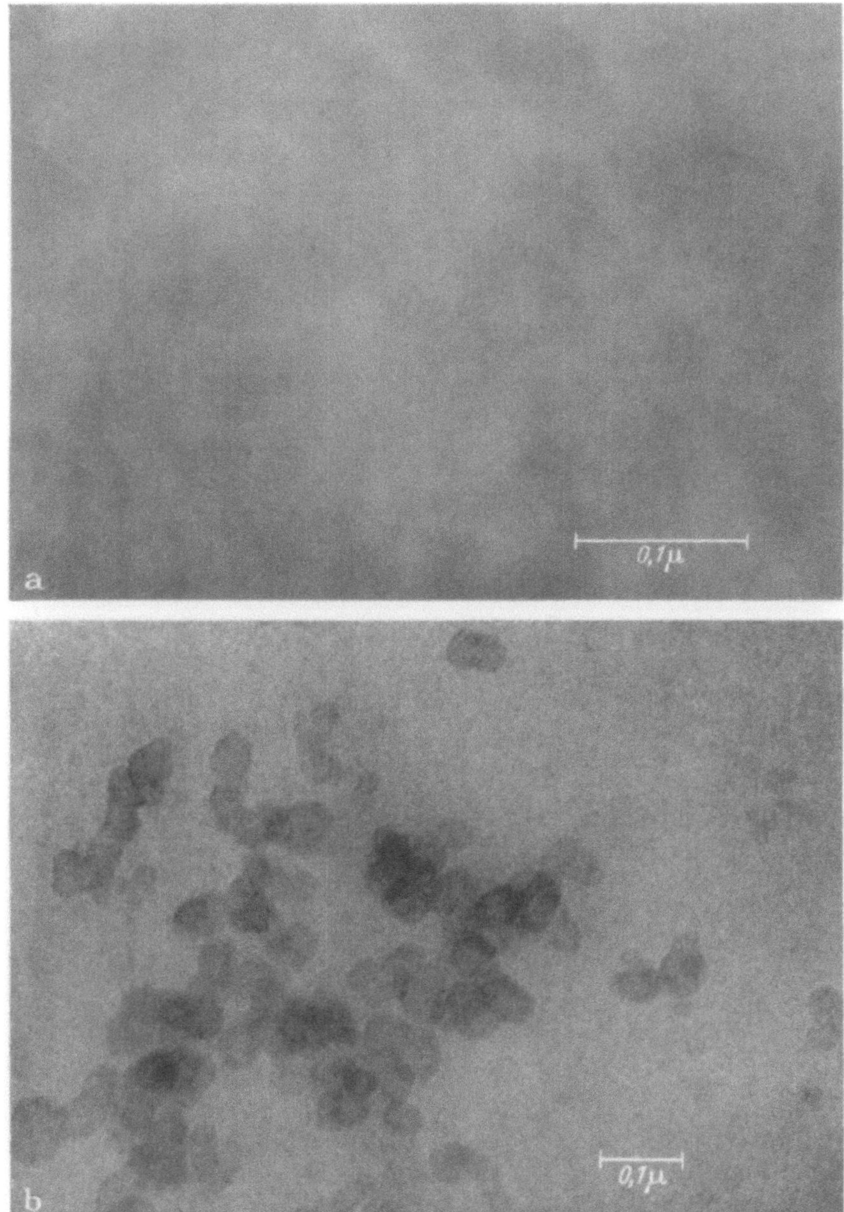

Fig. 1a and b.
a) Natural rubber film. b) Natural rubber film containing 10% MPC carbon black filler

alloprene is shown in Fig. 2a. It is difficult to interpret the contrast system of this micrograph
but it is obvious that the film was not homogeneous. Fig. 2b was obtained from a film of 80%
natural rubber, 20% alloprene. Films of this composition all gave micrographs showing
dark spots on a light background. These spots are thought to be due to the incompletely dispersed alloprene. Films of 97% natural rubber, 3% alloprene had a similar appearance, but the

spots were on average much smaller, many of them being under 100 Å in diameter. Films of natural rubber containing a few per cent of neoprene showed similar dark spots (see Fig. 3a).

It is thought that the small dark spots (those below about 100 Å in diameter) represent single molecules of the alloprene or neoprene. According to the present theory of rubber

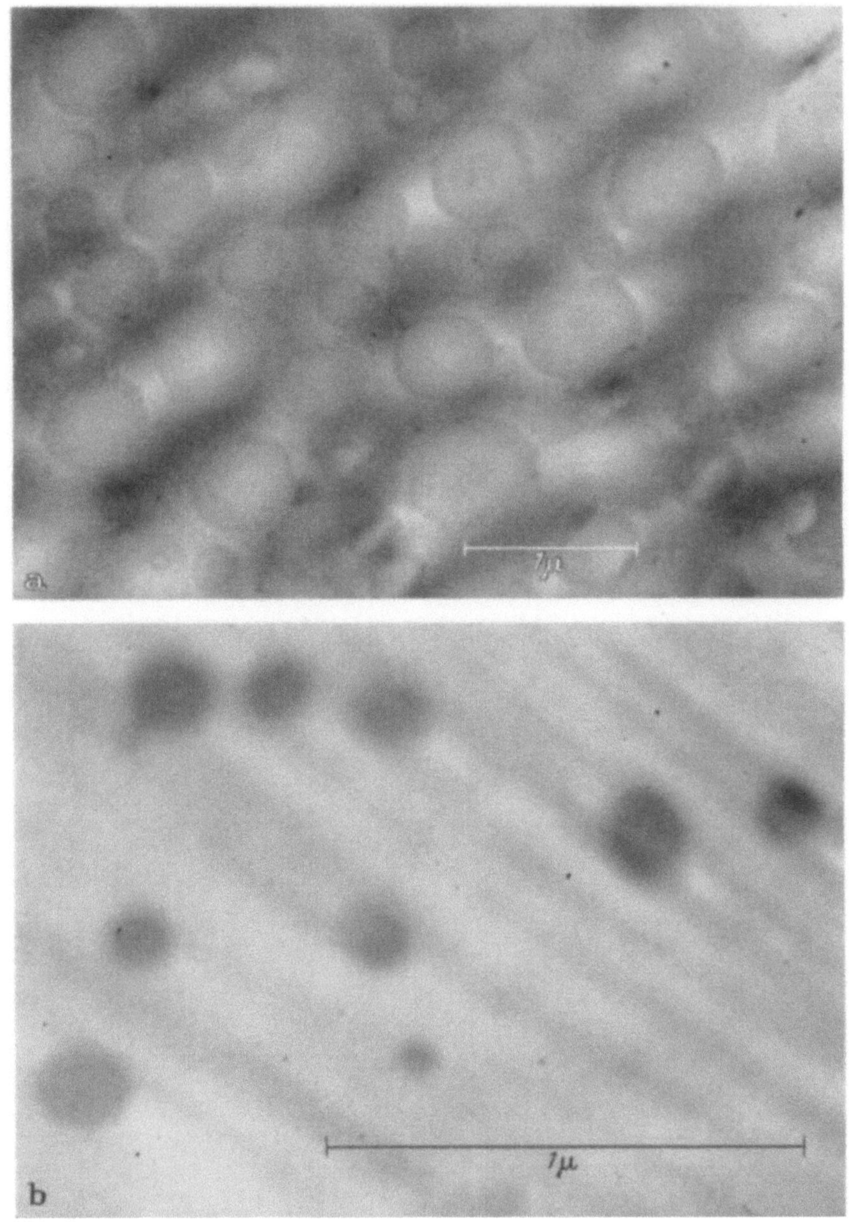

Fig. 2a and b.
a) Film of 50% natural rubber, 50% alloprene. b) Film of 80% natural rubber, 20% alloprene

structure, the individual molecules are joined by cross-links but follow tortuous paths between these links. Statistically the envelopes of individual molecules would be expected to approximate to spheres. The structure resembles rather a mass of tangled balls of string tied to each other in a few places. Stretching the rubber straightens out the tangles. The molecules have a distribution of chain lengths, but a typical one might be 10000 Å long: such a molecule would curl up into a ball of the order of 100 Å across. The dark patches seen in the electron micrographs may represent molecules of the despersed material curled up and linked to the surrounding rubber in this way, or it may be that the alloprene or neoprene forms a completely

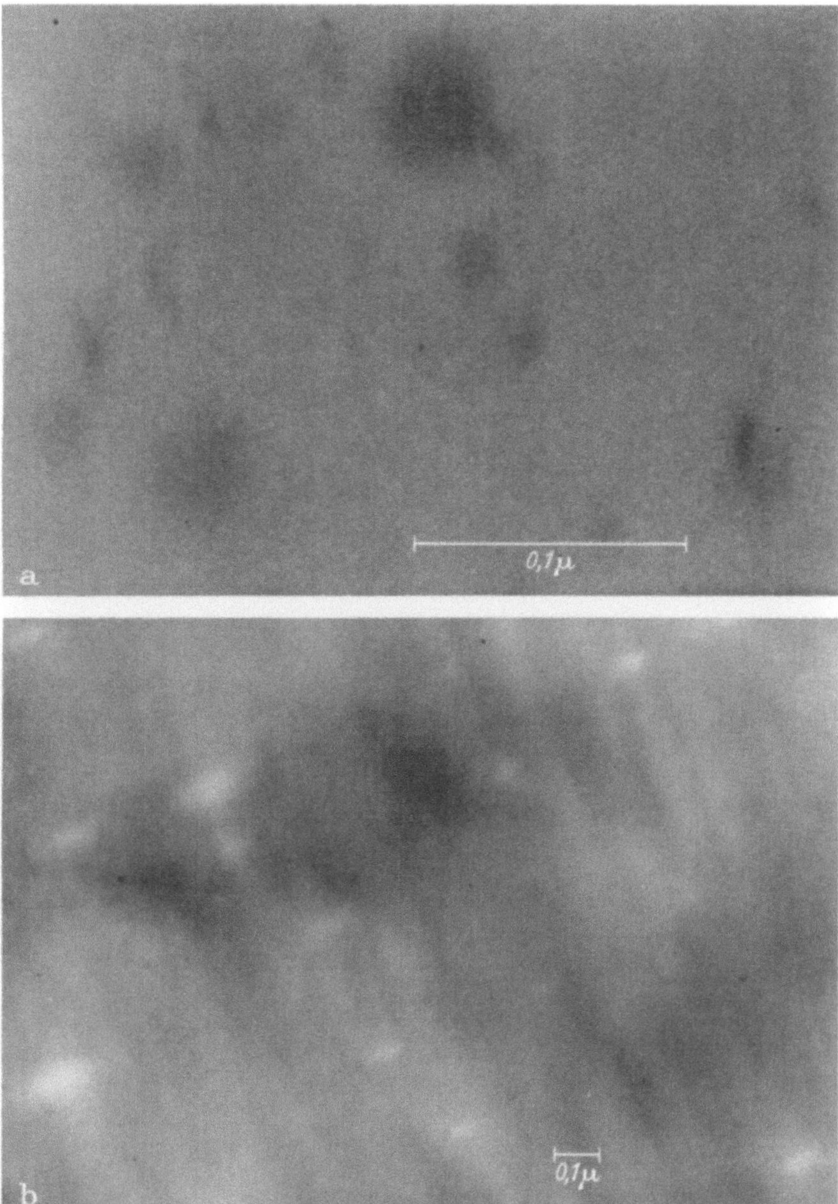

Fig. 3a and b. a) Film of natural rubber containing about 5% neoprene.
b) Film of neoprene containing about 5% natural rubber

separate phase. In either case from volume considerations the smallest of the dark patches which are observed cannot contain on average more than one molecule.

An attempt was made to confirm this interpretation by examining films of neoprene containing a few per cent of natural rubber. These films should show the opposite contrast system — light spots on a dark background. It was found that they do have the expected appearance (Fig. 3b), but it is difficult to distinguish light spots due to regions of natural rubber from thin patches and holes in the film. Films containing a small percentage of natural rubber in alloprene were found to be unstable unless too thick to be useful.

It has been found possible to stretch rubber films before mounting them on the specimen grids. The technique is to touch the rubber film while it is floating on the water surface with two pieces of filter paper. The rubber sticks to the pieces of paper which can then be drawn apart stretching the film. The film is then picked up on a specimen grid and once there remains stretched since it adheres to the bars of the grid. Preliminary results from stretched mixed rubber films indicate that the 'molecules' do show the expected behaviour, becoming drawn out into roughly elliptical bodies.

I thank Dr. F. P. Bowden, F.R.S., for his interest and advice; Dr. L. C. Bateman, Dr. L. Mullins, and other members of the Research Laboratories of the British Rubber Producers' Research Association for many valuable discussions and for rubber samples; and the British Rubber Producers' Research Association for a fellowship.

Einige Besonderheiten der Elektronenbeugungs-Untersuchungen an Hochpolymerverbindungen

I. G. Stojanowa und A. L. Seides

Institut für Elektronenoptik des Staatskomitees für Radioelektronik und Zentrales Forschungsinstitut der Leder-Industrie, Moskau

Die Elektronenbeugungsuntersuchungen an Hochpolymerverbindungen treffen auf Schwierigkeiten, die einerseits durch die Struktureigentümlichkeiten dieser Stoffe und andererseits durch die Verhältnisse, die in den Elektronengeräten herrschen, bedingt sind.

Erstens führt das Hochvakuum, das in den Elektronengeräten herrscht, zu einer schnellen Entwässerung des Objektes. Das Wasser ist aber oft ein Bestandteil der Moleküle einiger Hochpolymerverbindungen. Aus solchen sind z. B. die biologischen Objekte aufgebaut. Die Entfernung ihres Konstitutionswassers durch Verdampfen im Hochvakuum kann zu ihrer Strukturänderung führen. Es ist gut bekannt, daß gänzlich entwässerte Gelatine oder Kollagene Röntgendiagramme haben, die für amorphe Stoffe charakteristisch sind (1). Das Röntgendiagramm einer lufttrockenen Gelatine weist aber eine Reihe von Interferenzen auf, die von kristalliner Herkunft sind. Der schädlichen Einwirkung des Vakuums auf das Objekt kann man nur dann vorbeugen, wenn dieses sich in einem Raum befindet, welcher Dämpfe enthält, deren Druck nach Belieben eingestellt werden kann.

Zweitens werden die Ergebnisse der experimentellen Untersuchungen von Hochpolymerverbindungen durch ihre spezifische Struktur beeinträchtigt. Diese Stoffe bestehen nämlich aus langen Ketten. Jede Kette trägt ein Element eines Musters, welches sich in periodischen Abschnitten wiederholt. Zum Beispiel bestehen die Zellstoffe aus Ketten der β-Glucosereste, die fibrillären Proteine (Wolle, Kollage, Seide) aus Polypeptidketten usw. Die Faserordnung des Polymers ist aber entstellt im Vergleich mit der Kristallgitterordnung der Elemente im geordneten System. Das Vorhandensein von größeren Strukturentstellungen des Polymers wird röntgenographisch nachgewiesen und läßt sich durch starke Intensitätsverminderung der Interferenzen bei der Steigerung des Streuungswinkels erkennen (2). Diese Entstellungen haben zur Folge, daß die Kohärenz nur für das System nahe gelagerter Elemente besteht. Diese Besonderheiten sind auch auf dem Beugungsbild zu erkennen, wo neben den deutlichen Interferenzmaxima, die von den geordneten Bereichen herstammen, auch diffuse Bildmerkmale zu erkennen sind, die sich auf lokale Unordnungsbereiche beziehen. Ist die Zahl der geordneten Gebiete relativ klein, so verdunkelt der diffuse Hintergrund, der von allerlei Strukturentstellungen herstammt, die kristallinischen Interferenzmaxima. Will man die Interferenzen der geordneten Gebiete deutlich machen, so ist man gezwungen, den diffusen Hintergrund zu unterdrücken. Dieses kann dadurch erzielt werden, daß die Dicke der Objektschicht und die Größe des Durchmessers des von Elektronen beaufschlagten Objektgebiets verkleinert wird.

Die Zahl der Streuungszentren muß aber groß genug sein, um ein intensives Beugungsbild zu erhalten. Man muß also die Dicke der Objektschicht so wählen, daß man beiden Anforderungen gerecht wird. Die Erhöhung der Beschleunigungsspannung trägt auch zur Unterdrückung des diffusen Hintergrundes bei, da eine relative Intensitätsänderung der Abbildung der Interferenzmaxima und des Hintergrundes auftritt. Diese Wirkung ist deutlich auf den Abbildungen eines Objektes zu erkennen, das geordnete und ungeordnete Gebiete enthält. Diese zeigen ein und denselben Objektbereich bei drei verschiedenen Beschleunigungsspannungen (Abb. 1; a) 45 kV, b) 72 kV, c) 84 kV).

Drittens werden die Hochpolymerverbindungen leicht von der ionisierenden Strahlung angegriffen. Die Einwirkung der ionisierenden Strahlung kann man besonders gut auf den Beugungsdiagrammen beobachten, da es möglich ist, die Strukturänderungen des Objektes visuell zu verfolgen. In dieser Hinsicht sind die elektronenmikroskopischen Untersuchungen weniger empfindlich. Die Arbeiten von MENTER (*3*) und NEIDER (*4*) beweisen, daß man das Kristallgitter auf der elektronenmikroskopischen Abbildung beobachten kann und so wahrscheinlich auch auf diesem Wege Auskunft über Strukturänderungen zu bekommen ist.

Bei den Elektronenbeugungsuntersuchungen der Hochpolymerverbindungen beobachtet man Änderungen des Interferenzbildes im Laufe der Beobachtungszeit. Dieses war bei den Untersuchungen der Ramiefaser (*5*), der Guttapercha (*6*) und anderer Verbindungen der Fall, sogar bei längerer Bestrahlung von Polythene, das relativ viele geordnete Gebiete enthält, treten im Beugungsdiagramm drei amorphe Ringe auf (*7*).

Die Änderungen des Beugungsbildes im Laufe der Beobachtungszeit können entweder thermische Vorgänge im Objekt (die durch die Abgabe eines Teils der kinetischen Energie des durchstrahlenden Elektrons bedingt sind) oder die ionisierende Einwirkung des Elektrons zur Ursache haben. Über thermische Einwirkung der Elektronen kann man auf Grund von Änderungen der Form des Reliefs und anderer Deformationen schließen. Es ist wesentlich komplizierter, über ionisierende Einwirkung der Elektronen auf Grund der elektronenmikroskopischen Abbildung zu schließen. Die Tatsache, daß die Änderung des Beugungsbildes mit der Zeit stattfindet, beweist, daß die thermische Einwirkung hier keine Rolle spielt, da die Temperatur des Objektes sich augenblicklich einstellt und sich dann während der Bestrahlung nicht ändert. Die Änderung des

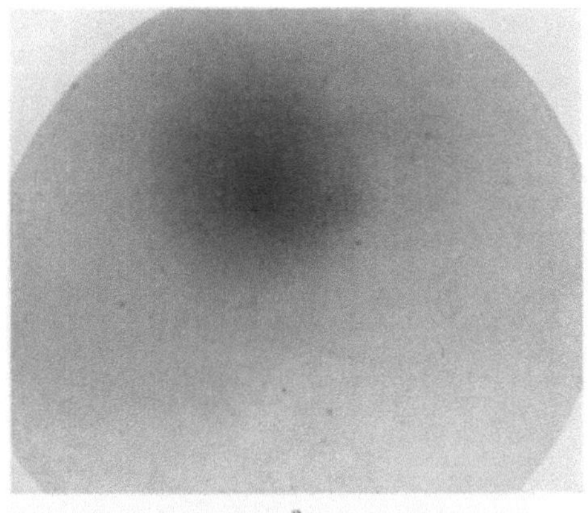

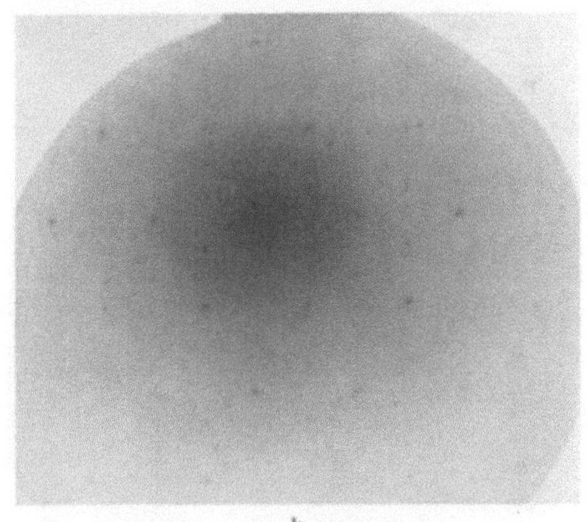

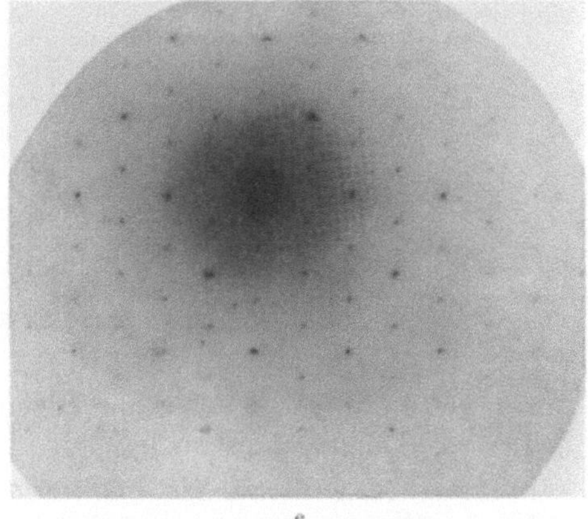

Abb. 1 a—c. Elektronenbeugungsaufnahmen von Hochpolymerverbindungen ein und desselben Objektbereiches
a) 45 kV, b) 72 kV, c) 84 kV

Beugungsbildes wird durch ionisierende Strahlung hervorgerufen. Der Einfluß dieser Strahlung auf das Objekt nimmt mit der Beobachtungszeit zu. Das Experiment hat gezeigt, daß die Widerstandsfähigkeit gegen die Strahlungswirkung von der Gitterordnung und dem chemischen Aufbau der betreffenden Hochpolymerverbindung abhängt. Um die Struktur des Polythenes zu zerstören, muß man es längere Zeit einer intensiveren Strahlung aussetzen. Die Strahlungsdosis, die zu einer Zerstörung von Cellulose führt, ist wesentlich kleiner. Für Proteine ist sie aber am kleinsten. In dieser Hinsicht kann man die überzeugendsten Beweise der ionisierenden Einwirkung gerade bei den Untersuchungen der Proteine gewinnen.

Wir untersuchten die Ionisationseinwirkung der Elektronen auf dispergiertes Kollagen, das aus der Haut und den Sehnen von Tieren gewonnen wurde. Die thermische Wirkung der Elektronen wurde ausgeschlossen, indem man die Betriebsdaten des Gerätes so wählte, daß sich die Objekttemperatur unterhalb 30° C einstellte. Die Temperatur wurde unmittelbar im Gerät gemessen (8). Die Ergebnisse demonstrieren, daß sich das Beugungsbild im Laufe der Beobachtungszeit ändert. Das Beugungsbild, das im ersten Augenblick erhalten wurde (Abb. 2a), ist labil und wandelt sich, eine Zwischentransformation erleidend (Abb. 2b), in ein Diagramm, das für einen amorphen Zustand kennzeichnend ist (Abb. 2c). Die Dauer dieses Überganges beträgt

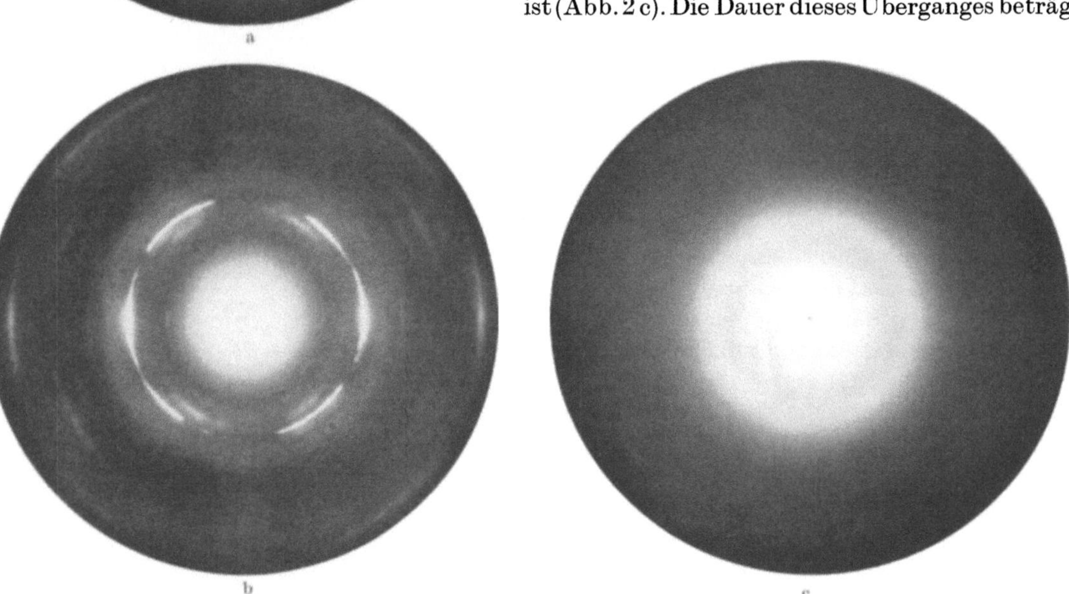

Abb. 2a—c. Änderung des Elektronen-Beugungsbildes mit der Bestrahlungsdauer

ungefähr 20—30 sek. Dies erklärt vielleicht die Tatsache, daß bisher in der Literatur keine Ergebnisse über Beugungsuntersuchungen an Kollagen veröffentlicht wurden. Diese Strukturänderung kann man aber bei elektronenmikroskopischen bzw. bei Röntgenstrahlbeugungsuntersuchungen bei kleinen Winkeln nicht wahrnehmen. Doch haben Perron und Wright (9) gezeigt, daß, obwohl das Röntgenbeugungsbild keine Änderungen zeigt, die Eigenschaften von mit Röntgenstrahlen bestrahlten und unbestrahlten Objekten völlig verschieden sind. Nach der Bestrahlung sind die Kollagenfasern in Wasser löslich. Dies weist auf die Zerstörung der Kettenverbindungen hin.

Die Einwirkung der ionisierenden Stahlung auf die Struktur und Eigenschaften der Hochpolymerverbindungen wurde mehrmals untersucht (10). Die Untersuchungen bezogen sich sowohl auf lösliche (Sol) Verbindungen als auch auf solche, die sich in unlöslichem Zustand befanden. Es gibt eine Reihe von Arbeiten, die auf eine Sol-Gel-Transformation von einigen Hochmolekularverbindungen im Laufe der Bestrahlung hinweisen. Dieses zeugt von einer Vernetzung der Struktur der betreffenden Verbindungen (*11*).

Die Zerstörung der schon vorhandenen Bindungen kann gleichzeitig mit der Bildung zusätzlicher Bindungen vor sich gehen. So wurde z. B. die Ausscheidung von Wasserstoff bei der Bestrahlung von einigen Hochpolymerverbindungen festgestellt (*10, 13*). Dieses spricht für die Änderung des chemischen Aufbaus, die durch die Bestrahlung bedingt ist. Allgemein hängt die Standhaftigkeit der Verbindungen sowohl von der Struktur (Anzahl der Wasserstoff-Ester- und anderer Strukturbindungen) als auch vom chemischen Bestand der betreffenden Verbindungen ab. CHENOCH und LAPINSKAJA (*12*) haben auf die leichte Zerstörbarkeit der aliphatischen Aminosäuren hingewiesen und haben gezeigt, daß eine derartige Zerstörung um so leichter vor sich geht, je kürzer die Kette der betreffenden Säure ist. Sie untersuchten den Einfluß, den das radioaktive Kobalt auf die Aminosäuren (Glykokoll, Alanin, Leicin) ausübt. Auch zeigen sie, daß die aromatischen Aminosäuren leicht zerstört werden können. LITTLE zeigte, daß die Wasserstoff- bzw. Esterbindungen unter der Einwirkung der Elektronen leicht zerstört werden (*13*).

Man vermutet, daß im Kollagen sowohl eine große Anzahl von Wasserstoff- als auch einige Esterbindungen vorhanden sind. Die letzteren scheinen die Struktur des Kollagens zu stabilisieren und es unlösbar zu machen. Was den chemischen Bestand anbetrifft, so setzt sich das Kollagen aus einer großen Anzahl von Aminosäuren zusammen, die sowohl zur aliphatischen als auch zur aromatischen Art gehören, dabei beläuft sich z. B. der Bestand an Glykokoll auf 27% des Gesamtbestandes an Aminosäuren. Das Kollagen kann also sowohl in chemischer Hinsicht als auch wegen der Eigentümlichkeiten seiner Struktur gegen die Einwirkung der ionisierenden Strahlung unbeständig sein. Es ist von Interesse, zu bemerken, daß der oben erwähnte Zwischenzustand (Abb. 2b) wahrscheinlich ein Kennzeichen dafür ist, daß nicht alle Bindungen gleichzeitig zerstört werden. Eine solche Vermutung steht auch damit in Einklang, daß im Kollagen verschiedenartige Bindungen vorhanden sind, deren Bildungsenergie auch verschieden sein muß.

Die Ergebnisse der eingehenden Untersuchungen der Strukturänderungen von Hochpolymerverbindungen zeugen davon, daß man bei Elektronenbeugungsuntersuchungen an solchen Objekten Vorsichtsmaßnahmen treffen muß, die eine Strukturänderung ausschließen. Hält man sie ein, so kann man vermittels Elektronenbeugung eine reichere Auskunft über die Struktureinzelheiten dieser Objekte gewinnen, als es sich mit den Röntgenstrahlen (beispielsweise mit den CuKα-Strahlen) tun läßt. Dieses ist aus der Tabelle ersichtlich.

Tabelle 1. *Abstände der Netzebenen in Å, berechnet nach den Daten von röntgenographischen bzw. Elektronenbeugungsuntersuchungen*

Ramiefaser		Hydratcellulose		Collagen	
Röntgenographisch	Elektronographisch (*5*)	Röntgenographisch	Elektronographisch (*14*)	Röntgenstrahlbeugung	Elektronenstrahlbeugung
6,20	6,18	7,6	—	12,0	—
5,73	5,72	4,5	4,5	7,5	—
4,56	4,46	4,1	4,25	5,12	5,3
4,14	4,23	3,6	3,75	4,02	4,04
3,33	3,42	3,24	3,21	—	3,9
2,75	2,68	2,67	2,58	—	3,45
—	2,05	2,28	2,26	2,85	2,9
—	1,28	—	2,01	—	2,62
—	1,14	—	1,75	—	2,4
			1,26	2,27	2,2
			1,09	—	2,0
				1,83	1,86
				1,64	1,63
				1,45	—
				—	1,2
				—	1,1

Schlußfolgerungen. Es wurde gezeigt, daß man die Struktur einiger Hochpolymerverbindungen nur dann naturgetreu mittels Elektronenbeugung wiedergeben kann, wenn man

a) die thermische Einwirkung der Elektronenstrahlen durch die Einschränkung des bestrahlten Objektgebietes mindert,

b) die Ionisationseffekte durch Beschränkung der Strahlintensität herabsetzt,

c) zur höheren Beschleunigungsspannung übergeht, um die Intensität des Hintergrundes des diffus gestreuten Elektronen zu vermindern,

d) die Dicke der Objektschicht richtig wählt, um das Verhältnis der Intensitäten der Interferenzmaxima und des Hintergrundes optimal zu machen.

Die Elektronenbeugungsuntersuchungen erlauben, einen ausführlichen Einblick in die Struktur der Hochpolymerverbindungen zu gewinnen, und ergänzen die Röntgenbeugungsmethode.

Literatur

1. Katz, J., et J. Dersen: Rec. Trav. chim. Pays-Bas **51**, 513 (1932).
2. Seides, A. L., i S. I. Sokolow: Strojenije i phisiko-chimitscheskije swoistwa kautschuka, kollagena i proiswodnich zellulosi. str. 141. Gislegprom 1937.
3. Menter, J. W.: Electron Microscopy. Proc. of the Stockholm Conference, p. 93. Sept. 1956.
4. Neider, R.: Electron Microscopy. Proc. of the Stockholm Conference, p. 88. Sept. 1956.
5. Seides, A. L., i I. G. Sinizkaja: Dokl. Akad. Nauk SSSR **80**, 213 (1951).
6. Derjagin, B. W., i N. A. Krotowa: „Adgesija" 1949, str. 240.
7. Seides, A. L., i I. G. Stojanowa: Dokl. Akad. Nauk SSSR **107**, 711 (1956).
8. Stojanowa, I. G., i E. M. Belawzewa: Awt. swid. N 113814 (1957).
9. Perron, R., and B. Wright: Nature (Lond.) **166**, 863 (1950).
10. Simcha, K., u. L. Wall: J. physik. Chem. **61**, 425 (1957).
 Karpow, W., i L. Swerew: Sborn. rabot po radiazionnoj chimii. Isd. AN SSSR 1955.
11. Callinan, T.: J. Electrochem. Soc. **103**, 292 (1956).
12. Chenoch, M. G., i E. M. Lapinskaja: Dokl. Akad. Nauk SSSR **104**, 746 (1955); **110**, N 1 (1956).
13. Little, K.: The Proc. third int. Conference on Electron Microscopy London 1954; London 1956.
14. Seides, A. L., i I. G. Stojanowa: Dokl. Akad. Nauk SSSR **92**, 601 (1953).

9. Staube und Rauche

Elektronenoptische Untersuchungen von Schwebestaub in Grubengebäuden

H.-W. Schlipköter, H. Steiger, H.-F. Esser und E. G. Beck

Institut für Hygiene und Mikrobiologie der Medizinischen Akademie Düsseldorf (Direktor Prof. Dr. med. W. Kikuth) und Steinkohlenbergwerk Hannover-Hannibal A.-G. Bochum-Hordel

Die Staubentwicklung unter Tage ist für den Bergmann nicht nur eine Belästigung, sondern auch ein großes gesundheitliches Problem. Die Einatmung des Feinststaubes unter 5 μ, vor allem wenn er einen gewissen Quarzgehalt besitzt, führt nach einer mehr oder minder langen Expositionsdauer zu schweren Staublungenerkrankungen. Da man annahm, daß der Feinststaub von 1—5 μ am gefährlichsten ist, wurden bei der Staubbekämpfung und Staubmessung vor allem diese Korngrößen berücksichtigt. In den letzten Jahren hat man aber in den Lungen von Bergleuten, die an Pneumokoniose verstorben waren, vorwiegend Stäube unter 1 μ gefunden. Auf dem europäischen Kongreß für Elektronenmikroskopie in Stockholm wurde von Schlipköter und Colli über elektronenoptische Untersuchungen von Staubkorngrößen in Staublungen berichtet. Hierbei ergaben sich für die Länge der Staubpartikel Korngrößenmaxima zwischen 0,15 μ und 0,35 μ. Wir haben deshalb darauf hingewiesen, daß man bei einer Staubbekämpfung auch die Feinststäube unter 0,5 μ berücksichtigen muß.

Aus diesem Grunde wurde nun versucht, in einem Steinkohlenbergwerk elektronenoptische Messungen des Feinststaubes durchzuführen. Das Problem hierbei ist vor allem, ein geeignetes Staubsammelgerät zu finden. Bisher wurde hierfür vorwiegend der Thermalpräcipitator verwendet, der den Staub durch Thermodiffusion abscheidet. Da dieses Gerät eine elektrische Heizung besitzt, muß es im Bergbau schlagwettergeschützt ausgeführt werden und wird dadurch recht schwer und unhandlich. Deshalb wurden auch andere Staubsammelgeräte auf ihre Brauchbarkeit für eine ausreichende Beschickung elektronenoptischer Blenden untersucht.

Als erstes prüften wir das Konimeter. Der Staub der angesogenen Luft wird durch eine Düse auf eine Glasplatte geschleudert. Zur Beschickung der elektronenoptischen Blenden wurde die Glasplatte durch eine Metallplatte mit Bohrungen zur Aufnahme der befilmten Netze oder Platinblenden ersetzt. Dieses Gerät läßt aber im Bereich unter 1 μ in seiner Abscheideleistung rapide nach und ist deshalb für diese elektronenoptischen Messungen nicht geeignet. Als zweites versuchten wir den Staub in einem Probegefäß zu sedimentieren. Um die feinsten Teilchen möglichst schnell abzuscheiden, wurde die staubhaltige Luftprobe zentrifugiert. Das Verfahren ist zwar im Prinzip brauchbar, jedoch finden sich auf den elektronenoptischen Blenden zu wenig Staubteilchen, um sie für die Staubverhältnisse unter Tage auswerten zu können.

Als nächstes haben wir Membranfilter verwendet, die im Bergbau bereits seit längerer Zeit in Gebrauch sind. Von ihnen ist zwar bekannt, daß sie auch die feinsten Teilchen abscheiden, jedoch sind sie elektronenoptisch nicht durchstrahlbar, so daß das Problem darin bestand, den

aufgefangenen Staub von den Membranfiltern auf entsprechende elektronenoptische Blenden zu übertragen. Hierzu gab FRASER eine einfache Methode bekannt: Er legte ein Stück Membranfilter mit der Staubseite nach unten auf eine elektronenoptische Blende und goß in einer Petrischale Aceton oder Äthylacetat so lange hinzu, bis das Membranfilter in 10 min sich auflöste. Bei unseren eigenen Versuchen mit dieser Methode fanden sich jedoch jedesmal Reste von Membranfiltern, die eine exakte Auswertung nicht ermöglichten und außerdem wurden die feinsten Teilchen weggeschwemmt. Zur Beseitigung dieser Mängel wurde die Methode variiert. Einem Vorschlag von KLEIN folgend, ließen wir mit einer sehr geringen Geschwindigkeit Aceton über das Filter fließen, wobei sich jedoch Coagulationserscheinungen störend bemerkbar machten. Bei zahlreichen Vergleichsuntersuchungen erhielten wir die besten Resultate, wenn das Filter nicht in das Lösungsmittel eintauchte, sondern sich an der Flüssigkeitsoberfläche befand. Wir entwickelten deshalb eine Anordnung, die in der Abb. 1 wiedergegeben ist: Auf der rechten Seite befindet sich ein doppelwandiges Präparationsgefäß (P). In dem inneren

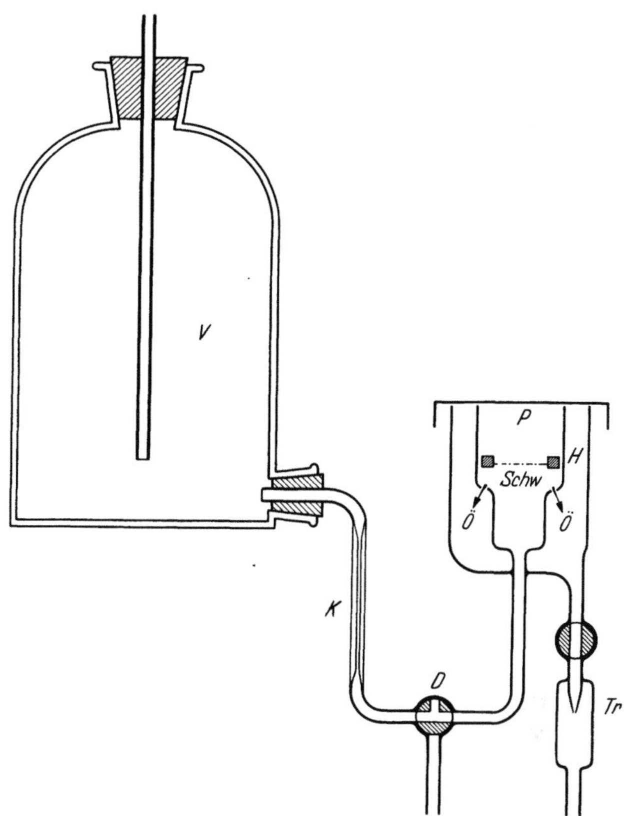

Abb. 1. Apparatur zur chemischen Auflösung von Membranfilter, die eine Übertragung des abgeschiedenen Staubes auf elektronenoptische Blenden erlaubt

Gefäß befindet sich ein Korkschwimmer (Schw) mit einem feinen Netz von 1 mm Maschenweite. Auf diesem Netz des Korkschwimmers liegen die elektronenoptischen Objektträger — wir benutzten befilmte Kupfernetze — und auf ihnen mit der Staubseite nach unten die Membranfilter. Das Netz ist so in den Korkschwimmer eingelassen, daß das Membranfilter gerade an der Oberfläche des Lösungsmittels schwimmt. Aus der Vorratsflasche (V), auf der linken Seite der Abbildung, fließt das Lösungsmittel — wir verwendeten immer Aceton — durch eine Capillare (K) über einen Dreiwegehahn (D) in das innere Präparationsgefäß. Der Schwimmer liegt bei Beginn des Versuches auf der Verengung in der Mitte des Gefäßes. Sobald die Flüssigkeit auf die halbe Höhe der Verengung gestiegen ist, wird zunächst der Hahn wieder zugedreht, damit kein weiteres Aceton zufließen kann. Durch die aufsteigenden Acetondämpfe wird das Membranfilter langsam angelöst und klebt nach 15 min fest an dem Objektträger. Ließe man den Flüssigkeitsspiegel sofort bis zum Membranfilter hochsteigen, so würde sich das Filter an den Rändern aufwerfen. Es bestände außerdem die Gefahr, daß durch das plötzliche Tränken des Filters Teilchen weggeschwemmt werden. Nach dem Anlösen durch die Acetondämpfe kann man den Flüssigkeitsspiegel gefahrlos anheben. Der Schwimmer steigt etwa bis zu der eingezeichneten Höhe (H). Das Lösungsmittel fließt dabei durch die Öffnungen (Ö) an der Verengung in das äußere Gefäß und von da durch den rechten

48*

Hahn und die Tropfpipette *(Tr)* ab. Man läßt das Aceton etwa 1 Std. lang mit einer Geschwindigkeit von 1 l/Std. durch das Gefäß fließen. An der Oberfläche des Lösungsmittels im inneren
Gefäß ist offenbar noch eine minimale Bewegung vorhanden, die um so geringer wird, je höher

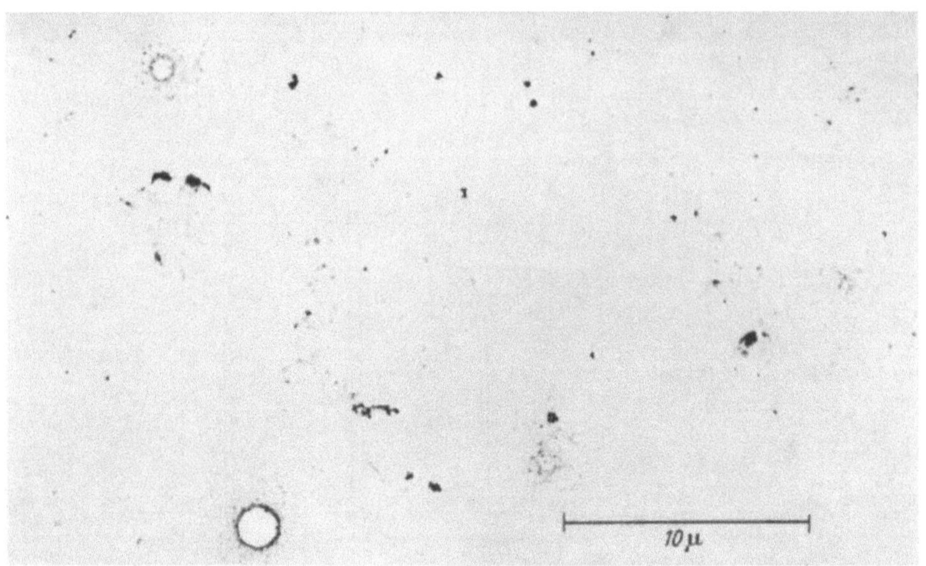

Abb. 2. Einziehende Wetter. Probennahmen mit Membranfilter. Chemische Auflösung durch Aceton.
Elektronenoptische Aufnahme. Archiv-Nr. 5784/58

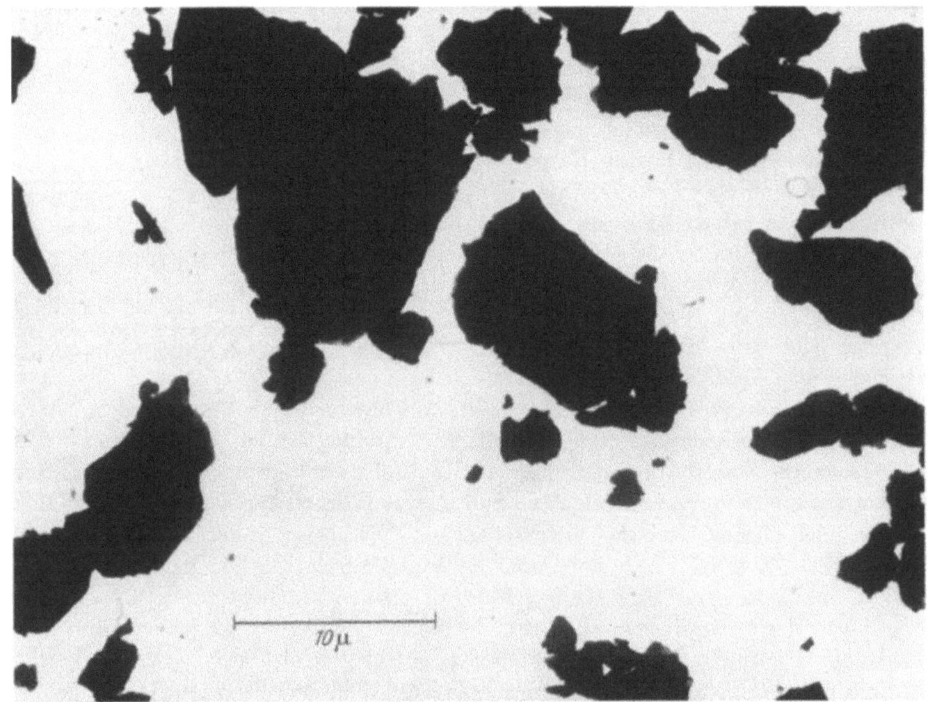

Abb. 3. Kohlengewinnung. Probennahmen mit Membranfilter. Chemische Auflösung durch Aceton.
Elektronenoptische Aufnahme. Archiv-Nr. 5240/58

der Flüssigkeitsspiegel steigt. Hat man den Flüssigkeitsspiegel zu hoch eingestellt, so bleiben
Reste des Membranfilters auf dem Objektträger zurück. Nach einer Stunde läßt man durch den
Dreiwegehahn das Lösungsmittel wieder ablaufen und die Objektträger trocknen.

Wie oben schon erwähnt, verwendeten wir als elektronenoptische Objektträger Kupfernetze mit einer Maschenweite von 60 μ. Die Kupfernetze waren mit einer Formvarschicht befilmt und mit Siliciumoxyd bedampft.

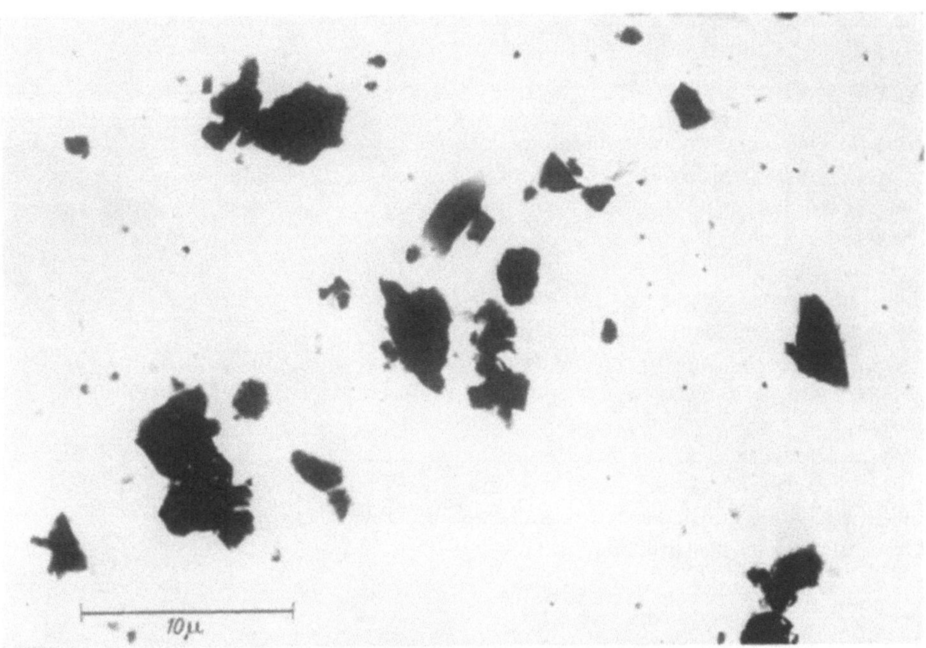

Abb. 4. Blasversatz. Probennahmen mit Membranfilter. Chemische Auflösung durch Aceton. Elektronenoptische Aufnahme. Archiv-Nr. 4953/58

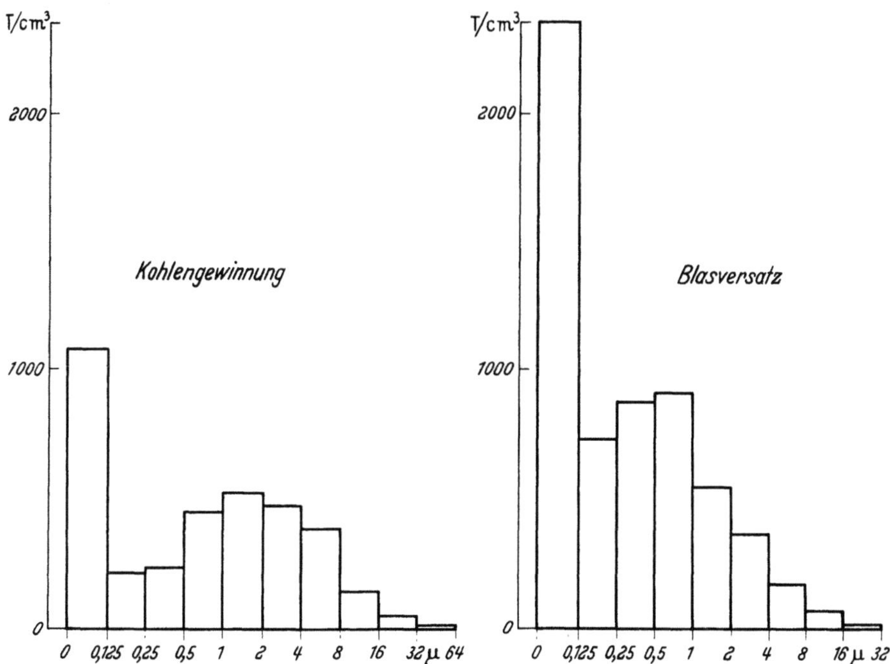

Abb. 5. Korngrößenverteilung von Kohlengewinnung und Blasversatz. Elektronenoptische Untersuchung von Staubproben nach Probennahmen mit Membranfilter

Bei der elektronenoptischen Untersuchung der Proben, die unter Tage an den verschiedensten Stellen und bei unterschiedlichen Arbeitsvorgängen entnommen und nach der beschriebenen

Methode präpariert worden waren, zeigte sich eine gleichmäßige Verteilung der Staubpartikel. Coagulationserscheinungen sowie die Reste von Membranfiltern machen sich bei dieser Methode nicht störend bemerkbar. Eine Beurteilung der Staubteilchen ist ohne Schwierigkeiten möglich, und vor allem sind zahlreiche feine und feinste Partikel vorhanden. Die Abb. 2, 3 und 4 sind Beispiele für die erhaltenen Bilder und zeigen zugleich die charakteristischen Unterschiede in den Staubverhältnissen bei den einziehenden Wettern (Abb. 2), bei der Kohlengewinnung (Abb. 3) und beim Blasversatz (Abb. 4). Mißt man die Staubpartikel aus, indem man die größte Länge einer um alle Teilchen gedachten flächengleichen Ellipse bestimmt, so erhält man Kornverteilungskurven, von denen zwei in der Abb. 5 wiedergegeben sind. Es handelt sich hierbei um die Ergebnisse bei der Kohlengewinnung und beim Blasversatz. Auffallend ist bei diesen beiden Kurven der hohe Anteil der Teilchen unter 0,125 μ. Es muß erst noch geklärt werden, worauf dieser zurückzuführen ist. Er könnte einmal vom Staub über Tage herrühren, der — wie auf der Abb. 2 zu erkennen ist — vorwiegend aus feinsten Teilchen besteht, andererseits könnten es Reste oder Verschmutzungen der Membranfilter sein. Abgesehen von diesen feinsten Partikeln unter 0,125 μ zeigen die Kornverteilungskurven bei der Kohlengewinnung ein Maximum zwischen 1 μ und 2 μ, beim Blasversatz bei 0,5 μ, was durchaus mit anderen Messungen (Thermalpräcipitator) im Einklang steht.

Diese Methode ist also für Staubmessungen unter Tage brauchbar und besticht vor allem durch die einfache Probeentnahme, die mit einer kleinen Handpumpe durchgeführt wird und von jedermann ausgeführt werden kann. Auch die Präparation der elektronenoptischen Blenden ist einfach und leicht auszuführen.

The electron microscope study of airborne coal and rock dust

J. Cartwright and G. Nagelschmidt
Safety in Mines Research Establishment, Ministry of Power, Sheffield (England)

Pneumoconiosis is a disease caused by breathing dusty air. Dust particles below the resolving power of the optical microscope do play a part in the development of the disease and therefore form a proper field of study for the electron microscope. The value of such a study will depend on the fraction by surface or mass of the total particles of respirable size which are in the electron microscope range (i. e. below 0.5 μ).

Our studies relate mainly to airborne mine or quarry dusts and were made on samples collected with a thermal precipitator. The size distribution of dusts from coal mines, collected with the thermal precipitator and measured by light microscopy was studied by Wynn and Dawes (1) who drew attention to the great variation in concentration of particles below 0.5 μ, and to the unexpectedly large numbers in which they occurred. They found that the number frequency distribution of the mine dusts could be represented by a two-term exponential distribution

$$dF_N = [Q \alpha \exp(-\alpha D) + (1 - Q) \beta \exp(-\beta D)] \, dD$$

For general coal-getting operations the value of α ranged from 0.2 to 0.8 with a mean value of 0.4 for particles above 0.5 μ; an average value of $\beta = 14.5$ fitted the steeply rising frequency function below that size.

Our first results with the electron microscope showed that the finest particles (the β component) were almost entirely due to pollution in the intake ventilation air [Cartwright and Skidmore (2)].

To study the fine dust actually produced by mining or quarrying, it was necessary to take samples in places where the ventilating air was reasonably free from pollution. We examined sandstone dust produced by dry percussive drilling in a quarry heading about ten miles (16km) away from the nearest industrial region. Samples of atmospheric dust were also taken for comparison with those of the drilling dust. The drilling dust could be measured reasonably accurately for particle sizes above 0.1 μ but below this size the results were apparently complicated by coagulation effects, which caused the concentration of particles below 0.1 μ in the drilling dust to be less than in the general atmosphere. The frequency distribution of the drilling dust is shown as histogram (a) in Fig. 1. A calculation from the counts showed that within the respirable size range (below 5 μ) 2% by mass and 20% by surface were contributed by the particles smaller than 0.5 μ.

A number of samples of airborne coal and rock dust produced by shotfiring were studied. The dust concentrations were expected to be high so that the atmospheric dust would only have a small influence on the total count. A typical micrograph is shown in Fig. 2. Some of the fine rounded particles may be air pollution but the majority were probably either fused mineral

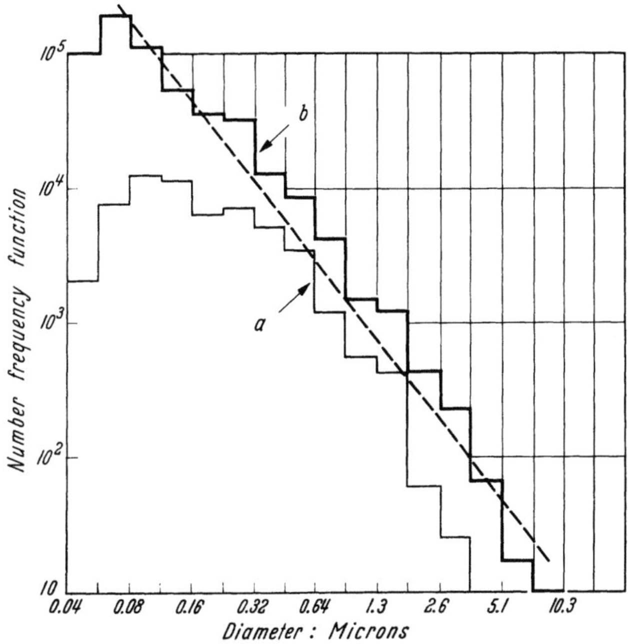

Fig. 1 Frequency distribution of dust produced by:
a dry percussive drilling of sandstone. b Abrasion of sandstone in a dust chamber

particles or fume from the explosive charge. The size distribution of these dusts could be expressed as a power law — $dF = D^{-2.7}\,dD$ — for samples of mass concentration (calculated from the counts) below 3 mg/m³. At higher concentrations the proportion of particles below 0.5 μ was less than that represented by the power law and in all samples the proportion of the particles below 0.5 μ tended to fall with increasing total concentration. This effect may have been due to coagulation but the amount of coagulation could not be calculated because the sample gave only an estimate of the average concentration during the 10 to 30 min sampling times. The initially high concentration, and its rate of change during sampling, were unknown.

In order to have better control of coagulation and air pollution a series of tests were made on dusts produced in the laboratory. Coal and rock specimens were abraded in a lathe in a chamber of 0.5 m³ volume. The air was first cleaned by passing it repeatly through an electrostatic precipitator. A jet of clean air was directed at the tungsten carbide abrading tool to give rapid dispersion of the dust in order to minimise coagulation. A sandstone dust cloud thus produced is illustrated in Fig. 3 and its size distribution shown on log scales in Fig. 1 histogram (b). The straight line on the diagram represents the function $dF = D^{-2.1}\,dD$ which gave a fair representation of the size distribution between 0.05 and 5.0 μ. Empirically this function gave a good approximation to the experimental results. A theoretical justification for a function of this type has been given by EVANS (3) and its application demonstrated by HAMILTON and KNIGHT (4).

With increasing precautions taken to exclude contamination and to avoid aggregation effects it was possible to extend this function to smaller and smaller particle sizes.

Our results were obtained by laboratory tests with sandstone and limestone dusts, and a few tests made on coal dust gave rather similar results. It is probable, however, that samples taken

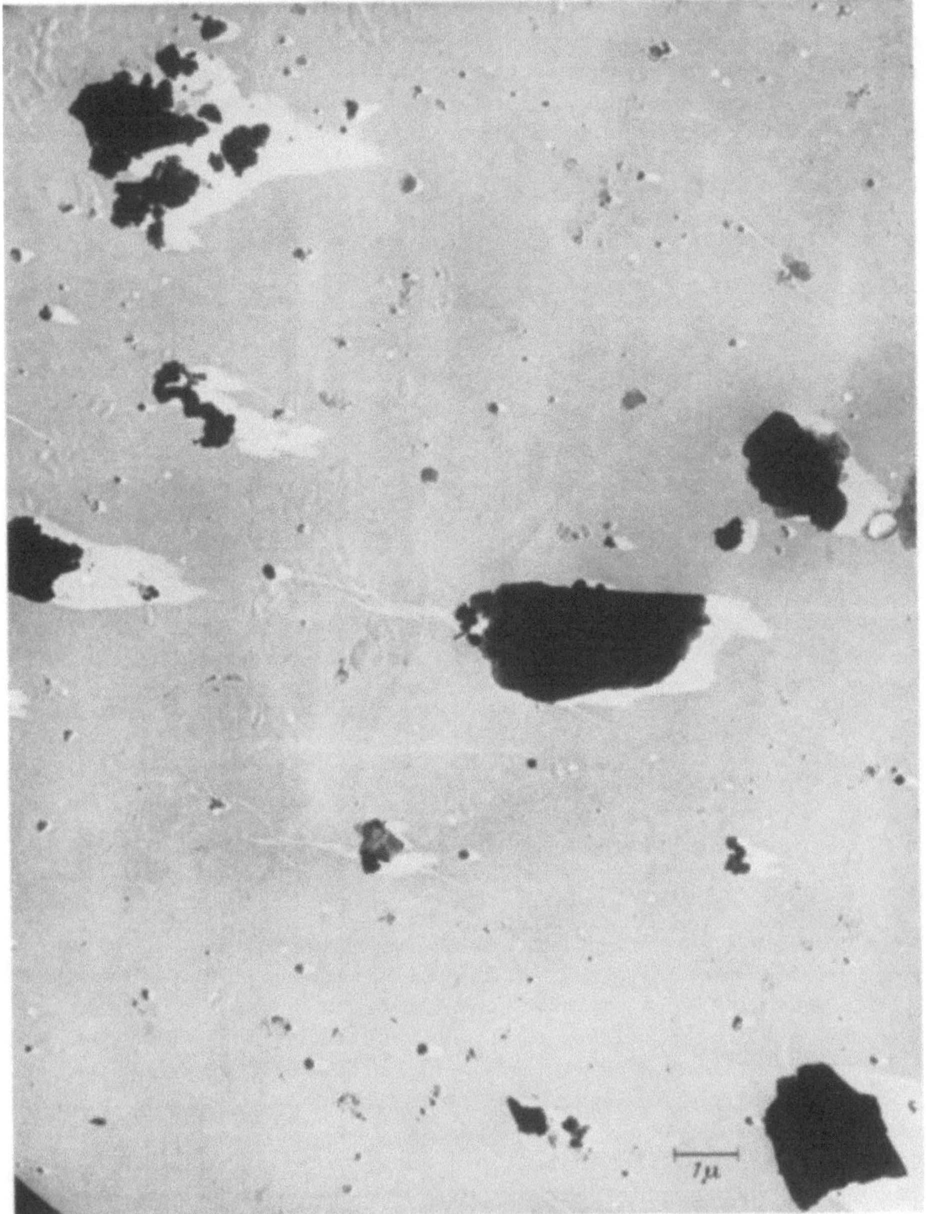

Fig. 2. Airborne dust produced by shotfiring in sandstone

under mining conditions would differ owing to the following causes: Coagulation effects could cause a reduction in the proportion of fine particles. On the other hand an increased proportion of fine particles could result from loss of larger particles by settling out or it could be due to the presence of fine particles in the intake ventilating air or solid residues from water droplets. The method of sampling also could affect the measurement of size distribution. Aggregation due to overlapping of particles in thermal precipitator samples, ROACH (5), does produce variations in the size distributions according to the density of the sample. Such factors could lead to some of the large differences that have been reported in the literature. WYNN and DAWES (*1*) had found that their β component ranged in twenty samples from 7 to 19. TALBOT (*6*) found that electron microscope counts of drilling dust increased in frequency for sizes down to 0.01 μ. On the other

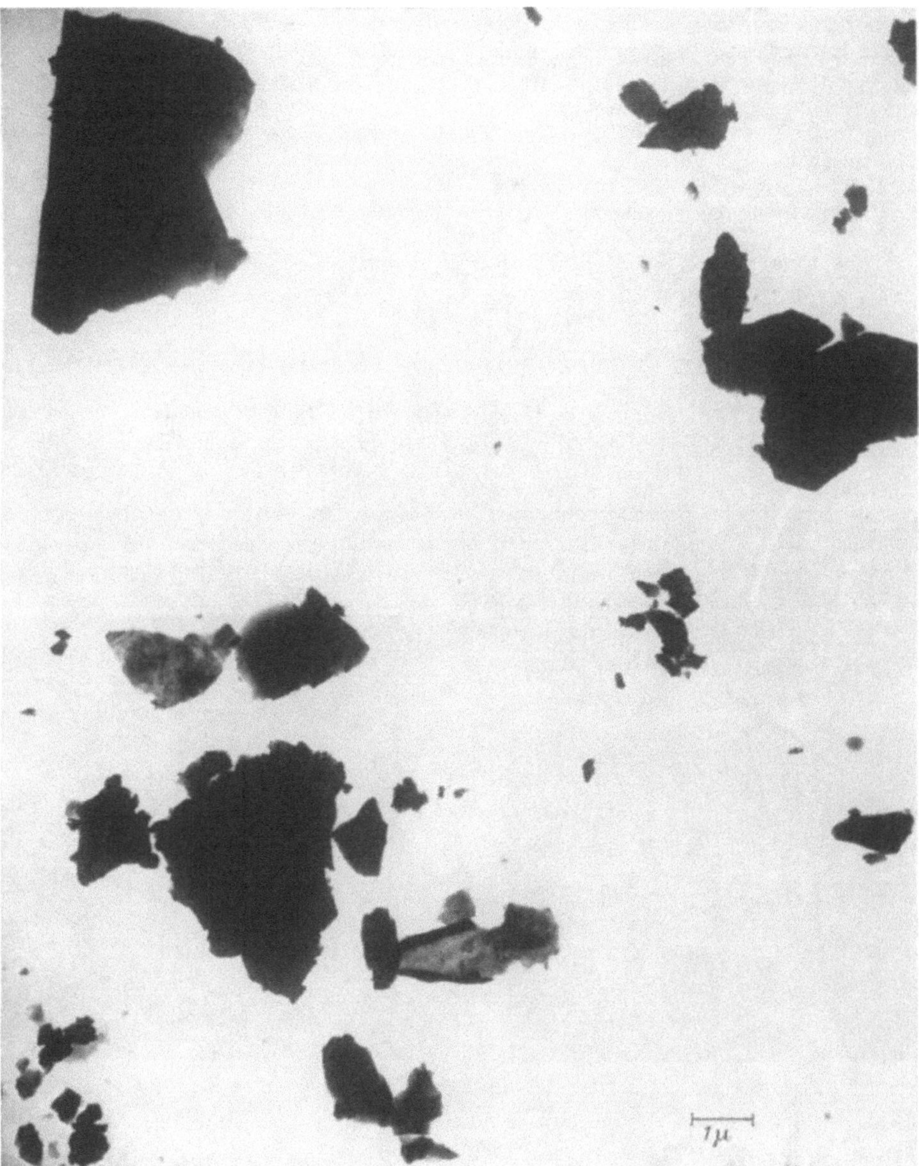

Fig. 3. Airborne sandstone dust produced in dust chamber experiment

hand, according to a recent report of the Dutch Chamber of Mines by MATLA (*7*), electron microscopy showed that particles smaller than 0.2 μ did not occur, or else occurred only sporadically, in coal mine dusts.

Our own results have led to the following conclusion. The size distribution of freshly produced rock dust can be approximately described by a power law. Calculation from the observed distribution shows that particles below 0.5 μ would contribute 1% of mass and 10% of surface of all particles smaller than 10 μ; particles below 1 μ would contribute 4% of mass and 20% of surface of all particles smaller than 10 μ. If the health hazard of respirable dust depends on its mass it would appear that the ultrafine fraction can be ignored. If, on the other hand the hazard depends on the surface area of inhaled dust the ultra fine fraction cannot be ignored.

This paper is published by permission of the Ministry of Power. The illustrations are British Crown Copyright and are reproduced by permission of the Controller of Her Britannic Majesty's Stationery Office.

References

1. Wynn, A. H. A., and J. G. Dawes: S. M. R. E. Report No. 28, H. M. S. O. 1951.
2. Cartwright, J., and J. S. Skidmore: S. M. R. E. Res. Report No. 139, H. M. S. O. 1957.
3. Evans, I.: N. C. B. M. R. E. Report 2050.
4. Hamilton, R. G., and G. Knight: Conference on mechanical properties of non-metallic brittle materials. Butterworths 1958.
5. Roach, S. A.: Nature (Lond.) **182**, 134 (1958).
6. Talbot, J. H.: A preliminary examination of some Witwatersrand mine dusts with the elctron microscope. Tvl. and OFS Chem. Mines. Ser. Rep. Nov. 16 (1955).
7. Matla, W. A.: Third Annual report of the dust institute of the Gesamenlijke Steenkohlenmijnen 1957.

Étude par diffraction et microscopie électroniques de la fumée du tabac

J. J. Trillat, L. Tertian, K. Mihama et J. Cuzin

Laboratoire de Rayons X du Centre National de la Recherche scintifique à Bellevue (France)

On sait l'intérêt qu'on porte actuellement à l'étude des constituants de la fumée de tabac et de leurs propriétés biologiques. Il a paru intéressant d'aborder aussi ces questions du point de vue physique, en utilisant notamment les méthodes basées sur la diffraction et la microscopie électroniques. Nous résumerons ici les principaux résultats que nous avons obtenus et qui sont développés dàns d'autres mémoires (5, 6).

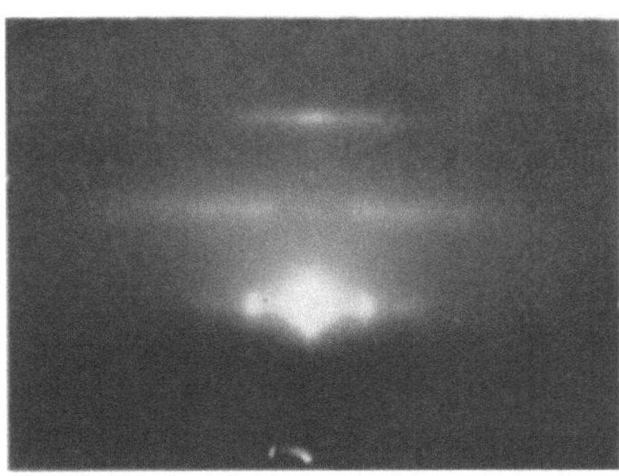

Fig. 1

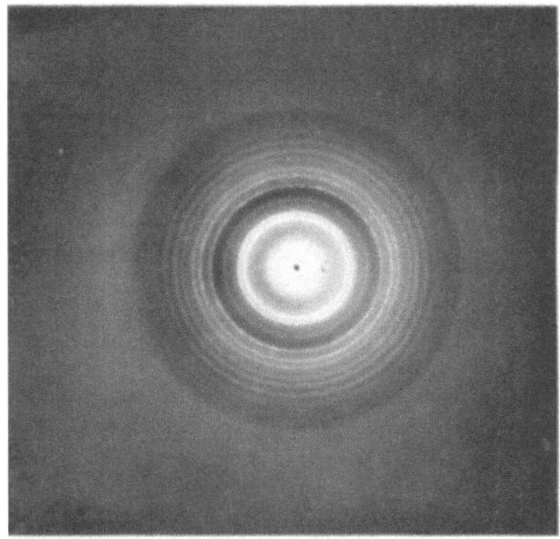

Fig. 2

1. Diffraction électronique. La fumee provenant d'une cigarette en voie de combustion est condensée sur une face naturelle de clivage parfaitement propre d'un monocristal de carbure de silicium, disposé pendant quelques secondes dans la fumée à une distance de 5 cm.

La préparation examinée par réflexion dans un diffractographe électronique donne alors le diagramme caractéristique d'une paraffine orientée perpendiculairement au support (Fig. 1). Ce diagramme est caractérisé par des bandes parallèles à la «ligne d'ombre» et traversé de spots indiquant la présence de microcristaux orientés. Un calcul simple permet d'en déduire la distance entre atomes de carbone, soit 1,26 Å, qui correspond exactement à celle des chaînes aliphatiques [J. J. Trillat (1), J. J. Trillat et H. Motz (2)]. En recueillant un film mince de paraffine sur carbure de silicium, on obtient par réflexion un diagramme identique à celui trouvé dans le cas des fumées de tabac.

Ce résultat est confirmé par des examens par transmission effectués en condensant la fumée sur une fine membrane de parlodion, de titane ou de carbone. On obtient alors des anneaux de diffraction caractéristiques (Fig. 2), identiques à ceux déjà observés par J. J. TRILLAT dans des recherches antérieures sur les paraffines (1, 2); les distances réticulaires correspondant aux 10 premiers anneaux de diffraction coïncident parfaitement et les intensités relatives sont les mêmes. Ces anneaux sont souvent ponctués, ce qui indique la présence de cristaux ayant des dimensions de l'ordre de 0,1 μ. L'aspect des clichés ne varie pratiquement pas suivant l'origine des tabacs utilisés.

Ces résultats montrent l'extrême sensibilité de la méthode de diffraction électronique, mais ne suffisent cependant pas à déterminer la nature et le nombre d'atomes de carbone des paraffines qu'elle permet de déceler dans la fumée de tabac. Ces recherches ont été effectuées dans notre laboratoire par Mme. S. BARBEZAT (3) à partir de paraffines extraites de la fumée du tabac, fractionnées par chromatographie et examinées par diffraction des rayons X; elles ont prouvé que ces paraffines linéaires ont des chaines hydrocarbonées de 25 à 32 atomes de carbone, et qu'il existe sans doute aussi dans la fumée des paraffines liquides à la température ordinaire. Enfin, elles font pressentir l'existence de longues paraffines ramifiées qui sont éluées en même temps que les paraffines normales.

La technique de dépôt de la fumée a été améliorée en utilisant une machine à fumer les cigarettes, conçue par la Régie française des tabacs.

Les conclusions que l'on peut tirer de cette étude sont les suivantes:

1. Il existe dans la fumée de tabac des paraffines linéaires; des résultats identiques sont obtenus avec cigarettes, cigares ou pipe.

2. L'aspect des diagrammes est indépendant de la nature du tabac.

3. Les filtres ou le tabac lui-meme sont insuffisants pour arreter complètement les paraffines.

2. Microscopie electronique. Par examen direct sans ombrage d'une préparation obtenue par simple condensation de la fumée de tabac sur des supports en carbone ou titane, on observe, sous faible grossissement (2.000 ×), une répartition assez homogène de gouttelettes de diamètres très variés compris entre quelques dixièmes de μ et quelques μ, et qui paraissent se vider rapidement de leur contenu. Un examen simultané en diffraction électronique montre la présence des anneaux de paraffine; mais même en employant la microdiffraction, il n'a pas été possible de déterminer l'emplacement des régions donnant naissance au diagramme de paraffine, celui-ci apparaissant en tous les points de la préparation.

Un ombrage au titane sous un angle de 10° fait apparaître sur la plupart des globules une structure constituée par une peau plus ou moins plissée, provenant sans doute d'une dessication et de l'évaporation de certains constituants. Des aspects analogues ont été observés par KAHLER et LLOYD (4) au cours d'examens de fumées de tabac, et ces auteurs suggèrent la présence d'une émulsion.

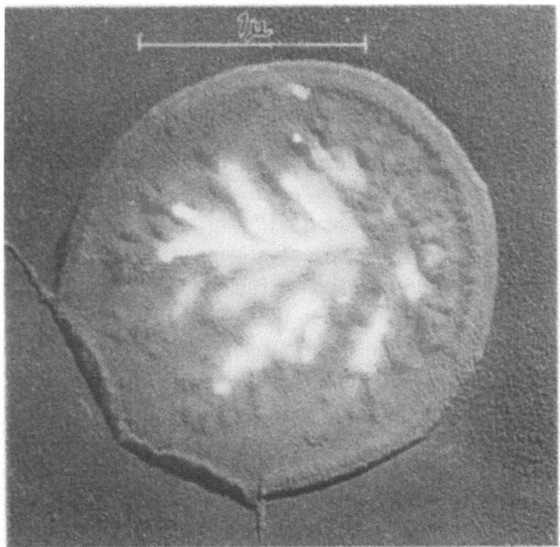

Fig. 3

Enfin, pour éviter la rapide évaporation des gouttelettes dans le vide, on peut chercher à emprisonner celles-ci entre la membrane-support et une autre membrane très fine obtenue par évaporation de carbone sous incidence normale. Dans ces conditions, l'on constate que les gouttelettes sont d'autant plus aplaties qu'elles sont plus grandes. Au bout de quelque temps, apparaît un début de structure dû à la formation d'une peau plissée, puis parfois un réseau ramifié ou squelette résiduel constitué de substances fortement absorbantes (Fig. 3). Ici encore, la microdiffraction n'a pas permis encore d'interpréter la nature de ce résidu.

En conclusion, la microscopie électronique permet de définir la forme et les dimensions des particules contenues dans la fumée de tabac et y montre l'existence de constituants peu volatils. Il semble que les paraffines se déposent en tous points du support, probablement d'abord en couches monomoléculaires.

Ces résultats préliminaires indiquent que la diffraction et la microscopie électroniques, combinées à la diffraction des Rayons X, ouvrent une voie nouvelle aux recherches concernant l'étude de la fumée de tabac et permettront peut-etre d'apporter des renseignements intéressants aux biologistes.

Bibliographie

1. Trillat, J. J.: Ann. de Physique (Paris) **1926**, 1.
2. — et H. Motz: Z. Kristallogr., Mineralog. Petrogr., Abt. A, **91**, 248 (1935).
3. Barbezat, S.: C. R. Acad. Sci. (Paris) **246**, 2907 (1958).
     — J. Lab. Bellevue **1958** (sous presse).
4. Kahler, H., et B. J. Lloyd: J. nat. Cancer Inst. 18, n° 2, 217 (1957).
5. Trillat, J. J., et J. Cuzin: C. R. Acad. Sci. (Paris) **246**, 1040 (1958).
6. — — L. Tertian et K. Mihama: Bull. Soc. franç. Microsc. **1958** (sous presse).

Electron microscopy of bidi and cigarette smoke

K. D. Hathiram and K. S. Korgaonkar

Indian Cancer Research Centre, Bombay, India

Introduction. The incidence of oral cancer in India is found to be much higher than that of lung cancer which is more common in the Western countries (*2*). In India the smoking of bidi — made locally by rolling crude tobacco in the Timbri leaf (Diospyros embryopteris) or Kuda leaf (Hollarhena antidysenterica) — is more prevalent than smoking of cigarette. Kahler and Lloyd (*1*) have carried out the electron microscopy of cigarette and cigar smoke. The present paper reports comparative Electron microscope study of the smoke deposit from bidi and cigarette.

Material and methods

Water displacement method was used in the collection of smoke deposit on collodion coated grids. To avoid the settling of smoke in a non-uniform manner caused by the jet motion of the smoke, a double-walled re-entrant glass chamber was used. Eight different popular brands of both bidis and cigarettes were studied. Five independent sets of observations were made for each brand using three grids for each collection of smoke. Observations were also carried out on smoke deposit of cigarette paper, dried leaf used for wrapping bidis and the tobacco used in their manufacture. All the specimens were chromium shadowed at an angle of about 15 degrees. RCA EMU-2D Electron Microscope with an objective aperture of 0.001″ was used for all the observations. The calibration of magnification of the instrument was done by using Dow latex particles.

Observations

1. Bidi leaf. Observations on the smoke from the leaf of bidi showed:

a) Clumps of almost round solid particles (both in timbri and kuda leaf) having diameters in the range of 0.03 μ to 0.4 μ. Majority of the particles had about 0.1 μ diameter (Fig. 1).

b) In a few cases there were dense square particles (in kuda only) of about 0.5 μ to 1 μ in size (Fig. 2).

c) Droplet like deposits (in kuda only) in various shapes and sizes (Fig. 2).

2. Bidi tobacco. A. Majority of deposits from bidi tobacco appeared to be in the form of thin wrinkled flakes (Fig. 3) having various shapes and sizes as follows:

a) Round — having diameters from 0.5 μ to 9 μ.

b) Elliptical — having mean diameters from 1 μ to 3 μ.

c) Linear — having lengths from 4 μ to 20 μ or even larger.

Some of these flaky deposits showed only a few wrinkles whereas others showed none at all. The flakes were occasionally found to be with round holes within them (Fig. 4).

B. In addition there were doughnut-like particles of sizes ranging from $0.3\,\mu$ to $1.3\,\mu$.

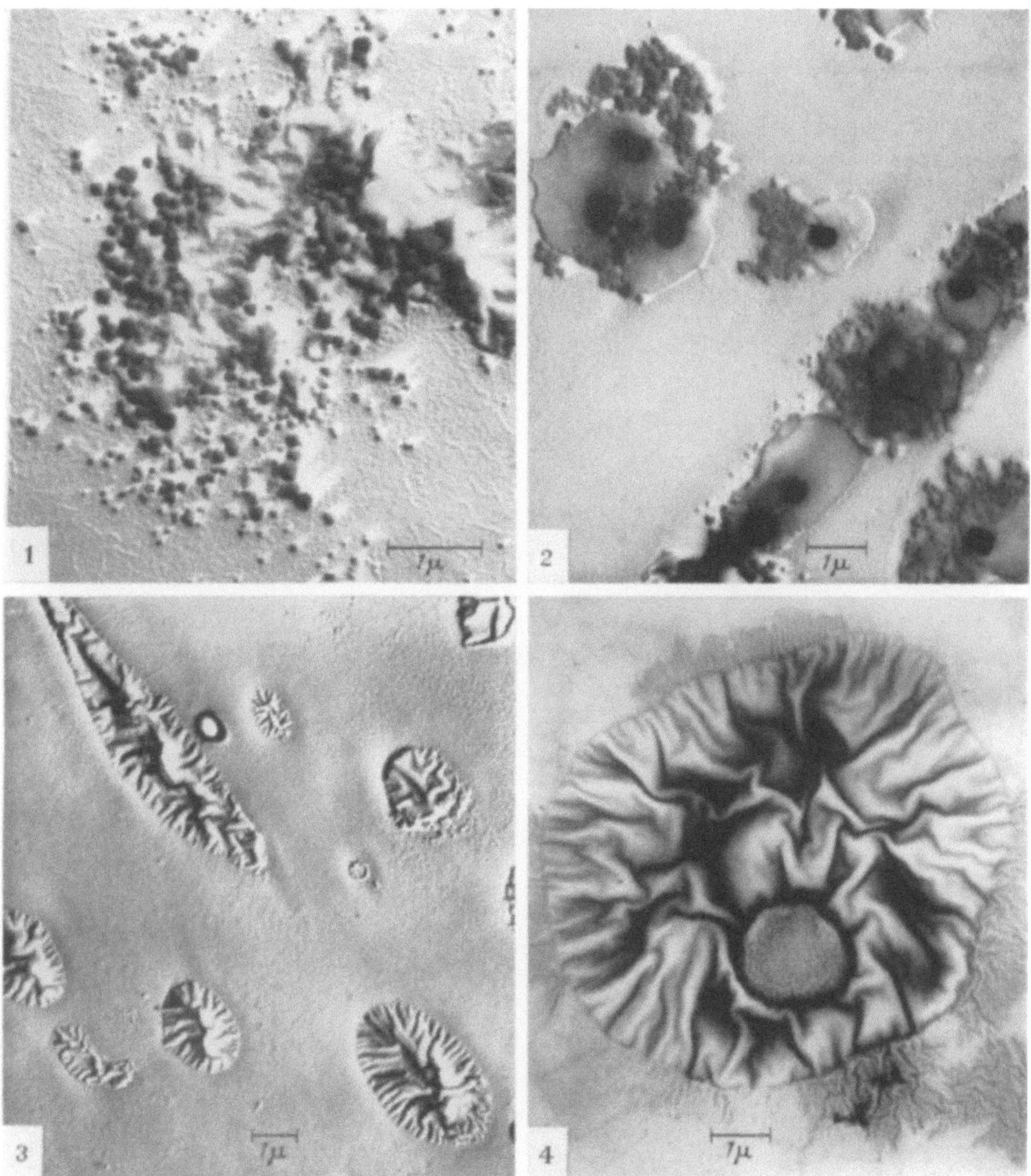

Fig. 1. Bidi leaf smoke. Shows solid round particles observed in Timbri and also in Kuda
Fig. 2. Bidi leaf smoke. Shows dense square particles and droplet like deposits observed mainly in Kuda
Fig. 3. Bidi tobacco smoke. Shows flaky deposit of various shapes and sizes with well defined boundaries
Fig. 4. Bidi tobacco smoke. Shows flaky deposit with well defined boundary with a round hole within it

3. Bidi. The smoke from bidi showed the following types of deposit:

a) Flaky material as observed in the tobacco used in bidi with more irregularities in the shapes (Fig. 5).

b) Doughnut-like particles as observed in the tobacco used in bidi (Fig. 6).

c) Round dense particles as observed in the smoke from the leaf of bidi.

4. Cigarette paper. The deposit from the paper smoke appears to consist of:

a) Partially or fully evaporated droplets with elevated boundaries of solid matter (Fig. 7).

b) The above droplets in certain cases, were found to be embedded with two types of particles:

(i) roundish dense particles (in most cases) (Fig. 7),

(ii) chains of particles like that of carbon (in rare cases) (Fig. 8).

5. Cigarette. The deposit from cigarette smoke showed the following characteristics:

a) In most cases it shows a complex form as shown in Fig. 9. At the centre it shows a wrinkled flaky appearance gradually merging into a net-like structure of round particles at the edges.

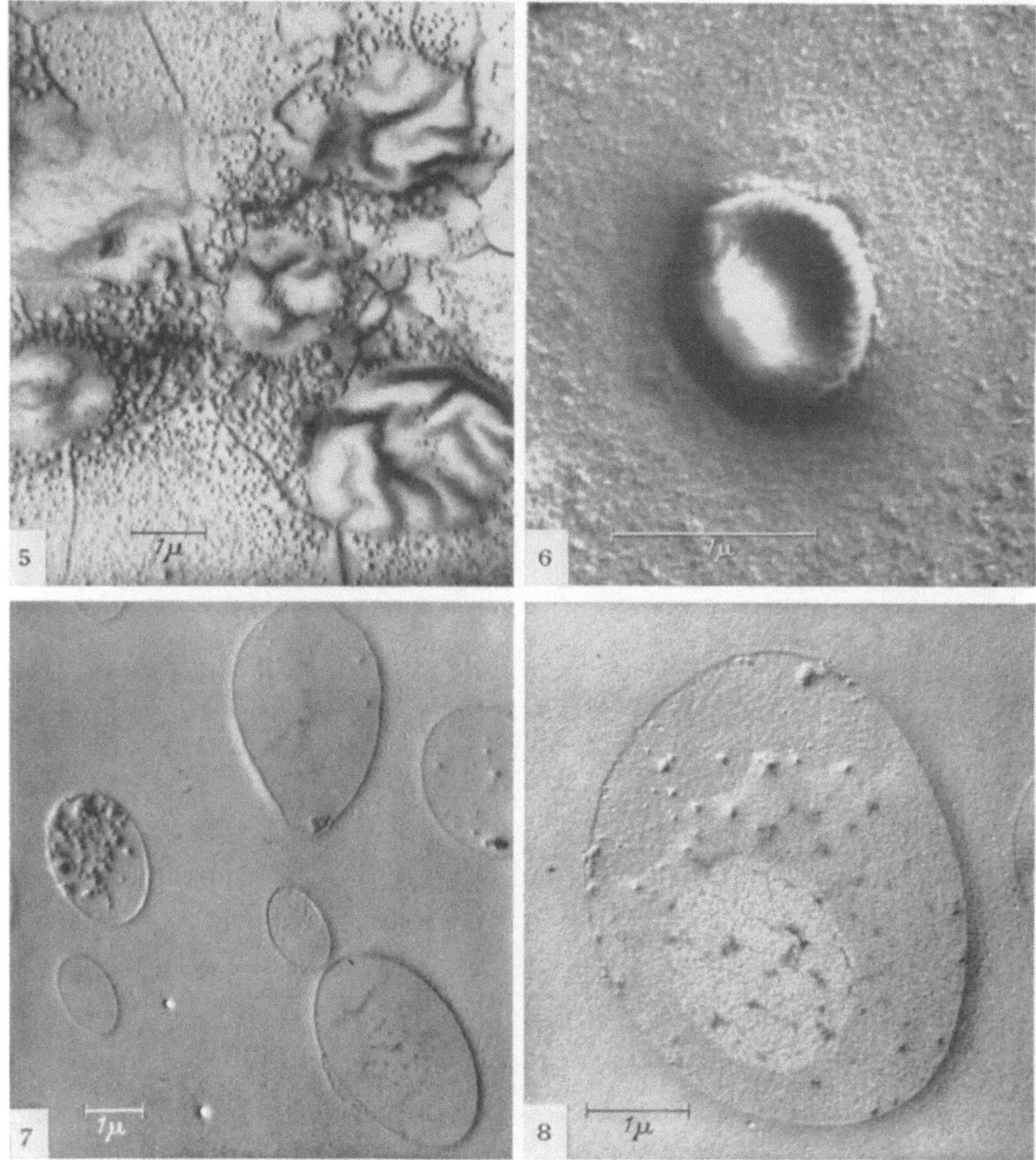

Fig. 5. Bidi smoke. Shows flaky deposit as well as round solid particles. Some threads spread beyond the boundaries of the flakes

Fig. 6. Bidi smoke. Shows doughnut-like particle. This type of particle is also present in bidi tobacco

Fig. 7. Cigarette paper smoke. Shows partially or fully evaporated droplets with elevated boundaries of solid matter. Some droplets are embedded with dense round particles

Fig. 8. Cigarette paper smoke. Shows partially evaporated droplet with well defined boundary. Some chains of particles like that of carbon are embedded within it

These round particles decrease in size as the edge of the pattern is approached. The size of the complex structure was approximately of the order of 30 μ in diameter.

b) Wrinkled flaky deposit with well defined boundaries as observed in the smoke from bidi and bidi tobacco having various shapes and sizes as follows (Fig. 10, 11, 12):

(i) Round — having diameters from 0.4 μ to 6 μ.

(ii) Elliptical — having mean diameters from 1 μ to 4 μ.

(iii) Linear — having lengths from 2 μ to 60 μ.

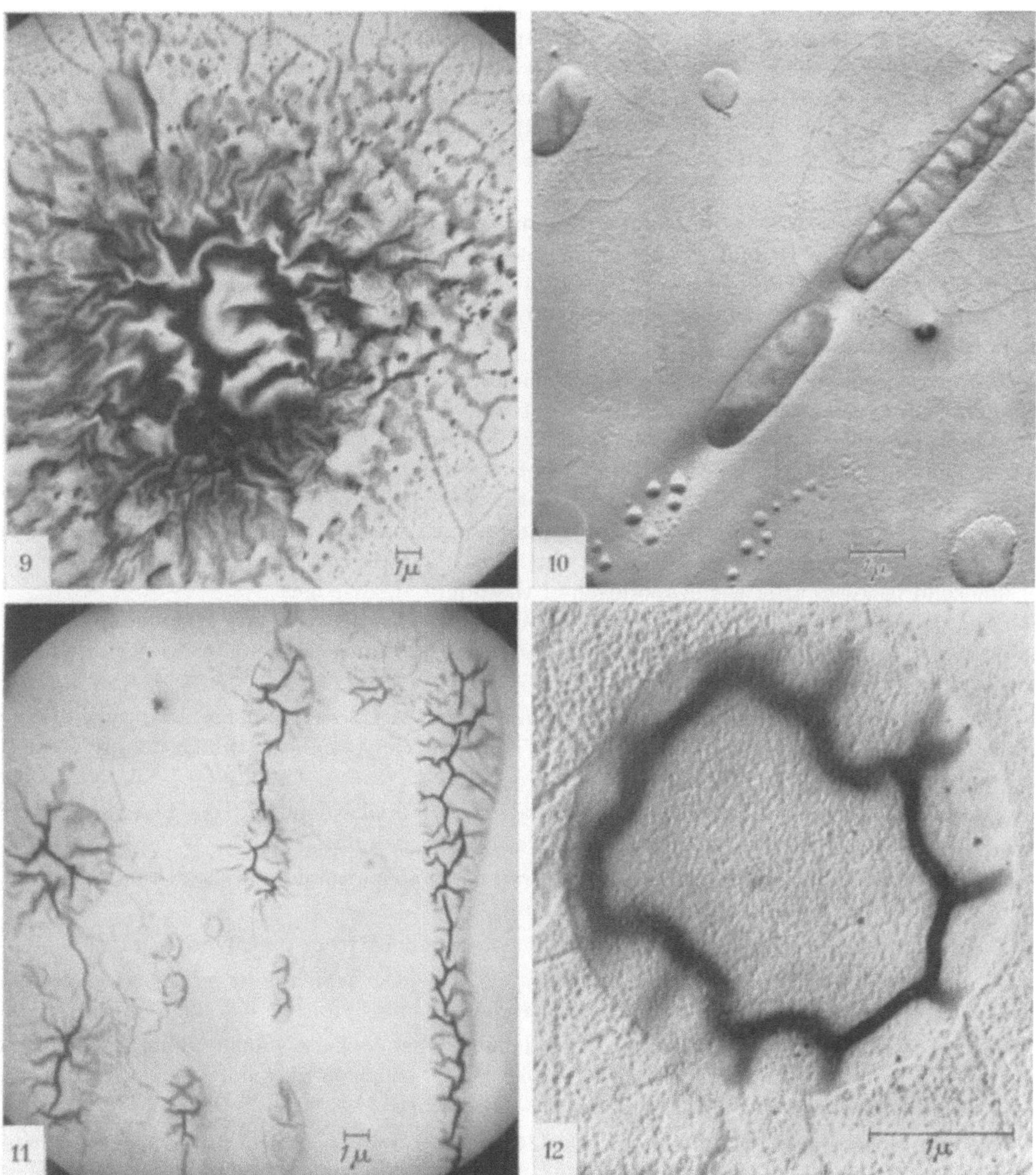

Fig. 9. Cigarette smoke. Shows a complex pattern of wrinkled flake gradually merging into a net-like structure of round particles at the edges

Fig. 10. Cigarette smoke. Shows round, oval and linear flakes with well defined boundaries

Fig. 11. Cigarette smoke. Shows wrinkled flakes of various shapes and sizes. Some flakes have threads within them while in others threads spread even beyond the boundaries

Fig. 12. Cigarette smoke. Shows a perfectly round flake with well defined boundary. The threads are completely within the flake

Discussion

The nature of the deposit from bidi as well as cigarette smoke appears to be partly in the form of solid matter and partly as an emulsion (flaky material). The observations on the smoke from bidi tobacco and bidi leaf show that in the solid deposit obtained in bidi smoke, the doughnut shaped particles come from tobacco while the smaller roundish particles come from the bidi leaf. The other type of deposit, i. e. the emulsion, comes chiefly from tobacco.

It is already known that a considerable amount of oily material is liberated on burning tobacco. Part of such liquid deposit would naturally evaporate under high vacuum of the electron microscope and only that fraction having a low vapour pressure would be demonstrable. The flaky deposit observed in the smoke seems to be the films of such type of liquid material. Many flakes appear wrinkled due to the threads of solid material embedded within them. In most cases the threads are within the flakes (Fig. 3, 10 and 12). There are instances however, where the threads spread even beyond the boundaries of the flakes (Fig. 5 and 11). This is so, particularly when the deposit is heavy.

The deposit from the cigarette smoke shows very little contribution from the paper smoke. This is in contrast with bidi smoke which showed considerable amount of particulate matter coming from the leaf. This can be explained by the fact that there is a relatively high proportion of covering leaf matter in bidi as compared to the paper in cigarette. It may also be due to the more sooty nature of leaf smoke.

Comparison of the observations on bidi smoke and cigarette smoke reveal that a portion of the emulsion type material observed in cigarette is quite similar in size as well as shape to that from bidi. There is however another emulsion type of deposit coming from cigarette (Fig. 9) which is more complex and larger in size. While our observations on cigarette smoke showed preponderance of such type of deposit as compared to the common type, we do not find any indication of a similar deposit in the observations of Kahler and Lloyd (1). The complex pattern seems to be due to a heavy deposit of an emulsion which has spread over a large area and left a net-work of fine solid particles after the evaporation of the liquid at the edges.

The thread-like material is also heavily deposited within this structure and close examination shows that the thread-like structures are composed of the same particulate matter of which the net-work at the edges is formed (Fig. 9).

Our observations thus indicate that the smoke from cigarette is rich in emulsion type of deposit while that from bidi is rich in solid particles of comparatively small size which mainly come from the covering leaf.

Summary. 1. Electron microscopic observations on smoke deposit from bidi, bidi covering leaf, bidi tobacco, cigarette paper and cigarette were carried out.

2. The nature of the deposit from bidi as well as cigarette smoke appears to be partly in the form of solid matter and partly as an emulsion.

3. The bidi smoke is rich in solid matter. It comes mainly from the covering leaf.

4. The cigarette smoke is rich in emulsion type of deposit which is larger in size as compared to that from bidi. Contribution from the paper smoke is negligible.

To ascertain the chemical nature of the deposit from tobacco smoke which is very heterogeneous in character (3), the electron microscopic observations on the smoke deposits from certain constituents of tobacco are in progress in this laboratory.

We wish to express our gratitude to Dr. V. R. Khanolkar, Director, Indian Cancer Research Centre for inviting our attention to the above studies and for showing continued interest throughout our work. We also wish to thank Mrs. S. M. Sirsat for her helpful suggestions in our work.

References

1. Kahler, H., and B. J. Lloyd: J. nat. Cancer Inst. 18, 217 (1957).
2. Khanolkar, V. R.: Acta Un. int. Cancer. 6, 881 (1950).
3. Wynder, E. L.: "The Biologic Effects of Tobacco". p. 3. London: J. & A. Churchill Ltd. 1955.

10. Spuren-Nachweis

Die Anwendung mikrochemischer Nachweisverfahren in der Elektronenmikroskopie

E. Wiesenberger

Abteilung für Elektronenmikroskopie der Mathematisch-Naturwissenschaftlichen Fakultät der Freien Universität Berlin und Institut für Elektronenmikroskopie am Fritz-Haber-Institut der Max-Planck-Gesellschaft, Berlin-Dahlem

Das Elektronenmikroskop wurde trotz seiner außergewöhnlich großen Leistungsfähigkeit für die Anzeige und den Nachweis kleiner Stoffmengen bisher noch nicht zielbewußt in den Dienst der analytischen Chemie gestellt. Dies ist wohl darauf zurückzuführen, daß die sinnvolle Ausführung einer chemischen Reaktion einen größeren präparativen Aufwand erfordert. Dazu kommt noch, daß die in der chemischen Analyse üblichen Reaktionen nur in beschränktem Umfang in der Elektronenmikroskopie verwendet werden können, da sich hier nur die leicht zu charakterisierenden, kristallisierten und schwer löslichen Niederschläge für eine analytische Auswertung eignen. Trotz dieser Einschränkung finden sich jedoch Möglichkeiten, sobald die Ausführungsweise gebräuchlicher Reaktionsverfahren den Erfordernissen der elektronenmikroskopischen Präparation angepaßt werden kann.

Bei der Entwicklung analytischer Nachweismethoden wird stets eine maximale Ausnutzung der Nachweisempfindlichkeit angestrebt. Das Verfahren muß daher darauf gerichtet sein, daß die durch eine Reaktion noch angezeigte kleinste Stoffmenge im Gesichtsfeld des Beobachtungssystems erscheint. Diese Forderung ist nur dann erfüllt, wenn das entstehende Reaktionsprodukt stets in seiner Gesamtheit beobachtet werden kann. Darauf muß bei allen auf Reaktionsempfindlichkeit bedachten Verfahren — unabhängig vom Beobachtungssystem — geachtet werden, und auch die elektronenmikroskopischen Verfahren müssen diese Bedingung erfüllen. Damit ist die Hauptrichtlinie für die hier erforderliche Ausführungsweise chemischer Reaktionen gegeben. Da die Objekte im Elektronenmikroskop nur auf den freitragenden Filmflächen beobachtet werden können, müssen die Reaktionsprodukte auf diesen erzeugt werden. Bei einer Präparatblende mit einer 70 μ-Bohrung bedeutet dies eine Abscheidung des gesamten Nachweisproduktes auf einer maximal etwa 0,004 mm² großen Fläche.

Zur Lösung dieser Aufgabe sind elektrochemische Reaktionen am besten geeignet. Damit eine Elektrolyse auf dem beobachtbaren Filmausschnitt durchgeführt werden kann, müssen folgende Bedingungen erfüllt sein:

1. Die über der Bohrung einer Präparatblende liegende Filmfläche muß in einer geeigneten Elektrolysenanordnung als Kathode verwendet werden können.

2. Die Objektseite der Präparatblende darf den elektrischen Strom nicht leiten und muß bis über den Bohrungsrand hinaus isoliert werden.

In einer früheren Untersuchung (1) wurde bereits gezeigt, wie elektrolytische Fällungen in einer für die elektronenmikroskopische Beobachtung geeigneten Weise durchgeführt werden können. Daraus ergab sich die in Abb. 1 dargestellte zweckmäßige Versuchsanordnung. Ein mit der Stromquelle verbundener Blendenhalter (Kreuzfederpinzette) hält die Präparatblende, die zur Erfüllung der unter 1. und 2. gestellten Forderungen, wie folgt, vorbereitet wurde: Auf die mit Collodium befilmte Blende wird nach dem Verfahren von H. König u. G. Helwig (2) eine Kohlenwasserstoffschicht aufgebracht. Nach anschließendem Zerstören des Collodiumfilms durch Erhitzen auf 200° C erhält man durch intensive Elektronenbestrahlung einen elektrisch leitenden Kohlefilm. Danach wird die Oberfläche des Blendenkörpers einschließlich der Randpartien der freitragenden Filmfläche mit einer isolierenden Collodiumlackschicht überzogen. So erhält man innerhalb der Blendenbohrung einen Filmausschnitt, der allein als Kathode zur Wirkung gelangt (Abb. 2). Zur Einleitung der Elektrolyse wird die Probelösung von einer als Anode dienenden Metallöse aufgenommen und langsam auf die Blende gesenkt. Nach dem Schließen des Strom-kreises werden die Ionen nur auf der lackfreien Fläche des Trägerfilms entladen. Das elektrolytische Fällungsprodukt entwickelt sich daher gerade an der Stelle, die für die Beobachtung im Elektronenmikroskop zugänglich ist.

Zur Demonstration dieser Verfahrenstechnik werden einige elektrolytische Abscheidungen vorgeführt. Dabei kommt es darauf an, die Bohrung einer Einlochblende mit ausreichender Helligkeit und in geeigneter Größe auf einen Bildschirm zu projizieren. Die Elektrolysen müssen daher unter dem Lichtmikroskop durchgeführt werden. Eine Xenonleuchte sichert die lichtstarke Abbildung der filmbespannten Blendenbohrung, und ein besonders angefertigter, der Kreuztischführung des Lichtmikroskops angepaßter Objektträger aus Plexiglas erlaubt es, die Präparatblende in eine günstige Lage zum Kondensor zu bringen. Der Objektträger nimmt fünf Präparatblenden nebeneinander auf, die mit einem federnden Metallband, das gleichzeitig für die Stromzuführung dient, festgeklemmt werden. Die jeweils zum Versuch verwendete Präparatblende wird in den Stromkreis einer Elektrolyssenanordnung eingeschaltet.

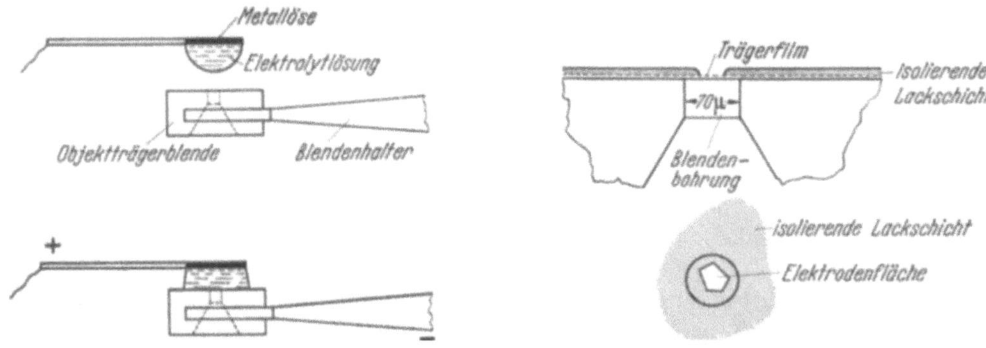

Abb. 1. Versuchsanordnung zur Ausführung von Elektrolysen

Abb. 2. Bohrung einer für die Elektrolyse vorbereiteten Präparatblende

Bei den vorgeführten Versuchen sollte der Verlauf einer elektrolytischen Niederschlagsbildung vom Beginn der Elektrolyse bis zu einem deutlich zu erkennenden Metallbeschlag gezeigt werden.

Im ersten Versuchsbeispiel wird Kupfer aus einer schwefelsauren Lösung von Kupfersulfat elektrolytisch abgeschieden. In wenigen Sekunden bildet sich metallisches Kupfer, das durch das Hervortreten der Elektrodenfläche aus der hell erleuchteten Blendenbohrung auf dem Bildschirm sichtbar wird. Im Anschluß an die Kupferabscheidung gelingt es, auch dieWirkung der chemischen Polarisation zu demonstrieren. Beim Ausschalten der Zersetzungsspannung tritt durch die Polarisationsspannung im geschlossenen Stromkreis eine Elektrolyse in entgegengesetzter Richtung ein. Im Projektionsbild läßt sich die Auflösung des Kupferniederschlages an der raschen Aufhellung der Elektrodenfläche beobachten. Nach abermaligem Anlegen der Spannung wird sofort wieder Kupfer abgeschieden.

Im zweiten Versuchsbeispiel wird die elektrolytische Fällung von Quecksilber aus einer salpetersauren Lösung von Quecksilber(II)chlorid vorgeführt. Die Abscheidung dieses Metalles kann ähnlich wie beim Kupferversuch an der allmählich eintretenden Schwärzung der Elektrodenfläche festgestellt werden. Im Projektionsbild werden Quecksilbertröpfchen sichtbar, wenn die Elektrolytlösung mit einem Capillarröhrchen von der Blendenoberfläche abgesaugt wird. Es bilden sich dabei größere Kügelchen, die bereits im Lichtmikroskop gut zu erkennen sind. Die primär gebildete Tröpfchengröße ist wahrscheinlich nicht oder nur sehr schwer elektronenoptisch darzustellen, weil sich das Zusammenlaufen des Quecksilbers beim Waschen und beim Abziehen des letzten Waschtropfens nicht vermeiden läßt. Die bisher kleinste Tröpfchenbildung konnte durch vorsichtiges Waschen unter Stromdurchgang mit einem Alkohol-Äther-Gemisch erreicht werden. In Abb. 3 ist eine so behandelte elektrolytische Quecksilberfällung elektronenoptisch dargestellt.

Im dritten Versuchsbeispiel soll gezeigt werden, wie sich durch die Elektrolyse ein bei mikrochemischen Nachweisverfahren stets zu beachtendes Prinzip, nämlich die Abscheidung von Niederschlägen auf kleinsten Flächen, verwirklichen läßt. Man erreicht damit eine maximale Ausnutzung der Empfindlichkeit einer Reaktion, weil ja die Erkennbarkeit eines Reaktionsproduktes auch von seiner Verteilungsdichte abhängt. Die Verkleinerung der Elektrodenfläche unter den durch die Kreisfläche einer Blendenbohrung gegebenen Flächeninhalt ist ohne weiteres möglich. Die kleinste bisher erhaltene Elektrodenfläche betrug 0,00002 mm², und damit ist die Voraussetzung für die größte Ausnutzung der Leistungsfähigkeit elektrolytischer Nachweisverfahren erreicht. Für den Versuch wird in der Mitte des freitragenden Filmes eine so kleine Dreieckfläche hergestellt, daß sie gerade noch auf dem Bildschirm zu erkennen ist. Ihr Flächeninhalt

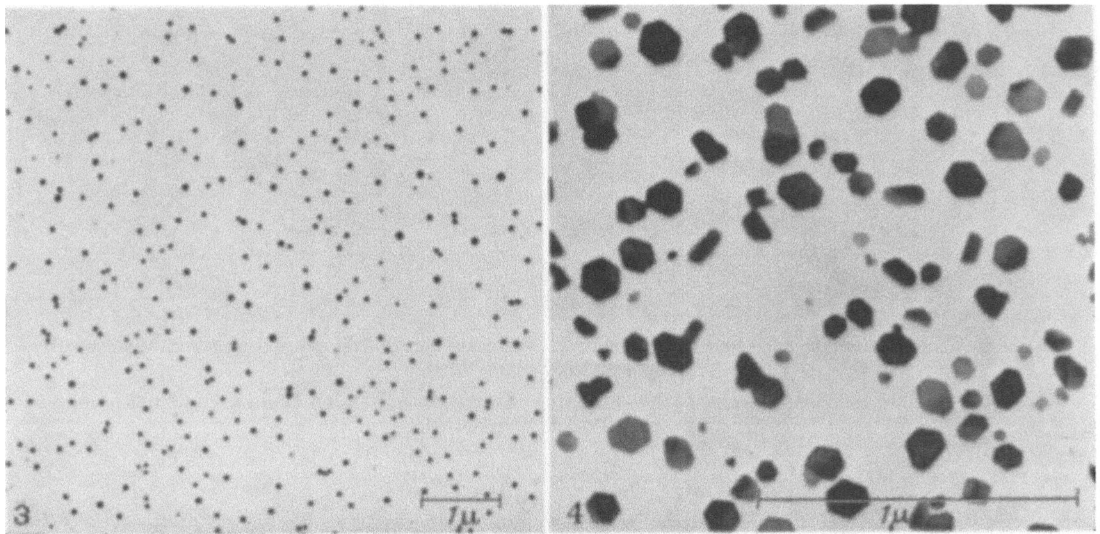

Abb. 3. Quecksilbertröpfchen, durch Elektrolyse aus einer salpetersauren Lösung
von Quecksilberchlorid abgeschieden

Abb. 4. Cadmiumteilchen, aus einer schwefelsauren Lösung von Cadmiumsulfat elektrolytisch abgeschieden

beträgt etwa 0,0005 mm². Als Elektrolyt dient eine schwefelsaure Lösung von Cadmiumsulfat, die in der angewandten Menge $1 \cdot 10^{-8}$ g Cadmium enthielt. Beachtenswert ist bei diesem Experiment, daß es auf diese Weise gelingt, den Nachweis einer bei gewöhnlichen mikrochemischen Reaktionen an der Grenze der Nachweisbarkeit liegenden Cadmiummenge mit eindringlicher Deutlichkeit einem größeren Zuschauerkreis vorzuführen. Bereits nach wenigen Sekunden wird die Cadmiumabscheidung auf der winzigen dreieckförmigen Elektrodenfläche sichtbar. In einer nach diesem Experiment gezeigten elektronenoptischen Aufnahme (Abb. 4) erscheint das Cadmium fast durchweg in schön ausgebildeten sechseckigen Kristallformen, die sich bei gleichbleibenden Abscheidungsbedingungen meist gut reproduzieren lassen.

Nach den vielen Versuchen, die zur Erprobung der Ausführungsbedingungen durchgeführt wurden, kann man die Elektrolyse als ein für die Elektronenmikroskopie besonders geeignetes und verläßliches Reaktionsverfahren bezeichnen. Es wurden bisher die Metalle Gold, Platin, Silber, Kupfer, Quecksilber, Cadmium, Wismut, Thallium, Blei, Kobalt und Nickel auf ihre elektrochemische Fällbarkeit geprüft. Die elektronenoptischen Aufnahmen in Abb. 5 bis 8 zeigen daraus einige neuere Ergebnisse.

Da die Elektrolyse als Nachweisverfahren auf bestimmte Elemente beschränkt ist, war es naheliegend, auch nach einem Verfahren zur Ausführung allgemein anwendbarer Fällungsreaktionen zu suchen. Bei einer gewöhnlichen niederschlagbildenden Reaktion fehlt aber eine dem elektrischen Feld der Elektrolyse ähnlich wirkende Kraft, und deshalb ist hier die Abscheidung des Reaktionsproduktes an einer bevorzugten Stelle nicht ohne weiteres zu erreichen. Bringt man aber zwei Lösungen nicht in direkter Berührung, sondern durch Diffusion ihrer Ionen durch einen Film zur Reaktion, so ist eine elektronenmikroskopische Ausführungsform chemischer Umsetzungen möglich. Für die Verwirklichung eines solchen Fällungsprinzips ist eine normale Objekt-

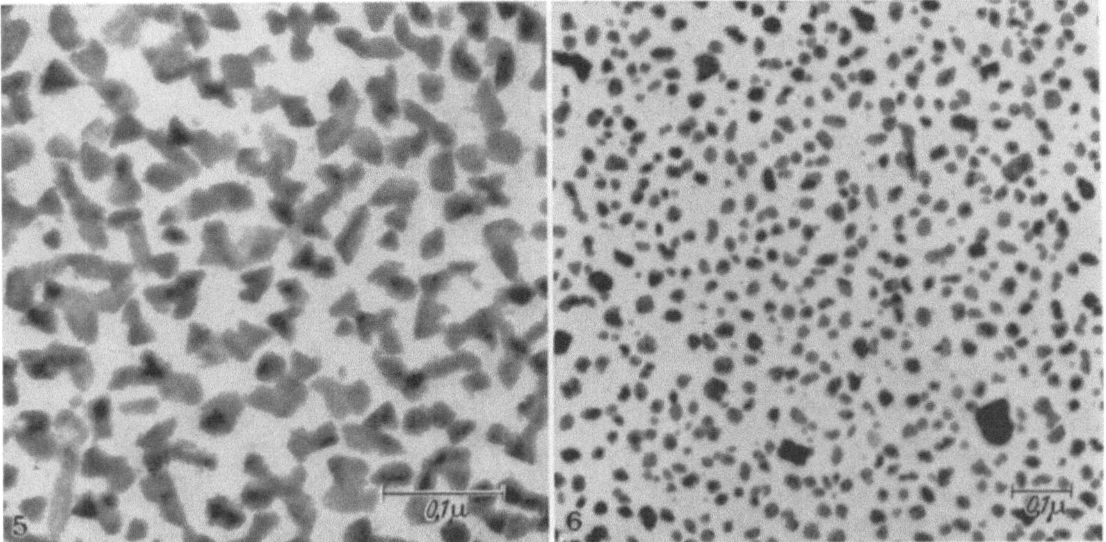

Abb. 5. Wismutteilchen, aus einer salpetersauren, Weinsäure enthaltenden Lösung von Wismutnitrat elektrolytisch abgeschieden

Abb. 6. Thalliumteilchen, aus einer schwefelsauren, Aceton enthaltenden Lösung von Thalliumnitrat elektrolytisch abgeschieden

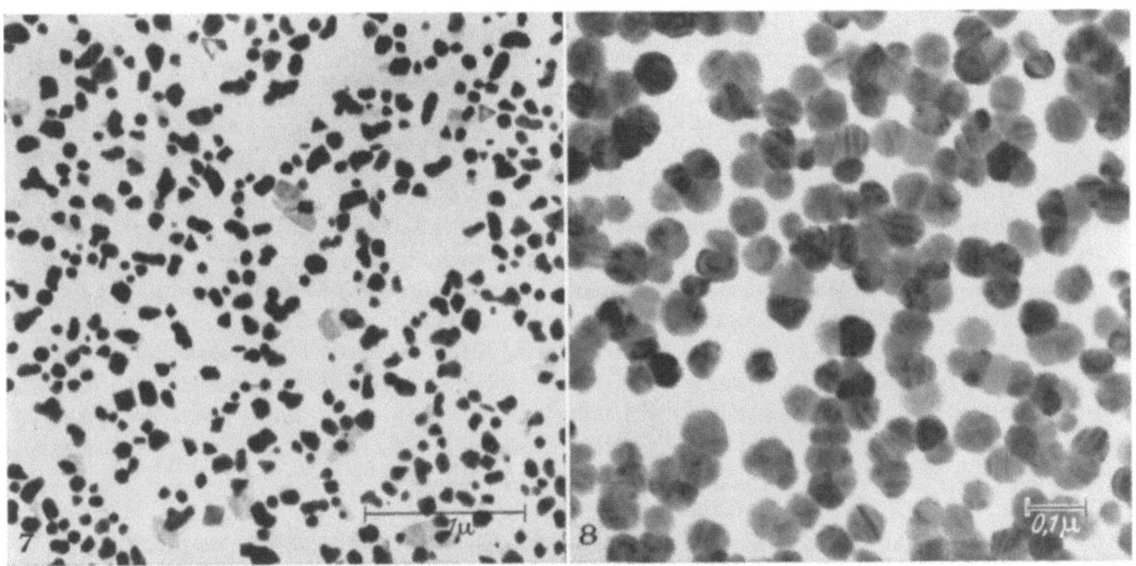

Abb. 7. Bleiteilchen, aus einer salpetersauren Lösung von Bleiacetat elektrolytisch abgeschieden

Abb. 8. Kobaltteilchen, aus einer ammoniakalischen, Alkohol und Ammoniumchlorid enthaltenden Lösung von Kobaltsulfat elektrolytisch abgeschieden

trägerblende gut geeignet. Zum Ausführen einer Reaktion wird sie, wie Abb. 9 zeigt, so mit zwei Lösungen beschickt, daß die eine von der Innenseite, die andere von der Außenseite her den Trägerfilm berührt. Bei Verwendung eines für Lösungen durchlässigen Films tritt dann folgender Vorgang ein: Die zuerst in das Innere der Blende eingeführte Reagenzlösung durchdringt den von der Bohrung begrenzten Film. Nach Berührung mit der darauf von der anderen Seite her aufgetragenen Probelösung tritt die Reaktion ein. Überzieht man zusätzlich die Oberfläche des massiven Blendenkörpers mit einer Lackschicht, so können die Ionen nur durch den freitragenden Film diffundieren, und das gesamte Reaktionsprodukt scheidet sich auf dem Filmausschnitt über der Bohrung ab.

GULBRANSEN, PHELPS und LANGER (*3*) haben das Prinzip, Reaktionsprodukte durch Diffusion zweier reagierender Lösungen durch einen Film herzustellen, bereits im Jahre 1945 veröffentlicht. Leider ist dem Verfasser diese Arbeit vor der Publikation seiner ersten Ergebnisse (*4*) entgangen. Sie wurde ihm erst später von Herrn LANGER übermittelt. Das Verfahren dieser Autoren hat mit dem des Verfassers aber nur die Diffusion der Ionen durch einen Film gemeinsam. Die Reaktionsprodukte wurden hingegen unabhängig von dem Präparatträger auf

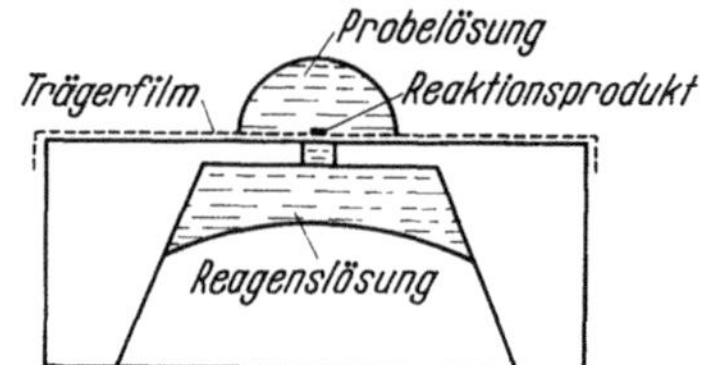

Abb. 9. Eine mit Probe- und Reagenzlösung beschickte Objektträgerblende

einem etwa 1 cm² großen, auf einer Reagenzlösung schwimmenden Film durch Auftragen eines Tröpfchens der Probelösung hergestellt. Die Reaktionsempfindlichkeit kann daher in diesem Fall nicht voll ausgenützt werden. Nach dem hier beschriebenen Verfahren lassen sich aber

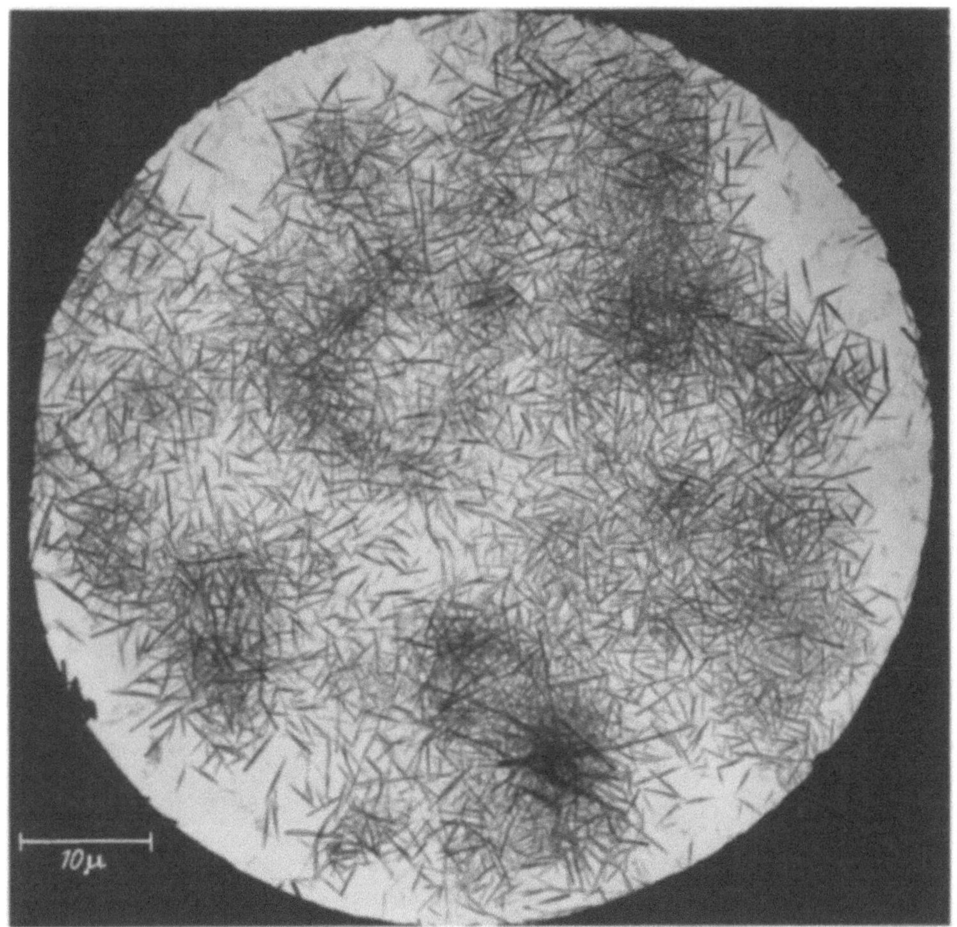

Abb. 10. Nickeldimethylglyoxim, Fällung einer ammoniakalischen Nickelsulfatlösung mit einer ammoniakalischen, wäßrigen Lösung von Dimethylglyoxim. Übersichtsbild einer Blendenbohrung

auch noch Spuren eines Reaktionsproduktes nachweisen, da auch diese nur auf der von Elektronen durchstrahlten Filmfläche entstehen können.

Bei einer nach diesem Fällungsprinzip durchgeführten Reaktion kann man bei größeren Stoffmengen die Entwicklung des entstehenden Niederschlages unter dem Lichtmikroskop gut beobachten. Besonders geeignet hierfür ist das nadelförmig kristallisierende Nickeldimethylglyoxim. In Abb. 10 u. 11 ist eine solche Fällung als Ergebnis der Reaktion einer ammoniakalischen Nickelsulfatlösung mit einer wäßrigen ammoniakalischen Lösung von Dimethylglyoxim elektronenoptisch dargestellt. Im Lichtmikroskop ist das Anfangsstadium dieser Reaktion an dem Auftreten von Pünktchen in der Mitte des Films zu erkennen. Allmählich verdichtet sich der Niederschlag und breitet sich bis in die Randgebiete aus. Schließlich entwickeln sich aus den zunächst punktförmigen Teilchen langsam nadelförmige Kristalle, die selbst bei höherer Konzentration der Lösung ausschließlich über der Blendenbohrung in die Höhe wachsen. Eine von der Oberfläche des massiven Blendenkörpers ausgehende Niederschlagbildung konnte bei den zahlreich ausgeführten Versuchen

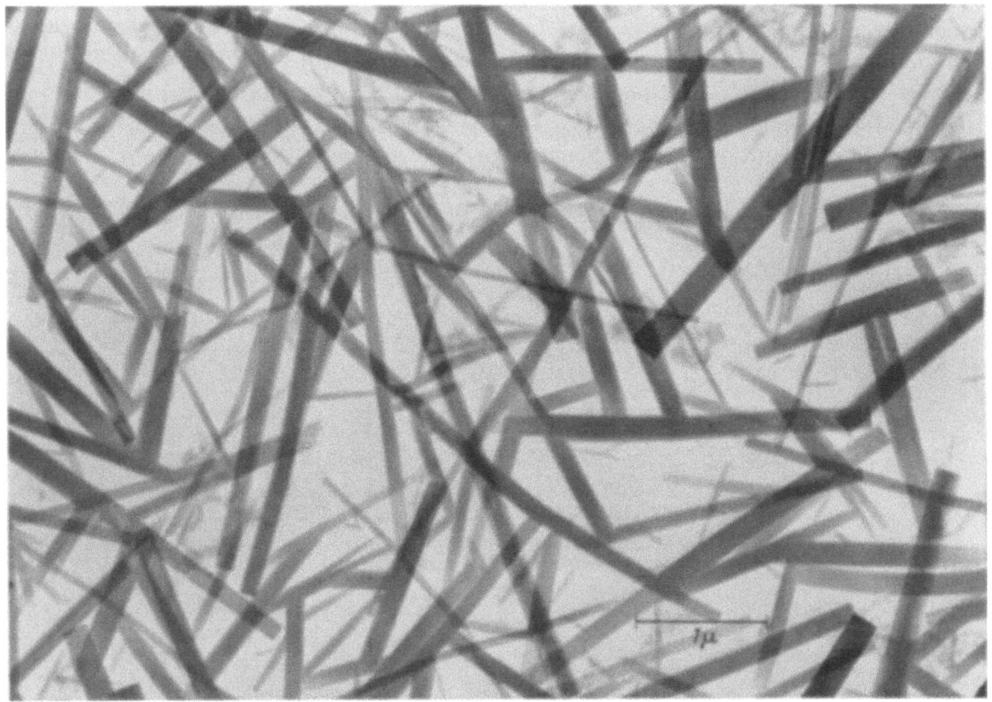

Abb. 11. Nickeldimethylglyoxim, Bildausschnitt aus Abb. 10

bisher nicht festgestellt werden. Die unter gleichen Bedingungen hergestellten Teilchen eines Reaktionsproduktes ähneln sich weitgehend, auftretende Unterschiede sind darauf zurückzuführen, daß es in diesem Größenbereich unmöglich ist, eine strenge Übereinstimmung der Fällungsbedingungen zu erreichen. Es ist äußerst schwierig, alle auf die Bildung der Teilchen sich aus wirkenden Einflüsse, wie z. B. die Durchlässigkeit der Trägerfolie, die Konzentration und Menge der Lösungen, die Temperatur, das Reaktionsmilieu und die Reaktionsdauer, bei so kleinen Flüssigkeits- und Niederschlagsmengen unter Kontrolle zu bringen. Man kann lediglich eine Reproduzierbarkeit des Versuchsergebnisses, d. h. allein die Entstehung eines Niederschlages erwarten.

Mit der beschriebenen Ausführungsweise einer chemischen Reaktion erreicht man eine der elektrolytischen Abscheidung vergleichbare, örtlich begrenzte Niederschlagbildung. Damit sind auch für gewöhnliche Fällungsreaktionen die erforderlichen Bedingungen für eine elektronenoptische Auswertung erfüllt.

Wie bereits eingangs erwähnt, werden für den Nachweis im Elektronenmikroskop kristallisierte Reaktionsprodukte, die einer noch weiteren Bestimmung durch Elektronenbeugungsverfahren zugänglich sind, bevorzugt. Die Identifizierung der auf der Trägerfolie erzeugten Niederschläge ist für die Erhöhung der Sicherheit des Nachweises wichtig und unterstützt die Beweiskraft einer Reaktion. Dazu eignet sich besonders das Verfahren der Feinbereichsbeugung, da hier die Reaktion vielfach so geleitet werden kann, daß geeignete Einzelkristalle oder Anhäufungen kleinster Teilchen auftreten. Der Nachweis durch Elektronenbeugung ist aber an bestimmte Grenzbedingungen gebunden. Deshalb interessiert auch stets die durch chemische Eingriffe zu erzielende und

Abb. 12. Nickeldimethylglyoxim mit Nickelteilchen, Reaktion elektrolytisch gefällter Nickelteilchen mit einer ammoniakalischen, wäßrigen Lösung von Dimethylglyoxim

der Kennzeichnung dienende Veränderung des Objektes. Besonders für elektrolytische Niederschläge, die keine ausgeprägten äußeren Unterscheidungsmerkmale zeigen, ist ein zusätzlicher Nachweis erwünscht. Bekanntlich ist der chemische Nachweis der auf einem Trägerfilm vorliegenden Stoffe deshalb sehr schwierig, weil nur die einfachsten chemischen Operationen durchgeführt werden können. So läßt sich vor allem die Einwirkung von Gasen und Dämpfen bei wechselnden Druck- und Temperaturbedingungen sowie die Behandlung mit Lösungsmitteln und Lösungen anwenden.

Zum chemischen Nachweis elektrolytischer Metallniederschläge wurde versucht, mit Reagenslösungen die üblichen aus Metallsalzlösungen erhältlichen charakteristischen Nachweisprodukte zu gewinnen. Die Umwandlung in das Metallsalz, welches für das Identifizieren geeignet erschien, sollte dabei ohne vorherigen Aufschluß durch direkte Reaktion mit der Reagenslösung stattfinden.

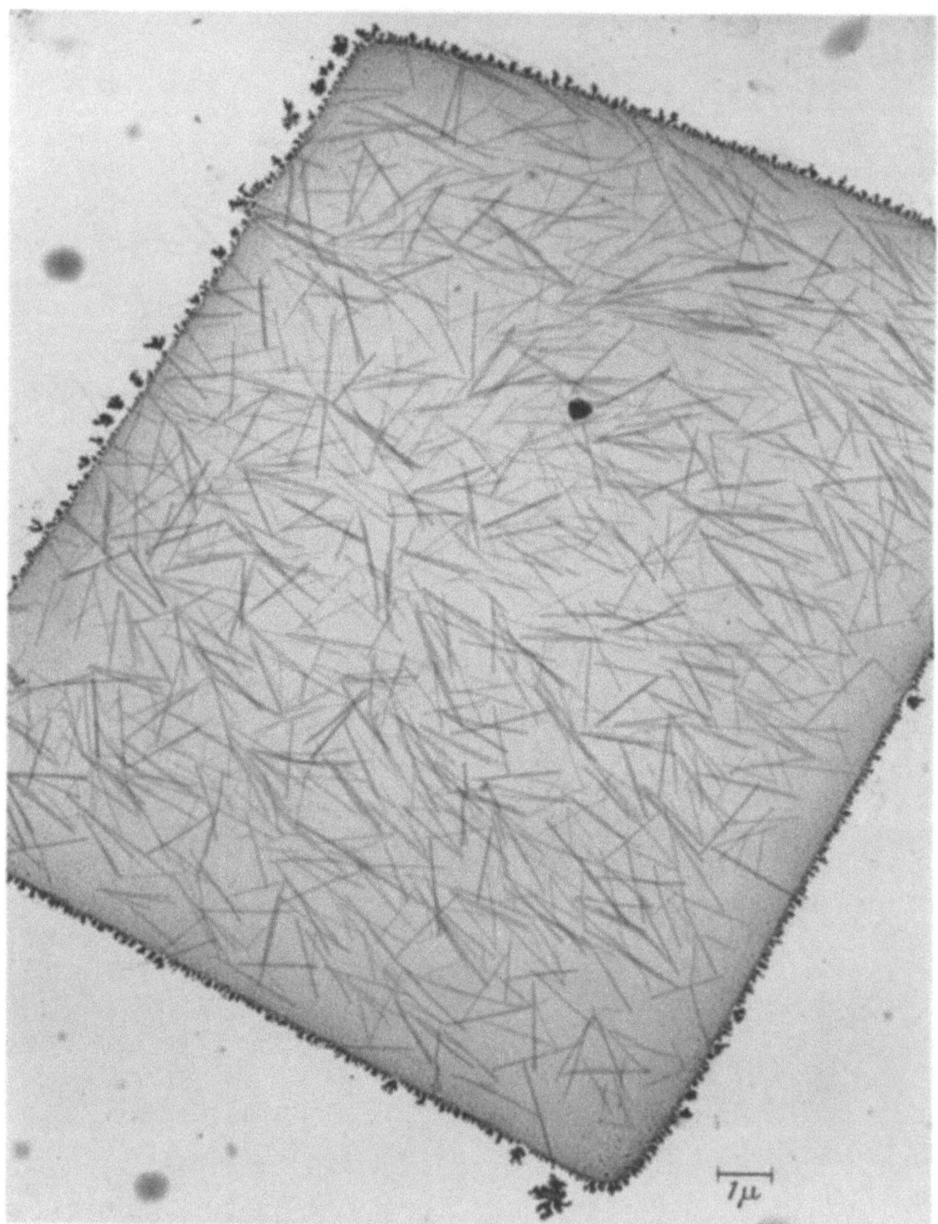

Abb. 13. Nickeldimethylglyoxim mit Nickelteilchen, Reaktion wie Abb. 12

Nach diesem Prinzip, dessen Brauchbarkeit für alle elektrolytisch gefällten Metalle zur Zeit untersucht wird, konnten bereits die Metalle Nickel und Kupfer auf folgende Weise nachgewiesen werden:

Der auf der Filmfläche elektrolytisch erzeugte Nickelniederschlag wird nach Beendigung der Elektrolyse unter Stromdurchgang gewaschen. Nach dem Abziehen des letzten Tröpfchens der Waschlösung bringt man die Nickelteilchen mit einer ammoniakalischen, wäßrigen Lösung von

Dimethylglyoxim in Reaktion, indem man zwei bis vier Kubikmillimeter dieser Reagenzlösung auf die Präparatblende aufträgt. Die Reaktion mit den Nickelteilchen tritt sofort ein, und es genügt bereits eine Einwirkungsdauer von wenigen Sekunden, damit die charakteristischen Kristalle des Nickeldimethylglyoxims auftreten. Zum Entfernen der Reagenslösung wird das neue Reaktionsprodukt mit alkoholhaltigem Wasser gewaschen. In Abb. 12 und 13 ist das Ergebnis zweier solcher Versuche elektronenoptisch wiedergegeben. In beiden Aufnahmen sind die Elektrodenflächen, die ursprünglich nur mit Nickel belegt waren, dargestellt. Durch den Angriff der Reagenzlösung beginnt sich der Nickelniederschlag zu lösen, wobei gleichzeitig das neue nadelförmige Nachweisprodukt entsteht. Außer den Kristallnadeln zeigen die Abbildungen auch noch die Schicht der unverbrauchten Anteile des Nickels. Da sich die beiden Versuche in der Reaktionsdauer unterscheiden, sind bei dem einen die Nadeln größer entwickelt als bei dem anderen. Außerdem tritt der noch verbliebene metallische Nickelniederschlag verschieden stark in Erscheinung. Bei einer kurz, aber ausreichend bemessenen Reaktionszeit läßt sich auf diese Weise das elektrolytisch erzeugte Nickel gleichzeitig mit seinem aus der Abbildung markant hervortretenden Nachweisprodukt darstellen. Ähnlich dem Nickel kann auch elektrolytisch gefälltes Kupfer in charakteristische Reaktionsprodukte überführt werden. Hierfür läßt sich sowohl die mit Cupferron (5) entstehende innerkomplexe Kupferverbindung

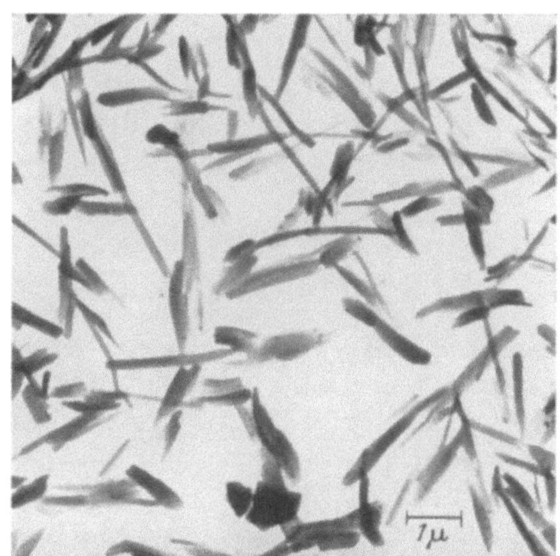

Abb. 14. Kupfer-Cupferron, Reaktion elektrolytisch gefällter Kupferteilchen mit einer wäßrigen Lösung von Cupferron

als auch das mit Pikrolonsäure (6) sich bildende Pikrolonat

verwenden. Die Cupferronverbindung des Kupfers, die aus der Reaktion mit einem Tröpfchen einer wäßrigen Lösung von Cupferron hervorgeht, ist in Abb. 14 elektronenoptisch dargestellt. Zur Veranschaulichung des für den Nachweis elektrolytisch gefällter Metalle dienenden Reaktionsprinzips wird die Bildung des Kupferpikrolonates im Projektionsversuch vorgeführt. Als Ausgangsprodukt dient ein hierfür vorbereiteter Kupferniederschlag. Auf dem Bildschirm erscheint zunächst eine als Fünfeck ausgebildete, durch den Kupferbeschlag dunkel gefärbte Elektrodenfläche. Zur Umwandlung in das Pikrolonat wird nun ein Tröpfchen einer wäßrigen Pikrolonsäurelösung aufgesetzt. In wenigen Sekunden bilden sich auf dem Kupferniederschlag einige als Pünktchen erscheinende Kristallisationszentren. Von diesen aus beginnt das Wachstum der Kupferpikrolonatkristalle, die sich innerhalb von etwa einer Minute über die ganze Elektrodenfläche ausbreiten. Zum Unterschied vom Nickel löst sich das Kupfer in der kurzen Reaktionszeit völlig auf. In der elektronenoptischen Aufnahme (Abb. 15) sind daher die ursprünglich vorhandenen Kupferteilchen verschwunden, und es liegen nur die aus ihnen neu aufgebauten Reaktionsprodukte vor. Auch bei der Bildung der Cupferronverbindung (Abb. 14) beobachtet man die gleiche Erscheinung. Versucht man, neben dem neuen Nachweisprodukt noch unangegriffene

Anteile des Kupfers darzustellen, so gelingt dies bei dem schnellen Reaktionsablauf nur durch rasch aufeinander folgendes Aufsetzen und Absaugen der Reagenslösung und Waschen des verbliebenen Rückstandes. Einen solchen Versuch zeigt die Abb. 16, die einen im Wachstum begriffenen Kristallisationspunkt erfaßt hat.

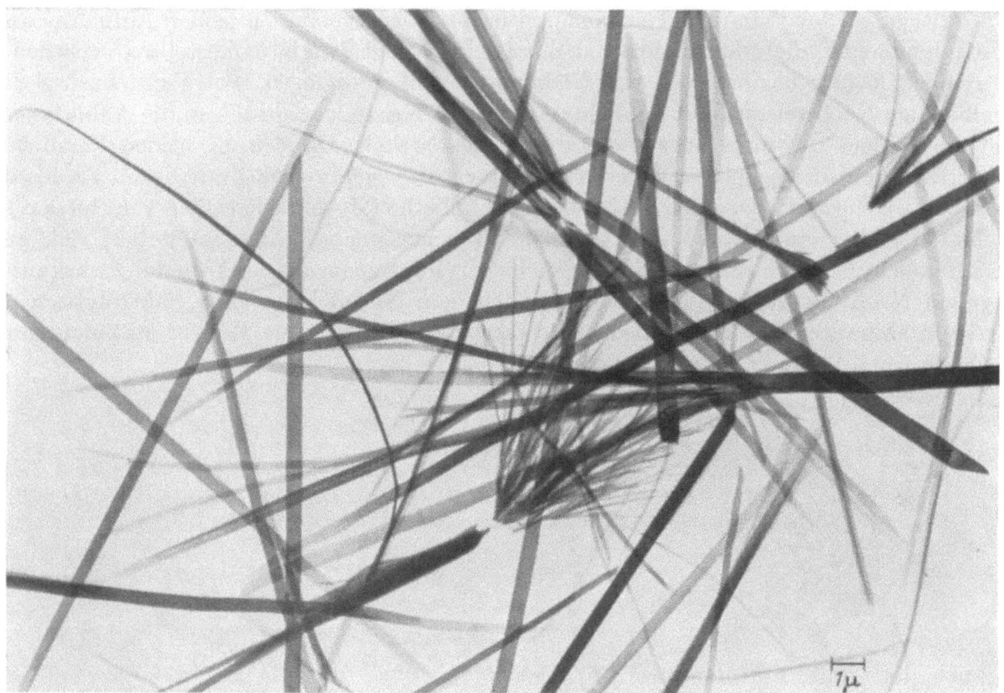

Abb. 15. Kupferpikrolonat, Reaktion elektrolytisch gefällter Kupferteilchen
mit einer wäßrigen Lösung von Pikrolonsäure

Abb. 16. Kupferpikrolonat mit Kupferteilchen, Reaktion wie Abb. 15

Wie die an Kupfer und Nickel erzielten Versuchsergebnisse zeigen, sind die organischen Metallverbindungen sehr eindrucksvolle, gut zu erkennende Reaktionsprodukte. Die Neigung, große Kristalle zu bilden, macht sie besonders für das Identifizieren kleinster Metallmengen, die durch Elektronenbeugung nicht mehr nachweisbar sind, geeignet. Es wird daher die Aufgabe weiterer Untersuchungen sein, die Reaktionsbedingungen in diesem Größenbereich zu prüfen. Die beschriebenen Verfahren ermöglichen den weiteren Ausbau der für die Entwicklung mikrochemischer Methoden wichtigen Ergebnisse der Lichtmikroskopie. Ihre Verfeinerung dient der Vervollkommnung einer Arbeitsweise, die zum Studium der Eigenschaften von Stoffen und ihrem chemischen Verhalten im elektronenmikroskopischen Größenbereich beiträgt. Auf ihrem bisher erreichten Entwicklungsstand lassen sich die Verfahren in ihrer Reproduzierbarkeit ohne weiteres mit anderen makro- und mikrochemischen Nachweisverfahren vergleichen. Dieses Ergebnis ist ebenso beachtenswert wie die Tatsache, daß auf so winzigen Reaktionsflächen überhaupt noch eine Reaktion eintritt und daß sogar ihre örtliche Begrenzung experimentell möglich ist. Es wäre verfrüht, über die Aussichten dieser Verfahren irgendwelche konkreten Angaben machen zu wollen. Bisher wurde lediglich an der Ausgestaltung der Methode gearbeitet und nach Richtlinien für dieses zwar nicht einfache, aber neue Anwendungsgebiet des Elektronenmikroskops gesucht. Die Hoffnung dürfte berechtigt sein, daß der eingeschlagene Weg dazu beiträgt, die Probleme der Mikrochemie ihrer Lösung ein Stückchen näherzubringen.

Literatur

1. WIESENBERGER, E.: Z. wiss. Mikrosk. **62,** 163 (1955).
2. KÖNIG, H., u. G. HELWIG: Z. Physik **129,** 491 (1951).
    — Z. Physik **129,** 483 (1951).
3. GULBRANSEN, E. A., R. T. PHELPS and A. LANGER: Indust. Engin. Chem. **17,** 646 (1945).
4. WIESENBERGER, E.: Mikrochim. Acta H. 3—4, 527 (1957).
5. BAUDISCH, O.: Chemiker-Ztg. **33,** 1298 (1909).
6. KISSER, J.: Mikrochem. **1,** 25 (1923).

Ein Beitrag zum Nachweis kleinster Substanzmengen

J. BLAHA, GLAWITSCH und F. GRASENICK

Institut für Elektronenmikroskopie und Institut für physikalische Chemie der Technischen Hochschule Graz

Kleine Objektdetails, die licht- oder elektronenoptisch erfaßt werden, können dadurch zur Identifizierung gebracht werden, daß an ihrer Oberfläche eine charakteristische Reaktion ausgelöst wird. Schwer lösliche Substanzen werden zweckmäßigerweise vorher in einem SO_3-, Chlor-Strom oder ähnlichem aufgeschlossen. Durch Umkehrung des Prinzips ist es möglich, kleinste Substanzmengen, die sich in gelöstem Zustand befinden, nachzuweisen. In diesem Falle wird zuerst eine kleine Menge Reagens aus sehr verdünnter Lösung unmittelbar auf dem Gewichtsfeld des Objektträgers abgeschieden. Das gelingt durch eine entsprechend siliconisierte Blende oder durch (nach Angaben von E. WIESENBERGER) vorbereitete Blenden.

Dieser Beitrag erscheint ausführlich in „Radex-Rundschau", Radenthein, Kärnten und „Monatshefte f. Chemie", Wien.

E. Feldemissionsmikroskopie *

1. Feldelektronen-Mikroskopie von Metalloberflächen

Über die Feldelektronenemission des Palladiums im Vergleich zu Nickel und Platin

E. K. Caspary und E. Krautz

OSRAM-Studiengesellschaft, Augsburg

Die Bevorzugung des Wolframs bei Feldelektronenemissionsuntersuchungen ist im wesentlichen auf seine sehr günstigen vakuumtechnischen Eigenschaften und seine sehr hohe Zerreißfestigkeit zurückzuführen. Wolfram hat unter den Metallen nicht nur den höchsten Schmelzpunkt, sondern zeichnet sich zugleich durch besonders niedrigen Dampfdruck aus, so daß die Entgasung und Oberflächenreinigung relativ leicht durchzuführen sind. Seine bemerkenswert hohe Zerreißfestigkeit erlaubt überdies die Anwendung sehr hoher elektrischer Feldstärken, was sich für die Desorption, Feldverdampfung, Feldionisation und ionenmikroskopische Abbildung größerer Oberflächenbereiche als sehr günstig erweist.

Vom Standpunkt der allgemeinen Festkörperphysik aus interessiert indessen nicht nur die Feldemission der hochschmelzenden Metalle mit raumzentriertem kubischem Gitter, sondern auch diejenige von Metallen und elektrisch leitenden Verbindungen mit niedrigeren Schmelzpunkten und unterschiedlichen Kristallstrukturen. Es sollte daher das Ziel sein, die Untersuchungen von Kristallwachstumsvorgängen, Oberflächenreaktionen und Kristallabbauprozessen auf möglichst viele interessante Kristallgitter auszudehnen. Dann ergibt sich auch die Möglichkeit, an homologen Reihen die Unterschiede hinsichtlich Struktur- und Gitterbaufehler innerhalb einer Kristallklasse zu verfolgen. Feinere Unterschiede sind allerdings der Untersuchung mit dem hochauflösenden Feldionenmikroskop vorbehalten.

Für unsere Feldemissionsuntersuchungen wurde das im flächenzentrierten kubischen Gitter kristallisierende Palladium ausgewählt, da es sich unter den Metallen durch seine hohe Absorption und Durchlässigkeit für Wasserstoff besonders auszeichnet. Die starke Gasatmung, der relativ niedrige Schmelzpunkt von 1555° C und der gegenüber Wolfram bei hohen Temperaturen wesentlich höhere Dampfdruck des Palladiums erschweren natürlich die Feldemissionsuntersuchungen. Andererseits erschien uns die Idee verlockend, den aus dem Inneren des Metalls zur Oberfläche diffundierenden Wasserstoff zur Ionenabbildung zu benutzen. Statt mittels der üblicherweise im Gasraum vor der Anodenspitze erzeugten Ionen könnte dann die Abbildung unmittelbar von der Kristalloberfläche aus erfolgen.

Im übrigen erscheint ein Vergleich mit dem bereits von anderen Forschern untersuchten Nickel (*1, 2, 3, 4*) und Platin (*5*) als homologen Elementen reizvoll. Hinsichtlich Schmelzpunkt und Dampfdruck sind die Unterschiede von Pd zu Ni nur geringfügig. Verglichen mit Pt liegen die Verhältnisse beim Pd indessen ungünstiger.

Zur *Herstellung der Pd-Spitzen* sei vermerkt, daß die Ätzung des Drahtes von 0,2 mm ⌀ mit Königswasser erfolgte und daß zur Vermeidung zu starker Verrundung bei nachfolgenden Glühbehandlungen ein kleiner Scheitelwinkel für die Spitzenkathoden angestrebt wurde. Deswegen wurde die Gesamtlänge des an einem Wolframbügel angeschweißten Pd-Drahtes etwas größer gewählt, als dies sonst für hochschmelzende Metalle üblich ist.

Zur Entgasung und Oberflächenreinigung wurden Glühungen bis dicht unter 1500° C und Desorption bei hohen positiven Feldstärken angewendet. Von der Einkristallherstellung auf dem Wege der Aufdampfung [vgl. *(6, 7)*] wurde zunächst abgesehen, weil es unser Ziel war, die Eigenschaften der vorgegebenen, auch spektralreinen Drähte zu untersuchen, was nur durch Abbauprozesse möglich ist.

Übersicht über die für Ni-, Pd- und Pt-Einkristalle zu erwartenden und experimentell an getemperten Spitzen beobachteten Flächen der Gleichgewichtsform

Nach den Vorstellungen von KOSSEL und STRANSKI über das Kristallwachstum sind bei kubisch flächenzentriertem Gitter für die Flächen der Gleichgewichtsform bei Berücksichtigung der ersten und zweiten nächsten Nachbarn die Flächen (111), (100) und (110) zu erwarten. Berücksichtigt man auch noch die drittnächsten Nachbarn, so ergeben sich die drei weiteren, höher indizierten Flächen (311), (210) und (531). In Tab. 1 sind die an getemperten Spitzen experimentell beobachteten Flächen den Flächen der theoretischen Gleichgewichtsform gegenübergestellt. Bei

Tabelle 1

	Flächen der theoretischen Gleichgewichtsform bei Berücksichtigung					
	1.- u. 2.- nächster Nachbarn			und 3.- nächster Nachbarn		
k. fl. z. Gitter, KNACKE u. STRANSKI *(8)* . .	(111)	(100)	(110)	(311)	(210)	(531)

	An getemperten Spitzen mit dem Feldelektronenmikroskop beobachtete Flächen					
Ni: GOMER *(1)*	(111)	(100)	(110)	—	—	—
COOPER u. MÜLLER *(2)*	(111)	(100)	(110)	—	—	—
DRECHSLER, VANSELOW u. PANKOW *(3)*	(111)	(100)	(110)	—	—	—
BIRKENSCHENKEL, HAEFER u. MEZGER *(4)*	(111)	(100)	(110)	(311)	(210)	—
Pd: rein	(111)	(100)	(110)	—	—	—
mit Adsorbaten	(111)	(100)	(110)	(311)	(210)	(531)
Pt: KORB *(5)*	(111)	(100)	(110)	(311)	—	—

unseren Untersuchungen an Palladium wird bei reinen Oberflächen Übereinstimmung mit den Ergebnissen *(1, 2, 3)* bei Nickel erhalten. Die höher indizierten Flächen (311), (210) und (531) werden von uns nur dann an der Temperform beobachtet, wenn Fremdatomadsorptionen auftreten. Auf Grund der größeren atomaren Rauhigkeit bieten die höher indizierten Flächen eine gute Adsorptionsunterlage für Fremdatome. Sie treten dadurch selbst bei nur kleiner Ausdehnung noch deutlich in Erscheinung.

Abb. 1 gibt eine Zusammenstellung der bisher bekanntgewordenen Feldelektronenemissionsbilder für Ni, Pd und Pt. Der höchste Reinheitsgrad ist hier bei dem Emissionsbild des Ni mit 3zähliger Symmetrie von GOMER und dem Emissionsbild des Nickel mit 4zähliger Symmetrie von E. C. COOPER und E. W. MÜLLER erreicht. Bei all diesen drei Metallen wird Diatropie beobachtet. Es treten bevorzugt die Kristallorientierungen [111] und [100] in Richtung der Achse der gezogenen Drähte auf.

Kristallitorientierung in gezogenen Pd-Drähten. Die Diatropie im Pd-Draht zeigt sich ebenfalls in Abb. 2. Der Ausgangskristall an der Spitze war mit seiner [111]-Richtung parallel zur Drahtachse orientiert (Abb. 2a). Im Verlauf kurzer Glühbehandlung ergab sich dann das Emissionsbild der Abb. 2b. Der von Sauerstoff noch nicht freie Pd-Einkristall weist mit seiner [100]-Richtung eine Neigung von etwa 19° gegenüber der Drahtachse auf. Beide Kristalle haben offenbar die Gleitebene [111] gemeinsam, die auch beim Drahtziehen beansprucht wird. Bei den von uns untersuchten Pd-Drähten zeigte sich die Orientierung in [100]-Richtung nahezu parallel zur Drahtachse am häufigsten.

Korngrenzenwanderungen. Im folgenden sei näher auf die Beobachtbarkeit von Korngrenzen und Korngrenzenverschiebungen in Pd-Drähten eingegangen. Abb. 3 gibt eine schematische Übersicht über die Möglichkeiten der Verschiebung von Korngrenzenlinien im Feldemissionsbild, die sich auf Grund von echtem Kornwachstum oder Abtragung von Oberflächenschichten ergeben können. Zur Vereinfachung sei eine ebene Korngrenzenfläche angenommen, die, wie in der ersten Spalte angegeben, geneigt zur Drahtachse verlaufen möge, oder, wie in der zweiten Spalte, parallel zur Drahtachse orientiert sei. Am einfachsten liegen die Verhältnisse im letzteren Falle bei echtem Kornwachstum (Fall 1). Hier ist die Verschiebung der Korngrenzenlinie von

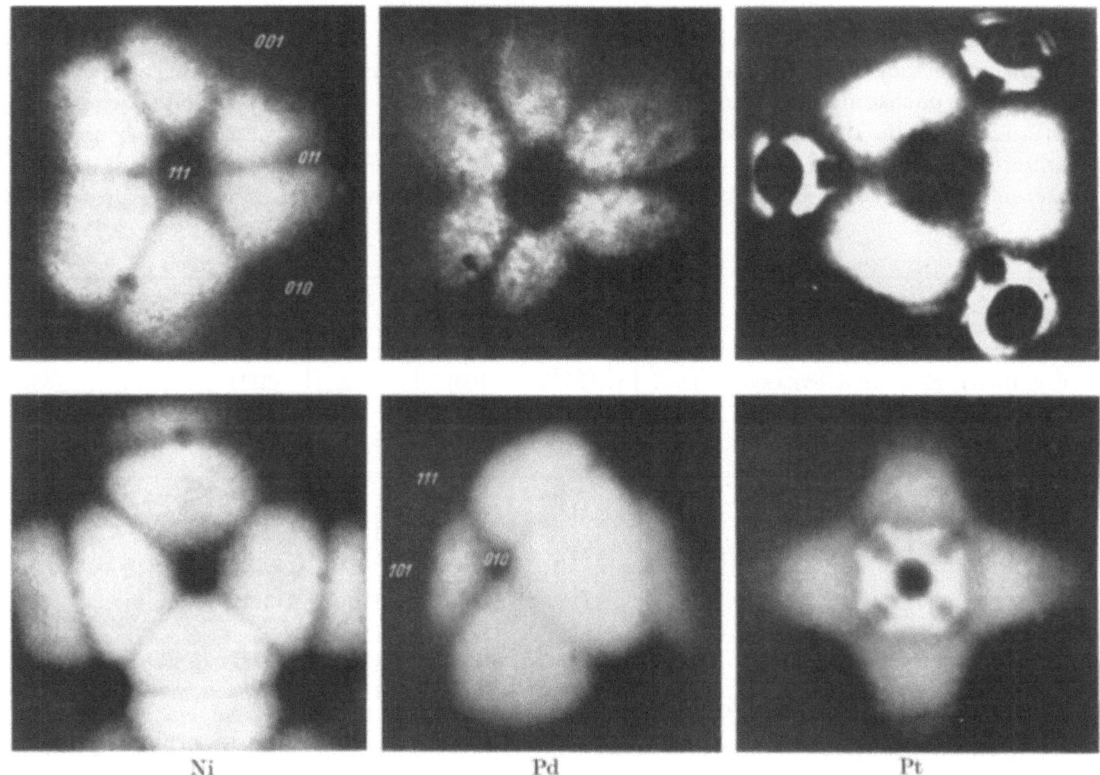

Abb. 1. Vergleich der Feldelektronenemissionsverteilung um die Pole (111) und (100) für einkristallines Pd, für Ni (nach R. Gomer, E. C. Cooper u. E. W. Müller) und für Pt (nach A. Korb)

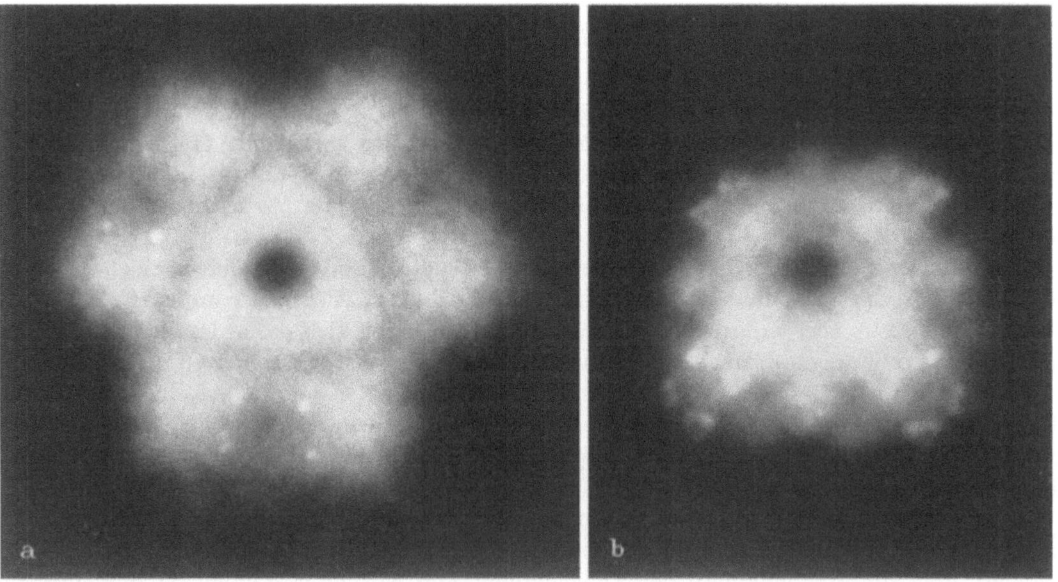

Abb. 2a u. b. Feldelektronenmikroskopischer Nachweis der Kristallitorientierung in Pd-Drähten, bezogen auf die Drahtachse. a) Orientierung des Spitzenkristallites mit seiner [111]-Richtung parallel zur Drahtachse, b) Orientierung des tiefer gelegenen Kristallites mit seiner [100]-Richtung um etwa 19° gegen die Drahtachse geneigt

P_1 nach P_2 nahezu gleich der Wanderung der Korngrenzenfläche auf die Drahtachse zu. Im Bild darunter (Fall 2) bleibt bei reiner Abtragung ohne Kornwachstum die Lage der Korngrenzenlinie indessen unverändert. Im Bild daneben beruht die dabei beobachtbare Verschiebung der Korngrenzenlinie zufolge Abtragung nicht auf echtem Kornwachstum. Der allgemeinste Fall 3 ist in dem darunterliegenden Bild angegeben, wo Kornwachstum und Abtragung zugleich auftreten. Hier ist eine eindeutige Aussage über die Korngrenzenwanderung aus der Feldemissionsmessung allein nicht ohne weiteres möglich.

In Abb. 4 dürfte die Verschiebung der Korngrenzenlinie von a nach c entsprechend den angegebenen Pfeilen vonstatten gehen und weniger durch Kornwachstum als vielmehr durch Abtragung verursacht sein.

Stufenbildungen auf Pd-Spitzenkathoden.
Bei Versuchen, den Adsorptionszustand von Palladiumspitzen, die vorher bei angelegtem Feld geglüht worden sind, durch Temperung zu ändern, ergeben sich zunächst auf Ikositetraederflächen und bei etwas höherer Temperatur auch auf den Vizinalen zwischen (011)- und (111)-Flächen Anzeichen von Stufenbildungen. Durch geeignete Glühungen lassen sich dann auf den (011)-Flächen auch einzelne Stufenringe nachweisen. Ein größerer Teil der adsorbierten Fremdstoffe ist abgedampft, und die Symmetrie und die Abrundung der oberen Netzebenen um den Pol (011) ist stark ausgeprägt. Aus den Ausschnittvergrößerungen (Abb. 5) ist dies

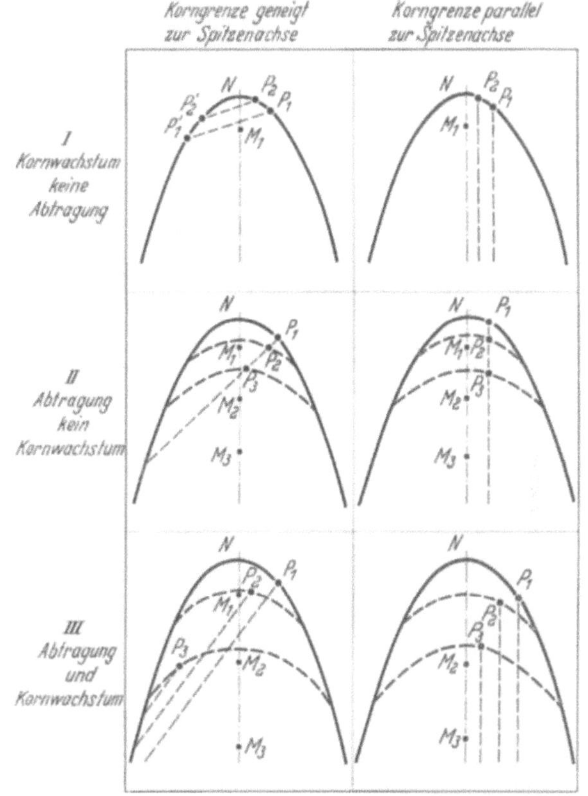

Abb. 3. Korngrenzenverschiebung in polykristallinem Pd-Draht bei Kornwachstum und Kristallabbau

deutlich zu entnehmen. Diese Stufenbildung wird dadurch erleichtert, daß auf den (011)-Flächen sehr günstige Anlagerungsbedingungen für Atome bestehen, die aus der Dampfphase oder

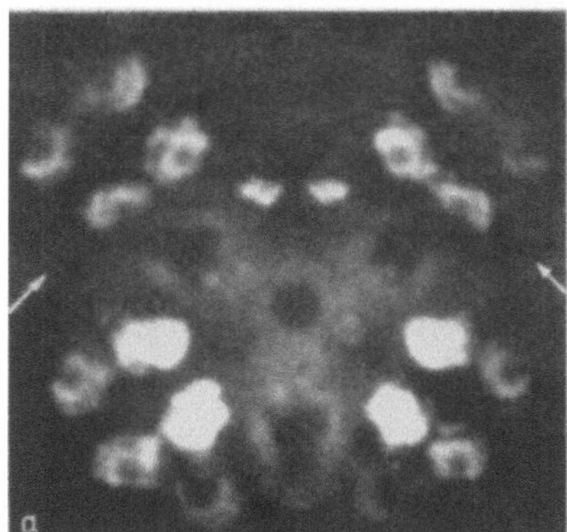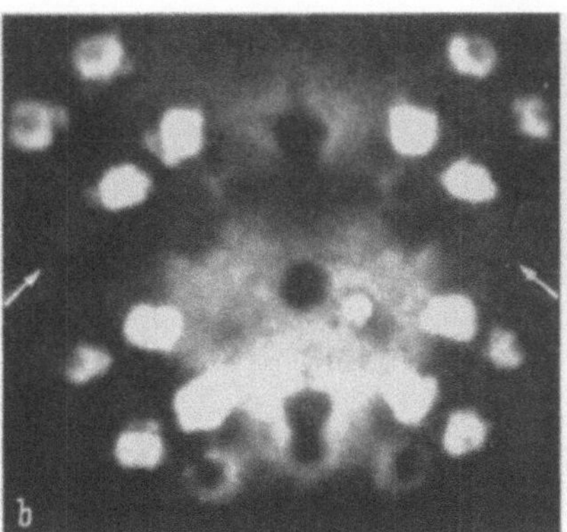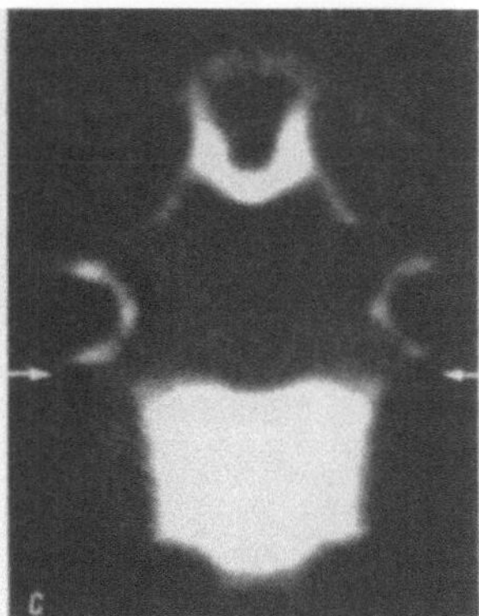

Abb. 4a—c. Korngrenzenverschiebung zwischen zwei Pd-Kristalliten zufolge von Glühbehandlungen. a) Anodenspannung 8,5 kV, Temperatur 20° C, b) Anodenspannung 10,2 kV, Temperatur 20°C, c) Anodenspannung 8 kV, Temperatur 680° C

vermöge ihrer thermischen Energie auf die oberste Netzenergie gelangen. An den einzelnen Gitterstufen adsorbierte Fremdatome begünstigen zusätzlich durch Erniedrigung der Aus-

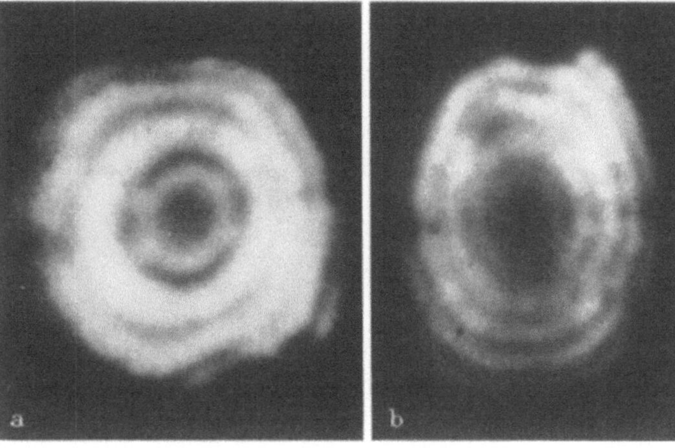

Abb. 5a u. b. Feldelektronenmikroskopischer Nachweis von Stufenbildungen auf (110)-Flächen von Pd-Einkristallen. a) konzentrische
Stufenbildung, b) gestörte Stufenbildung

trittsarbeit die deutliche Abbildung der Stufen um die Pole (011). Da die Stufenhöhen mehrerer Netzebenen betragen, dürfte von den beiden möglichen Deutungen die Stufenbildung im Sinne von Lang (9) gegenüber einer Deutung durch Schraubenversetzungen die größere Wahrscheinlichkeit besitzen. Eine endgültige Entscheidung aber dürfte wohl erst mit Hilfe des Feldionenmikroskops mit seinem höheren Auflösungsvermögen zu fällen sein.

Eine verstärkte Stufenbildung ist auf Abb. 6 zu erkennen. In diesem Falle war die Pd-Spitze bei höheren Temperaturen der Einwirkung starker positiver Felder unterworfen worden. Die stärkste Stufenbildung tritt hier auf der (011)-Fläche auf, dann folgt die Würfelfläche (100) und erst danach die Oktaederfläche (111).

Zusammenfassend läßt sich sagen, daß sich in der homologen Reihe Ni, Pd, Pt für die Feldelektronenemission ein recht einheitliches Bild ergibt. Die Fortsetzung der hier durchgeführten feldelektronenmikroskopischen Untersuchung soll feldionenmikroskopisch erfolgen, da auf diese Weise quantitative Ergebnisse über die Stufenbildung und Versetzungen gewonnen werden können und Vorversuche erfolgversprechend verlaufen sind.

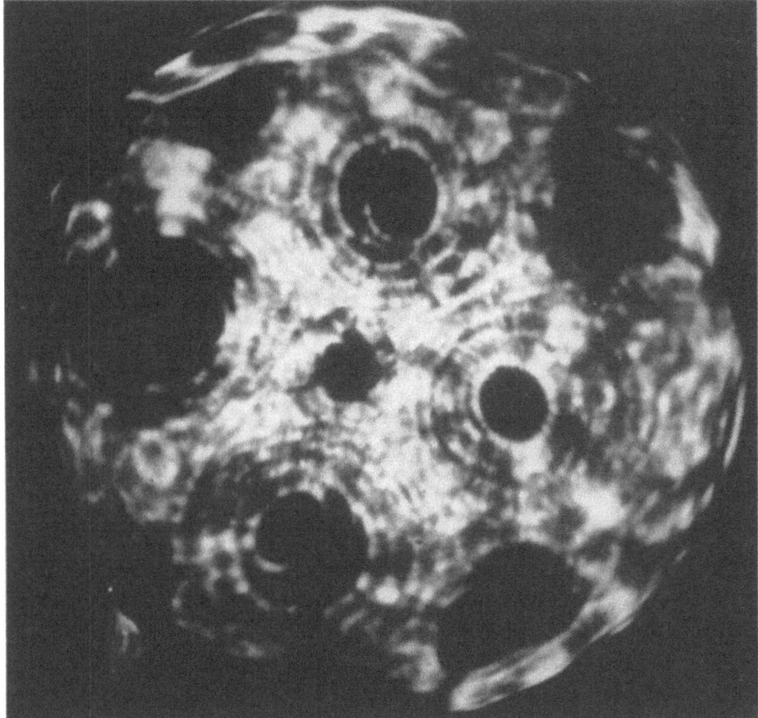

Abb. 6. Feldelektronenemissionsbild einer Pd-Spitze mit ausgeprägter
Stufenbildung nach Einwirkung starker positiver Felder

Literatur

1. Gomer, R.: J. chem. Phys. 21, 293 (1953).
2. Cooper, E. C., and E. W. Müller: Rev. sci. Instrum. 29, 309 (1958).
3. Drechsler, M., R. Vanselow u. G. Pankow: Z. Kristallogr. 107, 161 (1956).
4. Birkenschenkel, H., R. Haefer u. P. Mezger: Acta physica Austriaca 7, 402 (1953).
5. Korb, A: Diss. Techn. Hochschule Berlin 1953.
6. Komar, A. P., u. V. N. Schrednik: J. exp. theoret. Phys. (USSR) 32, 184 (1957).
7. Stark, D.: Phys. Verh. 9, 113 (1958).
8. Knacke, O., u. I. N. Stranski: Ergebn. exakt. Naturwiss. 26, 383 (1952).
9. Lang, A. R.: J. appl. Physics 28, 497 (1957).

Feldemission von Vanadium

G. Pankow

Fritz-Haber-Institut der Max-Planck-Gesellschaft, Berlin-Dahlem

Vanadium zeigt mehrere Oxyde, die sich mehr oder weniger leicht ineinander umwandeln lassen. Seine Verbindungen dienen als Katalysatoren für technische Oxydationsprozesse. Es kristallisiert im gleichen System wie die in der Feldelektronenemission am meisten untersuchten Metalle Wolfram und Tantal (kub. raumzentriert), hat aber im Vergleich zu diesen ausgesprochen hochschmelzenden Metallen einen niedrigen Schmelzpunkt. Bei solchen niedrigschmelzenden Metallen bereitet es besondere Schwierigkeiten, adsorptionsfreie Oberflächen zu erhalten, weil hier die Fremdmoleküle (z. B. Sauerstoff) oft fester an die Oberfläche gebunden sind als die arteigenen Atome.

Ziel der Arbeit ist die Herstellung der reinen Vanadiumoberfläche zur Klärung der Frage, welche Kristallflächen der reine Vanadiumkristall im FEM zeigt, sowie die Analyse der Adsorptionsschichten auf der noch nicht gereinigten Vanadiumoberfläche.

Herstellung und Reinigung der Vanadiumspitze

Die V-Spitze wird wie die anderer Metalle durch Ätzen eines Drahtes hergestellt. Besser als in einer Salzschmelze ($NaNO_2$) läßt sich Vanadium elektrolytisch ätzen, ähnlich wie es Niemeck und Ruppin (7) für Wolfram angegeben haben. Eine gleichmäßige Spitzenform wurde mit 3 n Salzsäure als Elektrolyt und einer Stromdichte von 5 A/cm² erhalten.

Die V-Spitze wurde an einem Wolfram-Heizdrahtbügel angeschweißt. Diese Anordnung hat allgemein den Vorteil, daß der Heizbügel bei Temperaturen bis zum Schmelzpunkt der Spitze nicht durchbrennen kann.

Die reine Vanadiumoberfläche wurde wie folgt erhalten: Nachdem die FEM-Röhre 30 Std. lang wie üblich bei 450° C bei laufender Hochvakuumpumpe ausgeheizt worden ist, wird über ein Palladiumröhrchen Wasserstoff eingelassen und die Temperatur der Spitze in einer Wasserstoffatmosphäre von 2—3 Torr im Laufe von 4 Std. von 400 auf 900° C kontinuierlich gesteigert. Danach wird der Wasserstoff abgepumpt und dann die Spitze für 10 min auf 1700° C geheizt, wobei gleichzeitig mit Tantal gegettert wird. Der Reinheitsgrad wird wie üblich durch Beobachtung des Emissionsbildes kontrolliert.

Einfaches Glühen der Spitze nahe ihrem Schmelzpunkt führte nicht zur völlig reinen Vanadiumoberfläche. Die Anwendung des Felddesorptionsverfahrens nach E. W. Müller (6) zeigte bei Vanadium keinen erkennbaren Reinigungseffekt der Oberfläche.

Emissionsbildphasen bei Steigerung der Spitzentemperatur

Die Bildserie Abb. 1 zeigt einige FEM-Bilder einer zuvor ungeheizten V-Spitze, wenn die Temperatur schrittweise erhöht wird. Die Spitze wurde mit der jeweils angegebenen Temperatur ohne angelegtes Feld im Hochvakuum 2 min lang geheizt, dann die Heizung abgeschaltet, und nach Abkühlung auf Zimmertemperatur zur Beobachtung das Feld angelegt. In bestimmten Temperaturbereichen sind reproduzierbar immer gleichartige Emissionserscheinungen zu beobachten: Bis 1200° C das Hervortreten der hellen Gebiete um (211), zwischen 1300 und 1600° C die dunkel erscheinenden (334)- und (012)- und die hell erscheinenden (001)-Flächen. Die gleichen Emissionserscheinungen beim Tempern der V-Spitze traten auch dann auf, wenn der Heizbügel nach der alten Methode statt aus Wolfram aus Vanadium bestand.

Abb. 1d zeigt eine Korngrenze. Die Orientierung der beiden durch die Korngrenze getrennten Kristalle ist innerhalb der Meßgenauigkeit gleich. Das Auftreten solcher Kleinwinkelkorngrenzen konnte bei V-Spitzen häufig beobachtet werden im Gegensatz zu W-, Ta- und Mo-Spitzen, die zwar ebenfalls häufig Korngrenzen zeigen, aber mit großen Winkeln zwischen den benachbarten Kristallen.

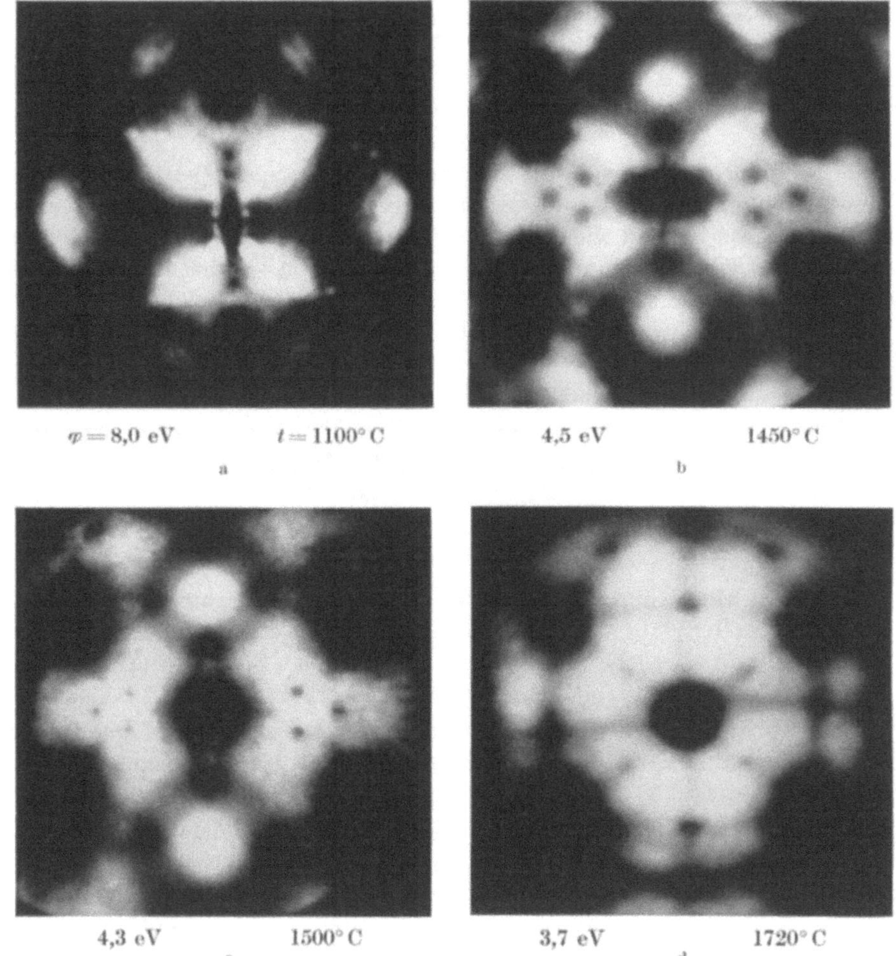

$\varphi = 8{,}0$ eV $t = 1100°$ C
a

4,5 eV   1450° C
b

4,3 eV   1500° C
c

3,7 eV   1720° C
d

Abb. 1a—d. Feldelektronenemissionsbilder der frischen V-Spitze nach 2 min Heizen ohne Feld.

Die reine Vanadiumspitze und ihre Elektronenaustrittsarbeit

Abb. 2 zeigt die reine V-Spitze, wie sie nur durch die beschriebene Wasserstoffbehandlung erhalten werden konnte. Wie man hier sieht, zeigt der reine Vanadiumkristall im FEM die Flächen (011), (001) und (211), also die gleichen Flächen wie reines Wolfram. Die gleiche Übereinstimmung konnte auch in der Lage der beobachteten Zentren des Feldabbaues im Feldionenmikroskop gefunden werden.

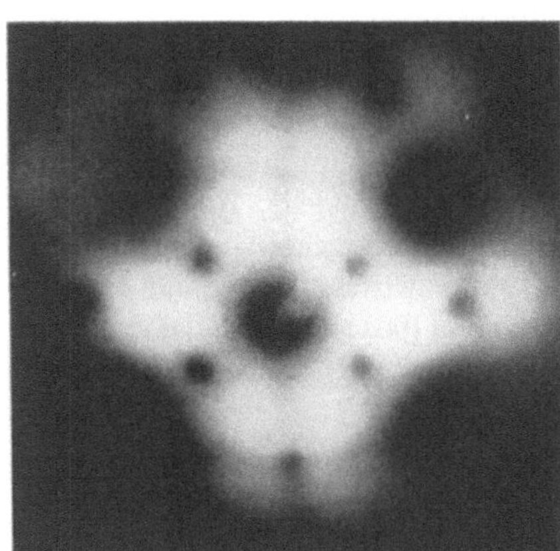

Abb. 2. Reine V-Spitze, wie sie nach Wasserstoffbehandlung erhalten wird

Tabelle 1. *Gegenüberstellung der beobachteten Flächen der kubisch raumzentrierten Metalle* W, Ta *und* V

Im Feldelektronenbild dunkel hervortretende Flächenbereiche			Lage der beobachteten Zentren des Feldabbaues der Kristalle			Theoret. Gleichgewichtsflächen des kub. raumzentrierten Gitters nach Stranski (8) unter Berücksichtigung	
						erst- u. zweitnächst. Nachbarn	erst- bis drittnächst. Nachbarn
$W^{(5)}$	$Ta^{(4)}$	V	$W^{(2)}$	$Ta^{(2)}$	$V^{(3)}$		
011	011	011	011	011	011	011	011
001	001	001	001	001	001	001	001
211		211	211		211		211
							111

Interessant ist ein Vergleich mit den theoretischen Flächen der Gleichgewichtsform, obwohl die im FEM beobachteten Kristalle keine Gleichgewichtsform darstellen.

Mit dem FEM läßt sich die Elektronenaustrittsarbeit φ sowohl des reinen als auch des bedeckten Metalles aus Strom-Spannungsmessungen ermitteln. Besonders einfach ist das mit der nach φ aufgelösten Formel für den Spitzenradius (1) möglich. Für die über alle Kristallflächen gemittelte Austrittsarbeit des reinen Vanadiums ergab sich der Wert: $\varphi V = 3{,}68\ \mathrm{eV} \pm 5\%$. Die Werte für die einzelnen Flächen liegen zwischen 3,5 und 4,8 eV.

Analyse der Adsorptionsschichten mit Eichaufnahmen

Im FEM geben Adsorptionsschichten bestimmter Stoffe jeweils charakteristische Emissionsbilder. Nach den bisher in der Feldemission bekannten Erfahrungen gibt es keine zwei Substanzen,

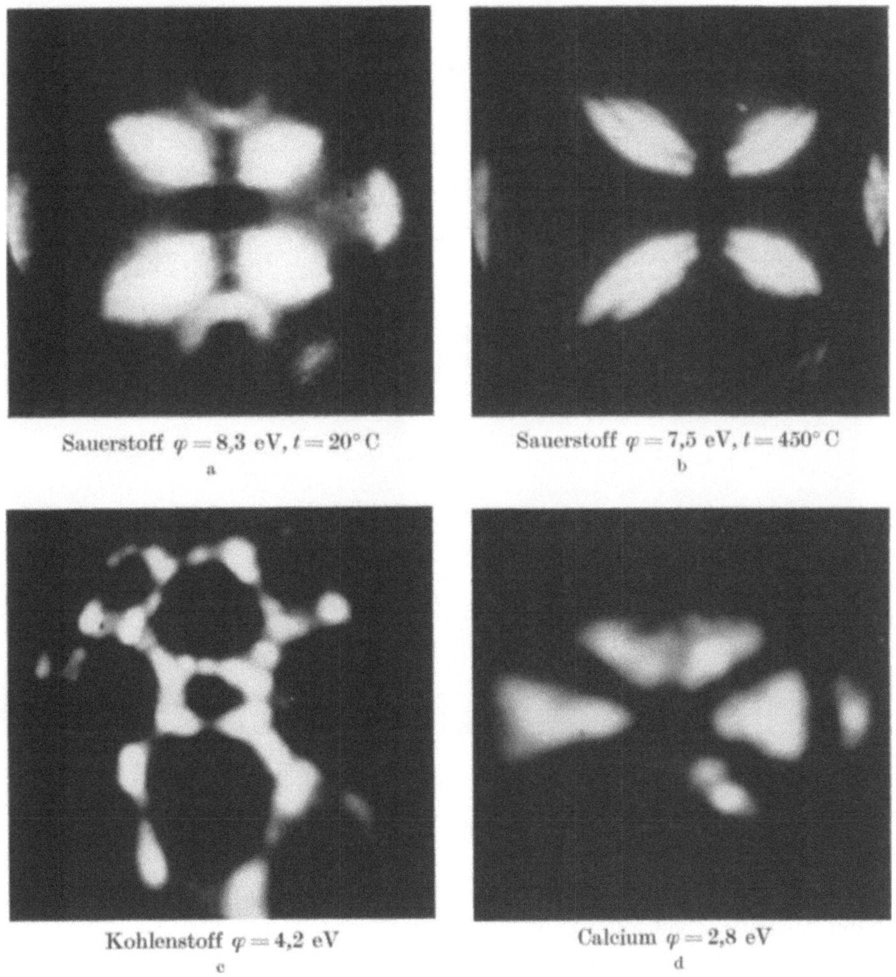

Sauerstoff $\varphi = 8{,}3\ \mathrm{eV}$, $t = 20°\,\mathrm{C}$
a

Sauerstoff $\varphi = 7{,}5\ \mathrm{eV}$, $t = 450°\,\mathrm{C}$
b

Kohlenstoff $\varphi = 4{,}2\ \mathrm{eV}$
c

Calcium $\varphi = 2{,}8\ \mathrm{eV}$
d

Abb. 3a—d. Eichaufnahmen von Sauerstoff, Kohlenstoff und Calcium auf Vanadium.

deren Adsorptionsschichten auf dem Spitzenkristall in allen Einzelheiten gleiche Emissionsbilder zeigen. Diese Erscheinung wird im folgenden zu einer qualitativen Analyse der Adsorptionsschichten ausgewertet.

Zur Analyse der Adsorptionsschichten auf der noch nicht gereinigten V-Spitze wurde die reine V-Oberfläche mit Testsubstanzen bedeckt. Für die Eichaufnahmen wurden die Substanzen ausgesucht, die bei der Reduktion des Vanadiumoxydes und bei der Herstellung des V-Drahtes in das Metall der Spitze gelangt sein können und deren Vorhandensein in der Adsorptionsschicht vermutet wurde: Sauerstoff, Kohlenstoff, Calcium, Aluminium und Silicium. Die Abb. 3 und 4 zeigen Beispiele solcher Eichaufnahmen mit den zugehörigen mittleren Elektronenaustrittsarbeiten. Ihre charakteristischen Merkmale sind:

Sauerstoff. Helles Hervortreten der Gebiete um (211), helle Ränder um (001) und starke Zunahme der Austrittsarbeit auf über 8 eV.

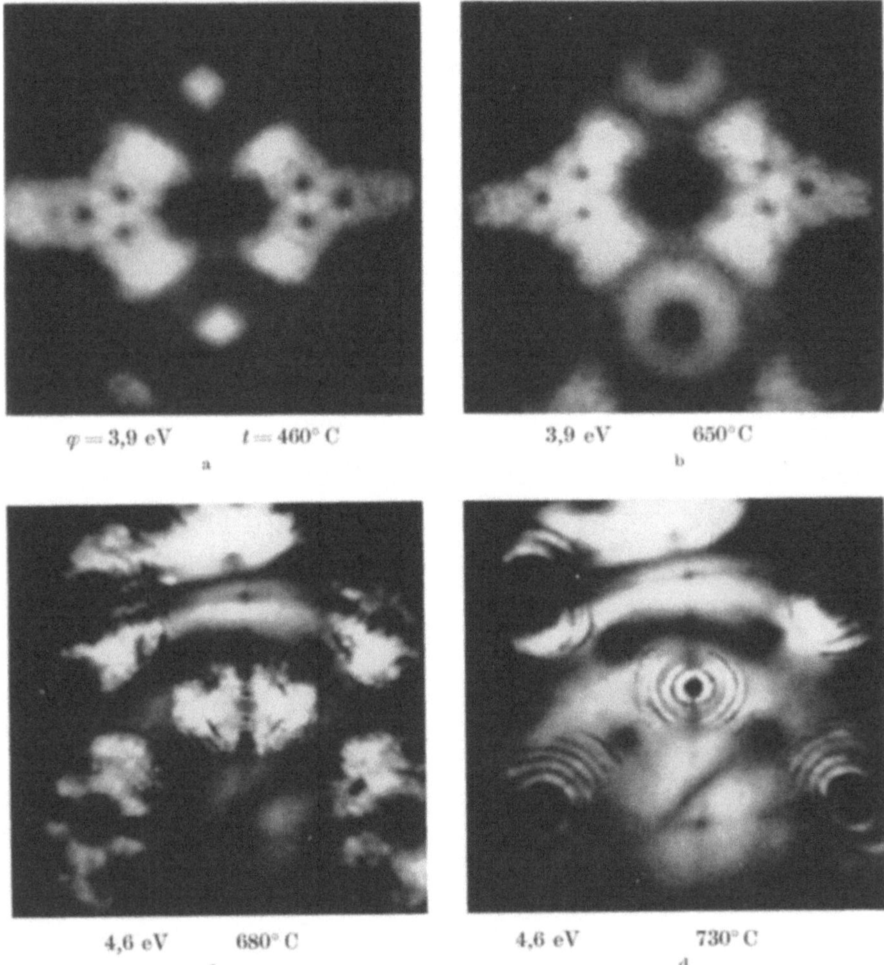

Abb. 4a—d. Eichaufnahmen von Aluminium auf Vanadium.

Kohlenstoff. Helle Ränder auf den hochindizierten Flächenbereichen um (011) und (001), Änderung der Austrittsarbeit auf 4,2 eV.

Silicium. Helle Ränder um (011), (001) und (211), geringe Zunahme der Austrittsarbeit auf 4,4 eV.

Calcium. Hervortreten der Zonenlinien durch (211) als breite dunkle Balken, starke Abnahme der Austrittsarbeit auf 2,8 eV.

Aluminium. Im Temperaturbereich bis 650° C Auftreten heller Ringe um (011), Austrittsarbeit 3,9 eV, zwischen 650 und 680° C starke Bildänderung und Zunahme der Austrittsarbeit auf 4,6 eV, über 680° C Auftreten der (334)- und (012)-Flächen in einem hellen dreizähligen Stern.

Der Vergleich sowohl der Aufnahmen als auch der Elektronenaustrittsarbeiten der zu analysierenden Adsorptionsschichten mit denen der Eichadsorptionsschichten führt zu dem in Tab. 2 stehenden Ergebnis.

Für die aufgetretenen Temperaturunterschiede zwischen gleichen Bildphasen der geätzten ungereinigten V-Spitze und den Eichaufnahmen könnte folgende Erklärung dienen: Der für die Aufnahmen erforderliche Bedeckungsgrad wird im Fall der Eichaufnahmen durch teilweises Verdampfen einer ursprünglich kondensierten Aluminiumschicht erzielt. Dagegen scheint es beim Tempern der ungereinigten Spitze, daß Aluminiumspuren aus dem Inneren des V-Kristalles erst

Tabelle 2. Ergebnis der Adsorptionsanalyse

Temperaturbereich ° C	Deutung der Oberflächenbeschaffenheit aus dem Feldelektronenemissionsbild
bis 1000	unsymmetrische Bilder des noch nicht ausreichend verrundeten Kristalles
1000—1200	typische Sauerstoffadsorption
1200—1600	Sauerstoff ist desorbiert; typische Aluminiumadsorption
1600—1700	Aluminium desorbiert
1720	sehr geringe nicht zu analysierende Restadsorption
1720 und H_2-Behandlung	reine Oberfläche von Vanadium

an die Oberfläche diffundieren müssen und daß für diese Diffusion höhere Temperaturen erforderlich sind als für das reine Verdampfen. Außerdem ist noch zu beachten, daß bei den Temperbildern der Vorgang noch durch andere, in geringerer Menge vorhandene Verunreinigungen beeinflußt wird.

Herrn Prof. Dr. I. N. Stranski, Herrn Prof. Dr. E. W. Müller, Herrn Prof. Dr. G. Borrmann und Herrn Dr. M. Drechsler bin ich für die gewährte Förderung zu großem Dank verpflichtet.

Literatur

1. Drechsler, M., u. E. Henkel: Z. angew. Physik **6**, 341 (1954).
2. — G. Pankow u. R. Vanselow: Z. physik. Chem. **4**, 249 (1955).
3. — — Feldverdampfung und Feldionenmikroskopie von Vanadium. Veröffentlichung in Vorbereitung.
4. — u. R. Vanselow: Z. Kristallogr. **107**, 3 (1955).
5. Müller, E. W.: Z. Physik **106**, 541 (1937).
6. — Z. Naturforsch. **11a**, 88 (1956).
7. Niemeck, F. W., u. D. Ruppin: Z. angew. Physik **6**, 1 (1954).
8. Stranski, I. N.: Discuss. Faraday Soc. **5**, 13 (1949).

Untersuchungen an dem Chrom-Nickelstahl 18/8 im Feldelektronenmikroskop

Ferdinand Stangler

II. Physikalisches Institut der Universität Wien

Für die Herstellung von Spitzen aus 18/8-Stahl erwies sich nur die elektrolytische Tauchätzung mit verdünntem Königswasser als brauchbar. Die günstigste Zusammensetzung war: 12 vol.-% HCl konz. + 5 vol.-% HNO_3 konz. + Rest H_2O. Die Ätzspannung betrug zwischen 3 und 6 V. Die Vorätzung des Drahtes erfolgte bei einer Stromstärke von 60 mA (etwa 2 min), die eigentliche Ätzung bei etwa 1,5 mA (4—6 min). Da eine gleichmäßige Ätzung von Hand aus über diesen Zeitraum nur schlecht durchführbar war, wurde eine einfache automatische Ätzvorrichtung gebaut. Die hin- und hergehende Drehbewegung eines Scheibenwischermotors wird mittels Schnurrades und Geradführung in eine periodische Auf- und Abbewegung des abzuätzenden Drahtendes verwandelt. Je nach der gewünschten Spitzenform kann die Tiefe des Eintauchens dieses Drahtendes durch Heben oder Senken des die Ätzlösung enthaltenden Gefäßes eingestellt werden. Die mit dieser einfachen Vorrichtung erhaltenen Spitzen waren von gleichmäßiger Form und fast durchweg brauchbar.

Da die Spitzen aus Chrom-Nickelstahl nur eine geringe Lebensdauer hatten, wurde eine Form des Versuchskolbens gewählt, die ein leichtes Auswechseln der Spitzen gestattete. Das den Spitzenbügel tragende Gestänge wurde an dem Kern eines fettgedichteten Schliffs angebracht. Dieser bildete mit einem innerhalb des Gegenschliffs angebrachten Glasrohr eine Falle, die mit flüssiger Luft gekühlt wurde, um das Eindringen von Fettdämpfen in das Versuchsgefäß zu

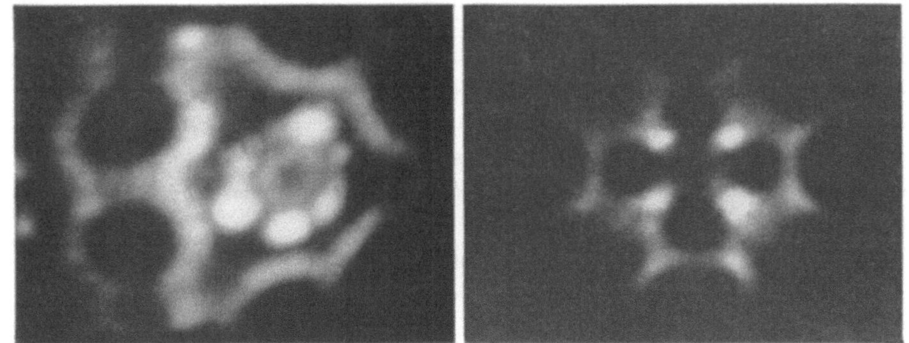

Abb. 1a u. b. Emissionsbilder von 18/8-Stahl

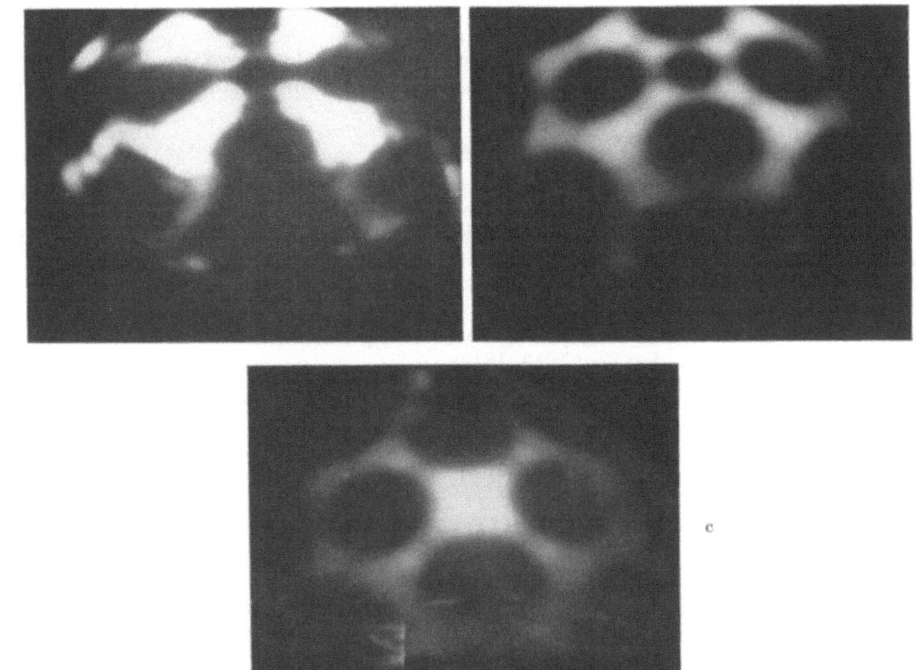

Abb. 2a—c. Veränderung des Emissionsbildes bei Glühung unter Spannung

vermeiden. Der Spitzenbügel selbst war mit Schraubklemmen aus Nickel an dem Gestänge befestigt. Die Evakuierung des Versuchskolbens erfolgte mit einer dreistufigen Öldiffusionspumpe über ein wassergekühltes Baffle und eine mit flüssiger Luft gekühlte Falle. Das mit dieser Anordnung erreichbare Vakuum betrug $1—2 \cdot 10^{-7}$ Torr. Die Messung der Spitzentemperatur erfolgte mit einem Glühfadenpyrometer.

Nach dem Einbringen in das Versuchsgefäß wurde die Spitze durch stufenweises Glühen bis 1050° C verrundet. Zwei nach dieser Behandlung bei Raumtemperatur erhaltene Emissionsbilder zeigt Abb. 1. Die Emissionsverteilung um die Richtungen [111] und [011] zeigt Abb. 1a. Die Flächen (013) und (023) erscheinen als dunkle kreisförmige Flecken, die Berandungen dieser

Flächen als helle Streifen. Der selbst dunkel erscheinende Oktaederpol [111] wird von einem hellen Ring umgeben, der die Richtungen [233] und [334] enthält. Abb. 1b zeigt das Bild einer nach (001) orientierten Spitze. Hier treten die Richtungen $\langle 116 \rangle$ besonders hell hervor.

Die Indizierung der erhaltenen Bilder erfolgte durch Projektion des photographischen Negativs auf eine Lagenkugel und zwar so, daß die $\langle 111 \rangle$- und $\langle 011 \rangle$- oder $\langle 001 \rangle$- Richtungen des projizierten Bildes durch Drehen der Lagenkugel und Ändern des Vergrößerungsmaßstabes mit den entsprechenden Richtungen auf der Lagenkugel zur Deckung gebracht wurden. Die Zuordnung dieser Richtungen war möglich, da die Bilder die typische Symmetrie kubischer Kristalle aufwiesen. Auf der Lagenkugel konnten dann alle anderen Richtungen indiziert werden.

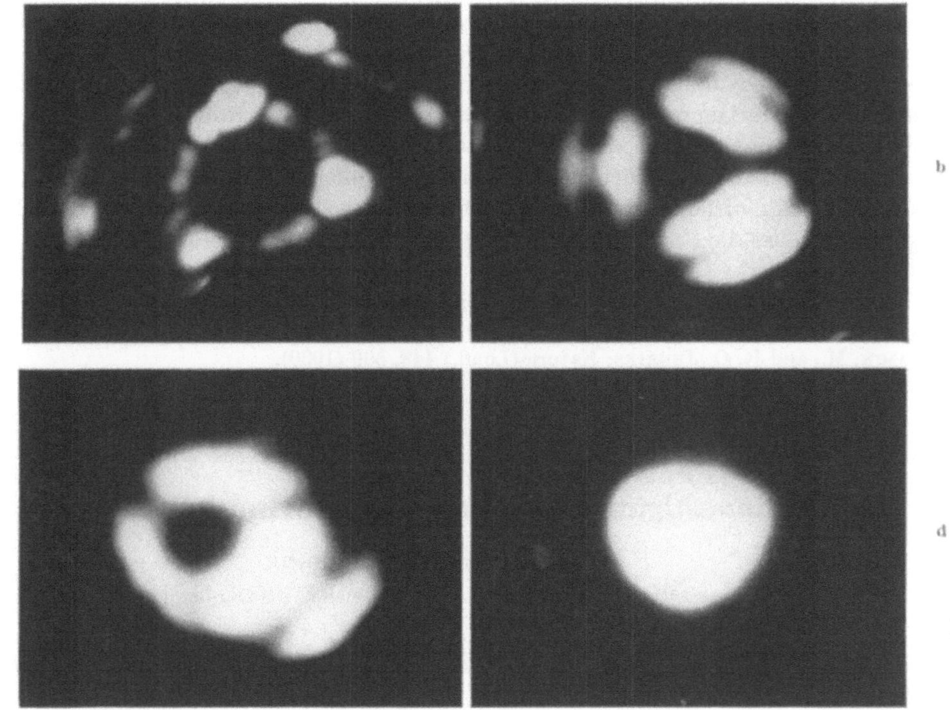

Abb. 3a—d. Veränderung des Emissionsbildes bei Glühung unter Spannung

Wird die Kristallspitze bei angelegter Hochspannung erwärmt, so treten schon bei relativ geringen Temperaturerhöhungen charakteristische Veränderungen des Schirmbildes auf. Abb. 2a zeigt das Bild einer nach [001] orientierten Spitze bei etwa 500° C. Die hellen Gebiete in der Richtung [116] haben sich vergrößert. Bei weiterer Erwärmung der Spitze auf 750° C erfolgt die Emission von ringförmigen Gebieten um die $\langle 001 \rangle$- und $\langle 032 \rangle$- Richtungen, die selbst dunkel erscheinen (Abb. 2b). Wird die Temperatur auf 830° gesteigert, dann tritt die (001)- Ebene als hell leuchtendes Quadrat hervor (Abb. 2c). Wenn man nun bei gleichbleibender Temperatur die Hochspannung für einige Minuten abschaltet, so tritt ein der Abb. 2c entsprechendes Bild auf, d. h. das leuchtende Quadrat in der [001]-Richtung ist verschwunden, taucht aber nach einigen Sekunden wieder auf. Wird unter angelegter Hochspannung die Temperatur herabgesetzt, so bleibt die (001)-Fläche allein als heller Fleck sichtbar. Bei Glühung ohne Hochspannung und Herabsetzung der Temperatur vor Anlegen der Spannung läßt sich der Ausgangszustand der Abb. 2a wieder erreichen.

Manche Spitzenkathoden ergaben von den vorbesprochenen abweichende Erscheinungen. Abb. 3a zeigt das Bild einer nach [111] orientierten Spitze bei 500° C. Die stärkste Emission erfolgt wieder von den $\langle 112 \rangle$- und $\langle 113 \rangle$-Richtungen. Bei Erwärmung auf 800° C unter angelegter Spannung verschwindet das Bild zunächst völlig. Nach ein bis zwei Minuten erscheint plötzlich ein leuchtender Fleck großer Helligkeit, dem später ebenfalls schlagartig zwei andere folgen

(Abb. 3b). Die stärkste Emission kommt aus der Gegend der ⟨123⟩- und ⟨133⟩-Richtungen, die (112)- und (113)-Ebenen erscheinen aber jetzt dunkel. Wird die Temperatur auf 820° C heraufgesetzt, so verbreitern sich die Gebiete starker Emission gegen [111] hin (Abb. 3c). Nach einiger Zeit oder bei weiterer Temperaturerhöhung um 20° zieht sich die Leuchterscheinung auf einen hellen Fleck im Bereich [111] zusammen, der auch die Richtungen ⟨112⟩ und ⟨122⟩ enthält (Abb. 3d). Diese Erscheinung blieb bis zu etwa 1000° C beständig, wenn die Hochspannung etwas herabgesetzt wurde, um die Spitze nicht zu zerstören. Auch hier ließen sich, wie vorher beschrieben, frühere Zustände durch geeignetes Glühen wieder herstellen, bzw. durch Herabsetzung der Temperatur einfrieren.

Einige Autoren beobachteten ähnliche Vorgänge bei verschiedenen Metallen (1, 2, 3). Als Deutung wird folgendes angegeben: Durch Erwärmen der Kathodenoberfläche wird eine Diffusion der Atome ermöglicht. Die als polarisiert angenommenen Atome wandern unter dem Einfluß des elektrischen Feldes bevorzugt an Orte höherer Lokalfeldstärke — Flächen größerer Oberflächenrauhigkeit oder Gittertreppenstufen — und vergrößern dort die Emission. Auf diese Weise wird die durch Temperung verrundete Spitze zu einer scharfkantigen Form aufgebaut, die schon bei geringerer Anodenspannung emittiert. Die bei der jeweiligen Temperatur erreichte Aufbauform der Spitze läßt sich einfrieren und auch bei tieferen Temperaturen beobachten. Bei Glühung ohne Hochspannung kehrt die Spitze wieder in ihre verrundete Ausgangsform zurück.

Literatur

1. MÜLLER, E. W.: Z. Physik **106**, 541 (1937).
2. BENJAMIN, M., and R. O. JENKINS: Nature (Lond.) **143**, 599 (1939).
3. BECKER, J. A.: Bell Syst. techn. J. **30**, 907 (1951).

The investigation of phase transformation $\alpha \rightleftarrows \beta$ Zr

A. KOMAR and V. SCHREDNIK

Physico-Technical Institute, Acad. of Science USSR, Leningrad

The following purposes were in view at the beginning of the present work: 1. The estimation of the possibility of using the field emission electron microscope for the investigation of phase transformations of pure metals. 2. The elucidation of the significance of the shape and the size of small crystals for the mutual crystallographic orientation of the daughter and the mother phases. 3. The obtaining of regular electron emission patterns of Zr single crystals, because it was known that such patterns had not been obtained until now (1).

We used the usual Müller's type field electron emission microscope. The emission electron patterns were obtained with constant voltage at pressures of 10^{-9} mm mercury and with impulse voltage at pressures of 10^{-7} mm mercury. Zr wire with 0.2 mm in diameter was used for preparation of the needles. Zr was produced from ZrI_4 (2). The typical electron patterns of Zr single crystals of hexagonal and cubic symmetry are shown in Fig. 1a and 1b. The pole patterns of the same crystals are shown in Fig. 1c and 1d. The indices of the faces were determined by comparison of the experiments 1a and 1b with corresponding theoretical patterns. Sometimes, there were observed complicated patterns of cubic symmetry, such as shown in Fig. 2a. The pattern Fig. 2a is that of a pseudomorphic hexagonal crystal. This assumption was confirmed after removing the surface layers by means of field desorption. After the desorption there were obtained the patterns, which revealed the internal hexagonal structure, Fig. 2b, 2c. After heat treatment of the crystal, which gave the pattern of Fig. 2c, the pattern of Fig. 2d was obtained. It is necessary to note that, after field desorption (Fig. 2b—f), a spiral step structure on the face (11$\bar{2}$0) was observed, similar to that already observed by DRECHSLER and others (3). We believe that this spiral step structure is connected with diffusionless $\alpha \rightleftarrows \beta$ transformations on Zr single crystals.

The investigation of $\alpha \rightleftharpoons \beta$ Zr transformation using the Zr needle prepared in the usual manner was hindered by the gradual increase in temperature of $\alpha \rightleftharpoons \beta$ transformation, due to absorption by Zr, the residual gases O_2, N_2 and hydrocarbons.

We adopted the method of Zr condensation on the heated Zr needle, as a method of obtaining the purest Zr on the needle top. The evaporation of Zr, well-outgased before, took place at the pressure of 10^{-9} mm Hg. Very low volatility of Zr nitrides, oxydes and carbides promoted obtaining of the highest purity condensat.

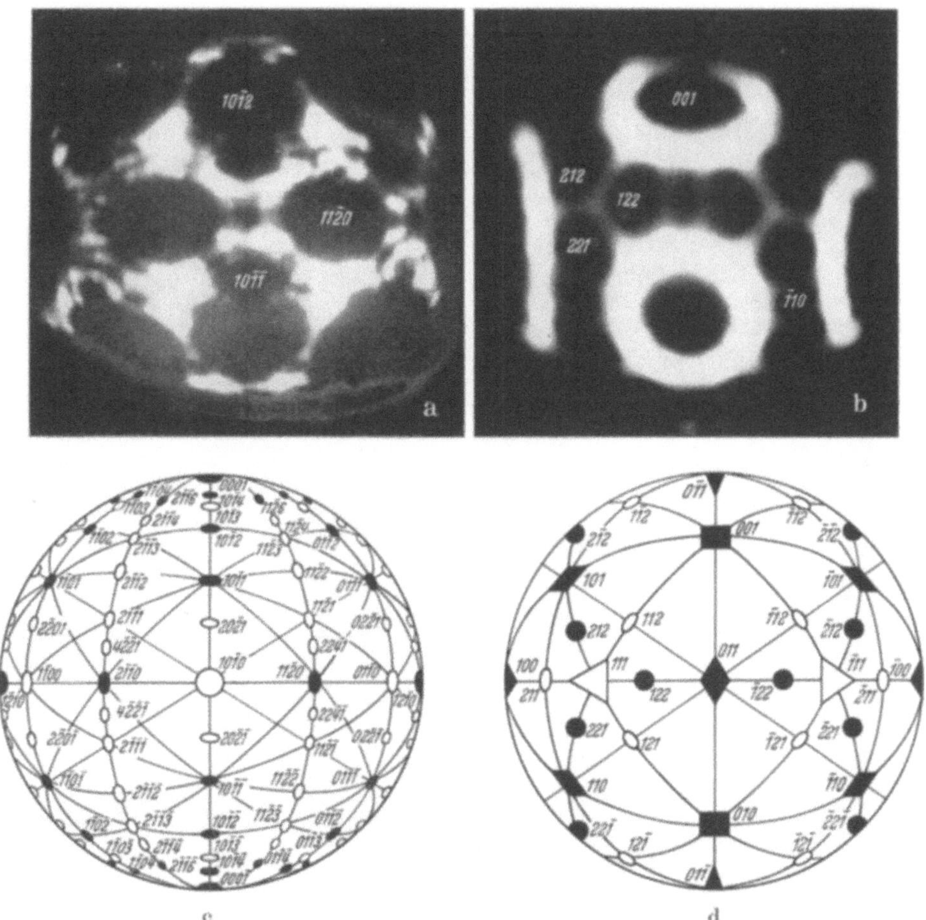

Fig. 1a—d. Emission from Zr single crystals; a) with hexagonal, b) with cubic symmetry; c) and d) pole patterns due to them

The sequence of patterns illustrating the $\alpha \rightleftharpoons \beta$ transformation of Zr is shown in Fig. 3a—f. Fig. 3a shows the image of Zr cubic crystal, obtained after heating the Zr needle at $1\,040°$ C in a negative electric field. The faces (001), (011) and (122) are well-discernible in this image. Fig. 3b shows the image of the same Zr needle top, which had been annealed during several minutes at $1\,100°$ C in a negative electric field, after one transformation cycle. The excessive increase in the cube faces is probably due to the rebuilding of crystal in the strong electric field and to contamination by N_2. Cube faces were smoothed out by N atoms situated in potential wells between Zr atoms.

Fig. 3c shows the image of the same crystal, which had given the image shown in Fig. 3b, but had been cooled there to a lower temperature than that of the Zr phase transformation. The initial contour of the cube face (001) is now divided into three parts. The division was accomplished practically suddenly. The black spot with three regions is not a well-formed image of the pyramidal face (10$\bar{1}$2) of a hexagonal Zr single crystal. This face was well-formed only after heating at a higher temperature (Fig. 3d). The patterns 3b and 3c were well-reproducible after transition of the needle tip through the temperature of transformation, i.e. the crystallographic reversibility

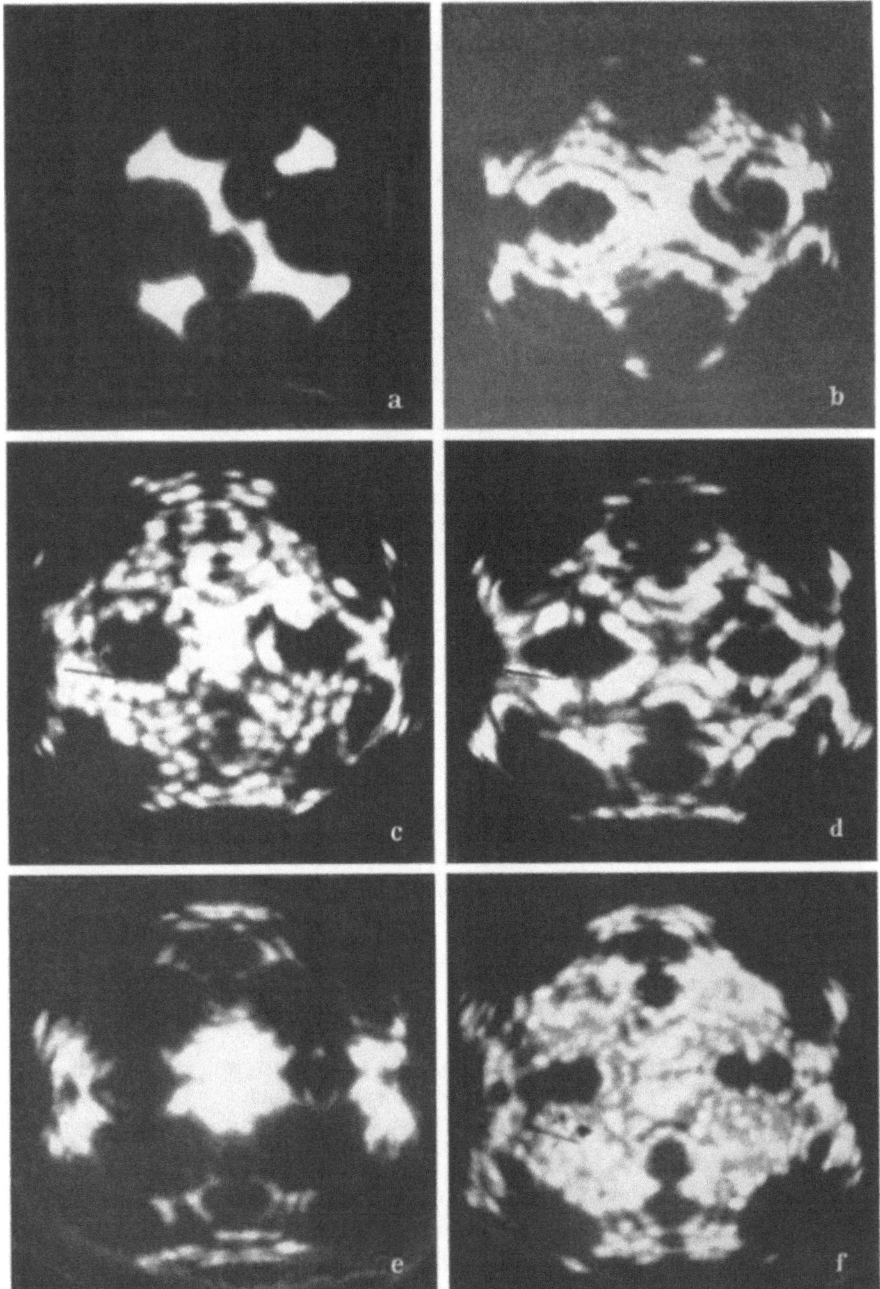

Fig. 2a—f. Emission from Zr single crystals; a) pseudomorphic hexagonal surface structure, b) and c) after desorption, internal hexagonal structure with spiral steps on (11$\bar{2}$0), cf. Fig. 1c; d) after heat treatment of the crystal seen in Fig. 2c); e) and f) after following field evaporation at 1220 °C and 150 MV/cm and 160 MV/cm correspondingly

was observed. The Fig. 3d and 3e are particularly interesting. In these figures, the coexistent faces (0$\bar{1}$0) and ($\bar{1}$00) of cubic and the faces (11$\bar{2}$0) and ($\bar{1}$102) of hexagonal Zr crystals are well-discernible. The crystal, which gave the patterns Fig. 3d and 3c, had the intermediate, not stable crystallographic shape. Such a shape, transformed into the stable shape, is shown in the Fig. 3f after prolonged annealing at lower temperatures than that of the α—β Zr transformation only. The pattern 3f is a typical one for a crystal of hexagonal symmetry. Well-formed basic face (0001),

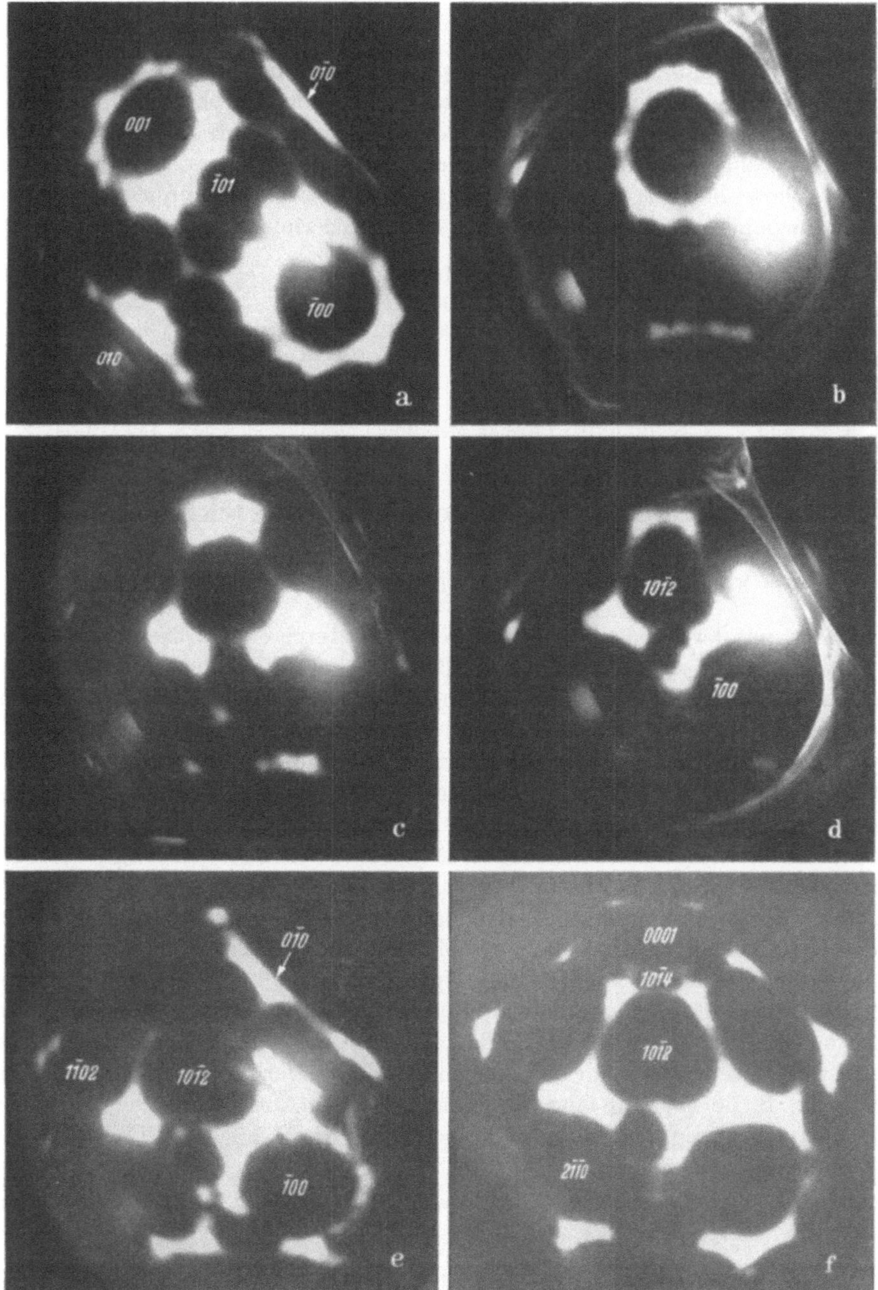

Fig. 3a—f. $\alpha \rightleftarrows \beta$ transformation of Zr; a) cubic crystal after heating to 1040° C in negative field, b) the same after heating at 1100° C, c) the same after cooling to temperature below that of transformation, d) the same and e) another crystal after new heating at a higher temperature, f) after prolonged annealing at a temperature below that of transformation, stable hexagonal structure

prisme faces (11$\bar{2}$0) and pyramidal faces (10$\bar{1}$2) are discernible in Fig. 3f. The face (0001) is surrounded by the small-size faces (10$\bar{1}$4). According to our observation, the crystal shape changed very slowly and gradually in a broad region of temperature. The signs of a new phase, on the contrary, appeared suddenly at a definite temperature. We succeeded in observing the motion of the front of transformation only under some special conditions. We hope to obtain a film of transformation in the near future.

The mutual orientation of the $\alpha-\beta$ Zr crystals was determined. Burgers' (4) orientations of lattices of α and β phases were confirmed, i.e. $(0001)\alpha \parallel (011)\beta$, $[1120]\alpha \parallel [\bar{1}11]\beta$. The probability of occurence of a definite orientation was proportional to the number of geometrically similar orientations and depended on the shape and the dimensions of the microcrystal. In the case of crystals with linear dimensions less than 1 μ, crystallographic reversibility was observed at the transformation. The presence of the reversibility confirms Dehlinger's (5) ideas about the role of surface energy during transformation.

Our results show that it is possible to give positive answers to all questions mentioned at the beginning of our paper. A detailed description of our experiments may be found elsewhere (6).

References

1. Müller, E. W.: Ergebn. exakt. Naturwiss. **27**, 290 (1953).
2. Emeljanow, V. S., F. D. Bystrow and A. I. Eustiuchin: Atomnaia energia **3**, 122 (1956).
3. Drechsler, M., G. Pankow u. R. Vanselow: Z. physik. Chem. **4**, 249 (1955).
4. Burgers, W. G.: Physica **1,** 561 (1934).
5. Dehlinger, U.: Metallwirtschaft **11,** 223 (1932).
6. Komar, A. P., and V. N. Schrednik: Physika Metallow i Metallovedeniye **5,** 452 (1957).

Kristalloberflächen unter dem Einfluß elektrischer Felder

M. Drechsler und R. Vanselow

Fritz-Haber-Institut der Max-Planck-Gesellschaft, Berlin-Dahlem

Um zu klären, wie der Abbau eines Metall-Kristalles durch ein starkes elektrisches Feld erfolgt, wurden Spitzenkristalle so tief abgebaut, daß die Abbautiefen und -formen sowohl mit einem Durchstrahlungs-Elektronenmikroskop als auch mit einem Lichtmikroskop bestimmt werden konnten. Diese Experimente zeigen, daß die abgebauten Gitterbausteine in den Vakuumraum gelangen. Wird in der Nähe eines anodischen feldverdampfenden Kristalls eine kathodische Auffänger-Mikroskopspitze angeordnet, so werden auf der letzteren sichtbare Krater aufgeworfen. Jeder Krater muß wegen seiner Größe dem Einschuß eines einzelnen Ions (nicht Atoms) zugeordnet werden. Bei schrägem Ioneneinfall zeigen die Krater schweifartige Verlängerungen, aus denen die Einschußrichtung bestimmt werden kann.

Es wird die Hypothese aufgestellt, daß neben einer Feldstärkeabhängigkeit der Bindungsenergie der Oberflächenbausteine auch ein direkter Einfluß elektrischer Felder auf die Oberflächenwanderung vorhanden ist. Mit Gleichspannung und mit Hochspannungsimpulsen wurde versucht, die vermutete Feldoberflächenwanderung nachzuweisen. Messungen der mittleren Verweilzeit adsorbierter Bausteine (z. B. Ba auf W) in Abhängigkeit von der Feldstärke und der Temperatur zeigten reproduzierbar das Vorhandensein des vermuteten Effektes. Bei Anwesenheit eines Feldes (z. B. 50 MV/cm) tritt ein Platzwechsel an der Oberfläche bereits bei erheblich geringerer Temperatur auf. Das Meßverfahren eröffnet die Möglichkeit, die Polarisierbarkeit von adsorbierten Bausteinen zu messen.

Eine ausführliche Veröffentlichung erscheint demnächst in zwei Teilen in der Zeitschrift für Elektrochemie.

Observation of metals at high temperatures by the Field Emission Microscope

T. Hibi and K. Ishikawa

Research Institute for Scientific Measurements, Tohoku University, Sendai (Japan)

At high temperature, the field emission pattern of metal or oxide may be observed even by using ordinary vacuum with a pumping system, because a decrease in contamination is to be expected, though the resolution of the pattern may be lowered. Especially, some knowledge of the physical properties of the point cathode at high temperatures may be important when using it in a high resolution electron microscope. It was from these points of view that the following experiment was performed.

The tip of the point cathode having a radius of curvature of 1—6 μ was made by mechanical hand-polishing from Ni wire 0.20 mm in diameter. Though the surface of the polished point cathode is not perfectly smooth, the tip becomes a smooth hemispherical single crystal after heat

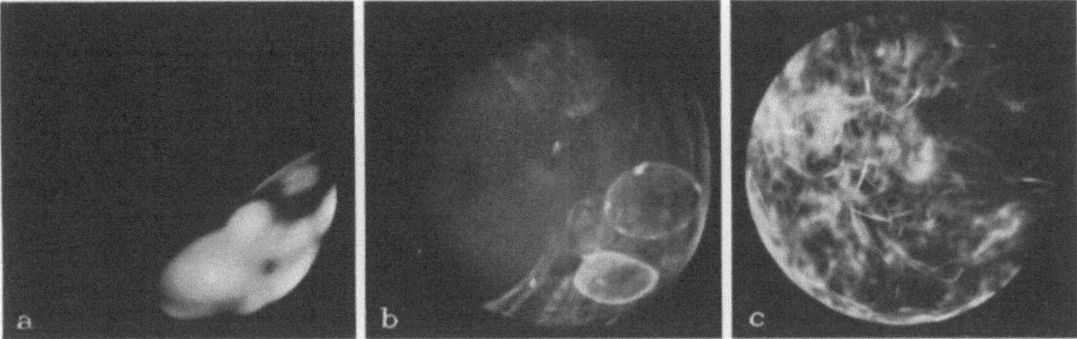

Fig. 1a—c. Emission from MgO (on Ni); a) at room temperature, b) after heating to 900° K, c) at 1200 °K

treatment. In order to minimize the light and stray electron effects on a fluorescent screen, the cathode was placed in the cylindrical anode 13 mm in length and 13 mm in diameter with the centre hole 6 mm in the basic plate. The anode voltage was 5000 V, the diameter of the fluorescent screen 9 cm and the distance between the tip of the point cathode and the fluorescent screen 6.5 cm. For changing the cathode and cleaning the anode, glass joints were used. Vacuum of

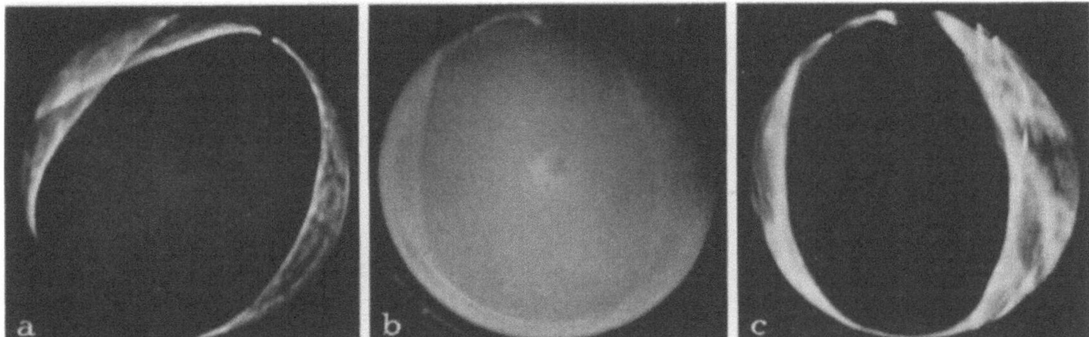

Fig. 2a—c. Emission from the contact part of the filament; a) after decay of Fig. 1c; b) W-cathode at 1660 °K;
c) with BaO at 1000 °K

about 10^{-5} mm Hg was obtained by an ordinary oil diffusion pump and a rotary pump without liquid air trap. The temperature of the tip of the cathode was determined from the temperature of a mechanical contact part of two wires by using an optical pyrometer. To have the Ni cathode coated with MgO, the whole cathode except the tip was covered with slide glass, and then the tip was coated, without binder, with MgO smokes produced by burning Mg in air in a basket located below.

At first the field emission pattern of MgO shown in Fig. 1 (a) appeared at room temperature; the pattern did not clearly show the crystal symmetry. The MgO smoke mainly consists of cubic crystals, often chained with one another, so that the field emission pattern might be easily obtained due to a strong electric field in the projected part. When the temperature was raised to 900—1100° K, the emission pattern of MgO consisting of many imperfect ellipses appeared, as shown in Fig. 1 (b). This pattern showed flickering effects and then disappeared after a short time. At a higher temperature of about 1200° K, a weak elliptic pattern shown in Fig. 1 (c) appeared, which was without flickering effects. It is clear that these patterns are due to the emission from MgO, though we cannot yet explain them physically.

After the decay of this pattern, a band image shown in Fig. 2 (a) appeared in the surrounding part of the fluorescent screen. The pattern shown in Fig. 2 (b) was a weak band image of a W-cathode taken at 1660° K. In this case the contrast of the image was very bad due to the back ground formed by the illumination of light from the cathode over the whole surface of the fluorescent screen. Next only the contact part of the filament was coated with BaO and then an electron image was taken at a lower temperature of about 1000° K at which only the emission of the BaO part was expected. Fig. 2 (c) is the image, which shows good agreement with Fig. 2 (b). From this, the origin of the band image can be explained as the emission from the contact part of the filament.

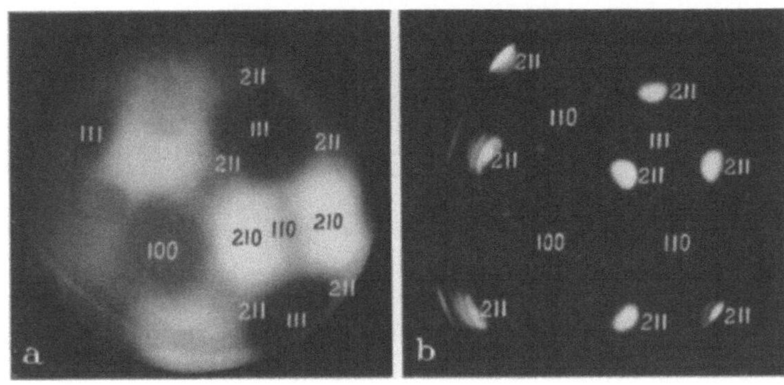

Fig. 3a and b. Emission from Ni activated by Mg; a) after continued heat treatment at 1250 °K of the crystal seen in Fig. 2a; b) after disappearing of a) and continued heat treatment, then observed at 900 °K

When the heat treatment with an anode voltage of 5000 V was continued at about 1250° K for 1—2 hr after the decay of the band image, an emission pattern with a clear crystal symmetry appeared at that temperature and grew slowly more intense. Fig. 3 (a) shows an example of the pattern where the indices of the crystal face are given. This can be interpreted as the emission pattern of a Ni single crystal activated by Mg. Ni has the f. c. c. crystal structure, the most closely packed face being the (111) face, and the atomic packing becomes looser in the order of (100), (110), (210), (211) being the loosest. It was found in this pattern that the work function decreased in the above-mentioned order, except the (211) face. This phenomenon agrees with the results on Ni and Si-contaminated Ni surfaces by Gomer (1), with regard to the fact that the (111), (100), (110) and (211) faces appear darker than their surroundings.

Such a pattern disappeared abruptly about half an hour after its appearance. It was often observed that the pattern became irregular and the emission increased pronouncedly immediately before its disappearance. Accordingly, the disappearance of the pattern in this case might be due to the appearance of a contamination layer. After further heat treatment, the pattern in which only (211) faces were bright as shown in Fig. 3 (b), was observed at a lower temperature of about 900° K. This result also agrees with that of Ni by Gomer (1). This pattern is easy to obtain when the cathode temperature is raised after heating at about 1250° K and subsequent holding at room temperature for a few seconds, but it is difficult to obtain when the cathode temperature is lowered directly from high temperature to that of observation. This phenomenon may reasonably be understood, if we imagine that the (211) face is reactivated by Mg layer without considering build-up (1, 2, 3).

Next, we observed the change of the emission pattern with the temperature. Fig. 4 shows a typical example of changes with temperature in the emission pattern. (a) and (b) show the change in the pattern at 1245° K with the time. The contour of the pattern became sharp with gradual increase in intensity. (c), (d) and (e) show the patterns at 1100° K, 960° K and 800° K, respectively. With the lowering of the temperature, the (110) face became dark, and then the bright region was limited to the (321) face only. Such a temperature dependence of the emission pattern is reproducible. When the cathode temperature was lowered to 665° K, the pattern shown in Fig. 4 (f) appeared. The stability of this pattern was not good, and a remarkable flickering effect was seen and the pattern disappeared within a short time. It should be noted that the (211) face was the

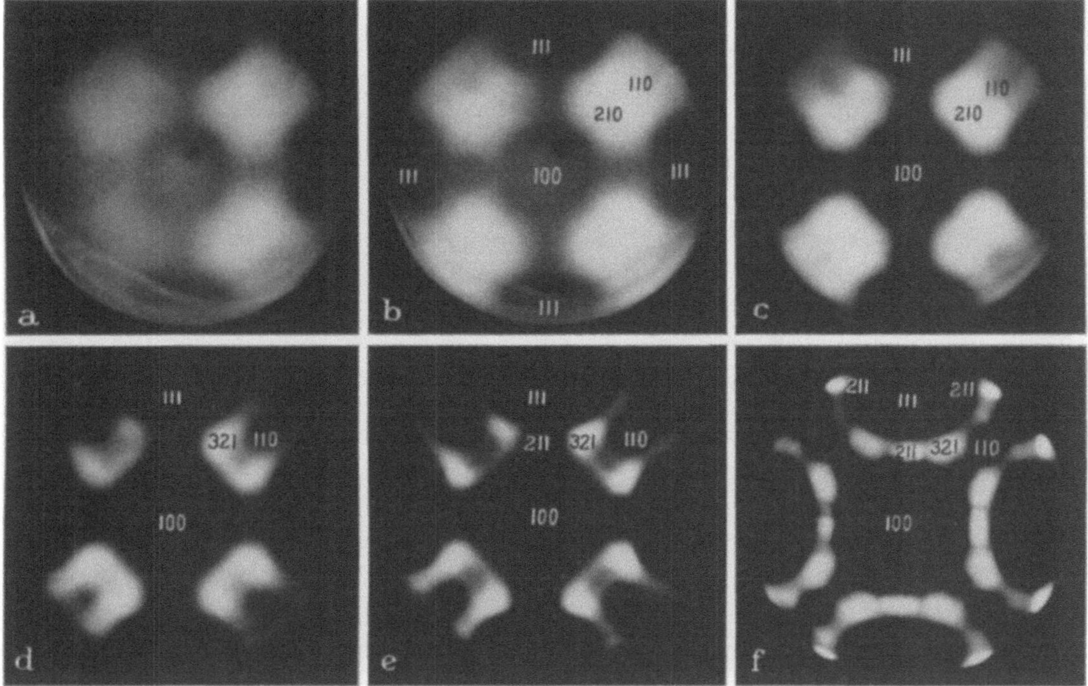

Fig. 4a—f. Change of emission pattern with temperature and time; a) at 1245 °K, b) some time later, c) at 1100 °K, d) at 960 °K, e) at 800 °K, f) at 665 °K, lowering the temperature

brightest in this pattern. This result also agrees with that of the Si-contaminated Ni surface by GOMER (1).

Fig. 5 shows also the change from the pattern obtained at high temperature to that obtained at low temperature. At high temperature uniform emission was seen except in (100) and (111), as

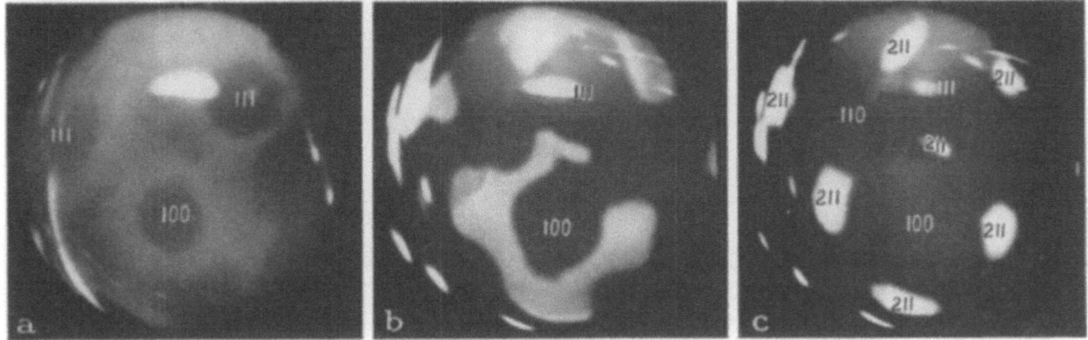

Fig. 5a—c. Change of the emission pattern when lowering the temperature from a) to c)

shown in (a). With the lowering of temperature of the cathode, however, Fig. 5 (b) and also (c) show that dark parts spread out around (100) and (111) and bright spots concentrate to (211) faces. This phenomenon looks as if some activating substance (Mg in this case) flows on the surface and then concentrates to (211) faces. The difference from the change in the former case may be attributed to the rapid cooling in the latter case.

The temperature dependence of the (211) pattern at lower temperatures can be shown as follows: Fig. 6 (a) shows the pattern at 820° K with the band-like triangle in which the (211) faces are connected with one another. With a rise in temperature, in (b) only the (211) face

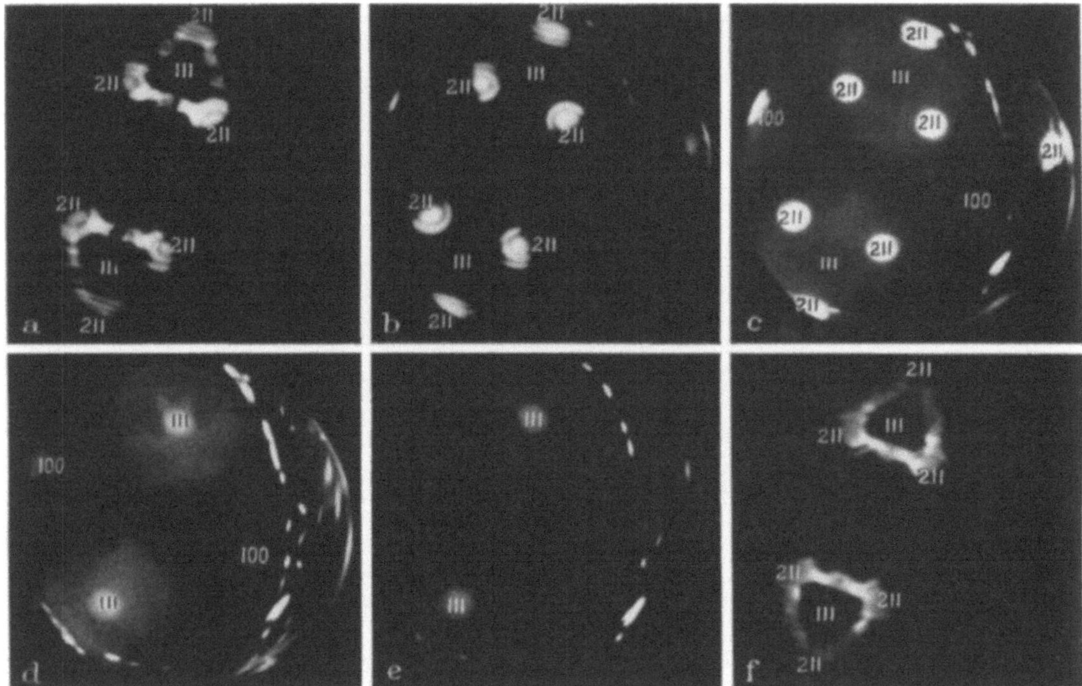

Fig. 6a—f. Dependence on temperature, reproducible within 800—1100° K; a) at 820° K, b) at 890° K, c) at 1020° K, d) at 1045° K, e) at 1070° K, f) at 800° K

appeared at 890° K, and a concentric circle was seen around (211). With further rise in temperature at 1020° K in (c) weak (111) faces appeared with intense (211) and (100) faces. At a still higher temperature, in (d) the (211) faces disappeared, and intense (111) and weak (100) faces appeared. Finally, in (e), at 1070° K, only the (111) faces remained. Then with the lowering of

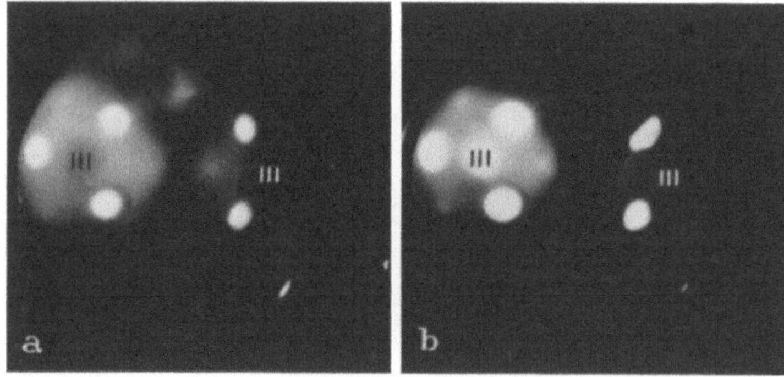

Fig. 7a and b. Inversion of intensity of the (111) face; a) at low, b) at high temperature

the temperature of the cathode, a triangle pattern appeared again at 800° K, as shown in (f). Such a temperature change is reproducible over the region of 800—1100° K. Accordingly, it is generally said that the smaller the work function of the crystal face, the lower is the temperature at which it appears. It was found that there was an emission maximum in each crystal face at a certain temperature and that the temperature of this maximum was lower in the crystal face having a lower work function. So, the inversion of the intensity of the pattern should be expected. Fig. 7 (a) shows the pattern obtained at a low temperature, while (b) shows that obtained at a high temperature. From these, the inversion of intensity of the (111) face and of the circumference of the (111) face may be seen.

It was reconfirmed by the following experiment that the abovementioned patterns are those of a Ni cathode activated by Mg. After confirming that the emission pattern of a Ni cathode without MgO smokes would not appear at a high temperature after ordinary heat treatment, the cathode was coated in air with MgO smoke. The emission pattern clearly appeared after ordinary heat treatment. After the disappearance of this pattern, the cathode was coated again with MgO smoke in air. After heat treatment of this cathode we could clearly observe the emission pattern again.

Through this experiment, the same emission patterns as those of the Ni cathode activated by Mg often appeared also in the case where the Ni cathode was used without MgO smokes. The (211) pattern was also observed in this case. Though the cause has not yet been made clear, it may be due to residual MgO or Mg of the preceding experiments remaining in the tube and depositing on the clean Ni cathode by the heating of the cathode or electron bombardment.

References

1. Gomer, R.: J. chem. Physics **21**, 293 (1953).
2. Benjamin, M., and R. O. Jenkins: Proc. roy. Soc. A **176**, 262 (1940).
3. Becker, J. A.: Bell Syst. Techn. J. **30**, 907 (1951).

2. Adsorptionsuntersuchungen an Feldkathoden

The topography of the hydrogen chemisorption on metals

W. M. H. Sachtler and G. J. H. Dorgelo

Koninklijke/Shell-Laboratorium, Amsterdam (Bataafse Petroleum Maatschappij N. V.)

Introduction

The chemisorption of hydrogen on metals seems to be characterized by fairly localized bond electrons which, nevertheless, affect a number of cooperative phenomena typical for the metallic state (1). The experimental examination of the nature of the bond is difficult, and reliable data are scarce.

Even in cases where clean surfaces of well-defined crystallographic nature are examined, the study of the nature of the chemisorption bond is hampered by the fact that, sometimes, the same adsorbate occurs in different binding states, simultaneously present on the surface. The apparent physical data then correspond to the sum — or the difference — of the unknown individual contributions due to the various species. This point forms the chief topic of the present article. Using the adsorption of hydrogen as a prototype for chemisorption of a simple gas on a metal, we shall first summarize the information indicating a composite adsorption layer. We then shall present some further experimental material, obtained with the field emission microscope (2), and finally give a physical model for the composite chemisorption.

Earlier Observations

The complex which prevails in the chemisorption of hydrogen on, for instance, nickel has been examined in earlier work (1, 3). From the change in resistance of nickel films, the change in work function and in magnetic behaviour caused by hydrogen adsorption, it was concluded that most of the hydrogen is held by a covalent bond on the nickel. The hydrogen carries a slight negative charge. Indications that besides this hydrogen complex (which we shall further call the "first species'') still another form of chemisorbed hydrogen (the ''second species'') may occur, are found in the following observations:

a) In 1950 Mignolet (*4*) showed that hydrogen, adsorbed on clean nickel, normally caused an increase of its work function, but at temperatures as low as —196° C and a pressure of 10^{-2} mm Hg, Mignolet, besides this first species, observed a second sort of volatile hydrogen which caused the work function to decrease. Mignolet first supposed that this ''positive hydrogen'' was physically adsorbed, and comparable to the positive xenon which he had also observed on nickel, but in 1956 he showed (*5*) that on platinum the positive hydrogen species still survived at room temperature and a pressure of 10^{-3} mm Hg, and was hence chemisorbed[1].

b) In 1952, Kummer and Emmett (*6*) studied the catalytic activity of a singly promoted iron catalyst towards the hydrogen-deuterium and hydrogen-tritium exchange reactions. They found that if the catalyst was covered with one of the hydrogen isotopes at room temperature and then cooled under vacuum to —195° C, the adsorbed gas could not be exchanged with another hydrogen isotope, admitted at —195° C. But if, on the other hand, the adsorption of the first hydrogen isotope took place at —195° C and the residual gas was removed by extensive pumping, admission of another isotope gave rise to an exchange between the gas-phase and the preadsorbed isotopes at —195° C. Their conclusion was that the exchange reaction at this temperature has to rely on a special type of hydrogen adsorption — later called type C — which is abundant only when the adsorption occurs at low temperature. Type C was assumed to be distinctly different from both normal chemical and physical adsorption and considered to be dissociative.

c) In 1955 Roginskiĭ and Tretyakov (*7*) studied the adsorption of hydrogen, which was slowly admitted through a capillary, on a tungsten tip in the field emission microscope. They reported that at room temperature and at pressures in the 10^{-8}—10^{-7} mm Hg range, hydrogen caused a decrease in emission which was attributed to an increase in work function. At higher pressures, however, bright spots appeared on the surface, locally causing a very high emission of electrons. The number of these spots increased roughly in proportion to the pressure, until they completely covered the emission pattern. From the absence of this phenomenon in helium gas, these authors concluded that the bright spots corresponded to some sort of true adsorption and not just to collisions with gas molecules.

d) The kinetics of hydrogen adsorption on clean metal films at low temperatures have been examined by various authors. In particular, Gundry and Tompkins (*8*) have most thoroughly studied the adsorption on iron and nickel. When 80% of the hydrogen which can be sorbed was taken up, they observed a slow process at —78° C, of which the kinetics were further elaborated. They arrived at the conclusion that the hydrogen molecule cannot come directly from the gaseous into the firm adsorption state C_f, but that an initial state C_i has necessarily to be passed. They assumed that the negative surface potential reported by Mignolet is representative for C_f, and the positive potential for C_i. Kavtaradze (*9*), who distinguishes an irreversible and a weak reversible adsorption of hydrogen on nickel, also considers that in the latter state the adsorbate might have a positive charge.

e) In our own recent work the electrical resistance of thin nickel films was examined when hydrogen is slowly admitted through a narrow capillary. As has been set forth in a previous article (*10*), the hydrogen which is chemisorbed on a bare surface causes an initial enhancement in resistance, but at a higher coverage a second positive species is formed and causes a fall in resistance. This hydrogen species is volatile and can partly be removed by pumping. Similar results are reported by Suhrmann c. s. (*11*).

Readmission of hydrogen then causes, naturally, a *decrease* in resistance. If we remember that hydrogen admission to a bare film causes an *increase* in resistance (*3*), it is easy to understand some of the older discrepancies in literature about the sign of the observed effects of hydrogen adsorption on the resistance of nickel films.

---

[1] In 1957, at a congress in Liège, Belgium, Mignolet and one of the writers presented tentative interpretations for this positive hydrogen. Both models were based on topographic principles and had many basic points in common. The discussion is published in the Bull. Soc. Chim. Belges **67** (1958).

Observations with the field emitter

The evidence reported in the preceding section leaves little doubt that the second species really does exist, certainly under the conditions of low temperature and high coverage; the physical nature of this complex, however, needs further clarification. For this purpose the field emitter appears particularly useful, as it not only allows adsorbed specimens to be detected, but also enables one to observe their motion and possible preference for certain regions on the surface. As has been mentioned under c) in the preceding section, the instrument has already provided indications for the occurrence of an adsorption form distinguishable from the first species.

Our field emitter is of the conventional type. The tungsten tip in the centre is etched by an a. c. treatment in aqueous KOH. The voltage which could be applied between the tip and the anodic loop could be varied between 0 and 2×10^4 V.

Two series of experiments will be reported in this article.

1. Hydrogen is slowly admitted into the emitter bulb through a capillary and the emission current is registered as a function of pressure and time.

2. After the tip has been covered with hydrogen, its temperature is slowly increased and the emission patterns are photographed while hydrogen is desorbed.

Fig. 1 illustrates the results obtained by the first procedure. Hydrogen enters the vessel, first through a very narrow, later through a wider capillary and the emission current is continuously registered. In the first phase of Fig. 1 the current steadily decreases so that at A—A' the voltage, which further is kept constant, has to be increased in order to maintain emission in the range of easy registration. As expected, the chemisorption layer which is built up has a negative charge, so that the work function of the tip is increased and emission is consequently reduced. At a hydrogen pressure of roughly 5×10^{-5} mm Hg, the emission current passes through a minimum and then increases steeply. The simplest interpretation for this observation is to assume that the second chemisorbed species now appears on the surface and that it carries a positive charge and hence reduces the work function. This interpretation is consistent with the results obtained by the authors

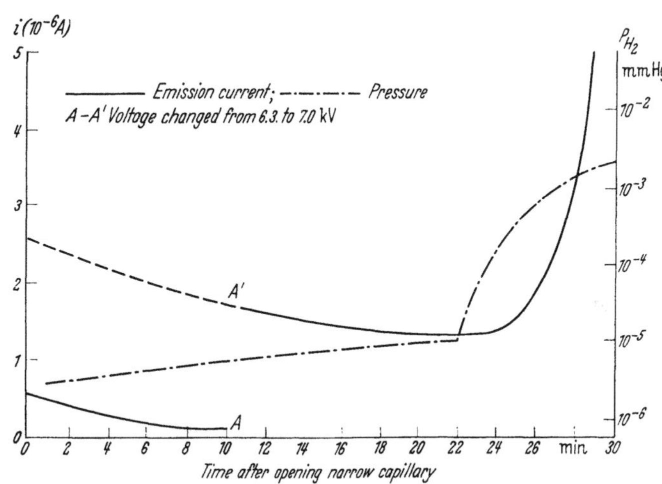

Fig. 1. Emission current vs. time during hydrogen admission

mentioned in the preceding section, but it does not add new material to our understanding of the "second species". Moreover, the interpretation just given is not conclusive, as it can be argued that other phenomena, such as an ion formation caused by collisions between electrons and molecules, would also lead to the same rise in current with increasing pressure.

These arguments have led us to follow the second procedure mentioned and to remove the composed adsorption layer by warming up the tip. In these experiments the hydrogen pressure is kept in the 10^{-5} mm Hg range so that the "second species" becomes visible when the surface is cold and disappears when the tip is heated. In this case we expected that the emission would qualitatively follow the curve in Fig. 1 from right to left, showing first a decrease due to the removal of the positive species, and later an increase when the normal negative species is desorbed. The first stage of this process indeed forms a neat criterion for the occurrence of a positive second species, as all other imaginable by-effects would cause an enhancement of emission when the filament temperature is raised; only the removal of a positive adsorbent can explain the opposite behaviour.

The observations obtained by experiments of this sort are illustrated by the photographs shown in Fig. 2. The reader is reminded that an increase in brightness corresponds to an increase in emission as it is caused by a positive adsorbate, reducing the work function. The photographs show that at slightly increased temperature the emission from the tungsten tip, initially fully covered with hydrogen, steadily decreases, in agreement with our expectation outlined above.

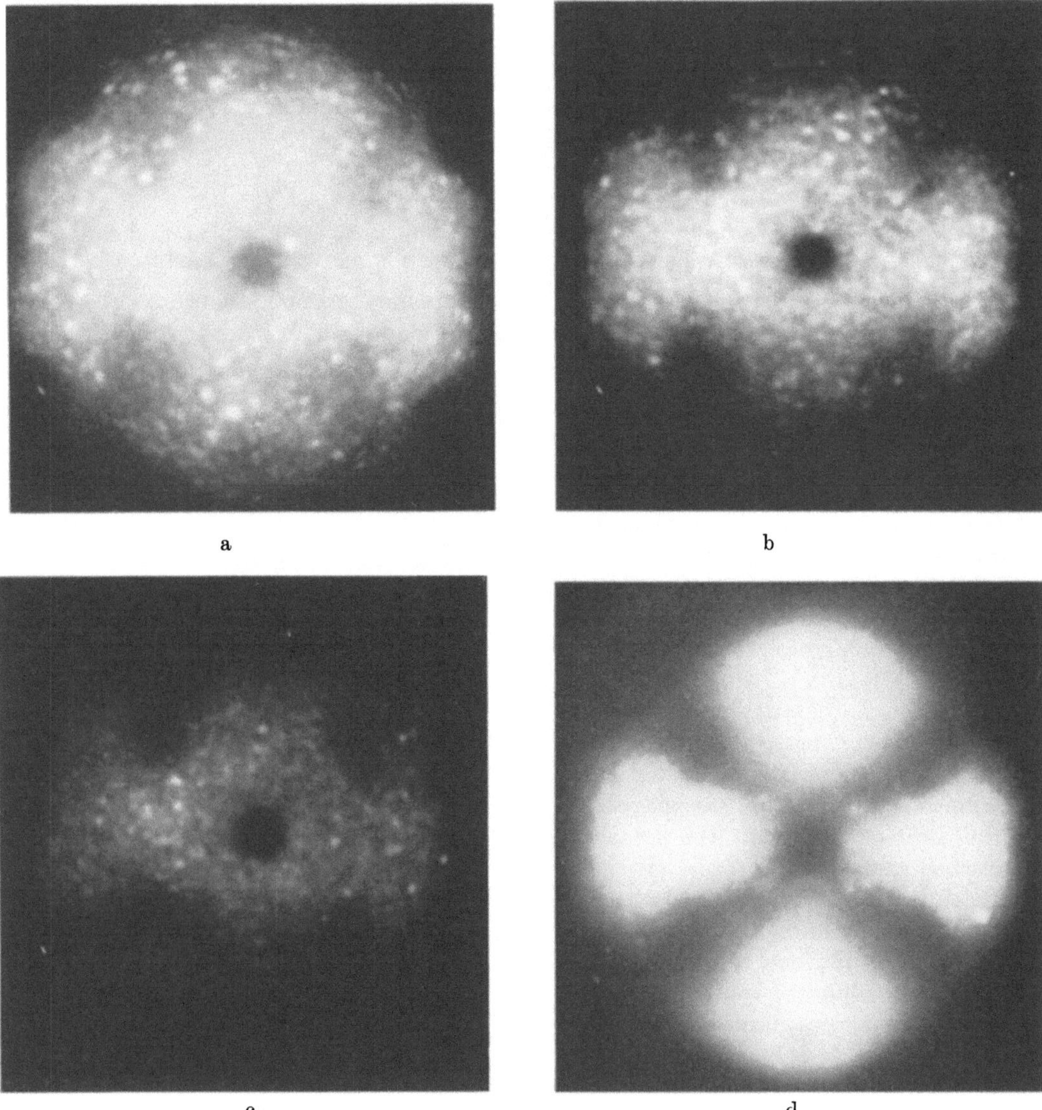

Fig. 2. a—d. Photographs of field emission patterns taken during hydrogen desorption

At higher temperatures, the emission rises again and the emission pattern now resembles the well-known and often reproduced projection image of gas-free tungsten. The rise in emission during this stage is partly caused by the removal of the negative layer, partly by the "normal" temperature dependence in electron emission. As the phenomenology of the negative first species is no longer a problem of investigation, this stage is of little interest in the present study.

Pictures 2a—2c not only show the existence of a positive hydrogen species, but what is thought to be of much greater importance than the overall emission is the shape of the various emission patterns. Fig. 2d allows the regions in the emission patterns to be correlated with the crystallographic directions in the underlying tungsten crystal. The central black spot then indicates the [110] pole, the two white fields near the vertical axis of each photograph roughly correspond to the regions around the [100] poles, whereas the two other fields, showing a triangular shape, are centred around the [111] poles. For reasons of simplicity, we shall further speak of (100) and (111) regions without distinguishing whether these regions are simple faces or terrassae of such faces.

In Fig. 2a showing the gas-covered tip, the contours are rather vague; the picture is reminiscent of a glittering snow landscape, an impression which is partly lost in the photographic reproductions. From pictures 2b and 2c it is seen that the removal of the positive hydrogen occurs first in the (100) regions, which quickly become dark, whereas the (111) regions hold their white spots quite tenaciously and release them only after extended heating.

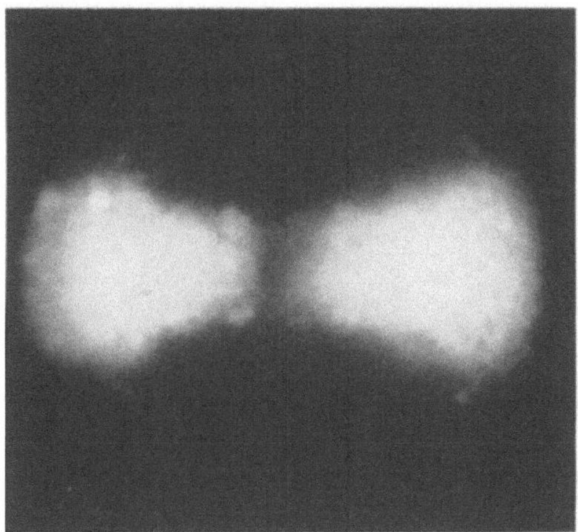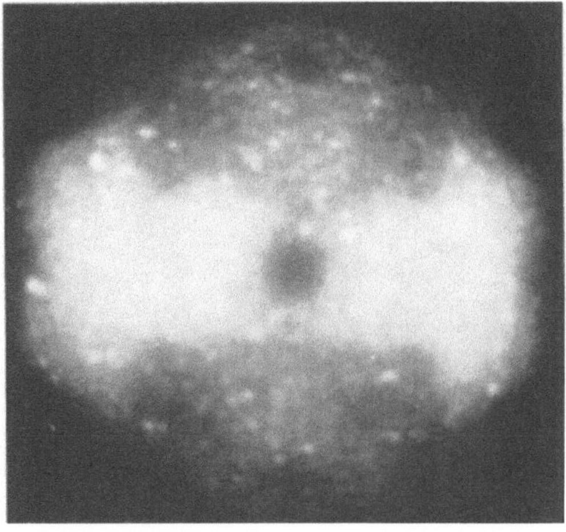

a   b

Fig. 3. a and b. Readsorption of hydrogen

This is the first observation suggesting that the positive hydrogen seems to have a marked preference for the (111) regions of the tungsten surface. This surprising observation is further supported by Fig. 3a, which shows the same tip one minute after switching off the heating current and cooling in a hydrogen atmosphere of 10^{-5} mm Hg. It is clearly seen that the bright positive species is preferentially adsorbed on the (111) fields, which become very bright, whereas the (100) regions are almost invisible. Only after a further three minutes' waiting is Fig. 3b obtained, which now also shows a certain occupation of the (100) fields with white spots; and after extensive waiting the cycle is closed and an emission pattern of the same shape as Fig. 2a is observed.

Although it is readily admitted that other interpretations might be possible, the totality of the experimental evidence has, in our eyes, strongly suggested that the positive hydrogen species shows a great preference for the (111) regions and is bound there much more tenaciously than on the (100) faces. This result has urged us to consider the role which surface topography might play in chemisorption.

Discussion

When an atom lands on a crystal surface and migrates over it until it finds a site of maximum bond energy, we call this process "adsorption". Only if the adsorbent happens to be the same chemical element as the adsorbate are we accustomed to give a different name to the same phenomenon and call it "crystal growth". Our discussion of the described observations is based on the simple assumption that *both "adsorption" and "crystal growth"* (from the vapour) *are essentially governed by the same laws.* This assumption appears the more justified since it has been concluded from our earlier work that the bonding forces in chemisorption on metals are of a similar nature as the bonding forces within the metal crystal.

As an immediate consequence of this assumption it follows from an application of the Kossel-Stranski-concept that the adsorption sites on a homopolar adsorbent are the "pits" between the surface atoms. On the other hand, for an ionic adsorbate and a salt-like adsorbent, an adsorption "on top" of the surface ions is probable.

As a second immediate consequence it is seen that on the surface of an ideal metal crystal different sorts of "pits" occur. In order to illustrate this statement, we shall first consider the (100) and (111) faces of a cubic face-centred metal. On the (100) face every surface atom is surrounded by four pits and each pit by four surface atoms, as shown by Fig. 4. Each of these adsorption sites is also a potential site for crystal growth. The topography of the (111) face is quite different; here there are twice as many pits as there are surface atoms. In other words, on the (111) face there occur *two sorts* of pits, those which will be used in crystal growth as sites for the atoms of the following plane, and those which have no apparent function in crystal growth.

We shall, therefore, subdivide the two-dimensional lattice of these pits into two sub-lattices; the A-lattice, comprising all "crystallization pits" and the B-lattice (see Fig. 5).

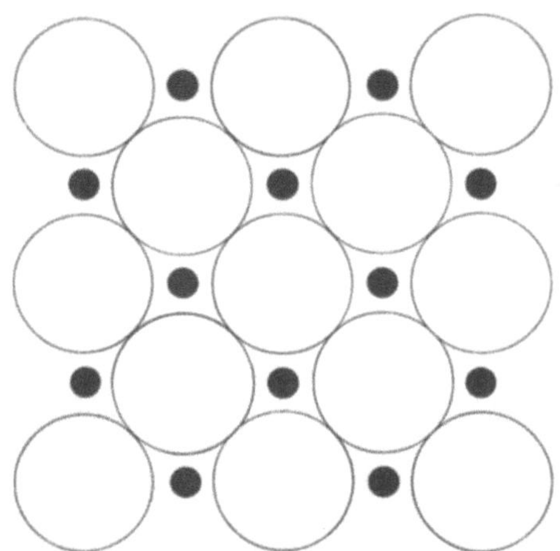

Fig. 4. Atom arrangement on (100) face of f.c.c. lattice. Large circles = metal atoms, small black circles = A-sites

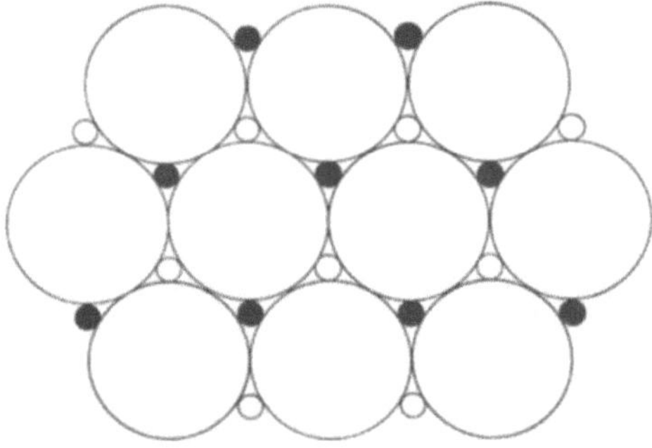

Fig. 5. Atom arrangement on (111) face of f.c.c. lattice. Large circles = metal atoms, small black circles = A-sites, small white circles = B-sites

Which pit belongs to the A and which to the B sub-lattice, depends on the crystal structure and on the positions of the atoms in the plane just below the surface. For the f. c. c. lattice all the atoms of that plane are underneath the B-lattice, whereas the corresponding places under the A-sites are empty. In the hexagonal lattice it is just the places under the A-lattice that are occupied.

The quantum-mechanical aspects of this preference for certain sites has recently been discussed by Altmann, Coulson and Hume-Rothery (*12*), who explain the preference for the A-sites from the directional properties of the metallic bond particularly by considering the „gerade" and „ungerade" characters of the eigen-functions. For the present discussion it is sufficient to state that an energy difference exists between these two sorts of pits and that it is distinctly greater than kT at the normal adsorption temperatures.

The classification of the adsorption pits also remains valid for the body-centred cubic lattice, to which tungsten belongs. Also in this lattice, the (100) faces exhibit only one array of equivalent adsorption pits, wheras on the (111) faces each surface atom is again surrounded by six pits, three of which fulfil the criterion of the A-lattice, as they become occupied by the atoms of the following plane when the crystal grows, whereas the other three are "B-pits". The main difference between the b. c. c. lattice and the f. c. c. and hexagonal lattices is that in the b. c. c. lattice the A- and the B-pits are not exactly in the same geometrical plane, but we do not think that this point will be of importance for the considerations which follow. The (110) face of the b. c. c. lattice, although the most stable face, is not included in this discussion, as its work function is so much higher than that of the two faces mentioned that visual observations on the (110) face are impossible with the technique used here.

The implications of these considerations for chemisorption are very simple. At low coverage, when every adsorbed atom can migrate freely over the surface, only the A-pits will become occupied, apart from thermal agitation. At higher coverages, however, an adsorbate which arrives on the surface as a diatomic unit will often fail to find two adjacent A-sites for adsorption. In this case it seems reasonable to assume that adsorption of an atom pair will occur on an A-B pair of sites[1]. Two hydrogen atoms, occupying such a pair of sites are a stretched molecule rather than two separate atoms. As the B-atom has three equidistant neighbours on A-sites, it seems adequate to describe the resulting BA_3 complex as resonating between three "molecular" forms.

The atoms on the A-sites are known to have a negative, albeit small charge. If the observed positive charge of the second hydrogen species is attributed to the occupants of B-sites, the BA_3 complex will be stabilized by electrostatic attraction. This is consistent with the remarkable stability of this hydrogen species.

The model, which is based on simple topographic considerations, leads to three conclusions which can be compared with experimental evidence, i. e.:

1. The "second species" of hydrogen on a metal should exhibit a heat of adsorption intermediate between that of the "first species" and of physical adsorption.

2. Any dilution of the adsorption layer either by desorption or by surface diffusion towards, for instance, an internal surface (*10*), gives an opportunity for the B-site adsorbates to move over to an A-site and will thus destroy the characteristics of the "second species".

3. The second species will preferentially occur on those faces which offer B-centra with a high number of neighbouring metal atoms to a potential occupant. In particular, this adsorption will occur on the (111) rather than on the (100) faces. Only at high pressures and low temperatures might it happen that a loose molecular adsorption takes place also on (100) faces, using, for instance, places between two metal atoms or above one atom.

As far as we can see, conclusions 1—3 are in agreement with the observations summarized in this article.

The simple topographic model, which is presented in this article is found to be consistent with the experience hitherto obtained on the composite chemisorption of hydrogen on metals.

References

1. Broeder, J. J., L. L. van Reijen, W. M. H. Sachtler and G. C. A. Schuit: Z. Elektrochem. **60,** 838 (1956)

2. Müller, E. W.: Ergebn. exakt. Naturwiss. **27,** 290 (1953).

3. Sachtler, W. M. H., and G. J. H. Dorgelo: J. Chim. physique. **54,** 27 (1957).

4. Mignolet, J. C. P.: Disc. Faraday Soc. No. 8, 105 (1950).

5. — J. Chim. physique **54,** 19 (1957).

6. Kummer, J. T., and P. H. Emmett: J. physic. Chem. **56,** 258 (1952).

7. Roginskiĭ, S. Z., and I. I. Tretyakov: Dokl. Akad. Nauk SSSR **105,** 112 (1955).

8. Gundry, P. M., and F. C. Tompkins: Trans. Faraday Soc. **52,** 1609 (1956).

9. Kavtaradze, N. N.: Poverkhnost. Khim. Soedinen. i Rol v. Yavleniyakh Adsorbtsiĭ, Sbornik Trudov Konferents. Adsorbtsiĭ **1957,** 73.

10. Sachtler, W. M. H., and G. J. H. Dorgelo: Bull. Soc. Chim. Belges **67,** 368 (1958).

11. Suhrmann, R., G. Wedler and D. Schliephake: Z. physik. Chem. **12,** 128 (1957).

12. Altmann, S. L., C. A. Coulson and W. Hume-Rothery: Proc. roy. Soc. **240,** 145 (1957).

Application of electron emission microscopy in chemisorption studies

R. J. Hill, P. W. M. Jacobs and G. W. Lodge

Department of Chemistry, Imperial College, London, S. W. 7

This is a preliminary report on the application of electron emission microscopy in the study of the chemisorption of gases on tungsten. Particular attention is being devoted to two systems: 1. hydrogen, oxygen and water, and 2. carbon monoxide, oxygen and carbon dioxide. The technique is to study the F. E. M. patterns resulting from one substance alone and then those

---

[1] This A-B adsorption might be the general case for the first adsorption step at any coverage. At low coverage, the occupant of the B-site will soon migrate to a vacant A-site.

from two gases together, looking particulary for evidence of chemical reactions. In addition, the reaction of oxygen and carbon dioxide with carbon-coated tips is being examined.

Hydrogen

The adsorption of hydrogen has been studied at the low pressure of 7×10^{-9} mm so that the building up of the first layer can be followed in detail. At a pressure of 10^{-8} mm a monolayer is formed in about $(1/S)$ min, where S is the sticking probability; consequently one must work at about this pressure if patterns corresponding to low coverages are to be observed. Adsorption of hydrogen takes place first on the "bridge" joining the 011 and 112 planes and then around the 112 planes, being accompanied by characteristic darkening of the F. E. M. patterns. After some 150 sec adsorption is evident also around the 001 planes but the 111 planes remain bright throughout. After 500 sec bright patches on the edge of the 112 planes are evident; these are associated with the adsorption of a second layer of hydrogen with accompanying reversal of surface potential (1). After 900 sec, an increase in the applied field reveals second layer adsorption on the central 001 plane as well. Between 900 sec and 2000 sec, while the field was kept constant, the emission current showed a slight but significant increase (from 4 to 5.8 μA at 8.4kV) confirming second layer adsorption and a decrease in the effective work function.

The above sequence refers to adsorption carried out all the time in the presence of the applied field. To examine the effect of the field on the rate of adsorption, the tip was flashed clean and the adsorption of hydrogen allowed to take place for 2000 sec in the absence of the field. The voltage was then applied and the emission pattern examined. In general the pattern is similar to that obtained in the first experiment but there is generally slightly less adsorption, particularly of second-layer material. The mean work function is higher, as evidenced by the increased field required to produce a comparable emission current.

In order to reduce the possibility of contamination (particularly by oxygen) at these low pressures, the palladium thimble was backed by several cm of hydrogen during the overnight bake-out of the F. E. M. tube. Consequently a slow stream of hydrogen passed through the tube and traps while the glass was being outgassed. On cooling down the oven and flashing the tip and ion gauge, a vacuum of 3×10^{-10} mm was obtained. Hydrogen was again flushed through the tube, the pressure adjusted to the required value and adsorption followed in a dynamic system, the inflow of hydrogen being adjusted to a rate equal to that of the speed of the pump. To confirm the absence of oxygen contamination, the fully covered tip was heated, when hydrogen was desorbed, in large amounts at 700° K and completely at 970° K, to leave a clean tip (2).

Oxygen

The adsorption of oxygen on tungsten has been studied at various pressures, at 7×10^{-9} mm to follow the building up of the monolayer in detail and at four times this pressure to achieve a heavier concentration of adsorbate in a reasonable time. As with hydrogen, adsorption commences on the 011—112 bridge, but spreads over the 111 planes more readily and is less evident in the 001 region. After 1200 sec (at the lower pressure) second layer formation is evident around the 112 planes and on the 011—112 bridge and also, after 2000 sec, on the close-packed 011 plane. The tip was then flashed clean and adsorption allowed to take place for 2000 sec at the same pressure in the absence of the field, except for one brief examination after 570 sec. The general appearance of these patterns is very similar to those obtained after corresponding times in the continual presence of the field and we conclude that the adsorption of oxygen is hardly, if at all, affected by fields of the magnitude required for electron emission.

Flashing at 670° K removed some of the second layer material and at 970° K it all clears, leaving the characteristic dark cross due to monolayer adsorption. The shapes of the bright regions surrounding the 111 and 001 planes are, however, significantly different to those found in the adsorption patterns. On heating to higher temperatures the 111 regions first show dark spots and then assume their characteristic shape and brightness which Müller ($3, 4$) has ascribed to migration and deposition of tungsten around the edges of the 112 planes.

The adsorption and desorption of oxygen has also been studied at higher pressures. At $p = 2 \times 10^{-8}$ mm, the early stages of adsorption are similar but after about 20 min, characteristic dark patches completely cover the 001 regions. On heating the tip for 2 min periods at successively higher temperatures, these dark patches are suddenly and completely removed at 800° K. A big drop in work function consistent with this behaviour, has been found by BECKER (5) at 800° K, but he ascribes this to the removal of the second layer. This is not in accord, however, with the usual effect on the work function, whereby the first layer corresponds to a large negative surface potential and the second to a small positive surface potential. For example, MIGNOLET (6) has quoted positive surface potentials of 0.08 V for oxygen adsorbed on an incomplete oxygen film ($\theta \approx 0.7$) and 0.035 V for oxygen on tungsten already covered with a monolayer of oxygen. At 920° K, "build-up" of tungsten results in the characteristic shape and brightness of the 111 regions and similar light and dark rings develop around the 001 plane. This feature is apparently characteristic of the higher initial state of contamination of the tip. In agreement with other investigations (4, 5, 7) of oxygen on tungsten, complete desorption is only found at about 2000° K. The patterns found on oxygen desorption are very characteristic and serve as an excellent diagnostic test for the presence of oxygen.

Water

Water was admitted to the F. E. M. from a trap (situated just outside the oven) kept immersed in liquid nitrogen. The pressure recorded by the ion gauge was 4×10^{-9} mm. Again the effect of residual gases was minimised by baking out the apparatus with the trap attached, so that the F. E. M. tube was well flushed with water vapour. On immersing the trap containing the water in liquid oxygen the pressure rose to 2×10^{-7} mm and patterns identical with those found at the lower pressure were obtained. The fully covered tip bears some resemblance to one covered with oxygen but the dark patches in the 001 region are obtained in a shorter time at a lower pressure and so are unlikely to be due to oxygen contamination. On heating, the pattern changes but little, apart from a general brightening in the 001 region which commences at about 470° K. After 2 min at 730° K a bright ring appears in the 001 region and after 1 min at 840° K, the pattern is very similar to that of oxygen; above 1250° K no differences between water and oxygen covered tips are distinguishable. We conclude that the primary layer of adsorbed water decomposes to yield an oxygenated tip at temperatures above 700° K, though it is difficult to decide, from F. E. M. patterns alone, at what temperature the tip is free of water. From our experiments the reaction certainly seems to go at temperatures lower than that suggested by MÜLLER and DRECHSLER (8), namely 1250—1300° K.

Carbon monoxide

Very little work on the adsorption of carbon monoxide on tungsten as observed by emission microscopy appears to have been published. BROCK (9) has compared the initial stages of the adsorption of N_2, O_2 and CO and there is a reference to the absence of carbon patterns on desorbing CO in a recent note by ERLICH, HICKMOTT and HUDDA (10). In this work, carbon monoxide was prepared from the reaction between formic acid distilled in vacuo and outgassed concentrated H_2SO_4. It was stored in a well-outgassed, flushed out bulb, after passing through liquid nitrogen traps and diffused into the F. E. M. section via a ceramic leak across which a pressure difference of about 10^5 could be maintained.

The initial stages of the adsorption of carbon monoxide are quite different to those of oxygen and hydrogen in that the formation of the dark cross on the 011—112 bridge does not occur. Instead a granular pattern is rapidly formed in which not much change in the relative values of the work function for different planes is apparent, although the voltage must be increased continually to maintain a constant emission current. The 001 plane covers with a second layer after 7 min at $p = 4 \times 10^{-8}$ mm. The pattern then darkens in the 001 region, finally becoming very black and resembling the advanced stages of oxygen and water adsorption (Fig. 1). On heating the tip for two minute periods, these dark regions retreat slightly at 770° K and at 930° K profound changes come about: the black regions clear leaving dark 001 spots surrounded by bright regions. This pattern is already similar to an oxygen one, and those observed on heating to higher temperatures are clearly due to oxygen (Fig. 2). The implication is, therefore, that either the CO used was badly contaminated with oxygen, or, on heating, carbon monoxide decomposes to yield an oxygenated tip.

Before considering this point further, the effect of the field on the adsorption of CO will be described. This is most pronounced. After adsorption for 39 min in the absence of the field, a pattern is obtained (Fig. 3) which corresponds to that formed in 1—2 min in the presence of the field. Adsorption in a reversed field is the same as with no applied field. On desorbing, the patterns resemble those obtained for light oxygen contamination at 990° K (Fig. 4) and above,

Fig. 1   Fig. 2   Fig. 3

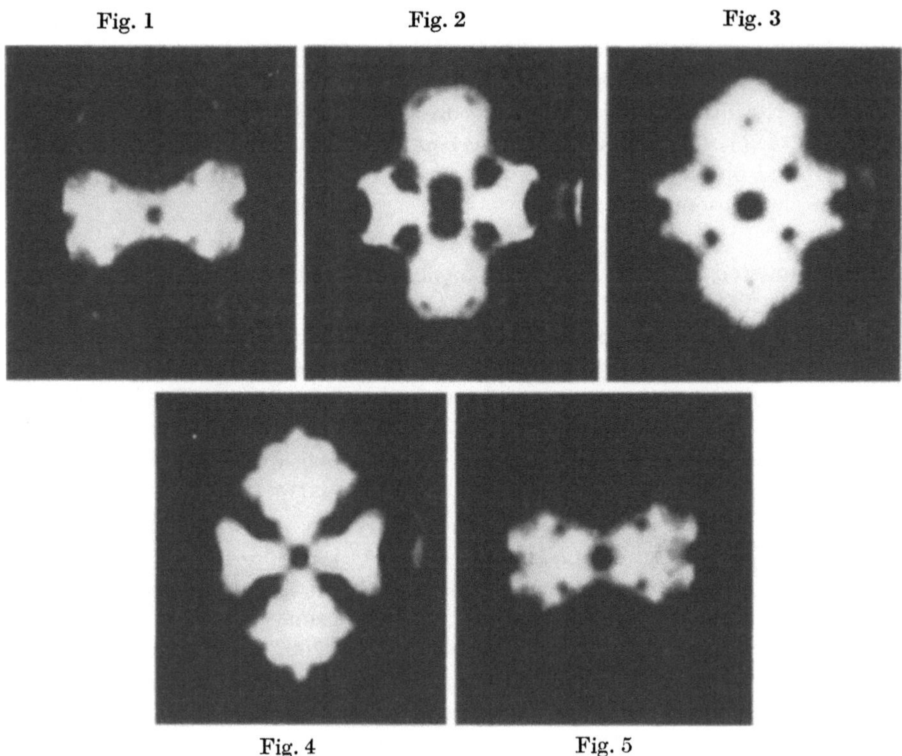

Fig. 4   Fig. 5

Fig. 1. Adsorption of CO on tungsten after 4 min at 4×10^{-8} mm in the presence of the field

Fig. 2. After heating a CO-covered tip to 1450° K in a pressure of CO equal to 8×10^{-9} mm

Fig. 3. Adsorption of CO on tungsten after 39 min at 2×10^{-8} mm in the absence of the field

Fig. 4. After heating a CO-covered tip (similar to Fig.3) to 990 °K

Fig. 5. After applying the field to the tip shown in Fig. 3, for 23 min at a pressure of 8×10^{-9} mm (cf. Fig. 1)

although at lower temperatures than 770° K, they are very different to oxygen patterns. If adsorption is carried out for about 30 min in the absence of the field and the high voltage is then applied, rapid further adsorption takes place with characteristic darkening around the 001 plane (Fig. 5). On reversing the field, no rearrangement to the original pattern occurs. We conclude that the adsorption of CO, unlike that of H_2 and O_2, is greatly facilitated by the presence of the field. The reason for this is not clear but is presumably connected with the permanent dipole of carbon monoxide.

We now summarise the evidence for the decomposition of carbon monoxide on tungsten.

1. Adsorption with and without the presence of the field allows two very different states of contamination with CO to be reached while exposing the tip to gas at the same pressure for the same time. Since oxygen adsorption is not slowed appreciably by the absence of the field the degree of contamination with oxygen should be about the same in both cases. Yet desorption patterns show the amount of oxygen roughly proportional to the amount of CO adsorption.

2. In no run with CO is the characteristic oxygen "cross-bones"[1] observed before the tip has been heated to high temperatures. At an oxygen pressure of 7×10^{-9} mm the cross-bones is formed in 1—2 min; with CO at 2×10^{-8} mm, it is not developed in 39 min in the absence of the field. Since oxygen adsorption is not slowed up in the absence of the field, the partial pressure of oxygen in CO is estimated to be $< 2.5 \times 10^{-10}$ mm which is about the figure expected.

3. In the desorption of CO, adsorbed in the presence of the field, patterns were obtained indicating a higher state of oxygen contamination than that achieved from nearly 36 min adsorption in oxygen at $p = 7 \times 10^{-9}$ min. Consequently, if these patterns are due to impurity, it must exceed 6×10^{-9} mm. This is far greater than the maximum background partial pressure of oxygen calculated in 2. At this pressure the cross-bones would develop in $1^1/_2$ min and yet it is not formed at all in adsorption.

4. It is conceivable, but unlikely, thatCO in hibits oxygen adsorption on the 011—112 bridge. This was proved in the following experiment. Oxygen was introduced up to a pressure of 6×10^{-9} mm and then CO up to 2×10^{-8} mm total pressure. The tip was flashed clean and adsorption followed: a black cross was formed in 1 min.

The evidence seems conclusive, therefore, that carbon monoxide adsorbed on tungsten decomposes at about 950° K. There are two outstanding points, however: 1. what happens to the carbon and 2. how do we account for KLEIN's observation (7) of the reverse reaction between carbon and oxygen? Firstly, experiments involving the deposition of carbon on tungsten by cracking hydrocarbons, have shown that it takes a fair amount of carbon to produce characteristic carbon patterns (well marked 334 planes) and that the carbon produced from our relatively small amounts of CO would not therefore be expected to be visible. We have learned from KORB (*11*), however, that on heating a tungsten tip for 5 min at 1000° K in a much higher pressure of CO than was used in our experiments, well-defined carbon patterns are developed. Secondly, regarding KLEIN's observations, he used small amounts of carbon and relatively large concentrations of oxygen, so that the affinity of the reaction

$$W\text{-}C + W\text{-}O \to W + CO$$

presumably favoured CO production. Certain aspects of the carbon, oxygen, carbon monoxide system thus appear to merit further investigation.

References

1. MIGNOLET, J. C. P.: J. chem. Physics **21**, 1298 (1953).
2. ROBERTS, J. K.: Proc. roy. Soc. A **152**, 445; 464 (1935).
3. MÜLLER, E. W.: Z. Physik **126**, 642 (1949).
4. — Z. Elektrochem. **59**, 372 (1955).
5. BECKER, J. A.: Advances in Catalysis, Vol. VII. p. 135. New York: Acad. Press 1955.
6. MIGNOLET, J. C. P.: Chemisorption. Ed. W. E. Garner, p. 118. London: Butterworths 1957.
7. KLEIN, R.: J. chem. Phys. **21**, 1177 (1953).
8. DRECHSLER, M., u. E. W. MÜLLER: Metall **6**, 341 (1952).
9. BROCK, E. G.: Advances in Catalysis, Vol. IX. New York: Acad. Press.
10. ERLICH, G., T. W. HICKMOTT and F. G. HUDDA: J. chem. Phys. **28**, 506 (1958).
11. KORB, A.: Private communication.

Zur Messung der Dicke von Barium-Aufdampfschichten im Feldelektronenmikroskop

E. HESS und M. DRECHSLER

Fritz-Haber-Institut der Max-Planck-Gesellschaft, Berlin-Dahlem

Untersuchungen von Fremdschichten auf Metallen bilden ein wichtiges Anwendungsgebiet der Feldelektronenmikroskopie. Es ist dabei von Bedeutung, die Dicke dieser Fremdschicht oder, anders ausgedrückt, den Bedeckungsgrad der Metallspitze des Feldelektronenmikroskopes zu kennen. Nach DRECHSLER und MÜLLER (*1*) läßt sich das Verhältnis zweier Bedeckungsgrade in

---

[1] This picturesque description of the F. E. M. pattern obtained with oxygen contamination is due to Dr. R. J. GOMER.

vielen Fällen angeben. Hingegen sind Absolutwerte eines Bedeckungsgrades bisher nicht zuverlässig gemessen worden.

Für eine Reihe von Substanzen gibt uns folgende Erscheinung ein Mittel in die Hand, die Bedeckung der Spitze des Feldelektronenmikroskopes zu messen. Die Elektronenaustrittsarbeit einer W-Oberfläche hängt nach thermionischen Messungen von J. A. Becker (2) von dem Grad ihrer Bedeckung mit einem Alkali- oder Erdalkalimetall ab und durchläuft bei einem bestimmten Bedeckungsgrad ein Minimum (Abb. 1).

Dieser optimale Bedeckungsgrad ist speziell für Ba von den Autoren (2, 3, 4), die diese Erscheinung untersucht haben, nicht gemessen worden[1]. Schätzungen schwanken zwischen 1,0 und 0,2 einer monoatomaren Schicht. Beobachtungen mit dem Feldelektronenmikroskop zeigen qualitativ eine gleiche Abhängigkeit der Emissionsstromdichte von der Ba-Bedeckung, wobei allerdings noch nicht sicher ist, ob das Maximum der Feldemission und der Glühemission bei gleichen Bedeckungsgraden auftritt. Wäre die optimale Bedeckung für die Feldemission bekannt, so könnte dieser Wert zu einer Bestimmung der Ba-Schichtdicken auf Feldelektronenmikroskop-Spitzen benutzt werden.

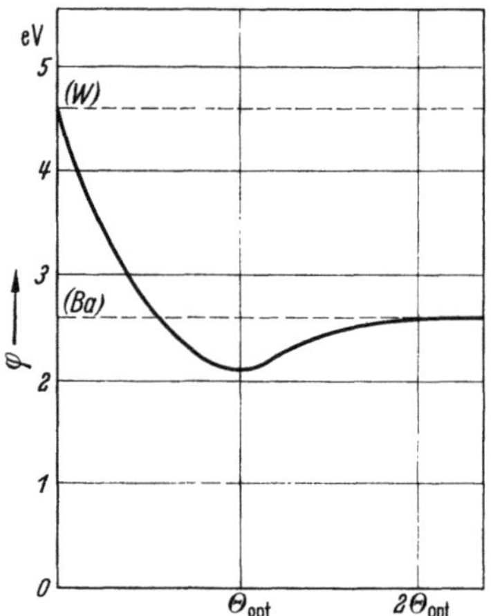

Abb. 1. Elektronenaustrittsarbeit φ in Abhängigkeit von der Bedeckung Θ einer W-Oberfläche mit Ba (nach J. A. Becker)

Zum Prinzip der Messung des optimalen Bedeckungsgrades

Die Meßmethode geht von folgender Beobachtung aus. Bedampft man eine kalte W-Spitze ohne angelegtes elektrisches Feld mit Ba, so ist der sich einstellende Bedeckungsgrad der einzelnen Bereiche der Spitzenkalotte proportional dem Kosinus der entsprechenden Auftreffwinkel des Atomstrahls, unter der Voraussetzung, daß keine nennenswerte Oberflächenwanderung der adsorbierten Ba-Atome stattfindet. Die örtlichen Schwankungen des Bedeckungsgrades der

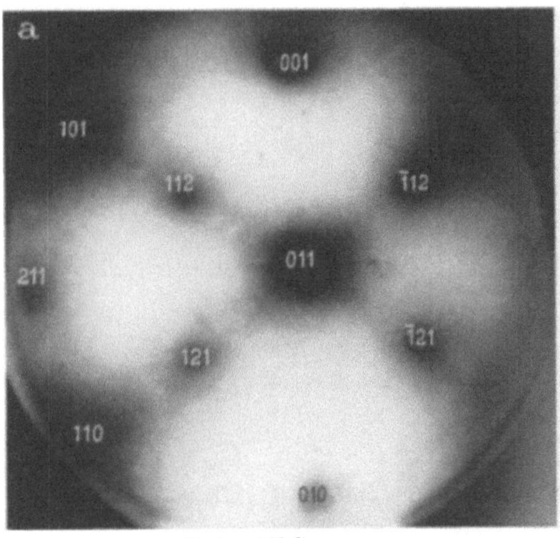

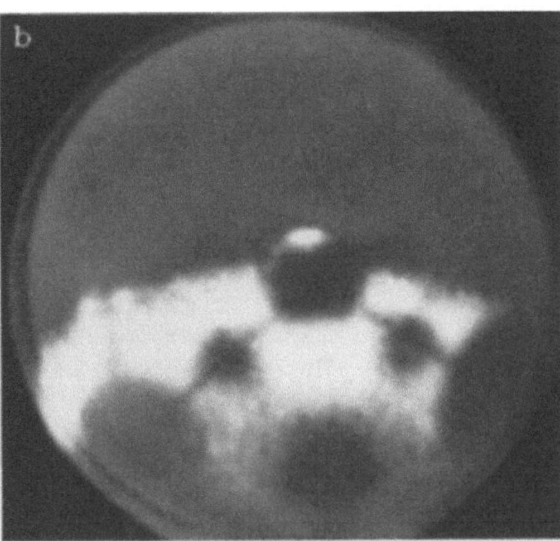

Reine W-Spitze $\tau = 57\ \text{sec}$ $\Theta_\perp = 1,6$

Abb. 2a—d. Emissionsbilder einer reinen (a) und einer mit Ba bedampften (b, c, d) W-Spitze. Bedampfungsrichtung: von unten nach oben (Fig. 3). τ = Dauer der Bedampfung aus einer Quelle zeitlich konstanter Intensität. $\Theta_\perp$ = Bedeckungsgrad der zum Atomstrahl senkrechten Ebene. Anodenspannung: a) 7 kV; b, c, und d) 4 kV

---

[1] *Anmerkung bei der Korrektur:* Herr Dr. V. Schrednik, Phys. Techn. Inst. d. Akad. d. Wiss. UdSSR, Leningrad, hat uns freundlicherweise kürzlich darauf aufmerksam gemacht, daß von V. M. Gavriljuk, Trudy Inst. Fiz. Akad. Nauk. Ukr. SSR 5, 87-93 (1954), Messungen hierüber vorliegen. Die Messung erfolgte an einem W-Band nach einer Gegenfeldmethode. Gavriljuk erhält eine minimale Austrittsarbeit für $4 \cdot 10^{14}$ Atome/cm², falls die Bandoberfläche als ideal eben vorausgesetzt wird. Gavriljuk schätzt, daß die Bandoberfläche einen Rauhigkeitsfaktor von 1,25 hat. Für atomar glatte Oberflächen erhält er demnach $3,2 \cdot 10^{14}$ Atome/cm². Bei der hier dargestellten Messung entfällt diese Rauhigkeitsabschätzung, weil die Messung an der atomar glatten Spitzenoberfläche erfolgt.

Spitze haben Schwankungen der Austrittsarbeit und damit auch Schwankungen der Stromdichte der Feldemission zur Folge. Bereiche mit optimaler Ba-Bedeckung haben maximale Elektronenemission und bilden sich daher auf dem Leuchtschirm mit maximaler Helligkeit ab (Abb. 2).

Um den Bedeckungsgrad dieses Bereiches maximaler Emission zu ermitteln, haben wir die Spitze aus einem Ba-Atomstrahlofen bedampft, der über längere Zeit einen Strahl konstanter Intensität abgab. Die gewünschten Bedeckungszustände wurden durch Variation der Bedampfungszeiten erreicht.

Zur Messung der Atomstrahlintensität erwies sich die Niederschlagsmethode als geeignet. Dabei wird der Atomstrahl an einem ebenen Auffänger kondensiert, und die Strahlintensität aus der Niederschlagsmenge, der Auffängerfläche und der Bedampfungszeit bestimmt. Der Ba-Niederschlag wurde in eine Lösung übergeführt und die Ba-Ionenkonzentration polarographisch, d. h. durch Strom-Spannungs-Messungen an einer tropfenden Quecksilberelektrode bestimmt.

Versuchsanordnung

Der grundsätzliche Aufbau der Apparatur, mit der die Bedampfungsversuche durchgeführt wurden, ist in Abb. 3 dargestellt. In dem unteren Ansatz der Vakuumröhre befand sich ein aus Nickel gedrehter Ba-Atomstrahlofen, der durch Wirbelströme geheizt wurde, die das Spulenfeld eines Hochfrequenzgenerators (Glühsenders) in seiner Wandung erzeugte. Die Temperatur des Ofens, die während der Bedampfung etwa 700° C betrug, wurde mit einem in seinen Boden eingeführten Pt/PtRh-Thermoelement gemessen. Die Konstruktion des Ofens gewährleistete die zeitliche Konstanz der Atomstrahlintensität, die auch bei der späteren Auswertung der Versuche bestätigt wurde. Beobachtungen der Schärfe der Schattengrenzen des Atomstrahles zeigten, daß die Ba-Atome aus der 1 mm großen Ofenöffnung emittiert wurden und nicht auch von dem Ofendeckel, wohin sie durch Oberflächenwanderung hätten gelangen können.

Die Glühsenderspule war aus Kupferrohr gewickelt, das während des Betriebes von Kühlwasser durchflossen war. Zur Kühlung der den Ofen umgebenden Glaswände war der untere Röhrenansatz und die Glühsenderspule von einem Plexiglas-Zylinder umgeben, in den gekühlte Preßluft eingeleitet wurde. Über dem Ofen

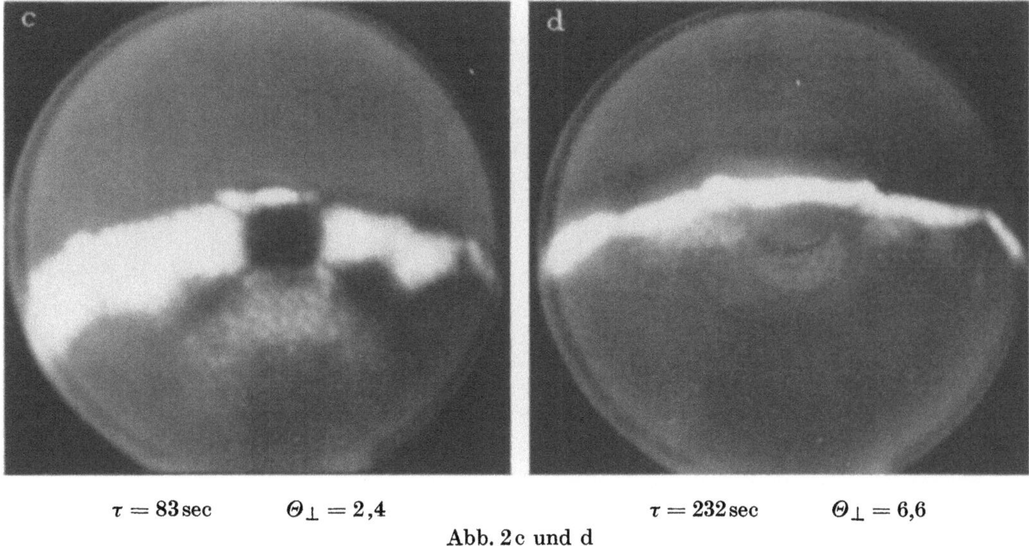

$\tau = 83\,\mathrm{sec}$ $\Theta_\perp = 2{,}4$ $\tau = 232\,\mathrm{sec}$ $\Theta_\perp = 6{,}6$

Abb. 2c und d

befand sich ein Auffänger, der zur Bestimmung der Atomstrahlintensität diente. Er bestand aus einer Glasplatte, die in einem Nickelblech-Rahmen eingefaßt war. Die Platte war durch einen Spalt geteilt, so daß die Spitze gleichzeitig mit dem Auffänger bedampft werden konnte. Über dem Auffänger war eine Klappe angebracht, um den auf die Spitze gerichteten Atomstrahl freizugeben oder zu unterbrechen. Der Auffänger und die Klappe konnten von außen magnetisch betätigt werden. Zur Druckmessung wurde ein Ionisationsmanometer mit dem Meßbereich 10^{-3} bis 10^{-7} Torr verwendet.

Die Spitze des Felelektronenmikroskopes war zum Atomstrahl so geneigt, daß die optimale Bedeckung auch in der Nähe des Scheitels leicht erreicht werden konnte, was infolge günstiger Abbildungsverhältnisse in der Bildmitte eine genauere Bestimmung der Lage des Streifens maximaler Emission ermöglichte.

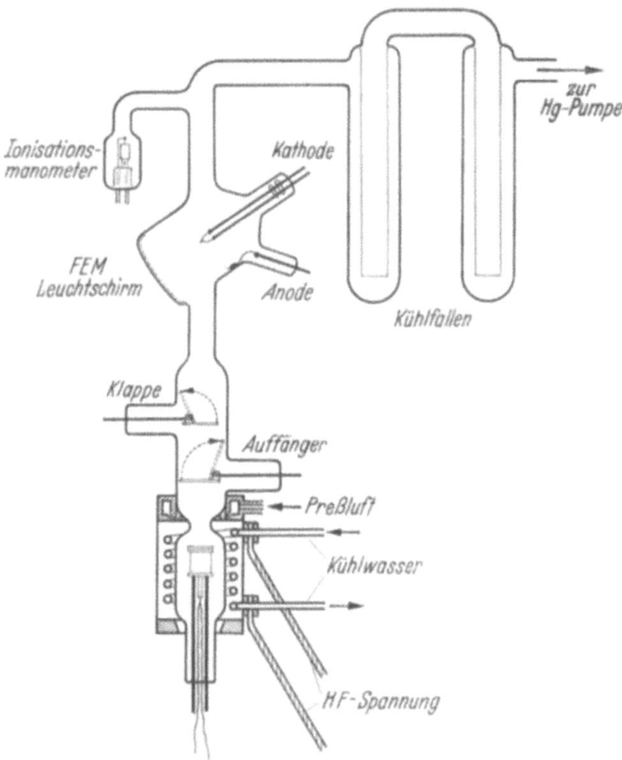

Abb. 3a. Feldelektronenmikroskop mit Molekularstrahlapparatur zur Erzeugung von Aufdampfschichten bekannter Dicke

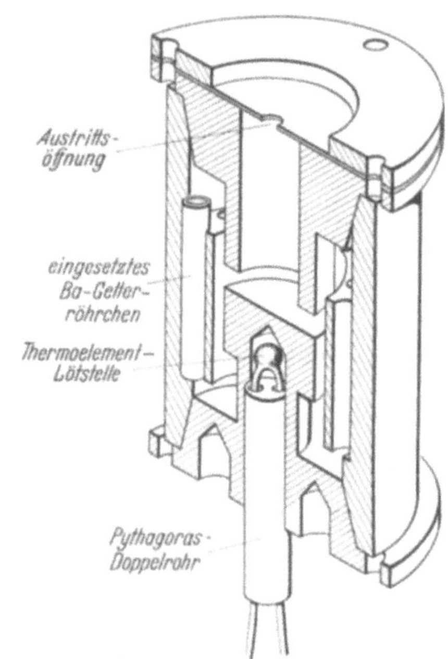

Abb. 3b. Ofen zur Erzeugung eines Ba-Atomstrahles zeitlich konstanter Intensität (Axialschnitt)

Durchführung und Auswertung der Messung des optimalen Bedeckungsgrades

Bei den Bedampfungsversuchen wurde die Ofentemperatur etwa eine bis eineinhalb Stunden durch Regelung der Sendeleistung des HF-Generators konstant gehalten, wobei der aus dem Ofen austretende Ba-Atomstrahl auf dem Auffänger niedergeschlagen wurde. Während der Bedampfung des Auffängers wurde die Feldelektronenmikroskop-Spitze mehrere Male für bestimmte Zeiten (etwa 1—2 min) dem Atomstrahl ausgesetzt. Die entstehenden Emissionsbilder wurden photographisch festgehalten (vgl. Abb. 2) und, wie im folgenden beschrieben, ausgewertet.

Nachdem die Ba-Menge am Auffänger durch Ablösen des Niederschlages und polarographische Analyse der Lösung bestimmt war, wurde die Atomstrahlintensität am Ort des Auffängers ermittelt. Die Strahlintensität am Ort der Spitze ergab sich daraus nach dem quadratischen Abstandsgesetz, da die Ba-Quelle als punktförmig angesehen werden konnte.

Nach Multiplikation der Strahlintensität am Ort der Spitze mit der jeweiligen Bedampfungs-

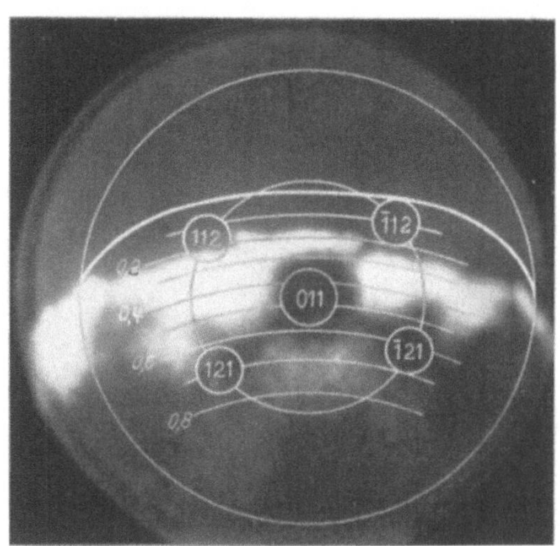

Abb. 4. Auswertung des Emissionsbildes einer mit Ba bedeckten Spitzen mittels der Kosinusschablone

zeit erhielt man zu jedem Emissionsbild die zugehörige Normalbedeckung, d. h. die Bedeckung der senkrecht auf der Atomstrahlrichtung stehenden Ebene. Der Bedeckungsgrad des maximal emittierenden Spitzenbereiches konnte dann als Produkt aus der Normalbedeckung und dem Kosinus des Auftreffwinkels des Atomstrahls ermittelt werden. Der jeweilige Auftreffwinkel ergibt sich aus der Indizierung der Kristallflächen, unter Berücksichtigung des Winkels zwischen Atomstrahl und Spitzenachse. Die Indizierung der im Emissionsbild der reinen W-Spitze erkennbaren Flächen läßt sich in bekannter Weise leicht durchführen [vgl. z. B. (1)]. Zur Erleichterung der Bestimmung der Kosinus der Auftreffwinkel wurde eine Schablone hergestellt (Abb. 4). Es wurden insgesamt 20 derartige Bestimmungen des optimalen Bedeckungsgrades vorgenommen. Durch Mittelbildung und unter Berücksichtigung der Fehlerquellen erhielt man die Massenbelegung:

$$\Theta_{opt} = (0,84 \pm 0,10) \cdot 10^{-7} \text{ g/cm}^2,$$

was einer Flächendichte von $3,6 \cdot 10^{14}$ Atome/cm^2 entspricht. (Vergleichsweise beträgt die Zahl der W-Atome pro cm^2 einer 011-Fläche $14,1 \cdot 10^{14}$.)

Im folgenden Abschnitt wird versucht, das Ergebnis in Bruchteilen einer monoatomaren Schicht auszudrücken.

Zur Definition der monoatomaren Schicht

Eine monoatomare Schicht möge definitionsgemäß dann vorliegen, wenn die Zahl der Atome der Schicht gleich der Zahl der Atome einer zweidimensionalen dichtesten Kugelpackung ist. Unter Berücksichtigung dieser Definition ergibt sich für den optimalen Bedeckungsgrad (für Ba-Radius 2,25 Å):

$$\Theta_{opt} = (0,64 \pm 0,08)$$

monoatomare Schichten.

Andererseits kann man bei einer Definition auch von der Annahme ausgehen, daß die aufgedampften Atome sich dem Gitter der Unterlage anpassen. Zur Unterscheidung möge solche Atomanordnung als monoatomare Besetzung bezeichnet werden. Die monoatomare Besetzung ergibt für jede Kristallfläche eine spezifische Anzahl der Atome pro cm^2. Für die Oberfläche der W-Spitze, die sich aus verschiedenen Flächen und Flächenübergängen zusammensetzt, dürfte diese Anzahl im Mittel zwischen $3,5 \cdot 10^{14}$ und $4,0 \cdot 10^{14}$ Atome/cm^2 liegen. Bei der Mittelwertbildung wurden die Flächen 011, 001, 121, 012, 111, 122, 334, 116 und 013 berücksichtigt. Aus dem Vergleich dieses Mittelwertes mit dem für Θ_{opt} gemessenen Wert von $3,6 \cdot 10^{14}$ Atome/cm^2 ergibt sich, daß die maximale Emission etwa bei einer monoatomaren Besetzung auftritt.

Inwieweit stimmen diese Definitionen mit den Erfahrungen überein? Bei Zimmertemperatur sprechen Abb. 2, 4, 5 sowie frühere Beobachtungen (5, 6, 7) für eine Anpassung des Bariums an das Wolframgitter. Bei höheren Temperaturen dürfte sich eine zusammenhängende Ba-Schicht bilden.

Wird eine mit Ba bedeckte Oberfläche, wie z. B. in Abb. 2, geheizt (etwa 700° K), so bildet sich durch Oberflächenwanderung ein gleichmäßiger Ba-Film, während überzählige Ba-Atome verdampfen. Da dieser Film erst bei etwa 1500° K plötzlich als Ganzes abreißt (7), wird angenommen, daß er zusammenhängend ist, d. h. daß die Ba-Atome in ihm eine dichte Kugelpackung bilden. (Bei älteren Versuchen wurde angenommen (7, Text von Abb. 1h), daß von dem zusammenhängenden Film die 011-Flächen ausgenommen sind. Neuere Untersuchungen sprechen aber dafür, daß der Film die gesamte Oberfläche überdeckt.)

Diskussion des Ergebnisses

Zur Beurteilung der Allgemeingültigkeit des Ergebnisses ist folgendes zu beachten. Während des Betriebes des Ba-Ofens (Abb. 3) wurde ein erhöhter Restgasdruck von 10^{-6} bis $5 \cdot 10^{-6}$ Torr gemessen. Einige Beobachtungen sprechen dafür, daß die Lage des optimalen Bedeckungsgrades durch Anwesenheit der Restgase nicht nennenswert beeinflußt wird. Wie dem auch sei, in einem Feldelektronenmikroskop üblicher Bauart (wie sie z. B. von der Firma Leybold vertrieben werden), steigt der Druck während des Betriebes der Ba-Quelle bis etwa 10^{-6} Torr an. Daher scheint es uns zulässig, dieses Ergebnis bei Feldelektronenmikroskop-Untersuchungen zu verwenden.

Die Kenntnis des optimalen Bedeckungsgrades ermöglicht es nun, eine nahezu beliebig vorgegebene Ba-Bedeckung sowohl auf Feldelektronenmikroskop-Spitzen als auch auf anderen

Trägern zu erzeugen. Bei W-Spitzen und Bedeckungsgraden in der Nähe des optimalen gibt die Lage des maximal emittierenden Bereiches der Spitze selbst Aufschluß über das Maß ihrer Bedeckung. Bei Bedeckungsgraden der Spitze, die wesentlich vom optimalen Wert abweichen, muß eine zweite Spitze mitbedampft werden. Dabei sind die Entfernungen der beiden Spitzen von der Quelle so zu bemessen, daß sich der gewünschte Bedeckungsgrad auf der ersten Spitze dann einstellt, wenn die Bedeckung der zweiten Spitze aus der Lage des Bereiches maximaler Emission ermittelt werden kann. Die Bedeckung der ersten Spitze ergibt sich unter Berücksichtigung des quadratischen Abstandsgesetzes, soweit die Quelle als punktförmig angesehen werden kann und mit den beiden Spitzen etwa auf einer Geraden liegt [vgl. (1)]. In entsprechender Weise können im Prinzip beliebige andere Träger anstelle der ersten Spitze bedampft werden.

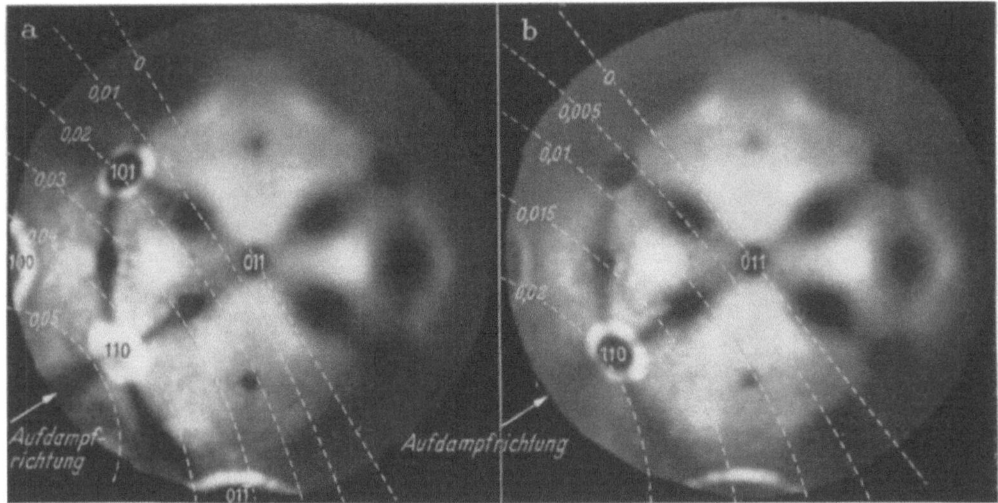

Abb. 5a und b. Eichaufnahmen zur Abschätzung von Bedeckungsgraden (Ba auf W)

Bedeckungen von W-Spitzen kleiner als Θ_{opt} bis zu etwa 0,01 einer monoatomaren Schicht können schnell durch einen Vergleich der Emissionsbilder mit Eichaufnahmen abgeschätzt werden. Zwei solche Aufnahmen, die unter Verwendung der Zweispitzen-Methode hergestellt wurden, sind in Abb. 5 wiedergegeben.

Die Richtung der Atomstrahlen war in diesem Fall senkrecht zur Spitzenachse. Infolgedessen ist die Schattengrenze — im Gegensatz zu Abb. 4 — eine Gerade, die durch das Bildzentrum verläuft. Die Krümmung der Linien konstanter Bedeckungsgrade ist durch die Abbildungsprojektion des Feldelektronenmikroskopes bedingt.

Beim Vergleich der Emissionsbilder mit den Eichaufnahmen achtet man insbesondere auf die charakteristischen Veränderungen, die bei niedrigen Bedeckungen in der Nähe der dunklen Flächen eintreten und zum Teil durch eine lokal eng begrenzte Oberflächenwanderung des aufgedampften Ba bedingt sind. So wandert z. B. auf den Flächen vom 011-Typus das Ba auch bei Zimmertemperatur zum Flächenrand (5), was zur Bildung heller Kränze um diese Flächen im Emissionsbild führt (vgl. Abb. 5). Die Intensität der Kränze hängt dabei eindeutig von der mittleren Bedeckung des entsprechenden Flächenbereiches ab, was eine Abschätzung der Bedeckung durch Vergleich mit Eichaufnahmen ermöglicht.

Literatur

1. Drechsler, M., u. E. W. Müller: Z. Physik **132**, 195 (1952).
2. Becker, J. A.: Trans. Faraday Soc. **28**, 151 (1932).
3. Taylor, J. B., u. I. Langmuir: Physic. Rev. **44**, 423 (1933).
4. Boer, J. H. de: Elektronenemission und Adsorptionserscheinungen. Leipzig 1937.
5. Müller, E. W.: Z. Physik **108**, 668 (1938).
6. Becker, J. A.: Bell Syst. techn. J. **30**, 907 (1951).
7. Drechsler, M.: Z. Elektrochem. **58**, 340 (1954).

The formation of carbides on the surface of Mo and W single crystals

A. P. Komar and G. N. Talanin

Physico-Technical Institute of Academy of Science of USSR, Leningrad

The purposes of the present work were 1. the investigation of the various stages of carbide formation, 2. the identification of different carbides at various stages of carbide formation. We used the usual Müller's type field electron emission microscope. Special appendices filled with various carburisators (benzol and others) were sealed up to the microscope bulb. The conditions of carburisation of W and Mo needles were reproducible and were strictly controlled.

The initial Mo and W microcrystals had nearly hemispherically rounded shapes. They gave the patterns shown in Fig. 1a. The patterns and electron emission currents in the evacuated

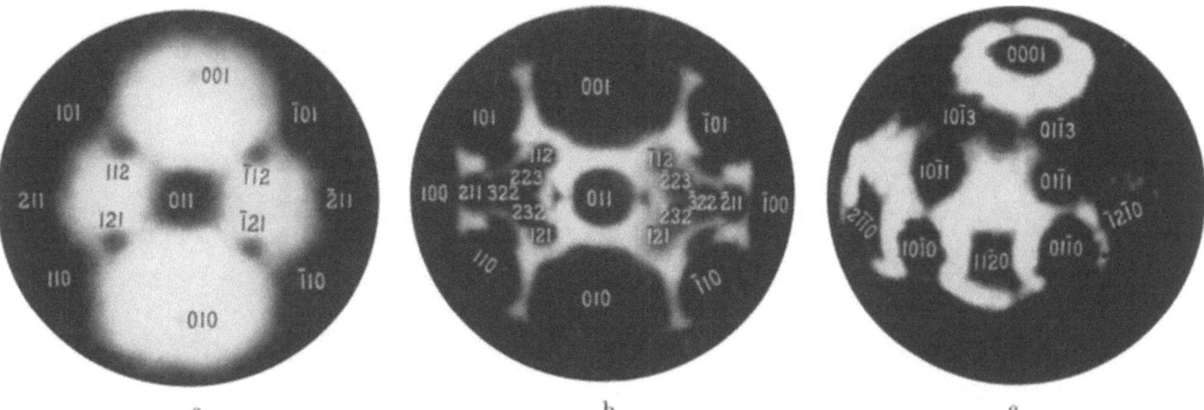

Fig. 1a—c. Images of W crystals; a) rounded, b) edged, c) hexagonal crystal

and sealed off microscope bulbs did not change during several days. These facts gave us the possibility to estimate the pressure of harmful interfering gases (O_2, N_2, and hydrocarbons) as $\leq 10^{-8}$ mm mercury.

After heating W and Mo needles for outgasing, we usually obtained the patterns of the "edged", not rounded crystals, see Fig. 1b. The patterns of the "edged" crystals contained all the elements of symmetry of rounded ones and had the same orientations as the patterns of rounded crystals.

There exists the opinion (1—3) that the formation of the "edged" crystals is connected with carbon dissolution or carbon absorption in surface layers of Mo and W crystals. It is well known (1) that surface contaminations can change the shape of the crystals. Thus the obtaining of edged crystals in conditions where contamination of the crystals by hydrocarbons is possible, is not surprising.

We obtained more surprising patterns with the elements of hexagonal symmetry, see Fig. 1c. The patterns were observed in the special conditions only. For instance, we did not succeed in observing the hexagonal patterns in the case of W needles by filling the microscope bulb with vacuum-oil vapour, but we obtained them in the case of Mo needles in the same conditions. Obtaining the hexagonal patterns from Mo and W needles was easiest in the presence of benzol vapour in the microscope bulb.

The identification of hexagonal patterns as such of chemical compounds was quite reliable. It was impossible to confuse hexagonal patterns with the patterns of adsorbed substances. We suggested (3) that the hexagonal patterns were due to the real hexagonal crystals, particularly, to the hexagonal carbides W_2C and Mo_2C. The edged crystals were the intermediate ones between the hexagonal and the rounded metallic crystals. The edged crystals were always observed, either after oxydation of hexagonal crystals at elevated temperatures, or after heating in vacuum $\leq 10^{-8}$ mm mercury at temperatures of 2400—2500° C, see Fig. 2h. The "edged" crystals did

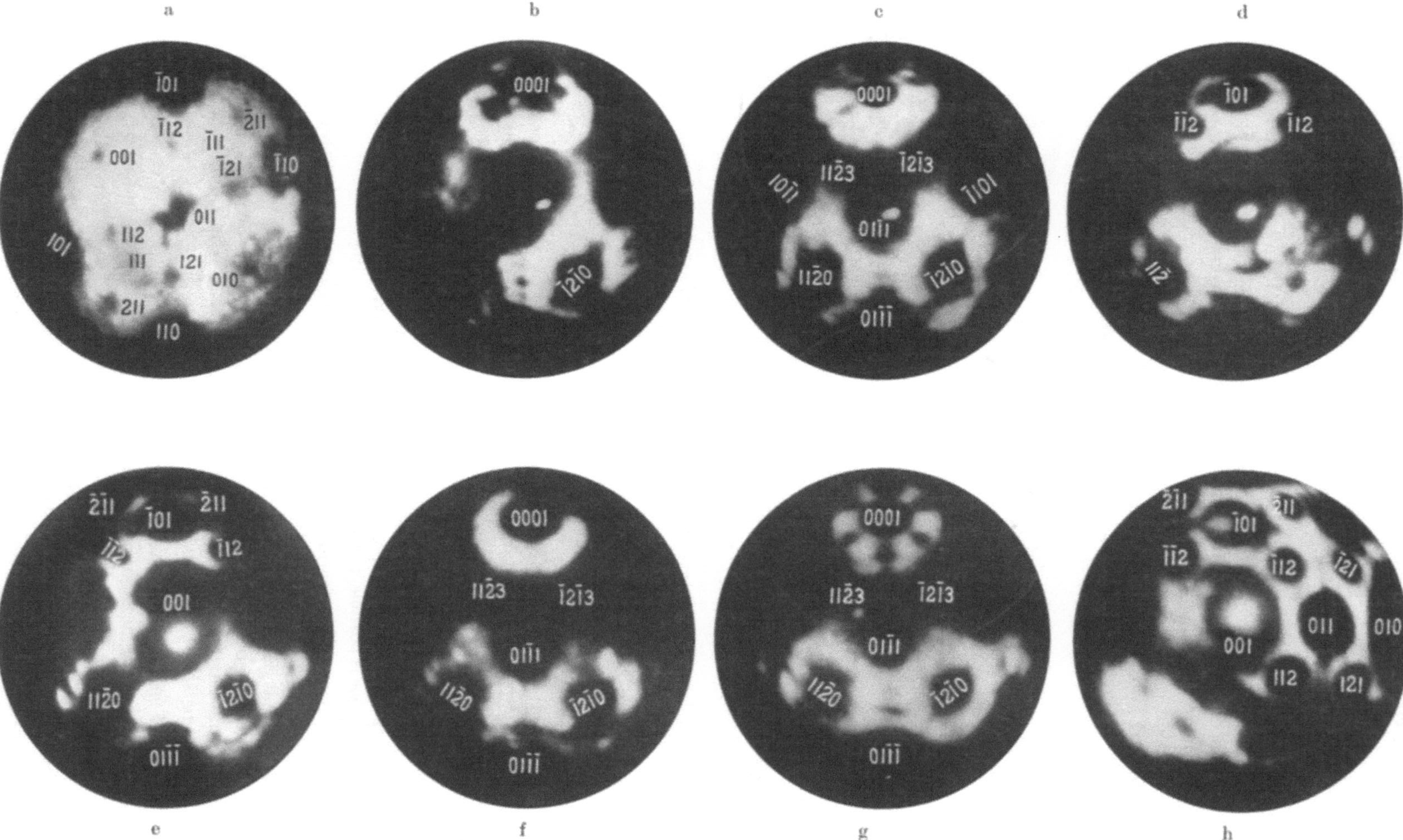

Fig. 2a—h. Formation and destruction of W carbides. a) initial W crystal; b) the beginning of hexag. carbide formation at $T = 1300°$ C; c) a hexagonal carbide crystal formed at $T = 1300°$ C; d) a carbide crystal partially destructed by oxidation; the oxidation was accomplished at $T = 1200°$ C and at $pO_2 \cong 10^{-5}$ mm mercury; e) rebuilding of a hexagonal crystal after evacuation of O_2 at $T = 1200°$ C; f) a hexagonal carbide crystal, formed after heating at $T = 1500°$ C in a sealed off microscope bulb; g) the same crystal, as shown in (f), but after heating at $T = 2300°$ C for a short time; h) transformation of a hexagonal crystal into a cubic edged one after heating at $2500°$ C at $p \leqq 10^{-8}$ mm mercury

not change their shape in the latter conditions. It is possible to state, in general, that the "edged" crystals contain considerably less carbon than the hexagonal ones.

There was a reversible crystallographic reproduction of the same faces of cubic and hexagonal crystals by repeated destruction and rebuilding of the crystals of the two phases.

According to equilibrium state diagrammes of the systems W-C and Mo-C, it was possible to expect that the hexagonal pattern is easier to obtain in the case of Mo needles, than with W ones. The activation energy of Mo_2C formation is less than that of W_2C formation. The experiments confirmed our expectation qualitatively. In the case of Mo needles, the hexagonal patterns such as shown in Fig. 3a, were obtained in conditions where it was impossible to obtain them in the case of W needles.

The comparison of the experimental and the calculated values of the angles between faces and crystallographic directions gave us the possibility to identify the carbide types. The accuracy

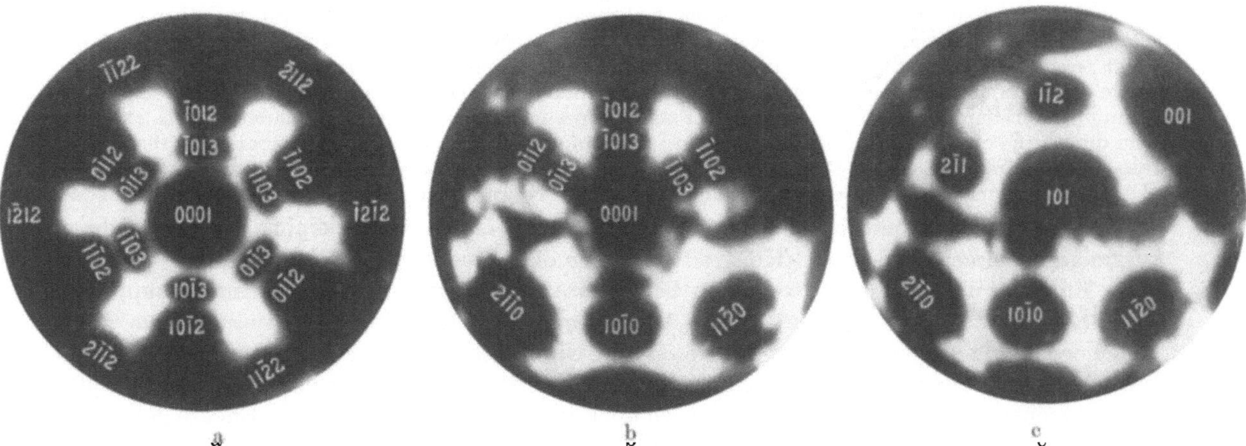

Fig. 3a—c. formation of Mo carbides. a) A hexagonal carbide crystal with (0001) face normal to the needle axis; b) formation of prism zone faces of a second hexagonal carbide crystal; c) transformation of hexagonal crystal shown in (a) into a cubic edged one, see the upper part in the figure

of the angle determination was low (5°) but sufficient for the identification of carbides. The values of the measured angles grouped approximately into the following figures: 0°, 20°, 30°, 60°, 90,° and 0°, 55°, 90°. The sequence of the angle values was the most corresponding to the carbides Mo_2C and W_2C. The sequence of the angle values for the pyramidal faces near the face (0001) was more corresponding to the carbides WC and MoC. Finally, we determined the mutual orientation of the carbides Mo_2C and W_2C and the initial metallic crystals. The orientation with an accuracy of 5° was as follows: $(0001)_{Me_2C} \| (011)_{Me}, (11\bar{2}0)_{Me_2C} \| (001)_{Me}$.

All our results could be interpreted as follows: The initial, not controlled stage of carbidisation is connected with the formation of the "edged" crystals. At further carbidisation the faces of the hexagonal Me_2C crystals are being formed. The faces of MeC carbide are being formed on the region (0001) after formation of the faces of Me_2C carbides or simultaneously. The crystals of Me_2C and MeC carbides can be represented only by the sequence of faces either of one or of several zones. The event is possible because of the regular mutual orientation of metallic and carbide phases. The lattices of carbide phases are the continuation of the lattices of the metallic phase. It is evident that such interpretation requires a lot of intermediate carbides of variable structures and compositions. The details of our experiments are published elsewhere (4).

References

1. Müller, E. W.: Ergebn. exakt. Naturwiss. **27**, 290 (1953).
2. Klein, R.: J. chem. Physics **22**, 1406 (1954).
3. Komar, A. P., and G. N. Talanin: Crystal Growth (in Russian) pp. 110—118. Edition Acad. of Science of USSR. Moskow 1957.
4. — and G. N. Talanin: Izvestia Acad. Nauk Seria fizicheskaia **22**, 580 (1958).

3. Feldionen-Mikroskopie

Beobachtungen der atomaren Struktur von Metalloberflächen im Feldionenmikroskop

Erwin W. Müller

Pennsylvania State University, University Park, Pa.

Abstract. The working conditions of the helium operated low temperature field ion microscope are described. The resolution of atom chains of 2,74 Å spacing, and of a two dimensional net of 2,77 Å spacing is shown in photographs, while a visual observation of a net plane resolution of 2,35 Å is reported. Field evaporation at low temperatures produces perfectly clean and regularly built surfaces, which will not be contaminated during observation by even one atom, in spite of the use of a ground joint for easy sample replacement. The rate of field evaporation limits the application to about 8 elements for best image quality, and one other dozen of metals with limited image stability. Field evaporation of the refractory metals yields doubly charged ions. A number of high resolution photographs of wolfram, rhenium, iridium, platinum and nickel crystals are shown, exhibiting atomic details of stacking faults, dislocations, subgrain boundaries and slip bands. The effect of recovery of platinum and iridium crystals is demonstrated. Fatigue experiments are made with platinum crystals, exposing them during the observation in the microscope to a cycling stress of 1000 kg/mm². Operation of the cycling stress at audio frequencies let to the discovery of resonance vibrations. These seem to be characteristic for the metal, and they may represent energy exchange frequencies between high frequency lattice vibration modes.

Wie die Elektronenmikroskopie so hat auch die Feldemissionsmikroskopie von Berlin ihren Ausgang genommen, und dieser Kongreß ist daher ein besonders berechtigter Anlaß, über die letzte Entwicklung auf diesem Gebiet zu berichten. Als das erste Feldemissionsmikroskop entstand (*1*), konnte man leicht eine weite Anwendungsmöglichkeit für das Studium von Oberflächenerscheinungen voraussagen. Heute ist die Untersuchung von Adsorptionserscheinungen und sonstigen Vorgängen auf Metallen in atomaren Dimensionen beinahe eine Routinearbeit der Feldelektronenmikroskopie (*2*). Dabei wurden aber auch eine Reihe ganz neuer Effekte gefunden, wie die Felddesorption (*3*), die Feldionisation (*4*) und die Feldverdampfung (*5*), die in folgerichtiger Entwicklung zum Tieftemperatur-Feldionenmikroskop (*6*) führten, dem ersten und noch einzigen Instrument das uns den atomaren Aufbau der Metalle mit der Auflösung der Gitterstruktur direkt sichtbar macht.

Die Arbeitsweise des Feldionenmikroskopes ist schon mehrfach beschrieben worden (*6, 7, 8*). Wir betreiben ein gewöhnliches Spitzenmikroskop mit positiver Spitze und etwa $^1/_{1000}$ mm Helium gefüllt. Ein Heliumatom nähert sich der Spitzenoberfläche mit einer Geschwindigkeit, die sich aus der mittleren gaskinetischen Geschwindigkeit $\sqrt{3\,kT/m}$ und der infolge der im inhomogenen Feld wirksamen Anziehungskraft auf den polarisierten Dipol erhaltenen Geschwindigkeit $F \cdot \sqrt{\alpha/m}$ zusammensetzt (T = Gastemperatur, m = Masse des Gasatoms, F = Feldstärke, α = Polarisierbarkeit). Dicht vor der Oberfläche kann es beim Anflug oder mit größerer Wahrscheinlichkeit nach der elastischen Reflektion beim Rückflug durch Austunneln ionisiert werden. Die Ionisierungswahrscheinlichkeit ist gerade über den hervorragenden Atomen wegen der lokal erhöhten Feldstärke besonders groß. Befindet sich die Spitze auf Zimmertemperatur, so bleibt die ziemlich große Tangentialgeschwindigkeit beim Ionisationsakt erhalten, und die Abbildung wird nicht besonders scharf. Wird dagegen die Spitze gekühlt, so geben die einfallenden Heliumatome ihre große Energie an das Gitter ab und verdampfen dann mit einer geringen, der Spitzentemperatur entsprechenden Geschwindigkeit. Infolge der Dipolanziehung kann ein verdampftes Heliumatom sich nicht mehr weit von der Oberfläche entfernen, d. h. es beginnt auf der Spitze herumzuhüpfen, bis irgendwo in der Ionisierungszone ein Elektron austunnelt und das Ion dann vom Feld weggeführt wird. Seine tangentiale Energie E_t ist nur von der Größe kT_{Spitze}, d. h. $1{,}2 \cdot 10^{-3}$ eV bei der Temperatur des flüssigen Wasserstoffes. Das potentielle Auflösungsvermögen eines Spitzenmikroskopes (*2*) ist

$$\delta = 2\,r\sqrt{E_t/eV} \tag{1}$$

(r = Spitzenradius, V = Betriebsspannung). Dies ergibt für einen typischen Fall mit $r = 1000$ Å und $V = 20000$ V, $\delta = 0{,}5$ Å. Diese Auflösung kann tatsächlich nicht erreicht werden, weil die

Ionisierung nur jenseits einer gewissen Mindestentfernung h_0 vor der Oberfläche erfolgen kann. Die Breite h_0 der Zone der verbotenen Ionisation ist durch die Bedingung gegeben, daß das Grundniveau des Heliumatoms oberhalb des Ferminiveaus liegen muß,

$$h_0 = \frac{V_i - \Phi}{e\,F} \tag{2}$$

(V_i = Ionisierungsenergie des Heliums, Φ = Austrittsarbeit des Metalls). Dabei sind nicht genau übersehbare Korrekturen, wie Bildkraft und Termverbreiterung, infolge der Nähe der Oberfläche und der Polarisation vernachlässigt. Für die typische Feldstärke von $F = 500$ MV/cm und

$\Phi = 4{,}5$ eV ergibt sich $h_0 = 4$ Å. Da in größerer Höhe über der Oberfläche die Ionisierungswahrscheinlichkeit nur recht langsam abnimmt, die Differenzierung der lokalen Feldverteilung über den hervorstehenden Metallatomen aber sehr schnell verschwindet, ist es zur Erzielung eines guten Auflösungsvermögens nötig, die mittlere Sprunghöhe der herumhüpfenden Heliumatome etwa gleich h_0 zu machen (7, 9). Die mittlere Sprunghöhe berechnet sich aus der Dipolanziehung des polarisierten Atoms zu

$$h = \frac{3\,kT\,r}{4\,\alpha\,F^2}\,. \tag{3}$$

Für die Abbildung durch Helium ($\alpha = 2 \times 10^{-25}$ cm³, $F = 500$ MV/cm) ergibt sich für einen typischen Spitzenradius von $r = 1\,000$ Å bei der Temperatur des flüssigen Wasserstoffes ($T = 21°$ K) gerade die optimale Sprunghöhe von 4 Å. Da das Produkt Tr. in die Sprunghöhe eingeht, braucht bei sehr kleinen Spitzenradien die Temperatur nicht allzu niedrig zu sein. Man kann dann mit flüssigem oder besser mit festem Stickstoff kühlen, ohne viel an Auflösung zu verlieren (6). Natürlich enthalten die Bilder von sehr scharfen Spitzen weniger Atome, man erhält also eine geringere Bildpunktzahl und weniger Information, weil nur niedrig indizierte Netzebenen auftreten können.

Eine praktische Ausführungsform des Mikroskopes ist in Abb. 1 gezeigt. Die Spitze wird durch Wärmeleitung von dem mit Wasserstoff gefüllten Innenrohr gekühlt, das von zwei Strahlungsschirmen umgeben ist. Die Spitze hängt an einer Schleife, die eingestöpselt werden kann. Diese

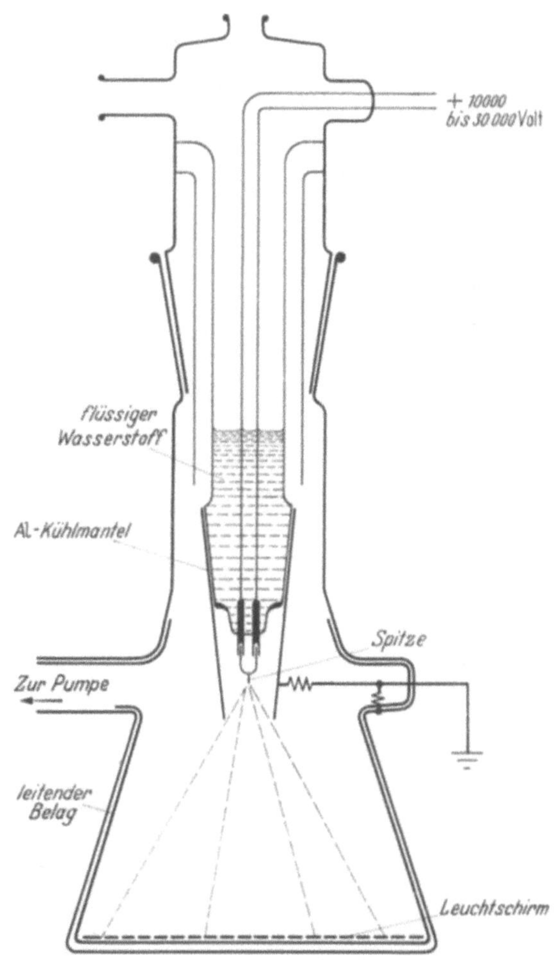

Abb. 1. Tieftemperatur-Feldionenmikroskop mit Schliff zum schnellen Auswechseln der Spitzen

Einrichtung und der fettgedichtete Schliff erlauben das Auswechseln einer Spitze mit nur 15 min Arbeitsunterbrechung. Die Anwesenheit des Schliffes beeinträchtigt nicht die Reinheit der zu beobachtenden Oberfläche. Es ist der einzigartige Vorteil des mit Helium betriebenen Feldionenmikroskopes, daß eine einmal durch Feldverdampfung gereinigte Spitzenkalotte auch nicht von einem einzigen unerwünschten Gasmolekül erreicht werden kann, solange nur die zur Abbildung nötige Feldstärke von etwa 500 MV/cm an der Spitze aufrechterhalten wird. Kein anderes Gas hat eine so hohe Ionisierungsenergie wie Helium, so daß alle auf die Spitze zueilenden Moleküle eines Verunreinigungsgases schon weit vor der Spitze in einem Gebiet ionisiert werden, wo die Feldstärke erst 200—300 MV/cm beträgt. Die Ionen werden dann vom Feld weggeführt. Experi-

mentell wurde bestätigt, daß sich innerhalb einer Stunde auch nicht ein einziges Fremdatom auf
der vollkommen reinen Metalloberfläche niedergelassen hat.

Abb. 2 zeigt den zentralen Teil einer praktisch vollkommen reinen Platinspitze von hoher
Regelmäßigkeit. Mehr als 1000 sicher unterscheidbare und leicht indizierbare Netzebenen sind
auf diesem Kristall zu erkennen, und viele der höher indizierten Netzebenen sind in einzelne

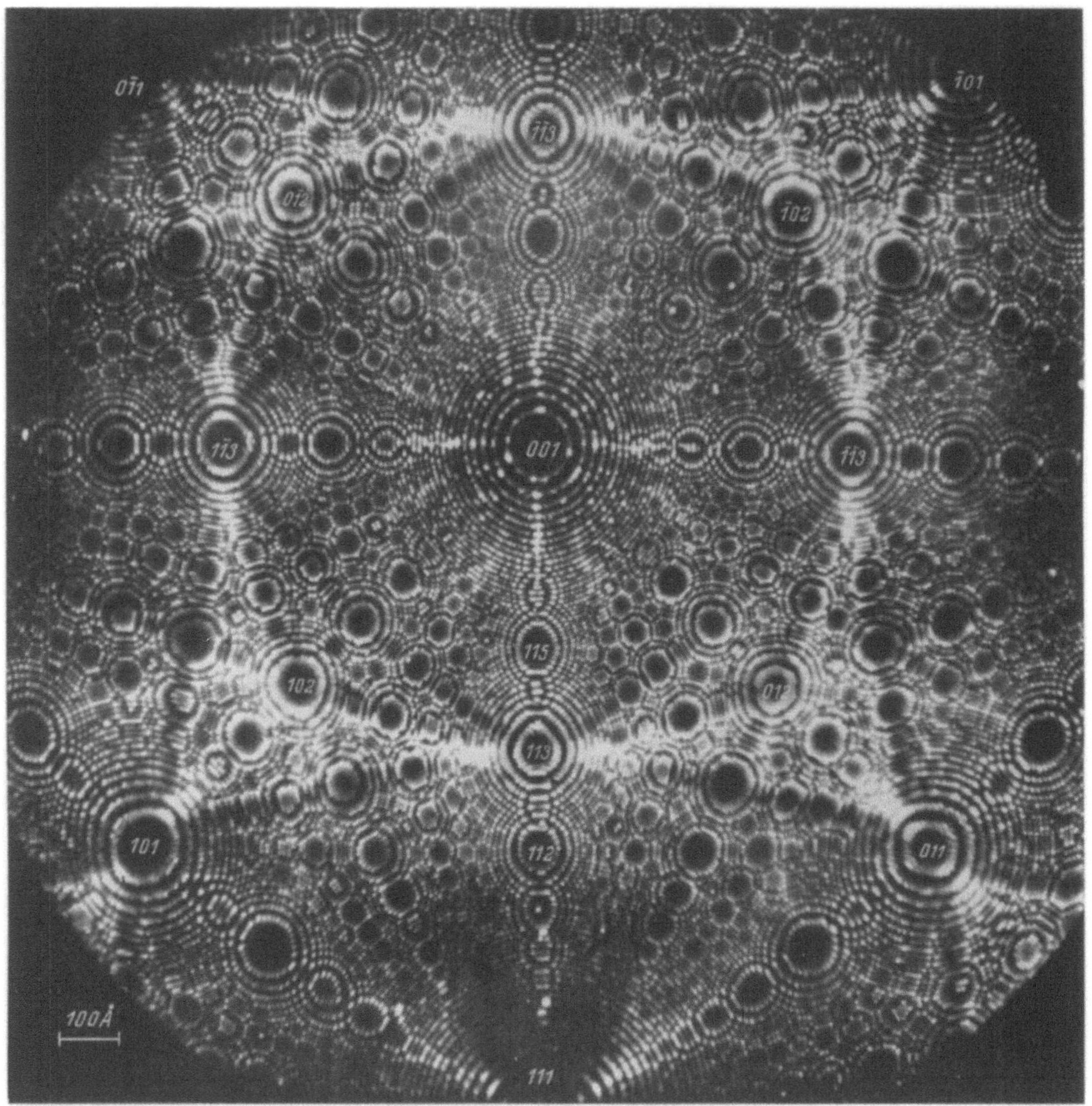

Abb. 2. Heliumionenbild eines Platinkristalles, 001-Fläche in der Mitte, 111-Fläche am unteren Bildrand.
21800 V, 21° K, 2×10⁻³ mm Helium, Belichtungszeit 10 sec bei F:1

Atome aufgelöst. Abb. 3a und b gibt eine Wolframoberfläche wieder, die in bezug auf die Auflösung näher betrachtet werden soll. Bekanntlich ist die Feststellung des Auflösungsvermögens
in der konventionellen Elektronenmikroskopie eine schwierige Aufgabe. Hier hingegen braucht
man nur zu sehen, welche der bekannten Atomabstände getrennt sind. Im kubisch-raumzentrierten
Gitter mit der Gitterkonstante a kommen als kleinste Atomabstände nur $a\sqrt{3}/2$, a und $a\sqrt{2}$ vor.
Man sieht einfach bei einer Aufnahme nach, welche typischen Stellen noch aufgelöst sind. Auf
dem Wolframkristall der Bilder 3a und b beträgt der Atomabstand in allen Atomketten senkrecht

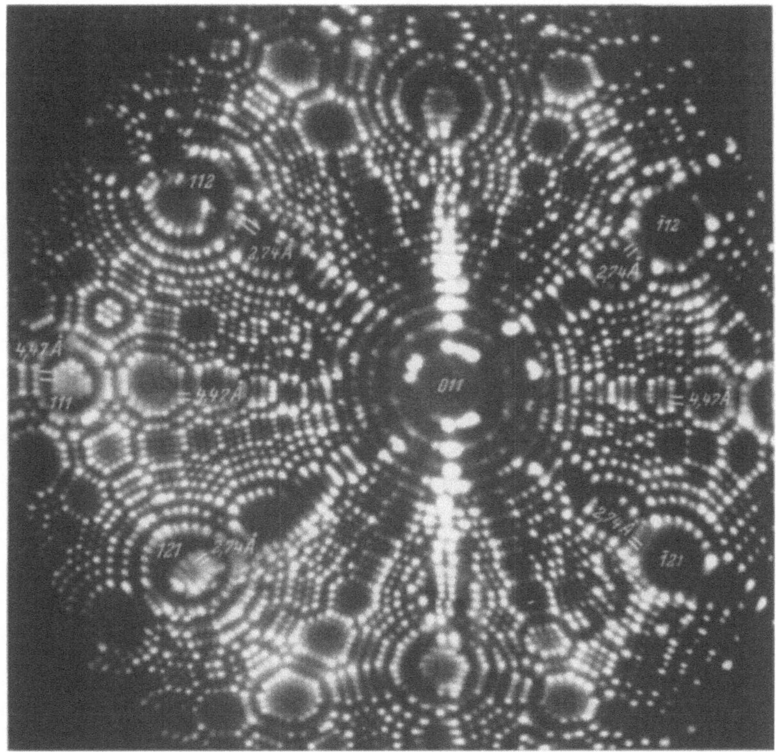

Abb. 3a. Wolframkristall von etwa 300—500 Å Radius. 011-Fläche in der Mitte, links eine vollständig aufgelöste 111-Fläche, auf den 112-Flächen und an anderen Stellen der 111-Zonen sind einige Atomketten mit 2,74 Å Abstand aufgelöst

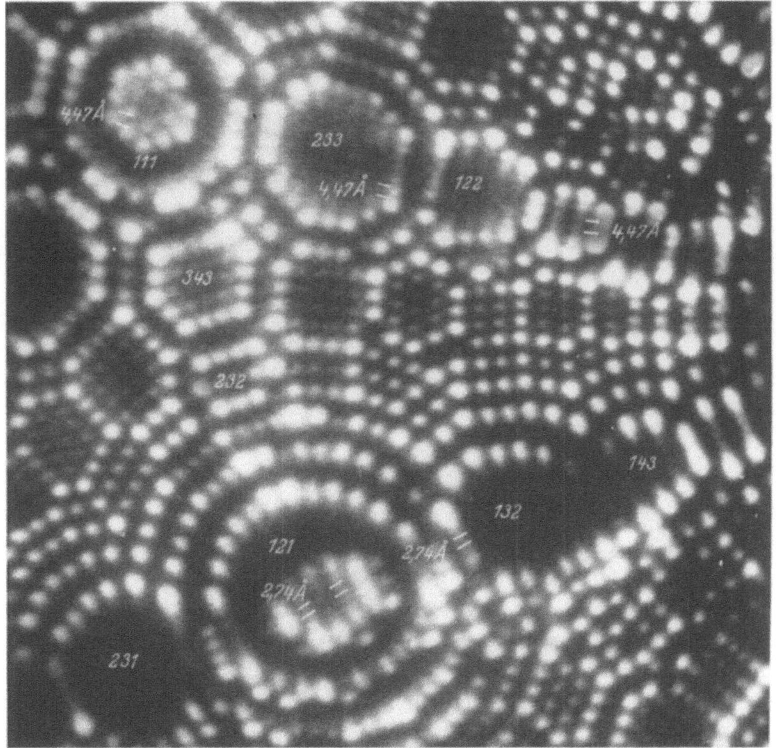

Abb. 3b. Sektor aus dem linken Teil von Bild 3a mit Indizierung der Kristallflächen und mit aufgelösten Atomketten von 4,47 Å Abstand auf der 011-Zone und von 2,74 Å Abstand auf der 111-Zone

zur 011-Zone $a\sqrt{2} = 4{,}47$ Å. Dies ist auch der Abstand der in Dreiecksanordnung befindlichen Atome auf der 111-Fläche. Wegen der starken Krümmung der Spitze in der 111-Gegend ist dort die lokale Vergrößerung etwa doppelt so groß wie in anderen flacheren Spitzengebieten. Quer zur 001-Zone ist der Abstand zwischen Atomen $a = 3{,}16$ Å, aber diese Atomketten sind offenbar

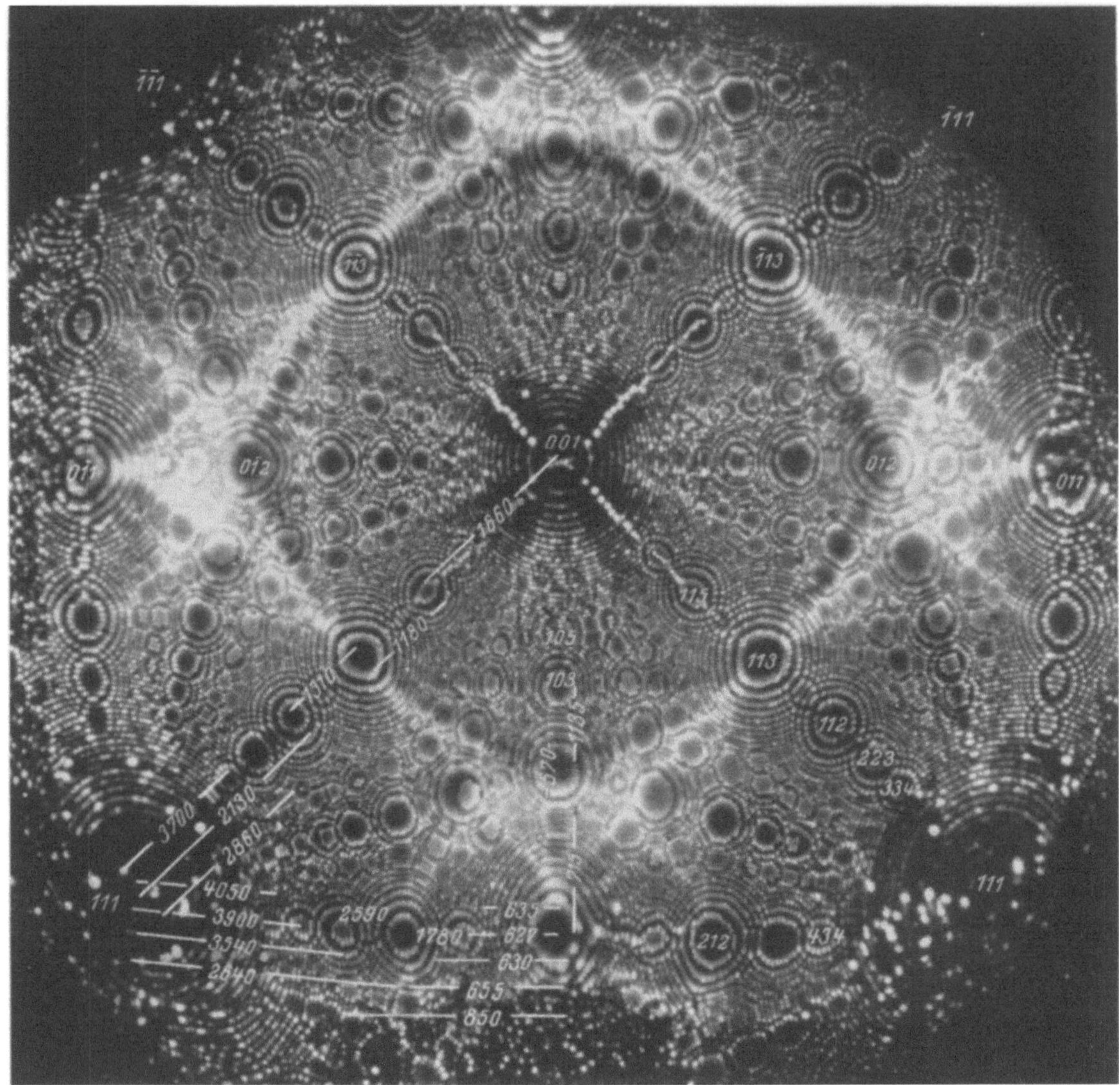

Abb. 4. Platinspitze mit Millerindizes und lokalen Radien in Å. 27000 V, $0{,}5 \times 10^{-3}$ mm Helium, 21° K

auf dem Kristall nicht richtig ausgebildet. Quer zu den 111-Zonen haben wir Ketten, in denen sich die Atome gerade berühren, und tatsächlich sind hier einige besonders günstig gelegene Ketten mit $a\sqrt{3/2} = 2{,}74$ Å aufgelöst. Wir stellen also fest, daß für die Aufnahme in Abb. 3 die Flächenauflösung besser als 4,47 Å ist und die Kettenauflösung besser als 2,74 Å. Diese Begriffe der Flächenauflösung und der Kettenauflösung sollten in der Emissionsmikroskopie gut auseinandergehalten werden. Dazu kommt noch die in den Anfängen der Feldionenmikroskopie (4, 10) etwas strapazierte Punktauflösung, d. h. die Trennung von nur zwei zufällig besonders günstig gelegenen benachbarten Punkten, die hauptsächlich auf die lokale Feldverzerrung an Doppelpunkten zurückzuführen ist und die nach Rose (11) sogar schon bei der Feldelektronenemission theoretisch bis zu 3 Å gehen kann.

Die Erkennbarkeit der atomaren Gitterstruktur liefert nicht nur den in der Mikroskopie immer sehr erwünschten lokalen Maßstab (6), sondern erlaubt auch in einfachster Weise die Ausmessung der Form des Spitzenkristalles. Die Netzebenenberandungen können als topographische Höhenlinien aufgefaßt werden. Durch einfaches Auszählen der Zahl n der Netzebenenringe von bekannter Stufenhöhe s erhält man die Kalottenhöhe $n \cdot s$ in einem gegebenen Kugelwinkel γ und damit z. B. den lokalen Spitzenradius r. Abb. 4 zeigt eine Platinspitze mit kristallographischer Flächenindizierung und den aus der Ringzahl nach der Formel für die Kalottenhöhe

$$n \cdot s = r\,(1-\cos\gamma) \tag{4}$$

berechneten lokalen Krümmungsradius in Å-Einheiten (12). Der Winkel γ ergibt sich aus der bekannten Formel der Kristallographie, wenn die Millerindices $h_1 k_1 l_1$ und $h_2 k_2 l_2$ der betrachteten Flächen erkannt sind.

$$\cos\gamma = \frac{h_1 h_2 + k_1 k_2 + l_1 l_2}{\sqrt{h_1^2 + k_1^2 + l_1^2}\ \sqrt{h_2^2 + k_2^2 + l_2^2}}\,. \tag{5}$$

Die überraschend starke Variation des lokalen Spitzenradius ist typisch für alle durch Feldverdampfung verrundeten Kristalle. Feldverdampfung (5) ist die Verdampfung von Ionen des emittierenden Metalles über die durch den Schottkyeffekt erniedrigte Potentialschwelle. Für die Erklärung der Spitzenform genügt die Betrachtung der Feldverdampfung beim absoluten Nullpunkt, wo die gesamte Bindungsenergie des Ions Q_0 gleich der Schottkyschen Erniedrigung $\sqrt{e^3 F}$ des durch Bildkraft und äußeres Feld bestimmten Potentialberges gesetzt werden kann. Bei Zimmertemperatur ist z. B. die Potentialschwelle um etwa 0,8 eV niedriger. Bei der extrem hohen Feldstärke ist die de Broglie-Wellenlänge des Ions klein gegenüber der Breite des Potentialberges, so daß die Bildkraftvorstellung noch einigermaßen gerechtfertigt ist. Die Verdampfungswärme eines Ions ist annähernd

$$Q_0 = \Lambda + V_i - \Phi \tag{6}$$

($\Lambda = $ Verdampfungswärme des neutralen Metallatoms). Im Gegensatz zur Verdampfungswärme neutraler Atome ist die Verdampfungswärme der Ionen wegen der Abhängigkeit von Φ auf verschiedenen Kristallflächen sehr verschieden. Bei der Feldverdampfung einer Spitze stellt sich daher eine Endform ein, die dadurch gekennzeichnet ist, daß die Verdampfungsgeschwindigkeit auf allen Kristallflächen gleich groß ist. Gebiete hoher Austrittsarbeit benötigen eine kleinere Feldstärke, d. h. sie werden nur schwach gekrümmt sein. Gebiete niedriger Austrittsarbeit nehmen einen kleinen Krümmungsradius an, damit bei der gegebenen Spannung die notwendige hohe Feldstärke erhalten bleibt (13). Für die schärfste Abbildung gibt es dagegen nur eine günstige Bildfeldstärke, die praktisch bis auf etwa 1% reproduziert werden kann. Deshalb erscheint auf einer feldverdampften Spitze bei einer bestimmten angelegten Spannung immer nur der Teil der Oberfläche scharf, an dem gerade die richtige Bildfeldstärke herrscht. Auf Wolfram- und Platinspitzen braucht man zur optimalen Abbildung der mehr hervorstehenden Spitzenteile mit niedriger Austrittsarbeit nur 75% der Spannung, die für die scharfe Abbildung der flacheren Spitzenteile optimal ist. Der Absolutwert der günstigsten Bildfeldstärke ist noch nicht genau bekannt, wir rechnen mit etwa 500 MV/cm auf die glatte Oberfläche bezogen und etwa 700 MV/cm, wenn die lokale Felderhöhung an den vorspringenden Stufen berücksichtigt wird.

Die Feldverdampfung begrenzt die Zahl der Metalle, die im Feldionenmikroskop mit Heliumionen beobachtet werden können, da ja die Verdampfungsfeldstärke höher sein muß als die Bildfeldstärke. In Tab. 1 sind die zunächst in Betracht kommenden Metalle in der Reihenfolge abnehmender Verdampfungsfeldstärke zusammengestellt (12). An der Spitze der Liste steht Graphit. Abgesehen von den Ionisierungsenergien sind die anderen Zahlenwerte noch recht unsicher, und es wurde auch nur bei Wolfram die Tatsache der verschiedenen Austrittsarbeit der verschiedenen Kristallflächen berücksichtigt. 4,35 eV ist die Austrittsarbeit der 111-Fläche und 6,0 eV die der 011-Fläche. Tatsächlich sind derartige Unterschiede bei allen Metallen vorhanden, wie sich eindeutig aus feldelektronenmikroskopischen Beobachtungen ergibt, aber Zahlenwerte sind entweder noch nicht genau genug oder überhaupt noch nicht gemessen.

Die ersten 8 Elemente haben Verdampfungsfeldstärken von über 700 MV/cm und konnten daher auch alle mit bester Bildqualität abgebildet werden. Für die Vervollständigung der Tab. 1 wurden dann besonders die Metalle ausgewählt, deren Summe von Λ und V_i recht groß ist. In der Tat konnten mit etwas verminderter Bildqualität Metalle wie Eisen oder Nickel und auch Silicium noch recht gut abgebildet werden und Gold und Zink so, daß ein paar kleinere Netzebenen und kurze Atomreihen oder einzelne Atome erkennbar waren. Silicium konnte nur visuell beobachtet werden, weil die langsam fortschreitende Feldverdampfung keine langen Belichtungszeiten erlaubte. Ein Bildverstärker wäre hier sehr angebracht. Auf Siliciumkristallen wurde gelegentlich die 111-Fläche mit 2,35 Å Atomabstand klar aufgelöst, dies ist die beste bisher erzielte Flächenauflösung. Mit Ausnahme von Beryllium, Ruthenium und Quecksilber wurden alle Elemente der Tab. 1 untersucht, und abgesehen vom Kupfer wurden atomare Einzelheiten zumindest visuell im Heliumionenbild beobachtet. Die von Spitzen aus Zirkon, Eisen, Nickel (Abb. 5) und rostfreiem Stahl erhaltenen Bilder sind gut genug, um z. B. Versetzungen daran zu studieren.

Aus der Tatsache, daß auch die weiter unten in Tab. 1 angeführten Metalle im Heliumionenmikroskop beobachtbar sind, muß man schließen, daß die Verdampfungswärme für Ionen Q_0 bei diesen Metallen im Feld höher ist als aus Gl. (6) berechnet wird. Der zusätzliche Term ist wahrscheinlich eine Polarisationsenergie $P = 1/2\,(\alpha_i - \alpha_m)\,F^2$, wobei α_i die Polarisierbarkeit des Ions und α_m die des in der Oberfläche liegenden Metallatoms darstellt (12). Leider sind keine quantitativen Werte für diese Polarisierbarkeiten bekannt. Bei den in Tab. 1 weiter oben angeführten Metallen stimmt die dort berechnete Verdampfungsfeldstärke

Tabelle 1. *Verdampfungswärme der Ionen Q_0 und Verdampfungsfeldstärke F_0 bei 0° K*

Element	Λ eV	V_i eV	Φ eV	Q_0 eV	F_0 MV/cm
C	7,45	11;26	4,34	14,37	1433
W	8,78	7,98	4,35—6,00	12,41—10,76	1068—804
Ta	7,84	7,7	4,20	11,34	893
Ir	7,1	9,2	5,0	11,3	886
Re	8,30	7,87	5,1	11,7	851
Nb	7,87	6,88	4,01	10,74	801
Pt	7,0	8,96	5,32	10,64	786
Mo	7,5	7,13	4,30	10,33	741
Ru	6,42	7,36	4,52	9,26	595
Zr	5,97	6,84	4,12	8,69	524
Be	3,27	9,32	3,92	8,67	522
Rh	5,52	7,46	4,8	8,18	466
Si	4,50	8,15	4,80	7,85	428
Au	3,23	9,22	4,82	7,63	404
V	5,24	6,74	4,4	7,58	399
Fe	4,11	7,90	4,5	7,51	391
Ti	4,63	6,83	4,17	7,29	369
Pd	3,48	8,33	4,99	6,82	323
Ni	3,96	7,63	5,01	6,58	301
Hg	0,62	10,39	4,52	6,49	293
Cu	3,17	7,72	4,55	6,34	280
Zn	1,19	9,39	4,31	6,27	273

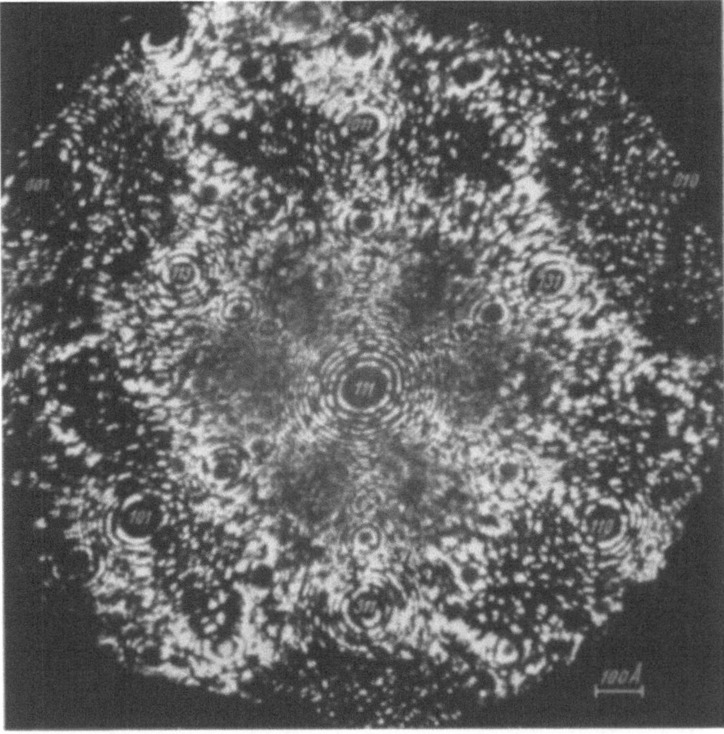

Abb. 5. Nickelkristall mit Heliumionen abgebildet, in der Mitte die 111-Fläche. 21 000 V

sehr gut mit der Messung überein, weil vermutlich der Polarisationsbeitrag vernachlässigbar ist. Dies dürfte auch bei Kupfer der Fall sein, was deshalb nicht mit Heliumionen beobachtet werden kann. Der Unterschied der Polarisierbarkeit des Metallatoms und des Ions sollte dagegen bei

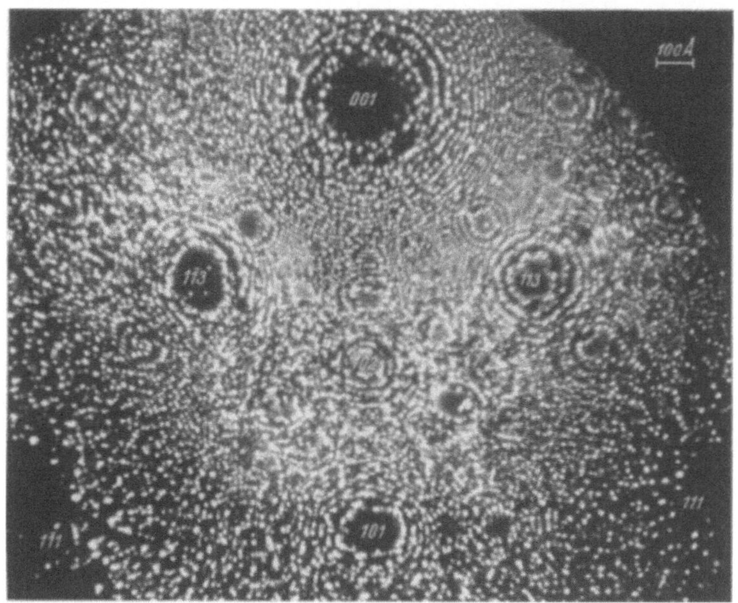

Abb. 6a. Platinspitze mit eingefrorener thermischer Unordnung nach Glühen bei 1200° K. 27000 V, 21° K

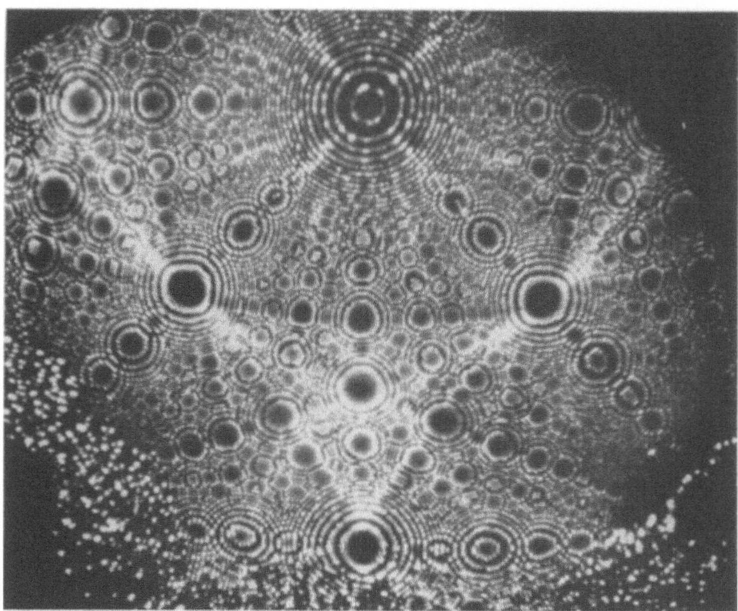

Abb. 6b. Dieselbe Platinspitze nach Entfernung einiger Oberflächenschichten durch Feldverdampfung bei 21° K, 27500 V. Mittlerer Radius bei der 001-Fläche oben ist 1900 Å

den Metallen mit alkaliähnlichen Ionen wie Zn^+, Fe^+ und Ni^+ recht beträchtlich sein, was dann die relativ hohe Feldverdampfungsenergie erklärt.

Eine kleine Überlegung legt es nahe, daß die schwer feldverdampfenden Metalle, wie Wolfram, doppelt ionisierte Ionen liefern sollten. Wenn das einfach geladene Ion W^+ aus der Oberfläche ausgetreten ist, bewegt es sich, zunächst ziemlich langsam, in einem Felde von 500—1000 MV/cm.

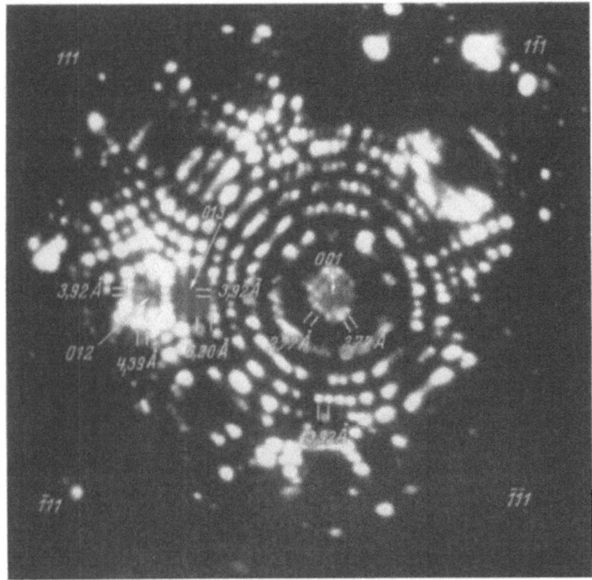

Abb. 7. Platinspitze von 165 Å Radius. In der Mitte ist die 001-Fläche mit $a/\sqrt{2} = 2{,}77$ Å Atomabstand gerade eben aufgelöst

Eine solche Feldstärke reicht aus, um selbst Heliumatome mit 24,5 eV Ionisierungsenergie schnellstens durch Austunneln zu ionisieren. Die zweite Ionisierungsenergie von Wolfram beträgt aber nur 17,7 eV, das Ion verliert daher sehr schnell, auf den ersten paar Ångström seines Weges, ein zweites Elektron. Mit einem Massenspektrographen konnte dann auch die alleinige Emission von W^{++} Ionen festgestellt werden, wenn die Feldverdampfung bei Zimmertemperatur vorgenommen wurde. Bei der Feldverdampfung der hochschmelzenden Metalle bei erhöhter Temperatur und bei den anderen Metallen bei gewöhnlicher Temperatur ist die Verdampfungsfeldstärke so niedrig, daß die zweite Ionisierung vermutlich nur in geringerem Maße oder überhaupt nicht mehr erfolgen wird.

Gegenwärtig wird die Feldverdampfung bei tiefen Temperaturen hauptsächlich für die Reinigung und Glättung der Spitzen benutzt. Abb. 6a zeigt z. B. eine Platinspitze nach dem Glühen bei 1200° K. Nur die niedrig indizierten Flächen, insbesondere 001, 110 und 113, sind entwickelt, während die Oberfläche sonst sehr unregelmäßig erscheint. Abb. 6b gibt dieselbe Spitze nach Ent-

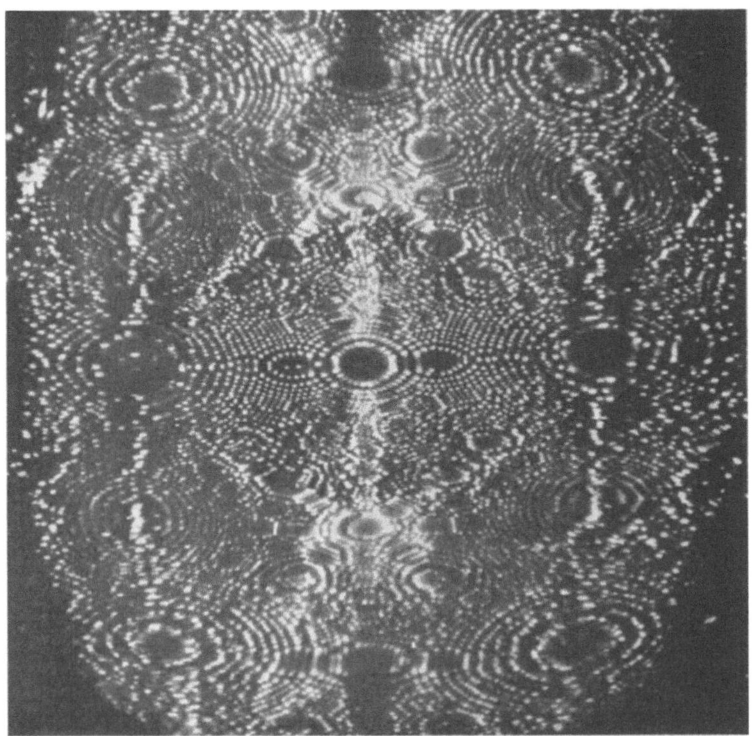

Abb. 8. Rheniumkristall bei 20100 V nach Feldverdampfung bei 21° K mit 25500 V. Senkrecht in der Mitte verläuft die Prismenkante mit der $\overline{1}\overline{1}20$-Fläche in der Bildmitte. Links und rechts sind in der Mitte die Prismenflächen $0\overline{1}10$ und $\overline{1}010$. Auf den senkrechten $1\overline{2}10$- und $\overline{2}110$-Zonenlinien durch diese Flächen sind Stapelfehler angedeutet

fernung von 2—3 Oberflächenschichten durch Feldverdampfung bei 21° K wieder. Der Vorgang der Feldverdampfung wird auch in einem kurzen Film (13) gezeigt, in dem zum ersten Male mit der Auflösung der atomaren Gitterstruktur die Verdampfung von einzelnen Atomen, Atomketten und Netzebenenberandungen im Ionenbild in Bewegung wiedergegeben werden konnte.

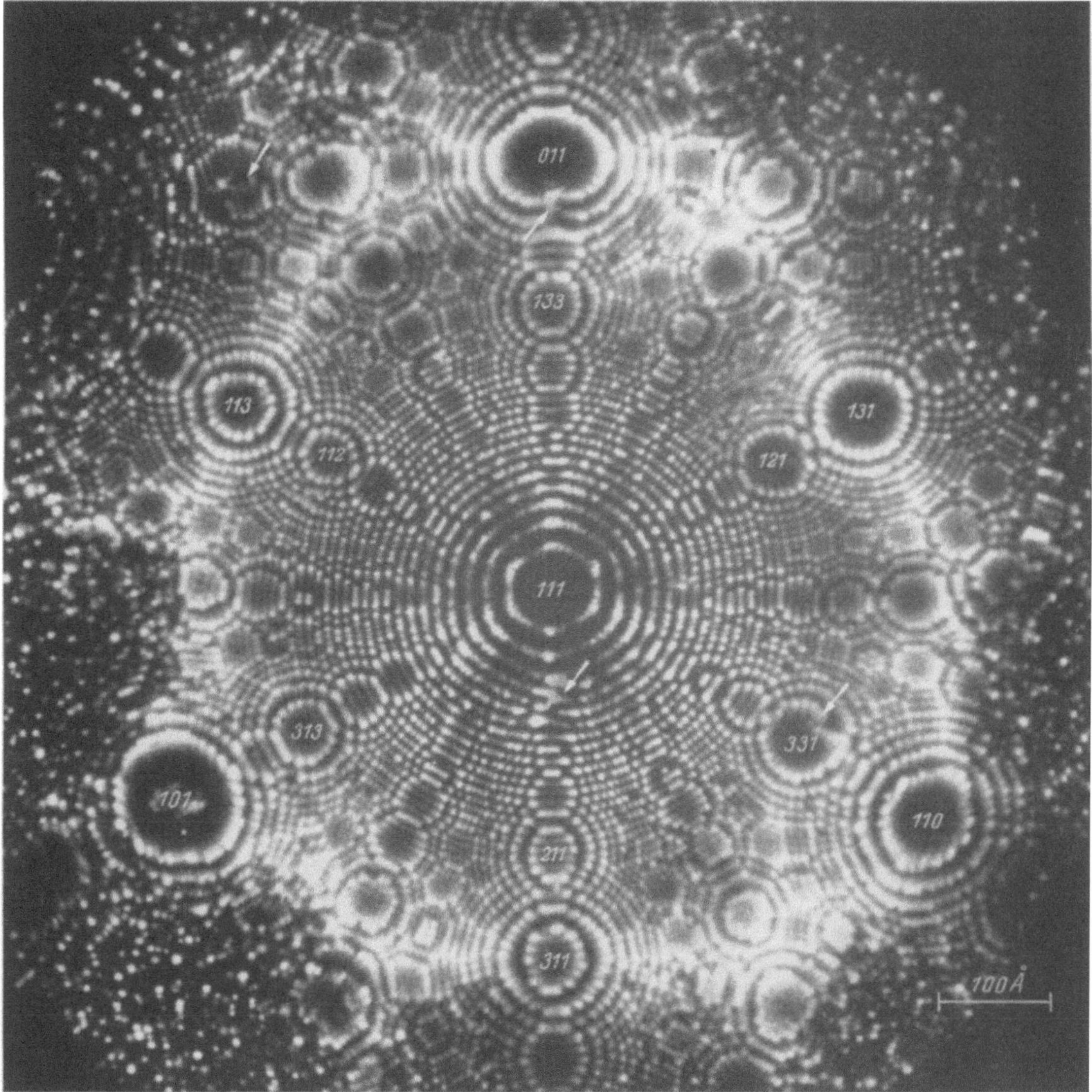

Abb. 9. Platinkristall mit der 111-Fläche in der Mitte, sowie mit einigen Versetzungen, gekennzeichnet durch Pfeile, mit 14200 V nach Feldverdampfung bei 21° K und 14700 V aufgenommen

Dieser Film sollte nicht verwechselt werden mit Filmaufnahmen, die vom Verfasser 1951 und später auch von DRECHSLER von bei hoher Temperatur zusammenlaufenden Netzebenenberandungen im Feldelektronenmikroskop erhalten worden sind und die bei 20 Å Auflösung natürlich keinerlei atomare Einzelheiten enthalten. Als Beispiele von feldverdampften Kristallen seien hier eine sehr feine Platinspitze von etwa 165 Å Radius gezeigt, auf der die zentrale 001-Fläche gerade eben aufgelöst ist (Flächenauflösung 2,77 Å), und ein Rheniumkristall von über 1000 Å Radius als ein Vertreter des hexagonalen Gitters (Abb. 8).

Interessanter als die Beobachtung nahezu vollkommener Kristalle ist das Studium von Kristallen mit den verschiedensten Baufehlern. Im Verlaufe unserer dreijährigen Beobachtungen

haben wir eine große Zahl von Baufehlern, wie Fehlstellen, Stapelfehler, Versetzungen, Versetzungs-
netzwerke und Korngrenzen, gefunden. Dabei ist aber zu beachten, daß die Kristalloberfläche nur
im Zustand extrem hoher Zugspannung beobachtet wird. Gleichzeitig mit dem Feld F ist ja die
radiale mechanische Zugspannung $F^2/8\pi$ wirksam, die bei $F = 500$ MV/cm nicht weniger als

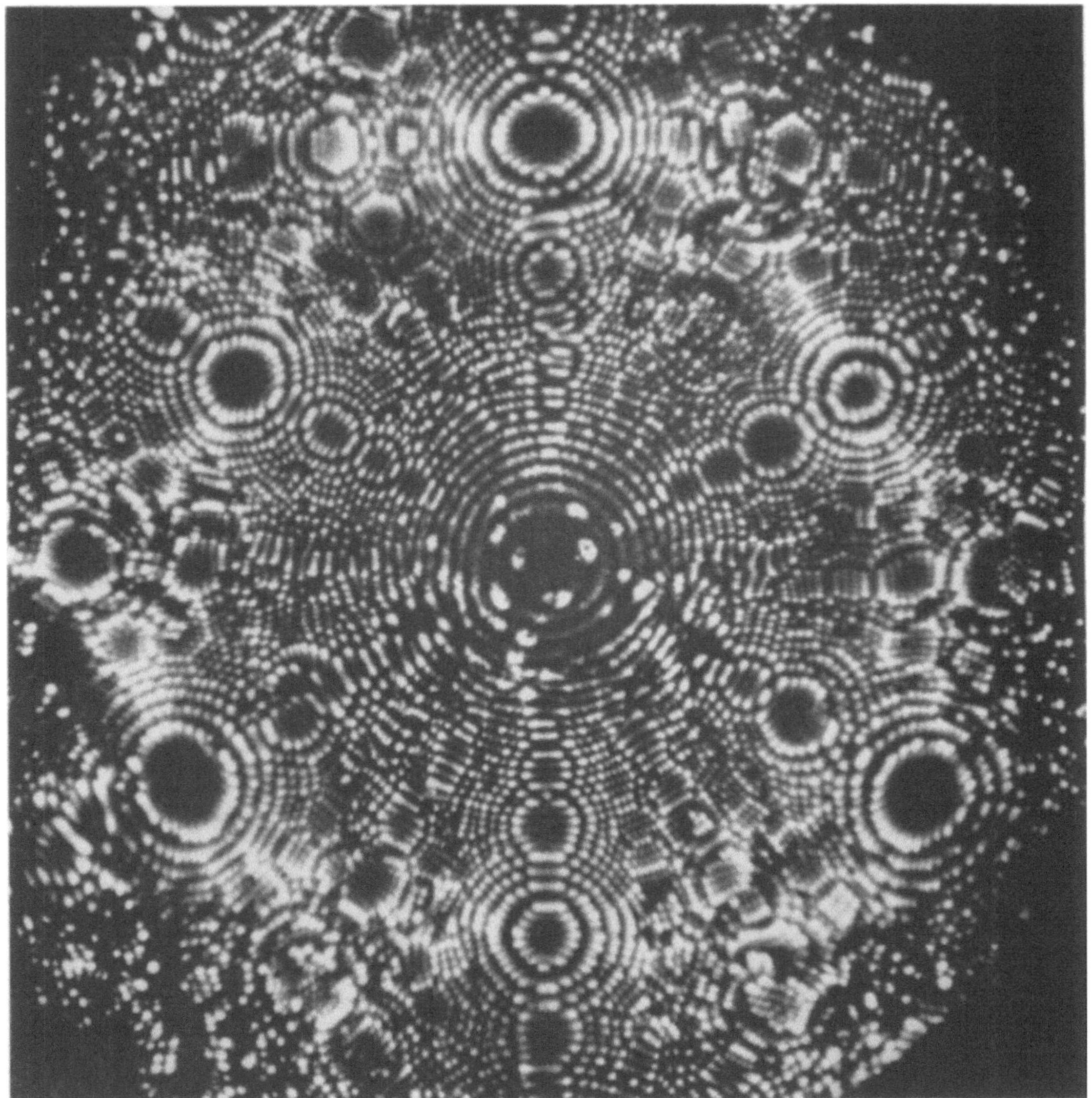

Abb. 10. Derselbe Platinkristall wie in Abb. 9, nach einstündiger Erholung bei Zimmertemperatur,
aufgenommen bei 21° K mit 13450 V. Zahlreiche Versetzungen sind in der Oberfläche erschienen

1130 kg/mm² beträgt. Es ist erstaunlich, daß ein so weiches Metall wie geglühtes Platin diese
Beanspruchung aushält, was natürlich überhaupt nur bei diesen whiskerähnlichen Dimensionen
möglich ist. Die Spitzen widerstehen dieser Zugspannung keineswegs deswegen, weil sie fehler-
freie Kristalle darstellen, vielmehr sind eine große Anzahl von Fehlern so blockiert, daß kein
Gleiten und nachfolgendes Zerreißen eintreten kann. Abb. 9 zeigt einen 111-orientierten Platinkristall mit verschiedenen ziemlich geringen und lokalisierten Baufehlern, vermutlich Schraubenversetzungen. Der Kristall wurde dann bei abgeschalteter Spannung eine Stunde im Vakuum auf
Zimmertemperatur gehalten, so daß Erholung eintrat. Nach erneuter Abkühlung auf 21° K ergab

sich Abb. 10. Die ursprünglichen Fehler sind erhalten, dazu sind aber eine große Anzahl von neuen Versetzungen erschienen, die sich in weichenartigen Verzweigungen der Netzebenenberandungen erkennbar machen. Abb. 11 zeigt einen gleich orientierten, in ähnlicher Weise bei 400° K erholten Iridiumkristall, der schon Zeichen der Rekristallisation erkennen läßt.

Wird die Feldverdampfung bei erhöhter Temperatur und dementsprechend erniedrigter Feldstärke ausgeführt, so bilden sich bekanntlich breite Ringe um die niedrig indizierten Netzebenen herum aus (4). Gelegentlich auftretende Spiralstrukturen, früher mit der bei Zimmertemperatur unzureichenden Auflösung des Wasserstoffionenmikroskopes beobachtet, wurden als Andeutungen

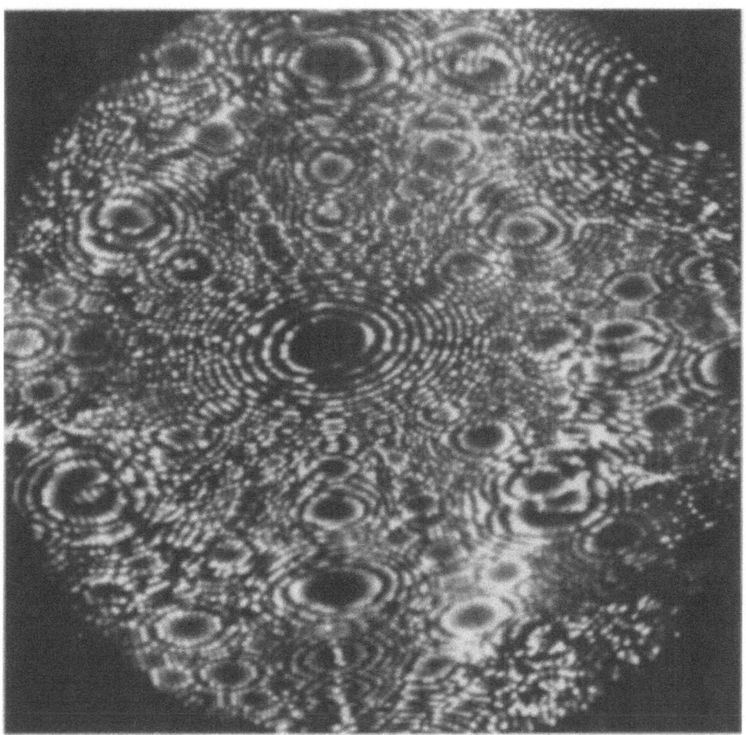

Abb. 11. Iridiumkristall bei 21° K mit 12000 V aufgenommen, mit vielen Strukturfehlern hervorgebracht durch einstündige Erholung bei 400° K nach vorangegangener Feldverdampfung

von Schraubenversetzungen gedeutet (14). Untersuchungen mit dem hochauflösenden Heliumionenmikroskop zeigen aber (15), daß es sich dabei um Pseudospiralen nach LANG (16) handelt. Arbeitet man statt mit Wolfram- oder Tantalspitzen mit solchen aus Platin oder Iridium, die mit ihrem kubisch-flächenzentrierten Gitter besser definierte 111-Gleitebenen haben, so sieht man, daß die Stufenbildung im wesentlichen auf die Ausbildung von Gleitbändern in diesen Ebenen zurückzuführen ist. Abb. 12 zeigt eine Platinspitze von etwa 3000 Å Radius mit 6—8 Gleitbändern konzentrisch um die vier am Bildrande liegenden Oktaederflächen. In dem weniger gestörten Gebiet um 001 sind zahlreiche Versetzungen sichtbar.

Aufschlußreiche Beobachtungen erhält man auch, wenn man die Zugspannung nicht nur einmal durch Einschalten des Beobachtungsfeldes anlegt, sondern wiederholt ein- und ausschaltet. Mit jedem Spannungszyklus wird das Metall sichtbar hartbearbeitet. Dieser Versuch wurde zu einer Dauerwechselbeanspruchung ausgearbeitet, um Ermüdungsversuche auszuführen (17). Abb. 13 zeigt eine zunächst mit 60 Perioden pro Sekunde betriebene Halbwellenschaltung, die im flachen Spannungsscheitel eine dem trägen Auge kontinuierlich erscheinende Beobachtung erlaubt, während in der halben Sinuswelle die dem Quadrat der jeweiligen Spannung proportionale Zugspannung auf sehr kleine Werte herabgesetzt wird. In der Abbildung sind auch die bei verschiedenen typischen Spitzenformen wirksamen maximalen Zugspannungen als Vektoren angegeben.

Der Gradient der Feldstärke zum zurückliegenden Teil der Spitze hin erzeugt Schubspannungskomponenten, und Gleiten kann in den für zwei verschiedene Spitzenorientierungen angegebenen 111-Gleitebenen erfolgen, wenn die Temperatur dafür hoch genug ist. Abb. 14a zeigt einen durch Feldverdampfung geglätteten Platinkristall mit einer Unterkorngrenze in der 111-Fläche. Abb. 14b gibt denselben Kristall nach 320000 Lastwechseln wieder. Dann wurde der ermüdete Kristall

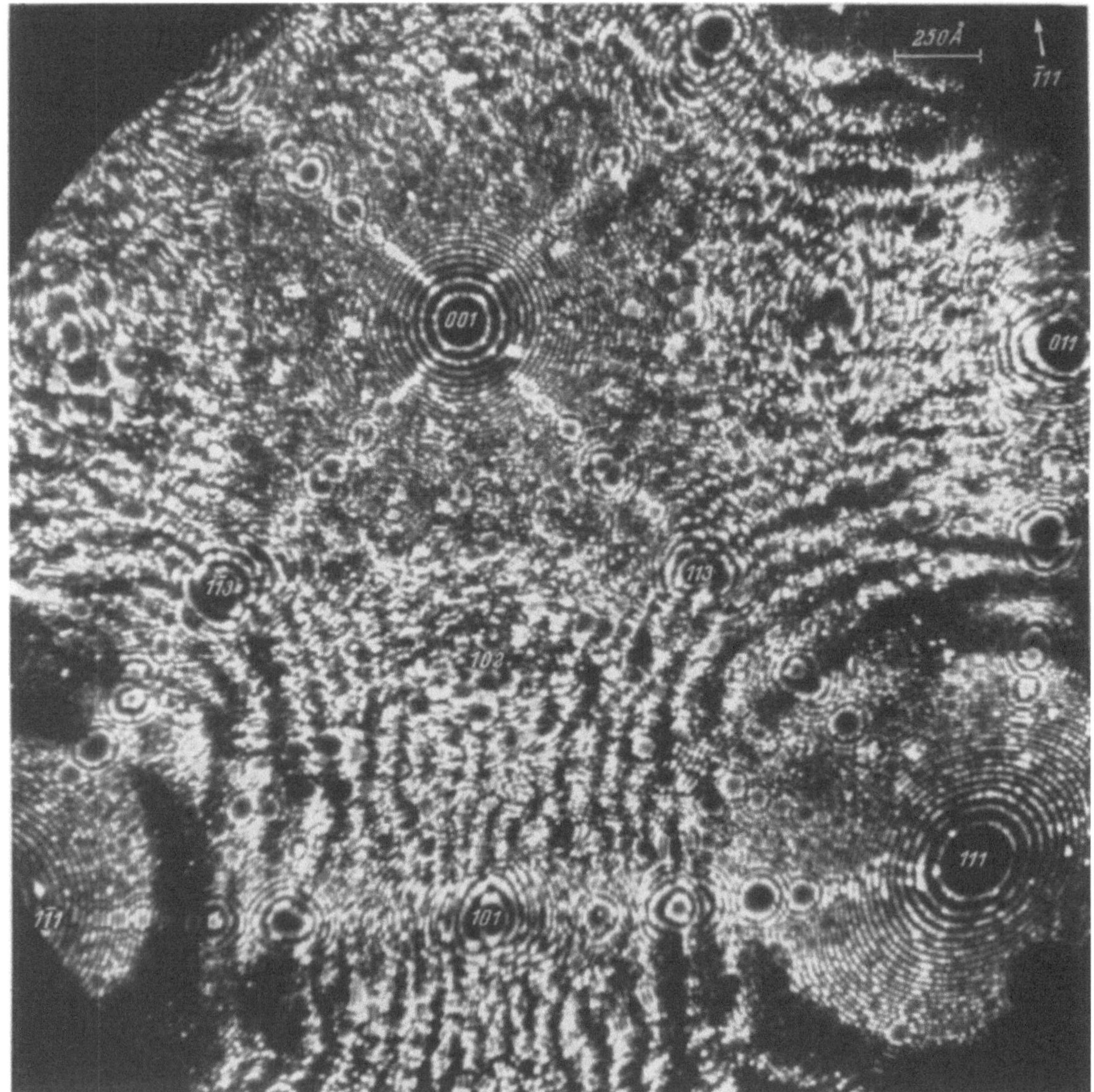

Abb. 12. Platinspitze von etwa 2500 Å Radius, mit 27000 V aufgenommen, nach Ausbildung von Gleitbändern um die vier am Bildrande gelegenen Oktaederflächen. Gleiten bei 900 °K und 170 MV/cm, entsprechend 130 kg/mm²

bei Zimmertemperatur 12 Tage im Hochvakuum belassen, so daß Erholung eintrat. Das Resultat ist Abb. 14c, auf dem eine Anzahl von Kleinwinkelkorngrenzen und viele Versetzungen sichtbar sind. Die Korngrenzen dürften den Anfang des Ermüdungsversagens darstellen. Bei der Erholung nach solchen Ermüdungsbeanspruchungen wird auch der Vorgang der Auspressung (Extrusion) beobachtet. Teile der Spitze stehen dann weit hervor, so daß der mittlere Spitzenradius viel kleiner ist als vor der Erholung.

Ermüdungsversuche erfordern oft viele Millionen Lastwechsel. Um die Versuchszeit abzukürzen, wurde die Schaltung nach Abb. 13 auch mit höheren Frequenzen als der üblichen

Netzfrequenz von 60 Hz betrieben. Bei langsamer Frequenzänderung der mit einem Tonfrequenz-generator und nachfolgendem Leistungsverstärker erzeugten Halbwellenhochspannung wurde

eine ungewöhnliche Reso-
nanzerscheinung auf der
Kristalloberfläche gefun-
den. Natürlich hat die
Drahtschleife mit der Spitze
einige tonfrequente mechanische Resonanzen. Diese
äußern sich in Vibrationen
der Spitze und einer allgemeinen Unschärfe des Io-
nenbildes in Richtung der
jeweiligen Schwingungs-
amplitude. Daneben gibt es
aber auch Resonanzstellen,
in denen ein Teil der Kristalloberfläche mit einer
Amplitude von etwa ein
bis zwei Atomdurchmes-
sern gegen den anderen
schwingt. Diese Erschei-
nung tritt besonders deutlich auf, wenn der Kristall
starke Versetzungen, Gleit-
bänder oder hervorstehende

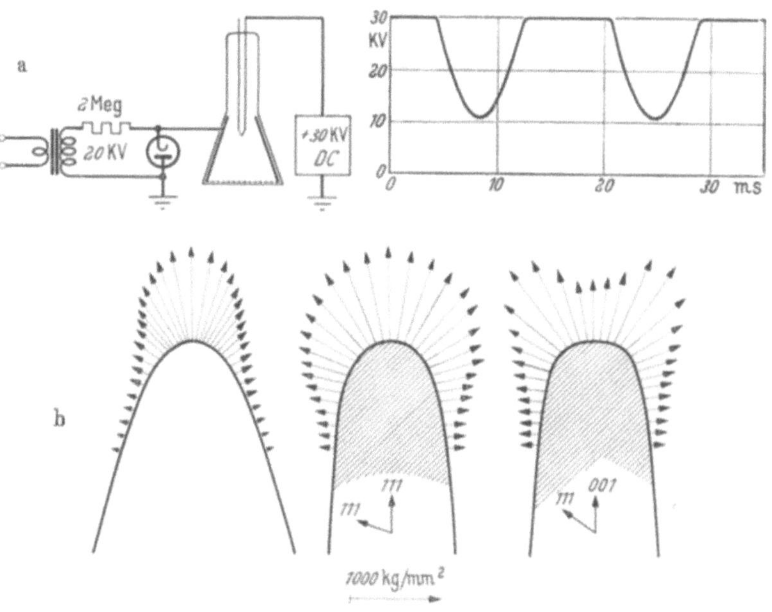

Abb. 13a u. b. Halbwellenschaltung für Ermüdungsversuche und schema-tische Darstellung der Zugspannungsverteilung an drei typischen Spitzen-formen. Die Lage von 111-Gleitebenen in 111- oder 001-achsenorientierten Spitzen ist angedeutet

Teile besitzt, die anscheinend auf Grund ihrer lokal größeren Zugspannung eine um ein paar Schwingungen pro Sekunde andere Eigenfrequenz besitzen als die übrigen Teile der Spitze. Nach

den bisherigen, nur orientierenden
Beobachtungen sind solche typischen
Frequenzen bei Platin z. B. 235 Hz,
670 Hz und 1170 Hz, die letzte
besonders ausgeprägt. Bei Iridium
wurde eine leicht bemerkbare Reso-
nanz bei 825—835 Hz festgestellt.
Diese Resonanzfrequenzen sind vielleicht typisch für das Spitzenmetall,
nach den wenigen vorläufigen Ver-
suchungen scheinen sie unabhängig
von der Lage der mechanischen
Resonanzen der Spitze und ihrer
Befestigung und von den Dimensionen dieser Teile zu sein. Mit den
vorhandenen Einrichtungen konnte
einstweilen nur bis etwa 1500 Hz
eine genügend große Amplitude der
Hochspannungshalbwellen erzeugt
werden, es scheint, daß bei höheren
Frequenzen noch weitere Eigen-
frequenzen vorhanden sind.

　　Die Erklärung für diesen neuen
Resonanzeffekt ist noch sehr unsicher. Bei der Kleinheit des Spitzen-

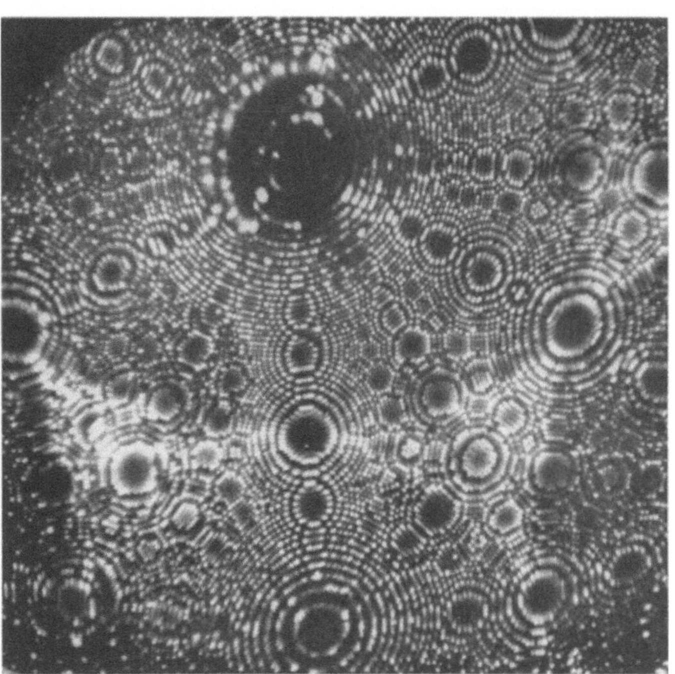

Abb. 14a. Platinkristall mit 111-Fläche am oberen und 001-Fläche am unteren Bildrand. Aufnahme bei 16900 V nach Glättung durch Feldverdampfung

kristalls sind mechanische Eigenschwingungen nicht unter 10^{10} Hz zu erwarten, dieselbe Größenordnung der Frequenz ergibt sich bei der Betrachtung von Versetzungslinien als gespannte Saiten. Es erscheint nicht ausgeschlossen, daß diese tonfrequenten Schwingungen ihrer Natur nach identisch sind mit Schwingungen, die Fitzgerald (18) an 1 cm großen Blöcken von Blei, Indium und Aluminium in einem elektromechanischen System bei der Messung von frequenzabhängigen Dämpfungsverlusten und Elastizitätsmoduln gefunden hat. Das Auftreten tonfrequenter Resonanzen kann vielleicht auf Grund einer theoretischen Untersuchung von Fermi u. Mitarb. (19) verstanden werden, die sich mit der Art der Verteilung der Schwingungsenergie in einem durch anharmonische Kräfte gekoppelten linearen System von Massepunkten befaßt. Entgegen der Erwartung tritt nach längerer Zeit keine Gleichverteilung der Energie auf alle möglichen Zustände ein. Vielmehr geht die Energie von der Grundschwingung auf die 2., 3. und 4. Oberschwingung über und kehrt dann wieder fast vollständig zur Grundschwingung zurück, was insgesamt viele tausend Schwingungen beansprucht. Wir vermuten, daß unsere beobachteten tonfrequenten Schwingungen Energieaustauschfrequenzen zwischen den bei hohen Frequenzen gelegenen Gitterschwingungen darstellen. Bei den in unseren Versuchen vorliegenden extrem hohen Zugspannungen ist jedenfalls die Anharmonizität der Gitterkräfte besonders stark ausgeprägt.

Mit diesen Beobachtungen hat uns das Tieftemperatur-Feldionenmikroskop in ein neues Arbeitsgebiet geführt, das noch interessante Aufschlüsse über den Zustand und die Dynamik von Kristallen in atomaren Dimensionen verspricht. Es ist nur zu hoffen, daß die Arbeit mit diesem Instrument auch an anderen Stellen mit genügend Pioniergeist aufgenommen wird, um seine vielen Möglichkeiten noch voller auszuschöpfen.

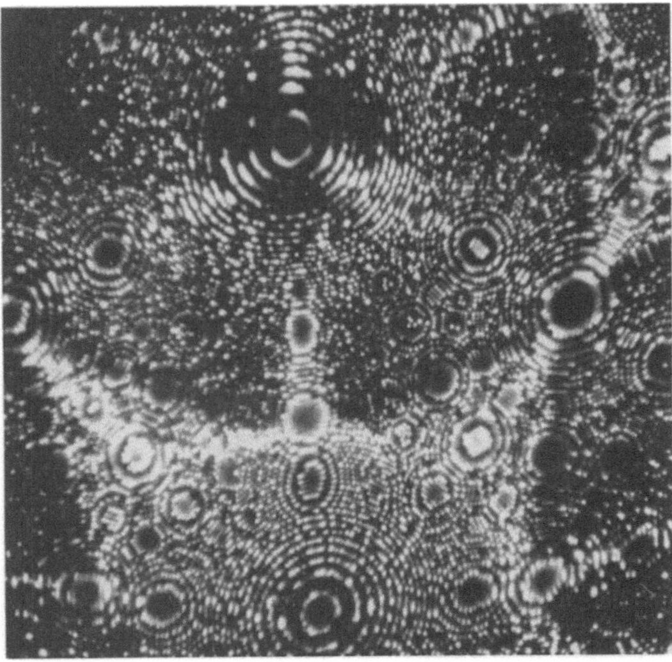

Abb. 14b. Derselbe Platinkristall nach 320000 Lastwechseln, 17000 V

Abb. 14c. Derselbe ermüdete Platinkristall nach 12 Tagen Erholung bei 300° K und geringer Feldverdampfung zur Beseitigung von adsorbierten Verunreinigungen und Auspressungen. Mehrere Korngrenzen und zahlreiche Versetzungen sind erschienen

Literatur

1. Müller, E. W.: Z. Physik **106**, 541 (1937); **108**, 668 (1938).
2. Good, jr. R. H., and E. W. Müller: Feldemission, Handbuch der Physik. Bd. XXI, 176, 1956.
3. Müller, E. W.: Naturwissenschaften **29**, 533 (1941).
4. — Z. Physik **131**, 136 (1951); Ergebn. exakt. Naturwiss. **27**, 290 (1953).
5. — Physic. Rev. **102**, 618 (1956).
6. — J. appl. Physics **27**, 474 (1956); Z. Naturforsch. **11a**, 88 (1956).
7. — J. appl. Physics **28**, 1 (1957).
8. — Ann. Physik 6. Folge **20**, 315 (1957).
9. — Z. Elektrochem. **61**, 43 (1957).
10. Drechsler, M., and G. Pankow: Proc. int. Conf. Electron Microscopy. p. 405 London 1954.
11. Rose, D. J.: J. appl. Physics **27**, 215 (1956).
12. Müller, E. W.: Field Emission Symposium, Chicago (June 1958).
13. — and J. F. Mulson: Bull. Amer. phys. Soc. **3**, 69 (Jan. 1958).
14. Drechsler, M.: Z. Elektrochem. **61**, 48 (1957).
15. Müller, E. W.: Acta metallurgica **6**, 620 (1958).
16. Lang, A. R.: J. appl. Physics **28**, 497 (1957).
17. Müller, E. W.: Bull. Amer. phys. Soc. **3**, 265 (1958).
18. Fitzgerald, E. R.: Physics Rev. **108**, 690 (1957).
19. Fermi, E., J. Pasta and S. Ulam: Los Alamos Sci. Lab. Rep. LA 1940 (1955).

Zur Analyse von Feldionenmikroskop-Aufnahmen mit atomarer Auflösung*

M. Drechsler und P. Wolf**

Fritz-Haber-Institut der Max-Planck-Gesellschaft, Berlin-Dahlem

Zusammenfassung. Es wurde versucht, Feldionenmikroskop-Aufnahmen hoher Auflösung bei Betriebstemperaturen von 80° K zu erhalten. Im Falle sehr scharfer Wolfram-Spitzen (Radius 200 Å) gelang es, erstnächste Nachbaratome getrennt abzubilden (Objektauflösung 2,7 Å).

Zur Erleichterung der Aufnahmen-Auswertung wurde ein maßstabgerechtes Modell einer W-Spitze hergestellt. Es wird beschrieben 1. wie die Indizierung auch von höher indizierten Flächen festgestellt werden kann und 2. wie lokale und mittlere Krümmungsradien der Kristalloberfläche durch Auswertung der Aufnahmen gemessen werden können.

Eine Bestimmung von Vergrößerungen erfolgte 1. durch Ausmessung bekannter Gitterabstände, 2. durch Ausmessung von Flächenpolabständen unter Berücksichtigung der gemessenen lokalen Radien. Innerhalb einer Aufnahme wurden systematische Schwankungen der Vergrößerung um einen Faktor 3 festgestellt, die zu charakteristischen Bildverzerrungen führen. Schließlich wird beschrieben, wie die Netzebenenabstände durch Aufnahmeauswertung ohne Kenntnis der Elementarzelle gemessen werden können.

Das Prinzip und die erste Ausführung eines Feldionenmikroskopes verdanken wir E. W. Müller (*1*). Mit solchen Mikroskopen wurden in den letzten Jahren eine Reihe von Untersuchungen durchgeführt (*2—9, 10—14*). Im folgenden berichten wir zunächst über experimentelle Erfahrungen und anschließend über Fragen der Auswertung von Feldionenmikroskop-Aufnahmen hoher Auflösung.

1. Feldionenmikroskopie bei 80° K

Die Anwendung sehr tiefer Temperaturen nach E. W. Müller (*3—9*) führte zu einer verbesserten Abbildung der einzelnen Atome des Kristallgitters von Metallen, wie z. B. Wolfram oder Rhenium. Vorzugsweise erfolgt die Abbildung mit Helium-Ionen. Nach Erfahrungen im Temperaturgebiet von 4° K bis 80° K (*3—9*) kann auf die Kühlung mit flüssigem Wasserstoff nicht verzichtet werden, falls eine gute Auflösung erstrebt wird (*9*).

Andererseits ist nach den Vorstellungen über den Abbildungsmechanismus (*8*) die Auflösungsgrenze dem Produkt aus Spitzentemperatur und Spitzenradius proportional. Beschränkt man sich auf Kühlung mit flüssiger Luft (80° K) und Radien von 200 Å, so sollte also die gleiche Auflösung wie bei 20° K und 800 Å-Radien erhalten werden.

---

* Teilweise vorgetragen auf der Physikertagung Heidelberg, September 1957. Zusammenfassung s. Physikal. Verh. **8**, 180 (1957).
** Anschrift von P. Wolf: Kernreaktor GmbH., Karlsruhe.

Es ist uns auch unter diesen nicht ganz optimalen Bedingungen gelungen, Aufnahmen zu erhalten, in denen die atomare Struktur so deutlich sichtbar wurde, daß ein Vergleich mit einem maßstabgerechten Gittermodell wünschenswert erschien. Da bei einer 200 Å-Spitze (80°K) der objektseitige Durchmesser des Bildfeldes 4 mal kleiner als bei einer 800 Å-Spitze (20° K) ist (d. h. das Leuchtschirmbild ist viermal stärker vergrößert), scheinen die zugehörigen Aufnahmen weniger scharf zu sein. Dies darf aber nicht darüber hinwegtäuschen, daß bei der 200 Å-Spitze die gleiche atomare Objektauflösung erhalten werden kann.

2. Ein maßstabgerechtes Modell der Spitze

Modelle der Oberfläche der Metallspitze eines Feldemissionsmikroskopes, bei dem die Atome durch Kugeln dargestellt werden, sind von mehreren Autoren hergestellt worden, z. B. (7, 15, 16). So nützlich diese Modelle sind, für einen Vergleich von Mikroskop-Aufnahmen und Modell weisen sie Lücken auf. Die Zahl der verwendeten Kugeln ist bisher kleiner als die Zahl der vorhandenen Atome. Deshalb fehlen eine Anzahl von Flächen, während

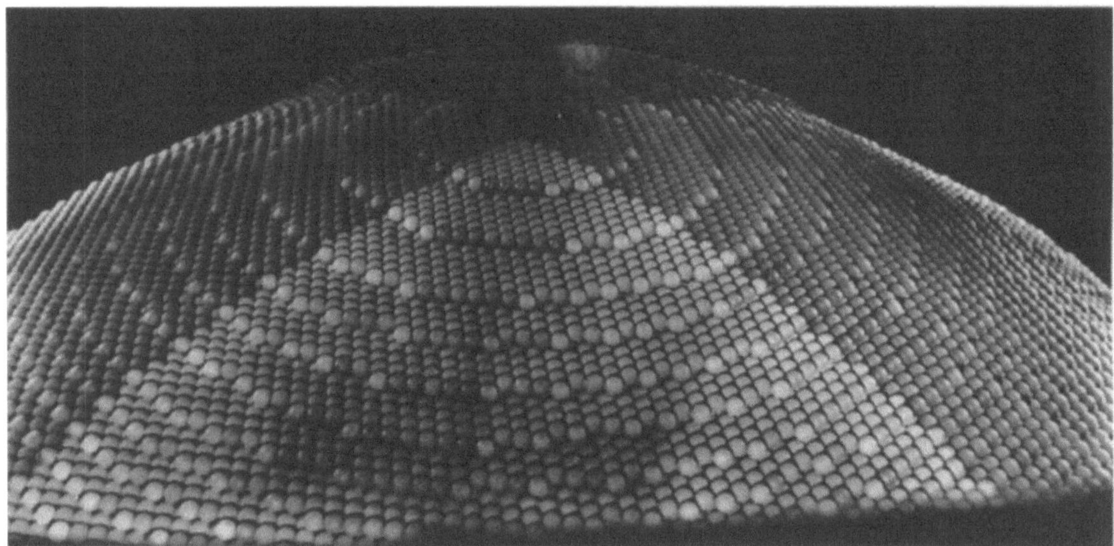

Abb. 1. Modell einer Spitzenkalotte von 200 Å Radius

andere in ihrer Größe fehlerhaft dargestellt werden. Da wir von einer Spitze mit außergewöhnlich kleinem Radius (190 Å) Feldionenmikroskop-Aufnahmen erhielten, war es naheliegend, zu versuchen, hierzu ein maßstabgerechtes Modell zu bauen (Abb. 1 und 2).

Ein massives Modell der Spitzenkalotte hätte etwa 10^6 Kugeln erfordert, während tatsächlich nur etwa 8000 Kugeln verwendet wurden. Da die Wolframspitze eine 011-Achse hat, und das Bild daher aus vier gleichen Quadranten zusammengesetzt ist, wurde nur ein Quadrant modelliert. Dieser Quadrant enthält sämtliche auftretenden Flächenarten und Flächenübergänge. Durch Spiegelung (z. B. Abb. 1) kann das Bild vervollständigt werden. Die Form der Oberfläche wurde zunächst kugelig gewählt.

Anstelle eines Massivmodelles wurde nur eine Oberflächenschicht von 2—3 Kugellagen hergestellt. Die Kugeln wurden auf einem Gerüst aus Aluminiumplatten, die geeignete Bohrungen enthielten, festgekittet. Aus Gründen der Präzision wurden Stahlkugeln verwendet (⌀ 1,2 cm). Die Länge der Seitenkanten des Modells beträgt etwa 70 cm und das Gesamtgewicht etwa 120 kg.

Wird das Modell nun von etwa 10 Scheinwerferkegeln angestrahlt, die fast tangential auf die Oberfläche treffen, so werden vorzugsweise hervorstehende Atome beleuchtet (Abb. 2 rechts oben). Das sind gerade diejenigen Atome, welche im Bild sichtbar werden, weil sie das elektrische Feld lokal erhöhen. Sowohl in der Aufnahme als auch am Modell erscheinen diejenigen Atome am hellsten, welche am stärksten aus der Oberfläche hervorstehen.

Wird das Modell mit UV beleuchtet, so können die im Bild sichtbaren Atome auch durch Kennzeichnung mit Leuchtfarbe (7) hervorgehoben werden (Abb. 2 links unten).

Mikroskopbild und Modell (Abb. 2) stimmen stellenweise erstaunlich gut überein. Abweichungen sind vermutlich darauf zurückzuführen, daß die Halbkugelform nur eine Näherung darstellt. Ein quantitativer Vergleich wird weiter unten durchgeführt. Eine exaktere Anpassung des Modells an die Spitze ist möglich, dürfte aber viel Arbeitszeit erfordern. In gewissen Details ist die Übereinstimmung zwischen Modell und Bild grundsätzlich ausgeschlossen (vgl. Abschnitt: Form der Spitze).

Der Vergleich mit dem Modell veranschaulicht ferner, daß im Feldionenmikroskop-Bild von 100 Atomen der Oberfläche nur rund 5—30 sichtbar sind.

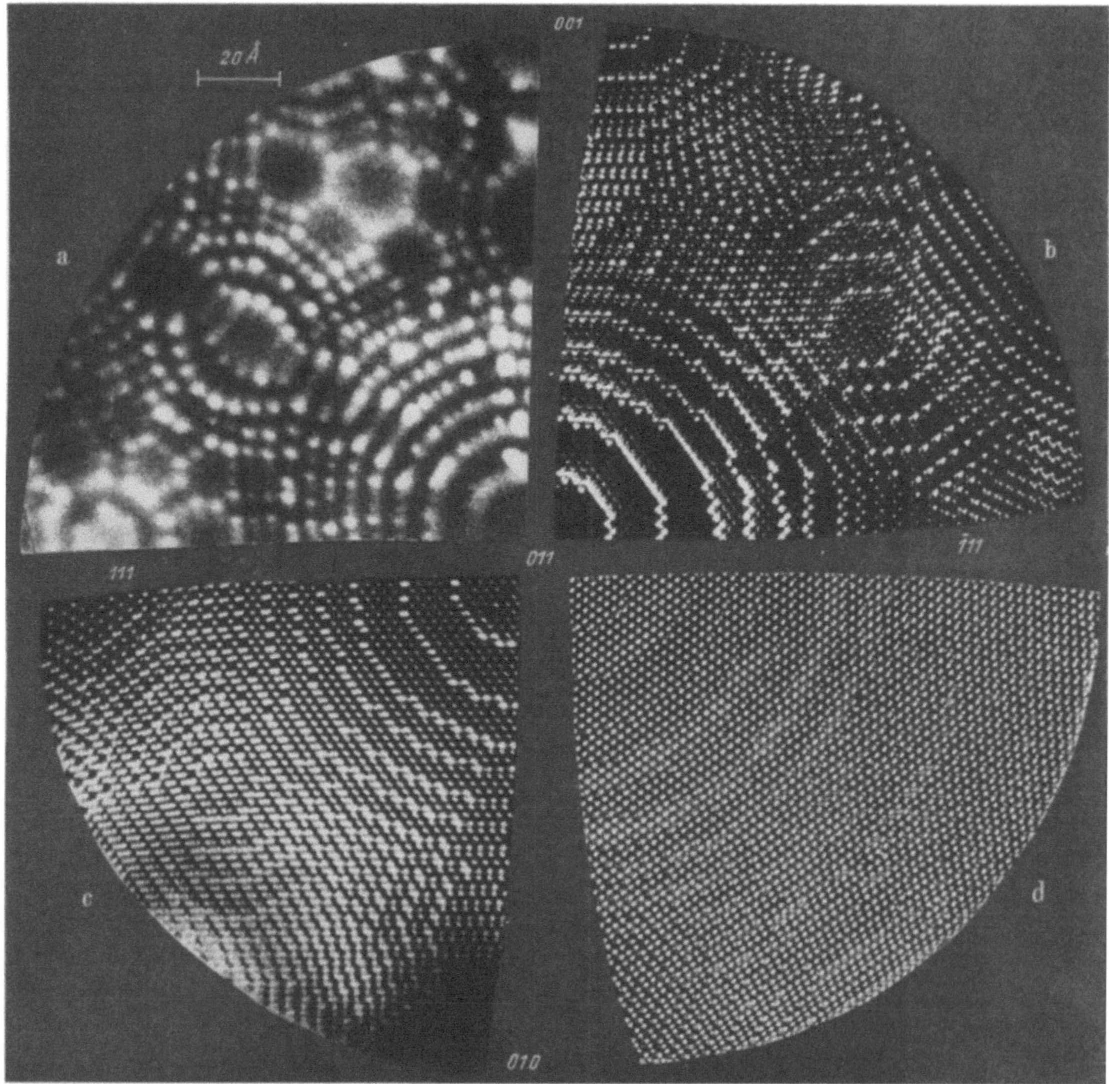

Abb. 2a—d. Feldionenmikroskop-Aufnahme im Vergleich zu Modellaufnahmen. Wolfram-Atome einer Spitze von etwa 200 Å Radius. a) Feldionenmikroskop-Aufnahme 8 · 10⁻⁴ Torr He, 80° K, 7,5 kV, Belichtungszeit 25 min. b) Modell streifend beleuchtet. c) Modell mit UV beleuchtet. d) Modell von oben beleuchtet

3. Zur Flächenindizierung

Die Indizes h, k, l einer Fläche einer Feldemissionsaufnahme werden üblicherweise durch Vergleich des Bildes mit der bekannten Projektion der Flächenpole [vgl. Abb. 5a sowie z. B. (4)] erhalten. Eine vollständige Indizierung einer Feldionenmikroskop-Aufnahme mit atomarer Auflösung ist bisher nicht durchgeführt. Während niedrig indizierte Flächen einfach zu finden sind (vgl. z. B. 011, 112, 001 in Abb. 5 und 10) können bei höher indizierten Flächen leicht Fehler auftreten. Beispielsweise findet man in Abb. 5 die Fläche 123 nicht an der Stelle, an der die Fläche nach der Projektion der Flächenpole zu erwarten ist.

Auf dem Kristall und in der Aufnahme treten vorzugsweise Flächen hoher Belegungsdichte auf (Atomzahl/cm² Netzebene). Je höher die Belegungsdichte ist, die bekanntlich proportional zum Netzebenenabstand ist, um so mehr ist das Auftreten dieser Fläche zu erwarten und um so mehr sollten in der Aufnahme die Ringe von Netzebenenberandungen um den Flächenpol erkennbar sein (vgl. auch Tab. 2). Da der Netzebenenabstand a sich aus den Millerschen Indizes h und der Gitterkonstante d bestimmen läßt

$$a = d/\sqrt{\Sigma h^2} \tag{1a}$$

wird man die Indizierung zweckmäßigerweise in der Reihenfolge steigender $\sqrt{\Sigma h^2}$ vornehmen. Diese Reihenfolge ist mit Angabe von a (für W; $d = 3{,}16$Å).

011 (2,23Å), 002 (1,58Å), 112 (1,29Å), 013 (1,00Å), 222 (0,91Å), 123 (0,84Å), 114 (0,74Å), 024 (0,71Å), 233 (0,67Å), 134 und 015 (0,62Å), 125 (0,58Å), 334 (0,54Å), 035 (0,54Å), 244 (0,53Å), 116 und 235 (0,51Å), 145 (0,49Å,) 226 (0,48Å), 136 (0,47Å), 017 und 345 (0,45Å), 046 (0,44Å), 127 (0,43Å), 037 (0,41Å), 156 und 237 (0,40Å), 118, 147 und 455 (0,39Å), 446, 028 und 356 (0,38Å), 138, 057 und 347 (0,37Å), 266 (0,36Å) u. s. w. Hieraus folgt beispielsweise, daß die genannte 123-Fläche vorhanden ist. Jedoch ist der aus dem Bild meßbare Polabstand 112—123 rund 25% kleiner als dem Winkelabstand von 10,8° entspricht (vgl. Tab. 1, Spalte 3), der bekanntlich aus den Millerschen Indizes berechnet wird:

$$\cos\alpha = \frac{h_1 h_2 + k_1 k_2 + l_1 l_2}{\sqrt{h_1^2 + k_1^2 + l_1^2} \cdot \sqrt{h_2^2 + k_2^2 + l_2^2}} \tag{1b}$$

Um die richtige Rangordnung der Flächen zu erhalten, sind in Gl. (1a) für den kubisch raumzentrierten Kristall die Indizes so gewählt, daß Σh geradzahlig ist (analog dem Nichtauftreten der röntgenographischen Auslöschung), z. B. 002 anstelle von 001.

Tabelle 1. *Daten zur Messung von Krümmungsradien*

Flächen-übergang	α Winkelabstand zwischen den Flächenpolen	Krümmungsfaktoren in Å $\dfrac{a}{1-\cos\alpha}$	Beispiel einer Bildausmessung (Abb. 2 u. 3)	
			n Anzahl der Netzebenen	Krümmungsradius r in Å
011—134	13,7°	77,0	3,5	270
011—133	13,6°	79,7	5,5	440
011—012	18,6 °	42,9	5	215
011—013	26,6°	20,8	10	210
011—112	30,0°	16,6	11	180
011—123	19,2°	40,0	6,5	260
011—122	19,6°	39,2	8,5	330
112—123	10,8°	72,0	1,5	110
112—334	11,7°	61,5	6	370
112—113	10,3°	80,7	4,5	360
001—013	18,5°	30,4	5	152
001—116	13,6°	56,4	4,5	250
111—334	8,9°	76,0	3	230
111—233	10,6°	53,7	3	160

4. Zur Bestimmung der Vergrößerung aus Gitterabständen

Zur Bestimmung der Vergrößerung bei Feldemissionsmikroskopen wird üblicherweise zunächst der Spitzenradius ermittelt (*17, 18*). Die Auflösung des bekannten Kristallgitters ermöglicht nun eine direkte Bestimmung der Vergrößerung. Hierzu wird vorausgesetzt: 1. die Struktur des Kristallgitters ist bekannt. 2. in der Aufnahme ist die kristallographische Indizierung der auszuwertenden Flächen feststellbar.

Die Vergrößerung ergibt sich dann einfach als das Verhältnis eines Bildabstandes zu dem entsprechenden Gitterabstand auf dem Kristall. Als Beispiel betrachten wir in Abb. 3 die Fläche 122. Der Abstand zwischen zwei hervorstehenden Oberflächenatomen in horizontaler Bildrichtung beträgt in Wirklichkeit 6,73 Å. Wird für diesen Abstand auf dem Leuchtschirm oder auf einer Papiervergrößerung z. B. 0,08 cm gemessen, dann ist die Vergrößerung $M = 0{,}08/6{,}73 \cdot 10^{-8} = 1{,}2 \cdot 10^6$. Eine solche Vergrößerungsbestimmung erfordert wenig Zeit und ist genauer als der Umweg über den Spitzenradius. Ferner können nunmehr Vergrößerungen an mehreren Stellen des Bildes gemessen werden (vgl. auch Abb. 6). In Abb. 3 sind die an mehreren Flächen ausgemessenen Vergrößerungen eingezeichnet. Die stärkste Vergrößerung ($2{,}1 \cdot 10^6$ auf 112) ist etwa doppelt so groß wie die schwächste Vergrößerung ($0{,}9 \cdot 10^6$ auf 143). Bemerkenswert ist ferner, daß die lokale Vergrößerung richtungsabhängig sein kann (z. B. 112), d. h. es treten Bildverzerrungen auf. In einem der folgenden Abschnitte wird gezeigt, daß die unerwartet hohen Schwankungen in der lokalen Vergrößerung mit Schwankungen des lokalen Radius zusammenhängen.

Tabelle 2. *Gemessene Netzebenenabstände* (näheres im Text S. 845)

Fläche		Netzebenenabstände					Zahl der in Abb. 10 gut erkennbaren und abzählbaren Netzebenen-Ringe
kleinste ganzzahlige Indizes	auf die Elementarzelle bezogene Indizes	Richtung	Meßwerte nach Abb. 10 Å	Richtung	Meßwerte nach Abb. 5 Å	röntgenographische Werte Å	
011	011	011—112	2,10	011—121	2,18	2,23	12
001	002	001—103	1,65	010—011	1,64	1,58	4
112	-112	112—111	1,25	121—111	1,40	1,29	5
013	013	013—112	0,94	031—121	0,95	1,00	4
111	222	111—112	0,96	111—121	0,84	0,91	2
132	132	132—122	0,82	132—122	0,83	0,84	4
122	244	122—112	0,50	122—132	0,55	0,53	2

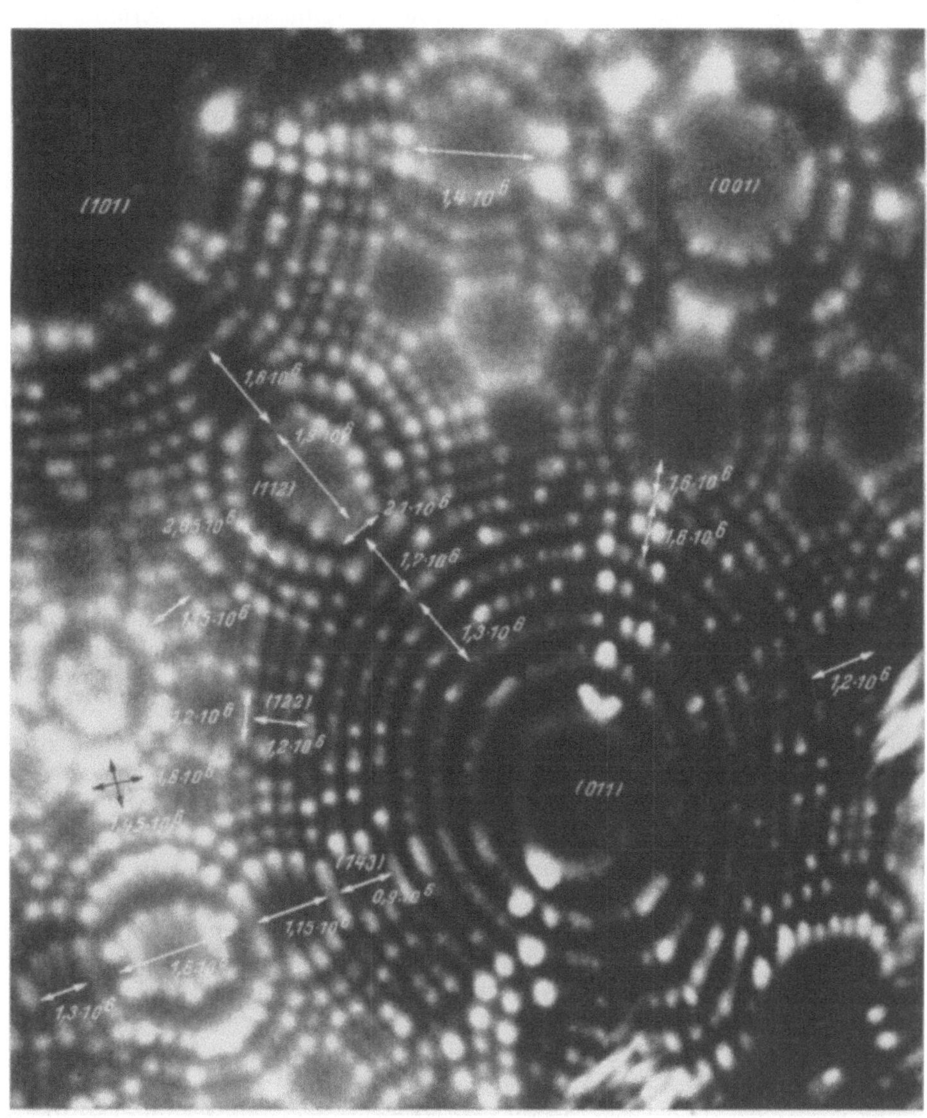

Abb. 3. Lokale Vergrößerungen der Abb. 2 (für 6 cm Bilddurchmesser), die aus Gitterdaten und Bildabständen ermittelt wurden

5. Die Form der Spitze (Messung von Krümmungsradien)

Die Form der Spitze im Feldionenmikroskop wird durch die kalte Feldverdampfung (*2a*) ausgebildet. Bisher wurden nur mittlere Spitzenradien aus Anodenspannungen ermittelt (*17, 18,*

19). Verhältnismäßig umständlich wäre eine Formbestimmung mit Hilfe eines normalen Elektronenmikroskopes (vgl. *(18)*.

Die Auflösung des Gitters eröffnet eine vorteilhafte Möglichkeit der Radienbestimmung, und zwar kann der Radius durch Abzählen bestimmter Netzebenen ermittelt werden[1]. Damit kann der Krümmungsradius nunmehr an mehreren Bereichen der Spitze bestimmt werden. Voraussetzung ist die Kenntnis der Gitterstruktur und der Gitterkonstanten.

Zur Vereinfachung wird angenommen, daß der Krümmungsradius bereichsweise konstant ist (z. B. zwischen 011 und 134). Abb. 4 zeigt einen Schnitt durch die Spitze zwischen den Flächen $(h_1 k_1 l_1)$ und $(h_2 k_2 l_2)$. n ist die Anzahl der aus dem Bild von Pol zu Pol abzählbaren Stufen der Höhe a (n kann unganzzahlig sein), r ist der gesuchte Krümmungsradius und α ist der Winkel zwischen den Flächenpolen. Aus Abb. 4 ergibt sich der Krümmungsradius zu

$$r = \frac{a}{1-\cos \alpha}\, n = K \cdot n \tag{2}$$

K ist die Abkürzung für den Bruch, der als Krümmungsfaktor bezeichnet werden kann. α ist nach Gl. (1b) und a ist nach Gl. (1a) bestimmbar. Dabei wird a als atomare, kleinstmögliche Höhe angenommen (vgl. *(2a, 8, 10)*], was durch Messungen bestätigt wird, wie später noch gezeigt wird (vgl. Tab. 2). Zur Erleichterung der Radienbestimmung bei kubisch raumzentrierten Kristallen sind in Tab. 1 die Krümmungsfaktoren für die wesentlichen Flächenübergänge angegeben.

Als Beispiel wurden die Radien des Kristalles von Abb. 3 gemessen. Die Werte sind in den letzten Spalten der Tabelle angegeben. Auffällig ist die hohe Schwankungsbreite der Radien von 110 Å bis 440 Å.

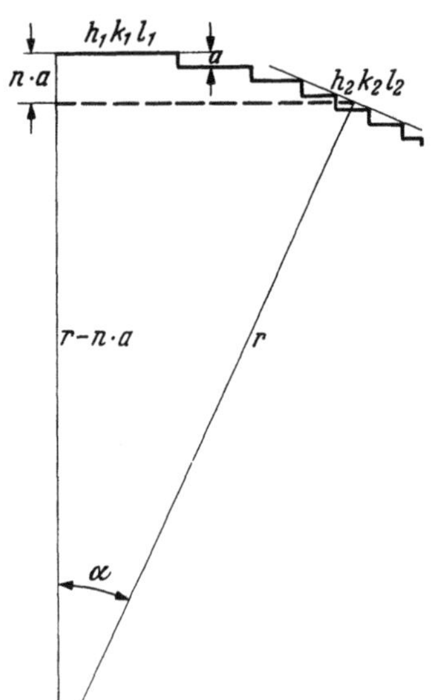

Abb. 4. Zur Messung der Krümmungsradien

Um ein Bild von Schwankungen von Krümmungsradien zu erhalten, wurde versucht, Abb. 5a mit Hilfe der tabellierten Krümmungsfaktoren auszuwerten. Abb. 5a eignet sich besonders gut zur Auswertung, da der im Ionenbild erfaßte Winkelbereich des Kristalles (mehr als 120°) größer als bei den bisher veröffentlichten Tieftemperaturaufnahmen ist. In Abb. 5a sind die gemessenen Krümmungsradien eingetragen. Spezielle Querschnitte ausgemessener Kristalle sind in Abb. 6 und 7 dargestellt.

Bemerkenswerte Ergebnisse der Radienmessung sind:

1. Sämtliche 011-Bereiche (101, 110 usw.) sind abgeflacht, während umgekehrt die stärksten Krümmungen in den Gebieten um 112, 111 und 001 liegen, die deshalb heller erscheinen. Die Schnittkurve am Bildrand von 101 nach 110 zeigt einen ähnlichen Verlauf wie die Schnittkurve von 101 zur zentralen 011-Fläche.

2. Die Krümmungsradien sind richtungsabhängig. Deshalb kann der Rand der Netzebenen beispielsweise um 112 nicht kreisförmig, sondern muß ellipsenförmig sein. In Richtung der kleinen Ellipsen-Achse ist die Vergrößerung wegen des kleineren Krümmungsradius stärker als in Richtung der großen Achse. Die Ellipse auf dem Kristall sollte daher auf dem Bild kreisartig verzerrt sein. Die Verzerrung kann sogar soweit gehen, daß auf dem Bild große und kleine Achse vertauscht erscheinen (vgl. Abb. 5a und b, 011). Bei einem Verhältnis der Lokalradien in beiden Richtungen $r/r_\perp > 2$ erweist sich die Achsenvertauschung und Verzerrung als stark ausgeprägt (vgl. Abb. 5a $\bar{2}11$ am rechten Bildrand). Dagegen ist auf 121 mit $r/r_\perp \approx 1{,}35$ noch keine Achsenvertauschung vorhanden. In solchen Details sind also zwischen Bild und Kristall (bzw. Modell) grundsätzlich Abweichungen zu erwarten.

---

[1] Prof. E. W. Müller haben wir 1957 informiert, daß wir mittlere Radien durch Aufnahmeauswertung, d. h. Abzählen von Netzebenen ermitteln. Prof. Müller hat zuerst darauf hingewiesen, daß auf einer gegebenen Spitze der Radius lokal sehr verschieden ist [Bull. Amer. phys. Soc. **3**, 69 (1958)] und hat erstmalig mit dem Beispiel einer feldverdampften Platinspitze die lokalen Radien kartographiert und einen entsprechenden Spitzenquerschnitt gezeichnet (Vortrag: Chicago Juni 1958).

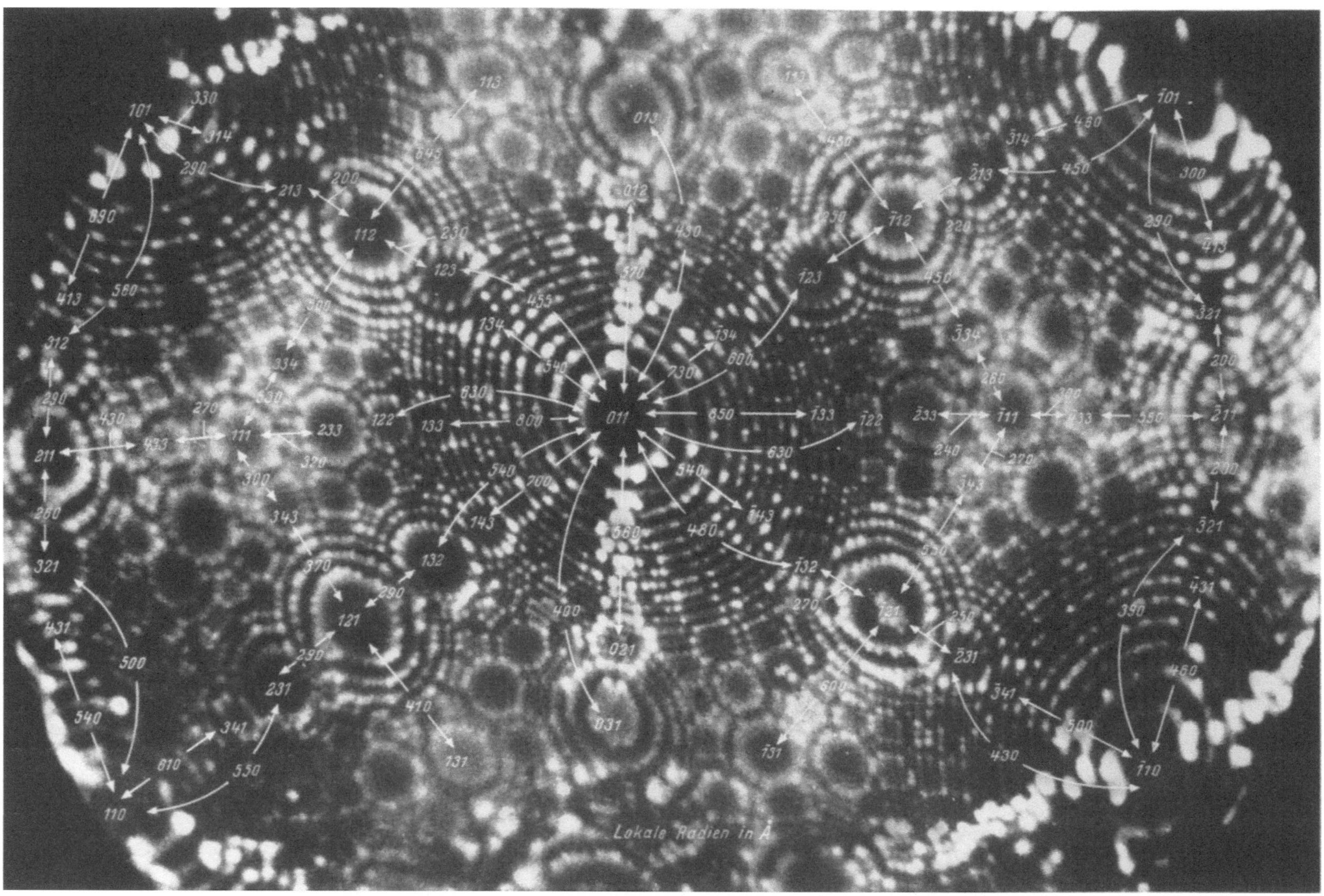

Abb. 5a. Wolfram, He-Ionenbild 4 · 10⁻⁴ Torr He, 12,8 kV, 80° K. Die Zahlen zwischen den Flächen sind die gemessenen Krümmungsradien in Å

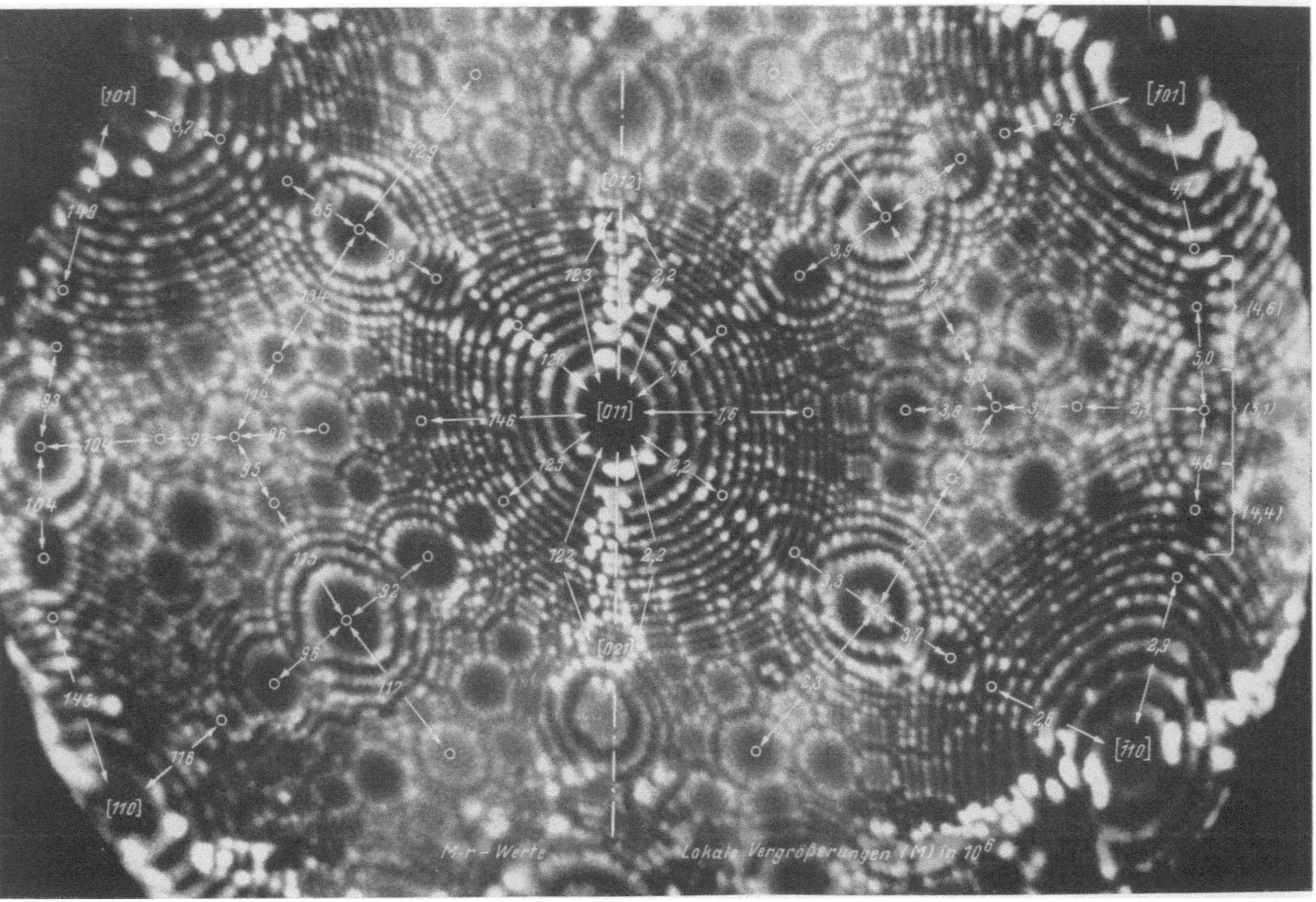

Abb. 5b. Dieselbe Aufnahme. Die Zahlenwerte der linken Bildhälfte sind Produkte aus Lokalradius und Vergrößerung (Näheres im Text). Die Zahlenwerte der rechten Bildhälfte sind lokale Vergrößerungen in Millionen, die aus Polabständen und Lokalradien ermittelt wurden (für Bilddurchmesser 24 cm)

3. Obwohl die lokalen Krümmungsradien einer feldverdampften Spitze Unterschiede bis etwa zu einem Faktor 4 zeigen, ist die Halbkugelform eine erstaunlich gute Näherung (Abb. 7).

Die Grenze der Genauigkeit der Radienbestimmung liegt im allgemeinen nicht an der Objekt-Auflösung, sondern einerseits an einer geringen Unsicherheit der Entscheidung, an welcher Bildstelle das Zählen zu beenden ist und andererseits in der Vereinfachung, daß innerhalb des Flächenüberganges der Radius als konstant angesehen wird. Die Messungen sind daher um so genauer, je kleiner der Winkel zwischen den betrachteten Flächen ist.

6. Kontrolle einer Radienmessung

Vereinzelt lassen sich Radien ohne die vereinfachende Annahme eines bereichsweise konstanten Krümmungsradius messen. Wandert man beispielsweise vom 112-Pol zum 123-Pol, so werden entsprechend Abb. 6 auf der 112-Fläche

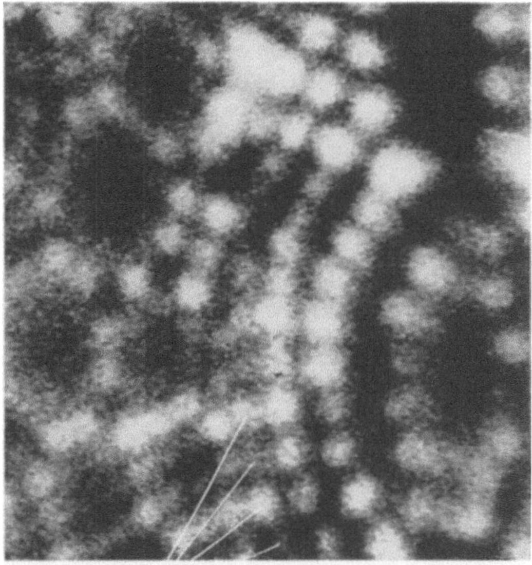

Diese Kette von Atomen (Netzebene) endet oberhalb der Bildmitte

Abb. 5c. Einmündung einer Versetzung in die Oberfläche. Ausschnitt von Abb. 5a

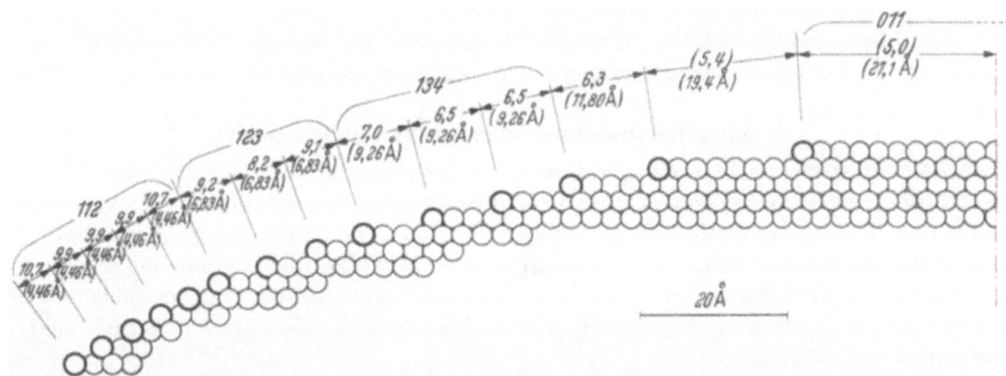

Abb. 6. Querschnitt durch den in Abb. 2 abgebildeten Kristall von 112 nach 011. Die Zahlen zwischen den Atomen geben die aus der Aufnahme gemessenen lokalen Vergrößerungen in Millionen an (Bilddurchmesser 32 cm). Die Zahlen in Klammern sind aus der Elementarzelle ermittelte Gitterabstände in Å

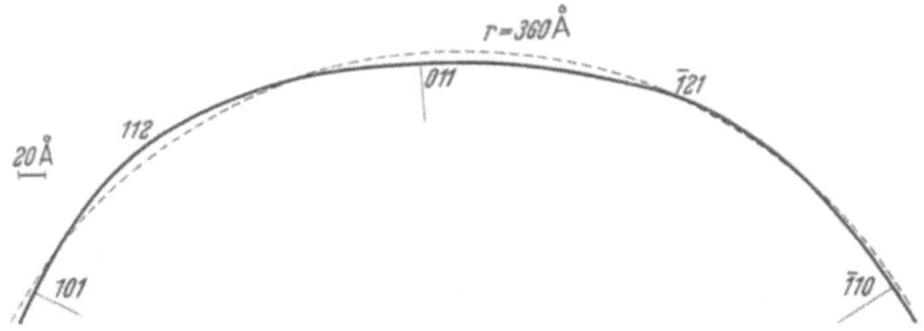

Abb. 7. Querschnitt durch den in Abb. 5 abgebildeten Kristall

2,5 Rillenabstände (à 4,46 Å) und auf der 123-Fläche 1,5 Rillenabstände (à 6,82 Å) zurückgelegt. Der Bogen b zwischen den Polen beträgt also 21,3 Å und der Radius ergibt sich aus $r = b/\alpha$. Nach Tab. 1 ist $\alpha = 10,8°$. So ergibt sich $r = 114$ Å in Übereinstimmung mit Tab. 1 (110 Å).

7. Bestimmung der lokalen Vergrößerung aus Polabstand und lokalen Radien

Der Bildabstand zweier Flächenpole läßt sich ebenfalls zur Bestimmung der Vergrößerung heranziehen. Der Bogenabstand p zweier Flächenpole auf dem Kristall ist $p = \alpha \cdot r$ [α = Winkelabstand zwischen den Polen im Bogenmaß, vgl. Gl. (1b), Tab. 1]. Ferner ist $p = P/M$ (P = Polabstand auf der Aufnahme, M = lokale Vergrößerung).

Also ist:

$$\frac{P}{\alpha} = r \cdot M \tag{3}$$

Da α aus der meist feststellbaren Indizierung der Flächen bestimmbar ist und P gemessen werden kann, läßt sich das Produkt aus Lokalradius und Vergrößerung verhältnismäßig genau bestimmen (Fehler etwa 2—6%). Die in Abb. 5b links eingetragenen $r \cdot M$-Meßwerte zeigen systematische Schwankungen nur um den Faktor 1,7, während die Lokalradien innerhalb einer Aufnahme etwa um den Faktor 4 schwanken. Die naheliegende Hypothese, daß die Lokalvergrößerung zum Lokalradius umgekehrt proportional ist, trifft also nicht zu. Daraus folgt, daß die Bahn der Ionen im Feld der Spitze nicht allein durch den Lokalradius, sondern vermutlich z. T. auch durch Nachbarradien (näherungsweise durch den mittleren Krümmungsradius) bestimmt wird. Setzt man für die lokale Vergrößerung

$$M = \frac{R}{1{,}05 \cdot r^x \cdot \bar{r}^{1-x}} \tag{4}$$

so ergibt sich empirisch als Mittelwert $x \approx \frac{2}{3}$ also $1-x \approx \frac{1}{3}$ ($\bar{r}$ = mittlerer Radius, r = lokaler Radius, $R/2$ = Bildabstand zweier Flächen mit dem Winkelabstand 30°, z. B. 112—011. Der Faktor 1,05 ist die Folge des Längenunterschiedes zwischen der 60°-Sehne und dem 60°-Bogen.)

Werden die $r \cdot M$-Werte (vgl. Abb. 5b links) durch die zugehörigen Lokalradien [Gl. (2), Abb. 5a] dividiert, so wird ein übersichtliches Bild der Variation der lokalen Vergrößerung erhalten. [vgl. Abb. 5b rechts, $M = P(1\text{-}\cos\alpha)/\alpha \cdot a \cdot n$.]

Die Vergrößerungen in Abb. 5b in runden Klammern am rechten Bildrand sind, um einen Vergleich der beiden Methoden zu ermöglichen, aus Gitterabständen bestimmt worden (vgl. Abb. 3).

8. Schnellbestimmung des mittleren Spitzenradius

Trotz der Variation des Krümmungsradius an einer Spitze dürfte es (z. B. für eine Abschätzung der Feldstärken) zweckmäßig sein, einen mittleren Radienwert $\bar{r}$ anzugeben. Aus den verschiedenen Möglichkeiten für eine solche Näherung wählen wir gemäß Gl. (2) diejenige aus, welche 1. etwa mit dem Näherungskreis in Abb. 7 übereinstimmt. 2. ein Abzählen der Netzebenen auch in weniger guten Aufnahmen ermöglicht und 3. bei ausreichender Genauigkeit eine möglichst rasche Information über den Krümmungsradius ermöglicht. Als Ergebnis dieser Auswahl ergibt sich für den Spitzenradius von Wolfram:

$$\bar{r} = 33\, n_{011-123} \ (\text{Å}) \tag{5}$$

wobei also $n_{011-123}$ die Zahl der Netzebenen zwischen den Polen der 011-Fläche und der 123-Fläche bedeutet. Kleine Unterschiede zwischen den $n_{011-123}$-Werten der 4 Quadranten weisen darauf hin, daß neben den regelmäßigen auch unregelmäßige Abweichungen von der Halbkugelform existieren (vgl. Abb. 5a). Daher ist ein mittlerer n-Wert auszuwählen. Beispielsweise ist für die Spitze in Abb. 5 im Mittel $n = 12$ und demnach $\bar{r} \approx 395$ Å.

9. Zur Abbildung unmittelbar benachbarter Gitteratome

In bezug auf die Abbildung einzelner Atome und die zugehörigen Beweise sind in den vergangenen Jahren in erster Linie von E. W. Müller schrittweise Fortschritte erzielt worden. Bereits mit dem Feldelektronenmikroskop wurden in gewissen Ausnahmefällen einzelne besonders hervorstehende Atome der Oberfläche abgebildet (*17, 20, 21, 22*), obwohl die durchschnittliche Objektauflösung nur rund 30 Å betrug. Wesentliche Fortschritte brachte das Feldionenmikroskop (*1, 10, 17*); aber erst die Einführung tiefer Temperaturen (*3—9*) führte zu der guten Sichtbarmachung der Gitterstruktur.

Unmittelbar benachbarte Atome wurden an einzelnen Bildstellen von W einwandfrei getrennt abgebildet (*3, 4, 5*), was auf den Reproduktionen allerdings nicht zu erkennen ist.

Auch bei unseren Aufnahmen ist eine 2,74 Å-Auflösung nur an einzelnen Stellen gerade zu erkennen. Das vielleicht beste Beispiel zeigt Abb. 8. Der Vergleich mit dem Modell beweist, daß erstnächste Gitteratome von Wolfram getrennt abgebildet werden.

Die untersehiedliehe Helligkeit der Atome in Abb. 8c ist ein Maß für ihr Hervorstehen aus der Oberfläche. In der Mitte von Abb. 8b laufen Atomketten parallel in senkrechter Bildrichtung.

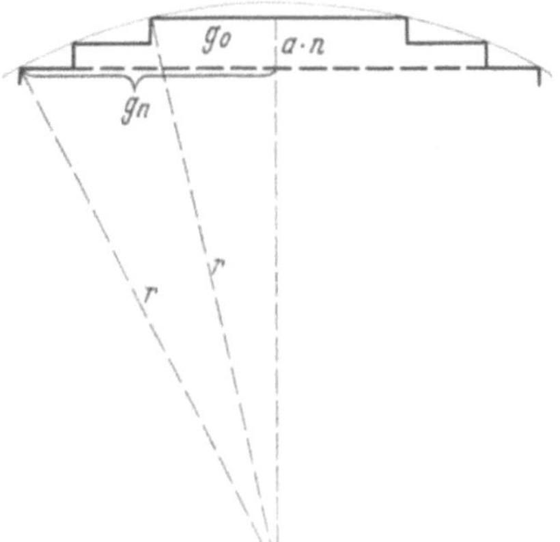

Abb. 9. Zur Messung von Netzebenenabständen

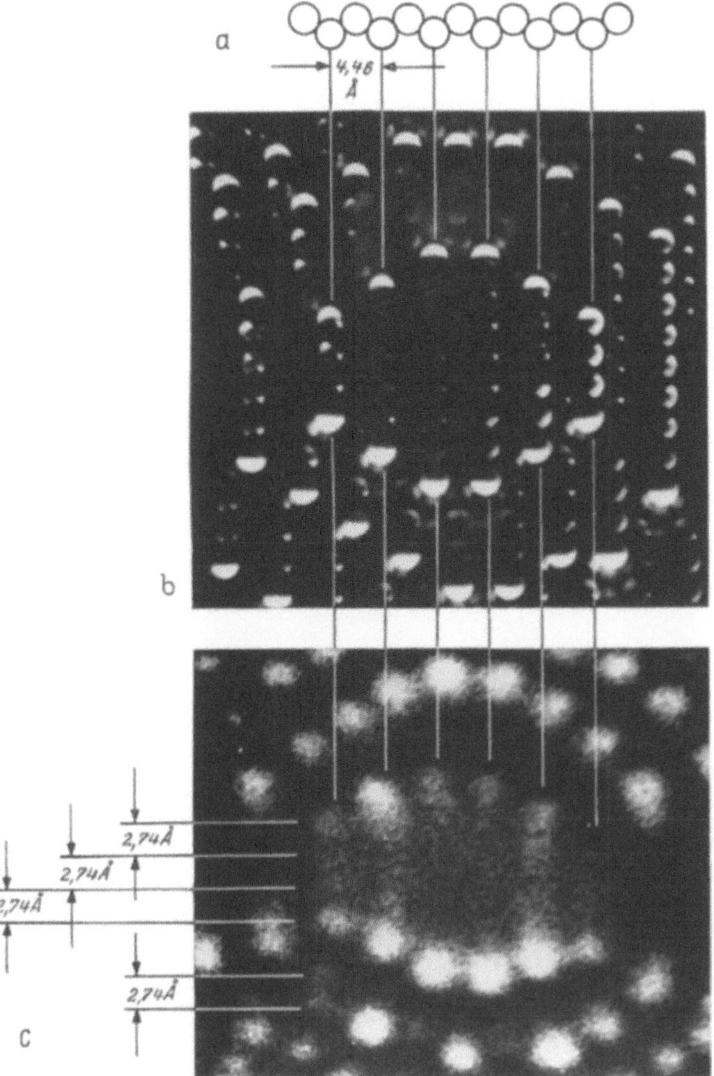

Abb. 8a—c. Erstnächste Nachbaratome des Wolframgitters werden in diesem Ausnahmefall getrennt abgebildet. a) Querschnitt der 112-Fläche. b) Modell der 112-Fläche, streifend beleuchtet. c) Mikroskop-Aufnahme der 112-Fläche (Ausschnitt von Abb. 2)

In 8c erscheinen diese Ketten nicht parallel, sondern leicht gekrümmt, eine typische Verzerrung, die mit der lokalen Schwankung der Vergrößerung zusammenhängt.

10. Die Messung von Netzebenenabständen (Stufenhöhen)

Die Messung von Netzebenenabständen entspricht der Messung von Stufenhöhen an der Oberfläche (11—14). Im folgenden berücksichtigen wir die Variation der Krümmungsradien und wenden die Methode auf die informationsreichen Tieftemperatur-Aufnahmen an. Das Prinzip wird in Abb. 9 veranschaulicht. Falls der lokale Krümmungsradius r und die Radien g_0 und g_2 der Netzebenenberandung bekannt sind, so ergibt sich die Stufenhöhe a aus der Differenz der Katheten der beiden rechtwinkligen Dreiecke

$$a = \frac{1}{n} \left(\sqrt{r^2 - g_0^2} - \sqrt{r^2 - g_n^2} \right) \tag{6}$$

n ist die aus dem Bild abzählbare Anzahl der Netzebenenabstände zwischen g_0 und g_n. Gl. (6) läßt sich durch eine Reihenentwicklung mit Abbrechen nach dem zweiten Glied vereinfacht darstellen ($r \gg g$):

$$a = \frac{g_n^2 - g_0^2}{2 \, r \cdot n} \tag{7}$$

Die Radien g_0 und g_n (Abb. 9) sind nun gleich den Bildradien G_0 und G_n (Abb. 10) geteilt durch die jeweilige Vergrößerung $\left[\text{Gl. (4) mit der Näherung } x = \frac{1}{2}\right]$. $g_n = 1{,}05 \cdot G_n \sqrt{r \cdot \bar{r}/R}$.

Die Stufenhöhe ergibt sich durch Einsetzen von g_0 und g_n in Gl. (5):

$$a = \frac{G_n^2 - G_0^2}{n \cdot R^2} \, 0{,}55 \, \bar{r} \tag{8}$$

Bemerkenswerterweise fällt bei dieser Näherung der lokale Radius heraus. Daher erübrigt sich die Bestimmung der lokalen Radien (die z. B. aus der Verteilung der Bildhelligkeit abgeschätzt werden können, was bei genaueren Messungen zu berücksichtigen wäre). Die angenäherte Messung der

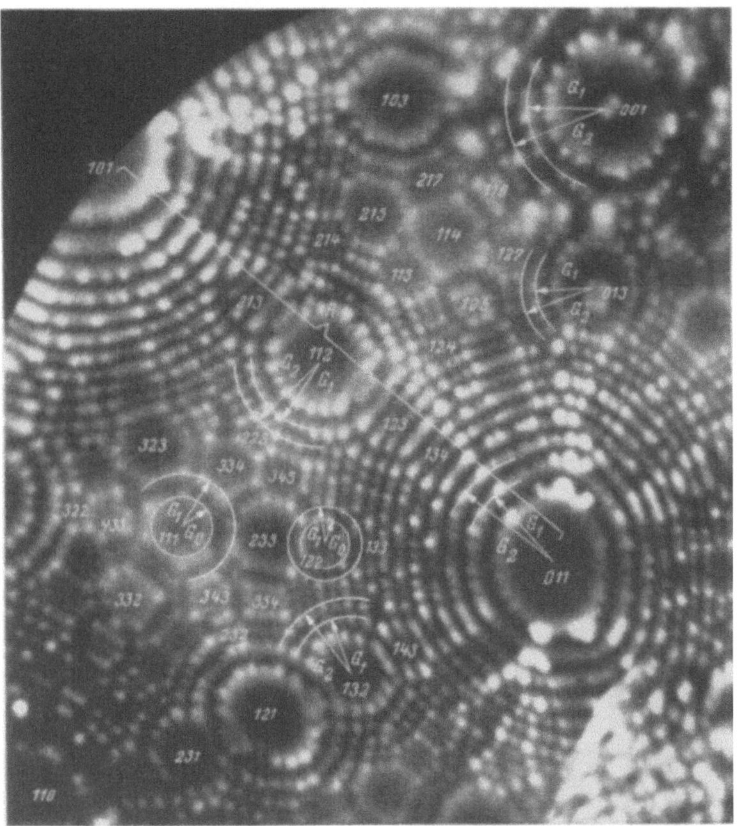

Abb. 10. Bildabstände, deren Messung zur mikroskopischen Bestimmung von Netzebenenabständen (Stufenhöhen) erforderlich ist. Wolfram, He-Ionenbild, 80° K, 8 · 10⁻⁴ Torr He, 9,3 kV

Netzebenenabstände erfordert also lediglich eine Messung der Bildgrößen R, G_n, G_0 und n, sowie eine Messung des mittleren Spitzenradius r. Falls nicht nur Relativwerte sondern Absolutwerte der Netzebenenabstände gemessen werden sollen, darf der Radius $\bar{r}$ nicht wie in den vergangenen Abschnitten aus der Stufenhöhe ermittelt werden (sonst würde ein Zirkelschluß vorliegen), sondern muß aus Anodenspannungs-Messungen (vgl. Abschnitt 11) oder aus Schattenaufnahmen der Spitze im Elektronenmikroskop ermittelt werden.

Für die Durchführung der Messung der Netzebenenabstände ist zu empfehlen: 1. möglichst nur G_2 und G_1 (letzteres anstelle von G_0) zu verwenden (vgl. Abb. 10). Je größer die G-Werte gewählt werden (z. B. G_1, G_5), um so weniger trifft die Annahme zu, daß der lokale Radius in kleineren Bereichen konstant ist (vgl. Abb. 9). 2. Falls die Zahl der Stufen zwischen gleichartigen Flächenpolen an mehreren Bildstellen unterschiedlich ist (vgl. z. B. 112—213 gegenüber 121—231), so ist eine Mittelbildung durchzuführen. 3. Empfiehlt es sich in Bereichen und Richtungen zu messen, in denen die Ringe gleichmäßig ausgebildet sind. In Abb. 10 z. B. werden die G-Werte um 013 daher in Richtung 112 gemessen. Um für diese drei Empfehlungen Beispiele anzugeben, sind in Tab. 2 nicht Mittelwerte sondern einzelne Meßwerte mit Richtungsangabe wiedergegeben (Mittelwerte führen zu einer etwas besseren Übereinstimmung).

Tab. 2 (S.839) ergibt zwischen den so gemessenen Netzebenenabständen und den röntgenographischen Werten nach Gl. (1 a) eine Übereinstimmung innerhalb eines Fehlers von etwa 8%. Wie die letzte Spalte in Tab. 2 (vgl. Abb. 10) zeigt, haben Flächen, die von einer großen Zahl gut erkennbarer Ringe umrandet sind, einen großen Netzebenenabstand (dicht gepackte Netzebenen), während umgekehrt bei einer geringen Zahl sichtbarer Ringe der Netzebenenabstand klein ist.

Um das Auftreten einer Stufe zu veranschaulichen, deren Höhe nur den Bruchteil eines Atomdurchmessers beträgt, ist in Abb. 11 ein Modell aufgebaut und photographiert, das die 0,53 Å hohen Stufen um eine 122 (244)-Fläche zeigt (vgl. Tab. 2).

Abb. 11. Modell von Stufen um 122, deren Höhe von 0,53 Å ohne Verwendung von Gitterdaten gemessen wurde. Diese Höhe entspricht dem Abstand zwischen zwei benachbarten durchsichtigen Plättchen

11. Zur Bestimmung des mittleren Spitzenradius aus der Anodenspannung

Zur Bestimmung des mittleren Radius aus der Anodenspannung kann angenommen werden, daß die Feldstärke bei der Abbildung mit He-Ionen $450 \cdot 10^6$ V/cm betrug. Aus der bekannten Beziehung zwischen Feldstärke, Anodenspannung und Spitzenradius [vgl. z. B. (18), Gl. (2)] mit $\alpha = 1$ ergab sich so für die Spitze von Abb. 5 $\bar{r} = 410$ Å und die von Abb. 10 $\bar{r} = 300$ Å. Vergleichsweise ergibt die Radienbestimmung aus der Zählung der Netzebenen (Abschn. 8) $\bar{r} = 395$ Å und $\bar{r} = 280$ Å.

Für eine überschlagsmäßige Radienermittlung aus der Anodenspannung läßt sich die zitierte Beziehung weiter vereinfachen zu $\bar{r} = U/7F$ ($\bar{r}$ in cm, U He-Aufnahmespannung in Volt, $F \approx 450 \cdot 10^6$ V/cm).

12. Ausblick

In weiteren Untersuchungen wurde von uns ein Weg ermittelt, um die Elementarzelle des Spitzenkristalls aus Aufnahmedaten abzuleiten. Die Genauigkeit der so ermittelten Winkel und Seitenverhältnisse der Elementarzelle lag bei dem Beispiel Wolfram zwischen 1% und 5% der Meßwerte. Die Untersuchungen werden gegenwärtig noch erweitert und demnächst noch an anderer Stelle veröffentlicht.

Die beschriebenen Bildauswertungen dürften ferner eine Hilfe für eine genauere Untersuchung von Kristallbaufehlern bilden. Versetzungen sind bereits festgestellt [vgl. Abb. 5 c, (8, 11, 14)] und es wäre denkbar, daß eine Weiterführung der Bildauswertungen in Verbindung mit neuen Experimenten einmal Aussagen über atomare Fehlstellen, Stapelfehler und Deformationen des Gitters an der Oberfläche ermöglichen wird.

Herrn Prof. Dr. E. W. MÜLLER und Herrn Prof. Dr. G. BORRMANN möchten wir auch an dieser Stelle für fördernde Diskussionen unseren Dank aussprechen.

Dem Senat von Berlin und der Deutschen Forschungsgemeinschaft danken wir für die Förderung der Arbeit durch ERP-Mittel.

Literatur

1. MÜLLER, E. W.: Z. Physik **131,** 136 (1951).
2. — and K. BAHADUR: Physic. Rev. **102,** 624 (1956).
2a. — Physic. Rev. **102,** 618 (1956).
3. — Z. Naturforsch. **11a,** 88 (1956).

4. GOOD, R. H., u. E. W. MÜLLER: Handbuch der Physik **21**, 174 (1956).
5. MÜLLER, E. W.: J. appl. Physics **27**, 474 (1956).
6. — Z. Elektrochem. **61**, 43 (1957).
7. — Scient. Amer. **196**, 113 (1957).
8. — J. appl. Physics **28**, 1 (1957).
9. — Ann. Physik 6. F. **20**, 315 (1957).
10. DRECHSLER, M., u. G. PANKOW: Proc. Conf. Electron Microscopy, London 1954. Erscheinungsjahr 1957; mit Zusätzen bei der Korrektur (Nov. 1955), die sich aus weiteren Experimenten ergeben haben. Weiterhin wurden Ergebnisse über die Feldverdampfung bei Zimmertemperatur und die Bedeutung der Polarisierbarkeit für das Auflösungsvermögen berücksichtigt, die Prof. MÜLLER uns freundlicherweise zur Verfügung gestellt hatte, und die in Physic. Rev. **102**, 618, 624 (1956) veröffentlicht sind.
11. — — u. R. VANSELOW: Z. physik. Chem. N. F. **4**, 249 (1955).
12. — Z. physik. Chem. N. F. **6**, 272 (1956).
13. — Z. Metallkunde **47**, 305 (1956).
14. — Z. Elektrochem. **61**, 48 (1957).
15. BECKER, J. A., and R. G. BRANDES: J. chem. Physics **23**, 1323 (1955).
16. DYKE, W. P., and W. W. DOLAN: Advanc. in Electronics 8, 89 (1956).
17. MÜLLER, E. W.: Ergebn. exakt. Naturwiss. **27**, 290 (1953).
18. DRECHSLER, M., u. E. HENKEL: Z. angew. Physik **6**, 341 (1954).
19. MÜLLER, E. W.: Z. Physik **120**, 270 (1943).
20. — Z. Physik **126**, 642 (1949).
21. DRECHSLER, M.: Begleitveröffentlichung für Film C 660 (1955.) Inst. f. d. Wiss. Film. Göttingen.
22. ROSE, D. J.: J. appl. Physics **27**, 215 (1956).

Anhang

Bemerkungen zu dem mit einem bewegten Elektron verbundenen Wellenvorgang

JOHANNES PICHT

Institut für Physik der Pädagogischen Hochschule Potsdam

In dem ersten Festvortrag dieser Tagung hat mein verehrter Lehrer, Herr Prof. v. LAUE, über die Geschichte des Elektrons gesprochen. Es sei mir gestattet, hier noch ganz kurz über einige Ergebnisse zu berichten, die sich auf die mit dem Elektron verbundene Welle beziehen und die diese Wellen vielleicht etwas verständlicher erscheinen lassen.

Bereits in der ersten Auflage meiner „Einführung in die Theorie der Elektronenoptik" (*1*) hatte ich gezeigt, daß die einem mit konstanter Geschwindigkeit bewegten Elektron zugeordnete Welle einem mit dem Elektron mitbewegten Beobachter als ein sich über den ganzen Raum erstreckender, überall phasengleicher, zeitlich periodischer Schwingungsvorgang erscheint, dessen Frequenz

$$\nu_0 = \frac{E_0}{h} = \frac{m_0 c^2}{h}$$

ist, dessen Amplitude aber ortsabhängig sein kann und sein wird.

Ich habe daher später (*2*) symbolisch vom „atmenden" Elektron gesprochen und gezeigt, daß das synchron mit der Frequenz ν_0 im ganzen Raum schwingende Potentialfeld des ruhend gedachten „atmenden" Elektrons einem Beobachter, gegen den sich das Elektron — etwa geradlinig gleichförmig — bewegt, als Welle erscheint, die die Eigenschaften der sog. Materiewelle besitzt oder — anders gesagt — daß diese Materiewelle im Ruhsystem des Elektrons mathematisch die Eigenschaften eines mit der Frequenz ν_0 schwingenden Potentialfeldes besitzt. Diese dem Potentialfeld entsprechende Welle ist inhomogen. Ihre „Flächen gleicher Phase", die Wellenflächen, sind ebene Flächen und senkrecht zur Bewegungsrichtung v des Elektrons. Die „Flächen gleicher Amplitude" dagegen sind in jedem Augenblick Rotationsellipsoide um den jeweiligen, also gleichzeitigen Ort des Elektrons, wobei die Rotationsachse mit v zusammenfällt (Abb. 1, 2 u. 3).

Ich habe nun versucht, diesen Wellenvorgang zu zerlegen in Wellen, die auch bzgl. ihrer Amplitudenflächen eben sind. Man findet dann, daß man jenen Wellenvorgang darstellen kann als Überlagerung von ∞^2 *in*homogenen, ebenen Teilwellen, deren Phasenflächen zwar — wie zu erwarten — sämtlich Ebenen senkrecht zur Bahnrichtung des Elektrons sind, deren Flächen gleicher Amplitude aber bei jeder einzelnen dieser Teilwellen eine Schar paralleler Ebenen bestimmter *Neigung* gegen die Bahnrichtung bilden. Zu jeder Raumrichtung gehört eine solche

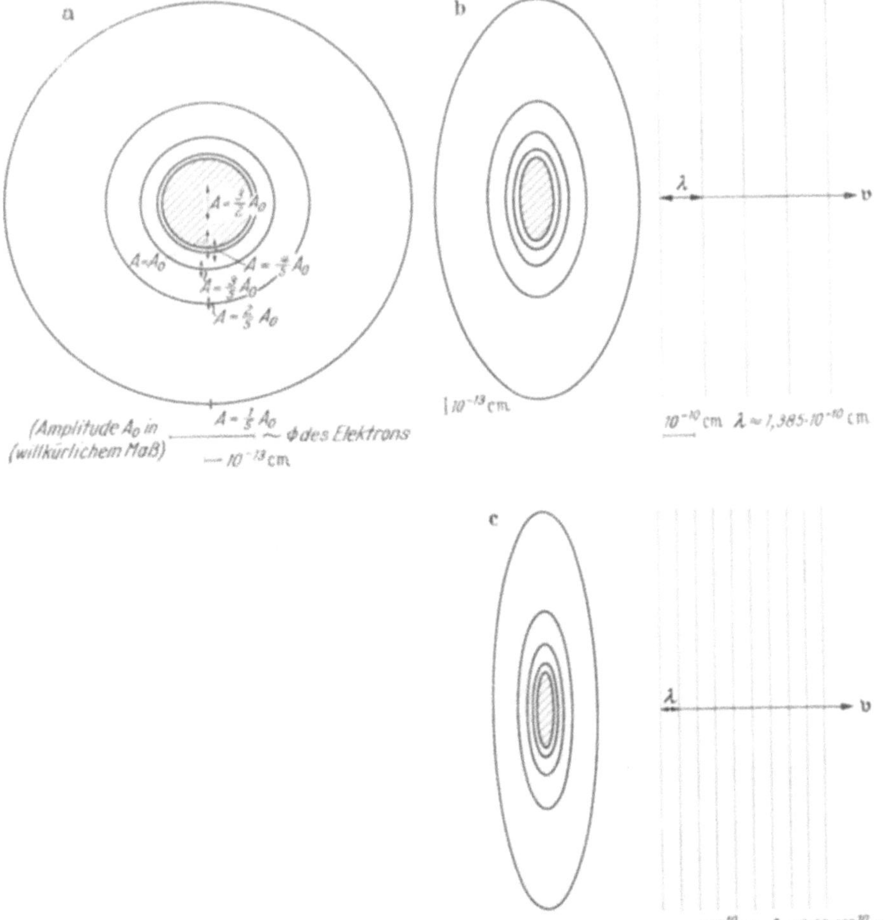

Abb. 1a—c. Flächen gleicher Amplitude und Flächen gleicher Phase des einem Elektron zugeordneten inhomogenen, ebenen Wellenfeldes; a) ruhendes Elektron mit synchronem Schwingungsfeld, Flächen gleicher Amplitude A; b) mit $v = \sqrt{0{,}75}\,\mathrm{c} = 0{,}866\,\mathrm{c}$ geradlinig gleichförmig bewegtes Elektron, links Flächen gleicher Amplitude, rechts Flächen gleicher Phase; c) mit $v = \sqrt{0{,}9375}\,\mathrm{c} = 0{,}97\,\mathrm{c}$ geradlinig gleichförmig bewegtes Elektron, links Flächen gleicher Amplitude, rechts Flächen gleicher Phase

Teilwelle mit zur Raumrichtung senkrechten Amplitudenflächen. In Abb. 4 sind die Amplitudenverhältnisse von vier willkürlich herausgegriffenen Teilwellen mit Amplitudenflächen senkrecht zu $\mathfrak{N}_i$ ($i = 1, 2, 3, 4$) dargestellt. Die zu $\mathfrak{N}_i$ symmetrisch gezeichneten Kurven veranschaulichen den Amplitudenverlauf der Teilwelle in Richtung $\mathfrak{N}_i$. Die Amplitude ist außerhalb des Elektrons stets umgekehrt proportional zu dem Abstand der zugehörigen Ebene konstanter Amplitude vom jeweiligen Ort des Elektrons. Dies legt den Gedanken nahe, daß jede einzelne der verschiedenen ebenen Teilwellen noch aufgefaßt werden kann als „Wellengruppe".

   Noch interessanter ist eine andere Zerlegung jener dem bewegten Elektron zugeordneten Welle, deren „Flächen gleicher Amplitude" — wie gesagt — Rotationsellipsoide sind. Man kann sie nämlich auch auffassen als Überlagerung einer Vielzahl (∞^1) einer Art von „Kopfwellen",

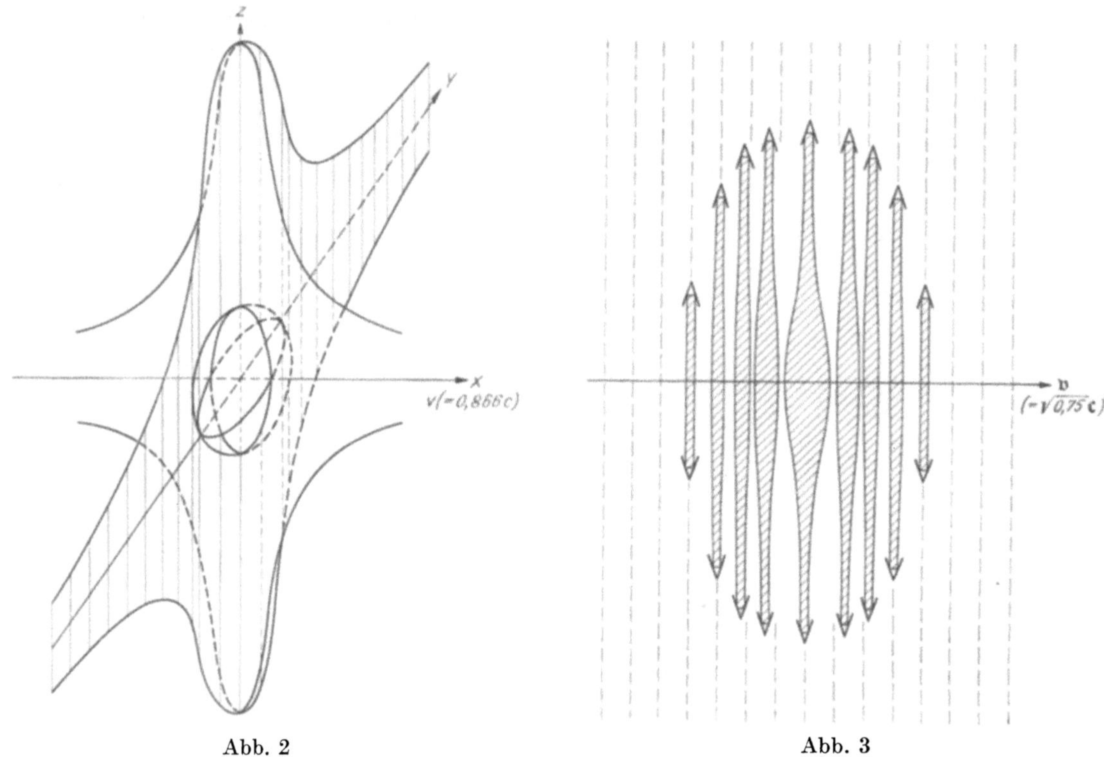

Abb. 2   Abb. 3

Abb. 2. Perspektivische Darstellung des Potentialverlaufs in der Umgebung des Elektrons längs der x-Achse (Bahnrichtung) und längs der y-Achse (senkrecht zur Bahnrichtung); Potential als Ordinate in z-Richtung. Um den Nullpunkt herum außerdem ein Rotationsellipsoid als Fläche gleicher Amplitude

Abb. 3. Amplitudenbetrag des mit einem bewegten Elektron ($v = \sqrt{0{,}75}\,c$) verbundenen Wellenvorganges, durch Schraffurbreite auf einigen Wellenflächen schematisch dargestellt. (Wellenflächen in Abständen von etwa $\lambda/1\,000$ gestrichelt gezeichnet)

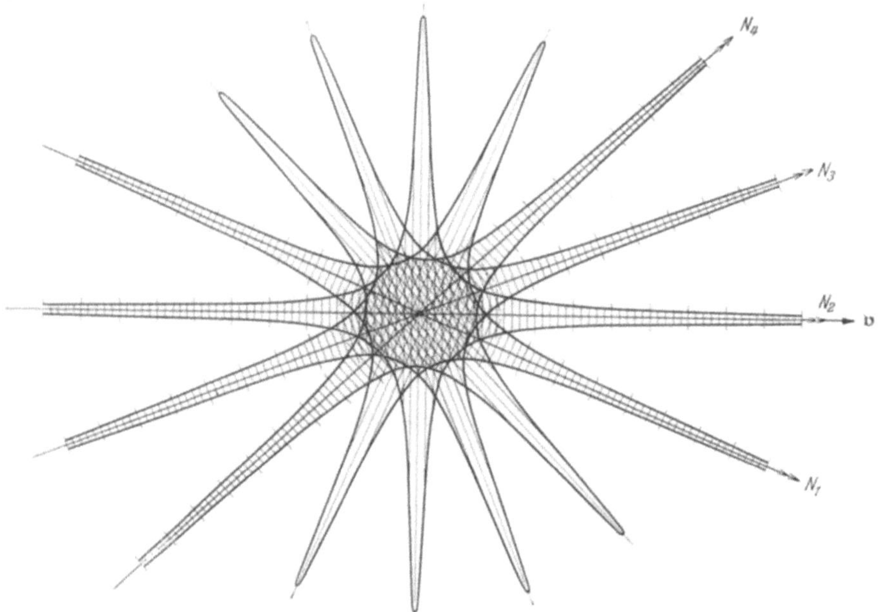

Abb. 4. Darstellung der Amplituden einiger (vier) der mit einem Elektron ($v = \text{const.}$) verbundenen ebenen, inhomogenen Wellen mit zu v geneigten ebenen Flächen gleicher Amplitude. (Flächen gleicher Phase sind bei allen Wellen Ebenen *senkrecht* zu v)

deren Phasenflächen gleichfalls zur Bewegungsrichtung v des Elektrons senkrecht liegen, deren Flächen gleicher Amplituden bei jeder Teilwelle aber Kreiskegel sind, deren Öffnungswinkel 2ϑ bei den verschiedenen sich überlagernden Kopfwellen aber verschieden groß sind ($0 \leqq \vartheta \leqq \frac{\pi}{2}$).

Auch bei jeder einzelnen dieser „Kopfwellen" ist die Amplitude umgekehrt proportional dem orthogonalen Abstand des Kegelmantels vom jeweiligen Ort des Elektrons, so daß auch hier jede einzelne dieser Kopfwellen als „Gruppe" von Kopfwellen konstanter Amplitude, aber etwas verschiedener Frequenz der Einzelwellen einer solchen Gruppe aufgefaßt werden kann.

Die Bestimmung der Frequenz und Amplitude der Wellen jener Wellengruppen ist inzwischen auf meine Veranlassung von Herrn Joachim Förste im Rahmen einer Doktorarbeit erfolgt.

Literatur

1. Leipzig: Joh. Ambrosius Barth 1939, § 3, S. 31.
2. — 2. Aufl., 1957, § 3, S. 35—40.

Erwiderung zur Diskussionsbemerkung von M. von Ardenne (s. S. 35)

M. Drechsler

Soweit mir das von Herrn von Ardenne genannte Elektronenanlagerungs-Massenspektrometer bekannt ist, kann man damit grundsätzlich nicht an Oberflächen oder in Gegenwart der genannten elektrischen Felder messen. Daher dürfte es nicht dazu geeignet sein, die Fragen über kondensierte Schichten, Assoziations- und Chemisorptionsreaktionen zu untersuchen, die Herr Beckey mit seinem Gerät klären konnte.

Das Auflösungsvermögen und der Massenbereich sind bei dem Beckeyschen Gerät für Untersuchungen der genannten Art offensichtlich voll ausreichend. Darüber hinaus ist es bei einem Feldionenquellen-Massenspektrometer durch Anwendung bekannter Mittel grundsätzlich möglich, das Auflösungsvermögen beachtlich zu steigern und den Massenbereich zu erweitern.